第七届“六省（市、区）提高采收率技术研讨会”论文集

薛永安◎主编

中国石化出版社
·北 京·

图书在版编目(CIP)数据

第七届“六省(市、区)提高采收率技术研讨会”论文集 / 薛永安主编. — 北京 ：中国石化出版社，2024.
ISBN 978-7-5114-7642-5

Ⅰ. TE357

中国国家版本馆 CIP 数据核字第 2024W7T127 号

中国石化出版社出版发行

地址:北京市东城区安定门外大街 58 号
邮编:100011 电话:(010)57512500
发行部电话:(010)57512575
http://www. sinopec-press. com
E-mail:press@ sinopec. com
北京鑫益晖印刷有限公司印刷
全国各地新华书店经销

*

880 毫米×1230 毫米 16 开本 53. 25 印张 1604 千字
2024 年 9 月第 1 版 2024 年 9 月第 1 次印刷
定价:420. 00 元

《第七届“六省(市、区)提高采收率技术研讨会”论文集》

编　委　会

前　言

近些年，我国油气对外依存度较高，加大国内油气勘探开发力度成为保障国家能源安全的必然要求。然而，国内大多数常规油田经过多年的快速开发，都已进入到开发中后期，非常规油气藏动用规模仍需提升。持续加强关键核心技术攻关，有效地挖掘油田的潜力，进一步提高老油田采收率和推动非常规油气藏高效开发动用，实现油田的可持续发展，成为油气企业高质量发展的必然要求。结合各油田地质油藏特点及开发开采需求，在国内各企业、院校、研究院所相关专家及科技工作者的不断努力下，通过基础研究、应用研究及现场试验，形成了一系列提高老油田采收率及非常规油气藏高效开发关键技术，以高水平科技自立自强支撑了油田高效开发，促进了新质生产力发展。

为了推动提高老油田采收率及非常规油气藏高效开发技术的创新与发展，同时也为了给该领域的专家和科技工作者提供一个互相学习、交流和提高的机会，促进国内提高采收率技术的不断进步，天津市石油学会、新疆石油学会、黑龙江省石油学会、河南省石油学会、辽宁省石油石化学会、山东石油学会等于2024年9月24 E ~25日在天津市滨海新区联合举办第七届“六省(市、区)提高采收率技术研讨会”。本次会议以“强化基础研究、创新工艺技术、推动油田高效开发”为主题，从油气田开发基础研究、油气田提高采收率技术、非常规油藏有效开发技术等三个方面，对地质、油藏、采油等专业领域形成的新理念、新工艺、新材料以及现场应用进行广泛且深入的交流。

本次会议研讨内容丰富、技术先进、观点新颖，具有很强的实践性和可操作性。研讨会得到了六省(市、区)相关单位广大科技人员的积极响应，专业技术人员踊跃投稿183篇。经专家审核，筛选出140篇集结成册、公开出版，并从中优选出64篇论文在会议中发布和交流。

本论文集包括开发和开采两部分，基本反映了我国目前在提高老油田采收率及非常规油气藏高效开发实际应用方面的技术水平和发展方向，具有较高的学术水平和实用价值。

由于时间仓促及编者水平有限，论文集中难免存在不妥之处，敬请读者批评指正。

目　录

第一篇　开发篇

第二篇　开采篇

第一篇　开发篇

渤海河流相油田高含水后期提高采收率技术创新与实践

王　鹏　翟上奇　杨建民　吴穹螈　常会江

[中海石油(中国)有限公司天津分公司渤海石油研究院]

摘　要　BZ油田是渤海首个大规模水平井注水开发油田，油田储层非均质性强，是渤海河流相油田的典型代表，在国家能源保障战略中具有重要的地位。“十三五”后期油田进入双高开发阶段，平面水驱不均衡，砂体内部剩余油分布规律复杂，控水稳油难度大。基于上述难点，针对复杂连片砂体储层构型边界刻画缺乏有效手段的问题，筛选岩性敏感参数，开展基于支持向量机的分频反演，大幅提高地震资料对砂体接触关系的刻画精度，同时引入边缘检测算子，考虑沉积物源开展多方向独立检测，实现井间构型边界的精准刻画。创新形成了河流相油藏不同井网条件下三维渗流场表征，提出了以驱替压力梯度表征油藏驱动动力和渗流阻力的综合作用，总结了驱替压力梯度控制下的高含水期水平井网剩余油分布规律；针对双高阶段平面驱替不均，稳定水驱难以进一步改善开发效果的问题，创新形成了一套基于动态连通性模型定量表征，以均衡驱替为目标的河流相油田水平井网智能注采结构优化技术，明确了非均质储层下水平井最优注采策略。依托该技术体系，油田精确定位地下潜力，持续滚动扩边，引领智能化注水实践，先后实施48口井开展深入挖潜，完成渤海首个老油田二次调整项目，累计开展注采结构优化600余井次，采收率自34%提升至43%，油田实现高含水期8年油气当量稳产百万方，成功打造海上“控水稳油”示范油田。以上技术为相似双高油田提供良好借鉴，引领海上河流相油田持续稳产开发。

关键词　河流相油田；井间构型边界；三维渗流场；驱替压力梯度；均衡驱替；注采调整

BZ油田是渤海首个大规模水平井注水开发油田，油田储层非均质性强，是渤海河流相油田的典型代表。地下原油黏度11.7mPa·s，边水能量有限，采用人工注水与天然水驱共同驱替。油田投产初期采用水平井单砂体布井模式，经过十余年的开发，综合含水率89%，进入高含水开发末期阶段，面临采油速度降低、产量递减快等问题。因此，急需探索一套行之有效的海上老油田稳产、高效开发技术。调研类似油田的开发经验，河流相油藏开发模式以定向井稠油底水油藏研究较多，对于水平井中轻质油边水油藏研究有限，且研究主要是针对一次井网，或者中低含水期开展，对于高含水期及高含水后期开发调整模式研究比较缺乏。

根据油藏自身特点及开发特征，综合运用井间构型边界的精准刻画、河流相油藏不同井网条件下三维渗流场表征、基于无网格连接单元的连通性定量评价及注采结构优化等手段，形成一套高含水后期开发调整技术体系及模式，以期指导BZ油田的高效开发，并为类似油田的开发提供借鉴。

1　基于分频反演的连片砂体构型精细解剖技术

1.1　基于边缘检测的复杂砂体内部构型刻画技术

本次提出的基于三维振幅梯度边缘检测方法，充分考虑了三维空间的特征，能有效解决小尺度信息难以精细刻画的难题，对实现对砂体内部不连续性的刻画具有较好效果。该方法核心步骤分为以下两步：

（1）设计X、Y、Z三个方向的卷积算子（图1），利用卷积算法求取三个方向的变化梯度，然后按照一定的比例因子求取均方根，将得到的值作为窗口中心值，滑动卷积窗口，直到将整个数据体计算完，得到一个变化梯度数据体。

（2）设计一种三维数据体局部梯度增强算法，实现对步骤(1)中得到的梯度数据体进行局部梯度较弱的细节增强；设计一种锐化异常边缘效果的算法，对得到的局部增强数据体进行局部异常边缘精细化，得到更精细的属性。

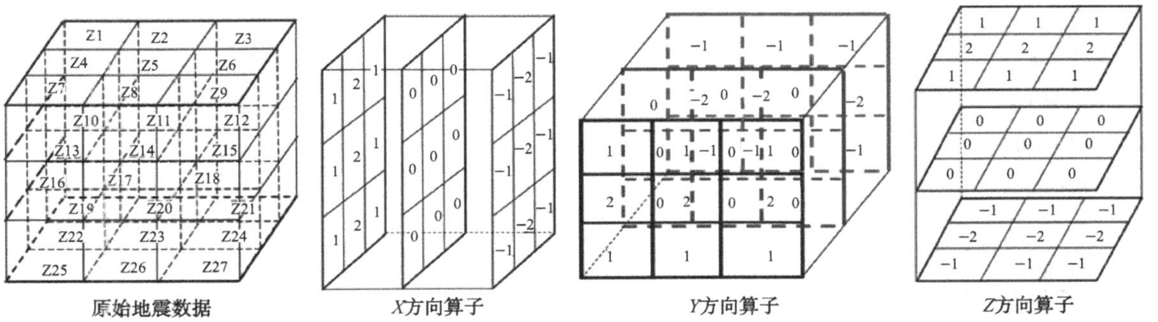

图 1　边缘检测算法模型

1.2　基于多数据联动的复杂叠置砂体内部非均质性刻画技术

该节讲解基于熵权 Topsis 法的流动单元划分技术。

Topsis 法是一种逼近于理想解的排序法，根据有限个评价对象与理想化目标的接近程度进行排序，对现有的对象进行相对优劣的评价方法，该方法克服了评价参数权重确定存在较大主观性的难点，同时大嗝简化了计算量，提高了评价效率。

熵权 Topsis 法的基本步骤如下：

第一步，根据实际油田资料选取合适评价参数；

第二步，构建出数据矩阵，并进行标准化处理；

第三步，引入熵进行指标权重的确定。首先计算指标差异度，在根据指标差异度的分散程度确定对应每个指标的权重；

第四步，将标准化（无量纲化）的指标值与其对应的权重值相乘，得到决策矩阵；

$$V=\begin{bmatrix}\omega_1 z_{11} & \cdots & \omega_n z_{1n}\\ \vdots & & \vdots\\ \omega_1 z_{m1} & \cdots & \omega_n z_{mn}\end{bmatrix}=\begin{bmatrix}v_{11} & \cdots & v_{1n}\\ \vdots & & \vdots\\ v_{n1} & \cdots & v_{mn}\end{bmatrix} \tag{1}$$

第五步，确定正理想解集合和负理想解集合；

$$\begin{aligned}V^{+}&=\{(\max v_{ij}\mid j\in J_1),\ (\min v_{ij}\mid j\in J_2)\\ V^{-}&=\{(\max v_{ij}\mid j\in J_1),\ (\min v_{ij}\mid j\in J_2)\end{aligned} \tag{2}$$

第六步，相对近似度计算。计算每个样本与其正理想解以及负理想解之间的距离，然后以其距离正理想解的相对距离为相对近似度，相对近似度越小，即距离正理想解越近，也就是说该类储层流动单元的物性最好；

正理想解：

$$d_i^{+}=\sqrt{\sum_{j=1}^{n}(v_{ij}-v_j^{+})^2},\ i=1,\ 2,\ \cdots,\ m \tag{3}$$

负理想解：

$$d_i^{-}=\sqrt{\sum_{j=1}^{n}(v_{ij}-v_j^{-})^2},\ i=1,\ 2,\ \cdots,\ m \tag{4}$$

相对近似度：

$$D_i=d_j^{+}/(d_i^{+}+d_i^{-}) \tag{5}$$

第七步，根据相对计算度计算结果进行优劣排序，通过综合分析进行储层流动单元的划分。

本次研究根据 BZ 油田实际资料，对参与流动单元评价的参数进行了优选，优选满足以下原则：参数要能够反映储层宏观物性及微观孔隙结构特征，参数能够直观反映砂体渗流能力并且数据易于获取。根据该原则，本次研究选取孔隙度、渗透率、泥质含量、饱和度中值压力四个参数进行评价，以上参数与砂体吸水强度具有良好的相关性。

选取 BZ 油田孔隙度、渗透率、泥质含量和饱和度中值压力数据，利用 Topsis 方法计算得到相对近似度 D_i，并根据 D_i 数据构形分布将流动单元分为Ⅰ、Ⅱ、Ⅲ、Ⅳ类，总结其典型地质特征（表 1）。

表 1　BZ 油田不同类型流动单元特征

分类	Ⅰ	Ⅱ	Ⅲ	Ⅳ
D_i	<0.3	0.3~0.5	0.5~0.7	>0.7
孔隙度 φ	>30	26~32	19~28	<21

续表

分类	Ⅰ	Ⅱ	Ⅲ	Ⅳ
渗透率 K	>1800	800~1950	400~1000	<500
泥质含量 V_{sh}	<8	6~10	8~18	>16
饱和度中值压力 P_{c50}	<0.03	0.02~0.13	0.10~0.18	>0.16
孔喉结构	大孔粗喉	中-大孔粗-中喉	中-小孔中细喉	小孔细-微喉
厚度	>6	4~8	3~6	<4
沉积相	主要砂坝中心部分在边部	主要砂坝中心部分在边部	砂坝边部、砂坝中心	砂坝边部

Ⅰ类流动单元以特高孔、高渗储层为主，主要分布在砂坝中心，储层物性好，流体流动能力强、Ⅰ类流动单元占比为21%；Ⅱ类流动单元主要为高孔、高渗储层，主要分布在沙坝中心、部分在边部，流体流动能力好，Ⅱ类流动单元占比为29%；Ⅲ类流动单元为高孔、中渗，主要分布在砂坝边部，流体流动能力较好，Ⅲ类流动单元占比为36%；Ⅳ类流动单元以中低孔渗为主、分布在砂坝边部，储层流动能力较差。BZ油田以Ⅱ、Ⅲ类流动单元为主。

BZ油田流动单元划分结果如图2所示，不同流动单元接触面构成了渗流屏障，对流动流动有一定阻挡(或促进)作用：流动单元和构型单元的耦合关系控制了砂体侧向接触面的连通性。构型单元内部优先流动，流动能力较好，易形成优势通道，构型单元之间次之。不同构型单元间的连通性受流动单元配置关系控制，当构型边界两侧为同类流动单元时，发生渗流砂体连通；当构型边界两侧为异类流动单元并且注水井位于较差流动单元，采油井位于较好流动单元时，流体由较差的流动单元向较好的流动单元发生渗流，砂体连通，反之则连通性较差。

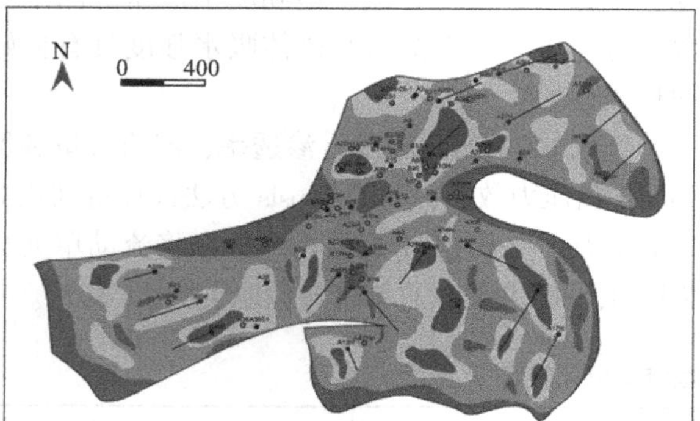

图2　BZ油田储层流动单元划分

2　高含水后期河流相油田水平井整体加密技术

2.1　河流相储层特征约束下水淹厚度及波及强度的定量表征

将水平井在空间中的三维问题转化为在$X-Y$平面和$Y-Z$平面的两个二维平面问题。在$X-Y$平面上，通过保角变换和势的叠加原理可以推导出空间中任意一排水平井的势分布函数；在$Y-Z$平面上，注入水到达底板后，向上流动，近似为底水锥进油藏模型，利用势叠加原理和镜像反映方法推导水平井纵向无限井排的势分布函数最后通过编程得到水平井井网渗流场图，并以此分析水平井注采井网水侵规律(图3)。

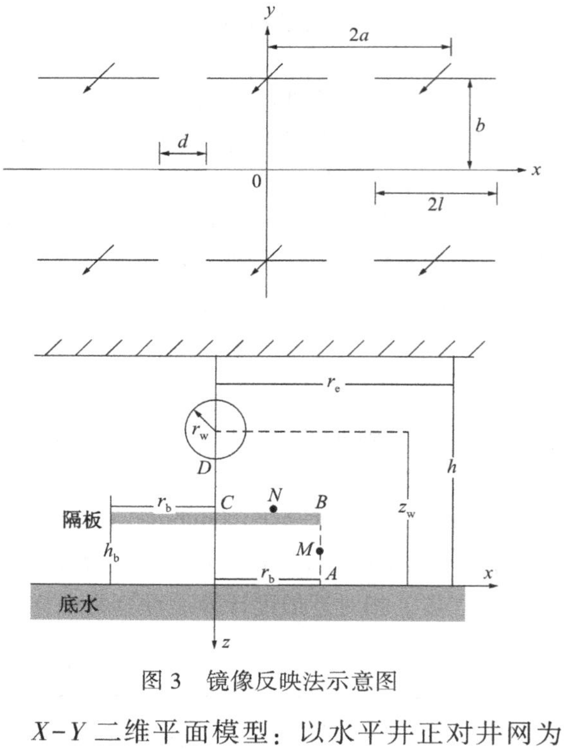

图3　镜像反映法示意图

$X-Y$二维平面模型：以水平井正对井网为例进行分析，利用镜像反映将水平井单井排问题等效为带状区域单口水平井问题(图4)。

中心位于(0，2nb)点上的任意一排水平生产井在空间任一点的势分布函数为：

$$\Phi_p(x,\ y)=\frac{Q}{2\pi h}\text{arch}\left\{\frac{1}{\sqrt{2}\sin\dfrac{\pi l}{2a}}\left\{\sin^2\frac{\pi l}{2a}+\text{ch}^2\frac{\pi}{2a}(y-2nb)-\cos^2\frac{\pi x}{2a}+\sqrt{\left[\sin^2\frac{\pi l}{2a}+\text{ch}^2\frac{\pi}{2a}(y-2nb)-\cos^2\frac{\pi x}{2a}\right]^2-4\sin^2\frac{\pi x}{2a}\text{ch}^2\frac{\pi}{2a}(y-2nb)\sin^2\frac{\pi l}{2a}}\right\}^{\frac{1}{2}}\right\}+C \tag{6}$$

中心位于[0，(2n+1)b]点上的任意一排水平注入井在空间任一点的势分布函数为：

$$\Phi_i(x,\ y)=\frac{Q}{2\pi h}\text{arch}\left\{\frac{1}{\sqrt{2}\sin\dfrac{\pi l}{2a}}\left\{\sin^2\frac{\pi l}{2a}+\text{ch}^2\frac{\pi}{2a}(y+2nb)-\cos^2\frac{\pi x}{2a}+\sqrt{\left[\sin^2\frac{\pi l}{2a}+\text{ch}^2\frac{\pi}{2a}(y+2nb)-\cos^2\frac{\pi x}{2a}\right]^2-4\sin^2\frac{\pi x}{2a}\text{ch}^2\frac{\pi}{2a}(y+2nb)\sin^2\frac{\pi l}{2a}}\right\}^{\frac{1}{2}}\right\}+C \tag{7}$$

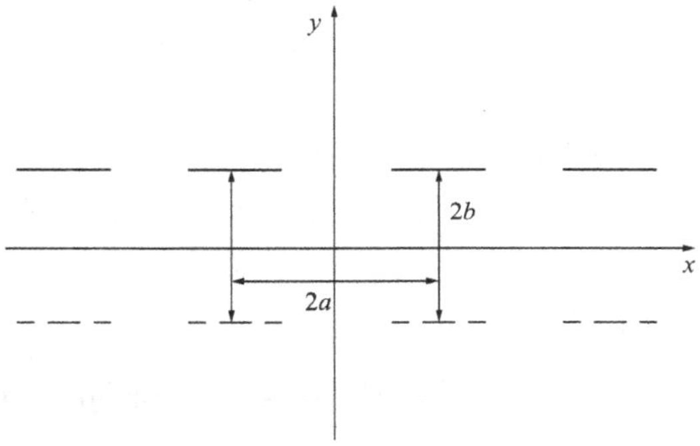

(a)平行正对井网

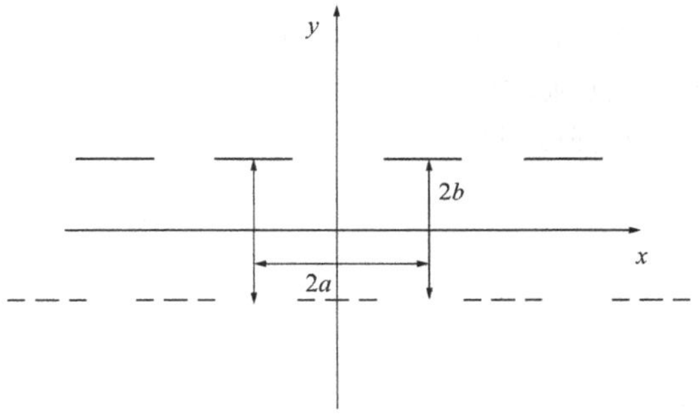
(b)平行交错井网

图4 不同井网镜像反映法示意图

Y-Z二维平面模型：有利用镜像反映原理，可以将模型的上边界(封闭边界)以及下边界(封闭边界)反映为一列两口生产井或者两口注水井排列的直线井排。

通过镜像反映和势叠加理论可得到平行井排，考虑重力的底水油藏中Y-Z平面内任意点的势分布为：

$$\begin{aligned}\Phi(y,\ z)=&\frac{q_1B}{2L}\ln\left[ch\frac{\pi(y-y_p)}{2h}-\cos\frac{\pi(z-z_p)}{2h}\right]\left[ch\frac{\pi(y-y_p)}{2h}+\cos\frac{\pi(z+z_p)}{2h}\right]\\&+\frac{q_1B}{2L}\ln\left[ch\frac{\pi(y-y_p)}{2h}+\cos\frac{\pi(z-z_p)}{2h}\right]\left[ch\frac{\pi(y-y_p)}{2h}-\cos\frac{\pi(z+z_p)}{2h}\right]\\&-\frac{q_2B}{2L}\ln\left[ch\frac{\pi(y-y_i)}{2h}-\cos\frac{\pi(z-z_i)}{2h}\right]\left[ch\frac{\pi x}{2h}(y-y_i)+\cos\frac{\pi(z+z_i)}{2h}\right]\\&-\frac{q_2B}{2L}\ln\left[ch\frac{\pi(y-y_i)}{2h}+\cos\frac{\pi(z-z_i)}{2h}\right]\left[ch\frac{\pi(y-y_i)}{2h}-\cos\frac{\pi(z+z_i)}{2h}\right]-\frac{k_z}{\mu}\rho zg\end{aligned} \tag{8}$$

考虑垂向韵律及重力变化，平面与纵向质点运移速度函数：

$$\begin{cases} v_x(x,\ y) = \sum_{n=-\infty}^{+\infty} \dfrac{\partial[\Phi_p(x,\ y) + \Phi_i(x,\ y)]}{\partial x} \\ v_y(x,\ y) = \sum_{n=-\infty}^{+\infty} \dfrac{\partial[\Phi_p(x,\ y) + \Phi_i(x,\ y)]}{\partial y} \\ v_z(z) = -\dfrac{\partial \Phi(y,\ z)}{\partial z} - \dfrac{K(z)}{\mu}\Delta\rho g(\text{无隔板})\ \text{或}\ v_z(z)=0(\text{有隔板}) \end{cases} \tag{9}$$

考虑垂向(韵律、重力)作用下通过三维渗流场表征实现不同位置水淹厚度定量预测(图5)。

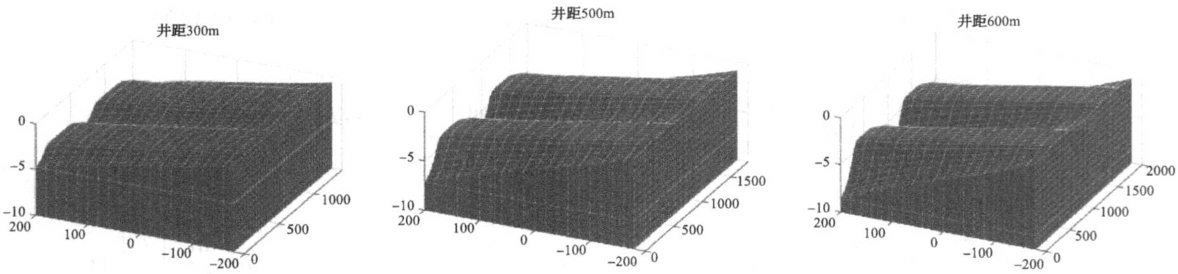

图5　不同井距下三维水淹图

2.2　水平井间水淹程度及波及强度规律分析

引入无因次累计波及体积(可动范围)与驱替压力梯度(流动能力)建立波及规律曲线，定量划分波及强度(图6)。

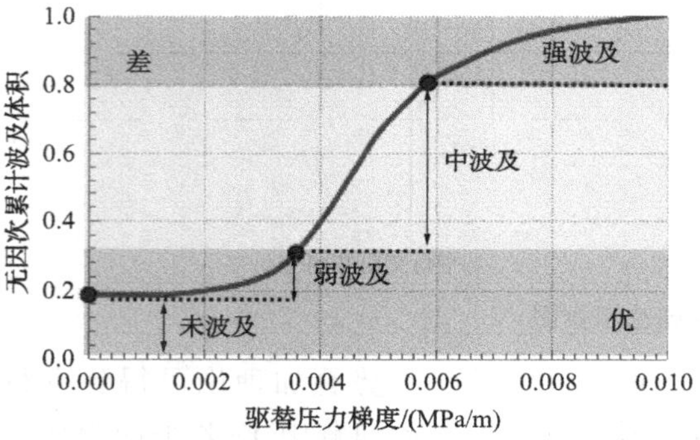

图6　无因次累计波及体积与驱替压力梯度关系曲线

以提高未弱波及区动用为目标，总结三种优势潜力区(图7)：井网及重力双重控制、构型遮挡控油模式、夹层遮挡控油模式；基于控油模式指导下开展水平井网整体加密，可提高驱替压力梯度1.2～1.4倍，进而扩大波及系数13%～16%；以中强波及占比及波及系数最优为目标，确定三种模式理论加密界限(200m、170m、150m)(图8)。

根据上述研究，考虑了波及强度随驱替压力梯度的变化规律，对数值模拟中三种模式下甜点区域进一步刻画，有效改善了过去依靠含水划分波及强度均匀过渡的问题，结果与过路井实钻水淹程度对比，符合度达到81%(图9)。

基于水平井网剩余油差异富集模式，提出“井间储层顶部及构型单元叠置区加密水平井”的整体加密策略，形成首个“一次井网水平井布井、高含水后期水平井整体加密”调整模式，井网由不规则井网调整为水平井排状交错井网(图10)。

3　基于无网格连接单元的连通性定量评价技术

3.1　基于无网格连接单元的连通性定量评价技术

(1) 无网格连接单元模型的建立与求解

为便于反映井间的相互作用并降低模型复杂性，借鉴Gherabati等提出的方法，将油藏注采系统进行了简化表征，将其看成是由一系列井与井之间的连通单元构成，如图11所示。这里的连通单元不再像传统连通性模型中仅局限于注、采井之间，还可以是生产井之间或者注水井之间，且每个单元都含有两个特征参数：传导率(T_{ij})和控制体积(V_{pij})，前者表征单元流动能力，后者反映单元的物质基础。传导率越大、控制体积越小，在相同水驱压差下，该单元越容易突破见水，反之则见水较慢。以连通单元为基础通过物质平衡方程和油-水两相前缘推进理论进行井点压力计算和饱和度追踪，计算出井点处的油水动态指标。

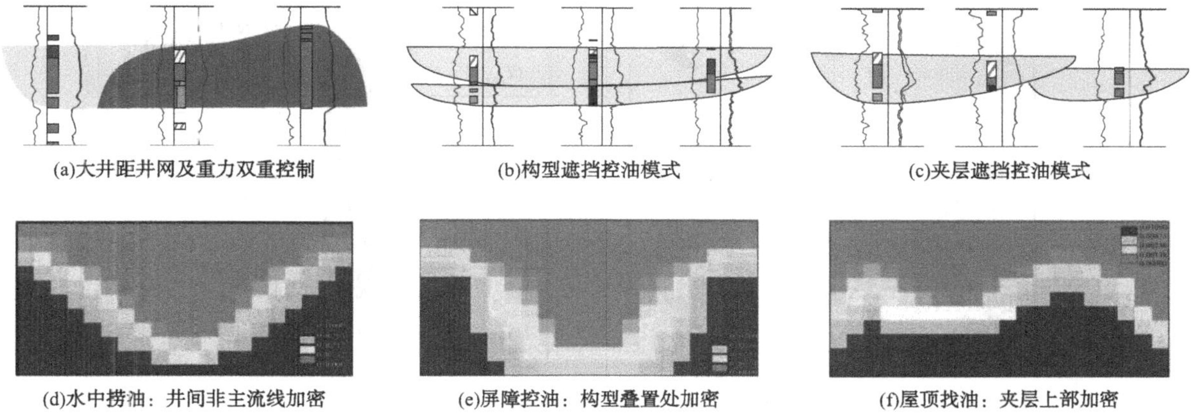

图 7　三种控油模式对比图

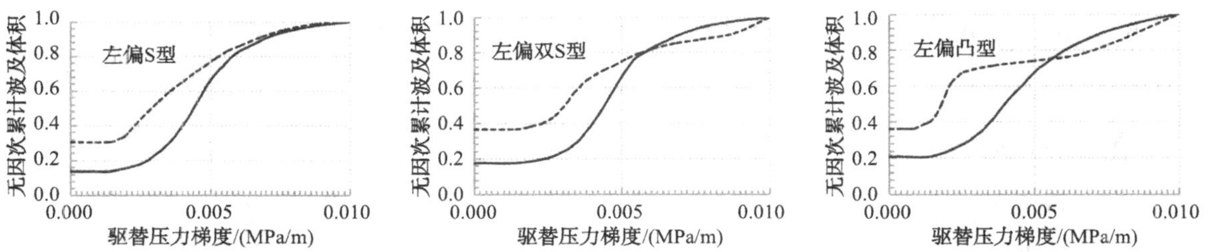

图 8　不同模式下加密前后无因次累计波及体积变化对比曲线

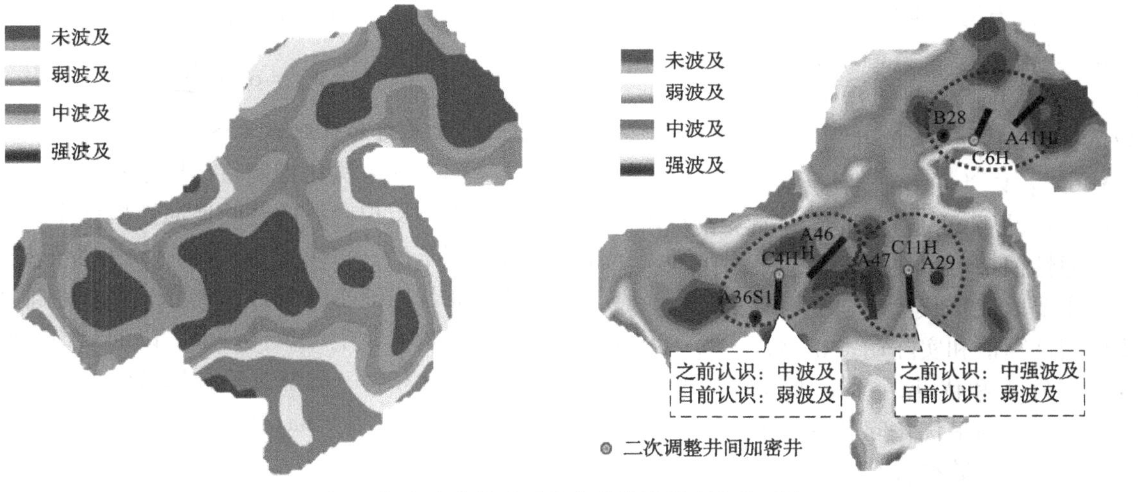

图 9　方法改进前后开发末期波及程度变化对比

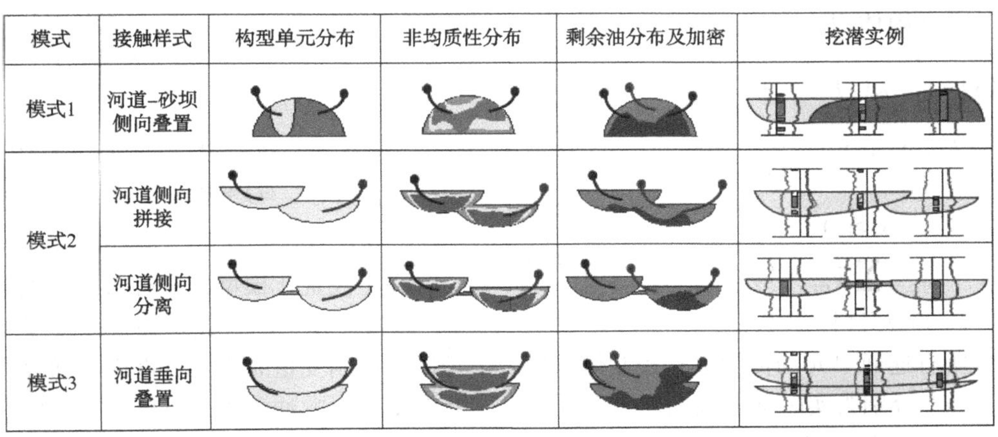

图 10　高含水后期水平井网整体加密模式

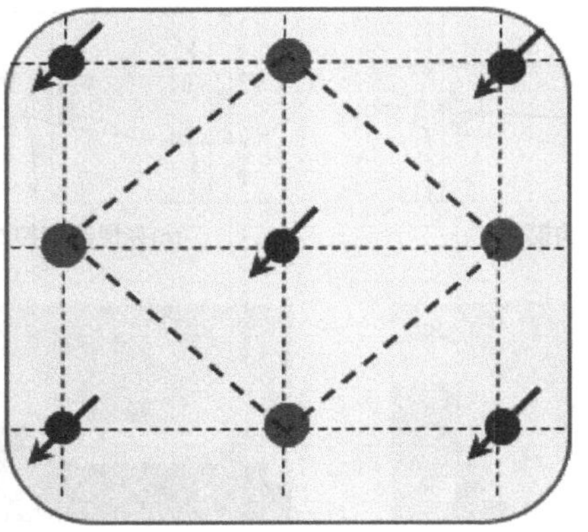

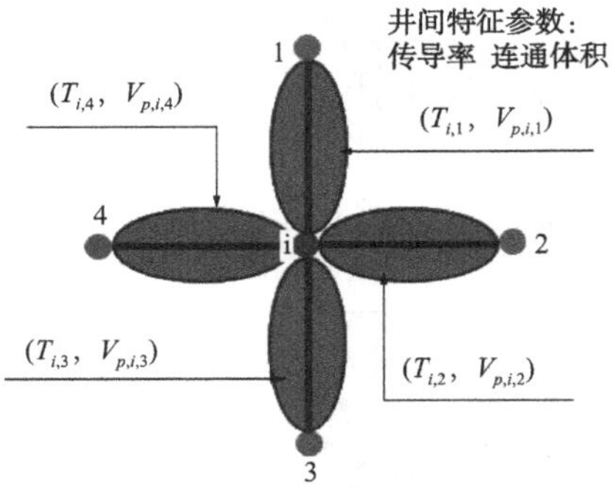

图 11 井间连通性模型建立与简化

考虑油、水、岩石压缩性，忽略毛细管力、重力作用，以第 i 口井为对象，其油藏条件下物质平衡方程为：

$$\sum_{j=1}^{N_w} T_{ij}(t)[p_j(t)-p_i(t)]-q_i(t)=\frac{dp_i(t)}{dt}C_{ti}V_{pi}(t) \tag{10}$$

式中，N_w为井数；i 和 j 为井下标；t 为生产时间，d；T_{ij}为第 i 井和第 j 井间的平均传导率，$m^3 \cdot d^{-1} \cdot MPa^{-1}$；$p$ 为单井泄油区的平均压力，MPa；q 为单井产液量或注入量，产液为正，注入为负，m^3/d；C_{ti} 为单井泄油区的综合压缩系数，MPa^{-1}；V_{pi}为单井泄油区体积，m^3。

（2）自动历史拟合及井间连通关系分析

连通性模型可以快速计算油水产出动态，计算结果主要取决于模型各连通单元的特征参数。为使模型计算值和实际动态相吻合，需要对这些参数进行修正和优化。这是典型的历史拟合问题，其可转化为最优化问题进行求解。此外为保证优化的模型参数符合其实际地质意义，还须加入约束条件(如模型参数值非负、且所有控制体积之和为油藏孔隙体积)。

$$\min F(s)=\frac{1}{2}[g(s)-d_{obs}]^T C_d^{-1}[g(s)-d_{obs}]$$

$$s=[\cdots, T_{ij}, \cdots, V_{ij}, \cdots]^T \tag{11}$$

满足：

$$s \geqslant 0$$
$$\sum V_{pij}=V_T \tag{12}$$

式中，$F(s)$ 为目标函数；s 为模型参数向量，其包含所有连通单元的传导率和控制体积等参数；d_{obs}和 C_d 分别为实际动态数据向量及其误差协方差阵；$g(s)$ 为本模型预测动态数据向量；V_T 为油藏总孔隙体积，m^3。

（3）连通性定量分析

在上述基础上，计算注入井 i 与周围油井 j 的平面劈分系数分别为：

$$\alpha_{ij}=\frac{q_{ij}}{\sum_{j=1}^{n} q_{ij}} \tag{13}$$

在上述劈分系数的基础可以得到不同注采方向累计注水量和累计产水量。

$$W_{ij}=\alpha_{ij} \cdot \sum_{j=1}^{n} q_{ij} \tag{14}$$

3.2 注采结构优化技术方法

（1）注采优化控制目标模型建立

以历史拟合后的井间连通性模型作为油田动态预测基础，将未来生产时间分为若干控制步，各控制步内油水井的注采参数 u 作为控制变量，考虑油藏实际生产条件约束，以油藏的均衡系数作为性能指标，建立最后控制数学模型为：

$$\max J(\lambda_i, s)=\sum_{n=1}^{L}\left[\sum_{j=1}^{Np}(r_o q_{o,j}^n - r_w q_{w,j}^n)-\sum_{i=1}^{NI} r_{wi} q_{wi,i}^n\right]\frac{\Delta t^n}{(1+b)t^n} \tag{15}$$

约束条件为：

$$\begin{aligned} &e_i(u, y, m)=0, \quad i=1, 2, \cdots, n_e \\ &c_j(u, y, m) \leqslant 0, \quad j=1, 2, \cdots, n_c \\ &u_k^{low} \leqslant u_k \leqslant u_k^{up}, \quad k=1, 2, \cdots, N_u \end{aligned} \tag{16}$$

在上述优化模型，只有与井相关的控制变量 u 可以被操作，而且连通性模型变量 s 不能直接控制。控制变量 u 作为外部因素通过影响 s 相关状态变量影响油藏生产系统的运行状态，进而达到影响经济指标 J 的结果。求解该油藏生产优化问题就是在满足约束条件的同时尽可能地求取最大经济指标以及对对应的控制变量 u，可以采用梯度投影法进行模型求解。

（2）基于无梯度算法的注采优化求解

建立井间动态连通性模型历史拟合数学模型后，选取合适的优化算法是模型参数反演的关键。国内外学者对利用伴随方法求解油藏历史拟合问题进行了细致而深入的研究，并给出了梯度求解的详细推导过程，然而，伴随梯度的运算极其复杂，需要与预测模型相结合，难以广泛应用。无梯度优化方法是近几年的热点，在计算过程中，它仅涉及目标函数的计算，不需要真实梯度的求解，该类算法具有计算简便、适应性好、研究成果易于进行实际应用等特点，选取无梯度类算法 SPSA（随机扰动方法）进行模型反演。SPSA 近似梯度的表达式如下：

$$\hat{g}(m_l)=\frac{O(m_l+\varepsilon_1\Delta_l)-O(m_l)}{\varepsilon_l}\times\varepsilon_l \tag{17}$$

（3）注采优化参数及物理场输出验证

基于前期对注水井劈分、生产井含水变化及井间连通关系的认识，结合油田现场常用的生产调整方法，形成了注采结构调整。注采结构调整方案以注水井为中心，基于已建立的增降注模型对注采连通值小的区域增注，反之降注；与之相连的生产井按劈分系数计算各方向注入水的改变量，求和得到生产井的液量调整值。最终比较各方案的预期实施效果，优选一段开发时间内切实可行的最优调整方案。

4 应用与实践

“持续高效挖潜”贯穿 BZ 油田整个开发历程。“十三五”~“十四五”期间油田聚焦双高油田提高采收率技术瓶颈，为实现增储上产不断开展技术攻关，创新形成了一套高含水期河流相油田高效开发技术体系，实现三项关键技术突破：复杂河流相油田储层构型精细刻画技术、河流相油藏剩余油精细表征与挖潜技术、水平井网智能注采结构优化技术。依托该技术体系，油田精确定位地下潜力，持续滚动扩边，引领智能化注水实践，先后实施 48 口井开展深入挖潜，完成渤海首个老油田二次调整项目，累计开展注采结构优化 600 余井次，采收率自 34% 提升至 43%，油田实现高含水期 8 年油气当量稳产百万方，成功打造海上“控水稳油”示范油田。以上技术为相似双高油田提供良好借鉴，引领海上河流相油田持续稳产开发。

5 结论

（1）提出基于多数据联动的复杂叠置砂体内部非均质性刻画技术，以构型精细解剖成果为基础，选取影响储层渗流的宏观、微观参数，建立流动单元的评判标准，明确非均质性差异及高渗通道分布，为油田开发井网的部署及后续调整奠定了良好的地质基础。

（2）建立考虑重力分异作用的水平井三维流场表征方法，提出 BZ 油田水平井间剩余油分布模式，总结三种优势潜力区：井网及重力双重控制、构型遮挡控油模式、夹层遮挡控油模式；基于控油模式指导下开展水平井网整体加密，确定三种模式理论加密界限(200m、170m、150m)。

（3）针对当前井间连通模型和生产优化存在的问题，创新提出了一种不依赖于精细建模的复杂河流相油田水平井井网动态连通性模型。利用当前油水井生产动态信息，并充分考虑地质信息及水平井渗流特征，形成了一种定量表征的油藏动态连通性模型。

（4）水平井分层系加密调整大大改善了油田开发效果，充分挖掘了油田潜力，油田连续十余年稳产油，BZ 油田高含水期开发调整实施及高含水后期二次调整方案提出，获得了良好的效果，为类似油田的开发调整提供了经验。

参 考 文 献

[1] 李廷礼，刘彦成，于登飞，等．海上大型河流相稠油油田高含水期开发模式研究与实践[J]．地质科技情报，2019，38(03)：141-146.

[2] 陈凯，翟刚，姚为英，等．渤中区块河流相油藏高效开发模式总结与应用[J]．石油化工应用，2017，36(08)：20-23.

[3] 孙广义，常会江，翟上奇，等．渤海 BZ 河流相油田水平井开发模式总结与水驱效果评价[J]．石油地质与工程，2019，33(02)：68-71.

[4] 张建民，雷源，江远鹏，等．渤海 Y 油田开发模式总结与开发效果评价[J]．辽宁石油化工大学学报，2017，37(03)：39-45.

[5] 黄迎松．基于流场新劈分的顶底封闭油藏水平井产能公式[J]．断块油气田，2018，25(01)：66-69.

[6] 玄建．水平井二维稳定渗流场分析及应用[J]．西南石油大学学报（自然科学版），2018，40(03)：

115-120.

[7] Meng Chen, Jiacai Dai, Xiangjun Liu, Yan Kuang, Zhongtao Wang, Shunchao Gou, Minjun Qin, Min Li. Effect of displacement rates on fluid distributions and dynamics during water flooding in tight oil sandstone cores from nuclear magnetic resonance (NMR), Journal of Petroleum Science and Engineering, Volume 184, 2020, 106588, ISSN 0920-4105.

[8] 宋金贺. 基于平板实验的水驱前缘研究[D]. 大庆: 东北石油大学, 2020.

[9] 蒙思锦. 水驱渗流影响因素及数学模型求解方法研究[D]. 北京: 中国地质大学(北京), 2020.

[10] He, Youwei, Cheng, Shiqing, Li, Lei, Mu, Guoquan, Zhang, Tiantian, Xu, Hainan, Qin, Jiazheng, Yu, Haiyang. Waterflood Direction and Front Characterization With Four-Step Work Flow: A Case Study in Changqing Oil Field, China[J]. SPE Reservoir Evaluation & Engineering, 2017, 20(03).

大港页岩油注 CO_2 增产技术研究与试验

王海峰[1,2,3]　王晓燕[1,2,3]　邢孟冬[4]　章　杨[1,2,3]　王　伟[1,2,3]
张　楠[1,2,3]　李　崎[1,2,3]　严　曦[1,2,3]

（1. 中国石油大港油田公司；2. 中国石油集团公司纳米化学重点实验室；
3. 天津市三次采油与油田化学企业重点实验室；4. 渤海钻探工程有限公司第一钻井工程分公司）

摘　要　页岩油层由于极低的基质渗透率，常规水驱难以有效进入储层基质，结合 CO_2 在油田提高采收率方面的技术优势，制定了页岩油 CO_2 吞吐增产技术思路，同时达到碳减排及碳埋存的目的。研究并明确了页岩油注 CO_2 吞吐增产机理、建立注采参数设计优化方法、制定了差异化的实施模式，形成了页岩油 CO_2 吞吐增产技术。经现场试验，共实施 7 井次，注碳 5222 吨，增油 3961 吨，取得较好增油效果和经济效益，为同类油藏绿色增产提供技术借鉴。

关键词　页岩油；CO_2 吞吐；增产技术；现场试验

在我国页岩油主要分布在准格尔盆地二叠纪地层、鄂尔多斯盆地三叠纪地层、四川盆地侏罗纪地层、松辽盆地白垩纪地层、渤海湾盆地古近纪等五大富集区。该类油藏原油成熟度普遍偏低，多集中于中–低成熟度区间（0.5%～1.0%），这种状态的页岩油虽然具有巨大的有机质转化潜力，但动用能力差，常规的油气田开发手段无法使其形成工业油流。不同于常规油藏，页岩的岩性更为复杂，层系中岩石的韧性强，不易压裂以及压裂之后形成的微裂缝易闭合。不仅如此，油气储集空间突破了常规油藏毫米–微米级的孔喉系统，进入到微米–纳米级孔喉系统。在孔隙空间中页岩油以游离态、吸附态及溶解态等多种方式存在。总体而言，页岩油具有储集层埋深、物性差、非均质性强等特征，油品含蜡量高、凝固点低、举升难度大，除大规模水平井分段压裂之外，尚无有效开发手段，且后续增产难度大。

1　油藏概况及技术需求

大港深层致密（页岩）油储层厚度为 150～200m，埋深 3000～5000m；储层纳米级孔喉占比较高，孔喉更加微细，渗流能力主要来自亚微米级孔喉，排驱压力高，最大进汞饱和度低，可动用性差，开发难度大。目前开发方式为水平井+分段多簇大规模体积压裂，大多无人工能量补充。初期自喷生产，产量高，但自喷期较短、递减快；人工举升后可迅速提升产量，但仍处于在高产期短、递减快的困境，亟须增产提效的接替技术提高油藏采收率。

经过广泛调研，国内外针对页岩油老井增产技术开展了大量的室内实验与数模基础研究工作，但现场试验整体处于探索起步阶段。目前增产技术主要分为注气吞吐、注化学剂吞吐和热力采油三大类，其中注气吞吐主要分为二氧化碳、天然气和氮气三种注气介质，因 CO_2 具有与页岩油混相/近混相、降黏、增渗、增能、吸附置换等多重增油机理，相关研究与现场试验报道最多，目前已在北美致密油/页岩油、新疆页岩油成功应用。

因此，以 CO_2 为注入介质，开展大港油田深层致密（页岩）油藏 CO_2 吞吐增产技术研究，确定大港油田深层致密（页岩）油 CO_2 吞吐增产机理、开展注采工艺参数优化设计与实施方式设计，并优选适宜单井及井组进行现场试验，为大港油田深层致密（页岩）油高效增产开辟一条可行技术途径。

2　页岩油注 CO_2 吞吐增产机理

2.1　混相提高驱油效率

众所周知的是，若 CO_2 与原油在油藏条件下能够实现混相，则可最大程度提高驱油效率。依据 SY/T 6573—2016《最低混相压力实验测定方法——细管法》，开展大港油田页岩油最小混相压力测试，流程图见图 1。

最小混相压力实验结果如图 2 所示。由图 2 可知，实测 CO_2 与页岩油最小混相压力为 36.8MPa，小于目前地层压力(40.76MPa)及原始地层压力(46.29MPa)，判断在油藏条件下，注入 CO_2 可与页岩油实现混相，可以最大程度提高页岩油的驱油效率。

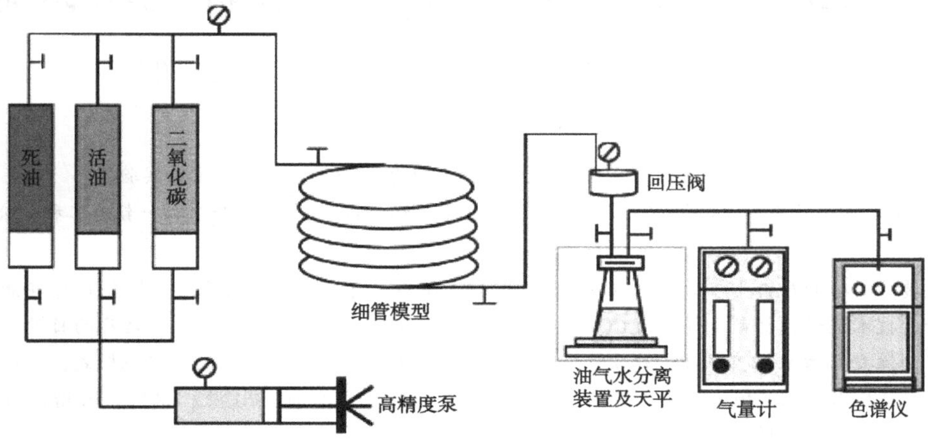

图 1　CO_2 最小混相压力测试流程

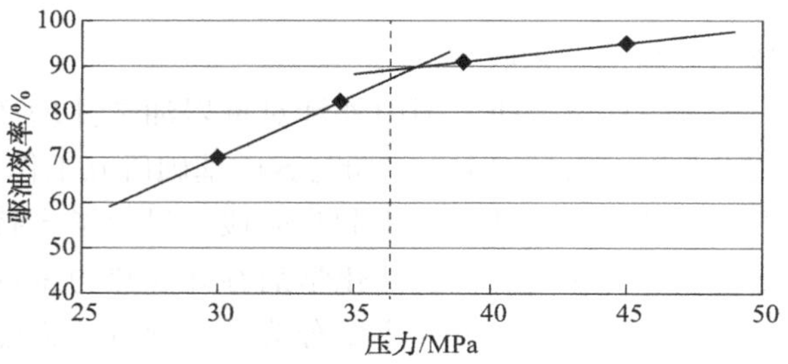

图 2　CO_2 最小混相压力实验结果

2.2　混溶降低页岩油黏度提高流动性

在油藏温度和压力下，对不同气液比条件下原油黏度进行测试，由图 3 可知，随着气油比的增加，原油黏度明显下降，降黏率迅速提高，但达到一定量后($150m^3/t$)，黏度变化和降黏率趋缓。在工程实践当中，向油藏注入 CO_2 后，CO_2 与原油不断接触混溶，黏度大幅降低，原油流动性得到改善，利于原油从地层向井筒流动，在举升过程当中，由于压力的不断降低，CO_2 会逐渐从油中脱出吗，但仍有一部分 CO_2 溶解在油中，较低的原油黏度利于井筒举升。

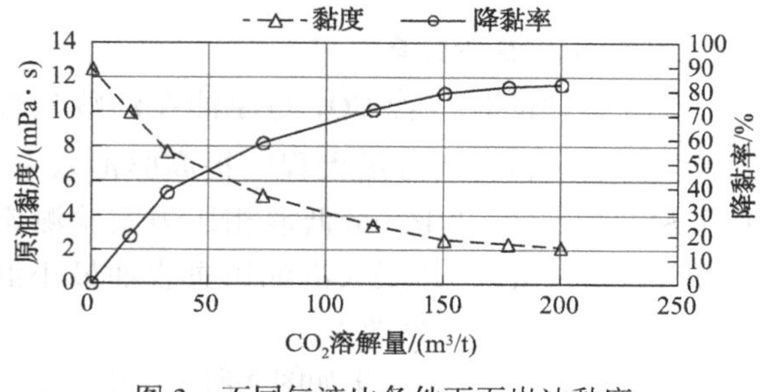

图 3　不同气液比条件下页岩油黏度及降黏率变化曲线

2.3　溶蚀增渗扩大渗流通道

研究 CO_2 与地层水结合后对地层岩石的腐蚀作用，通过岩石溶蚀实验对油藏矿物的溶蚀量进行测定，研究在油藏温度压力条件下 CO_2 对岩石矿物成分的腐蚀性强弱影响。研究表明(图 4、图 5)，CO_2 溶蚀泥岩比例最大，具有溶蚀增渗作用，平均渗透率增幅 41.86%。分析原因主要有为 CO_2 遇水形成碳酸，具有溶蚀岩层矿物成分及酸化解除无机垢堵塞的作用，同时在 CO_2 注入过程中，当压力和温度达到临界状态，超临界 CO_2 溶剂会溶解有机垢，进一步扩大了渗流通道，提高了渗透率。

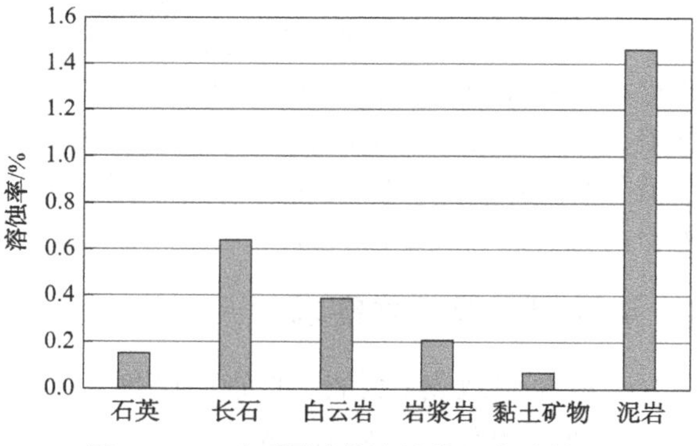

图 4　CO_2 对不同矿物溶蚀作用实验结果

另外，由于 CO_2 的注入，油藏形成酸性环境，溶液中 H^+ 离子浓度升高，使孔隙表面和黏土微粒表面的负电荷减小，使孔隙表面和黏土微粒表面间的排斥势能减小，因此，黏土微粒不容易直接从孔隙壁表面分散脱落；孔隙和黏土微粒表面定势吸附之后剩余的 H^+ 有利于对负双电层的压缩作用，进一步抑制黏土矿物的膨胀、分散和运移，巩固了渗透通道的畅通性。

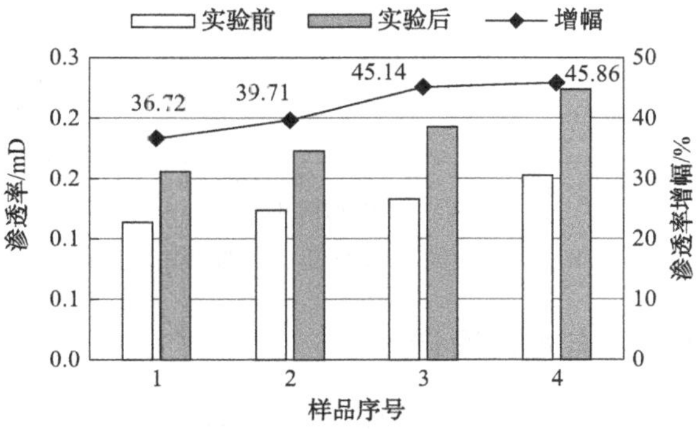

图 5　实验前后岩心渗透率变化对比图

2.4　降低残留压裂液黏度解堵助返排

目前大港油田页岩油采用水平井+分段多簇大规模体积压裂进行投产，压裂所用滑溜水的主要成分是高分子聚合物，选取现场所用聚合物配置聚合物溶液，评价 CO_2 对聚合物溶液的影响程度。通过实验结果可知(表 1)，CO_2 可大幅降低聚合物溶液黏度，降黏率达到 98.25%。分析原因主要为聚合物体系在酸性条件下分子链条受到破坏，由高分子变为小分子，从而提高流动性。反映到工程上为 CO_2 可大幅降低残留在油藏中的压裂残液黏度，提高残液返排流动能力，疏通了渗流通道，利于页岩油的流动，起到解堵疏油的作用。

表 1　聚合物溶液通入 CO_2 前后黏度数据表

状态	初始常温	油藏温度未通 CO_2	油藏温度通入 CO_2	CO_2 降黏率/%
聚合物溶液黏度/mPa·s	78.6	62.8	1.1	98.25

2.5　补充地层能量

在油藏温度和压力下，向原油中不断加入 CO_2，记录混溶后体积数据，并计算膨胀系数和体积系数，由图 6 可知，随 CO_2 溶解量增大，原油体积系数和膨胀系数呈线性增长；当 CO_2 在原油中的溶解量为 198.95m^3/t 时，地层原油体积系数为 1.26，即原油膨胀了 26%，体积系数达到 1.44。分析认为，随着 CO_2 在原油中的溶解，CO_2 具有溶胀页岩油的作用，增加原油的弹性能，具有进一步增加原油从基质中排挤出来的作用，同时入井 CO_2 在油藏中不断被加热，体积膨胀，进一步补充了油藏能量。开井生产后，油藏压力迅速下降，流体中的溶解气快速膨胀并脱出，带动原油流入井筒，形成内部溶解 CO_2 驱，同时也改善了毛细管吸渗作用，致使驱油范围扩大，增大了波及系数，增加单井产能。

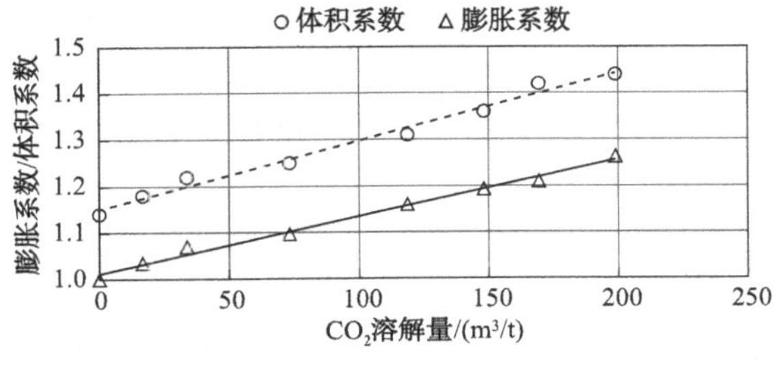

图 6　不同气液比条件下页岩油黏度及降黏率变化曲线

3　关键注采参数优化

结合以上机理认识，通过综合分析油藏地质参数、钻井及井型数据、压裂规模、生产数据，形成注入量、段塞组合、闷井时间等三项关键注采参数优化方法。

3.1　注入量

CO_2 注入量是决定页岩油吞吐效果的一个重要因素。通过 CO_2 注入量对增油量和换油的影响研究可以发现(图 7)，随着增加 CO_2 注入量，增油量不断提高，但换油率却呈现不断下降的趋势。分析原因认为，在 CO_2 注入量较低的时候，由于其对原油的溶解、膨胀、降黏、萃取等作用机理，页岩油的采收率大大提高。随着原油的不断采出，剩余油含量逐渐降低，后续注入的 CO_2 不能被充分利用；与此同时，过多的 CO_2 使得原油体积膨胀，使得一部分原油流向基质内部，也增大了 CO_2 进一步向基质中扩散的阻力，一定程度上增大了开采难度。当注入量为 1000t 时，增油量为 1260t、换油率为 1.26，结合换油率，设计单井最优注入 CO_2 量为 800~1500t。

3.2　段塞组合

由于页岩油储层十分致密，很难与外界形成物质传递，页岩油井虽经过压裂改造，但压裂规模可控范围之外，仍存在致密边界，难以获得外来能量的补充。因此，针对页岩油亏空程度较大

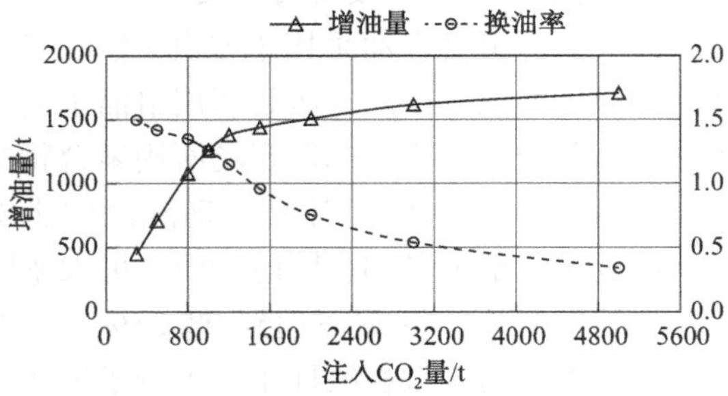

图7 注入量与增油量、换油率关系曲线

的页岩油井，需要用人工方式补充地层能量。单纯依靠 CO_2 虽能一定程度补充地层能量，但要大幅补充地层能量，需要注入大量的 CO_2，鉴于目前 CO_2 市场价格较高，经济性较差；综合考虑技术及成本因素，设计前置 CO_2、后置 CO_2 及气水交替三种段塞组合形式：

(1) 前置 CO_2：该段塞组合为先向页岩油层中注入 CO_2，后置注水补能；CO_2 将首先占据亏空大孔道，但容易被后置水段塞推向远端，波及范围受限；

(2) 后置 CO_2：该段塞组合为先向页岩油层中注水补能，后续注入 CO_2，目的是充分发挥注入水的补充油藏能量及渗吸置换页岩油作用，同时利用 CO_2 增油机理，发挥协同增油作用。

(3) 气水交替：研究表明，气水交替时机越早提高，最终采收率越高。综合以上两点分析，设计气水交替注入方式。一方面发挥前置水段塞将占据亏空大孔道，实现注水补能的作用；另一方面，迫使后续注入的 CO_2 向更小孔道、缝隙中运移，随着后续水段塞的注入及 CO_2 的溶解扩散作用，CO_2 将被完全挤入储层缝网及基质内部与水、储层、页岩油相互作用，发挥 CO_2 增油作用，同时，注入水通过渗吸置换，进一步置换页岩油。

3.3 闷井时间

理论上，闷井时间越长时获得的采收率越高。但当闷井时间过长时，CO_2 对油的抽提能力会显著下降，同时也增加了占产时间，降低了油井运行时率。因此在实际生产中，存在一个最佳的闷时间。研究表明(图8)，随着闷井时间的延长增油量和换油率显著提高，但达到40天以后，增油量和换油率出现下降。因此，对于实施 CO_2 吞吐的深层致密(页岩)油井，设计最佳闷井时间为30~40天。

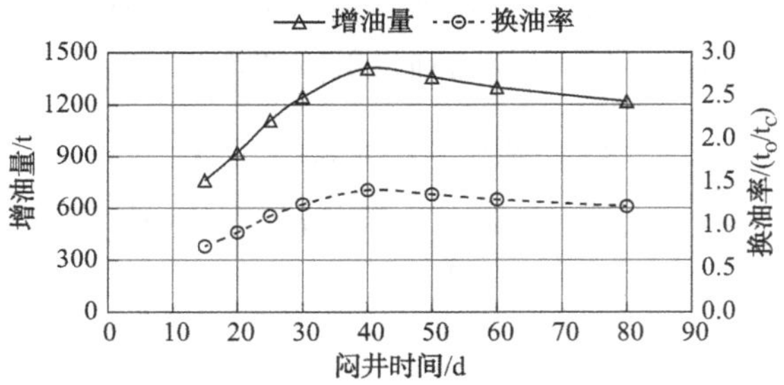

图8 闷井时间与增油量、换油率关系曲线

4 实施方式设计

结合页岩油注 CO_2 增产机理、井间连通性及生产数据，研究形成单井自助二氧化碳吞吐、井组二氧化碳吞吐协同驱、“二氧化碳+水/活性水”复合吞吐等差异化实施模式，有效指导不同类型页岩油老井实施个性化二氧化碳吞吐增产技术。

(1) 针对不与邻井发生连通的页岩油井，设计单井自助二氧化碳吞吐实施模式，将 CO_2 通过井筒注入地层，经过压力扩散，充分发挥“CO_2-油-水-岩”的相互作用，

(2) 针对能够建立驱替关系的页岩油井组，采用二氧化碳吞吐协同驱实施方式。该实施方式，可发挥注入井吞吐和井间驱替的双重作用，将注入井周围剩余油通过吞吐采出井口、井间剩余油驱替到采油井附近并采出。

(3) 针对回采率(累产液/压裂液总量*100%)较高的油井，采用“二氧化碳+水”复合吞吐实施方式，先期对油藏进行注水补能，然后注入一定量的 CO_2，再注入后置顶替水，发挥注水补能、渗吸置换和 CO_2 吞吐增产的多效协同作用，最终提高页岩油采收率。

5 试验效果

先后在不同甜点区域实施 CO_2 吞吐协同驱1井组、单井自助 CO_2 吞吐4井次，“CO_2+水”复合吞吐1井组，共7口注入井，3口受益邻井，累计注碳5222t，综合初期产量翻2.11倍，累增油3961t(表2)。

6 结论

通过 CO_2 吞吐注采工艺参数优化设计及实施方式优选，可实现页岩油井注 CO_2 吞吐增产提效。不但为大港油田页岩油增产探索出了一条

可行的技术路线，同时为同类型页岩油增产提供借鉴。

表 2 大港油田页岩油 CO_2 吞吐效果统计表

实施模式	井号	S1 * 平均值/(mg/g)	注碳量/水量/(t/m^3)	措施前产量/(t/d)	措施后初期产量/(t/d)	有效期/天	增油量/t
井组协同 CO_2 吞驱	1#井：注 CO_2 井	8.83	276	11.2	24.29	391	1978
	2#井：邻近受益井	7.99	受益邻井				
	3#井：邻近受益井	7.55	受益邻井				
单井自助 CO_2 吞吐	4#井：注 CO_2 井	4.96	773	1.72	4.68	208	295
	5#井：注 CO_2 井	4.15	973	1.53	5.65	192	566
	6#井：注 CO_2 井	2.15	743	1.06	2.46	309	169
	7#井：注 CO_2 井	1.23	489	1.77	7.15	196	401
井组"CO_2+水"复合吞吐	8#井：注 CO_2 井	1.5	968	4.5	5.07	69	25
	9#井：注水+CO_2 井	1.1	100/10000	2.9	5.94	54	107
	10#井：邻近受益井	/	邻近受益井	4.05	5.24	318	420
总计/平均			5222/10000	28.73	60.48	217	3961

参 考 文 献

[1] 邹才能，潘松圻，荆振华，等．页岩油气革命及影响[J]．石油学报，2020，41(1)：1-12.

[2] 鞠玮，牛小兵，冯胜斌，等．页岩油储层现今地应力场与裂缝有效性评价——以鄂尔多斯盆地延长组长 7 油层组为例[J]．中国矿业大学学报，2020，49(5)：931-940.

[3] 高铁宁，杨正明，李海波，等．页岩油储层纳米孔隙结构特征[J]．中国科技论文，2018，13(21)：2461-2467.

[4] 赵贤正，周立宏，赵敏，等．陆相页岩油工业化开发突破与实践——以渤海湾盆地沧东凹陷孔二段为例[J]．中国石油勘探，2019，24(05)：589-600.

[5] 姚兰兰，杨正明，李海波，等．大港油田沙一下亚段页岩油储层高压压汞与氮气吸附实验[J]．大庆石油地质与开发，2021，40(04)：162-168.

[6] Yin Shun li，Zhuang Tian lin，Yang Li yong. Exploration and Practice of Volume Fracturing Technology of Shale Oil in Dagang Oilfield[J]. E3S Web of Conferences，2021，252.

[7] 付京，姚博文，雷征东，等．北美超低渗致密油藏提高采收率技术现状[J]．西南石油大学学报(自然科学版).2021(05).

[8] 魏兵，张翔，刘江，等．致密油藏提高采收率现场试验进展和启示[J]．新疆石油地质.2021(04).

[9] Mahamadou Aminou Chaibou Ibrahim. 页岩油注 CO_2 吞吐提高采收率评价研究[D]．青岛：中国石油大学(华东)，2019.

[10] 唐维宇，黄子怡，陈超，等．吉木萨尔页岩油 CO_2 吞吐方案优化及试验效果评价[J]．特种油气藏，2022，29(03)：131-137.

[11] 蒲春生，张荣军，时宇，等酸碱度对黏土矿物膨胀分散的影响规律[J]．石油工业技术监督，2006(02)：8-10.

海上稠油油田长期水驱时变表征数值模拟方法及应用

房　娜　黄　琴　张国浩　刘建国　张　瑞

[中海石油(中国)有限公司天津分公司]

摘　要　针对目前长期水驱后稠油油田多因素时变规律认识不清、现有数值模拟器难以兼顾多重时变因素及稠油的非牛顿流体特征，以渤海典型稠油油田为例，基于大量岩心驱替实验、核磁共振技术以及矿场实际生产资料，定量刻画了渗透率、相对渗透率、原油黏度等因素的时变规律和表征方程。在此基础上，建立了一套兼顾多重时变效应和稠油的非牛顿流体特征等因素下数学模型，明确了不同时变因素和稠油的附加阻力对油田采收率和水驱动用程度的影响。结果表明，考虑相渗时变后区块采收率和水驱动用程度均提高，考虑黏度、渗透率时变和稠油的附加阻力会降低区块采收率和水驱动用程度。综合考虑多因素后提高了注水波及区的驱油效率，水驱动用程度变低。该研究成果指导了渤海S油田剩余油预测及调整挖潜，历史拟合精度提升了10个百分点，预计提高油田采收率2.4%。

关键词　长期水驱；稠油油田；时变效应；附加阻力；水驱动用程度；历史拟合；剩余油

渤海油田稠油资源丰富，稠油油田探明地质储量占50%以上，考虑到大多稠油油田埋深浅、储层砂质较为疏松，注水开发会对储层和流体物性参数影响较大。特别是油田进入高含水后期，注入水长期冲刷地下孔喉导致储层和流体物性较原始状态发生明显变化。因此准确认识储层和流体时变规律建立一套完善的长期水驱稠油油藏数值模拟技术，对于油田开发效果评价、剩余油预测以及调整挖潜方向等均具有重要意义。

目前国内外学者对于物性时变规律及表征方面开展了大量的研究，然而多数研究往往依赖少量取芯资料，仅考虑单一或两因素作用下时变规律，且目前数值模拟器难以兼顾多重时变因素及稠油油藏的非牛顿流体特征，导致研究结果矿场应用难度大。为准确剖析长期水驱冲刷下稠油油藏渗流规律，本文基于大量岩心实验、矿场取样及实际生产数据，定量刻画了稠油油藏渗透率、相对渗透率、原油黏度等三重因素下时变规律，在此基础上，综合考虑三重时变特征和稠油的非牛顿流体特征，建立了一套稠油油藏长期水驱作用下时变表征数值模拟技术，明确了不同时变因素对水驱动用程度的影响，为准确刻画油田渗流规律及剩余油奠定了基础。

1　长期水驱时变特征

1.1　渗透率时变规律

对于对长期水驱不同阶段，利用核磁共振技术，可以评价不同孔隙级别下流体的动用状况。弛豫时间反映岩心中不同大小的孔隙半径中流体的分布情况，松弛时间越大，代表孔喉半径越大，两者满足以下关系式：

$$r=\frac{0.735}{m}(T_2)^n \tag{1}$$

式中，T_2为松弛时间，ms；r_c为毛细管半径，m；m，n为系数，无量纲。

通过公式(1)可以将核磁共振测试的T_2值转化为孔喉半径，从图1可以看出，岩心驱替前T_2值分布范围较为集中，信号强度只有一个峰，T_2值主要集中于2~10.35ms之间，结合公式(1)计算孔喉半径在1~22μm之间，平均孔喉半径为13.8μm。随着注入倍数的增加，T_2值的分布范围逐步扩大且右移，注入100PV后计算孔喉半径主要集中在8~62μm之间，平均孔喉半径为21.6μm，较水驱前孔喉半径扩大了1.57倍。

考虑数值模拟中，水驱倍数受网格尺寸的影响导致时变参数计算结果误差较大。驱替通量定义为累积通过单位渗流截面的流体体积，它不受网格尺寸的影响，因此常用驱替通量代替水驱倍数表征物性时变规律。因此将实验室尺度下水驱倍数和平均孔喉半径的关系转换为驱替通量和渗透率变化倍数的关系进行表征。通过拟合多块岩心的实验数据，结果表明驱替通量小于 50m 时，渗透率变化较小，驱替通量大于 50m 之后，渗透率变化率与驱替通量呈现指数式增长关系式。见图 2。

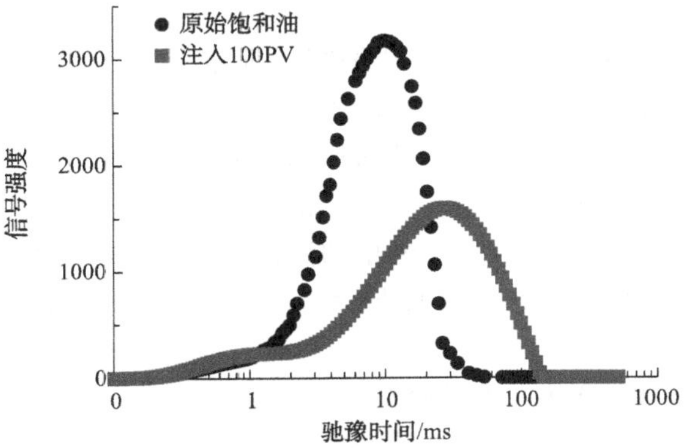

图 1　典型岩心不同驱替倍数下 T2 谱曲线

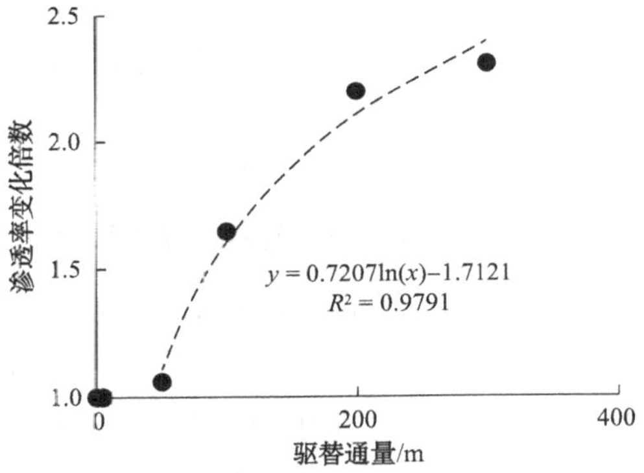

图 2　渗透率与驱替通量的关系

1.2　相渗时变规律

通过开展不同水驱阶段相渗曲线测试，结果表明岩心经过高倍水驱后，相渗曲线呈现出共渗点右移，残余油饱和度减小，水相相对渗透率降低的特点。通过拟合不同驱替通量下残余油饱和度和最大水相相对渗透率两个参数，可以实现相渗曲线时变规律的定量表征。从图 3 可以看出，随着驱替通量的增加，残余油饱和度变化倍数和最大水相渗透率变化倍数与驱替通量均呈现指数式降低的关系。

1.3　黏度时变规律

通过统计渤海近 50 口稠油油田油井地面脱气原油黏度随时间的变化规律，并结合数值模拟转化为地层原油黏度变化率和驱替通量的关系。由图 4 可以看出，随着驱替通量的增加，原油黏度呈近线性增加，且初始原油黏度越大，随着驱替通量的增加原油黏度变化率增加幅度越大。

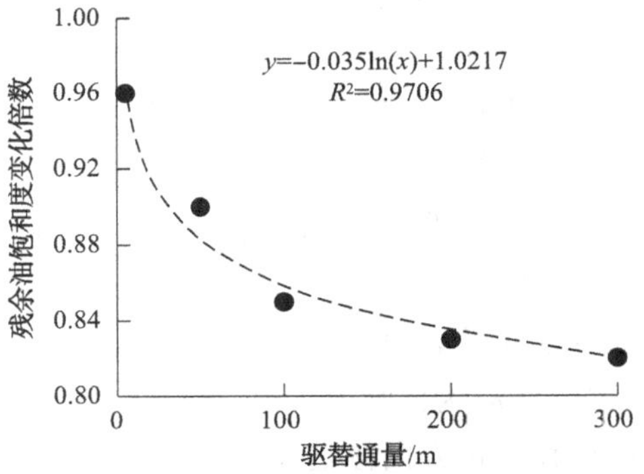

(a)驱替通量和残余油饱和度变化倍数关系

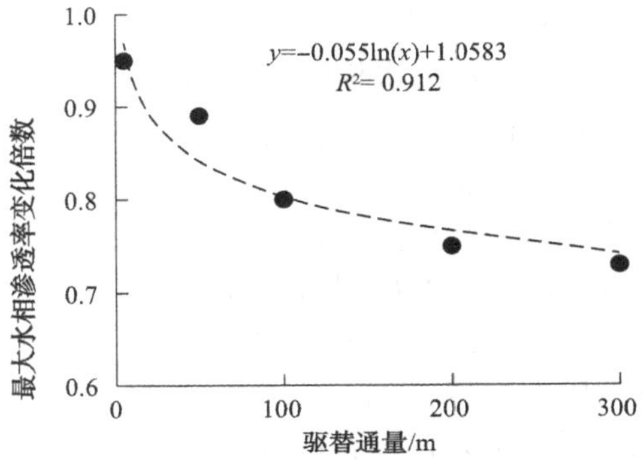

(b)驱替通量和最大水相渗透率变化倍数关系

图 3　不同驱替通量下相渗参数

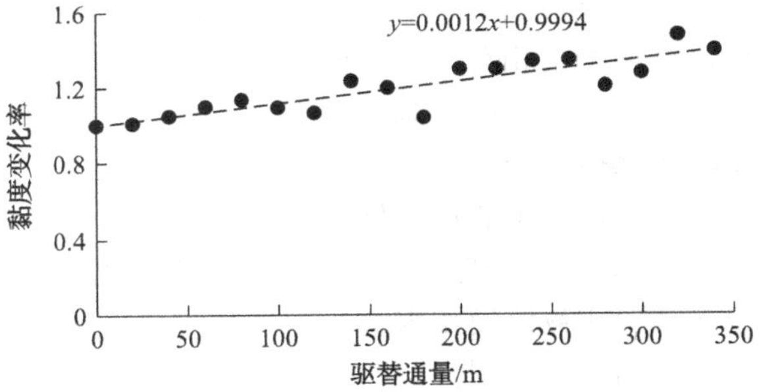

图 4　不同原油黏度下黏度变化率与驱替通量的关系

1.4　稠油非牛顿流体特征

稠油油藏普遍具有非牛顿性特征，当油田注水开发时，只有在驱替动力高于拟附加渗流阻力 G_t 的区域，流体才能有效动用。拟附加渗流阻力主要受流体黏度与储层渗透率的影响。渤海油田通过大量岩心驱替实验表明，随着原油流度的降低，拟附加渗流阻力呈指数式增加，拟合得出拟渗流阻力和流度的函数关系为：

$$G_t = -0.001\ln\left(\frac{K}{u_o}\right)^{0.006} \tag{2}$$

2 时变数值模拟技术

2.1 数学模型的建立

基于渗流力学理论，依据质量守恒原理得到油、水两相下考虑三重时变效应和拟附加渗流阻力的渗流方程：

$$\frac{\partial}{\partial x}\left(\rho_o\frac{K_xK_{ro}}{\mu_o}\nabla P_{ox}\left(1-\frac{G_{to}}{|\nabla P_{ox}|}\right)\right)+\frac{\partial}{\partial y}\left(\rho_o\frac{K_yK_{ro}}{\mu_o}\nabla P_{oy}\left(1-\frac{G_{to}}{|\nabla P_{oy}|}\right)\right)+q_o=\frac{\partial}{\partial t}(\phi\rho_oS_o) \quad (3)$$

$$\frac{\partial}{\partial x}\left(\rho_w\frac{K_xK_{rw}}{\mu_w}\nabla P_{wx}\left(1-\frac{G_{tw}}{|\nabla P_{wx}|}\right)\right)+\frac{\partial}{\partial y}\left(\rho_w\frac{K_yK_{rw}}{\mu_w}\nabla P_{wy}\left(1-\frac{G_{tw}}{|\nabla P_{wy}|}\right)\right)+q_w=\frac{\partial}{\partial t}(\phi\rho_wS_w) \quad (4)$$

式中，ρ_o为油相密度，kg/m^3；ρ_w为水相密度，kg/m^3；K_x为储层在 x 正方向渗透率，um^2；K_y为储层在 y 正方向渗透率，um^2；K_{rw}为水相相对渗透率；K_{ro}为油相相对渗透率；μ_o为油相黏度，mPa·s；μ_w为水相黏度，mPa·s；p_o为油相压力，Pa；p_w为水相压力，Pa；q_o为油相注入质量流量，kg/m^3·s；q_w为水相注入质量流量，kg/m^3·s；t 为时间，s；S_o为含油饱和度；S_w为含水饱和度；∇P_{ox}为油相在 x 轴正方向的驱动压力梯度，Pa/m；∇P_{oy}为油相在 y 轴正方向的驱动压力梯度，Pa/m；∇P_{wx}为水相在 x 轴正方向的驱动压力梯度，Pa/m；∇P_{wy}为水相在 y 轴正方向的驱动压力梯度，Pa/m；G_{to}为油相拟附加渗流阻力，Pa/m；G_{tw}为水相拟附加渗流阻力，Pa/m。

初始条件及边界条件与常规水驱油模型一致，渗透率、相对渗透率曲线和原油黏度等参数转变为驱替通量的函数。

2.2 模型的求解

在确定基本假设条件、基本微分方程、定解条件的基础上，利用有限差分方法对方程离散，建立全隐式数值模型求解压力场和饱和度场。

油相微分方程：

$$\Delta T_o^n\Delta P^{n+1}+\Delta x_i\Delta y_j\Delta z_kq_{oijk}=\frac{\Delta x_i\Delta y_j\Delta z_k}{\Delta t}[(\varphi\rho_oS_o)^{n+1}-(\varphi\rho_oS_o)^n] \quad (5)$$

水相微分方程：

$$\Delta T_w^n\Delta P^{n+1}+\Delta x_i\Delta y_j\Delta z_kq_{wijk}=\frac{\Delta x_i\Delta y_j\Delta z_k}{\Delta t}[(\varphi\rho_wS_w)^{n+1}-(\varphi\rho_wS_w)^n] \quad (6)$$

其中，

$$T_o=\frac{\rho_oK\,K_{ro}}{\mu_o}\left(1-\frac{G_{to}}{|\nabla P_o|}\right) \quad (7)$$

$$T_w=\frac{\rho_wK\,K_{rw}}{\mu_w}\left(1-\frac{G_{tw}}{|\nabla P_w|}\right) \quad (8)$$

利用 Matlab 软件编制长期水驱下稠油数值模拟器，其中，储层渗透率、相对渗透率曲线以及原油黏度均是驱替通量的函数，每个时间步通过计算网格的驱替通量，根据上述所建立的时变模型重新获取每个网格的渗透率、相对渗透率以及原油黏度以及传导率等参数，计算井间渗流场。

2.3 软件可靠性验证

为了验证软件的准确性，建立反九点注采单元概念模型，与商业化软件 Eclipse 进行对比验证，得到整体注水 1PV 时的压力场（井点范围）。对比 Eclipse 和自编模拟器的计算结果可以看出，两者计算的压力差异较小，可以认定自编模拟器的压力计算结果较为可靠，见图 5。

3 时变参数对水驱动用程度的影响

以渤海油田 S 油田实际地质油藏条件为例，自研数值模拟器基本设置条件见下：储层中深-1450m，平均渗透率 2600mD，平均孔隙度 31%，原油黏度 300mPa·s，井网形式采用反九点井网，生产条件采用定产的模式生产，关井条件设置为日产油低于 5m^{3}或含水率超 98%。

共设计 6 套方案，方案 1 为基础方案，不考虑时变因素和稠油的附加阻力，方案 2 只考虑原油黏度时变特征，方案 3 只考虑渗透率时变特征，方案 4 只考虑稠油的附加阻力，方案 5 只考虑相对渗透率时变特征，方案 6 综合考虑三重时变效应和稠油的附加阻力等多因素的影响。

方案 1~方案 6 采收率分别为 42.3%、40.8%、41.4%、40.3%、47.0%和 44.6%，其中考虑黏度时变、渗透率时变和附加阻力与基础方案相比采收率分别减少 1.5%、0.9%和 2.0%，考虑相对渗透率时变和考虑综合因素下较基础方案分别增加 4.7%、2.3%。由此可以看出，考虑黏度时变、渗透率时变和附加阻力等因素后开发效果会变差，考虑相渗时变和考虑综合因素下开发效果变好。

为明确不同因素对水驱动用程度的影响，定义含水饱和度≥60%的保络面积占比表征水驱动用程度，从图 6 可以看出，方案 1～方案 6 水驱动用程度分别为 61%、55%、43%、32%、78%和 56%，由此可以看出考虑黏度时变、渗透率时变和附加阻力等因素后水驱动用程度变差，考虑相渗时变后水驱动用程度变好，综合考虑多因素下水驱动用程度较基础方案降低。

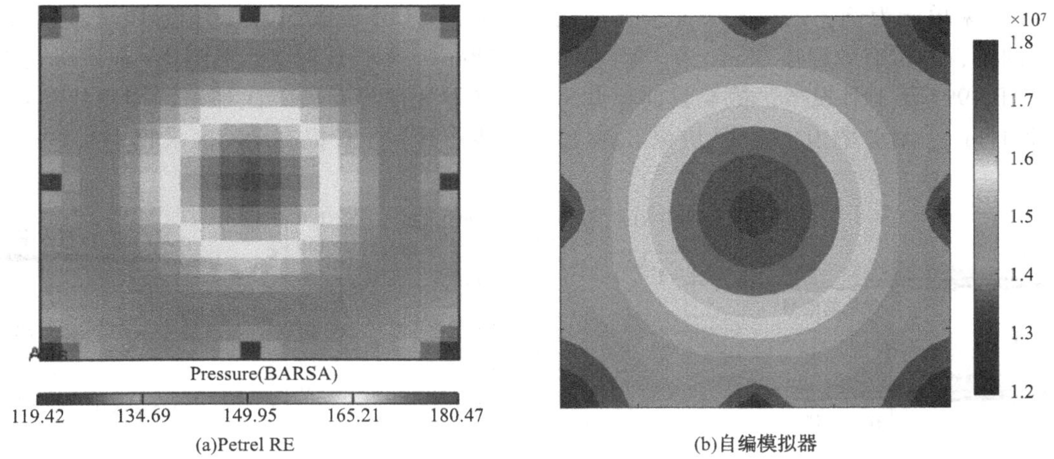

图 5　不同模拟软件下压力场分布

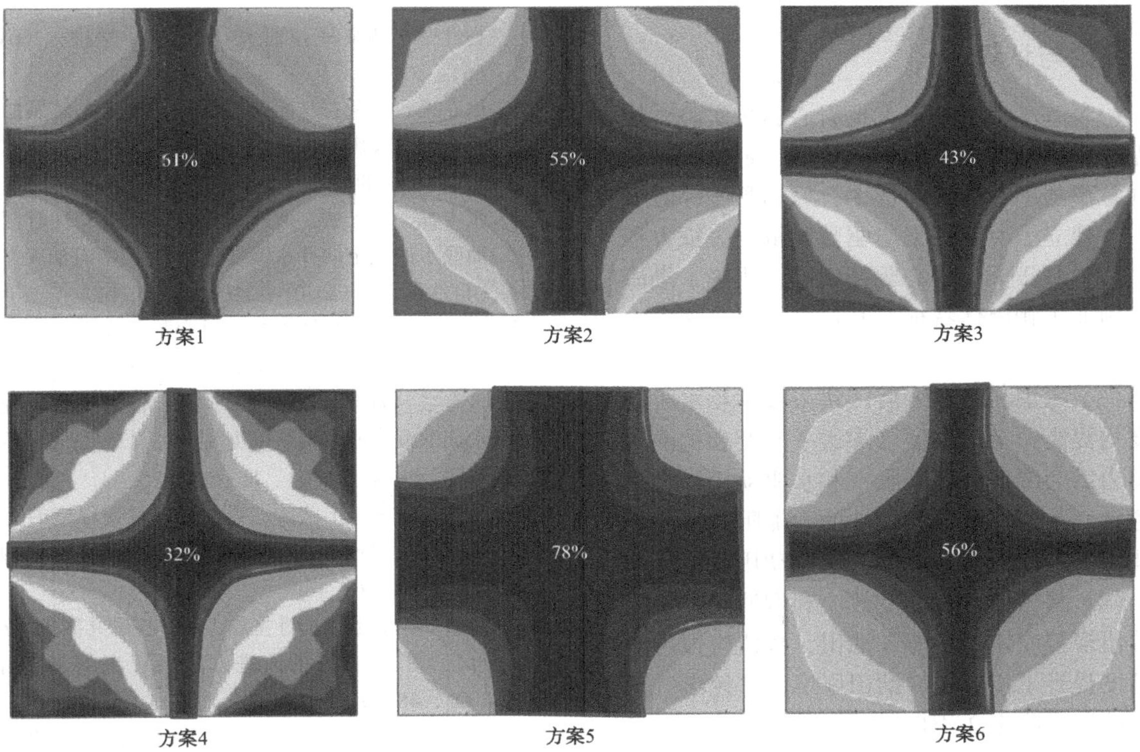

图 6　不同时变因素作用下含油饱和度

4　矿场应用

4.1　油田概况

S 油田为渤海最大自营油田，位于辽东湾坳陷辽西低凸起中段，主要含油气目的层为古近系东营组下段，沉积类型为三角洲前缘沉积，储层胶结疏松，储层物性具有高孔、高渗的特征，原油密度大、黏度高，为重质稠油。该油田开发初期采用反九点井网注水开发，开发中期通过综合调整井网形式全面转换为定向井排状井网，局部采用水平井和定向井联合井网，全油田采油速度约为1.0%，采出程度33.4%，目前已处于特高含水期。

4.2　调整挖潜策略

以A1注采单元为例，该注采单元为典型的多层砂岩油藏，油层有效厚度58m，平均渗透率3200mD，于1995年1月投产，截至目前单井平均日产油15m³，含水率92%，区块采出程度51%。结合产吸剖面资料表明3-2主力小层采出程度达61.2%，常规认识挖潜潜力小。在考虑多重时变因素和稠油的附加阻力下开展剩余油预测，结果表明3-2小层呈现底部强驱替、顶部弱驱替，厚层顶部仍具有2~3m甜点区，因此部署了一口水平采油井W1井挖潜厚层顶部剩余油，W1井于2024年1月投产，投产后日产原油78m³，含水率83%，见图7。在该研究成果的指导下S油田开展二次加密调整，共部署了81口生产井，预计提高动用区采收率5.0%。

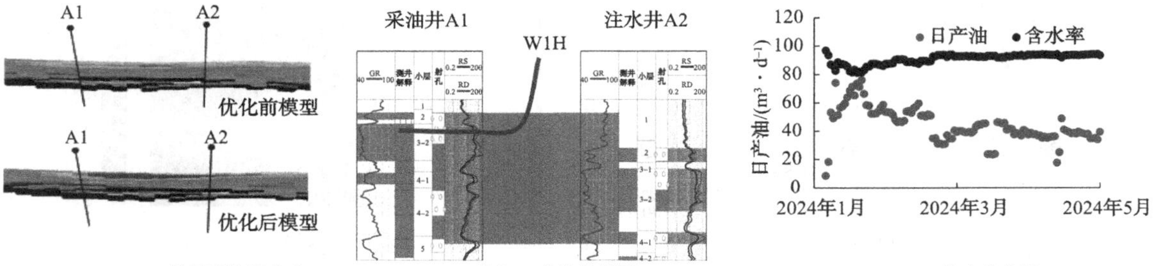

(a)A1井区剩余油分布　(b)A1井和A2井连井剖面　(c)W1H井生产曲线

图7　W1H井挖潜示意及效果

5　结论与认识

（1）基于渤海油田大量岩心驱替实验、核磁共振技术以及矿场实际生产资料，定量刻画了稠油油藏渗透率、相对渗透率、原油黏度等时变规律，并建立了时变因素与驱替通量的表征方程。

（2）基于大量岩心驱替实验，明确了渤海稠油油田非牛顿流体特征，并建立了拟渗流阻力和流度的关系方程。

（3）考虑相渗时变后区块采收率和水驱动用程度均提高，考虑黏度、渗透率时变和稠油的附加阻力后会降低区块采收率和水驱动用程度。综合考虑三重时变效应和稠油的附加阻力后主要提高注水波及区的驱油效率，水驱动用程度变低。

（4）将考虑三重时变效应和稠油的附加阻力后数值模拟应用于渤海S油田，数值模拟历史拟合精度提升了指导了S油田厚层调整挖潜，预计提高油田采收率2.4%。

参 考 文 献

[1] 李廷礼，张墨，吴婷婷，等．渤海不同类型稠油油藏开发策略研究[J]．天然气与石油，2023，41(6)：110-116.

[2] 王洪光，蒋明，张继春，等．高含水期油藏储集层物性变化特征模拟研究[J]．石油学报，2004，25(6)：53-58.

[3] 徐春梅，张荣，马丽萍，等．注水开发储层的动态变化特征及影响因素分析[J]．岩性油气藏，2010，22(增1)：89-92.

[4] 张吉磊，罗宪波，何逸凡，等．储层物性时变的稠油底水油藏定向井水锥变化[J]．西南石油大学学报(自然科学版)2020，42(02)：133-140.

[5] 乔欣．水驱油藏储层物性时变数值模拟及流场评价研究[D]．青岛：中国石油大学(华东)，2017.

[6] 黄有泉，周志军，刘志军，等．葡南三断块特高含水期油藏数值模拟精度提高方法[J]．油气地质与采收率，2014，21(5)：65-68，115.

[7] 张伟，刘斌，王欣然，等．基于时变理论的优势通道演化规律研究[J]．新疆石油天然气，2019，15(04)：61-66，4.

[8] 何雨丹，毛志强，肖立志，等．核磁共振T2分布评价岩石孔径分布的改进方法[J]．地球物理学报，2005，48(2)：373-378.

[9] 姜瑞忠，乔欣，滕文超，等．基于面通量的储层时变数值模拟研究[J]．特种油气藏，2016，23(2)：69-72.

[10] 刘显太．中高渗透砂岩油藏储层物性时变数值模拟技术[J]．油气地质与采收率，2011，18(5)：58-62.

储层重构下的多介质复合蒸汽驱提高采收率技术研究与实践

宋 栋 郑爱萍 古丽给娜尔·买买提 杨登杰 刘艳春

（中国石油新疆油田分公司重油开发公司）

摘 要 克拉玛依油田九6区齐古组油藏是我国第一个转驱的特稠油油藏，经过30余年注蒸汽开发，油藏已进入高采出程度、高含水开发阶段，油层动用不均、汽窜频繁、注蒸汽效益差，亟须改善开发效果。通过密闭取芯、动用状况综合分析，开展剩余油分布研究，建立了蒸汽驱继承性窜流通道识别方法，明确多相介质降黏和增能作用机理及适用条件，以及在复杂窜流通道条件下采用先“调堵”、再“降黏”后“增能”方式，能有效提高蒸汽波及范围和驱油效率，创新形成了“深部封堵+优化射孔+介质辅助”相结合的基于储层重构为核心的多介质复合蒸汽驱开发技术，先导试验区产油水平由8t/d提升至33.0t/d，含水下降3.8%，蒸汽波及体积可提高到85%以上，有效改善了特稠油蒸汽驱“双高”阶段开发效果，阶段提高采收率4.6%，为进一步提高蒸汽驱油藏采收率、效益开发提供了技术支持。

关键词 特稠油；汽驱后期；窜流通道；储层重塑；多介质；蒸汽波及

克拉玛依油田九$_6$区属于砂岩特稠油油藏，开发已逾30余年，蒸汽驱采出程度超过50%，含水上升至97%，油汽比低于0.10，面临原生、次生非均质叠加，井间及油层下部剩余油尚未得到充分动用，继续汽驱无效益的开发困境，亟须改善开发效果，进一步提高油藏采收率。针对注蒸汽开发后期开发矛盾，主要做法以注采调控为主，或在注蒸汽同时添加氮气、二氧化碳等复合气体补能，或利用发泡剂产生泡沫降低蒸汽流度，或采取封堵调剖的方式效改善蒸汽驱开发效果但其有效期短，无法根本解决现场面临的问题，先开展储层重构，具体是采用深部封堵技术，大规模封堵汽窜通道，再通过优化射孔强化纵向动用，最后利用多介质降黏和增能作用来进一步提高蒸汽驱油藏蒸汽波及系数，该项技术为蒸汽驱后开发技术接替，储量效益开发奠定了基础。目前已开辟96144试验井区，先导试验区产油水平由8t/d提升至33.0t/d，含水下降3.8%，试验效果明显。

1 油藏地质概况

九$_6$区齐古组井区为受构造、岩性控制的浅层特稠油油藏，顶面构造形态为南东缓倾的单斜，油层纵向上主要分布在q_2^{2-1}和q_2^{2-2}砂层，q_2^{2-1}层油层厚度平均11.2m，q_2^{2-2}层油层厚度平均10.6m，层内隔夹层主要为物性夹层，油层系数平均0.81；平均渗透率为2015mD，孔隙度29.8%，含油饱和度68%，属于高孔、高渗储层；20℃下黏度平均17302mPa·s，黏-温反应敏感。

油藏开发30余年，采出程度超过50%，单井日产油下降至0.2t/d，含水从初期的85%上升到98%，油汽比跌至0.05以下。受纵向非均质性的影响，蒸汽超覆、高渗通道指进现象突出，未动用层位原油黏度与汽窜通道流体间流度比大，导致驱油效率降低，蒸汽有效波及体积减小，同时地层亏空严重，油藏供液能力下降，由原始油藏压力1.8MPa下降到目前0.5MPa。

2 剩余油潜力再认识

2.1 蒸汽驱开发动态解剖

从全区生产井产液剖面测试资料统计来看（表1），上部q_2^{2-1}层产液占比78.7%，下部q_2^{2-2}层占比21.3%，根据产液剖面统计结果对小层产油量进行批分，计算q_2^{2-1}层采出程度68.7%，q_2^{2-2}层采出程度24.0%。

2.2 取芯剩余油认识

2015—2016年在九$_6$区共部署密闭取芯井6口，岩心密闭取芯井岩心分析饱和度表明，油层整体动用，但纵向动用不均衡，上部物性较好的

$J_3q_2^{2-1}$和$J_3q_2^{2-2}$层动用程度高，物性差的$J_3q_2^{2-3}$动用程度较低，但$J_3q_2^{2-3}$层由于原始含油较低，大多为差油层和干层，剩余油饱和度低。对主力小层进一步细分单层，剩余油主要分布在$J_3q_2^{2-1-2}$和$J_3q_2^{2-2-1}$和$J_3q_2^{2-2-2}$层中，剩余油饱和度大于0.45(表2)

表1　目标区小层剩余油参数统计表

层位	有效厚度/m	储量/10^4t	批分产油量/10^4t	剩余储量/10^4t	采出程度/%	剩余油饱和度/%
q_{22-1}	11.2	35.5	24.4	11.1	68.7	22.0
q_{22-2}	10.6	32.0	7.7	24.3	24.0	51.7

表2　九$_6$区密闭取芯井剩余含油饱和度

小层	单层	孔隙度/%	含油饱和度(校正)/%	含水饱和度(校正)/%
J_3q_{22-1}	J_3q_{22-1-1}	0.286	0.362	0.638
J_3q_{22-1}	J_3q_{22-1-2}	0.293	0.472	0.528
J_3q_{22-2}	J_3q_{22-2-1}	0.266	0.468	0.532
J_3q_{22-2}	J_3q_{22-2-2}	0.271	0.455	0.545
J_3q_{22-3}	J_3q_{22-3-1}	0.207	0.321	0.679

2.3　微观剩余油分析

对该区岩心开展核磁共振剩余油微观实验，结合T2谱结果(图1)，含油主要集中在小、中孔，大孔中分布较少，在孔隙中的分布占比为，78.06%、20.82%、1.12%。同时发现随着岩心深度的增加信号的峰值大体上也逐渐增加，说明在取芯深度范围内，深度增加，岩心的含油情况越好。结合A井T1-T2谱数据(图2)，在样品中的流体组成，主要是束缚油和沥青，还有少量的束缚水和游离油；小孔中的流体以束缚油、沥青和束缚水为主，中孔，大孔中含有少量的游离油；沥青、束缚油、束缚水和游离油的分布占比为，13.29%、82.14%、3.68%、0.89%。

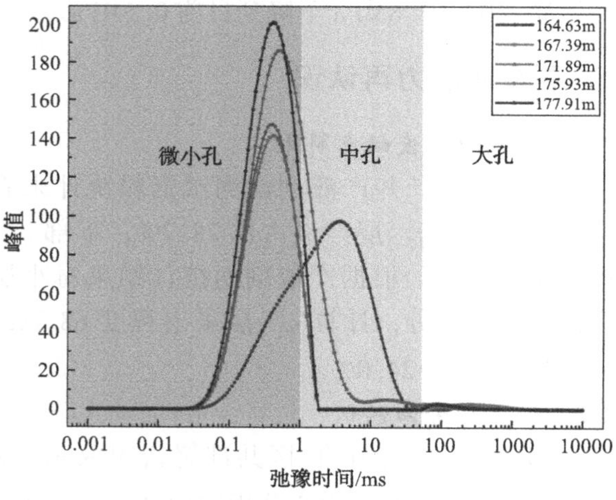

图1　岩心核磁T2谱结果

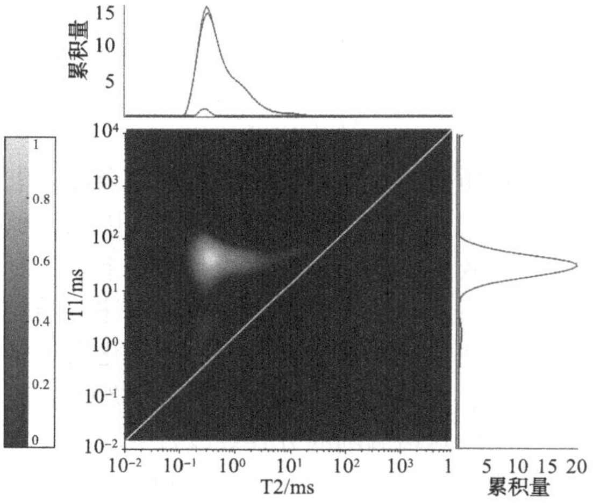

图2　岩心核磁T1-T2谱结果

2.4　平面剩余油分析

数模结果表明，经过多年蒸汽吞吐和蒸汽驱，目前汽驱区平均含油饱和度51%，井底附近25m油层(约占井控制面积的1/3)含油饱和度低于35%，其他区域(约占井控面积的2/3)的含油饱和度59%。目前，九$_6$区汽驱区油层平面水油流度比差异大(图3)，表现为三种不同驱替程度的区带：(1)蒸汽驱扫区：剩余油饱和度在22%以下，平均19%，占总油藏体积的10.3%；(2)热水驱扫区：剩余油饱和度在25%~50%，平均44%，占总油藏体积的41.9%；(3)注入流体基本未驱扫区：剩余油饱和度在50%以上，平均64.0%，占总油藏体积的47.8%。

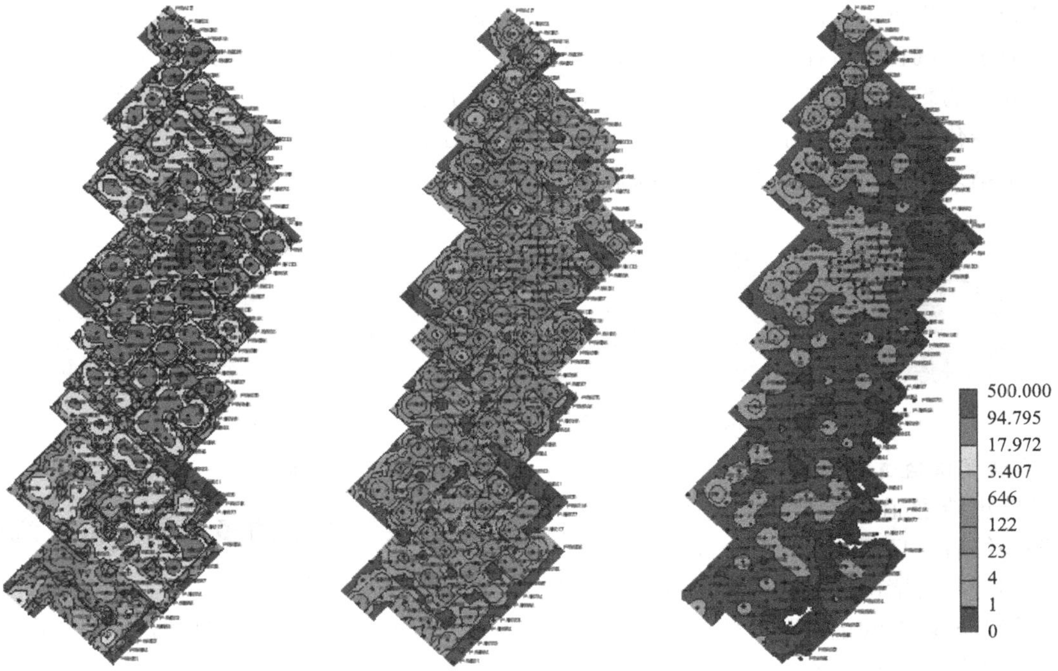

图 3　九$_6$区汽驱区油层平面水油流度比

综合分析蒸汽驱井组采出程度、剩余储量、温度场、流度比等资料，通过密闭取芯、岩心水洗状况分析、过套管电阻率和全谱剩余油测井等技术联合、综合分析 q_2^{2-1}层、q_2^{2-2}两层蒸汽驱技术极限采出程度分别为：72.3%、70.4%，剩余技术极限可采储量分别为：6.49×10^{4}t、8.00×10^{4}t。

3　通道对蒸汽驱开发的影响

长期注蒸汽开发对高含水油藏造成的影响，除了含水饱和度增加以外，还有一个重要的影响就是形成了水窜通道。可能造成水窜的通道主要有两类：高渗通道和继承性窜流通道。其中，高渗通道是储层先天非均质性造成的流动优势条带，这类通道在油藏中普遍存在；继承性窜流通道是经过长期冲刷的高渗条带或曾压裂区域，其水流优势明显，封堵难度大。

3.1　高流度通道对蒸汽驱开发影响

九$_6$区属于典型的辫状河流沉积的疏松砂岩油藏，多期河道叠加导致储层平面和纵向非均质性都比较严重。

3.1.1　物模研究

通过物模试验研究不同阶段所观测到的温度场(图 4)。蒸汽驱初期——注入的蒸汽首先沿着高渗透带或窜流通道走，产液含水较高。蒸汽驱中期——随着蒸汽注入，油藏加热范围变大，蒸汽腔逐渐形成，蒸汽腔前缘前面形成溶剂带，纵向上蒸汽波及趋于均匀，此时，产液、含水率下降；随着蒸汽腔进一步扩大，开始出现超覆现象，但产液、含水率稳定。蒸汽驱后期——蒸汽波及范围达到模型的 70%，蒸汽驱即将结束时产液、含水率开始上升(由于二维模型存在热损失，超覆的蒸汽冷凝成水，导致超覆变弱)。从物理模拟研究结果来看，高流度通道虽然会对汽驱初期有影响，但随着蒸汽腔的发育和形成，其影响逐渐减小。

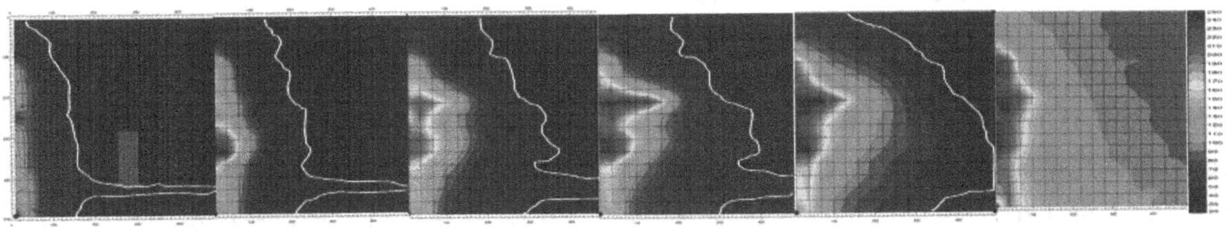

图 4　高渗通道蒸汽驱不同时间温度场分布(物理模拟)

3.1.2　数值模拟

在拟合后的汽驱先导试验区模型上，采用数模方法研究了蒸汽吞吐后存在的高流度通道对蒸汽驱开发效果的影响。图5是汽驱过程中注入井周围温度场变化情况，所显示的温度场扩展情况和物理模拟结果吻合，即蒸汽虽然会在汽驱早期首先进入高流度通道，但随着蒸汽腔的形成和发展，蒸汽沿高流度通道的指进被抑制，开发效果逐渐变好。从总体开发效果来看，在注采控制合适的条件下，存在高流度通道的油藏，仍能取得较好的汽驱开发效果。

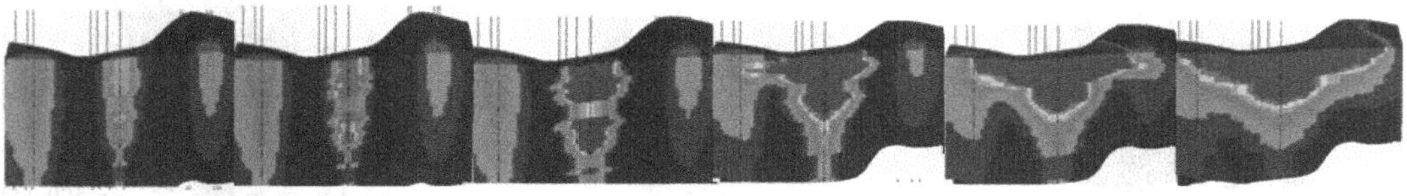

图5　高渗通道蒸汽驱不同时间温度场分布(数值模拟)

3.2　继承性窜流通道的影响

继承性窜流通道的主要特点是水流优势明显，长期关停后一旦开井很快又会高含水，常规注采调整和近井封堵调剖无法解决，对后续注蒸汽开发可能造成影响的主要因素是继承性窜流通道，有效识别继承性窜流通道成为保证后续开发效果的关键。为此，采用了“多项开发指标及精细数值模拟结合”识别与预测注蒸汽开发油藏继承性窜流通道的方法：

（1）冲刷时间——标志着建立注采关系的累计时间，高渗条带附近的长时间注采联通易形成继承性窜流通道；

（2）累积注汽量——反映了蒸汽主要流向；

（3）注汽速度——冲刷强度过大尤其是开采初期强度过大将增大水力压裂风险；

（4）产水-产油量比值——反映了蒸汽利用率及平面蒸汽流向差异；

（5）综合含水——继承性窜流通道上的综合含水表现为暴性水淹的特点，其上升规律与其他井差异大；

（6）注采反应——注采反应迅速、强烈的井间存在继承性渗流通道的可能性较大；

（7）精细历史拟合的温度场——温度差异反映了蒸汽流向差异，长期温高区域存在继承性渗流通道的可能性较大。

上述指标大于平均值的叠加区域，易出现继承性窜流通道；由于窜关等措施的影响，分析继承性窜流通道应基于具体的时间阶段，存在时效性。

图6是九$_6$区齐古组汽驱区长期汽驱后主力层J_3q^2的继承性窜流通道和高粘油墙分布情况。可以看出，上部J_3q^{2-2-1}层已经形成大量继承性窜流通道，加之高粘油墙的影响，部分井间流度比已经大于10000。

4　储层重构下的多介质复合蒸汽驱提高采收率技术

为探索蒸汽驱中后期提高采收率的对策，针对蒸汽驱平、剖面动用严重不均、汽窜频繁的主要开发矛盾，在九$_6$区齐古组油藏汽驱区开展了储层重构下的多介质复合蒸汽驱先导试验，以验证其技术和经济可行性，为稠油油田蒸汽驱老区提供经济有效的接替技术。

4.1　储层重构方式优化

主要针对汽窜通道开展深部封堵，同步开展射孔优化。

4.1.1　深部封堵优化

建立了汽窜通道与颗粒粒径匹配原则，形成了先大孔道后小孔道的逐级有序，级次封堵技术，有效扩大蒸汽波及体积。

选取无机凝胶类封堵体系，其不同中值粒径颗粒可针对性封堵对应大通道(表3)

表3　无机凝胶体系

封堵体系	颗粒中值粒径/um	对应封堵大通道平均直径/um
粗分散无机凝胶	55	400~500
细分散无机凝胶	45	250~400
微粉无机凝胶	35	170~250
超细无机凝胶	20	100~170

通过数模确定注汽井封堵半径15m采油井封堵半径12m，并根据累产水量，确定高渗透层比例，计算封堵用量，累产水18万~20万m^3，高渗透层比例$e=17\%$；累产水16万~18万m^3；

高渗透层比例 $e=16\%$；累产水 10 万～16 万 m^3，高渗透层比例 $e=15\%$；累产水 5 万～10 万 m^3；高渗透层比例 $e=14\%$；累产水<5 万 m^3；高渗透层比例 $e=13\%$；封堵油层厚度 $H\geq10m$，动用厚度百分比 $a=80\%$；封堵油层厚度 $H<10m$，动用厚度百分比 $a=100\%$；注汽井 q_{22-1}段，高渗透比例 18%；注汽井 q_{22-2}段，高渗透比例 15%。

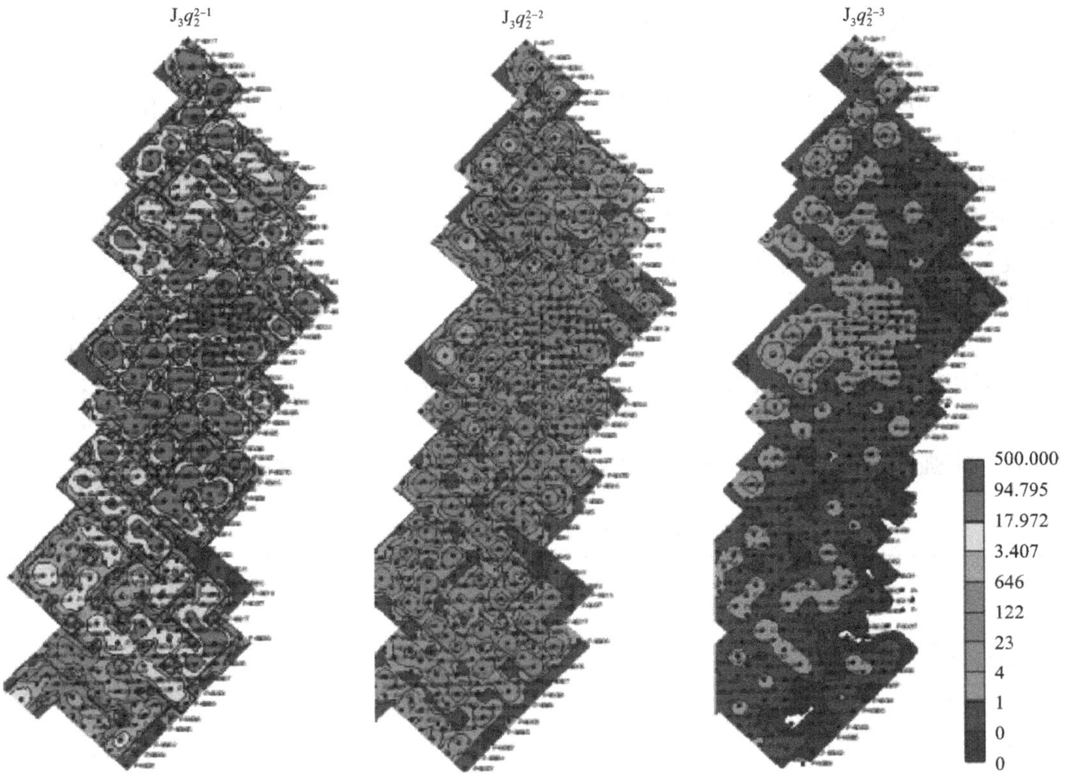

图 6 九 6 齐古组汽驱区主力油层非均质状况

因此，封堵剂用量：

$$Q=3.14\times r^2\times\Phi\times H\times e\times a \tag{1}$$

式中，Q 为封堵剂体积，m^3；r 为封堵半径，m；Φ 为孔隙度；H 为封堵厚度，m；e 为高渗透层比例，无因次；a 为动用厚度百分比，无因次；

4.1.2 射孔方式优化

选择性射孔可减少蒸汽沿优势通道窜流，对试验区注汽井、生产井原射孔井段封堵后，开展二次射孔完井。由于 $J_3q_2^{2-1}$ 和 $J_3q_2^{2-2}$ 小层之间没有稳定隔层，物性夹层局部发育，封挡作用有限，因此将 $J_3q_2^{2-1}$ 和 $J_3q_2^{2-2}$ 小层整体考虑，射开设计针对的是整个油层。注汽井射开油层下部的 1/3，生产井射开油层下部 1/2 的开发效果较好(表 4)。

4.2 多介质复合蒸汽驱机理及参数优化

在储层重构的基础上主要添加碳酰胺等多介质，配合高温气体调剖剂，形成蒸汽、气体、调剖剂为注入介质封堵次级小孔道，提高波及程度，实现提高采收率的目的。

表 4 注汽井射孔方式优化

井型	注汽井射孔方式	采出程度/%	油汽比/f	净产油/10^4t
注汽井	射开上部 1/2	7.9	0.060	-2.32
	射开下部 1/3	17.2	0.128	5.29
	射开下部 1/2	15.8	0.115	4.14
	射开下部 3/4	13.7	0.106	2.80
	全射开	10.5	0.089	0.96
采油井	射开上部 1/2	12.1	0.093	2.67
	射开下部 1/3	15.0	0.113	4.16
	射开下部 1/2	17.2	0.128	5.29
	射开下部 3/4	16.3	0.126	4.94
	全射开	15.5	0.117	4.36

碳酰胺溶液在一定温度下水解生成非凝析气体 CO_2 和 NH_3，主要机理有以下几点：

（1）补充地层能量

CO_2和NH_3进入地层后，一部分溶于原油，使原油体积膨胀，增加液体的内动能；另一部分充满地层孔隙，扩大蒸汽波及体积，有利于原油回采。

（2）提高驱油效率，降低残余油饱和度

NH_3和原油可以就地生成表面活性剂，能够降低界面张力、黏度及原油流动的启动压力，使储层中的岩石由亲油变为亲水，提高洗油效果。

（3）降黏助排

CO_2易溶于原油和水，溶于油可降低黏度，溶于水可改善相渗。这非常有利于原油克服毛细管阻力和摩擦力，从而大大提高原油的流动能力。

（4）调剖作用，改善蒸汽波及体积

CO_2也可与NH_3和原油生成的表面活性剂反应形成具有一定强度的泡沫(阻力因子达到10)，降低蒸汽在高渗地层的窜流，起到了蒸汽转向、扩大蒸汽波及体积的作用。

（5）NH_4^+具有降低水敏的作用

NH_3在高温下和水反应生成OH^-和NH_4^+（$NH_3+H_2O \rightarrow OH^-+NH_4^+$），形成的$NH_4^+$通过与膨胀黏土中的阳离子进行交换，具有稳定黏土、降低水敏的作用。

（6）对储层有一定的酸化解堵作用

CO_2溶于水后呈酸性并与地层基质发生反应，溶蚀一部分杂质，尤其是在碳酸岩含量较高的地层中，反应生成溶于水的碳酸氢盐，可以提高油层的渗透率。

对比不同开发方式开发效果，碳酰胺复合蒸汽驱，即在生产井添加降黏剂以破坏蒸汽绕流产生的次生夹层，在注入井添加泡沫剂-尿素辅助注蒸汽，注采联动可有效提高采收率，进一步提高阶段油汽比，开发效果最好(表5)。

表5　碳酰胺复合蒸汽驱复合驱开发方式优化

开发方式	产油/10^4t	注汽/10^4t	尿素/t	泡沫剂/t	降黏剂/t	采出程度/%	油汽比/f	净产油/10^4t
继续现蒸汽驱	无经济效益							
高干度蒸汽驱	9.91	123.3	0	0	0	11.8	0.080	1.10
碳酰胺复合蒸汽驱	10.46	114.2	3205	0	0	12.4	0.092	1.98
碳酰胺泡沫复合蒸汽驱	12.53	103.9	3205	801	0	14.9	0.121	4.18
碳酰胺复合蒸汽驱	14.45	112.9	3205	801	1145	17.2	0.128	5.29

根据数模优化结果，碳酰胺复合蒸汽驱的先导试验区注汽井井底蒸汽干度下限为45%，气液比为1.5，采注比最优值为1.12，最优注汽速度为80t/d，尿素溶液浓度为50%，泡沫剂浓度5%。

利用三维全试验区模型预测了多介质复合驱生产动态开发指标。以“大孔道深部封堵+纵向射孔优化+介质辅助”组合技术开展多相复合蒸汽驱试验，预计试验历时5.2年，累产油13.2×10^4t，采出程度15.7%(图7)。

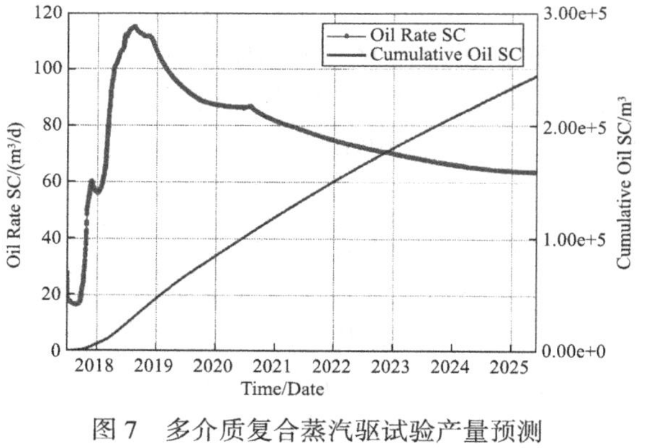

图7　多介质复合蒸汽驱试验产量预测

4.3　先导试验区生产效果

九$_6$区是典型的特稠油油藏，根据筛选条件，在九$_6$区蒸汽驱中部开辟了96144先导试验区，历经多年蒸汽驱开发，受纵向非均质性的影响，蒸汽超覆、高渗通道指进现象突出，汽窜严重，蒸汽无效循环。选取中部96144井区开展碳酰胺复合蒸汽驱试验，2018年9月开始运行，截止目前，累计产油3.7万t，产油水平由8t/d提升至33.0t/d，含水下降3.8%，阶段采收率提升4.6%，成效明显。

5　结论与认识

（1）通过密闭取芯、岩心水洗状况分析、过套管电阻率和全谱剩余油测井等技术联合，实现水淹层定量解释、形成不同沉积韵律、隔夹层组合模式下剩余油定量分布表征，指导了蒸汽驱开发后期复合汽驱潜力层选取。

（2）明确了高渗通道和继承性窜流通道是造成水窜的主要原因。其中，高渗通道是储层先天非均质性造成的流动优势条带，这类通道在油藏中普遍存在；继承性窜流通道是经过长期冲刷的高渗条带或曾压裂区域，其水流优势明显，封堵难度大。

（3）提出了"深部封堵+优化射孔+介质辅助"相结合的多介质复合蒸汽驱开发技术，在原蒸汽驱基础之上，通过固体颗粒有序深部封堵原生及继承性窜流通道，注入碳酰胺及发泡剂等多种介质封堵次级小孔道，提高波及程度，可有效实现提高采收率的目的。

（4）多介质复合蒸汽驱开发实现了稠油开发由"单介质"向"多种介质"，由"单井"向"多井"立体调控转型，并取得了现场试验成效，为进一步提高蒸汽驱油藏采收率、效益开发有重要的借鉴意义。

参 考 文 献

[1] 王敬，刘慧卿，王增林，等．稠油油藏热力泡沫复合驱数值模拟研究[J]．特种油气藏，2011，18(05)：75-78+139.

[2] 蒙延冲，宋栋．提高超稠油蒸汽驱效果的策略[J]．化工管理，2019，(28)：75-76.

[3] 蒋立明，敬思伟，刘欢，等．水平井多介质调剖技术及应用[J]．化工管理，2021，(14)：84-85.

[4] 于会永，刘慧卿，张传新，等．超稠油油藏注氮气辅助蒸汽吞吐数模研究[J]．特种油气藏，2012，19(02)：76-78+139.

[5] 王杰，刘德华，王梓来，等．超薄层稠油油藏吞吐后转蒸汽驱技术研究[J]．能源与环保，2017，39(10)：69-74.

[6] 卢川，刘慧卿，卢克勤，等．浅薄层稠油水平井混合气与助排剂辅助蒸汽吞吐研究[J]．石油钻采工艺，2013，35(02)：106-109.

[7] 孙焕泉，王敬，刘慧卿，等．高温蒸汽氮气泡沫复合驱实验研究[J]．石油钻采工艺，2011，33(06)：83-87.

[8] 汪洋，李兆杰，熊伟，吕柏林，李凌铎．浅层超稠油蒸汽驱数值模拟提高开发效果研究[J]．新疆石油天然气，2015，11(03)：80-82+90+5-6.

[9] 东晓虎，刘慧卿，庞占喜，等．不同含水期轻质油藏空气泡沫驱试验[J]．中国石油大学学报(自然科学版)，2013，37(04)：124-128.

[10] 黄伟强，王利华，陈忠强，等．复合蒸汽吞吐提高稠油采收率试验[J]．新疆石油地质，2010，31(01)：69-71.

[11] 吴正彬，刘慧卿，庞占喜，等．稠油油藏气体-泡沫辅助注蒸汽实验与数值模拟[J]．石油钻采工艺，2016，38(06)：852-858.

双水平井 SAGD 开发油藏内部热量分布及综合利用研究

何万军　孙新革　罗池辉　高　雨

(中国石油新疆油田分公司)

摘　要　针对新疆风城油田浅层超稠油油田双水平井 SAGD(蒸汽辅助重力泄油)开发全过程中热能消耗大、热效率低的问题，根据风城油田 D 区块齐古组油藏双水平井 SAGD 实际生产数据，对 SAGD 开发关键节点热损失原因和影响因素进行了分析，利用黑箱分析方法，定量分析了 SAGD 开发全过程关键节点的热损失。油藏内部热量主要流向为盖层热损失、产出液携带和油藏吸热，其中，油藏吸热又以岩石骨架和地层水吸热为主。研究认为采用氮气辅助 SAGD，可以有效减少 40%以上的盖层热损失，采收率可提高 5~8 个百分点，脉冲式高低压激励注采方式可以分阶段释放岩石骨架以及地层水中的潜热，热效率可提高 8.6 个百分点，井下大功率电加热技术可以杜绝蒸汽发生装置和蒸汽输送管网的热损失，SAGD 启动阶段减少了 85%的热能消耗，大幅度减少产出液温度、压力和含水率，产出液携带的热量下降 70%，本研究成果可为改善浅层超稠油油藏 SAGD 开发效果及经济性提供技术参考。

关键词　SAGD；浅层超稠油；热损失；热能利用；风城油田

随着常规石油资源开始枯竭，稠油资源成为 21 世纪最具前景的接替资源。超稠油原油黏度高、密度大，地层温度条件下流动难，导致其开采成本高，单位能耗高，销售价格低，始终处于产业链的最低端，常规蒸汽吞吐和蒸汽驱等热采技术难以经济有效动用超稠油资源。目前，SAGD 技术经济上最成熟的超稠油油藏开发技术，新疆油田 SAGD 年产油量达到 150.0×10^{4}t 以上，由于地面工艺和生产管柱结构等条件及油藏内部储层非均质性影响，SAGD 开发过程中大部分热量未有效利用。在国家“碳达峰”和“碳中和”目标战略背景下，SAGD 全流程热效率量化分析和如何提高热能利用，成为 SAGD 开发降耗减碳的研究重点。为此，根据新疆油田浅层超稠油油藏地质特点，针对 SAGD 开发全过程的热能损失进行了详细研究，依据新疆风城油田 SAGD 生产实际数据，对关键节点热损失进行了定量计算，在此基础上利用数值模拟技术结合现场试验成果，提出了提升热效率对策，改善 SAGD 开发效果。

1　先导试验概况

2013 年中国石油新疆油田公司在风城地区重 D 井区以 50℃ 脱气原油黏度为 50000 ~ 150000mPa·s、渗透率为 800 ~ 1200mD 的超稠油油藏开展高黏 SAGD 开发先导试验。试验区目的层为侏罗系齐古组 J_3q_3层，该油藏整体为断裂切割的南倾单斜，地层倾角 5°~8°，为陆相辫状河相沉积，主要发育河道和心滩微相，储层岩性以细砂岩、中细砂岩为主，油藏中部埋深为 470.0m，油层温度为 21.5℃，连续油层厚度 14.3~25.6m，平均 21.0m，单井钻遇夹层 0~4 个，夹层厚度一般 0.25 ~ 1.5m，油层孔隙度为 23.3% ~ 35.1%，平均 28.9%，渗透率 158.0 ~ 4430mD，平均 1056mD，油层含油饱和度 48.8%~82.5%，平均 68.5%，为典型的“高孔、高渗、高含油饱和度”油藏。试验区 50℃地面脱气原油黏度在 9.0×10^4 ~ 18.8×10^4 mPa·s 之间，平均为 11.5×10^{4}mPa·s，原油黏度对温度变化敏感，当温度升至 120℃时，原油黏度下降到 500mPa·s，温度上升至 150℃ 以上时，原油黏度降至 100mPa·s 左右，具有较好的流动性；地面原油密度平均为 0.976g/cm^3。采用双水平井 SAGD 开发方式，水平段长度为 400m，井距为 80m，注水平井和生产水平井垂向距离为 5.0m，如图 1所示，注采井均采用平行长管、短管组合的双管结构生产。

SAGD 启动阶段历时 324d，平均单井组消耗过热蒸汽6.3万t，平均产液4.92万t，水平段连通程度94%。截至2023年底，先导试验区累积注汽154万t，累积产油27.8万t，累积油汽比0.18，综合含水80%，采出程度达到26%，阶段评估最终采收率可望达到48.7%，该试验区典型井组平台期日产油35.2t，油汽比0.23，达到并超过试验方案设计预期指标。

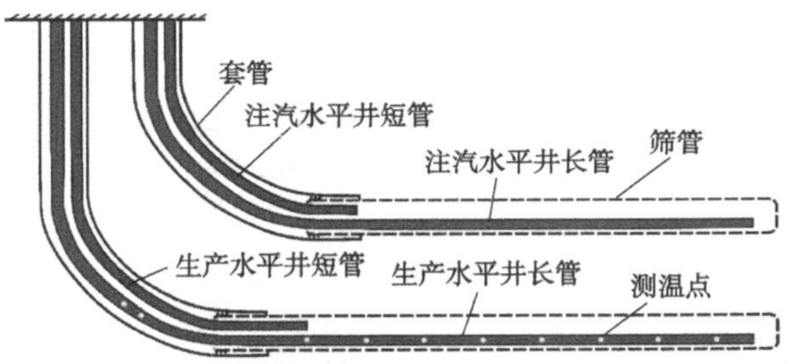

图1　双水平井SAGD管柱结构示意图

2　SAGD生产阶段划分

如图2所示，根据注采井的生产状态，SAGD生产过程可以分为SAGD启动阶段和SAGD生产阶段。SAGD启动阶段注采井均采用长管注蒸汽，短管自喷排液方式，经过150~320d的循预热启动，注汽水平井和生产水平井井间油层形成热连通后，转入SAGD生产阶段。SAGD生产阶段注汽水平井管柱结构保持不变，生产水平井短油管下入抽油泵(主要为杆式泵)，长油管停止注蒸汽，进行机抽生产，水平井持续注入蒸汽，注入的高干度蒸汽会首先向油藏顶部方向扩展，在油层中形成发育为纵向椭圆形蒸汽腔。蒸汽腔不断向上和侧面扩展，蒸汽与原油发生热交换，被加热的原油的黏度快速下降，流动性较好的热油和蒸汽冷凝水在重力作用下，泄流到下部的生产水平井产出。

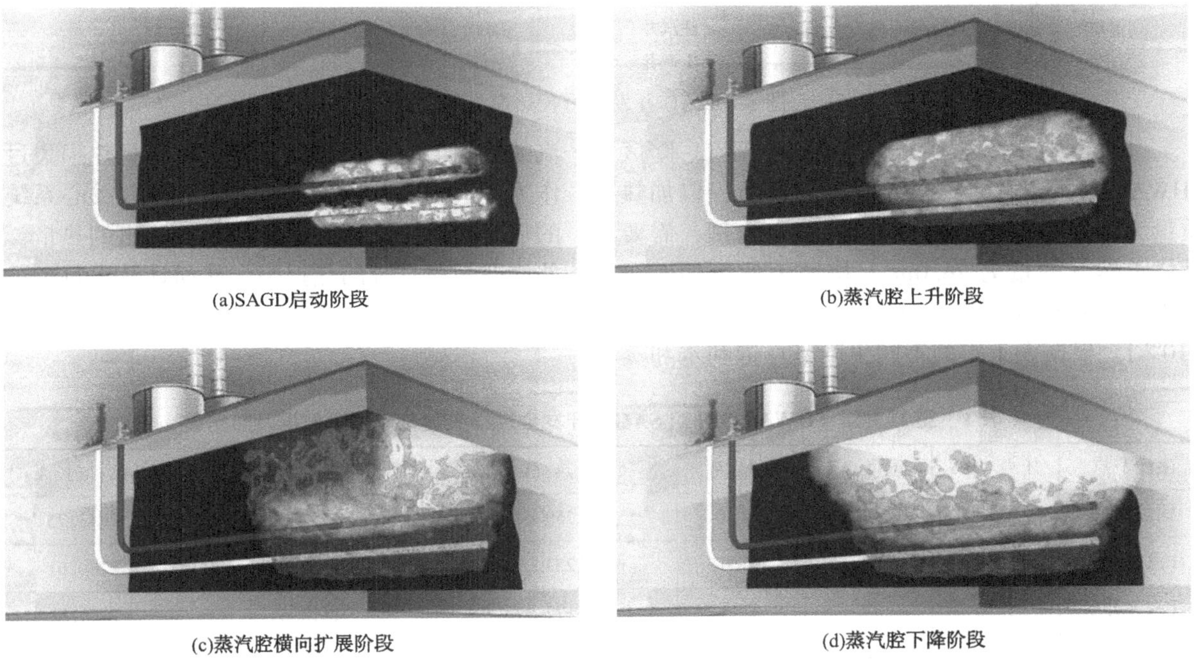

图2　蒸汽腔下降阶段

SAGD蒸汽腔发育过程中同时进行纵向扩展和横向扩展，根据蒸汽腔纵向和横向扩展速度的差异，SAGD生产阶段可以进一步细分为蒸汽腔上升阶段、蒸汽腔横向扩展阶段以及蒸汽腔下降阶段。

蒸汽腔上升阶段蒸汽腔纵向发育较快，蒸汽腔纵向扩展速度是横向扩展速度的2~3倍，2~3年蒸汽腔发育至油层顶部，产油速度逐渐增加。当蒸汽腔发育至油层顶部，受上覆盖层阻挡，逐渐转向横向扩展，进入蒸汽腔横向扩展阶段，该阶段产油速度较高，且生产稳定，成为产量平台期，一般持续生产3~5年。当蒸汽腔横向扩展至井组边缘，井组与井组之间的蒸汽腔相互连通，进入蒸汽腔逐渐下降阶段，产油速度随着蒸汽腔下降而下降，直至关井停止生产。

3 SAGD 生产关键节点热损失

以 SAGD 生产阶段为例，双水平井 SAGD 开发过程中需向油层中注入大量高干度或者过热蒸汽，整个生产过程中均处于高温和高压状态，如图 3 所示，通过对新疆油田重 A 和重 B 井区的蒸汽发生、注汽输送和产出液集输及处理系统各个环节的温度、压力及蒸汽相态分析，SAGD 生产全过程关键节点的热损失主要包括：①注汽锅炉系统热损失（ΔQ_1）、②注汽管线热损失（ΔQ_2）、③注汽井筒热损失（ΔQ_3）、④地层热损失（ΔQ_4）、⑤生产井井筒热损失（ΔQ_5），⑥集输管线热损失（ΔQ_6），⑦换热系统热损失（ΔQ_7）以及⑧余热利用热能回收（ΔQ_8）。

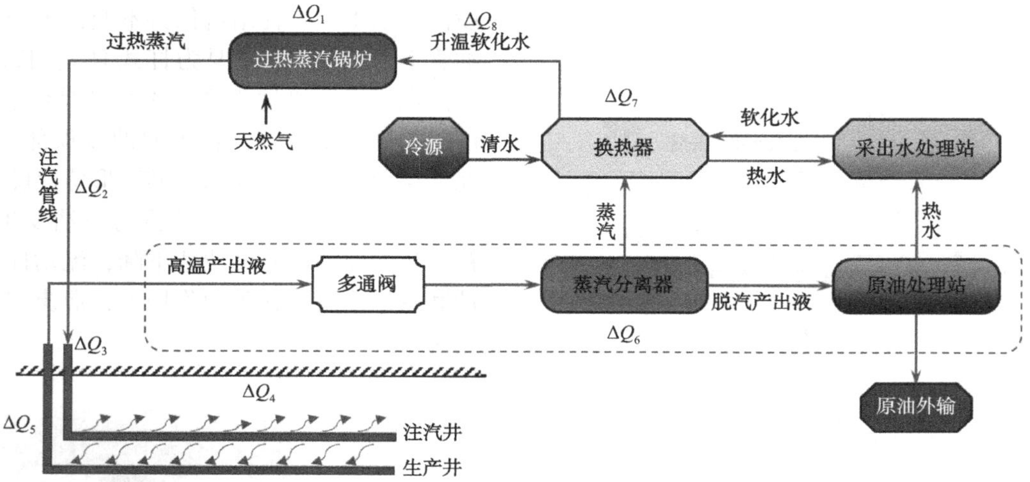

图 3　SAGD 开发全过程热损失示意图

以重 D 井区高黏 SAGD 先导试验区 FHWA025 井组测试数据为基础（表 1），以加热质量为 1000kg，温度为 17℃ 的清水为例，需要燃烧天然气的量为 76.0m^3，按照天然气的燃烧值 4.02×10^4kJ/m^3计算，产生的总热量 Q 为 3.12×10^6kJ。根据表 1 中的不同生产节点饱和水和蒸汽的热焓值，采用黑箱分析模型，把热损失过程作为不透明的边缘所围成的系统，仅关心系统外的行为，计算进入黑箱和从黑箱流出的热量，其差值即为该系统的热损失，从而计算出每个关键节点的热损失。

表 1　重 D 井区 FHWA025 井组 SAGD 开发全过程关键节点监测数据及热焓值

生产节点	压力/MPa	温度/℃	干度/%	饱和水显热/($kJ\cdot kg^{-1}$)	蒸汽潜热/($kJ\cdot kg^{-1}$)	总热焓/($kJ\cdot kg^{-1}$)
锅炉出口	6.85	292.4	100.0	1259.67	1554.06	2813.73
注汽井井口	6.35	279.3	95.0	1233.07	1547.54	2780.61
注汽井井底	5.30	267.6	87.5	1172.97	1618.64	2791.61
生产井井底	4.60	238.0	0	1028.12	/	1028.12
生产井井口	2.65	184.0	0	781.64	/	781.64
换热系统	0.24	125.0	0	525.14	/	525.14
原油处理站	0.20	95.0	0	398.10	/	398.10
冷源	0.10	17.0	0	71.36	/	71.36

注汽锅炉热损失主要包括排烟热损失和注汽锅炉炉体散热损失，主要与锅炉本身的材质，燃烧方式、负荷率和燃料类型有关锅炉热损失 $\Delta Q_1=0.31\times10^6$kJ，注汽锅炉系统总热损失比例为 9.93%。高干度蒸汽通过注汽管线输送至注汽井，注汽管线沿途无蒸汽质量损失，注汽管线热

量损失 $\Delta Q_2 = 0.11\times10^6$ kJ，热量损失比例为 3.52%。在目前注汽井筒工艺条件下，注汽井筒热损失 $\Delta Q_3 = 0.111\times10^6$ kJ，热损失比例为 3.56%。地层吸收的热量主要受岩石类型、矿物成分、储层孔隙结构、储层物性、含油性以及流体组分及性质等条件决定。地层吸热量 $\Delta Q_4 = 1.57\times10^6$ kJ，占总热量的 50.32%。SAGD 生产井口产出液处于高温较高压力状态，一部分热量由井底产出液携带至地面，生产井井筒热损失 $\Delta Q_5 = 0.246\times10^6$ kJ，损失比例为 7.88%。高温产出液经过集输管线输送到换热站和处理站，其中集输管线热损失为 0.104×10^6 kJ，原油外运集输热损失为 0.053×10^6 kJ，合计热损失 $\Delta Q_6 = 0.157\times10^6$ kJ，热损失比例为 2.94%。换热系统热效率为 85%，换热系统热损失 $\Delta Q_7 = 0.092\times10^6$ kJ，热损失比例为 2.94%。经过换热系统回收热量 $\Delta Q_8 = 0.524\times10^6$ kJ，为总热量的 16.79%。

4　油藏内部热量分布

4.1　热量分布区带划分与变化

如图 4 所示，根据蒸汽腔发育状况，同时结合油藏内部油、气、水饱和度分布，将油藏内部区域划分为 4 个区带，其中，冷凝带可由含水饱和度场确定，将含水饱和度明显升高的区域认定为冷凝带，加热区定义为油藏内部除去蒸汽腔和冷凝带后温度升高的区域，将此区域面积减去前面确定的蒸汽腔和冷凝带面积，即可获得加热区范围。未加热区，顾名思义，就是油藏中温度未明显升高的区域。蒸汽腔的温度>220℃，剩余油饱和度为 0.08～0.15，冷凝带的温度范围 180～220℃，剩余油饱和度在 0.15～0.55 之间，加热区的温度范围 25～180℃，剩余油饱和度在 0.55～0.68 之间，未加热区的温度<35℃，原油不可流动，为原始含油饱和度状态。

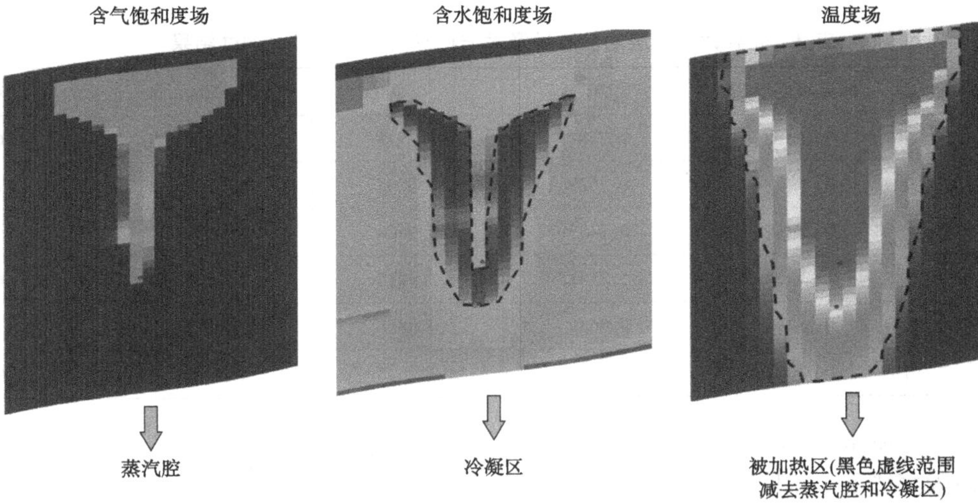

图 4　油藏内部热量分布区带定义和划分依据

如表 2 所示，SAGD 开发过程中油藏内部热量分布区带范围随着生产时间发生明显变化，SAGD 生产初期蒸汽腔增长相对较快，蒸汽腔上升阶段末期占比达到 16.59%，冷凝区增长较慢，占比 11.54%，加热区范围占比为 14.55%，分析认为，重 D 井区原油黏度较高，原油流动能力较差，加热区主要以热传导为主，其波及范围受限制。蒸汽腔横向扩展阶段蒸汽腔和冷凝区占比缓慢增大，分析认为主要受油层内部夹层遮挡，蒸汽腔发育受限，蒸汽腔最终达到 28.48%，加热区范围快速增长达到 24.82%。从生产动态分析认为，重 D 井区蒸汽腔仍然处于横向扩展阶段，局部存在下降趋势。数值模拟预测结果显示，蒸汽腔下降阶段加热区范围基本稳定，不再明显扩大，蒸汽腔整体继续扩大，随着蒸汽腔量向下发育，冷凝区出现下降趋势，分析认为蒸汽腔已经绕过不连续夹层，SAGD 生产操作压力下降，泄油速度加快，原来一部分冷凝区快速被蒸汽所取代，蒸汽腔占比达到了 35.3%，整个井组的加热体积达到 75% 以上（温度>35℃）。

表 2　SAGD 开发过程中油藏内部热量分布区带占比变化

不同区带范围	蒸汽腔/%	冷凝区/%	加热区/%	未动用区/%
蒸汽腔上升阶段	16.59	11.54	14.55	57.32
蒸汽腔横向扩展阶段	28.48	18.65	24.82	28.05
蒸汽腔下降阶段	35.30	16.23	24.51	23.96

4.2　油藏内部热量流向与分布

如图 5 所示，SAGD 开发过程中进入油藏内部的热量，其用途和去向主要为三部分：盖层热损失(包括下伏地层热损失)、产出流体将部分热量携带至地面集输系统、加热油层，其中加热油层的热量又用主要用于加热岩石骨架、原油、地层水以及部分蒸汽凝结并储存在油层内部饱等三大部分。

采用斯伦贝谢公司的 Petrel 软件建立试验井组的精细三维地质模型，将地质模型与室内实验测试的原油、油砂、泥岩不同温度条件下的比热容和导热系数(表 3)、黏温曲线等参数导入数值模拟文件，利用加拿大稠油热采数值模拟软件 CMG 的 Stars 模拟器进行热量分布计算与统计。

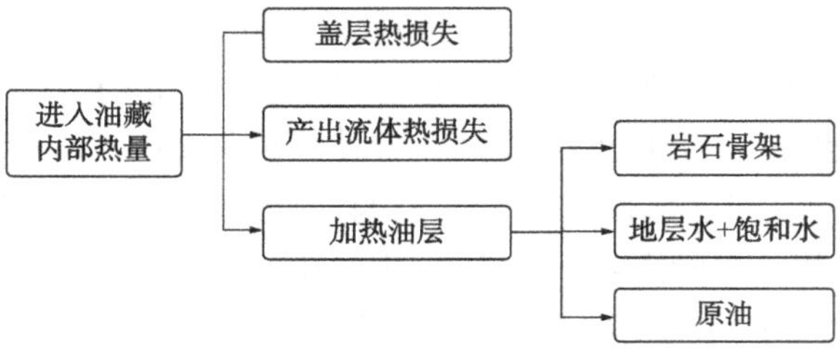

图 5　SAGD 开发过程中热量流向示意图

表 3　先导试验区原油、油砂及泥岩比热容、导热系数测试结果

测试项目	测试温度/℃	20	80	150	200
比热容/[J/(g·K)]	A1 原油	1.7581	1.9915	2.2867	2.4620
	B1 油砂	0.7639	0.8808	1.0172	1.1143
	D1 泥岩	0.8439	0.9608	1.0972	1.1943
导热系数/[W/(m·K)]	A1 原油	1.7581	1.9915	2.2867	2.4620
	B1 油砂	0.7639	0.8808	1.0172	1.1143
	D1 泥岩	0.8439	0.9608	1.0972	1.1943

如图 6、图 7 所示，SAGD 开发初期，生产不稳定，井筒闪蒸严重，流体携出热量占注入总热量的比例较大，达到 40%～46%；油藏吸收热量占比由 60%逐渐降低至 45%左右，由于蒸汽腔仅在局部到达油层顶部，盖层热损失小于 10%。随着 SAGD 开发进行，蒸汽腔扩展，热损失逐渐增大，至 SAGD 后期时热损失占比达到 20%。蒸汽腔体积较大，生产逐渐趋于稳定，流体携出热量比例在 SAGD 开发过程中先降低、后趋于稳定，占比 38%左右。油藏吸收热量中，岩石骨架吸收最多，占比 60%以上，随着原油采出，原油吸收热量占比逐渐减小，地层水逐渐增加，填补原油孔隙，整体吸收热量逐渐增多，SAGD 后期原油和水吸收热量比例约为 13.86%和 24.51%。

5　热量综合利用方法

5.1　非烃气体辅助生产，减少热量损失

当 SAGD 蒸汽腔到达油层顶部时，蒸汽向盖层持续散热，热效率明显下降，可适当注入 N_2，CO_2等非凝析气体，在蒸汽腔顶部形成一个气体隔热层，减少蒸汽向盖层的传热速度，同时保持蒸汽腔压力，代替部分蒸汽，从而提高油汽比。如图 8 所示，氮气隔热层可以降低 40%的盖层热损失，SAGD 生产中后期添加 20%～30%的体积比氮气，最终采收率可以提高 5～8 个百分点，风城油田累积实施氮气辅助 SAGD 生产 112 井次，油汽比由 0.16 提高至 0.2，油汽比提高 25 个百分点。

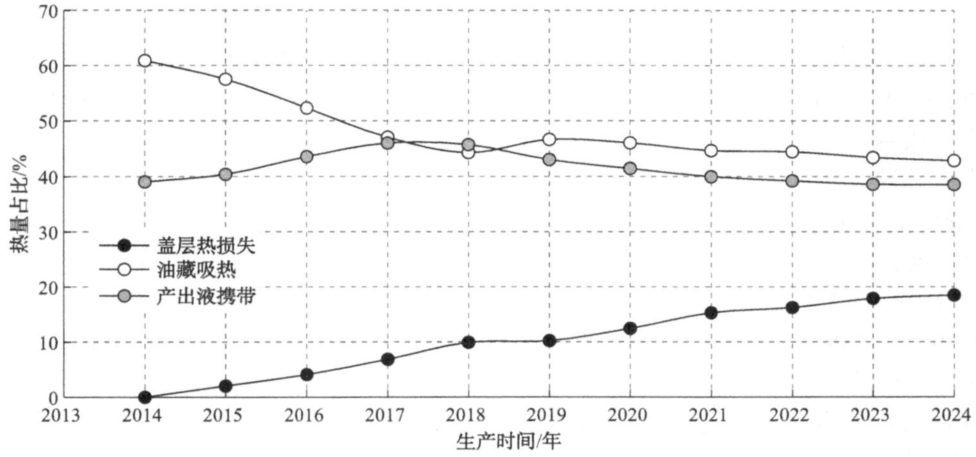

图 6　SAGD 开发过程中油藏内部热量流向变化

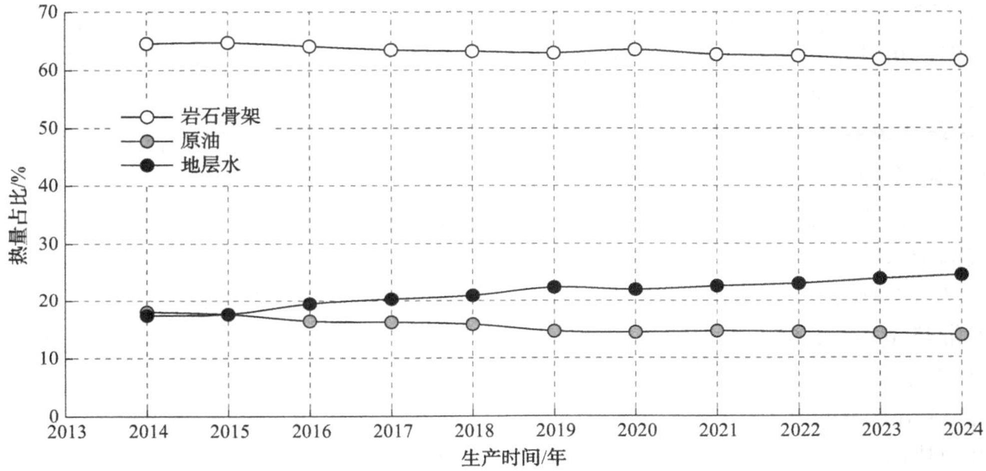

图 7　油藏内部岩石骨架、原油、地层水吸收热量对比

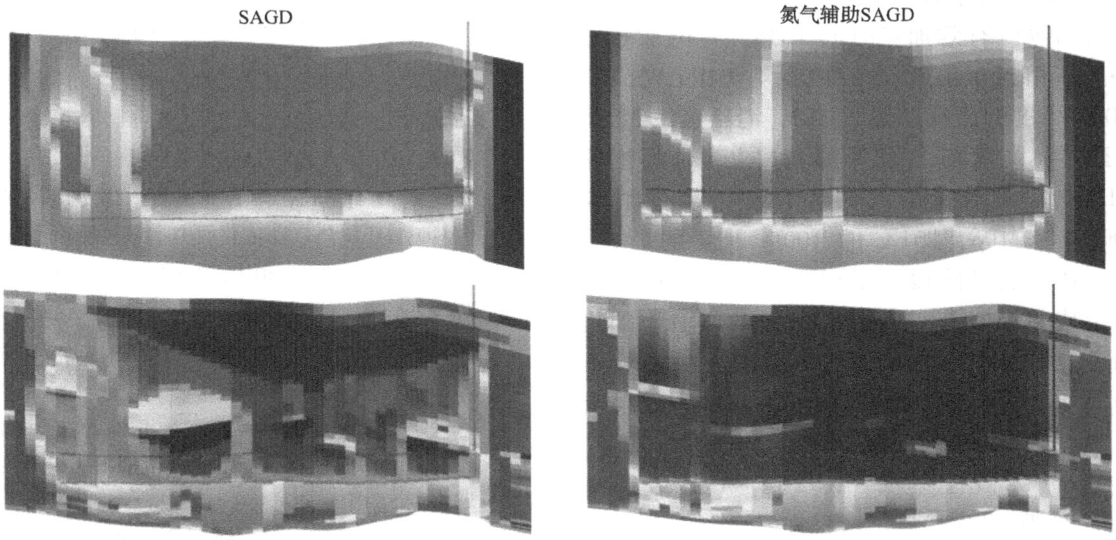

图 8　SAGD 和氮气辅助 SAGD 对应的温度场和含油饱和度场

（上层为温度场，下层为含油饱和度场）

5.2 适当降压生产，释放岩石骨架和饱和水潜热

SAGD 开发过程中主要依靠蒸汽释放潜热加热油层，随着操作压力降低，相同质量的蒸汽所携带的汽化潜热越多。以 FHW01 井组为例，将均匀注汽改为脉冲式注汽，早期注汽速度较快，注汽速度 150～180t/d，随着油层压力提高，逐渐减少注汽速度，同时控制并维持较低的产液速度，产液速度维持在 50～60t/d 或者生产井关井 10～15d，焖井 24～48h。当监测到生产水平井井底温度小于 200℃时，开井生产 50～60d，当日产油量与脉冲式注汽前的生产水平时，恢复注汽，注汽速度逐渐提升，产液速度逐渐降低，进入下一轮脉冲式注汽。蒸汽腔操作压力由 5.3MPa，下降至 3.9MPa，产出液含水率平均下降 7 个百分点，单井组日产油量提高 3.8t/d，热效率可提高 8.6 个百分点。

5.3 井下大功率电加热辅助生产

根据 SAGD 全流程关键节点的热损失分析结果可知，过热蒸汽进入油藏之前，热量损失主要集中在注汽锅炉系统、注汽管线和注汽井筒的热损失比例达为 17.1%，生产井井筒热损失与高温产出液携带热量占 32.67%。为了减少蒸汽发生、注入端和采出端的热量损失，新疆油田 2023 年在重 18 井区开展了国内首次双水平井井下大功率电加热试验，实现了在井下直接产生蒸汽，加热油层的目的。截止 2024 年 3 月 20 日，通过 5 轮电加热启动，实现了注采井热连通，电加热启动阶段有效加热时间 163d，耗电 258 万 kW·h，相当于消耗了 3317t，4.0MPa，251℃的 100%干度的蒸汽。替液 71d，消耗蒸汽 3250t(用于清洗井筒与冬季保温)，同类油藏相邻 SAGD 井组采用纯蒸汽循环预热，需要消耗 42500t，4.0MPa，251℃的 100%干度的蒸汽，整个 SAGD 启动阶段，累积节约蒸汽 3.6 万 t，相当于减少 85%的热量消耗，另外 SAGD 电加热启动过程中累积产油 2789t，较常规 SAGD 注蒸汽循环预热增油 2120t，节能效果与增产效果十分可观。

另外，常规注蒸汽 SAGD 转 SAGD 生产初期，生产波动大，产出液通常为温度高达 180℃，同时携带 5%～10%的蒸汽的高温、高压汽液混合物，含水率 68%～82%。转 SAGD 生产后继续采用电加热辅助生产，生产井产出液温度为 75～95℃，出口压力小于 1.0MPa，含水率仅为 17.2%～43%的低温高含油产出液，产出液温度下降 100℃以上，产出液量减少 50%以上，总体携带出油藏的热量减少 70%以上，热能利用效率更高。

6 结论

(1) SAGD 开发过程中热损失集中在注汽锅炉系统、注汽管线和注汽井筒热损失，热损失比例达为 17.01%；生产井井筒热损失与高温产出液携带热量占 32.67%，地层吸收热量仅占总热量的 50.32%。

(2) 随着蒸汽腔扩展至井组边缘，盖层热损失达到最大，注入非烃类气体可以有效减少盖层热损失，SAGD 生产中后期，蒸汽腔下降阶段注入 20%～30%体积分数的氮气可以减少 40%左右的热损失。

(3) 油藏内部岩石骨架吸收热量最多，占比 60%以上，其次为地层水约占 24.51%，通过脉冲式注汽，采用高压快速注汽，缓慢降压开采方式，可以持续将岩石骨架以及地层水中的潜热释放，从而实现内部热能高效利用。

(4) 新疆油田井下大功率电加热试验结果显示，通过井下直接电加热不但可以彻底避免注入端蒸汽发生以及蒸汽输送的热损失，产出液低温、低压，携带热量大幅度减少，该技术未来将引领超稠油低能耗、低碳排的绿色开采趋势。

参 考 文 献

[1] 钱根宝，马德胜，任香，等．双水平井蒸汽辅助重力泄油生产井控制机理与应用[J]．新疆石油地质，2011，32(2)：147-149.

[2] 席长丰，马德胜，李秀峦，等．双水平井超稠油 SAGD 循环预热启动优化研究[J]．西南石油大学学报(自然科学版)，2010，32(4)：103-108.

[3] 陈继明，马硕，李子豪，等．影响燃气锅炉热效率的主要因素分析[J]．节能，2020，39(10)：50-53.

[4] 吴佳蕾，王随林，石书强，等．大型燃气锅炉烟气冷凝余热深度回收技术方案与节能潜力分析[J]．暖通空调，2016，46(3)：66-69.

[5] 张永贵，李子丰，赵金海，等．热采井注汽过程井筒沿程蒸汽参数变化规律研究[J]．钻采工艺，2007(3)：57-59.

[6] 曾玉强，李晓平，陈礼，等．注蒸汽开发稠油油藏

中的井筒热损失分析[J]. 钻采工艺，2006，29(4)：44-46.
[7] 李景玲，王丽荣，石善志，等．超稠油油藏直井采用隔热油管注采经济性分析——以风城油田为例[J]. 石油地质与工程，2014，28(05)：137-140.
[8] 高永荣，郭二鹏，沈德煌，等．超稠油油藏蒸汽辅助重力泄油后期注空气开采技术[J]. 石油勘探与开发，2019，46(1)：109-115.
[9] 高永荣，刘尚奇，沈德煌，等．氮气辅助 SAGD 开采技术优化研究[J]. 石油学报，2009，30(5)：717-721.
[10] 孙新革，何万军，胡筱波，等．超稠油双水平井蒸汽辅助重力泄油不同开采阶段参数优化[J]. 新疆石油地质，2012，33(6)：697-699.
[11] 何万军，木合塔尔，董宏，等．风城油田重 37 井区 SAGD 开发提高采收率技术[J]. 新疆石油地质，2015，36(4)：483-486.
[12] 舒展，裴海华，张贵才，等．改善蒸汽辅助重力泄油技术研究进展[J]. 油田化学，2020，37(1)：185-190.

致密气藏注 CO_2 提高采收率及碳埋存效果评价研究

吴佳琦

(中海油研究总院有限责任公司)

摘　要　致密砂岩气藏单井产量低、自然递减快、采收率普遍较低，传统开采方法效果有限。CO_2 注入致密砂岩气藏在提高气藏采收率的同时，可以实现地质埋存，前景广阔。目前关于致密砂岩气藏 CO_2 可注性的研究较多，但传统的注入评价模型忽略了注气过程中压裂缝导流能力的时变效应以及储层的应力敏感性，导致注入评价结果与实际差距较大，无法指导现场。为此，本文考虑裂缝导流能力时变和储层应力敏感两种机制的综合作用，构建了致密砂岩气藏注 CO_2 驱数值模拟模型，着重分析了裂缝导流能力时变性、储层应力敏感、注采制度、裂缝半长等参数对 CO_2 注入提采效果及 CO_2 有效埋存量的影响规律，并进行了实例应用。研究结果表明：裂缝导流能力时变效应和储层应力敏感性对致密气藏注 CO_2 提采和埋存效果影响较大，裂缝导流能力时变性越强，注 CO_2 驱提采效果越差，且 CO_2 埋存量越低，应力敏感效应越明显，CO_2 注入能力越弱，CH_4 累计产量越低，CO_2 埋存效果也越差；此外，裂缝半长越短、注气速度越低、注气时机越早、关井 CO_2 含量界限越高时，CO_2 驱提高采收率程度越高；裂缝半长越长、注气速度越快，注气时机越早、关井 CO_2 含量界限越低时，CO_2 埋存效果越好。实例应用结果表明，考虑不同储层物性、压裂参数及注采制度的影响下，实例区块开展注 CO_2 驱后，CH_4 采收率平均预计提高 6.8%，CO_2 平均累计埋存量可达 0.48HCPV，CO_2 平均埋存率可达 86%。本研究可为神府气田注 CO_2 驱提高采收率及地质埋存有利区的优选提供技术支持。

关键词　致密气藏；裂缝导流能力；应力敏感；提高采收率；地质埋存

1　前言

在致力于实现碳中和和碳达峰双碳目标的背景下，CO_2 在非常规油气开发领域的应用逐渐成为研究热点。致密砂岩气藏因其低孔、低渗等独特的地质特性，传统的开发技术已难以有效地提高其采收率，而 CO_2 提高气藏采收率技术(CO_2-EGR)因其多重优势而备受关注，该技术不仅能够充分发挥 CO_2 的相态特性提高天然气采收率，还可实现 CO_2 的有效地质埋存，具有重要的应用潜力和环保意义。

针对致密砂岩气藏注 CO_2 提高采收率及碳埋存的相关研究，目前仍处于探索阶段，国内外现场应用案例甚少，现有的研究方法主要包括室内实验和数值模型研究。在实验研究方面，为探究 CO_2-EGR 技术的可行性，围绕注入速度、注入时机、储层物性、气体溶解、CO_2 相态及重力作用等多方面因素，前人已开展大量的 CO_2 驱替长岩心实验，实验研究结果显示 CO_2 驱提高采收率效果显著，注入速度、注入时机及重力作用等因素对 CH_4 采收率影响较大，液态或超临界状态 CO_2 提高采收率效果更佳。在数值模型研究方面，侯大力等基于 CO_2-水—岩石溶解与矿化反应，建立注 CO_2 驱替 CH_4 的数值模拟模型，开展了注采制度和 CO_2 相态敏感性分析，并进行了 CO_2 埋存效果预测，结果显示，CO_2 驱最优方案可有效提高 CH_4 采收率，同时提出 CO_2 埋存以超临界埋存为主。唐良睿等建立了气藏 CO_2 有效埋存量计算模型，并通过构建考虑超临界 CO_2 埋存、溶解埋存和矿化埋存等 3 种埋存机理的数值模拟模型对该方法进行了有效验证。王高峰等提出了 CO_2 驱提高天然气藏采收率的三种主要机理，并以 CO_2 波及系数及驱替效率为指标，建立了 CO_2 驱提高气藏采收率计算模型，模型预测结果显示 CO_2 驱有望提高 CH_4采收率 20 个百分点以上。史云清等以 CO_2-CH_4扩散实验及驱替实验为基础，应用数值模拟方法，建立了长岩心，倾角及背斜等多类数值模型，系统论证了低渗致密气藏超临界注 CO_2 驱替的机理。综上可知，实验方法大多停滞于 CO_2

驱提高采收率效果评价上，而对 CO_2 埋存效果评价的实验鲜有研究，相比之下，数值模型方法考虑因素更加多样且更复杂，并能够兼并评价 CO_2 驱提高采收率及 CO_2 埋存效果。然而，现有的数值模型研究方法所考虑的因素仍然存在不充分、评价目标针对性强的问题，且鲜有考虑压裂参数和储层应力敏感的情况，对 CO_2 驱提高采收率及其埋存效果的主控因素的认识尚不完善。

为此，本文以神府致密气田为例，考虑应力敏感效应和压裂裂缝导流能力时变性两种机制，建立了应力敏感及压裂裂缝变导流能力表征方法，构建了致密砂岩气藏注 CO_2 驱物理模型及数值模拟模型，在此基础上开展了裂缝变导流能力、裂缝半长、应力敏感及开发制度等多类参数的敏感性分析，并进行了实例应用，对 X 区块注 CO_2 提高天然气采收率效果及地质埋存潜力进行了定量评价，以期为神府气田注 CO_2 提高采收率及地质埋存有利区优选提供技术支持。

2 模型建立

2.1 物理模型

为充分模拟致密气藏衰竭开发后注入 CO_2 的实际情形，考虑裂缝变导流能力及应力敏感效应影响，构建均质有界气藏物理模型，如图 1 所示。物理模型为单层，包含基质和压裂裂缝两类系统，考虑两口垂直压裂直井，分别为生产井 A 和 B，生产井 A 后期转注 CO_2，两口井井距为 600m。物理模型假设条件如下：

（1）封闭边界的均质储层，储层盖层和底板均封闭，初始压力各点相同；

（2）微可压缩流体，忽略毛管力和重力影响，不考虑启动压力梯度效应，考虑气水两相达西渗流；

（3）压裂裂缝为嵌入式裂缝，有限导流且垂直贯穿储层，并关于井筒对称；

（4）注入 CO_2 不含其他杂质组分，考虑压裂裂缝变导流能力及基质系统应力敏感效应；

（5）考虑气体黏度和压缩系数随压力变化而变化，不考虑井筒储集效应、温度变化等其他因素对流动的影响；

（6）气井为定产气量控制，流体先从基质系统流入裂缝系统，再从裂缝系统流入井筒，其中转注井注入井底流压上限为地层破裂压力安全值。

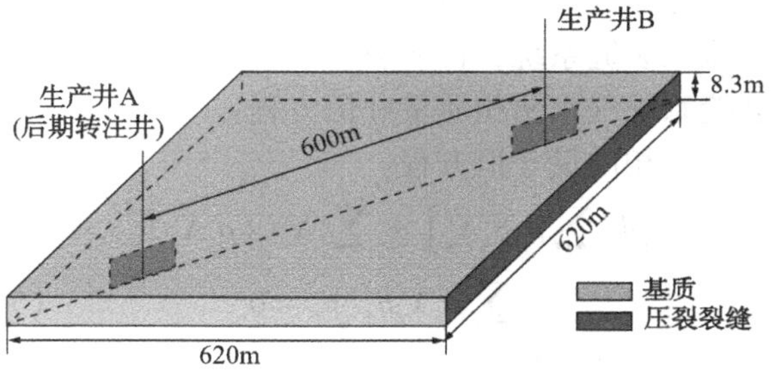

图 1　物理模型

2.2 数学模型

2.2.1 基质渗流数学模型

考虑气水两相共同赋存，分别建立基质系统气水两相质量守恒方程：

气相质量守恒方程：

$$\partial_t\left[\phi^m \sum \rho_g S_g X_g^i\right] + \sum \nabla\cdot\left(\rho_g X_g^i \vec{v_g^m}\right) - \sum \rho_g X_g^i\left(q_g^m - q_g^{m,f}\right)/V_m = 0 \quad (1)$$

$$\vec{v_g^m} = -k^m \lambda_g\left(\nabla p_g - \rho_g g\nabla h\right) \quad (2)$$

水相质量守恒方程：

$$\partial_t\left(\phi^m \rho_w S_w\right) + \nabla\cdot\rho_w \vec{v_w^m} - \rho_w\left(q_w^m - q_w^{m,f}\right)/V_m = 0 \quad (3)$$

$$\vec{v_w^m} = -k^m \lambda_w\left(\nabla p_w - \rho_w g\nabla h\right) \quad (4)$$

气水两相饱和度满足：

$$S_g + S_w = 1 \quad (5)$$

依据神府区块采出气组分分析资料，气相由 N_2、He、CO_2、CH_4、C_2H_6、C_3H_8、iC_4H_{10} 及 nC_4H_{10} 等 8 类组分组成，各类组分含量满足：

$$\sum_i^8 x_i = 1,\ \forall i \in \{1, 2, \cdots, 8\} \quad (6)$$

上式中，ϕ^m 为基质系统有效孔隙度，无量纲；ρ_g、ρ_w 分别为气相、水相密度，g/cm^3；S_g、S_w 分别为含气、含水饱和度，无量纲；X_g^i 为基质系统气相各组分的质量含量百分比，无量纲；$\vec{v_g^m}$、$\vec{v_w^m}$ 分别为基质系统气相、水相达西渗流速度，cm/s；q_g^m、q_w^m 分别为基质系统气相、水相的源汇项，cm^3/s；$q_g^{m,f}$、$q_w^{m,f}$ 分别为由基质系统流入裂缝系统的气相、水相流量，cm^3/s；λ_g、λ_w 分别为气相、水相流度，mD/mPa·s；k^m 为基质系统绝对渗透率，mD；∇p_g、∇p_w 为压力梯度，10^{-1}MPa/cm；∇h 为深度梯度，cm；g 为重力常数，cm/s^2；x_i 为气相中各组分摩尔含量百分比，无量纲；V_m 为基质系统有效孔隙体积，cm^3。

2.2.2 裂缝渗流数学模型

考虑嵌入式水力压裂裂缝，流体先从基质系统流入裂缝系统，再从裂缝系统流入井筒，建立裂缝系统气水两相质量守恒方程：

气相质量守恒方程：

$$\partial_t\left[\phi^f\sum\rho_g S_g X_g^i\right]+\sum\nabla\cdot(\rho_g X_g^i\overrightarrow{v_g^f})-\sum\rho_g X_g^i q_g^f/V_f=0 \tag{7}$$

$$\overrightarrow{v_g^f}=-k^f\lambda_g(\nabla p_g-\rho_g g\nabla h) \tag{8}$$

水相质量守恒方程：

$$\partial_t(\phi^f\rho_w S_w)+\nabla\cdot\rho_w\overrightarrow{v_w^f}-\rho_w q_w^f/V_f=0 \tag{9}$$

$$\overrightarrow{v_w^f}=-k^f\lambda_w(\nabla p_w-\rho_w g\nabla h) \tag{10}$$

上式中，ϕ^f 为基质系统有效孔隙度，无量纲；X_g^i 为基质系统气相各组分的质量含量百分比，无量纲；$\overrightarrow{v_g^f}$、$\overrightarrow{v_w^f}$分别为裂缝系统气相、水相达西渗流速度，cm/s；q_g^f、q_w^f 分别为裂缝系统气相、水相的源汇项，cm^3/s；k^f 为裂缝系统绝对渗透率，mD；V_f 为基质系统有效孔隙体积，cm^3。

2.2.3 压裂裂缝变导流能力表征

支撑剂破碎磨损、有效应力变化及岩屑滞留等多因素会造成压裂裂缝导流能力发生损失，这在低渗致密气藏开发过程中不可忽视。为充分模拟压裂裂缝导流能力的实际衰减变化规律，考虑基质系统孔隙中过流体倍数，建立了裂缝导流能力的动态衰减表征方法，该方法可同时定量表征裂缝导流能力的衰减幅度和衰减速度，分别采用系数 δ 和系数 γ 对其进行定量表征，其计算公式为：

$$F_{Cn}=F_{Ci}\cdot\left[\delta+(1-\delta)e^{-\gamma S}\right] \tag{11}$$

假设气井生产过程中，压裂裂缝缝宽为恒定值，则(11)式等同于：

$$k_n^f=k_i^f\cdot\left[\delta+(1-\delta)e^{-\gamma S}\right] \tag{12}$$

式中，F_{Cn}、F_{Ci}分别为目前及原始裂缝导流能力，mD·m；k_n^f、k_i^f 分别为目前及原始裂缝系统绝对渗透率，mD；δ 为裂缝导流能力衰减幅度系数($0\leqslant\delta<1$)，无量纲；γ 为裂缝导流能力衰减速度系数($\gamma>0$)，无量纲；S 为基质系统孔隙过流体倍数，无量纲。

2.2.4 基质应力敏感效应表征

应力敏感效应是评价 CO_2 埋存效果的关键因素之一，基质系统应力敏感会降低压降波及区的渗透率，加剧基质系统的非均质性，影响 CO_2 注入能力和埋存率。为考虑基质系统应力敏感效应的影响，基质系统渗透率随压力的变化关系可用指数函数表示，即：

$$k_n^m=k_i^m\cdot\left(\frac{\delta-p_i^m}{\delta-p_e^m}\right)^{-\eta} \tag{13}$$

式中，p_i^m、p_e^m 分别为目前及原始基质系统平均压力，MPa；k_n^m、k_i^m 分别为对应 p_i^m、p_e^m 下的基质系统渗透率，mD；δ 为上覆岩层压力，MPa；η 为基质系统应力敏感系数，无量纲。

2.3 模型求解

整合式(1)-(13)，建立考虑压裂裂缝变导流能力与基质系统应力敏感效应的气水两相流动控制方程。

气相流动控制方程：

$$\partial_t\left[\varphi^\beta\sum\rho_g S_g X_g^i\right]+\sum\nabla\cdot(\rho_g X_g^i\overrightarrow{v_g^\beta})-\sum\rho_g X_g^i q_g^\beta/V_\beta=0(\beta=m,f) \tag{14}$$

$$\overrightarrow{v_g^\beta}=-k_n^\beta\lambda_g(\nabla p_g-\rho_g g\nabla h)\quad(\beta=m,f) \tag{15}$$

水相流动控制方程：

$$\partial_t\left[\varphi^\beta\rho_w S_w\right]+\nabla\cdot(\rho_w\overrightarrow{v_w^\beta})-\sum\rho_w q_w^\beta/V_\beta=0(\beta=m,f) \tag{16}$$

$$\overrightarrow{v_w^\beta}=-k_n^\beta\lambda_w(\nabla p_w-\rho_w g\nabla h)\quad(\beta=m,f) \tag{17}$$

采用后退欧拉法对非线性微分方程式(14)至(17)进行转化，可得：

$$\frac{1}{\Delta t}\left\{\left[\phi^\beta\sum\rho_g S_g X_g^i\right]^{n+1}-\left[\phi^\beta\sum\rho_g S_g X_g^i\right]^n\right\}+\sum\nabla\cdot(\rho_g X_g^i\overrightarrow{v_g^\beta})-\sum\rho_g X_g^i q_g^\beta/V_\beta=R_i(\beta=m,f) \tag{18}$$

$$\frac{1}{\Delta t}\left[(\phi^\beta\rho_w S_w)^{n+1}-(\phi^\beta\rho_w S_w)^n\right]+\nabla\cdot(\rho_w\overrightarrow{v_w^\beta})-\rho_w q_w^\beta/V_\beta=R_w(\beta=m,f) \tag{19}$$

采用两点通量近似的有限体积法将通量项(18)、(19)在空间上离散化求解，可得：

$$\frac{V_\beta}{\Delta t}\left\{\left[\phi^\beta\sum\rho_g S_g X_g^i\right]^{n+1}-\left[\phi^\beta\sum\rho_g S_g X_g^i\right]^n\right\}+\sum div(\rho_g X_g^i\overrightarrow{v_g^\beta})^{n+1}-\sum(\rho_g X_g^i q_g^\beta)^{n+1}/V_\beta=R_i^{n+1}(\beta=m,f) \tag{20}$$

$$\frac{V_\beta}{\Delta t}\left[(\phi^\beta\rho_w S_w)^{n+1}-(\phi^\beta\rho_w S_w)^n\right]+div(\rho_w\overrightarrow{v_w^\beta})^{n+1}-(\rho_w q_w^\beta)^{n+1}/V_\beta=R_w^{n+1}(\beta=m,f) \tag{21}$$

3 CO_2 提采及埋存效果评价

3.1 CO_2 驱与衰竭开发效果对比

建立了基质与压裂裂缝耦合的致密砂岩气藏气水两相组分模型，以模拟衰竭开发后 CO_2 驱替及其埋存过程，该模型考虑了压裂裂缝变导流能力和基质系统应力敏感效应两种机制，模型参数见表 1，参数的取值范围均参照神府气田室内或矿场实验报告。考虑纯衰竭开发和先衰竭后注 CO_2 驱开发两类情形，分别构建对应数值模型，模型计算结果如图 2 所示。

表 1 模型参数表

基础参数	参数值
气藏原始压力/MPa	20.0
气藏温度/℃	55.4
上覆岩层压力/MPa	40.0
储层有效厚度/m	8.3
基质系统渗透率/%	8.3
基质系统渗透率/mD	0.1
压裂裂缝孔隙度/%	40.2
压裂裂缝初始导流能力/mD · m	3000
初始含气饱和度/%	55.0
有效井径/m	0.1
生产时间/年	20
基质系统破裂压力/MPa	30.0
生产井生产制度/(HCPV/年)	0.1
生产井井底流压下限/MPa	2.0
裂缝导流能力衰减幅度系数，无量纲	0.0、0.2、0.4、0.6、0.8
裂缝导流能力衰减速度系数，无量纲	0.0001、0.0005、0.001、0.005、0.01
应力敏感系数，无量纲	0.1、0.2、0.3、0.4、0.5
CO_2 注入速度/(HCPV/年)	0.05、0.10、0.15、0.20、0.25
压裂裂缝半长/m	100、120、140、160、180
生产井关井 CO_2 含量界限/%	5.0、7.5、10.0、12.5、15.0
转注 CO_2 前衰竭开发时间/年	1、3、5、7、9

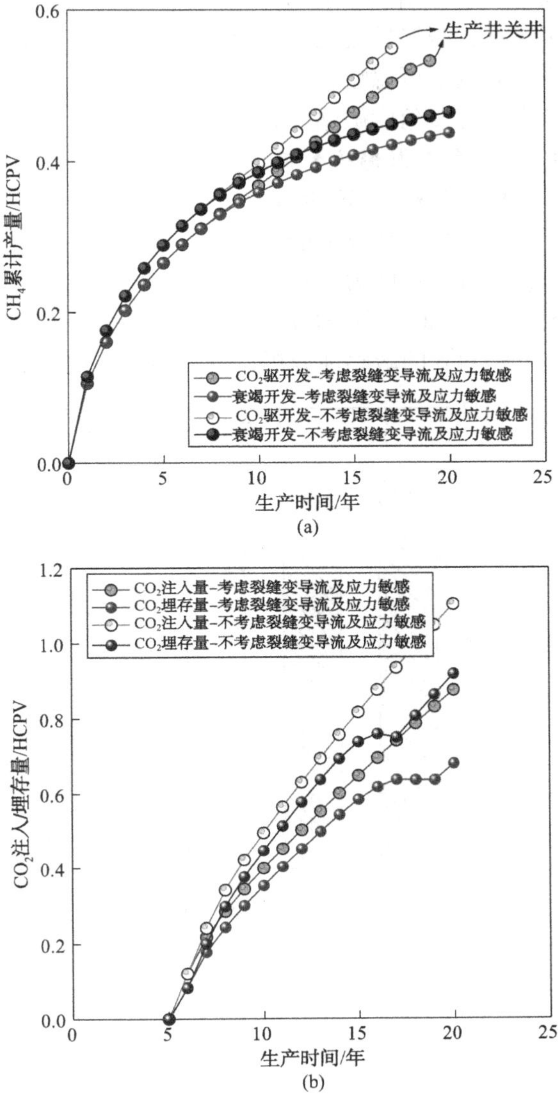

图 2 CO_2 驱与衰竭开发效果对比图

图 2(a)为 CH_4 累计产量结果对比图，结果显示，CO_2 驱能显著提高 CH_4产量，同时，考虑裂缝导流能力时变性和储层应力敏感效应后，CO_2 驱情形下的 CH_4 累计产量降低 0.02HCPV，但相比衰竭情形，CH_4 累计产量的提高幅度更大。图 2(b)为先衰竭后注 CO_2 驱情形下的 CO_2 累计注入量和总埋存量图，结果显示，考虑裂缝导流能力时变性和储层应力敏感效应后，CO_2 注入量及埋存量分别降低 3.2HCPV 和 0.24HCPV，CO_2 埋存率降低 5 个百分点。因此，对于致密砂岩气藏，CO_2 驱是实现提高采收率及碳埋存目标的有效方法，在提高 CH_4采收率的同时实现 CO_2 埋存，此外，考虑裂缝导流能力时变性和储层应力敏感效应后，CO_2 驱提采效果变好但埋存效果变差。为进一步评价致密气藏注 CO_2 驱提高采

收率及埋存潜力，指导致密气藏注 CO_2 驱有利区优选，裂缝导流能力时变性和储层应力敏感效应的影响不可忽略，并且有必要开展储层、压裂及生产等多角度敏感性分析。

3.2　压裂参数影响分析

3.2.1　裂缝变导流能力

关于裂缝变导流能力的敏感性分析，主要是研究裂缝导流能力衰减幅度系数 δ 和衰减速度系数 γ 对注 CO_2 驱提高采收率及埋存效果的影响。

针对 δ 的敏感性分析，分别构建不同 δ 值的数值模型，模型参数见表 1，模型计算结果如图 3所示。

图 3(a)为不同 δ 值条件下 CH_4 采收率提高值计算结果，结果表明，δ 对 CO_2 驱提高采收率效果影响较小，CH_4 采收率平均提高 9.5%。图 3(b)为不同 δ 条件下 CO_2 注入量及埋存率计算结果，可以说明 δ 对 CO_2 注入及埋存影响较小。

针对 γ 的敏感性分析，分别构建不同 γ 值的数值模型，模型参数见表 1，模型计算结果如图 4所示。

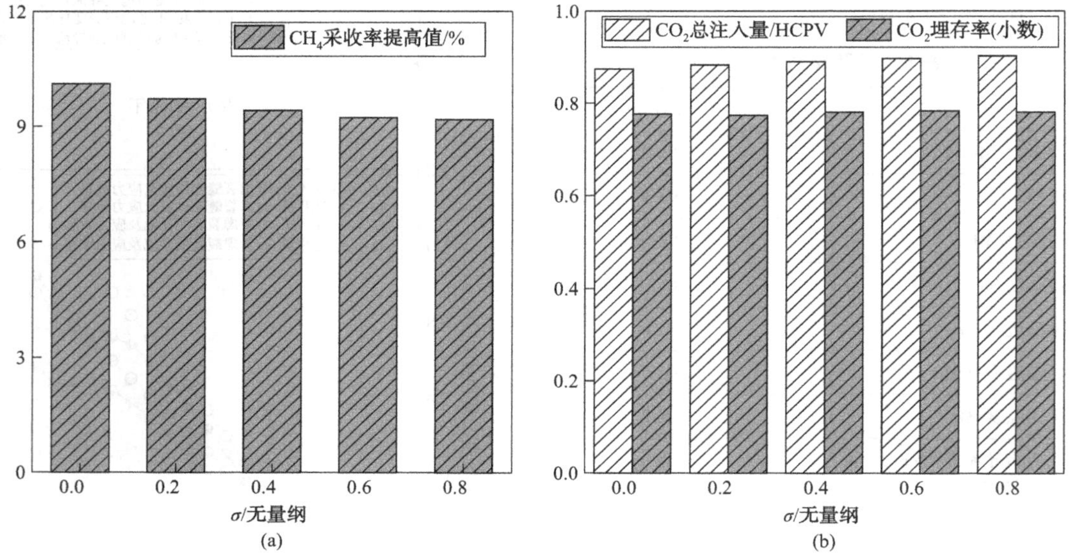

图 3　δ 敏感性分析结果图

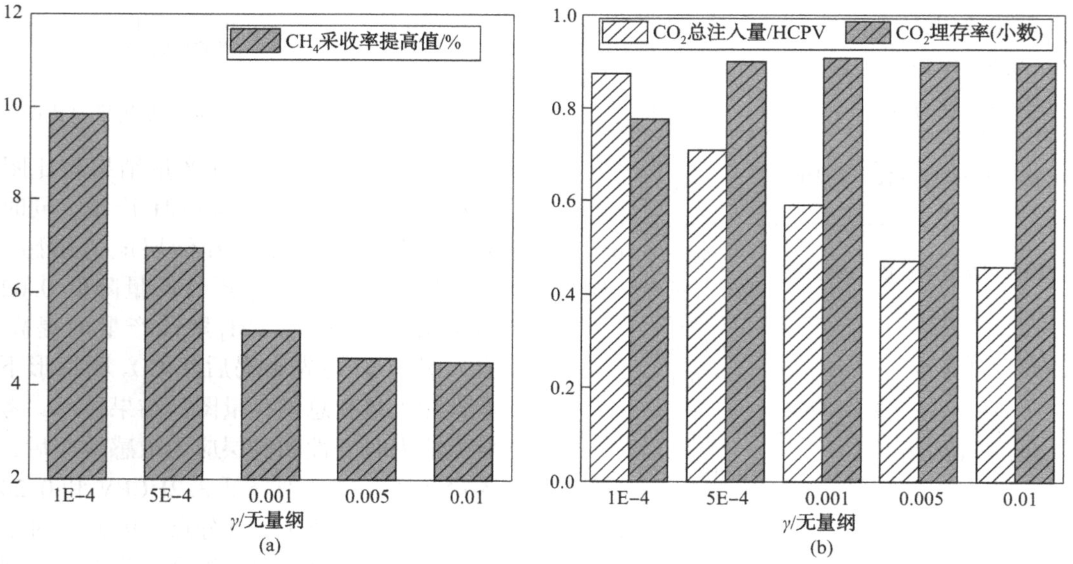

图 4　γ 敏感性分析结果图

图 4(a)为不同 γ 值条件下 CH_4 采收率提高值计算结果，结果表明，γ 对 CO_2 驱提高采收率效果均有着较大影响，CH_4 采收率提高 4.5%～9.8%，γ 值越大，CO_2 驱提高采收率效果越差。图 4(b)为不同 γ 条件下 CO_2 注入量及埋存率计算结果，考虑 γ 条件后，CO_2 埋存率达到 78%～

90%，γ 越大，CO_2 注入能力越差，CO_2 总埋存量越低。

因此，相比 δ，γ 对 CO_2 驱提高采收率及 CO_2 埋存效果的影响更明显，当变导流能力表征系数 γ 增大，裂缝导流能力衰竭速度加快，这对 CO_2 驱提高采收率有着不利影响。随着 γ 增大，裂缝导流能力损失加快，CO_2 注入及 CH_4产出能力均降低，CO_2 埋存效果越差。

3.2.2　裂缝半长

针对裂缝半长(L_f)的敏感性分析，分别构建不同裂缝半长的数值模型，模型参数见表 1，模型计算结果如图 5 所示。

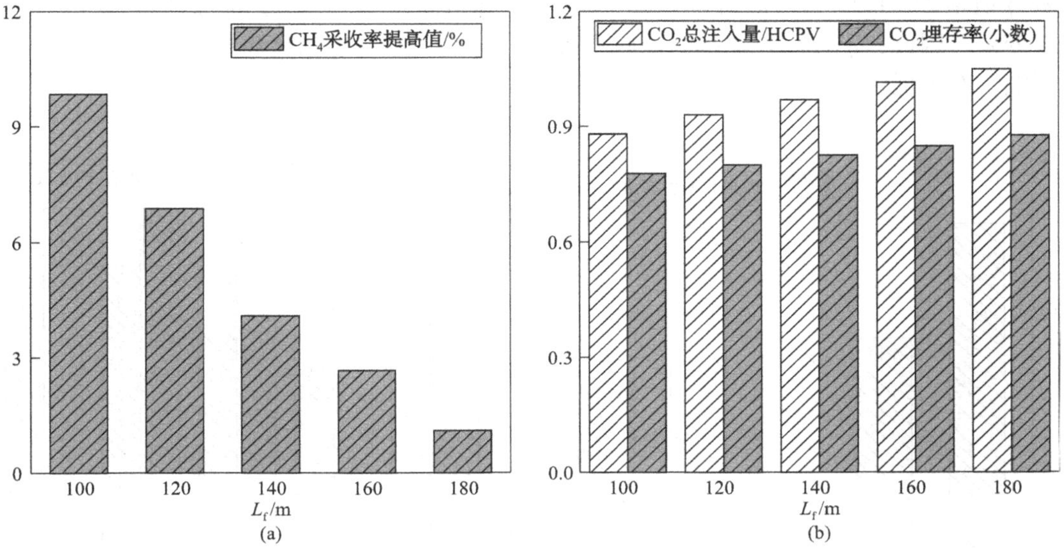

图 5　L_f敏感性分析结果图

图 5(a)为不同 L_f条件下 CH_4采收率提高值计算结果，结果表明，L_f越大，CO_2 注入能力越强且波及越快，受生产井达到关井条件影响，CO_2 驱提高采收率效果越差。图 5(b)为不同 L_f 条件下 CO_2 注入量及埋存率计算结果，结果表明，L_f增加，CO_2 注入能力增强，L_f 增加能够有效促进 CO_2 埋存。因此，L_f对 CO_2 驱提高采收率及 CO_2 埋存效果有着显著影响，L_f 越大，CO_2 注入能力越强，CO_2 推进越快，生产井关井越早，CO_2 驱提高采收率效果越差，CO_2 埋存效果越好。

3.3　应力敏感效应影响分析

关于应力敏感效应的敏感性分析，主要是研究应力敏感系数 η 对注 CO_2 驱提高采收率及埋存效果的影响，分别构建不同 η 值的数值模型，模型参数见表 1，模型计算结果如图 6 所示。

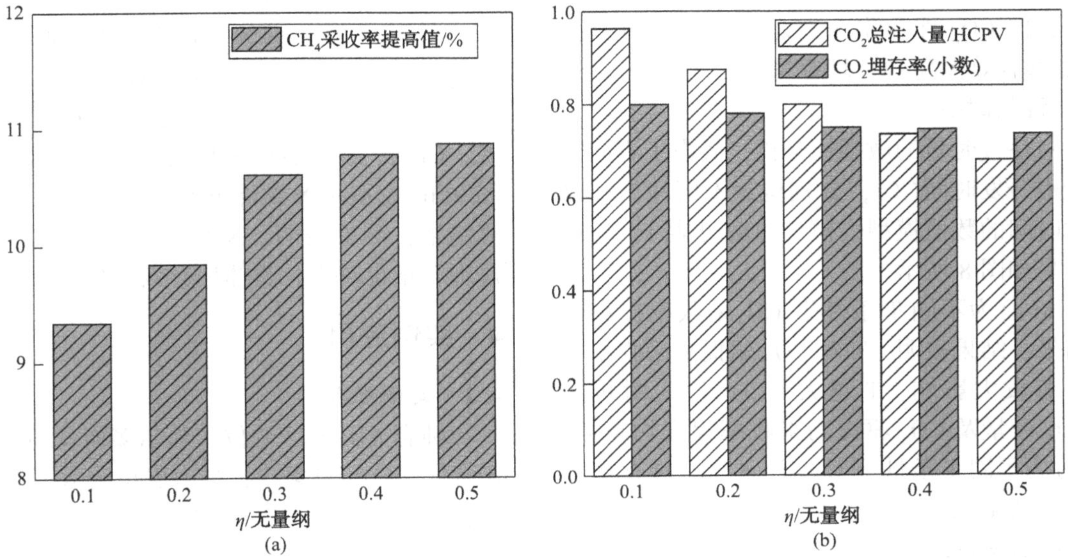

图 6　η 敏感性分析结果图

图 6(a)为不同 η 值条件下 CH_4采收率提高值计算结果，结果表明，考虑 η 后，CO_2 驱能够提高采收率，CH_4 采收率提高 9.3%～10.2%。当 η 值增大时，CO_2 驱提高采收率效果有明显变化。图 6(b)为不同 η 条件下 CO_2 注入量及埋存率计算结果，结果表明，η 对 CO_2 埋存率影响较小，随着 η 值增大，CO_2 注入量明显降低，CO_2 埋存效果变差。因此，η 对 CO_2 驱提高采收率有着较大影响，对于低渗砂岩储层，η 值越大，渗透率变化越明显，储层非均质性越强，CO_2 驱提采效果越明显，同时 CO_2 注入能力越弱，从总埋存量角度评价埋存效果越差。

3.4 注采制度影响分析

3.4.1 注气速度

针对注气速度(I_A)的敏感性分析，分别构建不同注汽气速度的数值模型，模型参数见表 1,模型计算结果如图 7 所示。

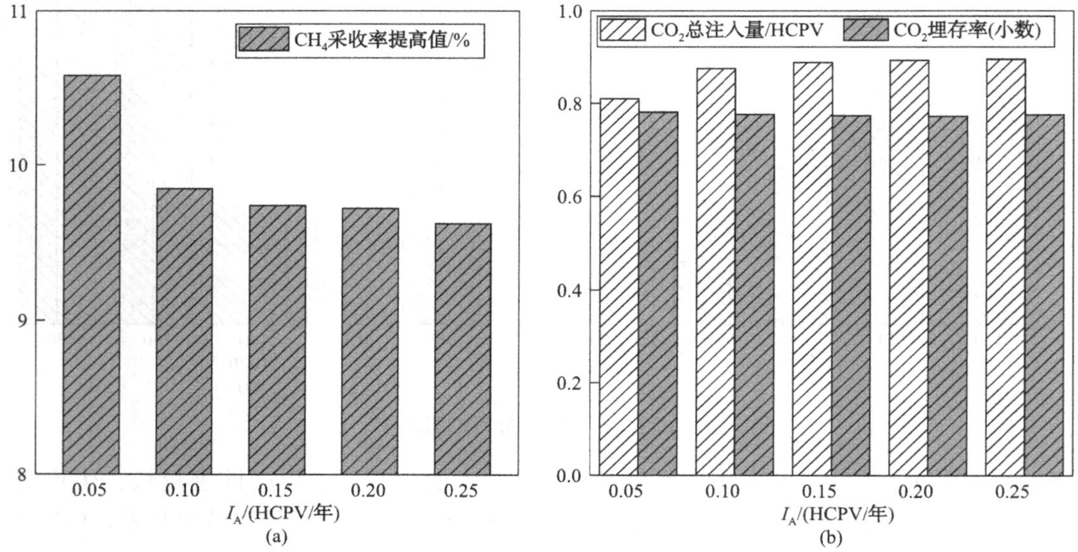

图 7　I_A敏感性分析结果图

图 7(a)为不同 I_A条件下 CH_4采收率提高值计算结果，结果表明，I_A 超过 0.10HCPV/年时，随着 I_A 增大，CO_2 驱提高采收率效果减缓。图 7(b)为不同 I_A条件下 CO_2 注入量及埋存率计算结果，结果表明，随着 IA 增加，CO_2 总注入量有所提升，但 CO_2 埋存率未有较大波动，可以说明 I_A 能够有效提高 CO_2 埋存量

3.4.2 注气时机

针对注气时机的敏感性分析，考虑了不同注气前衰竭开发时间(T)，分别构建不同注气前衰竭开发时间的数值模型，模型参数见表 1，模型计算结果如图 8 所示。

图 8(a)为不同 T 条件下 CH_4采收率提高值计算结果，结果表明，T 对 CO_2 驱提高采收率效果均有着较大影响，T 越大，CO_2 注入时机越晚，CH_4 产量及 CO_2 驱提高采收率程度均越低。图 8(b)为不同 T 条件下 CO_2 注入量及埋存率计算结果，结果表明，T 越大，生产井关井越晚，CO_2 埋存率越高，但总埋存量越低。

3.4.3 关井时机

针对关井时机的敏感性分析，以生产井采出气中 CO_2 摩尔含量百分比(N)为生产井关井界限，分别构建不同关井界限的数值模型，模型参数见表 1，模型计算结果如图 9 所示。

图 9(a)为不同 N 条件下 CH_4采收率提高值计算结果，结果表明，N 对 CO_2 驱提高采收率效果均有着较大影响，N 越大，生产井关井越晚，CH_4产量及 CO_2 驱提高采收率程度均越高。图 9(b)为不同 N 条件下 CO_2 注入量及埋存率计算结果，结果表明，N 越大，CO_2 埋存率越低，总埋存量也越小，整体埋存效果越差。

4 实例应用

4.1 实例背景

神府气田 X 区块位于鄂尔多斯盆地东缘，气田含气层位相对集中，主力层位为太原组和本溪组，区块单井钻遇气层的平均厚度 14.2m，孔隙度 5.7%～10.0%，平均 7.9%，渗透率 0.1～1.5mD,

平均 0.4mD，含气饱和度平均 48.4%。该区块已有近五年的衰竭开发历史，直/定向井测试平均无阻流量超 3 万 m^3/d，现有生产井数超 200 口，累计产量超 15 亿 m^3。然而，该区块当前单井产量首年递减平均水平超过 30%，油、套压力下降快，气井产量水平低，泡排、柱塞等提采措施已难以提高气井产量，亟需一种新的提高采收率思路。为此，以神府气田 X 区块为例，开展了注 CO_2 提高天然气采收率及地质埋存潜力评价研究。

为充分认识神府气田 X 区块注 CO_2 提高天然气采收率及碳埋存潜力，基于正交实验设计原理，以 CH_4 采收率提高值和 CO_2 埋存率为评价指标，考虑裂缝衰减速度系数 γ、应力敏感系数 η、裂缝半长 L_f、注气速度 I_A、注气时机 T 及关井界限 N 等 6 类因素，设计了共 25 组不同因素组合的方案，开展了神府气田注 CO_2 提高采收率及碳埋存数值模拟研究，模型参数见表 1，各因素设置参数见表 2。

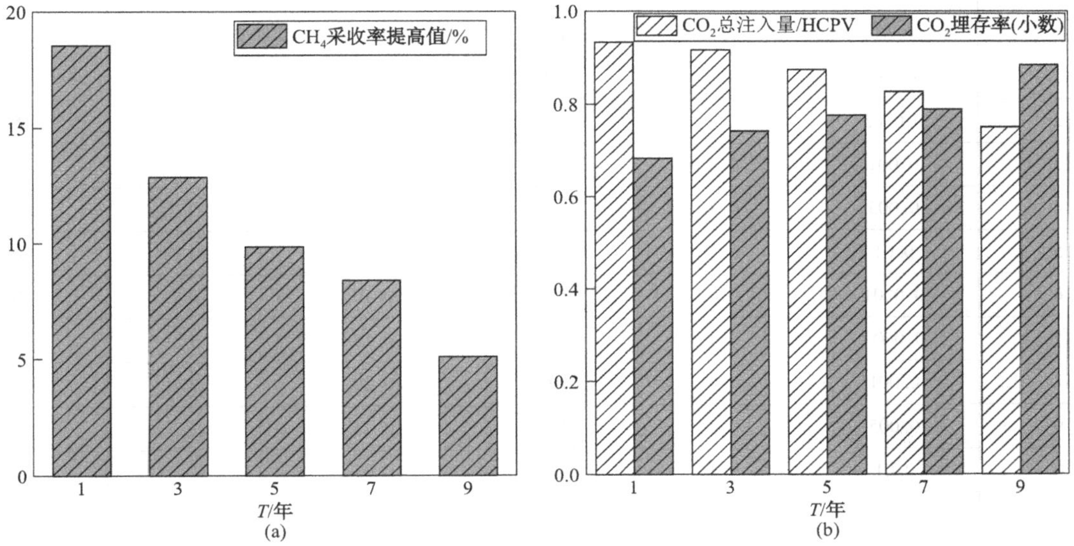

图 8 T 敏感性分析结果图

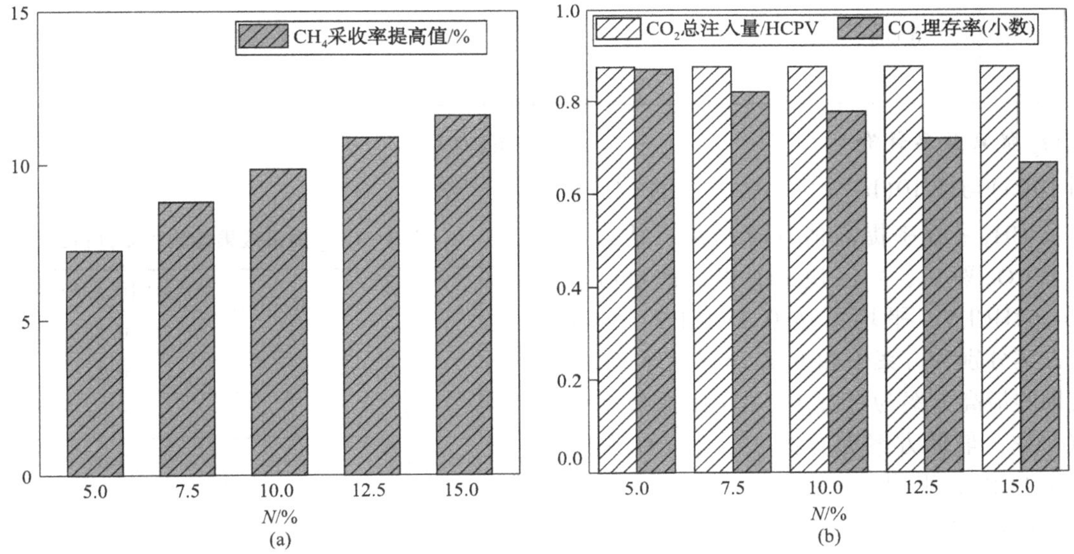

图 9 N 敏感性分析结果图

表 2 各方案设置参数表

方案序号	γ(无量纲)	η(无量纲)	L_f/m	I_A/(HCPV/年)	T/年	N/%
1	0.0001	0.1	100	0.05	1	5.0
2	0.0005	0.1	120	0.10	3	7.5

续表

方案序号	γ(无量纲)	η(无量纲)	L_f/m	I_A/(HCPV/年)	T/年	N/%
3	0.001	0.1	140	0.15	5	10.0
4	0.005	0.1	160	0.20	7	12.5
5	0.01	0.1	180	0.25	9	15.0
6	0.0001	0.2	120	0.15	7	15.0
7	0.0005	0.2	140	0.20	9	5.0
8	0.001	0.2	160	0.25	1	7.5
9	0.005	0.2	180	0.05	3	10.0
10	0.01	0.2	100	0.10	5	12.5
11	0.0001	0.3	140	0.25	3	12.5
12	0.0005	0.3	160	0.05	5	15.0
13	0.001	0.3	180	0.10	7	5.0
14	0.005	0.3	100	0.15	9	7.5
15	0.01	0.3	120	0.20	1	10.0
16	0.0001	0.4	160	0.10	9	10.0
17	0.0005	0.4	180	0.15	1	12.5
18	0.001	0.4	100	0.20	3	15.0
19	0.005	0.4	120	0.25	5	5.0
20	0.01	0.4	140	0.05	7	7.5
21	0.0001	0.5	180	0.20	5	7.5
22	0.0005	0.5	100	0.25	7	10.0
23	0.001	0.5	120	0.05	9	12.5
24	0.005	0.5	140	0.10	1	15.0
25	0.01	0.5	160	0.15	3	5.0

4.2 CO_2 提采效果评价

图 10(a)与图 10(b)分别为各方案的 CH_4 累计产量及 CH_4 采收率提高值计算结果。结果表明，考虑 CO_2 驱后，X 区块 CH_4 累计产量可达 0.35～0.64HCPV，平均可达 0.45HCPV，最高及最低方案分别为方案 1 和方案 14。此外，CO_2 提采效果的最高方案为方案 1，其 CH_4 采收率可提高 20.5%，最低方案为方案 23，其 CH_4 采收率可提高 1.2%，平均可提高 6.8%。

基于各方案结果，利用极差分析方法定量评估各因素对 CO_2 提采效果的影响程度，结果见表 3。

结果表明，CO_2 驱提高 CH_4 采收率效果的影响因素按影响大小排序为：注气时机、裂缝变导流能力、应力敏感效应、注气速度、关井界限、裂缝半长。因此，注气时机、裂缝变导流能力及应力敏感效应是影响 CO_2 提采效果的主要因素。

表 3　CO_2 提采效果影响程度分析结果表

参数	参数影响权重值(小数)
η	0.17
γ	0.22
L_f	0.03
I_A	0.09
T	0.39
N	0.09

4.3 CO_2 埋存效果评价

图 11 为各方案的 CO_2 埋存效果评价结果。结果显示，各方案的 CO_2 累计注入量为 0.34～0.86HCPV，平均 0.56HCPV，最高及最低方案分别为方案 1 和方案 23。

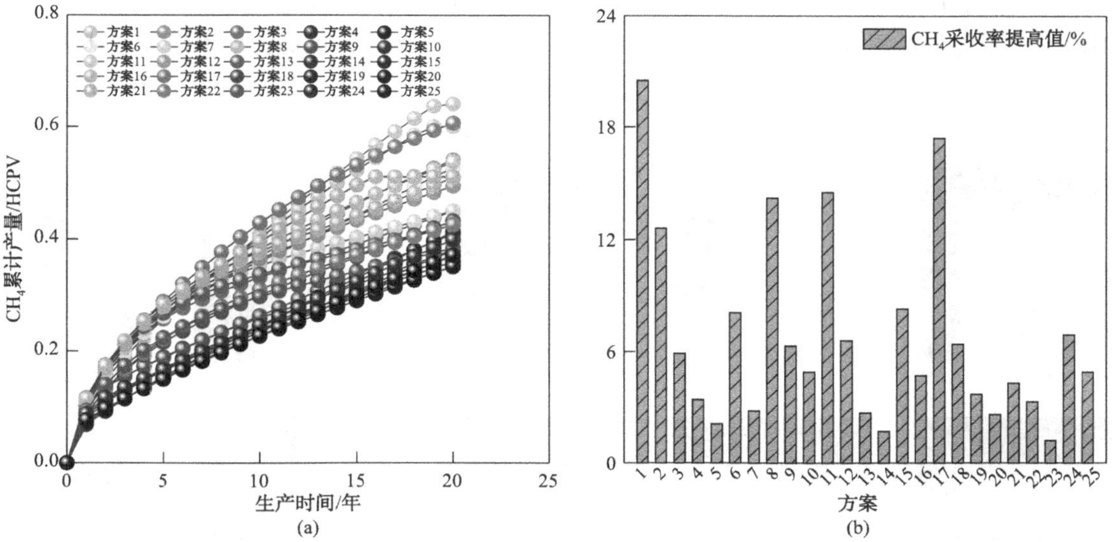

图 10 各方案 CH_4 累产及采收率计算结果图

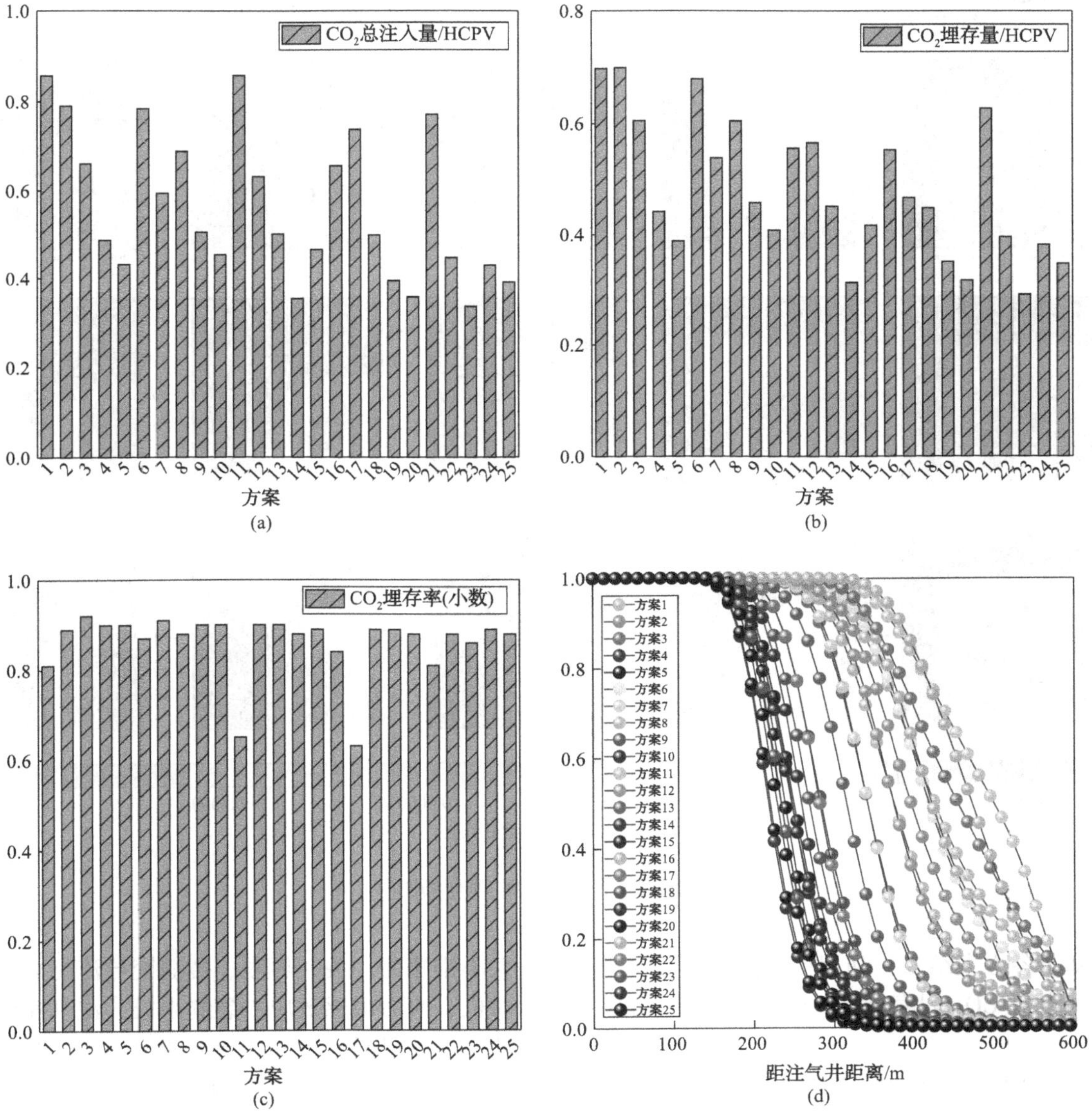

图 11 各方案 CO_2 埋存效果评价结果图

各方案的 CO_2 累计埋存量为 0.29～0.70HCPV，平均 CO_2 累计埋存量达 0.48HCPV，最高及最低方案分别为方案 2 和方案 23，各方案 CO_2 埋存效果对比可见图 11(d) 和图 12；CO_2 埋存率为 63%～92%，平均埋存率达 86%，其中最高方案及最低方案分别为方案 3 和方案 17。

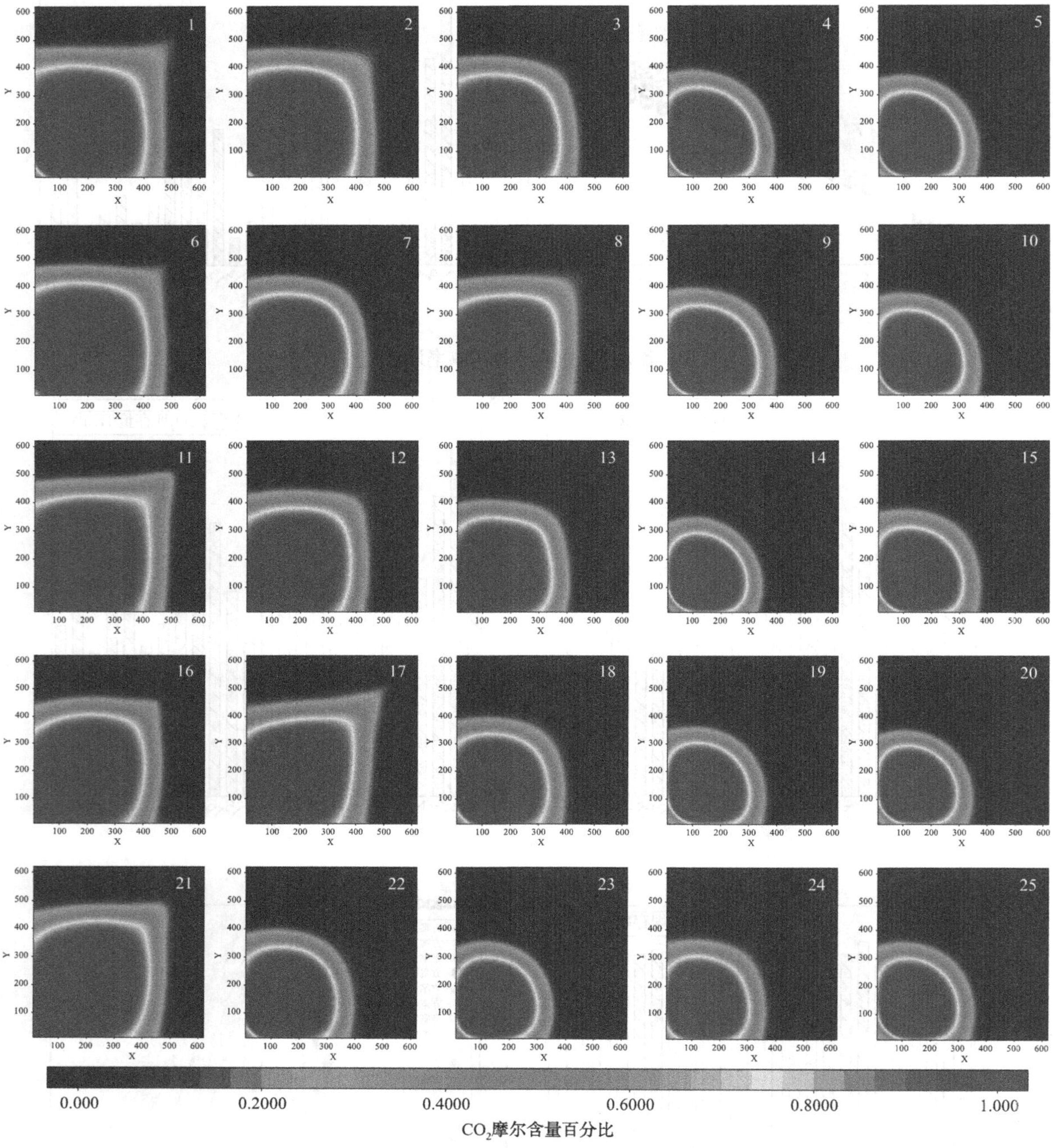

图 12　各方案 CO_2 埋存场图

基于各方案结果，利用极差分析方法定量评估各因素对 CO_2 埋存效果的影响程度，结果见表 4。

结果表明，CO_2 埋存效果的影响因素按影响大小排序为：关井界限、裂缝变导流能力、注气时机、应力敏感效应、裂缝半长、注气速度。因此，关井界限、裂缝变导流能力、注气时机是影响 CO_2 提采效果的主要因素。

表 4　CO_2 埋存效果影响程度分析结果表

参数	参数影响权重值(小数)
η	0.15
γ	0.22
L_f	0.12
I_A	0.11
T	0.16
N	0.24

5　结论

(1) 裂缝导流能力时变效应和储层应力敏感性对致密气藏注 CO_2 提采和埋存效果影响较大，裂缝导流能力时变性越强，注 CO_2 驱提采效果越差，且 CO_2 埋存量越低，应力敏感效应越明显，CO_2 注入能力越弱，CH_4 累计产量越低，CO_2 埋存效果也越差。

(2) 裂缝半长越短、注气速度越低、注气时机越早、关井 CO_2 含量界限越高时，CO_2 驱提高采收率程度越高，裂缝半长越长、注气速度越快，注气时机越早、关井 CO_2 含量界限越低时，CO_2 埋存效果越好。

(3) 实例应用结果表明，CO_2 驱能够提高致密气藏采收率，考虑不同储层物性、压裂参数及注采制度的影响下，实例区块开展注 CO_2 驱后，CH_4采收率平均预计提高 6.8%，CO_2 平均累计埋存量达 0.48HCPV，CO_2 平均埋存率可达 86%。

参考文献

[1] 杜建芬，赵勇，郭平，等．鄂北致密气藏注 CO_2 驱替提高采收率实验研究[J]．科学技术与工程，2020，20(16)：6459-6465.

[2] 汤勇，张超，杜志敏，等．CO_2 驱提高气藏采收率及埋存实验[J]．油气藏评价与开发，2015，5(05)：34-40.

[3] 廖海婴．注 CO_2 驱提高致密砂岩气藏采收率实验及数值模拟[J]．大庆石油地质与开发，1-6[2024-07-14].

[4] 周翔，周丹，邓家胜，等．超临界 CO_2 驱提高致密油藏采收率实验研究[J]．特种油气藏，2021，28(03)：118-123.

[5] 兰晶晶，唐帆，谢代培，等．致密油藏 CO_2 驱油提高采收率实验研究[J]．当代化工，2023，52(04)：997-1001.

[6] 史云清，贾英，潘伟义，等．致密低渗透气藏注 CO_2 提高采收率潜力评价[J]．天然气工业，2017，37(03)：62-69.

[7] 孙扬，杜志敏，孙雷，等．CO_2 的埋存与提高天然气采收率的相行为[J]．天然气工业，2012，32(05)：39-42.

[8] 高树生，叶礼友，刘华勋，等．柴达木盆地涩北气田水淹后注 CO_2 驱提高采收率实验分析[J]．天然气工业，2023，43(12)：55-62.

[9] Sim S S K，Turta A T，Singhal A K，et al. Enhanced gas recovery：factors affecting gas-gas displacement efficiency[J]．Journal of Candian Petroleum Techology，2009，48(8)：49-55.

[10] Turta A T，Sim S S，Singhal A K，et al. Basic investigations on enhanced gas recovery by gas-gas displacement[J]．Journal of Canadian Petroleum Technology，2008，47(10)：PETSOC-08-10-39.

[11] 郭肖，冯金，王鹏鲲，等．碳酸盐岩气藏注 CO_2 埋存及提高采收率机理研究进展[J]．断块油气田，2023，30(06)：888-894.

[12] 侯大力，龚凤鸣，陈泊，等．底水砂岩气藏注 CO_2 驱气提高采收率机理及埋存效果[J]．天然气工业，2024，44(04)：93-103.

[13] 唐良睿，贾英，严谨，等．枯竭气藏 CO_2 埋存潜力计算方法研究[J]．油气藏评价与开发，2021，11(06)：858-863.

[14] 王高峰，廖广志，李宏斌，等．CO_2 驱气机理与提高采收率评价模型[J]．油气藏评价与开发，2022，12(05)：734-740.

[15] 史云清，贾英，潘伟义，等．低渗致密气藏注超临界 CO_2 驱替机理[J]．石油与天然气地质，2017，38(03)：610-616.

[16] Møyner O，Tchelepi H. A Multiscale Restriction-Smoothed Basis Method for Compositional Models. SPE Reservoir Simulation Conference. Society of Petroleum Engineers；2017.

[17] 王香增，冯东，李相方，等．考虑时变效应的致密气井产能评价——以延安气田为例[J]．石油学报，2019，40(11)：1358-1367.

[18] 孙贺东，欧阳伟平，张冕，等．考虑裂缝变导流能力的致密气井现代产量递减分析[J]．石油勘探与开发，2018，45(03)：455-463.

[19] Olorode O，Wang B，Rashid H U. Three-Dimensional Projection-Based Embedded Discrete-Fracture Model for Compositional Simulation of Fractured Reservoirs. SPE J 2020；25(4)：2143-2161.

火成岩遮挡下油田稳油控水策略及实践

马　栋　崔名喆　吴春新　杨　明　闫建丽

[中海石油(中国)有限公司天津分公司]

摘　要　渤海湾盆地经历了中生代与新生代两个裂陷旋回，发育了大规模的中酸性和中基性岩浆岩，形成了大量火成岩遮挡下的油田。火成岩岩性致密，在储层边部形成了良好的遮挡条件，天然能量比较充分，基于此类油田异于常规油田的特征，平面上部署不规则井网，纵向上根据层厚和层间物性差异，采用多层合采，并采用初期利用天然能量后期转为人工注水开发的开发模式。此类油田开发面临不同能量协同利用难，分层调配难等难题，本文立足全过程稳油控水理念，开发初期，开展了天然能量与人工注水能量协同优化研究，转入人工水驱阶段后，结合油田多层合采特征，开展了分层配注优化研究，进入中高含水阶段，开展提液时机优化研究，研究结果表明：天然能量具有更大的波及系数，提高水驱速度可以有效扩大波及，合理的能量接替时机可以提高油田采收率，采用基于层间干扰的改进KH配注法，有效发挥高产层的能力，采用基于反演相渗的提液时机优化方法，可以更加精准判别提液时机。

关键词　火成岩遮挡；中深层油田；稳油控水；分层配注；提液时机

中国东部含油气盆地中发育大量的火山岩或侵入岩，其中黄河口凹陷中洼南部斜坡带构造运动和岩浆活动频繁，岩浆活动与断裂系统相互作用相互影响，探明了多个受火成岩遮挡的油气藏。火成岩物性差，与常规沉积岩储层相比，渗透率低1~2个数量级，随着油藏埋深越深，渗透性越差，渤海湾盆地火成岩发育在中时代和新生代时期，储层埋藏深度在2000m以下，渗透率在0.1~10mD，可形成的良好的遮挡条件，尤其是连片发育的火成岩，含油面积外往往发育较大规模的水体，天然能量比较充分，为充分利用天然能量开发提供了便利条件。

渤海C油田是渤海首个在火成岩发育区投入开发的砂岩油藏。油田自投入开发以来，面临天然能量与人工注水能量优化难、分层调配效果差、提液不增油等问题，导致油田递减较大，稳油控水难度大。为此，立足全过程稳油控水理念，开展了油田火成岩侧向封堵性评价，量化评价了油田不同井区的天然能量，优化了天然能量与人工注水能量协同驱替方案，结合干扰实现，定量评价了多层合采干扰系数，优化了分层调配方案，利用生产井资料反演相渗曲线，优化了提液增产时机，通过以上研究，形成了火成岩遮挡下油田稳油控水技术体系，指导了油田高效开发。

1　油田概况

C油田位于渤海南部海域，构造上黄河口凹陷中洼南部斜坡带，紧邻郯庐断裂渤南段中支，构造活动强烈，郯庐断裂活动形成的断裂深切上地幔岩浆房，为岩浆的大规模喷发提供了强大的动力。岩性分析结果显示，渐新统东一段、东二段沉积时期发生了大规模的火山活动，岩性可见大套玄武岩、凝灰岩、安山岩等。油田主要含油层系为古近系东营组及沙河街组，埋深2400~3300m，油田共投产开发井78口，所有井均在古近系东二段(含油层系之上)及含油层系内部不同程度地钻遇火成岩(图1)。

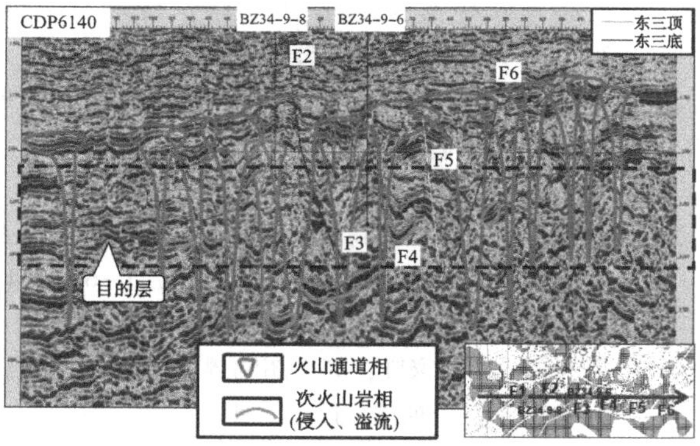

图1　C油田火成岩发育特征

2　天然能量与人工水驱能量协同利用

2.1　火成岩侧向封堵性评价

油田针对古近系东营组和沙河街组火成岩共取得87颗壁心，从火成岩的岩石学特征可见，不同类型火成岩的连通孔隙均不发育，早期裂缝多被矿物充填，针对岩石物性差开展了53样次壁心常规地面孔隙度分析和10样次壁心样品的地面渗透率分析，分析结果表明，火成岩储层孔隙度分布范围4.7%~26.9%，平均值12.4%；渗透率分布范围0.015mD~3.254mD，平均值0.850mD，显示火成岩物性极差。从生产特征来看，火成岩体两侧开发井呈现明显的地层压力较大差异，证实火成岩可作为封闭边界，分割流体，火成岩边部生产井呈现大压差、快速递减的特征，反映了火成岩作为非储层，具有封堵性的特征。

研究区为受构造和火成岩双重控制而形成的岩性—构造圈闭(图2)。根据不同井区断层和火成岩的双重封闭作用，分别计算了不同井区的水体倍数，对各个井区的天然能量开展了重新评价，评价结果表明：油田北侧5、A3、A40和2井区具有较强的天然能量(图3)。

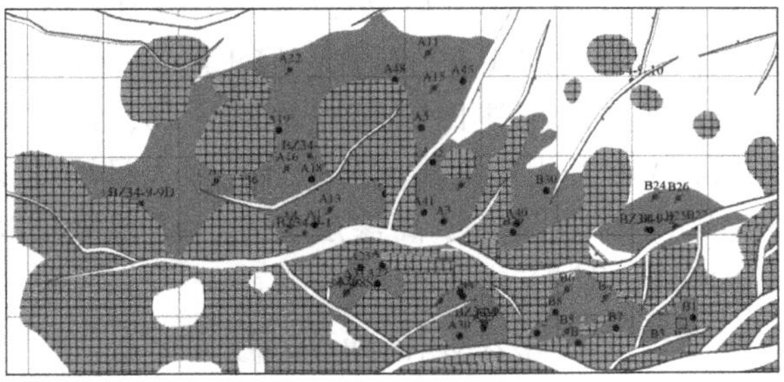

图2　C油田火成岩分布图

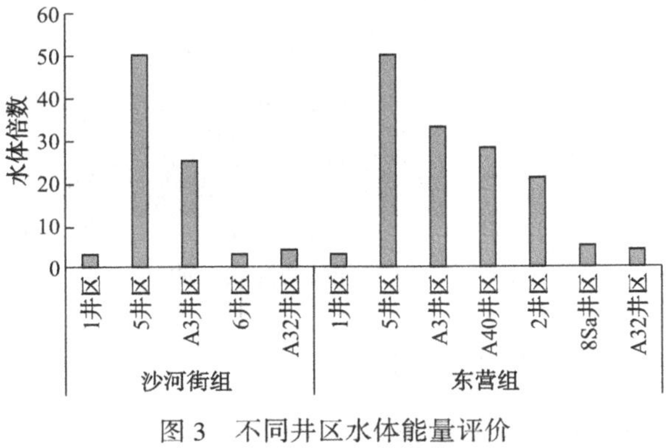

图3　不同井区水体能量评价

2.2　天然能量与人工水驱能量协同利用

数值模拟研究结果表明，人工水驱注采井间为强波及区，生产井间及边部为弱波及区，而边水驱边能够有效改善弱波及区，实现波及系数最大化，油田岩石驱替试验表明，驱替压差越大，洗油效率越高，0.03MPa/cm驱替压差下洗油效率较0.01MPa/cm驱替压差下洗油效率提高6.3%，因此在边水能量充足的条件下，放大驱替压差，提高采油速度，可以提高油田最终采收率。

研究表明，当水体倍数大于100倍时，可以完全利用天然能量开发，采收率达到最高，水体倍数小于100倍时，仅利用天然能量开发，波及有限，需要补充人工注水，进一步提高采收率。本文建立了不同水体倍数下不同采出阶段补充人工注水模型，对最佳注水时机开展优化，模拟结果表明：在同一水体倍数下，注水时机越早，不利于边水能量利用，最终采收率降低，注水越晚，地层脱气后，注水效果变差。在不同水体倍数下，水体倍数越小，需要越早注水补充能量，水体倍数越大，最佳注水时机越晚，并建立了不同水体倍数最佳补充注水时机图版(图4)。

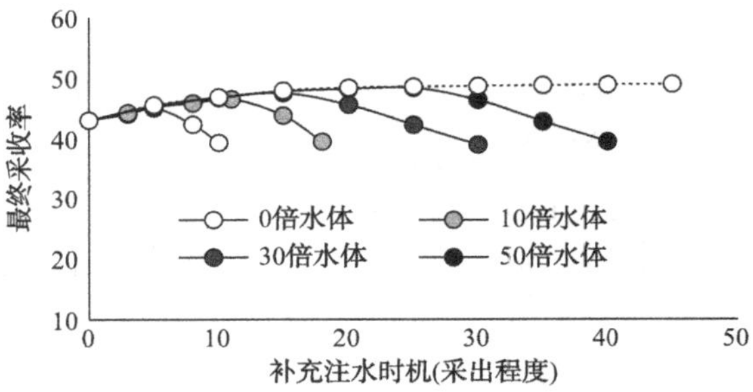

图4　不同水体倍数最佳补充注水时机图版

2.3　不同能量优化配置实践

C油田古近系不同井区具有不同的天然能量，5井区天然能量最充足，A3/A40次之，其他井区较小。根据各个井区的天然能量大小，确定不同方案能量利用策略，充分发挥天然能量作用，取得了较好的水驱效果。以油田5井区为例，水体倍数50倍，理论最佳补充注水时机为采出程度25%，实际补充注水时机为采出程度23%，通过不同能量优化配置，实现了驱动能量的合理接替，油田投产以来，采液速度保持在8.0%以上，采油速度保持在6.7%，目前采出程度37.8%，综合含水率仅40.1%，取得了较好的稳油控水效果。

3　纵向分层调配

3.1　多层合采干扰定量评价

C油田为中深层油田，主力含油层系为古近

系东营组东三段和沙河街组沙一段，根据储层展布、油水分布及流体系统，纵向上可细分为多套油组，东三段划分为Ⅰ、Ⅱ共2个油组，沙一段也划分为Ⅰ、Ⅱ共2个油组，油组内部进一步划分为多个小层，小层厚度0.5~9.0m。C油田采用分层系开发，按照物性相近，具有一定储量规模和厚度的原则，东三段Ⅰ油组划分为一套层系，东三段Ⅱ油组划分为一套层系，沙一段划分为一套层系。每套层系厚度10~20m，分2~3个防砂段，尽管采用了分层系开发，但层系内防砂段间渗透率级差普遍在3~5，油田开发初期，按照KH开展分层配注，产液测试结果表明不同小层的产液量贡献比例与KH并不相同，存在不同程度层间干扰现象，影响了油田油田精准配注。

为定量评价不同渗透率级差下层间干扰系数，油田开展了不同渗透率岩心单独驱替和并联驱替试验，绘制了干扰系数变化图版。试验装置如图5所示。

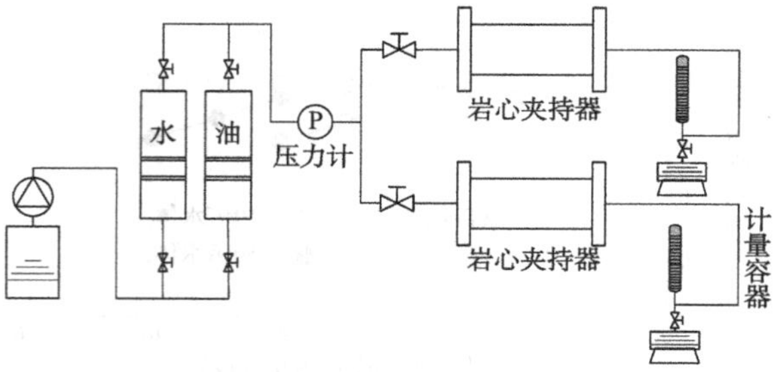

图5　不同渗透率岩心并联驱替试验装置图

试验结果表明：干扰系数随着渗透率级差增大减小，呈现指数递减规律，当渗透率级差为3时，干扰系数为0.86，干扰程度较弱，当渗透率级差为5时，干扰系数为0.77，干扰影响已经比较明显，当渗透率级差为10时，干扰系数为0.59，此时，干扰影响已经十分严重，低渗层几乎发挥一半的渗流潜力(图6)。

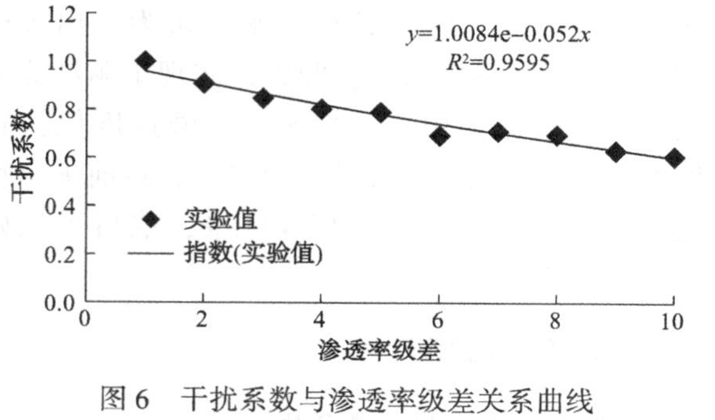

图6　干扰系数与渗透率级差关系曲线

基于以上研究结果，对于多层合采油藏，低渗层的实际渗透能力由于受到高渗透的干扰而降低，开展分层配注时，采用KH比例配注，将导致高渗层配注量偏低而低渗层配注量偏高，存在较大的分配误差，渗透率级差越大，分配误差越大。因此，本文改变了在油田开发早期传统采用KH方法进行配注的思路，采用KH与干扰系数β相乘的方式进行配注。

3.2　多层合采纵向分层调配优化

C油田在6个井组开展了新方法配注试验，试验结果表明新的配注方案充分发挥了高渗层的潜力，配注结果与产液剖面更加吻合，有效释放了井组产量，6个试验井组的增油量在10~50m^3/d，平均增油量24m^3/d。

以油田A40井组为例，A40井组开发层位为东三段，合采东三段Ⅰ、Ⅱ油组，分两个防砂段，第一防砂段渗透率为925mD，厚度16.4m，第二防砂段渗透率为316mD，厚度12.3m，第一防砂段与第二防砂段KH的比例为74∶26，开发初期采用KH配注法，以采定注，两个防砂段的配注比例为74∶26，由于高渗层注入量不足，产液量逐渐下降。根据干扰系数定量评价研究，第一防砂段与第二防砂段渗透率级差为2.93，计算干扰系数为0.77，2022年改用KH与干扰系数β相乘的方式进行配注，修正后第一防砂段与第二防砂段配注比例调整为84∶16，修改配注后，A40井组产油量逐步上升，最大日增油量50m^3/d，有效改善了高渗层欠注，而低渗层超注的问题(图7)。

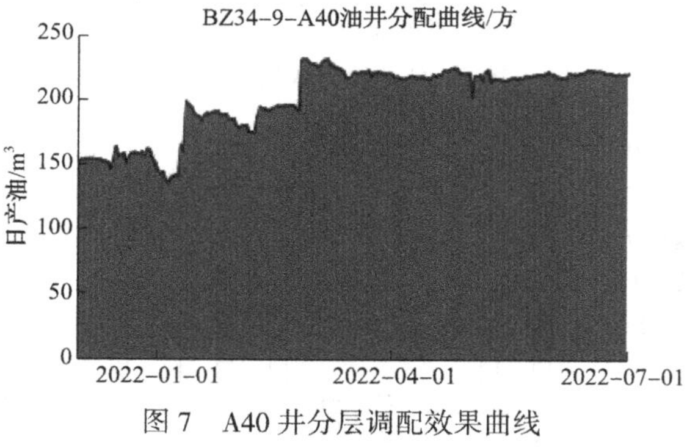

图7　A40井分层调配效果曲线

4　提液时机优化

4.1　提液时机优化

油田进入中高含水期，提液是保证油井高产、油田持续开发的重要增产措施，不同含水率范围的提液幅度是不同的，增油幅度也不同，在无因次采液指数随含水率上升的阶段才能产生有效的提液效果，因此需要根据含水率范围确定提液幅度与提液时机。目前普遍应用岩心实验和数值模拟方法求取相渗曲线，确定最佳提液时机。单井代表性不强。

为了提高提液时机的准确性，本文根据生产动态数据选择适合单井的水驱曲线，综合水驱曲线和分流量方程计算出含水率与油水相渗比的关系，确定相渗曲线，从而确定单井最佳提液时机。

第一步，根据单井生产动态，回归水驱曲线参数：

$$\ln W_P = A + B \times N_P \quad (1)$$

第二步，利用水驱曲线参数，计算出含水率随采出程度和累产油变化关系式：

$$f_w = \frac{ae^{bR}}{1+ae^{bR}} \qquad (2)$$

其中：$a = B\times e^A$，$b = B\times N_R$

第三步，结合分流量方程，求出油水相渗比与采出程度的关系：

$$f_w = \frac{1}{1+\dfrac{\mu_w}{\mu_o}\dfrac{k_{ro}}{k_{rw}}} \qquad (3)$$

第四步，假定相渗曲线为指数型，对相渗曲线归一化，并变换：

$$\ln\left(\frac{k_{ro}}{k_{rw}}\right) = \ln\left(\frac{k_{ro}(S_{wi})}{k_{rw}(S_{or})}\right) + n_o\ln(1-R) - n_w\ln R \qquad (4)$$

经过多元线性回归，就可以得到未知量这样就得到未知量$K_{rw}(S_{or})$和n_o和n_w，从而计算出相渗曲线。

第五步，计算出不同含水饱和度条件的无因次采油指数和无因次采液指数，选择无因次采液指数随含水率上升而增大的阶段为最佳提液时机。

4.2 提液增油实践

在理论提液时机优化研究的基础上，针对进入中高含水阶段的油井，逐井计算反演相渗曲线，计算提液时机，按照一井一策的思路，实施8井次提液措施，单井增油量4~12m³/d，平均增油量6m³/d。

以B14井组为例，根据B14井生产动态数据，通过多元回归拟合油相指数n_o为2.06，水相指数n_w为1.22，残余油饱和度下水相渗透率$K_{rw}(S_{or})$为0.489，基于以上参数得到了B14井的相渗曲线，利用相渗曲线计算了不同含水饱和度条件的无因次采油指数和无因次采液指数（图8），从曲线可以看出在含水60%时，无因次采液指数随含水率上升而增大，为提液的最佳时机。从2022年起，B14井开展了提液措施，液量由120m³/d逐步提高至220m³/d，产油量由65m³提高至75m³，实现了产量负递减(图9)。

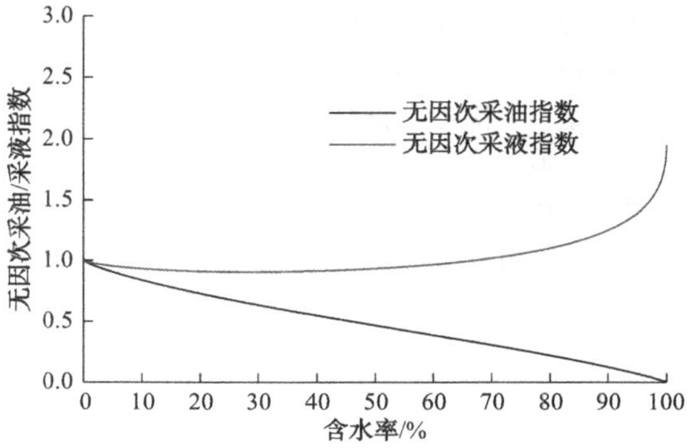

图8 B14井无因次采油采液指数曲线

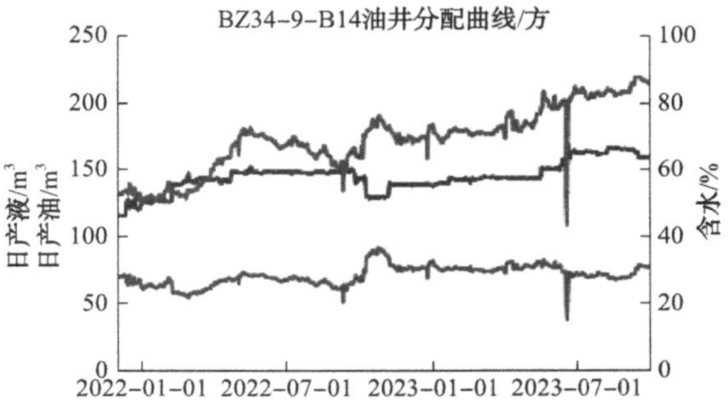

图9 B14井开采曲线

5 结论

（1）火成岩岩性致密，在储层内部影响储层展布，在储层边部形成了良好的遮挡条件，含油面积外往往发育较大规模的水体，天然能量比较充分，通过优化不同水体倍数下最佳补充注水时机，实现天然能量与人工注水能量协同利用，能有效提高开发效果。

（2）对于多层合采油藏，低渗层的实际渗透能力由于受到高渗透的干扰而降低，采用基于层间干扰的改进KH配注法，充分发挥了高渗层的潜力，配注结果与产液剖面更加吻合，有效释放了井组产量。

（3）采用基于反演相渗的提液时机优化方法，可以更加精准判别提液时机，通过以上一系列技术取得了良好的开发效果，为类似油田的稳油控水提供了借鉴。

参 考 文 献

[1] 张子枢，吴邦辉．国内外火山岩油气藏研究现状及勘探技术调研[J]．天然气勘探与开发，1994，16(1)：1-23.

[2] 杜贤樾，肖焕钦．渤海湾盆地火成岩油气藏勘探研究进展[J]．复式油气藏．1998，1(4)：1-4.

[3] 唐华风，王璞君，姜传金，等．松辽盆地火山岩相地震特征及其与控陷断裂的关系[J]．吉林大学学报(地球科学版)，2007，37(1)：73-78.

[4] 陈发景，王新文，陈昭年．伸展断陷盆地分析[M]．北京：地质出版社，2003：32-39.

[5] 郭涛，杨波，陈磊，等．岩浆岩三维精细刻画—黄河口凹陷南斜坡渤中 34-9 油田的发现[J]．中国海上油气，2016，28(2)：71-77.

[6] 崔名喆，李超，袁勋，等．渤海南部渤中 34-9 油田发现的勘探开发启示[J]．中国石油勘探，2023，28(2)：57-69.

[7] 王少鹏，袁勋，崔名喆，等．黄河口凹陷 BZ 油田古近系层状火成岩发育模式及精细刻画[J]．特种油气藏，2019，26(4)：21-26.

[8] 葛丽珍，李廷礼，李波．海上边底水稠油油藏大泵提液增产挖潜矿场试验研究[J]．中国海上油气，2008，20(3)：173-176.

[9] 张海燕．特高含水期强化采液提高采收率可行性分析[J]．油气地质与采收率，2010，17(2)：77-79.

[10] 李敏，喻高明，郑可．LH11-1 油田动态法计算单井提液时机实例研究[J]．石油地质与工程，2010，24(3)：65-67.

渤海浅层枝蔓状岩性油田开发认识及关键技术
——以 K-1 油田为例

赵大林　李　超　钱　辰　邓　琪　张正龙

[中海石油(中国)有限公司天津分公司]

摘　要　K-1 油田作为渤海油田首个规模性开发的新近系大型隐蔽型岩性油田，表现出与渤海油田已开发的新近系构造复合型油田更加复杂的地质特征，以其为例，回顾并深入分析从勘探评价到投产后的高效开发实践经验与技术。该油田开发后面临隐蔽型岩性油藏流体系统复杂、枝蔓状砂体储层非均质性强、优势储层发育区机理认识不清、复杂河道精细刻画难度大、井网部署合理界限不明等难题。基于近三年的持续研究和开发井不断实施，总结了基于沉积演化的地层格架精细认识，枝蔓状砂体沉积模式新认识，环带组岩性成藏模式深化认识。针对油田开发面临的难题，形成了基于地震沉积学的岩性圈闭识别，汇流分流控制下的构型单元刻画，枝蔓状油藏水平井井网重构等多项技术。K-1 油田特殊的石油地质条件导致了该类型岩性油田开发的难度倍增，通过系统的枝蔓状隐蔽型岩性油田高效开发系列技术创新，形成了一套“演化控相、相控分汇、汇流控储、储控找优、优储控产”的关键技术方法，为岩性油田的高效开发提供了重要支撑。

关键词　渤海油田；枝蔓状；岩性油田；开发认识与技术

20 世纪 50 年代以来，中国先后在准噶尔盆地、松辽盆地、黄骅坳陷及渤海湾盆地等多个盆地发现了隐蔽型岩性油气藏。随着渤海海域浅层大—中型构造圈闭钻探殆尽，以及勘探步伐的不断深入，近些年渤海海域发现了一系列以 K-1 油田为代表的浅层隐蔽性岩性油田，为渤海油田持续稳产贡献了不竭动力。但随着该类型油田的规模性全面开发，隐蔽型岩性油田表现出了比已开发的浅层岩性构造复合型油田更加复杂的地质特征。具体表现为流体系统多样化，油藏高度低幅化，储层特征边界化，储量品质劣质化等，导致了该类油田规模性开发的难度倍增。笔者通过系统总结了研究区勘探评价及开发生产实践历程及认识变化，通过地震、测井、取心、测试、分析化验、生产动态等资料开展了系统的地质油藏研究，并总结了油田开发研究过程取得的新认识以及克服的相应技术难题，包括地层格架精细认识、枝蔓状砂体沉积特征重新认识、岩性油藏成藏模式深化认识、优势储层数学形态化识别、枝状河道储层产能低合理开发界限确定等。本文着重介绍油田全面开发历程及此过程中形成的关键地质认识及开发技术，以期为业界隐蔽型岩性油田勘探开发的发展提供有益的借鉴。

1　勘探阶段油田地质特征

K-1 油田位于渤海南部海域，区域构造上位于渤海湾盆地济阳坳陷东北部的莱北低凸起。莱北低凸起整体为北东向狭长菱形，相对于渤海海域的其他凸起，莱北低凸起没有明显的主高点，整体表现表现为南高北低呈北东向倾没的低幅构造。其南、北分别为莱州湾凹陷和黄河口凹陷两个富生烃凹陷所夹持，区域成藏位置非常有利(图 1)。

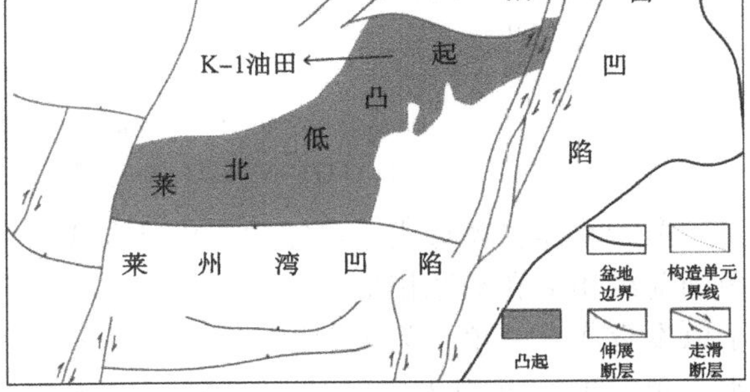

图 1　K-1 油田区域构造位置图

前人研究认为，与渤海海域其他大型浅层油藏不同，K-1 油田整体表现为受新近系大型连片砂体控制的岩性油藏，其特殊的沉积特点以及油气运移特征决定了K-1油田独特的油层分布。具体表现为：总油层厚度小，单井钻遇油层厚度为3~15m，油层平均厚度为8m；含油层位低，纵向含油层系较为集中，含油层段集中分布在明下段下部的Ⅴ油组顶部和Ⅳ油组底部；单砂体面积大，含油丰度高，最大含油面积超过100km^2，油柱高度超过100m，单井测试产量高达175t/d。

主力砂体沉积时期，该地区地形十分平缓，湖泊水体浅、物源供给充足、水平面变化较快，整体处于低位体系域沉积环境，发育宽阔的浅水三角洲前缘亚相，湖水间歇性覆盖频繁，受湖水频繁升降冲刷作用强烈，曲流河水道和水下分流河道频繁受到湖浪作用改造，形成大型叠合连片砂体。储层岩性以细—中粒岩屑长石砂岩为主，矿物成分主要为石英、长石、岩屑，碎屑颗粒分选中等—好，磨圆度为次棱状—次圆状。井壁取心和岩心资料分析结果显示，油层孔隙度为14.9%~39.8%，平均孔隙度为31.2%；渗透率为7.9~19721.3mD，平均渗透率为2205.52mD，为高孔、高渗型储层。

K-1油田油品性质较好，为中质—普通重质原油，具有黏度高、胶质沥青质含量中等、含蜡量中等、含硫量低和凝固点高等特点。

2　开发阶段地质特征深化认识

随着油田全面投入开发，实钻井揭示的油田地质特征与勘探阶段相比地质条件逐步复杂，枝蔓状岩性油藏储层非均质性更强，纵向上多期砂体叠置、平面上河道砂体横向变化快，砂体间连通性复杂。油田钻后整体表现出流体系统多样化，油藏高度低幅化，储层特征边界化，储量品质劣质化等特征，亟需对该类型油藏进行系统深化认识。

2.1　基于沉积演化的地层格架认识

结合油田内实钻井的孢粉分析，所见化石以木本植物花粉(榆科、胡桃科、马鞭草科等)和水蕨科孢子(粗肋孢属)繁盛，草本植物植物花粉常见但不居主要地位为主要特征，反映明下段Ⅴ油组主要为亚热带淡水沉积环境。在该种沉积环境下岩心上发育的小型交错层理和平行层理主要出现于外前缘的河流相和三角洲相沉积(图2)，而准同生变形构造，重力滑塌构造，包卷层理等沉积构造的组合结合细砂岩和粉砂岩的岩性组合则揭示了三角洲前缘和和前三角洲的沉积特征，揭示出主体砂体沉积期间，出现洪水期与枯水期了交替变化，导致岩性及粒度在垂向上的明显变化。

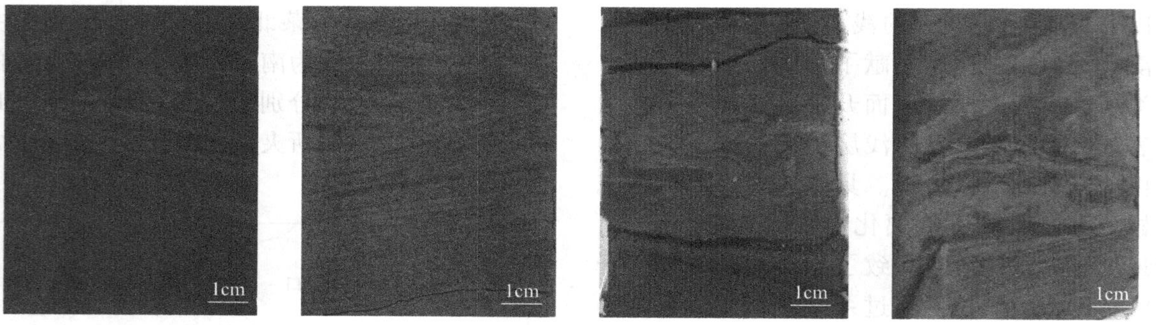

图2　岩心沉积构造照片

(a)1530.30~1530.41m平行层理；(b)1531.20~1531.31m小型交错层理；(c)1433.89~1433.99m包卷层理；(d)1432.39~1432.49m准同生变形构造

由于水体整体较浅，水体的变化导致浅水三角洲前缘相带和平原相带交替演变。实钻井揭示了以发育浅水三角洲前缘沉积为的地层与发育浅水三角洲平原沉积为主的地层纵向上连续性变化，洪水期和枯水期的变化与一般三角洲相比地质时期更短，使垂向上地层格架的划分产生更加迅速的变化，导致多期砂体发育(图3)。

2.2　枝蔓状砂体沉积特征认识

勘探阶段认为K-1油田储层主要呈“枝蔓”状展布，即河、湖交互过程造成频繁的河流改道、交切叠置，从而形成河道砂体、席状砂体互连的大型连片砂体。其中分流河道具有密集交切叠置、相互连通的特征，组成“网”状分布的砂体骨架，即为“枝”；湖浪作用对分流河道砂体席状化改造后，充填于分流河道之间的厚度相对较薄、平面连片分布的席状砂体，即为“蔓”。基于开发井实钻井资料、生产动态以及试井分析，证实了研究区砂体的“枝”为河道砂薄且窄、“蔓”状席状砂基本不发育，河道储层具有很强的边界性，复合砂体内部不再为“泛连通体”。

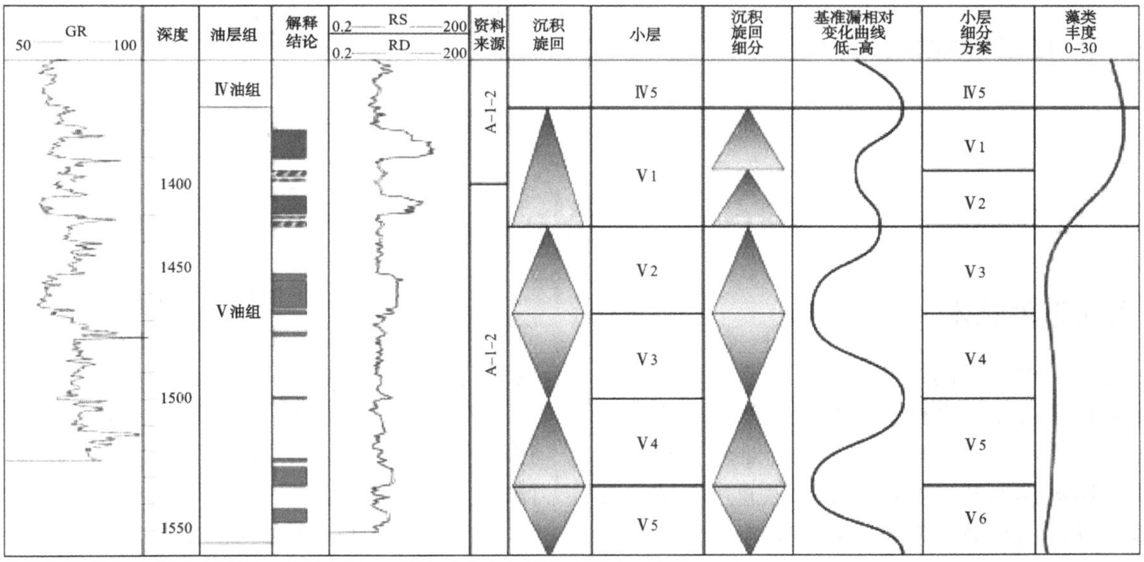

图3　地层格架再认识后综合柱状图

根据地层格架细分后认识，主体砂体早期发育浅水低位湖侵期砂体，在这种不稳定水体中，水下分流河道沉积不稳定因素增加，导致河道的左右摇摆。水下分流河道改道频繁，出现同期不同次的水下分流河道相互交织，平面上由于河水以及洪水期湖水的共同作用，导致河道、天然堤、河口坝的砂体沉积被改造，平面上出现席状化的趋势，此时除主河道沉积砂体被保留，其他微相砂体均出现一定的席状化(图4)。

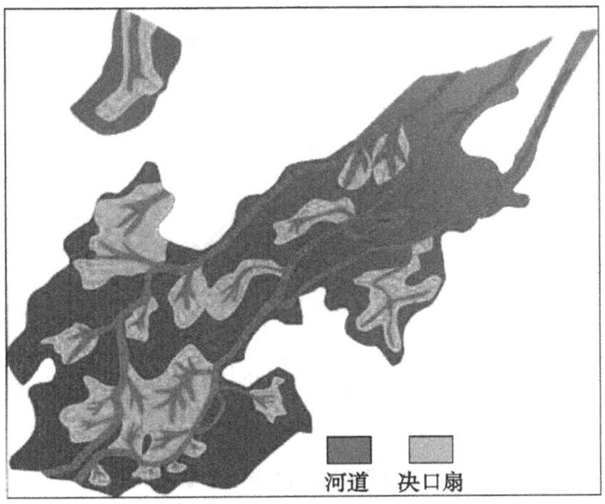

图4　早期交织朵状型砂体沉积图

随着水深逐渐变化，主力砂体晚期表现为分流河道沉积为主，天然堤较为发育的特征，河流作用一直占据绝对主导作用。通过地震属性观察发现该时期砂体沉积河道特征明显，但整体较为分散，可以识别的河道宽度在100~300m之间，井上钻遇的单一河道厚度主要集中在4~8m。该时期水动力较弱，河道窄，多发顺直河道以垂向加积作用为主，在平面上砂体分布较广，整体表现出条带状特征(图5)。

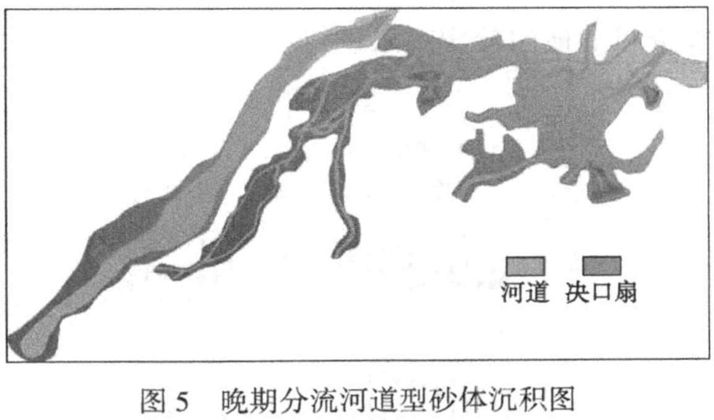

图5　晚期分流河道型砂体沉积图

2.3　岩性油藏环带状成藏模式认识

前人研究表明，继承性发育的“汇聚脊”控制油气平面展布，大型连片砂体是新近系明化镇组下段油气成藏的关键。油田钻后纵向上地层格架细分，平面上部分河道呈孤立条带状，且开发井证实复合砂体解剖后单砂体内部具有独立油水系统，同时远离汇聚脊方向砂体油藏高度大幅下降，钻后油田油藏高度由最大100m下降至60m，平均油藏高度由60m下降至30m，整体呈现出围绕汇聚脊的低幅环带状特征(图6)。

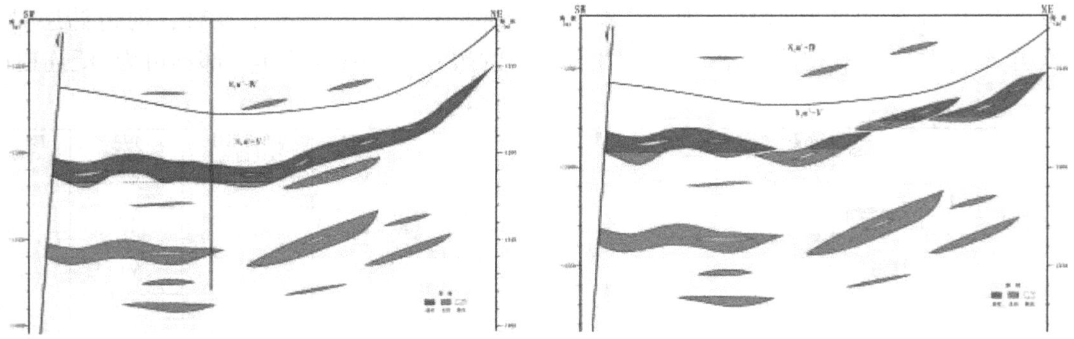

图 6　岩性油藏环带状模式图(左，钻前；右，钻后)

3　关键开发技术

充分认识油田的地质特征后，开发面临岩性油藏流体系统复杂多样、优势储层发育区机理认识不清、井网部署合理界限不明等难题，导致了该类油田规模性开发的难度倍增，通过系统的枝蔓状岩性油田高效开发系列技术创新，形成了一套"演化控相、相控分汇、汇流控储、储控找优、优储控产"的关键技术方法。

3.1　基于地震沉积学的岩性圈闭识别

地震沉积学是利用地震资料研究沉积岩及其形成的一门新兴边缘学科，是进行高频层序和沉积体系研究的有效工作，在薄层砂体开发方面具有明显效果。地层切片技术是高频层序沉积相及沉积演化分析的重要手段，能最大限度的利用地震资料的横向分辨率来进行沉积环境的解释。

本次研究结合了现代沉积学和地震地貌学的理论指导以及岩心，地震，测井和地质背景数据的综合利用。根据地层切片的地震岩性和地貌信息，并通过岩心测井定标，确定沉积相，详细描述浅水三角洲的薄层沉积砂体，从而确定岩性圈闭。

为保证岩性圈闭预测的准确性，小层的划分参照地震资料的可识别性，一个小层对应一个地震相位，单小层内砂泥岩累计厚度 30m 左右。油田内单砂体往往表现为受控于短期基准面旋回的河道型砂体，常规以单一相位为单元的振幅、波阻抗属性分析方法难以解决这类问题。

根据开发井地层格架新认识，重新建立最大湖泛面与地震资料的关系，形成以地震沉积学为基础的等时地震格架，采用"特征切片"识别复合砂体内部叠置关系(图 7)。

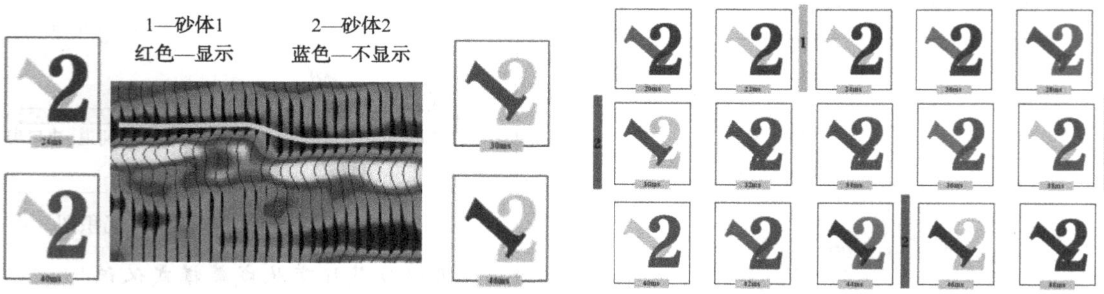

图 7　特征切片法识别岩性圈闭示意图

在前人认识的复合砂体基础上，经过地震沉积学分析共得出 2 大类 4 小类岩性圈闭。对于单向水流控制的古河道，刻画了填积顺直型和侧向点坝型两类岩性圈闭；对于同时期多条河流共存，平面交织沟通互连的情况，刻画了分支朵状型砂体及多向网状型砂体两类岩性圈闭。实钻结果表明，该技术刻画岩性圈闭均为具有统一流体界面的压力系统，有效保障了水平井实施的准确性。

3.2　汇流与分流控制下优势储层识别

实钻井资料、生产动态以及试井分析，证实了研究区河道储层具有很强的边界性(图 8)，极窄河道储层由于厚度薄(4m)、宽度窄(50m)初期产能不足 50t/d。因此需要梳理单砂体内部储层结构特征，明确优势储层发育机理及其分布发育，进一步寻找单砂体“甜点区”开发。

考虑到K-1油田表现为窄河道频繁交织改道、分汊合并，本次研究创新从河流演化泥沙动力学角度，借鉴水动力研究成果，分析了河流分汊、合并的成因及其沉积模式，明确了汇流、分流作用下与河道砂相伴生的最小储层构型单元，厘清了研究区的储层优势区。

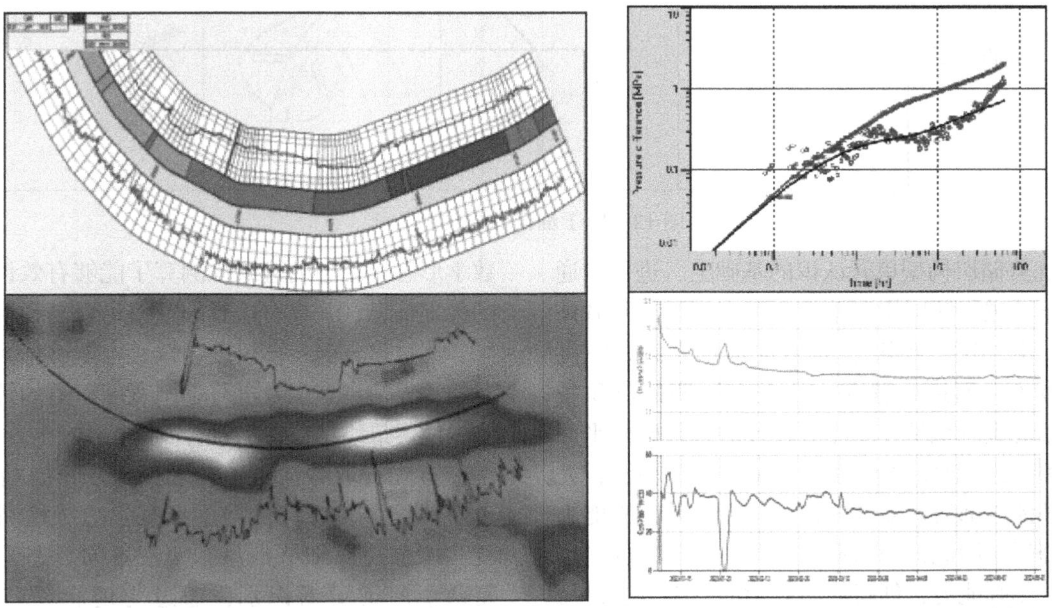

(a)穿河道实施水平井弱属性区未钻遇储层　(b)日产油30方，压差5MPa，试井河道边界响应明显

图8　开发井证实岩性油藏河道强边界性

在研究区，河流分流作用主要有两种：第一，为分流砂坝的发展导致分流，分流砂坝发育在河道末端，因河道固定导致不能持续扩张壮大，随着不断分流，逐渐成为河道的一部分，而不是单独的微相单元(图9)；第二，河流流量变化、河流比降减小等原因产生决口作用，导致河流发生分流，由河水溢流卸载形成扇状堆积体(图10)。

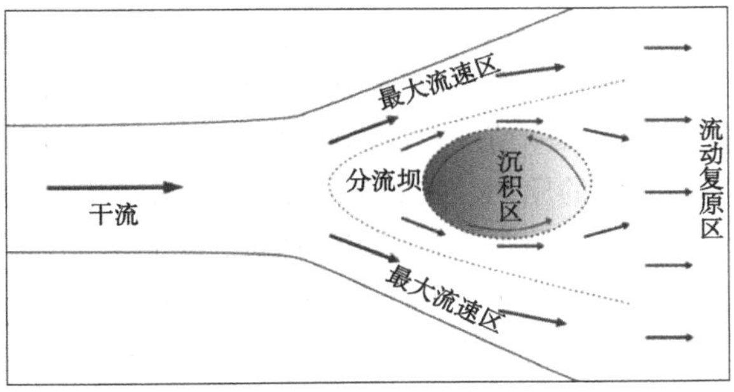

图9与图10河流分流模式图

汇流作用会引起河流系统水动力和地貌的明显变化，主要受汇流角、汇流比、支流河床高度差、支流流体密度差等影响。分流河道汇流后，形成了中央强烈剪切区域，滞流区内流速较低，水体基本趋于静止；分离区内存在回流，河流搬运沉积物易沉积，为主要的沉积区，因而形成离岸坝(图11)。

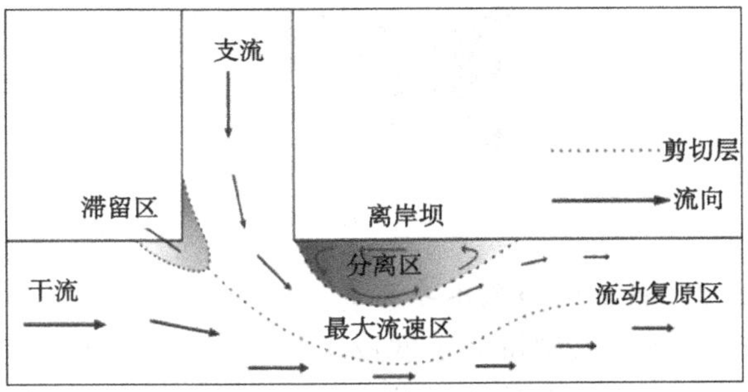

图11　河流汇流模式图

依据分流、汇流沉积机理明确了K-1油田储层主要发育以河道砂、侧积层为主，以及分流坝、离岸坝、决口扇等构型单元(图12)。通过生产资料分析，认为河道砂、侧积层、分流坝、离岸坝为储层优势区，储层厚度相对较大，集中在6~10m，初期日产油大于100方，压差稳定。开发井也证实了决口区域由于河水分流卸载后储层平面分布范围增大，虽储层厚度相对较薄，但开发效果仍有较大改善。

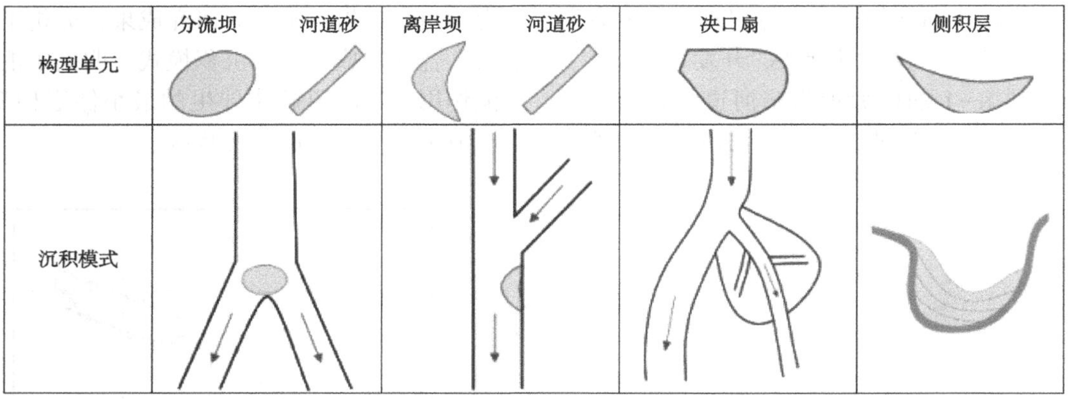

图 12　K-1 油田储层构型单元

在优势储层构型单元认识的基础上，进一步通过井震驱动进行储层构型精细刻画。河湖交互砂体“频繁决口、相互交织”，具有河道形态差、宽度窄、密度大，河道叠置和交织关系不明的沉积特征。依据地震沉积学显然能够较好的刻画砂体平面展布范围，但针对已经识别出的最小构型单元，尤其是单砂体内部河道复杂的接触关系，其识别能力则大大降低。因此，为增强多方向、多形态的储层构型单元刻画能力，创新使用数学形态学方法进行构型单元检测，实现不同类型储层精细刻画。基于数学形态学思想的边缘检测算子能够有效识别规则的边界信息，并具有边界细节信息恢复和增强的效果。通过多方向、多尺度加权融合能够检测不同方向的边界信息，以及进行不同宽度河道的针对性检测，使得最终结果更加符合实际情况。

首先提取分流汇流控制的储层形态特征，基于多尺度、多方向的数学形态学边缘检测技术恢复和增强边界细节信息，实现不同形态、走向的复杂窄河道清晰识别，通过与地震资料相互比对，检测结果得到了较好的验证(图 13)。

图 13　基于数学形态学边缘检测的构型单元刻画

3.3　枝蔓状油藏水平井井网重构

海上大型特低丰度枝蔓状油藏井网重构过程中，面临三大技术挑战：一是储层非均质性强，河道边界效应明显，水平井初期产能差异大，难预测；二是极窄河道交织关系复杂，使得不同布井区域泄油能力差异大，精准高效开发难；三是储层河道类型多样，强渗流边界约束下，合理注采关系确定难。

围绕上述井网重构难题进行了技术攻关。创立了枝蔓状油藏井网重构技术，揭示了不同河道类型水平井初期产能变化机理，形成了不同河道类型开发界限，建立了五大类型注采模式，成功指导了水平井井网部署。取得的主要成果包括：(1)基于分流河道边界影响的初期产能评价，创新提出基于河道精细分类的产能分析方法，有效提高产能预测精度，成功解释单河道砂体单井产能差异大的原因(图 14)；(2)基于交织河道泄油面积影响的布井界限定量评价，通过先期投产井低产原因分析，基于交织河道不同地质模式，剖析单井产能提高方向，并识别出对应高产区，填补交织河道区布井界限研究技术空白，扭转该类砂体产量被动的局面；(3)枝蔓状油藏多类型河道井网高效部署，以初期产能与采收率最优化为目标，针对枝蔓状油藏复杂河道类型，提出 5 大水平井注采模式，得到不同类型河道，不同注采模式下的井网部署界限，实现了枝蔓状油藏砂体河道化后的井网快速重构。

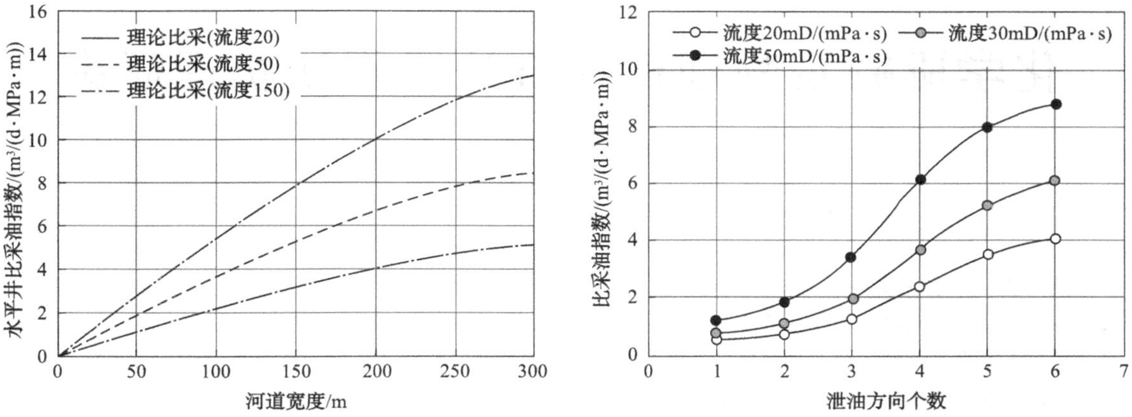

图 14 多河道规模与多泄油方向产能图版

4 结论与讨论

（1）K-1 油田在勘探认识的基础上，进一步认识了枝蔓状岩性油田纵向上短期基准面旋回控制下的地层格架变化，总结了平面上河道频繁决口、相互交织的沉积机理及环带式成藏模式的特点。

（2）基于地震沉积学的岩性圈闭定量刻画与汇流与分流控制下优势储层识别技术实现了枝蔓状岩性油藏的精细刻画，并以此为形成了不同河道类型开发界限，成功指导了水平井井网部署。

（3）以地质认识为指导、地球物理刻画为手段、地质知识库为约束，形成了一套“演化控相、相控分汇、汇流控储、储控找优、优储控产”的关键技术，保障了枝蔓状岩性油田的井网部署与高效开发。

参 考 文 献

[1] 赵翰卿．松辽盆地大型叶状三角洲沉积模式[J]．大庆石油地质与开发，1987，6(4)：1-10.

[2] 朱伟林，李建平，周心怀，等．渤海新近系浅水三角洲沉积体系与大型油气田勘探[J]．沉积学报，2008，04：575-582.

[3] 尹太举，张昌民，朱永进，等．叠覆式三角洲——一种特殊的浅水三角洲[J]．地质学报，2014，88(02)：263-272.

[4] 秦润森，岳红林，周凤军，等．河控浅水三角洲前缘席状砂沉积特征及沉积模式探讨——以黄河口凹陷渤中 34 地区明下段为例[J]．沉积学报，2020，38(02)：429-439.

[5] 袁选俊，周红英，张志杰，等．坳陷湖盆大型浅水三角洲沉积特征与生长模式[J]．岩性油气藏，2021，33(1)：1-11.

[6] Zhu X.，Zeng H.，Li S.，et al. Sedimentary characteristics and seismic geomorphologic responses of a shallow-water delta in the Qingshankou Formation from the Songliao Basin，China[J]．Marine and Petroleum Geology，2017，79：131-148.

[7] 杨海风，牛成民，柳永军，等．渤海垦利 6-1 新近系大型岩性油藏勘探发现与关键技术[J]．中国石油勘探，2020，25(3)：24-32.

[8] 徐长贵，杨海风，王德英，等．渤海海域莱北低凸起新近系大面积高丰度岩性油藏形成条件[J]．石油勘探与开发，2021，48(1)：12-25.

[9] 薛永安，杨海风，徐春强，等．渤海湾盆地垦利 6-1 亿吨级岩性油田成藏条件及勘探关键技术[J]．石油学报，2022，43(2)：307-324.

[10] Zeng H.，Backus，M. M.，Barrow，K. T.，et al. Stratal slicing，Part I：Realistic 3-D seismic model[J]．Geophysics，2012，63(2)：502-513.

[11] 曾洪流，朱筱敏，朱如凯，等．陆相坳陷型盆地地震沉积学研究规范[J]．石油勘探与开发，2012，39(03)：275-284.

[12] 朱筱敏，董艳蕾，张明君，等．二连盆地洪浩尔舒特凹陷洪 10 区块精细沉积学研究[J]．岩性油气藏，2017，29(02)：10-18.

[13] Zeng H.，Henry S. C.，Riola J. P. Stratal slicing，Part II：Real 3-D seismic data[J]．Geophysics，1998，63(2)：514-522.

[14] Zeng H.，Milo M.，et al. Interpretive advantages of 90°-phase wavelets：Part 1—Modeling[J]．Geophysics，2005，70(3)：C7-C15.

[15] Zeng H.，Backus M. M. Interpretive advantages of 90°-phase wavelets：Part 2—Seismic applications[J]．Geophysics，2005，70(3)：C17-C24.

[16] 何保，燕亚东，余苇，等．河流交汇口河床地貌演变研究进展[J]．水资源保护，2018，34(6)：17-23.

化学驱微观物理模拟方法及驱油机理研究

张　民　于春磊　陈　辉　李　新　陈　霆

(中国石油化工股份有限公司胜利油田分公司勘探开发研究院)

摘　要　化学驱油体系的扩波及和提高驱油效率作用是其提高采收率的核心机理，传统微观物理模型尺寸小，无法充分刻画多孔介质的非均质性，因而在化学驱油机理及驱油效果定量统计方面存在局限性。通过不同渗透率岩心铸体薄片提取微观孔隙网络，借助图像拼接及融合技术，自动生成21.2cm×21.2cm微观孔隙网络模型，模拟胜利某区块储层的平面渗透率展布及井网部署，开展了水驱后二元驱，进一步进行转流线+非均相驱微观物理模拟实验。采用图像分析方法，可视化定量化分析了化学驱对主流线、非主流线及注入井间不同典型区域的驱油效果。对比分析表明，二元驱以"扩边"的方式扩大波及，而非均相"整体式"扩大波及，非均相比二元驱波及面积增加了16.6%。不同类型微观剩余油形态定量表征表明，转流线+非均相复合驱后，不同区域微观剩余油更多向单孔型转化，单孔类剩余油增加10%~20%。非均相复合驱将驱油效率提高至70%以上，10μm以下孔隙的驱油效率由二元驱的15%提高到37%，动用孔隙数量占比由9%增加到32%，体现了非均相的均衡驱替作用。该研究为二元驱后采用转流线+非均相复合驱大幅度提高采收率技术提供了实验支撑。

关键词　化学驱；微观物理模拟；二元驱；非均相驱；均衡驱替

采用微观刻蚀模型进行化学驱微观驱油机理研究是目前的常用手段，驱油体系在孔喉尺度上的微观波及、作用机理和驱油特征，需要建立大尺寸、高精度的微观模型以及可视化、定量化微观物理模拟方法。常规的铸体薄片都是毫米级别，无法提供需要的厘米级别的孔隙网络模型，需要根据铸体薄片的孔隙网络结构，生成更大的孔隙网络模型，用于微观物理模拟。受限于微观模型的尺寸，采用微观物理模型进行驱油机理研究时，主要分析微观剩余赋存形态的动态演变规律，不同驱油体系对微观剩余油的动态特征，少数学者采用微观模型实验描述了剩余油在不同渗透率储层中的分布规律。另外，采用微观模型进行化学驱机理研究还侧重于对界面现象等进行定性分析，表面活性降低油水界面张力作用、聚合物的改善流度比作用及各种复合驱的加合增效机理。采用大尺寸微观模型研究化学驱扩大波及和提高驱油效率作用尚无研究。为此，本文利用不同渗透率岩心的铸体薄片分别提取孔隙网络组成矩阵，通过图像拼接和图像融合，生成21.2cm的大尺寸孔隙网络模型，充分模拟了胜利某区块储层的非均质展布和井网部署，采用图像识别技术分别研究了水驱、二元驱及转流线+非均相复合驱扩大波及和动用剩余油的作用，并实现了定量表征。为二元驱后进一步进行转流线+非均相复合驱大幅度提高采收率技术奠定实验基础。

1　化学驱微观物理模拟方法

1.1　大尺寸化学驱微观模型的制作

1.1.1　大尺寸孔隙网络模型的构建

首先将单个岩心铸体薄片增大单视域放大倍数，提高孔喉识别精度，将单个铸体铸体薄片图像进行二值化，形成单个铸体薄片孔隙网络的二值化图像，如图1所示。

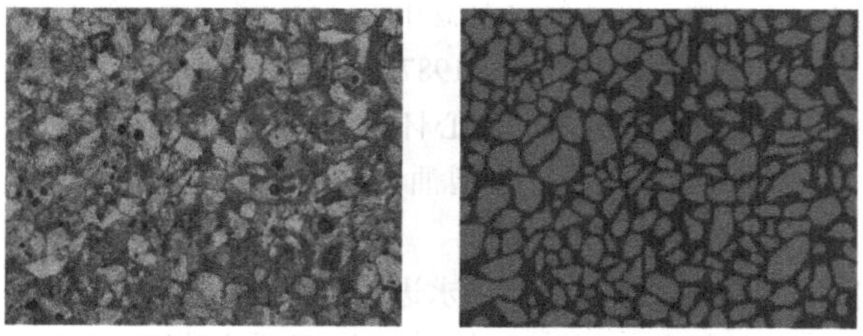

(a)铸体薄片原图　　(b)铸体薄片形成的孔网图

图1　铸体薄片形成二值化孔隙网络图像

在实现单个岩心铸体薄片孔隙网络提取的基础上，进行不同渗透率岩心铸体薄片图像孔隙网络图像的构筑，形成具体薄片孔隙网络矩阵，如图2所示。

对于铸体薄片矩阵通过图像特征匹配算法寻找重叠区域特征值实现有重叠区域的孔隙网络图

像的自动拼接，对于无重叠区域的孔隙网络图像则采用图像融合算法进行图像融合，形成了多视域图像自动融合的孔隙网络图，如图 3 所示。

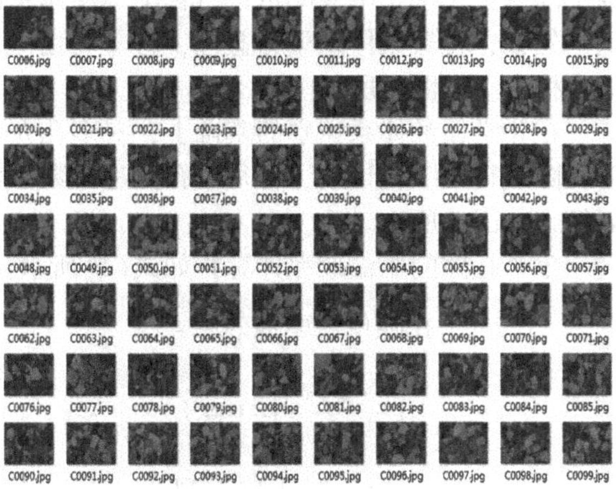

图 2　铸体薄片图像矩阵

1.1.2　孔隙网络模型图像转移及键合

以孔隙网络图像为模板，采用激光刻蚀技术，将孔隙网络图像复制到玻璃基片上，采用湿法刻蚀技术对孔隙网络图像进行表面修饰。然后，采用高温键合技术，将另一片玻璃与刻有孔隙网络的玻璃基片进行键合，如图 4 所示。

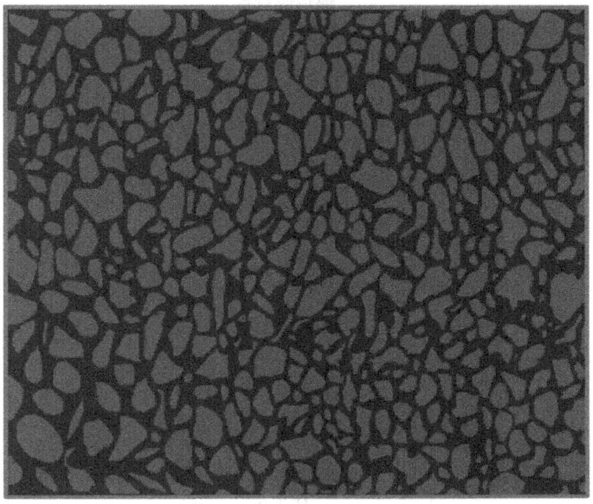

图 3　多视域图像自动融合孔隙网络图

经过大尺寸孔隙网络构建、转移及模型键合三个核心步骤，便形成了大尺寸的孔隙网络模型，该模型可充分模拟储层的非均质展布和井网部署情况，本研究以胜利油田某区块典型储层的非均质情况为背景，制作了化学驱大尺寸孔隙网络模型，模拟储层的渗透率展布及井网部署情况，如图 5 所示。采用所建立的大尺寸微观模型制作技术，制成的相应的微观模型如图 6 所示。

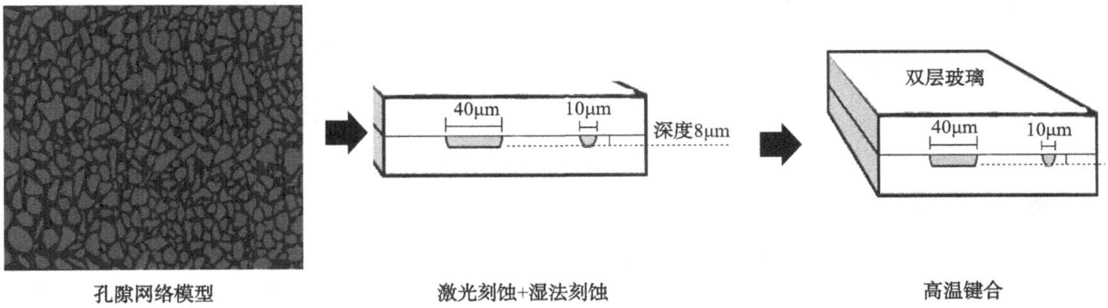

图 4　孔隙网络图像转移及高温键合

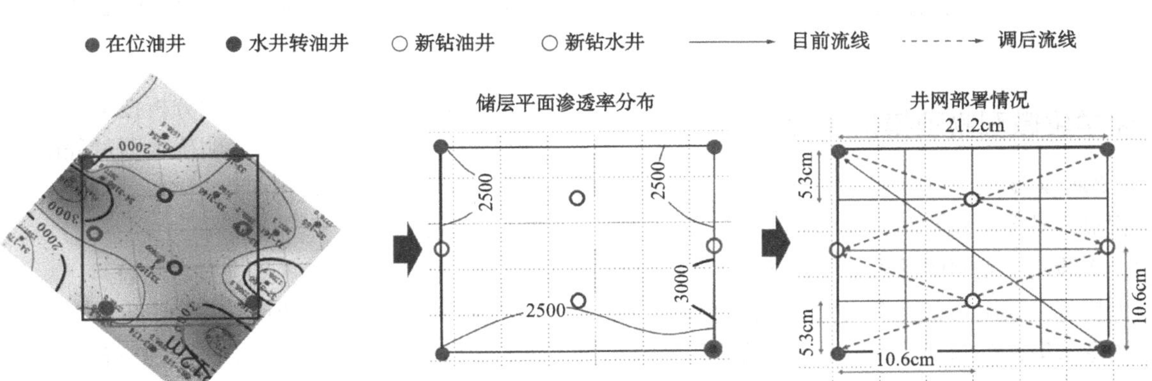

图 5　微观物理模拟储层渗透率展布及井位部署

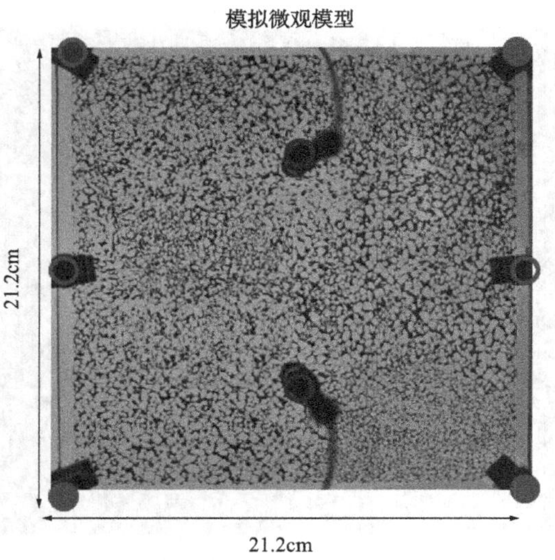

图 6　胜利油田某区块储层微观物理模型

1.2　微观图像识别及定量表征

微观物理模拟实验中水、不同化学驱油体系的可视化识别，为化学驱油体系表征的基础，为此采用图像分割方法，建立了化学驱油体系的识别方法。实验过程中，不同的化学驱油体系染色为不同颜色，基于图像颜色进行化学驱油体系识别。例如，将聚表体系染为蓝色，将非均相体系染为棕色，如图 7 所示。

在化学驱油体系识别的基础上，对多孔介质的孔隙进行数字化识别，将每个孔隙进行数字化表征，如图 8 所示。

单个孔隙的驱油效率计算，如式(1)所示：

$$孔隙单元驱油效率=\left(1-\frac{S_{剩余油}}{S_{孔}}\right)\times 100\% \qquad (1)$$

式中，$S_{剩余油}$为单个孔隙内剩余油占据的面积，μm^2；$S_{孔}$为单个孔隙的面积，μm^2。

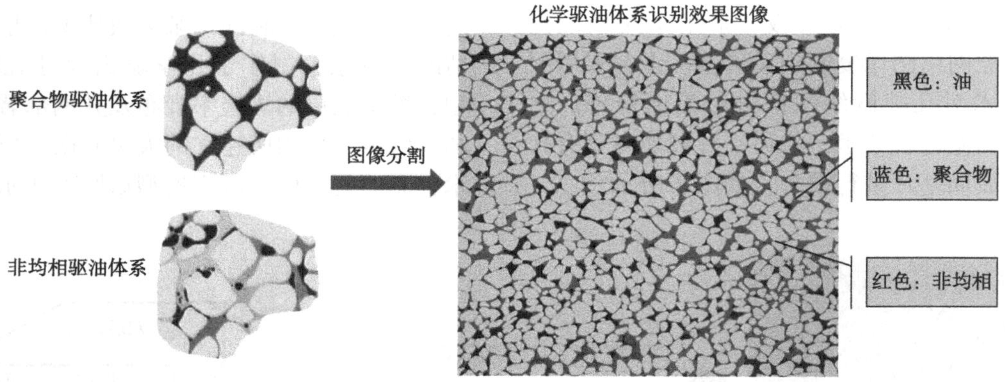

图 7　基于图像颜色分割的化学驱油体系识别

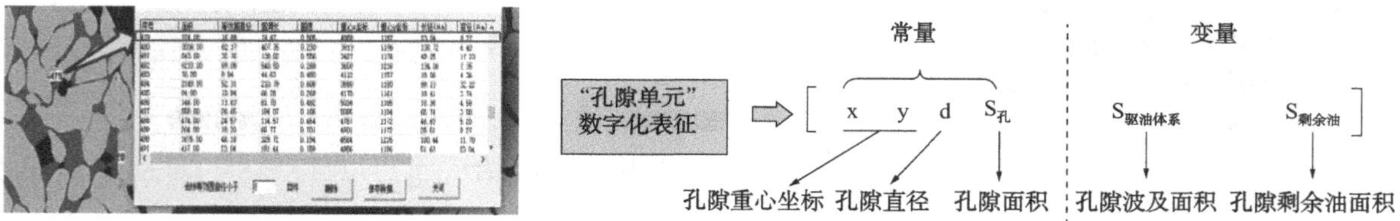

图 8　单孔隙的数字化识别及表征

2　化学驱微观物理模拟实验

2.1　实验步骤

微观驱油实验过程与常规岩心水驱油实验过程相同，实验用二元驱体系采用染为蓝色，非均相体系染为粉色，采用高分辨率相机对驱油过程进行动静态图像采集并存储到计算机中，实验流程见图 9。实验首先采用一注一采水驱油微观物理模拟实验，水驱至平衡，然后采用二元驱至含水 98%，井网形式变为二注六采，进行转流线+非均相驱，如图 10 所示。实验结束后，通过图像分析技术对图像数据进行定性分析和定量计算，明确水驱过程微观渗流特征、驱油效果及剩余油赋存状态。

2.2　实验结果分析

2.2.1　化学驱扩大波及效果与特征

采用大尺寸微观模型模拟水驱、二元驱和转流线+非均相驱，驱替平衡后，进行油、水和化学驱油体系识别，将剩余油渲染为粉红色，驱油体系渲染为蓝色，不同驱替阶段波及变化情况如图 11 所示。

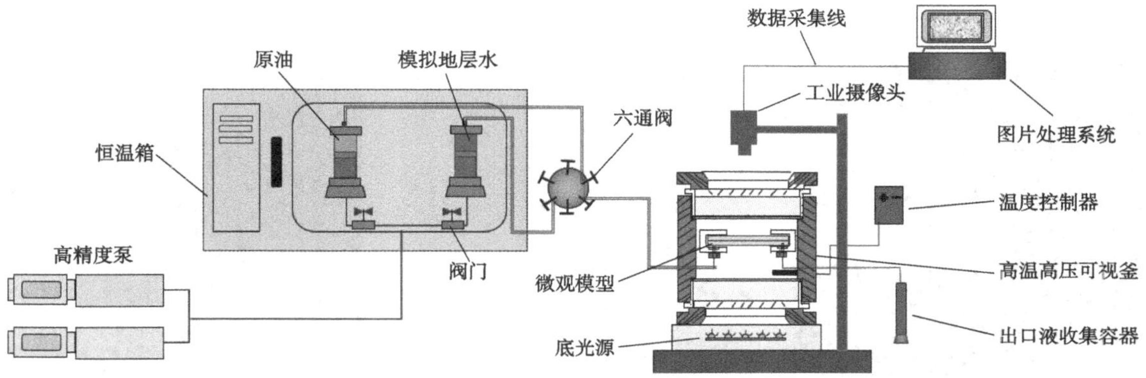

图 9　微观驱油模拟实验装置

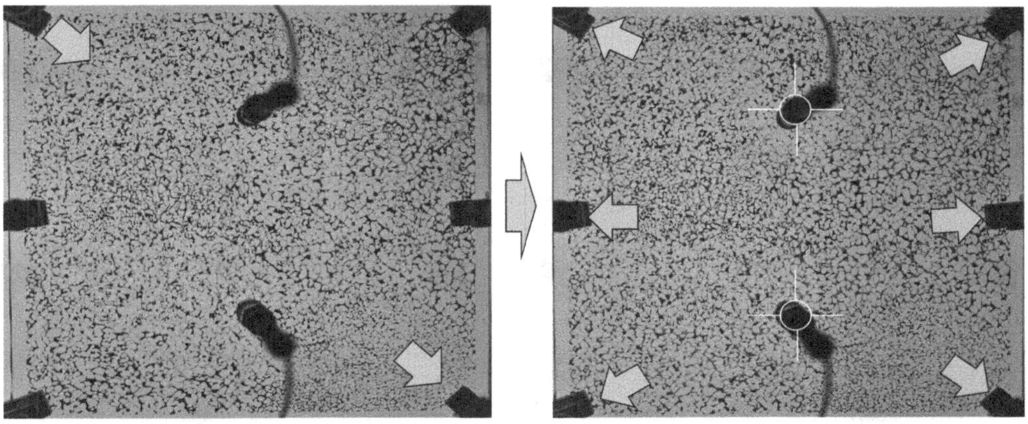

图 10　一注一采二元驱转为二注六采非均相驱

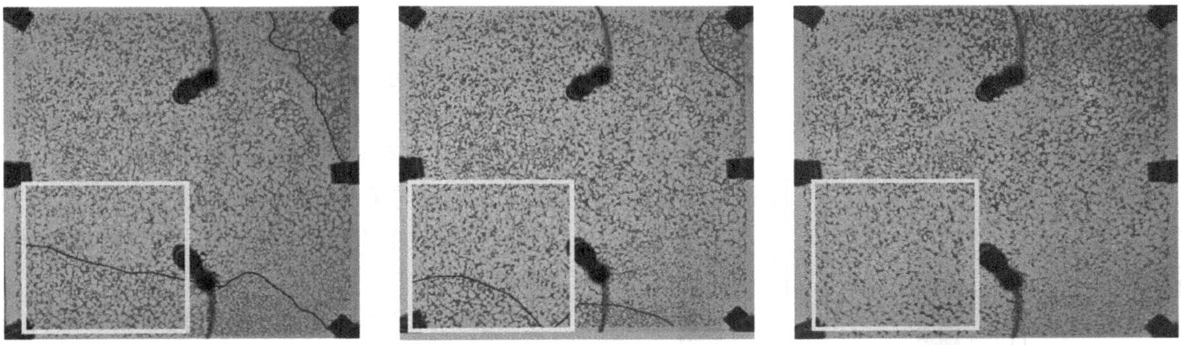

图 11　化学驱扩大波及系数效果

如图 11 所示，水驱波及系数为 65.2%，二元驱波及系数为 76.8%，转流线+非均相驱波及系数为 93.7%。水驱后二元驱波及系数 16.6%，转流线+非均相驱进一步比二元驱扩大波及系数 28.5%。从图 11 黄色框线标注的区域对比图(图 12)可知，水驱后二元驱，以“扩边式”的方式扩大波及，而转流线+非均相具有“整体式”扩大波及的特征。

2.2.2　化学驱剩余油动用效果及特征

水驱、二元驱和转流线+非均相驱的采收率从图 11 可定量计算得到，水驱为 43.16%，二元驱为 63.24%，转流线+非均相驱为 72.60%。考虑到模型的非均质展布情况及注采方式的转换，选取微观模型的几个典型区域进行化学驱剩余油动用效果分析，模型典型区域选取如图 13 所示。

由图 13 可知，由一注一采转为二注六采方式后，区域 1 转流线 165°，区域 2 由主流线区域转为注入井间，区域 3 由非主流线区域变为主流线区域。不同区域二元驱和非均相驱驱油效率如图 14 所示。

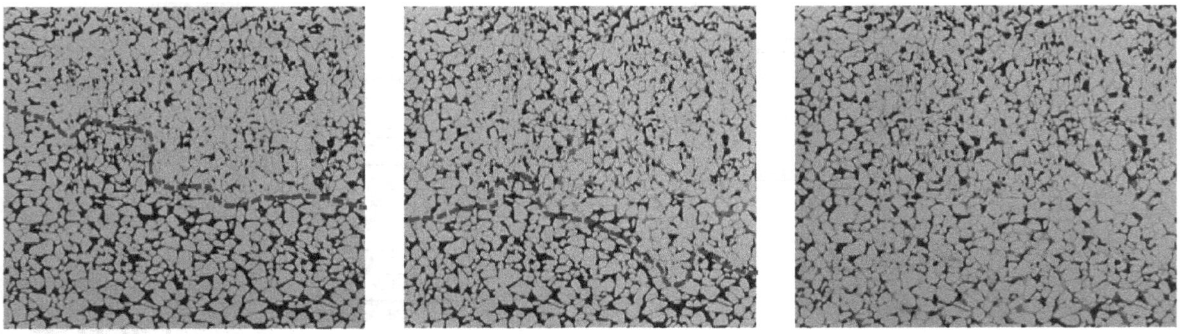

图 12　化学驱扩大波及特征

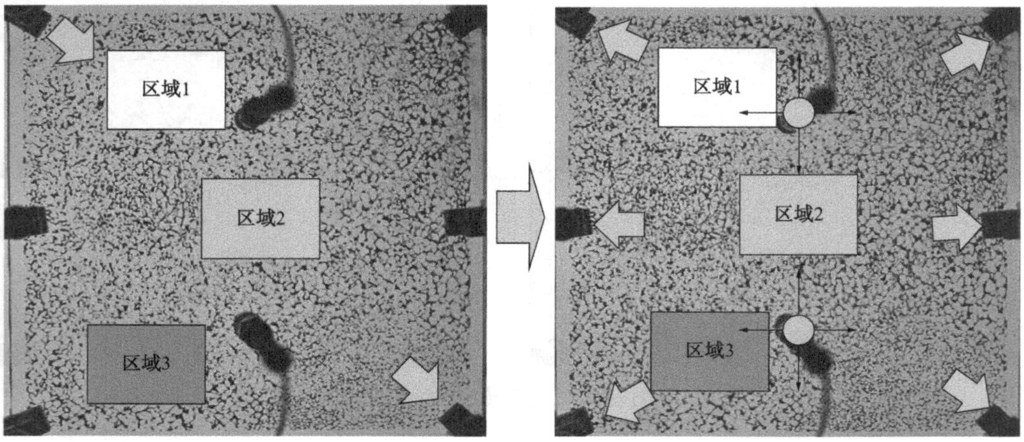

图 13　典型分析区域的分布

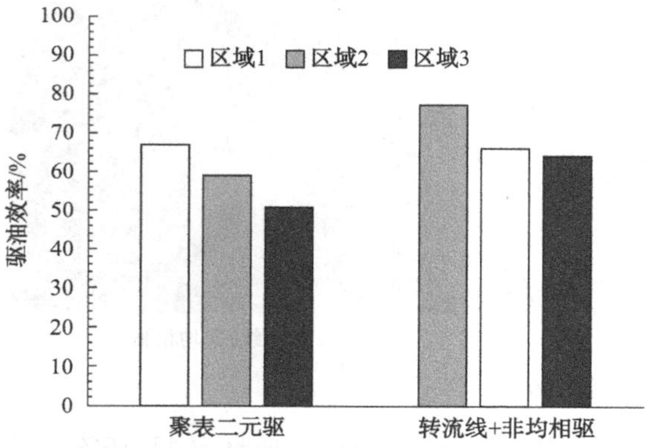

区域编号	二元驱驱油效率/%	转流线+非均相驱效率/%	驱油效率增值/%
区域1	67.05	77.15	10.1
区域2	58.94	66.06	7.12
区域3	50.99	74.01	23.02

图 14　典型区域化学驱驱油效率

由图 14 可知，一注一采二元驱转为二注六采非均相驱后，驱油效率增幅最大的为区域 3，区域 1 次之，区域 2 最小，依次为 23.02%、10.1%和 7.12%。不同区域微观剩余油的形态变化如图 15 所示。

由图 15 可见，二元驱后进行转流线+非均相复合驱，剩余油形态愈加分散，形态由连片状、多孔状向单孔状顺序转化，不同区域微观剩余油更多向单孔型转化，单孔类剩余油增加 10%~20%。

进一步的从孔隙尺度进行化学驱驱油特征分析，如图 16 和图 17 所示。

由图 16 可见，水驱时，孔隙越大，被波及程度越高，主要波及大孔隙；二元驱时，波及区内均衡波及孔隙能力增强，但是随着孔径减小，动用能力减弱；转流线+非均相驱，均衡动用不同大小的孔隙，对孔隙大小的“偏好性”最弱，对小孔隙的动用能力增强。

由图 17 可见，相对于水驱，化学驱不断增加了动用不同级别的孔隙的数量，不同级别孔隙的驱油效率也增加。转流线+非均相驱油体系使 10μm 以下孔隙的驱油效率由二元驱后的 15%提高至 37%。

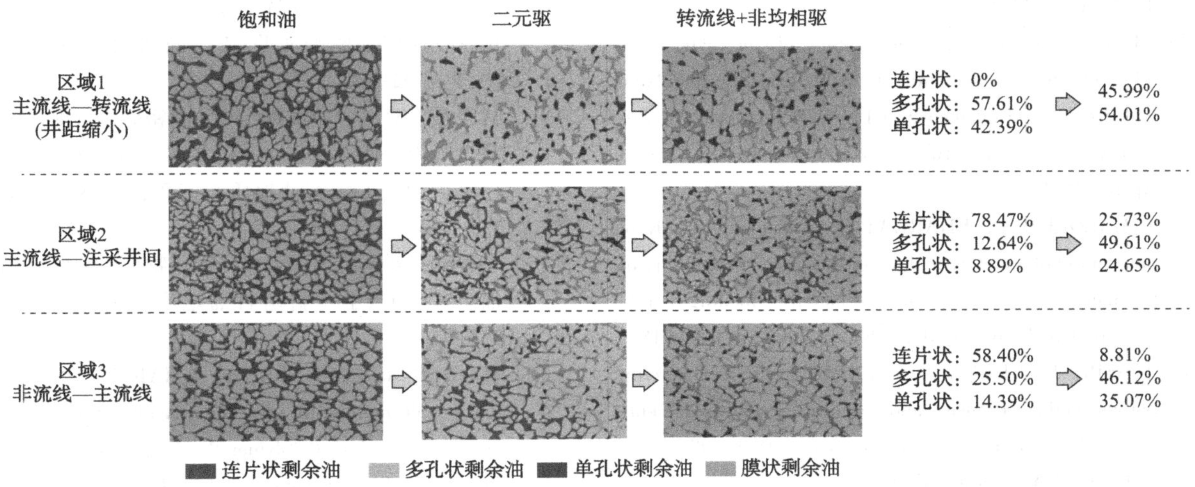

图 15 化学驱剩余油微观形态的变化

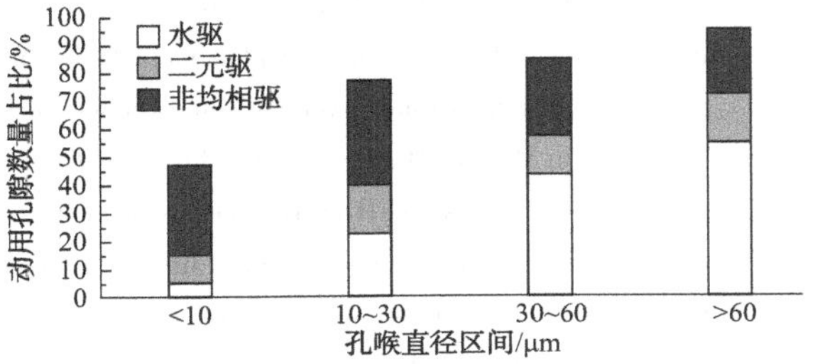

图 16 化学驱动用剩余油占据的孔隙数量特征

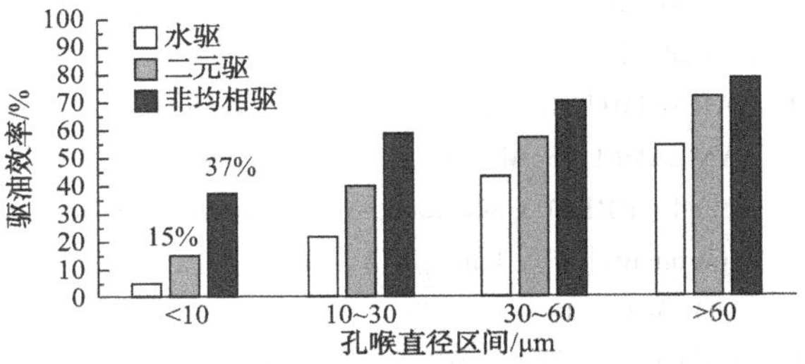

图 17 化学驱不同级别孔隙驱油效率对比

3 结论

（1）创建了大尺寸孔隙网络模型构建方法，采用激光刻蚀和高温键合，制成了模拟胜利油田某区块储层非均质性和井网部署的 21.2cm×21.2cm 的化学驱微观物理模型，满足化学驱微观波驱机理研究的需求。

（2）基于图像分割，进行了不同化学驱油体系的识别和定量表征，特别地，建立了单个孔隙驱油效率计算方法，实现不同级别孔隙驱油效率的统计分析。

（3）水驱后，二元驱和转流线+非均相驱波及效果和特征表明，二元驱具有“扩边式”扩波及的特征，而转流线+非均相驱则具有“整体式”扩波及的特征，波及系数由二元驱的 76.8%增至 93.7%，波及系数进一步增加了 28.5%。

（4）水驱后，二元驱和转流线+非均相驱驱油效果及特征表明，转流线+非均相驱的采收率可达 72.6%，典型区域驱油效率表明，非主流线区域在转流线+非均相驱后，驱油效率增幅，增加了 23.02%。

（5）孔隙尺度微观分析表明，化学驱后剩余油由连片状、多孔状和单孔状顺序转变，转流线+非均相驱后，不同典型区域单孔状剩余油占剩余油比例增加了 10%-20%。化学驱不断增加了动用孔隙的数量还提高了动用孔隙的驱油效率，非均相复合驱对大孔隙剩余油动用的“偏好性”减弱，使 10μm 以下孔隙的驱油效率由二元驱后的 15%增至 37%。

参 考 文 献

[1] 李俊键，苏航，姜汉桥等．微流控模型在油气田开发中的应用[J]. 石油科学通报，2018，3(03)：284-301.

[2] 林炳承，秦建华．微流控芯片实验室[M]. 北京：科学出版社，2006.

[3] 郭尚平，黄延章，周娟，等．物理化学渗流微观机理[M]. 北京：科学出版社，1990.

[4] WEGNER J，HINCAPIE R E，Födisch H，et al. Novel visualisation of chemical EOR flooding using a lab-on-a-chip setup supported by an extensive rheological characterisation [J]. SPE Asia Pacific Enhanced Oil Recovery Conference，Kuala Lumpur，Malaysia，11-

13 August, 2015.

[5] XU K. A microfluidic investigation of the synergistic effect of nanoparticles and surfactants in macro-emulsion based enhanced oil recovery[J]. SPE Improved Oil Recovery Conference, Tulsa, Oklahoma, USA, 11 - 13 April, 2016.

[6] JAMALOEI B Y, KHARRAT R. Fundamental study of pore morphology efect in low tension polymer flooding or polymer - assisted dilute surfactant flooding [J]. Transport in Porous Media, 2009, 76(2): 199-218.

[7] JOSEPH J, GUNDA N S K, MITRA S K. On-chip porous media: Porosity and permeability measurements [J]. Chemical Engineering Science, 2013, 99(32): 274-283. KARADIMITRIOU N K,

[8] HASSANIZADEH S M. A review of micromodels and their use in two-phase flow studies[J]. Vadose Zone Journal, 2012, 11(3): 215-228.

[9] KARADIMITRIOU N K, JOEKAR-NIASAR V, HASSANIZADEH S M, et al. A novel deep reactive ion etched (DRIE) glass micro-model for two-phase flow experiments[J]. Lab on A Chip, 2012, 12(18): 3413-3418.

[10] 杨珂，徐守余．微观剩余油实验方法研究[J]．断块油气田，2009，16(4)：75-76.

[11] 苏娜，韩健全，韩国辉，等．微观水驱油实验及剩余油形成机理研究[J]．断块油气田，2007，14(6)：50-51.

[12] 贾忠伟，杨清彦，兰玉波，等．水驱油微观物理模拟实验研究[J]．大庆石油地质与开发，2002，21(1)：46-50.

[13] 付晓燕，罗静兰，杨勇，等．致密砂岩气藏气水驱替微观渗流特征研究——以苏南上古生界盒8、山1储层为例[J]．石油地质与工程，2015，29(6)：131-134.

[14] 李洪玺，刘全稳，何家雄，等．物理模拟研究剩余油微观分布[J]．新疆石油地质，2006，27(3)：351-353.

[15] 陈莹莹，孙雷，田同辉，等．裂缝性碳酸盐岩油藏可视化模型水驱油实验[J]．断块油气田，2012，19(1)：92-94.

[16] 付晓燕，罗静兰，杨勇，等．致密砂岩气藏气水驱替微观渗流特征研究——以苏南上古生界盒8、山1储层为例[J]．石油地质与工程，2015，29(6)：131-134.

[17] 李洪玺，刘全稳，何家雄，等．物理模拟研究剩余油微观分布[J]．新疆石油地质，2006，27(3)：351-353.

[18] MAGHZI A, MOHEBBI A, KHARRAT R, et al. Pore-scale monitoring of wettability alteration by Silica nanoparticles during polymer flooding to heavy oil in a five-spot glass micromodel[J]. Transport in Porous Media, 2011, 87(3): 653-664.

[19] MEYBODI H E, KHARRAT R, WANG X. Study of microscopic and macroscopic displacement behaviors of polymer solution in water-wet and oil-wet media[J]. Transport in Porous Media, 2011, 89(1): 97-120.

[20] JAMALOEI B Y, KHARRAT R. Analysis of microscopic displacement mechanisms of dilute surfactant flooding in oil-wet and water-wet porous media[J]. Transport in Porous Media, 2010, 81(1): 1-19.

[21] JAMALOEI B Y, KHARRAT R. Fundamental study of pore morphology effect in low tension polymer flooding or polymer - assisted dilute surfactant flooding [J]. Transport in Porous Media, 2009, 76(2): 199-218.

[22] MAGHZI A, MOHEBBI A, KHARRAT R, et al. Pore-Scale monitoring of wettability alteration by silica nanoparticles during polymer flooding to heavy oil in a five-spot glass micromodel[J]. Transport in Porous Media, 2011, 87(3): 653-664.

[23] HE K, XU L, GAO Y F, et al. Evaluation of surfactant performance in fracturing fluids for enhanced well productivity in unconventional reservoirs using Rock-on-a-Chip approach[J]. Journal of Petroleum Science & Engineering, 2015, 135: 531-541.

复杂断块油田双高阶段调整挖潜策略研究及实践

吴晓慧　杨　明　王　雨　张言辉　马　栋

[中海石油(中国)有限公司天津分公司]

摘　要　B油田为渤海典型的复杂断块油田，具有储层平面物性变化快、非均质性强的特点。随着油田进入双高阶段，水驱不均衡现象日益严重，稳产难度逐步加大。本文针对动态水驱波及定量表征难、剩余油精细挖潜难度大的问题，首次创新性采用动态数据反演技术，实现了水驱波及系数的定量表征；然后引入波及均衡系数，以此判定各注采单元的水驱波及均衡程度及挖潜潜力；最后结合储层精细刻画研究结果，针对不同波及条件下的注采单元形成调整挖潜策略图版，以此指导调整挖潜策略的实施。通过应用上述技术，有效指导了B油田28口调整井的实施和37井组的注采结构调整，油田自然递减率逐年下降，多个井区实现零递减，油田开发效果得到明显提高，为类似油田的开发调整策略制定提供借鉴。

关键词　复杂断块油田；双高阶段；水驱波及系数；波及均衡程度；储层精细刻画；挖潜策略

B油田是渤海中轻质复杂断块油田的典型代表。油田主力含油层系为明化镇组，属浅水三角洲沉积，储层物性好，具有高孔、高渗的储集物性特征。同时具有储层平面物性变化快、非均质性强的特点，主要在单砂体采用不规则井网开发。油田投产近20年，历经综合调整和多次局部调整，逐渐进入高含水和高采出程度的双高阶段。地下油水分布日益复杂，水驱不均衡现象越来越明显，稳产难度逐步加大。而通过扩大水驱波及就成了提高油田采收率及实现油田稳产的关键手段。

目前国内外学者针对水驱波及系数的计算有很多成熟的研究方法，但是不管是室内实验法还是油藏工程方法，基本都集中在对油田或单井整体波及的一个表征。数模法虽然可以刻画到各注采方向，但计算周期长，且仅仅只能给出定性或半定量的结果。由于油田各注采单元间储层非均质性及井网构型差异大，利用上述研究方法计算出的结果与实际生产情况符合度较低，且不能定量表征注采单元内水驱体积波及系数。因此，本文利用油水井各项静态参数及历年生产动态资料进行动态反演，计算出各注采单元的波及系数，然后通过波及均衡系数并结合储层构型研究来评价井组内注采不均衡程度及挖潜潜力大小，从而指导后续调整挖潜策略制定。

1　动态水驱波及系数的定量表征

目前水驱波及系数的研究方法主要有三种：室内实验法、水驱曲线法、数模法。其中室内实验法以特定岩心的驱油实验为基础，难以考虑实际油藏储层及井网的复杂性，多适用于油田整体水驱波及系数的预测；水驱曲线法是利用实际的累积生产数据进行水驱规律曲线的拟合，但选取直线段受人为影响较大，且高含水期后多出现直线段的上翘而影响预测精度，该方法多适用于油田或油井周边整体的水驱波及系数预测；数模法对地质模型的建立及数模的拟合精度要求均较高，耗时长、操作复杂，且后期无水驱波及系数参数的定量输出，多适用于对油田整体、油井周边及不同注采单元内水驱波及系数的定性预测。由于油田各注采单元间储层非均质性及井网构型差异大，利用上述研究方法计算出的结果与实际生产情况符合度较低，且不能定量表征注采单元内水驱体积波及系数。针对上述问题，本次采用动态数据反演技术：首先基于阻容模型，结合水驱前缘理论，建立油井含水率计算公式，对该公式建立最优化函数，通过油田地质油藏特征参数及生产数据的动态拟合，推导求出注采单元的水驱波及体积，然后根据注采单元原始井控体积，定量求取注采单元水驱波及系数。

针对目标区域，以油井为中心，基于注采井间角分线划分不规则四边形的注采单元。根据目标注采单元的储层参数、井网展布计算注采单元原始井控体积。

$$V_{ij}=A\cdot h\cdot \varphi \tag{1}$$

式中，V_{ij}为第j口生产井与第i口注水井之间注采单元的原始井控体积，m^3；A 为第 j 口生产井与第 i 口注水井之间注采单元的面积，m^2；h 为第 j 口生产井与第 i 口注水井之间注采单元的平均储层厚度，m；φ 为第 j 口生产井与第 i 口注水井之间注采单元的平均孔隙度。

根据波及体积的定义可知，注采单元的注水倍数等于注采单元的累积注水量与注水波及体积之比式(2)：

$$PV_{ij}(t)=\frac{W_{ij}(t)}{V_{ij波及}(t)} \tag{2}$$

式中，$W_{ij}(t)$ 为第 j 口生产井与第 i 口注水井之间在 t 时刻的累积注水量，m^3；$V_{ij波及}(t)$ 为第 j 口生产井与第 i 口注水井之间注采单元在 t 时刻的水驱波及体积，m^3；$PV_{ij}(t)$ 为第 j 口生产井与第 i 口注水井之间注采单元在 t 时刻的注水倍数。

依据水驱前缘理论，可知含水率导数与注水倍数为倒数关系，见式(3)：

$$f_{wij}'(t)=\frac{(L_e-x_0)\cdot\varphi A}{W_{ij}}=\frac{V_{ij波及}}{W_{ij}}=\frac{1}{PV_{ij}} \tag{3}$$

根据油田的相渗参数回归 Corey 相渗模型，推导求出含水率及含水率导数的计算公式：

$$f_{wij}(t)=\frac{1}{1+\frac{\mu_w B_w}{\mu_o B_o}\frac{k_{ro}(S_{wi})(1-S_{wd})^{n_o}}{k_{rw}(S_{or})S_{wd}^{n_w}}} \tag{4}$$

$$f_{wij}'(t)=\frac{k_{rw}(S_{or})k_{ro}(S_{wi})\left[n_w S_{wd}^{n_w-1}(1-S_{wd})^{n_o}+n_o S_{wd}^{n_w}(1-S_{wd})^{n_o-1}\right]}{\left[k_{rw}(S_{or})S_{wd}^{n_w}+k_{ro}(S_{wi})(1-S_{wd})^{n_o}\right]^2} \tag{5}$$

联立式(2)~式(5)，可知含水率是一个关于累积注水量和注水波及体积的隐式函数式(6)：

$$f_w(s_{wd})=g(W_{ij},\ V_{ij波及}) \tag{6}$$

式中，L_e 为水驱前缘位置，m；x_0 为水驱起始点位置，m；$f_{wij}(t)$ 为第 j 口生产井与第 i 口注水井之间的注采单元在 t 时刻的实际含水率；$f_{wij}'(t)$ 为第 j 口生产井与第 i 口注水井之间的注采单元在 t 时刻的含水率导数；S_{wd} 为标准化的含水饱和度；n_o 为油相指数；n_w 为水相指数；μ_w 为水黏度，mPa·s；μ_o 为原油黏度，mPa·s；B_o 为原油体积系数；B_w 为水体积系数；$k_{ro}(S_{wi})$ 为在束缚水饱和度下的油相相对渗透率；$k_{rw}(S_{or})$ 为在残余油饱和度下的水相相对渗透率。

利用阻容模型，求取注采单元内累积注水量。阻容模型如式(7)所示：

$$q_j(t)=q_j(t_0)e^{\frac{-(t_k-t_0)}{\tau_j(t)}}+\sum_{t=1}^{k}\left\{e^{-\left(\frac{t_k-t}{\tau_j(t)}\right)}\left(1-e^{-\frac{\Delta t}{\tau_j(t)}}\right)\left[\sum_{i=1}^{N_i}(\lambda_{ij}(t)\cdot I_i(t))-J_j(t)\cdot\tau_j(t)\frac{\Delta P_{wfj}(t)}{\Delta t}\right]\right\} \tag{7}$$

式中，$q_j(t)$ 为第 j 口生产井在 t 时刻的产液速度，m^3/d；t 为生产时间，月；$\tau_j(t)$ 为时间滞后系数；N_i 为生产井 j 周围注水井的个数；$I_i(t)$ 为第 j 口油井周边水井 j 在 t 时刻的注水速度，m^3/d；$\lambda_{ij}(t)$ 为 t 时刻第 i 口注水井向第 j 口油井的注水贡献率，且满足 $\sum_{i=1}^{N_i}\lambda_{ij}(t)\leq 1$；$J_j$ 为第 j 口生产井的产液指数，$m^3/(d\cdot MPa)$，P_{wfj} 为第 j 口生产井 t 时刻的井底流压，MPa。

利用阻容模型动态反演求出各注采方向的注水贡献率，进而求取注采单元内实时注水量式(8)及累积注水量式(9)。

$$I_{ij}(t)=I_i(t)\cdot\lambda_{ij}(t) \tag{8}$$

$$W_{ij}(t)=\sum_{t=1}^{k}\left[I_i(t)\cdot\lambda_{ij}(t)\right] \tag{9}$$

式中，$q_{ij}(t)$ 为第 j 口生产井与第 i 口注水井之间在 t 时刻的注水速度，m^3/d；$W_{ij}(t)$ 为第 j 口生产井与第 i 口注水井之间在 t 时刻的累积注水量，m^3。

根据物质平衡理论，以油井为中心，建立油井含水率与周边受效注水井注水量、注水波及体积的关系式，如式 10 所示；

$$f_{wj}(t)=\sum_{i=1}^{N_i}\left[I_{ij}(t)\cdot f_{wij}(t)\right]/\sum_{i=1}^{N_i}\left[I_{ij}(t)\right]=\sum_{i=1}^{N_i}\left[I_{ij}(t)\cdot g(W_{ij},\ V_{ij波及})\right]/\sum_{i=1}^{N_i}\left[I_{ij}(t)\right] \tag{10}$$

建立关于含水率误差最小的最优化函数(式 11)。

$$\min G(t)=\sum_{j=1}^{K}\left[(f_{wj}(t)_{实际}-f_{wj}(t))^2\right] \tag{11}$$

通过遗传算法求解最优化函数式 11，进而求出各注采单元注水波及体积。

式中，$f_{wj}(t)$为第j口生产井在t时刻的含水率；$f_{wij}(t)$为第j口生产井与第i口注水井之间在t时刻的含水率；$f_{wj}(t)_{实际}$为第j口生产井在t时刻的实际含水率。

根据注采单元波及体积及原始井控体积，即可求出注采单元体积波及系数。

$$E_{Vij}=\frac{V_{ij波及}}{V_{ij}} \tag{12}$$

式中，$E_{Vij}(t)$为第j口生产井与第i口注水井之间注采单元在t时刻的水驱体积波及系数。

2　基于波及表征及储层刻画的挖潜策略研究

（1）波及均衡程度判定

通过上述研究可计算出当前水驱状态下的动态波及系数，为了进一步判定各注采井组的水驱波及均衡程度，从而指导下一步调整挖潜方向，引入物理参数——水驱波及均衡系数。定义其等于当前目标注采单元波及系数除以平均波及系数的比值。

$$E_{均衡程度}=\frac{E_i}{E_{平均}} \tag{13}$$

式中，E_i为第i个目标注采单元的波及系数；$E_{平均}$为目标单元所在砂体的平均波及系数；$E_{均衡程度}$为目标注采单元的波及均衡程度。

根据机理研究发现，当波及均衡系数大于0.5时，随着波及均衡系数的减小，采收率缓慢下降。而当其小于0.5时，采收率随着波及均衡系数的降低而快速下降(图1)。因此以波及均衡系数0.5为界，进行波及均衡程度的划分。当其大于1时，波及较好。当其在0.5到1之间时，波及较差，建议注采结构调整；当其小于0.5时，波及特差，剩余潜力比较大，考虑部署调整井来挖潜剩余油。

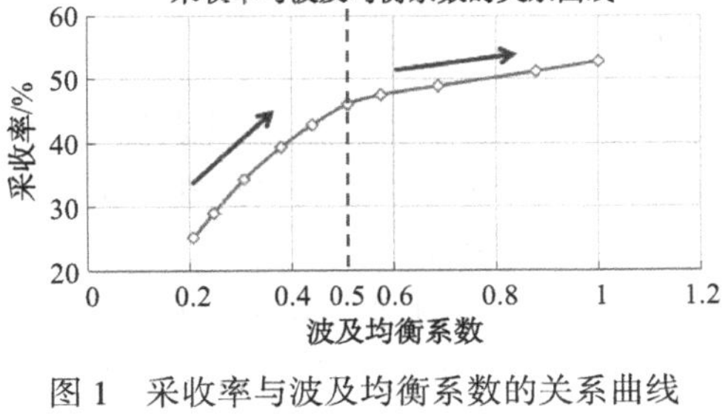

图1　采收率与波及均衡系数的关系曲线

（2）基于波及表征及储层刻画的挖潜策略

总结渤中34-1油田注采井网与构型组合的实际情况，共有5种组合模式。第一种是注采井组位于同一河道；第二种是注采井组位于不同河道，河道间无隔夹层；第三种是注采井组分别位于河道和席状砂；第四种是河道侧向加积，且中间有泥岩夹层；第五种河道纵向加积，纵向有泥岩隔夹层。

对这5种类型的波及情况及剩余油分布规律开展研究，并建立不同类型的调整策略图版，如图2所示。其中波及均衡系数大于0.5的类型主要有2种情况，一种是注采井组位于同一河道，另一种是注采井组位于不同河道，但河道间无大规模泥岩变化带。对于这两种情况，后续我们需要开展注采结构调整来改善注采井组的开发效果。而对于均衡系数小于0.5的类型则主要集中在3种情况：①一种是河道和河道间的注采关系，剩余油集中在河道间的注采非主流线上；②一种是侧向加积，剩余油主要集中在泥岩带另一侧；③一种是两期河道纵向叠加，剩余油富集在夹层分割的另一期河道。针对这三种情况的调整策略是对这些剩余油富集区域部署调整井进行挖潜。

3　矿场应用

应用本文技术指导了B油田在双高阶段的调整井挖潜及注采结构优化工作，有效指导了B油田28口调整井的实施和37井组的注采结构调整，油田自然递减率逐年下降，多个井区实现零递减，油田开发效果得到明显提高。

（1）调整井挖潜剩余油

该方法在B油田进行了应用，近4年应用本研究成果指导28口调整井实施，新增可采储量229万吨，年增产21%。为复杂断块油田的高含水期剩余油挖潜指明方向。

以D4H井调整井挖潜为例，该井侧钻前日产油5m³/d，含水率96%。通过计算得到注水井A28到采油井D4H方向波及均衡系数仅为0.32，该方向注水波及较差，剩余油富集。结合构型研究，认为该砂体西侧为两期河道侧向加积，两期河道间存在泥岩带，剩余油主要集中在另一期河道。因此，将D4H侧钻至剩余油富集的另一期河道，侧钻后日产油80m³/d，含水仅2%(图3)。

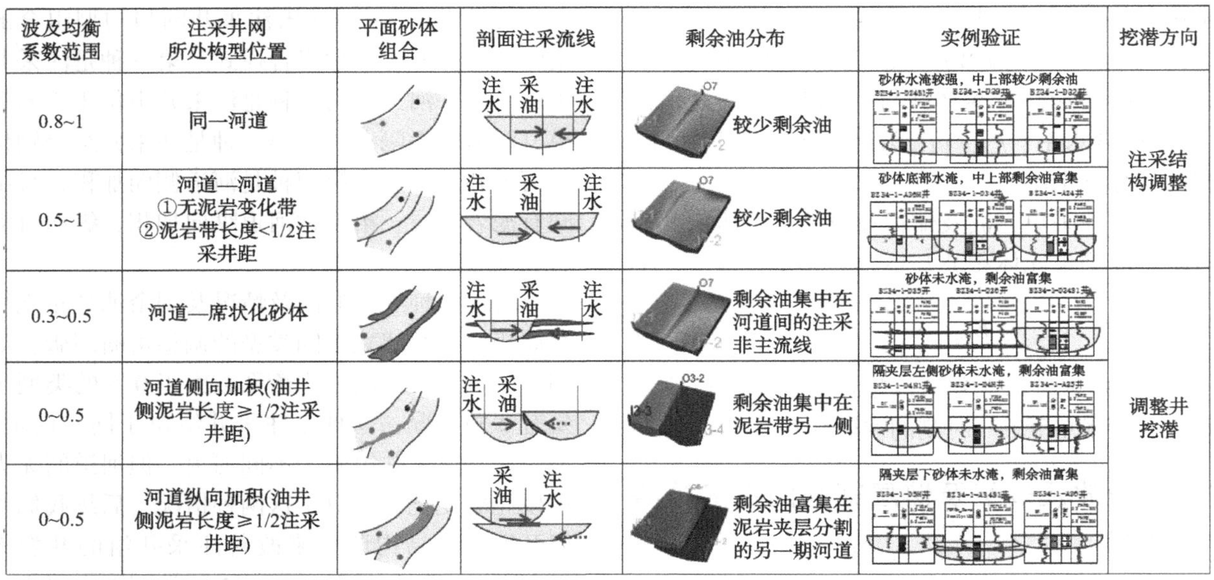

图2　基于波及表征及储层刻画的挖潜策略图版

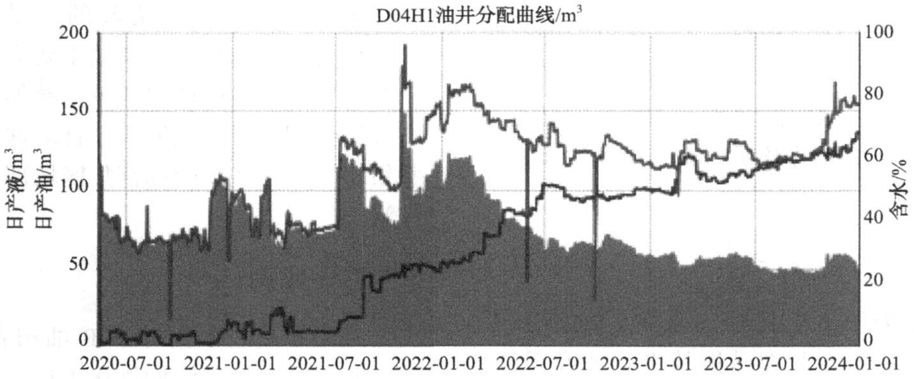

图3　D4H1 生产曲线

(2) 注采结构耦合调整

通过技术应用，指导油田注采结构调整取得显著效果，首先来看一个 W-1D 井组平面调整的例子，根据计算结果，F13H-F6H 方向波及较差。于是对该井组实施不稳定注水加差异变液相结合的注采结构耦合调整策略。调整后，不均衡驱替井组间剩余油得到有效动用，砂体日增油 $41m^3/d$，含水率下降 6.2%，如图 4 所示。

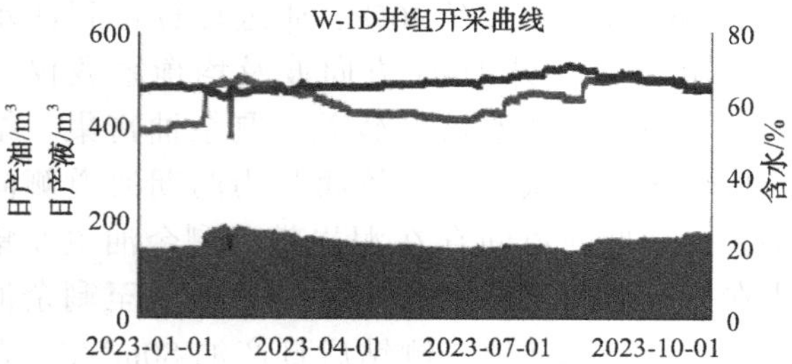

图4　W-1D 砂体开采曲线图

纵向调整实例如下，经过研究认为 D17 井组纵向波及不均，于是采用“控强扶弱”策略开展注采结构调整，关闭波及较好层段后，波及较差层段得到有效动用，调整后日增油 $52m^3/d$，含水率下降 31%，如图 5 所示。

(3) 整体应用效果

在以上技术的指导下，B 油田开发效果得到明显改善，近几年自然递减率大幅降低(图 6)，油田采收率持续向好(图 7)。

4　结论

(1) 针对动态水驱波及定量表征难的问题，首次创新性采用动态数据反演技术，实现了水驱波及系数的定量表征。

(2) 首次引入物理参数——波及均衡系数，以此判定各注采单元的水驱波及均衡程度及挖潜潜力。

(3) 针对剩余油精细挖潜难度大的问题，结合储层精细刻画研究结果，针对不同波及条件下的注采单元形成调整挖潜策略图版，以此指导调整挖潜策略的实施。

(4) 通过应用上述技术，有效指导了B油田调整井的实施和注采结构优化，油田开发效果得到明显提高。

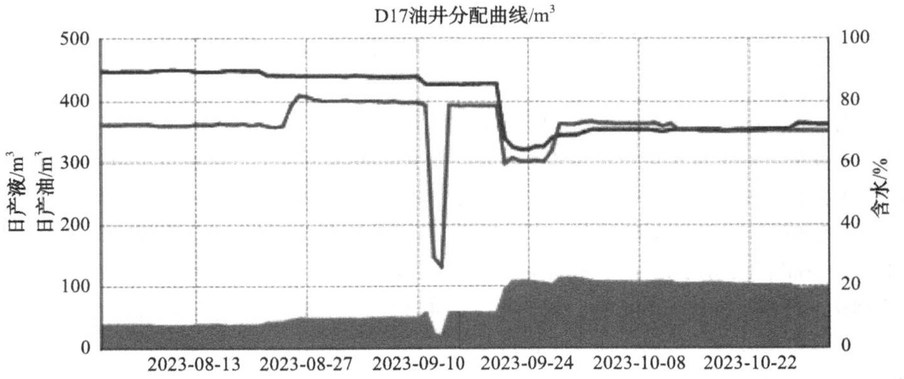

图5 D17井开采曲线图

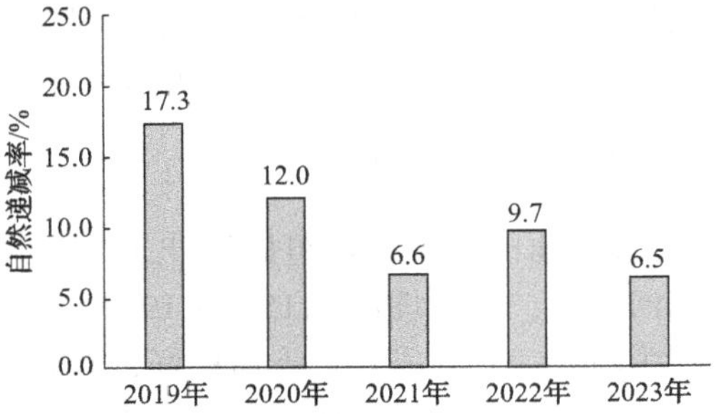

图6 B油田自然递减率

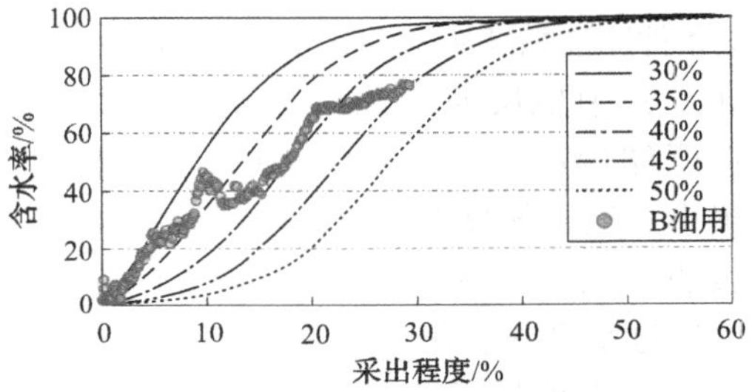

图7 B油田含水率与采出程度关系曲线

参考文献

[1] 沈非，程林松，黄世军，等．基于流管法的普通稠油水驱波及系数计算方法[J]．石油钻采工艺，2016，38(5)：645-649.

[2] 何聪鸽，范子菲，方思冬，等．特低渗透各向异性油藏平面波及系数计算方法[J]．油气地质与采收率，2015，22(3)：77-83.

[3] 朱圣举，朱洁，安小平，等．低渗透油藏菱形反九点井网面积波及系数研究[J]．重庆科技学院学报(自然科学版)，2013，15(2)：80-84.

[4] 刘义坤，唐慧敏，梁爽，等．五点法面积波及效率的简化计算模型[J]．大庆石油地质与开发，2014，33(2)：49-53.

[5] 刘晨，张金庆，李文忠等．基于近似理论水驱曲线的油藏水驱体积波及系数动态计算方法[J]．油气地质与采收率，2020，27(5)：112-118.

[6] 杨明，陈存良，王雨等．中轻质油藏高含水期注水体积波及系数研究[J]．特种油气藏，2019，26(6)：93-97.

[7] 沈非，程林松，黄世军等．基于流管法的普通稠油水驱波及系数计算方法[J]．石油钻采工艺，2016，38(5)：645-649.

[8] 张瑾琳，吴向红，晋剑利等．水驱厚层油藏纵向波及系数预测新模型[J]．特种油气藏，2017，24(2)：103-106.

[9] 杜晓康，李治平，田丰等．水驱油田高含水期体积波及系数预测方法[J]．大庆石油地质与开发，2018，37(1)：83-87.

海上厚层边水稠油油藏蒸汽吞吐实践与认识

朱　琴　冯海潮　吴　桐　吕文杰　黄　琴

[中海石油(中国)有限公司天津分公司]

摘　要　渤海 LD 油田属于中深层厚层块状普通稠油油藏，是国内海上投产的首个规模化热采示范区块。为确保热采效果，针对该区块的地质油藏特征，在开发方案基础上，结合流变性实验结果和数值模拟手段，进一步开展了注汽强度和水平段纵向位置优化研究，将边水稠油油藏 9 口热采井的注汽强度由 17t/m 提高到 25t/m，高部位距内含油边界大于 300m 的水平井纵向位置向下优化了 3~6m。实践结果显示，第一周期高峰日产油 $98m^3$，最高达 $120m^3$，较开发方案 $90m^3$ 提高了 33%；周期平均日产油 $54m^3$，较开发方案 $47m^3$ 提高了 15%；周期油汽比 $5.54m^3/t$，较开发方案 $4.22m^3/t$ 提高了 31%，取得较好的开发效果，可为采用水平井蒸汽吞吐开发的同类型稠油油藏提供借鉴。

关键词　普通稠油；厚层；边水油藏；蒸汽吞吐

渤海油田探明稠油资源丰富，稠油黏度范围广，地层条件原油黏度从 50mPa·s 到 50000mPa·s 均有分布，其中地层原油黏度大于 350mPa·s 的稠油探明储量占稠油总量的 30%，但对产量的贡献很小，绝大部分未有效动用。海上油田开发实践表明，地层条件黏度小于 350mPa·s 的稠油可以通过水平井、化学驱等技术开发获得较好效益，但对于地层条件黏度大于 350mPa·s 的稠油，常规冷采开发的采油速度和采收率均比较低，经济效益差，而热采是稠油开发的有效技术。但是，由于海上平台空间的局限性以及高效开发的要求，海上热采采用大井距水平井开发，与陆地具有很大差异，无法照搬陆地油田成功的热采经验与技术。渤海通过南堡 35-2 和旅大 27-2 两个热采先导试验区 10 余年的探索，在海上热采开发方面取得了一定的经验与技术。作为海上首个规模化热采示范区块，LD 油田热采项目集成了海上过去十余年的稠油热采经验与技术，其开发效果对渤海后续稠油油田的热采开发具有举足轻重的意义。

LD 油田西块馆陶Ⅳ油组具有油稠、层厚以及边水较发育的特征，开发方案采用一套水平井开发层系进行蒸汽吞吐的开发模式。为保障海上首个规模化热采区块的开发效果，在开发方案基础上，结合流变性实验结果、实钻地质油藏特征和数值模拟手段，进一步开展了水平段纵向位置和注汽强度优化研究，在钻前优化阶段将高部位距内含油边界大于 300m 水平井的纵向位置向下优化了 3~6m，将 9 口热采井的注汽强度由 17t/m 提高到 25t/m，取得了较好的开发效果。

1　地质油藏特征

LD 油田西盘馆陶组储层非常发育，属于辫状河沉积，油藏埋深-1150~-1970m。储层岩性较为疏松，孔隙发育，连通性好，储集类型以原生粒间孔为主。馆陶Ⅳ、Ⅴ油组为主力油组，平均孔隙度 29.9%，平均渗透率 2050mD，其中Ⅳ油组为层状边水油藏，静态认识水体能量 4~11 倍，储层厚度 23~45m，地面原油密度 $0.979 \sim 0.985g/cm^3$，地面原油黏度 3348~8507mPa·s(平均 5441mPa·s)，地层原油黏度 2909mPa·s，含蜡量 1.06%~4.22%，胶质和沥青质含量 23.53%~33.25%，含硫量 0.363%~0.396%，饱和压力 1.33MPa，溶解气油比 $4m^3/m^3$，为高粘、重质原油；Ⅴ油组为块状底水油藏，静态认识水体能量 25~65 倍，储层厚度 65~79m，开发方案制定阶段无 PVT 取样，借用Ⅳ油组地面原油黏度，利用经验公式折算地层原油黏度为 2680mPa·s。

2　开发方案概况

开发方案根据 DST 测试结果配产，结合渤海南堡 35-2 和旅大 27-2 油田两个热采先导试验区热采产能倍数，设计第一周期高峰日产油 $90m^3$，周期平均日产油 $45m^3$。注汽参数优化结果为：井底干度 40%，井底温度 340~350℃，注汽速度 300t/d，焖井时间 3~5d，第一周期注汽强度 17t/m(注汽量 3900t)，每个周期递增 10%左右，直至最大注汽强度 22t/m(注汽量 5100t)，八周期平均注汽强度 21t/m(注汽量 4800t)。

馆陶Ⅳ油组边水油藏热采井布于垂向距离油水界面 20m 以上的油层段，采用不规则井网开发。开发方案设计水平段平均长度约 230m，井距 150m 左右；共设计 9 口热采井开发馆陶组Ⅳ油组边水油藏(图 1)。

馆陶Ⅳ油组布井区域平面上可划分为 2 井区和 1D 井区，2 井区发育主河道沉积，油层厚度 32~40m，该井区 4 口井设计水平段距油层顶部 7~12m，平均约 10m，即距油层顶部 2/10~3/10；1D 井区发育非主河道沉积，油层厚度 16~18m，该井区 5 口井设计水平段距油层顶部 2~5m，平均约 4m，即距油层顶部 1/10~3/10。

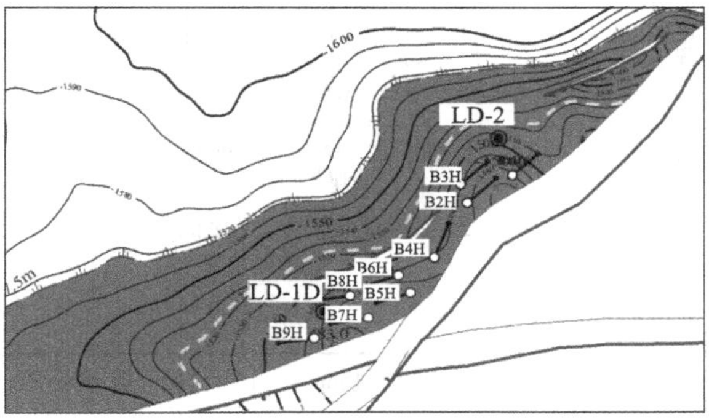

图 1　开发方案阶段西块馆陶Ⅳ油组井位图

3　投产前优化

通过开发地震、测井、地质、油藏、钻完井工程等多学科密切配合，充分认识油田的潜力与风险，对开发方案方案设计的开发井井位进行优化，优化设计主要依照以下几点原则：(1)规避构造、储层风险，优化开发井井位或轨迹，充分挖掘油田潜力；(2)根据最新地质油藏认识，优化井型及注采井网，提高产能及采收率。

投产前优化阶段根据重处理地震资料对构造、储层进行了重新解释。西块馆陶组构造形态发生变化，高部位构造变深，9 口井水平段纵向距油水界面距离减少 4~22m(平均 14m)，纯油区探明储量变化较小，但断裂系统更加复杂(图 2)。

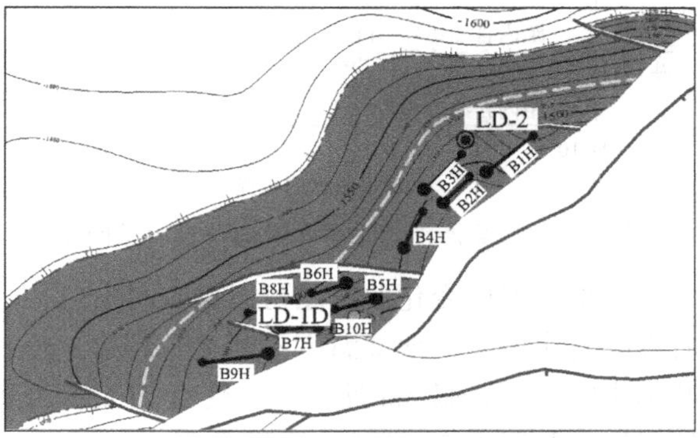

图 2　投产前优化阶段西块馆陶Ⅳ油组井位图

3.1　水平段纵向位置优化

为了研究平面上距内含油边界不同距离，水平段纵向位置对热采效果的影响规律，以 LD 油田西块馆陶Ⅳ油组地质油藏特征参数为原型，建立机理模型(图 3)：网格数 31×63×50＝97650，网格步长 20m×50m×1m，油区 J 方向网格步长加密为 25m；在开发方案研究成果基础上进行布井，平面上共 4 口水平井，水平段长度 250m，井距 150m，从 C1H 到 C4H 分别距内含油边界 25m、175m、325m、475m；纵向上分别设计水平段距顶部 1/10、2/10、3/10、5/10、7/10、8/10。

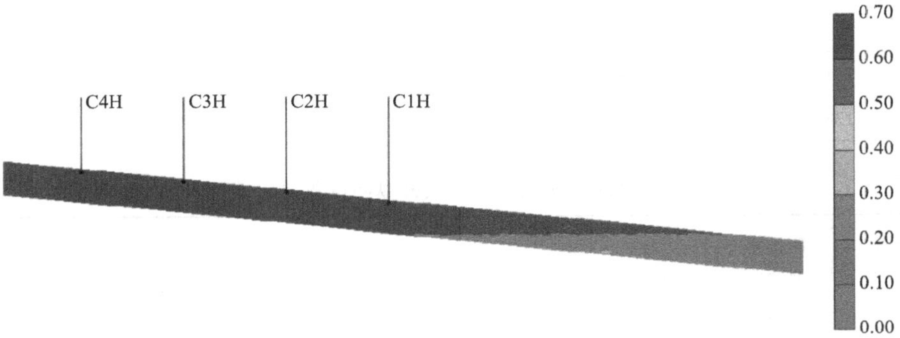

图 3　机理模型布井示意图

模拟结果显示(图 4)：(1)在相同的纵向位置，水平井距离边水越远，热采效果越好；(2)当水平井位于边水稠油油藏纯油区且在内含油边界附近(小于 200m)时，水平段越靠近油层顶部，热采效果越好；(3)随着水平井距内含油边界越远，水平段向下移动、靠近油层中部，更有利于热采效果；(4)当水平井距内含油边界大于300m以后，水平段位于距油层顶部1/3~1/2的纵向位置，热采效果最佳。

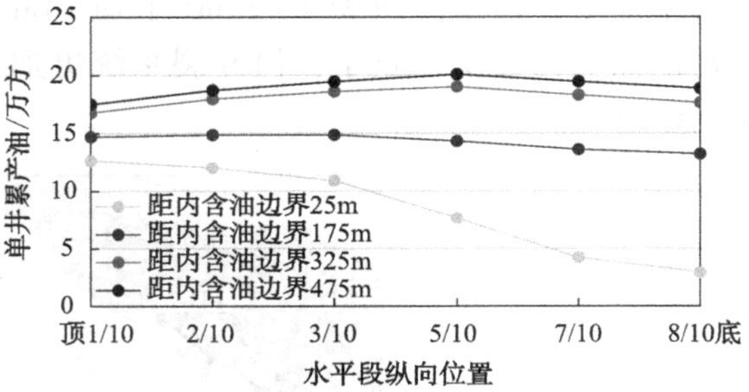

图4 单井累产油与水平井纵向位置关系曲线

从地层温度变化曲线图可以看到(图5)，随着吞吐轮次增加，地层温度不断上升。第1轮吞吐结束时，距井眼5m处地层温度为71℃，可将地层原油黏度由2909mPa·s降低到918mPa·s；距井眼10m处地层温度为60℃，可将地层原油黏度由2909mPa·s降低到1867mPa·s；距井眼15m处地层温度为55℃，较地层温度略有上升(表1)。第1轮吞吐结束时，加热范围可以扩展至15m，已超过开发井距油层顶部最大距离12m。第8轮吞吐结束时，距井眼20m处地层温度为72℃，可将地层原油黏度由2909mPa·s降低到843mPa·s，降低幅度达71%。因此，对于厚层稠油油藏，水平段纵向位置越靠近顶部，热量损失越多。

综合以上研究，根据布井位置的油层厚度，将开发方案中距内含油边界大于300m的5口水平井向下优化了3~6m，优化后的水平段位于距油层顶部1/3~1/2的纵向位置(表2)。

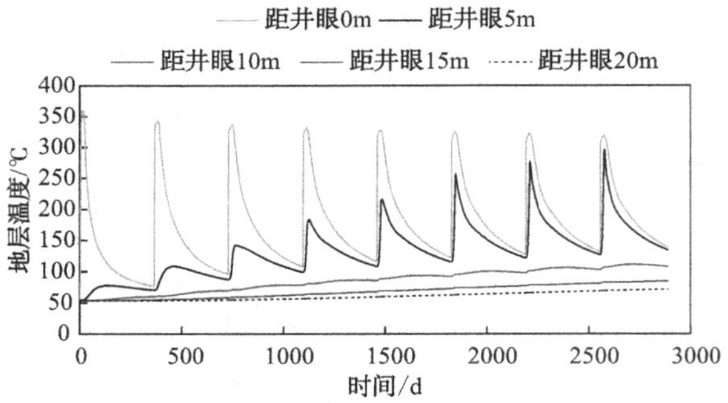

图5 地层温度随时间变化曲线

表1 不同时机地层温度与地层原油黏度统计表

时机	距井眼0m		距井眼5m		距井眼10m		距井眼15m		距井眼20m	
	地层温度/℃	原油黏度/mPa·s	地层温度/℃	原油黏度/mPa·s	地层温度/℃	原油黏度/mPa·s	地层温度/℃	原油黏度/mPa·s	地层温度/℃	原油黏度/mPa·s
原始温度	54	2909	54	2909	54	2909	54	2909	54	2909
第1周期末	76	655	71	918	60	1867	55	2759	54	2944
第2周期末	96	245	87	362	69	985	58	2085	55	2747
第3周期末	107	148	99	208	78	586	63	1476	57	2324
第4周期末	116	106	108	143	86	398	68	1073	60	1890
第5周期末	122	85	115	109	92	291	73	805	63	1522
第6周期末	127	71	121	87	98	224	77	623	66	1230
第7周期末	131	62	126	72	102	180	81	498	69	1004
第8周期末	138	49	134	57	108	146	85	412	72	843

表2 馆陶Ⅳ油组9口开发井纵向位置优化统计表

井号	油层厚度/m	距边水距离/m	开发方案		钻前优化		备注
			距油层顶距离/m	距油层顶无因次距离	距油层顶距离/m	距油层顶无因次距离	
B1H	38	350	9	0.24	14	0.37	向下优化5m
B2H	40	400	12	0.30	18	0.45	向下优化6m
B3H	38	260	11	0.29	11	0.29	按开发方案执行

续表

井号	油层厚度/m	距边水距离/m	开发方案		钻前优化		备注
			距油层顶距离/m	距油层顶无因次距离	距油层顶距离/m	距油层顶无因次距离	
B4H	35	340	7	0.20	12	0.34	向下优化 5m
B5H	18	380	4	0.22	7	0.39	向下优化 3m
B6H	17	240	4	0.24	4	0.24	按开发方案执行
B7H	18	400	5	0.28	8	0.44	向下优化 3m
B8H	16	210	3	0.19	3	0.19	按开发方案执行
B9H	16	220	2	0.13	2	0.13	按开发方案执行

3.2 注汽强度优化

稠油的流变性拐点温度，即稠油由非牛顿流体转变为牛顿流体时对应的温度，对热采过程中渗流模式影响显著。当地层温度大于原油拐点温度时，原油为牛顿流体；当地层温度小于原油拐点温度时，原油为非牛顿流体，存在一个初始剪切应力。对于采用热采开发的稠油油藏，近井地带被加热到拐点温度以上的区域，流体表现为达西渗流特征，为自由流动区域。

开发方案编制阶段根据黏温曲线，采用切线法得到温度反常点 56℃，并作为稠油由非牛顿流体转化为牛顿流体的拐点温度。为保障热采效果，在投产前进一步通过流变性实验来认识拐点温度。从图 6 可见，屈服值随温度升高而降低，屈服值随温度变化曲线呈现三段式特征：温度低于 60℃ 时，屈服值迅速降低；温度介于 60～80℃时，屈服值随温度升高而降低，但降低幅度不断减少；温度高于 80℃ 时，屈服值保持在较低水平并逐渐趋近于 0。因此，可以认为 80℃ 为 LD 油田稠油的拐点温度，当温度高于 80℃ 时，原油已经基本处于牛顿流体状态。

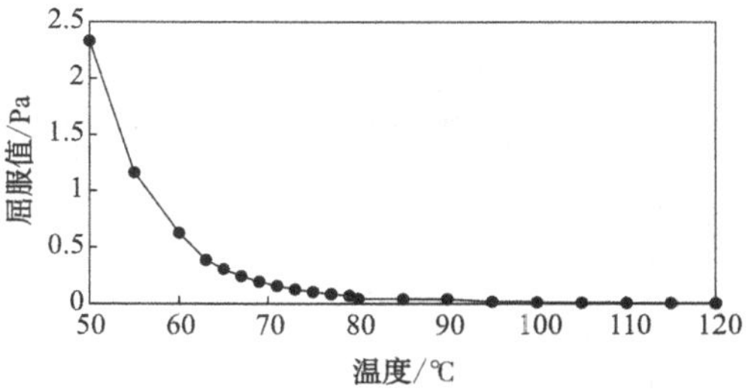

图 6　屈服值与温度关系曲线

流变性实验得到的拐点温度 80℃ 较开发方案阶段认识的 56℃ 高出 24℃。在注入相同注汽量的情况下(注汽强度 17t/m)，若原油拐点温度 56℃，第 1 轮焖井结束时自由流动区域半径为 13m；若原油拐点温度 80℃，第 1 轮焖井结束时自由流动区域半径为 9m，自由流动区域半径减小了 31%。因此，在拐点温度由 56℃ 变为 80℃ 情况下，若继续执行开发方案注汽强度 17t/m，热采效果将无法达到设计预期(图 7)。

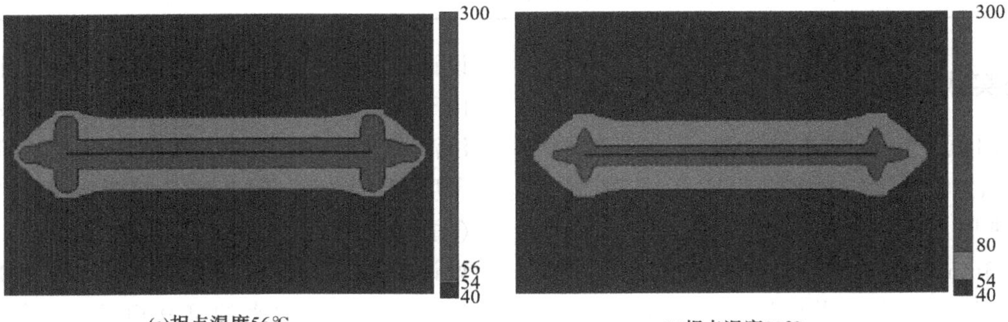

(a)拐点温度56℃　　(b)拐点温度80℃

图 7　焖井结束时地层有效加热范围示意图

以钻后地质认识为基础，建立新的数值模拟模型开展注汽强度优化研究。根据钻后水平井油层段长度，设计 15t/m、20t/m、25t/m、30t/m、35t/m、40t/m 等 6 个不同注汽强度，统计水平井蒸汽吞吐8周期累产油、累计油汽比和注汽强度的关系(图8)，随着注汽强度的增大，周期注汽量的升高，累计产油量升高，油汽比下降；当注汽强度达到30t/m后，增油量幅度变小。

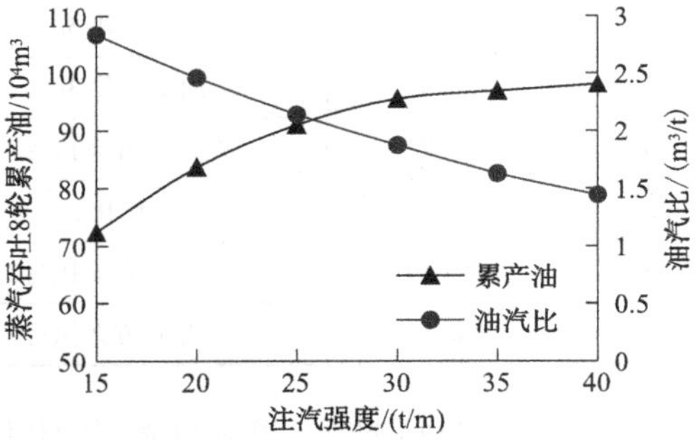

图8　边水油藏吞吐8轮累产油与注汽强度关系图

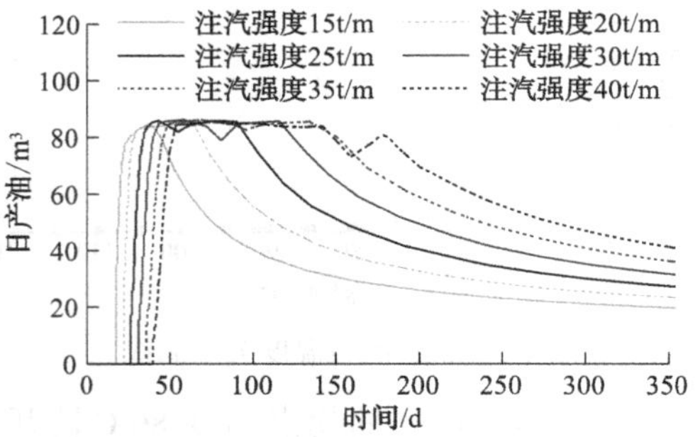

图9　不同注汽强度下第1轮日产油预测曲线图

根据陆地油田经验，第1轮由于地层处于原始地层压力，注汽能力不如后续轮次高，通常第一轮以较小的注汽强度注入，后续轮次通常在上一轮吞吐的基础上增加10%~20%。旅大27-2油田A22H井油层厚度8m，第1轮注汽强度10t/m，后续逐轮次递增，到第5轮时注汽强度为24t/m；A23H井油层厚度10m，第一轮注汽强度15t/m，后续逐轮次递增，到第4轮时注汽强度为20t/m。考虑到LD油田油层厚度远大于旅大27-2，原始地层压力较高，结合数模研究结果，推荐馆陶Ⅳ油组9口井第1轮注汽强度为25t/m，后续轮次按照10%左右的比例逐轮递增，预计第4轮时注汽强度增加到33t/m，可达到注汽强度的拐点，八周期平均注汽强度31t/m。从不同注汽强度下第1轮日产油模拟结果也可以看到，随着注汽强度的增加，高峰稳产时间延长(图9)。

在断裂系统复杂化导致4口井被断层四面夹持、9口井水平段纵向距油水界面距离减少14m的情况下，若继续按开发方案设计执行，累产油将减少$10.8\times10^4m^3$；按优化后水平段纵向位置以及注汽强度执行，预测馆陶Ⅳ油组9口井连续吞吐8轮次累产油$107.8\times10^4m^3$，较优化前累产油$82.8\times10^4m^3$增加$25.0\times10^4m^3$，提高30%，热采效果得到明显改善(表3)。

表3　馆陶Ⅳ油组热采指标统计表

储层构造	实施方案	八周期平均注汽强度/(t/m)	八周期累产油/10^4m^3
开发方案地质认识	按开发方案设计执行	21	93.6
实钻地质认识	按开发方案设计执行	21	82.8
	1)5口井水平段纵向位置向下优化	31	107.8
	2)注汽强度由17t/m提升至25t/m		

4　矿场实践效果

边水油藏9口开发井设计第一轮注汽强度25.0t/m、注汽速度300t/d、井底注汽温度340℃、井底注汽干度40%，实际注汽强度17.3~25.3t/m(平均24.3t/m)、注汽速度90~299t/d(平均216t/d)、井底注汽温度311~366℃(平均350℃)、井底注汽干度3%~45%(平均19%)，如图10所示。由于油藏埋藏深，原始地层压力高，第一轮注汽强度和井底注汽温度整体上达到设计，注汽速度和井底注汽干度整体未达设计。其中，8口井注热过程较为顺利，B7H井由于注汽困难，导致注热效果较差。由于钻后将注汽强度进行了优化，虽然注汽速度和井底注汽干度未达设计，但井底热焓强度$45.0\times10^6kJ/m$(每米水平段长度吸入蒸汽的热焓)较开发方案设计值$32.9\times10^6kJ/m$提高了37%(图11)。

ODP设计边水油藏9口开发井第一轮高峰日产油$90m^3$、周期平均日产油$26\sim67m^3$(平均$47m^3$)、周期油汽比$2.37\sim6.04m^3/t$(平均$4.22m^3/t$)。投产后，第一轮顺利注热的8口井实际平均高峰产能$79\sim120m^3$(平均$98m^3$)、周期平均日产油 28~76m^3(平均 54m^3)、周期油汽比 1.77~13.22m^3/t(平均 5.54m^3/t),整体达到方案设计,如图 12~图 14 所示,取得较好开发效果。

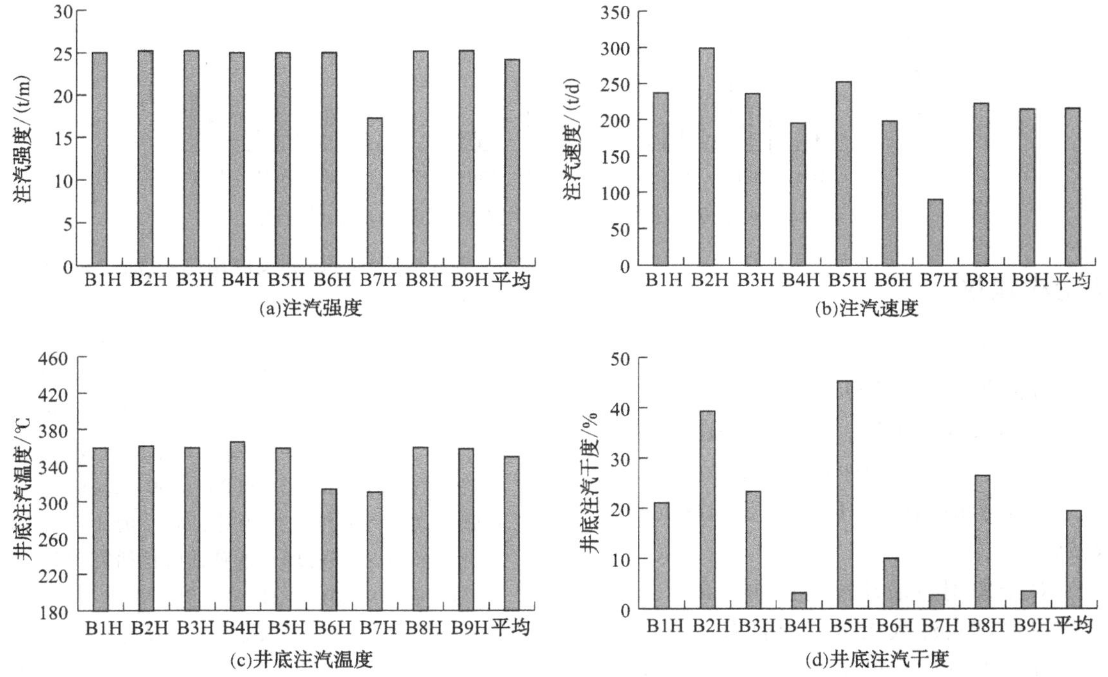

图 10 边水油藏开发井第一轮蒸汽吞吐实际注热参数对比图

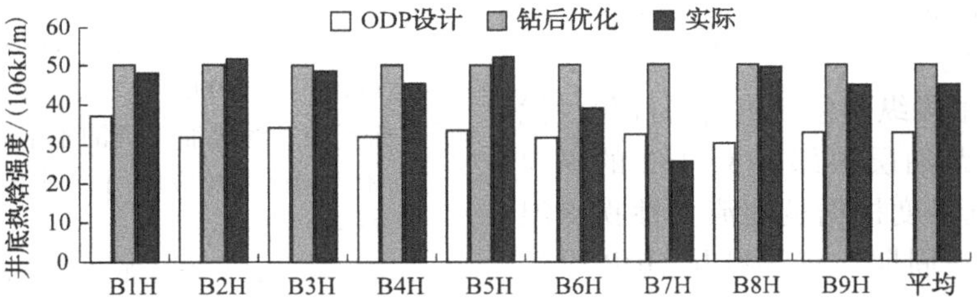

图 11 边水油藏开发井第一轮蒸汽吞吐井底蒸汽热焓强度对比图

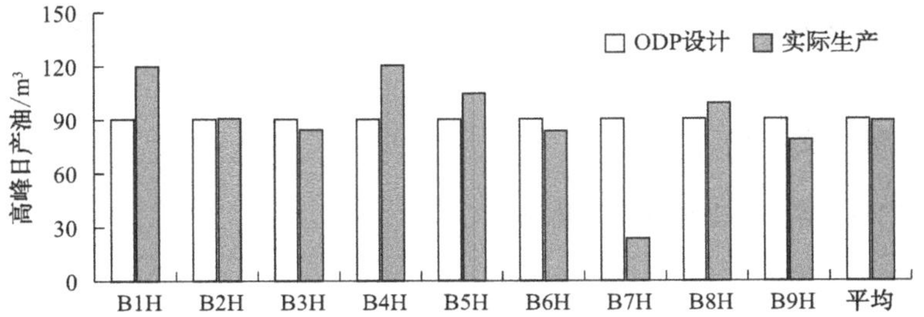

图 12 边水油藏开发井第一轮蒸汽吞吐高峰日产油对比图

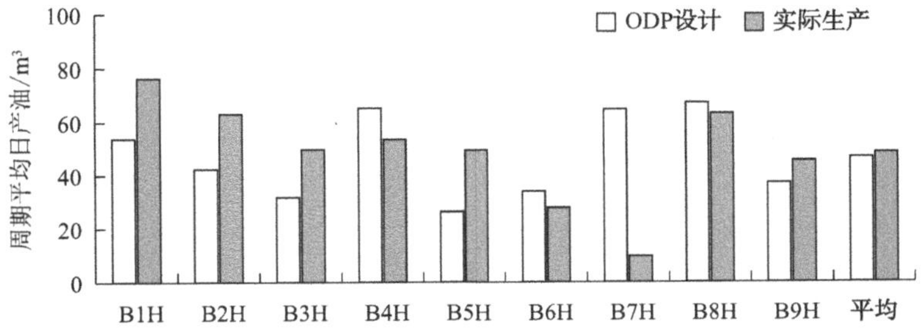

图 13 水油藏开发井第一轮蒸汽吞吐周期平均日产油对比图

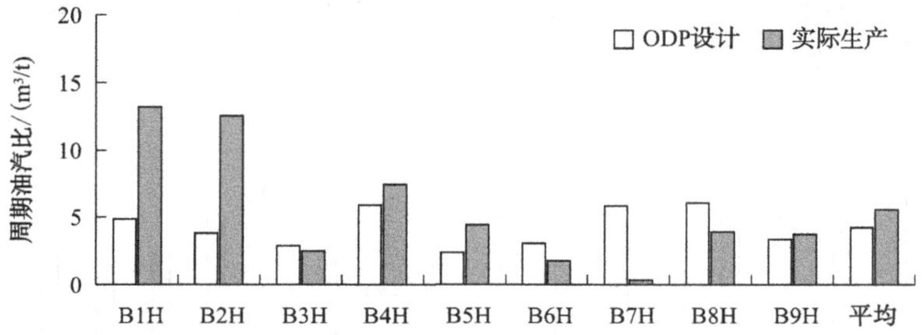

图 14　水油藏开发井第一轮蒸汽吞吐周期油汽比对比图

5　结论和建议

(1) 当水平井位于边水稠油油藏纯油区且在内含油边界附近(小于 200m)时，水平段越靠近油层顶部，热采效果越好；对于厚层边水稠油油藏，当布井位置平面上距内含油边界大于 300m 时，水平段位于距油层顶 1/3～1/2 的纵向位置，热采效果最佳。

(2) 对于采用热采开发的稠油油藏，正确认识稠油拐点温度对注入参数优化具有重要指导意义；对于拐点温度较高的稠油，通过提高注汽强度，可以大幅度增大热采井的有效加热范围，从而提高热采产能，改善蒸汽吞吐开发效果。

(3) LD 油田边水油藏高部位的井受边水影响小，对 5 口井水平段纵向位置进行了优化，优化后的水平段位于距油层顶部 1/3～1/2 的纵向位置；LD 油田注汽强度根据稠油流变性拐点温度进行了优化，第一周期注汽强度从 ODP 设计的 17t/m 增加到 25t/m；第一周期高峰日产油 98m^3、周期平均日产油 54m^3、周期油汽比 5.54m^3/t，整体上达到设计，取得较好的开发效果。

参　考　文　献

[1] 张彩旗，刘东，潘广明，等．海上稠油多元热流体吞吐效果评价研究及应用[J]．油气藏评价与开发，2016，6(2)：33-50.
[2]陈建波．海上深薄层稠油油田多元热流体吞吐研究[J]．特种油气藏，2016，23(2)：97-100.
[3]祝晓林，郭林，徐豪飞，等．海上厚层稠油油藏细分开发层系研究与实践[J]．重庆科技学院学报(自然科学版)，2016，18(05)：39-42+62.
[4]张风义，许万坤，吴婷婷，等．海上多元热流体吞吐提高采收率机理及油藏适应性研究[J]．油气地质与采收率，2014，21(4)：75-78.
[5]刘小鸿，张风义，黄凯，等．南堡 35-2 海上稠油油田热采初探[J]．油气藏评价与开发，2011，34(1)：61-63.
[6]梁丹，冯国智，曾祥林，等．海上稠油两种热采方式开发效果评价[J]．石油钻探技术，2014，000(001)：95-99.
[7]张贤松．渤海油田稠油水平井蒸汽吞吐油藏经济技术界限研究及应用[J]．中国海上油气，2013(04)：35-39.
[8]冯亚斌．海上大井距热采窜流识别及调控技术研究[D]．北京：中国石油大学(北京)，2023.
[9]黄琴，蔡晖，桑丹，等．海上稠油油田水平井多轮蒸汽吞吐生产规律研究[J]．非常规油气，2023，10(02)：73-79+100.

曲流河三级构型等效表征新方法在渤海湾 C 油田的应用

郭敬民 杨 威 李 博 彭 琴 孙恩慧

[中海石油(中国)有限公司天津分公司渤海石油研究院]

摘 要 以渤海湾 C 油田明化镇组曲流河沉积为例，探讨了一种新的曲流河储层三级构型等效表征方法。本文从当前常用的三种侧积层表征方法入手，总结各类方法的优、缺点及适用性，指出了当前常用方法在 C 油田精细表征中的问题与难点，在此基础上，提出了一种新的利用沉积域非结构化网格(depogrid)模拟侧积层的表征方法。新方法模拟的侧积层的厚度、形态较其他三种常用方法更加符合侧积层的地下真实形态，克服了常规方法扭曲网格、与井上资料不匹配及受网格尺寸影响大等问题。利用新方法建立起研究区曲流河三级构型精细等效表征模型，并利用油藏数值模拟方法进行生产井历史拟合检验，拟合效果显著提升。结合油藏数值模拟结果及砂体构型结构特征，初步探索了三级构型单元强底水油藏中发挥的作用，总结了两类水平井在侧积层影响下的流体运移模式。本次研究对三级构型的精细表征及油田开发中后期精细化研究具有重要意义。

关键词 曲流河储层；侧积层表征；三维地质建模；水平井；渤海油田

储层构型研究的最终目的是建立精细等效表征地质模型，以提高油藏数值模拟的准确性。随着油田开发的深入，生产井距的逐渐缩小，三级构型单元对小范围内流体运移规律的影响愈发凸显。自 1985 年 A D Mial 提出构型要素分析方法，国内学者对曲流河不同级次的研究取得了大量的成果，对曲流河储层建模中河道、点坝级次的建模方法也日趋成熟，对于点坝内部侧积层的表征也开展了大量研究，周银邦、吴胜和等基于侧积层形态的研究开展了侧积层定量表征及侧积体内剩余油分布模式的研究，范峥、吴胜和等通过三维向量场的侧积面模式结合局部网格加密实现了对侧积层的表征，孙红霞、赵玉杰等分析了正交网格与倾斜网格在表征侧积层中的优缺点并提出了有针对性的表征方法，霍春亮等提出了通过修改传到率的方式对尺度较小侧积层进行精细表征的方法。本文总结了当前常用的侧积层表征方法的优势及不足，在此基础上提出了一种新的侧积层等效表征方法，新方法模拟的侧积层的厚度、形态较其他三种方法更加符合侧积层的地下真实特征，弥补了之前方法中厚度过厚、扭曲网格、受网格影响大等不足。以渤海湾 C 油田为例，搭建曲流河三级构型等效表征模型，并结合油藏数值模拟方法，分析了侧积层对无注水油田剩余油分布的影响，总结了两类水平井在侧积层影响下的流体运移模式，为后续井位部署提供了地质依据。

1 研究区概况

渤海湾 C 油田位于沙垒田凸起中部，发育于古基底之上的披覆背斜构造，圈闭幅度低，背斜两翼地层倾角在 3°左右，研究区范围内断层不发育。油田主力含油层段为明化镇组，发育连片且分布广泛的曲流河相沉积砂体。该油田主力砂体内部水体能量大，一直依靠天然能量开发，因此，C 油田一直采用水平井大泵抽的开发模式，并取得了很好的开发效果。随着油田开发阶段的推进，水平井井网逐渐加密，井距达到 130m 甚至更小，这一井距已接近、甚至小于部分砂体上点坝的尺度，点坝内部三级构型单元对流体运移的影响日益凸显。为了满足油藏精细研究要求，开展三级构型侧积层的刻画与表征。

2 地下侧积层刻画

通过单井解释、连井对比及经验公式推导，在点坝内部构型模式指导下，对研究区内部发育的侧积层的分布形态进行刻画。根据曲流河坝面发育形态，点坝内部侧积层构型模式可划分为水平斜列式、阶梯斜列式及波浪式3种类型，本次研究C油田目标层段沉积时期，湖盆逐渐扩张，气候较为湿润，水位较稳定，洪水期水量充足，发育点坝表面较为平缓，研究区侧积层的发育模式整体以水平斜列式为主。

2.1 岩心识别

结合现代沉积模式及露头剖面，对C油田目标层段典型取心井进行观察。分别在C1、C4、C5、C7井识别侧积层16套，为研究区侧积层倾角、厚度及频率等研究提供了直接依据。研究区侧积层主要岩性为灰色、灰绿色泥岩层，侧积层上、下均为以分选较好的细粒砂岩为主的点坝砂岩。通过统计，研究区侧积层厚度整体分布在15~35cm之间，厚度较薄；侧积层的倾角均较小，主要在3~12°之间，大部分在7°以内。结合点坝规模与取心井位置分析，单个点坝内部发育2到6套侧积层，侧积层发育频率较低(图1a)。

2.2 经验公式推导

通过井上单个完整钟形曲线所对应的砂层厚度，统计得到研究区河流满岸厚度为6m左右。由于研究区埋深较浅，地震资料频带较宽且品质较好，通过地震沿层切片可识别平面呈“串珠状”展布的多套点坝砂体，统计测量得知研究区点坝宽度在400至700m之间，河道曲率在1.5到2.5之间。根据河道特点，Leeder提出的曲率大于1.7的河道经验公式在研究区是适用的。

Leeder通过大量河道样本的研究，提出了曲率大于1.7的河道中满岸深度与满岸宽度、侧积体宽度与满岸河流宽度的经验关系式，并进一步得到了点坝内部侧积层倾角的关系式：

$$\lg(w)=1.54\lg(d)+0.83$$

$$w_1=2/3w$$

$$w=1.5h/\tan(\theta)$$

式中，w为河道满岸宽度，m；d为河流满岸深度，m；w_1为单一侧积体水平宽度，m；θ为侧积层倾角，(°)。

通过上述公式推导，研究区河流满岸宽度在90到120m之间，单个侧积体宽度在60到80m之间，点坝内部侧积层倾角为4.6°左右。

2.3 单井识别及井间刻画

通过对取心井的岩电归位，在取心井侧积层对应位置，厚度在20cm以上的侧积层可在岩心伽马上识别到明显的回返特征[图1(b)]，据此在非取心井中进行进一步识别。

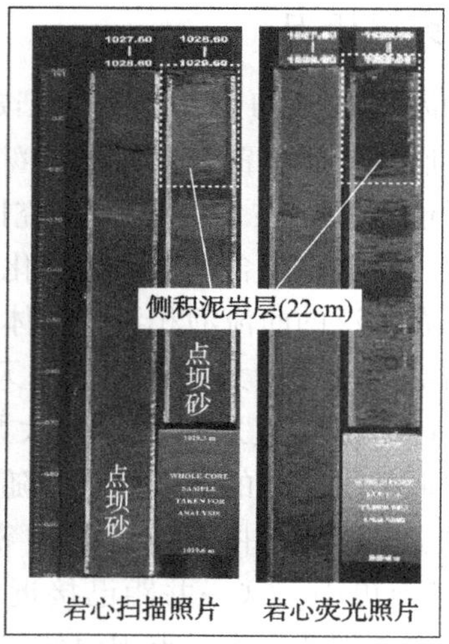

(a)侧积层岩心照片

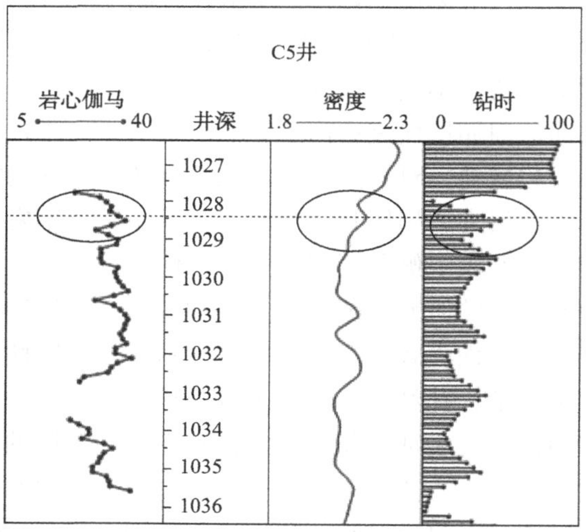

(b)测井响应特征

图1　C5井岩心照片及侧积层在测井曲线上的响应特征

水平井资料在在侧积层的刻画中发挥了重要作用。根据研究区侧积层倾角较小的特点，横穿点坝的水平井与侧积层接触范围更大，电测响应特征更易识别。水平井钻遇侧积层特点为：在稳定低幅伽马曲线及高值电阻曲线中，夹杂的一套短暂的电性变化，其自然伽马表现为尖峰状回返，密度曲线及高频相位电阻曲线呈轻微回返，钻时数据可能呈现一个短暂的尖峰。

充分利用海上油田水平井较多的资料优势，结合斜井资料进行对子井研究，通过斜井-斜井、斜井-水平井两种对比模式结合，开展侧积层识别与刻画(图2)。

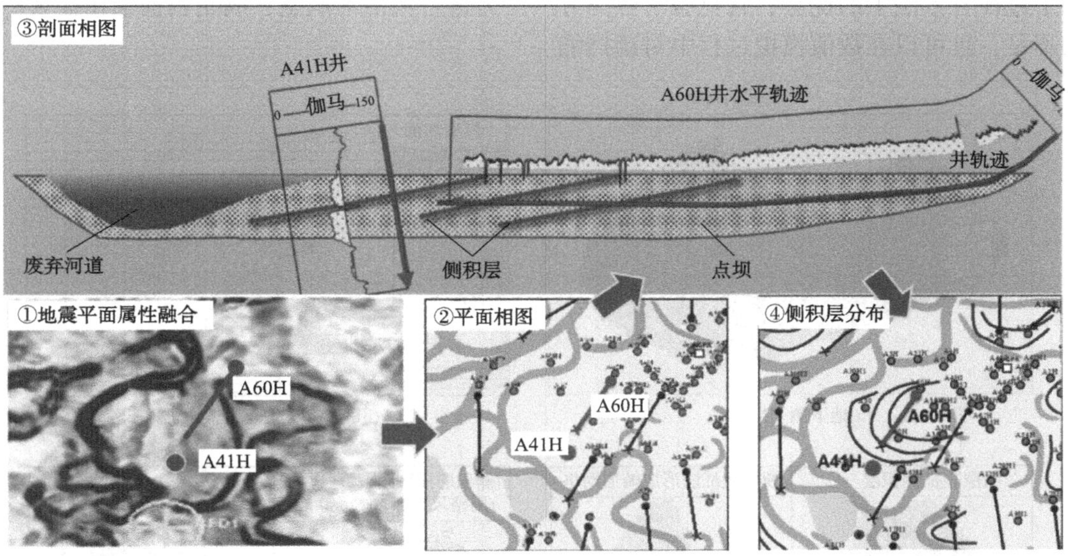

图2　水平井与斜井联合刻画侧积层分布

3　三级构型表征方法

3.1　常用侧积层表征方法

当前常用的侧积层建模方法有三类，可概括为充填网格法、断层表征法、网格边界表征法，虽然都可以实现侧积层的表征，但笔者在C油田的侧积层表征过程中发现，由于研究区侧积层倾角较小、厚度较薄等特征，三类常用方法在研究区侧积层表征的适用性上均存在一定不足。

充填网格法是当前各油田使用最为普遍的的一种三级构型表征方法。通过地质研究确定侧积层面在模型中位置，对侧积层面所贯穿的网格进行泥岩充填，结合网格加密手段，实现侧积层在点坝中的嵌入。研究区侧积层厚度在0.2m左右，而当前工区模型尺寸主要为20m×20m×0.5m，为了保证侧积层密闭性，部分区域需要网格重叠，表征的侧积层厚度远远大于侧积层真实厚度[图3(b)]，且占用较多网格空间，大大增加了模型里与水平生产井的接触长度；另一方面，通过加密网格方法可以减少一定的厚度，但对于较大的砂体模型，包含数十个点坝砂体，相对应的需要建立数十个加密区域，后期模型进行油藏数值模拟过程中，易导致数模结果不收敛问题。

断层表征法是通过在点坝内部建立断层的方法等效表征侧积层的方法，当前普遍使用的方法是在Petrel软件中通过pillar工具生成类似侧积层形态的断层面，其优势是不占用网格空间，厚度上更接近于地下真实侧积层厚度，油藏数值模拟中可通过修改断层传到率灵活控制侧积层遮挡能力。本次研究中，研究区侧积层倾角较小，且单个侧积层内发育2套以上侧积层，使用低角度断层表征多套侧积层时，网格被断层拉扯出现严重畸变[图3(c)]，导致出现负网格无法进行后续的油藏数值模拟。

网格边界表征法是近些年开始被普遍使用的一种方法，该方法是通过修改网格的单侧的传到率参数来表征侧积层的方法。该方法相比较于前两种方法具有显著优势，不占用网格且对网格形态不产生干扰，更加接近地下真实侧积层的厚度特征，在油藏数值模拟中可通过修改传到率或传到率系数来调整侧积层遮挡能力。该方法在研究区的应用过程中表现出两点不足：一是，该方法受网格尺寸影响较大，当目标模型使用的网格尺寸较大时，表征的侧积层形态与真实侧积层差别较大[图3(d)]；二是，在油藏数值模拟中，该方法表征的侧积层后期修改难度大。

3.2　基于沉积域网格的侧积层表征方法

针对现有方法在研究区的不适用性，笔者通过调研国内外各类表征方法相关文献，旨在寻找一种更加符合侧积层地下真实形态且克服了常规方法扭曲网格、与井上资料不匹配及受网格尺寸影响大等问题的表征方法。通过众多新方法的筛选，最终选取了Samita Santoshini等人在2015年石油工程师协会(SPE：Society of Petroleum Engineers)提出的沉积域网格(Depogrid)方法，该方法继承了过往各方法中的优势，且克服了各类方法中的不足，且可以在数值模拟过程中对遮挡能力进行灵活的调整，满足当前油田需要。

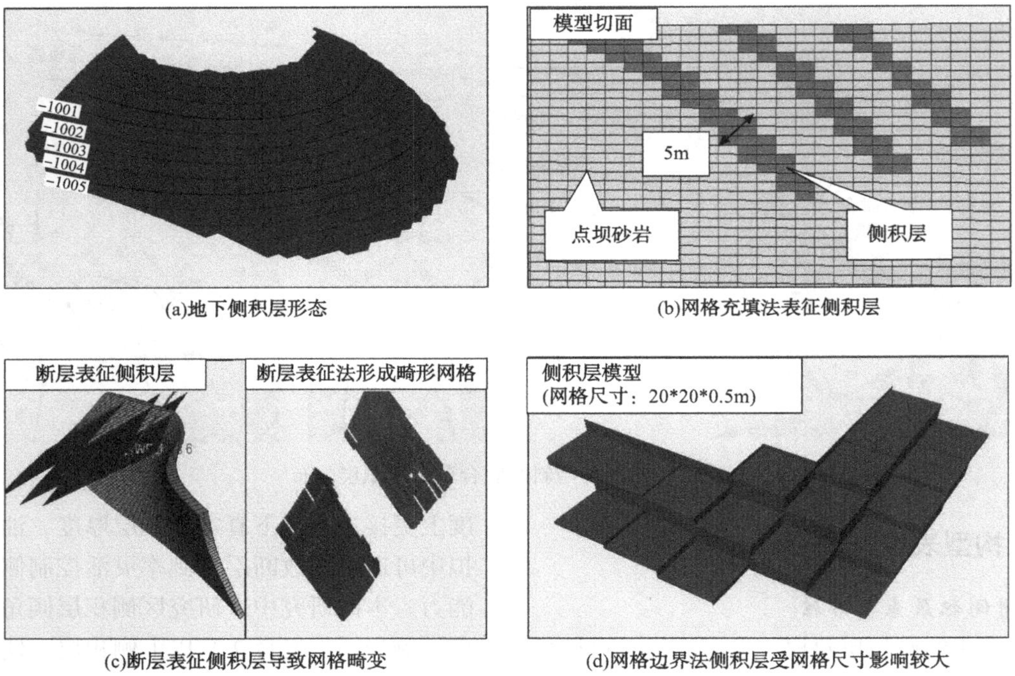

图 3　常用表征方法表征侧积层与地下真实侧积层的差异

3.2.1　沉积域网格原理

沉积域网格(Depogrid)方法应用在新的基于体积方法模型(VBM：volume based modeling)中，基于体积方法模型是由 L. Souche 等于 2013 年的 75 届欧洲地质学家与工程师学会(EAGE)上提出，该模型的主要目的是应对复杂的地下断层结构，对于各类形态、各类角度的断层均可以很好地适用，该模型中所有网格与地质层面正交，与常用的角点网格相比，网格形态不受断层形态影响，避免了断层扭曲网格的问题，该方法可以很好地表征复杂的断层交切结构(图 4)，这在常规角点网格表征时是很难实现的。

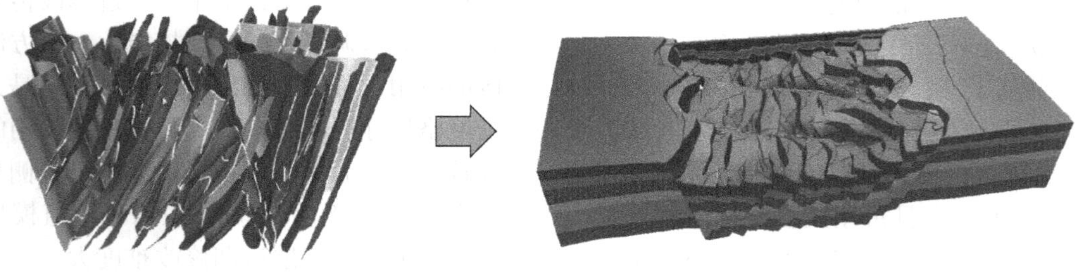

注：左图为基于VBM模型中的复杂断层面模型，右图为最终模型框架

图 4　VBM 模型对复杂断层面的表征

沉积域网格(Depogrid)方法是在 VBM 模型的基础上，在模型完成框架搭建后，添加入模型中的一组非结构化网格，相比于广泛使用的结构化网格，在表征各类断层与网格相交切的关系时具有明显优势，结构化网格在表征断层面时只能通过近似模拟的方式。沉积域网格是使用基于扁平结构模型的非结构网格(unstructured grids constructed from a flattened structural model)，首先，通过对地震层位、断层解释及地质分层资料的分析，确定各类层面之间的交切关系，然后，搭建模型框架，确定各类面在模型中位置，最后，进行沉积等时拉平，根据断层与等时面的交切关系

对模型进行网格化，并将断层所经过的网格使用沉积域非结构化网格替代，实现对切割网格的断层面的表征。

3.2.2 沉积域网格等效表征侧积层

利用沉积域网格精确表征层面的优势，对研究区点坝内侧积层进行等效表征。首先搭建研究区地层框架，然后根据地质刻画确定各点坝所在位置及河道的位置，根据研究区侧积层参数，在点坝内通过 VBM 模型的断层建立侧积层面，完成模型框架的搭建后，进行网格化，模型整体使用结构化网格，仅侧积层面经过的网格变为沉积域非结构化网格，用被劈分后的非结构网格之间的平滑面等效表征侧积层。

通过该方法表征的侧积层不受网格尺寸影响且不扭曲格形态，空间展布上不占用网格，厚度更接近侧积层在点坝中的比例，形态光滑与地下真实侧积层的三维向量场特征更为相似(图 5)。

(a)C油田943砂体模型内部侧积层展示 (b)模型镂空剖面：侧积层与网格关系

图 5 沉积域网格构建的侧积层模型

3.2.3 沉积域网格在油藏数值模拟中的优势

使用该方法建立的地质模型可通过最新的 Intersect 数值模拟器进行油藏数值模拟。在 C 油田主力含油层段边水油藏的数值拟合中发现，靠近侧积层的水平采油井在网格充填法及网格边界法的模型中井底压力恢复速度略慢[图 6(b)]，而在新方法建立的模型中压力恢复特征更符合实际情况，分析原因为：常规方法表征的侧积层为阶梯状，流体贴近侧积层流动时，运移路径为正常的 1.2 倍左右；而通过新方法建立的侧积层，侧积层形态平滑，流体在其两侧运移的路径更短，更接近于真实情况[图 6(a)、图 6(c)]。新方法建立的侧积层在油藏数值模拟中的情况更加符合地下真实情况。

4 在渤海湾 C 油田的应用

4.1 建立三级构型尺度地质模型

通过沉积域网格方法对 C 油田主力砂体 943 进行精细地质建模。第一步，在前期精细构型研究的基础上，确定点坝分布位置，根据井上资料，以点坝范围为控制，完成侧积夹层在空间的定位；第二步，生成模型空间包络框架，进行等时层面的拉平，确定侧积层与各层面之间的位置关系；第三步，依据等时层面位置进行网格化，将框架内空间劈分为与等时层面正交的网格；第四步，在侧积层所在位置布置沉积域网格，替换已有的结构化网格，劈分开侧积层面经过的所有网格，从而得到侧积层面(图 6)。

在完成三级构型模型搭建后，建立孔、渗、饱属性模型，并开展油藏数值模拟对砂体上各生产井位进行生产动态历史拟合。通过结合井上测井资料及动态资料调整侧积层传到率，精细控制侧积层的遮挡能力，新模型的油藏数值模拟精度较老模型显著提高。

4.2 强底水油藏中侧积层对水平井生产的影响

本次研究基于三级构型的精细表征模型，结合水平井实际生产情况开展研究，根据实际模型拟合结果，通过机理模型进行验证，总结了依靠天然能量开发的油藏中，水平井在侧积层影响下的两类流体运移模式：

模式一：当水平生产井平行于侧积层布走向井且未钻穿侧积层时，若侧积层遮挡能力较强，水平井的井控储量因受侧积层遮挡而变少，水平井波及范围减少(图 7)。由此导致水平井投产后含水上升速度较快，投产效果较差。

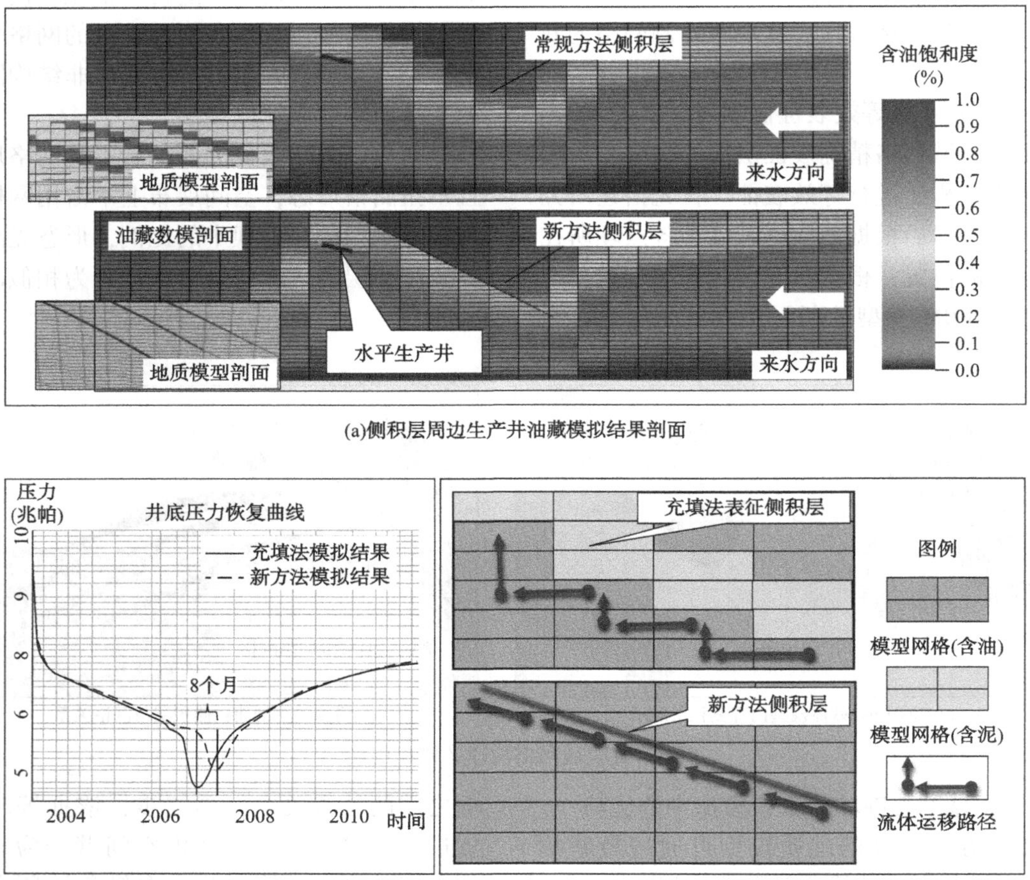

(a)侧积层周边生产井油藏模拟结果剖面

(b)两种侧积层附近水平井压力恢复对比　　(c)侧积层周边流体运移路径示意

图6　充填法侧积层与新方法侧积层周围流体运移的差异

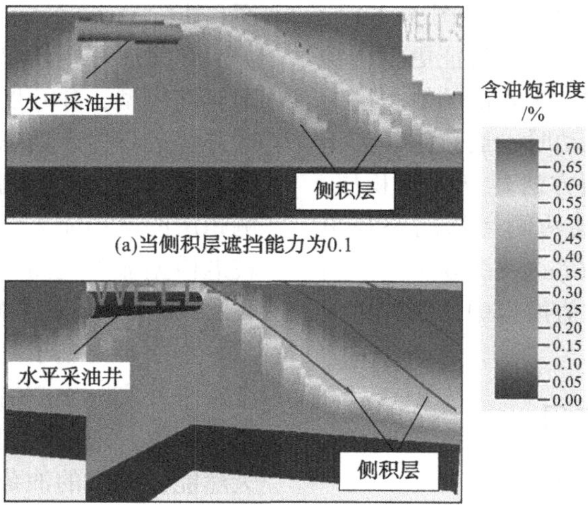

(a)当侧积层遮挡能力为0.1

(b)当侧积层遮挡能力为0.8

图7　油藏数值模拟结果剖面图

模式二：当水平生产井垂直侧积层走向并钻穿多套侧积层时，水平井动用了更多的储量，增加了水平井的波及范围(图8)，具有较好的投产效果。

5　结束语

通过渤海C油田曲流河砂体三级构型地质建模实践表明，沉积域网格在等效表征侧积层方面具有很大的优势，新方法模拟的侧积层的厚度、形态较其他三种常用方法更加符合侧积层的地下真实形态，同时也克服了常规方法扭曲网格、与井上资料不匹配及受网格尺寸影响大等问题，该表征方法具有较好的前景。

通过油藏数值模拟，提出了在侧积层遮挡能力较强的井区部署水平井时，水平段尽量垂直侧积层走向钻穿侧积层，增加单井动用储量。通过本次研究为油田下一步的井位部署及剩余油挖潜提供了理论依据。

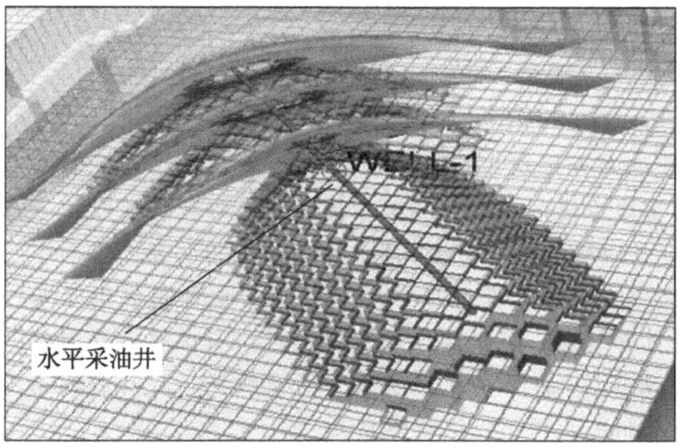

(a)油藏数模镂空图：水平井钻穿侧积层生产

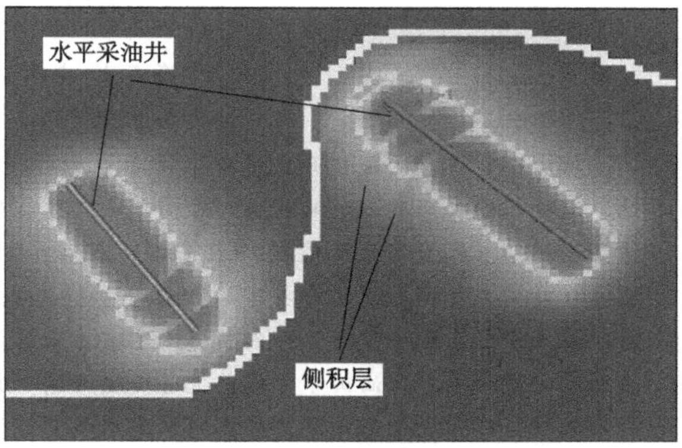

(b)油藏数模结果平面切片

图8　钻穿侧积层的水平采油井生产特征

参　考　文　献

[1] Miall A D. The geology of fluvial deposits: sedimentary facies, basin analysis and petroleum geology[M]. New York: Springer-Verlag, 1996: 74-98.

[2] 岳大力，吴胜和，程会明，等．基于三维储层构型模型的油藏数值模拟及剩余油分布模式[J]．中国石油大学学报：自然科学版，2008，32(2)：21-27.

[3] 吴胜和，岳大力，刘建民，等．地下古河道储层构型的层次建模研究[J]．中国科学：D辑，2008，38(增刊I)：111-121.

[4] 贾爱林．中国储层地质模型20年[J]．石油学报，2011，1(1)：181-188.

[5] 周银邦，吴胜和，岳大力，等．萨北油田北二西区点坝内部侧积层定量表[J]．断块油气田，2011，18(2)：137-141.

[6] 范峥，吴胜和，岳大力，等．曲流河点坝内部构型的嵌入式建模方法研究[J]．中国石油大学学报(自然科学版)，2012，36(3)：1-6.

[7] 孙红霞，赵玉杰，姚军．一种新的曲流河点坝砂体侧积层建模方法——以孤东油田七区西Ng52+3层系为例[J]．新疆石油地质，2017，38(4)：477-481.

[8] 霍春亮，叶小明，高振南，等．储层内部小尺度构型单元界面等效表征方法[J]，中国海上油气，2016，28(1)，54-59.

[9] 李阳，郭长春．地下侧积砂坝建筑结构研究及储层评价：以孤东油田七区西Ng52+3砂体为例[J]．沉积学报，2007，25(6)：942-948.

[10] Leeder M R. Fluviatile fining upwards cycles and the magnitude of paleochannels[J]. Geological Magazine, 1973, 110(3): 265-276.

[11] 周银邦，吴胜和，计秉玉，等．曲流河储层构型表征研究进展[J]．地球科学进展，2011，26(7)：696-702.

[12] L. Souche, F. Lepage, G. Iskenova. Volume Based Modeling-Automated Construction of Complex Structural Models[M]. 75th EAGE Conference & Exhibition incorporating, London, UK, 2013: 10-13.

[13] Samita Santoshini, Simon Harris, Sheleem Kashem, et al. Depogrid: Next Generation Unstructured Grids for Accurate Reservoir Modeling and Simulation[M]. Society of Petrolium Engineers, Moscow, Russia, 2018: 1-20.

一种考虑重力舌进现象的剩余油预测方法
——以渤海 LD 油田为例

朱志强　张振杰　苏进昌　王　刚　李展峰

[中海石油(中国)有限公司天津分公司]

摘　要　厚层油藏在开发过程中由于重力作用导致纵向舌进现象明显，注采井间顶部存在大量剩余油，这也是油田后期剩余油挖潜的方向之一。目前对于重力舌进的研究，多采用理论、实验和数值模拟等方法，矿场实际应用效果较差。LD 油田为渤海典型的厚层油藏，开发过程中暴露出重力作用明显、纵向水驱波及效果差等问题，油田丰富的侧钻井资料为认识重力舌进现象及开展井间剩余油定量预测提供了基础。在此基础上运用质点运移创新建立了重力舌进渗流计算模型，可计算油层水淹厚度，实现注采井间剩余油的定量计算，为油田下步调整挖潜提供方向。该方法经过 LD 油田矿产实践，简便快捷、且具有较高的准确性，可为类似油田的注采井间水淹厚度定量计算及剩余油预测提供借鉴意义。

关键词　厚层油藏；重力舌近；水淹厚度；剩余油；定量预测

厚层油藏在注水开发过程中由于重力作用导致舌进现象非常普遍，油藏表现为纵向水驱波及效果较差。重力舌进是驱替过程中常见的一种由于重力作用导致注入水沿底部突进的现象，直接影响油田水驱的开发效果。目前对于重力舌进的研究主要通过渗流理论、室内实验模拟及油藏数值模拟等方法。渗流理论方法基于复杂的渗流势场理论，计算结果繁琐且不便于矿场应用；室内实验模拟能够直观观察到驱替过程中重力舌进现象，但仅可作为定性的研究结论；油藏数值模拟方法虽能够定量描述具体油藏的舌进现象，但多针对特定油藏或可靠程度更依赖于精确的地质模型。这些研究成果矿场实际难以应用，故需要一种简单快捷的方法，能够定量计算出由于重力舌进现象导致的注采井间水淹厚度，进而明确剩余潜力大小，便于决策调整。

LD 油田位于渤海海域，是典型的厚层层状构造油藏，储层以三角洲前缘沉积为主，物性好，为特高孔、特高渗储层，砂体纵向上厚度大，平面上叠置连片分布。油田采取注水开发方式，生产特征表现为油藏无水采油期短、采油井含水上升快等特征。分析造成油田含水上升快的原因是水油流度比大，注入水非常容易产生舌进，最终导致水驱波及效果差。另一方面 LD 油田储层物性好，易出砂，油田开发过程中由于出砂造成的侧钻井非常多，这些侧钻井资料为认识油田重力舌进现象、储层水淹规律及剩余油分布等提供了资料基础。本文通过统计 LD 油田侧钻井的水淹规律，寻求水淹的主控因素，进而建立重力舌近模型进行水淹厚度定量计算，实现注采井间剩余油的定量预测，指导油田后续挖潜及调整。

1　水淹主控因素分析

通过统计侧钻井的水淹信息，单层内水淹特征以底部水淹为主，如图 1 所示，A36 井为注水井，B22S1 井为采油井 B22 井附近的侧钻井，从侧钻井水淹测井解释来看，为典型的底部水淹特征。进一步统计油田不同韵律砂体与水淹特征的关系，结果如表 1 所示，共统计水淹砂体 84 个，其中底部水淹砂体个数为 55，占比达 65%以上，且从韵律性与水淹特征的关系来看，韵律性对水淹的控制作用并不明显。另一方面统计侧钻井不同小层渗透率与水淹特征的关系，如表 2 所示，可以看出渗透率对水淹的控制作用也不明显，各个小层水淹规律仍呈现出底部水淹特征为主。综合分析认为重力舌进是造成油田水淹规律的主要控制因素。

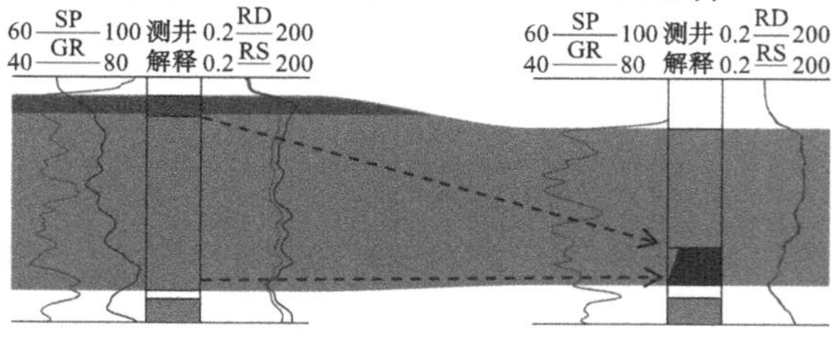

图 1　LD 油田 A36 井组水淹特征

表1 LD油田不同韵律砂体水淹情况统计

砂体韵律类型	砂体个数			
	顶部水淹	分段水淹	底部水淹	均匀水淹
正韵律	0	0	25	3
反韵律	0	0	13	2
复合韵律	4	13	17	7
合计	4	13	55	12

表2 LD油田不同小层渗透率与水淹情况统计

小层	测井解释		解释结论	小层	测井解释		解释结论
	渗透率/mD	驱油效率/%			渗透率/mD	驱油效率/%	
1	512.1	0.0	未水淹层	4	157.7	1.8	未水淹层
	408.5	9.2	弱水淹层		1561.5	16.4	中水淹层
	442.3	40.0	特强水淹层		731.3	18.2	中水淹层
	220.3	45.1	特强水淹层		274.3	47.8	特强水淹层
2	462.3	5.1	未水淹层	5	154.2	4.6	未水淹层
	1904.1	19.6	中水淹层		95.9	15.9	中水淹层
	798.7	31.5	强水淹层	6	2403.0	15.7	中水淹层
	2.3	-	差油层		1913.2	29.1	强水淹层
3	1596.6	25.2	中水淹层		920.7	40.0	特强水淹层
	766.7	45.4	特强水淹层				

2 重力舌进渗流模型的建立

如何建立一种相对简单的重力舌进模型便于矿场实际应用计算。由于两相渗流理论比较复杂，以注入水为驱替相，采用质点运移理论建立单相重力舌进计算模型。如图2所示，为驱替过程中驱替相重力舌进模型示意图，图中蓝色小球表示驱替相流体质点，水平方向上受到驱替压力作用，垂直方向受到重力、浮力的作用，在驱替压力、重力及浮力的共同作用，驱替相流体质点一般不是水平运移，多数由于重力作用从采油井中底部流出。以此为原型，建立厚层油藏驱替相重力渗流计算模型，其基本假设条件为：

(1)油藏为水平厚层油藏，不考虑压缩性，流体流动符合达西线性流；

(2)最底层流体纵向上受重力、浮力及支撑力作用，且相互平衡，水平方向受单一驱替压力作用，最底层以上受到重力、浮力和驱替压力的共同影响。

驱替相流体在纵向上所受到重力压力梯度主要是由于油水密度差造成的，通常为常数，即：

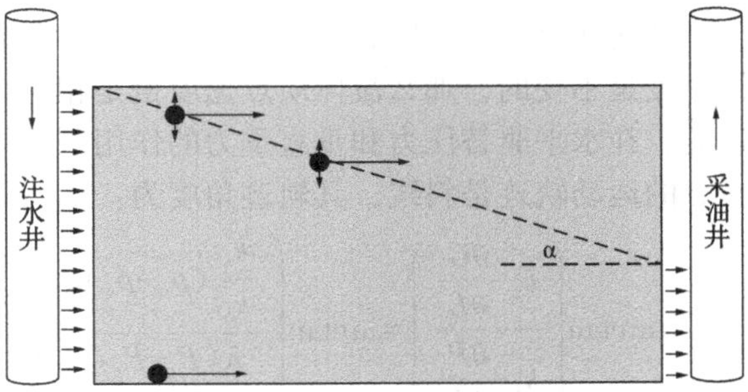

图2 厚层油藏驱替相重力渗流模型示意图

$$\frac{\partial G}{\partial h}=(\rho_w-\rho_o)g \tag{1}$$

其中 ρ_w、ρ_o、g 分别表示驱替相流体密度、被驱替相流体密度及重力常数。水平方向上受到驱替压力梯度的作用，且注采井间驱替压力梯度存在明显的压降漏斗效应，如图3所示，可以看出近井地带压力降落很大，此区域内驱替压力梯度远大于重力压力梯度，故可以忽略重力作用的影响，而中间驱替压力梯度相对较小，且近似为线性关系。故流体质点水平方向流体收到的驱替压力梯度为：

$$\frac{\partial P}{\partial L}=\frac{\lambda(P_j-P_{wf})}{L-2L_w} \qquad (2)$$

其中 P_j、P_{wf}、L、L_w、λ 分别为注水井井底压力、采油井井底压力、注采井距、近井地带范围、注采井之间考虑近井地带压力损失后折算系数。

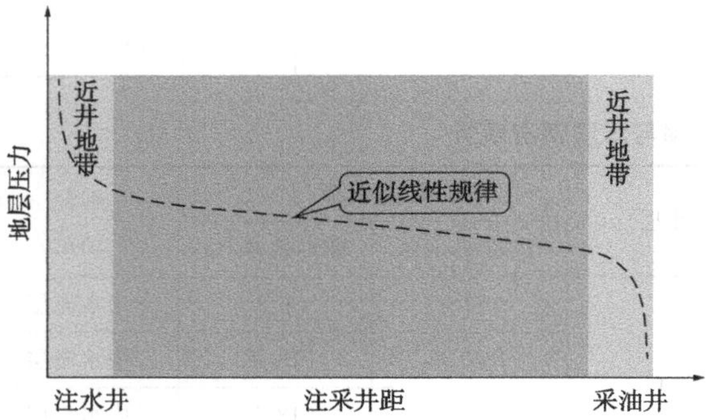

图 3　注采井间压降漏斗示意图

驱替相流体质点运动过程中水平及垂直方向上均符合达西定律，其公式分别为：

$$v_h=-\frac{K_h}{\mu}\frac{\partial P}{\partial L} \qquad (3)$$

$$v_v=-\frac{K_v}{\mu}\frac{\partial G}{\partial h} \qquad (4)$$

其中 K_h、K_v 分别为储层水平渗透率和纵向渗透率。

从达西公式中可以看出只要储层渗透率和流体黏度是不变的，那么流体质点速度也是相对稳定的，在水平驱替压力和垂直重力的作用下流体质点的运动轨迹是斜线，其轨迹角度为：

$$\alpha=\arctan\left(\frac{k_v\frac{\partial G}{\partial L}}{k_h\frac{\partial P}{\partial L}}\right)=\arctan\left(\frac{\frac{k_v}{k_h}(\rho_w-\rho_o)g}{\frac{\lambda(P_j-P_{wf})}{L-2L_w}}\right) \qquad (5)$$

那么在重力作用和驱替压力的共同作用下，流体质点从注水井到采油井之间由于重力作用下降的距离，即采油井储层未水淹的厚度为：

$$H=(L-2L_w)\frac{k_v}{k_h}\frac{(\rho_w-\rho_o)g}{\frac{\lambda(P_j-P_{wf})}{L-2Lw}} \qquad (6)$$

那么，采油井底部水淹层厚度为：

$$H_{淹s}=h-(L-2L_w)\frac{k_v}{k_h}\frac{(\rho_w-\rho_o)g}{\frac{\lambda(P_j-P_{wf})}{L-2Lw}} \qquad (7)$$

其中 h 为储层厚度。该公式(6)和(7)可分别计算注采井间由于重力舌进现象导致的未水淹和底部水淹层厚度，实现了注采井间剩余油的定量计算。

3　实例计算

2023 年 2 月 LD 油田 A34 井故障，需要侧钻恢复产能，采用上述方法计算水淹层厚度，进而评价侧钻潜力大小。如图 4 所示，为 LD 油田井组的井位图，其中注水井 A30 与采油井 A34 间距离为 300m，最底部小层储层厚度为 23.6m，该层较厚，预测存在明显的重力舌进现象，A34 井周边存在顶部存在大量剩余油，A34S1 为 A34 井附近设计的侧钻井。注水井 A30 井口压力为 1.2MPa，加上静液柱压力注水井井底压力为 15.0MPa，采油井 A34 井底流压为 7.0MPa，岩心实验测得该井水平渗透率与垂向渗透率比值约为 0.45。通过压降漏斗曲线及试井分析，认为该井组近井地带 20m 内压力损失达 80%以上，故 λ 取值为 0.2。

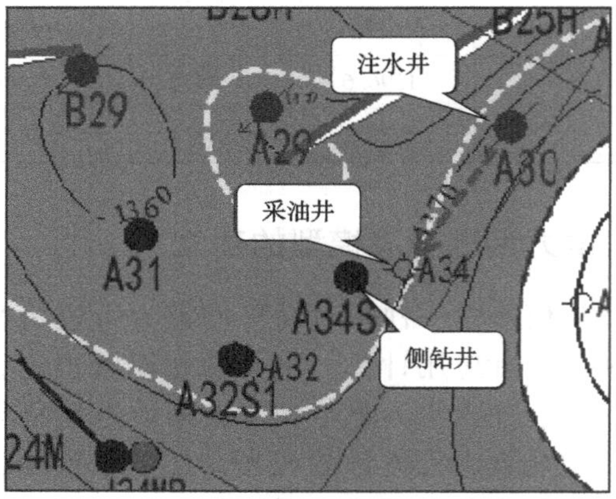

图 4　LD 油田 A30 井组井位图

将以上参数带入公式(7)中，计算底部小层水淹层厚度为：

$$H_{淹s}=h-(L-2L_w)\frac{k_v}{k_h}\frac{(\rho_w-\rho_o)g}{\frac{\lambda(P_j-P_{wf})}{L-2Lw}}$$

$$=23.6-(300-2\times20)\times0.45\times\frac{(1000-900)\times10/10^6}{\frac{0.2\times(15-7)}{300-2\times20}} \qquad (8)$$

$$=4.6\text{m}$$

2023 年 10 月 A34S1 井侧钻完毕，测井解释该井底部强水淹层厚度未 4.3m，实际测试结果与钻前模型计算结果 4.6m 相近(图 5)，误差不足 10%。同时油田开展该方法多口井试算，计算误差平均不超过 32%，能够满足矿场需求。故该方法在矿场具有一定的可行性，能够用于水淹层的定量预测，快速判断注采井间潜力大小。

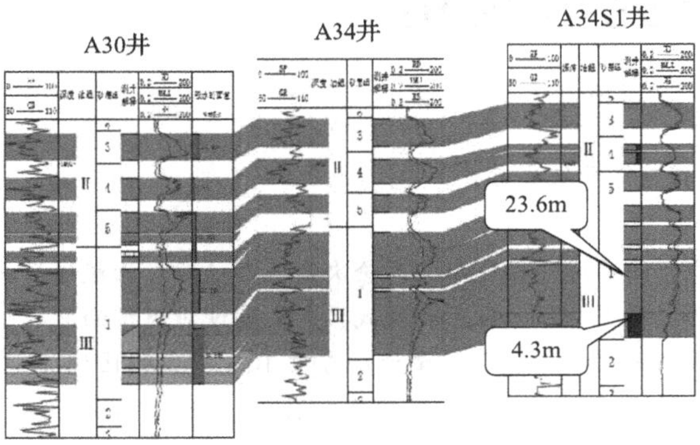

图 5　LD 油田 A30 井组连井剖面图

4　结论

（1）重力舌近现象是注水开发油田非常普遍的现象，通过渤海 LD 油田侧钻井水淹资料统计和分析，明确重力舌近是该油田水淹的主控因素。

（2）以质点运移理论为基础建立了驱替相重力舌进计算模型，可用于厚层油藏注采井间水淹厚度的定量计算，进而指导井间剩余潜力挖潜。

（3）该方法在 LD 油田实际应用，简单快捷、且具有一定的准确性，可为类似油田水淹厚度的定量计算提供借鉴的意义。

参　考　文　献

[1] 岳湘安，王尤富，王克亮．提高石油采收率基础[M]．北京：石油工业出版社，2007.

[2] 齐成伟．还注采舌进图一个理论基础[J]．天然气技术与经济，2014，8(3)：34-36.

[3] 狄勤丰，张景楠，叶峰，等．驱替过程中重力舌进特征的核磁共振可视化实验[J]．石油学报，2017，38(10)：1183-1188.

[4] 狄勤丰，张景楠，华帅，等．聚合物-弱凝胶调驱核磁共振可视化实验[J]．石油勘探与开发，2017，44(2)：270-274.

[5] 康凯，冯敏，李彦来，等．旅大 5-2 油田合理生产压差确定[J]．新疆石油地质，2011，32(2)：170-172.

[6] 刘璐．旅大 5-2 油田储层敏感性实验评价[J]．重庆科技学院学报(自然科学版)，2011，13(4)：19-22.

[7] 梁丹，曾祥林，房茂军．适度出砂技术在海上稠油油田的应用研究[J]．西南石油大学学报(自然科学版)，2009，31(3)：99-102.

[8] 杜庆龙．长期注水开发砂岩油田储层渗透率变化规律及微观机理[J]．石油学报，2016，37(9)：1159-1164.

[9] 孔祥言．高等渗流力学(第 2 版)[M]．合肥：中国科学技术大学出版社，2010：96.

[10] 翟云芳．渗流力学(第 3 版)[M]．北京：石油工业出版社，2009：30.

[11] 冯文光．油气渗流力学基础[M]．北京：科学出版社，2007：148-149.

[12] 燕良东，朱维耀，宋洪庆．低渗透油藏注采井间压力分布与流态 响应研究[J]．岩土力学，2007；28(增刊)：366-370.

浅薄层超稠油高轮次吞吐后转驱泄开发提高采收率研究与应用

郑爱萍　刘　欢　黄后传　刘艳春　冯志军

(中国石油新疆油田分公司重油开发公司)

摘　要　克拉玛依油田J_8区齐古组超稠油油藏埋藏浅、油层薄、黏度高，高轮次蒸汽吞吐后，油藏递减大、单井日产低、油汽比低，末期采出程度已达22.3%，效益稳产面临巨大挑战。本文通过对超稠油驱泄复合开发机理的再认识，确定了J_8区转驱泄复合开发方式的可行性，在油藏连续厚度10m以上的区域、采取直-平组合的方式实施了规模调整，生产过程中围绕“直平有效连通、汽腔均衡扩展”的思路，结合储层差异和蒸汽腔发育建立了井组分类标准及调控对策，解决了超稠油老区吞吐后地层亏空大、压力低、汽腔发育不均衡等一系列问题，预热连通阶段油汽比达到了0.15，转驱泄后油藏单井日产油由0.8t/d提升至11.7t/d，年采油速度由0.9%提升至3.0%，采收率将可提高至55%，实现了油藏多井低效向少井高效的转型，为同类型吞吐后油藏转换方式提供了借鉴。

关键词　克拉玛依；齐古组；浅薄层超稠油；蒸汽吞吐后；驱泄复合；提高采收率

超稠油注蒸汽提高采收率的成熟技术包括蒸汽吞吐、蒸汽驱、蒸汽辅助重力泄油等技术。辽河油田针对中深层、巨厚层(油层厚度50～110m)油藏蒸汽吞吐采收率低的问题，采用蒸汽辅助重力泄油(直井-水平井组合VHSD)的接替开发方式实现了超稠油储量的有效动用、并大幅提高了油藏采收率，单井组产油水平在50～110t/d，油汽比保持在0.20以上，最终采收率将达到60.0%～65.0%。风城油田采用双水井SAGD的方式实现了在原始油藏条件下浅层超稠油油藏(油层厚度>20m)的有效开发，并取得了较好的效果，自2017年SAGD年产油量达到100×10^4t以来持续保持稳产。而在注蒸汽吞吐后高采出程度的浅薄层超稠油老区，尚未有驱泄复合规模开发的先例。本文通过对J_8区超稠油油藏蒸汽吞吐后转驱复合开发的可行性研究和现场实施过程中针对性的分类调控，一举扭转了J_8区吞吐末期的严峻生产形势、实现了油藏的高效开发，为相关油藏的开发提供参考。

1　油藏基本情况

1.1　地质特征

克拉玛依油田J_8区齐古组油藏中部埋深160m，50℃原油黏度4970mPa·s，为浅层超稠油油藏。构造上为一受逆断裂控制的西北向东南倾单斜，地层倾角约为3～9°。齐古组为辫状河流相沉积，发育$J_3q_2^{2-1}$+$J_3q_2^{2-2}$、$J_3q_2^{2-3}$、$J_3q_3$3套油层，层间隔层发育稳定，其中$J_3q_2^{2-1}$+$J_3q_2^{2-2}$油层分布范围广、厚度大且连续性好。

1.2　开发简况

J_8区1986年投入吞吐开发试验，2005年以70x100m直井网大规模扩边开发，截至2018年底，平均吞吐周期为13.6，采出程度达到了22.3%，含水90%以上，油藏步入“双高”开发阶段，单井日产油仅0.8t/d，油汽比降至0.08。

1.3　吞吐末期特征

油藏高轮次吞吐后井间形成继承性汽窜通道，平均单井汽窜频次达17.8井次，末期地层压力降至0.6MPa，压力保持程度仅为38.0%，平均单井亏空达1.5万方。次生非均质与地层亏空制约油藏的效益稳产。

1.4　油层动用规律

油藏储集层为反韵律，受储层非均质性及蒸汽超覆影响，纵向上，油层以上部$J_3q_2^{2-1}$层动用为主，$J_3q_2^{2-1}$、$J_3q_2^{2-2}$层上部高渗段动用程度高、电阻率下降明显，剩余油主要富集在$J_3q_2^{2-1}$底部及$J_3q_2^{2-2}$层中下部；平面上，吞吐直井动用范围有限，井间是剩余油的主要富集区。其中$J_3q_2^{2-1}$层剩余含油饱和度53.7%、$J_3q_2^{2-1-1}$层剩余含油饱和度59.0%。

2 驱泄复合开发可行性研究

2.1 开发机理及开发阶段

在超稠油注蒸汽驱油过程中，存在蒸汽驱动力、重力、毛细管力这3种力。驱动力控制着油和蒸汽的水平运动，而重力引起油的垂向运动。驱泄复合技术通过直井连续注入蒸汽形成蒸汽腔，被加热原油在重力和蒸汽驱动力作用下，流至油层下部的水平井中被采出(图1)。

研究表明，根据蒸汽腔发育过程，可将驱泄复合划分为4个阶段，即注采热连通阶段、蒸汽腔上升阶段、蒸汽腔扩展阶段和蒸汽腔剥蚀阶段。

2.2 筛选条件

对比了油价60美元时，不同油层厚度下、吞吐后油藏不同接替开发方式的的净增油量，结果表明：连续油层厚度<10m的油藏，适合直井汽驱；连续油层厚度介于10~20m之间适合VHSD开发；连续油层厚度>20m采取双水平井SAGD方式最优(图2)。

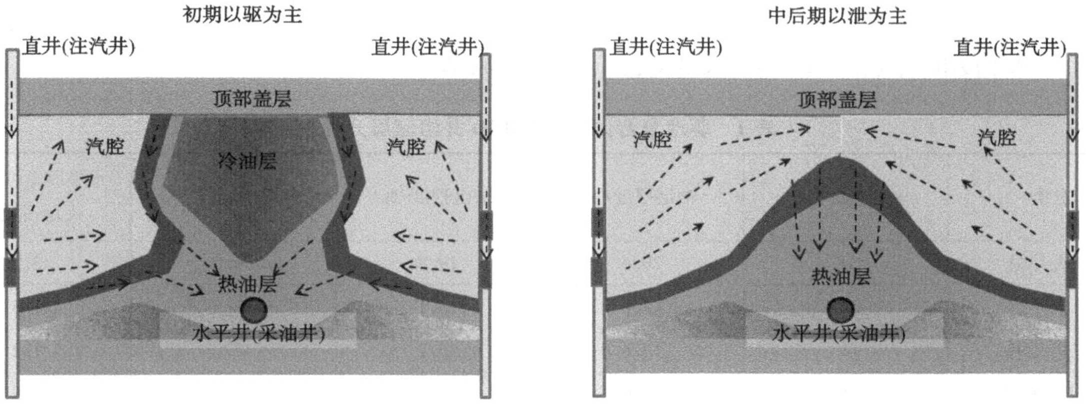

图1 驱泄复合开发模式图

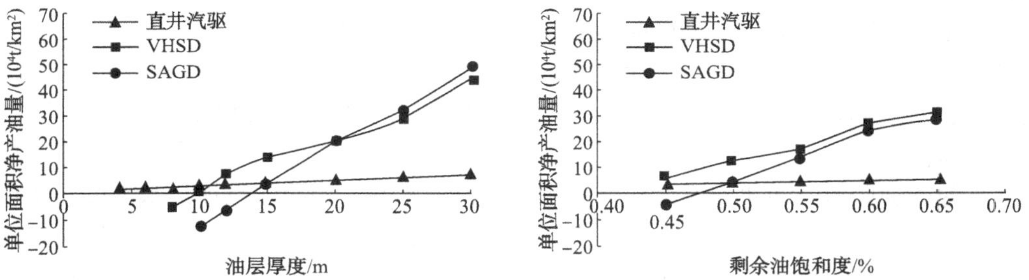

图2 不同剩余油饱和度、油层厚度下不同开发方式下净产油量

2.3 井网模式

油藏工程研究表明，平面上水平井位于直井井间，直井与直井间距70m，直井与水平井间距35m(图3)；垂向上水平井位于直井侧下方，直井射孔底界距水平段5m、水平段距油层底界2m(图4)，生产效果较好。

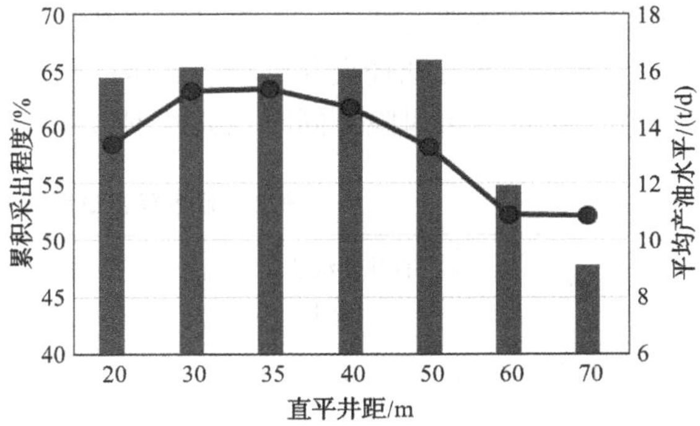

图3 不同直平井距累积采出程度对比图

油藏中部目标区$J_3q_2^{2-1}+J_3q_2^{2-2}$层油层厚度平均18.5m，孔隙度为31.0%，渗透率为1409.0mD，原始含油饱和度为72.0%，剩余含油饱和度为55.4%，50℃原油黏度为7294mPa·s，垂向/平面渗透率为0.5，储层强非均质性。

为改善超稠油蒸汽吞吐后期开发效果及进一步提高采收率，2018年油藏中部实施了转驱泄开发调整，在原直井网井间部署加密水平井29口，形成了29个VHSD井组。水平井段长平均为283m，目标层位为$J_3q_2^{2-1}+J_3q_2^{2-2}$层，平面上直-直井距70m，直-平井距35m，垂向上水平段位于$J_3q_2^{2-2}$油层底部上方2~3m，直井射孔段与水平段无明显高差。

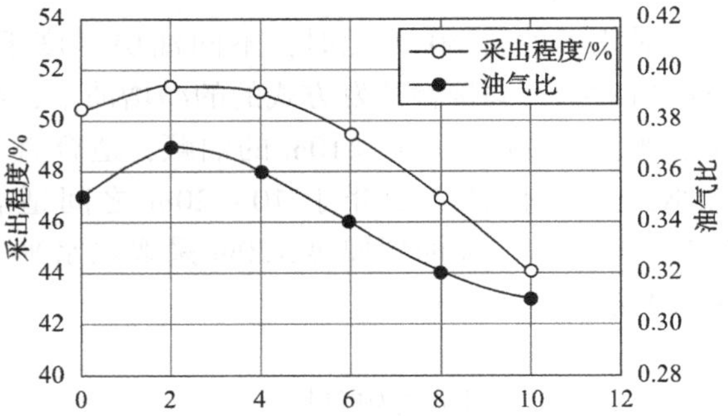

图4　水平段距油层底部不同位置采效果对比

3　分阶段开发政策与优化调控

3.1　井组分类

研究表明，影响驱泄开发效果的主要因素包括油层厚度、含油饱和度、隔夹层、操作压力和盖层损失等因素。

本文主要结合油层厚度、剩余油饱和度以及隔夹层因素，将J_8区29个VHSD井组分为三类。一类井组18个位于试验区中部、油层厚度大、剩余油饱和度高；二类隔夹层发育井组处于东南边部，油层厚度、剩余油饱和度居中；三类强动用4个单层井组位于西部，油层薄、采出程度最高(表1)。

表1　驱泄复合试验区VHSD井组储层分类表

分类	井组数/个	油层厚度/m	采出程度/%	剩余油饱和度/%	水平段上方5m内夹层占比/%
一类井组	18	20.6	19.8	58.0	3.2
二类井组	7	17.8	23.1	53.5	7.3
三类井组	4	12.6	35.2	47.0	1.2
合计/平均	29	17.0	22.3	55.4	3.9

3.2　不同阶段调控方法

J_8区驱泄复合试验区VHSD井组目前整体处于蒸汽腔扩展阶段、井组蒸汽腔已基本实现顶部连通、成片。针对试验区历经的三个开采阶段，主要采取以下做法：

(1)注采热连通阶段：直平组合注汽，实现均衡热连通

考虑到J_8区驱泄复合试验区亏空大、汽窜严重、直井已动用区压力低的特点，采用直井-水平井组合注汽预热方式，一方面可快速补充地下能量，另一方面可减轻直井已动用低压区蒸汽牵引作用、降低汽窜风险，同时控关外围边井，形成区域能量封隔、减少蒸汽逸散，实现水平段集中均衡预热。

并结合试验区井组分类，进一步优化注汽参数，确保预热期实现水平井精准预热、高效连通：一类井组油层厚度大，直井提速提压强化注汽，水平井中速注汽加热水平段，实现均衡提温提压；二类井组隔夹层发育，针对发育稳定隔夹层的直井下封隔器选注下部，隔夹层不发育直井笼统与水平井同注，集中加热下部油层；三类井组层薄、动用程度高，采取低速低量注汽、防窜保压，确保水平段建立有效热连通(表2)。

表2　驱泄复合试验区VHSD井组分类预热注汽参数表

分类	直井注汽速度/(t/d)	直井轮注汽量/t	水平井注汽速度/(t/d)	水平井轮注汽量/t	注汽压力/MPa
一类井组	120	1800	200	3000	<3.5MPa
二类井组	分注 100	1500	180	2700	
	合注 120	1800	180	2700	
三类井组	100	1200	180	2200	

通过分类组合注汽预热，热连通期单井组日产油8.1t/d、油汽比0.15，均超过方案设计值

(日产油 4.1t/d，油汽比 0.11)，预热天数 210 天直-平井间即建立均衡热连通，热连通率达到 70%以上。

(2) 汽腔上升阶段：直井整体连续注汽，加速蒸汽腔形成

预热后平均单井组地下亏空仍有 0.9 万 m^3，地层压力恢复至 0.8~1.0MPa 左右、仍未达到预期 1.5MPa。因此转驱初期采取整体注汽方式、快速弥补亏空、提升地层压力，加速蒸汽腔上升形成(图 5)。

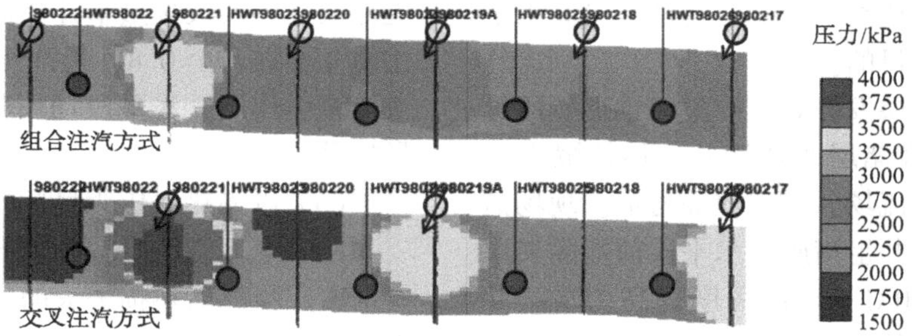

图 5　不同油注汽方式下压力场分布

受储层差异影响，整体注汽后分类井组见效时间差异大，跟踪数模表明注汽 30 天汽腔可初步形成：一类井组汽腔形态剖面上多呈锥形，二类井组剖面上呈现锥形-双锥形特征，三类井组剖面上多呈弓形(表 3)。

表 3　九$_8$区驱泄复合试验区 VHSD 井组整体注汽效果

分类	整体注汽驱替见效时间	蒸汽波及特征图
一类井组	注汽 25 天温压提升	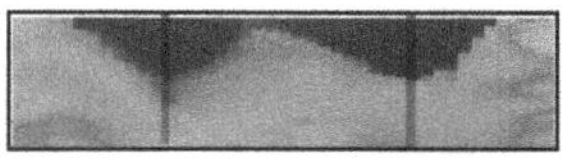
二类井组	注汽 40 天液量上升	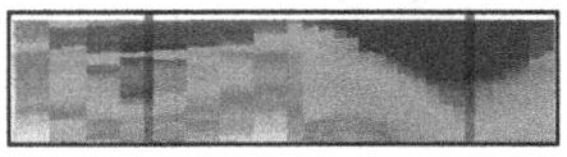
三类井组	注汽 10 天温度上升	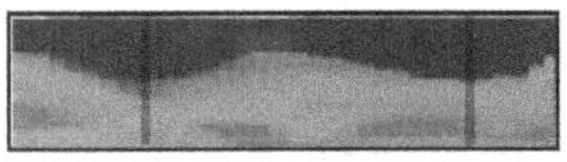

(3) 汽腔扩展阶段：分类精准调控，促进汽腔均衡发育

针对储层差异导致的汽腔形态差异，采取分类治理策略，调整汽腔均衡。

一类井组汽腔剖面上呈“锥形”，但立体形态差异较大，多呈现“理想锥形”“柱形”“小锥形”等状态。基于注汽井单个汽腔的形态分类，制定汽腔有序调整方式，促使汽腔逐步向“理想锥形”发育。一是整体提汽增压，提升操作压力至 1.5MPa 左右，现场措施后监测井显示全井段温度升高、表明汽腔有所扩展(表 4)；二是单点吞吐引效，为汽腔发育腾挪空间。直井引效汽量 1800t，引效速度 120t/d，采注比 1.2 以上，现场实施了 36 井次，实施后水平段监测温度明显升高。

表 4　驱泄复合试验区 VHSD 井组汽腔调控参数表

汽腔形态	初期		优化后	
	注汽压力/MPa	注汽速度/(t/d)	注汽压力/MPa	注汽速度/(t/d)
锥形	0.8~1.2	40~50	1.5~2.0	40~50
小锥形	1.0~1.5	30~40	1.8~2.0	50~60
柱形	1.0~1.5	30~40	1.5~1.8	40~50

“暂堵+水力扩容”储层改造技术是在SAGD应力扩容启动上发展形成的一项技术，是封堵调剖与水力微压裂扩容改造的有机结合技术，通过向水平井或直井注入高温堵剂暂堵高渗窜流通道，调整蒸汽波及方向，而后通过实施水力扩容改造低渗透储层，达到改善储层物性、提高水平段均衡动用程度的目的。

二类井组隔夹层发育处汽腔呈双锥形，通过实施“微压裂”扩容储层改造措施，加快隔夹层处汽腔发育、改变流场、重建泄油通道。现场措施4井组次，典型井组措施后水平段前端隔夹层发育段温度升高20℃、动用程度提高18%、井组产液能力提升1倍。

三类单层、动用程度高井组，汽腔形成后即沿顶部发育、多呈弓形，通过实施交替注汽并控减注汽压力、速度，实现了水平井的稳定生产。同时实施“暂堵为主”的储层改造措施、暂堵高渗通道，提高对下部蒸汽弱波及区油层有效动用。现场措施3井组次，措施井组水平段温度下降10℃、单井组产油水平上升5.1t/d、含水下降了10%。

（4）以采液能力为核心，稳定提液量扩汽腔

针对一、二类汽腔体积大、连通程度好泄油能力强的井组，以采液能力为核心，稳定提液扩腔，调控注采平衡。现场对16个井组开展逐级提冲次、更换大排量举升泵提液，措施井组采注比由0.5提升至0.8，采注比趋于合理，同时受液流牵引作用、水平段动用程度提高8%，产油量提升了5.6t/d。

（5）以隔热保压为目标，开展氮气辅助提效

针对老区汽腔发育到顶部、整体连通成片快并与盖层接触后热损失大的特点，利用氮气导热系数低、注入蒸汽腔后易富集在油层顶部的特点，开展氮气辅助提效试验。现场单井组注氮量3.0x10^4Nm^3，注氮速度600~800Nm^3/h，典型井HWT025注氮后，生产表现为含水下降、产量上升，出液压力及注汽压力均有上升现象（图6），表明氮气初步起到了降低热损、保持油层压力的一定作用。

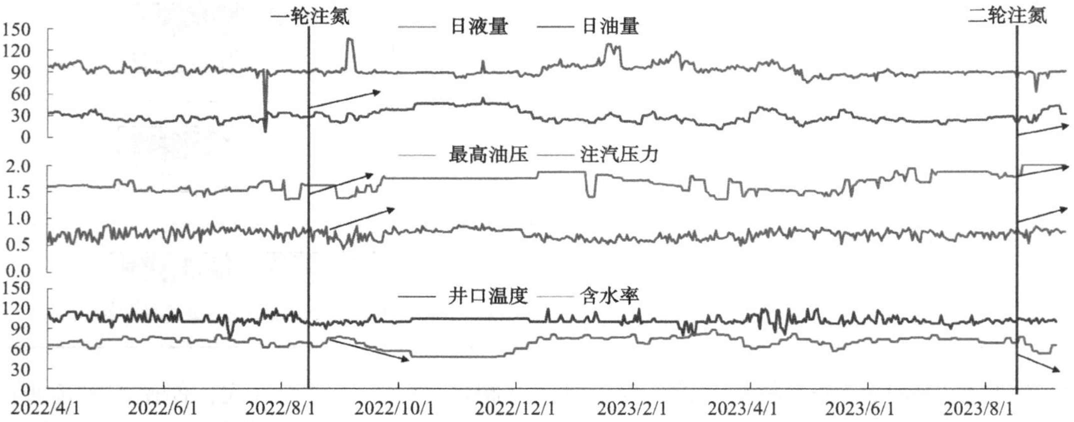

图6　典型氮气辅助HWT025井组注采提日曲线

3.3　驱泄复合开发成效

方式转换后，九$_8$区驱泄复合区产油水平由100t/d提升至340t/d，单井日产油0.8t/d提升至11.7t/d，阶段油汽比由0.08提升至0.11，完全操作成本由50＄/桶下降至42＄/桶。

对比继续吞吐开发，J$_8$区中部超稠油区转VHSD开发已效益增产油量32.5万吨，预计最终采收率可达到55%，较蒸汽吞吐提高25%以上。

4　结论及认识

（1）组合注汽预热、整体注汽提压、注采优化调控可有效解决超稠油吞吐后转驱泄复合开发面临的亏空大、压力低、汽窜严重等制约问题。

（2）老区驱泄井组蒸汽腔汽腔到顶、横向扩展连通快，适时开展氮气辅助保压隔热对于提升驱泄开发效益具有重大意义。

（3）实践证明高吞吐轮次超稠油吞吐老区转驱泄开发是经济可行的。J$_8$区中部超稠油区通过方式的转换，实现了由“多井低效”向“少井高效”的成功转型，预计采收率可达到55%以上。

参 考 文 献

[1] 武毅．辽河油田开发技术思考与建议[J]．特种油气藏，2018，25(06)：96-100.

[2] 岳清山．蒸汽驱油藏管理[M]．北京：石油工业出版社，1996.

[3] 魏桂萍，胡桂林，闫明章．蒸汽驱油机理[J]．特种油气藏，1996，3(S1)：7-11.

[4] 钱根葆，孙新革，赵长虹，等．驱泄复合开采技术在风城超稠油油藏中的应用[J]．新疆石油地质，2015，36(06)：733-737.

[5] 孙新革，赵长虹，熊伟，等．风城浅层超稠油蒸汽吞吐后期提高采收率技术[J]．特种油气藏，2018，25(03)：72-76+81.

[6] 孙新革，丁超，杨果等．陆相浅层超稠油SAGD提质增效技术体系研究[C]//.2018油气田勘探与开发国际会议(IFEDC 2018)论文集．2018：2488-2496.

[7] 赵长虹，孙新革，卢迎波，等．薄层超稠油驱泄复合开发蒸汽腔演变物理模拟实验[J]．岩性油气藏，2023，35(05)：161-168.

[8] 刘刚，朱爱国，颜永何，等．稠油蒸汽吞吐后期转驱泄复合精细调控研究[C]//中国石油新疆油田分公司(新疆砾岩油藏实验室)，西安石油大学，陕西省石油学会．2022油气田勘探与开发国际会议论文集Ⅱ．新疆油田公司勘探开发研究院；2022：8.

滩坝相储层高含水期提高采收率研究

王 雨 赵汉卿 吴晓慧 李文忠 刘文政

[中海石油(中国)有限公司天津分公司渤海石油研究院]

摘 要 渤海B油田进入中后期，油田逐渐步入高含水期，逐渐暴露出平面油井含水不均，纵向各层产出差异较大等问题。针对上述问题，首先开展了精细油藏描述总结不同沉积微相的相渗变化规律，然后开展大型平板实验研究储层非均质性对剩余油分布的影响，最后结合三维建模分析了平面及纵向的剩余油分布规律。研究结果明确了各沉积微相的分布规律及其主要控制因素，将储层滩坝砂划分为砂坝中心、砂坝侧缘、坝间沉积、水下浅滩、滨浅湖泥5种微相，对B油田平面及纵向的剩余油进行了系统的总结，并根据剩余潜力分布特征指出了潜力区，并对潜力区进行了分级实施策略，研究结果对油田后续的挖潜具有重要的意义。

关键词 平面展布规律；沉积相；相渗曲线；剩余油分布规律

渤海B油田是典型的滩坝砂低油水黏度比油藏，经过30多年的开发逐渐进入中高含水期，逐渐暴露出平面油井含水不均，纵向各层产出差异较大等问题，具体表现为：平面上，各区域油井含水率及采液量不均；纵向水驱不均衡，测试资料显示油藏纵向上产吸剖面不均。油藏目前剩余油分布规律及井网调整挖潜方向仍不明确。

目前国内针对滩坝相储层的研究较少，毛振强总结了东营凹陷低渗透滩坝相油藏的沉积特征、储层特征、成藏特征和储层开发特征，通过室内试验与现场开发试验先导区实践相结合的方式，分析研究了一系列适合低渗透滩坝相油藏特征的开发技术；李荣强从室内实验的角度，对低渗油藏微观孔隙结构作了深入研究和探讨，认识低渗透油藏含水上升规律、水驱油效率的主要影响因素、影响机理，为低渗透油田水驱油效率及采出程度评价和增产措施决策提供理论依据；胜利油田SL探区滩坝砂针对油藏岩性复杂、渗透率低、非均质性严重、剩余油分布不均等特点，采取差异开发的思路，利用变密度射孔、径向水力射流、分层注水等手段，重新构建压力场和流场，实现均衡驱替。但是以上方法大多都针对低渗透油藏，不能完全适用于B油田。

所以针对目标油藏的问题，综合钻井取心、测井、物探、监测资料，采用沉积地质学理论和精细油藏描述方法，依据地层对比信息，开展沉积相带演化分析，确定储层平面及层间物性发育规律，确定地层中的物性参数分布及优势通道发育状况。采用目标油藏的油水样品，从岩石孔喉、标准岩心、大尺度平板等不同尺度上出发，设计油水相渗曲线、波及系数的物模实验，开展高倍数驱替、相渗曲线测试实验，得到不同性质岩心的相渗曲线，为后期波及系数计算和剩余油研究提供资料。在三维地质模型基础上，建立数值模拟模型，开展剩余油分布研究，指出潜力存在部位和井网调整方向，该项研究为渤海油田类似油藏提高采收率研究做出了示范。

1 沉积相规律及储层发育分布规律研究

1.1 区域沉积背景

渤海B油田位于渤海湾盆地黄河口凹陷，南北向夹在垦东凸起和渤南凸起之间，东西向夹在庙西凹陷和埕北凹陷。研究区位于黄河口凹陷中央隆起区，由于地处“洼中隆”，是油气运移聚集的有利地区。油田自下而上发育古近系沙河街组、东营组和新近系馆陶组、明化镇组及第四季平原组，东营组是其主要含油气层位。东营组时期，研究区广泛发育湖泊沉积体系，滩坝砂体具有一定的展布规模是其优质储集层。

1.2 岩石学特征

不同的沉积环境形成的沉积岩具有不同的岩石类型、颜色、成分以及岩石结构、构造等特征。渤海B油田东营组二段J砂层是该油田的主力含油层系，岩石类型主要为灰色泥岩、泥质粉砂岩、粉砂岩、细砂岩及少部分砾岩，反映沉积水体浅且易振荡的滨浅湖沉积环境，砂岩碎屑颗粒主要为石英，成分成熟度较高；磨圆分选好，结构成熟度较高，为滩坝砂体的沉积特征，并可以进一步划分为坝砂和滩砂。坝砂岩性为灰白色中-粗砂岩、细砂岩，偶见含砾砂岩，分选磨圆好，反粒序为主，[图 1(a)]；滩砂岩性细，常见灰色粉砂岩夹棕红色泥岩，生物扰动、钻孔明显[图 1(b)]。

1.3 沉积构造特征

沉积构造直接反映沉积时占优势的沉积介质和能量条件，是岩石最重要的成因标志之一，对岩石成因分析和沉积条件研究都有很大意义。通过对研究区取心井的系统观察与描述，沉积构造类型十分丰富，可见水平层理[图 1(c)]、平行层理[图 1(d)]、波状层理[图 1(e)]、粒序层理[图 1(f)]，沉积构造组合反映了滨浅湖水体动荡的沉积环境。

1.4 测井相标志

不同的沉积相因其岩石的成分、结构、构造等不同而造成测井响应不同，测井相分析就是利用上述测井响应的定性方面的曲线特征以及定量方面的测井参数值来描述地层的沉积相。

分析了东营组二段 J 砂层的测井响应特征，总结出滩坝砂的五种测井相类型，结合地震属性与砂体几何形态(图 2)，并划分沉积微相类型。

砂坝中心部位为厚层箱形特征，曲线光滑。夹层少见图 2(a)，砂坝中心靠近侧缘部位为中厚层漏斗形，微幅齿化，夹层少见图 2(b)，砂坝侧缘部位为齿化漏斗形与少数钟箱形，夹层多见图 2(c)，砂坝间沉积区为薄层漏斗形或齿形，夹层较多见图 2(d)，滩砂为薄层指形或齿形，曲线较光滑见图 2(e)，湖相泥岩曲线为平直或呈低幅齿形见图 2(f)。

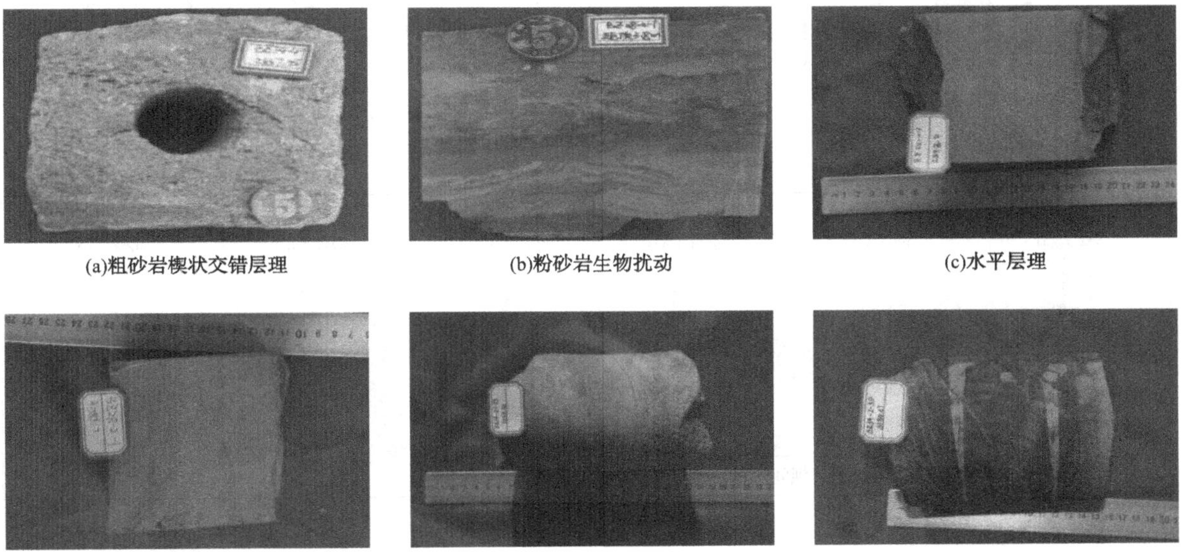

(a)粗砂岩楔状交错层理　(b)粉砂岩生物扰动　(c)水平层理

(d)波状层理　(e)粒序层理　(f)生物扰动

图 1　东二下段滩坝砂岩性特征

1.5 沉积相展布及相模式

1.5.1 剖面相分析

剖面沉积相分析是在地层划分对比以及单砂体对比图编制的基础上，根据钻井、测井相特征，分析井间亚相、微相展布和相变规律。

本次选择较为典型的东西向一条沉积相剖面图进行阐述，通过 J 砂层砂体对比分析可知，东二下 J 砂层内部非均质性强，垂向上由 2 期单砂层组成，由较稳定的泥质隔夹层分隔，由此将 J 砂层划分为 J_1(J-up)和 J_2(J-down)两套砂体，地层厚度大小主要由沉积作用控制，见图 3。

1.5.2 砂体平面展布规律

从砂岩厚度来看，平面上有四个主要的砂体发育区，分别为 A41-A33 井区、B13-B15 井区、P1-P3 井区，以及 34-4 井区，砂体的几何形态不一致。从砂地比来看，J 砂层整体的砂地比主要反应其内部的非均质程度，除了四个主要的砂体发育区以外，部分井区的单层薄砂体也呈现砂地比高的特征。

东二下 J 砂层沉积初期，物源供应相对较强，区内砂体连片分布，西部、中部、南部的砂坝基本形成，坝间发育砂质沉积，滩砂连片分布；东二下J砂层沉积末期，物源供应相对较弱，研究区内主要发育薄层的滩砂沉积，仅在东部发育长条形砂坝，中部B4井区发育小规模砂坝。

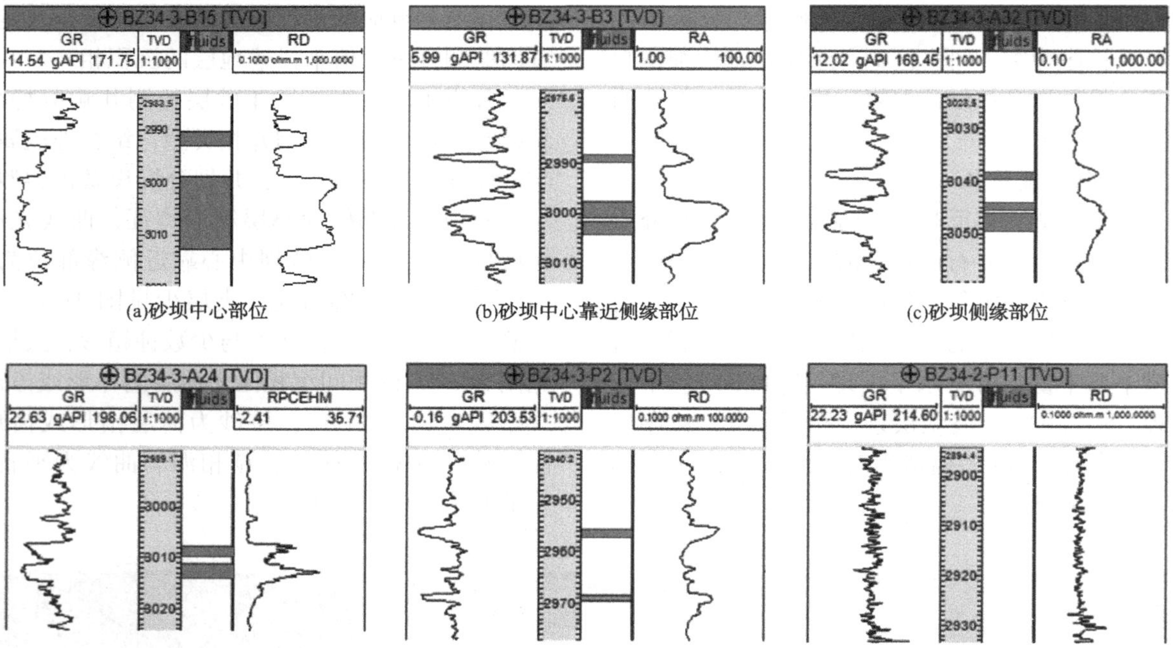

(a)砂坝中心部位　(b)砂坝中心靠近侧缘部位　(c)砂坝侧缘部位

(d)砂坝间沉积区　(e)滩砂　(f)湖湘泥岩

图2　东二下段滩坝砂测井相类型

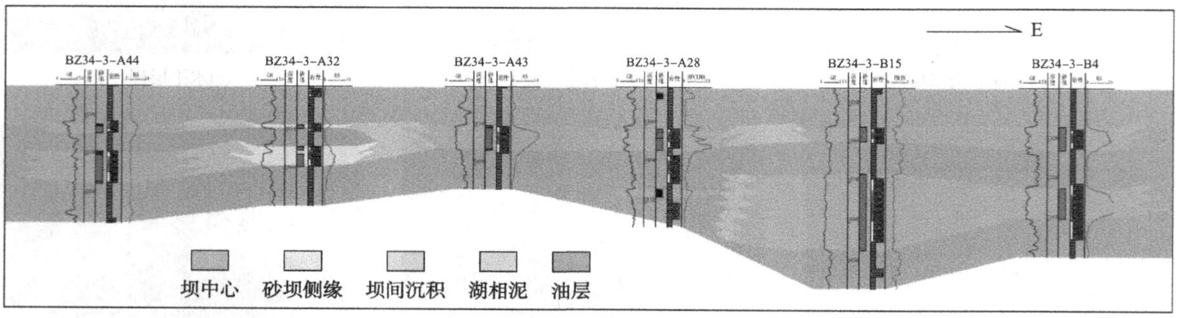

图3　东二下段东西向连井沉积相

1.6　沉积微相类型及平面展布规律

通过大量的岩心观察以及测井、地震等识别标志的详细研究，对该区东二下J砂层进行了系统研究，认为东二下主要发育滨浅湖滩坝，其中包括砂坝中心、砂坝侧缘、坝间沉积、水下浅滩、滨浅湖泥五种微相(图4)。

针对研究区南部少井、无井地区，综合利用地震属性分布与现代沉积模式相结合的方法，刻画砂体的分布范围与砂坝的几何形态。东二下J砂层沉积时期，来自北边的三角洲沉积物受湖浪和风的影响，在区内形成了正向三角形砂坝、椭圆形砂坝和长条形砂坝，另外局部井区还发育小型椭圆形砂坝，其他地区主要发育坝间沉积和滩砂。

2　不同相带油水相渗曲线研究

为了了解不同相带的剩余油分布规律，针对砂坝中心、砂坝侧缘、坝间沉积三种主要的沉积微相分别测量它们的相渗曲线，对比不同相带岩心相渗曲线差异，总结相渗变化规律，为后期数值模拟研究提供参数。

实验采用稳态法测量，实验流体为矿场地层水样，现场原油、煤油混合，油水黏度比为2.5，实验温度为65°，不同渗透率岩心对应的相渗特征点如表1所示。

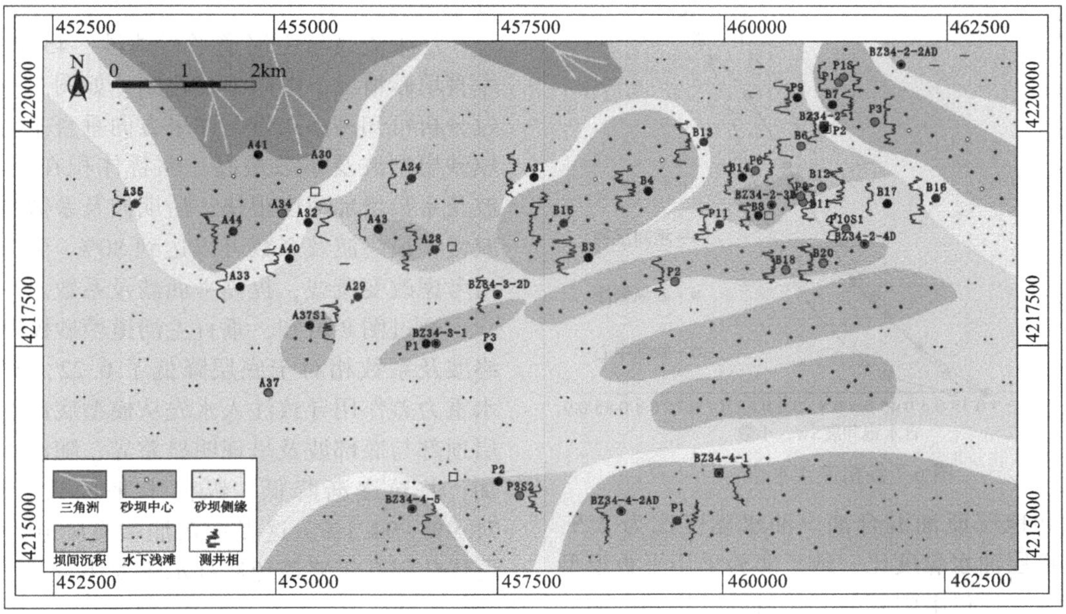

图 4 东二下段沉积微相分布图

表 1 相渗曲线特征点总结

岩心沉积相带类型	束缚水饱和度	残余油饱和度	等渗点含水饱和度	等渗点油相渗透率	最大水相渗透率	两相区宽度	洗油效率
砂坝中心	0.373	0.235	0.685	0.1	0.256	0.392	0.625
砂坝侧缘	0.326	0.242	0.60	0.05	0.218	0.432	0.641
坝间沉积	0.330	0.244	0.64	0.13	0.318	0.426	0.636

砂坝中心、砂坝侧缘、坝间沉积等岩心油水相对渗透率曲线见图 5。通过图 5 分析可得到以下三个特征：三种沉积类型的油相相对渗透率曲线均快速下降，其中砂坝侧缘下降最快，砂坝中心下降最慢，坝间沉积居中。三种沉积类型的水相相对渗透率上升速度较慢，其中坝间沉积水相相对渗透率上升速度最快；而砂坝中心和坝间沉积水相相对渗透率上升速度基本相同。三种沉积类型的两相渗流区在 0.392 至 0.432 之间。

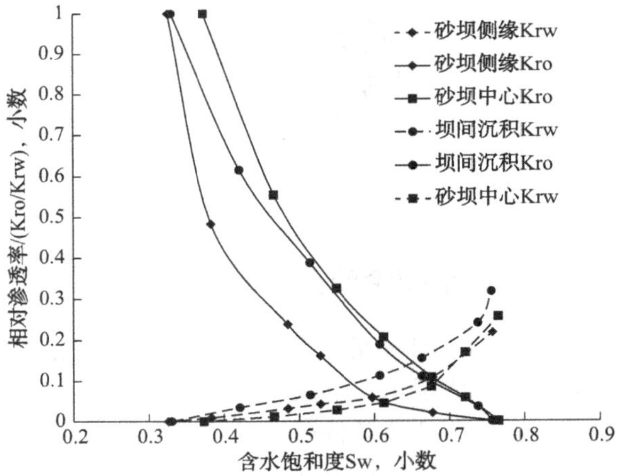

图 5 各相带油水相对渗透率曲线

对实验测得的相渗曲线相渗曲线进行计算，得出分流量曲线，计算如式(1)。式中，f_w 为含水率，小数；分流量曲线图如图 6 所示。

$$f_w=\frac{k_{rw}(S_w)/\mu_w}{k_{rw}(S_w)/\mu_w+k_{ro}(S_w)/\mu_o} \tag{1}$$

通过图分析可得油田各沉积相带分流量曲线均呈现典型低黏曲线特征，砂坝中心含水上升速度最慢，呈现典型的凹型曲线；砂坝侧缘、坝间沉积呈现典型 S 型曲线，上升速度最快。见水时驱油效率高，含水饱和度达到 0.64。

3 平板模型波及研究

采用自制填砂大尺寸模型，研究水驱过程中平面及纵向波及特征。根据油藏特征，添置注采方向与主河道垂向、平行、45°角三种填砂模型，分析非均质性对波及的影响。实验采用的砂子类型为石英砂。实验流体为油藏现场地层水，用油

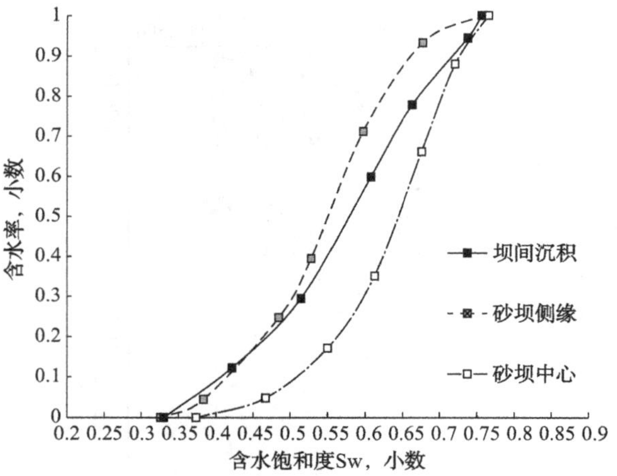

图 6　各相带含水率

为煤油和地层原油混合油。油水黏度比为 2.5，保持与地层油水黏度比一致。实验采用平板模型进行实验，通过电阻率的变化可以分析剩余油的分布情况。

注采流线与主河道平行填砂、45°的填砂和垂直填砂情况下电阻率变化图，如图 7 所示。通过分析可知高渗条带与注采方向垂直主河道方向填砂模型波及系数最高。驱替体积在前 1PV 时波及系数增加速度很快，后期波及系数增加速度减慢；最终波及系数可以达到 80%～94%。因此可考虑改变流线，提高平面波及系数。

通过图 8 可知，垂直主河道填砂模型顶层最终波及系数相对于底层降低了 0.22，原因是油水重力差作用导致注入水先从模型底部突进。油层顶部与底部波及呈现明显差异，随注水倍数增加，差异逐渐降低。纵向上平面波及系数为 71.9%～94.1%，这提示在油藏实际开发过程中可优化射孔策略避免底部水淹太快。

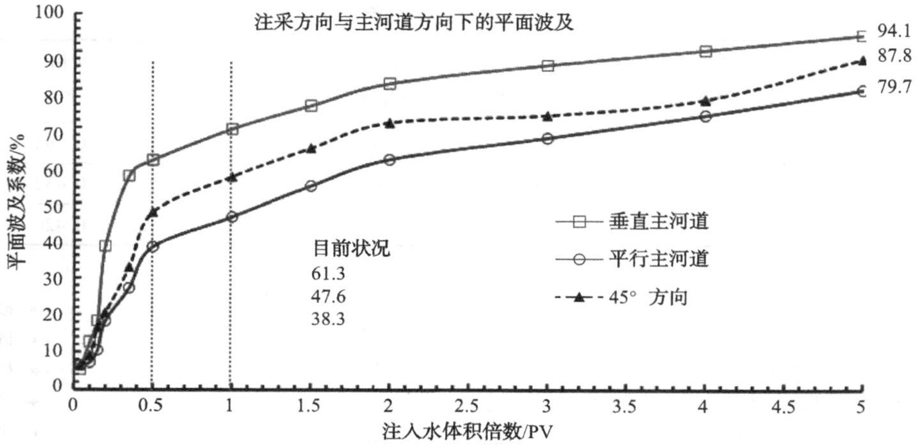

图 7　不同填砂模型驱替倍数与平面波及系数曲线图

4　不同相带剩余油分布规律研究

通过前文的研究，笔者识别出了储层优势渗流通道，完成了东二下段滩坝相储层的表征，了解了轻质流体的波及特征以及不同沉积相渗流的特点。但是实际储层内部非均质性强，井点之间厚度差别大，沉积相各异，所以结合实际模型研究不同相带水驱油层内分布规律，为后期挖潜提供数据。

4.1　平面剩余油分布特征

（1）边界导致的屏蔽效应

从剩余油饱和度上分析，可以看出，目前在很多区域还有剩余油，例如在靠近油藏边界附近，目前生产井距离边界都有一定的距离，而且往往靠近断层边界会有高部位出现，因此在目前的注水开发模式下，在高部位会有剩余油出现，见图 9(a)。对于该类型的剩余油，一般陆上油田的做法是加密新井，控制潜力点，但是在海上受到现状，加密新井的可能性不足。而在其临近的生产井，含水还不是太高，具有较大的产量，目前不适合做措施。可以在高含水后侧钻处理，或者注气，利用气液密度差作用，气体向高部位飘逸，将剩余油驱替到底部位，形成顶部驱的模式。

（2）无井控制的失控区

不考虑南部扩边区新加密井的情况，在北部封闭的区域，目前没有注采井控制，处于储量失控状态，无法波及到该区域，见图 9(b)。对于该类的未波及区，只有进行井网加密处理。

（3）井间局部微构造及滞留

由于注采井距较大，往往在井间存在正向微构造，由于本油藏油水密度差大，注入水难以克服较陡的构造驱油，造成波及降低，见图9(c)。对该类型的剩余油，可以考虑侧钻处理。

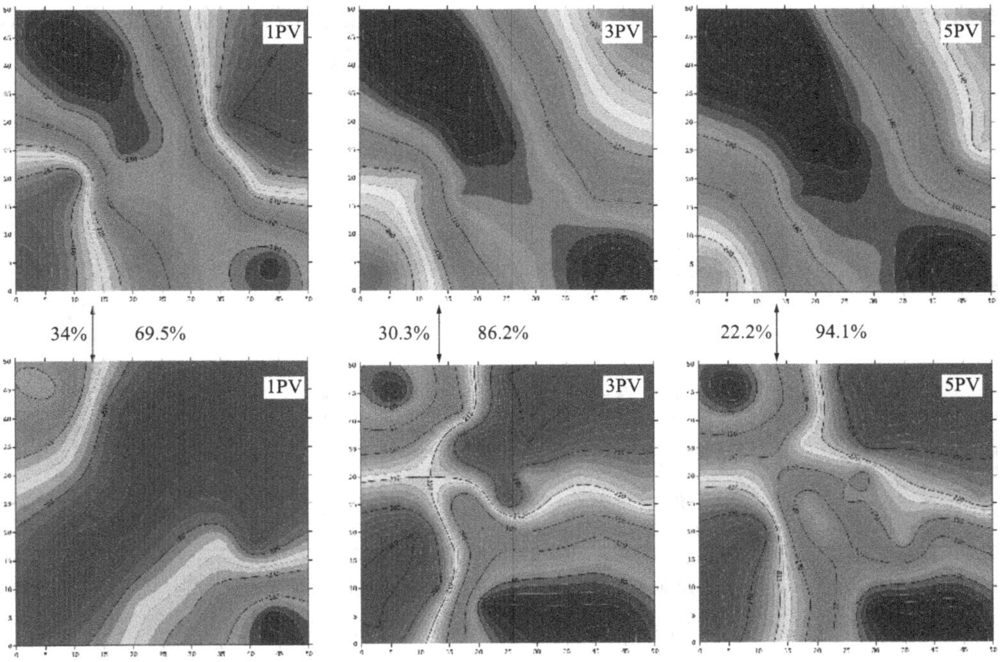

图8　与主河道垂直注采电阻率和波及系数变化图

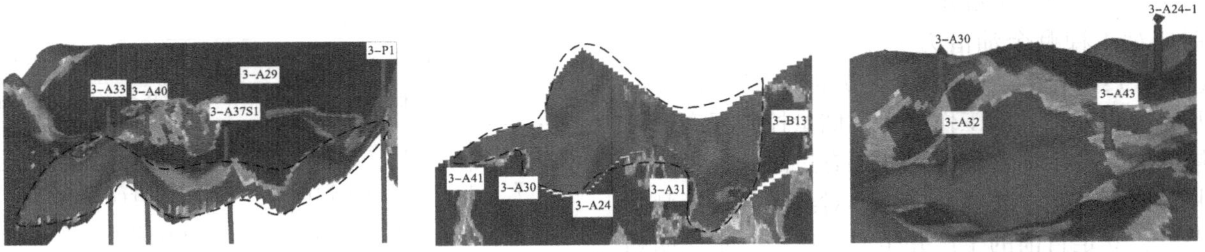

图9　平面上剩余分布模式

4.2　纵向剩余油分布特征

根据B油田的地质特征、流体特征、储层性质、水驱规律，建立油气水三相单重介质黑油模型。根据数值模拟结果，对J层纵向上各个数模小层的计算结果进行分析，总结各个注采井间纵向上的剩余油分布特征，可以归结为四类典型的模型。

（1）直角三角形模式

当注水井在构造低部位注水，油井在高部位生产，注采井都位于坝上沉积，油层厚度相差不大时，发生该种模式。受到韵律性和油水密度差影响，在靠近生产井一侧油层上部有剩余油。从纵向上看，从上向下剩余油饱和度依次减小。选取注水井井点、注采井间中间部位和油井井底的剩余油进行统计，见图10(a)。

（2）正向直角梯形模式

当注水井在构造低部位注水，油井在高部位生产，沉积相由水下浅滩到坝上再到水下浅滩，注采井间油层中部厚度要明显大于注采井所在部位厚度时，发生该种模式。此时在井间油层较厚的部位上部有大量剩余油，靠近生产井一侧油层上部有剩余油。从纵向上看，从上向下剩余油饱和度依次减小，但是很明显在“大肚子”中部的剩余油富集量大，见图10(b)。

（3）等腰三角形模式

当注水井在构造高部位注水，油井在低部位

生产，注采井都位于坝上沉积，注采井间油层变化不大时，. 发生该种模式。此时在注采井间中部存在有大量剩余油；而生产井侧，受到油水密度差影响，油井井底纵向上水淹程度较高，剩余油饱和度较小。见图 10(c)。

(4) 负向直角梯形模式

当注水井、油井构造高度相当，井间油层厚度变化不大，但是注采井间中部较低时，发生该种模式。此时剩余油主要分布于靠近生产井一侧油层的上部，剩余油富集量明显减小，仅在顶部30%厚度范围内有剩余油，波及效果较好，剩余油饱和度较小，见图 10(d)。

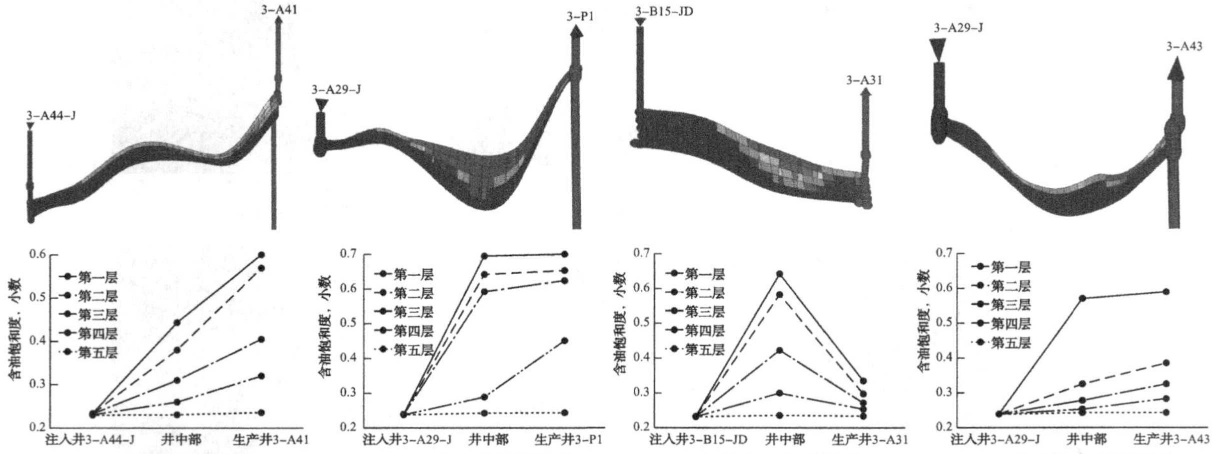

图 10　纵向上注采井间剩余分布模式

4.3 矿场应用

结合前文研究结果，并考虑油层物性和构造差异，有针对性的提出 4 种提高采收率策略，分别是对 4 种剩余油潜力类型采取措施，主要为(图 11)：对储量失控区(含扩边区)加密井网，开展完善注采井网工作，提高储量控制程度；对局部零散剩余油富集区，如果有过路井或者停产井，进行补孔、扶躺井措施；对封闭屏蔽区剩余潜力，立足目前的生产井生产，待高含水后期侧钻，挖掘高部位剩余油；对井间滞留剩余油潜力区进行注采优化调整(表 2)。

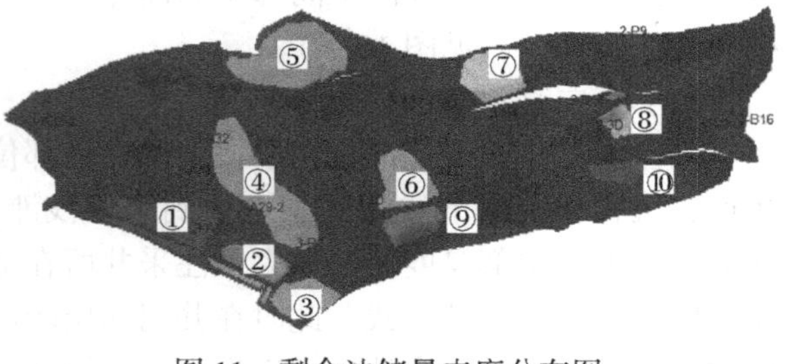

图 11　剩余油储量丰度分布图

表 2　调整策略

编号	剩余油类型	建议措施
1	局部零散剩余油	邻井含水高后侧钻
2	高部位剩余油	转注 3-P1，调整注采

续表

编号	剩余油类型	建议措施
3	储量失控区	注采调整
4	局部零散剩余油	钻新井完善注采井网
5	储量失控区	钻新井完善注采井网
6	局部零散剩余油	临近井注采调整
7	储量失控区	完善注采井网
8	局部零散剩余油	补孔完善注采关系

5 结论

通过研究，主要取得了以下的认识：

(1) 系统总结了 B 油田岩石相特征，结合测井相标志结果等，将储层滩坝砂划分为砂坝中心、砂坝侧缘、坝间沉积、水下浅滩、滨浅湖泥 5 种微相，明确了各微相及砂体的分布规律及其主要控制因素。

(2) 大平板模型测试表明，纵向上波及有差异，水驱结束时底部、顶部波及可以达到 0.831 和 0.694，目前含水下纵向波及系数 0.755。砂坝中心的相渗曲线渗流条件要好于侧缘和坝间沉积的渗流条件；驱油效率测试表明最大驱油效率 0.634~0.729。

（3）完成剩余油分布结果认为，目前平面剩余油主要有边界导致的屏蔽效应、无井控制的失控区、井间局部微构造及滞留3种模式；层内剩余油呈现直角三角形、正向梯形、负向梯形和等腰三角形4种模式。

（4）根据剩余潜力分布特征，指出了10个潜力区，并对潜力点进行了分级实施策略。结合油层状况和目前井网状况，提出对储量失控区、局部剩余油富集区、断层储量屏蔽区、井间滞留区分别采取加密新井、补孔、转注、侧钻、注采调整等措施。

参考文献

[1] 毛振强．滩坝砂低渗透储层成因及开发对策研究-以东营凹陷为例[D]．成都：成都理工大学，2012.

[2] 李荣强．胜利油田低渗砂岩油藏水驱规律研究[D]．青岛：中国石油大学(华东)，2016.

[3] Fan Song，Ni-na Su. Sedimentary characteristics of thick layer lacustrine beach-bars in the Cenozoic Banqiao Sag of the Bohai Bay Basin[J]. JAES，2018，151：73-89.

[4] Jianwei Gu，Wei Liu，Kai Zhang，et al. Reservoir production optimization based on surrograte model and differential evolution algorithm[J]. JPSE(2021)108879.

[5] 陈靓．黄河口凹陷BZ34-2/4油田沙河街组层序地层划分及其控储作用分析[D]．北京：中国地质大学(北京)，2018.

[6] 陈晓明，刘英宪，吴穹螈等．海上轻质油藏水驱渗流阻力特征研究[J]．西南石油大学学报(自然科学版)，2020，42(01)：101-110.

胜利海上油田聚水同注驱替特征实验研究

王　明　丛培婷　王艳珍　王　鹏　马国政

(中国石化胜利油田分公司海洋采油厂)

摘　要　胜利海上油田主力油藏即将进入特高含水期，水驱开发采油速度下降，运营成本急剧增加，效益稳产难度逐步加大。埕岛油田馆陶组整装多层水驱开发，为了探索适用于胜利海上油田的提高采收率技术，在埕北22F区块开展二元复合驱先导试验，本文针对该区块外水内聚、上水下聚、聚水交互等现状，开展与油藏条件相匹配的聚水立体组合驱替特征实验。海上油田各区块含水差异较大，需探索合适转注聚时机，实验表明，相较于含水93%时转注聚，含水87%时转注聚采收率更高，且注聚井越多驱替效果越好，采收率随着注入聚表混合物PV数、聚水流速比的增加(聚强水弱)而增加。基于物理实验结果为聚水联动流场调控的优化提供指导性建议，为海上油田稳产、增产提供关键技术支撑。

关键词　注采物理模型；驱替特征；胜利海上；聚水同注；提高采收率

1　引言

二元复合驱油技术是在聚合物溶液中加入表面活性剂，一方面发挥聚合物的增粘作用，扩大波及体积，另一方面发挥表面活性剂的降低表面张力的作用，提高采收率效果比聚合物驱更快更显著，同时也避免了三元复合驱的结垢、腐蚀、乳化等问题。国内外二元复合驱陆地矿场实验均取得了良好的降水增油效果。

近年来，海上埕岛油田主力油藏逐渐进入特高含水开发阶段，长期注水导致油藏非均质性加剧，注采矛盾突出，开发递减上升，亟需转型发展方向，实现更加高效开发。目前在埕北22F区块开展二元复合驱先导试验并取得阶段性进展，其余11座采修一体化平台计划相继实施化学驱，可覆盖储量近2.2亿吨，具有广泛应用前景。但海上整装多层合采油藏，普遍存在外水内聚、上水下聚、聚水交互等特征，聚水关系场复杂，受效井调整促效难。为满足矿场实际需求，通过进行与油藏条件相匹配的实验测试，进一步明确不同注采组合条件下聚水动用特征和驱替效果，提升化学驱开发过程中流场变化的认识水平，实验结果可以为优化先导试验区块调整政策提供可靠的依据，指导海上化学驱高效开发稳产上产。

2　实验设计

2.1　实验原理

基于相似准则计算实验室条件下注采模型尺寸、渗透率、流速等实验参数，采用石英砂胶结制作可视化五点法井网注采实验模型，根据实验注入方案进行注采驱替实验，摄像记录平面动用特征及剩余油分布，记录采出井出液情况，明确不同聚水组合关系条件下的剩余油动用情况及提高采收率效果，厘清聚水注采及调控特征与规律。

2.2　物理实验模型参数设计

2.2.1　假设条件

① 油藏流体为油水两相；②油水这两种流体不互溶；③油藏岩石不可压缩；④储层非均质，且各向异性；⑤流体在油藏中的流动为等温渗流，并且满足达西定律。

2.2.2　数学模型

① 连续性方程

油相的连续性方程：

$$\nabla\cdot(\rho_o u_o)+q_o=-\frac{\partial(\rho_o\varphi S_o)}{\partial t}\tag{1}$$

水相的连续性方程：

$$\nabla\cdot(\rho_w u_w)+q_w=-\frac{\partial(\rho_w\varphi S_w)}{\partial t}\tag{2}$$

② 达西方程

在多孔介质中，油和水两相流动的达西方程为：

$$u_o=-\frac{KK_{ro}}{\mu_o}(\nabla p_o-\rho_o g\,\nabla D)\tag{3}$$

$$u_w=-\frac{KK_{rw}}{\mu_w}(\nabla p_w-\rho_w g\,\nabla D)\tag{4}$$

③ 辅助方程

饱和度方程：

$$S_o+S_w=1 \tag{5}$$

毛管力关系式：

$$p_o-p_w=p_c \tag{6}$$

$$p_c=\sigma\cos\theta\sqrt{\frac{\varphi}{K}}J(S_w) \tag{7}$$

④ 边界条件和初始条件

产出井质量流量

油相：

$$q_o=\pi d\int_d^H \rho_o u_o dz \tag{8}$$

水相：

$$q_w=\pi d\int_d^H \rho_w u_w dz \tag{9}$$

初始条件

$$p_1(x,\ y,\ z,\ t)\big|_{t=0}=p_1{}^0(x,\ y,\ z) \tag{10}$$

$$S_1(x,\ y,\ z,\ t)\big|_{t=0}=S_1{}^0(x,\ y,\ z) \tag{11}$$

$$\frac{\partial p}{\partial h}\Big|_L=0 \tag{12}$$

2.2.3 相似准则推导

式(1)第一项/第三项：

$$\nabla\cdot(\rho_o u_o)\Big/\left[\varphi\Delta S\frac{\partial(\rho_o S_o)}{\partial t}\right]=\frac{\partial(\rho_o u_o)}{\partial x}\Big/\left[\varphi\Delta S\frac{\partial(\rho_o S_o)}{\partial t}\right]=\frac{u_o t}{\varphi\Delta SxS_o}$$得：$\pi_1=\dfrac{u_o t}{\varphi\Delta SL\,\overline{S_o}}$

第一项/第二项得：$\pi_2=\dfrac{\rho_o u_o L^2}{q_o}$，第二项/第三项得：$\pi_3=\dfrac{q_o t}{\rho_o L^3}$

由式(2)第一项/第三项：

$$\nabla\cdot(\rho_w u_w)\Big/\left[\varphi\Delta S\frac{\partial(\rho_w S_w)}{\partial t}\right]=\frac{\partial(\rho_w u_w)}{\partial x}\Big/\left[\varphi\Delta S\frac{\partial(\rho_w S_w)}{\partial t}\right]=\frac{u_w t}{\varphi\Delta SxS_w}$$得：$\pi_4=\dfrac{u_w t}{\varphi\Delta SLS_w}$

第一项/第二项得：$\pi_5=\dfrac{\rho_w u_w L^2}{q_w}$，第二项/第三项得：$\pi_6=\dfrac{q_w t}{\rho_w L^3}$

式(3)中：

$\dfrac{第二项}{第一项}=\dfrac{KK_{ro}}{\mu_o}\nabla p_o/u_o=\dfrac{KK_{ro}p_o}{\mu_o u_o L}$，得：$\pi_7=\dfrac{KK_{ro}p_o}{\mu_o u_o L}$

$\dfrac{第三项}{第一项}=\dfrac{KK_{ro}}{\mu_o}\rho_o g/u_o=\dfrac{KK_{ro}\rho_o g}{\mu_o u_o}$，得：$\pi_8=\dfrac{KK_{ro}\rho_o g}{\mu_o u_o}$

$\dfrac{第二项}{第三项}=\dfrac{\Delta p_o}{\rho_o g\Delta L}$，得 $\pi_9=\dfrac{p_o}{\rho_o g\Delta L}$

由式（4）可得：$\pi_{10}=\dfrac{KK_{rw}p_w}{\mu_w u_w L}$，$\pi_{11}=\dfrac{KK_{rw}\rho_w g}{\mu_w u_w}$，$\pi_{12}=\dfrac{p_w}{\rho_w g\Delta L}$

式(7)毛管力 Pc，考虑毛细管 J 函数 $\pi_{13}=\dfrac{P_c}{\sigma\cos\theta\sqrt{\varphi/K}}$

由式(8)得：$\pi_{14}=\dfrac{q_o}{\rho_o u_o L^2}$

至此，用方程分析法，到以下相似准则，如下所示(前面所有准则)：

$\pi_1=\dfrac{u_o t}{\varphi\Delta SLS_o}$，$\pi_2=\dfrac{\rho_o u_o L^2}{q_o}$，$\pi_3=\dfrac{q_o t}{\rho_o L^3}$，$\pi_4=\dfrac{u_w t}{\varphi\Delta SLS_w}$，$\pi_5=\dfrac{\rho_w u_w L^2}{q_w}$，$\pi_6=\dfrac{q_w t}{\rho_w L^3}$，$\pi_7=\dfrac{KK_{ro}p_o}{\mu_o u_o L}$，$\pi_8=\dfrac{KK_{ro}\rho_o g}{\mu_o u_o}$，$\pi_9=\dfrac{p_o}{\rho_o g\Delta L}$，$\pi_{10}=\dfrac{KK_{rw}p_w}{\mu_w u_w L}$，$\pi_{11}=\dfrac{KK_{rw}\rho_w g}{\mu_w u_w}$，$\pi_{12}=\dfrac{p_w}{\rho_w g\Delta L}$，$\pi_{13}=\dfrac{P_c}{\sigma\cos\theta\sqrt{\varphi/K}}$，$\pi_{14}=\dfrac{q_o}{\rho_o u_o L^2}$。

上述方程中有些参数本身就是无因次量，其本身即为相似准则数，将它们分别定义为：$\pi_{15}=K_{ro}$，$\pi_{16}=K_{rw}$，$\pi_{17}=S_o$，$\pi_{18}=S_w$，$\pi_{19}=\varphi$，$\pi_{20}=\Delta S$。

同时存在以下因次相同的物理量组合的相似准则：

$\pi_{21}=\dfrac{d}{L}$，$\pi_{22}=\dfrac{q_o}{q_w}$，$\pi_{23}=\dfrac{\rho_o}{\rho_w}$，$\pi_{24}=\dfrac{\mu_o}{\mu_w}$，$\pi_{25}=\dfrac{u_o}{u_w}$

以上相似准则中，有些准则不是相互独立的，需要进行独立性分析，删除重复的准则。其原则为，删除多余的准则数，即可用两个及以上其他准则表达的准则。另外，形式上尽量做到简单，物理意义较为明确。本着以上原则，共整理出 16 个独立的相似准则：

$\pi_1=\dfrac{u_o t}{L}$，$\pi_2=\dfrac{\rho_o u_o L^2}{q_o}$，$\pi_3=\dfrac{Kp_o}{\mu_o u_o L}$，$\pi_4=\dfrac{p_o}{\rho_o gL}$，$\pi_5=\dfrac{P_c}{\sigma\cos\theta\sqrt{\varphi/K}}$，$\pi_6=\Delta S$，$\pi_7=K_{ro}$，$\pi_8=K_{rw}$，$\pi_9=S_o$，$\pi_{10}=S_w$，$\pi_{11}=\varphi$，$\pi_{12}=\dfrac{d}{L}$，$\pi_{13}=\dfrac{q_o}{q_w}$，$\pi_{14}=\dfrac{\rho_o}{\rho_w}$，$\pi_{15}=\dfrac{\mu_o}{\mu_w}$，$\pi_{16}=\dfrac{u_o}{u_w}$

2.2.4　主要相似准则确定

二维实验主要研究水平井边水、底水驱条件下提液波及系数，模型制作主要考虑几何相似(储层构造及水平井位置)、动力相似(生产压差、采液强度和重力分异导致的底水锥进程度)和运动相似(渗流模式)。因此选取主要相似准则如表1所示。

表1　主要相似准则一览表

相似准则	物理意义	来源
$\dfrac{K\Delta p}{\mu uL}$	驱动力与粘滞力之比	π_3
$\dfrac{\Delta p}{\rho gL}$	驱动力与重力之比	π_4
$\dfrac{\rho uL}{\mu}$	雷诺数	π_{18}
$\dfrac{q_o}{\rho_o u_o L^2}$	无因次注入量	π_2

2.2.5　实验参数设计

(1) 基础参数

地层温度65℃条件下，地层油黏度为30～70mPa·s，地层水黏度约0.45mPa·s，地下油水黏度比为66～156之间。实验设计选用中间值黏度比约100mPa·s。可视化模型需在常温常压下进行，此时水的黏度约为1mPa·s，为了保证油水黏度比，需要在室温下配置油的黏度为100mPa·s。

而两种条件下的油水密度差别不大，因此流体物性比例(实验参数与矿场参数比值)设置为：油密度 $r(\rho_o)=1$，水密度 $r(\rho_w)=1$，油黏度 $r(\mu_o)=2$，水黏度 $r(\mu_w)=2$，重力加速度 $r(g)=1$。

储层渗透率较高，与实验室人造岩心接近，因此选择储层渗透率 $r(K)=1$。

实验模型长度一般为20～50cm左右，实际井网的注采井距为300m，因此先选取长度比例 $r(L)=1:1000$。

(2) 生产压差

现场提供的生产压差为2MPa～7MPa。但由于注入井的井口压力一般为5～10MPa，因此油层的实际注采压差一般为10～15MPa。本模型模拟实际注采井距，因此应以注采压差为准进行转化，由 π_4：$\dfrac{\Delta p}{\rho gL}$，可得：

$$r(\Delta p)=r(\rho)\times r(g)\times r(L)=1:1000$$

因此实验注采压力Δp约为0.01～0.015MPa(10～15kPa)，满足可视化模型的耐压要求。

(3) 渗流速度和注入量

渗透率比例 $r(K)=1$，由 π_3：$\dfrac{K\Delta p}{\mu uL}$ 可得：

$$r(u)=r(K)\times r(\Delta p)/r(\mu)/r(L)=1:2$$

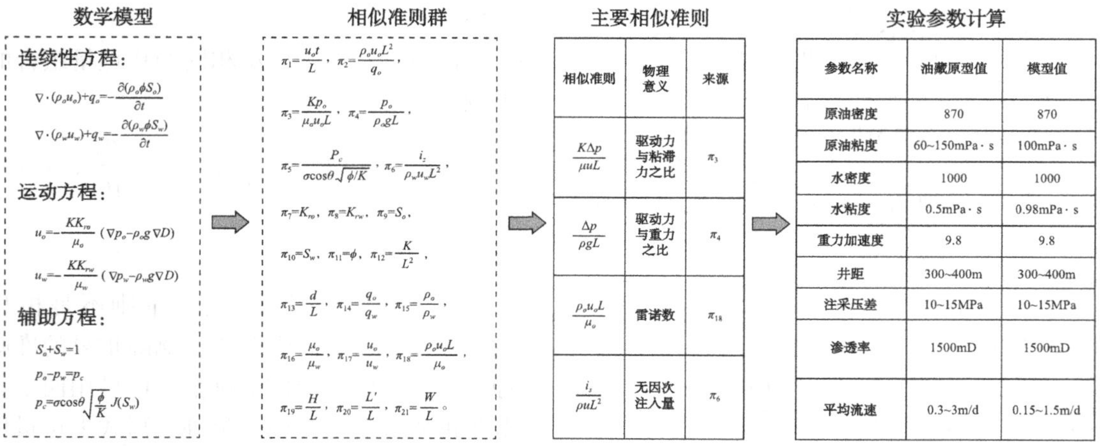

图1　实验参数计算流程

物理模型内流速与实际地层内流速相同。油藏平均流速取 0.3~3m/d(1.25~12.5cm/h)，室内实验取值 0.15~1.5m/d(0.625~6.25cm/h)大致符合实验室速度范围。室内实验模型宽度 w 为 1cm，高度 h 为 0.9cm，孔隙度 ϕ 取 0.35，根据流速计算二维平板模型的注入量可得：

$$Q = uwh/\phi = 0.26 \sim 2.6\text{ml/min}$$

取整后模型注入速度为 0.26~2.6ml/min。

2.3 优化实验可视化效果

模拟油可用地面脱气原油与煤油混合配制，但由于原油配制的模拟油颜色很深，模型可视化驱替效果大大降低。在厚度为 0.5cm 的薄平板模型上进行试验，尚不能清晰观察到驱替前缘、指进等现象，如图 2 所示。

图 2　原油驱替效果

模拟油用白油染色后，模型可视化驱替效果较好。如图 3 所示，表面活性剂-染色油间的界面张力为 0.65mN/m，表面活性剂-模拟原油界面张力为 0.97mN/m，二者间的界面张力在相同数量级，且染色油与模拟原油的黏度相同。如图 4 所示，优化后的驱替效果较好，聚驱过程中驱替前缘、驱替过程中的饱和度变化明显。

2.4 实验设备与材料

实验设备：注采模拟实验系统(图 5)、驱替泵、中间容器、油水分离器、真空泵。

实验材料：结合现场实际，设置染色模拟油(100mPa·s)、模拟地层水(离子浓度 8504.31mg/L)、聚合物(2000mg/L)、表面活性剂(1500mg/L)、石油磺酸盐(1500mg/L)、聚表混合物溶液(2000mg/L)，见表 2、图 6。

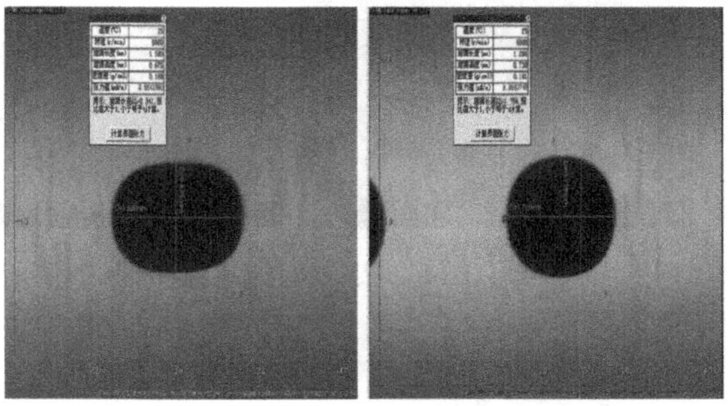

图 3　界面张力相似(左为染色油，右为模拟原油)

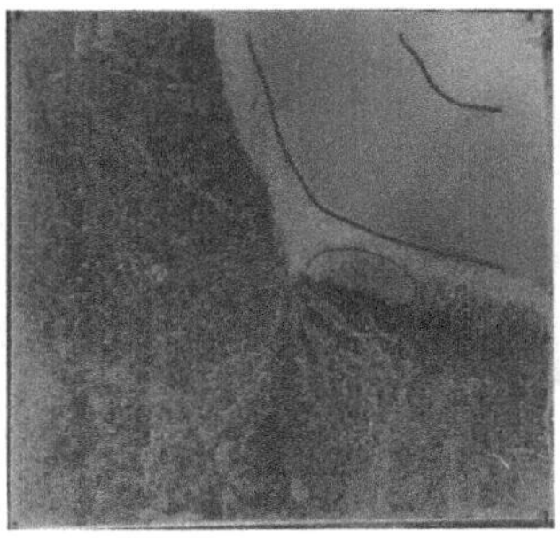

图 4　优化后驱替效果

图 5　注采模拟系统

表 2　地层水离子组成及含量

离子种类	钾钠	钙	镁	氯离子	碳酸氢根	碳酸根	总矿化度	水型
含量/(mg/L)	3064.2	98.83	48.64	4560.5	642.92	89.17	8504.31	碳酸氢钠

3 水驱驱替实验

3.1 实验方案

设置 2 种渗透率、分别 10 种和 5 种注入速度共 15 组水驱驱替实验，水驱至含水 87%、93%、大于 98%时，记录不同时间累积产油、产水量，通过摄像记录不同时刻模型中的饱和度分布情况，根据图像分析二维平面上原油动用及剩余油分布情况(图 7)。

图6　实验流体(左起分别为表面活性剂溶液、聚合物溶液、地层水、染色油)

图7　五点井网平面注采模型
(尺寸 30cm×30cm×0.6cm)

3.2　实验结果

由表3各组方案结果和图8注入速度与采出程度关系曲线分析可知，水驱过程中，在渗透率一定时，随着注入速度的增加，采出程度先增加后降低；高渗平板模型采出程度较低渗平板模型大。

表3　各组方案采出程度对比表

组数	渗透率/mD	注入速度/(mL/min)	采出程度/%
1	1500	0.2	39.26
2	1500	0.5	39.38
3	1500	0.7	40.11
4	1500	0.9	40.19
5	1500	1	40.5
6	1500	1.2	39.90
7	1500	1.5	38.27
8	1500	1.7	37.01
9	1500	1.9	36.12
10	1500	2	35.0
11	3000	0.2	42.37
12	3000	0.5	42.93
13	3000	1	43.27
14	3000	1.2	42.54
15	3000	1.5	41.93

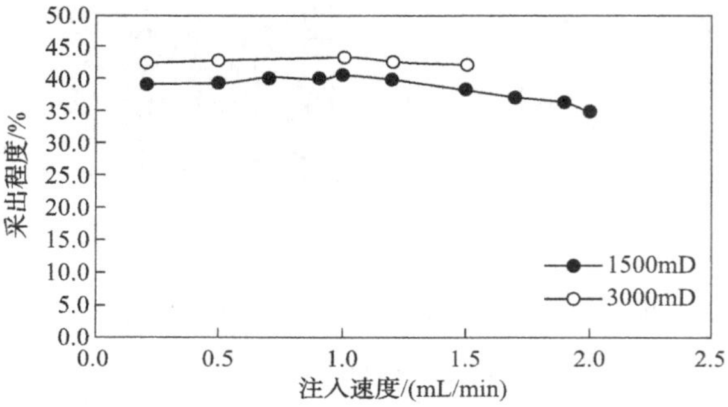

图8　注入速度与采出程度关系曲线

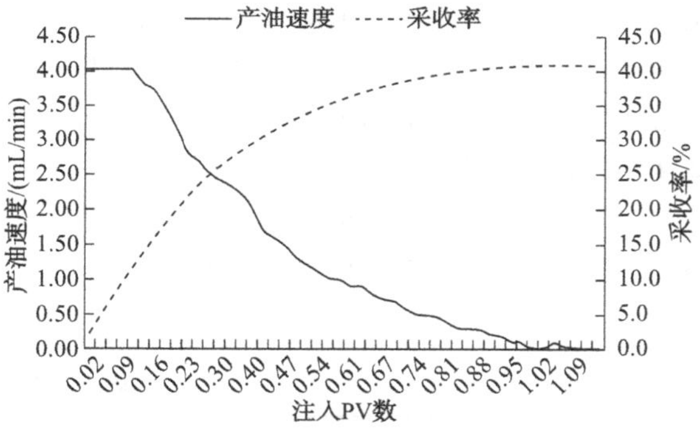

图9　注入PV数对采收率曲线

以水驱速度为1mL/min，渗透率为1500mD为例，由图9注入PV数与采收率关系曲线分析可知，注入0.12PV后见水，见水后采油速度随着注入PV数增加而降低；采收率随着注入PV数增加而增加，当注入1.07PV水后不再出油，采出收率达到稳定(40.50%)，水驱采收率较低，仍存在50%～60%剩余油。如图10二维平面图像所示，水驱洗油效率低，指进明显。

4 转注聚驱替实验

4.1 实验方案

填砂五点法可视注采模型渗透率为1500mD；以聚合物和水驱注入速度均为1mL/min时，设置水驱分别至含水87%、93%2种转注聚时机和4种转注聚方案(图11)和10个不同聚表混合物注入PV数共80组实验。记录不同时间累积产油、产水量，通过摄像记录不同时刻模型中的饱和度分布情况，根据图像分析二维平面上原油动用及剩余油分布情况。

转注聚实验流程如图12所示。

4.2 实验结果

水驱至含水率87%和93%后，不同转注方案的对比结果如表4所示。

图10 水驱驱替特征物理模拟实验结果

图11 转注方案

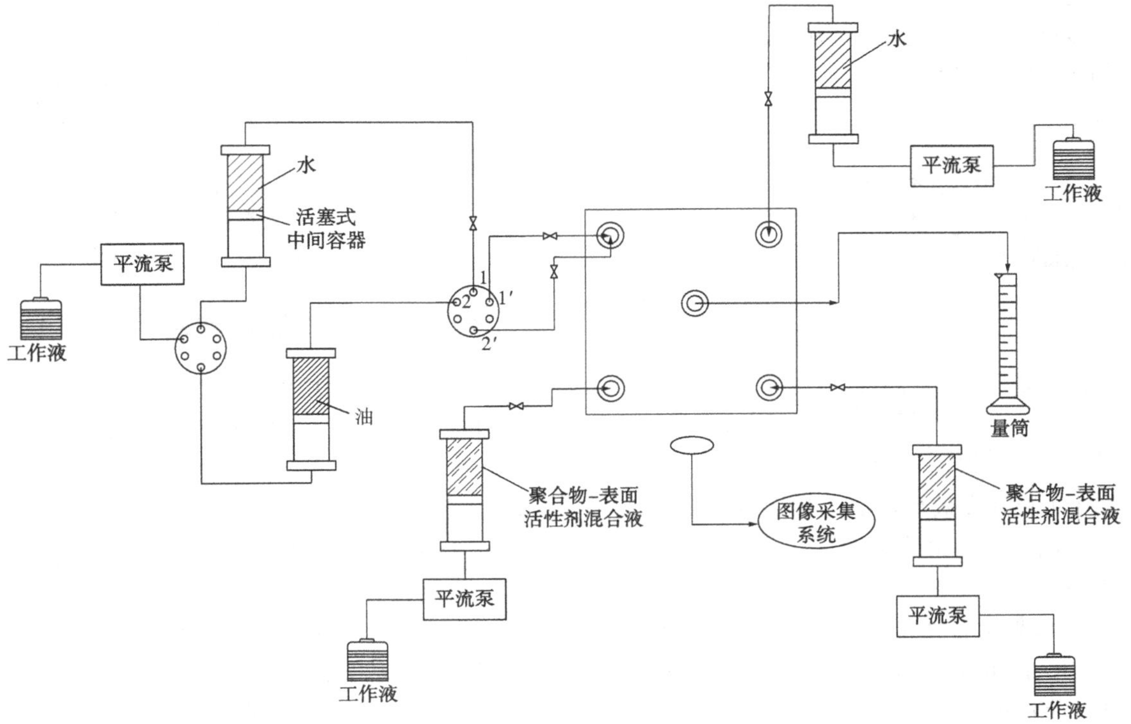

图12 转注聚实验流程图

表 4　各组方案采出程度对比

转聚时机	含水 87%转注聚								含水 93%转注聚							
注水组合	1 聚 3 水		2 聚 2 水		3 聚 1 水		4 聚		1 聚 3 水		2 聚 2 水		3 聚 1 水		4 聚	
组数	注入聚表混合物 PV 数	采出程度/%	注入聚表混合物 PV 数	采出程度/%	注入聚表混合物 PV 数	采出程度/%	注入聚表混合物 PV 数	采出程度/%	注入聚表混合物 PV 数	采出程度/%	注入聚表混合物 PV 数	采出程度/%	注入聚表混合物 PV 数	采出程度/%	注入聚表混合物 PV 数	采出程度/%
水驱	0	37.81	0	37.419	0	37.926	0	36.221	0	39.38	0	41.589	0	39.61	0	39.304
1	0.03	39.77	0.06	39.443	0.1	39.9	0.15	39.998	0.03	40.709	0.07	42.976	0.102	41.273	0.1	39.647
2	0.06	42.447	0.12	41.8	0.2	42.77	0.3	43.59	0.06	43.59	0.14	43.59	0.204	44.799	0.2	41.76
3	0.09	45.451	0.18	45.124	0.3	48.5	0.45	50.447	0.09	46.407	0.21	50.568	0.306	49.258	0.3	45.402
4	0.12	48.977	0.24	50.577	0.4	56.03	0.6	57.2	0.12	48.18	0.28	55.519	0.408	55.791	0.4	49.977
5	0.15	52.047	0.3	55.312	0.5	64	0.75	69.9	0.15	49.509	0.35	59.546	0.51	63.313	0.5	53.935
6	0.18	53.679	0.36	58.6	0.6	69.678	0.9	76.7	0.18	50.459	0.42	62.516	0.612	68.249	0.6	65.171
7	0.21	54.659	0.42	60.438	0.7	73.2	1.05	81.05	0.21	50.966	0.49	64.233	0.714	71.865	0.7	73.711
8	0.24	56.422	0.48	61.809	0.8	74.968	1.2	83.15	0.24	51.282	0.56	65.091	0.816	73.171	0.8	78.375
9	0.27	56.748	0.54	62.724	0.9	75.621	1.35	84.1	0.27	51.409	0.63	65.421	0.918	73.793	0.9	80.605
10	0.29	56.748	0.63	63.181	0.97	75.525	1.44	84.208	0.3	51.409	0.7	65.421	1.02	73.828	0.97	81.771

分析可得以下规律：

(1) 对于不同的转聚方案，在水驱阶段，采出程度随着注入水的 PV 数增加而增加；转聚后采出程度随着注入聚表混合物的 PV 数增加而增加，如图 13、图 14 所示。

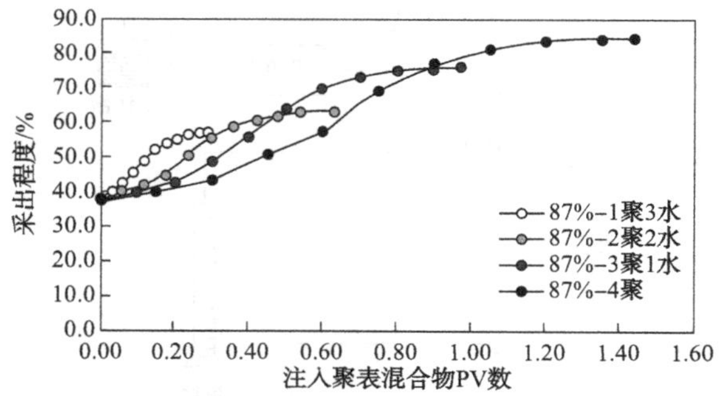

图 13　含水 87%注入 PV 数与采出程度关系

(2) 4 聚开发效果最好，聚表混合物注入后提高的采出程度与最终采收率最高，1 聚 3 水开发效果最差。

(3) 水驱至含水 87%时转注比 93%时转注聚效果好，含水 87%时转注聚最终采收率更高，如图 13、图 14 所示。

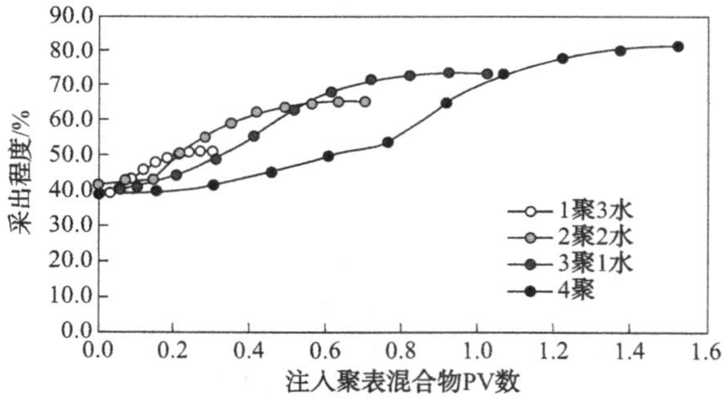

图 14　含水 93%注入 PV 数与采出程度关系

5　聚水组合调控驱替实验

填砂五点法可视注采模型渗透率为 1500mD，水驱至含水 93%转注聚，设置 3 种转聚方案，7 个不同聚表混合物注入 PV 数，3 种聚水流速比共 63 组实验(图 15)。

5.1　1 强聚 3 水实验

转聚后 1 口注聚井以大于注水井的速度转聚，并适当降低注水井的注入速度，保持与未转聚前总流量基本相同。以 7 个不同聚表混合物注入 PV 数，3 种聚水流速比，共 21 组实验，实验结果如表5。

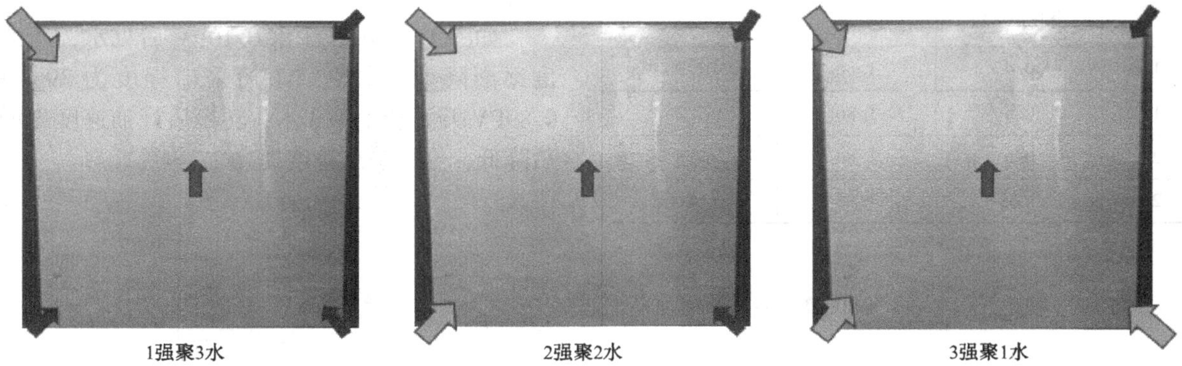

图15　3种转聚方案

表5　各组方案采出程度对比

组数	注入聚表混合物PV数	聚水流速比	采出程度/%
水驱	0	0	39.38
1	0.05	1.44	42.2
2	0.1	1.44	43.8
3	0.15	1.44	45.3
4	0.2	1.44	47.8
5	0.25	1.44	51.4
6	0.3	1.44	53.8
7	0.44	1.44	54.2
8	0.05	2	42.8
9	0.1	2	45.3
10	0.15	2	46.8
11	0.2	2	49.5
12	0.25	2	52.3
13	0.3	2	54.7
14	0.44	2	55.1
15	0.05	2.86	43.36
16	0.1	2.86	46.72
17	0.15	2.86	50.22
18	0.2	2.86	53.4
19	0.25	2.86	55.9
20	0.3	2.86	57.34
21	0.44	2.86	58.19

可以看出，采出程度随着聚水流速比、聚表混合物注入PV数的增加而增加。

如图16所示，注水0.07PV后见水，产油速度逐渐降低，水驱结束后采出程度为39.38%，0.86PV开始转1聚3水；转聚后产油速度先增加后降低，聚驱采出程度提高18.81%。

5.2　2强聚2水实验

转聚后2口注聚井以大于注水井的速度转聚，降低注水井的注入速度，保持与未转聚前总流量基本相同。以7个不同聚表混合物注入PV数，3种聚水流速比，共21组实验。实验结果如表6所示。

表6　各组方案采出程度对比

组数	注入聚表混合物PV数	聚水流速比	采出程度/%
水驱	0	0	38.79
1	0.1	1.22	40.5
2	0.2	1.22	45.2
3	0.3	1.22	53.5
4	0.4	1.22	60.1
5	0.5	1.22	63.8
6	0.6	1.22	64.2
7	0.65	1.22	64.7
8	0.1	1.5	41.66
9	0.2	1.5	47.1
10	0.3	1.5	55.44
11	0.4	1.5	61.97
12	0.5	1.5	65.37
13	0.6	1.5	66.37
14	0.65	1.5	66.41
15	0.1	1.86	43.1
16	0.2	1.86	47.8
17	0.3	1.86	57.2

续表

组数	注入聚表混合物 PV 数	聚水流速比	采出程度/%
18	0.4	1.86	62.9
19	0.5	1.86	67.2
20	0.6	1.86	67.8
21	0.65	1.86	68

可以看出，采出程度随着聚水流速比、聚表混合物注入 PV 数的增加而增加。

如图 17 所示，注水 0.10PV 后见水，产油速度逐渐降低，水驱结束后采出程度为 39.79%，0.89PV 开始转 1 聚 3 水；转聚后产油速度先增加后降低，聚驱采出程度提高 27.04%。

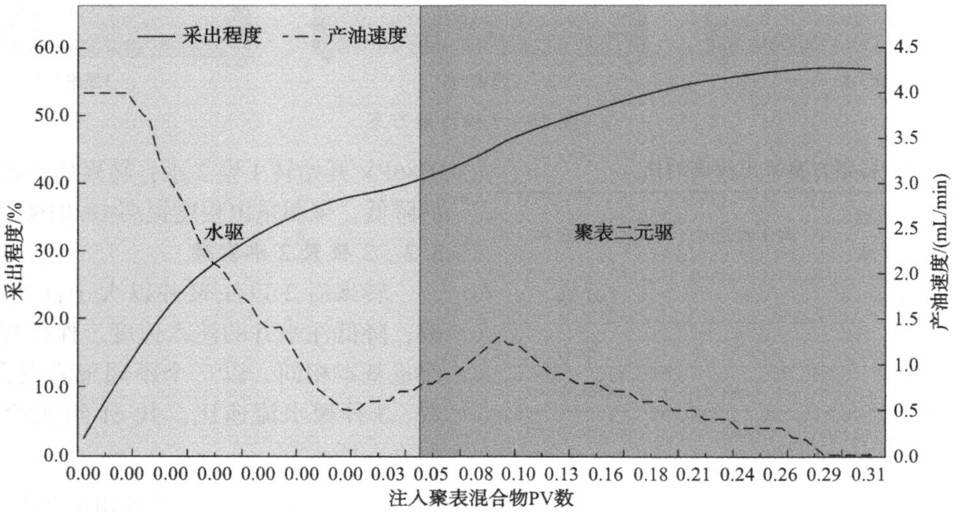

图 16　1 强聚 3 水注入 PV 数对采收率影响

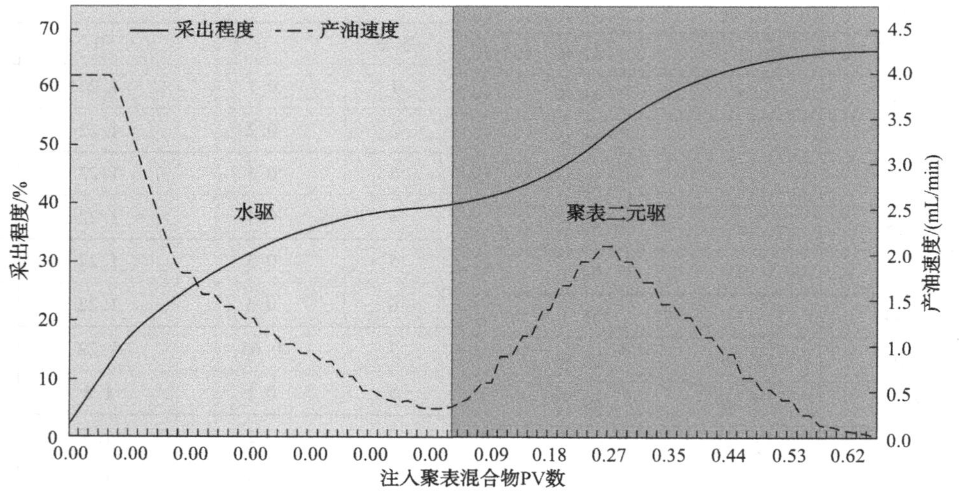

图 17　2 强聚 2 水注入 PV 数对采收率影响

5.3　3 强聚 1 水实验

转聚后 3 口注聚井以大于注水井的速度转聚，降低注水井的注入速度，保持与未转聚前总流量基本相同。以 7 个不同聚表混合物注入 PV 数，3 种聚水流速比，共 21 组实验。实验结果如表 7 所示。

可以看出，采出程度随着聚水流速比、聚表混合物注入 PV 数的增加而增加。

如图 18 所示，注水 0.13PV 后见水，产油速度逐渐降低，水驱结束后采出程度为 38.72%，0.92PV 开始转 3 聚 1 水；转聚后产油速度先增加后降低，聚驱采出程度提高 39.27%。

表 7 各组方案采出程度对比

组数	注入聚表混合物 PV 数	聚水流速比	采出程度/%
水驱	0	0	39.3796
1	0.15	1.57	42.6
2	0.3	1.57	52.3
3	0.45	1.57	66.03
4	0.6	1.57	75.52
5	0.75	1.57	79.27
6	0.8	1.57	79.48
7	0.85	1.57	79.51
8	0.15	2.09	43.8
9	0.3	2.09	53.9
10	0.45	2.09	67.2
11	0.6	2.09	76.9
12	0.75	2.09	80.8
13	0.8	2.09	80.9
14	0.85	2.09	81
15	0.15	3	44.9
16	0.3	3	55
17	0.45	3	69.33
18	0.6	3	79.1
19	0.75	3	82.5
20	0.8	3	82.7
21	0.85	3	83

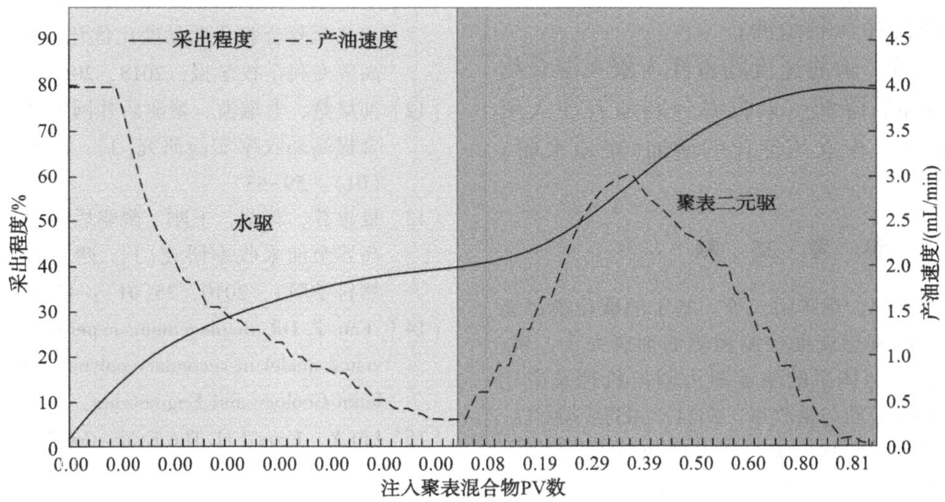

图 18 3 强聚 1 水注入 PV 数对采收率影响

5.4 不同注采方案对比分析

在水驱阶段，采油速度随着注入水的 PV 数增加先不变后降低，采出程度随着注入水的 PV 数增加而增加；转聚后，采油速度随着注入聚表混合物的 PV 数先增加后降低，采收率随着注入聚表混合物的 PV 数、聚水流速比的增加(聚强水弱)而增加，如图 19 所示。

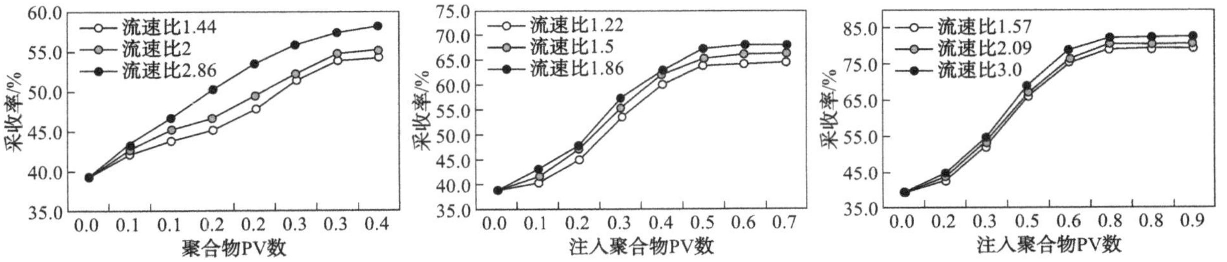

图 19 聚合物注入 PV 数对采收率影响曲线

6 结论

在本实验中，制作了158组平板模型并进行五点法水驱、聚驱驱替实验，通过图像分析二维平面上原油动用及剩余油分布情况及相关数据，得到如下认识：

(1) 水驱过程中，在渗透率一定时，随着注入速度的增加，采出程度先增加后降低，且高渗平板模型采出程度较低渗平板模型大；

(2) 水驱采收率较低，采收率随着注入水PV数增加而增加，当注入1.07PV水后不再出油，采出收率达到稳定(40.50%)，仍存在50%~60%剩余油，在合适时机转注聚可提高采收率；

(3) 相较于含水93%时转注聚，含水87%时转注聚采收率更高，且注聚井越多驱替效果越好，1聚3水效果最差，驱替结束后注水井主流线两侧及井间仍存在剩余油；

(4) 转聚后，采油速度随着注入聚表混合物的PV数先增加后降低，采收率分别随着注入聚表混合物PV数、聚水流速比的增加(聚强水弱)而增加。

参 考 文 献

[1] 冯茹森，李爱辉，章洋阳，等．基于油藏化学驱能耗分配原理的理想流度控制型驱油剂研究Ⅰ：聚/表二元复合驱油体系的渗流阻力调控机理及应用[J/OL]．油气地质与采收率，2024，(03)：63-77.
[2] 许文赟，潘彬，李鑫，等．耐温抗盐强乳化聚-表二元复合驱油体系研究及应用[J]．西安石油大学学报(自然科学版)，2024，39(01)：48-55.
[3] 柏明星，吴文镇，张志超，等．砾岩油藏聚表二元复合驱参数优化研究[J]．当代化工，2023，52(05)：1248-1251.
[4] 于成博．砾岩油藏二元复合驱储层动用规律及参数优化[D]．东北石油大学，2022.
[5] 浮历沛，廖凯丽，何岩峰，等．聚/表二元复合驱油技术研究[J]．常州大学学报(自然科学版)，2020，32(06)：54-59.
[6] 周久穆．聚/表二元复合驱后提高采收率实验研究[J]．当代化工，2020，49(07)：1388-1391.
[7] 张星剑．聚驱后凝胶/聚表二元复合体系交替调驱技术研究[D]．中国石油大学(华东)，2019.
[8] 仲宇欣．GX区块聚表二元复合驱用表面活性剂体系研究[D]．中国石油大学(华东)，2019.
[9] 张言亮．M油田B区聚表二元复合驱体系研究[D]．成都：西南石油大学，2018.
[10] 李金宜，马奎前，朱文森，等．早期注聚油藏残余油类型及影响因素实验[J]．石油钻采工艺，2018，40(04)：515-521.
[11] 李小波，王玉枫，孙超．高粘高盐非均质油藏聚/表二元复合驱合理黏度比优化分析[J]．承德石油高等专科学校学报，2018，20(01)：9-13.
[12] 韩培慧，曹瑞波．聚驱后井网加密与二元复合驱结合提高采收率实验研究[J]．海洋石油，2013，33(01)：59-63.
[13] 夏惠芬，蒋莹，王刚．聚驱后聚表二元复合体系提高残余油采收率研究[J]．西安石油大学学报(自然科学版)，2010，25(01)：45-49+110-111.
[14] Fan Z. Oil displacement experiment study of micro visual model in secondary polymer flooding[J]. Petroleum Geology and Engineering，2011.
[15] Liu Y，Feng J H. The Evaluation Experiment Research on Sp Binary Composite System Performance and the Oil Displacement Effect[J]. Advanced Materials Research，2013，807-809：2534-2543.

CO_2 +表面活性剂多元吞吐技术提高五区南低渗透油藏开发效果研究与实践

秦凝涵　郑爱萍　加玉锋　吴国龙　袁辉明

（中国石油新疆油田分公司重油开发公司）

摘　要　针对克拉玛依油田五区南上乌尔禾组低孔、低渗透油藏水驱开发不见效、地层压力快速下降、产量递减大、开发效果较差的问题，开展 CO_2+表面活性剂多元吞吐增产技术研究与应用。以增油机理实验和多组分油藏数值模拟为基础，对比研究了 CO_2+表面活性剂多元吞吐周期注入量、注气速度、焖井时间、开采强度等工艺参数对增油效果的影响，优选出了不同段塞大小、CO_2 注入量、焖井天数、采液强度等技术参数和施工工艺流程。矿场试验结果表明 CO_2+表面活性剂多元吞吐技术实施后有效地补充了地层能量、提高了原油的流动性，初期单井日产油 9.9t/d，流压升高 8.5MPa，自喷期达到了 8 个月，同时基于目前已实施 CO_2 前置压裂过程中的增产效果分析，明确了五区南乌尔禾油藏具有 CO_2 吞吐提高采收率的潜力，对于低孔、低渗油藏提高采收率提供了新的技术思路。

关键词　克拉玛依油田；五区南；上乌尔禾组；CO_2；化学助剂；复合吞吐；数值模拟；采收率

从二十世纪六十年代开始利用 CO_2 提高油藏采收率试验性应用，到现在为止，已经发展几十年，技术从单一的二氧化碳增油（吞吐或驱油），逐步发展到二氧化碳+聚合物（表活剂）等多种助剂复合技术应用。国内学者进行的注蒸汽-CO_2-化学助剂复合吞吐的室内实验发现：注蒸汽-CO_2-化学剂复合吞吐相较于纯蒸汽吞吐，第一周期产油量提高 49.4%，最终驱替效率可提高 25.7%，提高采收率效果显著。此外，中石化陈家庄油田的 CO_2-化学助剂复合吞吐试验结果表明，两者协同作用后平均周期产油量比单一蒸汽吞吐高 252.4t。前人对克拉玛依油田五区南上乌尔禾组油藏的研究，主要集中于油藏工程、压裂工艺等方面，而针对复合吞吐的实验和数值模拟研究较少。本文以五区南先导试验为基础，通过优化 CO_2+表面活性剂多元吞吐注采各项参数及其对提高采收率的影响，分析了五区南地层原油相态特征及注气增溶膨胀驱油相态配伍性特征，建立了一套符合该油藏的 CO_2+表面活性剂多元吞吐技术施工工艺流程，推动了低渗透油藏提高采收率技术进步。

1　基本情况

1.1　油藏特征

克拉玛依五区南上乌尔禾组油藏是受断裂控制的构造岩性油藏（图 1、图 2），储层孔隙度平均 9.66%，渗透率平均 1.05mD，渗透率变异系数平均 0.67，突进系数平均 27.5；为低孔特低渗、强非均质性储层。原油黏度高，50℃ 时达 625mPa·s，原油密度 0.895g/cm³，含蜡 9.8%，凝固点 22.6℃，地层水为低矿化度的 $CaCl_2$ 水型。上乌尔禾组储集层表现为具中等偏弱水敏、中等偏弱盐敏、中等偏弱酸敏。油藏中部埋深平均 3150m，平均压力 38.5MPa，油藏中部温度 96.7℃。

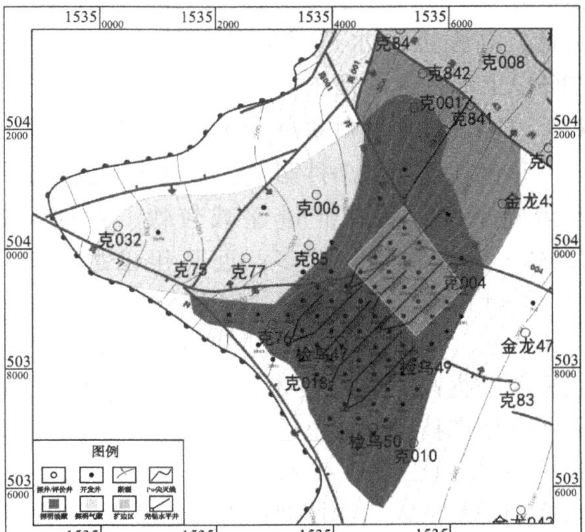

图 1　五区南井区含油面积图

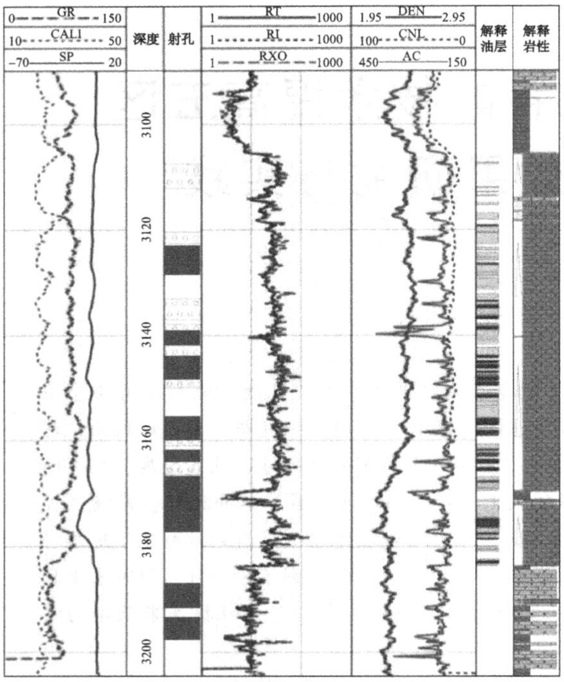

图 2　典型井测井曲线

1.2　开发特点及开采现状

受低孔低渗储层条件限制，单井无自然产能，需压裂投产，原油黏度高，流动性差。五区南上乌尔禾组油藏大部分油井初期投产均进行了压裂改造，初期产能较高，但弹性开采稳产期短，产量递减快。油藏开发程度低，剩余储量丰富，目前地层压力下降缓慢，但产液指数下降快，由 0.6m^3/d. MPa 下降至 0.3m^3/d. MPa，开发难度大。压裂后，近井带区域渗透率得到改善，产能有了一定的提高，但是原油的采出程度依然较低。采用注水开发后，存在注水井吸水能力低，高强度注水造成局部单层突进的现象，70%以上油井未见到注采反应，水驱见效差。

1.3　CO_2+化学助剂复合吞吐开采可行性分析

该区块受储层条件影响，上乌尔禾组油藏增产措施单一，油井产量递减较快，日递减达 1.0%，目前低产井较多；近几年已进行单一 CO_2 吞吐措施，因无实验数据做支撑，前期效果均不理想。而 CO_2 混相或非混相驱(吞吐)是一项重要的提高采收率技术，CO_2+表面活性剂多元吞吐增产技术研究也逐渐深入，矿场增产效果较单一的 CO_2 增产技术更好、应用空间更大。该技术是基于表面活性剂造腔理论，最大可能放大 CO_2 的波及空间，达到最佳的提高采收率的效果。

本文选取了该油藏的典型井 B 井，该井于 1993 年 8 月 23 日压裂投产，初产较高，初期日产油 12.4t/d，截至目前累积产油 6391.0t，累积产水 1479.0m^3，累积生产天数 3477.0d，平均日产油 1.8t。依靠天然能量开发，投产后产量递减大，随着开发时间的延长，油井低产低能，于 2012 年 12 月停关，井筒完整性良好且目的层无窜漏，符合单井吞吐选井原则。以 B 井为对象，以前期实验为基础，对 CO_2 和表面活性剂分别进行数值模拟，并建立复合吞吐模拟参数预测及参数优化，建立了一套 CO_2+表面活性剂多元吞吐先进的施工工艺流程。

2　CO_2+表面活性剂多元吞吐工艺优选

2.1　CO_2+表面活性剂多元吞吐增油机理

通过五区南地层原油相态特征实验、注 CO_2 膨胀实验、注 CO_2 多级接触驱油实验，分析五区南地层原油相态特征，及注气增溶膨胀驱油相态配伍性特征。油藏饱和压力 38.5MPa，地层原油样品注气相态模拟研究表明：在地层压力范围，当实验气体不断注入过程中，CO_2 地层原油均可同时形成后缘多次接触凝析气驱和前缘多次接触蒸发气驱近混相驱替机理；通过原油样品注气增溶膨胀实验结果来看，CO_2 注入地层后，会导致原油样品饱和压力、膨胀系数和溶解气油比的上升，且随着注入 CO_2 的增加，地层油组分变轻，CO_2 对地层原油都有着很好的降黏效果，能够改善原油的流度，有利于返排时提高驱油效率。因此，从相态特征分析 CO_2 吞吐增产机理主要是增溶膨胀、降黏改善流度比、补充返排所需能量等。通过原油与表面活性剂表面张力实验与岩心洗油实验结果来看，浓度为 0.3%的表面活性剂溶液与原油间的界面张力降至 3.26mN/m，随着浸泡时间增加，洗油率可达到 20%(图 3)。由此，CO_2+表面活性剂多元吞吐增油机理主要是利用表面活性剂造腔理论，降低残余油饱和度，降低界面张力，提高洗油效率，进一步扩大 CO_2 的波及体积，充分发挥 CO_2 增溶膨胀、降黏、改善流度比、补充地层能量的作用。

2.2　数值模拟模型建立

在完成五区南 B 井地层流体相态实验，相态参数获取和混相能力评价等基础之上，利用组分油藏数值模拟技术，开展五区南断块 B 井注气复合吞吐改善开发效果方案设计研究，通过对

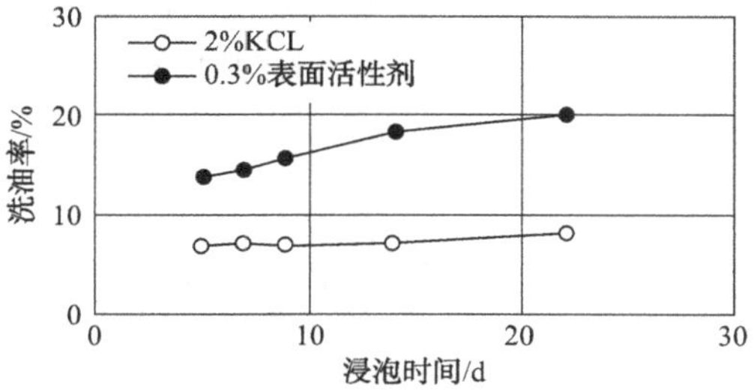

图3 岩心洗油实验

原油采出程度、增油量等指标进行对比，最后得到符合B井的注气吞吐最优方案。

通过获取各种精确生产参数对油藏进行模拟，是工艺参数优化的前提。根据B井地质特征、测井解释成果、射孔数据，建立单井径向数值模拟模型；根据五区南井区B井相图拟合，得到流体组分与性质，使模型满足相态模拟要求；根据B井相渗曲线建立饱和度模型；历史拟合过程中采用定产液量，拟合产油量、含水率、井底流压的方式，计算值与实际值吻合度较好，拟合精度大于85%，满足数值模拟计算要求(图4、图5)。

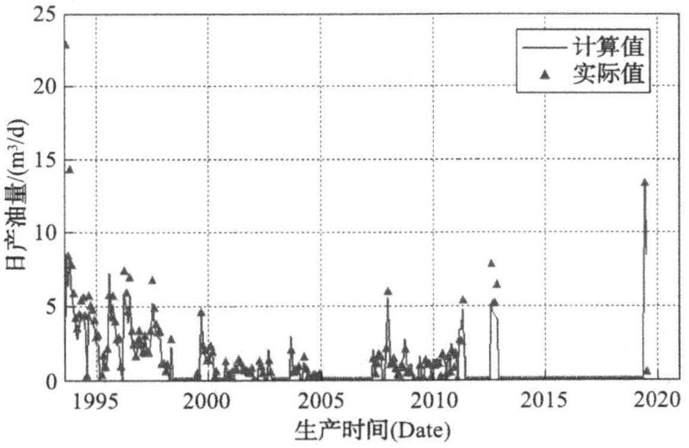

图4 B井日产油量拟合

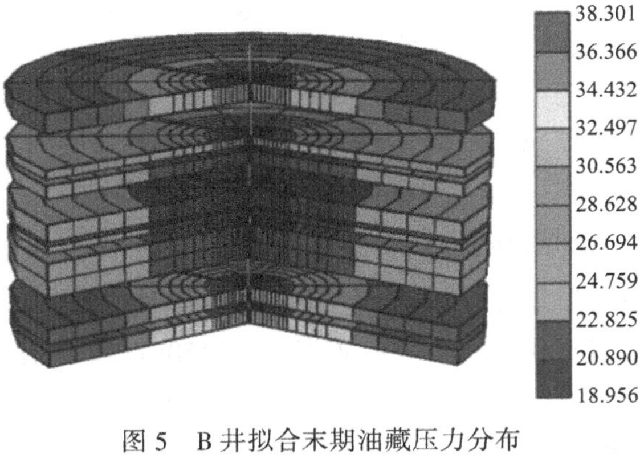

图5 B井拟合末期油藏压力分布

2.3 注采参数优化设计

为进一步改善B井开采效果，进行CO_2+表面活性剂多元吞吐增采先导试验。为此，开展CO_2+表面活性剂多元吞吐数值模拟计算，分析吞吐周期注入量、注气速度、焖井时间、开采强度等工艺参数对提高采收率效果的影响，以精确的生产数据为依托，建立真实可靠的数值模拟模型，并优选最优吞吐工艺参数。

2.3.1 CO_2注入参数优化设计

(1) 周期注气量

方案设置：模拟单周期注气量为200～1200t时吞吐效果，焖井15d，注气速度5万m^3/d，单周期生产2年。经济评价按CO_2注入成本为800元/t；原油价格2500元/t(50美元/桶)计算，注入量越大、日产油量越高，周期采油量越高，单井注入量大于800t，增幅逐渐下降(图6)。注入量越大，即注入量越大原油被推至更远处，不利于回采，综合考虑换油率与经济效益的影响，单井注入量800t左右。

(2) 注入速度

方案设置：模拟注气速度为1万～10万m^3/d时吞吐开采效果，各方案总注气量均为800t时，焖井15d，单周期生产2年。随着注气速度的增加，日产油量降低。增大注气速度有利于油藏快速增压，利用混相，但注气速度过大，不利于注入气波及面积和回采期稳产，综合考虑注入速度与增油量和换油率的影响，建议注气速度2万～4万m^3/d(图7)。

(3) 焖井时间

方案设置：模拟焖井时间为2～15d时吞吐效果，注气量800t，注气速度4万m^3/d。随着焖井周期变长，日产油量增加，但是焖井期对于吞吐效果相对不敏感。焖井过久地层能量损失加重，产油高峰越低，综合考虑故推荐焖井期为6~10d。

(4) 采液强度

方案设置：模拟回采液速度为10～25m^3/d时吞吐效果，注气量800t，注气速度4万m^3/d，焖井时间8d。回采液量的变化虽然对日产量有一定影响，但采液强度对吞吐效果相对不敏感，主要为充分释放地层能量；综合考虑采液强度对增油量的影响效果，由模拟结果预测采液强度应>15m^3/d。

2.3.2 表活剂段塞注入参数优化设计

(1) 表活剂段塞注入方式优化

方案设置：模拟表活剂段塞注入方式对吞吐效果的影响，注气速度4万m^3/d，周期注气量

800t，活性剂水 400t（浓度 0.3%），焖井时间 8d，方案预测单周期 2 年。模拟结果如图 8 所示。方案二前置表活剂+CO_2 复合吞吐增油量最高，增产效果最好，最差为方案一：单一的 CO_2 吞吐增油量最差，因此前置段塞工艺，是本次施工的重点之一。

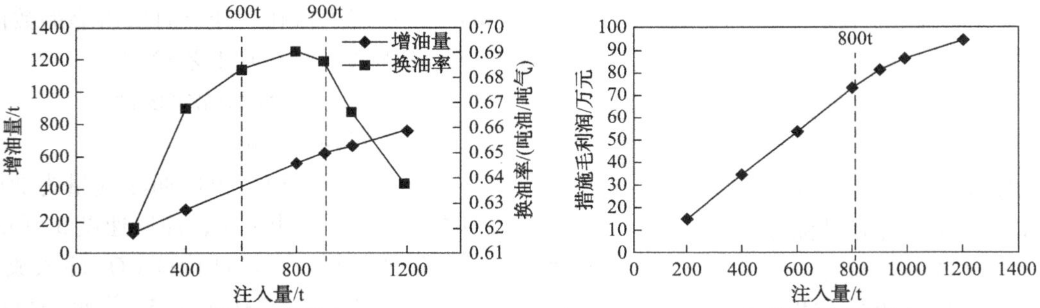

(a)对换油率的影响　　(b)对经济效益的影响

图 6　CO_2 注入量对换油率和经济效益的影响

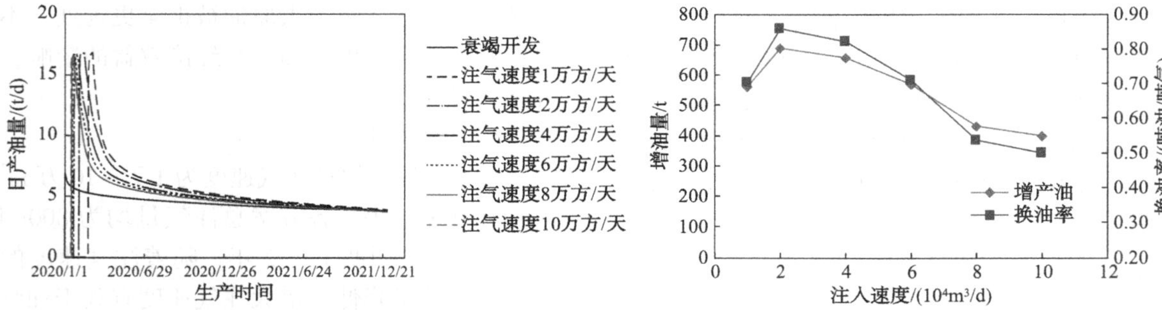

(a)对日产油的影响　　(b)对增油量的影响

图 7　CO_2 注入速度对日产油和增油量的影响

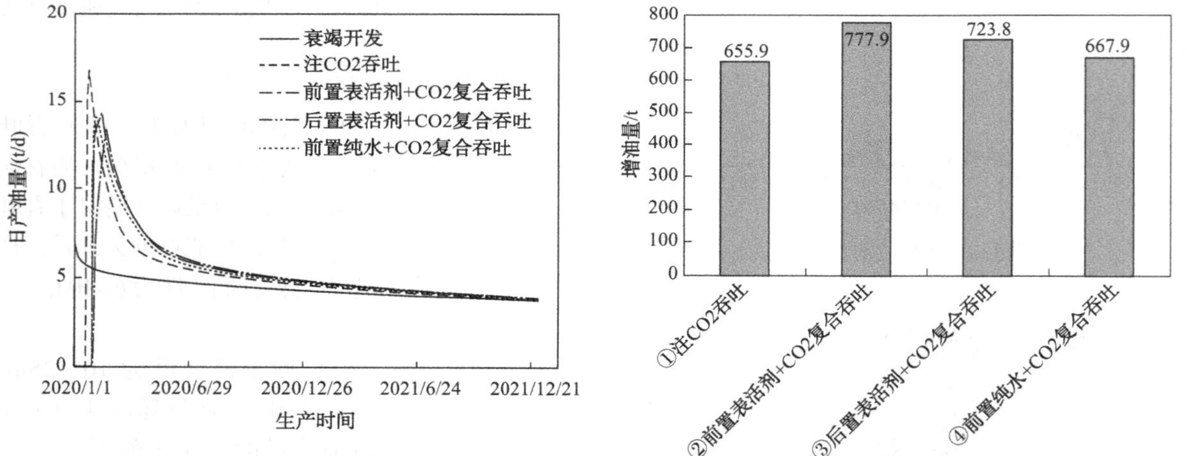

(a)对日产油的影响　　(b)对增油量的影响

图 8　表面活性剂段塞对日产油和增油量的影响

（2）表活剂段塞尺寸优化

方案设置：考察表活剂溶液段塞大小为 100~800t 时吞吐效果，注气速度 4 万 m^3/d，周期注气量 800t，焖井时间 8d，表活剂为前置注入，注入速度为 $40m^3/d$，方案预测单周期 2 年。单一表活剂溶液注入量越大，日增油量有增大趋势，但复合吞吐日增产油先增加后降低，注入水过多不利于回采。前置段塞为 150t 时复合吞吐效果最好。

2.4　优选结果

根据以上优化过程，建立一套 CO_2+表面活性剂多元吞吐注入流程，即：①注表活剂前置段塞②注 CO_2 段塞③注顶替液段塞④焖井⑤开井回采。

通过 CO_2 吞吐参数优化，得出目标井的最优的吞吐参数组合，其中 CO_2 注入量 800t，CO_2 注入速度 $2\sim4\times10^4m^3/d$，焖井时间 6～10d，采液强度大于 $15m^3/d$，表活剂段塞大小 400t。推荐操作工艺参数范围及敏感性见表 1。

表 1　CO_2 吞吐最优参数设计及敏感性

参数	值	敏感性	值
周期注入量/t	800	I	800
注入速度/($10^4m^3/d$)	2~4	II	4
闷井时间/d	6~10	III	8
采液强度/(m^3/d)	>15	II	20
复合吞吐注入方式	表活剂溶液前置+CO_2 后续注入	I	表活剂溶液前置+CO_2 后续注入
表活剂溶液段塞大小/t	400	II	400

注：I—表示增油与参数敏感性强；II—表示与参数敏感性相对强；III—表示与参数敏感性相对弱

3　现场试验

在五区南井区 B 井地层流体相态实验，相态参数获取和混相能力评价等基础之上，利用组分油藏数值模拟技术，对 B 井 CO_2+表面活性剂多元吞吐工艺进行优化，采用符合 B 井的注气吞吐最优方案。其中 CO_2 注入量 800t，CO_2 注入速度$(2\sim4)\times10^4m^3/d$，焖井时间 6～10d，采液强度大于 $15m^3/d$，第二周期注入时机为第一周期回采 6~9 个月后；表活剂段塞大小 400t。按照优化方案在五区南 B 井开展现场注气吞吐试验，增油效果明显。注 CO_2 吞吐增产措施 8 个月、净增油量达 630t，与吞吐第一周期预测产量和产能周期吻合，增产及工艺优化方案取得初步成效。

五区南乌尔禾组油藏 2021 年陆续投产 12 口水平井，其中油藏中部 4 口水平井采用了 CO_2 前置增能压裂方式，其效果类似于 CO_2 吞吐。对比分析五区南油藏 CO_2 前置增能压裂有普通压裂水平井生产动态，注 CO_2 井区 4 口水平井初期产能平均为 23.6t/d，未注 CO_2 井区 5 口水平井平均为 17.1t/d。可以看出通过采用 CO_2 前置增能压裂，水平井得到较高的初期产能，初期产能是普通压裂方式的 1.38 倍。统计新投产水平井相同生产时间内的累积产油量，得出普通压裂井区平均为 6.74×10^3t，而采用 CO_2 前置增能压裂方式井区的水平井中平均为 8.81×10^3t，累产油约为普通压裂井区的 1.31 倍。由此，从生产动态指标可以看出，采用 CO_2 前置增能压裂井区开发效果要优于采用普通压裂井区。

选择采出程度、水平段长、构造深度相近且不受邻井压裂干扰的 4 口水平井油压进行对比（图 9），油井开井生产后注 CO_2 井区油压明显高于未注 CO_2 井区，表明注 CO_2 可有效补充地层能量。

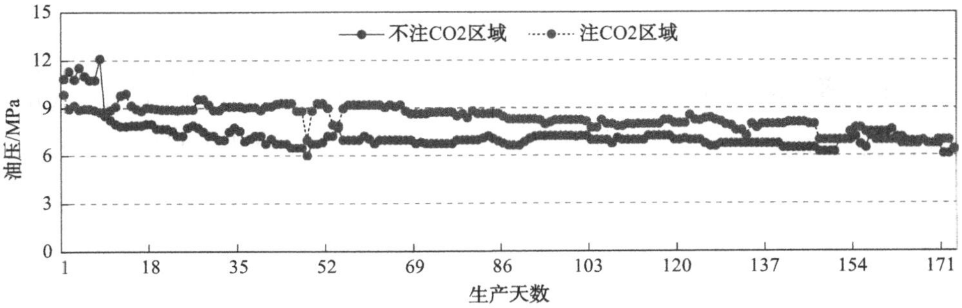

图 9　不同压裂方式水平井油压曲线

CO_2 在储层中具有更强的渗流能力，液态 CO_2 进入地层后由液态变为气态，体积迅速膨胀，CO_2 波及范围大。对注 CO_2 和未注 CO_2 区 9 口水平井的井口气样进行取样分析，可以看出，注 CO_2 区域内，A 井未实施 CO_2 前置增能压裂，但是目前已经从井口监测到 CO_2，而未注 CO_2 区域内已有 4 口井井口监测到 CO_2，表明 CO_2 在储层中扩散范围较广，波及区域较大。同时对 9 口水平井井口油样进行取样分析（图 10），可以看出，在温度为 50℃，未注 CO_2 井区所取油样的原油黏度均高于 200mPa·s，最高为 282.6mPa·s；注 CO_2 井区所取油样的原油黏度主要分布在 78.7~104.7mPa·s，表明 CO_2 在原油中的溶解，对于改善原油黏度具有十分明显的效果。

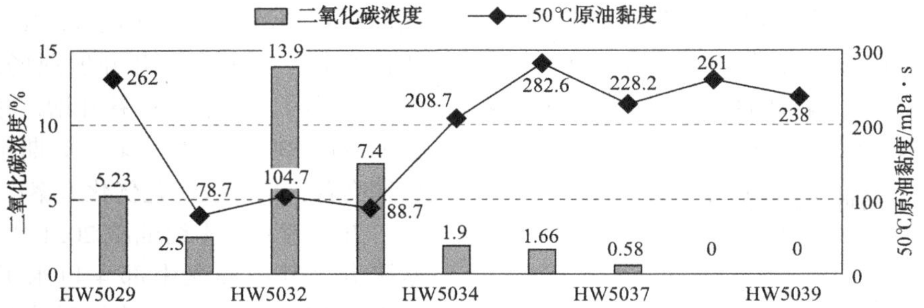

图 10　新投产水平井二氧化碳浓度和原油黏度

4　结论与认识

(1) 非混相 CO_2+表面活性剂多元吞吐技术增油效果明显，解决了五区南井区前期注水效果不佳、地层能量下降和流动性差的问题，该技术从理论到实践均可行；

(2) 建立的 CO_2+表面活性剂多元吞吐注入流程：表活剂前置段塞-CO_2 段塞-顶替液段塞-焖井-开井回采，适合非混相 CO_2+表面活性剂多元吞吐技术；

(3) 直井现场试验和水平井 CO_2 增能压裂的结果证实五区南油藏具备较好的 CO_2 吞吐增油潜力；

(4) 五区南井区共有 80 余口躺停井，目前采出程度 5.8%，剩余地质储量 670.3×10^4t，CO_2+表面活性剂多元吞吐技术在该区具备规模推广的条件。采用水平井开发+CO_2 吞吐能够激发老区增产活力，采收率可达到 38.39%，前景可期。

参考文献

[1] 宋传真，林长志，王元庆，等．低渗稠油油藏蒸汽-CO_2-化学剂复合吞吐研究[J]．成都理工大学学报(自然科学版)，2016，43(3)：336-343.

[2] 陈德春，周淑娟，孟红霞，等．陈家庄油田陈 373 块蒸汽吞吐后转 CO_2-化学剂复合吞吐研究[J]．油气地质与采收率，2014(6)：76-78.

[3] 彭彩珍，李超，杨栋．低渗透油藏二氧化碳吞吐选井研究[J]．油气藏评价与开发，2017，7(1)：32-35.

[4] 李相远，李向良，郭平，等．低渗透稀油油藏二氧化碳吞吐选井标准研究[J]．油气地质与采收率，2001，8(5)：66-68.

[5] 克林斯 M A 程绍进(译)．二氧化碳驱油机理及工程设计[M]．北京：石油工业出版社，1993.

[6] 钱卫明，余峰，季翔，等．溱潼凹陷复杂断块油藏 CO_2 吞吐试验[J]．油气地质与采收率，2002，9(2)：80-82.

[7] 谈士海，周正平，刘伟，等．复杂断块油藏 CO_2 吞吐试验及效果分析[J]．石油钻采工艺，2002，24(4)：56-59.

[8] 杨胜来，王亮，何建军，荣光迪．CO_2 吞吐增油机理及矿场应用效果[J]．西安石油大学学报：自然科学版，2004，19(6)：23-26.

[9] 钟立国，韩大匡，李莉．人工压裂低渗透油藏二氧化碳吞吐因素敏感性分析[J]．大庆石油学院学报，2009，33(4)：125-129.

长垣外围油田 CCUS 潜力优选及评价方法研究

靳占杰

(黑龙江省大庆市大庆油田勘探开发研究院)

摘　要　CO_2 驱油技术作为 CCUS 的重要手段之一，其应用推广迫在眉睫。不同油藏类型、开发阶段对 CCUS 技术适应性差异较大。国内目前整体处于 CO_2 驱矿场试验阶段，对于 CCUS 潜力规划缺少完善的评价体系和规范化的优选流程。本文结合油田开发现状、提采需求，确定在长垣外围开展二氧化碳非混相驱，并明确外围油田 CCUS 潜力筛选标准为原油黏度需小于 6mPa·s，空气渗透率 0.5~100mD，储层天然裂缝不发育的油层。建立外围油田 CCUS 产能建设规划“四进”工作流程，按照生产需求、提采效果、地面布局、管理便利导向“四进”原则，以“三退”逐级放宽方式开展上产规划设计，对油藏 CCUS 产能规划工作具有普遍适用意义。建立基于模糊评判的外围油田 CCUS 分级分类潜力评价方法，明确外围油田急需转 CCUS 潜力和 CCUS 接替潜力分布情况，为后续分类油藏 CCUS 源汇匹配、合理产量规模构建及开发次序规划提供技术支撑。

关键词　CCUS；长垣外围；潜力优选；潜力评价方法；模糊评判

注 CO_2 是低渗透油田改善开发效果、建立有效驱动体系的重要技术措施。同时，CO_2 驱油技术作为 CCUS 的重要手段之一，其应用推广迫在眉睫。受气源等因素影响，国内 CO_2 驱整体处于矿场试验阶段。通过已开展的矿场实践和室内试验，对 CO_2 混相驱和非混相驱机理进行了充分研究，对 CO_2 驱提高采收率现场调控技术进行了一系列探讨，但对于不同类型油藏 CO_2 驱替潜力优选和评价方面研究较少。

长垣外围油田目前已形成的 CO_2 驱筛选标准，随着技术的进步以及分类油藏的应用，需要进一步完善。同时，对标中石油绿色行动计划产能目标，考虑埋存的 CCUS 分类潜力评价体系及产能建设规划流程的欠缺，亟需建立长垣外围油田 CCUS 分类潜力评价与筛选原则，开展 CCUS 潜力优选及评价方法研究，落实外围油田 CCUS 分级分类潜力。

模糊评判法是基于模糊变换原理和最大隶属度原则，将定性描述转化为定量评价，实现同时对多因素进行综合评价的模糊数学方法。该方法能够有效降低人为主观因素影响从而使评价结果更加合理，结果的可靠性关键在于评价指标的筛选和分级标准的制定，因素判断矩阵的构建以及权重的确定。

本文针对大庆长垣外围油田，制定二氧化碳驱潜力筛选标准，确定潜力优选“四进”规划设计流程，并以模糊评判方法为依据，根据 CCUS 技术适应性建立潜力评价指标体系，形成三级评价方法，确定外围油田 CCUS 分级分类潜力，为后续分类油藏 CCUS 源汇匹配、合理产量规模构建以及开发次序规划提供支撑。

1　建立二氧化碳驱潜力筛选标准

1.1　二氧化碳驱油机理

CO_2 驱替类型受最小混相压力影响，当最小混相压力小于地层压力时发生混相驱，二氧化碳会抽提轻质组分使油气混相，利用混相效应大大降低油气界面张力，改变原油/地层岩石/周围流体的接触关系，扩大波及体积，从而大幅提高采收率。

当最小混相压力大于地层压力时为非混相驱，此时驱油的主要机理是：二氧化碳溶解在原油中，使原油黏度降低，增加原油流动性；使原油体积膨胀，增加原油弹性能，促进原油在多孔介质中的流动，减少流动过程中的流动阻力和毛管阻力，实现提高采收率；此外，在生产过程中，CO_2 在近井地带会从原油中分离并膨胀从而将原油驱入井筒，起到一定的溶解气驱作用。

1.2　明确长垣外围油田的 CO_2 驱开发方式

由图 1 可看出，长垣外围油田最小混相压力高，相对混相程度低，可以开展非混相驱。同时，在榆树林油田开展的非混相驱试验取得较好效果，能为推广提供技术借鉴。因此，最终确定在长垣外围开展二氧化碳非混相驱开发，二氧化碳驱可作为补充地层能量、改善开发效果和提高采收率的重要途径。

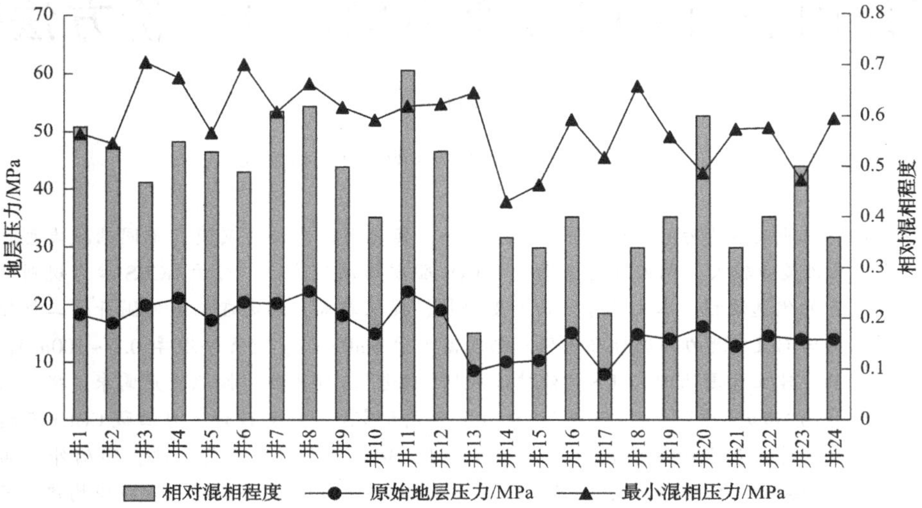

图1　长垣外围油田 CO_2 驱混相性实验结果

1.3　制定长垣外围油田 CO_2 驱潜力筛选标准

参照中国石油“CCUS-EOR 开发方案编制工作指导意见”(表1)，结合大庆外围油田开发现状、提采需求及国外成功案例统计数据，综合确定大庆外围油田 CO_2 驱筛选标准。

表1　中国石油“CCUS-EOR 开发方案编制工作指导意见”CO_2 驱油藏筛选参数取值范围表

筛选参数	推荐取值范围
原油密度/(g/cm³)	<0.89
地层油黏度/mPa·s	<6
储层深度/m	>1000
地层压力/MPa	>10
油藏温度/℃	<120
油藏渗透率/mD	>0.5
含油饱和度/%	>35
储层	有效砂体连续，且裂缝不发育

原油黏度越低，CO_2 与原油之间的界面张力越小，CO_2 在原油中的溶解度越大，因此同等压力条件下相对混相程度越高，原油体积膨胀效果越好，提高采收率效果越好。

调研国外获得经济效益的17个 CO_2 驱砂岩油藏参数见表2，92%的二氧化碳驱成功油藏，其原油黏度都在0.4-6mPa·s之间；参照中石油“CCUS-EOR 开发方案编制工作指导意见”，结合大庆油田地层原油黏度与相对混相程度曲线(图2)，最终确定大庆二氧化碳驱潜力筛选标准中，原油黏度需小于6mPa·s。

表2　国外获得经济效益的17个 CO_2 驱砂岩油藏主要参数统计表

油藏参数	最小值	最大值	平均值	分布
深度/m	426.72	2438.4	1591.541	1400~2000之间的项目占67%
孔隙度/%	4	32	13.37	7~18.1之间的项目占84%
渗透率/mD	1.3	270	11.2	1.5~75之间的项目占85%
°API	13	50	34.47	30~44之间的项目占91%
原油黏度/mPa·s	0	145	28.22	0.4~6之间的项目占92%
油藏温度/℃	27.78	82.78	46.69	36.67~66.67之间的项目占88%
油藏温度/℃	27.78	82.78	46.69	36.67~66.67之间的项目占88%

对于注 CO_2 开发的油藏，低渗透率可提供充分的混相条件，减少因 CO_2 与原油密度差引起的重力分离；而高渗透率易导致气窜时机提前，影响波及效果，同时生产气油比上升，降低整体驱替效率。

国外85%的成功案例，油藏渗透率介于1.5~75mD之间；指导意见只要求油藏渗透率大于0.5mD；但对于大庆外围油田，渗透率>100mD、丰度>30万吨/km^2 的区块作为化学驱

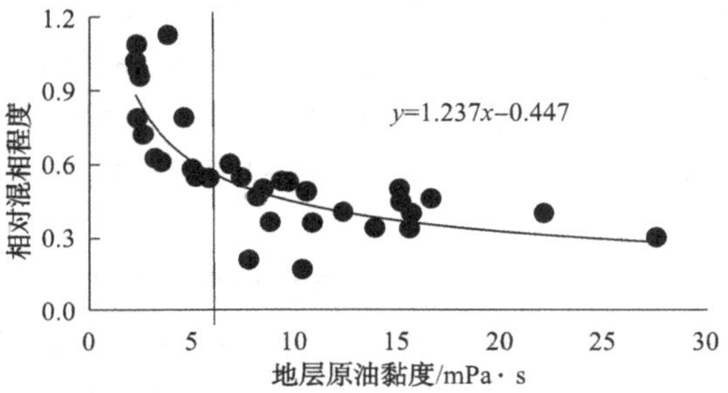

图 2　大庆油田地层原油黏度与混相程度关系图

潜力区，暂不考虑二氧化碳驱。因此大庆长垣外围的潜力筛选标准为，空气渗透率 0.5~100mD。

此外，裂缝性油藏受气窜影响其混相程度会大大降低，气驱的有效性也随之受到影响，因此在筛选长垣外围 CCUS 潜力时选择天然裂缝不发育的储层。

还需注意到，由于 CO_2 与原油的流度差别较大，储层横向非均质性越强，越易出现黏性指进及窜流从而降低波及效率，驱油效果越差；纵向非均质性强则会导致低渗透层受效甚微，若层间连通，气/油发生交渗流动，还会加剧重力分离作用，影响驱替效果。因此，在潜力筛选时选取砂体分布稳定，非均质性不太严重的油层。

综上所述，明确外围油田 CCUS 潜力筛选标准为原油黏度需小于 6mPa · s，空气渗透率 0.5~100mD，储层天然裂缝不发育的油层。据此初步筛选外围油田 CCUS 潜力储量，其中，萨葡油层已开发潜力分布集中连片、储量规模较大，扶杨油层潜力主要分布在榆树林油田。扶余油层致密油潜力主要分布在龙西和葡南，高台子油层潜力主要位于龙西。对于未动用区块的储量潜力，受技术经济可行性和规模化应用条件限制，暂不列入规划。

2　确定长垣外围油田 CCUS 上产规划设计流程

为进一步落实 CCUS 产油能力顶层设计要求，制定了大庆外围油田 CCUS 选区“四进”流程。优先以开发问题为导向选区，以采油速度不大于 0.5%为界限，筛选萨葡、扶杨及致密油油层急需转变开发方式的潜力。再以保证 CO_2 驱提采效果为追求，按照混相程度不小于 0.5 或黏度不大于 3mPa · s 的指标筛选潜力。对于两轮筛选后的潜力，综合考虑 CCUS 全产业链地面建设布局的方便性，以区块或相邻区储量不小于 1000 万吨且注采系统完善为条件再次进行优选，若筛选潜力能够满足产能需求，则以生产安全管理便利为导向做最后的筛选；若不满足产能需求，则逐级放宽潜力筛选条件复筛。根据“四进”工作流程，最终落实长垣外围已开发油田 CCUS 规划潜力 3.90 亿吨。

3　建立长垣外围油田 CCUS 分级潜力评价方法

为确定合理产量规模及开发次序，基于模糊评判法，建立外围油田 CCUS 分级潜力评价方法。

3.1　建立 CCUS 潜力综合评价指标体系

根据“四进”流程建立综合评价指标体系，采用 5 级评价标准，即 V =（好，较好，中等，较差，差），依据 CO_2 驱油理论，参考现有试验效果及现场生产管理经验，结合潜力区块开发现状，明确了 CCUS 潜力评价指标参数界限见表 3。

表 3　长垣外围油田 CCUS 潜力评价指标体系

评价系统	项目或指标	差	较差	中等	较好	好
生产需求导向	开井率/%	90~100	80~90	60~80	50~60	<50
	采油速度/%	>0.5	0.4~0.5	0.2~0.4	0.1~0.2	<0.1
提采效果导向	相对混相系数/f	<0.3	0.3~0.4	0.4~0.5	0.5~0.6	>0.6
地面布局导向	储量/10^4t	<200	200~400	400~600	600~800	>800
管理便利导向	连片性	独立开发单元	地层条件差距较小，无法规模开发	地层条件相近，开发单元不连片	地层条件具有一定代表性，但连片规模小	成片可规模推广
	管理经验	其他				榆树林

3.2　层次分析法求解指标权重

层次分析法可以实现将定性描述定量化，引入层次分析 1-9 标度方法，按照指标之间的相互关联影响以及隶属关系分出多层次结构，将各因素两两进行比较，构造长垣外围 CCUS 潜力综合指标的因素判断矩阵 A_1，以及生产需求指标、管理便利指标的因素判断矩阵 A_2 和 A_3：

$$A_1=\begin{bmatrix}1 & 1.4 & 2 & 3\\ 0.7 & 1 & 1.5 & 2.5\\ 0.5 & 0.7 & 1 & 1.5\\ 0.30.4 & & 0.7 & 1\end{bmatrix},$$

$$A_2=\begin{bmatrix}1 & 1.4\\ 0.71 & 1\end{bmatrix},$$

$$A_3=\begin{bmatrix}1 & 2.5\\ 0.4 & 1\end{bmatrix}。$$

用方根法求解各因素判断矩阵的最大特征值，对相应的特征向量进行归一化处理，通过随机一次性检验，最后确定评价指标权重集 $W_1=[0.38\quad 0.30\quad 0.190.13]^T$，即生产需求指标、提采效果指标、地面布局指标和管理便利指标的权重分别为 0.38，0.30，0.19 和 0.13。A_2 对应的权重集 $W_2=[0.58\quad 0.42]^T$，即开井率指标和采油速度指标的权重分别为 0.58 和 0.42。A_3 对应的权重集 $W_3=[0.71\quad 0.29]^T$，即连片性指标和管理经验指标的权重分别为 0.71 和 0.29。

将因素判断矩阵 A 与指标权重集 W 经过模糊变换，得到得到长垣外围 CCUS 潜力的最终评判结果矩阵 $Y=[0.22\quad 0.16\quad 0.30\quad 0.19\quad 0.09\quad 0.04]^T$。

3.3　确定 CCUS 分级分类潜力

根据最大隶属度原则，结合各区块开发指标，确定各区块潜力所属评价范围，实现 CCUS 潜力综合评价。按评价结果将 CCUS 潜力分为三级：急需、接替、暂缓。其中，评价结果为好和较好的归为急需转 CCUS 潜力，中等的归为 CCUS 接替潜力，较差和差归为 CCUS 暂缓潜力。

如表 4 所示，常规油中，急需转 CCUS 潜力 1.05 亿吨，主要分布在 B、D 和 A 油田，接替潜力 0.61 亿吨，分布在 C 油田。致密油中急需潜力 0.66 亿吨，主要分布在 E 和 F 油田，接替 0.20 亿吨，分布在 E 油田。

表 4　外围油田 CCUS 潜力优选评价结果示例

油田		A		B		C		D	E		F	
典型区块		A1	A2	B1	B2	C1	C2	D1	E1	E2	F1	F2
油层		扶杨	扶杨	萨葡	萨葡	萨葡	萨葡	萨葡	扶余	扶余	高台子	扶杨
各系统评价结果	开发导向	较好	中等	较好	较好	较差	差	中等	好	好	好	好
	混相导向	好	中等	好	好	中等	中等	较好	中等	中等	中等	中等
	地面布局导向	好	较差	好	较好	好	中等	好	中等	中等	中等	中等
	管理方便导向	好	好	中等	中等	中等	好	好	较好	中等	较好	较好
综合评价结果		好	中等	好	较好	中等	中等	好	较好	中等	较好	较好
代表储量潜力/10^4t		3067.1	2422.5	3496.3	2096.9	1246.0	2796.3	2835.0	738.05	2042.1	1979.5	3142.0

4　结论

（1）结合外围油田开发现状、提采需求，确定在长垣外围开展二氧化碳非混相驱，并明确外围油田 CCUS 潜力筛选标准为原油黏度需小于 6mPa·s，空气渗透率 0.5~100mD，储层天然裂缝不发育的油层。

（2）建立外围油田 CCUS 产能建设规划“四进”工作流程，按照生产需求、提采效果、地面布局、管理便利导向“四进”原则，以“三退”逐级放宽方式开展上产规划设计，对油藏 CCUS 产能规划工作具有普遍适用意义。

（3）建立基于模糊评判的外围油田 CCUS 分级分类潜力评价方法，明确外围油田急需转 CCUS 潜力和 CCUS 接替潜力分布情况，为后续分类油藏 CCUS 源汇匹配、合理产量规模构建及开发次序规划提供技术支撑。

参考文献

[1] 夏惠芬，徐勇．低渗透油藏 CO_2 驱油机理及应用现状研究[J]．当代化工，2017，46(03)：471-474.

[2] 龙冕，齐桂雪，冯超林．二氧化碳混相与非混相驱

油技术研究进展[J]. 中外能源，2018，23(02)：18-26.
[3] 赵明国，李金珠，王忠滨．特低渗透油藏 CO_2 非混相驱油机理研究[J]. 科学技术与工程，2011，11(07)：1438-1440+1446.
[4] 胡伟，吕成远，王锐，等．水驱油藏注 CO_2 非混相驱油机理及剩余油分布特征[J]. 油气地质与采收率，2017，24(05)：99-105.
[5] 张海龙．CO_2 混相驱提高石油采收率实践与认识[J]. 大庆石油地质与开发，2020，39(02)：114-119.
[6] Jing Zhao. Experimental Study on Reconstruction Effect of Low Permeability Oil Reservoir CO_2 Miscible Displacement on Physical Reservoir[J]. Journal of Convergence Information Technology，2013，8(5)：101-105.
[7] 苏玉亮．混相驱替机理[M]. 北京：石油工业出版社，2009：48-50.
[8] 袁斌，汪洋，白航航，等．CO_2 非混相驱原油膨胀及沥青质沉淀影响因素[J/OL]. 大庆石油地质与开发．
[9] 秦嘉敏，何永清，秦建军．低渗透油藏 CO_2 非混相驱提高采收率技术研究[J]. 中国石油和化工标准与质量，2021，41(19)：171-172.
[10] YANG Yongzhi，LIAO Guangzhi，WU Yang，etc. Displacement efficiency and storage characteristics of CO_2 in low permeability reservoirs：An experimental work[J]. Energy Exploration & Exploitation，2023，41(2)：101-104.
[11] 高慧梅，何应付，赵淑霞，等．低渗透油藏 CO_2 驱气窜影响因素分析及模糊评判预测[J]. 中国海上油气，2014，26(04)：63-66.
[12] 殷代印，刘凯，张承丽．软件实现模糊评判法对特高含水期油田开发效果评价[J]. 数学的实践与认识，2016，46(20)：114-121.
[13] 庞琴，张建楠，胡泊．模糊综合评判法在水驱开发效果评价中的应用[J]. 石油化工应用，2020，39(03)：76-82.
[14] 孔凡群．低渗透油藏 CO_2 非混相驱气窜影响因素试验[J]. 中国石油大学学报(自然科学版)，2021，45(03)：97-103.
[15] 耿文爽，杨二龙，宋考平．基于模糊综合评判的宋芳屯油田南部水驱开发效果综合评价[J]. 数学的实践与认识，2014，44(06)：76-80.

致密砂岩油藏渗吸吞吐与注 CO_2 驱替协同提高采收率实验

付兰清[1,2,3]　孙文静[1,2,3]　刘　勇[1,2,3]　兰玉波[1,2,3]　曹　胜[1,2,3]

(1. 大庆油田有限责任公司勘探开发研究院；2. 多资源协同陆相页岩油绿色开采全国重点实验室；3. 黑龙江省油层物理与渗流力学重点实验室)

摘　要　致密砂岩储层注渗吸介质与 CO_2 进行吞吐和驱替是提高基质采收率的有效方法之一。为探索渗吸和驱替协同作用对流体动用特征的影响，建立了渗吸吞吐转驱替孔隙流体动用实验方法，分析了致密砂岩驱渗协同孔隙流体动用机制。结果表明：不同孔隙对渗吸采收率的贡献依次为：中孔、小孔、大孔，驱替过程动用大孔、中孔为主。各因素对采收率的影响程度顺序为：转换时机>驱替方向>裂缝>驱替压力。研究成果可为致密油提高采收率研究提供借鉴。

关键词　致密砂岩；渗吸吞吐；驱替；松辽盆地；动用特征；采收率

渗吸是致密油藏压裂开发过程中基质孔隙内油液置换增产的重要机理。对于压裂形成裂缝控制区以外的致密基质，难以通过地层的压差条件建立有效驱替体系，渗吸采油是实现基质孔隙内原油动用的主要方法之一。但自发渗吸作用距离较短，一般需要结合吞吐和驱替等能量补充方式发挥协同作用，提高最终采收率。因此，在模拟致密油藏地层动态渗吸采油过程的基础上开展渗吸提高采收率实验研究具有重要意义。前人已对于常压条件自发渗吸开展了较丰富的实验研究，涉及岩石物性、孔隙结构、流体饱和度、界面张力、润湿性等因素对低渗、致密储层自发渗吸效率的影响。实验过程是否施加高压条件对致密储层渗吸效果影响明显，肖文联等研究认为页岩带压渗吸过程呈现单峰 T_2 谱曲线，但卸载应力后 T_2 谱曲线变成了双峰特征。江昀等发现致密油带压渗吸效率明显高于自发渗吸是得益于渗吸和压实的协同作用。实际上，地层岩石孔隙内的渗吸作用是融合压力变化的动态过程，即动态渗吸。屈雪峰等得出随着动态渗吸驱替速率提高，大孔喉内原油采收率增加，而小孔喉内的油水饱和度与静态渗吸基本相同。此外，渗吸吞吐作为一种注、闷、排及其循环过程中发生的动态渗吸，相比自发渗吸可以获得更高采收率。渗吸分别与吞吐和驱替的结合都是提高渗吸排油效率的有效方法，但对于两者结合的研究较少，也缺少渗吸吞吐转变为驱替的合理时机分析。

为了探索渗吸吞吐和驱替的合理结合方式，提高致密储层基质内原油采收率，建立了渗吸吞吐转驱替孔隙流体动用实验评价方法，并选取松辽盆地北部致密砂岩岩心，其具有储集空间以亚微米级孔隙为主、原始润湿性为弱亲水、地层水矿化度较低的特点。开展了基于核磁共振扫描的渗吸吞吐转 CO_2 驱替实验，结合高压压汞联测将核磁共振 T_2 谱转换为孔径分布，分析了渗吸吞吐与注 CO_2 驱替过程孔隙流体的动用机制，以及驱油介质注入方向、吞吐和驱替转换时机、驱替压力和裂缝对采收率的影响。

1　实验方法

1.1　实验装置及材料

实验样品为松辽盆地北部致密砂岩岩心，深度 2082.65～2097.32m，岩心物性参数见表 1。岩心 4-2 用巴西劈裂法造裂缝，造缝后测试渗透率为 0.855mD。实验用油为去氢模拟油，在实验温度 50℃ 时黏度 4.87mPa·s，密度 1.805g/cm³。实验用水是模拟地层水，矿化度 5763mg/L。实验用气为高纯 CO_2，纯度为 99.99%。核磁共振在线扫描采用 MacroMR12-150H-1 型核磁共振仪，磁场强度 0.3T，主频率 12.8MHz，选取幂函数转换方法将核磁共振 T_2 谱转换为孔径分布。油与活性水的界面张力测试采用 TX-500C 型旋转滴界面张力仪。三相接触角测试采用 DSA100 型接触角测量仪。

表 1 岩心基础参数和实验方案

样号	长度/cm	直径/cm	孔隙度/%	渗透率/mD	实验方案
1-1	5.43	2.51	9.73	0.216	①高压静态渗吸 ②接触角测定
1-2	5.08	2.51	9.70	0.241	
1-3	5.40	2.51	9.59	0.307	
1-4	4.96	2.51	9.62	0.314	
1-5	4.87	2.51	10.41	0.225	
1-6	5.02	2.51	9.57	0.103	
2-1	5.25	2.50	11.58	0.331	渗吸转驱替时机
2-2	4.86	2.50	11.97	0.235	不同驱替方向
3-2	5.01	2.51	10.62	0.297	不同驱替压力
4-2	5.28	2.52	11.75	0.322	裂缝影响

1.2 活性水质量分数选取

测试不同质量分数的活性水与模拟油的界面张力。岩心在 50℃ 下抽空加压饱和模拟地层水 48h 后，用驱替法建立束缚水状态。以活性水为渗吸介质，进行 50℃ 下 18MPa 高压静态渗吸实验，之后测试油-活性水-岩石接触角。

1.3 渗吸吞吐转驱替孔隙流体动用实验

采用在线核磁共振扫描技术测定岩心饱和水、束缚水、各渗吸阶段及驱替后残余油状态下的 T_2谱。通过 T_2谱获取流体在岩心孔隙中的分布，结合出口端采油量计量，研究不同尺度孔隙的动用特征。实验流程如图 1 所示。实验步骤如下。

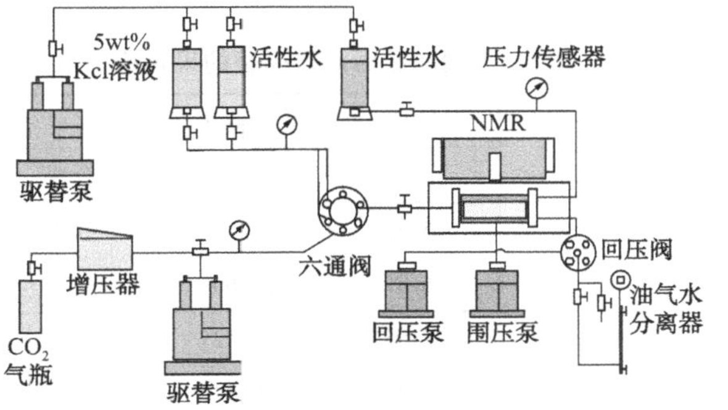

图 1 渗吸吞吐转驱替实验流程

（1）对无磁夹持器进行核磁共振空白扫描，保持夹持器无基底信号。将饱和水岩心装入夹持器，在 50℃ 下进行核磁共振扫描获得饱和水状态的 T_2谱。

（2）采用阶梯恒压法（最高驱替压力 32MPa）注入去氢模拟油至出口端不再产水后，调整围压为 30MPa，降低驱替压力为 16MPa，继续驱替 1PV，使得岩心内的压力分布均匀，而后对岩心进行束缚水状态的核磁共振扫描。关闭夹持器入口。

（3）打开夹持器另一端连接活性水的渗吸流程，实现岩心一端与渗吸介质接触，利用驱替泵使岩心内压快速增压至 24MPa 后，按设计时间恒定压力，模拟闷井。然后，在 5min 内缓慢降低回压为 16MPa，设置注入速度 0.5mL/min，建立活性水在岩心端面的连续缓慢流动，把渗吸作用从岩心端面排出的油携带出来。之后停泵，记录渗吸产油量，并进行核磁共振扫描。按设计闷井时间，重复本步骤。

（4）达到设计渗吸时间后，用 CO_2 恒定驱替压力 16MPa 驱替 3PV。采用围压跟踪模式，出口端设置回压 12MPa（对于岩心 3-2 的第二次实验，设置回压 8MPa），记录累计出油量，驱替结束后进行核磁共振扫描。

（5）根据方案更换岩心或对同一岩心重新洗油后，重复（1）至（4）步骤进行实验。

（6）对岩心重新洗油后进行高压压汞测试。

2 实验结果与分析

2.1 活性水质量分数优选

为优选最佳活性水质量分数进行后续渗吸吞吐转驱替实验，配制不同质量分数的活性水，测试结果见表 2。随质量分数增加，界面张力和接触角均降低，但降幅逐渐减小。当质量分数为 0.1%时，界面张力为 1.22mN/m，接触角降低为 37.3°，继续增大质量分数，变化不明显，渗吸采收率反而降低。后续实验选取质量分数 0.1%的活性水。

表 2　不同质量分数活性水测试结果

样号	质量分数/%	界面张力/(mN·m^{-1})	接触角/°	渗吸采收率/%
1-1	0.01	31.22	68.5	14.95
1-2	0.05	11.34	51.1	18.77
1-3	0.1	1.22	37.3	21.29
1-4	0.3	0.85	35.8	20.84
1-5	0.5	0.37	30.5	20.07
1-6	1.0	0.095	29.3	19.18

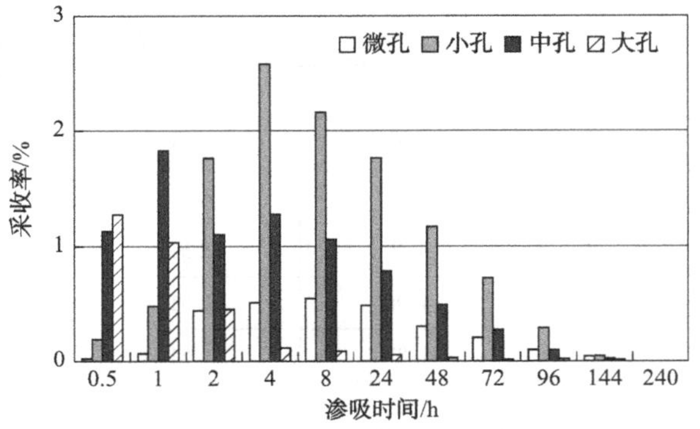

图 2　不同渗吸时间的孔隙采收率

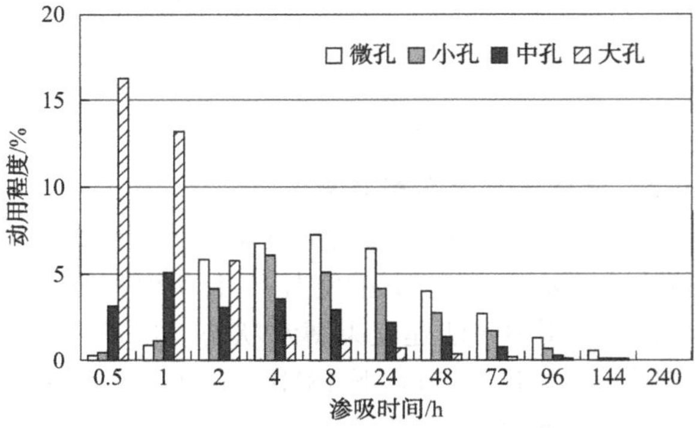

图 3　不同渗吸时间的孔隙动用程度

2.2　不同渗吸时间孔隙流体动用特征

致密岩心从束缚水状态开始接触活性水进行渗吸吞吐过程中，通过计算不同渗吸时间下不同孔径孔隙的阶段采收率和动用程度，实现渗吸排油能力和动用程度的量化表征。其中，动用程度是不同孔径范围孔隙的渗吸排油量占该孔径范围内原始饱和油量的比例。

由图 2、图 3 可知，在吞吐渗吸时间 2h 内的初期阶段，大孔($T_2 \geqslant 100$ms)和中孔($10\text{ms} \leqslant T_2 < 100$ms)对阶段采收率起主要贡献，大孔的动用程度首先达到峰值 16.91%，表明在压差和毛细管力作用下，活性水首先通过大孔隙进入，先置换大孔隙的油。在 2h~72h 的中期阶段，小孔($1\text{ms} \leqslant T_2 < 10$ms)和微孔($T_2 < 1$ms)的阶段采收率和动用程度明显增加，小孔在 4h 时最高，分别为 2.58% 和 6.08%，微孔在 8h 时达到峰值，而后逐渐降低。在同一阶段，大孔和中孔的阶段采收率和动用程度处于较低水平并持续下降，表明基质内的油是从小孔到大孔逐渐置换转移。在 72h 之后的后期阶段，各尺度孔隙的阶段采收率和动用程度都在衰减，仅有小孔和微孔相对较高，表明油变为零散的非连续相，由小孔喉缓慢进入相对较大的孔隙内聚集再置换出来。各孔径尺度孔隙具有不同的采收率和动用程度，大孔动用程度为 39.17%，但采收率为 3.08%，仅高于微孔的 2.73%，反映出大孔主要起到渗吸排油通道作用。小孔、中孔动用程度分别为 26.34% 和 22.46%，而采收率为 11.18% 和 8.06%，明显高于大孔，可见其孔容较大，对采收率贡献占主导地位。

2.3　渗吸转驱替时间对采收率影响

不同渗吸时间后驱替的实验结果如表 3 所示。随着渗吸时间增加，驱替阶段采油量减少，但加计渗吸阶段的总采收率先升高后降低，当渗吸时间为 96h 时转驱替，采收率最高，达到 39.19%。渗吸时间较短时转换为驱替，小孔隙内渗吸作用仍在继续，其与驱替过程压力扰动互相影响的结果使较多油留在孔隙中。适当延长渗吸时间，利用渗吸作用将油从小孔隙置换到大孔隙，增加大孔隙内油的饱和度，有助于油随驱替介质一同排出。

表 3　不同渗吸时间转驱替的采收率

渗吸时间/h	阶段采收率/%		
	吞吐	驱替	合计
72	25.82	10.41	36.23
96	26.59	12.60	39.19
144	27.05	11.42	38.47
240	27.39	10.54	37.93

2.4　驱替的方向对采收率影响

对岩心 2-2 在渗吸 96h 后，进行与渗吸排油方向同向和异向驱替实验。当驱替方向与渗吸排油方向相同时，驱替引起的信号幅度值降低量大于异向驱替，其中，半径 1μm 以上的大孔幅值降低相对明显。表明驱替阶段采油主要来自小孔隙在渗吸中后期排入大孔隙的油，因油滴体积小，需要在压差作用下排出。驱替方向与渗吸排油方向相同，有利于动用岩心内远离渗吸排油出口的油。

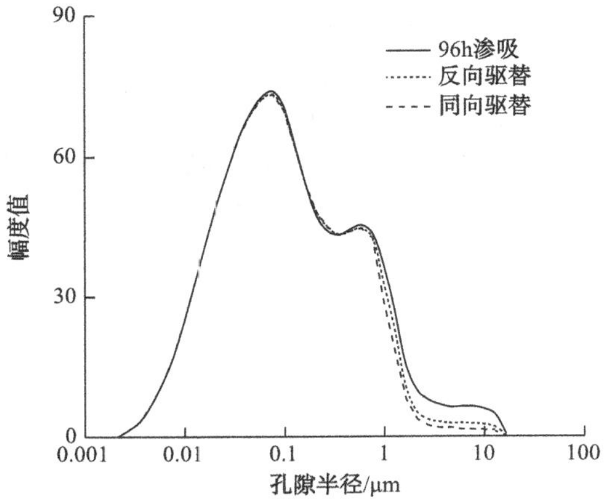

图 4　不同方向驱替后孔隙流体变化

2.5　渗吸后驱替压力对采收率影响

对岩心 3-2 在渗吸 96h 后，进行驱替压力 8MPa 和 13MPa 的对比实验，实验结果见表 4。当驱替压力较高时，注入较小驱替倍数，采收率已达到稳定。不同驱替压力下同一岩心在驱替阶段的采收率基本相同。表明在建立有效流动的前提下，增大驱替压力主要提高了驱替排油的效率。

表 4　渗吸后不同驱替压力的采收率

驱替压力/MPa	驱替阶段采收率/%		
	驱替 1PV	驱替 3PV	驱替 5PV
8	8.60	9.73	10.68
13	9.28	10.15	10.71

2.6　裂缝对采收率影响

对岩心 4-2 开展造缝前后的渗吸吞吐转换驱替实验，渗吸时间 96h，驱替压力 4MPa，驱替 3PV，实验结果见表 5。裂缝的存在使得岩心 4-2 在渗吸阶段采收率增加，但驱替阶段采收率降低，总采收率略有增加。对于裂缝发育的致密储层，既要发挥裂缝促进渗吸介质深入岩石内部进行渗吸作用的优势，也有必要保证合理渗吸时间，减少驱替过程流体沿裂缝突进对采收率的影响。

表 5　造缝前后渗吸吞吐和驱替的采收率

状态	阶段采收率/%		
	渗吸吞吐	驱替	合计
基质	23.97	10.86	34.83
带裂缝	26.04	9.45	35.49

3　结论

（1）渗吸吞吐采收率比高压静态渗吸更高，利用微小孔隙的强毛管力控制下的逆向渗吸作用提供基质排油动力，结合吞吐过程的压力变化以及后续的驱替作用可以进一步提高基质孔隙内原油的采收率。

（2）在渗吸阶段，大孔首先得以动用并起到排油通道作用，小孔、中孔对渗吸采收率贡献占主导地位。驱替过程主要动用来自小孔隙在渗吸中后期排入大孔隙的油，利用渗吸作用将油从小孔隙置换到大孔隙，增加大孔隙内油饱和度，有助于油随驱替介质一同排出。

（3）各因素对采收率的影响顺序为：转换时机>驱替方向>裂缝>驱替压力。在建立有效流动的前提下，增大驱替压力主要提高了驱替排油的效率。驱替方向与渗吸排油同向有利于动用岩心内远离渗吸排油出口的油，裂缝的存在增加了渗吸阶段采收率，但驱替阶段采收率略有降低。

参　考　文　献

[1] 蒲春生，康少飞，蒲景阳，等．中国致密油藏水平井注水吞吐技术进展与发展趋势[J]．石油学报，2023，44(1)：188-206.

[2] Scerbacova A，Mukhina E，Bakulin D，et al. Water-and Surfactant-Based Huff-n-Puff Injection into Unconventional Liquid Hydrocarbon Reservoirs：Experimental and Modeling Study[J]. Energy & Fuels，2023，37(15)：11067-11082.

[3] 齐松超，于海洋，杨海烽，等．致密砂岩逆向渗吸作用距离实验研究[J]．力学学报，2021，53(9)：2603-2611.

[4] 雷征东，王正茂，慕立俊，等．致密油多场重构驱渗结合提高采收率技术[J]．石油勘探与开发，2024，51(1)：137-146.

[5] 李斌会，付兰清，董大鹏，等．松辽盆地北部致密砂岩高温高压吞吐渗吸实验[J]．特种油气藏，2018，25(1)：140-145.

[6] 王香增，党海龙，高涛．延长油田特低渗油藏适度温和注水方法与应用[J]．石油勘探与开发，2018，45(6)：1026-1034.

[7] 杨正明，刘学伟，李海波，等．致密储集层渗吸影响因素分析与渗吸作用效果评价[J]．石油勘探与开发，2019，46(4)：739-745.

[8] 肖文联，张骏强，杜洋，等．页岩带压渗吸核磁共振响应特征实验研究[J]．西南石油大学学报(自然

科学版)，2019，41(6)：13-18.

[9] 江昀，许国庆，石阳，等．致密岩心带压渗吸规律实验研究[J]．石油实验地质，2021，43(1)：144-153.

[10] 屈雪峰，雷启鸿，高武彬，等．鄂尔多斯盆地长7致密油储层岩心渗吸试验[J]．中国石油大学报(自然科学版)，2018，42(2)：102-109.

[11] 余海棠，何亚斌，刘艳梅，等．超低渗透油藏高温高压动态吞吐渗吸驱油实验[J]．大庆石油地质与开发，2022，41(5)：80-86.

[12] 史晓东，孙灵辉，战剑飞，等．松辽盆地北部致密油水平井二氧化碳吞吐技术及其应用[J]．石油学报，2022，43(7)：998-1006.

[13] 冯军，张博为，冯子辉，等．松辽盆地北部致密砂岩储集层原油可动性影响因素[J]．石油勘探与开发，2019，46(2)：312-321.

[14] 付兰清．致密砂岩动态渗吸排驱核磁共振在线实验——以松辽盆地北部扶余油层为例[J]．大庆石油地质与开发，2023，42(3)：66-74.

基于质点运移的海上厚层油藏未水淹厚度定量表征

张 静 陈晓明 刘玉娟 郑 彬 叶 霖

[中海石油(中国)有限公司天津分公司]

摘 要 海上油田由于其特殊性，测试作业成本高，监测资料匮乏，未水淹厚度预测相对困难，尤其是厚层油藏，在重力、驱动力等的共同作用下，高含水阶段剩余油分布更加复杂。为了定量表征海上厚层油藏未水淹厚度，基于渗流力学理论，建立了封闭边界不等产量一源一汇注采模型，考虑地层压力、重力、质点平面及纵向渗流速度，定量计算了质点运移距离，形成注采井间未水淹厚度定量表征模型。渤海L油田矿场实践表明，理论方法计算与实际水淹情况基本相符，部署水平井挖潜顶部未水淹储层，效果显著。该方法可为井间纵向剩余油定量表征提供借鉴。

关键词 海上油田；重力渗流；质点运移；未水淹厚度；剩余油分布

不同于陆地油田，海上油田测试作业成本高，监测资料匮乏，未水淹厚度预测相对困难，揭示厚层油藏的未水淹厚度，对于油田后期挖潜至关重要。很多学者对常规油藏的剩余油及水淹规律开展了大量研究，但厚层油藏在重力、驱动力等的共同作用下，剩余油分布更复杂。目前对于厚层油藏纵向剩余油分布及水淹规律快速定量表征的研究不多。

郑浩等结合油藏精细描述及产液、吸水剖面等测试资料，通过油藏工程方法定量研究了平面水淹规律；付焱鑫等结合动态分析和水淹层定量解释，总结了水淹规律，提出了水淹主控因素；杨景强等构建了注水条件下三维模型，考虑并联，探索了在不同注采环境下，地层水电阻率变化规律，为不同开发阶段水淹规律认识提供借鉴；韩刚基于水淹层测井解释，综合考虑沉积微相、采油方式，总结了水淹后物性变化及测井曲线响应特征，建立水淹解释新方法，更好的把控未水淹厚度；王胜利基于少量岩心物理实验及密闭取心资料，总结了化学驱水淹机理、测井相应特征及化学驱水淹层解释方法，构建了高精度储层动静态参数预测模型。这些描述方法相对单一，多停留在物模定性研究、多因素控制下水淹规律总结分析及实际测井解释方法改进，很难满足厚层油藏未水淹厚度快速定量预测和后期精细调整需求。本文提出了一种新方法，考虑重力作用影响，基于注采井间质点运移计算，快速评价海上厚层油藏注采井间波及程度、未水淹厚度及剩余油分布规律，指导调整挖潜。

1 基于质点运移的早期注聚厚层油藏注采井间水淹厚度定量计算

1.1 模型建立

基于渗流力学理论，综合渗流速度、压力梯度、重力作用等运动方程，构建注采井间注水质点平面及纵向运移距离理论计算模型，定量表征注水波及、未水淹厚度。

模型假设条件：

模型采用封闭边界，模拟水平纵向二维单相流动，无毛管力。产量不相等，一注一采。

对于流场中任意一个质点P(图1)，其速度为矢量，若仅A生产，质点P的平面速度v_A为：

$$v_A=\frac{q_A}{2\pi r_1} \tag{1}$$

式中，v_A为质点在仅A井存在时渗流速度，m/d；r_1为质点距离A井的距离，m。

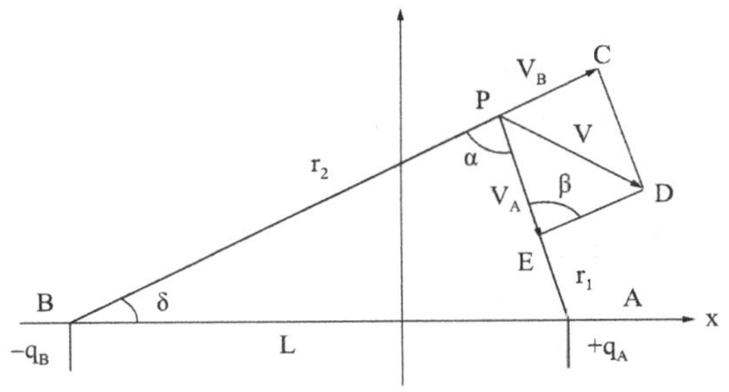

图1 一源一汇注采示意图

假设仅 B 生产，质点 P 的平面速度 v_B 为：

$$v_B=\frac{q_B}{2\pi r_2} \tag{2}$$

式中，v_B 为质点在仅 B 井存在时渗流速度，m/d；r_2 为质点距离 B 井的距离，m。

假设井 A 和井 B 同时生产，质点 P 的平面速度 v_h 为：

$$v_h=v_A+v_B \tag{3}$$

式中，v_h 为质点在 A、B 井同时存在时渗流速度，m/d。

根据矢量相加原理：

$$v_h{}^2=v_A{}^2+v_B{}^2-2v_Av_B\cos\beta \tag{4}$$

渗流速度方向与位置方向存在平行关系：

$$DE//PB \tag{5}$$

所以：

$$\angle\alpha=\angle\beta \tag{6}$$

式中，α 为质点与 A、B 井方向夹角，°；β 为 v_A 与 v_B 平行线夹角，°。

根据余弦定理：

$$L^2=r_1^2+r_2^2-2r_1r_2\cos\alpha \tag{7}$$

式中，L 为 A、B 井距离，m。

得到：

$$\cos\alpha=\frac{r_1^2+r_2^2-L^2}{2r_1r_2} \tag{8}$$

(3)、(4)、(6)、(8)式联立：

$$v_h^2=\left(\frac{q_A}{2\pi r_1}\right)^2+\left(\frac{q_B}{2\pi r_2}\right)^2-2\frac{q_A}{2\pi r_1}\frac{q_B}{2\pi r_2}\frac{r_1^2+r_2^2-L^2}{2r_1r_2} \tag{9}$$

式中，q_A 为 A 井产液强度，m^3/d；q_B 为 B 井产液强度，m^3/d。

得到任意质点的平面速度表达式：

$$v_h=\sqrt{\left(\frac{q_A}{2\pi r_1}\right)^2+\left(\frac{q_B}{2\pi r_2}\right)^2-2\frac{q_A}{2\pi r_1}\frac{q_B}{2\pi r_2}\frac{r_1^2+r_2^2-L^2}{2r_1r_2}} \tag{10}$$

进一步简化为：

$$v_h=\frac{1}{2\pi}\sqrt{\left(\frac{q_A}{r_1}\right)^2+\left(\frac{q_B}{r_2}\right)^2-\frac{q_Aq_B(r_1^2+r_2^2-L^2)}{(r_1r_2)^2}} \tag{11}$$

其中：

$$r_1^2=r_2^2+L^2-2r_2L\cos\delta \tag{12}$$

式中，δ 为 v_B 与 A、B 井连线方向夹角，°。

实际质点在渗流过程中，因为油和驱替相密度差，受到重力和浮力作用，考虑不同位置含水饱和度分布，s_L 为 s_w 与 s_o 的最小值，其纵向渗流速度 v_Z 为：

$$v_Z=\frac{k_z}{\mu}\left(\frac{s_L\rho_p}{s_o}-\rho_o\right)=\frac{bk_h}{\mu}\left(\frac{s_L\rho_p}{s_o}-\rho_o\right) \tag{13}$$

式中，v_z 为质点纵向渗流速度，渗流速度，m/d；k_z 为纵向渗透率，mD；k_h 为水平渗透率，mD；b 为纵向渗透率与水平渗透率的比值，小数。s_w 为含水饱和度，小数；s_o 为含油饱和度，小数；ρ_p 为驱替相密度，g/cm^3。

式(11)、(13)可以看出，在不等产量一源一汇注采模型内，质点平面速度为质点距离两井的距离和角度的函数，其纵向速度与其流度和密度差正相关。

已知量为注采井距，计算得到水平速度与纵向速度后，纵向位移与时间有关。

采用等分法，平均分割注采井距，每段长度为 Δr，以此得到每一小段的 Δt 作为质点经过这一小段水平位移所需时间：

$$\Delta t=\frac{\Delta r}{v_h} \tag{14}$$

进而得到质点在 Δt 时间内的纵向位移，表达式为：

$$\Delta h=\Delta tv_z=\frac{v_z}{v_h}\Delta r \tag{15}$$

积分得到纵向位移即纵向未水淹厚度：

$$h_z=\int_{-\frac{\pi}{2}}^{\frac{\pi}{2}}d\delta\int_0^{r_2}\frac{v_z}{v_h}\Delta rd_r \tag{16}$$

式中，h_z 为质点纵向未水淹厚度，m。

1.2 计算结果

通过设定计算模型中的动静态参数，厚度、渗透率、油、驱替相密度、注采井距、注采量等，得出纵向波及程度及未水淹厚度。

运用 MATLAB 编写程序，带入渤海 L 油田实际参数，注采井距设定 300m，平面渗透率设定为 1200×10^{-3}mD，水平方向渗透率为纵向的 10 倍，储层厚度设定为 60m，地层原油和驱替相聚合物溶液密度差为 $170kg/m^3$，注采平衡，产液量 $200m^3$/天，地下原油黏度取 13mPa · s，运行程序进行计算，可描绘出厚层油藏注水质点平面、纵向运移路径，从而得到最终未水淹厚度及纵向剩余油分布情况(图 2)。

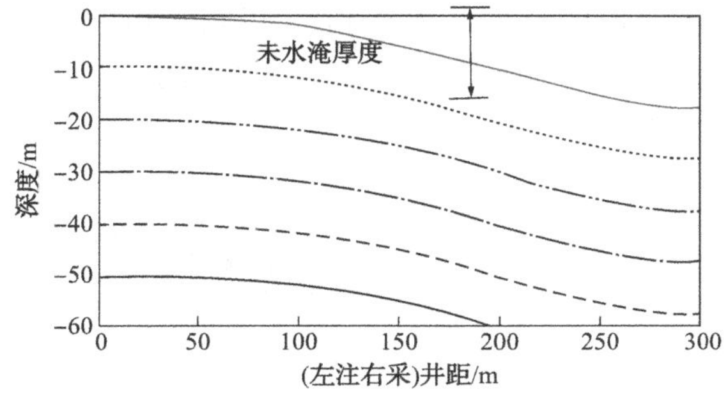

图 2 储层不同位置质点理论运移路径示意图

1.3 敏感因素分析

分别针对纵向、水平渗透率比、油和驱替相密度差、韵律性、注采量这 4 个参数进行了敏感性因素分析。

(1) 设定纵向与平面渗透率比为 0.10、0.15，计算得到驱替后期油水界面三维分布(图 3)。白色部分为未波及区，彩色部分为注入水波及区。

可以看到，质点运移前缘和剩余油最终波及界面受平、纵渗透率比影响较大，这是因为该值越高，注水驱替时重力作用表现越明显，较大压力梯度加大质点在纵向上的移动速度，促使驱替前缘快速推进，快速见水，使最质点最终运移位置纵向距离储层顶面越大，波及越小，水淹厚度越小，未水淹厚度越大。

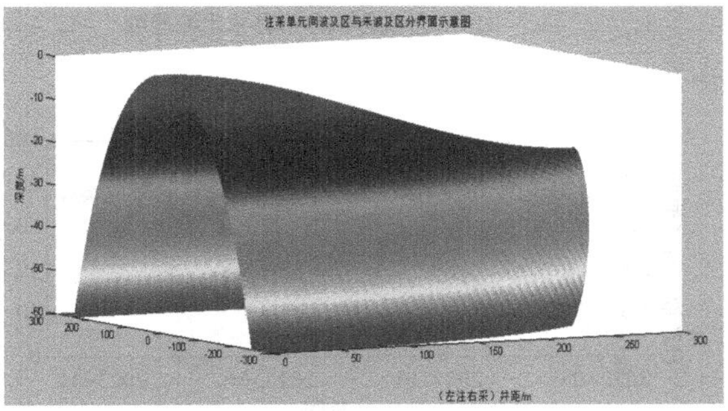
(a)渗透率比值0.10模型水淹厚度示意图

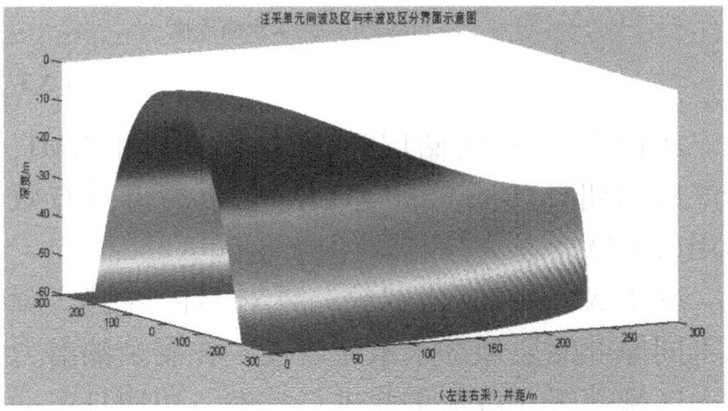
(b)渗透率比值0.15模型水淹厚度示意图

图 3 不同渗透率比值模型水淹厚度示意图

(2) 改变油和驱替相聚合物溶液密度差分别为 150kg/m^{3}和 250kg/m^3，可以得到，油与驱替相密度差越大，未波及区更大，水淹厚层减小，未水淹厚度增大。这是因为，油和驱替相聚合物溶液密度差越大，重力作用也越明显，质点在纵向运移速度加快，同样的水平驱替压力及驱替时间内，纵向位移越大，使最质点最终位置在纵向上距离储层顶面越大，未水淹厚度越大。

(3) 韵律为水淹主控因素之一，不同韵律储层纵向水淹厚度不同。以深度为自变量，建立深度与纵向渗透率的关系函数，得到正韵律、反韵律条件下纵向波及结果。反韵律储层未水淹厚度更小，这是因为反韵律模型纵向渗透率逐渐变小，渗流阻力增大，质点纵向运移速度逐步变小，见水时油水前缘推进距离更远，减弱了重力分异作用，波及程度更大，水淹厚度更大，未水淹厚度更小。

(4) 注采量为剩余油分布主控因素，改变模型注采量，分别得到纵向波及结果。对比可知，注采强度越大，剩余油分界面距离储层顶面距离越小，纵向波及越大，水淹厚度越大，这是因为注采强度越大，质点平面运移速度越大，从注入井运移至生产井所需时间越短，较短的时间里纵向运移距离较小，即质点最终运移位置距离储层顶面距离越小，重力作用减弱，未水淹厚度变小，波及较大。

2 实际应用

L 油田为渤海典型的厚层油藏，含油层系为古近系东营组，储层为高孔中高渗储层，流体性质较好，地面原油为重质常规原油。油藏厚度大，单层厚度达到 69m，纵向储层总厚度高达 110m。油田 2005 年 2 月投产，含水 27%时油田开始注入聚合物开发，截至 2023 年 12 月 31 日，油田综合含水率 86%，动用储量采出程度 33%，已处于高含水高采出阶段。厚层内部精细剩余油研究对挖潜至关重要。而由于重力作用影响，厚层顶部剩余油富集，部署水平井为后期的主要挖潜方向。

渤海 L 油田 2005 年投产，注采井距相对较大，为 500m。后期进行加密调整，其中注水井 X1 井与采油井 X2 井中间加密一口采油井 X3

井，距离注水井 300m，砂岩厚度 26m，采液强度 6.6m^3/d/m，油和注入聚合物溶液密度差 0.13g/cm^3，渗透率 1300mD，预测 X3 井的顶部未水淹厚度为 7.6m(图 4)，实际测井解释未水淹厚度为 8.5m(图 4)，理论方法计算与实际水淹情况基本相符。

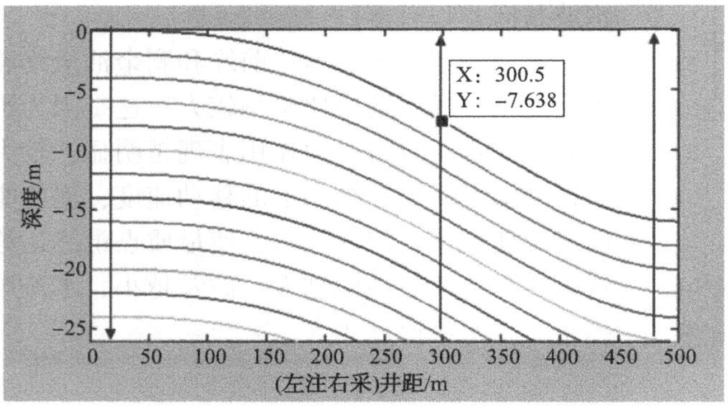

(a)X3井预测未水淹厚度

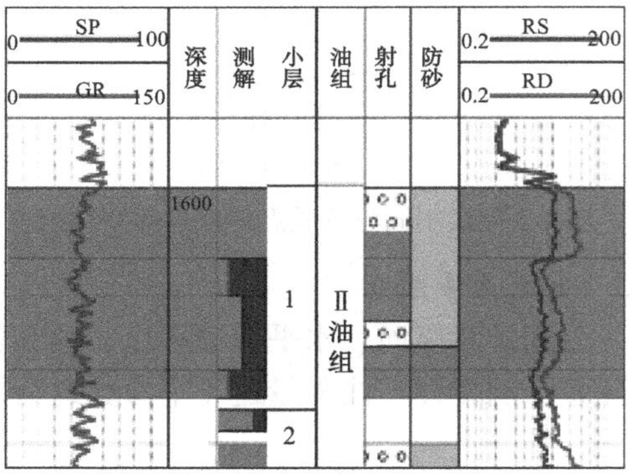

(b)X3井实际测井解释未水淹厚度

图 4　渤海 L 油田 X3 井预测及实际未水淹厚度图

2018 年该井区储层顶部部署水平井 X4H，投产后初期日产油 80m^3，顶部剩余油得到有效动用(图 5)。

基于 X4H 的成功试验，针对不同井区，预测不同厚度储层顶部未水淹厚度，在剩余油潜力较大区域部署 3 口水平井进行挖潜，初期日产油 63m^3~108m^3，显著改善了油田开发效果(表 1)。

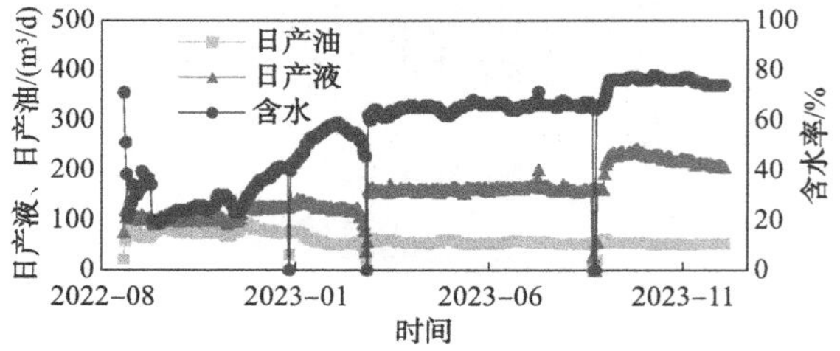

图 5　L 油田 X4H 井实际生产曲线图

表 1　渤海 L 油田水平井挖潜砂体顶部剩余油初期产能

井号	生产层位	油层厚度/m	预测未水淹厚度/m	渗透率/mD	黏度/mPa·s	初期产油/(m^3/d)	含水率/%
X5H	1	30	10	1130	14	63	42
X6H	1	16	5	2000	14	80	4
X7H	1	17	6	4114	7	180	5

3　结论

(1) 基于渗流力学理论，构建了海上厚层油藏未水淹厚度定量计算模型，定量表征了未水淹厚度及剩余油富集规律。

(2) 对于相同韵律厚层油藏来说，平、纵渗透率比、油和驱替相密度差越大，顶部未水淹厚度越大；注采强度越小，顶部未水淹厚度越大。其他条件基本一致情况下，正韵律油藏比反韵律油藏顶部未水淹厚度大。

(3) 油田实际应用表明，基于质点运移的早期注聚厚层油藏水淹厚度定量表征方法能够定量刻画注采井间剩余油分布及顶部未水淹厚度，该方法计算结果与油田实际实施调整井测井解释结果基本一致，对油田后期调整尤其是水平井部署具有一定指导作用。

参　考　文　献

[1] 刘子祎 . LD10-1 油田纵向水淹规律及剩余油分布模式研究[D]. 青岛：中国石油大学(华东)，2017.

[2] 李阳 . 储层流动单元模式及剩余油分布规律[J]. 石油学报，2003，24(3)：51-55.

[3] 徐守余，李红南 . 储集层孔吼网络场演化规律和剩余油分布[J]. 石油学报，2003，24(4)：48-53.

[4] 魏纪德，林春明，杜庆龙，等 . 大庆油田剩余油的影响因素及分布[J]. 石油与天然气地质，2001，22(1)：57-59.

[5] 周守为．中国近海典型油田开发实践[M]．北京：石油工业出版社，2009：246-267.
[6] 宋刚练．XX断决剩余油分布规律及控制因素[J]．断块油气田，2009，16(2)：64-66.
[7] 温静．“双高期”油藏剩余油分布规律及挖潜对策[J]．特种油气藏，2004，11(4)：51-54.
[8] 岳大力，吴胜和．基于三维储层构型模型的油藏数值模拟及剩余油分布模式[J]．中国石油大学学报(自然科学版)，2008，32(2)：21-21.
[9] 胡治华，杨庆红．稠油油田高含水期剩余油分布规律及挖潜策略[J]．断块油气田，2013，20(6)：748-751.
[10] 郑浩，王惠芝，王世民，等．一种研究高含水期剩余油分布规律的油藏工程综合分析方法[J]．中国海上油气，2010，22(1)：33-36.
[11] 付焱鑫．高含水油田剩余油分布规律及控制因素分析[J]．钻采工艺，2010，33(6)：61-63，77.
[12] 杨景强，卢艳，马宏宇，等．水淹层地层水电阻率变化规律研究[J]．测井技术．2002，30(03)：195-197.
[13] 韩刚．高含水期水淹层含水饱和度计算方法研究[D]．大庆：大庆石油学院，2008.
[14] 王胜利．特高含水期化学驱后测井响应特征及机理研究[D]．大庆：东北石油大学，2012.
[15] 翟云芳．渗流力学[M]．北京：石油工业出版社，1999.
[16] 穆文志，宋考平，杨二龙．水驱油过程中浮力对油滴运移的影响[J]．中国石油大学学报(自然科学版)．2008，32(2)：82-85.

浅薄层稠油提质提效关键技术进展与思考

吴　晓

(中国石油化工股份有限公司河南油田分公司勘探开发研究院唐河地质研究所)

摘　要　河南东部稠油主要分布在泌阳凹陷北部斜坡带上，构造类型以鼻状构造为主，主要包括井楼、古城、新庄及杨楼油田，具有"浅、薄、稠、松、小"的特点。动用地质储量7747万吨，采收率22.5%。高周期吞吐后面临两方面挑战。一是单井吞吐进一步提高采收率幅度小，二是单井吞吐油汽比低、成本高。为实现浅薄层稠油提质提效，创新形成了浅薄层稠油化学辅助面积组合吞吐技术、浅薄层稠油热化学复合驱技术以及浅薄层稠油多元复合热流体技术，通过开展技术机理研究、技术政策界限研究以及现场规模应用，有效提高了稠油开发效果效益。

关键词　稠油油藏；高周期吞吐；化学辅助面积组合吞吐；热化学复合驱；多元复合热流体

1　研究区概况

河南东部稠油主要分布在泌阳凹陷北部斜坡带上，构造类型以鼻状构造为主，主要包括井楼、古城、新庄及杨楼油田，具有"浅、薄、稠、松、小"的特点。油藏埋深浅：埋深90~900m，大多数小于600m，油层温度、压力低；油层厚度薄：单层厚度1~4m，层系厚度2~15m，地层热损失大、单井产能低；原油黏度稠：脱气原油黏度90~160000mPa·s，原油流动困难；油层胶结松：因埋藏浅，成岩性差，油层胶结疏松，易出砂、汽窜；油藏面积小：面积0.1~0.5km^2，宽度100~600m，井网调整、地面配套困难。

目前稠油热采吞吐周期20.1个，高周期吞吐后呈现"四低一高"的开发特点，即采收率低、采油速度低、单井日产油低、油汽比低、综合含水高。近年来通过优化技术应用、积极探索效益开发新路径，吨油操作成本有所下降，但与高质量发展还有较大差距。

2　存在问题

稠油主力层高周期吞吐后存在着三方面问题制约了开发效果的提升：一是稠油热采主体区块主力层系投入开发早，多轮次吞吐后压力保持水平下降至20%~30%左右、汽窜严重，单井吞吐蒸汽沿高耗汽条带窜流，热波及范围受限，热利用率低。二是超高周期吞吐后，受开发方式及注入量制约，加热半径及泄油半径难以进一步扩大，井间剩余油难以进一步动用，急需探索大幅度提高采收率新途径。三是小断块边水普通稠油油藏高周期吞吐后边水侵入严重、汽窜发育，立足氮气辅助蒸汽吞吐，扩波及程度有限，且投入成本高，需寻求低成本热复合技术进一步扩波及提效。

3　化学辅助面积组合吞吐技术研究

针对稠油油藏多轮次吞吐后压力保持水平低、汽窜严重，单井吞吐蒸汽沿高耗汽条带窜流，热波及范围受限，热利用率低的问题，攻关形成了化学辅助面积组合吞吐技术，通过面积组合、气体增能、调剖封窜，发挥井-井、汽-气-剂协同作用，提高区域地层压力、扩大热波及范围，进一步改善开发效果。

3.1　气-汽-剂复合及协同注采扩波及机理研究

3.1.1　气-汽-剂协同作用机理

一是氮气的导热能力低，能有效减少热损失。实验采用80~100目的石英砂填管，渗透率为2010.5md，监测4个不同测温点的温度上升时间，发现饱和氮气的填砂管，温度大幅上升的时间早于饱和水的填砂管；由于氮气良好的隔热效果可以使热量波及到更远的地层中，减少了近井地带的热量损失，扩大了蒸汽的加热半径。

二是氮气的压缩膨胀作用，强化助排，波及效率提高。平板可视化物模实验表明：氮气的膨胀性好，弹性能量大，与蒸汽一起注入，起到强化助排油、水的作用，波及效率提高(图1)。

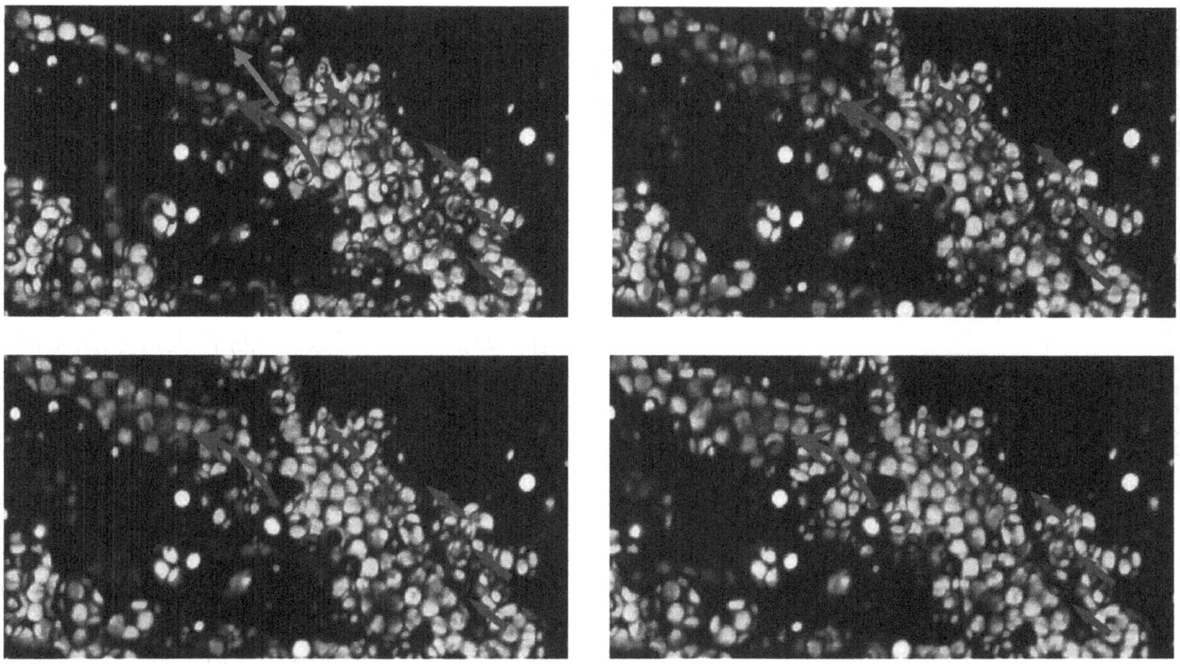

图1　注蒸汽后氮气驱替可视化特征(局部可视图)

三是辅助降低原油黏度，改善水油流度比。通过室内实验研究，攻关了水溶降黏、油溶降黏、注氮降黏及组合降黏等技术，改善了高周期吞吐降黏效果加速递减的现状，有效地延长了稠油蒸汽吞吐生命周期。

3.1.2　协同注采作用机理

针对单井吞吐因井间压差大，蒸汽易窜流，热量损失大，加热范围有限等问题，研究了多井组合吞吐提效机理：同注同采，消除井间压差，抑制蒸汽窜流，提高热利用率，扩大热波及范围。

3.2　技术政策界限研究

3.2.1　油藏适宜条件

为了研究化学辅助面积组合吞吐油藏及选井条件，引入了选井决策指数(A_{di})，决策指数(A_{di})与油层厚度(h_t)、汽窜通道数(n_c)及吞吐加热半径(r_h)有关，其表达式为：

$$A_{di}=\frac{h_t n_c}{r_h}$$

加热半径(r_h)与油井吞吐轮次和采出程度相关，吞吐轮次和采出程度越高，加热半径越大，因此目前加热范围越大则选井决策权重越小；油层厚度(h_t)越大，由于储层非均质影响，平剖面上剩余油潜力越大，化学辅助注汽有效波及的潜力越大，则选井决策权重越大；汽窜通道数(n_c)越多，汽窜造成的热损失越大，则选井决策权重越大。基于以上认识，结合现场实际，确定了化学辅助面积组合吞吐油藏条件：油层厚度较大：一般≥5m；

区域形成面积汽窜：汽窜通道3~6条；地层能量低：地层压力保持水平≤50%；剩余油潜力较大：采出程度≤30%；组合井数3~6口；满足1~2台23t蒸汽锅炉注汽能力。

3.2.2　注采参数优化

数值模拟方法确定了面积组合吞吐井组最优气液比45∶1、注汽强度300t/m，日排液量50m^3/d。同时结合单井油藏矛盾不同，优化形成了井组单井配注参数设计图版。

3.2.3　工艺配套优化

针对不同油藏条件及潜力类型，形成了工艺配套优选图版(图2)，明确了井组内油井氮气、氮气+降黏剂、氮气泡沫、氮气泡沫+降黏剂等辅助吞吐方式的优选条件。选择原则：粉色区域为有效区域；左侧绿色区域非均质性较强，选择氮气泡沫辅助方式；右侧粉色区域非均质性较弱，选择氮气辅助的方式；特稠油以上稠油，添加降黏剂。

同时，引入无因次汽窜时间、无因次温度增量、无因次含水率增量、无因次采液指数增量以及无因次吸汽指数增量，形成汽窜程度评价指数计算公式，通过输入静动态参数，得出评价指数大小，区分弱窜、中窜和强窜。并针对弱窜、中窜和强窜三种类型，研制了泡沫、凝胶、颗粒三大类调剖剂，形成了以氮气泡沫、高温凝胶、无机颗粒为特色的热化学调剖封窜技术体系(图3)。

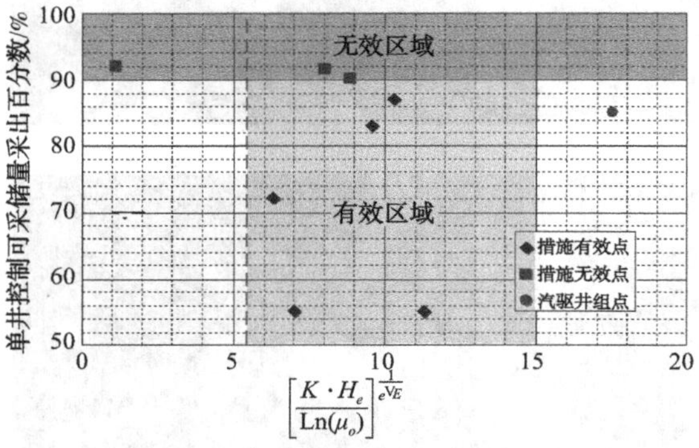

图2　工艺配套优选图版

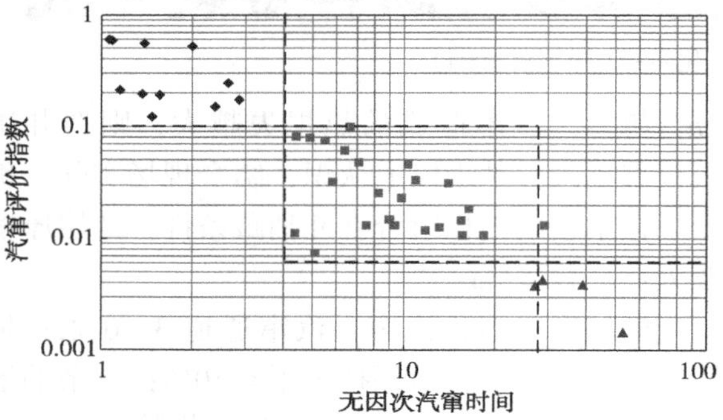

图3　汽窜强弱判别图版

3.2.4　工艺参数优化

由于井间出现多向窜通，窜通角不同，汽窜通道看作等直径的管束，对其直径 d，条数 N 建立公式求解，创立了窜流通道参数定量表征计算公式，指导堵窜参数优化。根据图版计算通道参数，形成了调剖选井及参数优化标准。即封窜厚度 h：渗透率极差≥2，选高渗层有效厚度；渗透率极差<2，选全井段有效厚度；封窜宽度 b：根据汽窜通道可视化研究成果，优化确定封窜宽度参数范围为0.6~3m；封窜深度 L：数模结果表明封窜半径25~30m处渗透率降幅最大。

3.3　现场应用效果

结合技术机理、汽窜通道认识结果以及政策界限研究成果，形成了化学辅助面积组合吞吐技术的“选、堵、补、扩、提、保”等六项要点，编制了六项技术要点。技术覆盖储量436万t，累计产油22.7万t，平均油汽比0.23，阶段提高采收率5.2%。

4　化学复合蒸汽驱技术研究

4.1　提高采收率机理

通过开展可视化物理模型实验，可以看出热化学复合驱宏观机理为化学剂具有较强洗油能力；泡沫具有扩大波及能力。微观机理为原油乳化可以起到降低残余油饱和度的作用，即增加洗油效率；乳化液滴能起到贾敏效应而封堵窜流通道，即扩大波及系数。孔隙内大量分散的小气泡能起到叠加的贾敏效应而封堵窜流通道，从而有效扩大波及系数。

4.2　四场分布特征研究

筛选出含油面积叠合程度高、砂厚大、平面非均质弱、剩余地质储量丰度高的楼3711井区作为蒸汽驱先导试验区。多轮次吞吐后地层温度普遍升高，由初始的25℃上升到50℃以上，除西北角的楼3310井组，其他区域已经形成了热连通。除西北部3310井组外，试验区主力层IV22层原油黏度普遍下降到1000mPa·s以下。Ⅳ2^2层平均压力由1.95MPa降为0.72MPa，压力下降到原始地层压力的37%。

4.3　热化学复合驱方案

开展数值模拟研究，注采井网优选反九点法井网，提高采收率为10.9%，较反七点法井网采收率提高了1.2个百分点。试验区最优注采参数为：井底蒸汽干度大于60%；注汽强度2.0t/d·m·ha；注汽量76.68万t，连续注汽6年，氮气泡沫注入量0.3PV，气液比1∶1，采注比：1.2。

同时，在最优注采参数下，对比计算纯蒸汽驱、驱油剂辅助蒸汽驱、氮气泡沫辅助蒸汽驱阶段采收率分别为10.94%、14.78%、18.7%，阶段累计油汽比分别为0.105、0.113、0.119。因此，氮气泡沫辅助蒸汽驱方案最优。

4.4　热化学复合驱提效关键工艺技术

4.4.1　全程保干工艺技术

针对常规注汽锅炉出口干度低，无法满足方案井低干度需求的问题，创新攻关配套锅炉蒸发段优化提干、烟气余热梯次利用和低氮燃烧技术。锅炉热效率由83.7%提升至95.4%，产汽干度由75%提升至90%，吨汽成本由277元下降至253元。

针对锅炉至井口远，注汽热损失大的问题，

优化注汽管网布局，缩短管线长度；使用纳米孔气凝胶毡、气凝胶浆料等新材料，对管线、管托、井口进行全方位配套治理。注汽管网热效率由87.89%提高到92.68%。

针对传统隔热管柱真空度被破坏后，隔热性能下降快的问题，研制了气凝胶隔热油管、隔热伸缩管、隔热封隔器等管柱工具，形成高效隔热井筒工艺技术，减少热损失9.6%以上。

4.4.2 精细注汽技术

针对注汽偏流问题，研发了高精度蒸汽流量计，利用"差压噪声"规律，引入差压波动系数、蒸汽干度系数、高频采集智能分析、数据库动态补偿运算来确定蒸汽流量，耐温350℃、耐压25MPa、计量误差<5%，通过地面调控，确保了单井准确注入。

针对多层合采纵向吸汽不均的问题，研制配套了整体式分层注汽和同心双管分层注汽工艺，满足了127mm和177.8mm套管井分层注汽需求，保证单层精准注入。

为了实现蒸汽驱均衡驱替，研究配套了驱前高强度深部封堵和驱中调整蒸汽流向的调剖封窜技术，通过优化调整设计模型、段塞组合、工艺参数，实现汽窜通道的深部封堵，保证蒸汽注入到剩余油富集区。

4.5 蒸汽驱过程调控技术

针井组平面、纵向受效差异大的问题，创新形成了控强扶弱、分层调堵、氮气调控、注汽引流等过程调控技术，扩大汽驱波及范围，促使油井均衡受效，提高油井见效率。

4.6 现场应用效果

热化学复合驱6井组，累计注汽28.0万t，产油2.76万t，油井见反应率91.4%，见效率85.7%，阶段提高采收率5.6%。目前井组日产油52.3t，采油速度3.3%，瞬时油汽比0.2，吨油操作成本2003元。

5 复合热流体技术研究

5.1 提高采收率机理

复合热流体核心机理是二氧化碳溶于稠油形成泡沫油，氮气则以段塞或聚集体形态维持油藏压力、增大驱替压差促进泡沫油流动。三维物模试验表明，复合热流体和蒸汽驱油效率均随温度增加而增加，当温度超过200℃后复合热流体比蒸汽的增油能力大幅度增加，至250℃基本稳定。250℃复合热流体驱替效率76.86%，较蒸汽提高15.29%。数值模拟结果表明，复合热流体与湿蒸汽动用半径由30m扩大到35.7m，采收率由22.17%提高至39.18%，提高17.01%。

5.2 油藏适宜条件及技术政策界限

利用数值模拟的方法，研究了埋深、黏度、渗透率等参数对复合热流体开发效果的影响，确定了普通稠油薄互层、强边水油藏技术适宜条件及最优注采参数(表1、表2)。

表1 复合热流体技术适宜条件

参数	薄互层油藏	强边水油藏
埋深/m	<2060	<2400
黏度/mPa·s	<6200	<8400
渗透率/$10^{-3}\mu m^2$	560-5360	700~4650
净毛比	0.35~0.85	0.3~0.94
有效厚度/m	>4.24m	>3.18m
与边水距离/m	—	大于40

表2 复合热流体技术最优注采参数

参数		参数优化设计	
		薄互层	边水
注入量/(t/m)	有效厚度5m	50.0	70.0
	有效厚度9m	46.7	33.0
	有效厚度12m	35.0	32.5
注入速度/(t/d)		28	50
气水比		240：1	200：1
焖井时间/d		3	3
排液强度/(m^3/d·m)		3.5	3.5
注入量周期递增率/%		12.5	13

5.3 现场应用效果

累计实施191井次，阶段产油1.5万t，增油1.1万t，减少注汽量7.8万t，减少氮气量532万Nm^3，吨油操作成本2355元，较蒸汽吞吐周期下降926元。

6 结论与认识

(1) 数模及物模方法，明确了化学辅助面积组合吞吐保温增能、加热降黏、辅助降黏及汽-气-剂协同增效机理；明确了化学辅助面积组合吞吐技术实施的油藏适宜条件、井网井距、注采及工艺参数，形成了相关图版及最优参数，有效指导了现场实施。

(2) 热化学复合驱技术优选筛选出含油面积叠合程度高、砂厚大、平面非均质弱、剩余地质储量丰度高的楼3711井区作为蒸汽驱先导试验区。设计采取反九点法井网实施泡沫辅助蒸汽驱，最优注采参数为：井底蒸汽干度大于60%；注汽强度2.0t/d·m·ha；注汽量76.68万t，连续注汽6年，氮气泡沫注入量0.3PV，气液比1∶1，采注比：1.2。同时，为保证蒸汽驱效果，集成创新了全程保干以及精细注汽等热化学复合驱提效关键工艺技术，蒸汽驱替过程中创新形成了控强扶弱、分层调堵、氮气调控、注汽引流等过程调控技术，扩大汽驱波及范围，促使油井均衡受效，提高了油井见效率。

(3) 多元复合热流体技术核心机理是二氧化碳溶于稠油形成泡沫油，氮气则以段塞或聚集体形态维持油藏压力、增大驱替压差促进泡沫油流动；数模方法研究形成的多元复合热流体技术油藏适宜条件及相关注采参数优化图版，广泛应用于现场取得了较好效果。

(4) 目前三项提高采收率技术应用提质提效技术2413井次，覆盖储量1028.6万t，累计产油27.68万t，增油14.78万t，方案提高采收率9.5个百分点。

参考文献

[1] 邵先杰，等. 浅薄层特、超稠油注蒸汽吞吐后剩余油分布研究[J]. 石油勘探与开发，2005，32(1).

[2] 王嘉淮，等. 注氮气改善稠油蒸汽吞吐后期开采效果[J]. 西南石油学院学报，2002，24(3).

[3] 李秀敏，范宏岩. 新型高温化学驱油技术改善超稠油蒸汽吞吐开采效果[J]. 石油地质与工程，2008，22(6)：89-93.

[4] 庞占喜，程林松，李春兰. 热力泡沫复合驱提高稠油采收率研究[J]. 西南石油大学学报，2007，29(6)：71-74.

[5] 宫俊峰，曹嫣镔，唐培忠，等. 高温复合泡沫体系提高胜利油田稠油热采开发效果[J]. 石油勘探与开发，2006，33(2)：212-216.

[6] 李锦超，王磊，丁保东，等. 稠油热/化学驱油技术现状及发展趋势[J]. 西安石油大学学报(自然科学版)，2010，25(4)：36-40.

[7] 郭东红，辛浩川，崔晓东，等. 稠油热采高温防窜剂的性能研究[J]. 精细石油化工进展，2006，7(10)：1-3.

[8] 杨德远. 稠油注蒸汽热采中添加化学剂技术[J]. 特种油气藏，1999，6(1)：41-46.

大庆油田低渗透油藏水驱转 CO_2 驱技术应用研究

王树坤 曹 胜 王 鑫 李捷涵

（中国石油大庆油田有限责任公司勘探开发研究院）

摘 要 为了减缓大庆油田低渗透油藏水驱后期产量的递减，提出进行水驱转 CO_2 驱的开发方式转变。为研究 CO_2 驱在大庆油田低渗透油藏的适用性，进行了室内实验和数值模拟研究。实验结果表明随着 CO_2 注入量增加，气油比、饱和压力、体积系数以及膨胀系数增大，黏度、密度降低。说明注 CO_2 驱油具有较好的溶解、降黏和注气膨胀作用，可以较大幅度增加原油的流动性。利用数值模拟技术优化参数，结果表明地层压力恢复水平越高，气驱效果越好。注气量越大，初期产油量越高，但气油比上升迅速，换油率低。优化结果采用气水段塞比为 3∶1，水气交替周期为注 2 个月水、注 2 个月气的方式。采用这种方式能够比水驱提高采出程度 11 个百分点，能够实现难采储量的有效动用。此成果对其他低渗透油藏水驱转 CO_2 驱有一定的借鉴意义。

关键词 低渗透；CO_2 驱；数值模拟；方案设计；提高采收率

未来很长时间内，油气在一次能源消费的地位依然不可替代。石油公司既要保持原油增产稳产，又要开启绿色低碳发展转型之路。利用将 CO_2 注入到地下来驱油是实现这一目标的有效途径。苏联最早于 1952 年就开始了对 CO_2 驱油技术的研究，通过开展 CO_2 驱油试验获得了较好的开发效果，试验区块的原油采收率相较以往提升了 15 个百分点，美国是世界上 CO_2 驱油技术应用最多、经验最丰富、技术最成熟的国家，也是第一个研究并应用 CO_2-EOR 技术的国家。美国 CO_2 驱油藏以海相沉积为主，90%的项目可实现混相驱，储层物性相对均质，驱油效果好。国内的二氧化碳驱油技术起步晚，从上世纪六十年代开始，国内才对这项技术开展理论研究，胜利油田、吉林油田等地进行一系列现场试验。国内的 CO_2 驱油技术有了一定的发展，但主要是 CO_2 非混相驱油，整体仍处于先导试验阶段，采收率幅度比较低，一般小于 5 个百分点。大庆油田低渗透油藏在水驱后期产量明显递减，需要转变开发方式，亟需攻关适合低渗油藏的 CO_2 驱油技术。

1 油藏地质特征及开发简介

1.1 储层及流体特征

试验区由北部的葡萄花构造向南延伸，倾没为敖南鼻状构造，该构造持续向南发展，形成以-1150m 构造线圈定的贯穿南北的隆起带。顶面海拔深度范围-1020m～-1100m，断块内部地层倾角 1°～3°，整体呈西高东低的特征。断裂比较发育，断层均为低角度的正断层，一般倾角为 40°～50°，断层纵横交错，广泛分布，构造复杂。上覆盖层为湖相沉积的大范围厚层泥岩，厚度大于 600m，盖层封闭能力好。主控断层断穿上覆盖层，剖面上呈 Y 字形，垂向封闭能力好、渗漏风险低。

油层为硬砂质长石粗粉粒砂岩。岩屑成份包括石英和长石等，岩屑以酸性喷发岩为主。平均孔隙度 18.7%，平均渗透率 40.9mD，属于低孔低渗油藏。地面原油密度为 0.8539g/cm^3、原油黏度 14.1mPa · s。地层水氯离子含量平均 4065.8mg/l，矿化度平均为 11430mg/l，水型为 $NaHCO_3$型。平均地层深度 1304m，平均地层温度 57.9℃，地温梯度平均 4.82℃/100m，属较高地温梯度油藏。

1.2 开发简况

试验区于 1995 年投入开发，初期井网采用反九点法注水开发。初期平均单井日产液 1.9t/d，平均单井日产油 1.9t/d，不含水。2006 年采用反九点井网扩边开发，2017 年进行注采系统调整，转线性注水开发方式。截至 2023 年 6 月，平均单井日产油量 0.6t，综合含水 81.9%，区块采油速度 0.48%，采出程度 23.46%，累计注采比 2.09。试验区整体产量逐年下降，含水高、采出程度低，急需转变开发方式，改善开发效果，提高采收率。

2 室内实验

2.1 地层原油性质

选取试验区的原油进行原油全烃色谱分析，得到结果如表1所示。通过实验得到地层原油密度0.7798g/m^3，脱气原油密度0.8376g/m^3，地层原油黏度2.98mPa·s，单次脱气气油比33.8m^3/m^3，地层原油体积系数1.119。

2.2 注气膨胀实验

通过注CO_2膨胀实验研究原油体系相态的变化是驱油机理研究的重要依据，也能为编写开发方案打下基础。为了研究不同注入CO_2气量条件下，地层流体参数变化，开展注气膨胀实验。实验结果如表3所示。实验结果表明随着CO_2注入量增加，气油比、饱和压力、体积系数以及膨胀系数增大，黏度、密度降低。说明注CO_2驱油具有较好的溶解、降黏和注气膨胀作用，可以较大幅度增加原油的流动性。

表1 试验区天然气组分分析结果表

组分	CO_2	N_2	C_1	C_2	C_3	iC_4	nC_4	iC_5	nC_5	合计
摩尔组成/%	0.48	1.40	75.69	7.28	6.03	2.42	3.68	1.52	1.50	100

表2 地层原油注气膨胀实验结果

加气次数	CO_2浓度/%	气油比/(cm^3/cm^3)	体积系数	泡点压力/MPa	密度/(g/cm^3)	黏度/mPa·s	膨胀系数
0	0	33.8	1.1189	7.39	0.7798	2.98	1
1	5.4	42.42	1.1362	8.24	0.7784	2.82	1.01
2	15.12	54.09	1.1670	9.27	0.7766	2.583	1.03
3	26.32	65.55	1.1988	10.24	0.7746	2.255	1.05
4	37.04	78.53	1.2275	11.36	0.7727	1.94	1.08
5	47.76	89.1	1.2574	12.09	0.77086	1.69	1.10
6	71.33	115.5	1.33	14.2	0.76716	1.27	1.15

3 相态拟合及数值模拟

3.1 流体相态拟合

原油相态拟合是组分模型数值模拟的基础，直接关系到数值模拟计算的精度和运算速度。为便于数值模拟计算，按组分性质相近的原则，将原油组分划分为7个拟组份。组分模型预测的地层原油主要高压物性参数相对误差小(表3)，达到相态模拟的要求。

表3 试验区典型油层流体相态拟合参数表

参数	实验值	预测值	相对误差/%
单次脱气油气比/(m^3/m^3)	33.80	34.35	1.64
地层原油饱和压力/MPa	7.39	7.38	0.08
脱气原油密度/(g/m^3)	0.84	0.83	0.61
地层原油密度/(g/m^3)	0.78	0.79	1.03
地层压力下原油黏度/mPa·s	2.98	2.98	0.00
地层压力下体积系数/(m^3//m^3)	1.12	1.11	0.69

3.2 数值模型建立

在模拟区建立了多组分数值模拟模型，网格数在长×宽×高方向上为91×96×98，纵向上分为18个层。根据井区内单井的轨迹数据、完井信息和措施数据，建立多组分数值模拟动态地质模型。模型的构造分布、孔隙度、渗透率和含油饱和度分布如图1所示。

3.3 区块历史拟合

模拟区2022年02月累产油为14.79×10^{4}t，模拟计算值为14.79×10^{4}t；累产水为9.27×10^{4}m^3，模拟计算值为9.27×10^{4}m^3；原油采出程度为23.64%，模拟计算值为23.65%；该井区整体生产历史拟合是良好的和成功的，生产历史拟合见图2。

4 方案设计及效果预测

4.1 参数优化和方案设计

在历史拟合的基础上，对注入参数进行优化

设计。通过数值模拟预测了地层压力分别恢复到 9MPa、10MPa、11MPa、12MPa 后转注气开发指标（表 4）。结果表明地层压力恢复水平越高，气驱产量越高。因此，转注气初期油井全部关井提压，待地层压力水平恢复到 80%（11MPa）以上时，油井开井。

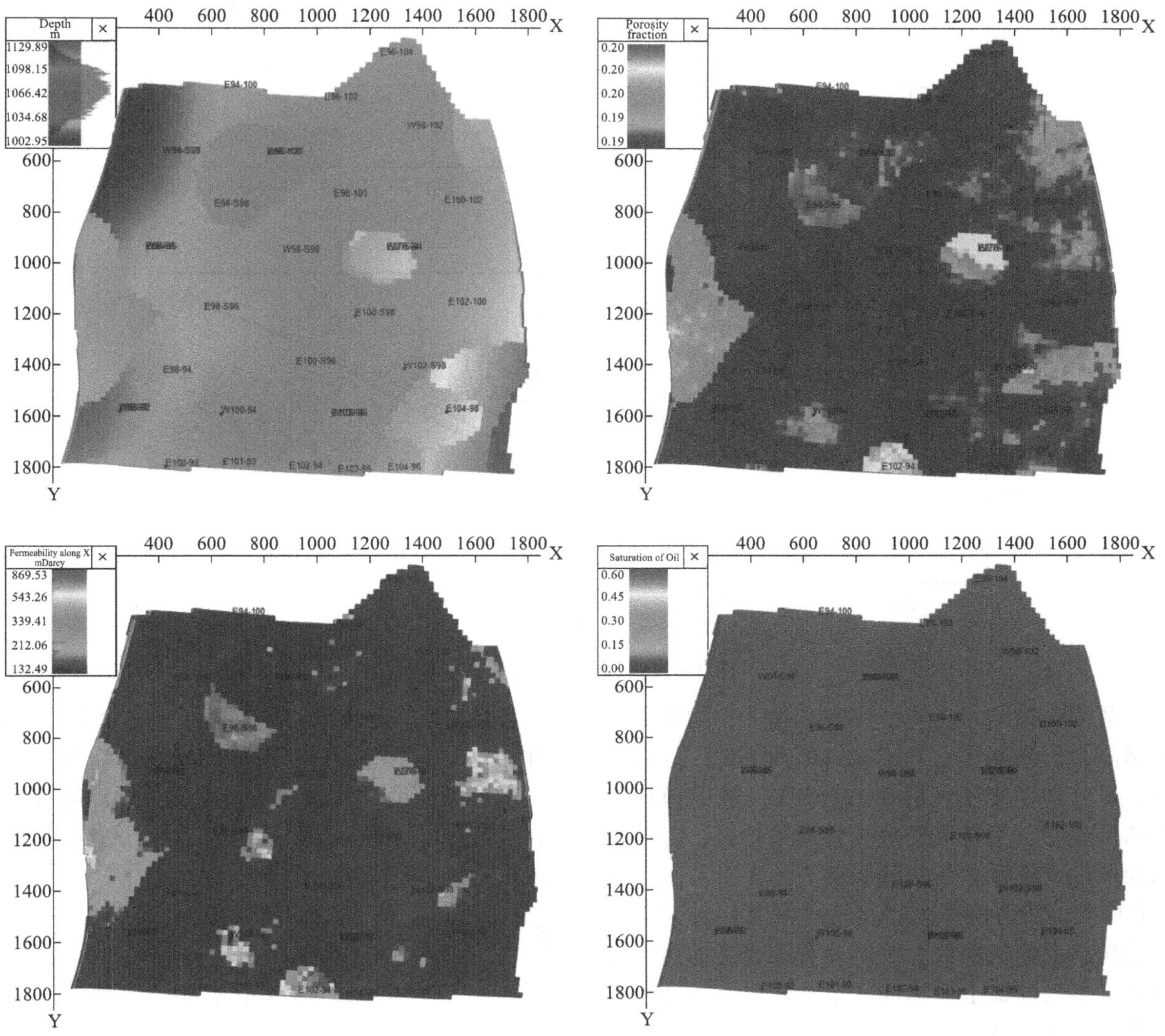

图 1　油藏数值模拟模型

表 4　不同压力恢复水平气驱开发指标预测表

地层压力/MPa	第 1 年			第 10 年			第 20 年		
	日产油/(t/d)	气油比/(m^3/m^3)	累产油/10^4t	日产油/(t/d)	气油比/(m^3/m^3)	累产油/10^4t	日产油/(t/d)	气油比/(m^3/m^3)	累产油/10^4t
9	1.4	32.3	33.7	17.9	169.5	43.1	10.4	399.9	52.0
10	1.4	32.3	32.1	19.2	248.5	43.7	10.7	405.7	53.0
11	1.4	32.3	33.3	17.1	191.5	45.5	9.4	478.8	54.0
12	1.4	32.3	32.7	19.2	255.6	48.0	10.1	601.8	55.1

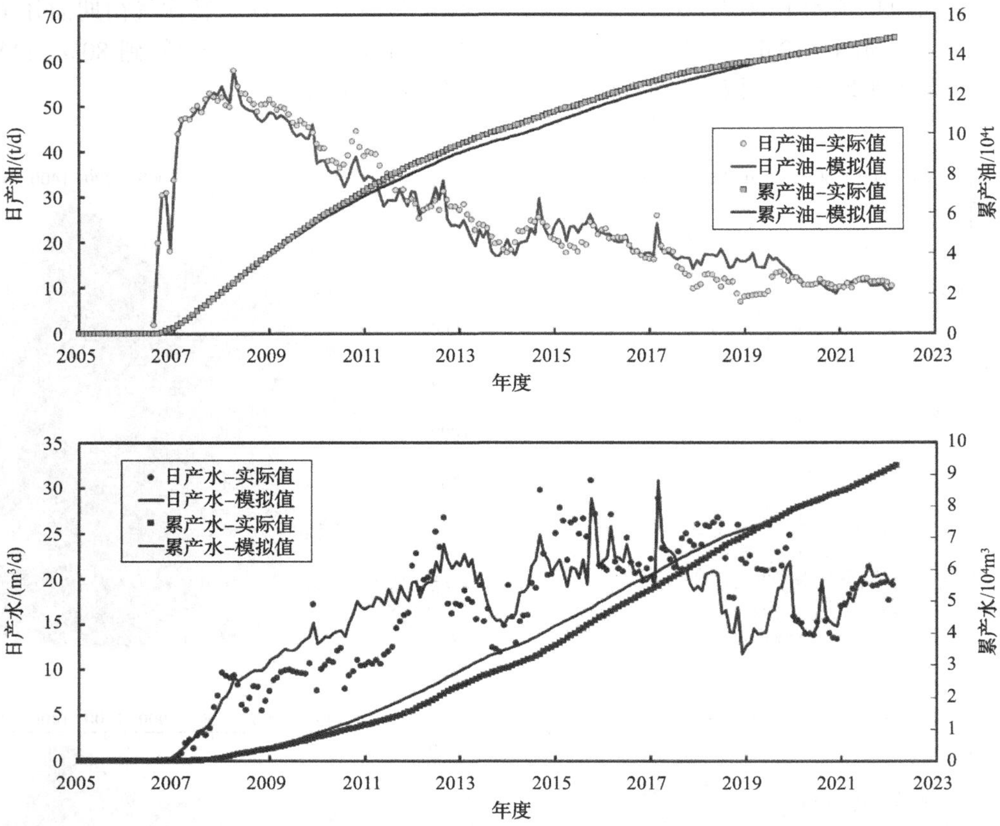

图 2　试验区生产历史拟合曲线

数值模拟结果表明，注气量越大，初期产油量越高，但气油比上升迅速，换油率低。综合考虑，设计初期年注气量 0.12HCPV。数值模拟研究结果表明，交替周期越频繁效果越好，考虑现场操作性，设计水气交替周期为注 2 个月水、注 2 个月气。数值模拟表明，气水段塞比越大，日产油越高，但气油比上升迅速。综合考虑压力保持水平、气油比上升速度和增油效果，设计初期气水段塞比为 3∶1，随气油比增加逐渐加大水段塞、减小气段塞。

以保持地层压力、扩大混相范围为前提，结合注采参数优化论证结果，形成方案。设计采用一套层系井网开发，基本保持现井网，转注气初期油井全部关井提压。转注气初期注气量 0.12HCPV，实施水气交替，交替周期 2 个月气 2 个月水，根据注入能力个性化设计，后期根据受效情况动态调整。

4.2　开发效果预测

按照方案设计，预测 20 年累计注气 107.6×10^4t，累计注气 1.2HCPV，累计注水 99.5×110^4t。预测年注气 3.1×10^4t～11.7×10^4t，年注气量随着时间逐年递减，最后趋于稳定。

预测气驱 20 年开发指标，年产油 0.32×10^4t～1.87×10^4t，年产油量先增长，后递减，并且增长的速度快，递减的速度慢。预测累计产油 18.7×10^4t，阶段采出程度 16.1%，比水驱提高采出程度 11 个百分点。

5　结论

（1）随着 CO_2 注入量增加，气油比、饱和压力、体积系数以及膨胀系数增大，黏度、密度降低。

（2）地层压力恢复水平越高，气驱效果越好。注气量越大，初期产油量越高，但气油比上升迅速，换油率低。

（3）通过数值模拟在生产历史拟合的基础上优化了生产参数，结果表明采用气水段塞比为 3∶1，水气交替周期为注 2 个月水、注 2 个月气的方适合大庆油田低渗透油藏。采用此方式能够比水驱提高采出程度 11 个百分点，实现难采储量的有效动用。

参 考 文 献

[1] 张晨阳，王福焕，魏华，等．“双碳”目标下塔里木

油田油气与新能源融合发展实践[J]. 新疆石油天气，2022，18(2)：16-20.
[2] 庞彦明，郭洪岩，杨知盛，等. 国外油田注气开发实例[M]. 北京：石油工业出版社，2001.
[3] 刘冰. CO_2油气藏埋存技术现状及实例分析[D]. 大庆：东北石油大学，2016：2-5.
[4] 胡永乐，吕文峰，杨永智，等. 二氧化碳驱油与埋存技术及实践[M]北京：石油工业出版，2023
[5] 李延军. 海拉尔油田注空气和 CO_2驱试验效果及应用潜力[J]. 大庆石油地质与开发，2013，32(5)：132-136.
[6] 程杰成，庞志庆，等. 特低渗透油藏二氧化碳驱油工程技术[M]. 北京：石油工业出版社，2021.
[7] 徐辉，程秀梅，易明华，等. 金南油田地层原油相态及注 CO_2膨胀实验研究[J]. 非常规油气，2022，7(2)：64-67.
[8] 秦勇、焦军. 低渗透油藏 CO_2驱原油相态拟合技术研究[J]. 科学技术与工程，2011，11(29)：7249-7265.

大庆油田聚驱后提高采收率现场试验的实践与认识

闫　伟　曹瑞波　刘海波　胡良峰　刘国超

(大庆油田有限责任公司勘探开发研究院)

摘　要　大庆油田早期开展的聚驱后原井网试验提高采收率仅为1%~3%，效果不理想。本文针对聚驱后油层特征，应用数值模拟与物理模拟方法，研究了“井网加密变流线+化学驱”开发模式，通过井网加密变流线抑制主流线位置优势渗流通道、扩大波及体积，通过化学驱油体系激活聚并分流线位置剩余油、提高驱油效率。开展了井网加密变流线高浓度聚驱和井网加密变流线弱碱三元复合驱现场试验，分别高采收率8.3%、13.5%。在此基础上，进一步研发了PPG/聚合物驱、低初粘凝胶/弱碱三元复合驱体系并开展2项井网加密变流线化学驱工业性试验，数值模拟预测可提高采收率8.6%、12.0个%。

关键词　聚驱后；井网加密；变流线；弱碱复合驱；现场试验提高采收率

与水驱开发阶段相比，聚驱后油层由于经历了水驱和聚合物驱的长期冲刷，高渗层渗透率显著增加，主流线位置优势渗流通道普遍发育，导致低效无效循环严重；聚驱后油层剩余油饱和度低，较聚驱之前降低了11.8个百分点，自由态剩余油比例明显降低、束缚态剩余油比例显著增加，剩余油激活聚并难度大。1997年，郭尚平等提出聚合物驱后进一步提高采收率的四次采油问题，探索了聚驱后表面活性剂驱、液晶体驱进一步提高采收率可行性。此后，国内高校和科研院所在室内优选评价了多种聚驱后提高采收率方法，其中微生物驱可提高聚驱后采收率5.4%，高弹性聚合物驱可提高聚驱后采收率12.5%，聚合物/表面活性剂二元驱可提高聚驱后采收率14.05%，泡沫复合驱、蒸汽驱可提高聚驱后采收率15%，三元复合驱、非均相复合驱可提高聚驱后采收率17.2%、27.8%。2010以来，大庆油田开展了变流线化学驱现场试验，通过井网加密和井别转换，改变聚驱后流线场分布，与高粘化学驱体系协同作用，调整聚驱后油层注入剖面、扩大化学剂波及体系、提高聚驱后驱油效率，实现了聚驱后流度控制和进一步提高采收率。

1　大庆油田聚驱后油层开发现状

大庆油田1995年开始聚合物驱工业化推广应用，2000年起聚合物驱区块陆续转入后续水驱开发，进入了四次采油开发阶段。截至2022年12月，大庆油田进入后续水驱阶段的地质储量比例已达到81.6%。统计大庆油田50个进入聚驱后续水驱阶段的区块动态开发数据，统计结果表明，聚驱后续水驱阶段具有“三高二低”的开发特点。

1.1　聚驱后油层采出程度高

经过0.6~1.0PV聚合物驱和0.4~1.0PV后续水驱开发后，聚驱后油层总采出程度接近60%，个别区块已经达到70%。当后续水驱注入1PV后，在聚驱基础上又采出地质储量的6.0%，后续水驱阶段，每注入0.2PV，采出程度大约提高1~2个百分点。

1.2　聚驱后油层综合含水高

注聚结束时区块平均含水为92.3%，后续水驱初期含水上升速度较快，在后续水驱注入0.2PV左右时，含水上升2~3个百分点。当后续水驱含水上升至96%时，上升速度减缓，含水由96%上升到98%的过程较长，可持续1PV左右。后续水驱区块目前综合含水高达97.9%，已接近极限含水98%。

1.3　聚驱后油层综合递减率高

后续水驱初期综合递减率在20%以上，后续水驱第3年开始综合递减率降至10%左右，后续水驱10年以后，综合递减率保持在7%左右。

1.4　聚驱后油层采油速度低

后续水驱初期采油速度0.56%~1.17%，平均采油速度为0.88%。后续水驱前5年采油速度下降幅度较大，5年以后趋于平稳。目前一类油层后续水驱采油速度为0.13%~0.48%，平均采油速度为0.24%，采油速度较低。

1.5 聚驱后单井产油量低

聚驱结束时单井日产油量为6.5吨，随着综合含水上升，单井日产油量持续下降，后续水驱注入1PV后，单井日产油量下降到1.1t。

2 早期现场试验的实践与认识

2005年，大庆油田开始聚驱后提高采收率探索性研究，2005年至2009年间，利用原聚驱井网开展了聚驱后微生物驱、蒸汽驱、聚表剂驱、二元复合驱和泡沫复合驱现场试验，注采井距均为250m，流线未发生改变，注入化学剂孔隙体积分别为0.47PV、0.42PV、0.57PV，聚驱后提高采收率仅为1~3个百分点，试验效果不理想(表1)。

表1　聚驱后原井网现场试验情况表

试验区名称	注采井距	试验规模	开展时间	段塞(PV)	体系黏度/(mPa·s)	采收率提高值/%
萨中聚表剂驱	250m	6注12采	2005~2009	0.47	26	1.65
萨中二元复合驱	250m	6注12采	2007~2011	0.42	45	2.4
喇嘛甸泡沫复合驱	250m	6注12采	2009~2014	0.57	32	2.4

3 聚驱后变流线化学驱现场试验的实践与认识

3.1 聚驱后“井网加密变流线+化学驱”开发模式研究

针对聚驱后利用原井网开展现场试验效果不理想的问题，通过聚驱后油层渗流特征研究，结合试验区注入压力、吸液剖面、产液、含水等动态参数变化，明确了试验效果不理想的原因：聚驱后主流线部位存在相互连通的优势渗流通道，注入体系黏度低，导致注入的化学剂沿优势渗流通方向突进，扩大波及体积效果不明显，油层动用状况差；聚驱后剩余油饱和度低且在空间上高度分散，平面上主要在注采分流线和注采不完善部位相对富集，原井网250m井距过大，无法有效挖潜局部富集区域剩余油。基于上述认识，应用物理模拟和数值模拟方法，研究了“井网加密变流线+化学驱”开发模式的可行性。

3.1.1 数值模拟计算

统计聚驱后20口取心井资料，建立了1注4采三层非均质典型数学模型，高、中、低渗透层有效渗透率分别为950mD、560mD、170mD，有效厚度分别为1.8m、4.5m、2m，应用该模型优化了聚驱后合理变流线角度。在不改变井距条件下，分别计算聚驱后转变流线15°、30°、45°时开展高浓度聚驱、弱碱三元复合驱的采收率提高值，计算结果表明，转流线较原流线能够多提高采收率，聚驱后不同驱油体系都在流线转变45°时开发效果最好(表2)。

表2　聚驱后变流线角度数值模拟研究结果表

驱油体系	变流线角度方案			
	0°	15°	30°	45°
高浓度聚驱	7.83	7.94	8.26	8.39
弱碱复合驱	10.17	10.32	10.43	10.79

应用petrol软件建立北二西东块研究区精细三维地质模型，地质模型纵向上分8个模拟层，平面网格划分为169×86个，总网格节点数为169×86×8=116272个，X方向空间步长29.794m，Y方向空间步长29.946m(图1)。

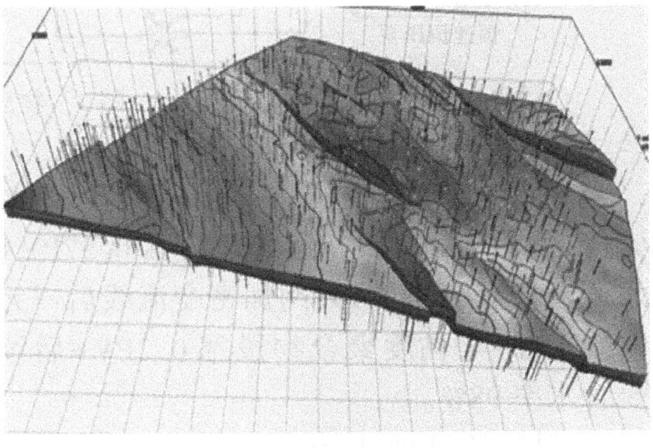

图1　试验区精细三维地质模型

应用CHEMEOR化学驱数值模拟软件进行研究区数值模拟计算。首先根据研究区实际开发数据进行水驱与聚驱阶段历史拟合，拟合精度达到90%以上。在研究区历史拟合基础上，分别计算聚驱后原井网弱碱三元复合驱、井网加密变流线弱碱三元复合驱的开发效果。数值模拟计算结果表明，利用原井网直接进行聚驱后弱碱三元复合驱，聚驱后提高采收率为5.6个百分点，而当研究区注采井距由250m加密到175m、转变流线45°后，再进行聚驱后弱碱三元复合驱，聚驱后提高采收率为12.1个百分点，与原井网直接进行聚驱后弱碱三元复合驱相比，多提高采收率6.5个百分点。

3.1.2　物理模拟实验

应用聚驱后20口取心井解释资料，计算聚驱后油层渗透率、孔隙度分布范围，根据计算结果建立大型三维物理模型，模型尺寸为600mm×600mm×83mm，高中低渗透层气测渗透率分别为4000mD、2000mD、500mD，厚度分别为1.8mm、45mm、20mm(图2)。应用该物理模型完成聚驱后“井网加密变流线+化学驱”物理模拟实验，实验流程见图3。

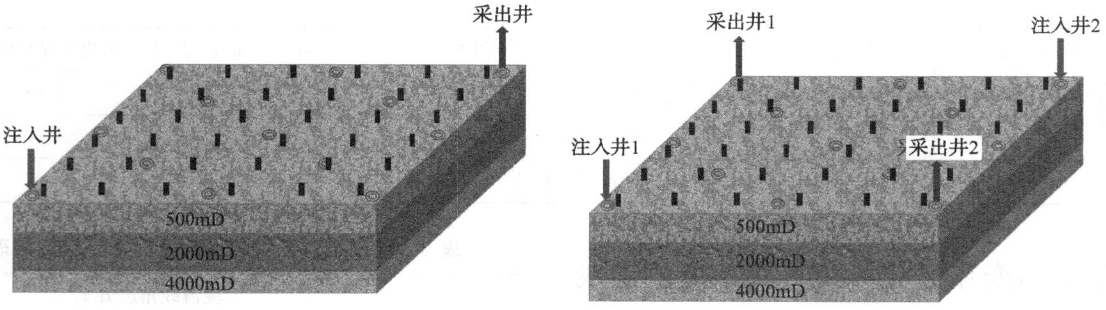

图2　变流线前后注采井分布示意图

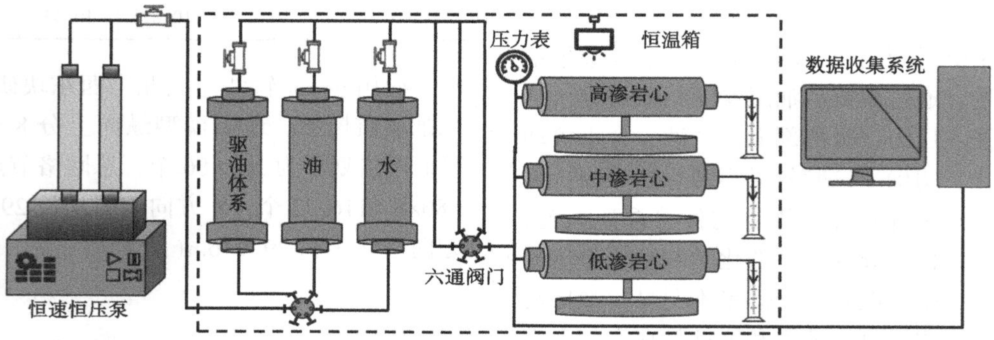

图3　物理模拟实验流程示意图

物理模拟实验驱油方案：水驱至含水率98%+浓度1000mg/L中分聚合物驱0.57PV+后续水驱至含水率98%+井网加密变流线后三元复合驱0.5PV+等黏度聚合物段塞0.2PV+后续水驱至含水率98%。

物理模拟实验布井方案：水驱、聚驱采用一注一采布井方式，模型左下角为注入井，右上角为采出井。聚驱结束后，设计2套布井方案。方案1保持原一注一采布井方式，流线不改变；方案2原注入井保持不变，原采出井变为注入井，在模型其余两角新布2口采出井，转变为2注2采布井方式，流线转变45°，注采井位如图2所示。

方案1聚驱后三元复合驱提高采收率为10.5%，方案2聚驱后“井网加密变流线+三元复合驱”采收率提高值为16.5%，井网加密变流线的采收率贡献值为6%(表3)。

表3　不同流线三元复合驱实验结果表

方案编号	水驱采收率/%	聚驱采收率提高值/%	聚驱后三元复合驱采收率提高值/%	总采收率/%	是否变流线	井网加密变流线采收率贡献值/%
1	31.7	15.5	10.5	57.7	否	6.0
2	31.5	14.3	16.5	62.3	是	

从2套方案聚驱后化学驱结束时含油饱和度场图对比图可以看出，方案1注采井间主流线优势渗流通道进一步加剧，分流线含油饱和度明显偏高，仍存在滞留剩余油，方案2中高渗透层和低渗透层波及效率同步大幅提升，优势渗流通道有效封堵，波及区域内的含油饱和度进一步降低（图4）。

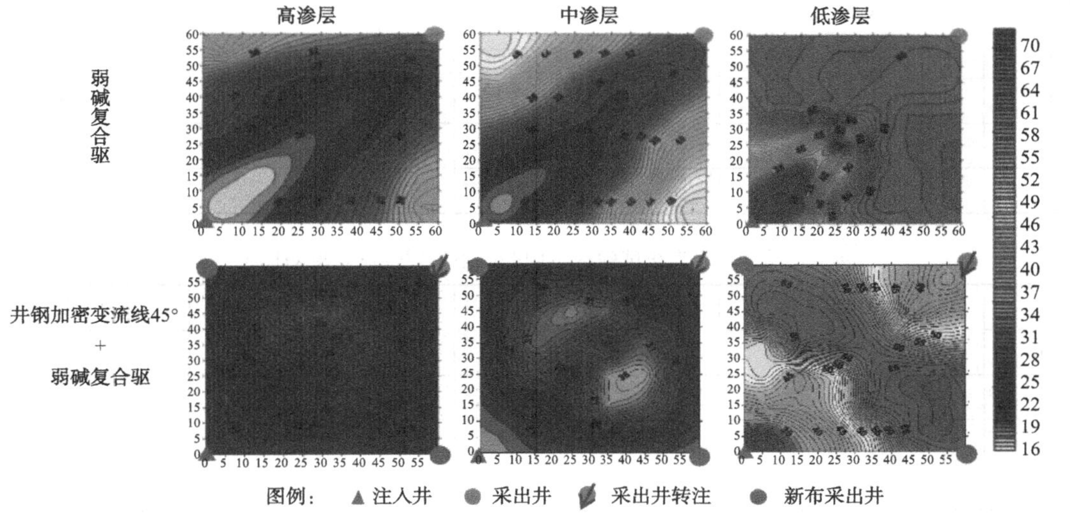

图4　不同方式聚驱后化学驱结束时含油饱和度场图

数值模拟与物理模拟研究表明，聚驱后采用“井网加密变流线+化学驱”开发模式，可通过改变流线增加油层渗流阻力、抑制主流线位置优势渗流通道吸液量，实现扩大波及体积，同时还可通过化学剂激活聚并小尺度富集区内的剩余油，实现提高驱油效率，从而实现聚驱后进一步提高采收率。应用“井网加密变流线+化学驱”开发模式，在聚驱后油层选取试验区，开展了井网加密变流线聚合物驱和弱碱三元复合驱现场试验。

3.2　聚驱后变流线高浓度聚驱现场试验研究

3.2.1　试验区概况

共有9口注入井，16口采出井，中心井4口，平均有效厚度7.9m，有效渗透率0.666μm^2。聚驱阶段为五点法面积井网，注采井距250m，聚驱后利用现有井网加密变流线，形成注采井距175m的五点法面积井网，流线转变45°，注入体系为高浓度聚合物。

3.2.2　试验效果

试验区累计注入高浓度聚合物孔隙体积0.682PV，平均注入浓度2505mg/L，平均注入黏度156mPa·s，注入压力从7.8MPa上升到12.1MPs，上升了4.3MPa，中心井区含水从96.3%下降到90.3%，下降6个百分点，单井最大降幅达到16%，单井日增油2.2t，阶段采出程度10.2%，聚驱后提高采收率8.32个百分点，税后财务内部收益率达到110%。

3.2.3　试验取得的认识

3.2.3.1　井网加密变流线高浓度聚合物驱可抑制聚驱后优势渗流通道

试验区9口注入井的吸液剖面资料表明（表4），聚驱后高浓度聚驱阶段吸液厚度比例逐步增加，见效高峰期比试验前空白水驱增加26.3%，比一次聚驱时见效高峰期增加15.8%，且新增了14个动用层，可见变流线高浓度聚驱有效抑制了聚驱后油层优势渗流通道，中低渗透层得到动用，扩大波及体积效果明显。

3.2.3.2　在分流线加密既可大幅提高聚驱控制程度又可改变流线有效动用分流线剩余油

计算试验区不同井距下的聚驱控制程度，计算结果表明，试验区注采井距由250m加密到175m时，聚驱控制程度由74.6%增加到81.54%，增加了6.94个百分点，河道-河道连通率由67.6%增加到75.7%，增加了8.1个百分点（表5）。

位于原聚驱注采主流线的4口采出井，含水由试验前的92.6%上升到95.7%，上升3.1%，位于原聚驱注采分流线的12口采出井，其中4

口中心井含水由96.5%降到90.5%，下降6.0%，8口边井含水由95.5%降到92.4%，下降3.1%(图5)，位于分流线的井均见到了较好效果，平均单井累计增油比主流线井多1788t，可见改变流线有效动用了分流线部位的剩余油。

表4　北二东试验区新增动用层情况统计表

沉积单元	有效厚度/m	新增动用层/个	新增动用厚度/m	新增动用厚度比例/%
葡I2	46.8	2	7.6	16.3
葡I3	11.7	5	6.1	51.9
葡I4	10.8	8	6	55.2
合计	69.3	15	18.2	26.3

表5　北二东试验区不同井距下聚驱控制程度对比

井距	聚驱控制程度/%	控制程度提高幅度/%	河道-河道连通率/%	连通率提高幅度/%
250米	74.6		67.6	
175米	81.54	6.94	75.7	8.1
150米	83.77	2.23	77.7	2
125米	85.9	2.13	78.4	0.7

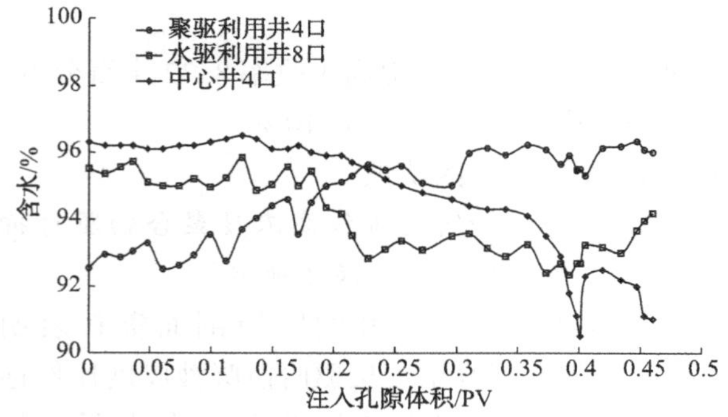

图5　试验区不同流线位置含水变化

3.3　聚驱后变流线三元复合驱现场试验研究

3.3.1　试验区概况

试验区共有注采井79口，其中注入井35口，采油井44口，中心井24口，平均单井有效厚度9.9m，平均有效渗透率0.596μm²。聚驱井网五点法面积井网，注采井距250m，聚驱后利用其他层系井网变流线，形成注采井距125m的五点法面积井网，流线转变0~45°，注入体系为弱碱三元复合体系。

3.3.2　试验效果

试验区累积注入化学剂孔隙体积1.213PV，注入聚合物分子量2500万，注入浓度2640mg/L，注碱浓度1.21%，注表活剂浓度0.30%，体系黏度121mPa·s。注入弱碱三元复合体系后，注入压力由8.1MPa上升到12.2MPa，上升了4.1MPa，平均含水由98.3%下降到93.5%，下降了4.8%，单井含水最大降幅达到20.8%，单井日增油2.0t，聚驱后提高采收率已达13.5个百分点，税后财务内部收益率达到10.56%。

3.3.3　试验取得的认识

3.3.3.1　变流线高分高粘弱碱三元复合驱既能扩大波及体积又可提高驱油效率

试验区吸液厚度比例由试验前的59.9%增加到见效期的91.3%，增加了31.4%(表6)，从不同渗透率级别动用状况看，新增吸液厚度主要增加在渗透率小于500mD油层。原油全分析资料和采出液离子分析结果表明，试验过程中采出原油中的重质组份和氯离子浓度增加明显(图6、图7)。上述现象均表明试验区有新的油层得到动用。

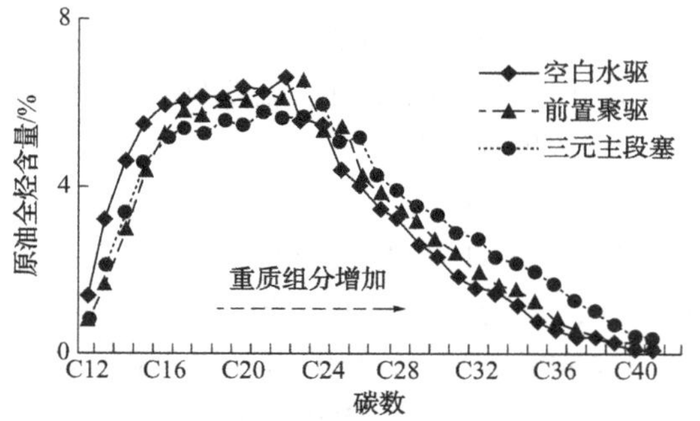

图6　北二西试验区不同阶段原油全烃分析

采出井见效比例达到100%，含水降幅大于

5%的井比例为93.2%，这部分井主要分布在分流线、河道边部和砂体变差部位，这些部位含油饱和度较其他区域高4.1%，井网加密改变流线后，化学驱控制程度平均增加了13.2%，剩余油得到有效动用。

3.3.3.2 利用现有井网改变流线可实现聚驱后效益开发

试验区全部利用其他层系井网和注入站，节约了钻建成本，税后财务内部收益率达到10.56%，取得了较好技术经济效果。

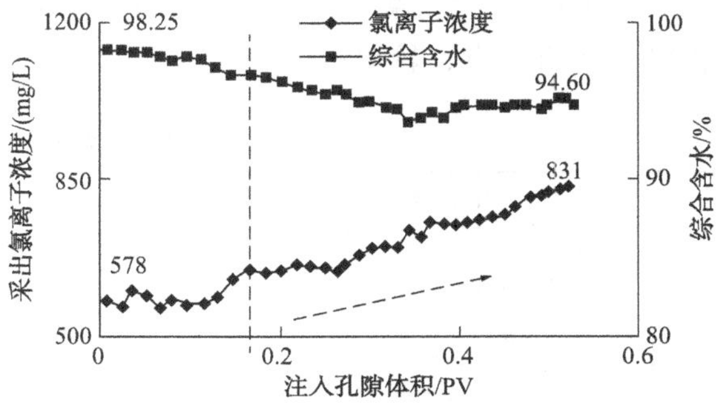

图7　北二西试验区含水与氯离子浓度变化曲线

表6　聚驱后弱碱三元复合驱试验区注入剖面变化情况表

渗透率分级/（μm²）	射开厚度		空白水驱			前置聚合物			三元主段			差值		
	层数/%	有效/%	层数/%	有效/%	相对吸入量/%	层数/%	有效/%	相对吸入量/%	层数/%	有效/%	相对吸入量/%	层数/%	有效/%	相对吸入量/%
≤300	43.5	33.4	39.2	43.2	17.4	52.7	57.6	18.5	80.2	81.4	20.9	41	38.2	3.5
300-500	20.6	25.8	51.4	57.6	22.7	64.3	66.9	24.4	90.5	91.5	27.7	39.1	33.9	5
500-800	12.9	13.6	71.3	76.4	25.5	77.3	81.2	26.1	95.2	93.3	24.4	23.9	16.9	-1.1
≥800	23	27.2	80.9	81.5	34.4	81.3	82.4	31	83.3	84.8	27	2.4	3.3	-7.4
总计	100	100	55	59.9	100	62.4	66.6	100	87.6	91.3	100	32.6	31.4	0

4　聚驱后变流线化学驱工业化推广应用

上述井网加密变流线试验取得较好效果，为了进一步提升经济效益，形成聚驱后提高采收率配套技术，实现大规模推广应用，研发了PPG/聚合物驱、低初黏凝胶/弱碱三元复合驱体系，并开展了2项工业性应用。

4.1　聚驱后变流线PPG/聚合物驱体系优化与应用

4.1.1　PPG/聚合物驱体系配方优化

模拟聚驱后油层特征，建立了三层非均质物理模型，3支人造岩心并联，高、中、低渗层气测渗透率：4000mD、2000mD、500mD，厚度分别为1.8mm、45mm、20mm（图8）。应用该模型优化了由非连续相PPG颗粒和连续相聚合物溶液组成的PPG/聚合物驱体系配方，发挥非连续相和连续相的交替调驱作用。室内实验结果表明，在最佳配方条件下，聚驱后PPG/聚合物驱可提高采收率11.3%，较单纯高浓度聚驱多提高2.1个百分点，同时可节省聚合物用量24.0%（表7）。

4.1.2　PPG/聚合物驱工业性试验

北二西聚驱后PPG/聚合物驱工业性试验共

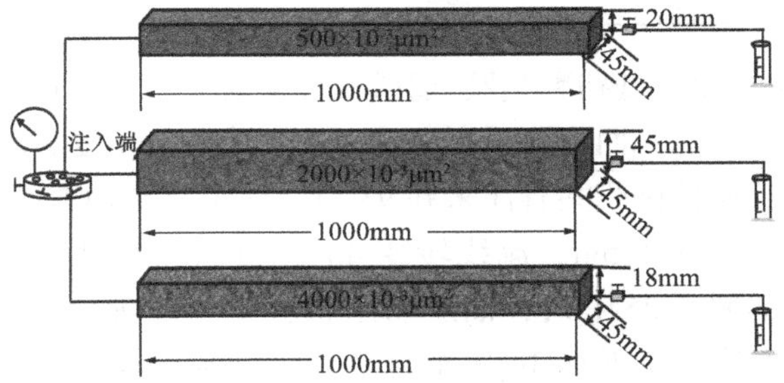

图8　三管并联岩心物理模型示意图

有注采井注采井127口，注采井距由250m加密到175m，流线转变45°，目前累计注入孔隙体积0.22PV，注入压力12.3MPa，较试验前上升3.3MPa，油层吸液厚度比例较试验前增加10.5个百分点，预测聚驱后PPG/聚合驱提高采收率8.7个百分点，较高浓度聚驱先导试验节省聚合物用量20%以上。

4.2　聚驱后低初粘凝胶/弱碱三元复合体系优化与应用

4.2.1　低初黏凝胶/弱碱三元复合驱体系配方优化

应用图8所示物理模型，优化了低初黏凝胶/弱碱三元复合驱配方，聚驱后经0.1PV、1000mg/L低初黏凝胶调剖后，再注入聚合物浓度为 2000mg/L 的弱碱三元复合体系可提高采收率 14.2 个百分点，较单一弱碱三元复合驱降低聚合物用量 18.0%(表 8)。

表 7　PPG/聚合物驱油体系配方优化驱油实验结果

<table>
<tr><th rowspan="2">序号</th><th colspan="2">PPG/聚合物驱油体系配方</th><th rowspan="2">水驱采收率/%</th><th rowspan="2">聚驱采收率提高值/%</th><th rowspan="2" colspan="2">聚驱后采收率提高值/%</th><th rowspan="2">总采收率/%</th></tr>
<tr><th>PPG 浓度/(mg/L)</th><th>2500 万聚合物浓度/(mg/L)</th></tr>
<tr><td>1</td><td>300</td><td>1400</td><td>37.4</td><td>17.4</td><td colspan="2">10.7</td><td>65.5</td></tr>
<tr><td>2</td><td>500</td><td>1400</td><td>37.7</td><td>17.3</td><td colspan="2">11.3</td><td>66.3</td></tr>
<tr><td>3</td><td>800</td><td>1400</td><td>37.5</td><td>16.8</td><td colspan="2">11.4</td><td>65.7</td></tr>
<tr><td>4</td><td rowspan="2">/</td><td>2500</td><td>37.5</td><td>17.3</td><td>9.1</td><td rowspan="2">9.2</td><td>63.9</td></tr>
<tr><td>5</td><td>2500</td><td>37.3</td><td>17.7</td><td>9.3</td><td>64.3</td></tr>
</table>

表 8　低初黏凝胶/弱碱三元复合驱油体系配方优化驱油实验结果

<table>
<tr><th rowspan="2">实验序号</th><th rowspan="2">低初黏凝胶浓度/(mg/L)</th><th colspan="3">弱碱三元复合体系主段塞</th><th>保护段塞</th><th rowspan="2">水驱采收率/%</th><th rowspan="2">聚驱采收率提高值/%</th><th rowspan="2" colspan="2">聚驱后采收率提高值/%</th><th rowspan="2">总采收率/%</th></tr>
<tr><th>2500 万聚合物浓度/(mg/L)</th><th>石油磺酸盐浓度/wt%</th><th>碳酸钠浓度/wt%</th><th>2500 万聚合物浓度/(mg/L)</th></tr>
<tr><td>1</td><td>1000</td><td>2200</td><td>0.3</td><td>1.2</td><td>1600</td><td>37.1</td><td>17.9</td><td>13.7</td><td rowspan="2">13.9</td><td>68.7</td></tr>
<tr><td>2</td><td>1000</td><td>2200</td><td>0.3</td><td>1.2</td><td>1600</td><td>37.5</td><td>18.9</td><td>14.1</td><td>70.5</td></tr>
<tr><td>3</td><td>/</td><td>2600</td><td>0.3</td><td>1.2</td><td>1800</td><td>37.1</td><td>17.5</td><td colspan="2">11.5</td><td>66.1</td></tr>
</table>

4.2.2　低初黏凝胶/弱碱三元复合驱工业性试验

北二西聚驱后低初黏凝胶/弱碱三元复合驱工业性试验共有注采井 93 口，注采井距由 250m 加密到 175m，流线转变 45°，目前累计注入化学剂 0.254PV,，油层动用状况得到改善，吸液厚度比例增加 16.4 个百分点，全区综合含水下降 1.7 个百分点，部分采出井出现含水下降趋势，预测最终提高采收率 12.0 个百分点。

5　结论

(1) 大庆油田聚驱后油层采用后续水驱开发方式，阶段采出程度高、综合含水高、综合递减率高、采油速度低、单井产油量低，开发效益较差。

(2) 物理模拟与数值模拟研究表明，聚驱后采用“井网加密变流线+化学驱”开发模式，既能提高波及体积又能提高驱油效率，可较原井网化学驱多提高采收率 6 个百分点以上。

(3) 聚驱后变流线化学驱先导试验提高采收率 8%以上、内部收益率 10%以上，实现效益开发，已具备工业化推广条件，工业性试验预计最终也可提高采收率 8%以上。

参　考　文　献

[1] 孙龙德，伍晓林，周万富，等．大庆油田化学驱提高采收率技术[J]．石油勘探与开发，2018，45(4)：636-645.

[2] 刘海波．大庆油区长垣油田聚合物驱后优势渗流通道分布及渗流特征[J]．油气地质与采收率，2014，21(5)：69-72.

[3] 闫坤，韩培慧，曹瑞波，等．聚驱后优势渗流通道流线数值模拟识别方法的建立及应用[J]．油气藏评价与开发，2019，9(2)：33-37.

[4] 刘国超，曹瑞波，闫伟，等．聚驱后优势渗流通道参数计算方法及应用[J]．大庆石油地质与开发，2023，42(5)：43-50.

[5] 夏惠芬，王立辉，韩培慧，等. 薄膜状剩余油动用条件研究[J]．特种油气藏，2021，28(3)：106-111.

[6] 陈文林．聚驱后强水洗油层微观剩余油量化分布及挖潜研究[J]．海洋石油，2017，37(4)：47-52.

[7] 郭尚平，田根林，王芳，等．聚合物驱后进一步提高采收率的四次采油问题[J]．石油学报，1997，18(4)：49-53，137.

[8] 韩培慧，赵群，穆爽书，等．聚合物驱后进一步提高采收率途径的研究[J]．大庆石油地质与开发，2006，25(5)：81-84.
[9] 杨菲，郭拥军，张新民，等．聚驱后缔合聚合物三元复合驱提高采收率技术[J]．石油学报，2014，35(5)：908-913.
[10] 闫伟．疏水缔合聚合物三元体系性能研究[J]．油气田地面工程 2014，33(6)，25-26.
[11] 刘永建，郝春雷，胡绍斌，等．聚合物驱后油藏驱油菌种的性能和作用机理[J]．石油学报，2008，29(5)：717-722.
[12] 程杰成，周泉，周万富，等．低初粘可控聚合物凝胶在油藏深部优势渗流通道的封堵方法及应用[J]．石油学报，2020，41(8)：969-978
[13] 刘宏生．聚驱后超低界面张力泡沫复合驱实验研究[J]．西安石油大学学报：自然科学版，2012，27(3)：72-75，80.
[14] 夏惠芬，蒋莹，王刚．聚驱后聚表二元复合体系提高残余油采收率研究[J]．西安石油大学学报：自然科学版，2010，25(1)：45-49.
[15] 沈德煌，马德胜，聂凌云，等．聚合物驱后油藏蒸汽驱技术可行性研究[J]．特种油气藏，2011，18[4]：108-110.
[16] 曹瑞波，韩培慧，高淑玲．不同驱油剂应用于聚合物驱后油层的适应性分析[J]．特种油气藏，2012，19[4]：100-104.
[17] 韩培慧，曹瑞波，刘海波，等．聚合物驱后油层特征和自适应复合驱方法[J]．大庆石油地质与开发，2019，38(5)：254-264.
[18] 曹绪龙．非均相复合驱油体系设计与性能评价[J]．石油学报(石油加工)，2013，29(1)：115-121.
[19] 郝春雷，刘永健，王大威．微生物采油技术用于聚驱后油藏的研究进展[J]．微生物技术，2007，17(1)：87-90.
[20] 王家震．喇嘛甸油田聚驱后蒸汽驱提高采收率研究[J]．大庆石油地质与开发，2008，27(5)：114-116.
[21] 李丽娟．大庆油田一类油层聚驱后聚表剂驱油技术[J]．大庆石油地质与开发，2013，32(3)：118-123.
[22] 闫伟．萨北区北二东西块井网重构挖潜聚驱后剩余油研究[J]．长江大学学报，2013，10(26)：56-60.

渤海中轻质油田反演相渗曲线研究及应用

杨　明　吴晓慧　马　栋　曹　龙　张佳琪

[中海石油(中国)有限公司天津分公司]

摘　要　油水相对渗透率曲线对注水开发油田开发中后期的水淹评价和剩余油挖潜等方面有非常重要作用，目前相对渗透率曲线主要由实验测定，由于油藏的非均质性和实验的精度，使得实验测定的岩心相对渗透率无法准确反映油藏特征。结合中轻质油田动态数据，从相对渗透率曲线的表征出发，结合油藏工程方法，建立了基于动态数据反演的油水相对渗透率曲线计算方法，并根据含水率与驱油效率关系曲线对实际油藏进行水淹再认识。结果表明，与岩心驱替所得相渗曲线相比，基于动态数据反演的相渗曲线能更加真实的反映油藏特征和油水流动能力，水淹级别划分和剩余油潜力分析更为精确，有效指导了油田射孔方案编制及调整井部署。该研究为中轻质油藏水驱开发后期调整挖潜提供理论支撑。

关键词　中轻质油藏；相渗曲线反演；驱油效率；水淹评价

相对渗透率曲线是研究储层岩石两相渗流的基础，是油田数值模拟及动态分析不可缺少的重要资料，充分认识油水相对渗透率的确定方法、曲线形态变化的影响因素对油藏合理开发具有重要指导意义。油田上，相渗曲线的获取主要是来自油田开发初期取心井取出的岩心所进行的岩心实验得到，但由于取心过程中存在钻井液污染、实验条件与地层条件存在差异、不同油藏储层的差异，以及实验误差等因素的影响，岩心实验所获取的相渗曲线并不能完全的反映地下流体的真实流动状态。为此，有学者提出用油田动态数据来求出相渗曲线，通过含水饱和度与油水相对渗透率指数关系式反演高含水期的油水相渗曲线。由于指数型相渗关系公式不能很好的反映中低含水期的油水相对渗透率关系，基于指数型相渗关系公式研究得到的相渗关系无法应用于油藏整个开发过程中。中轻质油藏由于原油黏度较低，相较于稠油油藏有更长的中低含水期，因此对能反映中轻质油藏开发过程中油水渗流特征的相渗曲线的研究尤为重要。

在前人研究的基础上，利用能综合反映油藏储层物性、开发方式等变化的动态生产数据，反演获得了能够反映真实油水流动能力的相对渗透率曲线。将基于动态数据反演的相渗曲线应用到油藏的水淹级别再认识和剩余油分析中，分析了反演的相渗曲线、岩心驱替获得的常规相渗曲线对驱油效率及剩余油分布的影响，指导了射孔方案编制和调整井挖潜，为水驱油藏后期开发与优化提供理论支持。

1　相渗曲线的公式推导

1.1　确定油水相对渗透率比值与含水饱和度的关系

油水两相渗流符合达西定律，在不考虑重力和毛管力的情况下，地层条件下的油水比 M 可表示为：

$$M=\frac{q_w}{q_o}=\frac{k_{rw}}{k_{ro}}\frac{\mu_o}{\mu_w} \tag{1}$$

式中，q_w 为产水量，m^3/d；q_o 为产油量，m^3/d；k_{ro} 为油相相对渗透率；k_{rw} 为水相相对渗透率；μ_w 为地层水黏度，mPa · s；μ_o 为地层原油黏度，mPa · s。

根据分流量方程，地面含水率可表示为：

$$f_w=\frac{q_w/B_w}{q_w/B_w+q_o/B_o}=\frac{1}{1+\frac{k_{ro}}{k_{rw}}\frac{\mu_w B_w}{\mu_o B_o}} \tag{2}$$

式中，B_w 为地层水体积系数，m^3/m^3；B_o 为地层原油体积系数，m^3/m^3。

前人研究表明，在进入高含水期后，油水相对渗透率比值与含水饱和度在半对数坐标上均不同程度地偏离直线关系，而采用多项式函数表征两者关系可以达到很好的拟合效果。结合油田岩心实验获取的油水相渗数据进行拟合，结果表明，应用三项式函数拟合时吻合度较高：

$$\ln\frac{k_{ro}}{k_{rw}}=A+BS_w+CS_w^2+DS_w^3 \tag{3}$$

式中，A、B、C、D 为拟合系数，无量纲；S_w为含水饱和度，无量纲。

结合公式(2)和(3)可以得到含水率与含水饱和度的关系公式：

$$\ln\left(\frac{1}{f_w}-1\right)+\ln\left(\frac{B_o\mu_o}{B_w\mu_w}\right)=A+BS_w+CS_w^2+DS_w^3 \tag{4}$$

根据文献计算采出程度与出口端饱和度的关系为：

$$S_w=\frac{3R(1-S_{wi})+3S_{wi}-1+S_{or}}{2} \tag{5}$$

式中，R 为采出程度，无量纲；S_{wi}为原始含水饱和度，无量纲；S_{or}为残余油饱和度，无量纲。

结合公式(4)和公式(5)，结合油田实际含水率、采出程度和流体物性参数，通过多项式拟合的方法，即可得到多项式中 A、B、C、D 的参数值，进而通过(3)得到油水相对渗透率比值与含水饱和度的关系。

1.2 相对渗透率曲线的确定

传统的油水相对渗透率表达式主要基于指数公式，该公式油相相对渗透率曲线中低含水期拟合效果较差，无法准确表征相渗曲线形态。在前人基础上，提出改进的油水两相相对渗透率公式，可以准确的反映油水相渗的形态特征，如图1。

$$k_{ro}=k_o(S_{wi})(1-S_{wd})^{n+aS_{wd}} \tag{6}$$

$$k_{rw}=k_w(S_{or})S_{wd}^{\;m+bS_{wd}} \tag{7}$$

$$S_{wd}=\frac{S_w-S_{wi}}{1-S_{wi}-S_{or}} \tag{8}$$

式中，m，n，a，b 为参数，无量纲；$K_o(S_{wi})$为原始含水饱和度下的油相相对渗透率，无量纲；$K_w(S_{or})$为残余油饱和度下的水相相对渗透率，无量纲；S_{wd}为无因次含水饱和度，无量纲。

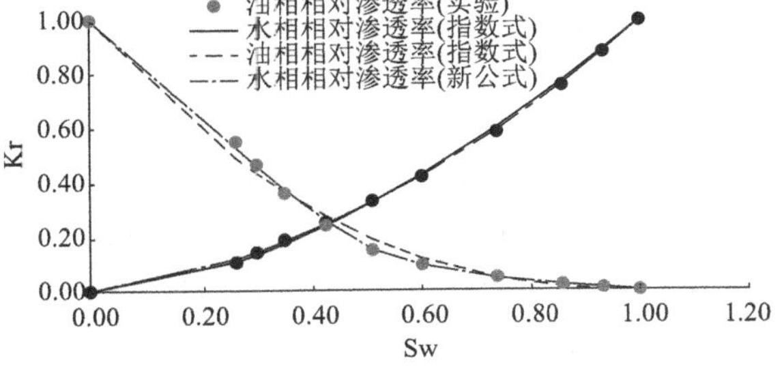

图1 相渗曲线拟合效果对比

根据上式即可得到油水相对渗透率比值与无因次含水饱和度的关系：

$$\frac{k_{ro}}{k_{rw}}=\frac{k_o(S_{wi})(1-S_{wd})^{n+aS_{wd}}}{k_w(S_{or})S_{wd}^{\;m+bS_{wd}}} \tag{9}$$

$$\ln\frac{k_{ro}}{k_{rw}}=\ln\frac{k_o(S_{wi})}{k_w(S_{or})}+(n+aS_{wd})\ln(1-S_{wd})-(m+bS_{wd})\ln(S_{wd}) \tag{10}$$

令$X_1=\ln\frac{k_o(S_{wi})}{k_w(S_{or})}$，$X_2=(n+a\,S_{wd})\ln(1-S_{wd})$，$X_3=(m+b\,S_{wd})\ln(S_{wd})$，$Y=\ln\frac{k_{ro}}{k_{rw}}$，则上式可简化为：

$$Y=X_1+X_2-X_3 \tag{11}$$

在利用油田实际开发数据和流体参数通过公式(3)得到油水相对渗透率比值与含水饱和度的关系的基础上，利用(10)式进行多元线性拟合得到m，n，a，b 参数值，进而通过公式(5)和(6)得到不同含水饱和度下的油水两相相对渗透率值。

根据以上推导分析过程，确定新型相渗曲线反演过程如下：

(1) 结合油藏实际动态数据和流体物性参数，根据公式(4)和(5)进行多项式函数拟合，得到多项式系数 A、B、C、D 的值，进而得到油水两相相对渗透率比值和含水饱和度的对应关系；

(2) 在上述结果的基础上，利用公式(11)进行多元非线性拟合，得到 m、n、a、b 的值，代入公式(6)和(7)求出不同含水饱和度下的油水两相相对渗透率曲线。从求解过程可以看出，反演得到的新型油水相对渗透率相渗曲线考虑了油藏动态开发数据及流体物性差异，更能反映油藏实际开发特性。

2 应用实例

2.1 油藏基本数据

渤海南部某中轻质油藏的基本参数如下：地面原油密度 0.877g/cm³，原油体积系数 1.262m³/m³，地层水体积系数 1.01m³/m³，地层原油黏度 1.29mPa·s，地层水黏度 1.29mPa·s，平均有效厚度 0.5m，有效孔隙度 0.296，束缚水饱和度 0.36，残余油饱和度 0.23，相渗实验得到束缚水饱和度下的油相相对渗透率 1.0，残余油饱和度下的水相相对渗透率 0.16。油藏目前含水率 84.0%，采出程度 31.0%，已进入高含水高采出程度阶段。油田目前仅明化镇Ⅱ油组和Ⅲ油组进行了岩心驱替实验，获得油水相渗曲线，水淹级别划分及数值模拟均采用平均化后的油水相对渗透率曲线。

2.2　基于水淹级别再划分的射孔方案

利用油藏实际开发的含水与采出程度数据，根据公式(3)进行多项式拟合，得到系数 $A=8.8306$，$B=-82.0974$，$C=351.0034$，$D=-556.9919$，拟合相关系数 0.9999，表明该公式在油田具有很好的适用性。根据得到的油水相对渗透率比值与含水饱和度的关系，可求出不同含水饱和度下油水两相相对渗透率的比值，然后应用 Matlab 编制计算程序结合公式(11)进行多元非线性拟合，得到新型相渗曲线的相关参数：$a=-1.3000$，$b=2.1450$，$m=1.0445$，$n=3.9604$。将参数代入到公式(6)~(8)中求出不同含水饱和度下的油水两相相对渗透率曲线。

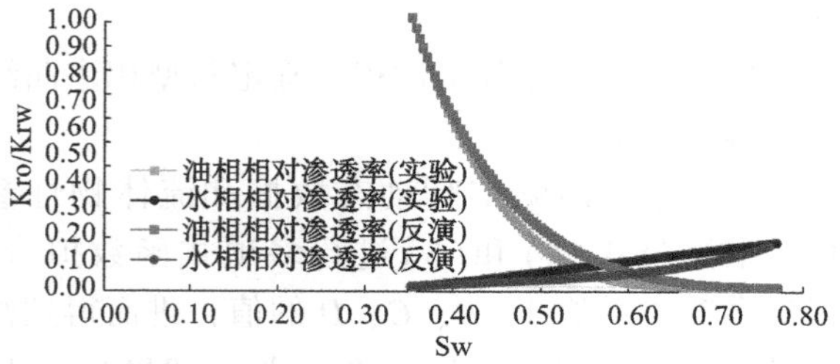

图 2　反演油水相对渗透率曲线与实验油水相对渗透率曲线对比

将利用动态数据反演得到的新型油水两相相对渗透率曲线与目前应用的岩心实验测定的油水两相相对渗透率曲线对比(图 2)，可以发现，相同含水饱和度条件下，反演相渗的油相渗透率较高，水相相对渗透率较低，水驱油效果更好。通过计算驱油效率和含水率的关系曲线进行对比，在相同的含水率条件下，通过反演油水相对渗透率曲线的得到的驱油效率高于岩心实验结果得到的驱油效率，且含水上升速度明显变缓。

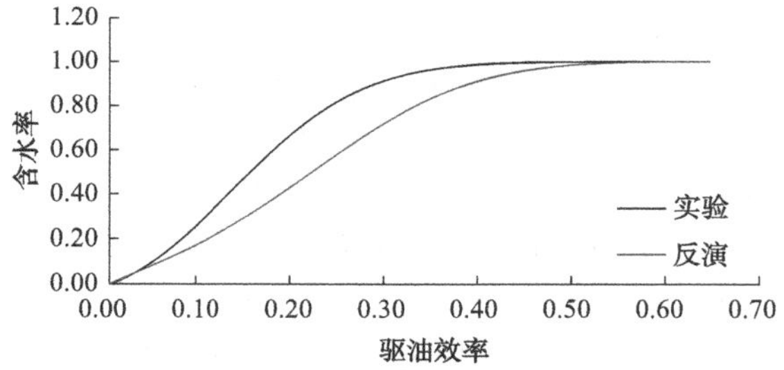

图 3　含水率与驱油效率关系曲线对比

根据反演得到的含水率和驱油效率关系曲线，对目标油藏的水淹级别进行了重新认识(表 1)，重划分后未水淹及水淹层对应的驱油效率界限提高。

表 1　水淹级别划分表

水淹级别	产水率范围/%	驱油效率/%	
		实验	反演
未水淹	<10	<5	<7
弱水淹	10~40	5~12	7~20
中水淹	40~80	12~24	20~33
强水淹	80~100	>24	>33

对新实施的调整井 G1 井钻遇的水淹层的水淹级别进行了划分并指导射孔方案的编制(表 2)，利用砂体反演得到的含水率和驱油效率关系曲线解释水淹层，该井的水淹比例相比原解释成果减少 72%。该井投产初期实际含水仅 12%，证实了基于相渗反演的水淹级别划分的准确性，说明结合油田生产动态数据反演的两相相渗曲线不仅反映了实际岩石和流体的性质，还考虑了实际油藏的非均质性，更具有代表性。

表 2　G1 井射孔数据表

垂深/m	厚度/m	测井解释驱油效率/%	水淹级别	
			基于实验相渗	基于反演相渗
1736.2~1738.5	2.3	5.5	弱水淹层	未水淹层
1739.1~1740.6	1.5	6.8	弱水淹层	未水淹层
1742.5~1746.2	3.7	6.2	弱水淹层	未水淹层
1803.3~1806.0	2.7	18.5	中水淹层	弱水淹层
1808.8~1809.6	0.8	19.3	中水淹层	弱水淹层
1818.5~1819.8	1.3	16.1	中水淹层	弱水淹层

2.3 基于剩余油再认识的调整挖潜

在目标油藏中使用动态数据反演得到的相渗曲线进行数值模拟，根据剩余油分布结果指导了油田调整井的部署。以油藏I1井组为例，为1注2采的不规则联合井网开发，应用反演油水相渗进行了数值模拟研究，并与岩心驱替实验所得的常规相渗曲线的数值模拟结果进行了对比。从图4的剩余油分布图可以看出，应用基于动态数据反演的相渗曲线进行模拟后，由于水驱油效率增大，井控范围内的剩余油饱和度减小，井网不完善区域和无井控制区域则更加富集，调整挖潜潜力增大。根据数值模拟结果在井网不完善区域部署1口定向注水井、2口水平采油井挖潜，投产后平均日产油80m^3/d，预测增加可采22万方，油藏采收率增加1.5%，调整井挖潜效果良好。应用基于动态数据反演的相渗曲线进行剩余油研究可进一步提升剩余油挖潜潜力。

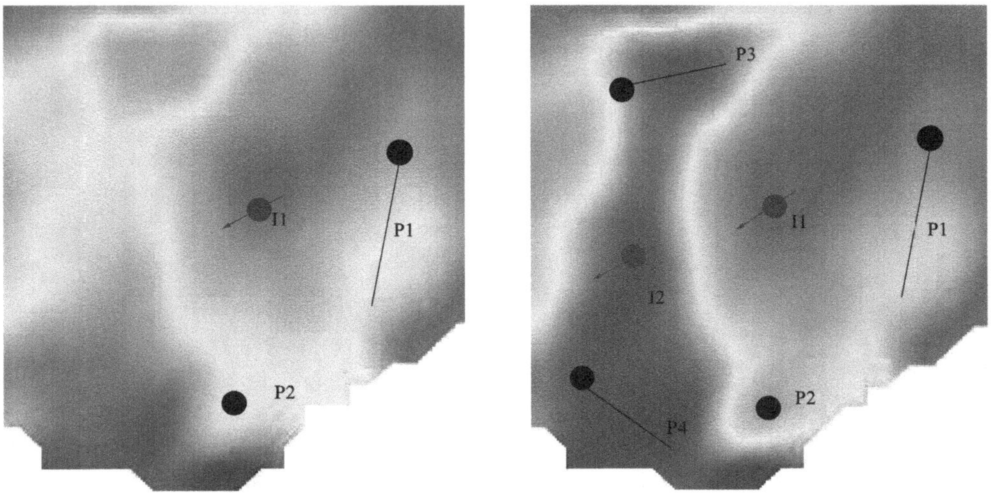

(a)应用实验油水相渗　　(b)应用反演油水相渗

图4　数值模拟剩余油饱和度对比图

3　结论

（1）利用油藏工程方法推导出了一种新的渗透率反演方法，该方法适油田整个注水开发过程，对油田进入到地下油水流动认识具有重要意义。

（2）利用综合反映油藏储层流体物性、开发动态生产数据，反演获得了真实反映油水流动能力的相对渗透率曲线。有效克服了油田取心污染、取心层位差异、非均质性对相对渗透率测定带来的偏差。通过实际动态表明，基于动态数据反演的相对渗透率曲线更贴近实际含水率的变化规律，验证了反演油水相渗的准确性。

（3）本方法可有效指导油田的水淹再认识及调整挖潜，成功指导了油藏射孔方案编制和调整井井位部署，为中轻质油藏高效开发提供借鉴。

参考文献

[1] 吴湛，彭鹏商．利用生产数据求取相对渗透率以及预测油田动态的一种方法[J]．石油勘探与开发，1991，18(6)：76-82.

[2] 蒋明，宋富霞，郭发军，等．利用水驱特征曲线计算相对渗透率曲线[J]．新疆石油地质，1999，20(5)：418-421.

[3] 程佳，张伟，宁玉萍，等．长期水驱后非均质性油藏动态相渗曲线计算方法研究[J]．石油化工应用，2015，34(11)：39-42.

[4] 吕新东，冯文光，杨宇，等．利用动态数据计算相渗曲线的新方法[J]．特种油气藏，2009，16(5)：65-66.

[5] 王继强，岳圣杰，朱孟高，等．计算油田特高含水期相渗曲线新方法[J]．石油化工应用，2017，36(8)：62-64.

[6] 王怒涛，陈浩，王陶，等．用生产数据计算油藏相对渗透率曲线[J]．西南石油学院学报，2005，27(5)：36-38.

[7] 黄祥峰，张光明，郭俊磊，等．计算油藏相渗曲线的新方法及应用[J]．石油地质与工程，2013，27(1)：53-55.

[8] 崔传智，徐建鹏，王端平，等．特高含水阶段新型

水驱特征曲线［J］. 石油学报，2015，36（10）：1267-1271.
［9］刘浩瀚，颜永勤．特高含水期相渗关系表征新理论与实践［J］. 西南石油大学学报（自然科学版），2019，41（2）：127-136.
［10］翟上奇，雷源，吴穹螈，等．渤南区域中轻质油田相渗规律影响因素研究［J］. 天然气与石油，2019，37（1）：43-50.
［11］高文君，姚江荣，公学成，等．水驱油田油水相对渗透率曲线研究［J］. 新疆石油地质，2014，31（5）：552-557.
［12］高文君，左毅，蔡喜东，等．新型水驱前缘解析法研究及应用［J］. 断块油气田，2015，22（6）：785-789.
［13］高文君，任波，刘琦，等．油水相对渗透率比值变化规律及优选［J］. 特种油气藏，2015，22（4）：91-93.

智能优化与数值模拟融合：渤海P油田高含水期采收率高精度预测技术研究

暴 赫 周海燕 王 刚 安玉华 李思民

[中海石油(中国)有限公司天津分公司]

摘 要 渤海P油田进入高含水期后，传统水驱规律曲线预测采收率的方法适用性受到一定限制。为实现P油田采收率的准确预测，在综合考虑多重影响因素的基础上建立预测采收率的机器学习模型。首先统计P油田馆陶组各小层生产数据，应用斯皮尔曼等级评价法优选出6个主控因素。然后根据P油田储层物性、流体性质、井网部署的实际情况，对主控因素分别设置9个水平值，应用正交试验法设计出81个模拟方案。然后建立数值机理模型对方案依次模拟获得对应的采收率，建立采收率预测模型的数据库。最后应用蚁群算法对随机森林模型超参数进行优化，将优化后的模型进行采收率预测，得到一种基于蚁群算法优化随机森林模型的采收率预测方法。预测结果显示，模型整体预测值与实际值拟合程度达到98.54%，最终均方根误差为0.0314，平均绝对误差为0.0267，满足预测精度要求。本文建立的多层水驱油田采收率预测方法可为国内外类似疏松砂岩水驱油田的采收率准确预测提供技术支持。

关键词 采收率预测；正交设计；主控因素分析；随机森林；蚁群算法；超参数寻优

渤海P油田是储量十亿吨级特大型油田，目前采出程度19.4%，综合含水率85.8%。油藏内部非均质性较强，渗透率117.3~3156.2mD，孔隙度15.0%~35.4%，渗透率变异系数0.20~0.82，原油黏度10.4~51.3mPa·s，油层平均有效厚度2.0~20.0m。P油田进入高含水期后，平面和层间储层非均质性进一步加强，加剧了注入水无效循环的现象，严重制约着油田的高效开发。为准确、合理预测出高含水期的水驱采收率，以便对油田开发技术政策进行有效调整，亟需开展采收率主控因素识别和采收率预测，为油田高含水期改善开发效果提供技术支持。通过文献调研，目前常规采收率预测方法主要采用经验公式法、数值模拟法，经验公式法主要基于静态地质参数的计算，在准确性上存在一定缺陷。而数值模拟法要想实现高精度的模拟，尤其是三维地质模型较为复杂时，需要大量的计算资源和时间，因此亟需对采收率的准确、快速预测进行深入研究。

随着机器学习方法在各行各业都取得巨大成功，人工智能、大数据在油田开发上的应用也势在必行，而如何合理、高效的将人工智能、大数据应用到油田开发是技术革新的关键一步。为实现水驱油田高含水期采收率的快速、准确预测，本文基于数值模拟与大数据分析技术，建立机器学习采收率智能预测模型，通过优选影响采收率的主控因素，再结合数值模拟方法，以主控因素为研究特征建立机器学习模型的学习样本库，并应用蚁群优化算法提高模型预测精度，实现高含水期采收率的快速预测。该方法相比常规方法在准确性和效率方面有极大提升，可为国内外类似砂岩水驱油藏的采收率主控因素识别与准确预测提供技术指导和借鉴。

1 采收率主控因素分析

在建立采收率预测模型前，为避免多因素对预测模型的干扰，需对主控因素进行筛选，剔除一些相关程度较小的因素。本文应用斯皮尔曼等级评价法对主控因素进行筛选。斯皮尔曼等级相关系数能够度量两个变量之间关联程度，尤其是当数据不服从正态分布或者关系非线性时，其值介于-1到1之间，绝对值介于0.7至1之间为极强相关，介于0.5至0.7之间为强相关，介于0.2至0.5之间为弱相关，介于0至0.2之间为极弱相关。由于采收率的影响因素并不是线性分布，而是复杂的非线性和曲线分布，因此斯皮尔曼相关系数可以很好的衡量影响因素与采收率的相关性大小，计算公式为：

$$\rho = 1 - \frac{6\sum g_i}{n(n^2-1)} \tag{1}$$

式中，ρ 为斯皮尔曼相关系数；g_i 是两组变量的第 i 对数据的排序差异；n 是样本数量。

通过统计 P 油田馆陶组 L50、L54、L58、L60、L62、L64、L72、L76、L80、L82、L84、L88 共 12 个小层的采收率 EOR，和对应的相关地质静态因素中的渗透率 K、渗透率变异系数 V_k、渗透率极差 K_r、泥质含量 vsh、孔隙度 Φ、电阻率 RT、含油饱和度 S_o、原油黏度 μ、油层平均有效厚度 h、累积注采比 IPR、油藏温度 T_o、注水温度 T_w、开采速度 E_r、油层比例 O_r、井网密度 f 共 15 种因素，来作为主控因素筛选的基础数据。应用斯皮尔曼相关系数进行主控因素分析，如图 1 所示，根据相关性标准，发现渗透率 K、渗透率变异系数 V_k、孔隙度 Φ、原油黏度 μ、油层平均有效厚度 h、井网密度 f 与油田采收率相关性较大，其他因素相关性较小，因此应用优选出的 6 种主控因素作为学习特征进行预测。

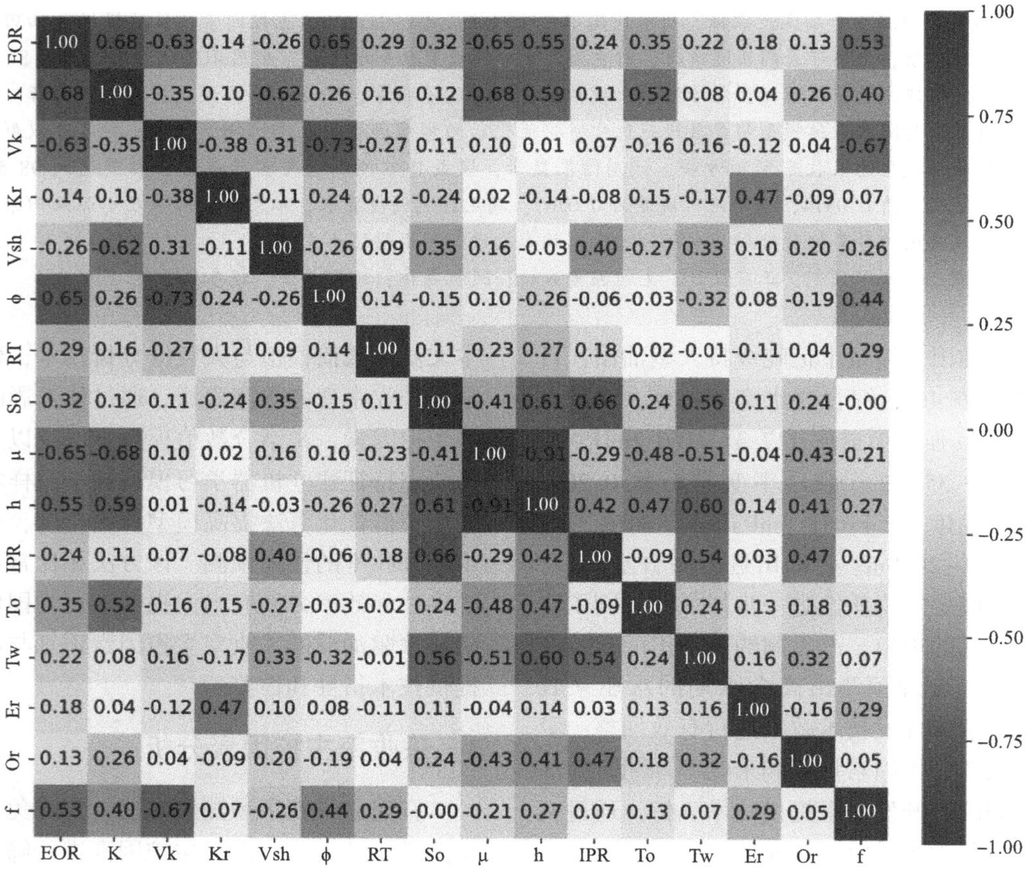

图 1　斯皮尔曼相关分析结果

2　机器学习数据库建立

2.1　数模方案设置

根据 P 油田地质、油藏和流体等属性，构建三维模型，平面网格数量为 60×60，平面网格尺寸为 20m×20m，采用反九点法部署井网，以优选出的 6 种主控因素作为因变量进行数值模拟。根据 P 油田储层非均质物性、地层流体性质、井网部署的实际情况，设置渗透率在 100.0~3000.0mD 范围内取 9 个水平值，渗透率变异系数在 0.20~0.82 范围内取 9 个水平值，孔隙度在 0.15~0.35 范围内取 9 个水平值，原油黏度在 10.0~50.0mPa·s 范围内取 9 个水平值，油层平均有效厚度在 2.0~20.0m 范围内取 9 个水平值，井网密度在 3~27 口/km^2 范围内取 9 个水平值，具体取值情况如表 1 所示。

2.2　数模方案模拟

为使机器学习模型能够从数据中提取更多有效信息，同时在较少模拟次数和较少模拟时间的基础上不影响模拟结果的正确性，本文根据上一步设置的方案水平，应用正交试验方法 L81，9，6)共设计 81 组模拟方案，输入至数值模型中进行模拟，并将每组主控因素与对应的采收率进行提取，建立机器学习数据库，如表 2所示。

表 1 主控因素水平值取值

水平值	主控因素					
	渗透率/mD	渗透率变异系数	孔隙度	黏度/mPa·s	平均有效厚度/m	井网密度
1	100.0	0.20	0.15	10.0	2.0	3
2	300.0	0.26	0.17	15.0	3.0	5
3	500.0	0.32	0.19	20.0	5.0	8
4	800.0	0.38	0.21	25.0	8.0	11
5	1000.0	0.46	0.23	30.0	10.0	14
6	1500.0	0.52	0.25	35.0	12.0	17
7	2000.0	0.60	0.27	40.0	15.0	20
8	2500.0	0.70	0.30	45.0	18.0	23
9	3000.0	0.82	0.35	50.0	20.0	27

表 2 机器学习数据库

序号	渗透率/mD	渗透率变异系数	孔隙度	黏度/mPa·s	平均有效厚度/m	井网密度	采收率/%
1	1500.0	0.7	0.23	40.0	2.0	23	33.5
2	2500.0	0.38	0.15	40.0	3.0	14	41.6
3	500.0	0.20	0.19	20.0	5.0	8	25.8
4	2500.0	0.82	0.17	35.0	8.0	8	52.8
5	800.0	0.52	0.23	15.0	20.0	5	42.2
6	3000.0	0.20	0.35	50.0	20.0	27	40.4
7	1500.0	0.26	0.27	20.0	8.0	14	50.6
8	800.0	0.82	0.27	15.0	5.0	23	47.8
⋮	⋮	⋮	⋮	⋮	⋮	⋮	⋮
79	1000.0	0.38	0.30	30.0	20.0	8	46.6
80	1500.0	0.52	0.30	35.0	5.0	14	45.1
81	300.0	0.60	0.35	5.0	18.0	14	43.4

3 机器学习模型建立

3.1 随机森林模型原理

随机森林是一种集成学习算法，通过构建多个独立的决策树组成，将这些树并行训练并共同通过投票作出决定。每棵决策树在训练时都会采用有放回抽样的方法从原始数据集中抽取部分样本，并且只考虑随机选择的一部分特征来进行分裂。这种随机性保证了模型的多样性和鲁棒性，而集成多个决策树的结果则能有效降低模型的方差，提高其泛化能力。随机森林算法的主要步骤如下所示：

(1) 随机采样：从训练集中随机采样生成多个不同的子训练集，使每个决策树拥有不同的训练样本。

(2) 随机特征选择：在每个节点上，从所有特征中随机选择一个子集，然后从这个子集中选择最佳的特征来进行节点分裂，确保每个决策树的分裂都是基于不同的特征子集，增加模型的多样性。

(3) 独立建树：基于上述随机采样和随机特征选择的方法，独立地构建多个决策树。每个决策树都是一个弱学习器，通过集成多个决策树，来减少过拟合的风险。

(4) 投票集成：对于回归任务，随机森林取所有决策树预测值的平均值作为最终预测结果。

3.2 随机森林模型建立

基于数值模型模拟的 81 个样本点结果，按照 7∶3 的比例，随机抽取 57 组作为训练数据，余下的 24 组数据作为测试数据，构建采收率预测模型。为使随机森林模型达到最佳预测效果，本文应用蚁群优化算法对随机森林模型中的超参数进行优化，包括决策树的数量、树的最大深度、最小分裂样本数、最小叶子节点样本数、最大特征数。蚁群优化算法是一种用来寻找优化路径的概率型算法，用蚂蚁的行走路径表示待优化问题的可行解，由于路径较短的蚂蚁释放的信息素量较多，随着时间推进，较短路径上累积的信息素浓度逐渐增高，选择该路径的蚂蚁数量也越来越多。最终，整个蚁群会在正反馈的作用下集中到最佳路径上，此时对应的路径就是待优化问题的最优解，优化流程如图 2 所示。

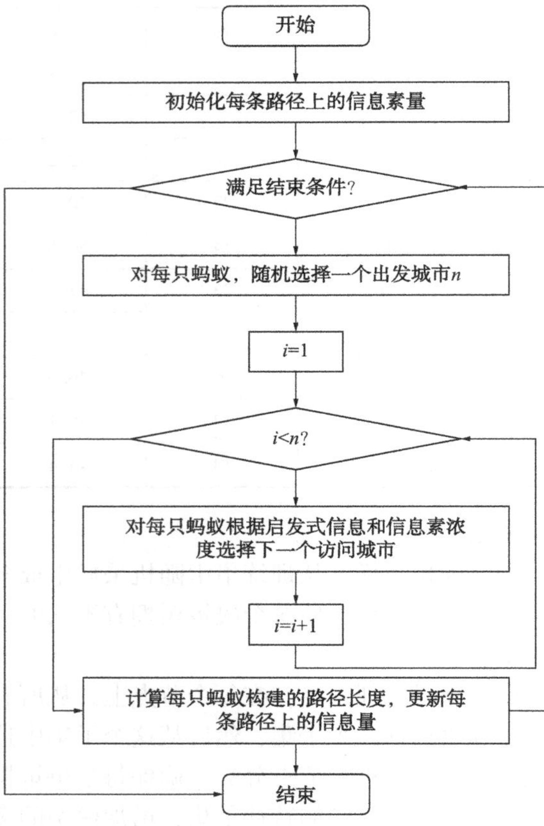

图 2　蚁群算法优化流程图

蚁群算法的计算公式如式(2)所示。

$$p_{ij}^{k}(t)=\begin{cases}\dfrac{(\tau_{ij}(t))^{\alpha}(\eta_{ij}(t))^{\beta}}{\sum_{k\in allowed}(\tau_{ij}(t))^{\alpha}(\eta_{ij}(t))^{\beta}} & j\in allowed\\ 0, & otherwise\end{cases} \tag{2}$$

式中，$\tau_{ij}(t)$ 为时间 t 时刻，路径 (i,j) 上的信息素浓度；$\eta_{ij}=1/d_{ij}$ 根据距离定义的启发信息；α、β 为两个常数，反映信息素和启发信息的相对重要性；*allowed* 为尚未访问的节点集合。所有蚂蚁根据自己构建的路径长度在本轮经过的路径上释放信息素，构建的路径越短、释放的信息素就越多。一条路径被蚂蚁访问的次数越多，所获得的信息素也越多。当所有蚂蚁经过了所有城市，则开始进行信息素的更新，更新过程如公式(3)至公式(5)所示。

$$\Delta\tau_{ij}(t)=f(x)=\begin{cases}\dfrac{Q}{L_k}, & (i,j)\in w_k\\ 0, & otherwise\end{cases} \tag{3}$$

$$\tau_{ij}(t+1)=\lambda\cdot\tau_{ij}(t)+\Delta\tau_{ij} \tag{4}$$

$$\Delta\tau_{ij}=\sum_{k=1}^{m}\Delta\tau_{ij} \tag{5}$$

式中，Q 为常数；w 表示第 k 只蚂蚁在本轮走过的路径；L 为路径长度；λ 为小于 1 的常数，反映信息素的挥发速度；Q/L_k 表示第 k 只蚂蚁在该路径上留下的平均信息素。

结合蚁群算法，通过定义测试集上的均方根误差(RMSE)、平均绝对误差(MAE)为约束条件，给定参数寻优范围和初始设置数量。在蚁群优化算法计算 60 次后，随机森林模型的超参数得到最佳数值，如表 3 所示。优化后决策树的数量为 69、树的最大深度为 21、最小分裂样本数为 2、最小叶子节点样本数为 1、最大特征数为 1，此时的随机森林模型在预测性能、训练时长、收敛速度之间找到最佳平衡点，此时均方根误差为 0.0314，平均绝对误差为 0.0267，且避免了欠拟合与过拟合的现象，可应用模型对 P 油田的采收率进行预测。

表 3　模型超参数寻优结果

模型超参数	优化区间	初始设置	最佳数值
决策树的数量	(10，200)	10	69
树的最大深度	(1，50)	10	21
最小分裂样本数	(2，10)	2	2
最小叶子节点样本数	(1，10)	2	1
最大特征数量	(0.1，1)	0.5	1

4 机器学习模型应用

4.1 模型预测结果

应用优化后的随机森林模型对P油田采收率进行预测，并将预测值和实际值放入等比例图版进行验证，如图3所示，优化后的预测值与实际值拟合程度达到98.54%，预测效果相对优化前得到极大提升，应用随机森林模型可以实现对P油田采收率的准确预测。

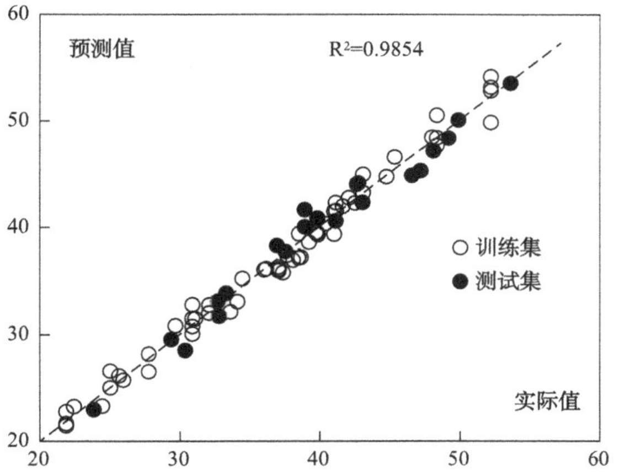

图3 随机森林模型预测结果

4.2 模型应用效果

渤海P油田G区块位于油田西南方向，2003年投产，在经历20余年的水驱开发后，综合含水已达91.4%，区块标定采收率为37.3%。随着长期注水开发，G区块储层物性发生一定程度的变化，目前平均渗透率为975.0mD，渗透率变异系数为0.58，平均孔隙度24.7%，地层平均原油黏度为29.0mPa·s，油层平均有效厚度为10.3m，井网密度为19口/km^2。应用行业标准中的砂岩采收率经验公式和本文的机器学习预测方法对G区块采收率进行计算，结果如表4所示，机器学习模型计算结果为37.7%，与标定采收率37.3%最为接近，计算精度高于行业标准经验公式。

表4 G区块采收率预测结果对比

预测方法	预测结果/%
渤海水驱砂岩经验公式	31.4
经验公式1	33.3
经验公式2	34.7
经验公式3	35.2
机器学习模型	37.7

5 结论

（1）综合考虑对油田采收率的影响因素，应用斯皮尔曼相关法选取15个影响因素与采收率进行相关性分析，其中渗透率、泥质含量、孔隙度、原油黏度、油层平均有效厚度、井网密度与油田采收率相关性较大，其他因素相关性较小。

（2）基于正交设计与数值模拟法得到的81个方案模拟结果，建立随机森林采收率预测模型，并应用蚁群优化算法对模型超参数进行优化。采用优化后的模型进行采收率预测，模型整体预测值与实际值拟合程度达到98.54%，最终均方根误差为0.0314，平均绝对误差为0.0267，满足预测精度要求。

（3）应用建立的机器学习模型对G区块标定采收率进行预测，相比行业标准中的砂岩采收率经验公式，计算精度显著提高，研究成果可为国内外类似砂岩水驱油田的采收率准确预测提供技术支持。

参考文献

[1] 侯亚伟，刘超，徐中波，等．多层水驱开发油田采收率快速预测方法[J]．石油钻探技术，022，50(05)：82-87.

[2] 汤勇，张皓川，何佑伟，等．一种新型油藏气驱采收率预测图版[J]．石油勘探与开发，022，49(03)：530-537.

[3] 张金水，田冷，黄诗慧，等．基于极限梯度爬升算法与支持向量回归算法变权组合模型致密油的采收率预测[J]．科学技术与工程，2022，22(12)：4778-4787.

[4] 李廷礼，高振南，党胜国，等．一种考虑层间干扰的多层合采油藏水驱采收率预测方法[J]．复杂油气藏，2023，16(02)：204-210+214.

[5] 左广垚．人工神经网络在稠油油藏采收率预测的应用[J]．山东石油化工学院学报，2023，7(04)：34-38.

[6] 鲁瑞彬，刘双琪，胡琳，等．水驱砂岩油田动态采收率计算新方法[J]．西安石油大学学报(自然科学版)，2019，34(04)：60-66.

[7] 赖书敏，周夏汀．基于不确定性分析的油气采收率预测方法[J]．石油化工应用，2022，41(01)：27-30.

[8] 齐书贤，喻高明，刘云，等．基于注意力机制的长短期记忆网络的油田采收率预测新方法[J]．当代化工研究，2023(09)：177-179.

[9] Kenzhebek Y, Imankulov T, Zaki A D, et al. Implementation of regression algorithms for oil recovery prediction[J]. Eastern-European Journal of Enterprise Technologies, 2022, 2(2).
[10] 李伟，唐放，侯博恒，等．基于神经网络的南海东部砂岩油藏采收率预测方法[J]．油气藏评价与开发，2021，11(05)：730-735+743.
[11] 黄俊．薄互层砂岩油藏开发前期采收率预测方法研究[J]．石油化工应用，2022，41(02)：35-38.

浅薄层特超稠油油藏多资料一体化剩余油描述技术

李志鹏　景龙斌　陶建强　胡春余

（中石化新疆新春石油开发有限责任公司）

摘　要　春风油田新近系沙湾组特超稠油油藏埋藏浅、油层薄、地下原油黏度高。特、超稠油动用储量为5335.3万吨，春风油田主要开发技术是HDNS吞吐技术，即水平井-降黏剂-蒸汽-氮气复合开发模式。高轮次开采后递减大，汽窜频繁，地层压力降低，含水升高，效益变差。为此，亟需攻关浅薄层特超稠油油藏后期剩余油描述技术，为老区稳产提供技术支持。

关键词　浅薄层特超稠油；高轮次吞吐；提高采收率；剩余油；稠油热采

1　前言

稠油作为油田的七个产量增长点之一，资源潜力巨大，约占全球剩余石油资源70%以上，地质储量约为4884×10^8t。同样，我国稠油资源也十分丰富，预计稠油资源约为226×10^8t，主要分布于东部渤海湾盆地和西部的准噶尔盆地。春风油田构造位于准噶尔盆地西缘，超稠油地质储量6920×10^4t，以HDNS吞吐技术为主，即水平井-降黏剂-蒸汽-氮气复合开发模式，高轮次开采后递减大，汽窜频繁，地层压力降低，含水升高，汽油比低。为了提高经济效益和采收率，亟需开展高轮次吞吐后期剩余油描述技术研究。针对典型薄储层稠油区块注蒸汽开发效果，揭示典型薄储层稠油区块注蒸汽剩余油分布特征，筛选出典型薄层稠油区块高轮次吞吐后适应性提高采收率技术，制定典型薄层稠油区块提高采收率方案、优化设计注采参数，并预测热复合开发效果。

2　春风油田概况

春风油田位于车排子凸起的东北部，储集层系为沙湾组，含油面积42.3km²，动用储量4790$\times10^4$t，埋藏深度420～610m，砂体平均厚度7.4m，油层厚度3～6m，孔隙度31%～35%，渗透率2～5μm²，地面原油密度为0.9235g/cm³，油层温度18～32℃，地下原油黏度50000～90000mPa·s，油藏温度为50℃时原油黏度为4000～7000mPa·s，地层水为氯离子含量为1127.0～7349.0mg/L的$NaHCO_3$水型，矿化度为2974.0～14062.0mg/L。属于薄浅层特超稠油高渗透砂岩油藏。年产量92.5×10^4t，占公司年产量的80.8%，春风油田主要开发技术是HDNS吞吐技术，即水平井-降黏剂-蒸汽-氮气复合开发模式。目前平均吞吐18轮次，最高为35吞吐轮次随着地层压力下降，边底水突破油水界面发生锥进，造成油井排水期长、末期见水早、周期累产水增加等问题，导致最终采收率较低。

3　薄层稠油区块高轮次吞吐后期剩余油描述技术

3.1　研究区基本概况

排601南区位于春风油田南部，含油面积10.2km²，地质储量1090×10^4t。排601南区油藏埋深530～650m，砂体厚度6～16m，沙湾组$N_1s_1{}^1$有效厚度4～8m，地层温度下脱气原油黏度50000～100000mPa·s，油藏类型为具边水浅薄层超稠油油藏。

目前排601南块整体处于高采出程度，低采油速度，中高含水开发阶段，采油速度1.4%，采出程度23.6%，综合含水72.6%。

3.2　研究区存在问题

（1）开发进入高轮次吞吐阶段，油井产能低，接近极限采收率，需调整开发方式。整体进入高轮次吞吐阶段，吞吐周期≥20轮次，高轮次吞吐井占比超过56%；高轮次吞吐后期单井产能低，周期平均单井日油3.3t/d。目前排601南蒸汽吞吐开发平均采出程度22.1%，极限采收率33.78%，剩余吞吐可采储量127×10^4t，需调整开发方式，以提高区块采出程度。

（2）吞吐降压开采致使地层压力低，需补充地层能量，有效提高生产压差。目前平均单井亏空 1.32×10^4t，地层压力 1.0MPa 左右，压降 5.05MPa。

（3）高轮次吞吐后接近吞吐极限半径，吞吐开发后期综合含水高。区块目前通过大氮气量增能注排，氮气泡沫调剖、注入参数优化等，控制含水上升，含水有所下降，但区块北部目前综合含水 69.9%，南部区域受边水影响，含水 81.9%。

排 601 南区以 HDNS/VDNS 吞吐开发为主，多轮次吞吐后，地层压力低，产量递减快，预测吞吐采收率低，要实现其产量稳定，亟需挖掘老区潜力。

3.3　研究区剩余油分布研究

（1）稠油注蒸汽开发后剩余油及转化定量表征

注蒸汽可视化物理模拟及剩余油识别；利用可视化物理模拟装置，开展注蒸汽至汽窜状态→转各种气剂添加驱实验；整体剩余油 AI 识别，拾取不同类型剩余油在图片中的分布以及不同类型剩余油的占比；随着蒸汽前缘扩展，主流通道分散型（滴状、孔道状和膜状）剩余油的相对量增大；近井区域的片状油含量少于远井区域；整体剩余油以片状油为主。随着化学剂添加，主流通道大量片状油被转化为分散型剩余油，以孔道状油为主；近井区分散型剩余油含量明显高于远井区；主要是片状油转化为柱状油和膜状油。

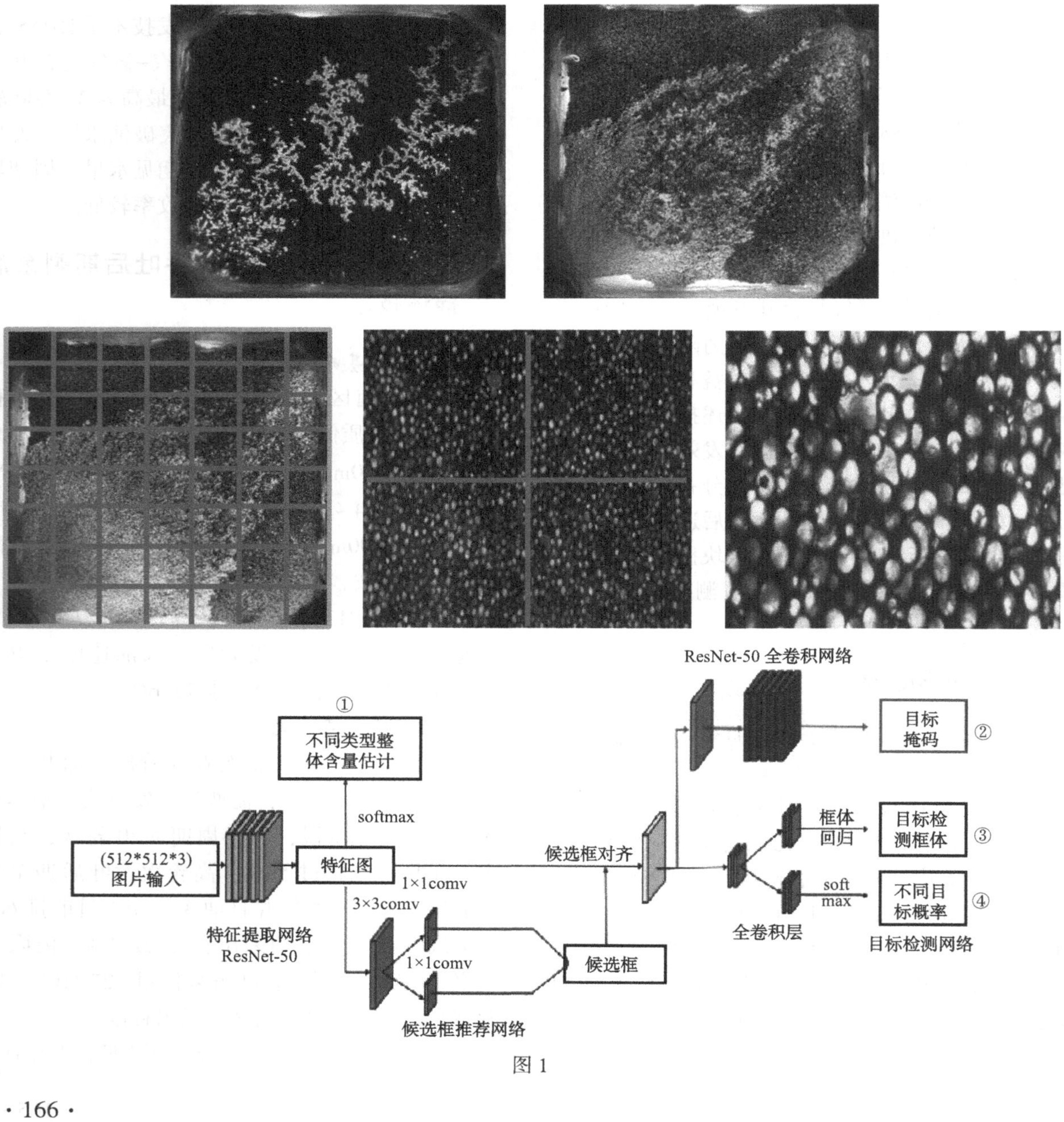

图 1

（2）地质浅孔取芯

针对扇三角洲沉积岩性复杂、储层横向变化快等问题，实施了地质浅孔取芯井位，结合薄储层地震反演技术，落实储层平面变化情况、有效厚度及油水分布，探索电阻率结构分布规律，精描地质甜点，重新优化方案部署区，打好了提高单井产能的地质基础。

通过浅孔取心岩电对比，受纵向储层岩性影响，油气显示具有多层结构不含油→油浸→富含油→不含油，油浸及富含油为油层，油浸电阻一般大于 6Ω · m，富含油电阻大于 10Ω · m。

根据浅孔取心资料结合电性特征对整个区域不同油气显示油层特征进行了研究，方案区富含油段厚度 2～5m，富含油段以浅 14 为中心向四周减薄，油浸段厚度 2～4m。

利用浅孔取芯技术，快速、高效获取大量取心、测井资料，强化沉积体系研究和储层精细刻画，明确了区块含油气性主要受物性+构造双重因素控藏，实现了由一井一藏向整体含油连片的认识转变。

排609区块K_1tg砂体顶面构造图(老认识)

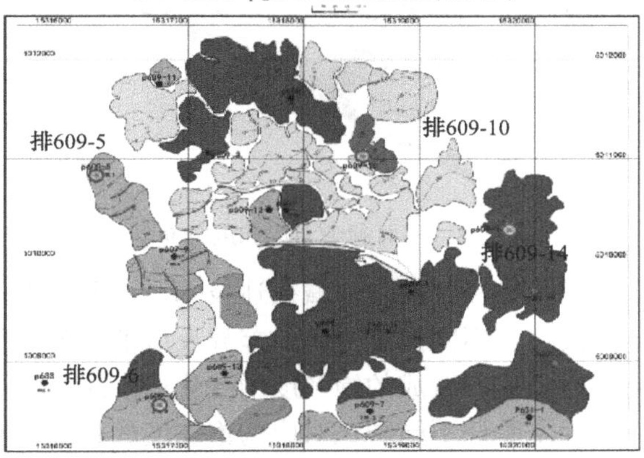

图 2

排609井区沉积相及顶面构造图(目前认识)

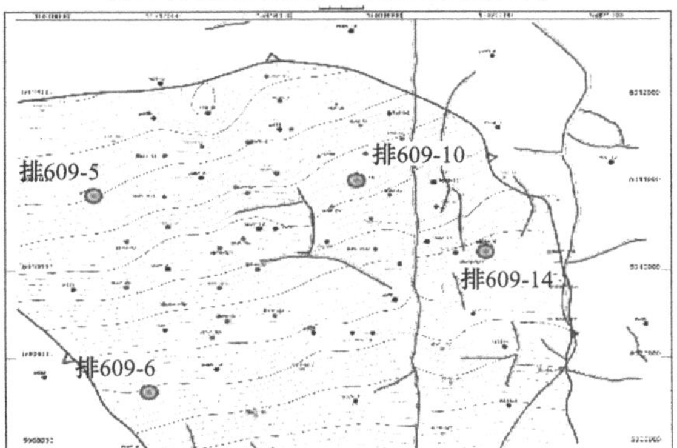

图 3

（3）油藏模型建立

采用 petrel 软件，以实钻水平井和直斜井加虚拟井位为控制点，并在岩相控制下建立属性模型。

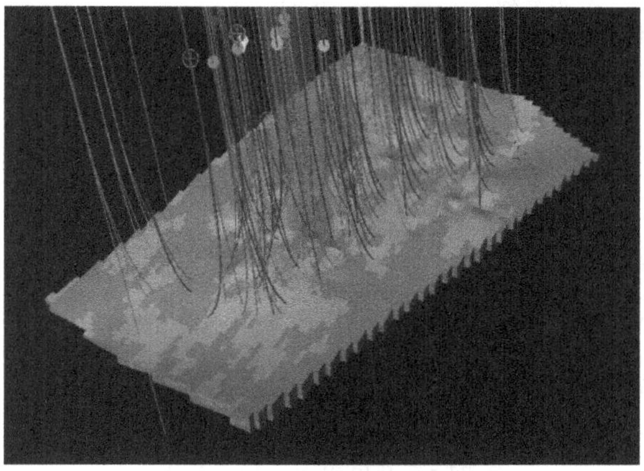

图 3　排 601 南区 N1s11 岩相模型

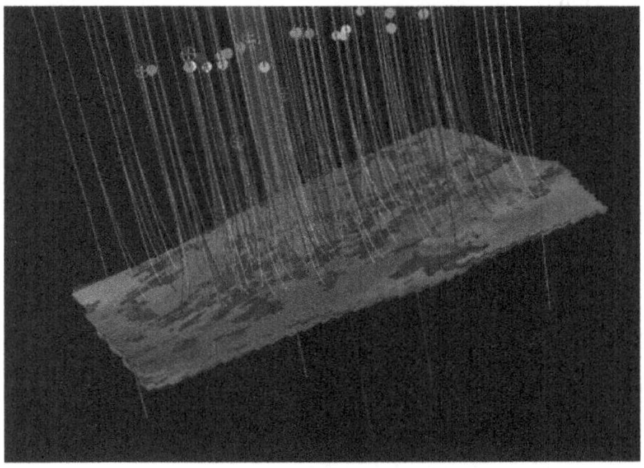

图 4　排 601 南区 N1s11 渗透率模型

利用 CMG 软件的 STAR 模块建立排 601-平 219、排 601-平 200 井组模型。井组模型 6 口井，网格数 I58 * J26 * K10 共 15080 个，网格步长 10m * 10m * 2m。

通过历史拟合，误差小于 2%，满足编制方案要求。如图所示为井组累产油、日产油和含水率的拟合曲线，通过曲线也可以看出实际生产情况与拟合结果基本吻合。

下图为数值模拟结果的平面温度场和剩余油饱和度场，并结合四维地震动用情况和 PNN 测试结果，可以看出：

在平面上，原油黏度高，加热半径为 35～40m，井间、排间剩余油富集，剩余油饱和度大于 45%。

表 1　井组计算与实际对比表

	地质储量/10^4t	注氮气/Nm^3	注蒸汽/t	累积产油/t	累积产水/t
计算	49.0	3473056	313584	115564	271332
实际	48.6	3473056	313584	115482	278686
误差/%	0.82	0.0	0.0	0.07	1.9

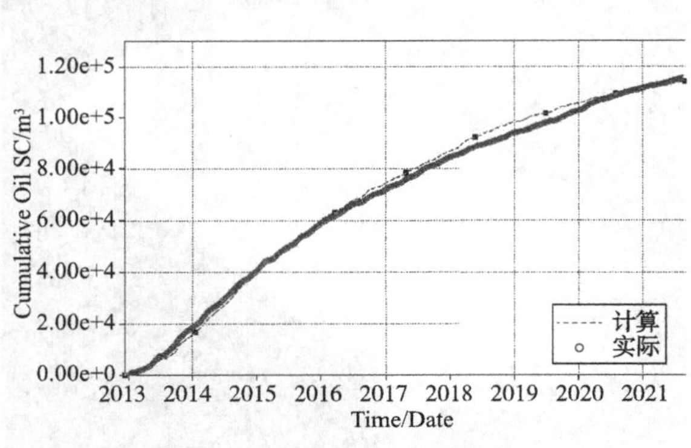

图 5　井组累产油拟合曲线

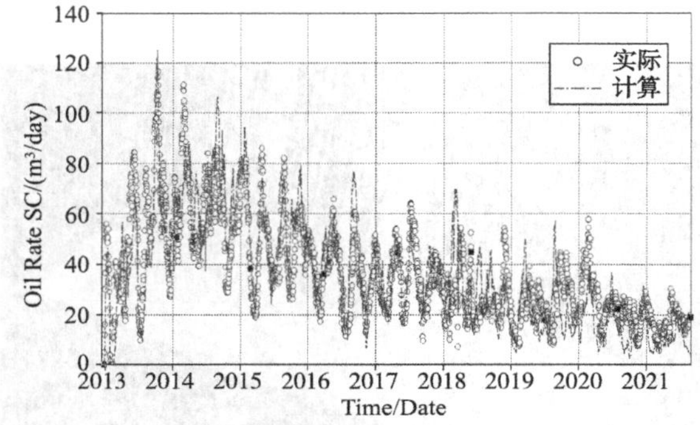

图 6　日产油拟合曲线

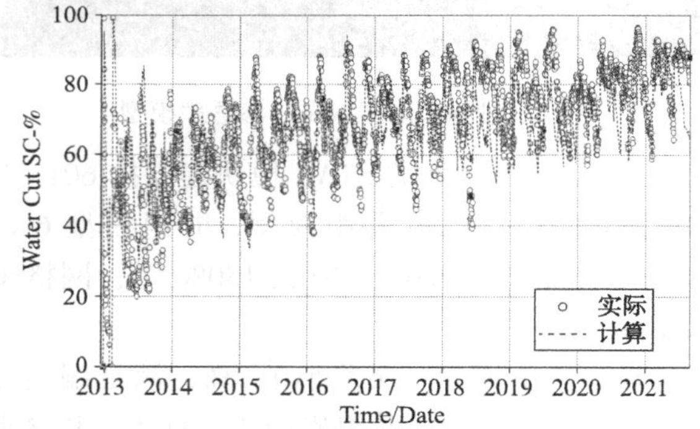

图 7　含水率拟合曲线

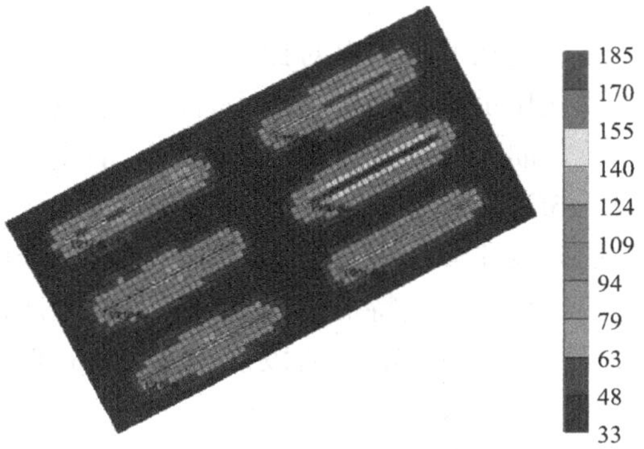

图 8　平面温度分布场

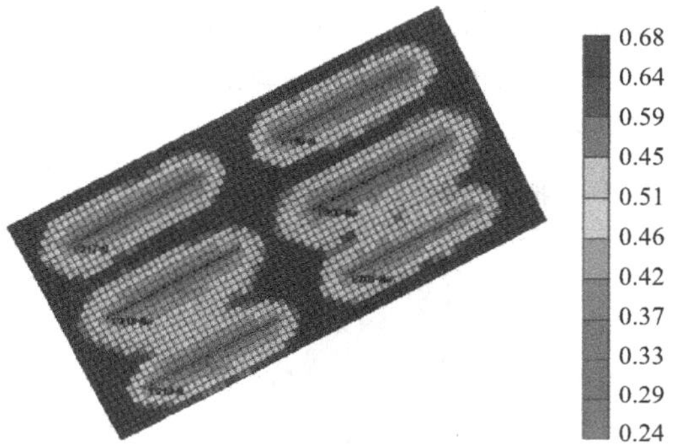

图 9　平面剩余油饱和度分布场

在纵向上，由于蒸汽的超覆作用，水平段位置顶部剩余油较低，一般小于 20%；水平井所在层位井间饱和度较低，顶部和下部含油饱和度较高；加密直井 PNN 测试显示下部动用程度高。

(4) 四维地震技术结合地质浅孔认识

四维地震技术，是对同一区块在不同时间多次采集三维地震，根据地震属性变化分析井间剩余油变化的一种动态油藏描述技术。主要是根据地震波通过不同温度流体的差异反应油藏各部位由于吞吐生产造成的饱和度的变化(图 11)。

为了验证不同颜色对应的饱和度的状况，在排 601-20 块部署了 4 口地质浅孔井，岩心观察结果表明，在蒸汽加热半径范围内的浅孔井岩心颜色发白，明显受到蒸汽淘洗作用，而在油井加热半径范围外的浅孔井的颜色变化主要反映地层温度的变化，不能确切反映动用状况。为了进一步验证不同颜色对应的动用程度，在排 601 南结合四维地震情况部署了 4 口地质浅孔井，浅孔井岩心观察表明，井间基本为受到蒸汽波及，井间剩余油富集。

(5) 加密试验井测试资料分析

2022 年 7 月共部署 7 个试验井组 9 口井(5 口水平井，4 口直井)，选取 3 口井进行温压、PNN 测试数据录取，验证井间动用状况。并设计 1 口密闭取心井，进一步确定剩余油饱和度情况。从新老井 PNN 测试结果对比看，与老井目前饱和度对比，新井含油饱和度均较高（50-60%），反映新井附近有所动用，但程度有限。

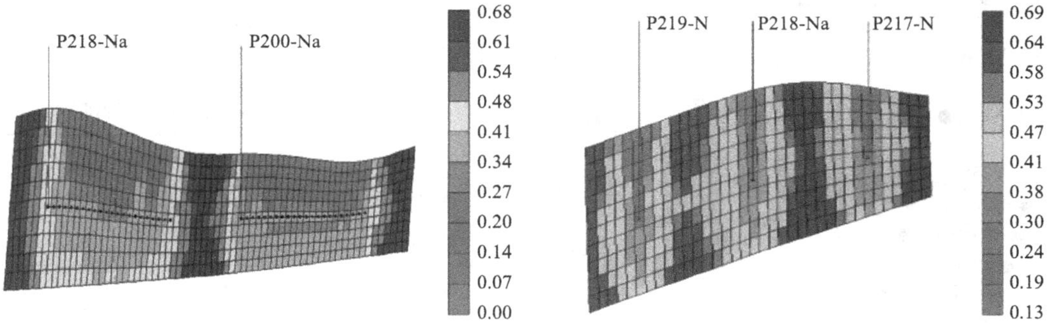

图 10 纵向上剩余油饱和度分布场

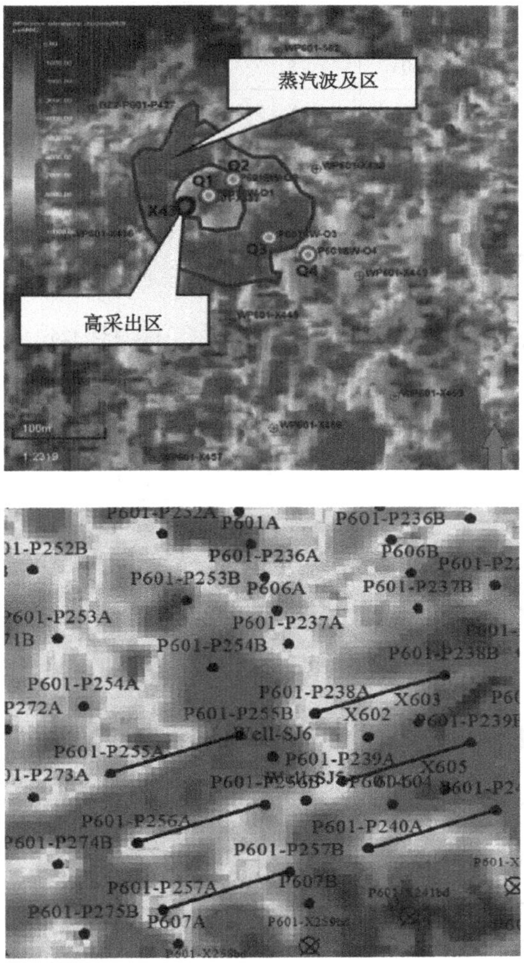

图 11 四维地震动用状况图

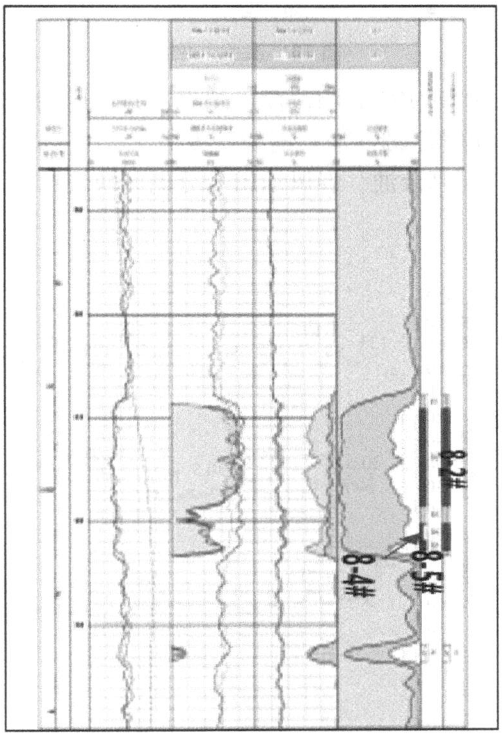

图 12 排 601-X602 井 PNN 测试成果图

4 矿场实验

2022 年加密试验，在排 601 南区块中部偏南区域，优选有效厚度大，无边底水，兼有水平井和直井的区域，部署加密试验井 9 口，5 口水平井，4 口直井，动用储量 62.2×10^4t，新建产能 1.43×10^4t。

截至到 2023 年 7.1 日，加密试验井组累计产液 3.32×10^4t，累计产油 1.16×10^4t，井组平均日油 43.1t/d，其中 5 口水平井累计产油 9596t，平均单井日油 6.88t/d，水平井生产效果基本达到了方案预期。

加密实施后，加密井附近老井生产效果明显改善，6 口老井平均单井周期累油上升 198t，油汽比上升 0.14。主要原因在于加密后实施新老井组合吞吐注汽，动用井间剩余油，获得了近似汽驱的效果。

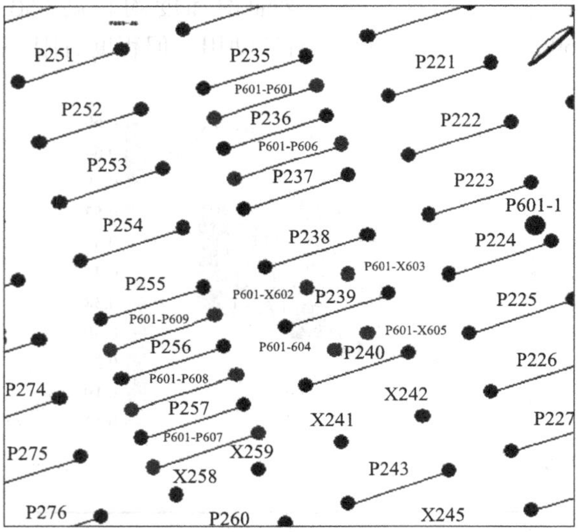

图 13　实验井网图

矿场实验表明浅薄层超稠油开发后期采用加密井网蒸汽驱+降黏剂的开发方式，可以高效开发井间剩余油，春风油田部分老区块现已进入高轮次开发后期，同样存在地层能量不足、开发井附近含油饱和度降低但是井间剩余油富集等问题，加密井网蒸汽驱+降黏剂的开发方式可以在整个春风油田进行推广应用，具有较好的经济效益。

表 5　排 601 南加密部署情况

井号	设计厚度/m	设计日油/(t/d)	年产能
排 601-平 601	200	7.5	0.21
排 601-平 606	200	7.5	0.21
排 601-平 607	160	7.5	0.21
排 601-平 608	200	7.5	0.21
排 601-平 609	200	7.5	0.21
排 601-斜 602	8	3.7	0.10
排 601-斜 603	8	3.7	0.10
排 601-604	8	3.7	0.10
排 601-斜 605	8	3.7	0.10

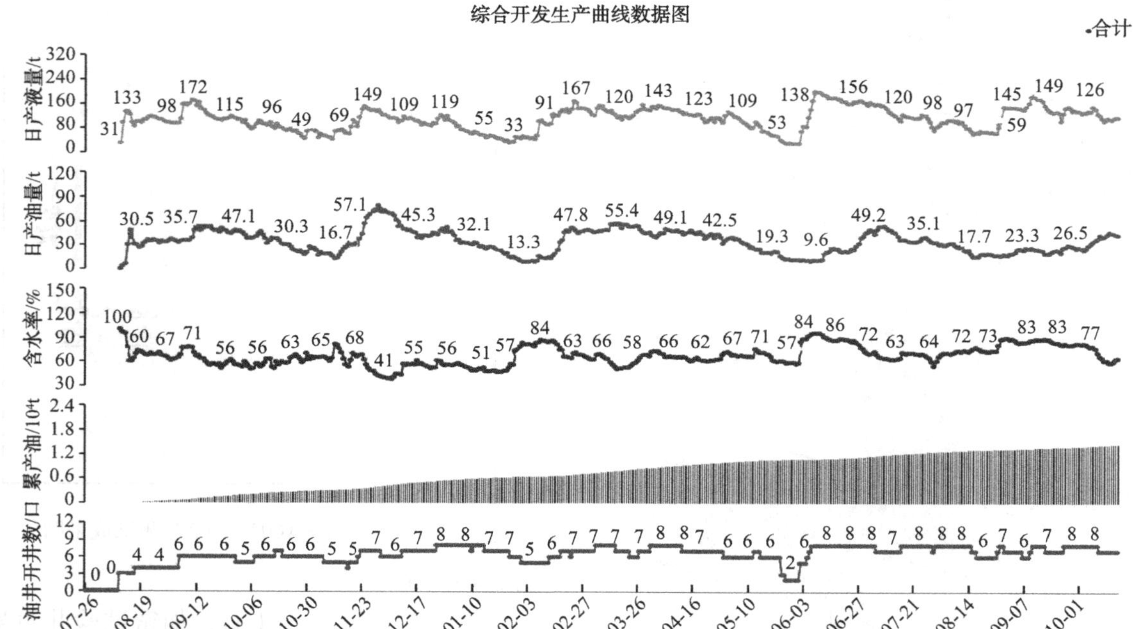

图 13　加密井生产曲线

表 6　排 601 南加密试验井生产情况

井号	钻遇厚度/m	投产日期	周期轮次	累油/t	日油/(t/d)	含水/%
排 601-平 601	206	2022/9/5	5	2241	6.9	53
排 601-平 606	239	2022/9/5	4	2134	6.2	61
排 601-平 607	157	2022/8/10	5	2903	7.1	65
排 601-平 608	215	2022/8/10	5	1348	4	67

续表

井号	钻遇厚度/m	投产日期	周期轮次	累油/t	日油/(t/d)	含水/%
排601-平609	199	2022/8/10	5	3511	9.8	45
排601-斜602	10.8	2022/8/17	4	662	2	81
排601-斜603	8.4	2022/8/17	2	12	0	99
排601-604	9.1	2022/10/8	4	1156	3.8	63
排601-斜605	8.8	2022/12/26	3	660	2.9	62
汇总				14627	42.7	66

表7　加密实施前后加密老井周期指标对比

井号	加密前		加密后		
	周期累油	油汽比	已生产周期	周期累油	油汽比
平235	591	0.227	1	892	0.371
平236	757	0.303	2	681	0.279
平237	706	0.301	2	390	0.201
平255	569	0.232	2	1088	0.466
平256	680	0.272	1	1075	0.672
平257	854	0.356	2	1219	0.559
小计	692	0.282		890	0.425

5　结论

首先采用物理模拟、综合地质研究等方法，研究胶结类型、注采速度、地层压力、地层亏空等因素对吞吐后储层物性变化产生的影响，明确主控因素及影响机理，研究高轮次蒸汽吞吐后的储层物性变化。

由于埋深浅、地震覆盖次数低，地震资料难以支撑储层描述，钻探及试采展现出复杂的油水关系。进一步融合固体矿浅孔钻探、取心、描述、测井，对目标区块的沉积体系、储层特征及油气成藏规律进行了系统深化研究。

结合开发动态，利用油藏数值模拟和油藏工程方法确定典型区块剩余油分布规律。最后利用加密井实验和动态监测方法进一步验证剩余油分布规律。

参考文献

[1] 王丽准．稠油油藏多轮次吞吐后剩余油分布特征研究[D]．北京：中国石油大学(北京)，2021.

[2] 杨元亮．浅薄层超稠油水平井蒸汽驱汽窜控制因素研究[J]．特种油气藏，2016，23(06)：68－71+144.

港东A断块双特高阶段二三结合层系井网重构技术研究

吕　琳　庄天琳

(中国石油大港油田公司)

摘　要　大港油田港东A断块进入“双特高”开发阶段以后，层系井网的矛盾逐渐暴露出来，急需通过调整来缓解矛盾、改善开发效果，本文从影响层系重组的主要因素入手，建立影响层系重组因素的界限标准，应用灰色关联法确定各因素对层系开发效果关联度，应用系统聚类分析法确定层系划分类别，确定层系重组方案，通过数值模拟方案建立不同形态油藏井网重构模式，引入经济学投入产出因素升级井网井距的计算方法，高效指导了“二三结合”方案设计与优化，最终实现大幅提高采收率的目的。

关键词　层系重组；井网重构；灰色关联；聚类分析；井网井距

港东A断块位于大港油田港东开发区东部，纵向上发育明化镇、馆陶组两套油层，均为高孔、高渗储层，自1966年投入开发以来，历经初期开发建产、注水开发等5个开发阶段，目前处于注聚末期，区块综合含水95.4%，可采储量采出程度92.6%，长期注聚导致开发的问题与矛盾逐渐暴露出来，一方面，由于长井段合采、多层系合注，层间干扰性强，导致纵向上各层采出状况不均，主力层水淹严重。另一方面，井网不完善，注采不平衡，局部聚驱波及程度不高，导致剩余油整体分散、局部富集。虽然后期通过局部动态调整，开发效果得到一定改善，但区块油层动用程度与方案整体目标还有一定差距。本文立足“二三结合”的开发理念，针对层系建立了基于灰色关联度的系统聚类层系重组技术，针对井网建立基于数值模拟技术的不同形态油藏井网重构模式，引入经济学投入产出因素升级井网井距计算方法，形成高含水油田聚驱末期均衡驱替的有效接力方案，实现最终采收率的提高。

1　层系重组界限研究

影响层系重组的因素包括静态因素和动态因素两大类，静态因素包括渗透率变异系数、层系组合间隔、层系组合跨度等，动态因素包括小层动用程度、剩余储量丰度等，针对这些因素，利用统计学法、数值模拟法、油藏工程法和经济评价法开展单因素对层系组合的影响研究，建立层系组合单因素政策界限。

1.1　渗透率极差界限

随渗透率级差增大，小层吸水的可能性越小，多层合注条件下，有些小层吸水量很少甚至不吸水，不吸水小层的渗透率下限与射孔井段中吸水小层的最高渗透率值有关。

最高渗透率与吸水小层的渗透率下限成正比，即：

$$a = k_i / k_{max} \tag{1}$$

式中，a 为生产井段中吸水小层的下限渗透率与其最高渗透率之比，对于特定油藏，a 为常数；k_i 为射孔层段中吸水小层的下限渗透率，$10^{-3}\mu m^2$；k_{max} 为射孔层段中吸水小层的最高渗透率，$10^{-3}\mu m^2$。

通过选取港东A断块具有代表性的47口井的吸水剖面资料，通过建立小层吸水状况与渗透率关系图(图1)，可以看出，吸水小层主要分布在左上方，不吸水小层主要分布在右下方，随着 k_i/k_{max} 的减小，小层吸水的可能性越小。存在一个小层吸水界限，从交汇点的分布来分析，界限值为 $k_i/k_{max} = 0.0813$，该比值低于0.0813时，小层不吸水，高于0.0813时，小层是否吸水与渗透率数值无关，而受其他因素如注水压力、连通性等的影响。

1.2　渗透率变异系数界限

多层砂岩油藏的开发效果主要受渗透率差异的影响，参照港东A断块的实际情况，采用数值模拟方法确定渗透率变异系数界限，设计模型采用3层非均质，5×5×3网格，注入速度0.12PV/a，注采比1：1，井网采用五点法，水驱油至含水98%，通过模拟不同驱替方式下采出程度与含水率变化曲线(图2)，建立了各类驱替方式下含水达到98%时渗透率变异系数与采收率之间的关系(图3)，随着渗透率变异系数的增大，采收率逐渐变小，当变异系数大于0.57时采收率下降明显，因此，在层系组合时，应保证渗透率变异系数界限控制在0.57范围内较为合理。

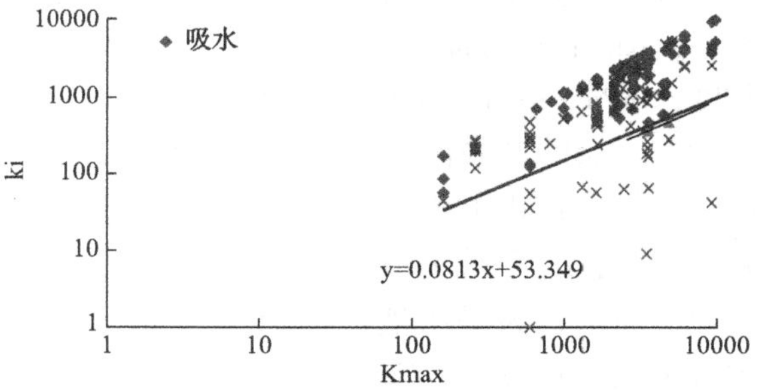

图1　港东A断块吸水渗透率界限图版

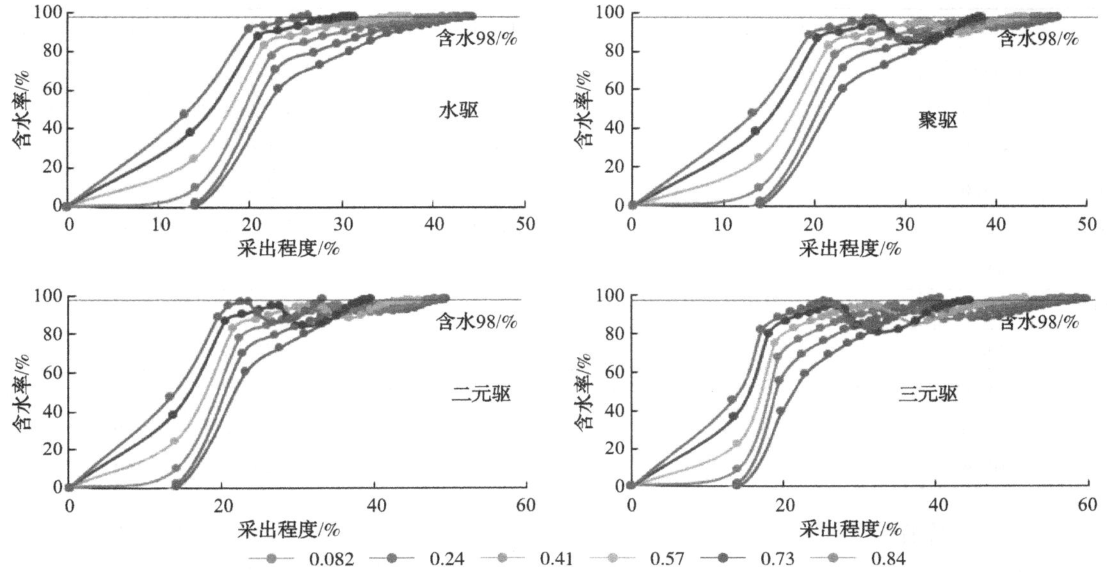

图2　不同驱替方式下采出程度与含水率变化曲线

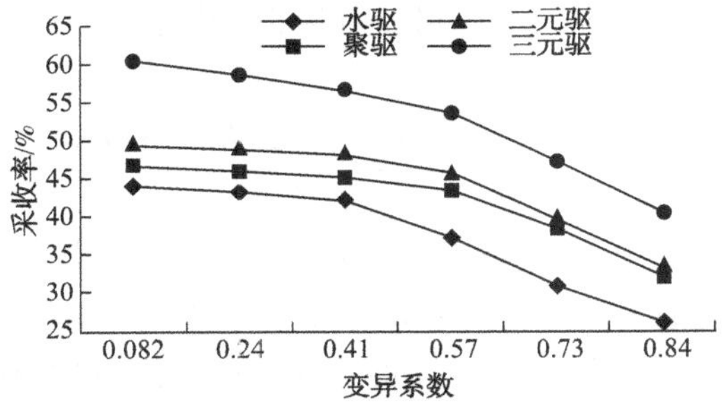

图3　不同驱替方式下变异系数与采收率关系图

1.3　层系组合跨度下限

层系组合跨度界限是指组合一套层系的最大井段长度，与所组合油层的非均质程度、沉积韵律性有密切关系。对于均质油层，假设一套层系由n个小层组成，层系组合跨度为L，每个小层到油井井底的流压为pw1，pw2，…，pwn，地层静压为pe1，pe2，…，pen，油井的总产量为Q，油井平面径向流产量和井筒多相管流公式，推导出油井总产液量Q与层系组合跨度L之间的关系为：

$$Q=\frac{2\pi Kh}{\mu\ln\left(\frac{r_e}{r_w}\right)}\left[n(P_{e1}-P_{w1})+(2^{n-1}-1)h\times\left(\rho_w g-\rho_m g-f_m\frac{\rho_m}{d}\cdot\frac{v_0^2}{2}\right)\right] \tag{2}$$

令L=nh，在特高含水阶段$\rho_w\approx\rho_m$，产液量的计算公式如下：

$$Q=\frac{2\pi Kh}{\mu\ln\left(\frac{r_e}{r_w}\right)}\times\left[n(P_{e1}-P_{w1})-\frac{(2^{n-1}-1)L}{n}\times\left(f_m\frac{\rho_m}{d}\cdot\frac{v_0^2}{2}\right)\right] \tag{3}$$

式中，Q 为单井产液量，m^3/d；K 为地层渗透率，μm^2；h 为油层厚度，m；μ 为驱替液的黏度，mPa·s；p_{e1} 为第一层的地层压力，MPa；p_{w1} 为第一层的井底流压，MPa；n 为油层的小层数；L 为层系组合跨度，m；f_m 为采出液的摩擦阻力系数；ρ_m 为采出液密度，g/cm^3；d 为油井直径，cm；v_o 为采出液流动速度，cm^3/s；r_e 为供液半径，m；r_w 为井筒半径，m。

层系组合跨度主要通过影响生产压差来影响产液量，进而影响开发效果。目前港东 A 断块的单井产液量 $15.28m^3/d$，地层渗透率 $974\times10^{-3}\mu m^2$，驱替液的黏度 34.4mPa·s，第一层的地层压力 11MPa，第一层的井底流压 12MPa，油层的小层数 20，层系组合跨度 100m，采出液的摩擦阻力系数 0.36，采出液密度 $0.017g/cm^3$，油井直径 18cm，采出液流动速度 $17.69cm^3/s$，供液半径 70m，井筒半径 0.1m。根据公式计算结果如表 1 所示。

表 1　不同驱替液黏度对应的油层厚度与层系组合跨度

驱替液黏度 25mPa·s		驱替液黏度 30mPa·s		驱替液黏度 34.4mPa·s		驱替液黏度 35mPa·s		驱替液黏度 40mPa·s	
油层厚度/m	层系组合跨度界限/m	油层厚度/m	层系组合跨度界限/m	油层厚度/m	层系组合跨度界限/m	油层厚度/m	层系组合跨度界限/m	油层厚度/m	层系组合跨度界限/m
2	311.61	2	373.97	2	428.79	2	436.17	2	498.78
5	124.65	5	149.60	5	171.52	5	174.48	5	199.52
8	77.91	8	93.50	8	107.21	8	109.05	8	124.71
10	62.33	10	74.80	10	85.77	10	87.25	10	99.77
20	31.17	20	37.41	20	42.89	20	43.63	20	49.89
30	20.79	30	24.94	30	28.60	30	29.09	30	33.27
40	15.59	40	18.71	40	21.45	40	21.82	40	24.95
50	12.48	50	14.97	50	17.17	50	17.46	50	19.96
60	10.40	60	12.48	60	14.31	60	14.55	60	16.64

由图 4 可知驱替液黏度在油层厚度为 0 到 20m 之间时对层系组合跨度影响较大，随着驱替液黏度的增大，层系组合跨度也随之增大。并且整体都呈现出驱替液黏度对层系组合跨度为正向关系。港东 A 断块平均油层厚度 8.1m，在当前驱替液浓度 34.4mPa·s 时层系组合跨度为 120m，在驱替液浓度 40mPa·s 时层系组合跨度为 153 米。

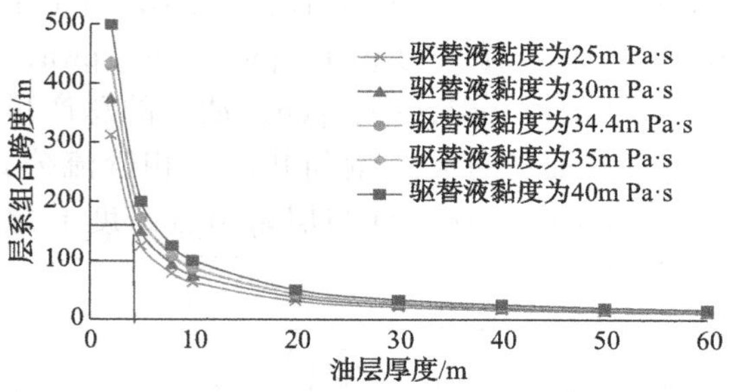

图 4　不同驱替液黏度对应的油层厚度与层系组合跨度

1.4　层系组合厚度下限

针对层系组合厚度，从技术角度看，层系划分越细则层间干扰越小，开发效果越好。但从经济角度看，组合层系的有效厚度达到一定的产能要求，才能获得经济效益。早期开发阶段的单井控制经济极限储量法显然不适用于高含水开发油藏，因此，重新定义了销售收入与各类投资、费用、税收等支出达到平衡时的极限单井累产计算公式(4)。

$$(\sum Q_O)_{lim}=\frac{I_D(1+R_{ij})(1+R_{DM})+t\,C_{WO}}{(C_{ol}-C_c-C_{tax})R_{sp}} \quad (4)$$

式中，$(\sum Q_O)_{lim}$ 为油井单井累计产量，m^3；I_D 为钻井投资，元；R_{inj} 为注采井数比；R_{DM} 为地面建设投资与钻井投资之比；C_{wo} 为油水井作业费，元/a；t 为预测生产时间，a；C_{oil} 为油价，元/m^3；C_c 为操作费，元/m^3；C_{tax} 为税收与管理费，元/m^3；R_{sp} 为原油商品率，f。

根据确定的经济极限产量，用下式可以容易求得层系组合厚度界限：

$$H=\frac{(\sum Q_0)_{lm}}{S\times R\times\Delta E_R} \quad (5)$$

式中，H 为层系组合厚度，m；ΔE_R 为阶段提高采出程度，%；R 为单储系数，单位体积的地质储量；S 为单井控制面积，km^2。

依据公式，建立了不同油价与注采条件下的层系组合厚度政策界限图版，如图 5 所示。目前阶段港东 A 断块提高采出程度 6.8%，单位体积的地质储量 $17.52 \times 10^4 t/m^3$，单井控制面积 $0.04km^2$，计算得层系组合厚度为 16.79m。

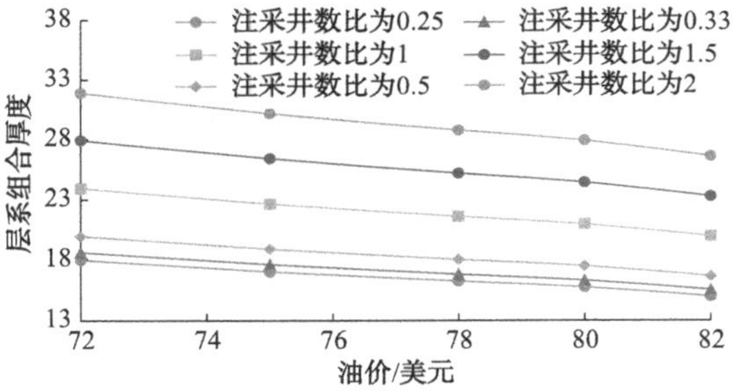

图 5　不同注采比对应的油价与层系组合厚度

2　层系重组方法

层系重组是解决特高含水期层间矛盾的重要方式，基于灰色关联与聚类分析的层系重组方法，可综合考虑各种动、静态因素的影响，对区块层系进行合理调整，使小层综合评价结果定量化。

2.1　灰色关联因素分析

为了明确开发参数与层系组合间的对应关系，利用灰色关联分析法得到各因素与小层开发效果的关联度。具体步骤如下：

确定参考数列和比较数列选择比较数列中各参数的最优值最为参考数据列。

原始数据归一化处理：为使各原始数据消除量纲，具有可比性，利用初值法对原始数据进行归一化处理。

$$x'_{ij} = \frac{x_{ij}}{x_{i0}} \quad \text{（公式 6）}$$

式中，x_{i0}为 i 行初值，x_{ij}为 i 行 j 列数值。

计算差序列：计算参考数列与比较数列差的绝对值

$$\Delta 0i = |x'_{0j} - x'_{ij}| \quad (7)$$

式中，$0i$ 为差数列数值，x'_{0j}为参考数列 j 列数值，x'_{ij}为比较数列中 i 行 j 列数值。

求取灰色关联系数：联系数表示比较序列与参考序列在某一数据点的关联程度，其表达式为

$$L_{0i} = \frac{\Delta min + \rho \Delta max}{\Delta 0_i + \rho \Delta max} \quad (8)$$

式中，L_{0i}为灰色关联系数；Δmax 为差序列最大值；Δmin 为差序列最小值；ρ 为分辨系数，用来削弱 Δmax 数值过大而失真的影响，取值区间为(0，1)，通常取 0.5。

求取灰色关联度：为了便于对各参数进行比较，对关联系数求平均，得关联度为：

$$\gamma_0 = \frac{1}{n}\sum_{j=1}^{n} L_{0i} \quad (9)$$

式中，γ_0为灰色关联度；关联度数值为 0～1；n 为数据样本数。

根据以上方法确定港东 A 断块单因素关联度图(图 6)，港东 A 断块关联度较高的因素有：地层流动系数、含油面积、渗透率变异系数、有效厚度。

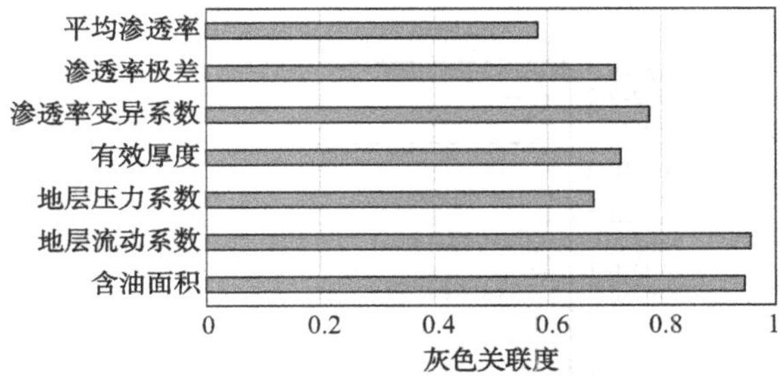

图 6　港东 A 断块单因素灰色关联度图

2.2　层系聚类分析

根据灰色关联相关性计算结果，选取关联度较高的指标作为层系重组的聚类分析指标，选取港东 A 断块 111 个单砂层数据，利用 SPSS 软件确定各小层聚类类型，采取平方欧式距测度，标准化全距从 0 到 1，设置层系划分的类别为 6 类(I 类～VI 类)，给定不同的置信水平入，进行聚类分析，自动分类得到各小层聚类类型，再将性质相近的小层划分为同一套层系进行开发，将不同聚类类型层系组合(表 2)。通过对比开发效果显示：层系间聚类类型差异越大，阶段采出程度越小，针对 I、II 类型组合时建议差异度不超过 3，III 类型差异不超过 2，开发效果较好(图 7)。层系间聚类类型差异越大，阶段采出程度越小。根据聚类分析结果，结合同一层系组合单因素政策界限条件，相近油层组合形成 3 套层系重组方案(图 8)。

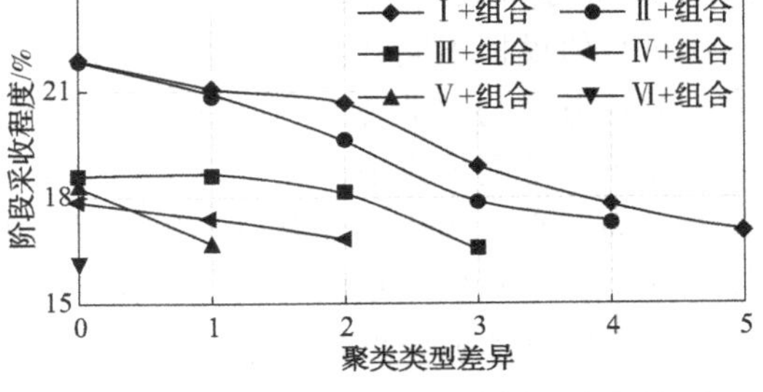

图 7　聚类类型差异与阶段采出程度相关图

表 2　不同聚类差异组合方案预测结果对比

聚类组合	类型差异					
	0	1	2	3	4	5
Ⅰ+	Ⅰ+Ⅰ	Ⅰ+Ⅱ	Ⅰ+Ⅲ	Ⅰ+Ⅳ	Ⅰ+Ⅴ	Ⅰ+Ⅵ
Ⅱ+	Ⅱ+Ⅱ	Ⅱ+Ⅲ	Ⅱ+Ⅳ	Ⅱ+Ⅴ	Ⅱ+Ⅵ	
Ⅲ+	Ⅲ+Ⅲ	Ⅲ+Ⅳ	Ⅲ+Ⅴ	Ⅲ+Ⅵ		
Ⅳ+	Ⅳ+Ⅳ	Ⅳ+Ⅴ	Ⅳ+Ⅵ			
Ⅴ+	Ⅴ+Ⅴ	Ⅴ+Ⅵ				
Ⅵ+	Ⅵ+Ⅵ					

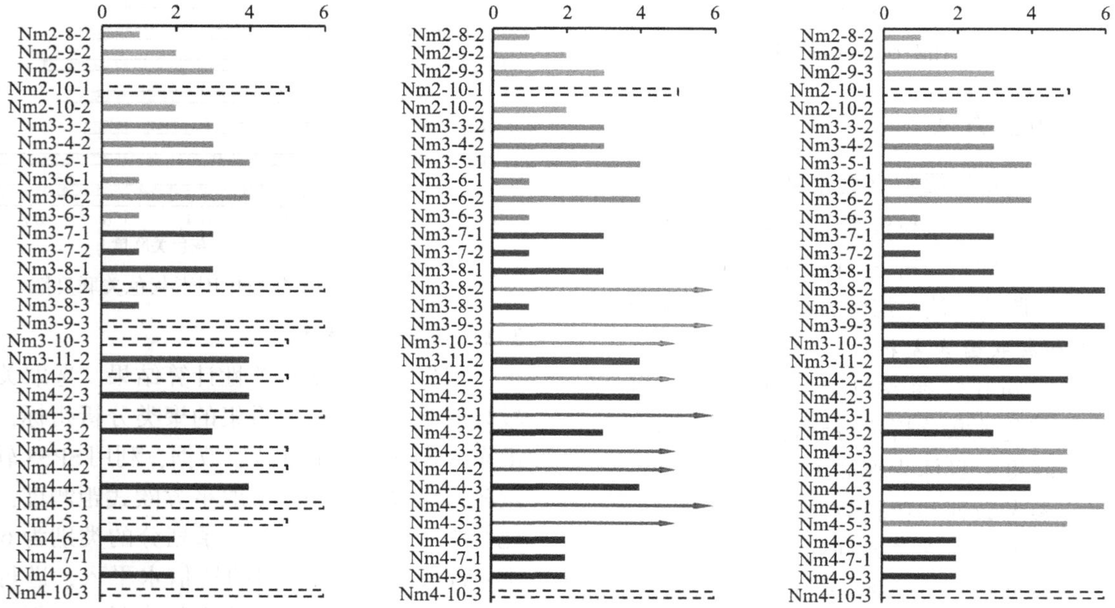

图 8　港东 A 断块“二三结合”层系重组方案

3　井网重构技术

港东 A 断块属于复杂断块，含油面积小，油藏形态多变，以条带形油藏居多，边水发育，针对这样的特点，利用数值模拟方法，开展了“二三结合”注采井网油藏形态、边水能量、井网密度界限、井距等相关性研究。

3.1　不同形态油藏井网部署

通过数值模拟不同井网形式下采出程度与含水率、驱替方式与采收率的关系曲线可以得出：在边部注水的井网形式下，条带形油藏以交错排状井网较为适宜，四边形油藏以不规则三角形井网较为适宜，半圆形油藏以环状交错井网较为适宜，这种井网既能够发挥径向辐射的优势，也能在一定程度上抑制边水的侵入，而且在没有注水井的地方还能有效利用边水的作用驱油。三角形油藏(油水边界的长度比较长)以交错排状井网较为适宜，井的个数按金字塔式分布，对于这种油水边界长度比较长的三角形油藏，一般优先选用油水边界处注入，原因是油水边界附近的原油储量占的比例很大(图 9)。整体上要把控住边水油藏实施边部注水，实现抑制边水，均衡驱动，进一步提高井网对地质储量的控制程度。

3.2　井网密度界限与井距

港东 A 断块目前的井网部署为不规则三角形井网，平均井距为 231m，井距较大的馆陶油组 452m，井距较小的明二油组井距 173m，井距不均，为了进一步论证 A 断块目前井网的适应性，利用理论公式分单元计算其极限井网密度和合理井网密度。本次研究在前苏联谢尔卡乔夫公式($E_R=E_De^{-a/s}$)的基础上，引入经济学投入与产出的因素，推倒出计算经济最佳井网密度和经济极限井网密度的方法。

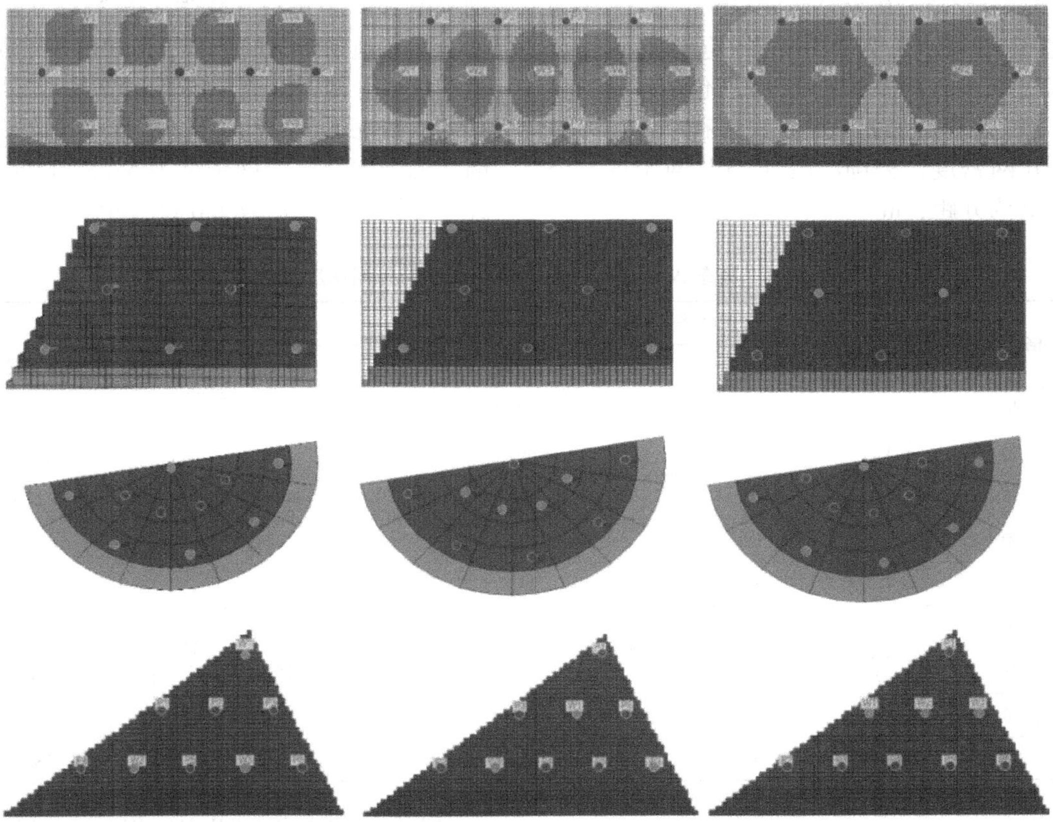

图9　不同形态油藏井网部署图

经济最佳井网密度是指总产出减去总投入达到最大时，亦即经济效益最大时的井网密度，计算公式如下：

$$a\times S_b=\ln\frac{N\times V_o\times T\times n_o\times a\times a(l-p)}{A\left[(l_D+B_B)\left(1+\frac{l+1}{2}r\right)\right]}+2\ln s_b \tag{10}$$

经济极限井网密度是总产出等于总投入时，即总利润为0时的井网密度，表达式为：

$$a\times S_m=\ln\frac{N\times V_0\times T\times n_0\times c\times(l-p)}{A\left|(I_D+I_B)(1+\frac{l+1}{2}r)\right]}+\ln s_m \tag{11}$$

最佳实用井网密度是根据研究区块的地质特点，在经济最佳和经济极限井网密度之间优选一种比较实用的井网密度，港东A断块属于复杂断块油藏，油层分布受构造和岩性双重影响，地质条件复杂，但该区纵向上油层多，埋藏较浅，经济风险性较小，可以考虑选用靠近经济极限的井网密度，具体做法为采取“加三分之二差”的原则，表达式如下：

$$S_r=S_b+\frac{2(S_m-S_0)}{3} \tag{12}$$

为了直观的表达井网密度，将井网密度计算结果折算成井距。此次井网密度的计算公式中考虑了储层物性、流体性质、储量、面积、采油速度、驱油效率、原油售价、采油成本等影响因素，井距公式的推导按不规则三角形井网考虑，表达式如下：

$$d=\sqrt{\left(\frac{s}{0.866}\right)} \tag{13}$$

其中：

$$a=\frac{0.1814}{\left(\frac{K_0}{V_0}\right)^{0.4213}} \tag{14}$$

式中，a为井网指数(根据实验或经验公式求得)；k_a为平均空气渗透率($10^{-3}\mu m^2$)；m_o为地层原油黏度(mPa·s)；s_b为经济最佳井网密度，公顷/井；N 为原油地质储量，吨；V_0 为评价期间平均可采储量年采油速度；T 为投资回收期，年；η_0为驱油效率；C 为原油商品率；L 为原油售价，元/吨；P 为原油成本价，元/t；A 为含油面积，公顷；I_D为单井钻井(包括射孔压裂等)投资，元；I_B为单井地面建设(包括系统工程和矿建等)投资，元；r 为贷款年利率；s_m 为经济极限井网密度，公顷/井；s 为井网密度，公顷/井；d 为井距，m。

按原油价格 40、50、55、60、65、70、75、78 和 80 美元/桶，不考虑物价上涨，采用上述方法对港东 A 断块合理经济井网密度、极限井网密度和井距进行了测算(表 3)，从测算结果看，随着吨油价格的上升，区块合理经济井网密度和极限井网密度测算值不断增大。在其他条件相同的情况下，原油价格 78 美元/桶时，港东 A 断块的合理经济井网密度为 57.8 口/km^2，极限经济井网密度分别为 250 口/km^2。

表 3 港东 A 断块不同原油价格对应的井网密度与井距

原油价格/(美元/桶)	合理经济井网密度与井距		极限经济井网密度与井距	
	口/km^2	合理井距/m	口/km^2	极限井距/m
40	34.48	183	12.5	303.9
50	41.67	166.5	25	214.9
55	43.48	163	34.48	183
60	47.62	155.7	55.56	144.2
65	50	152	86.33	117.7
70	52.63	148.1	125	98.1
75	56.18	143.4	181.82	79.7
78	57.8	141.34	250	67.96
80	58.48	140.5	333.33	58.86

4 现场实践

通过优化层系、重构井网，有效解决了注聚过程中层间采出状况不均、剩余油高度分散的问题，进一步扩大波及体积，提高驱油效率，实现了油藏均衡动用。同时，依托“二三结合”层系井网重构技术，高效指导了“双高”阶段油藏开发方案的优化，方案预计新建产能 10.7×10^4t，覆盖区预计增加可采储量 148.83×10^4t，采收率提高 19.6 个百分点，实现了大幅提高采收率的目的。

参 考 文 献

[1] 赵秀娟，左松林，吴家文，等．大庆油田特高含水期层系井网重构技术研究与应用[J]．油气地质与采收率，2019，26(4)：82-87.
[2] 武文波，田荃．特高含水期水驱层系细分重组界限研究[J]．化学工程与装备，2019，(11)：38-39.
[3] 金艳鑫．X 区块特高含水期层系井网优化调整技术及其应用[J]．大庆石油地质与开发，2020，39(02)：86-93.
[4] 王龙军．特高含水期油藏层系重组井位优化方法及应用[D]．北京：中国石油大学(北京)，2023.
[5] 李红昌，王凯宏，罗钰涵，等．油田开发经济技术界限模型探讨[J]．复杂油气藏，2015，8(1)：52-56.

三元复合驱注入段塞尺寸优化研究

陈文若[1] 李 伟[2]

(1. 大庆油田有限责任公司第二采油厂地质研究所；2. 大庆油田有限责任公司开发事业部)

摘 要 三元复合驱是目前效率较高的提高采收率方法，但成本也高，其中三元复合驱注入段塞的大小决定了提高采收率幅度和成本，因此，需要对三元复合驱注入段塞进行优化设计。目前大庆油田三元复合驱注入段塞设计主要依据室内实验和矿场试验得出的，但在实际三元复合驱工业化开发的过程中，受油层储层物性、非均质性、产量需求等多种因素影响，往往需要对段塞的大小进行调整，如何合理地确定段塞的大小成为工业化开发中的一个重要问题。针对该问题，本文通过剖析三元复合驱注入段塞的主要功能和目标，综合室内实验、数值模拟和矿场实际，确定了不同渗透率单一油层的适合的段塞大小，主段塞大小在0.3~0.4PV以内，确定了副段塞大小的上限和下限0.0096~0.425PV。在此基础上，研究了在平面矛盾、层间矛盾下适合的段塞大小，确定了主段塞大小的上限和下限，该成果可以为三元复合驱工业化生产的段塞设计与调整提供更多的参考依据。

关键词 三元复合驱；段塞；主段塞；副段塞

1 问题的提出

三元复合驱是目前有效的提高采收率方法，但成本也较高，三元复合注入段塞大小决定了三元复合驱提高采收率幅度和成本，因此，需要对三元复合驱注入段塞大小进行优化设计。目前三元复合驱注入段塞设计主要依据室内试验、矿场试验综合确定的，即前置聚合物段塞0.06PV+主段塞0.3PV+副段塞0.2PV+保护段塞0.2PV。在大庆油田实际三元复合驱过程中，遇到的较为普遍的两个问题：一是为了最大化提高采收率效果，提高主段塞大小和提高副段塞大小的技术效果或经济效益哪个更好；二是副段塞什么时候转为保护聚合物段塞技术经济效果最佳，这些问题对三元复合驱的技术效果和经济效益有着十分重大的影响。为此，需要在剖析三元复合驱段塞的主要功能和目的的基础上，综合室内实验、数值模拟和矿场实际，解决上述普遍性问题，指导三元复合驱区块更高效地开发。

2 三元复合驱段塞大小优化研究

2.1 三元复合驱段塞的主要目标和功能

三元复合驱段塞不同部分具有不同侧重目标和功能，前置聚合物段塞主要的目标和功能是封堵高渗透率层，达到调整剖面和节约化学剂的目标；主段塞的主要目标是最大化扩大波及体积、最大化降低界面张力达到超低界面张力、完成化学剂的主要吸附等损耗，是三元复合驱最为重要的阶段，即扩大波及体积和提高驱油效率最为重要的阶段，也是成本最高的阶段；副段塞是稳定或低速持续扩大波及体积、持续保持体系超低界面张力阶段，是提高采收率的主要阶段，也是仅次于主段塞的成高成本阶段；后续保护段塞是防止化学剂突破、尽量维持油藏内低界面张力阶段(表1)。

表1 三元复合驱各段塞的主要功能和目标

段塞	注入参数	参数值	功能	目标
前置聚合物	聚合物浓度/(mg/L)	1800	封堵高渗透层	降低化学剂用量
	段塞大小/PV	0.06		
三元主段塞	聚合物浓度/(mg/L)	2000	扩大非均质层的波及体积 最大化降低界面张力 满足油藏对化学剂的损耗	最大化提高波及体积 最大化提高驱油效率
	表面活性剂浓度/wt%	0.3		
	碱浓度/wt%	1.2		
	段塞大小/PV	0.3		

续表

段塞	注入参数	参数值	功能	目标
三元副段塞	聚合物浓度/(mg/L)	2000	维持或低速增加非均质层波及体积 维持超低界面张力	最大化提高波及体积 最大化提高驱油效率
	表面活性剂浓度/wt%	0.15		
	碱浓度/wt%	1		
	段塞大小/PV	0.15		
保护段塞	聚合物浓度/(mg/L)	1800	防止化学剂突破 防止低效无效循环	最大化利用化学剂的功能
	段塞大小/PV	0.2		

2.2 三元复合驱主段塞优化

三元复合驱主段塞的大小主要是通过岩心实验确定的，文献1选用纵向非均质正韵律人造岩心模型和天然岩心。人造岩心模型尺寸为300mm×30mm×30mm，渗透率变异系数为0.72(渗透率分别为900mD和1300mD)，分上、中、下三层，每层厚度10mm。天然岩心直径为25mm，长100mm，渗透率为800～1500mD。设计4个实验方案，方案1表面活性剂浓度为0.2wt%、聚合物分子量1200万、段塞大小0.3PV；方案2表面活性剂浓度为0.1wt%、聚合物分子量1200万、段塞大小0.6PV；方案3表面活性剂浓度为0.2wt%、聚合物分子量2000万、段塞大小0.3PV；方案4表面活性剂浓度为0.1wt%、聚合物分子量2000万、段塞大小0.6PV；实验结果表明，在表面活性剂高浓度、小段塞效果比表面活性剂低浓度、大段塞效果好，提高采收率高1个百分点以上。

表2 不同三元体系驱油实验结果

实验序号	模型编号	气测渗透率/mD	水驱采收率/%	三元复合驱采收率提高幅度/%	总采收率/%	聚合物分子量
1	K_s72-20	913	46.85	23.84	70.69	1200
2	K_f72-14	1328	42.00	22.67	64.67	1200
3	K_f72-6	1386	43.21	25.93	69.14	2000
4	K_f72-15	1280	42.11	23.68	65.79	2000

应用数值模拟开展优化，建立1注4采理想模型，注入段塞设计为：聚合物分子量1800万、浓度2000mg/L、表面活性剂浓度0.3wt%、碱浓度1.2wt%、注入0.8PV，设计3个方案：

方案1：单层均质模型，渗透率500md、厚度1.0m(图1)；

方案2：单层非均质油层，平均渗透率600md、厚度1.0m(图2)；

方案3：双层均质模型，渗透率为100mD、厚度1.0m，第二层渗透率500md、厚度1.0m(图3)。

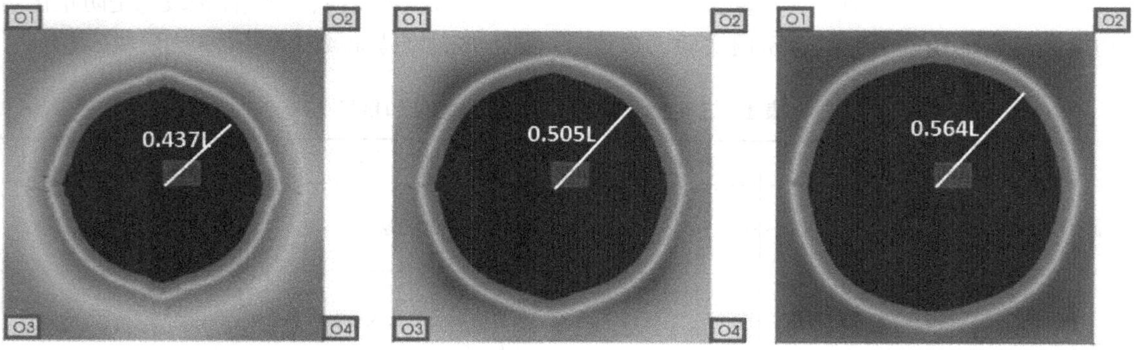

图1 方案一注入0.3PV/0.4PV/0.5PV时波及面积和波及半径

图 2　方案二第 2 层(高渗层)在整体注入 0.3PV/0.4PV/0.5PV 时波及面积和波及半径

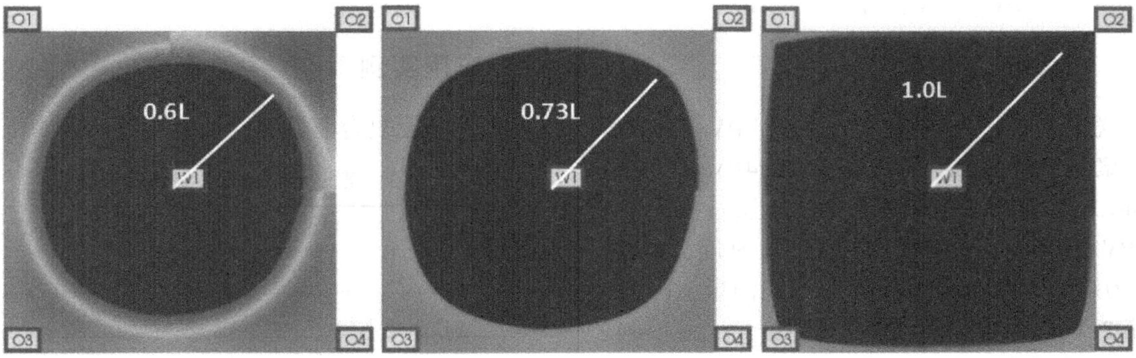

图 3　方案三第 2 层(高渗层)在整体注入整体 0.3PV/0.4PV/0.5PV 时波及面积和波及半径

模拟结果如下：方案 1(单层均质层)，整体注入 0.3PV~0.4PV 时，注入半径已经接近或超过注采井距的一半；方案 2(上层为低渗透率均质层、下层为高渗透率均质层)，整体注入 0.3PV~0.4PV 时，在层间矛盾的作用下，下层注入半径已经达到注采井距的 0.6 倍以上，整体注入 0.5PV 时，下层达到注采井距的 0.8 倍以上；方案 3(上层低渗透率为均质层、下层为非均质高渗透率层)，整体注入 0.3PV~0.4PV 时，在层间矛盾的作用下，下层注入半径已经达到注采井距的 0.6 倍以上，整体注入 0.5PV 时，下层达到注采井距的 0.8 倍，在平面矛盾的作用下，突进方向已经接近注采井距。

某矿场试验在两口化学驱注采井中间位置补孔测压，得出注采井间压力变化，测试数据表明，在注采井一半处，压力降幅就接近了采油井端，此时，在采油井一侧，受压力差缩小的影响，波及体积扩大增幅大幅度下降，对吸附的损耗降低，因此，不需要再注入高浓度的主段塞了。

通过以上室内实验、数值模拟和矿场试验结果，得出认识：对于均质单层油层，根据室内实验和数值模拟结果，主段塞注入 0.3~0.4PV 时，波及半径就达到注采井距的 0.5 倍以上，就可以实现大幅度提高采收率，考虑到主段塞成本较高，因此，主段塞大小可以控制在 0.3~0.4PV 左右。

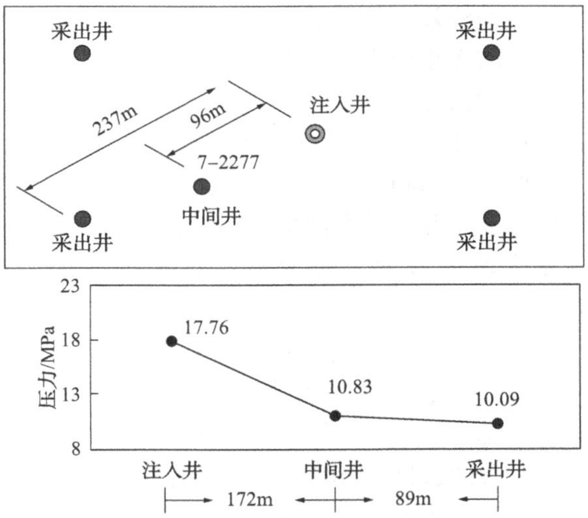

图 4　化学驱注采井间压力

对于非均质多层油层，层间、平面的突进现象较为突出，注入速度差异大。因此，确定非均质多油层的主段塞大小，需要结合实际油藏的平面和纵向非均质性来确定。首先根据不同油层的渗透率分布、厚度分布，计算出油层的2个聚类中心，根据聚类中心的渗透率和厚度值，分别计算出2个聚类中心达到注入0.3~0.4PV时的时间差异，结合开发的目标，如果以提高采收率目标可以选择两者注入0.3~0.4PV的最大时间做为主段塞的大小，如果以经济效益为中心，可以选择最小时间作为主段塞的大小，如果兼顾提高采收率和经济效益，可以选择两者的加权时间与月产油量作为主段塞的大小，公式为：

$$PV_{main}=\min(T_1,\ T_2)\times V$$

$$PV_{main}=\max(T_1,\ T_2)\times V$$

$$PV_{main}=\frac{T_1\times Q_{oil1}+T_2\times Q_{oil2}}{Q_{oil1}+Q_{oil2}} \tag{1}$$

式中，PV_{main}为主段塞的大小，PV；T_1为第1个聚类中心油层注入0.3~0.4PV的时间，month；T_2为第2个聚类中心油层注入0.3~0.4PV的时间，month；V为注入速度，PV/a；Q_{oil1}为第1个聚类中心油层的月产油量，t；Q_{oil2}为第2个聚类中心油层的月产油量，t。

2.3 三元复合驱副段塞优化

三元复合驱副段塞的大小也是十分重要的参数，对经济效益的影响很大，因此，三元复合驱副段塞的大小应当综合考虑多种因素，主要分为以下三种情况。

2.3.1 开发目标是追求最大的提高采收率幅度

此时，当副段塞的月产油量与相同注入PV下聚合物驱开发月产油量相同时，就可以结束三元复合驱副段塞，转为聚合物保护段塞，公式为：

$$Q_{asp}=Q_{polymer} \tag{2}$$

式中，Q_{asp}为三元复合驱月产油量，t/month；$Q_{polymer}$为聚合物驱月产油量，t/month。

2.3.2 开发目标是追求最大的经济效益

此时，当副段塞的月产出效益与成本的比值与相同注入PV下聚合物驱开发的月产出效益与成本的比值相同时，就可以结束三元复合驱副段塞，转为聚合物保护段塞，公式为：

$$\frac{Q_{asp}\times P_{oil}}{C_{asp}}=\frac{Q_{polymer}\times P_{oil}}{C_{polymer}} \tag{3}$$

式中，Q_{asp}为三元复合驱月产油量，t/month；$Q_{polymer}$为聚合物驱月产油量，t/month；P_{oil}为原油价格，\$；C_{asp}为三元复合驱月成本，\$/month；$C_{polymer}$为聚合物驱月成本，\$/month。

上述两种方法就是单层条件下副段塞大小的上限和下限，在实际的开发过程中，多种因素影响副段塞的大小，包括成本、产油量、综合含水、吨剂增油等多种因素，可以根据上述因素采用适合的计算方法，但不应该超出上述公式给出的上、下限范围。

3 应用实例

某三元复合驱井组的油藏参数如表3所示。

表3　某三元复合驱井组油藏参数表

油层序号	厚度/m	水相渗透率/mD
1	1.2	282
2	0.5	121
3	0.7	176
4	0.8	203
5	1.3	256
6	0.2	93
7	1.5	305
8	0.7	188

根据上述油藏参数，计算了2个聚类中心，以这2个聚类中心，开展聚合物驱、三元复合驱数值模拟研究，并开展主段塞优化。

应用公式(1)和公式(2)得出主段塞大小范围为0.293PV~0.45PV，应用公式(3)得出平均主段塞大小为0.32~0.43PV。

应用公式(1)和公式(2)得出副段塞大小范围为0.1PV~0.4PV，应用公式(3)得出平均副段塞大小为0.0096~0.432PV。可以根据实际开发情况，考虑其他因素，计算出适合的副段塞大小，满足提高采收率和经济效益的多重需要。

表4　某三元复合驱井组主段塞优化表数

聚类中心	厚度/m	水相渗透率/mD	单层注入主段塞0.3~0.4PV时间/月
1	0.8	124	26~34
2	1.3	289	22~30

表 5　某三元复合驱井组副段塞优化表数

聚类中心	厚度/m	水相渗透率/mD	聚合物驱月注入成本/$	三元复合驱月注入成本/$	整体注入副段塞最小尺寸/月	整体注入副段塞最大尺寸/月
1	0.8	124	465	1014	0.7	2.7
2	1.3	289	801	1746	0.6	2.5

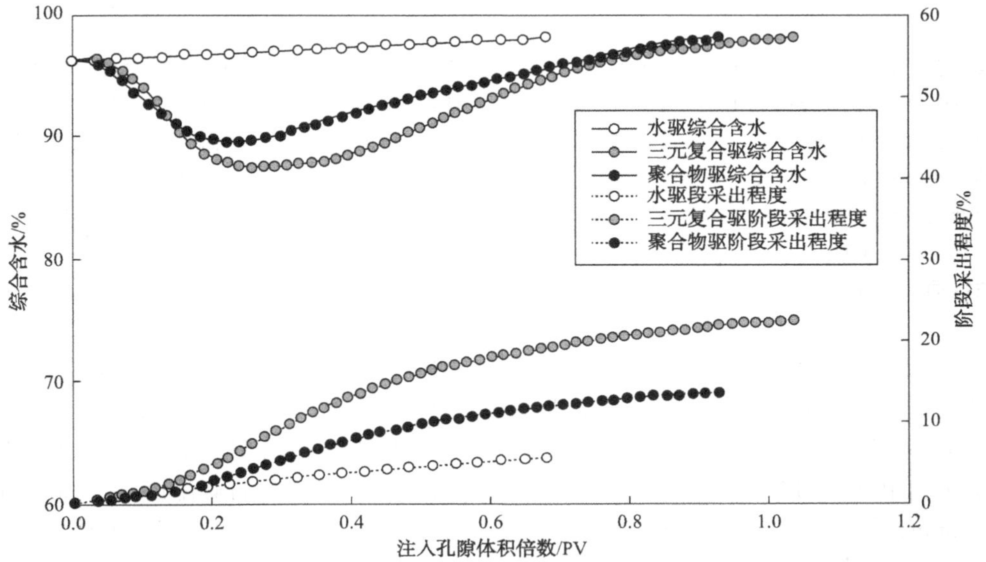

图 5　三元复合驱井组水驱、聚合物驱、三元复合驱综合含水与阶段采出程度预测曲线

4　几点认识

（1）对于均质单层油层，根据室内实验结果，主段塞注入 0.3~0.4PV 时，波及半径就达到注采井距的 0.5 倍以上，就可以实现大幅度提高采收率，考虑到主段塞成本较高，因此，主段塞大小可以控制在 0.3~0.4PV 左右；

（2）对于非均质多层油层，层间、平面的突进现象较为突出，注入速度差异大，需要根据波及体积增幅和提高采收率综合计算出主段塞的上、下限；

（3）对于副段塞的大小，可以根据经济效益或聚合物驱同等条件下的产油量确定上、下限，范围在 0.0096~0.432PV 之间，再根据开发实际多因素确定副段塞的大小。

参　考　文　献

[1] 李建路等，三元复合驱注入段塞组合物理模拟实验研究[J]. 石油勘探与开发，2004 年第 8 期.

[2] 赵畅，二类油层弱碱三元复合驱段塞组合优化设计，化学工程与装备[J]. 2023-7-15.

[3] 郭伟，X 区块三元复合驱注入参数优化研究，东北石油大学硕士论文[D]. 2023-6-1.

[4] 陈雪莹，Z 区块二类油层脂肽复配弱碱三元体系驱油方案设计，东北石油大学硕士论文[D]. 2021-6-1.

[5] 张磊，三元复合驱段塞组合及注入方式优化实验研究，东北石油大学硕士论文[D]. 2021-6-1.

[6] 王鹏，A 区块二类油层三元复合驱注入参数优化数值模拟研究，东北石油大学硕士论文[D]. 2020-6-14.

[7] 马增阳，杏十二区弱碱三元复合驱段塞组合优化研究，东北石油大学硕士论文[D]. 2020-6-1.

[8] 崔明玥，弱碱三元复合驱段塞组合优化，化学工程与装备[J]. 2019-2-15.

[9] 杨钊等，优选三元复合驱注入段塞组合参数的新方法，大庆石油地质与开发[J]. 2017-6-1.

[10] 李静雅等，三元复合驱段塞尺寸优化研究，信息系统工程[J]. 2015-4-20.

高温高盐稠油油藏聚/表二元驱技术研究与实践

段旭昆　张传干

(中油大港油田公司第三采油厂工艺研究所)

摘　要　为突破大港孔南地区高温高盐、稠油油藏开展化学驱的技术瓶颈，通过室内实验优选出缔合聚合物AP-P7和表面活性剂BHS-01，复配后二元体系性能指标能满足目标油藏要求，拓展了常规二元驱适用油藏温度和矿化度范围。同时，采用曝气+化学法深度处理配聚污水，提高了二元体系适应性。地面配注站采用“五化”建设模式，减小占地面积，缩短建设周期、提高自动化程度。二元驱实施后，注入井注入压力升高，纵向吸水剖面得到改善，受益油井增油效果显著，为大港油田类似油藏化学驱提高采收率开辟了一条新的技术途径。

关键词　高温高盐；稠油；缔合聚合物；深度处理；黏度

官109-1断块构造位于河北省沧县沈家铺地区，构造上位于官130断层上升盘，紧邻官128断块，其主力含油层系为下第三系孔店组孔一段枣Ⅴ油组，单井平均有效厚度36m，油层埋深1930~2130m，原始地层压力20.15MPa，压力系数0.9868，地层温度78℃。该断块含油面积1.91km^2，地质储量880×10^{4}t，平均孔隙度21.0%，渗透率210×10^{-3}μm^2，原始含油饱和度61%。平均原油密度0.9510g/cm^3，地下原油黏度50.1mPa·s，凝固点23℃，胶质沥青质含量48.76%，地层水总矿化度26974mg/L，属中孔中渗高温高盐稠油油藏。

大港油田聚/表二元驱成功推广应用的油藏均为常规油藏条件，一般油藏温度45~70℃，地下原油黏度小于20mPa·s，油层渗透率多大于300×10^{-3}μm^2，配制水矿化度小于6000mg/L，或用淡水(矿化度小于1000mg/L)配制。受“高温、高盐、稠油”不利因素影响，孔南地区官109-1断块常规化学驱技术无法满足开发要求。因此，需要开发与孔南地区油藏条件相适应的三次采油技术，为高温高盐、稠油油藏大幅度提高采收率、改善油田开发效果探索一条新的技术途径。

1　聚/表二元体系研究

针对官109-1断块高温高盐稠油油藏的特征和开发现状，在室内实验研究体系型号、渗流特性以及采收率增幅。

1.1　体系优选

目前，大港油田开展聚合物驱常见的型号有AP-P3、HTPW-112、SNF、KY-3，以及缔合聚合物AP-P7。与常规聚合物相比，疏水缔合聚合物作为一种新型“网状”分子聚集体。通过室内实验评价，在油藏温度78℃条件下，缔合聚合物增黏性、耐温性以及抗盐性效果优于其他聚合物，这主要是由于该型号聚合物亲水大分子链上的疏水基团通过分子内和分子间缔合作用，形成空间网状结构，增大了水动力学半径，从而具有良好的增黏和耐温抗盐性。因此，官109-1断块油藏化学驱优选缔合聚合物AP-P7为驱油体系(表1)。

表1　聚合物及理化性能

聚合物型号	溶解性/h	固含量/%	水解度/%	分子量/×10^6	水不溶物/%
AP-P7	<2.0	90.52	20.8	12	0.14
AP-P3	<2.0	91.23	18.2	12.2	0.13
SNF	<2.0	88.59	27.5	25.2	0.124
HTPW-112	<2.0	88.24	26.9	25.9	0.135
KY-3	<2.0	89.37	22.2	25.5	0.114

在确定缔合聚合物AP-P7基础上，选择不同表活剂配制二元溶液，通过测定溶液界面张力和黏度，考察表活剂与缔合聚合物的配伍性。主要筛选表活剂型号有CEDA-12、BHS-01、NNR、ODS-1、BHS-CEDA、PS-001(表2)。

实验对比可知，表活剂BHS-01配制二元溶液界面张力可以达到10^{-3}~10^{-2}mN/m，同时二元驱溶液黏度先升高后趋于平稳，说明该表活剂与缔合聚合物配伍性好，且在油藏温度条件下，二元体系 90d 后界面张力仍能达到 $10^{-3} \sim 10^{-2}$ mN/m，黏度保留率 80.1%，因此，优选 BHS-01 作为二元体系用表活剂(图 1)。

表 2　表面活性剂及理化性能

表活剂型号	有效物含量/%	溶解性/%	pH 值	流动性	闪点/℃
ODS-1	50	>10	7.9	易于流动	74
PS-001	50	>10	8.1	易于流动	75
BHS-01	40	>10	8.36	易于流动	80
NNR	50	>10	8.09	易于流动	>79
BHS-CEDA	50	>10	8.7	易于流动	69
CEDA-12	50	>10	7.5	易于流动	80

1.2　渗流特性

聚合物在经过多孔介质时，其高分子结构受岩石空隙剪切易发生断裂，黏度降低。通过室内对比缔合聚合物 AP-P7 溶液和常规聚合物 HTPW-112 岩心剪切前后黏度变化。结果表明，相同溶液浓度下，缔合聚合物 AP-P7 溶液初始黏度明显高于常规聚合物 HTPW-112，两种聚合物经过岩心剪切后，缔合聚合物黏度保留率高于常规聚合物，这主要是由其网状分子结构决定的，其网状分子结构与常规聚合物直链分子结构相比抗剪切性更强且其缔合结构具有剪切恢复性，因此缔合聚合物黏度保留率更高(表 3)。

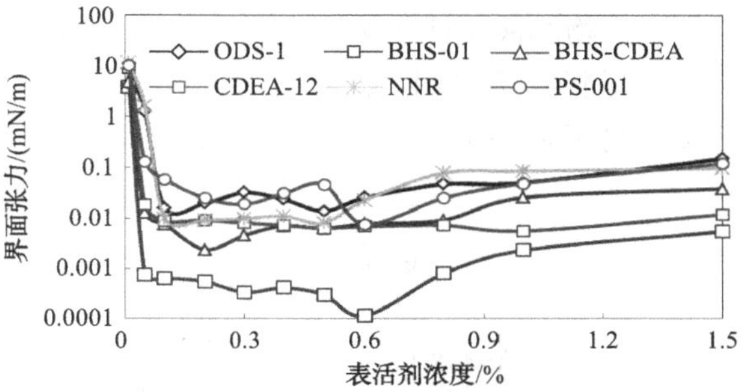

图 1　缔合聚合物和不同表活剂复配界面张力变化

表 3　不同类型聚合物剪切前后黏度变化

聚合物	岩心渗透率/$10^{-3}\mu m^2$	溶液浓度/(mg/L)	剪切速率/(m/d)	剪切前黏度/mPa·s	剪切后黏度/mPa·s	黏度保留率/%
AP-P7	240	2000	90	101.5	52	51.5
HTPW-112				33.5	11.3	33.7

1.3　采收率增幅

通过改变不同的驱替溶液，保持原油黏度 50mPa·S，注入 0.6PV 驱替液条件下，分别对比缔合聚合物驱(2000mg/L)、表面活性剂驱(0.4%)和二元驱(2000mg/LP+0.4%S)与水驱对比采收率增幅。实验结果可以看出，与水驱相比，二元驱提高采收率幅度为 19.4%，聚合物驱提高采收率幅度为 13.6%，表活剂驱提高采收率幅度为 4.3%，说明二元驱对该类油藏具有有效适用性，提高采收率明显(表 4)。

表 4　不同驱替方式下采收率增幅

序号	驱油剂组成		含油饱和度/%	采收率/%		采收率增幅/%
	聚合物/(mg/L)	表面活性剂/%		水驱	化学驱	
1	—	—	71.5	28	—	—
2	2000	—	71.6	27.2	41.6	13.6
3	—	0.4	71.4	27.1	32.3	4.3
4	2000	0.4	71.3	27	47.4	19.4

2　配聚污水深度处理

为节约用水减少投资，二元驱采用产出污水进行配置。在注聚过程中配聚污水中的 Fe^{2+} 离子和 SRB、TGB、FB 细菌的含量过高是造成聚合物溶液黏度降解的主要因素。因此，产出污水必须实施深度处理工艺，以达到配聚要求。经研究分析，对配聚污水进行曝气处理，再向曝气后的污水中加入杀菌剂、稳定剂、预氧化剂、缓蚀阻垢剂进行深度处理。通过现场单井注聚试验，处理后的污水指标 Fe^{2+} 离子含量、细菌指标达到配聚用污水指标要求(表 5)。

表 5　处理前后污水水质指标变化情况表

名称	SRB/(个/mL)	TGB/(个/mL)	FB/(个/mL)	Fe^{2+}/(mg/L)
处理剂加入前	4500	4500	1400	0.5
处理剂加入后	15	3	0	0.1
配聚指标要求	<25	<25	<25	≤0.2

3　配注工艺设计

聚合物溶液配注工艺流程为：溶解→熟化→喂入→稀释→升压注入(采用单泵单井注入)。在聚合物配制过程，严格确保聚合物溶液的配比、分散、熟化几个核心程序的正常工作。先配制高浓度的聚合物母液，在注聚泵前端掺入深度处理后的污水稀释成聚合物注入目的液浓度；通过卸车泵将表活剂原液从罐车中卸入到表活剂储存罐，储存罐中的表活剂通过螺杆泵，泵入到表活剂稀释罐中与污水混合成浓度为 20%的表面活性剂母液。稀释罐中的表活剂母液经泵增压后按照化学驱设计注入目的液浓度，在高压注聚泵前端与聚合物母液混配，再经注聚泵升压并计量压后经单井注聚管道输送至各注入单井完成二元驱目的液的注入(图 2)。

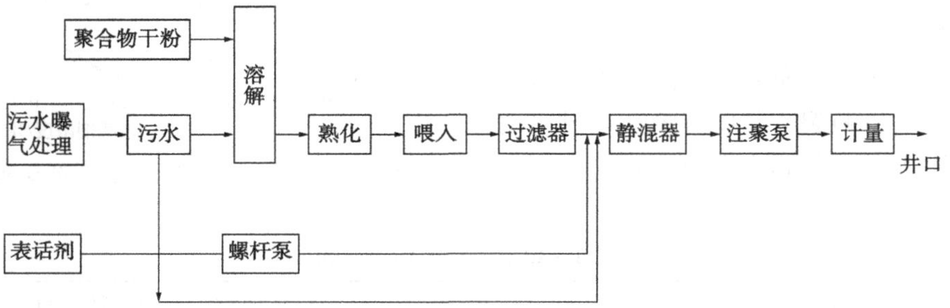

图 2　二元驱单泵单井配注工艺流程

地面建设采用“标准化”、“模块化”、“橇装化”的工艺技术，实现配注站点科学布局、形象规范，节约占地面积，缩短建站周期。配注系统采用“自动化”、“数字化”工艺技术。配注站点设置控制点 206 个，能够程序控制、自动运行，实现数据的自动采集、自动整理；生产过程能够分散控制，集中监视。

4　矿场应用

在完成前置水驱及调剖预处理后，2017 年 1 月正式开展官 109-1 断块聚/表二元驱先导试验，针对试验项目在实施过程中遇到的技术难题，基于油藏研究、生产动态，积极研究治理对策，升级关键配套技术，持续优化调整实施方案，保证了试验顺利开展(表 6)。

表 6　官 109-1 断块聚/表二元驱先导试验开展情况

实施时间	阶段进展
2014.11~2016.10	前置水驱(0.15PV)，在家新 45-7 井试注及井间监测
2016.11~2016.12	4 口井完成前期调剖预处理
2017.1~2018.6	前置高浓段塞：0.1PV(22.7 万方) P2500mg/L+S0.4%

续表

实施时间	阶段进展
2018.7~2018.12	二元主体段塞：0.074PV(16.9 万方)P2000mg/L+S0.3%
2019.1~2020.2	0.064PV(14.5 万方)水驱，完成注入井解堵、增注及驱油体系升级
2020.3~2020.6	表活剂段塞：0.027PV (6.2 万方)S0.25%
2020.7~2021.1	主体段塞：0.033PV(7.55 万方) P1750mg/L+S0.25%
2021.2~2023.2	聚/表二元驱与聚合物交替段塞：0.083PV(18.93 万方)P2000mg/L+S0.25%/P2000mg/L，区域整体调剖封窜
2023.3~至今	结束二元驱先导试验，转水驱生产

试验区二元驱目的层系为枣 V6-7，涉及井组 7 个，涵盖油井 13 口。先导试验实施后，试验区井网控制程度、注采对应率、注采连通程度、双多向收益率均明显上升，具体与水驱相比，井网控制程度由 79.4%升至 93.1%，注采对应率由 82.2%升至 94.6%，注采连通程度由 83.5%升至 92.63%，双多向受益率由 65.3%升至 83.3%。7 口注入井实施二元驱后油压平均上

升 7.7MPa，吸水剖面得到改善，油层动用程度显著上升，有效扩大了波及体积，并增加了洗油效率(表 7)。

表 7　试验区注入井生产参数对比

井号	水驱		二元驱		油压对比/MPa
	油压/MPa	日注/(m^3/d)	油压/MPa	日注/(m^3/d)	
家 43-6	5.2	40	20.2	50	15.0
家 45-2	8.8	70	14.9	60	6.1
家 45-6	13.3	120	18.0	60	4.7
家 45-10	16.0	60	21.4	70	5.4
家 49-6	14.4	60	19.2	50	4.8
家 49-8	14.6	90	23.4	50	8.8
家新 45-7	12.4	100	21.5	70	9.1
合计/平均	12.1	540	19.8	410	7.7

试验区先导试验过程中，取样化验二元驱体系母液黏度、井口黏度、地层剪切后黏度均基本达标，说明该体系在高温高盐条件下仍能保持较高黏度，能够有效改善水油流度比。试验初期效果明显，受益油井日产油由水驱阶段 28.4t/d 最高上升至 52.96t/d，进入中期后，注采矛盾逐渐加剧，油井窜剂现象明显，造成试验区产量大幅下降，严重制约开发效果。为解决开发难题，一是优选调剖体系，优化工艺设计，实施区域整体调剖封窜治理；二是根据储层渗透率与聚合物浓度匹配关系，结合不同注入方式驱油效果，通过综合对比评价，采取聚合物与聚/表二元体系交替注入方式，同时根据各井注入压力差异及动态变化，开展差异化浓度设计，有效改善驱替矛盾，提高注入效果；实施后，试验区产量一直保持在 35t/d 以上，截至目前，累计控递减增油 62772 吨(图 3)。

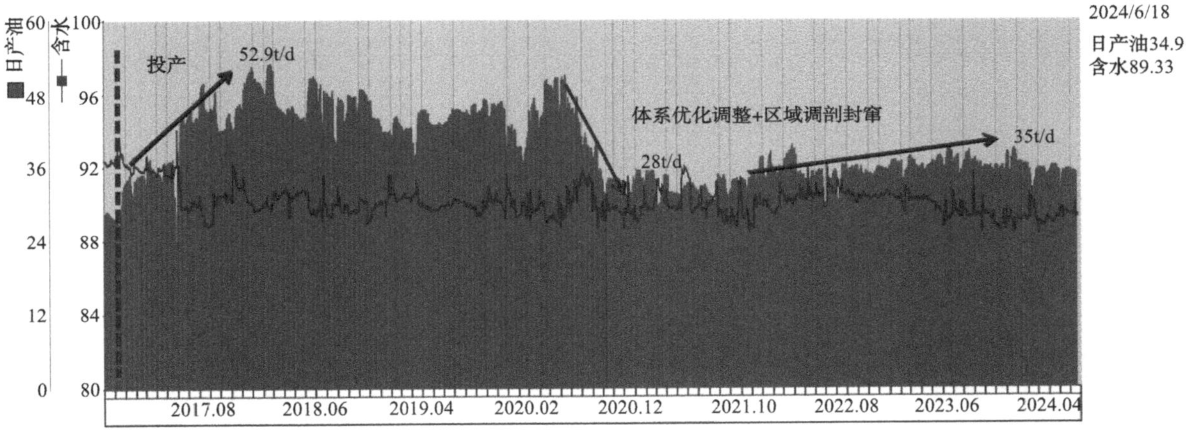

图 3　官 109-1 断块聚/表二元驱生产情况

5　结论

(1) 缔合聚合物 AP-P7 与表活剂 BHS-01 配伍性好，其性能指标能够满足高温高盐稠油油藏化学驱的要求，为大港油田类似油藏提高采收率开辟了一条新的技术途径。

(2) 采用“曝气+化学法”污水深度处理技术有效解决了 Fe^{2+}、细菌等因素降解聚合物黏度，提高了二元体系体系适应性。

(3) 配注站建设应用“标准化”、“模块化”、“橇装化”、“自动化”、“数字化”工艺技术，节约了地面投资，减少了运行维护工作量。

(4) 缔合聚合物采用高浓度母液配制后稀释成目标浓度，提高了聚合物溶解效率，为单井注入差异化浓度奠定了基础。

(5) 针对双多向受益油井较多、地层注采连通性较好的井区，实施区域整体调剖可以实现高渗通道协同封堵作用，有效提高封窜效果。

(6) 通过聚驱可以建立较高的阻力系数，再与表活剂交替注入可有效降低窜剂风险。

参　考　文　献

[1] 张贤松，孙福街，康晓东，等．渤海油田聚合物驱油藏筛选及提高采收率潜力评价[J]．中国海上油气，2009，21(3)：169-171.

[2] 贾虎，倪小龙，周先云，等．聚合物驱油藏适应性

研究进展[J]. 油气田地面工程, 2010, 26(9): 36-38.
[3] 宋新旺, 李哲. 缔合聚合物在多孔介质中的渗流运移特征[J]. 油气地质与采收率, 2012(4): 50-53.
[4] 杨菲, 郭拥军, 张新民, 等. 聚驱后缔合聚合物三元复合驱提高采收率技术[J]. 石油学报, 2014, 35(4): 908-912.
[5] 曹伟佳, 卢祥国, 苏鑫, 等. 疏水缔合聚合物/表面活性剂二元体系性能研究[J]. 油田化学, 2016, 33(2): 305-310.
[6] 庄永涛, 刘鹏程, 等. 高温高盐高黏油藏缔合聚合物-表面活性剂二元驱技术[J]. 现代地质, 2017, 31(4): 818-820.

耐温抗盐纳米渗吸增油剂研究及性能评价

李 伦 张贵清 周博宇 唐俊峰 陈泽鹏

（中国石油集团工程技术研究有限公司）

摘 要 为提升渗吸剂在低渗高温储层渗吸效率及适用性，提高低渗油藏采收率，本公司以有机溶剂为核心，与异构醇醚型非离子表面活性剂、咪唑啉型阳离子表面活性剂复配制得具有核壳结构、纳米粒径的耐温抗盐渗吸增油剂。室内实验评价其常温稳定性、耐温抗盐能力、表界面张力、粒径、渗吸效率、与压裂液配伍性等性能指标，实验结果表明，研发出的新型渗吸剂性能指标较高，适用于低渗高温储层开发。

关键词 渗吸剂；低渗油藏；核壳结构；纳米粒径；耐温抗盐

集团公司近几年的探明储量中，低渗透资源占集团公司总资源量的 65%，低渗、特低渗油藏是未来油藏开发开发重点和战略接替。与常规油藏相比，低渗透油藏开发面临以下挑战和问题：①低渗致密储层微纳米孔喉发育，基质流动能力及有效动用程度低；②基质内原油流动性差，部分原油高黏，流度低，原油难以采出；③地层温度高，注入水矿化度高，进一步增加了采油难度。渗吸采油是提高该类油藏采收率的有效技术手段，如何提高油水置换效率、提高基质原油动用程度是目前低渗油藏注水开发的关键。然而现有渗吸剂大体上具有以下缺陷：①低渗致密储层微纳米孔喉发育，渗吸剂粒径较大难以进入；②渗吸剂对岩石表面润湿性改善能力有限，油水置换效率低；③渗吸剂分子在高温高盐条件下易失活，同时易与二价离子生成沉淀。

为解决以上技术难点，本文优选耐温抗盐性能优秀、表界面张力低的表面活性剂及溶油效率高的有机溶剂，利用表活剂浓度达到第一临界浓度时溶液内部自聚，疏水基聚集在一起形成内核，亲水基朝外与水接触形成外壳从而自发组成胶团的特性，复配形成具有核壳结构的耐温抗盐纳米渗吸增油剂。有序调整表面活性剂及有机溶剂的比例，优选渗吸效果最好的配方，并系统性的开展渗吸增油剂的常温稳定性能、耐温抗盐性能、中值粒径、表界面张力、渗吸效率、与常规压裂液的配伍性评价实验。

1 实验部分

1.1 实验试剂及仪器

表面活性剂 1# ~ 9#，分析纯；白油，分析纯；正烷烃，分析纯；渗吸驱油剂 DAQ083，施工现场取样；石英矿片（垂直晶轴切片），自制；吐哈油田 X 区块原油，表观黏度：70mPa · s、密度：0.75g/cm^3；吐哈油田 X 区块岩心，孔隙度为 8.6%，渗透率为 $0.13\times10^{-3}\mu m^2$；去离子水，符合三级水规定；以氯化钙、氯化镁、氯化钠配制不同矿化度的盐水。

TX-500C 旋转滴界面张力仪，美国科诺工业有限公司；BETTER2600 激光粒度仪，丹东百特科研仪器有限公司；SEC3200M 扫描电子显微镜，韩国赛可公司；OCA 接触角测量仪，上海方瑞仪器有限公司；MS304TS 分析天平，天津拜尔诺科技发展有限公司；K100 表界面张力仪，北京探矿工程研究所；布氏黏度计，美国阿美克特；OS20-PRO 变频搅拌器，大龙兴创实验仪器有限公司；AMOTT 渗吸瓶；高速离心机，长沙湘智离心机仪器有限公司；电位分析仪；恒温烘箱，德国美墨尔特仪器有限公司；2100AN 浊度测定仪，美国哈希公司。

1.2 实验方法

（1）成分优选及复配实验

① 表面张力测量

用去离子水将表面活性剂配制成 0.3%的溶液，在 25℃下，用 K100 表界面张力仪测量表面活性剂溶液的表面张力。

② 界面张力测量

用去离子水将表面活性剂配制成 0.3%的溶液，以表面活性剂溶液作为高密度相，原油作为低密度相，在 25℃、6000r/min 条件下，用 TX-500C 旋转滴界面张力仪测量表面活性剂溶液的界面张力。

③ 润湿性能评价

将石英矿片浸泡在硅油中，置于160℃恒温烘箱中老化3d，将老化后的石英矿片浸泡在0.3%表面活性剂溶液中，置于160℃恒温烘箱中3d进行改性，用OCA接触角测量仪测量改性后石英矿片的接触角。

④ 降黏率测量

将适量脱水原油加入布氏黏度计量杯，用桨式转子，在$50s^{-1}$，50℃条件下测量原油黏度，记为ω_0。将0.3g有机溶剂加入100g脱水原油中，搅拌均匀，在$50s^{-1}$，50℃条件下测量混合体系黏度，记为ω_1。

$$k=\frac{\omega_0-\omega_1}{\omega_0}\times 100\% \tag{1}$$

式中，k为降黏率,%；ω_0为原油黏度，mPa·s；ω_1为原油黏度，mPa·s。

⑤ 渗吸增油剂复配实验

将毛玻璃板浸入硅油中老化3d，使用老化后的开展毛玻璃板原油渗吸实验，将1.0g原油夹在两毛玻璃板之间，用实验夹夹紧，得到毛玻璃板模型。第一步，取优选出的表面活性剂和有机溶剂，按表面活性剂1/有机溶剂=3∶1、2∶1、1∶1、1∶2、1∶3的比例进行复配，得到复配液Ⅰ，将毛玻璃板模型浸入浓度为0.3%的复配液Ⅰ溶液中，置于160℃恒温烘箱中24h，收集析出的原油称重，计算渗吸效率。第二步，选取渗吸效率最高的复配液Ⅰ，按复配液Ⅰ/表面活性剂2=3∶1、2∶1、1∶1、1∶2、1∶3的比例进行复配，得到复配液Ⅱ，同样用毛玻璃板原油渗吸实验，评价复配液Ⅱ的渗吸效率，选取渗吸效率最高的复配液Ⅱ作为渗吸增油剂样品。

（2）渗吸增油剂评价实验

① 稳定性评价

用离心机在6000r/min的转速下离心1min，目测法观察离心之后中渗吸增油剂的澄清均一状态，并使用多重光散射仪测定渗吸增油剂的稳定性指数。

② 耐温抗盐性能评价

将渗吸增油剂用矿化度5×10^4mg/L(钙镁离子浓度1000mg/L)盐水配制成1.0%溶液，在恒温烘箱中70℃、100℃、130℃、160℃老化3天，观察溶液澄清度。并用浊度仪定量分析渗吸增油剂浊度。

③ 表界面张力

将渗吸增油剂用矿化度5×10^4mg/L(钙镁离子浓度1000mg/L)盐水配制成质量分数为0.05%、0.1%、0.2%、0.3%、0.5%溶液，使用K100表界面张力仪测量渗吸增油剂溶液的表面张力。用以渗吸增油剂溶液作为高密度相，原油作为低密度相，在25℃、2000r/min条件下，用TX-500C旋转滴界面张力仪测量渗吸增油剂溶液的界面张力。

④ 粒径及形态测量

用BETTER2600激光粒度仪测定纳米渗吸增油剂的中值粒径和粒度分布。用去离子水配制不同质量分数的渗吸增油剂溶液，利用扫描电子显微镜，观察渗吸增油剂胶团结构。

⑤ 渗吸效率评价

分别开展静态渗吸实验与动态渗吸实验，全面评价渗吸增油剂的渗吸效率。

静态渗吸实验。将岩心置于装有原油的抽滤瓶，使用真空泵抽尽瓶内空气将岩心饱和原油，然后将抽滤瓶置于160℃恒温烘箱中老化14d。取出的岩样，称重并计算饱和原油前、后岩心质量差(Δm)，将渗吸增油剂用矿化度5×10^4mg/L(钙镁离子浓度1000mg/L)盐水配制成质量分数为0.05%、0.1%、0.2%、0.3%、0.5%溶液，装入AMOTT渗吸瓶中，将岩心放入AMOTT渗吸瓶中，置于160℃恒温烘箱中静置。每隔2h记录析出原油的体积，直至体积不再变化，记录此时析出原油的体积为V_1，渗吸效率为：

$$p=\frac{V_1\times\rho}{\Delta m}\times 100\% \tag{2}$$

式中，V_1为最终析出原油体积，mL；ρ为原油密度，g/cm^3；ΔM为饱和原油前、后岩心质量差，g。

动态渗吸实验。将岩心放入岩心夹持器中，连接管线，用原油以0.5mL/min饱和岩心至出口端见油，过程中用围压跟踪，防止原油从岩心与岩心套之间的缝隙渗出。用清水以0.5mL/min驱替岩心，再出口端用5mL微型量筒收集排出液，直至排出液中不含原油。之后，关闭岩心夹持器的出口端，用0.1mL/min流量将1mL渗吸增油剂溶液注入岩心夹持器中，关闭出口端接入回压阀，保持一定压力，使渗吸增油剂溶液与原油充分接触。在160℃温度下焖72h后，打开岩心夹持器的出口端，依靠模型的自身压力采出部分原油，计算采收率，分别用质量分数为

0.05%、0.1%、0.2%、0.3%、0.5%的渗吸剂开展实验，实验装置如图1所示。

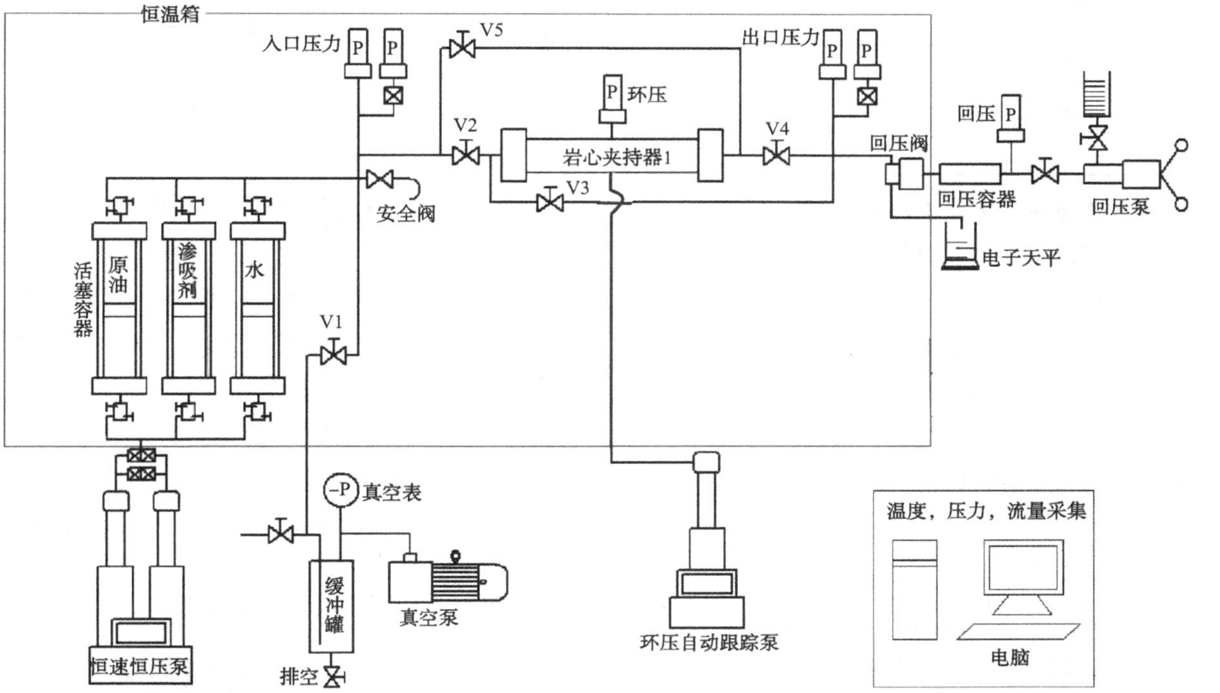

图1　动态渗吸实验装置示意图

⑥ 与压裂液配伍性评价

向滑溜水及胍胶压裂液中加入0.1%、0.2%、0.3%、0.5%的渗吸增油剂，评价渗吸增油剂，设置空白对照，计量对照组及各实验组的携砂时间，用摩阻仪测量对照组及各实验组的摩阻，以此评判渗吸剂与滑溜水及胍胶压裂液的配伍性。

2 实验结果与讨论

2.1 成分优选实验情况

如表1、表2所示，1#表面活性剂均匀无沉淀，且表界面张力、润湿性均优于其他型号表面活性剂，5#表面活性剂虽然界面张力过高，但其表面张力、润湿性优异，且为阳离子表面活性剂，耐温性能好。1#、3#有机溶剂降黏率最高。通过表面活性剂优选实验优选出综合性能最好的表面活性剂2种，优选出降黏性能优异的有机溶剂2种。分别为：异构醇醚型非离子表面活性剂(1#表面活性剂)、咪唑啉型阳离子表面活性剂(5#表面活性剂)、正烷烃(1#、有机溶剂)、白油(3#有机溶剂)。

表1　表面活性剂优选实验数据

表面活性剂	耐温抗盐性			润湿性
	溶液状态	表面张力/(mN/m)	界面张力/(mN/m)	
1#	均匀无沉淀	20	0.67×10^{-2}	36°
2#	产生沉淀	—	—	28°
3#	均匀无沉淀	38	1.89	54°
4#	均匀无沉淀	32	0.93×10^{-2}	34°
5#	均匀无沉淀	23	1.54×10^{-2}	26°
6#	均匀无沉淀	45	6.81×10^{-2}	60°
7#	均匀无沉淀	39	3.55×10^{-2}	48°
8#	产生沉淀	—	—	61°
9#	均匀无沉淀	67	12.38×10^{-2}	72°

表 2　有机溶剂优选实验数据

有机溶剂	降黏率/%
1#	97
2#	93
3#	98
4#	92

2.2　渗吸增油剂复配实验情况

(1) 第一步实验结果

实验 1 如图 2 所示，实验结果见表 3。

表 3　复配液 I 配比实验 1

序号	配　比	吸油质量/g
1	1#表面活性剂：正烷烃=3：1	0.154
2	1#表面活性剂：正烷烃=2：1	0.227
3	1#表面活性剂：正烷烃=1：1	0.287
4	1#表面活性剂：正烷烃=1：2	0.215
5	1#表面活性剂：正烷烃=1：3	0.133

由表 3 实验数据可知，1#表面活性剂：正烷烃=1：1 组合渗吸效率最高，且 1#表面活性剂：正烷烃=2：1 组合渗吸效率高于 1#表面活性剂：正烷烃=1：2 组合，故使用逼近法优选渗吸效果更好的配方。实验 2 如图 3 所示，实验结果见表 4。

表 4　复配液 I 配比实验 2

序号	配　比	吸油质量/g
1	1#表面活性剂：正烷烃=10：6	0.236
2	1#表面活性剂：正烷烃=10：7	0.271
3	1#表面活性剂：正烷烃=10：8	0.296
4	1#表面活性剂：正烷烃=10：9	0.290

由表 4 实验数据可知，1#表面活性剂：正烷烃=10：8 组合渗吸效率最高，此比例为最优比例。

(2) 第二步实验结果

实验 1 如图 4 所示，实验结果见表 5。

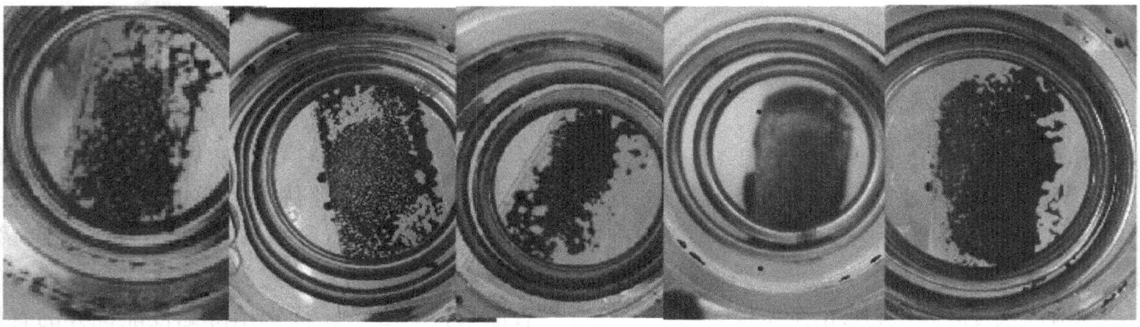

图 2　复配液 I 玻璃板渗吸实验 1

图 3　复配液 I 玻璃板渗吸实验 2

图 4　复配液 II 玻璃板渗吸实验 1

表 5　复配液Ⅱ配比实验 1

序号	配　比	吸油质量/g
1	(1#表面活性剂+正烷烃)：5#表面活性剂=3：1	0.307
2	(1#表面活性剂+正烷烃)：5#表面活性剂=2：1	0.336
3	(1#表面活性剂+正烷烃)：5#表面活性剂=1：1	0.408
4	(1#表面活性剂+正烷烃)：5#表面活性剂=1：2	0.308
5	(1#表面活性剂+正烷烃)：5#表面活性剂=1：3	0.293

由表 5 实验数据可知，(1#表面活性剂+正烷烃)：5#表面活性剂=1：1 组合渗吸效率最高，且(1#表面活性剂+正烷烃)：5#表面活性剂=2：1 组合渗吸效率高于(1#表面活性剂+正烷烃)：5#表面活性剂=1：2 组合，故使用逼近法优选渗吸效果更好的配方。实验 2 如图 5 所示，实验结果见表 6。

图 5　复配液Ⅱ玻璃板渗吸实验 2

表 6　复配液Ⅱ配比实验 2

序号	配　比	吸油质量/g
1	(1#表面活性剂+正烷烃)：5#表面活性剂=10：6	0.359
2	(1#表面活性剂+正烷烃)：5#表面活性剂=10：7	0.417
3	(1#表面活性剂+正烷烃)：5#表面活性剂=10：8	0.352
4	(1#表面活性剂+正烷烃)：5#表面活性剂=10：9	0.340

由实验数据可知，实验 3 渗吸效率最高，1#表面活性剂：正烷烃：5#表面活性剂=29.4：29.4：41.2 为最优比例，作为渗吸增油剂样品 1。

用白油替换正烷烃开展上述实验，1#表面活性剂：白油：5#表面活性剂=36：24：40 组合渗吸效率最高，作为渗吸增油剂样品 2。

2.3　渗吸增油剂评价实验情况

(1) 稳定性评价

配置的两种渗吸增油剂样品如图 6 所示，经高速离心后，两种样品均澄清透明，未发生分层析出，表明其稳定性良好。为定量分析样品稳定性，使用多重光散射仪对样品稳定性指数(TSI)进行测量，TSI 值越低，表示样品稳定性越强。由图 7 可知，0~50min，TSI 值呈上升速度快；50~100min，TSI 值呈上升速度减缓，100min 之后，TSI 值逐渐趋于稳定。由于样品浓度高于第一临界浓度，分子布朗运动会逐渐减缓至达到动态平衡状态，表现为 TSI 值增加速率减缓至保持不变。配方 1 的 TSI 值低于配方 2，配方 1 的稳定性强于配方 2(图 7)。

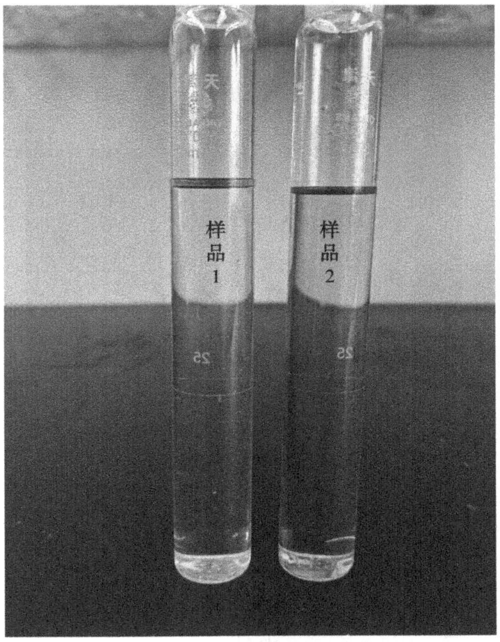

图 6　渗吸增油剂样品

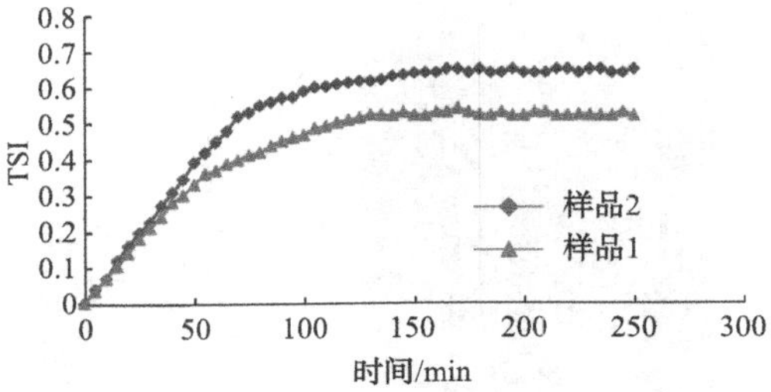

图 7　样品稳定性指数

(2) 耐温抗盐性能评价

采用目测法观察不同温度下 2 种渗吸增油剂样品溶液的的澄清情况，并利用浊度仪测定不同温度下渗吸增油剂样品溶液的浊度，浊度越大，代表液体澄清度越低。浊度变化越大，代表液体的稳定性越差。由图 8、图 9 可知，样品 1 溶液在 160℃下仍澄清透明，样品 2 溶液在 130℃环境中开始有沉淀析出。由图 10 可知，温度达到 160℃，样品 1 的浊度变化不大，而样品 2 由于结构稳定性不够，浊度在温度超过 100℃后开始显著增大。由此可见，渗吸增油剂样品 1 的耐温抗盐性能高于样品 2。

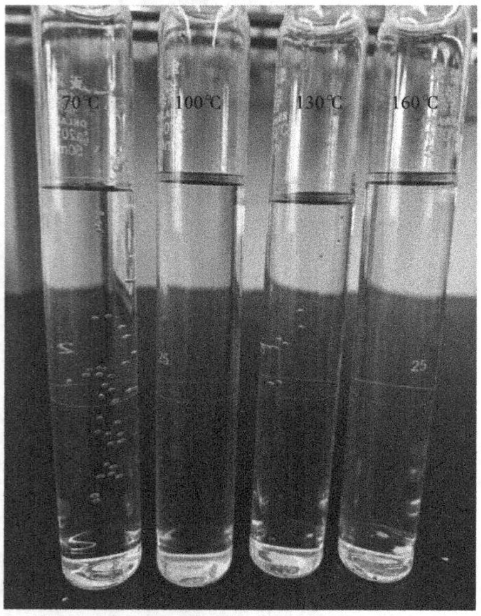

图 8　样品 1 耐温耐盐实验

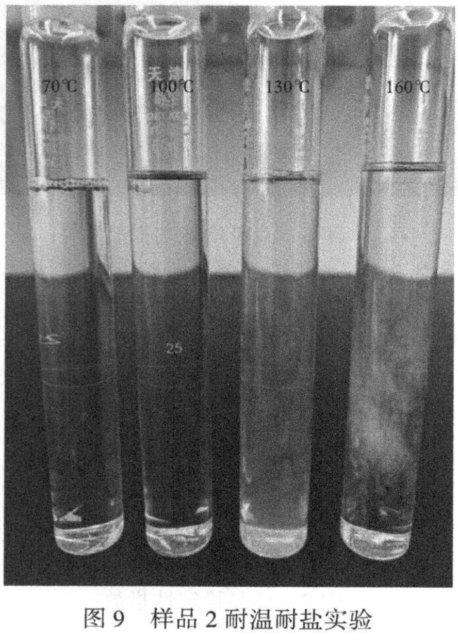

图 9　样品 2 耐温耐盐实验

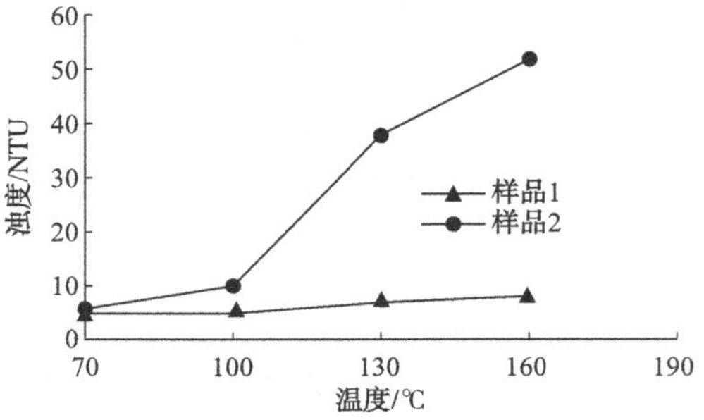

图 10　样品 1、2 浊度测量曲线

(3) 表界面张力

由图 11、12 可知，随着样品质量分数增加，表界面张力呈下降趋势，当浓度达到饱和值时，表界面张力不再随浓度的变化而降低，继续增加样品浓度对降低表界面张力作用变小。总体上相同质量分数下样品 1 平衡表界面张力值较低，浓度为 0.2%时表面张力达到 25.4mN/m，浓度为 0.3%时界面张力达到 0.85mN/m。由此可见样品 1 降低表界面张力能力更强，这是因为相比于样品 2，样品 1 以正烷烃作为油相，"核壳结构"中表面活性剂占比更重，降低表面张力能力更强(图 13)。

(4) 粒径及形态测量

由图 15、17 可知，样品 1、2 均形成了核壳结构，表面活性剂既亲油又亲水的特性使其分布于油水界面降低界面张力，而乳化剂的加入降低界面刚性，进一步降低油水界面张力，两者的协同效应有利于各组分间产生自乳化过程，促进形成纳米级"壳核结构"。由图 14、16 可知，样品 1 粒径为 12nm、样品 2 粒径为 100nm，是由于白油分子链比正烷烃分子链更长，亲油基团更多，可以链接更多的表面活性剂分子，其形成的渗吸增油剂胶团粒径更大。

(5) 渗吸效率评价

通过静态渗吸实验可知，渗吸效率随渗吸增油剂浓度的增加而增大，当浓度超过 0.3%时，渗吸效率随浓度增大的趋势减小，因此 0.3%为最佳使用浓度。样品 1 的静态渗吸效率最大为渗吸效率为 39.3%，样品 2 的静态渗吸效率最大为渗吸效率为 29.7%，样品 1 渗吸能力强于样品 2。

为模拟现场使用条件，且与现场使用渗吸剂进行对照，继续用样品 1 与渗吸驱油剂 DAQ083 开展动态渗吸实验对样品 1 与 DAQ083 的渗吸效率进行评价。随着渗吸增油剂浓度增加，渗吸速度加快，渗吸效率增加，当浓度超过 0.3%时，渗吸效率增加趋势变缓，样品 1 动态渗吸效率最高可达 45%，DAQ083 动态渗吸效率最高可达 32%，为样品 1 渗吸效率的 71.1%。样品 1 粒径仅 12nm，易于进入岩心，且独特的纳米级“核壳结构”使其具有更低表界面力值和极强增溶原油能力，并显著降低表面活性剂的运移吸附损失，提高了渗吸效率(图 19、图 20)。

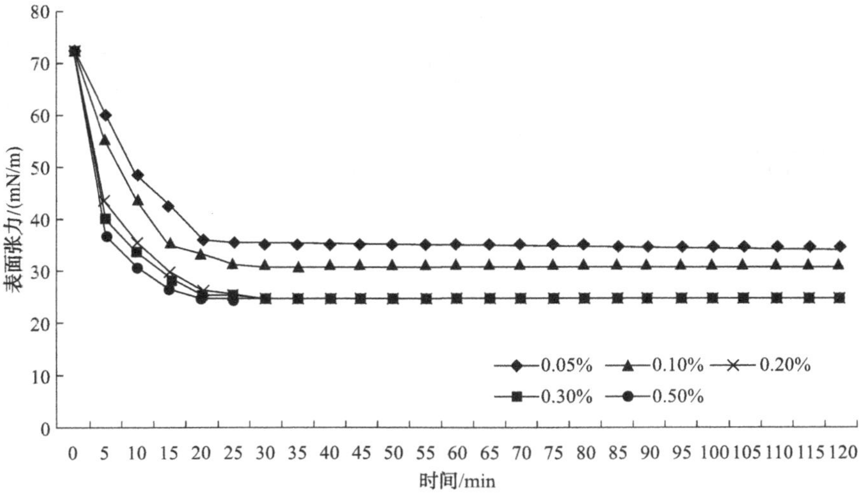

图 11　样品 1 表面张力随时间变化曲线

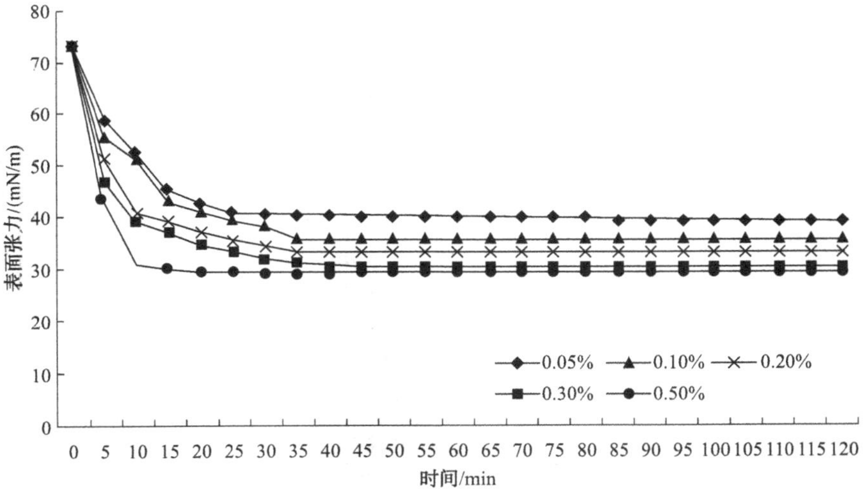

图 12　样品 2 表面张力随时间变化曲线

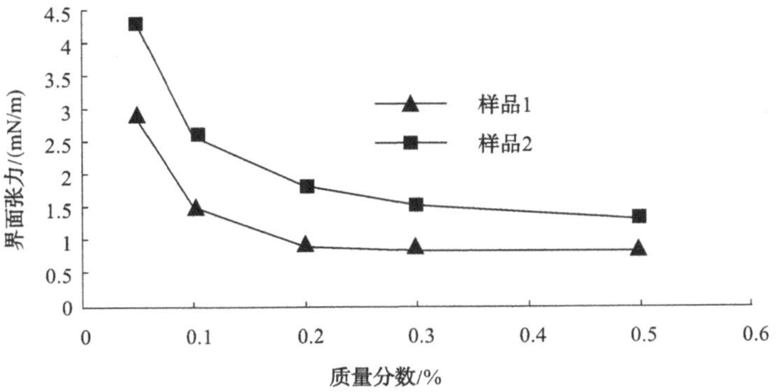

图 13　样品 1、2 界面张力

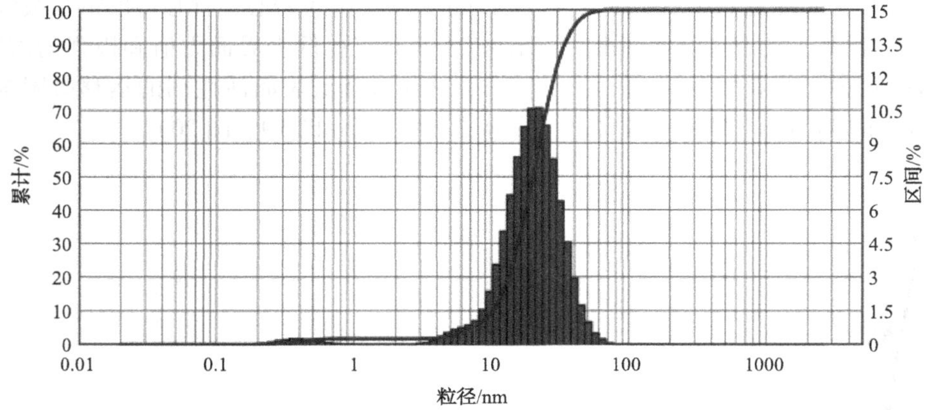

粒径点	含量/%
0.100	0.00
0.200	0.00
0.500	1.30
1.000	1.65
2.000	1.65
5.000	2.72
10.00	9.44
20.00	50.34
45.00	97.67
75.00	100.00

图 14　样品 1 粒径测量

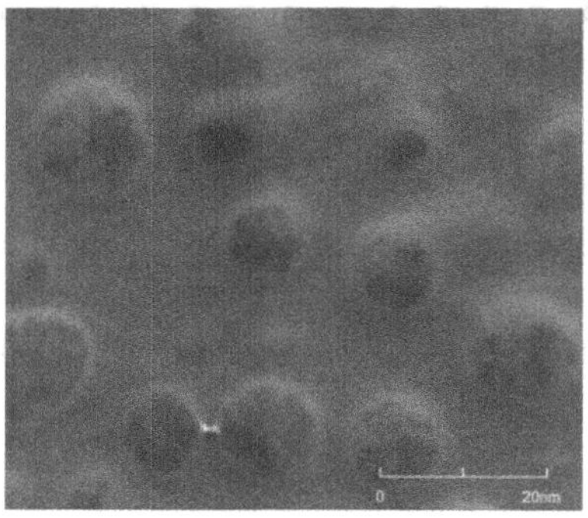

图 15　样品 1 电镜扫描

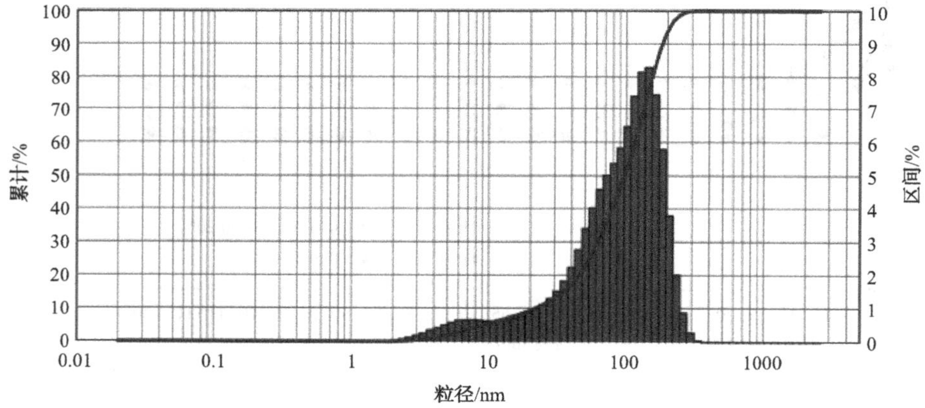

粒径点	含量/%
2.000	0.01
5.000	1.76
10.00	5.35
20.00	9.32
45.00	19.99
75.00	37.76
100.0	51.58
200.0	94.10
300.0	99.91
400.0	100.00

图 16　样品 1 粒径测量

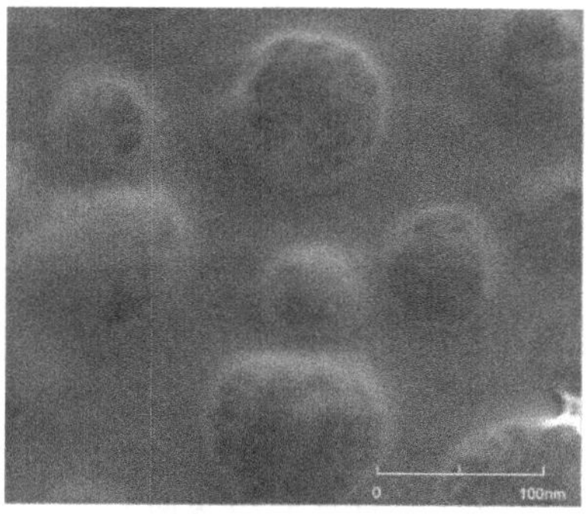

图 17　样品 1 电镜扫描

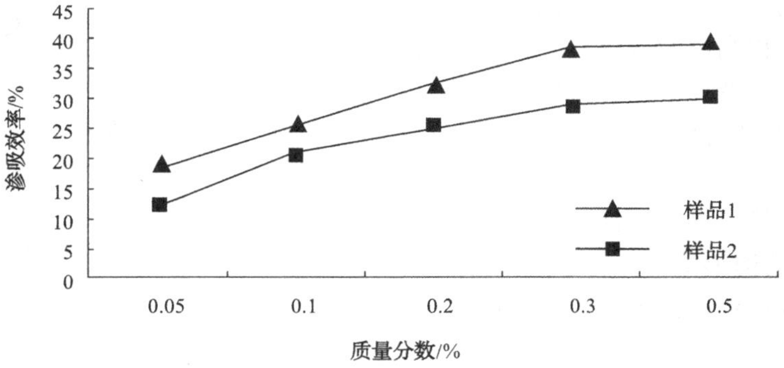

图 18　静态渗吸效率曲线

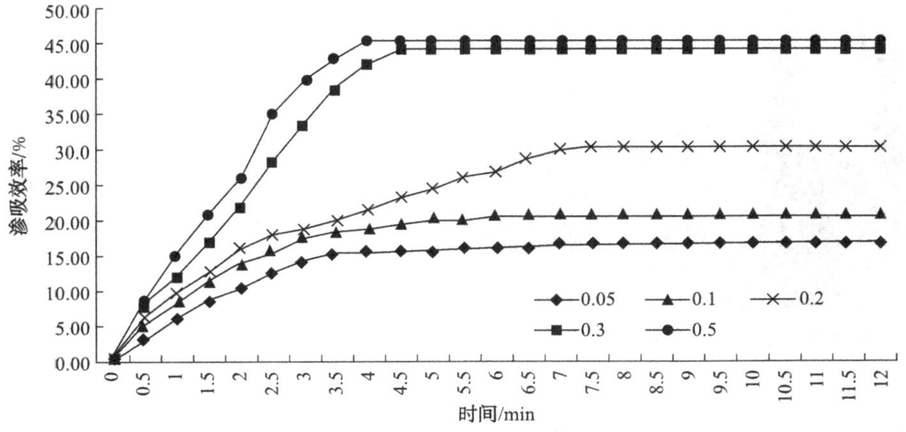

图 19　样品 1 动态渗吸效率曲线

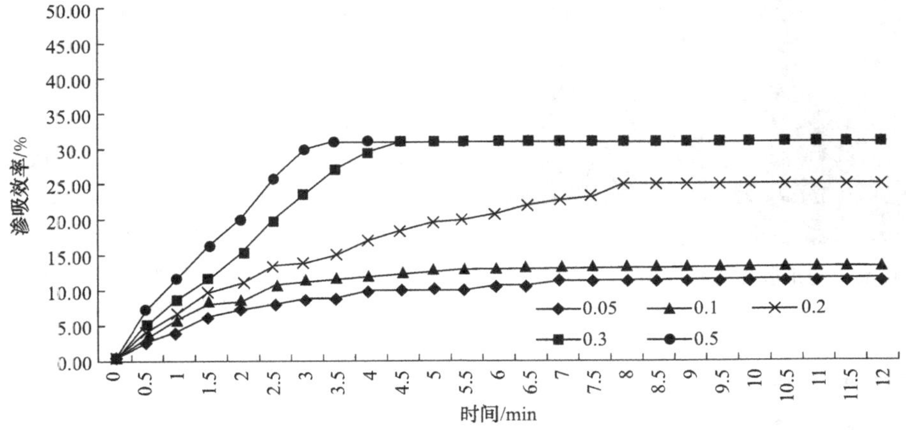

图 20　DAQ083 动态渗吸效率曲线

（6）与压裂液配伍性评价

由图 21、22 可知，样品 1 不与滑溜水、瓜胶压裂液产生沉淀，对两种常规压裂液的携砂性能无影响。由图 23 可知，样品 1 对滑溜水、瓜胶压裂液的降阻率无影响，不会造成压裂液摩阻升高。与常规压裂液的配伍性良好。

3　结论

样品 1 具有稳定的核壳结构，常温稳定性良好，耐温可达 160℃以上，在矿化度 5×10^4mg/L（钙镁离子浓度 1000mg/L）盐水中不变性，粒径仅为 12nm，且渗吸效率可达 45%。此样品性能指标高，作为最终形成的耐温抗盐纳米渗吸增油剂，型号记为 GC-822L。

GC-822L 是以正烷烃作为油相内核、异构醇醚型非离子表面活性剂复配咪唑啉型阳离子表面活性剂作为亲水外壳的微乳液体系，其自发渗吸机理主要包括：①超低界面张力和较强润湿反转能力降低原油黏附功，促进原油从储层剥离和在微小孔喉中变形，提高渗吸效率；②耐温耐盐性能好，在高温储层不变性失活，可使用污水配液，应用范围广；③自乳化形成的粒径极小的“核壳结构”，极易进入微纳米级孔喉，扩大渗吸剂波及体积；④置换、溶解原油能力较强，能够“打散”原油缔合结构形成“小尺寸油”，同时降低原油黏度，提高原油的渗流能力，进而提升渗吸效率。

图 21　样品 1 与滑溜水配伍性实验

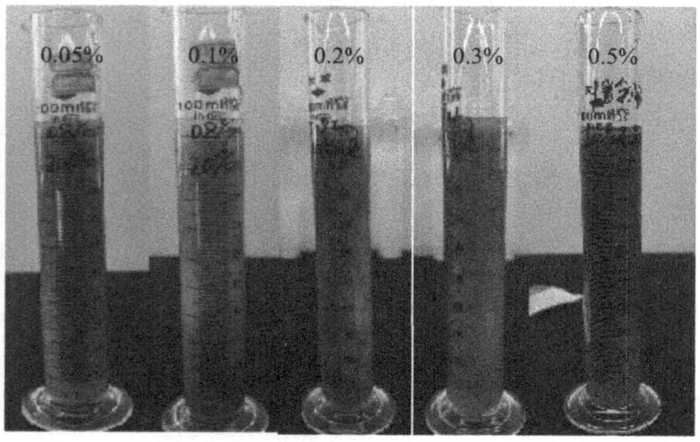

图 22　样品 1 与瓜胶压裂液配伍性实验

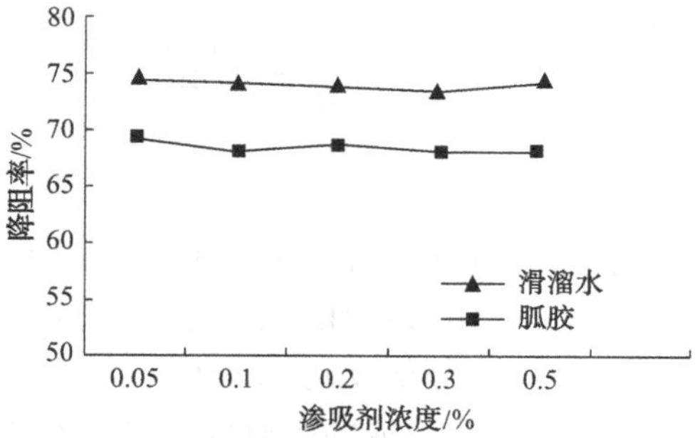

图 23　压裂液降阻率随渗吸剂浓度变化曲线

参　考　文　献

[1] 贺丽鹏，罗健辉，丁彬，等．特低/超低渗油藏纳米驱油剂的制备与性能[J]．油田化学，2018，35(1)：81-84.

[2] 吴鹏，宋考平，张跃，等．聚合物驱油体系高效络合剂研究[J]．特种油气藏，2020，27(1)：114-120.

[3] 王启民，廖广志．聚合物驱油技术的实践与认识[J]．大庆石油地质与开发，1999，18(4)：1-5.

[4] 刘晨，王业飞，于海洋，等．低渗透油藏表面活性剂驱油体系的室内研究[J]．石油与天然气化工，2011，40(5)：486-489.

[5] 刘鹏，王业飞，张国萍，等．表面活性剂驱乳化作用对提高采收率的影响[J]．油气地质与采收率，2014，21(1)：99-102.

[6] YOUSSIF M I，EL-MAGHRABYRM，SALEHSM，et al. Silica nanofluid flooding for enhanced oil recovery in sandstone rocks [J]. Egypt J Pet，2018，27(1)：105-110.

[7] 濮御，王秀宇，濮玲．静态渗吸对致密油开采效果的影响及其应用[J]．石油化工高等学校学报，2016，29(3)：23-27.

[8] 李爱芬，何冰清，雷启鸿，等．界面张力对低渗亲水储层自发渗吸的影响[J]．中国石油大学学报(自然科学版)，2018，42(4)：67-74.

[9] 于馥玮，高振东，朱文浩，等．基于微流控模型的裂缝性储集层渗吸机理实验[J]．石油勘探与开发，2021，48(5)：1004-1013.

[10] 王所良，汪小宇，黄超，等．改变低渗透油藏润湿性提高采收率技术研究进展[J]．断块油气田，2012，19(4)：472-476.

[11] 朱维耀，鞠岩，赵明，等．低渗透裂缝性砂岩油藏多孔介质渗吸机理研究[J]．石油学报，2002，23(6)：56-59.

渤海C油田东三段砂砾岩储层质量非均质性评价及注采调整实践

孙藏军　周军良　常　涛　舒　晓　吴君达

[中海石油(中国)有限公司天津分公司渤海石油研究院]

摘　要　以C油田东三段为靶区，通过主成分分析优选储层质量的参数，结合熵权法，提出一种基于储层质量指数表征砂砾岩储层差异分布评价的新方法，并指导了油藏注采调整。结果表明：依据储层质量指数累计概率分布斜率差异将研究区东三段划分为Ⅰ、Ⅱ、Ⅲ三类储层，依次为优质、中等和差等。纵向上，储层质量指数越大，储层品质越好，产液量越高，吸水能力越强，其中3小层储层质量相对最好。平面上，砂体展布呈条带状和朵叶状两种，洪水期辫状水道及牵引流作用下的水下分流河道为优质储层分布区。研究成果指导了注采调控策略的制定，提高了储量动用和采收率，可为相似地质背景的砂砾岩储层分布评价提供一定方法借鉴。

关键词　砂砾岩储层；东三段；储层质量差异；注采调整

1　引言

渤海湾盆地C油田东三段为典型的中深层巨厚砂砾岩油藏，因储层埋藏深、地震资料品质差而难以满足刻画储层展布评价的精度需求。开发井投产后，丰富的产液剖面资料显示各生产井层间产出矛盾大、平面水驱不均衡，表现出较强的储层质量非均质性。井间储层质量品质及连通程度的差异直接制约了东三段井组间的注采效果，影响了油藏单元储量动用及开采效果，最终制约单元采收率。

通过常规方法采用单一渗透率参数，计算变异系数、突进系数及级差，开展研究区东三段砂砾岩储层质量非均质性评价，各参数评价结论往往存在冲突性。为解决研究区储层质量非均质性评价及表征的难题，本次研究通过主因子分析优选出表征砂砾岩储层质量的6项主要参数，结合熵权法，提出一种基于储层质量指数表征中深层砂砾岩储层差异分布评价的新方法，完成了储层质量差异分布评价。研究成果成功指导12井次注采调控策略的制定，提高了油藏单元储量动用和采收率，可为相似地质背景的砂砾岩储层分布评价提供一定方法借鉴。

2　研究区概况

C油田位于渤海湾盆地石臼坨凸起西段石南一号边界断层的下降盘，南侧紧邻渤中凹陷西次洼[图1(a)]。研究区内自上而下发育了馆陶组、东营组多套含油层系，其中，东三段埋深2600~3100m，为近物源搬运背景下的扇三角洲前缘沉积，发育砂砾岩、砾质砂岩、含砾砂岩、中粗砂岩及粉细砂岩等多种粒级的复杂岩性组合，母岩主要为石臼坨凸起基岩的中生界火山岩和太古界变质岩，纵向地层厚度达300m左右，与上覆东二下段底部深湖泥岩构成良好的储盖组合，为该区主力含油层位。该油藏于2021年投入开发，纵向分四个射孔段，采用定向井注水、大段合采的开发方式，共部署10口生产井、6口注水井[图1(b)]。

3　储层质量评价方法及结果

3.1　原理方法及参数选取

常规统计学方法，往往从单一参数(孔隙度、渗透率、砂层厚度等)评价储层质量的好坏。由于存在各单一参数表征储层质量的角度不一致、参数选取不同也可能导致储层评价结果不同、部分计算数值无界限且定量程度不高的问题，本文在相控条件约束下，从表征储层的多参数角度出发，结合熵权法提出储层质量综合表征参数，即储层质量指数P。在计算储层质量指数时，利用熵权法去同存异的特点，求取不同质量参数相对应的权系数、熵值。在使用熵权法确定综合参数中各参量权重的实际计算中，某个参数属性在不同小层单井点处差异越大，那么该点熵权越大，熵值越小，对最后的综合指数值贡献越大，反之亦然。

$$P=\sum_{i=1}^{n}M_iN_i \quad (1)$$

$$E_i=-\frac{1}{\ln n}\sum_{i=1}^{n}f_{ij}\ln f_{ij} \quad (2)$$

$$f_{ij}=-\frac{b_{ij}}{\sum_{i=1}^{n}b_{ij}} \quad (3)$$

$$M_i=\frac{1-E_j}{\sum_{i=1}^{n}(1-E_j)} \quad (4)$$

式中，M_i 为选取第 i 个储层质量参数的权重；N_i 为为对应参数的归一化值；n 为为储层质量参数个数；b_{ij} 为为归一化后 j 个参数组成的 i 行矩阵；E_j 为计算出来的第 j 个指标的熵值。

在相控约束砂体展布几何形态的基础上，本次选取隔夹层频率、砂地比、变异系数、突进系数、孔隙度和渗透率 6 个参数计算相控条件下的储层质量指数。其中夹层频率、砂地比表征砂体叠置关系，变异系数、突进系数表征储层渗透率垂向变化，孔隙度、渗透率表征砂体储集性和渗流能力（表 1）。

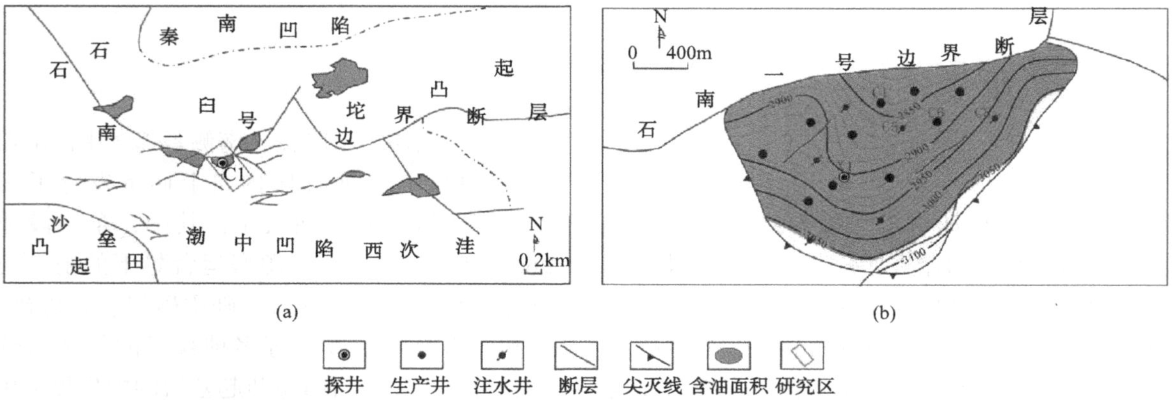

图 1　研究区区域构造位置（a）和东三段含油顶面构造图（b）

表 1　研究区东三段储层质量指数参数计算

指标参数		计算公式	参数说明
砂体叠置关系	隔夹层频率（P_G）	$P_G=\frac{N_G}{H}$	厚度大于 2m 的泥岩隔层个数（N_G）与地层厚度（H）的比值
	砂地比（S_r）	$S_r=\frac{S_h}{H}$	砂层厚度（S_h）与地层厚度（H）的比值
储层渗透率纵向变化	变异系数（V_K）	$V_K=\frac{q}{\bar{K}}$	$\bar{K}$ 为渗透率厚度权衡平均值，q 为层段内渗透率标准偏差
	突进系数（S_K）	$S_K=\frac{K_{max}}{\bar{K}}$	层段内渗透率最大值（K_{max}）与厚度权衡平均值（$\bar{K}$）之比值
储集性及渗流能力	孔隙度（$\bar{Q}$）	$\bar{Q}=\sum_{i=1}^{n}h_iQ_i/\sum_{i=1}^{n}h_i$	$\bar{Q}$ 为层段内孔隙度厚度加权平均值
	渗透率（$\bar{K}$）	$\bar{K}=\sum_{i=1}^{n}h_iK_i/\sum_{i=1}^{n}h_i$	$\bar{K}$ 为层段内渗透率厚度加权平均值

3.2　储层质量指数表征结果

通过式（1）～（4），结合研究区东三段储层质量参数，计算储层质量指数值 P。通过研究区生产井投产初期比采油指数与储层质量指数值 P 之间的关系研究［图 2（a）］，可以看出初期产能与储层质量指数值之间具有较好的相关性，相关系数高达0.7665，表明通过该方法计算的储层质量指数值能较好的匹配研究区储层地质特征，即储层质量指数值越大，研究区东三段储层层内质量品质越好，初期比采油指数越高。

统计储层非均质性综合指数P值发现，P值主要分布在0.19~0.82之间，平均0.44，参照前人对储层质量类型的划分方法，绘制P值分布区间与累计概率关系图[图2(b)]，由于同一类型的储层，具有相同的斜率，按照斜率大小，可将研究区储层质量品质类别划分为三类。Ⅰ类(P>0.55)，储层质量品质优质；Ⅱ类(0.5<P≤0.55)，储层质量品质中等；Ⅲ类(P≤0.5)，储层质量品质较差。

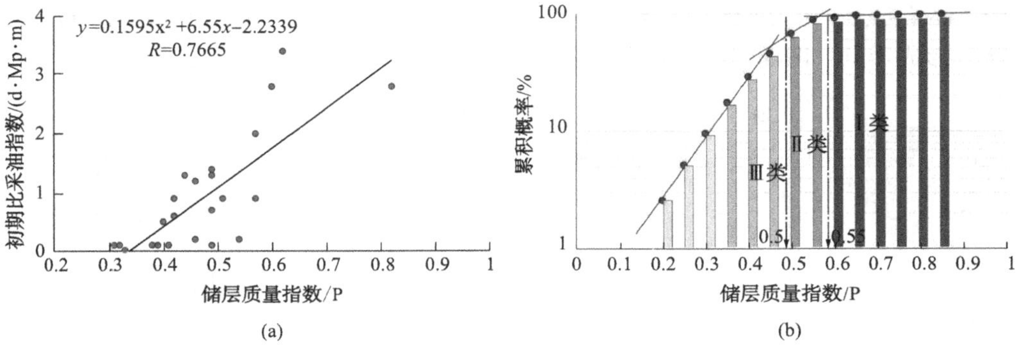

图2 研究区东三段储层质量指数计算结果及分类

4 储层质量分布差异及规律

根据上述划分标准绘制研究区东三段不同小层储层质量指数分布图，总结纵向、平面分布规律。

4.1 纵向分布差异

层间储层质量分布差异受控于不同沉积时期地质成因砂体微相带展布。纵向储层质量整体差异较大，层间差异导致纵向动用程度不均衡。储层质量指数越大，储层品质越好，产液量越高，吸水能力越强。

通过统计研究区8个小层层间各储层质量参数与储层质量指数的关系(图3)，可以看出：①单一储层参数难以表征复杂砂砾岩储层质量纵向差异，储层质量指数可以较好的区分储层纵向分布差异；②东三段不同小层间储层质量差异较大，3小层砂地比最高，隔夹层频率低，砂体较发育，变异系数和突进系数中等，孔、渗值较大，纵向相比储层品质最好，指数最大，储层质量指数为0.53；③纵向上，3小层储层质量指数值最大，向1小层或8小层，储层质量指数值逐渐变小；④整体上，1~4小层储层质量指数值大于5~8小层，储层质量上好下差。

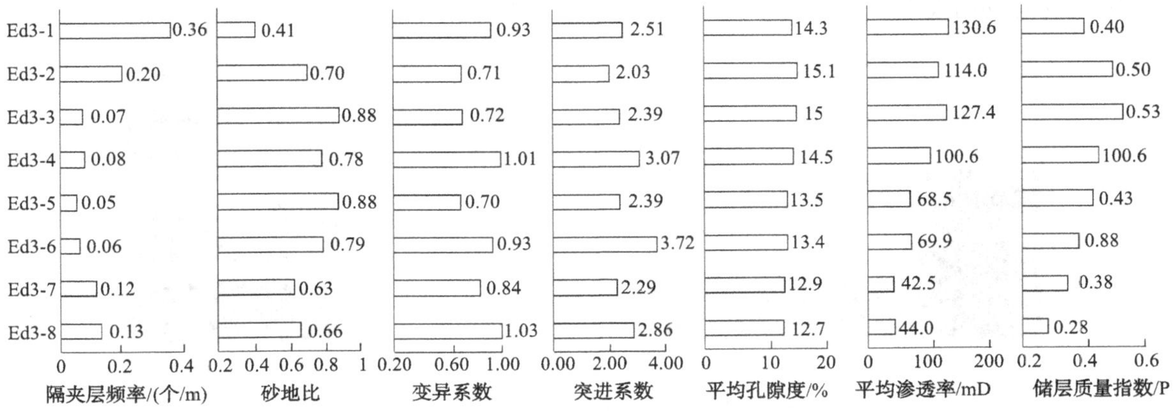

图3 研究区东三段储层质量差异及受控地质因素

4.2 平面分布差异

在各井不同小层储层质量指数值计算的基础之上，通过相控约束，绘制不同期次储层质量平面展布图(图4)。从图中可以看出，平面上，扇体沉积中心由东向西、范围由大向小迁移，洪水期辫状水道及牵引流作用下的水下分流河道为优质储层分布区。平面上呈两种几何展布形态，包括条带状和朵叶状。

条带状　形成于一、二期扇体，发育在片状洪流作用下，扇体展布范围大，主要以富泥、砾质的辫状水道频繁改道而形成的复合砂体为主，平面上砂体呈条带状北东-南西向展布，储层质量指数介于0.35~0.5，品质差，主要为Ⅲ类差储层。

朵叶状　形成于三、四期扇体，发育在牵引流作用下，扇体退积背景下，展布范围变小，主要以砂质、细砾质为主的牵引流复合砂体，平面上砂体呈朵叶状展布，主水道砂体发育厚度大，隔夹层欠发育，储层物性好，储层质量指数大于0.55，品质好，主要为Ⅰ类优质储层。分支水道叠置区水动力变弱，泥质含量高，储层物性变差，储层质量指数介于0.5~0.55，发育Ⅱ类中等储层。晚期扇体沉积末期，水道侧缘粒度变细，水动力变弱，隔夹层发育，储层质量指数小于0.5，发育Ⅲ类差储层。

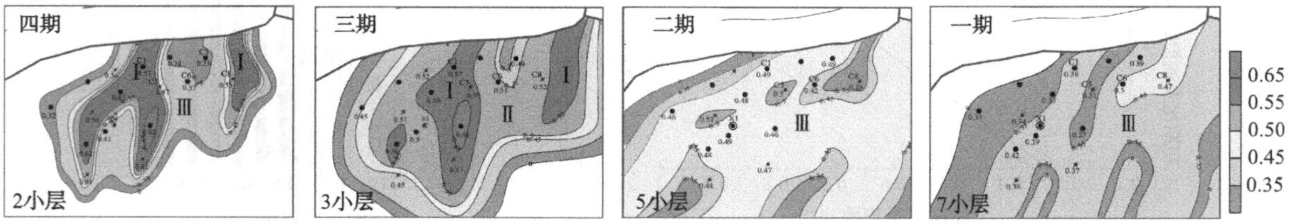

(a)　(b)　(c)　(d)

图4　研究区东三段不同期次储层质量平面展布

5　注采调整实践

基于研究区东三段储层质量分布差异研究成果认识，针对性制定相应注采调控策略共12井次，减缓纵向与平面非均衡驱替程度。从储层质量指数纵向和平面认识规律可以看出，上部(4~1小层)储层质量指数值相对较大，品质相对较好。下部(8~5小层)储层质量指数值相对较小，品质相对较差。

通过分析注采井组产层段和注入段的连通关系，结合注采动态响应关系分析。上部井间储层品质中等-好，含水易突破，通过分层调控，改善注入状况，优化动用效果。以C5-C1注采井组为例[图5(a)]，两口井第二射孔段储层质量指数值为0.59，相比纵向其他射孔段，储层质量指数值最高，品质最好，从而造成采油井C1井第二射孔段易含水突破。通过注入端C5井关闭第二射孔段，采油井C1井日产油从28m^{3}增至46m^3，含水率从76.1%下降至63.1%，注水调控效果较好。下部井间储层品质差，启动压力高难动用，通过增大注入量，提高动用程度。以C6-C8注采井组为例[图5(b)]，两口井下部第三、四射孔段储层质量指数值为0.32~0.42，储层品质较差，难动用。通过注入段C8井打开第三、四射孔段，日增加注水量100m^3，采油井C6井日产油从80m^{3}增至100m^3，储量动用明显变好。

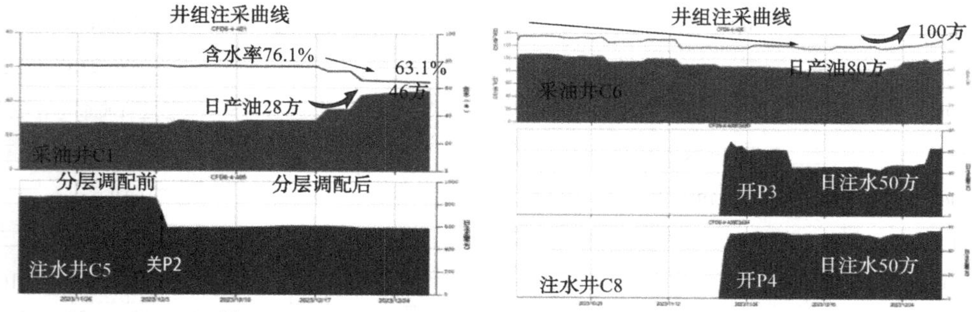

(a)　(b)

图5　研究区东三段C5-C1、C6-C8井组注采调控前后产量变化

6　结论

(1)研究区东三段储层质量指数值与初期比采指数相关性好，适用于复杂砂砾岩储层质量表征，储层质量指数越大，品质越好，初期比采油指数越高。依据储层质量指数累计概率分布斜率

差异将研究区东三段划分为Ⅰ、Ⅱ、Ⅲ三类储层，储层质量依次为优质、中等和差等。

（2）纵向上，储层质量指数越大，相应的储层品质越好，产液量越高，吸水能力越强。平面上，砂体展布呈条带状和朵叶状两种几何形态，洪水期辫状水道及牵引流作用下的水下分流河道为优质储层分布区。研究成果成功指导12井次注采调控策略的制定，提高了油藏单元储量动用和采收率，可为相似地质背景的砂砾岩储层分布评价提供一定方法借鉴。

参 考 文 献

[1] 李慧勇，胡安文，于海波，等．石臼坨凸起西段陡坡带东营组三段储层特征及控制因素[J]．东北石油大学学报，2018，42(4)：75-83.

[2] 夏位荣，张占峰，程时清，等．油气田开发地质学[M]．北京：石油工业出版社，1999：10-28.

[3] 裘怿楠，许士策，肖敬修．沉积方式与碎屑岩储层的层内非均质性[J]．石油学报，1985，6(1)：41-49.

[4] 陈欢庆．火山岩储层层内非均质性定量评价：以松辽盆地徐东地区营城组一段为例[J]．中国矿业大学学报，2012，41(4)：641-649.

[5] 陈伟，刘大锰，彭承文．大庆宋芳屯油田肇35区块葡萄花油层非均质性研究[J]．现代地质，2012，26(1)：175-183.

[6] 邹敏，夏东领，魏荷花，等．鄂尔多斯盆地渭北地区长3致密砂岩沉积微相与储层非均质性[J]．地质科技情报，20151，34(4)：65-69.

[7] 封从军，单启铜，时维成，等．扶余油田泉四段储层非均质性及对剩余油分布的控制[J]．中国石油大学学报：自然科学版，2013，37(1)：1-7.

[8] 窦之林，董春梅，林承焰．孤东油田七区中馆4-馆6砂层组储层非均质性及其对剩余油分布的控制作用[J]．中国石油大学学报：自然科学版，2002，26(1)：8-10.

[9] 高建刚，赵红兵，严科．近岸水下扇沉积特征及储层非均质性研究：以胜坨油田坨123断块沙四段为例[J]．油气地质与采收率，2010，17(3)：34-37.

[10] 李胜利，于兴河，姜平，等．琼东南盆地崖13-1气田陵三段沉积微相对储层非均质性及流动单元划分的影响[J]．地学前缘，2010，17(4)：160-166.

[11] 杨少春，周建林．胜坨油田二区高含水期三角洲储层非均质性特征[J]．中国石油大学学报：自然科学版，2001，25(1)：37-41.

[12] 于兴河，王德发，郑浚茂，等．辫状河三角洲砂体特征及砂体展布模型：内蒙古岱海湖现代三角洲沉积考察[J]．石油学报，1985，6(1)：26-27.

[13] 杜春彦，郑荣才．陕北长6油层组短期基准面旋回与储层非均质性的关系[J]．成都理工学院学报，1999，26(1)：17-22.

[14] 李祖兵，颜其彬，罗明高．非均质指数法在砂砾岩储层非均质性研究中的应用——以双河油田$V_{下}$油组为例[J]．地质科技情报，2007，26(6)：83-87.

海上底水稠油蒸汽吞吐开发控水技术研究

廖　辉　刘　东　陈建波　郑文乾　吴婷婷

[中海石油(中国)有限公司天津分公司]

摘　要　渤海具有丰富的稠油资源，渤海一半以上探明地质储量是稠油，其中边底水储量占稠油总探明地质储量的一半以上。底水的存在会导致热采降压开发过程中，底水向油层不断推进、油井过早水淹，热采开发效果变差。底水稠油热采开发目前是世界范围的行业难题，治理难度极大。如何实现海上底水稠油油藏水窜的有效治理是制约底水稠油油藏高效开发的关键。因此，亟需开展针对性地创新与攻关，并提出针对性的增效策略，以此进一步保障底水特稠油的开发效果。底水油藏开发目前面临的几个难点与挑战：一是底水特稠油蒸汽吞吐开发，存在水侵突破风险，影响特稠油吞吐有效开发，需要明确影响水侵突破的主控因素；二是针对底水水侵不可避免的问题，如何提前预防；三是针对底水水侵突破后，如何进行有效治理。针对上述长期困扰海上底水特稠油热采开发的技术瓶颈，依托室内物模实验、油藏工程和数值模拟手段，以渤海L2底水稠油油藏为靶区，围绕底水突破影响因素、水侵突破预防、多介质复合治理水侵等技术难题开展系统研究，明确底水稠油油藏蒸汽吞吐水侵突破关键影响因素，形成底水稠油油藏蒸汽吞吐水侵突破预防策略及基于多介质协同的水侵突破治理技术。技术成果成功在L2油田2S井区开展先导实验，截止目前该油田2S井区2口井已成功实施两轮次热复合吞吐，取得明显降水增油效果，措施后单井日增油40~70方，含水由74%~92%降至1%~10%，上述研究成果同时也指导了海上首个规模化热采开发的稠油油田L2油田综合调整开发研究。复合增效技术开辟了海上底水稠油热采开发新模式，打开了稠油高效开发的新方向。对海上底水稠油油藏热采开发意义重大。

关键词　底水油藏；特稠油；蒸汽吞吐；水侵突破；预防；多介质

渤海具有丰富的稠油资源，渤海一半以上探明地质储量是稠油，其中边底水储量占稠油总探明地质储量的一半以上。蒸汽吞吐开发过程中，底水的存在会导致热采降压开发过程中，底水向油层不断推进，导致投产几个月后，底水突破，含水不断上升，热采开发效果变差。这对海上底水稠油油藏热采提出了巨大挑战。而底水稠油热采开发目前是世界范围的行业难题，治理难度极大，如何实现海上底水稠油油藏的有效治理是制约底水稠油油藏高效开发的关键。

L2油田是典型的底水稠油油田，水体倍数大于50。以该油田底水稠油油藏为靶区，围绕底水稠油热采高效开发，重点攻关研究了多介质热采增效技术，围绕底水突破影响因素、水侵突破预防、多介质复合治理水侵等技术难题开展系统研究，形成了“防、控、调”为核心的海上底水特稠油油藏蒸汽吞吐开发策略，解决了L2油田底水稠油热采底水突破治理的问题。对海上底水稠油油藏热采开发具有重要意义。

1　L2稠油油田地质油藏特征及开发难点

L2油田东块2S井区地面原油黏度为4230mPa·s(50℃)，地层温度为63℃，地层原油黏度1274mPa·s，地面原油密度为0.978g/cm^3，水体倍数为31~78，是典型的底水稠油油藏。该油田储层发育，物性较好，渗透率为2429mD，孔隙度为30.3%，具有高孔、高渗储层特征，具体参数见表1。

表1　L2油田2S井区主要地质油藏特征参数

参　　数	数　　值
层位	馆陶组V油组
沉积特征	辫状河沉积
孔隙度/%	30.3
渗透率/mD	2429
原始地层温度/℃	63
原始地层压力/MPa	18.5
地面原油密度/(g/cm^3)	0.978
50℃地面原油黏度/mPa·s	4230
地层原油黏度/mPa·s	1274
水体倍数	50

该油田 ODP 设计 2 口水平井天然能量开发(图 1)，投产 3~5 个月后含水开始快速上升。在实施过程中，根据钻后流体取样分析，发现地面脱气原油黏度是 ODP 阶段认识 705mPa·s 的 6 倍(图 3)，因原油较稠，同时隔夹层发育不稳定，底水快速锥进，A2、A3 井投产 5 个月后开始见水，现场降频生产也未见效果，1 月后，含水突破 90%，产能大幅度降低(图 2)。L2 油田稠油油藏提高产能的途径有两个：一是通过注入热介质(热水、高温蒸汽)加热地层，大范围地降低原油黏度，并通过化学药剂辅助增效，增大动用范围；二是采取堵水措施，减缓底水上升速度。因此，需要转换开发方式，通过注入热水-气-剂复合吞吐，实现有效动用和高效开发。

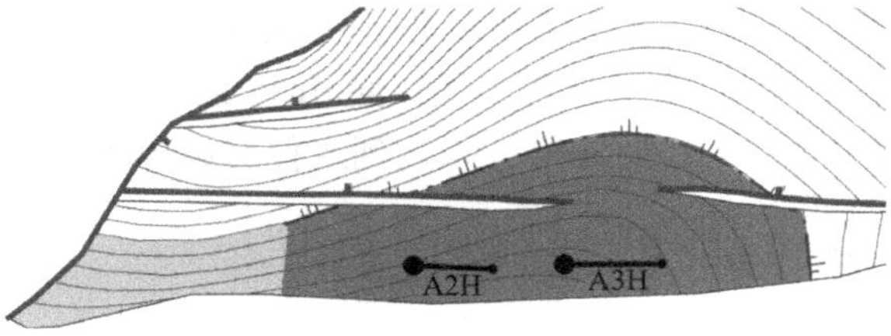

图 1　L2 油田含油面积图

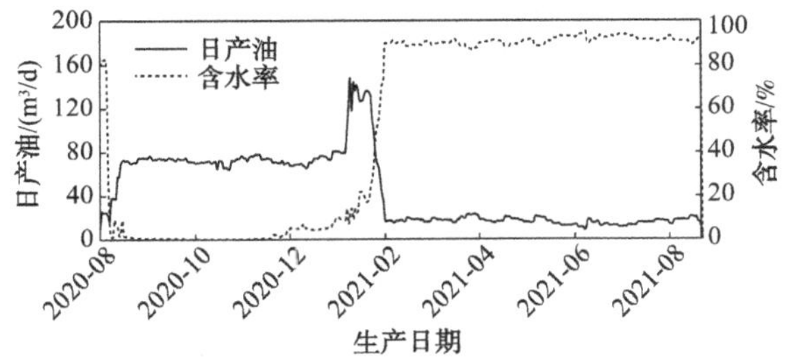

图 2　L2 油田 A3H 井生产曲线

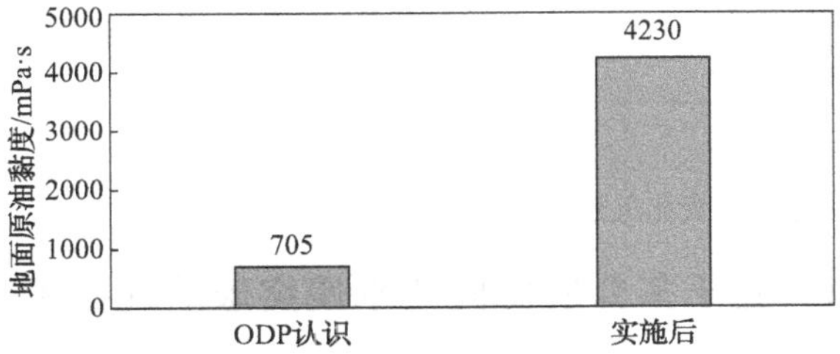

图 3　ODP 实施前后地面原油黏度变化

考虑 A3 井所在储层原油黏度较稠，结合实际生产现状，治水结合降黏依然是油田增产的主要方向，同时考虑到油田采用冷采管柱的问题，通过与采油工艺专业结合，分析目前井筒管柱耐温情况，在不动管柱的前提下，井口最大允许注入温度为 120℃，因此将注入介质由高温蒸汽换成高温热水，选择采用注入热水加化学药剂吞吐的方式，来治理底水问题改善开发效果。但是热水复合吞吐技术业内目前也尚处在试验阶段，且机理复杂，表征难度大，因此亟需开展针对性研究。

2　底水稠油油藏蒸汽吞吐水侵突破关键因素研究

在底水油藏开采过程中，随着储层中原油不断被采出，近井地带会产生压降漏斗。此时油藏开采之前呈水平状的油水界面会在压力差的作用下发生变化。当生产井以一定产量产油时，水锥的位置会保持稳定；但是随着油井日产液量的增加，压力梯度也会增大，水锥便会逐渐上升直到底水侵入油井造成水淹。因此底水锥进会缩短油井的无水产油期，让油井很快见水，同时还会降低油藏的采收率。针对底水油藏遇到的底水锥进问题，需要研究分析导致底水快速锥进的主要影响因素。

利用油藏工程及数值模拟手段，将水侵阶段划分为油层未受水体影响阶段、累计水侵量急剧上升阶段、累计水侵量增速减缓阶段三个阶段。油层未受水体影响阶段结束时间点为底水突破的临界时间点。通过数值模拟对水体倍数、水平井与顶部距离与油层厚度比、油层厚度、孔隙度、Kv/Kh 等参数进行研究，发现水侵突破关键影响因素主要为水平井与顶部距离与油层厚度之比、油层厚度、Kv/Kh，水平井与油层顶部距离与油层厚度之比越大，水侵突破压差、温差越低(图 4、图 5)。油层厚度越大，水侵突破压差、温差越大，随着油层厚度增大，趋势逐步变缓(图 6)。

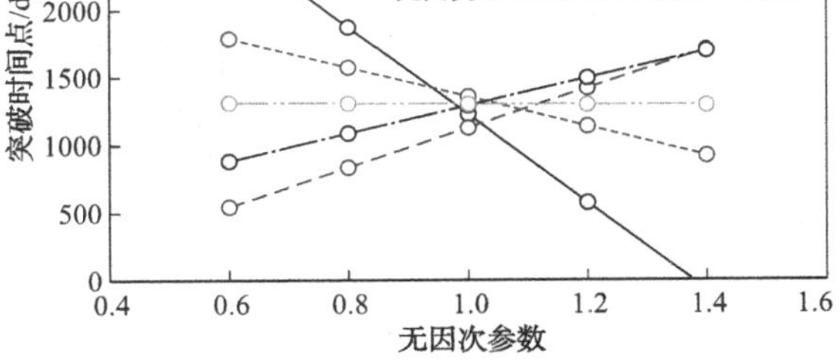

图 4　底水油藏水侵突破关键影响因素

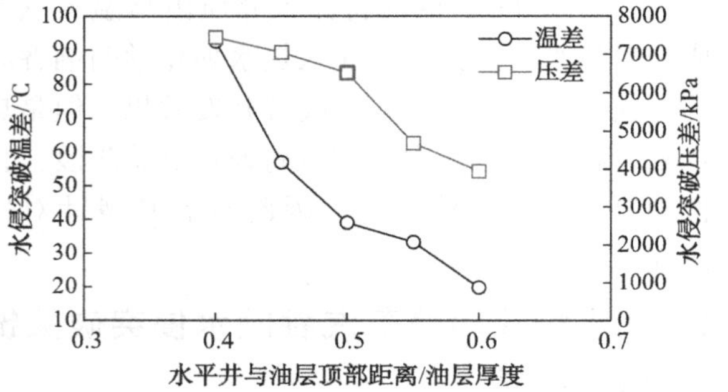

图 5　不同布井位置水侵突破启动压差和温差图版

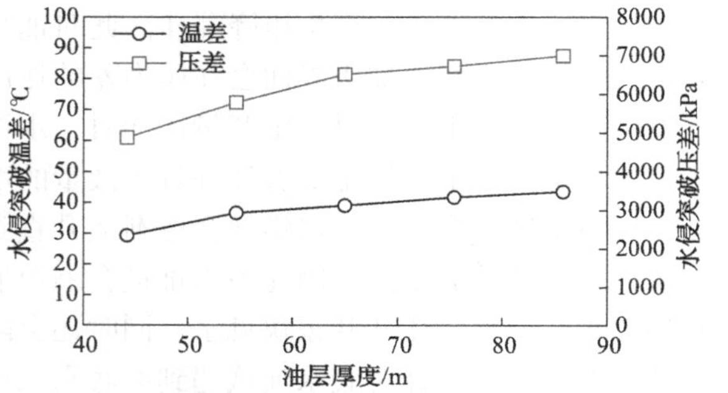

图 6　不同水侵突破启动压差和温差与油层厚度关系图版

3　底水稠油油藏蒸汽吞吐水侵突破预防策略

由于油水本身性质及吞吐降压开发特征，水侵成为影响底水稠油油藏吞吐开发效果的关键因素。提前预判水侵对底水稠油油藏开发意义重大。基于水侵突破关键影响因素研究，建立底水突破压差-温差界限关系，为避免底水油藏水侵突破，提出需控制压差和温差生产的策略。

随蒸汽吞吐进行，储层加热范围扩大，加热厚度增大，达到极限加热厚度时底水突破(图 7)。基于温-压耦合作用，结合底水突破压差界限公式，创新形成底水突破压差-温度界限图版(图 8)。

根据目标油田 L2 底水区域布井位置，明确其压差和温差界限。在吞吐周期内，初期温差大，需适当控制压差生产；后期随着温差逐步降低，可以适当提高生产压差，从而延缓底水突破，保障开发效果。L2 油田目前生产压差 4.0MPa，温差 80℃，未达到水侵突破界限。

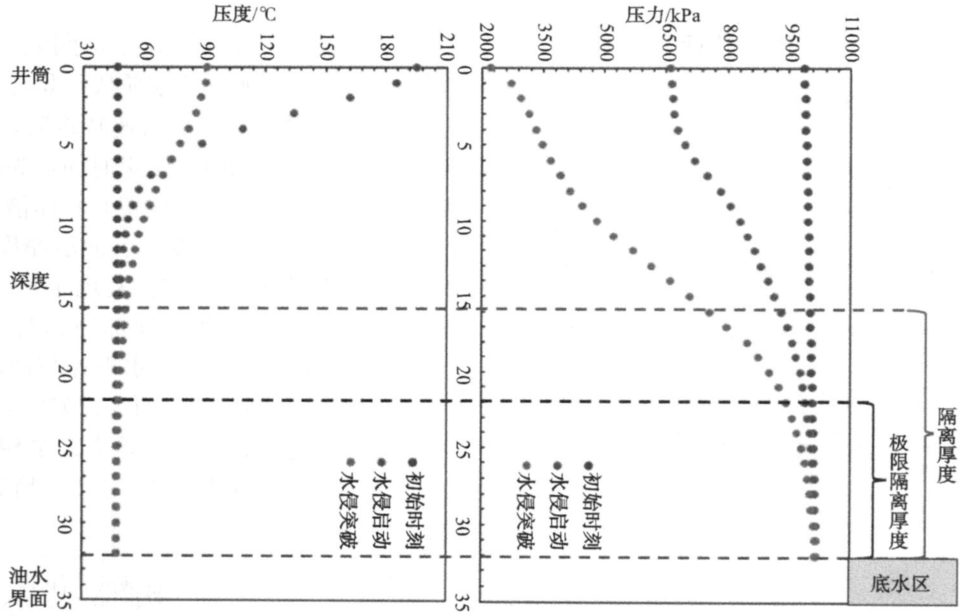

图 7　不同时间加热范围与温压变化关系

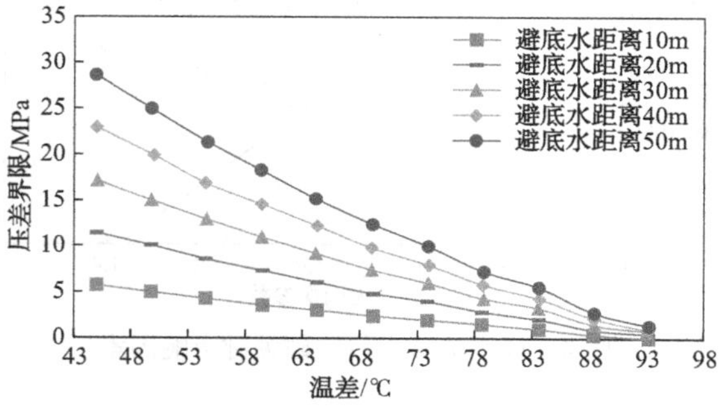

图 8　底水突破压差-温度界限图版

4　基于多介质协同的水侵突破治理技术

研究表明，热复合增效技术能够充分发挥热介质和化学药剂的协同作用，改善热采开发效果。多介质协同的吞吐增效方法，主要是采用在地层中注入热介质的同时注入化学剂，从而达到降低注入蒸汽与顶底盖层之间热损失，降低原油黏度的效果。热能降低原油黏度改善流动性能。化学药剂的加入能够改变原油及储层物性。表 3

为原油黏度随降黏剂的变化情况。

分析表3可以看出由于原油对温度敏感性较高，随着温度升高，原油黏度大幅度降低，100℃时，L2油田稠油黏度为155.1mPa·s。加入降黏剂后，原油黏度能够进一步降低，随着降黏剂浓度增大，原油黏度降低，100℃时，原油黏度已经小于50mPa·s，处于稀油水平。主要是因为，降黏剂能够溶解原油中的重质组分，起到稀释剂的作用，在热降黏作用的基础上，降黏剂能够起到辅助降黏的作用。

表3　降黏剂对原油黏度的影响

温度/℃	40	50	60	70	80	90	100	110	120	130
原始黏度/mPa·s	12520.0	4798.0	2000.0	926.2	472.3	261.8	155.1	97.4	64.4	51.7
加0.5%降黏剂原油黏度/mPa·s	8597.7	4424.9	1751.7	807.9	413.9	231.6	138.6	87.6	58.5	48.2
加5%降黏剂原油黏度/mPa·s	973.9	635.8	307.0	172.3	105.3	68.5	46.4	32.8	23.7	21.6

化学剂的加入能够对高渗通道进行封堵，扩大波及。由图9、表4可知，随着起泡剂浓度增大，起泡体积和稳泡性也逐渐增大，泡沫的阻力因子也随之增加，起泡剂浓度为1.0%时，随着浓度继续增加，阻力因子增加幅度逐渐变平缓。在泡沫注入过程中，泡沫逐步由油层顶端向下部运移，泡沫数量逐渐增加，并稳定存在于孔隙内，其大小可完全适应孔隙体积的大小，因此具有较好封堵性。泡沫注入地层后，受到孔隙喉道的剪切作用而再生运移，最终捕集在孔隙内，从而对水相和气相的流动起到抑制作用，改变了注入流体或上升底水的流动方向，扩大了波及系数。注入的泡沫首先进入热水驱替较为彻底的区域，由于该区域内含油饱和度较低，使得大量泡沫生成并稳定存在，从而有效封堵该通道内热水的流动。因此，注入热水转向而进入波及相对较差的区域，从而扩大了波及效率。

表4　不同浓度起泡剂性能对比表

高温起泡剂浓度/%	0.1	0.5	1.0	1.5	2.0
起泡体积/mL	345.0	435.0	490.0	510.0	520.0
析液半衰期/s	377.0	445.0	480.0	510.0	510.0
阻力因子(无因次)	60.8	114.3	166.8	178.5	191.3

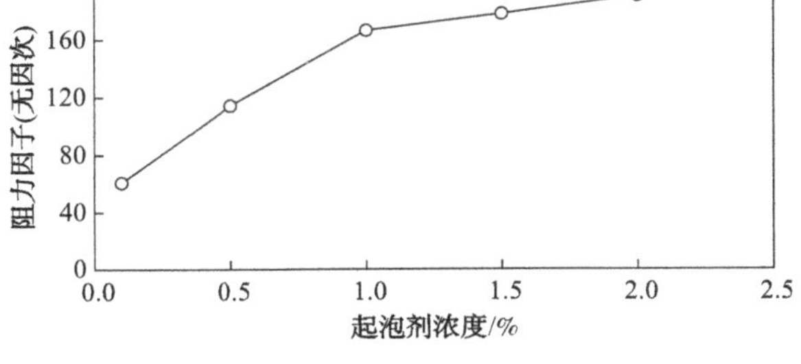

图9　不同浓度起泡剂阻力因子

5　实例应用

通过室内物模实验，明确各组分的机理及协同增油机理，“降黏剂降低黏度、泡沫调堵扩大波及”。采用相渗曲线插值方法，建立了多介质复合热采增效机理表征方法，实现了热、高温驱油剂的协同作用的数值模拟精细表征。热复合增效技术是技术发展的趋势，是稠油热采产量的重要增长点。基于我们的表征技术，我们对比研究了不同组分对热采开发效果的影响，并成功在L2油田2S井区开展先导实验。截止目前该油田2S井区2口井已成功实施两轮次热复合吞吐，取得明显降水增油效果，措施后单井日增油40～70方，含水由74%～92%降至1%～10%(图10)。2S井区的成功试验给油田开发带来了希望，同时也坚定了底水稠油油藏热采开发的信心。L2油田计划增加18口蒸汽吞吐水平热采井，预计可增加可采储量$327\times10^4m^3$。

6　结论及建议

(1)通过油藏工程和数值模拟手段，分析了底水特稠油油藏水侵突破的影响因素，明确主控因素为水平井与顶部距离与油层厚度之比、油层厚度、Kv/Kh等。

(2)基于水侵突破关键影响因素研究，建立底水突破压差-温差界限关系，为避免底水油藏水侵突破，提出需控制压差和温差生产的策略。根据目标油田L2底水区域布井位置，明确其压差和温差界限。在吞吐周期内，初期温差大，需适当控制压差生产；后期随着温差逐步降低，可以适当提高生产压差，从而延缓底水突破，保障开发效果。L2油田目前生产压差4.0MPa，温差80℃，未达到水侵突破界限。

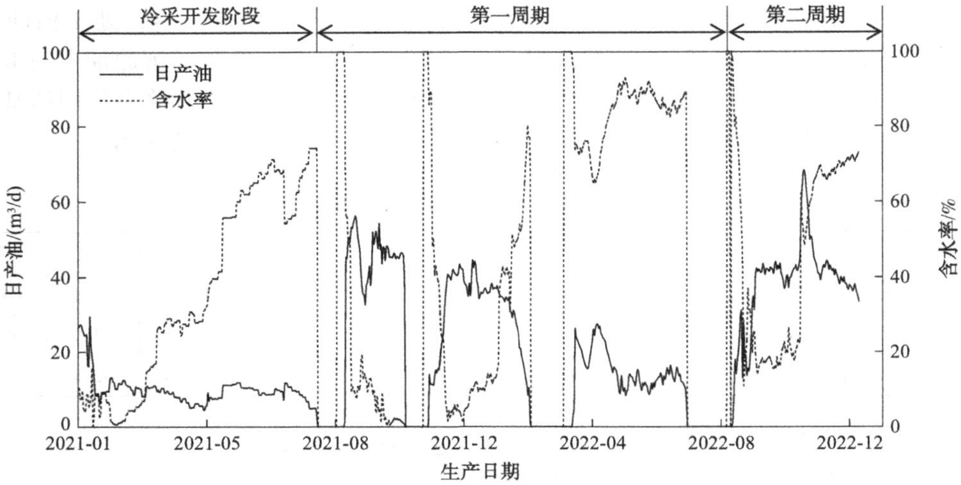

图 10　A2 井生产曲线

(3) 通过室内物模实验，明确各组分的机理及协同增油机理，“降黏剂降低黏度、泡沫调堵扩大波及”。形成了基于多介质协同的水侵突破治理技术。

(4) 水侵突破治理技术成功在 L2 油田 2S 井区开展先导实验。截止目前该油田 2S 井区 2 口井已成功实施两轮次热复合吞吐，取得明显降水增油效果，措施后单井日增油 40~70 方，含水由 74%~92%降至 1%~10%。

(5) 复合增效技术开辟了海上底水稠油热采开发新模式，打开了稠油高效开发的新方向。

参 考 文 献

[1] 孙鹏霄，刘英宪．渤海稠油油藏开发现状及热采开发难点与对策[J]．中国海上油气，2023，35(2)：85-92.

[2] 李锋，邹信波，王中华，等．海上稠油地热水驱提高采收率矿场实践——以珠江口盆地 EP 油田 HJ 油藏为例[J]. 中国海上油气，2021，33(1)，104-112.

[3] 刘东，廖辉，冯海潮，等．渤海稠油油藏水驱后转热水驱物模实验及应用[J]．中国海上油气，2023，35(2)：101-110.

[4] 刘超，廖新武，李廷礼，等．海上特低幅构造稠油底水油藏水平井开发策略[J]．特种油气藏，2013，v. 20；No. 99(04)：81-84+155.

[5] 廖辉，王刚，邓猛，等．海上普通稠油热-化学驱研究探索[J]．当代化工，2021，50(01)：200-203.

[6] 孙福街．中国海上油田高效开发与提高采收率技术现状及展望[J]．中国海上油气，2023，35(05)：91-99.

[7] 潘广明，张彩旗，刘东，等．海上稠油油藏弱凝胶调驱提高采收率技术[J]．特种油气藏，2018，25(3)：140-143.

[8] 孙焕泉，刘慧卿，王海涛，等．中国稠油热采开发技术与发展方向[J]．石油学报，2022，43(11)：1664-1674.

[9] 郑伟．渤海稠油热水驱驱油效率规律研究[J]．石化技术，2019，26(12)，68+81.

基于强水淹层细化分级的海上油田射孔界限研究

张　烈　王公昌　邓景夫　房　娜　高　岳

[中海石油(中国)有限公司天津分公司]

摘　要　S油田经长期水驱开发，强水淹层段显著增加，传统水淹层划分方法及相应的射孔原则已无法满足当前阶段开发需求。为此，本文以室内物模试验和测井解释结果为基础，利用渗流阻力系数和低效注入水定量评价方法，分析了因驱油效率差异引起的动态干扰界限，提出了适用于S油田高含水期水淹级别划分类型。在此基础上，制定了以驱油效率干扰界限为核心的射孔原则。研究结果表明：驱油效率大于30%时，含水差异引起的层间干扰较小，驱油效率为40%~45%时，低效、无效水循环加剧。高含水期油田水淹级别为Ⅰ至Ⅴ时，除工程因素外无需避射，水淹级别为Ⅵ时，则需采取避射措施。该方法指导了S油田调整井射孔方案的制定，多口井实施后含水率平均下降10%，取得了较好的效果。

关键词　驱油效率；强水淹层；渗流阻力系数；水淹级别；射孔界限

随着常规砂岩油田的长期注水开发，主力层呈现除普遍水淹的特征，具体可分为底部、中部、顶部水淹以及多段水淹等多种水淹模式。如何精准表征储层中的水淹层，是制定高含水阶段射孔原则的基础。水淹层解释方法一般以阿奇公式为基础，结合储层物性以及动态资料，反演计算表征水淹层参数，达到定量表征水淹级别的目的。由于储层非均质性，各主力层驱替程度不一，高含水期驱油效率多分布在10%~45%之间，研究认为储层驱油效率具有较大的提升空间。S油田位于渤海辽东湾海域，为大型披覆背斜整装稠油油田，其沉积类型为三角洲前缘沉积，平均渗透率为2800mD，平均孔隙度为32%，黏度分布范围在24mPa·s~425mPa·s。在一次综合调整时期，以测井解释资料为基础，划分了水淹级别类型，基于此制定了强水淹层适当避射的射孔原则以降低层间干扰、扩大波及。近年来，国内外学者主要开展了变密度射孔、边底水油藏避射等技术研究，为控制含水率上升、提高开发效果提供了理论基础，但针较少对常规水驱油藏强水淹层的细化级别以及相应的打开程度开展研究；同时，长期注水开发后，储层渗流阻力发生改变，而针对此情形的射孔原则研究也较为少见。因此，针对S油田长期水驱开发、强水淹层段显著增加的问题，传统水淹层划分级别与基于传统水淹级别的射孔原则已不能适用于当前开发阶段新调整井的打开程度需求。如何细化水淹级别划分进而有效避射，直接决定了油井投产初期的产能和含水上升快慢，影响油藏采收率和经济效益。

为此，笔者以室内试验和测井解释资料为基础，在分析传统水淹级别划分的基础上，利用渗流阻力系数、低效注入水定量评价射孔驱油效率界限，建立不同黏度下高含水阶段水淹级别细化划分标准，指导强水淹级别下的储层射孔方案制定。

1　传统水淹级别划分

一次综合调整时期，S油田采用电阻率反演法解释水淹层，计算驱油效率的具体计算公式为：

$$\eta=\frac{S_{oi}-\bar{S}_o}{S_{oi}} \tag{1}$$

式中，η为驱油效率,%；$\bar{S}_o$为目前平均含油饱和度,%；S_{oi}为原始含油饱和度,%。

依照测井解释规范，S油田不同区块原油黏度差异较大，高部位和低部位对应的平均黏度分别为60mPa·s和150mPa·s，结合实际生产情况，分别制定了2种地层原油黏度下水淹级别划分标准(表1)。结合该分类划分标准，采用在中低含水阶段，对未水淹和中低水淹层射孔，避射强水淹层的射孔原则。

表1　S油田一次综合调整时期传统水淹级别划分

水淹级别	黏度60mPa·s下的驱油效率/%	黏度150mPa·s下的驱油效率/%	含水率/%	是否避射
未水淹	<10	<3	<10	是
低水淹	10~14	3~9	10~60	是
中水淹	14~20	9~	60~80	是
水淹				否

2　强水淹层射孔界限研究

2.1　水驱油效率

为明确高含水阶段不同注入孔隙体积倍数下含水率和驱油效率的变化规律，本文整理了大量S油田实际岩心水驱油效率一维物理模拟试验数据。

上述试验表明，稠油提高驱油效率的阶段主要在高含水阶段，含水达到80%后，驱油效率呈现快速增加的趋势(图1)。随着注入孔隙体积倍数的增加，含水率增加幅度较小，敏感性变弱；随着注入倍数的增加驱油效率大幅提升，敏感性变强(图2)。

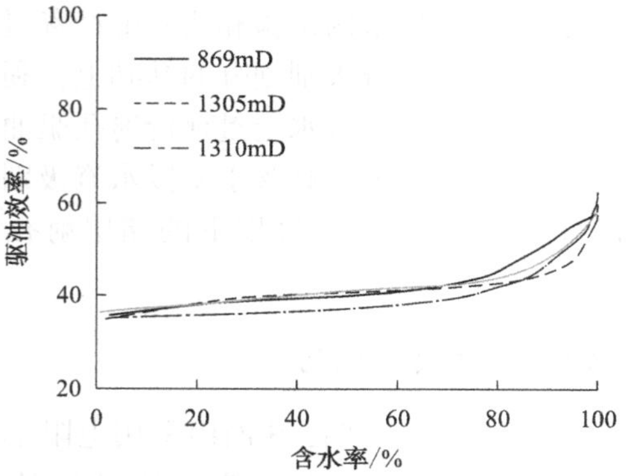

图1　含水率与驱油效率的关系

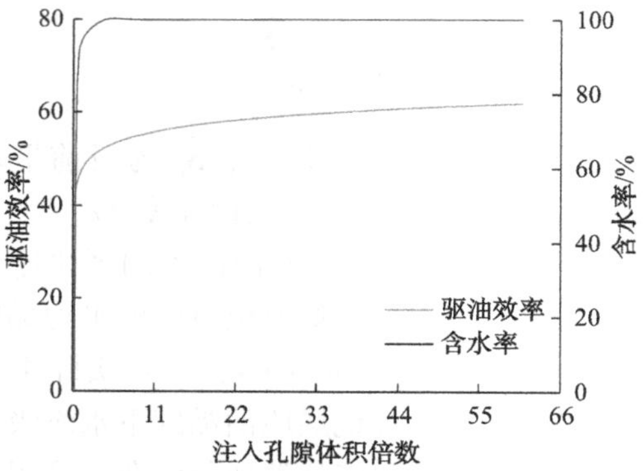

图2　含水率、驱油效率与注入孔隙体积倍数关系图

由水驱油试验结果可知，含水达到80%以上时，驱油效率仍有较大提升空间，但基于现有驱油效率划分标准，对含水>80%储层采取避射。目前S油田已进入开发阶段，储层普遍水淹且强水淹比例较高，应充分考虑强水淹层的驱油效率提升，最大限度挖掘油田潜力。

2.2　驱油效率差异干扰界限研究

长期水驱后，多层合采导致层间、层内驱替不均，驱油效率级差大。多层合采时，强水淹层中的高驱油效率水淹层段易形成优势渗流通道，导致低驱油效率层段动用差，因驱油效率差异造成的动态干扰。水驱油田高含水后期，影响渗流阻力变化的主要因素是相对渗透率和油水黏度。本文基于油水渗流理论求解油水两相渗流阻力，利用渗流阻力系数进一步量化驱油效率避射界限。根据达西公式推导油水两相渗流阻力系数表达式，一维两相渗流的达西公式可表示为：

$$Q_l=\frac{Akk_{ro}\Delta P}{\mu_o L}+\frac{Akk_{rw}\Delta P}{\mu_w L} \tag{2}$$

根据等值渗流阻力法原理，可得：

$$Q_l=\frac{\Delta P}{\frac{L}{Ak}/\left(\frac{\mu_o}{k_{ro}}+\frac{\mu_w}{k_{rw}}\right)}=\frac{Ak}{L}\frac{\Delta P}{1/\left(\frac{\mu_o}{k_{ro}}+\frac{\mu_w}{k_{rw}}\right)} \tag{3}$$

式中，Q_l为产液量，m^3/d；A为截面积，m^2；L为长度，m；k为有效渗透率，mD；ΔP为生产压差，MPa；α为渗流阻力系数；k_{ro}为油相相对渗透率；k_{rw}为水相相对渗透率；μ_o为原油黏度，mPa·s，μ_w为地层水黏度，mPa·s。

其中，渗流阻力系数α可表达为：

$$\alpha=1/\left(\frac{\mu_o}{k_{ro}}+\frac{\mu_w}{k_{rw}}\right) \tag{4}$$

根据式(1)和式(4)，绘制渗流阻力系数和驱油效率的关系曲线(图3)。驱油效率变化分为两个阶段，在阶段Ⅰ中，驱油效率随渗流阻力系数下降有明显增加，可通过降低阻力系数可有效提高驱油效率；在阶段Ⅱ中，驱油效率随渗流阻力系数下降变化趋缓，说明此时阻力系数不再是影响驱油效率的主控因素。

为进一步识别驱油效率增幅趋缓界限，绘制

阻力系数导数与驱油效率关系曲线(图4)。当驱油效率达到35%~40%后，阻力系数导数变化微小，驱油效率不再因含水上升而变化，驱油效率干扰界限出现。

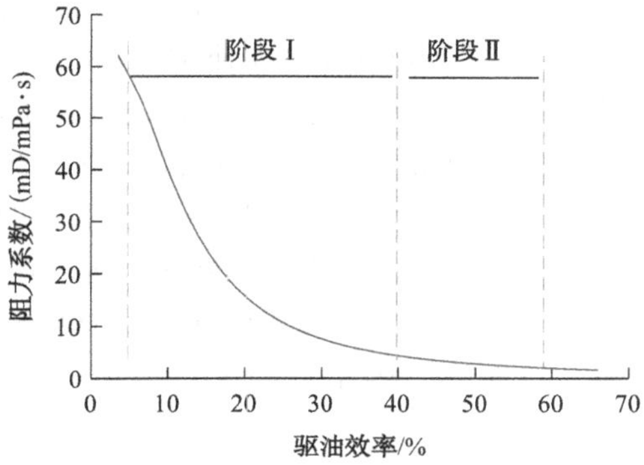

图3 驱泊效率与阻力系数关系图

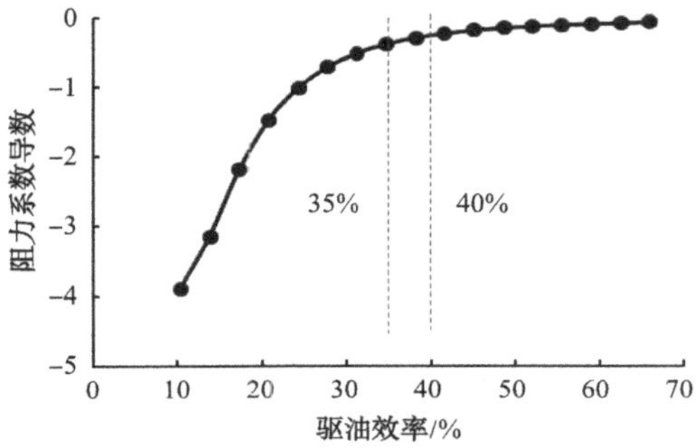

图4 驱油效率与阻力系数导数关系图

当流体黏度一定时，渗流阻力系数主要受渗透率影响，参考渗透率突进系数评价方法，建立阻力突进系数，定义干扰强度，进一步刻画渗流阻力系数：

$$T_i = \frac{\overline{\alpha}_i}{\alpha_{\min}} \tag{5}$$

式中，T_i 为阻力突进系数；$\overline{\alpha}_i$ 为储层平均阻力系数，mD/(mPa·s)；$\alpha_{\min}$ 为储层最小阻力系数，mD/(mPa·s)。

根据式(5)，绘制阻力突进系数与驱油效率关系曲线(见图5)。T_i 越大，强水淹段越易干扰其他储层段。一般地，当 $T_i>10$ 时，曲线快速变化，认为干扰严重；当 $3<T_i<10$ 时，曲线变化趋于平缓，认为干扰明显；当 $T_i<3$ 时，曲线变化不明显，认为干扰几乎消失(见图5)。

2.3 低效注入水定量化评价

低效注入水是指由注水井注入、采油井采出，在地层循环过程中，没有起到有效驱油作用的水。注水效率是指单位注入孔隙体积倍数下的驱油效率增加的百分比，该值小于5%为低效水循环。

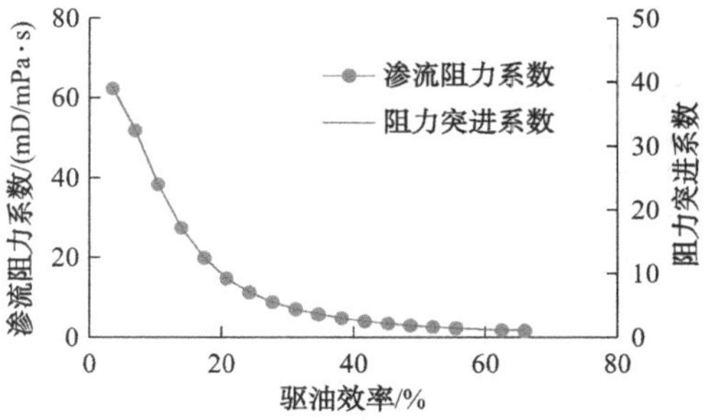

图5 不同驱油效率下阻力突进系数

结合S油田主力层渗透率和流体性质，选取S油田原油黏度为60mPa·s的驱油效率试验结果，绘制不同渗透率下岩心驱油效率增加值与注入孔隙体积倍数关系曲线。结果表明，随着驱油效率的不断提高，单位注入PV下的驱油效率增加值增幅明显降低，当驱油效率超过40%~45%后，注水效率降低至5%以下，无效水循环加剧(图6)。

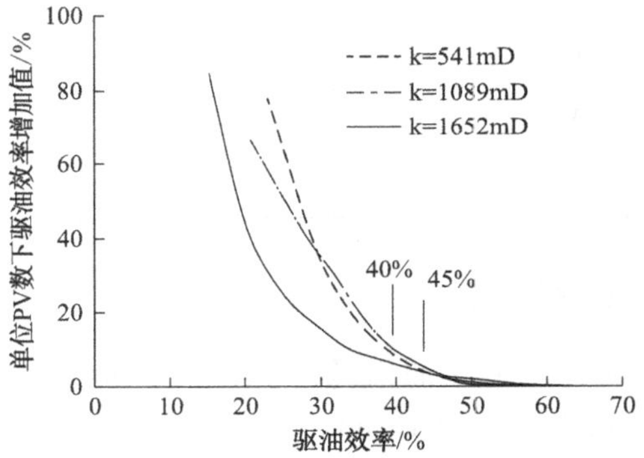

图6 不同驱油效率下单位注入PV下驱油效率增加值

综上所述，岩心水驱油效率达到40%后，驱油效率增加值明显减小，易动用剩余油驱替较为均匀，注入水对难动用剩余油驱替效果明显降低，易形成低效水循环。

2.4 强水淹层级别划分

S油田不同区块原油黏度差异较大，黏度不同也会导致干扰界限和低效水循环驱油效率界限存在差异。

结合稠油油藏高含水期开发规律，主要考虑消除低效水循环。驱油效率增加幅度在5%左右时，驱油效率增加值曲线出现明显拐点，驱油效率大于该拐点后，则出现低效水循环，故以该拐点作为驱油效率界限。结果表明，高部位注水低效的驱油效率界限值为45%，低部位低效注水的驱油效率界限值为35%(图7)。

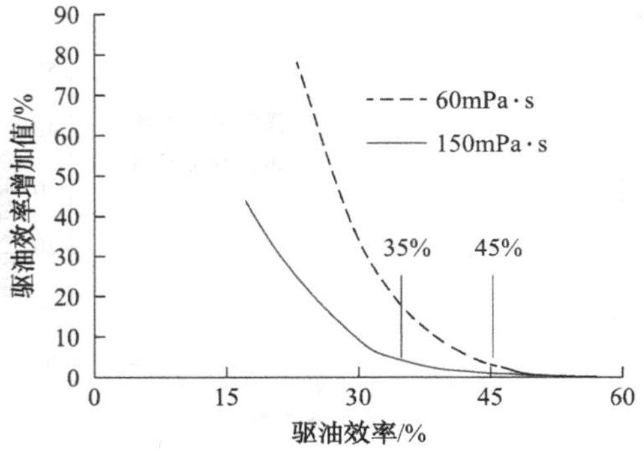

图7　单位注入PV下采出程度增加值

为提高水淹程度评价质量，基于以上驱油效率差异和低效水循环研究，含水率超过80%后，将强水淹级别细化为四个级别：Ⅲ、Ⅳ两个级别驱油效率每增加3%~6%为一个级别，Ⅴ级驱油效率分别为25%~35%、35%~45%，驱油效率分别大于35%和45%为Ⅵ级。结合传统水淹级别类型，高含水期油藏水淹级别共划分为六级，制定适用于S油田整体水淹状况下的水淹类型(表2)。

基于新水淹级别划分类型，S油田强水淹层打开策略为：油田构造高部位驱油效率在30%~45%之间射开，大于45%不射开；油田区块构造低部位区域驱油效率在20%~35%之间射孔，大于35%不射孔。工程实施时，两个防砂段之间需间隔一定距离，因工程需要可避射一定厚度油层。

表2　S油田水淹级别精细划分

水淹级别	含水率/%	黏度150mPa·s时驱油效率/%	黏度60mPa·s时驱油效率/%	是否避射
Ⅰ	<60	<14	<20	否
Ⅱ	60~80	14~18	20~25	否
Ⅲ	>80	18~21	25~30	否
Ⅳ		21~25	29~35	否
Ⅴ		25~35	35~45	否
Ⅵ		>35	>45	是

3　应用实例

A井位于S油田低部位，钻遇油层52.5m，地层原油黏度为160mPa·s，因原井出砂侧钻，侧钻前含水率94%，日产油8m^3。按照水淹级别分类，钻遇油层中强水淹层比例为47%，强水淹层中Ⅲ、Ⅳ、Ⅴ、Ⅵ级占比分别为10%、13%、15%、62%。该井射孔方案为：G1S2井驱油效率大于35%的层位采取避射措施，除工程原因牺牲油层外，其余层位全部射开(见图8)。

投产后，A井含水率85%，日产油55m^3，含水率84%，与侧钻前相比含水下降近10%，日产油增加近47m^3，控水增油效果显著(图9)。

截止目前，S油田近三年共实施11口定向井，均采用以上避射方法。与侧钻前相比，平均含水下降10%，投产初期日增油达到190m^3/d，累增油达到6.5×10^{4}m^3，取得了较好的开发效果，有效指导了S油田高含水期剩余油挖潜。

4 结论

(1)基于渗流阻力系数和低效注入水量化评价方法，综合判断得到黏度分别为60mPa·s和150mPa·s时，驱油效率大于45%和35%的层段易形成优势渗流通道，在多层合采时干扰低驱油效率层段。

(2)针对高含水后期开发阶段油田，将强水淹层段细分为四个级别，结合中低水淹级别划分类型，制定出适用于S油田的六个水淹级别(Ⅰ、Ⅱ、Ⅲ、Ⅳ、Ⅴ、Ⅵ)。原油黏度差异对驱油效率界限会产生影响，针对不同原油黏度，射孔方案具体策略为：60mPa·s原油黏度下，驱油效率大于45%时不射开；150mPa·s黏度下，驱油效率大于35%时采取不射开。

(3)稠油油藏在高含水阶段驱油效率具有较大提升空间，避射仅是提高低动用储层驱油效率的手段之一，综合利用调剖调驱、卡水、提高有效驱替压力梯度等手段，可进一步改善油田开发效果。

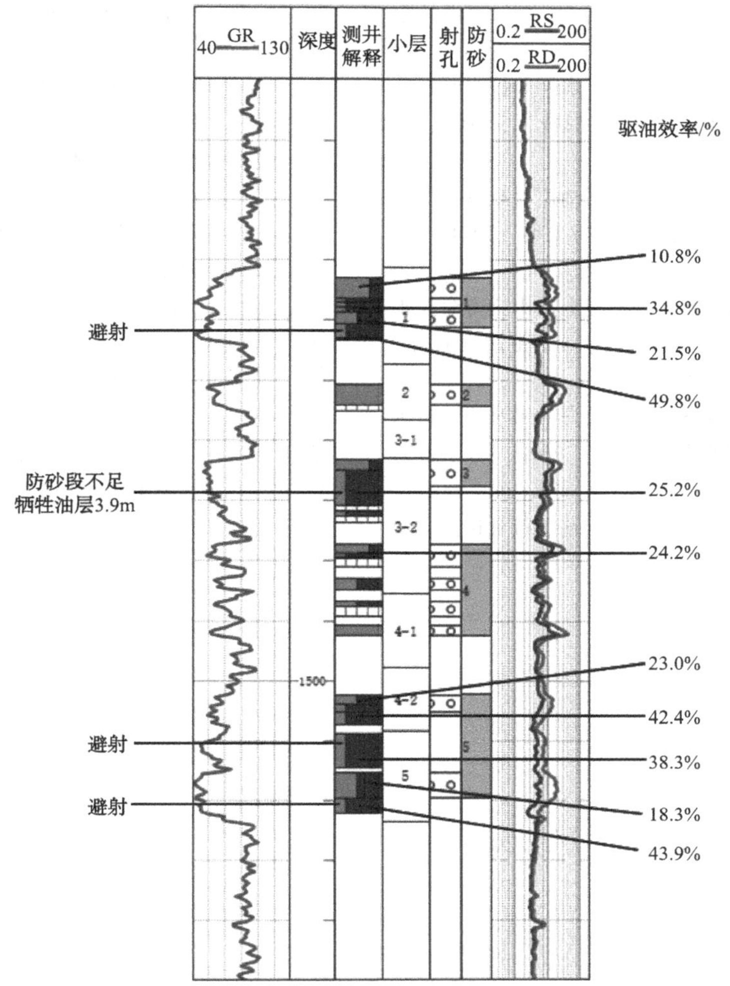

图 8　A 井射孔方案

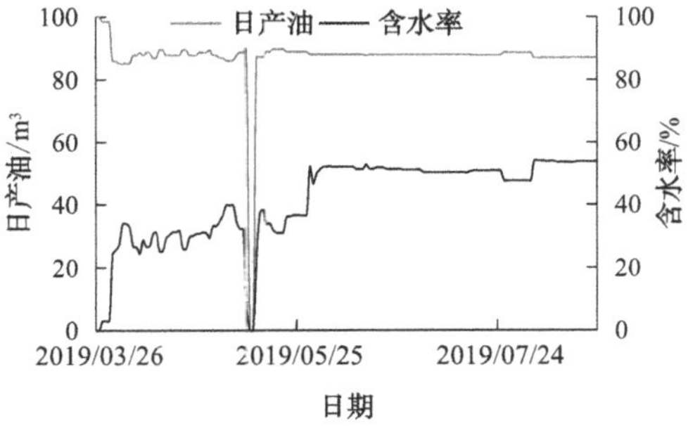

图 9　A 井生产曲线

参 考 文 献

[1] 胡治华，杨庆红，申春生，等．稠油油田高含水期剩余油分布规律及挖潜策略——以渤海 SZ 油田为例[J]．断块油气田，2013，20(06)：748-751.

[2] 陈泓州，刘巧．克拉玛依油田 XX 区稠油水淹层水淹标准定性判别研究[J]．国外测井技术，2011(01)：45-47.

[3] 张俊峰，宋自恒，王军，等．马厂油田油层水淹级别划分方法与标准[J]．石油天然气学报(江．

[4] 丁圣，周志峰．基于改进型阿奇公式法定量评价水淹层[J]．断块油气田，2016，23(5)：599-602.

[5] 彭寿昌，许长福，张强，等．低渗透砾岩油藏含油饱和度解释及水淹层评价[J]．特种油气藏，2015，22(06)：108-110.

[6] 纪淑红，田昌炳，石成方，等．高含水阶段重新认识水驱油效率[J]．石油勘探与开发，2012，39(03)：338-345.

[7] 王朝明，孔令军，袁凯旋，等．特高含水后期油藏水驱效果评价方法[J]．石油钻探技术，2020，48(03)：108-113.

[8] 鲁瑞彬，胡琳，刘双琪，等．水驱油高倍驱替实验驱油效率计算新方法[J]．断块油气田，2019，26(05)：601-604.

[9] 任晓宁，王国栋，刘英宪．S 油田首次调整油层打开程度优化研究与实践[J]．石油地质与工程，2012，26(05)．

[10] 周浪，李海涛．底水油藏中水平井分段射孔和打开程度的优化设计[J]．重庆科技学院学报(自然科学版)，2009，11(001)：32-34.
[11] 周泓宇，万小进，吴绍伟，等．水平井控水砾石充填防砂技术研究[J]．石油钻探技术，2021，49(1)：101-106.
[12] 何芬，李涛，苏彦春，等．海上油田射孔方案优化研究及应用效果[J]．科学技术与工程，2014，014(027)：198-201.
[13] 呙义，高晓飞，易会安，等．海上油田全寿命控水完井技术研究及现场试验[J]．石油钻探技术，2021，49(06)：93-98.
[14] 张晓诚，李进，韩耀图，等．渤海油田水淹层控水射孔技术[J]．断块油气田，2020，27(06)：812-816.
[15] 郭海峰，李洪奇，孟照旭，等．基于特征选择、遗传算法和支持向量机的水淹层识别方法[J]．石油天然气学报，2008，30(06)：94-99+385-386.
[16] 顾保祥．利用原始电阻率反演定量评价水淹层[J]．中国海上油气，2009，21(2)：105-108.
[17] 谭伟，张恒荣，王利娟，等．注水开发油田水淹层混合液电阻率求取新方法[J]．石油钻探技术，2017，45(01)：120-126.
[18] 中国海洋石油总公司．海上砂岩油田水淹层测井解释规范 Q/HS 2086—2015[S]．北京：石油工业出版社，2015.
[19] 刘利清，刘培亮，蒋林．塔河油田碳酸盐岩缝洞型油藏量化注水开发技术[J]．石油钻探技术，2020，48(2)：104-107.
[20] 刘治坤，刘超．注水井储层注水效率评价方法研究[J]．中国石油和化工标准与质量，2013，33(21)：166.

CO_2 驱最小混相压力及其影响因素研究

胡　昌　许　寻　周勇水　齐桂雪　侯春红

（中国石化中原油田分公司勘探开发研究院）

摘　要　CO_2 混相驱是低渗油藏提高采收率的三次采油技术，而 CO_2 混相驱最小混相压力是研究的关键。文章从室内实验、数模法、经验公式三个方面进行研究，分别论证了各种方法的优缺点，提出了基于混相压力标准测试方法，修正了现有快速测试手段，新建了适合中原油田 CO_2 驱最小混相压力经验公式，形成一套准确高效 MMP 确定方法。并分别研究了温度、注入气纯度、原油组份 3 种静态因素和注气量、压降 2 种动态影响因素对 MMP 的影响，结果表明累积注入 CO_2 量越多，抽提原油中轻质组份作用越强，注入井近井区域重质组分占比大，最小混相压力越大，二氧化碳驱替后的剩余油采出困难。油藏开发后压力降低过程中甲烷分离产出，最小混相压力逐渐降低；但是油藏压力降到饱和压力的 90% 以下，气体形成主流通道窜逸，采出程度下降明显。

关键词　CO_2 驱；最小混相压力；室内实验；数值模拟；MMP 影响因素

中原油田东濮老区高渗油藏基本水驱废弃；中渗油藏整体进入高采出、特高含水阶段；低渗油藏处于中采出、高含水阶段。进一步水驱提高采收率难度大。

注入 CO_2 可以维持油藏压力、降低原油黏度、改善气-油界面张力、增大储层孔隙度、改善渗流能力，达到混相和近混相驱的目的。

据统计 CO_2 驱已经成为三次采油中产油量最多的提高采收率方法，占到总采油量的 42.4%，国外油藏多以混相驱为主，占到 CO_2 项目的 97%，国外 CO_2 驱提高采收率幅度 7%～20%。国内，大庆、中原、胜利等油田先后开展了 CO_2 驱油试验。2008 年以来中原油田在高渗水驱废弃油藏、高压低渗、常压低渗、稠油油藏等多种类型油气藏开展了 CO_2 驱先导试验。二氧化碳与原油达到混相后，理论驱油效率可达 100%，明显大于非混相驱。最小混相压力是区块筛选的关键参数，也是实现混相驱的必要条件，如何准确、快速确定最小混相压力是进行气驱筛选与评价的重要方面。

目前已经有很多实验和数学模型的方法来确定 MMP，其中细管实验法自 1980 年由 Yelling and Metcalfe 首次提出后一直沿用至今，被认为是研究 MMP 最精确的方法；但细管实验法也存在一些问题，如实验所需时间长，需要花费大量的人力物力，此后在 1987 年由 Christiansen and Haines 通过可视化升泡仪装置观察原油中气泡的上升变化，快速确定 MMP，升泡仪法的优点是可以直接观察整个混相过程及状态，确定是受人为因素严重。1988 年，Harmon and Grigg 直接测定注入的富气相密度与压力的关系，借助气体与原油的溶解特性来确定气体与原油混相的 MMP，确定是可重复性不强，人为因素影响严重。1997 年，Rao et al. 界面张力消失法来确定 MMP，其优点是时间短，缺点是对仪器要求高，受人为因素影响严重，应用有限。除了上述的实验室确定最小混相压力，也有很多理论计算法确实 MMP，1974 年，Holm 和 Josendall 通过测定原油密度的变化来判断 MMP 大小，但是适用条件 32.2～82.2℃和 9.65～22MPa。随后也出现了经验公式法、数值模拟法。

以上最小混相压力测定法各有优劣，本文以中原油田为研究对象，对比不同 MMP 确定方法的优缺点，给出一种简单快速确定最小混相压力的方法，并研究 MMP 的静态与动态影响因素。

1　CO_2-原油最小混相压力实验室的确定

1.1　细管实验法

细管驱替实验法是目前公认的用来测试 MMP 的方法，该方法重复性好，测定结果准备可靠。中原油田实验室使用细管混相驱替仪（扬州华宝、HBCD－70），执行《SY/T 6573—2016 最低混相压力实验测定方法-细管法》标准。表 1

所示为中原油田挥发油、黑油与稠油用细管法测混相压力结果。

表 1　不同类型油藏混相压力结果表

油藏类型	实验区块	地层温度/℃	地层压力/MPa	饱和压力/MPa	混相压力/MPa	压差/MPa
挥发油	胡 96	148	51.16	37.94	38.03	0.09
	濮深 18	152	47.718	21.332	26.05	4.718
黑油	濮城沙一	82.5	23.58	9.83	18.42	8.59
	濮 1-235	88	28.73	18.48	25.05	6.58
	濮 67	102	34	25.34	27.86	2.52
	马 11-137	109	28.24	18.53	23.39	4.86
	卫 334	115	34.69	17.61	28.42	10.81
	马 12-28	96.7	25.88	12.15	34.63	22.48
稠油	文 184-60	106	28.43	1.62	65	63.38

1.2　界面张力法

界面张力测试法通过可视化装置观察 CO_2 与原油之间界面张力的变化来确定最小混相压力，具体原理是注入气相中的油滴与 CO_2 接触，随着体系压力的升高，油气组份相间传质作用增强，界面张力降低，油滴收缩形状改变，平衡后测量油滴的几何尺寸，计算界面张力，关系曲线外延至“零”即为界面张力，如图 1 所示何 301 井最小混相压力为 31.59MPa。

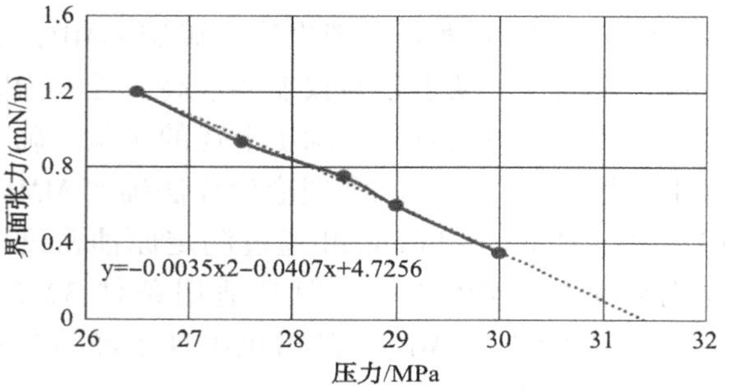

图 1　何 301 井界面张力与压力关系曲线

1.3　数模法

使用 tNavigator 软件里面 MMP 模块确定最小混相压力，其流程是利用高压物性资料与组份对原油的最小混相压力的影响确定组份合并原则，通过调整修改软件相关参数对饱和压力，气油比，相对体积等进行，合格后输出最小混相压力。如表 2 所示，利用 tNavigator 软件开展了云 12、文 179-33、文 153-2、何 301 井数模，并与细管驱替实测法对比，误差在 0%~5.76%之间。

1.4　经验公式法

利用已知的国内外 4 中预测方法对何 301 井混相压力进行预测和计算(表 3)，并与标准方法结果进行对比，发现现有经验公式适用性差，需建立在特定油田的基础上，误差 7.62%~26.24%。

表 2　数值模拟与实测最小混相压力值对比表

井号	细管实验值/MPa	数模值/MPa	差值/MPa	误差/%
云 12	25.68	24.2	1.48	5.76
文 179-33	32.18	32.16	0.02	0.06
文 153-2	28.57	28.9	-0.33	1.16
何 301	29.93	30.6	-0.67	2.24

PRI2 方法：

$$P_{mm}=4.8913+0.1455T_1-0.0015794T_2 \quad (1)$$

J-P 方法：

$$P_{mm}=p+18.9(T_1-T_2)+I(0.285M-44.01)^2\times 0.006894 \quad (2)$$

Y-M(1988)：

$$P_{mm}=1.5832+0.19035(1.38T_1+32)-0.00031986(1.38T_1+32)^2 \quad (3)$$

中原油田公式：

$$P_{mm}=A-B_{of}B(\rho_{of}-C)+D(T_1-T_2) \quad (4)$$

式中，p 为注入气临界压力，MPa；T_1 为油层温度，K；T_2 为注入气临界温度，K；M 为原油分子量；B_{of} 为原油体积系数；ρ_{of} 为地层原油密度，g/cm^3；A，B，C，D，I 为常数。

表 3　何 301 井 4 种经验公式计算 MMP 与实测值对比表

序号	方法	MMP/MPa	误差/%
1	Y-M(1998)	22.08	-26.24
2	PRI2	31.14	-7.62
3	J-P	35.2	17.61

续表

序号	方法	MMP/MPa	误差/%
4	中原油田	26.8	22.95
5	细管法实测	29.93	

1.5 现有方法优缺点

结合文献调研与室内实验，如表4所示，分析8种最小混相压力确定方法优缺点。可用细管法修正其他实验方法值，修正后可快速确定MMP值。升泡仪或数模法为油藏工程研究和方案设计提供参数，细管法为现场实施提供准确数据。经验公式法精度较差，需针对特定油田，需通过理论分析和相关分析确定。

表4 最小混相压力确定方法及优缺点统计表

分类	实验方法	优点	缺点	修正值
实验测定法（3种）	细管实验法	国内外公认的确定方法，准确可靠，重复性高	耗时且成本高	—
	升泡仪法	时间短，理论准确	受人为因素影响严重	3.1%
	界面张力法	时间短，对仪器要求高	受人为因素影响严重，应用有限	5%~13%
理论计算法（2种）	数值模拟法	能够快速预测	受PVT实验结果和设定参数的影响	0.06%~5.76%
	经验公式法	简单直接，针对性较强	针对特定特定油田，精度差	-7.63%~26.24%

2 新MMP经验公式

调研国内外19种公开的经验公式，并统计了11组中原油田不同区块最小混相压力的实验数据，提出了一种新的适合中原油田的经验公式。该公式利用minitab统计软件进行油藏温度、原油组成等参数与MMP相关性分析，筛选相关性大的参数回归出新MMP经验公式。

2.1 相关性分析

相关分析是分析最小混相压力与各影响因素的紧密程度。当相关系数｜r｜=0表示不存在线性相关；｜r｜=1表示完全线性相关；0、1之间表示不同程度相关；从相关图上看，红色表示正相关，蓝色表示负相关，颜色越深表示相关关系越显著。表5、图2所示，最小混相压力与C_5、C_9、C_8、C_6、C_4、C_{10}相关系数大于0.5，相关显著。

表5 相关系数表

因素	C_5	C_9	C_8	C_6	C_4	C_{10}	N_2+C_1	C_7	C_2	C_3	C_{11+}	t
相关系数	-0.76	-0.64	-0.64	-0.64	-0.58	-0.54	0.46	-0.37	-0.31	-0.21	0.09	-0.07

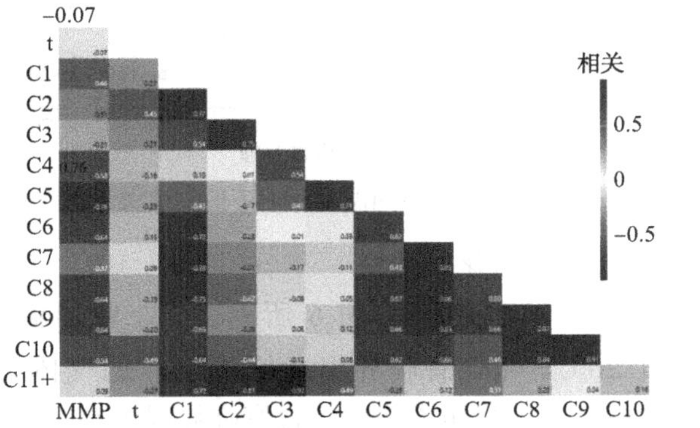

图2 最小混相压力与影响因数相关图

2.2 相关性分析

回归分析中，P值用于统计学中判断回归方程是否正确的重要参数。当$P<0.05$证明两者线性显著相关，做出了12个相关图，最小混相压力与C_5、C_9、C_8、C_6的$P<0.05$线性显著相关显著相关。通过相关分析与回归分析，如图3所示，发现中原油田二氧化碳最小混相压力与原油C_5、C_9、C_8、C_6、C_4、C_{10}、N_2+C_1、C_7这8个影响因素相关性较强。

通过回归相关性较强的影响因素，建立了中原油田最小混相压力新公式，新经验公式：

$$MMP=7.34203\times C5^{0.0522491}\times C9^{0.0515218}\times C6^{-0.190341}\times C8^{0.101945}\times C4^{-0.134857}\times C10^{-0.055193}\times (N2+C1)^{0.268559}\times C7^{0.333598}$$

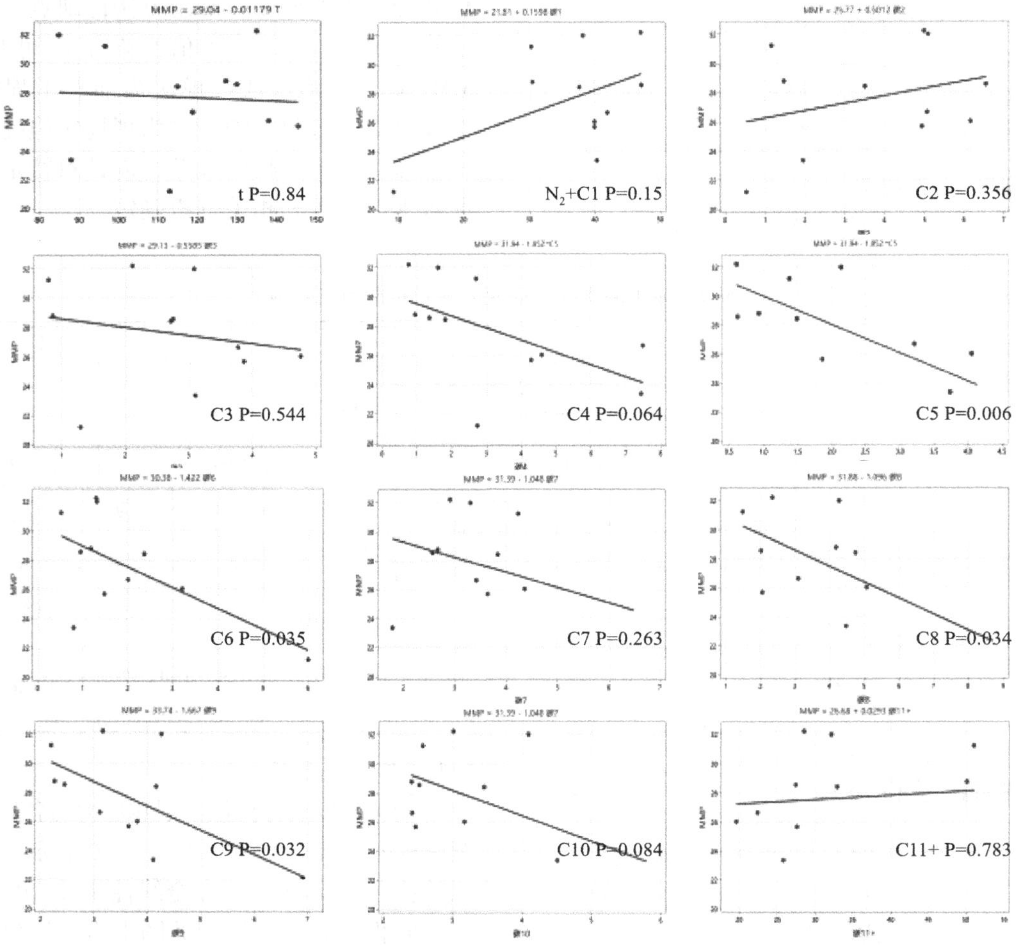

图 3　最小混相压力回归分析图

新公式残差只在-1～2.5 之间，范围大大缩小了，误差为 2.51%，准确度提高了 4%左右。

3　MMP 影响因素分析

3.1　静态影响因素

3.1.1　温度

一是温度影响气液两相密度差，温度升高，CO_2 密度减小，气液两相的密度差值增加，CO_2 萃取轻烃的能力减弱，界面张力增大，导致最小混相压力增大(图 4)。二是温度影响二氧化碳溶解度，温度升高，CO_2 在原油中溶解度增加，填充分子间隙，原油分子间距因此增大，体积增大，降低分子间引力效果越好，有利于 CO_2 与原油实现混相，使最小混相压力降低(图 5)。通过数模软件做出了文 153-2 井与文 179-33 井 MMP 与温度的关系曲线(图 6)，随温度升高最小混相压力上升明显，平均温度每上升 1 度，最小混相压力上升 0.13MPa。

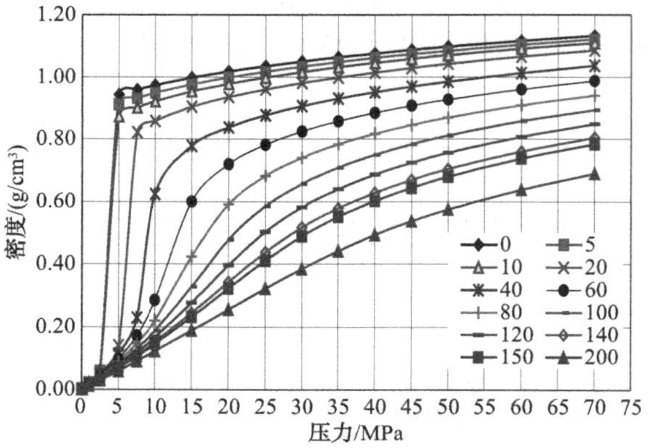

图 4　CO_2 在不同温度压力下的密度关系图

3.1.2　二氧化碳纯度

如图 7～图 8、表 6 所示，CO_2 临界温度 31.26℃，当含有临界温度低于 CO_2 的气体时，会使最小混相压力增大，含有临界温度高于 CO_2 的气体时，会使最小混相压力降低；氮气对最小混相压力的增加幅度最大，每增加 1% molN_2，混相压力增大 0.49MPa，CO_2 驱油时，应尽量减少此类气体的含量。

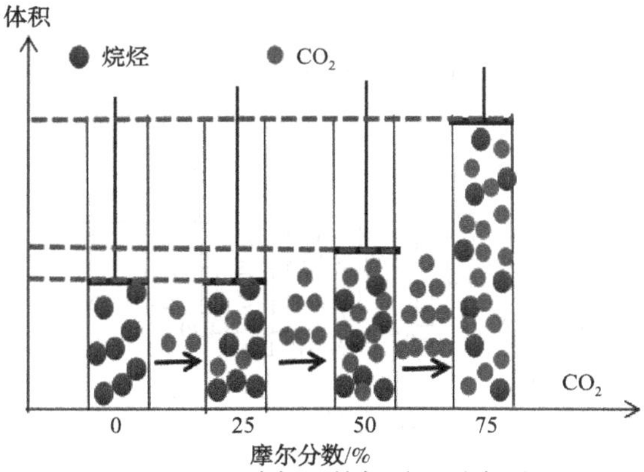

图 5 CO_2 溶解于烷烃过程示意图

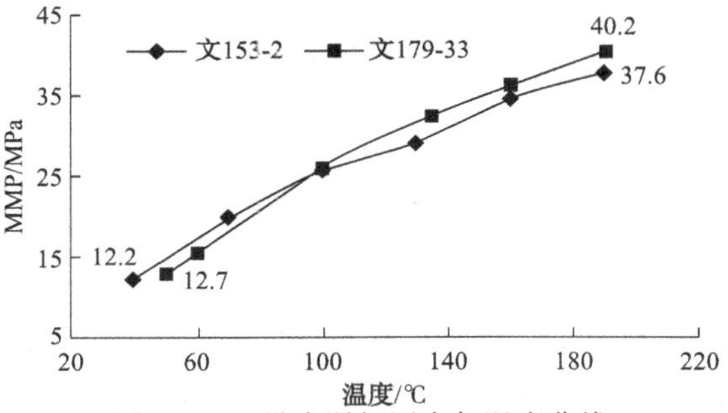

图 6 CO_2 最小混相压力与温度曲线

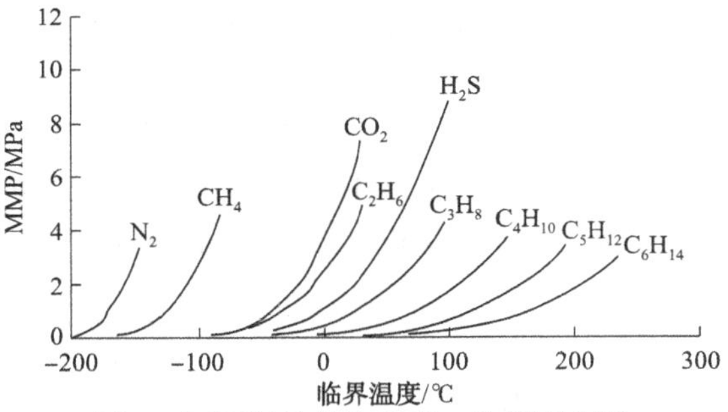

图 7 不同气体临界温度、临界压力图

表 6 CO_2 纯度对最小混相压力影响幅度表

分类	气体	临界温度/℃	MMP 变化幅度/(MPa/%mol)
高于 CO_2 临界温度 MMP 上升	N_2	-146.89	0.49
	C_1	-82.57	0.21
低于 CO_2 临界温度 MMP 下降	C_2	32.27	-0.11
	C_3	96.67	-0.36

3.1.3 原油组份

原油中 N_2、C_1 会使饱和压力升高；C_{3+} 会使饱和压力下降。原油中 N_2、C_1、C_{10+} 会使混相压力升高；C_2-C_9 会使饱和压力下降。细化了原油组份对饱和压力与混相压力的影响，上升最快的氮气，每升高 10% molN_2，混相压力升高 27.95%，降低最快的是 C_7，每升高 10% molC_7，混相压力降低 7.07%(图 9)。

3.2 动态影响因素

3.2.1 注气量

利用 tNavigator 软件建立组份模型。划分二氧化碳一维数模为五个区域：残余油区、低含油区、混相区、气驱前缘、未波及区(图 10)。如图 11、图 12 所示 CO_2 量累积注入越多，对原油中轻质组份抽提作用越强，越靠近注入井的残余油驱轻质组份越低，MMP 越大。二氧化碳驱替后的残余油油采出越困难。

3.2.2 衰竭压力

3.2.2.1 胡 109 井多次脱气实验

实验步骤：根据原始饱和压力高低，预先把整个脱气压力分为 3~12 级。

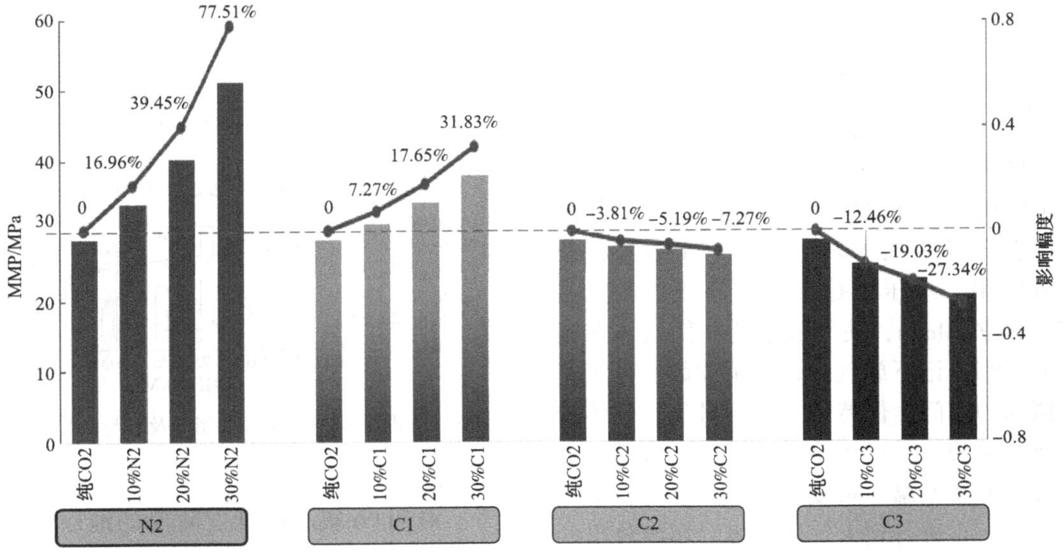

图 8 二氧化碳纯度对最小混相压力的影响

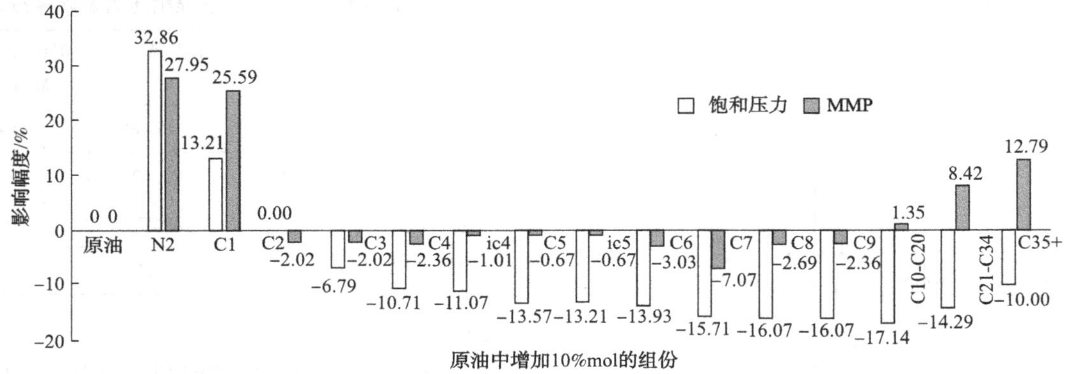

图 9　原油中增加 10%mol 组份饱和压力与 MMP 影响幅度图

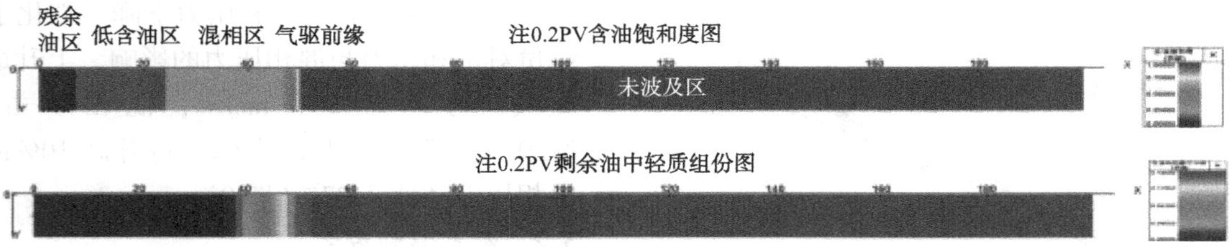

图 10　组份模型含油饱和度与轻质组份图

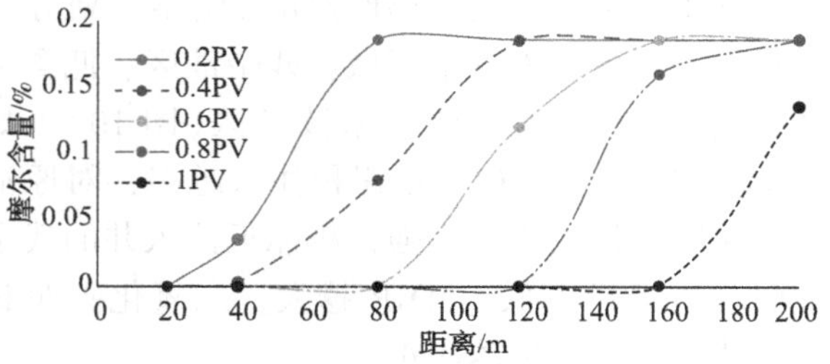

图 11　剩余油中轻质组份含量变化图

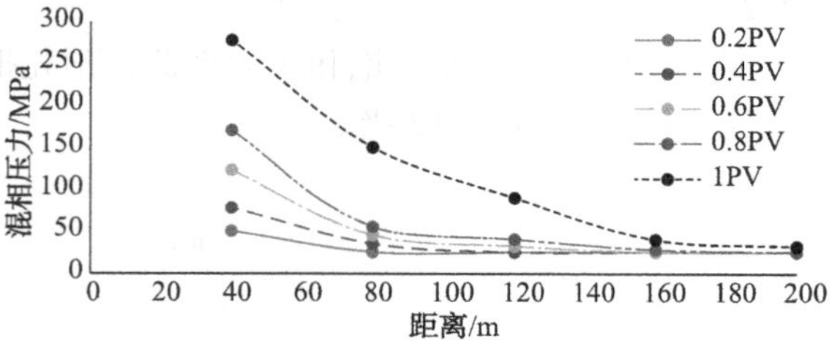

图 12　不同注入量下 MMP 动态变化图

在地层温度下，将 PVT 容器中的地层原油样品加压至地层压力，充分搅拌并平衡，读取样品体积。降压至一级脱气压力，摇动 PVT 容器，使气体充分脱出，待压力稳定后，停止搅动，将 PVT 容器直立 30min，使气液平衡并使气体在容器中形成气帽，记下放气前计量泵读数。慢慢打开容器顶部的阀门，保持压力缓慢排气，气体排完后要及时关阀门，以免将油放出。记录排出气量、大气压力及室温。重复进行操作步骤，逐级降压脱气，一直进行到大气压力级。零级放出的油精确称重，使用密度拆算出地层温度和 0.101MPa 下容器内的体积，然后算出总残余油体积。

模拟油藏衰竭开采，地层原油中的 C_1、C_2–C_3、N_2 等轻质挥发性组份变低，其中 CH_4 含量大幅降低(图 13)。通过数模软件，随着油藏压力从 38MPa 降低到 15MPa，最小混相压力也降低，从 38.10MPa 降低至 20.7MPa(图 14)。

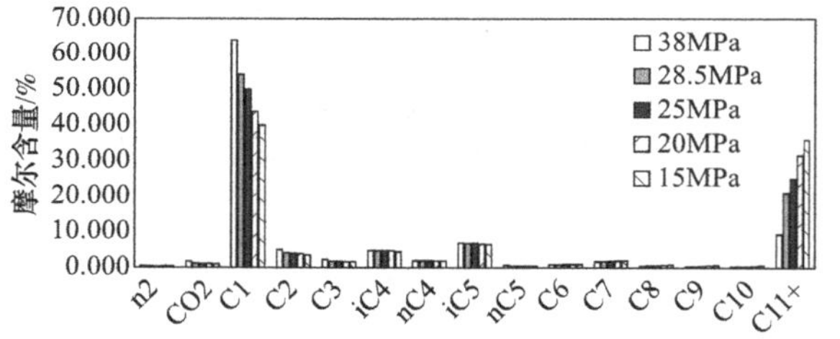

图 13　胡 109 块衰竭过程中原油组份变化

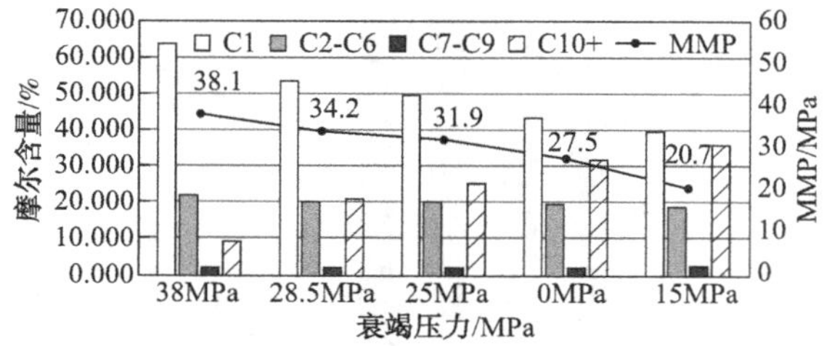

图 14　不同衰竭压力下原油组成及其与 CO_2 混相压力变化

3.2.2.2　细管驱替实验

对胡 96 块不同开发阶段的地层原油样品进

行了注CO_2细管驱替试验研究，以测定在不同开发阶段下注入CO_2驱油效率及最小混相压力。为了准确测定胡96块不同开发阶段下注CO_2的MMP，在内径为0.47cm、长12.5m装有140目-230目的有孔玻璃砂(孔隙体积112cm^3、渗透率约为5μm^2、孔隙率为35%)模型中，进行混相和非混相驱替试验研究。

如表7所示，通过6组25次长细管驱替实验，确定了依靠天然能量开发至不同阶段下注CO_2最小混相压力，表明注CO_2最小混相压力随饱和压力的降低而降低，但最小混相压力与饱和压力之差越来越大。

表7 胡109井衰竭开发混相压力变化规律表

实验序号	实验温度/℃	饱和压力/MPa	最小混相压力/MPa	压差/MPa
1	148.0	37.94	38.03	0.09
2	148.0	28.43	29.39	0.96
3	148.0	20.16	22.79	2.63
4	148.0	15.01	18.33	3.32
5	148.0	10.05	15.11	5.06
6	148.0	5.13	12.57	7.44

压差：最小混相压力与地层原油饱和压力之差。

3.2.2.3 长岩心驱替实验

注气试验研究：如图13，进行了5组16次岩心驱替动态物理实验，得到了不同开发方式下的原油采收程度。

衰竭至Pb的90%，二氧化碳驱采出程度与原始条件下相当。地层压力继续下降，采出程度下降明显。

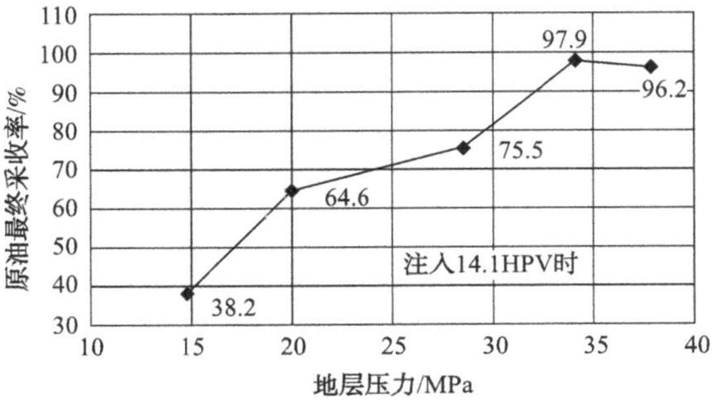

图15 CO_2不同驱替压力下采收率曲线

4 结论

(1) 用细管法修正其他实验方法值，修正后可快速确定MMP值。升泡仪或数模法为油藏工程研究和方案设计提供参数，细管法为现场实施提供准确数据。

(2) 通过相关性分析，创新性建立最小混相压力关联式，误差≤2.51%，准确度较高。

(3) 累积注入CO_2量越多，抽提原油中轻质组份作用越强，注入井近井区域重质组分占比大，最小混相压力越大，二氧化碳驱替后的剩余油采出困难。

(4) 油藏开发后压力降低过程中甲烷分离产出，最小混相压力逐渐降低；但是油藏压力降到饱和压力的90%以下，气体形成主流通道窜逸，采出程度下降明显。

参考文献

[1] Qin Jishun, Han Haishui, Liu Xiaolei. Application and enlightenment of carbon dioxide flooding in the United States of America[J]. Petroleum Exploration and Development, 2015, 42(2): 232-240.

[2] 岳湘安，赵仁保，赵凤兰．我国CO_2提高石油采收率面临的技术挑战[J]，中国科技论文，2007，(07)487-491.

[3] 李士伦，侯大力，孙雷．因地制宜发展中国注气提高石油采收率技术[J]．天然气与石油，2013，31(1)：44-47.

[4] 贾凯锋，计董超，高金栋，等．低渗透油藏CO_2驱油提高原油采收率研究现状[J]．非常规油气，2019，6(1)：107-114，61.

[5] 沈平平，江怀友，陈永武，等．CO_2注入技术提高采收率研究[J]．特种油气藏，2007，14(3)：1-4，11.

[6] 任韶然，张莉，张亮．CO_2地质埋存：国外示范工程及其对中国的启示[J]．中国石油大学学报(自然科学版)，2010，34(1)：93-98.

[7] 王艳，李伟峰，贾自力，等．乔家洼油田长6油藏注CO_2驱开发实践与效果分析[J]．非常规油气，2016，3(3)：75-79.

[8] 李剑，段景杰，姚振杰，等．低渗透油藏水驱后注CO_2驱提高采收率影响因素分析[J]．非常规油气，2017，4(6)：45-52.

[9] 黄海东，陈百炼，章杨，等．CO_2-原油细管试验混相判定新方法[J]．石油天然气学报，2012，34(11)：131-134.

[10] 赵金省，刘笑春，杨棠英，等．一种测定CO_2驱最小混相压力的实验方法[J]．科技导报，2013，31(15)：56-58.

[11] 韩波，任韶然，李伟，等．CO_2驱最小混相压力及其动态变化研究[J]．非常规油气，2020，7(2)：

75-82.

[12] 陈百炼，黄海东，章杨，等．改进的 CO_2-原油最小混相压力计算模型[J]．石油天然气学报，2013，35(2)：126-130.

[13] 刘学利，郑小杰，钱德升，等．塔河油田强底水砂岩油藏 CO_2/N2 驱提高采收率机理[J]．科学技术与工程，2023，23(15)：6409-6418.

[14] 国家能源局．最低混相压力实验测定方法-细管法 SY/T 6573—2016 [S]．北京：石油工业出版社，2016.

[15] 刘小杰，黄帅帅，美合日阿依·穆泰力普，等．CO_2 与混合烷烃最小混相压力的界面张力法实验研究[J]．石油与天然气化工，2020，49(3)：87-92.

[16] 毛振强，陈凤莲．CO_2 混相驱最小混相压力确定方法研究[J]．成都理工大学学报(自然科学版)，2005，32(1)：61-64.

[17] 叶安平．确定 CO_2 最小混相压力的经验公式法[J]．断块油气田，2009，16(5)：75-76.

[18] 潘毅，赵秋霞，孙雷，等．CO_2 驱最小混相压力预测模型研究[J]．油气藏评价与开发，2022，12(5)：748-753.

[19] 汤勇，赵雪梅，汪洋．CO_2 驱最小混相压力影响因素研究[J]．油气藏评价与开发，2018，8(4)：42-45.

[20] 宋文鹏．CO_2 驱最小混相压力的影响因素分析[J]．当代化工，2016，45(4)：680-681，723.

[21] 吴向阳，李建勋，李刚，等．低渗砂岩油田 CO_2 驱化学机理及提高采收率研究[J]．当代化工，2024，53(2)：362-365，371.

多参数定量分析储层流动单元的方法
——以三肇凹陷D井区为例

吴东莹[1] 田文博[2]

(1. 大庆榆树林油田开发有限责任公司; 2. 大庆油田有限责任公司第二采油厂)

摘 要 多参数识别、定性与定量相结合的方法划分储层流动单元的重要手段。以三肇凹陷D井区泉头组泉三、泉四段河流三角洲相储层为例，应用SPSS统计分析软件，通过对表征储层的多项属性参数判别流动单元的能力及参数之间的相关性分析，选取渗透率、泥质含量、地层系数、R35、流动带指标5项参数作为D井区流动单元判别参数，建立判别函数，对储层进行流动单元类型的划分。研究结果表明，该井区储层可以划分为4类流动单元，不同流动单元具有不同的渗流能力和储集能力，在油田的后续开发过程中应采用针对性的开发对策。

关键词 流动单元；多参数；泉头组；河流三角洲相；开发对策

流动单元是指影响流体流动的岩相和岩石物理性质在内部相似的垂向上和横向上连续的储集岩体，通常反映由特定沉积环境所决定的渗流特征。自Hearn在1984年首先提出这一概念至今，国内外学者根据研究目的和资料运用的不同，提出了多种流动单元划分方法，包括生产动态资料法、层次分析法、岩石微观孔隙结构法(R_{35}法)、流动带指标(FZI)法、沉积、成岩、构造作用综合法、沉积学法、多参数分析法。其中，孔隙几何形状分析法(R35法)、流动带指标(FZI)法和多参数分析法是目前常用的研究方法。

本次研究是采用统计数学中的聚类分析定量地划分流动单元类别。目前有两种做法：一是首先应用聚类分析方法对已知样本进行分类，然后应用逐步判别分析法对未知样品进行判别归类，得到表征不同流动单元的判别函数，从而完成油藏范围内的流动单元自动划分；另一种作法是直接对所有井进行聚类分析，一步就能划分出流动单元类型。在对研究区流动单元研究中，考虑到该区取心井资料不系统，直接采用聚类分析法，利用SPSS数据分析软件，直接对数据划分流动单元类别。由于储层属性参数之间具有一定的关联性，根据判别函数分析的原理，判别参数之间应尽可能独立，因此，在建立判别函数之前应当首先进行判别参数的关联性和判别能力分析，否则将影响判别的质量。

1 D井区多参数识别流动单元方法

三肇凹陷扶杨油层属下白垩统泉三段至泉四段地层，D井区扶杨油层目的层地层厚度约300m(扶余油层地层厚度约200m，杨一组地层厚度约100m)，分四个油层组。该井区扶杨油层为河流-三角洲沉积，各类河流为最主要的沉积营力，发育包括分流河道砂、废弃河道砂、天然堤、溢岸堤、决口扇等微相，砂岩单层厚度0.4~15m，层内和平面非均质性较强。河道的迁移、摆动形成了不同期次、不同规模的沉积隔挡层。此外，砂体内部受各种层理构造、渗透率差异及成岩差异的影响，使流体渗流更加复杂。

根据判别函数分析原理，可以通过建立判别函数，定量识别流动单元类型。

$$R=\sum b_i \cdot X_i+b_0 \tag{1}$$

式中，R为判别函数，无量纲；X_i为判别参数，即表征流动单元的储层属性参数，如渗透率，地层系数等；b_i为某一属性参数的判别系数；b_0为常量系数。

多参数定量分析储层流动单元的关键在于判别参数的选取以及判别系数的计算。

1.1 判别参数的选取

多参数流动单元识别的关键是判别参数的选取和计算，本区基本上每口井都有完整清晰的测井资料以及大量丰富详实的生产动态资料。根据本区特点及资料情况选取渗透率、孔隙几何形状因子R_{35}、流动带指标FZI、泥质含量、地层系数共5个参数作为研究对象。其中渗透率是反映宏观特征的特征参数，表征储层流体的渗流能力，地层系数反映地下储集岩体通过流体的能力，泥质含量反映沉积环境，流动带指标 FZI 综合反映孔隙结构和矿物特征，孔隙几何形状因子 R_{35} 反映微观孔隙结构。

1.2 判别参数的求取

储层属性参数包括泥质含量、渗透率、FZI、R_{35} 和地层系数，可以根据岩心分析和测井资料求取。地层系数等于渗透率与有效厚度的乘积，另外 FZI、RQI、R_{35} 和地层系数的计算方程如下：

（1）流动带指数

$$FZI=\frac{1}{\sqrt{F_s}\cdot\tau\cdot S_{gv}}=\frac{RQI}{\varphi_z} \quad (2)$$

（2）油藏品质指数

$$RQI=0.0314\sqrt{\frac{K}{\varphi_e}} \quad (3)$$

$$\varphi_z=\frac{\varphi_e}{1-\varphi_e} \quad (4)$$

式中，F_s 为形状系数；τ 为迂曲度；S_{gv} 为单位重量所包含颗粒的表面积；φ_z 为孔隙体积与颗粒体积之比；φ_e 为有效孔隙度；k 为渗透率。

（3）R_{35} 值

该值为压汞曲线上进汞达 35%时的孔喉半径，在有岩心样品压汞分析的情况下，可以直接采用压汞曲线求得 R_{35} 值；在没有压汞曲线的情况下，可采用 Winland 方程计算：

$$\lg R_{35}=0.372+0.5881\lg K-0.6841\lg\varphi \quad (5)$$

1.3 判别函数方程的建立

首先利用流动带指数累计概率百分数分布图进行划分，即流动带指数法，由图 1 可见划分的各类之间界限明显，利用流动带指数法大致将储层流动单元划分为四类，但是参数过于单一，需再进一步进行研究。

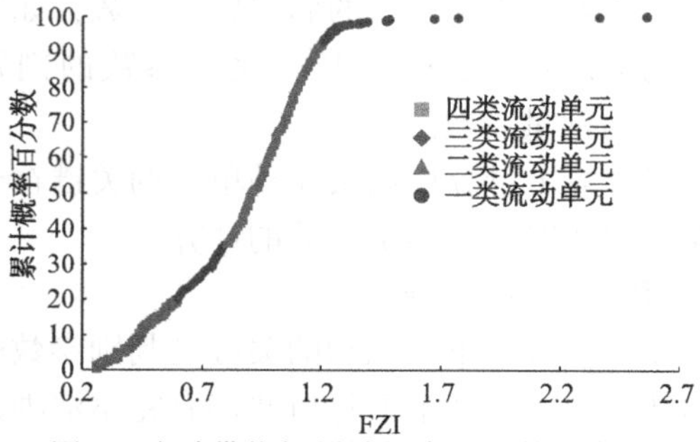

图 1 流动带指标累计概率百分数分布图

根据 Fisher 准则，若要使判别函数(R)能区分流动单元类别最好，就要使不同流动单元的判别函数 R 的均质只差最大而同一流动单元的判别函数(R)离差平方和最小，由此原理可以求得判别系数 b_i 和常数向量 b_0。建立判别函数方程的过程，即求取判别系数 b_i 和常数向量 b_0，是通过对样本数据的分析完成的，可以利用 SPSS 数据分析软件来实现。具体步骤包括：

（1）判别参数之间的相关性分析

确定划分参数之后，在对研究区储层流动单元进行划分之前，必须保证所选取的划分参数之间保持独立性，如果选取的参数之间相关性较强则会影响划分结果的可信度及科学合理性，此时必须重新选取划分参数，以此保证划分结果的合理可信。对本次划分流动单元的五个参数进行相关性分析判断，结果见表 1 所示。五个参数之间相关性均较小，因此可以采用这五个参数进行聚类分析。

表 1 研究区储层参数相关性

参数	K	Φ	VSH	KH	FZI
K	1.00	0.551	0.002	0.307	0.513
Φ		1.00	0.03	0.218	0.211
VSH			1.00	0.212	0.037
KH				1.00	0.344
FZI					1.00

（2）参数判别能力分析

一般来说结构系数可以反映参数的判别能力，结构系数越大其判别能力越强。对五个参数进行分析，得到其结构系数如表所示。由表 2 中数据指渗透率、流动带指标、地层系数的结构系数均大于 0.8，说明这三个参数判别能力强，五个参数中泥质含量判别能力较弱。

表 2 判别参数的结构系数

判别参数	FZI	K	KH	R_{35}	VSH
结构系数	0.802	0.851	0.801	0.722	0.386

利用多参数分析法来划分流动单元，利用 SPSS 数据分析软件进行多参数聚类分析，得到最终聚集中心(表 3)。依据累计概率百分数分布图划分结果以及生产动态资料，综合分析得到 D 区块流动单元划分标准(表 4)。

表 3 聚类聚集中心

	聚集点		
	1	2	3
渗透率	1.666	11.342	5.824
泥质含量	16.28	9.37	10.13
FZI	0.721	1.215	1.078
地层系数	1.92	34.27	10.65
R_{35}	0.5	1.37	1.01

表 4 D 区块流动单元划分标准表

参数	一类	二类	三类	四类
K	>8	4~8	1~4	<1
K*H	>20	6~20	1~6	<1
FZI	>1.0	0.8~1.0	0.6~0.8	<0.6
VSH	<12	12~14	14~18	>18
R_{35}	>1.2	0.8~1.2	0.4~0.8	<0.4

根据划分标准将射开层位进行流动单元类型的划分，继续将射开层位的渗透率、地层系数、R_{35}、FZI 以及泥质含量五项属性参数和类型参数作为样本，利用 SPSS 软件进行聚类分析，得到四个判别函数。在应用时将各参数分别代入四个判别函数，哪一函数值最大将储层划分为该类流动单元。其中四个判别函数为：

$$F1=-3.765k+2.391VSH-1.162FZI+1.488kh+4.05R35-82.044 \quad (6)$$

$$F2=-5.930k+2.409VSH-2.192FZI+0.593kh+4.565R35-54.093 \quad (7)$$

$$F3=-5.912k+2.489VSH+2.195FZI+0.269kh+3.923R35-43.165 \quad (8)$$

$$F4=-4.245k+2.877VSH+7.385FZI+0.182kh+2.515R35-38.838 \quad (9)$$

2 判别结果分析

对建立判别函数的样本数据进行回判验证，结果见表 5。Ⅰ类、Ⅱ类、Ⅲ类、Ⅳ类流动单元的错判样品数为 5，15，26，20，正判率分别为 80.8%、89.1%，90.1%，90.2%，平均正判率为 89.5%，满足使用要求。

2.1 流动单元划分结果分析

利用判别函数对发育的所有砂体进行流动单元分类。在各井流动单元划分的基础上，进行流动单元类型的统计分析，结果见表 6。

将流动单元类型与沉积微相类型进行对应发现：

Ⅰ类流动单元：在平面上仅零星分布，多呈土豆状分布，分布范围不大；砂体位于河道主体部位，岩石颗粒较粗，孔道间连通关系均较好，孔隙度和渗透率均较高；

Ⅱ类、Ⅲ类流动单元：呈连片和条带状分布，砂体分布在河道侧翼或局部主河道上；

Ⅳ类流动单元：砂体主要分布在天然堤或溢岸砂等位置，粒度较细，孔道间连通关系较差。

表 5 样品判别结果表

样本		判别结果				总计
		Ⅰ	Ⅱ	Ⅲ	Ⅳ	
样本数	Ⅰ	21	5	0	0	26
	Ⅱ	6	122	9	0	137
	Ⅲ	0	14	236	12	262
	Ⅳ	0	0	20	185	205
%	Ⅰ	80.8	19.2	0	0	100
	Ⅱ	4.4	89.1	6.6	0	100
	Ⅲ	0	5.3	90.1	4.6	100
	Ⅳ	0	0	9.8	90.2	100

表 6 D 区块各砂岩参数统计表

参数	Ⅰ类	Ⅱ类	Ⅲ类	Ⅳ类
K	5.9~30.9	3~14.3	0.9~5.7	0.1~1.6
平均值	11.9	7.1	3	0.6
K*h	15.3~74.3	1.4~27.5	0.3~17.1	0.1~3.6
平均值	35.8	11	3.7	0.6
FZI	1.04~1.77	0.86~1.48	0.6~1.3	0.1~4
平均值	1.3	1.1	0.9	0.6
VSH	7~11.8	7.3~16.5	7.1~20.6	9.6~33.5
平均值	8.8	10.2	12.6	19.2
R_{35}	1.2~2.08	0.79~1.58	0.4~1.28	0.08~0.85
平均值	1.46	1.08	0.72	0.31

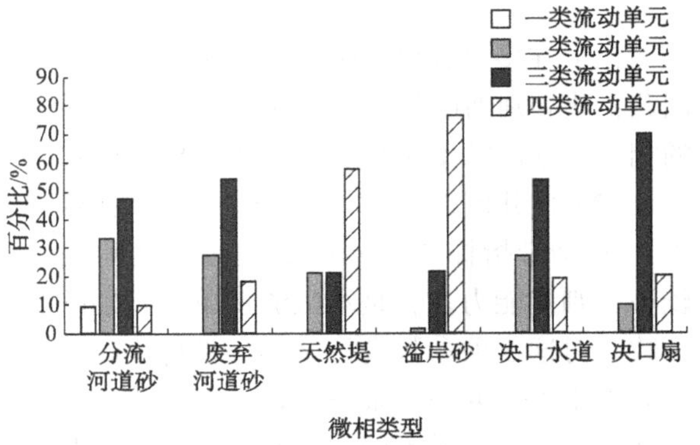

图 2 流动单元与沉积微相对应关系图

2.2 流动单元划分结果分析

自 2020 年开始对 D 区块 34 口井进行了补孔，并对部分层位实施了堵水。总体上射开的层位流动单元级别越高，增液量越大；剩余油主要富集在较低级别的流动单元中。

181-J361、181-J352、181-J362 这三口井 F122 层进行了补孔。之前对这三口井的 F143 层进行了机械堵水，现认为 F122 层是这三口井的主要开发层位。补孔半年后两口二类单元井都是高含水，而三类流动单元井 181-J352 产油量较好。认为两口老水井在投产时就射开了 F122 层，由于井间流动性较好，流体大部分被驱替到周围次一级流动单元储层二造成高水淹，所以三、四类流动单元是下一步剩余油挖潜的重点。

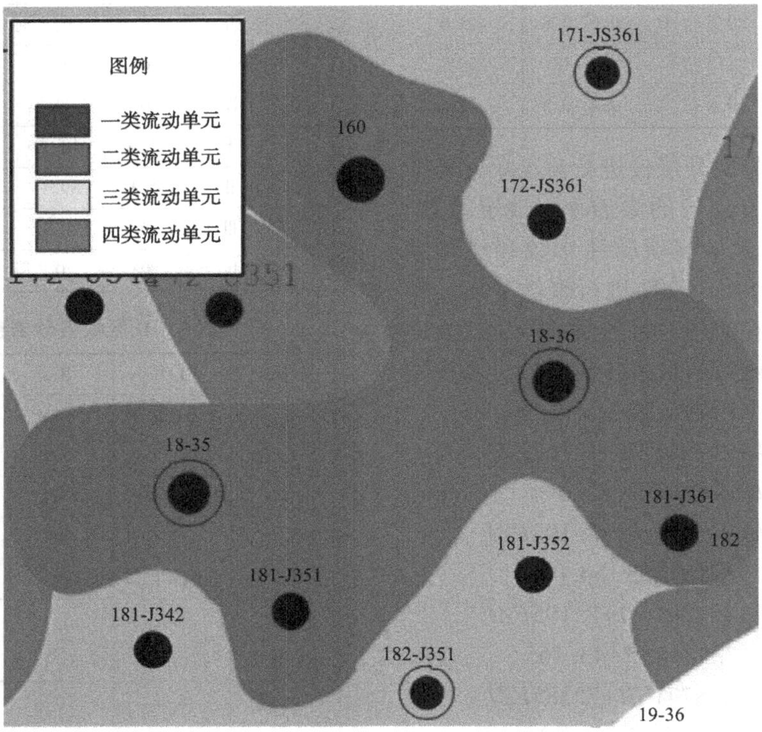

图 3　井组 F122 层流动单元平面分布图

3　结论及建议

（1）在多参数识流动单元时参数选择是关键。因此，建立判别函数之前应该进行属性参数之间的相关性分析以及判别参数的判别能力评价。

（2）D 井区渗透率、泥质含量、地层系数、R_{35}、流动带指标 5 项储层属性参数之间相关性较小，判别能力强，是本区流动单元判别的有效参数。对这 5 项参数进行聚类分析将本区生产层位分为Ⅰ类、Ⅱ类、Ⅲ类、Ⅳ类流动单元。不同流动单元储层质量不同：Ⅰ类为好储层，Ⅱ类为较好储层，Ⅲ类为中等储层，Ⅳ类为差储层。

（3）不同的流动单元具有不同的渗流能力和储集能力，因此在油田开发中应采取不同对策。Ⅰ类流动单元在注水过程中易发生水淹，一定要采用合适的注采比以防止过早发生水窜；Ⅱ类流动单元在研究区分布较为广泛，多分布于分流河道侧翼，是研究区主要的生产层系；Ⅲ类和Ⅳ类流动单元物性较差，厚度分布薄，但分布范围大，采出程度低，剩余油饱和度会相对较高。因此，在研究区要加强这两类流动单元的改造措施，以达到含油区整体高效稳产的注水开发效果。

参　考　文　献

[1] 路研，徐守余，王亚，等．储层流动单元研究方法及发展方向[J]．中州煤炭，2016，(11)：116-120.
[2] 申传奇．扶余油田 X 区块流动单元研究[D]．大庆：东北石油大学，2015.
[3] 戴树辉．流动单元划分的研究方法与过程[J]．化学工程与装备，2010，(12)：38-39+19.
[4] 刘联群，李勇，张建国，等．多参数流动单元在储层评价中的应用[J]．西北大学学报(自然科学版)，2009，39(01)：114-120.
[5] 姚合法，林承焰，靳秀菊，等．多参数判别流动单元的方法探讨[J]．沉积学报，2006，(01)：90-95.
[6] 陈建阳，杨愈，王辉，等．应用多参数划分层内流动单元[J]．油气田地面工程，2011，30(01)：35-38.

端部脱砂压裂防砂技术研究

高文龙　郝志伟　宋宇飞　李玉泉

（中国石油集团工程技术研究有限公司）

摘　要　疏松砂岩油气井生产过程中流体流动速率高，对地层骨架的剪切和拖拽作用大，易冲垮地层并携带地层砂增大地层表皮系数，降低产能。端部脱砂压裂防砂技术通过诱导砂浆在裂缝前缘迅速脱砂形成砂桥，阻止裂缝在缝高、缝长方向扩展，迫使裂缝宽度以较快的速度增长，在地层形成短宽裂缝，进而实现既建立防砂屏障又改善储层的效果。该技术适用于中、高渗透储层和不稳定疏松地层的油气井解堵及防砂作业，可以有效实现增产和防砂的双重目的。

关键词　疏松砂岩；端部脱砂，压裂；防砂；增产

1　引言

对于胶结疏松的中、高渗透砂岩地层，传统的观念认为地层渗透率已经很高，没有必要进行储层改造。但实践表明，对已经造成近井地带严重伤害的油层，实施压裂改造，可以解除近井堵塞，恢复良好的渗流条件，使油气井重新获得高产。

端部脱砂压裂防砂技术最早在Prudhole湾和北海应用发展，该技术利用压裂泵组将高黏压裂液和充填砾石通过远高于疏松砂岩地层吸收能力的高排量、高砂比、高泵压将地层压开短宽裂缝后并充填以大量的砾石，形成端部脱砂，然后进行管内环空砾石循环充填，实现端部脱砂压裂防砂。压裂形成的短宽裂缝，穿透井底污染堵塞带，并使得疏松砂岩油井流态由施工前的径向流转变为线性流，降低井底生产压差及液体流动速度，减少产出流体对地层砂的携带而达到控制地层出砂和提高近井油层的导流能力，具有明显的增产作用，综合防砂效果好。

2　端部脱砂压裂防砂技术机理

疏松砂岩出砂根源在于岩石结构的破坏，主要破坏形式包括以下几个方面：在生产过程中，由水平井两向主应力差别和生产压差作用产生剪切应力场，当生产压差增大，剪切应力也增大，当剪切应力超过岩石的剪切屈服极限时，产生剪切破坏。当流体流动速度增大时，流动压力梯度增大，当压力梯度超过颗粒间的黏结强度时，颗粒开始脱离岩体，并在液流的携带下向井底运移。当孔隙压力下降时，孔隙内外的有效压应力增大，当有效压应力超过其抗压强度值时，出现孔隙坍塌破坏。近井地带的岩石破坏通常和上述几种破坏机理均有关系，而地层内部的岩石破坏主要受流体速度导致出砂和孔隙压力下降导致出砂两种破坏机理的影响。

2.1　缓解或避免岩石破坏

岩石的几种破坏机理均与生产压差或流动梯度有密切关系，由于中、高渗透裂缝的解堵作用及双线性流动作用机理，对于未污染井，成功实施压裂后可使油井产能提高2~3倍，对于井底污染堵塞严重的井，压裂后增产倍数会更高。如果保持压裂前后相同的产量，压后生产压差可以降低2倍以上，流体流动压力梯度会有更大幅度的降低；如果要较大幅度地提高产量，保持压前压后相同的生产压差，压后流体流动压力梯度也远远低于压前的压力梯度，原因为：

（1）压裂前流体的径向流动特征和井底污染堵塞因素决定了生产压差中的大部分压力降分布在近井地带较小的范围内，局部压力梯度较大。

（2）压裂后流体的双线性流动特征及裂缝的穿透解堵作用，大大减小了近井地带的压力降和压力梯度，较长的裂缝使生产压差分布在较大渗透范围内，从而使每处的压力梯度均保持较小值。

具有高导流能力的压裂裂缝会穿透井底污染堵塞带，将地层流体由原来的径向流形式转变双线性流形式(见图1)，可以达到增产目和降低生产压差及压力梯度的目的，从而缓解或避免了岩石骨架的破坏，降低出砂趋势和出砂程度。

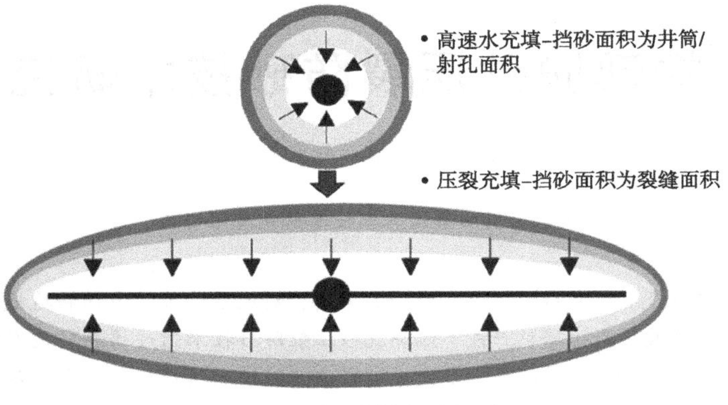

图 1　地层流形式示意图

本文讨论的是压前压后保持相同产量生产和维持相同压差的两种特殊情况，实际更多的情况介于两者之间，即适当降低生产压差的同时维持一定的增产幅度和较长的有效期。

2.2　降低流体携带能力

基于双线性流动机理，流体对地层微粒的冲刷携带能力，在流体黏度不变的情况下主要取决于流动速度的大小。对于压裂前的径向流动，随着流体向井底的积聚，流动速度越来越大。径向流速表达为：

$$V_r = \frac{Q_r}{2\pi r h_o} \tag{1}$$

压裂后的双线性流动形式决定了具有较大面积的裂缝面对流体有很好的分流作用，从而大大降低流速。压后流向裂缝的平均流速可表示为：

$$V = \frac{Q}{4h_o x_f} \tag{2}$$

由式(1)和式(2)可得压后压前的流速比：

$$\frac{V}{V_r} = \frac{Q}{Q_r} \times \frac{\pi r}{2x_f} \tag{3}$$

式中，V_r、V 为压裂前后流体流速，m/d；Q_r、Q 为压裂前后产量，m^3/d；h_o 为油层有效厚度，m；r 为以井底为圆心的同心圆半径，m；x_f 为压裂裂缝半长，m。

由式(3)计算几种有代表性情况下压裂前后流速的定量比例关系，见表 1。

表 1　压裂前后流速比例关系

V/V_r	$Q/Q_r=1$			$Q/Q_r=2$			$Q/Q_r=3$		
	$x_f=30$m	$x_f=40$m	$x_f=50$m	$x_f=30$m	$x_f=40$m	$x_f=50$m	$x_f=30$m	$x_f=40$m	$x_f=50$m
$r=0.1$m	0.0052	0.0039	0.0031	0.0104	0.0078	0.0062	0.0156	0.0117	0.0093
$r=1.0$m	0.052	0.039	0.031	0.104	0.078	0.062	0.156	0.117	0.093
$r=5.0$m	0.26	0.195	0.155	0.52	0.39	0.31	0.78	0.585	0.465

由表 1 可知，在 30~50m 缝长的常规短裂缝情况下，压裂后产量是压裂前 2 倍时，压裂后流体流向裂缝的速度比压裂前井壁处(r=0.1m)的流速降低了 100 倍以上，比压裂前 r=1.0m 处的流速降低了 10 倍以上，比压裂前 r=5.0m 处的流速也降低了 2 倍以上。

压裂前径向流动的高流速区主要在近井地带，即使距井底 5m 处的流速仍高于压裂后最大流速的 1 倍以上，裂缝所形成的双线性流动形式发挥了很好的分流作用，从而很大程度降低流体对地层微粒的冲刷携带作用。

2.3　桥堵作用

裂缝支撑带对地层微粒的桥堵作用类似井底砾石充填层的防砂作用。根据地层微粒的粒径分布规律和砾石充填规格选择准则，可以选择压裂支撑剂的粒径规格，必要时，还可以设计完全充填支撑剂或在近井底的缝口段充填支撑剂的尺寸规格，以提高裂缝对地层砂的桥堵作用。

综上所述，压裂产生的高导流能力裂缝对地层出砂趋势的控制作用表现在三个关键方面：防止减缓岩石结构的破坏，降低流体对地层微粒的冲刷和携带能力，以及裂缝填砂带对地层微粒的桥堵作用，三种作用的结合形成端部脱砂压裂防砂技术的增产与防砂机理。

3 端部脱砂压裂防砂技术特点

3.1 与传统防砂方法的区别

3.1.1 与传统防方法机理区别

传统的防砂方法是利用机械过滤装置对地层砂的桥堵作用来阻止地层出砂或利用化学剂固结地层提高强度减缓出砂。而压裂防砂主要利用降低流速或降低压降梯度来减少流体对岩石的有效应力，减轻对岩石的冲刷作用而达到减缓出砂的目的。

3.1.2 处理范围的区别

传统的防砂方法只处理井筒内部或者仅改善近井地带的渗流条件，难以完全解除近井堵塞，且防砂本身又增加了额外的渗流阻力，而端部脱砂压裂防砂则在地层深部形成一条高导流能力的支撑裂缝，在较大的范围内改善了地层深部的渗流条件，处理范围大，能有效地突破原有的近井伤害带，解堵增产效果明显。

3.1.3 施工工艺的区别

传统防砂方法要求施工泵压小于破裂压力，采用低砂比，在充填环空内的砾石排列主要靠重力沉降自然堆积，形成立方体排列[见图2(a)]，而压裂施工泵压高，砂比高，使缝内支撑颗粒排列更容易形成平行六面体排列[图2(b)]。

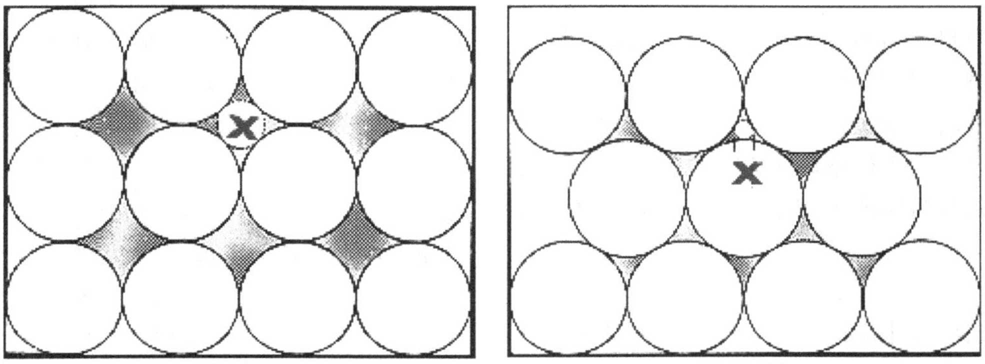

X=0.4142

(a)立方体排列图

X=0.1547

(b)平行六面体排列图

图2 支撑剂堆积示意图

由图2可知，立方体排列时，颗粒之间的孔隙直径为：

$$d = 0.414\pi D \tag{4}$$

对于平行六面体排列，粒间缝隙尺寸：

$$d_1 = 0.1547D \tag{5}$$

平行六面体排列要比立方体排列紧密得多，对同样地层砂尺寸，则压裂支撑剂选择的尺寸可以大于用传统砾石充填方法选择的砾石尺寸而达到相同的桥堵控砂目的。

3.1.4 地层渗流流动模式的区别

传统的防砂方法，施工后仍然基本按平面径向流的模式流向井底，而压裂防砂后，地下流体的流动模式改变为双线性流，即流体从裂缝面以几乎垂直的方向流入裂缝内(第一阶段线性流)，缝内流体沿裂缝方向直线流向井底(第二阶段线性流)，这种双线性流动模式是压裂裂缝防砂、解堵增产的基础，是阻力最小的流动模式。

3.2 与传统压裂的区别

端部脱砂压裂防砂是针对中、高渗透出砂地层而设计的特殊压裂，与传统的低渗透压裂有很大的区别，主要表现在以下2个方面。

3.2.1 裂缝形态不同

无因次导流能力是反映裂缝对流体流动影响的一个重要参数，表达式为：

$$c_{fD} = \frac{K_f W_f}{k \cdot x_f} \tag{6}$$

式中，K_f 为缝内支撑剂渗透率，μm^2，W_f 为裂缝宽度，m；$K_f W_f$ 为裂缝导流能力，μm^2；K 为地层有效渗透率，μm^2；X_f 为裂缝半长，m；KX_f 为地层导流能力，μm^2。

C_{fD}反映了裂缝导流力与地层自然渗透能力的差异，C_{fD}越大，则流动阻力越小，越有利于获得高产。物理实验和数模研究表明：当 $C_{fD}>10$ 时，裂缝导流优势明显，地层内已完全形成明显的双线性流。针对低渗油层的常规压裂，因地层强度很高闭合应力很大，难以获得较大的缝宽 W_f，而且地层本身渗透率极低，可适当延长 X_f 以扩大裂缝渗流面积。

3.2.2　施工工艺及参数不同

由于端部脱砂是针对高渗透地层的压裂，因此，在施工工艺及参数方面与传统的低渗层压裂有显著的区别。

(1) 工艺程序不同

常规压裂程序：前置液，加砂，顶替，停泵。端部脱砂压裂防砂程序：前置液(造缝及裂缝延伸)，加砂(直至端部脱砂)，加砂(裂缝膨胀增宽)，顶替(继续铺砂)，停泵(裂缝闭合在支撑剂上)。

对比可见，后者在施工中存在端部脱砂点，即砂浆在某一时刻全部到达裂缝端部，使泵压迅速上升，此时要继续加砂使裂缝膨胀增宽，继续顶替，提高缝内铺砂浓度直至停泵，而常规压裂是在施工的顶替阶段才完全脱砂，没有裂缝增宽的阶段。

(2) 施工工艺参数变化

由于目的要求不同，二者的施工参数随时间的变化趋势也不同(图3和图4)。此外，端部脱砂压裂液要求滤失性较好，黏度较低。排量较大，砂比更高，泵压也较高，最终铺砂浓度也较高。

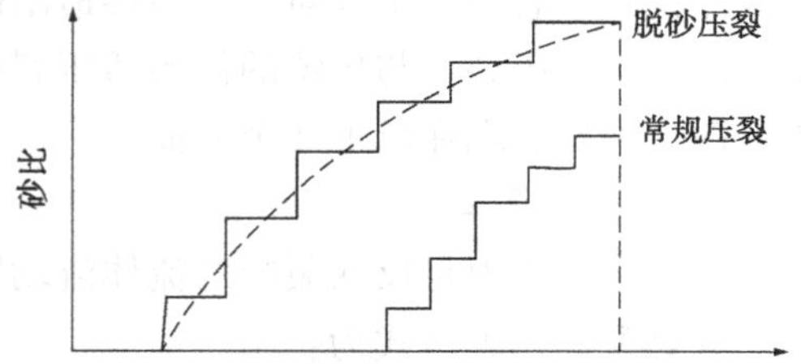

图3　端部脱砂压裂与常规压裂加砂曲线区别示意图

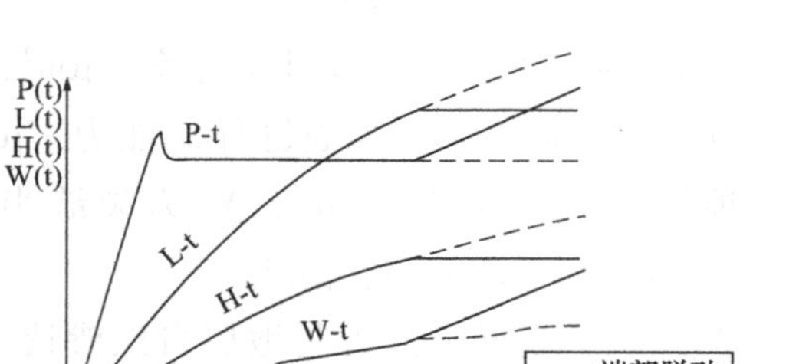

图4　端部脱砂压裂尺寸变化及压力特征示意图

4　现场应用

端部脱砂压裂防砂工艺涉及到储层压裂和筛套环空砾石充填两个过程，从程序上可分为一次完成法和二次管柱完成法。

4.1　一次管柱完成法

一次管柱完成法是指利用砾石充填施工管柱先对地层进行压裂充填，然后再进行筛管套管环空内的砾石充填，两个过程通过一趟管柱完成，以 X-1 井为例。

施工中先进行压裂充填防砂，施工排量 $2.5m^3/min$，加砂量 $19.5m^3$，关井扩散压力后，打开套管闸门进行循环充填防砂，施工排量 $0.9m^3/min$，油套环空加砂量 $0.7m^3$，达到限压后，启泵用小排量($0.2\sim0.3/m^3/min$)顶替，施工曲线见图5。该井下泵投产后，日产液 $61.5m^3/d$，日产油 40t/d，含水 35.0%，井口不含砂，压裂防砂增产效果明显。

4.2　二次管柱完成法

二次管柱完成法是指压裂和砾石充填分两趟施工完成，适用于单井射孔厚度较大，射孔层数较多，需要对各层实现均匀加砂压裂防砂的井况。二次管柱完成法，即先下一趟分层压裂管柱对油层实行压裂充填，然后起出分层压裂管柱，再下一趟循环充填管柱对筛套环空进行循环充填，该方法是常用工艺技术，以 X-2 井为例介绍二次管柱完成法。

施工中先进行分层压裂充填防砂，累计加砂量 $32.5m^3$，关井扩散压力后，起出压裂管柱，施工曲线见图6和图7；再下一趟循环充填管柱，对筛套环空进行循环充填，施工排量 $1.1m^3/min$，加砂量 $3.1m^3$，达到限压后，启泵用小排量($0.2\sim0.3/m^3/min$)顶替，验证环空充密实程度，施工曲线见图8。该井下泵投产后，日产液 $105.2m^3/d$，日产油 27t/d，含水 74.4%，井口不含砂，压裂防砂增产效果十分明显。

5　结论

(1) 端部脱砂压裂防砂技术是压裂增产技术在高渗地层的重要发展，同时又是一种崭新的防砂方法，为疏松砂岩油气藏防砂开辟了新的途径，为提高出砂油层的经济效益提供了先进的技术手段。端部脱砂压裂防砂技术通过控制砂浆流动，诱导砂浆在裂缝前缘迅速脱砂形成砂桥，阻止裂缝在缝高、缝长方向扩展，迫使裂缝宽度以较快速度增长，在地层形成短宽裂缝，进而实现既建立防砂屏障又改善储层的双重效果。

（2）端部脱砂压裂防砂技术使裂缝中的砂浓度面积浓度比常规提高3倍以上，导流能力由数十毫达西提高到数百毫达西以上，可助力实现高渗透油气层稀井高产、少投入多产出的经济优化开发。

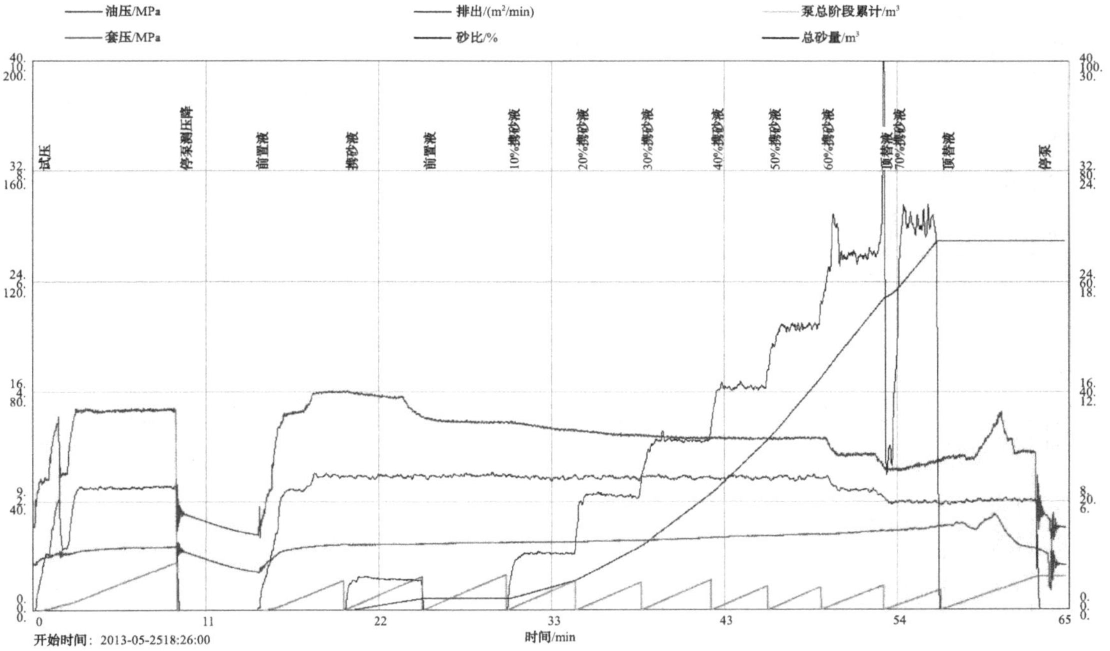

图5　X-1防砂施工曲线

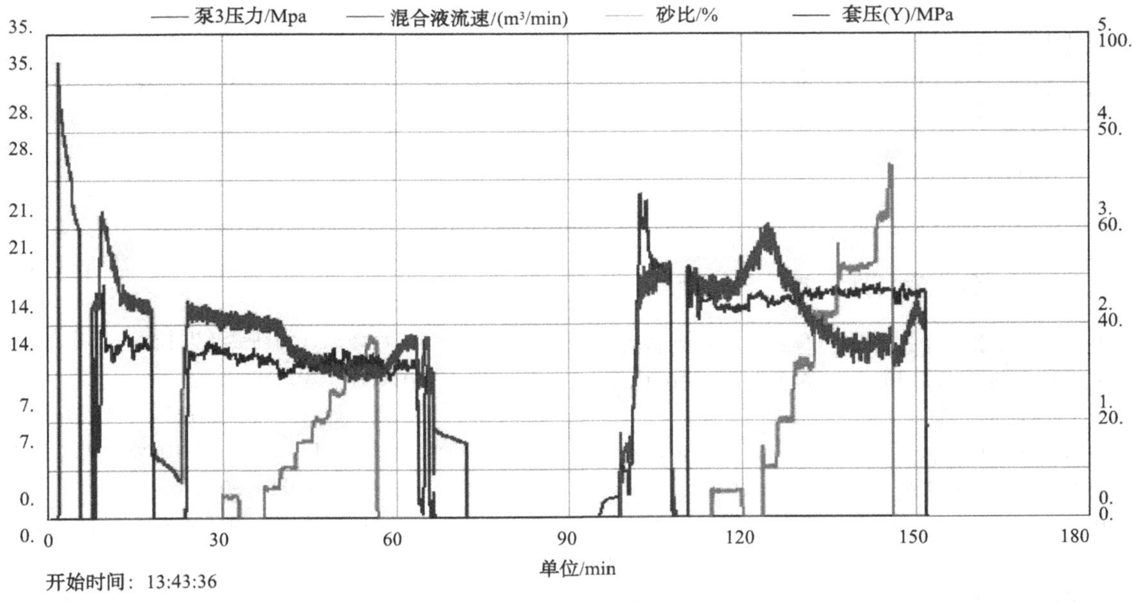

图6　X-2下层第一趟管柱施工曲线

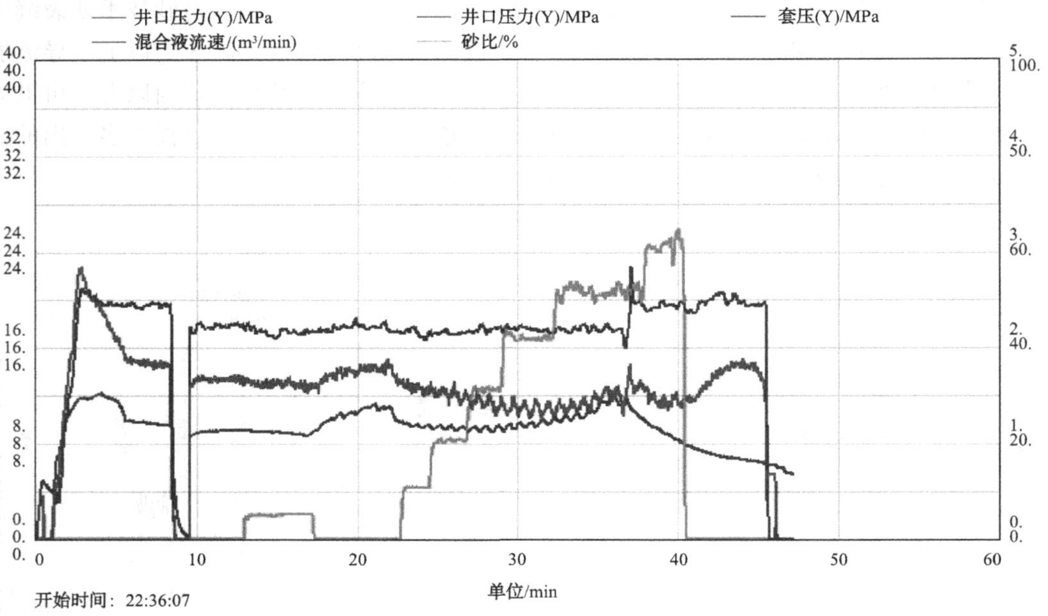

图 7　X-2 下层第一趟管柱施工曲线

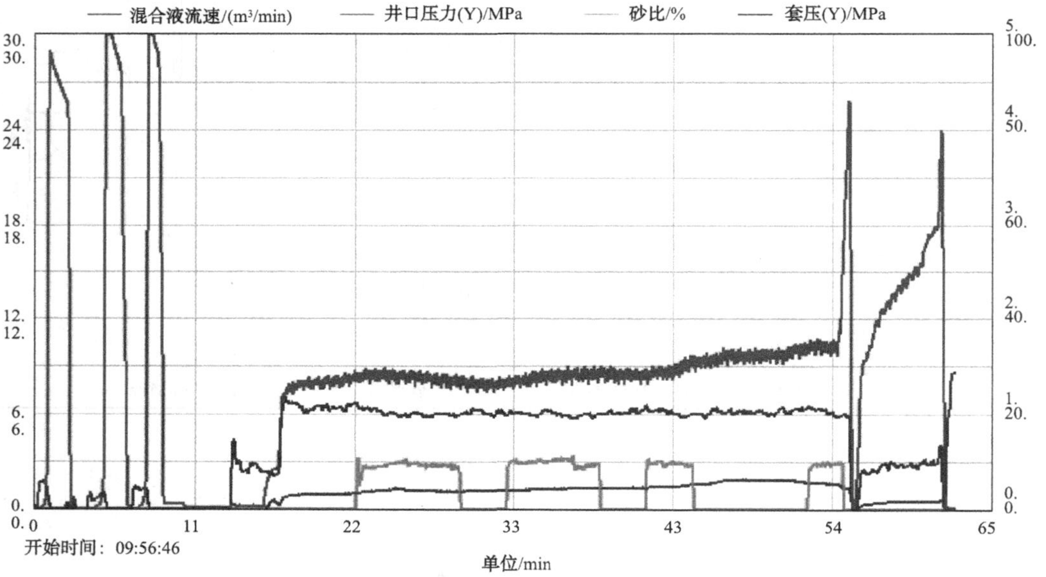

图 8　第二趟管柱施工曲线

参　考　文　献

[1] 张晓诚，王晓鹏，李进，等．渤海油田疏松砂岩压裂充填技术研究与应用[J]．石油机械，2021，49(9)：66-72.

[2] 范白涛，邓金根，林海，等．压裂充填方式对疏松砂岩储层油水运移的影响[J]．中国海上油气，2019，31(6)：111-117.

[3] 张浩，刘洪杰，王佩文，等．蓬莱油田压裂充填井产液量递减成因及控制因素分析[J]．非常规油气，2017，4(6)：64-69.

[4] 张春升，张庆华，魏裕森，等．疏松砂岩稠油油田防砂工艺模拟试验研究[J]．石油机械 2019，47(10)：43-48.

[5] 尹建辉．埕岛油气田防砂工艺技术．[M]．北京：石油工业出版社，2013.9.

[6] 郭天魁，张士诚，王雷．疏松砂岩地层压裂充填支撑剂粒径优选[J]．中国石油大学学报(自然科学版)2011，36(1)：94-100.

[7] 马楠．深水储层压裂充填防砂方法适用性研究[D]．北京：中国石油大学(北京)．北京．2020.

[8] 夏金娜，黄杰，袁征，等．诱导脱砂技术在渤海油田的应用[J]．海洋石油．2020，40(3)：37-42.

不同韵律厚层油藏早期注聚后剩余油分布规律研究

张　静　陈晓明　刘玉娟　郑　彬　李宛珊

[中海石油(中国)有限公司天津分公司]

摘　要　为了进一步明确海上不同韵律厚层早期注聚及后续水驱开发规律及剩余油分布规律，以渤海L油田为目标，开展了不同韵律厚层早期注聚及后续水驱实验。结果表明：模型非均质性越强，见水时间越早。均质韵律、反韵律和复合正反韵律模型含水下降幅度较大，而反韵律和复合反正韵律模型含水下降幅度较小。早期注聚结束后进行后续水驱，均质韵律效果最好，复合反正韵律效果最差；纵向上剩余油主要富集在高部位和低渗层，高部位以正韵律、复合正韵律、复合正反韵律为主，低渗层主要以复合正反韵律、复合反正韵律为主。开发结束，复合正反韵律纵向波及较低，其他韵律性较高。将研究成果应用到渤海L油田调整挖潜试验中，部署水平井产油量达到$85m^3/d$。

关键词　聚合物驱；韵律；厚层；剩余油分布；渤海L油田

受平台寿命、经济因素影响，海上油田开发年限一般受到一定限制，而聚合物驱作为一种提高采收率的重要手段，在海上油田开发早期就开始实施，取得了良好的增油效果。其明显改善了水油流度比，波及系数及驱油效率都得到了明显提高，但厚层油藏受聚合物驱、韵律、重力等影响，高含水阶段剩余油变得更加复杂，其分布规律研究对油田后期挖潜具有重要意义。由于厚层油藏早期注聚矿场研究较少，主要集中在水驱开发及开发中晚期注聚条件下剩余油分布规律。因此，选取渤海L油田典型早期注聚井组地质油藏属性，以大平板模型驱油实验为基础，对不同韵律储层早期注聚及后续水驱阶段剩余油分布规律及特征进行研究，以期对油田开发后期剩余油挖潜提供指导。

1　油田概况

渤海L油田属于在古潜山背景上发育起来的受辽西1号断层控制的断裂半背斜构造。主要含油层系为古近系东营组东二下段，Ⅱ、Ⅲ油组为主力油组。油田主体区东二下段主力油组储层为辫状河三角洲前缘沉积，以发育水下分流河道砂体为主，储层厚度大、物性好，属于高孔中高渗储层，储层孔隙度主要分布在25.0%~31.0%之间，渗透率主要分布在400~2500mD之间。地层原油黏度7.20~19.43mPa·s；油田开发初期采用反九点井网开发，中期进行综合调整后转为行列井网开发，开发早期(含水27.93%)即开始聚合物驱，含水80.50%停止注聚转注水开发，目前已进入高含水高采出程度阶段。

2　实验器材与方法

2.1　实验器材

实验过程中所用的主要试验仪器包括79-1磁力电加热搅拌器，电阻采集装置，压力采集装置，活塞容器，烧杯，恒温箱，平流泵，真空泵，天平，管线，离心管等(图1)。

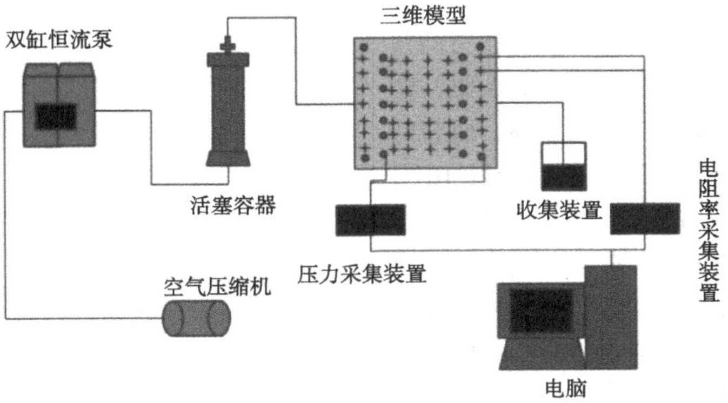

图1　实验装置图

实验模型为大平板岩心，每个大平板岩心在纵向上由6个30×4.5×5cm岩心叠加而成，形成了30×30×4.5cm的大平板岩心，根据L油田现场实际井资料制作(表1)。

表1　不同韵律模型参数设计表

韵律性	单层渗透率/mD	韵律性	单层渗透率/mD	韵律性	单层渗透率/mD
均质	1500	复合正反韵律	500	正韵律	500
	1500		1500		1000
	1500		2500		1500
	1500		2500		1500
	1500		1500		2000
	1500		500		2500
复合反正韵律	2500	反韵律	2500		
	1500		2000		
	500		1500		
	500		1500		
	1500		1000		
	2500		500		

2.2　实验材料

实验中所用聚合物为大庆高分聚合物，所用交联剂为铬交联剂，聚铬比为60∶1，在地层温度下(63.6℃)，原油黏度为10mPa·s，接近于渤海L油田地下原油黏度。水黏度为0.44mPa·s，驱替水矿化度为8878ppm，配聚合物母液的水的矿化度为3203ppm。

2.3　实验方案

实验方案主要包括早期注聚方案5个：饱和油的均质韵律、正韵律、反韵律、复合正反韵律及复合反正韵律模型分别水驱至含水27.93%，再进行聚合物驱，待注聚达到0.391PV后水驱至含水98%。

2.4　实验步骤

①按照行业标准配制1200mg/L浓度的聚合物溶液；②称重法测定大平板孔隙度；③对平板模型进行饱和油处理，安装电阻测量及压力测量装置等，地层温度设定为63.6℃；④水驱，恒速法进行驱替，注入速度为0.4mL/min，驱替时监测压力，电阻值并记录，使用离心管每10分钟收集一次采出液，读取产液量，产水量以及产油量，计算实时采出程度、含水率，当含水率达到27.93%，水驱结束进行早期注聚；⑤早期注聚，恒速法进行驱替，注入速度为0.4mL/min，驱替时监测压力，电阻值并记录，每10分钟收集一次采出液，读出产液量，产水量以及产油量，计算实时采出程度、含水率，累计注入0.391PV，早期注聚结束进行后续水驱；⑥后续水驱，恒速法进行驱替，注入速度为0.4mL/min，驱替时监测压力，电阻值，使用离心管每10分钟收集一次采出液，读出产液量，产水量以及产油量，计算实时采出程度、含水率，水驱至含水率达到98%，实验结束；⑦更换大平板岩心，重复②~⑥步骤，直至完成所有方案；⑧处理数据，并进行分析总结规律。

3　实验结果与分析

3.1　开发动态指标

基于实验所测得的产液量、产油量等开发动态指标，绘制采出程度和含水率随注入PV变化关系曲线(图2、图3)。

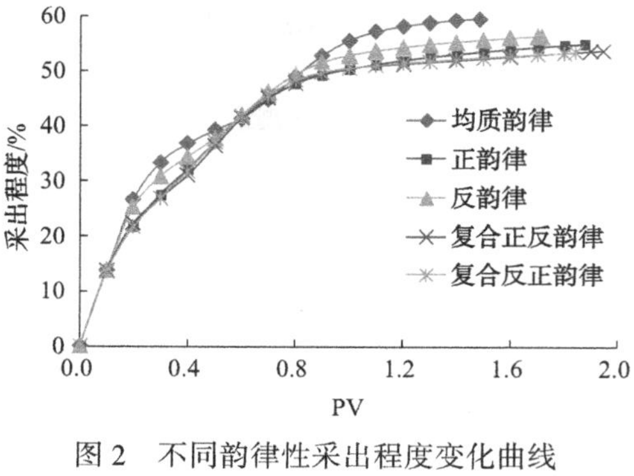

图2　不同韵律性采出程度变化曲线

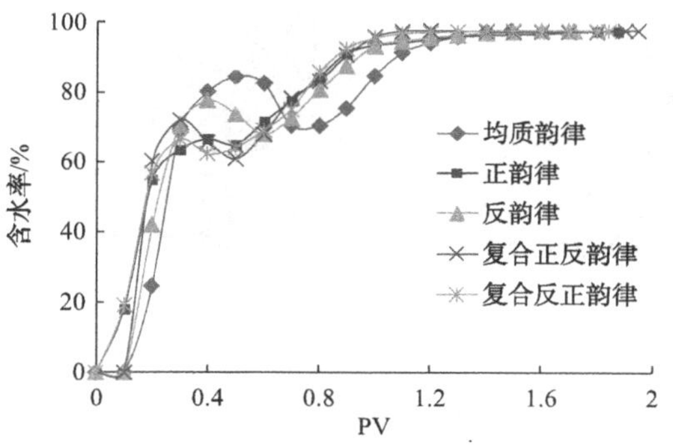

图 3　不同韵律性含水率变化曲线

基于采出程度变化关系曲线和含水率变化关系曲线，统计采收率、含水下降幅度、见水时间、后续水驱提高采收率等开发指标(表 2)。

对于不同韵律性模型，从见水时间上来看，复合反正韵律≈正韵律>复合正反韵律>反韵律≈均质韵律，可见非均质性越强，见水时间越早。

从早期注聚后含水下降幅度来看，反韵律≈复合正反韵律>均质韵律>复合反正韵律>正韵律，均质韵律、反韵律和复合正反韵律的含水下降均大于 10%，幅度较大，而反韵律和复合反正韵律下降幅度较小，分别为 3.41%和 5.97%。

表 2　不同韵律模型开发指标统计表

韵律性	采收率/%	早期注聚结束采收率/%	后续水驱提高采收率/%	含水下降幅度/%	见水时间/PV
均质韵律	59.54	41.25	18.29	12.78	0.138
正韵律	54.93	37.28	17.65	3.41	0.082
反韵律	56.37	40.07	16.30	18.75	0.130
复合正反韵律	53.71	37.44	16.27	18.75	0.109
复合反正韵律	53.39	37.18	16.21	5.97	0.081

从采收率来看，均质韵律>反韵律>正韵律>复合正反韵律>复合反正韵律，均质韵律的采收率最高为 59.54%，复合反正韵律的采收率最低为 53.39%。

从后续水驱提高采收率来看，均质韵律>正韵律>反韵律>复合正反韵>复合反正韵律，可见在早期注聚结束后进行后续水驱，对提高采收率仍然有效果，其中均质韵律效果最好，提高采收率 18.29%，复合反正韵律效果最差，提高采收率 16.21%。

3.2　剩余油富集规律

(1) 均质韵律

基于均质韵律模型各个测点的电阻率数值，利用拟合的公式进行转化，得到水驱结束、早期注聚结束、目前开发阶段、开发结束等不同开发阶段的不同测点的剩余油饱和度，绘制纵向上剩余油饱和度分布场图(图 4)。

剩余油主要富集在大平板岩心顶部近生产井端，生产井顶部剩余油富集程度最高，注水井底部剩余油富集程度最低。目前开发阶段，基本无剩余油富集，波及相对较均匀。整体重力作用较弱，相比而言，水驱阶段重力作用较强，早期注聚阶段重力作用较弱。

(2) 正韵律

基于正韵律模型各个测点的电阻率数值，拟合转化后得到不同开发阶段不同测点的剩余油饱和度，绘制纵向上剩余油饱和度分布场图(图 5)。

图中可以看出，饱和度变化规律同均质韵律相同，生产井顶部剩余油富集程度最高，注水井底部剩余油富集程度最低。目前开发阶段，剩余油主要富集在生产井顶部，生产井端纵向波及系数为 70%。开发结束，生产井顶部仍有剩余油富集，生产井端纵向波及系数为 90.16%。正韵律模型渗透率自上而下垂直方向渗透率逐渐增大，其垂直方向的渗流速度逐渐增大，重力分异作用被扩大，具有协同作用，生产井见水时油水前缘转折点推进距离更短，纵向波及程度减小。

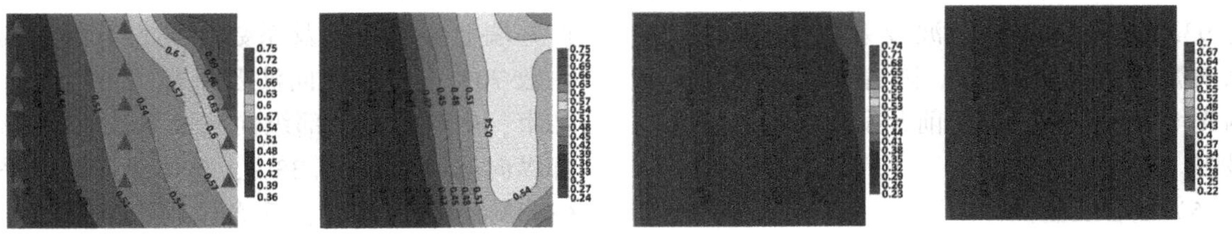

(a)水驱结束　(b)早期注聚结束　(c)目前开发阶段　(d)开发结束

图 4　均质韵律模型不同阶段剩余油饱和度场图

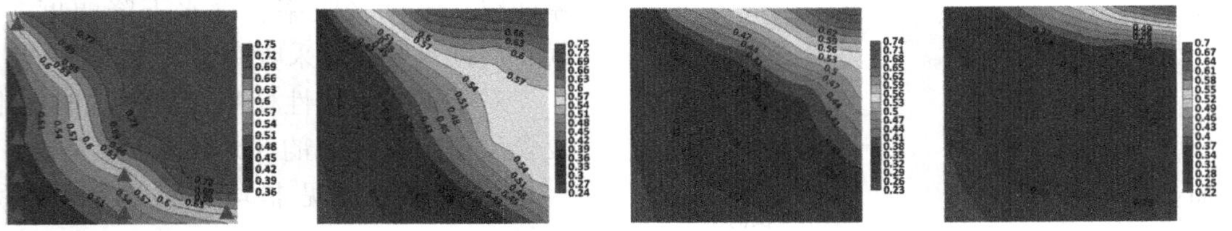

(a)水驱结束　(b)早期注聚结束　(c)目前开发阶段　(d)开发结束

图 5　正韵律模型不同阶段剩余油饱和度场图

(3) 反韵律

基于反韵律模型各个测点的电阻率数值，绘制不同开发阶段纵向上剩余油饱和度分布场图(图 6)。

图中可以看出，剩余油主要富集在大平板岩心底部近生产井端，生产井底部低渗层剩余油富集程度最高，注水井顶部剩余油富集程度最低。目前开发阶段，剩余油主要富集在生产井底部，生产井端水淹程度较低层段所占比例 28. 33%，纵向波及系数 71. 67%。开发结束，生产井底部仍有剩余油富集，生产井端纵向波及系数为 93. 77%。在渗透率作用下，纵向渗流速度减小，重力分异作用被缩小，波及程度较大。但在底部低渗层，渗流阻力进一步增大，波及有所降低。渗透率控制着剩余油的分布。

(4) 复合正反韵律

基于各个测点的电阻率数值，利用拟合的公式进行转化，得到不同开发阶段的不同测点的剩余油饱和度，绘制纵向上剩余油饱和度分布场图(图 7)。

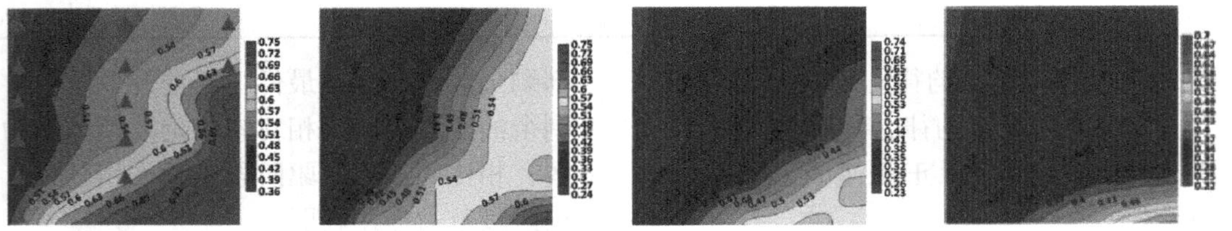

(a)水驱结束　(b)早期注聚结束　(c)目前开发阶段　(d)开发结束

图 6　反韵律模型不同阶段剩余油饱和度场图

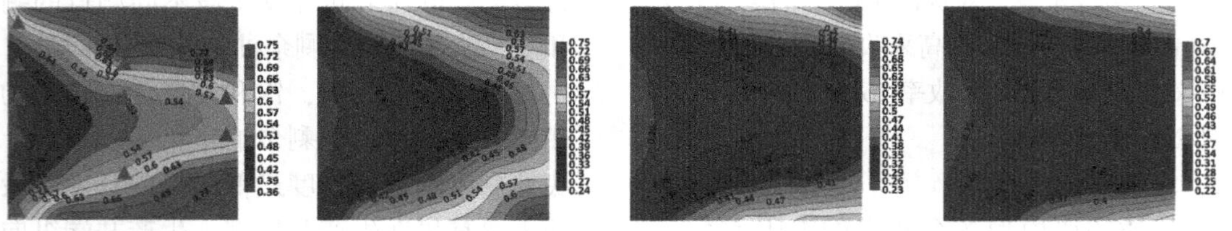

(a)水驱结束　(b)早期注聚结束　(c)目前开发阶段　(d)开发结束

图 7　复合正反韵律模型不同阶段剩余油饱和度场图

剩余油主要富集在生产井顶、底部低渗层，注水井中部剩余油富集程度最低。目前开发阶段，生产井端上部纵向波及系数 75. 41%，下部纵向波及系数 85. 25%，整体纵向波及系数为 80. 33%。开发结束，生产井端上部纵向波及系数为 93. 33%，下部纵向波及系数 98. 33%，整体纵向波及系数 95. 83%。随着开发，重力作用影响先增大后减小，在目前开发阶段重力作用影响最强。

(5) 复合反正韵律

基于各个测点的电阻率数值，利用拟合的公式进行转化，得到不同开发阶段的不同测点的剩余油饱和度，绘制纵向上剩余油饱和度分布场图(图 8)。

剩余油主要富集在生产井中部低渗层，注水井底部剩余油富集程度最低。目前开发阶段，生产井端上部纵向波及系数 45%，下部纵向波及系数 70%，整体纵向波及系数为 57. 5%。开发结束，生产井端上部纵向波及系数 63. 33%，下部纵向波及系数 73. 33%，整体纵向波及系数为 68. 33%。随着开发，重力作用影响先减小后增大，在早期阶段重力作用影响最弱，注入的聚合物具有抑制作用。但整体来看，底部正韵律增大了整体重力作用，与其他韵律模型相比，波及程度最低。

基于剩余油的分布特点，统计剩余油富集区以及目前开发阶段和开发结束生产井端纵向波及系数(表3)。

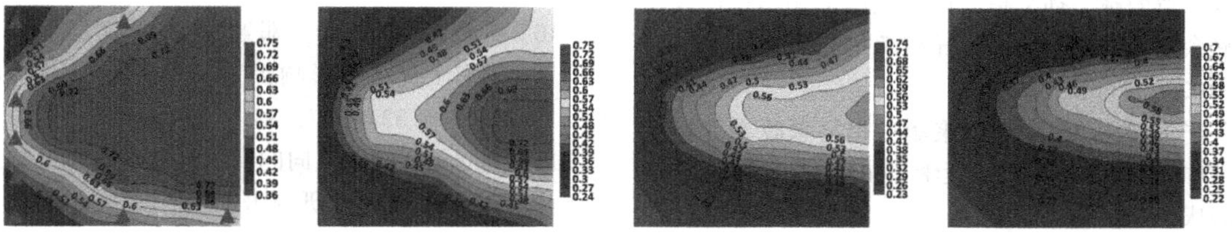

(a)水驱结束　(b)早期注聚结束　(c)目前开发阶段　(d)开发结束

图8　复合反正韵律模型不同阶段剩余油饱和度场图

表3　不同韵律模型剩余油富集及纵向波及系数统计表

韵律性	剩余油富集部位	纵向波及/%	
		目前开发	开发结束
均质韵律	无	100.00	100.00
正韵律	近生产井侧顶部	70.00	90.16
反韵律	近生产井侧底部低渗层	71.67	93.77
复合正反韵律	近生产井侧顶部和底部低渗层	80.33	95.83
复合反正韵律	近生产井侧正韵律顶部和反韵律下部低渗层	57.50	68.33

在纵向上，剩余油主要富集在高部位和低渗层，高部位以正韵律、复合正韵律、复合正反韵律为主，低渗层主要以复合正反韵律、复合反正韵律为主。开发结束，复合反正韵律纵向波及较低，其他韵律性较高。

4　应用实例

渤海L油田早期注聚后目前进入高含水、高采出程度阶段，根据以上研究，油田挖潜考虑以储层韵律性及重力为主控因素的剩余油分布差异。从目前阶段油田实施调整井水淹情况来看，均质韵律、正韵律储层整体以底部水淹为主，剩余油主要富集在顶部，级差较大的反韵律储层主要以顶部水淹为主，剩余油主要富集在底部物性较差层，复合韵律储层呈现多段复杂水淹，复合正韵律储层剩余油主要富集在顶部及底部物性较差层，复合反正韵律储层剩余油主要富集在中部物性较差层，与实验结果基本一致。结合实验成果及调整井水淹规律，分析剩余油潜力主要在于正韵律、复合正反韵律顶部及反韵律、复合韵律物性较差层，因此开展调整方案研究，2022年3月于生产井间复合正韵律储层顶部部署了水平井L49H(图9)，进行剩余油挖潜试验。L49H井投产后初期产油量85m^3/d，至2023年12月底累产油1.7×$10^4$$m^3$，挖潜效果较好。

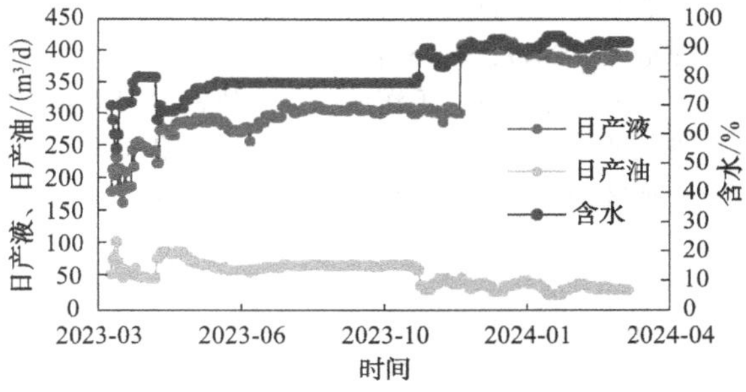

图9　L油田X49H井实际生产曲线图

5　结论

（1）储层非均质性越强，见水时间越早。均质韵律、反韵律和复合正反韵律的含水下降幅度较大，而反韵律和复合反正韵律下降幅度较小。早期注聚结束后进行后续水驱，对提高采收率仍然有效果，其中均质韵律效果最好，复合反正韵律效果最差。

（2）在纵向上，剩余油主要富集在高部位和低渗层，高部位以正韵律、复合正韵律、复合正反韵律为主，低渗层主要以复合正反韵律、复合反正韵律为主。开发结束，复合正反韵律纵向波及较低，其他韵律性较高。

（3）根据实验及实际水淹规律针对不同韵律储层潜力实施挖潜试验，挖潜效果较好，能够对

同类油田开发调整起到有效的借鉴作用。

参 考 文 献

[1] 陈程，贾爱林，孙义梅．厚油层内部相结构模式及其剩余油分布特征[J]．石油学报，2000，21(5)：99-102.

[2] 金英华．绥中36-1油田聚驱后提高采收率方法研究[D]．大庆：东北石油大学，2014.

[3] 谢晓庆，冯国智，刘立伟，等．海上油田聚合物驱后提高采收率技术[J]．油气地质与采收率，2015，22(1)：93-97.

[4] 李庆，姜在兴，由雪莲．惠民凹陷商847块湖相深水浊积岩储层非均质性特征及主控因素[J]．油气地质与采收率，2016，23(5)：44-49.

[5] 林承焰，余成林，董春梅，等．老油田剩余油分布——水下分流河道岔道口剩余油富集[J]．石油学报，2011，32(5)：830-835.

[6] 罗晓容，张立宽，雷裕红，等．储层结构非均质性及其在深层油气成藏中的意义[J]．中国石油勘探，2016，21(1)：28-36.

[7] 周凤军，李金宜，瞿朝朝，等．海上厚层油藏早期聚合物驱剩余油分布特征实验研究[J]．油气地质与采收率，2017，24(6)：92-96.

[8] 卢晨刚，张遂安，毛潇潇，等．致密砂岩微观孔隙非均质性定量表征及储层意义——以鄂尔多斯盆地X地区山西组为例[J]．石油实验地质，2017，39(4)：556-561.

[9] 郐侠，孙尚如，胡勇，等．聚合物驱后剩余油分布物理模拟实验研究[J]．大庆石油地质与开发，2003，22(5)：55-57.

[10] 贾晓飞，苏彦春，邓景夫，等．多层合采砂岩油藏动态干扰及其影响因素[J]．断块油气田，2016，23(3)：334-337，353.

[11] 周守为，韩明，向问陶，等．渤海油田聚合物驱提高采收率技术研究及应用[J]．中国海上油气，2006，18(6)：386-389.

[12] 莫建武，孙卫，杨希濮，等．严重层间非均质油藏水驱效果及影响因素研究[J]．西北大学学报：自然科学版，2011，41(1)：113-118.

[13] 李爱芬，宋浩鹏，谢昊君．聚合物驱不可及孔隙体积对渗流规律的影响[J]．油气地质与采收率，2016，23(2)：70-75.

[14] 闫海俊，谢刚，巨登峰，等．冀中地区高含水水平井治理工艺模式[J]．断块油气田，2016，23(5)：648-651，654.

[15] 王业飞，黄勇，孙致学，等．聚合物驱数值模拟参数敏感性研究[J]．油气地质与采收率，2017，24(1)：75-79.

[16] 方文超．陆上稠油油田多轮次聚合物驱提高采收率方法[J]．断块油气田，2015，22(5)：619-622，672.

河南油田浅薄层特稠油油藏高周期吞吐后热化学复合蒸汽驱转方式大幅度“三提”开发技术

王　泊　李德儒　李长宏　黄青松　李洪生　甘红军　吴　晓　盛婉月　高盼盼

（中国石化河南油田公司）

摘　要　河南油田浅薄层稠油热采开发面临着诸多困难，高周期蒸汽吞吐后地层平剖面非均质加剧、地层亏空严重、多向复杂汽窜严重等，扩大蒸汽有效波及体积难度大，需要转变开发方式，提高采收率，提高开发效果效益。在此背景下，以低效无效关停状态的井楼油田中区楼3711井区六个井组为典型代表区块进行了热化学复合驱中石化重大开发先导试验，自2021年9月30日实施至2022年6月，呈现出“两低一异”（见效率低、油汽比低、见效井差异大）的特点，面临“三场”认识不清，调整对策不明的局面。通过深入开展井楼油田中区热化学复合蒸汽驱动态调整技术研究，优化了热化学复合蒸汽驱注采参数，得出氮气泡沫、驱油剂辅助蒸汽驱最优调整方案，方案预测热化学复合蒸汽驱开发9年，提高采收率28.1%。现场应用取得大幅度“三提”的显著开发效果，为国内外同类油藏同阶段提高开发效果起到很好的借鉴指导引领作用。

关键词　稠油油藏；热化学复合；蒸汽驱；注采参数；三提开发

稠油为油层条件下原油黏度大于50mPa·s，相对密度大于0.920的原油。全球稠油资源丰富，主要分布在加拿大、委内瑞拉、美国和中国。中国是世界第四大稠油资源国，稠油资源主要分布在辽河、胜利、新疆和河南油田。河南稠油油藏埋藏浅、成岩作用差，储层多为泥质、沥青质胶结，油藏具有“浅、薄、稠、松、小”的地质特点。

秦冰在胜利油田稠油中利用驱油剂辅助蒸汽驱对单家寺稠油和孤岛稠油进行了现场试验，发现微乳液质量分数为1%时，降黏率达到90%以上；加入质量分数2%的微乳液驱油剂，可提高稠油热采采收率10%以上，表明微乳液型驱油剂具有良好的驱油应用前景。毕长会在河南油田新浅45断块7个蒸汽驱井组上利用氮气泡沫辅助蒸汽驱技术进行现场应用，工艺成功率和措施有效率均为100%；泡沫辅助蒸汽驱后油汽比从0.1提高到0.15，累增油2501.9t。辽河油田齐40块进行了泡沫辅助蒸汽驱试验，试验前对注入参数进行了优化，对3个注汽井组共实施氮气泡沫辅助蒸汽驱6轮次现场试验，共注入高温发泡剂27.9t，氮气量$16.18\times10^4Nm^3$，工艺成功率100%，累增油1479t。在吞吐高周期区块，注入氮气泡沫可使周期含水率降低8.6%，累积产油量增加1668.0t，表明氮气泡沫可有效提高地层能量和封堵汽窜通道，达到调整吸汽剖面的目的，在提升最终采收率方面起到了关键作用。

本文以井楼油田中区为例，该油田属于典型的浅薄层稠油油藏，吞吐后期出现了高周期、高递减率、高含水率、高成本、低地层压力和低油汽比的状况，楼3711井区六个井组处于低效无效关停状态，转变开发方式迫在眉睫，但利用单纯蒸汽驱技术具有较大风险。随着对氮气和驱油剂性能研究的深入，氮气泡沫辅助蒸汽驱技术和驱油剂辅助蒸汽驱技术被广泛应用于油田的开发过程中。研究可以为浅薄层稠油油藏进行热化学复合蒸汽驱开发优化提供参考，有助于解决浅薄层稠油储层开发后期产含水率高、剩余油分散的问题。

1　油藏概况

目标油田位于高庄南鼻状构造的东侧，是一个由东南向西北逐步上升的单斜构造，具有145°的倾向和9.8°的倾角，其高部位受到剥蚀面的影响，与西部断层的距离大约为300m。该油层的埋藏深度在160~230m之间，有效油层的范围是2~10m，平均孔隙度为32%，平均渗透率为1.66D。地面原油的密度为$0.9535g/cm^3$，而在油层温度下，脱气原油的黏度为18000mPa·s，这表明它是一个浅层、高孔高渗、特稠油储层。

2　模型建立及历史拟合

首先，通过对目标油田浅薄层稠油油藏地质特征和开发现状进行分析，利用油藏数值模拟软件 petrel 建立数值模型。然后对全区的储量、产油、含水率以及单井产油、含水率进行历史拟合。在此基础上，对注汽注采参数、氮气泡沫辅助蒸汽驱参数和驱油剂辅助蒸汽驱参数进行设计优化，确定出最优参数组合。

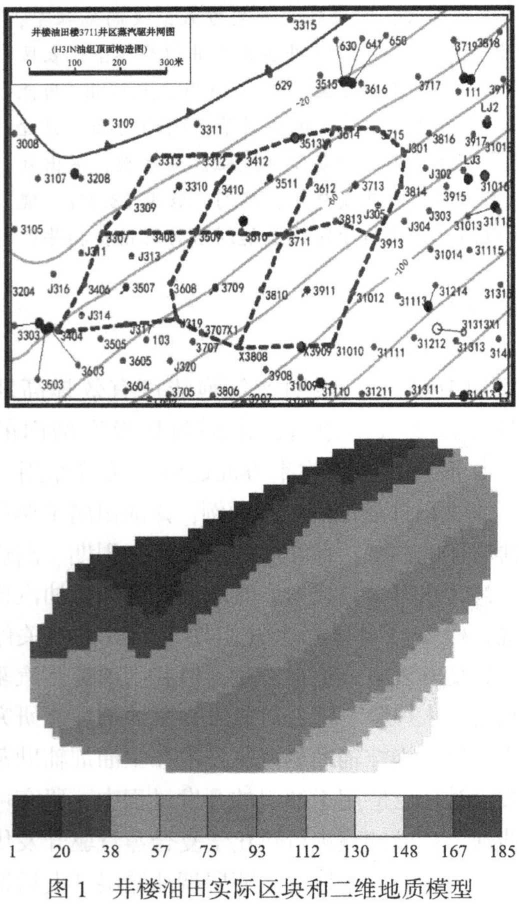

图 1　井楼油田实际区块和二维地质模型

2.1　模型建立

根据目标油田的油藏地质特征，建立了浅薄层稠油区块的数值模拟模型，粗化后的网格平面上是 25×25m，纵向上分为 16 个层，其中有 6 个隔层。油藏参数见表 1、图 2、图 3。三维数值模型初始压力，孔隙度，渗透率分布场图见图 4。

表 1　油藏数值模型主要参数表

参　数	取　值
油层埋藏深度/m	160~230
油层有效厚度/m	2~10

续表

参　数	取　值
平均孔隙度/%	32
平均渗透率/D	1.66
原始含油饱和度/%	65
原始油层压力/MPa	2.2
原始地层温度/℃	24.9
地面原油密度/(g/cm^3)	0.9535
岩石压缩系数/kPa^{-1}	1.56×10^{-5}
岩石体积热容/J·(m^3·℃)$^{-1}$	3.46×10^5
岩石热传导系数/J·(m·day·℃)$^{-1}$	2.74×10^5
岩石盖底层体积热容/J·(m^3·℃)$^{-1}$	2.35×10^6
岩石盖底层热传导系数/J·(m·day·℃)$^{-1}$	1.5×10^5

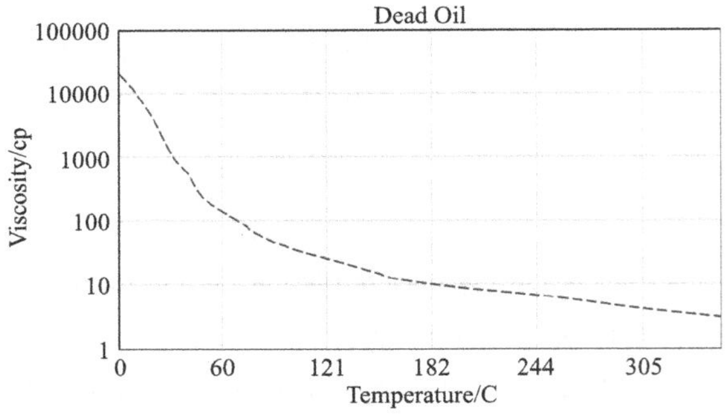

图 2　不同温度黏温关系曲线图

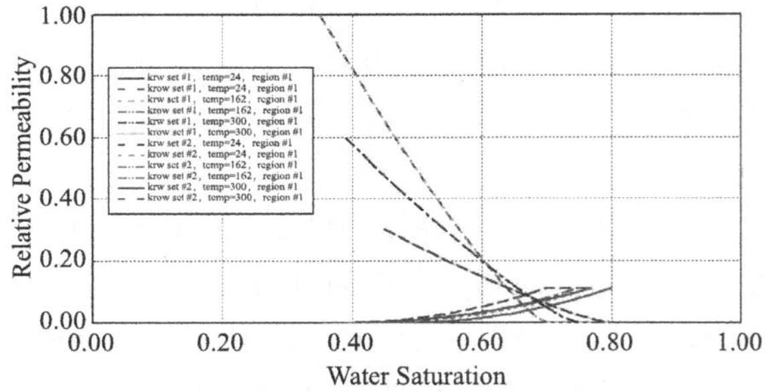

图 3　不同温度油水相渗曲线图

2.2　历史拟合

目标油田浅薄层稠油油藏地质储量拟合结果见表 2，从表中可以看出，地质储量拟合误差为 1.2%，储量拟合较好，为下一步数值模拟打下了基础。

表 2　地质储量拟合结果表

实际储量/×10^{4}t	模拟储量/×10^{4}t	误差/%
48.9	49.5	1.2

井楼油田目标区的累产油、累产水拟合结果见图 5 和图 6，从图中可看出，误差均小于 5%，满足实际要求。

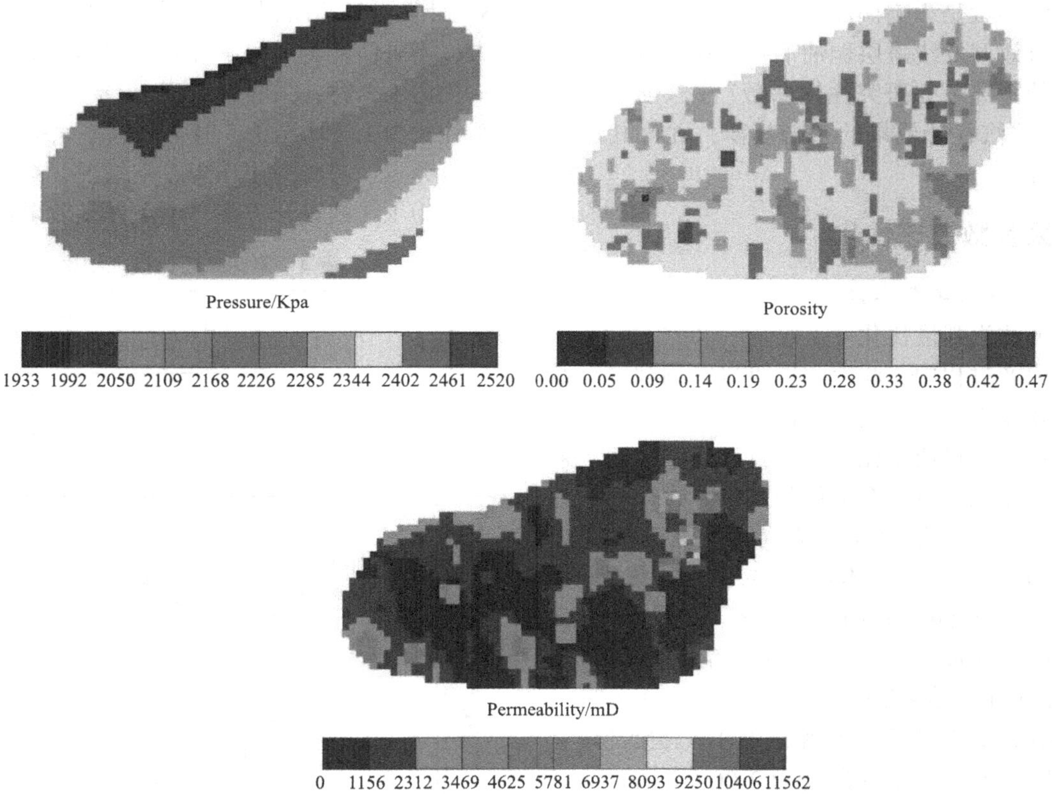

图 4 储层模型初始压力、孔隙度、渗透率分布图

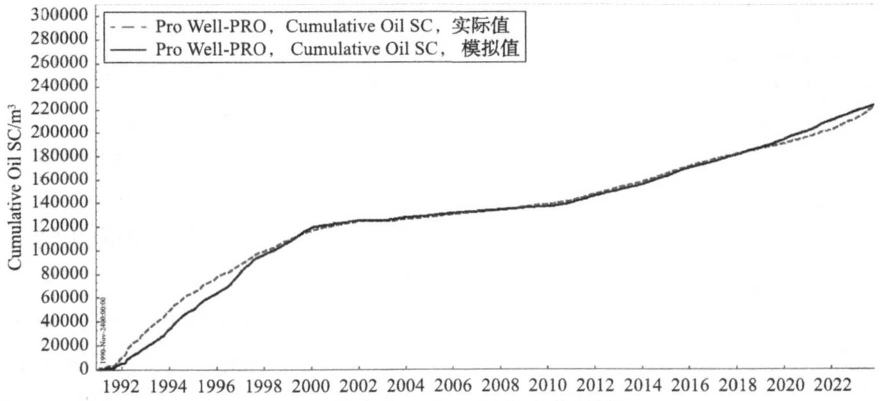

图 5 井楼中区全区累产油曲线图

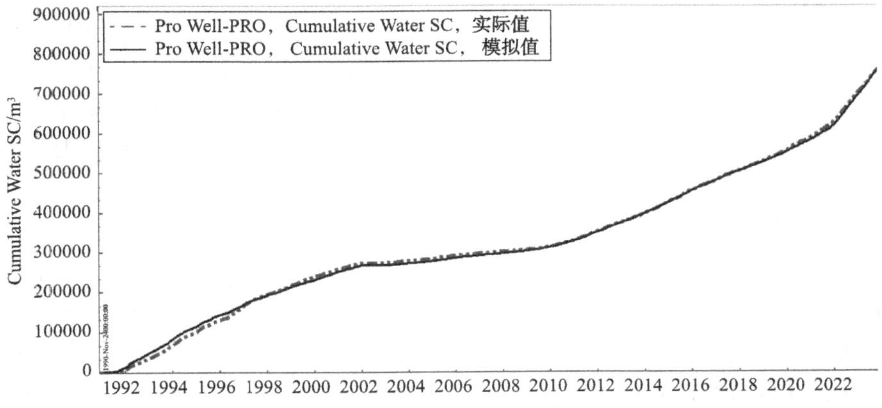

图 6 井楼中区全区累产水曲线图

多年的蒸汽吞吐开发实践表明，油层地质参数与注汽参数是影响稠油蒸汽吞吐效果的主要因素。为有效开发浅薄层稠油油藏，在油藏地质参数一定的情况下，研究注汽参数(注汽强度、采注比)对蒸汽吞吐效果的影响规律，并对其进行优化设计。

3 注采参数工艺优化

3.1 蒸汽注采工艺参数

(1) 注汽强度优化

在生产过程中，注汽强度直接影响到蒸汽吞吐的开发效果，在一定范围内，任一周期的产油量与蒸汽注入量成正比。对于具体的稠油油藏来说，蒸汽注入量有一个最优的范围。

井楼中区热化学复合蒸汽驱的汽窜体积为 $19.03\times10^4m^3$，热连通体积为 $492355m^3$。注入强度分别为 1.6t/(d·m·ha)、1.8t/(d·m·ha)、2.0t/(d·m·ha)、2.2t/(d·m·ha)进行模拟，以油汽比 0.1 为结束条件。模拟结果见表 3 和图 7，由计算结果可知，阶段采收率随着注入强度的增大先升高后降低，当注汽强度为 2.0t/(d·m·ha)时，所对应的阶段采收率最大为 18.16%。最佳注汽强度选择 2.0t/(d·m·ha)。

表 3　不同注汽强度模拟结果

注汽强度/(t/d·m·ha)	阶段采收率/%
1.6	12.29
1.8	14.21
2.0	18.16
2.2	17.24

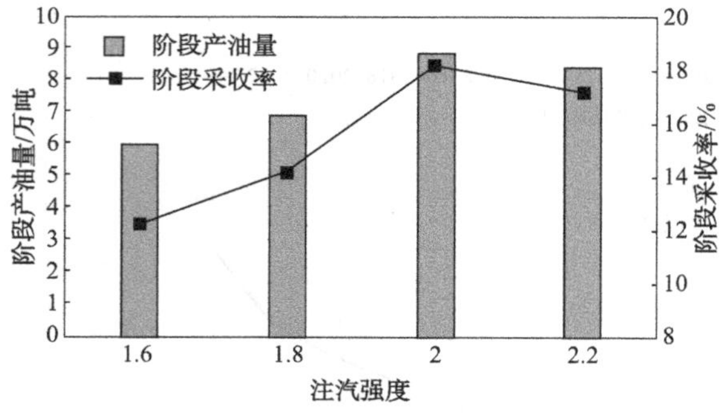

图 7　不同注汽强度的阶段产油量和阶段采收率

(2) 采注比优化

在上述最佳注汽强度 2.0t/(d·m·ha)条件下，注汽干度选择 0.7，分别对采注比 1、1.1、1.2、1.3 进行模拟，以油汽比 0.1 为结束条件，从中优选出最佳采注比。模拟结果见表 4 和图 8，计算可知，阶段采收率随采注比的增大而增大，当采注比为 1 时，采收率为 11.62%，当采注比为 1.3 时，采收率达到 18.88%，可以看出，采注比由 1.2 增至 1.3 时，采收率只提高了 0.72 个百分点，考虑地层压力亏空情况，最终选择采注比为 1.2 的设计方案，油藏开发效果最好。

表 4　不同采注比模拟结果

采注比	阶段采收率/%
1	11.62
1.1	14.85
1.2	18.16
1.3	18.88

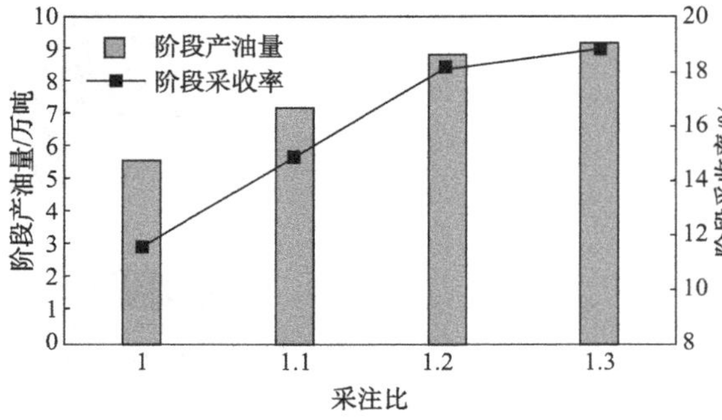

图 8　不同采注比的阶段产油量和阶段采收率

3.2 氮气泡沫辅助蒸汽驱注入参数优化

(1) 段塞大小优化

根据井楼油田中区稠油油藏注蒸汽开发后油藏的汽窜体积结果，以此来作为氮气泡沫用量的设计依据。目标井组调剖所需泡沫段塞大小分别选定为 0.1 倍汽窜体积、0.15 倍汽窜体积、0.2 倍汽窜体积、0.25 倍汽窜体积，发泡剂质量浓度 0.5wt%，注汽强度和采注比采用上述优化结果。模拟结果见表 5 和图 9，通过模拟结果可知，阶段采出程度和阶段产油量随着泡沫段塞体积先增大后减小，当氮气注入量为 0.2 倍汽窜体积时，阶段采出程度和阶段增油量达到最大值。所以，当氮气注入量为 0.2 倍汽窜体积时，氮气泡沫辅助蒸汽驱的效果最好，起泡剂和氮气的起泡能力达到最大，封堵高渗通道的能力最强。因此，选择段塞大小为 0.2 倍汽窜体积，油藏开发效果最佳。

表 5　不同段塞大小模拟结果

段塞大小	阶段采收率/%
0.1PV	12.35

续表

段塞大小	阶段采收率/%
0. 15PV	15. 42
0. 2PV	18. 16
0. 25PV	17. 06

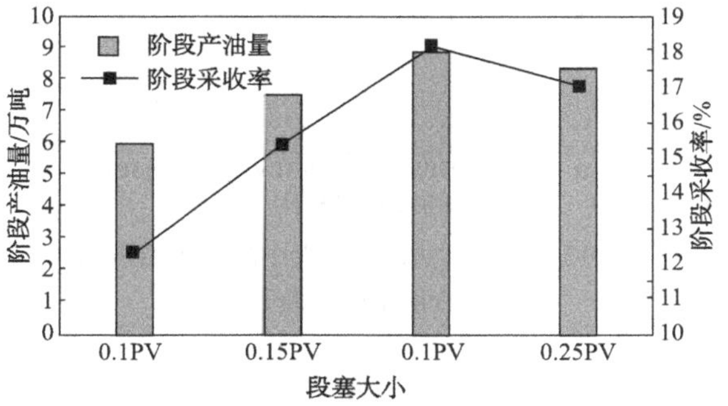

图 9　不同段塞大小阶段产油量和阶段采收率曲线

（2）气液比优化

气液比分别设定为 1：3，1：2，1：1，2：1，3：1，段塞大小取 0.2 倍汽窜体积，发泡剂质量浓度 0. 5wt%，注汽强度和采注比仍采用上述优化结果。模拟结果见表 6 和图 10，由模拟结果可知，纯蒸汽驱阶段累计产油量为 4. 85 万吨，阶段采收率为 9. 92%，随着气液比的增大，氮气泡沫辅助蒸汽驱的效果变好，当气液比为 1：1，阶段产油量为 8.88×10^4 吨，阶段采收率为 18. 16%。此时，氮气泡沫的稳定性较好，具有较强的堵水输油作用。所以，选择气液比 1：1 为最优值。

表 6　不同气液比模拟结果

气液比	阶段采收率/%
1：3	14. 89
1：2	15. 77
1：1	18. 16
2：1	16. 44
3：1	16. 20

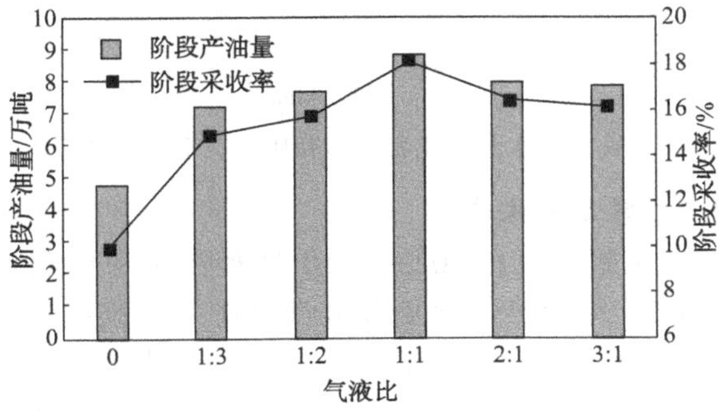

图 10　不同气液比阶段产油量和阶段采收率曲线

（3）注入方式

在保证发泡剂质量浓度、氮气泡沫用量，蒸汽注入强度，采注比一致的前提下，将注入方式分别设定为连续注入、两段塞注入、三段塞注入、五段塞注入，以油汽为 0. 1 作为模拟结束条件。模拟结果见表 7 和图 11，对比四种模拟结果发现，将一个段塞分为 3～4 个段塞注入相对于连续注入方式，增油量效果最好，阶段产油量为 9. 92 万吨，阶段采收率为 20. 29%。所以，注入时可以选择 3～4 个段塞的间歇注入方式。

表 7　不同段塞注入方式模拟结果

段塞注入方式	阶段采收率/%
连续注入	18. 16
2 段塞注入	18. 65
3 段塞注入	20. 29
4 段塞注入	19. 69

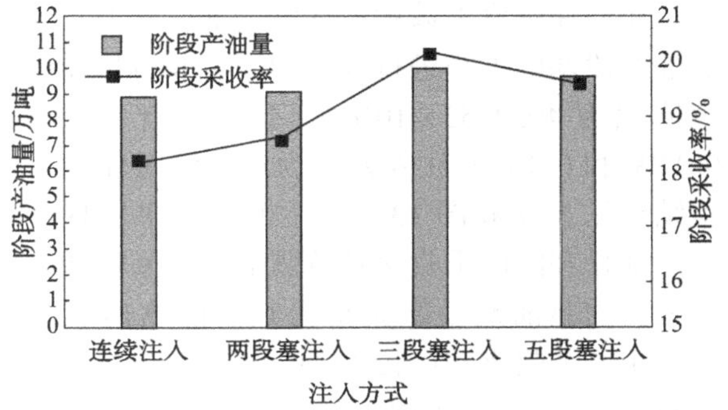

图 11　不同注入方式阶段产油量和阶段采收率曲线

3. 3　驱油剂辅助蒸汽驱注入参数优化

（1）驱油剂浓度优化

为了对比驱油剂开发效果的影响，在不考虑氮气泡沫调剖措施，将驱油剂浓度分别设为单纯蒸汽驱（无驱油剂）、注蒸汽过程中添加 0. 3wt%的驱油剂、注蒸汽过程中添加 0. 5wt%的驱油剂、注蒸汽过程中添加 0. 7wt%的驱油剂，注蒸汽过程中添加 0. 9wt%的驱油剂。设计驱油剂相同剂量，干粉 250 吨，模拟结果见表 8 和图 12，对比五种模拟结果发现，随着驱油剂浓度的增加，驱油剂辅助蒸汽驱阶段采收率逐渐增加，当驱油剂浓度达到 0. 5wt%～0. 9wt%时，阶段产油量和阶段采收率增加幅度较小，考虑到驱油剂的经济性，选择驱油剂浓度为 0. 5wt%为最优值。

表 8　不同驱油剂浓度模拟结果

驱油剂浓度/%	阶段采收率/%
0	9.92
0.3	11.82
0.5	15.01
0.7	15.17
0.9	15.56

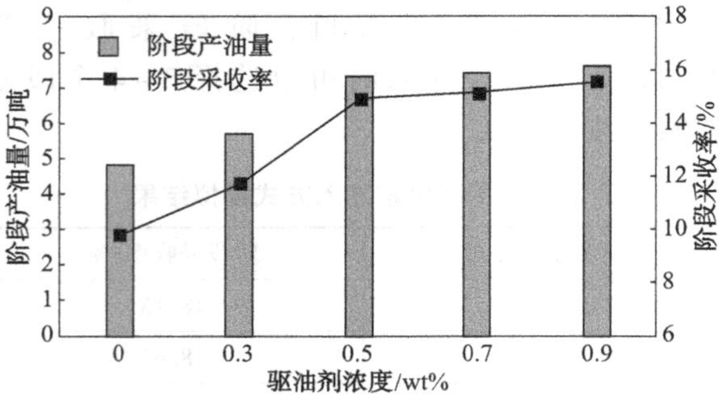

图 12　不同驱油剂浓度阶段产油量和阶段采收率曲线

(2) 驱油剂段塞大小优化

相同注蒸汽参数和最佳驱油剂浓度下，改变驱油剂段塞的大小进行效果预测。井组热连通孔隙体积为 $49.2355\times10^4m^3$，分别设计 0.05PV、0.1PV 和 0.15PV 注入方式为注蒸汽时伴注。模拟结果见表 9 和图 13，对比模拟结果发现，阶段产油量和阶段采收率随着驱油剂段塞的增大而增大，当驱油剂段塞大小为 0.1 倍热连通体积时，阶段采收率和阶段产油量分别为 15.01%和 7.34×10^4t，当驱油剂段塞大小为 0.15 倍热连通体积时，阶段采收率和阶段产油量分别为 15.44%和 7.55×10^4t。可以看出，驱油剂段塞为 0.1 倍热连通体积到 0.15 倍热连通体积时，阶段采收率增幅仅为 0.43%，考虑到驱油剂的经济性，驱油剂段塞大小选择 0.1 倍热连通体积为合适值。

表 9　不同段塞大小模拟结果

段塞大小	阶段采收率/%
0	10.33
0.05	13.05
0.1	15.01
0.15	15.44

3.4　浅薄层蒸汽驱有利条件

浅层地层压力 2MPa 情况下，蒸汽热焓值最高(见图 14)，汽化潜热比地层压力 10MPa 高出 100kJ/kg，比容更大，2MPa 水蒸汽比容是 5MPa 水蒸汽比容的 2 倍(见图 15)，蒸汽腔扩展范围更大。

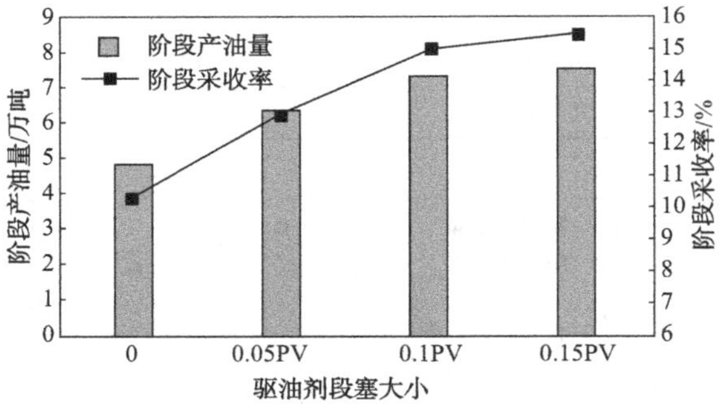

图 13　不同驱油剂段塞大小阶段产油量和阶段采收率曲线

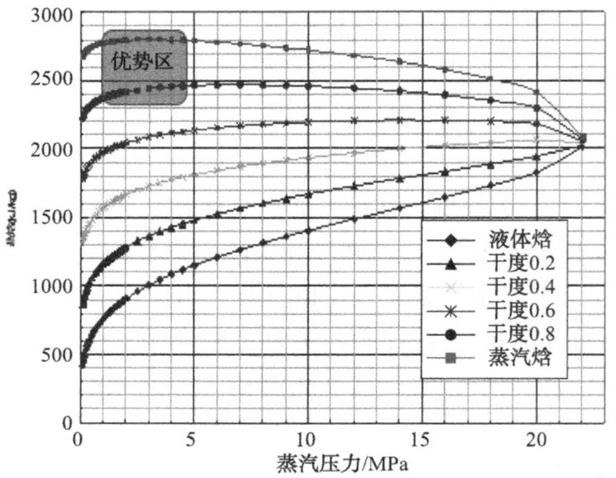

图 14　水蒸汽热焓值与饱和压力关系曲线图

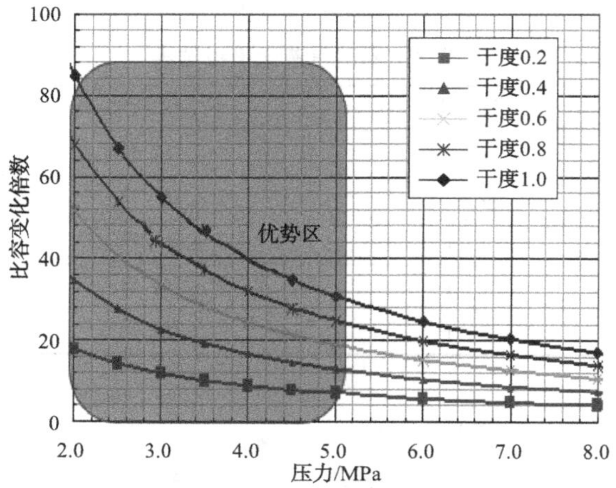

图 15　水蒸汽比容与饱和压力关系曲线图

3.5　提高采收率

试验区截止 2023 年 10 月蒸汽驱采出程度 5.4%，结合热化学复合蒸汽驱注采参数优化结果(表 10、图 16、图 17)，楼 3711 井区氮气泡沫、驱油剂辅助蒸汽驱开发预测 9 年(取经济极限油汽比 0.11)，累积注汽量为 115.71 万吨，累积注化学剂为341t，累积产液量为138.03万t，累积产油量为13.77万t，综合含水90.04%，油汽比0.119，最终提高采收率为28.1%。

表10 热化学复合蒸汽驱提高采收率效果表

年度	注汽量/万t	热化学复合（氮气泡沫、驱油剂）蒸汽驱						纯蒸汽驱年产油量/万t		
		氮气辅助蒸汽驱年产油/万t	驱油剂辅助蒸汽驱年增油量/万t	年产油量/万t	油汽比	平均含水率/%	采收率/%	年产油量/万t	油汽比	采收率/%
2024年	11.76	1.62	0.37	1.99	0.17	87.34	4.1	1.2	0.1	2.45
2025年	11.72	1.55	0.42	1.97	0.17	88.21	4.0	1.08	0.09	2.21
2026年	11.72	1.47	0.46	1.92	0.16	88.94	3.9	0.97	0.08	1.99
2027年	11.71	1.40	0.46	1.86	0.16	89.42	3.8	0.87	0.07	1.79
2028年	11.71	1.26	0.43	1.69	0.14	90.39	3.5	0.79	0.07	1.61
2029年	11.72	1.15	0.53	1.68	0.14	91.78	3.4	0.71	0.06	1.45
合计	70.34	8.45	2.66	11.11	0.16	89.35	22.7	5.62	0.08	11.5

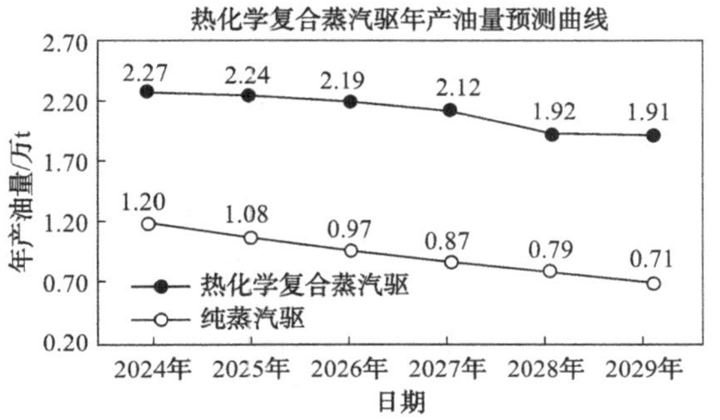

图16 热化学复合蒸汽驱年产油量预测曲线

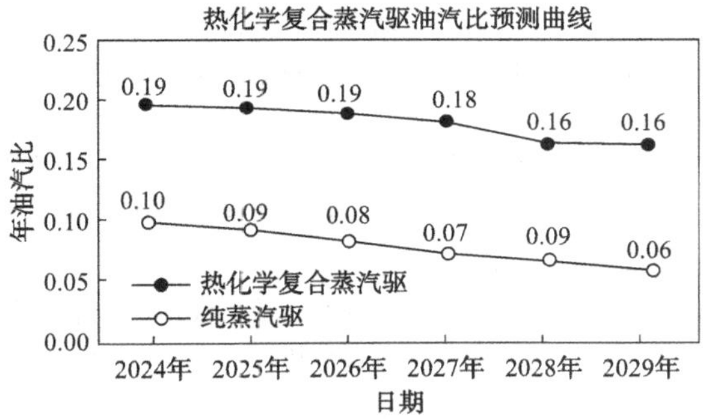

图17 热化学复合蒸汽驱油汽比预测曲线

3.6 现场应用效果

试验区自2021年10月份实施以来，累注汽3.16万t，累产油3.68万t，油汽比0.117，使得48.9万t地质储量高效开发动用，促使老油田再次换发青春；2023年3月进入见效峰值期（日产水平大于40），截至目前，连续峰值生产477天，累注汽12.56万t，累产油2.17万t，油汽比0.17，吨油操作成本2136元，比蒸汽吞吐下降1562元，降幅42.2%。现场应用见到了明显的“三提”（提高储量动用率、提高采收率、提高开发效益）效果，为国内外同类油藏同阶段提高开发效果起到了很好的借鉴指导引领作用。

4 结论

（1）在建立目标区块油藏地质模型和精细历史拟合的基础上，对热化学复合蒸汽驱注采参数进行了优化，得出最优方案为：最优注汽强度为2.0t/（d·m·ha），采注比为1.2：1，泡沫段塞最佳注入量为0.2倍汽窜体积，最佳气液比为1：1，注入方式选择3~4个段塞间歇注入方式，预测最终采收率将提高19.69个百分点。

（2）选取驱油剂、段塞大小、间歇方式为化学辅助蒸汽驱方案优化参数，优化结果为驱油剂浓度0.5%，段塞大小0.1PV（热连通体积），预测最终采收率将提高15.01个百分点。

（3）试验区截止2023年10月蒸汽驱采出程度5.4%，结合热化学复合蒸汽驱注采参数优化结果，楼3711井区氮气泡沫、驱油剂辅助蒸汽驱开发预测9年（取经济极限油汽比0.11），累积注汽量为115.71万t，累积注化学剂为341t，累积产液量为138.03万t，累积产油量为13.77万t，综合含水90.04%，油汽比0.119，提高采收率为28.1%。

（4）通过对热化学复合蒸汽驱油过程中关键参数的优化，可以实现高效、稳定、安全的驱油效果，研究可以为浅薄层稠油油藏进行热化学复合蒸汽驱“三提”开发优化提供参考，有助于解决浅薄层稠油储层开发后期产油量低，含水率高的问题。

（5）该技术有力地填补了该领域国内外技术空白，处于国内外领先水平，为国内外同类油藏同阶段提高开发效果起到了很好的借鉴指导引领作用。

参 考 文 献

［1］李秀娟．国内外稠油资源的分类评价方法［J］．内蒙古石油化工，2008，34(21)：61-62.

［2］LIU Zuodong，WANG Hongjun，BLACKBOURN G，etal. Heavy Oils and Oil Sands：Global Distribution and Resource Assessment［J］．地质学报(英文版)，2019，93(1)：199-212.

［3］张莉，祝仰文，王友启．稠油热采新技术研究现状及展望［J］．钻采工艺，2023，46(04)：64-70.

［4］姚国平．稠油加密井水洗油层资源再利用潜力分析——以河南油田为例［J］．石油地质与工程，2023，37(04)：56-60.

［5］秦冰，李财富，李本高．胜利油田稠油用微乳液型驱油剂研制［J］．石油与天然气化工，2017，46(02)：68-74.

［6］毕长会，王泊，白长奇，等．稠油热采氮气泡沫辅助蒸汽驱技术研究及应用——以河南油田稠油开发为例［J］．石油地质与工程，2014，28(06)：115-117.

［7］许俊岩．氮气泡沫辅助蒸汽驱技术在辽河油田齐40块的应用［J］．科技创新导报，2015，12(04)：15.

［8］王家鹏．浅薄层特稠油油藏强水淹后期高效开发对策［J］．内蒙古石油化工，2022，48(06)：121-124.

［9］常泰乐，杨元亮，高志卫，等．氮气泡沫在浅薄层超稠油油藏开发中的适用性［J］．新疆石油地质，2021，42(06)：690-695.

［10］卢川，刘慧卿，卢克勤，等．浅薄层稠油油藏氮气泡沫调驱适应性研究［J］．油气地质与采收率，2013，20(01)：70-73+115-116.

［11］汪全林，唐海，吕栋梁，等．低渗透油藏启动压力梯度实验研究［J］．油气地质与采收率，2011，18(1)：97-100.

［12］蒋瑞忠，陶磊，张娜，等．低渗非均质油藏水平井油水两相产能分析［J］．中国矿业大学学报，2008，37(3)：384-388.

［13］肖毓祥，吴忠宝，康丽侠，等．整体水力压裂油藏压裂缝地质模型［J］．油气地质与采收率，2008，15(1)：95-97.

［14］孙玉凯，宋洪庆，朱维耀，等．低渗透油藏非达西渗流地层压力计算方法及分析［J］．岩土力学，2009，30(增刊)138-141.

［15］张贤松，谢晓庆，陈民锋．低渗透断块油藏合理注采井距研究［J］．油气地质与采收率，2011，18(6)：94-96.

［16］沈瑞，熊伟，高树生，等．低渗透多孔介质单相流体非线性渗流及计算方法［J］．武汉工业学院学报，2009，28(3)33-35.

［17］李小波，彭小龙，苏云河，等．低渗油藏水力压裂裂缝长度优化研究［J］．石油天然气学报(江汉石油学院学报)，2009，31(1)：304-307.

［18］胡德鹏，费永涛，刘宁，等．井楼油田中区稠油油藏蒸汽吞吐后期开发潜力分析［J］．石油地质与工程，2015，29(01)：110-112.

［19］霍梦颖，邵先杰，武宁，等．浅薄层特超稠油开发后期蒸汽驱注采参数优化［J］．重庆科技学院学报(自然科学版)，2017，19(05)：35-39.

［20］吴晓东，张玉丰，刘彦辉．蒸汽吞吐井注汽工艺参数正交优化设计．石油钻探技术，2007；35(3)：165-168.

［21］高达，侯健，孙建芳，等．水平井蒸汽吞吐经济技术界限．油气地质与采收率，2011；18(1)：92-94.

［22］马翠玉，刘月田，王春红，等．浅薄层稠油油藏水平井蒸汽吞吐注汽参数分析［J］．科学技术与工程，2013，13(08)：2203-2207.

渤海潜山裂缝油藏注气提高采收率研究

姜　永　吴金涛　吴浩君　黄　磊　郑　华

[中海石油(中国)有限公司天津分公司]

摘　要　渤海海域BZ油田为国内外罕见的变质岩潜山裂缝强挥发性油藏，高温高压下流体相态、双重介质油藏注气渗流规律复杂。为指导油田注气高效开发，开展了室内地层流体注气混相驱替机理实验研究，分析了注气对驱油效率的影响。结合油田流体相态特征，建立了双重介质油藏组分模型，开展了循环注气方案参数优化研究。实验结果表明：注入伴生气与强挥发油体系溶解性较强，表现为中间烃、中质组分溶解凝析与萃取抽提并存的混相驱替机理。当地层压力大于35.79MPa时，注入气与地层原油能够达到较好的混相效果。数值模拟优化结果表明：注气可以显著提高原油的采收率，天然能量开发原油采收率为16.3%，采用注气开发原油采收率可达到28.4%。推荐BZ潜山裂缝油藏回注率为80%，回注年限为15年，高峰采油速度为4%，通过注气混相驱替机理实验和数值模拟优化得到的最优注气策略，成功指导了BZ油田注气方案编制及实施。研究成果对类似油气田的注气开发具有一定的指导意义。

关键词　潜山；裂缝；混相；注气；回注率

近年来随着渤海油田勘探开发力度的加大，在太古界变质岩潜山中陆续发现了一系列的油气藏，其中最为重要的发现包括渤中凹陷的BZ变质岩潜山裂缝型油藏，其油气储量规模达到亿方级，目前该类油藏已成为渤海油气勘探开发的重要领域。该类油藏埋深深，储层具厚度大、低孔低渗、非均质性强、空间结构复杂、裂缝随机分布及裂缝倾角较大等特点。流体表现为低密度、低黏度、凝固点高、含蜡量高、溶解气油比高、体积系数大、地饱压差小的特点，由于储层及流体的复杂性，使得该类油藏注气开发存在巨大的挑战。关于注气开发提高原油采收率的研究，目前已有诸多成果，李秀莲结合华北古流体性质及储层发育特征，通过室内实验研究了注气提高采收率机理。董炳阳针对胡96块低渗挥发性油藏，通过长岩心实验，探索了CO_2驱合理注入时机。张硕采用核磁共振技术，从微观孔隙角度分析了CO_2混相气驱、非混相气驱渗流机理。陈林针对KKY一X_52^5挥发性油藏，开展了注气驱油机理及开发效果研究。郭平针对大安寨裂缝性特低渗碳酸盐岩油藏，开展注烃类气驱油提高采收率室内实验研究。陈妍以兴古变质岩潜山油藏为目标，对注气开发驱油机理及开发方案设计进行了研究。梁飞以辽河潜山油藏为例，开展了裂缝性潜山油藏注气开发技术研究。关于注气提高采收率方面的研究主要是针对常规流体及低渗油藏，而对于潜山裂缝近临界强挥发性油藏注气开发的研究较少。渤海BZ油田为国内外罕见的潜山裂缝强挥发性油藏，裂缝发育且非均质性强，高温高压下流体相态、双重介质油藏注气渗流规律复杂。为指导油田注气开发方案设计，通过室内实验、数值模拟方法，开展了注气提高采收率机理及注气参数优化研究，有效指导了BZ油田开发方案编制及实施，研究成果对类似油气田的注气开发具有一定的借鉴意义。

1　油田概况

BZ油田位于渤海海域渤西南构造脊西支的渤中13构造脊上，该区块夹持在渤中凹陷主洼和西南洼之间，受北东向、南北向断层控制，整体为被一系列断层复杂化的半背斜构造，目的层为太古界变质花岗岩潜山，油藏埋深为4500~5100m。太古界潜山岩性主要以变质花岗岩为主，潜山储层整体自上而下分为风化带和潜山内幕裂缝带。储集类型为孔隙-裂缝型，区域构造整体发育中高角度缝(30°~80°)，裂缝走向以近东西向为主，平均孔隙度3.4%~4.5%，渗透率0.86~1.85mD，表现为特低孔、特低渗的特点。地面原油具有低密度、低黏度、低含硫、高含蜡、高凝固点的特点。地面原油密度(20℃)为0.811t/m^3、地面原油黏度(50℃)为2.400mPa·s、凝固点为24℃、含蜡量为21.84%，含硫量为

0.03%。地层原油呈现黏度低、溶解气油比高、体积系数大的强挥发油特征，地层原油黏度为0.270mPa·s，原油体积系数为3.055，溶解气油比为682m³/m³。

2　开发方式优选

2.1　流体特征分析

BZ油田地层流体PVT分析结果表明，井流物中CO_2含量为4.43%，N_2含量为0.42%，CH_4含量为66.11%，中间烃($C_2 \sim C_6$)含量为15.74%，C_{7+}含量为13.30%。地层温度为175.1℃，原始地层压力46.00MPa，地层原油饱和压力为45.40MPa。在地层条件下，原油表现为近临界态强挥发油的性质(图1)。对于此类油藏，地层压力低于饱和压力时，原油收缩相当快，脱气严重，气油比将急剧上升，而且脱气过程中，原油中相当数量的中间烃从液相转化为气相，使原油的烃组分损失很大，导致原油最终采收率大大降低。

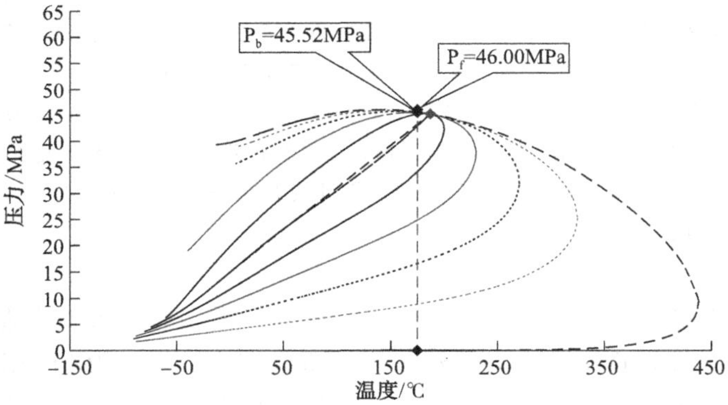

图1　BZ13-2-5井PT相图(强挥发油)

2.2　开发方式确定

国内外类似油田主要是采用注水或注气保压开发，防止原油收缩、油井脱气，提高原油采收率。结合数值模拟对比分析BZ油田不同开发方式下的开发效果。主要有以下认识：

(1) 该类油藏不宜采用天然能量开发，由于地饱压差小，天然能量弱，弹性能量不足，油藏靠弹性和溶解气驱采收率低，在开采过程中，随着地层压力不断下降，当地层压力低于饱和压力后，地层原油大大收缩，脱气严重，油井气油比急剧上升，降低原油采收率，天然能量开发原油采收率仅为16.1%。

(2) 注水开发在一定程度上可以改善油田开发效果，由于BZ油田储层特低孔、特低渗的特点，在注水过程中，注水压力受到地层破裂压力的限制，使得注水不能满足油藏开发需要，因而注水开发地层压力保持水平较低，最终预测注水开发采收率为21.2%。

(3) BZ油田采用注气开发可显著提高原油采收率，采用注气开发，部分中-低孔隙中的原油也可以动用，有效驱替基质孔隙中的残余油，提高低渗储层波及体积。数值模拟预测注气开发采收率能达到28.4%，比注水开发采收率提高7.2%。综合对比分析不同开发方式下的开发效果，推荐BZ油田采用注气开发，油田属于高气油比的强挥发性油藏，可充分利用伴生气资源，提高油田的经济效益。

3　注气提高采收率混相机理实验

通过开展室内实验条件地层流体向前、向后多次接触实验，分析注入气与地层流体多次接触混相驱替机理。①向前接触实验：注入气推进前缘与其接触的地层原油不断接触，通过溶解凝析和蒸发抽提作用进行相间传质，从而模拟注入气在油藏中向前驱油过程相态变化；②向后接触实验：注入井不断注入气与地层中的流体接触，通过溶解凝析和蒸发抽提作用进行相间传质，从而模拟注入气的尾部的相态变化。

实验结果表明：向前接触时气相中间烃含量逐渐减少，中质组分含量逐渐增多，第一次接触后，原油中间烃含量变化不大，表现为中间烃、中质组分溶解凝析—萃取抽提并存的驱替机理(图2)；向后接触时气相中间烃含量逐渐增多，中质组分含量逐渐减少，第一次接触后，注入气的中间烃含量最少、中质含量最多，表现为中间烃、中质组分溶解凝析—萃取抽提并存的驱替机理(图3)。

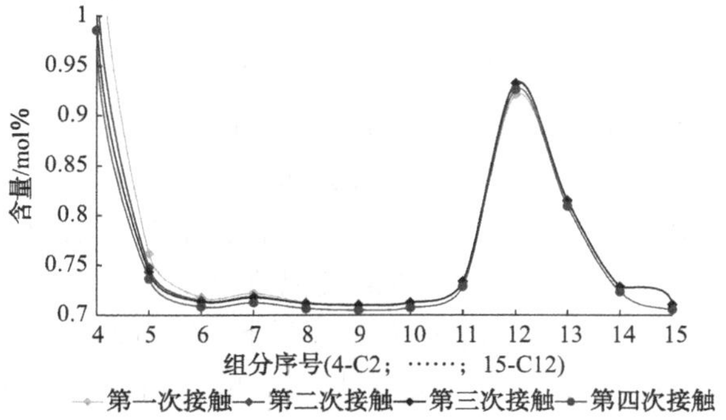

图2　向前接触各级气相组分中间烃分布图

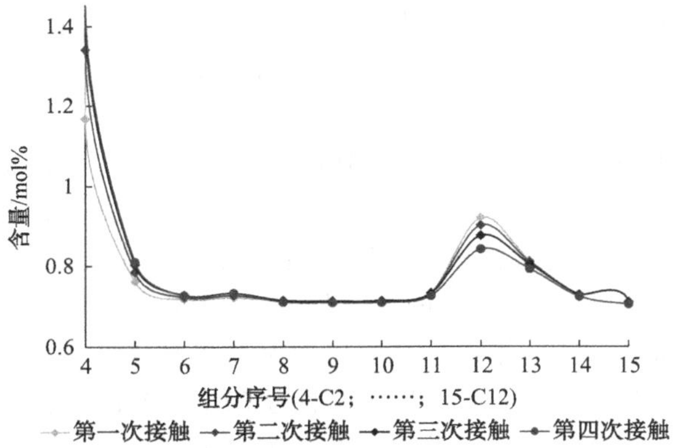

图3　向后接触各级气相组分及中间烃分布图

由于BZ油田流体组分中中间烃含量相对较高，且含有一定的CO_2，采用伴生气回注开发，注入气与地层流体溶解性较强，因而主要表现为以向后接触的注气混相驱油机理。

4　长细管最小混相压力研究

实验利用细管测定注入气与流体的混相压力，实验温度为地层温度175.1℃，混相压力测试压力点，实验参照标准SY/T 6573—2016《最低混相压力细管实验测定法》来进行，以确定地层原油最小混相压力(图4)。

实验温度为175.1℃，实验测试点压力分别为28MPa、32MPa、34MPa、35MPa、37MPa、39MPa，注入气为油田采出伴生气。不同地层压力条件下开始注气，气油比、驱油效率随注入孔隙体积倍数的变化规律见图5、图6，可以看出，随着注入压力的提高，注入气突破时间相对较晚，原油采收率越高。同时，随着注入PV数的不断增加，驱替效率逐渐提高，但气窜后驱油效率增幅逐渐减小。

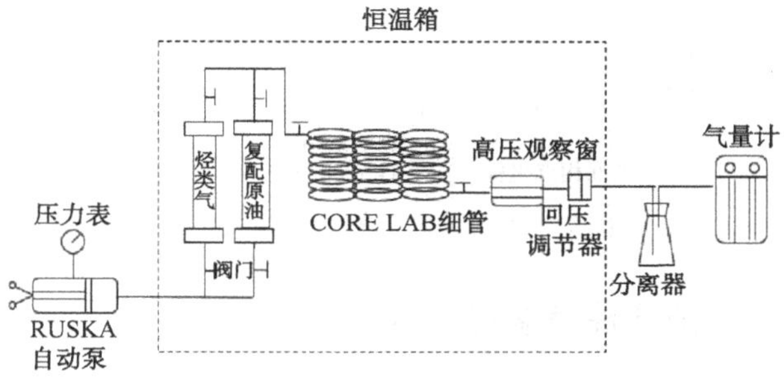

图4　细管实验流程图

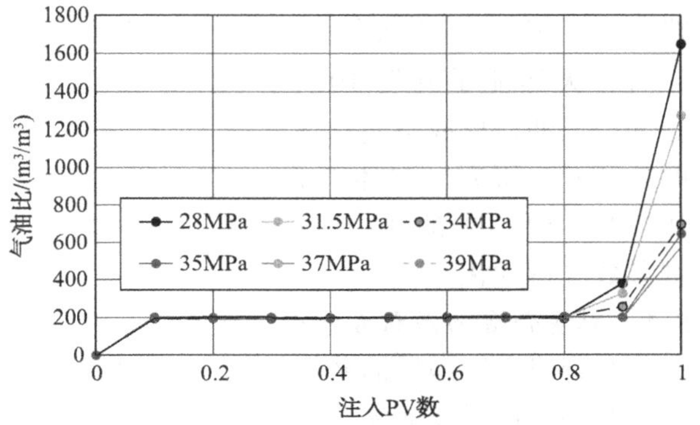

图5　不同压力下注入气PV数与气油比的关系

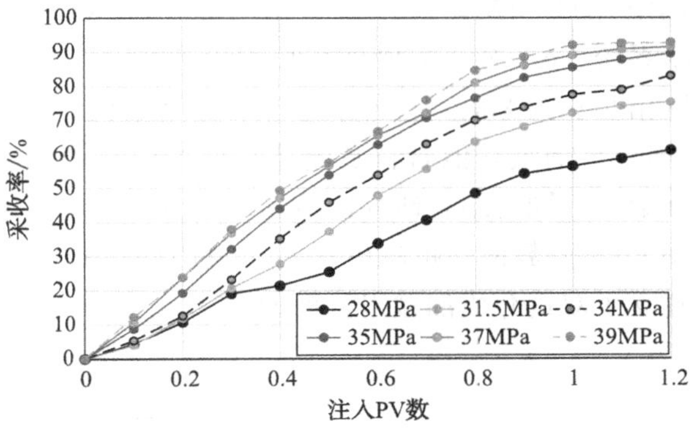

图6　不同压力下注入气PV数与驱油效率的关系

通过开展不同压力下的注气驱替实验，获得驱替效率与驱替压力的关系曲线，其拐点所对应的压力即为最小混相压力。实验驱替至1.2倍孔隙体积后将不同压力下的最大驱替效率绘制在同一坐标内，未混相压力点趋势线与混相压力点趋势线的交点对应的压力即为最小混相压力，不同压力下最终驱油效率见图7，实验结果表明，当注入压力大于 35.79MPa 时，驱油效率超过了 90%，达到了混相驱效果。

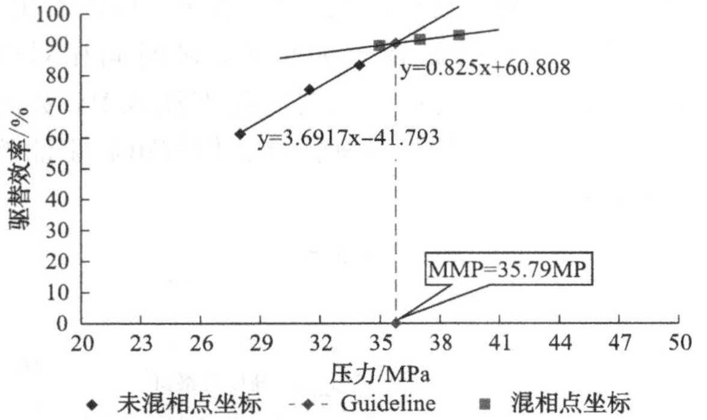

图 7　注入压力与驱油效率关系图

5　循环注气参数优化

通过调研国内外相似油田开发经验，同时结合 BZ 油田井位部署研究成果，采用以下开发策略：(1)采用一套开发层系；(2)伴生气回注 15 年后转天然能量开发 10 年；(3)高部位注气、低部位采油，形成空间立体井网；(4)采用大斜度井开发。研究区整体部署 14 口开发井，4 口注气井，10 口采油井。通过数值模拟对注气关键参数进行优化。

5.1　双重介质油藏组分模型的建立

结合研究区地质油藏特征，充分利用已有地震、测井、地质及流体分析化验等原始资料，利用 Petrel 软件建立了 BZ 油田潜山裂缝油藏地质模型(图 8~图 9)，该模型采用 205×62×130 网格系统，X、Y 方向网格步长均为 100m，Z 方向网格步长为 8m，基质与裂缝系统储量比约为 9∶1。该油藏其他岩石及流体物性均取自现场实际数据，同时结合研究区流体取样分析资料，采用 Eclipse 数值模拟软件进行了 PVTI 组分拟合，建立了双重介质油藏组分模型。

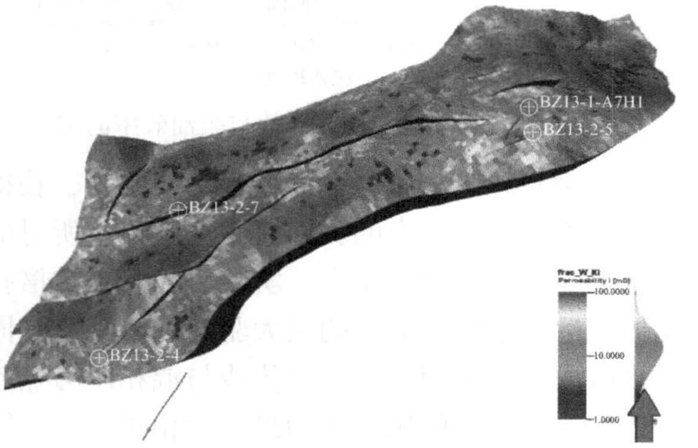

图 8　裂缝渗透率分布

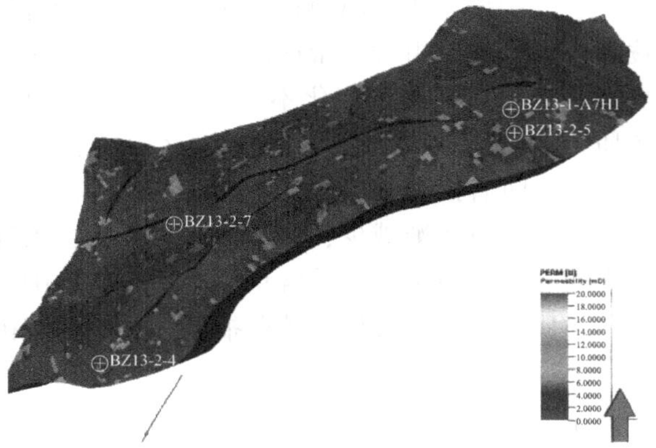

图 9　基质渗透率分布

5.2　回注率对提高原油采收率分析

为了研究回注率对 BZ 油田注气开发效果的影响，设计了 4 个方案：回注率分别为 100%、80%、60%、40%。数值模拟研究结果表明，在相同回注年限和衰竭开发年限下，随着回注率的提高，采收率并不是单调递增的，当回注率由 40%增加到 80%时，原油采收率由 22.3%提高到 28.4%。而当回注率增加到 100%时，采收率反而降低至 28.2%(表 1)。分析主要原因是 BZ 油田为裂缝型油藏，注气开发有气窜风险，注气阶段注采强度越大，回注率越高，裂缝系统气油比上升越快(图 10)，而基质动用差；注气阶段适当降低地层压力利于减缓气窜，同时充分利用基质弹性能提高基质储量动用。结合长细管最小混相压力实验研究成果，推荐油田注气回注率为 80%，注气结束后地层压力保持水平维持在近混相压力区间(压力保持水平为 70%~75%)，能够获得较高的采收率及较好的经济效益。

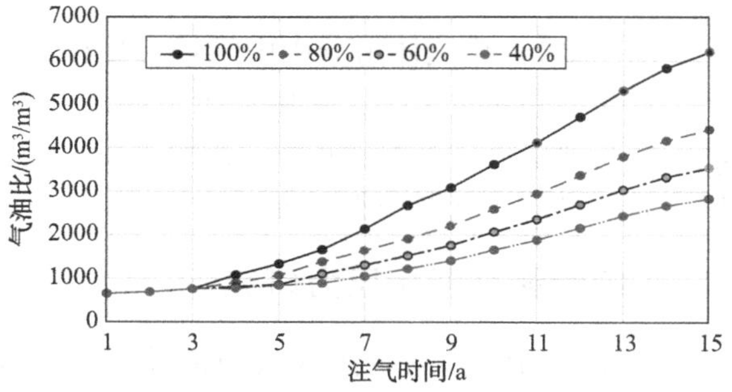

图 10　不同回注率下气油比对比图

5.3　回注年限对提高原油采收率分析

设计伴生气回注年限分别 10 年、15 年、20 年、25 年、30 年，回注结束后再衰竭开发 10 年，对比分析不同回注年限对开发效果的影响(表 2)，结果表明，随着注气年限延长，注入孔隙体积倍数由 0.31 提高到 0.76，原油采收率由 28.4%提高到 32.7%，可以看出延长回注年限可以提高驱油效率，但是注气 15 年后，若继续延长注气时间，采收率提高幅度逐渐减小，主要原因为气窜突破达到一定程度后，注入气利用率低，难以进一步提高气驱波及体积。综合考虑可采储量规模、海上平台的寿命及经济性，推荐 BZ 油田注气年限为 15 年，可实现原油采收率 28.4%，相比衰竭开发原油采收率提高 12.1%。

表 1　不同回注率下采收率对比表

方　案	注入孔隙体积倍数	原油采收率/%	原油采收率增量/%	外输气采收率/%
衰竭开发 25 年	0	16.3		45.6
40%回注 15 年+衰竭 10 年	0.14	22.3	6.0	44.2
60%回注 15 年+衰竭 10 年	0.22	25.8	3.5	43.6
80%回注 15 年+衰竭 10 年	0.31	28.4	2.6	42.9
100%回注 15 年+衰竭 10 年	0.36	28.2	-0.2	42.1

表 2　不同注气年限下采收率对比表

方　案	注入孔隙体积倍数	原油采收率/%	原油采收率增量/%	外输气采收率/%
衰竭开发 25 年	0	16.3		45.6
80%回注 10 年+衰竭 10 年	0.17	21.8	4.7	43.2
80%回注 15 年+衰竭 10 年	0.31	28.4	6.6	42.9
80%回注 20 年+衰竭 10 年	0.52	30.1	1.7	42.6
80%回注 25 年+衰竭 10 年	0.63	31.5	1.4	42.1
80%回注 30 年+衰竭 10 年	0.76	32.7	1.2	41.8

5.4　采油速度对提高原油采收率分析

数值模拟优化结果表明：当采油速度低于 4%时，随着生产压差越大，油井产量越高，采油速度越快，在同样的开发时间内油藏的采出程度更高；当采油速度大于 4%时，由于生产压差的增大，导致采油速度过高，回注率一定时注入强度增大，注入气沿裂缝突破时间越早，油井气窜严重，气油比快速升高(图 11～图 12)，驱油效率低，采出程度呈下降趋势，综合分析推荐高峰年采油速度为 4%左右。

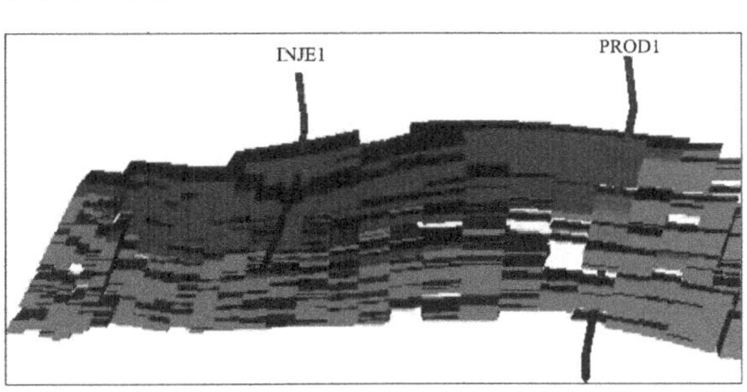

图 11　注气 3 年后含油气饱和度分布图(采油速度 4%)

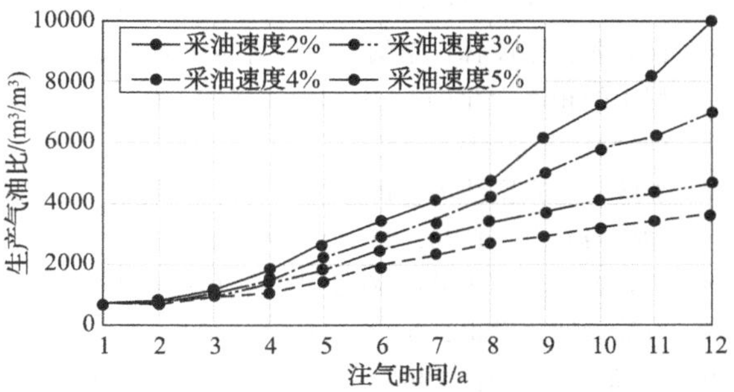

图 12　不同采油速度下注气阶段生产气油比变化

6　结论

（1）针对渤海 BZ 潜山近临界强挥发油藏，通过室内实验开展了室内地层流体注气混相驱替机理实验研究，分析了注气对驱油效率的影响。建立了双重介质油藏组分模型，优化了循环注气方案。

（2）实验结果表明：注入伴生气与强挥发油体系溶解性较强，表现为中间烃、中质组分溶解凝析与萃取抽提并存的混相驱替机理。当地层压力大于 35.79MPa 时，注入气与地层原油能够达到较好的混相效果。

（3）数值模拟优化结果表明：注气可以显著提高此类近临界原油的采收率，天然能量开发原油采收率为 16.3%，采用伴生气回注原油采收率可达到 28.4%，循环注气可大幅度改善油田的开发效果。

(4) 在循环注气的方案设计中，需确定合理的回注率及采油速度，对于裂缝性油藏注气，应充分考虑回注率及采油速度对气窜的影响，BZ油田最优的回注率为80%左右、采油速度为4%左右。

(5) 随着注气年限的延长，原油采收率增加的幅度逐渐减小，注气年限应综合考虑可采储量规模、海上平台的寿命及经济性。

参考文献

[1] 赵楠，王磊，孙雷，等．不同注入气体下低渗油藏注气开发室内评价究[J]．科学技术与工程，2020，20(4)：1379-1384.

[2] 陈林．柯克亚挥发油藏注气提高采收率机理研究[D]．成都：西南石油大学，2014.

[3] 聂法健．挥发性油藏天然气驱提高采收率技术与应用研究[J]．石油地质与工程，2017，31(1)：111-114.

[4] 张迎春，杨莉，顾文欢，等．深海挥发性油藏注气开发气油比变化规律研究及应用[J]．中国海上油气，2019，31(5)：107-112.

[5] 文玉莲，杜志敏．注气对挥发性原油饱和压力的影响[J]．新疆石油地质，2004，25(5)：520-522.

[6] 梅海燕，张茂林，李闽，等．挥发油油藏在注气过程中的相态变化[J]．中国海上油气(地质)，2003，17(5)：317-319.

[7] 李彦兰．安塞油田坪桥区注气可行性研究[J]．石油勘探与开发，1998，25(4)：69-71.

[8] 何右安．安塞油田长10油藏注气开发方式研究[J]．石油天然气学报，2012，34(9)：121-124.

[9] 付超．大张坨凝析气藏循环注气开发方案研究[[J]．石油勘探与开发，1999，26(5)：43-45.

[10] 肖朴夫，杨正明，王学武，等．室内注二氧化碳微观驱油机理研究[J]．西南石油大学学报(自然科学版)，2015，37(4)：161-165.

[11] 李秀莲，刘怡平，毛志君，等．华北古潜山油藏天然气驱机理及可行性研究[J]．特种油气藏，2007，14(1)：52-54.

[12] 董炳阳．低渗挥发性油藏 CO_2 驱注入时机室内实验研究[J]．石油地质与工程，2020，34(3)：81-84.

[13] 张硕．低渗透油藏 CO_2 气驱渗流机理核磁共振研究[J]．深圳大学学报理工版，2009，26(3)：228-232.

[14] 陈林，孙雷，刘新辉，等．KKY—$X_5 2^5$ 挥发性油藏注气驱油机理及实验效果研究[J]．油气藏评价与开发，2014，4(3)：43-49.

[15] 郭平，李士伦，张思永，等．裂缝性特低渗碳酸盐岩油藏注烃类气驱油室内实验研究[J]．石油勘探与开发，2001，28(2)：76-78.

[16] 陈妍，张玉．巨厚变质岩潜山油藏注气开发驱油机理及方案优化[J]．油气地质与采收率，2012，34(5)：119-123.

[17] 梁飞．裂缝性潜山油藏注气开发技术研究与实践[J]．中国石油石化，2013，30(1)：117-118.

[18] 梅海燕，张茂林，李闽，等．挥发油油藏在注气过程中的相态变化[J]．中国海上油气(地质)，2003，17(5)：317-319.

[19] Sage B H，Lacey W N. Gravitational concentration gradients in static columns of hydrocarbon fluids[J]. Trans AIME，1938，132：120-131.

[20] Lars H，Whitson C H. Compositional grading-Theory and practice[J]. SPE63085，2001.

复杂断块油田高含水期低产低效井综合治理研究

张振杰　朱志强　苏进昌　张国浩　刘　斌

[中海石油(中国)有限公司天津分公司]

摘　要　J油田是渤海辽东湾海域典型的复杂断块油田，平面上被辽中1号走滑断层分为东西两块共14个井区，纵向上分为东营组、沙河街组两套含油层系。目前油田主力区块整体已进入高含水、高采出程度的“双高”阶段，随着油田含水率逐渐升高，低产低效井的比例逐渐增加，严重影响油田的高效开发。针对J油田地质油藏特征和开发现状，从地质、油藏、钻完井以及井筒工艺等方面对低产低效井成因进行研究，针对不同井区低产低效井类型制定了平面分井区、纵向分小层、治理兼顾评价的实施策略，最大限度挖掘油田潜力从而高效开发油田。通过对J油田近年来低产低效井综合治理技术的研究和应用，形成了厚层油藏隔夹层控制下水平井挖潜、储层构型指导下注采井网调控、稠油乳化伤害破乳时机评价、大倾角边水油藏滚动评价以及海上电潜泵井空心杆电加热工艺等技术，成功指导24口低产低效井治理，新增探明原油地质储量$325×10^4m^3$。截至2023年12月已治理的井实现日增油$1250m^3$，预测到开发期末累增油近$95×10^4m^3$，治理成效显著。该低产低效井综合治理技术的研究与实践，为类似复杂断块油田低产低效井治理提供借鉴。

关键词　复杂断块；高含水期；低产低效井；综合治理；渤海油田

J油田位于渤海辽东湾海域，处于辽中凹陷中段的反转带上，被辽中1号走滑断层分为东、西两块共14个井区，构造整体较陡且具有继承性。油田自2011年投产至今先后经历了产量上升、含水上升产量递减以及产液结构调整稳产阶段，随着油田开发程度地不断深入，主力区块已整体进入高含水、高采出程度的“双高”阶段，低产低效井的比例逐渐增加，严重影响油田的高效开发。针对低产低效井的治理研究，国内学者进行了大量的分析与矿场实践，如甘丽琴等针对海上Q油田低产低效井成因从地质低效、油藏低效、工艺低效等三个方面分析，并针对不同类型的低产低效井类型制定了相应的治理措施；黄琴等针对渤海L油田低产低效井从地下、井筒、地面三个因素进行了研究，给出了低产低效井潜力评价方法，提出“一井一策”的治理方案；张俊廷等针对渤海稠油油田高含水期低产低效井从剩余油、砂体发育、储层非均质性、注采关系、钻完井污染及井筒完整性等方面开展研究。整体而言，低产低效井主要受地质、油藏、钻完井、工艺及井下配套装备等因素的影响。对于不同类型的低产低效井主要是从精细地质油藏认识开展注采调整及挖潜研究、钻完井及采油工艺攻关、侧钻等方式。另外，邓建明针对渤海油田勘探开发的不断深入，未来面临的挑战从复杂储层精细开发、井筒再利用及精准轨迹控制、平台空间资源利用及数字化油田建设等方面对低产低效井治理技术发展进行了展望。本文针对J油田地质油藏特征和开发现状，从地质、油藏、钻完井以及井筒工艺等方面对低产低效井成因进行研究，通过厚层油藏隔夹层控制下水平井挖潜、储层构型指导下注采井网调控、稠油乳化伤害破乳时机评价、大倾角边水油藏滚动评价以及海上电潜泵井空心杆电加热工艺等技术实现了低产低效井的治理和调整挖潜目的，油田开发效果得到明显改善，为类似复杂断块油田低产低效井治理提供借鉴。

1　低产低效井成因分析

目前渤海油田将单井日产油量低于$10m^3$或者单井采油强度在整个油气田后10%的井和单井月产水量在整个油田后10%的井视为低产低效油井，而对单井长期达不到配注量的水井视为低产低效注水井。系统梳理J油田低产低效井，可以分为地质、油藏、钻完井、工艺等几个方面的因素。

1.1　地质因素

地质因素导致的低产低效井分为两类：

(1) 开发井钻遇目的层物性差、储层薄、投产初期产量较好，随后出现低液量低油量的生产特征。E-5 井区开发方案设计为 1 注 2 采不规则井网开发，受古地貌控制，沉积具有“填平补齐”的特点，储层横向变化快，在沉积中心为多期多支砂体叠置，向边部逐渐变薄。开发井钻后多为薄、差油层，其中沙二段Ⅱ油组由钻前认识的层状构造油藏变为构造岩性油藏，油藏类型发生变化，整个井区储量规模也减少至 $50.82\times10^4m^3$，投产初期 2 口采油井合计日产油 $80m^3$，截至关停前累产 $6.3\times10^4m^3$，采出程度 12.4%。

(2) 虽然注水井与采油井钻遇储层较厚，但是由于处于不同支的水下分流河道内使得注采之间呈现弱连通特征，油井能量无法得到有效补充，导致流压下降，产液量逐渐降低形成低产低效井。E-1 井区开发方案设计为 2 注 3 采不规则井网开发，B7 采油井与 B29 注水井分别钻遇 57m、50m 储层，产吸剖面资料显示 B29 注水井在沙二段Ⅰ油组相对吸水量为 92.7%，而与之对应的 B7 采油井在沙二段Ⅰ油组相对产液量仅为 9.1%，两口井之间存在注采矛盾使得 B7 采油井低产低效。

1.2 油藏因素

油藏因素导致的低产低效井分为三类：

(1) 随着开发时间的延续，早期主力开发层位开采时间长，累产油多，油井井控区域采出程度高，基本达到现有技术条件下标定采收率，表现为高含水、低油量的生产特征。J-6 井区东三段Ⅱ油组为层状构造边水油藏，采用定向井与水平井联合的不规则井网开发，A4H 井为该区的 1 口水平采油井，该井 2011 年投产初期日产油 $82m^3$，目前日产油 $6m^3$，含水 82.4%，截至 2023 年底累产油 $9.8\times10^4m^3$，采出程度 32%，由于井控区剩余可采储量较小，产油能力逐渐下降，导致油井低产低效。

(2) 因周边缺少注水井或注采井网不够完善，油井出现能量不足、流压下降、液量下降情况。J-6 井区自投产来一直为天然能量开发，通过多年开发实践，该井区东三段中部区域 A3H 采油井逐渐表现出流压下降的特征，表明该区块注采井网不完善，由于注采井网不完善，使得地层能量无法得到有效补充而低产低效。

(3) 受地层原油性质影响，部分油井无水采油期生产稳定、产能较高，但是见水之后产液量和产油量快速降低，井口取样可见明显的乳化原油，因原油乳化伤害导致油井低产低效。J-5 井区东二段Ⅳ油组 A38H 井投产初期日产油 $70m^3$，基本不含水，随后含水逐渐上升，当含水率在 20%左右时产油量快速下降(图 4)，井口取样可见明显的乳化原油，分析是因为稠油遇水之后在一定条件下产生乳化，且油水乳状液随着含水率的增大黏度逐渐增加到最大值从而产生乳化伤害，导致油井低产低效。

1.3 钻完井因素

钻完井因素导致的低产低效井分为两类：

(1) J 油田主力开发层位东营组、沙河街组储层胶结较疏松，部分油井防砂管柱与地层匹配性较差，在中高含水期开发过程中油井出砂比例增加，造成井筒堵塞，导致油井低产低效。

(2) J 油田为复杂断块油田，受构造、储层、水淹等因素影响导致随钻过程中水平井井轨迹复杂，使得水平井在钻遇泥岩段时未能使用盲管完全有效封堵而裸露于井筒中，生产过程中泥岩段坍塌堵塞井筒，造成水平井生产异常而低产低效。

1.4 井筒及工艺因素

井筒及工艺因素导致的低产低效井主要是由于地层原油受到井底压力和温度的变化影响导致井筒结蜡堵塞，严重影响油井的正常生产。渤海高含蜡油田分布广泛，油田防蜡技术从化学防蜡到真空隔热油管防蜡，虽然取得了一定效果，但是受限于不同油田原油性质不同需要匹配相应的防蜡剂以及隔热油管受产液量、含水率等影响大，保温幅度有限等因素影响从而导致高含蜡油井低产低效。J-2D 井区东二段地层温度约 57℃，含蜡量 7.16%~8.48%%，测试析蜡点 37~39℃，实际采油井井口产液温度在 20~36℃之间，生产过程中频繁出现井筒堵塞问题，由于隔热油管防蜡技术保温幅度有限，使得该井区多口采油井产液量较低而低产低效。

2 低产低效井综合治理技术

针对 J 油田不同井区低产低效井类型制定了平面分井区、纵向分小层、治理兼顾评价的实施策略，开展了厚层油藏隔夹层控制下水平井挖潜、储层构型指导下注采井网调控、稠油乳化伤害破乳时机评价、大倾角边水油藏滚动评价以及海上电潜泵井空心杆电加热工艺等技术研究及矿场应用，最大限度挖掘油田潜力，低产低效井治理取得较好成效的同时又实现增储上产的目标。

2.1　厚层油藏隔夹层控制下水平井挖潜技术

隔夹层作为导致油田开发中后期水淹形式和剩余油分布复杂化的主要地质因素而成为开发地质研究的核心和热点。依据岩心资料及测井曲线特征，J-6 井区东二段Ⅴ油组发育多套隔夹层，且不同隔夹层发育特点不同。其中：1，2，3，4 小层间发育 3 套层间隔层，1 小层内部发育 1 套层内夹层，2 小层内部发育 2 套层内夹层，3 小层内部发育 1 套层内夹层，4 小层整体以泥岩为主，局部井钻遇薄砂层。本次选取 J-6 井区 11 口钻井，以夹层钻遇率为指标，对夹层分布特征进行统计分析(表 1)。

表 1　J-6 井区东二段Ⅴ油组夹层分布统计表

夹层	位置	不同井钻遇厚度/m											平均厚度/m	钻遇率/%
		A1	A3H	A4H	A5H	A6H	A9H	A10	A34	A47S1	A48S1	J-6		
1-1	1 小层内部	0.9	0.7	1	1.6	1.4	1.2	0.7		2.7	2.7	1.1	1.4	91
	1，2 小层间	0.6	2.8	2.6	3.5	2.9	3.6	3.9	3.4	3.6	3.4	1.7	2.9	100
2-1	2 小层内部	1.6	1.3	1.1	1.8	0.8	1.8	0.8	0.6		1.8	0.8	1.2	91
2-2			2.6	1.8	2.6	4.8		4.8	3.1	2.6	5.5	1.2	3.2	82
	2，3 小层间	2.1	1.9	2.3	2.3	1.7	3	2.6	2.1	3	1.9	2.9	2.3	100
3-1	3 小层内部	3.2	2.8	4.6			0.5	1.5	1.6	3.5	2.1	5	2.8	82
	3，4 小层间	2.8	2.3	3				2.3	1.8	4.8		3.1	2.9	64
4-1	4 小层内部			4.9				1.7	1.3	0.6			2.1	36

结果显示：层间隔层钻遇率明显高于层内夹层，反映其稳定程度高于层内夹层。考虑到 E-5 井区关停的注采井组潜力较小，根据层间隔层展布特征以及目前井网已开发层段，在构造高部位 2、3 小层层间隔层之上设计一口水平采油井(图 1)，2019 年通过 A46H1 井挖潜 1、2 小层内顶部剩余油，初期日产油 $68m^3$，截至 2023 年底累产油 $10.8\times10^4m^3$，取得了较好的挖潜效果。

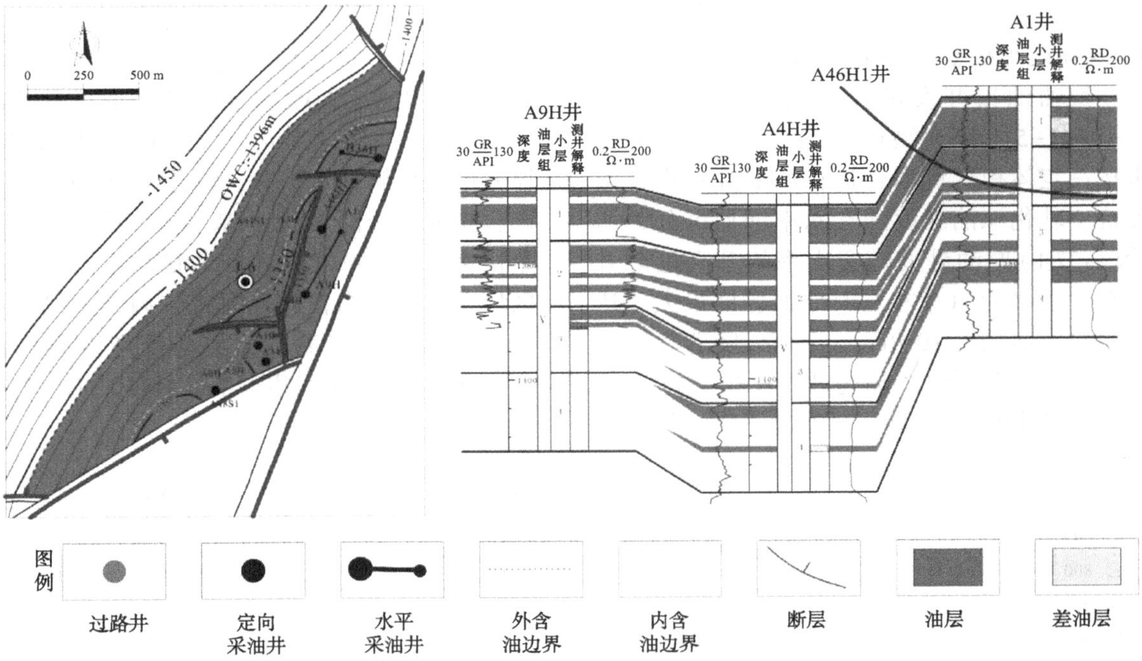

图 1　J-6 井区东二段Ⅴ油组调整井井位设计图

2.2　储层构型指导下注采井网调控技术

开展单砂体构型解剖、明确储层砂体间的连通性对于油田开发后期注采优化调整、剩余油挖潜具有重要意义。E-1 井区 B29 注水井和与之对应的 B7 采油井在沙二段Ⅰ油组存在注采矛盾使得 B7、B8 采油井低产低效，因此有必要开展单砂体精细解剖，明确注采井之间的砂体叠置关系。

首先利用钻井、录井、岩心、测井曲线等资料，依据“旋回对比，分级控制”原则进行小层划分与对比，随后根据自然伽马和电阻率曲线的变化以及复合砂体内部的隔夹层发育特征进一步识别出单一河口坝或水下分流河道沉积体界面，最后对水下分流河道、河口坝主体、河口坝侧缘等单成因砂体在垂向和侧向接触关系进行详细解剖。研究认为，B29 井与 B7 井、B18 井在沙二段Ⅰ油组均发育水下分流河道、河口坝、坝缘砂体，平面上为复合砂体连片分布，前期以油组为单元的复合砂体解剖之后内部接触关系非常复杂，多期沉积的水下分流河道、河口坝以及坝缘砂体在垂向上相互叠置切割，形成多种叠置样式(图 2)。B7、B18 采油井与 B29 注水井属于不同支的水下分流河道砂体，与 B9 注水井各期砂体则处于不同的构型单元内，因此注采之间的储层连通性较差，根据该认识对 B7 井转注，转注之后 B8、B18 增油显著，开发效果得到明显改善。

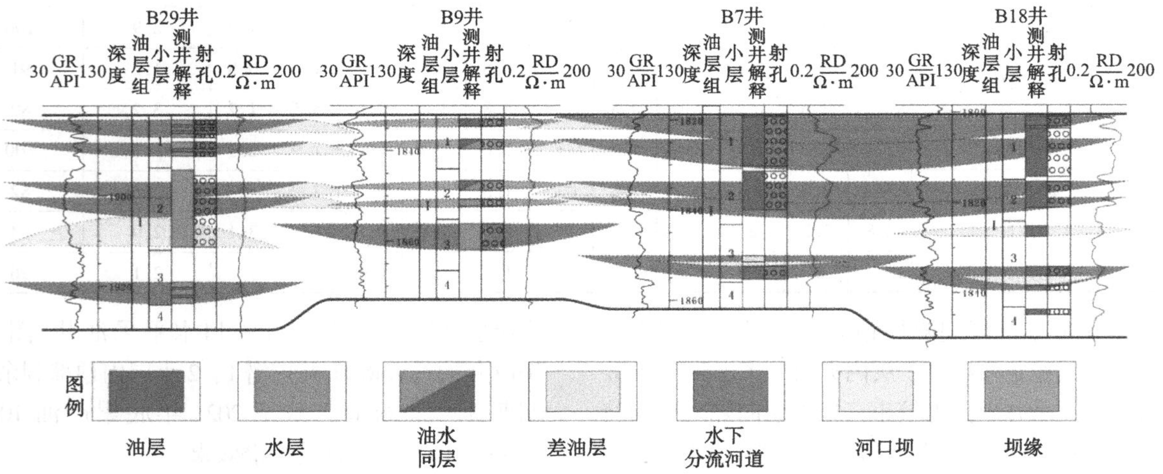

图 2　E-1 井区沙二段Ⅰ油组储层构型成果图

2.3　稠油乳化伤害破乳时机评价技术

在稠油油田开发过程中乳化伤害较为普遍，采用 J-5 井区典型稠油井的脱水原油和地层水按一定体积比例混合进行原油乳化伤害室内评价。乳化原油黏度随含水率增加可分为两个阶段：(1)原油黏度随含水率的升高逐渐升高，在含水率为 70%左右时原油黏度最大，达到了脱水原油黏度 10 倍以上；(2)随着含水率进一步升高，逐渐由“油包水”乳状液过渡到“水包油”乳状液，原油黏度迅速下降，待含水达到 80%后，乳化伤害自然解除，实验表明当含水率在 15%～80%时加入破乳剂可有效改善原油流动性[图 3(a)]。A38H1 井为 A38H 井原井位同层侧钻水平井，该井于 2020 年 4 月投产，初期日产油 $65m^3$，基本不含水，随后含水率快速上升，产液量和产油量均下降。根据该区块原油乳化伤害破乳时机室内评价结论，在见水之后滴注降黏剂，实现低产液井提液高产，截至 2023 年底累产油 $6.0\times10^4m^3$，取得了较好的效果[图 3(b)]。

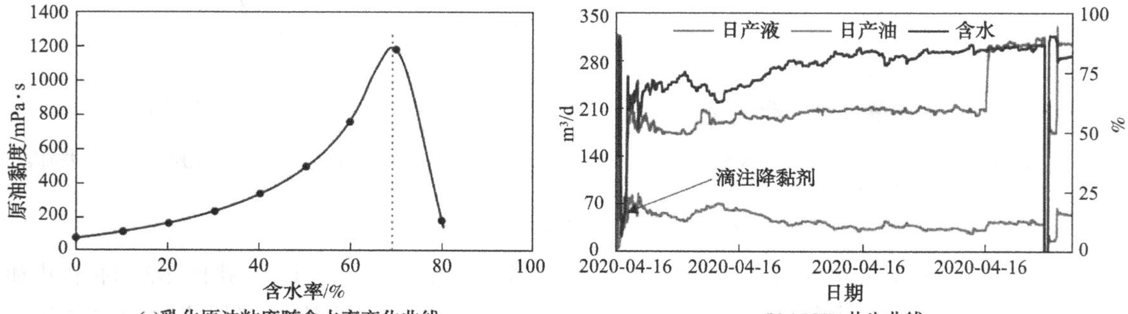

(a)乳化原油粘度随含水率变化曲线　　(b)A38H1井生曲线

图 3　J-5 井区稠油乳化伤害评价及 A38H1 井生产动态曲线图

2.4 大倾角边水油藏滚动评价技术

J-6井区为具有油层厚、构造陡(地层倾角8°~15°)、流体系统多的层状构造油藏，投产以来一直采用天然能量开发，采油井地层压力总体保持较好。然而，该井区东三段Ⅰ、Ⅱ油组中部区域部分采油井地层压力下降快，表现出天然能量不足的开发特征。通过对该区物源、构造演化和古地貌等因素的分析认为，东三段Ⅰ、Ⅱ油组发育三支朵叶沉积体，中部朵叶体分布局限，使得该区块采油井压力下降较快。根据储层分布特征调整开发方式，由原来的天然能量开发调整为注水开发，为局部能量不足区域增加注水井补充地层能量。

另外，东三段Ⅰ、Ⅱ油组探井仅钻遇油层底界面，采用油柱高度类比法、数值模拟法综合分析认为该区储量存在下推的潜力。通过类比相邻断块同层位流体界面，J-6井区东二段Ⅴ、Ⅵ油组与相邻J-5N、J-5井区均钻遇油水界面，流体界面深度变化较小(2~16m)，而J-6井区东三段Ⅰ油组油底比其他断块油水界面浅53~68m，平均61m；东三段Ⅱ油组油底比其他断块油水界面浅15~27m，平均21m(图4)。油藏数模法拟合的油水界面显示东三段Ⅰ油组下推40m，Ⅱ油组下推26m情况下，与生产现状吻合。最终，根据预测的油水界面优化调整井井位，利用注水井补充地层能量的同时兼顾评价油水界面。实钻结果显示东三段Ⅰ油组和Ⅱ油组油底分别下推38m和25m，新增探明原油地质储量$325\times10^4m^3$，增加技术可采储量近$100\times10^4m^3$，取得了较好的挖潜效果。

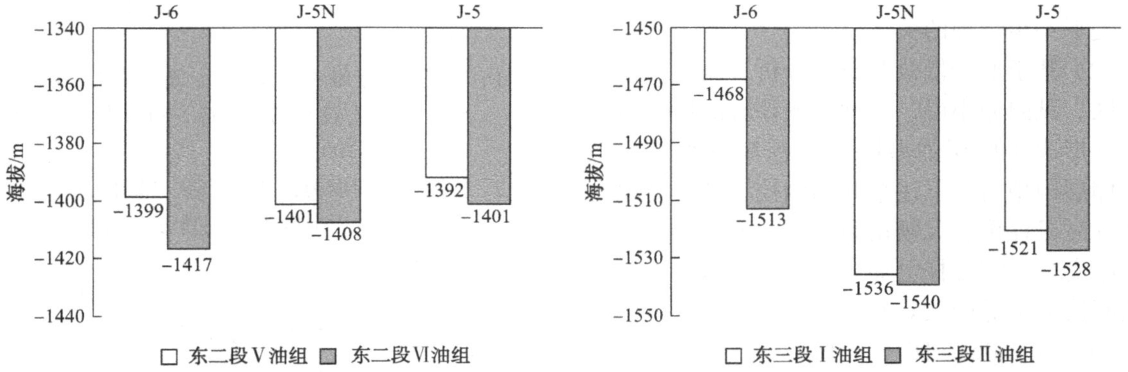

图4 J-6井区与相邻区块不同油组流体界面对比图

2.5 海上电潜泵井空心杆电加热工艺技术

将空心抽油杆与单芯电缆构成电回路，利用变频电源供电，通过集肤效应将电能转变为热能，使油管内原油温度升高即为空心杆电加热工艺。由于海上油田主要采用电潜泵生产，属于无杆泵，若海上油井直接采用陆地杆式泵空心杆电加热技术会导致采油树主阀无法正常关闭，空心抽油杆与油管之间的环空安全控制无法保障。针对此问题，通过工艺攻关，设计开发了一套适合渤海油田电潜泵井的空心杆电加热工艺，较好地解决了海上高含蜡原油井筒堵塞问题。J-2D井区多口在生产采油井以及新实施的调整井在采用该电加热工艺技术之后，监测井口温度在50℃以上，生产时率大幅增加，单井产能得到有效释放，2口先期试验井预计累增油$2.9\times10^4m^3$，取得了较好的经济效益(表2)。

表2 J-2D井区空心杆电加热应用效果统计表

井号	电加热前			电加热后			累增油/10^4m^3	备注
	日产油/m^3	井口温度/℃	生产时率	日产油/m^3	井口温度/℃	生产时率		
B1	34	40	0.63	44	62	0.98	1.6	实施前长期低产低效
B25	24	45	0.75	35	59	1.0	1.3	
B37				89	53			调整井
B38				83	55			
B40				68	58			

3 低产低效井治理效果分析

通过对渤海J油田近年来低产低效井成因分析、综合治理技术研究及治理效果分析，在各类低产低效井中，地质油藏因素为19口，钻完井因素为7口，井筒及工艺因素为5口。截至2023年底，已经治理低产低效井24口，治理后日增油达1250m^3，预测到开发期末累增油近95×10^4m^3，治理效果显著，该低产低效井综合治理技术的研究与实践，为类似复杂断块油田低产低效井治理提供借鉴。

4 结论

（1）通过对J油田低产低效井分析，地质油藏因素、钻完井因素和井筒及工艺因素是形成低产低效井的主要原因，判定低产低效井的成因及潜力是下一步治理的关键。

（2）基于低产低效井成因分析，制定了平面分井区、纵向分小层、治理兼顾评价的低实施策略，并形成了厚层油藏隔夹层控制下水平井挖潜、储层构型指导下注采井网调控、稠油乳化伤害破乳时机评价、大倾角边水油藏滚动评价以及海上电潜泵井空心杆电加热工艺等技术，为类似复杂断块油田低产低效井治理提供借鉴。

（3）对于老油田而言，低产低效井治理是一项长期而艰巨的任务。在油田开发实践中，根据不同因素导致的低产低效井来调整治理手段，使得该类井恢复正常生产是有可能的，也为油田的可持续发展和高效开发做出贡献。

参 考 文 献

[1] 张振杰，苏进昌，刘玉娟，等．钻井地层厚度分析在油田开发中的应用[J]．复杂油气藏，2021，14(4)：69-73.

[2] 郑华，金宝强，杨志成，等．走滑断裂控制下渤海中深层复杂断块油藏潜力判别及滚动开发[J]．中国海上油气，2015，27(5)：76-81.

[3] 甘立琴，谢岳，吴东昊，等．海上Q油田低产低效井成因及治理技术研究[J]．石油地质与工程，2019，33(5)：92-95.

[4] 黄琴，张俊，刘洪洲，等．渤海L油田低产低效井潜力评价及治理对策[J]．石油地质与工程，2024，38(1)：95-98.

[5] 张俊廷，王公昌，王立垒，等．渤海稠油油田高含水期低产低效井综合治理技术[J]．石油钻采工艺，2021，43(5)：687-692.

[6] 邓建明．渤海油田低产低效井综合治理技术体系现状及展望[J]．中国海上油气，2020，32(3)：111-117.

[7] 胡云，罗鹏，赵彦泽．渤海油田低产低效井治理对策探讨[J]．石油化工，2016(23)：265-267.

[8] 庞铭，陈华兴，冯于恬，等．渤海稠油油田油井乳化伤害含水率区间预测方法研究及应用[J]．中国海上油气，2018，30(5)：131-136.

[9] 阮新芳，巩永刚，邹德昊，等．渤海K油田井筒结蜡原因研究与治理[J]．钻采工艺，2020，43(3)：117-118.

[10] 郑春峰，魏琛，张海涛，等．海上油井井筒结蜡剖面预测新模型[J]．石油钻探技术，2017，45(4)：103-109.

[11] 姬煜晨，于继飞，杜孝友，等．海上油田井筒电加热防蜡工艺设计方法[J]．石油机械，2021，49(07)：93-100.

[12] 付国民，周丽梅，刘蕊，等．塔河三叠系下油组河流相储层夹层成因类型及其分布规律[J]．地球科学与环境学报，2009，31(3)：260-264.

[13] 余成林，国殿斌，熊运斌，等．厚油层内部夹层特征及在剩余油挖潜中的应用[J]．地球科学与环境学报，2012，34(1)：35-39.

[14] 陈善斌，李红英，刘宗宾，等．扇三角洲前缘储层构型解剖与实践——以渤海湾JX油田东块为例[J]．断块油气田，2018，25(2)：172-176.

[15] 张振杰，张国浩，瞿朝朝，等．高含水期剩余油控制因素及调整挖潜研究[J]．录井工程，2023，34(3)：132-138.

[16] 李展峰，王刚，王树涛，等．渤海N油田稠油低产液成因及治理策略研究[J]．复杂油气藏，2021，14(03)：95-99.

[17] 王立影，李启堂，林建平，等．电加热空心抽油杆温度分析与应用[J]．石油勘探与开发，2008，35(3)：362-365.

[18] 方涛，刘义刚，白健华，等．海上电潜泵井空心杆电加热工艺技术研究[J]．中国海上油气，2023，35(02)：163-167.

海上气顶窄油环油藏井位优化和挖潜策略

岳宝林　王双龙　房　娜　郑　炀　耿松鹤

[中海石油(中国)有限公司天津分公司]

摘　要　针对特殊类型气顶底水窄油环油藏易气窜水锥的开发难题，在渤海矿区逐渐探索出利用水平井开发的特色策略。平面上，垂直构造线穿多层提高储量动用程度；纵向上，平行于流体界面，基础井网部署于油柱高度下1/3处避气控水，实践取得了较好的开发效果。伴随着油田进入中后期，剩余油平面主要富集于井间，纵向主要富集于油层上部。对比井间侧钻、气顶注气、屏障注水方案，当前剩余油挖潜策略以井间侧钻与气顶注气为主。井间侧钻通过低产低效井平面侧钻至井间，距离老井150~200m，纵向部署于油柱高度上1/3处，挖潜剩余油，单井净增油3.4~4.1×10^4m^3；气顶注气通过采气井转天然气回注，补充气顶能量，气驱水平井上部剩余油，提高原油采收率，预测净增油5.2×10^4m^3。渤海矿区井网部署与剩余油挖潜的实践，可为同类型油藏开发提供借鉴。

关键词　气顶底水；井网部署；剩余油；井间侧钻；气顶注气；屏障注水

气顶底水油藏是上方气相烃类与下方油藏、水体天然共存的油藏，该类油藏气、油、水处于一个统一的水动力学体系中，在漫长的地质演化和赋存过程中，它们相互之间已处于水动力平稳、热力学平稳及多相分相态平衡状态，一旦钻开储集层并投入开发，原有的平衡被打破，储层内部就会出现物质、能量的交换，表现为流体的流动、压力的传递、流体界面的移动等。受气顶气窜、底水水锥的影响，气、油、水分布规律较常规油藏开发更加复杂，如何高效开发此类油藏，提高油环采收率，是开发面临的一项难题。目前陆地油田学者主要针对定向井开发方式进行了相关研究，包括通过避射控气控水、控制采油速度稳定油气界面、实施屏障注水补充地层能量等。海上油田学者结合海洋油田开发特色，研究包括模拟界面推进速度优化水平井垂向位置、气顶实施采气井降低气顶膨胀能、边底水实施注水井加强边底水推进等，逐渐探索出应用水平井平行流体界面部署开发此类油藏的方式，取得了较好的开发效果。但当前研究成果主要集中在开发初期的认识，以JZ-X为例，该油田历经十年的开发，井网部署策略不断调整，配合的采油工艺不断完善，剩余油认识不断丰富，进一步提高采收率策略也在不断尝试，相应成果有待进一步总结。本文梳理了JZ-X油田基础井网、综合调整井网及后期局部调整的布井策略，并对当前剩余油分布规律进行了研究，在此基础上综合对比井间侧钻、气顶注气、屏障注水方案，明确了当前阶段剩余油挖潜的主要方向，可为同类型油藏开发提供借鉴。

1　油田开发概况

JZ-X油田古近系沙河街组发育了一系列受构造控制的短轴半背斜气顶油藏，以3井区为例，是一个带大气顶、中底水、窄油环为特征的砂岩油藏(气顶指数为2.1、水体倍数为20~30、油环平面宽度小于600m)。油藏构造为近北东走向的断裂半背斜，沉积相为西南物源辫状河三角洲前缘亚相沉积，主要发育水下分流河道与河口坝砂体。岩性为砂泥岩互层，储层连续性较好，布井井区平均厚度24.7m，孔隙度26.5%，渗透率202mD，属于高孔中渗储层，整体渗透率变异系数为0.57，储层非均质性中等。采用水平井天然能量开发的方式，分两期投产：基础井网2009年实施，平均井距600m，单井井控66×10^4m^3；综合调整井网2015年实施，平均井距300m，单井井控33×10^4m^3。当前共14口水平采油井，井控储量33万吨，目前油气同采状态，日产油93m^3，日产气41×10^4m^3，气油比3916m^3/m^3，含水93%，采出程度35.0%。

2　井网部署策略

2.1　井型选择

针对气边底水油气藏，陆地油田普遍采用定

向井开发，通过射孔位置的优化，获得较高的无气、无水采油量[图1(a)]，并保证较长时间内在正常气油(水)比条件下生产，以辽河油区双台子油田为例，虽然单井射孔方案受油井本身地质条件、井身结构、隔层发育等因素影响，总体的射孔原则为：避气厚度>15m；避水厚度>10m；油层的打开程度为30%左右。在此基础上，为保障油气、油水界面稳定，合理的发挥气顶与底水能量，利用数值模拟确定油田合理采油速度为1.5%~2.0%左右，实际开发以2.0%的采油速度，油田预测采收率28.5%，取得了较好的开发效果。井型优选中，一般认为直井垂向储量动用具有优势，水平井平面储量动用程度更高，与陆地油田相比，海上油田由平台井槽开始实施轨迹设计，出于轨迹防碰的考虑及新钻井与周围井缠绕、穿插，水平井与定向井实施难度与成本已经相近，为实现少井高产、高效开发的原则，当前海上油田开发以水平井为主，定向井为辅。针对JZ-X油藏，因为气顶底水窄油环的特征(油环高度较33m)，水平井以平行于流体界面进行部署[图1(b)]，一方面通过纵向井位优化可以实现避水控气，可以实现更高的避射厚度和更大的储量动用程度；另一方面避免了定向井因避射影响产能的问题。利用油藏数值模拟软件模拟定向井与水平井的开发效果，初期产能上水平井可以达到定向直井的3倍；开发指标上，JZ-X油田采油速度最高达到3.6%，油田预测采收率38.9%，均高于相似陆地油田指标。

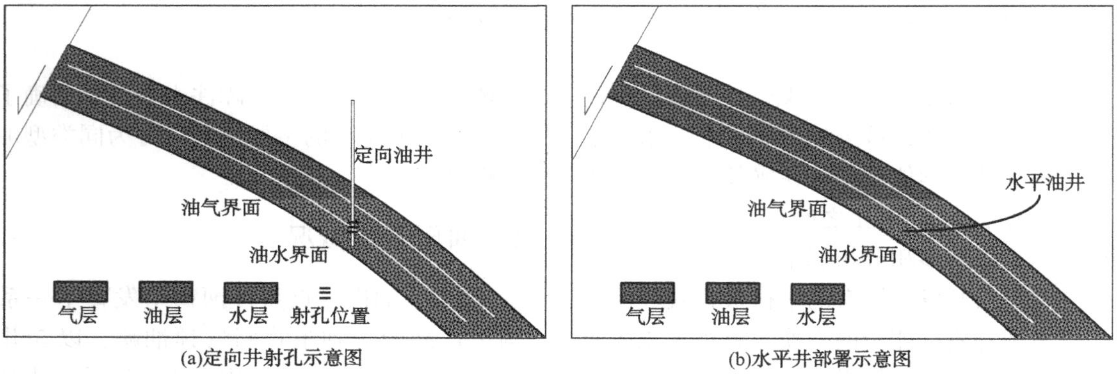

(a)定向井射孔示意图　　(b)水平井部署示意图

图1　井位部署示意图

2.2　平面水平井实施方向及配套工艺

水平井两种实施方向：①沿构造线实施，以主力单元为目标在单层内钻进；②垂直构造线实施(图2)，油环储层内部发育较稳定的隔夹层，穿层钻进可最大程度的实现储量动用。JZ-X油藏数值模拟结果表明，垂直构造线方案可实现更高的储量动用，采收率比沿构造线方案提高4.0%。

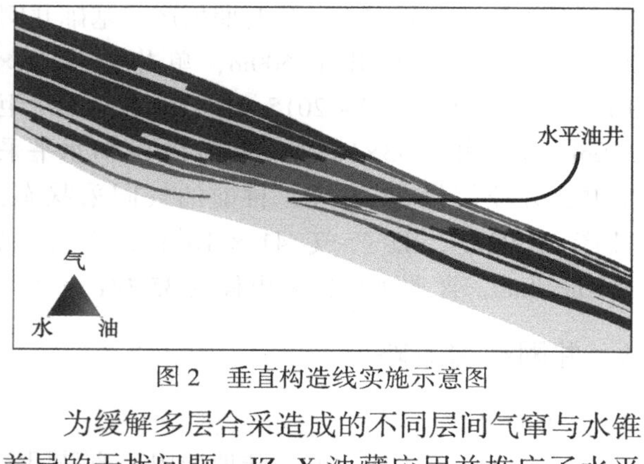

图2　垂直构造线实施示意图

为缓解多层合采造成的不同层间气窜与水锥差异的干扰问题，JZ-X油藏应用并推广了水平井智能滑套卡层技术，该油藏水平段各段之间具有稳定隔层，油井分三段完井，层间采用封隔器隔离，通过智能油套分采管柱，可通过开关器进行开关层。油田开发过程中针对产液剖面测试识别的暴性水淹层进行适时关层，该策略在含水突破初期取得了较好的应用效果，初期平均日增油可达35m^3/d，后期伴随着多层水淹，效果逐渐变差，实施井与对照井效果对比，智能滑套卡层技术单井累增油可达1.7万方。

2.3　纵向水平井部署位置

气顶底水油藏开发过程中，同时受上部气驱与下部水驱的影响，可将油环视为水平井上部储量气驱动用，下部储量水驱动用，理想的井网部署条件下，开发末期气驱与水驱实现均衡驱替。但在开发过程中，由于气、水巨大的物性差异，造成不同阶段气、水驱替特征存在不同，使不同阶段油井的部署原则存在差异。

开发初期，伴随着开发的进行、压力的下降，气顶体积膨胀与压力变化呈正比关系，气油界面的运移速度远大于油水界面的运移速度，该阶段以控气为主，水平井应尽量部署于油柱高度下部，基础井网部署于油柱高度下1/3处；在开发中后期，由于气窜的不断加剧，气顶能量损耗等于甚至大于压力下降造成的气顶膨胀时，油田驱替能量逐渐转为水压驱动，该阶段水平井应逐步向上部署，中期综合调整部署于油柱高度1/2处，后期局部井间加密井部署于油柱高度上1/3处。

3　开发后期剩余油分布规律

海上气顶底水油藏水平井开发策略取得了较好的开发效果，但伴随着开发的进行，采出程度的不断提高，生产矛盾依旧在不断加剧，气、水窜以脊状形态作用于采油井处，油井气油比、含水率不断提高，剩余油分布特征与油田进一步挖潜策略有待研究。

平面剩余油：油藏沉积相为西南物源辫状河三角洲前缘亚相沉积，主要发育水下分流河道与河口坝砂体，储层连续性较好。基础井网油井于2009年实施，结合油藏数值模拟研究，平面上整体开发效果较为均衡，预测采收率31.3%，剩余油主要井间分布。综合调整于2015年实施，采用井间加密的形式完善开发井间，提高储量动用程度，预测提高采收率7.6%。当前局部井距较大的井间区域仍具备进一步实施调整井的潜力(图3)。

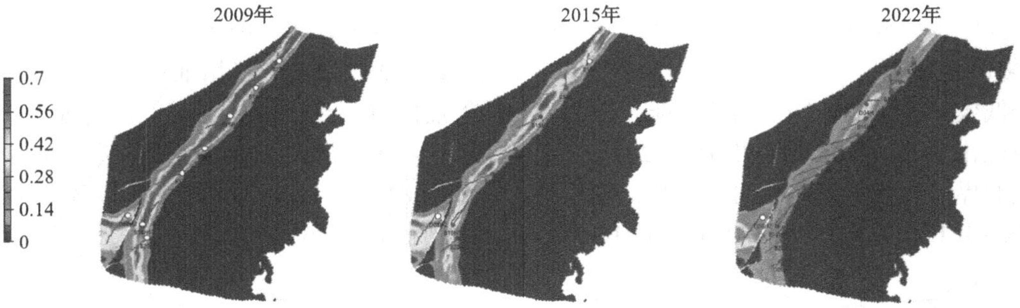

图3　平面剩余油分布图

层间剩余油：储层横向分布范围广，连续性好，整体渗透率变异系数为0.57，储层非均质中等。JZ-X油藏应用并推广了水平井智能滑套卡层技术缓解多层合采造成的层间干扰问题，结合油藏数值模拟研究，当前1、2、3小层采出程度分别为31.2%、32.7%、30.9%，采出程度相近，层间矛盾不突出(图4)。

层内剩余油：油田不同开发阶段，伴随着油气水能量的变化，驱油主因素产生相应更替。开发前期，气顶膨胀能充足，油气界面快速下移，反映到生产特征上，气油比快速上升，此时驱油主能量为气顶能；开发中后期，伴随着气窜的加剧，气顶能快速消耗，边底水逐步发挥主要作用，驱动方式由气驱逐渐过渡为水驱。因气驱的驱油效率低于水驱的驱油效率，气驱后的含油饱和度大于水驱油后的含油饱和度；且中后期以边底水能量水驱为主，油水界面逐步上移，层内剩余油主要上部富集(图5)。

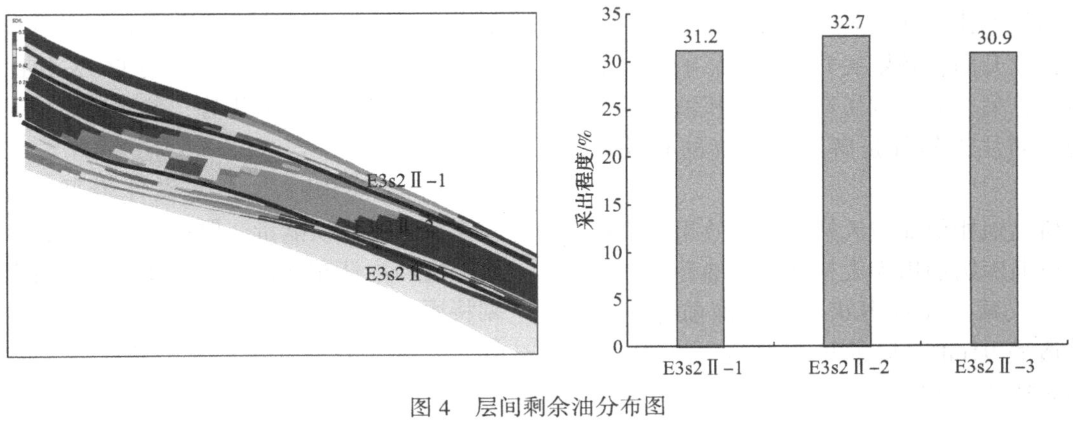

图4　层间剩余油分布图

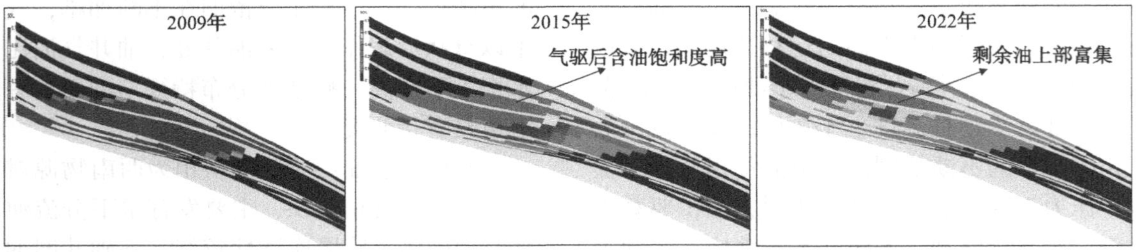

图5　层内剩余油分布图

4　剩余油挖潜策略

通过剩余油研究，当前井区平面剩余油主要富集在局部井距较大的井间区域；纵向剩余油主要集中在水平段上部气驱油部分。结合剩余油分布特点，开展井间侧钻、气顶注气、屏障注水策略研究。

4.1　井间侧钻策略

低产低效井通过侧钻恢复油井产能，侧钻策略为平面优化至井间，距离老井150～200m，纵向靠近气油界面优化。整体意向7口井，单井累增油3.43～4.15×10^4m^3。以B15HS、D4H井组为例，根据该井组所在区域的地质油藏特征，结合井区油水井生产动态和油藏数值模拟研究，对剩余油分布状况进行分析，认为该井组井间高部位具有剩余油，对比侧钻至油柱高度1/2处(方案①)、上1/3处(方案②)、上1/4处(方案③)方案，由于油藏当前驱油能量以水驱为主，指标呈现越往上部署，净增油越高的特点，上1/4处相较上1/3方案，净增油指标相近，但初期投产气油比就达到1800m^3/m^3，易造成泵工况故障。综合考虑净增油指标与气窜风险，推荐原井眼侧钻至B15HS、D4H井间油柱高度上1/3处，挖潜剩余油(图6)。

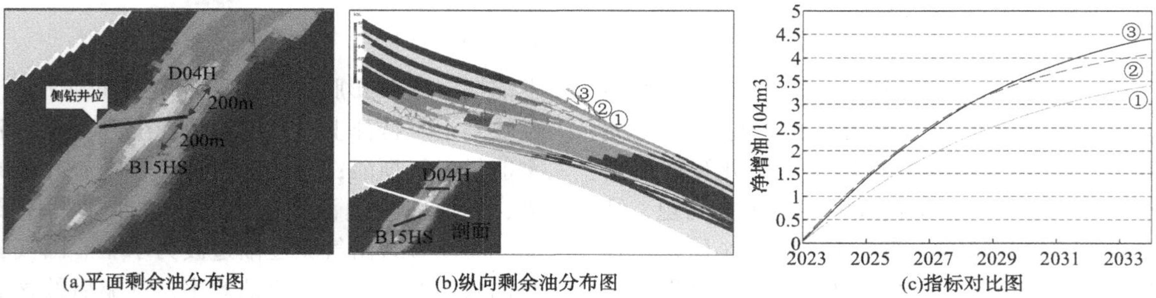

图6　井间侧钻挖潜方案

4.2　气顶注气策略

依据当前供气形势与气量自耗，JZ-X油田当前产气能力>供气需求，开发过程中，控气一般采用高气油比关井轮采的方式，伴随着油田气油比的持续升高，频繁关井一方面影响了原油产量的贡献；另一方向也易造成井底积液，影响复产能力。回注天然气是解决富余气的有效方式之一。

调研陆地相似油田天然气回注效果：哈萨克斯坦阿里斯库姆油田为大气顶、薄油环、边底水的复杂油气藏，发育辫状河三角洲前缘亚相沉积，渗透率91mD，原油地层黏度0.9mPa·s，地质油藏特征与JZ-X油田相近。该油田开发过程中考虑到天然气不可以直接排放，同时不具有回收处理的经济效益，产出气回注至气顶。目前注气井4口，平均日注气量43×10^4m^3/d，持续注气有效减缓地层压力下降，预测累计产油量增加4.1×10^4m^3。该油田回注以处理天然气为主要目的，增油幅度有限，考虑到JZ-X相比较陆地油田有水平井开发的优势，预测增油效果略高于陆地油田。

JZ-X油田注气方案设计遵循如下原则：①充分利用气顶能量，保持地层压力，计划通过天然气回注补充气顶能量；②依托现有老井，计划将原有采气井转注气(图7)，减少开发投资；③充分考虑后期气窜，采用高注低采的注气井网，提高采收率。

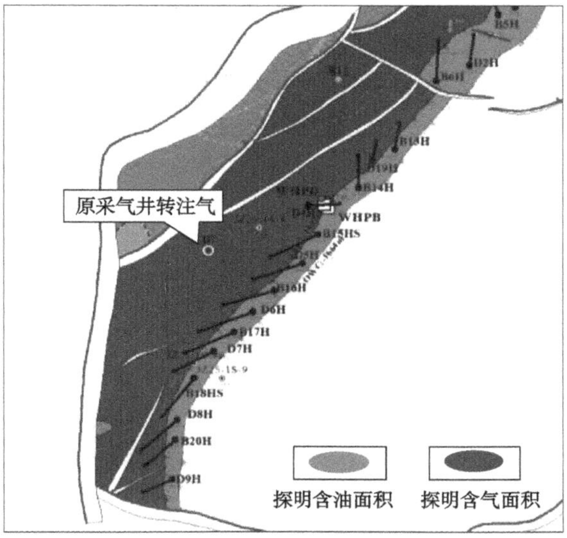

图 7　注气井位图

根据注气区域的地质油藏特征与气井生产动态计算单井最大注气能力为 $31\times10^4m^3/d$。应用油藏数值模拟研究，采气井转注气后，注气周边受效井典型特征(图 8)：注气后压力得到有效补充，地层压力回升；水平井上部剩余油受气驱影响，提高了储量动用程度，含水率下降；另一方面也加剧了气窜，气体在近井地带伴随压力下降体积膨胀，占据原油渗流通道，影响产油能力。对比不同注气量下净增油指标，日注气 $20\times10^4m^3/d$ 达到最优增油效果，预测净增油 $5.2\times10^4m^3$。

4.3　屏障注水策略

陆地油田如大庆喇嘛甸气顶油藏、新疆漠北气顶油藏、河南濮城西沙二气顶油藏后期均采用了定向井屏障注水的方式。海上气顶油藏遵循“少井高产、少井高注”的原则水平井开发，与陆地油田的高密度布井开发方式差异较大，不可简单的借鉴陆地油田经验。应用数值模拟开展不同注水井型、水平井不同布井方向、水平井不同布井位置方案的对比，结果表明在原始油气界面上实施水平井平行立体注采井网开发效果最好(图 9)。注水后，一方面起屏障功能，将大气顶油藏分割为气藏+小气顶油藏 2 个独立的开发单元；另一方面下驱油藏，水和气混合驱替油环，具有较好的驱替效果，提高驱油效率。

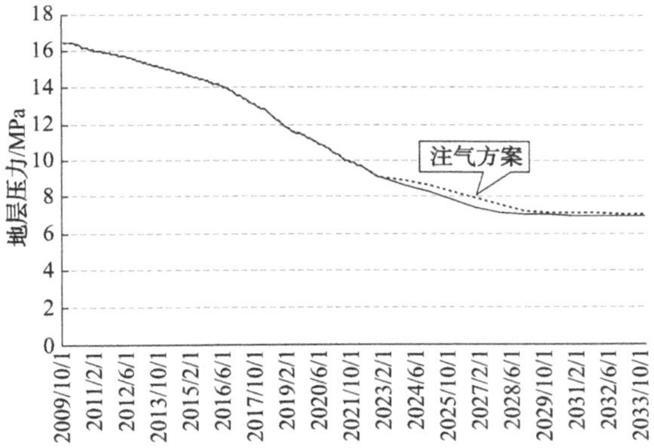

(a)注气地层压力模拟

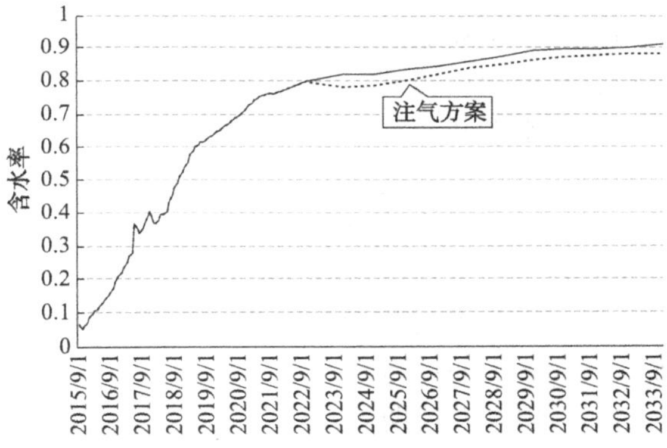

(b)注气含水率模拟

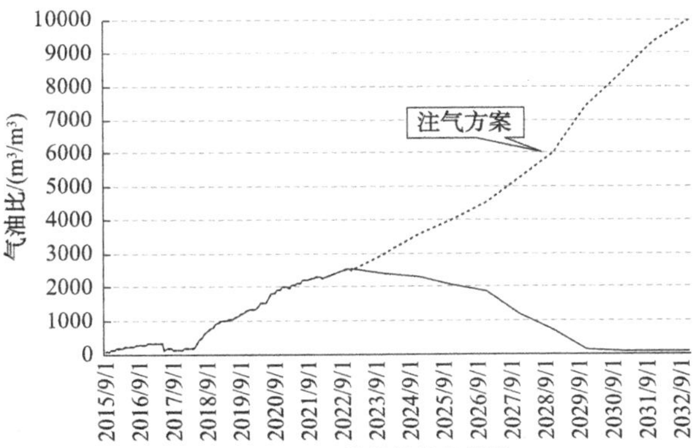

(c)注气气油比模拟

图 8　受效井生产特征

应用油藏数值模拟结果，屏障注水方案有较好的增油效果，单井净增油 $4.7\times10^4m^3$。但多层合采下高部位注水存在水淹气层的风险，综合考虑屏障注水对天然气产量的影响，单井净增油气当量仅 $2.1\times10^4m^3$。且海上生产平台转注水开发，需进行设施改造以满足油藏的注水量和产液处理需求，屏障注水方案经研究后，因经济效益并未在 JZ-X 油田得到有效应用，剩余油挖潜策略以井间侧钻与气顶注气为主。

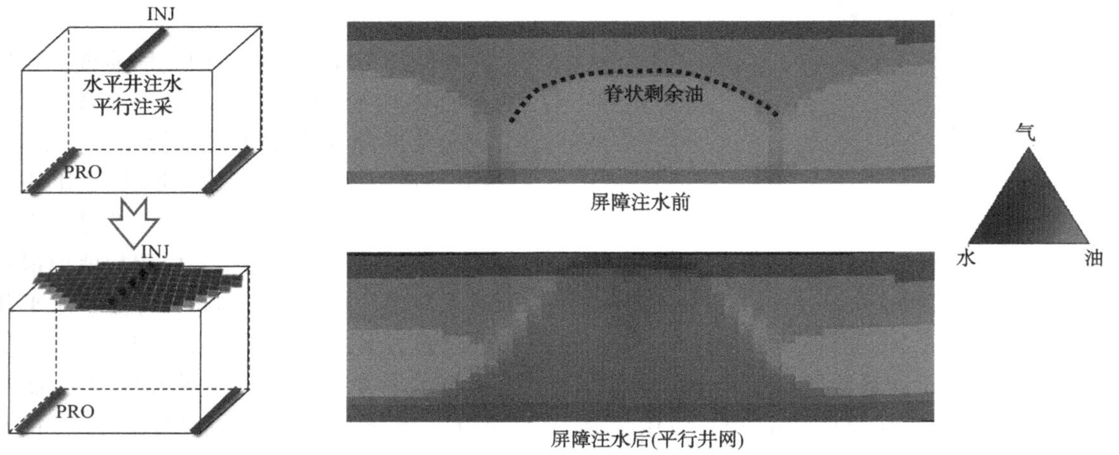

(a)水平井平行注采井网　(b)屏障注水实施效果

图 9　屏障注水示意图

5　结论

（1）区别于陆地油田普遍应用定向井避射开发气顶底水油田的方式，JZ-X 油田结合海上开发特点，以水平井开发此类油藏取得了较好的效果。平面上，水平井垂直构造线实施，穿层钻进可最大程度的实现储量动用；纵向上，平行于流体界面部署，由于开发初期气油界面的运移速度远大于油水界面的运移速度，为实现控气避水，基础井网部署于油柱高度下 1/3 处。

（2）油田开发后期剩余油分布特征：平面上整体开发效果较为均衡，剩余油主要井间分布，经历 2015 年井间加密的综合调整后，当前局部井距较大的井间区域仍具备进一步实施调整井的潜力；层间储层非均质中等，应用水平井智能滑套卡层技术缓解多层合采造成的气窜与水锥差异的干扰问题，当前不同小层采出程度相近，层间矛盾不突出；层内因气驱后的含油饱和度大于水驱油后的含油饱和度，且中后期以边底水能量水驱为主，油水界面逐步上移，剩余油主要上部富集。

（3）结合油田生产动态与剩余油分布规律，对比井间侧钻、气顶注气、屏障注水方案，当前剩余油挖潜策略以井间侧钻与气顶注气为主。井间侧钻通过低产低效井为平面优化侧钻至井间，距离老井 150~200m，纵向靠近气油界面优化，部署于油柱高度上 1/3 处，挖潜剩余油，单井净增油 $3.4\sim4.1\times10^4m^3$；气顶注气通过采气井转天然气回注，补充气顶能量，气驱水平井上部剩余油，提高原油采收率，预测净增油 $5.2\times10^4m^3$。

参　考　文　献

[1] 岳宝林，祝晓林，刘斌，等．气顶边水油藏天然能量开发界面运移规律研究[J]．天然气与石油，2021，39(5)：74-79.

[2] 张安刚，范子菲，宋珩，等．气顶油藏油气界面稳定性条件研究[J]．地质科技情报，2016，35(1)：114-118.

[3] 曹海丽，张祥忠，陈礼．小油环大气顶油藏高效开发及稳产策略[J]．特种油气藏，2016，23(3)，97-101.

[4] 葛丽珍，孟智强，朱志强，等．气顶边水油藏初期合理采油速度三维物理模拟实验[J]．中国海上油气，2019，31(6)：103-109.

[5] 张安刚，范子菲，宋珩，等．计算凝析气顶油藏油气界面移动距离的新方法[J]．油气地质与采收率，2015，22(1)：102-105.

[6] 窦松江，冯小宁，李炼民．尼日尔 G 油田气顶油气藏开发策略研究[J]．非常规油气，2015，2(5)：34-37.

[7] 蒋明，赫恩杰，肖伟．气顶边水油藏开发策略研究与实践[J]．石油钻采工艺，2011，33(5)：68-71.
[8] 谢明英，闫正和，卫喜辉，等．海上边水薄层稠油油藏天然能量分区[J]．新疆石油地质，2021，42(5)：579-583.
[9] 闫正和，石军太，秦峰，等．水驱气藏动态储量和水侵量计算新方法[J]．中国海上油气，2021，33(1)：93-103.
[10] 阮基富，庞进，袁权，等．安岳气田磨溪区块深层含水碳酸盐岩气藏驱动能量变化规律[J]．特种油气藏，2021，28(2)：83-88.
[11] 刘佳，程林松，范子菲，等．气顶油环协同开发下油气界面运移规律研究[J]．西南石油大学学报(自然科学版)，2015，37(5)：99-105.
[12] 张迎春，童凯军，郑浩，等．气顶边水油藏水平井开发效果影响因素分析[J]．中国海上油气，2012，24(1)：57-61.
[13] 童凯军，赵春明，张迎春，等．大气顶窄油环油藏屏障注水开发技术适应性研究[J]．天然气地球科学，2011，22(3)：567-569.
[14] 刘佳，程林松，范子菲，等．气顶油藏屏障注水数值模拟[J]．成都理工大学学报(自然科学版)，2018，45(5)：559-564.
[15] 岳宝林，祝晓林，刘斌，等．气顶边水窄油环油藏开采中后期开发方式[J]．新疆石油地质，2022，43(1)：102-106.
[16] 伍友佳．辽河双台子油气藏气顶驱开采特征及气窜模式[J]．天然气工业，2000，20(6)：76-79.
[17] 杨庆红，童凯军，张迎春，等．利用水平井开发大气顶窄油环油藏研究与实践[J]．中国海上油气，2011，23(5)：313-317.
[18] 朱志强，李云鹏，葛丽珍，等．气顶底水油藏水平井垂向位置确定模型及应用[J]．石油钻探技术，2016，44(5)：104-108.
[19] 刘旺东，杨智刚，卢志明，等．阿里斯库姆大气顶薄油环边底水油田开发方式[J]．新疆石油地质，2018，39(5)：622-626.
[20] 岳宝林，王双龙，祝晓林，等．气驱-水驱联合特征曲线在气顶边水油藏中的应用[J]．石油钻探技术，2022，50(2)：99-104.

海上油田开发中后期稳产的地震地质联合研究方法

马佳国　张　珩　郭敬民　陈江龙

[中海石油(中国)有限公司天津分公司]

摘　要　海上油田开发成本较高，不能以简单加密井网的方式稳产，因此老油田增储稳产的重要途径有以下两方面：动用低油柱高度储量；挖潜砂体内部剩余油甜点区。本文以渤海油田曹妃甸油田群为例，阐述地震技术方法在老油田稳产过程中所起的重要作用。地质知识库约束下的微幅度构造精细刻画技术，寻找砂体内油柱高度处于开发门槛附近的局部微构造发育区，进而部署调整井。利用高精度融合属性平面-剖面对比研究，实现砂体沉积构型精细刻画，废弃河道、点坝等沉积微相边界精细刻画，实现在砂体边部低油柱区部署井位，提高储量动用程度。对大量生产动态数据的统计，指导砂体侧积层、连通性的认识。统计水淹规律，实现侧积泥岩层发育范围的刻画，寻找侧积层遮挡的局部剩余油甜点区部井开发，提高采收率。利用该套技术方法在曹妃甸油田群内找到大量潜力井位，通过近几年的开发实践，使油田群的产量重回历史巅峰。该套技术方法在油田开发中后期稳产上具有广泛推广作用。

关键词　油田开发中后期；沉积构型；微幅度构造；水淹规律

曹妃甸油田群位于渤海西南部沙垒田凸起区，被两排雁裂断层带分为6个油田，其中储量规模较大的两个油田分别是曹妃甸11-1油田和曹妃甸11-6油田，均为亿吨级油田，其他几个油田储量规模较小。两个主力油田发育在低幅度构造的披覆背斜上，主要含油层系是明化镇组和馆陶组，油田内部不发育断层，以构造、岩性油藏为主。该油田构造幅度较低，油柱高度低，油田内部大量边际储量无法动用，油柱高度提高1~2米即可以盘活大量储量，因此局部小微幅度构造研究具有重要意义。由于主力含油层段为河流相沉积，储层构型复杂，储层非均质性强，精细刻画废弃河道、侧积泥岩是挖潜油田内部局部剩余油富集区的另一重要研究方向。本次研究针对油田开发中后期的难点问题，重点研究微构造精细刻画，废弃河道、侧积泥岩夹层发育位置的刻画，以及油田周边潜力区的刻画，以指导老油田稳产增产，在实际应用中取得非常好的应用效果。

1　微幅度构造研究

常规砂体追踪一般采用线道间距20×20的方式进行追踪，然后逐渐加密到5×5的解释间距。假设地震资料是12.5m×12.5m的采样距，解释样点密度为60m×60m，该解释密度容易漏掉局部小微幅度构造。后面成图过程中将曲线平滑，小微幅度构造进一步被平滑掉。因此，在开发中后期，寻找局部高点进行加密调整阶段，用常规的砂体解释及成图过程是非常不利于进位研究的。

本次研究中，设计一套局部精细自动追踪、成图程序，以实现高精度还原小微幅度构造形态。该方法主要有四步，①采用平滑算法提高地震反射轴连续性，采用拓频等技术提高厚层井震匹配程度，减小厚层复波反射，以利于砂体的连续追踪。②对地震反射轴较为复杂的，如可能是河道下切，砂体叠置等不确实追踪方式的局部区域，利用研究人员的地质认识作为约束交互确定追踪位置。③根据过路井的证实的储层顶底对应的地震响应和地层厚度，设置横向追踪截止值和垂向扫描时间厚度。④三维可视化追踪结果及等值线成图。该流程的每一步都可以多次运算，特别是截止值的选取和交互性约束参数的设置，达到精细刻画符合地下沉积真实的三维可视化效果图。如图1(a)所示，是常规解释成图流程做出的砂体构造图，线道号解释密度为5×5，实际间距为62.5m×93.75m，等值线间距2m。图中可以看出等值线非常平滑，局部小微构造信息平滑严重，构造最高点范围较小。若5m是开发极限门槛，常规成图方法只能开发南部构造，北部小高点则达不到动用门槛。图1(b)是自动追踪成图结果，解释密度与采样点密度一致，即12.5m×18.75m。从图中可以明显看出构造细节更为丰富，南北两个小构造均达到开发动用门槛，均可以开发生产。

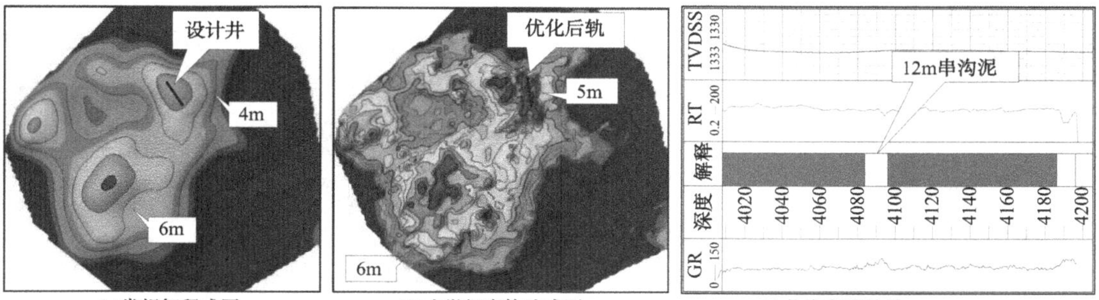

(a)常规解释成图 (b)小微幅度构造成图 (c)井位实施效果

图1 不同解释成图方法效果对比

从上面研究效果对比看出，油田开发中后期，聚焦低、边、稠储量的开发动用时，小微幅度构造研究技术对刻画构造的微幅度形态具有重要作用。微幅度构造多出1米，即可以部署井位，增强储量开发动用程度，提高采收率。小微构造刻画前，在构造脊部位初步设计井位，如图1(a)所示。小微构造刻画后，发现构造高部位存在局部低洼，可能发育串沟等差物性带。后面对轨迹进行优化，尽可能减少水平段钻遇泥岩。井位实施完后，实钻12米串沟泥岩，与微幅度构造钻前预测完全一致，如图1(c)所示。若按优化前轨迹实施，水平段钻遇率可能不到50%。实钻证实小微构造研究结果的可信度，增加了低幅度油柱区域储量动用程度。

2 沉积构型精细研究

地质上对沉积构型的研究往往是从精细小层对比开始，结合生产动态数据对砂体内局部微相边界及连通性进行刻画。油由海上油田开发的稀井网特性，井间距较大，井间的差异性较大，用沉积学理论井间外推往往存在较大不确定性，已经不能满足开发中后期精细沉积构型的要求。常规地震属性能刻画砂体的发育范围，无法清晰刻画砂体内部沉积微相，因此给砂体精细研究和调整井位设计带来较大困难。

本次研究中采用分频RGB融合属性精细刻画砂体沉积期次，采用高精度边缘检测技术清晰刻画砂体内部小微沉积构型边界，再将两种属性融合显示，得到高清晰度的属性图，该属性图能高精度展示砂体沉积边界及内部小尺度构型边界，见图2。图2(a)为常规均方根振幅属性图，该属性只能刻画砂体发育总体边界，砂体内部构型边界无法刻画。图2(b)为高清融合属性，图中可以清楚看出砂体内部发育晚期河道对早期砂体具有明显分隔作用。

A，B两口井钻遇该砂体，B井钻遇高部位，测井解释为纯水层，A井钻遇低部位，测井解释为顶油底水，如图3(a)所示，从伽马曲线上可以明显看出，A井伽马曲线为典型箱型特征，为点坝中部纯砂岩，B井为典型钟形特征，为岩性向上渐变细的特征。图3(b)展示两口井的连井地震剖面，砂体的总反射特征较为稳定，连续性较好，B井所在位置反射较弱，可能钻遇砂体边部所致。实钻井油水关系矛盾，测井曲线特征指示存在多种沉积微相，证明该砂体沉积较为复杂。由于A井区油柱高度仅5~6m，该砂体开发极限门槛为5m，高部位水层没有合理解释，导致该砂体南部大量边部储量无法动用。

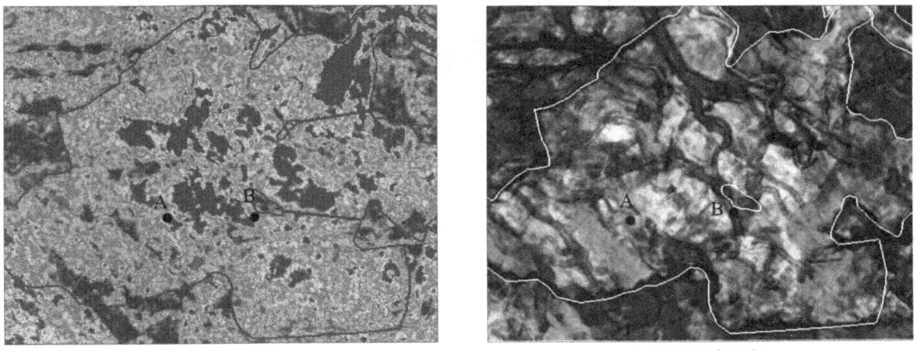

(a)均方根属性 (b)高清融合属性

图2 属性图效果对比

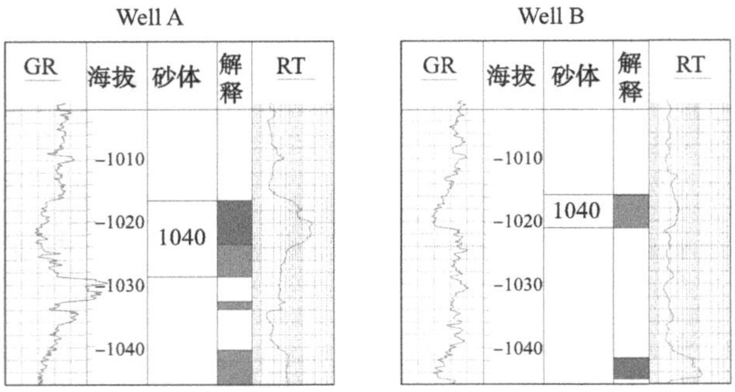

(a)AB两口井柱状图

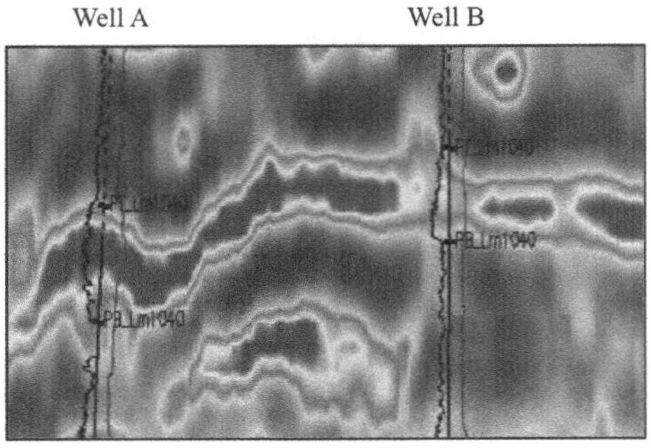

(b)AB两口井连井地震剖面

图 3　AB 两口井连井情况

从图 2(a)砂体的均方根属性上无法判断 AB 两口井钻遇的沉积微相差异，从图 2(b)高清融合属性图上清楚看出 A 井位于点坝沉积中部，而 B 井位于废弃河道上，与测井曲线响应特征完全吻合，因此判断废弃河道泥具有遮挡作用。根据以上研究认识，在 A 井区寻找局部小高点达到开发门槛即可以部署井位，盘活南部大量低油柱边部储量。

3　剩余油富集区研究

河流相沉积砂体往往存在复杂的河道下切，多期点坝侧积、叠置，以及侧积泥岩遮挡，因此砂体内部往往存在大量的局部剩余油富集区。对剩余富集区精细刻画，需要对砂体沉积构型有准确的认识，且利用生产井动态数据对累产油、含水上升率的规律进行分析，从而寻找侧积泥岩或者废弃河道遮挡侧缘水的剩余油发育区。

3.1　砂体精细研究

常规振幅属性无法精细刻画砂体内部岩性边界，砂体精细研究必须有高精度融合属性作为支撑。以曹妃甸油田 M 砂体为例，论述砂体精细研究过程。

图 4 左上为砂体高精度属性图及过 7 口井的西北东南方向连井线。图 4 右上 7 口井的连井地震剖面，图 4 右下是对应的连井柱状剖面。高精度地震属性图较清楚的刻画出砂体的沉积微相特征，结合 7 口井钻遇不同点坝的地震剖面特征，对不同点坝进行刻画。利用地震剖面反射连续性、反射强度，厚度及测井曲线特征精细分析。A 井钻遇早期点坝，其地震反射轴连续性好，反射强，GR 曲线呈箱形。B 井钻遇废弃河道，河道底充填砂岩，向上渐变为泥岩，GR 曲线呈钟形。C 井 D 井钻遇晚期点坝中部，地震反射强，连续性好，GR 曲线为箱形。E 井和 F 井从属性切片上看钻遇另一薄点坝，地震反射轴连续性较好，反射强度一般，GR 曲线上表现为砂泥夹杂沉积，因此推测为点坝叠切沉积体，其侧积夹层发育。

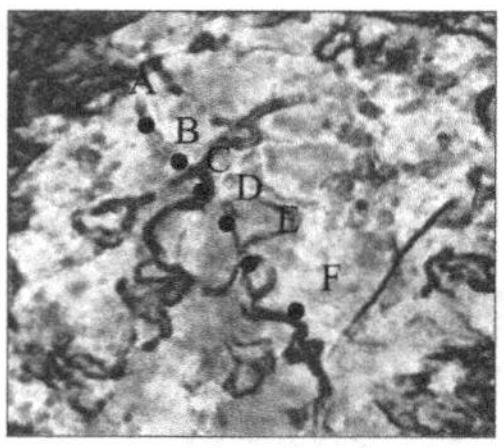

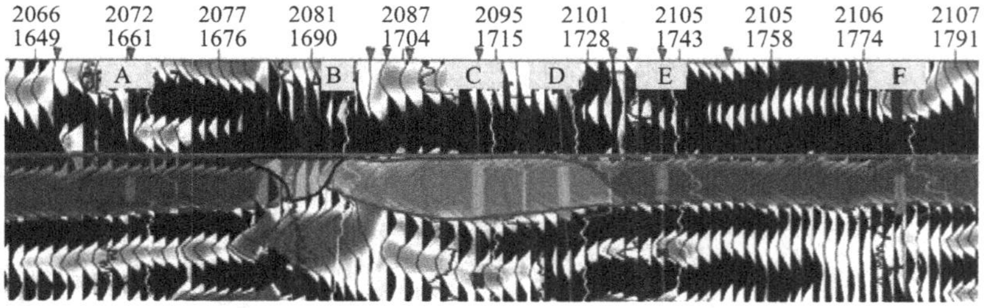

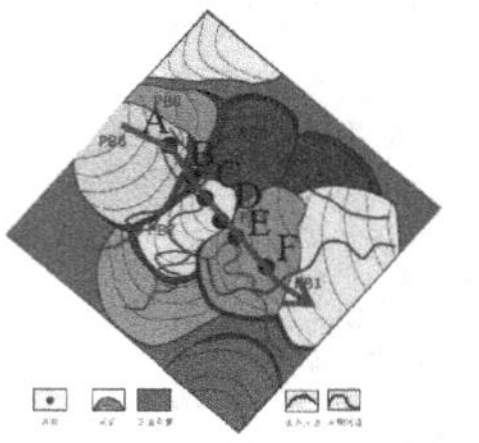

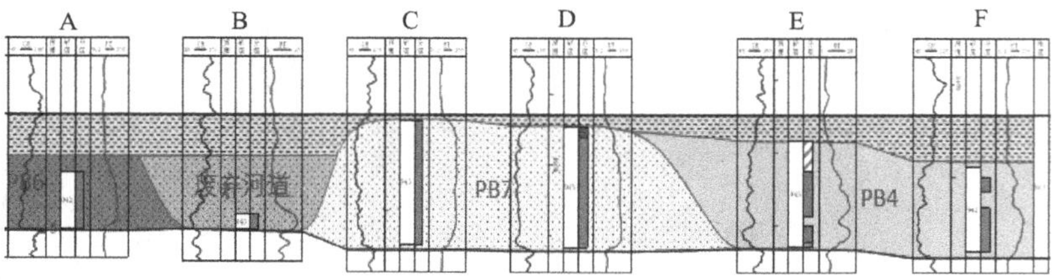

图 4　井震联合精细研究

左图为砂体沉积构型图；右上图为连井地震剖面图；右下图为连井柱状图

利用所有钻遇井资料，结合地震剖面反射特征和高精度平面属性，刻画出砂体沉积构型图，根据点坝发育范围及废弃河道位置推测多期测积泥岩发育的位置，多数废弃河道遮挡均是有动态资料证实的。如图 5 所示，R 井为示踪剂注入井，M 井、N 井、O 井、P 井为关注受效井。R 井注入示踪剂 2 年后，分别对 4 口受效井取样检测，均未检测到示踪剂，证明 PB3、PB8、PB6、PB7 这四个点坝不连通，废弃河道具有遮挡作用。

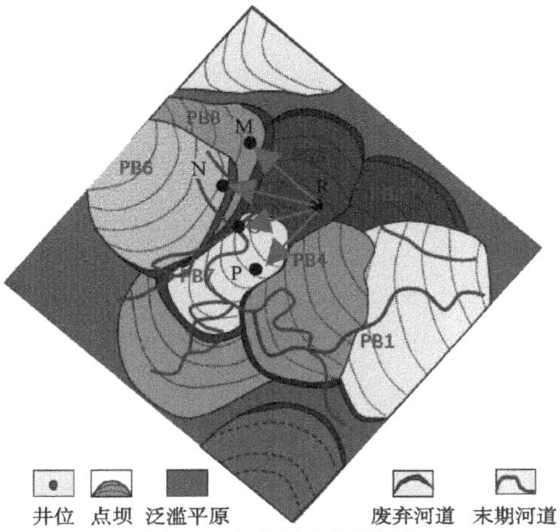

图 5　示踪剂应用效果

3.2 水淹规律研究

生产动态资料是最直接有效认识沉积构型的资料，特别对连通性的认识。本次研究中，利用生产井动态资料，对水淹规律、产液量、含水上升率等数据进行统计，以支撑砂体连通性研究。

图 6(a) 展示的是同一点坝内部井点水淹比例图，末期河道以北的井均存在一定程度的水淹，而南部水淹相对较弱，证明末期河道具备遮挡性。将点坝内水淹比例均不同的四口井对比研究，Y 井油层厚度 8 米，水淹 3.2 米，X 井油层厚度 13 米，水淹 4 米，V 井油层厚度 15 米，水淹 1.4 米，U 井未水淹。从图 6(b) 的连井剖面上看出，伽马曲线上有较明显的回返特征，即为侧积泥岩层。依据末期河道位置及井点钻遇侧积泥岩层情况，推测侧积泥岩层平面发育位置，更精细刻画出砂体沉积构型。从井点动态资料证实侧积层具有明显遮挡侧缘水作用，据此统计规律预测剩余油发育区，为调整井设计部署提供可靠依据。

4 结论

本文从构造、储层、剩余油三个方面阐述油田开发中后期稳产的重要技术方法。局部微构造的研究方法采用地质知识库约束下的全自动追踪技术，避开传统手工解释成图带来的微构造平滑效应，精细刻画局部微构造发育区，实现微构造区部井开发，提高砂体采收率。采用高精度平面属性对砂体沉积构型精细刻画，实现低边稠储量动用，提高整体储量动用程度。剩余油精细研究方面，采用生产动态数据，精细刻画砂体连通性，砂体侧积泥岩层发育位置，指导水淹规律认识，从而发现剩余油甜点区。本套方法在曹妃甸油田群开发实践中，效果非常明显，为油田增产，稳产起到重要支撑作用。

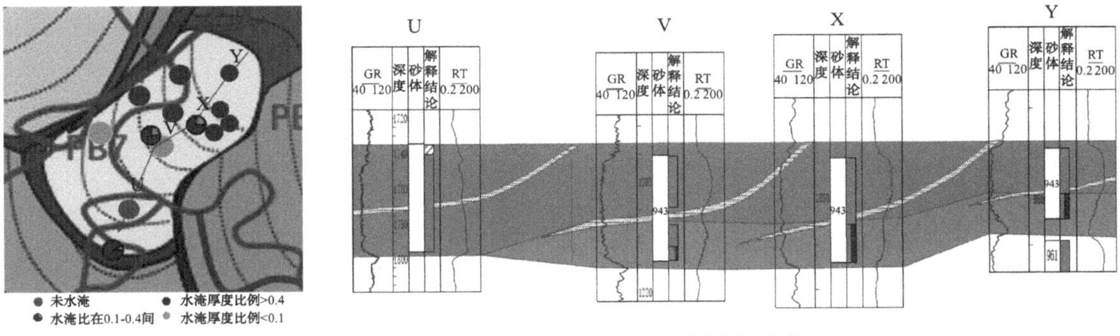

(a)井点平面规律　(b)连井剖面特征

图 6　水淹规律研究

参 考 文 献

[1] 王世瑞，王树平，狄帮让，等. 基于地震属性特征的河道砂体预测方法[J]. 石油地球物理勘探，2009，44(3)：304-313.

[2] 马佳国，侯东梅，王建立，等. 高精度河砂同期展示的关键技术与应用效果[J]. 断块油气田，2017，24(5)：623-627.

[3] 牛博，赵家宏，付平，等. 曲流河废弃河道走向判定与单砂体构型表征-以渤海湾盆地埕宁隆起石臼

坨凸起西部新近系明化镇组下段为例[J]. 石油勘探与开发，2019，46(5)：891-901.
[4] 王珏，高兴军，周新茂．曲流河点坝储层构型表征与剩余油分布模式[J]. 中国石油大学学报，2019，43(3)：13-24.
[5] 王冬娜，郝杰，李君，等．地震属性分析在南堡凹陷的应用[J]石油地球物理勘探，2018，53(1)：158-163.
[6] 王世瑞，王树平，狄帮让，等．基于地震属性特征的河道砂体预测方法[J]. 石油地球物理勘探，2009，44(3)：304-313.
[7] 张凤久，罗宪波，刘英宪，等．海上油田丛式井网整体加密调整技术研究[J]. 科学技术与工程，2011，5(13)：34-39.
[8] 孙福街．中国海上油田高效开发与提高采收率技术现状及展望[J]. 中国海上油气，2023，35(5)：91-99.
[9] 赵春明．渤海油田区域一体化开发模式及其应用实践[J]. 中国海上油气，2016，28(3)：83-90.
[10] 苏彦春，李廷礼．海上砂岩油田高含水期开发调整实践[J]. 中国海上油气，2016，28(3)：83-90.
[11] 赵秀娟，吴家文，左松林，等．大庆油田井网加密调整效果及其发展趋势[J]. 油气地质与采收率，2022，29(5)：141-146.

金家油田沙一段沥青质吸附特征及其对储层的影响

胡小龙[1,2]

（1. 中国石化胜利油田分公司勘探开发研究院；2. 中国石化胜利石油管理局博士后科研工作站）

摘　要　金家油田沙一段强敏感性稠油油藏历经30余年开发，效果不理想，与沥青吸附导致的储层损害有很大关系。本研究从微观层面对沥青与矿物吸附及对储层的影响进行了系列实验设计、分析和总结，实验结果表明：在矿物对沥青质的吸附性能力方面，斜长石>蒙脱石>伊利石>钾长石>石英，吸附能力的差异主要是沥青质与无机矿物的极性相反及电位差大小有关，斜长石、蒙脱石与沥青质极性相反且电位差大，吸附性强。沥青与矿物的吸附性对储层造成伤害，主要体现在：沥青与无机矿物的吸附性导致了沥青吸附于颗粒表面使得颗粒体积变大、堵塞孔喉；沥青吸附颗粒、裹挟颗粒共同迁移，在迁移过程中造成孔喉堵塞，从注入端到生产端孔隙持续减少，堵塞程度逐渐加大，在生产端会发生大量淤堵。

关键词　沥青质；无机矿物；选择性吸附；储层损害；金家油田

1　前言

沥青质是石油中极性最强的重质组分，通常呈稳定状态分散于石油胶体体系中。当各种开发措施导致油藏的压力、温度、石油组分、矿物组分发生变化时，处于稳定状态分散于石油胶体体系中的沥青质会分散出来，吸附和沉积于储层孔喉和孔喉中矿物颗粒的表面，造成储层损害。而在敏感性储层中，析出的沥青质除了沉积在喉道中，还常常吸附于喉道中可迁移的黏土、石英、长石等无机矿物颗粒表面，导致无机颗粒的粒径增大，在水敏、速敏的基础上进一步加剧储层损伤，严重制约了敏感性储层的有效开发。

位于山东省桓台县马桥乡的金家油田沙一段储层主要由砂岩、砾岩和灰岩组成，沉积物以陆源碎屑为主，属于内陆湖泊箕状断陷沉积。沙一段埋深较浅，约760~1100m，地层胶结疏松，黏土含量高，约为21%，以钙基蒙脱石为主，储层具强水敏性。储层矿物中石英含量为27%~40%，长石含量20%~35%，岩屑含量25%~50%，岩屑含量高，成分成熟度低；碎屑颗粒为次棱角状，分选中-差，颗粒支撑，胶结类型主要为孔隙式，结构成熟度低。微观孔隙类型主要为粒间孔，粒间孔被长石、伊蒙混层、绿泥石等填充，孔喉类型为中小孔-细喉型。自1989年投入开发以来，先后采用了常规冷采、注水、蒸汽吞吐、CO_2吞吐、蒸汽驱、火烧油层以及复合热采等多种方式进行稠油开发，但是各种开发方式均表现出开发初期效果好，短期内产量迅速下降的特点。针对这一问题，专家学者们开展相关研究，在高温对黏土矿物转化的影响、高温对蒙脱石晶间距变化的影响、高温对储层物性的影响、黏土矿物对沥青质沉淀的影响、储层中蚯蚓洞的形成与发展等方面取得了许多突破性的认识。但是，针对该油藏中沥青质的吸附特征及其对储层的影响研究却相对较少。

本文以金家油田沙一段敏感性稠油储层为研究对象，通过沥青质选择性吸附系列实验以及储层物性评价系列实验，对沥青质的吸附特征及其对储层的影响进行研究，进而为敏感性稠油油藏的开发提供理论支撑。

2　沥青质对无机矿物的选择性吸附

为了明确沥青质对无机矿物的选择性吸附特征，设计了无机矿物组成分析、原油组分测试、沥青质选择性吸附实验、沥青质吸附表观结构测试以及Zeta电位测试等一系列实验，研究不同无机矿物的选择性吸附差异及原因。

2.1　无机矿物组成分析(XRD)

通过对金家沙一段岩心样品进行X-射线衍射分析，测得了各种无机矿物的含量(表1)。其中石英平均含量25.11%，钾长石平均含量11.63%，斜长石平均含量38.16%，黏土矿物平均含量13.87%。黏土矿物中绿泥石平均含量3.5%，伊蒙间层平均含量96%，伊蒙间层比平均值70%。从无机矿物含量占比来看，斜长石>石英>黏土矿物>钾长石。黏土矿物则以伊蒙间层为主，伊蒙间层中蒙脱石占主导地位，约为70%。

表1　金家油田沙一段岩心 XRD 矿物组成表

样品号	石英	钾长石	斜长石	黏土矿物	黏土矿物				
					高岭石	绿泥石	伊利石	伊/蒙间层(I/S)	间层比(%.S)
JJYX-1 829.8m	24.46	10.47	35.71	16.63	—	2	—	98	70
JJYX-2 850.6m	25.76	12.78	40.61	11.11	—	5	1	94	70
平均值	25.11	11.63	38.16	13.87	—	3.5	—	96	70

2.2　原油组分测试

根据中华人民共和国石油天然气行业标准(SY/T 7550—2012)，对金家油田沙一段油样进行了测试。测试结果显示(表2)，原油中饱和分含量38.5%，芳香分含量17.7%，胶质含量32.3%，沥青质含量为11.4%。根据原油胶体不稳定判断标准，当CⅡ<0.7时，原油胶体体系相对稳定，沥青质不易析出；当0.7<CⅡ<0.9时，原油胶体体系处于中间过渡状态，沥青质处于不稳定状态；当CⅡ>0.9时，原油胶体体系属于不稳定体系，沥青质易析出。金家油田沙一段原油胶体CⅡ值为0.998，属于不稳定体系，易发生沥青质的析出。

表2　金家油田沙一段原油族组成表

样品号	饱和分/%	芳香分/%	胶质/%	沥青质/%	CⅡ	稳定性
JJYY-1	38.5	17.7	32.3	11.4	0.998	不稳定

2.3　沥青质选择性吸附实验

为了研究沥青质对无机矿物的吸附倾向，设计了静态吸附实验(图1)，主要步骤如下：①使用万分之一天平称实验前玻璃瓶重，并称量2.5g原油和0.25g无机矿物置于玻璃瓶中，搅拌均匀后静置2天；②静置完成后，使用万分之一天平称量滤纸重量，搭建过滤装置，加入一定量的煤油对实验原油稀释、过滤、烘干；③干燥完全后，使用万分之一天平称量干燥后玻璃瓶、滤纸重，与实验前对比计算无机矿物吸附量。

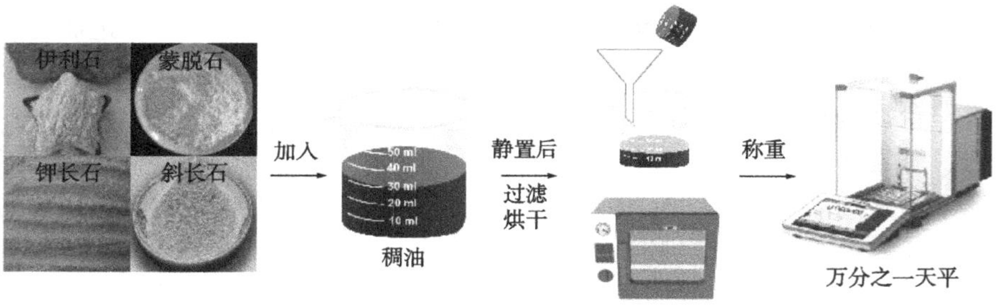

图1　静态吸附实验示意图

实验结果显示(表3)，所有无机矿物均对原油中沥青质存在吸附性，吸附量较多的是斜长石和蒙脱石，分别为0.1318g、0.0986g。整体吸附倾向表现为斜长石>蒙脱石>伊利石>钾长石>石英。

表3　无机矿物沥青质吸附量实验结果

无机矿物	实验前玻璃瓶重/g	实验后玻璃瓶重/g	质量差/g	实验前滤纸重/g	实验后滤纸重/g	质量差/g	总质量差/g	吸附量/g
斜长石	24.8576	24.8805	0.0229	1.5448	1.9037	0.3589	0.3818	0.1318
蒙脱石	25.6591	25.7567	0.0976	1.5546	1.8056	0.2510	0.3486	0.0986
伊利石	25.1905	25.2025	0.0120	1.5468	1.8468	0.3000	0.3120	0.0620

续表

无机矿物	实验前玻璃瓶重/g	实验后玻璃瓶重/g	质量差/g	实验前滤纸重/g	实验后滤纸重/g	质量差/g	总质量差/g	吸附量/g
钾长石	25.0268	25.0319	0.0051	1.5628	1.8549	0.2921	0.2972	0.0482
石英	25.0016	25.0281	0.0265	1.5488	1.7854	0.2366	0.2631	0.0131

2.4 沥青质吸附表观结构测试(SEM+EDS)

为了验证沥青质在无机矿物表面的吸附状态，通过扫描电镜(SEM)对浸泡原油前后无机矿物的表观结构进行了观察。观察结果表明(图2)，原油浸泡后的斜长石、蒙脱石、伊利石、钾长石、石英表面相对于原油浸泡前，明显多覆盖了一层质地疏松无定型的层状结构，该结构与典型沥青质结构具有一致性。

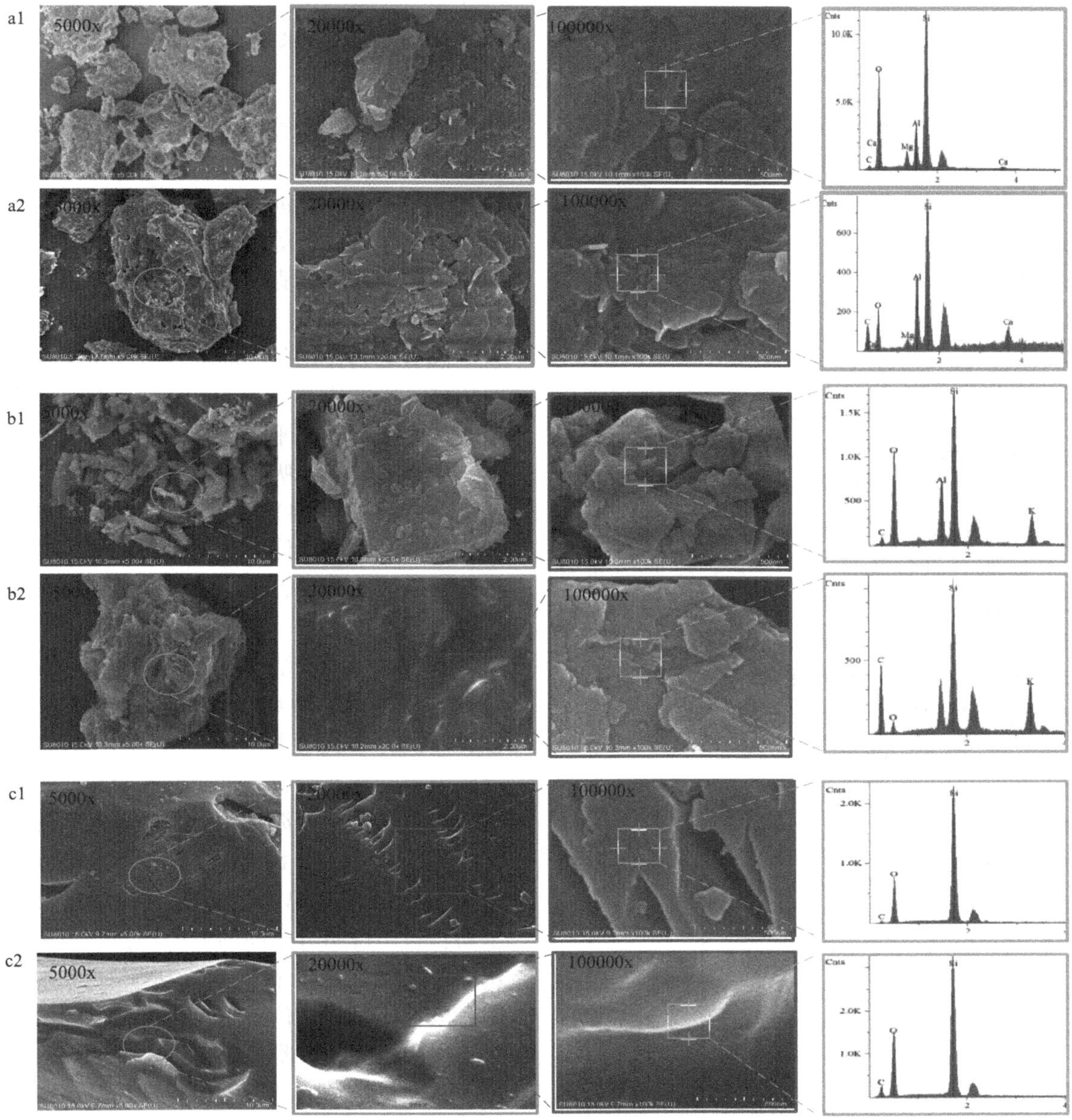

图2　扫描电镜和能谱分析下沥青质与无机矿物吸附的表观结构测试

(a1、a2. 蒙脱石浸泡原油前、后；b1、b2. 钾长石浸泡原油前、后；c1、c2. 石英浸泡原油前、后)

为了进一步验证沥青质在无机矿物表面的吸附状况，通过能谱分析(EDS)测定了原油浸泡前后无机矿物表面主要元素含量的变化。测试结果表明(图3、表4)，碳元素变化率由高到底分别为斜长石>蒙脱石=伊利石>钾长石、石英，该测定结果与无机矿物吸附性称重实验的结果相似。

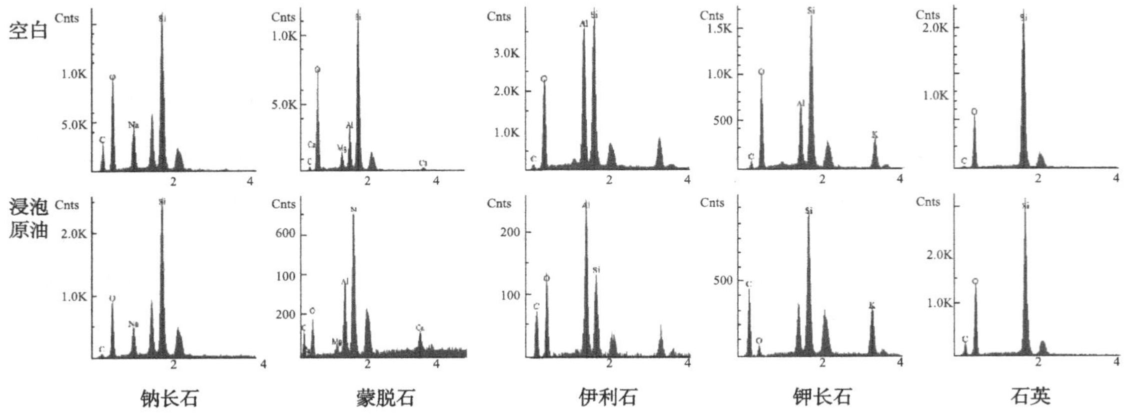

图 3　能谱对比测试图

表 4　碳元素能谱强度变化表

无机矿物	碳元素含量计数/cps		倍数
	浸泡前	浸泡后	
斜长石	6	30	5
蒙脱石	8	29	3.6
伊利石	11	34	3.1
钾长石	15	50	3.3
石英	11	11	1

2.5　Zeta 电位测试

基于前期沥青质选择性吸附实验结果，选择沥青质吸附量大且金家油田地层中含量较多的斜长石和蒙脱石进行 Zeta 电位测试，进而明确不同无机矿物和沥青质之间的电性差异。测试结果表明(表 5)，蒙脱石 Zeta 电位平均值-7.06mV，斜长石 Zeta 电位平均值-18.2mV，沥青质 Zeta 电位平均值 0.833mV。

表 5　Zeta 电位测试结果

无机颗粒	温度(℃)	Zeta 电位/mV	
		测量值	平均值
蒙脱石	25	-6.94	-7.06
		-6.75	
		-7.50	
斜长石	25	-17.9	-18.2
		-18.1	
		-18.6	
沥青质	25	0.8	0.833
		1.1	
		0.6	

2.6　沥青质选择性吸附原因分析

原油中的沥青质析出后会发生絮凝、沉积、吸附等现象，而沥青质对各种无机矿物表现出不同吸附倾向的现象，被称为沥青质的选择性吸附作用。研究显示，沥青质对无机矿物的选择性吸附主要通过蒙脱石等黏土矿物与芳香烃之间的阳离子交换作用、沥青质大分子中氮、硫、氧等极性官能团与金属离子之间的配位作用等方式实现。随着吸附作用的不断进行，无机矿物表面的自由能不断减小，当达到最低值时整个体系进入吸附与解吸的动态平衡状态。

沥青质选择性吸附分析结果(表 3)和能谱分析(EDS)结果(表 4)表明，沥青质虽然对多种无机矿物表现出吸附倾向，但是斜长石和蒙脱石对沥青质的吸附能力，远高于伊利石、钾长石和石英等无机矿物。

Zeta 电位测试结果显示(表 5)，蒙脱石和斜长石这两种储层中典型无机矿物均表现出负极性，而沥青质表现出正极性，分子间极性的差异导致电荷间相互吸引，进而引发沥青质与无机矿物的吸附现象。而沥青质与蒙脱石之间的电位差平均为 7.893mV，沥青质与斜长石之间的电位差平均为 19.033mV，且蒙脱石沥青质吸附量小于斜长石，说明分子间的电位差，导致了金家油田沙一段稠油中沥青质对无机矿物的选择性吸附。极性相反，电位差越大，无机矿物的沥青质吸附作用越强、吸附量越多；极性相反，电位差越小，无机矿物的沥青质吸附作用越弱、吸附量越少。

3　沥青质吸附对储层的影响

为了分析沥青质吸附对储层的影响，对沥青吸附性试验柱样饱和原油后，进行了水驱油物理模拟实验。

3.1 水驱油物理模拟实验

3.1.1 实验流程

首先将岩心柱饱和原油至含油饱和度67.5%(近原始含油饱和度),在实验温度为46℃(地层温度),根据地层水矿化度配制标准盐水进行驱替,模拟现场生产实际,设置驱速为3ml/min,驱至含水率为30%左右,结束实验。实验后,一是收集迁出液进行观测;二沿轴切成两半,一半用酒精苯洗油,溶去岩心中的原油而留下沥青,然后制成铸体薄片;另一半岩心(不洗油),制成含油薄片,分别对铸体薄片、含油薄片从入口端向出口端对六个不同部位进行等间距连续拍照。

3.1.2 迁出液分析

使用美制HRI-200型高倍透射电镜对迁出液进行微观拍照。结果表明:20万倍条件下可以观察到呈分散状的沥青质点,粒径一般为0.25μm左右。15万倍以可以观察到凝絮方式产出的沥青质,10万倍以下可观察到以集合体方式产出的呈条带状、网状及团块状的沥青质以及沥青吸附的固体颗粒而形成的集合体(图4)。由此说明,在生产过程中,沥青质吸附颗粒、裹挟颗粒共同发生迁移。

3.1.3 薄片观察分析

铸体薄片图片显示,除了大量絮状沥青质和斑点状沥青质零星分布于原始孔隙中(图5-1号拍摄点,2号拍摄点)、堵塞于喉道口(图5-3号拍摄点)外,还可见大量沥青质与粒度较小黏土矿物吸附聚结形成较大团块大量占据孔隙空间(图5-4号拍摄点)、呈薄膜状吸附在无机矿物颗粒表面(图5-5号拍摄点),甚至靠近在岩心出口端铸体薄片显示,沥青质和无机颗粒迁移过程中吸附聚集形成的油泥淤塞(图5-6号拍摄点),几乎完全占据岩心样品孔隙。

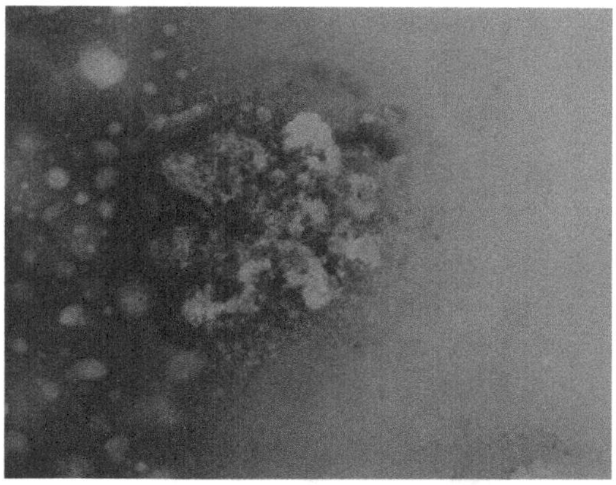

图4 沥青质与颗粒吸附形成的集合体(4×10^4倍)

含油薄片观测结果显示(表6),与岩心初始含油饱和度67.5%相比,入口端1号部位含油率下降最多,变化率为-43.94%;而后段5及6号部位含油率则下降很少,变化率仅为-3%~-1%,使大量原油不能驱出。从薄片统计孔隙数量来看,距离出口段越近,孔隙数量越少,出口端剩余孔隙约为注入端的1/3,说明了从注入端到出口段堵塞逐渐加重,出口端附近沥青吸附颗粒造成淤堵最为严重(图6)。

图5 孔喉中沥青质吸附状况

表6　水驱后岩心不同部位孔隙数量及含油率变化表

分析样号	1	2	3	4	5	6
孔隙数量/个	1214	973	803	776	471	441
含油率/%	37.84	41.81	56.30	57.78	65.39	66.36
含油率降低值/%	-29.66	-25.69	-11.20	-9.72	-2.11	-1.14
变化率/%	-43.94	-38.06	-16.59	-14.40	-3.13	-1.69

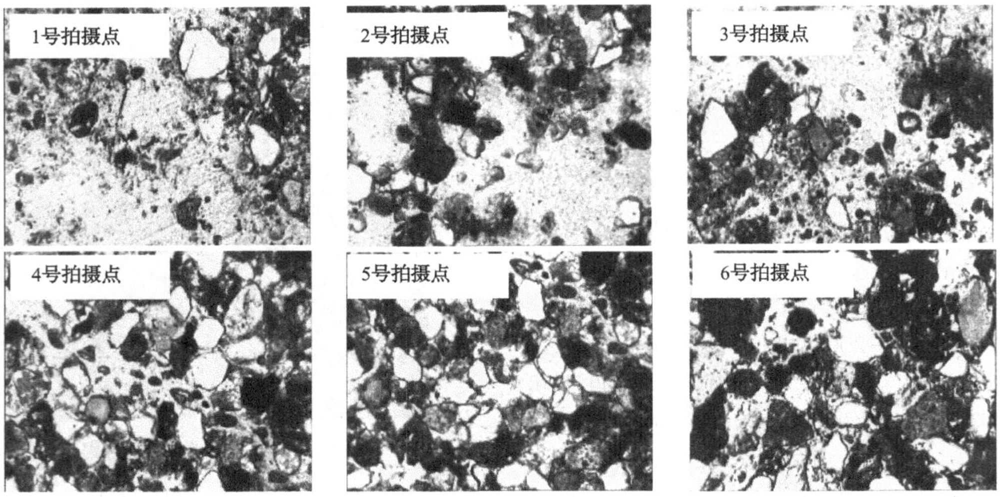

图6　含油薄片不同部位照片

3.2　沥青质吸附损害储层

综合前面实验结果，沥青对储层影响主要体现在四个方面：(1)无机矿物吸附沥青质，使得体积明显增大从而占据更多空间，从而导致储层孔隙变小；(2)沥青质吸附在骨架颗粒表面和喉道内侧，会导致喉道变窄，从而降低渗透率；(3)沥青质在矿物表面的吸附，造成矿物表面润湿性反转，由于极性因素，吸附于矿物表面的沥青会吸附原油中的胶质，造成聚结颗粒的增大，阻碍原油渗流；(4)沥青吸附颗粒，裹挟颗粒共同迁移容易堵塞孔喉，在油井端易发生聚集，形成淤堵，从而造成油井普遍供液不足。

4　结论

(1)金家沙一段沥青质吸附无机矿物的主要原因，是携带正电位的沥青质与携带负电位的蒙脱石、斜长石之间发生的配位作用；

(2)沥青质与不同无机矿物之间的电位差差异，导致了沥青质对不同无机矿物的选择性吸附差异：电位差越大，沥青质吸附能力越强，即斜长石>蒙脱石>伊利石>钾长石>石英；

(3)沥青质大量吸附于斜长石、蒙脱石等无机矿物和喉道表面，造成无机矿物体积增大、喉道变窄、润湿性反转，导致储层孔隙度和渗透率降低。

(4)沥青吸附颗粒、裹挟颗粒共同迁移，在迁移过程中造成孔喉堵塞，在生产端会发生大量淤堵。

参　考　文　献

[1] Celia-silva Lucas-G., Vilela Patrícia-B., Morgado Pedro, et al. Preaggregation of Asphaltenes in the Presence of Natural Polymers by Molecular Dynamics Simulation[J]. Energy & Fuels, 2020.

[2] 秦匡宗，郭绍辉．石油沥青质[M]．北京：石油工业出版社，2002.

[3] 田建锋，陈振林．石油沥青质的吸附、沉淀机理及其影响因素[J]．海相油气地质，2005，(03)：37-42.

[4] 张人雄，向阳，李晓梅．超稠油油藏热采过程中沥青质损害室内模拟[J]．石油勘探与开发，2001，(01)：85-86，10-1，0.

[5] 路言秋．稠油热采过程中黏土矿物变化特征研究——以金家油田沙一段为例[J]．矿物学报，2016，36(03)：359-364.

[6] 路言秋．强水敏感性稠油油藏黏土热膨胀性特征研究——以金家油田沙一段为例[J]．石油地质与工程，2016，30(01)：126-128，150.

[7] 尚冰. 金家油田沙一段地层油藏新认识[J]. 内蒙古石油化工, 2014, 40(16): 132-134.

[8] 白云云. 金家油田疏松砂岩油藏酸化机理室内研究[J]. 科学技术与工程, 2011, 11(34): 8582-8585.

[9] 赵梅. 金家油田粉砂岩储层出砂冷采室内实验研究[J]. 中国石油和化工标准与质量, 2014, 34(07): 164.

[10] 陈丽华. 强水敏储层矿物高温变化对储层物性的影响——以金家油田沙一段为例[J]. 岩性油气藏, 2016, 28(04): 121-126.

[11] 李伟忠. 金家油田低渗敏感稠油油藏适度出砂室内评价[J]. 断块油气田, 2019, 26(06): 810-815.

[12] 李素梅, 张爱云, 王铁冠. 原油极性组分的吸附与储层润湿性及研究意义[J]. 地质科技情报, 1998, (04): 66-71.

[13] 吴诗平, 鄢捷年, 赵凤兰. 原油沥青质吸附与沉积对储层岩石润湿性和渗透率的影响[J]. 石油大学学报(自然科学版), 2004, (01): 36-40, 139.

[14] 药辉. 稠油掺稀降黏规律及沥青质稳定性研究[D]. 青岛: 中国石油大学(华东), 2018.

[15] 王轩. 稠油沥青质的聚集沉降与抑制过程研究[D]. 成都: 西南石油大学, 2016.

[16] 熊明燕. 塔河稠油掺稀沥青质析出规律及防治对策研究[D]. 北京: 中国石油大学(北京), 2021.

[17] Ebtisam F. Ghloum, Misfera Al-Qahtani, Abeer Al-Rashid. Effect of inhibitors on asphaltene precipitation for Marrat Kuwaiti reservoirs[J]. Journal of Petroleum Science and Engineering, 2010, 70: 99-106.

渤海旅大油田蒸汽吞吐含水上升规律研究

冯海潮　朱　琴　岳宝林　刘　斌　瞿朝朝

[中海石油(中国)有限公司天津分公司]

摘　要　针对边水稠油油藏蒸汽吞吐开发过程中出现的含水上升规律差异大，影响因素认识不清的问题，以旅大油田为例，通过动态分析和油藏数值模拟方法系统研究了边水稠油油藏蒸汽吞吐井的含水上升类型和主要控制因素，研究结果表明：蒸汽吞吐开发初期受冷凝水返排影响，含水上升规律主要为“下坡”型；边水突破后含水上升规律转变为“爬坡”型；受含油饱和度降低影响，储层可动水增加，含水上升规律出现“一字”型；受生产压差剧烈波动影响油井含水率出现假性上升，含水上升规律为“几字”型；布井位置影响含水率从“下坡”型向“爬坡”型转变的时间；周期注汽量影响初期含水率及返排时间。研究结果可指导油田控制热采井含水上升速度、制定针对性的防治措施，对提高活跃边水稠油油藏热采开发效果具有重要意义。

关键词　稠油油藏；驱油效率；物理模拟；影响因素；采收率

旅大油田是渤海首个采用蒸汽吞吐开发的具有活跃边水的厚层稠油油藏，与渤海已实施的NB35-2、LD27-2等油田热采试验井不同，旅大油田第一周期吞吐过程中出现了部分油井见水早、含水率突升突降的问题。根据陆地油田热采经验，活跃边水稠油油藏热采井见水主要为边水侵入，边水的侵入使蒸汽热效率迅速下降，地层稠油降黏效果变差；后续轮次吞吐加热半径降低、热采动用范围减小；同时受活跃边底水侵入影响，蒸汽吞吐末期地层压力较高，难以满足蒸汽驱、SAGD等吞吐接替技术的要求；总之，热采井边水后对开发效果产生严重的负面影响。但是，未见到陆地油田关于该类油藏热采井含水率突升突降的研究。目前业内对于此类边底水稠油油藏热采井含水上升规律的研究较少，缺乏含水上升规律影响因素的认识。

本文通过动态分析和油藏数值模拟方法开展了旅大油田蒸汽吞吐井含水上升类型和影响因素的研究，划分了厚层边水油藏的含水上升类型，剖析了不同含水上升类型的主要影响因素，研究结果可指导油田控制热采井含水上升速度、制定针对性的防治措施，对提高活跃边水稠油油藏热采开发效果具有重要意义。

1　目标油田概况

渤海旅大油田为半背斜构造，主要含油气目的层为新近系馆陶组，发育辫状河沉积，主要发育心滩微相和河漫滩微相，岩性以细砂岩、含砾细砂岩为主，储层发育，储层横向分布稳定，平均钻遇单层厚度最厚可达51.6m，隔夹层岩性以泥岩为主，孔隙度分布范围25.0%~35.5%；渗透率分布范围137.8~7595.0mD，具有特高孔渗储层特征。油藏类型主要为受断层控制的边水构造油藏；水体能量为10倍水体。地面原油密度0.979~0.989g/cm^3，地面原油黏度3498mPa·s(50℃条件下)。地层原油黏度为2908.8mPa·s，属于重质稠油。

主力单元采用不规则水平井网蒸汽吞吐开发，油藏高部位共部署12口蒸汽吞吐井(图1)。吞吐开发至今，区块含水率整体达到65%，井间含水率差异大，其中5口井含水率小于20%，3口井含水率超过80%。

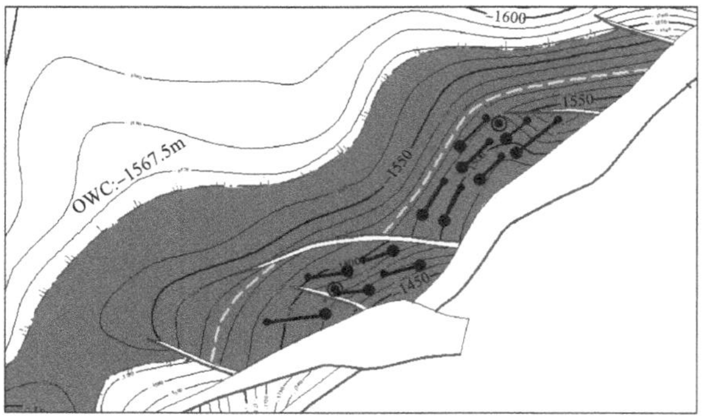

图1　目标油田井位示意图

2　含水上升规律研究

根据旅大油田蒸汽吞吐井不同的见水时间和含水率曲线形态特点，绘制童氏曲线，总结其含水变化规律，细分为四种类型："下坡"型、"爬坡"型、"几字"型、"一字"型(图2)。

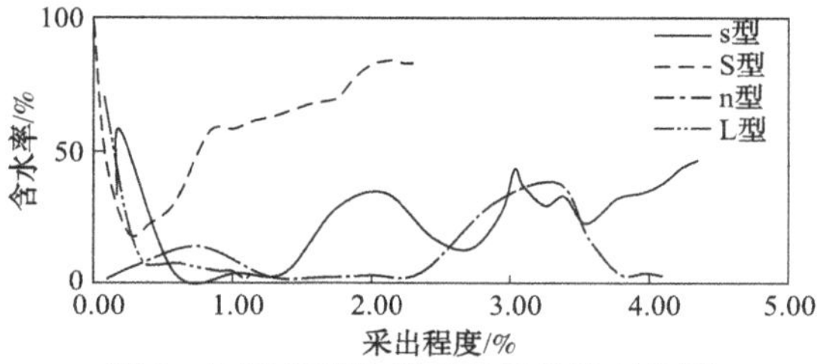

图2　四种类型热采井童氏曲线对比图

四种类型典型井，其产液量和井底流压随着含水率上升呈现不同的规律。

2.1 "下坡"型

"下坡"型含水上升规律是蒸汽吞吐早起常见的一种含水率变化规律，含水率曲线呈现初期高而后下降的趋势，如图3(a)所示。受注入蒸汽冷凝水产出的影响，启泵初期含水率最高，随着注入蒸汽冷凝水采出量增加，含水率、产液量和井底流压均呈下降的趋势。

2.2 "爬坡"型

当热采井受到地层稳定的水供给时，含水出现上升的趋势，达到高含水后维持稳定，曲线呈现"爬坡"型，如图3(b)所示。该类型含水上升规律一般出现在水突破阶段，含水率出现逐渐上升的爬坡段，伴随出现流压上升、产液量上升的动态相应，该种类型主要出现在距离边水距离较近的热采井。

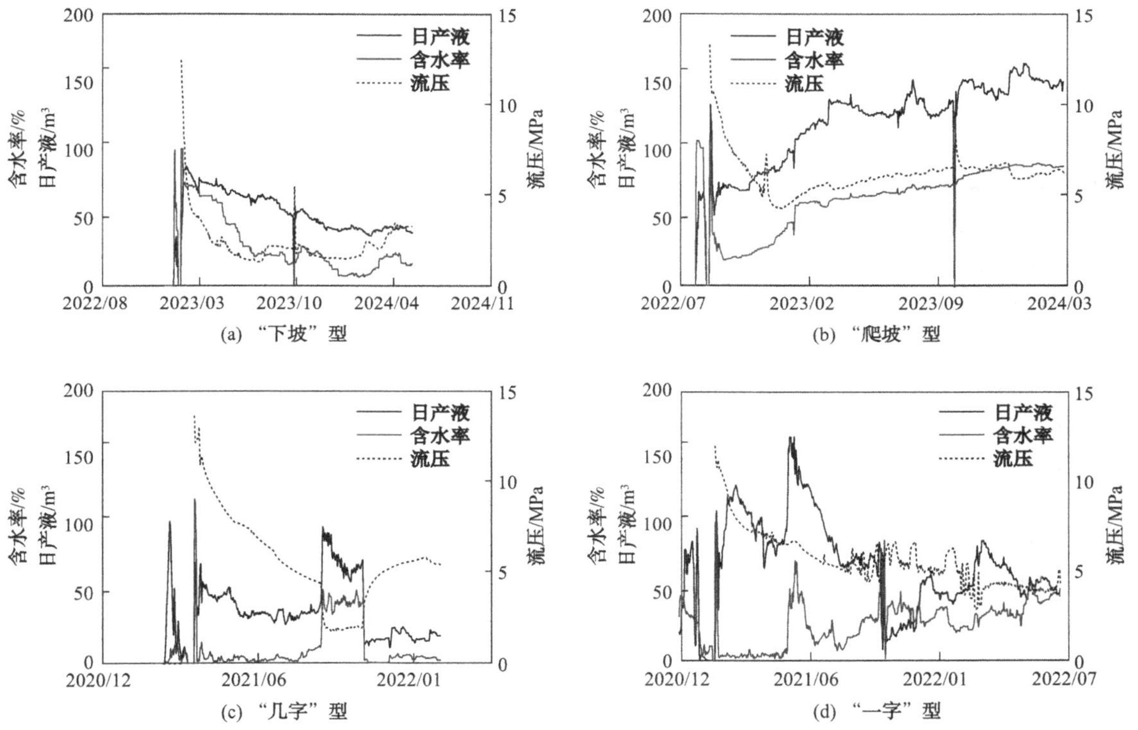

图3　典型含水上升规律曲线

2.3 "几字"型

"几字"型指含水率短期内快速上升而后维持一段时候后又快速下降的一种含水上升规律，典型生产曲线如图3(c)所示。"几字"型含水上升规律区别于"爬坡"型的主要有2个典型特点：(1)含水上升速度更快，"几字"型一天时间含水率从10%提高至40%左右，(2)有明显含水下降段，含水率从40%左右降至提高前的水平。由于含水上升阶段出现流压下降的特征，与边水突破的现象相反，因此判断该类型与边水无关。该种类型主要出现在工作制度调整的热采井。

2.4 "一字"型

"一字"型指初期含水上升，达到一定程度后维持稳定的规律，与"爬坡"型所不同的是，"一字"型含水率稳定在40%~50%左右，且随着含水率的提高产液量与流压呈现下降的趋势，表明地层能量降低、供液能力下降。该种类型主要出现在构造高部位的热采井，如图3(d)所示。

3 含水上升规律影响因素研究

针对旅大油田地质油藏特点，采用油藏数值

模拟方法研究了含水上升规律的影响因素及四种含水上升类型的主要控制因素。

3.1　模型的建立

使用油藏数值模拟软件建立 L 油田机理模型(图 4)。总网格 31×63×50＝97650 个，网格步长：20×50×1m，地层倾角 5°，平均渗透率 2000mD，孔隙度 30%，原始含油饱和度 69.9%，水体倍数 10 倍，部署 1 口水平井。相渗及岩石、流体热物性参数使用油田实测值。

图 4　模型示意图

3.2　典型蒸汽吞吐含水上升规律

使用油田实际注采参数模拟蒸汽吞吐开发，注汽速度 300t/d，注汽强度 25t/m，注汽温度 340℃，井底注汽干度 0.4，焖井时间 5d；最大产液量 150m^3/d，单周期生产时间 365d。根据模拟结果，蒸汽吞吐井含水率呈现 2 种特征：(1) 吞吐初期(1～3 轮吞吐)，含水率呈现“下坡”型特征，产液量、流压、含水率均呈下降的趋势；(2) 吞吐中后期，第 4 轮吞吐含水率呈现“爬坡”型特征，发生边水突破；边水突破后继续吞吐，含水率初期小幅下降后提高至高含水水平，流压显著回升，呈现“爬坡”型特征(图 5)。

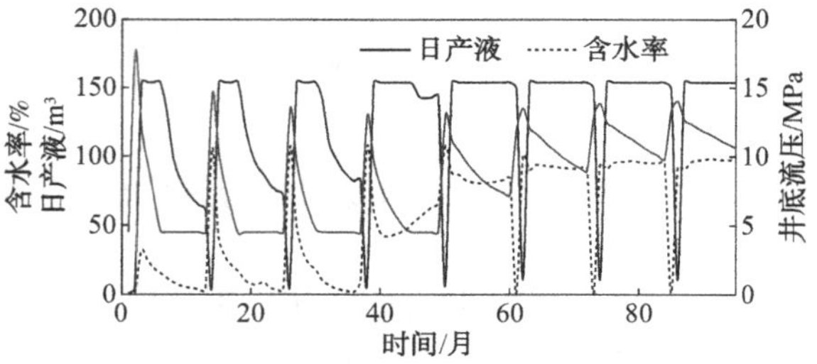

图 5　蒸汽吞吐典型生产曲线图

3.3　含油饱和度的影响

旅大油田实钻水平井段原始含油饱和度从 62.7%～79.8%，井间最大相差 17.1%(图 6)。根据油田实际情况，使用数值模拟方法对比含油饱和度 62%、68%、74%、80%条件下的含水上升规律差异。

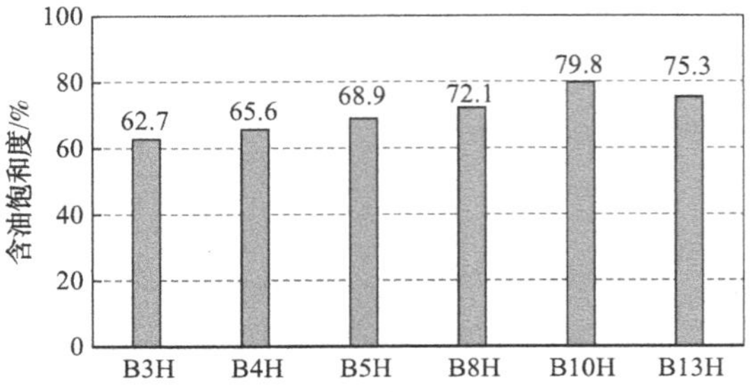

图 6　旅大油田水平段原始含油饱和度统计图

通过对比可以看出(图 7)，不同含油饱和度油藏蒸汽吞吐初期含水上升规律出现明显差异：(1) 当含油饱和度>68.0%时，含水率呈现“下坡”型；当含油饱和度达到 62%以后，含水率呈现“一字”型；(2) 含油饱和度越高含水率下降速度越快；(3) 当含油饱和度>68.0%时，含水率稳定后保持在含水率<10%的低含水水平，当含油饱和度达到 62%后，含水率稳定在 50%左右的中含水水平。

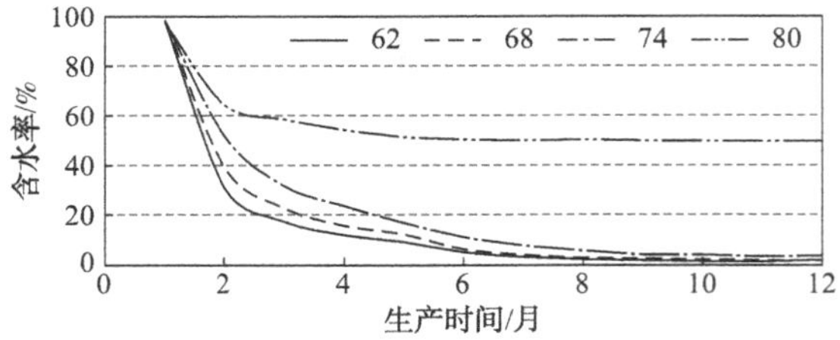

图 7　不同含油饱和度下含水率曲线对比图

以含油饱和度 62%的模型为例分析“一字”型的产水规律(图 8)，图 8(a) 为焖井阶段，受注入蒸汽的影响，近井地带呈距离井筒越近含水饱和度越高的规律；图 8(b) 为生产 1 个月时含水饱和度场图，此时油井含水率 97%、周期回采水率 13%，处于返排阶段，产出水为近井地带的冷凝水；随着返排水的增加近井含水饱和度逐渐下降，含水率下降；生产至 10 个月时，含水率 50%、周期回采水率 280%，产出水为近井冷凝水，边水未波及[图 8(c)]，主要受到含油饱和度低影响，油层中的可动水在生产过程中产出导致边水未突破时周期回采水率超过 100%。

3.4　布井位置的影响

在距边水距离 0m、100m、200m、300m、400m、500m、600m 处部署蒸汽吞吐井，研究水平井距边水距离对含水上升规律的影响，如图 9 所示。不同位置的水平井含水上升规律均表现为边水突破前“下坡”型、边水突破时“爬坡”型、边水突破后维持高含水的特点。距边水距离越近，边水突破时间越短，“爬坡”段出现的周期越早。

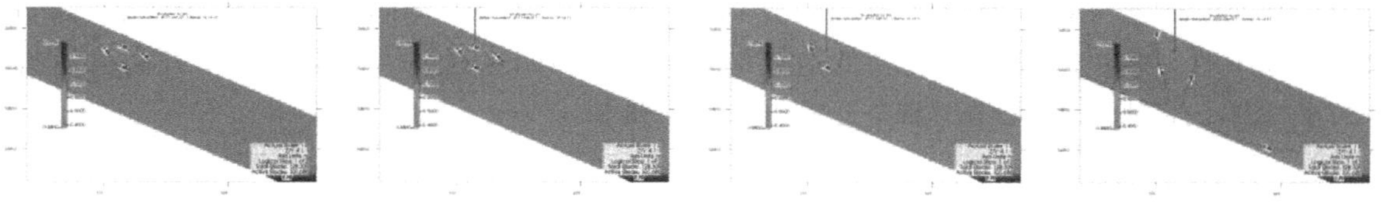

(a)焖井阶段 (b)生产1个月 (c)生产10个月 (d)生产第7周期

图 8 原始含油饱和度 62%条件下不同生产时间含水饱和度场对比图

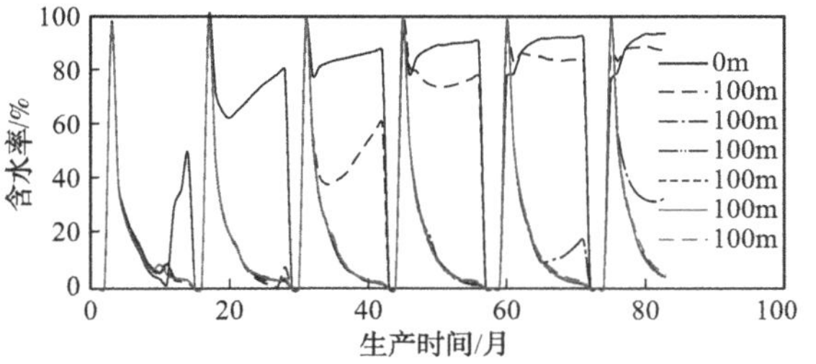

图 9 不同布井位置条件下含水率曲线对比图

3.5 周期注汽量的影响

周期注汽量是影响蒸汽吞吐井周期产油量的最敏感参数之一，提高周期注汽量会增加注入热量提高热采效果，同时焖井后的冷凝水量也会增加，带来含水率升高、返排时间延长的问题。设计周期注汽量分别为 $3000m^3$、$6000m^3$、$9000m^3$、$12000m^3$，研究周期注汽量对含水上升规律的影响，如图 10 所示，不同周期注汽量下吞吐均表现为初期含水率高，随着生产时间延长含水率逐渐降低的“下坡”型特点。注入蒸汽量提高后，井底含水饱和度升高造成初期含水率升高；注入蒸汽越多波及范围越大，造成返排时间延长。

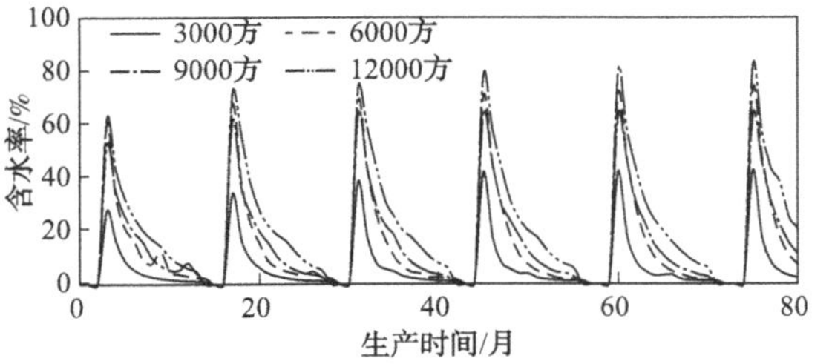

图 10 不同周期注汽量条件下含水率曲线对比图

3.6 生产压差的影响

旅大油田蒸汽吞吐井生产压差呈逐渐增大的趋势，部分井生产压差达到 10MPa，结合油田生产实际，使用数值模拟方法对比生产压差 1MPa、3MPa、6MPa、10MPa 条件下的含水上升规律差异。

通过对比不同生产压差下蒸汽吞吐含水率曲线(图 11)，可以看出：(1)生产压差不改变含水上升规律类型。4 个生产层差下均呈“下坡”型。(2)生产压差影响初期返排速度。生产压差 1MPa 时初期返排速度较慢，含水率下降速度较缓；生产压差 3MPa、6MPa、10MPa 时初期可维持较高的返排速度，含水率下降速度较快。

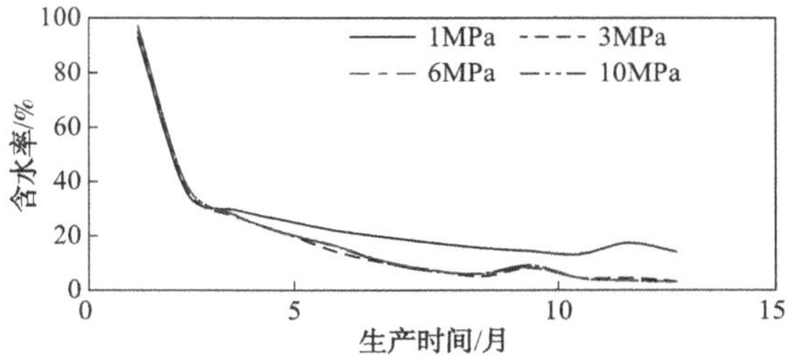

图 11 不同生产压差下含水率曲线对比图

因油田生产中受工作制度调整的影响，生产压差难以保持恒定值，经常会出现短期内剧烈波动的现象(图 12)，因此开展生产压差剧烈波动对含水上升规律的影响。设计蒸汽吞吐井以生产压差 3MPa 生产，生产 6 个月时生产压差调整为 3MPa(不变)、6MPa、8MPa、10MPa，生产 9 个月时生产压差调整为 3MPa。图 12(a)对比了四种条件下的含水率曲线，可以看出伴随生产压差增大，含水率出现较为明显的提高，当生产压差恢复后，含水率下降，含水率曲线呈现“几字”型。选取其中生产压差增加至 6MPa 的模型[图 12(b)]，生产曲线表现出产液上升、含水上升、流压下降的特点，含水上升主要受生产压差波动影响。

4 结论与认识

(1) 数模研究表明：活跃边水稠油油藏蒸汽吞吐开发，含水上升规律初期主要为“下坡”型，边水突破后转变为“爬坡”型。

(2) 旅大油田蒸汽吞吐井受储层流体非均质性和注采参数波动影响，含水上升规律进一步划分为四种类型：“下坡”型、“爬坡”型、“几字”型、“一字”型。

(3) 通过单因素分析，确定动静态参数对含水上升规律的影响：含油饱和度降低造成储层可动水增加，含水上升规律出现“一字”型；生产压差剧烈波动造成油井含水假性上升，出现“几字”型规律；布井位置距离边水越近，含水率从“下坡”型向“爬坡”型转变的时间越短；越高周期注汽量，初期含水率升高且返排时间延长。

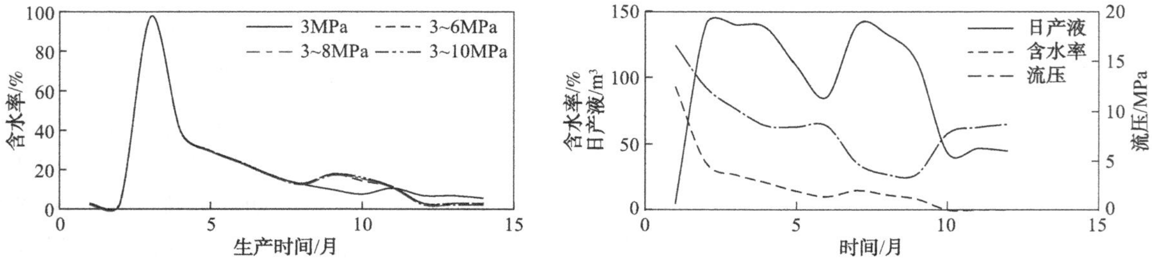

(a)生产压差变化对含水率的影响曲线　(b)生产压差3~6MPa波动井生产曲线

图 12　生产压差波动对含水率的影响对比图

参 考 文 献

[1] 刘东，胡廷惠，潘广明，等．海上稠油多元热流体与蒸汽吞吐开采效果对比[J]．特种油气藏，2015，22(4)：118-120.

[2] 刘小鸿，张风义，黄凯，等．南堡35-2海上稠油油田热采初探[J]．油气藏评价与开发，2011，1(Z1)：61-63+77.

[3] 朱琴，刘东，王树涛，等．海上稠油蒸汽吞吐开采技术实践及认识[J]．录井工程，2019(01)：21-26+32+137.

[4] 黄琴，蔡晖，桑丹，等．海上稠油油田水平井多轮蒸汽吞吐生产规律研究[J]．非常规油气，2023，10(02)：73-79+100. DOI：10.19901/j. fcgyq. 2023. 02. 10.

[5] 冯海潮，刘东，张占女，等．稠油油田注热增效研究及实践[J]．石油化工应用，2021，40(12)：30-35.

[6] 冯瑞霞，徐松忠，袁燕丽，等．井楼油田一区Ⅲ5-6、Ⅲ8-9层吞吐后期综合治理对策[J]．石油地质与工程，2012，26(02)：77-79+83+8.

[7] 周淑娟，陈德春，秦延才，等．提高低效热采吞吐井开发效果的技术发展动向[J]．复杂油气藏，2013，6(03)：79-82.

[8] 田仲强，黄敏，田荣恩，等．胜利油田稠油开采技术现状[J]．特种油气藏，2001(04)：52-55+100.

[9] 刘奇鹿．薄互层超稠油油藏蒸汽驱技术研究与试验[J]．特种油气藏，2022，29(06)：97-103.

[10] 尚策．中深层稠油蒸汽驱开发阶段动态特征[J]．特种油气藏，2021，28(05)：107-112.

[11] 户昶昊．中深层稠油油藏蒸汽驱技术研究进展与发展方向[J]．特种油气藏，2020，27(06)：54-59.

[12] 王青，杨浩哲，刘佳，等．超稠油油藏直井辅助双水平井SAGD参数优化[J]．西南石油大学学报(自然科学版)，2023，45(05)：81-87.

[13] 孙新革，罗池辉，张胜飞，等．新疆油田浅层超稠油SAGD高效低碳开发技术研究与展望[J]．特种油气藏，2024，31(01)：1-8.

[14] 蒋琪，王中元，宫宇宁，等．顶水水侵对SAGD开采效率的影响及顶水下窜速率预测[J]．特种油气藏，2022，29(02)：72-76+109.

[15] 郑伟，张利军，朱国金，等．渤海L油田稠油水平井蒸汽吞吐开发效果分析[J]．石油地质与工程，2019，33(04)：80-82+87.

[16] 李葵英，陈辉，杨东明，等．边底水稠油油藏开发规律研究[J]．西南石油大学学报(自然科学版)，2008(03)：93-96+189-190.

稠油油藏高温混合气改善蒸汽吞吐效果研究

王东升　樊佐春　李思远

（中国石油辽河油田分公司勘探开发研究院）

摘　要　目前热采稠油油藏多数已经进入高轮次吞吐开发阶段，周期产量低、油汽比低等开发矛盾越发突出，导致常规吞吐末期低效，亟需对现有技术方法进行升级以改善吞吐效果。本研究通过室内实验筛选了发泡性能最好的发泡剂溶液，并对其最佳浓度进行了优选，研究了渗透率和气液比对泡沫阻力因子的影响。利用双管实验对比了不同混合气方式对辅助蒸汽吞吐的影响，并优选出最佳方式。利用数值模拟方法，对混合气泡沫辅助蒸汽吞吐的开发方式、混注比、焖井时间进行了优化。现场应用结果表明，混合气泡沫辅助蒸汽吞吐能够有效提高单井产量，是高轮次蒸汽吞吐后期进一步提高油藏采收率的有效措施。

关键词　泡沫；蒸汽吞吐；阻力因子；数值模拟

辽河油田以注蒸汽为主的多数稠油区块已经进入高轮次吞吐阶段，进入吞吐开发末期，蒸汽波及效率低致使周期生产时间短、周期产量低、油汽比低、含水率高问题越发突出。吞吐后期，蒸汽窜流现象严重，剩余油流动性越来越差。理论和实践研究表明，增加油层受热范围可以较大幅度提高产量，而在注入蒸汽中添加非凝析气（N_2、CO_2或烟道气）或混注发泡剂能够提高油层受热范围、抑制蒸汽窜流、增加返排效率、提高洗油程度等，从而有效提高蒸汽吞吐的热效率。

1　泡沫封堵汽窜技术

我国某油田属于浅薄层稠油油藏，在油藏温度30℃和地层水矿化度条件下，对比编号为1[#]~4[#]的4种发泡剂的发泡体积和半衰期，优选出发泡能力最佳的1[#]发泡剂。考虑到蒸汽吞吐后期油藏中的实际温度，利用一维单管模型，用1[#]发泡剂研究了在200℃高温条件下发泡剂溶液浓度、岩心渗透率以及气液比对泡沫封堵性能的影响。

1.1　发泡剂溶液质量分数对泡沫阻力因子的影响

泡沫是一种选择性封堵剂，在地层中能够优先进入高渗层进行调剖。实验通过泡沫阻力因子评价泡沫的封堵能力。在200℃条件下，将填砂管饱和水。以气液体积比1∶1的比率向填砂管内同时注入混合气（CO_2∶N_2=0.4∶0.6）和地层水，出口端出液和出气稳定时的压力为基础压差。以同样的气液比向填砂管同时注入混合气和发泡剂溶液，稳定后测得的压差为工作压差。工作压差和基础压差的比值定义为阻力因子。从实验结果（表1）可以看出：发泡剂溶液质量分数低于0.4%时，阻力因子随发泡剂溶液质量分数的增大而迅速增大；当发泡剂溶液质量分数超过0.4%时，随着发泡剂溶液质量分数的继续增大，泡沫阻力因子的变化不大，表明泡沫的封堵性能趋于稳定。在实际施工中，考虑到由于地层吸附造成的发泡剂的损耗，建议发泡剂最佳质量分数为0.5%。

表1　发泡剂溶液质量浓度对泡沫阻力因子的影响

浓度/%	基础压差/kPa	工作压差/kPa	阻力因子
0.3	48	593	12.35
0.4	48	1577	32.85
0.5	48	1905	39.69
0.6	48	2072	43.17
1	48	2208	46

1.2　渗透率对泡沫阻力因子的影响

在200℃条件下，选用发泡剂溶液质量浓度为0.5%、气液比为1∶1，测试渗透率对泡沫阻力因子的影响，结果（图1）表明：随着填砂管绝对渗透率的增加，基础压差逐渐减小，泡沫阻力因子逐渐增大。

研究表明，在相同流量条件时，泡沫的表观黏度随着渗透率的增大而增大。这是因为泡沫具有剪切变稀的性质，相同流量时，渗透率越高，剪切速率越小，泡沫的表观黏度越大。所以泡沫阻力因子随着渗透率的增大而增大。

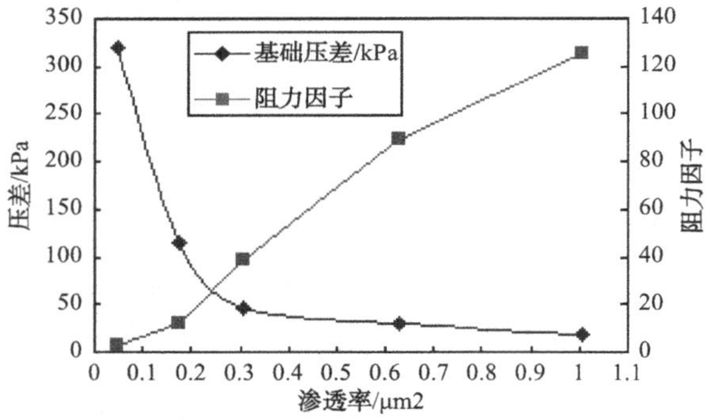

图 1　阻力因子随渗透率变化关系曲线

1.3　气液比对泡沫阻力因子性能的影响

气液比是指在地层条件下氮气同发泡剂溶液的体积比。一般认为，随气液比的增加气液两相的发泡能力增强，生成泡沫的稳定性和封堵性增强。在 200℃ 条件下，发泡剂溶液质量分数取 0.5%，不同气液比对阻力因子影响的研究结果如图 2 所示。阻力因子随着气液比的增大而呈现增大的趋势，而当气液比大于 1∶1 后，阻力因子变化幅度很小。所以气液比维持在 1∶1 左右相对合适。

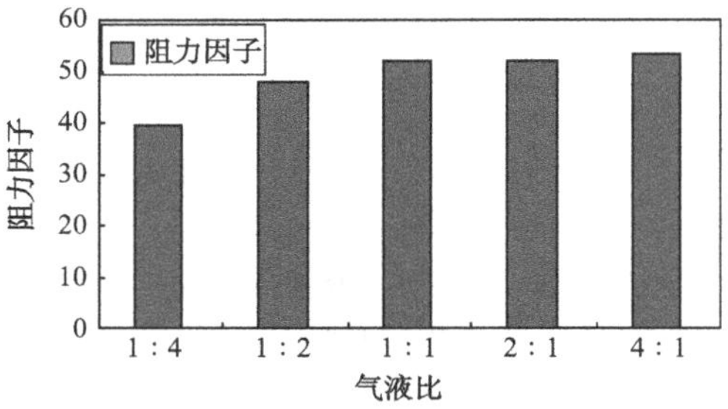

图 2　阻力因子随气液比变化关系图

2　泡沫助排改善蒸汽吞吐

2.1　实验方法

结合油田现场实际，在 200℃ 条件下选取三种不同双管的流体注入方式(蒸汽+混合气泡沫驱，蒸汽+氮气泡沫驱，蒸汽+氮气驱)，分别和蒸汽驱进行对比，研究其驱油效率和低渗管启动情况。实验内容和填砂管物性参数见表 2。

表 2　填砂管物性参数表

驱替方式			孔隙体积/cm^3	孔隙度/%	渗透率/mD	饱和油体积/cm^3	含油饱和度/%
①	蒸汽驱	1#	45	30.6	525	42.1	93.6
		2#	44.6	30.3	178	39.5	88.6
②	蒸汽驱 90%(高渗)+0.2PV 混合气泡沫驱+后续蒸汽驱 98%(高渗)	1#	45.5	30.9	516	43.5	95.6
		2#	44	29.9	170	38.4	87.3
③	蒸汽驱 90%(高渗)+0.2PV 氮气泡沫驱+后续蒸汽驱 98%(高渗)	1#	45.4	30.8	503	42.7	94.1
		2#	43.8	29.8	173	38.3	87.4
④	蒸汽驱 90%(高渗)+氮气驱 98%(高渗)	1#	45	30.5	506	42.3	94
		2#	44	29.9	175	40	90.9

注：1#代表高渗管，2#代表低渗管。

2.2　实验结果与分析

不同驱替方式下含水率和驱油效率随注入体积倍数变化关系如图 3 所示。

图 3 给出了双管不同驱替方式下含水率和驱油效率随注入体积倍数的变化关系，图 4 给出了双管不同驱油方式下的的驱油效果。从图 3 和图 4 可以看出：①双管蒸汽驱高渗管驱替效率为 46.8%，因为双管渗透率级差，蒸汽沿高渗管窜流，低渗管没有启动，导致双管驱油效率很低，仅为 24.1%。②模拟储层非均质性过程中注入的泡沫能够一定程度上封堵高渗管，启动低渗管。③从选择的 4 种注入流体提高驱油效率的效果看，混合气泡沫驱提高驱油效率最大，为 30.7%，其次是氮气泡沫驱，其次是注氮气。④蒸汽+氮气驱油方式提高驱油效率效果最差，仅为 1.1%。这是因为气体沿高渗管发生了窜

流，不能够启动低渗管。

3　混合气泡沫辅助蒸汽吞吐注采参数优化

根据研究区块的实际地质资料，建立数值模拟模型。油层顶面深度为400m，地层平均绝对渗透率为150μm²，平均孔隙度为25%，原始油藏压力，油藏温度为30℃，原始含油饱和度为65.7%，地层原油黏度为120mPa·s，原油密度为0.879cm³，岩石压缩系数为$1.0\times10^{-5}MPa^{-1}$。

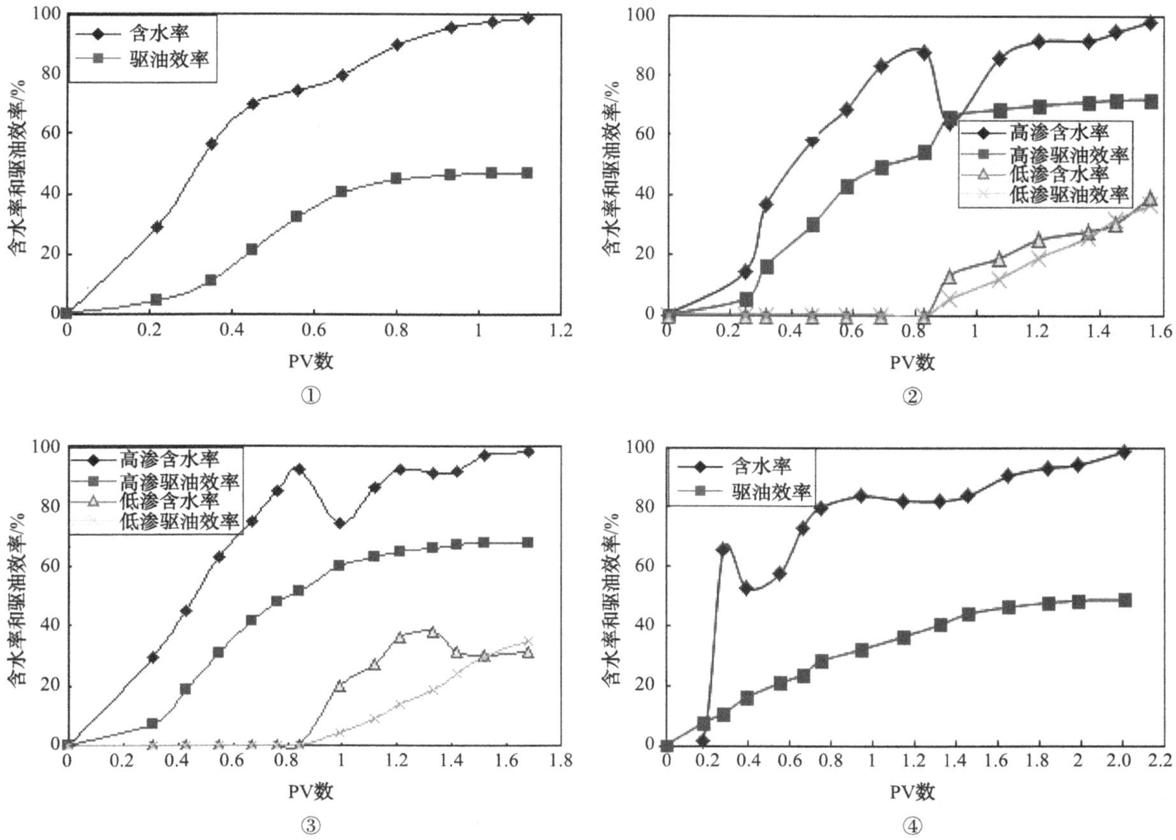

图3　不同驱替方式下含水率和驱油效率随注入体积倍数变化关系图

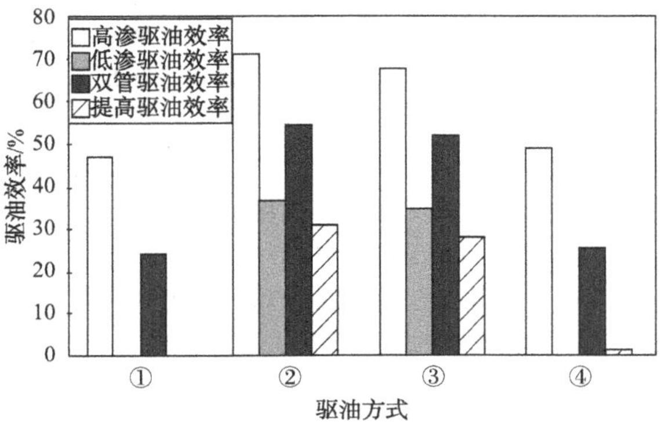

图4　双管不同驱油方式驱油效果对比图

3.1　注入方式的优化

通过对助排方式优化得到比较适合的助排方式是蒸汽+混合气+泡沫吞吐。选定最佳的助排方式后，进行了注入方式优化。主要的注入方式有连续注入和段塞注入。连续注入是将一个大的混合气泡沫连续注入地层，段塞注入是将一个大的混合气泡沫分成2~3个小的段塞注入地层。数值模拟结果表明，连续注入方式的第二轮次的累积增油量为540.67m³，段塞注入的第二轮次的累积增油量为820.91m³，段塞注入方式要好于连续注入。

3.2　混注比的优化

混注比是指在地面条件下，混合气的体积与蒸汽体积之比。将历史拟合部分作为第一周期，选取的注汽参数为：日注汽量（第二周期）112m³/d，周期注汽量1120m³，焖井时间6d，注汽干度0.6，发泡剂按0.5%质量浓度折算。数值模拟计算了在第二周期注入不同的混合气之后的开采效果，结果如表3所示：

表 3　混注比优化设计结果

日注蒸汽量/m^3	日注混合气量/m^3	混注比	累积产油量/m^3
112	1600	14.28	1861.11
112	1700	15.17	1869.25
112	1800	16.07	1925
112	1900	16.96	1937.06
112	2000	17.85	1946.95
112	2100	18.75	1877.61
112	2200	19.64	1875.27

表 3 的结果表明，随着混注比的增加，单井的累积产油量先增加后减小。当混注比为 18.75 (折算到地下是 1∶1 左右)时，累积产油量达到最大值。

3.3　焖井时间的优化

混合气泡沫注入到地层中后，泡沫需要一定的时间进入高渗层进行封堵，并使性能达到最佳。一般来说，如果焖井时间过短，会使得泡沫随着采出液返排出来，不能发挥泡沫的作用，而且造成浪费；而由于泡沫具有衰变周期，焖井时间过长势必会影响到泡沫的封堵性能。在混合气和发泡剂溶液注入量不变的情况下，模拟了焖井 2d、4d、5d、7d、8d 五种情况，模拟结果如图 5 所示。可以看出，随着焖井时间的增加，累积产油量呈现先增加后减小的趋势。结果表明，当焖井时间为 7d 时，累积产油量达到最大值。因此，混合气泡沫辅助蒸汽吞吐在实际中应用时，焖井时间应在 7d 左右。

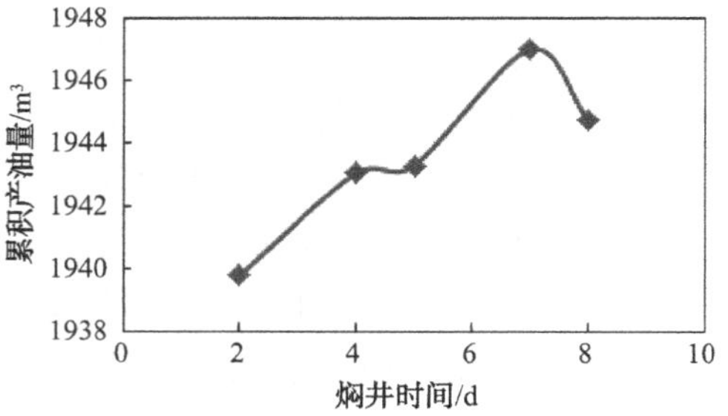

图 5　累计产油量随焖井时间的变化关系图

4　现场应用

辽河油区某稠油区块是已开发 40 多年的老油田，油田含油面积 23.6km^2，地质储量 18608×10^4t。主力油层埋藏深度 520~1150m，有效厚度 15~60m。储层物性高孔高渗，油层平均孔隙度为 34.2%，平均含油饱和度为 73%。

典型井 X 井在蒸汽吞吐过程中，随着吞吐周期的增加，周期产油量以及周期油汽等比逐次递减。因此对该井实施混合气泡沫辅助蒸汽吞吐措施，控制蒸汽汽窜，提高注汽效率，增加周期产油量和油汽比。对 X 井注入蒸汽 1900t，注入混合气泡沫 3t，将混合气泡沫分 3 个段塞注入。措施实施后，X 井累产液 2971t，产油 812.5t，有效期 685d，措施增油 793.1t，效果突出。

5　结论

(1) 泡沫阻力因子主要受发泡剂溶液质量分数、储层渗透率、气液比关系密切，随着发泡剂质量分数、气液比的增大呈现增大的趋势，而质量分数达到 0.5%、气液比大于 1∶1 后，阻力因子变化幅度很小。阻力因子随储层渗透率增大呈增大趋势，因此泡沫对热采稠油油藏中后期封堵高渗层可起到重要作用。

(2) 双管物理模拟实验表明，与单纯的蒸汽驱相比，混合气泡沫辅助蒸汽吞吐能够进一步提高驱油效率。驱油效率在单纯蒸汽驱的基础上能够提高 24.5%，达到 71.3%。而与蒸汽驱不能启动低渗相比，实施混合气泡沫驱则能使低渗驱油效率达到 36.2%。

(3) 合理的参数设计混合气泡沫的注采参数对于该技术的成功十分重要。对于所研究的区块，通过数值模拟方法得到，发泡剂溶液的质量分数在 0.5%，气液比为 1：1，混注比维持在 18.75，以段塞方式注入。

参 考 文 献

[1] 刘慧卿，东晓虎．稠油热复合开发提高采收率技术现状与趋势[J]．石油科学通报，2022，7(2)：174-184.

[2] 吴正彬，庞占喜，刘慧卿，等．稠油油藏高温凝胶改善蒸汽驱开发效果可视化实验[J]．石油学报，2015，36(11)：1421-1426.

[3] 李博良，李宾飞，冀延民，等．烟道气辅助注蒸汽开采稠油增效机理及应用[J]．石油学报，2024，45(3)：574-585.

[4] 张忠义，周游，沈德煌，等．直井-水平井组合蒸汽氮气泡沫驱物模实验[J]．石油学报，2012，33(1)：90-95.

[5] 孙永涛，李兆敏，王壮壮，等．渤海稠油油藏多元热流体开发全过程参数优化[J]．科学技术与工程，2020，20(25)：10255-10261.

[6] 袁士义，刘尚奇，张义堂，等．热水添加氮气泡沫

驱提高稠油采收率研究[J]. 石油学报，2004，25(1)：57-61，65.
[7] 吴正彬，刘慧卿，庞占喜，等. 稠油油藏气体-泡沫辅助注蒸汽实验与数值模拟[J]. 石油钻采工艺，2016，38(6)：852-858.
[8] 王其伟，曹绪龙，周国华等. 泡沫封堵能力试验研究[J]. 西南石油学院学报，2003，25(6)：40-42.
[9] 李松岩，程浩，韩瑞，等. 稠油油藏热溶剂辅助重力泄油开采机理及参数优化[J]. 特种油气藏，2024，31(1)：74-80.
[10] 庞占喜，程林松，陈月飞，等. 常规稠油底水油藏氮气泡沫控制水锥技术研究[J]. 石油学报，2007，28(5)：99-103.
[11] 曹嫣镔，刘冬青，张仲平，等. 胜利油田超稠油蒸汽驱汽窜控制技术[J]. 石油勘探与开发，2012，39(6)：739-743.
[12] 孙焕泉，刘慧卿，王海涛，等. 中国稠油热采开发技术与发展方向[J]. 石油学报，2022，43(11)：1664-1674.

巨厚块状稠油油藏多元介质辅助吞吐技术应用与探索

姚　广

(中国石油辽河油田公司兴隆台采油厂)

摘　要　大洼油田稠油热采区块以蒸汽吞吐开发为主，油藏埋深1500~1900m，开发目的层有效厚度27.3~104m，为中深层巨厚块状普通稠油油藏，目前处于蒸汽吞吐中后期。针对吞吐轮次逐年增加，油井出现供液不足、排水期延长、汽窜、回采速率低等问题，提出利用表面活性剂、二氧化碳(CO_2)、氮气(N_2)三元辅助蒸汽吞吐，通过比对现场实施效果，评价单一及组合作用效果，优化注入参数、顺序；根据吞吐井实施区域、轮次、汽窜等因素，优化组合方式，完善选井条件，优化施工方案，提升技术适应性，为地层条件和开发状况相似油田的高效稳产提供技术支持。

关键词　多元介质；蒸汽吞吐；汽窜；排水期

针对大洼油田稠油热采区块回采速率低、纵向动用差异大、重质组份沉积、排水期延长等制约区块开发的问题，开展了气体辅助蒸汽吞吐技术研究，利用CO_2、N_2的气体特性，改善蒸汽横向波及体积，调整纵向动用程度，改善原油流动性，补充地层能量，同时复配调剖封堵剂、表面活性剂等，强化驱油、封窜性能，实施后有效改善蒸汽吞吐开发效果。但受油层厚度大、层间物性差异等因素影响，各介质组合、段塞参数设计缺乏依据，导致措施吨油成本偏高，措施覆盖率低，且不同区块措施效果参差不齐、多轮次措施效果逐轮递减。因此，需要优化施工组合方式、施工参数，完善选井依据，提升技术适应性，扩大措施覆盖率，为吞吐后期降本增效和高效开发提供技术支撑。

1　研究内容

1.1　多元介质吞吐各介质作用机理

根据多元介质不同组合方式辅助吞吐实施情况，分析实施效果，评价各介质作用机理。注入N_2与空白注汽相比，平均单井排水期缩短10天、峰值产油量提高2.4t；与N_2+CO_2相比，平均周期产油下降236吨，见表1。

表1　多元介质吞吐效果对比

措施井	措施	排水期/d	压力/MPa	峰值/t	生产周期/d	周期产油/t	周期日产/(t/d)
1#/ 洼3-7-85	空白注汽	23		6.3	196	688	3.5
	表面活性剂+N_2	4	2.6	8.8	168	740	3.8
	表面活性剂+N_2+CO_2	3	2.4	8.7	230	1083	4.7
	N_2对比	-1	-0.2	-0.1		343	0.9
2#/ 洼3-6-0232	空白注汽	5		7.8	132	332	2.5
	表面活性剂+N_2	5	1.8	10.1	105	423	4
	表面活性剂+N_2+CO_2	3	2.5	8.3	125	553	4.4
	N_2对比	-2	0.7	-1.8		163	0.4

N_2能够缩短排水期，提高初期峰值产油量，与空白注汽对比平均生产周期缩短27.5d，主要是因为注汽时N_2可携带热量进入油层深部，扩大蒸汽横向波及体积、调整纵向动用剖面，转抽后使连续的油分隔为段塞式油，打破原油连续性，增强原油流动性，但随着油井产出的增加，N_2增能作用逐步减弱，后期稳产能力降低。

CO_2能够延长生产周期，提升稳产能力，与空白注汽对比平均生产周期延长 13.5d、周期日产油提升 1.55t，主要是因为 CO_2 在原油中的溶解度较大，随着注汽压力的上升，CO_2 溶解量增多，转轴后随着生产延长，油藏压力降低，油藏原油中的 CO_2 就会从原油中逐步分离出来，改善原油流动，延长油井稳产期及生产周期。

表面活性剂能够在储层内发泡，改善驱替环境，提升注汽压力，强化气体贾敏效应，迫使其进入未动用目的层，提升驱油效率。

1.2 吞吐参数设计优化

前期技术调研表明，气体吞吐参数普遍依据每米油层注入量、蒸汽用量比值进行设计。通过数据统计分析每米油层注入量、蒸汽用量比值与每米油层增油量的关系，初步制定了满足大洼油田生产需求的施工参数，其中与蒸汽比值：N_2 为 40%~80%、CO_2 为 15%~30%，表面活性剂为 0.5% ~ 0.8%；每米油层：N_2 为 1000 ~ 4000m³/m、CO_2 为 1~2.5t/m、表面活性剂为 0.2~0.5t/m，可以避免周期递减，并根据不同轮次修正施工参数，见表 2，进一步提升参数适应性，保障措施效果。

表 2 气体吞吐施工参数设计模板

轮次	N_2 用量		CO_2 用量		表面活性剂用量	
	蒸汽比值/%	每米油层/(m³/m)	蒸汽比值/%	每米油层/(t/m)	蒸汽比值/%	每米油层/(t/m)
多元介质参数	40~80	1000~4000	15~30	1~2.5	0.5~0.8	0.2~0.5
10 轮以下	20~70	1000~4000	20~30	1.5~2.5	0.5~1	0.2~0.4
10~15 轮	20~60	2000~4000	15~25	1.5~2.5	0.6~1.2	0.3~0.4
15 轮以上	40~80	1600~2000	15~25	1~1.5	0.6~1.2	0.25~0.5

1.3 吞吐选井条件优化

通过对不同组合方式措施效果评价发现：表面活性剂+N_2+CO_2 可有效缩短水期，延长稳产期，现阶段受轮次、井位、开采程度等因素影响较小，主要是因为该组合方式兼备调剖封窜、溶解降黏、增能助排作用，且可相互作用，提升增产能力。

表面活性剂+N_2：注汽压力、排水期、峰值均得到明显改善，汽窜严重的井产能效果不佳；可缓解汽窜，主要是加入表活剂产生泡沫体系，封堵高渗透层孔道，抑制汽窜影响；主体部位轻微汽窜产能相对较好，边部增产效果好于主体部位。

N_2 吞吐：前置、同注均可缩短油井排水期，前置井易出现气窜，同注可强化贾敏效应、抑制汽窜；同注增油、增压能力好于前置，如图 1 所示；低轮次措施井增产效果相对较好。

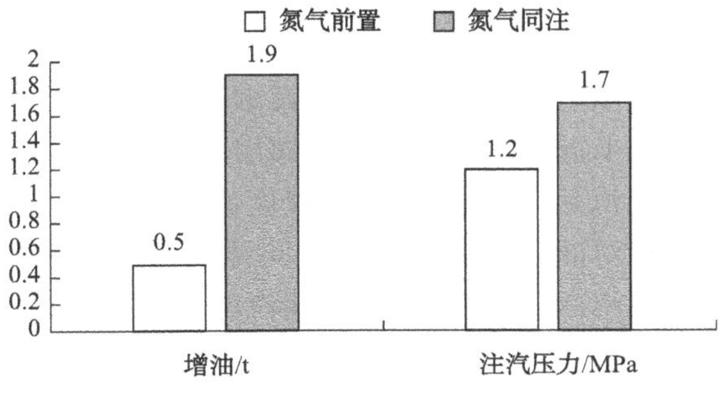

图 1 N_2 吞吐前置、同注增油、增压能力对比柱子图

CO_2 吞吐：排水期得到改善，但同排量注汽压力下降井占实施井数的 70%，增能作用相对较弱。表面活性剂+CO_2 增压效果好于单一 CO_2，表面活性剂产生的泡沫体系可增大 CO_2 表观黏度，减缓 CO_2 返排速度，延长在油层中的作用时间，如图 2 所示；措施产能与采出程度有一定关系，地层亏空大，产能效果不佳，注采比接近 1，增产效果相对较好；压力突变形成新汽窜通道或轻微汽窜井实施后效果有所改善。

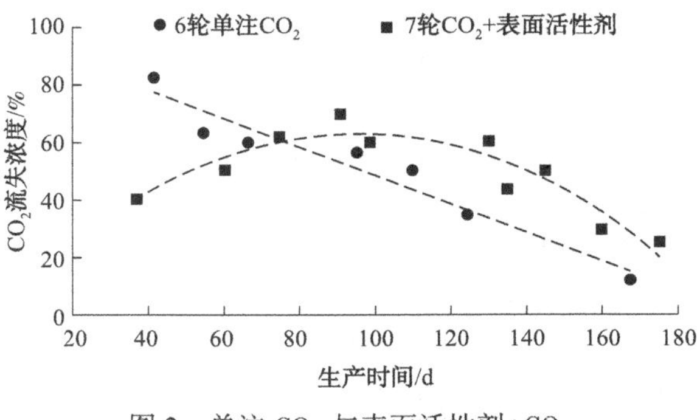

图 2 单注 CO_2 与表面活性剂+CO_2 气体流失程度对比图

通过现场实施摸索、总结出 N_2、CO_2 对措施影响规律，并根据不同组合方式作用效果，分析轮次、排水期、汽窜、井位等因素对吞吐效果影响，进一步优化了选井条件，见表 3。

1.4　施工方案优化

1.4.1　多元介质注入顺序优化

N_2 难溶于水、微溶于油，压缩系数大、膨胀能力强，可实现压水、增能，提升采出速率，且具备隔热性能，可扩大蒸汽波及体积，降低热损失。CO_2 易溶于水和油，注入时首先进入水相，使水的黏度增加，流动性降低，从而提高油水流度比，改善驱油效率，进入油相，通过萃取等作用降低原油黏度，提高流动性。表面活性剂可改变界面张力，改善驱替环境，其发泡体系可强化气体贾敏效应，调整吸气剖面，增强驱油效率。

表3　多元介质吞吐选井条件表

措施类别	作用效果	吞吐轮次	排水期	原油黏度	适应井况
表面活性剂+N_2+CO_2	①排水期长；②原油黏度大，油稠举升困难；③产能递减快，稳产能力差；④汽窜，消减汽窜占产影响；⑤非均质性强，纵向调剖	10轮以上	>30	2500~6000	①产能波动大 ②汽窜占产影响大 ③吞吐轮次高
表面活性剂+N_2	①排水期长；②汽窜，消减汽窜占产及吞吐影响；③非均质性强，纵向调剖	10轮以上	15~30	1500~3000	①主体轻微汽窜井或遍部油井
N_2	①排水期长；②排液能力下降，增能助排；③较均质油层，纵向调剖	4~10轮	>15	1500~3000	①吞吐轮次低 ②无汽窜井 ③注汽压力下降井
表面活性剂+CO_2	①排水期；②原油黏度大，油稠举升困难；③吞吐稳产能力差；④汽窜，消减汽窜占产及吞吐影响；⑤非均质性强，纵向调剖	小于10轮	<15	3000~6000	①压力突变形成新的汽窜通道 ②轻微汽窜井 ③注采平衡，注采比接近1
CO_2	①排水期；②原油黏度大，油稠举升困难	3~5轮	<10	3000~6000	①无汽窜井 ②注汽压力>16MPa

针对 N_2、CO_2 的气体特性及表面活性剂的性能，优化了单井吞吐施工方案，先注入表面活性剂+N2，提升其发泡特性，调整吸汽/气剖面，降低近井地带含水率，改善 CO_2 驱替环境；再注入 CO_2，并注入一定量 N_2，处使 CO_2 达到超临界状态，提升 CO_2 抽提作用，降低残余油饱和度，同时避免 CO_2 对注汽管柱的腐蚀；最后 N_2 与蒸汽同注，利用 N_2 隔热及次升气顶作用，改善油层纵向动用程度、扩大蒸汽平面波及体积。

1.4.2　多轮措施方案优化

通过对37口井/102井次的实施，首轮措施效果较好，次轮措施效果逐步下降，第三轮、第四轮措施效果下降幅度为3%~5%。多轮措施主要包含两类：一是连续型多轮措施；二是间歇型多轮措施。间歇型多轮措施对比空白注汽排水期缩短，峰值、周期产能均能得到提升，采出速率高；连续型多轮措施均表现出较快的采出速率，当二轮压力对比首轮压力升高后产能得到提升，如图3所示。针对连续型多轮措施井存在的问题，综合考虑锅炉注汽能力、气体特性等因素，增加了 CO_2 前置段塞用量，利用液态 CO_2 溶解能力强、膨胀性能好的优势，补充地层能量，并合理优化了 N_2 用量，增强 CO_2 溶解能力的同时，避免转抽后初期 N_2 大量返排。

典型井：注3-LH2井累计实施6轮措施，实施过程中分别对 CO_2、N_2 用量进行调整，从拟合曲线看，N_2 用量变化对同期日产油影响较小，CO_2 用量变化与同期日产油呈线性变化，如图4所示。吞吐过程中增加 CO_2 用量，可保障措施效果。

1.4.3　汽窜井配套工艺优化

受油层厚度大、横跨层系多的影响，区块采用逐步上返油层生产，导致储层动用差异大，多轮次注汽后部分油层采出程度高，层间汽窜严重。针对油井汽窜程度的不同开展了技术研究：对轻微汽窜井(注汽中、末期汽窜，汽窜1-2口井)采用表面活性剂+气体组合方式吞吐，利用表面活性剂封窜性能，强化气体贾敏效应，实现调剖封窜，延缓汽窜时间，改善吞吐效果；对严重汽窜井(注汽前期汽窜，汽窜>2口井)采用调剖剂+气体组合方式吞吐，实现单井封堵吞吐；集团注汽形成封闭区域，控制能量外逸。

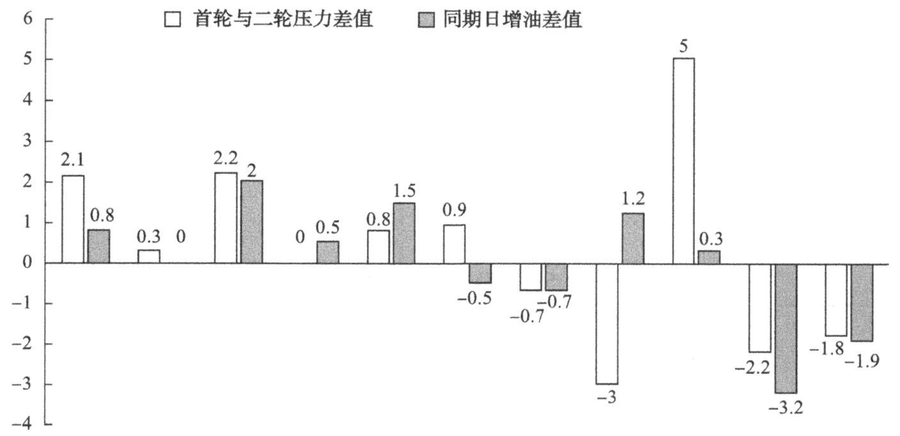

图3　连续型多轮吞吐压力变化与同期日产油变化图

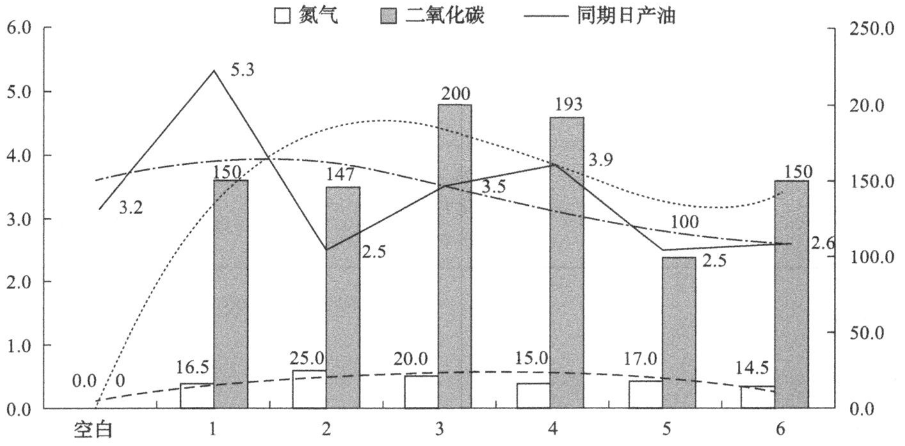

图4　注3-LH2井参数变化与同期日产油变化

(1) 集团注汽吞吐方案优化

集团注汽可有效抑制汽窜影响，但施工井组调整周期长、增产能力不足。为强化集团注汽效果，解决油井生产问题，在平面高部位油井注N_2，形成次生气顶，携带热量，调整纵向波及程度，同时对汽窜通道进行增压，提升驱油效率；在平面低部位油井注入CO_2，利用次生气顶、重力分异泄油作用，提升油井采出程度，进而实现集团注汽井组集中调控，提升措施覆盖率，降低措施吞吐吨油成本。

典型井组：注3-7-K26、注3-61-254、注3-6-024，根据油层垂向深度，分别对注3-7-K26注CO_2，注3-6-024注表面活性剂+N_2，并由上至下逐步滚动注汽，对比空白注汽，本轮集团注汽排水期缩短8.3d、注汽压力提升3.9MPa、周期增油提升2235t，见表4，注汽过程中未出现汽窜。

表4　集团注汽效果统计

井号	空白注汽			集团注汽			对比		
	压力/MPa	排水期/d	周期产油/t	压力/MPa	排水期/d	周期产油/t	压力/MPa	排水期/d	周期产油/t
注3-6-024	10.9	23	668.3	17.1	12	2149	6.2	-11	1480.7
注3-61-254	13.6	3	565.2	13.9	15	410.3	0.3	12	-154.9

续表

井号	空白注汽			集团注汽			对比		
	压力/MPa	排水期/d	周期产油/t	压力/MPa	排水期/d	周期产油/t	压力/MPa	排水期/d	周期产油/t
注3-7-K26	10.8	31	322.6	16	5	1231.8	5.2	-26	909.2
平均/合计	11.8	19	1556.1	15.7	10.7	3791.1	3.9	-8.3	2235

(2) 调剖剂+气体吞吐方案优化

调剖剂+气体吞吐可实现严重汽窜单井封堵吞吐，降低汽窜影响，改善吞吐效果。现场跟汽窜程度、温度、完井方式等因素对调剖剂的选择进行了优化，见表5。

表5　调剖剂配套方案优化

调剖技术	组成	特点	适用井
聚阳离子凝胶调剖	阳离子	耐温≥200℃ 封堵率≥85% 地层伤害程度小	汽窜1-2口井，适用于套管、筛管完井
	交联剂		
无机双激发调剖技术	主剂	封堵率≥95% 耐温≥350℃ 耐冲刷性好	汽窜2口以上，适用于套管完井
	分散剂		
	激活剂		
非固相凝胶调剖技术	主剂	耐温≥300℃ 固化时间可调 施工安全性高	火驱区块汽窜严重 (汽窜2口以上)，适用于套管、筛管完井
	活化剂		

2　现场应用效果

2023年累计实施85井次，注汽压力提升1.2MPa，缩短排水期18.34d，阶段同期增油11280t，平均单井增油131.2t。

3　结论

(1) 多元介质辅助吞吐技术可以通过调配不同介质的组合方式、注入参数，协同作用解决吞吐井排水期长、油层动用不均等问题，可有效改善吞吐效果。

(2) 通过对比现场实施效果，明确了巨厚块状普通稠油油藏多元介质辅助吞吐各介质不同组合方式作用机理及效果，依靠数据统计优化了施工参数、施工顺序，完善了选井条件。

(3) 在现场实施过程中明确了多轮次措施效果影响因素，通过优化 CO_2 用量，补充地层能量，保障措施效果；其次，根据汽窜程度、完井方式等因素，优化了调剖剂+气体吞吐方案，进一步提升措施效果。

参 考 文 献

[1] 刘怀珠，李良川，吴均．浅层断块油藏水平井 CO_2 吞吐增油技术[J]．石油化工高等学校学报，2014，27(4)：52-56.

[2] 程诗胜，刘松林，朱苏清．单井 CO_2 吞吐增油机理及推广应用[J]．油气田地面工程，2003，22(10)：16-17.

[3] 赵斌．低渗透油层二氧化碳和氮气复合驱研究[D]．黑龙江大庆：东北石油大学，2019.

[4] 尤磊，等，微乳液-CO_2-N_2 复合体系协同降黏增能室内实验及矿场应用[J]．石油地质工程，2021，35(4)：67-69.

[5] 王志兴，等．断块油藏水平井组 CO_2 协同吞吐效果评价及注气部位优化实验研究[J]．石油科学通报，2018，3(2)：183-194.

[6] 张戈，王梦涵，焦红岩，等．断块油藏氮气吞吐筛选标准[J]．断块油气田，2019，26(6)：766-770.

河南浅薄层稠油油藏高周期吞吐后期复合热流体大幅度提高采收率技术

王 泊 李德儒 李长宏 孙天奇 张 超 张渴健 杨 茜 秦玲玲 柴素云 赵艳锦 易晓辉

（中国石化河南油田分公司）

摘 要 为破解河南油田浅薄层普通稠油油藏效益开发瓶颈难题，找寻大幅度提高采收率的有效途径，在中石化油田部开发先导项目支撑及相关领导的指导下，铸剑团队经过调研、引进、消化吸收，针对浅薄层稠油油藏高周期吞吐后油藏特点，创新攻关形成了复合热流体吞吐降本提产提高采收率技术，现场规模应用取得了较好的大幅度降本提产提高采收率开发效果，有效动用井间剩余油，改善了稠油开发效果，为河南油田可持续发展探索出一条新路径。

关键词 高周期吞吐；复合热流体；驱油机理；参数优化；大幅降本提产；提高采收率

河南油田采油二厂于1987年开始初建产能，经过35年的发展，形成了具备国内领先的稠油开发技术，主要包括薄层特超稠油蒸汽吞吐经济开发技术、强边水小断块稠油油藏有效开发技术、化学辅助蒸汽吞吐技术、断块油藏小规模化学驱技术等。其稠油开采先后经过了六个开发阶段，自2006年以来连续十年稳产在60×10^4t以上，2012年达到峰值67.7×10^4t，然后开始逐年递减，2022年产量只有39×10^4t，急需引进新的颠覆性技术来实现产量的再一次增长。

多元热流体技术采用含有水蒸汽、氮气和二氧化碳的高温高压气液两相流体，通过高温降黏、稀释降黏、弹性驱、重力驱和泡沫驱等作用，达到提高稠油采收率的效果，与常规蒸汽吞吐及其他采油措施相比，具有波及范围广、采油速度快、增产效果显著等特点。多元热流体技术开采过程无碳排放，面临当前的“双碳”目标，在石油开采领域中降低碳排放的意义重大，符合国家和自治区的相关政策。自八十年代开始，该技术在辽河、大庆、新疆、中海油等油田进行了矿场试验应用并取得了一定的效果。然而，经过多年的摸索试验，未能使该技术在稠油开采中大面积推广应用。究其根本原因是工艺技术存在缺陷，导致系统燃烧不稳定造成注气管网腐蚀。

1 多元热流体技术的先进性

多元热流体技术提高采收率的六大作用机理包括：热降黏、溶解降黏、弹性驱、重力驱、泡沫驱和两相流调剖，如图1所示。

（1）热降黏是由于稠油黏度具有较明显的温度敏感性，黏度比和采油指数均随着温度增大而线性增大。

（2）溶解降黏基于N_2、CO_2在原油中的溶解度符合亨利定律，CO_2在原油中具有较强的溶解能力，对原油的降黏率最高可达96%。

（3）弹性驱是在给定多元热流体注入方案下，多元热流体具有明显的弹性增压作用（增压贡献大小顺序为：N_2>蒸汽>CO_2），气腔内平均压力可达0.2~2.0MPa。多元热流体注入后，在油井降压开采过程中迅速膨胀，可为油井生产提供了驱油动力。

（4）重力驱基于油气水重力分异作用，多元热流体在重力作用下，进入原油蒸汽驱阶段形成的主生产通道中。因此，重力驱是多元热流体对渗透率高、黏度低的油藏剩余油的有效驱替方式之一。

（5）泡沫驱是指多元热流体在注气管道沿线形成泡沫，进而形成“泡沫油”。

（6）两相流调剖是指多元热流体在进入地层后，穿过储层孔隙过程中还将进一步泡沫化，增加了其泡沫作用效果。具体过程如下：高速流动的多元热流体在储层孔隙的喉道细段主要表现为平流，在喉道多元热流体流出方向末端，由于喉道截面积的急剧扩大（>5倍），流速急剧降低，从而形成扰流（紊流），而扰流使孔隙中的液体（油、水）离散后与多介质热流体中的气体部分混合，或使油水之间扰动形成较小的液滴互相混合，从而形成乳化，形成“泡沫油”。

不同热驱技术的最高采油指数和平均采油指数如图 2 所示。

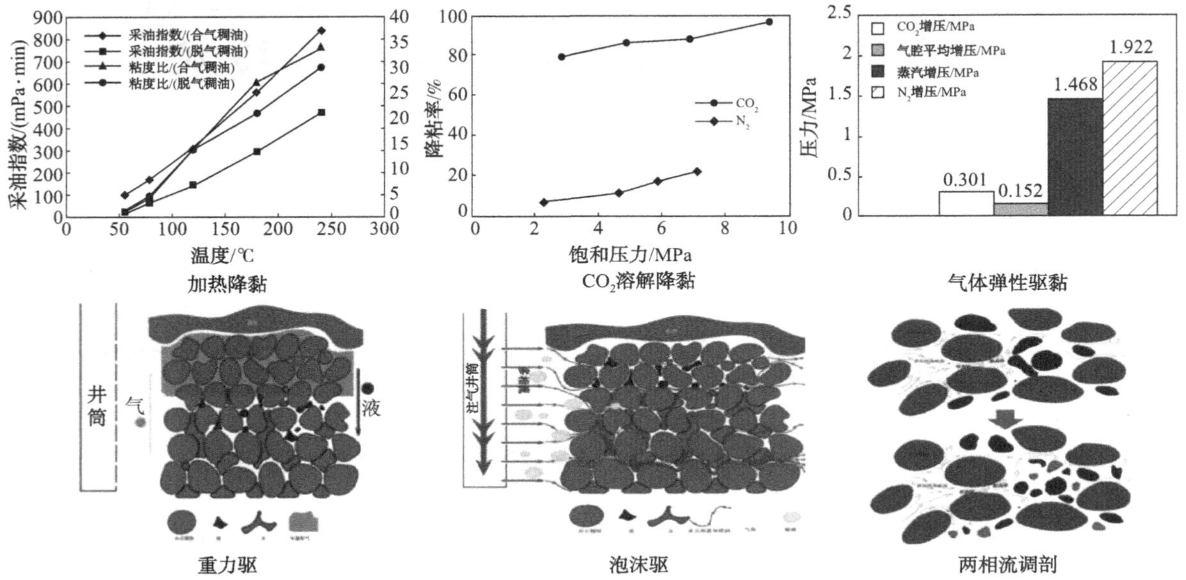

图 1　多元热流体六大采收机理

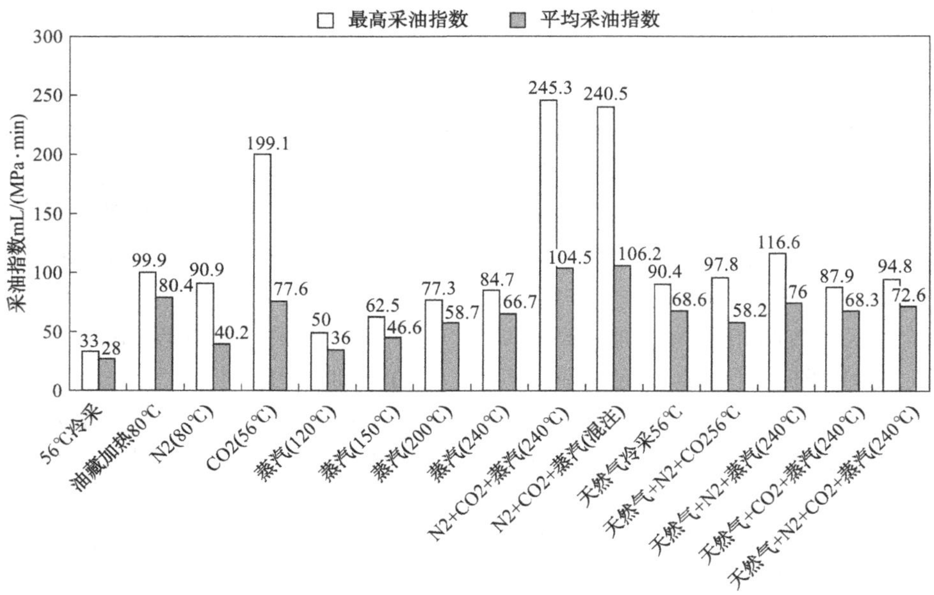

图 2　注入不同介质采油速度对比

由图 2 可知，多介质热流体(N_2+CO_2+蒸汽，240℃)的平均采油指数为 104.5mL/(MPa·min)，蒸汽开采(240℃)的平均采油指数为 66.7mL/(MPa·min)，两者对比前者高 61%。对比其他数据可知，注入多元热流体的效果要明显优于 N_2、CO_2、蒸汽三者单注或双组合注，采油速度可达蒸汽吞吐平均采油速度的 2~5 倍。除此之外，多介质热驱能够充分利用燃料高温燃烧后产生的所有组分，全组分全流量地注入地下，最大限度上降低了碳排放。地面设施布局简单，和蒸汽吞吐相比具有明显的成本优势。

2　多元热流体技术存在的问题及改进

2.1　装置存在问题

2.1.1　原油燃烧工艺不成熟

主要体现在两个方面：一是原油中胶质、沥青质等重质组分燃烧不完全，易产生积碳和冷凝水发黑的情况，进而引起油藏的污染和油路通道的堵塞；二是原油质量不稳定及空燃比自动调节系统算法问题，导致空气过量系数波动幅度大，在 0.92 到 0.98 之间波动。如图 3 所示。

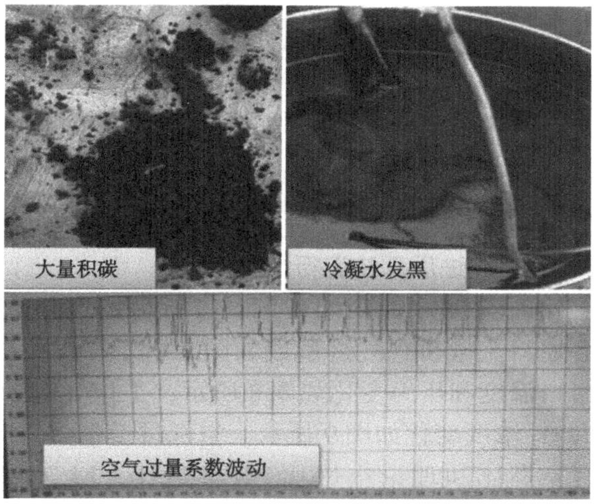

图 3　运行后水套实物及燃烧原油实时空燃比记录

2.1.2　注气管线及油管易发生腐蚀现象

引进装置在新疆油田作业过程中发生了油管腐蚀事故，如图 4 所示。经腐蚀物件的腐蚀性质检测发现：腐蚀方式主要为氧气腐蚀，即燃烧过程中空气过量，导致工作气中含氧从而发生腐蚀。

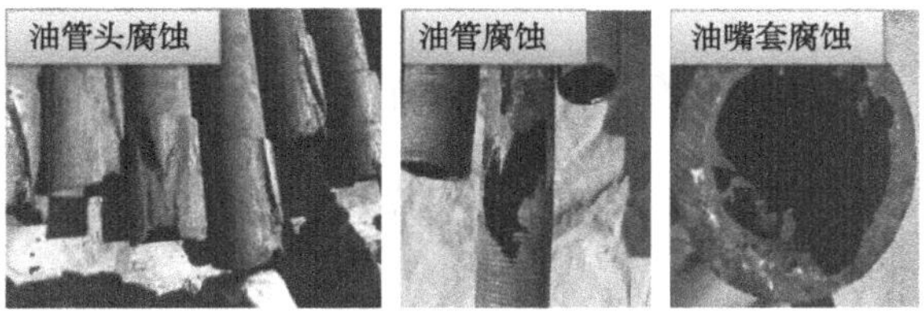

图 4　油管腐蚀

2.2　装置工艺技术的改进

2.2.1　燃烧前燃料的预热

燃料(原油)含有少量重质组份，存在黏度较大而流动性差的现象，直接进入燃烧器，无法发生良好雾化和高效燃烧。因此，分别在原油箱底部和燃烧器前端增加两级加热装置，以降低原油黏度。一级加热装置位于原油箱底部，为简单的电阻丝加热，二级加热装置(图 5)位于抽油管后端的管路。其中一级加热装置有三个加热器，工作电压 380V，单个功率为 10kW。二级加热装置工作电压 380V，功率为 9kW。二级加热装置由磁翻板液位计、放空管、保温组件、防爆加热管和盘管等构成。一级加热装置可使原油温度达到 60℃，二级加热装置使原油温度达到 80℃。材质及详细设计图纸见 9 节生产工艺部分。

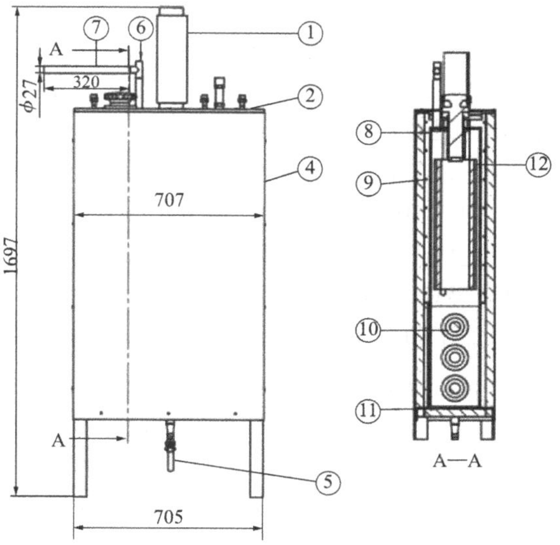

图 5　二级加热装置结构图

1—磁翻板液位计；2—油箱顶部外壳；3—油箱正面外壳；4—油箱支架；5—放空管；6—三通，7—球阀；8—加热油箱内胆；9—保温组件；10—防爆加热管；11—油箱底部保温；12—盘管

2.2.2　优化空燃比算法

原算法存在一定缺陷，其根据泵效计算，即设理论泵效为 xkg/h，利用变频器的线性原理把理论泵效分为 50 份，每 Hz 一份，也就是每 1Hz 的排量为 x/50kg/h，再利用空气燃烧比算法来计算相应频率来供应燃料。但实际泵效大部分时间小于理论泵效，所以，该算法使得燃烧非常不稳定。改进后的空燃比通过 PID 控制油泵变频器自动调节，进而控制流量实现。具体如下：首先 PLC 读取原油流量和空气流量检测传感器的数据，然后 PID 根据空气流量的波动，计算恒定的空燃比下对应的原油流量、油泵转速、变频器工作频率。油泵变频器依据此对油泵进行调速，实现原油流量的控制，达到燃烧参数自动调节的目的。空燃比依据燃烧系数 9.8~16.2 的不同燃油标号的标准，由科里奥利质量流量计得到燃烧空气质量，除以燃烧系数，加入空燃比系数 0.8~1.2。通过如式(1)所示的 PID 计算公式，得出所需油泵转速以及变频器工作频率，其中 P、I、D 三个参数由实验自整定获得。

$$y=K_{\mathrm{p}}\left[(b\times w-x)+\frac{1}{T_1\times \mathrm{s}}+\frac{T_1\times s}{a\times T_1\times s+1}(c\times w-x)\right] \tag{1}$$

式中，y 为 PID 算法的输出值，为油泵频率；K_p 为比例增益，即自整定参数；s 为拉普拉斯算子；b 为比例作用权重，即自整定参数；w 为设定油流量，x 为实际油流量；T_I 为积分作用时间，T_D 为微分作用时间，均为自整定参数；a 为微分延迟系数(微分延迟 $T_I=a\times T_D$)；c 为微分作用权重，为自整定参数；经大量实验自整定发现，P 为 9.08865，I 为 0.88766，D：不适用。通过上述优化，燃烧器可稳定工作。

2.2.3　燃烧尾气的自动高精度检测

增加了包含 O_2 浓度检测和 CO 浓度的在线检测装置，腐蚀主要由 O_2 导致。CO 检测目的有两点，一是判断原油是否过量，二是可佐证 O_2 测试结果。选择的 O_2 检测量程为 0～20000ppm，精度为 100ppm，CO 检测量程为 0～30000ppm，精度为 100ppm。检测器实物如图 6 所示，(a)为 O_2 检测器，(b)为 CO 检测器。

(a)　　(b)

图 6　气体检测器实物图

2.2.4　改进后系统运行情况

选取 72 小时内生产记录进行稳定性分析。各原料流量和空气过量数如图 7 所示，发生器出口温度和压力变化如图 8 所示，工作气中 CO 和 O_2 浓度变化如图 9 所示。空气过量系数为实际空燃比和理论空燃比(按柴油计，14.3)的比值。

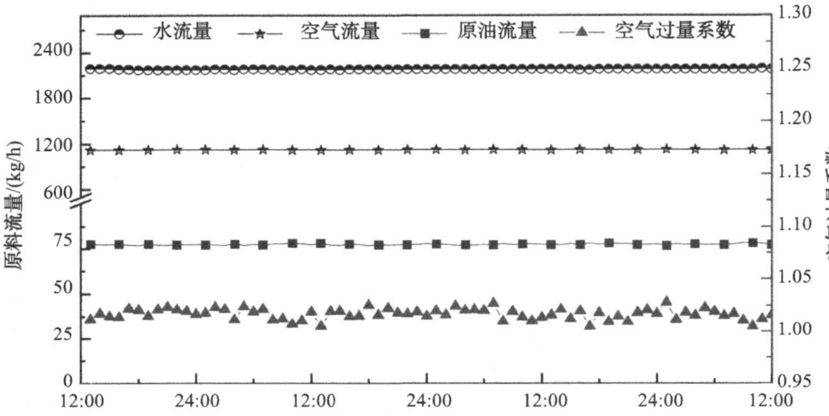

图 7　各原料流量和空气过量系数变化

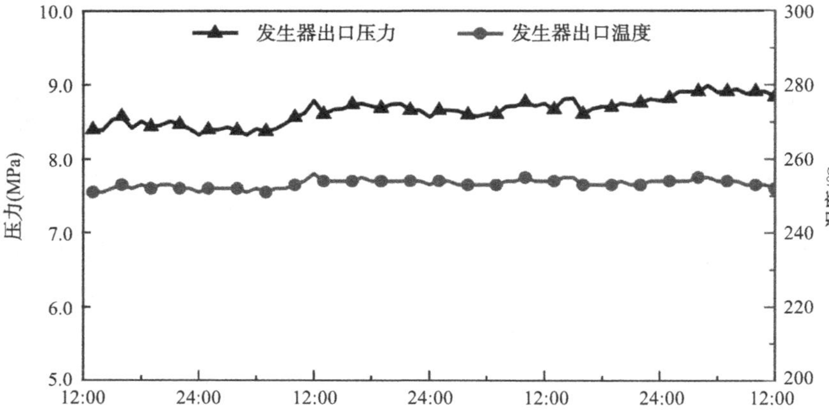

图 8　发生器主机温度和压力变化

由图 8 可知，水流量在 2100～2200kg/h 之间变化，空气流量 1050～1150kg/h 之间变化，原油流量在 75～80kg/h 之间变化，空气过量系数波动范围在 1.00～1.03 之间波动，与图 3 所示的 0.90～0.98 之间波动相比，波动幅度已经降低了 70%。

发生器喷嘴处温度变化范围为 250－255℃，压力为 7.4～7.8MPa，说明发生器内工况较为稳定。由图9可知，工作气中 O_2 浓度为100ppm，即说明工作气中 O_2 浓度在200~700ppm范围内波动，CO浓度在6000~8000ppm之间。这说明原油燃烧充分，未产生余氧，且燃烧效率较高，装置运行稳定。

进一步借助脉动场理论，定量计算了这段时间内各关键控制参数的脉动情况，如图10所示。由图10可知，空气排量、原油流量、水流量、发生器出口温度和压力、空气过量系数等关键参数的相对变化均≤2.0%，这表明装置运行是稳定的。

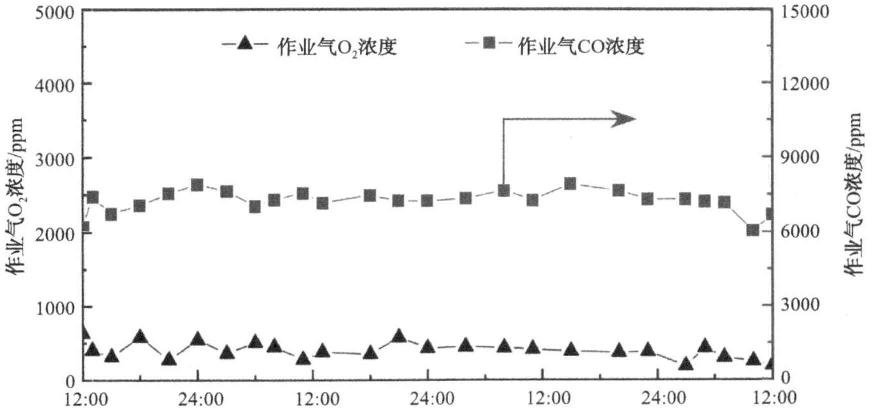

图9 工作气中 O_2 和CO的浓度变化

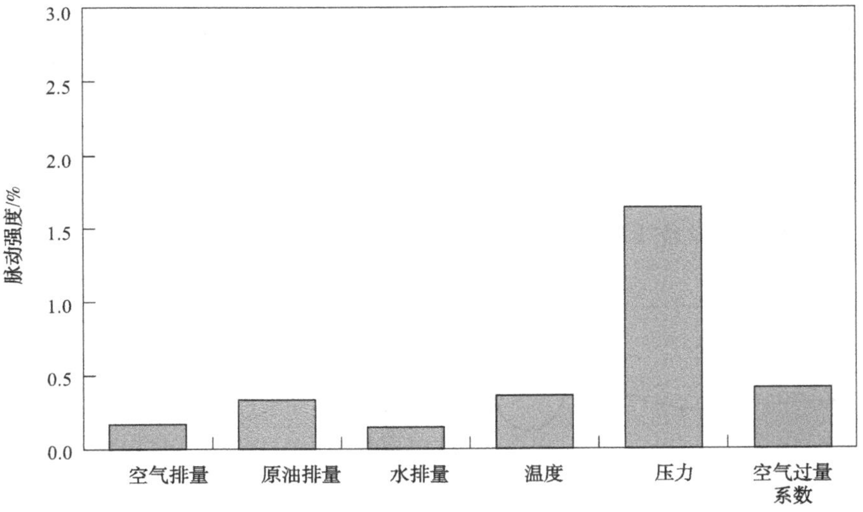

图10 工作气中O2和CO的浓度变化

3 多元热流体技术在泌浅10区的应用

3.1 适应性研究分析

该技术早期在新疆油田采油一厂车510井区沙湾组油藏实验效果较好，赢得了使用方的充分认可，其作业模式主要以集团吞吐异步采油、气驱为主，效果非常显著，根据该技术油藏适宜条件及对比，如表1所示，泌浅10区Ⅵ$_3$层油藏适合多元热采技术作业。

表1 多元热采油藏适宜条件及对比情况表

油藏条件参数	油藏条件数值	车510井区	泌浅10区Ⅵ$_3$层
油层埋深/m	300~2500	500~600	319~436
平均单层厚度/m	>6	4~12m	2.2~8.4m
孔隙度/%	>15	23~33	32.8
渗透率/μm^2	>0.1	1.84	2.43

续表

油藏条件参数	油藏条件数值	车510井区	泌浅10区Ⅵ$_3$层
含油饱和度/%	>60	40-65	65
50℃原油黏度/mPa·s	<8000	2000~8000	741~1546
原油密度/(g/cm^3)	0.91~0.9896	0.9216~0.9323	0.9371~0.9479

通过数据对比发现，泌浅10区Ⅵ$_3$层的油藏条件与车510区基本相似，且渗透率、含油饱和度、黏度等参数更优于车510，因此该技术在泌浅10区实验可行性较好。

3.2 技术优势及参数优化设计

3.2.1 技术优势

(1)核心机理：兼具氮气弹性驱油、二氧化碳溶解降黏、热力采油的优点，核心机理是二氧化碳主要溶于稠油形成泡沫油促进原油流动，氮气主要以段塞或聚集体形态维持油藏压力扩展加热范围、增大驱替压差促进泡沫油流动，与常规蒸汽吞吐相比，可有效扩大动用范围(动用范围扩大41.6%)，大幅提高采收率(提高采收率幅度大于15%)。

(2)热效率高：通过燃料和空气燃烧，将软水直接汽化产生蒸汽，热效率97.5%，较普通锅炉提高14.5%。

(3)注入成本低：常规锅炉1吨燃料油可产生蒸汽14吨；复合热流体设备1吨燃料油可产生蒸汽16.5吨，二氧化碳1595标方，氮气8583标方，相当于87吨蒸汽价值。

(4)工艺简单：与常规蒸汽锅炉相比，该技术工艺简单，只有核心设备复合热流体发生器及配套装置，地面工程投资低。

(5)腐蚀速率低：通过控制空燃比，实现产出物中氧含量低于0.05%，腐蚀速率小于0.029mm/a(国标0.076mm/a)。

(6)零碳排放：将所有燃烧产物均注入油层，实现了注入过程零碳排放。

3.2.2 注采参数优化设计

(1)吞吐注采参数优化：根据影响因素的敏感性分析，对多元热流体的主要因素(注入温度、蒸汽注入强度、闷井时间、复合气体注入强度)进行优化研究，根据开发效果，最终选取300℃、10m^3/m、5d、200m^3/m为最优参数，如图11所示，不同油田开发前，可以通过数值模拟的方法，优化注入参数。

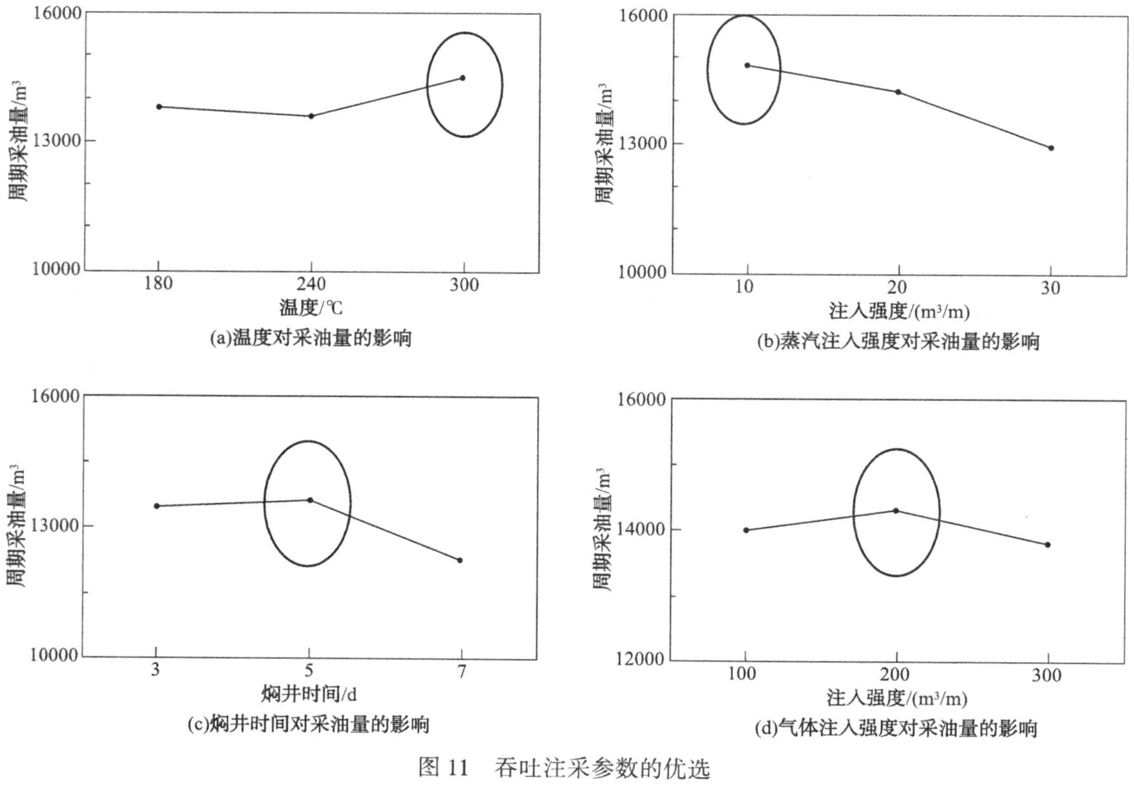

(a)温度对采油量的影响　(b)蒸汽注入强度对采油量的影响

(c)焖井时间对采油量的影响　(d)气体注入强度对采油量的影响

图11　吞吐注采参数的优选

（2）驱注采参数优化：通过选取七项注采参数，利用正交设计方法及数值模拟技术，共设计18个正交方案，得出关键注采参数为：采注比、注入温度。根据直观分析和方差分析，最终确定最佳注采井距为250m；最佳注入强度为1.8m³/(d·m·ha)；井底注入温度为250℃；合理的采注比为1.2，如图12所示。

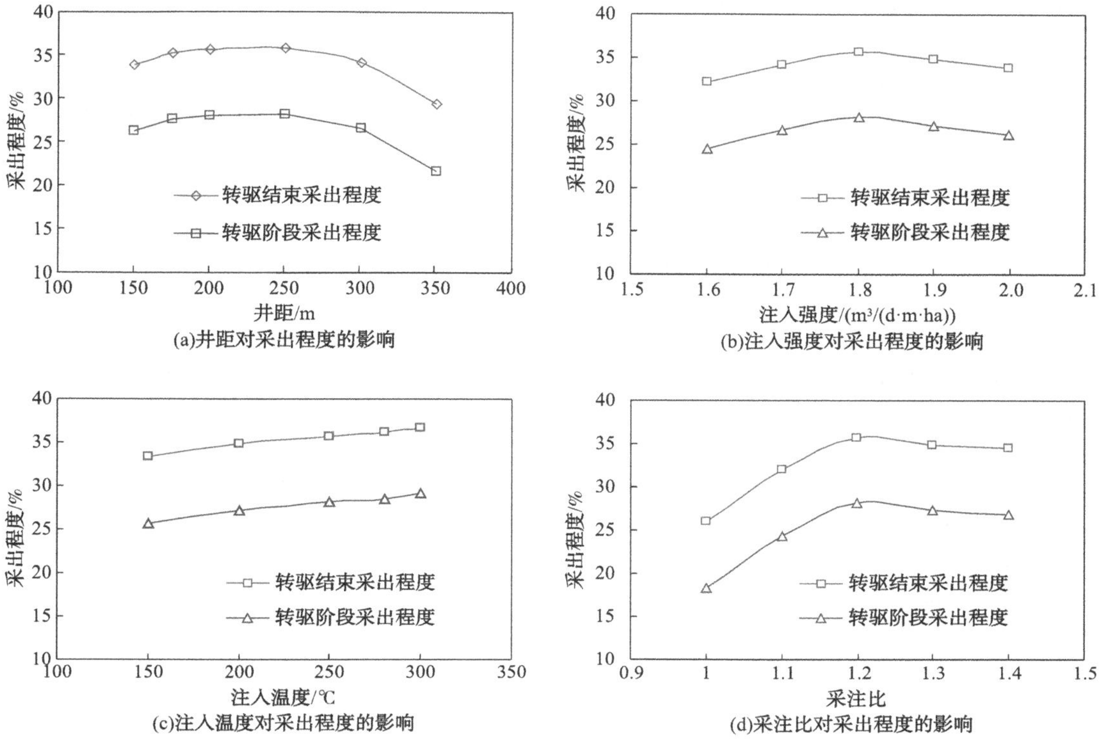

图12　驱注采参数的优选

4　现场应用效果

该技术于2022年3月24日开始在采油二厂生产辖区进入现场实施，截止目前累计实施191井次，阶段产油1.5×10⁴t，增油1.1×10⁴t，减少注汽量7.8×10⁴t，减少氮气量532万Nm³，吨油操作成本2355元，较蒸汽吞吐周期下降926元。其中：在薄互层油藏原油黏度小于2000mPa·s实施27口井，增油累计产油0.22×10⁴t，受效井12口，增油406t，与蒸汽吞吐周期效果持平，减缓递减，减少注汽量1.9×10⁴t、注氮量56万Nm³，吨油操作成本2022元，较蒸汽吞吐周期下降442元；在边水油藏原油黏度小于2000mPa·s累计实施86口井，累计产油0.6×10⁴t，与蒸汽吞吐周期效果持平，减少注汽量5.48万t、注氮量307万Nm³，吨油操作成本1823元，较蒸汽吞吐周期下降2182元。从实施情况来看，边水油藏实施后周期日产液、综合含水下降明显。取得了显著的降本增产效果，是河南油田稠油铸剑团队最新攻关研究形成的大幅度降低成本提高采收率双强技术。

5　结论

（1）多元热流体技术存在的原油燃烧工艺不成熟和注气管线及油管易发生腐蚀问题，可以通过燃烧前燃料的预热、优化空燃比算法和燃烧尾气的自动高精度检测解决，经验证方法适用且有效。

（2）多元热流体采油技术的技术优势包括大幅提高采收率、热效率高、注入成本低、工艺简单、腐蚀速率低和零碳排放，对多轮次吞吐后的普通稠油油藏开发具有较好的适应性。

（3）确定了普通稠油多元热流体吞吐（驱）注入参数设计标准，投入现场应用验证复合热流体采油技术能够大幅降低开发成本、提高单井日产量、提高原油采收率，是河南油田稠油铸剑团队最新攻关研究形成的大幅度降低成本提高采收率双强技术，该技术有力地填补了该领域国内外技术空白，处于国内外领先水平，为国内外同类油藏提高开发效果起到了很好的借鉴指导引领作用。

参　考　文　献

[1] 黄祖杰，赵秋阳，陈磊，等．超临界多元热流体提高稠油采收率机理研究[J]．工程热物理学报，2022，43(04)：974-981.

[2] 孙涛．海上稠油多元热流体开采技术[J]．化工管理，2021，No.597(18)：88-89.

[3] 冯祥，宫汝祥，李敬松．多元热流体多轮次吞吐周期注入强度优化方法[J]．油气藏评价与开发，2019，9(01)：64-67+84.

[4] 王磊，郑伟，余华杰，等．渤海稠油多元热流体多轮次吞吐开发效果评价[J]．重庆科技学院学报(自然科学版)，2016，18(04)：29-32.

[5] 张兴鲁．稠油油藏多元热流体开采机理及适应性研究[D]．中国石油大学(华东)，2017.

[6] 薄兵，许安著，赵伦，等．稠油油藏多元热流体吞吐协同机理及开发技术参数优化[C]//上海来溪会务服务有限公司．2021第六届能源，环境与地球科学国际会议论文集．Science Publishing Group，2021：7.

[7] 张启龙，马帅，霍宏博，等．基于数值模拟的渤海多元热流体增产机理研究[J]．中外能源，2020，25(09)：32-36.

[8] 张娜，朱元芮，祝仰文，等．基于井筒离散模型的多元热流体吞吐机理[J]．新疆石油地质，2020，41(03)：332-336.

[9] 刘勇，王崇先，李晓辉，等．深层超稠油多元热流体开采机理[J]．断块油气田，2019，26(05)：638-643.

[10] 陈建波．海上深薄层稠油油田多元热流体吞吐研究[J]．特种油气藏，2016，23(02)：97-100+155-156.

[11] 吴文炜．新疆浅层稠油多元热流体开采研究[D]．北京：中国石油大学(北京)，2019.

[12] 汪成，王少华，孙永涛，等．一种耐高温泡沫体系的驱油效率影响因素分析[J]．当代化工，2015，44(11)：2602-2604.

[13] 许建军．泡沫调剖改善多元热流体开采效果技术研究与应用[J]．石油钻采工艺，2015，37(02)：114-116.

[14] 汪成，孙永涛，王少华，等．泡沫调剖辅助多元热流体吞吐研究与应用[J]．钻采工艺，2017，40(01)：102-104+11.

[15] 谢建利，张继周，韩晓强，等．稠油火驱先导试验区移动火源燃烧效率研究[J]．钻采工艺，2012，35(04)：98-100.

[16] 孙博．稠油热采注汽锅炉精确燃烧控制[J]．自动化与仪器仪表，2017(S1)：5-6+10.

[17] 刘金璐，李军，李丽，等．多元热流体注采用N80钢管柱的腐蚀行为[J]．机械工程材料，2023，47(05)：20-25.

[18] 罗鸣，高德利，李军，等．井下挂环技术在多元热流体井筒腐蚀监测中的应用[J]．石油管材与仪器，2022，8(02)：34-37.

[19] 牛晔．多元热流体环境下管材流动腐蚀特性研究[D]．西安：西安石油大学，2021.

[20] 张立鹏．高温多元热流体环境中油井管材腐蚀行为研究[D]．中国石油大学(华东)，2020.

[21] 冯文斌．多元热流体环境中N80钢腐蚀行为研究[D]．青岛：中国石油大学(华东)，2019.

[22] 白世兴．渤海南堡油田多元热流体吞吐技术工艺研究[D]．大庆：东北石油大学，2015.

[23] 刘稳，欧阳子区，曹晓阳，等．预热燃料在无焰燃烧模式下的NO_x排放特性[J]．中国粉体技术，2019，25(04)：1-11.

[24] 李金义，魏莹莹，杨森，等．烃类燃料燃烧过程中中间产物的光谱测量[J]．激光杂志，2018，39(03)：55-63.

[25] 梅伟，仝春玥，孙玉豹，等．多元热流体吞吐技术在渤海油田老井挖潜中的应用[J]．石油化工应用，2022，41(03)：24-28+57.

[26] 吕政，李辉，丁楠，等．小洼油田中—深层特稠油多元热流体吞吐技术研究与应用[J]．特种油气藏，2019，26(03)：109-113.

[27] 刘东，胡廷惠，潘广明，等．海上多元热流体吞吐与蒸汽吞吐开采效果对比[J]．特种油气藏，2015，22(04)：118-120+157.

[28] 孙永涛，李兆敏，王壮壮，等．渤海稠油油藏多元热流体开发全过程参数优化[J]．科学技术与工程，2020，20(25)：10255-10261.

[29] 张启龙，韩耀图，陈毅，等．海上多元热流体参数优化及选井原则研究[J]．天然气与石油，2020，38(04)：71-77.

[30] 廖辉，张风义，高振南，等．海上B油田多元热流体转驱注采参数优化设计[J]．当代化工，2019，48(10)：2349-2352.

[31] 葛涛涛，庞占喜，罗成栋，等．海上稠油油藏水平井多元热流体驱物理模拟实验研究[J]．油气地质与采收率，2019，26(04)：62-69.

[32] 吴文炜．新疆浅层稠油多元热流体开采研究[D]．北京：中国石油大学(北京)，2019.

[33] 曹猛．海上典型普通稠油多元热流体开采机理及技术对策研究[D]．北京：中国石油大学(北京)，2019.

大庆长垣东部 F 油田 A 区块功能性水驱可行性评价

李源平[1]　白　雪[1]　张庆斌[2]

（1. 大庆油田有限责任公司第八采油厂地质研究所；2. 大庆油田有限责任公司勘探开发研究院开发二室）

摘　要　大庆长垣东部已开发油田 85%的储量集中在 P 油层，产量比重大，进入高含水开发后期，P 油层提采技术尚未形成，已开展的试验主要以调剖调驱为主，需要进一步探索适合中低渗透油藏的提高采收率技术体系。在低矿化度水驱的基础上，通过注入水离子类型和强度的调整以及微分散体系的引入，形成了功能性水驱技术体系。通过研究功能性水驱机理，确定区块优选原则，优选了 F 油田 A 区块开展功能性水驱先导试验。开展室内评价研究，岩心提高采收率 15 个百分点以上，数模方法进行效果预测，比常规水驱提高采收率 3.72 个百分点，经济效益评价内部收益率 28%，明确了 A 区块功能性水驱经济可行。

关键词　三次采油；驱油机理；采收率

葡萄花油层储量动用程度 96.9%，采出程度仅 14.80%，可采储量采出程度 62.1%，采油速度 0.59%，存在储层薄、渗透性较差，注采难度大；剩余油分布零散，低产井长关井比例高等问题。进入高含水开发后期，葡萄花油层提采技术尚未形成，已开展的试验主要以调剖调驱为主，需要进一步探索适合中低渗透油藏的提高采收率技术体系。通过开展功能性水驱试验，形成适合大庆长垣东部低渗透油田的功能性水驱驱油体系和相应的配套技术，为低渗油藏储备低成本提高采收率技术。

1　功能性水驱机理

中国石油勘探开发研究院经过 10 余年技术攻关，在低矿化度水驱的基础上，通过注入水离子类型和强度的调整以及微分散体系的引入，形成了功能性水驱技术体系。

1.1　离子交换机理

强化原油-水-储层间的微观相互作用机制，通过注入介质与原油极性基团、地层水离子、黏土矿物的精确匹配，进而增加油/水/岩石之间的界面斥力，使油膜易于剥离而提高驱油效率（图 1）。其主要驱油机理主要有以下 4 方面：一是降低液/固界面力：低价离子置换岩石与油膜间高价离子，降低界面黏附力；二是改善润湿性：原油极性组分从岩石表面剥离从而改变岩石润湿性；三是提高微观波及效率：岩石极性增强，颗粒发生运移，流体深部转向；四是扩大两相共渗区：剥离油膜，降低残余油饱和度，调整油水流度比。

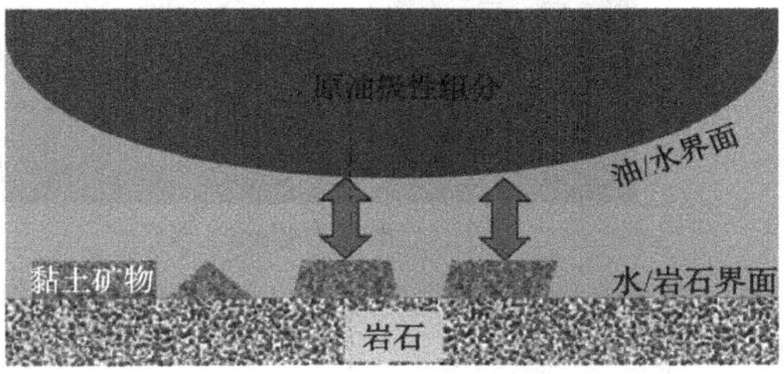

图 1　原油-水-储层间的微观作用示意图

1.2　水气分散体系机理

功能水体系中的微米级气泡逐级进入不同渗流阻力的孔隙空间，进而依靠微气泡的弹性能量，在油藏纵向上自适应调整，驱替剩余油，扩大波及体积。

1.2.1　成泡机理

微孔上、下方局部区域内成紊流状态，在内外压差、微孔边缘的气水界面张力及边缘的剪切作用，形成离散的微米气泡。

（1）宏观可视模型

在静水、低压条件下，气水分散器可以生成稳定连续微泡；在低压流动状态下，部分微泡可以随注入水有效向下运移（图 2）。

（2）微观可视模型

分散体系：水/N_2；测试条件：50℃，15.33MPa，压差 0.4MPa；可形成稳定连续的微米气泡（图 3）。

静水状态　　低压流动状态

图 2　不同压力条件下的气泡流动状态图

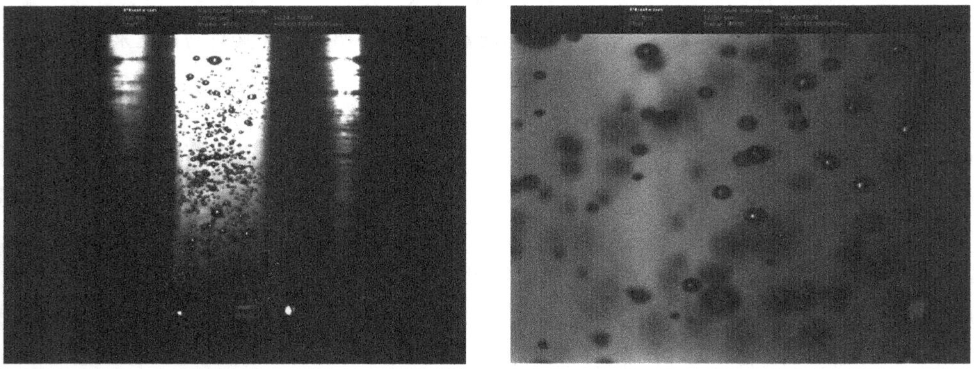

泡径为40μm，X5　　泡径为40μm，X40

图 3　微米气泡在微观可视模型中状态观察图

1.2.2　水气分散体系机理

水气分散体系通过水-气介质的比例及分散方式，改变体系渗流阻力，段塞作用明显，调堵作用好；小气泡优先进入大孔喉聚并封堵，随着渗流阻力提高，小气泡会进入小孔隙启动新层，通过调整注气量、分散体系泡径大小，改善剖面，使吸水均匀，扩大波及体积(图 4~图 6)。

1.3　技术应用效果

在吉林、长庆 2 个油田 3 个试验区开展先导试验，注入性良好，递减率大幅度降低，预测提高采收率 5 个百分点以上(表 1)。

2　试验区的选择

根据功能性水驱筛选标准，按照长垣外围油田储层岩石及流体性质，综合考虑开发、地面等条件，优选试验区。

2.1　试验区选择原则

(1) 必要条件

必要条件主要针对流体性质及储层性质。通过必要条件确定适合开展功能性水驱的为低渗透储层，主要分布在 Y、Z、F 油田(表 2)。

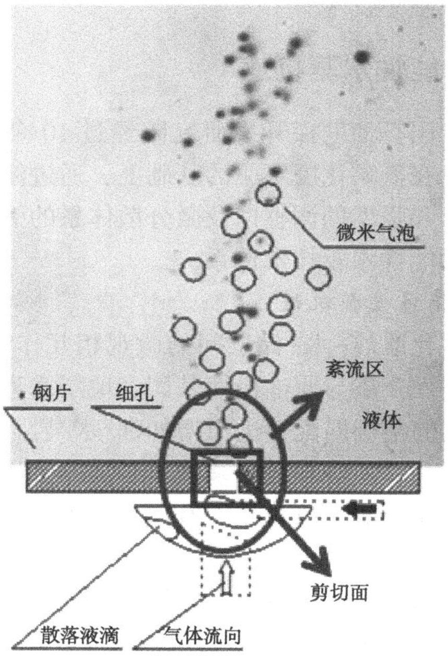

图 4　微泡体系效果

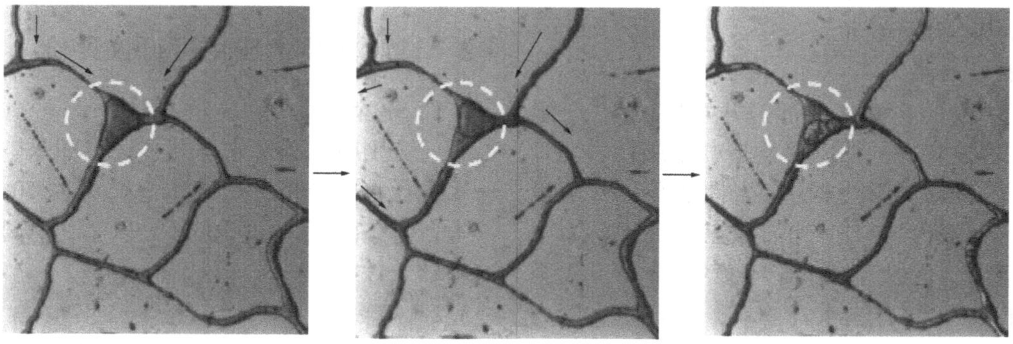

图5　水气分散体系扩大波及体积过程

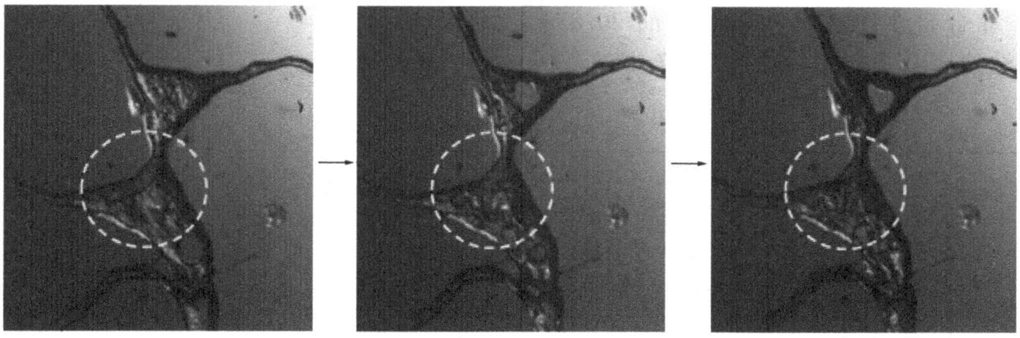

图6　水气分散体系剥离油膜过程

表1　国内油田功能性水驱试验基本情况表

油田	孔隙度/%	渗透率/mD	试验规模	注入时间（年．月）	井网形式	方案预测	试验效果
吉林	15.2	3.3	5注15采	2016.6离子水	120m排状	增油 1.93×10^4t，提高采收率5.9%	试验井组产油量稳中有升，阶段递减由10.24%下降至1.82%
长庆	11.45	0.71	11注49采	2018.1离子水	不规则反九点165m×150m	提高采收率7.3%	见效率71.0%，累增油2650.0t，阶段递减由13.2%下降至4.0%
	12.69	1.81	8注32采	2018.1离子水	不规则反九点240m×265m	提高采收率6.8%	见效率77.2%，累增油2510t，阶段递减由19.2%下降至8.1%
			4注19采	2020.11功能水		提高采收率6%~8%	截至2022.4，累增油3536t，含水64.8下降至59.9%

表2　试验区选择必要条件

标准分类	指　标	单位	标准要求
流体性质	原始和目前采出液总矿化度	mg/L	原则上大于10000，大于6000可以参与评价
	二价阳离子总浓度	mg/L	≥50，Ca^{2+}为主
	地层原油黏度	mPa·s	小于100
	原油胶质沥青质含量(脱气)	%	≥10
储层性质	储层空气渗透率	mD	5-50
	黏土矿物绝对含量	%	≤15%，高岭石为主，含蒙脱土储层慎选

(2) 区块筛选原则

① 主力油层发育好，平面分布广连通状况好，具有试验扩大基础；②能够正常注水，注采对应关系好，油井综合含水在85%以下最佳，开发时间在10年内，也可适当延长；③平面矛盾较小，没有较明显方向性见水或暴性水淹的生

产特征；④井网完善，但井网形式不宜多次变换，具备中心井受效井。

2.2　试验区的确定

A 区块位于 F 油田南部，开发层位为 PI 组油层，井区发育纯油层，受构造、断层、岩性等因素控制，油藏类型为构造-岩性油藏，开发目的层发育三角洲内前缘-外前缘亚相沉积，为中孔低渗储层。区块于 1996 年投入开发，截至 2021 年 12 月，共有注水井 6 口，平均注水压力 11.4MPa，平均单井日注水 19.7m^3，累积注水 13.5×10^4m^3；共有采油井 17 口，平均单井日产油 0.7t，综合含水 86.2%，累积产油 20.85×10^4t，采油速度 0.79%，采出程度 27.49%。区块共有中心井 4 口。

3　试验区技术应用可行性评价

3.1　水分析

分别对试验区水源井、计量间水、油井产出水进行水样分析，产出水总矿化度 7000mg/L 以上，$Ca^{2+}+Mg^{2+}$浓度 70mg/L 以上，有离子交换的基础条件(表 3)。

3.2　油分析

原油五组分测试表明，芳 210-斜 102 井的胶质与沥青质总含量大于 10%，有利于离子水体系优化(表 4)。

表 3　试验区水分析数据表

油田	样品来源	分析日期(年.月)	K^++Na^+/(mg/L)	$Ca^{2+}+Mg^{2+}$/(mg/L)	Cl^-/(mg/L)	SO_4^{2-}/(mg/L)	HCO_3^-/(mg/L)	pH 值	矿化度/(mg/L)	备注
F 油田	水源井	2021.9	74.9	90.2	14	32.9	419	7.5	631	注入水
	S1 井	2022.6	2344.3	80.8	1311	1741.6	2105	7.5	7583	产出水
长庆	杏河北		310.1	51.6	217	283.2	279.8		1142.1	注入水
				9679					42620	产出水
吉林	新木		112.6	70.1	56.6	63	65.3	6.5-7	367.6	注入水
				8.4	5654				15296	产出水

表 4　试验区原油五组分测试结果

油田	样品来源	挥发分/%	饱和烃/%	芳香烃/%	胶质/%	沥青质/%
F 油田	S2 井	2.46	62.08	16.81	13.87	4.78
长庆	杏河北				2.53	
吉林	新木		92.56	6.68	17~36	

原油酸值测试结果表明，S2 井的酸值较高为 0.889mgKOH/g 油，说明原油对岩石的吸附性好，离子交换潜力大。

原油芳烃组分测试表明，S2 井萘、菲、蒽等非极性物质含量分别为 14.7%、13.5%，同系物含量分别为 85.3%、86.5%。萘、菲、蒽等纯芳烃属于非极性物质，是没有吸附性的，但芳烃同系物具有吸附性，且吸附强度不大，有利于离子交换，剥离油膜。

3.3　试验区油/水、水/岩石电位测试

离子匹配水驱技术主要由所评价试验区的原油组成、特征、黏土矿物种类和含量以及地层水的差异等决定，储层油/水、水/岩石的电动电位测试反应了不同水体系对原油特征组分的剥离能力，电动电位值越大，水体系越有利于原油从岩石表面剥离。因此，不同于常规三采评价中的浓度优选，离子匹配水驱体系优化是依据电动电位测试结果判定的。多体系电动电位实验表明，水源井水+1000ppm 剂 2 的油/水/岩石电动电位值最大，说明该体系离子交换效果最好，推荐使用水源井水+1000ppm 剂 2。

3.4　驱油实验

目前已完成 9 块低渗岩心驱油实验，岩样孔隙度 14.7%~21.4%，渗透率 2.6~41.6mD。室内实验表明，浓度 1000ppm 剂 2 驱油效果较好，气液比 1∶3 和 1∶4 驱油效率较高，功能性水驱比常规水驱可提高驱油效率 15 个百分点左右(图 7、表 5)。

表5　不同岩心驱油效果

油田	岩样号	渗透率/mD	水驱实验		药剂类型	浓度/ppm	离子水驱实验		功能性水驱实验		
			水源	驱油效率/%			驱油效率/%	比水驱提高驱油效率/%	气液比	驱油效率/%	比水驱提高驱油效率/%
F油田	J75-6-2	41.6	水源井	65.6	剂2	1000	69.6	4	1：3	77.6	12
	J75-17-1	2.61	水源井	56.3	剂2	1000	63.9	7.6	2：1	72.8	16.5
	J75-7-1	6.27	水源井	57.9	剂2	1000	64.9	7	1：2	83	25.1
	J75-7-2	4.64	水源井	48.3	剂2	300	49.4	1.1	1：2	60	11.7
	J75-17-2	3.57	计量间	62.7	剂1	1000	63.9	1.2	1：2	74.3	11.6
	J75-18	12	水源井	67.5	剂2	1000	—	—	1：4	82.7	15.2
	J75-6-1	17	水源井	63.8	剂2	1000	—	—	1：3	85.3	21.5
	J75-19-1	6.53	水源井	66	剂2	1000	—	—	1：4	85	19
	J75-19-2	25.5	水源井	67.2	剂2	1000	—	—	1：5	84.5	17.3
	J75-19-3	15.9	水源井	66.5	剂2	1000	—	—	1：4	87.1	20.6
长庆	J5	2.73	地层水	26.5			40.9	14.4	—	—	—
	19	2.09	注入水	29.4			—	—	1：3	47.6	18.2
吉林	4-2	15.4	注入水	45.8			55.8	10	—	—	—
	4-3	11	注入水	44.5			—	—	1：3	60.1	15.6

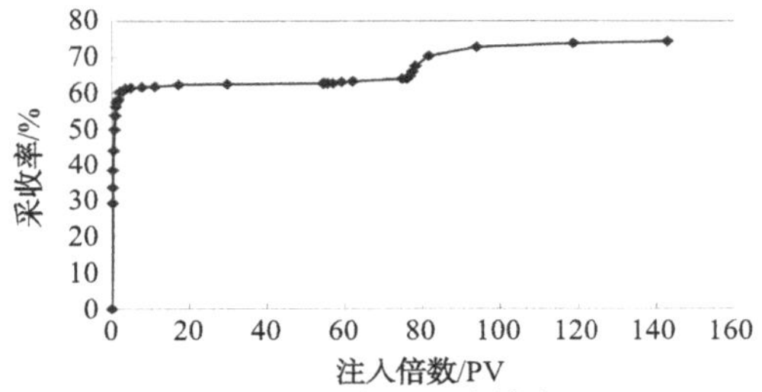

图7　J2岩心驱油效率

4　开发指标预测及经济效益评价

根据功能性水驱注入体系及注采参数优化结果，综合确定推荐方案，试验采用现井网，注入井6口，采油井17口，动用葡I油层组，设计离子水和分散体系同时注入，清水配制，离子水浓度为1000ppm，分散体系气液比1：3，离子水连续注，分散体系注3个月停1个月，方案设计10年累积注入离子水0.215PV，减氧空气0.05PV。

4.1　指标预测

预测10年末累积注入离子水0.215PV，减氧空气0.05PV，年产油(0.35～0.82)×10^4t，阶段累产油6.15×10^4t，阶段采出程度8.11%，比常规水驱提高采收率3.72个百分点。

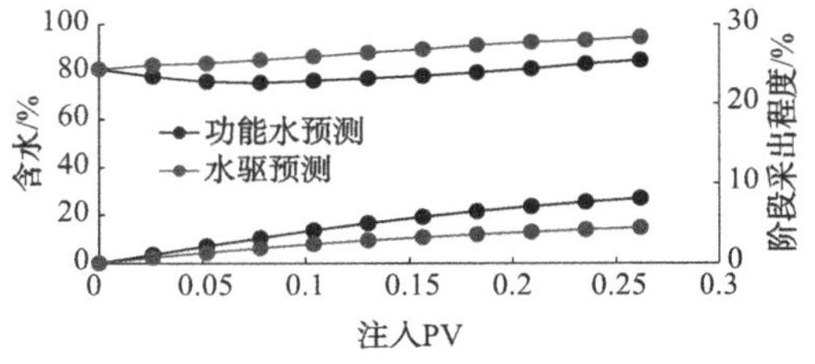

图8　常规水驱与功能性水驱10年效果预测对比

4.2　经济评价

方案税后内部收益率26.76%，投资回收期3.79年(表6)。油价为50美元情况下，投入产出比1：1.33。

表6　经济效益评价表

税前			税后		
内部收益率/%	财务净现值/万元	投资回收期/年	内部收益率/%	财务净现值/万元	投资回收期/年
45.62	1211.84	3.00	26.76	580.44	3.79

5　结论

(1)功能性水驱提高采收率机理主要有两个方面，通过注入离子水增加油/水/岩石之间的界面斥力，使油膜易于剥离而提高驱油效率，分散体系通过改变体系渗流阻力，改善剖面，使吸水均匀，扩大波及体积。

（2）试验区油水性质，确定有离子交换的基础条件。室内实验表明，浓度 1000ppm 剂 2 驱油效果较好，气液比 1：3 和 1：4 驱油效率较高，功能性水驱比常规水驱可提高驱油效率 15 个百分点左右。

（3）A 区块实施功能性水驱后，预测比常规水驱提高采收率 3.72 个百分点。方案税后内部收益率 26.76%，投资回收期 3.79 年，方案经济上可行。

（4）通过开展功能性水驱先导试验，形成适合大庆长垣东部低渗透油田的功能性水驱驱油体系和相应的配套技术，为低渗油藏储备低成本提高采收率技术。

参 考 文 献

[1] 杨冰冰 . X 油田特高含水期低矿化度水驱提高采收率研究[J]. 化学工程与装备，2018，40(05)：101-103.

[2] 吴剑，常敏文，李嘉，等 . 低矿化度水驱技术增产机理与适用条件[J]. 西南石油大学学报(自然科学版)，2015，37(05)：145-151.

[3] 张鑫君，于乐丹 . 低矿化度水驱技术机理及适用条件研究[J]. 工业、生产，2017，02：37.

[4] 陈航 . 江苏油田低矿化度水驱提高采收率可行性评价[D]. 荆州：长江大学，2016.

海上高密度低伤害无固相修井工作液研究

唐俊峰[1] 姜立民[2] 郝志伟[1] 张贵清[1] 赵海龙[2]

(1. 中国石油集团工程技术研究有限公司；2. 中国石油集团海洋工程有限公司)

摘 要 研究开发的高密度低伤害无固相修井工作液主要由有机酸盐、无机盐等加重剂和表面活性剂类增溶剂、无机盐助溶剂、缓蚀剂等组成。密度在1.60~1.80g/cm^{3}间可调，具有性能稳定、抗温性能好、储层伤害低、管柱腐蚀低和现场使用方便等特点，是一种具有良好推广价值的低伤害优质修井工作液。

关键词 无固相修井工作液；高密度；低伤害；性能评价

随着海洋石油勘探开发规模的不断扩大，高温、高压深井越来越多，地层压力系数逐年增大，现场对满足试修井作业要求，高性价比的高密度试修井工作液的期望越来越高。无固相盐水基工作液因其具备良好的流变性能、抑制性能及保护储层特性具有良好前景。盐水类工作液种类繁多，为匹配地层压力体系并满足储层保护需求，在盐类加重剂的基础之上需加入其他化学处理剂。目前常用的无机盐类加重剂主要包括氯化钠、氯化钾、溴化钠、溴化钙及溴化锌等，但普遍存在压井液体系密度较小与造价成本高昂的问题。同时，常规有机盐，诸如甲酸钠、甲酸钾等加重剂配制的工作液体系密度较小，而甲酸铯等有机盐所配制的工作液体系虽然能够满足修井作业需求，但是造价十分昂贵。此外，一价金属盐主要用于低密度区间，对储层的污染和伤害较小，而二价钙盐、锌盐在井下地层中易结垢、沉淀，从而堵塞储层，且氯盐、溴盐对井下管具的腐蚀极为严重，加之井底高温条件使得该污染和腐蚀难题更为突出。随着深井及高温井钻井技术逐渐发展，修井作业对其工作液体系的高温稳定性提出了更高要求。因而，研究海上无固相高密度工作液体系具有非常重要的意义。

1 高密度无固相工作液体系研究

1.1 高密度复合盐体系机理

无论无机盐或有机盐在淡水或海水中的溶解度都是一定的，因此常规的无固相工作液体系的密度一般不高，并且超过溶解极限后温度变化或震动可能会有盐析出伤害储层。要满足体系过饱和情况下的稳定性和高密度需要采用增溶技术和助溶技术。

1.1.1 增溶技术原理

当溶液中的表面活性剂处于或超出临界胶束浓度时，将在水溶液中形成胶束，具有能使不溶或微溶于水的有机质的溶解度显著增大的能力。增溶剂作用原理是使增溶质进入胶束环境，增溶质进入胶束的位置和状态通常有4种方式，具体由表面活性剂类型和增溶质性质决定。

（1）在胶束短核的增溶：被增溶物进入胶束内芯，有如被增溶物溶于液体烃内，如图1(a)所示。正庚烷、苯、乙苯等简单烃类的增溶属于这种方式，其增溶量随表面活性剂的浓度增高而增大；

（2）在胶束栅状层的增溶：被增溶物分子固定于胶束“栅栏”之间，即非极性碳氢链插入胶束内芯，极性端处于表面活性剂分子(或离子)之间，通过氢键或偶极子相互作用联系起来。当极性有机物分子的烃链较长时，极性分子插入胶束内的程度增大，甚至极性基也被拉入胶束内，如图1(b)所示。长链醇、胺、脂肪酸和各种极性染料等极性化合物的增溶属于这种方式增溶；

（3）在胶束表面的增溶：被增溶物分子吸附于胶束表面区域，或靠近胶束“栅栏”表面区域，如图1(c)所示。高分子物质、甘油、蔗糖及某些不溶于烃的染料的增溶属于这种方式。当表面活性剂的浓度大于cmc时，这种方式的增溶量为一定值。较上两方式的增溶量少；

（4）在聚氧乙烯链间的增溶：具有聚氧乙烯链的非离子表面活性剂，其增溶方式与上述三种有明显不同，被增溶物包藏于胶束外层的聚氧乙烯链内，如图1(d)所示。例如苯、苯酚、聚氧乙烯-聚氧丙烯嵌段共聚物即属于这种方式增溶，此种方式的增溶量大于前三种。

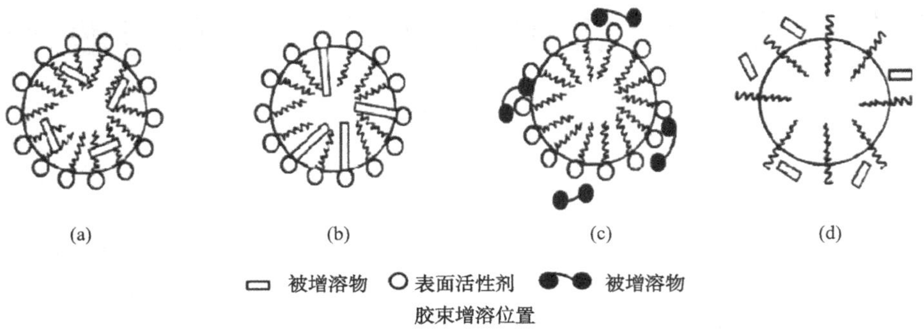

图 1　表面活性剂增溶作用 4 种机理

1.1.2　助溶技术原理

通过加入第三种物质使难溶性材料形成可溶性分子间的络合物、缔合物或复盐等来增大其溶解度。

（1）络合：即离子或者分子和金属离子结合构成新的稳定的离子的过程，例如胆矾[$Cu(H_2O)_4$]$SO_4 \cdot H_2O$。

（2）分子缔合：单一种类的分子通过中等强度和特殊的分子间力能形成双分子或多分子的缔合体，如苯甲酸钠。

（3）复盐：同晶型化合物，由两种以上的简单盐类组成，如硫酸铜铵[$(NH_4)_2SO_4 \cdot CuSO_4 \cdot 6H_2O$]。

1.2　高密度无固相工作液体系制备

以自来水，添加复合有机盐加重剂、无机盐加重剂、表面活性剂增溶剂、助溶剂等，分别制备密度为 1.60/1.70/1.80g/cm^3 高密度无固相工作液，制备过程仅需低速搅拌，便于现场制备。体系中不含二价阳离子，可避免与井筒中硫酸根、碳酸根等阴离子结合产生沉淀，也可降低对管柱腐蚀。

1.3　高密度无固相工作液体系性能评价

1.3.1　基础性能

高密度无固相工作液体系的密度、外观、静态稳定性等基础性能评价，如表 1、图 2 所示。

表 1　高密度无固相工作液体系基础性能

工作液密度/(g/cm^3)	pH 值	外观	3d 静态稳定性
1.60	10.1	透明、均匀	透明、均匀
1.70	10.6	透明、均匀	透明、均匀
1.80	10.9	透明、均匀	透明、均匀

图 2　密度达到 1.8g/cm^3 时，仍保持澄清

由表 1、图 2 可知，高密度无固相工作液体系在常温下为均匀透明状态。体系整体呈弱碱性，有助于降低工作液对管柱的腐蚀。

1.3.2　热稳定性

使用超高温滚子炉和养护罐 200℃ 陈化 16h，采用布氏黏度计 DV-NEXT 对比测试不同密度的体系黏度变化，以及 pH 值和测试密度变化以确定其热稳定性，如表 2、图 3 所示。

表 2　体系 180℃陈化 16h 前后黏度变化

工作液密度/(g/cm^3)	外观	工作液陈化后密度/(g/cm^3)	室温黏度/mPa·s	高温后黏度/mPa·s	黏度变化率/%
1.60	均匀，微弱浑浊	1.60	25.32	27.25	7.6
1.70	均匀，微弱浑浊	1.71	30.23	32.74	8.3
1.80	均匀，微弱浑浊	1.81	34.61	37.38	8.0

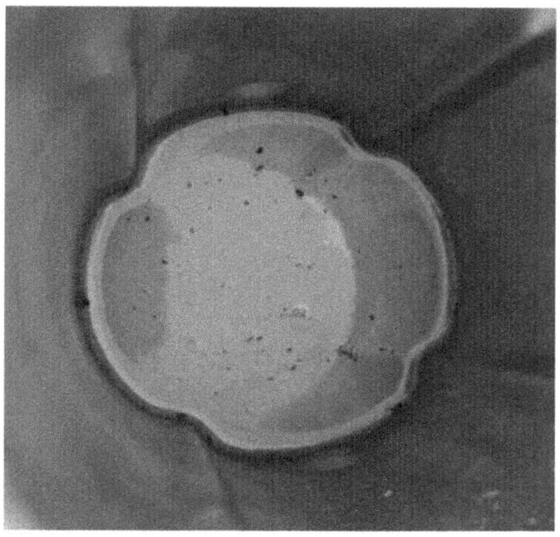

图 3　体系 180℃陈化 16h 后

由表 2、图 3 可得，体系在 16h 高温陈化后观察到有微弱浑浊，但无沉淀和析出，密度基本不变，稳定性良好；陈化前后体系黏度变化小于 10%，对注入与顶替作业影响可控具有良好的热稳定性，适用于储层深度大的高温高压地层。

1.3.3　岩心渗透伤害率

采用模拟岩心开展驱替实验，对比注入高密度工作液体系前后渗透率的变化值表征岩心渗透伤害性能，如表 3 所示。

表 3　岩心渗透率变化率

样品	岩心编号	初始渗透率/mD	盐水驱替后渗透率/mD	渗透率变化率/%
180℃陈化 16h	22	750.51	665.70	11.3
	25	806.33	710.41	11.9

由表 3 可见，高密度无固相体系高温陈化 16h 后岩心渗透伤害率低于 12%，对储层伤害较小，满足现场适用需求。

1.3.4　体系腐蚀速率

将 N80 钢片悬吊在盛有高密度工作液的反应容器内，按 SY/T 5273—2014《油田采出水处理用缓蚀剂性能指标及评价方法》，在 180℃/72h 测试其静态腐蚀速率。

表 4　180℃挂片腐蚀性能

钢片号	反应时间/h	钢片腐蚀前质量/g	钢片腐蚀后质量/g	腐蚀速率/(mm/a)	平均腐蚀速率/(mm/a)
074	72	19.5031	19.4972	0.066	0.063
020	72	19.6407	19.6354	0.060	
033	72	19.5535	19.5480	0.062	

由表 4 所示，高密度无固相体系 180℃静态挂片平均腐蚀速率为 0.063mm/a，钢片表面经清洗后无明显点蚀现象。

2　结论

基于复合有机盐加重剂、无机盐加重剂、表面活性剂增溶剂、助溶剂等组分，制备出了密度为 1.60/1.70/1.80g/cm^3 高密度无固相工作液体系。工作液体系常温下外观均匀透明，稳定性良好，体系 pH 值呈弱碱性，随密度增加逐渐提升。180℃陈化 16h 后体系仍为均匀体系，体系密度、黏度变化均在现场施工可接受范围内，高温陈化后工作液岩心伤害率小、腐蚀速率低。本高密度无固相工作液体系配制方便、性能优异，具备一定推广应用前景。

参　考　文　献

[1] 刘平德，刘承华，廖仕孟，等．新型无固相压井液的研制及性能评价[J]．天然气工业，2005，25(4)：83-85.

[2] 魏忠印．新型无固相压井液的研究与应用[J]．内蒙古石油化工，2015，309(17)：29-31.

[3] 黄知娟，潘丽娟，龙武等．高密度无固相低伤害压井液体系的构建及性能研究[J]．材料保护，2022(11)：83-89.

[4] 莫虹．挥发性有机物与表面活性剂溶液间气液平衡关系[D]．昆明：昆明理工大学，2009.

[5] 李貌．低损害高密度无固相压井液技术研究[D]．成都：西南石油大学，2015.

[6] 国家发展和改革委员会．岩心分析方法 SY/T 5336—2006[S]．北京：石油工业出版社，2007.

[7] 国家能源局．油田采出水处理用缓蚀剂性能指标及评价方法 SY/T 5273—2014[S]．北京：石油工业出版社．

地层倾向约束下基于振幅梯度修正的低序级断层精细描述方法

周海廷[1,2]　蒋　龙[1]　孙红霞[1]　吕世超[1]　张炎忠[1]　孙　宁[1]　张典栋[1]

(1. 中国石化胜利油田勘探开发研究院；2. 中国石化胜利石油管局博士后科研工作站)

摘　要　复杂断块油藏精细描述的关键是低序级断层的精细解释，但复杂断块油藏由于构造复杂、地层倾角变化大等原因，导致常规断层属性在高陡地层处出现断层假象，从而降低了属性识别低序级断层的精度。为此，通过对图像结构张量分析方法进行优化改进，提出了地层倾向约束下基于振幅梯度修正的低序级断层精细描述方法。在对地震数据进行滤波去噪处理的基础上，首先计算地震数据的水平、垂直及对角梯度，其次判断地层的倾斜方向，根据地层的倾斜方向，对振幅梯度进行修正，将水平及垂直梯度替换为对角梯度，最后利用修正后的梯度数据开展地震图像的结构张量分析，并计算边缘检测因子，从而实现复杂断块油藏高陡地层条件下低序级断层的属性识别。实际应用结果表明，相对于传统的相干、蚂蚁体等断层属性，利用地层倾向约束下基于振幅梯度修正的低序级断层精细描述方法有效提高了复杂断块油藏高陡地层条件下低序级断层的识别精度与分辨率，为复杂断块油藏低序级断层的精细描述提供了有力的方法支持。

关键词　地层倾向约束；振幅梯度修正；复杂断块油藏；高陡地层，低序级断层

复杂断块油藏是陆相断陷盆地重要的油藏类型，普遍具有低序级断层发育的油藏地质特征，低序级断层增加了复杂断块油藏勘探开发的难度，却控制了复杂断块油藏剩余油的分布，因此，对于复杂断块油藏来说，亟需开展低序级断层的精细描述。低序级断层的精细描述通常需要结合断层属性，但实际工作中发现，在高陡地层处，断层属性往往存在较多的断层假象，从而降低了断层属性识别断层的精度。为此，前人提出了多种解决方法，例如基于倾角导向的断层属性提取方法、地层倾角参数控制下的蚂蚁体属性提取方法等，基于上述方法提取的断层属性可以消除低倾角地层处的断层假象，但仍无法有效消除高倾角地层处的断层假象，而分析导致断层属性在高倾角地层处出现断层假象的原因可能是，高倾角地层处稳定地层与断层的地震图像梯度特征较为相近。

图像结构张量分析方法利用图像梯度特征进行边缘检测，图像平坦区域的水平及垂直梯度变化均较小，边界区域则是水平梯度明显大于垂直梯度或者垂直梯度明显大于水平梯度，即存在一个主要的梯度变化方向，此时根据上述梯度特征就可以较为清楚的区分边界和非边界。对于普通图像来说，根据灰度值进行图像梯度特征分析，而对于地震图像来说，则利用振幅信息进行图像梯度特征分析，因此，图像结构张量分析方法可以用于地震数据的边缘检测。需要注意的是，对于地震图像，除了断层等地质边界处有明显的振幅变化，倾斜地层的稳定同相轴也存在明显的振幅变化，即在高陡地层条件下，除了断层外，倾斜稳定地层也表现为存在一个主要的梯度变化方向，这就导致了传统图像结构张量分析方法将倾斜稳定地层也识别成断层，造成了断层识别误差。为此，本文对通过对传统的图像结构张量分析方法进行优化改进，提出了地层倾向约束下基于振幅梯度修正的低序级断层精细描述方法，从而适用于高陡地层条件下低序级断层的属性识别。实际应用结果表明，相对于传统的相干、蚂蚁体等断层属性，利用改进后的方法有效提高了复杂断块油藏高陡地层条件下低序级断层的识别精度与分辨率，为陆相断陷盆地复杂断块油藏低序级断层的精细描述提供了有力的方法支持。

1　方法原理

1.1　图像结构张量分析基本原理

结构张量分析是图像处理领域比较成熟的

边缘检测方法，通常利用梯度算子计算水平及垂直梯度，用于图像边缘的识别，其水平及垂直梯度分别凸显了图像的近垂直边缘以及近水平边缘[图1(b)、(c)]。为了综合利用水平及垂直梯度数据，本文选取基于迹的结构张量分析方法。对于二维图像 I，构建基于迹的边缘检测因子：

$$\varepsilon=\frac{Tr(S_\rho S_\delta)}{Tr(S_\rho)Tr(S_\delta)}$$

式中，Tr 表示矩阵的迹，是矩阵所有特征值的和；S_δ 为局部图像的结构张量，计算公式：$S_\delta=\nabla f_\delta\cdot\nabla f_\delta^{\ T}=\begin{bmatrix}I_x^{\ 2} & I_xI_y\\ I_xI_y & I_y^{\ 2}\end{bmatrix}$，其中 $f_\delta=G_\delta*f$，G_δ 为尺度为 δ 的高斯核函数，$*$ 为卷积运算符，f 为地震数据；∇ 为梯度算子；T 为矩阵转置符号，I_x 为图像水平梯度，I_y 为图像垂直梯度；对上述 S_δ 进一步利用尺度为 ρ 的高斯核函数 G_ρ 进行滤波得到 S_ρ：$S_\rho=G_\rho*S_\delta$。

该边缘检测因子由初始的水平及垂直梯度计算得到，这里定义为传统构形类属性，表示了两种尺度滤波下的结构张量特征值之和的比值。理论上，对于一个不存在明显梯度变化的数据，不论是何种尺度的滤波，滤波后数据的梯度信息不变或变化较小，因此，计算的结构张量特征值不变或变化较小，进而计算的传统构形类属性接近于1。对于一个存在明显梯度变化的数据，当滤波尺度较小时，滤波后的数据仍存在明显的梯度变化，计算的结构张量特征值大于0，当滤波尺度较大时，滤波后的数据被平滑，梯度变化减弱，计算的结构张量特征值接近于0，此时计算的传统构形类属性接近于0。因此，理论上，基于结构张量迹的传统构形类属性取值范围介于0~1，其中传统构形类属性趋向于1时，认为是平坦区域，传统构形类属性趋向于0时，认为是边界区域，从而实现了图像边缘的检测和识别[图1(d)]。

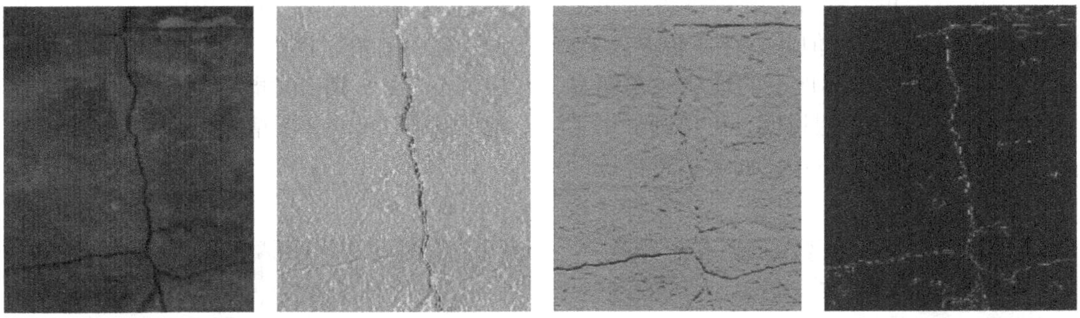

(a)普通地面裂缝图像　(b)图像水平梯度　(c)图像垂直梯度　(d)图像基于迹的边缘检测因子

图1

1.2 地层倾向约束基本原理

传统的结构张量分析方法无法有效识别高陡地层条件下的断层，其原因是高陡地层条件下，稳定地层与断层的梯度特征相似，均表现为水平梯度远大于垂直梯度，而传统的结构张量分析方法则是利用水平梯度及垂直梯度进行边缘检测。但通过观察高倾角地层地震图像不同位置的对角梯度可以看出，倾斜地层处稳定同相轴及同相轴零相位位置处沿地层方向的对角梯度小于垂直地层方向的对角梯度，而倾斜地层处断层位置处沿地层方向的对角梯度大于垂直地层方向的对角梯度，即倾斜地层处断层与非断层的对角梯度存在明显差异(图2)。

基于这一特征，地层倾向约束下的振幅梯度修正基本原理及流程如下所示：首先明确地震剖面上那些区域为倾斜地层，并确定地层的倾斜方向；其次依据地层的倾斜方向，将原始的水平梯度和垂直梯度替换为对角梯度，其中顺着地层方向的对角梯度作为新的水平梯度，垂直地层方向的对角梯度作为新的垂直梯度，经过梯度替换后可以看出，倾斜地层断层处的水平梯度大于垂直梯度，而倾斜地层稳定同相轴及其零相位的垂直梯度则大于水平梯度，此时就将倾斜地层下的断层识别转换为水平地层下的断层识别，最后计算得到基于迹的边缘检测因子，实现倾斜地层条件下的稳定同相轴、同相轴零相位及断层的识别与区分。

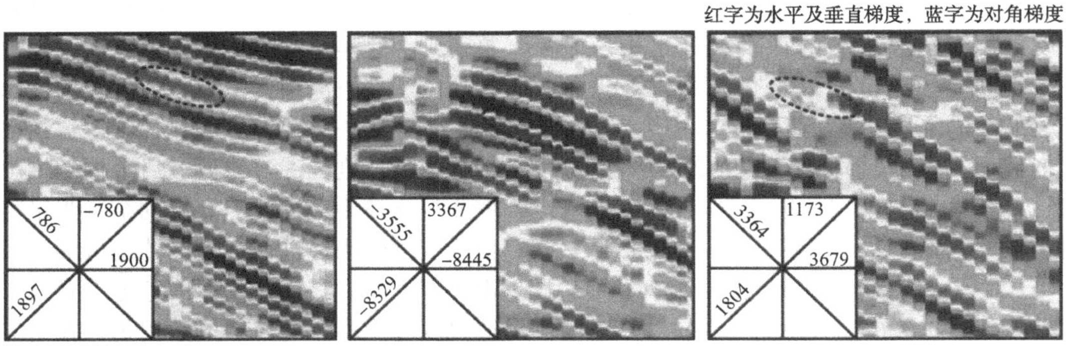

倾斜地层稳定同相轴　　倾斜地层同相轴零相位　　倾斜地层断层

图 2　高陡地层条件下地震图像不同位置处的梯度特征

需要注意是，在倾角约束过程中，需要首先明确地层的倾斜方向，此时需要利用地层倾角判断地层倾向，目前基于现有软件提取的倾角数据，只能告诉我们哪些地层时倾斜地层[图 3(b)]。为此，课题进一步对地层倾角数据的提取展开了研究。由梯度向量的定义可知，梯度向量可以指示梯度变化的方向，其中垂直于最大梯度的方向即为地层的走向。但基于传统梯度向量方位角公式计算得到的梯度方位角剖面显示，梯度方位角虽然可以指示地层倾斜方向，但此时存在较大误差，由原始地震剖面可知，下部地层的地层倾角明显大于上部地层[图 3(a)]，但梯度方位角则显示了相反的地层倾角特征[图 3(c)]。而通过将传统的梯度向量方位角公式中的水平梯度及垂直梯度参数互换，得到新的梯度向量方位角公式：

$$dip = arctan\left(\frac{f_x}{f_y}\right)$$

式中，dip 为反映地层倾角的属性值；f_x 为地震数据的水平梯度；f_y 为地震数据的垂直梯度。

由该公式计算得到属性结果，不仅可以反映地层是否为倾斜地层，同时也可以反映地层的倾斜方向，其中倾角属性大于某一阈值时指示为上倾地层，小于某一阈值时指示为下倾地层，并且反映的地层倾斜程度与实际情况保持一致[图 3(d)]。

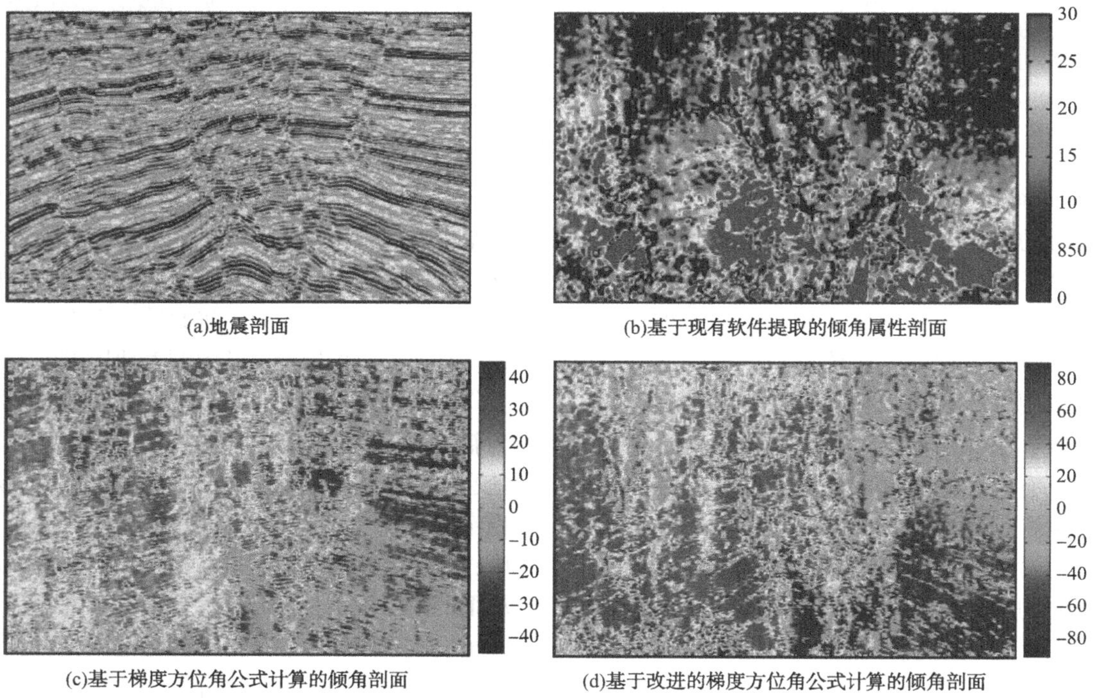

(a)地震剖面　　(b)基于现有软件提取的倾角属性剖面

(c)基于梯度方位角公式计算的倾角剖面　　(d)基于改进的梯度方位角公式计算的倾角剖面

图 3　不同方法计算的地层倾角剖面

最终，综合上述研究成果，形成了地层倾向约束下基于振幅梯度修正的低序级断层精细描述方法，其方法流程如下所示：通过对地震图像进行图像结构张量分析，获取地震图像的梯度信息，同时基于倾角计算结果进行地层倾向判别，确定地层是上倾地层还是下倾地层，然后依据地层倾斜方向进行梯度替换，其中将沿地层方向的对角梯度替换原水平梯度，将垂直地层方向的对角梯度替换原垂直梯度，得到新的图像梯度信息，最后计算基于迹的边缘检测因子，并用于高陡地层条件下断层的识别。

2　应用效果

为了验证方法的有效性，选取实际工区开展基于迹的边缘检测因子的计算，该复杂断块油藏为一个近东西向的不对称长轴背斜，地震剖面显示该复杂断块油藏主要发育南掉和北掉两组断裂，两组断层向中心层层下掉，形成了包心菜式的断层组合样式，地层由中间向南北两边倾斜，中间高，南北低，工区中南部地层较为平缓，北部地层倾角较大，普遍介于15~20°之间，最高可达33°(图4)，其地层条件比较复杂。

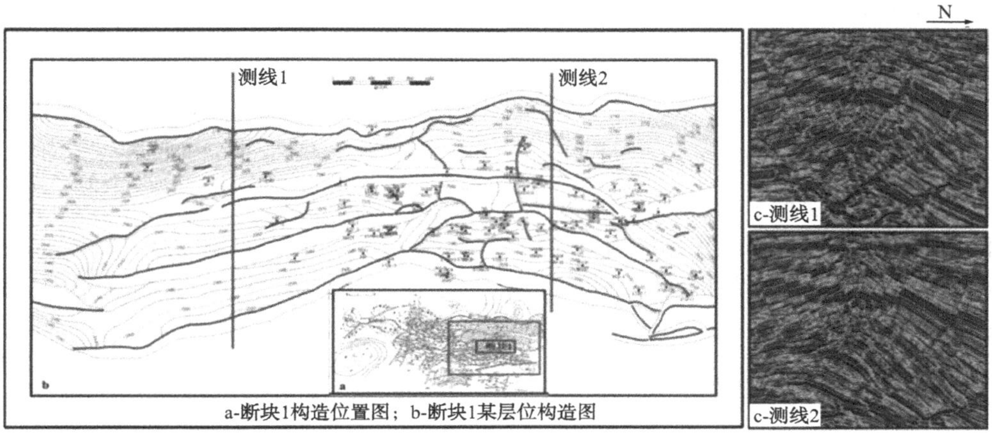

图4　研究区概况

利用地层倾向约束下基于振幅梯度修正的低序级断层精细描述方法计算得到新的边缘检测因子，并与传统方法计算得到的边缘检测因子，以及蚂蚁体属性、相干属性和最大曲率属性对比可知：新的边缘检测因子可以有效识别高陡地层条件下的低序级断层，有效消除了倾斜地层引起的断层识别误差，提高了倾斜地层处的断层属性识别准确度和分辨率(图5)。

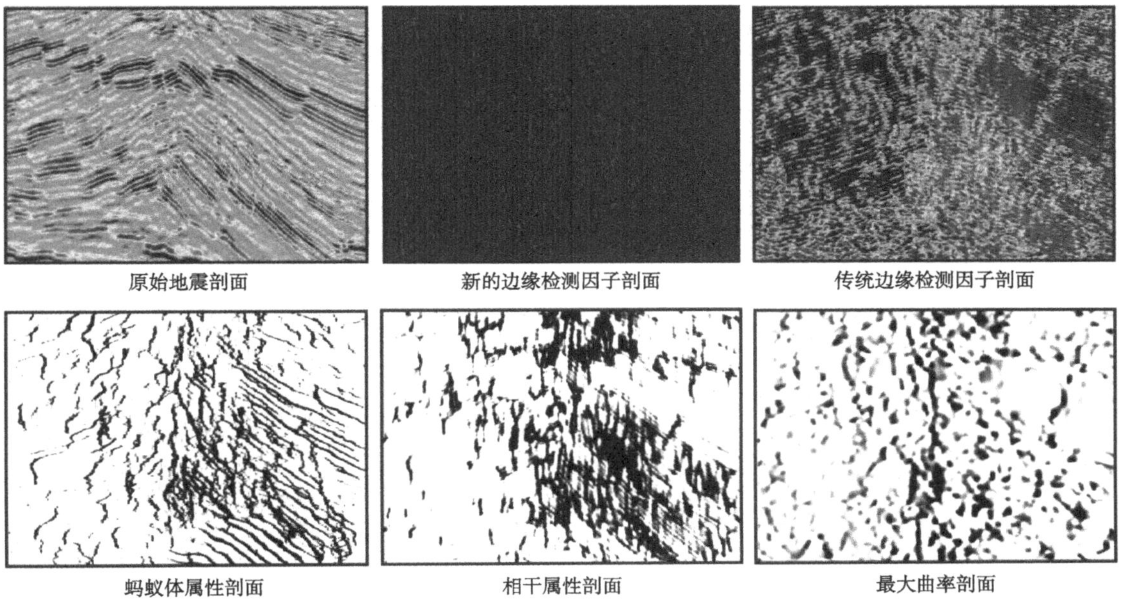

图5　实际工区各属性剖面对比

3 结论

(1)蚂蚁体、相干等常规断层属性难以准确识别高陡地层条件下的低序级断层,通常会将表征倾斜地层的稳定同相轴也识别成断层,造成该现象的原因是高陡地层条件下,倾斜稳定地层与断层均表现为水平梯度远大于垂直梯度。

(2)针对常规断层属性在高倾角地层适用性差的问题,形成了地层倾向约束下基于振幅梯度修正的低序级断层精细描述方法。通过对传统的边缘检测方法进行优化改进,利用基于地层倾向控制下的梯度替换方法解决了倾斜地层下断层与倾斜稳定地层的区分问题,消除了传统边缘检测方法以及常规断层属性在高倾角地层处的断层识别误差。

(3)实际应用表明,地层倾向约束下基于振幅梯度修正的低序级断层精细描述方法,可以有效提高高倾角地层处的断层属性识别能力,为后续高地层倾角条件下低序级断层的属性分析提供了有力的技术支持。

参考文献

[1] 刘显太,李军,王军,等. 低序级断层识别与精细描述技术研究[J]. 特种油气藏,2012,20(1):44-47.

[2] 李楠,王龙颖,黄胜兵,等. 利用高清蚂蚁体精细解释复杂断裂带[J]. 石油地球物理勘探,2019,54(01):196-204.

[3] 胡滨. 基于曲率属性的复杂断层精细解释解释及应用[J]. 海洋石油,2018,38(1):22-28.

[4] 张璐. 地震分频多属性融合法在小断层解释中的应用[J]. 特种油气藏,2017,24(6):44-49.

[5] 李宏伟,白雪莲,崔京彬,等. 蚂蚁属性优化断层识别技术[J]. 煤田地质与勘探,2019,47(6):174-179.

[6] 彭达,肖富森,冉崎,等. 基于倾角导向梯度能量熵的断层检测方法[J]. 石油地球物理勘探,2019,54(1):191-197.

[7] Luo Y, Wang Y E, AlBinHassan N M, et al. Computation of dips and azimuths with weighted structural tensor approach [J]. Geophysics, 2006, 71(5): 119-121.

[8] 王清振,张金淼,蒋秀娣,等. 利用梯度结构张量检测盐丘与断层[J]. 石油地球物理勘探,2018,53(4):826-831.

[9] 崔正伟,程冰洁,徐天吉,等. 基于构造导向滤波与梯度结构张量相干属性的储层裂缝预测方法及应用[J]. 石油地球物理勘探,2021,56(3):555-563.

新疆J区稠油蒸汽驱后期剩余油分布研究

杨 智[1] 张 川[1] 段 畅[2] 刘艳姣[1] 王 锟[1]

（1. 中国石油新疆油田公司新港公司；2. 中国石油新疆油田公司勘探开发研究院）

摘 要 蒸汽驱作为蒸汽吞吐后进一步提高原油采收率的主要方式，采收率一般能达到40%以上。目前新疆J区稠油蒸汽驱进入开发后期，单井产量低，油汽比低，开发效益差，亟需进行开发技术转型，掌握蒸汽驱后期剩余油分布模式、摸清剩余储量资源是技术转型的核心。本文利用取心分析及测井解释方法、地震叠后高频衰减方法、动态监测分析方法、油藏数值模拟方法，从纵向到平面揭示剩余油变化规律，通过建立改进型阿尔奇公式实现剩余油定量表征，形成蒸汽驱后“两高两低，一大一小”剩余油分布模式，分析了剩余油分布形态的主控因素，为稠油老区转换开发方式提供资源潜力，对技术转型具有重要指导意义。

关键词 稠油；蒸汽驱后期；研究方法；剩余油分布规律；主控因素

稠油、致密油、煤层气、页岩气和天然气水合物并称为五大非常规油气资源，是公认的21世纪最具前景和最为现实的接替资源。稠油探明储量约为8150×10^8t，占全球石油剩余储量的70%。我国稠油资源分布广泛，从东部的辽河盆地、渤海湾盆地，到中部的南阳盆地，再到西部的准噶尔盆地等，目前已在12个盆地发现了70多个稠油油田，预计中国稠油资源量可达300×10^8t以上，稠油已成为国内一种重要的非常规油气资源。

J区齐古组油藏作为新疆油田稠油资源的重要组成部分，1984年投入工业性开发，经历了蒸汽吞吐、大井距汽驱、加密调整和综合治理四个开发阶段，取得了较好的生产效果。目前主体油藏已经进入到蒸汽驱开发后期，单井日产油0.4t，油汽比仅0.08，开发效益日益变差。摸清蒸汽驱后期剩余油分布规律，为技术转型提供资源基础，有必要进行剩余油分布研究。

研究剩余油分布的方法较多，本区主要包括取心分析及测井解释方法、地震叠后高频衰减方法、动态监测分析方法、油藏数值模拟方法等，本文充分利用各种方法的自身优势，结合动静分析，从纵向上、平面上分析剩余油分布规律，揭示剩余油主控因素，为剩余油量化描述提供借鉴。

1 油藏概况

1.1 油藏地质特征

J区齐古组稠油油藏为一由西北向东南缓倾的单斜构造，地层倾角4°~9°。平均海拔60m。储层岩性为中-细砂岩、含砾不等粒砂岩和砂砾岩，其中中-细砂岩为主要的储集岩性，属于辫状河流相沉积。岩石碎屑颗粒分选较好~好，磨圆度以次棱角状为主，胶结程度疏松~中等，胶结类型大多为孔隙~压嵌型，接触方式以线接触为主。油层分析孔隙度20%~31.4%，平均29%，油层分析渗透率238~3107mD，平均1780mD，原始含油饱和度平均72%，为高孔-特高孔、高渗储层。油层呈连片分布，平均油层厚度为12m。20℃时地面原油黏度平均5000mPa·s，油层中部深度240m(海拔73m)处，地层温度为19℃，原始地层压力2.49MPa，压力系数1.04。油藏类型为单斜构造背景下的断裂遮挡的构造岩性稠油油藏。

1.2 油藏开发现状

J区齐古组油藏于1984年投入开发，初期采用注蒸汽吞吐方式生产，1987~1990年进行了蒸汽驱试验，1991年转入100×140m的反九点大面积蒸汽驱，1997年开始加密调整为70×100m，2008年至今为高含水高采出递减综合治理阶段。截止2024年2月，油汽比0.191，采出程度54.53%。

J区齐古组油藏随着蒸汽驱进入生产后期，开采效果逐渐变差，具体表现为：

（1）单井日产油降低，油汽比下降。单井日产油由蒸汽驱初期的1.0t/d下降至目前的0.53t/d，油汽比由0.13下降至目前的0.08，整体开发效益低于蒸汽驱极限油汽比。

(2) 低液、低效井多，平剖面动用不均。目前平均单井日产液 9.2 吨/天，平均静压 0.35MPa，日产液不到 5 吨/天井占比 37.2%，井口温度低于 40℃井占比 36.4%，30%以上油井长期处于不受效状态。油藏存在平剖面动用不均，油藏上部高渗通道发育，同时随注汽时间延长，蒸汽超覆现象逐渐加强，上部易发生汽窜；同时因油藏下部渗透率较低，受效较弱，实质形成热水驱。

综上所述，J 区齐古组油藏亟需开展剩余油分布研究，为油藏下步开发调整提供资源基础。

2 蒸汽驱后期剩余油分布

2.1 取心分析及测井解释方法

(1) 取心分析

为落实齐古组油藏剩余油模式和分布规律，在采出程度已达 52%的 J 区齐古组汽驱井组注汽井与边井间、注汽井与角井间不同方向密闭取心 3 井，心长 73.53m，获富含油及油浸级岩心 48.7m，占比 66%。平面上 94075A 距注汽井 37m，富含油及油浸段占 53.9%，948414 距注汽井 56m，富含油及油浸段占 69.2%，边井 94075A 驱替程度高于角井 948414(图 1、图 2)。

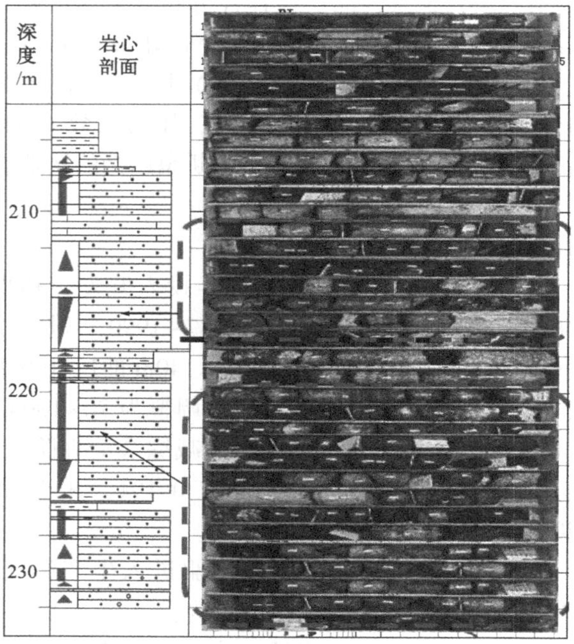

图 1　边井 94075A 岩心剖面及照片

纵向上油层上部动用程度高，电阻率平均 11Ω · m，与邻井原始地层相比，下降 90%；油层下部电阻率平均 10Ω · m，与邻井原始地层相比，下降 60%(图 3)。边井 94075A 平均含油饱和度 50%，角井 948414 平均含油饱和度 52.5%，顶部及底部 3～5m 饱和度明显降低，表现为顶部汽驱、底部热水驱的生产特征，中部 16～19m 平均含油饱和度近 54%，剩余资源潜力大。

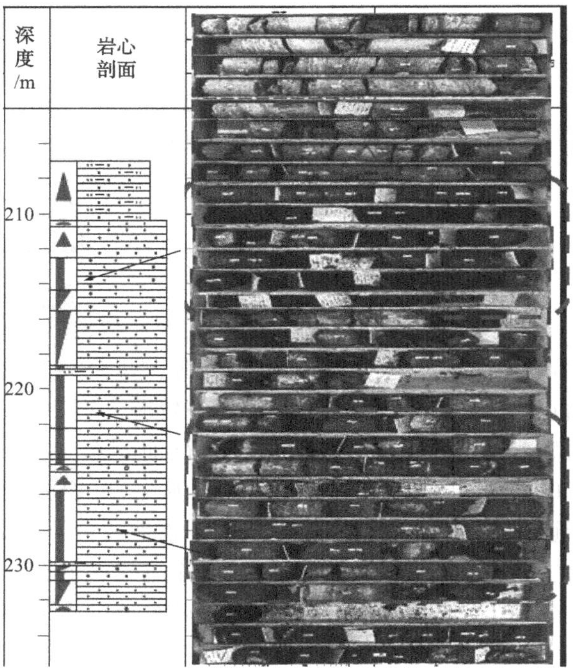

图 2　角井 948414 岩心剖面及照片

与老井原始含油饱和度对比，取心井上部平均降低 40%，中部降低 25%，下部降低 29%，(图 4、图 5)。整体上在蒸汽超覆的作用下，油层上部动用程度好于比中下部。

(2) 测井解释方法

蒸汽驱后期油层基本被蒸汽驱替或是热水驱扫，从电性上看水淹程度高，运用初始解释模型进行含油饱和度计算，出现较大误差，表现在取心井分析含油饱和度在 50%以上，与测井解释含油饱和度差异较大(图 6)，因此有必要对含油饱和度解释模型进行校正。

运用数据回归法，在阿尔齐公式基础之上，分别引入声波时差/密度变化量及原模型含水饱和度 2 个变量，以降低水淹引起的地层变化，基于声波时差和密度分别建立了地层电阻率、孔隙度、原始含油饱和度及物性变化量 4 个变量的饱和度解释模型。

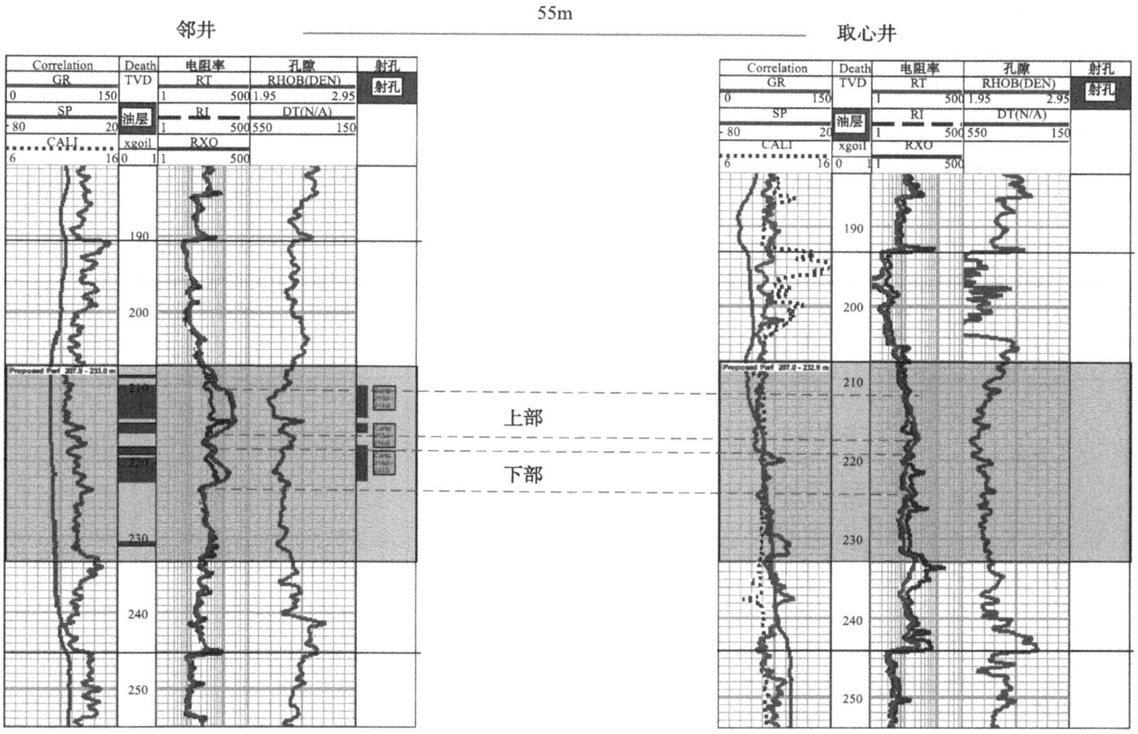

图3　取心井与邻井电性对比图

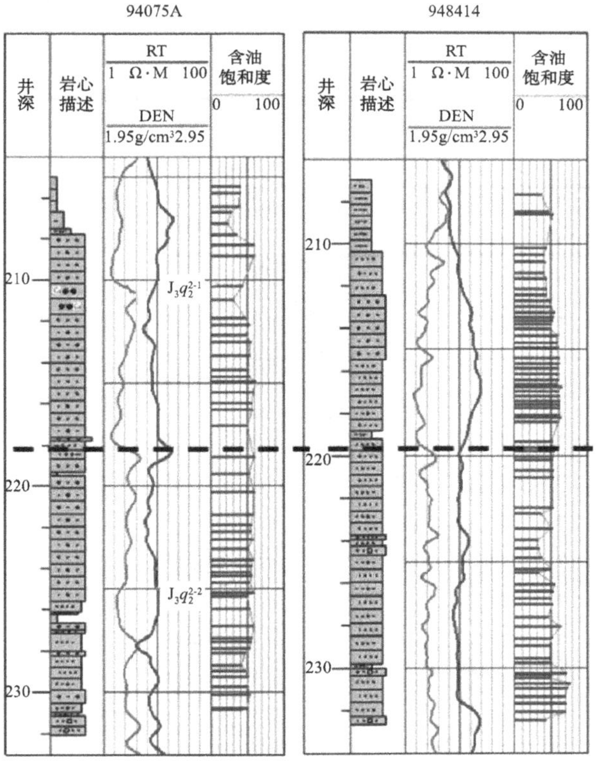

图4　取心井综合柱状图

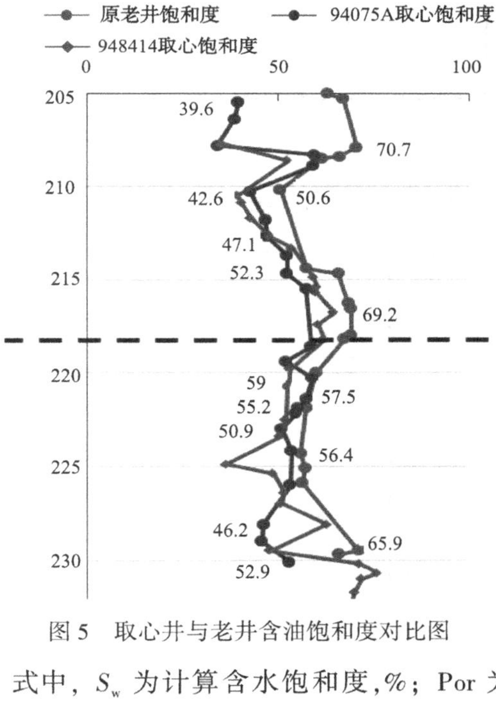

图5　取心井与老井含油饱和度对比图

基于声波时差的解释模型：

$$S_w = -139 + 4.38 \times Por - 0.073 \times DT + 5 \times \Delta DT + 39.2 \times \lg(Rt) + 112.4 \times S_{wi} \quad (1)$$

式中，S_w 为计算含水饱和度，%；Por 为孔隙度，%；DT 为声波时差，μs/m；ΔDT 为声波时差增大值，ΔDT＝(DT－462)/462，μs/m；Rt 为地层电阻率，Ω·m；S_{wi} 为原模型计算含水饱和度，%。

基于密度的解释模型：

$$S_w = 87.3 - 32.8 \times \Delta DEN - 122.4 \times DEN +$$

$5.1\times Por+21.7\times \lg(Rt)+68.8\times S_{wi}$　　(2)

式中，S_w 为计算含水饱和度,%；Por 为孔隙度,%；DEN 为密度，g/cm³；ΔDEN 为密度减小值，ΔDEN＝(2.11－DEN)/2.11，g/cm³；Rt 为地层电阻率，Ω·m；S_{wi} 为原模型计算含水饱和度,%。

根据新的模型计算的饱和度与岩心分析饱和度基本吻合(图7)。

运用新的解释模型对近些年完钻的加密井进行解释，中下部含油饱和度较高(图8)，与岩心分析的结果一致。

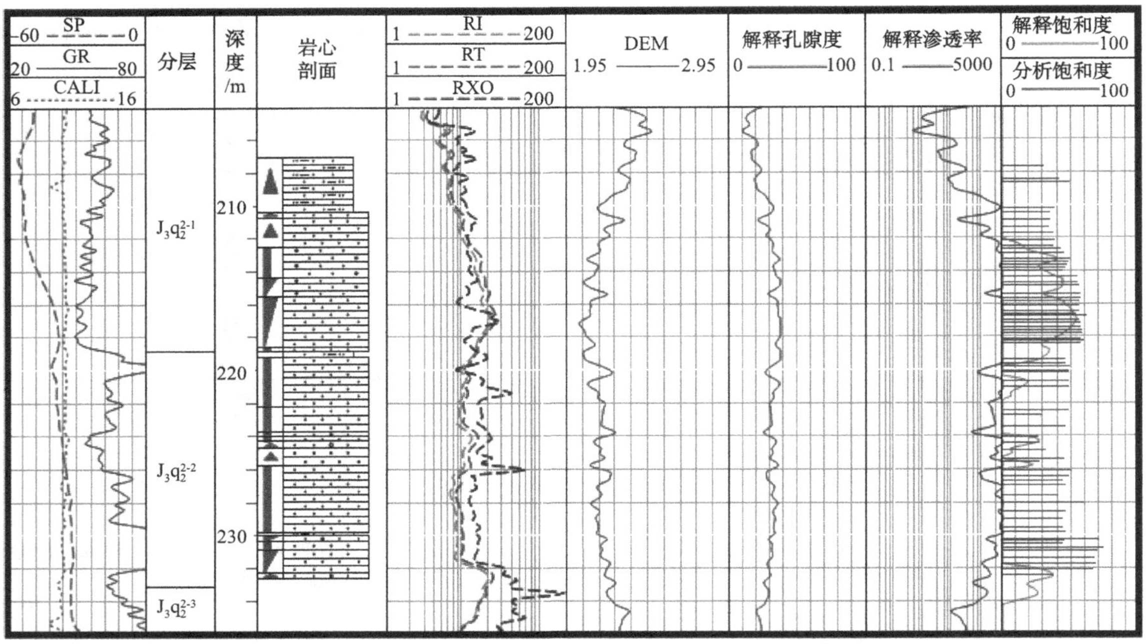

图6　948414井解释含油饱和度与分析含油饱和度对比图

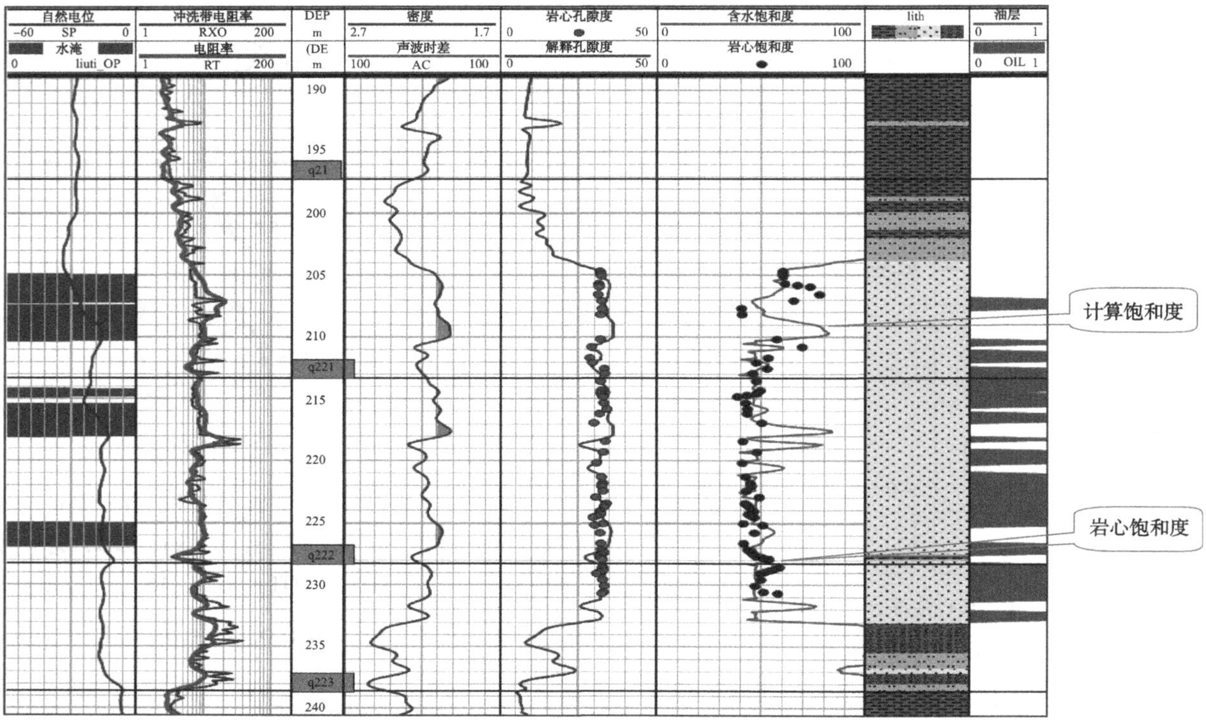

图7　新模型解释含水饱和度与岩心分析饱和度对比图

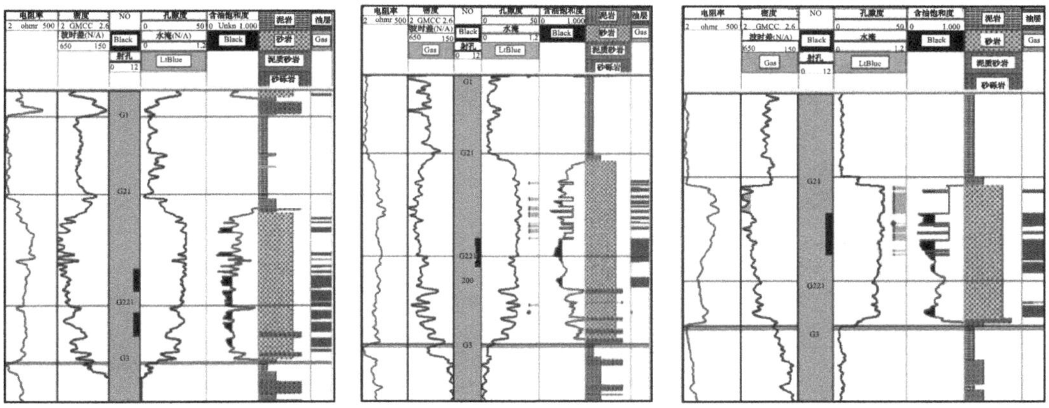

图8 新模型解释近年新完钻加密井

2.2 地震叠后高频衰减方法

依据双相介质理论，地震波穿过含油气地层后会发生高频衰减和低频增加现象(图9)，分析显示烃检有四个表现特征：低频增加，高频衰减，斜率变陡，带宽变窄。因此利用其频谱与单相介质中频谱的面积差异，高频衰减HFA面积的差值来检测储层的含油气性。

通过高频衰减(HFA)检测剖面验证属性与实际生产资料的一致性，分析显示，91016、91097在富含油气区频谱中，累计产油量分别为2288t、1927t，平均日产油分别为2.28t/d、2.08t/d，而91057、9159处在少油气区频谱内，累计产油量分别为180t、200t，平均日产油分别为0.2t/d、0.23t/d(图10~图12)。

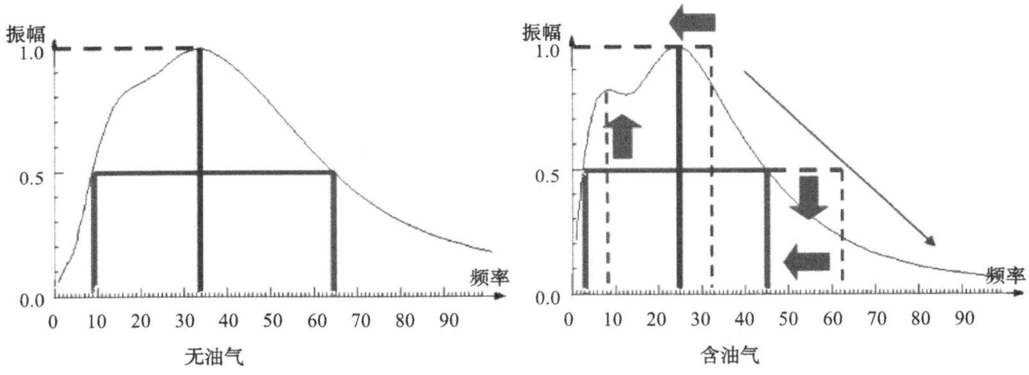

图9 地震波过含油气地层频谱变化示意图

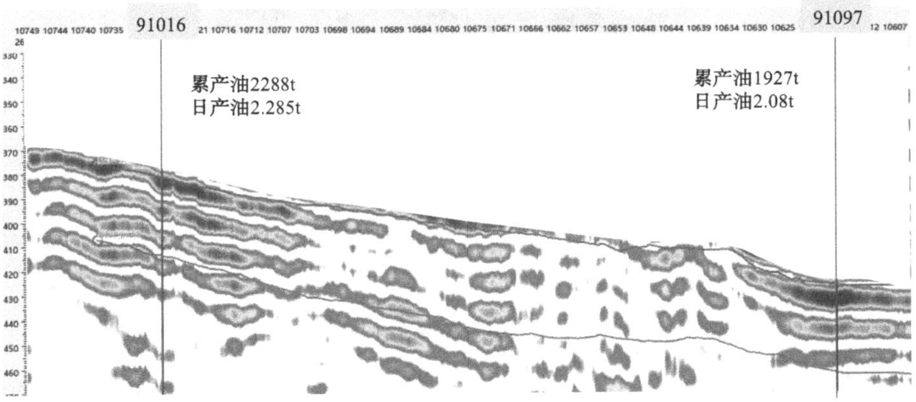

图10 过91016-91097高频衰减(HFA)油气检测剖面

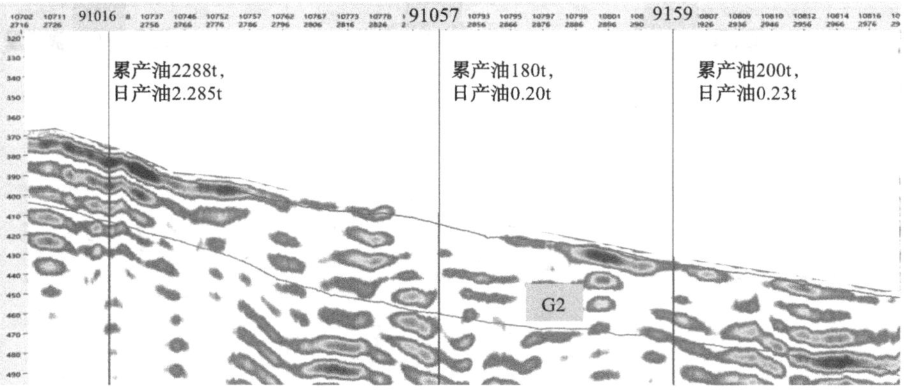

图 11　过 91016-9159 高频衰减(HFA)油气检测剖面

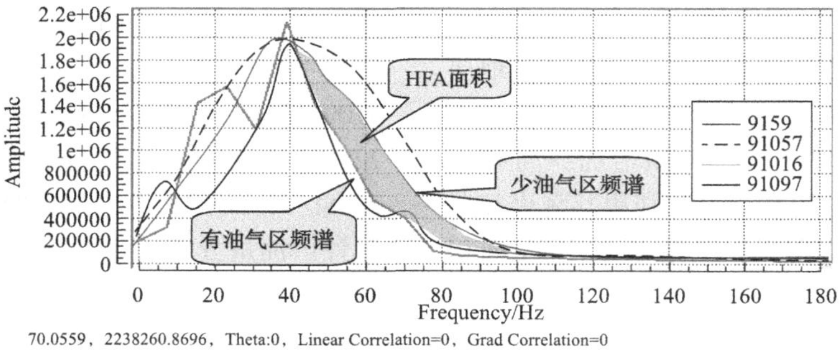

图 12　高频衰减(HFA)频谱示意图

结合 J1 区 214 口的生产资料与地震属性进行叠合(图 13)，可以看出储层地震属性同单井统计日产油趋势基本一致，表明通过高频衰减方法可以对剩余油进行定性分析。

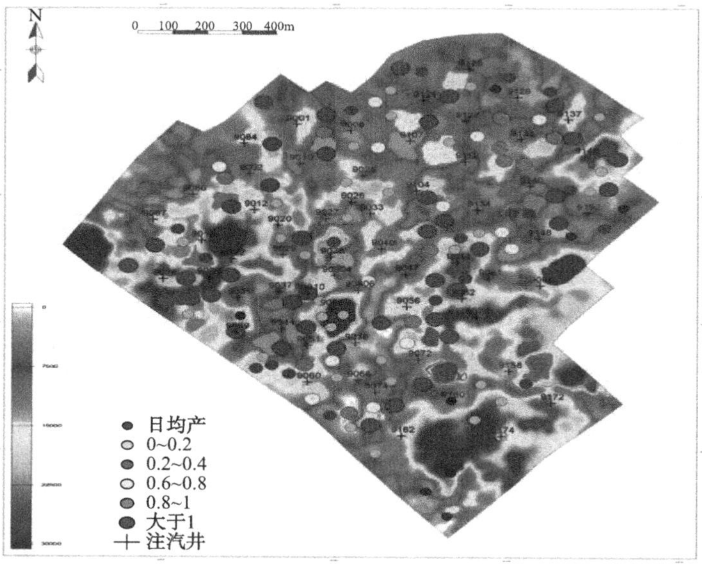

图 13　J1 区齐古组高频衰减面积分布与单井日产油叠合图

2.3　动态监测分析方法

(1) 产吸剖面分析

J 区 93122 井吸气剖面显示：2018 年上部油层吸汽占比 58%，中部占比 37%，下部占比 5%，随着汽驱开发的深入，吸汽程度差异性越发凸显，2022 年上部油层吸汽占比达到 92%，中部占比 4%，下部占比 4%。表明受储层非均质性和蒸汽超覆影响，上部油层吸汽能力强，中下部吸汽能力弱(图14)。

J区95120井产液剖面显示：2019年油层中上部为主要产液区，下部油层没有动用，通过优化管理和吞吐引效等措施进行综合治理，纵向上动用程度有所增加，2021年全井段油层得到动用，但上部油层产液贡献率占比68%，中下部仅占32%，表明汽驱过程中在储层非均质性和蒸汽超覆双重影响下，上部油层动用程度高，中下部油层动用程度低，剩余油潜力主要集中在中下部(图15)。

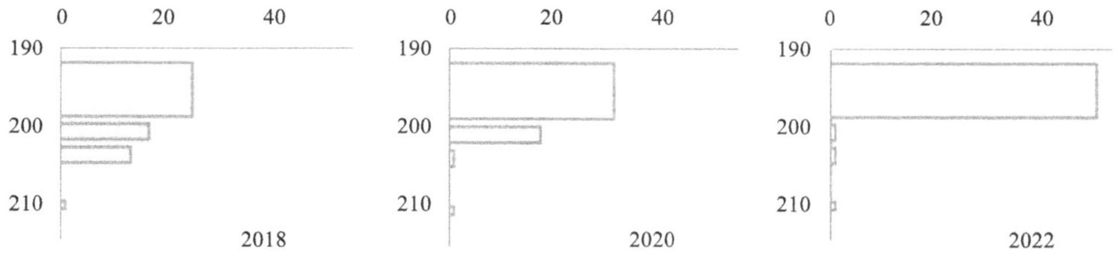

图14 J区93122井吸汽剖面

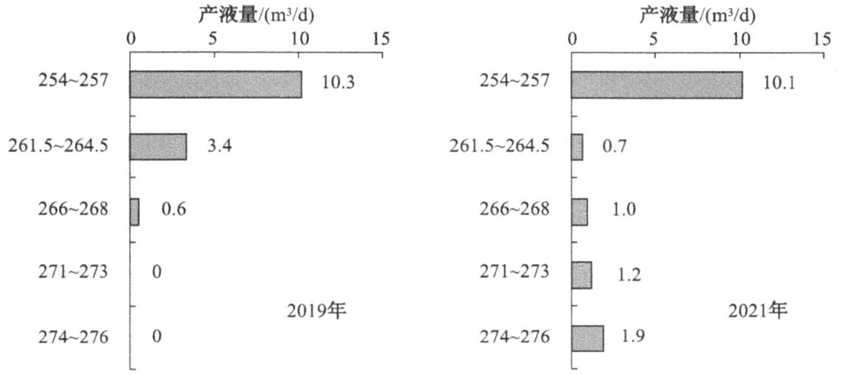

图15 J区95120井产液剖面

（2）示踪剂分析

本区开展了10个示踪监测井组进行汽窜通道的分析研究，本文就94127典型井组对平面上汽窜通道进行分析，以此揭示平面上剩余油的分布规律。

94127井组设计取样井15口，取到合格水样井11口，见剂10口(一线井全见剂，二线94150未见剂)；汽大、关井、不出未取样井4口。外围其他井组见剂井8口(在94123井组和94052井组)(图16)。94127井组多数井示踪剂突破时间1~3天，推进速度13.2~215.0m/d。突破时间较短。94127井组及外围见剂井高渗层厚度0.08~0.13m，渗透率4091~79835mD，孔吼半径16.0~46.2μm。主渗通道在高渗条带-大孔道范围，以大孔道为主。(图17~图19)。反映了储层高渗条带连通程度高，推进速度普遍较大，沿河道方向窜流严重，在东南和南方向推进最快，大于100m/d的井11口，占见剂井数的61%。

总体上监测井组见剂方向多、见剂速度快，示踪剂产出通道渗透率普遍较高，但井组内部各方向渗透率差异大，反映出注入蒸汽整体波及不均匀，注采井间储层非均质性强，平面上沿主河道方向更易发生汽窜。具体表现在：①汽窜具有选择性，多发生在渗透性高、物性好的层，与油层动用程度高和吸汽不均有关。②汽窜具有方向性，在物性变化不大的区域，注汽井在各个方向上的压差、流量不同，汽窜多沿压差大、流量大的方向窜流。因此掌握汽窜通道，摸清蒸汽未波及区域，也就是剩余油富集区域。

2.4 油藏数值模拟方法

通过建立J区蒸汽驱典型井组数值模拟模型(图20)，具体模型参数见表1。在历史拟合基础上，分析蒸汽驱后期剩余油分布规律研究。

蒸汽吞吐阶段，主要以动用井周围主，饱和度下降明显，井间区域基本未动用，仍为原始状态，$J_3q_2^{2-1}$层井周含油饱和度40%，井间含油饱和度65.6%，$J_3q_2^{2-2}$层井周含油饱和度50%，井间含油饱和度60%。转蒸汽驱中期$J_3q_2^{2-1}$层动用范围明显扩大，平均剩余油饱和41.3%，$J_3q_2^{2-2}$

层动用较弱，饱和度剩余 55.1%；蒸汽驱后期 $J_3q_2^{2-1}$ 层平均含油饱和度进一步下降低 32.6%。$J_3q_2^{2-2}$ 层平均含油饱和度降低到 45.2%，$J_3q_2^{2-1}$ 层动用程度高于 $J_3q_2^{2-2}$ 层(图 21、图 22)。

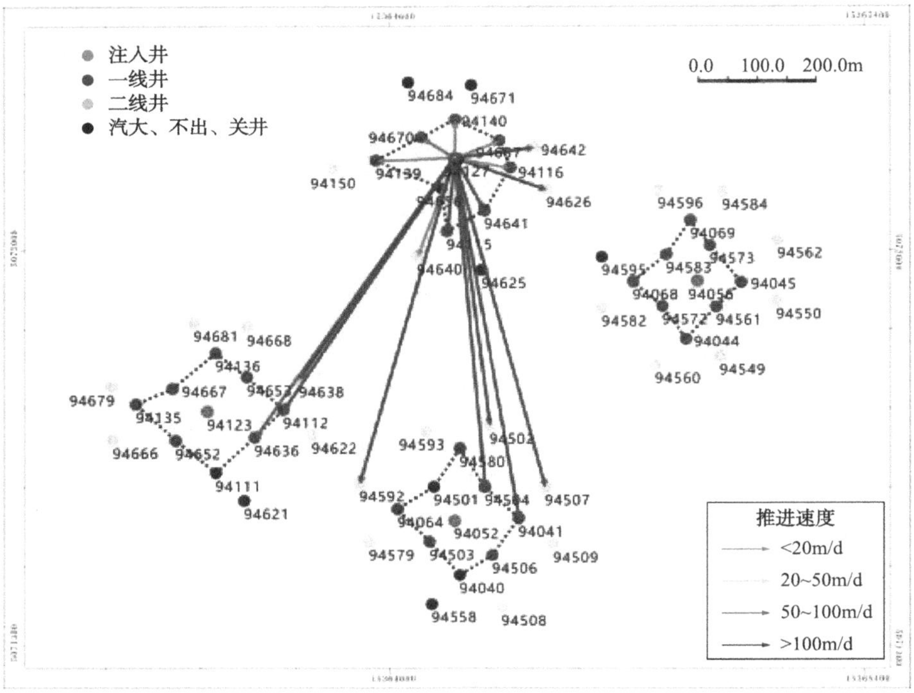

图 16　94127 井组示踪剂见剂分布图

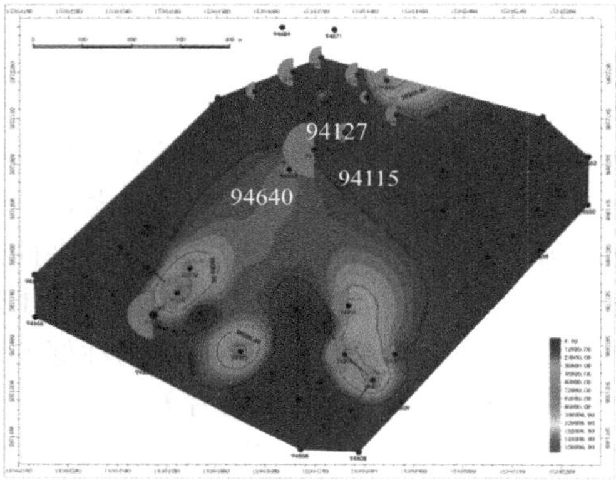

图 17　94127 井组及外围见剂井注入分配比例图

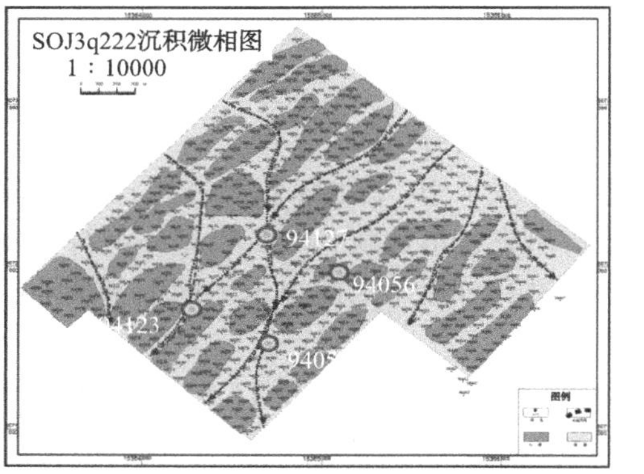

图 18　94127 井组沉积微相图

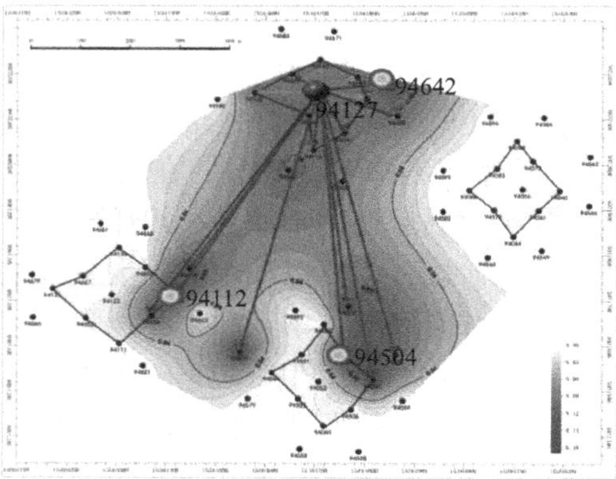

图 19　94127 井组见剂井高渗通道厚度图

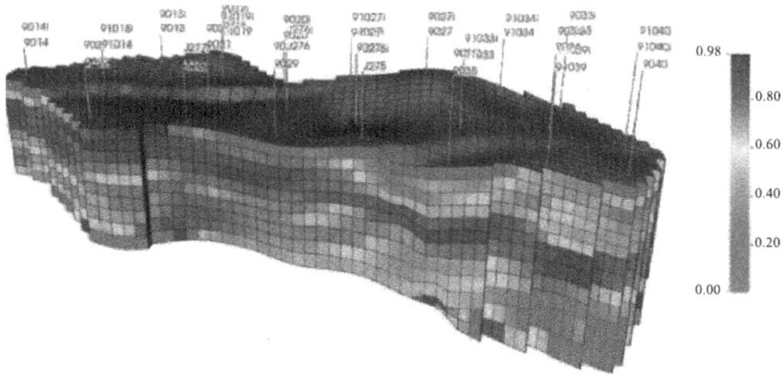

图 20　J 区蒸汽驱典型井组含油饱和度三维立体图

表1 蒸汽驱典型井组油藏参数表

数模区域	井组数	井数/口	地质储量/10^4t	数模分层	平面网格步长/m	原始井网	原始井距/m	加密井距/m	原油黏度/mPa·s	开发历程	采出程度/%
J区	4	23	46.1	20	5	反九点	100×140	100×70	2000~4000	吞吐-汽驱-加密汽驱	41.2

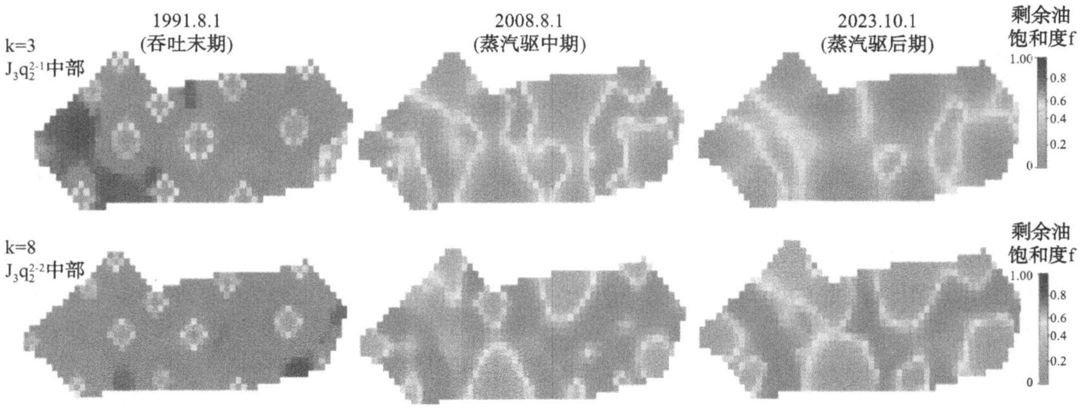

图21 蒸汽驱平面剩余油分布图

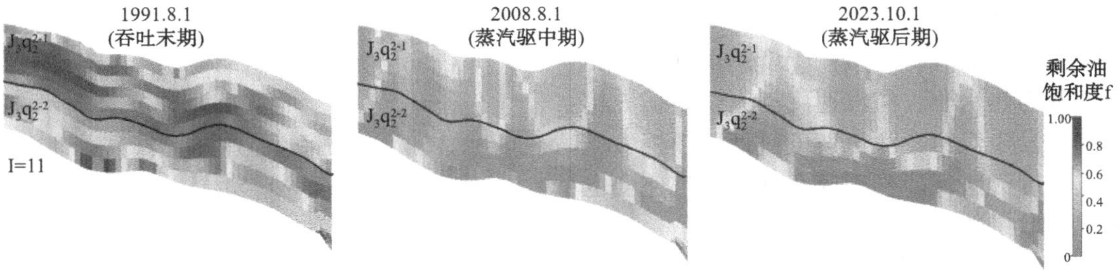

图22 蒸汽驱剖面剩余油分布图

综合数值模拟结果，建立了J区蒸汽驱后期纵向及平面的剩余油分布模式。纵向上，剩余油具有“两高两低，一大一小”的特点：上层动用程度高，下层动用程度低；层内顶部动用程度高，底部动用程度低；近注入井地带蒸汽波及范围大，远端汽窜通道厚度小。剖面上剩余油呈漏斗式分布，平面上呈条带状分布，剩余油主要分布在井间，且靠近采油井附近区域。

3 剩余油分布影响因素

蒸汽驱后期剩余油分布主要受地质参数和注汽操作参数影响，具体表现在储层非均质影响，以及注入蒸汽的操作参数。

蒸汽驱过程中，纵向上受蒸汽超覆和隔夹层遮挡，存在多个汽窜通道，夹层控制着蒸汽波及程度，油层具有上层动用程度高，下层动用程度低，层顶汽窜通道分布，层底剩余油富集的特点；同时受沉积韵律的影响，当储层为反韵律沉积时，进一步加大上部油层动用，加剧上下油层波及程度；平面上波及程度的差异，主要受侧向遮挡体的影响(图23~图24)。

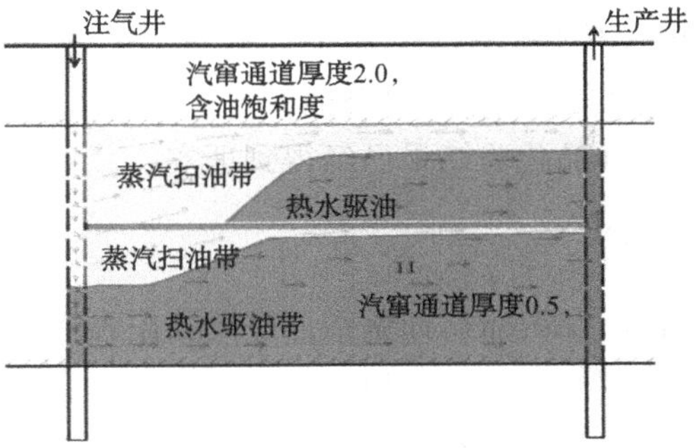

图23 多套韵律层汽驱初期驱油模式图

(2) 平面上蒸汽驱的汽窜方向决定其剩余油分布形态，通常在主河道方向发生汽窜频率更高，主河道砂体储层物性好，多为高孔高渗，砂体发育，连通性好。其次在蒸汽吞吐开采阶段形成的蒸汽窜进通道经过多次吞吐作用冲洗，渗流阻力越来越小，对蒸汽及热水的流通能力增加，随着开发的深入，逐渐形成高渗通道，导致汽窜

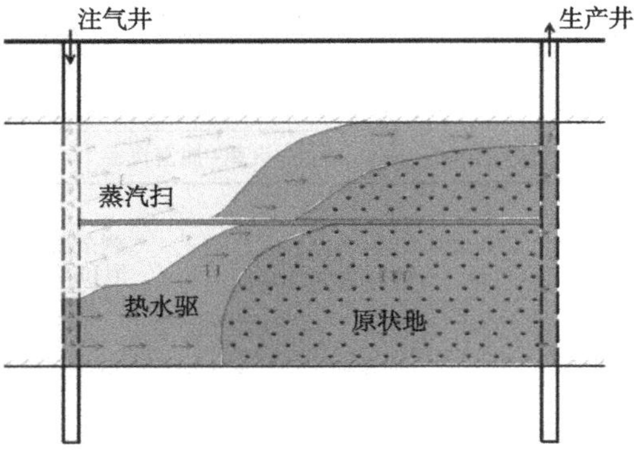

图 24　多套韵律层汽驱末期驱油模式图

加剧。平面储层物性相近的情况下，采油井发生汽窜往往与该井点距注汽井的距离有关，一般边井汽窜频率高于角井。

(3) 注入蒸汽的干度及注汽速度对汽驱有重要的影响。蒸汽干度越高，蒸汽超覆作用越明显，呈现上部动用程度高，中下部动用程度低。当蒸汽干度降低，上部为蒸汽驱，下部为热水驱的驱替特征逐渐显现。当蒸汽干度达不到汽驱要求时则表现为热水驱。注汽速度越大，热损失越小，但容易发生汽窜，注汽速度过低，热损失增大，注汽干度无法保障，因此合理的注汽速度也是影响汽驱效果的重要因素。

(4) 原油黏度对剩余油分布也有较大影响。当原油黏度较低时，蒸汽驱上部驱替充分，下部即使是热水驱也能驱替出大部分原油，整体动用程度高，剩余油潜力小；当原油黏度较高时，蒸汽驱上部驱替不充分，下部热水驱几乎驱替不动原油，虽然在电性上显示低阻，但实际是一种“水包油”的状态，剩余油饱和度往往较高，取心井的样品化验结果已经得到证实。

4　结论

(1) 蒸汽驱后期剩余油上层动用程度高，下层动用程度低；层内顶部动用程度高，底部动用程度低；剖面上剩余油呈漏斗式分布，平面上呈条带状分布，剩余油主要分布在井间，且靠近采油井附近区域。

(2) 蒸汽驱后期剩余油分布形态在纵向上主要受储层非均质及蒸汽超覆影响，其次为注蒸汽参数及注汽质量。平面上主要受沉积微相影响较大，在主河道易形成汽窜通道，其次为汽驱井网中采油井与注汽井的距离。

(3) 井震结合可以实现从定性到定量的剩余油精细描述，蒸汽驱末期油层基本蒸汽驱扫或热水侵入，电性上往往显示水淹特征，需结合取心及生产资料进行甄别，校正含油饱和度解释模型，以获取真实的剩余油数据。

参　考　文　献

[1] 于连东．世界稠油资源的分布及其开采技术的现状与展望[J]．特种油气藏，2001，8(2)：98-103.
[2] 任芳祥，孙洪军，户昶昊．辽河油田稠油开发技术与实践[J]．特种油气藏，2012，19(1)：1-8.
[3] 孙新革，马鸿，赵长虹，等．风城超稠油蒸汽吞吐后期转蒸汽驱开发方式研究[J]．新疆石油地质，2015，36(1)：61-64.
[4] 郭太现，苏彦春，等．渤海油田稠油油藏开发现状和技术发展方向[J]．中国海上油气，2013，25(4)：26-30.
[5] 邵先杰，汤达祯，樊中海，等．河南油田浅薄层稠油开发技术试验研究[J]．石油学报，2004，25(2)：74-79.
[6] 刘慧卿．热力采油原理与设计[M]．北京：石油工业出版社，2013：1-5.
[7] 冉启佑．剩余油研究现状与发展趋势[J]．油气地质与采收率，2003，10(5)：49-51.
[8] 高博禹，彭仕宓，王建波．剩余油形成与分布的研究现状及发展实施[J]．特种油气藏，2004，11(4)：7-11，22.
[9] 陈欢庆，胡海燕，吴洪彪，等．精细油藏描述中剩余油研究进展[J]．科学技术与工程，2018，18(29)：140-153.
[10] 李金泰．阿拉新-二站地区 S 油层稠油油藏原始含油饱和度解释方法研究[J]．国外测井技术，2009，(4)：35-37.
[11] 吴畏．剩余油饱和度的确定[J]．重庆科技学院学报(自然科学版)[J]，2007，9(1)：9-11.
[12] 宋长伟，吴秀田，肖红，等．阿尔善油田水淹层测井解释及剩余油饱和度求取[J]．中国海上油气(地质)，2001，(4)：280-285.
[13] 乐靖，范廷恩，范洪军，等．深海浊积砂岩油藏时移地震定量解释技术研究海洋工程装备与技术[J]．2019：6(12)262-267.
[14] 潘举玲，林松辉，杨宏伟，等．利用时延地震时差预测剩余油-以稠油热采油藏 Sh56 区块为例[J]．油气地球物理，2015(4)：10-13.

油层地质特征对复合驱开发效果的影响及三采地质发展展望

聂春林[1,2] 周嘉宇[1,2] 苏雪迎[1,2] 张丽娟[1,2]

（1. 国家能源陆相砂岩老油田持续开采研发中心；2. 大庆油田有限责任公司勘探开发研究院）

摘 要 复合驱是可比水驱提高采收率18个点以上的三次采油技术，但区块间、单井间开发效果存在较大差异，油层地质特征是开发影响效果的客观因素。为此开展储层地质特征对开发效果的影响研究。通过精准刻画构造、沉积、储层物性、剩余油等油层地质特征，应用已开展的矿场试验资料结合数值模拟手段综合研究研究构造特征、沉积特征、物性非均质、宏微观剩余油对复合驱开发效果的影响，明确地质因素与开发效果的关系，为复合驱方案设计和跟踪调整提供依据，为三采地质发展指明方向。

关键词 复合驱；影响因素；地质特征；开发效果；三采地质

三元复合驱在提高采收率方面的显著优势，近年来复合驱规模逐步扩大。但区块间、单井间开发效果差异大。油田开发无论是水驱、聚驱还是复合驱，储层特征都是影响开发效果的客观因素。近年来，在室内开展了不同地质因素对宏微剩余油启动、动态演化的研究；针对储层非均质对化学驱开发效果的影响研究相对较多。但对于影响复合驱开发效果储层特征的研究，一直未能全面、系统、清晰的总结影响复合驱开发效果的储层特征，阐明不同影响因素与开发效果的关系，部分开发效果差异无法合理解释，严重制约了方案的个性化设计、动态跟踪调整及开发效果的预测。为此亟需开展复合驱开发效果地质影响因素研究，通过对已有的试验区块及单井地质特征进行解剖，在开发过程中通过动静结合总结规律，研究地质因素对开发效果协同作用贡献，深入剖析剩余油宏观、微观动态演化规律，明确复合驱开发效果与储层地质因素的关系，为开发效果预测、方案个性化设计和跟踪调整提供依据。

1 构造特征对开发效果的影响

通过研究复合驱开发区块微构造特征与单井阶段产油量的关系表明，位于构造高部位的产油井在其他条件近似条件下阶段产油量比两侧低部位高。构造位置与井网布置的配置是影响复合驱开发效果的另一重要因素，高处注低处采不利于复合驱开发，影响开发效果。由于油水的密度差异，高注低采浮力是阻力不利于开发，反之有利于效果改善。

为更加精准表征控制油水运动的构造特征，确定了砂顶微构造研究技术流程及微构造识别原则，精准表征单砂体顶面小断层及微构造分布特征。分析表明，Ø均匀井网条件，低注高采井组比例55.6%，单位厚度增油1079t/m；高注低采比例44.4%、单位厚度增油975t/m。Ø均匀布井复合驱替开发条件下低注高采井组倾角保持0°~4°效果最好（图1）。

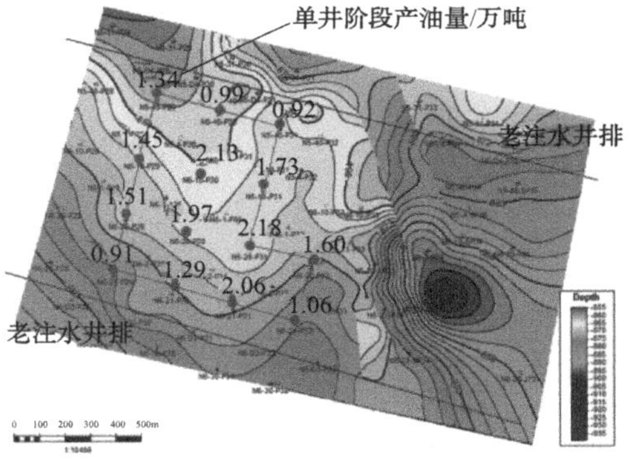

微构造与单井化学驱阶段产油量关系

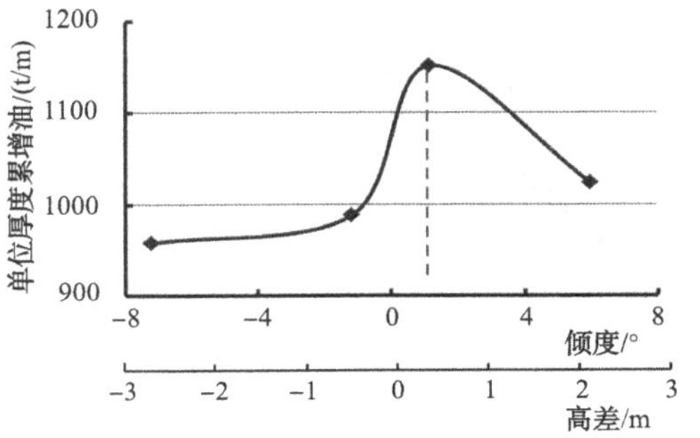

注采井构造位置与复合驱开发效果的关系

图1 微构造、砂顶微构造对复合驱开发效果影响

2 沉积特征对开发效果的影响

受沉积控制的井组联通情况直接影响了复合驱开发的见效特征。厚层发育，主力层层间级差小，剩余油较多，见效相对同步，含水变化曲线为“U”型，含水低值期长，开发效果好；厚层发育，主力层层间级差大，主力油层充分动用之后接替层受效，含水变化曲线为“W”型，反应了多层接替受效，开发效果较好；纵向油层层数多，但主力油层厚度小，且无接替油层，易突破，含水变化曲线为“V”型，见效早、含水降幅大、稳定期短，回升快(图2)。

解剖XWX试验区砂体内部构型表明，4级界面平均倾角16.0°，平面密度0.16个/m,。侧积夹层倾角大、密度大影响体系波及体积，同时易形成优势渗流通道，是影响试验含水下降和开发效果的客观地质因素(图3)。

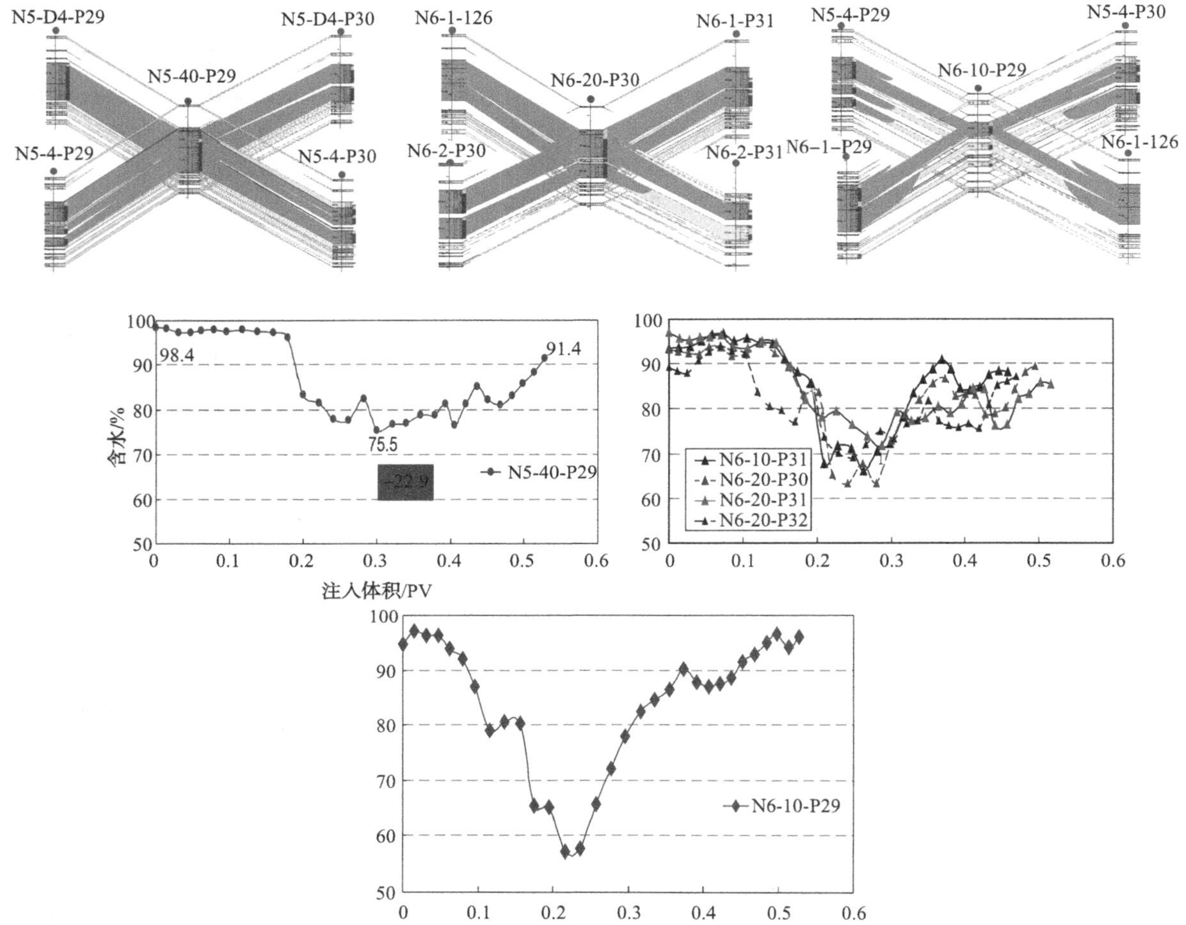

图2　不同沉积特征含水变化特征

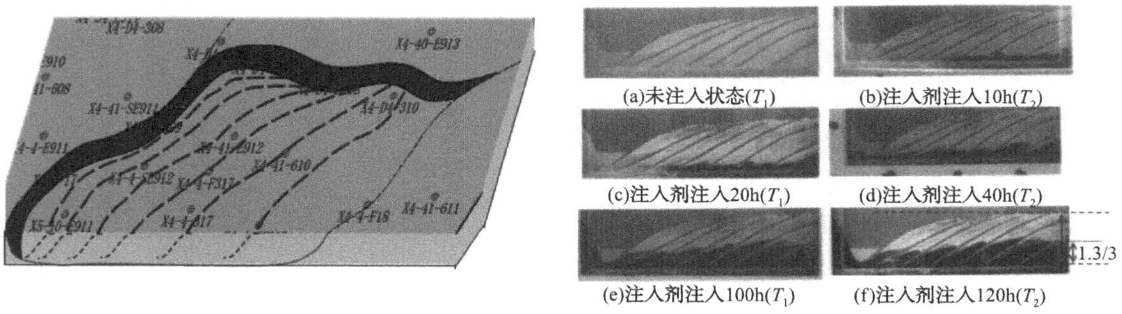

杏五西典型点坝内部建筑结构地质模型　　　　物模实验注入剂波及高度变化(据闫百泉)

图3　砂体内部构型对复合驱效果影响

3 储层特征对开发效果的影响

总体来看，储层厚度大、物性好、非均质弱的区域，化学驱阶段提高采出程度高。水驱、化学驱采收率随渗透率的增加而增加，气测渗透率600mD(有效渗透率300mD)以上，三元提高采收率18个百分点以上。层间、层内非均质增大，复合驱开发效果变差(图4)。

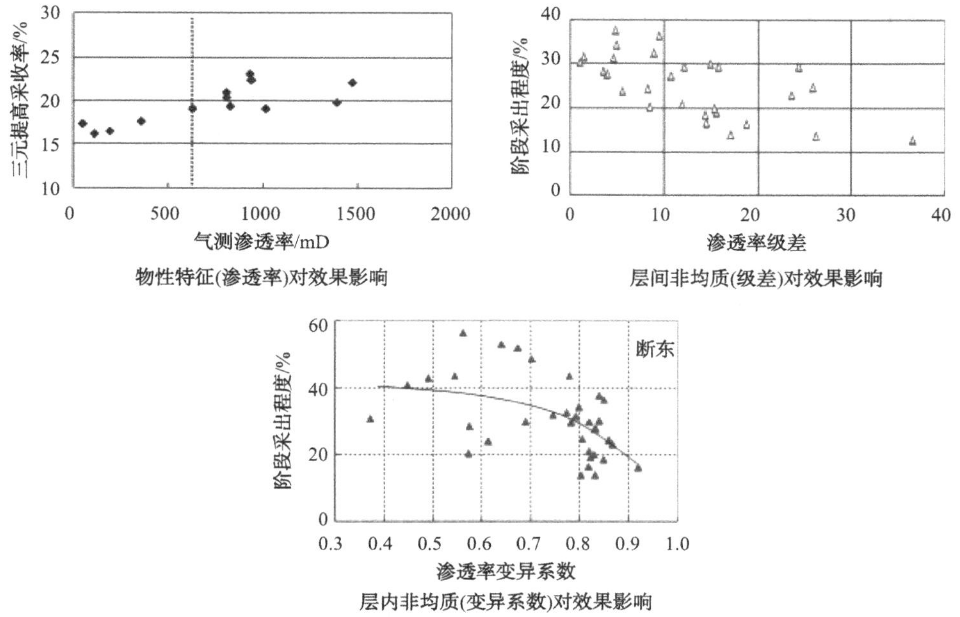

图4 储层特征对复合驱效果影响

为综合表征储层特征，构建了储层质量计算方法。储层质量是指储层储集与渗虑流体的能力，包括对孔隙结构、裂缝、储层岩石物理参数等综合性评价，即受沉积组构与成岩作用的影响，又受后期开发过程的改造。在复合驱开发过程中，通过对储层连通质量研究，分析储层物性、非均质、储层厚度、储层离散程度等因素对储层连通的影响，建立适合复合驱开发的储层质量综合评价方法。

不同储层质量匹配合理注入速度及变化类型，储层连通质量越高，合理注入速度越高，中低质量井组注入速度递增型开发效果好，高质量井组速度前期递增或恒定既能保证效果。储层连通质量越低，合理注入速度递增梯度越大(图5)。

储层连通质量对注入黏度的影响，储层连通质量越好、平面差异越大，合理注入黏度越大；储层连通质量越好、平面差异越大，梯度增黏效果越好；保持合理速度递增可形成更宽的高压力梯度带，启动剩余油，抑制剖面反转。

4 非均质控剩余油特征对复合驱效果影响

油层非均质加重了剩余油分布的零散程度。在油田开发过程中剩余油的非均质分布直接影响动态及措施的设计与效果，明确宏观剩余油分布和微观剩余油类型对三元复合驱开发效果至关重要。

4.1 宏观剩余油分布

4.1.1 层间、层内非均质控油模式

设置了纵向非均质VDP分别为0.4、0.6、0.8的三层非均质模型，通过开展数值模拟，分析转化学剂时、含水最低点时、转聚时、结束时等时机不同非均质模型分层的采出程度及剩余油饱和度演化特征，确定了不同非均质井组的跟踪调整时机和对策(表1)。

从饱和度演化特征看高中渗透层化学剂突进快注入体积多，含水饱和度变化大，低渗透层突进慢吸入体积少，含水饱和度变化小，采出程度贡献随非均质程度增强变小，受注入体积影响大。主要对策为：注水井早期分层和低、中渗透层压裂增注；采油井非均值程度强的后期高渗透层封堵；非均质强的油层适当增大化学剂注入体积。

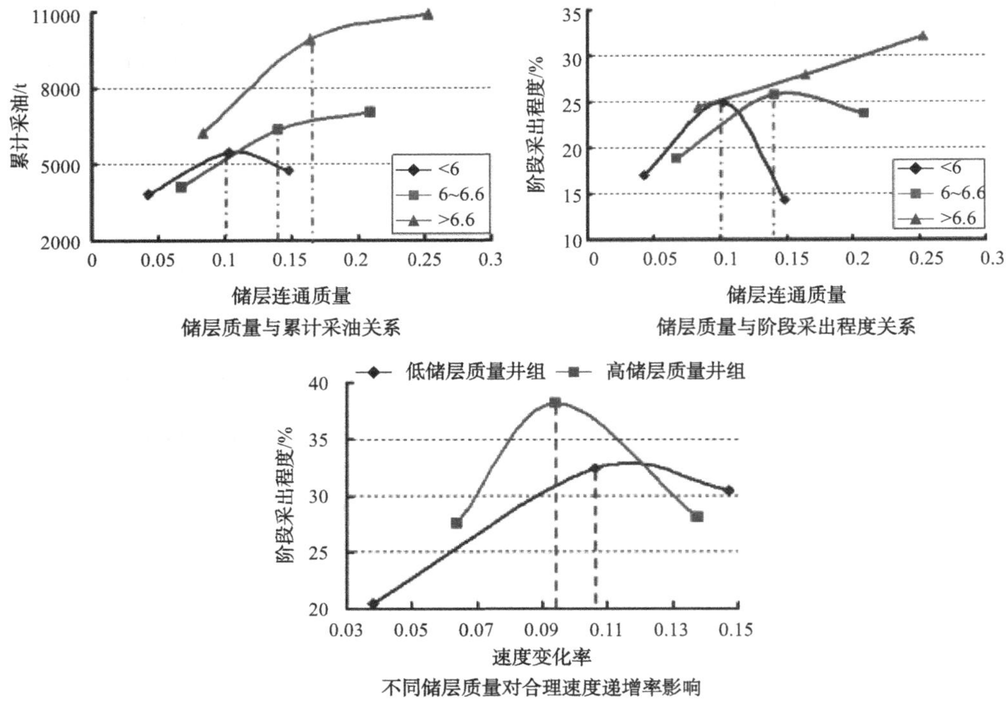

图 5　储层质量与效果关系

表 1　非均值油层复合驱分层阶段采出程度统计

内　容		见效点/%	最低点/%	转聚点/%	转水点/%	结束点/%
VDP 0.35	低渗层	0.46	3.32	5.94	16.09	20.30
	中渗层	0.14	4.49	6.94	14.07	17.87
	高渗层	1.66	6.86	8.76	16.31	19.95
	全区	0.75	4.89	7.22	15.49	19.37
VDP 0.55	低渗层	1.11	3.63	6.49	17.05	21.94
	中渗层	0.89	5.44	8.66	14.43	17.60
	高渗层	1.09	8.48	10.84	18.72	20.85
	全区	1.03	5.85	8.67	16.74	20.13
VDP 0.75	低渗层	1.52	4.96	9.22	15.27	22.99
	中渗层	0.03	3.67	16.41	21.49	24.95
	高渗层	0.97	5.25	14.44	21.86	22.55
	全区	0.84	4.63	13.36	19.54	23.50

4.1.2　平面非均质控油模式

为描述油层断层遮挡、废弃河道遮挡、尖灭区遮挡、平面局部变差等情况，分别建立了 3 类非均质模型(图 6)。

化学剂沿不受遮挡方向突进，波及程度低，剩余油富集在被遮挡区域，影响井受效差、滞后。剩余油大小受遮挡分布状态和遮挡程度影响。早期进行油层改造措施、提高影响井的注采能力；后期适当延长化学剂注入体积，有效扩大波及体积。

方向渗透率差异对剩余油饱和度演化的影响，突破前低渗方向推进前缘宽，提高采收率幅度大；突破后由于高渗方向突进，驱替液主要从高渗方向突进。平面调整，提高高渗方向流压，降低生产压差，延缓突破；低渗方向增注产措施，提高注采能力，保证均衡动用。

4.2　微观剩余油类型

复合驱动用簇状剩余油为主，滴状剩余油含

量明显升高，渗透率越低簇状剩余油动用提高越高，滴状剩余油含量越高。

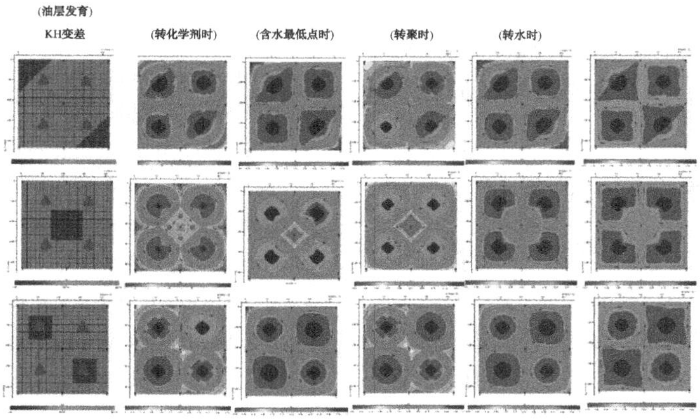

平面局部变差对饱和度场的影响

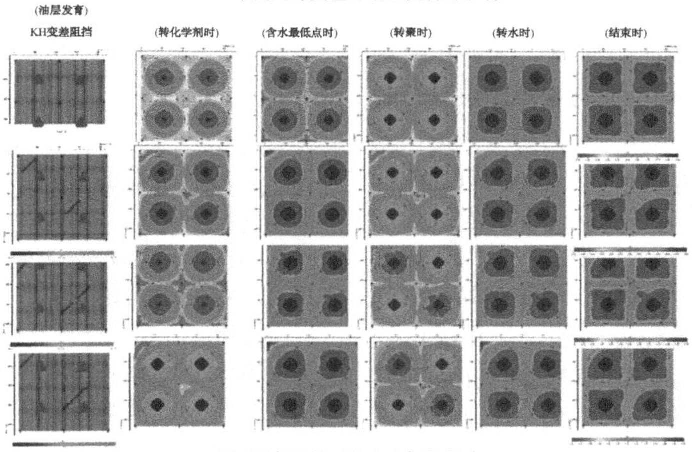

平面局部遮挡对饱和度场的影响

图 6　平面非均质对剩余油的影响

分析了不同孔喉特征、采出程度下不同类微观剩余油分布与孔隙大小、喉道大小的关系。大孔大喉储层簇状类型剩余油主在驱替过程中占据孔喉均逐渐减小，是一个逐渐被剥离的过程。多孔及滴状剩余油在驱替过程中占据孔喉先增大后减小，说明在剩余油在复合驱过程中的变化过程是簇状->多孔->滴状的演化过程；中孔中喉储层簇状类型剩余油占据孔喉半径先增大后减小，说明簇状剩余油在复合驱过程中发生了明显的迁移现象，说明非均质越强，复合驱后流动路径越容易改变；小孔小喉模型中，簇状剩余油更容易被打散成多孔剩余油，但需要更强的乳化能力才能将多孔剩余油采出。

复合驱后，簇状剩余油主要分布在在小孔隙半径、小配位数、高孔喉比孔隙中；滴状剩余油流动路径随机，但滞留的滴状剩余油主要均在高配位数、高孔喉比的孔隙中，即连通性好、但孔喉卡堵能力强的孔隙中(图 7)。

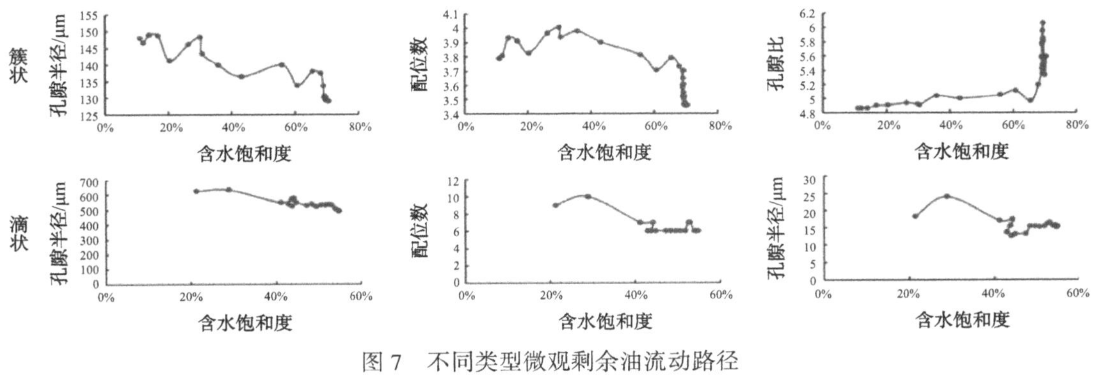

图 7　不同类型微观剩余油流动路径

相同毛管数下，复合驱动用不同模型的孔喉下限相同，但对于可动孔隙，复合对均质性较好模型的动用程度较高；复合驱过程剩余油启动压力逐渐升高，孔喉小越小，复合驱过程中启动压力升高幅度越大。

5　三次采油开发地质发展方向探讨

三次采油规模持续扩大，开发对象不断拓展，如何客观表征影响三次采油效果的关键地质因素是三次采油开发地质面临的重要命题。相较于水驱开发对地质研究的需求，三次采油由于驱替相中化学剂的添加，驱替中的物理化学驱机理更加复杂，在原有储层刻画的基础上，一是需要进一步加强微观地质特征的研究，建立孔隙结构、矿物特征、孔隙表面性质与宏观储层分布的对应关系，实现储层为微观特征的科学表征；二是需要开展地质特征与驱油体系、驱油机理匹配结合的化学驱开发动态，破解化学驱开发过程中的动态非均质演化规律核心问题；三是需要深化剩余油分布的宏微观对应关系，明确不同类型剩余油启动机理，为体系配方、方案优化提供依据。通过持续完善三采地质学科建设，拓展开发地质研究范畴，建立系统、科学的三采地质特征评价方法，为三次采油高质量发展提供强有力支撑。

参 考 文 献

[1] W J E van de Graaff, Bentley M R, Kortekaas T F M. Quantification of macro-to megascale reservoir heterogeneity: A practical approach based on computer mapping techniques[R]. SPE 25001, 1992: 391-398.

[2] Nancy Hambalek, Reinaldo González. Fuzzy Logic applied to lithofacies and permeability forecasting[J]. SPE 81078, 2003.

[3] GIBLING M R. Width and thickness of fluvial channel bodies and valley fills in the geological record: a literature ompilation and classification. Journal of Sedimentary Research, 2006, 76: 731-770.

[4] PEREZ G, CHOPRA A K. Evaluation of fractal models to describe reservoir heterogeneity and performance[R]. SPE 452260, 1997.

[5] LAI J, WANG G, WANG Z, et al. A review on pore structure characterization in tight sandstones[J]. Earth-Science Reviews, 2018, 177: 436-457.

[6] 宋士军. 基于微纳米CT技术的化学驱后微观剩余油定量描述[J]. 中外能源, 2024, 29(05): 44-48.

[7] 杨忠全，程婷婷，罗陶涛，等. 微观剩余油分布及提高采收率评价方法[J]. 油田化学, 2024, 41(02): 356-366. 2024. 02. 024.

[8] 周亚洲，杨文斌，殷代印. 侧积夹层控制下厚油层内剩余油分布特征及挖潜机理[J]. 当代化工, 2023, 52(08): 1899-1902. 2023. 08. 029.

[9] 于洪敏. 中渗透油藏化学驱开发效果影响因素研究[J/OL]. 复杂油气藏, 1-7[2024-07-03].

[10] 苏雪迎. 洛伦兹曲线在三元复合驱吸水剖面评价中的应用[J]. 中外能源, 2021, 26(07): 46-51.

[11] 聂春林. 油层非均质性对三元复合驱开发效果的影响及其应对措施——以大庆油田二类油层为例[J]. 大庆石油地质与开发, 2022, 41(02): 110-114.

海上油田高含水期联合井网提高采收率技术与实践

邓景夫 张 瑞 刘建国 陈存良 吴晓慧

[中海石油(中国)有限公司天津分公司]

摘 要 联合井网中水平段物性、水淹情况的不同导致水平段动用的不均衡，造成含水上升快，产能下降快等问题。通过开展水平井井段沉积微相组合模式研究，建立了不同沉积微相的五种组合关系，并得到了对应的水平井渗流特征，揭示了水平井分段动用的规律和特征，同时运用两相渗流理论及动态数据，推导了水平井动用程度计算公式，基于此形成了联合井网开发区精细分层位、分砂体注水技术，建立了注采调整界限和调整方式图版。通过调整界限和图版，有效指导了平-直联合井网注水调整，实现了控水提效。联合井网开发区域水平井产能达到定向井的2倍以上，含水率降低20%，采收率由24%提高到36%，提高12.0%。该技术方法在联合井网开发区实现稳产、控水方面具有较大潜力。

关键词 联合井网；沉积微相组合模式；渗流特征；水平井动用程度；分段均衡动用技术

1 引言

绥中36-1油田是多层砂岩整装油藏，油田1993年投产，随着开发的进行，基础反九点井网递减率加大，采油速度低，为改善油田开发效果，绥中36-1油田从2009年至2015年逐步实施整体加密综合调整，调整方式为在定向井加密的基础上，对主力油层实施水平井加密，形成了具有海上油田特色的定向井与水平井联合井网的开发模式(图1)。

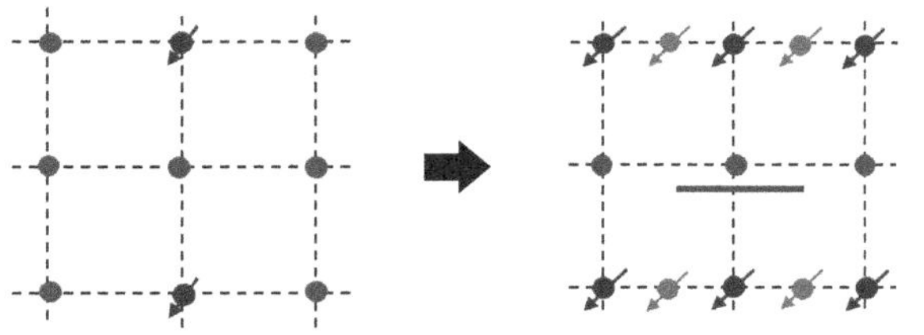

图1 绥中36-1油田井网演变示意图

截至2021年底绥中36-1油田含水率达到86.8%，已全面进入高含水后期，随着油田递减加大，开发效果变差，油田矛盾进一步突出，需要开展水平井精细挖潜、调控策略研究。为保持水平井高效开发，精细刻画水平井分段相带，通过数值模拟研究，搞清了不同沉积微相组合的渗流特征，明确了水平井分段动用规律，在此基础上，实施精细分层位、分砂体注水，取得了较好的开发效果，为同类型油藏平-直联合开发提供了借鉴。

2 水平井动用规律研究

2.1 水平井段沉积微相组合

绥中36-1油田为典型的湖相三角洲沉积，储层孔隙度26%~37%，渗透率100~13058mD，沉积微相类型主要以水下分流河道、河口坝主体(坝主体)及河口坝侧缘(坝缘)为主。根据水平段不同构型单元接触关系下储层连通程度的差异，在联合井网的模式下，构建了水平段5类注采接触模式(图2)，包括坝主体-河道-坝主体、河道-坝主体、坝主体、坝主体-坝缘、坝缘。

2.2 含水上升特征及机理

通过统计已投产的100多口水平井的地质条件和生产规律，搞清了不同沉积微相组合及注采对应关系下水驱规律。通过大量水平井生产数据统计表明，水平井含水上升规律一般为3种基本模式：凹型、凸型和直线型。

凹型：该类水平井所在注采井组主要分布在单一沉积相上，储层非均质性弱、连通性较好，注水受效均匀。油井在中低含水期含水上升缓慢，低含水期很长、之后逐渐加快、后期略为变缓的特点，主要采油期为中低含水期，中低含水阶段累产油量占油井总产量的65%左右，高含水阶段占油井总产量的32%。

凸型：该类水平井所在注采井组主要分布在不同沉积相上，储层非均质性强，一般存在水平段单点快速出水情况，中低含水期较短、含水上升较快，主要产油期为高含水期及特高含水期、占油井总产量的70%左右。

直线型：该类水平井所在注采井组主要分布在不同沉积相上，储层非均质性强，水平段呈现大段水淹状态，生产过程中无中低含水期，投产后含水迅速上升到高含水，主要采油期为高含水及特高含水期，占油井总产量的90%左右。

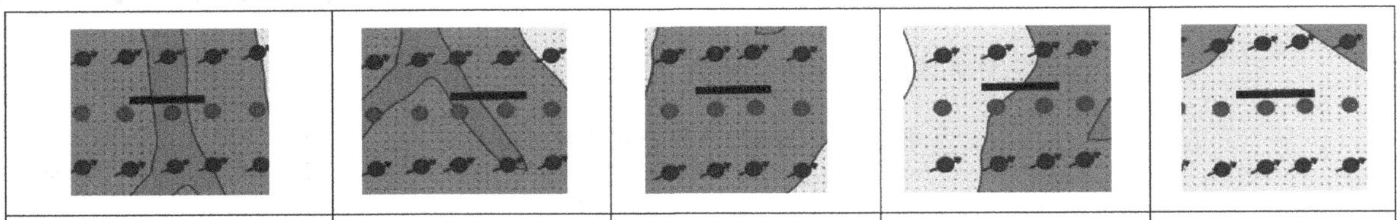

图2　联合井网下注采接触模式图

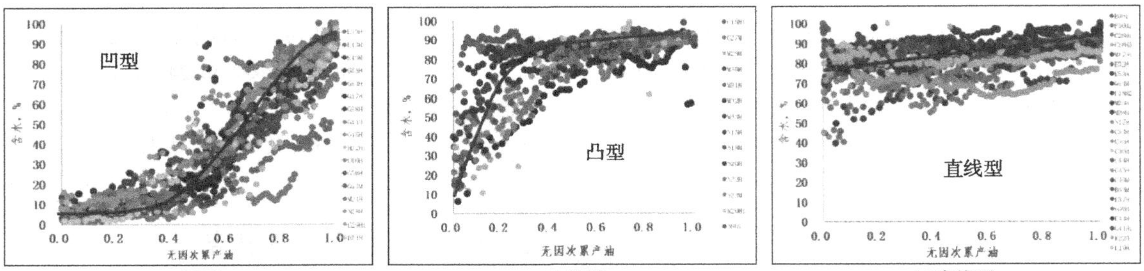

(a)凹型　(b)凸型　(c)直线型

图3　绥中36-1油田水平井含水上升模式图

表1　含水上升规律统计表

水平井所在相带		含水上升规律	井数/口	所占比例/%	初期日产油/方	初期含水率/%
不同相带	河道-坝主体	凸型	23	28.8	74.1	43.4
		直线型	14	17.5	57.5	78.6
	坝主体-河道-坝主体	直线型	6	7.5	49.7	74.1
	坝主体-坝缘	凸型	7	8.8	60.4	53.3
		直线型	3	3.7	37.0	82.0
相同相带	坝主体	凹型	21	26.3	81.9	6.9
		凸型	3	3.7	69.0	46.6
	坝缘	凹型	3	3.7	43.7	13.8

3　基于构型单元接触关系的联合井网调控技术

3.1　水平井分段动用规律

对于非活塞式驱替，在忽略重力与毛管力的条件下油藏含水率：

$$f_w=\frac{1}{1+k_{ro}\mu_w/k_{rw}\mu_o} \tag{1}$$

式中，f_w 为含水率；k_r 为相对渗透率；μ 为流体黏度，mPa·s；w 为水相下标；o 为油相下标。

在油藏中含水率是含水饱和度的函数，因此对式(1)求含水饱和度的偏微分得：

$$\frac{\partial f_w}{\partial S_w}=\frac{\frac{\mu_w}{\mu_o}Ce^{-BS_w}}{\left[1+\frac{\mu_w}{\mu_o}Ce^{-BS_w}\right]^2}=f_w(1-f_w)B \tag{2}$$

根据Welge驱油理论，一维驱替中出口处存在如下关系：

$$\left.\frac{\partial f_w}{\partial S_w}\right|_{S_w=S_{we}}=\frac{1}{Q_i} \tag{3}$$

式中，Q_i 为注入孔隙体积倍数；S_{we} 为出口端含水饱和度。

对于注采平衡油田，生产井的累积产液量等于累积注入量。因此，可得含水饱和度与相关参数的线性关系式：

$$f_w(1-f_w)B=\frac{1}{Q_i}=\alpha\frac{N_o}{N_L S_{oi}} \qquad (4)$$

式中，N_o 为基于静态认识的单井井控储量，m^3；N_L 为累积产液量，m^3；S_{oi} 为原始含油饱和度。

基于静态储量认识及动态资料，绘制 $f_w(1-f_w)B$ 与 $\frac{N_o}{N_L S_{oi}}$ 关系曲线，回归过原点的直线段斜率，即为高含水期的储量动用系数(图 4)。

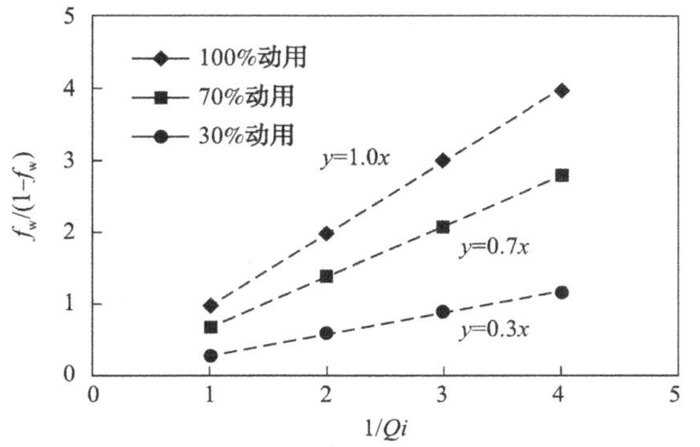

图 4　水平段动用程度曲线

基于此，建立了水平井调控界限：当水平段动用程度小于 30% 时，水窜现象明显，水平段非均质性强，动用不均现象严重，重点开展堵水、侧钻等措施，来封堵水窜区域；当水平段动用程度大于 70%，整段动用，可以开展提液措施，进一步提高动用水平；当水平段动用程度在 30%～70%之间时，重点开展流场调控措施，提高水平段动用范围(表 2)。

表 2　水平井调控界限

水平段动用程度/%	0～30%	30～70%	70～100%
措施	堵水、侧钻	调控	提液

3.2　精细注水调整技术研究

根据 3 类注采接触模式的等效模型，计算联合井网水平井不同水平段位置注水井注水强度、产液强度与采收率关系曲线，并引入"注采强度级差"概念，来定量调整注采强度，得到联合井网注采调控策略(表 3)。

表 3　联合井网注采调控图版

典型	砂体模式	等效模型	注水调控图版	产液调控图版	调控效果	
					调整前	调整后
河道-坝主体	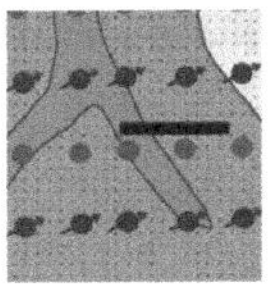	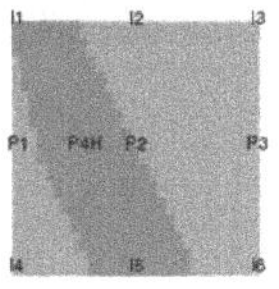	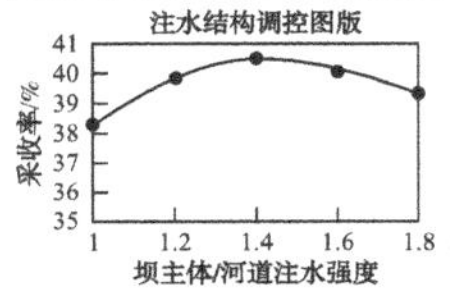	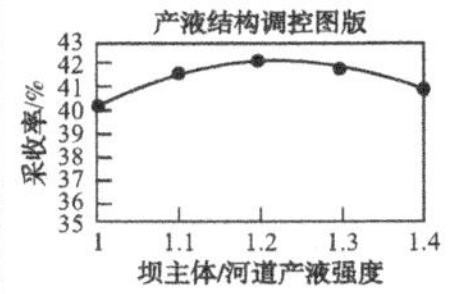	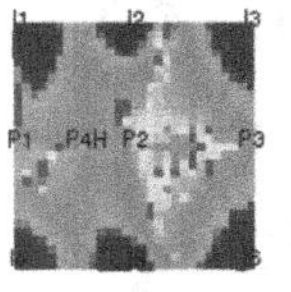	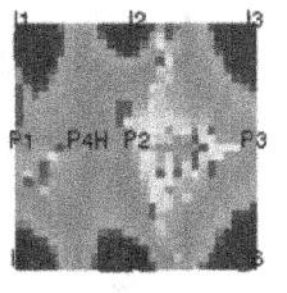
坝主体-河道-坝主体	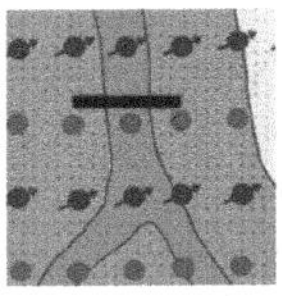	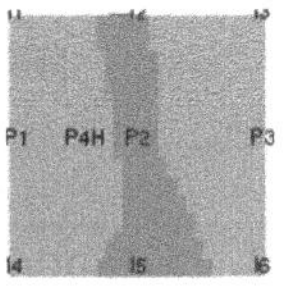	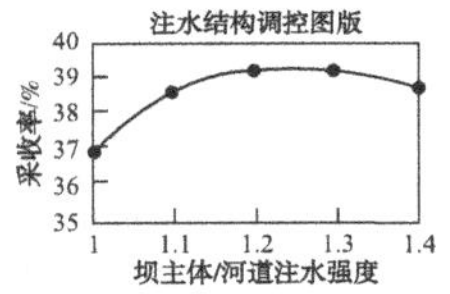	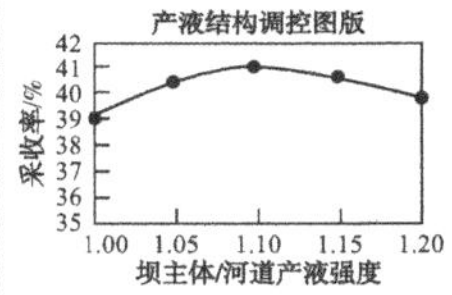	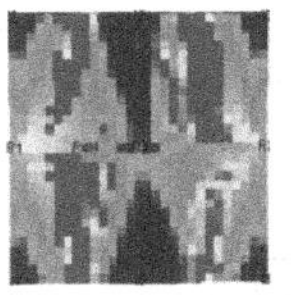	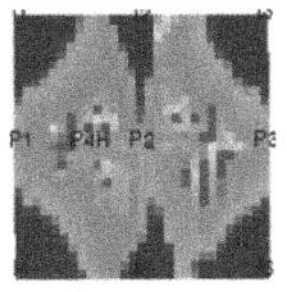
坝主体-坝缘	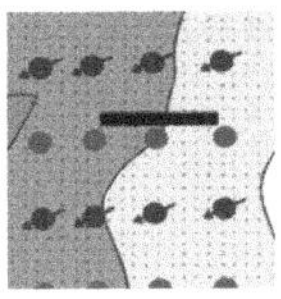	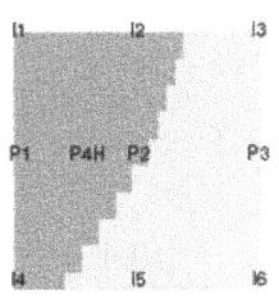	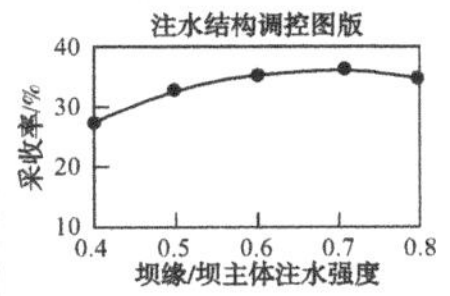	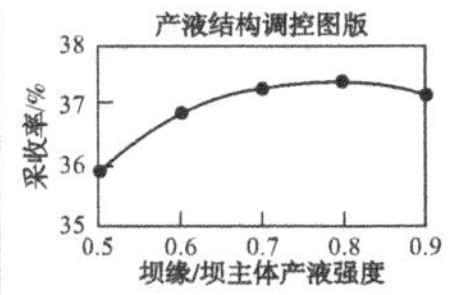	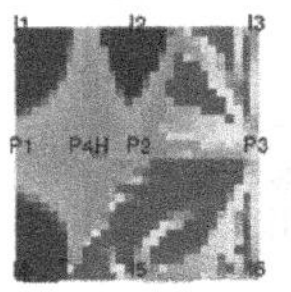	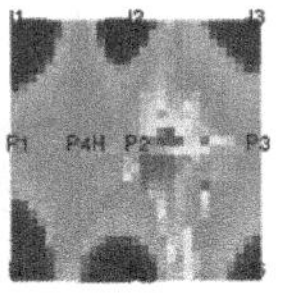

河道-坝主体模式：当联合井网水平段位于河道和坝主体上，其调控策略为"坝主体增注提液"，根据注采强度与采收率关系曲线可以看出，当坝主体与河道注入强度级差为 1.4 时，坝主体与河道产液强度级差为 1.2 时，采收率最大，模型中剩余油能够得到有效波及。

坝主体-河道-坝主体模式：当联合井网水平段位于坝主体、河道和坝主体上，其调控策略为"坝主体增注提液"，根据注采强度与采收率关系曲线可以看出，当坝主体与河道注入强度级差为 1.2 时，坝主体与河道产液强度级差为 1.1 时，采收率最大，模型中剩余油能够得到有效波及。

坝主体-坝缘模式：当联合井网水平段位于坝主体和坝缘上，其调控策略为"坝缘增注提液"，根据注采强度与采收率关系曲线可以看出，当坝缘与坝主体注入强度级差为 0.7 时，坝缘与坝主体产液强度级差为 0.8 时，采收率最大，模型中剩余油能够得到有效波及。

4　应用效果

水平井 K19H1 井是 2020 年新部署的调整井，属于河道-坝主体接触模式，水平井段动用不均，水淹资料显示水平段跟部河道处为主要动用区域(图 5、图 6)，驱油效率达到 50%以上，投产初期动用程度仅为 36%，日产油 20 方，根据注采调控图版，进行注采调控，提高坝主体注水井 J15 注水量，降低河道注水井 A5 井注水量，调控后 K19H1 井含水下降，产油上升，水平段动用程度达到 75%(图 7)，实现了均衡动用，日产油增加到 60 方(图 8)。

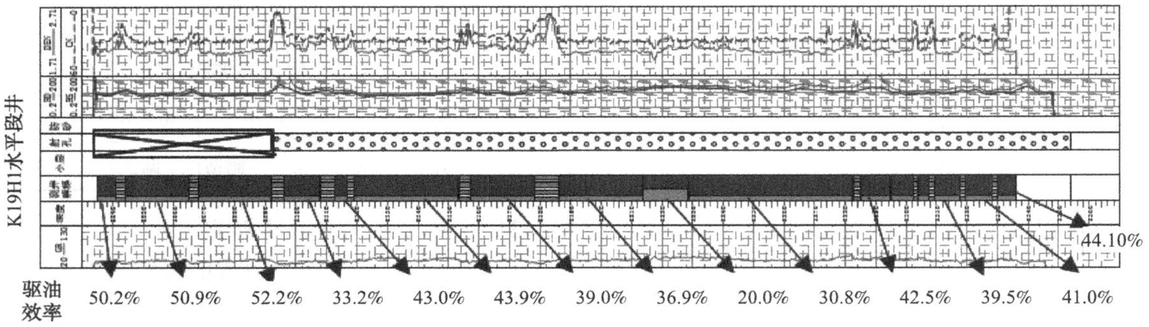

图 5　K19H1 井水淹剖面

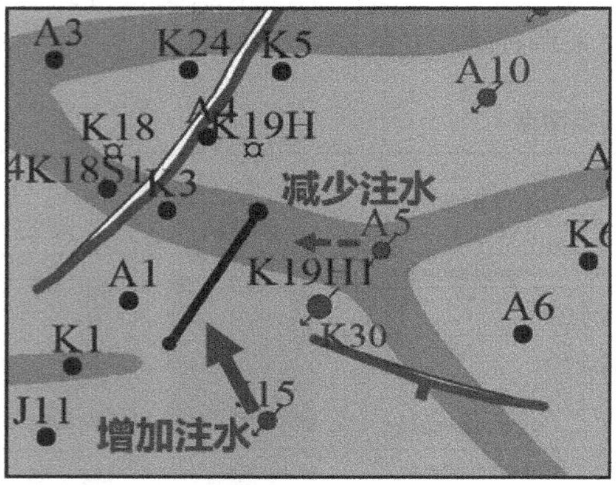

图 6　K19H1 井沉积相图

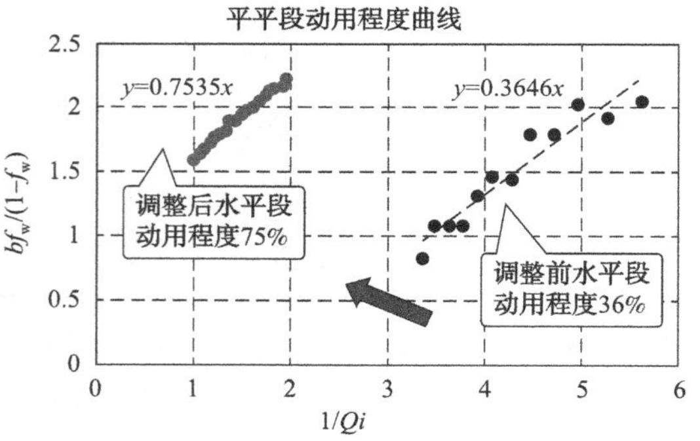

图 7　K19H1 井调控前后水平段动用程度曲线

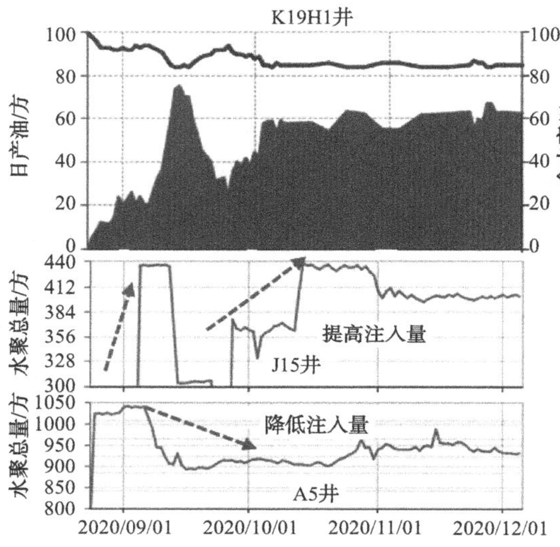

图 8　K19H1 井动态曲线

2020 年，绥中 36-1 油田联合井网主要井区 E 区块通过优化注水，自然递减率得到有效遏制，由 2019 年的 10.4% 降低为 2020 年的 -1.0%，在未打调整井情况下，日产油由 1004 方增加到 1039 方，产量实现负递减。

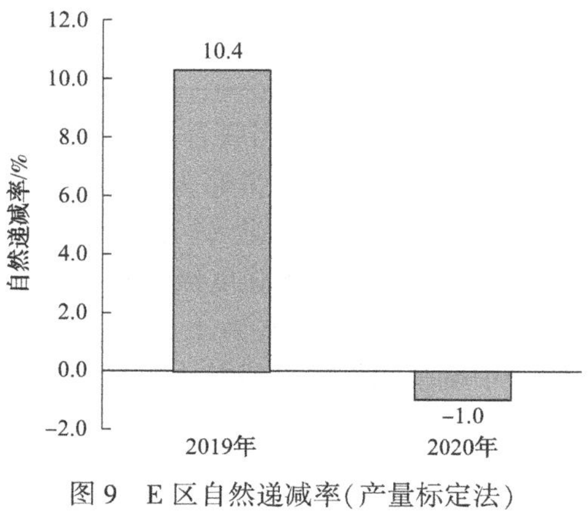

图 9　E 区自然递减率(产量标定法)

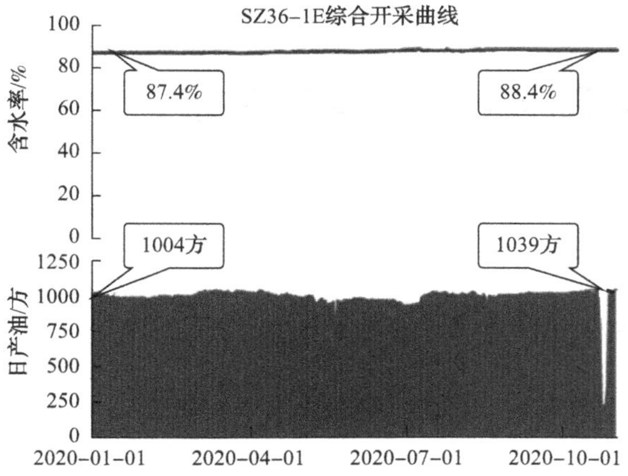

图 10　E 区生产曲线

5　结论

（1）通过开展水平井井段沉积微相组合模式研究，建立了河道砂、坝主体、坝缘等不同沉积微相的五种组合关系，据此分析了含水上升机理，建立了水平井含水上升规律图版。

（2）运用两相渗流理论及动态数据，推导了水平井动用程度计算公式，同时利用数值模拟方法，形成了联合井网开发区精细分层位、分砂体注水技术，建立了注采调整界限和调控图版。

参考文献

[1] 武兵厂，姚军，吕爱民．水平井与垂直井联合井网波及系数研究[J]．石油学报，2006，27(4)：85-88.

[2] 武兵厂，姚军，张继宏，等．水平井与直井联合井网见水时间的确定方法[J]．石油学报，2005，26(4)：111-114.

[3] 陈民锋，尹承哲，王振鹏，等．直井-水平井组合井网平面井间动用规律[J]．深圳大学学报(理工版)，2018，35(4).

[4] 张英志．萨北开发区特高含水期层系井网演化趋势研究[J]．大庆石油地质与开发，2006，25(b08)：4-7.

[5] 张鹏刚，王小梅，邹胜林，等．姬塬油田池 46 井区长 8 油藏高效开发数值模拟跟踪及精细注采调控技术研究[C]//宁夏青年科学家论坛石化专题论坛．2014.

[6] 林冬萍．精细注采调控改善油田开发效果[J]．化工管理，2014(29)：213-213.

[7] 曹月，李秀生，谭桂花，等．水平井和直井联合开发理论研究[J]．内蒙古石油化工，2009(9)：95-98.

[8] 王忠凯，于永波，张传绪．低丰度葡萄花储层直井—水平井联合开发实践与认识[C]//采油工程文集．2016.

[9] 郭军涛．肇州油田直井—水平井联合开发区块合理注水强度[J]．大庆石油地质与开发，2015，34(4)：92-96.

[10] 赵井丰，于广文．利用直井-水平井联合开发薄差储层[J]．大庆石油地质与开发，2014，33(2)：62-65.

[11] 齐春艳，王贺军．喇萨杏油田层系井网现状及调整对策[J]．大庆石油地质与开发，2010，29(1)：43-46.

[12] 闫丽萍．大庆油田北二东区块层系重组调整方法[J]．大庆石油地质与开发，2013，32(1)：101-104.

[13] 王伟．喇嘛甸油田水驱二次开发方法[J]．大庆石油地质与开发，2015，34(2)：69-73.

[14] 韩大框．关于高含水油田二次开发理念对策和技术路线的探讨[J]．石油勘探与开发，2010，37(5)：583-591.

一种提高渤海低渗油田采收率新技术
——以渤海 A 油田 B13 井区为例

别梦君　张俊廷　郑　彬　张国浩　孔超杰

[中海石油(中国)有限公司天津分公司]

摘　要　衰竭开发或注采连通关系差的低渗油田主要受物性差、地层能量不足等因素影响，单井产能低，而常规压裂增产效果差。为此，本文以渤海 A 油田某衰竭开发井区为研究对象，首次开展压驱技术研究。通过类比法和油藏数值模拟法，对压驱增产机理及关键技术参数进行分析研究。研究结果表明，压驱技术能实现补充地层能量和储层改造的双重目的，进而扩大波及体积、减小渗流阻力，提高单井产能，增加井控储量采收率；与单一压裂方案对比，压驱技术增油效果好于单一压裂，强化压裂作用效果明显。实践表明，压驱技术增油效果明显，对渤海相似油田具有一定的指导和借鉴意义，后续可进一步推广应用。

关键词　渤海油田；低渗油田；储层改造技术；压驱技术；方案设计

渤海主力油田目前已进入高含水阶段，上产 4000 万吨及稳产阶段亟需储量接替，但优质探明石油地质储量愈来愈难发现，目前大部分是难动用储量，其中低渗探明石油地质储量超 1 亿吨，动用程度低。因此，有必要开发低渗探明石油未动用储量。

针对低渗油田，压裂增产是其开发重要的技术手段。对于注采连通关系好的油田，增油效果较好。但对于衰竭开发或注采连通关系差的油田，常规压裂地层能量补充效率低，水驱波及程度低，难以建立有效驱替系统，导致增油效果较差。针对上述问题，通过广泛调研，研究人员提出以大规模压裂为基础的压驱技术，达到补充地层能量和储层改造的双重目的，实现自注自采。矿场试验表明采用该技术开采中低渗透储层中的剩余油，效果明显优于常规压裂技术。本文以渤海 A 油田衰竭开发的 B13 井区为研究目标，首次尝试压驱技术，系统地从压驱压裂增产机理、选井选层、压驱压裂方案设计等方面开展研究，为渤海油田首口压驱井方案研究提供了依据。实践表明，压驱技术增产效果显著，为渤海油田相似低渗油田开发提供宝贵的经验，后续将进一步推广该技术。

1　研究区概况

A 油田 B13 井区为独立断块(图 1)，储层为辫状河三角洲沉积，含油层位为东三段 I 油组，原始地层压力 25.536MPa，地层压力系数 1.022，平均渗透率仅 22.8mD，地层原油黏度 0.5mPa·s。目前仅有一口生产井 B13 井，于 2022 年 1 月投产，射开油层厚度 29.7m，衰竭开发，初期日产油 15.0m^3，不含水。2023 年 11 月关停时日产液仅 4.8m^3，日产油 4.7m^3，含水 1.4%，采出程度仅为 0.6%，生产压差 11.080MPa，生产压差较大，地层压力下降 2.380MPa，地层压力系数 0.887，存在产能低，地层能量不足的问题，且剩余可采储量较大。考虑到井区物性差，亟需开展储层改造以改善开发效果。

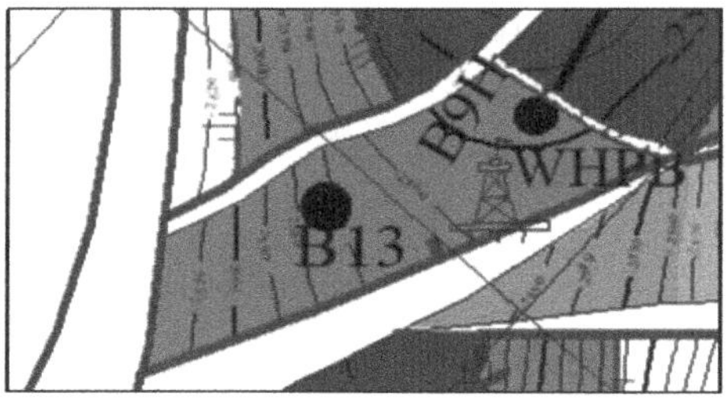

图 1　B13 井区含油面积图

2　压驱增产机理

压驱技术，通过“驱油+压裂”相结合的手段，在压裂施工之前以超破裂压力在短时间内从待压裂井注入大量的驱油液并焖井一段时间，补充地层能量、提高孔隙压力、沟通微裂缝、渗析驱替剩余油，起到强化压裂效果的作用，适用注采不完善、注采受效差及欠压储层。

压驱工艺技术提高采收率的增产机理包括：(1)大幅增加波及体积；(2)储层平均孔喉尺寸变大；(3)润湿性发生改变、渗析置换。

3　选井选层原则

根据《海上油气田压裂选井选层技术指导意见书》(试用版)、《油、气、水井压裂设计与施工及效果评估方法》SY/T 5289—2008等标准的要求，确定：

压驱选井原则为：(1)独立断块，衰竭生产井；(2)连通复杂，注水不受效井；(3)孤立砂体、断层夹持井。

压裂选层原则为：(1)层位能够形成注采井网；(2)压裂层位含水率不超过85%；(3)近期已压裂的层位暂不考虑重复压裂；(4)与水层或强水淹层垂向距离大于10m。

A油田B13井位于独立断块，衰竭开发，符合压驱选井要求。B13井目的层为东三段Ⅰ油组1、2、3小层，划分3个防砂段，按照选层原则，并充分考虑主力层位、压裂后见水风险及经济性等因素，确定B13井主要改造主力层位为第二、三防砂段，进行分段压裂，整个压裂段跨度为66.2m(图2)。

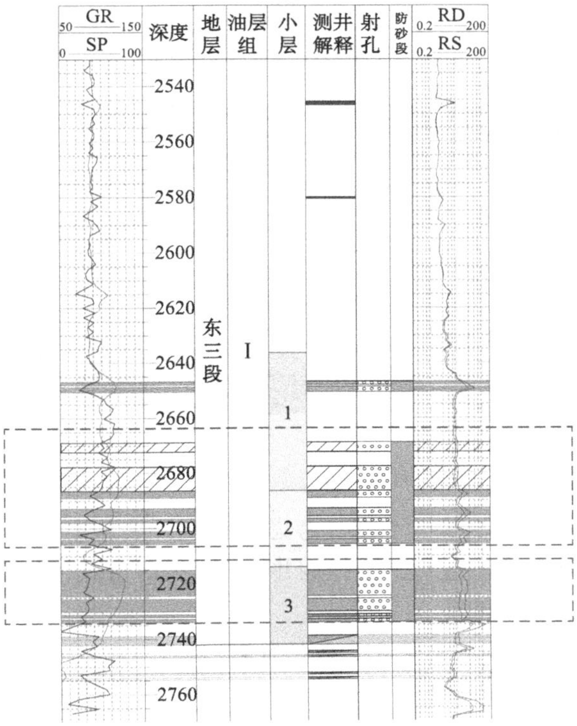

图2　B13井柱剖面图(二、三防砂段为压裂层段)

4　压驱压裂方案设计

通过类比法、数模法开展压驱压裂方案设计，主要包括压驱后裂缝延伸方向、裂缝半长、导流能力、压驱液注入量和焖井时间等参数设计。

4.1　油藏模型

本文以A油田B13井区为研究对象，通过油藏数值模型法对压驱增产机理及关键技术参数进行优化研究。数值模型中所使用的油藏参数见表1。

表1　油藏模型基础参数

参　数	数　值
模型尺寸/m	600m×600m×30m
深度/m	2100
油藏初始压力/MPa	19.5
油藏温度/℃	80
孔隙度，小数	0.2
渗透率/mD	20
厚度/m	30

4.2　地应力与裂缝方向

A油田未进行地应力相关实验，地应力分析通过调研和渤海油田开发实践获得。类比渤海油田最大水平主应力方位主要为北偏东75°～90°，平行于断层，压裂产生的裂缝主要延此方向延伸。

4.3　压裂井与断层距离

B13井在目的层位距离风险断层均大于100m。

4.4　压裂井裂缝参数优化

利用油藏数值模拟软件对裂缝的半长、导流能力进行了优化，设计裂缝半长为50.0～130.0m，导流能力为30.0～70.0D·cm。从图3可以看出，随着裂缝半长增加，导流能力增强，增油量越好，但增幅逐渐减小，选取增油量的拐点作为裂缝推荐方案的参数，最终推荐第三防砂段、第二防砂段裂缝半长均为110.0m，导流能力均为50.0D·cm。

4.5　压驱液注入量优化

(1)类比国内油田

借鉴国内压驱工艺成熟的大庆油田的计算方法，按0.2～0.3PV计算压驱注入量为0.94×10^4～$5.62\times10^4m^3$。

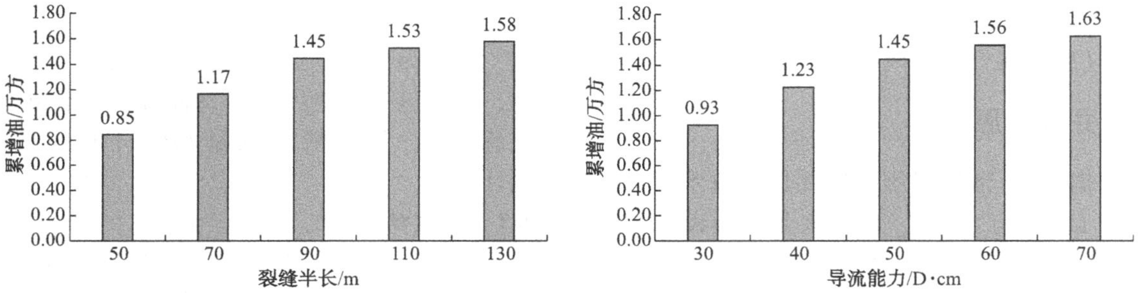

图 3　B13 井裂缝半长及导流能力与累增油关系(第三防砂段)

(2) 按注采比测算

参考目前 B3 井生产情况，预计实施压驱时累产液为 0.65×10⁴~1.10×10⁴m³。考虑地层亏空，建议注入 1.00×10⁴~1.40×10⁴m³。

(3) 数模法

利用油藏数值模拟软件模拟在不同注入量下(表 2)地层压力及累产油变化情况。如图 4 和图 5 所示，方案一中，地层未注入压驱液，地层压力明显不足，增油量较低，说明单一压裂因无法有效补充地层能量，储层改造后生产效果不理想。方案二至六中，随着注入量的增加，注入量越大，效果越好，但是累增油增幅逐渐变小，到注入量 0.9×10⁴m³ 以上增长明显变缓，主要原因是压驱液增加，地层能量得到补充，可保证油井大压差生产；当压驱液注入量达到一定值后，驱替液扩大波及体积能力将达到极限，所以累增油增幅变小。因此，压驱液注入量能够满足地层能量需求即可，无需注入大量的驱替介质。

综合考虑以上 3 种方法，根据地层压力恢复水平、累积产油量及等影响因素，推荐 B13 井注入量 1.00×10⁴~1.40×10⁴m³。

表 2　不同方案压驱液注入量

方案	方案一	方案二	方案三	方案四	方案五	方案六
注入量/m³	0	3000	5000	7000	9000	11000

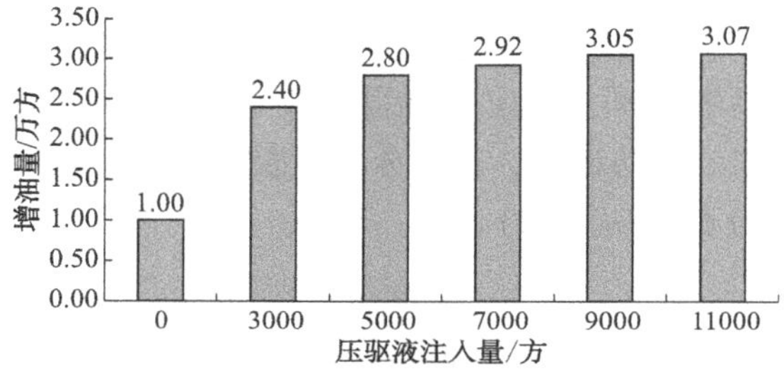

图 4　压驱液注入量与累增油关系

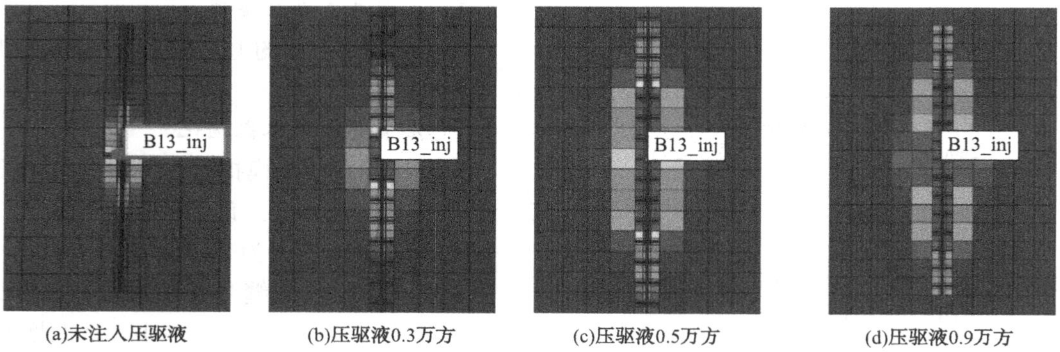

图 5　不同压驱液注入量下压力场分布图

4.6　焖井时间优化

利用油藏数值模拟在不同焖井时间下累增油变化情况，设计 5、7、9、11 和 13 天的不同焖井时间，如图 6 所示：随着焖井时间延长，增油量越多，但焖井 9 天后，各方案累增油差别不大，主要原因是压驱液在地层中渗析趋于平衡，波及体积基本不变，考虑到首次开展压驱试验，焖井不宜过短，选择焖井 9~13 天即可获得较高的累产油。

4.7　压驱压裂方案指标预测

根据压驱压裂方案设计，利用类比法和数模法分别开展初期产能和指标预测，预测压驱后产

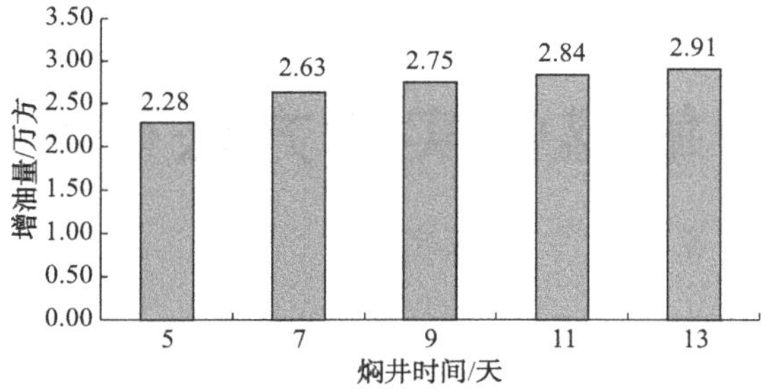

图 6　焖井时间与累增油关系

能为 24~28m³/d，为初期产能 2.0~2.3 倍，最终预测累增油为 $2.57\times10^4m^3$，预计提高井控储量采收率 4.4%。

5　应用效果

B13 井压驱技术已实施完毕，施工各项参数整体与设计相符，压驱液注入 $1.39\times10^4m^3$，第一压裂段(第三防砂段)模拟实际支撑半缝长 115.7m，导流能力 833mD·m，第二压裂段(第二防砂段)模拟实际支撑半缝长 103.6m，导流能力 452mD·m。焖井时间 13 天后，压力恢复 2.75MPa，压力系数为 1.041，达到压驱补能效果。生产稳定后，日产液 57m³，日产油 40m³，含水 29.8%(图 7)，增油效果明显，是初期产能的 3~4 倍，产能达到预期，后续将继续紧密跟踪压驱后生产动态规律。

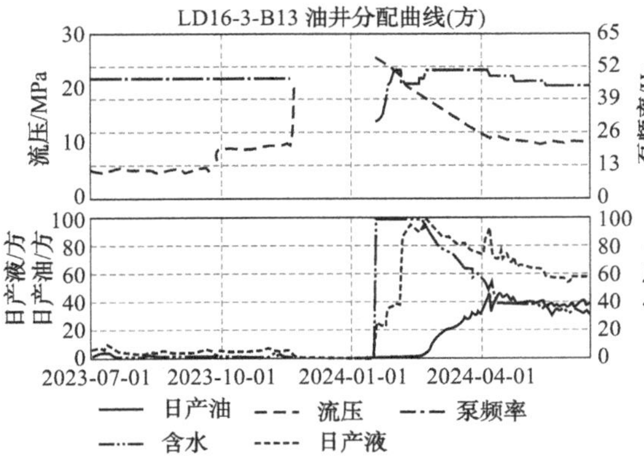

图 7　B13 井生产曲线图

6　结论与认识

(1) 通过油藏数值模拟研究表明，压驱技术达到补充地层能量和储层改造的双重目的，效果好于单一压裂技术。

(2) 实践表明，压驱技术增油效果明显，对渤海相似油田具有一定的指导和借鉴意义，后续可进一步推广应用。

参　考　文　献

[1] 范白涛，陈峥嵘，姜浒，等. 中国海油非常规和海上低渗储层压裂技术现状与展望[J]. 中国海上油气，2021，33(4)：112-119.

[2] 袁士义，王强. 中国油田开发主体技术新进展与展望[J]. 石油勘探与开发，2018，45(4)：657-668.

[3] 赵春艳，赵廷峰. 低渗透油藏整体压裂井裂缝参数优化研究[J]. 油气藏评价与开发，2017，7(5)：50-53.

[4] 何金钢，王洪卫. 三类油层压裂驱油技术设计及效果研究[J]. 西南石油大学学报(自然科学版)，2018，40(5)：95-104.

[5] 马玉娟. 大庆长垣油田三类油层压裂驱油提高采收率技术及其应用[J]. 大庆石油地质与开发，2021，40(2)：103-109.

[6] 赵春艳，赵廷峰. 低渗透油藏整体压裂井裂缝参数优化研究[J]. 油气藏评价与开发，2017，7(5)：50-53.

[7] 徐冰. 中低渗储层压裂渗滤强化采油机理及数学模型研究[D]. 大庆：东北石油大学，2019：1-14.

[8] 刘义坤，王凤娇，汪玉梅，等. 中低渗透储集层压驱提高采收率机理[J]. 石油勘探与开发，2022，49(4)：753-758.

[9] 张翼飞，杨勇，孙志刚，等. 低渗透油藏压驱物理模拟与裂缝定量表征[J]. 油气地质与采收率，2022，29(4)：144-148.

[10] 樊超，李三山，李璐，等. 低渗透油藏压驱注水开发技术研究[J]. 石油化工与应用，2022，41(1)：38-39.

南海西部高温高压气藏应力敏感性实验方法研究

王誉钧[1,2]　郭敏灵[1,2]　牟智鹏[1,2]　蔡粤峰[1,2]　唐荣宇[1,2]

(1. 中海油能源发展股份有限公司工程技术分公司中海油实验中心湛江实验中心；
2. 广东省南海复杂油气藏勘探开发重点实验室)

摘　要　目前行业标准的应力敏感性实验方法不适用于高温高压气藏，针对南海西部气藏应力敏感性认识与实验数据不相符的情况，开展高温高压气藏应力敏感性实验方法研究。通过对南海西部某气田的岩心样品开展高温高压无束缚水影响应力敏感性实验方法和高温高压考虑束缚水影响应力敏感性实验方法的对比，找出更适用于南海西部高温高压气藏的实验方法。为南海西部高温高压气藏开发提供更可靠的数据。

关键词　高温高压应力敏感性；实验方法

1　引言

随着南海西部油气田勘探开发的深入，近年来新增探明储量和未动用的储量中，高温高压油气田储量的比例越来越大。高温高压气田其勘探开发必然作为该区域未来发展的重点对象。而行业标准中常温常压与高温高压应力敏感性实验数据相比存在着较大差异，而业界普遍认为室内试验，模拟地层实际条件的高温高压应力敏感性实验数据更接近真实值。

业内常用的高温高压应力敏感性实验采用变内压方式，相比变围压方式更加符合实验地层情况，在变内压方式的高温高压应力敏感性评价实验包含两种实验方案：一种无束缚水影响的应力敏感性实验方法，一种考虑束缚水影响的应力敏感性实验方法。评价哪一种实验方法可以提供更可靠的实验数据，对气田的合理开发提供数据支撑。

2　目标气藏地质情况

南海西部某气田群位于珠江口盆地西部珠三拗陷，水深 117 ~ 150m。A 区、B 区相距约 18.5km，复杂化的断鼻背斜、断块构造、完整背斜构造、断背斜和断鼻构造。以细砂岩、中砂岩为主，还局部发育粉砂、含砾中粗砂。以长石石英砂岩、长石岩屑质石英砂岩以及石英砂岩为主，分选以差 - 中等为主。孔隙度在 8.5% ~ 16.8%之间，渗透率以 0.1 ~ 113mD 为主。气藏类型以构造为主，弹性驱动和弱边水驱动气藏。

针对该气田缺乏地层条件下的应力敏感性评价，而常温常压下的应力敏感性评价数据代表性不强，应力敏感性评价对气藏的开发与产能预测都有重要作用，为了更精准的对该气田进行产能预测与规划，开展该气田地层条件下的应力敏感性评价。

3　实验方法

3.1　实验设备

高温高压应力敏感性实验采用自主研制的多功能驱替系统，该系统由驱替系统、模型系统、采出计量系统、数据采集及自动控制系统、数据处理系统组成。工作温压条件达到：200℃，100MPa。

3.2　实验步骤

1）高温高压无束缚水影响应力敏感性实验方法

连接实验装置→建立地层温压条件→测原始地层压力下的气相渗透率→测试净应力增加阶段各净应力点下的气相渗透率→测试净应力降低阶段各净应力点下的气相渗透率→实验数据处理。

2）高温高压考虑束缚水影响应力敏感性实验方法

连接实验装置→建立饱和水→建立地层温压条件→采用气驱方式建立束缚水饱和度→测原始地层压力下的气相渗透率→测试净应力增加阶段各净应力点下的气相渗透率→测试净应力降低阶段各净应力点下的气相渗透率→实验数据处理。

3.3　实验样品情况

此次实验岩心 3 块，分别为压 3、压 5、压 7，具体见表 1 所示，A - 1 井压 3 岩心渗透率

10.8mD，A-2 井压 5 岩心渗透率 1.35mD，B-1 井岩心渗透率 0.92mD。

表 1　气田岩石物性参数

井号	样品编号	深度/m	上覆岩石地层压力/MPa	地层温度/℃	渗透率/mD	孔隙度/%
A-1	压 3	3683.03	78.099	181.386	10.8	12.8
A-2	压 5	3338.68	71.524	183.491	1.35	9.7
B-1	压 7	3658.81	78.605	185.797	0.92	11.0

4　实验结果

4.1　压 5 岩心高温高压应力敏感实验

压 5 岩心采用实验方案 1：建立束缚水测试高温高压应力敏的方法进行了测试。通过气驱水建立束缚水饱和度表 2。

表 2　岩心含水饱和度

饱和水体积/mL	岩心出水体积/mL	岩心剩余含水体积/mL	岩心含水饱和度/%
2.58	1.43	1.15	44.49

在气驱水建立束缚水饱和度过程中，测量气相渗透率与驱替倍数的变化关系，其结果如图 1。

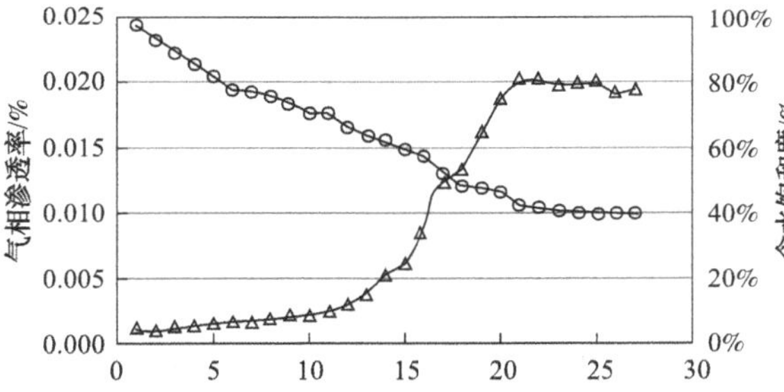

图 1　气相渗透率随着含水饱和度的变化曲线

由图 1 表可以看出，随着气驱的进行，岩心含水饱和度直至稳定，气相渗透率变化也趋于稳定，说明在地层条件下已建立了束缚水饱和度，建立好束缚水饱和度后，进行应力敏感性评价。

实验所测得数据采用行业标准 SY/T 5358—2010 中的气体在岩样中流动的达西定律计算岩样的渗透率公式(1)，如下所示；实验测得应力敏感性曲线如图 2 所示。

$$K_g = \frac{2P_0 \cdot Q_0 \cdot \mu \cdot L}{(p_1^2 - p_2^2)A} \times 10^2 \tag{1}$$

根据高压、低压普遍适用的渗透率计算公式(2)(拟压力形式)进行修正后的曲线结果如图 3 所示。

$$k = \frac{Q_{标准} p_{标准} TL}{AT_{标准}\int_{p2}^{p1} \frac{p}{\mu Z} \mathrm{d}p} \times 100 \tag{2}$$

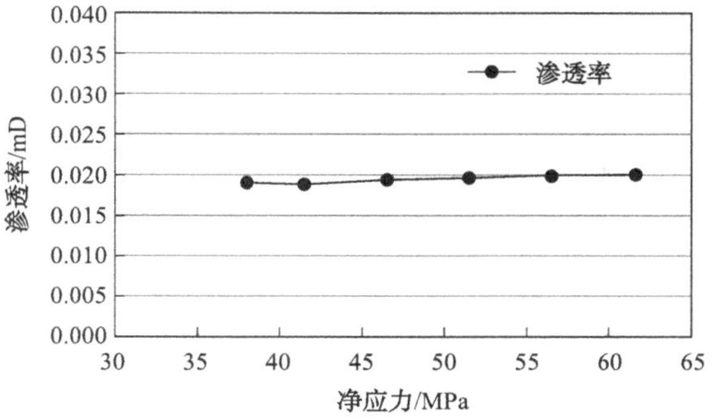

图 2　压 5 岩心应力敏感曲线

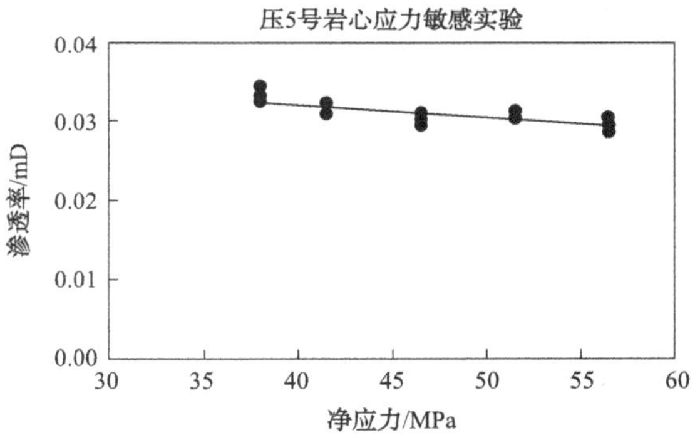

图 3　压 5 拟压力曲线

初始渗透率 0.03mD，渗透率下降 12%。而地层条件下测得渗透率 0.01914mD，是常规气测渗透率 1.35MD 的 1.418%，降低程度较多，说明地层水对气测渗透率的影响较大，低于渗透率下限 0.1mD。

4.2　压 7 岩心高温高压应力敏感实验

压 7 岩心采用实验方案 2：直接气相测高温高压应力敏(无束缚水)的方法进行了测试。

实验所得数据采用行业标准 SY/T 5358—2010 中的气体在岩样中流动的达西定律计算岩样的渗透率公式(1)测得应力敏感性曲线如下图 4 所示。

根据高压、低压普遍适用的渗透率计算公式

(2)(拟压力形式)进行修正后的曲线结果如图5。

初始渗透率0.04mD，渗透率下降70%。存在的问题是由于实验中入口传感器管线死角中的积水进入了岩心(实验结束称重岩心发现)，该数据表明岩心的含水饱和度对应力敏感性的影响不可忽略。

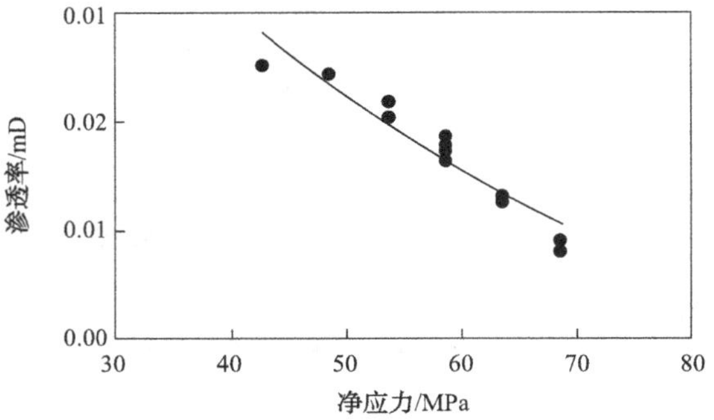

图4　压7岩心应力敏感曲线

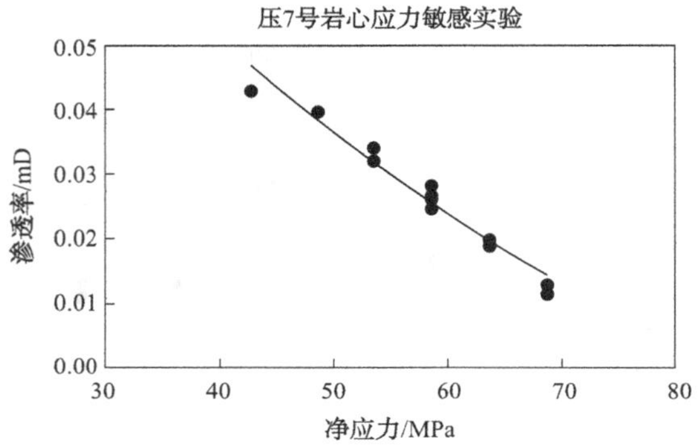

图5　压7拟压力曲线

4.3　压3岩心高温高压应力敏感实验

压3岩心采用实验方案2：直接气相测高温高压应力敏(无束缚水)的方法进行了测试。实验数据采用行业标准SY/T 5358—2010中的气体在岩样中流动的达西定律计算岩样的渗透率公式(1)测得应力敏感性曲线如图6所示。

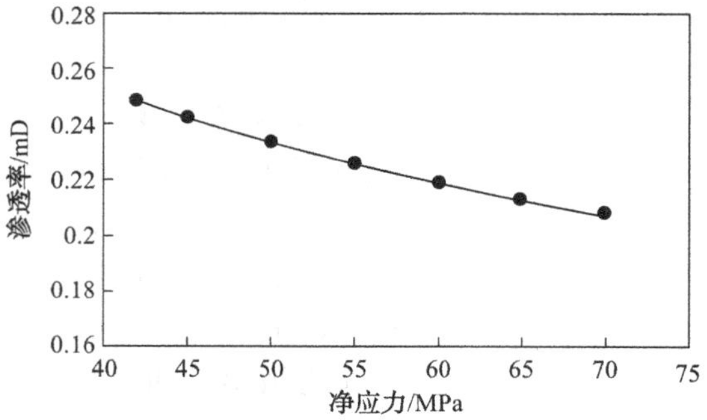

图6　压3岩心应力敏感曲线

根据高压、低压普遍适用的渗透率计算公式(2)(拟压力形式)进行修正后的曲线结果如图7。

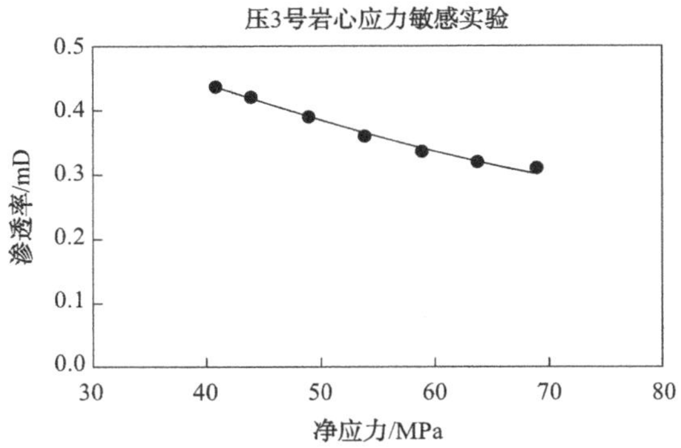

图7　压3拟压力曲线

初始渗透率0.4mD，渗透率下降29%，此次应力敏感性曲线下降较为平缓，较为符合应力敏感性的曲线趋势。

5　结论和认识

通过前面三块岩心测试气相渗透率的实验数据与结果，可以得出如下结论：

(1)压5岩心通过在地层条件下建立束缚水，然后再用加湿的高压气体驱替实验，整个应力敏曲线比较平缓，说明净应力增加对岩石的应力敏感影响较小，但是结果证明地层水对气测渗透率的影响较大；

(2)压7岩心采用高压干燥气体驱替岩心，整个应力敏曲线降低比较陡峭，由于入口传感器管线中存在少量水分进入岩心，影响到实验结果，反映了地层水对气测渗透率的影响较大；

(3)压3岩心高压干燥气体驱替岩心，整个应力敏曲线降低较为平缓，符合应力敏感性的曲线趋势，证明了上覆岩石与地层孔隙流体之间出现的压差，引起岩石压缩变形和孔隙结构变化，对岩石渗流能力变化影响情况。

根据以上分析结果，高温高压气藏含束缚水应力敏感实验更真实的模拟地层情况，整个实验过程中含水饱和度会发生的变化，与实际地层情况一致。

参　考　文　献

[1] 汪来潮，杨朝强，彭小东，等．高温高压条件下应力敏感实验评价方法的改进[J]．天然气勘探与开发，2022(04)：65-69.

[2] 鲁瑞彬，胡琳，王雯娟，等．高温高压气藏应力敏

感表征及矿场应用[J]. 特种油气藏，2020(01)：108-113.
[3] 曾波，刘婷，李绍鹏，等. 考虑应力敏感低渗气藏产能实验研究及应用[J]. 西安文理学院学报(自然科学版)，2023(03)：100-105.
[4] 董平川，江同文，唐明龙. 异常高压气藏应力敏感性研究[J]. 岩石力学与工程学报. 2008(10).
[5] 何元元，谭蓓，梁骁，等. 塔里木盆地大北气田储层原位应力敏感实验研究[C]. 西安石油大学，2023 油气田勘探与开发国际会议.
[6] 国家能源局. 储层敏感性流动实验评价方法：SY/T 5358—2012[S]. 北京：石油工业出版社. 2012.

非平稳相似性构造导向滤波在断层精细刻画中的应用

刘学通 周学锋 李文滨 刘豪杰

[中海石油(中国)有限公司天津分公司]

摘 要 断层精细识别是油田勘探开发的重要内容，在油田开发阶段，开展精细断层刻画以及平面组合直接影响着后续开发井的部署和实施。受地震资料采集以及前期处理等多种因素的影响，地震资料中的噪音信息制约了断层的精细识别，为满足开发阶段断层精细刻画的要求，需要进行噪音衰减处理。基于非平稳相似系数的构造导向滤波方法首先计算局部倾角，并利用相邻道构建当前道的预测道，基于预测道的叠加获取参考道，计算参考道与预测道之间的非平稳相似性系数后进行加权中值滤波。将该方法应用到渤海K油田，对比分析滤波前后地震剖面、方差剖面以及平面方差切片，结果表明本文方法在改善资料信噪比的同时，增强了断层反射信息，断点更加清楚、断层成像更为清晰，能够更好的指导断层解释。

关键词 断层刻画；非平稳相似系数；平面波分解滤波器；中值滤波；构造导向

复杂油气藏勘探开发过程中，断层精细刻画对于后续开发井井位部署意义重大。但是，复杂油气藏区应力特征复杂、构造破碎、地层产状多变，地震成像不清晰，难以实现断层的精细解释。针对地震资料品质差的问题，研究人员提出了多种噪音压制方法，提升资料信噪比，凸显断层细节信息。

上世纪90年代后，构造导向滤波技术在资料处理领域得到了广泛的应用，Weickert提出了各向异性扩散方法，此后被人们应用到地震资料处理中，陈风、王绪松将该技术应用到断层一致性增强处理中，效果显著。Fehmers则利用地层张量等方法计算地层倾角信息。Hober应用中值滤波、自适应高斯滤波等非线性滤波方法改善资料品质。刘财将中值滤波等应用到随机噪音消除中。Liu Y提出了自适应中值滤波方法，并进行了模性和实际资料测试，断层信息保护效果显著。Fomel提出了基于PWD的局部倾角构造预测方法，在获局部斜率的同时递归预测当前地震道。Hale则将基于构造导向的双边滤波方法应用到断层成像改善中。

基于前人认识，将基于非平稳相似性系数的构造导向滤波技术应用到断层检测中。该技术流程在渤海K油田进行应用，结果表明，滤波后的地震数据具备较高信噪比和断层识别能力，可较好判断出断层间相互搭接关系，能够有效指导后续油气藏区域的断层解释工作，为后续开发井部署提供有力的支撑。

1 方法原理

1.1 PWD

构造导向滤波前，需要提取构造信息，下文选择Fomel(2010)年提出的基于地震局部倾角的构造预测方法，通过构建PWD(Plane-wave-destruction，平面波分解滤波器)算子计算局部斜率。局部平面波微分方程见下式(1)：

$$\frac{\partial P(t,x)}{\partial x}+\sigma\frac{\partial P(t,x)}{\partial t}=0 \tag{1}$$

其中，$P(t, x)$表示局部平面波场，σ表示局部斜率，x_1处观测的波长可以由x_2处观测波场预测得到，其延迟时间为$\sigma\Delta x$，其中$\Delta x=|x_1-x_2|$，平面波时延应满足：

$$P(t,x)=P(t+\sigma\Delta x, x+\Delta x) \tag{2}$$

对上式进行Z变换得到：

$$(1-Z_t^{\sigma}Z_x)P(Z_t, Z_x)=0 \tag{3}$$

其中$P(t, x)$的Z变换为$P(Z_t, Z_x)$，平面波分解算子为$(1-Z_t^{\sigma}Z_x)$，构建全通滤波器$B(Z_t)/B(1/Z_t)$代替Z_t^{σ}，平面波分解算子描述为：

$$C(Z_t^{\sigma}, Z_x)=B(1/Z_t)-Z_xB(Z_t) \tag{4}$$

上式中$B(Z_t)=\sum_{k=-N}^{N}b_k(\sigma)Z_t^{-k}$，$b_k(\sigma)$为局部斜率函数，N为滤波器阶数，将(4)代入

(3)中可以得到PWD计算地层局部斜率的方程：

$$C(Z_t^{\sigma}, Z_x)P(Z_t, Z_x)\approx 0 \quad (5)$$

将上式中的 $P(Z_t, Z_x)$、$C(Z_t^{\sigma}, Z_x)$ 分别简化为 d、$C(\sigma)$：

$$C(\sigma)d\approx 0 \quad (6)$$

上述方程可以看作是求解非线性问题，为此将其表示为线性方程：

$$C'(\sigma)\Delta\sigma d+C(\sigma)d\approx 0 \quad (7)$$

其中 $C'(\sigma)$ 表示 $C(\sigma)$ 的导数，$\Delta\sigma$ 表示斜率增量，采用高斯-牛顿等方法迭代求解释时初始 σ 不断更新直至接近真实值。当地震资料品质较差时，上述方程求解时存在不确定性，为此Fomel引入了正则化项：

$$\varepsilon D\Delta\sigma\approx 0 \quad (8)$$

其中，ε、D 分别表示正则化扰动因子以及梯度算子，基于该方程得到的局部斜率更加光滑稳定。

基于PWD算法，可以从相邻地震道递归预测当前地震道，不同预测步长条件下的预测数据可形成一个数据体，可以认为预测步长是原始地震数据拓展的新维度，预测数据体是后续构造导向滤波的重要输入。

1.2 非平稳相似性

用一个参数来描述两个信号之间的相关性有一定的局限性，采用局部地震属性的原则可将相似系数改为随时间变化的函数，从而描述两个信号相似度的局部变化。以 $a(t)$、$b(t)$ 两个信号为例，二者相关系数可以描述为：

$$\gamma=\int a(t)b(t)dt/\sqrt{\int a^2(t)dt\int b^2(t)dt} \quad (9)$$

根据线性代数理论，上式(9)可以看做是两个最小二乘反演问题解的乘积：

$$\gamma^2=\gamma_1\gamma_2 \quad (10)$$

$$\gamma_1=\arg\min_{\gamma_1}\|b-\gamma_1 a\|^2=(a^Ta)^{-1}(a^Tb) \quad (11)$$

$$\gamma_2=\arg\min_{\gamma_2}\|a-\gamma_2 b\|^2=(b^Tb)^{-1}(b^Ta) \quad (12)$$

上式中，a、b 是信号 $a(t)$、$b(t)$ 的向量形式，a^Tb 表示的是向量 a、b 的内积，A、B 为 a、b 数据元素组成的对角矩阵，则上式可以修改为：

$$\gamma_1=(A^TA)^{-1}A^Tb \quad (13)$$

$$\gamma_2=(B^TB)^{-1}B^Ta \quad (14)$$

应用反问题正则化方法，上式可以表示为：

$$\gamma_1=(A^TA+\varepsilon^2 D^TD)^{-1}A^Tb \quad (15)$$

$$\gamma_2=(B^TB+\varepsilon^2 D^TD)^{-1}B^Ta \quad (16)$$

其中，ε、D 分别表示信噪比相关参数以及正则化算子，定义整形正则化算子 $S=(I+\varepsilon^2D^TD)^{-1}$：

$$\gamma_1=[\lambda^2I+S(A^TA-\lambda^2I)]^{-1}SA^Tb \quad (17)$$

$$\gamma_2=[\lambda^2I+S(B^TB-\lambda^2I)]^{-1}SB^Ta \quad (18)$$

将上式中的 γ_1、γ_1 的乘积定义为局部相关系数。局部属性的计算利用反问题正则化将相似系数计算公式局部化，正则化算子控制局部相似系数的局部光滑特性。利用局部属性的思想，可以计算局部相似度值，实现对非稳态地震数据的相位估计。其中 S 可看作是平滑算子，向量 γ_1、γ_1 各元素对应相乘后得到随时间变化的局部相似度 γ，即为前文所述的非平稳相似性系数。

1.3 基于非平稳非相似系数的加权中值滤波

假设样本序列 $(x_1, x_2, \cdots, x_N)$ 仅服从相同的概率分布，不同样本的方差则不具有相同的分布，在L1准则下，最大概似估计值 x_0 使得加权绝对偏差的和 Q 达到最小：

$$Q=\sum_{i=1}^{N}|\omega_i||x_i-x_0| \quad (19)$$

式中为 ω_i 权系数，可通过目标函数 Q 中值求导数得到：

$$\frac{dQ}{dx_0}=0 \quad (20)$$

即：

$$\frac{dQ}{dx_0}=\sum_{i=1}^{N}|\omega_i| sign(x_0-x_i)=0 \quad (21)$$

式中 $sign$ 为符号函数：

$$sign(f)=\begin{cases}-1, & f<0\\ 0, & f=0\\ 1, & f>0\end{cases} \quad (22)$$

非整数加权中值滤波计算流程主要分为以下几步：(1)计算阈值T($T=1/2\sum_{i=1}^{N}|\omega_i|$)；(2)根据从小到大的顺序对输入序列重排，并交换对应的权系数位置，得到新的权系数序列；(3)依次将序列数值累加，当累加值大于等于阈值T时，输出加权中值结果。

构造约束下的加权中值滤波在实现时，沿着预测步长方向的叠加结果为平滑的参考数据；不同预测步长下预测数据与参考数据间的非平稳相似性系数为权系数。从预测数据体中选择相对原始数据相似性最大的平滑估计，即为构造导向滤波的输出结果。

2　实际应用

在油田开发阶段，断裂系统的精细刻画程度直接影响着后续开发井的部署。本文针对渤海 K 油田在开发阶段面临的断层成像不清问题进行了分析研究。受地震资料采集以及前期处理等因素的影响，偏移后地震资料中存在一定的随机噪音干扰，不利于断层精细刻画。图 1(a)所示为目标油田主测线原始地震剖面，图 1(b)为本文方法滤波处理后的剖面，可以看出经过本文滤波方法处理后，断点更加清楚、断层成像更为清晰。图 2(a)、2(b)所示为原始数据、滤波后数据对应的方差属性剖面，可以看出滤波后断裂刻画更加精细，断层纵向延伸特征更加完整。图 3 为 1600ms 对应的方差属性切片，对比能够看出滤波后断裂系细节成像得到一定的改善，能够更好的指导断层解释以及组合。

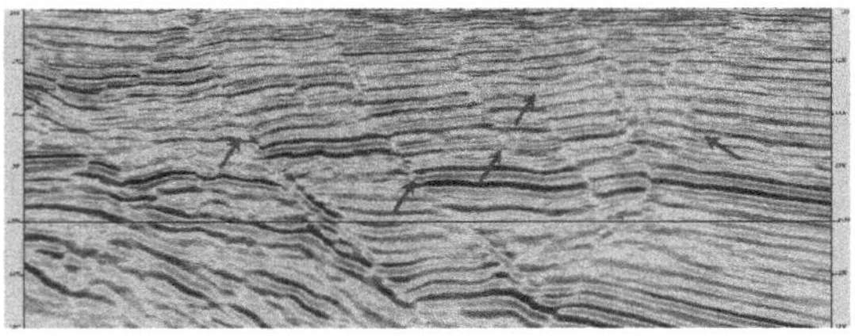

(a)原始地震

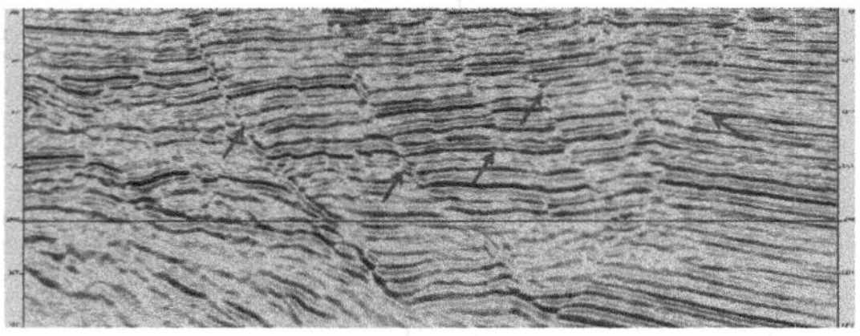

(a)本文方法滤波后

图 1　目标油田滤波前后地震剖面对比

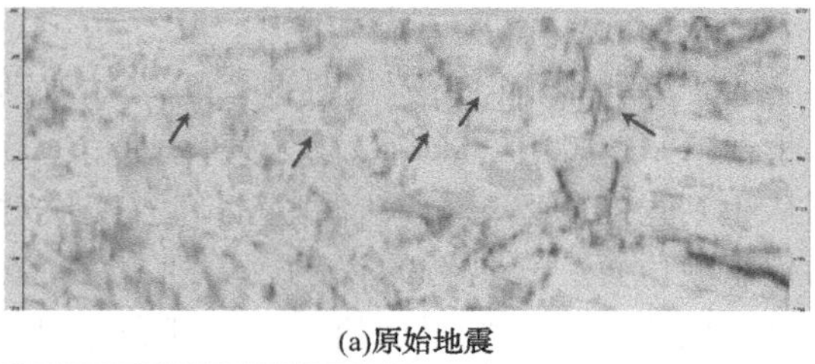

(a)原始地震

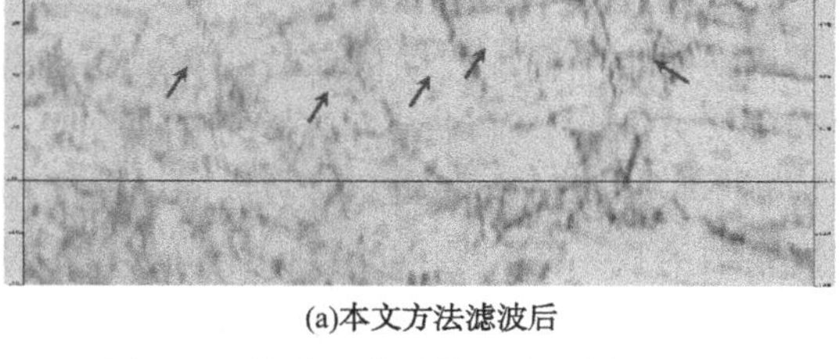

(a)本文方法滤波后

图 2　目标油田滤波前后方差剖面对比

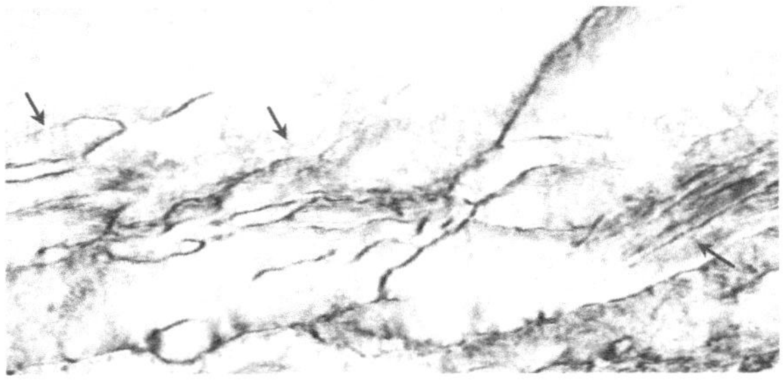

(a)原始地震

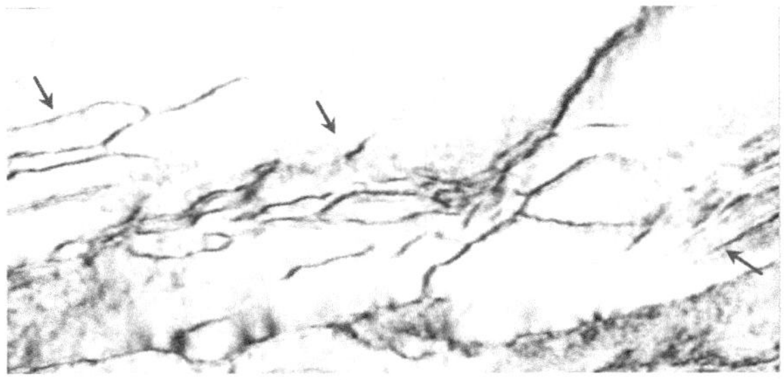

(a)本文方法滤波后

图 3　滤波前后 1600ms 方差切片对比

3　结论

复杂断裂区域地层产状变化大，开展解释性去噪处理是落实构造圈闭的重要途径。本文应用的构造导向滤波方法基于构造预测的方式利用相邻道对原始道进行预测，求取非平稳相似性系数后进行加权中值滤波。实际资料应用结果显示该方法能够较好的去除随机噪音，凸显断层信息，为更精细的断裂解释和平面组合提供有力的依据。

参　考　文　献

[1] Weickert J. Anisotropic Diffusion in Image Processing [M]. 1998. Stuttgart：Teubner-Verlag.

[2] 陈凤，李金宗，李冬冬，等．提高地震图像信噪比的非线性各向异性扩散算法模型[J]．石油勘探与开发，2004，31(2)：77-80.

[3] 王绪松，杨长春．对地震图像进行保边滤波的非线性各向异性扩散算法[J]．地球物理学进展，2006，21(2)：452-457.

[4] Fehmers G C，Hcker C. Fast structural interpretation with structure-oriented filtering[J]. Geophysics，2003，68(4)：1286-1293.

[5] Hoeber H，Brandwood S . Structurally Consistent Filtering[C]//EAGE 68 Conference & Exhibition Rxpanded Abstracts. 2006.

[6] 刘财，李红星，陶春辉，等．模糊嵌套多级中值滤

波方法及其在地震数据处理中的应用[J]. 地球物理学报，2007，50(5)：1534-1542.

[7] Liu Y，Liu C，Wang D. A 1D time-varying median filter for seismic random，spike-like noise elimination [J]. Geophysics，2009，74(1)：V17-V24.

[8] Fomel S. Applications of plane-wave destruction filters [J]. Geophysics，2002，67(6)：1946-1960.

[9] Fomel S. Predictive painting of 3D seismic volumes[J]. Geophysics，2010，75(4)：A25-A30.

[10] Hale D. Structure-oriented bilateral filtering of seismic images[C].//2011 SEG Annual Meeting. San Antonio：Society of Exploration Geophysicists，2011，3596-3600.

[11] 刘洋，王典，刘财，等. 基于非平稳相似性系数的构造导向滤波及断层检测方法[J]. 地球物理学报，2014，57(4)：1177-1187.

海上冷采底水稠油油藏多轮次热复合吞吐技术研究及矿场应用

瞿朝朝　冯海潮　吴　桐　张占华　曹子娟

[中海石油(中国)有限公司天津分公司]

摘　要　针对渤海强底水稠油油藏水平井冷采出现的日产油低、含水率高等问题，通过室内物模实验，结合油藏数值模拟开展了热复合吞吐技术的增效机理研究，并对注入参数进行了优化。该技术可以在不换耐高温管柱的前提下，将热水、氮气、化学剂有机结合，利用多介质发挥协同增效作用，达到抑制水锥、降低原油黏度等目的。LD油田Sa井区2口冷采井转热复合吞吐后，降水增油效果显著，2口井第一轮平均含水率下降77.0%，平均有效期125天，合计累增油8700m³，第二轮平均含水率下降76.7%，平均有效期143天，合计累增油6900m³，第三轮平均含水率下降47.0%，平均有效期141天，合计累增油6000m³。热复合吞吐技术的成功试验，为海上类似稠油油藏低产低效井治理提供了新的思路和经验。

关键词　底水稠油；低产低效井；热复合；协同增效；提高采收率

对于底水稠油油藏水平井，常规冷采开发面临着含水上升快、采收率低的问题，如何改善高含水后的开发效果成为亟需解决的难题。LD油田Sa井区地面原油黏度高达4294mPa·s，冷采后期含水大于70%，产能大幅下降，在不更换冷采管柱情况下不适宜转高温热采。国内外研究实践表明，稠油油藏在注热水的同时加入氮气与化学剂，降水增油效果显著，已得到广泛应用，但在海上水平井冷采后转低温热复合增效技术尚不多见。为此，结合LD油田Sa井区2口井储层流体性质及实际生产动态，开展了热化学复合吞吐技术的研究与矿场先导试验，对海上冷采稠油油藏的低产低效井治理起到了较好的借鉴作用。

1　油藏概况

1.1　地质油藏特征

LD油田Sa井区油藏类型为块状底水油藏，井区平均孔隙率31.1%，渗透率2429mD，水体倍数31~78倍，地层温度62.5℃，油层厚度35m，为特高孔、特高渗储层特征。开发方案阶段，井区无PVT样，类比地层原油粘度为270mPa·s。井区两口采油井投产初期，出现生产压差高、比采油指数低的问题，取地面原油化验后更新粘度认识，根据实际生产气油比和渤海稠油经验公式折算出地层原油粘度为1274mPa·s。

1.2　开发动态分析

LD油田Sa井区共包括A2H、A3H两口井，天然能量开发，其中A2H井水平段总长度299m，水平段位于油层上1/3位置，该井于2020年8月投产，初期平均日产油47m³。由于原油较稠且隔夹层发育不稳定，底水快速锥进，生产3个月后开始见水，含水率达到75%，日产油仅7m³。A3H井水平段总长度325m，水平段位于油层上1/3位置。该井于2020年8月投产，初期平均日产油75m³。由于原油较稠且隔夹层发育不稳定，底水快速锥进，投产5个月后开始见水，含水突破后1个月内含水率快速上升至93.0%，日产油仅13m³。

针对Sa井区两口冷采井含水高、产能低、管柱耐温性低等问题，提出热化学复合吞吐增效的对策。

2　室内物理模拟实验及机理研究

2.1　原油降黏机理研究

(1)研究及实践表明，稠油受热后其粘度会大幅降低(见图1)。但A2H、A3H井受冷采管柱耐温性限制，不适用于常规的注蒸汽等热采，于是提出热水加热降黏。热水携带的热量能有效加热近井地带的原油，同时降低油水间界面张力、改变油水相渗、热膨胀热传导等，降低稠油的渗流阻力，提高其流动性。

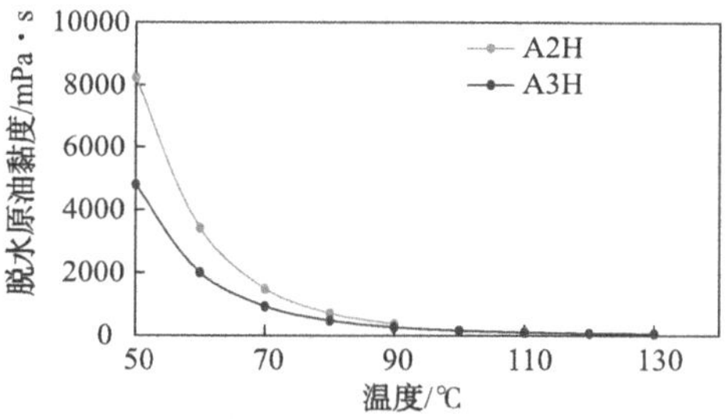

图 1　A2H、A3H 井原油粘温曲线

（2）氮气在较高压力下能部分溶解于原油中。渤海稠油地层压力一般在 10.000~20.000MPa 之间，通过 PVT 实验研究了 80℃下氮气体积对原油黏度的影响规律(见图 2)，结果表明在地层压力条件下原油黏度可降低 20%左右。

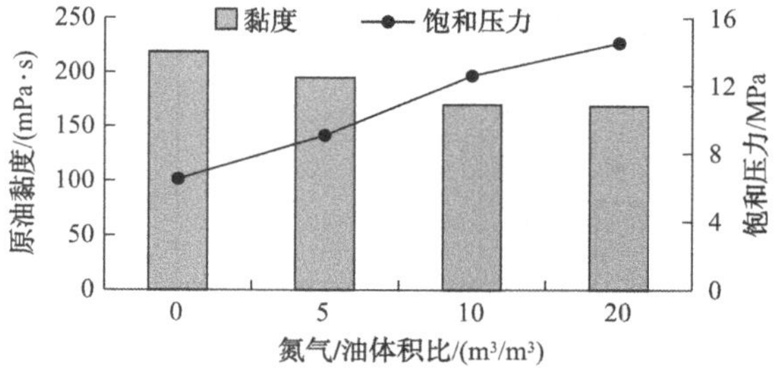

图 2　氮气对渤海典型稠油粘度的影响

（3）水溶性降黏增效剂可以与地层流体形成水包油型乳状液(见图 3)，把原油流动时油膜间的摩擦转变为水膜间的摩擦，减小稠油的流动阻力，达到降黏目的。

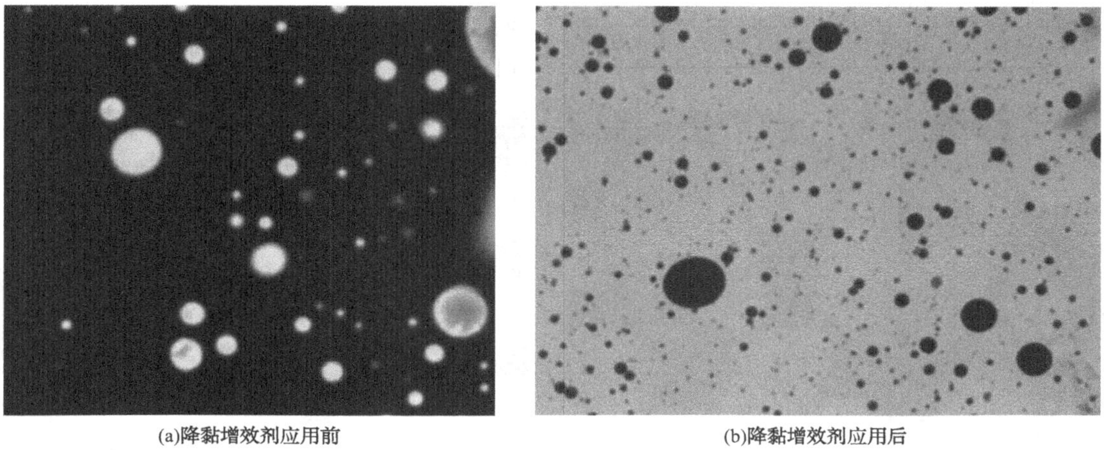

(a)降黏增效剂应用前　(b)降黏增效剂应用后

图 3　降黏增效剂降粘实验

2.2　控制水锥机理研究

（1）氮气进入稠油油藏地层后，受油水流度差异大的影响，会首先进入渗流阻力较小的水锥体中，推动水向油层下部运移，降低油水动态界面。同时，油气水的密度差异导致油层顶部氮气聚集，补充能量，形成气驱油、油驱水的过程，从而延缓底水再次锥进。

（2）高温起泡剂与氮气在井底能形成“遇油消泡、遇水稳定”的氮气泡沫，泡沫首先扩散至高渗条带，增加高渗条带中水的流动阻力，为剩余油提供优势通道，达到调剖堵水的目的。

通过室内静态起泡实验和岩心流动实验对氮气泡沫性能进行评价，实验结果表明，随着起泡剂浓度增加，起泡体积越大，析液半衰期(从泡沫中排出一半的液体所需的时间)越长，泡沫综合指数(起泡体积×析液半衰期)越高，即泡沫的稳定性越强、堵水调剖性能越佳；同时，泡沫的阻力因子(相同流量条件下泡沫驱渗流阻力与水驱渗流阻力之比)增加，封堵能力加强(见图 4、图 5)。

此外，起泡剂中加入一定浓度的降黏增效剂，可以增大起泡体积，进一步提高氮气泡沫性能(见表 1)。

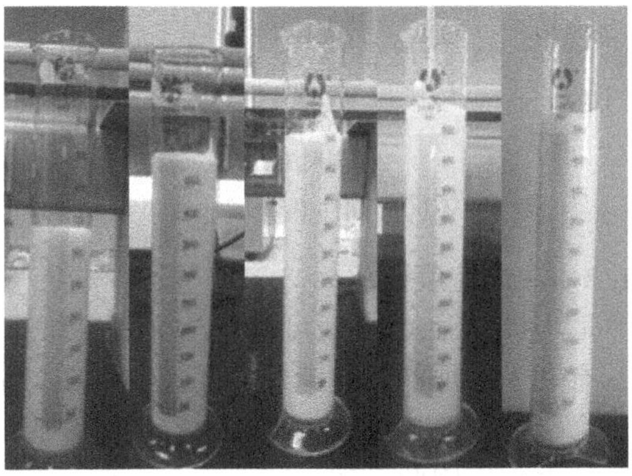

图 4　不同浓度起泡剂起泡实验

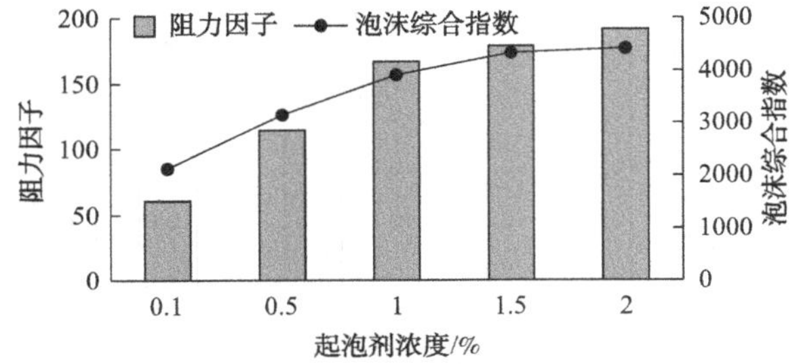

图 5　不同浓度起泡剂性能对比图

表 1　1%起泡剂溶液中加入不同浓度降粘增效剂起泡性能对比

增效剂浓度/%	0.25	0.5	0.75	1.0
高温起泡剂浓度/%	1.0	1.0	1.0	1.0
起泡体积/mL	515	545	540	540
析液半衰期/min	10.00	10.42	10.92	9.90
泡沫综合指数	5150	5679	5897	5346

2.3　防乳及解堵机理研究

防乳增效剂可以抑制地层中形成流动性差的油包水型乳状液，提前防乳；同时还可以对已经形成的油包水型乳状液进行破乳，提高原油流动性。

利用油溶性解堵剂的“相似相溶”原理可以溶解近井地带堵塞的胶质、沥青质，解除有机质的污染，疏通原油的流动路线(见图 6)。

3　数值模拟研究及参数优化

3.1　注热优化

3.1.1　注热水量优化

数模结果表明，随着注热水量增加，吞吐周期产油量初期增加；但随着注热量进一步增加，增油幅度减小。因此，建议周期注热量为 3000t (图 7)。

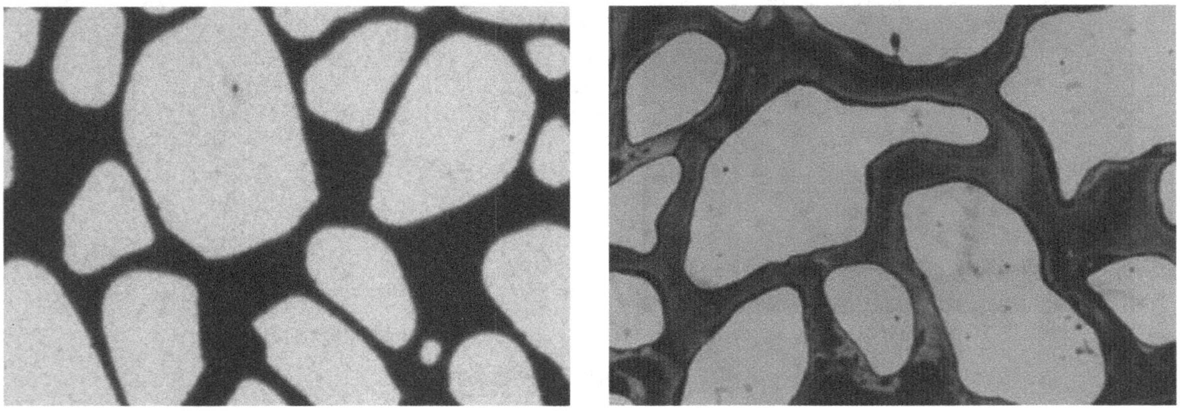

(a)解堵剂应用前　　(b)解堵剂应用后

图 6　油溶性解堵剂解堵实验

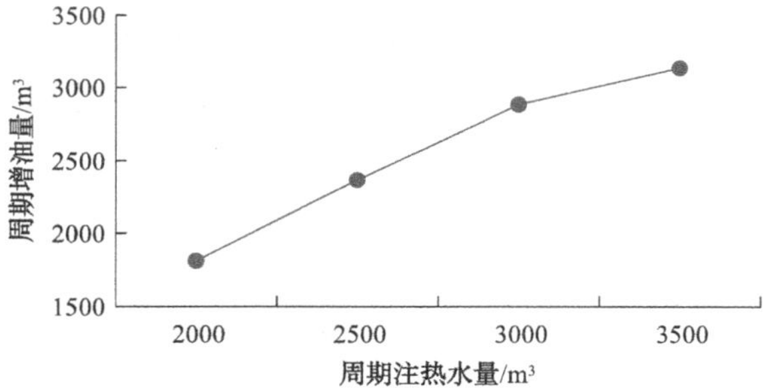

图 7　不同周期注热量增油效果对比

3.1.2　注热速度优化

适当提高注热速度可以缩短油井停产的时间，有利于增加产量；此外，注入速度在一定程度上会影响井筒热损失，这将直接影响井底注入温度的大小。因此，注入速度不能太低。考虑现场注热设备及油藏实际吸液能力等因素，建议注热速度为 320~360t/d(13.3~15.0t/h)。

3.1.3　焖井时间优化

对于热化学复合吞吐来说，合理的焖井时间可以最大限度的提高热利用率，并使氮气泡沫的堵水作用得到充分发挥。根据数值模拟结果，建议焖井时间为 3 天(图 8)。

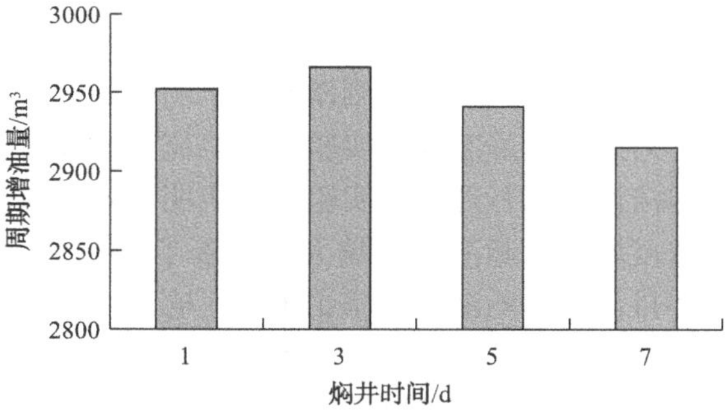

图 8　不同焖井时间增油效果对比

3.2 气液比优化

起泡剂与氮气形成泡沫过程中，地层中的气液体积比直接影响了泡沫体系的稳定性、持久性和封堵性等。气体含量较高可加强起泡剂与地层、气体之间的相互作用，有利于泡沫的形成，同时也可以适当增大波及体积；但气液比过高时易形成气窜而不利于泡沫的形成，筛选出最佳气液比对现场技术实施具有重要意义。

数值模拟结果表明，一定范围内气液比越大，泡沫性能较好，周期增油量越高。因此建议气液比不低于 0.2∶1，即氮气注入量大于 $10\times10^4Nm^3$(图 9)。

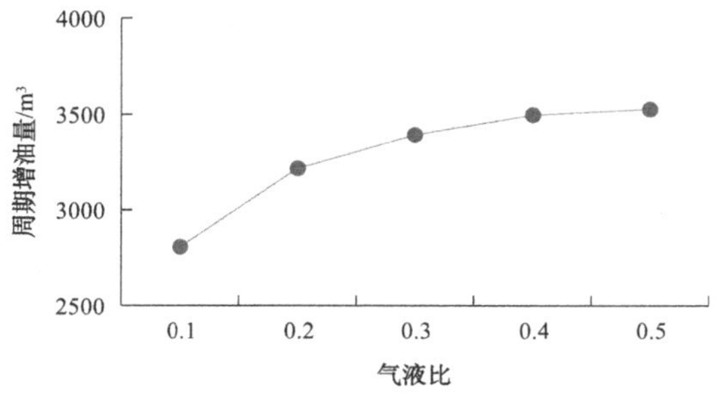

图 9　不同气液比增油效果对比

3.3 多介质协同增效机理研究

研究表明，热化学复合吞吐能够实现热+气+化学的有机结合，热水携带的热量能够让化学剂堵水降粘的作用得到更好的发挥，化学剂的堵水调剖作用能够降低含水，减缓热损失。热与化学的协同增效作用能够实现调剖堵水、降低原油黏度、增加地层能量、扩大波及范围等，提高原油采收率(见图 10)。

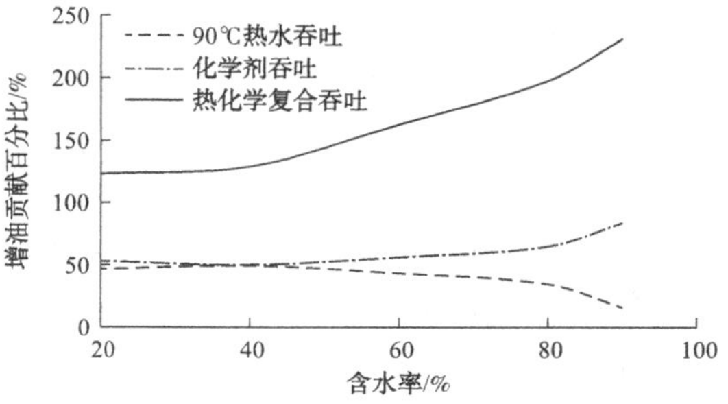

图 10　不同含水阶段各开发方式增油贡献对比图

根据数模结果，A2H、A3H 井热化学复合吞吐八轮次较冷采方案累增油分别为 $2.36\times10^4m^3$、$2.16\times10^4m^3$，单井动用储量采出程度分别提高 3.4%、3.1%。

4 矿场试验效果

2021 年 9 月开始，A2H、A3H 井先后开展了三个轮次的热水+氮气+化学药剂复合吞吐的探索试验。A2H 第一轮措施后高峰日产油 $56m^3$，含水率由 74.0%降低到 2.0%，周期累产油 $0.55\times10^4m^3$，累增油 $0.43\times10^4m^3$，措施有效期 150 天；2022 年 8 月 A2H 井开展第二轮热化学复合吞吐增效，措施后高峰日产油 $68m^3$，含水率由 89.1%降低到 11.1%，周期累产油 $0.63\times10^4m^3$，累增油 $0.46\times10^4m^3$，措施有效期 175 天。2023 年 11 月开展第三轮热化学复合吞吐增效，措施后高峰日产油 $49m^3$，含水率由 91.0%降低到 24.0%，目前处于生产初期阶段，预测周期累产油 $0.53\times10^4m^3$，累增油 $0.35\times10^4m^3$，措施有效期 150 天。

A3H 第一轮措施后高峰日产油 $95m^3$，含水率由 92.0%降低到 10.0%，周期累产油 $0.59\times10^4m^3$，累增油 $0.44\times10^4m^3$，措施有效期 100 天；2022 年 6 月 A3H 井开展第二轮热化学复合吞吐增效，为延长措施有效期，第二轮使用聚合物强化泡沫，提高氮气泡沫稳定性及堵水调剖性能，措施后高峰日产油 $88m^3$，含水率由 90.0%降低到 14.6%，周期累产油 $0.42\times10^4m^3$，累增油 $0.23\times10^4m^3$，措施有效期 110 天。2023 年 9 月 A3H 井开展第三轮热化学复合吞吐增效，措施后高峰日产油 $60m^3$，含水率由 90.0%降低到 63.0%，周期累产油 $0.49\times10^4m^3$，累增油 $0.25\times10^4m^3$，措施有效期 132 天。

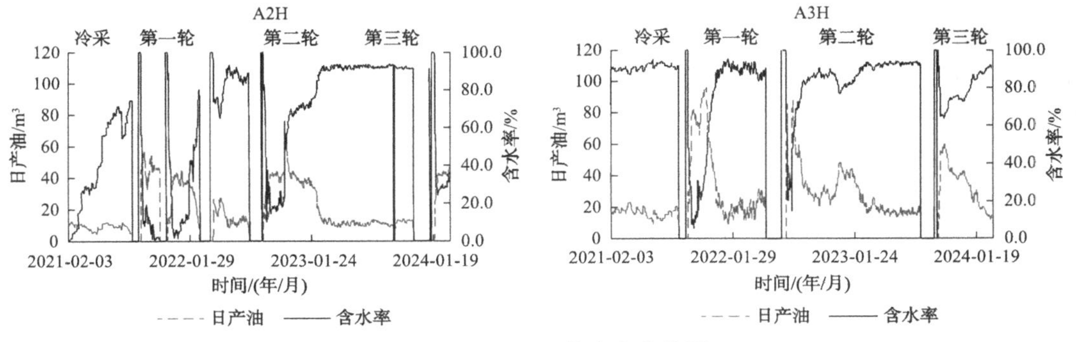

图 11　A2H、A3H 井生产曲线图

矿场试验结果表明，底水稠油油藏冷采低产低效井转热化学复合吞吐，能达到降水增油的目的，改善开发效果，该技术是可行且有效的。

5 结论与认识

(1) 针对底水稠油油井冷采后期出现含水率高、日产油低等问题，可采用热水+氮气+化学剂的复合增效方法提高采收率，该技术将热水、氮气、化学剂有机结合，通过多种介质的协同增效作用，达到抑制水锥、降低原油黏度等目的。

(2) 渤海 LD 油田 Sa 井区 A2H、A3H 井开展了三个轮次的冷采转热化学复合吞吐，各轮次均取得了明显的降水增油效果。

(3) 热化学复合吞吐技术可以在不换耐高温管柱的前提下提高剩余油动用程度，节省大量成本，经济有效，在冷采稠油油藏的低产低效井治理方面具有非常广阔的应用前景。

参考文献

[1] 刘新光，程林松，庞占喜．多孔介质中稳定泡沫的封堵性能试验研究[J]．石油天然气学报，2008，No. 106(04)：129-133+136+177.

[2] 裴海华，葛际江，张贵才，王静，丁保东，刘晓玲．稠油泡沫驱和三元复合驱微观驱油机理对比研究[J]．西安石油大学学报(自然科学版)，2010，v. 25；No. 120(01)：53-56+111.

[3] 王其伟．泡沫驱油发展现状及前景展望[J]．石油钻采工艺，2013，v. 35；No. 206(02)：94-97.

[4] 张伟，孙永涛，林涛，马增华，孙玉豹，刘海涛．海上稠油多元热流体吞吐增产机理室内实验研究[J]．石油化工应用，2013，v. 32；No. 134(01)：34-36.

[5] 都檬阁．普通稠油多元热流体吞吐的加热范围表征方法及应用[D]．中国石油大学(北京)，2020.

[6] 刘尧文，刘建仪．氮气的溶解及抽提效应对原油性质的影响[J]．西安石油大学学报(自然科学版)，2004，(05)：28-30+55-3.

[7] 高超勇．应用氮气提高稠油热采效果工艺技术在辽河油区的应用[J]．特种油气藏，2003，(S1)：88-89+94-172.

[8] 张英利．草古1潜山底水油藏氮气压水锥技术研究及应用[J]．河南石油，2004，(05)：42-43+3-4.

[9] 徐国瑞．渤海底水油田泡沫控水锥技术研究与应用[J]．石油化工高等学校学报，2013，v. 26；No. 104(06)：61-64.

[10] 王喜泉．稠油蒸汽吞吐化学封堵底水技术研究[J]．特种油气藏，2005，(03)：69-71+110.

[11] 吴金儒，侯晓权，乔东旭．氮气隔热助排技术在稠油开采中的应用[J]．齐齐哈尔大学学报(自然科学版)，2009，v. 25(06)：34.

[12] 刘尧文，刘建仪．氮气的溶解及抽提效应对原油性质的影响[J]．西安石油大学学报(自然科学版)，2004，(05)：28-30+55-3.

[13] Salim Moussa Zoubeirou. 渤海油田注水开发过程中复合堵塞的解堵技术[D]．中国石油大学(华东)，2020.

[14] 张吉磊，李廷礼，张昊，章威，欧阳雨薇，HE Yifan. 海上低幅边底水稠油油藏氮气泡沫调驱技术应用效果评价[J]．钻采工艺，2019，v. 42；No. 211(04)：70-73+10.

[15] 郑继龙，翁大丽，宋志学，陈平，赵军，胡雪，张强．渤海J油田氮气复合泡沫调驱室内实验研究[J]．天津科技，2016，v. 43；No. 347(10)：59-61+69.

[16] 毕长会，王泊，白长奇，田一鸣，何知鹏．稠油热采氮气泡沫辅助蒸汽驱技术研究及应用——以河南油田稠油开发为例[J]．石油地质与工程，2014，v. 28(06)：115-117.

[17] 张艳辉，戴彩丽，徐星光，王思宇，闫立朋，辛翠平．河南油田氮气泡沫调驱技术研究与应用[J]．断块油气田，2013，v. 20；No. 115(01)：129-132.

[18] 彭昱强，徐绍诚，莫成孝，沈德煌．渤海稠油油田氮气泡沫调驱室内实验研究[J]．中国海上油气，2008，(05)：308-311.

[19] 尹太恒，赵冀，唐永亮，王倩，张敏，邵光强．注氮气控制底水锥进实验研究[J]．石油化工高等学校学报，2017，v. 30；No. 125(03)：50-55.

[20] 杨森，许关利，刘平，伦增珉，孙建芳，秦学杰．稠油化学降粘复合驱提高采收率实验研究[J]．油气地质与采收率，2018，v. 25；No. 134(05)：80-86+109.

准中 4 区头屯河组低渗储层表征及物性主控因素

张江华

（中国石化胜利油田分公司新春石油公司）

摘　要　根据岩心观察描述、薄片鉴定、扫描电镜、岩心分析化验等资料，对准噶尔盆地中部 4 区头屯河组低渗透储层特征及物性影响因素进行了研究。结果表明，储层物性较差，整体上属于中低孔-低渗、特低渗储层，储集空间以次生溶蚀孔隙为主，孔隙结构类型属小孔—微细喉道型。沉积作用是影响头屯河组低渗透储层物性的根本因素，随着储层粒度变细，塑性岩屑和杂基含量增高，原生粒间孔隙愈不发育，物性越差。强压实作用和强胶结作用对原始孔隙度的损失率在 99%以上，是影响储层物性的主要因素；而溶蚀作用相对较弱和微裂缝不发育，对储层物性的改善作用十分有限。

关键词　准噶尔盆地；低渗透储层；沉积作用；成岩作用；影响因素

中石化准噶尔盆地中部 4 区块头屯河组低渗透油藏石油地质储量为 1773×10^4t，邻区中石油区块的阜东油田控制和预测地质储量在 8000×10^4t 以上，均揭示该区是胜利油田西部探区重要的增储上产阵地。近年来，多位学者就研究区头屯河组层序地层特征、沉积特征、优质储层砂体类型以及储层地球物理识别等方面开展了相关研究，然而，对头屯河组低渗透储层特征及其成因等问题的认识不清极大制约该区块的高效勘探和效益开发进程。因此，本文针对研究区目的储层开展储层特征研究，分析低渗储层主控因素，这对研究区非常规油藏的生产实践具有理论指导意义。

1　区域地质背景

准中 4 区块位于位于准噶尔盆地中央坳陷阜康凹陷的东部，北邻白家海凸起，东临北三台凸起，南部紧邻阜康断裂带，西北侧为莫索湾凸起，总面积达 2891.7km²。侏罗系头屯河组为研究区的主要含油层，埋深 3500～6000m。区内主体构造相对简单，整体上表现为南西倾向的的单斜构造。侏罗系头屯河组二段上下亚段分别发育曲流河三角洲和辫状河三角洲前缘沉积，砂体厚度大、分布广，是本次研究的主要对象。

2　储层基本特征

2.1　储层岩石学特征

通过对研究区岩心观察、镜下薄片鉴定，研究结果表明头屯河组岩石类型主要为长石岩屑砂岩，其中石英含量为 14.87%，长石含量为 30.03%，岩屑含量平均为 51.10%。长石类型以斜长石为主，钾长石含量相对较低；岩屑以火山岩岩屑和变质岩岩屑为主，沉积岩岩屑少见。砂岩整体粒度较细，分选较好，分选系数在 1.1～1.6 范围内，磨圆中等-较好，颗粒多为次圆状棱角状-次棱角状，颗粒之间以线接触为主，成分成熟度较低，而结构成熟度较高。

2.2　储集空间特征

储层物性统计表明，研究区头屯河组孔隙度范围为 1.72%～16.72%，平均值 8.63%；渗透率范围 $0.001\sim19.280\times10^{-3}\mu m^2$，平均值 $0.640\times10^{-3}\mu m^2$，由此可知，整体上属于中低孔-低渗、特低渗储层。根据岩石铸体薄片观察，研究区头屯河组储层储集空间主要为粒间溶孔、残余粒间孔、原生粒间孔、粒内溶孔和少量裂缝等。

通过对取芯井段铸体薄片和扫描电镜资料分析，结合对头屯河组砂岩成岩作用特征的研究，将其孔隙类型主要原生粒间孔、残余粒间孔、粒间溶孔、粒内溶孔和少量裂缝等。

（1）粒间溶孔

粒间溶孔是研究区砂岩储层最主要的储集空间，占总孔隙的 56%。其以粒间的碳酸盐胶结物被溶蚀为主，多呈港湾状。长石颗粒边缘的溶蚀现象也比较常见[图 1(a)、(e)]，在颗粒附近溶蚀产生的高岭石又进一步充填粒间溶孔。

（2）残余粒间孔

中 4 区残余粒间孔隙主要为长石颗粒边缘经

溶蚀后产生的高岭石充填粒间溶孔所致[图1(b)]。该类孔隙在钙质胶结、高岭石自生矿物及其他胶结物的填充时不发育，占总孔隙的22%。

(3) 原生粒间孔

头屯河组储层的原生粒间孔隙主要发育于刚性的石英、长石颗粒之间，基本呈三角形态[图1(c)]。由于研究区经历了强烈的压实和胶结作用，使得原生孔隙破坏严重，只有少量保存下来，仅占总孔隙的17%。

(4) 粒内溶孔

粒内溶孔主要发生在长石及岩屑颗粒内部，石英粒内溶孔少见。在镜下，孔隙形态呈不规则状，斑点状分布[图1(d)、(e)]，占总孔隙的4%。粒内溶孔常与粒间溶孔隙伴生存在，是砂岩中长石和早期的方解石和方沸石等可溶组分被酸性流体选择性溶蚀的结果。

(5) 微裂缝

头屯河组砂岩中石英和硅质岩屑颗粒等刚性颗粒，在应力的作用下，发生强烈的破碎而形成粒内微裂缝[图1(e)]。虽然在中4区这种孔隙类型仅占总孔隙的1%，但由于微裂缝缺少胶结物充填，可改善储层物性。

(a)董7井，4137.2m，粒间溶孔，×100(-)

(b)董6井，4258.3m，残余粒间孔，×50(-)

(c)董8井，4548.6m，原生粒间孔，×50(-)

(d)董7井，4514.7 m，粒内溶孔，×100(-)

(e)董7井，4412.1m，长石粒间、粒内溶蚀孔，×100(-)

(f)董1井，4873.1m，微裂缝，×100(+)

图1　准中4区头屯河组储层储集空间特征

2.3　储集层物性及孔喉结构特征

通过对储层物性统计分析，研究区头屯河组孔隙度范围为1.72%~16.72%，平均值8.63%；渗透率范围0.001~19.280×10^{-3} μm^2，平均值0.640×10^{-3} μm^2，具有低孔、细-特细吼特征，这是导致该套储层物性差的原因。结合储层物性和扫描电镜资料，对压汞测试、毛管压力曲线进行统计分析，将头屯河组储层孔隙结构分为3种类型：Ⅰ类中喉型，对应中孔中渗储层；Ⅱ类细喉型，对应低孔低渗储层；Ⅲ类特细喉型，对应特低孔特低渗储层。

(1) 中喉型。该类孔隙平均排驱压力为0.04MPa，汞饱和度中值压力值平均0.12MPa，最大汞饱和度值大于75%，平均孔喉半径5.67μm。毛细管压力曲线平台明显发育，孔喉分选较好，储层碎屑颗粒大多为点-线接触，储集空间以粒间孔隙为主。该类孔隙结构主要发育在中、细砂岩中，储层物性较好，储集能力和渗流能力中等。

(2) 细喉型。该类孔隙平均排驱压力105.8MPa，汞饱和度中值压力平均5.2MPa，最大汞饱和度值平均71.2%，平均孔喉半径0.101μm。毛细管压力曲线平台发育不明显，孔喉分选程度较差，储层碎屑颗粒大多为线接触，储集空间以溶蚀孔隙和晶间孔为主。该类孔隙结构主要发育细砂岩中，储集能力和渗流能力较差。

(3) 特细喉型。储层平均排驱压力119.6MPa，汞饱和度中值压力平均77.20MPa，最大汞饱和度值平均63.2%，平均孔喉半径0.044μm。主要发育在细砂岩、粉砂岩。储集空间以微孔隙为主，储集能力和渗流能力很差。

3 低渗储层成因影响因素

3.1 沉积作用

沉积作用除了决定着岩石类型、基质含量等特征，控制着岩石原始物性之外，还对后期成岩作用类型、强度也起着重要作用，是低渗透储层形成的内因。

中4区块头屯河组主要发育三角洲前缘亚相物性和滨浅湖亚相。统计分析表明，河道与河口坝微相物性好于天然堤、决口扇和席状砂微相（图2），各沉积微相不同岩石类型物性上的差异主要受控于碎屑岩结构成熟度、成分成熟度等因素。成分成熟度高，可增强储层成岩过程中的化学稳定性与抗压实能力，抑制原生孔隙度的减少；结构成熟度高，可增大储层孔隙度，提高储层渗透性。中部4区块头屯河组储层随着沉积水动力的减弱，砂岩粒度、颗粒分选和磨圆度等结构成熟度的降低、杂基含量、塑性岩屑等成分成熟度的减弱，物性依次变差（图3）。

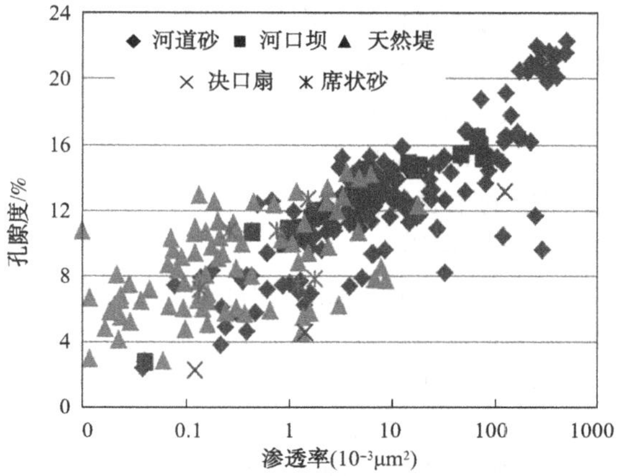

图2　中4区头屯河组沉积微相与储层物性关系图

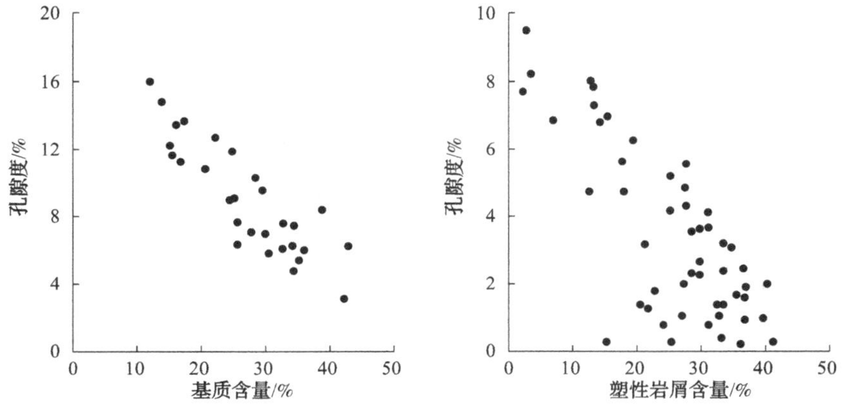

图3　中4区头屯河组基质含量、塑性岩屑含量与孔隙度关系图

3.2 成岩作用

3.2.1 压实作用

压实作用是引起砂体孔隙及渗透率降低的主要原因。砂体的矿物成分决定了其抗压实能力的大小，研究区头屯河组储层石英、长石等刚性颗粒含量较低，矿物成分成熟度较低，岩屑含量高。岩屑抗压能力差，随着埋深加大，在强烈的压实作用下塑性的火成岩岩屑形变，堵塞粒间孔隙空间，形成假杂基化现象，使得孔隙空间大幅度降低。从该区的深度与岩心孔隙度、渗透率关系图上看，随着埋深增加，储层岩石孔隙度和渗透率降低的趋势明显的。物性反演分析结果表明（表1），压实作用使孔隙度损失为26.6%～35.0%，相应的压实减孔率平均在90%以上，是造成储层低渗透的主导因素。

表1　中4区头屯河组成岩作用孔隙贡献表

岩性	压实减孔量/%			胶结减孔量/%			溶蚀增孔量/%		
	范围	均值	中值	范围	均值	中值	范围	均值	中值
中砂岩	17.4-32.8	26.6	27.3	2.1-16.0	7.7	7.4	2.0-11.1	6.7	6.6
细砂岩	15.9-35.3	28.7	30.2	1.2-14.8	5.6	3.5	0.5-10.0	4.8	4.6
粉砂岩	28.2-38.9	35.0	35.9	0.2-6.5	1.5	0.3	1.2-1.5	1.3	1.2

3.2.2　胶结作用

研究区主要胶结作用包括碳酸盐胶结、方沸石胶结、绿泥石胶结、硬石膏/重晶石胶结和硅质胶结。在规模上，碳酸盐和方沸石胶结发育最为广泛，其中碳酸盐胶结物呈斑状或嵌晶状分布于原生粒间孔隙和各种次生溶蚀孔中，方沸石则多以孔隙式胶结充填于溶蚀孔隙中。物性反演分析结果表明（表 1），胶结作用的减孔量为 1.5%~7.4%，减孔率达 9.3%，是形成低孔、低渗储层的主要原因之一。

3.2.3　溶蚀作用

溶蚀作用是后期储层物性改善的主要原因。早期碱性成岩环境溶蚀不显著，少量石英发生溶蚀，对储层物性贡献不大，晚期有机酸酸性溶蚀是导致储层物性改善的主要原因。薄片观察时，常见长石颗粒边缘溶蚀和岩屑内部易溶组分的选择性溶蚀而形成的次生溶孔。通过铸体薄片、电镜扫描观察，研究区头屯河组总体溶蚀不强，孔隙度增加 1.3%~6.7%(表 1)，对储层物性的改善作用十分有限。

4　结论

（1）准中 1 区三工河组低渗储层成岩环境经历了碱性-酸性-碱性的演化过程，其成岩演化序列依次为：绿泥石薄膜沉淀-酸性不稳定矿物溶蚀-石英次生加大-自生高岭石充填-硬石膏胶结-晚期碳酸盐胶结胶结-黄铁矿胶结，压实作用贯穿埋藏成岩作用阶段始终。

（2）低渗透储层物性主要受控于压实作用。压实作用导致储层渗透率大幅度降低，孔隙度和渗透率的损失分别在 50%和 95%以上。胶结作用是低渗透储层形成的根本因素，其中晚期的碳酸盐矿物胶结作用最终导致储层渗透率低于低渗透储层上限值 $50\times10^{-3}\ \mu m^2$。溶蚀作用对储层物性的改善十分有限，也是储层低渗成因之一。

参　考　文　献

[1] 曾大乾，李淑珍 . 中国低渗透砂岩储层类型及地质特征[J]. 石油学报，1994，15(1)：38-46.

[2] 杨晓萍，赵文智，邹才能，等 . 低渗透储层成因机理及优质储层形成与分布[J]. 石油学报，2007，28(4)：57-60.

[3] 李志明，秦建中，廖宗廷，等 . 准噶尔盆地莫西庄地区侏罗系三工河组二段储层特征[J]. 吉林大学学报(地球科学版)，2006，36(5)：799-805.

[4] 操应长，杜亮慧，王艳忠，等 . 准噶尔盆地中部 I 区块三工河组储层沉积成岩综合相及其测井识别[J]. 天然气地球科学，2015，26(6)：1016-1027.

[5] 张江华，刘传虎，朱桂林，等 . 莫西庄油田低渗透储层特征与成因[J]. 特种油气藏，2014，21(3)：58-61.

[6] 张江华，刘传虎，朱桂林，等 . 准中 1 区三工河组低渗储层特征及成岩作用演化[J]. 断块油气田 . 2014，21(5)：590-593.

[7] 张江华，刘传虎，朱桂林，等 . 准中 1 区低渗透储层成岩作用与孔隙演化[J]. 延安大学学报，2015，34(3)：49-53.

[8] 葸克来，操应长，王艳忠，等 . 低渗透储集层成岩作用与孔渗演化——以准噶尔盆地中部 1 区侏罗系三工河组为例[J]. 石油勘探与开发，2015，42(4)：434-443.

[9] 张冬玲，鲍志东，王建伟，等 . 准噶尔盆地中部下侏罗统三工河组二段沉积相及储层特征[J]. 古地理学报，2005，7(2)：185-196.

[10] 王居峰，邓宏文，蔡希源 . 准噶尔盆地腹部下侏罗统三工河组沉积体系[J]. 新疆石油地质，2005，26(2)：137-141.

[11] 王居峰，蔡希源，邓宏文，等 . 准噶尔盆地腹部侏罗系高分辨率层序地层特征[J]. 石油学报，2006，27(2)：16-19，27.

[12] 张福顺，朱允辉，王芙蓉 . 准噶尔盆地腹部深埋储层次生孔隙成因机理研究[J]. 沉积学报，2008，21(3)：469-478.

[13] Beard D C and Weyl P K. Influence of texture on porosity and permeability of unconsolidated sand [J]. AAPG Bulletin，1973，57(2)：349-369.

[14] 刘小洪 . 鄂尔多斯盆地上古生界砂岩储层的成岩作用研究与孔隙成岩演化分析[D]. 西北大学博士论文，2008.

[15] 操应长 . 东营凹陷沙河街组碎屑岩储层纵向演化及其量化表征研究[R]. 东营：胜利油田分公司地质科学研究院，2010.

[16] 张向津 . 大牛地气田石炭—二叠系致密砂岩成岩演化定量分析[D]. 中国石油大学(华东)，2014.

储气库地质建模及注采运行优化数值模拟研究

朱　婵　闵忠顺　李　滨　刘　洁　郭泽萍

（辽河油田分公司勘探开发研究院）

摘　要　辽河油田A储气库为带油环、边底水的凝析气藏枯竭后改建，为探索储气库高速注采条件下流体的宏观运动规律、可动有效建库空间评价、扩容达产优化调整方案设计及指标预测等关键技术问题，支撑储气库科学扩容达产及运行，以油藏描述研究为基础，利用沉积微相、地质统计学原理和储层建模技术，进行网格划分、构造建模、沉积微相建模及属性建模，预测井间物性参数的展布，建立精细的储层三维相控地质模型；在此基础上开展储气库运行动态数值模拟，研究多周期注采过程流体运动规律、流体界面变化规律、水侵量变化等，明确气库运行理论注采气量合理范围，评价气库运行流体分布情况，个性化指导各注采气井注采运行，进一步指导不同地层压力条件下库容参数的设计和注采方案的优化，保障地下储气库的高效平稳运行。

关键词　A储气库；地质建模；数值模拟；注采运行；流体运移；指标评价

1　区域概况

A储气库位于辽河坳陷西部凹陷南部的双台子断裂背斜带上。双台子断裂背斜构造带位于辽河盆地西部凹陷南部的中央深陷带，西邻西部斜坡带，东靠兴隆台断裂背斜构造带（图1），为一北东向延伸的长轴背斜，长轴约20km，短轴约3km，长轴背斜形态较为完整，为带油环、边底水的凝析气藏枯竭后改建，由A区块和B区块组成，面积约15km^2。

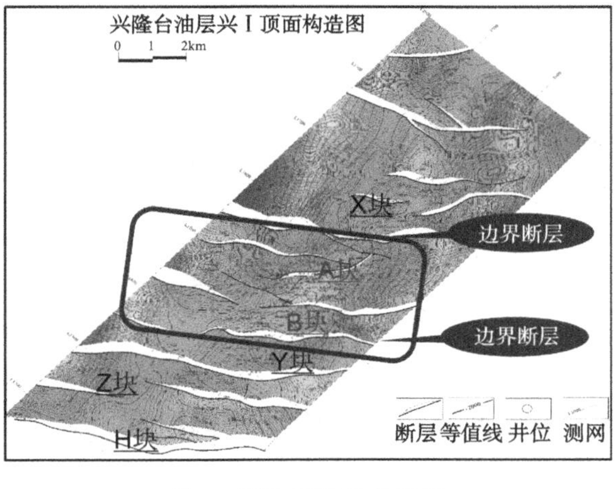

图1　研究区构造位置图

截止到气藏开发末期，研究区块共完钻43口井，投产31口，全部关井，累积产油219.01万吨；累产气56.70亿方，其中原油溶解气累产量为11.79亿方，气层气累产44.91亿方，累积产水54.32万吨。A储气库2014年投入运行，设计工作气量16亿方。截止到目前，A储气库已经历了十注八采，注气能力较强，整体运行平稳，缓解了周边天然气的供需矛盾。

2　三维地质模型研究

以A块油藏描述研究为基础，利用沉积微相知识、地质统计学原理和储层建模技术，应用三维建模软件进行网格划分、构造建模、沉积微相建模及属性建模，预测了井间物性参数的展布，建立了储层三维相控地质模型。

断层模型的建立主要来源于构造图与断点等数据，根据断层数据处理得到一系列断层多边形，研究区共发育8条断层，其中两条作为边界断层，其余6条作为内断层。

构造模型是建立在精细的地层格架模型之上，采用经过井斜和井口海拔校正的测井曲线进行小层的划分与对比，再利用所得的分层数据在数字化等高线约束下进行构造建模（图2）。

由于受到沉积微相的控制，各个小层间孔隙度和渗透率的变化趋势与沉积微相的展布基本一致：即在平面上主要体现了各沉积微相之间的物性差异；纵向上则反映了各沉积微相的沉积序列及韵律性的变化情况。从各个小层来看，孔隙度和渗透率的分布主要受到沉积微相模型的约束，其高值主要出现在水下分流河道发育较好的沉积微相分布区，但是由于后期成岩作用的不同，砂体发育较好的沉积微相的孔隙度、渗透率值也不一定高，同一种微相内部孔隙度、渗透率的变化与粒度的韵律性相符(图3~图4)。

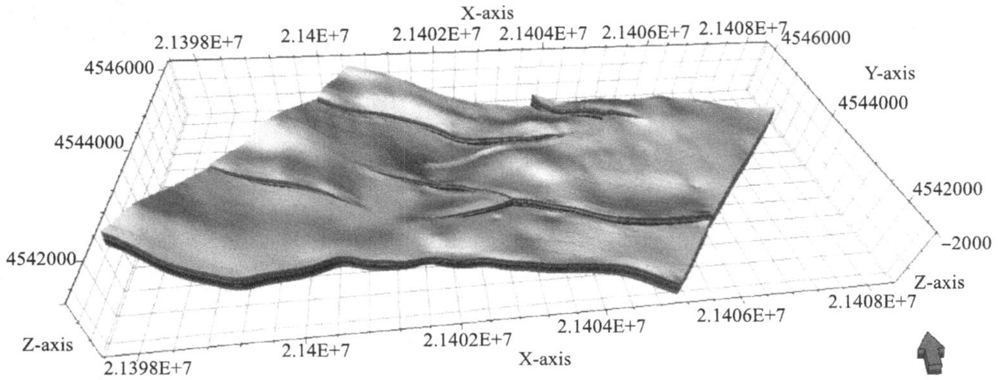

图2　A储气库构造模型

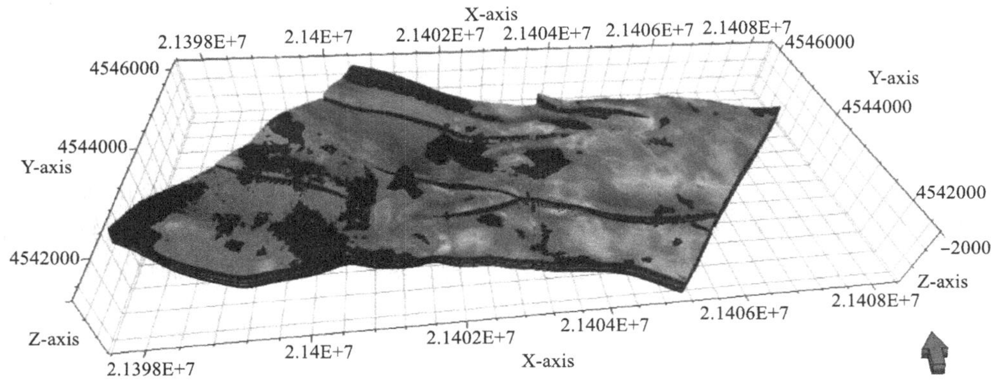

图3　A储气库孔隙度三维模型

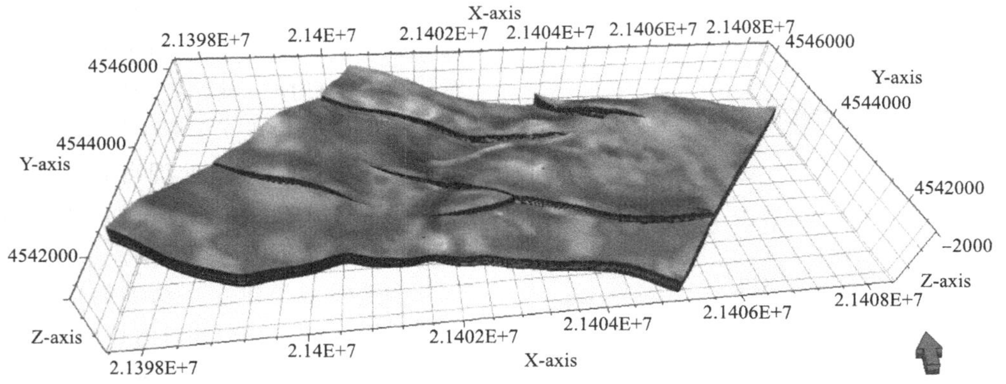

图4　A储气库渗透率三维模型

NTG模型表征的是含油砂岩的在砂层中的空间配置关系，对剩余油的赋存具有一定的指示作用，在确定有效厚度含油面积时，综合考虑了断层边界、油水边界和岩性边界的对油气运移的影响，再利用有效厚度图版的边界作为NTG模型建模边界，采用序贯高斯模拟作为随机模拟方法，建立了NTG模型(图5)。

3　气藏开发中流体运动规律研究

3.1　气相连续变化规律

在构造上，A断块西南部处于构造抬升的过渡带，与主体部位的构造高度差异不大，且局部有高点，气体封闭程度低，沿此方向容易发生气窜。同时，A断块西南部属水下分流河道相，由于沉积作用的影响，河道方向的渗透率相对偏大，连续性好，气体容易沿该方向突进，为气体主运动通道(图6)。

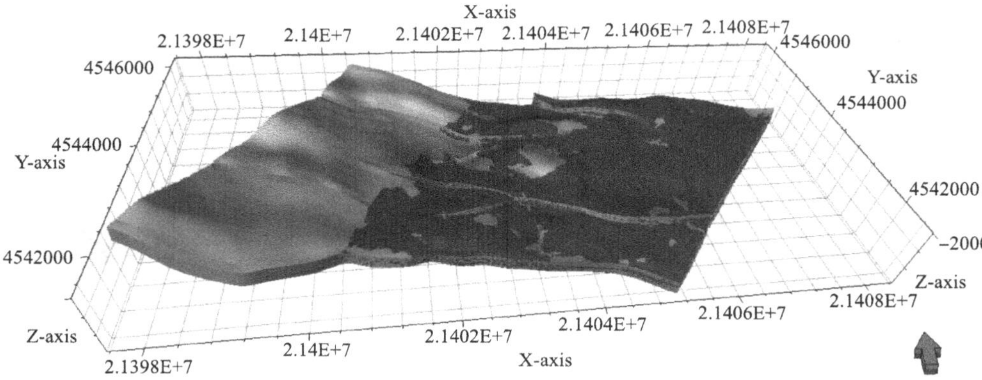

图5 A储气库净毛比三维模型

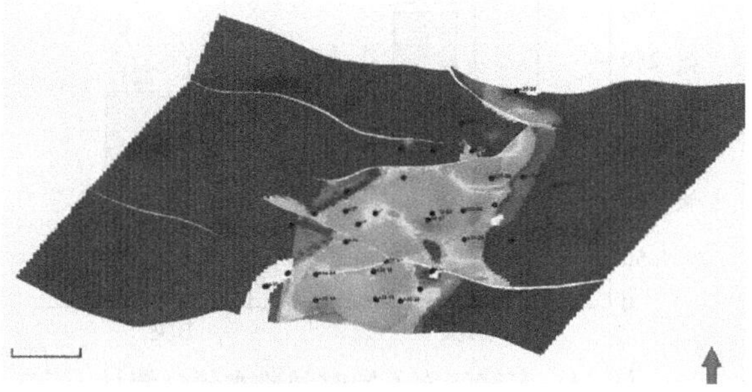

图6 A储气库构造三维图

从气体的气窜量统计来看，气藏开发结束时，受油环阻挡的影响，气顶内的气体穿过气油界面窜出的气体总量为1.61亿方，占总气体量的3.62%，占剩余气总量的14.6%，总体量相对偏小。

3.2 油相连续变化规律

从油环的变化规律来看，其主要受上部的气顶影响较大，气窜发生的位置，含油饱和度明显降低；受气顶凝析作用和气窜的影响，油的分布规律性较差，气顶内部区域也有部分剩余油的富集区域(图7)。

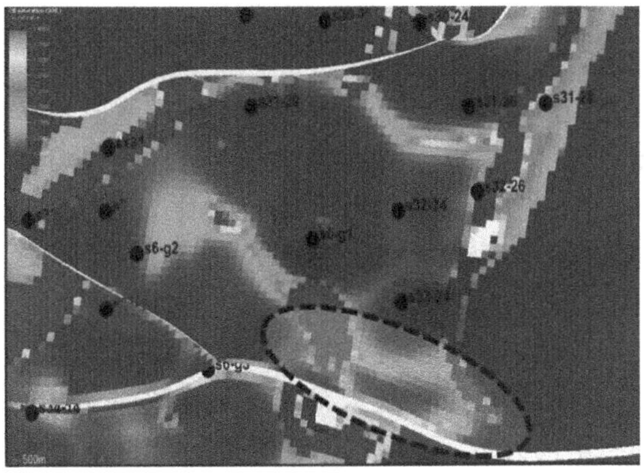

图7 剩余油环分布规律(2014.06)

A储气库水体为典型的边水型储气库，油环边部的水体对其也有较大影响，物性好、水体能量大的区域，水侵作用明显。

3.3 水相连续变化规律

根据数值模拟分层含水饱和度变化，分析气藏开发过程中的气水运动规律可以得出：由于边水的存在，气藏开发过程中随着气藏内部压力的不断下降，气水过渡带区域有比较明显的水侵。对比原始含水饱和度，水侵主要的突进部位为水体能量相对较强的东北部和西南部，各层水侵差异性较大。从产水情况来看，主要产水井集中在油水过渡带附近，高部位气顶内部产水量相对较小，说明水侵的范围有限，并未到达气顶部位。侵入到气层及油层中的水体总量大约为613万方，其中A块的水侵量较大，约为356万方，B块的水侵量约为257万方。烃类孔隙内水侵体积百分比为15.35%，整体水侵程度不高(图8)。

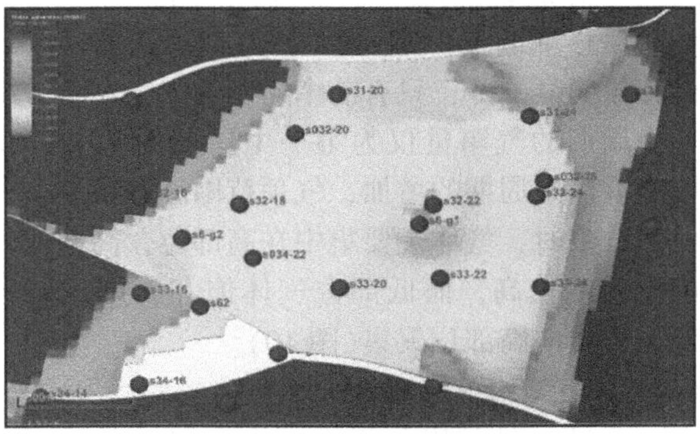

图8 剩余含水饱和度图

4 储气库注采中流体运动规律研究

4.1 气库注采过程中流体变化规律

多周期注采运行中，共计采出原油1.31万吨，从平面上看，气顶内部的油储量丰度随注采周期的增加而逐渐减小，气库空间被充分利用，而油气过渡带和油环内部的油储量丰度变化不大(图9)。

图9　A储气库采气结束后气体储量丰度图

4.2　气库注采过程中流体界面运动规律

注气过程中，气体的突进速度比较快，采气过程中，气水界面也快速回收，8个周期结束时，气水界面向下推进4个网格约28m。注气结束时，气区含气饱和度较高，当采气结束时含气饱和度有所下降，但整体下降比较均匀。注气周期结束时，穿过油环气窜到水域的气体总量达5.6亿方，第一周期后气范围边界基本确定。气库运行后，原油的总变化量不大，但平面上原油的分布规律变化较大，剩余油饱和度高的区域大幅减小，分布更加分散。

4.3　注入气体变化规律

从储气库的注采过程来看，组分中CH4的浓度只在气顶内部发生了较为明显的变化，气体的范围相对比较稳定，气体的运移量不会随注采周期的增加而增加。三个注采周期中，第一个周期的运移量最大，为3.68亿方，第二个周期的运移量明显下降，只有前个周期的1/3左右，第三个周期的气窜量仅为第一个周期的1/12，说明随着注采周期的增加，气顶范围逐渐稳定。当注气结束时，气体主要集中在高部位，高部位气的饱和度较高，而低部位气体饱和度则相对较低，气体向高部位聚集(图10)。

4.4　采气过程中水侵量

通过A储气库采气过程中水侵量分析，建库前水侵体积较大，多轮注采后，受烃类驱替作用，边水外推，水侵面积下降，水侵体积减小，建库前水侵体积613万，目前水侵体积523万方，水侵量减少90万方，排出约15%(图11)。

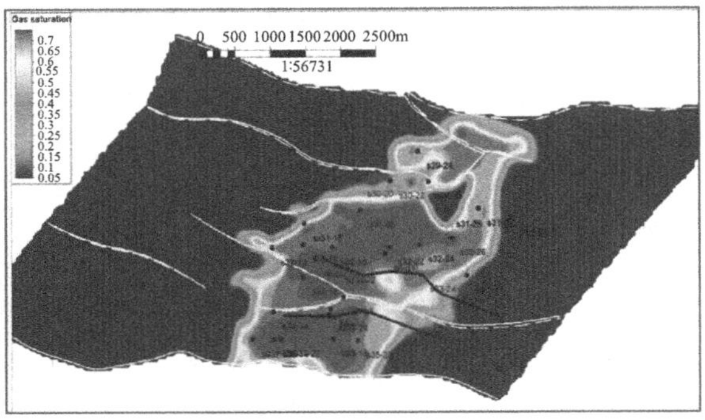

图10　注气结束时气体充注范围平面分布

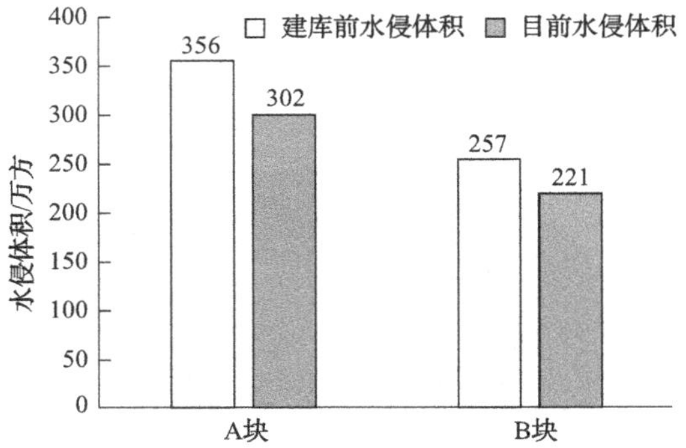

图11　A储气库不同时间段水侵量统计

5　储气库设计指标评价

5.1　单井注采能力评价

随着凝析气藏的开发，压力不断下降，属于衰竭开采过程，当压力下降到露点压力以下时，井底及井周发生反凝析液现象，初始凝析液的饱和度较低，不能形成气液两相流动，当反凝析液量超过两相流动时的残余液饱和度时，井底附近出现油气两相渗流，使气相渗透率降低，从而影响气井的产气能力，影响的程度取决于储层物性、孔隙结构、储层气相渗透率大小以及相对渗透率的曲线形态。本次数值模拟共设计注采井18口，主要位于气藏的高部位，尽量远离油水过渡带及气水过渡带。

预测结果显示，储气库的单井注气能力在30~150万方/天，最大日注气量水平井为146万方，定向井为103万方。通过对比来看，目前A地下储气库的实际注气量在合理范围之内(图12)。

预测结果显示，储气库的单井采气能力在20-160万方/天，最大日采气量水平井为153万方，定向井为72万方。气库运行实际采气量在合理范围之内(图13)。

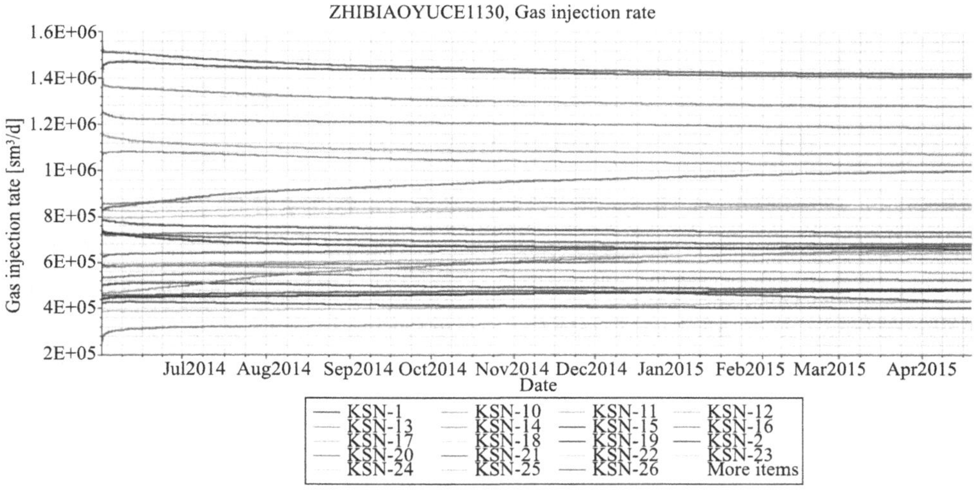

图 12 A 储气库单井注气能力

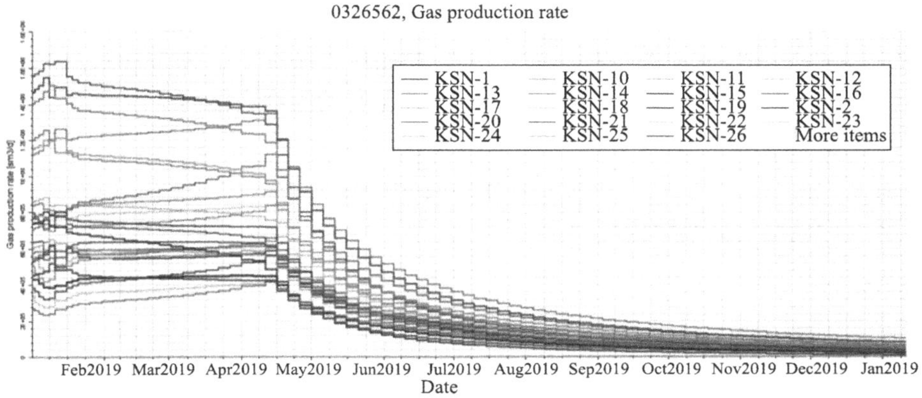

图 13 A 储气库单井采气能力

从不同压力下储气库剩余气量和单井产能变化来看，当运行压力从最高 26MPa 下降到 14Mpa 左右时，单井的产能变化幅度较大，当油藏压力低于 12MPa，各预测井产能大幅下降，储气库运行到下限压力时，单井的产能基本上与最低极限供气产能相等(表 1、图 14)。

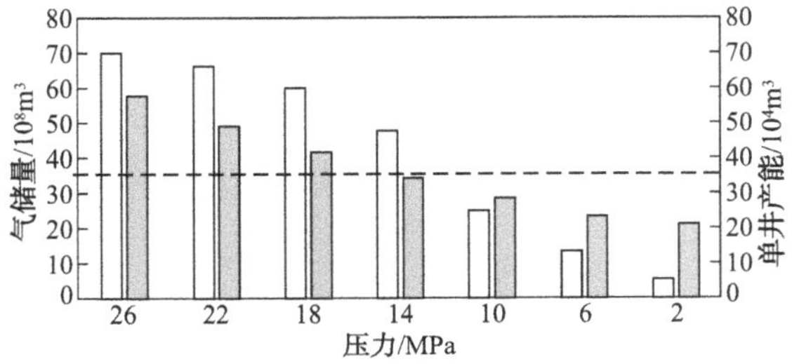

图 14 A 储气库压力和单井产能关系图

表 1 A 储气库压力下降统计表

指标	压力下降/MPa						
	26	22	18	14	10	6	2
单井产能/10^4m^3	69.98	64.35	51.89	38.76	25.36	10.35	5.26

续表

指标	压力下降/MPa						
	26	22	18	14	10	6	2
剩余气量/10^8m^3	57.85	49.45	41.66	34.26	28.76	23.58	19.66

表 2 为 A 储气库单井合理注采气量表，在实际注采过程中，可将注采量维持在合理范围值之内，以保证气库的安全稳定运行。

表 2 A 储气库合理注采气量表

断块	A 块、B 块
合理注入量/(10^4m^3/day)	50~80
合理采气量/(10^4m^3/day)	60~100

5.2 库容量参数评价

库容量是评价储气库存储及供气能力的重要指标之一，其随着气藏压力的变化而变化，要使设计的储气库正常发挥作用，必须落实不同地层压力条件下的库容量，及时调整储气库的注采状况，保证天然气的供需平衡(表 3)

表 3　A 储气库库容参数预测表

指标	压力恢复/MPa								
	4	8	12	16	20	24	28	32	36
储气库库容/10^8m^3	14.16	33.12	45.04	51.12	54.2	58.84	60.12	61.08	62.32

预测结果显示：注气前期，A 储气库的库容随压力的升高变化速度较快，随着库容量逐渐接近原始气藏储量，其变化速率明显降低，当井周围压力达到 26MPa 左右时，基本达到原始库容体积，气库压力继续增加，库容变化速率减小(图 15)。

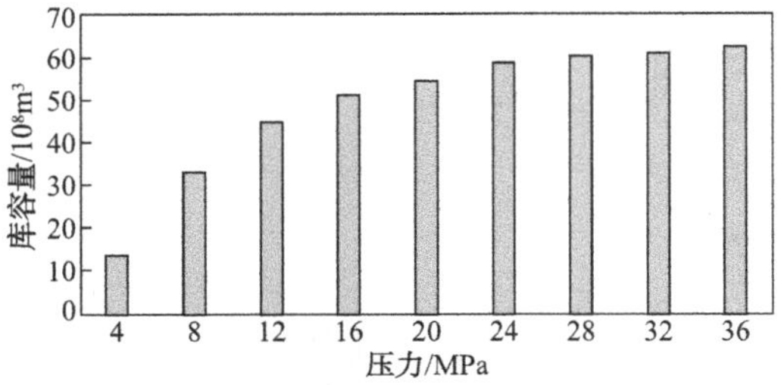

图 15　A 储气库压力与库容量关系图

5.3　工作气量评价

预测结果显示，A 储气库在上下限运行压力范围内，在新一批排液扩容井投产前，理论采气量可以达到约 18 亿方，随着排液扩容井的逐步投入运行，工作气会逐渐稳定在 22-25 亿方之间(图 16)。

预测结果显示：A 地下储气库在运行压力 26MPa 附近时，最高可提供 4000 万方的 12 天应急调峰能力，3000 万方的 21 天应急调峰能力，2000 万方的 42 天应急调峰能力。当运行压力为初始压力条件下，储气库最高可以提供 1000 万方左右的连续产能(图 17)。

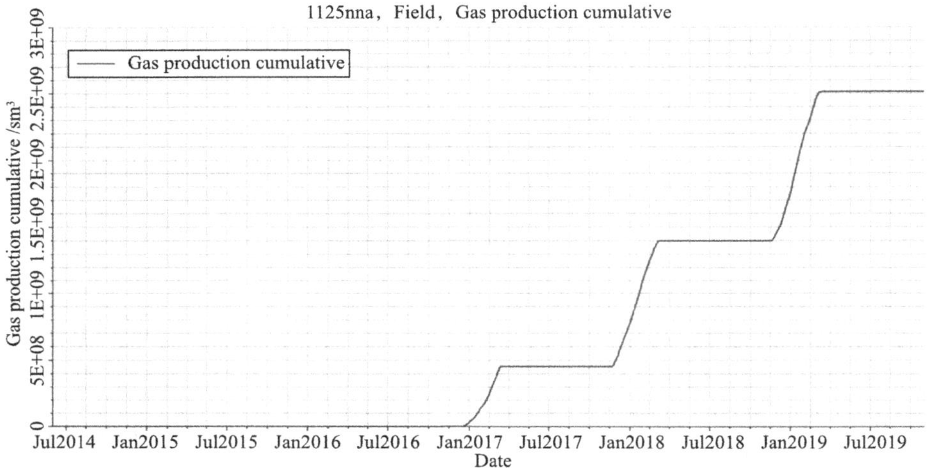

图 16　A 储气库气产量曲线图

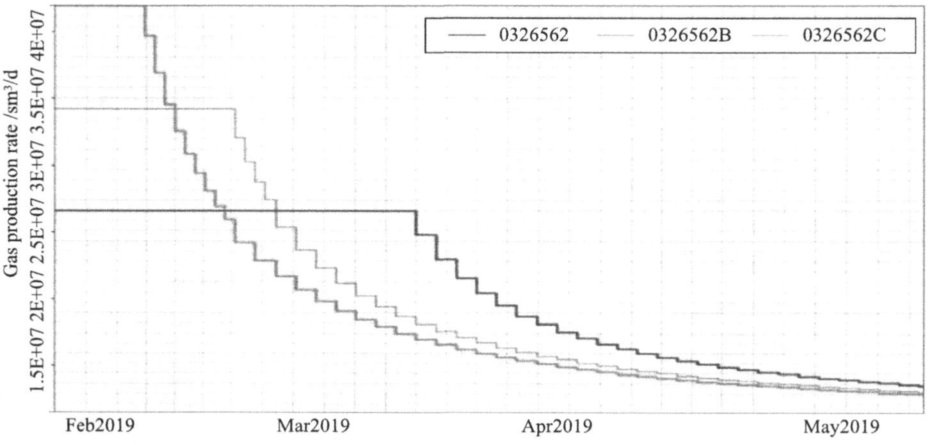

图 17　A 储气库应急调峰能力产能图

6 结论

（1）以油藏描述研究为基础，利用沉积微相知识、地质统计学原理和储层建模技术，进行网格划分、构造建模、沉积微相建模及属性建模，预测了井间物性参数的展布，建立了储层三维相控地质模型，并结合流体物性、生产历史数据、动态监测等资料，建立了储气库的数值模拟三维动态模型。

（2）断块西南部气体封闭程度低，沿水下分流河道方向的渗透率相对偏大，连续性好，气体容易沿该方向突进，为气体主运动通道。受气顶凝析作用和气窜的影响，油的分布规律性较差，气顶内部区域也有部分剩余油的富集区域。油环边部的水体主要突进部位为水体能量相对较强的东北部和西南部，各层水侵差异性较大。

（3）经过多周期注采，剩余油饱和度高的区域大幅减小，分布更加分散，气顶内部的油储量丰度随注采周期的增加而逐渐减小，气库空间被充分利用，而油气过渡带和油环内部的油储量丰度变化不大。注采过程中，气体的充注范围相对比较稳定，气体的运移量随着注采周期的增加逐渐减少，气顶范围逐渐稳定。多轮注采，受烃类驱替作用，边水外推，水侵面积下降，水侵体积逐渐减小，减少约90万方，排出侵入水15%。

（4）数值模拟研究表明，A储气库的单井注气能力在30~150万方/天，单井采气能力在20-160万方/天，气库运行实际注采气量在合理范围之内。当运行压力从最高26MPa下降到14MPa时，单井的产能变化幅度不大，当油藏压力低于12MPa，各预测井产能大幅下降，储气库运行到下限压力时，单井的产能基本上与最低极限供气产能相等。

（5）储气库注气前期，库容随压力的升高变化速度较快，随着库容量逐渐接近原始气藏储量，其变化速率明显降低，当井周围压力达到26MPa左右时，基本达到原始库容体积，气库压力继续增加，库容变化速率减小。预测结果显示，A储气库在上下限运行压力范围内，随着排液扩容井网的逐步投入运行，工作气会逐渐稳定在22~25亿方之间。

参 考 文 献

[1] 王希勇，熊继有，袁宗明，等．国内外天然气地下储气库现状调研[J]．天然气勘探与开发，2004，27(1)：49-51.
[2] 伍友佳．双台子油气田气顶驱开发中的问题探讨[J]．西安石油大学学报(自然科学版)(5)：23-27.
[3] 陈家新，等．天然气地下储气库规划设计要点[J]．油气储运，2001，20(7)：13-26.
[4] 李军生．新开、双台子地区断层封闭性研究[J]．断块油气田(05)：24-27.
[5] 李铁，等．地下储气库的建设与发展[J]．油气储运，2000，19(3)：1-8.
[6] 吴忠鹤，贺宇．地下储气库的功能和作用[J]．天然气与石油，2004，22(2)：1-4.
[7] M. R. Tek. 地下储气库观察井模拟特性[J]. SPE12078.
[8] 蒲建，杨树合，何书梅，等．大张坨地下储气库数值模拟研究[J]．天然气与石油，2002，20(01)：9-13.
[9] 王皆明，王丽娟，耿晶．含水层储气库建库注气驱动机理数值模拟研究．天然气地球科学，2005，16(05)：673-676.
[10] 方亮．地下储气库注采技术研究．大庆石油学院硕士学位论文．2003. 6-7.
[11] 贾忠伟，等．水驱油微观物理模拟实验研究[J]．大庆石油地质与开发，2002，2(1)：46-49.
[12] 展长虹，等．含水层储气库建设与数值模拟研究[J]．油气储运，2001，20(1)：9-10.
[13] 赵树栋，等．天然气地下储气库注采技术[M]．北京：石油工业出版社，2000.
[14] 奥林．弗拉尼根．储气库的设计与实施[M]．北京：石油工业出版社，2004：44-45.
[15] 李国韬，宋桂华，等．大港地下储气库大气量紧急调峰注采工艺[J]．天然气技术，2009，6：53-55.

“双碳”目标下水驱难采储量CO_2驱油与埋存关键技术及矿场应用

王　鑫

(中国石油大庆油田有限责任公司勘探开发研究院)

摘　要　在双碳战略目标背景下，对于低渗透、特低渗透等水驱难采储量CO_2驱油与埋存关键技术进行深入研究和推广应用。深化CO_2驱油与埋存机理认识、建立了多参数混相特征描述方法，创新形成注CO_2油藏地质体封闭性评价方法，发展CO_2驱油与埋存数值模拟技术，创新CO_2非混相驱提效开发设计技术，创建CO_2驱油与埋存全过程动态调控技术，形成了CO_2驱油与埋存关键技术系列。总体技术达到国际先进水平，已应用于大庆榆树林、海拉尔和敖南等油田，支撑大庆油田CCUS工业化试验区建设。累计埋存CO_2 200万吨，累计产油90万吨，实现水驱难采储量有效动用，对于支撑大庆油田原油稳产，实现碳减排和大幅度提高原油采收率双赢，推动国家CCUS全产业链发展具有重要意义。

关键词　CO_2驱；非混相；开发设计；动态调控；提高采收率

CCUS(Carbon Capture Utilization and Storage)是国际公认的减碳途径，是目前实现大规模化石能源零排放利用的重要方式，是实现“碳达峰、碳中和”战略目标的重要举措，也是低渗透和特低渗透油田水驱难采储量大幅度提高采收率技术，具有碳减排社会效益与增油经济效益“兼得”的优势，与绿色低碳发展战略高度契合。

大庆油田低渗透和致密油储量大，适合开展CO_2驱油与埋存的资源潜力大。油田周边碳源丰富，可捕集工业碳源1600万吨/年，源汇匹配程度高，具备CCUS规模开发、一举多赢的资源优势。发展CO_2驱提高采收率技术可以满足水驱难采储量提高采收率的技术需求。

CO_2驱油与埋存规模化应用面临着以下几方面的技术挑战。

技术挑战一：低渗、特低渗油藏CO_2驱油与埋存机理需要深入研究，开发设计技术需要进一步完善。针对水驱难采储量，初步形成了CCUS开发优化设计技术，设计井排方向与最大水平主应力方向匹配，使驱替前缘垂直于裂缝，减缓气窜，由于低渗和特低渗油藏构造、储层和流体性质差异较大，开发层系及井网复杂，CO_2驱油与埋存机理需要深入研究，开发方案需要进一步优化。

技术挑战二：复杂地质体CO_2驱油与埋存动态封闭性评价方法需要进一步完善。常规油气藏的封闭性评价主要针对断层静态封闭性，考虑因素和手段单一，在断面属性表征和地应力影响等方面考虑较少，同时缺少对CO_2注入封存过程中断层封闭性的定量评价，不利于气驱开发过程中断层岩临界渗漏条件的准确评价，复杂地质体CO_2驱油与埋存动态封闭性评价相关研究尚处于起步阶段。

技术挑战三：CO_2驱油与埋存动态跟踪评价及优化调整技术需优化升级。目前针对低渗、特低渗透油藏，开展了中前期阶段动态跟踪评价，实施了井组规模的水气交替、分层注气、压裂等调整措施，取得了一定的效果。但是随着试验周期的延长，不同开发阶段的动态特征差异大、控制气窜难度大，需要针对不同混相程度、不同储层物性、不同开发阶段的CO_2驱油与埋存动态特征差异，开展全过程跟踪评价，理清开发主要矛盾，优化动态调控方法，制定综合调整对策，改善CO_2驱油与埋存整体效果。

针对技术挑战，围绕提高CO_2驱油与埋存开发效果、降低开发成本，持续开展技术攻关与试验研究，取得了五个方面的重大研究成果，创新形成水驱难采储量CO_2驱油与埋存特色技术系列和标准规范。

1　建立多参数混相特征描述方法

传统CO_2驱混相理论认为，原始地层压力小于最低混相压力都属于非混相驱。研究认为用单一的混相或非混相描述CO_2驱替过程，不能完全反映混相性的分布。因此提出混相体积系数的概念，通过定义全混相、半混相和非混相体积系数，建立了多参数混相特征描述方法，来定量表征CO_2实际驱油过程中的混相状态或混相程度，为CO_2驱筛选标准的确定提供了依据。

全混相系数是气体波及区内界面张力为零的体积与波及体积的比值：

$$C_M = \frac{V_M}{V_g} \tag{1}$$

半混相系数是气体波及区内低界面张力（原油饱和度低于残余油饱和度）的体积与波及体积的比值：

$$C_p = \frac{V_p}{V_g} \tag{2}$$

非混相系数是气体波及区内高界面张力（原油饱和度高于残余油饱和度）的体积与波及体积的比值：

$$C_N = \frac{V_N}{V_g} \tag{3}$$

其中，V_g为气体波及体积，V_M为注入井附近界面张力0的体积，V_P为低界面张力区的体积，V_N为其他区域的体积，且有$C_M+C_P+C_N=1$。

如果以孔隙体积为参照系，则可以相应的定义绝对混相状态参数：

全混相体积系数：$\overline{C_M}=C_M\phi$

半混相体积系数：$\overline{C_P}=C_P\phi$

非混相体积系数：$\overline{C_N}=C_N\phi$

式中，ϕ为波及系数，无因次。

以上各参数可以统计组分模型数值模拟计算结果。相对混相状态参数与相应的绝对混相状态参数之间比例为注CO_2波及系数。

混相驱模型中，全混相体积系数在50%以上，非混相体积系数为0，可以验证模型为混相驱，可以表征混相驱替特征；近混相模型中，半混相体积系数初期达到80%以上，随着驱替进行逐渐降低，非混相体积系数逐渐增加，全混相体积系数在10%左右，可以验证模型为近混相驱，可以表征近混相驱替特征；非混相模型中，全混相体积系数、半混相体积系数都为0，非混相体积系数为100%，可以验证模型为非混相驱，可以表征非混相驱替特征（表1、图1）。

表1　不同类型二氧化碳驱模型计算混相情况表

驱替类型	混相系数	初期	0.05HCPV	0.1HCPV	0.2HCPV	0.5HCPV	1.5HCPV
全混相模型	混相驱	55.26	63.16	62.82	60.47	61.3	50.35
	近混相驱	4.44	9.67	10.99	10.09	9.59	9.16
	非混相驱	0	0	0	0	0	0
近混相模型	混相驱	44.74	36.84	37.18	39.53	38.7	49.65
	近混相驱	84.44	74.02	76.22	88.44	78.45	31.62
	非混相驱	100	96.25	63.21	0.17	0	0
非混相模型	混相驱	0	0	0	0	0	0
	近混相驱	11.11	16.31	12.79	1.47	11.97	59.22
	非混相驱	0	3.75	36.79	99.83	99.97	99.98

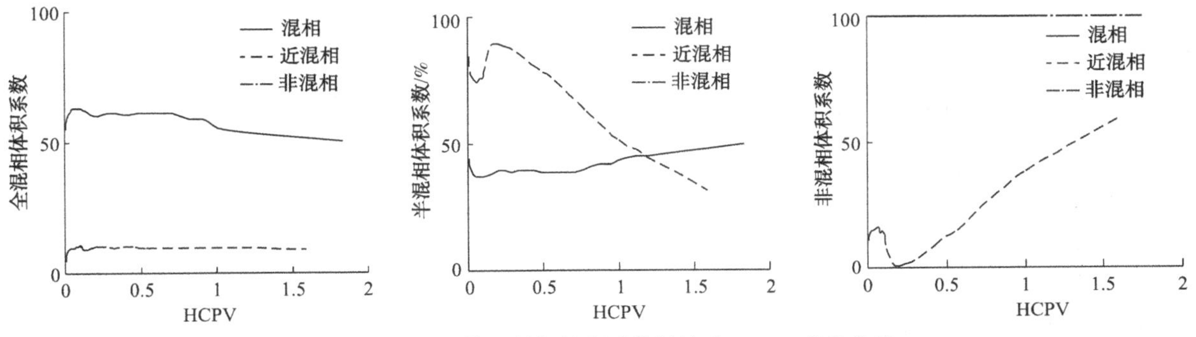

图1　三种理想模型混相体积系数随注入HCPV变化曲线

2 创建注 CO_2 油藏地质体封闭性评价方法

针对 CO_2 在地层中通过溶蚀、改变压力场、分子扩散等方式，容易沿盖层、断层进行泄漏等问题，开展了针对包含断层的地质体封闭性评价研究。根据断层侧向封闭机理分析，当断层岩的毛细管压力小于储层内油气剩余压力时，会沿断层岩发生孔隙渗漏，因此可采用断-储排替压差法定量评价。

断层岩的排替压力主要受断层岩岩性和断层岩成岩程度两方面因素的影响。根据不同深度围岩压汞实验实测的排替压力数据，结合 X 衍射实验测定或测井解释的泥质含量建立排替压力与成岩埋深、泥质含量的关系函数。

$$P_d = 0.152e^{0.3253(H \times V_{sh})/100} \tag{4}$$

其中，P_d 为岩石排替压力，MPa；H 为岩石压实成岩埋深，m；V_{sh} 为岩石泥质含量，%。

排替压力评价函数和断面受力分析，建立断面-地质模型求取断距、断层面倾角、断层面埋深等参数，然后根据公式计算断面不同位置的断层泥比率。采用有限元法建立三维地应力模型。根据建立的三维地应力模型，分析垂直应力、最大水平主应力和最小水平主应力在地层中的分布规律，为断层面受力分析和成岩深度换算奠定基础。

$$SGR = \frac{\sum_{k=1}^{n} \Delta T_k \cdot V_{shk}}{D} \times 100\% \tag{5}$$

其中，SGR 为断层面泥质含量,%；n，k 为断层错断砂岩层数，第 k 层砂岩；ΔT_k 为第 k 层砂岩厚度，m；D 为断层垂直断距，m；V_{shk} 为第 k 层岩层泥质含量，%。

评价分类标准如表 2 所示。

表 2　评价分类标准

评价指标		好	中	差
区域盖层	主力盖层埋深/m	1000~2000	800~1000 2000~3500	<800 >3500
	盖层厚度/m	>100	50~100	<50
	盖层岩性	泥岩、油页岩	砂质泥岩、泥质砂岩	砂岩、砂泥岩薄互层
	盖层分布连续性	连续、稳定	较连续、较稳定	连续性差、不稳定
	盖层泥质含量/%	>80	40~80	<40
	盖层渗透率/mD	<0.01	0.01~0.1	>0.1
	盖层排替压力/MPa	>10	2~10	<2
主控断层	主控断层泥比率/SGR	>2	0.5~2	<0.5
	泥岩涂抹系数/SSF	<1.5	1.5~4	>4

通过研究建立了地震体垂向封闭性评价标准，结合数值模拟的地层孔隙流体压力预测成果，能够明确断层薄弱位置。对于 CO_2 在地层中埋存时预测断层侧向的安全距离、指导断层附近注气井井位设计和注入压力计算有着重要的意义。

3 创新 CO_2 非混相驱提效开发设计技术

针对低渗、特低渗透油藏开采过程中压力分布的特点，提出“提压力、促混相”CO_2 非混相驱提效开发理念。以井震结合预测储层砂体、裂缝地应力描述为基础，以井震结合三维地质建模及油藏数值技术为手段，创新形成以“层系、井网、注采参数”优化为核心的 CO_2 非混相驱提效开发设计技术，实现增大混相区域、改善驱油效果、提高 CO_2 埋存量的目标。

3.1 制定 CO_2 驱油与埋存开发层系划分原则

一是一套独立的开发层系应当具有一定的储量，保证油井具有一定的生产能力，要求分层系开采有效厚度大于经济极限下限。但套层系中油层不宜过多。

二是同一开发层系内油层性质接近，油层间渗透率相差不宜过大，渗透率级差不超过 5 倍。

三是划分开发层系，要考虑到当前采油工艺的技术水平，在分层工艺能解决的范围内，层系划分应当尽量简化。

3.2 建立CO_2驱油与埋存开发井网优化设计方法

CO_2驱油与埋存试验井网优化设计既要考虑建立有效驱动体系，同时也要考虑CO_2的特性，延缓气窜的发生。在CO_2驱油与埋存工业性矿场试验方案编制过程中，优化井排方向与主应力方向一致，保证井网适应性，提高单井产量和采收率、有效控制气窜。由于注CO_2驱油相对注水开发易于建立有效驱动体系。因此，确定CO_2驱油井排距时，主要是考虑井网对砂体控制程度，以及气窜控制难易程度。以S1区块为例，综合考虑砂体延伸方向和砂体宽度，设计井距为250~300m，井排方向为近东西向。

3.3 建立CO_2驱油与埋存注采参数优化设计方法

与井网优化设计一样，注采参数的确定也是注CO_2驱油与埋存技术的重要部分。在特低渗透扶杨油层CO_2驱油开发试验注采参数优化过程中，应用混相体积系数、结合波及系数和换油率等注气开发重要指标参数，进行CO_2驱注采参数优化设计，形成了一套包括注采能力、注采工作制度、注气及投产时机和方式在内的注采参数优化流程(图2)。

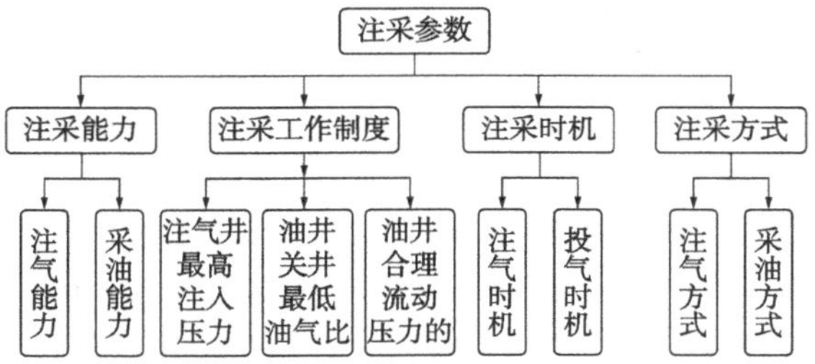

图2　CO_2驱油注采参数优化流程图

4 创建CO_2驱油与埋存全过程动态调控技术

应用数值模拟手段，结合油藏工程分析方法和矿场试验动态变化特征，将CO_2驱油与埋存阶段分为开发初期、规模受效期和油井见气期，根据不同阶段产油、产气和CO_2埋存特征，确定了全过程动态调整原则，提出“保流压、防气窜”调整理念，形成了“参数优化+分层调整+气窜防控+措施引效”调整技术组合。在开发初期，采用超前注气补充地层能量，油井不压裂投产。在规模受效期，采用注气井周期注气工作制度，控制见气速度；油井根据产油量和汽油比变化实施分类管理，受效好的采油井采取提高流压开采，受效差的采油井降低流压开采，有利于均匀驱替。在油井见气期，加大注入井和采油井调整力度，注入井实施周期注气、水气交替、调剖、单层轮注、测调等调整手段，采油井根据气油比实施分类管理，边部受效差的采油井实施小规模压裂、吞吐引效等措施，气窜井实施转注气。通过CO_2驱油与埋存全过程动态调控，现场应用9年产量无递减，气油比长期保持在$100m^3/t$以下，实现了扩大波及体积、均匀驱替、提高CO_2有效埋存的阶段目标(表3)。

表3　CO_2驱油与埋存全过程动态调控方法

区块	开发矛盾	调整方式
S1先导	局部气油比高	水气交替：封堵储层易窜大孔道
	平面矛盾突出	参数调整：引导压力传导方向
S1外扩	层间矛盾突出	分层测调：限扶、提杨
	驱替效果较差	压裂引效：提高油井受效程度
S2区块	层间矛盾突出	单层轮注：优化合理轮注周期
	存在压裂裂缝	加强线性注气：向油井排驱替

5 技术应用效果

研究成果在大庆外围油田5个CO_2驱油与埋存试验区得到应用，动用地质储量1800万吨，注采井400口。累计注气230×10^4t，累计产油90×10^4t，累计埋存CO_2 200万吨，取得了良好的矿场应用效果，建成了国内最大的CO_2非混相驱整装动用试验区。

通过多年的技术攻关和矿场试验，明确了低渗、特低渗砂岩油藏CO_2驱油与埋存开发规律，取得了以下四点认识。

一是CO_2驱注入能力强，是注水能力的3倍以上。Y油田扶杨油层为低孔、特低渗透储层，注水困难，水驱难以建立有效驱动体系。S1区块为未开发新区，采用直接注CO_2开发，与同类水驱开发区块相比，注入压力低3-4MPa，能够实现长期稳定注入；S2区块2005年注水开发，因为储层致密注水困难，80%注水井完不成配注，2014年由水驱转CO_2驱，注气压力比注水压力低2MPa以上，注水困难井可连续注气，注气能力是注水能力3倍以上。

二是气驱开发能量补充快，地层压力保持水平高。S1区块原始地层压力22.2MPa，采用超前注气提高地层压力，油井开井生产后，地层压力长期保持在原始压力的 70%以上，表明注气地层能量补充快。S2 区块由于注水困难，水驱阶段地层压力从 20.7MPa 快速下降至 7.2MPa，转 CO_2驱后，地层能量得到有效补充，地层压力保持水平从水驱阶段的 32%提高到 CO_2驱阶段的 60%以上。

三是气驱能够建立有效驱替，采油速度明显高于水驱。S1 区块采用超前注气 6 个月(折合 0.03HCPV)进行提压补能，采油井不压裂投产，采油速度长期保持在 0.5%以上，远高于同类水驱压裂投产区块的 0.2%，表明 CO_2驱开发稳产期长。S2 区块采油井压裂投产，初期采油速度 1%以上，但由于注采井间难以建立有效驱替，产量递减快，采油速度降至 0.2%，转 CO_2驱初期采油速度升至 0.7%，CO_2驱产量是水驱产量的 3 倍。

四是长期保持稳油控气，存碳率高于方案设计。通过实施水气交替、小规模压裂引效等动态调控技术和手段，CO_2驱油与埋存工业化试验保持产量稳定，气油比长期保持在 100m³/t 以下的较低水平，累计存碳率达到 95%以上(图 3)。

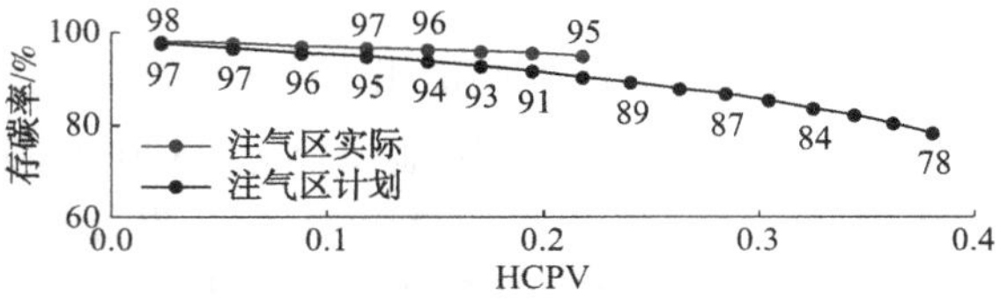

图 3　工业化试验区累计存碳率运行曲线

6　推广前景

CO_2驱油与埋存工业化试验区累计埋存 CO_2 200 万吨，实现温室气体大规模减排，强力支撑黑龙江省“建设绿色龙江、推进生态振兴”的发展计划，用实际行动践行国家“碳达峰、碳中和”的战略目标，社会经济及生态效益显著。

大庆外围油田适合 CO_2驱油与埋存地质储量 5.14 亿吨，该技术推广后，预计比水驱提高采收率 12 个百分点以上，增加可采储量 6000 万吨，中石油适合 CO_2 驱油与埋存潜力储量 67.7 亿吨，该项目成果在中石油所属油田推广应用后，预计新增石油可采储量 8 亿吨以上，对于保障国家能源安全和埋碳减排具有重要意义。

7　结论

（1）通过定义全混相、半混相和非混相体积系数，建立了多参数混相特征描述方法，来定量表征 CO_2 实际驱油过程中的混相状态或混相程度。

（2）在 CO_2驱油与埋存工业性矿场试验方案编制过程中，优化井排方向与主应力方向一致，保证井网适应性，提高单井产量和采收率、有效控制气窜。

（3）提出“保流压、防气窜”调整理念，形成了“参数优化+分层调整+气窜防控+措施引效”调整技术组合，现场应用，气油比长期保持在 100m³/t 以下的较低水平，累计存碳率达到 95%以上。

参 考 文 献

[1] 胡永乐，吕文峰，杨永智，等．二氧化碳驱油与埋存技术及实践[M]北京：石油工业出版，2023.

[2] 张晨阳，王福焕，魏华，等.“双碳”目标下塔里木油田油气与新能源融合发展实践[J]. 新疆石油天气，2022，18(2)：16-20.

[3] 程杰成，庞志庆，等，特低渗透油藏二氧化碳驱油工程技术[M]. 北京：石油工业出版社，2021.

[4] 沈平平，廖新维．二氧化碳地质储存与提高采收率技术[M]. 北京：科学出版社，2009.

[5] 计秉玉，何应付，等，低渗透油藏二氧化碳驱油机理与油藏工程工程[M]. 北京：科学出版社，2020.

[6] 高慧梅，何应付，周锡生．注二氧化碳提高原油采收率技术研究进展[J]. 特种油气藏，2009，16(1)：6-12.

[7] 郭平，李士伦，杜志敏，等．低渗透油藏注气提高采收率评价[J]. 西南石油学院学报，2002，24(5)：46-50.

[8] 童宪章．油井产状和油藏动态分析[M]. 北京：石油工业出版社，1981.

[9] 沈平平，江怀友，陈永武，等．CO_2注入技术提高采收率研究[J]. 特种油气藏，2007，14(3)：1-4.

[10] 杜建芬，陈静，李秋，等．CO_2微观驱油实验研究[J]. 西南石油大学学报：自然科学版，2012，34(6)：131-135.

聚合物驱不同注采井距下动态变化特征研究

王　鑫　王恩德　杜　雪　隋殿雪　丁雪莹　王　鑫(小)

(大庆油田第四采油厂地质研究所三采室)

摘　要　本文通过对比一类油层不同注采井距条件下聚合物驱开发动态指标变化规律，明确了不同注采井距对聚合物驱各项动态指标的影响，同时利用注采能力、含水变化、采聚浓度等参数，定量表征不同注采井距聚驱受效规律。结果表明，141m 注采井距，聚合物驱开发效果较好，含水低值期长，更适合聚驱开发。

关键词　聚合物驱；动态变化；注采井距

经过几十年的攻关研究，D 油田聚合物驱油技术得到了较好的发展和完善。但是，不同注采井距对聚合物驱注采两端的影响，表现出不同的动态变化特征以及不同的驱油效果。为明确不同注采井距条件下聚合物驱动态变化特征，通过对比分析注采井距分别在 125m、141m 及 200m 聚合物驱区块的各项动态指标，研究不同注采井距对于聚合物驱油效果的影响，为聚合物驱区块合理注采井距的确定提供依据。

1　区块概况

1.1　基本概况

A 块开采目的层为 P 油层，含油面积 7.96km^2，采用注采井距为 125m 五点法面积井网布井方式，2010 年 11 月开始注聚，2014 年 12 月停注剂，提高采收率为 10.5%。

B 块开采目的层为 P 油层，含油面积 6.96km^2，采用注采井距为 141m 五点法面积井网布井方式，2015 年 8 月份开始注聚，2020 年 12 月停注，提高采收率为 16.2%。

C 块开采目的层为 P 油层，含油面积 8.54km^2，采用注采井距为 200m 五点法面积井网布井方式，2002 年 1 月开始注聚，2011 年 6 月停注，提高采收率为 14.8%。如表 1 所示。

1.2　驱油方案设计情况

A 块注剂全过程平均注入浓度为 1511mg/L，平均注入速度为 0.21PV/a，累计注入孔隙体积 0.72PV；B 块注剂全过程平均注入浓度 1678mg/L，平均注入速度为 0.19PV/a，累计注入孔隙体积 1.05PV；C 块注剂全过程平均注入浓度为 1621mg/L，平均注入速度为 0.18PV/a，累计注入孔隙体积为 1.01PV，三个区块注入药剂均为注入 2500 万分子量普通聚合物。

表 1　基本情况对比表

区块名称	开采目的层	砂岩厚度/m	有效厚度/m	渗透率/μm^2	注采井距/m	控制程度/%
A 块	P 油层	11.7	9.0	0.501	125	75.81
B 块	P 油层	9.2	7.5	0.532	141	72.60
C 块	P 油层	14.5	10.5	0.561	200	71.37

表 2　驱油方案实施情况对比表

区块名称	分子量	注入浓度/(mg/L)		注入速度/(PV/a)	注入孔隙体积/PV	注入强度/(m^3/m)
		段塞一	段塞二			
A 块	2500 万	1600	1400	0.20~0.22	0.90	7.5
B 块	2500 万	1800	1600	0.18~0.20	0.85	6.5
C 块	2500 万	1800	1600	0.18~0.20	0.85	6.5

三个区块开发层系均为P油层，单位，开采层物性相似、药剂相同，注入速度、注入浓度相差不大。因此，三个区块可作为研究不同注采井距对聚合物驱动态变化影响的分析对象。

2 注入端动态变化规律

2.1 不同注采井距，阶段吸水能力不同

对比三个区块不同注剂阶段注入压力情况，三个区块注聚前期注入压力范围在9.1~9.5MPa之间，初期注入压力水平相当；注剂中期三个区块平均注入压力范围在11.1~11.7MPa之间，压力升幅在21.9%~23.6%之间，125米井距区块注剂中期注入压力为11.1MPa，141米井距区块注剂中期注入压力为11.5MPa，200m井距区块注剂中期注入压力为11.7MPa；对比注剂后期各区块注入压力水平，125m井距区块注剂后期注入压力为11.6MPa，141m井距区块注剂后期注入压力为12.1MPa，200m井距区块注剂中期注入压力为12.5MPa；综上，注剂全过程注入压力升幅对比发现，125m小井距注入压力升高2.5MPa，升幅为25%；141m井距注入压力升高2.8MPa，升幅为30.1%；200m大井距注入压力升高3MPa，升幅为31.6%。因此，聚合物驱阶段，井距越大注入压力升幅越大。如图1、图2所示。

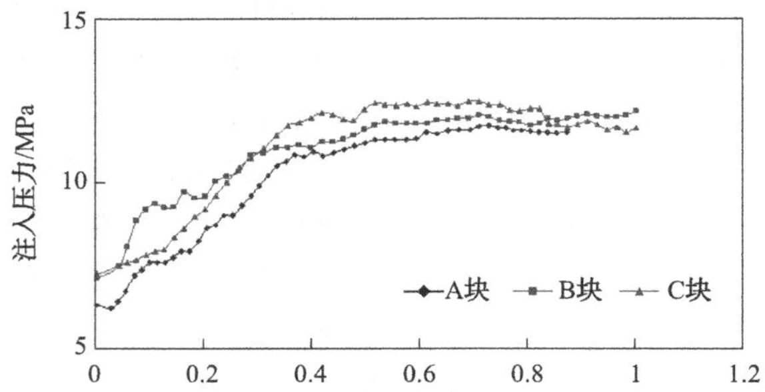

图1　聚合物驱不同井距下注入压力曲线

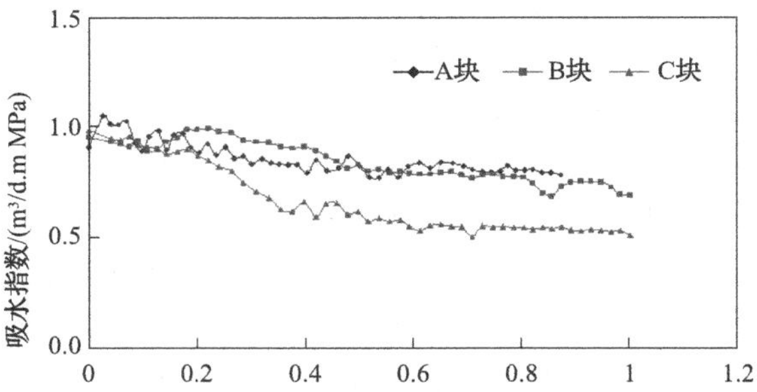

图2　聚合物驱不同井距下吸水指数曲线

对比三个区块不同注剂阶段吸水指数变化情况，A、B、C区块注剂前期视吸水指数分别为0.751、0.789、0.845、m^3/d.m.MPa，由于C块物性发育相对最好，初期吸水指数最大，但是对比三个区块注剂中期吸水指数降幅发现，A、B、C区块吸水指数降幅分别为18.2%、20.8%、30.3%；对比三个区块注剂后期吸水指数降幅发现，A、B、C区块吸水指数降幅分别为23.0%、33.6%、42.5%。因此，聚合物驱注采井距越大，吸水指数降幅越大。

综上所述，聚合物驱阶段注采井距越大，注入压力升幅越大，吸水指数降幅越大，吸水能力下降越明显。如表3所示。

表3　不同阶段注入压力和视吸水指数变化对比表

区块名称	注入压力/MPa			吸水指数/(m^3/d·m·MPa)		
	注聚前期	注聚中期	注聚后期	注聚前期	注聚中期	注聚后期
A块	9.1	11.1	11.6	0.751	0.614	0.578
B块	9.3	11.5	12.1	0.789	0.625	0.524
C块	9.5	11.7	12.5	0.845	0.589	0.486

2.2 不同注采井距，阶段动用状况不同

统计三个不同井距聚合物驱各注剂阶段有效厚度动用状况发现：A块注剂前期吸水有效厚度比例为78.5%，动用状况达到最佳，到注剂中后期吸水有效厚度比例逐渐降低，注剂后期吸水有效厚度比例仅为60.8%；B块注剂中期吸水有效厚度比例为80.6%，动用状况达到最佳，注剂后期吸水有效厚度比例逐渐降低，到注剂后期吸水有效厚度比例仍保持在70.3%；C块注剂中期吸水有效厚度比例为73.6%，注剂后期吸水有效厚度比例为67.5%。

统计不同阶段剖面变化情况发现，A块有效厚度动用状况先变好，注入聚合物溶液0.35PV

时，部分井出现剖面返转情况，在注入溶液0.35~0.45PV区间，剖面返转井数比例达到42.6%；C块有效厚度动用状况变好趋势相对较慢，注入聚合物溶液0.55PV时，部分井出现剖面返转情况，在注入溶液0.55~0.65PV区间，剖面返转井数比例达到36.9%；B块上述指标属于A、C两区块之间。

综上所述，从三种不同注采井距聚合物驱剖面动用情况对比表明，井距越小剖面改善越早，但同时出现剖面返转情况也越早；井距越大剖面改善相对较晚，同时最大有效厚度动用比例仅为73.6%；141m注采井距聚合物驱过程中，最大有效厚度动用比例高达80.6%，剖面动用改善程度最好。如表4所示。

表4　不同阶段油层动用情况变化对比表

区块名称	空白水驱		注聚前期		注聚中期		注聚后期	
	吸水层数比例/%	吸水有效厚度比例/%	吸水层数比例/%	吸水有效厚度比例/%	吸水层数比例/%	吸水有效厚度比例/%	吸水层数比例/%	吸水有效厚度比例/%
A块	69.2	50.1	80.5	78.5	75.9	72.4	68.5	60.8
B块	70.5	63.7	72.6	68.9.	82.5	80.6	74.6	70.3
C块	68.9	63.4	73.6	68.7	75.9	73.6	70.2	67.5

3　采出端动态变化规律

3.1　不同注采井距，阶段产液能力不同

从各区块产液强度与产液指数对比表来看，A块注聚后期产液指数为0.854m^3/d·m·MPa，降幅仅为32.4%；B块注剂后期产液指数为0.726m^3/d·m·MPa，降幅为35.5%；C块注剂后期产液指数为0.469m^3/d·m·MPa，降幅为55.5%。同时，对比各区块注剂后期产液强度发现，注剂后期A块、B块产液强度分别为8.1、7.0m^3/m，而C块注剂后期产液强度仅为4.9m^3/m。如表5所示。

表5　不同阶段采液强度和产液指数变化对比表

区块名称	产液强度/(m^3/m)			产液指数/(m^3/d·m·MPa)		
	注聚前期	注聚中期	注聚后期	注聚前期	注聚中期	注聚后期
A块	9.6	8.7	8.1	1.265	1.058	0.854
B块	8.4	7.5	7.0	1.125	0.859	0.726
C块	8.5	5.4	4.9	1.056	0.658	0.469

综上所述，从三种不同注采井距聚合物驱产液能力对比发现，井距越小注剂后期产液指数降幅越小，产液强度依然维持较高水平；而200米大井距，在注剂后期产液指数仅为0.469m^3/d.m.MPa，产液强度仅为4.9m^3/m，产液能力降幅过大，需要配合一定比例措施改造，提升产液能力。

3.2　注采井距小见剂时间早，见剂浓度高

从不同注采井距区块采聚浓度走势来看，A块采聚浓度曲线斜率较大，升幅较大；C块采聚浓度曲线斜率较小，升幅较小；B块采聚浓度曲线变化趋势介于A、C两块之间。

A块在注入0.31PV时，见聚浓度达到300mg/L，而B、C块见聚浓度达到300mg/L时，分别注入0.52PV、0.56PV；A块注聚阶段最大见聚浓度821mg/L，而B、C块最大见聚浓度分别为789mg/L、681mg/L；每注入0.1PV聚合物，A、B、C块采聚浓度分别增加96mg/L、56mg/L、47mg/L。

表6　相同PV下见剂情况对比表

区块	300mg/L/PV	最大采聚浓度/(mg/L)	采聚浓度增加/(mg/L/0.1PV)
A块	0.31	821	96
B块	0.52	789	56
C块	0.56	681	47

通过对比分析，125m井距注聚过程中表现为见聚时间早，且见聚浓度升幅最大，而200m

大井距区块见聚时间最晚，且见聚浓度升幅小，141m井距区块见聚特点趋于二者之间。说明125m井距注聚阶段，具有易突破，控制不住的特点。

3.3 注采井距小含水下降早回升快，上升幅度大

从注剂后含水变化情况看，A块在注剂0.22PV时，区块含水下降到最低点，随着注聚进入中期，含水快速回升，含水变化趋势呈“√”型；C部区块在注聚达到0.5PV时，含水达到最低值，随后进入中后期，区块含水缓慢回升；B块注聚开始含水下降相对适中，介于A、C两个区块之间，在注聚达到0.5PV时，含水到达最低值，随后缓慢回升，含水低值期相对较长，含水变化趋势呈浅“U”型。

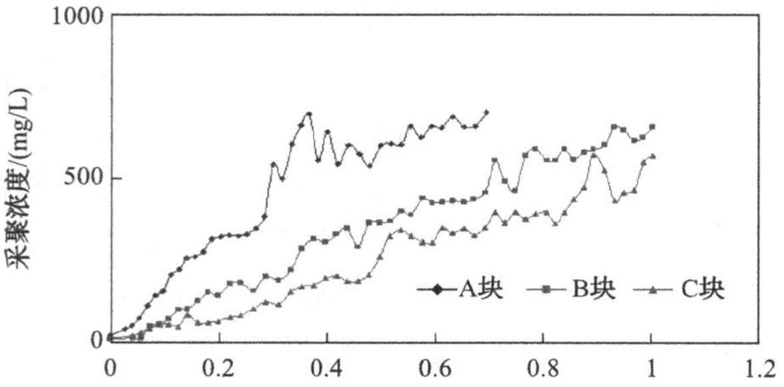

图3　不同井距下聚合物驱采聚浓度曲线

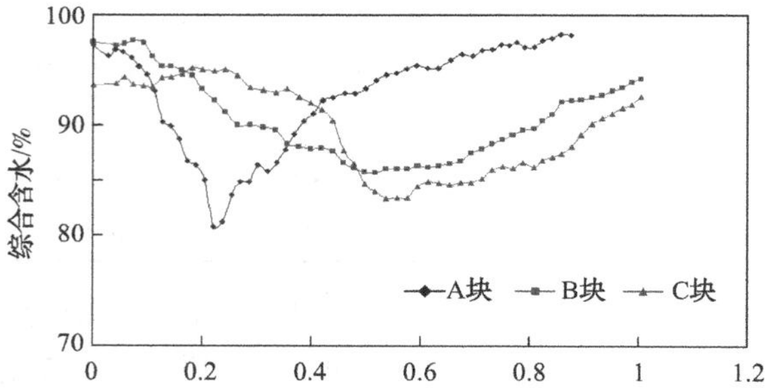

图4　不同井距下聚合物驱综合含水曲线

分析得出，聚合物驱125m小井距区块见效早，但含水回升速度快；而200米大井距区块见效晚，回升快；141m井距聚驱阶段见效早，且含水低值期长，开发效果相对较好。

4　区块开发效果对比

对比三个不同注采井距聚合物驱阶段提高采收率发现，141井注采井距提高采收率最大，提高采收率达到15.2%，而125m井距聚合物驱阶段提高采收率仅为9.5%；因此，对比125m、200m注采井距，141m注采井距聚合物驱开发效果相对较好。

表7　各区块最终提高采收率对比表

区块	A块	B块	C块
提高采收率/%	9.5	15.2	13.2

5　结论

(1) 注采井距越小，注聚过程中注入能力越强；小井距注入剖面改善相对较早，但剖面返转时机较早，导致注聚中后期油层动用较差。

(2) 大井距注聚阶段采液指数降幅较大，需要配合一定措施比例提升产液能力。

(3) 小井距见聚早，且见聚浓度上升速度快，导致含水回升快，影响区块开发效果。

(4) 结合区块最终提高采收率，141米注采井距聚合物驱开发效果最好。

参考文献

[1] 程杰成，吴军政，胡俊卿．三元复合驱提高采收率关键理论与技术[J]．石油学报，2014，35(2)：310-318.

[2] 李洁，陈金凤，韩梦蕖．强碱三元复合驱开采动态特点[J]．大庆石油地质与开发，2015，34(1)：91-97.

[3] 苏孝博．聚合物驱提高采收率技术与应用[J]．化学工程与装备，2021，1(1)：104-105.

[4] 董宁．聚合物驱油提高采收率技术研究[J]．化学工程与装备，2018，9(9)：182-170.

喇北西二断南上返不同类型井组见效差异性分析

于光泽　周　瑶　孙丽杰

（大庆油田第六采油厂地质研究所三采室）

摘　要　本文依据井组静态资料，利用灰色关联分析方法，优选了一类连通率、渗透率级差、河道砂厚度比例、有效厚度、注聚前含水5项参数将井组划分为四类。重点选取注入压力、视吸水指数及吸水剖面等指标进行对比分析，确定各类井组注聚初期动态变化规律、见效特征和主要矛盾，实施个性化分类调整，促进分类井组及早见效。通过上述研究，初步搞清了不同类型井组注聚初期动态变化规律及见效特征，明确了注聚初期调整做法，分类井组含水持续下降，取得了较好的开发效果。

关键词　不同类型井组；见效；差异性；灰色关联；跟踪调整

喇北西二断南上返2021年10月注聚，注聚后见到明显增油降水的效果，但井间见效存在一定差异。依据静态资料，采用灰色关联方法对井组进行分类，开展了不同类型井组见效差异性原因分析，明确了动态变化特点，制定针对性调整做法，开发效果持续向好，对今后二类B油层开发调整提供有力指导。

1　应用灰色关联方法开展井组分类

1.1　灰色关联方法及原理

灰色系统评价方法主要是用灰色关联度表示待评价样本与各级别间的相似程度，确定各影响因素的权系数，从而科学的对影响聚驱效果的地质、剩余油因素进行分类。其计算原理是各影响因素利用矩阵作数据列处理，确定各影响因素与聚驱效果的关联系数。

$$P_i(X)=\frac{\min\limits_i\min\limits_X\Delta_i(X)+A\max\limits_i\max\limits_X\Delta_i(X)}{A\max\limits_i\max\limits_X\Delta_i(X)+\Delta_i(X)} \quad (1)$$

式中，A为分辩系数，其作用是为削弱最大绝对差数值太大而失真的影响，提高关联系数之间的差异显著性，A∈(0，1)。

经归一化处理即可得到权系数 a_i

$$\alpha_i=\frac{\frac{1}{n}\sum\limits_i^n P_i(X)}{\sum\limits_{i=1}^n\frac{1}{n}\sum\limits_i^n P_i(X)} \quad (2)$$

1.2　评价参数的优选

影响聚驱开发效果的因素多而复杂，在生产中开发调整均以最大程度的适应储层地质条件为前提，注入参数与储层性质具有最佳的匹配关系。因此，在评价参数选择上主要以地质参数为主，综合反映二类B油层的地质特性。在反映储层性质上，选择有效厚度、连通厚度、孔隙度、孔隙体积、渗透率、渗透率级差、一类连通率、河道砂厚度比例等8个参数；在反映剩余油情况上，选择注前含油饱和度、注聚前含水等2个参数。

为了解决反应储层相似性质的参数重复评价的现象，最优化的选出能够反应储层性质的评价参数，采用聚类分析的方法对评价参数进行了优选。从相关关系上看，一类连通率与连通厚度、孔隙度与孔隙体积的相关性较大，渗透率级差能够反映出油层非均质性。考虑实际参数解释精度，优选了一类连通率、渗透率级差、河道砂厚度比例、有效厚度、注聚前含水5项参数作为井组划分的依据，将井组划分为四类。如图1所示。

根据区块井组分类结果可以看出，Ⅰ类井组单层发育有效厚度大，连通状况好，储层非均质性强，注聚前含水较高；Ⅱ类井组以多段砂岩发育为主，单层发育有效厚度、连通状况、储层非均质、注聚前含水与全区平均水平相当；Ⅲ类、Ⅳ类单层发育有效厚度小，连通状况差，注聚前含水低。如表1所示。

2　区块见效特征差异性分析

2.1　不同类型井组动态变化特征

重点选取注入压力、视吸水指数及吸水剖面等指标进行对比分析，搞清不同井组的注入能力和油层动用状况。从分类井组注入压力变化曲线来看，Ⅰ类井组注入压力升幅度最低，为3.1MPa；Ⅲ类井组注入压力升幅度最高，达到4.0MPa，其中Ⅲ类和Ⅳ类井组注聚初期存在欠注井。从分类井组视吸水指数变化曲线来看，视吸水指数与油层发育存在正向关系，注聚后下降幅度在30%~40%，Ⅰ、Ⅱ类井组下降幅度高于Ⅲ类和Ⅳ类。如图2所示。

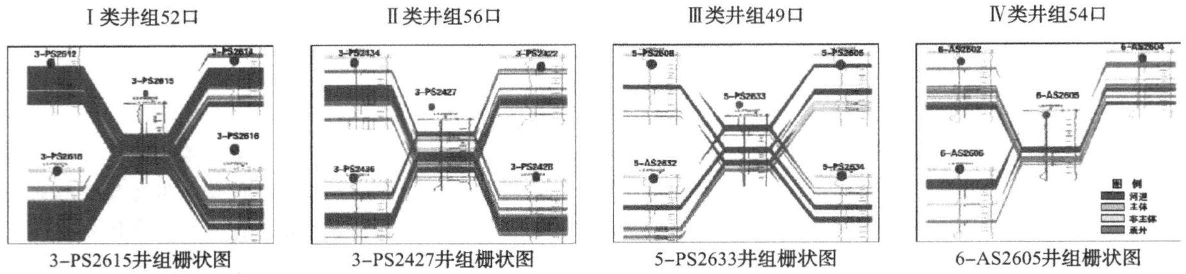

图1　北西二断南上返井组分类结果示意图

表1　北西二断南上返井组分类结果统计表

井组分类	井数/口	井数比例/%	有效厚度/m	平均层数/个	单层有效厚度/m	渗透率/μm²	注聚前含水/%	连通水井数/个	一类连通率/%	河道砂比例/%	渗透率级差
Ⅰ类	52	25.4	12.9	2.7	5.0	0.662	98.56	3.6	63.5	92.8	5.5
Ⅱ类	56	25.4	8.2	2.1	3.6	0.540	98.48	3.1	56.5	88.5	4.1
Ⅲ类	49	22.0	6.7	1.8	3.1	0.383	98.47	2.8	39.9	79.6	3.4
Ⅳ类	54	27.1	4.2	1.2	2.2	0.357	98.27	2.4	10.5	63.3	2.7

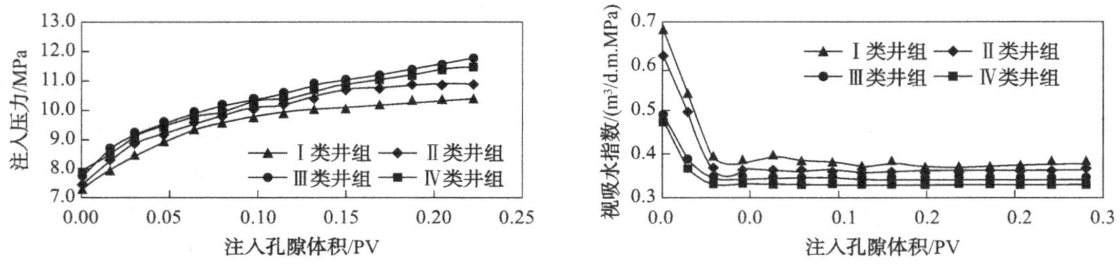

(a)分类井组注入压力变化曲线　　(b)分类井组视吸水指数变化曲线

图2　不同类型井组注入井指标变化情况

同时根据不同类型井组采油井指标变化情况，Ⅱ、Ⅲ、Ⅳ井类组见效时间较早，0.05PV时呈见效趋势，其中Ⅳ类井组含水降幅最大，含水下降速度0.71百分点/月；Ⅰ类井组见效时间晚，含水下降速度慢，含水下降速度0.44百分点/月。Ⅰ类井组采聚浓度升幅、上升速度最高，Ⅲ、Ⅳ类井组采聚浓度升幅、上升速度最低。如图3所示。

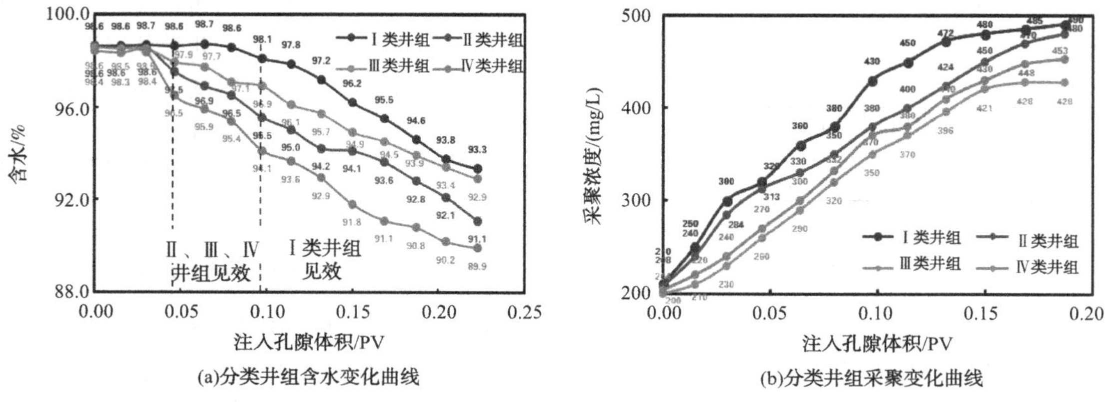

(a)分类井组含水变化曲线　　(b)分类井组采聚变化曲线

图3　不同类型井组采油井指标变化情况

2.2 不同类型井组差异性分析

从不同类型井组高低渗透层吸水状况变化来看，Ⅰ类、Ⅳ类井组注聚前后油层动用状况变化不大，Ⅱ类、Ⅲ类注聚后聚合物调堵效果明显。如图4所示。

其中Ⅰ类井组注入压力升幅低，单井平均注入压力升幅3.1MPa，剖面动用差，采聚浓度上升速度快，见效时间晚，见效程度低，部分层段存在厚油层底部聚合物突进的情况，层内矛盾突出。如图5所示。

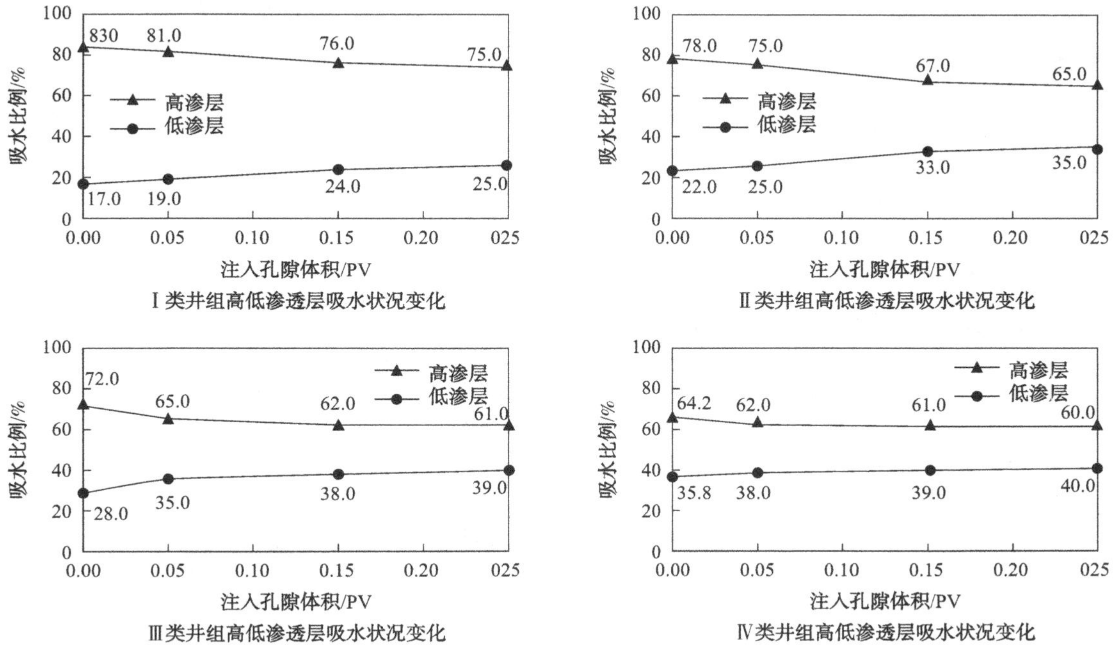

图4 不同类型井组高低渗透层吸水剖面变化情况

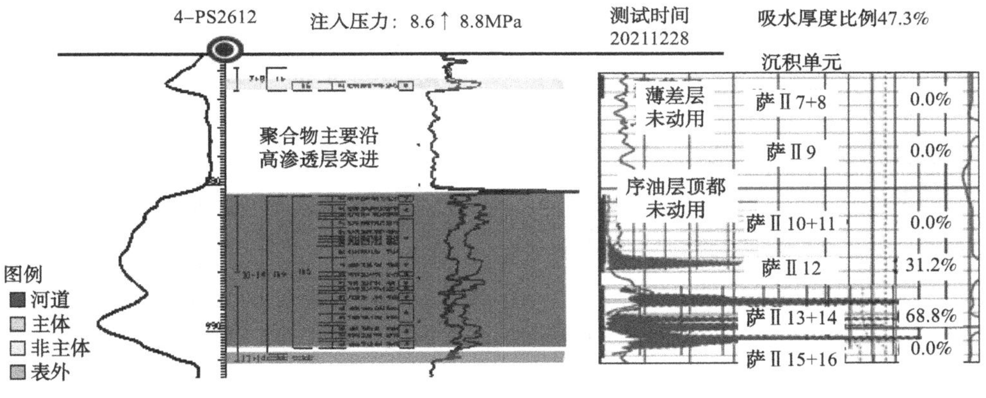

图5 一类井组柱状图及注聚初期油层动用状况

根据油层动用状况，注聚初期对该类井组强调堵，采取低速高浓、层内细分、实施深度调剖的调整做法，有效调堵高渗透层，提高注入压力升幅，实施后注入压力上升2.5MPa。如图6所示。

Ⅱ类井组注入压力升幅较高，剖面动用较差，采聚浓度上升速度较快，见效时间早，见效程度较高，部分层段存在不吸水的情况，层间矛盾突出。对该类井组调驱均衡，优化注聚参数，及时分层注聚，确保均衡推进，提高油层动用状况。实施后低渗透油层得到了动用，吸水厚度比例提高9.7个百分点。如图7所示。

Ⅲ、Ⅳ类井组注入压力升幅高，剖面动用较好，采聚浓度上升速度较快，见效时间早，见效程度高，部分井组存在欠注井和低产液的情况，平面矛盾突出。对该类井组保证注采能力，优化平面注采调整，降浓提速，强化压裂引效，提高见效程度，实施后单井平均措施日增油4.7t。如图8所示。

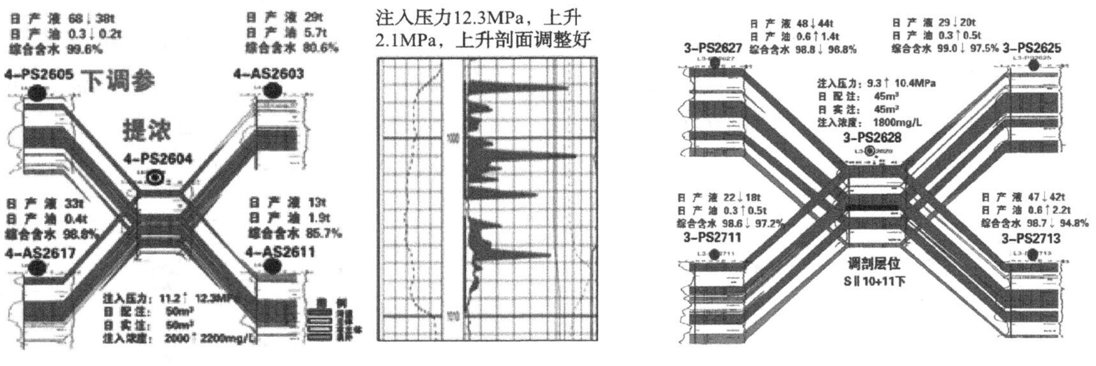

(a)低速高浓　　　　(b)深度调剖

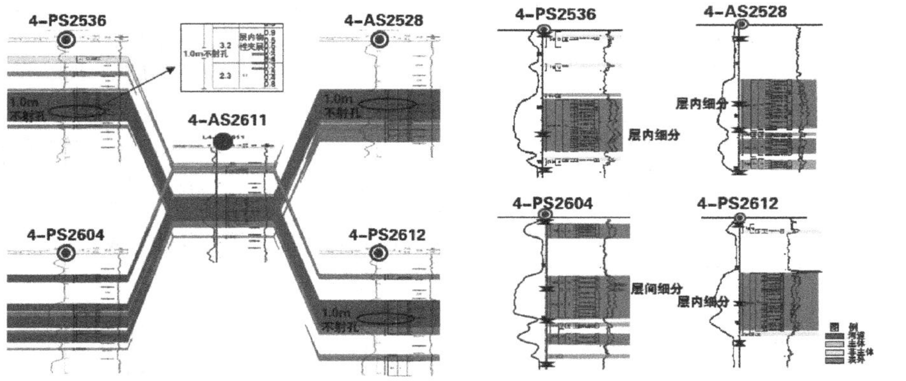

(c)层内细分

图 6　Ⅰ类井组注聚初期调整做法

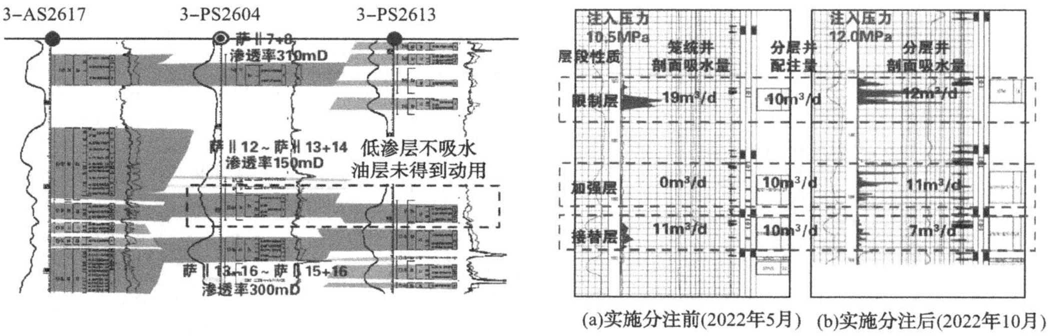

(a)实施分注前(2022年5月)　(b)实施分注后(2022年10月)

图 7　Ⅱ类井组注聚初期调整做法

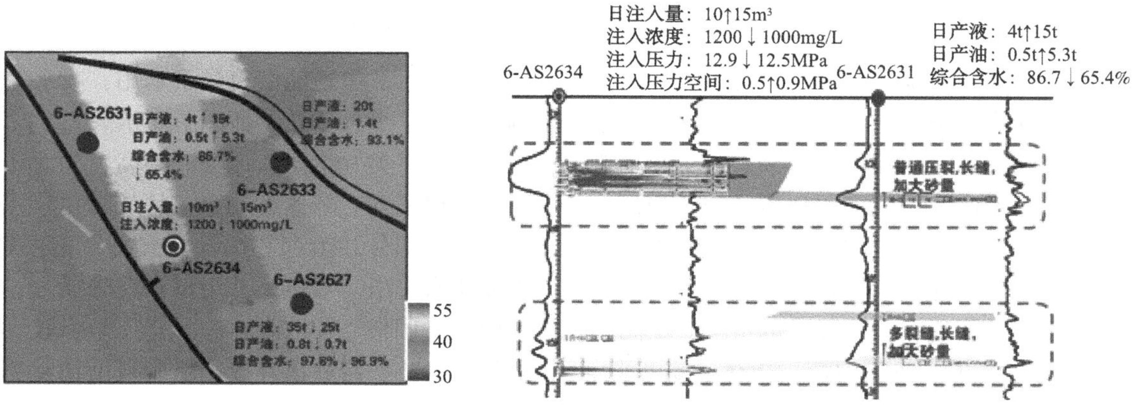

图 8　Ⅲ、Ⅳ类井组注聚初期调整做法

根据分类井组油层发育及动态变化特点，通过强化分类井组及时调整，加大注聚参数优化、分层调整及压裂改造等举措，区块吸水厚度比例达到 84.4%，比注聚初期提高 16.2 个百分点，区块最低点含水下降至 89.9%，较注聚前下降了 8.6 个百分点，见效井比例达到了 97.5%。如图 9 所示。

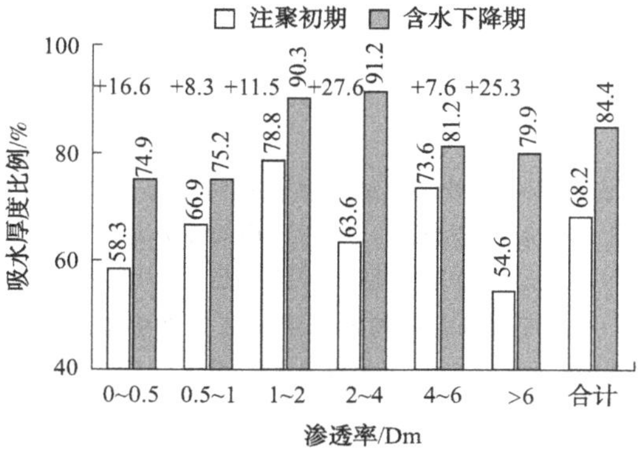

(a)区块注聚初期调整前后不同厚度动用状况

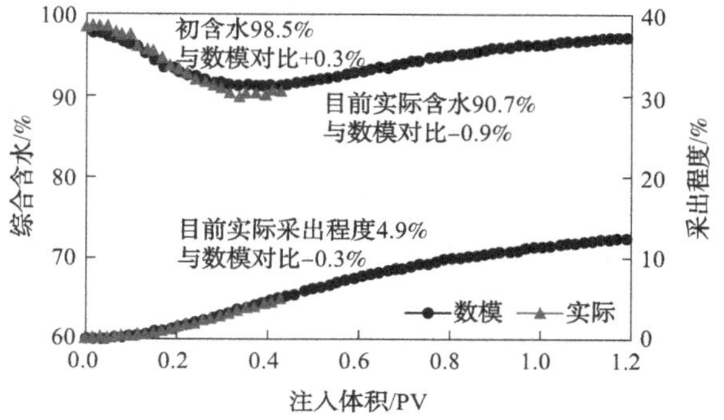

(b)区块数模与实际对比曲线

图 9　区块注聚初期调整效果

3　结论与认识

（1）灰色关联方法为二类 B 油层聚驱效果评判提供了方法和借鉴，根据静态资料将井组划分为四类，明确了分类井组动态变化特点，实施个性化分类调整，保证井组开发效果。

（2）根据分类井组动态变化特点，表明对于厚油层，油层非均质性是影响聚驱开发效果的主要因素。对于薄差层，油层连通状况是影响聚驱开发效果的主要因素。

（3）注聚初期对以单一厚油层发育为主的Ⅰ类井组的进行深度调剖，以多段砂岩发育为主Ⅱ类井组及早分层注聚，可有效缓解层间层内矛盾，确保段塞均匀推进，促进采油井见效。对以薄差油层发育为主的Ⅲ、Ⅳ类井组强化措施改造，能够取得较好增油效果。

参　考　文　献

[1] 于明等．北东块一区聚合物驱提效试验做法及认识．[J]．喇嘛甸油田开发技术文集，2019.

[2] 徐浩．灰色关联法在二类油层聚驱开发效果评判中的应用．[J]．喇嘛甸油田开发技术座谈会，2015.

海上聚驱油田后续水驱整体调剖及评价研究

张国浩　刘建国　房　娜　张振杰　陈晓明

[中海石油(中国)有限公司天津分公司]

摘　要　海上稠油X油田自2020年3月聚驱转水驱后，出现含水上升加快的特征，表明平面、纵向矛盾不断加剧，注入水低效、无效循环现象愈发严重，部分层段已形成优势通道，严重影响油藏水驱开发效果。针对以上情况，整体调剖技术是优势通道治理、油田剩余油挖潜的重要途径。不同于陆上油田吸水剖面等测试资料丰富，海上油田受测试条件、经济条件等限制，不能照搬陆地油田的做法。从区块整体出发，综合考虑了静态参数、生产动态参数和动态监测指标等3大类10项参数确定选井评价指标体系，同时创新性考虑了对应油井的聚合物产出浓度。基于以上指标评价体系，利用层次分析法确定权重，结合模糊数学理论形成整体调剖选井定量决策技术。同时从注水井、生产井和区块三个角度建立了整体调剖效果评价技术。基于以上方法，在X油田筛选出整体调剖14口注入井，截至2023年12月已实施10口井整体调剖，实现增油1.51万方。矿场实践证明该技术指标更全面，更切合油田实际，数值更加合理，可为海上类似稠油油田的高效开发提供支持。

关键词　后续水驱；产出浓度；整体调剖；评价参数及技术

海上稠油X油田经过二十多年的注水开发，油田已进入高含水阶段，平面、纵向矛盾不断加剧，注入水低效、无效循环现象愈发严重，部分层段已形成优势通道，严重影响油藏水驱的开发效果。2003年X油田成功开展了海上油田聚合物驱提高采收率的单井试验，开创了海上油田聚合物驱提高采收率的先河，扩大推广后极大的改善了油田开发效果，为油田的稳油控水发挥了重要作用。自2020年3月聚驱停注后，出现含水回返，含水上升速度加快的特征。针对以上情况，整体调剖技术是油田改善开发效果、进一步提高采收率、挖潜剩余油的重要途径。陆上油田的调剖技术积累了丰富的实践经验，同时在调剖井选取上形成了诸多方法。不同于陆上油田吸水剖面等测试资料丰富，受多方面限制海上油田测试资料有限，无法照搬陆上方法。充分结合现有动静态资料，从区块整体出发，综合考虑了静态参数、生产动态参数和动态监测参数等3大类10项参数确定选井评价体系，同时考虑注聚后，产聚浓度也是一项重要的动态监测参数，创新性地将该参数引进来。最终利用层次分析法确定权重，结合模糊数学理论形成整体调剖选井定量决策技术形成了形成了整体调剖选井定量决策技术，指导整体调剖选井。同时从注水井、生产井和区块三个角度建立了整体调剖效果评价技术。该方法选取指标更全面，更切合油田实际，数值更加合理，可为海上注聚后油田高效开发提供支持。

1　X油田概况

X油田属于在纵、横向上存在多个油气水系统的构造层状油气藏，覆压渗透率平均2000mD，原油性质以高黏度为主，地层原油黏度50～250mPa·s，地层水矿化度6540mg/L。该油田属于高渗、高黏、高矿化度油藏。2003年在Ⅰ期开展了单井笼统注聚试验，形成1注5采注聚井网，见到了明显的增油降水效果，开创了中国海上油田聚合物驱的先河。为了进一步提高油田采收率和探索海上油田化学驱的前景，2005年10月～2008年10月开展井组注聚试验，形成了4注8采井网。2008年11月～2010年9月扩大注聚，形成11注34采注聚井网；并于2010年9月进入了整体注聚，极大的改善了油田开发效果，为油田的稳油控水发挥了重要作用。自2020年3月聚驱停注后，出现含水回返，含水上升加快的特征，停注聚后一年含水率上升2%。长期注水、注聚开发后，部分层段形成了优势渗流通道。停注聚后，注入水沿优势通道突进，驱油效率明显降低，造成注入水长期低效或无效循环，严重干扰了其他层段以及其他部位油层的吸水、出油状况。因此针对注入水沿大孔道或高渗透层作无效循环的情况，为了提高注入压力和改善后续水驱开发效果，应该在注聚区实施整体调剖技术以封堵大孔道和高渗透层。

2 整体调剖选井定量决策技术

不同的注入井非均质性条件不同、地下剩余油的挖掘潜力不同，所以不同的注入井进行调剖取得的效果也是不相同的，因此选井是关键。针对以上问题，从区块整体出发，综合考虑了静态参数、生产动态参数和动态监测参数等 3 大类 10 项参数确定选井评价体系。同时考虑注聚后，产聚浓度也是一项重要的动态监测参数，创新性地将该参数引进来。基于以上指标评价体系，利用层次分析法确定权重，结合模糊数学理论形成整体调剖选井定量决策技术，最终确定选井结果，具体技术路线如图 1 所示。

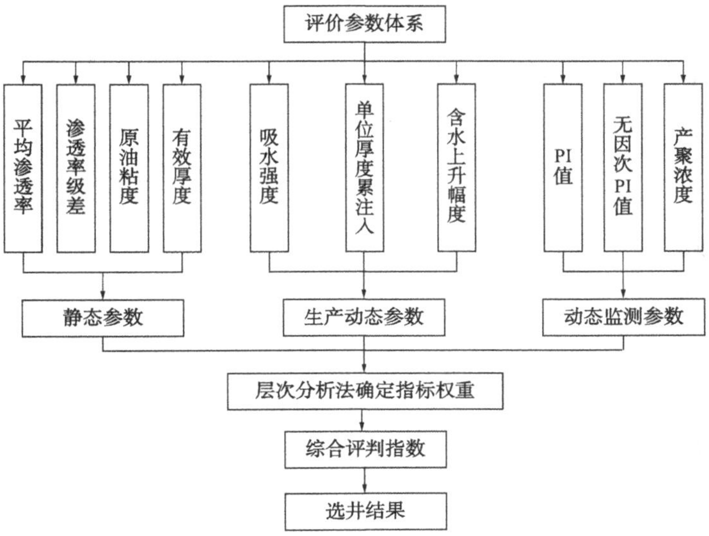

图 1

(1) 评价参数体系的建立

从静态、生产动态、动态监测这三方面出发，选取了 3 大类 10 项评价参数，构建了调剖调驱选井的评价体系。静态参数包括原油粘度、有效厚度、平均渗透率、渗透率级差；生产动态参数包括吸水强度、单位厚度累注、含水上升幅度；动态监测参数包括：PI 指数、无因次 PI 指数、产聚浓度。

1）静态参数

原油粘度：油的黏度越大，注入流体突破时波及面积越小，就越需要调剖。

有效厚度：一般认为注入水窜流易发生在厚油层内部。在厚油层内部，正韵律储层底部和反韵律储层顶部，注入水的冲刷作用强，容易发生窜流。另外，有效厚度越大，调剖的潜力越大。因此，有效厚度越大，就越需要调剖。

平均渗透率：储层的渗透率越大，流体的渗流阻力越小，注入水越容易沿着渗透率比较高的层突进，因此高渗层往往冲刷越严重，越容易形成大孔道，越需要调剖；

渗透率级差：渗透率级差用来表征储层纵向的非均质性，级差则更容易体现出高渗层与其他层的差别，渗透率级差越大，纵向非均质性越强，窜流越严重，越需要调剖。

2）生产动态参数

单位厚度累注：单位厚度的累注代表吸水能力的差异。单位厚度的累注越大，储层被冲刷得越严重，越有可能存在大孔道，越需要调剖；

吸水强度：吸水强度越大，往往冲刷越严重，越容易形成大孔道，越需要调剖；

含水率上升幅度：生产井含水率越高，存在大孔道的可能性越大；含水上升幅度可以作为选择调剖区块的一项指标。如果一个区块的含水率较大，则该区块注入水的低效或无效循环越严重，聚驱后水驱开发效果越差，进行调剖挖潜的必要性就越大。

3）动态监测参数

压力指数值(PI 值)：压力指数值越小，存在大孔道的可能性越大，越需要调剖；

无因次 PI 值：为了消除储层本身泄压能力对压降曲线的影响，反映大孔道形成前后储层渗透率的动态变化，提出了无因次 PI 值，如果地层中形成大孔道级别越高，大孔道渗透率与储层本身渗透率的比值越大，则无因次 PI 值越小，就越需要调剖。

产聚浓度：聚合物产出浓度的高低在很大程度上反映了地层孔道的大小，对于注聚后转水驱的注水井在优选调剖井时还应考虑注水井对应的油井聚合物的产出浓度。对应油井的聚合物产出浓度越高的注水井调剖的可能性越大。

根据实际问题的特点，选用了梯形分布形式来描述各项选井指标。由于开展调剖调驱的界限存在不确定性与模糊性，采用模糊数学中的隶属函数对各指标进行定量化。对于指标大、需要调驱的指标（例如渗透率级差、渗透率、含水上升幅度等），采用简化的升半梯形隶属函数处理；对于指标小、需要调驱的指标（例如 PI 指数及无因次 PI 值），采用简化的降半梯形隶属度函数处理。

对于越大越优的指标，采用下式计算：

$$x(i,\ j)=\frac{b(i,\ j)-b_{\min}(j)}{b_{\max}(j)-b_{\min}(j)} \tag{1}$$

对于越小越优的指标，采用公式计算

$$x(i,\ j)=\frac{b_{\max}(j)-b(i,\ j)}{b_{\max}(j)-b_{\min}(j)} \tag{2}$$

式中，$b(i,\ j)$ 为第 i 口候选区块第 j 个指标的值，$b_{\max}(j)$ 和 $b_{\min}(j)$ 为第 j 个指标值的最大值和最小值。

（2）层次分析法确定参数权重

将选区的决策指标两两比较其重要性的大小，并把比较结果通过合适的标度表示出来，写成矩阵形式，即得判断矩阵。采用如表 1 所示的九标度法。

表 1　九标度判断矩阵标度含义

标度	含义
1	两个因素相比，具有同等重要性
4	两个因素相比，一个比另一个稍微重要
6	两个因素相比，一个比另一个明显重要
7	两个因素相比，一个比另一个十分重要
9	两个因素相比，一个比另一个极端重要
2、4、6、8	上述两相邻因素判断中值
倒数	设因素 i 与因素 j 比较的判断值为 b_{ij}，则因素 j 与因素 i 的判断值为 $1/b_{ij}$

第一步确定类别权重，利用模糊层次分析法对静态参数、生产动态参数和动态监测参数三大类参数赋予权重；其次确定各类参数的内部权重。

（3）综合评判指数的计算

用类别权重与各类指标对应的内部权重的乘积作为该指标的综合权重。

$$FZ=\omega A \tag{3}$$

得到定量评价的指标值和权重后，采用多因素模糊决策模型进行综合评价。

3　区块整体调剖效果评价技术

在调剖效果评价方面，袁士宝、周凤翔等在调剖措施效果全面评价以及“调剖监测与效果评价系统”软件等取得了不错的进展。目前海上油田调剖措施效果评价只注重增油降水的分析，而忽略了注水井、采油井以及区块整体的其他开采特征的变化，即效果评价大都集中在某一方面上，评价的方法单一且缺乏深入的研究。为了能够科学客观地评价海上油田深部调驱的效果，建立一套完整的适于海上油田深部调驱的评价指标体系已经成了很迫切的任务。

区块整体调剖措施会改善水驱开发效果，无论从注入井的注入状况、对应生产井的生产状况，还是从井区（区块）的开发状况，都会有相应的改善。

通过研究整体堵调效果评价的评价指标和评价方法形成了一套从注入井、生产井和区块三个层次十余个方面评价措施效果的指标体系。

注入井评价指标包括压力降落曲线评价、注入井霍尔曲线评价和吸水剖面评价；对应生产井指标包括产液剖面评价、示踪剂产出曲线评价和产出液物理化学特性评价；区块评价指标包括区块增油降水量评价、区块水驱特征曲线评价（增加可采储量、增加采收率等）和区块增加波及系数评价。具体评价如图 2 所示。

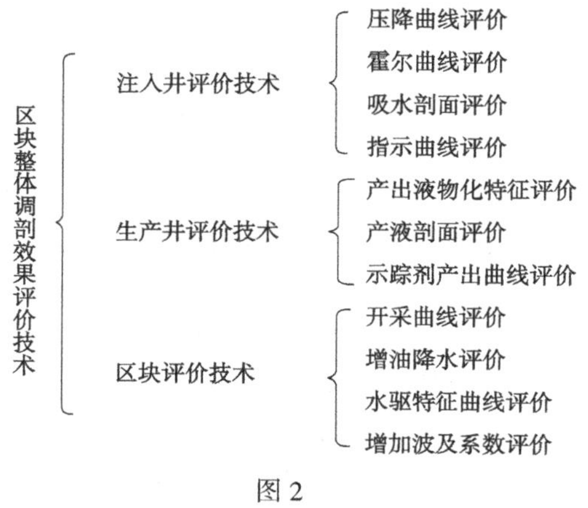

图 2

4 矿场应用

以X油田典型Y区块为例，行列井网开发，2003年开展聚驱后该区块含水上升趋势得到了控制，极大地改善了开发效果，但是停聚后含水上升较快，停注聚后一年含水上升2%。该区块有7个注水井组，根据区块的实际资料，利用整体调剖选井定量决策技术，选取了10项参数，各参数值见表2；以各井综合决策指标的平均值作为选井基准，决策出A、B、D、E需要调驱。

表2 综合决策指标表

井名	静态参数				生产动态参数			动态监测参数			综合决策指标	决策结果
	平均渗透率	渗透率级差	原油粘度	有效厚度	吸水强度	单位厚度累注	含水上升幅度	PI值	无因次PI值	产聚浓度		
A-1	0.08	0.00	0.50	0.01	0.83	0.34	0.22	0.96	0.99	0.90	0.60	调剖
A-2	0.57	0.05	0.50	0.32	0.56	0.38	0.22	0.92	0.68	0.90	0.55	调剖
A-3	0.44	0.03	0.50	0.19	0.45	0.25	0.22	0.93	0.78	0.00	0.44	
B-1	0.67	0.28	1.00	0.16	0.50	0.43	0.04	0.84	0.60	0.81	0.54	调剖
B-2	0.42	0.05	1.00	0.21	0.72	0.72	0.04	0.94	0.89	0.81	0.64	调剖
B-3	0.42	0.61	1.00	0.04	0.46	0.44	0.04	0.84	0.76	0.00	0.49	
C-1	0.03	0.13	0.70	0.00	0.54	0.27	0.13	0.89	1.00	0.36	0.51	
C-2	0.37	0.20	0.70	0.24	0.41	0.39	0.13	0.91	0.83	0.36	0.51	
C-3	1.00	0.44	0.70	0.00	0.26	0.17	0.13	0.77	0.00	0.00	0.28	
D-1	0.09	0.05	0.00	0.02	1.00	1.00	1.00	1.00	0.97	1.00	0.78	调剖
D-2	0.13	0.34	0.00	0.39	0.45	0.26	1.00	0.97	0.90	1.00	0.66	调剖
D-3	0.08	0.61	0.00	0.24	0.15	0.07	1.00	0.71	0.64	0.00	0.43	
E-1	0.51	0.40	1.00	0.24	0.40	0.84	0.07	0.74	0.56	0.46	0.53	
E-2	0.18	0.11	1.00	0.13	0.56	0.97	0.07	0.85	0.91	0.46	0.60	调剖
E-3	0.00	0.09	1.00	0.13	0.00	0.13	0.15	0.00	0.81	0.00	0.28	
F	0.22	1.00	0.90	0.95	0.16	0.41	0.58	0.50	0.57	0.19	0.52	
G	0.30	0.21	1.00	1.00	0.19	0.00	0.00	0.64	0.63	0.03	0.37	

基于以上方法，在X油田筛选出整体调剖14口注入井，截至2023年12月已实施10口井整体调剖，实现增油1.51万方。以H井为例，调剖后吸水剖面有所改善，2小层调剖前相对吸水量达到58%，调剖后降为7%，而调剖前吸水不好或者不吸的层调剖后相对吸水量明显增加（如图3所示）。该调剖井对应的受效井8口，明显见效井6口，见效率达到75%。从整井组的开发效果来看，调剖后区块含水率呈现下降趋势，明显见效期含水率下降3%；调剖前后，井组日增油40方，取得了明显的增油效果。

通过应用区块整体调剖效果评价技术，对该井区进行了评价。注入井方面，从压力降落曲线评价上起始压力增大，压降曲线变得更加平缓；霍尔曲线计算阻力系数，大于1；措施井吸水剖面变得均匀，说明措施见效。产出井方面，从生产井产出液物化特征评价、区块开采曲线评价等开展评价，调剖后区块含水率呈现下降趋势，取得了明显的增油效果。

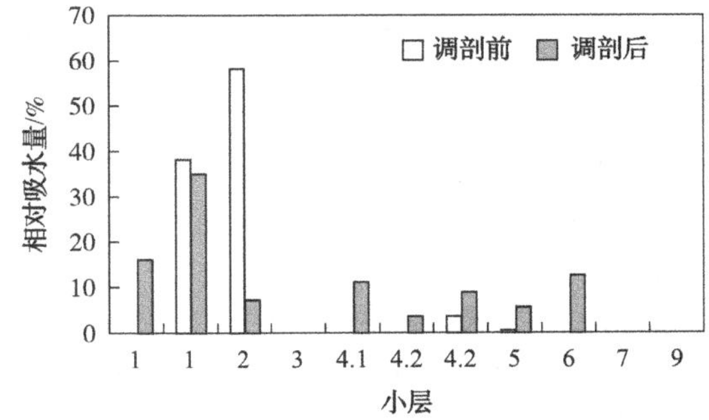

图3 H井相对吸水量对比图

图4 调剖前后含水率对比图

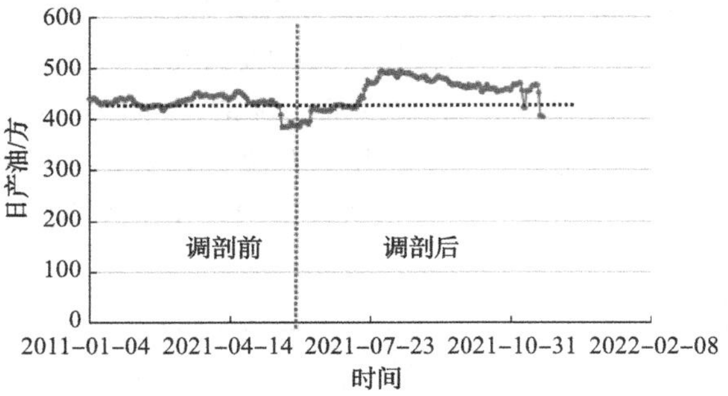

图 5　调剖前后日产油对比图

5　结论

（1）从区块整体出发，综合考虑了静态参数、生产动态参数和动态监测参数等 3 大类 10 项参数确定选井评价参数体系，同时创新性考虑了对应油井的聚合物产出浓度。

（2）基于以上参数评价体系，利用层次分析法确定权重，结合模糊数学理论形成了整体调剖选井定量决策技术。同时形成了一套从注入井、生产井和区块三个层次十余个方面评价措施效果的指标体系。

（3）矿场应用结果验证了本文方法的可靠性，可以为聚驱后续水驱整体调剖选井决策及评价提供技术支撑，可在海上类似稠油油田推广使用。

参　考　文　献

［1］赵福麟，戴彩丽，王业飞，等．油井堵水概念的内涵及其技术关键［J］．石油学报，2006，27（5）：71-78.

［2］王代刚，胡永乐，孙静静．非均质油藏深部调驱技术数值模拟研究进展［J］．特种油气藏，2015，22（3）：8-13

［3］冯其红，袁士义，韩冬，等．可动凝胶深部调驱动态预测方法研究［J］．石油学报，2006，27（4）76-80.

［4］田建儒，王鑫强．大港油田枣南大孔道油藏调剖治理研究［J］．石油地质与工程，2011，25（2）：105-107.

［5］冯有奎，唐颖，闫伟，等．疏松砂岩稠油油藏调剖试验效果评价［J］．油气地质与采收率，2015，22（3）：124-128.

［6］唐孝芬，吴奇，刘戈辉，等．区块整体弱凝胶调驱矿场试验及效果［J］．石油学报，2003，24（4）：58-61.

［7］赵福麟．压力指数决策技术及其应用进展［J］．中国石油大学学报（自然科学版），2011，35（1）：82-88.

［8］王元胜．PI 决策技术在中原油田的应用［J］．石油勘探与开发，1999，26(6)：81-83.

［9］冯其红，陈月明，姜汉桥，等．模糊数学在区块整体调剖选井中的应用［J］．石油勘探与开发，1998，25(3)：76-79.

［10］房灵太，陈月明，闫军，等．基于变权的模糊层次分析法在低渗油藏调剖选井中的应用［J］．特种油气藏，2007，14(3)：81-84.

［11］雷占祥，陈月明，徐耀东．应用模糊层次评判法进行油藏调剖适宜度综合评价［J］．大庆石油地质与开发，2007，26(3)：82-86.

［12］郝金克．利用无因次压力指数定性识别优势通道［J］．特种油气藏，2014，21(4)：123-125.

［13］冯国庆，张翠兰，邱坤泰，等．应用模糊综合评判方法评价水驱开发效果［J］．石油地质与工程，2013，27(2)：47-49.

［14］孟祥海，刘义刚，邹剑，等．海上稠油油田深部调驱选井决策方法研究［J］．石油地质与工程，2017，31(3)：87-90.

［15］袁士宝，陈月明，蒋海岩，等．油田调剖效果的多层次模糊分析方法［J］．系统工程理论与实践，2006，12(5)：127-129.

［16］周凤翔，薛军，张艳芳，等．调剖监测与效果评价系统［J］．钻采工艺，2004，28(2)：55-58.

极复杂断块油藏解释建模一体化技术

高江博 罗波波 陈道远 赵宗波 杨 肖 张天兵

（中国石化中原油田分公司勘探开发研究院）

摘 要 极复杂断块油藏，断层多且切割关系复杂，断块破碎，地震解释和精细构造建模难度大，造成模型和构造解释的认识不一致，使得地质模型一直不能在井位设计及方案编制中发挥真正的作用。为破解这一实际问题，开展解释建模一体化探索，改进解释建模传统流程，由先解释后建模转变为同步协同解释建模，创新形成复杂断块循环迭代构造解释建模一体化技术，通过解释与建模实时交互印证，实现地震解释和构造建模同步更新迭代，地震解释完即构造建模完，地震解释、构造模型和构造图件高度吻合。解决了极复杂构造建模准确性及效率低的难题，对于复杂切割关系断层及曲率变化复杂断层，断面模型位置精度提升至95%，精细刻画出0.01km^{2}以上小断块，建模周期缩短40%。通过该技术在7个极复杂断块的实践，验证这项技术能够大幅提升极复杂断块构造研究和建模的效率和精度，在断块油藏具有较大推广价值。

关键词 复杂切割关系；循环迭代；一体化；研究效率；模型精度

中原油田以复杂断块油藏为主，其中极复杂断块油藏占相当大的比重，在该类油藏中，断层多且切割关系复杂，断块破碎，地震解释和精细构造建模难度大。传统研究流程中，地震解释、构造成图和构造建模是顺序开展，这一流程存在以下问题：一是断层、层位的解释和建模过程中存在重复性工作，建模时要再花费精力用解释生成的构造图再建立断层和层位；二是极复杂断块上下砂组构造格局变化大，难以用构造图生成断面模型；三是角点法建模难以处理复杂断层切割关系，易造成网格扭曲及断层位置误差大等问题。上述这些因素制约着极复杂断块构造研究的效率和建模的精度，造成构造模型和构造解释的认识不一致，使得地质模型一直不能在井位设计及方案编制中发挥真正的作用。因此，有必要改造传统研究流程，探索适用极复杂断块的解释建模一体化技术。

为破解这些问题，开展解释建模一体化探索，改进了解释建模传统流程，由先解释后建模转变为同步协同解释建模，创新形成复杂断块循环迭代构造解释建模一体化技术，解决了极复杂构造建模准确性及效率低的难题。

1 解释建模一体化循环迭代技术

1.1 技术思路

构建解释建模一体化循环迭代闭环回路，将解释和建模融合为一体，既相互支撑，又相互质检；以断层建模为导向，层位建模反向验证断层格架解释方案为质控，迭代循环，不断完善构造模型，直至断点、断层、层位填充及油水关系完全匹配统一（图1），最终构造模型与地震解释和构造图件高度吻合一致，实现地震解释完即构造建模完。

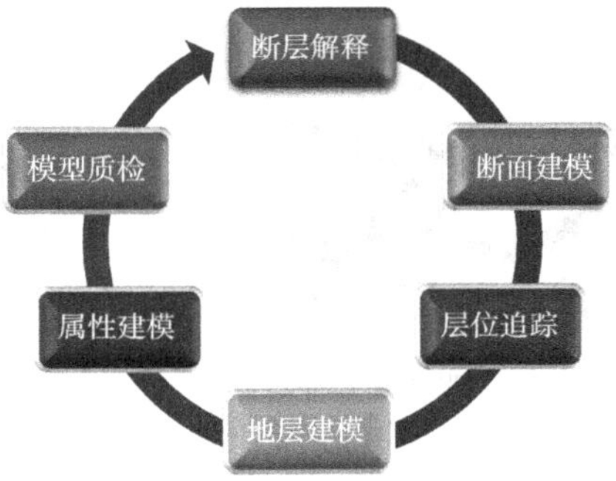

图1 极复杂断块地震解释建模一体化技术流程图

解释建模一体化技术，既不是传统流程中单纯的构造建模，而不分析地震和油水关系；也不是单纯的地震解释，而是要以构造建模为手段，提高地震解释的精度和可靠程度。也就是说在运用一体化技术时，要融合地震、地质、油藏动态分析多学科，综合手工剖面、地震解释、方差体、地层填充、油水关系等多手段多方法，以建模技术为手段，实现地震解释与断面、地层填充三维协同建模。解释建模一体化技术要求研究人员具有地震解释和地质建模双重知识背景，要有较高综合素质。

1.2　实例剖析

本次研究尝试通过对明14块极复杂断块油藏地震解释和构造建模整个循环迭代过程的剖析，形象诠释解释建模一体化技术的思想理念，展示这一变革所带来的构造研究效率和建模精度的提升。

明14块位于中原油田文明寨油田东南部，属极复杂断块油藏，该块平面上为被断层复杂化的穹隆状构造，纵向上，被明5、明7和明14三条大断层所夹持，油藏顶部部分地层被明7断层所削截，底部部分地层被明14断层削截，油藏内部被大量低序级小断层复杂化。

Ⅰ期解释建模

该期为地震解释和建模的初期，对于开发时间较长的老区，已钻井较多，可以先不进行断层解释，而直接应用井上的分层数据进行层位内插，这样可以快速得出研究区的笼统构造特征，从图2~3中可以看出，Ⅰ期的明14块构造模型基本展现出了明14块穹隆状构造特征。

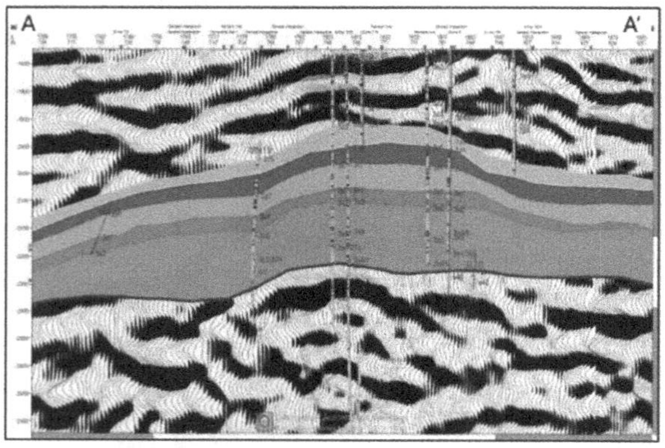

图2　明477—明376井任意线Ⅰ期构造模型剖面图

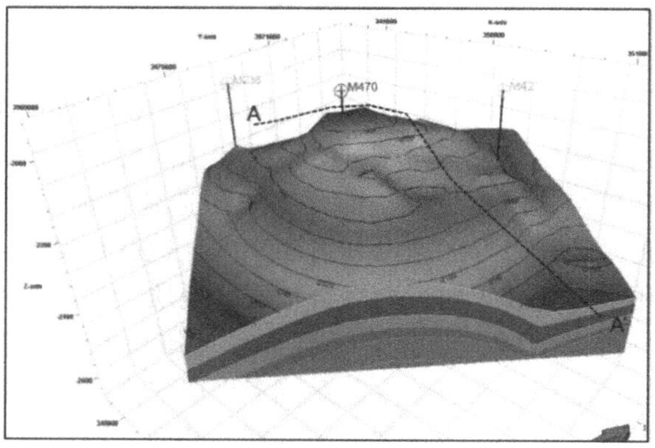

图3　明14块Ⅰ期三维构造模型图

Ⅱ期解释建模

该期开展边界大断层的解释，并在Ⅰ期模型的基础上开展断面建模和层位充填，这一时期主要将边界断层以外区域的地层去掉。在进行边界大断层解释时，主要参考地震反射特征及井上断点数据，并通过断点数据对断面进行校正，使断面位置更加精准。通过对比Ⅰ期模型，可以看出，Ⅱ期模型明7断层上部地层、明14断层下部地层和明5断层东部地层均被去掉(图4~5)。

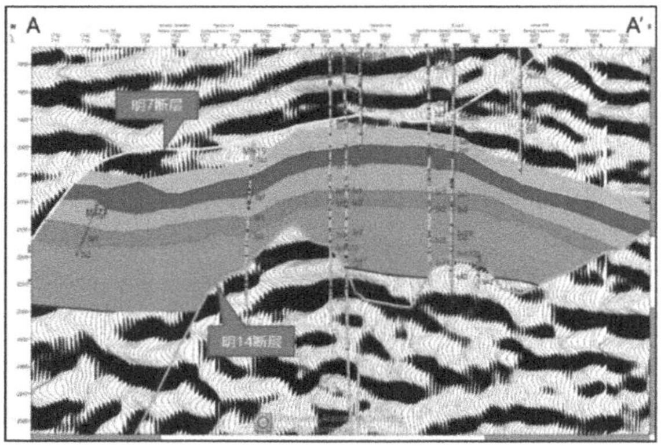

图4　明477—明376井任意线Ⅱ期构造模型剖面图

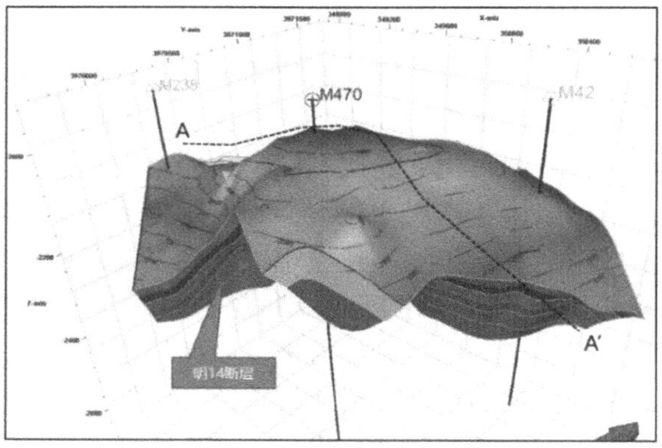

图5　明14块Ⅱ期三维构造模型图

Ⅲ期解释建模

该期在明14块开展控结构断层的解释，并在此结构下开展块内层位追踪，层位追踪后，及时和分层点数据协同开展层位填充。通过对比Ⅱ期模型，可以看出，Ⅲ期模型增加了明384、明132和明61等块内大断层，这些块内大断层将明14块分割为多个大的断块，地层出现了较大的错断(图6~7)。

Ⅳ期解释建模

该期开展大断块内部精细低序级小断层解释，这些断层的解释要综合地震、地层填充矛

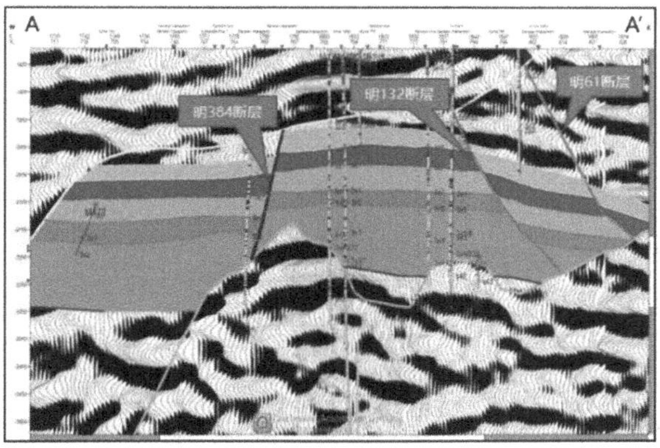

图 6　明 477—明 376 井任意线Ⅲ期构造模型剖面图

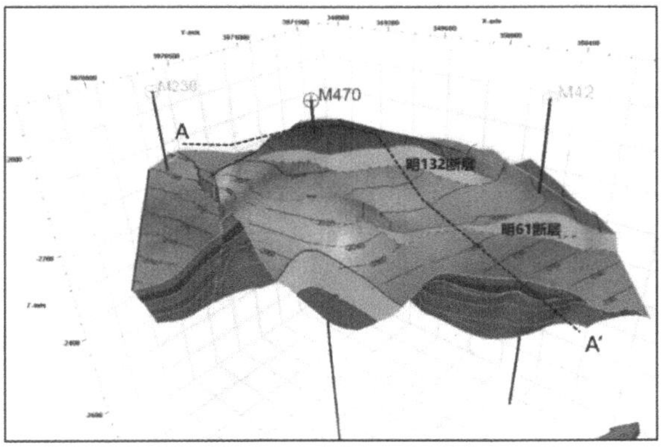

图 7　明 14 块Ⅲ期三维构造模型图

盾、动态分析和油水关系等多种资料进行解释，在小断层解释后开展层位追踪和填充。该期模型是最终模型，要满足井上断点和断层匹配、井上分层和层位匹配、地层填充及油水关系合理、断层和层位与地震反射特征匹配等原则。通过对比Ⅲ期模型，可以看出，Ⅳ期模型增加了明 237、明 66、明 313 和明 141 等低序级小断层，这些小断层进一步将明 14 块分割成了破碎小断块(图 8~9)。

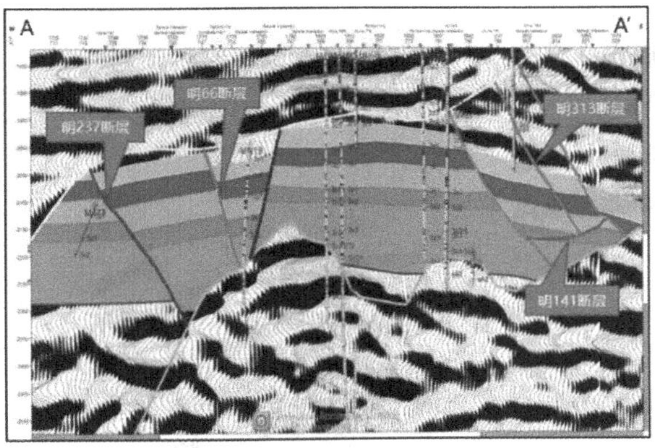

图 8　明 477—明 376 井任意线Ⅳ期构造模型剖面图

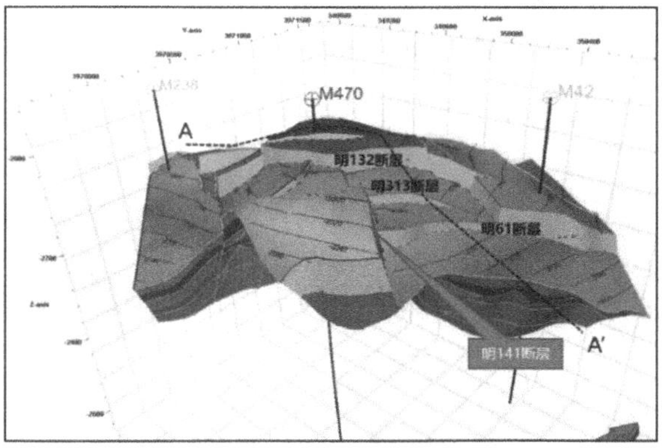

图 9　明 14 块Ⅳ期三维构造模型图

2　解释建模一体化产生的效果

2.1　效率提升

复杂断块油藏断层多，层位多，传统研究模式制约研究效率，一体化研究模式从单人效率提升和多人协同两个方面提升整体研究效率。实现解释人员即建模人员，解释完毕即建模完毕，极大提升研究效率。

① 断层和层位解释效率提升

传统方法进行断层解释时，多为在二维窗口间隔多条测线解释，进行连续测线解释时耗费时间长，且不易从整体上观察把控整个断层追踪解释的质量。解释建模一体化技术进行二维与三维同步协同断层解释，解释完即可生成断面，既可以三维视角从宏观上检查断层解释的质量，也可以通过二维窗口在任一测线、任一角度检查断面与地震匹配程度，快随修正断层解释方案，提升断层解释效率(图 10~11)。

传统方法在进行层位追踪时，要花费大量时间进行闭合和加密，解释建模一体化技术依托层位建模功能，通过少量的解释数据和控制点，同时实现多个层位快速追踪闭合，减少了地震层位追踪的工作量，解决传统层位追踪闭合耗时长的问题，提高了层位闭合的质量(图 11~12)，完成了从地震解释到建模再到构造成图的一体化研究，提高了工作效率。

② 多人协同提升研究效率

当复杂断块断层多，层位多时，一个人独立开展解释和建模，既耗费个人的精力也制约工作的快速推进，因此，需要根据断块的特点，按断层进一步分解为多个断块，交由多人同步开展解释建模一体化工作，然后进行整体合并，实现

“分块研究、成果汇集、效率翻倍”（图 13）。既提升了构造研究和建模的效率，也锻炼了大量研究人员。

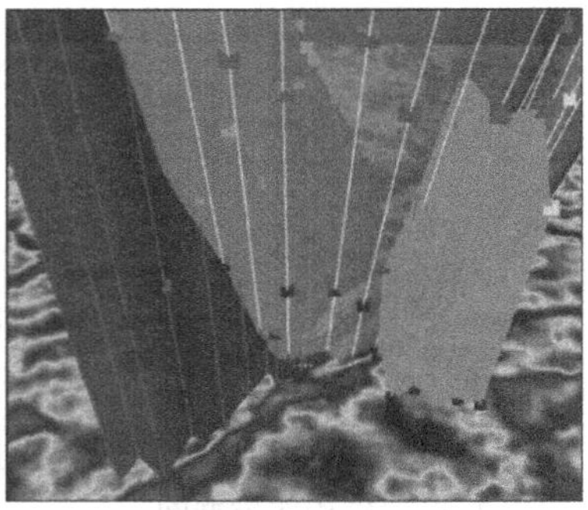

图 10　三维断层解释图

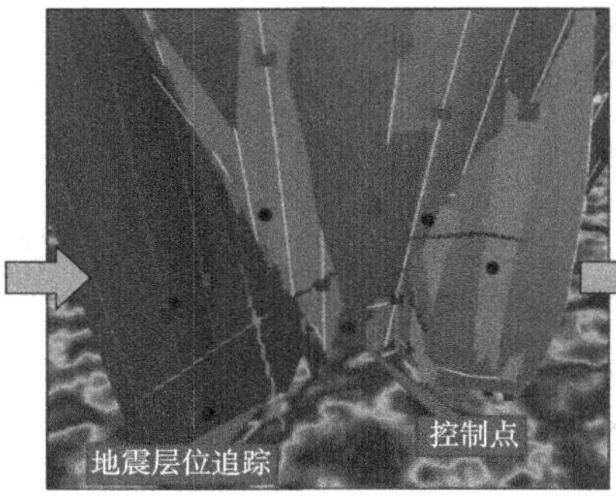

图 11　断面建模及层位追踪图

图 12　层位建模及等值线生成图

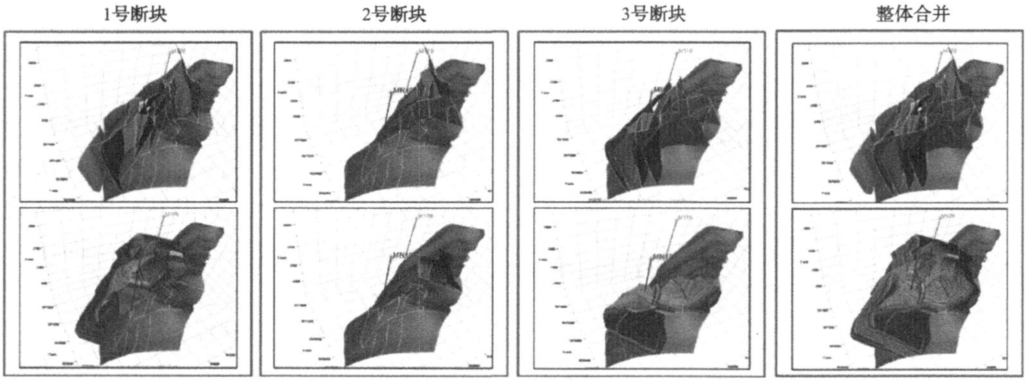

图 13　分断块多人同步解释建模一体化示意图

2.2　精度提高

解释建模一体化技术不仅提升了构造研究和建模的效率，而且实现了极复杂断块油藏从建不成模型到建立精细复杂构造模型的突破，从多个方面提高了极复杂断块构造建模的精度，使得模型能够满足方案编制和井位设计的精度要求。

① 快速识别隐蔽小断层

对于井间隐蔽小断层的识别，通过层位建模的反向质控，可以快速发掘隐蔽小断层存在的线索，进而结合传统方法和其他资料分析解释井间隐蔽小断层。如明 175 与明 385 井间，下部地层出现扭曲，与上部地层产状不同，这与拉张盆地内同一小段块地层产状相对稳定的规律不符，添加隐蔽小断层后，新生成断块内地层产状稳定且与邻块接近，符合该区域的地层填充规律（图 14）。

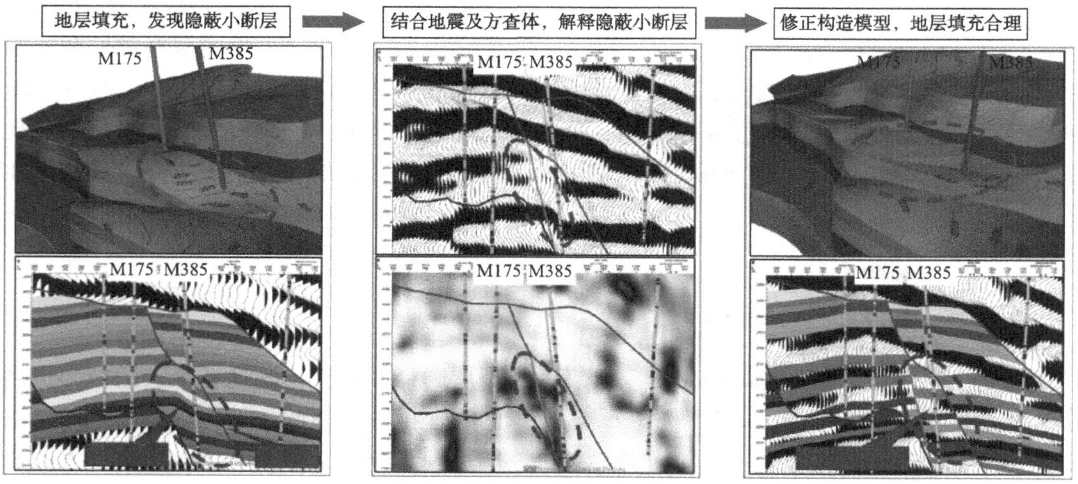

图 14　明 175—明 385 井区隐蔽小断层识别示意图

② 精细刻画断面形态

近断层井的设计对断面形态和位置要求较高，传统断面建模最多用 5 点 pillar 建立，控制点少，在刻画曲面断层时误差大，从图 15 中可以看出，用 2 点法建立断面时，有大量地层被削掉，5 点法建立的断面较接近实际断层位置，但仍有一些地层被削掉，造成构造模型不能用于贴断层井设计。从图 15~16 中可以看出，利用地震断层解释数据点多的优势，加上断点校正曲面，精细刻画出明 7 断层产状变化幅度大的形态。

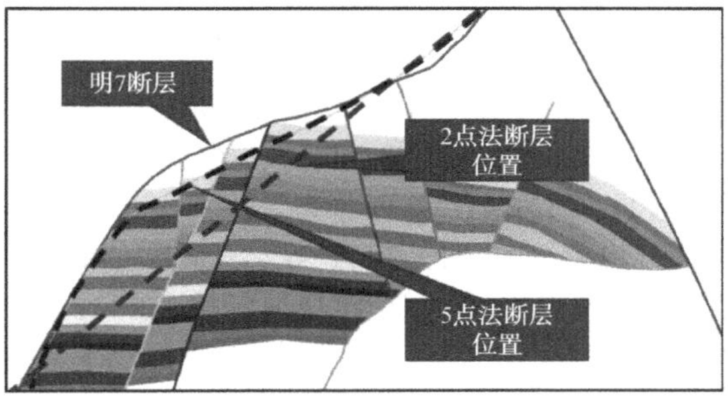

图 15 明 7 断层不同建模方法位置图

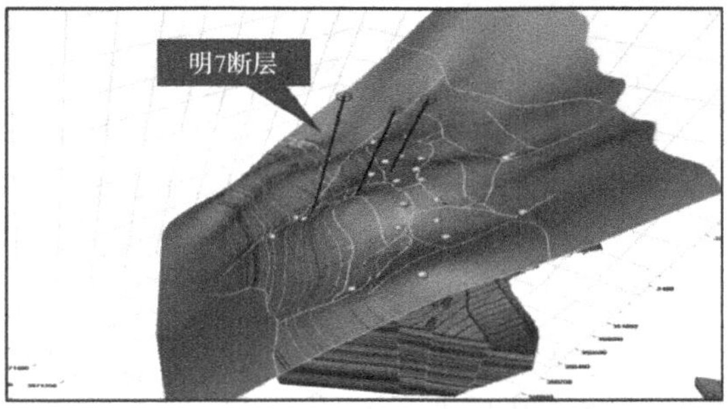

图 16 明 7 断层三维断面图

③ 精准建立复杂断层切割关系

在极复杂断块，断层多，断层切割关系复杂，存在着上下切割、左右切割，一条断层与多条断层存在切割关系，且切割类型多样(图 17)。传统建模方法无法精准建立这些复杂切割关系，造成模型中断面位置与实际断层误差大(图 18)。解释建模一体化技术强化三维环境和二维剖面协同解释，以三维宏观视角把握断层复杂切割关系，精准建立复杂断层切割关系。

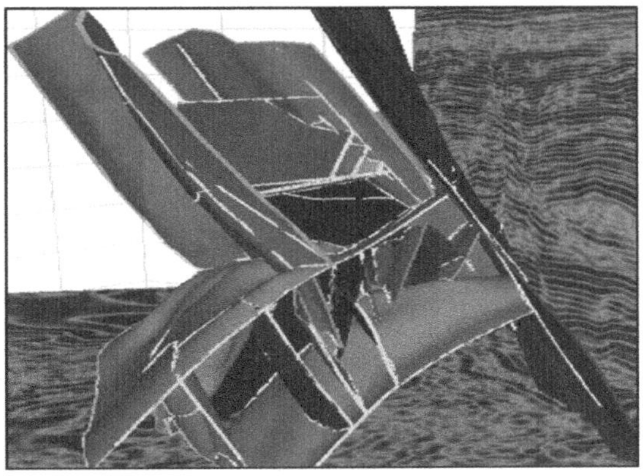

图 17 明 14 块三维断面图

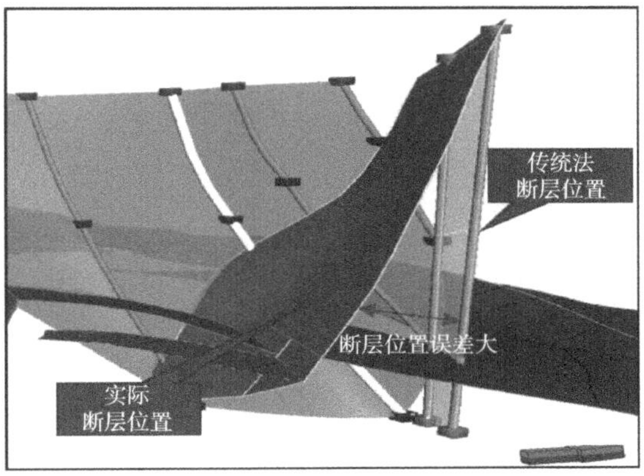

图 18 传统断层建模法处理复杂切割关系示意图

3 应用

该项技术在文明寨明 14 块、马寨卫 95 及庆祖集庆 11 块等 7 个极复杂断块已经得到较好应用，提升了构造研究和构造建模的效率，建模周期缩短 40%，提高了断面、复杂破碎小断块三维空间形状和叠置关系的刻画精度，断面模型位置精度提升至 95%，精细刻画出 0.01km^{2}以上小断块(图 19)。在精细刻画极复杂断块断面位置、断块空间叠置特征和准确预测剩余油基础上，综合应用三维地质模型中的多种构造及储层属性，开展方案编制和贴断面井、串断块井等复杂结构井的三维空间优化设计(图 20)。方案实施后，新增可采储量 56 万吨，采收率提高 1.5 个百分点。

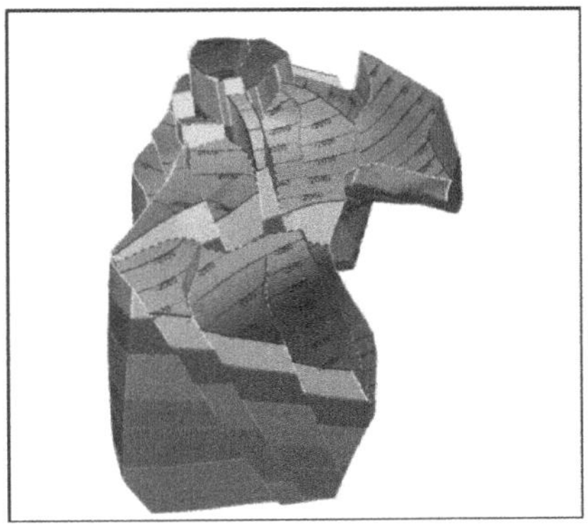

图 19 明 14 块极复杂构造模型

图20 全三维环境设计贴断面井示意图

4 结论

（1）复杂断块解释建模一体化技术，在大幅提升构造研究及建模效率的同时，提高了模型和构造认识的吻合精度，能够有效支撑井位设计及方案编制等实际工作。

（2）通过改造传统研究流程，将有利于培养解释建模复合型人才，加快人才成长。

（3）构建一体化研究平台，有利于多人协同开展研究工作，更大程度提高研究效率和成果的共享。

参 考 文 献

[1] 王俊，肖立新，刘翔，等．准噶尔盆地南缘齐古背斜复杂构造建模技术应用[J]．新疆地质，2019，37(2)：237-241.

[2] 江艳平，芦凤明，李涛，等．复杂断块油藏地质建模难点及对策[J]．断块油气田，2013，30(5)：585-588.

大庆 P 区块稠油利用水驱自乳化提产可行性研究

徐　庆　李景伟　张德龙　谭　科　刘　畅

（大庆头台油田开发有限责任公司地质工艺研究所）

摘　要　大庆P区块黑帝庙储层稠油埋藏深度浅、有效厚度薄，采取水平井井网规模开发，水平井蒸汽吞吐产量递减快、热采效率低。通过分布式光纤温度剖面测井、原油组分和乳化特征测试结果，分析认为影响热采效率的原因为：一是原油中含有大量胶质、沥青质、石蜡和酸性组分等天然的表面活性物质，极易形成高黏的油包水乳状液；二是储层地层温度低、有效厚度薄，导致蒸汽热损失大、水平段动用不均。根据原油性质、乳化特性、现场试验效果分析对比，分析认为P区块稠油乳化相变点高，在乳化含水60%条件下仍可形成油包水乳液，乳液黏度提高5倍以上，利用稠油自乳化特征，采取温水驱可以形成"水-乳液-油"的驱油段塞组合，水驱前缘的高黏度乳液段塞，可提高注入水的自调剖能力，保持水平段驱替前缘稳定，扩大注入水波及体积；同时P区块稠油中轻质组分含量较高、黏度相对较低，可在采出端快速建产。因此P区块稠油可以采取水驱自乳化方式提产。

关键词　浅薄层稠油；开发特征；乳化分析；自乳化特征；稠油水驱；波及体积

相较于常规轻质原油，稠油中含有大量的胶质、沥青质等天然乳化剂，在注蒸汽热采开发过程中，这些活性物质极易吸附在油水界面，引起自乳化现象，形成稳定的油包水型乳化液，大大增加了原油黏度。对于热损失大的浅薄层稠油油藏而言，在注蒸汽吞吐开采的较短的时间内，地层温度会快速下降，大幅降低原油的流动性，极大限制的热采开发效果。但从辩证的角度来看，油水自乳化现象形成的高黏度乳化液，可以有效的形成对高渗条带的暂堵，水驱油体系的驱替前缘更加均匀，扩大水驱波及体积，提高原油采收率。加拿大西部稠油油藏碱水驱开发和准噶尔盆地吉7井区水驱开发的成功经验表明，稠油油藏的自乳化现象可以有效调整水驱前缘，延长中含水期。

大庆油田近亿吨普通稠油的地质特点为储层薄、埋深浅、砂体规模小。P区块主要含油层位整体发育滨浅湖砂坝，油藏埋深503.2m，平均砂岩厚度4.8m，有效厚度2.5m，地层压力5.58MPa，地层温度19.8℃，地层温度下脱气原油黏度为482mPa·s，地质条件在大庆油田具备一定代表性。为实现P区块薄层稠油的经济效益开发，2019年开始采取140m井距的水平井井网蒸汽吞吐开发。在开发过程中遇到了热采产量递减快、水平井储层动用不均等现实问题。本文根据生产数据、测井资料、原油物化性质及乳化特性测定结果，系统分析了大庆浅薄层稠油的水平井开发特征和影响开发效果的主控因素，同时结合自乳化机理，对在地层中具备一定流动性的稠油油藏，开展转变开发方式、采取水驱自乳化提产的可行性研究。研究结果对大庆同类稠油区块开发具备一定的借鉴意义。

1　浅薄层稠油水平井热采开发特征

1.1　蒸汽吞吐产量递减速度快，周期回采水率低

P1井是P区块具备代表性的1口水平井，该井经历了冷采和1个完整的蒸汽吞吐热采周期。如图1所示，P1井共计冷采121天，平均日产液4.3m^3，含水22.4%，产液、含水较稳定，具备一定的冷采产能。热采阶段产液下降较快，放喷期平均日产液7.11m^3，含水9.7%；机采期产液快速下降到1.81m^3，含水28.5%，洗井、作业后，产量有所恢复，但有效期短。如表1所示，区内热采周期完整4口水平井的周期油汽比为0.24t/t，到达了该区块的热采效益界限。但第1周期的回采水率只有7.19%，远低于其他稠油油藏的回采水率，地下存水量大。后续注入蒸汽对前1周期地层存水的加热，会严重限制后续的热采开发效果。

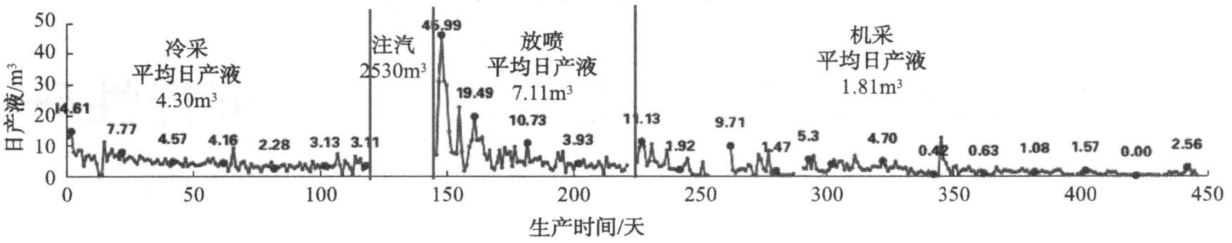

图 1　P1 井冷采及第一周期生产曲线

表 1　P 区块水平井第一周期动态参数统计表

井型	对比井数/口	有效厚度/m	注汽量/m^3	周期产液/t	周期产油/t	含水/%	油汽比/(t/t)	采注比	回采水率/%
水平井	4	2.5	2292	716.9	552	23	0.24	0.31	7.19

1.2　蒸汽吞吐水平段动用不均，热损失大

为获得注蒸汽后的水平段温度剖面，对 P1 井采用分布式光纤测温系统测量实时的全井段分布式温度剖面。P1 井实钻水平段长度 360m，有效 315m，有效钻遇率 87.5%，测量前生产阶段为第 1 周期放喷 78 天，平均产量 2.1m³/d，含水 2.4%，注入蒸汽温度 303.6℃，蒸汽干度 71.3%。

如图 2 所示，由于 P 区块有效厚度仅为 2.5m，水平井跟踪调整难度较大，导致水平段的储层物性差异较大，这也直接导致了注入蒸汽在水平段的分布不均。井温测量结果表明，669.0 ~ 799.0m 段井温明显低于 887.6 ~ 996.4m 段，669.0~799.0m 平均温度初始 35.5℃，测试结束时 38.2℃，887.6 ~ 996.4m 平均温度初始 38.1℃，测试结束时 47.6℃。且由于储层薄、地层温度低，注入蒸汽在储层中的热损失大，P1 井放喷 78 天时的全井段温度均不超过 50℃。同期开展井温测量的 P2 井(第一周期机采 197 天)全水平段平均温度 27.0℃，说明水平段动用不均、热损失大也是限制 P 区块蒸汽吞吐效果的因素之一。

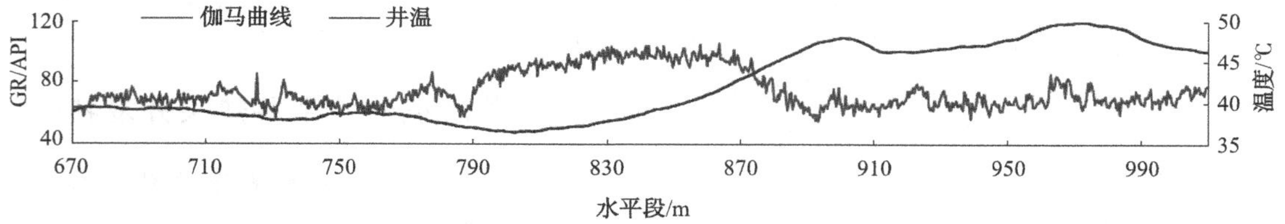

图 2　P1 井钻遇及第一周期放喷 78 天井温测井曲线

2　P 区块原油自乳化特征及成因分析

2.1　乳化特征

原油黏度是影响水驱效率的主要因素之一。本文通过配比不同油水体积比的乳液，利用显微镜观察乳液微观形态，利用流变仪测量乳液流变性。如表 2、图 3 所示，P 区块原油极易发生乳化，乳液含水最高可达到 60%，乳液黏度随含水率增加先增加后下降，温度大于 35℃后，乳液黏度相差幅度减小，平均乳液黏度较脱水原油增加 5 倍以上。如表 3 所示，目前 P 区块处于开发初期，平均乳化含水 20%，地层原油乳化黏度较初始黏度增加 7 倍以上，渗流阻力增大，严重影响注入水返排速度。

表 2　P 区块原油乳化特性及流变性

油水体积比	2∶1	1∶1	1∶2	1∶3
原油含水/%	33.3	50	66.7	75
乳液含水/%	29.8	48.7	58.1	61.5
平均黏度增加倍数	7.77	6.13	5.28	5.03

表 3　P 区块热采试油原油乳化含水统计表

取样时间	2018/12/27	2018/12/27	2018/12/28
乳化含水/%	21	20	19
原油含水/%	28.4	24.6	24.1

随着乳液含水率的不断增加到达某一临界点时，油包水乳液会转相为水包油乳液，通常将这一临界点的含水率称为临界含水率或转相点。如图 4 所示，通过显微观察，P 区块原油在含水

30%和60%条件下，均能形成油包水乳状液，相变点较高。通过实验过程观察，油水乳化后的水相体积明显减少，以油相为外相的乳液体积不断增加，说明油水乳化时水相进入到了油相中，形成了油包水乳状液，该乳液呈黏稠状棕褐色液体，具有一定流动性。

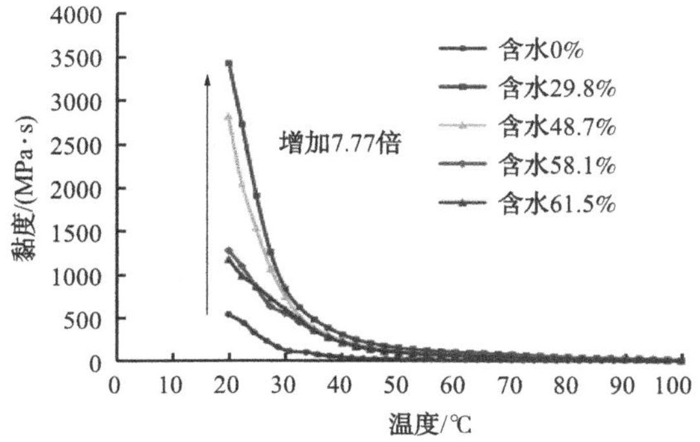

图3 P区块原油乳化黏温曲线

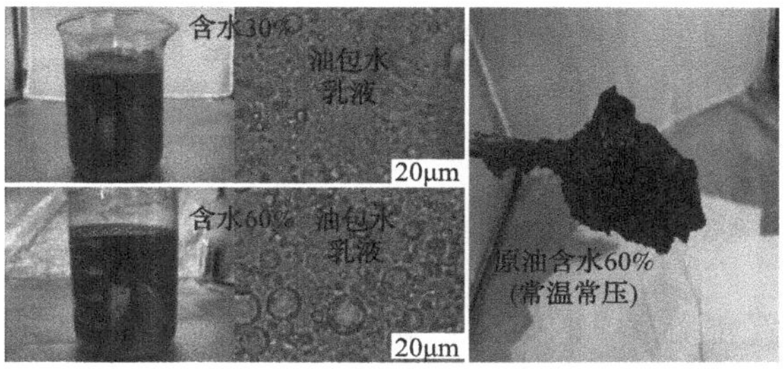

图4 乳化特征图

2.2 自乳化成因分析

P区块原油中含有大量胶质、沥青质、石蜡和酸性组分等天然的表面活性物质，这些活性物质会吸附在油水界面形成热稳定性好、机械强度高的界面膜，使原油与水相形成稳定的油包水乳状液。如表4、表5，葡浅6-H1区块原油酸值为3.62mg KOH/g，属于高酸值原油，其中具备表面活性物质的羧酸类化合物占比高达50.78%，容易与胶质、沥青质等活性物质共同吸附在油水界面，形成稳定的油包水型乳状液。如图5、图6，胶质、沥青质含量占比高达19.28%，C21+的重碳和超重碳烷烃含量超过55%，其中石蜡含量22.7%，这些均是天然表面活性物质。

表4 原油酸值统计表

油样	低酸值原油	含酸原油	高酸值原油	葡浅6-H1
酸值(mg KOH/g)	0.5	0.5~1.0	1.0~5.0	3.62

表5 酸性组分中的化合物含量统计表

羧酸类化合物	中性含氮化合物	无碱的环烷酸化合物	酚类化合物	其他化合物
50.78%	34.89%	6.15%	6.34%	1.84%

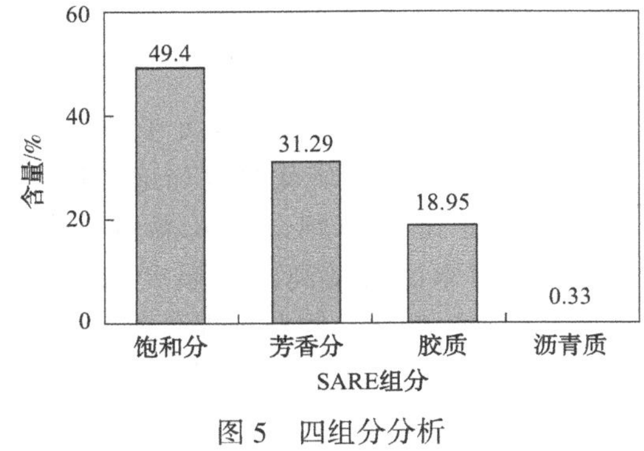

图5 四组分分析

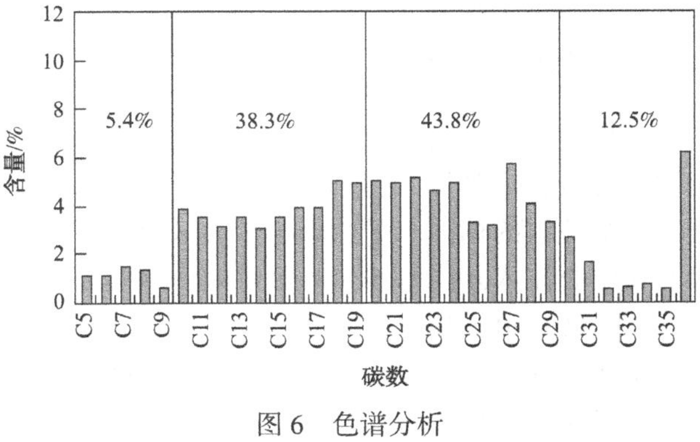

图6 色谱分析

3 自乳化驱替特征及P区块可行性分析

3.1 自乳化驱替特征

前人提出稠油水驱概念模型，分为4个阶段，其中Ⅲ阶段出现平台，产液含水约50%。这是因为随着含水增加，乳液黏度增加，注入水自调剖能力增强，原油自乳化区域增大，形成乳化液驱替。通过调研，昌吉油田吉7井区埋深1680m，渗透率80.8mD，油藏温度53℃，地层条件下原油黏度801mPa·s。利用稠油自乳化特征，通过注地面常温水，已建成52万吨产能，预计采收率30.0%。其中吉008试验区注水开发初期含水率快速上升，中含水期接近直线，稳定期达58月，符合稠油水驱概念模型特征，说明利用自乳化驱替可以实现稠油油藏的效益注水开发。如图7、图8所示。

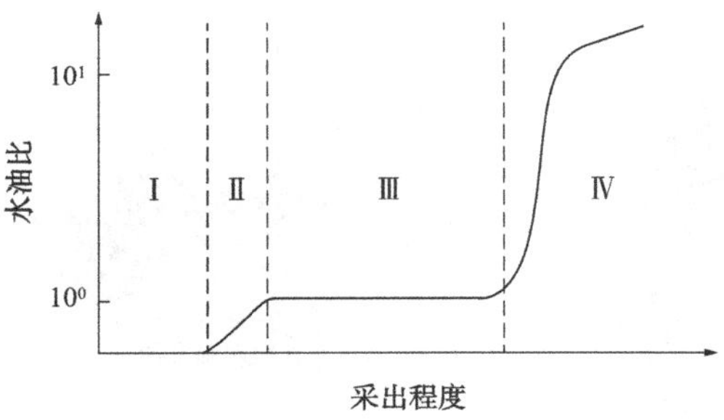

图7　稠油水驱过程阶段划分

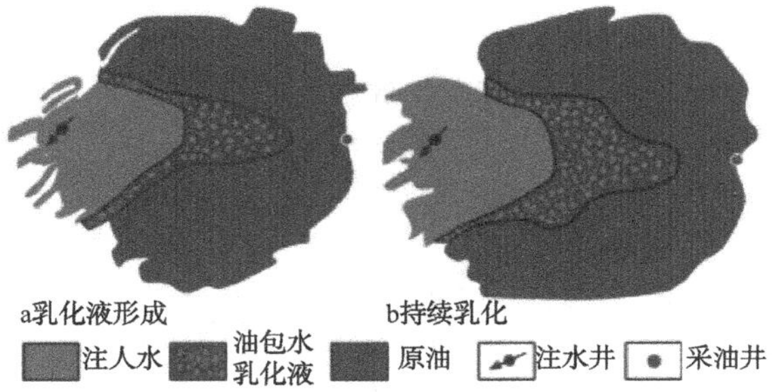

图8　稠油水驱乳化液稳定驱替前缘示意图

3.2　P区块自乳化驱替可行性分析

（1）乳化特征具备自乳化驱替可行性。对比P区块稠油乳化特征和昌吉油田稠油原油性质和乳化特征，P区块具备两点稠油自乳化驱替优势。一是地层原油黏度小，轻组成分含量高，冷采阶段具备一定自然产能，地层温度下降后的热采后期也仍有大量轻质组分采出(图9)，可供稠油水驱的快速上产；二是乳化均形成油包水乳液，且黏度增加倍数大且下降幅度较小，在驱替前缘含水饱和度低的条件下，可形成“水-乳液-油”的驱油段塞组合，完成对水平段的自调剖，提高水平段的动用程度。

（2）井网条件具备自乳化驱替可行性。P区块采取井距140m的水平井井网开发，可以建立规模的注采条件。同时井温测试表明水平井水平段动用不均，采取注水自乳化驱替，水驱前缘乳液黏度的增加，能够抑制高渗通道窜流，使注入水向低渗部位转向，水平段驱替前缘均匀向两侧采出水平井推进(图10)，相较于直井驱替效果，驱替体系的波及体积得到最大扩张。

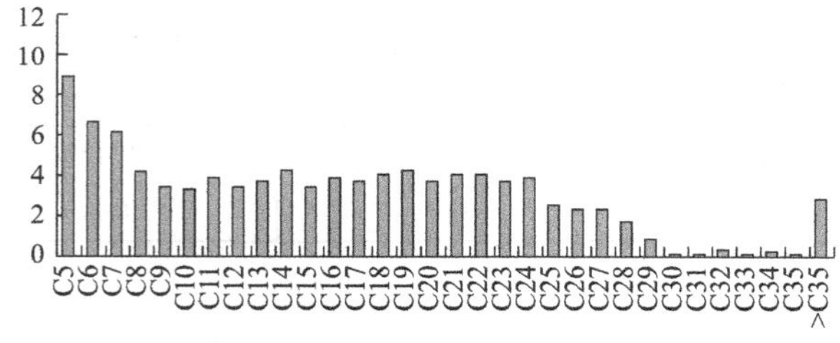

图9　饱和烃气相色谱分布图(机采163天)

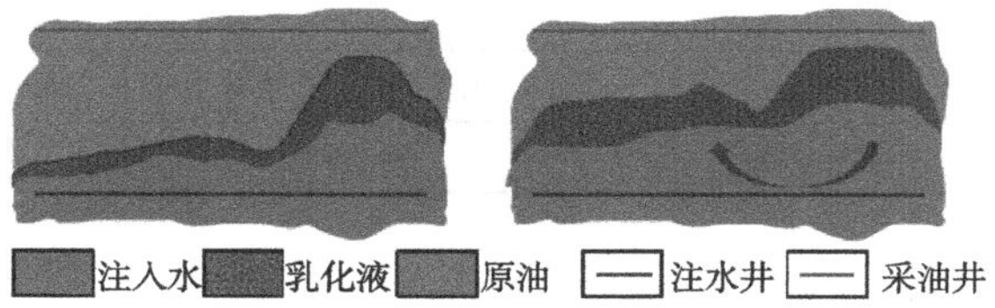

图10　稠油水平井水驱稳定驱替前缘示意图

（3）聚驱试验空白水驱阶段开发特征具备自乳化驱替可行性。如图11所示，P区块于2021年开辟1个井组的稠油水平井聚驱试验区，边部采出井在中心注入井注水5个月后见效，水驱阶段有效天数75d，累增油158.98t，日增油2.12t，含水下降，取得较好效果，因此P区块稠油具备水驱可行性。

（4）P区块自乳化驱替参数设计和后期调整建议。注采比控制：在注采比=1条件下，昌吉油田取得较好开发效果，结合P区块稠油聚驱空白水驱阶段的注入能力，在水平井1注2采的条件下，设计单井注入量20m³，单井采出10m³。注入温度控制：葡浅6-H1区块原油凝固点27.0℃，因此最低注入温度大于30℃；如表6所示，按照驱替前缘乳化黏度与地层原油黏度形成最小流度比的原则，注入温度应保证在35℃；结合聚驱试验最高注入温度40℃，采出井含水没有大幅变化，因此为提高前期重质组分驱替效果，注入温度可以提高到40℃。

后期调整建议：同时针对稠油水驱第Ⅳ阶段(含水快速上升阶段)，通过注入起泡性表活剂体系，可以配合自乳化形成的油滴对大孔道封堵，同时提高地层孔隙中残留重质组分的驱替效果。通过起泡性能的室内实验评价，复配得到了适合本区的起泡剂，体系配方为：0.08% APG0810+0.32% AOS，体系起泡体积700mL，含油量20%时起泡体积225mL，界面张力可降至100数量级。利用图12实验仪器开展调驱实验，实验结果表明(图13)，该体系针对不同渗透率极差均可以提高排驱压差，在高渗层中建立较高的渗流阻力和残余阻力，而有利于提高波及体积、增加液流转向。

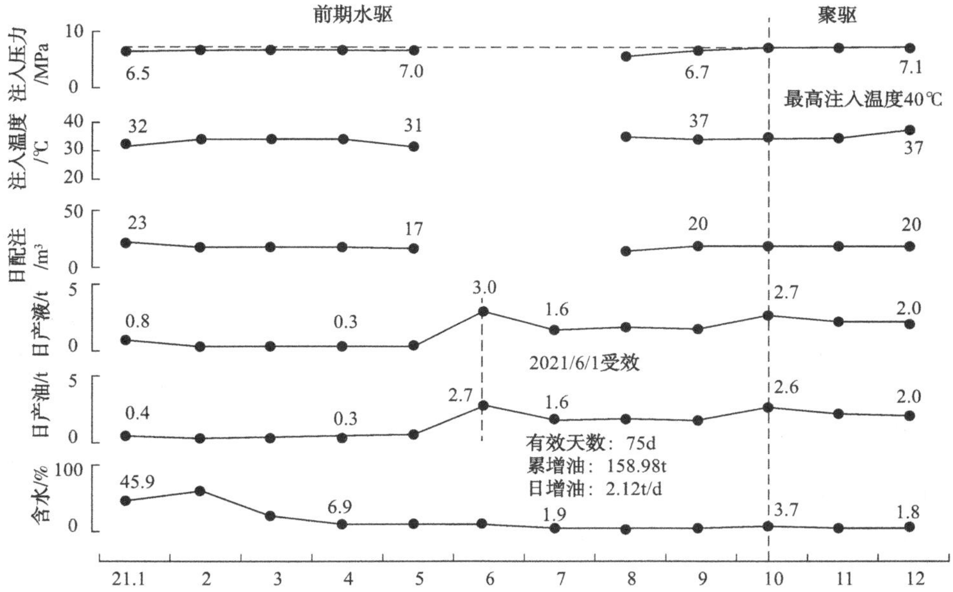

图11　聚驱开发曲线

表6　P区块原油黏度数据表

原油类别	原油黏度/(mPa·s)						
	20℃	25℃	30℃	35℃	40℃	45℃	50℃
地层原油	482	245	91.5	32.9	17.9	13.3	11
乳化含水29.8%	3420	1900	828	476	302	202	150
乳化含水61.5%	1170	859	592	352	210	132	92.6
热采后期采出油	43.9	37.3	20	16.3	13.7	12.3	10.6

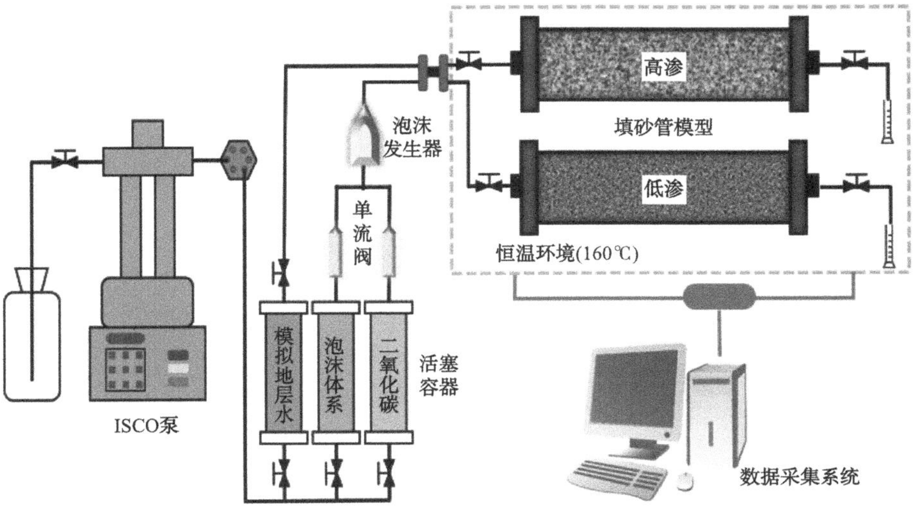

图12　调驱实验流程图

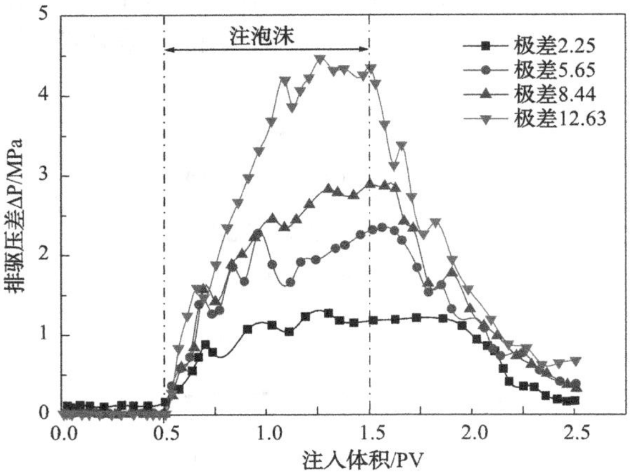

图13　层间注泡沫排驱压差

4　结论及认识

(1) 高黏度油包水乳液的形成和水平段的吸汽不均，限制了P区块的热采开发效果，但也为注水自乳化驱替创造可有利条件。

(2) P区块原油中含有大量天然的表面活性物质，乳化含水60%条件下，仍形成高黏的油包水乳状液，具备形成“水-乳液-油”驱油段塞组合的条件，具备自乳化驱替提产的可行性。

(3) 在注入温度不超过40℃、注采比保持1的条件下，可实现注水开发，针对稠油水驱第Ⅳ阶段，注入起泡剂可以改善水驱效果。

参 考 文 献

[1] 权忠舆．有关原油流变性与石油化学的讨论[J]．油气储运．1996，15(10)：1-6.

[2] YENTF，ERDMANJG，POLLACKSS. Investigation of the struc-ture of petroleum asphaltenes by X-ray diffraction [J]. Analytical Chemistry，1961，33(11)：1587-1594.

[3] 田茂章，赵新，宋新民，等．低渗透油藏中油包水乳液的生成及其扩大波及体积的作用[J]．应用化工，2015，44(8)：1421-1426.

[4] 曹绪龙，马宝东，张继超．特高温油藏增粘型乳液驱油体系的研制[J]．油气地质与采收率，2016，23(1)：68-73.

[5] JOHNSON CE. Status of caustic and emulsion methods [J]. Jour-nal of Petroleum Technology，1976，28.

[6] 梁成刚，赵坤，等．稠油油藏常温水驱自乳化效果评价—以准噶尔盆地昌吉油田吉7井区为例[J]．长江大学学报(自然科学版)，2021，18(6)：69-75.

[7] 彭永灿，史艳玲，崔志松，等．中深层稠油油藏有效开发方式探讨--以昌吉油田吉7井区梧桐沟组油藏为例[J]．石油天然气学报(江汉石油学院学报)，2014，36(12)：183-186.

[8] VITTORATOS E，WEST C C. Optimal heavy oil waterflood man-agement may differ from that of light oils [R]. SPE 129545，2010.

[9] 谢建勇，石彦，梁成钢，等．昌吉油田吉7井区稠油油藏注水开发原油黏度界限[J]．新疆石油地质，2015，36(6)：724-728.

[10] 刘艳红，万文胜，等．吉7井区稠油油藏水驱自乳化作用及水驱特征[J]．新疆石油地质，2021，42(6)：696-700.

[11] 田茂章，赵新，等．低渗透油藏中油包水乳液的生成及其扩大波及体积的作用[J]．应用化工，2015，44(8)：1421-1426.

港东断裂向沙一下亚段砂体转换输导油气时空分布研究

祖 琳 徐粤州

(大庆油田勘探开发研究院)

摘 要 为了研究歧口凹陷港东断裂处沙一下亚段油气分布规律，通过港东断裂在沙一下亚段内输导油气部位、时期，沙一中亚段明化镇组区域性泥岩盖层封闭部位、时期和沙一下亚段砂体输导油气部位、时期，分别对沙一中亚段区域性泥岩盖层封闭处和渗漏处港东断裂向沙一下亚段砂体转换输导空间和时间分布进行了研究，结果表明：沙一中亚段区域性泥岩盖层封闭处港东断裂向沙一下亚段砂体转换输导油气空间主要分布在其东部和西部，沙一中亚段区域性泥岩盖层渗漏处港东断裂向沙一下亚段砂体输导油气空间分布在其中部。沙一中亚段区域性泥岩盖层封闭处港东断裂向沙一下亚段砂体转换输导油气时间主要分布在东营组沉积早期至结束和明化镇组沉积时期，沙一中亚段区域性泥岩盖层渗漏处港东断裂向沙一下亚段砂体转换输导油气时间主要分布在明化镇组沉积早期至结束。港东断裂向沙一下亚段砂体转换时空分布特征应是造成港东断裂处沙一下亚段油气整条断裂分布的根本原因。

关键词 港东断裂；沙一下亚段砂体；转换输导油气；时空分布

港东断裂是位于渤海盆地歧口凹陷北部的一条走向为北北东向的正断层，平面上延伸长度约为23km，剖面上从深部向上一直断至近地表附近，倾向变化在53~71°之间，断层面向东南方向倾斜，为一长期继承性发育断裂，如图1所示，歧北地区目前油气钻探所揭示的地层由下至上有古近系(孔店组、沙河街组、东营组)、新近系(馆陶组和明化镇组)和少量第四系。目前港东断裂处已发现油气主要分布在沙一下亚段，少量分布在东三段和馆陶组，下伏沙三段发育的暗色泥岩是沙一下亚段的主要源岩，油气盖层是沙一中亚段发育的区域性泥岩。由于港东断裂位于下伏成熟沙三段源岩区内，且沟通了沙三段源岩和沙一下亚段，在明化镇组沉积中晚期的油气成藏过程中活动开启，应是沙一下亚的油源断裂。由图1中可以看出，港东断裂处沙一下亚段目前已发现油气分布于断裂每个部位，这除了受到其圈闭发育的影响，主要是受到了港东断裂向沙一下亚段转换输导油气时空分布的影响。因此，能否正确认识港东断裂向沙一下亚段砂体转换输导油气时空分布，对于正确认识港东断裂处沙一下亚段油气分布规律及指导其油气勘探均至关重要。

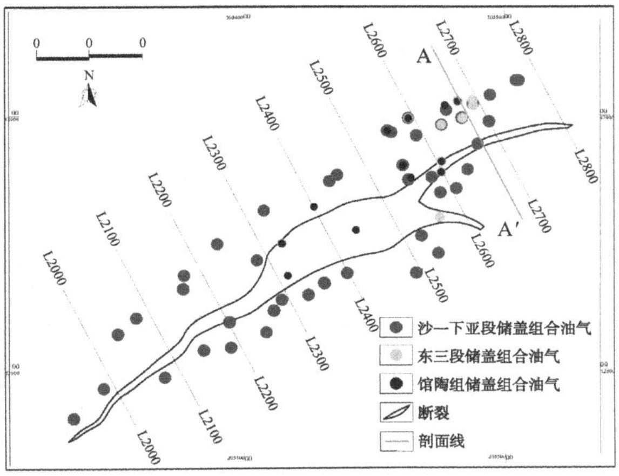

(a)港东断裂与沙一下亚段油气分布关系

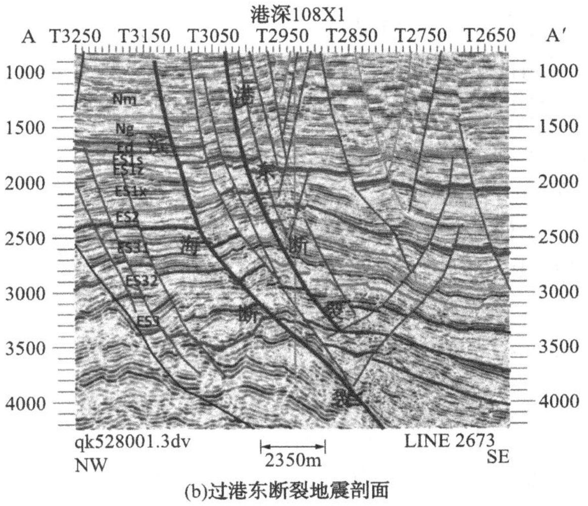

(b)过港东断裂地震剖面

图1 港东断裂与沙一下亚段油气分布关系图

关于断裂向砂体转换油气空间分布，前人主要是利用油源断裂输导油气部位、砂体输导油气部位和区域性泥岩盖层封闭部位，研究断裂向砂体转换输导油气空间分布，将油源断裂输导油气部位、砂体输导部位和区域性泥岩盖层封闭部位的重合部位作为断裂向砂体转换输导油气空间分布。而对断裂向砂体转换输导油气时间分布主要是利用断裂输导油气时期与砂体输导油气时期，研究断裂向砂体转换油气时间分布，将断裂输导油气时期与砂体输导油气时期的重合时期作为断裂向砂体输导油气时间分布，上述研究成果对正确总结含油气盆地油源断裂处油气分布规律及指导其油气勘探起到了非常重要的作用。然而，上述对断裂向砂体转换输导油气空间分布和断裂向砂体输导油气时间分布研究均是分开进行的，另外，上述研究仅仅是区域性泥岩盖层封闭处断裂向砂体转换输导油气时空分布研究，缺少区域性泥岩盖层渗漏处断裂向砂体转换输导油气时空分布研究。等等这些问题均表明目前断裂向砂体转换油气时空分布预测方法还不完善，并不能同时给出断裂向砂体转换输导油气时空分布，影响了油源断裂处油气分布规律的正确总结，可能给油气勘探带来一定风险；因此，开展港东断裂向沙一下亚段砂体转换输导油气时空分布研究，不仅可以正确解释其沙一下亚段 油气分布规律，还可以完善断裂向砂体转换输导油气时空分布预测方法。

1　港东断裂向沙一下亚段砂体转换输导油气空间分布及其特征

要研究港东断裂向沙一下亚段砂体转换输导油气空间分布，就必须确定出沙一中亚段区域性盖层封闭处港东断裂向沙一下亚段砂体转换输导油气空间分布和沙一中亚段区域性泥岩盖层渗漏处港东断裂向沙一下亚段砂体转换输导油气空间分布。

要研究沙一中亚段区域性泥岩盖层封闭处港东断裂向沙一下亚段砂体转换输导油气空间分布，就必须确定出港东断裂在沙一下亚段内输导油气部位、沙一中亚段区域性泥岩盖层封闭部位和沙一下亚段砂体输导油气部位。要研究港东断裂在沙一下亚段内输导油气部位，由于港东断裂位于沙三段源岩区内，其在沙一下亚段输导油气部位应为其输导部位，利用三维地震资料确定港东断裂在沙一下亚段内断距，由文献中最大断距相减法恢复明化镇组沉积中晚期油气成藏过程中港东断裂在沙一下亚段内古断距，再除以其活动时期，便可以得到港东断裂在沙一下亚段内古活动速率，如图 2 所示，由歧口凹陷断裂输导油气所需的最大活动速率约为 4m/Ma，可以得到港东断裂在沙一下亚段内输导油气部位。由图 2 中可以看出，除了西部端部外，港东断裂其余部位皆为输导油气部位。要研究沙一中亚段区域性泥岩盖层封闭部位，须利用三维地震和钻井资料确定港东断裂在沙一中亚段区域性泥岩盖层内断距和对应处沙一中亚段区域性泥岩盖层厚度，由文献中最大断距相减法和文献中地层古厚度恢复方法恢复明化镇组沉积中晚期油气成藏过程中港东断裂在沙一中亚段区域性泥岩盖层古断距和对应处沙一中亚段区域性泥岩盖层古厚度，由后者与前者相减求取沙一中亚段区域性泥岩盖层古断接厚度，如图 3 所示，由歧口凹陷断裂在沙一中亚段区域性泥岩盖层封闭油气所需的最小断接厚度约为 139m，可以得到沙一中亚段区域性泥岩盖层封闭部位。由图 3 中可以看出，沙一中亚段区域性泥岩盖层封闭部位主要分布在其中东部，西部和东部则为沙一中亚段区域性泥岩盖层渗漏部位，要确定沙一下亚段砂体输导油气部位，就必须确定沙一下亚段砂体连通分布部位，利用钻井资料确定港东断裂处沙一下亚段地层砂地比值，由文献中歧口凹陷沙一下亚段砂体连通分布所需的最小地层砂地比值约为 18%，可以得到港东断裂处沙一下亚段砂体连通分布部位，即沙一下亚段砂体输导油气部位，如图 4 所示。由图 4 中可以看出，除东部局部外，港东断裂其余部位皆为沙一下亚段砂体输导油气部位。将上述已确定出的港东断裂在沙一下亚段内输导油气部位、沙一中亚段区域性泥岩盖层封闭部位和沙一下亚段砂体输导油气部位叠合，由其重合部位便可以得到沙一中亚段区域性泥岩盖层封闭处港东断裂向沙一下亚段砂体转换输导油气空间分布，如图 5 所示。由图 5 中可以看出，沙一中亚段区域性泥岩盖层封闭处港东断裂向沙一下亚段砂体转换输导油气空间主要分布在其东部和西部。

要研究沙一中亚段区域性泥岩盖层渗漏处港东断裂向沙一下亚段砂体转换输导油气空间分布，就必须确定出港东断裂在沙一下亚段内输导油气部位，沙一中亚段区域性泥岩盖层渗漏部位、明化镇组区域性泥岩盖层封闭部位和沙一下亚段砂体输导油气部位，其中港东断裂在沙一下亚段内输导油气部位、沙一中亚段区域性泥岩盖层渗漏部位和沙一下亚段砂体输导油气部位可按上述方法确定。

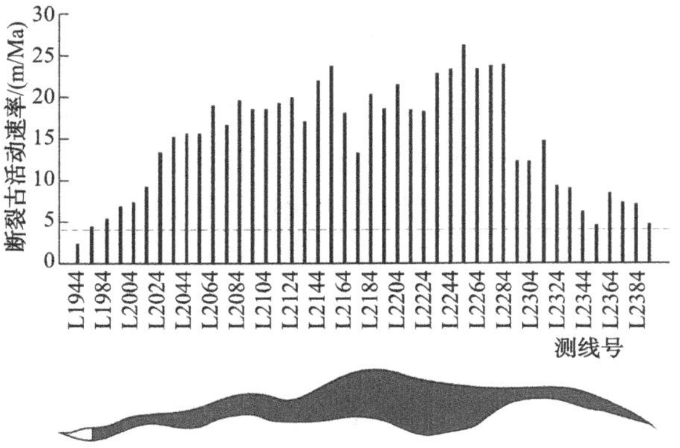

图 2　港东断裂在沙一下亚段内输导部位厘定图

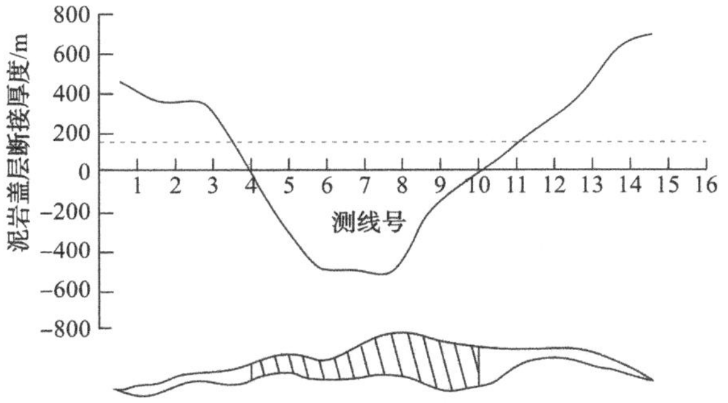

图 3　港东断裂处沙一中亚段区域性泥岩盖层封闭与不封闭部位厘定图

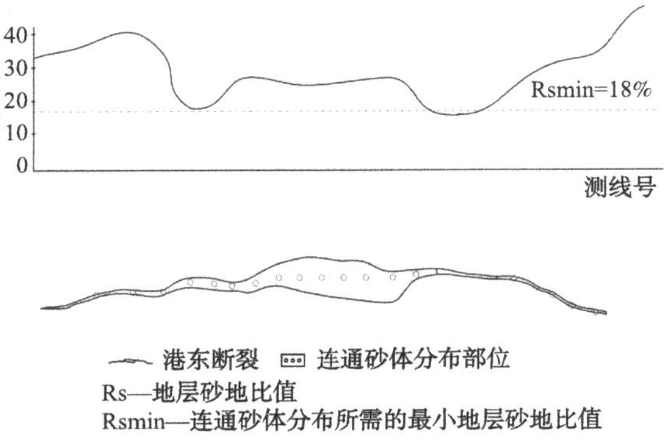

图 4　港东断裂处沙一下亚段连通砂体分布部位厘定图

由图 1 中可以看出，明化镇组区域性泥岩盖层厚度相对较大，港东断裂并未断穿明化镇组区域性泥岩盖层，且至今明化镇组区域性泥岩盖层之上未见到油气显示，表明明化镇组区域性泥岩盖层在港东断裂处均是封闭的，将上述已确定出的港东断裂在沙一下亚段内输导油气部位、沙一中亚段区域性泥岩盖层渗漏部位、明化镇组区域性泥岩盖层封闭部位和沙一下亚段砂体输导油气部位叠合，由其重合部位便可以得到沙一中亚段区域性泥岩盖层渗漏处港东断裂向沙一下亚段砂体转换输导油气空间分布，如图 5 所示。由图 5 中可以看出，沙一中亚段区域性泥岩盖层渗漏处港东断裂向沙一下亚段砂体转换输导油气空间主要分布在其中部。

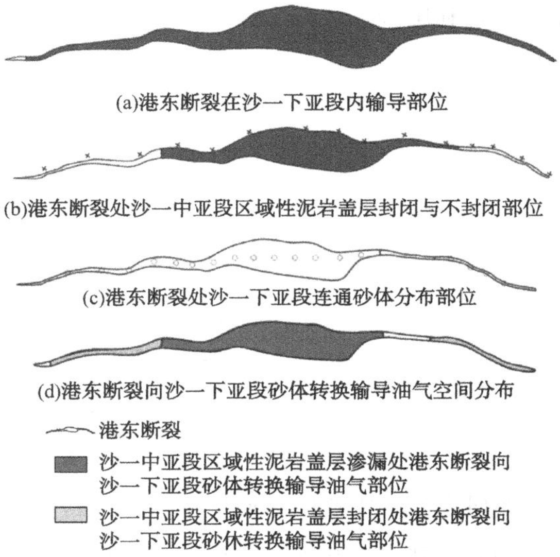

图 5　港东断裂向沙一下亚段砂体转换输导油气空间分布图

将上述沙一下亚段区域性泥岩盖层封闭处和渗漏处港东断裂向沙一下亚段砂体转换输导油气空间分布组合，可以得到港东断裂向沙一下亚段砂体转换输导油气空间分布，如图 5 所示。由图 5 中可以看出，除东部局部和西部端部外，港东断裂其余部位皆为港东断裂向沙一下亚段砂体转换输导油气空间分布。

2　港东断裂向沙一下亚段砂体转换输导油气时间分布及其特征

要研究港东断裂向沙一下亚段砂体转换输导油气时间分布，就必须确定出沙一下亚段区域性泥岩盖层封闭处和渗漏处港东断裂向沙一下亚段砂体转换输导油气时间分布。要研究沙一中亚段区域性泥岩盖层封闭处港东断裂向沙一下亚段砂体转换输导油气时间分布，就必须确定出港东断裂在沙一下亚段内输导油气时期、沙一中亚段区域性泥岩盖层封闭性形成时期和沙一下亚段砂体输导油气时期。要研究港东断裂在沙一下亚段内输导油气时期，就必须研究出港东断裂活动时期和沙三段源岩排烃时期。要研究港东断裂活动时期，须利用三维地震资料统计港东断裂两盘不同地层顶面埋深，计算港东断裂两盘不同地层古落差，由文献中断裂活动时期确定方法，可以得到港东断裂活动时期，如图6所示。由图6中可以看出，港东断裂主要有3个活动时期，分别为沙三段沉积中晚期、沙一段沉积中期至东营组沉积时期和明化镇组沉积时期。要研究沙三段源岩排烃期，须利用沙三段源岩厚度、埋深及其地化特征，由文献中源岩生排烃量计算方法，可以计算得到不同时期沙三段源岩排烃量，如图6所示。由图6中可以看出，沙三段源岩在沙一段沉积末期开始向外排烃，在馆陶组沉积末期进入排烃高峰期，以后沙三段源岩排烃量逐渐减小，但至今仍有一定排烃量。将上述港东断裂活动时期和沙三段源岩排烃期叠合可以得到港东断裂在沙一下亚段内输导油气时期，如图6所示。由图6中可以看出，港东断裂在沙一下亚段内输导油气时期应为东营组沉积时期和明化镇组沉积时期。

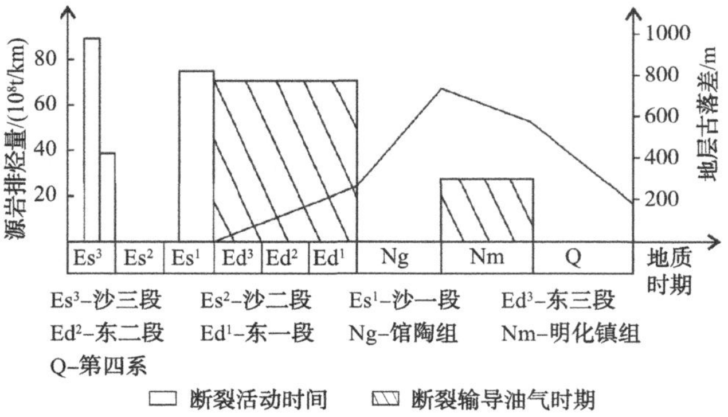

图6　港东断裂在沙一下亚段内输导油气时期厘定图

要研究沙一中亚段区域性泥岩盖层封闭性形成时期，须利用钻井资料确定沙一中亚段区域性泥岩盖层现今埋深，利用自然伽马测井资料，由文献中岩石泥质含量计算方法求取沙一中亚段区域性泥岩盖层泥质含量，在假定沙一中亚段区域性泥岩盖层泥质含量各地质时期近似不变的条件下，由文献中地层古埋深恢复方法恢复不同地质时期沙一中亚段区域性泥岩盖层古埋深，将沙一中亚段区域性泥岩盖层古埋深和泥质含量代入歧口凹陷泥岩盖层排替压力与埋深、泥质含量关系式(1)中，便可以得到不同地质时期沙一中亚段区域性泥岩盖层排替压力，据此便可以得到沙一中亚段区域性泥岩盖层排替压力随时间变化关系，如图7(a)所示，按照上述相同方法由式(2)便可以得到沙一下亚段砂体排替压力随时间变化关系，如图7a所示。

$$P_c = 0.28\left(\frac{Z_c R_c}{100}\right)^{1.415} \qquad (1)$$

式中：P_c为围岩实测排替压力，MPa；Z_c为围岩埋深，m；R_c为围岩泥质含量，%；

$$P_s = 0.197\left(\frac{Z_s R_s}{100}\right)^{1.312} \qquad (2)$$

式中：P_s为围岩实测排替压力，MPa；Z_s为围岩埋深，m；R_s为围岩泥质含量，%；

由沙一中亚段区域性泥岩盖层排替压力和沙一下亚段砂体排替压力相等所对应的时期，便可以得到沙一中亚段区域性泥岩盖层封闭性开始形成时期，应为东营组沉积中期，如图7(a)所示，由此可以得到沙一中亚段区域性泥岩盖层封闭性形成时期应为东营组沉积早期至现今。

要研究沙一下亚段砂体输导油气时期，只要确定出沙一中亚段区域性泥岩盖层封闭性形成时期即可，沙一中亚段区域性泥岩盖层封闭性形成时期可由图7(a)来确定，故可以得到沙一下亚段砂体输导油气时期应为东营组沉积早期至现今。

将上述已确定出的港东断裂在沙一下亚段内输导油气时期，沙一中亚段区域性泥岩盖层封闭性形成时期和沙一下亚段砂体输导油气时期叠合，由其重合时期便可以得到沙一中亚段区域性泥岩盖层封闭处港东断裂向沙一下亚段砂体转换输导油气时间应为东营组沉积早期至结束和明化镇组沉积时期，如图8(a)所示。

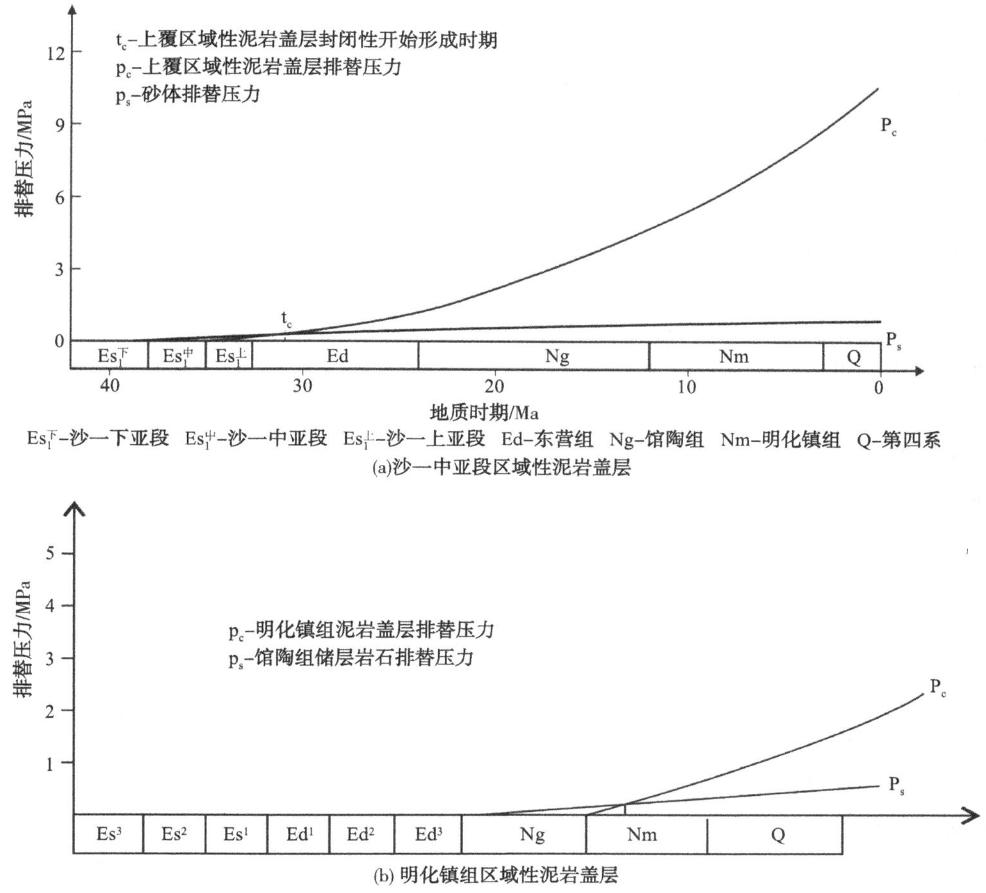

图 7 沙一中亚段和明化镇组区域性泥岩盖层封闭性开始时期厘定图

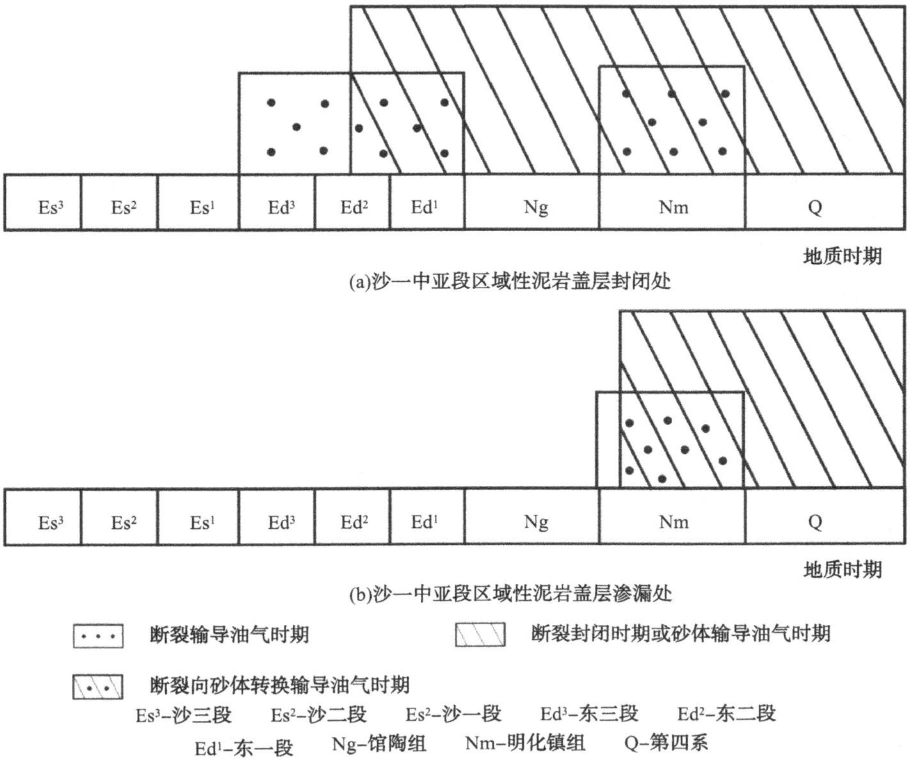

图 8 港东断裂向沙一下亚段砂体转换输导油气时间分布厘定图

要研究沙一下亚段区域性泥岩盖层渗漏处港东断裂向沙一下亚段砂体转换输导油气时间分布，就必须确定出港东断裂在沙一下亚段内输导油气时期，明化镇组区域性泥岩盖层封闭性形成时期和沙一下亚段砂体输导油气时期，港东断裂在沙一下亚段内输导油气时期和沙一下亚段砂体输导油气时期可用上述方法确定，要研究明化镇组区域性泥岩盖层封闭性形成时期，可按照上述与沙一中亚段区域性泥岩盖层封闭性开始形成时期相同的研究方法，可以得到明化镇组区域性泥岩盖层封闭性开始形成时期约为明化镇组沉积早期，如图 7(b)所示，由此可以得到明化镇组区域性泥岩盖层封闭性形成时期应为明化镇组沉积早期至现今。

将上述已研究出的港东断裂在沙一下亚段内输导油气时期、明化镇组沉积时期和沙一下亚段砂体输导油气时期叠合，由其重合时期便可以得到沙一下亚段区域性泥岩盖层渗漏处港东断裂向沙一下亚段砂体转换输导油气时间应分布在明化镇组沉积早期至结束，如图 8(b)所示。

3　与油气分布关系

由图 1 中可以看出，港东断裂处沙一下亚段油气整个断裂分布，正好分布在港东断裂向沙一下亚段砂体转换输导油气空间分布部位(图 5)内，这是因为只有位于港东断裂向沙一下亚段砂体转换输导油气空间分布部位内，下伏沙三段源岩生成的油气沿港东断裂向上运移，因在其东西部沙一中亚段区域性泥岩盖层封闭，向其下沙一下亚段砂体转换输导运移和聚集成藏。在其中部虽然沙一中亚段区域性泥岩盖层不封闭，但上覆明化镇组区域性泥岩盖层封闭，一部分油气也会向沙一下亚段砂体转换输导运移和聚集成藏。而且由于港东断裂向沙一下亚段砂体转换输导油气时间分布相对较长，有利于下伏沙三段源岩生成油气在港东断裂处沙一下亚段内聚集成藏，以上应是目前能在港东断裂处沙一下亚段找到整条断裂分布油气的根本原因。

4　结论

(1) 沙一中亚段区域性泥岩盖层封闭处港东断裂向沙一下亚段砂体转换输导油气空间主要分布在其东部和西部，沙一中亚段区域性泥岩盖层渗漏处港东断裂向沙一下亚段砂体转换输导油气空间主要分布在其中部。

(2) 沙一中亚段区域性泥岩盖层封闭处港东断裂向沙一下亚段砂体转换输导油气时间主要分布在东营组沉积早期至结束和明化镇组沉积时期，沙一中亚段区域性泥岩盖层渗漏处港东断裂向沙一下亚段砂体转换输导油气时间主要分布在明化镇组沉积早期至结束。

(3) 港东断裂向沙一下亚段砂体转换输导油气时空分布控制着港东断裂处沙一下亚段油气整条断裂分布。

参　考　文　献

[1] 付广，沙子萱，赵凯．海拉尔盆地苏德尔特地区油气“中转”运聚成藏：研究方法与有利部位预测[J]．地质论评，2022，68(01)：253-261.

[2] 付广，韩旭．油气由凹陷区断裂输导向斜坡区砂体输导转换部位预测方法[J]．中国石油大学学报(自然科学版)，2021，45(02)：42-50.

[3] 付广，梁木桂，李乔乔．源断砂空间匹配输导油气有效性研究[J]．中国矿业大学学报，2019，48(03)：584-591.

[4] 付广，王慧．隆起区和斜坡区断-砂输导体系控制油气分布特征的差异性[J]．中国石油大学学报(自然科学版)，2018，42(03)：22-30.

[5] 付广，梁木桂．断裂输导向遮挡油气转换时期厘定方法及其应用[J]．地质学报，2022，96(02)：691-698.

[6] 付广，于桐．断裂附近源断砂空间配置油气运聚有利部位预测方法及其应用[J]．沉积学报，2023，41(01)：270-279.

[7] 冯许魁，何文渊，胡少华，等．“构造脊”控藏模式及勘探实例[J]．石油学报，2022，43(08)：1065-1077.

[8] 王彦奇，张光亚，魏国齐，等．苏丹 Fula 凹陷 Fula-Moga 变换构造特征分析[J]．地质科学，2023，58(01)：273-288.

[9] 吴雨农，袁红旗，张亚雄，王汉强．断盖配置封闭性演化阶段恢复方法及其应用[J]．地质论评，2022，68(03)：1161-1169.

[10] 袁红旗，曹文瑞，于英华，张亚雄．断盖配置渗漏油气时期确定方法及其应用[J]．地质论评，2021，67(02)：420-428.

[11] 付广，韩旭，梁木桂．油源断裂输导和遮挡配置油气成藏有利部位预测方法及其应用[J]．地质论评，2021，67(02)：411-419.

[12] 史集建，李丽丽，杜琳，宋宇官．断层对盖层的动态破坏及其对油气输导的影响——以渤海湾盆地

岐口凹陷港东断裂为例[J]. 石油学报，2019，40(08)：956-964.

[13] 付广，庞雄奇，姜振学，张树林. 欠压实地层古地层压力恢复的统计模拟法及其在松辽盆地中的应用[J]. 沉积学报，1996(01)：69-79.

[14] 朱焕来，陈岩，王卫学. 源外斜坡区有利于油气运聚的断砂配置分布区预测方法[J]. 地质科学，2022，57(04)：1324-1335.

[15] 马庆佑，曾联波，徐旭辉，等. 塔河油田奥陶系走滑断裂体系特征及成因机制[J]. 地质学报，2023，97(02)：496-506.

[16] 付广，董金梦，彭万涛. 断盖配置渗漏与封闭转换时期的确定方法及其应用[J]. 沉积学报，2020，38(04)：868-875.

[17] 付广，王浩然. 不同时期油源断裂输导油气有利部位确定方法及其应用[J]. 石油学报，2018，39(02)：180-188.

[18] 庞雄奇，黄捍东，林畅松，等. 哈萨克斯坦 Marsel 探区叠复连续气田形成、分布与探测及资源储量评价[J]. 石油学报，2014，35(06)：1012-1056.

[19] 崔明明，李进步，王宗秀，等. 辫状河三角洲前缘致密砂岩储层特征及优质储层控制因素——以苏里格气田西南部石盒子组 8 段为例[J]. 石油学报，2019，40(03)：279-294.

[20] 付广，杨勉，吕延防，史集建. 断层古侧向封闭性定量评价方法及其应用[J]. 石油学报，2013，34(S1)：78-83.

气顶底水薄层油藏开发方案优化设计研究

刘美佳　赵汉卿　闫建丽　马　栋　吴晓慧

[中海石油(中国)有限公司天津分公司]

摘　要　气顶底水油藏由于油气水三相渗流，油井容易发生气窜、水锥，造成开发效果变差，采收率低。通常采用水平井开发来延缓气窜、水锥。然而，对于油层厚度比较薄的气顶底水油藏，投产初期就会发生三相流动，开发难度更大。为此，在开发方案研究过程中，需要充分考虑油、气、水储量变化的风险，优化井数井距、水平段纵向布井位置、合理采油速度，提高采收率。本文针对KL油田X砂体开展了构造不确定研究，量化构造变化对开发效果影响，给出布井界限及最优布井方案，该研究思路对相似油藏开发具有重要借鉴意义。

关键词　气顶底水薄层；开发方案；优化设计；采收率

气顶底水油藏在开发过程中容易气窜、水锥，通常开发效果较差。海上油田受经济条件制约，对单一含油气构造钻探的探井比较少，对油藏的认识存在局限性。尤其是针对储层厚度较薄的低幅气顶底水油藏，因构造预测误差带来的原油储量规模、气顶大小、水体能量、油层厚度分布的变化，会对开发方案造成重大影响。因此，在方案研究中，需要提前预测构造变化对布井界限的影响，同时优化井数井距、水平段纵向位置、优化合理的采油速度以改善开发效果。

KL油田X砂体为渤海南部未开发的气顶底水薄层油藏，KL-1井在X砂体井钻遇砂岩厚度15.1m，其中气层厚度5.2m，油层厚度7.6m，油水同层厚度2.3m，该砂体为窄条状气顶底水岩性-构造油藏，无纯油区。主河道储层厚度大，河道边部储层薄。地层原油粘度19.60mPa·s，渗透4237.7mD。水体倍数4.2倍，气顶指数0.7，如图1所示。

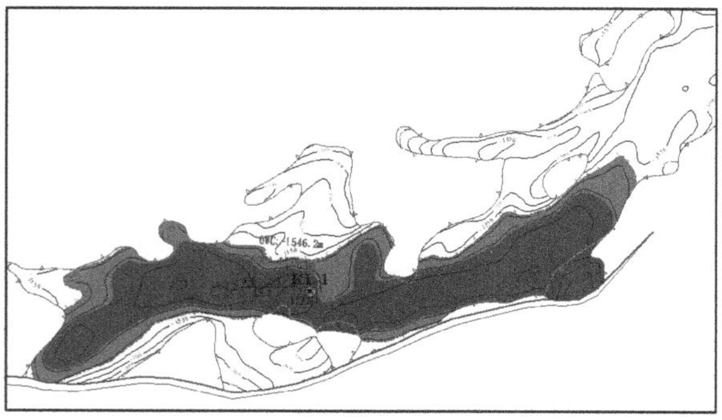

图1　X砂体含油面积图

1　数值模型建立

为了研究各种因素对开发指标的影响，建立机理模型，模型平面尺寸为1400m×600m，网格平面尺寸为50m×50m，纵向单层平均厚度为1m，气层厚度5m，油层厚度7m，水层厚度2m，采油井采用定油量、限最大产液量、限压差的生产制度，注水井限制最大注水量，注采平衡进行敏感性分析。

1.1　构造不确定性分析

由于研究区为低幅薄层气顶底水油藏，构造加深或变浅对原油、天然气储量规模、水体能量大小都有一定影响。构造加深，气层厚度减少，气顶指数变小，水层厚度增加，水体倍数增大；构造变浅，气层厚度增加，气顶指数变大，水层厚度减小，水体倍数减小。为了研究构造变化对开发井的影响，沿主河道外含气边界处设置虚拟井建立不同构造变化的模型，如图2所示为构造加深8m及构造变浅8m的示意图。

结果表明：构造变浅，气顶储量增加，初期气窜更加严重，初期产油量低，开发效果变差，单井累产油下降，采收率降低，构造变浅4m，平均单井累产油不足5万m^3，经济效益差。随着构造加深，气顶影响变小，油井初期产能高，当构造加深8m时，油井见水过早，平均单井累产油不足5万m^3，不具备布井条件。可以看出，气顶比弱底水对薄油层开发的影响更大(图3)。

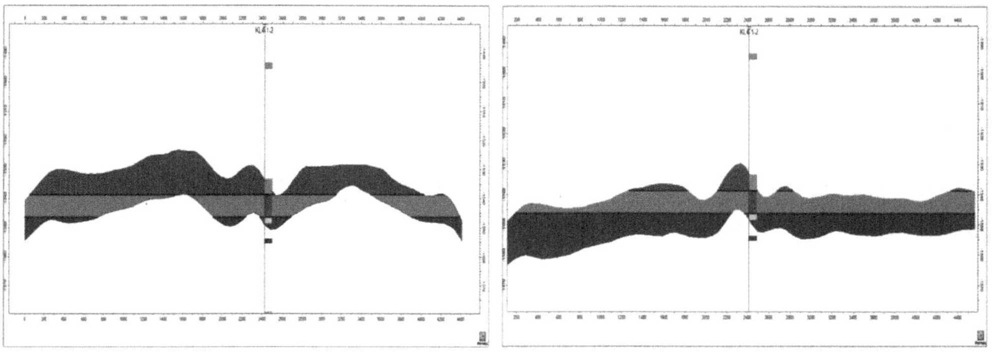

(a)构造变浅8米示意图　　(b)构造变浅8米示意图

图 2

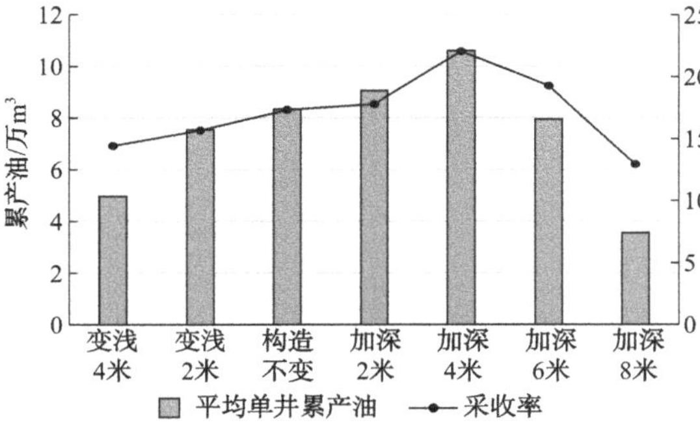

图 3　构造变化对开发效果的影响

1.2 井距的影响

考虑到注采井间动用情况差，考虑缩小井距，提高采收率。设计井数 3 口、4 口、5 口、6 口、7 口方案，井距从 1000m 下降到 429m。结果表明，降低井距采收率可提高 10.7%，综合考虑平均单井累增油，推荐最优井距 600m(图 4)。

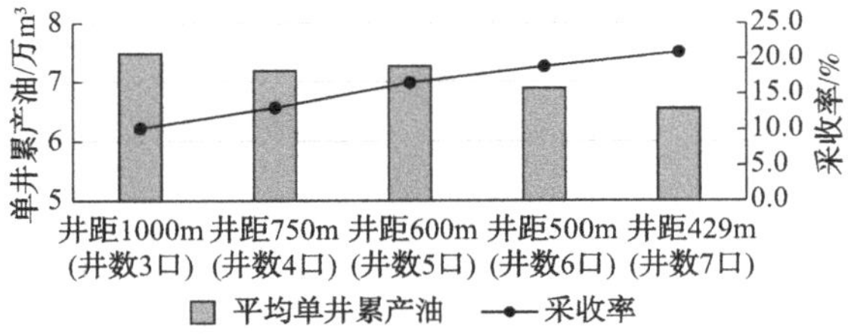

图 4　井距对开发效果的影响

1.3 水平段纵向位置对开发效果的影响

由于 X 砂体为中气顶、弱底水油藏，天然能量不足，需要注水开发。布井区域油层厚度仅 6~7 米，为了减缓气窜、水锥、生产井设计在油层中部，对注水井水平段纵向上的位置进行优化。设计注水井水平段分别在油层顶部、中部、底部的方案。从数值模拟结果看，注水井位于油层顶部，对抑制气窜速度有一定的作用，累产油最高，因此推荐顶部注水方案(图 5)。

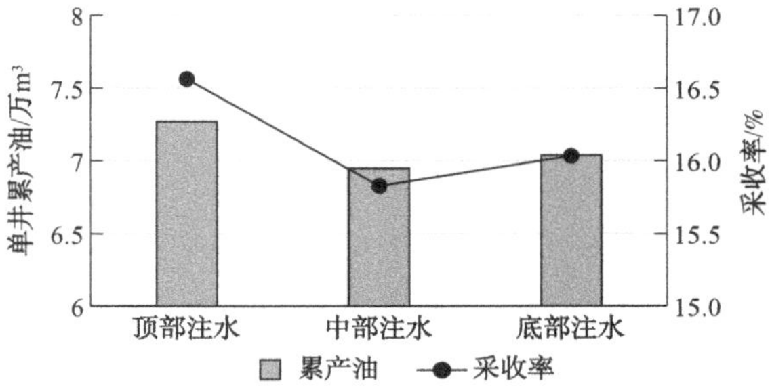

图 5　水平段纵向位置对开发效果的影响

1.4 采油速度对开发效果的影响

设计 3 个不同初期采油速度的方案。3 个方案的初期采油速度分别是 1.5%、2.5%、3.5%。从数值模拟结果看，采油速度 2.5% 累产油最高，针对这种低油柱油藏，气窜、水锥风险大，初期采油速度不宜过高(图 6)。

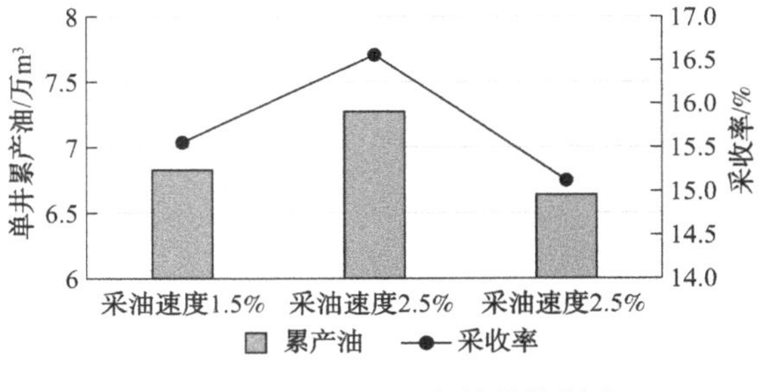

图 6　采油速度对开发效果的影响

2 结论

(1) 带中小气顶、弱底水窄油环的油藏，构造变化对开发井指标影响大，开发方案要充分考虑构造变化的风险。

(2) 适当缩小井距、顶部注水能够、制定合理的采油速度，能够一定程度提高该类油藏的采收率。

参 考 文 献

[1] 杨晨旭，冯沙沙，张伟．小气顶底水薄层油藏开发规律及技术政策[J]．断块油气田，2020，27(01)：85-88.

[2] 胡平，卞德智，范子菲，等．底水油藏水平井水淹动态的数值模拟研究[J]．科学技术与工程，2017，17(31)：60-65.

[3] 张蔓．气顶底水油藏水平井开发技术政策研究[D]．北京：中国石油大学(北京)，2016.

[4] 冯晓楠，陈志海，姜风光，等．大气顶薄油环底水油藏开发方式[J]．断块油气田，2016，23(3)：346-349.

[5] 刘佳，程林松，范子菲，等．气顶油藏屏障注水数值模拟[J]．成都理工大学学报(自然科学版)，2018，45(5)：559-564.

辽河坳陷雷家沙四段页岩油孔隙结构评价和压裂后产能预测研究

伍雁南　李渔刚　韩　东

（中油辽河油田公司勘探开发研究院）

摘　要　辽河坳陷雷家页岩油以混积型为主，主要富集在沙四段含泥泥晶云岩、泥晶粒屑云岩等白云岩类储层中。本文针对雷家页岩油储层分类不明和开发效果难以预见的问题，将室内实验与数值模拟手段相结合开展联合攻关。基于 CT 扫描数据，应用 Pergeos 软件构建岩样三维空间分布数值模型，对压裂后岩心孔隙结构进行全面评价，优选关键参数开展储层分类；建立储层压裂缝网扩展模型，开展压后油井产能模拟预测，为研究区产能分析、开发指标预测及后续经济评价提供依据。

关键词　页岩油；地质工程一体化；CT 扫描；体积压裂；参数优化

页岩油资源丰富，据统计，页岩油在全球的总储量为 67840 亿桶，当前技术可采储量为 3362 亿，其中，页岩油资源主要分布在美国、俄罗斯、中国、利比亚等国。中国页岩油资源也非常丰富，广泛分布于我国的各大盆地中（图 1），但是与常规储层不同，页岩油储层具有物性差、孔喉细小、富含敏感性矿物、裂缝发育、界面张力大等特征，一般无自然产能，需通过大规模压裂才能形成工业产能，在钻完井、压裂改造等过程中，因其独特的地质特征，又易造成二次伤害，严重影响油藏有效开发。国内外开发实践表明，页岩油储层认识程度不够，对压裂后页岩油储层渗流特征及规律认识不清，无法有效指导页岩油开发方案设计和生产制度优化，是导致页岩油勘探开发低效的主要影响因素。

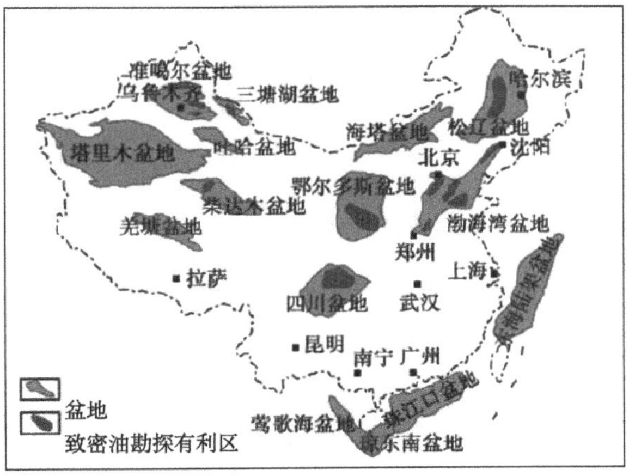

图 1　中国含油气盆地页岩油资源分布图

1　储层渗流模拟地质基础研究

1.1　CT 扫描表征孔隙结构

CT 扫描技术自从引进至石油行业以来，广泛地应用于油气藏研究，目前是研究储层孔隙结构的重要手段。通过 Pergeos 建立的岩样三维空间分布，可直观地看出四块典型岩样的孔喉发育及孔喉连通特征（图 2～图 5），可看出沙四段岩心普遍发育微细喉道，并且呈现出连通性差，分选极不均匀，非均质性严重，胶结松散的特征。除图 2 中 1 号样品明显发育一条裂缝，对岩心的渗透能力做出一些贡献外，2 号、3 号、4 号样品更多的则是发育孤立孔，且大多孔喉细小，虽然也发育有少量的微米级孔隙，但十分有限，仅占据孔隙体积的 1.2%，且连通性较差，无法控制整个岩样的连通性，岩心内部均存在流体无法流动的死孔隙部分。

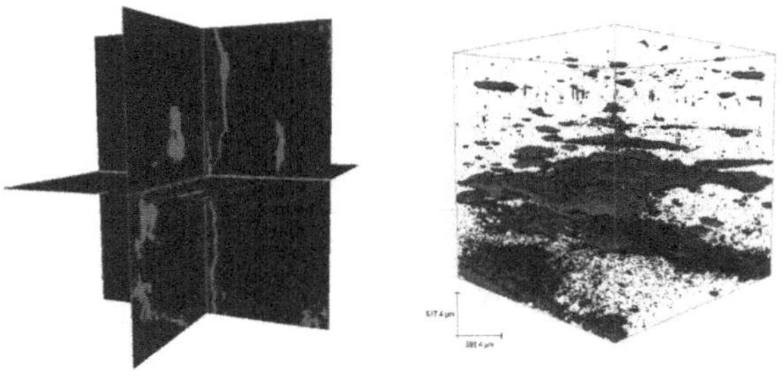

图 2　1 号样品 CT 图像及孔隙结构

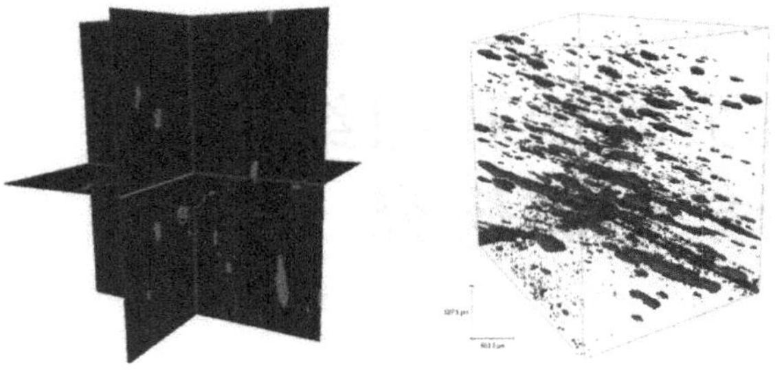

图3　2号样品CT图像及孔隙结构

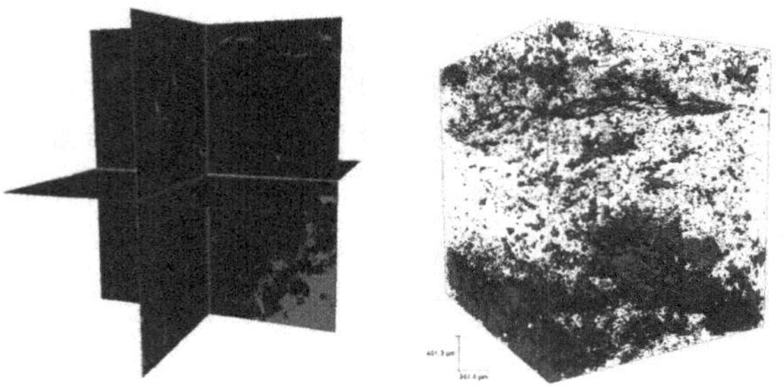

图4　3号样品CT图像及孔隙结构

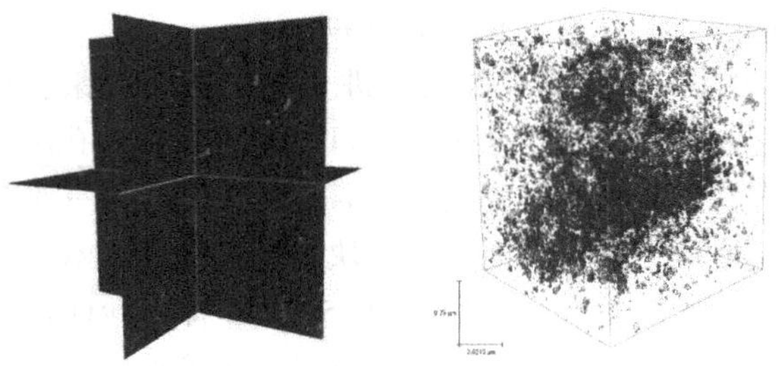

图5　4号样品CT图像及孔隙结构

四个样品CT扫描解释参数见表1，整体孤立孔较多，连通性差，孔喉配位数仅0.46(图5)，图2中1号岩样孔隙共1033条，平均半径188.4nm，喉道总数量54条，但连通孔喉数量仅23条，孤立孔喉则有1064条，因而有效孔隙连通率仅为2.1%，孔喉配位数0.43。这些孔隙呈现出不连通状态，连通性差，整体非均质性严重。图3中2号岩样孔隙共2856条，平均半径168.37nm，喉道数量561条，但连通孔喉数量仅325条，孤立孔喉则有3092条，因而有效孔隙连通率仅为9.51%，孔喉配位数0.54。这些孔隙同样连通性差。喉数量仅87条，孤立孔喉有2422条，因而有效孔隙连通率为3.65%，孔喉配位数0.44。这些孔隙同样连通性差。图5中4号岩样孔隙共1958条，平均半径152.46nm，喉道数量324条，但连通孔喉数量仅128条，孤立孔喉则有2154条，因而有效孔隙连通率仅为5.61%，孔喉配位数0.37。这些孔隙同样连通性差。

1.2　储层分类

近些年，国内外对低渗页岩油储层的分类的研究也比较多，参考前人关于碎屑岩储层低渗透储层的划分标准，将低渗透砂岩储集层分为4类4个亚类。对于页岩油储层的物性差、结构复杂的特点，本次对研究区沙四段页岩油储层的分类不仅需要孔隙度、渗透率等常规参数，结合研究区的具体地质特征，选出代表沙四段储层特征的参数。

本区储层分类综合岩性、物性及孔隙结构等特征，在前人的研究基础上选取孔隙度、渗透率、平均孔喉半径排驱压力均值半径为参数，将沙四段储层分为Ⅰ、Ⅱ、Ⅲ三种类型(表2)。

表1　沙四段岩心X-CT扫描解释参数

序号	井号	总孔隙度/%	联通孔隙度/%	渗透率/mD	孔隙个数/个	连通孔隙个数/个	有效孔隙连通率/%	平均孔喉配位数	平均孔隙半径/μm
1	L96	7.26	0.95	1.83	1033	23	2.1	0.23	0.184
2	L88	7.03	0.15	1.15	2856	325	9.51	0.54	0.168
3	L93	6.58	0.67	0.43	2383	87	5.61	0.44	0.162
4	L88	4.42	0.45	0.48	1958	128	3.65	0.37	0.152

表2　沙四段储层综合评价表

类别	物性		排驱压力/MPa	均值半径/μm	均质系数	储层评价
	孔隙度/%	渗透率/mD				
Ⅰ	>7	>2	<0.1	>1	>0.258	好
Ⅱ	4~7	0.1~2	0.1~6	0.1~1	0.09~0.24	中
Ⅲ	<4	<0.1	>6	<0.1	<0.1	差

Ⅰ类：岩性为泥晶粒屑云岩，泥质泥晶云岩，孔隙形状很不规则且分布较为分散，储集空间类型主要为发育程度较高的溶蚀孔洞、次生溶孔，孔隙度、渗透率相对较高，孔隙度可达7%~10%，渗透率大于2mD，毛管压力曲线可以看出最大进汞饱和度大于74%，排驱压力小于0.1MPa，整体呈现出细歪度特征，平台相对较低，曲线特征相应值反映出中值压力低、中值半径大，最大孔隙半径为48μm，平均孔隙半径为0.06~0.42μm，中值半径为0.025~0.172μm，退汞效率40.17%~63.9%，平均52%，这类储层所对应的核磁T2图谱为A-B-C型，为储渗性能最好的一类(图6)。

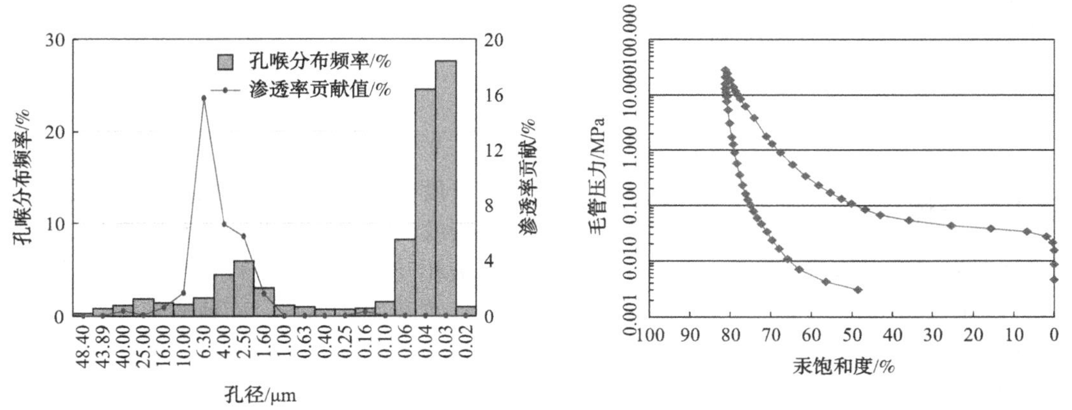

图6　Ⅰ类：L96井，3516.6m孔隙度：11.24%，渗透率：1.11mD

Ⅱ类：岩性主要为含泥泥晶云岩，含泥方沸石质泥晶云岩，主要发育晶间孔，有机质孔，孔隙度介于4%~6%，渗透率0.1~2mD，毛管压力曲线可以看出最大进汞饱和度一般小于70%，平均62.32%，排驱压力较低，介于0.1~6MPa之间，呈现粗歪度特征，无明显平台，呈较平缓的斜线，最大孔喉半径为3.7~25.7μm，平均孔隙半径为0.6~1.8μm，半径均值为0.5~1.7μm，中值半径为0.1~1.5μm，这类储层与核磁T2图谱的A-B双峰型所对应，其孔径分布次峰在5~10μm之间，为储渗性能较好的一类(图7)，是沙四段最主要储层类型。

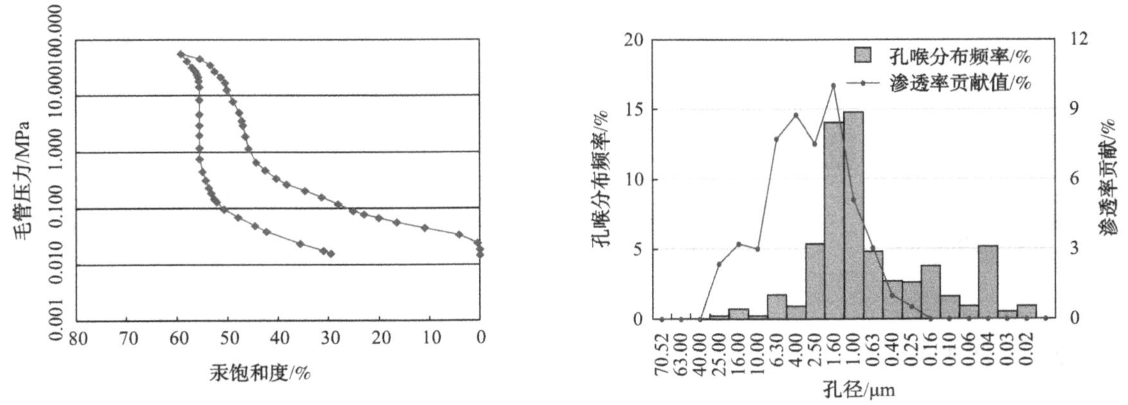

图7　Ⅱ类：L96井，3189m，孔隙度：6.20%，渗透率：0.735mD

Ⅲ类：岩性主要为泥质泥晶云岩、泥岩和碳酸盐质页岩等泥质含量高的岩石，储集物性较差，孔隙度多小于4%，渗透率多小于0.1mD，毛管压力曲线可以看出排驱压力大于6MPa，表现出细歪度特征，呈平台状，平台较高，该类储层的排驱压力与中值压力要明显高于Ⅰ类和Ⅱ类，最大孔喉半径为0.4~10μm，平均孔隙半径为0.2~0.6μm，半径均值为0.2~0.5μm，中值半径为0.02~0.07μm，汞饱和度49.71%~58.27%，平均54%，退汞效率平均为19.68%，所对应的核磁T2图谱也是A-B双峰型，与Ⅱ类储层的区别在于孔喉半径次峰更偏向1~5μm，为储渗性能最差的一类。

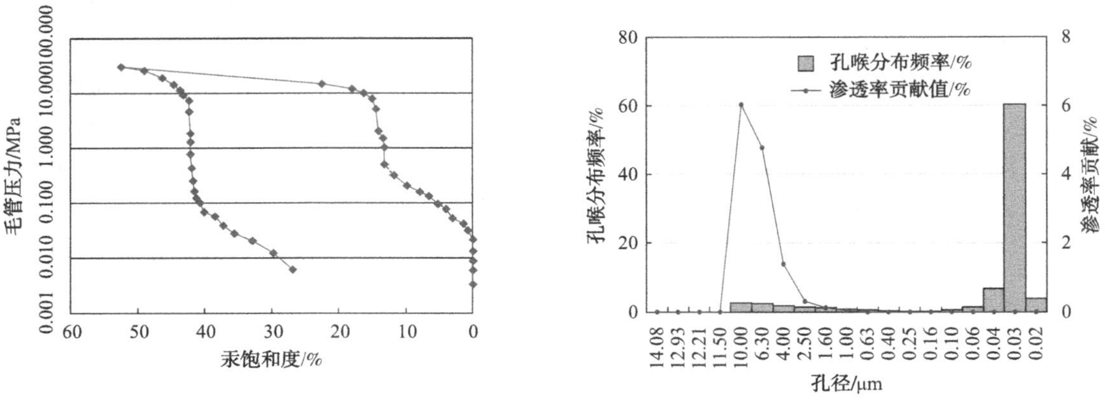

图 8　Ⅲ类：L99 井 3203.5m 孔隙度：3.6%，渗透率：0.078mD

2　地质工程一体化模拟研究

2.1　地质工程一体化模拟流程

传统上，水力压裂设计与油气藏生产动态预测是两个相互独立的工作。通过对裂缝扩展的动态模拟和优化设计，获得施工后储层裂缝的形态与开度等参数，然后利用数值模拟器等效表征水力裂缝后模拟相应的产能动态变化。由于两个过程被相互割裂，该流程存在无法高效指导非常规油气藏开发的弊端。而地质工程一体化模拟思路正是为了解决这一问题。

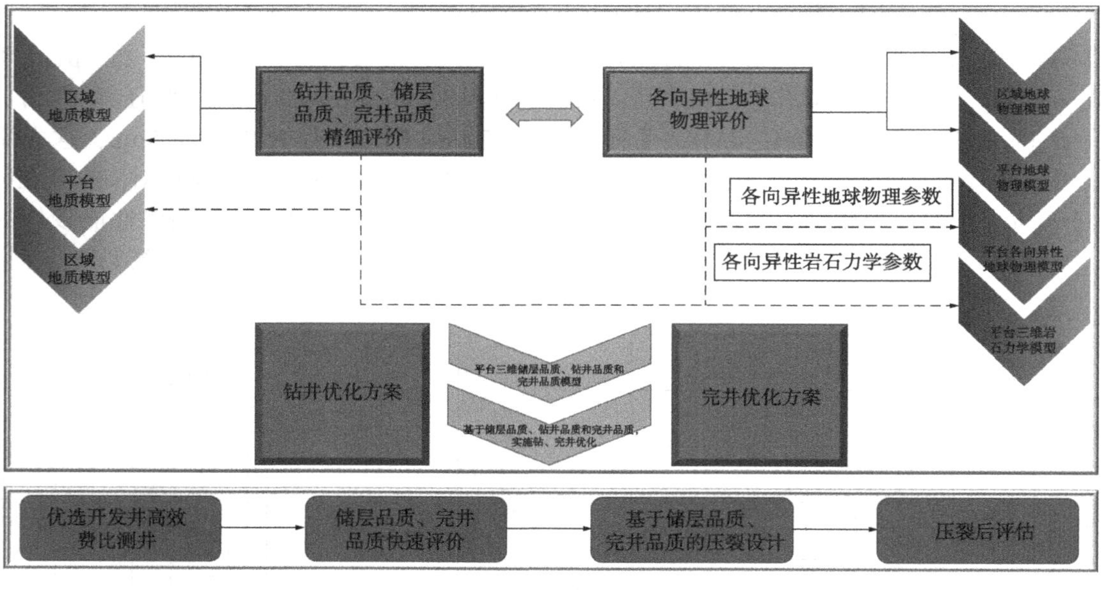

图 9　地质工程一体化解决方案

2.2　水力压裂单井模拟

基于 L 区块地质模型，开展 L88-H1 井水力压裂模拟。应用 UFM 裂缝扩展模拟方法，应用 L 区块典型井 L88-H1 水平井的实际射孔数据和泵注数据，进行该井的体积压裂缝网扩展模拟。L88-H1 井平均水力缝长 162.2~268.3m，平均 206m；平均支撑缝长 85.9~222.5m，平均为 170m；平均缝高 36~56m，平均 42.4m；平均支撑缝高 12.8~26.5m，平均 19.7m。水力裂缝缝长和支撑缝长差别不大，但是支撑缝高远小于水力缝长，甚至不足一半。L88-H1 水平井压裂缝网模拟结果，人工裂缝二维形态如图 10 所示，人工裂缝三维形态如图 11 所示。人工裂缝缝长、缝高信息统计如表 3 所示。

表 3　L88-H1 水平井缝网参数对比

压裂段	水力缝长/m	支撑缝长/m	水力缝高/m	支撑缝高/m
1	232.5	42	212.5	12.8
2	268.3	56	205.7	21.0
3	195.6	42	161.8	20.2
4	209.4	40	176.4	20.0

续表

压裂段	水力缝长/m	支撑缝长/m	水力缝高/m	支撑缝高/m
5	235.7	40	222.5	18.1
6	181.8	36	159.8	22.3
7	185.8	38	155.2	20.2
8	162.2	38	85.9	26.5
9	182.2	50	150.5	16.4

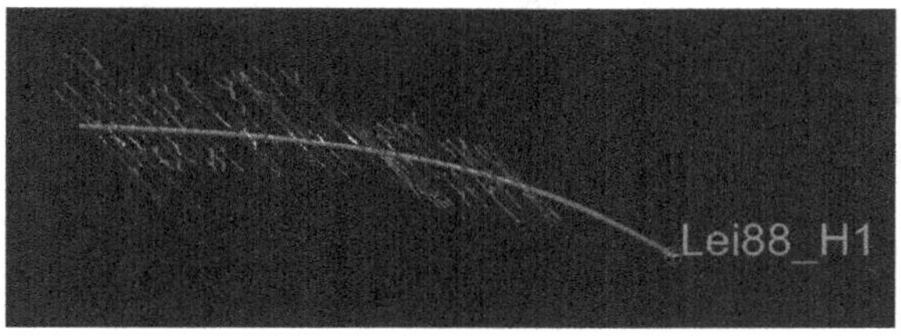

图 10　L88-H1 水平井压裂缝网平面展布

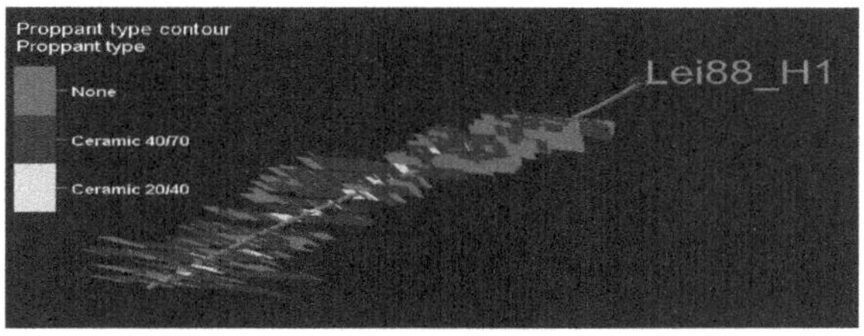

图 11　L88-H1 水平井压裂缝网三维展布

3　压裂施工参数优化

建立 L 区块机理模型，为减小计算效率，同时减小网格划分以及边界效应，建立一个 350m×115m 的单一压裂段控制区域，通过边界控制，形成一个 350m×115m(图 12)的符合 L 区块的单段压裂控制区，优化模拟生产 3 年时间。

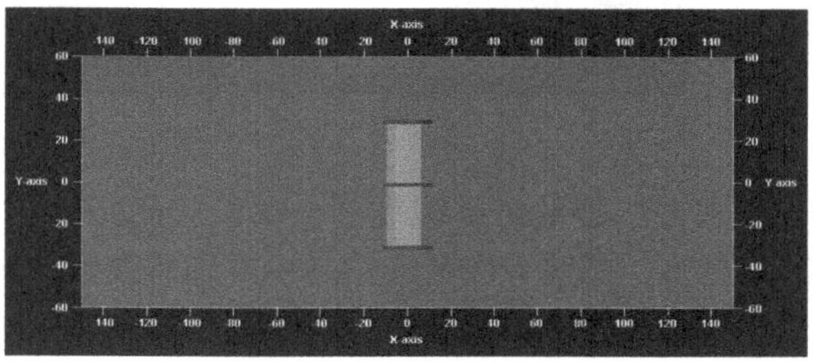

图 12　机理模型平面尺度图

1）簇数对压裂生产的影响

建立机理模型单段水力压裂模型，并生成考虑水力裂缝的非结构化网格生产模型，通过边界限制形成 350m 井距的控制区，开展生产模拟预测，分析不同簇间距下的水力裂缝形态的生产稳产时间，评价各个方案的优劣。

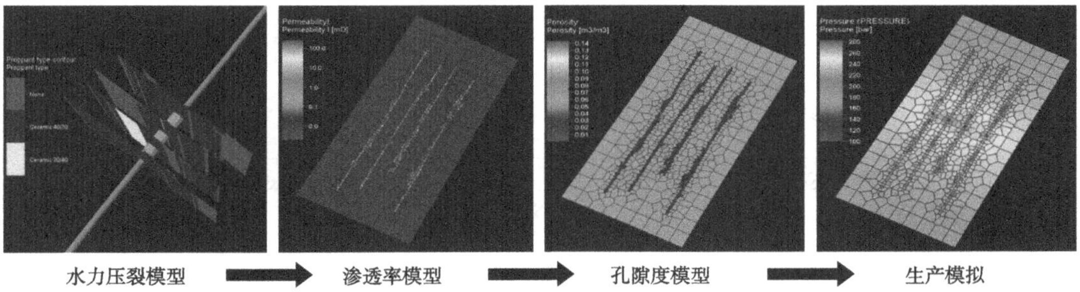

图 13　模拟评价流程

以 L 区块实际压裂施工数据为依据，在其 85m 簇间距，单段 4 簇的基础上；分别设置单段 3 簇、4 簇以及 5 簇，也就是簇间距分别为 42m、25m 和 22m，分析评价不同的压裂簇数对裂缝形态及生产的影响。

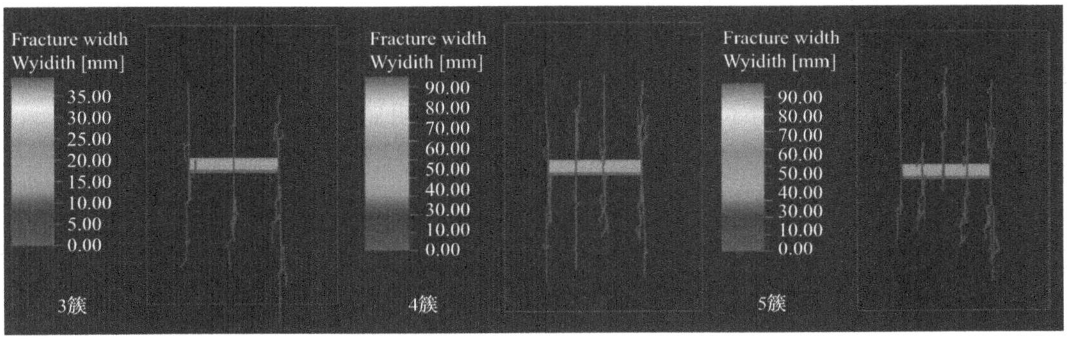

图 14　不同簇间距下裂缝形态特征

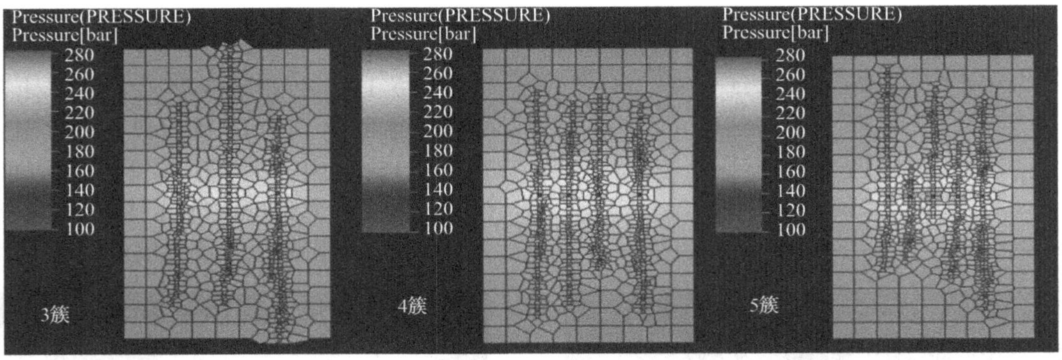

图 15　不同井距首年生产压力变化

水力压裂数值模拟表明，单段簇间距越小，簇数越多，每簇分配的液量越少，随着簇数的增加，裂缝平均的缝长变短，单段 3 簇的裂缝扩展最长可以到达 300m 而单段 5 簇的裂缝扩展最长可以到达 246m。

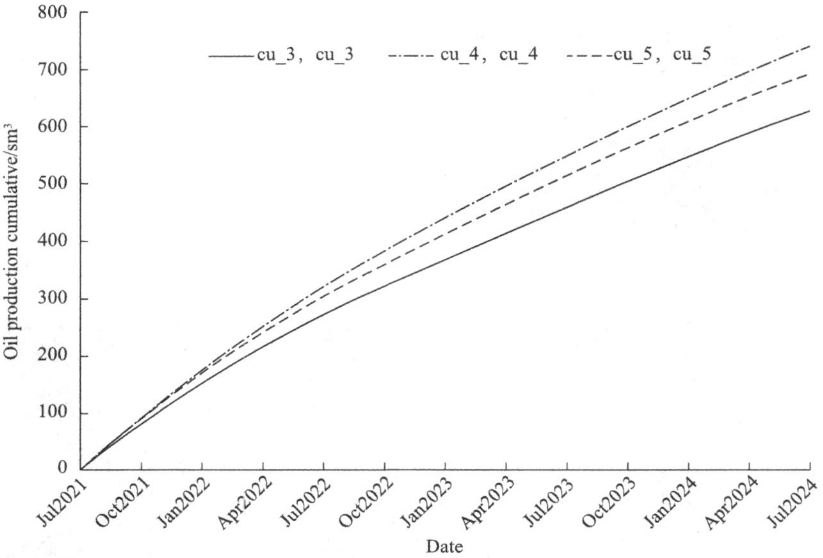

图 16　不同簇间距生产曲线

2）压裂规模对压裂生产的影响

在分析了簇间距对生产的影响的基础上，通过改变压裂规模，分析不同的压裂规模对生产的影响。裂缝扩展数值模拟(图 17)表明，单段 4 簇的案例下由于在 1746m^3(1.2base)时裂缝扩展已经接近边界，继续增大规模裂缝延长效果不明显，裂缝变复杂，而单段 5 簇(图 18)情况下，从 base 增大到 1.2base 甚至 1.5base 由于前期的裂缝缝长较短，因此裂缝会进一步扩展。如图 19~图 22 所示。

通过生产模拟也可以看出，4 射孔簇下，1.2base 规模下，裂缝延伸至控制边界，继续增大压裂规模到 1.5base 时，压力变化趋势以及生产变化曲线较 1.2base 方案变化不大；而 5 射孔簇下，由于裂缝在控制区域继续增长，因此裂缝的控制区域增大，稳产时间增长，前期的生产效果更为明显。如图 23 所示。

表 4　不同压裂规模的压裂液和支撑剂用量

压裂规模	压裂液量/m^3	支撑剂量/m^3
base	1454.9	1502.5
1.2base	1754.8	1815.9
1.5base	2182.3	2291.8

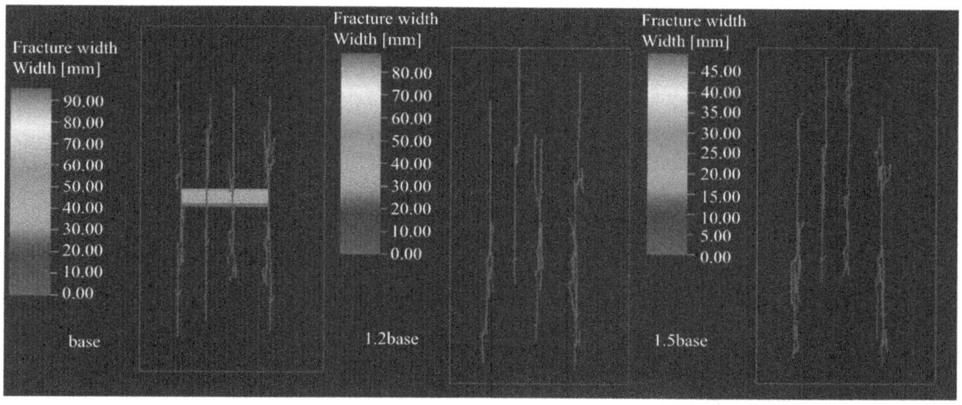

图 17　4 簇下不同压裂规模对生产的影响

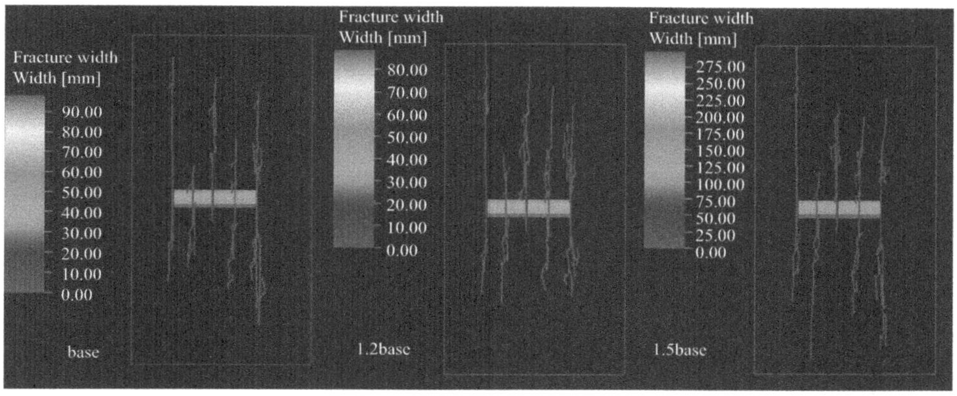

图 18　5 簇下不同压裂规模对生产的影响

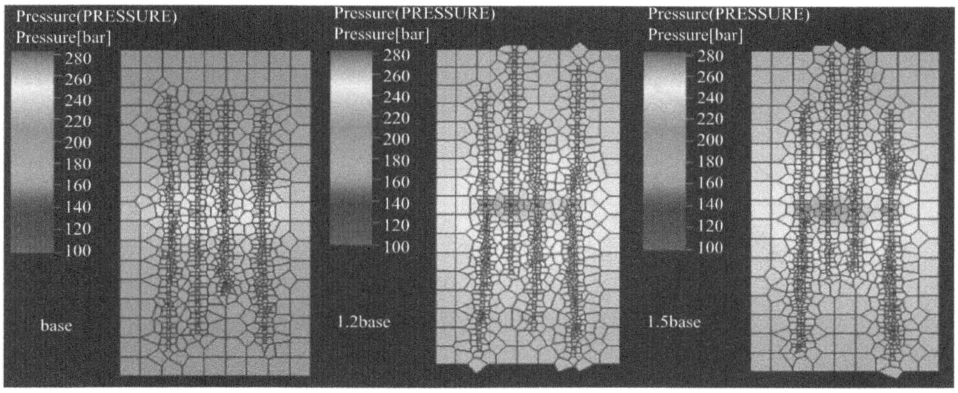

图 19　4 簇下首年生产压力变化

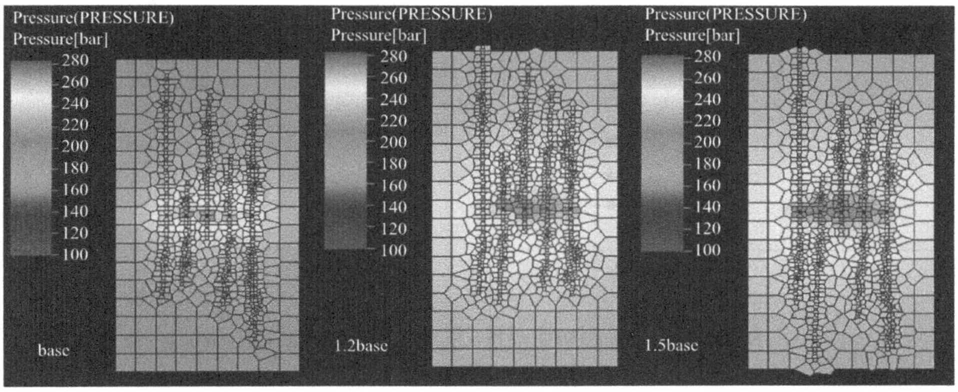

图 20　5 簇下首年生产压力变化

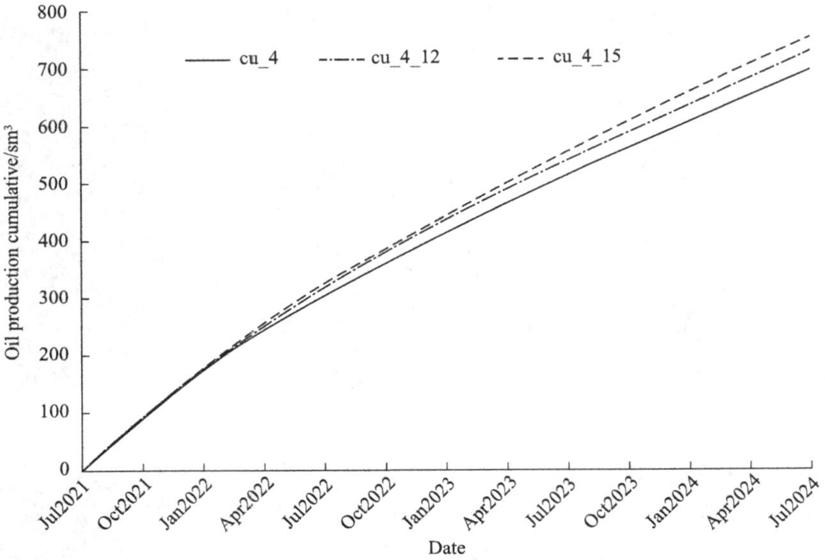

图 21　4 簇不同压裂规模生产曲线

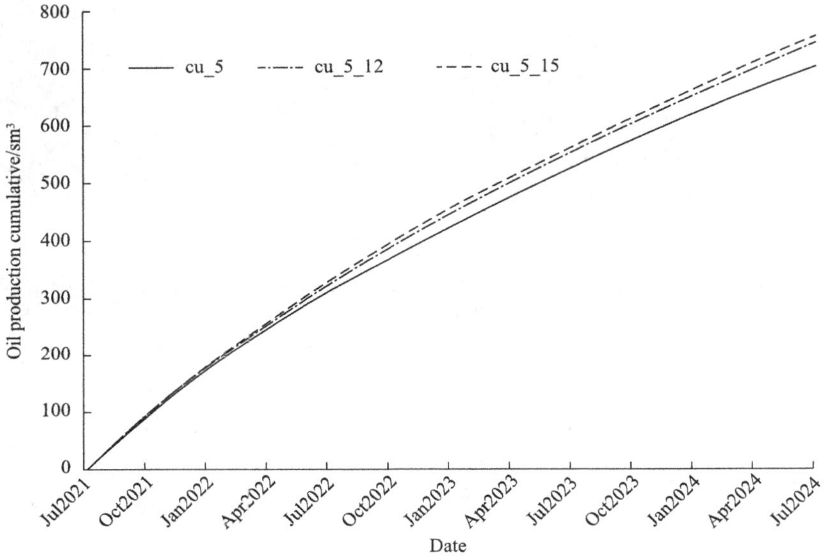

图 22　5 簇不同压裂规模生产曲线

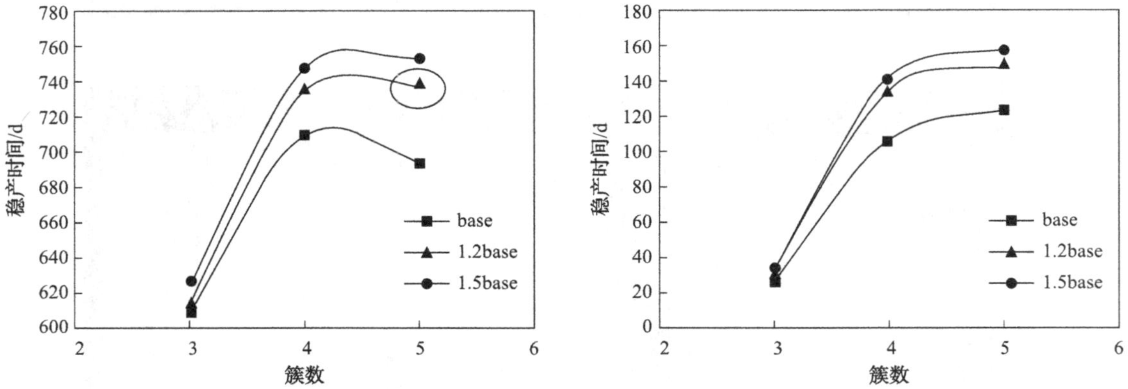

图 23　350m 井距初期产量(左)和稳产时间统计图(右)

表 5　350m 井距不同案例的稳产时间及增比统计表

簇数	base	1. 2base		1. 5base	
	稳产天数	稳产天数	增比	稳产天数	增比
3 簇	26	30	15. 38%	33	26. 93%
4 簇	106	135	27. 36%	142	33. 96%
5 簇	123	148	20. 33%	158	28. 46%

综合上述模拟，开展不同簇间距以及不同压裂规模的生产效果的模拟结果进行评价，分析不同案例下的前期产量及稳产时间。数值模拟表明，3 簇下，裂缝本身扩展已经接近边界，继续增大规模，生产效果增长不大，而 4 簇和 5 簇继续增大压裂规模，生产效果会有较大增长，而 5 簇生产效果相对高于其他案例主要是多簇情况下，簇间距小，而增大压裂规模，使裂缝扩展更长，对控制区域改造更充分。因此在 350m 井距条件下，建议 1base 压裂规模下，以单段 4 簇(35m 簇间距)压裂；1. 2base 压裂规模下，以 5 簇(20m 簇间距)压裂。

4　结论与认识

(1) L 地区湖相页岩油通过 CT 扫描数据，利用 Pergeos 建立压裂后岩样的基质-缝网系统三维空间分布，表征其内部孔隙结构；依据孔隙度、渗透率和毛管压力曲线进行储层分类评价。

(2) 通过储层分类评价、地质工程一体化软件模拟研究将传统的地质、工程模拟有序衔接升级为深度融合，研究结果为辽河坳陷 L 地区混积型页岩油后续开发实践提供了借鉴。

参 考 文 献

[1] 周庆凡，杨国丰．致密油与页岩油的概念与应用[J]. 石油与天然气地质，2012，33(4)：541-544.

[2] 李吉君，史颖琳，章新文，等．页岩油富集可采主控因素分析：以泌阳凹陷为例[J]. 地球科学，2014，39(7)：848-857.

[3] 邹才能，潘松圻，荆振华，等．页岩油气革命及影响[J]. 石油学报，2020，41(1)：1-12.

[4] 姜在兴，张文昭，梁超，等．页岩油储层基本特征及评价要素[J]. 石油学报，2014，35(1)：184-196.

[5] 曹怀仁．松辽盆地烃源岩形成环境与页岩油地质评价研究[D]. 广州：中国科学院广州地球化学研究所，2017.

[6] 罗承先，周韦慧．美国页岩油开发现状及其巨大影响[J]. 中外能源，2013，18(3)：33-40.

[7] 刘姝君，操应长，梁超．渤海湾盆地东营凹陷古近系细粒沉积岩特征及沉积环境[J]. 古地理学报，2019，21(3)：479-489.

[8] 张昌民，刘江艳，潘进，等．玛湖凹陷百口泉组砂砾岩建筑结构要素层次分析[J]. 新疆石油地质，2018，39(1)：23-34.

[9] 刘惠民，孙善勇，操应长，等．东营凹陷沙三段下亚段细粒沉积岩岩相特征及其分布模式[J]. 油气地质与采收率，2017，24(1)：1-10.

[10] 支东明，宋永，何文军，等．准噶尔盆地中—下二叠统页岩油地质特征、资源潜力及勘探方向[J]. 新疆石油地质，2019，40(4)：389-401.

多学科综合识别复合砂体内单一河道方法研究及应用

崔新凯

(大庆油田有限责任公司第三采油厂地质研究所)

摘　要　本文研究了三角洲分流平原相复合砂体中单一河道砂体识别的基本思路。在储层沉积模式指导下，结合井震研究成果，识别单一河道砂体，指导水平井轨迹优化设计，完钻后利用水平井随钻物性、含油岩屑、气测烃值等录井资料，协同比对精准厘定单一河道砂体边界，深化复合河道砂体认识，量化描述单一河道砂体边界，形成井震结合多学科动静态多资料综合应用提升储层描述精度的方法，以此为基础指导区块措施调整，收到较好开发效果。

关键词　井震结合；水平井；轨迹优化；岩屑录井；厘定单一河道边界

某油田主要为大型陆相湖盆河流-三角洲沉积体系，其中某开发区主要发育复合河道砂体，单一河道砂体之间往往连通状况较差或根本不连通，易形成剩余油富集，是特高含水后期油层挖潜的重要方向。因此井震结合多学科手段开展储层精细解剖，结合实钻水平井资料，精准描述复合河道砂体形态，厘定单一河道砂体边界，为开发措施调整提供坚实地质基础。

1　井震结合储层精细解剖

某研究区块含油面积 1.87km^2，共有油水井 38 口，井网密度为 20.32 口/km^2，远低于某开发区平均井网密度，构造较为平缓，地层倾角 2°~3°，呈西高东低形态，区域内无断层发育。其中目的层位某沉积单元属于三角洲分流平原相远岸沉积，主要发育大型复合河道砂体，河道砂体宽约 1000m，单独依靠测井资料难以准确控制河道走向，储层描述精度低，因此针对研究区井网密度小，储层预测难度大这一问题，开展井震结合储层精细解剖，增强河道边界及井间砂体预测精度，为开发措施调整提供地质依据。

在具体做法上，以某开发区储层沉积模式为指导，依据微相测井相识别模式，完成单井微相识别，开展储层模式预测描述，在储层解剖中，抓住河道骨架砂体，绘制河道方向性、连续性，确定河道规模、几何形态，通过多井横向油藏剖面图和三维地质模型内剖面对比，表明河道砂体间的显著高程差异为不同期次河道边界的标志，精细识别复合河道内单一河道砂体及窄小河道发育；在河间砂体描述上，依据分布层位，水动力作用范围，完善平面组合合理性。

同步开展井震结合工作，通过地震属性切片提取优选、井点校正及厚度预测等技术手段，对复合河道砂体边界和窄小河道末端延展形态、范围边界进行了合理修正，形成了多学科井震结合储层描述成果，实现了研究区河道砂体走向、连续性、边界范围的精准刻画。如图 1、图 2 所示。

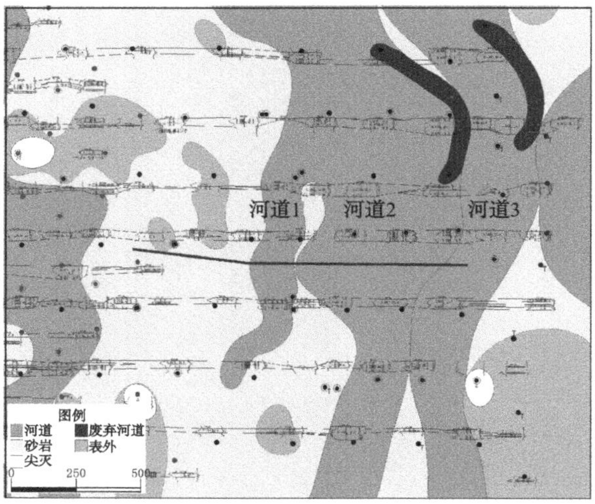

图 1　研究区目的层微相图

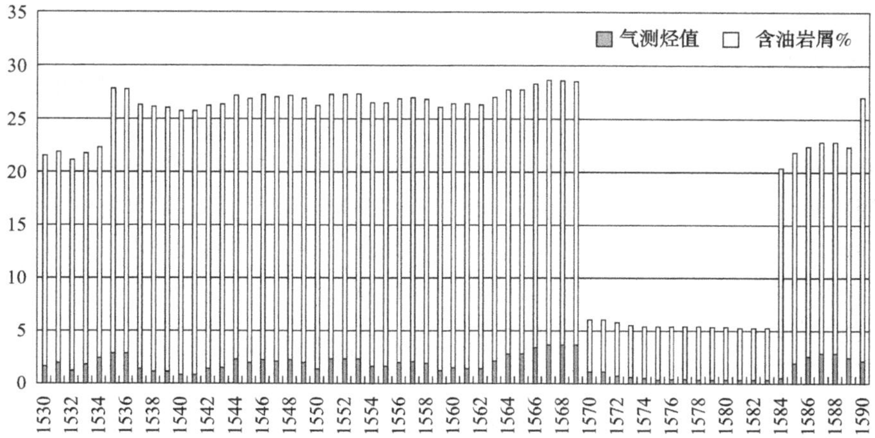

图 2　水平井实钻资料协同比对

2　综合实钻井多资料协同比对

在多学科井震描述成果的基础上，依据水平井实钻物性、含油岩屑、气测录井等现场资料，在不同深度开展比对，从砂体岩屑及烃值变化波动入手，筛查河道边界特征，从而多资料协同比对实现精准量化单一河道边界位置。如表 1 所示。

表 1　水平井实钻录井资料

水平段深度/m	气测烃值/%	含油岩屑/%	水平段深度/m	气测烃值/%	含油岩屑/%
1530	1.65	20	1561	1.55	25
1531	2.02	20	1562	1.45	25
1532	1.30	20	1563	2.16	25
1533	1.85	20	1564	2.87	25
1534	2.42	20	1565	2.90	25
1535	2.95	25	1566	3.43	25
1536	2.91	25	1567	3.75	25
1537	1.42	25	1568	3.76	25
1538	1.23	25	1569	3.71	25
1539	1.22	25	1570	1.11	5
1540	0.90	25	1571	1.13	5
1541	0.88	25	1572	0.84	5
1542	1.40	25	1573	0.62	5
1543	1.50	25	1574	0.54	5
1544	2.31	25	1575	0.44	5
1545	2.04	25	1576	0.45	5
1546	2.34	25	1577	0.50	5
1547	2.15	25	1578	0.50	5
1548	2.33	25	1579	0.44	5
1549	2.06	25	1580	0.44	5

续表

水平段深度/m	气测烃值/%	含油岩屑/%	水平段深度/m	气测烃值/%	含油岩屑/%
1550	1.39	25	1581	0.41	5
1551	2.41	25	1582	0.37	5
1552	2.42	25	1583	0.32	5
1553	2.41	25	1584	0.55	20
1554	1.66	25	1585	1.97	20
1555	1.65	25	1586	2.58	20
1556	2.05	25	1587	2.97	20
1557	2.11	25	1588	2.96	20
1558	1.97	25	1589	2.52	20
1559	1.28	25	1590	2.18	25
1560	1.57	25	1591	2.18	25

在具体做法上，以河道 1 窄小河道与河道 2 大型河道砂体间边界为例，原多学科井震成果描述河道 1 边界在水平井轨迹段 1560m 处，但气测烃值和含油岩屑表明，临近水平段均无明显变化，因此不能准确判定该处为河道边界，由此向两侧水平段分别进行异常值筛查，在 1570m 处含油岩屑从 25% 突降为 5%，气测烃值由 3.71 降低为 1.11，经核查该变化段共 13m，延续至 1583m，此段数据含油岩屑占比均为 5%，气测烃值 1.13～0.32，平均值为 0.58。而从 1583m 之后的数据显示，油岩屑从 5% 升高为 20% 并稳定在 25%，气测烃值由 0.55 升高为 1.97 并稳定在 1.5~3.5 区间。此段数据中含油岩屑和气测录井烃值的同步变化趋势表明，1570～1583m 段为两条河道之间发育变差部位，即存在河道边界，以此为依据重新厘定河道边界，实现精准量

化单一河道边界位置。如表 1 所示。

3　水平井轨迹优化设计

以往顺河道方式设计水平井轨迹常应用在厚油层顶部，开发实践表明，这类水平井存在含水上升快、生命周期短、后期措施调整余地小，经济效益差的共性技术难题。

针对此类难题，以多学科井震结合、动静态多资料综合解剖储层成果为坚实依托，提出横切河道方向设计水平井轨迹的方法，理由如下：

一是甜点类型多丰度高。横切河道水平井能钻遇到常规开发注水难于波及、剩余油较为富集的河道边部剩余油滞留区，而常规方法只能钻打已呈高水淹状态的河道主体带顶部，剩余油规模小；

二是分段封隔效果好。水平井轨迹钻穿多个河道及河间沉积，存在天然隔层，具备分段开发条件，有长期高产稳产潜力，常规顺河道水平井只能人为预留不射孔避水隔层，难以实现地下分段开发；

三是转注注水波及体积大。横切河道水平井转注时，由于其穿越多条河道，轨迹与河道主流线垂直，大大提高了注水波及范围，常规水平井顺单一河道，注水趋向于沿主流线流动，波及范围小；

四是精细地质要求门槛低。井区地质研究不需要进行井间微相、河道边界等储层预测性解剖，减小了水平井设计难度，有效降低了常规水平井顺河道，由于井网密度受限，河流自然摆动易使水平井平面出层，导致设计失败的问题出现。

4　成果应用

以井震结合多学科动静态综合储层描述成果为基础，优选部署 1 口水平井，采取横切河道方向部署、水平井轨迹钻穿多条单一河道。该水平井完钻砂岩钻遇率达 90%，中低水淹厚度比例为 82.3%，分段优化射开厚度长达 482m，全部为中低水淹部位，预留高水淹部位作为措施隔层，投产初期日产油 36t，是周围直井产量 20 倍以上，含水仅为 71%，累计产油 6998.2t，目前开发效果良好。可有效解决对于平面、层内矛盾突出的厚油层，低效无效循环现象突出，直井挖潜难度大，常规顺河道水平井经济效益差的技术难题，实现难采潜力的高效驱替。

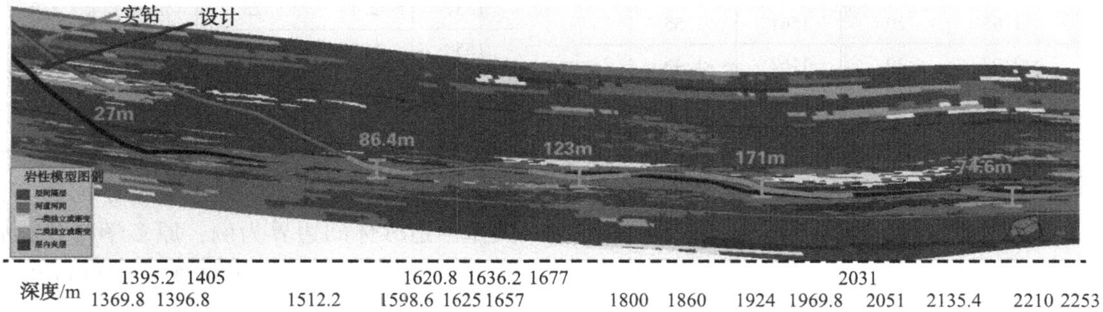

图 3　水平井轨迹岩性模型剖面图

5　结论与认识

(1) 多学科井震结合手段可有效提升稀井网区块储层描述预测精度。

(2) 综合应用录井物性、含油岩屑、气测录井等现场资料，开展协同比对，筛查河道边界特征，可实现精准量化单一河道边界位置。

(3) 横切河道方向设计水平井轨迹这一设计方法，具有钻遇剩余油甜点类型多丰度高、分段封隔开发效果好、转注注水波及体积大、精细地质要求门槛低的优点，可有效提高储层暴露长度、提高钻遇率，收到较好开发效果。

参　考　文　献

[1] 赵翰卿．储层层次分析和模式预测描述法．大庆油田精细地质研究与应用技术[M]．北京：石油工业出版社．

[2] 何宇航，于开春，分流平原相复合砂体单一河道识别及效果分析[J]．大庆石油地质与开发，2005，24(2)：17-19．

[3] 隋军，吕晓光．赵瀚卿．许运新．大庆油田河流-三角洲相储层研究[M]．北京：石油工业出版社

[4] 河流相储层单一河道的识别极其对油田开发的意义

[J]. 油气地质与采收率, 2004.
[5] 陈遵德, 朱广生. 地震储层预测方法研究进展[J]. 地球物理学进展, 1997, 12(4): 76-85
[6] 刘和芝, 国洪伟. 层序地层学在松辽盆地地震勘探中的应用研究[M]. 石油天然气学报(江汉石油学院学报), 2006, 28(1): 54-57.
[7] 张进铎. 井间地震技术在油气藏开发中的应用[M]. 中国石油勘探, 2007, 12(4): 42-45, 74.
[8] 赵晓明, 岳大力, 吴胜和, 等. 基于井-震结合的河流相单河道预测方法[J]. 大庆石油地质与开发, 2010, 29(62): 171-174.
[9] 夏世强, 刘景彦, 邓纪梅, 等. 井间河道砂体的井震结合法进行解剖刻画[J]. 西南石油大学学报: 自然科学版, 2013, 35(4): 59-68.

致密油藏水平井注 CO_2 吞吐数值模拟研究

匡　铁

(1. 黑龙江省油层物理与渗流力学重点实验室；2. 中国石油大庆油田有限责任公司勘探开发研究院)

摘　要　水平井技术已经成为开发致密油储层的有效方法。但由于致密储层注水困难，无法建立有效驱动体系，地层压力下降快，导致水平井产量递减快。因此在水平井投产后需要注入其他介质进行地层补能，稳定开发效果。实践表明 CO_2 吞吐能够有效补充地层能量，提高致密储层的动用程度。本文采用数值模拟的方法，在组分模型的基础上，对注入速度、焖井时间、井底流压等影响 CO_2 吞吐的主要因素进行了分析优化，给出了水平井合理的 CO_2 吞吐参数，并以增油量和换油率为评价依据，确定了合理工作制度，现场试验表明，水平井注 CO_2 吞吐达到了预期的效果。

关键词　致密油；CO_2 吞吐；水平井；数值模拟

CO_2 吞吐是一种提高油藏采收率的有效方法，技术日渐成熟，在国内外都得到广泛应用。其机理主要有降低原油黏度、使原油体积膨胀、萃取及溶解气驱等。每一种机理的作用效果与油藏特征、流体性质和注采条件等有关。典型的 CO_2 吞吐开发是在不超过地层破裂压力的注入压力下，将液态的 CO_2 快速注入地层，焖井一段时间，使 CO_2 与地层原油充分接触后开井生产。溶解气驱及膨胀、降粘等作用使地层内的 CO_2 气体与膨胀的原油流出井口。

某致密油储层属于属于低孔特低渗透储层，平均孔隙度 14.6%，平均渗透率 1.54mD，地层温度在 78.2 ~ 87.8℃ 之间，地面原油密度 873.4kg/m³，地面原油黏度 32.9mPa · s。采用水平井开发，因没有建立有效驱动体系，产量递减快。本次主要研究水平井吞吐敏感因素对开发效果的影响。

1　原油组分与相态模型

根据附近一口直井的原油组成和高压物性实验，进行原油组成划分和相态拟合。该井测得地层原油密度在地层温度 816.9kg/m³，原油泡点压力为 5.3MPa，地层压力和地层温度下黏度为 4.93mPa · s，地层流体单次脱气气油比为 17.31m³/m³。相态模型将原油共划分为 12 个组分，通过拟合恒质膨胀实验和注气膨胀实验，形成能够描述地层原油性质且又符合组分模拟要求的相态模型。拟合结果见图 1 ~ 图 4。

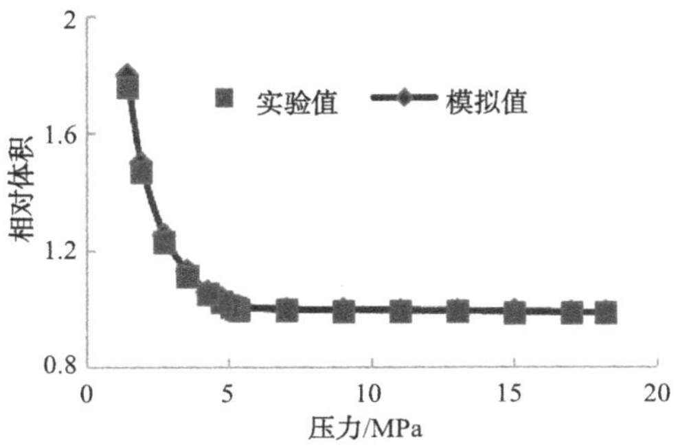

图 1　恒质膨胀实验相对体积拟合曲线

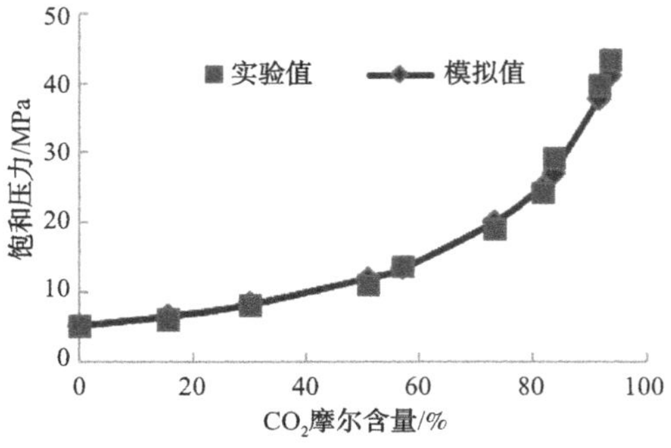

图 2　注气膨胀实验饱和压力拟合曲线

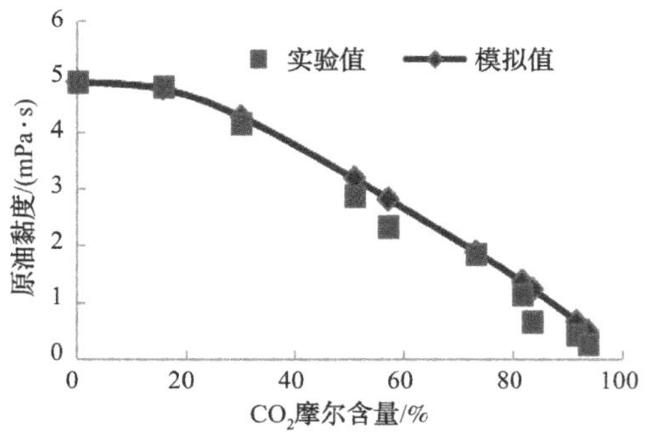

图 3　注气膨胀实验原油黏度拟合曲线

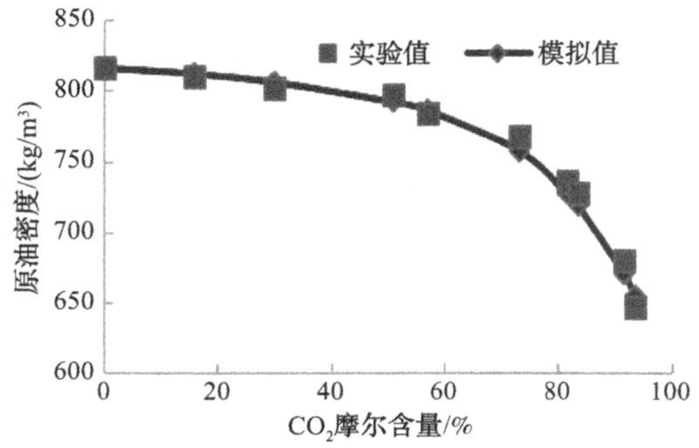

图 4 注气膨胀实验原油密度拟合曲线

2 历史拟合

利用 Petrel 软件建立精细地质模型，平面网格步长 15m×15m，纵向按照沉积单元划分。利用 Eclipse 软件组分模拟器模拟。定产油量，对水平井的开发历史进行精细历史拟合，含水和井底流压拟合误差均在 2%以内，达到模拟预测的要求（图 5～图 6）。

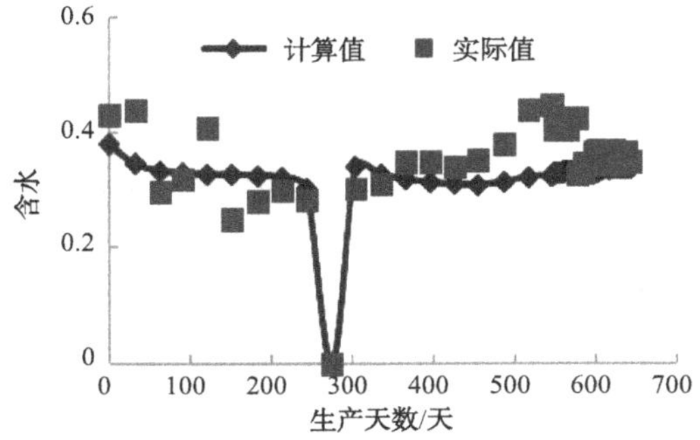

图 5 水平井含水率拟合曲线

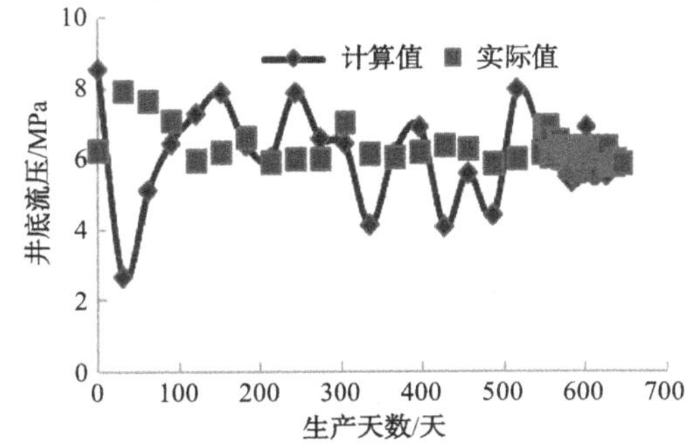

图 6 水平井井底流压拟合曲线

3 敏感因素分析

当储层特征确定以后，影响 CO_2 吞吐的因素主要包括注入速度、焖井时间、井底流压等。以 CO_2 吞吐增油量和 CO_2 换油率作为方案评价标准，从而优选出最佳吞吐效果。

3.1 注入量

CO_2 吞吐是向地层中注入一定量的气体，与原油充分接触，从而增加原油产量。通常来说，CO_2 注入越多，增产油量也越多，但是效果并不始终与 CO_2 注入量成正比关系。当注入量达到一定程度时，继续注入就会失去经济效益，因而存在一个最佳的注入量，这主要与油藏岩石及流体的性质有关。为了确定注入量对产油量的影响，在注入速度、焖井时间和井底流压均保持不变的情况下设计 CO_2 的注入量分别为 500～7000t 进行优化（图 7）。

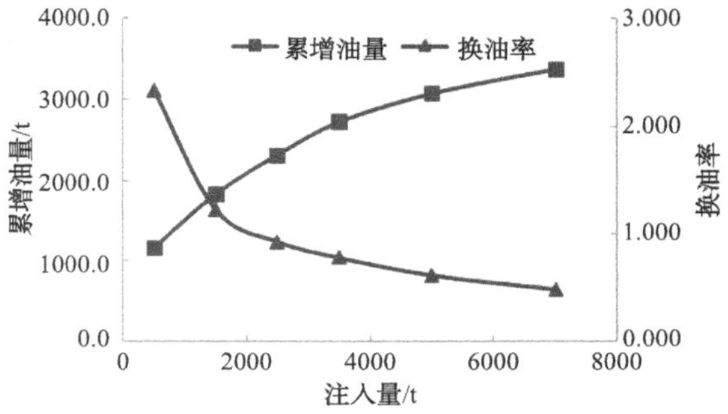

图 7 不同 CO_2 注入量条件下吞吐效果对比

可以看出，在注入速度、焖井时间和井底流压都相同的条件下，CO_2 注入量越多，增油量越高，换油率越低，随着注入量的增加，增油量增加幅度和换油率的下降幅度均有所减缓。注入的 CO_2 与原油接触后产生膨胀和降黏作用，随注入量逐渐增大，CO_2 在原油中溶解度增加幅度将变小，使得原油膨胀和降粘效果变弱。综合考虑认为 4000t 左右的注入量比较合理，本次方案优选注入量 4500t。

3.2 注入速度

注入速度是影响 CO_2 吞吐效果的重要参数，通常认为注入速度越快，CO_2 越容易形成指进，越能进入油藏深部与更多的原油接触，但是注入速度越快，所需要注入压力越高，必须要保证注入速度在油藏允许的注入压力范围以内。因此以破裂压力为注入压力上限，在相同注入量、焖井时间和流压水平下，设计在 50～200t/d 之间优化合理的注入速度。

从图 8 可以看出，随着注入速度的逐渐升高，增油量和换油率都逐渐升高，当注入速度达到 130t/d 时出现拐点，随着注入量的逐渐增加增油量和换油率降低，认为合理的注入速度应该在 130t/d 左右。本次方案选择注入速度为 130t/d。

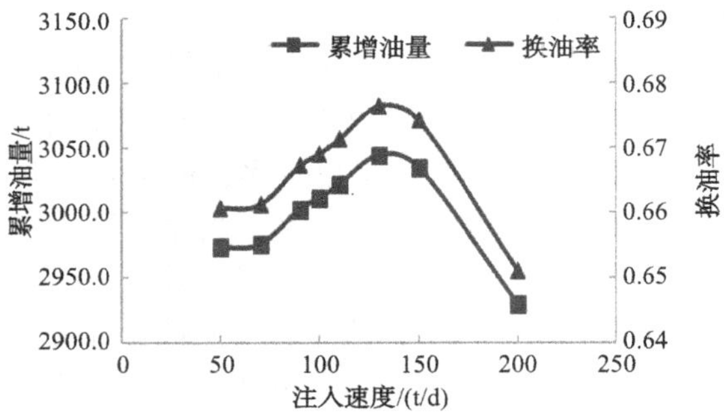

图8　不同 CO_2 注入速度条件下吞吐效果对比

3.3　焖井时间

通常认为 CO_2 在地层中的扩散速率比较低，需要经历一段时间才能溶于原油并与其相互作用以达到提高采收率的目的。因此 CO_2 注入地层后，需关井一段时间。因此，模拟了在注入量为4500t，注入速度130t/d时，不同焖井时间对吞吐效果的影响。

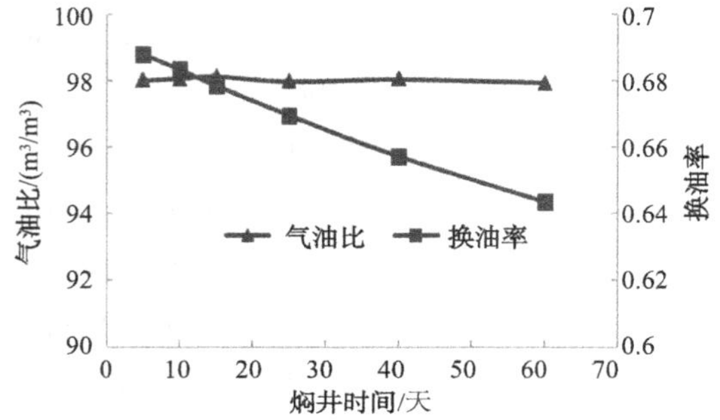

图9　不同焖井时间条件下吞吐效果对比

从图9可以看出，随着焖井时间的增加，换油率都逐渐降低，气油比相差不大。认为焖井时间短，沿井筒附近地层压力高，产量高；焖井时间长，压力向地层方向传递，井筒附近压力较焖井时间短的方案低，初期产量低。但焖井时间长 CO_2 扩散时间长，应该能更好的与原油发生接触。综合考虑建议焖井时间不宜过长，本次选择焖井30天。

3.4　井底流压

按照注入量4500t，注入速度130t/d，焖井时间30天，优选合适的井底流压。井底流压越低，生产压差越大，产量越高。考虑现场实际，原油饱和压力为5.6MPa，生产应不低于此压力生产，吞吐前油井平均地层压力为6MPa左右，所以选择井底流压6MPa。

4　产能预测

根据优选结果，以产油速度下降到吞吐开始前水平为止，作为一个吞吐周期，预测产能指标。CO_2 吞吐累增油3128吨，初期日产油20吨，累计换油率0.67t/t，有效期15个月。现场实际实施后，因井底扩散体积较大，追加注入 CO_2 2700t，末点井口压力为11.2MPa，地层压力由9.3MPa上升到26.5MPa，半年累增油1994t。

5　结论及建议

(1) CO_2 吞吐能够降低原油黏度，使原油膨胀，提高致密油储层水平井开发后期的采出程度。

(2) 利用数值模拟分析认为，注入速度并不是越快越好，随着注气速度增大时，累计增油量和换油率增加，速度达到一定值后，增油量和换油率下降。研究区合理的注入速度在130t/d左右。

(3) 焖井期为30天左右比较好，既能考虑 CO_2 的膨胀、降黏和萃取作用，又能保证生产时具有较高的地层压力。

参考文献

[1] 李士伦. 注气提高采收率研究[M]. 成都：四川科学技术出版社，2001.
[2] 沈平平，廖新维. 二氧化碳地质埋存与提高石油采收率技术[M]. 北京：石油工业出版社，2009.
[3] 郭平，孙良田，李士伦，等. CO_2 注入对原油高压物性影响的理论模拟和实验研究[J]. 天然气工业，2000，20(2)：76-79.
[4] 郭平，李士伦，杜志敏，等. 低渗透油藏注气提高采收率评价[J]. 西南石油学院学报，2002，24(5)：46-50.
[5] 李士伦，郭平，王仲林，等. 中低渗透油藏注气提高采收率理论及应用[M]. 北京：石油工业出版社，2007.
[6] PVT And Phase Behaviour of Petroleum Reservoir Fluids. 沈平平，韩冬，译. 油藏流体的PVT与相态[M]. 北京：石油工业出版社，2000.
[7] 赵超斌，夏朝晖，郭春秋. 流体样品重质组分劈分优化规律[J]. 大庆石油地质与开发，2008，27(5)：67-69.
[8] 秦勇，焦军. 低渗透油藏 CO_2 驱原油相态拟合技术研究[J]. 科学技术与工程，2011，11(29)：7249-7252.
[9] 李福垲. 黑油和组分模型的应用[M]. 北京：科学出版社，1996.
[10] 杨占红. Winprop相态模拟软件的应用[J]. 吐哈油

气，2002，7(1)：70-73.

[11] 何应付，梅士盛，杨正明，等．苏丹 Palogue 油田稠油 CO_2 吞吐开发影响因素数值模拟分析[J]．特种油气藏，2006，13(1)：64-65.

[12] 于云霞．CO_2 单井吞吐增油技术在油田的应用[J]．钻采工艺，2004，27(1)：89-90.

[13] 梁玲，程林松，等．利用 CO_2 改善韦 5 稠油油藏开采效果[J]．新疆石油地质，2003，24(2)：155-158.

[14] 高慧，张丽华，等．CO_2 吞吐开采稠油油藏的数值模拟研究[J]．油气采收率技术，2000，7(4)：13-16.

[15] 杨胜来，郎兆新．影响 CO_2 吞吐采油效果的若干因素研究[J]．西安石油学院学报(自然科学版)，2002，17(1)：32-35.

[16] 熊钰，曾明，武毅．兴北 S_3 块 CO_2 吞吐可行性及注采参数优化研究[J]．西南石油学院学报，2005，27(2)：35-36.

[17] 欧瑾，刘学伟，何应付，等．苏丹 Samaa 稠油油藏 CO_2 吞吐开采影响因素分析[J]．大庆石油学院学报，2007，31(2)：35-36.

高效侧钻增产技术研究进展及展望

关皓纶　刘晓民　张诚成　张文博　薛宪波

(中海油田服务股份有限公司一体化和新能源事业部)

摘　要　海上中老油田“高含水、高采出程度”的低产低效井数量大幅增加，严重制约了油田增产稳产。高效侧钻增产技术可以利用老井眼对井间小规模剩余油进行经济开发，是实现“少井高产”的有效手段。中海油服现已构建适用于海上油田的高效侧钻增产技术体系，为优选更合适的侧钻增产技术提高采收率，推动技术的合理应用，对比分析了不同曲率半径的侧钻技术的优势、不足、作业要求及适用范围，对下步攻关方向进行了探讨。研究结果表明，长半径侧钻技术可以以较大的井眼尺寸形成较长的水平井段，短半径、超短半径侧钻技术都可以以较高的造斜率和较短的靶前距抵达目标油藏。未来可从剩余油精细油藏描述、轨迹监测控制、位移延伸能力、多井眼连通合采等方面进行优化提升，增强技术的可靠性和时效性。

关键词　侧钻增产技术；剩余油；少井高产；超短半径；柔性钻具

随着石油勘探开发的不断深入，海上大部分油田进入了“高含水、高采出程度”的中后期开发阶段，低产低效井数量逐年攀升，“多井低产”的开发矛盾日益加剧，成为了制约油田开发整体效益提高的重要因素。通过技术手段挖潜剩余油藏，提高综合采收率，是推动油田长期稳定发展的必经之路。

海上平台可用槽口数量紧张，新建平台或者外挂槽口成本高，作业工期要求严，钻井成本高达约 1.3 万元/米，因此，利用老井槽侧钻水平井成为了高效经济开发点状富集、孤立零散剩余油资源，挖潜老井周边剩余储量、恢复或提高单井产能的有效手段。

1　技术发展现状

高效侧钻增产技术是指以地质油藏为基础，通过在原井眼中侧钻出水平井眼延伸至油层，以少井获得高产，提高采收率。该技术优势在于：能够充分利用老井眼，调整层位开发，释放有限井槽资源；能够优化油气生产通道，提高储量动用程度和采收率；能够弥补套管变形损坏无法大修或者大修井作业风险高、周期长的不足。

根据侧钻后造斜段轨迹的曲率大小，普遍将造斜段曲率小于 6°/30m 的侧钻水平井划定为长半径侧钻水平井，造斜段曲率约为(2°~10°)/m 的侧钻水平井划定为短半径侧钻水平井，造斜段曲率在(16°~30°)/m 的侧钻水平井划定为超短半径侧钻水平井，如图 1 所示。

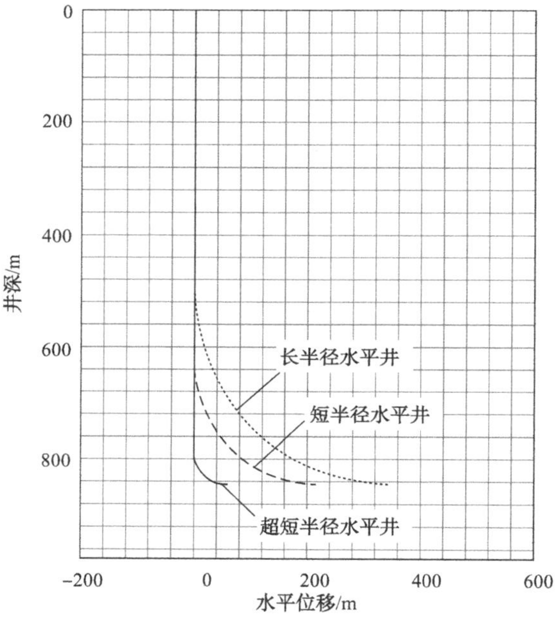

图 1　不同曲率的侧钻水平井轨迹对比

1.1　长半径侧钻技术

长半径侧钻技术集套管开窗、定向井测井、小井眼钻井技术于一体，可以从套管内侧向钻出一个或多个水平井眼，增大泄油面积、降低作业成本，工艺过程主要分为：斜向器坐挂及脱手、套管磨铣开窗、修窗及钻具过窗、定向水平钻进四个阶段。目前海上油田的长半径侧钻作业以 244.5mm 套管和 177.8mm 套管开窗为主，按照斜向器坐挂方式可划分为“一趟式”和“两趟式”。

一趟式套管开窗技术可以一趟钻完成斜向器送入、定位、坐挂、开窗及修窗作业，能够节约一趟起下钻工序，显著提高了作业时效，降低钻井成本。由于“两趟式”套管开窗作业工序复杂、耗时较长、费用高，已基本被“一趟式”套管开窗侧钻取代。

近年来，中海油服自主研发的一趟式套管开窗工具已在渤海、南海得到大范围应用，一次开窗成功率几近100%，工具外观如图2所示，整体工具采用两套坐挂系统、轴向单向卡瓦、弧形加厚设计斜面、特制柔性剪切螺栓、偏心处理磨鞋、无限循环节流阀等关键结构，能够确保下入灵活顺利、坐挂居中稳定、窗口规则平滑、磨铣优质高效且循环次数不受限制。

图2　一趟式套管开窗侧钻工具

1.2　短半径侧钻技术

短半径侧钻常借助特制的铰接式多弯角导向螺杆钻具控制钻进方向并完成较高造斜率的造斜，如图3所示，通过轻质高强度的钛合金钻杆提供无磁环境，依靠柔性MWD随钻测量仪器对造斜段及水平段的井斜、方位进行监测，定深度、定方位侧钻形成短半径水平井眼，最终实现定向精准挖潜，扩大泄油面积，改善低产低效井生产条件。

图3　铰接式高造斜率螺杆钻具

国内陆地油田大庆钻探工程公司研制出高造斜率双弯导向螺杆、高弯曲度T型筛管等工具并完成了5口侧钻井的应用，但是陆地油田应用的螺杆钻具主要适用于小井眼开窗，无防砂要求，无法适应海上油田大尺寸井眼作业条件及防砂完井要求。

2024年，中海油服在南海完成了海上油田首口短半径侧钻井作业，作业配套了大尺寸铰接式高造斜率螺杆钻具、小尺寸柔性无线轨迹监控工具及轻质高强度钛合金钻杆等侧钻工具。该井目标油藏为受构造、岩性控制的底水层状油藏，油藏发育薄，有效厚度仅为2.5m，发育硬质含灰夹层，此外，该井造斜段泥岩与疏松砂岩交替，造斜率达到(21°~28°)/30m，因此轨迹控制调整难度较大。作业过程中，通过砂样和伽马及时判断地质情况，每下入半根钻杆测斜一次，按地质导向要求的井斜方位实时调整轨迹，贴层顶钻进，避免了轨迹进入水层的风险，最终作业顺利完成，分支井眼进尺总长达到298m，水平位移达到239m，作业后增产效果较好，截至目前，该井日产油92m^3，累产超过1万m^3，产量稳定。

1.3　超短半径侧钻技术

近年来，在水力喷射侧钻水平井技术的研究基础上，逐步形成了基于柔性钻具的超短半径侧钻技术，即利用特制柔性钻具在3~5m以内的薄层油藏内侧钻，实现高达(16°~30°)/m的高造斜率，将开窗、造斜、水平钻进全部在油层内完成并沿油层定向钻进。

相比于水力喷射侧钻水平井技术，超短半径侧钻技术通过在套管内下入斜向器实现造斜定向，井眼直径和水平井眼延伸能力都获得了提升。相比于中长半径侧钻技术，该技术具有曲率半径小(小于3.6m)、靶前距短(1~3m)、设备要求低(修井机即可)、作业周期短、成本费用低等特点，在低产低效井的治理中提产效果显著。超短半径柔性钻具如图4所示。

图4　超短半径柔性钻具

超短半径侧钻技术可用于对薄差油层、厚油层顶部及注采不完善区域的剩余油进行挖潜，提高储量控制程度和采出程度，也可用于增加低孔低渗储层及稠油层渗油面积或储层污染解堵，控制方向造缝，提高渗流和导流优势流道，代替定向压裂、解堵、常规侧钻等。大庆油田、吉林油田、西北油田以及中联煤层气等利用该技术在陆地油田的提产中获得了较好的效果。近几年，中海油服在渤海、南海海域累计实施超短半径侧钻10井次、16个分支井眼，提产效果明显，其中6口井施工后提产3~5倍，创造了海上油田超短半径多分支井单分支进尺最长记录并完成了海上首次超短半径分支井砾石充填防砂完井作业，为海上油田的低产低效井治理和薄差油藏经济动用实践出一条新思路。

1.4　完井工艺配套

为通过老井侧钻达到最佳的提高采收率效果，需根据油气藏类型和特性配套相应的完井工艺，如裸眼完井、悬挂柔性筛管防砂完井、悬挂柔性筛管配合化学防砂完井、砾石充填防砂完井等。其中，砾石充填防砂方式相较于常规充填具有更好的防砂效果，2022 年，中海油服在渤海某超短半径侧钻井实施了海上首次完成超短半径侧钻井砾石充填防砂完井作业，突破了砾石充填完井作业时间长、质量控制难度大、充填效率低的难题。

目前，中海油服已研制柔性筛管、柔性盲管、柔性冲管、柔性自膨胀封隔器等完井工具，可实现分层充填及后续实现分层开采，提供多种完井解决方案。下步将继续研发可以进行开关调控的智能控水技术，监测分支井产液情况，通过液压等方式关闭主要产水的分支，提升增产效率。

2　技术对比分析

不同曲率半径的侧钻增产技术特征存在差异，因此在应用时需综合考虑油藏和地层特点进行技术适用性分析，三种技术井身结构示意图对比如图 5 所示。

对三种高效侧钻增产技术从性能优势、不足、作业要求、技术参数等方面进行对比分析，对比情况如表 1 所示。

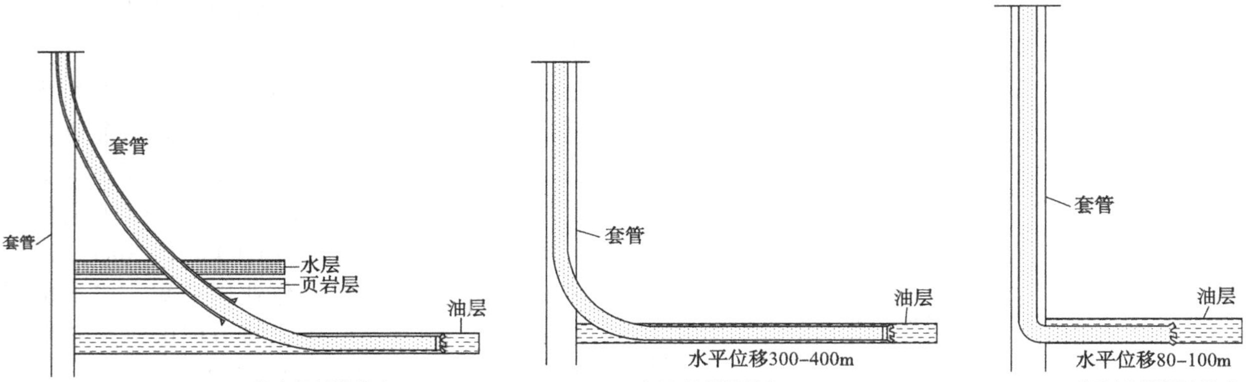

图 5　各类侧钻增产技术井身结构示意图

表 1　不同侧钻增产技术性能特点对比

技术类型	技术优势	技术不足	作业要求	技术参数
长半径侧钻技术	1. 井眼延伸能力强 2. 可在多层套管中实现套管开窗作业 3. 可实现一趟钻送入、坐挂及开窗作业	1. 靶前距离远，需配合地质导向 2. 造斜点浅，需下入套管封隔水层或"敏感性"页岩层 3. 周期较长	窗口附近井眼轨迹最大全角变化率在 3.5°/30m 以内	造斜率：<6°/30m 靶前距：超过 260m
短半径侧钻技术	1. 可实时监测和调整钻进轨迹，精准挖潜 2. 水平位移延伸长 3. 防碰风险小 4. 可带随钻伽马测井仪钻进	根据储层厚度，需在储层顶部泥岩段开窗，造斜段可能会钻遇泥岩或水层，给钻完井带来不利因素	1. 油层厚度 2m 以上 2. 作业井深：4000m 以内 3. 斜井方位在开窗点井眼轨迹方位左右 40°以内	造斜率：<45°/30m 曲率半径：40~50m 水平位移：300~400m
超短半径侧钻技术	1. 成本低、工期短 2. 靶前距短，仅 1~3m，定向入靶准确 3. 曲率半径小，能直接在储层开窗钻进	1. 井眼尺寸小，后期作业难度大 2. 无法实现对轨迹的实时监测控制 3. 水平位移延伸能力有限	1. 油层厚度 2m 以上 2. 作业井深：4000m 以内 3. 斜井方位在开窗点井眼轨迹方位左右 90°以内	造斜率：(16°~30°)/m 曲率半径：2~5m 水平位移：80~100m

由表 1 分析可知，三种高效侧钻增产技术各有利弊，当油层较厚、符合防碰要求时，宜选用长半径侧钻技术以较大的井眼尺寸和较长的水平井段进行提产；当对过路薄差油层和断层边部剩

余油、构造高部位“阁楼油”进行挖潜时，宜选用短半径或超短半径侧钻技术，以较短的靶前距完成高效提采。

在考虑短半径和超短半径侧钻技术的选用时，基于铰接式高造斜率螺杆钻具的短半径侧钻技术解决了轨迹控制难题，尤其是对底水能量强的储层可以实现更好的开发，水平位移更长。因此，如需通过轨迹控制实现薄油层高钻遇率、避开底水油藏和泥岩夹层，且达到较长的水平位移，则宜选用可控轨迹的短半径侧钻技术。

3　下步攻关方向

3.1　剩余油精细油藏描述

海上油田老井井周后期会形成不同特征的剩余油，包括水淹剩余油、断层边部的剩余油、构造高部位剩余“阁楼油”、井周油层富集区、平面及层间储量。为达到最佳的提高采收率效果，需要通过油藏工程及数值模拟方法分析清楚油藏分布，确定潜力区，设定优质靶点，再综合考虑油藏性质、几何形状等因素，建立数值模型，对比各参数模型下的产能，提高井眼轨迹油层钻遇率。

在作业前，需结合油藏数据分析优势区域，主要采用监测测试、油藏数值模拟方法和水淹反演方法，准确判断油层周围不同岩性的夹层并设法规避，同时避开底水层等，确定最优侧钻轨迹参数，减小钻进过程中的出层风险。

井间示踪解释是测定剩余油饱和度的手段之一，该方法根据静态地质模型，在对生产动态资料的拟合分析后，结合示踪剂分析的高渗透层参数对静态地质参数修改，可以得到剩余油饱和度分布图和井间水淹情况分析图。基于电性、核物理参数的剩余油饱和度测井可以获得剩余油分布的定量化认识。油藏数值模拟方法和水淹反演方法通过对油田、油井进行历史拟合和生产动态水淹反演，实现井间剩余油分布的定量描述。

3.2　轨迹监测控制

针对在薄油层、底水油藏及泥岩夹层的水平钻进过程中对于轨迹监测和控制的需求，可从工艺改进和工具配套两个方面进行攻关。

南海东部某井具有开窗位置井斜大、油层薄、储层底水发育等施工难点，在超短半径侧钻过程中采用了“控进尺钻进+多点测斜仪器监测轨迹”的工艺手段，即通过读取仪器数据判断钻具在储层中穿行时的稳斜效果，有效避免了轨迹进水层的风险，突破了该技术在底水油藏中的应用限制。

未来，可对适用于短半径、超短半径侧钻的井斜、方位及伽马测量仪器进行攻关，将测量仪器内置于管串中，与上部 MWD 之间通过电磁无线传输技术实现信号通讯，再通过泥浆脉冲波实时传输至地面，实时上传数据解决轨迹数据传输问题并通过柔性单弯螺杆对钻进轨迹进行调控。

3.3　位移延伸能力提升

在超短半径侧钻水平井段钻进过程中，尤其是钻遇泥岩夹层时，柔性钻具承受摩阻扭矩较大，导致地面施加的钻压无法有效传递至钻头，机械钻速降低，限制了水平位移的延伸。

因此，需从增强钻具强度和降摩减阻两个方向进行优化改进，提升位移延伸能力。柔性钻具相邻短节之间的螺纹连接处是整体钻具失效的风险点，可以通过优化调整单节钻具链接螺纹的几何参数，如螺纹中径、螺距、螺纹角等，提高螺纹连接的强度和稳定性，提高柔性钻具整体抗扭强度。同时，也可以通过在柔性钻具之间或单节结构之间增加柔性减阻防磨短节的方式降低整体管柱摩阻。

3.4　多井眼连通合采

为解决在侧钻后难以实现主井眼与分支井眼的连通合采问题，对海上油田进行大规模开发增产或加密调整，可进行攻关配套空心斜向器，其原理如图 6 所示，下入开窗工具后实现下部套管封堵和侧钻开窗，通过定向射孔或者孔洞溶解的方式穿透斜向器工具斜面，实现新老井眼的连通，以单井筒双井眼产液通道有效提高平台槽口的利用效率。

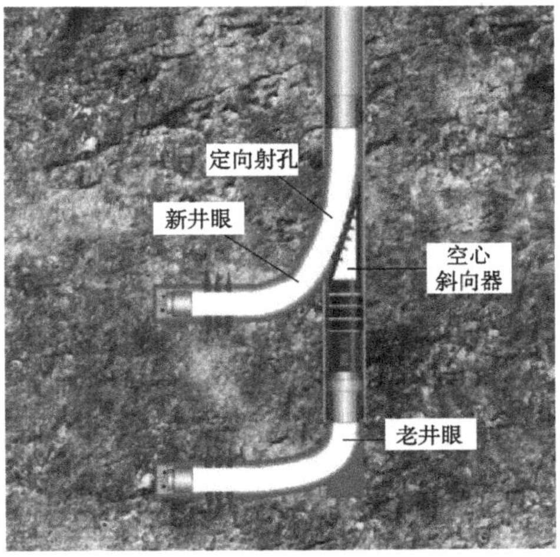

图 6　空心斜向器原理示意图

4 结论

(1) 高效侧钻增产技术主要包括长半径侧钻技术、短半径侧钻技术和超短半径侧钻技术，通过老井眼侧钻水平井眼以短周期、低成本实现少井高产，提高海上油田综合采收率，产生较好的经济效益。

(2) 一趟式套管开窗工具的作业效率和开窗成功率较高，在海上油田得到了广泛应用。超短半径、短半径侧钻技术均能够以较高的造斜率和较短的靶前距到达目标油层，对过路薄差油层、剩余油、阁楼油等实施高效挖潜。

(3) 相较于基于柔性钻具的超短半径侧钻技术，基于铰接式高造斜率螺杆钻具的短半径侧钻技术能够实现钻进过程中实时轨迹监测和控制，且水平位移延伸能力更强，提高油藏钻遇率，有效避开底水油藏和泥岩夹层。

(4) 高效侧钻增产技术未来可从剩余油精细油藏描述、轨迹监测控制、位移延伸能力、多井眼连通合采等方面进行优化提升，在提高海上油田采收率中发挥更大效能。

参考文献

[1] 郭永宾，管申，刘智勤，等．多分支超短半径钻井技术在我国海上油田的首次应用[J]．中国海上油气，2020，32(05)：137-144.

[2] 赵铁桥．开窗侧钻水平井钻井工艺技术[J]．中国石油和化工标准与质量，2024，44(03)：163-165.

[3] 杨保健，华泽君，关皓纶，等．套管开窗侧钻工具力学分析与结构参数优选[J]．东北石油大学学报，2023，47(05)：92-100+124+144-145.

[4] 闫平，薛宪波，许帅，等．套管开窗侧钻作业参数优化[J]．山东石油化工学院学报，2023，37(01)：80-83.

[5] DEWEY C，SWADI S，ALSUP S，ALSUP S，et al. High performance wellbore departure and drilling system for accessing new target[R]. SPE/IADC 138001，2011.

[6] 薛宪波，张诚成，张保康，等．海上油田一趟钻套管开窗技术[J]．石油钻探技术，2022，50(04)：64-68.

[7] 石磊，李洪方，赵海建，等．胜利一趟式 177. 8mm (7″)套管开窗工具在渤海油田的成功应用[J]．石油工业技术监督，2020，36(09)：21-23.

[8] 钟晖．超短半径侧钻水平井钻完井技术研究与应用[J]．西部探矿工程，2023，35(12)：37-40.

[9] 张勇，刘晓民，华泽君，等．超短半径钻井技术现状及发展趋势[J]．钻采工艺，2023，46(02)：41-45.

[10] 夏凯．超短半径侧钻水平井轨迹控制技术[J]．西部探矿工程，2022，34(08)：37-38.

[11] MOHAMED M G，MOHAMED B E. Multi lateral horizontal well application for improving the oil recovery of a mature field，Intisar N. Field，Concession 103 - Libya[C]//the SPE North Africa Technical Conference and Exhibition，March 12 - 14，2008，Bakersfield，Marrakech. Morocco，2008.

[12] 刘宁，杨光，赵义强，等．MUR 增产技术在海上油田的应用[J]．中国石油和化工标准与质量，2024，44(02)：168-170.

[13] 陈楠，薛宪波，关皓纶，等．渤海油田超短半径多分支井钻完井技术应用分析[J]．山东石油化工学院学报，2023，37(03)：75-79.

[14] 苏峰，姚志奇，谢新荣．空心斜向器开窗和定方位射孔技术在水下分支井中的应用[J]．长江大学学报(自然科学版)，2018，15(23)：52-56+7.

[15] 张锁林，关皓纶，张文博，等．超短半径多分支井砾石充填防砂完井工艺参数优化研究[J]．山东石油化工学院学报，2024，38(01)：77-83.

第二篇　开采篇

强注强采井组调剖设计优化研究
——以小集油田为例

许红恩[1,2]　林　云[1,2]　李　冉[1,2]　李逸彪[1,2]

(1. 大港油田采油工艺研究院；2. 天津市三次采油与油田化学企业重点实验室)

摘　要　小集油田调剖井具有强注强采的特点，层间矛盾治理难度大、层内剩余油挖潜难度大。通过对历史调剖效果统计分析，认识到影响小集油田调剖效果的主要因素有区块含水上升速度、调剖工艺、调剖轮次和调剖体系。针对小集油田层间治理难度大和调剖轮次多的问题，进行设计优化研究，制定针对性治理对策。

关键词　小集油田；调剖技术；强注强采；设计优化

1　存在问题

小集油田为层状砂岩油藏，油层埋藏深度2727.6~3238.4m，油藏温度114.5℃、矿化度为28319mg/L，属于高温高盐油藏。原油物性较差，凝点39.1℃左右、含蜡量20.8%左右、黏度215.01mPa·s，为高凝高含蜡原油。经过40多年开发，目前小集油田综合含水92.64%。开发过程中存在四方面问题，一是井网不完善：受油藏温度高、矿化度高的影响，井筒腐蚀结垢严重，油水井井况差，套损套变严重，注采井网遭到破坏，造成井网不完善。二是分注工艺适应性差：受腐蚀结垢影响，分注井有效期短，分注工艺适应性较差，水井多为笼统注水。三是层间矛盾突出：层状油藏、开发层段长，且为笼统注水，开发过程中层间矛盾突出。四是低效无效循环严重：小集油田开发初期为破解高凝高含蜡原油举升困局，大规模使用电泵开发，强注强采井组水窜问题普遍存在，注入水沿优势渗流通道循环，水驱指数、耗水率逐年增加，注水利用率变差，注入水低效无效循环严重。

调剖技术是封堵水流优势通道、扩大波及体系、改善开发效果的重要技术手段。2010—2020年小集油田累计实施调剖86井次，平均单井组增油540t，有效期10.5个月。调剖措施在小集油田的适应性较好。目前小集油田调剖措施面临三方面难题：一是井组增油潜力降低，随着调剖轮次增加，近井地带剩余油高度分散，调剖井组增油潜力变小，措施经济效益受到挑战；二是层间治理难度大，随着生产时间延长，层间矛盾恶化加剧，调剖治理难度增加；三是层内挖潜难度高，部分油井含水达到97%，层内剩余油高度分散，层内挖潜难度大。小集油田中高渗油藏在强注强采后，如果保持保持调剖效果，需要进行研究。

2　调剖效果影响因素分析

2.1　不同区块调剖效果分析

2010—2020年，小集油田调剖86井次，主要分布在G162、G979、G28等6个断块，其中58%的调剖井在G162断块；其中G162、G161和G28断块平均单井组增油超过600t。根据童氏图版，查找区块含水与采出程度关系曲线，分别找到区块含水80%时对应的采出程度和预测采出程度，见表1。

表1　不同区块调剖效果

区块	调剖井数	单井组增油/t	含水80%时采出程度/%	预测采出程度/%
G938	5	189	38.72	60
G979	15	378	24.32	44
X9-6	5	425	11.8	22
G162	50	614	14.61	36
G161	4	767	5.1	12.7
G28	7	876	4.89	20

调剖措施主要挖潜近井地带可动剩余油，当开发早期含水上升速度较快时，近井地带剩余油较多，调剖潜力大。如G938区块，含水80%时采出程度为38.72%，预测采收率为60%，调剖后平均单井组增油189t；而G162区块，含水80%时采出程度为14.61%，预测采收率为36%，调剖后平均单井组增油614t。回归单井组增油与采出程度的关系，见图1，说明调剖增油效果与含水80%时区块采出程度指标呈反相关，相关系数达到0.8152，相关较强。

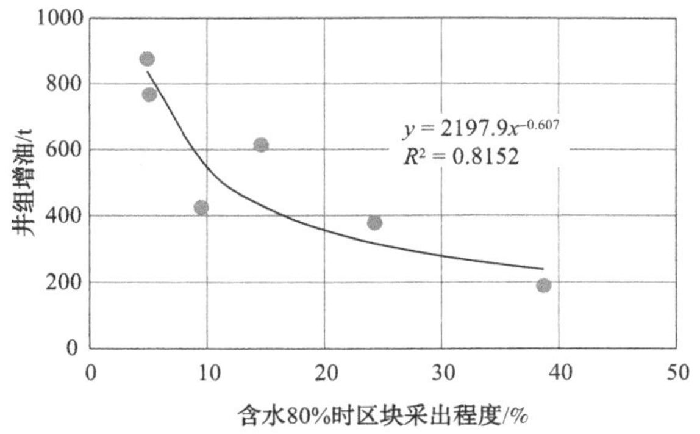

图1 采出程度与调剖增油效果之间关系

由于各区块油藏非均质性、油水流度比和开发方式存在差异，小集油田各区块的含水上升速度也不同，该关系曲线可以合理解释不同区块调剖效果差异的原因。X9-6、G161、G162和G28四个区块，含水上升速度较快，主要受强注强采开发方式影响。

2.2 不同体系调剖效果分析

2010—2020年，小集油田86口调剖井中有11口使用“酸化+调剖”工艺，其余75井次应用调剖工艺，使用的调剖体系有：聚合物微球、体膨颗粒(简称体膨)、交联聚合物凝胶(简称凝胶)、复合纤维和GR，统计不同工艺和不同体系的调剖效果，见表2。

2.2.1 调剖工艺对增油效果影响

针对中高渗油藏近井地带堵塞严重、注水压力高，难以实施调剖的问题，应用“酸化+调剖”，提高调剖治理适应性，治理高压水井调剖难题。“酸化+调剖”工艺应用11井次，平均单井组增油767t，调剖工艺应用75井次，平均单井组增油506t。说明“酸化+调剖”工艺在小集油田具有较好的适应性。

表2 不同体系调剖效果

工艺	调剖体系	调剖井数	单井组增油/t	爬坡压力/MPa	注水压力升幅/MPa
调剖	体膨	2	167	2.1	2.1
	GR+凝胶+体膨	9	357	9.5	6.1
	聚合物微球	1	495	0.1	1.9
	凝胶+体膨	59	561	5.4	3.2
	复合纤维+凝胶+体膨	4	765	6	3.7
酸化+调剖	凝胶+体膨	11	767	6.5	4.1

由于“酸化+调剖”工艺要求完井管柱在1年以内，所以应用受到限制。

2.2.2 调剖体系对增油效果影响

小集油田调剖主要使用“凝胶+体膨”复合调剖体系，配合使用GR、复合纤维，提高封堵强度。“复合纤维+凝胶+体膨”复合调剖体系应用4井次，单井组增油765t，效果较好。“凝胶+体膨”复合调剖体系应用59井次，单井组增油561t。“GR+凝胶+体膨”复合调剖体系应用9井次，单井组增油357t；GR体系施工注入时，要求使用泵车注入，施工过程把控要求严格。体膨颗粒或聚合物微球单独使用的比例较少。

2.2.3 调剖体系对注水压力影响

调剖措施的目的是封堵优势通道，扩大后续注入水的波及体积。一方面，要求施工过程中有一定的压力升幅，表明优势通道得到封堵；另一方面，要求压力升幅不能太高，不影响后期正常注水。不同调剖体系的封堵机理和体系强度不同，在施工过程中的压力升幅和调剖后注水压力升幅也不同。

在施工过程中，使用“GR+凝胶+体膨”复合调剖体系调剖时，压力升幅达到9.5MPa；使用“凝胶+体膨”或“复合纤维+凝胶+体膨”时，压力升幅5～7MPa。调剖施工后，“GR+凝胶+体膨”复合调剖体系注水压力升幅6.1MPa，“凝胶+体膨”或“复合纤维+凝胶+体膨”时，压力升幅3～5MPa。

在调剖井优选时，需要考虑正常注水压力与注水干线压力之间，具有一定的压力空间，尽量大于5MPa，满足调剖体系的优选；在调剖体系优选时，需要考虑调剖体系压力升幅与潜力井压力窗口之间关系，即能保证调剖体系与优势通道匹配，同时保证调剖施工后，满足正常注水。

2.3　水井日注量调剖效果分析

2.3.1　日注量与调剖增油效果关系

小集油田调剖井日注量主要在72~168m³/d，占比66%，小集油田调剖井日注入量较大。其中，日注量高于120m³/d的调剖井，为44口，占比为51%，从水井注入量和注采平衡分析，小集油田调剖井属于强注强采井组。

正常日注量低于72m³/d时，单井组增油236t；正常日注量大于72m³/d时，调剖增油效果较好，见表3。目前调剖施工排量最低为3m³/h，施工日注量72m³/d。当施工日注量大于正常注水排量时，调剖液进入非目的层的比例增加，可能会污染非目的。施工日注入量低于正常注入量时，调剖液自然选择进入调剖目的层。

表3　不同体系调剖效果

日注量范围	调剖井数	单井组增油/t	爬坡压力/MPa	注水压力升幅/MPa
<72	6	236	11.6	8.4
72~120	36	616	5.5	4
120~168	29	482	5.7	3.1
180~240	15	588	4.8	2.1

2.3.2　日注量与调后压力升幅关系

日注量低于72m³/d时，调后压力升幅8.4MPa；日注量大于72m³/d时，调后压力升幅在2~4MPa之间。调剖后注入压力升幅与日注量反相关，日注入量越高，调后压力升幅越小。

对于日注量低于72m³/d的调剖井，在选择调剖体系时，少用高强度调剖体系，以免影响调剖后正常注水。对于日注入量大于72m³/d的调剖井，应考虑体系与优势通道匹配关系，优先考虑封堵优势通道。

2.4　不同轮次调剖效果分析

调剖轮次与增油效果之间关系，如图2所示。

理论上，随着调剖轮次增加，近井地带剩余油减少，调剖潜力降低。按着实际调剖轮次统计调剖效果，实际的增油随着轮次的增加降低。回归小集油田调剖轮次与增油效果关系，当调剖轮次为4时，增油为400t；当调剖轮次小于4时，增油量高于400t。

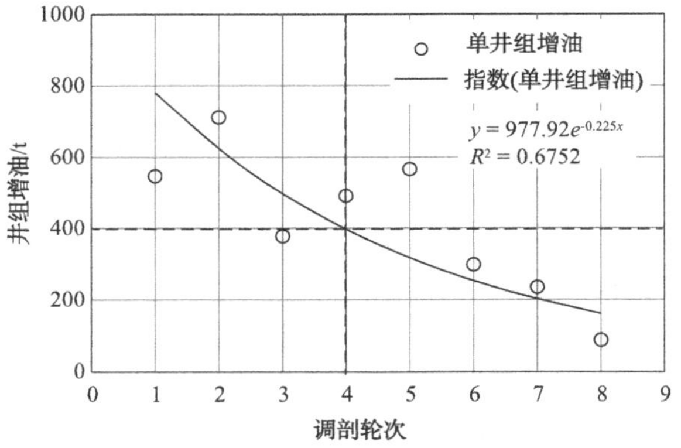

图2　调剖轮次与增油效果之间关系

在优选调剖井组时，尽量选择调剖轮次小于4轮次的；如果调剖轮次高于4，建议更换调剖体系，改变治理思路。

2.5　不同注入量调剖效果分析

将调剖井实际注入量划分为(0，1000)，[1000，1500)，[1500，2000)，[2000，2500)，[2500，3000)，[3000，3500)，[3500，+∞)七个范围，分别统计设计注入、实际注入量、增油效果。统计结果表明，虽然调剖液注入量与增油效果对应关系不明显，但注入量在1000~3500m³时，增油效果较好(图3)。

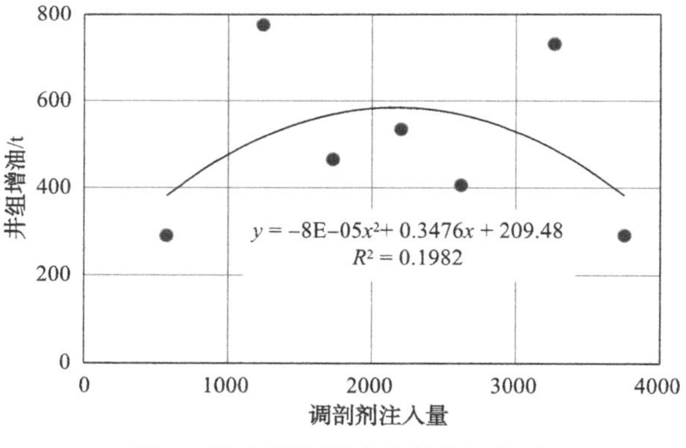

图3　注入量与增油效果之间关系

值得注意的是，在统计调剖液注入量小于1000m³的数据时，筛选出的调剖井均是由于注入压力高，没有完成设计注入量的井，平均单井组增油为291t。在统计注入量大于3500m³的调剖井时，筛选出的调剖井调剖轮次为4.5，影响调剖效果的主要因为为调剖轮次。

2.6　不同井组产量调剖效果分析

2.6.1　日产液与调剖增油效果关系

不同日产液调剖效果，见表4。

表 4　不同日产液调剖效果

日注量范围	调剖井数	平均日产液/(m^3/d)	平均日产油/(t/d)	含水/%	单井组增油/t
<100	11	56	9	84.57	579
100~200	20	148	12	92	473
200~300	17	255	13	94.75	648
300~400	22	362	22	93.95	530
≥400	16	486	19	96.12	493
平均	/	275	15.61	94.3	540

将井组日产液划分为(0, 100), [100, 200), [200, 300), [300, 400), [400, +∞)五个区间，进行统计分析，见表 4。其中 55 个井组的日产油量超过 $300m^3/d$，按着一口水井平均对应三口受益油井，油井日产液超过 $100m^3/d$，说明小集油田采液强度高。

统计结果表明，井组日产液与增油效果之间关系不明显。井组日产液不是影响调剖增油效果的主要因素。

2.6.2　含水与调剖增油效果关系

将井组日产液划分为(0, 80), [80, 90), [90, 95), [95, 97), [97, 100)五个区间，进行统计分析，见表 5。统计的 86 口调剖井中，其中 70 个井组的含水超过 90%，说明小集油田整体含水较高。

统计结果表明，在小集油田调剖井组中，含水与增油效果之间关系没有呈现正相关或反相关。井组含水不是影响调剖增油效果的主要因素。

表 5　不同含水调剖效果

含水范围	调剖井数	平均日产液/(m^3/d)	平均日产油/(t/d)	含水/%	单井组增油/t
<80	4	101	27	73.36	241
80~90	12	135	18	86.61	605
90~95	35	260	15	93.75	664
95~97	26	335	14	96.1	417
≥97	9	367	10	97.28	458

3　强注强采井组调剖治理对策

影响小集油田调剖效果的主要因素有区块含水上升速度、调剖轮次、调剖体系等。小集油田调剖井具有“强注强采”的特点，针对层间矛盾突出和多轮次调剖潜力下降的难题，进行设计优化，提出治理对策。

3.1　层间矛盾治理对策

分注工艺是解决层间矛盾的有效手段，但是由于小集油田油藏温度高，油井多为电泵井，注水温度达到 68℃，不仅造成注水系统腐蚀结垢速度快，也造成注水管柱腐蚀结垢快，水井作业困难、作业费用高。受腐蚀结垢影响，小集油田分注有效期短、分注率低，分注工艺适应性差，调剖成为解决层间矛盾的主要手段。

3.1.1　调剖解决层间矛盾

为更有针对性地制定治理对策，排除区块、调剖轮次和调剖体系的影响，统计 G162、G161 和 G28 断块，调剖轮次不大于 4 次，调剖体系为“交联聚合物凝胶+体膨颗粒”，且有吸水剖面的调剖井共 15 口，分布统计优势通道发育情况、吸水强度级差和强吸水层厚度，见表 6。

表 6　优势通道发育情况与调剖效果关系

优势通道发育情况	吸水强度级差	强吸水层厚度/m	井数	调剖轮次	单井组增油/t
不明显	<10	<5	3	2	101
		≥5	3	2	582
发育	<10	<5	2	2.5	880
		≥5	3	3.3	636
	≥10	<5	3	1.3	892
		≥5	1	2	1544

从调剖技术原理出发，调剖技术更适合治理优势通道发育的井，这与统计结果一致，优势通道发育井平均单井组增油876t，而优势通道不明显的井，平均单井组增油341t。层间矛盾突出时，强吸水层更容易发育优势通道，所以调剖措施对层间矛盾突出井更适应。

从吸水剖面资料上分析，层间矛盾突出时表现为吸水强度级差大。对比优势通道发育不明显的调剖井，吸水强度级差都小于10，当最强吸水层厚度小于5m时，单井组增油101t；当最强吸水层厚度大于5m时，单井组增油582t。更多的调剖液自主选择进入到较强吸水层，能够起到调整吸水剖面的作用。统计结果表明，小集油田水井优势通道发育、吸水强度级差大于10且强吸水层厚度大于5m时，调剖增油效果较好。

因此，对于小集油田强注强采井组，特别是已经发育优势通道、吸水强度级差较大、强吸水层厚度较大时，选择"交联聚合物凝胶+体膨颗粒"复合调剖体系具有较好的治理效果；当优势通道发育更严重时，建议使用"无机颗粒+交联聚合物凝胶+体膨颗粒"复合调剖体系，提高提高封堵性能，延迟有效期，见图4。考虑到措施经济效益，调剖剂设计注入量1000～2500m^3之间。

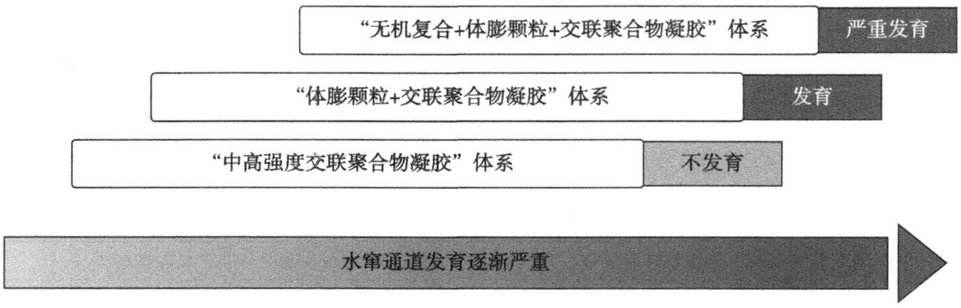

图4　调剖体系组合设计图版

3.1.2　"酸调一体化"解决高压注水井层间矛盾

针对储层间矛盾突出，且存在优势通道的低压注水井，使用"三步法"酸调一体化工艺，即"暂堵——酸化——调剖"。先通过暂堵封堵水流优势通道，使后续酸液能够更多地进入被污染的低渗层进行酸化解堵；再通过酸化解除低渗层近井地带堵塞，降低注水压力，为调剖提供压力上升空间；最后进行调剖，治理储层深部层间层内和平面矛盾，扩大注水波及体积，达到增油降水的目的。

3.2　多轮次调剖对策

根据理论分析和现场实践，调剖增油效果与调剖轮次呈反相关，维持多轮次调剖效果成为难点，可以从两方面对多轮次调剖井进行优化。

一是，扩大调剖处理半径。当增加调剖处理半径时，调剖液的设计注入量增加，成本增加，措施经济效益受到限制。为提高措施经济效益，建议使用低成本复合纤维调剖体系。该体系具有强度高、不受油藏温度限制的特点。

二是，使用增加体系强度。随着调剖轮次增加，近井地带优势通道发育更加严重，注入水低效无效循环严重。对于多轮次调剖井，增加调剖体系强度，更有利于启动新的吸水层，提高措施增油效果。

3.3　工艺设计关键点

（1）调剖体系设计

优势通道不发育时，使用聚合物凝胶体系；优势通道发育时，使用"聚合物凝胶+体膨颗粒"复合调剖体系；优势通道发育严重时，使用"无机体系+聚合物凝胶+体膨颗粒"复合调剖体系。

对于多轮次调剖井，建议使用"复合纤维+聚合物凝胶+体膨颗粒"，提高封堵强度、延迟措施有效期。

（2）注入量设计

借鉴历史调剖效果，考虑调剖轮次、体系强度、处理深度等因素，单井注入量设计1000～2500m^3，具体单井可综合考虑水流优势通道发育情况，经济效益等因素进行适当调整。

（3）段塞结构设计

段塞强度结构选用"弱+较强+强"楔式结构或现场应用效果良好的有机和无机交替注入结构；以小段塞交替注入为主，一般设计段塞数量4~6个。

（4）施工参数设计

施工排量尽量采用低排量注入，以不超过正常日注量为主；在设计排量下，注入压力不超过系统注入压力的90%。

4 结论

（1）区块含水上升速度、调剖轮次和调剖体系是影响小集油田调剖效果的关键因素。区块含水上升速度快时，近井地带剩余油较多，调剖增油潜力大；调剖轮次增加，近井地带剩余油减少，调剖增油潜力小；由于小集油田调剖井具有强注强采的特点，“聚合物凝胶+体膨颗粒”配合使用无机体系时，调剖效果较好。

（2）对于层间矛盾突出的调剖井，主体使用中“聚合物凝胶+体膨颗粒”，配合使用无机颗粒；如果注入压力高，建议考虑“酸调一体化”工艺治理。对于多轮次调剖井，可以从增加处理半径和提高体系强度两个方面进行设计优化，同时考虑低成本的复合纤维调剖体系，降低措施成本。

（3）根据研究结果，从调剖体系设计、注入量设计、段塞设计和关键施工参数指导小集油田强注强采井调剖工艺设计优化。

参考文献

[1] 林云．大剂量深部调驱技术在小集“双高”油田的应用[J]．石油化工高等学校学报，2014，27(05)，85-91.

[2] 熊春明，唐孝芬．国内外堵水调剖技术最新进展及发展趋势[J]．石油勘探与开发，2007，34(01)，83-88.

[3] 李宜坤，李宇乡，彭杨，等．中国堵水调剖60年[J]．石油钻采工艺，2019，41(6)，773-787.

[4] 邓鲁强，熊英，许红恩，等．调剖增油机理模型建立及分析[J]．石油地质与工程，2021，35(1)，113-117.

[5] 林云，王阿丽，许红恩，等．中高渗单层系调剖(驱)选井方法研究[J]．天津科技，2019，46(S1)，31-34+38.

[6] 别旭伟，廖新武，赵春明，许赛男，等．秦皇岛32-6油田优势渗流通道与开发策略研究[J]．石油天然气学报，2010，32(03)，181-184+413.

[7] 李建军，李才雄，陈蓉，等．小集油田注水系统的防腐防垢研究[J]．油气田地面工程，2006，(12)，47.

功能性乳液聚驱地面注采工艺研究及适应性评价

李　娜　赵忠山　罗能强

(大庆油田设计院有限公司)

摘　要　为进一步拓展聚合物驱降本增效空间、丰富自主创新技术途径，大庆油田开展了功能性乳液聚合物综合性能评价和现场试验，相同注入PV下与普通聚驱对比，已取得阶段多提高采收率2.9个百分点的成绩。乳液聚合物可直接熟化外输，在配注环节，简化了聚合物配制流程，节约了地面建设投资。在采出环节，由于功能性乳液聚合物具有乳化功能，采出液乳化程度强于常规聚驱采出液，采出液处理难度增大。通过对比不同浓度乳液聚合物油井和常规聚合物油井油水分离特性研究，创新揭示了乳液聚驱油水聚并微观机理和采出液特性，确定了乳液聚驱采出液对于地面系统处理设备的影响及处理参数，指导了生产及功能性乳液聚驱后续产能建设，为中石油化学驱技术多维度探索推进再拓新局。

关键词　乳液聚合物；采出液；乳化；脱水；产能建设

聚合物驱是提高油田采收率的重要技术措施。聚合物驱油技术的原理是通过在水中加入一定量高相对分子量的聚丙烯酰胺，使注入水的黏度增加，从而改善油水流度比。注入的聚合物溶液具有较高的黏度，且通过油层后具有较高的残余阻力系数和黏弹效应；黏度越高，残余阻力系数越大，则驱替相的流度就越小、驱替相与被驱替相的流度比越小，从而使得聚合物驱扩大油层宏观和微观波及效率的作用越大，最终提高原油采收率。该方法在油田的开采中取得了较好的降水增油效果，提高采收率幅度达10%以上。

大庆油田为进一步拓展聚合物驱降本增效空间和途径，筛选出具有乳化增黏、抗盐、抗剪切性能的乳液聚合物，开展了乳液聚合物综合性能评价和现场试验。室内评价结果表明，乳液聚合物乳化原油后黏度增加3.3~5.2倍。相同用量条件下比普通聚合物多提高采收率6~10个百分点。乳液聚合物可直接熟化、外输，简化了聚合物配制流程，节约地面投资。在喇北北块一区开展了现场试验，阶段提高采收率5.0个百分点，相同注入PV下与普通聚驱对比，多提高采收率2.9个百分点。预测最终可提高采收率13.7个百分点，比普通中分聚驱多提高采收率3~4个百分点。

现场试验用功能性乳液聚合物具有乳化能力，为了实现乳液聚合物驱采出液的有效处理，最大程度的降低对地面集输处理系统的冲击，地面工程技术研究人员依托试验区不同浓度乳液聚合物采出井，和对比不同浓度常规聚合物油井，开展了采出液基础物性和油水分离特性测试，分析评价了乳液聚驱采出液对于地面系统中处理设备及处理参数的影响，全程跟踪调整，为下一步推广应用乳液聚合物驱提供了技术指导，为形成二类油层乳液聚合物驱油配套技术提供支撑，助力改善二类油层的驱油效果、提高经济效益和社会效益。

1　功能性乳液聚合物的溶解特性及驱油体系调配工艺

乳液聚合物(图1)是一种新型液态聚合物，引入具有乳化功能、相稳定功能的活性单体、交联单体、抗盐单体，实现乳化增黏、抗盐、抗剪切性能。外观为白色黏稠液体，原液浓度35%，黏度600~800mPa·s，冰点-14℃。采用1000kg桶装液体，货车拉运方式至聚合物配注站内。聚合物理化性能汇总表，见表1。

表1　聚合物理化性能汇总表

检验项目	乳液聚合物	普通中分
状态	液体状	粉末状
分子量($\times10^4$)	1558	1519
特性黏数/(dL/g)	20.9	20.5
水解度/(mol%)	25.2	25
固含量质量分数/%	38	90.1
0.1%黏度/(mPa·s)	69.6	55.1
过滤因子	1.1	1.3
溶解速度/h	<0.4	<1.5
水不溶物质量分数/%	0.02	0.08

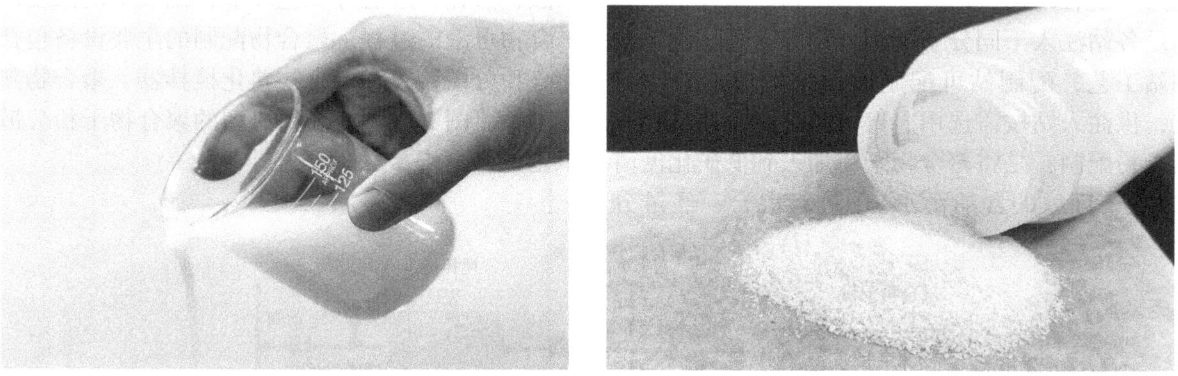

图 1 乳液聚合物和油田常用干粉聚合物外观形态

（1）乳液聚合物黏度比普通聚合物高。乳液聚合物在不同浓度条件下具有较好的增黏性能，清水体系黏度比普通聚合物高 10%~33%，污水体系高超过 40%，与抗盐聚合物黏度接近。

不同类型聚合物溶液黏度与浓度对应关系表，见表 2。

表 2 不同类型聚合物溶液黏度与浓度对应关系表

聚合物浓度/(mg/L)	乳液聚合物/(mPa·s)		中分抗盐/(mPa·s)		普通中分/(mPa·s)	
	清水	污水	清水	污水	清水	污水
200	4.3	2.2	7.5	3.5	3.9	1.1
400	13.9	4.6	16.0	6.3	10.7	3.3
600	26.7	8.2	29.9	11.2	21.0	6.1
800	42.7	13.8	45.9	19.5	32.0	9.8
1000	62.9	21.1	67.2	28.7	49.0	14.9
1200	80.0	29.5	86.1	38.6	64.0	20.5
1500	117.3	42.3	129.1	53.5	97.1	28.8
2000	194.1	65.6	204.8	78.8	165.3	46.9

注：模拟污水矿化度为 5000mg/L，Ca^{2+} 含量 50mg/L，Mg^{2+} 含量 50mg/L。

（2）乳液聚合物溶解速度快。现场试验用驱油乳液聚合物产品的外相为油相，经过渗透性极高的分散剂反相包裹后，遇水会急速分散释放内相；内相为水相有效物，经过与水混合后，在亲水外相遇水会急速分散释放过程中，快速溶涨，释放大分子结构。室内溶解测试试验表明：不同浓度乳液聚合物 15~25min 能够溶解充分，黏度值保持稳定，约是常规聚合物溶解所需时间的 1/5。

不同溶解时间溶液黏度值表，见表 3。

表 3 不同溶解时间溶液黏度值表

聚合物浓度/(mg/L)	5min	10min	15min	20min	25min	30min
500	13.9	15.6	19.8	20.1	20.1	20.1
1000	45.6	55.3	61.5	62.9	62.8	62.9
1500	92.8	100.2	115.6	117.2	117.3	117.2
2000	168.5	175.6	187.1	194.0	194.1	194.2
5000	1165.4	1201.3	1269.1	1345.7	1396.4	1400.5

（3）乳液聚合物可大幅度简化溶解调配工艺，大幅度降低地面建设投资。大庆油田聚合物驱总体上采用“集中配制、分散注入”工艺流程。在配制站将聚合物干粉配制成浓度为 5000~6000mg/L 的聚合物溶液，然后用外输泵输至注入站，经注聚泵升压后，利用静态混合器与高压

注入水混合均匀，然后一起输送到注入井中。为满足各站注入不同分子量聚合物的需要，优化配制站工艺，配制站可配制多种分子量聚合物母液，供注入站按需选用。聚合物配制工艺最常采用干粉配制，是将聚合物干粉加入到低矿化度清水(或处理后的含油污水)中进行混合，经过分散、熟化、过滤等工艺环节，制成不同浓度的聚合物母液的过程。聚合物配制的主要设备包括聚合物分散装置、聚合物熟化搅拌器、聚合物熟化罐等。图2为大庆油田典型的聚合物干粉分散熟化工艺流程示意图。

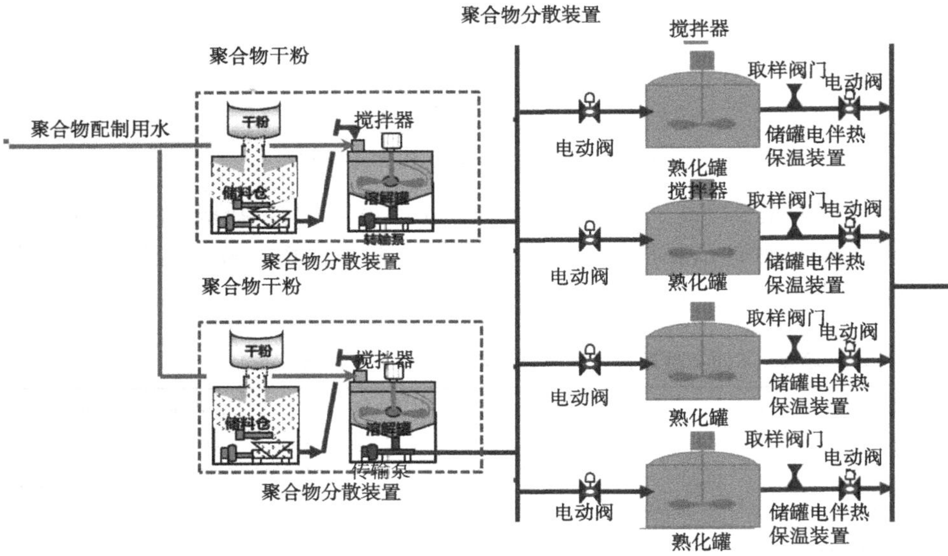

图2 聚合物干粉配制聚合物母液流程示意图

从乳液聚合物的溶解熟化特性可以确定，乳液聚合物遇大量水可以快速分散溶解，经过25min搅拌即可配制成黏度稳定的聚合物母液，相比于聚合物干粉溶解熟化时间120min，大幅度降低了溶解熟化时间。乳液聚合物配制站与聚合物干粉配制站相比，可省却复杂的聚合物分散环节，可大幅度简化溶解调配工艺，建设投资降低60%以上。对于小型的试验区，可以直接采用管道熟化，更无需建设配制站。图3为乳液聚合物配制聚合物母液流程示意图。

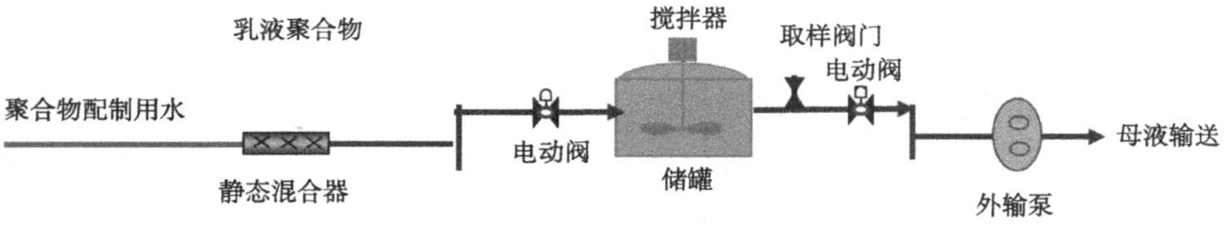

图3 乳液聚合物配制聚合物母液流程示意图

2 功能性乳液聚合物驱采出液一般性质和乳化特性分析

(1) 试验区原油一般性质

试验区净化油密度为0.865g/cm^3，凝固点33℃，蜡含量36.4%，胶质含量16.3%，沥青质含量小于0.05%，该区原油凝固点较高，蜡含量较高。40℃时黏度为150mPa·s，50℃时黏度为84.2mPa·s，原油黏度随温度升高而逐渐减低。

(2) 功能性乳液聚合物具有乳化能力

功能性乳液聚合物含多元改性官能团共聚的独特结构设计，在高分子主链上植入多种官能团和酰胺基、羟基和异羟肟基、超长碳链表面活性剂等，具有乳化功能。体系呈一定强度的黏弹性交联体系，乳化能力使体系具有很好驱油性能的同时，也使得采出液出现明显乳化现象，且含水率越低乳化现象越明显。图4为乳液与常规聚驱室内乳化程度分析，图5为采出井乳化微观形貌(W/O)。

(3) 乳液聚合物和常规聚合物采出液微观粒径对比分析

当溶液中含有表面活性剂成分时，油珠会以1~10μm的粒径存在，形成稳定的水包油型乳状液。乳化程度越强，越难以聚并成大油珠分离，对于地面工艺系统处理难度越大。图6为乳液聚合物对比常规聚合物浓度500mg/L井采出液粒径显微照片。

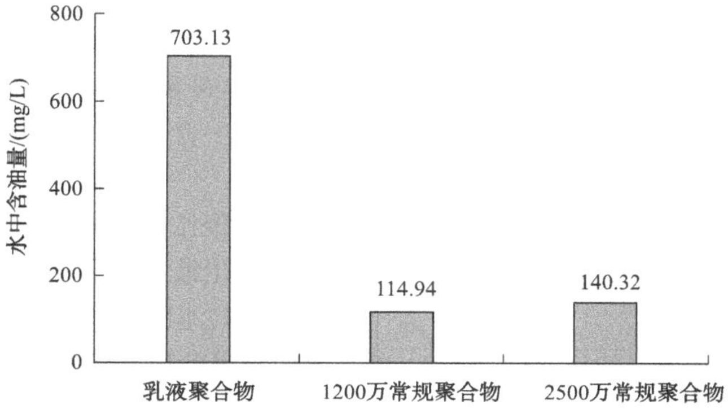

图4　乳液与常规聚驱室内乳化程度分析

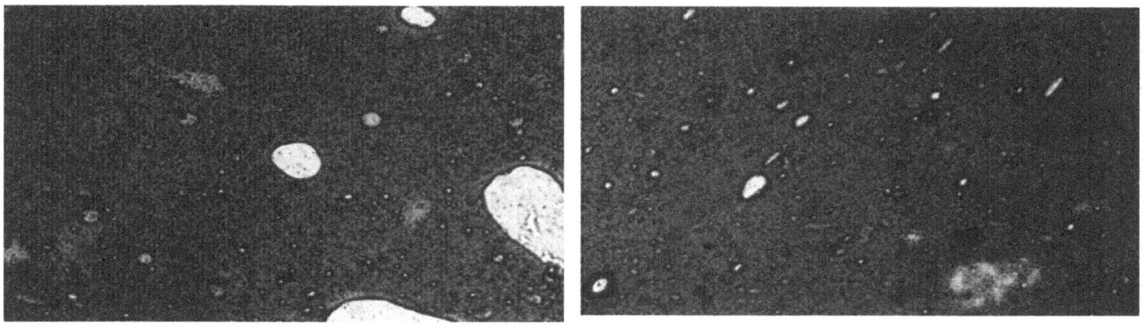

图5　采出井乳化微观形貌(W/O)

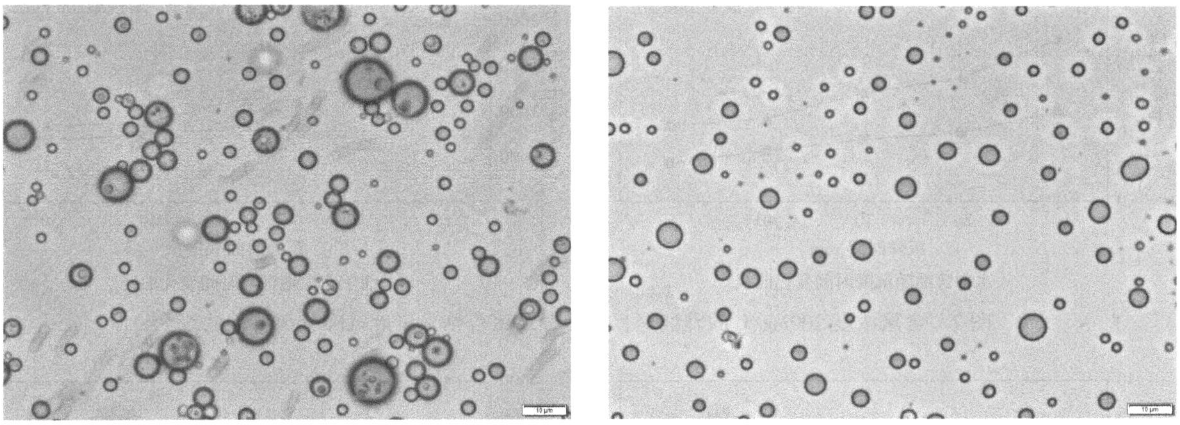

图6　乳液聚合物对比常规聚合物浓度500mg/L井采出液粒径显微

从乳液聚合物浓度500mg/L油井的采出液粒径显微照片和常规聚合物浓度500mg/L油井的采出液粒径显微照片看出，在相同单位面积和显微比例下，乳液聚合物驱采出液中总油珠数量明显多于常规聚合物驱采出液中总油珠数量。乳液聚合物驱采出液中，直径小于1μm的乳化油珠占油珠总数的50.7%。常规聚合物驱采出液中，直径小于1μm的油珠占油珠总数的41.6%。乳液聚合物中含有较多亲水基团，具有界面活性，能够附着在油水界面处，形成乳化油聚集体，从而导致水相乳化含油量升高，另外空间位阻固体颗粒隔离在中间，使界面膜厚度和强度增加，界面具有黏弹性而流动性变差，乳液聚合物驱采出液比常规聚驱采出液乳化性更强，稳定性更强，后续可能导致乳化层形成稳定的油水过渡层，进而导致油相含水率升高、电脱运行不平稳等情况。

3　功能性乳液聚合物驱采出液油水分离性质

取现场单井实液作为一段游离水脱除试验所用样品，二段电脱水试验样品为单井实液经室内沉降出分离出游离水后的乳化油。样品井号、含聚浓度、及水相黏度见表4。

表4　试验测试油井采出液含聚浓度和水相黏度表

井号	聚合物类型	采出液水相聚合物浓度/(mg/L)	水相黏度/(mPa·s)
1号井	乳液聚合物	516	1.33
2号井	常规聚合物	501	1.08
3号井	乳液聚合物	312	1.27
4号井	常规聚合物	303	1.06
5号井	乳液聚合物	201	1.15
6号井	常规聚合物	212	1.02

乳液聚合物驱采出液的水相黏度稍高于普通聚合物驱采出液的水相黏度，当采聚浓度在500mg/L左右时，乳液聚合物驱采出液水相黏度1.33mPa·s，而普通聚合物驱采出液水相黏度1.08mPa·s。在有乳液聚合的情况下，采出液水相黏度大小不单纯是聚合物分子量高低的反映，而是乳液粒度及粒度分布的宏观表现，一般而言，乳液聚合物溶液粒子越大，黏度越低；粒子越细，溶液黏度越高。

3.1　不同聚合物含量采出液的沉降分离特性

（1）含聚浓度200mg/L采出液的沉降分离特性

含聚浓度200mg/L的乳液聚合物和普通聚合物采出液沉降分离特性曲线，如图7所示。

通过本次试验可以看出：聚合物浓度200mg/L的乳液聚合物采出液沉降后的油中含水率和水中含油量均高于普通聚合物采出液，沉降10min，油中含水率均低于30%，水中含油量低于3000mg/L。沉降40min，两种采出液的油中含水率均低于15%，水中含油量低于1000mg/L。相较于普通聚合物采出液，乳液聚合物采出液的脱水效果较差，但是都能满足一段脱水指标的要求。

（2）含聚浓度300mg/L采出液的沉降分离特性

含聚浓度300mg/L的乳液聚合物和普通聚合物采出液沉降分离特性曲线，如图8所示。

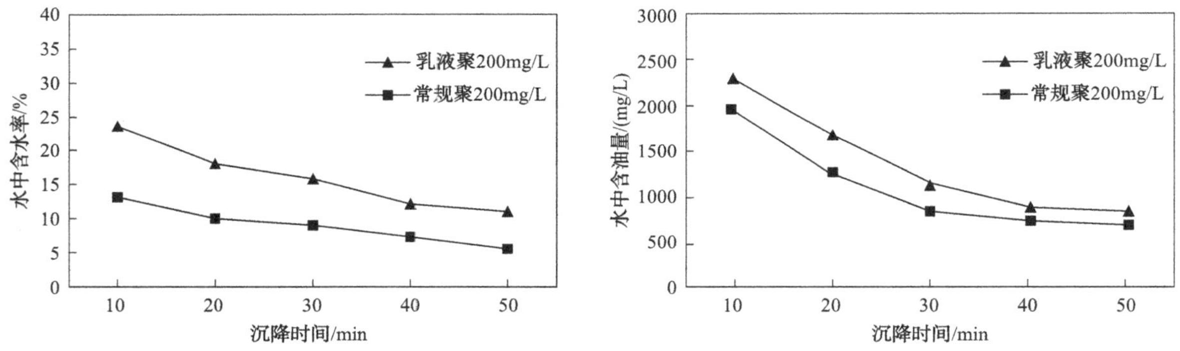

水中含油随沉降时间变化曲线　　油中含水随沉降时间变化曲线

图7　含聚浓度200mg/L的乳液聚合物和普通聚合物采出液沉降分离特性曲线

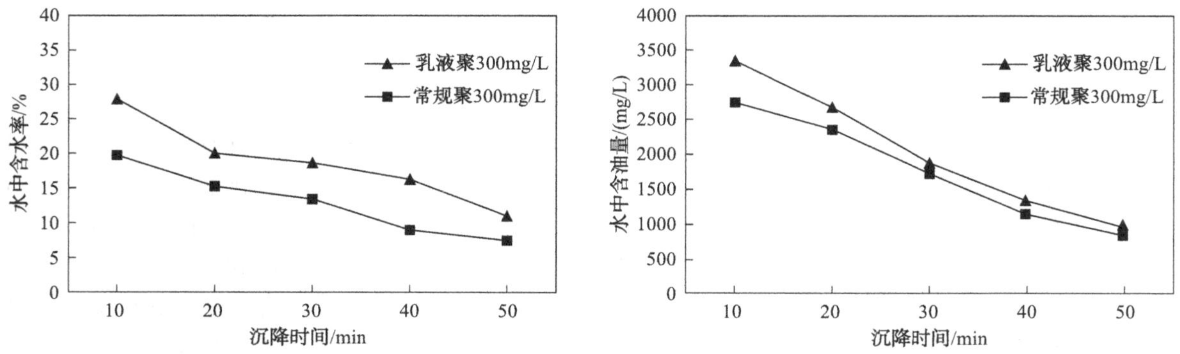

水中含油随沉降时间变化曲线　　油中含水随沉降时间变化曲线

图8　含聚浓度300mg/L的乳液聚合物和普通聚合物采出液沉降分离特性曲线

通过本次试验可以看出：聚合物浓度300mg/L的乳液聚合物采出液沉降后的油中含水率和水中含油量均高于普通聚合物采出液，沉降10min，油中含水率均在30%以下，水中含油量乳液聚合物采出液高于3000mg/L，普通聚合物采出液低于3000mg/L；沉降20min，乳液聚合物采出液水中含油量低于3000mg/L；沉降50min，两种采出液的油中含水率均低于11%，水中含油量低于1000mg/L。乳液聚合物的脱水效果与普通聚合物的脱水效果相比较差，但是都能满足一段脱水指标的要求。

（3）含聚浓度500mg/L采出液的沉降分离特性

含聚浓度500mg/L的乳液聚合物和普通聚合物采出液沉降分离特性曲线，如图9所示。

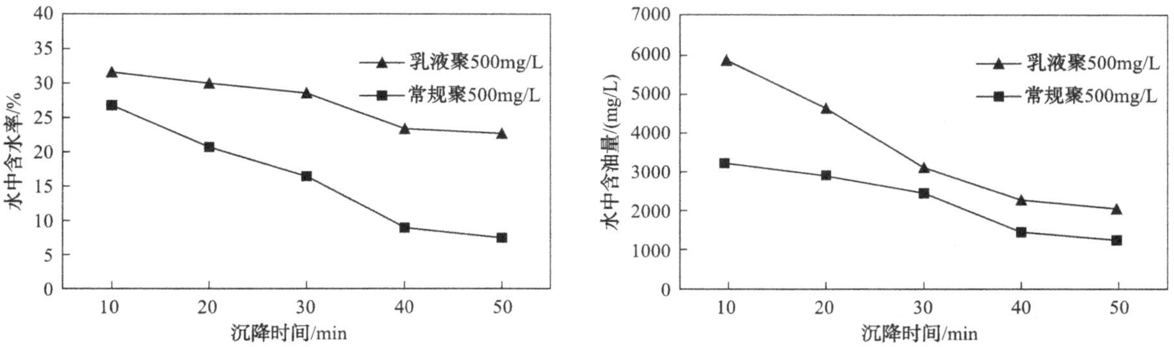

水中含油随沉降时间变化曲线　　油中含水随沉降时间变化曲线

图9　含聚浓度500mg/L的乳液聚合物和普通聚合物采出液沉降分离特性曲线

通过本次试验可以看出：聚合物浓度500mg/L的乳液聚合物采出液沉降后的油中含水率和水中含油量均高于普通聚合物采出液，沉降10min时，油中含水率乳液聚合物采出液高于30%，普通聚合物采出液低于30%，水中含油量均高于3000mg/L；沉降30min，乳液聚合物采出液油中含水率低于30%，普通聚合物采出液水中含油量低于3000mg/L；沉降40min时，乳液聚合物采出液水中含油量低于3000mg/L；沉降50min时，两种采出液的油中含水率均低于25%，水中含油量仍高于1000mg/L。

3.2　不同聚合物含量采出液的电脱水特性

（1）含聚浓度200mg/L采出液的电脱水特性

含聚浓度200mg/L的乳液聚合物和普通聚合物采出液电脱水特性曲线，如图10所示。

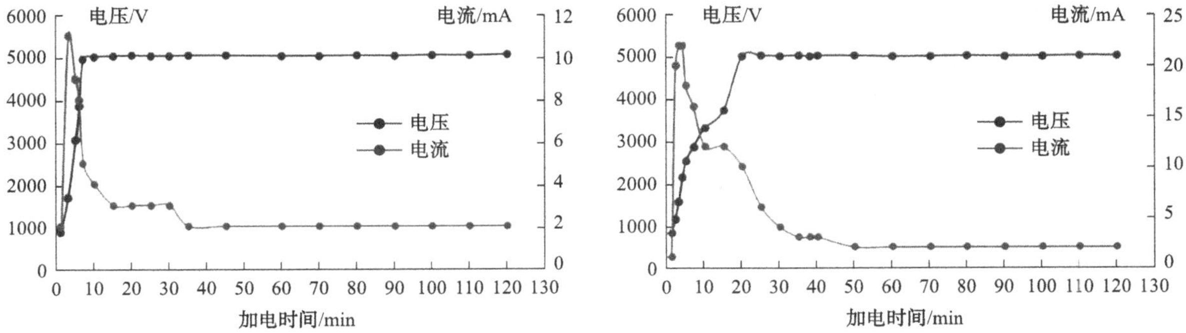

普通聚合物　　乳液聚合物

图10　含聚浓度200mg/L的乳液聚合物和普通聚合物采出液电脱水特性曲线

通过本次试验得出：聚合物浓度200mg/L的普通聚合物采出液送电10min将电压加至5000V以上，加电30min测试油中含水1.02%，加电60min油中含水为0.22%，达到≤0.3%指标；200mg/L的乳液聚合物采出液送电20min将电压加至5000V以上，加电30min测试油中含水1.86%，60min油中含水为0.28%，达到≤0.3%指标，乳液聚合物加电难度大于普通聚合物。

（2）含聚浓度300mg/L采出液的电脱水特性

含聚浓度300mg/L的乳液聚合物和普通聚合物采出液电脱水特性曲线，如图11所示。

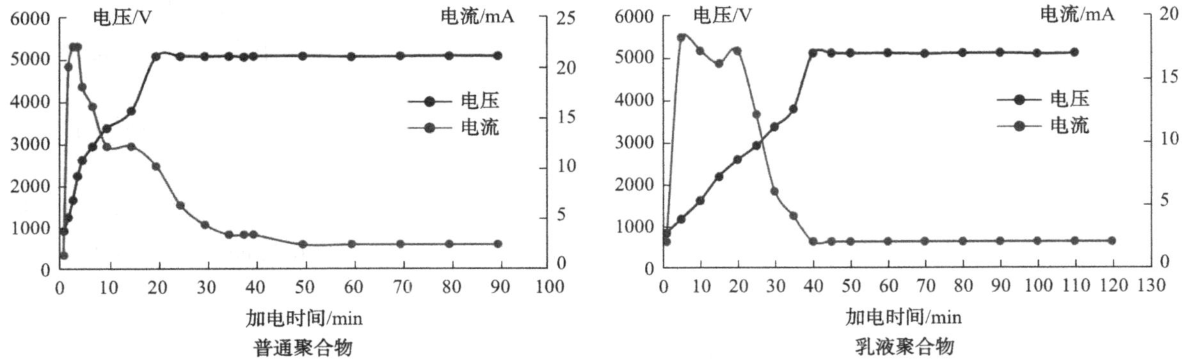

图 11　含聚浓度 300mg/L 的乳液聚合物和普通聚合物采出液电脱水特性曲线

通过本次试验得出：聚合物浓度 300mg/L 的普通聚合物采出液送电 15min 将电压加至 5000V 以上，加电 30min 测试油中含水 1.32%，加电 60min 油中含水为 0.26%，达到≤0.3%指标；300mg/L 的乳液聚合物采出液送电 25min 将电压加至 5000V 以上，加电 30min 测试油中含水 1.97%，60min 油中含水为 0.89%，90min 油中含水为 0.27%，达到≤0.3%指标，乳液聚合物电脱水难度大于普通聚合物。

（3）含聚浓度 500mg/L 采出液的电脱水特性

含聚浓度 500mg/L 的乳液聚合物和普通聚合物采出液电脱水特性曲线，如图 12 所示。

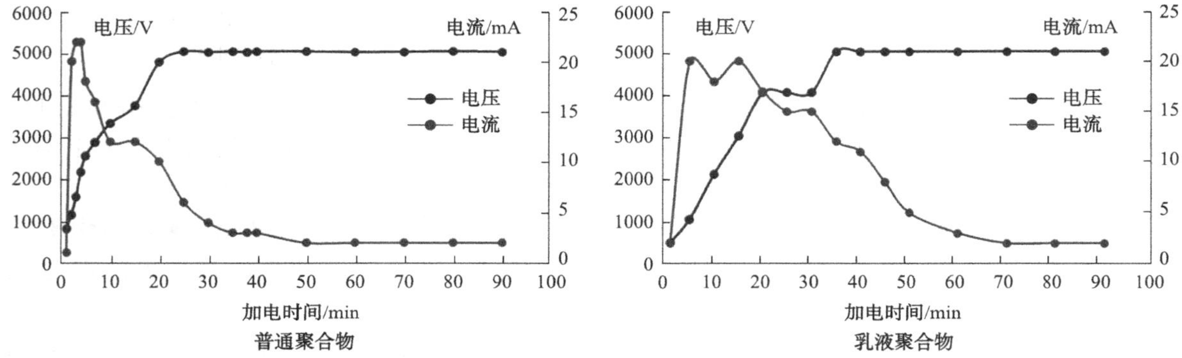

图 12　含聚浓度 500mg/L 的乳液聚合物和普通聚合物采出液电脱水特性曲线

通过本次试验得出：聚合物浓度 500mg/L 的普通聚合物采出液送电 25min 将电压加至 5000V 以上，加电 30min 测试油中含水 1.84%，60min 油中含水为 0.28%，达到 0.3% 以下；500mg/L 的乳液聚合物采出液送电 35min 将电压加至 5000V 以上，加电 30min 测试油中含水 2.89%，60min 油中含水为 1.35%，90min 油中含水为 0.65%，120min 油中含水为 0.24%，达到≤0.3%指标，乳液聚合物电脱水难度大于普通聚合物。

不同聚合物种类及含聚浓度采出液电脱后油中含水数据，见表 5。

表 5　不同聚合物种类及含聚浓度采出液电脱后油中含水数据

采出液种类及含聚浓度	油中含水/%			
	30min	60min	90min	120min
普通 200mg/L	1.02	0.22		
乳液 200mg/L	1.86	0.28		
普通 300mg/L	1.32	0.26		
乳液 300mg/L	1.97	0.89	0.27	0.19
普通 500mg/L	1.84	0.28		
乳液 500mg/L	2.89	1.35	0.65	0.24

4 乳液聚合物驱采出液融合处理适应性分析及产能建设建议

依据大庆油田“十四五”期间地面工程助力效益建产技术路线，驱替方式不变的区块，在充分利用已建能力的基础上，需进一步挖潜同步实施区域优化调整；原井网返层开发但驱替方式发生调整的区块，需重点分析已建设施能力对新开发方式的适应性、升级改造再利用的可行性，努力实现单井投资控减和站场零新增。

对比乳液聚合物与普通聚合物采出液油水沉降分离特性和电脱水特性，乳液聚合物乳化程度较强，处理难度介于高浓度聚驱和三元复合驱之间，工程设计及运行参数可参照弱碱三元复合驱。从地面工程能力有序接替，减少新建设施方向，常规聚驱采出液处理采用三相分离器+电脱水器工艺，以目前乳液聚驱采出浓度，通过试验，乳液聚合物驱采出液可沿用高浓度聚驱采出液处理工艺，进高浓度聚驱地面处理站或复合驱采出液处理站统一处理。后续若扩大工业化规模，随着现场乳液聚合物浓度逐渐升高，处理系统若出现运行稳定性变差的问题，首先筛选适应于乳液聚合物的药剂以提高稳定性，其次优化电脱水设备结构和运行参数，确保采出液达标处理，满足乳液聚合物工业化推广的需要。

5 结论

（1）乳液聚合物驱油体系的应用可大幅度简化溶解调配工艺流程，与常规聚合物干粉配制相比，省却了复杂的聚合物分散环节，溶解熟化时间降低 80%，降低聚合物调配系统建设投资 60%以上。

（2）从微观表征来看，在相同单位面积和显微比例下，乳液聚合物驱采出液中总油珠数量明显多于常规聚合物驱采出液中总油珠数量，空间位阻固体颗粒隔离在中间，使界面膜厚度和强度增加，乳液聚合物驱采出液比常规聚驱采出液乳化性更强，破乳难度增加，会导致生产过程中油相含水率升高、电脱运行不平稳等情况。

（3）对比乳液聚合物与普通聚合物采出液油水沉降分离特性和电脱水特性，乳液聚合物采出液的乳化程度较强，处理难度介于高浓度聚驱和三元复合驱之间。为了降低采出液处理系统的建设投资，充分利用已建设施，可与已建的化学驱采出液处理系统融合处理，配合针对性的进行破乳剂优选，不但可以降低功能性乳液聚驱采出液处理难度，而且更有利于现有处理工艺的稳定运行。

参 考 文 献

[1] 王德民，程杰成，吴军政，等．聚合物驱油技术在大庆油田的应用[J]．石油学报，2005，26(1)：74-78.

[2] 廖广志，王强，王红庄，等．化学驱开发现状与前景展望[J]．石油学报，2017，38(2)：196-207.

[3] 王启民，冀宝发，隋军，等．大庆油田三次采油技术的实践与认识[J]．大庆石油地质与开发，2001，20(2)：1-8.

[4] 程杰成．“十五”期间大庆油田三次采油技术的进步与下步攻关方向[J]．大庆石油地质与开发，2006，25(1)：18-22.

[5] 朱焱，高文彬，李瑞升，等．变流度聚合物驱提高采收率作用规律及应用效果[J]．石油学报，2018，39(2)：189-200.

[6] 李学军．大庆油田三次采油地面工艺配套技术[J]．大庆石油地质与开发，2009，28(5)：174-179.

[7] 吴永彬，王梓栋．聚合物配注与采出液处理技术新进展[J]．石油矿场机械，2007，36(8)：93-97.

[8] 李杰训，赵忠山，李娜，等．大庆油田聚合物驱配注工艺技术[J]．石油学报，2019，40(9)：1104-1115.

[9] 曹同玉、刘庆普、胡金生等．聚合物乳液合成原理性能及应用[M]．化学工业出版社，2007-04.

[10] 张心亚，乳液聚合技术的研究新进展[J]，合成材料老化与应用，2006，35(1)：38-39.

[11] 吴迪，化学驱采出水特性和清水剂研究进展[C]．油田化学应用交流会，2009-04.

[12] 朱一玉，LT 系列苯丙共聚物乳液的研究Ⅱ影响聚合物乳液黏度的因素及其控制[J]，涂料工业，1987 年 05 期，6-11.

[13] 曹万岩，陈振新，寇秋涣等，大庆油田“十四五”期间地面工程助力效益建产技术路线[J]，油气田地面工程，2023，42(09)：77-80.

[14] 边孝琦，邢宸，朱启光等，大庆油田地面工程效益建产有效措施[J]，油气田地面工程，2022，41(11)：7-9.

[15] 余男，曹广胜，白玉杰等，三元复合驱采出液沉降处理室内实验研究[J]，石油化工高等学校学报，2008，6(31)：55-56.

新型可控相转化聚合物研制及矿场应用

李海涛　元福卿　季岩峰　徐　辉

(中石化胜利油田分公司勘探开发研究院)

摘　要　连续相增黏聚合物溶液和分散相凝胶颗粒扩大波及体积技术是油田增油控水的重要措施。但常规聚合物深部运移黏度保留率低、流度控制能力弱和凝胶颗粒运移距离与封堵强度矛盾等难题，制约了驱油剂长效性及油藏深部扩大波及能力。本文结合聚合物和凝胶颗粒的技术优势，研制了可控相转化聚合物，该聚合物可实现1~15d可控释放，初始为凝胶颗粒弹性模量高，大于5Pa，释放后为溶液相，黏度高，大于50mPa·s；抗剪切性能，剪切黏度保留率大于85%，高于常规聚合物。物理模拟实验表明，可控相转化聚合物注入长岩心中，呈现“边流动边溶解”的规律；可控相转化聚合物驱提高采收率幅度在27.2%，高于常规聚合物驱的18.3%。矿场应用表明，可控相转化聚合物可以有效提高渗流阻力，扩大波及。

关键词　可控相转化聚合物；时变黏弹性；抗剪切性；驱油；矿场应用

随着老油田整体进入高含水、高采出程度“双高”开发阶段，储层非均质性加剧，剩余油变得更加分散，呈现“高度分散、局部富集”特点，常规的水驱开发无法满足原油增产稳产开发需求，如何实现剩余油的高效挖潜和采收率的大幅度提高，是目前高含水老油田实现可持续发展亟待解决的重大难题。国内外技术创新和应用实践证明，依靠化学驱技术能够大幅度提高“双高”阶段老油田采收率，主要形成了以聚合物为基础的聚合驱、无碱二元复合驱、三元复合驱和非均相复合驱等系列化学驱油技术。

以聚合物为基础的驱油剂，在水中存在两种相态：一是聚合物溶解于水中形成连续相高黏水溶液；二是凝胶颗粒吸水溶胀分散于水中形成凝胶颗粒分散液。连续相聚合物溶液主要通过提高注入水的黏度，降低水油流度比。分散相凝胶颗粒具有弹性变形特征，在多孔介质中发生运移和调堵，流动增阻迫使后续液流转向。两者均能扩大高含水油藏水驱波及体积，提高原油采收率。然而，连续相增黏聚合物溶液和分散相凝胶颗粒在矿场应用过程中存在以下技术瓶颈难题：一是连续相增黏聚合物溶液在多孔介质中深部运移能力强，但化学降解和剪切机械降解黏度损失大，油藏深部黏度保留率低和流度控制能力弱。二是分散相凝胶颗粒近井地带调堵能力强，但存在运移距离与封堵强度矛盾问题，导致注入或者油藏深部调堵扩波及效果不理想。

因此，基于以上问题，结合连续相聚合物溶液和凝胶相颗粒分散液技术优势，克服各自缺点，笔者提出了可控相转化聚合物驱技术思路，可控相转化聚合物注入过程和近井地带为凝胶颗粒相，具有抗剪切，强调驱的优势；注入地层深部后为溶液相，具有扩波及，强驱油的优势(图1)。相比传统的聚合物，利用率和驱油效率更高。

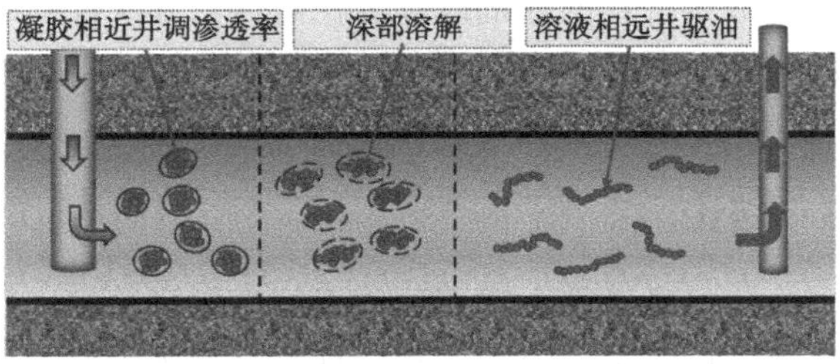

图1　可控相转化聚合物在油藏内部运移相转化示意图

本文通过在常规聚合物合成中加入弱交联剂，研制了可控相转化聚合物，并研究其时变粘弹性规律及抗剪切性能。通过多点测压长岩心模型，研究可控相转化聚合物在多孔介质中动态相转化及渗流特性。借助岩心并联物理模拟手段，阐明了可控相转化聚合物驱油效果及驱油机理，并通过矿场应用，验证了可控相转化聚合物驱油方法的可行性，为我国高含水油田化学驱提高采收率提供新的思路和方法。

1　实验部分

1.1　试剂与仪器

丙烯酰胺(AM)、丙烯酸(AA)、常规聚合物(HPAM)，均为工业品；过硫酸钾($K_2S_2O_8$)、亚硫酸氢钠($NaHSO_3$)、偶氮二异丁腈(AIBN)、氢氧化钠(NaOH)、酯基弱交联剂(SL-CRA)均为分析纯；胜利油田Ⅱ模拟水(矿化度 19334mg/L)，实验室自制。

高温高压流变仪 MCR301，傅里叶红外光谱仪 Nicolet IS10，热失重分析仪 TGAQ500，溶解氧除氧装置，化学驱岩心驱替装置，精密鼓风恒温干燥箱等。

1.2 实验方法

1.2.1 可控相转化聚合物合成

采用溶液聚合法，将 AM 和 AA 两种单体以一定质量比溶于去离子水中，调节至设定 pH 值和聚合初温，加入酯基交联剂，通氮气 30min 后，再加入复合引发体系(偶氮+氧化还原)引发，观测温度的变化情况，直至温度停止上涨，反应 4h，将反应物取出，进行剪切、造粒、烘干、研磨，得到可控相转化聚合物。

1.2.2 可控相转化聚合物表征

(1) 红外光谱

利用傅里叶红外光谱仪表征聚合物所含的官能团。选择溴化钾压片法制备聚合物测试样品，即取 200mg 溴化钾与 1~2mg 聚合物干粉，均放入玛瑙研钵中研细，并经过油压机压片，选择波长范围在 400~4000cm^{-1}之间。

(2) 热重分析法

利用热失重分析仪表征聚合物的热失重谱图。将一定质量的聚合物样品放入热重天平内，在 100mL/min 氧气氛围下，以 10℃/min 的速率升温，测试温度范围为 25~700℃，得到聚合物样品的热失重曲线。根据样品的热失重曲线，判断聚合物的结构变化情况。

1.2.3 可控相转化聚合物性能评价

(1) 可控相转化聚合物时变粘弹性能

采用胜利油田Ⅱ类模拟水配制浓度为 2500mg/L 的可控相转化聚合物，搅拌分散 30min 后分装入多个安瓿瓶中，抽真空除氧，火焰封口，放入 75℃烘箱，每隔一定时间取出观察颗粒是否溶解，并采用流变仪测试其弹性模量与水相黏度。

(2) 可控相转化聚合物抗剪切性能

采用胜利油田Ⅱ类模拟水配制浓度为 2500mg/L 的可控相转化聚合物，搅拌分散 30min 后用吴茵搅拌器进行剪切 20s,，剪切后除氧放入 75℃烘箱，让其完全释放，对比不剪切而完全释放的聚合物的黏度，从而得到聚合物剪切黏度保留率。

(3) 可控相转化聚合物在多孔介质中渗流实验

采用多点测压长填砂管模型(Φ2.5cm×200cm)，渗透率 1500×10^{-3}μm^2，在温度 75℃条件下模拟可控相转化聚合物在油藏多孔介质渗流过程中运移、相转化和封堵过程。具体实验方法如下：首先以 0.12mL/min 注入速度进行初始水驱至压力稳定，连续注入 1.0PV 的 2500mg/L 的可控相转化聚合物，监测注入过程中岩心不同位置处各测压点的压力随时间的变化。长岩心渗流实验流程，如图 2 所示。

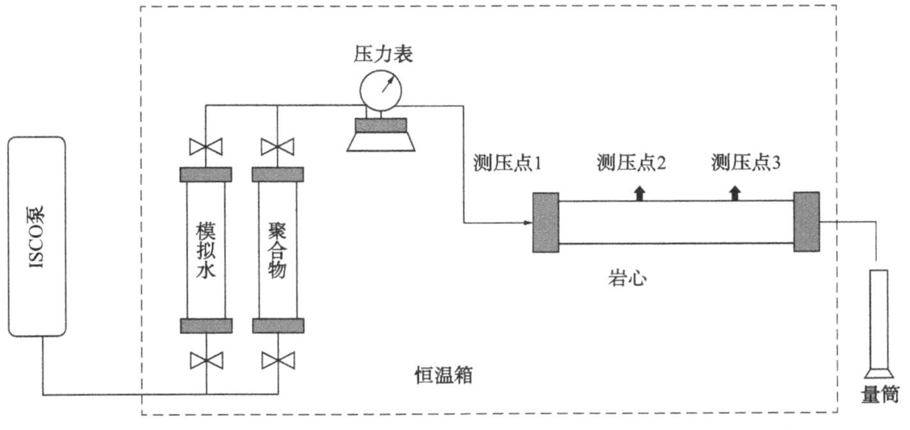

图 2 长岩心渗流实验流程

(4) 非均质岩心模型可控相转化聚合物驱油实验

采用双填砂管并联模型(Φ2.5cm×30cm)，渗透率级差为 3(1000∶3000)×10^{-3}μm^2，在温度 75℃条件下开展可控相转化聚合物与常规聚合物驱油效果对比实验，具体实验流程如下(图 3)：

首先对填砂管饱和模拟水，再用脱水原油饱和，并老化 48h 后进行驱油实验；先以 0.5mL/min 的速度水驱至含水率大于 95%，转注 0.4PV 聚合物溶液(浓度 2500mg·L^{-1})段塞后，转水驱至采出液含水大于 98%，结束实验。

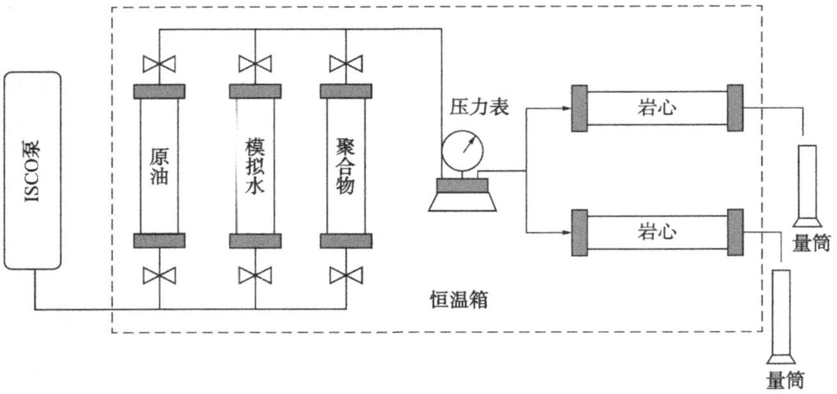

图 3　非均质岩心并联驱油实验流程

2　结果与讨论

2.1　可控相转化聚合物表征

(1) 红外光谱

可控相转化聚合物是在常规聚合物合成过程中，引入酯基弱交联剂，将线性的聚合物的分子链变为网络结构，在一定的温度条件下，交联结构发生水解断裂，实现交联高分子向线性高分子的转化，从而实现增粘。由图 4 可以看出，由于可控相转化聚合物释放后结构与常规聚合物相同，且交联剂用量极少，因此从红外光谱中表现的的出峰位置基本相同。3370cm^{-1}和 1660cm^{-1}为 AM 链节中酰胺基—$CONH_2$的特征吸收峰，其中 1660cm^{-1} 为酰胺基 C = O 键的伸缩振动，3370cm^{-1}为—NH_2的伸缩振动峰，1410 羧酸盐中 C=O 的对称伸缩振动峰。

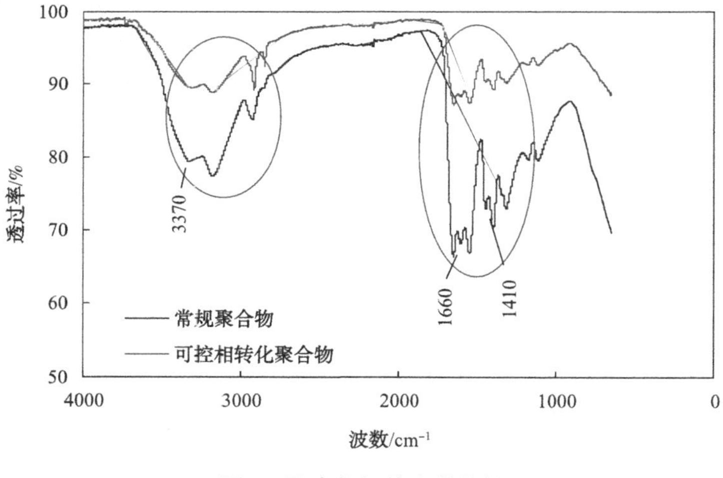

图 4　聚合物红外光谱分析

(2) 热失重分析

如图 5 所示，常规聚合物热失重开始于 205℃，并在 500℃完成热失重，而可控相转化聚合物热失重开始于 220℃，并在 650℃以后完成热失重，热失重过程明显延长。500℃以下，可控相转化聚合物的热失重前段与常规聚合物相似，为聚合物主链的降解，但失重峰面积明显减小，表明该阶段的热降解程度低于常规聚合物，这归因于交联结构提高了聚合物的热稳定性。更明显的区别发生于 550~650℃，这是由于可控相转化聚合物在引入弱交联剂后，高分子的线性结构转化为交联空间网络结构，明显提高了聚合物骨架结构的强度和热降解性能，这有利于可控相转化聚合物在初期抵抗炮眼剪切和控制相转化速度。

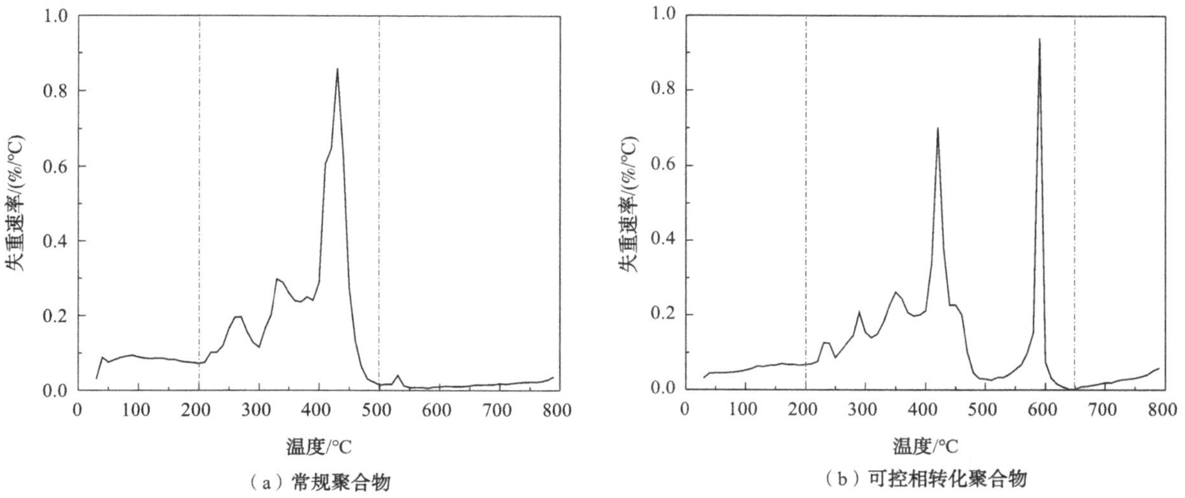

图5 聚合物的热失重速率曲线

2.2 可控相转化聚合物性能

（1）可控相转化聚合物时变粘弹性能

如图6、图7所示，在一定的温度条件下，随着时间可控相转化聚合物的弹性模量逐渐降低，黏度逐渐增加，最终两者趋于稳定。可控相转化聚合物初始交联键未断裂为凝胶颗粒，弹性模量高，大于5Pa；黏度低，小于5mPa·s。随着交联结构逐渐水解断裂，释放线性结构，黏度升高、弹性模量下降，最终交联结构完全转化为线性结构，可控相转化聚合物全部转化为溶液相，黏度和弹性模量趋于稳定，释放黏度大于50mPa·s。

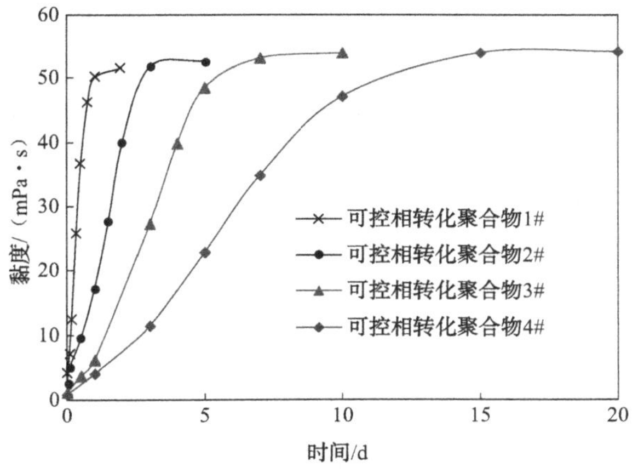

图6 可控相转化聚合物粘度随时间变化

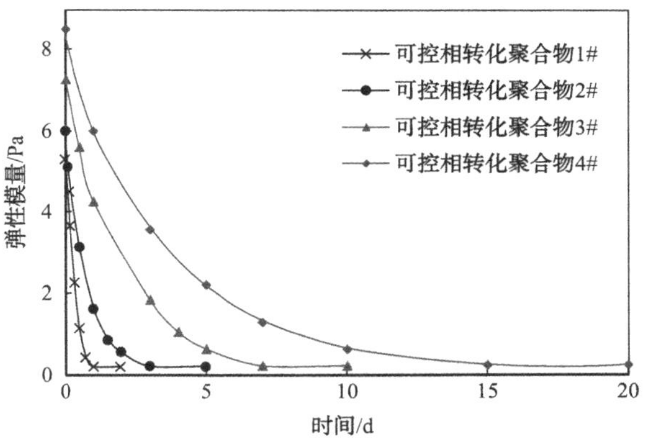

图7 可控相转化聚合物弹性模量随时间变化

（2）可控相转化聚合物抗剪切性能

可控相转化聚合物具有较好的抗剪切性能，剪切黏度保留率大于85%，远高于常规聚合物。这是由于常规聚合物为线性分子结构，在强剪切应力作用下容易发生不可恢复的断裂，导致无法形成分子间作用力。而可控相转化聚合物初期在交联作用下使聚合物分子链呈凝胶态颗粒，由于弱交联作用，线性高分子间形成网络结构，可实现共同抵御高速剪切对其造成的破坏，因此相较于线性高分子具有更强的抗剪切能力，黏度损失率较低(图8)。

（3）可控相转化聚合物在多孔介质中渗流特性

可控相转化聚合物在多孔介质中渗流过程中压力随注入时间变化关系结果如图9所示。由图可知，随着注入时间的延长，注入端压力先增加后波动变化，最后降低趋于平稳，后续不同位置压点均呈现相同的变化趋势。由于可控相转化聚合物初始为凝胶颗粒相黏度低，随着注入时间的延长，注入端压力呈现增加趋势；随着后续在多孔介质中的相转化过程，凝胶–溶液中间相阶段，颗粒呈现“边流动边溶解”的规律，压力呈现波动变化趋势，最后注入端压力降低至趋于平稳，可控相转化聚合物为溶液状态。因此，表明了可控相转化聚合物在多孔介质中发生动态相转化过程，同时在多孔介质中具有很好的运移能力和深部增黏能力。

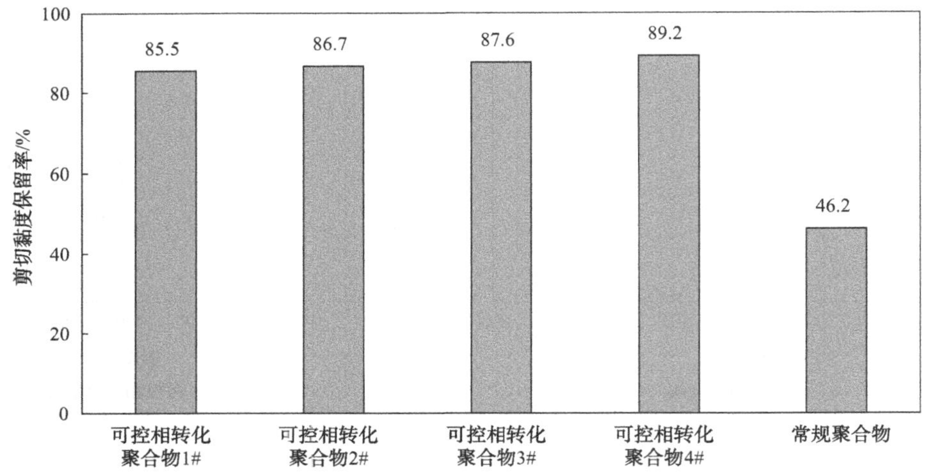

图 8　可控相转化聚合物与常规聚合物抗剪切性对比

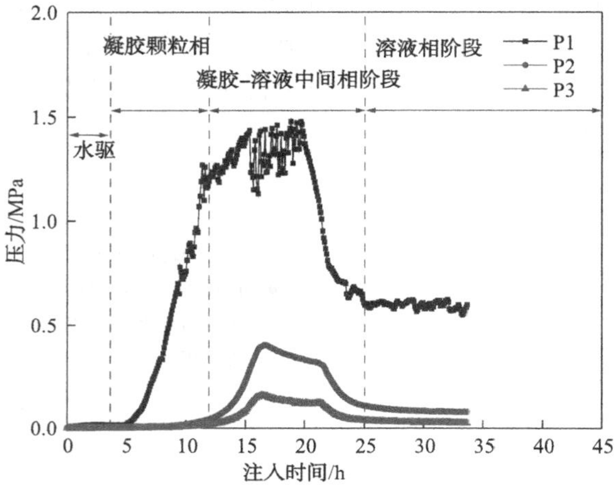

图 9　可控相转化聚合物在多孔介质中渗流过程中压力随注入时间变化关系

(4) 可控相转化聚合物驱油效果

由图 10 驱油曲线对比分析可知，可控相转化聚合物驱替过程中含水率、压力变化趋势和常规聚合物一致，但可控相转化聚合物含水漏斗下降更明显。图 11 分流率曲线可知，聚合物及后续水驱驱替过程中，常规聚合物驱分流率曲线呈“∧”字型变化，可控相转化聚合物驱分流率曲线呈“∩”字型变化，表明：可控相转化聚合物在低渗层作用时间越长，改善效果越明显。通过双管岩心并联物理模拟驱油实验结果(图 12)可知，可控相转化聚合物驱提高采收率幅度在 27.2%，高于常规聚合物驱的 18.3%，采收率增值提高了 8.9%。

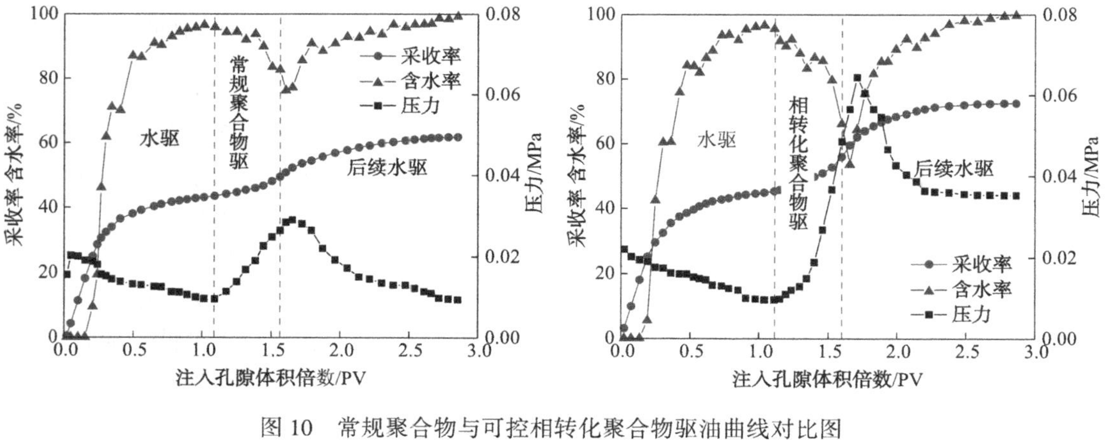

图 10　常规聚合物与可控相转化聚合物驱油曲线对比图

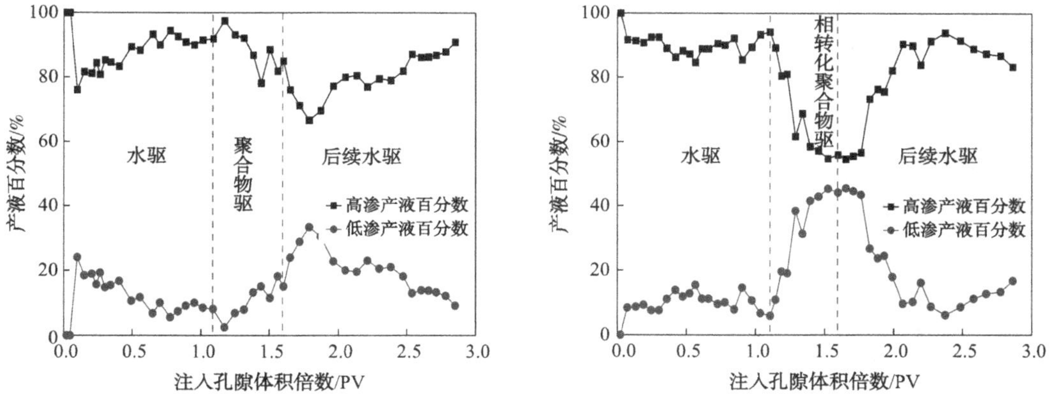

图 11 常规聚合物与可控相转化聚合物分流率曲线对比图

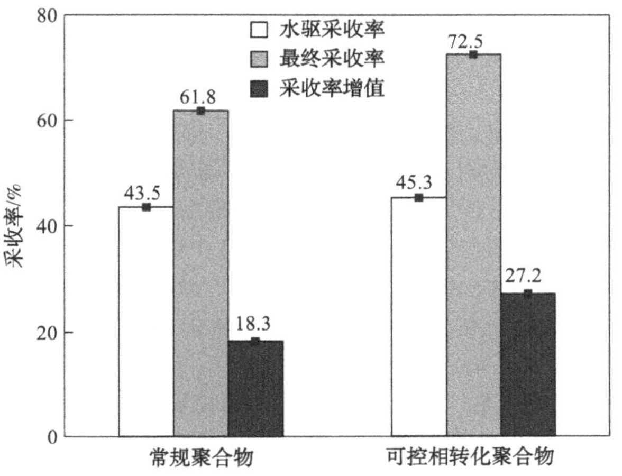

图 12 常规聚合物与可控相转化聚合物采收率增值对比

3 现场应用及效果

为了明确可控相转化聚合物油藏的适应性及现场应用效果，选择了孤岛渤 76 区块(图 13)进行先导试验，含油面积 0.56km^2，有效厚度 8-10m，地质储量 76.6×10^{4}t，平均孔隙度 35.2%，平均渗透率 2319×10^{-3}μm^2，为高孔高渗油藏，原始油藏温度为 70℃，地下原油黏度 710～1300mPa·s。该试验区经历了弹性开发、注蒸汽开发、注水开发三个阶段，目的层非均质性强。

试验区 2023 年 8 月经过前期注水补能后改注可控相转化聚合物，到 2024 年 5 月初，累计注入 0.08PV。油压稳步上升，平均油压由 3.5MPa 增加到 6.1MPa，增加 2.6MPa。

采用霍尔曲线对 GDNB76X72 井的注入效果进行分析，结果如图 14 所示。阻力系数由注水阶段的 0.5992 上升到注聚阶段的 1.4287。注入状况表明可控相转化聚合物有效提高渗流阻力，扩大了波及体积。

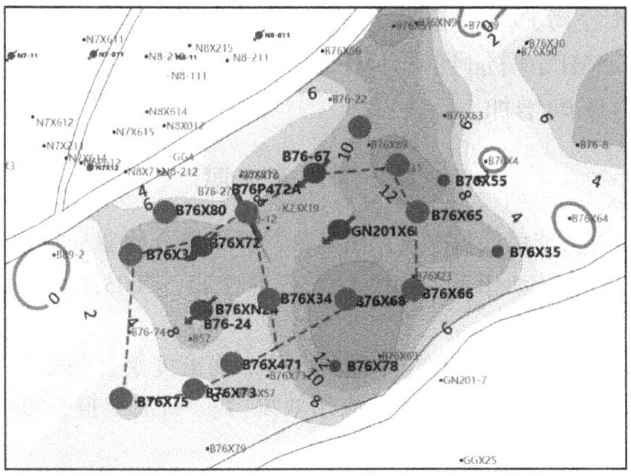

图 13 渤 76 试验区井位+图

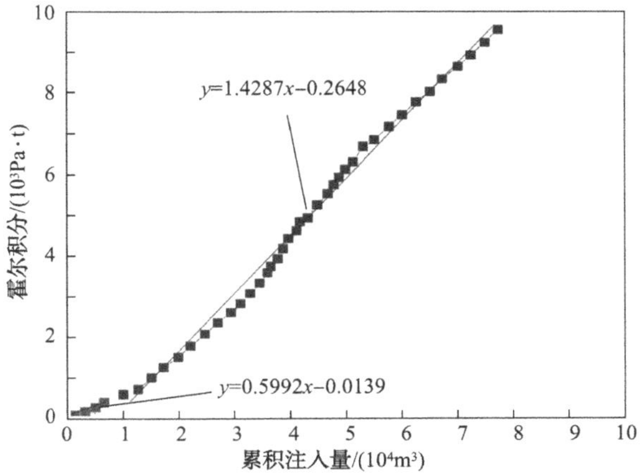

图 14 B76-X72 井霍尔曲线

4 结论

(1) 可控相转化聚合物与常规聚合物红外谱图结构基本相同，但是前者由于交联结构的存在使得其在 550～650℃有明显的热失重峰，区别于常规聚合物。

(2) 研制的可控相转化聚合物可实现1~15d的可控释放，具有较好的时变黏弹性能，初始为凝胶颗粒，弹性模量高，大于5Pa，释放后为溶液相，黏度高，大于50mPa·s。可控相转化聚合物时变特性也使其具有较好的抗剪切性能，剪切黏度保留率大于85%，远高于常规聚合物。

(3) 物理模拟实验表明，可控相转化聚合物注入长岩心中，压力先增加后波动变化，最后降低趋于平稳，呈现“边流动边溶解”的规律；可控相转化聚合物驱提高采收率幅度在27.2%，高于常规聚合物驱的18.3%，采收率增值提高了8.9%。

(4) 在胜利孤岛渤76区块进行可控相转化聚合物驱先导试验，油压稳步上升，平均油压由3.5MPa增加到6.1MPa，增加2.6MPa，渗流阻力逐渐增加。

参 考 文 献

[1] 王德民，程杰成，吴军政，等．聚合物驱油技术在大庆油田的应用[J]．石油学报，2005，26(1)：74-78.

[2] 朱焱，高文彬，李瑞升，等．变流度聚合物驱提高采收率作用规律及应用效果[J]．石油学报，2018，39(2)：189-200.

[3] 孙焕泉．胜利油田三次采油技术的实践与认识[J]．石油勘探与开发，2006，33(3)：262-266.

[4] 曹绪龙．非均相复合驱油体系设计与性能评价[J]．石油学报(石油加工)，2013，29(1)：115-121.

[5] Bai B.，Li L.，Liu Y.，et al. Preformed Particle Gel for Conformance Control：Factors Affecting Its Properties and Applications. SPE Reservoir Evaluation & Engineering，2007，10(4)，415-422.

[6] Tongwa P.，Bai B. Degradable nanocomposite preformed particle gel for chemical enhanced oil recovery applications. Journal of Petroleum Science and Engineering，2014，124，35-45.

[7] 孙焕泉．聚合物驱后井网调整与非均相复合驱先导试验方案及矿场应用——以孤岛油田中一区Ng3单元为例[J]．油气地质与采收率，2014，21(2)：1-4.

[8] 孙焕泉，曹绪龙，李宗阳，等．基于储层孔喉匹配的非均相复合驱技术研究与矿场实践——以胜坨油田一区沙二段1-3砂组聚合物驱后单元为例[J]．油气地质与采收率，2020，27(5)：53-61.

[9] 吴行才，韩大匡，卢祥国，等．微凝胶颗粒水分散液体系在多孔介质中的驱替机理[J]．地球科学，2017，42(08)：1348-1355.

[10] 曹绪龙，刘煜，曹伟东．非均相复合驱中黏弹性颗粒驱油剂与储层孔喉匹配关系[J]．石油学报，2022，43(2)：262-269.

普光气田高含硫储层复杂缝酸压技术

汪勇章　余　涛　乔　琦　吕长容

（中国石化中原油田分公司石油工程技术研究院）

摘　要　普光致密碳酸盐岩储层具有埋藏深、物性差、厚度薄的特点，传统双翼单缝覆盖范围有限，有效动用程度低，需要进一步增大酸蚀裂缝改造范围，沟通天然裂缝系统。通过理论研究、室内实验、产品研发及现场应用，建立了致密碳酸盐岩储层复杂酸蚀缝网判别及控制方法，研发了清洁变黏一体化酸液体系，形成了致密碳酸盐岩储层长效高导流缝网酸压技术。现场试验7井次，累增天然气 $5.1\times10^8 m^3$，为普光气田增储上产提供了技术支撑。

关键词　致密碳酸盐岩；一体化变黏酸；滑溜水；体积酸压、复合加砂酸压

1　前言

普光气田周边及外围长兴组、茅口组等碳酸盐岩储层埋深4500~6000m、厚度13~25m、孔隙度4.2%，渗透率$(0.12\sim1)\times10^{-3}\mu m^2$。白云岩基质致密，岩矿成分单一，刻蚀形态较为均匀，虽然初始裂缝导流能力较高，但总体刻蚀形态较均匀，支撑点过少，酸蚀裂缝导流能力迅速下降，传统酸压技术改造范围有限，酸蚀裂缝有效期短。国内具有类似储层的气田有建南气田、磨溪气田及大牛地气田等，采用多种酸压改造工艺，酸压后产能$(0.6\sim11)\times10^4 m^3/d$，单井增产效果差异较大，需要研究与储层匹配的酸压工艺。

2　碳酸盐岩储层复杂缝网形成机制

致密碳酸盐岩储层的成岩过程、矿物组成以及岩石力学性质与密致砂岩、页岩等储层差异很大；酸液溶蚀作用对裂缝扩展的影响效果显著，导致酸蚀裂缝扩展形态、储层沟通模式不明确。

基于大尺寸酸蚀裂缝扩展物理模拟实验，采用相似理论，设计正交实验方案，控制实验变量，模拟露头岩心在不同排量、应力差、天然裂缝、酸液类型条件下的酸蚀裂缝形态，通过对实验结果进行合理的分析，揭示复杂酸蚀缝网成缝机制，评价裂缝扩展延伸规律和主控因素。

实验结果表明，天然裂缝发育程度越高，人工裂缝复杂程度越大；随着两向地应力差异增大，裂缝形态趋于单一化；当水平两向应力差异系数大于0.3时，为单一裂缝；数模技术也表明，应力差异系数增大，裂缝偏移程度降低，呈独立裂缝扩展。这与密致砂岩、页岩实验结果基本一致。由于储层岩性及酸液溶蚀作用的影响，实验方法及结果也存在差异。

（1）碳酸盐岩裂缝起裂时间短，延伸时间长，脆性破裂明显，可压性好。

实验条件：岩样大小为300×300×300mm，根据地层应力状态，按照比例设定三向应力为35-27-24MPa，井筒射孔为对称分布。其中6号试样胶凝酸黏度5mPa·s，排量300mL/min。7号试样胶凝酸黏度20mPa·s，排量100mL/min。

致密碳酸盐岩裂缝起裂分为原生缝起裂、基质起裂及裂缝延伸三个阶段。泵压曲线显示，井筒压力快速达到最小主应力A点（原生裂隙张开），之后缓慢上升到峰值B点（主破裂面产生），然后下降到某一较小水平并保持小幅波动至C点（完全贯通）。表现为裂缝起裂时间短，不超过3min，水力压裂的时间较长，几乎都在20min以上；井孔压力都大于90MPa，处在较高水平，酸压能较好的沟通岩石的天然裂缝。

6#样品、7#样品实验曲线图如图1、图2所示。

（2）变黏酸酸蚀裂缝形态较胶凝酸复杂。

实验条件：岩样大小为300×300×300mm，三向应力35-27-24MPa，井筒射孔为对称分布。分别以胶凝酸、变黏酸为介质，排量200mL/min。

变黏酸：裂缝表面非均匀溶蚀，泵注压力波动达4~12MPa，表明不断有新裂缝产生或酸液

发生转向，裂缝形态复杂(图3、图4)。

胶凝酸：裂缝扩展方向受限，裂缝形态简单；酸液黏度大，破裂压力较高，降低剪切滑移的可能性(图5、图6)。

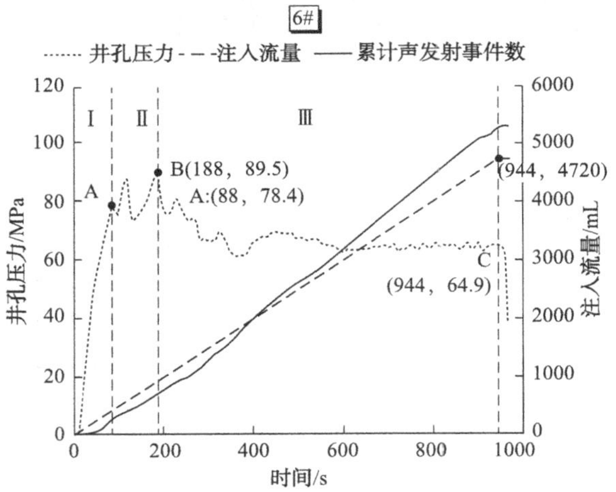

图1　6#样品实验曲线图

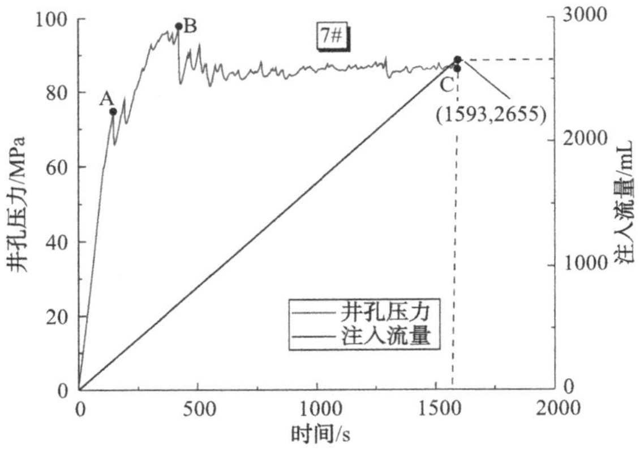

图2　7#样品实验曲线图

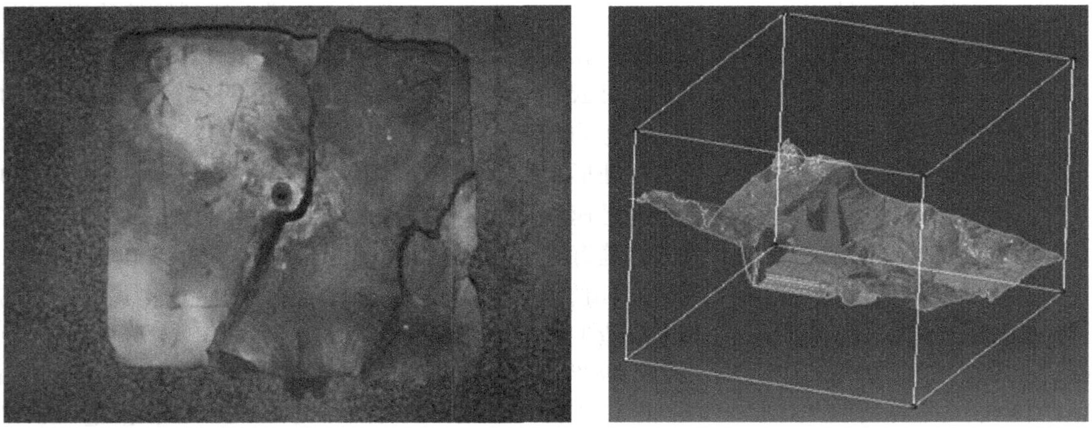

图3　变黏酸酸压后岩样照片与扫描图

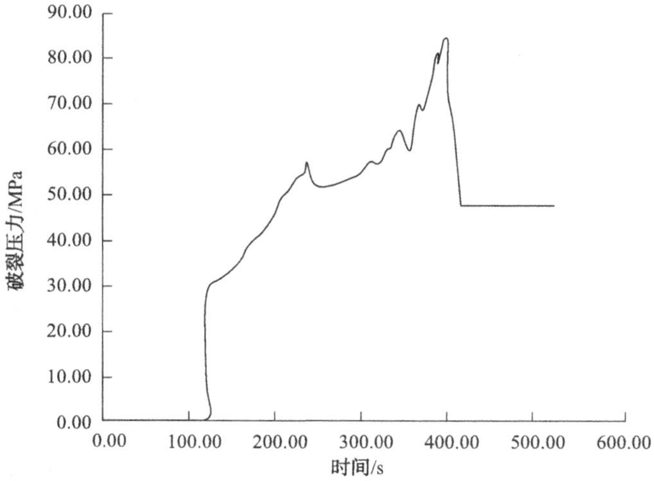

图4　压力随时间变化曲线(变黏酸)

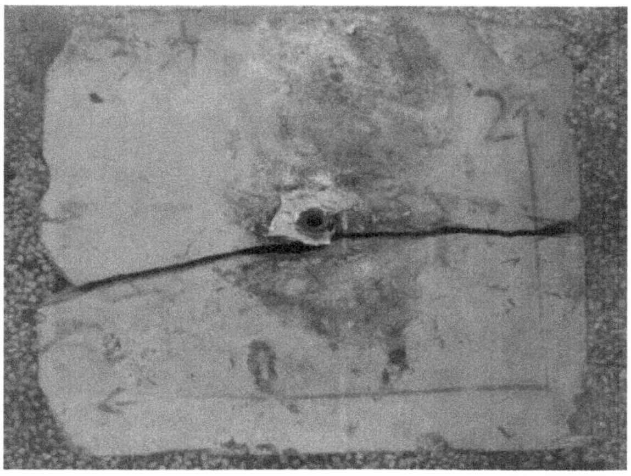

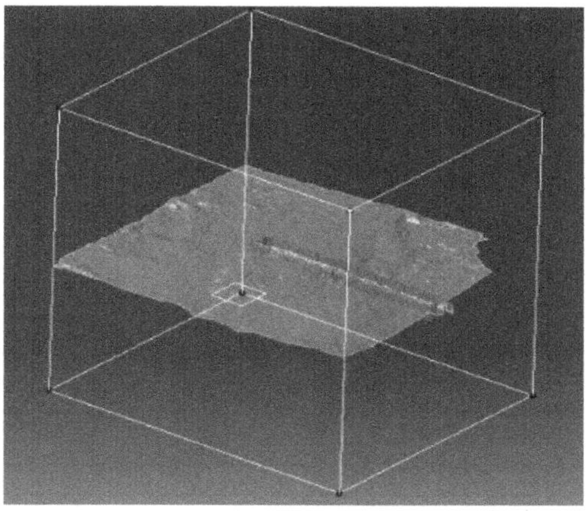

图 5 胶凝酸酸压后岩样照片与扫描图

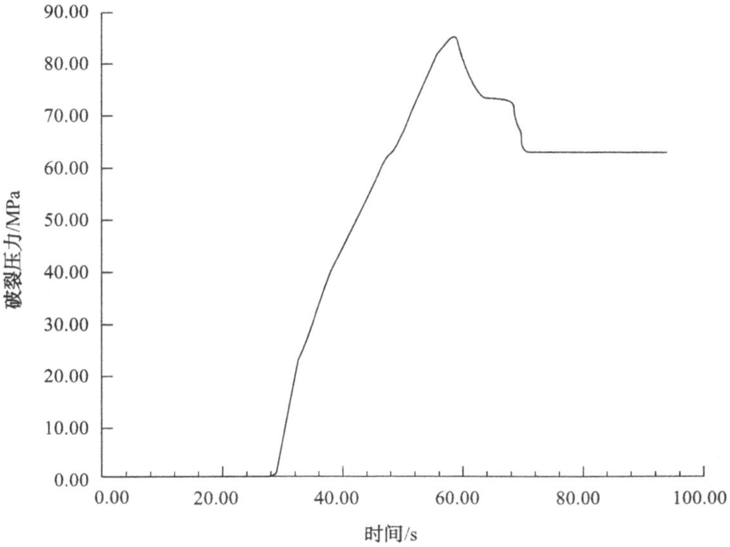

图 6 压力随时间变化曲线(胶凝酸)

(3) 基质酸压后仅在岩石壁面产生非均匀溶蚀，蚓孔沿天然微裂缝发育，低黏酸液加速蚓孔扩展，高黏酸液蚓孔发育缓慢。

实验条件：胶凝酸黏度 5mPa·s、30mPa·s，排量 5~10mL/min。

岩心动态滤失实验表明，致密碳酸盐岩储层酸压形成非均匀溶蚀，不产生蚓孔，酸液沿天然裂缝及孔洞的滤失(图 7)。

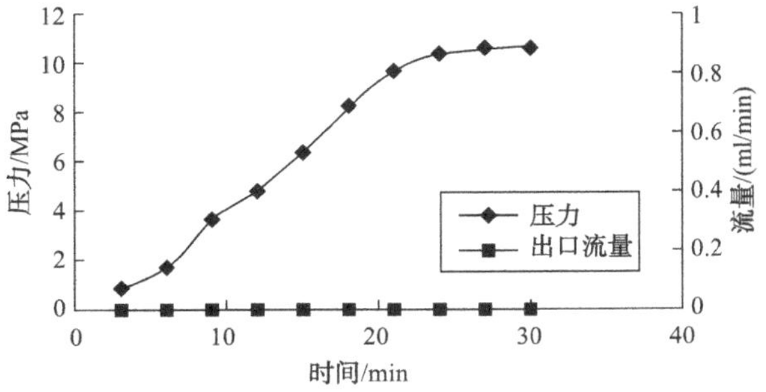

图 7 岩心动态滤失实验

岩板蚓孔测试实验表明，蚓孔沿天然微裂缝发育，随着蚓孔生长，酸液滤失量急剧增加，压力迅速降低，人工裂缝延伸速率减慢或停止，酸蚀缝长度不足。对天然裂缝发育储层，蚓孔沿天然微裂缝发育；低黏酸液加速蚓孔扩展，蚓孔孔径较大，滤失量较大，而高黏酸液蚓孔发育缓慢，蚓孔孔径较小，能起到降低滤失的效果。因此高黏酸液主要作用于主裂缝，较难进入储层天然裂缝，配合高排量快速扩展形成主缝；低黏酸液开启天然裂缝，配合高排量形成缝网(图 8)。

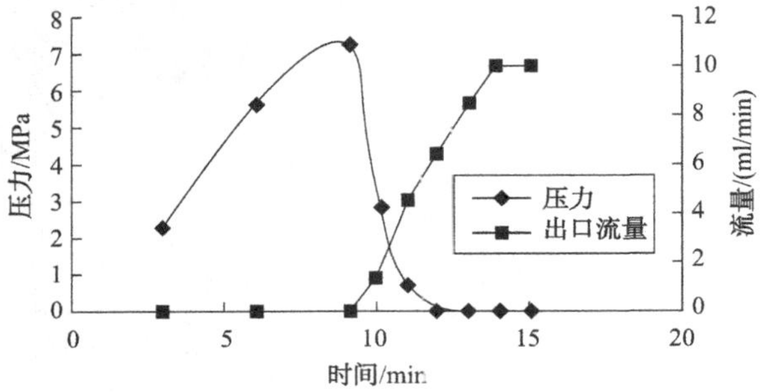

图 8 岩板蚓孔测试实验

(4)“高黏酸+低黏酸大排量注入”裂缝复杂性高于“低黏酸+高黏酸”。

实验条件：岩样大小为 300×300×300mm，三向应力 35-27-24MPa，井筒射孔为对称分布。胶凝酸黏度 30mPa·s、5mPa·s，排量 200mL/min。

露头岩心物模实验结果表明，不同黏度酸液注入顺序对裂缝形态的影响较大，先高黏酸后低黏酸注入，岩石形成主缝+多分支曲面缝+网状缝，而采用先低黏酸后高黏酸注入方式，形成主缝+分支缝，前者裂缝形态更复杂，酸蚀缝网的改造范围可提高 2 倍以上(图 9、图 10)。

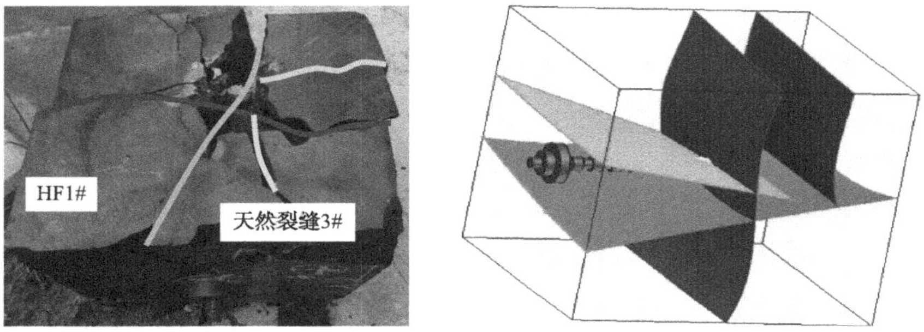

图 9 高黏酸+低黏酸大排量注入方式对裂缝形态的影响

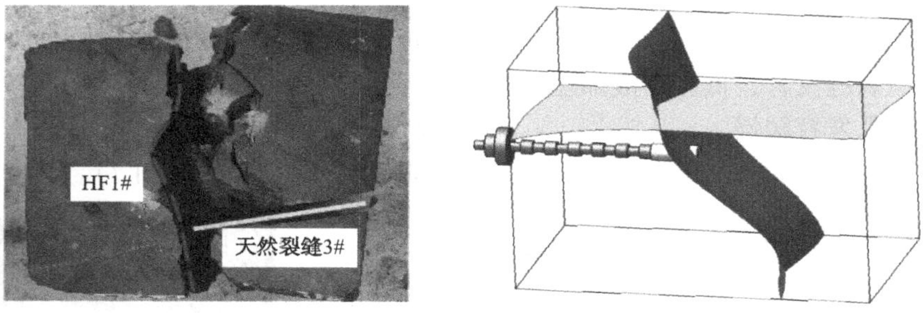

图 10 低黏酸+高黏酸大排量注入方式对裂缝形态的影响

3 清洁变黏一体化酸液体系研究

复杂缝酸压技术要求液体黏度实时可调、缓速性能好、地层伤害低，因此，研发了耐温 140℃的低基液黏度的清洁变黏一体化酸液，实现滑溜水-酸液一体化。

3.1 新型一体化耐酸聚合物研制

针对常规的酸用稠化剂无法同时满足耐温性和低分子量的难题，采用两步设计：第一步提高大尺寸单体比例，形成空间位阻，增加高分子刚性，解决耐酸难题；第二步引入缔合耐酸阳离子基团，在盐酸中形成可逆立体网络组装体，提高抗剪切性能。为了在保证耐温性的同时需降低酸液体系伤害，利用“单引发-弱碱性-控温聚合”方法降低三种聚合单体竞聚率，实现交叉均匀共聚，弱水解产生交联基团，实现酸用稠化剂一体化，分子量从 1000 万～1200 万下降至 500 万～700 万。研发出耐温 140℃的低基液黏度的酸用稠化剂，实现耐酸滑溜水—中黏酸—高黏酸液一体化，解决了常规滑溜水与酸液共用时液体不配伍问题(图 11)。

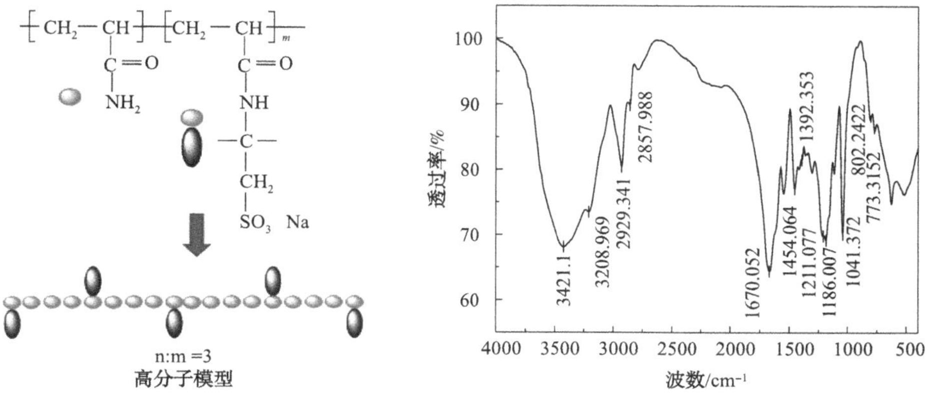

图 11 一体化缔合两性耐酸聚合物分子及表征

3.2 高效复合纳米酸性交联剂

为了降低酸液摩阻，合成了高效纳米交联剂和表面活性剂的复合交联剂(图 12)，实现物理化学双交联，提高交联密度，交联剂用量从 3%降低到 1%，延迟交联时间可达 3min。

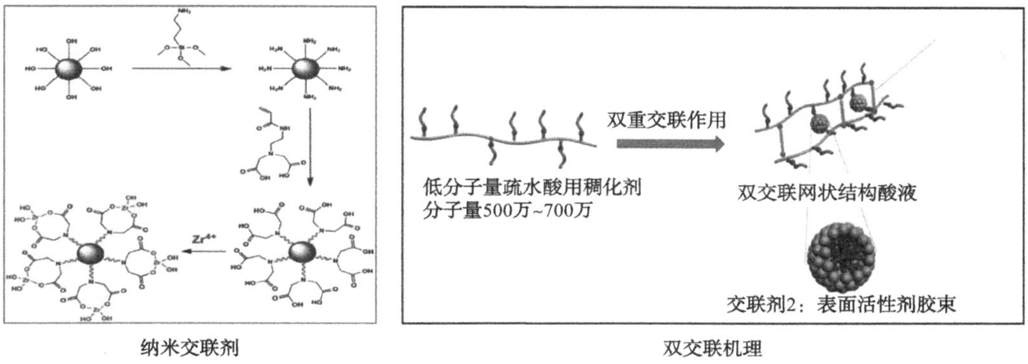

图 12 复合纳米酸性交联剂

3.3 清洁一体化变黏酸液体系

针对常规聚丙烯酰胺滑溜水与酸液接触存在沉淀析出问题，改性耐酸稠化剂形成滑溜水体系，避免储层伤害。实现了滑溜水–可变黏酸液一体化，解决了液体配制繁琐的问题。清洁变黏一体化缓酸液可在线变黏(3～700mPa · s)，耐温 140℃，剪切 60min 后黏度≥65mPa · s，破胶液黏度≤9mPa · s，残胶≤90mg/L。

4 高导流复杂缝酸压技术

4.1 高黏酸造缝+滑溜水扩缝+暂堵+主体酸刻蚀壁面”体积酸压工艺

通过高黏酸大排量开启应力裂缝，促进主裂缝扩展，低黏酸液溶蚀裂缝、沟通天然裂缝，增大酸蚀改造体积，形成复杂缝网；不同黏度液体组合产生黏性指进，促使裂缝向远端延伸，差异性酸液刻蚀提高主裂缝的导流能力。

为确保主裂缝扩展，增大主缝宽度，高黏酸黏度在 30mPa · s 以上。耐酸滑溜水沟通天然裂缝，黏度 5～12mPa · s，低黏酸溶蚀裂缝，扩大改造范围，黏度 5～15mPa · s。数值模拟结果表明，酸蚀缝网的改造范围较其他工艺模式提升15%～55%。

4.2 “适度布缝+超高黏滑溜水造缝+主体酸刻蚀壁面+组合粒径支撑剂”复合加砂酸压工艺

与体积酸压相比，初期酸蚀导流、复合裂缝导流能力相当，但 20h 后复合裂缝导流维持率比酸蚀导流提高 25%以上，酸蚀/支撑(复合加砂酸压)裂缝的长期导流能力更高。

实验表明，酸蚀后岩石抗压强度下降 22.5%、杨氏模量下降 25.2%、泊松比下降 23.1%，支撑剂更容易嵌入地层。测试了 35MPa、52MPa、69MPa、86MPa 陶粒的在裂缝面嵌入和破碎度，69MPa 及以上陶粒的嵌入（22μm）程度远低于 35MPa 的(45μm)。酸压加砂需要采用高强度支撑剂(图 13、图 14)。

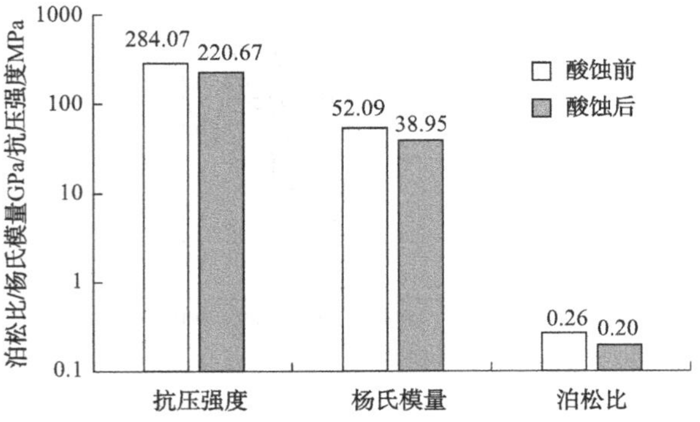

图 13　酸蚀前后岩石力学参数对比

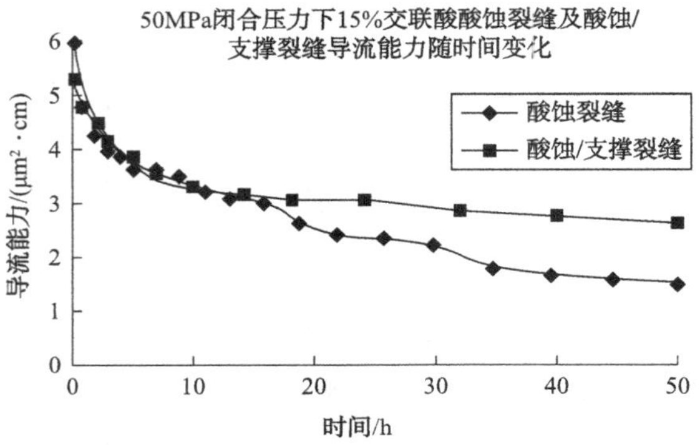

图 14　裂缝长期导流能力对比

5　现场应用

复杂缝酸压技术在普光气田杨柳 1、M506-1 井、D407-1、老君 7011-4 井应用 7 井次，工艺成功率 100%，酸压改造后平均单井产量达 $26\times10^4m^3/d$。

典型井例：D407-1 井酸压层位：长兴组，井段 5880~7010m，水平段长 1130m。2024 年 1 月 4 日~11 日完成分 8 段酸压施工，1~7 段采用“高黏酸造大排量缝+滑溜水扩缝+暂堵+低黏酸刻蚀壁面”模式，施工排量 7~15m^3/min，施工压力 86.16~118.64MPa；第 8 段采用“超高黏滑溜水+一体化变黏酸+多级段塞加砂”模式，施工排量 9~13.5m^3/min，施工压力 86.01~115.55MPa。全井总液量 10129.1m^3，其中酸性滑溜水 4075m^3，一体化变联酸 3733m^3，总砂量 47.6m^3(图 15、图 16)。

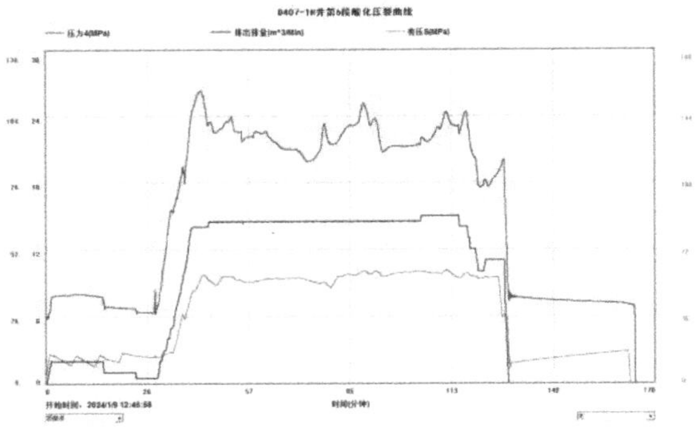

图 15　第 7 段体积酸压施工曲线

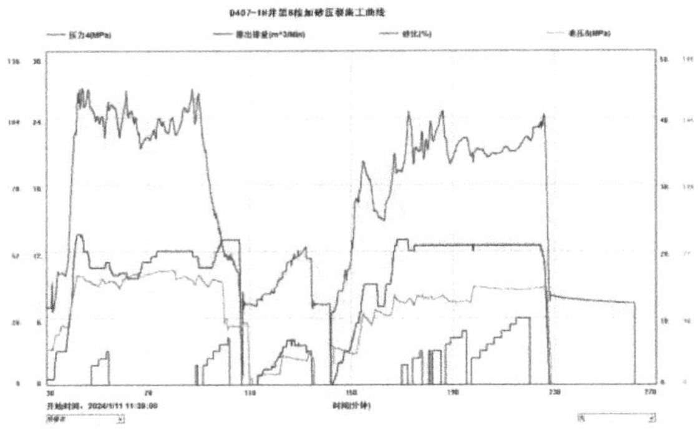

图 16　第 8 段复合加砂压裂施工曲线

第 1~7 段为体积酸压，缝长 87~127m，有效缝高 27~42m，最大改造体积 48.6 万 m^3；第 8 段为复合加砂酸压，缝长 132m，有效缝高 42m，改造体积 45.3 万 m^3。G 函数分析显示第 2、5、7 段裂缝复杂度较高，第 1、4、6、8 段呈现主缝+分支缝特征，第 3 段裂缝复杂度较低。

1 月 28 日，用 12mm 气嘴求产，油压 18.62MPa，气产量 $18.81\times10^4m^3/d$。累计排液 2164.21m^3，返排率 20.4%，标志着低品位致密碳酸盐岩储层开发取得了重大突破。从示踪剂分析来看，第 8 段复合加砂酸压产出效果较好，产气量占比 20.4%，与 6、7 相当，产气量高于第 1~5 段。

6　结论与认识

(1) 天然裂缝发育情况是形成复杂酸蚀缝网的主控因素。高黏酸液主要作用于主裂缝，较难进入天然裂缝，低黏滑溜水更易开启天然裂缝，低黏酸液溶蚀裂缝扩大改造范围。

(2) 施工压力曲线分析表明，超高黏滑溜水造缝效果明显，多种黏度酸液和滑溜水注入过程中出现多次压力降落，体积酸压成功地沟通地层天然裂缝，达到了提高裂缝改造体积和裂缝复杂程度的效果。

(3) D407-1 井第 8 段顺利完成了复合加砂酸压工艺先导试验，增产效果明显，G 函数曲线反映以主缝+网状缝为主，复合加砂酸压工艺能够大幅度提升裂缝高导流能力。

参 考 文 献

[1] 任岩，李晓明，晏信飞，等．川中磨溪地区致密碳酸盐岩储层可压裂性预测[J]．大庆石油地质与开发，2018，37(2)：164-170.

[2] 郑健．大牛地气田下古生界致密碳酸盐岩体积酸压试验[J]．石油化工应用，2021，40(1)：112-115.

[3] 李年银，代金鑫，刘超，等．致密碳酸盐岩气藏体积酸压可行性研究及施工效果——以鄂尔多斯盆地下古生界碳酸盐岩气藏为例[J]．油气地质与采收率，2016，23(3)：120-126.

[4] 储铭汇．致密碳酸盐岩储层复合缝网酸压技术研究及矿场实践——以大牛地气田下古生界马五 5 碳酸盐岩储层为例[J]．石油钻采工艺，2017，39(2)：237-243.

[5] 郭建春，陈付虎，苟波，等．酸压裂缝体形态与流动能力的控制因素——以鄂尔多斯盆地大牛地气田下奥陶统马家沟组马五 5 亚段储层为例[J]．天然气工业，2020，40(6)：69-77.

[6] 曹广胜，李哲，隋雨，等．S 区碳酸盐岩耐高温酸压酸液体系优选及性能评价[J]．石油化工高等学校学报，2020，33(5)：48-53.

[7] 雷群，胥云，蒋廷学，丁云宏，王晓泉，卢海兵．用于提高低-特低渗透油气藏改造效果的缝网压裂技术[J]．石油学报，2009，30(2)：237-241.

[8] 李年银，代金鑫，张倩，等．一种有效开发致密碳酸盐岩气藏的新工艺——体积酸压[J]．科学技术与工程，2015，15(34)：27-38.

耐温抗盐超高分多元共聚物驱油性能评价及应用

徐　辉　庞雪君　孙秀芝　何冬月　董　雯　李海涛

(中国石化胜利油田分公司勘探开发研究院)

摘　要　为了研究AMPS耐温抗盐单体的引入对聚合物黏弹性和驱油性能的影响，选取了分子量相同的常规聚合物和超高分多元共聚物，研究了共聚物的增黏性能，重点研究了共聚物的黏弹模量，相位角，第一法向应力差和威森伯格数，并利用可视化平板模型和玻璃刻蚀模型研究了共聚物的驱油效果，结果表明，相对常规聚合物，超高分多元共聚物黏弹模量提高一倍以上，相位角大幅降低，具有更高的第一法向应力差和威森伯格数，弹性占比显著提高，不仅扩大波及能力大幅提高，同时能够驱替出连续状、簇状及黏附状原油，提高驱油效率，在高温高钙镁油藏条件下，超高分多元共聚物具有广阔的应用前景。

关键词　超高分多元共聚物；黏弹性能；相位角；可视化模型；驱油效果

胜利油田化学驱Ⅰ类和Ⅱ类优质资源已全部动用，矿场取得了显著的降水增油效果，Ⅲ类油藏属于高温高盐高钙镁油藏，油藏温度是80~95℃，矿化度为30000~100000mg/L，钙镁离子含量400~2000mg/L，钙镁离子含量的增加导致常规聚合物中的羧酸根离子易于和钙镁离子结合使聚合物分子链卷曲甚至沉淀，聚合物的黏弹性能大幅降低，因此Ⅲ类油藏的高效开发需要研发耐温抗钙镁新型聚合物。

为了改善聚丙烯酰胺在高温高钙镁油藏条件下的黏弹性能，需要在常规聚合物中引入耐温抗盐单体。为此本文选取了引入AMPS的新型耐温抗钙镁超高分多元共聚物和常规部分水解聚丙烯酰胺，对比了两种聚合物的增黏性和黏弹性能，并利用可视化平板模型和玻璃刻蚀模型研究了共聚物的驱油效果，通过本文研究，能够为适合高温高钙镁油藏聚合物的研发和应用提供借鉴。

1　实验部分

1.1　实验器材

实验试剂：常规驱油用聚合物HPAM，相对分子质量3010万(法国爱森公司生产)；AM-NaAA-AMPS超高分多元共聚物(AMPS含量20%)，相对分子质量3000万(法国爱森公司生产)。

实验用水：总矿化度为32868mg/L(Ca^{2+}与Mg^{2+}含量874mg/L)胜利油田Ⅲ类油藏模拟水。

实验仪器：磁力搅拌器及转子、乌氏黏度计、水解度测定仪、安东帕MCR501流变仪、室内可视化物理模拟试验评价装置。

1.2　实验方法

聚合物溶液配制：取一定质量的聚合物干粉，用胜利三类模拟水配制浓度为5000mg/L的母液，熟化一天后，稀释成不同浓度的目标溶液。

聚合物基本物化性能研究：取两种干粉，分别利用乌氏黏度计、水解度测定仪测试干粉的水解度，特性黏数，计算出分子量，并测试聚合物溶液质量浓度在1500mg/L时的表观黏度。

聚合物耐温抗盐性研究：用胜利油田三类模拟水配制成不同质量浓度的聚合物溶液，在实验温度为85℃的条件下，测试聚合物溶液的黏盐曲线，同时固定聚合物溶液质量浓度为0.15%，改变温度，测试聚合物溶液的黏温曲线。

聚合物驱油效果研究：首先对岩心饱和油，然后水驱至含水率为95%，接着注入胜利油田三类油藏模拟水配制的两种聚合物溶液，最后进行后续水驱至含水率为100%。实验温度为85℃；注入水矿化度为32868mg/L；岩心模型为单管石英砂填充岩心，长度为30cm，直径为2.5cm；岩心渗透率为$1500\times10^{-3}\mu m^2$；注入段塞为孔隙体积的0.3倍；注入速度为3m/d；注入聚合物溶液质量分数为0.2%。

2　结果与讨论

2.1　增黏性研究

由图1两种聚合物增黏曲线对比结果可知，相同分子量的超高分多元共聚物增黏能力相对于常规HPAM提高了一倍以上，表明超高分多元共聚物引入了AMPS功能单体后，AMPS单体中

的磺酸根离子在高钙镁离子下不易和钙镁络合，使聚合物抗钙镁离子能力大幅提高，表现在黏度上增黏能力

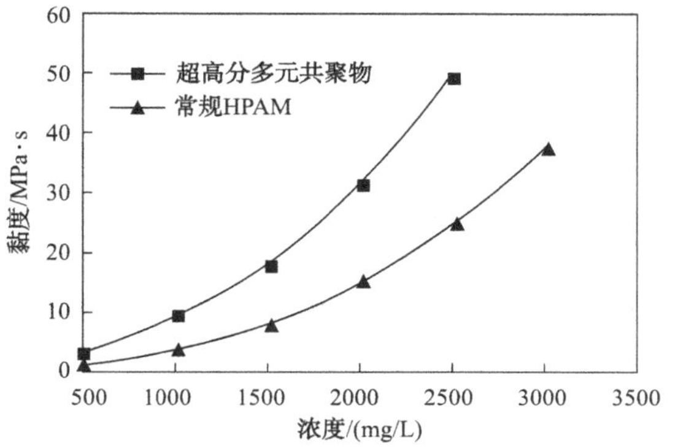

图 1 常规 HPAM 和超高分多元共聚物增黏性对比

2.2 动态条件下黏弹性模量及相位角研究

聚合物溶液的黏弹性分为动态条件下的黏弹性和稳态条件下的黏弹性。因此需分别研究聚合物溶液在动态条件下和稳态条件下的黏弹性动态黏弹性指的是聚合物溶液在交变的应力或应变的作用下，表现出的力学响应规律，通过动态黏弹性的测试，可以获得聚合物溶液的黏性行为和弹性行为的信息，并且可以得到聚合物溶液分子结构方面的信息。

动态黏弹性必须在聚合物溶液的线性黏弹性区域内进行，线性黏弹区域可限定为弹性模量 G′ 恒定的振幅区域。若选用高振幅及随之产生的高应变和应力，就会偏离线性黏弹区域，那么用不同仪器和不同实验条件测试样品，得到的数据会有无法解释的偏差。在非线性条件下，样品被破坏到一定程度，分子或聚集体内部的瞬时键遭到破坏，产生了剪切稀释，施加的能量大部分变为热而不可逆地损耗掉。因此，进行聚合物溶液的动态实验时，必须从应变振幅扫描开始，一般采用将频率固定于 1Hz 进行应变振幅扫描(图 2)。

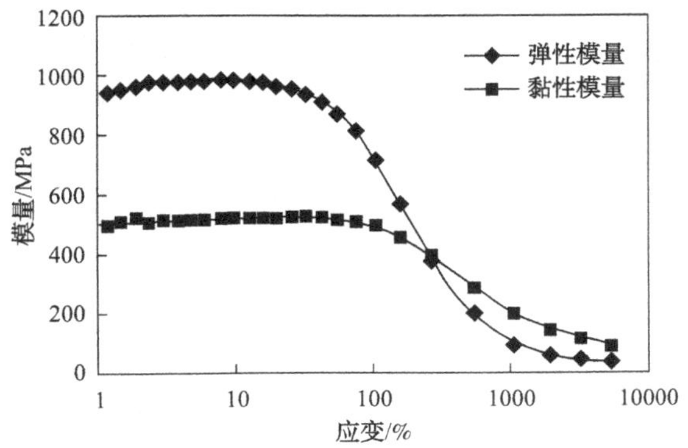

图 2 驱油用聚合物应变振幅扫描

由图 2 驱油用聚合物的应变振幅扫描结果可知，在应变为 20%之内，驱油用聚合物的弹性模量数值基本不变，因此确定驱油聚合物溶液的线性黏弹区间为 $\gamma \leq 20\%$。

选取测试的应变 $\gamma = 20\%$，将频率固定于 1Hz 进行动态黏弹性测试，得到聚合物的黏弹模量和相位角(图 3、图 4)。

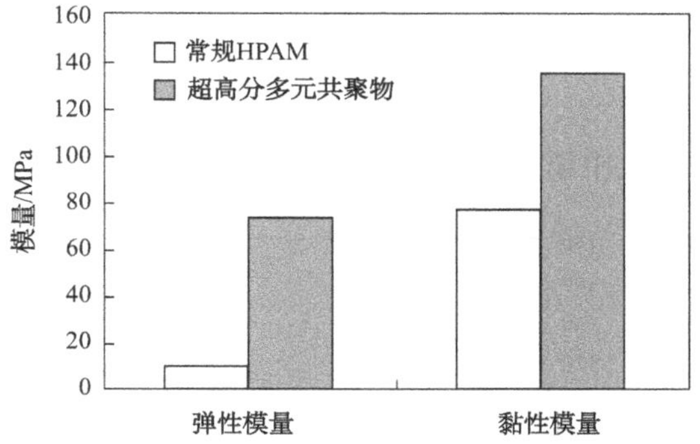

图 3 常规 HPAM 和超高分多元共聚物黏弹模量对比

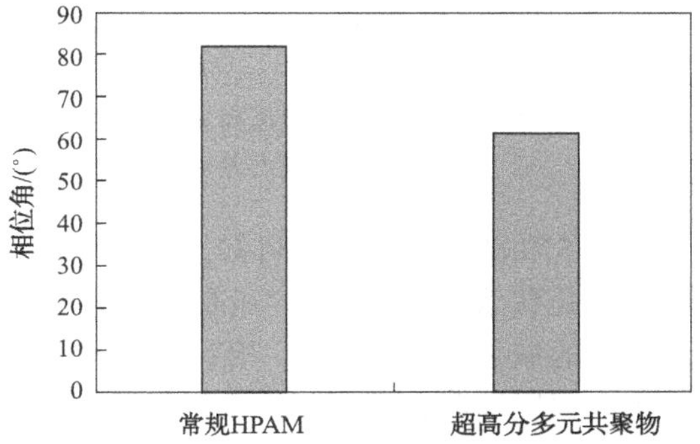

图 4 常规 HPAM 和超高分多元共聚物相位角对比

图 3 和图 4 实验结果可知：在相同浓度条件下，超高分多元共聚物弹性模量、黏性模量都大幅高于常规 HPAM，且超高分多元共聚物相位角大幅低于常规 HPAM，相位角越低，聚合物的弹性占比越大，因此超高分多元共聚物依靠高的黏弹模量和弹性占比更有利于提高注入压力和利用弹性提高驱油效率。

2.3 稳态条件下第一法向应力差及威森伯格数研究

聚合物在稳态剪切过程中表现出的弹性行为主要以法向应力差(N1)和威森伯格数表示。法向应力差值的大小是高分子流体弹性效应的量度，但是法向应力效应在牛顿流体中并不出现，它是黏弹性流体流动时弹性行为的主要表现，法向应力差分为第一法向应力差和第二法向应力差，由于驱油聚合物溶液第二法向应力差很小，因此

目前对驱油用聚合物稳态流变下弹性的评价主要以第一法向应力差为主，第一法向应力差N1定义为流动方向与速度梯度方向上应力的差值：

$$N_1=\tau_{11}-\tau_{22}$$

对聚合物溶液威森伯格效应的描述可以用威森伯格数表示，它是一个无量纲数，以 *We* 表示，它的定义为第一法向应力差与切应力的比值，即

$$We=\frac{N_1}{\tau}$$

式中第一法向应力差 N_1 为弹性量，剪切应力 τ 为黏性量，因此威森伯格数 *We* 反映溶液弹性的相对大小。当 *We* 很大时，流动特征主要由第一法向应力差决定，即弹性起主要作用；当 *We* 很小时，流动特征主要由黏性力决定。这样通过 *We* 可知黏弹性流体在流动过程中弹性和黏性所起的作用。

目前威森伯格数通过流变仪无法直接测量，但是可以首先通过流变仪测量不同剪切速率条件下聚合物溶液的第一法向应力差，同时可以得到不同剪切速率条件下的剪切应力值，两者相比即可得到溶液的威森伯格数(图5、图6)。

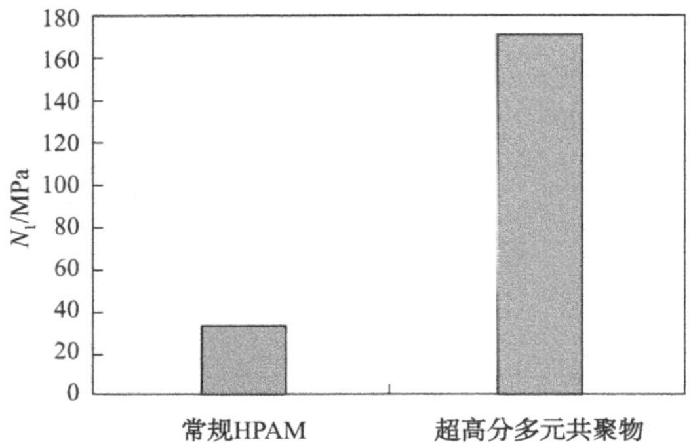

图5　常规 HPAM 和超高分多元共聚物第一法向应力差对比

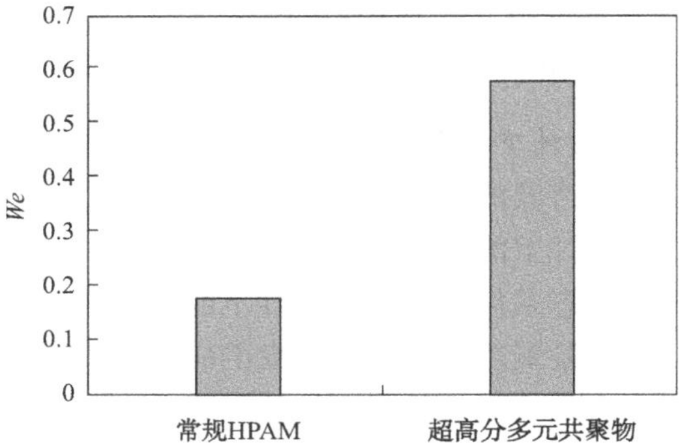

图6　常规 HPAM 和超高分多元共聚物威森伯格数对比

由图5和图6实验结果可知，超高分多元共聚物无论是代表弹性的 N_1，还是反映溶液弹性相对大小的威森伯格数 *We*，相对于常规聚合物都有了大幅度提高，表明超高分多元共聚物在地层运移过程中都具有较高的弹性，相对于常规聚合物，可以较大幅度提高注入压力。

2.4　可视化模型驱油效果研究

利用可视化胶结岩心，对超高分多元共聚物的扩大波及的能力进行研究，同时利用玻璃可视化刻蚀模型，将岩心中小于10~100μm的孔隙结构和喉道尺寸刻蚀在模型上；真实反映微观孔隙中流体的流动现象，以及流体与岩石的相互作用，为驱油开发提供理论依据，同时揭示聚合物提高采收率的微观机理(图7、图8)。

由图7和图8可视化平板模型实验结果可知，水驱后注入超高分多元共聚物和常规 HPAM，由于超高分多元共聚物增黏性、黏弹性以及弹性占比更高，因此它扩大波及的能力远高于常规 HPAM(图9、图10)。

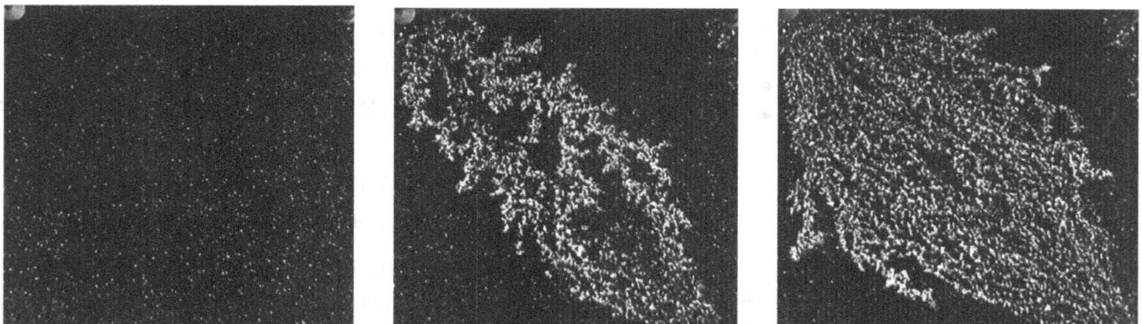

(a)饱和油　　(b)水驱　　(c)常规聚合物+后续水驱

图7　常规 HPAM 可视化平板模型驱油效果

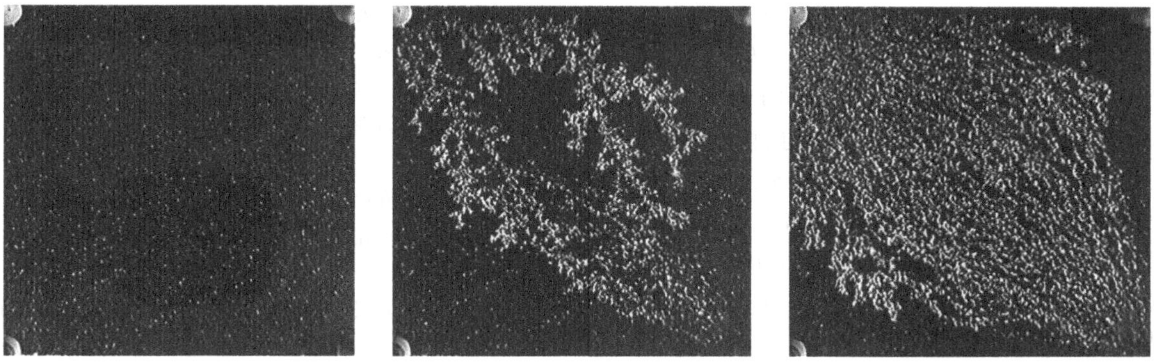

(a)饱和油　　(b)水驱　　(c)超高分多元共聚物+后续水驱

图 8　超高分多元共聚物可视化平板模型驱油效果

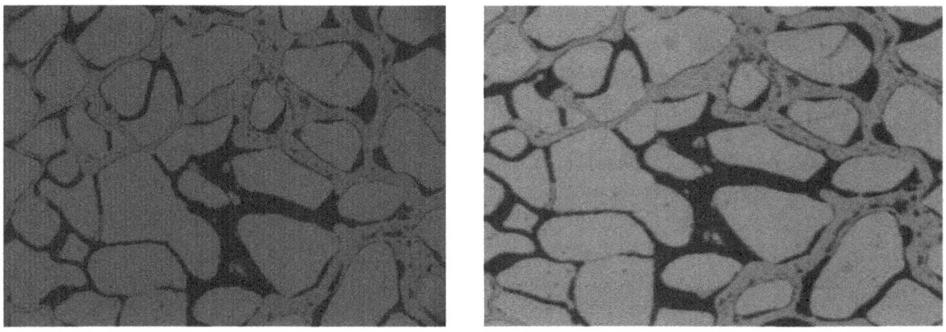

(a)水驱　　(b)常规聚合物驱

图 9　水驱后注入常规 HPAM 剩余油分布情况

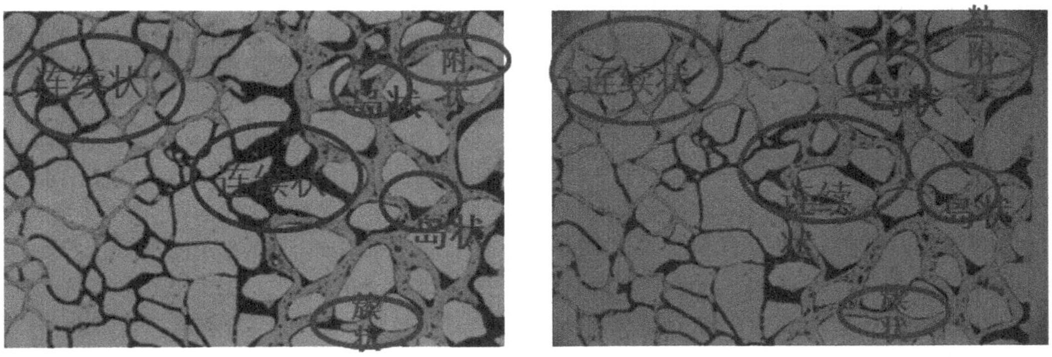

(a)水驱　　(b)超高分多元共聚物驱

图 10　水驱后注入超高分多元共聚物剩余油分布情况

实验结果可知，超高分多元共聚物依靠黏性和弹性作用扩大波及动用连续状原油，同时利用弹性作用提高驱油效率动用簇状和黏附状原油的能力相对于常规 HPAM 都有增加，但仍是以弹性和黏性共同作用扩大波及能力为主，以弹性作用提高驱油效率的能力为辅。

3　现场应用效果

胜利油区东辛油田营 8 沙二 8^4、8^5单元为典型的高温高盐高钙镁普通稠油油藏，地层温度为 84℃，地层水矿化度为 30643mg/L，钙镁离子含量为 1551mg/L，地层原油黏度为 203mPa · s，石油地质储量为 110×10^4 t，空气渗透率为 630mD，油藏埋深为 2130～2210m，该单元经过 40 多年开发，综合含水率达 95%以上，由于地层温度、矿化度和钙镁离子含量高，常规聚合物热稳定性差，无法满足聚合物驱要求。为此开展了超高分多元共聚物驱先导试验，先导试验区共有 4 口注入井，9 口生产井，2018 年 3 月开始注入超高分多元共聚物，注入量为 0.25PV，其中前置段塞注入0.1PV，注入质量浓度为2500mg/L，主段塞为0.15PV，注入质量浓度为2200mg/L，注聚合物后，前置段塞井口平均注入黏度为40mPa·s，主段塞井口平均注入黏度为30mPa·s，压力由9.4MPa增加到14MPa，综合含水率由96.6%最低降至94.7%，已提高采收率为1.43%，累积增油量为1.5×10^4t，表明超高分多元共聚物能够满足温度大于80℃的高温高盐高钙镁油藏需要。

截至2024年2月，超高分多元共聚物已经推广到东辛油田永8、胜坨油田坨28和现河油田河31共三个区块，其中永8区块地层温度为80℃，地层水矿化度为28770mg/L，钙镁离子含量为1437mg/L，2019年3月开始注超高分多元共聚物，已注入段塞0.23PV，含水率由注聚合物前的94.6%最低降至75.2%，已提高采收率2.32%，累积增油量为3.2×10^4t，显示出良好的应用效果。

4 结论

本文选择相同分子量的常规HPAM和超高分多元共聚物，对两种聚合物增黏性，黏弹性，并利用可视化模型对比了两种聚合物的扩大波及能力及水驱后注入两种聚合物后对剩余油的动用情况，结果表明：

(1) 引入较多的AMPS单体同时大幅提高聚合物的分子量合成的超高分多元共聚物产品，能够有效增加聚合物黏度，大幅提高高温高钙镁条件下聚合物的弹性及弹性占比，有利于聚合物驱油性能的提升。

(2) 超高分多元共聚物具有的高黏弹性能可以有效扩大波及动用连续状原油，同时具有的高弹性可以动用簇状和黏附状原油，驱油性能相对于常规HPAM提升明显。

(3) 超高分多元共聚物驱先导试验显示出较好的降水增油效果，表明超高分多元共聚物可以应用于温度>80℃以上的高温高钙镁油藏化学驱提高采收率，具有广阔的应用前景。

参 考 文 献

[1] 孙薇，孙举，李旭东，等.AMPS/AM二元共聚物驱油剂的合成及性能评价[J].钻采工艺，2009，32(4)：87-88.

[2] 欧阳坚，朱卓岩，王贵江，等.TS系列新型耐温抗盐聚合物的研究[J].石油勘探与开发，2003，30(2)：79-81.

[3] 赵田红，董黎，李晨岩.AMPS/AM/AA共聚物的合成及性能研究[J].油气田地面工程，2009，28(6)：8-9.

[4] 宋华，梁宝兴，李锋，等.复合引发体系制备磺化聚丙烯酰胺的研[J].化学与生物工程，2013，30(1)：28-31.

[5] 赵方园，毛炳权，伊卓，等.丙烯酰胺/2-丙烯酰胺基-2-甲基丙磺酸共聚物合成的逐级放大及其性能的研究[J].石油化工，2013，42(1)：34-37.

[6] 吕茂森，史新兰，许克峰，等.耐温抗盐二元聚合物驱油剂的合成及性能评价[J].断块油气藏，2001，8(1)：54-55.

[7] 程杰成，沈兴海，袁士义，等.新型梳形抗盐聚合物的流变性[J].高分子材料科学与工程，2004，20(4)：119-121.

[8] 吴其晔，巫静安.高分子材料流变学[M].高等教育出版社，2002.

[9] 夏惠芬，张九然，刘松原.聚丙烯酰胺溶液的黏弹性及影响因素[J].大庆石油学院学报，2011，35(1)，37-40.

[10] 王德民，程杰成，杨清彦.黏弹性聚合物溶液能够提高岩心的微观驱油效率[J].石油学报，

[11] 王德民，王刚，吴文祥，等.黏弹性驱替液所产生的微观驱力对驱油效率的影响[J].西安石油大学学报(自然科学版)，2008，23(1)：43-55.

[12] 张宏方，王德民，岳湘安，等.不同类型聚合物溶液对采油残余油的作用机理研究[J].高分子学报，2003，6(3)：321-325.

[13] 张宏方，王德民，岳湘安，等.HPAM分子对多孔介质中残余油的作用机理[J].高分子材料科学与工程，2004，20(1)：161-164.

[14] 孔凡顺.聚合物溶液的黏弹性对残余油的微观作用机理[D].大庆：大庆石油学院，2005.

[15] 元福卿，徐辉，宋敏，等.弹性作用对驱油用聚合物扩大波及能力的影响[J].断块油气田，2023，30(1)：149-153.

致密砂泥岩储层压裂方案优化方法探索与实践

伍健莹　武绍杰　董功鑫　杨　光　徐　影

（大庆油田有限责任公司井下作业分公司）

摘　要　自大庆油田进入高含水开发后期以来，重点措施对象逐步向“薄、差、低、散”等储层以及非常规致密储层转变。为了提升整体资源开采效率，采用了工程地质一体化改造思路。通过对不同区块压后措施效果与工程和地质因素相关性的深入分析，本文提出了聚类综合评价系数的概念。以T30区块为例，该区块储层呈现出物性致密、特低渗透的特点。将区块整体改造与大数据分析相结合，建立了多因素线性回归曲线。同时，对砂体展布特点、基础井网条件、储层基础条件、采油强度等主控因素进行了分析。提出了区块整体缝网压裂工艺改造思路方案，探索了适用于油田开发中后期效益开发改造工艺的优化设计方法。通过对16口井的现场施工压裂措施的开展，初期平均日增油达到了4.3t，较同类型提高了4.5倍，实现了对特低渗透、致密区块采油井的增产。这证实了大数据分析方法改造思路的可行性。这种方法有效动用了特低渗致密区块，为致密储层效益开发提供了理论支撑与技术支持。通过优选潜力储层以及按需调整改造规模，能够实现缝控砂体的最优化，同时，证明缝网压裂工艺仍然是大庆扶余特低渗透致密储层增产改造的主体技术。这项研究深入探索了特低渗致密区块的开发潜力，提出了一套系统的优化设计方法，为油田后期的效益开发提供了重要的理论指导和技术支持。

关键词　致密储层；工程地质一体化；大数据分析；缝网压裂

大庆油田进入高含水开发后期以来，措施对象逐步转向“薄、差、低、散”等储层及非常规致密储层转变，外围低渗透油藏逐渐成为油田开发的重点，这类油层的有效开发是油田持续稳产的保障。致密低渗透砂岩储层的形成和分布通常受沉积条件、埋藏过程、成岩改造以及构造活动等多种地质因素的控制，具有孔喉细小，渗流阻力大，连通性较差，油井自然产能很低等特点。

许多研究对低渗透油田的开采工艺和压裂方案进行优化，但由于低渗透砂岩油藏孔隙结构的复杂性和研究技术的局限性，仍难以制定有针对性的开发措施，现有压裂方案采收率低、剩余油预测及挖潜困难，限制了低渗透率砂岩油藏利用和开发潜力。因此，制定有针对性、有效的压裂优化方案对于低渗透油藏的规模化、经济化开发具有重要意义。

本文以T30区块为例，该区块属特低渗透油藏，区块内有探明未开发石油地质储量841.79×10^4t，前人试验发现有相似储层物性的区块整体改造效果并非特别理想（采出程度仅18.9%）。实现T30区块能源的有效开发有助于改善能源结构，为提升区块整体动用程度，开展区块整体缝网压裂试验，用工程地质一体化改造思路不断探索，即将地质因素（压力系数、储层敏感性、储层物性特征、区块应力分析、储层流体性质、遇钻情况等）与工程因素（相似/相同区块效果、影响产量关联系数、试油情况、测井曲线、改造厚度等）结合分析，形成个性化区块方案优化设计，提出适用于油田开发中后期效益开发改造工艺优化设计方法。通过平面优选井点控制砂体，纵向上优选层位实现立体改造，通过配套对不同区块压后措施效果与工程、地质因素相关性分析，创新提出聚类综合评价系数概念，建立多因素线性回归曲线，为致密储层效益开发提供理论支撑与技术支持，实现低效油气的高效、长效动用和规模有效开发。

1　地质因素

1.1　区块基本概况

T30区块位于大庆长垣东侧太平屯构造，整体表现为中间高、两侧低的背斜形态。区内东西两侧发育两条断裂密集带，断层主要呈近南北向和北北东向展布，发育少量近东西向展布断层。延伸长度在0.25~7.2km，断距约5~90m，为断层-岩性类型油藏。T30区块扶余油层岩石类型为岩屑砂岩或长石岩屑砂岩，黏土矿物以伊利石为主，其次为绿泥石。区块主要含油层段为扶一、扶二油层组，采用 500m×300m 矩形井网，天然裂缝不发育，地温梯度 4.98℃/100m，平均孔隙度 13.8%，空气渗透率 1.04mD，地层油黏度 6.6mPa·s，地面原油黏度平均为 45.2mPa·s，凝固点 36℃，属于低孔、特低渗透正常压力油藏。该区块具有强水敏及极强酸敏的特性。

1.2　砂体展布特征及遇钻情况

T30 区块共完钻直井 16 口井，砂岩发育主力层 F Ⅰ5 层，砂岩钻遇率为 53.3%，平均有效厚度 2.7m；钻遇油层以致密油Ⅱ-1 类层为主，层数占比 82.9%，本区主要受北部沉积体系的控制，由北向南延伸，砂体平面上相变快、连续差，呈条带状或断续条带状展布。

1.3　岩石力学数据分析

室内实验和现场应用结果表明，储层水平最大、最小主应力差的系数以及脆性指数可作为判断压裂是否有利于形成复杂缝网的充要条件。T30 区块 T30-1 井平均最大与最小水平主应力差值为 3.9MPa，应力差系数小于 0.3，方向为最大主应力方向 NE95°，理论计算表明区块可以形成复杂裂缝。

通过 T30 区块岩石数据研究发现区块脆性指数主要分布在 45% 左右，脆性指数满足缝网压裂工艺改造需求可以形成复杂裂缝。

结合大庆油田外围特低渗储层缝网压裂工艺选井选层标准(泊松比：0.0191~0.235；水平应力差值：2.5~4.52MPa；应力系数<0.3)以及周边区块裂缝监测实际情况，综合石英含量、脆性指数、应力差、微地震等几方面预测 T30 区块实施缝网压裂工艺能够形成缝网体系。因此，区块改造工艺可采用缝网压裂工艺。

1.4　区块试油情况分析

T30 区块共有 4 口井常规压裂试油井均达到工业油流，有效厚度平均为 11.6m，4 口井加液强度与采油强度呈现明显正相关性，T67 井由于改造厚度小制约储层改造程度，试油效果相对差些，从整体压后效果看使用石英砂即可满足地层支撑及导流需求(图 1)。

T30 区块试油施工井参数统计见表 1。

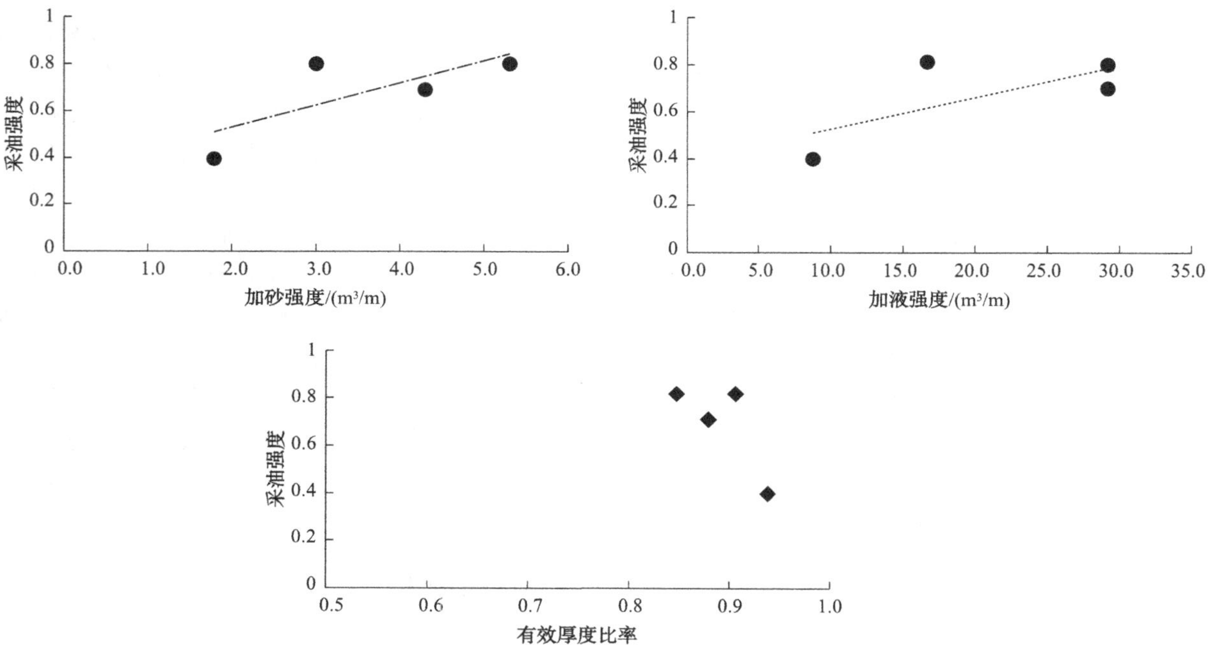

图 1　试油井规模强度相关性分析

表 1　T30 区块试油施工井参数统计

序号	井号	压裂层位	深度	压裂层数/个	储层厚度/m	压裂液量/m^3	加液强度/(m^3/m)	加砂量/m^3	加砂强度/(m^3/m)	试油产量/(t/d)
1	T59	F5 F2	1667.0~1672.0 1639.8~1642.8	2	8.0	232.4	29.1	42	5.3	6.336

续表

序号	井号	压裂层位	深度	压裂层数/个	储层厚度/m	压裂液量/m^3	加液强度/(m^3/m)	加砂量/m^3	加砂强度/(m^3/m)	试油产量/(t/d)
2	T67	F10 F9 F7	1699.4~1701.4 1667.8~1670.0 1649.4~1652.0	3	6.8	200	29.4	29	4.3	4.56
3	T2	FⅡ22-21 FⅠ62	1705.6~1694.2 1665.2~1661.6	2	9.4	156.3	16.6	28	3.0	7.08
4	TX1	F12 F17 F18 F20 F22 F23	1694.6~1617.0	5	22	193.5	8.8	40	1.8	9.20
平均				3	11.6	195.6	16.9	35	3.0	6.79

1.5 产能分析预测

根据低渗透油藏的实际情况，选用 Prats 公式和修正后的大规模压裂产能公式，并进行了单位换算。

Prats 公式：

$$\frac{J}{J_0}=\frac{q_f}{q_0}\cdot\frac{q}{q_f}=\frac{\ln\left(\frac{r_e}{r_w}\right)}{\ln\left(\frac{2r_e}{L}\right)+\frac{4h_{leak}}{\pi L}\left(\frac{k}{k_d}-1\right)}$$

根据区块大规模压裂实际生产数据对上述公式进行修正，得出大规模压裂井的产能公式为：

$$J_d=\lambda J=\frac{1.4\ln\left(\frac{r_e}{r_w}\right)}{\ln\left(\frac{2r_e}{L}\right)+\frac{4h_{leak}}{\pi L}\left(\frac{k}{k_d}-1\right)}$$

式中，J 为采油指数，m^3/d · MPa；J_d 为大规模压裂井的采油指数，m^3/d · MPa；k 为油藏渗透率，mD；k_d 为污染带的渗透率，mD；h_{leak}为裂缝表面污染带的厚度，m；L 为裂缝半长，m；r_e 为泻油半径，m；r_w 为井眼半径，m。

根据上述公式计算，大规模压裂后，半缝长为 200m 的情况下，预测直井初期稳定产量可达 2.43t/d 左右。

根据产能预测结果，初期采油强度 0.3t/(d · m)，生产时间 300d，区块预计建成产能 3.36×10^4t，累计产油 17.31×10^4t。太平屯油田 T30 区块扶余油层开发设计方案动态指标预测表，见表 2。

表 2　太平屯油田 T30 区块扶余油层开发设计方案动态指标预测表

年份/年	井数/口	区块日产油/(t/d)	年产油/10^4t	年产液/10^4t	综合含水/%	累产油/10^4t	采油速度/%	采出程度/%	递减率
1	47	112.10	1.12	2.40	53.30	1.12	0.30	0.30	
2	47	112.10	3.36	7.20	53.3	4.48	0.91	1.22	
3	47	71.74	2.15	3.93	45.2	6.64	0.58	1.80	0.3600
4	47	52.35	1.57	2.63	40.3	8.21	0.43	2.22	0.2751
5	47	42.82	1.28	2.01	36.1	9.49	0.35	2.57	0.1820
6	47	36.26	1.09	1.68	35.3	10.58	0.29	2.87	0.1532
7	47	31.45	0.94	1.44	34.4	11.52	0.26	3.12	0.1327
8	47	28.26	0.85	1.28	33.6	12.37	0.23	3.35	0.1015
9	47	26.18	0.79	1.17	32.7	13.16	0.21	3.57	0.0736
10	47	24.81	0.74	1.09	31.9	13.90	0.20	3.77	0.0521

续表

年份/年	井数/口	区块日产油/(t/d)	年产油/10^4t	年产液/10^4t	综合含水/%	累产油/10^4t	采油速度/%	采出程度/%	递减率
11	47	23.75	0.71	1.03	31.1	14.61	0.19	3.96	0.0429
12	47	22.97	0.69	0.99	30.2	15.30	0.19	4.15	0.0329
13	47	22.51	0.68	0.96	29.4	15.98	0.18	4.33	0.0200
14	47	22.17	0.67	0.93	28.5	16.64	0.18	4.51	0.0151
15	47	22.11	0.66	0.92	27.7	17.31	0.18	4.69	0.0025

2　可借鉴区块改造效果评价分析

2.1　相似(邻)区块效果分析

T30区块与F50区块相邻，区块储层条件以及物性基础基本一致，F50区块在扶余油层开展直井缝网压裂现场试验，投产油井17口井，平均加液强度490.1m³/m，加砂强度21.7m³/m，2020年12月油井陆续投产后，压裂后初期产油较低，研究分析发现F50区块砂体为条带式窄小河道砂，储层裂缝延砂体展布方向发育，横向波及范围小，影响措施效果；当砂体延展与应力方向一致时，改造效果相对较好。计算缝长240m情况下未发生压窜现象，说明规模设计在合理范围。

综合对比T30区块与F50区块储层品类、物性、原油性质等参数，结果表明两区块除砂体展布区别，其他储层条件均接近(图2)。

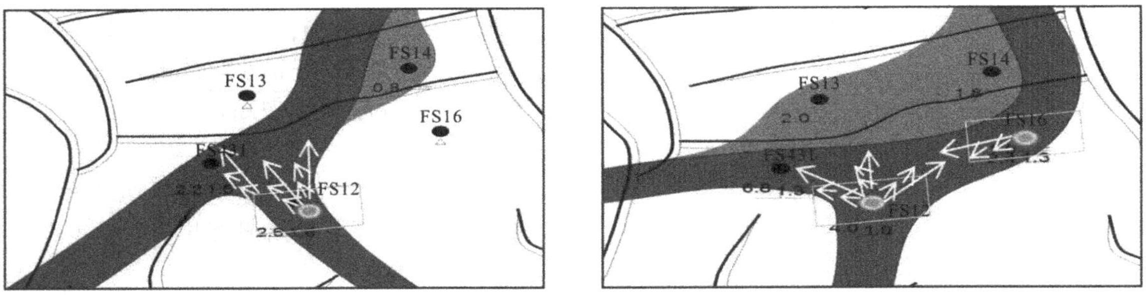

FS12井改造层段砂体图

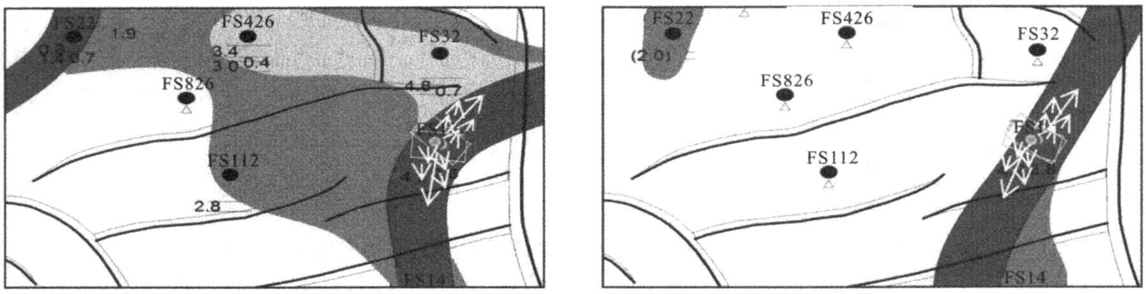

FS1井改造层段砂体图

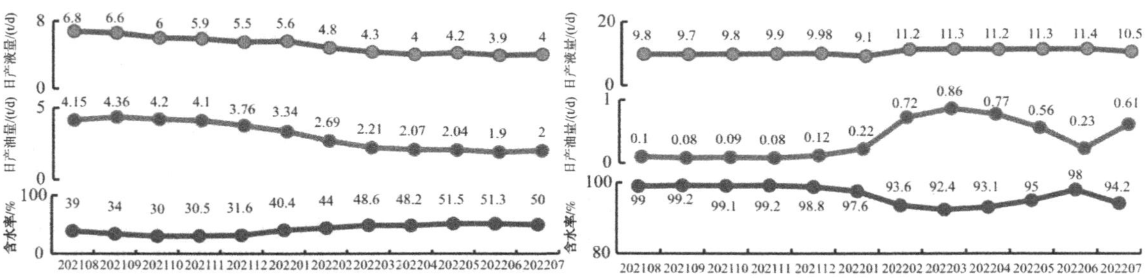

FS12井压后生产动态曲线　　FS1井压后生产动态曲线

图2　F50区块典型井措施后生产情况

T30 区块与临近 F50 区块储层情况对比表，见表 3。

表 3　T30 区块与临近 F50 区块储层情况对比表

区块	T30 区块	F50 区块
地质储量/10^4t	145	137.8
动用含油面积/km^2	3.3	3.4
平均砂岩厚度/m	12.1	12.9
平均有效厚度/m	6.4	5.3
钻遇层数	22	12
Ⅰ类油层占比/%	16.1	39.8
Ⅱ类油层占比/%	82.9	60.2
本次压裂段砂岩厚度/有效厚度/m	12.1/6.4	12.9/5.3
本次压裂单井平均层数	3.9	3.6
加砂/加液强度/(m^3/m)	21/420	21.7/490.1
平均孔隙度/%	13.8	13.2
平均渗透率/mD	1.04	0.7
地层原油黏度	6.6	
地温梯度/(℃/100m)	4.98	
地层压力系数	1.01	
井网	500 * 300	

统计分析 F50 区块压裂井效果，在平均用液强度 490.1m^3/m，加砂强度 21.7m^3/m 范围内，增油强度可达 50×10^{-3}t/(d·m)以上，平均单井缝高 30m 的条件下，计算缝长可达 240m。区块改造井平均计产 471d，长期效果有待进一步评价。

F50 区块 17 口井效果统计表，见表 4。

表 4　F50 区块 17 口井效果统计表

序号	井号	厚度/m		规模/m^3		强度/(m^3/m)		压后初期			目前			效果		
		砂岩	有效	液量	砂量	用液强度	加砂强度	日产液/(t/d)	日产油/(t/d)	含水/%	日产液/(t/d)	日产油/(t/d)	含水/%	计产期/d	阶段累计增油/t	平均日增油强度/$\times10^{-3}$t/(d·m)
1	F50-1	13.5	6	6394.5	273	474	20	13.6	0.16	98.8	6.4	0.42	93.4	347.15	297	63.4
2	F50-2	11.6	5.6	5666	250	488	22	6.9	0.53	92.3	6.6	0.72	89.1	557.92	353	54.5
3	FS22	9.3	3.1	4331.8	182	466	20	3.5	0.33	90.5	6.6	2	69.7	557.92	552	106.4
4	FS426	14.6	5	7444	350	510	24	16.2	1.41	91.3	8.9	1.29	85.5	557.82	558	68.5
5	FS826	12.9	5.2	6197.5	266	480	21	9.3	2.46	73.5	7.2	1.91	73.5	582.82	1309	174.1
6	FS1	19.6	10.9	9185.5	383	469	20	9.8	0.09	99.1	10.5	0.61	94.2	361.08	143	20.2
7	FS32	14.2	5.4	7146	330	503	23	3.5	0.26	92.7	泵况关井			337.43	134	28.0
8	FS112	16.1	1.7	7412.3	305	460	19	6.5	0.56	91.4	7.3	0.85	88.4	572.78	409	44.4
9	FS14	17	8.2	8660	408	509	24	18.2	1.55	91.5	措施关井			457.29	505	65.0
10	FS13	16.5	7.6	7601.5	312	461	19	4.4	0.11	97.5	4	0.04	98.9	578.57	59	6.2
11	FS16	12.8	4.8	6408	293	501	23	3.3	1.32	60	4.8	0.9	81.3	565.52	449	62.0
12	FS12	9.9	3.1	4844.5	217	489	22	7.1	3.02	57.5	4	2	50	575.41	1573	276.1
13	F50-13	7.2	3	3678	173	511	24	5.9	0.88	85	5.7	0.44	92.2	397.94	240	83.8
14	F50-14	10.7	3	5027.8	215	470	20	6.2	1.24	80	3.7	0.92	75	476.44	531	104.2
15	F50-15	9.4	5.4	4745	220	505	23	5	0.94	81.2	10.7	0	100	135.74	115	90.1
16	F50-16	8	5	3921	174	490	22	7.8	2.69	65.5	4.1	0.37	91	473.7	691	182.3
17	F50-17	16.8	6.7	9197	386	547	23	7.5	1.16	84.5	3.9	1.05	73	476.55	925	115.5
平均		12.9	5.3	6344.7	278.6	490	22	7.9	1.1	84.3	6.3	0.9	83.7	471.3	520.2	85.2

2.2 相似区块措施效果影响因素关联性分析

分析 F50 区块不同阶段规模强度与采油强度关系，以 Ⅱ 类储层为主的有 2 口井强度较小压后效果不理想，整体上看初期规模的不同导致与采油强度关系差异化明显，II 类储层受储层条件约束且加液强度较为集中，初期与采油强度关系较 I 类储层效果差距较大，12 个月后采油强度明显不足，需适当提高储层改造强度以达到储层能量补充减缓采油强度的下降(图 3)。

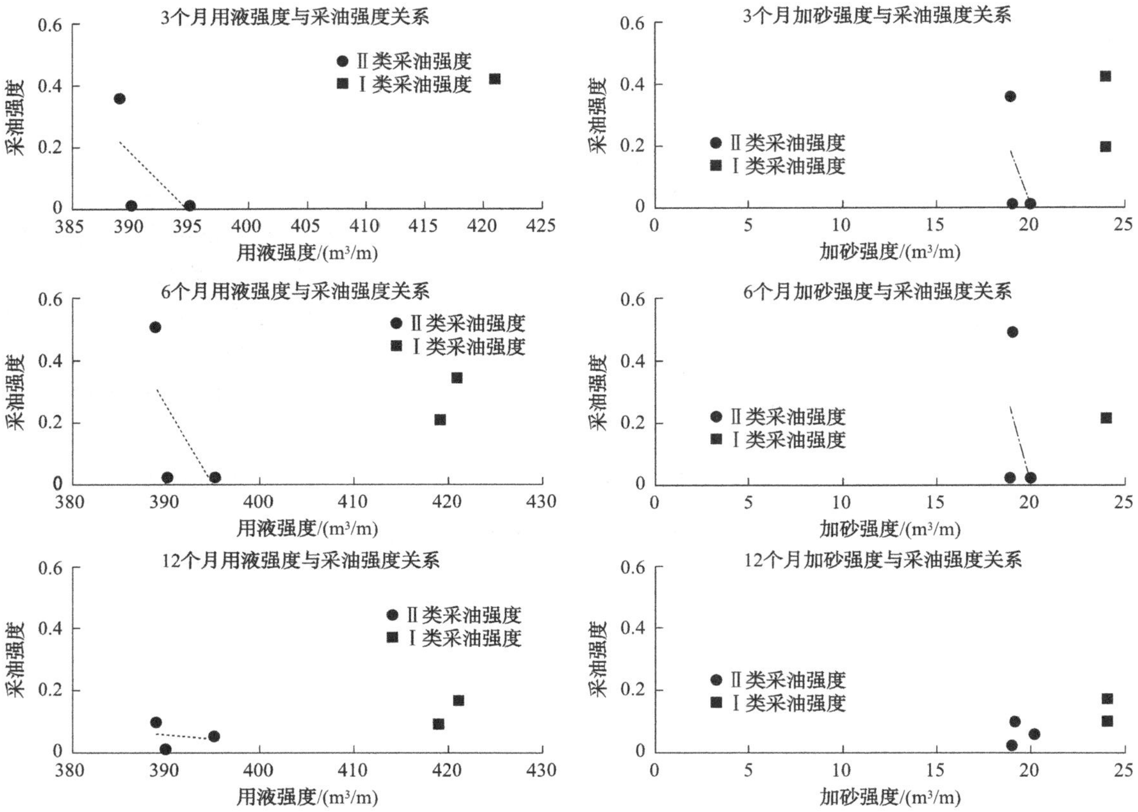

图 3　不同阶段规模强度与采油强度关系分布情况

分析 F50 区块 17 口缝网压裂井 1~6 个月的初期及 1 年的平均采油强度趋势，可以看出储层能量补充决定压后采油强度，对于窄小河道 12 个月后的采油强度降幅较大，说明对于窄小河道的整体补能规模仍有提升空间(图 4、图 5)。

分析各评价参数与采油强度关联系数，结果表明：采油强度在地质上与不同类储层占比关联度关系不明显，说明在窄小河道内两类储层物质基础差异不明显，F50 区块地质物性基础对压后产量不起决定作用；在工程上初期与加液强度关联度较高，说明加液量是保证初期高产的主要因素，投产一年后两类储层采油强度基本持平，说明加砂强度关联度较高，说明有效支撑是稳产的关键。

不同类别因素影响程度相关性分析见图 6。

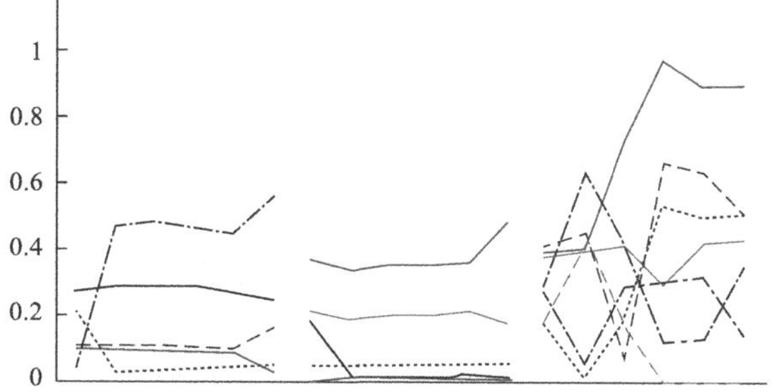

图 4　F50 区块投产初期(1~6 个月)不同井平均采油强度趋势

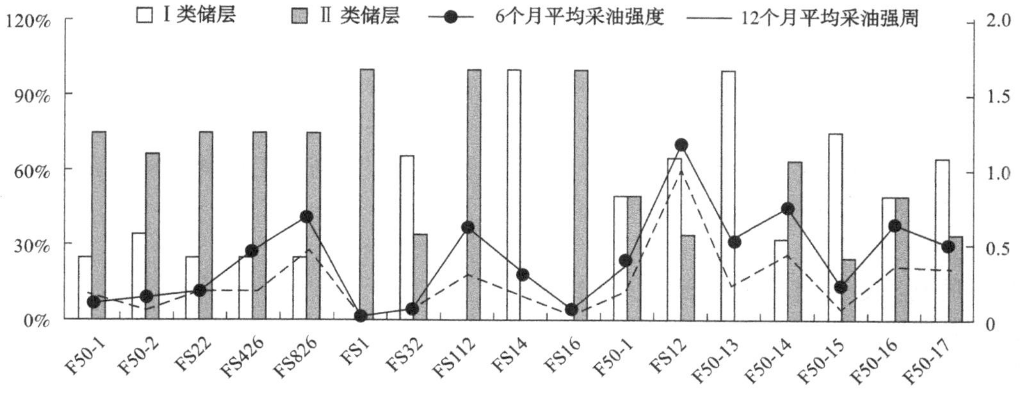

图5　F50区块不同阶段储层与采油强度变化情况

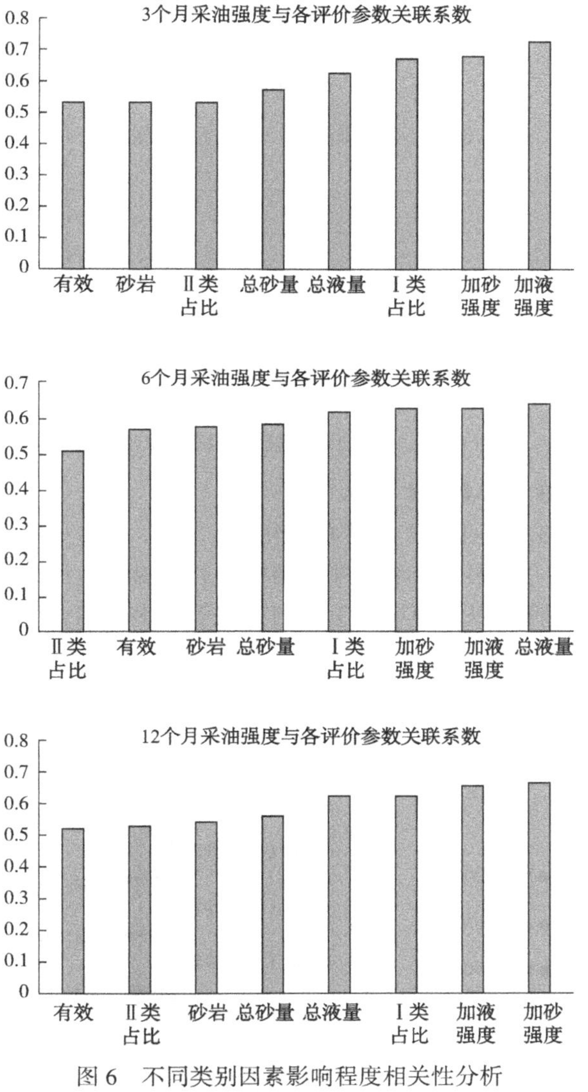

图6　不同类别因素影响程度相关性分析

2.3　取得的认识

（1）岩石力学分析结果显示该区块压裂后可以形成缝网；不同类型储层井加液强度与采油强度间相关性不明显；但是根据T30区块砂体连片的特征，依据聚类分析关联系数的判断，T30区块整体物性基础应是效果改造基础，仍要坚持按需分类改造

（2）T30区块普压试油4口试油，工业油流井平均日产油6.79t，采油强度平均0.62t/(d·m)，有效厚度发育较厚，具有较好的产量基础

（3）分析F50区块缝网井初期加液强度加砂强度与采油强度关系，两口规模较小井效果较差，无法满足储层的改造需求，在T30区块需优化选取相适应的改造强度以达到最高采油强度

（4）分析F50区块缝网压裂井1~6个月的初期及1年的平均采油强度趋势，可以看出不同类储层占比关联度关系不明显，说明在窄小河道内两类储层物质基础差异不明显，但是依据相关性关联分析，可以推测Ⅰ类储层占比越高初期采油强度较高，Ⅱ类储层受储层条件约束且加液强度较为集中，初期与采油强度关系较为平缓

（5）利用关联分析法确定影响产量的关键参数，结果表明：在T30区块加强改造物性较好储层是提产的关键，加液强度是保证初期高产的主要因素，有效支撑是稳产的关键

（6）F50区块砂体为条带式窄小河道砂，储层裂缝延砂体展布方向发育，横向波及范围小，影响措施效果；当砂体延展与应力方向一致时，改造效果相对较好

3　T30区块方案整体优化设计

3.1　改造总体原则

在合理化效益开发前提下，考虑邻井改造距离，初次改造让裂缝在基质尽可能延伸，在主应力方向上得储量进行有效挖潜。

3.1.1　选层原则：最大限度压开具有潜力的层

压开有效厚度≥1.0m，含油性较好的砂层；

压开有效厚度<1.0m，但压裂改造后能与含油性好的河道砂体沟通的河道边部砂层；

潜力大的砂层加大压裂规模；潜力较小的砂层控制压裂规模；

断层附近控制压裂规模；

本井有效厚度<5.0m，压开砂岩厚度≥1.5m且周围发育河道的干层。

3.1.2　分段原则：尽量单层单卡压裂，适当兼顾压开厚度

压裂井段固井质量良好；

压裂段数控制在5段以内，段数较多时如条件符合可考虑采用连续管作业模式；

压裂层数较多时，潜力相对较小、物性相近的相邻层可考虑2~3层合并后采用化学分层；

各卡段之间预留2米以上较稳定泥岩隔层。

3.1.3　射孔原则：满足压裂需要的前提下尽量减少射孔厚度

射开潜力较大的可压裂层段，条件符合情况下尽量采用喷射一体连续管作业模式，提高施工时效；

射开受压裂段数或经费制约暂不压裂，但后期压裂改造潜力较大的层段，节省补孔费用；

目的层射开厚度在1.0m以上，部分层可适当放宽；合压薄互层可采用限流射孔方式；

断层边部定方位射孔、对于储层酸敏特征，在薄差储层处提前考虑布孔数量。

3.2　施工参数优化

3.2.1　施工规模优化

T30区块改造16口井，平均砂岩厚度12.5m(F50区块12.9m)，预测单井平均缝高20m(F50区块30m)，借鉴F50区块压裂改造规模及设计缝长，在用液强度340~390m^3/m，加砂强度10~13m^3/m，计算缝长可在250~300m(图7)。

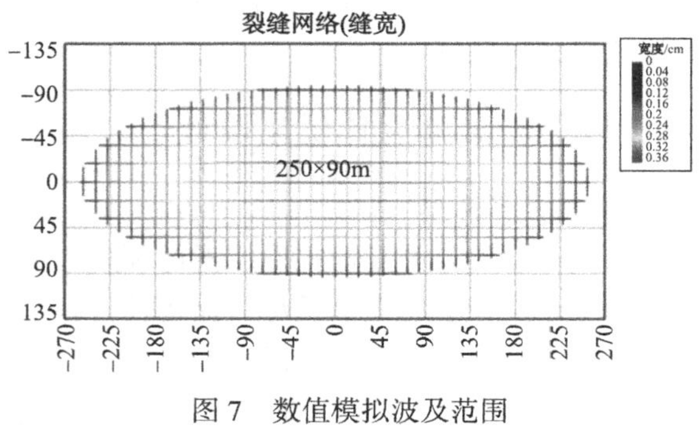

图7　数值模拟波及范围

3.2.2　施工排量优化

依据缝内净压力和施工排量之间的关系，提高施工排量，能有效提高裂缝内净压力，有利于裂缝体系形成。综合考虑管柱承压能力和设备状况，确定最高施工排量为8m^3/min(图8、图9)。

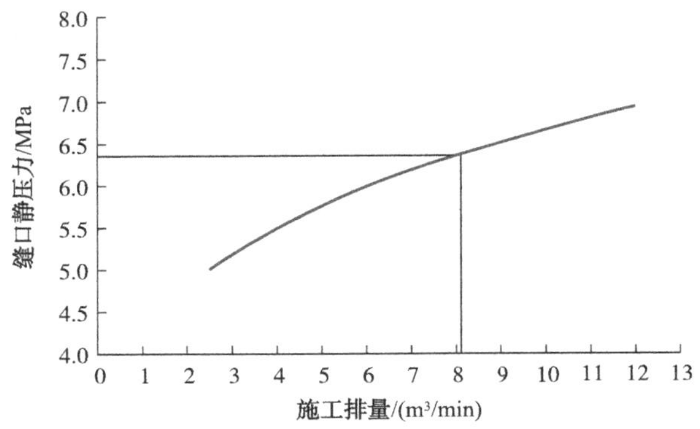

图8　不同排量缝口净压力预测曲线

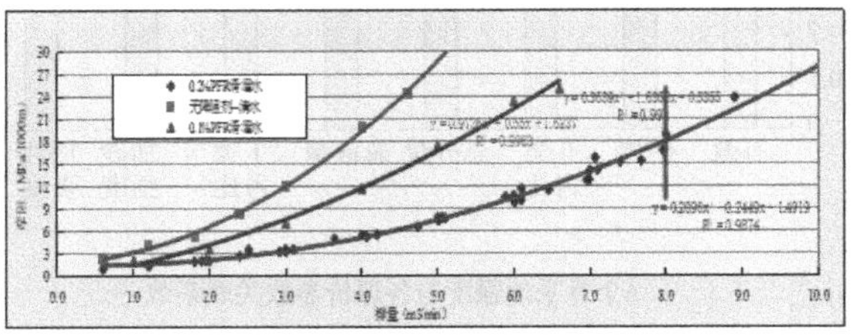

图9　三寸半油管压裂不同液性摩阻图版

3.3　配套技术优化

3.3.1　压裂工艺管柱优化

依据扶余油层井深结构、井底温度、油藏流体特性以及现场施工控制参数等要求，结合单井改造层段数量。采用缝网多层坐压管柱，配合3½″N80钢级外加厚油管(图10)。

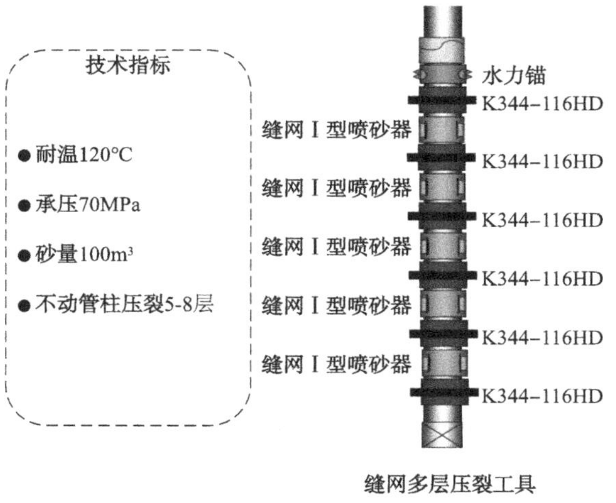

图10　配套工艺管柱组配情况

3.3.2 压裂液优选

优选降阻携砂一体化压裂液，进一步提速提效，简化压裂液配制流程，降低综合施工成本，通过实时调整配比，实现减阻、携砂一剂多效。

一体化携砂滑溜水压裂液技术指标评价结果，见表5。

表5 一体化携砂滑溜水压裂液技术指标评价结果

评价项目	技术指标	评价结果
表观黏度/(mPa·s)	≥50	60
黏度释放率/%	≥80	82.5
剪切/(mPa·s)	≥35	48.5
破胶性能/(mPa·s)	4h，≤5mPa·s	破胶液黏度 3.27mPa·s
携砂性能/%	20min，砂高≥70	70
减阻率/%	≥60	65
表面张力/(mN/m)	≤28	27.2
防膨率/%	≥50	72
破乳率/%	≥96	97.5

一体化携砂滑溜水压裂液不同阶段配方表，见表6。

表6 一体化携砂滑溜水压裂液不同阶段配方表

序号	不同砂比阶段	产品名称	用量
1	滑溜水、10%以下砂比	Z剂	0.2%
		B剂	0.2%
2	10~20%	Z剂	0.4%
		B剂	0.2%
3	20~30%	Z剂	0.5%
		B剂	0.2%
4	30~40%	Z剂	0.6%
		B剂	0.2%

3.3.3 敏感性针对性措施

T30区块黏土矿物以伊利石为主，其次为绿泥石。根据储层矿物组成看，评价酸敏和水敏为主要敏感性，针对储层酸敏和水敏问题，在射孔布孔时注意孔数的设定，采用前置液加入防膨剂的方法进行水敏处理。不同配方压裂液防彭率比对，见表7。

表7 不同配方压裂液防彭率比对

序号	配方	黏度/(mPa·s)	黏度损失率/%	防膨率/%
配方1	0.4%Z剂	39	—	—
配方2	0.4%Z剂+0.2%B剂	39	0	50
配方3	0.4%Z剂+0.2%B剂+0.5%A剂	27	30.7	75
配方4	0.4%Z剂+0.2%B剂+1%A剂	22.5	42.3	80
配方5	0.4%Z剂+0.15%C剂	39	0	—
配方6	0.4%Z剂+0.15%C剂+0.1%X剂	37.5	3.8	59
配方7	0.4%Z剂+0.15%C剂+0.2%X剂	33	15.3	73
	指标	≥30	—	≥50

3.4 支撑剂优化

闭合压力26~30MPa，选用抗压28MPa石英砂作为本区块支撑剂；考虑不同主缝与分支缝有效支撑，依据数值模拟铺砂结果，优选40~70目石英砂(30%)+30~50目石英砂(70%)组合支撑方式(图11、图12、图13)。

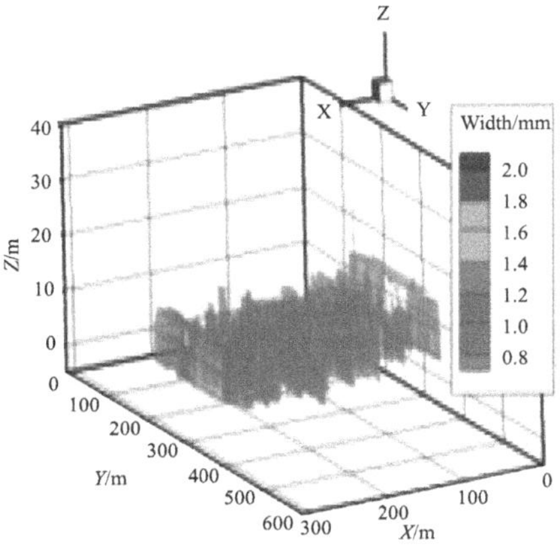

图11 单粒径支撑剂铺砂剖面模拟图

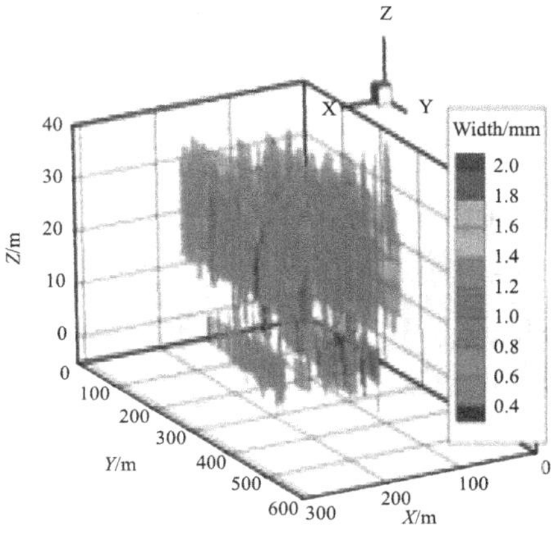

图12 变粒径支撑剂铺砂剖面模拟图

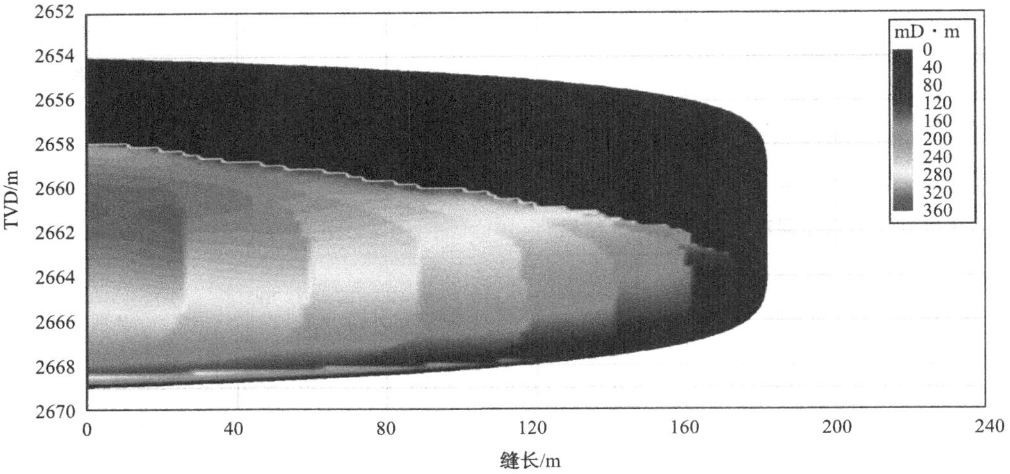

(a)30~50目单一粒径

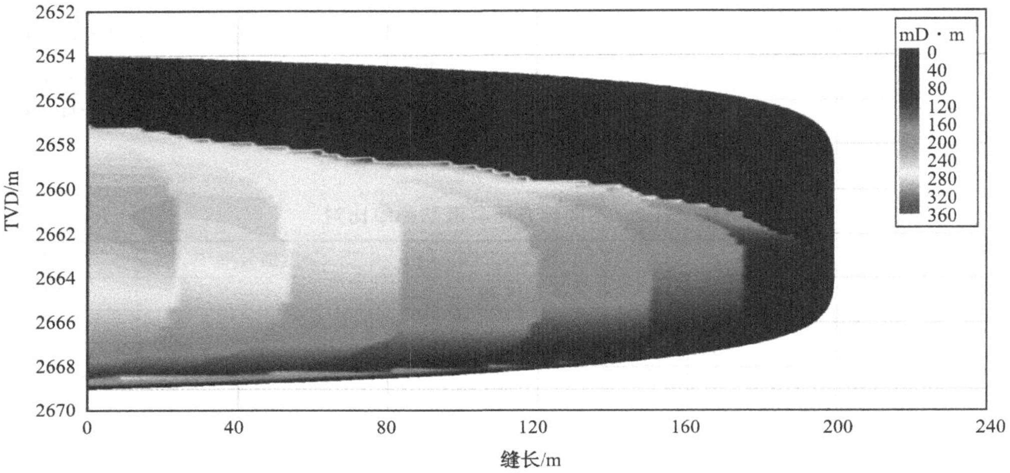

(b)40~70目/30~50目(3:7)

图 13　不同支撑剂组合支撑效果对比

3.5　工厂化施工布置

共 16 口井，其中 12 口井分 5 个平台，3 口独立井组织施工，1 口常规压裂施工井单日最大液量 $3000m^3$，排量 $8m^3/min$，8 台压裂车速配能力 $8m^3/min$ 以上；缓冲大罐 1 个，每天施工 2~3 段；采用远程供水，蓄水池蓄水。T30 区块平台井号对照表，见表 8。

工厂化施工压裂液配制流程图，如图 14 所示。

3.6　区块压裂施工方案优化设计汇总

T30 区块整体方案优化规模统计表，见表 9。

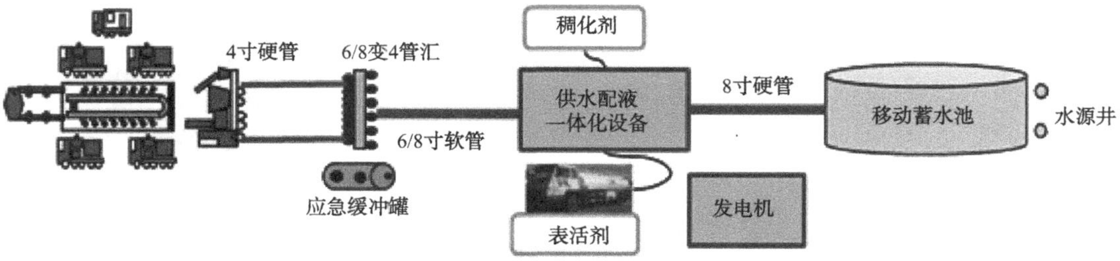

图 14　工厂化施工压裂液配制流程图

表 8 T30 区块平台井号对照表

序号	井区	井号	平台号
1	T30	T30-1	1#（3 口井）
2		T30-2	
3		T30-3	
4		T30-4	2#（2 口井）
5		T30-5	
6		T30-6	3#（2 口井）
7		T30-7	
8		T30-8	4#（2 口井）
9		T30-9	
10		T30-10	6#（4 口井）
11		T30-11	
12		T30-12	
13		T30-13	
14		T30-14	单井
15		T30	单井
16		T30-15	单井

表 9 T30 区块整体方案优化规模统计表

序号	井号	砂岩/m	有效/m	支撑剂/m^3	液量/m^3	加砂强度/(m^3/m)	用液强度/(m^3/m)
1	T30-2	12.5	4.9	310	5260	24.8	420.8
2	T30-3	11.3	5.1	280	4930	24.8	436.3
3	T30-1	10.6	5.5	270	4400	25.5	415.1
4	T30-4	13.4	11.7	310	5600	23.1	417.9
5	T30-5	7.7	4.4	195	3200	25.3	415.6
6	T30-6	11.3	6.7	270	4700	23.9	415.9
7	T30-7	6	3.3	153	2550	25.5	425
8	T30-8	13.8	9.1	348	6100	25.2	442
9	T30-9	12.1	5	253	5350	20.9	442.1
10	T30-10	7.3	2.8	183	3020	25.1	413.7
11	T30-11	9.1	8.2	230	3800	25.3	417.6
12	T30-12	26.1	13	655	11260	25.1	431.4
13	T30-14	6.5	3.2	163	3000	25.1	461.5
14	T30	20	6.5	425	7800	21.3	390
15	T30-15	13.4	6.7	343	5635	25.6	420.5
15 口井平均(未计常规)		12.1	6.4	292.5	5107.0	24.4	424.4

4 现场实施效果及效益

2022 年区块改造实施以来，完成了 16 口井的现场施工压裂井措施，目前已计产 6 口井，初期平均日增液 6.5t，日增油 4.3t。平均计产 180 天累计增油 3083.7t。

T30 区块措施投产井效果情况一览表，见表 10。

T30 区块 15 口井开发效益预测，见表 11。

表 10　T30 区块措施投产井效果情况一览表

区块	平台序号/独立井	文字井号	投产日期（年月）	截至目前(2023.10.19)								
				油压/MPa	套压/MPa	日产液/(t/d)	日产油/(t/d)	日产水/(t/d)	管式泵沉没度/m	累产液/t	累产油/t	累产水/t
T30	1	T30-2	2023年6月	1.5	1.5	4.0	0.1	3.9		2457.0	940.6	1516.4
		T30-3	2023年6月	1.0	0.1	5.0	0.2	4.8	1458.1	2627.3	567.2	2060.1
		T30-1	2023年6月	1.1	0.1	4.0	0.5	3.5	84.9	1984.3	170.8	1813.5
	2	T30-4	2023年6月	1.0	0.7					2098.3	643.9	1454.4
		T30-5	2023年6月	1.1	0.8					1031.8	63.6	968.2
	3	T30-6	2023年6月	1.4	0.6	5.0	0.3	4.7	658.5	2127.2	240.9	1886.3
		T30-7	2023年6月	1.3	1.3					2315.1	237.1	2078.0
	4	T30-8	2023年6月	1.3	1.3	5.0	3.3	1.7		1784.6	558.1	1226.5
		T30-9	2023年6月	1.3	1.3					2213.3	960.0	1253.3
	6	T30-10	2023年6月	1.3	0.3					1190.0	12.2	1177.8
		T30-11	2023年6月	1.4	0.1	4.0	3.6	0.4		1379.8	453.6	926.2
		T30-13	2023年6月	0.0	0.0					104.0	23.1	80.9
		T30-12	2023年6月	1.3	0.4					3673.6	364.9	3308.7
	独立井	T30-14	2023年6月	1.3	0.2					1170.7	20.1	1150.6
	独立井	T30	2023年6月	1.6	1.3	8.0	5.8	2.2	343.5	2987.3	1137.5	1849.8
	独立井	T30-15	2023年6月	1.2	0.5	10.5	6.3	4.2	696.3	2919.4	732.5	2186.9
	平均小计			1.2	0.7	5.7	2.5	3.2	648.3	2004.0	445.4	1558.6

表 11　T30 区块 15 口井开发效益预测

井号	平台	层数	厚度/m		规模强度		施工前预算费用(万元) 缝网基础标准：2层 $90m^3$ 砂、清水 $750m^3$、滑溜水 $1800m^3$，价格 188.61 万 (单井费用按照同平台施工费用计算)		
			砂岩	有效	加砂强度	加液强度	实际结算费用/万元	五年累计增油/t	最终投入产出比/50 美元
T30-2	#1	3	12.5	4.9	24.8	420.8	171.29	1137	1.57
T30-3		4	11.3	5.1	24.8	436.3	148.24	1183	1.89
T30-1		4	10.6	5.5	25.5	415.1	166.49	1276	1.82
T30-4	#2	3	13.4	11.7	23.1	417.9	183.48	2714	3.51
T30-5		2	7.7	4.4	25.3	415.6	124.35	1021	1.95
T30-6	#3	4	11.3	6.7	23.9	415.9	198.52	1554	1.86
T30-7		3	6	3.3	25.5	425	146.29	766	1.24
T30-8	#4	6	13.8	9.1	25.2	442	162.02	2111	3.09
T30-9		4	12.1	5	20.9	442.1	161.04	1160	1.71
T30-10	#6	3	7.3	2.8	25.1	413.7	212.08	650	0.73
T30-11		3	9.1	8.2	25.3	417.6	144.41	1902	3.12
T30-12		10	26.1	13	25.1	431.4	144.61	3016	4.95
T30-14	单	3	6.5	3.2	25.1	461.5	188.47	742	0.93
T30	单	5	20	6.5	21.3	390	180.51	1508	1.98
T30-15	单	4	13.4	6.7	25.6	420.5	164.25	1554	2.24
平均		4.1	12.1	6.4	24.4	424.4	166.40	1486.3	2.17

通过缝网压裂进行整体改造的T30区块较同类型(F50区块)初期日增油提高4.5倍(T30区块平均初期日增油4.3t，F50区块平均初期日增油0.95t)，此类区块整体优化方法对有效挖潜区块整体的剩余油动用水平提供了新的技术思路。

5　结论与认识

(1)将区块整体改造与大数据人工智能相结合，对于主控因素的分析及筛选，对于区块整体改造提供新的分析手段，现场试验进一步证实此类区块整体改造优化方法对特低渗致密区块有效动用尽可能达到井控储量的最大化；

(2)针对不同砂体展布特点，在基础井网条件下，依据储层的基础条件，按照不同时期采油强度变化情况优选潜力储层，按需调整改造规模，此种方法最大限度达到缝控砂体最优化；

(3)特低渗透、致密区块通过缝网压裂工艺改造，可实现采油井增产的开发目的，说明缝网压裂改造方式仍是大庆扶余特低渗致密储层增产改造的主体技术，而针对区块整体改造引入的人工智能大数据分析方法，在实践中证实改造思路切实可行，该类方法有很大的推广应用空间。

参　考　文　献

[1] 操应长，杨田，宋明水，等．陆相断陷湖盆低渗透碎屑岩储层特征及相对优质储层成因——以济阳坳陷东营凹陷古近系为例[J]．石油学报，2018，39(07)：727-743.

[2] 贾承造，郑民，张永峰．中国非常规油气资源与勘探开发前景[J]．石油勘探与开发，2012，39(2)：129-136.

[3] Yuan G ，Gluyas J ，Cao Y ，et al. Diagenesis and reservoir quality evolution of the Eocene sandstones in the northern Dongying Sag，Bohai Bay Basin，East China [J]. Marine & Petroleum Geology，2015，62：77-89.

[4] Xu S，Guo J，Feng Q，et al. Optimization of hydraulic fracturing treatment parameters to maximize economic benefit in tight oil[J]. Fuel，2022，329：125329.

[5] 刘文苹，冯立，蒋国斌，等．葡萄花油田葡42-5井区致密储层开采工艺优化设计与实施[J]．采油工程，2021(04)：70-75+91-92.

[6] 孙志成．大庆致密油藏应用的三种压裂液适用指标研究[J]．采油工程，2021(03)：62-67+87.

[7] 杨玉才，汪玉梅，李明．葡萄花储层A1井组整体压裂方案优化[J]．采油工程文集，2017(02)：25-29+83.

[8] 崔建，沈贵红，商琳，等．低渗透储层油水相对渗透率最优目标函数处理方法[J]．特种油气藏，2022，29(01)：85-90.

[9] 何辉，周永强，龙卫江，等．低-特低渗透储层微观孔喉结构特征及对水驱油特征的影响——以鄂尔多斯盆地渭北油田长3油层组储层为例[J]．油气地质与采收率，2021，28(04)：23-34.

乐安油田草13沙四下热采低效稠油微生物驱油先导试验

向易为　刘　涛　胡　婧　宋　欣　高　阳

(中国石油化工股份有限公司胜利油田石油工程技术研究院)

摘　要　乐安油田草13区块属于中低渗普通稠油油藏，热采开发效果差，转水驱开发后含水快速上升，采油速度低，因此在该区块探索内外源微生物复合驱方式提高区块开发效果。本文构建的内外源微生物复合驱油及激活体系，具有良好的润湿改性及降黏能力，降黏率达60.3%。并针对油藏开发矛盾创新微生物复合压驱注入工艺，保障生物体系的波及及作用效率。矿场试验证明，草13区块实施内外源复合驱油体系后，井组日油从24t提高到43t，综合含水下降8%，阶段增油17027t，取得了良好的矿场效果。

关键词　中低渗；稠油；降黏；微生物驱；压驱；提高采收率

热采和水驱开发是目前国内稠油油田主要开发方式。但是其中一些油藏由于渗透率低、敏感、边底水能量大的影响，热采效果差，转水驱后油水流度比大，水驱后很快失效；且储层热采后原油重质组分比例升高，胶质沥青质沉积后储层亲油、存在非均质性加剧、剩余油赋存状态复杂，剩余油难以有效动用的问题，急需寻找高效、低成本的开发技术。微生物采油技术指通过向油藏中注入微生物和营养剂，通过微生物在储层内生长代谢作用于原油和储层从而提高采收率的技术，微生物采油主要原理包括：微生物降解原油重质组分降低原油黏度，微生物代谢产生生物表面活性剂乳化原油降低原油黏度提高洗油效率，微生物代谢产生生物气溶胀原油降低原油黏度，微生物主动运移到油水界面扩大水驱作用范围。为探索微生物驱油技术在热采低效油藏的适应性和驱油效果，在乐安油田草13沙四下区块开展了微生物驱油先导试验。

1　试验区概况

草13断块位于东营凹陷南斜坡，草桥-纯化镇断鼻带东部，为南界被石村断层切割与遮挡的继承性反向屋脊构造。该区地层发育齐全，沙四段分布相对稳定，纵向上划分为4个砂层组，先导试验主要研究目的层系沙四下包含4个砂层组的1~10小层，共计10个含油小层。草13沙四段层系为三角洲前缘河口坝与分流河道微相沉积，储层岩性主要为粉砂岩、粉细砂岩为主，孔隙度平均23.7%；渗透率平均$237\times10^{-3}\mu m^2$。黏土矿物含量平均为10.3%，50℃脱气原油黏度2088mPa·s。地层水为氯化钙型，总矿化度11533~16958mg/L。据试油井的测压资料计算，草13沙四压力系数为0.93，油层温度65℃，属常温常压系统。具有较强水敏性、中等偏弱酸敏、无碱敏、中等偏强速敏。

先导试验目的层系采用多种开发技术：初期压裂防砂冷采、常规注汽、高干注汽、氮气增能，均未解决能量差的矛盾，产量递减幅度大。2018年开展注水试验，转注后区块水驱见效块，但有效期短，见效30d后含水由70%上升至90%，水驱平面矛盾突出、层间吸水不均匀、采收率低，制约水驱开发的进一步进行。微生物实施前，草13沙四下处于低采液量、低采油速度、中高含水阶段，储量未得到有效动用，且存在热采后地层亏空，油井液量低的问题，严重制约了区块的开发效果。

2　室内实验

2.1　内外源复合驱油体系构建

在实施内源微生物驱油技术前需要对油藏中内源微生物群落结构展开细致分析，为激活剂筛选和激活策略制定提供可靠依据。室内对草13区块的油井进行取样后，利用荧光定量PCR、高通量测序技术等相关分子生物学手段对样品中内源微生物的微生物群落结构进行检测分析，发现草13沙四区块具有较为丰富的内源微生物菌属，具备开展微生物采油的生物学基础。根据内源微生物群落结构特点，该区块的激活方向应以激活嗜烃、乳化产气功能菌为主(图1)。

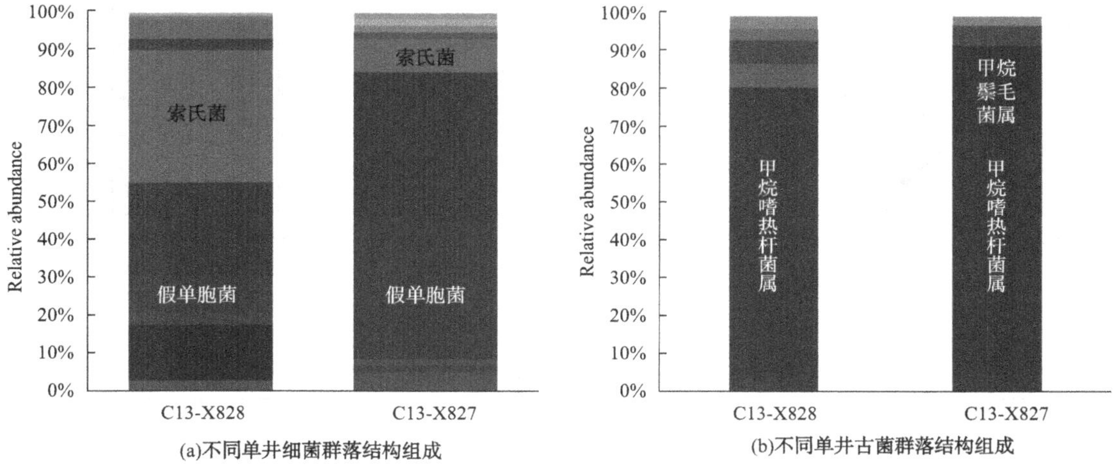

图1 草13沙四区块内源微生物菌属分布示意图

草13沙四为热采区块，储层热采后原油重质组分比例升高，胶质沥青质沉积后储层亲油、剩余油赋存状态复杂，难以有效动用；且注水时间较短，内源群落尚未稳定，可通过向油藏注入外源菌，通过与内源菌群协同代谢，提高实施效果。因此，区块外源菌筛选方向应以稠油降黏为核心，复合润湿改性。通过向油藏地层水中加入营养培养7d，挑取形态不同的单菌落，接种于上述不加原油而加入2%沥青质的灭菌的筛选培养基中，观察沥青质降解效果的菌株，同时对菌株稠油降解能力、乳化降黏能力润湿改性进行评价。通过表面张力和玻片油膜剥离能力对比，其中3株菌对原油剥离能力较高。对草13原油降黏及乳化能力评价，CK2菌的静止降黏率及乳化性能最好(图2、图3)。

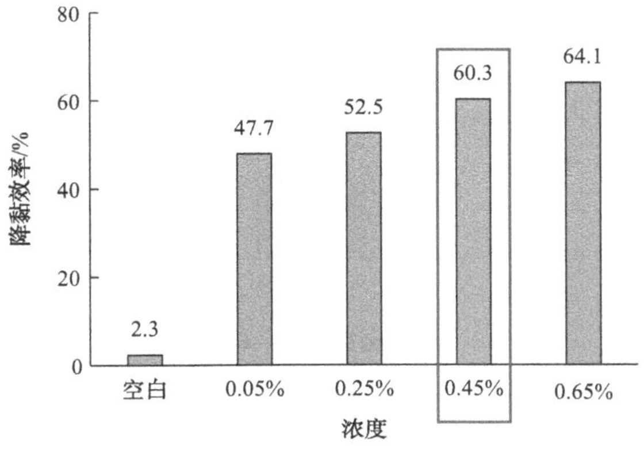

图2 不同浓度外源菌降粘效率

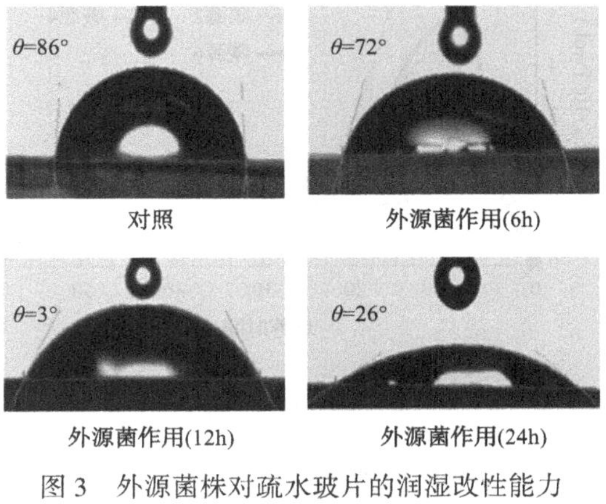

图3 外源菌株对疏水玻片的润湿改性能力

与内源微生物复合兼容性评价表明CK2与草13地层水中的微生物配伍性好，生长代谢不受内源菌影响。优化外源菌使用量，评价结果表明外源菌最佳注入量浓度为0.45%时，能够提高油藏剩余油的剥离能力，降黏率达60.3%；改善油藏润湿性能，润湿角由86°降低至26°，且与内源菌能够协同生长代谢，2个月后功能菌比例提高到70%。不同培养体系激活及原油作用效果评价，如图4所示。

2.2 微生物激活体系筛选

利用离子色谱分析的方法对草13沙四下的地层水进行分析，分析结果表明地层水总矿化度11533~16958mg/L，pH值6~7，钙、镁、钾、钠等离子浓度满足内源微生物生长需求，总氮和总磷浓度低，限制了生长代谢活性，在激活剂体系中需要添加碳源、氮源、磷源、电子受体及生长因子等物质(表1)。

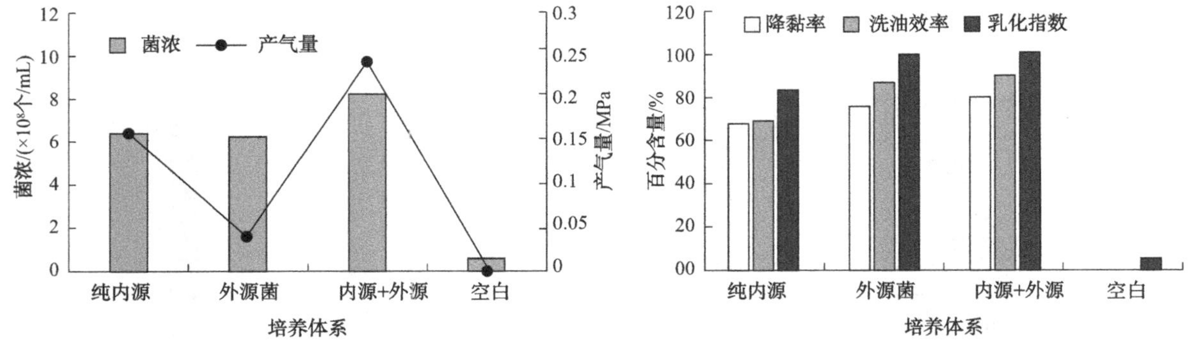

图 4　不同培养体系激活及原油作用效果评价

表 1　草 13 沙四下水井和油井产出液水质分析

样品	含量/(mg/L)							pH 值
	Ca^{2+}	Mg^{2+}	HCO_3^-	Cl^-	SO_4^{2-}	$K^+ + Na^+$	矿化度	
注入水	279	71	714	6550	59	4057	11670	6.5
CQC13-X830	379	302	824	7074	47	3901	12526	7.0
CQC13-X829	263	54	275	6710	94	4090	11485	6.0

高效微生物激活剂作为主要碳源可以提供丰富的营养主剂，有利于油藏微生物的繁殖代谢，快速启动了生物链。研究显示 0.2% 的碳源 2 作为激活剂体系碳源，内源微生物激活数量达到 5.8×10^{8}个/mL 以上，乳化能力可达到 95%(图 5)。

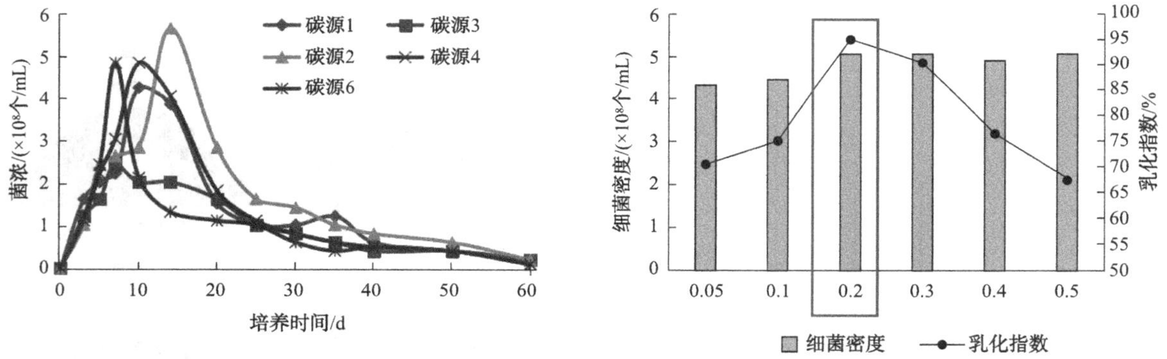

图 5　不同碳源体系乳化效果及激活菌浓效果评价

氮源、磷源影响菌体生长和代谢产物形成.产物合成的数量与质量取决于氮源、磷源的类型与数量。室内激活实验将注入水和产出液按1∶1比例复配，添加一定浓度的碳源、氮源、磷源和微量元素，在兼性条件下进行内源微生物激活效果评价。根据实验结果确定 0.2%氮源 4+0.1%磷源 1 为最佳筛选结果(图 6)。

优选得到的高效激活剂体系能够高效激活草 13 内源微生物，同时产气量及乳化性能都有明显提升。产气速率达到 200m^3(标况)/t(激活剂)/天，原位产生的生物气能够驱替盲端剩余油等水驱难以动用剩余油。在油水比 1∶9 条件下，激活后能不同程度地乳化分散原油，其中复配体系原油乳化分散油滴粒径最小约 10μm，乳化指数 EI24 高达 100%。高效激活剂体系激活后，群落结构多样性降低，优势菌突出；同时功能菌中嗜烃菌和产甲烷菌含量明显增加。内外源复合驱油体系(0.6%高效激活剂+0.5%外源菌)不仅提升微生物激活和产气的能力，同时降低原油粘度，提高体系的润湿剥离效果(图 7)。

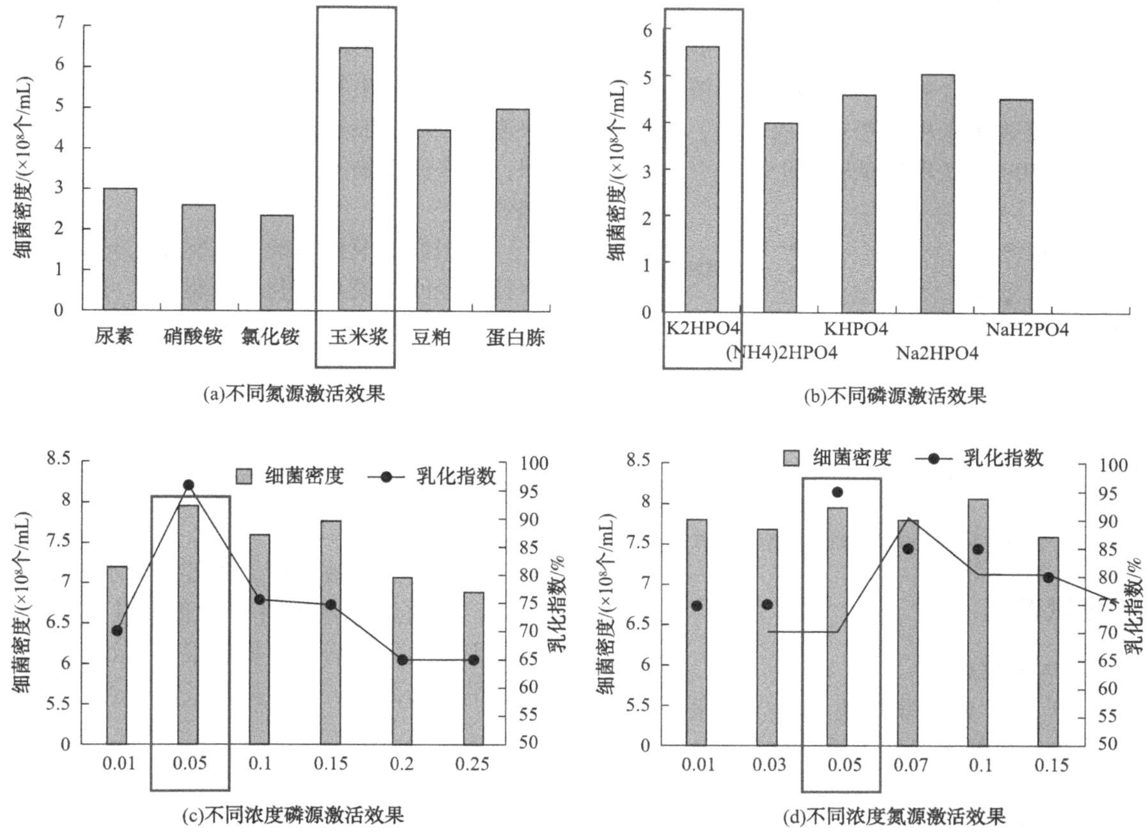

图6 不同氮源及磷源激活菌浓效果评价

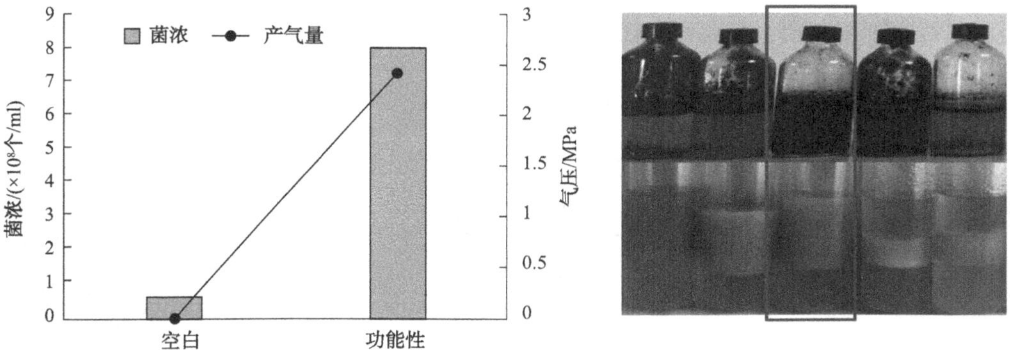

图7 高效激活剂体系激活效果及激活后微生物乳化性能评价

2.3 物理模拟驱油实验

室内通过激活评价试验筛选得到适合草13沙四下的内外源复合驱油体系：0.55%高效激活剂+0.45%外源菌，为进一步评价外源菌与激活剂在油藏条件下的驱油效果，模拟目标区块地层条气原油；实验水样为目标区块注入水，实验温度65℃，岩心管尺寸：600mm×38mm。草13注入内外源复合驱油体系（0.55%高效激活剂体系+0.45%外源菌），采用高浓度段塞式可提高采收率14.7%，且提高采收率幅度优于连续注入（图8）。

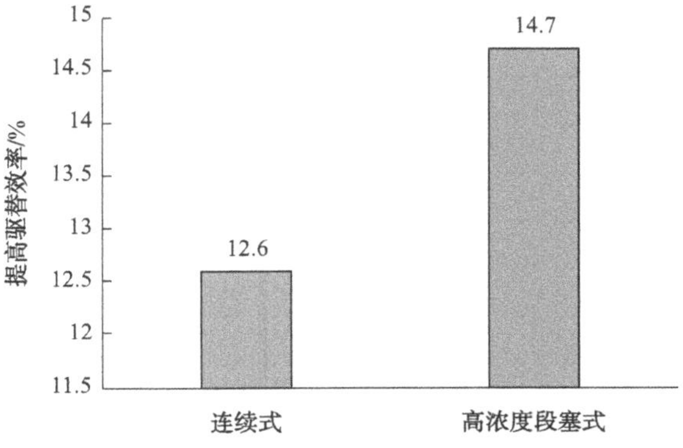

图8 激活剂不同注入方式驱替效果

根据内外源复合驱油体系激活效果变化情况认为，注入周期间隔 30d，菌浓明显降低，需要再次添加内外源复合驱油体系维持高菌浓。根据物模试验最终确定采用段塞式注入方式，每段塞相邻时间为 30d 开展现场试验(图 9)。

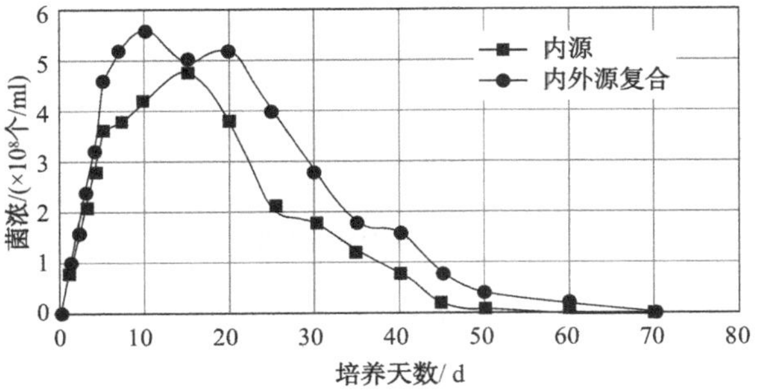

图 9　不同激活剂体系激活微生物效果对比

3　现场试验

3.1　注入工艺优化

针对草 13 沙四下非均质性强、热采后地层亏空大、渗透率低等开发矛盾，结合微生物采油技术在提高洗油效率方面的具有明显的优势，设计微生物复合压驱注水工艺，压驱前注入微生物，提前形成生物场，实现深部驱替；压驱注水快速补充地层能量，扩大生物驱油体系的波及范围，提高微生物及其功能性代谢产物与原油的接触效率。

利用数值模拟明确了压驱注入时间和微生物驱替半径间的关系，利用压驱注水可以有效扩大生物体系的波及范围，如图 10 所示，可以看出 30d 相同注水时间内，常规注水波及半径 40m，复合后生物场波及半径 120m。

同时，利用数值模拟对比计算了水驱、常规微生物驱和强化注水后微生物驱三种开发方式。计算结果表明，水驱开发时，含水上升速度快；常规微生物驱见效较慢，见效前含水也呈现快速上升，见效后，含水略有降低，并呈现平稳状态；而强化注水后微生物驱很快见效，含水呈现明显的下降漏斗，且保持较长的低含水开发状态(图 11)。

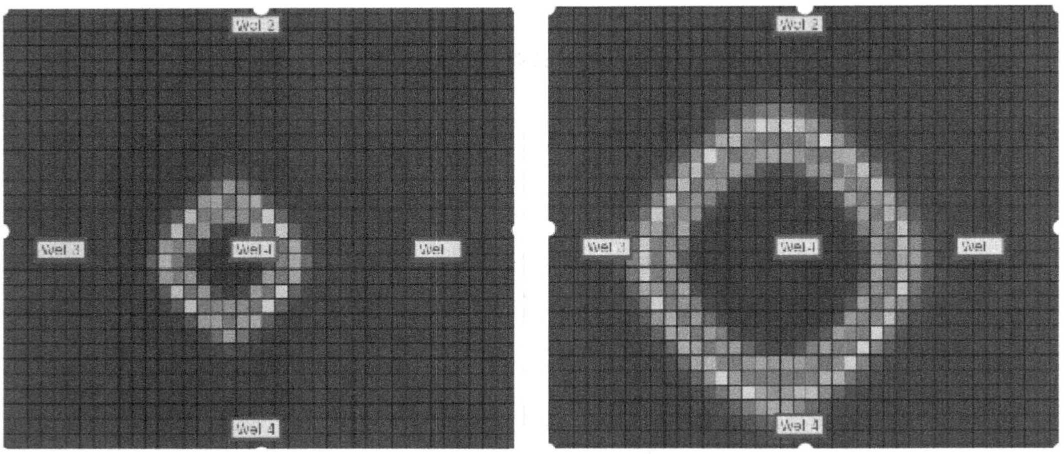

图 10　微生物复合压驱后生物场的波及范围

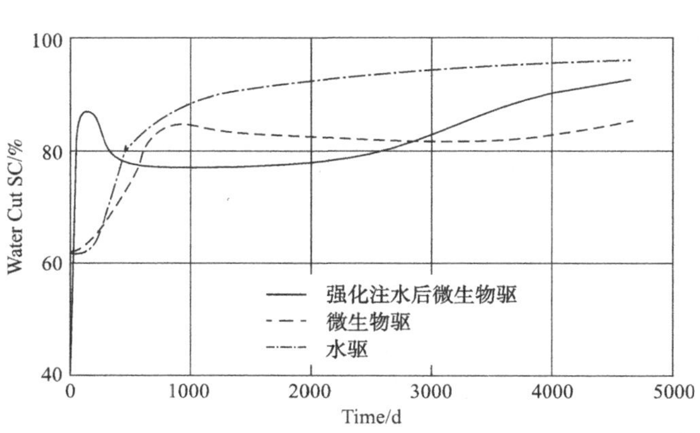

图 11　不同开发方式下中心采油井含水变化曲线

3.2 现场实施效果及分析

草13沙四下先导试验区为6注17采生产模式，按照方案室内试验优化得到的内外源微生物复合体系，每月集中注入0.45%外源菌体系，连续注入0.55%高效激活剂体系，设计注入量为0.3PV。2019年6月率先在两个井组进行微生物驱注入，注入后井组整体液量提升，由100t/d提高到127t/d，日油由23t/d升至30t/d，含水稳定在75%~77%。通过激活剂定向激活，产出液菌浓明显升高，上升至10^6~10^7个/mL；且通过定向激活，外源噬烃功能菌很快成为地层优势菌。井组内油井原油黏度下降20%~65%。由于原油黏度下降，地层流动系数和油水井间流动势增加，有效改善了油水井间不均衡驱替现象。

2022年7月，在CQC13-X847井组实施微生物复合超前强化注水现场试验，快速补充能量，实现微生物深部驱替。压驱方案设计前置注入4000m^3内外源微生物复合驱油体系，促进油藏生物场的快速发育；后续大剂量压驱注水5万方，焖井至地层压力恢复后转入正常微生物驱，保证油井产液量的同时有效控制含水上升。该井组压驱前开油井4口，平均单井日液12.5t/d，平均单井日油0.9t/d，含水92.7%，动液面862m，累计亏空2.2473×10^4t。压驱后，草13-斜847井组地层能量得到一定程度恢复，主流线油井动液面25d恢复到井口，套管溢油。实施前井组日油3.7t，压驱后井组日油最高上升至8t，含水下降3%。油井采出端菌浓监测发现菌浓达到10^8个/mL，说明筛选到的微生物复合体系在油藏内可以有效繁殖，压驱辅助微生物驱可以有效扩大生物体系的波及范围(图12)。

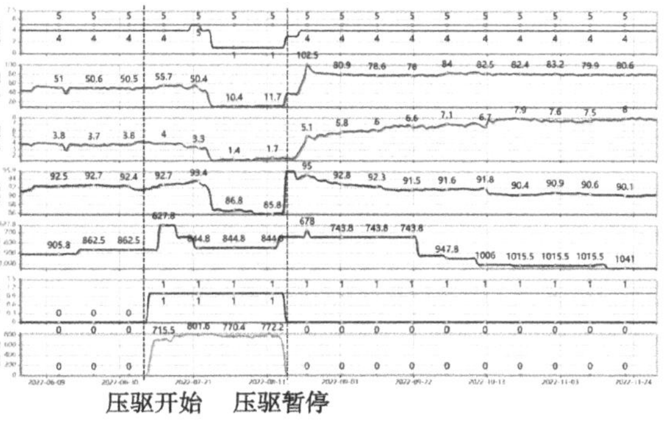

图12 草13-斜847井组综合开发曲线

2023年4月，先导试验区块6注17采井组全面转微生物驱生产，油井陆续见效，产量从实施前24.2t/d上升至43.1t/d，含水最大降幅8%，阶段增油1.7万t。实现低效稠油老区转方式高效开发(图13、图14)。

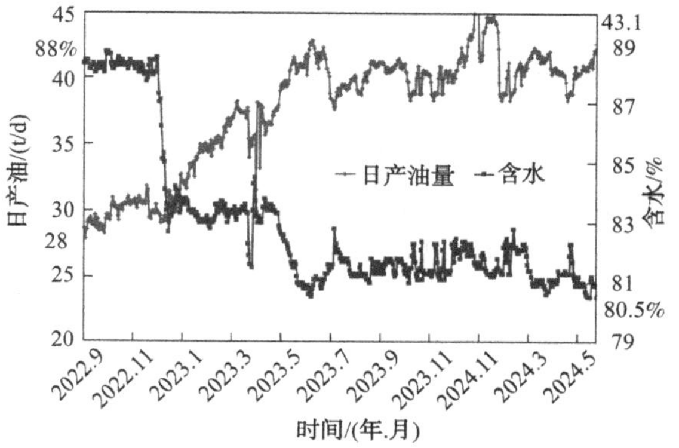

图13 现河草13沙四微生物驱日度生产曲线

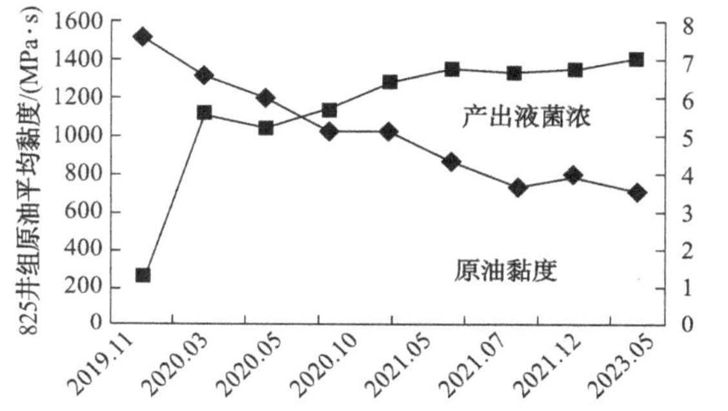

图14 草13井组原油黏度与油井产出液菌浓

4 结论

(1) 微生物驱油技术对中低渗敏感及热采低效稠油油藏具有良好的适应性，针对储层热采后原油重质组分比例升高，胶质沥青质沉积后储层亲油，剩余油难以有效动用的问题，可通过内外源复合驱油及激活体系，嗜烃乳化降低原油黏度，可进一步提高油藏采收率14.7%。

(2) 针对中低渗油藏地层能量低、生物体系波及范围有限的难题，创新研发微生物复合压驱注水工艺，补充地层能量，扩大生物体系的波及范围。矿场试验证明，微生物复合压驱工艺可以强化生物场发育及其与剩余油的接触效率，油井生产动态得到明显改善，可进一步提高该区块原油采收率，实现低效稠油老区转方式高效开发。

参 考 文 献

[1] 束青林，郑万刚，张仲平，等. 低效热采/水驱稠油转化学降黏复合驱技术[J]. 油气地质与采收率，2021，28(06). 12-21.

[2] 安洁．胜利稠油开发技术及未来发展[J]．中国石油和化工标准与质量，2020，40(17)：202-203.
[3] 孙强，黄世军，李权．多层稠油油藏水驱动用程度评价方法[J]．断块油气田，2020，27(3)：323-326.
[4] 邢钰，吴艳华，郭继香，等．稠油致黏关键组分微观性质[J]．科学技术与工程，2020，20(5)：1833-1838.
[5] 胡小丽，张蔚，刘邓，等．油藏嗜热菌与膨润土的相互作用及其对储层防膨的意义[J]．微生物学报，2019，59(6)：1197-1208.
[6] 曹功泽，刘涛，巴燕，等．孤岛油田中一区馆3区块聚合物驱后微生物驱油先导试验[J]．油气地质与采收率，2013，20(6)：94-96.
[7] 郭辽原，张玉真，杨年文，等．邵家油田沾3块内源微生物驱激活剂优化及现场试验[J]．油气地质与采收率，2012，19(1)：79-81.
[8] 宋智勇，郭辽原，高光军，等．内源微生物驱油物模实验及其群落演变研究[J]．石油钻采工艺，2010，32(1)：89-93.
[9] 包木太，汪卫东，王修林，等．激活内源微生物提高原油采收率技术[J]．油田化学，2002，19(4)：382-386.
[10] 汪卫东．微生物采油技术研究及试验[J]．石油钻采工艺，2012，34(1)：107-113.
[11] 孙刚正，钱钦，胡婧，等．不同类型激活剂条件下沾3油藏内源微生物驱油规律研究[J]．西安石油大学学报．
[12] 李彩风，束青林，韩保锋，等．嗜烃乳化功能菌在多孔介质中的生长规律及驱油机理[J]．油气地质与采收率，2021，28(2)：27-33.
[13] 胡婧，束青林，孙刚正，等．油藏内源微生物演替规律及其对驱油效果的影响[J]．中国石油大学学报：自然科学版，2019，43(1)：108-114.

渤海油田疏松砂岩过筛管压裂实施效果及新工艺探索

张云鹏 张丽平 高 尚 张 璐 陈华兴 敬季昀 代磊阳 符扬洋 冯 阳 牟 媚

[中海石油(中国)有限公司天津分公司]

摘 要 针对渤海油田前期21口过筛管压裂井实施效果，通过统计分析、软件模拟等方法分析了储层参数、压裂施工参数与增产效果的关系。研究发现岩石固结较好的油田增产效果整体更好；压后40%的井含水率降低，压裂开启了新层；8口井降排量分析，近井摩阻以孔眼摩阻为主，裂缝主要沿射孔段起裂延伸；增产效果与液体效率有正相关关系，疏松砂岩同样需要造一定规模裂缝实现增产；压降过程滤失模式以存储式滤失为主，缝高容易突破隔夹层。基于研究成果，提出通过优选低滤失液体体系，增加胶粉浓度，加入降滤失剂等手段提高液体效率，提高过筛管压裂增产效果；通过射孔参数优化结合水力喷射定点改造，实现压裂控水。研究为后续过筛管压裂选井选层及工艺参数优化提供了新的技术方向和理论依据。

关键词 疏松砂岩；过筛管压裂效果；增产主控因素；压裂控水

渤海油田以疏松砂岩油藏为主，生产过程需要下筛管防砂。经过多年的开发，储层非均质性、油藏深部复杂堵塞等导致部分油井产液能力下降严重，常规解堵措施已难以有效解决。针对这些问题，渤海油田提出了先对筛管射孔再加砂压裂最后化学固砂封堵射孔孔眼的过筛管压裂工艺，并进行了21口井的现场试验，取得了较好的增产效果。但针对过筛管压裂工艺，在疏松砂岩压后增产效果主控因素方面尚未完全认识清楚，化学防砂有效期短的问题尤为突出，大部分井压后快速出砂导致无法生产，严重限制了压后增产效果，也影响了该工艺的推广应用。为进一步提高过筛管压裂增产效果，在总结前期过筛管压裂井效果及裂缝延伸形态的基础上，开展了储层参数及过筛管压裂工艺参数对压裂效果影响因素的分析，得出疏松砂岩增产效果主控因素，为后续过筛管压裂工艺参数优化提供借鉴。

1 已施工过筛管压裂井分析

1.1 已施工过筛管压裂井改造效果分析

统计了渤海油田已完成施工的19口过筛管压裂井，措施前后日产液量、日产油量、增液倍比、增油倍比、含水率变化等参数，具本见表1。

表1 过筛管压裂井压后产量数据统计

序号	井号	日产液/m³		增液幅度/%	增液倍比	日产油/m³		增油幅度/%	增油倍比	含水/%		含水率变化/%
		措施前	措施后			措施前	措施后			措施前	措施后	
1	A-1	35	77.4	121.1	1.2	6.7	18.6	177.61	1.78	81	76	-5.0
2	A-2	20.7	120.7	483.1	4.8	4	11.9	197.50	1.98	80.8	90	9.2
3	A-3	16.6	60.8	266.3	2.7	5	13	160.00	1.60	69	78	9.0
4	A-4	232.8	407	74.8	0.7	36	56	55.56	0.56	84.5	88	3.5
5	A-5	248.5	647.55	160.6	1.6	22.1	35.5	60.77	0.61	91.1	94.5	3.4
6	A-6	61.6	341.61	454.6	4.5	7	42.4	505.71	5.06	89.0	86.5	-2.5
7	A-7	198.1	323.67	63.4	0.6	16.47	24.12	46.45	0.46	91.7	92.6	0.8
8	A-8	265.8	131.31	新层	∞	6.6	8.56		∞	97.5	93.5	-4.0
9	B-1	174	404	132.2	1.3	19.1	46.4	142.93	1.43	89.0	90.0	1.0
10	B-2	26.4	236.2	796.1	8.0	6.3	31.9	409.58	4.10	76.0	86.0	10.0

续表

序号	井号	日产液/m^3		增液幅度/%	增液倍比	日产油/m^3		增油幅度/%	增油倍比	含水/%		含水率变化/%
		措施前	措施后			措施前	措施后			措施前	措施后	
11	B-3	112.5	277	146.2	1.5	34.0	58.1	70.88	0.71	72.0	78.0	6.0
12	B-4	90.9	246	170.6	1.7	25.0	24.3	-2.80	-0.03	72.0	92.6	20.6
13	B-5	98.7	251	154.3	1.5	18.0	39.9	121.67	1.22	81.0	84.0	3.0
14	C-1	18.3	314.6	1619.1	16.2	14.1	75.0	431.70	4.32	22.6	76.2	53.6
15	C-2	66.9	267.18	299.4	3.0	12.2	69.1	465.98	4.66	81.7	74.2	-7.5
16	D-1	133.8	390.92	192.2	1.9	26.8	134.8	402.84	4.03	80.0	65.5	-14.5
17	D-2	25.8	90.4	250.4	2.5	9	20.7	130.00	1.30	85.0	77.1	-7.9
18	D-3	23.7	29.9	26.2	0.3	11.7	22.5	92.31	0.92	45.8	24.8	-21.0
19	E-1	33.4	125	274.3	2.7	14.9	56.0	275.34	2.75	55.3	55.0	-0.3
合计		平均增液幅度		315.8	3.2	平均增油幅度		208.00	2.1	76.1	79.1	3.0

根据统计结果，过筛管压裂井压后平均增液倍比3.2倍，产液量从压前平均99.1m^3/d提高到249.6m^3/d，平均增油倍比2.1倍，产油量从压前平均15.5m^3/md上升到41.5m^3/d。根据统计结果，疏松砂岩过筛管压裂，增产效果显著。另外，根据数据统计，压后产油量是投产初期产油量的1.2~1.5倍，表明过筛管压裂不仅具有解堵作用，同时具有改造储层增产的效果。

从图1可以看出，不同油田措施后产液量：C>B>A>E>D，C油田最高，D油田最低。措施后产油量：C>E>B>A>D，C油田最高，D油田最低，与增液效果基本一致，E油田除外(图1)。

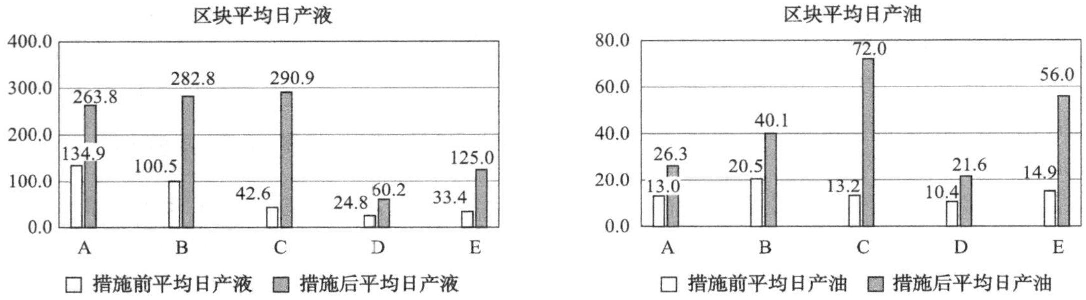

图1　过筛管压裂井措施前后产量情况

不同油田增液倍比：C>B>E>A>D；增油倍比：C>E>A>B>D。从压后日产液量、日产油量、增液倍比、增油倍比综合分析，C油田增产效果最好，D油田增产效果最差(图2)。

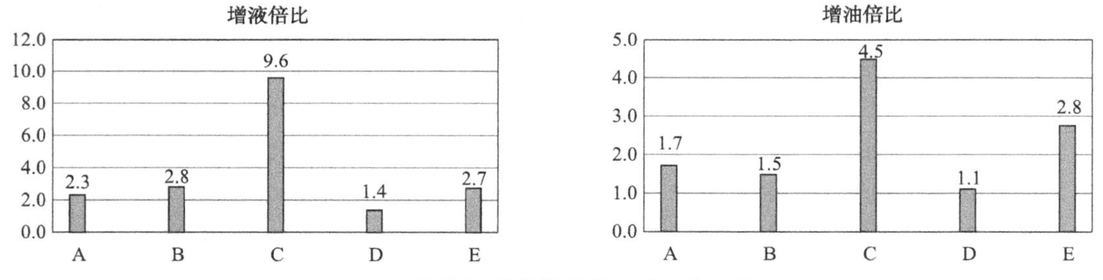

图2　过筛管压裂井措施前后增产倍比情况

措施后7口井含水率降低，占36.8%，B油田含水全部上升，D油田含水全部下降。措施后含水率变化：C>B>A>E>D，C油田平均含水率上升最多，A、E油田变化不大，D油田含水下降明显(图3)。疏松砂岩油藏过筛管压裂，通过压开新层可有效实现含水率的降低，并非通常认识的压裂往往会将束缚水变为可动水，导致压后含水上升。

不同油田增油有效期：C>B>D>A>E。整体来看，增油有效期普遍较短，平均90d左右(图

4)。有效期短的主要原因是压后生产过程快速出砂，导致停泵，无法生产。分析现场情况，得到快速原因主要包括三个方面：①已施工井过筛管压裂采用尾追树脂覆膜砂、欠顶替、候凝，最后钻塞的方式进行二次防砂，覆膜砂分散在高粘压裂液体系中，密实程度较差，导致胶结后防砂效果差。②通过实验分析原覆膜砂在低温条件下，胶结强度较低，生产过程容易被破坏失去防砂效果。③现场施工过程欠顶替量不好控制，欠顶量过多，容易出现压裂管柱内留有砂塞，起管柱困难。欠顶量过少情况下，因为误差可能出现过顶现象，导致被射开的筛管无法被封堵，造成压后快速出砂。D油田A8井过筛管压裂后6个月因出砂导致无法生产，该井采用了人工井壁进行防砂，恢复生产，随后稳产近2年，累增油超过2万 m^3。由此可见，提高压后二次防砂有效期能够有效提高过筛管压裂增产有效期，获得更好的增产效果。

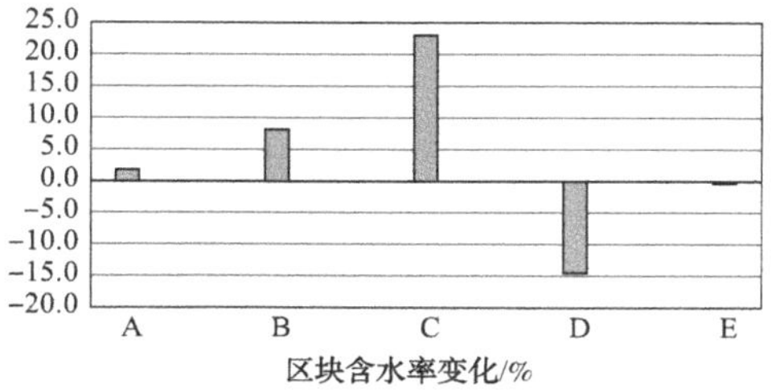

图3 过筛管压裂井措施后含水变化情况

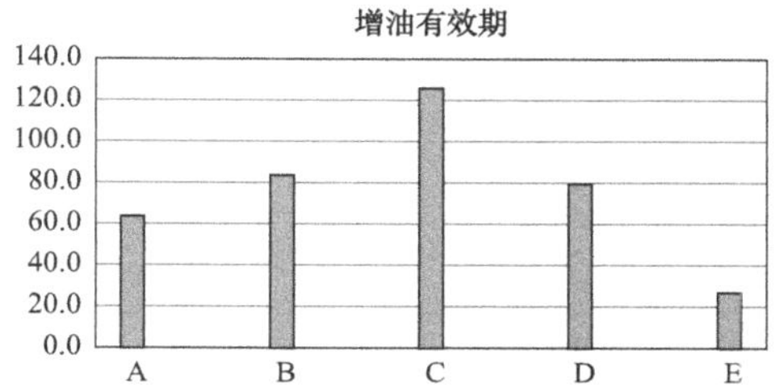

图4 过筛管压裂井措施有效期

针对二次防砂压后有效期提升方面的措施方向包括：①在原筛管内进行机械二次防砂，如小筛管充填、预充填筛管、筛管补贴等工艺；②采用人工井壁加诱导脱砂的方式提高覆膜砂压实程度；③提高固结剂低温下的固结性能。

1.2 增产效果与储层参数关系分析

统计分析了已施工井的平均有效厚度、渗透率、孔隙度、泥质含量、埋深、加砂强度、液量、平均砂比、*Kh* 等储层参数与增产效果的关系(图5~图10)。

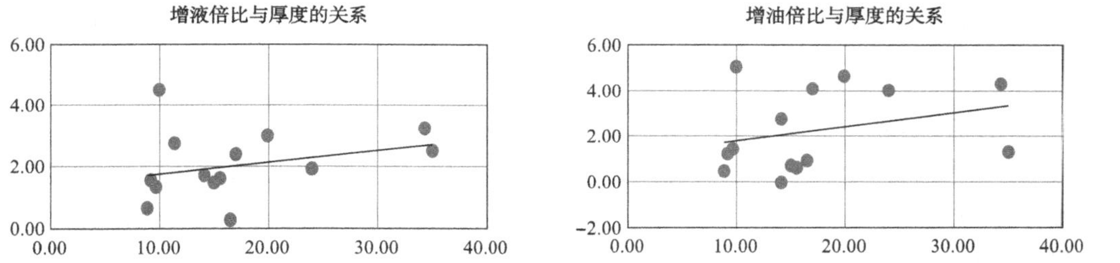

图5 增产效果与储层厚度的关系

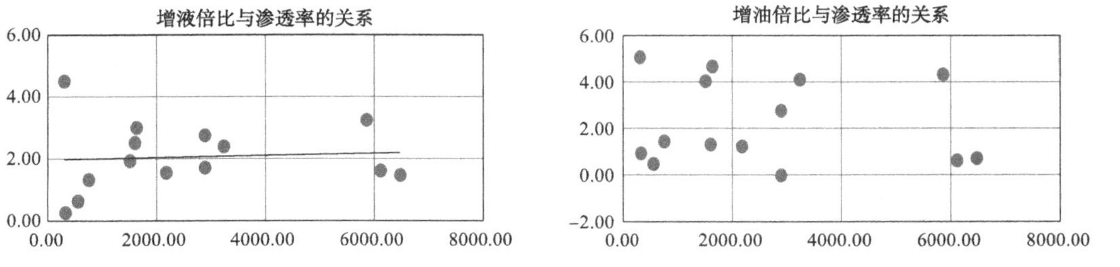

图6 增产效果与渗透率的关系

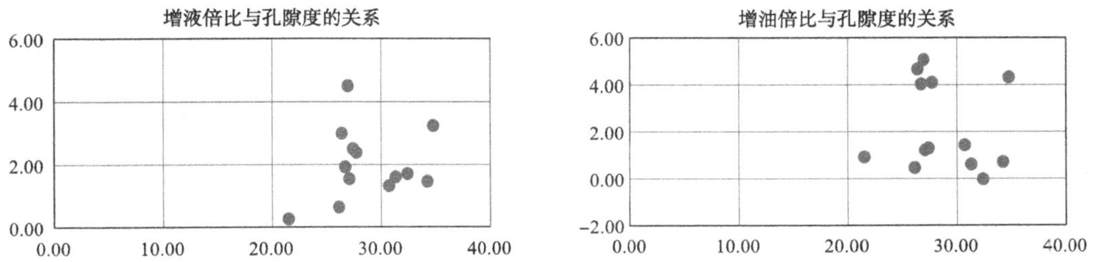

图7 增产效果与孔隙度的关系

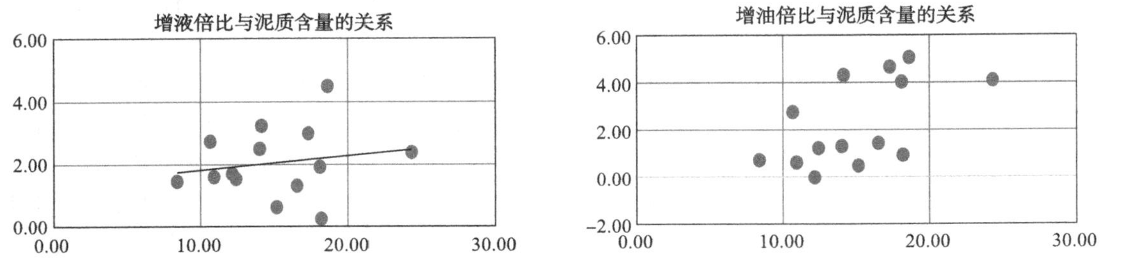

图 8　增产效果与泥质含量的关系

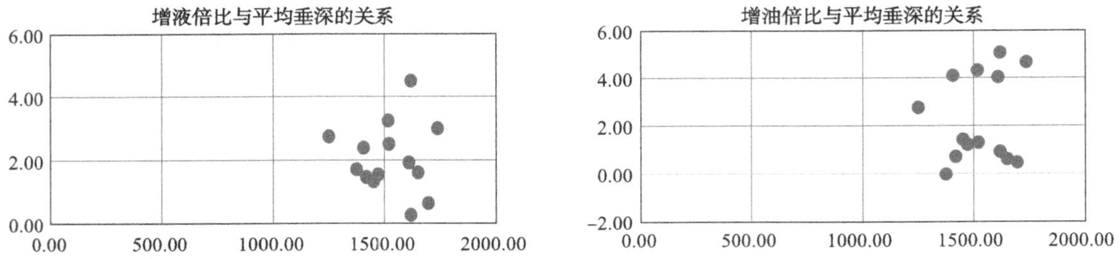

图 9　增产效果与储层埋深的关系

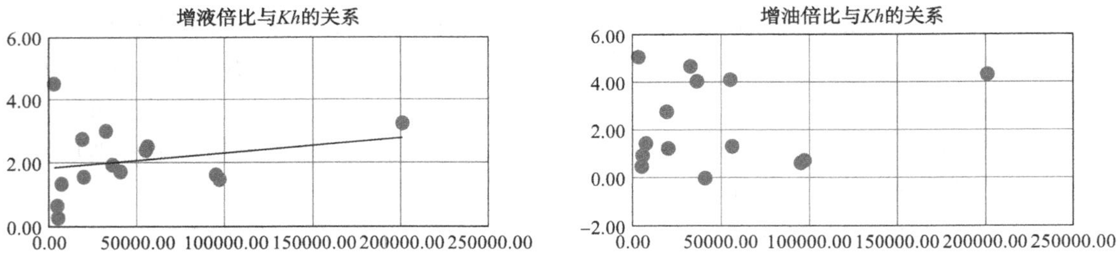

图 10　增产效果与地层系数的关系

根据散点图拟合趋势，整体上增产效果与储层参数相关规律不明显，分析原因主要是数据样本有限，另外已施工井大多采用分压合采工艺，相关参数都是平均后的结果，导致规律不明显，但从散点图结果来看仍存在一定相关趋势。得到认识如下：

① 增产效果与平均有效厚度呈正相关趋势，疏松砂岩压裂段往往厚度较大，压裂过程会解除近井及深部复杂堵塞，同时裂缝会沟通纵向非均质油气富集区，扩大供油面积。

② 增产效果与测井渗透率呈先升高后降低的趋势，增产效果好的井测井渗透率主要在2000～3000mD之间，当渗透率超过3000mD后增产效果反而变差，分析原因主要是物性过高，岩石胶结变差，压裂过程难以有效造缝，C油田C8井压裂曲线就表现为施工压力异常高，即便施工后期压力明显下降，分析停泵后净压力仍高达13MPa，说明裂缝未有效延伸甚至未有效形成裂缝。

③ 增产效果与测井孔隙度趋势不明显，但增产效果好的井，孔隙度分布在25%左右。目前，已施工井整体孔隙度主要分布在25%左右。

④ 泥质含量20%以内，增产效果与泥质含量呈正相关趋势。原因可能是随着泥质含量升高，胶结程度更好，更有利于造缝。

⑤ 增产效果与地层系数 Kh 相关性较差，无明显趋势。

根据以上认识，后续过筛管压裂选井建议：储层有效厚度相对较大，建议10m以上；选择岩石胶结程度更高的储层，尽量避免选取不胶结岩石储层。针对不同胶结程度的储层，优化压裂工艺参数，提高造缝效率。

1.3　增产效果与压裂施工参数关系分析

统计分析了液量、平均砂比、加砂强度、前置液占比等压裂施工参数与增产效果的关系，结果见图11～图14。

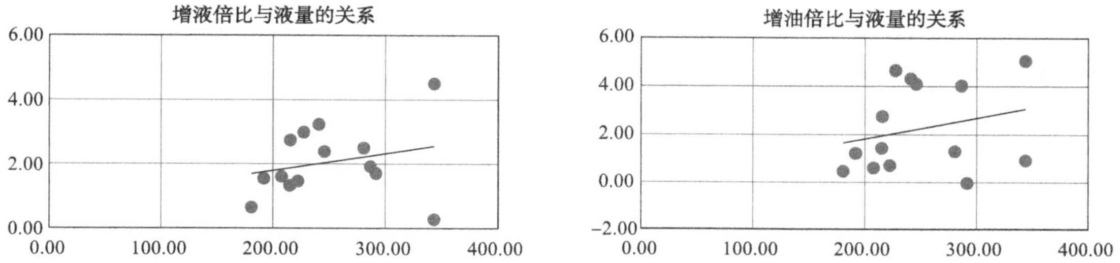

图 11　增产效果与液量的关系

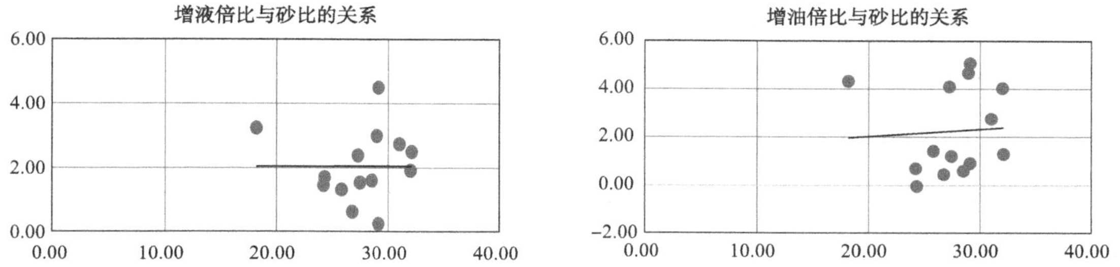

图 12　增产效果与砂比的关系

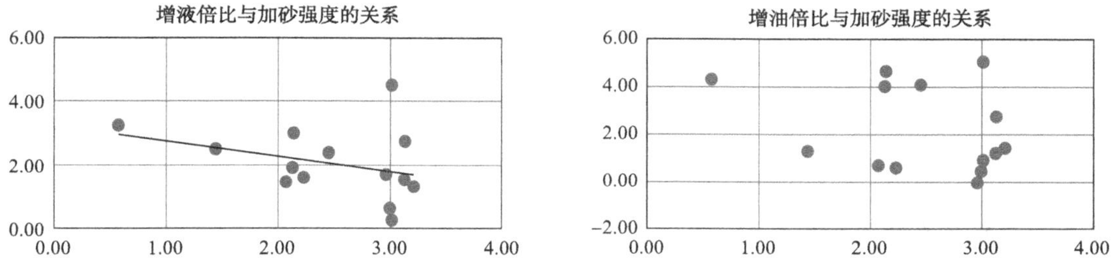

图 13　增产效果与加砂强度的关系

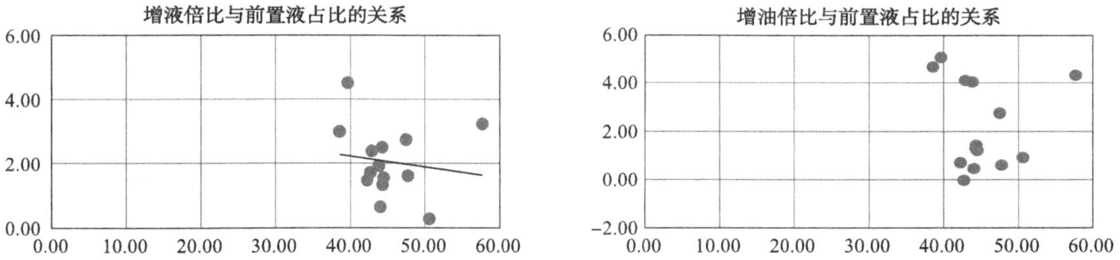

图 14　增产效果与前置液占比的关系

根据散点图拟合趋势，整体上增产效果与压裂施工参数相关规律不明显，同样存在数据样本有限，分压合采等因素影响，但从散点图结果来看仍存在一定趋势，认识如下：

① 增产效果与与液量呈一定的正相关趋势。分析认为液量增大，裂缝波及体积变大更大，增大了改造体积。

② 增产效果与平均砂比呈正相关趋势。较高的平均砂比带来更高的导流能力，疏松砂岩储层本身物性较高，需要提高裂缝导流能力，提高无因次裂缝导流能力，才能带来更好的增产效果。

③ 增产效果与加砂强度相关性差，但有一定的负相关趋势。整体来看，增产效果好的井加砂强度大多分布在 2~3m^3/m。

④ 增产效果与前置液占比关系不明显。增产效果好的井前置液占比大多分布在 40%左右。

后续过筛管压裂工艺参数优化建议：从压裂效果来看，现有工艺参数条件下整体增产效果较好，除二次防砂方式以外，不建议进行大的变动，可在原工艺基础上进行适当调整。前置液占比、加砂强度不宜过高，在条件允许的情况下适当提高平均砂比。

2　过筛管压裂施工曲线分析

通过对过筛管压裂井主压裂施工压降曲线进行了分析。不同油田闭合应力、净压力、液体效率及闭合过程液体滤失模式与压后产量的关系。

2.1　近井摩阻分析

通过降排量测试，分析了过筛管压裂施工的近井摩阻(图 15)。

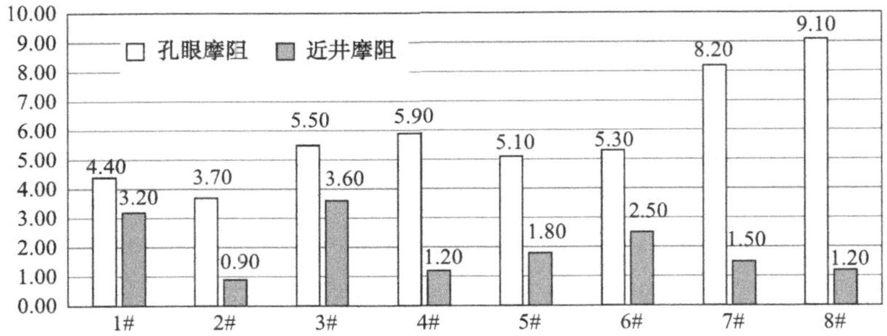

图 15　过筛管压裂近井摩阻分析

根据 8 口井降排量分析，近井地带摩阻以孔眼摩阻为主。说明筛套环空被砾石或地层砂充填，压裂进液通道主要为筛管射孔段，裂缝也主要从射孔段起裂。地面施工压力范围 15~40MPa，通常小于 30MPa，现场施工限压 50MPa，安全系数 1.25 以上，考虑二次防砂，沿用目前射孔参数，射孔相位 60/120°，孔密 16 孔/m。未降低孔眼摩阻，建议通过增加支撑剂段塞进行打磨。

2.2　压裂分析结果与增产效果关系

平均闭合压力：D>B>C>A>E(图 16)。增油倍比与闭合应力表现为负相关趋势，闭合应力高，导流能力降低(图 17)。

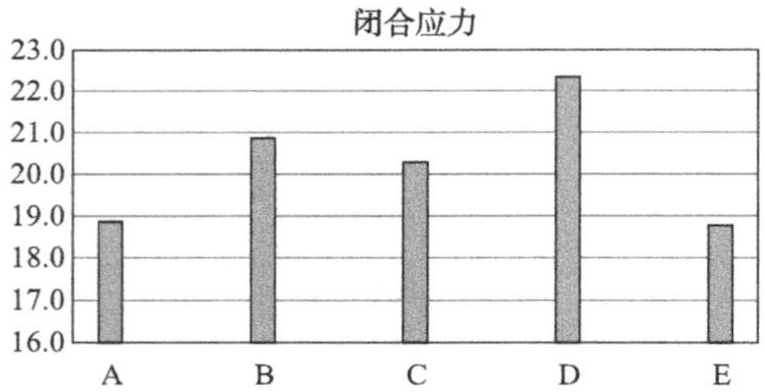

图 16　不同油田闭合应力情况

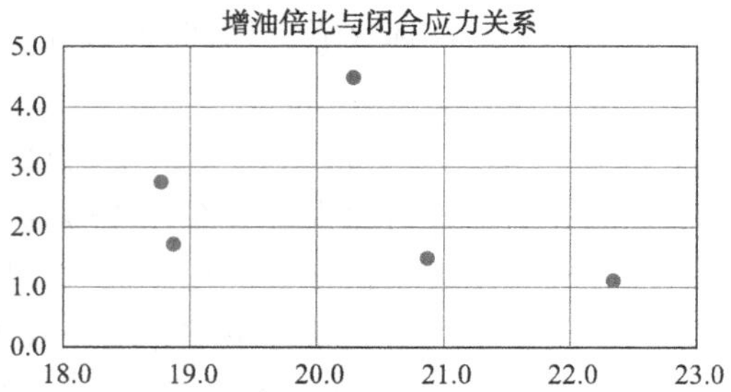

图 17　增产效果与闭合应力的关系

主压裂净压力：D>A>C>B>E(图 18)。净压力是裂缝延伸的动力，净压力高表明裂缝在平面上或纵向上延伸困难，缝宽较大。D 油田压裂裂缝延伸难度大，B 油田裂缝延伸相对容易。

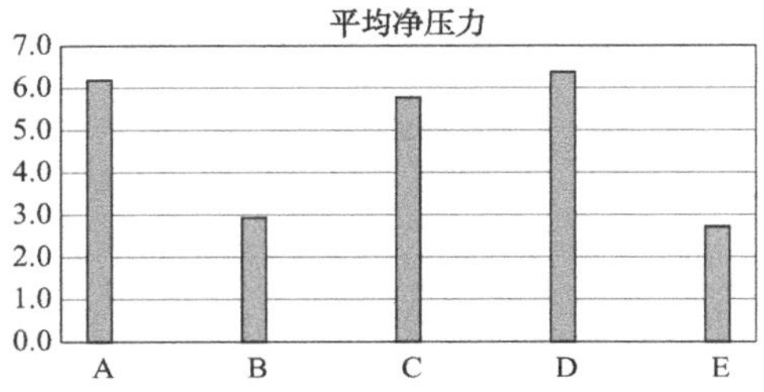

图 18　不同油田净压力分布情况

不同油田液体效率：E>C>B>A>D(图 19)。压裂工艺相同，施工参数接近，液体效率反应造缝能力。E 油田液体效率最高，但只有 1 口井，不具有代表性。C 油田液体效率其次，D 油田液体效率最低。不同油田平均增液与增油倍比与液体效率有明显正相关关系(图 20)。分析认为疏松砂岩油藏压裂除了解堵作用外，也具有改造增产效果，液体效率高，裂缝规模大，改造范围更大。

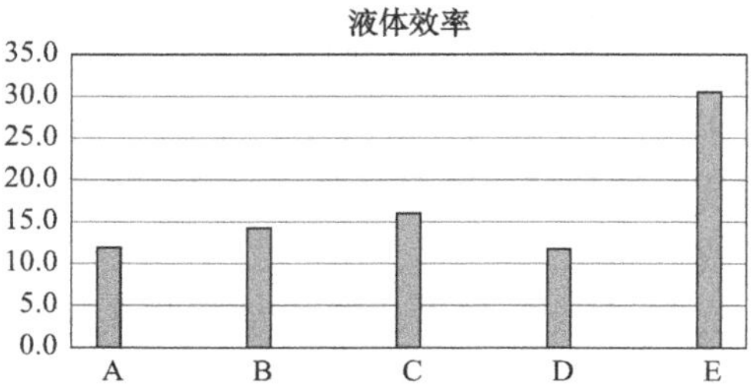

图 19　不同油田液体效率分布情况

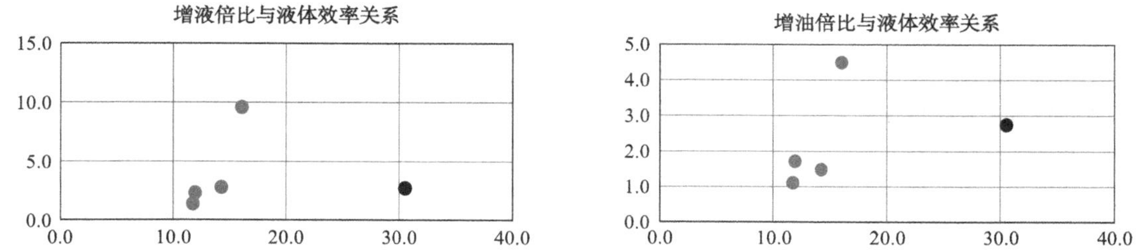

图 20　不同油田增产效果与液体效率的关系

滤失模式：B 油田以 PDL（基于压力的滤失）滤失为主，其他油田以 Storage 滤失（存储式滤失）为主。PDL 滤失：沟通微裂缝，加速滤失（亏空区）。Storage 滤失：较宽横切缝/沟通隔层，减缓滤失（图 21）。

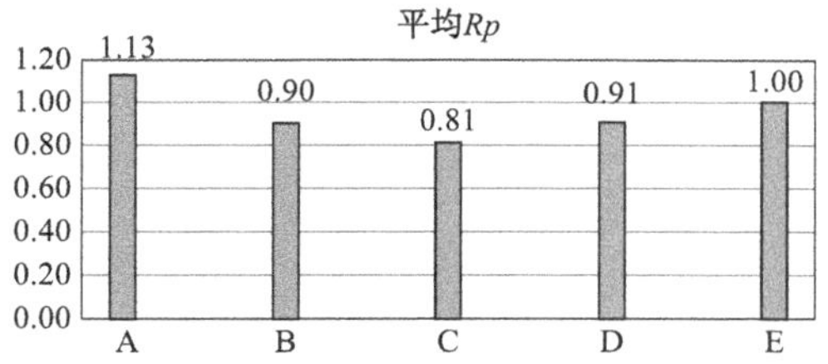

图 21　不同油田滤失模式分布情况

FOP（fissure open pressure）：C>A>D>E>B（图 22）。疏松砂岩 *FOP* 整体较低，裂缝净压力高于 *FOP* 便会开启，缝高易沟通。C 油田 *FOP* 最高，微缝开启相对困难，有利于主裂缝延伸。B 油田 *FOP* 最低，可能为地层出现大量亏空通道，压裂易沟通。建议采用补能或暂堵后压裂的方式，填补亏空，延伸主裂缝。

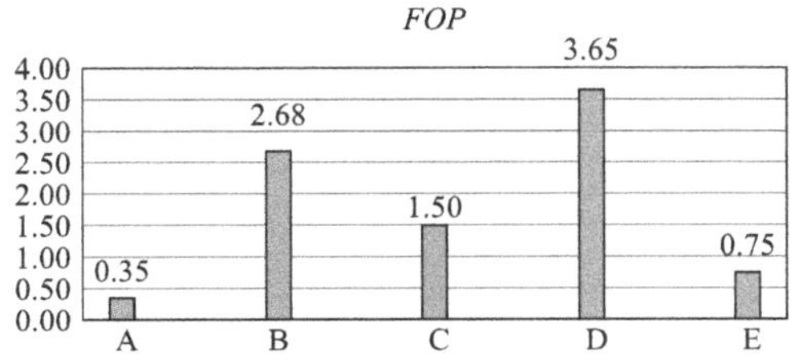

图 22　不同油田为裂缝开启压力的分布情况

通过压后分析，得到以下认识：①疏松砂岩压裂能够形成主裂缝，双对数曲线观察到明显的裂缝闭合前后的裂缝线性流及闭合压力点，但由于封隔器解封及地层压力系数低等原因未观测到拟径向流。②G 函数叠加导数曲线多以 PDL 或 Storage 滤失，较少出现基质滤失模式，表明裂缝形态复杂，缝高容易突破隔层。③B 油田以 PDL 滤失为主，分析认为该油田储层存在大孔道亏空区域，其他油田以 Storage 滤失为主（缝高方向易延伸或横切缝）。④整体微裂缝开启压力较低，表明最大最小水平主应力差较小，一定程度增加了裂缝复杂程度。⑤近井摩阻以孔眼摩阻为主，射孔段之外筛套环空纵向上压裂液流动较差，裂缝主要沿射孔段起裂延伸。⑥液体效率对疏松砂岩增产效果影响较大，疏松砂岩增产仍然需要一定规模的裂缝，提高近井导流能力，解除近井地带储层污染，沟通非均质油气构造富集，增大泄油区域。⑦多数井压降过程会出现压力突变的情况，压力点在 3MPa 左右，即封隔器解封压力，对分析造成一定影响。

3　结论

（1）疏松砂岩压裂能够有效形成主裂缝，停泵后压降曲线有明显的裂缝闭合前与闭合后地层线性流特征。

（2）疏松砂岩过筛管压裂不仅具有解堵效果而且具有储层改造增产的效果，对于岩石胶结程度较高的储层，压裂增产效果整体更好。

（3）液体效率与压裂产量呈明显正相关关系，疏松砂岩增产仍然需要一定规模的裂缝突破污染带，改造储层，实现增产。

（4）射孔段外筛管与套管环空纵向上压裂液流动较差，裂缝主要沿射孔段起裂延伸，后续进一步优化射孔位置，获得更好的改造效果。

（5）疏松砂岩过筛管压裂微裂缝易开启，缝高易容易延伸，从而形成复杂裂缝形态，裂缝延伸后期大多表现为脱砂充填的特征。

参　考　文　献

［1］王坤，吴增智，邹鸿江. 海上中高渗储层压裂工艺技术研究与实践［J］. 钻采工艺，2016，39（6）：54-57.

［2］马英文，邓建明，赵少伟 . 海上老油田增产的工程技术发展方向探讨［J］. 钻采工艺，2019，42（04）：110-111.

［3］徐文江，肖茂林，孙兴旺，王永刚，贾云林，姜安，杜景锋，姜维东 . 海上低渗透油田水平井多级压裂

先导试验[J]. 中国海上油气，2017，29(06)：108-114.
[4] 龚宁，李进，陈娜，张启龙，徐涛. 渤海油田水平井出水特征及控水效果评价方法[J]. 特种油气藏，2019，26(05)：147-152.
[5] 梁丹，康晓东，何春百，王旭东. 海上三低油田开发难点及有效开发策略分析[J]. 石油地质与工程，2019，33(01)：72-75.
[6] 卢大艳，孟祥海，吴威，周际永. 渤海注聚油田堵塞井堵塞机理分析及复合解堵工艺设计[J]. 中国海上油气，2016，28(05)：98-103.
[7] 杨子，刘国振，王万鹏. 过筛管压裂增产防砂技术在海上油田的应用[J]. 辽宁化工，2021，50(04)：569-571.
[8] 陈勇军，郑旭，郭秩瑛，李彪，王曼依. 过筛管压裂技术在海上油田的应用[J]. 石化技术，2019，26(09)：3-4.
[9] 王绪性，郭布民，徐延涛，袁文奎，李湾湾. 海上过筛管压裂工艺研究及应用[J]. 钻采工艺，2022，45(02)：56-60.
[10] 张丽平. 渤海油田疏松砂岩压裂起裂参数影响因素分析[J]. 石油化工应用，2021，40(09)：81-85.

渤海油田水平井早期机械控水技术研究

尚宝兵　方　涛　孙　超　庞　铭　夏宏泽

[中海石油(中国)有限公司天津分公司]

摘　要　水平井由于泄油面积大、单井产量高等优势，在渤海油田得到广泛应用。为解决水平段动用不均、含水上升快等问题，研究形成了以连续封隔体控水、水平井分仓控水为代表的早期机械控水技术，并在现场试验应用；对生产后期存在控水需求的水平井，设计采用水平井预置分段，实现水平段封隔便于控水工艺实施。连续封隔体控水技术通过在防砂控水筛管与井壁间环空充填轻质颗粒形成致密充填层，与装有控水阀的防砂控水筛管配合调节水平段产液量，达到防止地层出砂与控水的协调治理。水平井分仓控水利用智能完井手段，在水平段设置分舱封隔器，同时井筒内下入智能分段分采管柱，通过地面控制设备控制配产器油嘴开关并监测各段产能及产液含水情况，实现水平井精细开采和高效控水。水平井控水关键井下工具由初期的自调节向智能化调节转变，并在边底水油藏水平井逐步推广，有效解决了水平井开发控水难题。

关键词　水平井；早期机械控水；连续封隔体控水；分仓控水；预置分段

水平井能够有效增加与油藏的接触面积，改变近井地带的渗流方式，降低渗流阻力，从而提高油井产量。渤海部分油田采用水平井开发，获得了较好的开发效果。但水平井生产过程中易出现沿水平段底水脊进不均匀、见水后油井产量下降快等问题，导致油井开发效益变差，需要寻找合理有效的控水工艺措施。

目前水平井控水研究主要有化学和机械防治两种工艺思路，而且主要应用于高含水水平井。为改变水平井生产现状，提出了早期控水技术方法，即在新井建井阶段就下入控水工艺管柱，通过调节水平段产液量以实现均匀开采，达到降低含水上升速度、控水增油的目的。从2007年开始，渤海油田先后探索应用了中心管控水、变密度筛管控水、水平套管井选择性射孔控水等技术，取得了一定的控水效果，但仍存在技术有效期短、产液剖面调整幅度受限等局限性。针对上述问题，渤海油田聚焦水平井控水增油需求，以实现水平段精细分段为基础，研究形成了连续封隔体控水、水平井分仓控水技术、水平井预置分段技术，并在现场逐步应用。

1　连续封隔体控水技术

1.1　技术原理

连续封隔体控水技术主要包括控水筛管，以及控水筛管与井壁间充填满轻质颗粒形成的充填层。控水筛管上安装有控水阀，根据水平段渗透率分布、油水黏度、井眼轨迹等，优化控水阀的位置及数量以达到减少高产水段产出量、稳油控水目的。环空中的致密充填层增加了流体的轴向流动阻力，具有防止环空水窜的作用。与传统工艺相比，该技术不需单独环空分段即可实现水平井分段控水，简化了井下管柱结构，降低了施工作业难度(图1)。

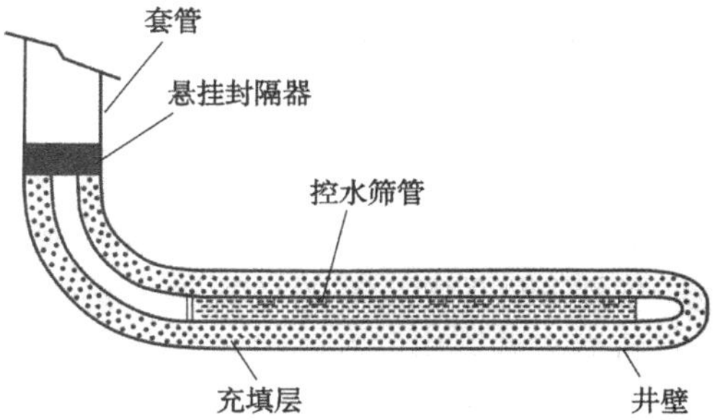

图1　砂控水管柱示意图

1.2　防砂控水筛管

与常规防砂筛管相比，防砂控水筛管经过了流道改造。其基管与外部过滤网之间具有一定空隙，地层产液流经过滤网滤砂后可以通过流动通道进入控水阀，经过控水阀流入井筒。防砂过滤网主要包括4层，由支撑网和3层过滤介质组成，两者共同作用实现防砂作用，并可避免过滤网发生冲蚀破坏。地层产液在防砂控水筛管中的流动方向(图2)。

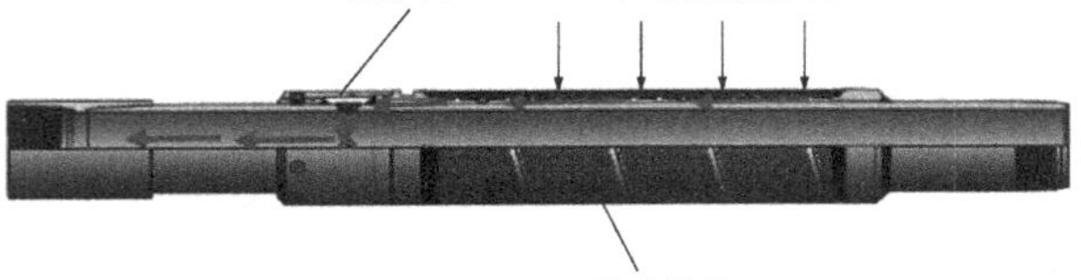

图 2　体流动方向示意图

控水阀采用钨镍合金制作而成，具有强度高、耐冲蚀的特点(图 3)。此处采用的控水阀是基于喷嘴节流原理实现差异化限流，通过调节控水阀的开度调整流体过流面积，使得流体产生过流附加压降。对于渗透率高、产水量大的井段，通过减小控水阀的开度减少地层流体入流量。

图 3　控水阀结构示意图

1.3　轻质亲油疏水颗粒优选

控水筛管与井壁间环空充填的轻质颗粒具有密度小、易充填、耐温耐压等特征，其实际密度为 1.04g/cm^3，耐温达 130℃，耐静压达 60MPa，在地层条件下可保持良好的完整性。该种颗粒具有良好的表面光滑性，有助于避免生产过程中地层矿物质和有机质在其表面沉积。此外，通过特殊的制造工艺，在轻质颗粒表面镀膜一层功能性树脂，使得轻质颗粒表面改性，具有亲油疏水特性，提高了环空透油控水目的(图 4)。

2　水平井分仓控水技术

2.1　技术原理

随着智能完井及智能分采技术的发展，针对新钻水平井研究形成了水平井分仓控水技术。该技术通过在筛管上设置机械封隔器以实现环空机械封隔，防止环空窜流。在筛管内部与智能分采

图 4　轻质颗粒图

管柱配合，实现了水平井分段开采，管柱分舱层段可达到 3 段以上。同时在水平井分舱分采的同时，可在线监测井下参数，及时调整各舱室的产能，进而优化水平井生产制度，以降低高产水段的产液贡献量，降低水平井含水率(图 5)。

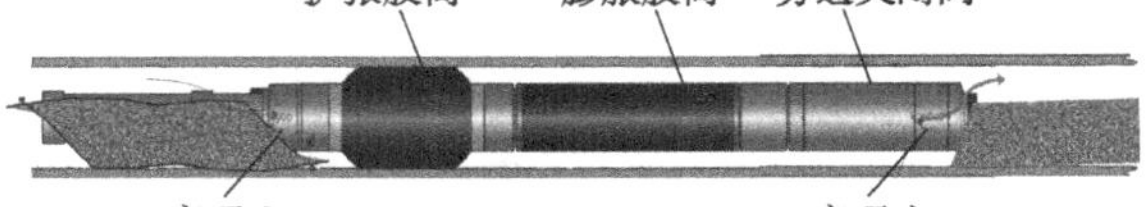

图 5　水平井分仓控水示意图

2.2　水平井分段工艺

为有效实现水平段分段，设计采用可充填旁通封隔器，通过水平段一体式充填和“扩张胶筒+膨胀胶筒”密封双层保障，实现水平段有效封隔。充填作业前，一次性坐封所有扩张胶筒，封隔环空通道，打开旁通通道。充填作业时，携砂液从旁通入口流入，跨隔过旁通隔离封隔器从旁通出口流出，一次完成多段充填。充填作业完成后，膨胀胶筒膨胀，膨胀胶筒外侧不存在充填砂，能够紧贴井壁，为有效封隔管外串流提供二次保证，为后续分层机械控水提供便利井筒条件(图 6)。

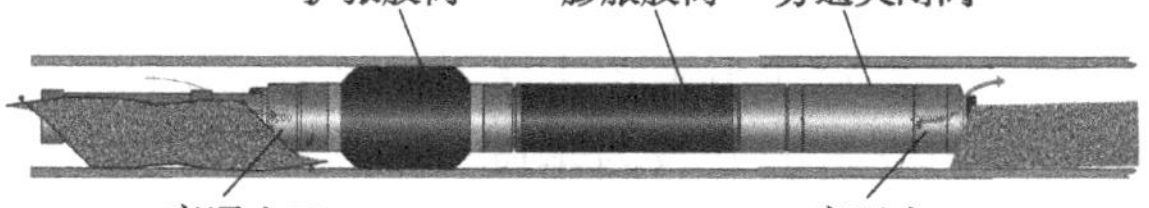

图 6　水平井分段示意图

2.3　智能分采工艺

针对水平井分段开采、智能调控的需求，在海上油田智能分注技术研究基础上，创新形成了液控智能分采技术，利用“n+1”根液控管线控制“n”层液控配产器开度，实现油井 3 层段以上在

线调产，助推渤海油田油井精细分采技术水平进一步提升。液控智能配产器作为液控智能分采技术的关键工具，相较智能配水器，具有调控扭矩更大，配产液量更大、摩阻小的优势，整体结构由液压关闭腔、液压开启腔、流量调节套、可调油嘴等关键部件组成，液压关闭腔和液压开启腔分别连接一根液压管线，可通过管线轮换打压控制配产器油嘴开度和启闭，地面监测油井各层段产液量及含水率，并根据油藏需求在线调节井下各层段液控配产器油嘴，实现油井精细分采高效控水(图7)。

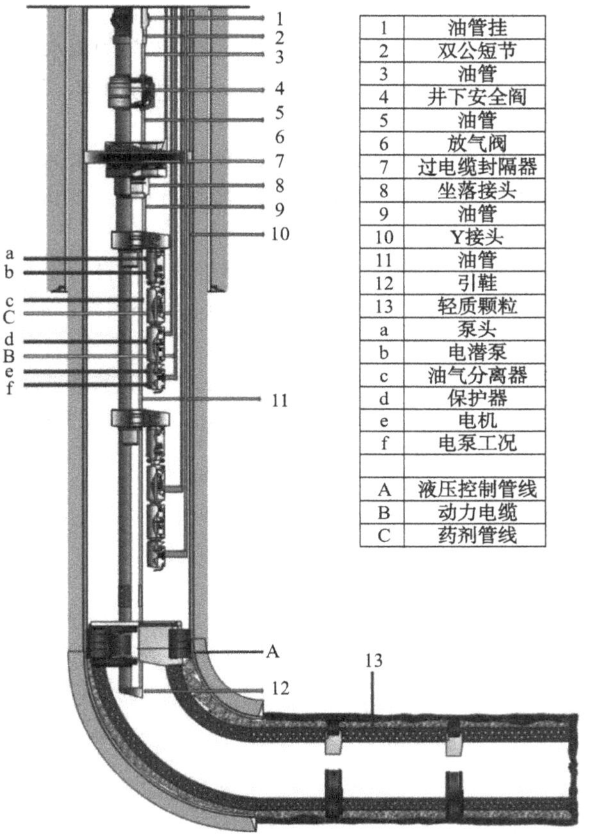

图7　水平井分仓控水生产管柱示意图

但是，由于液控管线需要在采油树上做穿越以实现井下到地面的连接，而采油树上穿越数量受限，因此理论上水平井分仓控水可实现3层段以上的分段生产，但实际上目前应用的水平井分仓控水，一般最多只实现3层段分段。

3　水平井预置分段技术

对于投产初期含水率低、不需控水措施，而生产中后期含水率突升需控水稳油的生产井，提出在钻完井阶段实现水平井预置分段的技术方法。在完井过程中根据水平段变化规律认识，采用分段充填封隔器对水平井进行分仓，在每一段内进行砾石充填，实现环空封隔；出水后通过预置封隔器与后续下入的中心管实现对出水层段的智能调控、抑制高含水段产出。通过预置分段，水平井后期在开展控水作业时，不需采用ACP进行环空封隔，环空分段费用可降低61%，作业工期可节省30%左右。

4　现场应用

4.1　新水平井连续封隔体应用

B4H井为馆陶组的一口水平生产井，该井井深2450m，水平段长184m，地层原油黏度243mPa·s，采用底水能量开发。该井水平段采用裸眼完井，114.3mm防砂控水筛管+环空充填20/40目轻质颗粒防砂。

该井投产初期产液量150m^3/d，含水10.6%。与水平段长度、储层物性相近的邻井相比，该井的见水时间稍晚，且含水率大于60%后，其含水率在较长时间内低于邻井，控水增油效果明显。

B4H井生产动态示意图如图8所示。

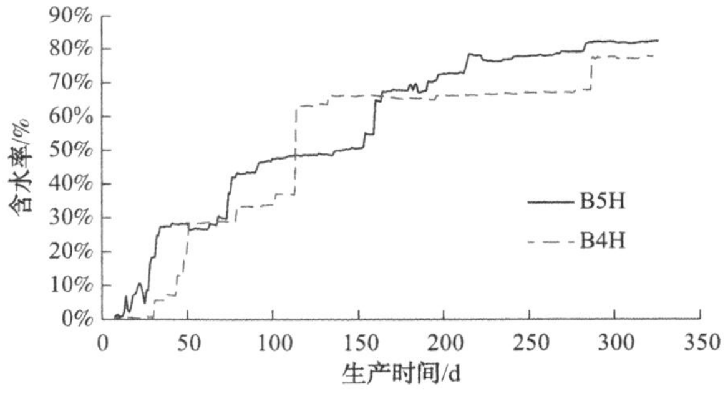

图8　B4H井生产动态示意图

4.2　新水平井分仓控水技术应用

K油田为岩性-构造油藏，浅水三角洲沉积，河道多期叠置，平面上呈现“宽带式”叠置连片分布。考虑到部分水平井需同时开发多期砂体，为提高砂体动用程度，设计采用水平井分仓控水技术。该油田B10H井采用8-1/2裸眼完钻，采用8-1/2裸眼旁通隔离封隔器对裸眼段分仓，配合Y分生产管柱进行智能分采生产，分2段生产。实施过程中，根据实钻数据及渗透率、含水饱和度等油藏特征，实时优化裸眼封隔器的下入位置，优化裸眼封隔器的布置以实现水平段精细开采。

该井设计产液量70m^3/d，含水25%，实际投产后含水率2.8%，目前稳定在16%左右，产液量约为96m³/d，起到了良好的控水稳油效果(图9)。

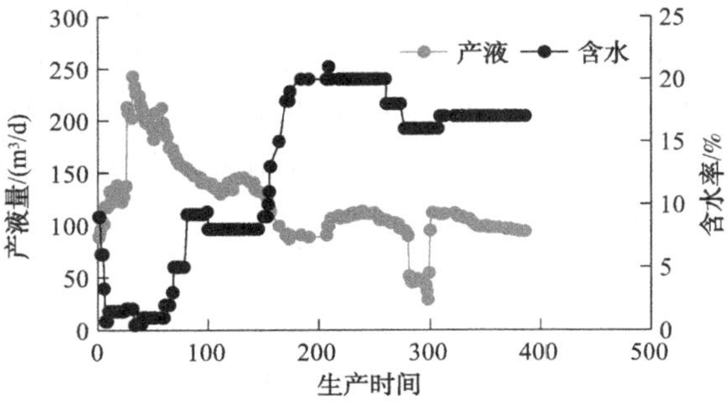

图9　B10H井生产动态示意图

5　结论与认识

为进一步提升边底水油藏水平井开发效果，水平井控水由晚期控水向早期控水转变，通过水平段分段、均衡开采，有效实现了水平井的高效开发。

为提高控水效果，控水技术由原来依靠控水工具自调节向智能调节转变，有效提高了控水井精细开发，精准堵控水，助力剩余油高效挖潜。

通过水平井机械分段，促进水平井开发模式由传统的大段开采向分段开采、分段轮采转变，破解了水平井精细开发的难题。

参考文献

[1] 何逸凡，石洪福，张吉磊，等．底水油藏水平井层内干扰定量表征及挖潜策略[J]．特种油气藏，2018，25(2)：85-89.

[2] 朱立国，陈维余，孟科全，等．海上油田筛管完井找堵水试验研究[J]．天然气与石油，2022，40(2)：40.

[3] 杨云，顾端阳，连运晓，等．多层疏松砂岩气藏水平井出水机理及防控对策[J]．天然气工业，2019，39(05)：85-92.

[4] 张顺康，李立峰，金勇，等．复杂断块油藏水平井水淹后差异化治理技术[J]．天然气与石油，2021，39(5)：80-86.

[5] 刘新锋，费建杰，陈学江，等．海上高含水油田稳油控水技术研究及应用[J]．特种油气藏，2018，25(03)：166-169.

[6] 李海涛，刘权，王楠，等．水平井新型自动流入控制器的研发与流体敏感性分析[J]．中国海上油气，2019，31(01)：126-132.

[7] 张宁，彭作如，曹波波，等．礁灰岩油藏水平井过饱和充填自适应控水技术[J]．天然气与石油，2023，41(4)：81-85.

海上强底水油藏特高含水期水平井分舱提高采收率技术研究及应用

张 东 李丰辉 刘洪杰 李彦来 刘春志

[中海石油(中国)有限公司天津分公司]

摘 要 作为渤海大型亿吨级底水油田，X油田综合含水超过95%，已进入特高含水阶段，油田稳产上产面临严峻挑战。为培育规模性增产增效举措、改善油田开发效果，针对底水油藏水平井开发影响因素错综复杂、测试资料少、出水机理缺乏认识、高含水井治理手段少等问题，开展强底水油藏水平井物理模拟实验，明确底水油藏出水主控因素影响界限；利用油藏工程方法，建立含水率二次导数曲线图版，实现水平井出水规律判断识别和定量表征；细化油藏与工艺实施路径，创新开展水平井智能分段开采生产管柱研究及现场实践，截至目前已累计实施分舱措施7井次，初期平均单井日增油30m^3、日降液1120m^3，综合含水下降5.6%。该技术实现了底水油藏水平井段传统合采模式向分段精准调控模式的转变，为控制底水脊进实现水平段均衡产出、提高水平段储量动用程度提供重要技术支撑。

关键词 底水油藏；水平井；特高含水期；出水规律；分舱技术

1 引言

目前渤海油田特高含水井占比超30%，高含水井稳油控水攻关对渤海油田七年行动计划上产4000万t具有重要的现实意义。X油田为渤海海域迄今为止投入开发规模最大的亿吨级底水油田，主要采用水平井、分单砂体开发，截至目前已历经20年的开发，油田综合含水高达95.0%，油田稳产上产面临巨大挑战，主要表现为三个方面：①油田的综合含水高、单井日产液量大，目前设备设施处理能力满负荷运转，油田重回限液生产阶段，老区产液结构精细化调整难度大；②底水油藏的地质油藏特征导致油井含水上升快、高含水油井占比超过76%，特高含水期油井产液量高、能耗大，效益挖潜难度大；③强底水油藏高含水期主要通过实施调整井维持稳产，底水油藏经济有效控水稳油手段少。由于该油田主要采用天然能量水平井开发方式，且底水油藏水平井开发影响因素复杂，找堵水测试手段有限，水平井堵水具有难度大、成功率低的特点，如何控制底水油藏水平井的含水上升速度，实现水平井控水稳油，成为该油田高效开发的关键问题。

近年来开发实践表明，在底水油藏水平井开发过程中主要存在以下三个方面问题：一是现有技术手段难以准确描述水平井沿程出水点分析及见水后的演化规律，底水油藏水平井开发见水机理和模式尚不明确，缺乏实验手段；二是底水油藏水平井开发影响因素错综复杂，测试资料少，底水油藏水平井出水分析的成熟经验不足，油井生产动态分析时见水主控因素不够明确；三是特高含水期底水油藏水平井稳油控水难度大，目前国内外仍然缺乏有针对性的规模性增产增效举措。因此，为进一步提高底水油藏开发水平，持续改善特高含水油田开发效果，在水平井出水规律研究认识的基础上，依托两年的生产科研项目攻关，充分借鉴定向井智能分采管柱动用多层的思路，逐步完成水平井分舱开采技术研究，截至目前成功应用于现场实践6井次，取得了显著的降水降液增油、节能降耗降费等实践效果，为底水油藏特高含水期水平井控水稳油指明了新方向。

2 底水油藏水平井沿程见水规律研究

2.1 底水油藏水平井沿程物理模拟实验

底水油藏水平井开发过程中出水影响因素多、出水规律复杂、出水位置认识判断难度大，是导致底水油藏控堵水措施成功率较低的主要原因。针对以上问题，开展了底水油藏水平井沿程见水大尺度物理模拟实验，通过设计和制作模型，完成了不同渗透率级差和原油黏度主控因素条件下的水平井沿程见水演化规律。在模拟水平井沿程见水规律物理模拟实验中，选择透明有机玻璃作为模型边界并进行胶结，同时充填介质使用不同目数的石英砂和环氧树脂胶结，使得表面润湿性为弱亲油，并保证模型的可视化，如图1所示。

图1　水平井沿程见水规律实验模型

在制作和设计物理模拟实验时，按照相似准则进行方案设计。根据相关公示推导，把所有的物理量转换成无量纲的形式，在对已有的相似准则数进行独立性分析后，删除多余的准则数。建立模型主要参数如表1所示。

表1　模型值与油藏原始值的对比

参数名称	原始油藏参数	三维物理模型参数
油藏长度/m	2000	1
油藏宽度/m	500	0.1
油藏厚度/m	6	0.3
水平段长度/m	600	1
孔隙度/%	30	30
渗透率/mD	2600	2600
井径	0.138m	0.2mm
原油黏度/mP·s	2~350	4~150
原油密度/(kg/m^3)	850	850
地层初始压力	10MPa	150KPa

实验结果表明，在底水油藏水平井储层物性均质实验条件下，不同原油黏度水平井沿程见水演化规律主要为，稠油水平井沿程见水演化为局部锥进–局部见水–局部上托–围绕见水点拓展，表现为先锥后托的特征；稀油水平井沿程见水演化，表现为较为均匀上托的特征。稠油和稀油对比，表现出更强的非活塞驱替。因此，原油黏度越小，水脊抬升速度快、抬升形态稳定，随着黏度的增大会加剧局部突进现象，形成点状见水或多点见水，如图2所示。

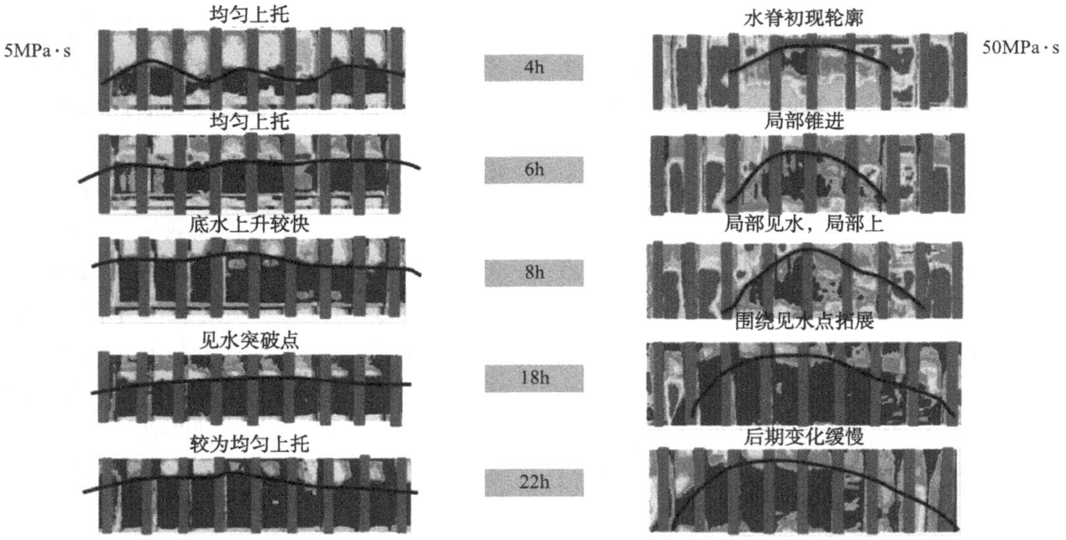

图2　底水油藏不同原油黏度水平井沿程见水演化规律

实验结果表明，在底水油藏水平井原油黏度相同实验条件下，不同渗透率级差见水演化规律主要为，原油黏度为50mPa·s时，随着渗透率级差增大，低渗段抬升高度降低，渗透率级差3∶1抬升高度约为渗透率5∶1的四倍，对于50mPa·s高黏原油，当渗透率级差3倍后，低渗段抬升一定高度(40%)后不再动用；原油黏度为150mPa·s、渗透率级差3∶1时，初期高渗段先抬升，但出现多处局部突进现象，直至高渗段点状见水，低渗段整体动用不明显，在高渗段发生较为严重的局部见水或指进现象，如图3所示。

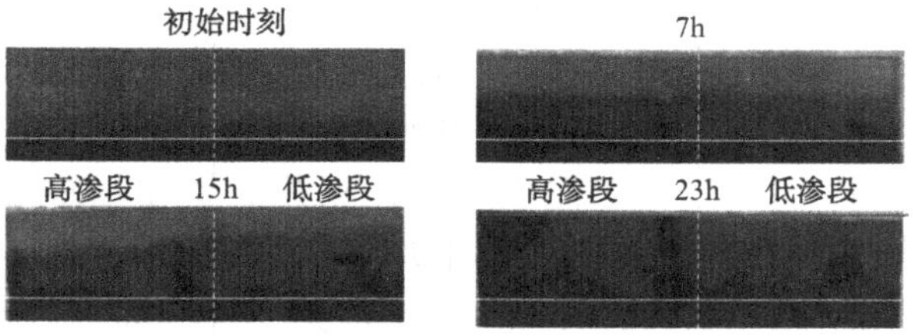

图 3　底水油藏不同渗透率级差水平井沿程见水演化规律

2.2　底水油藏水平井见水模式识别图版

底水油藏水平井见水后主要采用提液、堵水、侧钻等治理措施，然而难以准确识别出水位置。国内外文献对水平井见水模式判断的研究较多，而对水平段出水位置研究较少。为此，基于 X 油田实际地质油藏参数，采用数值模拟方法，建立出水模式研究机理模型，如图 4 所示，机理模型的主要静动态参数见表 1 所示。

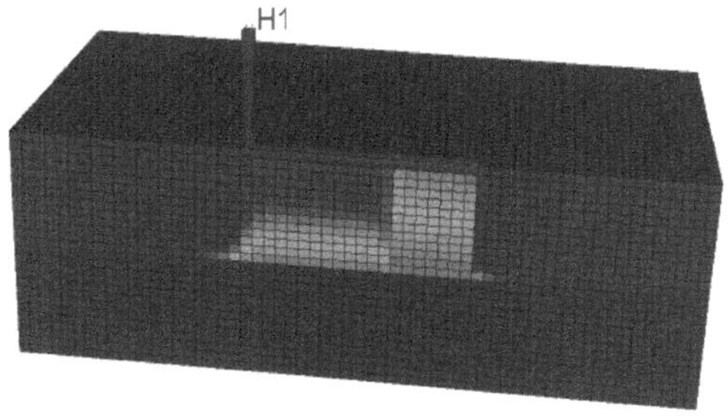

图 4　机理模型

本研究采用含水率二次导数曲线作为识别图版，其物理意义是：代表含水变化速度的快慢，二次导数的跳跃表明含水变化速度快，对应的是水平井段的见水时刻。见水模式识别依据：含水率二次导数曲线的跳跃数与高渗段数结合进行初步识别，充分考虑地质、工程、开采等因素综合诊断。在机理模型中，针对水平井水平段的渗透率，主要建立水平段为均质、有一条高渗条带、有两条高渗条带等三种不同的机理模型，并进行生产模拟预测，根据水平井含水率曲线，求取其含水率二次导数曲线。

如表 2 所示，对于水平井钻遇均质地层的水平井，水平段整体水淹，全井段见水，含水率二次导数曲线呈现“一次跳动”规律。对于水平段钻遇一条高渗带的水平井，水平井高渗透段先见水，低渗透段后见水，含水率二次导数曲线呈现“两次跳动”规律。对于水平段钻遇两条高渗带的水平井，水平井两段高渗透段先后见水，最后低渗透段见水，含水率二次导数曲线呈现“三次跳动”规律。因此，含水率二次导数曲线“跳动”的点即对应水平井各段见水时刻。如表 4 所示。该方法具有不受数据采样密度影响、可消除生产制度调整的影响、不同跳动次数与出水模式可有效对应等优势，通过机理模型总结多段出水模式特点，实现了水平井出水规律判断识别和定量表征。

表 2　不同高渗条带数含水率二次导数曲线特征

不同模型	水平段均质	一条高渗条带	两条高渗条带
模型设置	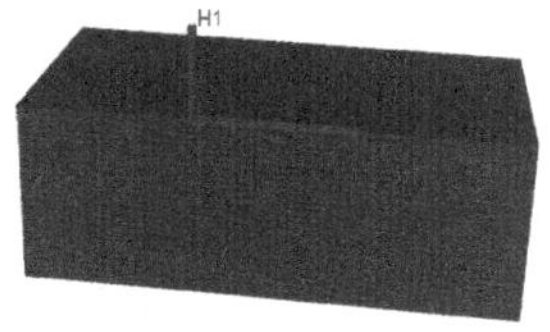	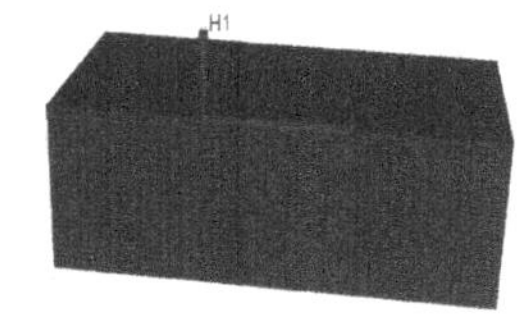	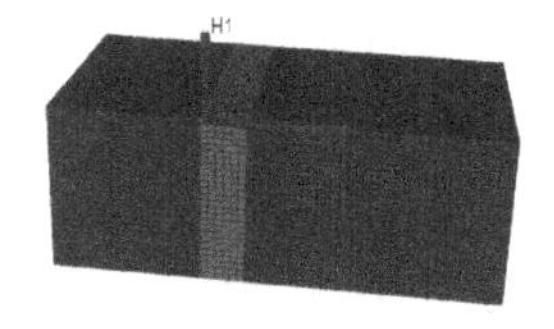
模拟情况	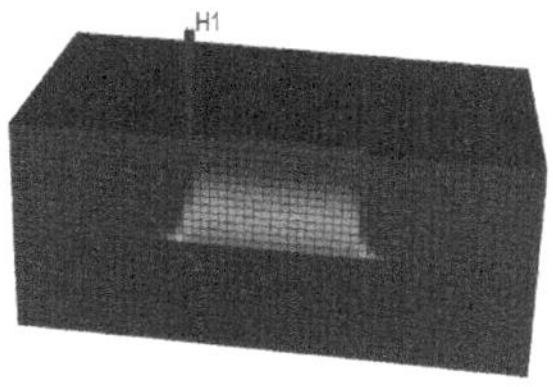	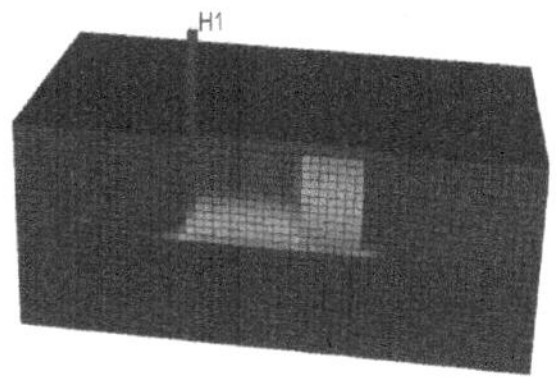	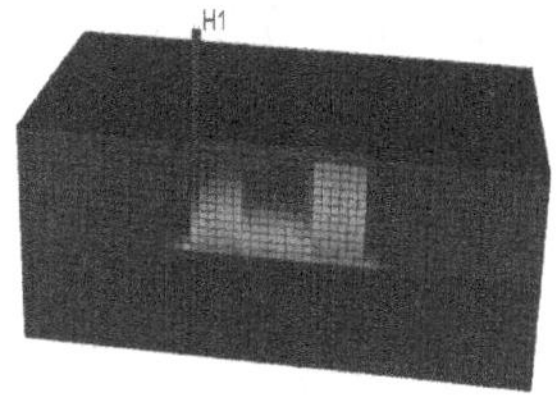
导数曲线	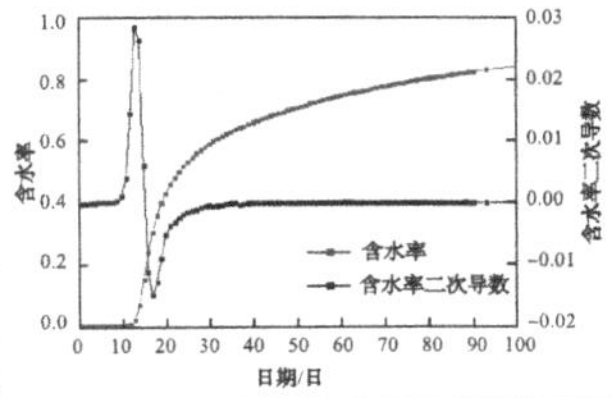	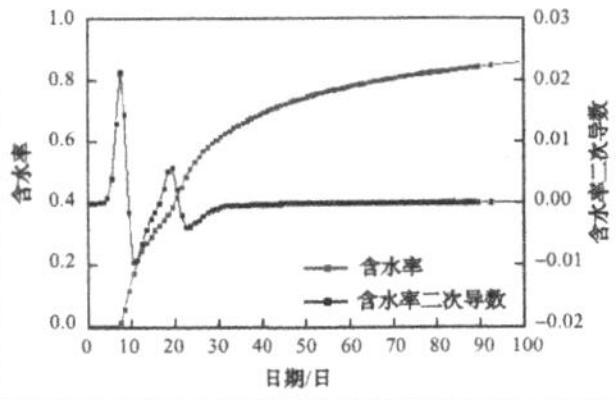	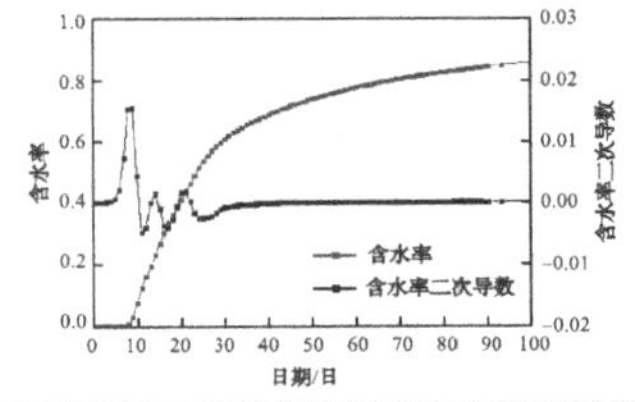

3　海上底水油藏水平井特高含水期分舱开采技术

在油田开发过程中，部分底水油藏水平井因平面非均质性较强，导致水平段普遍边存在开采动用不均的问题。底水油藏水平井含水突破后控水难度大，目前海上油田常用的堵水技术主要结合地质油藏动静态资料、数值模拟及水淹模式来综合确定出水机理及出水位置，但针对井下水平井各段实际产出情况尚无监测手段，控水增油效果有限。为解决底水油藏水平井高含水缺乏针对性治理措施的问题，充分借鉴定向井智能分采管柱动用多层的思路，创新开展底水泊藏水平井分舱开采技术研究及现场实践。

3.1　目标井筛选原则

为确保控堵水措施取得成效，油藏认识和油藏选井是关键。按照“油田高含水不等于每口井都高含水，油井高含水不等于水平段每个部位、每个方向都高含水”的认识，结合含水率二次导数曲线特征识别方法和油藏数值模拟等手段，开展了水平段出水规律分析研究，同时建立了底水油藏分段目标井原则针对，全油田处于特高含水期的水平井进行了全方位梳理。分舱目标井筛选原则主要为：

(1) 生产特征：高液量、高含水，生产压差小造成高、低渗段水淹程度不同；

(2) 出水特征：水平段动用程度不均衡，出水模式表现为局部水淹；

(3) 跟端趾端渗透率级差大，存在高程差；

(4) 钻遇夹层，可有效避免横向窜流；

(5) 有一定剩余可采储量，物质基础充分。

油藏动态识别方法判断出水位置及规律：以X油田的M2H井为例。该井上线后，随着含水逐步增加，油井逐步开展提频提液，措施前日产液1478m^3，日产油37m^3，含水97.5%，因当前油田处理设施长期满负荷运转，油田处于限液生产阶段，亟需开展该井的水平段分段控水措施，降低油井含水的同时提高该井产能贡献水平。储层钻遇方面，该井水平段跟端与趾端高差2m，且中间钻遇泥质夹层；测井成果显示跟端1740~1853m(113m)，平均渗透率75mD，趾端1883~1992m(109m)，平均渗透率1700mD，跟端趾端渗透率级差达到23，渗透率级差大易造成水平段动用不均。生产动态方面，M2H井投产后压力稳定，生产压差仅0.44MPa，对比历史邻井生产情况生产压差4.0MPa，综合分析认为在较低生产压差条件下跟端存在动用程度偏低的问题。为此，以泥岩或低渗层为界将水平段进行分段，如图5所示，通过油藏动态识别方法确认跟端为措施挖潜主力段。

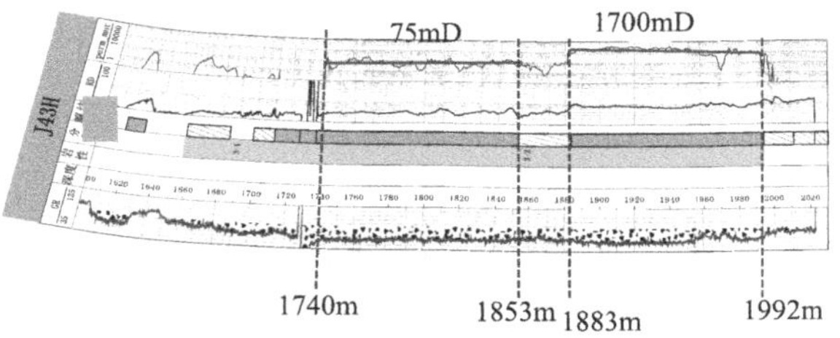

图5　措施目标井水平井分段依据(以M2H为例)

数值模拟方法判断出水位置及规律：以X油田的M1H井为例。该井上线后一直处于高含水状态，无低含水期，期间流压基本保持稳定，措施前措施前日产液2900m^3，日产油58m^3，含水98.0%，分析认为该井上线初期即存在水淹区域。通过与周边邻井分析，跟端与老井距离150m，老井侧钻前含水97%，且根据水平段流动本身存在“跟趾效应”，跟端更容易见水，因此初步判断为跟端存在一定程度的水淹。结合地质油藏静动态资料，通过开展精细油藏数值模拟，进一步证明水平段跟端出水严重，但中部、趾部储量动用程度相对较差，如图6所示。因此设计该水平井分3段开采，关闭主要见水段第一段，生产第二段和趾部的第三段，视生产情况开关第二段。

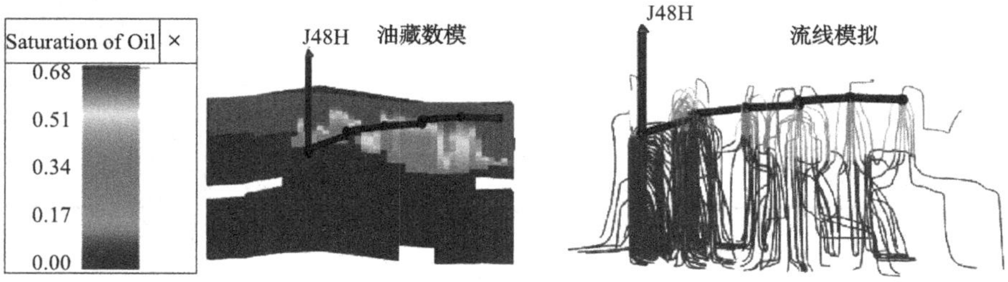

图6　措施目标井水平井分段依据(以M1H为例)

3.2 水平段分舱实施工艺

(1) 管外化学封堵工艺

该工艺所需的封堵材料主要以触变控制剂、强度控制剂等为核心组分，具备剪切变稀、剪切静止后结构迅速恢复的高触变特性，与常规堵剂相比，ACP 具有较好的“防坍塌”效果，能够对筛管外环空进行有效封隔。材料具备剪切变稀、静止后能够迅速恢复强度的高触变特性，将其注入管外环空，进行有效封隔，抑制水流轴向窜动。该工艺所需的工艺管柱主要是用于实现 ACP 在水平段的定点注入功能，为环空封堵提供相应的措施方法，主要由单流阀、注入阀、K344 封隔器、定位旁通、泄油阀和安全接头等组成。该工艺的实施过程主要为，注入管柱下入到目标位置；通过油管内打压，当管柱内外压差达到 0.5MPa，K344 封隔器开始坐封，实现注入阀和上下套管环空的封隔；压力继续上升，压差达到 1.5~2.0MPa，注入阀实现开启，可以进行对目标层段的注入；完成当前层段的注入，上提管柱进行 ACP 侯凝；侯凝完成后，管柱下入到注入层段，进行验封；上提管柱进行下一层段的注入作业，如图 7 所示。该注入管柱具有实现多轮次定点注入；坐封和解封简单、作业方便等特点。

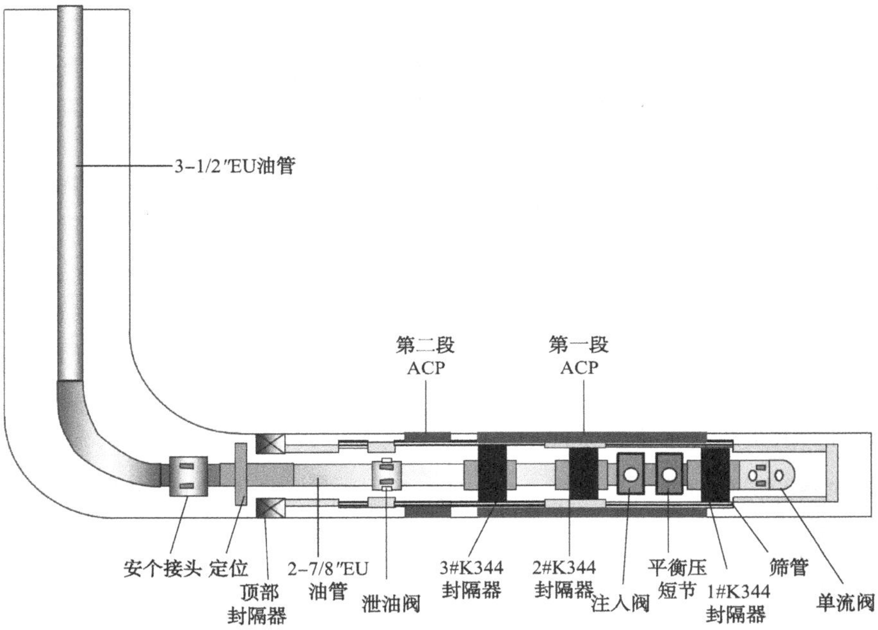

图 7　管外化学封隔定点注入示意图

(2) 管内分段开采工艺

该工艺主要是由液控阀(2 个)、投球滑套(1 个)、示踪剂短节(4 个)、Y341 过管线封隔器(2 个适用于 5-1/2″套管)、6" 过液控管线定位密封、2.313" 滑套(1 个)、216Y 接头、潜油电泵和 9-5/8" 过电缆封隔器等组成。该工艺实施原理主要是，生产管柱一趟管柱下入，到位后通过油管打压分别坐封 Y341 过管线封隔器和过电缆封隔器；打开滑套，启动潜油电泵进行生产；通过 1/4" 液控管线实现生成层段的开关控制，实现对目标层段的控水；每个示踪剂短节安装一种水溶性示踪剂产品，生产过程中通过示踪剂测试，认识各段油、水贡献，指导层位开关；若恢复第一段生产，则关闭潜油电泵，钢丝作业捞出生产堵塞器，投球打开投球滑套，投入生产堵塞器，启动潜油电泵进行生产，如图 8 所示。该工艺具有一趟管柱下入，作业方便；在地面实现目标层的控制；通过液压控制，耐温性能优，可靠性高；通过示踪剂监测获得油水信息，实现测试控制一体化功能等优势。

4　底水油藏水平井分舱开采技术实施效果

4.1 分舱开采措施评价方法建立

X 油田因平台空间受限，液处理能力长期满负荷运转。目前油井堵水行标中未包含措施井降液后其他油井提液增油效益，特别是针对分舱开采措施，部分井措施后日产液、含水大幅下降，但是针对增油效果未有明确的评价方法。针对以上问题，提出净降含水/定产液量两种方法计算单井措施日增油，以确保分舱控水措施效果评价合理、可靠。

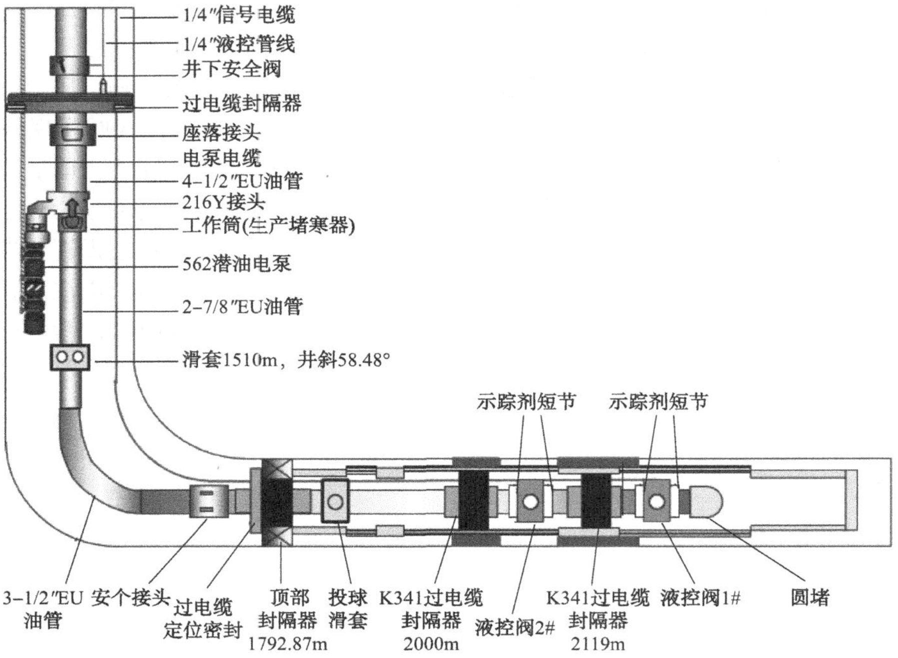

图 8　管内分段开采工艺示意图

净降含水法计算日增油主要是定义为措施后日产油与措施后日产液对对应措施前含水率的差值。其物理意义为，该井实施堵水措施之前，油井降低之措施后日产液量后含水不变条件下对应的日产油量，措施实施之后日产油与上述增油量之差，即为措施增油量，计算方法简单，如图 9 所示。

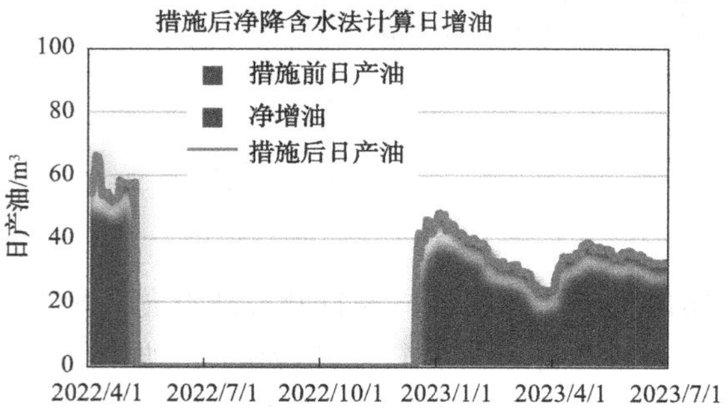

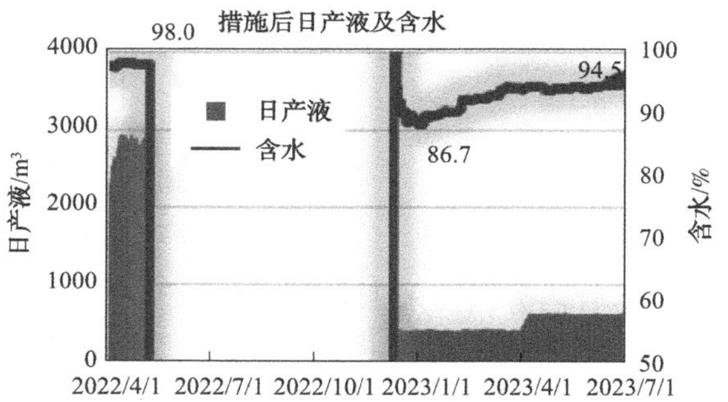

图 9　净降含水法计算单井措施日增油

定产液量法计算日增油主要是定义为措施后日产油与其他老井补液增油之和，再减措施前日产油。其物理意义为，措施前后日产液量相同，措施后因为油井降低液量后，其他老井进行了提液，该部分增油量亦为堵水措施的效果，因此该方法更为符合油田在限液条件下的堵水措施效果评价，如图 10 所示。

4.2　分舱开采措施实施效果总结

通过工艺创新和管柱优化，开展了水平井分舱+液控远程调控工艺技术的现场良好实践。以 M1H、M2H 为例，措施实施后，M1H 作为第一口水平井分段分舱先导试验井分为三段，措施后打开趾部潜力段进行生产，初期日产液量从原来的 2866m^3 降低至 414m^3，日产液降低 5.9 倍，含水从 98.0%降低至 88.5%，含水下降 9.5%，截至目前有效期已达 569 天；第二口水平井分段分舱试验井 M2H 分为两段，措施后打开跟部潜力段进行生产，初期日产液量从原来的 1446m^3 降低至 205m^3，日产液降低 6.1 倍，含水从 98.1%降低至 77.8%，含水下降 20.3%，截至目前有效期已达440天。如表3所示，7口井合计减少液量7883m³，利用净降含水法计算日增油208m³/d，平均单井日增油30m³/d，累计增油3.52×10⁴m³，增油降水效果显著。

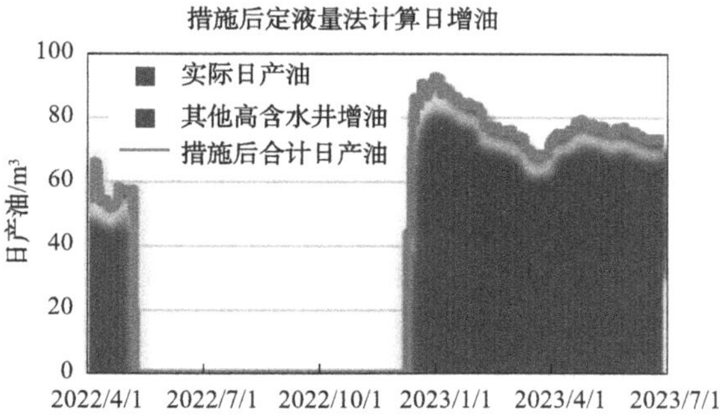

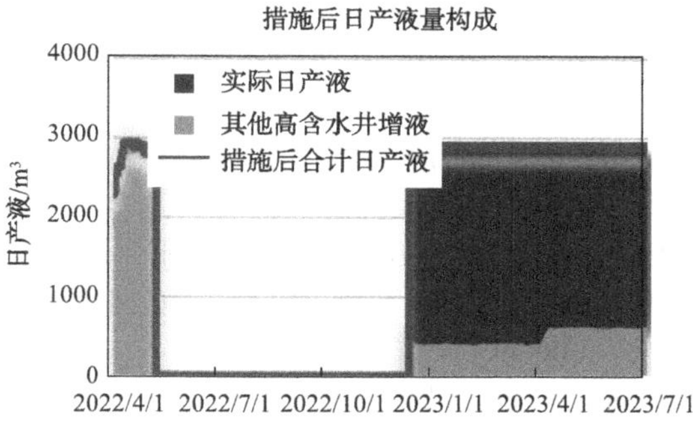

图10 定产液量法计算单井措施日增油

表3 分舱试验井措施前后生产情况对比

井号	日产油/m³		日产液/m³			含水/%			日增油量/m³
	措施前	措施后	措施前	措施后	降液倍数	措施前	措施后	含水下降幅度	净降含水法
M1H	58	48	2866	414	5.9	98.0	88.5	9.5	39
M2H	27	46	1446	205	6.1	98.1	77.8	20.3	42
M3H	54	66	1808	1516	0.2	97.0	95.6	1.4	21
M4H	35	46	1091	689	0.6	96.8	93.4	3.4	23
M5	14	54	1124	77	13.6	98.8	29.8	69.0	53
M6H	41	19	1952	642	2.0	97.9	97.0	0.9	6
M7	37	34	1583	444	2.6	97.7	92.5	5.2	23
小计	266	312	11869	3986	/	97.8	92.2	5.6	208

通过强底水油藏水平井分舱开采技术的创新应用，以实际行动践行“向技术创新要产量、从老井挖潜增效益”的理念，在以下3方面优势成效显著：①具有控水增油优势，通过水平井分舱控液生产，不仅可有效实现大幅度降低特高含水油井的含水，而且可大幅度降低油井日产液量1000m³以上，在油田处理能力满负荷、部分油井限液生产的条件下，为其他油井提液增油提供液量空间；②具有节能降耗优势，X油田机采井能耗高(占比全油田的48%)，能耗成本管控难度大，该技术实现了节能降碳与提产增效的有效融合，单井平均耗能降低67%，可降低机采能耗成本90万元/年/口；③具有降液降费优势，截至目前X油田实施的7口分舱措施井合计减少日产液7883m³/d，极大地缓解了油田处理负担，有效降低单井水处理费用，从根本上实现降本增效。

5 结论

(1) 开展底水油藏水平井沿程见水大尺度物理模拟实验，完成了不同渗透率级差和原油粘度主控因素条件下的水平井沿程见水演化规律，原油黏度越小，水脊抬升速度快、抬升形态稳定，随着黏度的增大会加剧局部突进现象，形成点状见水或多点见水，同时明确了稠油油藏渗透率级差动用界限。

(2) 利用油藏工程方法，建立含水率二次导数曲线识别方法，制定了底水油藏水平段均质、一条及两条高渗条带的二次导数曲线识别图版，实现水平井出水规律判断识别和定量表征。

(3) 针对海上强底水油藏稳油控水难度大、经济有效控水稳油手段少的特点，研发形成管外化学封堵工艺和管内分段开采工艺，形成了海上强底水油田水平井分舱开采技术。

(4) 通过对海上强底水油田分舱开采技术的现场实践，建立了净降含水及定产液量两种方法计算分舱措施日增油，以确保分舱控水措施效果评价合理、可靠。在此基础上，总结了该技术的现场实施效果，取得了控水增油、节能降耗、降液降费等良好实践效果，实现了底水油藏水平井段传统合采模式向分段精准调控模式的转变，为控制底水脊进实现水平段均衡产出、提高水平段储量动用程度提供重要技术支撑。

参 考 文 献

[1] 刘永胜．注水井分层智能联动调配系统[J]．石油仪器，2007，21(1)：62-63.

[2] 周长军，贾慧丽，黄强，等．分层注水井智能测调联作技术在中原油田的应用[J]．石油仪器，2010，24(5)：48-49.

[3] 贾德利，赵常江，姚洪田，等．新型分层注水工艺高效测调技术的研究[J]．哈尔滨理工大学学报，2011，33(4)：90-94.

[4] 徐国民，黄丰裕．注水井高效测调技术的研究与应用[J]．科学技术与工程，2011(5)：958-963.

[5] 黄强，张立，郭鑫，等．分注井测试与调配联动技术的改进与应用[J]．内蒙古石油化工，2011(5)：87-89.

[6] 刘敏．海上油田注水井配注量自动调节方法[P]．中国：200810104917，2011-05-11.

[7] 李明，王国志，朱雷，等．桥式偏心分层注水技术现场试验研究[J]．石油矿场机械，2010，39(10)：66-70.

胜利海上油田化学驱技术探索与实践

李丙贤　龚　俊　陈　亮　卢晓哲　郝明辉

（中国石化胜利油田分公司海洋采油厂）

摘　要　胜利海上油田主力油藏即将进入特高含水期，水驱开发面临着油藏非均质性加剧、注采矛盾增大、递减上升的不利局面。受限于海工条件，规模提液和打新井调流场实施成本高、周期长，不能满足海上油田持续高效、高速开发的需要。化学驱是老油田高含水开发阶段提高采收率和采油速度的重要技术手段，在陆地油田已经得到成功应用。但在胜利海上油田应用过程中，遇到无清水水源、采出水高含硫、平台空间狭小、载荷有限等问题，无法达到方案预期指标。本文从胜利海上油田开发特点入手，对含硫采出水配聚、全流程保黏、聚水联动调控以及化学驱注采工艺开展研究，并在F平台成功实施化学驱开发，各项技术指标均优于设计要求，取得良好的增油降水效益，为化学驱在胜利海上油田的推广指出方向。

关键词　胜利海上；污配污稀；注采工艺；聚水联动

1　引言

当前我国仍面临着能源依赖进口和老油田大量资源未能有效开发的突出问题，其中胜利海上油田1993年投入正式开发，原油产量已突破300万t，是中国石化和胜利油田重要的增储上产阵地。近年来，主力油藏逐渐进入特高含水开发阶段，长期注水导致油藏非均质性加剧，注采矛盾突出，开发递减上升。为保持长期高速、高效开发，需要转换开发方式，进一步提高开发效益。受限于海工设施现状和寿命，规模化提液和井网调整难以实现，而化学驱是提高采油速度和采收率的有效技术手段，在陆地油田及中海油得到成功应用，胜利海上油藏物性好、含水和采出程度较低，适合开展化学驱。近年来，胜利海上油田开展了化学驱技术探索研究，但受限于水源、海工条件、生产环境和工艺特点的限制，配聚黏度未能达到预期效果。因此，针对胜利海上开发和生产特点，从聚合物失黏机理研究入手，创造性提出污水生化除硫、密闭配聚、集约化配制和全过程保黏的技术路线，并开展矿场试验应用，实现污水配聚保黏和规模化注入，取得良好的增油降水效果。

2　胜利海上化学驱制约因素

胜利海上油田采用滚动开发模式，平台分别零散、空间较小，在化学驱实施过程中面临诸多困难：

（1）配聚水源：胜利海上平台没有清水水源，油田污水中含有较多的二价硫离子，其能够在氧气的作用产生自由基，造成聚合物断链降解。因此，需要研究适合含硫污水的配聚工艺。

（2）平台空间：海上平台设计和建造时未考虑规模化注聚的需求，平台预留区域不足200m^2，只能满足4口井注入，与开发需求相差较大。

（3）海上环境：海上空气湿度常年在90%左右，导致聚合物干粉易吸潮板结。海上生产受气象、风浪影响，人工操作难度大。

3　海上污水配聚保黏技术研究

聚合物驱油技术原理是利用聚丙烯酰胺（HPAM）配制的聚合物溶液具有的较高的黏弹性，增加驱替液黏度，降低驱替液和被驱替液的流度比，从而扩大波及体积；同时由于其固有黏弹性，在流动过程中对油膜或油滴有拉伸作用，增加了携带力，提高微观洗油效率，已在陆地油田广泛应用。陆地油田通常采用清水配置聚合物母液、污水稀释注入的工艺模式，由于污水含S^{2-}、Fe^{2+}等活性组分，会导致聚合物溶液的黏度损失严重，影响驱油效果。李道山认为S^{2-}离子的浓度越大，对聚合物溶液黏度的影响也越大，S^{2-}的存在使聚合物分子链上的羧基阴离子受到抑制，聚合物分子线团在水中不易舒展，因而聚合物溶液的黏度降低。胜利海上油田污水S^{2-}离子含量超过2.0mg/L，远高于0mg/L配聚指标要求，导致聚合物溶液降黏。常规使用的物理曝氧、化学除硫等不适合海上平台使用。因此，开展海上污水对配聚黏度影响试验，探索含硫污水配聚保黏技术。

3.1 实验试剂和仪器

实验试剂：选用胜利油田在用的Ⅱ型聚合物，相对分子量≥2000万，特性黏数≥2200mL/g，固含量大于≥89%，表观黏度≥11.5mPa·s。

实验仪器：手套箱、LVDV－Ⅲ型布氏黏度计、数显磁力搅拌器、电子天平、恒温、水浴、多功能滴定仪、恒温干燥箱、密闭取样器、污水水质综合测定仪等。

3.2 含硫污水有氧配聚实验

取不含硫的污水，选用三种聚合物(C1、C9、C10)，在手套箱内有氧环境下加硫盐分别配制成含硫离子为0mg/L、0.2mg/L、0.5mg/L、1.0mg/L和3.0mg/L的浓度，并配制2000mg/L聚合物溶液，把配制好的溶液装入安瓿瓶中，在65℃条件下放置24h后，利用LVDV－Ⅲ型布氏黏度计进行黏度测试，以不含硫溶液黏度为基准，测试溶液黏度保留率结果见表1。

由表1可以得出：含硫污水配置的聚合物溶液的黏度保留率，在有氧条件下随着硫离子浓度的增加而降低，当硫离子浓度达到0.5mg/L以上时，聚合物黏度保留率均低于50%。

表1　污水中硫离子对聚合物黏度保留率影响统计表

离子种类	浓度/(mg/L)	黏度保留率/%		
		聚合物C1	聚合物C9	聚合物C10
S^{2-}	0	/	/	/
	0.2	77.3	75.6	72.5
	0.5	30.0	40.0	45.0
	1.0	16.0	18.0	19.0
	3.0	6.0	7.0	7.0

3.3 含硫污水有氧稀释母液实验

采用脱硫后的海上污水和清水分别配制聚合物母液浓度5000mg/L，测试黏度分别为500mPa·s和3600mPa·s。用密闭取样器取海上含硫污水(S^{2-}含量0.5mg/L)，分别对以上2种方式配制的母液，采用直接稀释和曝氧稀释的方式将聚合物母液稀释至2000mg/L，利用布氏黏度计测试稀释后黏度数据见表2。

表2　不同稀释方式对黏度影响统计表

配制条件	黏度/mPa·s		
	直接稀释	曝氧稀释	保留率/%
污水配制母液	9.2	19.5	47.2
清水配制母液	28.6	66.5	43.0

由表2可以得出：无论是污水还是清水配制的母液，用含硫污水稀释黏度损失较大，且母液黏度越高，损失比例越大，但同等条件下曝氧稀释比直接稀释的黏度保留率要高。

3.4 硫离子导致聚合物黏度降低的原因分析

文献研究显示S^{2-}导致聚合物黏度降低的原因主要是引发了聚合物分子链断裂。聚合物分子链断裂起源于POOH·自由基，S^{2-}的存在诱使POOH·脱水并促发C－C断裂生成新的P·自由基，导致相对分子质量变小、黏度降低。室内实验研究发现S^{2-}含量是影响胜利海上油田污水配制聚合物黏度的主要影响因素。因此要在胜利海上油田开展聚合物驱油技术，采用污配污稀的方式，需要严格控制S^{2-}含量，稳定聚合物配注液黏度，保证井口注入黏度，才能有效驱油并提高采收率。

3.5 硫离子去除实验研究

污水中硫离子去除的处理技术主要包括物理法、化学法。其中物理法主要是通过曝氧的方式，带入溶解氧与硫离子发生反应去除污水中硫离子。但该技术的溶解氧氧化能力有限，不能完全除去污水溶液中S^{2-}，且需要设备多、空间大，无法在海上平台应用。2012年胜利海上油田在C平台二元复合驱先导试验中对硫离子去除采用化学法，但现场除硫不彻底、黏度损失大，聚合物母液在5000mg/L浓度时黏度只有70mPa·s；井口聚合物溶液在2000mg/L浓度下黏度仅有5mPa·s。由于强氧化剂为高危化学品，其储存、运输及装卸过程安全管理难度大，不适合海上平台应用。

硝酸盐还原菌在某些条件下可以和硫酸盐还原菌进行竞争，进而减少硫酸盐还原菌所造成的影响。通过投加生物调控剂能够大幅提高硝酸盐还原菌群(NRB)对硫酸盐还原菌(SRB)的生长抑制作用，有效去除水中硫化物。针对油田污水除硫的需求，通过筛选、培育、驯化特种菌群，用于去除油田污水中已有硫化物，同时抑制SRB菌使其不再产生新的硫化物。该工艺技术不仅操作简单，且运行过程中不增加二次污染，是适应于油田采出水的一种安全稳定的除硫技术。

在有氧环境下，未脱硫污水（S^{2-} 含量 1.0mg/L）配制聚合物溶液的黏度只有 19mPa·s。利用生物法脱硫后污水（S^{2-} 含量 0.1mg/L）配制聚合物溶液黏度达到 68mPa·s。实验结果表明，聚合物溶液黏度大幅提高，实验数据见图 1。

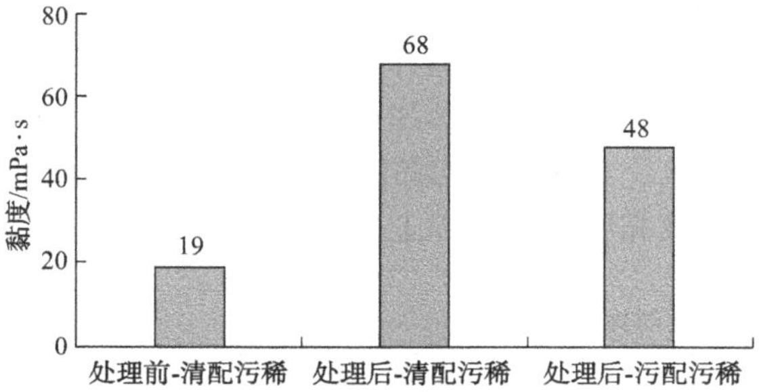

图 1　脱硫后污水配制聚合物溶液黏度

3.6 密闭隔氧技术

根据文献研究结果，硫离子对聚合物配注液黏度的降解需要在有溶解氧的存在下，会产生自由基从而导致聚合物黏度剧烈降解。通过分析认为隔绝氧气也是保障配注液黏度稳定的关键因素。

用密闭取样器取海上平台污水（S^{2-} 含量 0.5mg/L），选用三种聚合物（C1、C5、C6）分别采用直接配制、全密闭绝氧配制、曝氧配制分别配制成浓度为 2000mg/L 聚合物溶液，在 65℃ 条件下放置 30 分钟后，用 DV-III 黏度计进行黏度测试，实验结果见表 3。

表 3　不同配制方式对聚合物黏度的影响统计表

配制条件	黏度/mPa·s		
	直接配制	全密闭绝氧配制	曝氧配制
聚合物 C1	11.5	19.8	21.4
聚合物 C5	11.1	19.1	20.9
聚合物 C6	11.9	21.1	21.9

试验结果表明，含硫污水（S^{2-} 含量 0.5mg/L）采用密闭绝氧配置黏度能够达到曝氧配置黏度的 93.5%，黏度保留率较高。

4　海上平台集约化注聚技术研究

海上采修一体化平台设计时未考虑规模化注聚需求，油藏开发需求注入能力为 5000m³/d，平台预留空间和载荷远远无法不足。为满足油藏需要，从母液分散方式入手，利用一泵多井工艺和设备集约化、立体化理念，在胜利海上 F 平台开展矿场试验，取得良好应用效果。

4.1 超高浓度母液配制技术

现有聚合物分散溶解主要方式为水力喷射溶解和熟化罐倒罐熟化，存在问题主要有：①配制母液浓度只能达到 5000mg/L，需要配套多个熟化罐倒罐熟化；②溶解时间长达 120min；③配制过程产生鱼眼和胶团，需要配套过滤器和人工定期清理；④无法实现绝氧。

4.1.1　快速溶解技术

针对海上平台大规模注聚和有限空间、承重能力的矛盾，有效缩短溶解时间是注聚工艺系统的突破口。通过研究可知，溶解速度由固液比界面所支配，因此可以通过增加固液比界面积来加速溶解。聚合物干粉的颗粒直径越小，固液界面越大，溶解速度越快，即颗粒越细，溶解时间越短，所需要的分散及熟化设备规模越小。但如果颗粒过细，在产品包装、粉料运输、储存等过程会产生更多困难，尤其对于传统水力喷射分散溶解工艺，颗粒太细会产生更多鱼眼，导致分散性变差，更容易堵塞喷头。

因此海上平台配注聚合物采用了分级快速溶解分散技术，从而实现加速溶解。

该项技术实现了以下目的：

（1）配制的母液浓度达到 15000ppm，有效提高配置效率。

（2）在高浓度下不产生鱼眼，减少了下游过滤设备和人工清理工作量。

（3）聚合物的性能不发生机械降解，分子量和筛分系数保持不变。

（4）实现全过程绝氧，避免溶解过程出现化学降解。

4.1.2　连续熟化技术

陆地配聚站采用熟化罐倒罐熟化的方式，一般需要建设 3~4 座大容量熟化罐，罐存一般在 300m³以上。海上平台在实现快速溶解的基础上，设计连续熟化罐，通过延长行程使母液在四个腔室内溢出式熟化，实现仅用 1 座 40m³ 熟化罐，满足了 40m³/h 的母液供给量的技术需求。

通过使用该套快速溶解、熟化装置，使聚合物溶解后，熟化时间减少为 30~40min（母液罐设计熟化时间为 60min），母液配制浓度最高可以达到 15000ppm，与常规聚合物溶解技术比较，母液浓度提高3倍，母液罐体积减小85%，母液泵排量减少66%，有效节约了设备占用空间(表4)。

表4　快速溶解熟化装置指标对比表

序号	指标参数	普通溶解、熟化设备	PSU快速溶解、熟化装置
1	母液浓度	5000ppm	15000ppm
2	溶解时间	120min	30~60min
3	母液罐的体积	$300m^3$	$40m^3$
4	母液泵的排量	$120m^3/h$	$40m^3/h$

4.2　全流程保黏技术

陆地注聚站常规采用单泵对单井注入的工艺，该工艺需要大量设设备，占用较大空间，无法适用于海上平台。因此通过研发低剪切调剖阀组和应用一泵多井模式，使注入系统黏度损失控制在15%以内，满足保黏需求。

4.2.1　一泵多井低剪切分配技术

先是利用注聚泵对聚合物母液增压，然后通过多级强化混合装置，使聚合物母液和混配水在30s内快速混合形成聚合物溶液，井口浓度偏差≤10%。井口采用低剪切调节阀和多级节流降压技术组合，实现对各井按需自动分配。经试验，F平台现场实现1台注聚泵对应22口注聚井同时注入，且井口平均黏度能够达到室内制备同浓度溶液黏度的85%以上(表5)。

表5　室内及现场测试黏度对比表

位置	配置浓度/(mg/L)	实验室制备溶液黏度/(mPa·s)	井口测试平均黏度/(mPa·s)	比例/%
F平台	2000	80.1	68.4	85.4

通过应用一泵多井工艺，现场注入设备数量减少90%，显著降低投入和管理成本，满足有限空间内规模注入的需求。

4.2.2　低剪切防砂工艺

海上油田通常采用机械防砂工艺，常规精密滤砂管防砂在注聚过程中配水器对聚合物剪切大，滤砂管吸附聚合物形成堵塞，影响注入效果。胜利海上针对防砂保黏、长效注入的需求，优选内窄外宽、倒梯形缝结构，形成了低剪切自清洁筛管，黏度保留率95%以上，高于常规精密滤砂管4%~5%，具有良好的自洁及长效性。2020年F平台更换低剪切缝状滤砂管防砂16口，现场注入压力比未更换滤砂管低1.1MPa。

4.3　集约化自动注聚技术研究

为了充分利用平台空间，将配聚站主要控制和功能模块全部集约成三座40尺标准集装箱，实现设备集中控制、模块化管理。同时所有泵类设备均集装成撬，最大程度节约空间。同时整套注聚系统按照无人值守设计，整套系统全自动闭环连锁控制，实现了自动制备母液、自动调整注聚量、自动调整注聚量和注水量的配比。

5　现场应用情况

根据配聚保黏和大规模注聚技术研究成果，2020年在胜利海上开展三次采油先导试验，现场利用$600m^2$的空间，注入规模达到$5000m^3/d$，占用空间不足陆地站库的1/10。现场配制母液浓度达到15000mg/L、母液黏度最高达到18000mPa·s。稀释至2000mg/L、井口平均黏度达到60mPa·s以上。

截至2024年4月，试验区累计注入549万m^3、0.253PV，完成设计的60%。区块于2021年6月开始见效，目前日油水平1310t/d，相比见效前增加485t/d；含水80.6%，相比见效前下降10.2%。标定见效井44口，见效率77.2%，累计增油53.9万t，提高采收率4.5%，采油速度2.3%，预计期末提高采收率14.2%(达到53.1%)。

6　结论及建议

(1)制约聚合物溶液黏度的主要因素是采出水水质，尤其是水中含硫、铁等离子时，在氧的作用下，将发生氧化还原反应，导致聚合物链裂解。

(2)通过微生物除硫、密闭配聚、全过程保黏等技术手段，可以有效提高井口聚合物溶液黏度，提升化学驱开发效果。

(3)针对海上平台空间和载荷的局限性，通过分散工艺、一泵多井工艺以及设备集约化、小型化等技术，能够有效实现海上平台有限条件下，大规模注聚开发。

(4)该套技术在胜利海上油田取得良好效果，下步计划进一步推广应用，预计将覆盖储量2.0亿吨。

参 考 文 献

[1] 夏惠芬，王德民，刘中春，等．黏弹性聚合物溶液提高微观驱油效率的机理研究[J]．石油学报，2001，22(4)：60-65.

[2] 伊卓，刘希，方昭，等．三次采油耐温抗盐聚丙烯酰胺的结构与性能[J. 石油化工，2015，44(6)：770-778.

[3] 王德民，程杰成，吴军政，等．聚合物驱油技术在大庆油田的应用[J]．石油学报，2005，26(1)：74-78.

[4] 黄漫，李美蓉，田兰兰，等. 亚铁离子对驱油聚合物溶液黏度的影响及其降黏机制[J]．应用化学，2013，30(12)：1399-1403.

[5] 孟令伟，康万利，刘莉萍，等．硫离子对 HPAM 溶液黏度的影响及除硫方法研究[J]．油田化学，2009，26(3)：293-295.

[6] 李道山．大港南部油田污水分析及主要成份对聚合物溶液黏度的影响[J]．油田化学，2007，24(3)：223-227.

[7] 王其伟，S^{2-}对聚合物黏度的影响．中国石油大学学报(自然科学版)，2011(02)：15-18.

[8] 杜春安，潘永强，徐鹏，等. 硫离子对聚丙烯酰胺黏度影响机制研究[J]．中国石油大学学报(自然科学版)，2016，40(5)：166-172.

[9] 尹小明，朱宜庚，朱亚丽．硫离子对聚合物黏度的影响及其处理方法．油气田地面工程，2010，04 029

[10] 蔡靖，郑平，Qaisar Mahmood，黄可谈，傅磊．同步厌氧生物脱氮除硫工艺性能的研究[J]．生物工程学报，2006，22(5)：840-844.

[11] 郝晓地，戴吉，魏丽．生物除硫理论与技术研究进展[J]．生态环境，2006，15(4)：844-853.

[12] 陈欣，卢祥国，鞠野，等．速溶聚合物及其 Cr^{3+} 凝胶渗流特性[J]．油田化学，2014(3)：390-394.

[13] 刘敏，邹明华，吴华晓，等．一种加快海上油田聚合物溶解速度的方法探讨[J]．应用化工，2010(09)：1280-1284.

[14] 陈文娟，靖波，檀国荣等．海上油田含聚污水处理工艺优化研究，工业水处理，2016，36(10)：80-83.

[15] 刘敏，邹明华，吴华晓等．海上油田聚合物驱平台配聚工艺技术，中国海上油气，2010，22(4)：259-261.

中康油田蓄能压裂技术研究与应用

宋学霞　许　涛　鲁利民　唐玉祥　李清华

(中原油田分公司内蒙采油厂)

摘　要　中康油田目前所辖中康17块、中康3块、中康3-1块三个主要区块，在精细储层与高伽玛油层研究、剩余油评价及富集规律研究、蓄能压裂作用机理研究、蓄能压裂挖潜技术研究的基础上，开展以非常规理念方法补能、增能为基础，以储层改造为主线，以集团式整体重复压裂为补充的二次开发技术研究，现场通过复杂缝网改造、层内蓄能、生物驱油、整体改造等技术综合运用，可以实现储层的有效动用，开发效果明显改善。该项目研究为低渗油藏及中渗非均质性严重油藏的有效动用探索了新途径，打破了蓄能压裂仅在低渗油藏适用的局限，可以为类似油藏开发提供指导与借鉴。

关键词　高伽玛；非均质；蓄能压裂；缝网改造；整压整采

1　基本概况

中康油田区域构造上位于位于乌里雅斯太凹陷中洼及北洼槽西南斜坡带，主要含油层系为腾一上、腾一中和阿尔善，埋深1695~2420m。共投入开发中康17块、中康3块、中康3-1块3个油田，动用含油面积7.63km^2，石油地质储量588.38万t，可采储量126.93万t，标定采收率21.57%，中康17块为低孔低渗油藏，中康3块和中康3-1块为中孔中渗油藏。中康油田平面上含油区块分布零散，纵向上目前投入开发腾一上、腾一中1、腾一中2和阿尔善四套含油层系。其中腾一中1和腾一中2为主力出油层系。受盆地构造演化控制，为多物源沉积，油藏物性较差。主要目的层砂体沉积类型以扇三角洲前缘、扇三角洲平原和湖底扇为主。储集层以砾岩、砂砾岩为主，具有相变快、岩性、渗透性变化大、渗透率低、分选和联通性较差、微裂隙相对发育、非均质性严重等特点。腾一中1为中孔中渗储层，腾一中2为低孔低渗储层。中康17块又分为中康17西块和中康17东块，中康17西块主要以腾一中2储层为主力出油层，储层为高伽玛层，油层识别因难，剩余油认识难度大，且储层物性差，注水难度大，大部分油井仅靠补孔不出液，均需压裂改造后才能生产，但常规的压裂改造技术压后产量递减快，稳产期短，增油效果不理想。中康3块和中康17东块均以腾一中1为主力出油层，非均质性严重，含水上升快，整体亏空大。受油藏特点制约，常规的手段无法对储层进行有效的动用。本项目选择中康油田高伽玛储层的中康17块及中孔中渗储层的中康3块为主要目标，开展蓄能压裂技术研究，探索开发新途径。

2　开发简历

中康油田自2010年投入开发。截止治理前的2022年6月，油井总数114口，开井57口，日产液水平137.8t，日产油水平46.5t，综合含水66.28%，平均单井日产液2.3t，平均单井日产油0.8t，年产液2.59万t，年产油0.90万t，累计产油量44.89万t，地质采出程度7.98%，采油速度0.28%，剩余可采储量采油速度2.02%。水井总数14口，开井6口，日注水12m^3，累计注采比0.54，综合递减17.2%，自然递减17.2%。

3　开发中存在的主要问题

一是地层能量不足，弱见效及弹性区难以建立有效驱替。中康17块物性差，高压试注注不进，整体弹性开采，能量下降快，目前地层压力仅为原始地层压力的38.7%~50.1%。中康3块纵向上主力油层腾一中1钻遇程度高，单层厚度大，平均厚度15.2m。中康3块地层累积亏空14.51万m^3，平面物性较差的区域注入水难以有效波及，自然能量不足。油井初产高，但递减快，稳产水平较低。在现有井网井距条件下，增大注水量会进一步加剧注入水沿高渗条带突进，控制注水量又难以弥补地层亏空，缺乏有效补能手段。弱水淹及弹性区如何解决补充地层能量，建立有效驱替压差是第二大难题。二是常规储层改造技术效果差，缺乏一套有效的动用开发技术。受储层宏观和微观非均质性影响，油水分布复杂，剩余油潜力评价难度大，储层以砂砾岩为主，大部分油井仅靠补孔不出液，均需压裂改造后才能生产，但常规的压裂改造技术压后产量递减快，稳产期短，增油效果不理想，有效期平均仅在半年左右。如何有效评价潜力区域，如何提高剩余油动用程度，从而改善油藏开发效果是第三大难题。

4 中康油田蓄能压裂技术研究与应用

4.1 研究思路

以地质研究为基础，以技术研究为主导，精细储层与油层识别研究，二次测井解释，明确油气分布特征；开展剩余油潜评价技术研究，进一步明确剩余油分布规律；在此基础上，开展蓄能压裂机理及技术研究，实现低渗及中渗油藏储层差异化有效动用。

4.2 研究主要内容

（1）开展剩余油评价及富集规律研究。利用三角网边扩展法，取得剩余油定量认识，综合应用储层研究成果及储量定量认识，绘制剩余可采储量分布图，进一步明确剩余油分布规律，形成了剩余油潜力评价技术。

（2）开展蓄能压裂作用机理研究。在明确作用机理的前提下提高对目前体积改造技术有效动用方式的认识。

（3）开展蓄能压裂挖潜技术研究。通过开展储层复杂缝网改造促动用技术研究、蓄能压裂补能增能技术研究、三采一体化复合增效技术研究、整压整采二次开发改造技术研究，构建储层动用技术新体系。

4.3 主要做法

4.3.1 开展剩余油潜力评价技术研究，进一步明确剩余油分布规律

创新运用三角网边扩展法评价剩余油，形成了“三角扩边、定量描述”为特色的剩余油潜力评价技术，开展剩余油分布规律研究，取得剩余油定量认识，进一步明确挖潜方向。

（1）剩余油潜力评价技术研究，取得剩余油定量认识

单井的控制面积与井网的疏密程度有关，采用三角网生长算法的边扩展法来建立三角网，每个单井面积是由任意四边形之和，而每个四边形则是一个三角形中点连线所划分的区域（图 1）。解决了目前采用的“单井控制面积＝区块总面积/区块总井数”和“厚度碾平”算法的误差，使储量计算更加合理精确。

$$A_i=\sqrt{(p-a)(p-b)(p-c)(p-d)-abcd\cos^2 a} \tag{1}$$

$$A=\sum_{i=1}^{n} A_i \tag{2}$$

$$p=\frac{1}{2}(a+b+c+d) \tag{3}$$

式中，A_i 为一个四边形面积；A 为单井控制面积；n 为某一井点处三角形的个数；a、b、c、d 为四边形的边长；

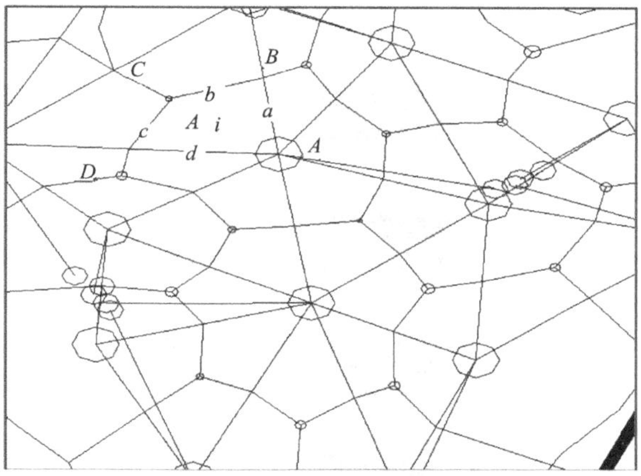

图 1　三角网边扩展法示意图

在二次测井解释的基础上，通过三角网边扩展法，对中康 17 块腾一中 2 高伽玛层及腾一中 1 可采储量展开精细评价。

（2）剩余油富集规律研究

在上述研究的基础上，开展剩余油富集规律研究。综合应用储层研究成果及储量定量认识，绘制剩余可采储量分布图，明确剩余油分布规律。研究表明：各砂组均具有“普遍分布，局部富集“的特点。

中康 17 块剩余油潜力主要集中在西块腾一中 2，剩余可采储量达 24.12 万 t，其次是东块的腾一中 1，达 6.33 万 t。西块剩余油潜力主要集中在腾一中 2^{11}，占总剩余可采储量的 21.9%，其次是腾一中 2^{12}，占总剩余可采储量的 17.0% 东块剩余油潜力主要集中在腾一中 1^{4}，占总剩余可采储量的 17.4%。

4.3.2　开展蓄能压裂三采一体化技术研究，构建挖潜技术新体系

(1) 蓄能式体积压裂的提出

“体积压裂”的提出具有深刻意义，国外已将此工艺技术应用于致密页岩气藏的成功开发。所谓“体积压裂”就是指在水力压裂过程中，使天然裂缝不断扩张和脆性岩石产生剪切滑移，形成天然裂缝与人工裂缝相互交错的裂缝网络，从而增加改造体积，提高初始产量和最终采收率。蓄能压裂则是在“体积压裂”的基础上，更加注重“蓄能”。在压裂之前，先进行注液补能，然后再实施大规模压裂实现“蓄能”，提高地层压力，增加原油驱动力，扩大泄流半径，增强增产效果。

(2) 蓄能压裂三采一体化技术研究攻关

“三主三转”总体构建思路：

在宏观方向上把握三个主体：①以非常规理念方法为基础的补能、增能技术，这是油藏难采储量效益上产的主体手段；②以储层改造为主线的瓶颈技术，这是促动用、提升单井产能的主体手段；③以集团式整体重压为补充的二次开发技术，这是实现老油田二次开发的主体手段。

在具体操作上着重三个转变：①能量补充，由单一注水开发向蓄能压裂准天然能量开发方式转变；②储层改造，由追求单一主裂缝设计理念向建立复杂缝网系统理念转变；③改造模式，由注重单井设计增产模式向追求区块整体改造设计模式转变。

通过差异化蓄能压裂储层改造技术研究，打破仅在低渗油藏适用的惯性思维，在中渗油藏同样适用(图2)。

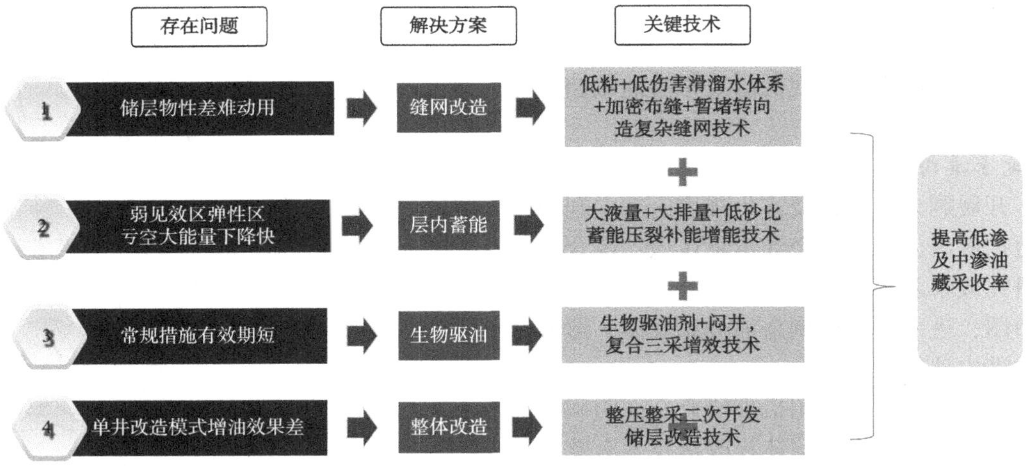

图2　差异化蓄能压裂储层改造技术攻案方案图

(3) 建立储层复杂缝网改造促动用技术

突破1：突破传统的压裂改造模式

追求有别于传统以单一主裂缝为主的缝网系统或打碎储层，蓄能式体积压裂改造是以获得与基质更大的接触面积，实现更高的缝网控制储量，利用低黏+低伤害滑溜水体系，配合加密布缝+暂堵转向，在获得初期高产的同时，争取较高的长期稳产能力。

由国外的康非现场对比试验数据显示，体积改造所形成的网络裂缝使油气所需驱动压差大幅度降低，可动用储量大幅度上升。缝控基质单元，储量全可动用，可以提高采收率15%~25%(图3)。

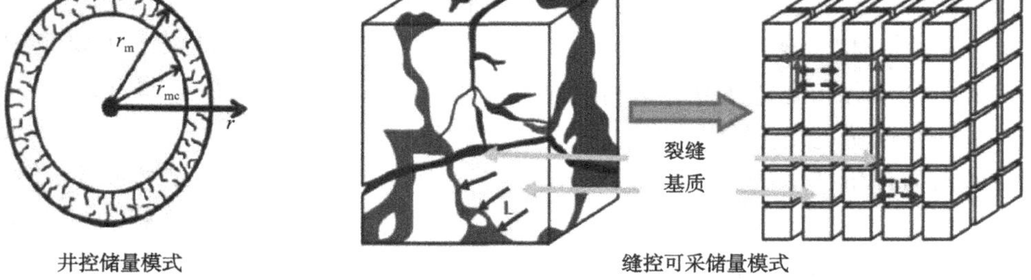

图3　储量模式示意图

通过研究，技术上主要做到四个转变：①由单一主裂缝向复杂缝网转变。②由常规压裂向蓄能式体积压裂转变。④由井控储量模式向缝控可采储量模式转变。③由追求效果向追求效益转变。

暂堵转向压裂原理示意图，如图4所示。

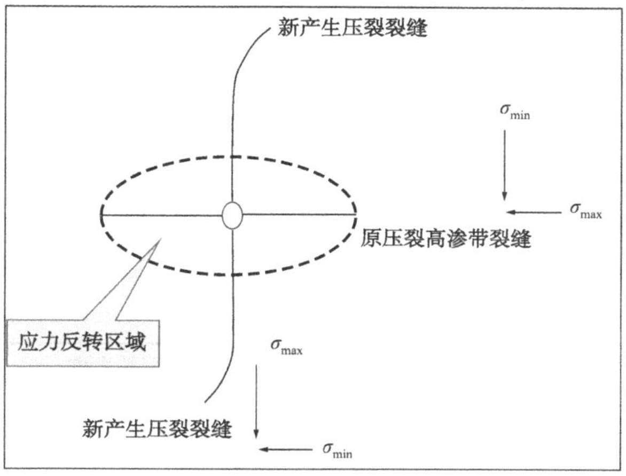

图4　暂堵转向压裂原理示意图

(4) 建立蓄能压裂补能增能技术

突破2：突破传统的注水开发补能模式

注水见效差或弹性区域：打破固有观念，转变开发方式，以大规模储层改造、增加弹性能量和驱油为目标，创新建立"大液量+大排量+小粒径+低砂比"蓄能压裂改造补能增能技术，填补地层亏空。

通过蓄能式体积压裂增能技术，以非常规能量补充的方式实现蓄能、驱油吞吐一体化。要做到两个匹配，一是改造规模和能量补充相匹配，二是低成本和高效率相匹配。由单一注水开发向蓄能体积压裂准天然能量开发方式转变，探索工程上有效果、经济上有效益的非常规能量补充模式。

(5) 建立生物驱油+闷井增效技术，实现三采一体化复合增效

突破3：突破传统的单一压裂模式

由于地层压力下降，原油重质成分析出，岩石表面性质已经变化，需要驱油剂改善油膜，提高原油流动特性，有效解决常规压裂措施有效期短的问题。

通过在滑溜水压裂液中加入HE-BIO生物驱油剂(表1)，并根据储层厚度、物性等因素配合闷井30d左右，从而进一步提高储层微观孔隙的驱油、洗油效果，突破传统的单一压裂模式，由单一压裂向复合式三采压裂转变。

表1　HE-BIO生物驱油剂技术指标

项目	指标	实测值
外观	黄色或棕色黏稠状液体	棕色黏稠状液体
pH值(0.5%v/v)	6.0~8.0	7.5
溶解性	与水互溶	完全溶解
表面张力/(mN/m)()0.5%v/v	≤30	27.59
界面张力/(mN/m)()0.5%v/v	≤0.1	0.059

使用之前先结合本地区地层温度、压裂液、实地原油和水等做配伍和配方实验，可在前置液，压裂过程中间和后置液中加入(图5、图6)。其功用如下：

图5　ZK3-50洗油砂结果

图6　ZK17-15洗油砂结果

① HE-BIO 生物驱油剂可以将表面张力降至 30mN/m 以下，也可以将油水界面张力降低到 10^{-2}mN/m。

② 能有效降低原油黏度并且对油砂有很好的清洗效果。

③ 压裂后通过配合闷井 30d 左右，生物活性可在油藏中原地生成二氧化碳，实现油水置换过程，从而进一步提高微观孔隙剩余油驱油效果。

实验结果表明：

含 HE-BIO 生物驱油剂复合配方界面张力大幅降低，降黏率达到 58.3%，具有明显的助推降黏驱油效果(表 2、表 3)。

表 3　界面张力实验结果

原油	温度/℃	样品浓度/ppm	地层水	加入的试剂	界面张力/(mN/m)
ZK3-50	60	5000	ZK3-52	HE-Bio	0.69000
ZK3-50	60	5000	ZK3-52	配方 1	0.05900
ZK17-15	60	5000	ZK17-4	配方 2	0.05200

表 3　乳化降粘结果

原油	地层水	所加试剂	油水比	黏度/cp	降粘率/%
ZK3-50	ZK3-52	配方 1	4∶01	12.34	58.3

(6) 建立集团式整压整采二次开发改造技术

突破 4：突破传统的单井改造设计模式

改变传统的“单井设计、独立实施、分散压裂”为“整体设计、整体蓄能、同压同采”，以增加缝控储量为目标，储层改造由注重单井增产向追求区块整体改造转变(图 7)。

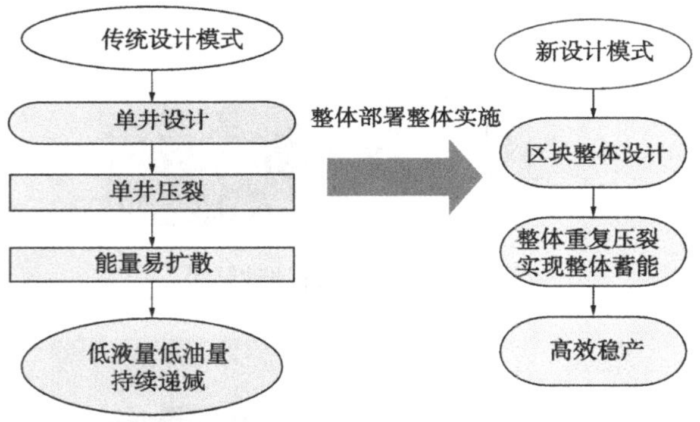

图 7　设计模式转变示意图

传统的单井压裂设计模式，容易导致能量扩散，无法有效聚能、蓄能，储层改造范围小，无法形成储层的规模有效动用，增油效果差，持续性差，有效期短。

基于有效砂体及剩余油分布规律的认识，改变思路，淡化单井增产概念，攻关井区、区块整体重复压裂调整技术，强调井群集团式整体设计、整体实施，追求整体提高储层动用率、发挥井网作用带来的区块增产、稳产或减缓递减的整体效果，创新建立整压整采二次开发改造技术，由单井改造设计模式向区块集团式整体蓄能体积压裂改造设计模式转变。

在做法上：打破传统单井优化设计基本概念，立足整体认识、整体优化、整体改造，进一步拓展增产效果、降低施工难度及成本。

在模式上：以整体重复压裂技术为主导，实现井网、缝网、砂体的高度融合，提高储量动用程度。

设计理念：以井区为最小优化目标，注重井网，同一层系整压整采

主体技术：整压整采、缝网压裂、体积改造、蓄能驱油、封堵转向及生物复合驱油综合运用

材料组合：匹配合理补能增能的压裂液、支撑剂等组合

作业方式：同一层系整体改造

从而实现整体聚能蓄能，最大程度提高储层的动用效果。

4.4　取得的成果

(1) 基于油藏特征，结合开发阶段性特点，研究探索了低渗、中渗油藏开发中期储层压前补能、复杂缝网压裂、压后高效增产的技术对策。

(2) 基于蓄能压裂的实验及研究，通过现场主要三个区块 21 口井的实施，合计日增油能力近 60t，累计增油 2.39 万 t，实现油藏开发效益提升、效果改善。

改进与创新点：

(1) 创新了低黏+低伤害的滑溜水体系及复杂缝网压裂改造技术体系。

（2）创新了低成本开发模式，形成了低渗、中渗油藏蓄压采一体化新技术。

4.5 现场应用效果

通过项目实施，研究成果及时应用于生产，取得了明显的效果。从 2022 年下半年开始实施蓄能压裂三采一体化储层改造。在三个主要区块实施措施工作量 21 井次，有效率 100%，现场应用范围 36%。中康油田实现日产液上升、日产油上升、能量上升、注水量稳定、双递减大幅减缓，开发趋势变好，开发水平提高。

以地质研究为基础，以创新工艺技术为主导，加大难动用储量的有效动用，增加可采储量 15.7 万 t。

通过实施，累计增油 2.39 万 t，总计投入费用 3045 万元。按 80 美元/桶计算，创产值 10293 万元，投入产出比 1∶3.38；按 70 美元/桶计算，创产值 9003 万元，投入产出比 1∶2.96；按 60 美元/桶计算，创产值 7729 万元，投入产出比 1∶2.54；按 50 美元/桶计算，创产值 6412 万元，投入产出比 1∶2.11。为类似油藏开发提供了指导与借鉴。

5 结论与认识

（1）基于储层的精细研究，高伽玛油层识别标准的建立及三角网边扩展法剩余油认识，可以为措施挖潜提供有效依据。

（2）大液量、大排量、小粒径、低砂比蓄能压裂增能技术是建立在层内蓄能基础上，进行压裂改造，有效实现井网、缝网、砂体的相互融合，可最大程度提高压裂效果。

（3）在油藏地层能量有效补充基础上，压裂技术参数的设计、压裂液体系选择及液量优化，是提高效果的关键，同一层系重复压裂效果取决于剩余油定量描述及补能结果。

（4）以非常规能量补充及缝网储层改造模式为主的蓄能压裂三采一体化技术，是改善压裂效果、提高储量动用程度及最终采收率的一种有效途径，为同类油藏改善开发效果，提高最终采收率提供了可借鉴经验。

含油水界面活性聚合物 O/W 型采出液的破乳方法

吴　迪　李瑞达　张会平　王一涵　杜　威　蔡　徇　毛　淋

(大庆油田设计院有限公司)

摘　要　为改善聚合物驱的技术经济可行性和扩大其应用范围，近年来在一些聚合物驱试验项目中开始尝试应用具有油水界面活性的水溶性聚合物(抗盐聚合物)代替部分水解聚丙烯酰胺(HPAM)以提高聚合物注入液的黏度，降低聚合物用量，并改善注入聚合物与油藏微孔道的配伍性。部分已经开展的矿场试验中出现了 O/W 型采出液油水分离困难，分离采出水含油量过高，处理后回注采出水难以达到回注控制指标的问题。通过对大庆油田某区块抗盐聚合物驱采出液相分离特性、显微结构和油水界面吸附物的成分研究，确定了采出液中 O/W 型油水乳状液的主要稳定机制为吸附在油滴表面上的聚合物分子团产生的空间位阻和静电斥力，研制了可促进 O/W 型采出液中油滴聚并的非离子反相破乳剂和阴离子辅剂。针对油滴表面上吸附的聚合物分子团所产生的阻碍油珠间相互聚并的空间位阻，提出了含油水界面活性聚合物 O/W 型采出液的“非离子反相破乳剂+强化聚结+阴离子辅剂”破乳方法。

关键词　聚合物驱；采出液；采出水；聚表面活性剂；反相破乳剂

国内陆上油田大多均已进入中高含水开发阶段，原油可采储量下降，面临原油产量和采油经济效益下滑的双重压力。为此，大庆和胜利等油田从 20 世纪 90 年代开始实施了大规模聚合物驱，显著提高了老油田的可采储量和原油采收率。为改善聚合物驱的技术经济可行性和扩大其应用范围，近年来在一些聚合物驱试验项目中开始尝试应用具有油水界面活性的水溶性聚合物以提高聚合物注入液的黏度，降低聚合物用量，并改善注入聚合物与油藏微孔道的配伍性，部分已经开展的矿场试验中出现了 O/W 型采出液油水分离困难，分离采出水含油量过高，处理后回注采出水难以达到回注水质指标的问题。大庆油田某区块注入具有油水界面活性的聚合物后，接收该区块油井产出液的 PM-115 转油放水站进液中的 O/W 型原油乳状液稳定性显著增强，造成采出液油水分离困难，主要表现为分离采出水含油量过高和其中的油滴聚并困难，下游采出水处理设施处理后回注采出水含油量严重超标。

对于含有常规部分水解聚丙烯酰胺的 O/W 型聚合物驱采出液已经研制和应用了多种基于嵌段聚醚的非离子型反相破乳剂，在室内试验和现场应用中均取得了良好的采出液和采出水处理效果。针对含有油水界面活性聚合物的疏水缔合聚合物驱和聚表剂驱采出液，多用嵌段聚醚型非离子表面活性剂、pH 调节剂和阳离子型表面活性剂相结合的破乳方法，存在的主要问题是腐蚀严重或易导致采出液中聚合物的析出和污油泥的产生。

1　材料与试剂

1.1　材料

大庆油田 PM-115 转油放水站三相分离器进液，取自该站计量间来液汇管，含水率为 94.2%，水相聚合物含量为 390mg/L。

1.2　仪器及试剂

KS-10/TH-10 型空气浴往复振荡机，德国 Edmund Bühler 公司产品；DMRXP 型偏光显微镜，德国 Leica 公司产品；90Plus 纳米粒度分析仪，美国 Brookhaven 公司产品；TU-1901 型双光束紫外可见光分光度计，北京普析通用仪器有限责任公司产品。

石油醚，分析纯，沸程为 60℃~90℃；无水乙醇，二甲苯，均为分析纯；120#溶剂汽油，大庆炼化公司工业品。

2　实验方法

2.1　现场采出液的重力沉降相分离特性评价

用 5 个容量为 160mL 的 6oz. Owens Brockway 具盖玻璃配方瓶现场接取 100mL 高含水采出液，置于水温为 40℃的水浴中静置；1h，2h 和 3h 时分别从水浴中取出一个配方瓶，先上下缓慢颠倒一次后立即放回到水浴中静置，60s 后用配有长针头的注射器从配方瓶底部抽取 100mL 水样，参照石油行业标准 SY/T 0530—2011《油田采出水中含油量测定方法—分光光度法》测定其含油量，记为水相乳化油量；24h时将水浴中剩余的两个配方瓶取出，其中一个直接用注射器从其底部抽取60mL水样测定其含油量，记为水相悬浮油量，另一瓶按上述方法取样测定水相乳化油量。

在水样含油量测定过程中，为避免因加酸导致聚合物析出和提高萃取剂对水样中油滴的萃取效率，取消了SY/T 0530—2011中的水样加酸步骤，引入了自来水稀释步骤，同时还在水样中投加了适量的水溶性非离子型反相破乳剂。

2.2 采出液中游离水的显微结构观测

用容量为1000mL的Schott瓶现场接取1000mL高含水采出液，室温下静置24h；用配有长针头的注射器从Schott瓶底部抽出900mL游离水样，用平均孔径为0.20μm的微孔滤膜过滤后用90Plus纳米粒度分析仪采用动态光散射法测定其中纳米尺度微粒的粒径分布；将Schott瓶上下颠倒10次，用注射器从Schott瓶底部抽取残存的底水样，用Leica DMRXP型偏光显微镜拍摄显微照片。

2.3 采出液中油水界面活性物的提取和鉴定

用容量为10L的分液桶现场接取8L高含水采出液，置于室温下静置24h使油层凝固；将分液桶中的水层和O/W型油水过渡层全部放入容量为10L的塑料桶中，加入500mL石油醚后水平振荡100次；将塑料桶内的油水样倒入容量为10L的分液桶中，置于室温下静置24h；将分液桶内的水层大部分放出后将其中残余的油层、油水过渡层和水层倒入容量为1000mL的Schott瓶中；将Schott瓶置于室温下静置，2h后用注射器将油层抽出，再加入200mL石油醚，上下手振100次后置于室温下静置2h；重复上述从Schott瓶中抽出油层和加入新鲜石油醚的步骤至振荡后析出的油层为无色；用注射器将Schott瓶底部的残留水层全部抽出后加入100mL蒸馏水，上下振荡100次后置于室温下静置1h；重复上述从Schott瓶底部抽取底水和加入蒸馏水的步骤两次；用注射器将Schott瓶内的底水和油层全部抽出，只留下油水过渡层；向Schott瓶中加入200ml无水乙醇使油水过渡层消失，置于室温下静置1h；用注射器将Schott中的乙醇层大部抽出后将瓶中的残留物倒入容量为50mL的玻璃烧杯中，置于室温下静置1h；用注射器将烧杯中的乙醇层大部分抽出后加入30ml新鲜乙醇，用玻璃棒搅拌均匀，室温下静置1h；用注射器将烧杯中的乙醇层大部分抽出后将其置于烘箱中，在60℃下蒸发烧杯中残留的乙醇；收集烧杯底部的蒸发残留物，测试其傅里叶变换红外光谱图（FTIR）。

2.4 采出液反相破乳剂评价

反相破乳剂静态评价方法：在容量为160mL的具盖玻璃配方瓶中加入100mL高含水采出液，置于水温为40℃的水浴中预热10min；向配方瓶中加入反相破乳剂后上下手振100次，将其置于水温为40℃的水浴中静置，30min后参照2.1中的步骤测定水相乳化油量。

反相破乳剂动态评价方法：在容量为160mL的具盖玻璃配方瓶中加入100mL高含水采出液，置于水温为40℃的水浴中预热10min；向配方瓶中加入反相破乳剂后将其置于KS-10/TH-10型空气浴振荡机中在40℃和300r/min下振荡一定的时间；将配方瓶从空气浴振荡机中取出，立即用注射器从其底部抽取60mL水样测试其含油量，记做水相乳化油量。

2.5 分离采出水的静置沉降和颗粒滤料过滤油水分离特性评价

在容量为460mL的16oz. Owens Brockway具盖玻璃配方瓶中加入400mL高含水采出液，置于水温为40℃的水浴中预热10min；向配方瓶中加入反相破乳剂后将其置于KS-10/TH-10型空气浴振荡机中在40℃和300r/min下振荡2.5h；将配方瓶从空气浴振荡机中取出，立即用注射器从其底部抽取350mL水样加到容量为500mL的玻璃烧杯中；将烧杯中的水样用玻璃搅拌棒搅匀，加到2个容量为160mL的具盖玻璃配方瓶中至150mL刻度，余下的水样测试含油量；将配方瓶置于水温为35℃的水浴中静置24h；用注射器从两个配方瓶底部分别抽取100mL水样，注入到250mL烧杯中，用玻璃棒搅拌均匀后倒出50mL水样测试含油量，余下的水样用填装有石英砂、磁铁矿和海绿石滤料的硅胶管（内径7.9mm）过滤，记录过滤时间和滤出水量，测定滤后水样的含油量。

3 结果与分析

3.1 采出液的相分离特性

未投加反相破乳剂的PM-115站三相分离器进液在40℃下的静置沉降油水分离效果见表1和图1。该站三相分离器进液在40℃下经过1h静置沉降后的水相乳化油量高达2283mg/L，表明其中的细小油滴难以聚并成大油滴并合并成油层，与该站三相分离器放水高达3000mg/L以上的现象是一致的。尽管三相分离器进液在40℃下经过24h静置沉降后底水中的含油量可以降低到67mg/L，但配方瓶经过颠倒后抽出的水层中的含油量仍高达1279mg/L，表明三相分离器进液中的油滴间聚并难度很大，尽管在长时间静置沉降过程中大部分油滴可以上浮到水层上部形成油滴的聚集体，但由于油滴之间难以聚并，只能形成一种次稳态的聚集体，即所谓的“O/W型油水过渡层”，这种聚集体在受到流场扰动的情况下很容易分解，将其中的细小油滴重新释放到水层中，这一现象与现场沉降罐放水含油量高达1500mg/L左右是一致的，说明PM-115站三相分离器进液经过室内静态沉降得到的水相悬浮油量并不能准确反映其现场动态沉降效果，而在静置沉降基础上增加一个颠倒步骤得到的水相乳化油量则能更好地反映采出液的现场动态沉降效果。

表1　PM-115站三相分离器进液在40℃下的静置沉降油水分离效果

水相乳化油量/(mg/L)				24h水相悬浮油量/(mg/L)
1h	2h	3h	24h	
2283	2141	1397	1279	67

图1　PM-115站三相分离器进液在40℃下的24h静置沉降油水分离效果

3.2　采出液的显微结构

未投加反相破乳剂的PM-115站三相分离器进液在室温下静置24h后的O/W型油水过渡层中油滴的光学显微镜照片和油滴粒径分布见图2和图3，从三相分离器进液中分离的游离水经过0.20μm微孔滤膜过滤后的动态光散射测试曲线见图4。

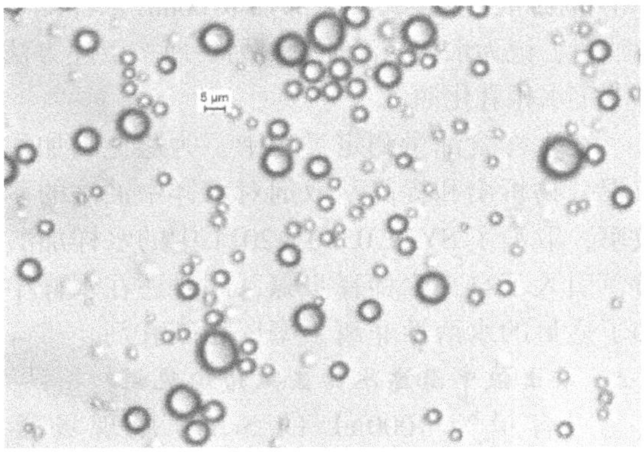

图2　PM-115站三相分离器进液在室温下静置24h后O/W型油水过渡中油滴的光学显微镜照片

由图2和图3中可见，PM-115站三相分离器进液在室温下静置24h后O/W型油水过渡层中的油滴非常细小，其直径主要分布在1.6~10μm，其25%、50%和75%累积体积粒径(D_{25}、D_{50}和D_{75})依次为5.1μm、6.8μm和7.9μm；图2中还可见大量的油滴聚集体，尽管其中的油滴已经相互接触，但由于油滴间水膜的阻碍，两相邻的油滴并不能发生聚并。

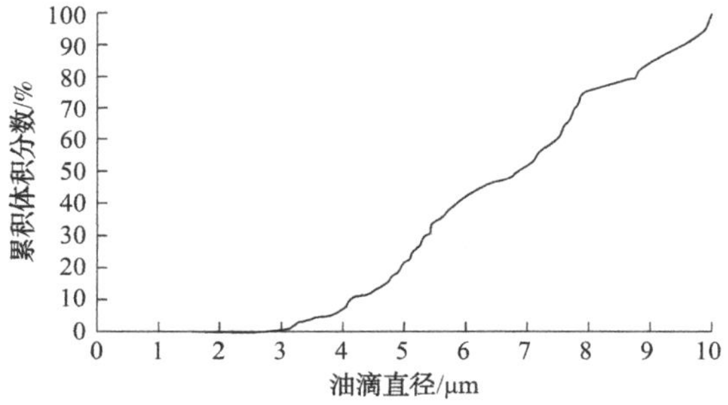

图3　PM-115站三相分离器进液在室温下静置24h后的O/W型油水过渡层中的油滴粒径分布

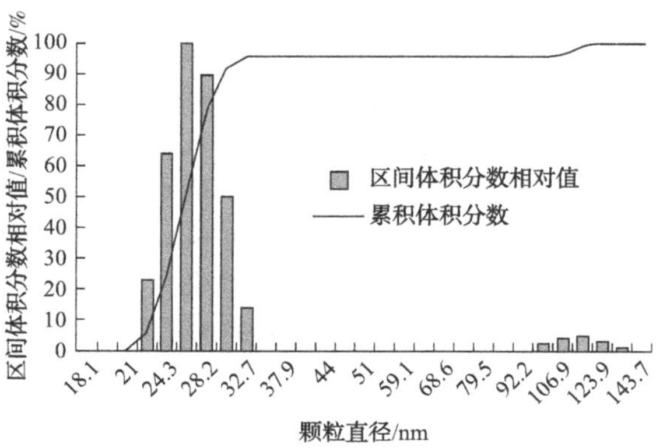

图4　PM-115站三相分离器进液中的游离水经过0.20μm膜滤后的动态光散射曲线

由图 4 中可见，PM-115 站三相分离器进液中的游离水经过 0.20μm 膜滤后其中残留的纳米尺度微粒的粒径主要分布在 22nm~33nm 范围内，结合该水样中含有 390mg/L 聚合物可以确定主要为聚合物胶团。直径为 107nm~115nm 的少量微粒为聚合物胶团的聚集体。

3.3 采出液中的油水界面活性物质成分和来源

从 PM-115 站三相分离器进液中分离出的油水界面活性物质和注入聚合物的红外光谱测试曲线见图 5。从三相分离器进液中分离出的油水界面活性物质的主要吸收峰与注入聚合物大致相同，其中 $3434cm^{-1}$、$1662cm^{-1}$ 和 $1562cm^{-1}$ 处的吸收峰依次对应酰胺基(-CONH-)、酰胺 C=O(酰胺 I 带)和酰胺 N-H(酰胺 II 带)，$1724cm^{-1}$ 处的吸收峰对应于酯(C=O)，$2920cm^{-1}$ 和 $2850cm^{-1}$ 处的吸收峰均对应于 C-H，$1411cm^{-1}$ 处的吸收峰对应羧酸盐，表明三相分离器进液中的油水界面活性物质主要为注入的聚合物。

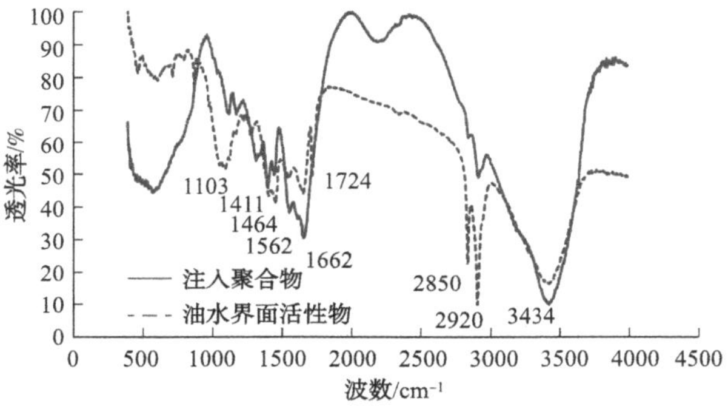

图 5　从 PM-115 站三相分离器进液中分离出的油水界面活性物质和注入聚合物的红外光谱测试曲线

3.4 采出液中 O/W 型乳状液的稳定机理

PM-115 站三相分离器进液在室温下静置沉降 10h 后的油水分离情况见图 6，可见其中的水层分成含油量从上向下递减的 3 个亚层，表明水层中的油滴之间存在强的远程静电斥力，阻碍了油珠之间接近，对油珠上浮和油水界面区域内油珠聚集体的形成和浓缩有迟滞作用。PM-115 站三相分离器进液中阻碍油珠间相互聚并的主要油水界面活性物质为注入的聚合物，因其分子链上同时含有通过酯键连接的憎水侧链，亲水的酰胺基和羧酸盐基而具有油水界面活性，易吸附在油滴的表面，不仅使油滴表面的过剩负电荷密度和油珠之间的静电排斥力增大，还在油珠表面上形成了较厚的吸附膜，形成阻碍油滴间相互聚并的空间位阻。

图 6　PM-115 站三相分离器进液在室温下静置沉降 10h 后的油水分离情况

在含有油水界面活性聚合物的 O/W 型原油乳状液中，作用在两个相互接近的油滴之间的胶体力主要包括范德华引力、静电斥力和空间位阻斥力，其所产生的随两油滴之间距离变化的势能可用下面的通式表示：

$$G_T = G_A + G_R + G_S \tag{1}$$

式中，G_T 为两油滴之间的净势能；G_A 为范德华引力势能；G_R 为静电排斥势能；G_S 为空间位阻势能。

其中范德华引力势能为负值，静电排斥势能和空间位阻势能为正值，三者均随油滴之间的距离变化，油滴之间的净势能取决于前三者的相对大小，静电排斥势能和空间位阻势能越大，则油珠之间的聚集和聚并越困难，O/W 型原油乳状液的稳定性越强。

综上所述，PM-115 站三相分离器进液中 O/W 型原油乳状液的主要稳定机制为吸附在油水界面上的具有油水界面活性的聚合物分子团所产生的空间位阻和静电斥力。为此，实现 PM-115 站三相分离器进液中 O/W 型原油乳状液有效破乳的主要途径一是通过投加适宜的表面活性剂使其吸附到油水界面上，顶替全部或部分油珠表面上吸附的聚合物分子团，降低阻碍油珠之间相互靠近的势垒，使得油珠在布朗运动和浮力最用下就可以实现聚并；二是为油珠聚并提供额外的动能，使两油珠在相互接近的过程中可以将接触区域内油珠表面上吸附的聚合物胶团驱离，克服阻碍油珠间充分接近的势垒。

3.5 反相破乳剂筛选和评价

采用静态沉降方法评价了100余个非离子和阴离子型反相破乳剂对PM-115站三相分离器进液的反相破乳效果，其中嵌段聚醚型反相破乳剂SP2002的清水效果最好，同时还发现阴离子表面活性剂AS2001虽然自身没有显著的清水效果，却可以显著改善SP2002的反相破乳效果。SP2002和AS2001不同浓度组合对PM-115站三相分离器进液的静态沉降反相破乳效果见表2和图7。在三相分离器进液中投加60mg/L SP2002可将其经过30min静置沉降后的水相乳化油量从2899mg/L降低至1634mg/L，降低幅度为43.6%；而在三相分离器进液中同时投加60mg/L SP2002和40mg/L阴离子辅剂AS2001则可将其经过30min静置沉降后的水相乳化油量降低至906mg/L，降低幅度为68.7%；在投加40mg/L AS2001的情况下，SP2002的最佳加药量为60mg/L。SP2002为嵌段聚醚型表面活性剂，其吸附在油珠表面上可以部分顶替油珠表面上吸附的带有过剩负电荷的聚合物分子团，降低阻碍油珠聚集和聚并的静电斥力和空间位阻；阴离子辅剂AS2001为小分子阴离子表面活性剂，其吸附在油珠表面上会进一步排斥油珠表面上吸附的同样带有过剩负电荷的聚合物分子团，降低阻碍油珠聚并的空间位阻，有利于O/W型采出液分层后形成的油珠聚集体中油滴之间的聚并和油连续相的形成。

表3 SP2002和AS2001不同浓度组合对PM-115站三相分离器进液的静态沉降反相破乳效果

SP2002加药量/(mg/L)	AS2001加药量/(mg/L)	30min水相乳化油量/(mg/L)
0	0	2899
40	40	1103
60	40	906
80	40	1019
40	0	1534
60	0	1634
80	0	1426

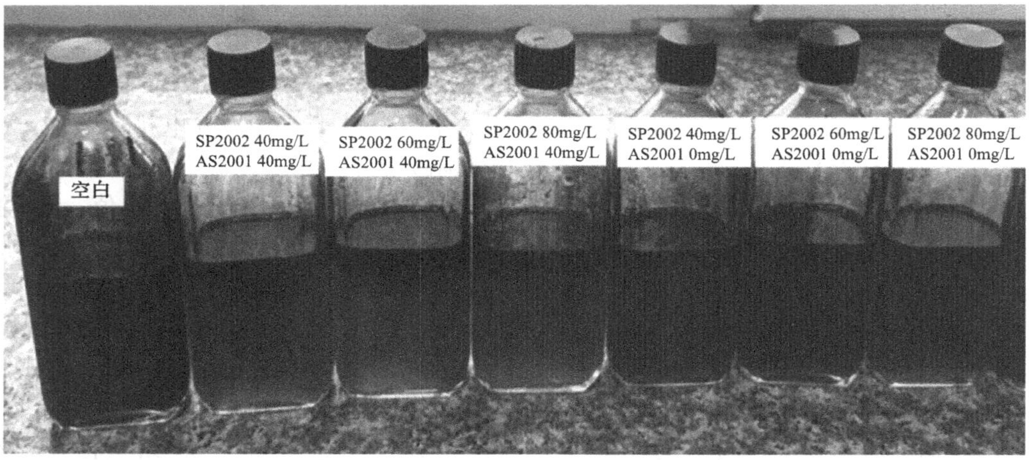

图7 SP2002和AS2001对PM-115站三相分离器进液的静态沉降清水效果(静置30min后颠倒)

SP2002和AS2001不同浓度组合对PM-115站三相分离器进液的动态聚结(300r/min40℃)反相破乳效果见表3和图8。三相分离器进液经过2h动态聚结的油水分离效果远好于30min静置沉降；在三相分离器进液中投加60mg/L SP2002可将其经过2h动态聚结后的水相乳化油量从2157mg/L降低至232mg/L，降低幅度为89.2%；而在三相分离器进液中同时投加60mg/L SP2002和40mg/L阴离子辅剂AS2001则可将其经过30min静置沉降后的水相乳化油量降低至335mg/L，降低幅度为84.5%；在动态聚结条件下的最佳加药方案为SP200260mg/L，AS20010mg/L；动态聚结效果随聚结时间从60min增大到120min而显著改善；与静置沉降不同，在动态聚结过程中投加阴离子辅剂AS2001不但没有改善清水效果，反而使水相乳化油量小幅度上升，其主要原因为AS2001为小分子阴离子表面活性剂，可快速迁移并吸附在油珠表面上降低油水动态界面张力，在动态聚结过程中会产生乳化作用而使油珠粒径减小，影响清水效果。

表4 SP2002和AS2001不同浓度组合对PM-115站三相分离器进液的动态反相破乳效果

SP2002加药量/(mg/L)	AS2001加药量/(mg/L)	振荡时间/min	动态聚结后的水相乳化油量/(mg/L)
0	0	120	2157
40	0	120	453
60	0	120	232
80	0	120	364
100	0	120	317
60	40	120	335
60	0	60	1072

根据非离子表面活性剂SP2002和阴离子辅剂AS2001在静置沉降和动态聚结过程中对PM-115站三相分离器进液的清水效果差异，并结合PM-115站所辖油井采出液的集输和处理工艺，可采取图9中所示的O/W型采出液化学处理方案：非离子型反相破乳剂SP2002与水质稳定剂(防垢剂)一起投加在掺水加热炉进水中，通过掺水将其携带到油井的井口与油井产出液混合，相当于将其加药点提前到每口油井的井口，在从井口到转油放水站之间的集油管道中借助管道内的湍流场实现O/W型采出液中油珠的聚集和聚并，即所谓的"管道破乳"；阴离子辅剂AS2001则在必要的情况下投加在三相分离器前的计量间来液汇管中作为辅助剂，促进三相分离器和其下游沉降罐内油珠的聚并，这样不仅可以发挥AS2001的辅助清水效果，还可以避免湍流场内其对O/W型采出液的乳化作用。

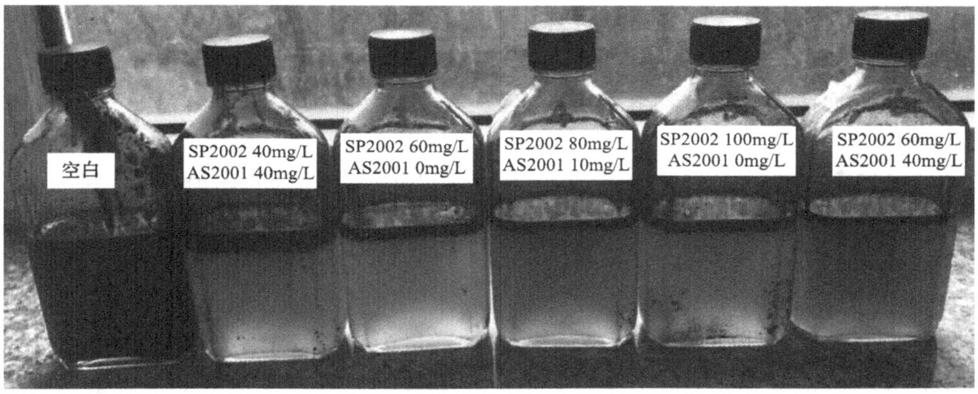

图8 SP2002和AS2001对PM-115站三相分离器进液的动态聚结清水效果(振荡2h后)

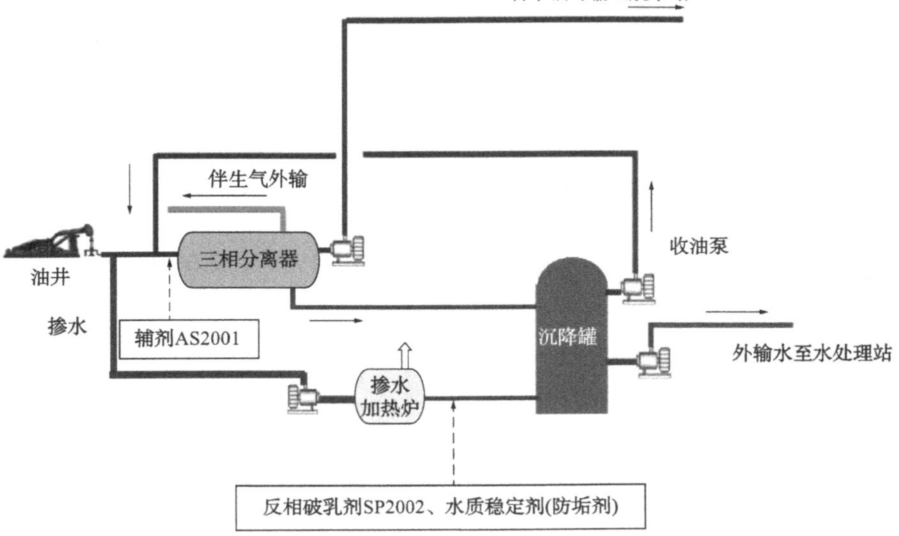

图9 PM-115站采出液集输和处理工艺流程

3.6 分离采出水的静置沉降和颗粒滤料过滤油水分离效果

投加和未投加SP2002的PM-115站三相分离器进液经过2.5h动态聚结后分离的采出水的24h静置沉降和颗粒滤料过滤除油效果见表4。没有投加SP2002的三相分离器进液经过2.5h动态聚结后分离的采出水含油量高达6612mg/L，其在35℃下经过24h静置沉降后的残余水相悬浮油量高达498mg/L，再经过石英砂、海绿石和磁铁矿滤料过滤后的含油量仍高达491mg/L，表明在未投加SP2002的情况下石英砂、海绿石和磁铁矿滤料对分离采出水中的细小油滴几乎没有过滤截留效果。

投加60mg/L SP2002的三相分离器进液经过2.5h动态聚结后分离的采出水含油量为285mg/L，远低于500mg/L的含聚合物采出水处理设施进水含油量控制指标；分离采出水在35℃下经过24h静置沉降后的残余水相悬浮油量降低至29mg/L，远低于100mg/L的过滤器进水含油量控制指标；过滤出水含油量降低至12mg/L，低于20mg/L的含聚合物采出水回注高渗透率油藏的含油量控制指标。

表5　反相破乳剂SP2002对PM-115站三相分离器进液分离采出水静置沉降和颗粒滤料过滤除油效果的影响

SP2002加药量/(mg/L)	2.5h振荡后含油量/(mg/L)	24h静置沉降后含油量/(mg/L)	滤后水含油量/(mg/L)	滤速/(m/h)
0	6612	498	491	3.0
60	285	29	12	3.0

4　结论

(1) PM-115转油放水站三相分离器进液中O/W型油水乳状液的主要稳定机制为吸附在油滴表面上具有油水界面活性的聚合物分子团产生的空间位阻和静电斥力；

(2) 在PM-115转油放水站三相分离器进液中投加60mg/L嵌段聚醚型非离子反相破乳剂SP2002和40mg/L阴离子辅剂AS2001可将其经过30min40℃静置沉降后的水相乳化油量从2899mg/L降低至906mg/L，降低幅度为68.7%；

(3) 在PM-115转油放水站三相分离器进液中投加60mg/L嵌段聚醚型非离子反相破乳剂SP2002可将其在40℃下经过2h动态聚结后的水相乳化油量从2157mg/L降低至232mg/L，降低幅度为89.2%；

(4) 嵌段聚醚型非离子反相破乳剂SP2002对PM-115转油放水站三相分离器进液中O/W型油水乳状液的破乳机理为吸附在油珠表面上部分顶替油珠表面上吸附的带有过剩负电荷的聚合物分子团，降低阻碍油珠聚集和聚并的静电斥力和空间位阻；阴离子辅剂AS2001为小分子阴离子表面活性剂，其吸附在油珠表面上会进一步排斥油珠表面上吸附的同样带有过剩负电荷的聚合物分子团，降低阻碍油珠聚并的空间位阻，有利于O/W型采出液分层后形成的油珠聚集体中油滴之间的聚并和油连续相的形成；

(5) PM-115转油放水站处理的含油水界面活性聚合物O/W型采出液的化学处理方案为在掺水加热炉进水中投加非离子型反相破乳剂SP2002，利用掺水将其携带到井口与油井产出液混合，借助从井口到转油放水站之间的集油管道中的湍流场实现O/W型采出液的管道破乳；必要情况下在三相分离器前的计量间来液汇管中投加阴离子辅剂AS2001，促进三相分离器和其下游沉降罐内油珠的聚并；

(6) 投加60mg/L SP2002的PM-115转油放水站进液经过2.5h动态聚结后分离的采出水含油量为285mg/L，分离采出水在35℃下经过24h静置沉降后的残余含油量降低至29mg/L，再经过石英砂、海绿石和磁铁矿滤料过滤后的含油量降低至12mg/L，低于20mg/L的含聚合物采出水回注高渗透率油藏的含油量控制指标。

参考文献

[1] 孙刚．TS型抗盐聚合物溶液黏度特性及驱油效果[J]．大庆石油地质与开发．2019，38(1)．104-109.
[2] 胡松．喇嘛甸油田TS1200抗盐聚合物驱现场应用效果[J]．大庆石油地质与开发．2021，40(1)．117-121.
[3] 张启江．聚驱后注入聚表剂提高采收率研究[J]．长江大学学报(自然版)．2011，8(5)．74-75.
[4] 张会平，王翀，潘春宏，等．含表面活性基团聚合物驱采出液破乳剂研制及评价[J]．精细与专用化学品．2009，17(23)．30-31.
[5] 王玮，张建，方洪波，等．疏水缔合聚合物驱乳状液破乳规律研究[J]．胶体与聚合物．2015，33

(3).99-102.

[6] 罗伟福，史爱娜，王海军，等．用于高含水注聚采出液的 KYYC 系列破乳剂[J]．油田化学，2003，20(3)，235-237.

[7] 吴迪，赵凤玲，孟祥春，等．微乳液型反相破乳剂的研制及应用[J]．精细与专用化学品．2006，14(6).10-13.

[8] 吴迪，赵凤玲，孙福祥，等．油水分离剂在低驱油剂含量三元复合驱采出液处理处理中的应用[J]．精细与专用化学品．2006，14(12).4-7.

[9] 吴迪，刘文杰，赵凤玲，等．油水分离剂在石油磺酸盐表面活性剂弱碱体系三元复合驱采出液和采出水处理中的应用[J]．精细与专用化学品．2015，23(9).24-30.

[10] 吴迪，王翀，赵凤玲，等．石油磺酸盐表面活性剂弱碱体系三元复合驱采出水的显微结构和油水分离特性[J]．精细与专用化学品．2015，23(8).27-33.

[11] Tharwat F. Tadros. Emulsion formation and stability[M]. Wiley-VCH Verlag GmbH & Co. KGaA，2013：11-13.

渤海潜山裂缝油藏调剖技术研究与应用

吕金龙　庞长廷　李彦阅　宋　鑫　吕　鹏

[中海石油(中国)有限公司天津分公司渤海石油研究院]

摘　要　渤海潜山裂缝性油藏非均质性较强，水易沿裂缝快速水窜，含水面临快速上升的风险。由于双重介质油藏的宏观储渗介质及微观驱油机理不同，导致调剖堵水工艺措施封堵调控机理与常规砂岩储层间存在差异，为此，针对裂缝油藏特点开展了调剖体系及工艺方案设计思路优化研究。通过体系研发，形成高强度凝胶体系，成胶时间可调，凝胶热稳定性好。依据分级调控原则，采用不同强度的凝胶交替注入方式，减少对基质油藏的伤害。现场应用表明，该调剖技术体系可有效封堵油水井间水窜裂缝，含水最大降幅45%，增油效果显著。

关键词　潜山裂缝性油藏；调剖技术；高温凝胶体系；工艺设计思路；现场应用

前言

渤海潜山油田为块状、弱底水、裂缝性油藏，岩性为变质岩，裂缝发育，非均质性强，开发过程面临水易沿裂缝窜流的难题。在注水开发阶段，含水上升速度加快，平面、纵向矛盾日益显现，注入流体在优势渗流通道低效或无效循环严重。在开发历程中渤海潜山油田先后采取了降压开采、稳定注水、不稳定注水三种开采策略，目前潜山油藏压力系数低于合理地层压力保持水平，油田已出现地层脱气、产液量下降等问题，迫切需要正常注水以缓解地层压力下降甚至逐步恢复地层压力。由于特殊的地质条件，注水井与生产井之间裂缝发育十分丰富，且裂缝的渗透率极大，渗流速度快，因而注入水极容易沿着裂缝流窜，最终造成生产井水淹水窜，从而造成油田水驱效果逐渐变差。因此，只有当调剖体系与储层个性化匹配度较高时，调剖体系才能取得最理想的封堵性能和液流转向效果。针对渤海裂缝性潜山油藏油井水淹、注水开发效果差的问题，需要开展室内实验研究，探索凝胶调剖体系的成胶机理，研制出一种适用于裂缝调控的耐温型调剖体系，以期对现场高温调剖/驱具有一定的指导意义。

1　实验研究

1.1　实验材料

干粉聚合物、交联剂A、交联剂B、除氧剂，质量分数均为99%；无机填充剂，质量分数为57%。填砂管尺寸为25mm×300mm，实验室自制。实验用水为目标油田模拟水，总矿化度为5222.27mg/L，pH值为8.38，离子质量浓度：$K^+ + Na^+$为1743.54mg/L、Mg^{2+}为29.67mg/L、Ca^{2+}为160.97mg/L、Cl^-为2403.95mg/L、SO_4^{2-}为0.75mg/L、HCO^{3-}为883.39mg/L。

1.2　实验设备

SIRION 200扫描电镜，美国FEI公司；傅里叶红外光谱分析仪，Spectro One珀金埃尔默有限公司；BY-II型多功能岩心驱替系统，东北石油大学、南通北岩实验设备科技有限公司联合研制。岩心夹持器、手摇泵、平流泵、中间容器等置于恒温箱内。实验设备流程见图1。

1.3　实验方法

1.3.1　凝胶溶液配制

根据前期实验优选凝胶配方进行实验研究，凝胶配方组成包括聚合物、交联剂A和交联剂B、除氧剂、无机填充剂和水。

将烧杯置于磁力搅拌器上，加入目标油层模拟地层水1000mL，在搅拌条件下加入4g实验用耐温抗盐聚丙烯酰胺粉末，搅拌2h，得完全溶解的凝胶主剂溶液，在主剂溶液中加入2g交联剂A和2g交联剂B，5g除氧剂和5g无机填充剂，充分搅拌溶解得到凝胶溶液。

1.3.2　渗流特性实验步骤

岩心抽真空饱和地层水，水测岩心渗透率，注入1PV聚合物后进行后续水驱直至压力稳定候凝，待体系成胶后再次进行水驱，计算阻力系数及残余阻力系数、封堵率及突破压力梯度。

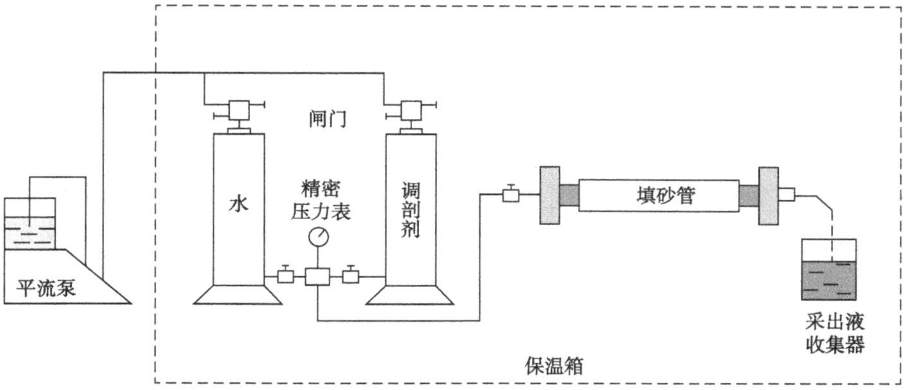

图1 实验流程图

岩心封堵率公式：

$$\eta=\frac{K_1-K_2}{K_2}\times100\% \quad (1)$$

式中，K_1为注体系前岩心的水相渗透率，mD；K_2为注调剖体系后岩心的水相渗透率，mD。

阻力系数(R_f)和残余阻力系数(R_{ff})可以用压差来表示，即：

$$P_f=\frac{\Delta P_p}{\Delta P_w} \quad (2)$$

$$P_{ff}=\frac{\Delta P_{pw}}{\Delta P_w} \quad (3)$$

式中，ΔP_w为水驱过程的稳定压差，MPa；ΔP_p为注交联体系的稳定压差，MPa；ΔP_{pw}为注交联体系后的后续水驱过程的稳定压差，MPa。

待凝胶体系在岩心中成胶后，进行后续水驱，压力从零开始，直至岩心出口端滴下第一滴液体，此时，进口端的压力表读数即为该凝胶体系的突破压力。突破压力梯度公式如下：

$$P_{max}=\frac{P_0}{L} \quad (4)$$

式中，L为实验岩心长度，m；P_0为突破压力，MPa；P_{max}为突破压力梯度，MPa·m^{-1}。

1.3.3 选择封堵性评价实验

采用双岩心实验模型模拟地层的非均质性。在恒定流速(0.3mL/min)下注入地层水，记录注入压力和高，低岩心管分流体积；以同样的速度注入一定量(0.3PV)的体系溶液，在120℃下恒温一段时间，候凝，待体系成胶后再进行水驱，记录注入压力和高，低渗岩心分流量，计算剖面改善率来表征体系的剖面改善能力。

剖面改善率f是指调剖前后高低渗层相对流量的变化率其计算公式如下：

$$f=\frac{Q_{hb}/Q_{lb}-Q_{ha}/Q_{la}}{Q_{hb}/Q_{lb}} \quad (5)$$

式中，Q_{hb}，Q_{lb}为调剖前高，低渗透层的相对流量，%；

Q_{ha}，Q_{la}为调剖后高，低渗透层的相对流量，%。

1.3.4 凝胶封堵机理表征

配制聚合物溶液和凝胶溶液，采用美国FEI公司SIRION 200型扫描电镜进行冷冻电镜扫描；将凝胶溶液置于安瓿瓶中，在90℃、100℃和120℃条件下进行成胶，对比48h后凝胶的冷冻电镜扫描图像，并结合凝胶主剂聚合物、交联剂及助剂的结构对凝胶的成胶封堵机理进行分析。

2 结果与讨论

2.1 注入性及封堵性

耐高温凝胶溶液的封堵率测试结果见表1，阻力系数、残余阻力系数测试结果见图2。

表1 调剖体系在不同渗透率下的封堵情况

岩心编号	渗透率 K_1/mD	渗透率 K_2/mD	封堵率/%
1	320	8.9	97.23
2	450	1.05	99.77
3	802	1.82	99.77
4	1106	0.29	99.97
5	2263	0.27	99.99
6	3100	0.37	99.99
7	4208	0.56	99.99
8	5046	0.67	99.99
9	6210	0.78	99.99

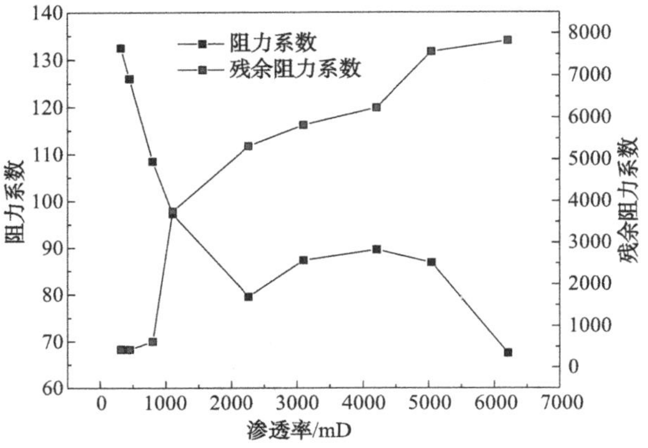

图 2　阻力/残余阻力系数随渗透率变化关系曲线

由表 1 数据结果可知，注入凝胶体系时岩心渗透率对岩心封堵率的影响不大，并对不同级别的渗透率岩心均表现较高的封堵能力，封堵率均在95%以上。从图 2 可以看出，岩心的渗透率越高，残余阻力系数越大，表明对高渗储层具有较好的封堵效果。同时在实验过程中发现，当渗透率不低于 1000mD 时，突破压力和突破压力梯度均明显提高且后期逐渐趋于稳定。分析认为，高孔隙介质内由于孔隙间隔较大，可使分子间产生充分碰撞，利于凝胶充分成胶，且成胶效果要高于相对低孔隙介质，能够在高窜逸层位发挥高强度封堵作用。残余阻力系数的增大也反映出该体系成胶后在孔隙介质中的渗流阻力在变大，有利于实现后续水的顺利转向，建立有效封堵。

2.2　选择封堵性

耐高温凝胶溶液的相对流量及剖面改善率测试结果见表 2。

表 2　不同级差渗透率岩心的剖面改善率

岩心编号	渗透率/mD	级差	调剖前水驱相对流量/%	凝胶相对流量/%	调剖后水驱相对流量/%	剖面改善率/%
1-1	517.94	5.9	31.9	34.3	57.6	65.51
1-2	3069.26		68.1	65.7	42.4	
2-1	497.61	11.1	16.6	15.1	64.4	88.99
2-2	5539.83		83.4	84.9	35.6	
3-1	508.35	19.3	8.2	12.6	73.2	96.72
3-2	9823.67		91.8	87.4	26.8	

从实验数据可以看到，不同渗透率级差的岩心在注入凝胶体系之后，进行后续水驱时出口端的相对流量变化较大，由此可以推断出凝胶在高渗透率岩心中形成有效滞留，注入水受压力影响改变液流方向，低渗层吸液量明显增加，储量动用程度提高。随着渗透率级差的增加，剖面改善率呈现增大趋势。因此该凝胶体系对高，低渗层具有较好的选择性，对渗透率级差范围在 5-20 的岩心均具有良好的调剖分流效果。

2.3　凝胶体系耐冲刷性能分析

凝胶封堵多孔介质后，非均质性依然存在，在后续水的长期冲刷下，凝胶可能会被突破，随形成的水流通道进行运移，最终使封堵能力大大减弱。因此通过耐冲刷性来表征凝胶在地层中经注入水长期冲刷后的存留率。将凝胶体系注入到岩心中，候凝后进行后续水驱。观察注入体积倍数与注入压力的变化情况，结果见图 3。

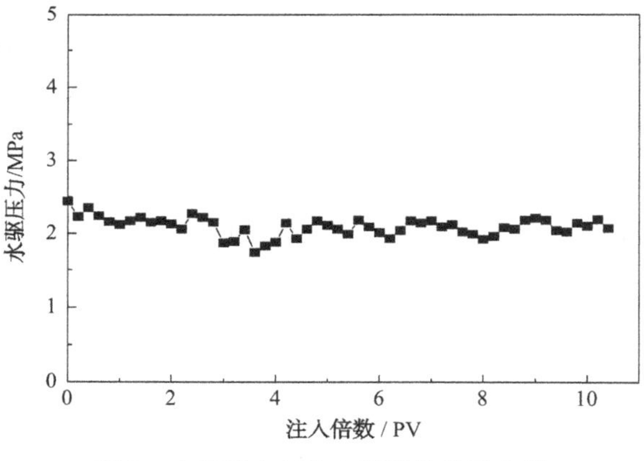

图 3　水驱压力与注入倍数的关系曲线

从图 3 可以看出，经过 10PV 的注入水冲刷，水驱压力上下变动幅度很小，基本上稳定在 2.3MPa 左右，这说明该调剖剂在岩心中各处的凝胶滞留量可观，胶体的运移能力下降，在高温环境下的成胶效果好，在储层中有良好的存留率。这是由于其触变性较强，注入储层后，与地层胶结效果好，可以长时间停留在孔隙中，形成有效封堵，因此应用效果理想。

2.4　成胶机理分析

对聚合物与交联剂成胶前后的扫描电镜进行比较分析(图 4)，相比于聚合物单剂溶液体系，凝胶体系交联现象明显，且随着温度升高，交联加密，在 130℃成胶反应后，在电镜图像上可以清晰观察到三维网格结构。对成胶前后的聚合物和凝胶的红外光谱进行对比分析，图 5 红外谱图上的基团吸收情况也发生明显改变，交联作用的发生使 $1550cm^{-1}$处的 C-N 吸收峰明显增强。

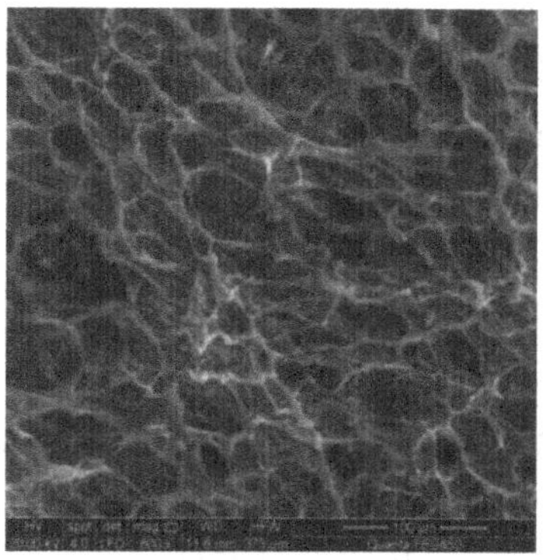

聚合物(90°C)

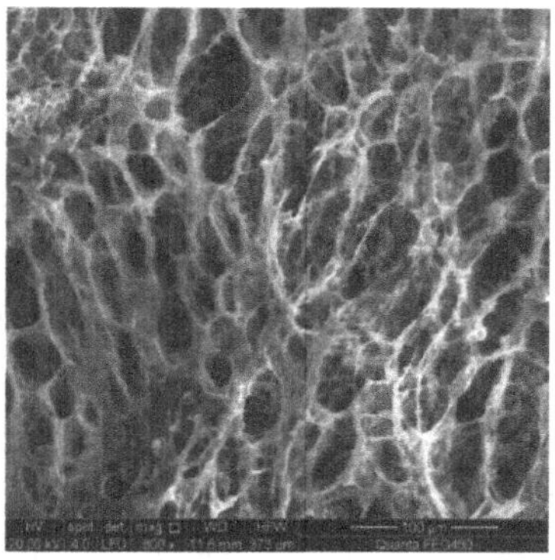

成胶体系(90°C)

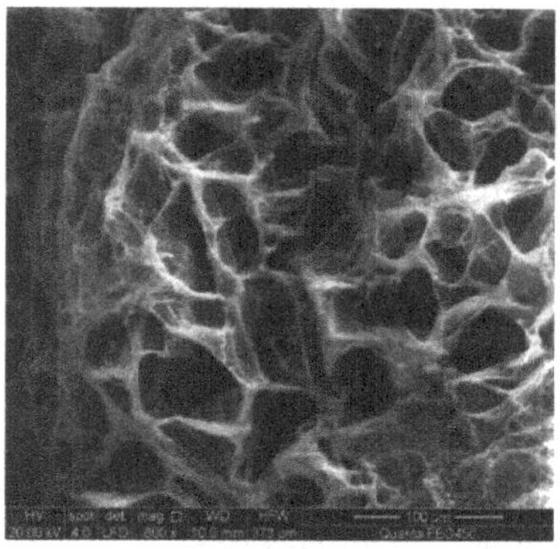

成胶体系(100°C)

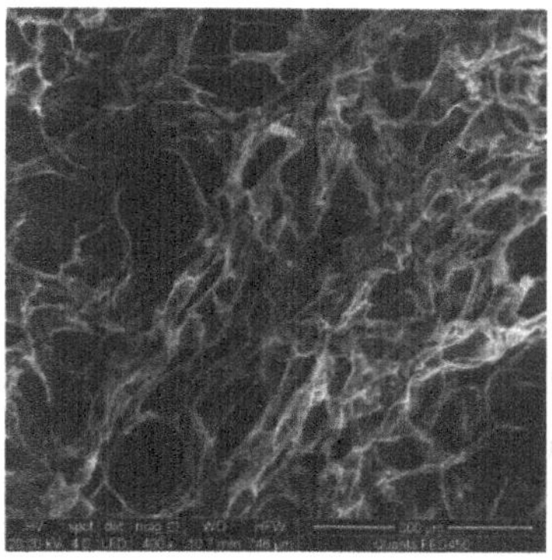

成胶体系(120°C)

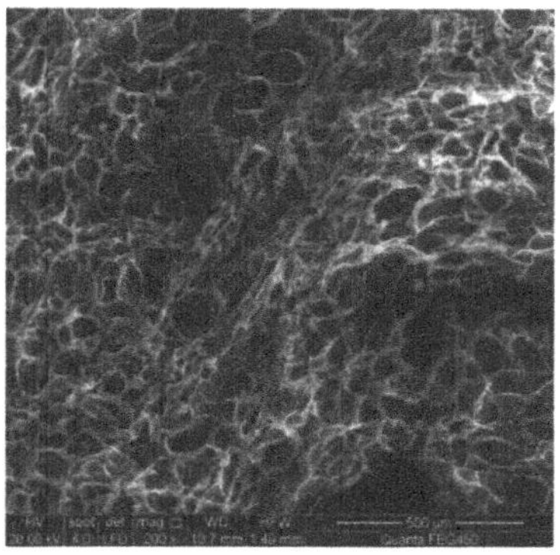

成胶体系(130°C)

图 4　聚合物成胶前后冷冻电镜扫描图像

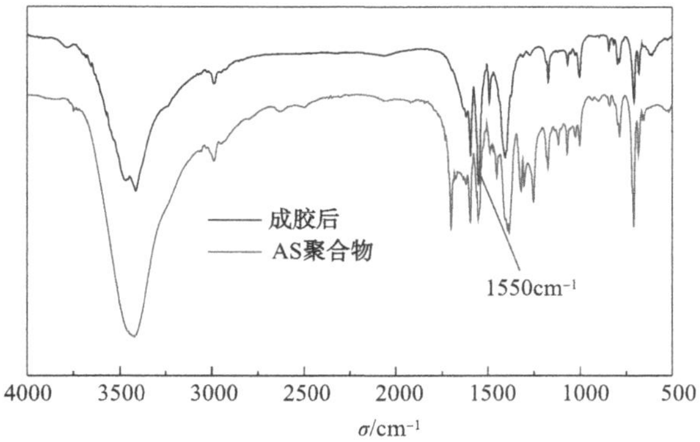

图 5　聚合物与凝胶的 FT-IR 对比图

实验中所用凝胶体系组成为耐温耐盐主剂聚合物、交联剂 A 和交联剂 B、除氧剂、无机填充剂和水。聚合物主剂为自身结构上带有耐温耐盐基团的聚丙烯酰胺类聚合物。所用交联剂分为 A 和 B，属于组合交联剂，两种交联剂在高温下发生反应形成可交联物质，再与聚合物发生交联，因为交联剂产生的反应为分步进行的，所以高温下成胶反应相对单剂交联成胶速度慢，避免交联速度快，成胶不均匀，凝胶稳定性差的问题，可以实现凝胶溶液注入后的原位成胶。除交联剂外，凝胶体系中加入了可参与交联作用的除氧剂，在发挥除氧作用的同时，与交联剂 B 发生反应产生具有交联性能的物质，辅助交联聚合物，加密交联网络。交联剂和除氧剂的协同作用使交联反应可以分步、多级进行，但凝胶的聚合物主链是具有相对高分子量的聚丙烯酰胺类物质，动态剪切和外力作用下仍易发生交联结构破坏，所用在凝胶配方中加入了一种无机分散性填充剂，该填充剂的加入可提高凝胶的整体强度，因为凝胶体系属于高温下原位成胶，无机填充剂颗粒尺度介于纳米至微米级，不影响其注入性能，由凝胶的注入性结果也可以看出，该凝胶体系注入性良好。

3　现场应用情况

典型注水井A与相邻采油井B均为水平井，所处地层之间裂缝发育。A与B井间注采反应明显，动态反应井间存在大孔道，分析A井注水沿裂缝突进至B井，已形成水窜通道。A井吸水剖面显示存在高吸水层段，跟端趾端存在吸水不均。因此决定对A井实施调剖，封堵高吸水层，抑制沿B井方向的裂缝通道，调整注入水流向，达到井组降水增油的目的。

综合井组近期注水量、含水率上升数据，采取不同强度凝胶进行交替注入，结合体积法计算公式，设计耐温调剖体系用量9200m^3，其中包含试注和顶替量400m^3。现场施工过程顺利，注入压力无明显上升，施工历时41d，累计消耗药剂92.5t。措施后恢复注水，井组综合含水率下降了45个百分点，日净增油达到182m^3，累计增油17100m^3，说明调剖体系顺利封堵住裂缝，抑制了窜进，启动地层基质部分原油。

段塞尺寸设计见表3，调剖体子注入前后的生产曲线如图6。

表3　段塞尺寸设计

段塞	工作液类型	设计体系浓度	设计用量/m^3
1	试注	2000-5000ppm 主剂	200
2	弱凝胶	2000-3000/3000/2500	800
3	中-强凝胶	3000-4000/3500/3000	3200
4	中凝胶	2500-3500/3500/2500	1600
5	强凝胶	4000/4000/3000	3000
6	弱凝胶	2000-3000/3000/2500	400
7	顶替液	清水	200

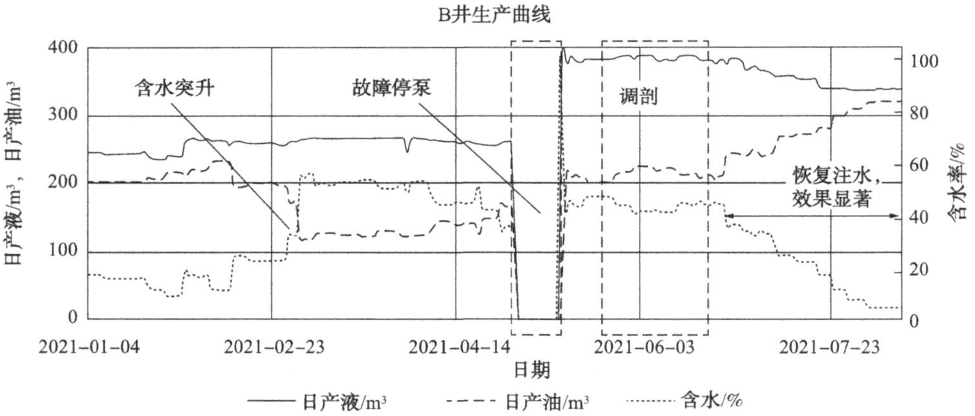

图6　调剖体系注入前后的生产曲线

4　结论

（1）耐温凝胶体系具有较好的封堵及耐冲刷性能，对不同级别的渗透率岩心均表现较高的封堵能力，封堵率均在95%以上。

（2）利用扫描电镜和红外光谱仪对凝胶体系进行表征，分析影响该耐温凝胶成胶性能主要有以下三方面：①耐温的聚合物主链结构；②多级分步原位交联成胶机理；③无机填充提升体系机械强度。

（3）现场应用结果表明，该调剖技术体系可有效封堵油水井间水窜裂缝，含水最大降幅

45%，增油效果显著。

参 考 文 献

[1] 关云，曹仁义，徐锋，等．厚油层水驱开发效果及其影响因素分析[J]．断块油气田，2018，25(06)：766-770.

[2] 于萌，铁磊磊，李翔，等．驱油用聚合物在渤海油田中高渗储层的适应性实验研究[J]．油气藏评价与开发，2020，10(06)：40-45.

[3] 李倍任．复合离子型聚合物凝胶堵漏剂的研制[D]．东北石油大学，2015.

[4] 栾鹏飞，卢祥国，郤婧文，等．高盐中低渗油藏聚合物溶液储层适应性研究—以长庆油田“长 4+5”块为例[J]．辽宁石油化工大学学报，2020，40(06)：45-51.

[5] 李文博，李公让．可控化聚合物凝胶堵漏材料的研究进展[J]．钻井液与完井液，2021，38(02)：133-141.

[6] 林仁义，罗平亚，孙雷，等．高温高盐产水气藏微胶堵水封堵特性实验[J]．天然气工业，2018，38(03)：69-75.

[7] 刘进祥，卢祥国，牛丽伟，等．两性离子聚合物凝胶成胶效果及油藏适应性研究[J]．油田化学，2017，34(04)：610-616.

[8] 刘翔鹗．我国油田堵水调剖技术的发展与思考[J]．石油科技论坛，2004(01)：41-47.

[9] 梁严，王毅，张新民，等．不同渗透率及渗透率级差下不同分子缔合聚合物的渗流驱替特征研究[J]．新疆石油天然气，2021，17(03)：44-52.

[10] 王闯，周玉霞，杨仲涵，等．涠洲油田高温高盐油藏组合调驱技术研究及应用[J]．化学工程与装备，2019(04)：107-109.

化学驱微观数值模拟方法及渗流驱替机理研究

于金彪　孟　薇　王　娜　段　敏

(中石化胜利油田勘探开发研究院)

摘　要　在老油田开发过程中，化学驱是增油上产的主要方式，而化学驱油体系的渗流、驱替机理复杂，不同的驱油剂在多孔介质中如何流动、分别驱替了哪部分孔喉的剩余油尚不清楚，通过将室内实验认识与数学方法相结合，建立了化学驱微观数值模拟方法。应用该方法深入分析了影响渗流路径的主控因素和调控方法，研究了化学驱剩余油的分布特征及动用条件，进而明确了驱油体系在孔喉尺度上的渗流规律和驱替机理，为化学驱体系优化及推广应用提供理论依据。

关键词　化学驱；微观；渗流规律；驱替特征

1　化学驱微观数值模拟方法

1.1　岩心孔隙模型建立

通过对岩心扫描图进行二值化提取，得到0/1数据体，从而识别孔喉和岩石骨架，采用网格剖分技术建立岩心孔隙网格模型，应用切削网格技术精细刻画了岩心孔喉结构(图1)。模型计算统计数据表明，建立的岩心网格模型与网络模型孔喉结构参数相似(表1)，可以真实反应岩心孔喉分布特征。

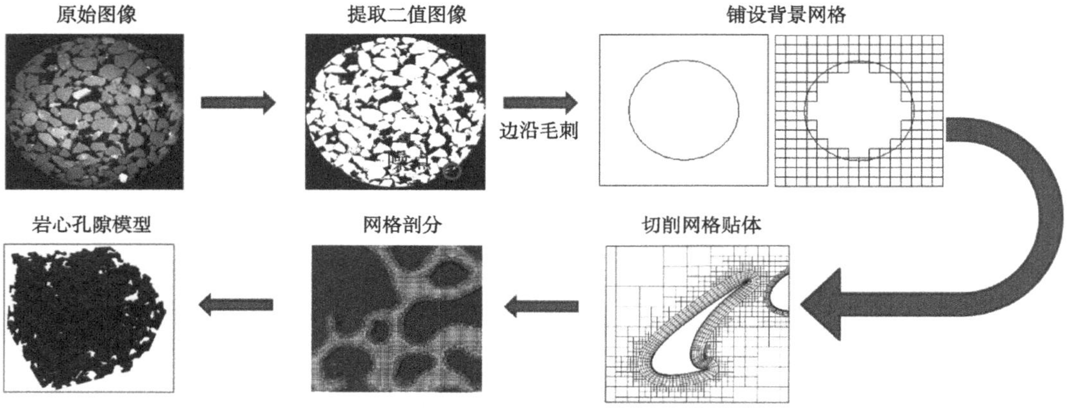

图1　微观岩心孔隙模型建立流程图

表1　模型参数对比

模型	分析方法	孔隙度	渗透率/mD	平均孔喉半径/μm
试验模型	图像分析	0.30	2500	20
数学模型	模型计算	0.33	2750	25

1.2　化学驱微观数学模型建立

基于室内实验及物理模拟，建立单剂(聚合物、表面活性剂、黏弹性颗粒)和化学复合驱的微观渗流数学模型，描述化学驱油体系的物化性能、微观力学机制和渗流驱替机理。

1.2.1　聚合物微观数学模型

建立了聚合物的力学描述方法，表征聚合物在驱替过程中水相的增粘作用。采用欧拉架构下的Navier-Stokes方程来描述聚合物、油、水的运动，其质量守恒方程和动量守恒方程分别为

$$\nabla \cdot u=0 \tag{1}$$

$$\frac{\partial \rho u}{\partial t}+\nabla \cdot (\rho u u)=-\nabla p+\rho g+\nabla \cdot \tau_s+\nabla ?\ \tau_p+F_\sigma+F_\tau \tag{2}$$

式中，u和p分别为流场速度和压力；ρ为流体平均密度；t为时间；g为重力加速度；τ_s和τ_p分别为流体的粘性应力和弹性应力；F_σ和F_τ分别为界面所受法向力和切向力。

聚合物的黏性应力τ_s可以写为

$$\tau_s=\eta_s(\nabla u+(\nabla u)^T) \tag{3}$$

式中，η_s为溶剂的剪切黏度。

流场中发生较大的应变时，有非线性粘弹性本构方程，其较为复杂，通常不能采用解析方法进行求解。采用 MaxWell 模型求解，由下式给定

$$\tau_p+\lambda\ \underset{\cdot}{\tau}_p=\eta_p(\nabla u+(\nabla u)^T) \quad (4)$$

式中，η_p 为零剪切聚合物黏度。当 $|\tau_p|\gg|\tau_s|$ 时，会弱化∇？τ_s 项的计算，故引入下式

$$\tau'_p=\eta_p(\nabla u+(\nabla u)^T) \quad (5)$$

1.2.2　表面活性剂微观数学模型

建立了表面活性剂的力学描述方法，表征表活剂降低界面张力的作用。表面活性剂会在水相、油相以及界面上不断运动，可以用以下方程组来进行数学描述。

$$\frac{\partial(\rho u)}{\partial}+\nabla\cdot(\rho uu)-\nabla\cdot(\mu\tau)=-\nabla p+\rho g+\kappa\sigma\nabla\alpha-\int\nabla\sigma ds \quad (6)$$

式中，u 和 p 分别为流场速度和压力；ρ 为流体平均密度；t 为时间；g 为重力加速度；τ 为流体的粘性力；σ 为表面张力系数。

界面上表面活性剂的浓度传输方程，如下所示

$$\frac{\partial\Gamma}{\partial t}+\nabla\cdot(\Gamma u)=D_s\nabla_s^2\Gamma+S_{rw}+S_{ro} \quad (7)$$

式中，D_s 为界面上的扩散系数；S_{rw} 为水吸附源项；S_{ro} 为油吸附源项。

1.2.3　黏弹性颗粒微观数学模型

建立了黏弹性颗粒的力学描述方法，表征颗粒在孔喉中的受力变化过程。由于黏弹性颗粒具有非球形、易变形的特点，采用亚颗粒方式，描述黏弹性颗粒受力条件下在孔喉中封堵、变形和突破的变化过程(图 2)。

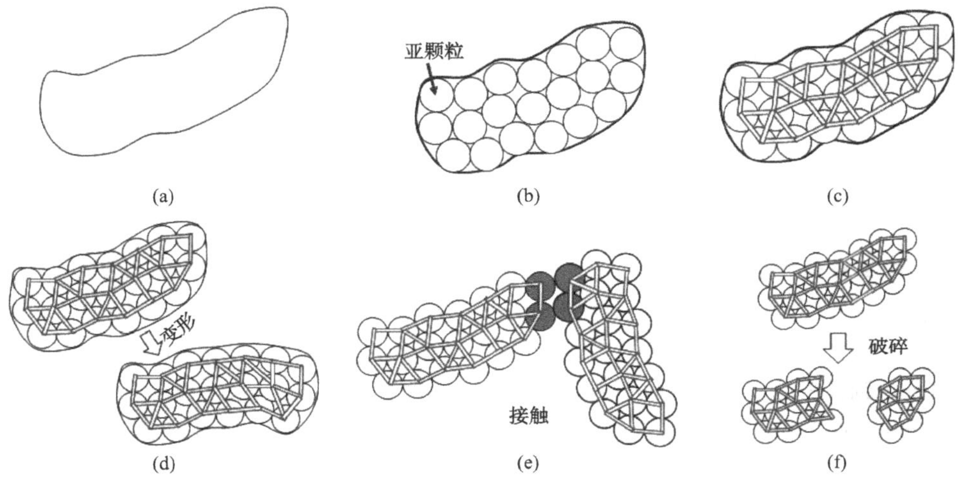

图 2　基于亚颗粒堆积的黏弹性颗粒动力学描述

流体动力学方程为

$$\frac{\partial u}{\partial t}+u\cdot\nabla u-v\nabla^2u=\frac{\nabla p}{\rho f}+\lambda \quad (7)$$

式中，λ 为颗粒对流体的作用力

颗粒运动方程为

$$MU^{n+1}=\frac{\rho_p-\rho_f}{\rho_p}M(U^n+g\Delta t)+\rho_f\int_p(u^{n+1}-\lambda^n\Delta t)dx+F_{p-p}^{sub}\Delta t+F_{p-p}^{coll}\Delta t \quad (8)$$

式中，u 为颗粒中心的流体速度；λ 为流体对颗粒的作用力；F_{p-p}^{sub} 为亚颗粒间杆件的作用力；F_{p-p}^{coll} 为不同颗粒间的碰撞力。

基于上述方程，建立了欧拉(描述流体)和拉格朗日(描述固体颗粒)双重架构下的微观数学模型，描述了化学剂之间以及与油水界面之间的相互作用力。

2　化学驱油体系微观渗流特征

2.1　影响渗流路径的主控因素

流体在微观孔隙流动过程中，渗流路径主要受排驱力(注入压差)、黏滞力(流体黏度、流速、长度和孔喉半径)、毛管力(界面张力、孔喉半径和润湿性)的影响。

在双孔隙模型中，在水润湿岩心中被俘留的剩余油呈多种形态(如珠状或滴状)，并被封闭在单孔隙或多个孔隙中。当流动水施加在油上的力不能克服水优先润湿产生的毛细管力时，原油就会被捕留住。

用图 3 中的并联孔隙模型可形象地说明水驱油时过程的基本特征。水在半径分别为 r_1 和 r_2

的两个孔隙中驱油。在 A 点和 B 点处，两孔隙相连形成并联孔隙。对此例来说，油水两相的粘度和密度是相等的。假设孔隙 1 比孔隙 2 小。如果一个孔隙中的驱替速度比另一个快，而且 AB 两点间的压力不足以将孤立油滴从驱替速度较低的孔隙中驱替出来的话，油相就会俘留。

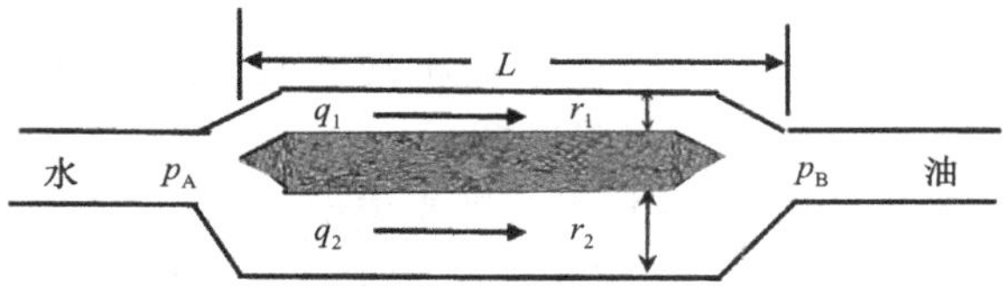

图 3 渗流路径选择的微观受力分析

在孔隙 1 中，毛管力、界面张力和排驱力之间存在以下关系：

$$(p_A - p_B) + \frac{2\sigma\cos\theta}{r_1} = \frac{8\mu_w L_w v_1}{r_1^2} + \frac{8\mu_o L_o v_1}{r_1^2} \quad (9)$$

图 4 是微观数值模拟计算的岩心内部剩余油分布图，分析可得到以下结论：

(1) 当排驱力较大时，起主导作用，流体优先流经主流区；

(2) 当排驱力变弱(主流区边缘)时，毛管力起主导作用(水湿)，流体优先流经小孔隙，大孔隙中的部分原油滞留；

(3) 波及区，当水相的粘滞力大于油滴两端的毛管力之差时，滞留的油滴再流动。

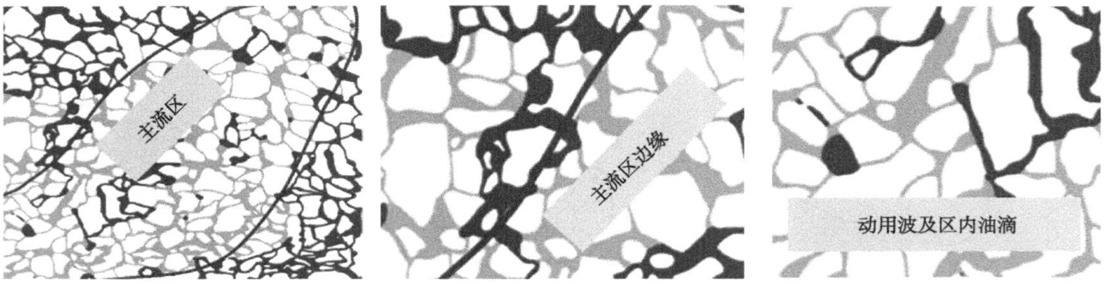

图 4 驱替过程中不同波及区

2.2 改善渗流路径的调控方法

通过渗流路径主控因素分析表明，渗流路径受微观力的控制，若要改善渗流路径，需要打破原有的力学平衡状态。调控的方式主要有增大排驱力、增大黏滞力、降低毛管力和改变驱替方向几种。

2.2.1 增大排驱力

在水驱过程中，随着不断增大水驱注入压差，主流区的渗流路径发生改变，由图 5 看，波及范围由 0.06Mpa/m 的 56.3%，0.2MPa/m 时 67.7%，0.4Mpa/m 时增大到 80.3%。因此，随着增大注入压差来增大排驱力，主流区的渗流路径沿着主流线，波及范围向外延展，波及系数增大。

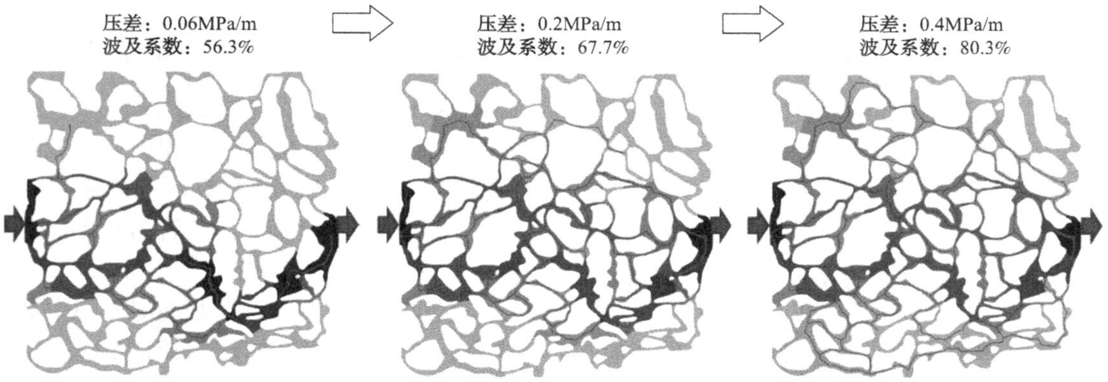

图 5 不同注入压差下水驱波及范围

2.2.2 增大黏滞力

在油藏中注入聚合物后，水相黏度增大，使黏滞力增大，油水流度比下降，主流区的渗流路径发生改变，由原来的高渗通道运移，向两侧扩展，波及范围扩大。波及范围由水驱时的 56.3%，增大到 71.7%(图 6)。

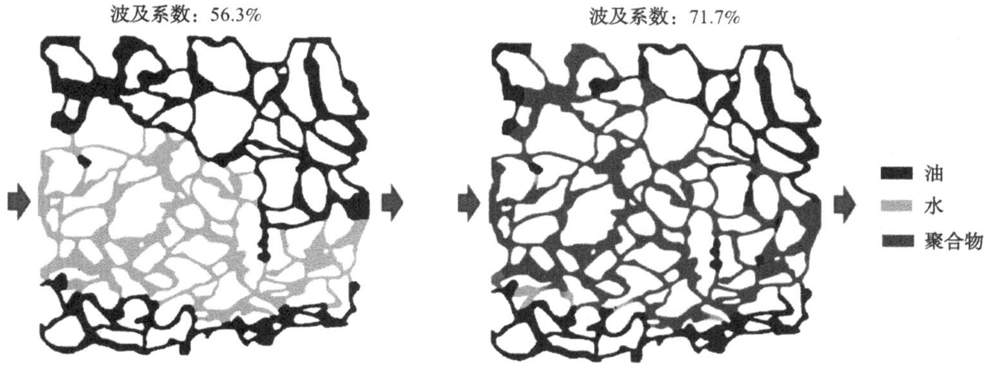

图 6 水驱(左)和聚合物驱(右)波及范围

2.2.3 改变驱替方向

注入黏弹性颗粒后，颗粒局部堵塞孔喉，使得岩心内流体发生液流转向，渗流路径发生改变。由图 7 可知，半径为 100μm 的小粒径颗粒在流动过程中主要沿主流线迁移，侧向动用能力较弱，波及系数为 65.3%；半径为 200μm 的大粒径颗粒的运移路径更多，驱油体系波及范围和波及系数更大，波及系数为 74.8%。

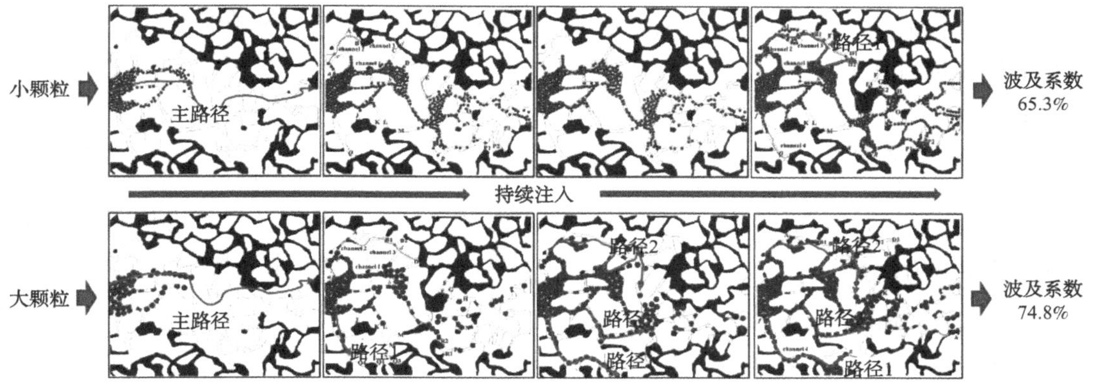

图 7 注入小颗粒和大颗粒后波及范围

2.2.4 降低毛管力

将表面活性剂的性能进行改变，使界面张力从 0.14mN/m 降低至 0.007mN/m，可以看到，注入表面活性剂后，油水界面张力和和毛管力都降低，使得部分被“捕获”的油滴再流动，从而改变局部渗流路径，但是从图 8 可知，表面活性剂的主要作用是降低界面张力，剥离剩余油，但是波及系数变化较小，本身改善波及范围的能力较弱。

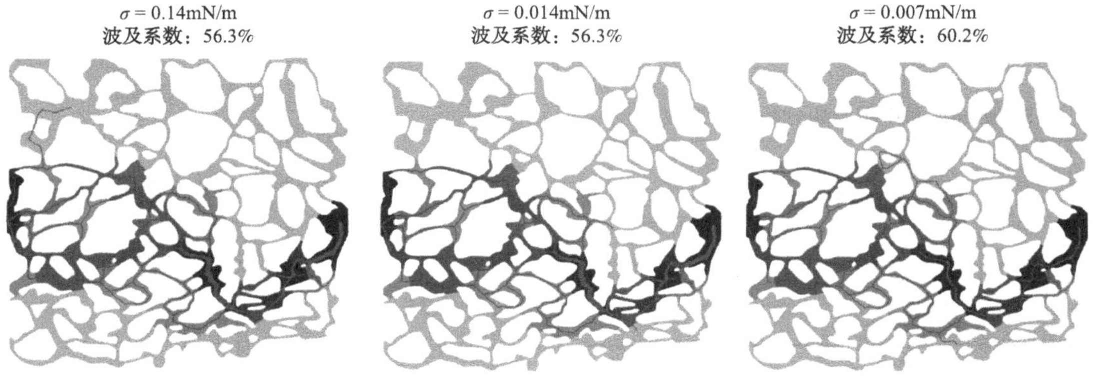

图 8 不同界面张力下波及范围

将以上单剂单因素的分析结果进行扩展，进一步研究了复合驱下不同压差下的波及范围，进行了统计，如表2所示可知，通过改变驱替方式，同样的注入压差(0.06MPa/m)下，水驱的波及系数为56.3%，二元复合驱的波及系数为71.7%，非均相复合驱的波及系数为86.4%，波及范围增大了30.1%。并且相同驱替方式下，增大压差，也可以扩大波及范围。因此，化学驱+增大压差可以有效改善流体的渗流路径，波及系数增幅达43.3%。

表2　不同驱油体系、不同压差下的波及系数

驱油体系	压差(MPa/m)		
	0.06	0.2	0.4
水驱	56.3%	67.7%	80.3%
二元复合驱	71.7%	82.1%	91.4%
非均相复合驱	86.4%	93.8%	99.6%

2.3　渗流特征变化规律

由图9不同孔隙半径区间范围内，不同驱油体系动用孔隙数量占比对比可见，在水驱过程中，孔隙越大，被波及程度越高，主要波及大孔隙；而二元复合驱中，均衡波及孔隙能力增强，但是随孔径减小，动用能力减弱；而非均相复合驱全范围地波及不同大小级别的孔隙，半径小于5μm孔隙的动用能力增强。

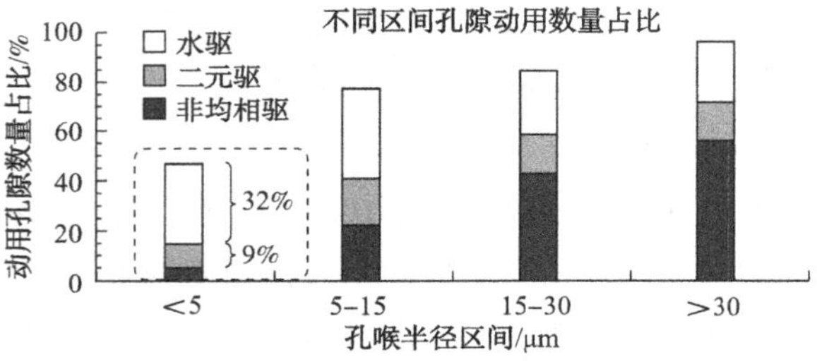

图9　不同区间孔隙动用数量占比

微观数值模拟分析表明，不同体系中不同组分的波及系数不同，非均相体系中黏弹性颗粒的波及系数达到73.7%(表3)。

表3　驱油体系中不同组分的波及系数

驱油体系	组分			
	水	聚合物	表面活性剂	PPG
水驱	56.3%	—	—	—
二元复合驱	71.7%	70.9%	70.9%	—
非均相复合驱	86.4%	82.2%	82.3%	73.7%

由非均相复合驱不同驱替介质波及孔隙个数统计，在半径较大的孔隙中各个组分分布的程度差别不大，但是当孔隙变小时，各组分通过孔隙的能力存在差异，其中PPG通过的最小喉道半径为7.28μm，在小于5μm的范围没有PPG分布(图10)。

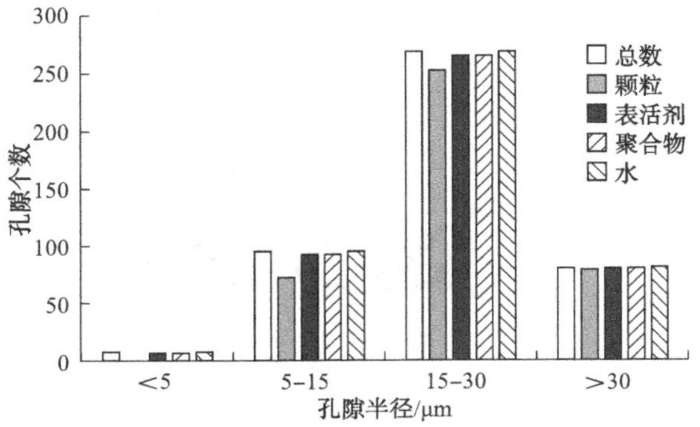

图10　非均相复合驱不同驱替介质波及孔隙个数对比

3　化学驱油体系微观驱替机理

3.1　化学驱剩余油赋存特征

水驱、二元驱和非均相驱后剩余油分布特征不同，水驱时主要流经主流线，不同孔隙大小孔隙的剩余油赋存均很多；二元驱时，界面张力变低，扩大波及，使得原油易于变形和脱附，孔隙内更多剩余油被波及；非均相驱进一步扩大波及，剩余油更加分散，剩余油大幅减少，将驱油效率提高至70%以上，其中半径5μm以下孔隙的驱油效率由二元驱的15%提高到37%(图11)。

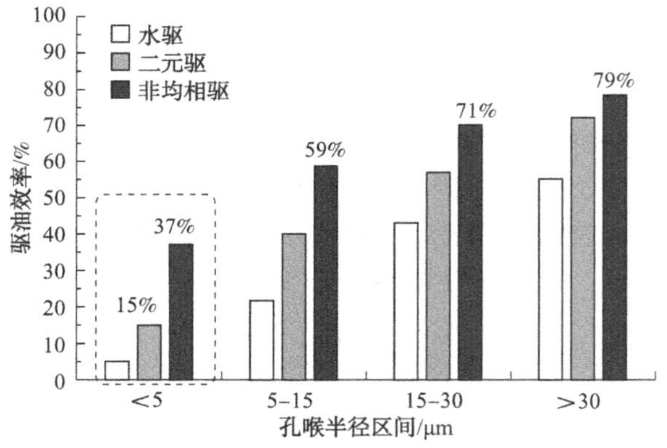

图11　不同孔隙区间化学驱的驱油效率对比

3.2　不同类型剩余油的动用方式

3.2.1　未波及区连片型剩余油

在上图中，左图框出的部分为未波及区内的部分区域(右)，其中，

界面 a 处的毛管力为：

$$p_{c(a)} = -\frac{2\sigma\cos(\theta+\beta)}{r_a} \tag{10}$$

界面 b 处的毛管力为：

$$p_{c(b)}=\frac{2\sigma\cos(\theta)}{r_b} \tag{11}$$

通道 2($a \to b$)之间的压降等于水相黏滞力：

$$\Delta p=\frac{8\mu_w uL}{r_1^2} \tag{12}$$

那么通道 1 剩余油的启动条件为：

$$\Delta p>p_{c(a)}+p_{c(b)} \tag{13}$$

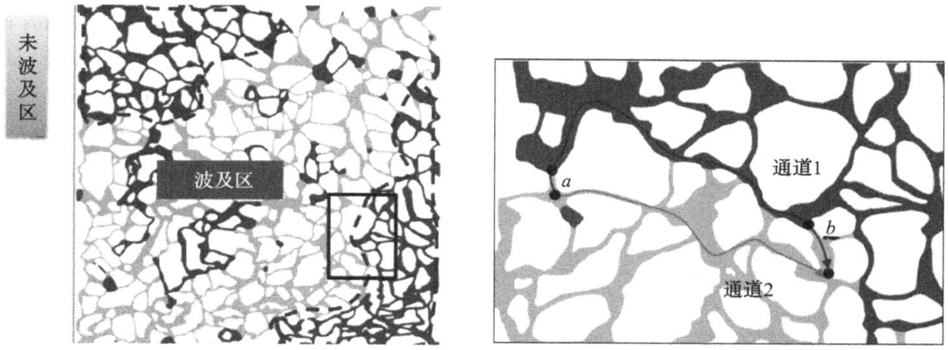

图 12　未波及区连片剩余油分布

3.2.2　波及区的单孔型剩余油

针对波及区的单孔型剩余油(图 13)，需要克服毛管力使这部分剩余油动起来，通过前面的研究，克服毛管力的方式有注入表面活性剂(降低界面张力)和增大注入压差(增大排驱力)。

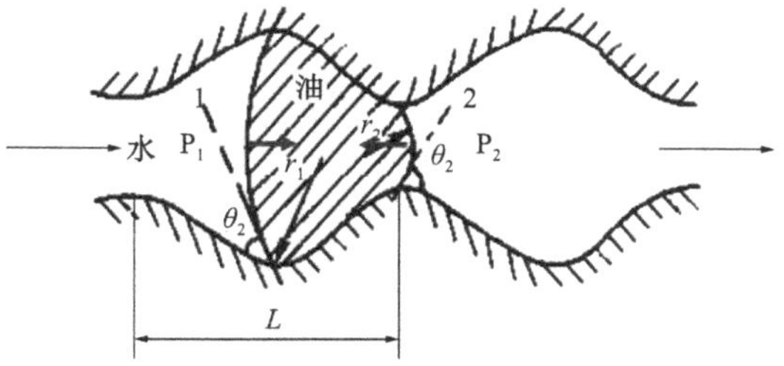

图 13　单孔型剩余油分布

针对上图这种单孔型剩余油，动用条件必须满足：

$$p_1-p_2=2\sigma_{ow}\cos\theta\left(\frac{1}{r_2}-\frac{1}{r_1}\right)$$

在一般条件下，若

$r_1>>r_2$　$r_2=1\mu m$　$\sigma=5mN/m$　$\theta=60°$

那么在剩余油长度 L=100μm 条件下，动用剩余油的压力梯度为：

$$(p_1-p_2)/L=50MPa/m$$

这样的压力梯度非常大，在实际中难以满足。而如果在剩余油长度 L=1000μm 条件下，动用剩余油的压力梯度为：

$$(p_1-p_2)/L=MPa/m$$

因此通过大幅降低界面张力至 $\sigma_{ow}=10^-$ 3mN/m 的数量级，油藏压力梯度才能克服毛管力，启动单孔剩余油；当剩余油长度越长，启动压力梯度越小，越易于流动。

3.2.3　波及区的多孔型剩余油

针对波及区内的多孔型剩余油(图 14)，使之流动同样需要克服毛管力，当多孔型剩余油任意两端压力之差大于毛管力之和时，即可使剩余油向压力低的一端流动。

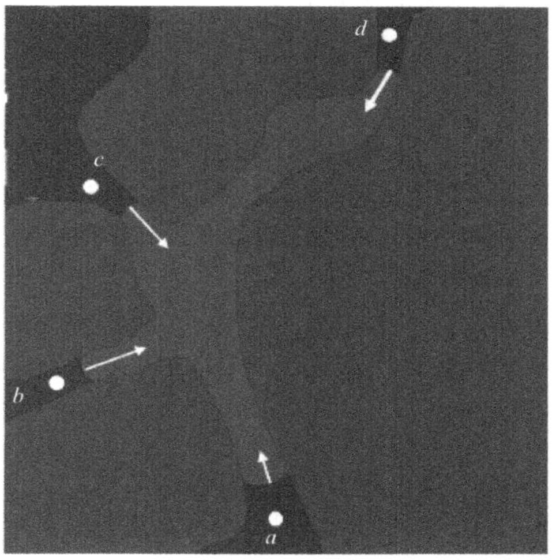

图 14　多孔型剩余油分布

以本图所示多孔型剩余油为例，该剩余油所在孔隙有 a、b、c、d 四个出口端，此时 a、b、c、d 各点处的毛管力分别为：

$$p_{c(a)}=\frac{2\sigma\cos(\theta)}{r_a}$$

$$p_{c(b)}=\frac{2\sigma\cos(\theta)}{r_b}$$

$$p_{c(c)}=\frac{2\sigma\cos(\theta)}{r_c}$$

$$p_{c(d)}=\frac{2\sigma\cos(\theta)}{r_d}$$

根据前面的研究结果可知，该多孔型剩余油的动用条件 a、b、c、d 任意两点间的压力之差大于毛管力之和。举例说明，以 a 点为参考点，

剩余油由 a 到 d 流动：$p_a-p_d>-\frac{2\sigma\cos(\theta)}{r_a}+\frac{2\sigma\cos(\theta)}{r_d}$

剩余油由 a 到 b 流动：$p_a-p_b>-\frac{2\sigma\cos(\theta)}{r_a}+\frac{2\sigma\cos(\theta)}{r_b}$

剩余油由 a 到 c 流动：$p_a-p_c>-\frac{2\sigma\cos(\theta)}{r_a}+\frac{2\sigma\cos(\theta)}{r_c}$

满足以上任意条件之一，即可实现剩余油的动用。

通过以上研究，通过建立的化学驱微观数值模拟方法，开展化学驱微观驱油机理研究，以明确不同驱油体系的剩余油赋存特征和动用条件，优选适配区块的个性化配方，支持矿场生产。

参 考 文 献

[1] 康万里，刘永健．我国复合驱用表面活性剂研究进展[J]．日用化学工业，2000，4：30-33.

[2] 王国锋．低渗透油层活性水驱油数值模拟研究[D]．大庆石油学院，2005.

[3] 黄宏度，吴一慧，王尤福等．石油羧酸盐和磺酸盐复配体系的界面活性[J]．油田化学，2000，17(01)：69-72.

[4] 郭东红，张飞宇，邱宾．三次采油表面活性剂的研究与应用进展(一)[J]．应用科技，2008，16(07)：13-15.

[5] 郭东红，张飞宇，邱宾．三次采油表面活性剂的研究与应用进展(二)[J]．应用科技，2008，16(08)：32-34.

[6] 赵立艳，范西惊．表面活性剂驱油体系的新发展[J]．西安石油学院学报，2000，15 (02)：55-58.

[7] 卢祥国，在原典男，米山武司．化学驱数值模拟器UTCHEM(6.0)及其应用[J]．大庆石油地质与开发，1999，18 (01)：48-49.

[8] 余庆东．化学驱数值模拟软件介绍[J]．大庆石油地质与开发，2001，8 (02)：62-62.

[9] 刘玉章．聚合物驱提高采收率技术[M]．北京：石油工业出版社，2005：36-40.

[10] Xu JJ，Zhao HK. An Eulerian Formulation for Solving Partial Differential Equations along a Moving Interface [J]. Journal of Scientific Computing，2003，19(1-3)：573-594.

[11] Seric I，Afkhami S，Kondic L. Direct numerical simulation of variable surface tension flows using a Volume-of-Fluid method [J]. Journal of Computational Physics，2018，352：615-636.

[12] Xu JJ，Yang Y，Lowengrub J. A level-set continuum method for two-phase flows with insoluble surfactant [J]. Journal of Computational Physics，2012，231(17)：5897-5909.

[13] Xu JJ，Shi WD，Lai MC. A level-set method for two-phase flows with soluble surfactant[J]. Journal of Computational Physics，2018，353：336-355.

[14] Charles Cleret de Langavant，Arthur Guitter，Maxime Theillard，et al. Level-set simulations of soluble surfactant driven flows[J]. Journal of Computational Physics，2017，348：271-297.

[15] 王美楠，张宏友，王少鹏，等．聚驱稠油数字岩心模型建立及驱替规律分析[J]．石油机械，2019，047(008)：87-93.

[16] 刘斌，张伟，李红英，等．渤海某油田聚驱后微观剩余油分布规律研究．新疆石油天然气，2020年6月．

[18] Fallah，H.，Fathi，H. B.，Mohammadi，H.，2012. The mathematical model for particle suspension flow through porous medium. Geomaterials 2 (3)，57-62.

[19] Jung，J.，Cao，S. C.，Shin，Y. H.，et al.，2018. A microfluidic pore model to study themigration of fine particles in single-phase and multi-phase flows in porous media. Microsyst. Technol. 24 (2)，1071-1080.

[20] 张珑慧．基于有限体积虚拟区域法的气固两相流动及燃烧数值模拟[D]．清华大学，2018.

[21] Su J. W.，Huang C. Q.，Gu Z. L.，et al. An Efficient RIGID Algorithm and Its Application to the Simulation of Particle Transport in Porous Medium [J]. Transport in porous media，114(1)：99-131，2016.

[22] Su J，Chai G，Wang L，et al. Pore-scale direct numerical simulation of particle transport in porous media [J]. Chemical Engineering Science，2019，199：613-627.

[23] Su，J.，et al.，Direct numerical simulation of particle pore-scale transport through three-dimensional porous media with arbitrarily polyhedral mesh [J]

. Powder Technology, 2020, online.

[24] 朱光普，姚军，张磊，等. 特高含水期剩余油分布及形成机理[J]. 科学通报，2017，22：2553-2563.

[25] Cundall, P. and O. Strack, Discussion: a discrete numerical model for granular assemblies. Geotechnique, 1980. 30(3): p. 331-336.

[26] Su, J., Z. Gu, and X. Y. Xu, Discrete element simulation of particle flow in arbitrarily complex geometries. Chemical engineering science, 2011. 66 (23): p. 6069-6088.

[27] Tsuji, Y., T. Tanaka, and T. Ishida, Lagrangian numerical simulation of plug flow of cohesionless particles in a horizontal pipe. Powder technology, 1992. 71(3): p. 239-250.

[28] Gallier, S., et al., A fictitious domain approach for the simulation of dense suspensions. Journal of Computational Physics, 2014. 256: p. 367-387.

[29] Su, J., et al., Direct numerical simulation of particle pore-scale transport through three-dimensional porous media with arbitrarily polyhedral mesh. Powder Technology, 2020.

[30] Xu JJ, Zhao HK. An Eulerian Formulation for Solving Partial Differential Equations along a Moving Interface [J]. Journal of Scientific Computing, 2003, 19(1-3): 573-594.

渤海中深层L油田低伤害修井液研究及应用

庞　铭　方　涛　尚宝兵　王宇飞　孙　超

[中海石油(中国)有限公司天津分公司]

摘　要　为提升渤海中深层L油田油井修井作业后产能恢复效果，开展了储层伤害机理及低伤害修井液体系研究。通过L油田储层岩性、物性、孔喉结构和流体性质分析预测了L油田沙河街组储层潜在储层伤害类型；开展了L油田油田水行业标准法结垢预测和配伍性实验，利用相圈闭指数法评价预测L油田液相圈闭伤害程度，进行储层水敏、速敏实验，明确了L油田主要的储层伤害类型及程度；开展了低伤害修井工作液体系评价实验，优选抗温性能、界面特性更好的工作液体系。研究结果表明，L油田主要的储层伤害为液相圈闭、无机垢沉淀、储层水敏伤害和原油冷伤害。新优选的修井液体系BH-NZP11和CB-2耐温120℃，具有低表界面张力、低黏度和中性润湿性，防垢率和防膨率均大于90%，室内实验储层岩心油相渗流能力恢复率大于90%。形成了针对L油田不同含水阶段油井储层伤害机理的修井液方案，现场应用10井次，8井次作业后产油量恢复作业前水平，平均产油恢复率111%，油井产能恢复效果大幅提升，对于存在类似问题的油田具有较好的推广应用价值。

关键词　中深层；液相圈闭；无机垢沉淀；储层敏感性；修井液

近年来中深层油气资源的高效开发成为石油天然气领域研究的重点之一，中深层油气田由于储层埋深较深，储层物性相对较差，通常以中低孔渗为主，黏土矿物含量较高，在开采过程中发生储层伤害风险较常规浅层油气藏更大，容易发生水锁效应、储层敏感性伤害等，影响中深层油气田开发效果。目前中深层油气资源已成为渤海湾增储上产重点领域之一，但渤海中深层油气开发起步较晚，在中深层油气藏储层保护方面经验较为缺乏。渤海中深层L油田自投产以来，修井作业频率较高，但修井作业后油井产油恢复率呈逐年下降趋势，尤其是2022年以来动管柱修井作业13井次，仅1井次作业后产油量恢复至作业前水平，平均产油恢复率仅54%，损失产油量171m^3/d。分析L油田油井故障停泵后采用平台生产水冲洗解卡过程和修井作业循环洗压井过程存在外来液相漏失地层的情况，造成了储层伤害，而当前渤海常规的修井液体系难以预防或解除中深层油田的储层伤害，因此需要开展渤海中深层L油田储层伤害机理及储层保护技术对策研究，提升L油田作业井产能恢复效果，保障渤海中深层油田高效稳定开发。

1　L油田储层伤害机理分析

1.1　油藏地质特征

渤海L油田沙河街组储层埋深2110～2764m，为中深层油藏，属于由多个断块组成、纵横向上具有多套油水系统的复杂断块油藏，断块内油藏类型为层状构造油藏。

（1）储层岩性特征

L油田沙河街组储层岩性以中砂岩、中-细砂岩为主，局部含砾，为岩屑长石砂岩，矿物成分主要为石英、长石、岩屑。石英含量范围为24%～44%，平均含量为47.5%，长石含量范围为15%～47%，平均含量约为36.3%，黏土矿物含量低，平均约12.3%，部分岩样中含有方解石，平均含量为2.6%，白云石平均含量为1.3%。黏土矿物主要为高岭石，其次为绿泥石和伊利石。从储层岩石特征看，具有潜在速敏损伤和水/盐敏损伤的矿物含量较低。

（2）储层物性及孔喉结构特征

L油田沙河街组储层物性以中孔、中渗为主，平均孔隙度21.3%，平均渗透率181.8mD，但平面上存在一定差异，部分区块为低孔低渗。主要孔隙类型为粒间溶孔、粒间溶蚀扩大孔，同时还发育粒间孔、粒内溶孔和铸膜孔。常规压汞分析结果显示，L油田储层排驱压力分布范围为0.03～0.40MPa，平均0.103MPa；最大孔喉半径分布范围为1.84～26.73μm，平均为13.217μm；中值孔喉半径分布范围0.09～2.36μm，平均为0.943μm；平均孔喉半径分布范围0.27～

7.59μm，平均为 3.482μm；最大汞饱和度分布范围 73.39%～88.37%，平均为 81.17%。退汞效率为 19.63%～41.79%，平均为 28.23%；分选系数分布范围 2.39～3.00，平均为 2.78。该储层具有良好的储集及渗流性能，其特点是孔喉较粗，孔隙连通性较好、排驱压力低、孔喉分布不均匀。从 L 油田沙河街组储层物性和孔喉结构特征看，发生水锁、贾敏效应风险较大。

（3）储层流体性质

L 油田沙河街组原油为轻－中质常规原油，具有中低密度、低含硫、高含蜡，中凝固点特征。沙河街组纵向上地面原油的密度随埋藏深度的增加而变小，平面上各井区差异不大。修井过程低温工作液漏失储层可能引起高含蜡原油发生冷伤害（表 1）。

表 1　沙河街组原油性质

地层	20℃下原油密度/（g/cm³）	50℃下原油黏度/（mPa·s）	含硫量/%	含蜡量/%	胶质沥青质/%	凝固点/℃
沙一段	0.875	19.21	0.48	25.03	13.23	36
沙二段	0.852	7.15	0.16	19.21	9.95	29
沙三段	0.865	15.77	0.20	24.76	11.58	29

沙三段溶解气性质：CH_4，61.00%～67.66%；C_2H_6～C_6H_{14}，28.08%～34.85%；CO_2，1.82%～3.74%；气体相对密度为 0.851～0.962。天然气相对密度普遍较高，含 CO_2，不含 H_2S。

地层水总矿化度为 14720mg/L，pH 值为 8.4，碳酸氢钠水型；水源井水总矿化度为 13295mg/L，pH 值为 7.5，氯化钙水型；注入水总矿化度为 14926mg/L，pH 值为 7.2，氯化钙水型。地层水富含 Ca^{2+}、Mg^{2+}、HCO_3^-和 SO_4^{2-}等结构离子，自结垢风险较大，同时与外来修井工作液混合后可能引起不配伍产生无机垢沉淀。

地层水和注入水离子组成见表 2。

表 2　地层水和注入水离子组成

水样	K^+	Na^+	Mg^{2+}	Ca^{2+}	Cl^-	SO_4^{2-}	HCO_3^-	CO_3^{2-}	总矿化度
沙河街地层水	112	5031	52	207	7246	31	1984	58	14720
水源井水	66	4378	59	538	7994	57	203	1	13295
注入水	86	5000	78	483	8239	10	1029	0	14926

1.2　L 油田储层伤害评价

1.2.1　修井工作液配液水与地层水配伍性评价

（1）地层水自结垢实验

图 1 为 L 油田地层水自结垢结垢量随温度变化的趋势，随着温度升高，自结垢量增加，与预测结果基本一致，垢量在 120℃达到最高，为 482mg/L。图 2 为地层水自结垢微观图像，可以观察出随温度升高，自结垢量增加，与预测相符。

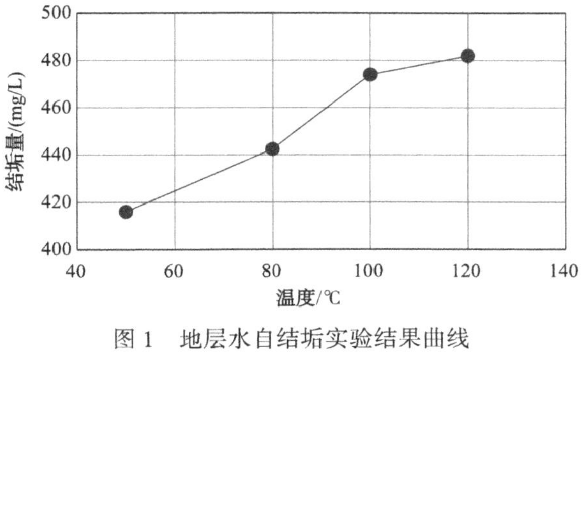

图 1　地层水自结垢实验结果曲线

（2）地层水与修井液配液水配伍性实验

图 2 为修井工作液与沙河街组地层水配伍性实验垢含量随混合水比例的变化趋势，沙河街 A09 井、B05 井产出沙河街组地层水与修井工作液配液水不同比例混合后，在沙河街储层温度条件下，悬浮垢在 139～247mg/L 之间，沉降垢在 314～434mg/L，且在 5∶1～1∶5 混合比例时，悬浮垢、沉降垢均高于完全配伍时的理论值，即在不加防垢剂的情况下，修井工作液配液水与 A09 井、B05 井产出沙河街组地层水是不配伍的，其中悬浮垢相比完全配伍时的计算值高出 17.3～73mg/L，沉降垢相比完全配伍时的计算值高出 16～99mg/L，A09 井产出地层水与修井工作液配液水不同比例混合后的结垢量略高于 B05 井。对于沙河街组储层而言，储层渗透率相对较低，修井工作液配液水与地层水不配伍产生的结垢总量在 100mg/L 以上，造成的结垢伤害将明

显影响修井后的产能恢复。

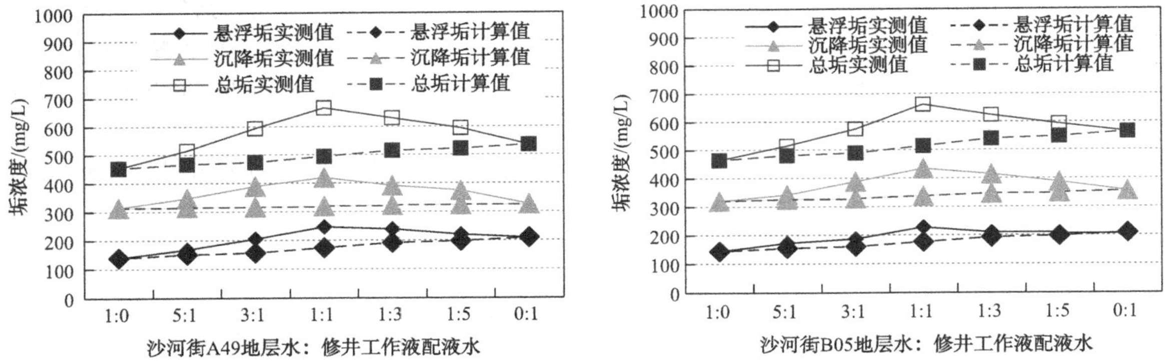

图 2　地层水与修井工作液配液水不同比例混合配伍性实验结果

1.2.2　液相圈闭堵塞

D. B. Bennion 等提出的相圈闭指数法预测液相圈闭损害程度的方法，给出了相圈闭指数 APT_i 与储层渗透率、初始含水饱和度的关系式：

$$APT_i = 0.25[\log_{10}(K_a)] + 2.2(S_{wi}) \quad (1)$$

其中：APT_i 为相圈闭指数，无量纲；K_a 为未修正的储层平均气测渗透率，mD；S_{wi} 为油藏初始含水饱和度。当 $APT_i \geq 1$ 时，表示一般不会产生液相圈闭损害；当 $0.8 \leq APT_i < 1$ 时，表示可能发生液相圈闭损害；当 $APT_i < 0.8$ 时，表示存在显著的液相圈闭损害风险。

更加严谨的计算相圈闭指数 APT_i，需要引入相对渗透率矫正因子 RP_a，侵入剖面矫正因子 IP_a 和储层压力矫正因子 PR_a。

相对渗透率矫正因子由式(2)可得：

$$RP_a = 0.26[\log_{10}(x - 0.5)] \quad (2)$$

其中，RP_a 为相对渗透率矫正因子，无量纲；x 为相对渗透率形状因子，无量纲，可由式(3)得到：

$$K_{rgo}(S_w) = K_{rom,gm}(S_n)^x \quad (3)$$

其中，$K_{rgo}(S_w)$ 为给定含水饱和度下的油相或气相相对渗透率，无量纲；$K_{rom,gm}$ 为束缚水饱和度下的油相或气相端点相对渗透率，无量纲；S_n 为归一化的饱和度函数，无量纲。S_n 可由式(4)得到：

$$S_n = \frac{S_{w\,max} - S_w}{S_{w\,max} - S_{w\,min}} \quad (4)$$

其中，S_{wmax} 为相渗实验最大含水饱和度，%；S_w 为给定含水饱和度，%；S_{wmin} 为相渗实验最小含水饱和度，%。式(1)～式(4)所需数据均可通过岩心常规物性测试和相渗实验获得。

侵入剖面矫正因子可由式(5)得到：

$$IP_a = 0.08[\log_{10}(I_d + 0.4)] \quad (5)$$

式中，IP_a 为侵入剖面矫正因子，无量纲；I_d 取井眼半径或侵入深度，cm。

储层压力矫正因子可由式(6)得到：

$$RR_a = 0.15[\log_{10}(P_r)] - 0.175 \quad (6)$$

式中，PR_a 为储层压力矫正因子，无量纲；P_r 为储层压力，MPa($0.1 \leq P_r \leq 50$MPa)。

经过矫正的相圈闭指数计算公式：

$$APT_i = 0.25[\log_{10}(K_a)] + 2.2(S_{wi}) - RP_a - IP_a + PR_a \quad (7)$$

利用相圈闭指数法对 L 油田深层低渗储层的液相圈闭损害程度进行了预测，结果如表 3 所示。未修正的相圈闭指数介于 0.91～1.13 之间，只有编号 K3-3 的储层岩心可能存在液相圈闭损害；经过相对渗透率、侵入剖面和储层压力因子矫正后的相圈闭指数介于 0.64～0.87 之间，编号 K3-3 和 K3-4 的岩心存在显著的液相圈闭损害风险，其他岩心可能存在液相圈闭损害。根据预测结果，L 油田深层低渗储层由于岩心气测渗透率和原始含水饱和度较低，存在不同程度的液相圈闭损害风险。

表 3　L 油田低渗储层相捕集指数计算结果

岩心编号	气测渗透率/mD	原始含水饱和度	APT_i 未修正	RP_a	IP_a	PR_a	APT_i 修正
K3-1	15	0.38	1.13	0.17	0.11	0.02	0.87
K3-2	17.6	0.35	1.08	0.16	0.11	0.02	0.83

续表

岩心编号	气测渗透率/mD	原始含水饱和度	APT_i未修正	RP_a	IP_a	PR_a	APT_i修正
K2-1	15.4	0.37	1.11	0.17	0.11	0.02	0.85
K3-3	5.6	0.33	0.91	0.18	0.11	0.02	0.64
K3-4	9.4	0.35	1.01	0.18	0.11	0.02	0.74

1.2.3 储层敏感性损害

（1）速敏损害实验评价

速敏损害实验的结果表明（表4），3块岩心临界流量存在差异，据SY/T 5358-2010行业标准可知3块岩心损害率在17.46%～108.52%，速敏损害不一致。

表5 速敏实验结果统计

岩心号	井号	深度/m	层位	（Kg）/mD	Ki/mD	Qc/（mL/min）	Vc/（m/d）	Dv/%	驱替介质	损害评价
2-022A	B16	2910.99	E2s3M	18.6	4.18	—	—	17.46	氯化钾溶液	弱
2-024C		2911.42		307	70.4	0.49	5.26	108.52	氯化钾溶液	强
2-027A		2911.91		393	151.3	2	22.55	34.63%	氯化钾溶液	中等偏弱

备注：Kg—岩心气测渗透率，mD；Ki—初测液测渗透率，mD；Qc—临界流量，mL/min；Vc—临界流速，m/d；Dv—速敏损害率，%。

（2）水敏实验评价结果

对研究区沙河街组储层开展水敏实验结果（表5）表明，除1003122岩心损害率在86.6%，损害程度强，其余岩心水敏损害率在8.01%～32.97%之间，损害率平均为19.9%，属弱-中等偏弱程度的水敏损害。

表5 水敏实验结果统计

岩心号	井号	深度/m	层位	Kg/mD	Ki	K标准盐水/mD	K1/2标准盐水/mD	K蒸馏水/mD	D_W/%	损害评价
1-003A	B16	2904.66	E2s3M	416.7	113.6	113.6	106.5	104.5	8.01	弱
2-008A		2908.81		153.8	64.75	64.75	61.1	43.4	32.97	中等偏弱
2-039A		2913.97		58.5	17.7	17.7	16.4	14.1	20.34	弱
1003087	K2	2547.63	E2s3M	18.6	6.2	6.2	6.0	5.4	12.9	弱
1003102		2548.26		17.5	6.8	6.8	6.7	5.7	16.2	弱
1003103	K3	2569.34	E2s3U	66.1	30.1	30.1	29.9	22.9	23.9	弱
1003112		2572.63		54.3	26.9	26.9	25.5	20.1	25.3	弱
1003122	K5	2490.11	E2s3U	86.7	30.5	30.5	30.3	4.1	86.6	强

备注：K标准盐水、K1/2倍标准盐水、K蒸馏水分别代表1倍标准盐水、1/2倍标准盐水、蒸馏水驱替后的岩石渗透率，mD；Kg—气测初测岩心渗透率，mD；Ki—初测岩心渗透率，mD；D_w—水敏损害率，%

2 低伤害修井液研究及现场应用

2.1 低伤害修井液体系评价

针对L油田作业过程潜在的液相圈闭、储层敏感性和无机垢伤害，同时结合L油田储层高温特点，优选耐高温防垢剂、防/解水锁剂和防膨剂，并组合形成BH-NZP09、BH-NZP11和CB-2三种修井工作液，进一步对这三种修井工作液的高温稳定性、界面性质、黏度、阻垢率、防膨率、渗透率恢复等参数进行评价优选。

（1）高温稳定性评价

采用过滤后的A49水样为溶剂，配制修井工作液溶液，放置于120℃下观察表观稳定性，如表6所示，结果表明3种修井工作液均具有良好的高温稳定性。

表6 修井工作液高温稳定性评价结果

体系	BH-NZP09	BH-NZP11	CB-2
浓度	1%（质量分数）	1%（质量分数）	1%（质量分数）
0min	稳定	稳定	稳定
1h	稳定	稳定	稳定
2h	稳定	稳定	稳定
12h	稳定	稳定	稳定
24h	稳定	稳定	稳定
48h	稳定	稳定	稳定

(2) 界面特性、黏度、防垢、防膨性能评价

如表7所示，BH-NZP11体系具有最低的表界面张力，润湿性偏向于中性，黏度低，有利于预防作业过程液相圈闭伤害，促进地层原油流动，同时阻垢率和防膨率均达到90%以上，整体性能最优。CB-2体系表界面张力略高于BH-NZP11，润湿性同样偏中性，阻垢率略高于BH-NZP11，整体性能较好。BH-NZP09体系的表面张力和界面张力则明显差于BH-NZP11和CB-2，同时黏度也较大，整体性能不及BH-NZP11和CB-2。

表7　修井工作液界面特性、黏度、防垢和防膨性能评价结果

体系	BH-NZP09	BH-NZP11	CB-2
配方	防垢剂BH-GWF07，防水锁剂JS-20，防膨剂FP-1三者比例为2∶1∶1	防垢剂BH-GWF07，防水锁剂JS-22，防膨剂FP-1三者比例为3∶4∶1	防垢剂BH-GWF07，防水锁剂JS-20，防膨剂FP-1三者比例为1∶3∶1
浓度(质量分数)	1%	1%	1%
表面张力/(mN/m)	43.7	29.6	32.5
界面张力/(mN/m)	2.72	0.428	0.7
药剂浸泡前/后接触角(°)	100/71	102/89	100/73
黏度mPa·s(w：o=1：1)	234	12	90
阻垢率/%	91.0	90.5	92
防膨率/%	90.9	90.9	90.9

(3) 储层保护性能评价

为进一步评价以上修井工作液储层保护性能，开展岩心驱替实验。将饱和地层水的岩心用L油田脱水原油正向驱替，记录实验过程中的压差和流量，直到流量/压差相对稳定且出口端持续为油流流出为止，模拟油井正常生产过程；随后反向恒速驱替不同修井工作液体系2PV，驱替过程中注意记录驱替压差、流量变化，然后岩心两端密闭反应30min，模拟修井液漏失地层后反应过程；最后再次正向驱替地层原油，并记录实验过程中压差与流量，直到压差与流量相对稳定，模拟修井结束后油井返排过程。

实验结果见表8，可见作为对照组未添加任何药剂的地热水修井液处理岩心后，流量与压差比值的恢复率仅58.7%，说明地热水修井存在较为严重的储层伤害。而BH-NZP09体系处理后，流量与压差比值恢复率提升至84.5%，储层伤害明显减弱。CB-2和BH-NZP11两种体系处理岩心后，流量与压差比值恢复率均在90%以上，储层保护效果较为显著，适宜作为L油田低伤害修井工作液。

表8　不同修井工作液储层保护性能评价结果

样号	孔隙度/%	气测渗透率/mD	正向驱替原油时流量/压差/(mL/min/MPa)	正向反排流量/压差(mL/min/MPa)	流量/压差恢复率	驱替工作液体系
1-006	27.1	85.0	0.356	0.209	58.71%	地热水修井工作液
1-009	28.5	186.1	0.423	0.393	92.91%	CB-2
1-010	27.6	123.3	0.401	0.359	84.53%	BH-NZP09
1-034	22.9	58.9	0.229	0.215	93.89%	BH-NZP11

2.2　不同含水阶段油井修井液方案

对于含水率低于20%的井，修井过程潜在的储层伤害主要为冷伤害、液相圈闭、储层敏感性伤害，先正挤3~5%(质量分数)CB-2或BH-NZP11工作液段塞，提升近井地带油相相对渗流能力，解除液相圈闭伤害。然后用1%(质量分数)CB-2或BH-NZP11工作液作为循环洗井液，避免循环洗井过程产生新的液相圈闭伤害。最后，起泵前挤注多功能清洗剂后置段塞，达到溶解近井蜡质、沟通油流的效果。

对于含水率20%~60%的井，修井过程潜在的储层伤害主要为液相圈闭伤害、冷伤害、无机

垢沉淀、储层敏感性伤害，先正挤3~5%(质量分数)CB-2或BH-NZP11工作液段塞，提升近井地带油相相对渗流能力，解除液相圈闭伤害。然后用1%(质量分数)CB-2或BH-NZP11工作液作为循环洗井液，循环洗井过程中若存在结垢情况，则在投产前挤注无机垢清洗工作液。最后，起泵前挤注多功能清洗剂后置段塞，达到溶解近井蜡质、沟通油流的效果。

对于含水率大于60%的井，修井过程潜在的储层伤害主要为无机垢沉淀、液相圈闭伤害、储层敏感性伤害，采用1%CB-2或BH-NZP11工作液作为循环洗井液，预防液相圈闭和结垢损害。起泵前挤注无机垢清洗工作液，解除无机垢沉淀伤害。

2.3 现场应用效果

技术在L油田应用10口井，其中8口井作业后产油量均恢复或超过作业前水平，平均产油恢复率达到111%。对比开展技术攻关前，L油田作业井平均产油恢复率仅54%，产油恢复率提升57%，可见通过明确储层伤害机理、优化洗井工艺参数、调整修井液体系性能，形成针对中深层L油田不同含水阶段油井的储层保护技术对策，实现了作业井产能恢复效果显著提升(表9)。

表9 L油田作业井储层保护技术影响效果

井号	启泵日期	作业前			作业后			产油恢复率/%
		产液/(m^3/d)	产油/(m^3/d)	含水率/%	产液/(m^3/d)	产油/(m^3/d)	含水率/%	
A66	2023/5/7	47.2	43.9	7	105.0	71.9	32	164
A68	2023/6/1	105.0	98.1	7	94.0	76.1	19	78
A42	2023/7/2	97.1	52.4	46	144.0	55.4	62	106
A24	2023/7/11	143.2	34.3	76	155.0	37.2	76	108
A39h	2023/7/16	308.0	24.6	92	397.2	35.8	92	145
A16	2023/8/7	261.6	40.6	85	309.6	31.0	90	76
A9	2023/8/30	156.3	26.6	83	187.0	28.1	85	105
A41	2024/1/8	28.0	22.6	19	42.0	38.7	8	171
B18	2024/3/9	215.3	17.2	92	211.6	23.3	89	136
B50	2024/3/16	148.5	8.9	94	169.2	11.8	93	133

3 结论与认识

(1)通过对L油田储层岩性、物性、孔喉结构和流体性质进行分析和室内实验、理论预测方法等手段对L油田储层伤害机理进行了预测和评价，主要伤害类型为无机垢沉淀、液相圈闭、储层敏感性伤害、冷伤害；其中L油田地层水与修井配液水之间存在明显的不配伍，产生碳酸钙垢沉淀风险，油井存在不同程度的液相圈闭伤害，储层敏感性伤害主要为中等偏弱程度。

(2)根据L油田储层伤害机理，优化了洗井工艺参数，L油田洗压井过程应保持入井液温度大于60℃，以小排量正循环洗井为主，可以预防冷伤害，减少工作液漏失；新优选的修井液体系BH-NZP11和CB-2耐温120℃，具有低表界面张力、低黏度和中性润湿性，防垢率和防膨率均大于90%，室内实验储层岩心油相渗流能力恢复率大于90%，能够有效预防L油田修井过程的液相圈闭、无机垢沉淀和储层敏感性伤害。

(3)针对不同含水阶段油井面临的储层伤害，形成对应的洗井解卡、修井液设计、返排制度等储层保护技术对策，在L油田应用10井次后，8井次作业后产油量恢复作业前水平，平均产油恢复率111%，油井产能恢复效果大幅提升，对于存在类似问题的油田具有较好的推广应用价值。

参考文献

[1] 石彦，谢俊辉，郭小婷，等. 新疆油田中深层稠油CO_2驱/吞吐实验研究[J]. 油气藏评价与开发，2024，14(01)：76-82.

[2] 刘永立. 塔河油田西南部奥陶系中深层古岩溶缝洞储层发育特征与形成机制[D]. 中国地质大学，2023.

[3] 马勇，黎雨航，张卫峰，等. 基于成像测井的塔河油田奥陶系鹰山组中深层碳酸盐岩优质储集层预测[J]. 地球物理学进展，2023，38(06)：2525-2539.

[4] 杜安琪，毛金成，王鼎立，等．中深层稠油化学降黏技术研究进展[J]．天然气工业，2022，42（02）：110-122.
[5] 阳晓燕，王龙，宫平志，等．基于应力敏感的中深层油藏产能研究[J]．天然气与石油，2021，39（04）：59-64.
[6]李蔚萍．低渗储层水锁伤害影响因素及预防措施[J]．精细与专用化学品，2022，30(09)：27-29.
[7] 王晓超，魏俊，张海波，等．海上中深层油藏层内生气调剖效果评价及分析[J]．复杂油气藏，2023，16（04）：449-454.
[8] 王龙，阳晓燕，宫平志，等．渤海中深层油藏储层应力敏感性研究——以垦利 A 油田为例[J]．石油地质与工程，2021，35（03）：50-54+58.
[9] 周军良，胡勇，何康，等．渤海海域渤中 C 地区中深层异常高压成因及对储层质量的影响[J]．西安石油大学学报(自然科学版)，2017，32(01)：23-30.
[10] 李磊，杨进，周波，等．渤海中深井复杂地层岩石特性及安全钻井周期研究［J］．中国海上油气，2022，34（03）：126-132.
[11] Bennion D B，Thomas F B，Bietz R F，et al. Water And Hydrocarbon Phase Trapping In Porous Media-Diagnosis，Prevention And Treatment[J]. Journal of Canadian Petroleum Technology，1996，35（10）：29-36.

陈家庄稠油冷热交替吞吐协同增效技术研究与应用

李月胜　张树勇　李文轩　郑英杰　田云霞

（河口采油厂工艺研究所）

摘　要　陈家庄薄层特稠油存在层薄、含油饱和度低、油水关系复杂等特点，多轮次蒸汽吞吐后，注汽效率下降，回采水率高，周期油气比下降。随着化学降黏吞吐工艺的进步，开展了化学冷采降黏和热采转周交替吞吐工艺试验，效果明显。对冷热交替吞吐增产机理进行了探讨，确定了高液高含水、中低含水和低产低液3种生产井况下的油井热-剂交替最佳时机，优化了热-剂交替吞吐方式及关键的注入参数。现场实施效益显著，薄层特稠油多轮次吞吐后提供有效的接替开发技术与方法。

关键词　稠油油稠；冷热采交替；协同；参数优化

陈371西扩位于陈南边部，探明含油面积5.31km^2，地质储量500×10^{4}t，可采储量75×10^{4}t。与主体部位相比油层薄，单层有效厚度2～6m，储量丰度低，含油饱和度50%～55%。原油黏度13392-38166mPa·s，储层高孔高渗、出砂严重，边底水复杂多样。区块以蒸汽吞吐开发为主，多轮次蒸汽吞吐后，因注汽效率下降、效益递减明显，创新应用了稠油降黏剂实施冷采降黏吞吐，取得较好的经济效益。针对这类问题，建立“热采+冷采”大周期的概念，充分利用热采周期末地层温度场，延长生产周期、提高周期产油量。

1　冷热交替吞吐增产机理研究

冷热采交替吞吐目前在现场开展了探索性应用，效果比较理想，通过物理模拟和数值模拟等手段，取得了以下机理认识：

机理1：残留井底的降黏体系，在下一轮次注蒸汽过程中被推向远端，蒸汽复合降黏剂进一步扩大降黏范围。计算结果表明冷热交替吞吐低于10000mPa·s的波及半径相对蒸汽吞吐可增加近2m（图1）。

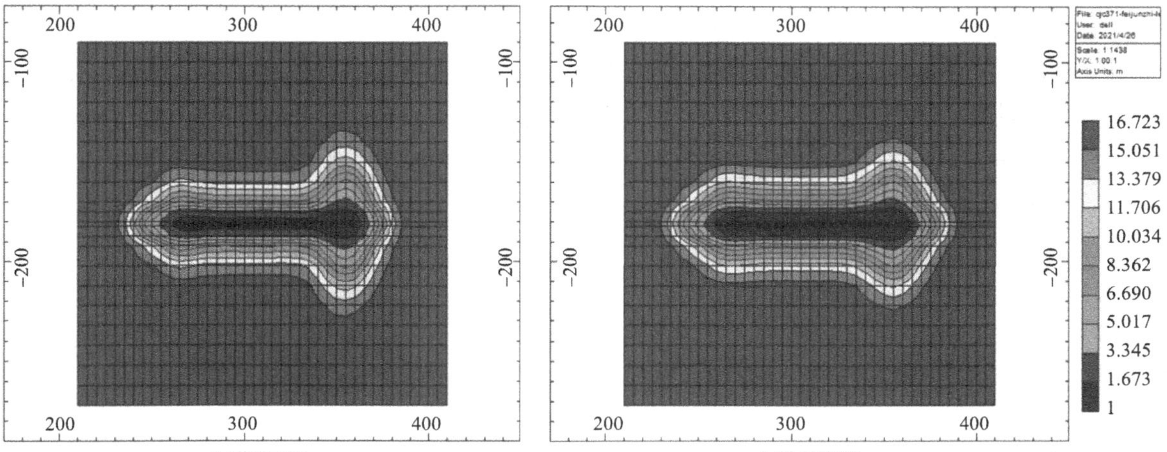

(a)蒸汽吞吐　　(b)冷热交替

图1　蒸汽吞吐与冷热交替吞吐（第5周期）的黏度场展布

机理2：蒸汽吞吐后，特别是多轮次后，储层温度有一个较为明显的提升，一方面可以降低注入降黏体系降温对生产的影响，另一方面蒸汽携带远端的原油由于温度降低滞留在近井，为冷采提供一定的物质基础（图2）。

机理3：蒸汽黏度低（0.09mPa·s/300℃），指进现象逐轮次加剧，水平段动用程度低；降黏体系黏度相对蒸汽高（0.5mPa·s/50℃），波及相对均衡，提高水平段的动用程度，如果配套调堵措施，效果更明显（图3）。

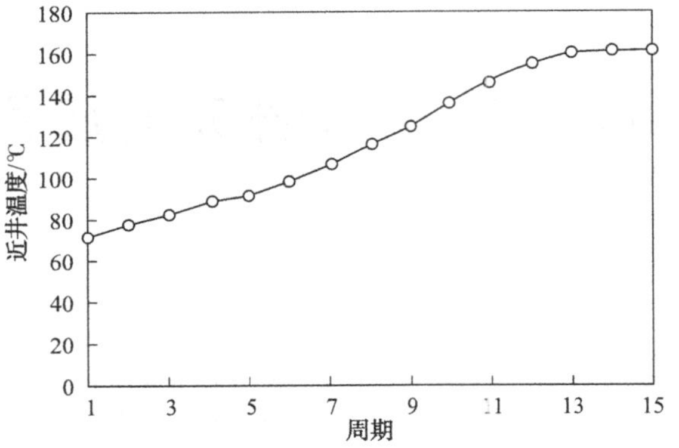

图 2　不同周期末近井平均温度($R=10$m)

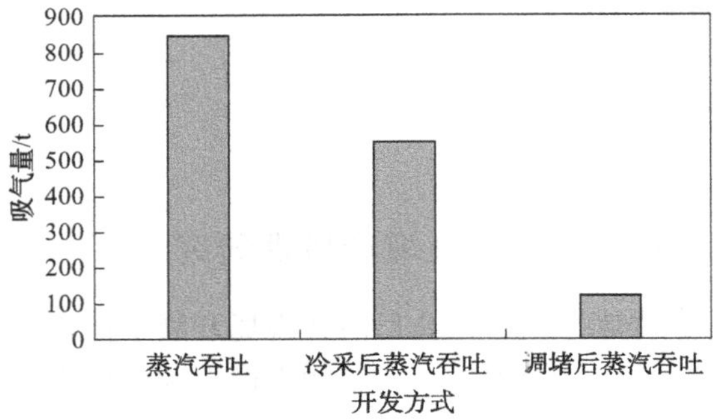

图 3　不同开发方式优势通道的吸汽能力

计算结果表明：第六周期蒸汽吞吐和冷采均注入 2200m^3，蒸汽吞吐时注入到优势通道的蒸汽量 850m^3，占总量的 38.6%(长度占 10%)，冷采后再蒸汽吞吐则为 550m^3，占总量的 25%，有效减少注入介质的无效窜流。

机理 4：蒸汽吞吐周期末，储层温度回落，原油黏度回升，单井日油下降，注入降黏剂可以有效延长生产周期。

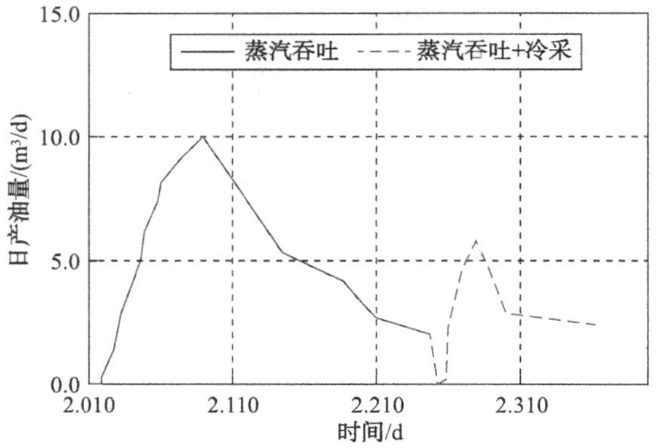

图 4　不同开发方式日产油量变化曲线

第六周期蒸汽吞吐末期，日油不足 2t/d，此时注入降黏体系(400m^3)，降低回流到近井地带的原油，提高单井产能，延长生产周期(图 4)。

机理 5：利用降黏体系在热采周期末将近井地带的重质组分采出，有利于降低下一周期蒸汽的注入压力，提高蒸汽质量。如图 5 和图 6 所示，井口压力降低 1.2MPa，饱和蒸汽的单位热焓值提高 0.6%，比容增加 12.5%。

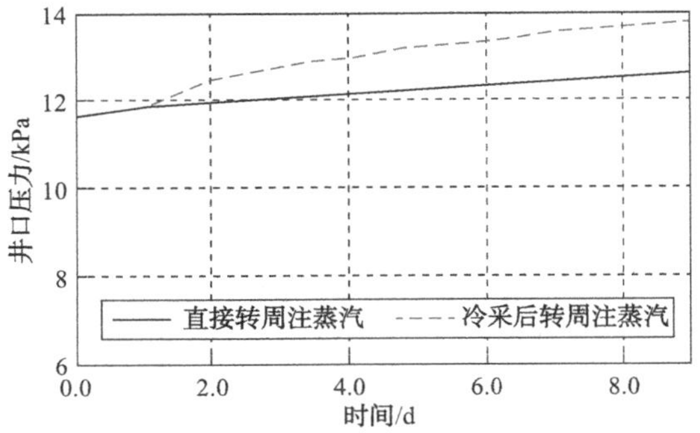

图 5　不同开发方式井口注入压力

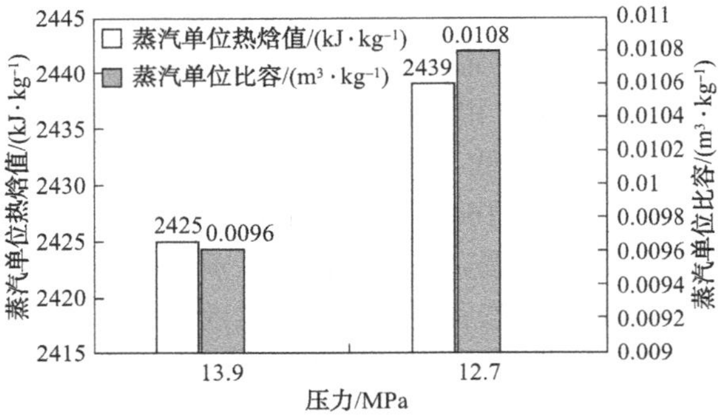

图 6　不同压力条件下饱和蒸汽的热焓值和比容对比

机理 6：降黏剂吸附在油表面形成界面膜，使连续的残余油转变为分散相，增加稠油流动性(图 7)。

机理 7：降黏剂可以有效降低油水界面张力，相渗曲线的两相渗流区变宽，等渗点右移，亲水性变强，有利于原油的流动(图 8)。

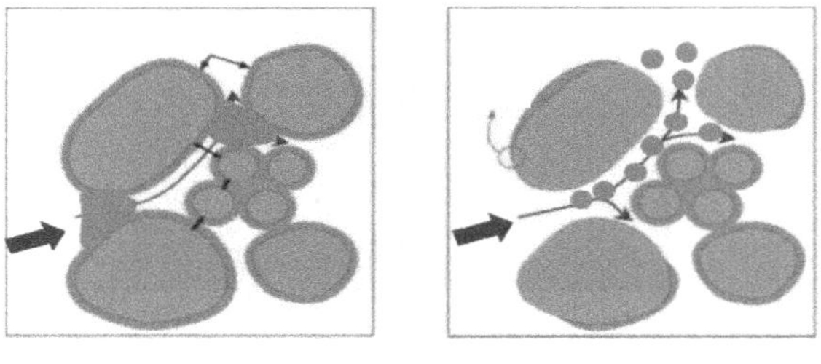

图 7　乳化分散示意图

2　冷热采交替吞吐耦合的时机研究

冷热交替吞吐的时机与开发矛盾息息相关，为此根据该单元不同开发矛盾，建立了三类实际的油藏地质模型：高液高含水陈 371-平 53(含水>90%，液量>30m^3)、中低含水陈 371-平 14

以及低产低液陈371-平27(液量<20m³)。

为了便于对比不同开发方式的生产效果，制定统一的注入参数，表1。

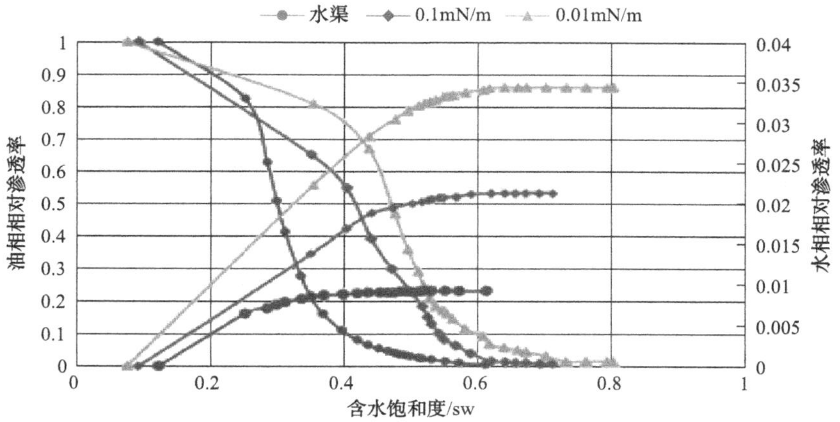

图8　不同界面张力条件下油水相对渗透率曲线

表1　冷热交替吞吐时机优选的计算条件

热采参数	数值	冷采参数	数值
第1周期蒸汽注入量/t	2200	第1周期降黏剂溶液注入量/t	600
井口温度/℃	340	降黏剂浓度/%	2.5
井底干度/%	40	二氧化碳注入量(低液)/t	100
焖井时间/d	7	堵剂溶液注入量(高含水)/t	200
逐周期蒸汽增加比例/%	5	降黏剂逐周期增加比例/%	10

2.1　热采转冷采时机优化

3种生产井况的数值模拟结果如图9、图10、图11所示。

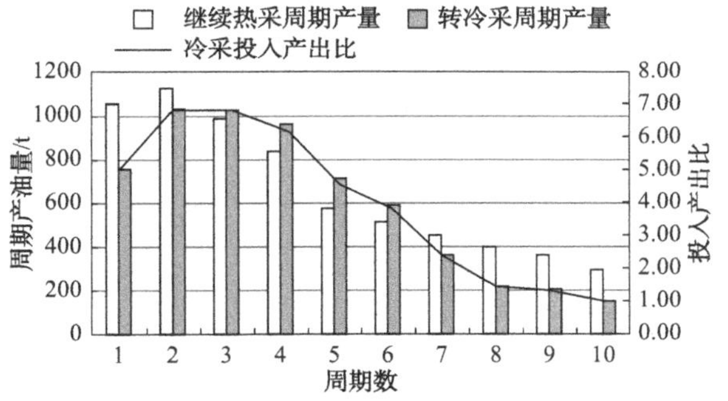

图9　高液高含水油井不同热采转冷采时机的生产效果曲线

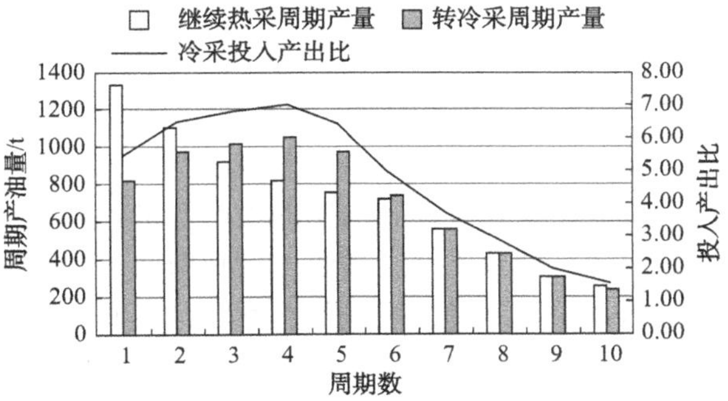

图10　低产低液油井不同时机热采转冷采的生产效果曲线

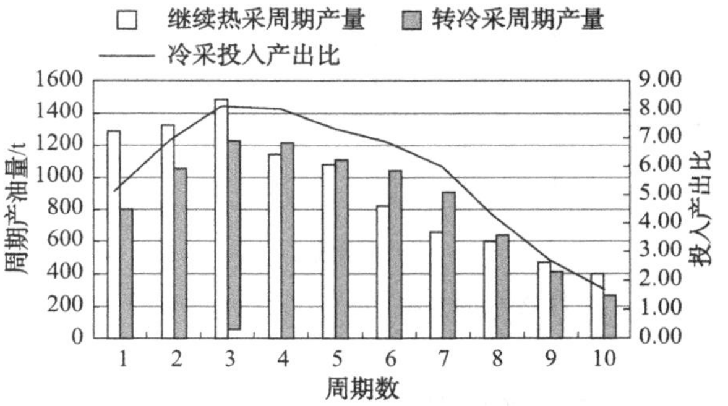

图11　中低含水油井不同时机热采转冷采的生产效果曲线

综合考虑周期产油量和经济效益可以看出，高液高含水油井在第4周期转冷采效果和效益最佳；中低含水油井在第6周期转冷采效果和效益最佳；低产低液油井在第3周期转冷采效果和效益最佳。

2.2　冷采转热采时机优化

3种生产井况的数值模拟结果如图12、图13、图14所示。

综合考虑周期产油量和经济效益可以看出，高液高含水油井在第3周期转热采效果和效益最佳；中低含水油井在第4周期转热采效果和效益最佳；低产低液油井在第2周期转热采效果和效益最佳。

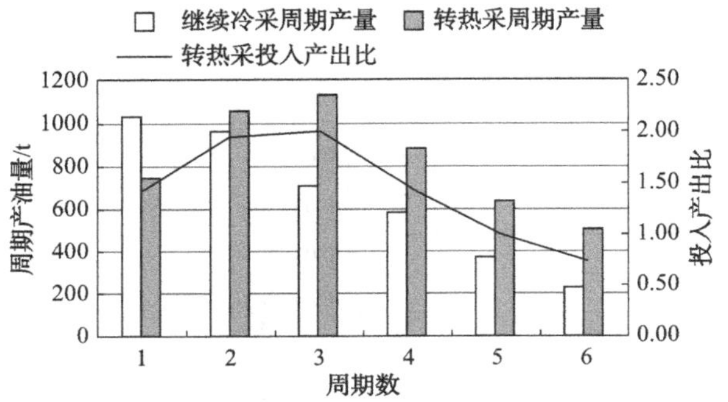

图 12 高液高含水油井不同时机冷采转热采的生产效果曲线

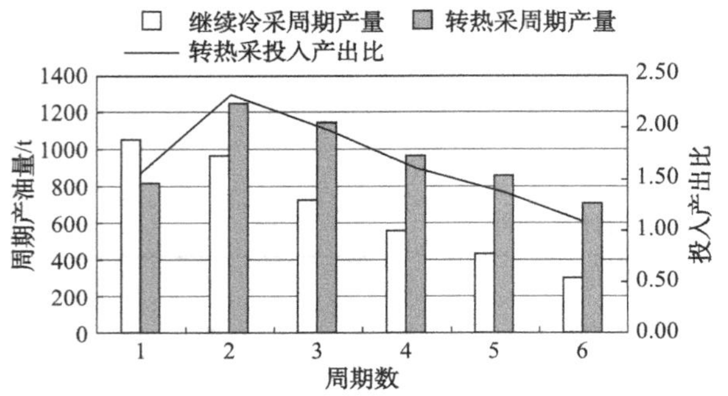

图 13 低产低液油井不同时机冷采转热采的生产效果曲线

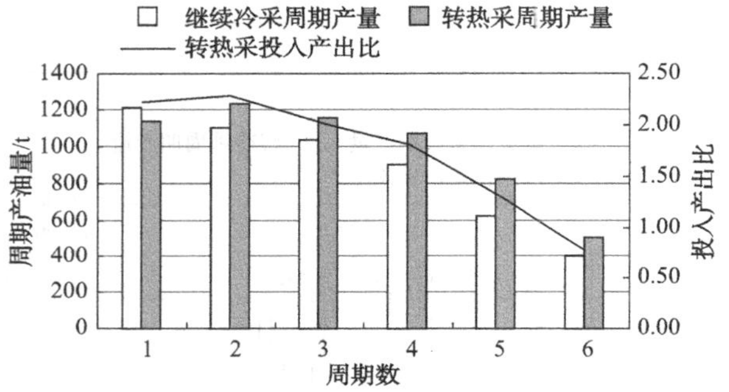

图 14 中低含水油井不同时机冷采转热采的生产效果

3 冷热交替吞吐方式和注入参数优化

3.1 热采注入参数优化

以高液高含水井为例，进行注入参数优化设计。

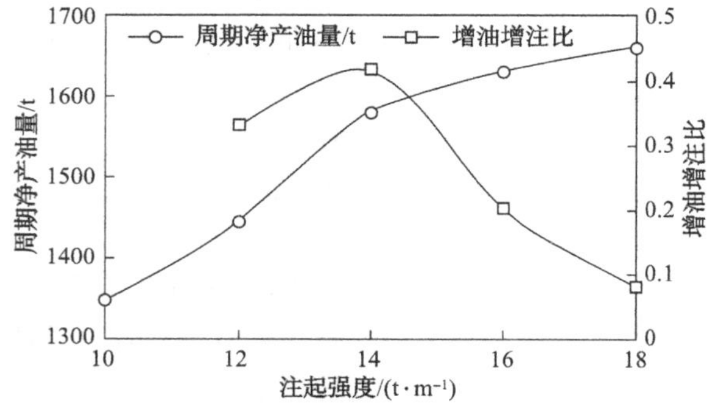

图 15 不同注汽强度的生产效果对比

注汽强度对生产效果影响如图 15 所示。可以看出，周期净产油量随着注汽强度增加而增加，增加幅度在减少，注汽强度 14t/m 时，增油增注比达到最高，因此，周期注汽强度最优值为 14t/m。

注汽速度的水平均值图(图 16)表明：注汽速度越快热损失越小，生产效果越好，并且缩短注汽时间可以降低注汽操作费。但是鉴于亚临界注汽锅炉的额定压力为 21MPa，为安全起见一般不超过 18MPa，旧锅炉还得适当降低压力，而该单元油井注汽速度达到 12t/h 注汽压力已接近 16MPa 左右，因此建议最佳注汽速度为 12t/h。

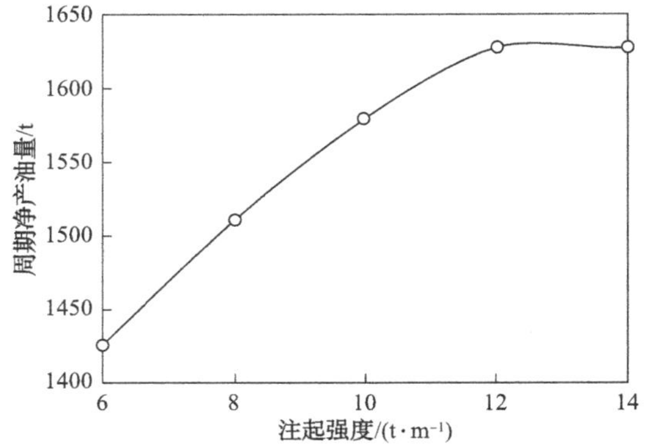

图 16 不同注汽速度的生产效果对比

一般最佳焖井时间是取地层热、压力的扩散以及热损失的平衡点，本井的焖井时间水平均值图(图 17)表明，在焖井 5-7d 的生产效果最好，因此建议该单元的最合适焖井时间为：5~7d。

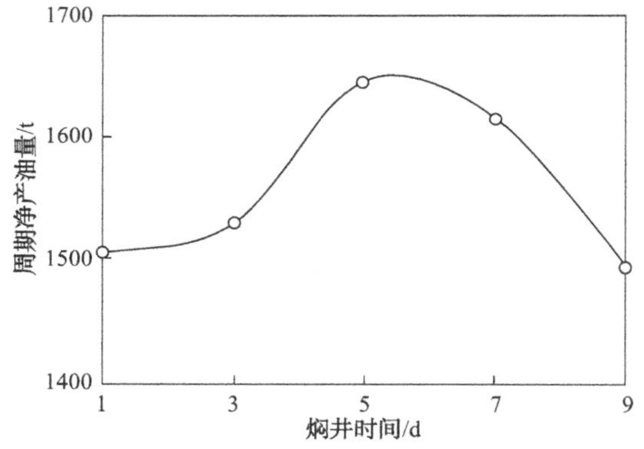

图 17 不同焖井时间的生产效果对比

蒸汽吞吐需逐轮次增加蒸汽注汽量，来扩大蒸汽加热半径，提高各周期的生产效果，增加幅度过小蒸汽波及不够，增幅过大则周期产量增加而油汽比急剧下降，经济效益不佳，兼顾经济效益和产油量，建议该单元逐轮次蒸汽量增加比例为 5%(图 18)。

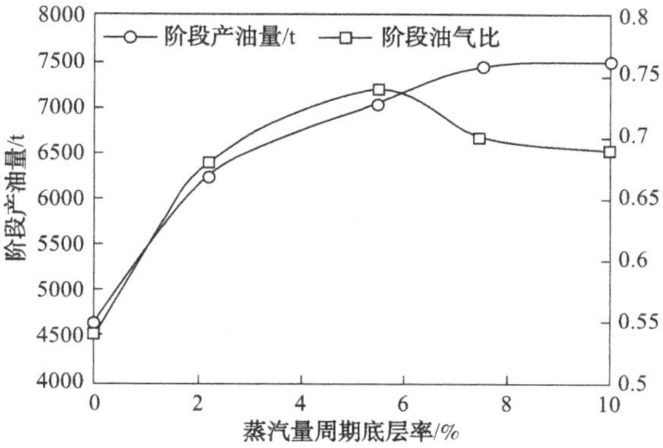

图 18 不同蒸汽量周期递增率的阶段生产效果对比(前 4 周期)

利用同样的方法，分别优化了中低含水油井和低产低液油井热采阶段的注入参数(表 2)。

表 2 热采阶段注入参数优化结果

参数	优化结果		
	高含水	低产低液	中低含水
周期蒸汽注入强度/(t·m⁻¹)	14	14	14
井底注汽干度/%	>40	>40	>40
注汽速度/(t·h⁻¹)	12	10~12	10
焖井时间/d	5-7	5	7
逐周期蒸汽增加比例/%	5	7.5	5

3.2 冷采阶段注入参数优化

利用类似方法得到冷采阶段的注入参数优化，结果如表 3 所示。

表 3 冷采阶段注入参数优化结果

参数	优化结果		
	高液高含水	低产低液	中低含水
降黏剂用量/m^3	700	800	700
凝胶用量/m^3	300-400	—	6
氮气用量/(Nm^3)	—	—	60000
泡沫剂用量/t	—	—	6
二氧化碳用量/t	—	100	—
焖井时间/d	10	8	10

4 应用效果分析

在陈家庄油田共实施热-剂交替吞吐 62 井次，累增油 47509t，平均单井增油 766t，投入费用 4595.4 万元，实现产值 11164.62 万元，投入产出比 1∶2.43。

陈 371-平 64：中液中含水，实施一热两冷交替吞吐，统计一个大周期产油 2005t，投入 175 万元，投入产出比 1∶3.4；达到经济效益最大化，证实冷热交替吞吐的经济矿场可行性(图 19)。

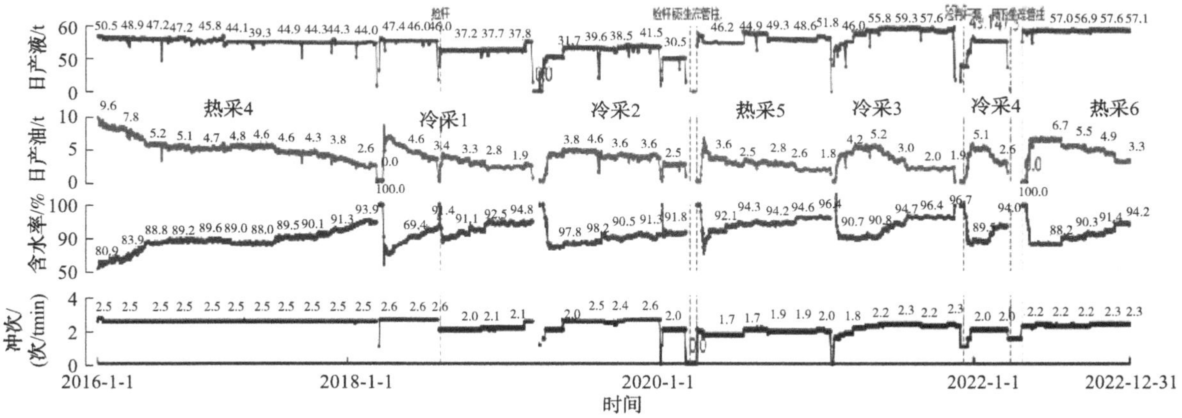

图 19 CJC371-P64 开发日度曲线

5 结论和认识

(1) 明确了冷热采交替吞吐增产机理，①蒸汽吞吐除了加热降黏，提高油的渗流能力之外，还可以扩大降黏剂波及范围，为冷采提供一定的物质基础；②化学吞吐通过乳化降黏启动稠油流动、解堵、降低油水界面张力以及改善油层岩石表面润湿性等作用，提高本周期冷采和下一阶段热采开发效果；③蒸汽吞吐与降黏剂吞吐互相促进，实现“热采+冷采”大周期效果强于单一开发方式的效果。

(2) 通过数模计算，明确了不同油藏类型的多轮次热采后转冷采时机，冷采转热采最佳时机，优化了冷热采交替工艺关键的注入参数。

(3) 现场实施结果表明，该技术可以有效提高稠油油藏开发效果，取得了较好的经济效益和社会效益，为稠油油藏蒸汽吞吐后续开发提供新的开发思路和技术支持，对同类油藏具有广阔的推广应用前景。

参考文献

[1] 陈兆芳．乐安油田南区蒸汽吞吐后期开采方式研究[J]．江汉石油学院学报，2003，25(2)：85-86.

[2] 张弦，范英才，刘建英，等．辽河中深层稠油油藏蒸汽驱后开发方式优化研究[J]．复杂油气藏，2011，4(1)：50-54.

[3] 赵庆辉，张鸿，杨兴超，等．深层超稠油油藏蒸汽吞吐后转汽驱实验研究[J]．西南石油大学学报：自然科学版，2021，43(3)：9.

[4] Liu J, Wu X, Sun S, et al. The Application of Complex Displacement in Cyclic Steam Stimulation CSS & Steam Flooding SF Development in Liaohe Oilfield: A Field Performance Study [C]//SPE Canadian Energy Technology Conference. OnePetro, 2022.

[5] 钟立国，王成，刘建斌，等．中深层稠油油藏蒸汽-氮气复合吞吐技术[J]．新疆石油地质，2019，40(2)：194-198.

纳米接枝改性聚合物微观驱油机制研究

张向峰[1,2] 张 星[1] 史树彬[1] 韦 雪[1] 吴 昊[1,2] 郭洪宾[1,2] 朱妍婷[1] 胡秋平[1]

(1. 中国石油化工股份有限公司胜利油田分公司石油工程技术研究院；
2. 中国石油化工股份有限公司胜利油田分公司博士后科研工作站)

摘 要 随着油藏开发条件的日益严苛，不断提高聚合物驱油体系的耐温耐盐性能成为三次采油领域的迫切需求。研发了刚性/活性改性的纳米功能单体，并将其引入聚合物分子链段，构筑了具有耐温耐盐和抗剪切性能的纳米接枝聚合物($P-SiO_2$)，有望用于高温高盐油藏化学驱。由于纳米功能单体的引入，其与原油相互作用机制较部分水解聚丙烯酰胺(HPAM)存在显著差异，提高采收率机理尚不明确。设计了玻璃刻蚀微观模型，通过微观模拟驱替实验对比研究了纳米接枝改性聚合物与HPAM原油驱替效果、残余油分布规律、残余油启动机制以及原油液滴运移规律。结果表明：纳米接枝改性聚合物驱具有较好的原油分散、乳化携油以及残余油启动效果，水驱后纳米聚合物驱替采收率为91.24%，大幅度由于HPAM的69.37%。

关键词 纳米材料；接枝共聚；聚合物；微观机理；提高采收率

1 引言

胜利油田中低渗高温高盐油藏储量达5亿t，目前采用水驱开发，面临注不进、采不出的难题，暂未形成主导的化学驱提高采收率技术。调研发现纳米化学驱是中低渗油藏提高采收率的重要措施。将纳米材料与聚合物相结合，有望在提升化学剂注入性、补充地层能量的同时，改善水油流度比，增大波及体积。该技术研发成功可大幅降低注水压力，同时有效补充地层能量；减少驱替介质窜流问题，提高波及范围内的洗油效率，可大幅促进中低渗高温高盐油藏化学驱技术的提质增效，具有广阔的推广应用前景。

本研究设计了玻璃刻蚀微观模型，通过微观模拟驱替实验对比研究了纳米接枝改性聚合物与HPAM原油驱替效果、残余油分布规律、残余油启动机制以及原油液滴运移规律，探索引入纳米功能单体后聚合物的提高采收率机制及其构效关系，为纳米接枝改性聚合物在中低渗高温高盐油藏三次采油中的应用提供指导和借鉴。

2 实验材料与试剂

玻璃刻蚀模型由两片0.2cm的玻璃片构成，尺寸为6.3×6.3cm，内部模型的尺寸为4.0×4.0cm，孔隙横截面直径为50~200μm，如图1所示。

由玻璃刻蚀模型、微流量泵、光学显微镜及摄像头、六通阀门、中间容器及管线组成微观驱替控制及观察装置，如图2所示。

图1 微观刻蚀模型

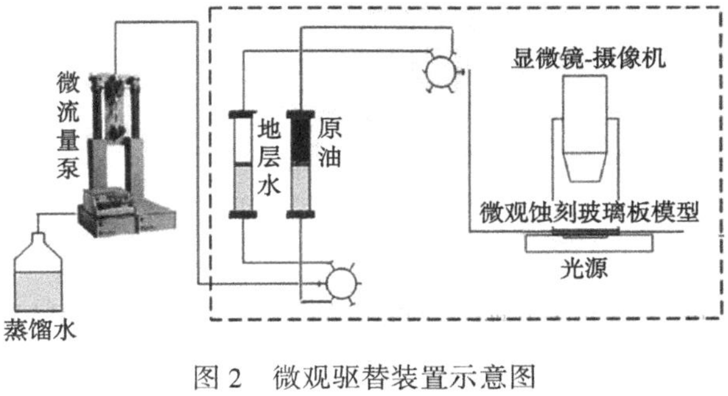

图2 微观驱替装置示意图

具体实验步骤如下：

① 将微观模型抽真空后饱和胜利模拟地层水；

② 饱和微观玻璃板模型胜利稠油；

③ 设置微流量泵流速为 0.05mL/min，进行微观水驱油实验，观察微观模型波及体积变化情况；

④ 观察其水驱稠油过程中油水分布状况；

⑤ 设置微流量泵流速为 0.05mL/min，进行微观聚合物驱油实验，分析水驱后剩余油赋存方式，明确油水微观渗流通道、微观水驱稠油特征及油水运移规律，探究水驱动用程度。

3　结果与讨论

3.1　微观驱油实验结果

针对胜利油田油藏条件，通过微观可视化驱替实验，探究纳米接枝改性聚合物驱替提高采收率的效果，探究纳米接枝改性聚合物驱后油滴在多孔介质中的运移规律、剩余油分布状况等。前置水驱至采出端不出油时，水驱后微观照片如图3(b)中所示。由于水与原油粘度差异很大，导致水驱时波及区域小，偏于主流线两侧的剩余油无法有效波及被驱出，采收率低；且水剥离油的能力较低，导致在水波及到油的区域洗油效率也低，导致整个的微观水驱采收率偏低，玻璃平板中存在很多残余油，且残余油多以柱状或膜状残余油形式存在。待水驱至采出端不出油时，转聚合物驱，注入纳米接枝改性聚合物，由于纳米接枝改性聚合物具有较高粘度，减小了水油流度比，具有较高的波及体积；且改性纳米聚合物具有一定低界面张力以及高活性的特点，剥离微观喉道壁面油膜的能力强，整体采收率可以看出明显的提高。

对比 HPAM 与纳米接枝改性聚合物，HPAM 与纳米接枝改性聚合物具有相同的粘度，但纳米接枝改性聚合物效果更好，主要是其活性较高，乳化油能力强，降粘明显，油易启动；而 HPAM 为普通聚合物，其主要为流度控制剂，剥离油主要在于乳化作用，其降粘效果较差，纳米接枝改性聚合物能够更好的乳化原油，大分子降粘剂能够降低油膜内聚力、粘附力，在流体剪切力作用下，能够更好的分散成乳液起到降粘作用，从而携带更多的油，因此纳米接枝改性聚合物具有更好的提高采收率的效果(图3、图4)。

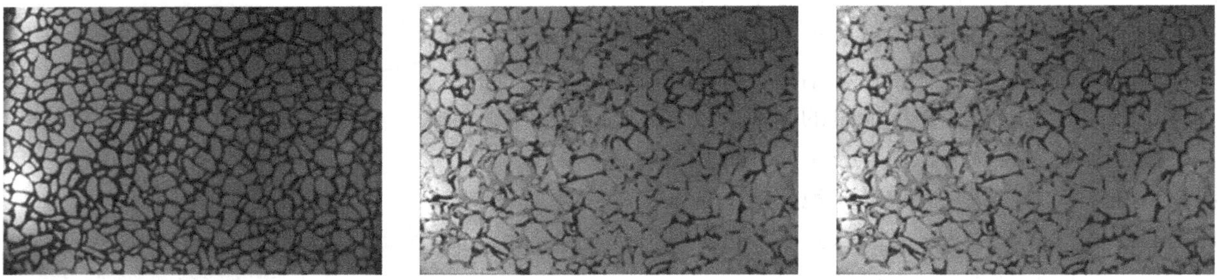

(a)饱和油后　(b)水驱后　(c)HPAM驱后

图3　HPAM 微观驱替照片

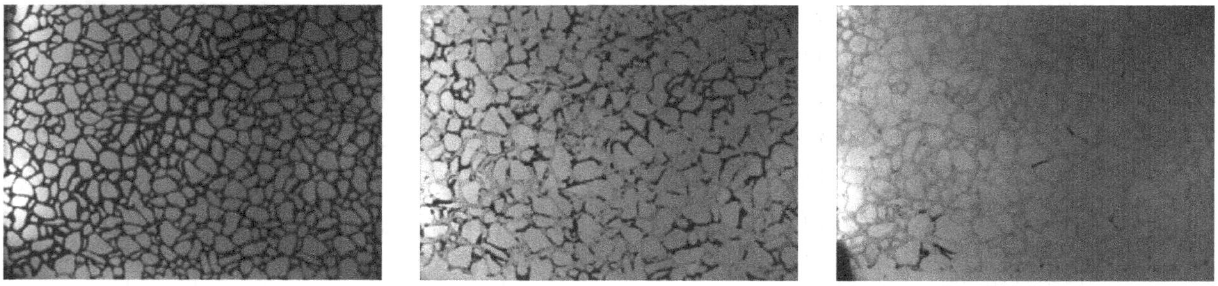

(a)饱和油后　(b)水驱后　(c)聚合物驱后

图4　纳米接枝改性聚合物微观驱替照片

图3、4分别为饱和油后、水驱后、HPAM驱后以及纳米接枝改性聚合物驱后的残余油分布情况。对几种驱替方式下的微观图用辅助线、面积法等手段进行量化处理。根据驱油效率定义定

义微观驱油效率 E_R，表达式为：

$$E_R=\frac{As_{wor}-As_{or}}{As_{wor}}$$

式中：E_R 为微观驱油效率,%；As_{wor} 为原始含油面积；As_{or} 为残余油含油面积。

应用表达式计算出水驱采收率为 51.82%，HPAM 驱采收率为 69.37%，纳米接枝改性聚合物驱采收率为 91.24%。由此看见，微观驱油中纳米接枝改性聚合物驱驱油效果最好。

对比几种驱油剂驱替后残余油分布，可明显看出，驱油效果：纳米接枝改性聚合物驱>聚合物驱>水驱。其中水驱过程中由于水优先进入大孔道及高渗层发生指进现象，波及面积最小，残余油分布最多，主要分布在小孔道及低渗区，大孔道及高渗层残留较少，如图 4(b)所示；相比水驱，聚合物驱由于流度比减小，得以波及到小孔道，波及面积有所增加，残余油饱和度降低，如图 4(c)所示。

表 1　微观驱替提高采收率效果

类别	水驱采收率%			总采收率%			聚驱提高采收率/%		
	区域 1	区域 2	区域 3	区域 1	区域 2	区域 3	区域 1	区域 2	区域 3
HPAM	7.89	8.12	18.87	17.02	17.98	23.25	9.13	9.86	4.38
P-SiO_2	7.56	8.34	22.21	22.90	23.97	28.79	14.57	15.63	6.58

3.2 残余油分布

聚合物驱后的油层中，残余油主要以膜状、簇状、柱状及盲端残余油的形式分布在油层孔隙中，如图 5 所示。

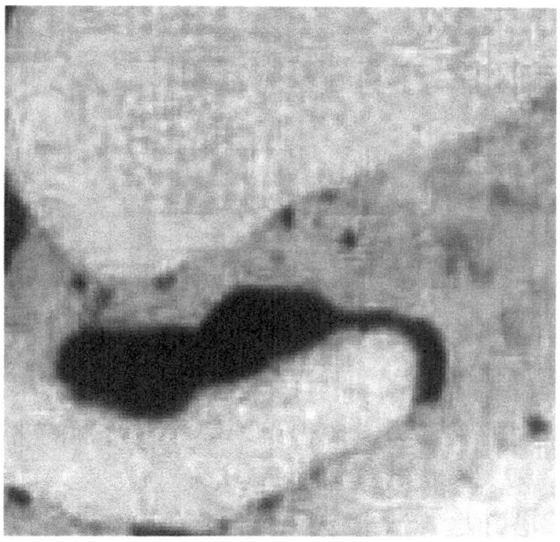

(a)膜状残余油

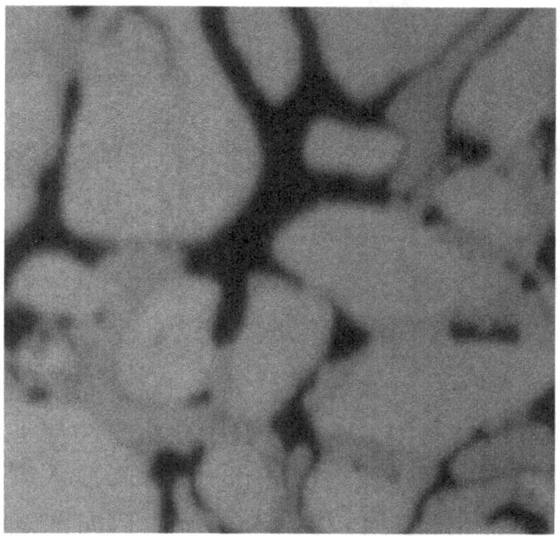

(b)簇状残余油

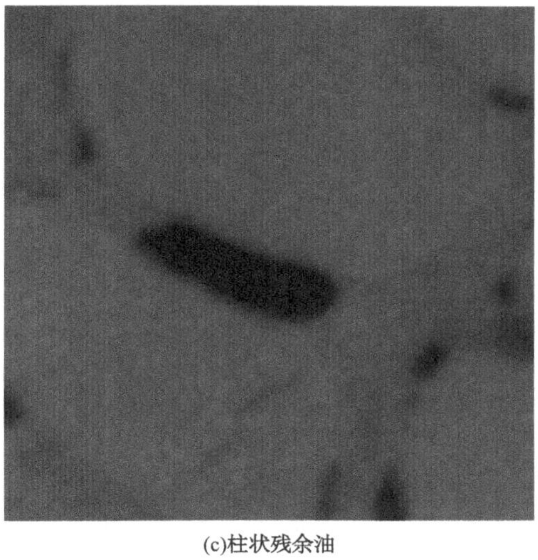

(c)柱状残余油

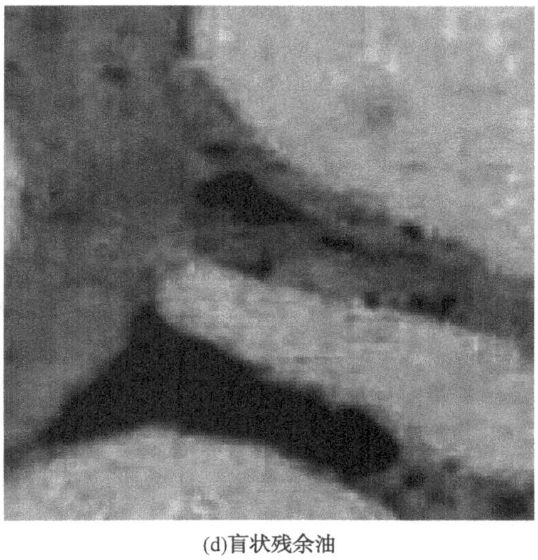

(d)盲状残余油

图 5　聚合物驱后残余油分布形态

（1）膜状残余油。在亲油性岩石表面有一层膜状的残余油难以被水驱替出来，如图5(a)所示。聚合物溶液对膜状残余油的"剥离"作用能够显著降低该类型残余油饱和度；且聚合物驱后岩石表面变性，驱油效果进一步增强，所以该类型剩余油存含量较低。

（2）簇状残余油。水驱后簇状残余油一般残留在彼此联通的簇状小孔道中，且被优势大孔道包围，聚合物驱时能够形成连续的油丝或油膜而被驱替出来，如图5(b)所示。尽管聚合物驱可使一定程度上减少簇状残余油的余量，但由于油藏局部低渗透等导致聚合物溶液难以波及一些区域，簇状剩余油含量仍较高。

（3）柱状残余油。若是油藏孔隙中残余油两端的油水界面与聚合物溶液的流线方向相同，由于局部压力梯度过小以及毛管阻力的作用导致这部分残余油难以流动，即形成柱状残余油，如图5(c)所示。

（4）盲状残余油。水驱后一定量的残余油以塞状或柱状形态残留在联通程度较差的死孔隙的喉道处，形成盲状残余油，如图5(d)所示。聚合物的黏弹驱油作用能够拉拽出一部分这种类型的残余油。但在聚合物溶液进入比较困难的小孔道中，盲状残余油会被"卡"在孔喉处难以驱替出来，因此聚合物驱后仍有一定量的盲状残余油残留。

3.3 残余油启动机理

通过对不同类型的残余油启动规律进行分析，明确纳米接枝改性聚合物提高采收率作用机制。

（1）簇状残余油

簇状残余油启动过程，如图6所示。

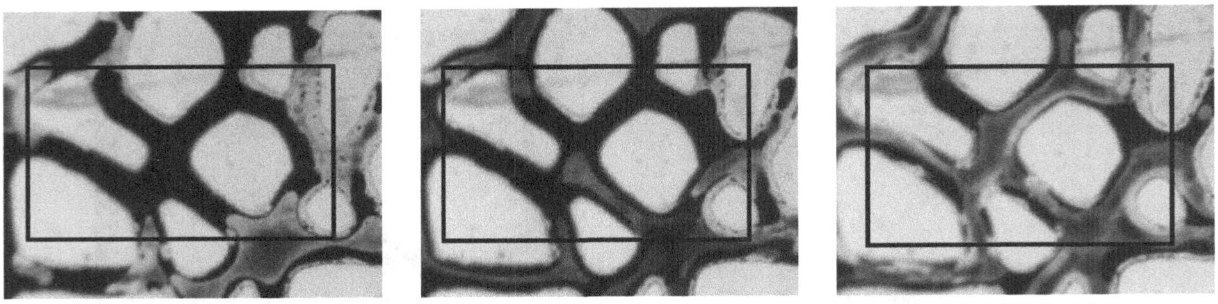

(a)簇状残余油　(b)发生形变及运移　(c)转变为其他类型残余油

图6　簇状残余油启动机理

由图6可以看出，水驱过程中，由于油与水黏度相差较大，极易发生指进和绕流。形成水窜通道后，驱替相(水相)将沿着水流通道向前运移，很难进入其他通道，形成簇状残余油。在后续进行纳米接枝改性聚合物驱过程中，由于纳米接枝改性聚合物溶液具有黏弹性，使纳米接枝改性聚合物溶液与油之间的黏滞力大于水与稠油之间的黏滞力，使得束缚簇状残余油的平衡力被破坏，簇状残余油的形状发生改变，直至前段突破。尽管纳米接枝改性聚合物溶液可以将大部分的簇状残余油驱出，但仍有部分簇状残余油转变为其他类型的残余油，滞留在孔隙中。

（2）膜状残余油

膜状残余油启动过程，如图7所示。

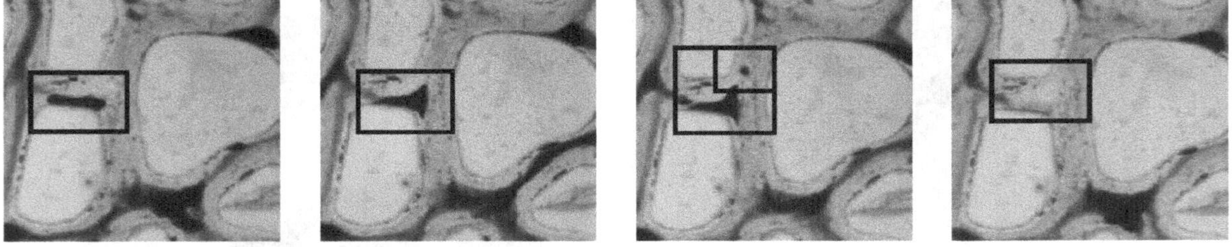

(a)膜状残余油　(b)发生变形　(c)乳化小油滴　(d)完全消失

图7　膜状残余油启动机理

由图7可以看出，水驱后在孔喉表面形成的膜状残余油相对较厚，在水驱过程中剪切应力很难将膜状残余油驱出。在后续进行纳米接枝改性聚合物溶液驱时，由于纳米接枝改性聚合物溶液具有黏弹性，使得纳米接枝改性聚合物溶液与稠油之间的界面黏度大于水与稠油之间的界面黏度，此时，膜状残余油顺着驱替相(纳米接枝改性聚合物溶液)流动方向运移并发生形变。此外，纳米接枝改性聚合物溶液还具有乳化作用，发生形变的膜状残余油还会被乳化形成小油珠，被纳米接枝改性聚合物溶液携带流动。这个过程循环进行，直至膜状残余油完全被驱出。

(3) 盲端残余油

盲端残余油启动过程，如图 8 所示。

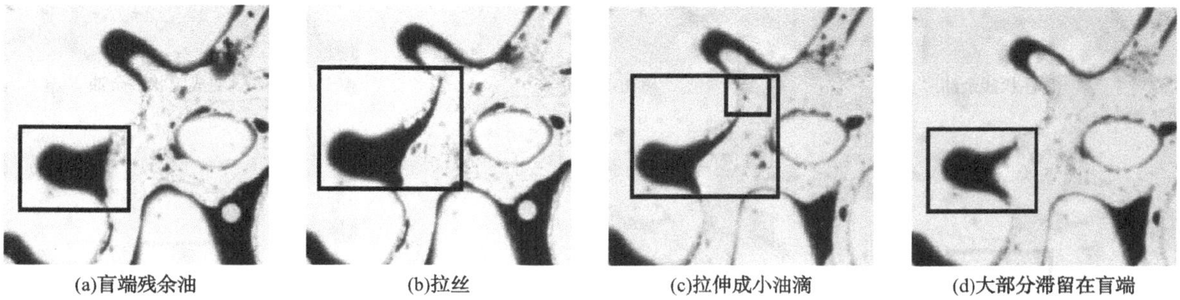

图 8　盲端残余油原图启动机理

由图 8 可以看出，水驱过程中，盲端采收率较低。在后续进行改性纳米聚合物溶液驱过程中，由于改性纳米聚合物溶液具有黏弹性，降低了盲端残余油滴的内聚力，盲端残余油发生变形、拉伸，形成油丝，沿着改性纳米聚合物溶液流动方向发生运移。由于改性纳米聚合物溶液还具有乳化性能，有的油丝被乳化形成小油珠被改性纳米聚合物溶液携带发生运移。改性纳米聚合物溶液驱后，盲端内残余油含量减少，呈现一个较深的凹面。但改性纳米聚合物溶液对盲端残余油的驱油效果有限，仍有大部分盲端残余油不能被驱出。

(4) 滴状残余油

滴状残余油启动过程，如图 9 所示。

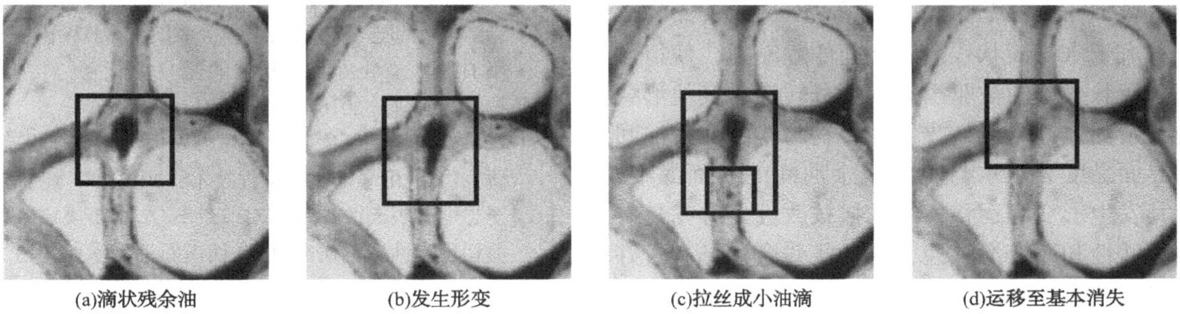

图 9　滴状残余油启动机理

由图 9 可以看出，水驱过程中，在孔隙内形成体积较大的滴状残余油后，由于流动阻力较大，后续驱替相(水相)会优先选择沿水流通道流动，滴状残余油无法被驱出。在后续改性纳米聚合物溶液驱过程中，由于改性纳米聚合物溶液具有黏弹性，滴状残余油被逐渐拉伸，形成尖端，并发生运移。此外，通过乳化作用形成小油珠，随着改性纳米聚合物溶液流动的方向发生运移。这个过程循环进行，直至滴状残余油完全被驱出。

(5) 柱状残余油

柱状残余油启动过程，如图 10 所示。

由图 10 可以看出，在水驱过程中，在孔隙中会滞留一部分油，在当前注入条件下已经不能将其采出，形成柱状残余油。在后续改性纳米聚合物溶液驱过程中，由于改性纳米聚合物溶液具有水相增黏性能，可提高对残余油的驱动力，同时，具有界面活性以及改变润湿性，可提高洗油效率。在这两方面的共同作用下，在水驱过程中形成的柱状残余油被改性纳米聚合物溶液逐渐拉伸发生形变形成膜状残余油。接着，膜状残余油随着改性纳米聚合物溶液流动的方向发生运移至孔隙壁前端。在孔隙壁前端拉长生成油丝发生运移，部分被乳化形成小油珠，随着改性纳米聚合物溶液携带发生运移。直到残余油被完全驱出。

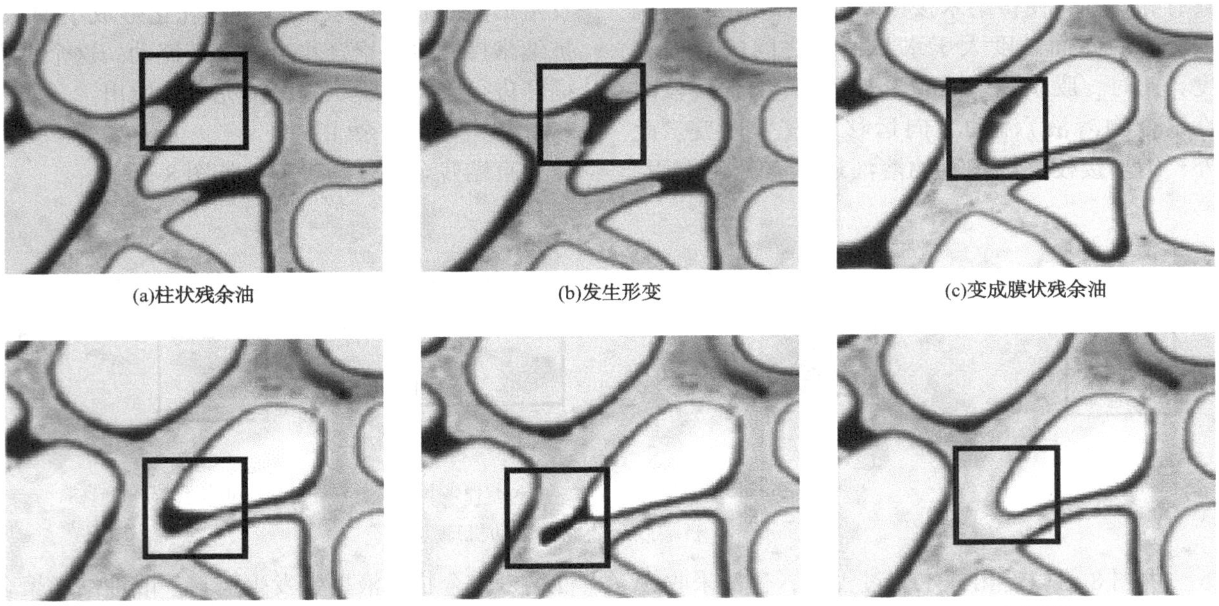

(a)柱状残余油　(b)发生形变　(c)变成膜状残余油

(d)膜状残余油运移至前端　(e)拉丝　(f)完全消失

图 10　柱状残余油启动机理

4　结论

纳米接枝改性聚合物提高采收率效果好于 HPAM；纳米接枝改性聚合物与簇状残余油的黏滞力大于水与簇状残余油之间的黏滞力，使得大部分簇状残余油被驱出，少部分转变为其他形式的残余油；纳米接枝改性聚合物与膜状残余油间的界面黏度大于水与膜状残余油间的界面黏度，使其发生形变和运移；纳米接枝改性聚合物具有界面活性和改变润湿性，对柱状残余油具有较好的启动效果；纳米接枝改性聚合物可以使滴状残余油被拉伸和乳化形成小油珠，随着纳米接枝改性聚合物流动的方向发生运移；纳米接枝改性聚合物溶液可以降低盲端残余油的内聚力，使得残余油发生变形和拉伸，提高驱油效率。

参考文献

[1] 吴天江，程辰，宋昭杰，等．调驱用纳米聚合物微球分散体系流变性评价[J]．应用化工，2021，50(10)：5.

[2] 卢震，黄贤斌，孙金声，等．水基钻井液用耐高温纳米聚合物封堵剂的研制[J]．石油钻采工艺，2020，42(5)：5.

[3] 彭琴．改性纳米 SiO2/AA/AM 共聚物驱油剂在中低渗透油藏的可行性研究[D]．西南石油大学，2014.

[4] 刘浩洋，郜慧冬，刘玉慧，等．纳米 SiO2 作为驱油用 HPAM 溶液流变控制剂的适应性研究[J]．能源技术与管理，2016，41(6)：4.

[5] 黄冬．纳米二氧化锰催化降解聚丙烯酰胺工艺条件研究[J]．化学工业与工程技术，2017.

[6] 李志豪．表面改性程度对改性 SiO2/AM/AA 共聚物剪切稳定性影响研究[D]．西南石油大学，2015.

[7] 赵玉武．低渗透油藏纳微米聚合物驱油实验和渗流机理研究．中国科学院研究生院(渗流流体力学研究所).

[8] 王光辉．铁基核/壳结构磁性纳米球的合成及应用[D]．大连理工大学，2012.

[9] 李娜．氧化石墨烯纳米复合材料的制备及其摩擦学性能研究[D]．江苏大学，2013.

[10] 何晓英，韩锐，李光照，等．聚合物/无机纳米粒子复合微球化学制备的研究进展[J]．复合材料学报，2022，39(2)：544-558.

浅薄层特稠油油藏多元热复合驱开发关键技术与应用

于建梅　韦　涛　曹秋颖

（胜利油田勘探开发研究院西部开发研究室）

摘　要　春风油田浅薄层特稠油油藏具有埋藏浅、厚度薄、温度低、原油粘度高的特点。目前主要以注蒸汽吞吐开发为主，高轮次吞吐开发后期，地层压降大，产量递减快，急需转换开发方式。但常规蒸汽驱加热半径和蒸汽腔扩展范围小，易形成指进，效果差，开发难度大。在蒸汽驱过程中添加泡沫体系调控热前缘，提高蒸汽波及体积；利用高干度蒸汽和高温降粘型驱油剂提高热水带驱油效率；结合井网形式调整、转驱时机预测、注采参数优化，形成浅薄层特稠油多元热复合驱开发关键技术，可实现吞吐后大幅度提高采收率。

关键词　浅薄层；稠油；蒸汽驱；多元热复合驱；采收率

春风油田动用地质储量 7376 万 t，为浅薄层地层稠油油藏，具有埋藏浅（-160～-710m）；厚度薄（有效厚度 2～8m）；温度低（18～34℃）；原油黏度高（油藏温度时，原油黏度 20000～750000mPa·s）的特征。目前主要以注蒸汽吞吐开发为主，方式单一。由于油藏埋藏浅，地层压力低，随着油田进入高轮次吞吐（10 周期后）开发后期，地层压降大，产量递减快，年递减率 19%～22%，吞吐预测采收率低，急需转换开发方式。常规蒸汽驱开发难度大，主要表现在：（1）油层厚度薄，热损失大，原油黏度高，加热半径和蒸汽腔扩展范围小；（2）非均质性强，蒸汽驱易形成指进，驱替不均衡；（3）发生汽窜后调控难度大。因此如何扩大蒸汽腔波及范围、实现蒸汽均衡驱替、提高驱油效率成为攻关浅薄层稠油吞吐后转换开发方式，实现稠油产量有效接替的关键。

1　试验区概况

春风油田排 612 块为典型区块，主力含油层为新近系沙湾组一段。构造埋深 290～380m，有效厚度一般为 6～10m，孔隙度 30%～35%，渗透率 2000～2500mD。地下脱气黏度 27000～37000mPa·s，为浅薄层地层特稠油油藏（图 1）。

该块 2012 年 7 月试采，2015 年 6 月建产，采用（直井+降粘剂+氮气+蒸汽）VDNS 方式开发，井距 141m×200m。目前处于高轮次吞吐阶段，生产周期 18～22 个，油藏压力 1.0MPa，平均单井日产油水平 1.5t/d，综合含水率 89.2%，采出程度 16.35%，预测吞吐采收率 21.8%。2019 年在区块中部筛选 49 口井作为先导试验区，地质储量 171 万 t，攻关浅薄层特稠油多元热复合驱开发关键技术。

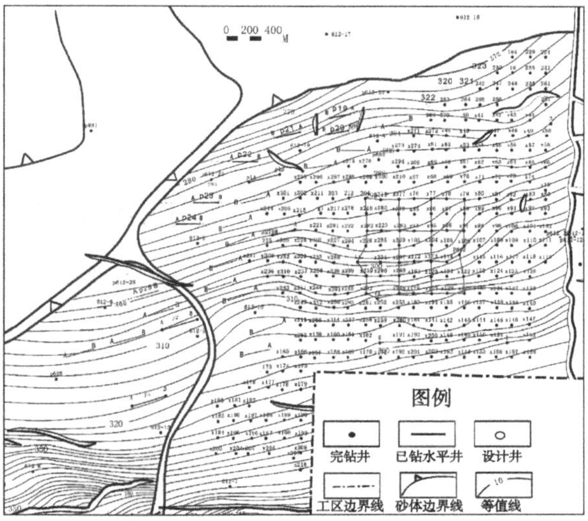

图 1　排 612 块 $N_1s_1^1$ 砂体顶面构造图

2　多元热复合驱体系提高采收率机理

利用物理模拟和数值模拟手段，揭示了多元热复合驱体系“气、剂”与蒸汽“热”协同作用机理，为浅薄层稠油蒸汽驱驱油体系构建及技术界限研究提供理论指导。

2.1　“气热协同”强化地层深部传热

室内实验研究表明，氮气作为非凝析气体，在其作用下岩石表面蒸汽由珠状凝结变为膜状凝结，增加了蒸汽冷凝过程中的传热传质阻力（图 2），减缓蒸汽与岩石固体表面之间的热交换速度，降低了蒸汽的凝结传热系数。提高蒸汽干度；“缓释”蒸汽热量(图3)，将热量携往地层深处，强化深部传热，降低浅薄油层热损失。

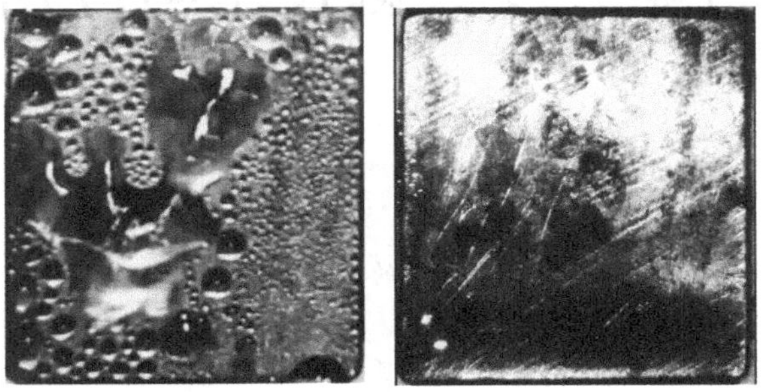

图2　氮气改变蒸汽凝结方式

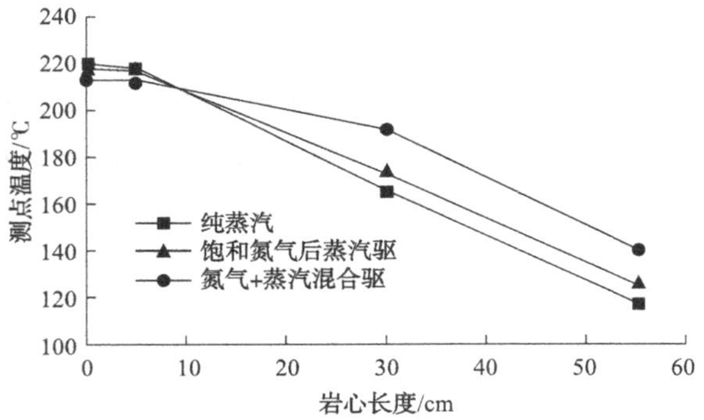

图3　不同驱替方式下岩心温度分布图

2.2　“蒸汽+泡沫剂协同”扩大波及

室内微观实验显示，泡沫可以有效封堵大孔道，调控驱替前缘，扩大蒸汽波及范围(图4)。二维实验中，单一蒸汽驱冷凝热水驱替底部原油，蒸汽超覆驱替顶部原油，纵向波及系数38.4%；泡沫辅助蒸汽驱纵向波及系数76.3%，提高了37.9%，温度场纵向扩展更均衡(图5)。

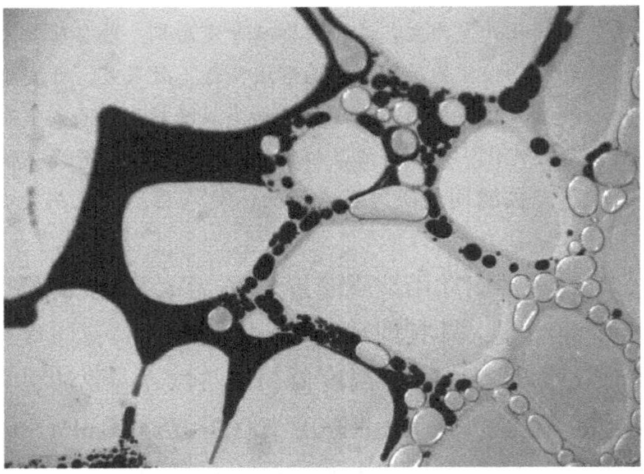

图4　微观可视化实验(泡沫辅助蒸汽驱)

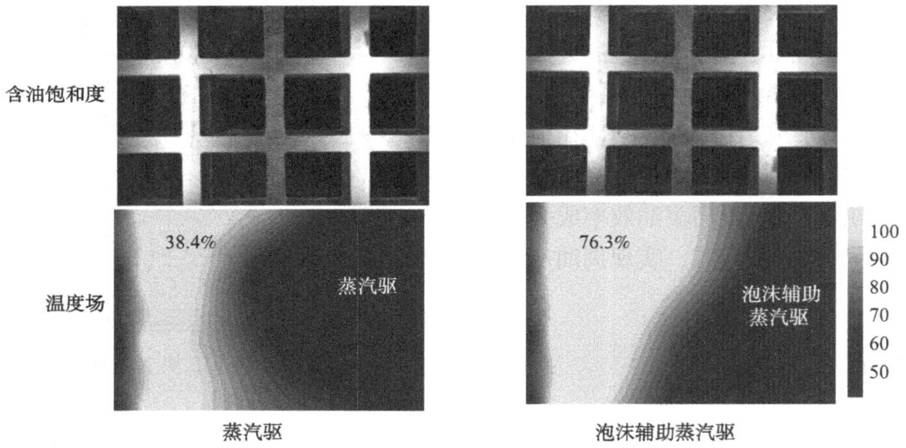

图5　不同开发方式驱替图

2.3　“蒸汽+降黏剂协同”扩大波及

通过室内微观实验研究，降黏剂在油藏中形成水包油乳状液，提高稠油流动性(图6)；二维实验中，氮气辅助驱替蒸汽腔占比为20.4%，加入降黏剂后蒸汽腔占比扩大了11.6%，降黏剂优先进入油藏底部，提高底部波及体积(图7)。

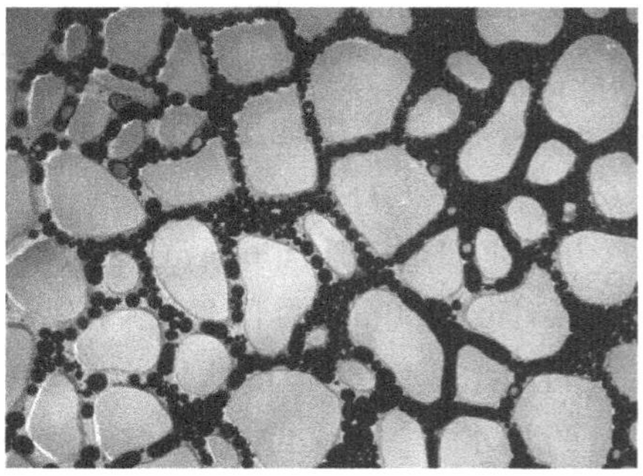

图6　微观可视化实验(蒸汽驱+降黏剂)

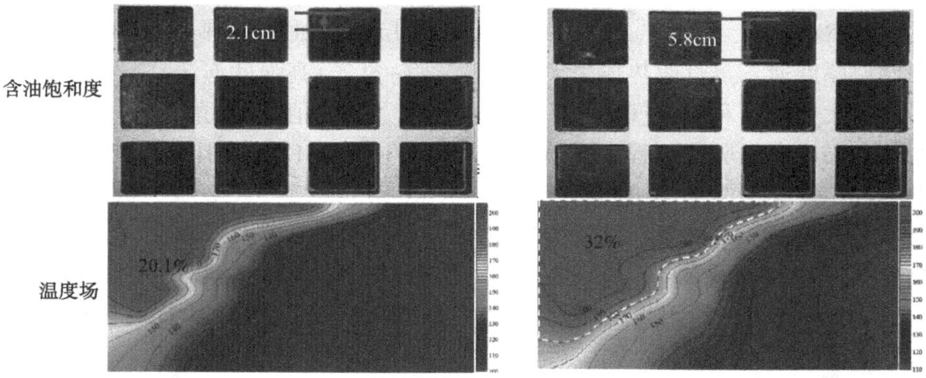

图 7　不同压力、干度蒸汽比容变化曲线

2.4 “蒸汽+驱油剂协同”提高驱油效率

通过开展不同开发方式微观可视化岩心驱替实验(图 8)，蒸汽驱过程中，蒸汽以连续层状等形态在原油中流动，对原油驱替效率明显提高；驱油剂加入可提高壁面残余油的乳化洗油效率；驱油效率实验表明，80℃驱油剂驱比 80℃热水驱提高 13.4%，可以显著提高热水带驱油效率(图 9)。

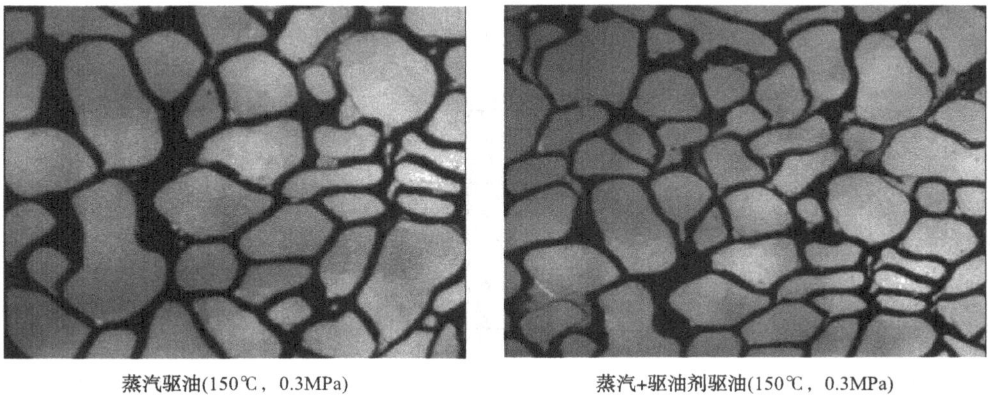

图 8　不同开发方式微观可视化岩心驱替实验图

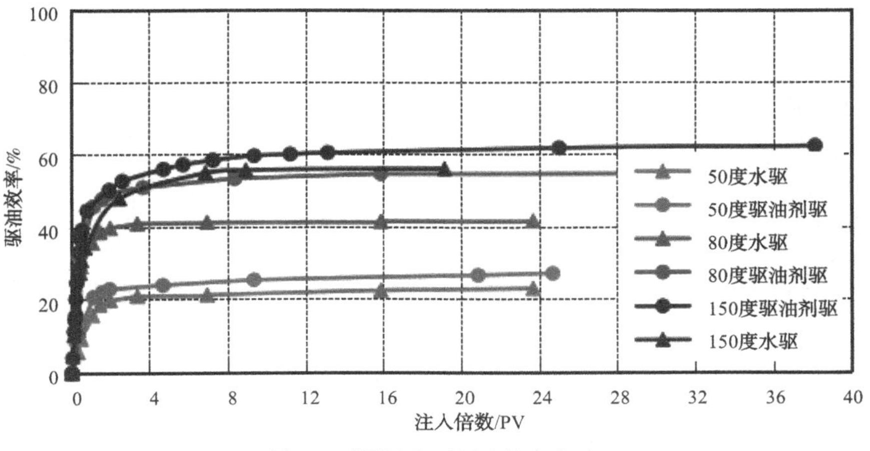

图 9　不同温度下驱油效率实验

3　开发技术界限

针对浅薄层特稠油蒸汽驱开发的主要难点，结合多元热复合体系“热、气、剂”协同作用机理指导下，构建了浅薄层稠油多元热复合驱油体系，创建了多元热复合驱开发技术界限，实现蒸汽的均衡驱替。

3.1　多元热复合驱油体系

春风油田储层厚度薄，蒸汽驱热损失大，通过提高蒸汽干度增大热焓，利用氮气协同，强化深部传热；特稠油黏度高，驱替过程中原油流动难，采收率低，利用降黏型驱油剂协同蒸汽进一步降低原油黏度，并提高驱油效率；储层非均质性强与原油黏度高双重因素叠加导致转驱后“汽窜”程度更高，驱替不均衡，利用高强度泡沫进行热前缘调控，达到均衡驱替的目的，构建了浅薄层特稠油多元热复合驱驱油体系：高干度蒸汽+氮气+高强度泡沫+降黏型驱油剂。

从数值模拟预测场图对比来看(图 10、图 11、图 12)，相比蒸汽驱，多元热复合驱方案低黏区继续扩大 20%，波及范围扩大 70%，加热范围继续扩大 30%。多元热复合驱加入了高强度泡沫和降粘型驱油剂，可以实现堵水调剖，选择性调控热前缘，提高热利用率和驱油效率。

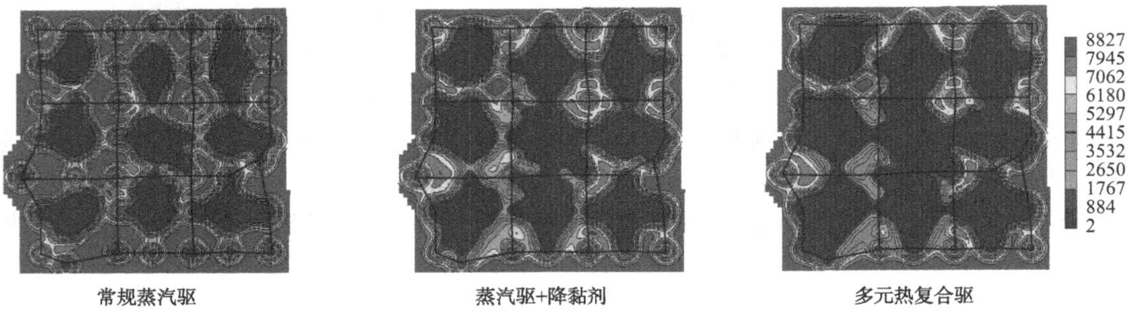

图 10　不同开发方式汽驱末期原油粘度场分布图

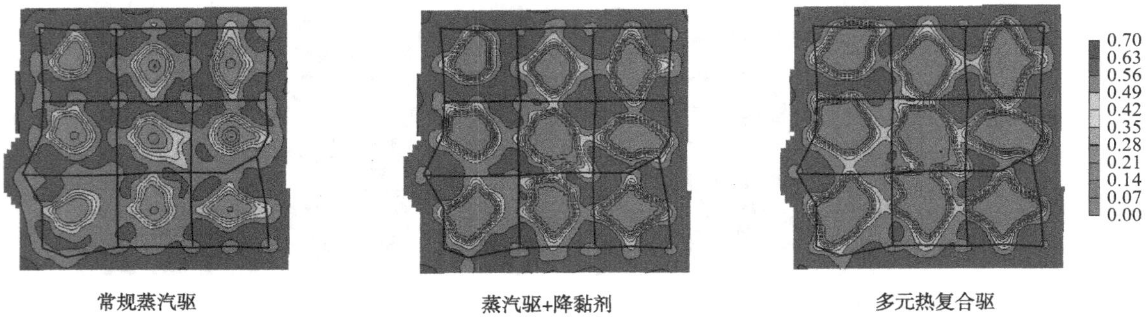

图 11　不同开发方式汽驱末期含油饱和度场分布图

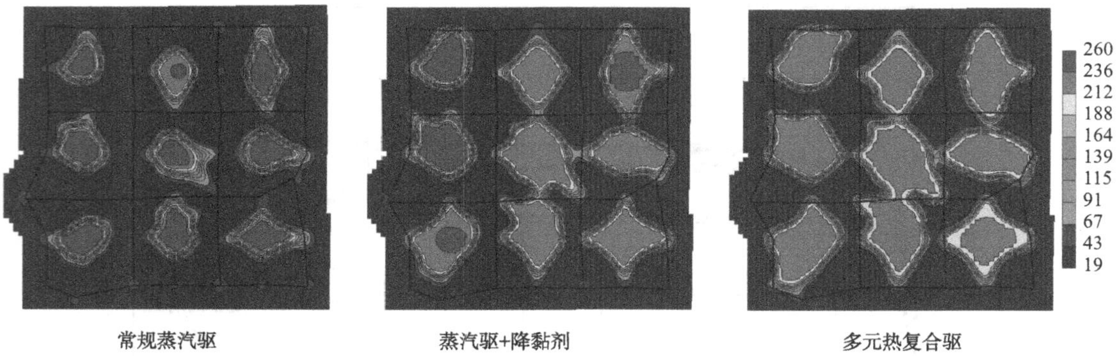

图 12　不同开发方式汽驱末期温度场分布图

3.2　井网形式

基于目前井位部署，设计了 3 种转多元热复合驱的井网形式，分别是反九点法、反五点法、反九点转反五点法。转驱初期，反五点生产井配液高，井间热连通慢，影响蒸汽腔扩展；反九点井网注汽井与边井间更易建立热连通，日产油预测曲线反九点效果较好(图 13)；中后期，反九点井网边井逐渐突破，角井距注汽井远，难以波及，造成剩余油富集(图 14)；反五点井网已建立热连通，注采井间驱替均衡，开发效果较好；

依据浅层稠油汽驱流场扩展模式，特稠油多元热复合驱井网形式初期“反九点”后期转为“反五点”。

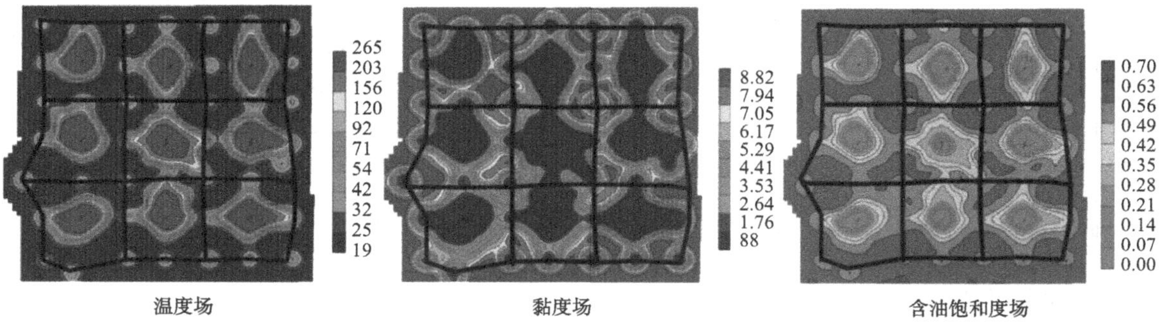

图 13　反九点井网形式多元热复合驱 3 年场图

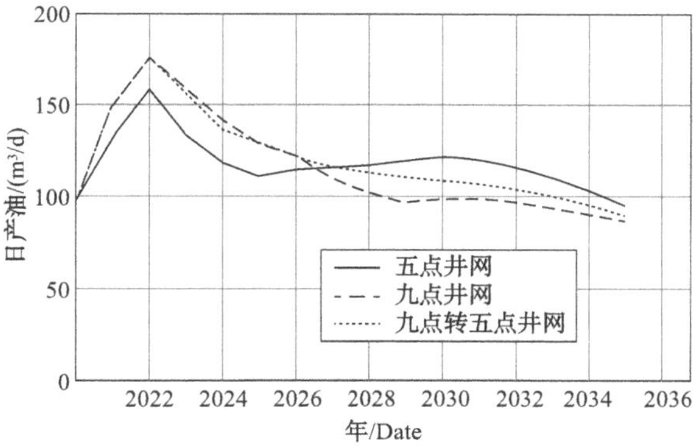

图 14　不同井网形式多元热复合驱试验区日产油预测曲线

3.3　转驱时机

（1）转多元热复合驱时机

春风油田稠油老区目前均处于高轮次吞吐阶段，热干扰严重，压力不平衡（0.5～2.1MPa）。利用组合吞吐 4～5 周期，变无序吞吐为同步吞吐，平衡压力场（1.0～1.5MPa），抑制热干扰，有利于促进多元热复合驱均衡驱替（图 15）。

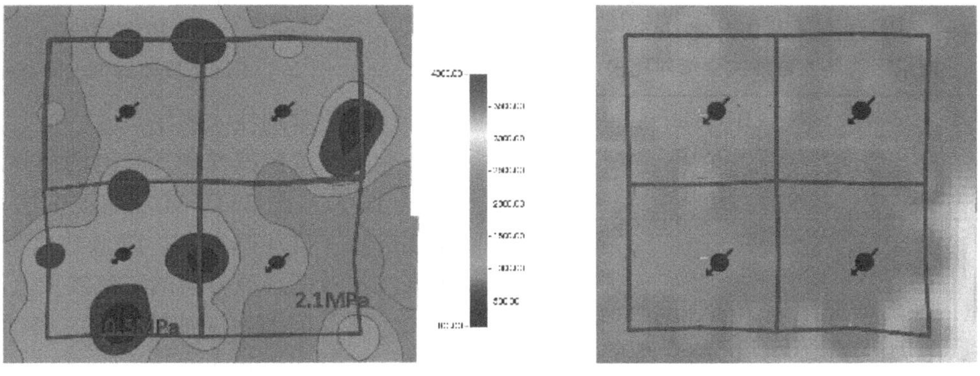

图 15　浅薄层特稠油先导试验井组压力场图

（2）反九点转反五点时机

反九点井网多元热复合驱 3 年左右，蒸汽已经波及到边井，边井与注汽井间温度高，剩余油饱和度低。角井附近的温度低，剩余油富集，需转换井网形式进一步扩大波及，提高采收率。数模预测该方案阶段净产油和采出程度较高（图 16），推荐反九点井网 3 年转反五点井网。

3.4　注采参数

（1）采注比

利用数值模拟预测了采注比分别为 1.0、1.1 和 1.2 的多元热复合驱效果（图 17），转驱初期，注采井间未建立热连通，生产井液量偏低，采注比下降；随着蒸汽推进，生产井得到能量补充，采注比逐渐增大；汽驱中后期，采注比保持在平稳状态。浅层稠油原始地层压力低，仅为 3.2MPa，吞吐后地层压力降至 1.0MPa，实际采注比稳定在0.9~1.0。

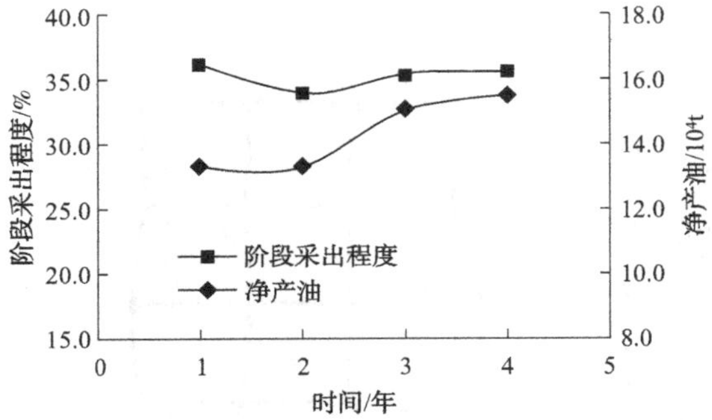

图16　不同反九点转五点时机对应指标预测曲线

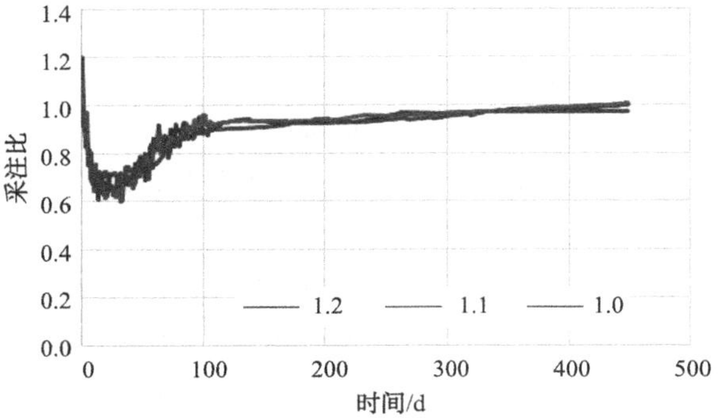

图17　数模预测不同采注比随时间变化曲线

（2）注汽强度

在保证注蒸汽干度的条件下，结合相似区块车510开发经验(表1)，以恢复地层压力和蒸汽均衡驱替为工作目标，推荐注汽强度2.3t/(d·ha·m)。

表1　相似区块蒸汽驱注汽强度对比表

区块	面积/km^2	厚度/m	体积/ha·m	日注汽量/(t/d)	注汽强度/(t/d/ha·m)
车510试验区	0.29	10	290	655	2.26

（3）高强度起泡剂

依据室内实验研究结果，高强度起泡剂浓度为0.4%时，阻力因子最大，因此合理的高强度起泡剂浓度为0.4%(图18)，合理气液比为1∶1左右，折算地面气液比为10左右(图5)。

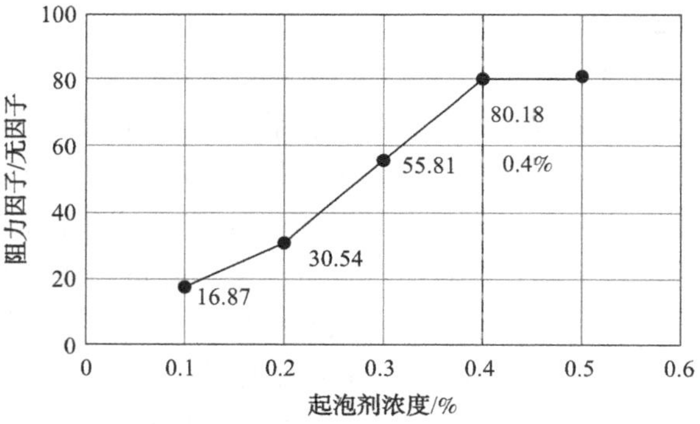

图18　不同浓度下泡沫的阻力因子曲线

（4）降黏型驱油剂

通过室内实验筛选了高温降黏型驱油剂，驱油剂浓度为0.5%时，界面张力和降黏率达到多元热复合驱要求，因此合理的驱油剂浓度为0.5%(图19、图20)。

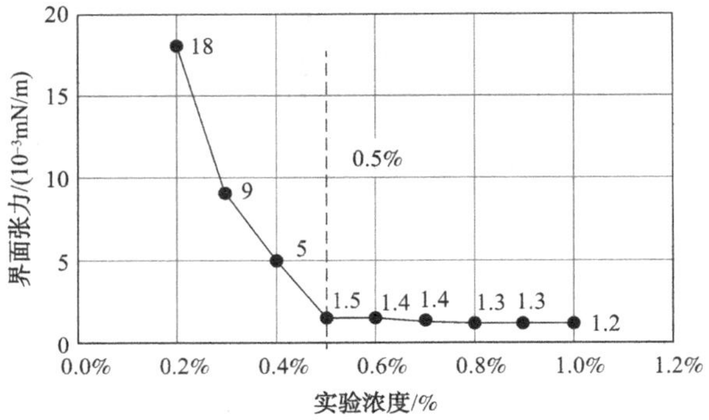

图19　不同浓度驱油剂的界面张力

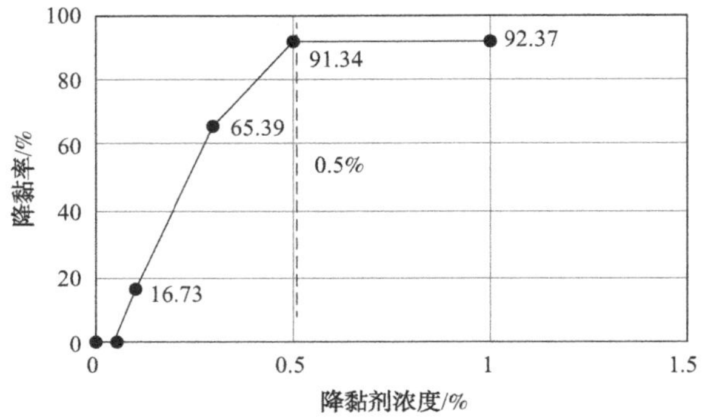

图20　不同浓度驱油剂的降黏率

（5）化学剂注入顺序

利用数值模拟预测了起泡剂和驱油剂的注入顺序(图21、图22)，先注起泡剂堵水调剖，调整热前缘，再注降黏剂，降低热水带原油黏度，提高洗油效率，该方案的蒸汽波及范围、低黏区更大，波及范围内洗油效率高，含油饱和度低。因此，推荐先注起泡剂后注驱油剂。

4　矿场应用与认识

4.1　试验进展

2021年10月，排612块中部4个井组转多元热复合驱(图23)，生产井21口，含油面积0.44km^2，地质储量76×10^4t，转驱前综合含水88.5%，采出程度19.1%。

4.2　开发认识

多元热复合驱开发阶段划分与蒸汽驱类似，试验区转驱两年，目前划分两个阶段：热连通段和驱替阶段。

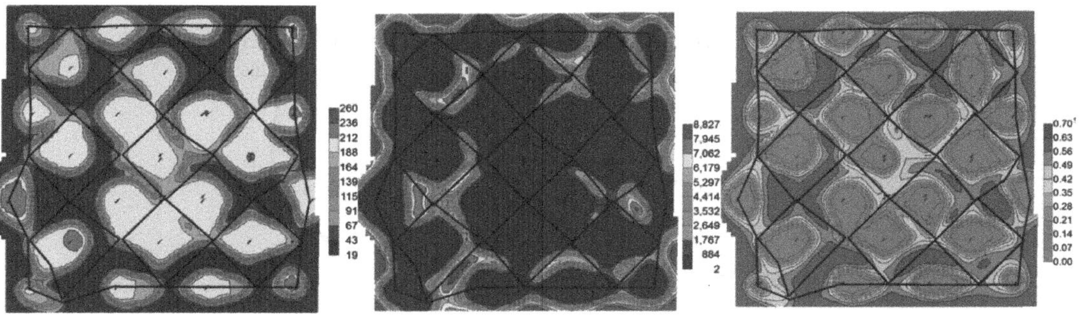

图 21　先注起泡剂后注驱油剂场图

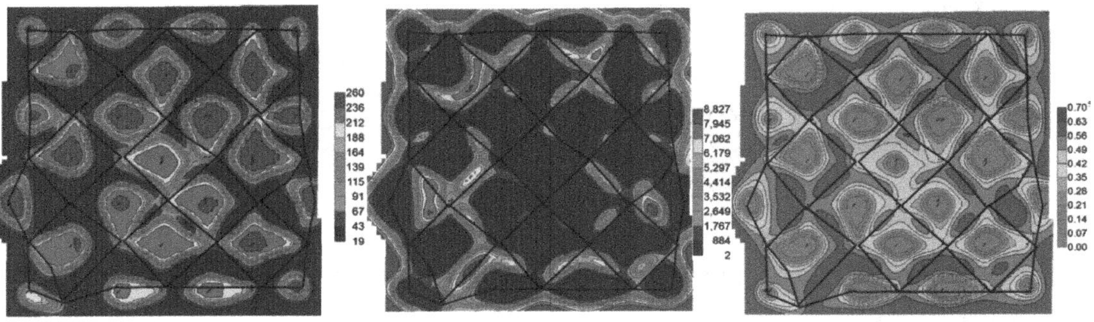

图 22　先注驱油剂后注起泡剂场图

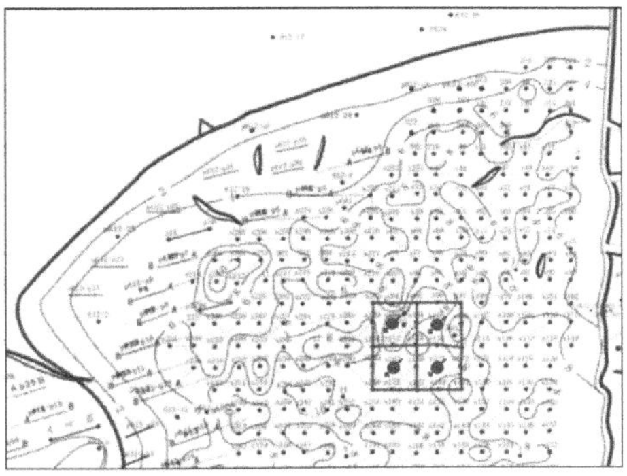

图 23　排 612 块 $N_1s_1{}^1$砂组有效厚度等值图

（1）热连通阶段时间长

浅薄层特稠油油藏地层温度低，黏度高，原油启动压力高，建立热连通时间长，达到 8 个月（图 24）。该阶段试验区日产液、含水上升，日产油下降，日产油降幅 30%。

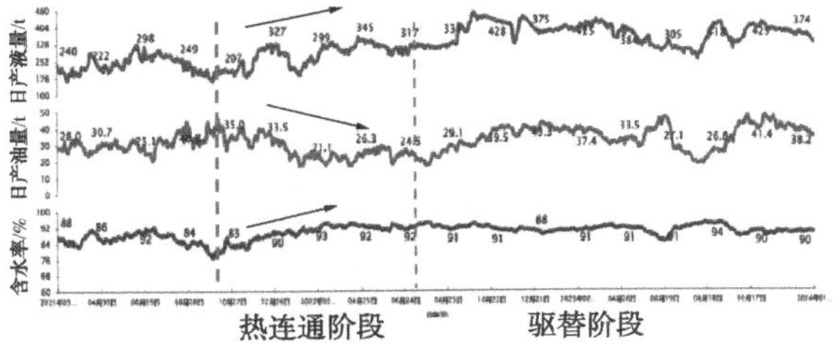

图 24　排 612 块试验区多元热复合驱开发曲线

（2）驱替阶段为周期性见效

随着汽驱时间延长，地层压力恢复，日液、日油上升，含水下降，进入驱替阶段。受多元热复合体系段塞式注入影响，日液、日油呈现周期性波动增长，有效周期 4 个月左右，增油 0.3 万 t（图 25）。

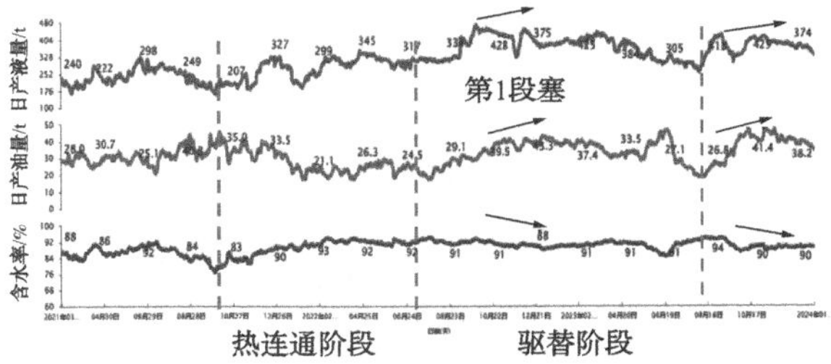

图 25　排 612 块试验区多元热复合驱开发曲线

（3）多元热复合体系扩大波及

监测资料显示，距离注汽井 70m 处，初期单一蒸汽驱为热水驱，油层下部温度高；注多元热复合体系 1 个月后，蒸汽腔快速扩展（图 26），观察井处温度快速升高，且上部温度高于下部温度。数模显示，注入多元热复合体系后，纵向温度场波及范围扩大，超过 80℃ 波及范围扩大 52%，下部明显扩展（图 27），纵向波及更均衡。

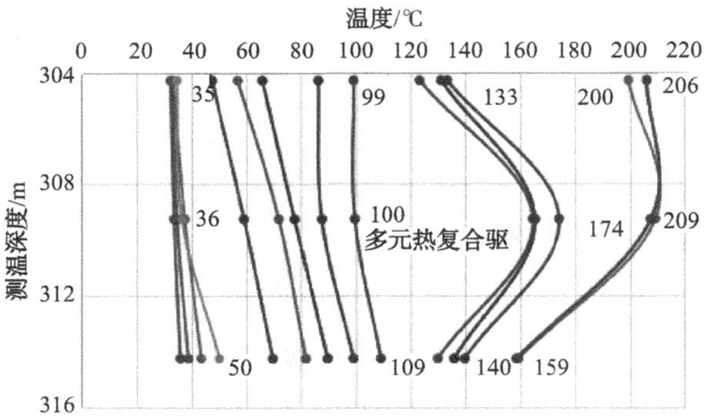

图 26　排 612-观 2 井监测温度剖面

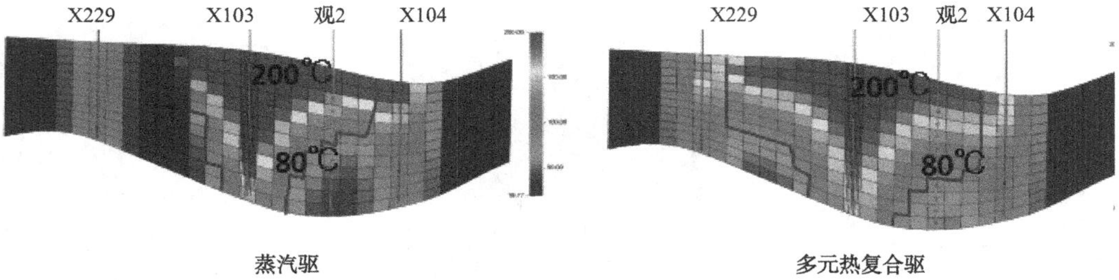

图 27　排 612-斜 103 井组拟合温度场图

（4）多元热复合体系均衡驱替

注入多元热复合体系后，生产井受效方向明显改善。第一段塞注入后，试验区新增见效井 6 口，见效率提高 28%(图 28)；第二段塞注入后，试验区新增见效井 7 口，见效率提高 33%，多元热复合驱驱替更均衡(图 29)。

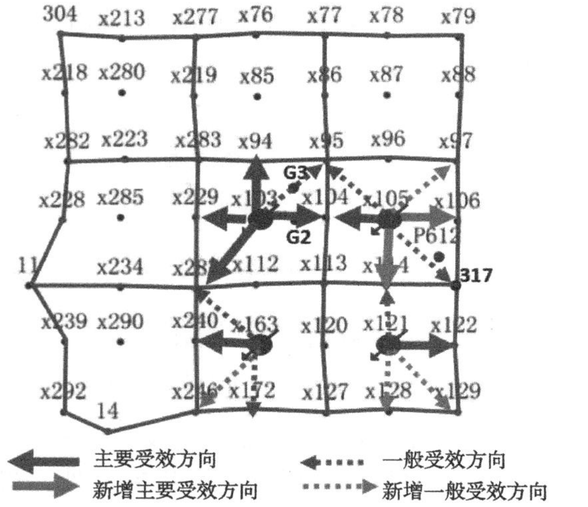

图 28　第一段塞注入后多元热复合驱驱替方向示意图

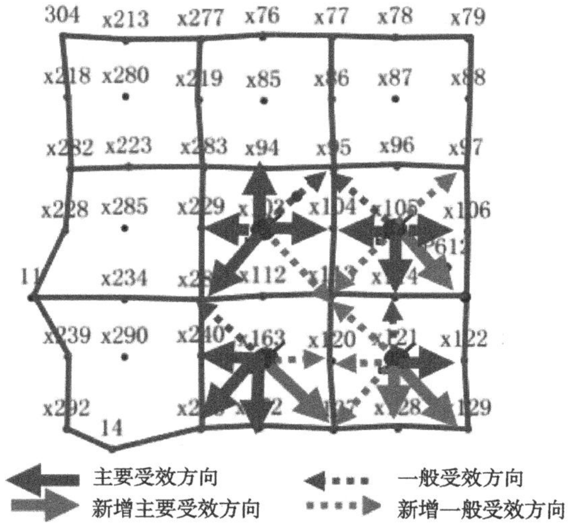

图 29　第二段塞注入后多元热复合驱驱替方向示意图

4.3　开发效果

排 612 块吞吐预测采收率仅 21.8%，试验井组多元热复合驱 2 年，单井日产油提高 47%，含水降至 86%左右，阶段采出程度 4.3%(图 30)，预计多元热复合驱采收率 45.3%。

5　结论

针对浅薄层稠油油藏常规蒸汽驱面临的难题，提出了多元热复合驱提高采收率方法，攻关了多元热复合驱提高采收率关键技术，明晰了多元热复合驱驱油体系“气热协同”强传热、“汽剂协同”扩波及、“汽剂协同”提高驱油效率的驱油机理，研究了适应于浅薄层特稠油油藏的多元热复合驱驱油体系、井网形式、转驱时机及注采参数等关键技术界限，跟踪总结了排 612 块试验区多元热复合驱开发效果及认识，预测提高采收率

23.5%。该技术可在春风油田同类型浅薄层特稠油油藏推广，覆盖地质储量 2870×10^4t，按采收率提高 20%计算，可增加可采储量 574×10^4t，具有广阔的推广应用前景。

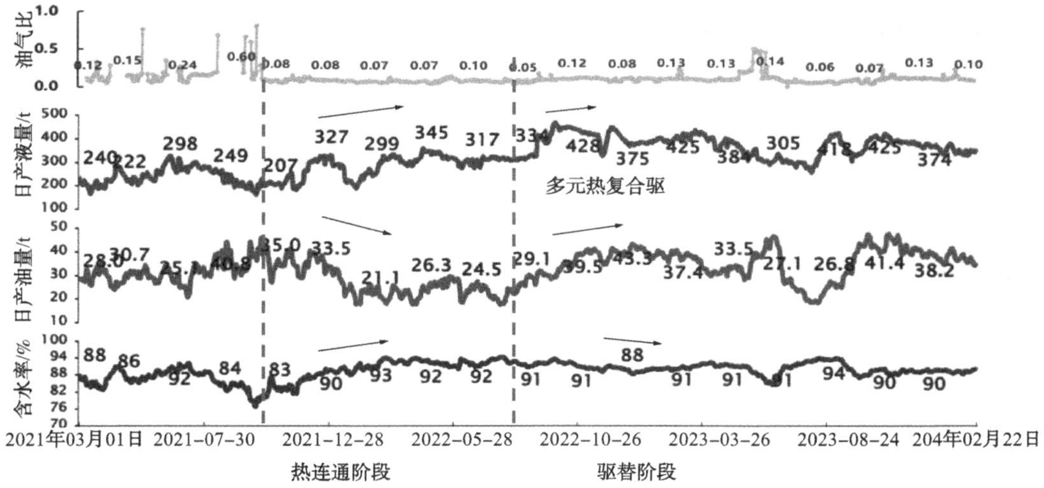

图 30　排 612 块试验区多元热复合驱开发曲线

参 考 文 献

[1] 霍广荣，李宪民，张广卿．胜利油田稠油油藏热力开采技术[M]．北京：石油工业出版社，1999.

[2] 龚姚进，王中元，赵春梅．齐 40 块蒸汽吞吐后转蒸汽驱开发研究[J]．特种油气藏，2007，14(6)：17-21.

[3] 高明，王京通，宋考平．稠油油藏蒸汽吞吐后蒸汽驱提高采收率实验[J]．油气地质与采收率，2009，16(4)：77-79.

[4] 王其伟，郭平，盛强等．孤岛油田稠油热化学驱性能研究[J]．石油天然气学报，2011，33(5)：123-125.

[5] 王玉斗，陈月明，侯健．注蒸汽开采稠油用的两种表面活性剂[J]．油田化学，2001，18(4)：306-309.

[6] 庞占喜，程林松，李春兰．热力泡沫复合驱提高稠油采收率研究[J]．西南石油大学学报，2007，29(6)：71-74.

[7] 魏新辉．化学蒸汽驱提高驱油效率机理研究[J]．油气地质与采收率，2012，19(3)：84-87.

[8] 周燕．弱边水普通稠油油藏蒸汽吞吐转氮气泡沫辅助蒸汽驱技术界限——以孤岛油田中二北 Ng5 为例[J]．油气地质与采收率，2009，26(3)：68-70.

致密油水平井段内多簇布缝数值模拟优化研究

王　维[1,2,3]　王贤君[1,2,3]　王　磊[1,2,3]　李永环[1,2,3]

(1. 大庆油田有限责任公司采油工艺研究院；2. 黑龙江省油气藏增产增注重点实验室；
3. 多资源协同陆相页岩油绿色开采全国重点实验室)

摘　要　致密油水平井主要采用套管桥塞进行分段压裂改造，段内簇数由初期的2-3簇发展到目前的6-8簇为主，簇间距由初期的30m左右缩小到现在的5~10m左右。随着簇间距的逐步缩小，裂缝间诱导应力干扰加剧，将导致段内多簇裂缝非均匀延伸。本文建立了段内多簇压裂裂缝扩展的物理模型，分别模拟了段内不同簇数、簇间距及布簇模式时的多簇裂缝扩展过程，通过多簇裂缝扩展形态及多簇裂缝均匀指数对效果进行评价分析，优化确定了段内簇数、簇间距及布簇模式。研究结果可为致密油水平井压裂优化设计提供依据，对于促进密切割条件下多簇裂缝均衡扩展及提升水平井压裂效果有着十分重要的指导意义。

关键词　致密油；水平井；段内多簇；数值模拟

致密油水平井压裂改造目前主要采用段内多簇布缝，段内簇数由初期的2-3簇发展到目前的6-8簇为主，簇间距由初期的30m左右缩小到现在的5m左右。国内外文献表明：随着簇间距的逐步缩小，裂缝间诱导应力干扰加剧，将导致多簇裂缝非均匀延伸。分簇限流布孔可通过限流调节各射孔簇摩阻，有效平衡簇间原地应力差异和簇间诱导应力干扰，在国内外的实际应用中已取得了一定的成效。

李海涛等综合考虑储层可压性、物性、诱导应力等因素，形成了一套致密油水平井分簇射孔优化方法，但其模型未考虑裂缝转向延伸，仍为垂直于井筒的对称双翼裂缝。卢聪等基于不连续位移法建立了多簇应力干扰模型和簇间距优化准则，尹建等建立了诱导应力场地应力分布平面应变模型并形成了射孔簇间距优化方法，但均未考虑裂缝内流体流动影响。针对致密油储层，金成志、李永环、蒋国斌等基于产能最大化，通过油藏数值模拟分析了不同裂缝间距对于致密油水平井压后产能影响，未考虑应力影响。

本文结合实际压裂施工过程，考虑多簇裂缝起裂诱导应力影响、各簇簇间流体分配及裂缝内流体流动影响，建立流固耦合数值模型，分析段内簇数、簇间距及不同布缝模式对于裂缝起裂延伸影响，为致密油水平井布缝优化提供指导和依据。

1　数值模型的建立

水平井多簇射孔压裂时，段内多簇裂缝扩展为复杂的流固耦合物理过程，它包括了压裂液在射孔孔眼、裂缝内的流动，同时还包括压裂过程中岩石变形和裂缝尖端延伸扩展过程。为此基于以下基本假设条件建立了段内多簇射孔裂缝扩展模型：

(1) 多簇压裂过程中流体充满裂缝，且为不可压缩的牛顿流体；

(2) 流体在裂缝内以一维流动，并且流动受到卡特滤失的影响；

(3) 裂缝的垂直横截面为高度一定的椭圆形；

(4) 储层岩石力学假定具有线性弹性和均匀性。

段内多簇压裂裂缝扩展的物理模型如图1所示。

1.1　孔眼摩阻

压裂液体流经射孔孔眼时存在孔眼摩阻，表示为：

$$\Delta p_{per,i}=0.807\frac{q_i^2\rho}{{n_{per,i}}^2 d_{per,i}^4 C_{per,i}^2}\qquad(1)$$

式中，n_{per}为孔眼数量，个；d_{pf}为射孔孔眼直径，m；$C_{p,i}$为射孔孔眼流量系数，无量纲；q_i为液体流量，m^3/s；ρ为压裂液密度，kg/m^3。

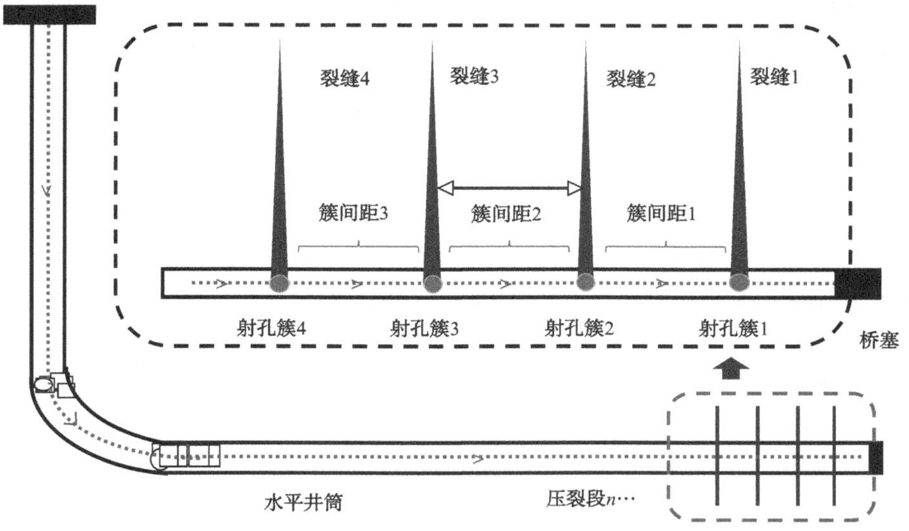

图1　段内多簇射孔压裂裂缝扩展的物理模型

1.2　水平井井筒及裂缝内流动

由 Kirchhoff 第二定律，压裂段内的沿程总压降为射孔孔眼摩阻、裂缝内压降、井筒内沿程摩阻之和：

$$p_{\mathrm{per},\ i}+\Delta p_{\mathrm{fk},\ i}+\sum_{j=1}^{i}p_{\mathrm{L},\ j}-p_{\mathrm{g}}=0 \quad (i\in 1\sim N) \tag{2}$$

式中，$p_{\mathrm{per},i}$为第 i 个簇射孔位置孔眼摩阻，Pa；$p_{\mathrm{fi},i}$为第 i 条裂缝缝口的压力，Pa；$p_{\mathrm{L},j}$为水平井第 j 段沿程压降，Pa；p_{g}为井筒跟端压力，Pa；下标 i 表示裂缝编号。

假设压裂过程中压裂液为牛顿流体且为不可压缩，则裂缝内的压力降可以由下式表示：

$$\frac{\partial p(s,\ t)}{\partial s}=-\frac{64\mu}{\pi h_{\mathrm{f}}w_{\mathrm{f}}^{3}(s,\ t)}q(s,\ t) \tag{3}$$

式中，p 为缝内压力，Pa；μ 为压裂液黏度，mPa·s；h_{f}为缝高，m；w_{f}为裂缝宽度，m；s 为裂缝单元位置，m；t 为时间，s。

单缝的物质平衡方程为：

$$\frac{\partial q_i(s,\ t)}{\partial s}=q_{\mathrm{lv}}(s,\ t)h_{\mathrm{f}}+\frac{\partial w_f(s,\ t)}{\partial t}h_{\mathrm{f}} \tag{4}$$

根据物质平衡原理，注入压裂液量应等于裂缝体积增量加压裂液滤失量，故全局物质平衡方程为：

$$\int_0^t q_T dt=\sum_1^N\int_0^{L_{f,\ i}(t)}\frac{\pi}{4}h_{\mathrm{f}}w_{\mathrm{f}}ds+\sum_1^N\int_0^{L_{f,\ i}(t)}\int_0^t q_{\mathrm{lv}}(s,\ t)\mathrm{d}t\mathrm{d}s \tag{5}$$

式中，q_i为第 i 条裂缝进液流量，m^3/s；q_{T}为泵注总流量，m^3/s；$L_{f,i}$为第 i 条裂缝长度，m；N 为为裂缝条数；q_{lv}为压裂液滤失速率，m/s。

裂缝扩展时的初始条件为：

$$L_f\big|_{t=0}=0 \tag{6}$$

分簇射孔压裂裂缝扩展时的边界条件为：

$$\begin{cases} w_{\mathrm{f}}\big|_{s=L_{\mathrm{f}}}=0 \\ p\big|_{s=L_{\mathrm{f}}}=\sigma_c\big|_{s=L_{\mathrm{f}}} \\ q\big|_{s=L_{\mathrm{f}}}=0 \\ q\big|_{s=0}=q_i \end{cases} \tag{7}$$

式中，σ_c为裂缝壁面闭合应力，Pa。

以上公式可以得出裂缝宽度与裂缝内流体压力的关系，同时多缝扩展的裂缝宽度受到诱导应力场的影响，将流体场与应力场耦合可以用于计算裂缝动态扩展参数。

1.3　多簇缝间诱导应力场模型

在多簇压裂过程中，先压裂缝会对后续射孔簇位置裂缝产生诱导应力，导致井筒附近的原地应力场发生改变。多缝延伸时产生的诱导应力相互叠加，形成“应力阴影效应”。通过耦合多簇裂缝扩展过程中诱导应力场和多簇间流体的动态分配流动，由应力场和流体压力场组成流固耦合的非线性方程组进行求解。其中第 i 条裂缝的诱导应力场可以表示为：

$$F_1^i=p_{\mathrm{f}}+(\sigma_h\sin^2\beta_i+\sigma_{\mathrm{H}}\cos^2\beta_i-\sin^2 2\beta_i)-\sum_{j=1}^{N}\sigma_n^{ij} \tag{8}$$

$$F_2^i=\left(\frac{1}{2}(\sigma_H-\sigma_h)\sin 2\beta_i+\sigma_{xy}\cos 2\beta_i\right)+\sum_{j=1}^{m-1}\sigma_s^{ij} \tag{9}$$

式中，σ_{h}为最小水平主应力，MPa；σ_{H}为

最大水平主应力 MPa；β_i为任一个裂缝单元体和全局坐标轴 x 夹角。σ_{xy}局部坐标系(x，y)下的应力分量，MPa；σ_n^{ij}，σ_s^{ij}多缝多单元诱导应力场中法向和切向应力，MPa。

分簇射孔压裂时裂缝内时流体压力场可表示为：

$$F_3^i=\frac{\pi\Delta t}{64\mu\,(\Delta x)^2}\left(\left(\frac{(W_f)_i^n}{2}\right)^3(p_{i+1}^n-p_i^n)-\left(\frac{(W_f)_i^n+(W_f)_{i-1}^n}{2}\right)^3(p_i^n-p_{i-1}^n)\right)-\frac{2\,C_L\Delta t}{\sqrt{t^n-\tau(x_i)}}-\frac{\pi}{4}((W_f)_i^n-(W_f)_i^{n-1}),\ 1<i<N \quad (10)$$

在裂缝尖端时流体压力场可表示为：

$$F_3^i=\frac{\pi\Delta t}{64\mu\,(\Delta x)^2}\left(\left(\frac{(W_f)_{i+1}^n+(W_f)_i^n}{2}\right)(p_{i+1}^n-p_i^n)-\left(\frac{(W_f)_i^n+(W_f)_{i-1}^n}{2}\right)(p_i^n-p_{i-1}^n)\right)-\frac{2\,C_L\Delta t}{\sqrt{t^n-\tau(x_i)}}-\frac{\pi}{4}((W_f)_i^n-(W_f)_i^{n-1}),\ i=N \quad (11)$$

多簇裂缝扩展时压裂井筒内压力和流量分配可以表示为：

$$F_4^i=q_T-\sum_{i=1}^{n}q_i \quad (12)$$

$$F_5^i=p_{\text{per},\,i}+\Delta p_{\text{fk},\,i}+\sum_{j=1}^{i}p_{\text{f},\,j}-p_g(i\in 1\sim n) \quad (13)$$

联立方程组的向量函数可以表示为：

$$\mathrm{F}_x=[\mathrm{F}_1^j,\ \mathrm{F}_2^j,\ \mathrm{F}_3^j,\ \mathrm{F}_4^j,\ \mathrm{F}_5^j]^{\mathrm{T}} \quad (14)$$

方程组的解向量可以表示为：

$$x=[D_n^i,\ D_s^i,\ q_j,\ p_i,\ p_0]^T \quad (15)$$

式中，F_i为压降关系函数方程，簇编号 $i=1$，2，…，n；F_{n+1}为流量关系函数方程；M 为非线性方程组雅克比矩阵；q_i为第 i 簇流量，m^3/s；q_T为压裂总流量。

耦合模型中主要未知量为多簇裂缝的切向位移量和法向位移、裂缝入口处流量、裂缝内流体压力、裂缝延伸时长及裂缝的扩展长度。先通过裂缝诱导应力场模型计算法向和切向位移，整个应力和流体压力耦合场的非线性方程组通过莱文贝格-马夸特迭代法多次耦合迭代求解计算。

采用各条裂缝体积与裂缝平均体积的偏差来表征多裂缝扩展的均匀程度，该参数可用于定量分析不同分簇射孔完井方案下的裂缝延伸形态差异，将其定义为多簇裂缝均匀指数，表示为：

$$U_{\text{f}}=1-\frac{\sum_{i=1}^{N}|V_i-\bar{V}|}{\sum_{i=1}^{N}V_i} \quad (16)$$

其中，第 i 个裂缝单元的体积 V_i为：

$$V_i=\sum_{j=1}^{n_i}h_{\text{f}}w_{fi,\,j}S_{f,\,j} \quad (17)$$

式中，N 为裂缝簇数；$w_{\text{fi,j}}$为第 i 簇第 j 个裂缝单元的宽度；$s_{f,i}$为第 i 簇第 j 个裂缝单元的长度；n_i为第 i 簇的裂缝单元数；$\bar{V}$ 为 N 簇裂缝的平均裂缝体积。

2 模拟结果

以致密油典型区块 A 区块岩石力学及物性参数为基础，分别数值模拟了段内簇数、簇间距以及不同布簇模式的段内多簇裂缝扩展，分析了三方面因素对于多簇裂缝扩展的影响，形成了致密油水平井段内多簇布缝原则。

2.1 簇数对多簇裂缝扩展影响分析

设定压裂段段长为 50m，分别模拟段内 3 簇、5 簇、7 簇和 10 簇时裂缝扩展，裂缝结果如图 2 所示，各簇裂缝进液量与均匀指数如图 3 所示。模拟结果表明：随着簇数的增加，中间位置裂缝受到两侧水力裂缝的诱导应力作用增强，造成其吸液能力减弱，裂缝延伸扩展受限；随着段内簇数的减少，中间簇裂缝进液量逐步增加，多簇裂缝均匀指数逐渐增大，多簇裂缝延伸均匀程度增加，在 12 簇时均匀指数仅为 0.13，而降低到 3 簇时均匀指数增大到 0.8，提高约 6 倍。同时随着段内簇数的减少，裂缝的宽度增加明显，12 簇时裂缝最大裂缝宽度为 2mm，当降低到 3 簇时，最大裂缝宽度增加到 3.6mm 左右。在 6 簇时多簇裂缝均匀指数约为 0.48，簇数进一步增加，均匀程度急剧降低，因此建议段内采用 6 簇布缝。

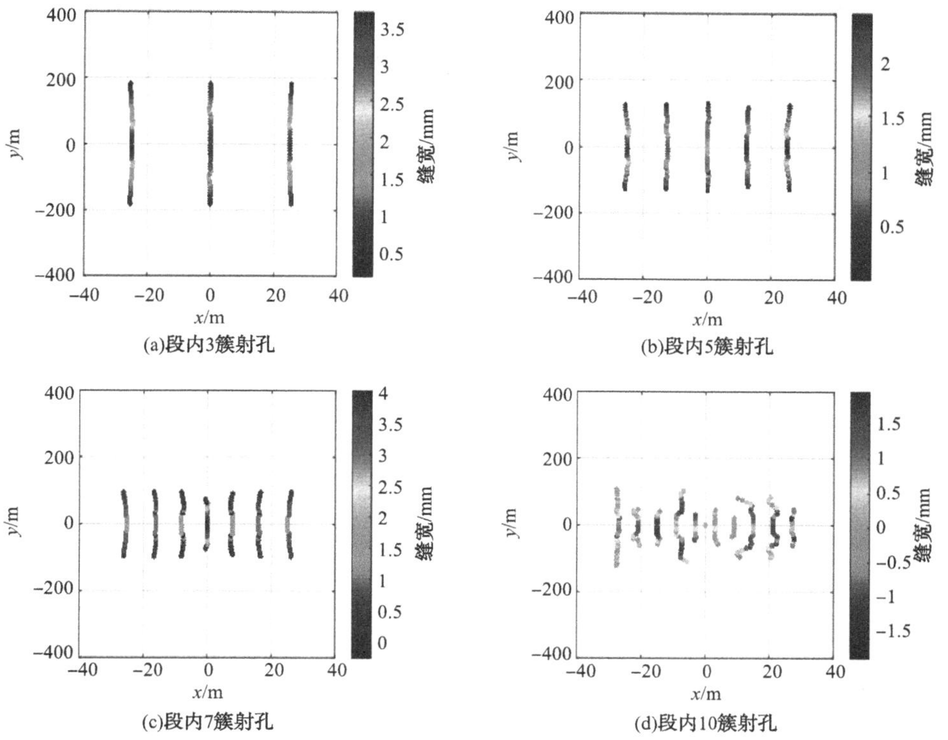

图 2 不同簇数下多簇裂缝扩展形态

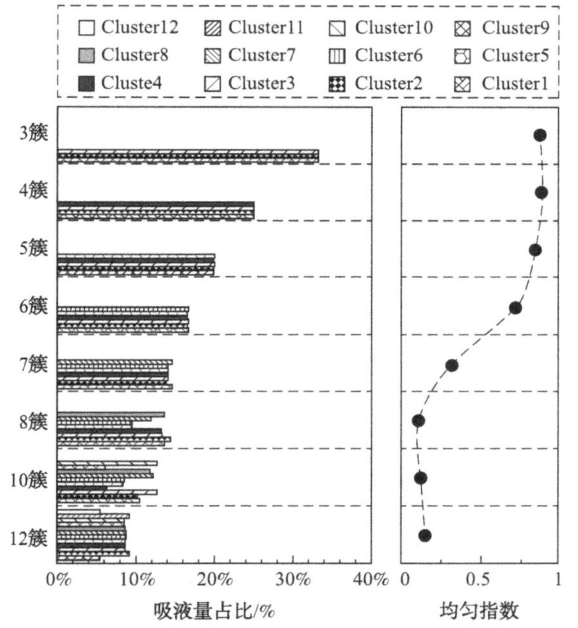

图 3 多簇不同簇数裂缝吸液量占比及均匀指数

2.2 簇间距对多簇裂缝扩展影响分析

设定段内布缝 6 簇，分别模拟簇间距为 5m、8m、12m、15m 时裂缝扩展，裂缝扩展结果如图 4所示，各簇裂缝进液量与均匀指数如图 5 所示。模拟结果表明：簇间距对段内多簇裂缝扩展均匀程度影响较大，当簇间距减小时，各簇裂缝吸液量差异开始变大，多簇裂缝均匀指数随着簇间距的减小而不断减小，当裂缝簇间距从 15m 减小到 5m 时，对应的多簇裂缝均匀指数从 0.9 减小到 0.25，簇间距降低到 8m 后多簇裂缝均匀指数降低开始变缓。

2.3 布簇模式对多簇裂缝扩展影响分析

总段长 40m，段内 6 簇，在总段长不变情况下，分别模拟了 5 种布缝模式条件下裂缝扩展，其中簇间距均为 8m 的如图 6b 所示，其它 4 种非等簇间距裂缝扩展结果如图 6 所示，各簇裂缝进液量与均匀指数如图 7 所示。结果表明：从右至左簇间距依次增大模式（8m-9m-10m-11m-12m）各簇裂缝非均匀延伸最严重，这是由于各簇间距均不相等，簇间诱导应力差异大造成的；间隔增大簇距布缝模式（8m-13m-8m-13m-8m）均匀程度最高，多簇裂缝延伸形态最为均匀，相比于均匀间距模式，其中间裂缝进液量增加，中间裂缝的延伸长度显著增加，同时多簇裂缝均匀指数提高到 0.86。说明通过调整各簇裂缝位置，可以平衡各簇间应力干扰，减少对各簇裂缝的抑制，能有效促进水力裂缝均匀扩展。

3 结论

（1）数值模拟了段内不同簇数对于裂缝扩展的影响规律，在一定段长内，簇数越多，多簇裂缝均匀指数越小，各簇裂缝延伸均匀程度越差，建议段内采用6簇布缝；

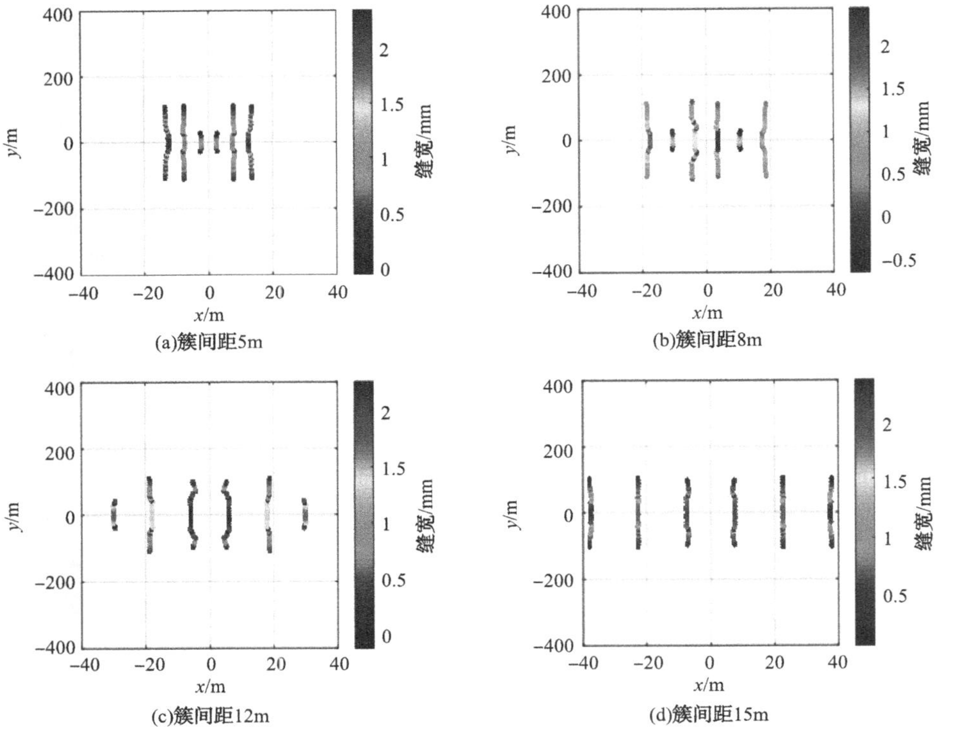

图4　段内6簇不同簇间距下多簇裂缝扩展形态

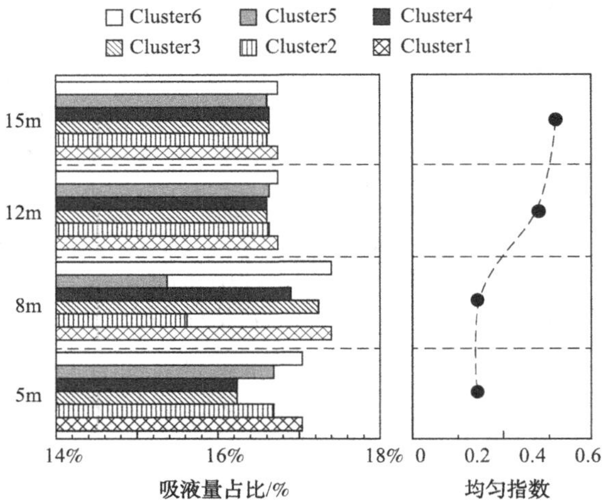

图5　段内6簇不同簇间距时吸液量占比及均匀指数

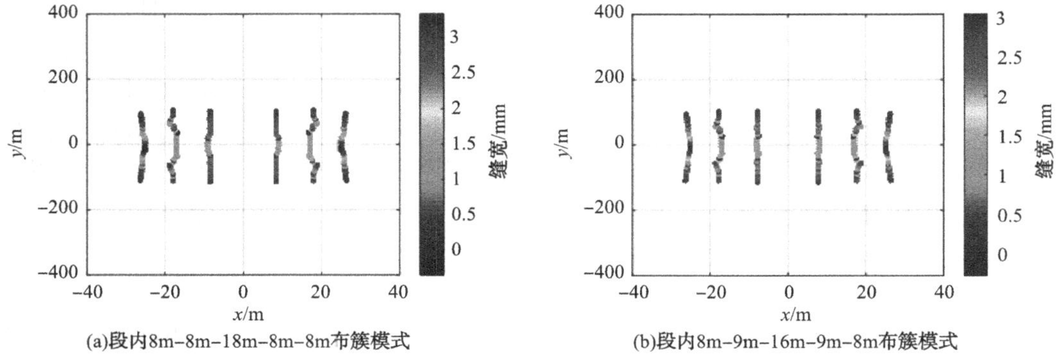

图6　段内6簇不同布簇模式下多簇裂缝扩展形态

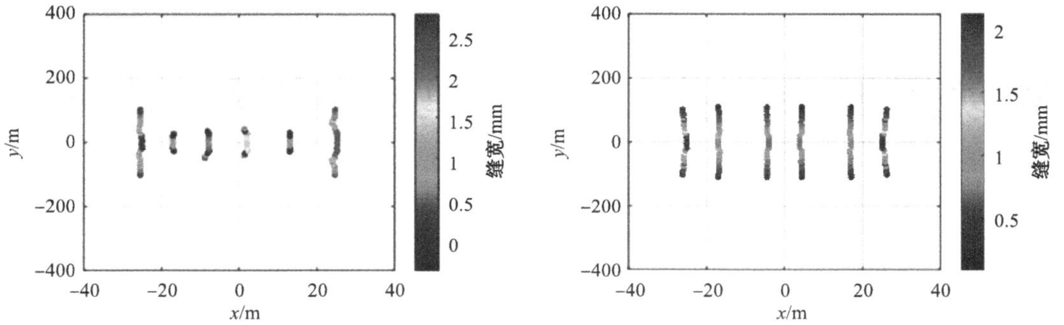

(c)段内8m-9m-10m-11m-12m布簇模式 (d)段内8m-13m-8m-13m-8m布簇模式

图 6 段内 6 簇不同布簇模式下多簇裂缝扩展形态(续图)

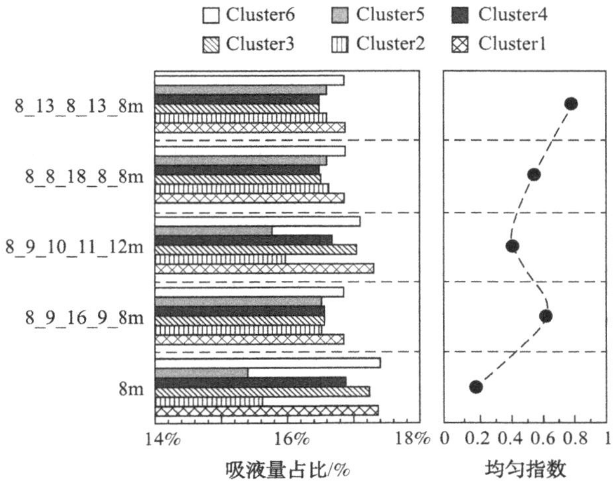

图 7 段内 6 簇不同布簇模式下裂缝进液量及均匀指数

(2) 数值模拟了段内簇间距对于裂缝扩展的影响规律，在一定簇数条件下，簇间距越小，多簇裂缝均匀指数越小，建议簇间距为 8~12m；

(3) 数值模拟了段内不同布簇模式对于裂缝扩展的影响规律，在一定簇数条件下，采用间隔增大簇距布缝模式能有效促进各簇裂缝均匀扩展。

参 考 文 献

[1] 李海涛，刘畅，卢宇，等．致密油水平井分簇射孔设计新方法与应用[J]．测井技术，2018(3)：362-366.

[2] Lu C，Guo J C，Liu Y X，et al. Perforation spacing optimization for multi-stage hydraulic fracturing in Xujiahe formation：a tight sandstone formation in Sichuan Basin of China[J]. Environmental Earth Sciences，2015，73(10)：5843-5854.

[3] 尹建，郭建春，曾凡辉．水平井分段压裂射孔间距优化方法[J]. 石油钻探技术，2012(05)：71-75.

[4] 金成志，杨东，张永平，等．松辽盆地北部非均质致密油水平井增产改造设计优化技术[J]. 中国石油勘探，2014，19(6)：40-46.

[5] 李永环，张永平，顾明勇，等．大庆致密非均质砂岩油藏水平井裂缝间距优化技术[C]// 2016 油气田勘探与开发国际会议．2016.

[6] 蒋国斌．基于相控建模的水平井裂缝间距优化方法及应用[J]. 采油工程，2020(02)：7-10.

难动用低渗油藏二氧化碳驱提高采收率研究

崔太华

(中原油田分公司濮东采油厂)

摘　要　新霍地区位于桥口构造南侧，从区域背景上看，是桥口背斜向南延伸部分，属于高压低孔低渗油藏。新16断块单井初期产能高，但产量递减快，区块采出程度较低；由于该块为高压低渗，有效注水难度大，常规的二次采油技术已难以提高该块的采收率。二氧化碳驱从增压、降黏等方面改善了原油的性质，有利于原油从地下析出，对提高新霍油田的采收率有积极的意义，本文主要从二氧化碳的驱油机理以及通过二氧化碳驱在新霍地区的应用来论证二氧化碳在高压低渗油藏中的优势，为油田开发提供借鉴。

关键词　二氧化碳驱；提高采收率；降黏

1　地质背景

1.1　概况

新霍构造位于桥口构造南侧，从区域背景上看，属于桥口背斜向南延伸部分，二者之间以小幅低鞍相连，南连唐庄构造，东临葛岗集生油洼陷，西以黄河断层为界与西南洼陷带相接。由于断层的影响，油藏具有多套油水系统，油层沿断层上升盘呈刷子状分布，油藏埋深3270～3947m，含油层位为沙三上8-9、沙三中1-7砂组，动用含油面积1.9km^2，动用地质储量180.71×10^{4}t，孔隙度平均值13.2%，渗透率平均为3.9×10^{-3}um^2，平均压力系数1.36，属于高压低孔低渗油藏。

1.2　开发历程及现状

新16断块区开发先后经历了滚动评价阶段(2009年以前)；上产稳产阶段(2010年—2011年)；能量下降，含水上升，产量递减阶段(2012年以后)三个阶段(图1)。

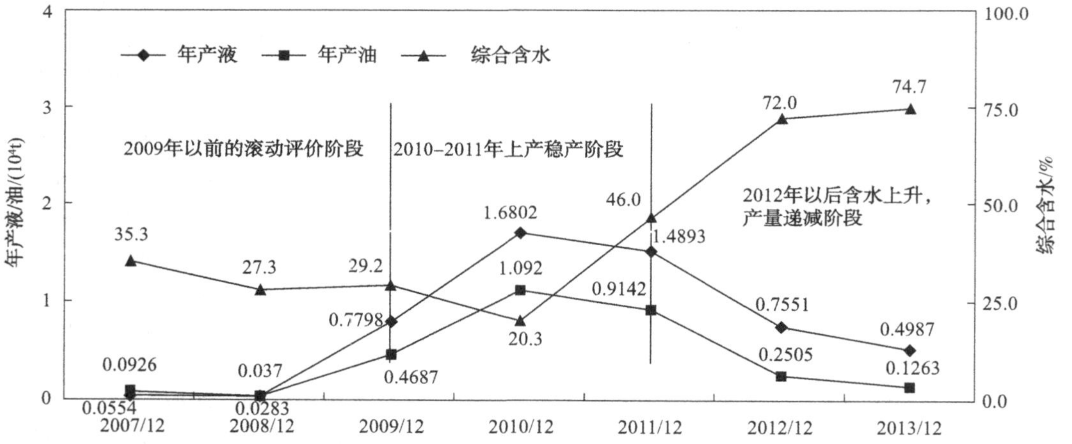

图1　新16断块区开发历程

截至2013年12月，该块目前有油井13口，开井8口，日产液19.8t，日产油1.2t。累产油2.8390×10^{4}t，采油速度0.09%，采出程度1.5%。水井3口，开井0口，平均日注水0m^3，累计注水0.9527×10^{4}m^3，累计注采比0.14。

1.3　区块开发状况评价

新16断块区于2011年4月开始注水，从水驱特征曲线来看(图2)，水驱效果不理想，油井见效后含水大幅度上升。水驱动用储量只有13.7424×10^{4}t。

从含水与采出程度关系曲线(图3)也表明水驱效果不如自然能量开发效果好，自然能量开采时最终采收率达到16.0%，2013年12月底的水驱开发的最终采收率只有9.0%。

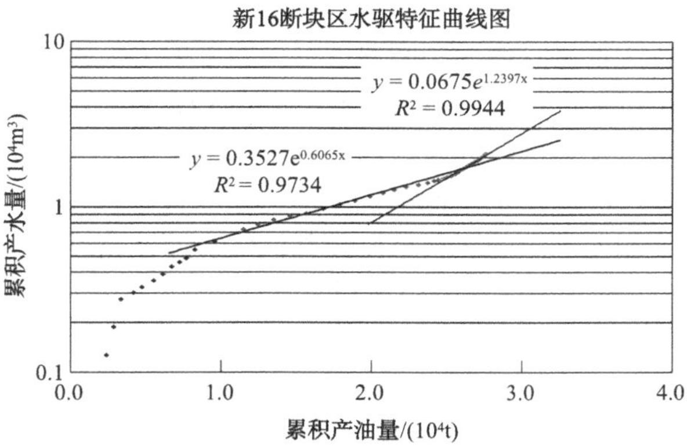

图 2　新 16 断块区水驱特征曲线图

1.4　存在问题

（1）单井初期产能高，产量递减快，区块采出程度较低

区块单井初期产量较高，新 17 井 2009 年 6 月压裂 S3 中 4 的 1 层/11.3m 后，日产油最高达到 31.2t、日产气 8000m^3。但产量递减快，2012 年 10 月该井日产液 5.8t，日产油 0.7t。区块整体日产油水平由最高的 48.0t 下降到只有 1.2t。区块累产油 2.8390×10^4t，累产水 2.3605×10^4 m^3，地质采出程度 1.5%，采油速度只有 0.09%。

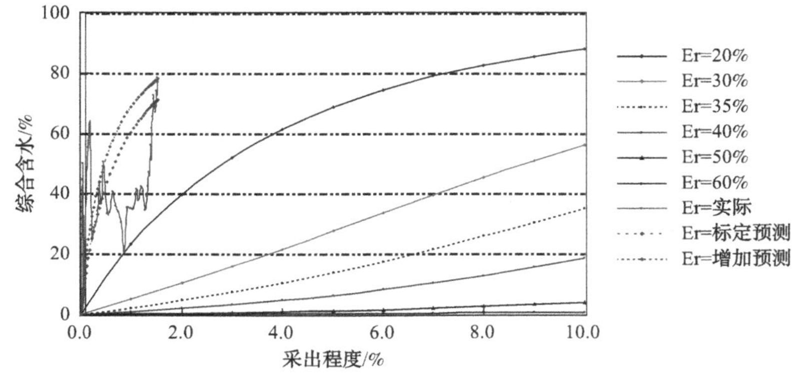

图 3　新 16 断块区含水与采出程度关系曲线图

（2）地层压力高，有效注水难度大

区块内共转注 3 口井，由于注水压力高（均达到 35.0MPa），无法有效注水，累注水 0.9527×10^4m^3，水井均为停注状态，区块基本靠天然能量开发。另由于受人工裂缝的影响，油井见效后含水上升速率较快。

综合评价认为：新霍地区不适宜注水开发。因此为改善区块开发效果，提高区块采收率，下步对该区块的 3 个重点小块开展 CO_2 驱。

2　二氧化碳驱提高采收率研究

2.1　开展潜力分析研究，落实目标区块

2.1.1　CO_2 驱油机理

CO_2 溶于原油后，会产生降低原油黏度、膨胀原油体积等五种作用（表 1），原油性质会发生变化，油藏性质也会得到改善，这是 CO_2 提高原油采收率的关键。另外，CO_2 遇水能降低 PH 值，形成弱酸性水，可溶解储层中的钙质交接物，长期注 CO_2，能改善储层的孔隙度与渗透率。

表 1　CO_2 驱油机理简表

	机理	作用
1	降低原油黏油	使原油黏度降低到原始的 10%~1%，从而增加了原油的流动能力
2	使原油体积膨胀	体积增加 0.5~0.7 倍，使地下原油体积膨胀，增加地层弹性能量
3	改善流度比	降低原油黏度，增加水的黏度，提高水驱能力，扩大波及面积
4	降低界面张力	促使岩石颗粒表面的油膜破裂并得到冲洗，提高油相的渗透率
5	形成内部溶解气驱	溶解气膨胀脱出，带动原油流入井筒，形成内部溶解气驱

2.1.2　最小混相压力试验研究

为了确定二氧化碳驱在新霍地区的切实可行，地质院对新 17-1 井进行了细管驱替试验，并利用试验结果，绘制出细管驱替试验采收率和压力的关系图（图 4）。试验表明新 16 块油藏属一般的轻质不饱和油藏；原油性质与原始状态相

比变化不大。可以实现注 CO_2 混相驱开采。

新霍为具有高气油比的油藏，饱和压力为16.46MPa，新17-1井沙三中室内 CO_2 混相压力为26.17MPa。油藏地层压力实测为24.42MPa(新侧18井S3中5)。为了达到 CO_2 混相目的，地层压力应保持在30.0MPa以上。

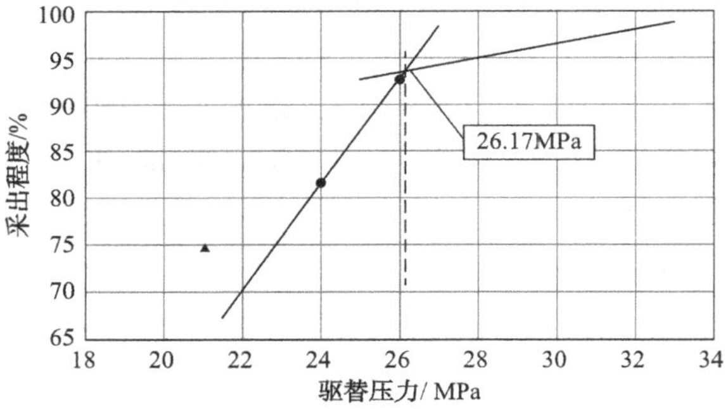

图4　新17-1井注 CO_2 最小混相压力曲线图

2.1.3　注采井网优化研究

根据目的层不同温度、压力下的 CO_2 密度模板(图5)，通过地下原油密度与 CO_2 密度比较结果，优化区块注采井网。其中原油密度小于 CO_2 密度的区块采用低部位注气；原油密度与 CO_2 密度相差不大的区块采用腰部注气；原油密度大于 CO_2 密度的区块采用顶部注气。

新16断块区目的层温度144.1℃，地层压力47.6MPa，原油密度0.6801g/cm^3，CO_2 密度0.6783g/cm^{3}故优选顶部注气的方式。

2.1.4　注入参数优化研究

在室内试验、数值模拟的基础上对新17小块、新17-1小块注入方式、注气速度、注气量等注入参数进行优化。

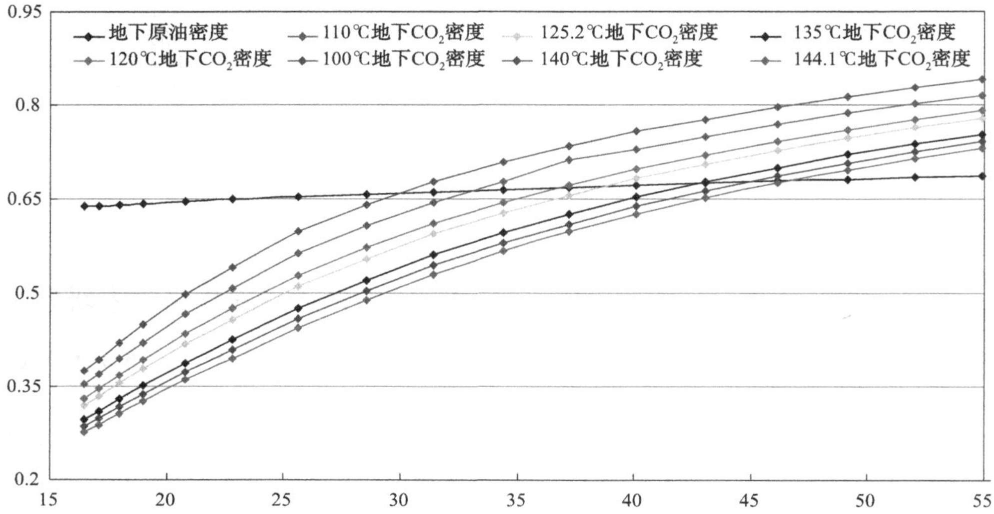

图5　不同温度压力下 CO_2 密度曲线

(1) 注入方式优化

注入方式优化：利用新17-1(混相压力26.17MPa)长岩心驱替实验对不同地层压力下：不恢复压力直接注 CO_2、地层能量恢复到25.0MPa(接近混相压力)、恢复到28.0MPa(高于混相压力)三种注入方式的开发效果进行最终采收率评价(表2)。通过实验发现，地层压力越高，最终采收率提高的越多，且当压力达到一定程度(混相压力)后，随着地层压力的升高，最终采收率提高的幅度在减小。考虑到目标区块普遍注水压力高，通过注水难以恢复地层压力，因此选择注气井直接注 CO_2 方式。

油井生产时机优化：通过数值模拟，分别研究了油井采取不闷井、闷井半年、闷井一年、闷井两年四种不同时机开井下的压力恢复情况以及提高采收率程度关系。结果表明(表3)：新16断块达到混相压力后进行开井生产，提高采收率程度最佳；混相后若不及时开井，随着压力的升高，容易发生气窜，反而影响采收率的提高。因此，注入达到混相压力后，油井开井尽可能的早，避免影响效果。

表2　不同开发方式效果对比(岩心实验)

注入方式	提高采收率/%	最终采收率/%
直接 CO_2	49.9	65.9
恢复至25MPa注 CO_2	78.3	94.3
恢复至28MPa注 CO_2	81.2	97.2

表3 不同时机开采效果对比(数值模拟)

恢复开井时机	压力恢复/MPa	提高采收率/%
同时采	23.1	17.1
延时半年采	25.8	20.6
延时一年采	26.6	22.6
延时两年采	29.3	21.1

考虑到目标区块注水压力高，通过注水难以恢复地层压力，关井自然恢复压力时间太长。因此，选择注气井直接注 CO_2 方式，对应油井进行闷井，待地层压力恢复到混相压力后尽早恢复生产。

(2) 注入 CO_2 量优化

增油量和换油率相互影响，随着注入量的增加，增油量增加，而换油率随着注入量的增加逐渐减小，在地质采出程度与经济效益双重约束条件下，确定最优注入倍数与注入量。通过数值模拟，优化新17小块注入PV数0.4，换油率0.25t/t，总注入量 15.326×10^4t(图6)，新17-1小块注入PV数0.824，换油率0.267t/t，总注入量 7.3×10^4t(图7)。

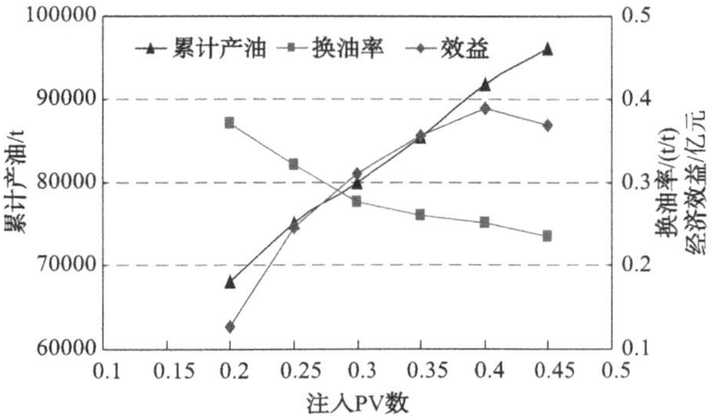

图6 新17小块注气量优化结果

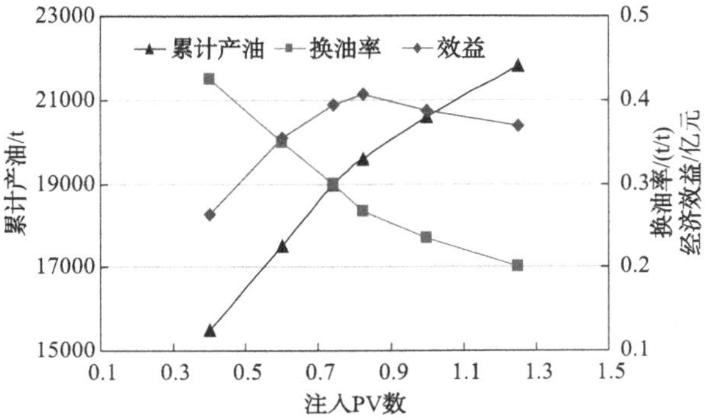

图7 新17-1小块注气量优化结果

(3) 注气速度优化

数值模拟结果表明，CO_2 注入速度与累产油量呈负相关关系，即 CO_2 注入速度增加，累产油量减少，但过低的注入速度又会延长注入时间，影响经济效益。综合数值模拟结果与经济指标条件，确定了新17井、新16-5井与新17-1井最优注入速度分别为30t/d、10t/d、20t/d(图8、图9)。

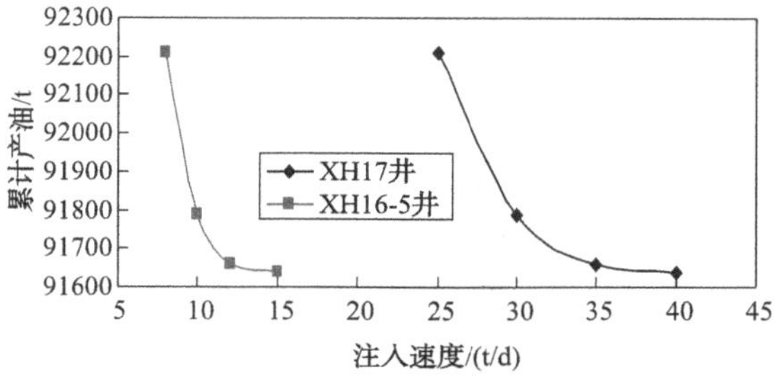

图8 新17小块注气速度与增油量关系

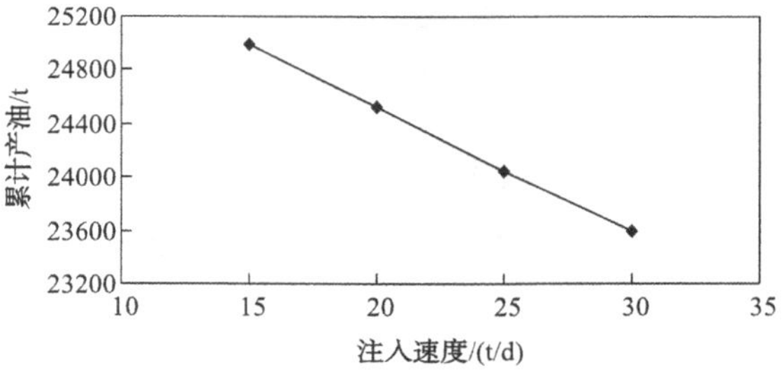

图9 新17-1小块注气速度与增油量关系

通过上述研究，我们优先选取新霍新16断块3个小块开展注 CO_2 驱的应用，并优化确定了合理的注入方式、开井时间和注入参数。三个小块日配注 CO_2 量90t/d，总注入量 28.656×10^4t。

2.2 优化工艺配套研究，提高注入效率

2.2.1 注入管柱优化

新16断块目的层较深、井斜大，封隔器分注有效期短，无法有效保护套管。为此，我们将原井筒封隔器取消，改为光油管注入，注气前用 CO_2 将井筒内液体全部挤入地层或反替出井筒，保持井筒充满 CO_2，阻断导电介质，防止产生电化学反应对管柱腐蚀(图10)。

2.2.2 地面注入配套优化

新霍地区地面工程配套按照单泵对单井方式进行设计施工，并在投产过程中进行扩容和改进，一是储罐至注入泵前采用低温球阀，具有密封效果好、开关阀门快和操作方便；二是在注入泵出口优化一套流程连接至储罐，有效促进液态 CO_2 气化，实现了储罐压力和温度的稳定。

表 4　新 16 断块 CO_2 驱注入参数表

序号	区块名称	注气井	注气方式	注气速度/(t/d)	注入倍数	CO_2 注入量/10^4t	单井日产油/t	提高采收率/%
1	新 17 小块	直接注，闷井一年采	30.0	0.4	15.326	11.2	28.84	
			10.0					
2	新 16 小块		30.0	30.0	0.4	6.030	4.5	15.81
3	新 17-1 小块		20.2	20.0	0.82	7.300	5.6	9.00
合计				90.0		28.656		19.01

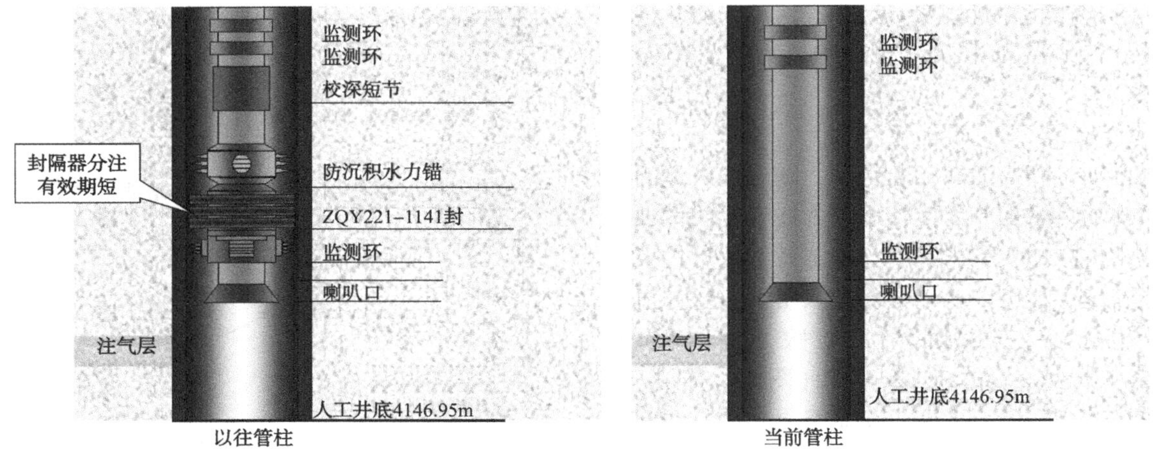

图 10　注入井井内管柱优化前后对比图

2.2.3　强化防腐技术研究，延长生产寿命

为防止 CO_2腐蚀，一是在注气前用 CO_2将井筒内液体全部挤入地层或反替出井筒，保持井筒充满 CO_2，阻断导电介质，防止产生电化学反应产生对管柱的腐蚀；二是在在采出井管柱里下液气分离防腐技术，下入防气锚对管柱进行防腐，使二氧化碳分离并通过环套排出，减少泵筒内产出液中二氧化碳的浓度，减轻二氧化碳腐蚀。优点：加速 CO_2分离，减小泵筒及油管内高速流体 CO_2的分压；CO_2在环空中流速大大减小，在环空中腐蚀速率低；环空中液面以上无去氢离子作用，腐蚀大幅降低。

采出井井内管示意图如图 11 所示。

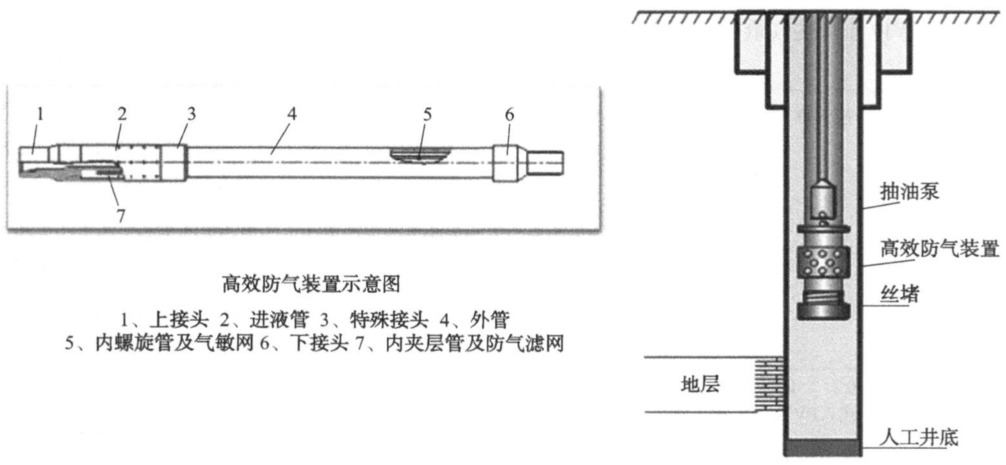

图 11　采出井井内管柱示意图

3 二氧化碳驱现场应用及效果

3.1 现场应用及效果

增油效果：新 16 断块共实施 CO_2 驱 3 个小块(新 16、新 17、新 17-1)。注气井 4 口，初期日注气量 106t，累注气量 5.05×10^4t。对应油井 5 口，其中见效开井 3 口，见效后日产液 21.3t，日产油 16.7t，含水 21.6%，累计增油 10473t(表 5)。

表 5 新 16 断块 CO_2 驱注入情况及效果统计表

序号	区块	井号	开注日期	注入情况			累注气量/t	对应油井	开井			累计产油/t
				油压/MPa	套压/MPa	日注气量/t			日产液/t	日产油/t	含水/%	
1	新 17 小块	XH17	2013-10-28	4.2	5.6	27	27973	XH16-4	9.8	7.7	21.4	4908
		XH16-5	2013-12-8	34	34.5	2	80	XH16-6	6.6	4.6	30.3	4008
3	新 17-1 小块	XH17-1	2014-8-14	10.5	10	40	8100	XH16-3	闷井			
								XH13	闷井			
合计					106	50514		21.3		16.7	21.6	10473

效益评价：新 16 断块 3 个小块累计直接投入 2965.9 万元，累计增油 10472t，其中 XH17 井组增油 8915t，按每桶 70 美元计算，投入产出比 1：2.25(表 6)。

表 6 新 16 断块二氧化碳驱效益评价表

区块	累计注气量/t	累计投入/万元					对应油井累计增油/t	累计产出/(50 美元/桶)		累计产出/(60 美元/桶)		累计产出/(70 美元/桶)	
		作业费	地面配套费	CO_2 材料费	注入电费	小计		累创效/万元	投入产出比	累创效/万元	投入产出比	累创效/万元	投入产出比
新 17 小块	28053	106.8	180.0	966.8	39.0	1292.6	8915	2081.21	1：1.6	2497.45	1：19	2913.69	1：2.25
新 16 小块	14361	208.5	180.0	545.7	16.1	950.2	1557	363.48	1：0.38	436.18	1：0.46	508.87	1：0.54
新 17-1 小块	8100	206.3	200.0	303.5	13.3	723.1							
小计	50514	521.5	560.0	1816.0	68.4	2965.9	10472	2444.69	1：0.8	2933.63	1：0.98	3422.56	1：1.15

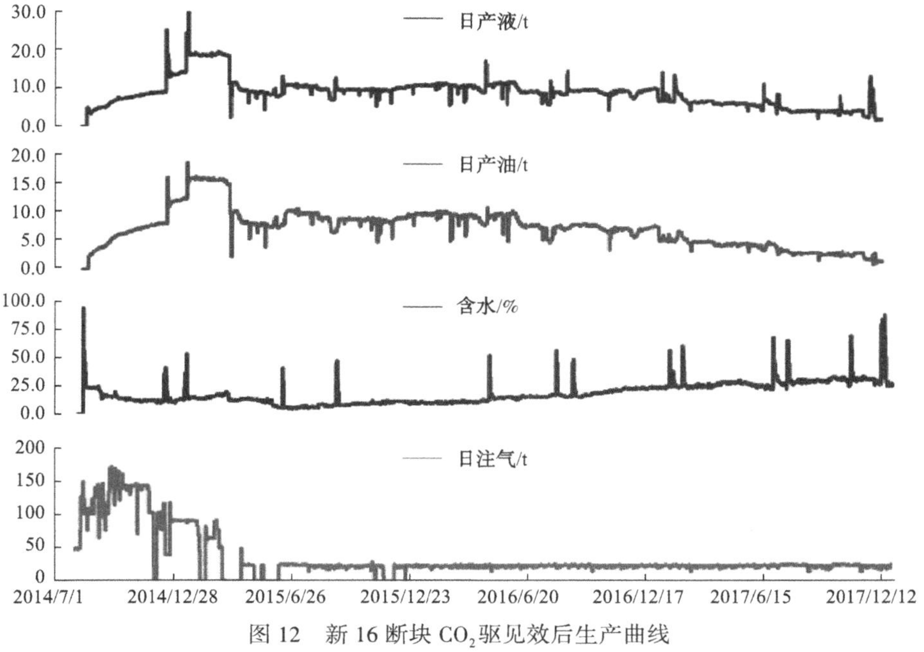

图 12 新 16 断块 CO_2 驱见效后生产曲线

3.2　区块整体效果

通过CO_2驱，区块产能得到恢复，新16断块实施CO_2驱前日产液1.1t，日产油0.6t，CO_2驱效果明显，见效后日产液19.7t，日产油16.1t，产能得到恢复，通过CO_2驱，断块最终采收率可达到28.03%，与未CO_2驱相比，采收率提高16.76%，增加可采储量11.97×10^4t。

4　结论与认识

（1）CO_2驱技术在国内外已经非常成熟，选择合适的区块至关重要，CO_2驱油机理是寻找适合CO_2驱区块的重要参考依据，低渗、低采出程度的油田通过CO2驱往往能产生非常好的效果；

（2）数值模拟技术对注气量以及注气速度等注入参数的优化具有一定指导意义；

（3）液气分离防腐技术能延长油井生产寿命和检泵周期，而注入井的防腐与现场应用有较大差距，做好防腐工作是CO_2驱顺利开展的前提。

参　考　文　献

[1] 耿宏章等．二氧化碳溶解气对原油黏度的影响[J]．石油大学学报(自然科学版)．2004.28：78-80
[2] 曾莉莉，等．超临界二氧化碳萃取在石油工业中的应用[J]．广东化工．2012：119-120.
[3] 郝永亮．利用二氧化碳驱油技术提高采收率[J]．技术研究．
[4] 周超．二氧化碳驱油特性研究[J]．能源科技．

水平井稳油控水完井技术研究与应用

靳　盛[1]　曲庆利[1]　范琳旭[2]　刘润德[3]　杨　丽[4]

（1. 中国石油大港油田石油工程研究院；2. 中国石油大港油田第一采油厂；
3. 中国石油渤海钻探定向井技术服务公司；4. 中国石油渤海钻探泥浆公司）

摘　要　大港油田边底水油藏水平井开发占已开发水平井总数近半，边底水油藏存在底水锥进的问题，开发过程中会导致油井水淹，严重影响水平井的开发效果。依据伯努利方程中流体动态压力与局部压力损失之和恒定的原理，流经装置的不同流体粘度、密度的变化引起的压降自动调节小开度，设计研发自适应稳油控水工具，并进行相关室内试验和现场试验。通过该技术的现场应用，试验油井含水从98.4%，降至96.7%，含水降低1.7%，同时油井产油也从1.55t/d，提高至2.57t/d，实现增油1.02t/d。现场试验数据表明，研发形成的自适应稳油控水技术实现无干预自生产初期至后期的全周期自主控水，提高了单井采收率，从而达到稳油控水的目的，技术自主化供给大幅降低了作业成本。为边底水油藏水平井开发改造提供借鉴。

关键词　水平井；底水锥进；稳油控水；自主控水；采收率

1　前言

在油气田开发中，水平井稳油控水技术是提高产量、增加经济效益和降低成本的先进技术之一，已成为油田开发的重要技术手段。随着油气资源开发进入中后期，由于边底水油藏自身地质特征，不可避免地会产生水锥现象，致使油井水淹，影响采收率。大港油田边底水油藏水平井占已开发水平井总数近半，目前采用的常规控水技术无法有效持续控水，油井生产一段时间后，受底水或边底水的影响，油井含水上升，影响水平井的开发效果，研发的流体自动控制阀智能控水技术可以有效解决高含水油层经济开发的难题。

2　水平段液体流动状态研究

当一口水平井的水平段井眼从伴有边、底水的油藏中以一定的轨迹钻遇后，就形成了油、水层相对井眼的位置关系，见图1。

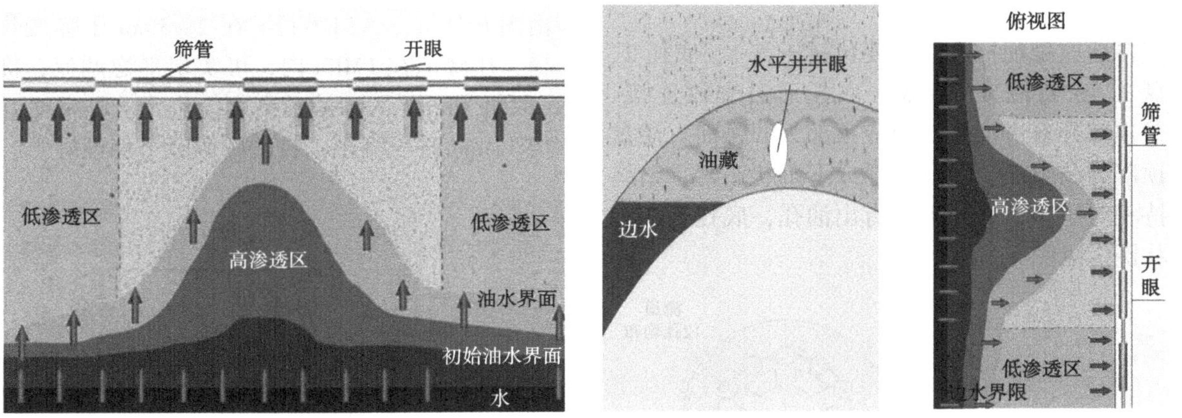

图1　伴有边、底水油藏的水平井段图

尽管裸眼防砂筛管完井提高了油层的渗流面积，但筛管完井却改变了油层的渗流特性，造成水平井段生产压差分布不均匀。水平井段流入液体的流态特征：① 沿井筒方向的流动是不均匀的；② 流体从油藏到井筒的流动不是无限导流的流动形式；③压力从水平段的根部到端部是逐渐增加的，即生产压差是逐渐降低的。

3　自适应稳油控水及配套工具研发

3.1　技术原理

根据伯努利“边界层表面效应”原理，流体速度加快时，物体与流体接触的界面上的压力会减小，反之压力会增加。对于重力场中的不可压缩均质流体，伯努利方程为：

$$P+\frac{1}{2}\rho V^2+\rho gh=\text{常量} \qquad (1)$$

式中，P 为压强，MPa；ρ 为密度，g/cm^3；ν 为速度，m/s；h 为铅垂高度，m；g 为重力加速度，$9.81m/s^2$。

依据伯努利方程中流体动态压力与局部压力损失之和恒定的原理，通过流经装置的不同流体黏度、密度的变化，控制装置内的碟片开度。当相对黏度较高的油流经装置时，碟片开度较大，当相对粘度较低的水或气流经装置时，碟片因黏度变化引起的压降自动调节小开度，从而达到控水稳油的目的。见图 2。

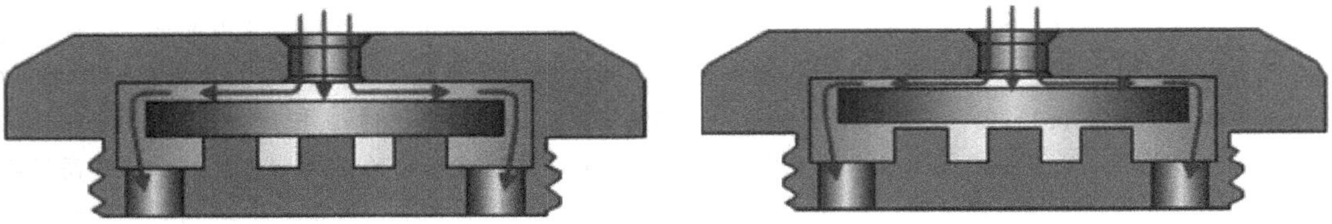

图 2　不同含水浮盘开启度

3.2　工具设计

自适应稳油控水器主要由阀嘴 1 及短节 2 组成。阀嘴 1 均布嵌在短节 2 的主体上，数量可按需求增减，短节 2 通过上下端的内外螺纹与油管串连接。见图 3。

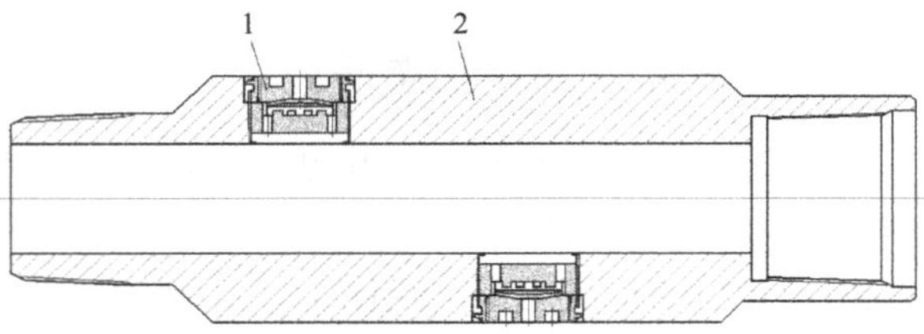

1—稳油控水阀；2—基管

图 3　自适应稳油控水器

自适应稳油控水阀主要包括压盖 1、底托 2、浮盘 3、密封圈 4。压盖、底托通过螺纹连接。压盖顶部开有进油孔，内腔顶部为凹弧面。浮盘的顶部为凸弧面，浮盘上浮或下沉状态时，始终保持相对居中，底托上开有出油孔，底托上开有环状键。见图 4。

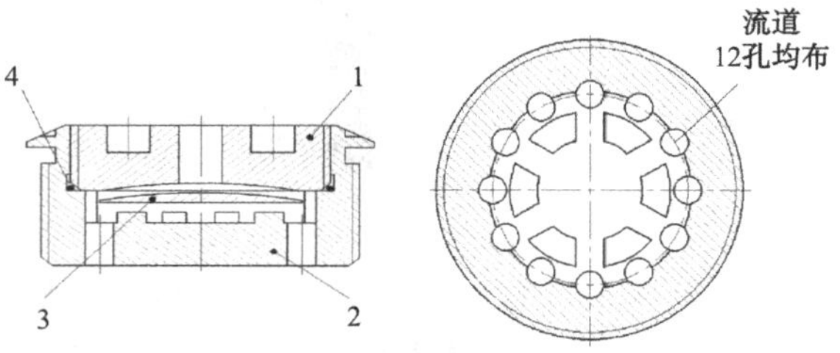

1—压盖；2—底托；3—浮盘；4—密封圈

图 4　自适应稳油控水阀

自适应稳油控水阀工作过程为：当地层流体中的油含量高时，由于油的黏度高、流速慢，使得浮盘上方流体动能小、势能大，增加了浮盘上部压力，推动浮盘向下运动，提升进入内管柱的流道空间，增加油的流量；当地层流体中的水含量高时，由于水的粘度低、流速快，使得浮盘上方流体动能大、势能小，降低了浮盘上部压力，浮盘向上浮动，降低进入内管柱的流道空间，减少水流入内管柱，达到稳油控水的效果。

3.3　工具参数设计及关键部件材料选择

3.3.1　流道尺寸参数设计

流道入口半径 r 及入口流道高度 H，见图 5。由图 6 分析，入口半径 r 在 2~3mm 压降变化平稳，压降值在 1MPa 内，可实现平稳调流，优化 r 取值 3mm；入口流道高度优化，入口高度 H 取值 11mm 时压降小，自适应调节平稳性好。

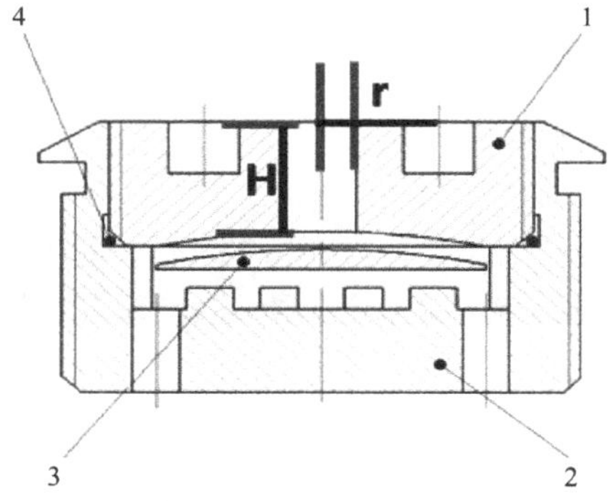

图 5　自适应稳油控水阀参数优化

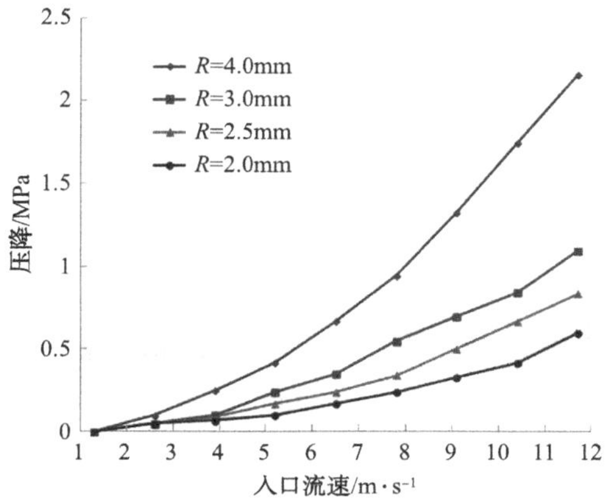

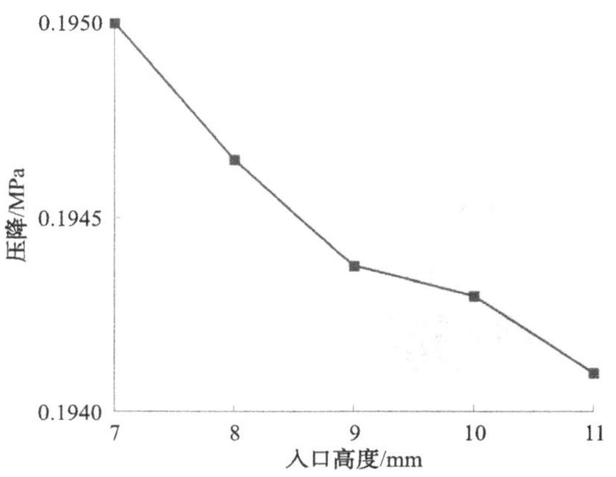

图6　入口半径和流道高度对流道压降影响

3.3.2　关键部件材料设计

浮盘是稳油控水工具中的活动部件，稳油控水阀的的开启度主要依靠其动态上下浮动来实现，因此在生产工况下对其自身的浮动性、耐冲蚀、耐腐蚀及机械加工性有着很高要求，通过优选采用金属钛作为浮盘基材。浮盘材料性能对比见表1。

表1　浮盘材料性能对比

材料	密度/(g/m^3)	浮动性	耐冲蚀性	耐腐蚀性	可加工性
陶瓷	2.7	较好	好	好	差
PPS(聚苯硫脒)	1.36	好	好	一般	好
钛 Ti	4.5	较好	好	好	好

3.4　配套工具

自适应稳油控水工艺配套工具包括自主研发的自适应稳油控水器，与Φ73mm油管可直接相连，分段封隔器采用Y211上提下放坐封式封隔器，丢手封隔器采用液压或机械两种方式丢手，主要采用Y441封隔器，三种工具组成的配套工艺管柱，成熟安全，施工下入操作简便。

管柱下到设计位置后，上提下放管柱实现分段封隔器坐封，接着油管打压5/10/15MPa各稳压3min丢手封隔器坐封，继续升压到18～20MPa丢手封隔器丢手，送入管柱与工具管串丢开，上提送入管柱，下入生产管柱。打捞控水管柱只需上提管柱解封既可。

4　工艺管柱设计

自适应稳油控水工艺技术管柱通过封隔器将井筒进行分段，通过自适应稳油控水器实现每段精细化开采，可调整水平井段生产压差的分布，有利于延缓底水锥进；同时适用不同高含水率油井，实现不动管柱自适应调节生产，降低生产成本。

4.1　水平井筛管完井方式管柱

外管柱自下而上：洗井阀+筛管串+遇油(水)膨胀封隔器+分段密封筒+遇油(水)膨胀封隔器+筛管串+管外封隔器+分级箍+套管串至井口。

内管柱自下而上：丝堵+油管串+自适应稳油控水器(若干组)+油管串+内分段密封插管(插入分段密封筒实现密封)+油管串+自适应稳油控水器(若干组)+油管串+丢手封隔器。

水平井筛管完井自适应稳油控水管柱，如图7所示。

4.2　水平井套管完井方式管柱

外管柱下而上：浮鞋+浮箍+套管串至井口。

内管柱自下而上：丝堵+油管串+自适应稳油控水器(若干组)+油管串+管内封隔器+油管串+自适应稳油控水器(若干组)+油管串+管内封隔器+丢手封隔器。

水平井套管完井自适应稳油控水管柱，如图8所示。

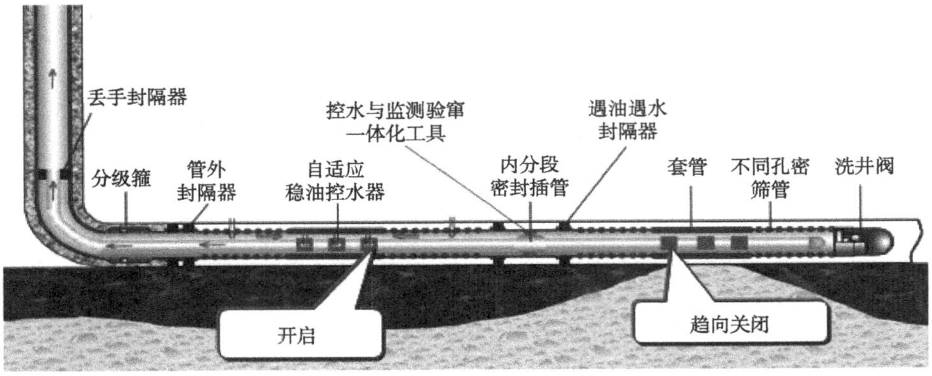

图 7　水平井筛管完井自适应稳油控水管柱

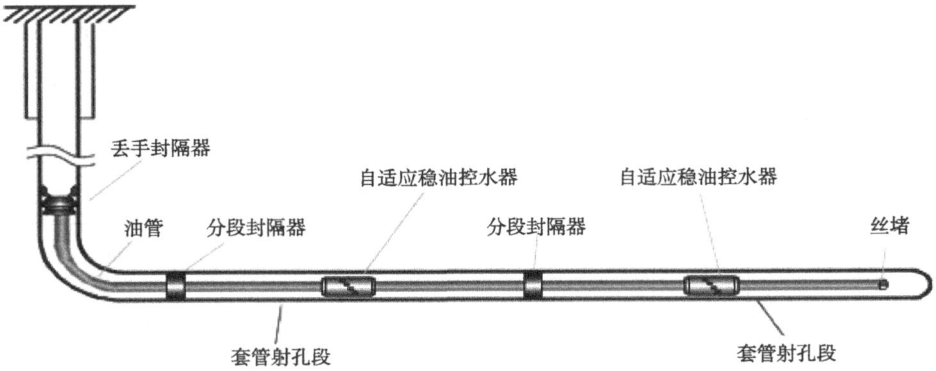

图 8　水平井套管完井自适应稳油控水管柱

5　室内试验

5.1　自适应稳油控水阀试验

在试验场地对自适应稳油控水阀进行测验测试，试验工况：压差 0.5MPa，时间 5min，油品：机油，温度：35℃(室外温度)，流经阀液体：100%纯水、95%油+5%水的混合液、50%油+50%水混合液。

使用泵，一端连接控水阀液体容器，另一端连接可测量液体体积的容器，在压差 0.5Mpa 时，检测并测量可测量容器内液体的体积，以此来判断流经阀的液体量，每种液体试验数据取 3 次，并分别记录。

5.2　试验结果分析

通过测量数据得知，阀体流过的 95%油+5%水的混合液量是 100%纯水的 2 倍，通过阀体流过的 50%油+50%水的混合液量介于以上 2 种混合液之间，通过三组数据可知，自适应稳油控水阀具备稳油控水功能(图 9)。

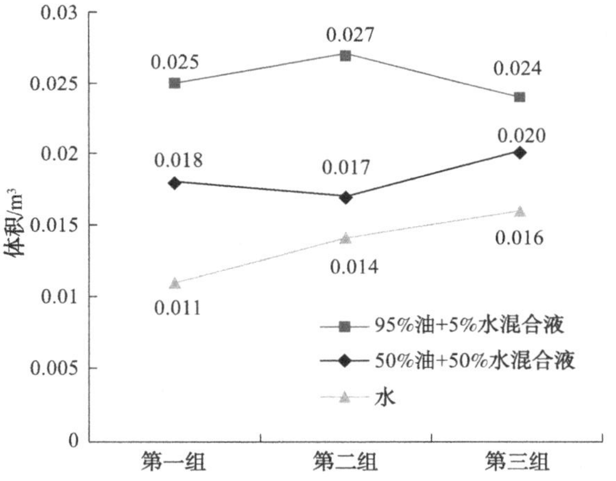

图 9　不同流体介质自适应稳油控水阀试验数据对比

6　现场试验

6.1　试验井生产概况

Y6-21 井套管射孔完井共打开 4 个储层(6 号、11 号、13 号、14 号层)，从油层数据、地层的采出程度及射孔打开程度分析，可分为两大段：上部为 6 号层；下部为 11 号、13 号层和 14 号层。

从生产情况来看，生产初期 13、14 号层射开之后，含水较低，但是在该阶段生产末期，产液量急剧下降；6 号层射开之后的单层生产阶段，日产液由 2.5t/d 升至 21.43t/d，但日产油变化较小，并且含水由 59.1%增至 93.4%，含水上升快；11号层射开后，6、11、13、14号层开始合采，初期产液量显著提升，由50.7t/d上升为138.3t/d，日产油也变化明显，由3.1t/d上升为9.4t/d，但在开采一段时间后产液量有一定的下降，且日产油量明显下降，含水上升快。2018年5月高含水关井，关前液97.5m^3/d，油1.55t/d，含水98.4%。

从油层数据来看，11号层的含油饱和度1.2%，解释为水层；6号层孔隙度为32.2%，渗透率643.7×10^{-3}μm^2，含油饱和度27.8%，解释为油水同层；

分析认为6号、11号储层可能是主要的含水上升层位，主要产层是13号和14号储层。故采取分两层控水方案，上部为6号层和11号层，下部为13号层和14号层。

6.2 控水方案设计

基于试验井生产情况，该井采用一个悬挂封隔器、二个皮碗封隔器，将原生产层位分成2段，并重新调控。控水方案：适当控制上部储层（6号、11号储层）、保持下部储层产能（13号、14储层）。

根据储层物性和井眼条件，对储层的流动单元进行了划分，依据各个流动单元的物性、含油饱和度等参数设计控水筛管长度和相应控流装置参数，见表2。施工完井控水管柱见图10。

表2 控水设计参数表

层号	射孔井段 顶深/m 底深/m	厚度/m	分层情况	控流强度	控流装置数量/个
6	1378.1	4	上层	强控	4
	1382.1				
11	1514.0	3			
	1517.0				
13	1568.6	3.7	下层	弱控	4
	1572.3				
14	1586.8	2.9			
	1589.7				

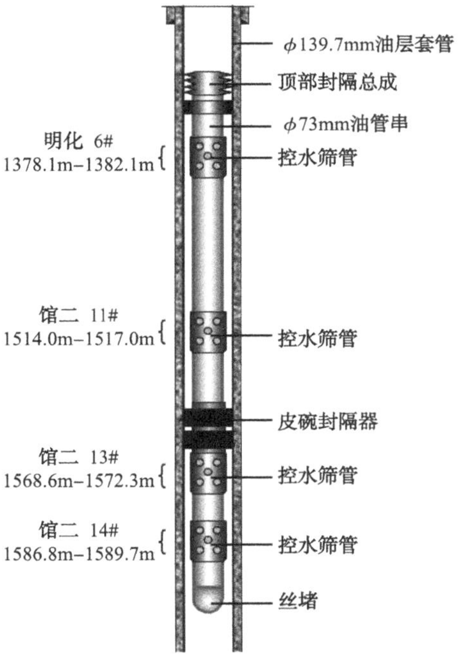

图10 Y6-21控水完井管柱图

6.3 实施效果

通过技术实施前后对比可看出，技术实施后，含水降低1.7%，增油1.02t/d，对高含水阶段稳油控水具有较好效果，见表3。自主研制的自适应稳油控水器，较国外同类产品大幅降低成本见表4，为老区提质增效稳产提供有力的技术支撑。在Y6-21井现场施工中，采用自适应稳油控水完井技术较常规中心管换段完井工艺节约燃料近30%，施工时间得到有效缩短，减少能源消耗和环境污染。

7 结论

（1）该工艺技术具有施工连续、时效高的特点，同等条件下较常规工艺减少30%地面施工设备的碳排放量，实现节能、减排、降噪，效果显著。

（2）研发的自适应稳油控水技术，实现油井全生命周期自主控水，完善了大港油田水平井稳油控水技术手段。

(3) 无干预自生产初期至后期的全周期自主控水完井技术实施，提高了单井采收率，技术自主化供给大幅降低了作业成本。

表 3　Y6-21 井稳油控水效果前后对比表

井号	完钻井深/m	储层	技术对比	液/(m^3/d)	油/(t/d)	含水/%
Y6-21	1660	明下、馆二	实施前	97.5	1.55	98.4
			实施后	77.8	2.57	96.7

表 4　稳油控水自主技术成本与国外对比表

5 1/2″筛管控水完井	水平段长/m	分段数	工具费用，万元	备注
国外技术	150	5	250	成本降低 44.8%
自主技术			138	

参 考 文 献

[1] 刘均荣，于伟强. ICD/ICV 井下流量控制技术[J]. 石油矿场机械，2013，42(3)：1-6.

[2] 熊友明，罗东红，唐海雄，等. 延缓和控制底水锥进的水平井完井新方法[J]. 西南石油大学学报(自然科学版)，2009，31(1)：103-106，193.

[3] 朱橙，刘华伟，李登，等. AICD 管柱工艺在海上油田水平井中的控水效果分析[J]. 中国石油和化工标准与质量. 2016. 8：125-128.

[4] 曾泉树，汪志明，王小秋，等. 一种新型 AICD 的设计及数值模拟[J]. 石油钻采工艺，2015，37(2)：101-106.

[5] 王敉邦. 国外 AICD 技术应用与启示[J]. 中外能源，2016，21(4)：40-44.

[6] 朱橙，陈蔚鸿，徐国雄，等. AICD 智能控水装置实验研究[J]. 机械，2015，42(6)：19-22.

稠油油藏烟道气复合蒸汽热采实验及矿场应用研究

裴树峰[1,2*] 韩艳慧[1] 冯海顺[1,2] 陈丽媛[1] 梁 伟[1]

（1. 中国石化胜利油田分公司石油工程技术研究院；2. 中国石化胜利油田分公司博士后科研工作站）

摘 要 稠油油藏蒸汽吞吐中后期，吞吐轮次较高，呈现油层压力下降、单井产量低、地下存水率高、周期油汽比低及采出程度低等问题。注烟道气辅助蒸汽吞吐技术是稠油油藏开发的一项新工艺。本文通过稠油烟道气高压物性实验和烟道气复合流体驱替实验，研究烟道气复合热流体热采过程中多相流体高压物性及多元多相复合体系相间作用，揭示烟道气复合热流体的运移规律及蒸汽腔的发育规律。在相同温度下，饱和压力越高烟道气溶解气油比越大，对稠油的降黏效果越好。受烟道气的浓度和溶解度大小的影响，烟道气在不同介质中的扩散系数从大到小依次为：烟道气在原油中的扩散系数>烟道气在水中的扩散系数>烟道气从油相向水相的扩散系数>烟道气从水相到油相的扩散系数。烟道气复合热流体驱替相对于蒸汽驱改善了一维岩心管温度分布，有效提高岩心深部温度，扩大了蒸汽带以及热水带热波及范围，采收率提高了7.5%。烟道气辅助蒸汽吞吐对于稠油开采提质增效及烟道气的资源化利用，实现绿色低碳发展具有重要意义。

关键词 稠油；蒸汽热采；烟道气；绿色低碳

1 前言

国内外稠油油藏开发方式有蒸汽吞吐、蒸汽驱、气体辅助蒸汽法、火烧油层及电磁加热法等，其中最为常用的方法主要有蒸汽吞吐和蒸汽驱。蒸汽吞吐是目前采用范围最广泛的热力采油方式。然而，目前大多数采用蒸汽吞吐开采的稠油油藏，经过多轮次的蒸汽吞吐后，已进入开发的中后期，油层压力下降，采出程度低，同时具有汽窜问题严重、地下存水率高等问题。

烟气辅助蒸汽开采稠油技术综合了蒸汽、CO_2、N_2的作用机理，烟气的加入不仅能够进一步降低原油黏度，使原油体积膨胀，降低界面张力，还可以协同蒸汽，补充地层能量，扩大热波及，减少热损失。目前关于烟气辅助蒸汽吞吐的研究尚不清楚烟气对温度场及蒸汽腔发育的影响，驱替特征及驱油机理的影响不明确。

针对上述问题，本文通过稠油烟道气高压物性实验，研究烟道气复合热流体热采过程中多相流体高压物性及多元多相复合体系相间作用，明确烟道气与稠油、地层水体系间的扩散传质特性，通过烟道气复合流体驱替实验，明确烟道气复合不同流体流体的采油特征，揭示烟道气复合热流体的运移规律及蒸汽腔的发育规律，对于稠油开采提质增效及烟道气的资源化利用，实现绿色低碳发展具有重要意义。

2 稠油烟气热流体协同作用实验及数值模拟研究

2.1 *实验材料*

实验材料包括某油田提供的脱水油样，50℃下脱气原油黏度为18600mPa·s，脱气油密度为0.965g/cm³，原油基本性质如表1所示，如图1所示该稠油在不同温度下黏度变化。实验所用烟道气由N_2和CO_2按照体积比4∶1混合得到，N_2和CO_2纯度均为99.9%。

表1 稠油的基本性质

油样	密度/(g·cm⁻³)(20℃)	黏度/mPa·s(50℃)	四组分组成/wt%			
			饱和分	芳香分	胶质	沥青质
超稠油	0.965	18600	13.5	22.0	15.5	49.0

2.2 *烟气-稠油PVT溶解特性实验研究*

向PY-I型活塞式高压配样器中加入一定体积的脱气原油和烟道气，油气混合后，通过手摇泵改变配样器中活塞的位置，待压力稳定后，在坐标纸上绘制一系列压力和油气混合物体积之间的关系曲线，其拐点处所对应的压力为该溶解气油比对应的饱和压力；将 CHY-II 型落球式黏度计升温至实验温度，待温度稳定后，通过手摇泵向黏度计中注入一定体积的含气油，通过落球式粘度计测量粘度，实验流程如图 2 所示。

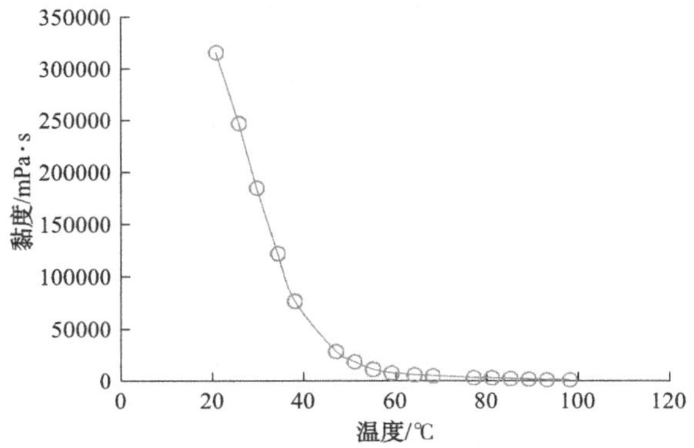

图 1　稠油黏温曲线

2.3　烟道气与稠油、地层水体系间的扩散特性实验研究

烟气向稠油的扩散实验如图 3 所示。将一定体积的稠油和烟道气分别注入相应容器中，保持约 3h；打开装有烟道气的耐温耐压容器和反应釜间的阀门，采用 ISCO 柱塞泵将压力升高至预设值；打开装有原油的耐温耐压容器和反应釜间的阀门，并采用 ISCO 柱塞泵以较低的速度将预设体积的稠油注入反应釜中；迅速关闭反应釜阀门，采用温度压力采集器和计算机记录反应釜内烟道气-稠油混合体系压力变化；待压力降低速度不超过 1kPa·h^{-1}时，视为烟道气已停止向稠油中的扩散传质，结束实验；通过式(1)求取压差对数对时间的斜率，得出稠油-烟气体系的扩散系数 D。烟气向地层水、烟气从稠油向地层水、烟气从地层水向稠油的扩散实验与之类似。

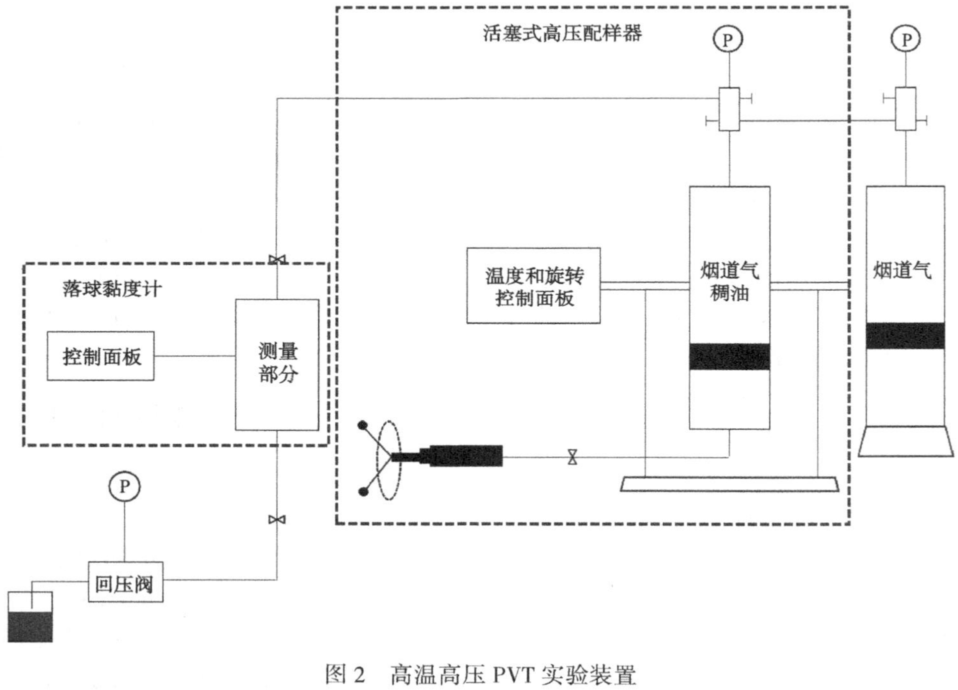

图 2　高温高压 PVT 实验装置

$$\ln(P_t - P_{eq}) = \ln\frac{8Z_g RTAC_{eq}}{\pi^2 V_g} - Dt\frac{\pi^2}{4L^2} \qquad (1)$$

其中 Z_g 为气体压缩因子；R 为气体常数，J·mol^{-1}·K^{-1}；T 为体系温度，K；A 为反应釜有效面积，cm^2，V_g 为气相中 CO_2 的体积，mL；P_t 为 t 时刻的压力，MPa；P_{eq} 为平衡状态时的压力，MPa；C_{eq} 为平衡状态液相中 CO_2 浓度，mol·L^{-1}；L 为液相距离反应釜底部的高度，m；D 为扩散系数，m^2·s^{-1}。

2.4　稠油烟道气复合热蒸汽吞吐实验研究

图 4 是稠油烟道气复合蒸汽驱替实验的流程图。实验设备主要有蒸汽发生器、高精度柱塞泵、气体流量计、单向阀、一维填砂模型、回压阀、恒温箱、油水分离器、天平、热电偶、温度采集装置及电脑。

用 100～600 目粒径的石英砂装填填砂管，填装好后检查气密性，然后用真空泵抽真空，饱和模拟地层水，记录吸入水的体积即为孔隙体积，通过水测填砂管渗透率。在测完填砂管的渗透率之后，填砂管饱和油。打开蒸汽发生器提前预热，当填砂管和蒸汽发生器的温度达到稳定后，开始实验，按照实验设计参数注入蒸汽和烟道气，蒸汽注入速率以当量水计。根据实验方案，分别进行蒸汽驱、烟道气复合蒸汽驱实验。实验过程中，实时监测并记录填砂管上各测温点处温度变化，其中测点0位于蒸汽入口端，测点1、2、3分别位于填砂管前中后端，测点4位于出口端，同时测量产液、产气数据。实验方案如表2所示，在实验过程中，当产出液中含水率超过98%且填砂管上温度达到稳定后，停止实验。

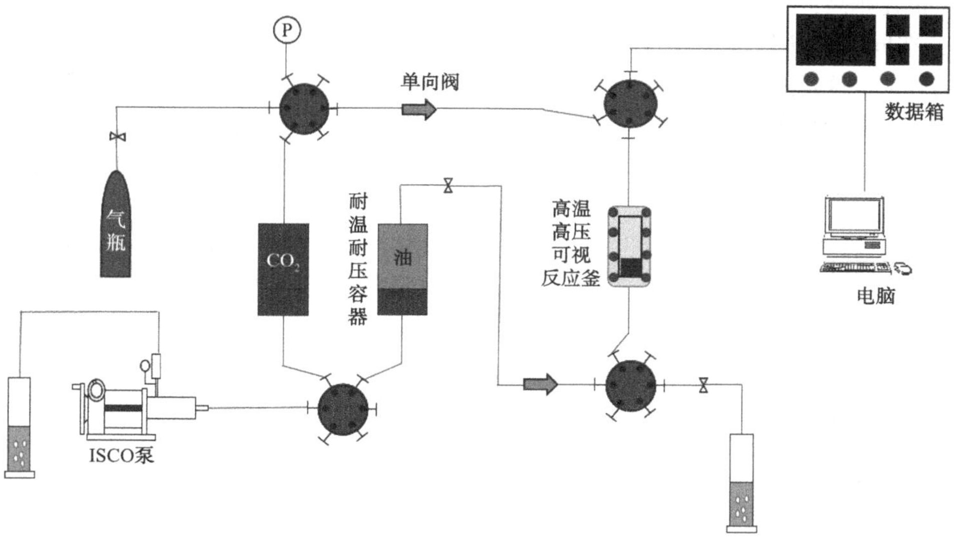

图3 烟气、稠油系统扩散实验装置

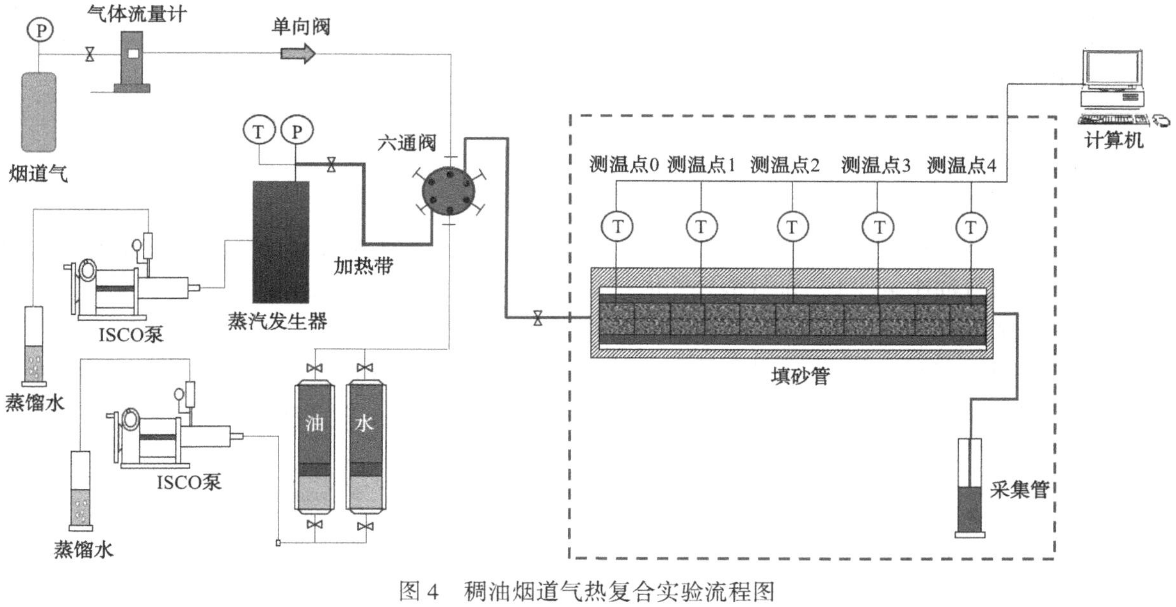

图4 稠油烟道气热复合实验流程图

表2 蒸汽–烟气热复合实验方案

序号	驱替方式	孔隙度/%	渗透率/$10^{-3}\mu m^2$	蒸汽注入流量/(mL·min^{-1})	蒸汽注入温度/℃	烟道气注入流量/(mL·min^{-1})
1	纯蒸汽	34.06	3326	1.5	108	0
2	段塞注入	33.02	3160	1.5	108	30
3	混注	33.18	3195	1.5	108	30

3 实验结果与讨论

3.1 稠油烟道气溶解降粘特性

(1) 不同溶解气油比饱和压力的测定

不同温度下烟道气在稠油中随压力变化的溶解规律如图5所示，结果表明，在相同温度条件下，烟道气溶解气油比越高，饱和压力越大，但增加速度稍有减缓；在同一溶解气油比条件下，温度越高，饱和压力越大，这是因为在高温条件下，气体分子运动加剧，不利于其在原油中的溶解。

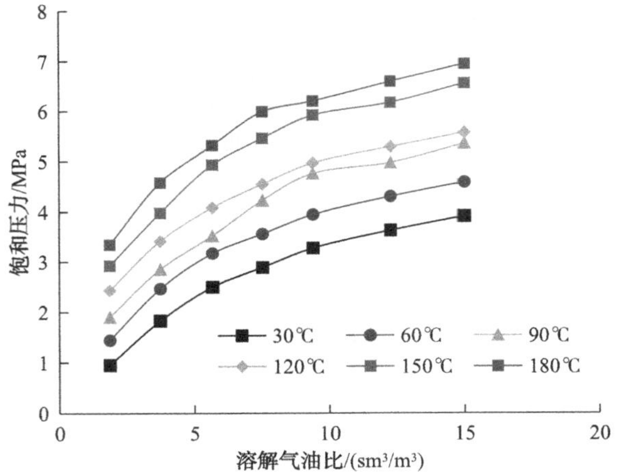

图5　不同温度下烟道气饱和压力与溶解气油比关系曲线

(2) 烟道气对稠油的溶胀作用

不同温度下稠油体积系数随溶解气油比的变化关系曲线如图6所示。结果表明，稠油溶解烟道气后，油气混合物体积膨胀，在同一温度条件下，随溶解气油比增加，体积系数先线性增加，然后趋于平缓；在同一溶解气油比条件下，油气混合物体积系数随着温度升高逐渐增大。在实际生产过程中，注入的烟道气一部分在原油中溶解，使得地层油体积膨胀，从而增加了油藏的弹性能量。

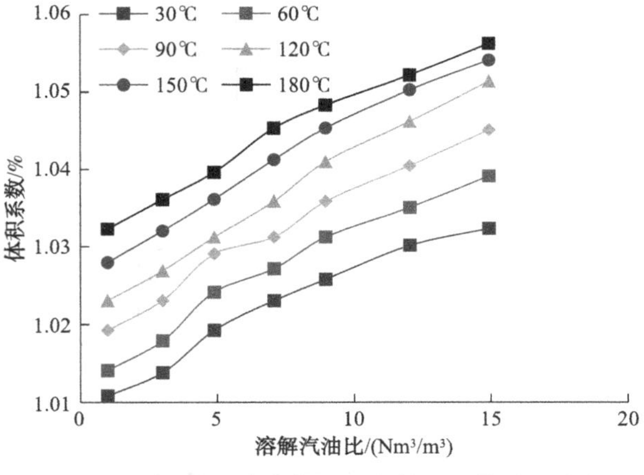

图6　不同温度下溶解气油比与体积系数关系曲线

(3) 烟道气对稠油的降黏作用

通过式(2)计算烟道气对稠油的降黏率，

$$Y=\frac{\mu_1-\mu_2}{\mu_1}\times 100\% \tag{2}$$

式中，Y为降黏率，100%；μ_1为初始原油黏度，mPa·s；μ_2为溶解气体后原油黏度，mPa·s。

根据降黏率计算公式，得到了不同温度下烟道气对稠油的降黏率，结果如图7所示。在相同温度下，烟道气溶解气油比越大，对稠油的降黏效果越好；气体溶解量增加，降黏率增大，降黏效果提高。相同溶解气油比条件时，温度越高，气体溶解量减小，降粘效果降低；烟道气具有溶解降黏作用，高温条件下降黏效果减弱。

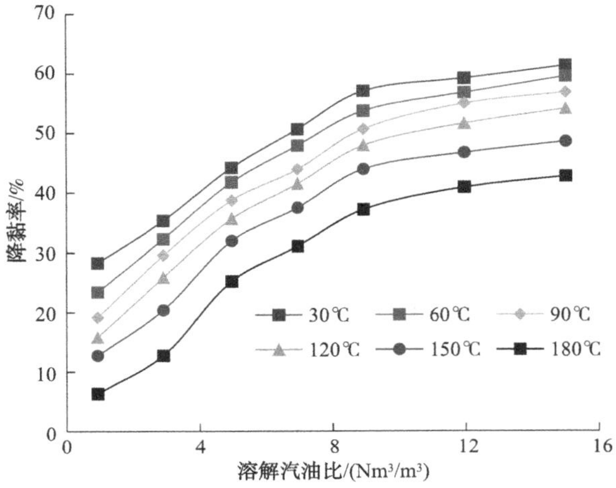

图7　不同温度下烟道气对稠油的降黏率

3.2 烟道气与稠油、地层水体系间的扩散传质特性研究

将烟道气-地层水体系到达平衡压力之前的压力-时间的关系曲线转换成压差对数-时间关系曲线，结果如图8所示。

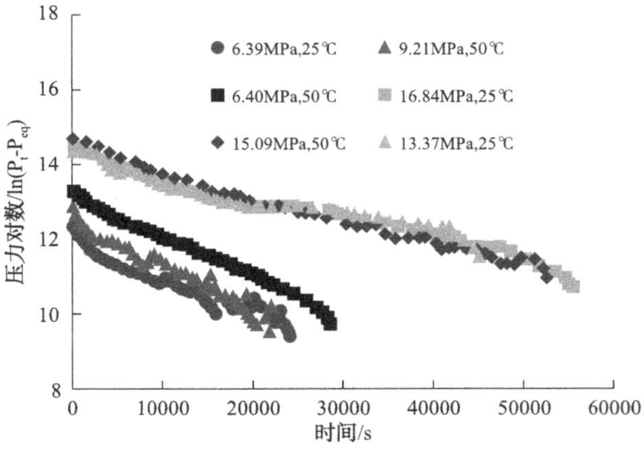

图8　烟道气-地层水体系压差对数-时间曲线

将烟道气-地层水体系的压差对数-时间关系曲线进行线性拟合，求出各曲线的斜率，通过注入地层水体积和反应釜体积，计算出反应釜中水相的高度，即可求出烟道气向水中扩散的扩散系数如图9所示

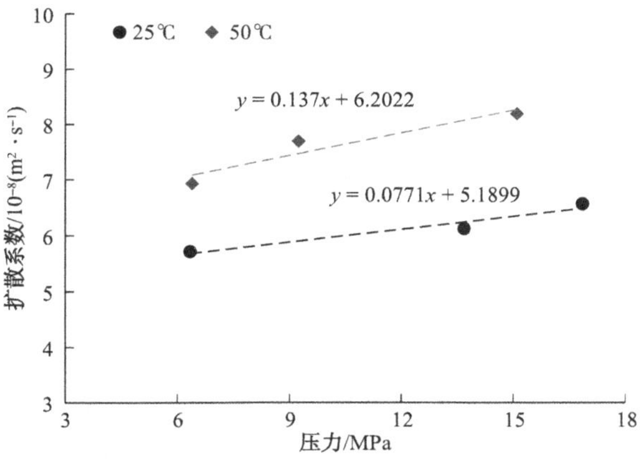

图9　扩散系数与压力、温度关系曲线

由图9可知，烟道气-纯水体系的扩散系数与压力均成正比关系，且线性拟合的结果表明，扩散系数和压力存在较高的正相关性。分析可知，压力的提高增大了气相密度，单位气液界面面积上的烟道气分子增多，烟道气分子的溶解加快，从而使扩散系数增大；从图中还可看出，温度越高，烟道气在水中的扩散系数越大，这是因为升高温度加速了烟道气分子运动，气体动能增加，加快了烟道气向水相的扩散速度，并降低了液相的黏度。

将烟道气-原油体系、烟道气从油相向水相以及烟道气从水相向油相的压力-时间关系曲线做相同处理，烟道气在不同介质中的扩散系数如图10所示。

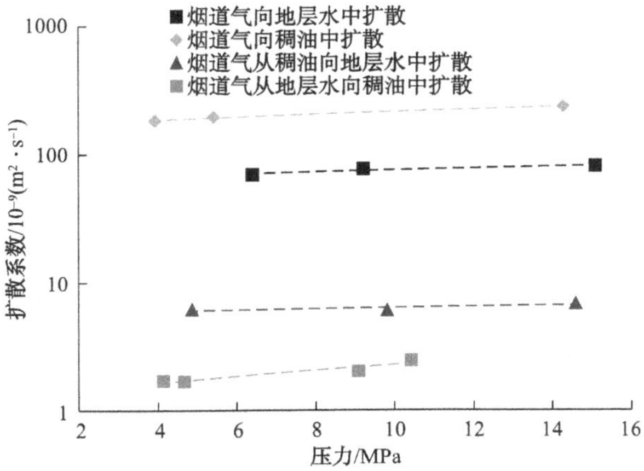

图10　烟道气在不同介质中的扩散系数对比(50℃)

由图10可知，在四种不同的烟道气扩散环境下，扩散系数从大到小依次为：烟道气在原油中的扩散系数>烟道气在水中的扩散系数>烟道气从油相向水相的扩散系数>烟道气从水相到油相的扩散系数。究其原因，主要是因为烟道气的浓度和溶解度大小不同造成的：由于气相中的烟道气浓度远大于液相中的烟道气浓度，因此烟道气在液相体系中的扩散系数要大于烟道气从一个液相向另一个液相传质的扩散系数，即气液体系扩散系数>液液体系扩散系数；其次，高压下 烟道气与原油的相互作用明显强于烟道气与水的相互作用，因此烟道气在原油中的扩散系数>烟道气在水中的扩散系数；另外，相同温度压力下烟道气在原油中的溶解度大于其在水中的溶解度，当原油和水分别饱和烟道气后，水相中的烟道气浓度明显小于其在油相中的浓度，因此烟道气从水相向油相的扩散系数<烟道气从油相向水相的扩散系数。

3.3　烟道气复合热流体协同机制

不同烟道气注入条件下填砂模型温度稳定后温，记录各测温点的稳定温度的温度分布，结果如图11所示，纯蒸汽注入时填砂模型前端温度最高，但此时填砂模型上沿程温度降低幅度也是最大，模型后端温度最低；段塞注入和混注时模型前端温度小于纯蒸汽的，但模型中间和后端温度明显升高，并且混注时前端温度降低幅度和中后部温度升高幅度均大于段塞注入。烟道气的加入，虽然使模型前端温度小幅降低1.57～4.39℃，但深部温度显著升高6.18～12.74℃，改善了温度分布，扩大了热波及范围，提高了热利用率。

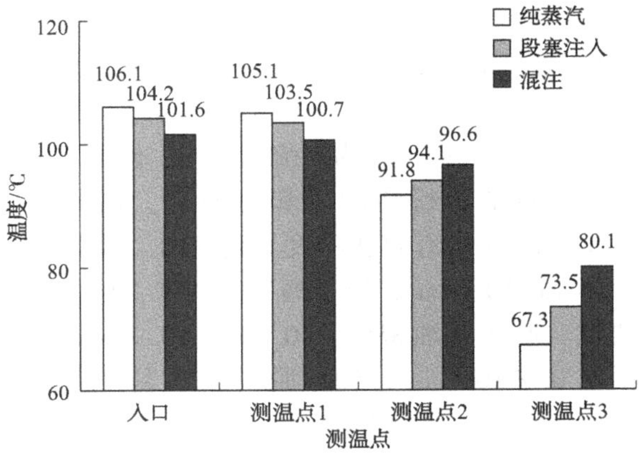

图11　不同烟道气注入方式下填砂模型的温度分布曲线

为了进一步体现烟道气提高蒸汽热利用率的

优势，提出了衡量烟道气减少蒸汽用量的指标-等温耗汽率，其定义为使模型中心升高到相同温度时蒸汽+烟道气的混合流体中蒸汽用量与纯蒸汽时的蒸汽用量之比。纯蒸汽时模型中心温度开始稳定的时间为227min，温度为90℃，段塞注入和混注时的结果见表3，可以看到，段塞注入时等温耗汽率为纯蒸汽时的71.36%，混注时仅为59.47%，这说明在烟道气的影响作用下，达到相同加热效果，蒸汽用量大幅减少。

蒸汽驱和烟道气辅助蒸汽驱驱油效率的结果如图12所示，单纯蒸汽的驱油效率为44%，而烟道气辅助蒸汽吞吐的驱油效率为51.5%，相比单纯蒸汽驱，采收率提高7.5%。

表3　不同实验方案下等温耗汽率对比

实验方案	模型中心温度/℃	所用时间/min	等温耗汽率/%
纯蒸汽	90	227	100
段塞注入	90	162	71.36
混注	90	135	59.47

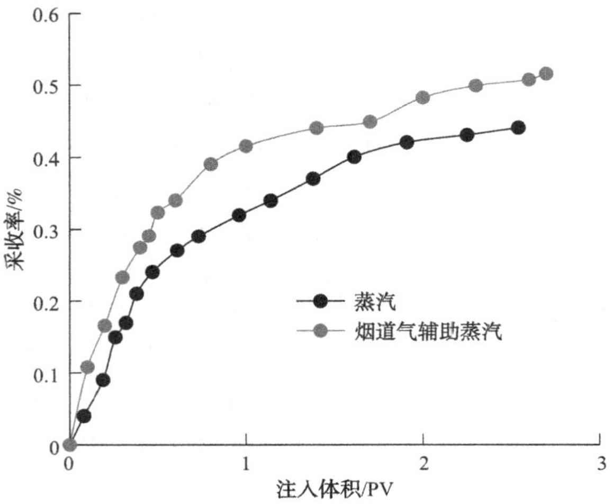

图12　不同实验驱替结果

3.4　稠油烟道气复合热流体吞吐矿场应用

林樊家油田位于东营凹陷以西和惠民凹陷以东的林樊家凸起上，为河流相沉积，储层岩性主要是细砂岩、粉细砂岩和粉砂岩，粒度中值0.16mm，平均有效孔隙度平均37%，渗透率平均$3446\times10^{-3}\mu m^2$，属于高孔、高渗、层状构造油藏。地面原油密度为0.9612～0.9767g/cm^3，平均0.9710g/cm^3，50℃脱气原油黏度1969～2868mPa·s，平均2464mPa·s，为普通稠油油藏。地层温度为47～51℃，地温梯度平均3.22～3.44℃/100m，地层压力为9.26～10.14MPa，压力系数为0.94～1.02，为常温常压系统。该块共投产总油井12口，日产液70.6t，日产油14.3t，综合含水78.6%，采出程度0.54%，采油速度0.08%，处于高含水、低采油速度、低采出程度开发阶段。

林7-平4井从2010年4月开始采用蒸汽吞吐开发，单周期蒸汽注入量1200-1600t，累计吞吐8周期，第8周期注入蒸汽2201t，周期累液3450t，累油597t，平均含水83%。周期末，地层压力降低到，4.7MPa，地层亏空明显。于2020年4月试验烟道气辅助蒸汽吞吐技术，蒸汽从隔热管连续注入，锅炉尾气从油套环空注入，注入蒸汽1557t，锅炉尾气4.14万N/m^3。生产结果表明，注入烟道气后峰值日油从上周期蒸汽吞吐的3.2t/d提高到本周期的13.4t/d，周期产油量从597t增加到1357t，油汽比从0.3提高到0.9，烟道气效果显著，如图3、图4所示。

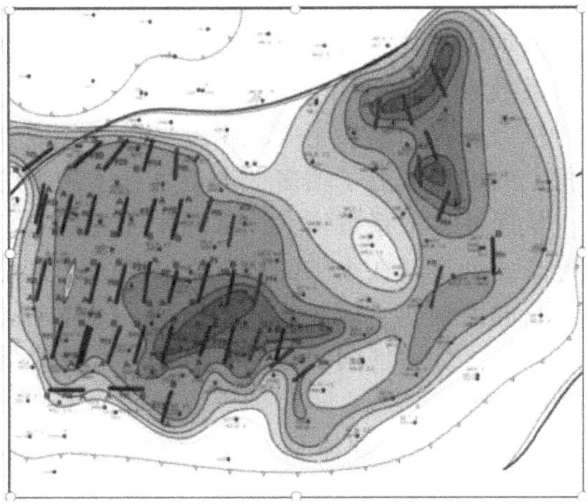

图13　林7-平4井井位图

4　结论

（1）在相同温度下，烟道气溶解气油比越大，对稠油的降黏效果越好。气体溶解量增加，降黏率增大，降黏效果提高；相同溶解气油比条件时，温度越高，气体溶解量减小，降黏效果降低；烟道气具有溶解降黏作用，高温条件下降黏效果减弱。

（2）受烟道气的浓度和溶解度大小的影响，烟道气在不同介质中的扩散系数从大到小依次为：烟道气在原油中的扩散系数>烟道气在水中的扩散系数>烟道气从油相向水相的扩散系数>烟道气从水相到油相的扩散系数，该结果为油田现场应用烟道气驱油提供了良好的理论支持。

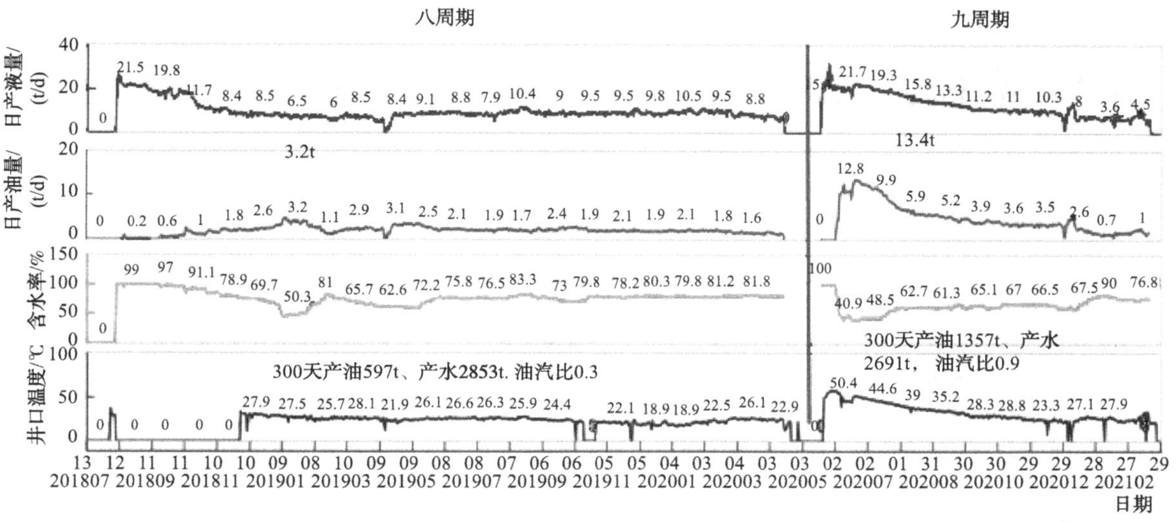

图 14　林 7-平 4 井日度生产曲线

(3) 烟道气复合热流体驱替相对于蒸汽驱改善了一维岩心管温度分布，有效提高岩心深部温度，扩大了蒸汽带以及热水带热波及范围，提高了热利用率。这是复合热流体提高采收率的主要机理。相比蒸汽驱替，烟道气辅助蒸汽的采收率提高了 7.5%。

参　考　文　献

[1] 李峰，张凤山，丁建民，等．稠油吞吐井注烟道气提高采收率技术试验[J]．石油钻采工艺，2001，23(1)：67-68.

[2] 朱成林，行登恺，丁建民．富集烟道气双注采油工艺试验研究[J]．特种油气藏，2001，8(4)：56-58.

[3] 刘慧卿，侯志杰，高本成，等．高 3 断块烟道气蒸汽混注驱替实验研究[J]．石油勘探与开发，2001，28(5)：79-81.

[4] 杨胜利．浅薄层超稠油烟道气辅助驱油技术研究[J]．内蒙古石油化工，2013，39(20)：94-95.

[5] 高飞．烟道气驱提高气顶油藏采收率研究[J]．内蒙古石油化工，2015，(6)：30~31.

[6] 朱汇，常毓文，沈德煌，等．稠油油藏注蒸汽和烟道气数值模拟研究[J]．特种油气藏，2003，10(b09)：59-60.

[7] 齐安炜．葡北油田烟道气吞吐增产技术试验研究[J]．内蒙古石油化工，2011，37(21)：100-102.

[8] 刘东，李云鹏，张风义，等．烟道气辅助蒸汽吞吐油藏适应性研究[J]．中国海上油气，2012，24(s1)：62-66.

[9] 马涛，王海波，邵红云，等．烟道气驱提高采收率技术发展现状[J]．石油钻采工艺，2007，29(5)：79-81.

[10] 李宪腾，赵东亚，李兆敏，等．烟道气驱油机理与技术综述[J]．石油工程建设，2016，42(1)：1-6.

[11] 霍刚，范潇．混注烟道气辅助蒸汽吞吐驱替机理数值模拟研究[J]．油气地质与采收率，2012，19(4)：59-61.

中深层稠油油藏双水平 SAGD 部署研究及应用

沈　群　王晶明　李雅琴　杨慧娟　韩　琳

(中油辽河油田公司)

摘　要　辽河油田杜 84 块馆陶油藏为边顶底水巨厚块状超稠油油藏，2005 年为探索超稠油吞吐后期接替技术，在该区域成功开展了直平组合 SAGD 先导试验，为进一步提高该区域开发效果，在油藏边部设计了一对双水平 SAGD 井组，通过精细地质研究，确定合理注采井距，确定安全的边水距离；创新设计了循环预热参数界限，制定了转驱的标准，通过精细的调控，生产井水平段动用程度达到了 75%以上，成功建立了地下温场与注采连通，转驱后通过合理的控制 SUBCOOL 值及注采压差，促进蒸汽腔均衡扩展，井组产量快速上升至 100 t 以上，培育了国内第一口双水平 SAGD 百吨井。

关键词　超稠油油藏；SAGD；双水平，循环预热参数；调控

双水平井蒸汽辅助重力泄油(SAGD)技术在加拿大等国重油开采中已经得到广泛应用，采收率可以达到 50%以上，最高可达 70%。辽河油田于 2005 年开展了直平组合 SAGD 的技术研究及现场试验，目前已规模实施，措施效果显著。但在双水平井组合蒸汽辅助重力泄油理论研究及动态调控方面较为欠缺，由于双水平 SAGD 井的注采井组距较小，参数控制要求精确，杜 84 块馆陶油藏埋藏深、非均质性强，导致了循环预热时连通建立较难。通过对国外双水平 SAGD 开采情况的调研，并结合馆陶油藏的地质特征，建立了循环预热参数的界限，形成了一系列调控技术，确保了双水平 SAGD 井的成功实施。

1　馆陶区块概况

1.1　地质特征

曙一区杜 84 块馆陶组油层为巨厚块状边、顶、底水的超稠油油藏，是辽河超稠油生产的主力区块之一，探明含油面积 1.92km^2，地质储量 2626×10^{4}t，油藏埋深 530~640m，平均油层厚度 106m，平均有效孔隙度 36.3%，渗透率 5.54μm^2，粒度中值为 0.44cm，属高孔、高渗、中-强非均质性储层。由于馆陶油层为一套砂砾岩体，内部泥岩夹层发育不稳定。因此，馆陶油层内部没有进一步划分油层组，仅根据沉积旋回划分了五个砂岩组。其中 R5、R4、R3 组为主力油层，平均 25~30 m，R2 组含油面积明显变小，R1 仅在中西部解释为油层。通过测井曲线识别及井温监测资料验证，结合目前馆陶油藏开发效果，分析认为馆陶油层主要存在三套夹层，它们分别位于 R3、R4、R5 组内。夹层平面分布连续性差，只在局部发育。纵向上夹层为多套低物性段叠加组合而成，厚度一般在 0.2 ~ 1.5m (图 1)。

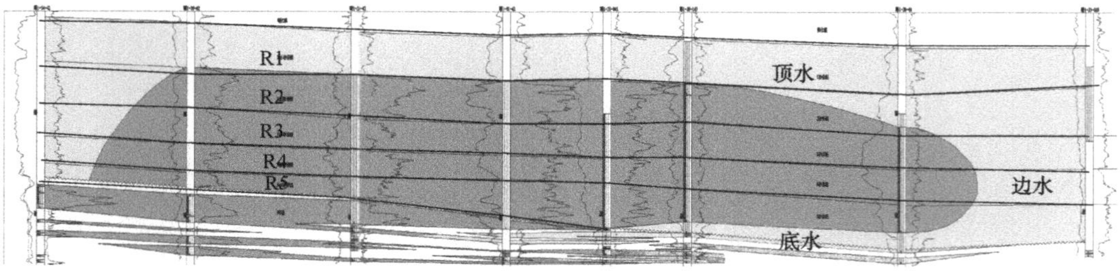

图 1　馆陶油层剖面图

1.2　储层沉积特征

隔夹层的分布对于汽腔的扩展具有较大的影响。通过岩心分析馆陶油藏内部可以识别泥质和物性两种夹层，并且夹层以物性夹层为主。

通过测井曲线识别及井温监测资料验证，结合目前馆陶油藏开发效果，分析认为影响馆陶油层 SAGD 开发效果主要存在三套夹层，它们分别位于 R3，R4，R5 组内。夹层平面分布连续性差，只在局部发育。纵向上夹层为多套低物性段叠加组合而成，厚度一般在 0.2~1.5m。

2 双水平 SAGD 开发原理

双水平井蒸汽辅助重力泄油(SAGD)的原理就是在靠近油藏底部位置钻一对上下平行的水平井，经油层预热形成热连通后，上部水平井注汽，注入的蒸汽向上超覆在地层中形成蒸汽腔并不断向上及侧面扩展，与原油发生热交换，加热的原油和蒸汽冷凝水靠重力作用泄流到下部的生产井中产出（图2)。其生产特点是利用蒸汽的汽化潜热加热油藏，蒸汽的波及体积大，驱油效率高，以重力作为驱动原油的主要动力，阶段采收率高。

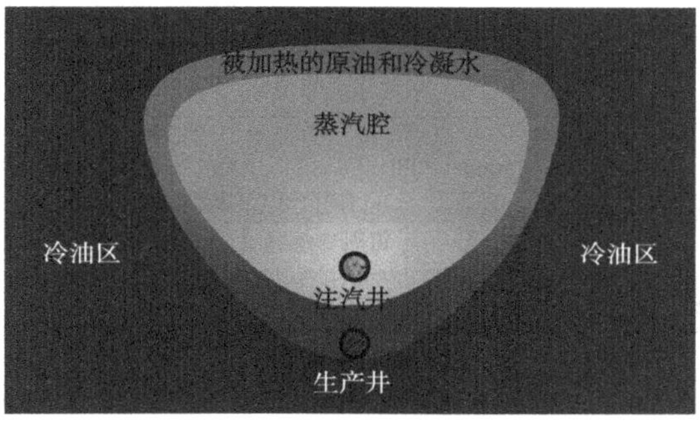

图 2 双水平 SAGD 开发机理示意图

3 双水平井 SAGD 井网部署及工艺设计

3.1 部署方式优化

直井动用造成地层亏空会对 SAGD 蒸汽腔发育具有较大影响。隔夹层的发育状况对 SAGD 开发效果同样影响较大。隔夹层发育区域，蒸汽腔发育较差，泄有能力较差，因此部署 SAGD 井布井方式要充分考虑油层采出程度及隔夹层发育情况。

因此对于馆陶油藏，直井吞吐生产采出程度较大，隔夹层发育区域采用直平组合井网 SAGD。直井未动用或者低采出并且隔夹层不发育区域采用双水平井网 SAGD。通过精细地质研究，馆陶油藏西部隔夹层不发育，采出程度低，剩余油富集，开展双水平部署研究。利用数值模拟研究双水平井组合的垂向注采井距，分别模拟了 3 、5 、7 、10 m 四种井距(表 1)，模拟结果显示，随着垂向距离的增加，生产时间、采收率、油汽比随之下降。同时借鉴国外经验，确定井组双水平井垂向距离为 5m。并根据油层边部与边水接触关系，制定最安全油水内边界。用数值模拟方法研究了直井与水平井组合 SAGD 开发后期，在油藏边部位置开展 SAGD 开发可行性分析，确定了距离安全油水边界最低 100m 原则(图 3)。

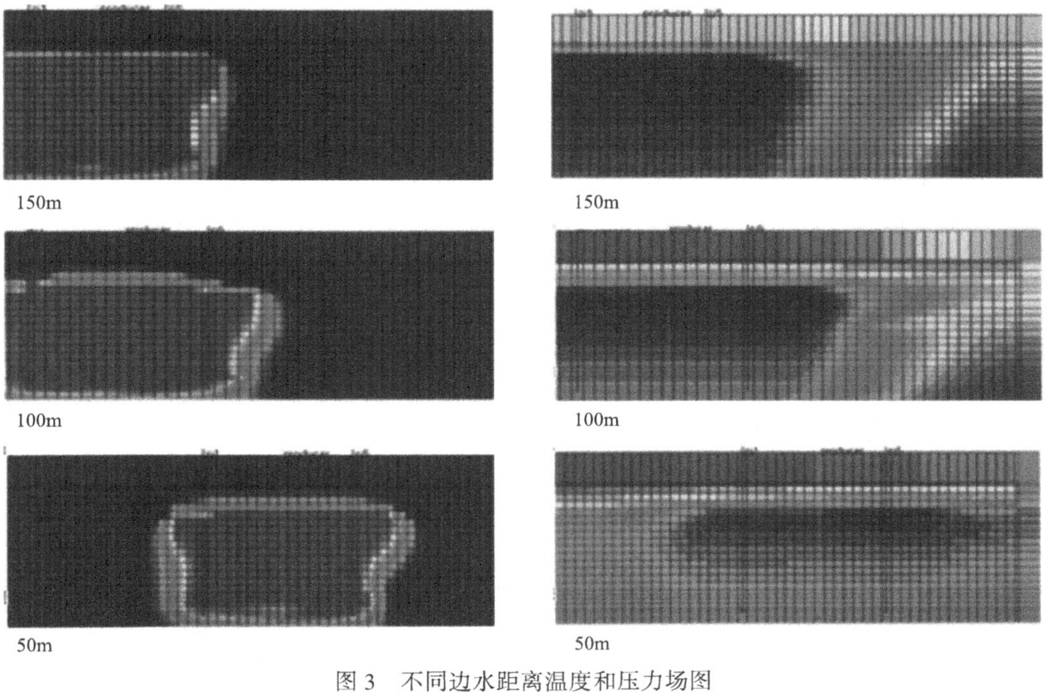

图 3 不同边水距离温度和压力场图

表 1　双水平井垂向距离生产指标对比表

垂向距离/m	生产时间/d	累注汽/10^4t	累产油/10^4t	累油汽比	采出程度/%
3	3794	103.6	37.31	0.36	36.6
5	3845	104.3	36.83	0.35	36.1
7	4451	109.1	32.72	0.30	32.1
10	4828	110.6	26.54	0.24	26.0

在不考虑水平井中本身的压力降和举升设备的能力限制时，SAGD 理论得出的高峰日产油量与水平段的长度成正比。根据双水平 SAGD 产量计算公式(1)，井组日产油要达到 200t，水平井段长度要达到 500m 以上，确定了水平段长度为 593m。

$$q=2L\sqrt{\frac{1.3kg\alpha\phi\Delta S_o h}{wvs}}\quad (t\text{顶}\leqslant t<t\text{边})\quad (1)$$

式中，q 为产油量，t；L 为水平段长度，m；K 为油层中油相有效渗透率，mD；α 为油层热扩散系数 m^2/s；ϕ 为油层孔隙度,%；ΔS_o 为蒸汽温度下可动油饱和度,%；V_s 为原油运动黏度，mpa · s；h 为生产井以上的纯油层厚度，m；m 为原油黏度系数。

3.2　钻完井工艺设计优化

为满足生产井 SAGD 阶段高峰期产液量达 800~1000t 的举升需要，创新设计了大尺寸套管及大尺寸筛管(图 3~图 4)，优化筛缝设计，提高过流面积，降低生产压差。钻井过程中利用 MGT 随钻跟踪技术保障钻井精度，解决了“大井眼坍塌、防碰、高温、轨迹控制”四大难题，确保了该井的顺利实施，上下水平井间距离控制在 5.6m。

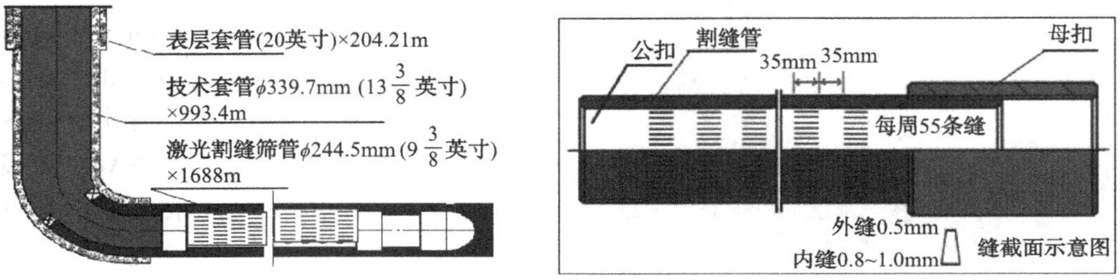

图 4　杜 84-馆 H62 井井身结构及梯型激光割缝筛管示意图

4　双水平 SAGD 动态调控技术

4.1　循环预热参数设计

影响双水平 SAGD 循环预热的关键参数有蒸汽的循环速度、操作压力、井间注采压差的大小、采注比。为了提高双水平井 SAGD 循环预热效果，经过多次研究论证与数值模拟，借鉴国外成功经验，对循环预热参数进行优化，创新设计了循环预热参数界限(表 2)，自主编制了循环预热方案，并且为保证举升，设计了机械举升管柱，优化了下泵深度，距离水平段温度高点 600m，保证流体以液态形势存在，不发生闪蒸。在循环预热阶段制定了“定注控温、排液稳压”的调控思路，建立 24 小时值班制度，现场实时跟踪调控。循环预热以来，水平段压力稳定在 5.0MPa，水平段前 2/3 蒸汽为饱和状态，各项参数基本达到方案设计。制定了转驱的判断标准，首先是井底温度先降后升并保持较高的温度，说明地下温场已经形成；然后是井底流压稳定在 3.5~4.0MPa，80% 长度的水平段温度在 130 ℃以上，说明热连通已经建立，最后是井组采注比大于 1，说明供液能力充足，为成功转驱奠定了基础。

表 2　循环预热参数界限

序号	项目	参数界限	目标
1	操作压力	5.0~5.5 MPa	防止蒸汽大量进入地层，造成动用不均；保证举升
2	采注比	1.0	防止蒸汽大量进入地层，造成动用不均
3	注采压差	<0.5 MPa	防止注采井间局部突破
4	注汽量	100t /d	实现前 2/3 水平段均匀加热

4.2 生产阶段调控

双水平井 SAGD 生产阶段的泄油能力是核心，注汽是前提，采出是保障，三者平衡是关键。首先，SAGD 生产阶段主要利用蒸汽的汽化潜热加热油藏，操作压力越低，蒸汽中可利用的潜热越多，蒸汽体积更大，可有效提高蒸汽热利用率(图 5)。

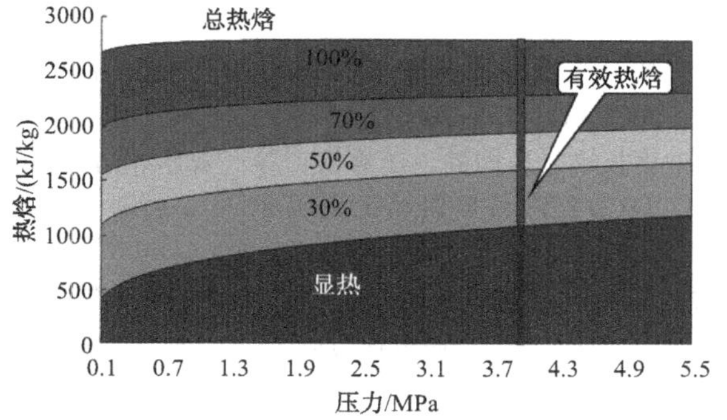

图 5　不同压力条件下蒸汽热焓变化曲线

在转驱初期采用 4.0MPa 的操作压力，加速蒸汽腔扩展速度，降低原油黏度，提高井组的泄油能力(图 6)。在生产时保持稳定的汽液界面，即控制合理的 SUBCOOL，不同开发阶段，控制不同的 SUBCOOL，防止水平段流体闪蒸，提高蒸汽的热利用率。在转驱初期，泄油不稳定，将 SUBCOOL 控制在 15～20 ℃；泄油稳定期，将 SUBCOOL 控制在 5～10 ℃(图 7)；并通过优化注汽参数，维持 1.2～1.3 的采注比，促进蒸汽腔的均衡扩展。

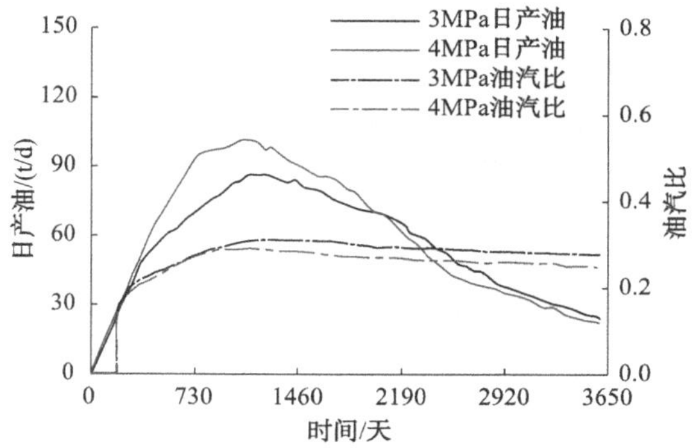

图 6　不同操作压力 SAGD 开发效果曲线

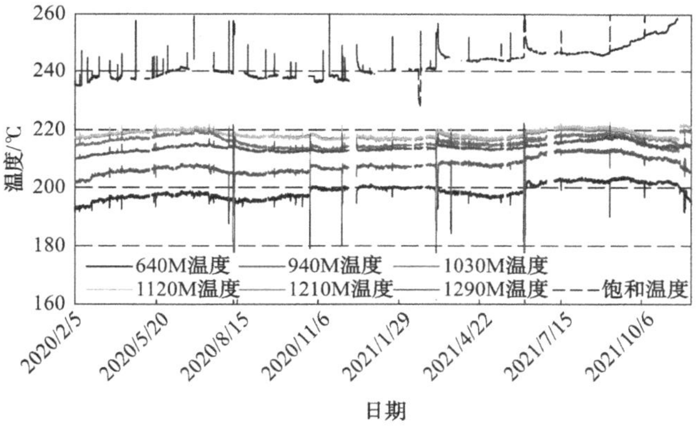

图 7　稳定泄油期 SUBCOOL 值控制

5　取得的效果

通过对地质体的精细刻画、部署方式的优化，成功在馆陶油藏边部部署一口双水平 SAGD 井组，并创新设计循环预热参数界限，成功建立了地下温场与注采井之间的连通，确保了水平段的均匀动用，达到了循环预热效果。在生产阶段通过精准调控，油藏泄油能力增强，井组产量快速上升至 100t/d 以上(图 8)，成为国内第一口双水平 SAGD 百吨井。

6　结论与认识

(1) 通过对地质体深化研究，充分认识馆陶油藏及隔夹层发育情况，确定剩余油富集区域，为双水平 SAGD 井组部署提供依据。

(2) 优化水平段长度及钻完井工艺设计，满足 SAGD 油井高峰期高液量排液需求，保障高产井基础。

(3) 优化循环预热方案编制，制定现场调控思路，强化过程跟踪管理，确保循环预热阶段效果。

(4) 稳定的汽液界面控制及蒸汽腔的均衡扩展是 SAGD 生产阶段的关键因素。

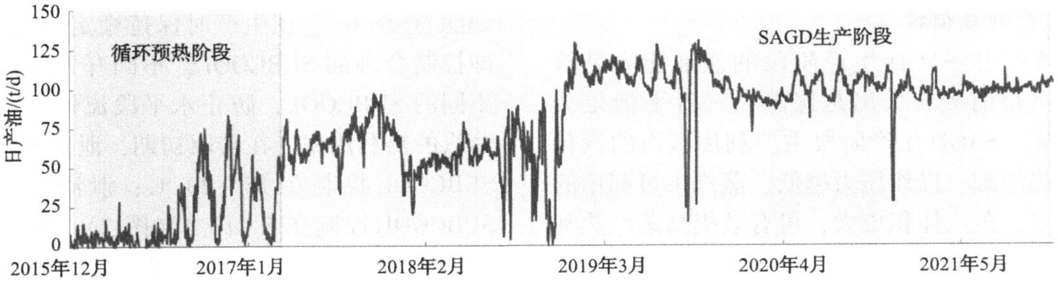

图 8　双水平 SAGD 井组产量变化曲线

参 考 文 献

[1] 刘文章. 稠油注蒸汽热 采工程[M]. 北京：石油工业出版社，1997.

[2] Butler R M. Steam assisted gravity drainage：concept，develop- ment，performance and future [J]. Journal of Canadian Petroleum Technology，1994，33 (2) ：44-50.

[3] 杨立强，陈月明，王宏远，等. 超稠油直井-水平井组合蒸汽辅助重力泄油物理和数值模拟[J]. 中国石油大学学报(自然科学版)，2007 (4)：64-69.

[4] 武毅，张丽萍，李晓漫，等. 超稠油 SAGD 开发蒸汽腔形成及扩展规律[J]. 特种油气藏，2007，1 (6)：40-43.

[5] 张方礼，张丽萍，鲍君刚，等. 蒸汽辅助重力泄油技术在超稠油开发中的运用[J]. 特种油气藏，2007，14(2)：70- 72.

[6] 席长丰，马德胜，李秀峦，等. 双水平井超稠油 SAGD 循环预热启动优化研究[J]. 特种油气藏，2007，14(6) ：40 - 43.

[7] 钱根宝，马德胜，任香，等. 双水平井蒸汽辅助重力泄油生产井控制机理与应用[J]. 新疆石油地质，2011(2)：49-51.

[8] 任芳祥，孙洪军，户昶昊，等. 辽河油田稠油开发技术与实践[J]. 特种油气藏，2012，19 (1)：1-8.

[9] 陈森，窦升军，游红娟，等. 双水平井 SAGD 循环预热技术及现场应用[J]. 新疆石油天然气. 2012，8 (5)：6-10.

[10] 宋晓，陈森. SAGD 生产井合理井下 Subcool 分析研究[J]. 新疆石油天然气. 2012，8(01)：11-16.

颗粒凝胶复合调剖技术研究应用

田红燕　崔　灿　王新亮　廖　伟　张占锋　李　杰

（中石化河南油田分公司石油工程技术研究院）

摘　要　随着油田进入开发中后期，长期高强度注水开发，油藏纵向、平面矛盾日益突出，窜流通道发育，注入水沿窜流通道突进，水驱见效率低，急需通过调剖措施改善治理。

柔性颗粒凝胶复合调剖技术是将柔性颗粒和凝胶以段塞组合方式注入地层，利用颗粒的吸水膨胀、抗温、抗盐、封堵性强的特点，封堵大孔道、高渗透层。后续段塞采用凝胶穿插进入颗粒预留的缝隙并与之交联，形成高强度凝胶，起到抗击注入水冲刷的作用。2020~2022 年在采油二厂进行了 6 井组的现场实验，措施后对应油井日产油量由 28t/d 上升至 45.5t/d，平均单井综合含水由 93.4%下降至 88.2%，油井累计增油 7204t。

关键词　柔性颗粒；凝胶；吸水膨胀；高强度凝胶

1　区块基本概况及开发存在问题

1.1　区块基本概况

王集油田位于泌阳凹陷北部斜坡带的东北部，为一被断层复杂化向东南倾没的缓鼻状构造，由一系列的断块组成，属复杂断块油气藏。开发大体上经历了天然能量降压开采（1987~1990），调整完善稳产阶段（1990~2003）和调整完善上产阶段（2004~至今）等三个阶段（图 12）。

王集油田开发单元有四个区块：东区、西区、柴庄区、泌 242 块，含油面积 20.16km^2，动用地质储量 1324.87 万 t，标定采收率 23.2%，采出程度 15.7%。王集油田油井开井 168 口，日产液 2177t，日产油 389t，综合含水 82.1%，采液速度 6.5%，采油速度 0.91%；注水井开井 44 口，日注水 1729m^3，累积注采比 0.87，月注采比 1.09。

王集油田储层孔隙度介于 18.2%~24.5%之间，平均 20.85%，其中王集东区平均孔隙度为 18.5%，柴庄区平均孔隙度为 24.5%，泌 242 块平均孔隙度为 17.6%，王集西区平均孔隙度为 19.3%，储层属于大中孔隙度高中渗透类型。

王集油田的原始地层压力介于 10.4~12.73MPa 之间，饱和压力介于 1.29~2.49MPa 之间，地面原油密度介于 0.88~0.923g/cm^{3}之间，地层原油黏度介于 13.7~32.9mPa·s 之间，原油性质属于稀油和普通稠油。

王集油田主力层数共计 18 个，其中王集东区主力油层 8 个（Ⅱ1^2、$2^{1,2}$、Ⅲ1^2、2^1、5^1、6^1、6^2、$8^{1,2}$），主力层地质储量 239.18×10^{4}t；泌 242 块主力层 1 个（Ⅲ10），地质储量 23.27×10^{4}t；柴庄区主力层 4 个（Ⅰ2^1、Ⅱ$4^{2,3}$、$5^{1,2}$、Ⅳ6^4），地质储量 215.31×10^{4}t，王集西区主力层 5 个（Ⅳ3^1、5^1、5^2、Ⅵ$1^{2,4}$），地质储量 135.89×10^{4}t。

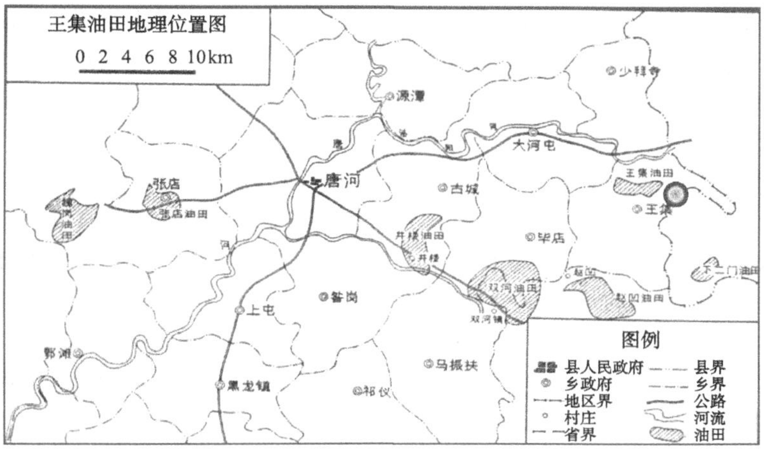

图 1　王集油田地理位置图

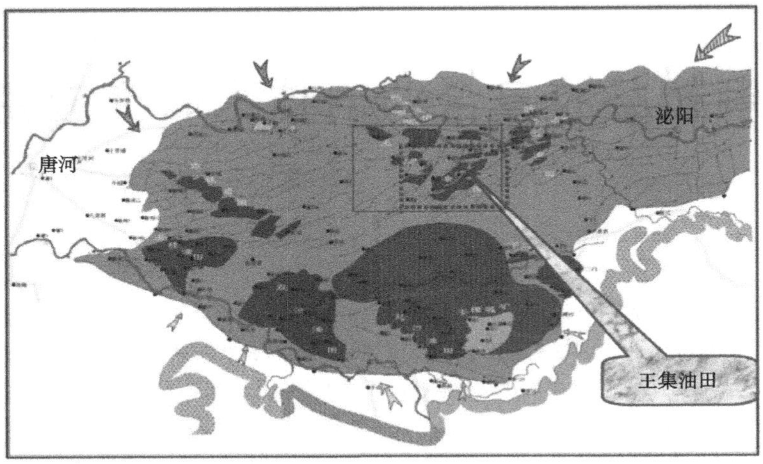

图 2　王集油田构造位置

1.2　开发存在问题

目前已进入高含水期开发阶段，综合含水高达 92.6%，但是目前采出程度仅 15.7%，在较低采出程度下已进入高含水期开发阶段。

1.2.1　纵向油层多，物性差异大，层间干扰严重，剖面动用不均

王集东区纵向上主要钻遇油层为 H3Ⅱ1^2、Ⅱ2^{1-2}、Ⅲ1^2、Ⅲ2^1、Ⅲ2^2、Ⅲ4^{1-2}、Ⅲ5^1、Ⅲ6^1、Ⅲ6^2小层，据测井解释统计纵向上渗透率极差：3.75，变异系数 0.36(表 1)。

表 1　王集东区主要含油小层物性统计表

Ⅱ1^2	3.3	2.1	21.3	0.497	12.48	0.37	2.8
Ⅱ2^{1-2}	2.4	2.4	20.58	0.4978	3.48	0.25	1.72
Ⅲ1^2	2.8	2.2	14.4	0.1329	44.36	0.56	9.34
Ⅲ2^1	3.7	2.9	17.09	0.1902	31.16	0.54	4.92
Ⅲ2^2	2.7	1.6	18.7	0.1992	45.05	0.63	4.07
Ⅲ4^{1-2}	2	1.2	17.62	0.1347	11.29	0.23	2.26
Ⅲ5^1	3.7	2.7	17.37	0.2027	21.68	0.28	1.54
Ⅲ6^1	2.9	2.6	17.47	0.2102	21.88	0.41	1.77
Ⅲ6^2	2.7	2.2	17.4	0.2328	31.67	0.36	2.45
平均	2.9	2.2	17.99	0.2553	24.78	0.40	3.43

1.2.2　平面上非均质性，窜流严重。

平面非均质性突出，据测井解释统计渗透率极差：3.48~45.05，平均 24.8，主力层渗透率极差达 20 以上。变异系数 0.23~0.63，平均 0.4。平面突进系数 1.54~9.34，平均 3.43。主力层Ⅲ1^2、Ⅲ2^1和非主力层Ⅲ2^2平面非均质性表现明显。

1.2.3　区块含水快速上升

由于区块平面和剖面非均质性严重，造成部分注水井水窜，使油井含水上升，从而造成王 17 断块含水突升，1993 年综合含水上升到 50%。随着生产虽然对水井进行调剖和油井进行堵水，但是综合含水还是一直呈上升趋势，当该井区块含水上升到 80%左右时，含水上升速度减缓。

从图 3 和图 4 中可以看出王集东区王 17 断块投产初期靠天然能量开发时含水呈略微上升趋势，由初期的不含水上升到 20%。目前该断块综合含水 91.7%。

1.2.4　油水流度比加剧非均质矛盾

对于非均质比较严重的油藏，水油黏度比的影响更为严重。例如正韵律油藏，由于油水黏度的差异大，在驱动压差不大时重力分离使得油层下部高渗带的水容易流动，在底部大部分水淹后，底部水饱和度增高，水相渗透率增大，从而使油层纵向上的流度比产生差异，导致纵向上波及系数变差，层内非均质矛盾加剧。

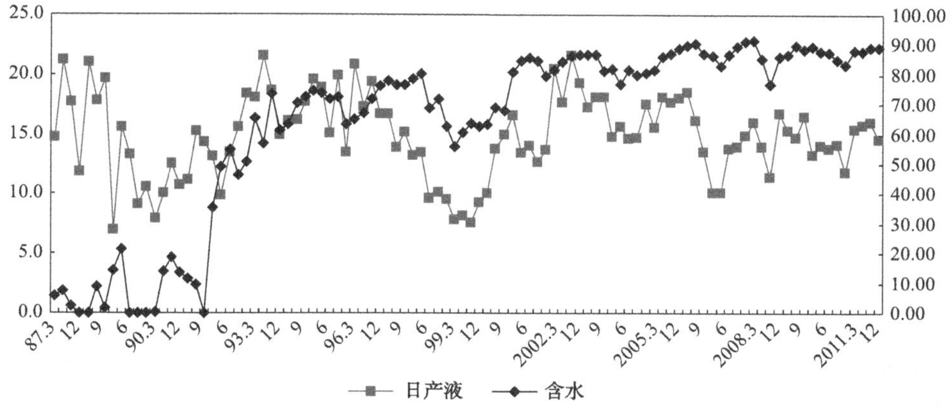

图 3　王 17 断块平均单井日产液与时间、含水关系曲线

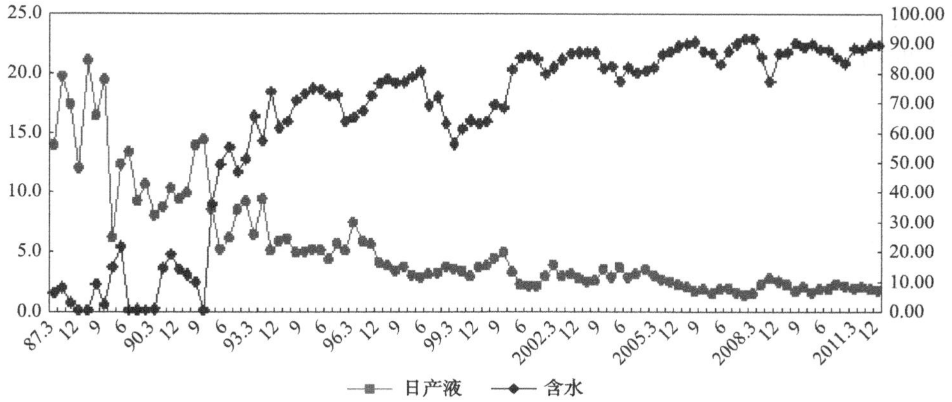

图 4　王 17 断块平均单井日产油与时间、含水关系曲线

2　试验区块优势通道认识研究

2.1　动态分析法

充分利用区块动静态资料及监测资料，通过综合分析，确定每个井组的优势方向及次级优势方向(图 5)。

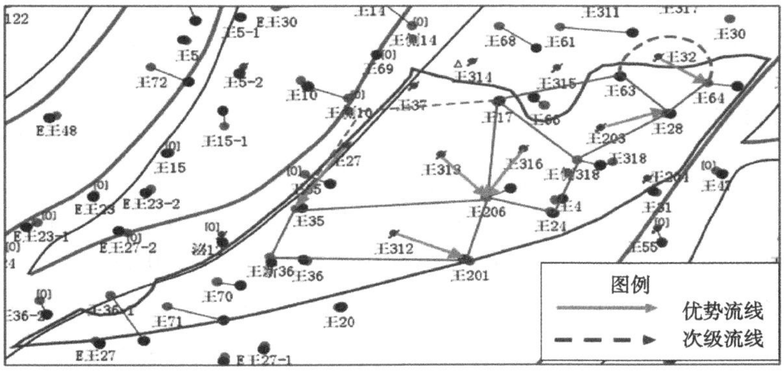

图 5　王 17 断块Ⅱ1^2层流线图

王 17 断块Ⅱ1^2层注采对应方向 18 个，优势流线 6 条，次级优势流线 1 条，优势流线占总注采方向的 38.9%；Ⅱ1^2层总油井数 10 口，优势方向油井 5 口，占总井数的 50%(图 5)。

王 17 断块Ⅲ1^2层注采对应方向 13 个，优势流线 5 条，优势流线占总注采方向的 38.5%；Ⅲ1^2层总油井数 9 口，优势方向油井 4 口，占总井数的 44.4%(图 6)。

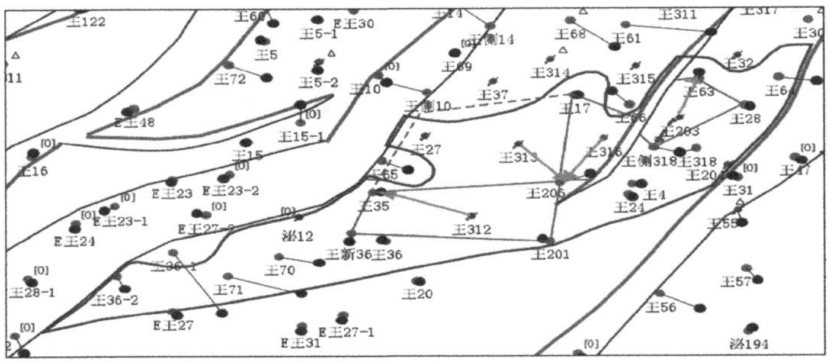

图6　王17断块Ⅲ1^2层流线图

2.2　示踪剂监测法

从注水井注入一定浓度的示踪剂，在周围油井监测示踪剂浓度随时间的变化情况，绘出示踪剂浓度产出曲线，通过对该曲线数值分析，可以得到有关地层的物性参数，可以用来描述油藏，确定调剖剂用量，监测油层有无高渗透层或大孔道存在，分析油水井注采状况和判断断层密封性等。还可以利用示踪剂井产出浓度曲线直接划分为大孔道和高渗带(表2、3)。

表2　示踪剂响应情况

注入井	井号	井距/m	示踪剂突破时间/d	见示踪剂峰值时间/d	推进速度/(m/d)
柴15井组	柴平6	188	36	56	5.22
	柴2	314	—	—	—
	柴资3	293	—	—	—
柴45井组	柴平6	131	42	69	3.12
	柴平7	184	79	100	2.33
	柴6斜	217	—	—	—

表3　示踪剂响应及主渗通道参数

注水井	对应油井	水线推进速度/(m/d)	注入水分配/%	渗透率/($\times10^{-3}\mu m^2$)	孔喉半径/μm	波及体积/(m^3)
柴15井组	柴平6	5.22	100	1324.7	20.3	4662
柴45井组	柴平6	3.12	97	1286.9	19.8	4326
	柴平7	2.33	3.0	371.2	15.9	1533

3　调剖剂研究与性能评价

针对王集油田为大中孔隙度高中渗透油藏，且平面窜流严重，需要大剂量高强度深部调剖的问题，在调剖堵剂的选择上，采用多种调剖剂组合使用的方式。在该区块主要应用了柔性颗粒和凝胶等调剖剂，在室内对其配方进行了研究和优化。

3.1　柔性颗粒的性能评价研究

柔性颗粒主要是由木质素、蛋白质、絮凝剂以及双丙烯酰胺等聚合而成。再经过干燥、粉碎、造粒等工序，形成曲张性胶沉胶束微粒PPS，PPS柔性颗粒具有良好的悬浮性、溶胀性和曲张性。

3.1.1　柔性颗粒PPS的组成

PPS的组成HPAM40-50%，蛋白胶沉10%，木质素50%~40%，规格型号有：微型15~100μm，小型0.1~1.0mm，中型1.0~3.0mm，大型3.0mm~6.0mm。

3.1.2　柔性颗粒PPS的调剖机理

(1) 基于颗粒特点，滞留吸附在孔径为自身粒径4~12倍的大孔道内，避免污染小孔隙。

(2) 基于曲张溶胀特点，随所受挤压的变化，穿通吸附在孔隙深部，而不会被剪切、断裂。

(3) 利用地层的滤失作用，将PPS过滤、沉积、吸附在大孔道和高渗透层带内，从而降低渗透性、堵塞水流通道、改变水走向，达到调剖的目的。

3.1.3　调剖剂性能研究

流动性用悬浮液的漏斗黏度 η 表示：指悬浮液的马氏泥浆漏斗黏度，单位 S。

悬浮性用悬浮指数 α 表示：指悬浮液在容器内静置 30 分钟后，其中层液体与溶剂的密度之差除以该悬浮液配制初始其与溶剂的密度之差的百分比。

均匀性用均匀指数 β 表示：指悬浮液在容器内静置 30 分钟后，其上层液体与溶剂的密度之差除以其下层液体与溶剂的密度之差的百分比。

表 4　PPS 浓度对调剖液性能的影响

浓度 C/%	0.25	0.5	0.75	1	1.25	1.5	1.75	2	备注
η/s	27	29	31	33.5	36	38.8	41	45	常温下用自来水稀释。
α/%	100	99	100	99	98	96	96	95	
β/%	100	100	99	98	98	97	96	96	

表 5　搅拌转速 γ 对调剖液性能的影响

γ/(转/分)	1000	500	300	150	100	备注
η/s	29	30	30	29	30	1.0%PPS 常温。
α/%	100	100	100	100	100	
β/%	100	100	100	100	100	

表 6　水质对 PPS 调剖液性能的影响

水质	自来水	普通河水	回注污水	备注
η/s	29	30	30	PPS1.0%常温。
α/%	100	100	100	
β/%	100	100	100	

由表 4 看出：柔性颗粒的浓度从 0.25%调整到 2.0%时，黏度从 27s 增加到 45s，漏斗黏度 η 值变化较小，从表 4～6 看出在不同浓度、搅拌速度和不同水质的影响下，α、β 值均高于 95%，说明柔性颗粒性能稳定，流动性、悬浮性、均匀性较好。

表 7　调剖剂的耐热稳定性能实验结果

温度/℃	90	120	150	180	220	250
时间/d	≥240	≥240	≥240	≥240	≥240	90
出现现象	无	悬浮减少	悬浮减少	悬浮减少	悬浮减少	出现沉淀

由表 7 可以看出：PPS 调剖剂的高温耐热稳定性良好，其最高耐温达 220℃。

3.1.4　调剖剂封堵性能实验

堵塞率 η =（堵前渗透率—堵后渗透率）/堵前渗透率×100%。

突破压力用 Pc 表示：Pc 是指单位长度的堵后岩心所能承受的最小被水突破的压力，其单位为 MPa。

表 8　调剖剂的封堵性能实验结果

岩心号	渗透率/μm^2		突破压力/Mpa	堵塞率/%
	调剖前	调剖后		
1	3.125	0.091	7.068	97.1
2	0.626	0.016	6.982	97.4
3	0.387	0.01	6.265	97.5

由岩心实验得出如下结论：（1）该调剖剂粒径可调，悬浮性好，合适的调剖剂量和恰当的施工压力，能达到中深部调剖；（2）该调剖剂对

$0.3\sim3.0\mu m^2$岩心的调后堵塞率≥97.1%、突破压力>6.0MPa，说明柔性颗粒无论对高渗透率岩心还是低渗透率岩心的堵塞能力都很强(表8)。

3.2 凝胶的研究及性能评价

凝胶的交联体系有多种，大致可以分为聚丙烯酰胺/高价金属离子交联体系，聚丙烯酰胺/有机酚醛交联体系以及一些其他树脂型交联体系。本研究中主要是采用酚醛交联体系。

3.2.1 凝胶的配方优化

本研究中凝胶以HPAM为原料，采用酚醛、PH调节剂为交联剂。首先采用实验的方法来确定各组分的浓度。实验所采用的材料如下：HPAM，相对分子量为2200万，水解度27%，固含量大于等于90%；交联剂A分析纯有效含量≥95%；交联剂B分析纯 有效含量≥98%；柠檬酸 分析纯有效含量≥95%。

①HPAM浓度对成胶性能的影响

HPAM水解度对凝胶性能有影响，实验发现HPAM水解度增大，凝胶黏度增大。本实验中选择了水解度为27%的HPAM。实验温度：55℃。

HPAM作为主剂在一定的反应条件下在交联剂A、B共同作用下形成凝胶，在不同浓度下成胶时间不同，表9为不同浓度下成胶时间。

表9 HPAM浓度对成胶性能的影响

浓度/%	0.35	0.40	0.45	0.55	0.6
成胶时间/h	14	12	10	8	7
凝胶强度/Pa	6.5	7.6	8.5	10.1	11.8

从表中可以看出：随HPAM浓度的提高，成胶时间缩短。

② 交联剂A对调剖剂成胶时间的影响

交联剂A是一类活性较强的酚类物质，客观存在能与交联剂B首先发生反应生成多羟甲基酚，HPAM发生交联，表10为交联剂A不同浓度下的成胶时间。实验温度：55℃

表10 交联剂A对调剖剂成胶时间的影响

浓度/%	0.03	0.035	0.04	0.045	0.06
成胶时间/h	12	10	8	7	6
凝胶强度/Pa	7.3	9.6	11.8	12.1	12.8

从表中可以看出：随着交联剂A的浓度的增加成胶时间缩短，但当其浓度超过0.045%，缩短幅度较小，这是由于发生交联受到交联剂B浓度的控制，当交联剂B浓度一定时，交联剂A浓度增大到一定浓度后，将不再对交联反应发生显著影响。

③ 交联剂B对调剖剂的成胶时间的影响

交联剂B是一种能产生醛的物质，通过水解反应而成醛，首先与交联剂A反应，再交联HPAM，表11为交联剂B不同浓度下的成胶时间。

表11 交联剂B对调剖剂成胶时间的影响

浓度/%	0.12	0.13	0.14	0.15	0.16
凝胶强度/Pa	7.9	8.8	9.6	10.5	11.2
成胶时间/h	12	10	8	7	6

从表中可以看出：随着交联剂B浓度的增加，成胶时间缩短。

④ PH值对调剖剂成胶时间的影响

酸度主要控制交联剂A与交联剂B能快慢，从而影响交联剂反应的速度，但当PH值太低时，对HPAM的浓度将会发生不利的影响，其PH值控制在2.5以上。

实验温度：55℃

表12 PH值对调剖剂成胶时间的影响

PH值	7.5	7.0	6.0	5.5	4.5	4.0	2.5
凝胶强度/Pa			10.6	11.2	11.6	11.8	10.6
成胶时间/h	不反应	不反应	10	9	8	7	8

从表12中可以看出：PH值接近中性时，反应不发生。在酸性条件下随PH值浓度的降低，成胶时间性缩短。但PH值为2.5时，反而有所延长，这是由于HPAM粘度下降造成的。

⑤ 温度对成胶时间的影响

由于交联剂的活性受温度的影响，而使交联剂反应发生时间变化较大，表13为不同温度下调剖剂成胶时间：

表13 温度对调剖剂成胶时间的影响

温度℃	70	60	50	40
成胶时间/h	8	16	30	60
凝胶强度/Pa	10.9	11.3	115	11.2

从表13中可以看出：随温度的升高，成胶时间缩短，温度每下降10℃成胶时间延长1倍。温度对凝胶强度的影响不大。

3.2.2 凝胶体系最佳比例的确定

实验表明，在55℃条件下，主剂浓度低于0.3%，交联剂浓度低于0.24%时，凝胶强度太低，无法成胶。因此，最优的体系配方为0.3%~0.5% HPAM，0.24%~0.35%交联剂，PH值为4~6。

3.2.3 凝胶体系岩心试验评价

表14 调剖剂的封堵性能实验结果

编号	孔隙度/%	堵前渗透率/μm^2	堵后渗透率/μm^2	残余阻力系数	封堵率/%
1	40.3	3.582	0.372	9.6	89.6
2	35.5	1.251	0.094	14	92.5
3	38.7	0.498	0.028	10.4	94.4

从表14中可以看出：调剖剂具有较高的残余阻力系数及较好的封堵效果。

4 调剖方案优化设计研究及试验效果

4.1 调剖体系的选择

针对王集油田的窜流特点，选择柔性颗粒+凝胶复合调剖体系进行深部调剖，利用柔性颗粒的吸水膨胀、能变形、抗温、抗盐，且稳定时间较长的特点，首先进入大孔道、裂缝或高渗透层，在孔道内沉降或滞留并吸水膨胀，可防止后面的调剖剂流失。

后续段塞采用延缓交联凝胶，使凝胶穿插进入柔性颗粒预留的缝隙并与之交联，形成高强度凝胶，起到抗击注入水冲刷的作用。

4.2 调剖施工参数的优化

调剖施工参数主要是对堵剂用量、施工压力以及施工排量进行确定和优化。

4.2.1 调剖剂用量的优化

用近井孔隙体积+远井舌进孔道孔隙体积模型公式 $V=[0.5+LnRy/(Rj\cos\pi/N)]nRj^2h\varphi\sin2\pi/N+v\cdots$ 计算调剖调剖剂量，Ry 是指本次调剖剂所能进入地层的最大深度；Rj 是指调剖剂所需要堵塞的水窜流大孔道的深度；N 是指对应油井及古河道等砂体渗透发育方向总数；n 是指现有资料所能判断出的高含水窜流、地层和注入水优势通道数；φ 取本井对应油层的孔隙度；h 是指强吸水段的吸水厚度；v 是指设计附加剂量；V 是指单层段设计调剖剂量；V 是指某注水井段设计调剖剂量；最高压力 P 是指调剖中所要遵守的最高施工压力，由注水允许压力和地层破裂压力综合确定(图7)。

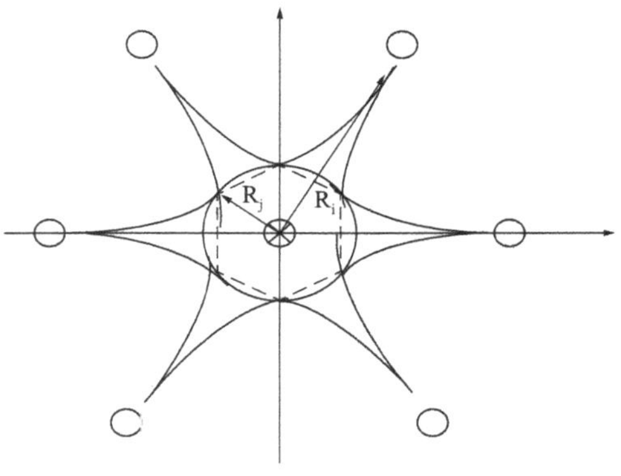

图7 近井园-远井舌形孔道孔隙体积

4.2.2 施工压力和排量的确定

针对交联凝胶，驱替实验研究了其注入速度的影响。实验在水驱油基础上，选择不同注入速度注入凝胶，首先注入段塞尺寸为0.2PV的弱凝胶，然后连续水驱至不出油为止，计量提高采出程度的幅度，实验结果见图8。

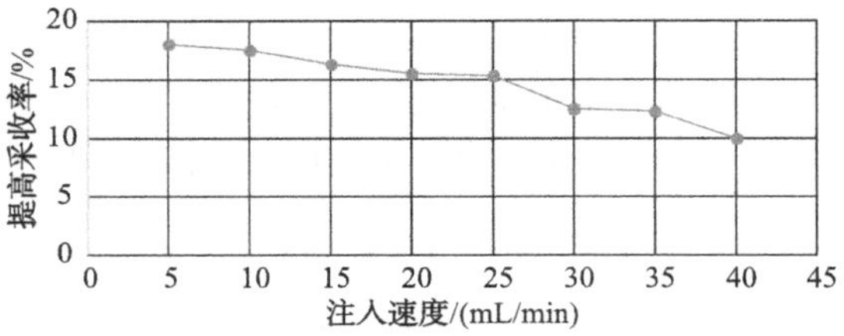

图 8　可动凝胶注入速度对采出程度的影响

由实验结果可见，在油藏条件下，注入速度越高，提高采出程度幅度降低，因此，现场施工时在设备允许的条件下，注入速度应尽量采用低排量的注入方式。

5　现场试验及应用效果

5.1　区块整体调剖效果

截至目前，现场应用 6 井组，有效 6 井组，措施有效率 100%，平均注水压力提升 4.9MPa，阶段增油 7204 吨(表 15)。

表 15　王集油田调剖效果统计表

序号	调剖井号	材料费用/万元	配液费用/万元	调剖前				调部后				对应油井见效率/%	增油/t
				注入压力/Mpa	日产液/t	日产油/t	含水/%	注入压力/Mpa	日产液/t	日产油/t	含水/%		
1	王柴 23、王柴 55	42.6	10.3	7	64.2	3.5	94.5	13.5	89.5	8.5	90.5	60%	3700
2	王柴 45	22	1.6	10.3	69.8	1.5	97.8	14	53	2.5	5.2	50%	192
4	王柴新 19	25	7.4	8.5	127.8	12.8	89.9	13.5	141	17	87.8	80%	952
5	王 983	23	4.6	11.2	26.9	3.8	85.9	14	33.9	7.3	78.5	100%	1134
6	王 9-平 4	35	8.3	8.1	52.8	6.4	87.8	14.6	68.7	10.2	85.1	60%	1226
	合计	158.2	32.2	9	341.5	28	91.8	13.9	386.1	45.5	88.2	64%	7204

5.2　吸水能力下降，吸水指示曲线上移

调剖后，调剖剂有效地封堵了高渗透层，降低了高渗透层的吸水能力，吸水指示曲线斜率发生变化，注水井的吸水状况得到改善(图 9～图 10)。

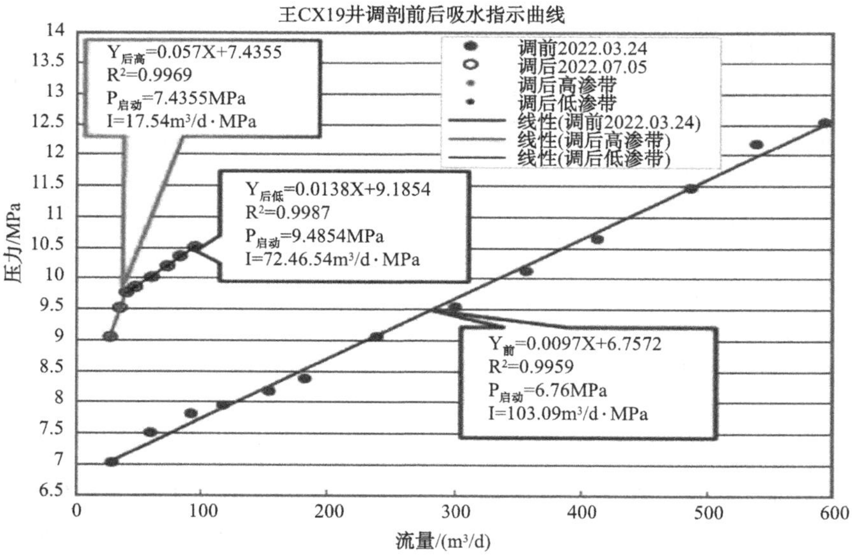

图 9　柴新 19 调剖前后吸水指示曲线

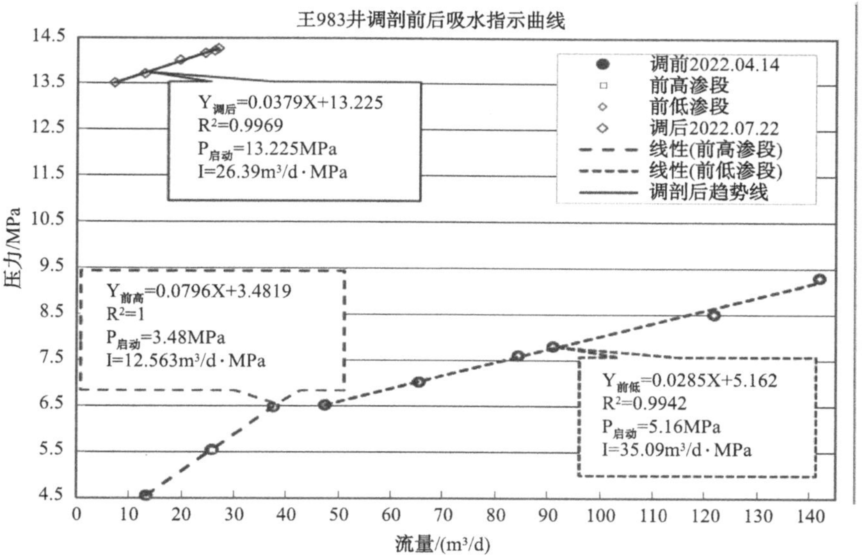

图 10　王 983 调剖前后吸水指示曲线

5.3　压降曲线变缓

当地层渗透性好时，导压能力强，吸水能力强，关井后压力降落快，降幅大；反之，压力降落缓慢(图 11~12)。

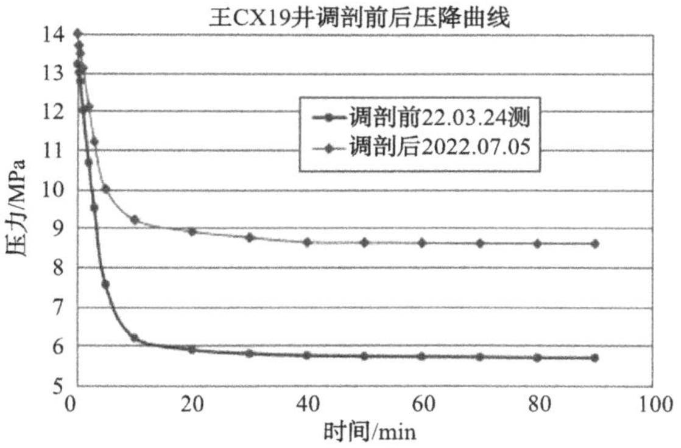

图 11　柴新 19 调剖前后压降曲线

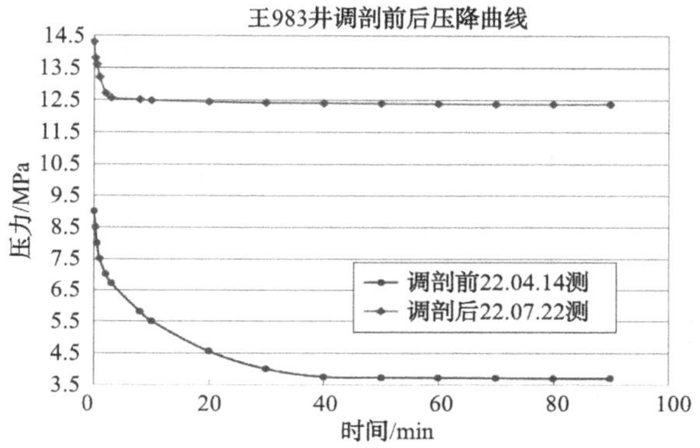

图 12　王 983 调剖前后压降曲线

5.4　注水压力上升明显

调剖后注水井注水压力上升，注水压力最大上升 12MPa，最小上升 1.2MPa，各井注水压力上升情况如表 16 所示。

表 16　注水井调剖前后注水压力统计表

井号	王柴 23	王柴 55	王柴 45	王柴新 19	王 983	王 9-平 4
调剖前注水压力/MPa	7	1.5	10.3	8.5	11.2	8.1
调剖后注水压力/MPa	13.5	13.5	14	13.5	14	14.6
压力上升值/MPa	1.2	12	3.7	5	2.8	6.5

注水压力的上升表明调剖对地层吸水能力较强的中高渗透层和窜流通道进行了有效的封堵，使得中高渗透层和窜流通道的吸水能力降低。

5.5　周围油井增油降水效果明显

水井调剖后，裂缝及中高渗透层被封堵，主向水淹井含水降低，产能得以恢复，同时，侧向油井产量增加，起到了增油降水的效果。

王 983 调剖后，优势方向对应油井王 9-平 3 动液面下降，含水下降，强窜流通道受到抑制，王 9-平 2 井 4 月 20 日转注，液流转向王 973、王 975、王杨浅 53-12 井 3 个方向，其中王杨浅 53-12 井受效明显(图 13~14、表 17~18)。

表 17 王 983 调剖效果统计表

措施井组	对应油井	生产层位	泵深/m	调剖前				调部后							效果(纯增油)		效果(计算递减)			目前产状				备注
				日产液/t	日产油/t	含水/%	动液面/m	实施时间	生产天数/d	累计产液/t	累计产油/t	日产液/t	日产油/t	含水/%	增液/t	增油/t	上一年度自然递减	增液/t	增油/t	日产液/t	日产油/t	含水/%	动液面/m	
王 983	王 975	Ⅳ$5^{1,2,4}$	984.33	6.5	0.8	88.3	958	2022.4.21-6.29	196	1824	154	9.3	0.8	91.6	550	-3	8.53	550	9	14.1	1.7	87.9	975	
	王 973	Ⅳ$5^{1,2,4}$	967.82	2.1	1	51.9	947		196	604	271	3.1	1.4	55.1	192.75			192	91	2	1.1	45.0	962	
	王 9-平 3	Ⅳ5^{1}	954.57	16.6	0.6	96.5	515		196	3102	152	15.8	0.8	95.1	-152	34		-152	44	14.8	0.7	95.3	588	
	杨浅 53-12	Ⅳ51	1397.4	1.7	1.74	20.5	1317		192	1346	1086	7.0	5.7	19.3	1019	818		1019	839	4.0	2.1	47.5	1342	2022.9.13 作业检泵
	小计			26.9	3.8	85.9	934		780	6876	1663	35.2	8.6	75.6	1610	924		1610	983	34.9	5.6	84.0	967	

表 18 王柴新 19 调剖效果统计表

措施井组	对应油井	生产层位	泵深/m	调剖前				调部后							效果(纯增油)		效果(计算递减)			目前产状				备注
				日产液/t	日产油/t	含水/%	动液面/m	实施时间	生产天数/d	累计产液/t	累计产油/t	日产液/t	日产油/t	含水/%	增液/t	增油/t	上一年度自然递减	增液/t	增油/t	日产液/t	日产油/t	含水/%	动液面/m	
王柴新 19	柴 18-1	Ⅱ4.52	1048.9	31.5	2	93.6	403	2022.4.2-530	235	7370	579	31.4	2.5	92.1	.32	109	1.71	-32	154	30.2	3.4	88.7	7457	2022.9.1 注氮 2022.920 解井
	柴 17	Ⅰ9Ⅱ31.42.351.2	899.2	20.4	2.4	88.1	382		250	6009	657	24	2.6	89.1	909	57		909	119	28.2	2.2	92.2	456	
	滤 161	Ⅱ51.2	946.2	29.5	2.5	91.5	374		250	7560	869	30.2	3.5	88.5	185	244		185	308	31.5	3.9	87.6	407	
	柴 21X1	Ⅱ41512	897.5	17.9	1.3	92.8	5424		250	5106	301	20.4	1.2	94.1	631	-24		631	10	22.1	1.7	92.3	848	
	柴 22	Ⅰ83Ⅱ51-2	780	82.5	4.6	84	635		239	7464	734	31.2	3.1	90.2	652	-265		652	-257	29.5	5.4	81.7	2022.8.10-8.14 检泵作作	
	柴 26C1	Ⅱ42.351.2Ⅱ92-3	1030.94	低能无液																				暂关
	小计			127.8	12.8	90	463		1224	35508	3140	137	13	90.6	344	21		2344	332	142	17	88.3	633	

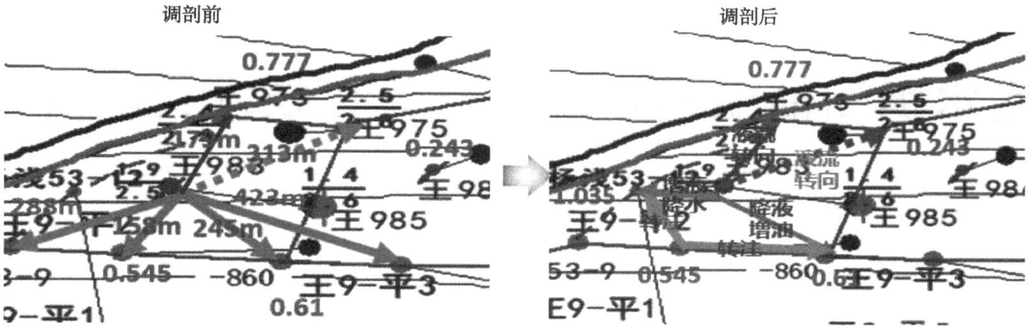

图 13　王 983 调剖前后流线变化

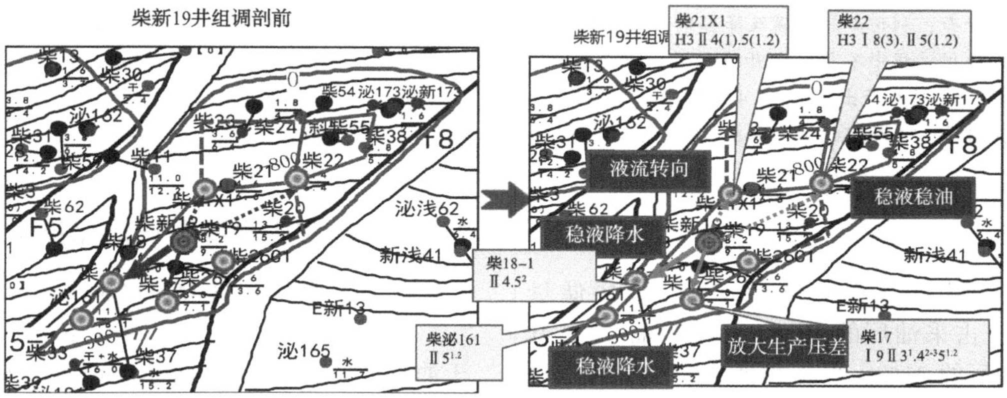

图 14　王柴新 19 调剖前后流线变化

6　结论与认识

针对王集油田为大中孔隙度高中渗透油藏，且平面窜流严重，开展了颗粒凝胶复合调剖技术试验研究。所取得的主要结论和认识如下。

（1）柔性颗粒具有较好的深部调剖作用，其解决了地下交联凝胶成胶条件难控制、适用范围窄，不受温度、矿化度的影响等施工工艺复杂的弊端。

（2）通过岩心流动实验测试了柔性颗粒的性能，该调剖剂对 0.3~3.0μm^2 岩心的调后堵塞率≥97.1%、突破压力>6.0MPa，说明柔性颗粒无论对高渗透率岩心还是低渗透率岩心的堵塞能力都很强。

（3）研发了以 HPAM 为主剂，酚醛为交联剂的凝胶体系，优化了其配方：0.3%HPAM++0.24%交联剂，体系对于 PH 值的适应范围在 4 至 6 之间。通过填砂管实验测试得到该体系凝胶的封堵能力大于 89%。

（4）对施工井从吸水指示曲线方面进行了调剖效果评价，结果表明调剖后吸水能力降低，吸水指示曲线上移。表明其吸水能力下降，注水启动压力增加。

（5）从压降曲线上对调剖井的效果进行了评价，调剖后压力下降趋势比调剖前明显变缓，下降的幅度也比调剖前小，表明调剖后堵剂进入地层后一定程度上封堵了大孔道和窜流通道，导致注入水在地层中的流动能力变差，说明地层中高渗透层得到了有效封堵。

（6）该调剖技术可在油田开发中后期平面窜流严重的稀油普通稠油油藏推广使用。

参　考　文　献

[1] 陈淦．发展三次采油的战略意义及政策要求[J]．油气采收率技术，1997，4(4)：1-6.

[2] 刘一江．化学调驱堵水技术[M]．北京：石油工业出版社，1999. 35-56.

[3] 顾锡奎，杜芳艳．化学深部调驱技术现状与进展[J]．石油化工应用，2009，28(3)：4-7.

[4] 卢祥国，姚玉明，杨风华．交联聚合物溶液流动特性及其评价方法[J]．重庆大学学报(自然科学版)．2000，23(增刊)：107-110.

[5] 唐孝芬，吴奇．区块整体弱凝胶调驱矿场试验及效果[J]．石油学报，2003，24(4)：58-61.

边底水稠油油藏控水降黏一体化技术实践与认识

李月胜　李　刚　符　晶　李良红　王　龙

(中国石化胜利油田分公司河口采油厂)

摘　要　河口采油厂边底水稠油油藏分布广泛，由于底水能量强、原油黏度大、油水流度比大，开发过程中出现底水锥进、含水上升快、采出程度低的难题，而且没有有效的治理措施，开发效果差。通过不断探索试验，首创出"压、降、控"三位一体控水降黏一体化技术，过氮气压水的作用，实现地层中油水界面重新分布；利用二氧化碳及降黏剂协同降黏，有效降低油水流度比；同时配合优化生产参数，控液生产压差。应用过程中不断迭代升级，根据单井情况优化了差异化工艺模式。现场应用286井次，阶段增油13.99万t，投入产出比1：3.4，提高采收率4.89%，区块综合递减持续下降。

关键词　边底水稠油；底水锥进；控水；降黏

1　概况

河口厂边底水稠油储量丰富，地质储量5781万t，占采油厂的12.4%，年产油47.4万t，占采油厂的21%，采出程度20.5%。埕东西区是典型的边底水油藏，动用含油面积16.9km^2，地质储量3088×10^{4}t，主要含油层系为馆陶组，油藏埋深1100~1400m。馆陶组分为9个砂层组，除Ng3^{31}层外，均为边底水普通稠油油藏，构造比较平缓，地层倾角不到1°，内部基本无断层发育，地层整体上向东南抬升，西北倾没。平均孔隙度34.1%，平均渗透率1492×10^{-3}um^2，属于高孔高渗砂岩储层。原油属于普通稠油，且差异性大，平均地面原油密度0.9694g/cm^3、黏度1359mPa·s，为普通稠油。长期以来，受边底水水体大、原油黏度大，油水流度比大的束缚和制约，开发过程中暴露出常规开采含水上升快、油藏采收率低等突出问题。

经过不断探索，分析认为边底水油藏能量充足，压降小，形成水锥后，短期内水锥半径变化不大，油藏顶部和井间剩余油富集，具有控水挖潜的潜力。但是由于原油黏度高，油水流度比大、生产参数不合理、水体大，水基降黏体系易向水中富集等问题造成措施效果差。在剩余油潜力认识和不断探索的基础上，转变思路，创新探索出边底水稠油油藏"压、降、控"三位一体控水降黏新思路，挖潜剩余油，提高边底水稠油油藏开发效果。

2　边底水稠控水降黏一体化技术原理

2.1　"压、降、控"三位一体控水降黏原理

"压"是指氮气压水，氮气不溶于，较少溶于油，且具有良好的膨胀性，前置注入大量氮气压水，利用油水黏度差，注入的氮气首先进入水锥，使其被迫沿地层向构造或油层下部运移，实现地层中油水界面重新分布。

"降"是降低原油黏度，利用高效油溶降黏剂及二氧化碳与原油充分接触，协同降黏，有效降低油水流度比，减缓纵向水锥速度、扩大波及体积。

"控"是指控液生产，开井后通过合理生产压差，控制含水上升，延长低含水期。

2.2　注气体-降黏剂复合增效机理

利用可视化及定量评价装置，研究气体/降黏剂单组分作用机理和复合增效机理及其贡献，为一体化技术优化设计提供理论基础。

(1) 注气体-降黏剂-气体复合增效机理

底水驱替后形成水锥(脊)。先反注N_2，然后反注油溶性降黏剂，最后反注N_2。密封静置12h后再次水驱，整个试验过程如图1所示。

图1显示了注N_2-降黏剂-N_2的水油演化过程，第一次反注的N_2在油层顶部形成水平井长度范围内的气顶，水锥被压制。注入的降黏剂一方面压制气体向油相富集区运移，驱动油向水锥内运移，使油水界面降低，水锥减小；另一方面降黏剂渗透进入高含油饱和度区，推动原油进入水锥，水锥体积进一步减小。同时，降黏作用使

原油的黏度降低，增加了原油的流动能力。第二次注 N_2，驱动降黏剂向油层更深部运移，促使降黏剂的作用范围增加。另外，N_2 在油层顶部形成更大的气顶，油层顶部的弹性能量增加，抑制了后续底水驱的锥进。气体增加的弹性能和降黏剂降低水油流度比的共同影响，使得水相渗透率减小，增加了底水的波及面积，措施后油水界面上部的油层全部水淹。

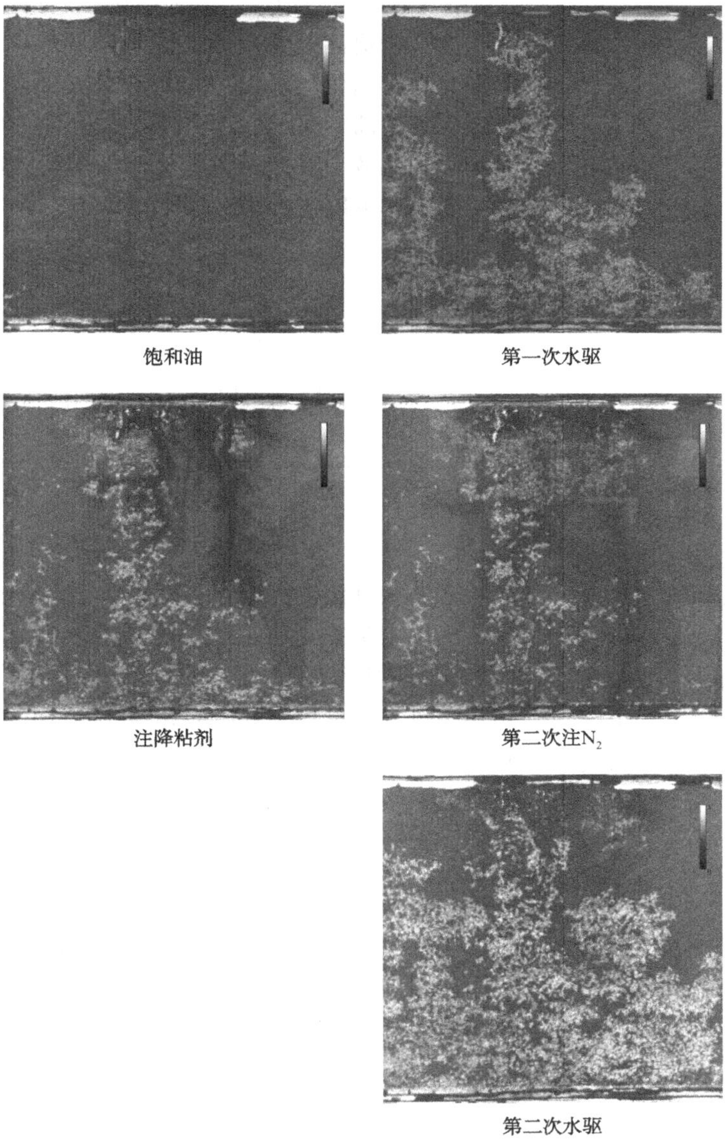

图 1　注气体-降黏剂-气体前后水油演化过程

（2）气体-降黏剂压水锥效应的定量描述

从定量的角度分析气体-降黏剂压水锥效应，试验结果如表 1 所示。每种注入方式的气体和降黏剂用量相同时，注降黏剂-N_2组合方式的面积波及率增加值最大，两者具有正协同效应。注降黏剂和注 N_2相比，面积波及率的增加值大得多，说明降黏剂在一体化技术中起主导作用。

表 1　气体/降黏剂压水锥效果

组分	波及率/%		控水降黏率/%
	措施前	措施后	
N_2	40.52	48.39	7.87
降黏剂	42.95	62.77	19.82
降黏剂-N_2	32.46	58.63	26.17
N_2-降黏剂-N_2	36.01	60.82	24.81

（3）气体-降黏剂抑制水锥回升的影响程度

选择注 N_2、注降黏剂、注降黏剂-N_2和注

N_2-降黏剂-N_2的注入方式，采用填砂模型物理模拟试验，考察了4种注入方式对抑制水锥回升的影响程度。试验结果见图2。

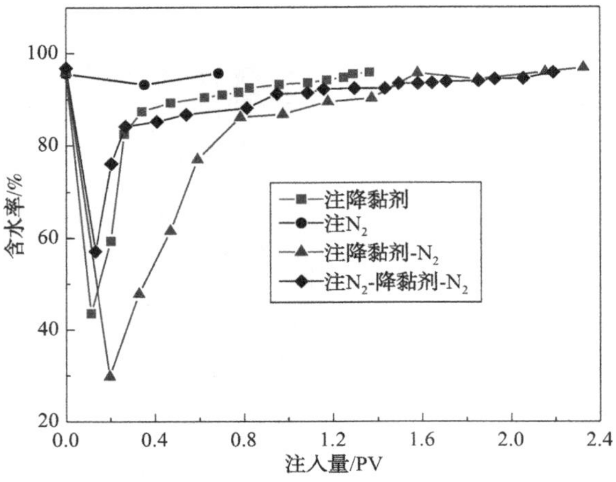

图2　不同措施后开采含水率变化

该填砂模型底水开发阶段开采至含水率96%，注入降黏剂和(或)N_2，再次开采至含水率96%结束。图2显示了注入控水降黏体系后的含水率变化，可以看出注入N_2、降黏剂、降黏剂-N_2和N_2-降黏剂-N_2开采初始含水率分别为93.18%、43.57%、29.79%和57.14%，含水率再次达到96%时注入量分别为0.69PV、1.36PV、2.33PV和2.19PV。说明对抑制水锥回升的影响程度：注降黏剂-N_2>N_2-降黏剂-N_2>降黏剂>N_2，气体和降黏剂组合在抑制水锥回升中存在正协同效应。

3　边控水降黏一体化工艺优化

3.1　氮气用量优化

首先根据每口井的生产情况，避水高度，原油黏度等不同因素计算水锥半径。计算公式(1)：

$$r=33.175\ln L_p+1.51\times10^{-6}\ln H+2.092e^{7.36\times10^{-9}}f_w-0.245\ln\mu_r+0.249\ln Q_L+37.5 \quad (1)$$

式中，L_p为累产液，10^4t；H为避水高度，m；f_w为含水，%；μ_r为地下油水黏度比；Q_L为日产液量，t。

再根据水锥半径，结合地层孔隙度、水平段长度等因素，计算不同压水高度下的氮气用量。计算公式(2)：

$$v=(2r*H1)/2*h*\varphi \quad (2)$$

式中，V为压水体积，m^3；r为水锥半径，m；h为水平段长，m；H_1为压水高度，m；φ为油层孔隙度。

通过计算指导氮气用量优化，结合经济性，目前压水高度控制在1.0~1.5m。

3.2　协同降黏优化

(1) 油溶性降黏剂优化

体系的主链为C-C单键结构，通过接枝芳香类缩合物提高其在胶质、沥青质中的亲和力，确保其在溶剂化层和胶束核心有良好的渗透性，通过破坏稠油胶束形态达到高效降黏的目的。通过溶解和分散沥青质两方面作用，实验表明5%用量降黏率可以达到85%以上(图3)。

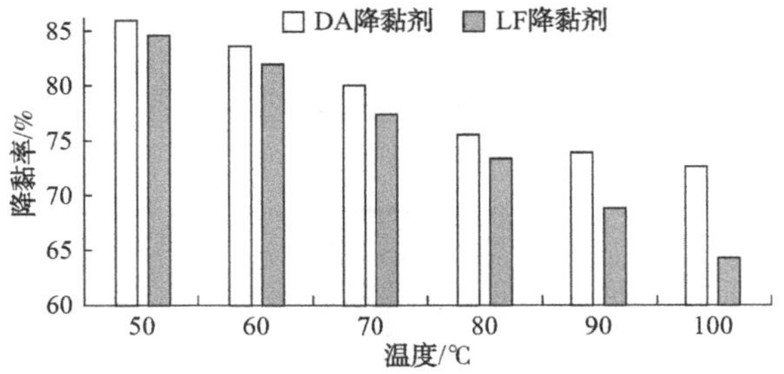

图3　5%两种不同降黏剂的降黏率

(2) 二氧化碳优化

二氧化碳主要通过溶解在烷烃、芳香烃中，增加了重质组分的空间作用距离，降低了之间的相互作用力，起到降低稠油黏度的作用。二氧化碳具有良好的传质能力，可以有效解决降黏剂极易溶于原油，波及范围小，处理原油有限的问题，大幅度提高油溶性降黏剂的处理半径(图4)。

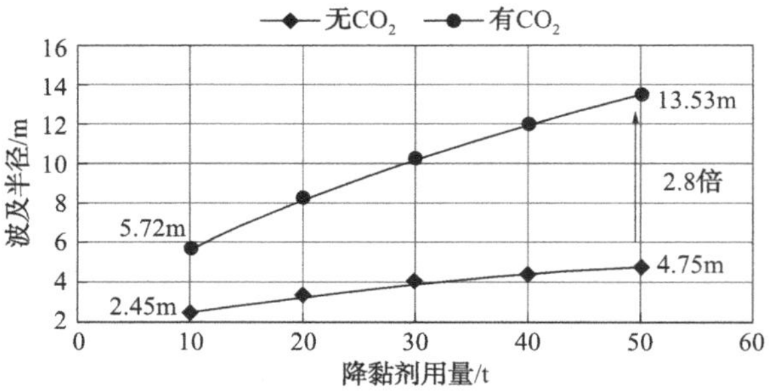

图4　降黏剂用量与波及半径关系曲线

实验表明，加入降黏剂后，相同饱和压力二氧化碳的溶解气油比增大20%-30%。复合体系协同作用下，降黏率可以达到98.52%(图5、图6)。

研究了不同CO_2注入量和增油量的关系。由图7可以看出，周期累增油随着CO_2注入量的增加成上升趋势，注入二氧化碳量在160t时，增产效果最好，现场施工时，要以较高的增油量和适当的换油率来优选CO_2注入量。

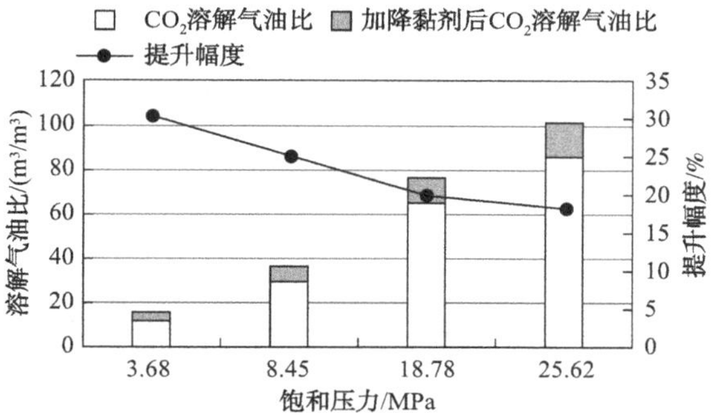

图 5　加入降黏剂前后 CO_2 溶解气油比对比

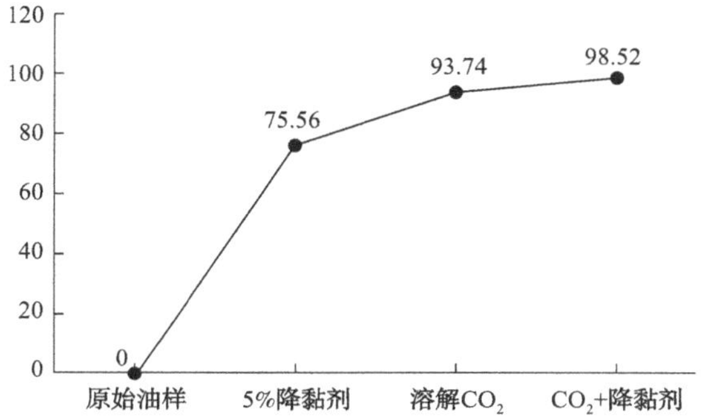

图 6　不同降黏方式降黏效果对比

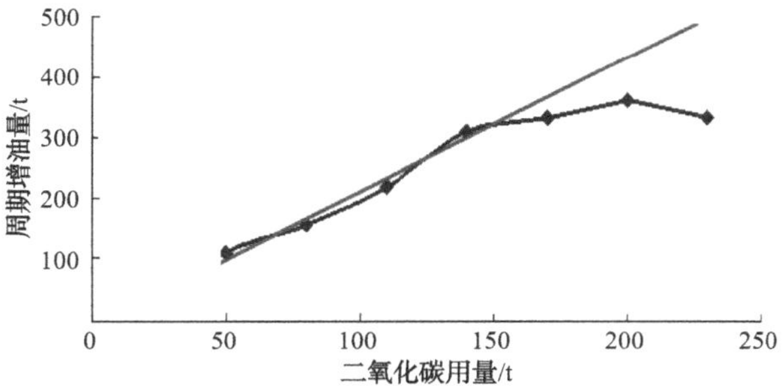

图 7　不同二氧化碳用量下的增油量

3.3　生产参数优化

采用等值渗流阻力法计算公式，根据避水高度、原油黏度等参数计算不同含水阶段的合理生产压差，通过控液生产，控制含水上升，延长低含水期。计算公式(3)：

$$\Delta P=\frac{\rho g k_{n}\varnothing\left[\frac{\mu_{w}h_{w}}{\kappa_{rw}}+\frac{\mu_{o}(h_{p}-h_{w})}{\kappa_{ro}}\right]}{k_{v}(\mu_{r}-1)} \tag{3}$$

式中，$\Delta\rho$ 为水油密度差，$\Delta\rho=\rho_w-\rho_o$，g/cm^3；k_n 为油层水平渗透率，um^2；k 为油层垂向渗透率，um^2；ρ 为原油黏度，mPa·s；P_w 为地层水黏度，mPa·s；h_p 为水平井水平段距原始油水界面的距离，m；h_w 为底水脊进高度，m；k_{rw} 为残余油下水相渗透率；k_{ro} 为束缚水下油相渗透率；

通过计算确定不同含水阶段下的合理产量，见表 2。

表 2　不同含水阶段产液量

含水阶段	开发对策	目的	不同含水的初产液量	
			含水/%	初产液/(t/d)
中低	控液生产	控制含水上升速度	40	10.8
中高	适当提液	控制产油量递减	60	13.5
特高	逐步提液	达到一定效益的产油量	80	23.3

4　实施效果

该技术从 2020 年 6 月份开始实施，已推广至埕东、太平、义东和邵家 4 个油田 8 个区块，累计实施 286 井次，累计增油 13.99 万 t，平均单井增油 489t，投入产出比 1∶3.4，同时减少产出水 123.5 万 m^3，节电 432.25 万 kW·h，节约水处理费用 988 万元。该技术的成功应用，显示出边底水稠油油藏治理的巨大潜力。

以埕 42-平 8 井为例，该井 2019 年 6 月投产，原油黏度 2155mPa·s，初期含水为 35%左右，从 2019 年 10 月开始，由于边底水影响，含水逐步上升，累油 1633t，累水 4572t。2020 年 9 月实施控水降黏一体化措施，措施前 13.6/1.8/86.8%，开井后峰值 11.1/10.5/5.4%，累增油 3571t，投入产出比 1∶28(图 8)。

5　结论和认识

(1) 通过转变思路，创新驱动，探索了“氮气+二氧化碳+油溶性降黏剂”边底水稠油控水降黏一体化技术，对边底水油藏低效井具有突破性的意义。

(2) 筛选了适用于油品特性的高效油溶降黏剂体系，与 CO_2 协同降黏效果较好；同时利用 CO_2 的膨胀扩散性能，携带更多的降黏剂进入油层深部，扩大波及体积，提高降黏效果。

(3) 进行了控水降黏一体化配套工艺及施工参数优化：根据水平段长度、底水锥进半径、避水高度等情况，优化氮气用量；根据避水高度、原油黏度、水平段长度等参数计算不同含水阶段的合理生产压差，控制合理产液量，延长低含水采油期。

(4) 边底水稠油控水降黏一体化技术具有无需动作业，措施投入少、施工简单的特点，现场实施控水增油效果显著。

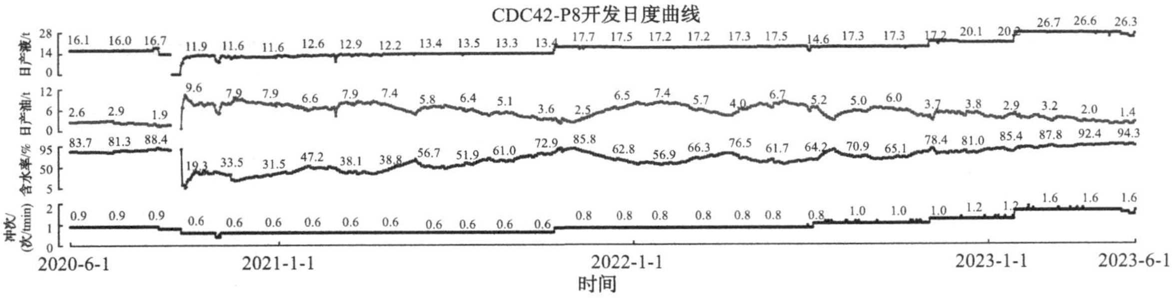

图 8　埕 42-平 8 井日度采油曲线

参 考 文 献

[1] 杨元亮，沈国华，宋文芳，等．注氮气控制稠油油藏底水水锥技术[J]．油气地质与采收率，2002(03)：83-84+88-0.

[2] 庞占喜，程林松，陈月飞，等．常规稠油底水油藏氮气泡沫控制水锥技术研究[J]．石油学报，2007，28：99-103。

[3] 马跃，唐晓旭，刘晖，等．海上底水稠油油藏氮气泡沫压锥技术研究与应用[J]．中国海上油气，2012，24(1)45-50.

[4] 侯利，赵军梅，李凤玲，等．边底水油藏 CO_2 吞吐控水稳油技术研究[J]．内蒙古石油化工，2017，43(09)：72-74.

[5] 徐玉霞，葛丽珍，廖新武，等．边底水稠油油藏单砂体水淹规律量化研究[J]．科学技术与工程，2012，12(25)：6300-6304.

驱油用核壳型延时增黏聚合物合成及性能评价

董　雯[1]　巩锦程[1]　宋　倩[1]　宋　敏[2]

(1. 中国石化胜利油田分公司勘探开发研究院；2. 中国石化胜利油田分公司油气开发管理中心)

摘　要　聚合物是目前油田化学驱的主要驱油剂，但其抗剪切和抗硫铁性能较弱，现场黏度损失严重，对聚合物驱效果产生较大影响。利用微流控技术将聚合物包裹在微胶囊内，避免剪切和硫铁对聚合物的影响，创新设计合成了一种核壳型延时增黏聚合物，优化了最佳合成参数，评价了该延时增黏聚合物的抗剪切性能、抗硫铁性能、延时增黏时间范围，并考察了其驱油效果。研究结果表明：核壳型延时增黏聚合物经机械剪切后黏度保留率在95%以上，是常规聚合物的3倍，抗硫铁黏度保留率是常规聚合物的2~4倍，延时增黏时间2h至72h可控，可满足目的层增黏扩波及的要求。室内物理模拟实验结果表明，浓度为1500mg/L的核壳型延时增黏聚合物可提高采收率达28.7%，具有较好的应用前景。

关键词　聚合物；核壳型；延时增黏；抗剪切；抗硫铁

聚合物驱是三次采油的主要技术方法之一，驱油机理清楚，技术成熟，是一项有效的提高采收率技术措施。我国在聚合物驱领域已达到国际先进水平，形成了完整的配套技术，现场也取得了良好的应用效果。目前矿场应用的最多的聚合物是干粉类的部分水解聚丙烯酰胺(HPAM)，它具有易运输、有效含量高、分子量高、增黏性好的优点，但在应用过程中也暴露出一些缺点。

干粉类聚合物矿场应用时需要把干粉溶解成高黏度聚合物溶液后再注入地层，这种配注方式存在两个方面的问题：一方面是污水中的S^{2-}、Fe^{2+}可以加速氧化自由基的形成，使HPAM断链，导致聚合物黏度大幅度降低；另一方面聚合物溶液配注沿程和通过炮眼受到高速剪切，聚合物分子链被破坏，导致聚合物黏度大幅度降低。针对这两方面问题，本文创新设计并合成了核壳型延时增黏聚合物。该聚合物通过分子包埋法，将驱油用聚合物部分水解聚丙烯酰胺包埋在微胶囊中，形成核壳型聚合物，从而有效的避免污水中的S^{2-}、Fe^{2+}、O_2以及高速剪切对聚合物分子及其黏度的影响。本文优化了核壳型延时增黏聚合物的制备参数，通过红外光谱、激光拉曼光谱等对合成的聚合物进行了结构表征，评价了该聚合物的性能，并考察了该聚合物延时增黏时间和驱油效果。

1　实验部分

1.1　材料与仪器

实验材料：丙烯酰胺(AM)、2-丙烯酰胺-2-甲基丙磺酸(AMPS)、Span80、Tween80、白油，工业级；2-羟基-2-甲基苯乙酮、丙三醇，分析纯，阿拉丁化学试剂公司；聚醚型聚氨酯(PU)预聚体，由异佛尔酮二异氰酸酯(IPDI)和聚乙二醇(PEG)聚合而成，武汉华翔科洁生物技术有限公司；胜利Ⅱ型盐水：矿化度为19334mg/L，含Cl^- 11818.2mg/L、Ca^{2+} 102.4mg/L、Mg^{2+} 411.8mg/L、Na^+ 7001.7mg/L；填砂管岩心：长30cm、直径2.5cm、气测渗透率1650×$10^{-3}\mu m^2$，驱替用原油为孤岛原油，75℃条件下黏度为71.6 mPa·s。

实验仪器：微流控装置，福州大学制备；紫外灯，飞利浦；拉曼光谱仪，美国Thermo Fisher公司激光共聚焦显微镜，采用的激发光光源为532 nm和785 nm；投射电镜(TEM)：美国Thermo Scientific公司；DV-Ⅲ型旋转黏度计，美国Brookfield公司；Virian 3100型FT-IR傅里叶变换红外光谱仪，美国瓦里安技术有限公司；恒温烘箱，德国宾德；UV-260紫外分光光度计，日本岛津；Waring-8010G型吴茵搅拌器，美国动力公司。

1.2　核壳型延时增黏聚合物的制备

称取24.50g的单体丙烯酰胺(AM)和10.50g的2-丙烯酰胺基-2-甲基丙烷磺酸(AMPS)、0.04g的光引发剂2-羟基-2-甲基苯乙酮，溶解于64.96g去离子水中，搅拌均匀后，利用氢氧化钠将溶液pH值调节至7~8，得到水相溶液，作为内向流体，为核壳型延时增黏聚合物的芯材；将 3.50g 的聚醚型聚氨酯预聚体、0.04g 的光引发剂 2-羟基-2-甲基苯乙酮、1.0g 扩链剂丙三醇、3.10g 表面活性剂 Span80、0.77g 的 Tween80 加入到 41.59g 白油中，搅拌均匀后得到油相溶液，作为外向流体，为核壳型延时增黏聚合物的壳层。内向流体和外向流体通过水系滤膜，过滤两遍，将内向流体作为分散相流过微流控装置的中心通道，外向流体流过微流控装置的四周通道，并用去离子水收集，在紫外灯照射下进行聚合反应固化，得到核壳型延时增黏聚合物乳液。

1.3 核壳型延时增黏聚合物结构表征

1.3.1 分子官能团表征

利用真空泵、布氏漏斗和抽滤瓶对核壳型延时增黏聚合物乳液进行抽滤，得到白色固体后用无水乙醇洗涤三次，除去残余物，将白色固体在 120℃烘箱内干燥 2h。将所得样品与 KBr 粉末混合后放在研钵中研成更细的粉末，压片，用傅里叶变换红外光谱仪对样品进行红外光谱分析。

取适量干燥样品于载片中间，取另一载片压在样品上，按压一会，压片成型，用激光拉曼光谱仪对样品进行激光拉曼光谱分析。

1.3.2 核壳结构表征

取少量干燥处理后的样品于装有正己烷的离心管中超声几秒，然后滴在硅片上，烘干后对延时增黏聚合物颗粒的核壳结构进行观察测试。

1.3.3 粒径分布测试

用去离子水将核壳型延时增黏聚合物溶液稀释至浓度为 50mg/L，超声分散至分散均匀，利用动态光散射仪(DLS，Malvern)测试颗粒的粒径分布。

1.4 核壳型延时增黏聚合物性能评价

1.4.1 抗剪切性能评价

将浓度为 1500mg/L 的核壳型延时增黏聚合物溶液置于吴茵搅拌器中进行剪切，剪切速率为 18000r/min，剪切时间为 10s。将未剪切样品和剪切后样品装入安瓿瓶中抽真空除氧，放入 75℃烘箱 48h 进行破壳，拿出样品后，采用布氏黏度计测试破壳后样品的黏度，测试温度为 75℃，剪切速率为 $7.34s^{-1}$。配制同浓度的现场在用常规Ⅱ型聚合物，同条件下剪切，测试剪切前后的黏度，核壳型延时增黏聚合物进行对比。

1.4.2 抗硫铁性能评价

先配制好一定浓度的核壳型延时增黏聚合物溶液，分别加入不同浓度的二价铁离子溶液，将溶液装入安瓿瓶进行抽真空除氧，放入 75℃烘箱中 48h 后拿出，采用布氏黏度计测试样品的黏度，测试温度为 75℃，剪切速率为 $7.34s^{-1}$。同条件下测试抗硫性能。

1.4.3 延时时间测试

配制一定浓度的核壳型延时增黏聚合物溶液，将溶液装入安瓿瓶进行抽真空除氧，放入 75℃烘箱，不同时间拿出，采用布氏黏度计测试样品的黏度，测试温度为 75℃，剪切速率为 $7.34s^{-1}$。黏度趋于稳定后认定为聚合物完全释放。

1.4.4 驱油效果评价

在温度为 75℃条件下，将填砂管岩心饱和水、饱和原油，75℃条件下恒温老化 3 天，一次性水驱至含水 90%，再注入 0.5PV 质量浓度为 1500mg/L 的破壳后延时增黏聚合物溶液，继续水驱至综合含水 98%，记录油水产量及驱替压力，计算采收率。驱替过程中注入速度 0.23mL/min。

2 实验结果及讨论

2.1 核壳型延时增黏聚合物结构表征

2.1.1 外壳组分结构表征

提取样品外壳层，并对其进行傅里叶红外光谱仪测试，实验结果如图 1 所示。

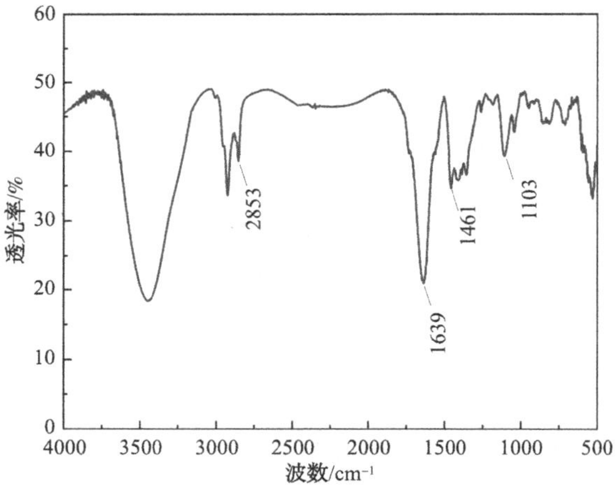

图 1　核壳型延时增黏聚合物外壳傅里叶变换红外变化光谱图

由图 1 可以看出，$2874cm^{-1}$处的特征吸收峰对应聚醚链的 $-CH_2-$，而 $1730cm^{-1}$、$1536cm^{-1}$ 和 $1089cm^{-1}$分别对应聚氨酯氨基甲酸酯键中的 C=O、N-H 和 C-O-C 的伸缩振动吸收峰。因此，可初步判断聚合物的壳层为聚醚型聚氨酯。

2.1.2　内核组分结构表征

（1）官能团表征

对样品进行傅里叶红外光谱仪测试，判断核壳型延时增黏聚合物所包含的官能团，从而分析其组成成分。实验结果如图2所示。

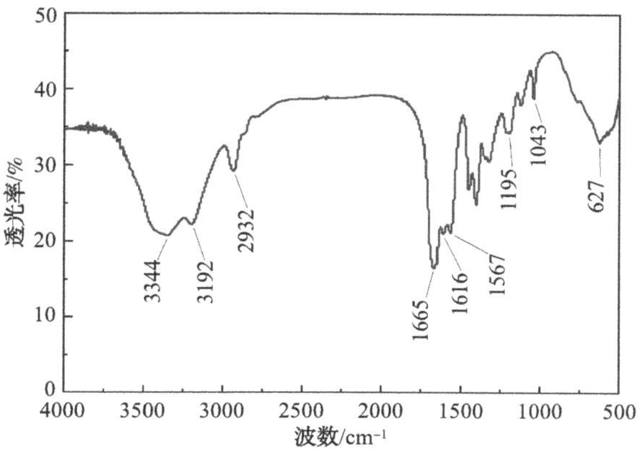

图2　核壳型延时增黏聚合物傅里叶变换红外变化光谱图

从样品红外谱图可以看出，3344cm^{-1}处的特征峰为来源于游离的$-NH_2$，3192cm^{-1}处的特征峰来源于缔合$-NH_2$，而2932m^{-1}处特征峰源于亚甲基的伸缩振动，在1665cm^{-1}处的特征峰来源于酰胺C＝O的伸缩振动，而1616cm^{-1}处和1567cm^{-1}处的特征峰则分别来源于酰胺N－H的弯曲振动和仲酰胺N－H的弯曲振动。此外，1195cm^{-1}、1043cm^{-1}处和627cm^{-1}处的特征吸收峰分别对应$-SO_3H$中S＝O的非对称、对称伸缩振动和C－S的伸缩振动。由以上分析可得，样品为带有磺酸基团的聚丙烯酰胺聚合物。

拉曼光谱可用于辅助验证红外测试的结论，将样品进行激光拉曼测试，结果如图3所示。其中，在1044cm^{-1}处出现$-SO_3$的特征吸收峰，1206cm^{-1}、1322cm^{-1}处对应C－N的特征吸收峰，1617cm^{-1}对应酰胺N－H的弯曲振动，1658cm^{-1}对应C＝O的特征吸收峰，1455cm^{-1}处对应$-CH_2-$的特征吸收峰，3198cm^{-1}、3355cm^{-1}对应$-NH_2$的特征吸收峰。说明延时增黏聚合物聚合物为带有磺酸基团的聚丙烯酰胺聚合物，该结果与FTIR的表征结果相对应。

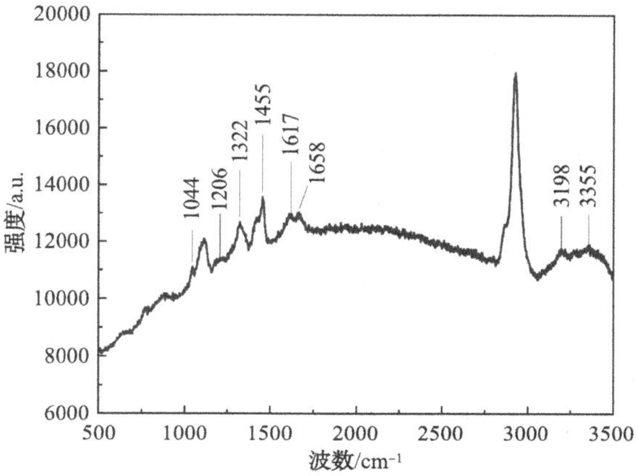

图3　核壳型延时增黏聚合物拉曼光谱图

（2）核壳结构表征

将干燥处理后的样品置于透射电子显微镜（TEM）下观察。实验结果如图4所示。

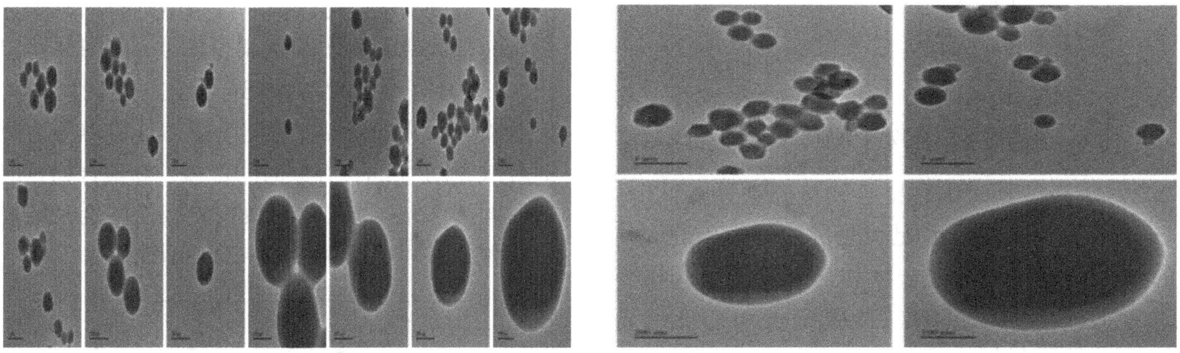

图4　核壳型延时增黏聚合物在不同放大倍数下的透射电镜图

由图4可以看出，核壳型延时增黏聚合物样品呈球形，表面光滑，具有明显核壳结构，包封性较好，粒径在300nm～1000nm，壳层厚度约为30nm。

（3）粒径分布表征

通过动态光散射法（DLS）确定核壳型延时增黏聚合物样品的尺寸分布。如图5所示，样品的尺寸是微纳米级，分布不均一，小尺寸的平均粒径约为80nm，大尺寸的平均粒径分布在800nm左右，与TEM图像中观察到的结果类似。

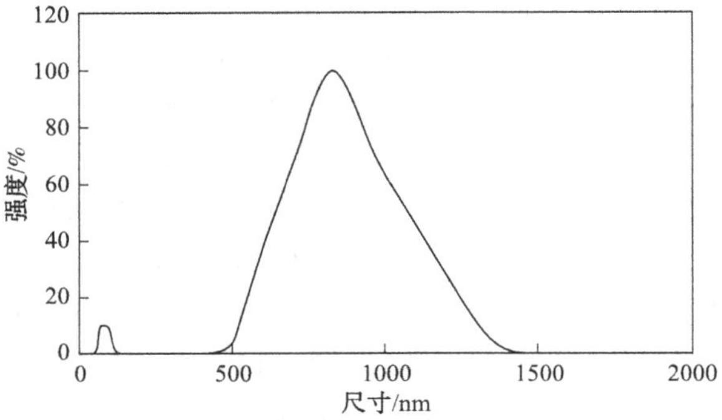

图 5　核壳型延时增黏聚合物的尺寸分布图

2.2　核壳型延时增黏聚合物性能评价

2.2.1　核壳型延时增黏聚合物抗剪切性能评价

核壳型延时增黏聚合物剪切前后样品的黏度与现场在用常规部分水解聚丙烯酰胺干粉剪切前后的黏度对比如图 6 所示。由图 6 可以看出，现场在用常规部分水解聚丙烯酰胺剪切前后的黏度由 15.9mPa·s 降为 5.2mPa·s，黏度保留率为 32.7%；而核壳型延时增黏聚合物剪切前样品破壳后黏度为 15.4mPa·s，剪切后样品破壳后的黏度为 14.8mPa·s，黏度保留率为 96.1%，是常规聚合物剪切黏度保留率的 3 倍左右，具有较强的抗剪切性能。

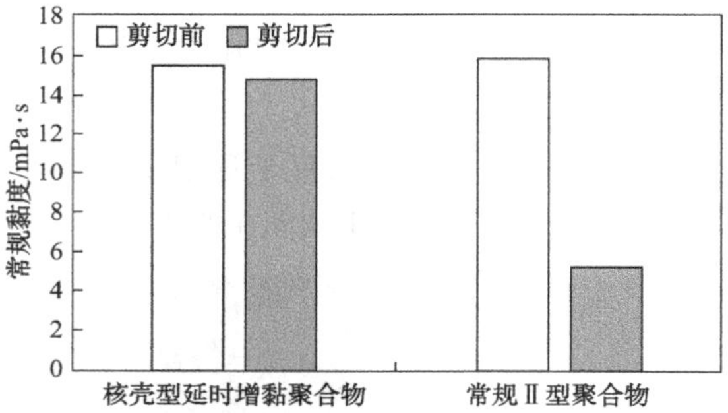

图 6　不同类型聚合物剪切前后黏度对比

2.2.2　核壳型延时增黏聚合物抗硫铁性能评价

采用胜利Ⅱ型盐水配制质量浓度为 1500mg/L 的核壳型延时增黏聚合物和常规Ⅱ型聚合物溶液，并加入不同浓度的二价硫离子和二价铁离子，实验结果见图 7 和图 8。由图 7 可以看出，两种聚合物溶液的初始黏度基本相当，黏度均随着二价硫离子浓度的增加而降低，但核壳型延时增黏聚合物溶液黏度降低幅度小，在二价硫离子浓度为 10mg/L 时，常规Ⅱ型聚合物溶液的黏度降为 2.1mPa·s，而核壳型延时增黏聚合物溶液黏度为 8.9mPa·s，具有较强的抗硫能力。由图 8 可以看出，黏度均随着二价铁离子浓度的增加而降低，但核壳型延时增黏聚合物溶液黏度降低幅度小，在二价铁离子浓度为 10mg/L 时，常规Ⅱ型聚合物溶液的黏度降为 4.5mPa·s，而核壳型延时增黏聚合物溶液黏度为 10.3mPa·s，具有较强的抗铁能力。

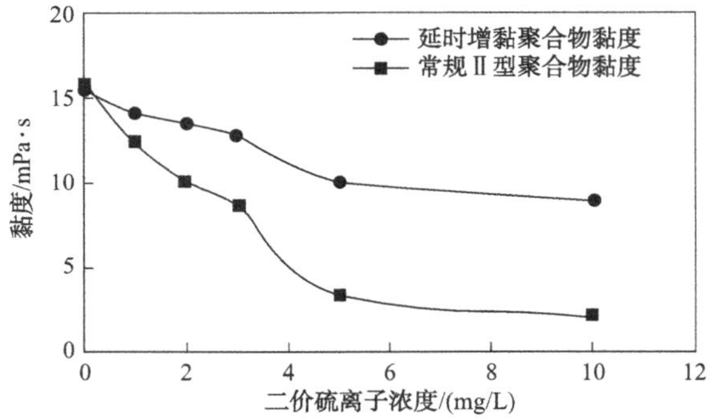

图 7　不同类型聚合物抗硫能力对比

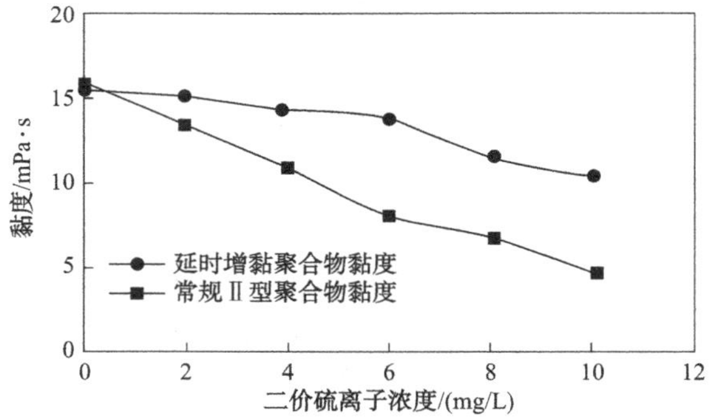

图 8　不同类型聚合物抗铁能力对比

2.2.3　核壳型延时增黏聚合物延时释放时间测试

通过改变壳层扩链剂丙三醇的浓度来改变壳层的疏密程度，从而可以调节核壳型延时增黏聚合物的延时释放时间，实验结果见图 9。由图 9 可以看出，4 个核壳型延时增黏聚合物在一定时间内均能完全破壳，并进入黏度稳定阶段，其中 2#聚合物延时释放时间为 2h，释放时间最短，4#聚合物延时释放时间为 72h，释放时间最长。核壳型延时增黏聚合物释放时间可控制在 2h~72h 范围内。

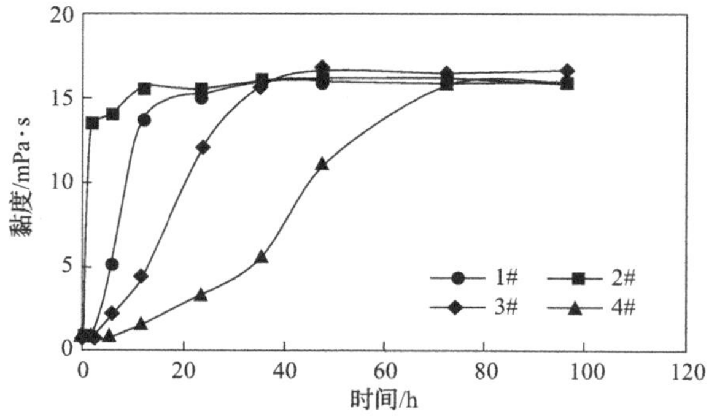

图 9　核壳型延时增黏聚合物释放时间

2.2.4 核壳型延时增黏聚合物驱油实验

核壳型延时增黏聚合物驱油物理模拟实验结果见图10。可以看出，水驱的原油采收率为35.2%，拟合水驱采收率为51.7%，水驱含水达到90%时转注浓度为1500mg/L的破壳后核壳型延时增黏聚合物0.5PV，注入过程中压力迅速上升，含水迅速下降，形成一个降水漏斗，且降水有效期长，最终采收率提高至80.4%，注入破壳后核壳型延时增黏聚合物室内物理模拟实验提高采收率高达28.7%，表现出良好的驱油效果。

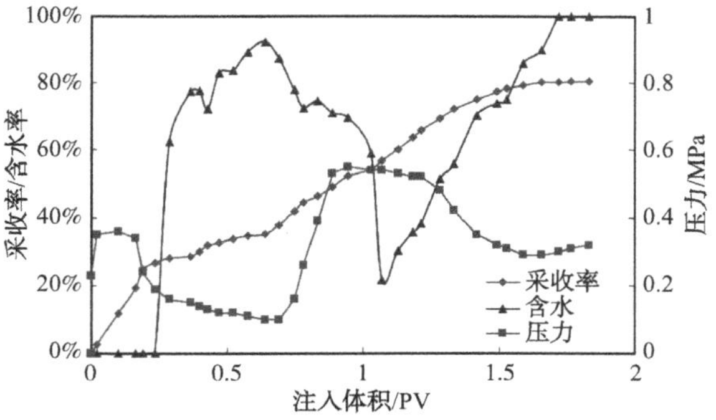

图10 核壳型延时增黏聚合物驱油实验结果

2.3 核壳型延时增黏聚合物现场应用效果

核壳型延时增黏聚合物先导试验区选在胜利油田孤岛Ng1+2，试验区位于馆陶组，砂体发育零散，非均质性强，泥质含量高。区块油藏温度66℃，矿化度8423mg/L，氯化钙型水质。地下原油黏度50～80mPa·s，地面原油黏度722mPa·s，目前采出程度为34.5%，综合含水92.5%。2022年12月正式投注核壳型延时增黏聚合物，共3口注入井，16口采出井。配注方式为产出水直接分散稀释，现场设备仅为储液泵和增压外输泵，无需溶解、熟化等设备，大大减少了占地面积和熟化时间。注入核壳型延时增黏聚合物后，三口注入井油压平均增幅6.4MPa。两口油井见效明显：GD1-1，含水下降7.6%，日产油增加1.2t；GD1-2，含水下降12.5%，日油增加3.2t/d。

3 结论

利用微流控的方法优化合成一种可应用于驱油的核壳型延时增黏聚合物，其外壳为聚氨酯，内核为AM和AMPS的共聚物，聚合物具有明显的核壳结构，外壳尺寸为30nm左右，可保护内核的聚合物，内核尺寸在800nm左右，胶囊尺寸为百纳米级，用于驱油具有良好的注入性能。

相对于常规干粉类聚合物，核壳型延时增黏聚合物由于有外壳保护，具有明显的抗剪切和抗硫铁性能优势，且在地层温度条件下，破壳后释放时间可控，可满足地层延时增黏的要求。室内物理模拟实验可提高采收率达28.7%，核壳型延时增黏聚合物已经在现场进行了先导试验，且已初步见到了降水增油的效果，先导试验成功后，可更大幅度提高原油采收率，具有广阔的应用前景。

参考文献

[1] 李宗阳，王业飞，曹绪龙，等．新型耐温抗盐聚合物驱油体系设计评价及应用[J]．油气地质与采收率，2019，26(2)：106-112.

[2] 蒋平，周翔宇，袁玉峰，等．中低渗稠油油藏聚合物驱适应性分析[J]．中国石油大学学报(自然科学版)，2021，45(3)：166-170.

[3] 周敏．油田污水对聚合物黏度影响及对策研究[J]．化工管理，2018，(13)：93-94.

[4] 王增林，田玉芹，靳彦欣，等．注入水水质对聚合物黏度的影响及水质处理剂的筛选[J]．油田化学，2019，36(4)：682-687.

[5] 束宁凯，汪卫东，曹嫣镔，等．化学驱聚合物溶液配注工艺技术及矿场应用效果[J]．石油学报，2022，43(5)：668-679.

[6] 季岩峰，杨勇，曹绪龙，等．微胶囊乳液型聚合物驱油剂研制与评价[J]．石油学报，2023，44(6)：975-981.

[7] 韩风，高楠楠，崔业波，等．复方氟尿嘧啶口服溶液包封率测定方法的改进[J]．中国药品标准，2021，22(6)：510-513.

[8] Wang D, Tan J, Han Y, et al. Synthesis and properties of temperature-resistant and salt-tolerant tetra-acrylamide copolymer[J]. Journal of Macromolecular Science Part A Chemistry, 2019, 56(12): 1148-1155.

[9] 李光辉，未九森，李晓丹，等．聚(苯乙烯-丙烯酰胺)核壳型微球破胶剂的制备与缓释效果[J]．油田化学，2020，37(2)：208-211.

[10] 潘明旺，万林战，张健等．核壳型交联丙烯酸酯共聚物的合成及表征[J]．高分子材料科学与工程，2004，20(2)：61-64.

[11] 白璞，刘艳娜，孙彦琳，等．核壳结构复合微球研究进展[J]．硅酸盐通报，2013，33(4)：663-667.

[12] 陈挺，周勋，党伟，等．MCB系列微胶囊破胶剂的性能[J]．钻井液与完井液，2016，33(4)：114-116.

稠油火驱生产井热剂复合吞吐引效技术研究

刘人杰　田思畦　苏日古　王美洁　陈登亚

(中国石油新疆油田分公司工程技术研究院)

摘　要　火驱是稠油油藏注蒸汽开发后重要接替方式。对于高黏火驱油藏，驱替阻力大、见效慢问题，现场通常采用吞吐引效方式，提高生产井附近地层温度，降低原油黏度，提高稠油流动比。但油藏注蒸汽开发后地层普遍存在高渗条带，影响吞吐引效效果，烟道气也更易沿高渗带形成气窜通道。针对此问题，开展岩心泡沫驱替封堵转向实验，探究发泡剂辅助蒸汽吞吐引效机理和影响因素，确定不同条件下发泡剂辅助蒸汽吞吐引效效果。研究结果表明，地层水矿化度、地层温度、原油黏度、发泡气体类型都会对泡沫的稳定性产生影响。驱替实验中，发泡剂 0.5%浓度左右驱替压差趋于平缓；渗透率对于泡沫封堵效果的影响较大，低渗储层封堵效果更好。渗透率级差较小时，对高渗层的封堵效果较好；温度越高，泡沫的稳定性越低，封堵效果越差。研究表明对于工况适宜的生产井，可采用发泡剂封堵气窜通道，抑制气窜，扩大火驱波及范围，改善驱油效果。实验结果为高黏火驱生产井热剂复合吞吐引提供了有力依据。

关键词　火驱，发泡剂，气窜封堵，吞吐引效，提高采收率

新疆油田浅层稠油资源丰富，是我国优质环烷基稠油的重要生产基地，截至 2020 年底，新疆浅层稠油累计探明地质储量达到 5.81×10^8 t，累计生产优质环烷基稠油 1.05×10^8 t。在注蒸汽开发后期，针对蒸汽驱替效率低，经济效益差问题采用火驱方式接替开发，但新疆稠油粘度高，原油流动能力差，火线推进缓慢，通常对生产井进行蒸汽吞吐引效辅助火驱开发，以保证高黏区火驱见效率。火驱试验区属高孔、中高渗透储集层，渗透率变化较大，非均质程度严重，注蒸汽吞吐引效中后期汽窜干扰严重，汽液比降低，火驱开发过程中因产气量大，井间气窜更为明显，火驱试验区目前多口井因气窜井口高温关井，极大影响了火驱产量，亟需开展新型辅助引效方式抑制气窜，提高吞吐引效效果，发泡剂体系可作为封堵介质用于火驱蒸汽吞吐引效。

本文对油田常用的两种发泡剂体系进行了高温适应性评价，基于岩心泡沫驱替封堵转向实验深入研究了不同因素对气窜通道封堵效果影响的规律。阐明了火驱生产井热剂复合吞吐引效作用机理，对后续改善吞吐引效方式，提高该区域吞吐引效有效率及原油产量具有重要意义。

1　发泡剂高温适应性研究

1.1　发泡剂 PH 值

取常用的两种发泡剂体系郑 364、FQ-3 开展 pH 值耐温实验。确保样品透明，没有悬浮物或颗粒物影响测量数值。使用标准 pH 缓冲溶液来校准仪器，确保测量的准确性。将两种发泡剂体系置于 200℃ 环境中。恒温一周，每天测量并记录两种发泡剂 pH 值。为确保数据准确，样品放入 pH 仪器后，应等待一段时间直到 pH 值读数稳定后方可记录测量值。测量结果如图 1 所示。

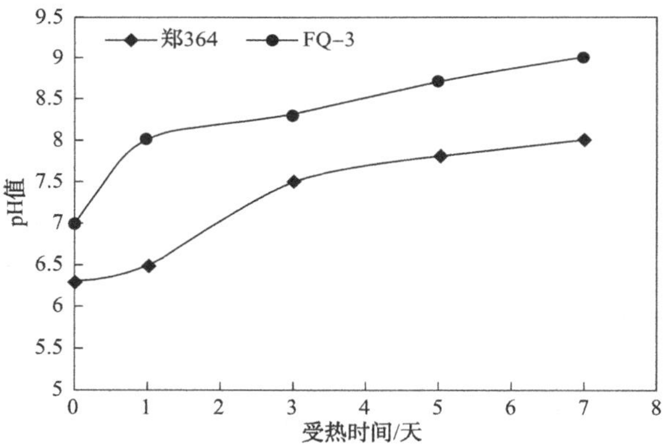

图 1　200℃ 发泡剂 pH 值变化曲线

结果表明，初始条件下，两种发泡剂都呈酸性/中性，随着受热时间的增长，两者的 pH 值都大于 7，呈碱性。

1.2　不同温度条件下发泡剂发泡体积和半衰期评价

取两种发泡剂样品，实验前分别充分搅拌，使用地层水和去离子水验证水体矿化度与泡沫稳定性的关系。使用罗氏泡沫仪，定期记录发泡剂产生的气体体积。

基于以上实验步骤，测量室温条件及高温受

热条件(200℃)下郑364和FQ-3两种发泡剂的发泡体积和半衰期，如图2和图3所示。实验结果表明，矿化度越高，发泡体积及半衰期越小，泡沫越不稳定。受热时间增长，发泡体积降低，发泡剂半衰期缩短，稳定性逐渐变弱。

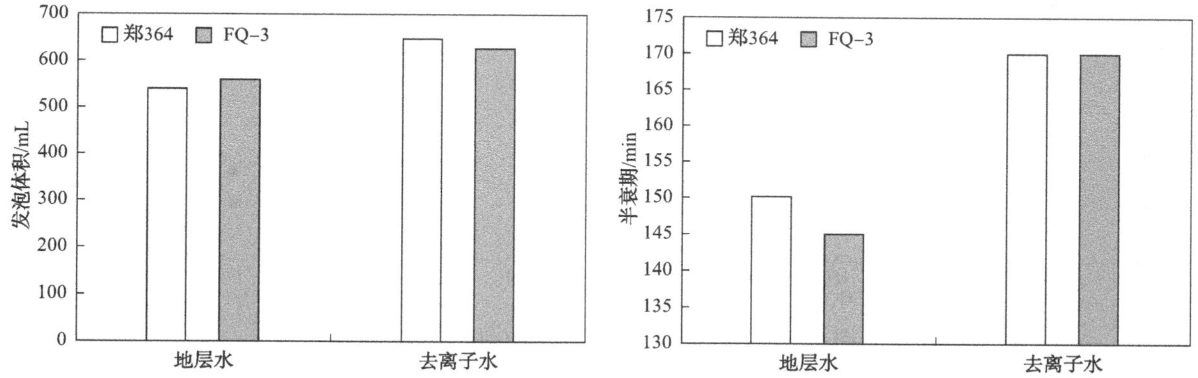

图2 室温条件发泡体积和半衰期

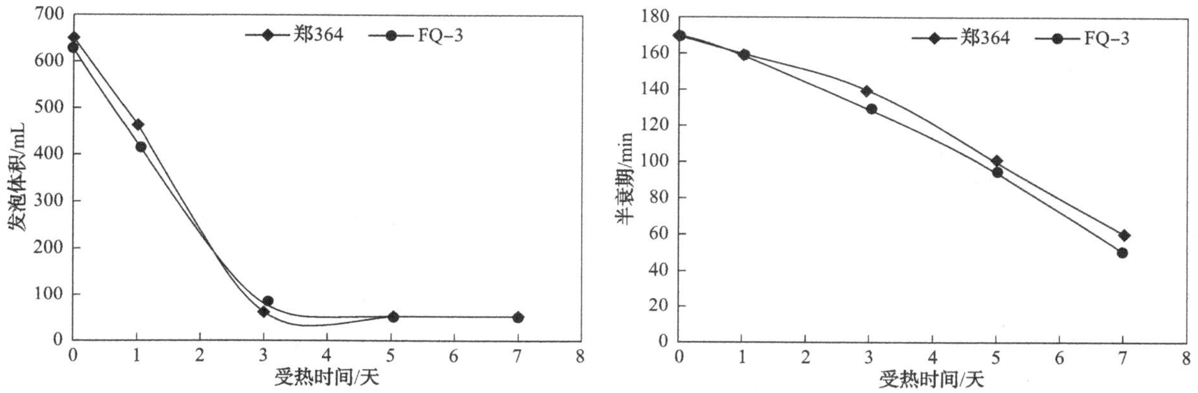

图3 高温受热发泡体积和半衰期

1.3 不同油样影响下发泡体积和半衰期评价

使用生产井井A、井B、井C三种油样对两种发泡剂的发泡体积和半衰期进行评价，已知黏度A>黏度B>黏度C，其结果如图4所示：从图中可以看出，黏度越高的原油，对泡沫的稳定性影响越小，并且FQ-3的发泡效果要略优于郑364。

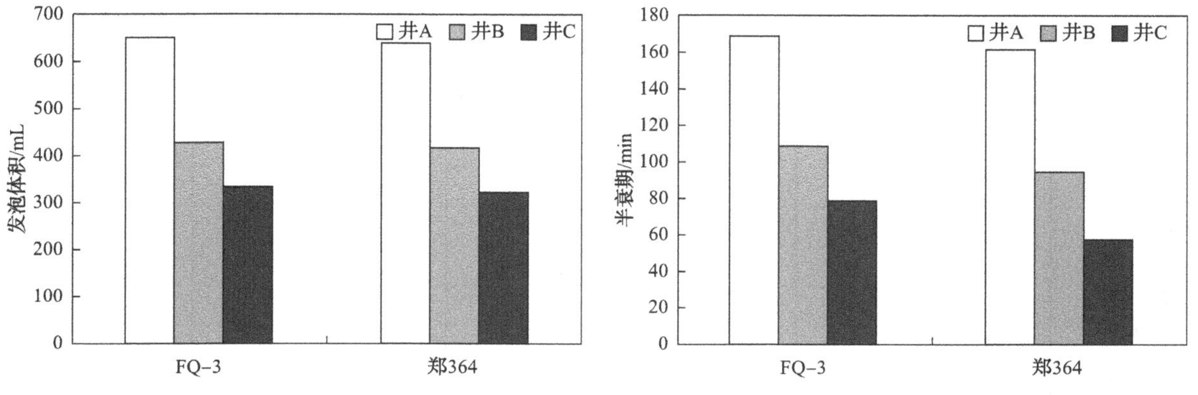

图4 不同油样下发泡体积和半衰期

1.4 不同温度条件下发泡剂阻力系数和残余阻力系数

发泡剂的阻力系数和残余阻力系数是评价泡沫质量的一个重要参考指标。对不同温度下两种发泡剂体系的两项指标进行测试，测量结果如图5所示。随着温度的升高，发泡剂阻力系数和残余阻力系数逐渐降低，发泡剂稳定性下降。

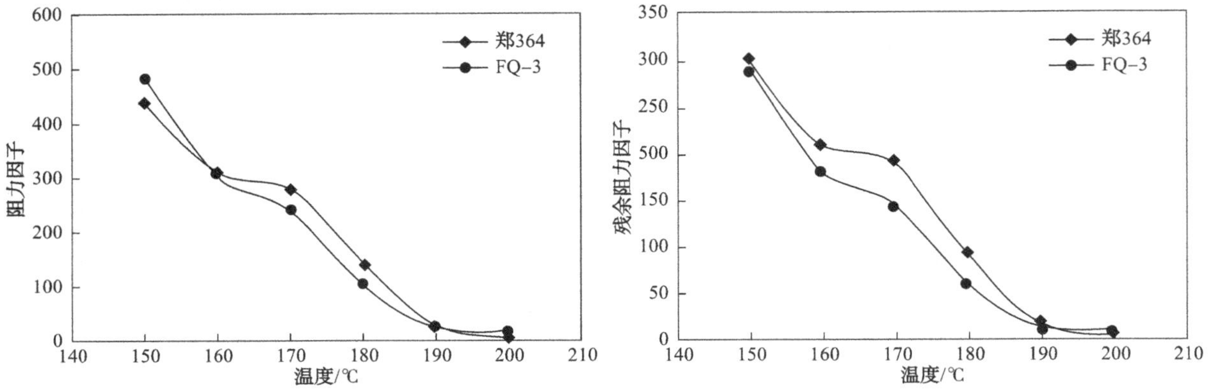

图 5　不同温度下发泡剂阻力系数和残余阻力系数

将发泡剂在 300℃下老化 24h，将老化后的发泡剂性能与未老化的发泡剂性能进行对比，研究结果如图 6 所示，高温老化后发泡剂阻力系数和残余阻力系数降低。分析其原因，高温条件下，发泡剂发生热分解，导致其分子结构发生变化，失去产生气泡的能力。同时，高温会增加分子的动能，使发泡剂分子更容易从液态或固态转变为气态，从而减少其在基质中的含量。

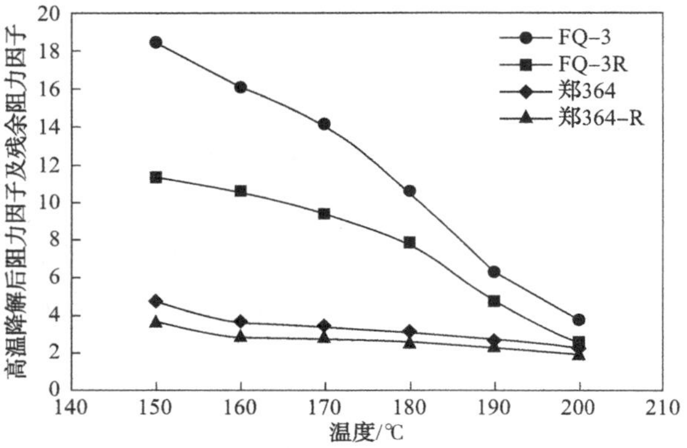

图 6　不同温度下发泡剂阻力系数和残余阻力系数

1.5　不同气体组成影响下发泡剂发泡体积和半衰期

火烧过程会伴随生成大量的烟道气，由于烟道气组分的差异，会影响发泡剂体积和半衰期。因此，研究了烟道气条件下的发泡剂发泡效果。向发泡剂溶液中充入不同类型气体，测量对应的发泡体积和半衰期，其结果如图 7 所示。

由图 7 可以看出，CO_2气体的加入增大了发泡剂生泡和稳泡能力(较高的溶解度和较低的表面张力)，发泡体积和半衰期都增大；但 O_2的加入在一定程度上削弱了发泡剂生泡能力和稳泡能力(较低的溶解度和较高的表面张力)，发泡体积和半衰期都相应减小。

为进一步研究不同类型气体泡沫形态，开展可视化实验确定不同类型气体形态，结果如图 8 所示。CO_2加入混合气体后，在发泡剂作用下形成泡沫，CO_2存在时泡沫的形态更多表现为六面体，结构更稳定。

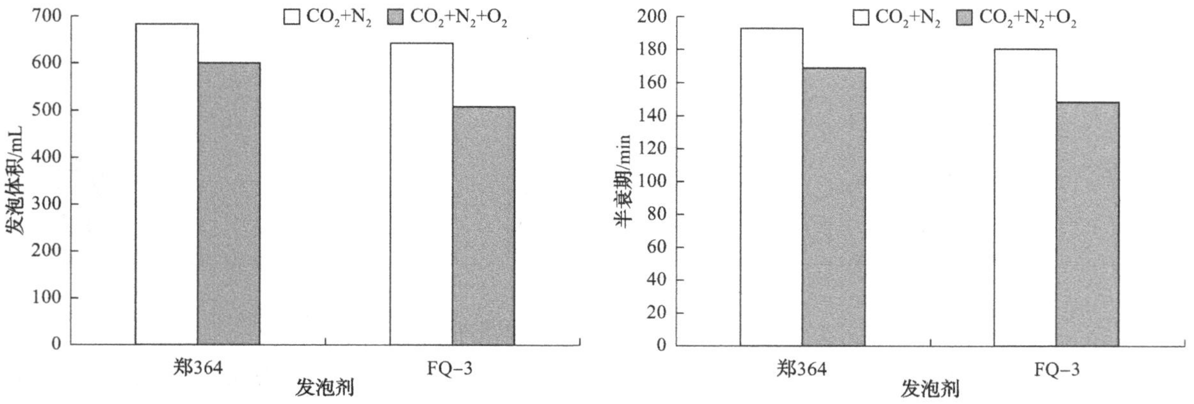

图 7　不同气体组成影响下发泡剂发泡体积和半衰期

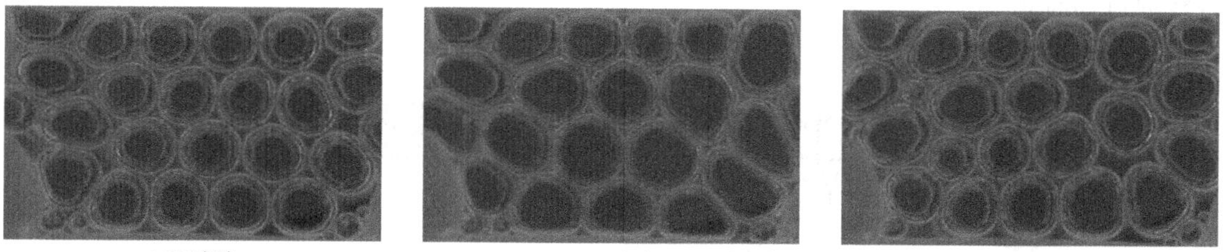

(a)N_2泡沫　(b) CO_2+N_2泡沫(1∶4)　(c) $CO_2+N_2+O_2$泡沫(1∶8∶1)

图 8　不同气体组成泡沫形态差异对比

1.6　不同气体组成影响下发泡剂发泡阻力系数和残余阻力系数

在不同气体组成下，采用相同的方法测量了两种发泡剂的阻力系数和残余阻力系数，其结果如图 9。研究结果表明，随着温度的升高，无论何种气体组分，泡沫的阻力系数和残余阻力系数都降低。对于不同的气体来说，O_2加入后略微降低了泡沫体系的阻力系数和残余阻力系数。

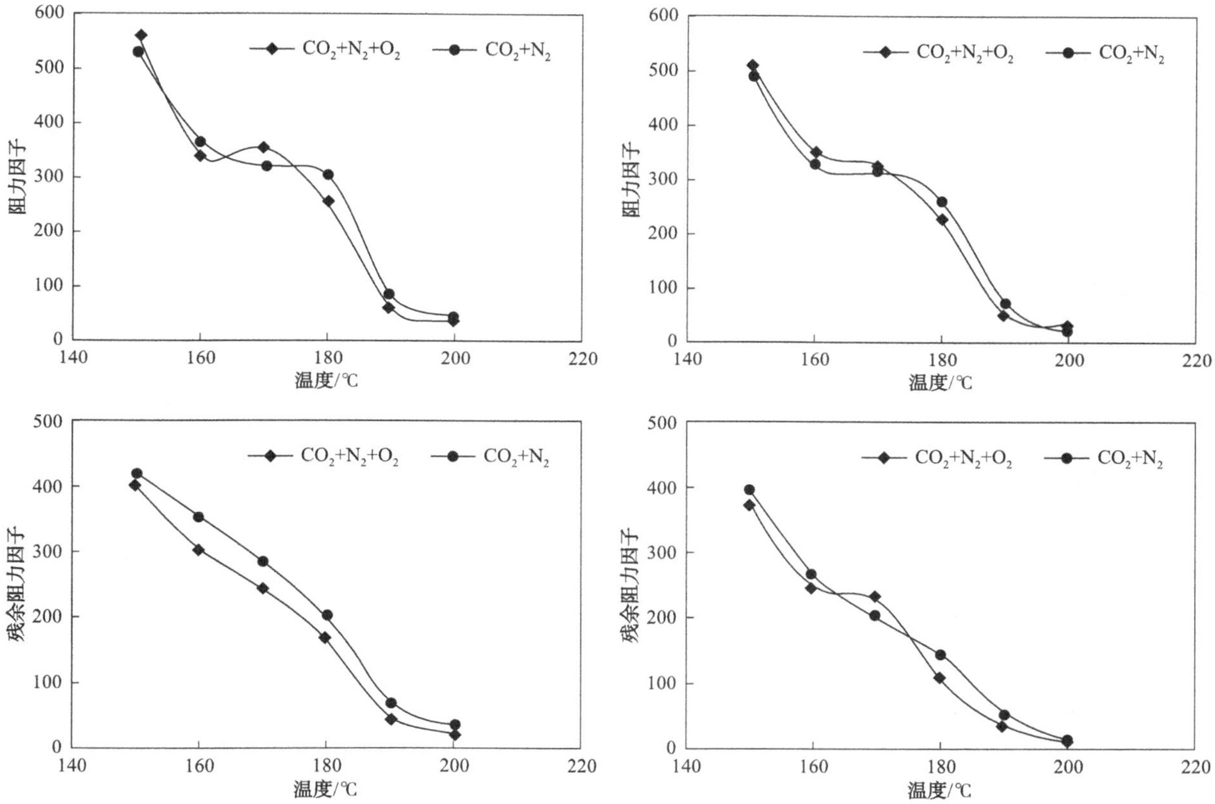

图 9　不同气体组成发泡剂发泡阻力系数和残余阻力系数 郑 364(左)，FQ-3(右)

CO_2和 N_2都是非极性气体，其分子之间的相互作用较弱，混合形成的泡沫具有较低的阻力系数；而 O_2是一种极性气体，它与泡沫中的液体相互作用较强，与非极性气体共同作用导致阻力系数波动；O_2的加入降低了泡沫的稳定能力，残余阻力系数略有降低，但降低幅度不大。

2　填砂泡沫驱替封堵转向实验研究

2.1　实验装置及方法

多孔介质稠油热化学复合体系沿程发泡封堵转向实验装置示意图如图 10 所示。整个实验装置包括多流体(蒸汽、水、发泡剂溶液、超稠油)注入系统、沿程温度和压力采集系统、沿程采出液收集系统和管式填砂物理模型。为保证注入温度，蒸汽发生器出口端与填砂管入口端之间管线利用加热带进行包裹，并利用温控仪进行温度控制。研究渗透率级差时，实验装置为并联双填砂管模型，其余为单管实验。自入口端至出口端共设置 5 个压力采集点(测点之间距离为 15cm)和 4 个温度采集点，并连接至数据采集系统进行数据自动收集。

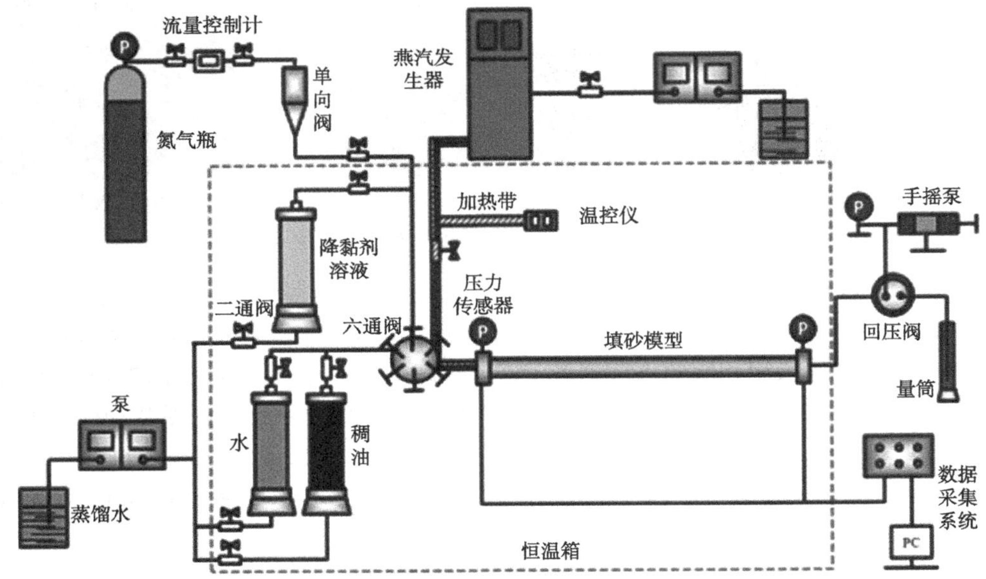

图 10　发泡剂体系多孔介质渗流规律实验装置图

实验方案：为了研究发泡剂封堵性能，采用稠油、蒸汽、发泡剂溶液段塞注入的方式。充填介质为 120 目玻璃微珠(直径 100~120μm)。设置蒸汽注入速度：2.0mL/min 或 1.0mL/min，按照蒸汽注入速度与发泡剂溶液注入速度比为 1：1 进行分配注入水，并在出口端见水后开始采集采出液。实验温度为 25℃，采用正交方案设计方法共设计 8 组实验，实验具体参数如表 1 所示。

表 1　发泡剂正交驱替方案

实验编号	原油黏度/mPa·s	注汽温度/℃	渗透率/($10^{-3}\mu m^2$)	渗透率级差
1	20000	200	633	5
2	10000	200	633	5
3	10000	200	633	5
4	10000	250	633	5
5	10000	200	633	5
6	10000	200	3250	5
7	10000	200	633	10
8	10000	200	633	5

实验步骤：

① 按照既定的渗透率和渗透率级差要求选用不同目数玻璃微砂充填砂管，装填完毕，用高压氮气试验装置的气密性，压力保持在 5MPa，试气 30min。

② 以 1mL/min 的流量往填砂管中饱和地层水，饱和完后，计算出填砂管内饱和水的体积，即填砂管的孔隙体积；测量出填砂管两端的压差，根据达西公式，计算出填砂管的水相渗透率大小。两个填砂管分别进行上述饱和过程。

③ 以 1mL/min 的流量对每个填砂管饱和原油，原油中间容器和恒温箱温度均设为 30℃。

④ 饱和好油后，首先进行蒸汽驱替实验，蒸汽温度设定为 250℃，流量控制在 3mL/min。蒸汽注入 0.2PV 后，进行发泡剂段塞注入。蒸汽及发泡剂剂溶液流量均为 1.5mL/min。

⑤ 当含水率达到 0.98 时停止实验，测量驱出来的油量，计算驱油效率等数据。

2.2　不同油样影响下的泡沫封堵效果

选取井 A 和井 B 两个井组油样开展驱替实验，实验结果如图 11 所示。随着发泡剂注入，两种油样下的驱替压差逐渐增加，表明泡沫的封堵有一定效果，在注入后期(0.5%浓度左右)趋于平缓；黏度较高的油样对泡沫的稳定性影响相对较小，泡沫越稳定，驱替压差较大。

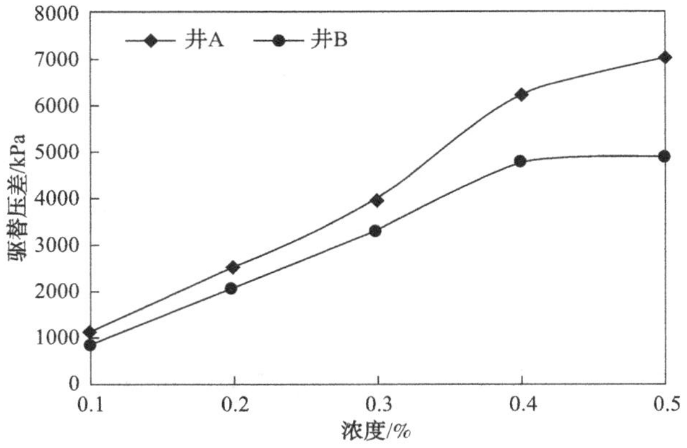

图 11　不同油样下的驱替压差随浓度变化

2.3 不同渗透率影响下的泡沫封堵效果

在高渗透率条件下，流体更容易通过岩石孔隙，但泡沫封堵可以有效减缓流体的渗透速率，阻止流体过快地流经孔隙。在低渗透率条件下，流体在岩石中移动较为缓慢，而泡沫封堵可以更有效地阻止流体的渗透，提高封堵效果。泡沫封堵技术可能对于渗透率变化的地质条件具有适应性，能够在不同渗透率区域实现有效的封堵。选取渗透率分别为3250mD和632mD的模拟储层，开展相应的驱替实验，结果如图12所示。渗透率对于泡沫封堵的影响较大，低渗储层驱替压差更大，主要体现在两个方面：(1)储层渗透率低，驱替压差大；(2)泡沫形成后进一步封堵储层，提高了驱替压差；随着发泡剂浓度的升高，所需的驱替压差增大。

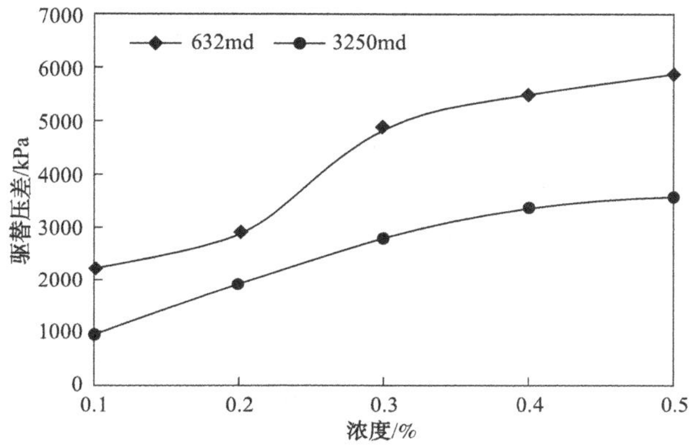

图12 不同渗透率下驱替压差随浓度变化

2.4 不同渗透率级差影响下的泡沫封堵效果

选择两种不同的渗透率级差开展相应的驱替实验，取渗透率级差分别为5和10。对应的实验结果如图13所示。渗透率级差代表了储层的非均质性，渗透率级差较小的对高渗层的封堵效果较好，较大渗透率级差储层中，泡沫稳定性较弱，封堵效果较差。因此油藏的非均质性对于泡沫封堵调剖的影响很大，在实际应用中需综合考虑油藏非均质性的影响，选择最优最合理的参数。

2.5 不同注汽温度影响下的泡沫封堵效果

图14为不同注汽温度下驱替压差随浓度变化图，可以看出温度对于泡沫的稳定性影响较大。高温影响发泡剂发泡性能，降低泡沫的稳定性，从而影响封堵效果，并且温度越高，泡沫的稳定性越低，阻力系数越小，封堵效果越差。

3 结论

(1) 初始条件下郑364和FQ-3两种发泡剂都呈酸性/中性，随着受热时间的增长，两者的pH值都大于7，呈碱性。

(3) 水体矿化度越高，泡沫越不稳定。受热时间增长，泡沫稳定性逐渐变弱。原油黏度越高，对泡沫稳定性影响越小。CO_2会增加泡沫稳定性，O_2降低泡沫稳定性。高温会降低发泡剂发泡阻力系数和残余阻力系数。

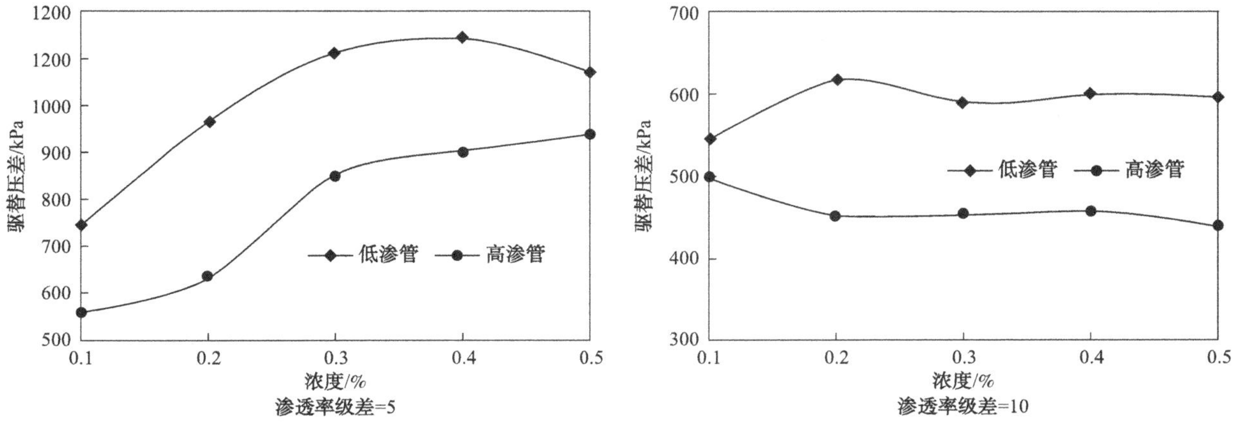

图13 不同渗透率级差下驱替压差随浓度变化

(3) 驱替过程中，发泡剂加入，驱替压差增加，表明泡沫的封堵有一定效果，发泡剂浓度0.5%，驱替压差趋于平缓；黏度较高的油样驱替压差较大。

(4) 储层渗透率越低，封堵能力越强，同时渗透率级差较小的对高渗层的封堵效果较好。高温影响泡沫的稳定性，从而影响封堵效果，温度越高，封堵效果越差。

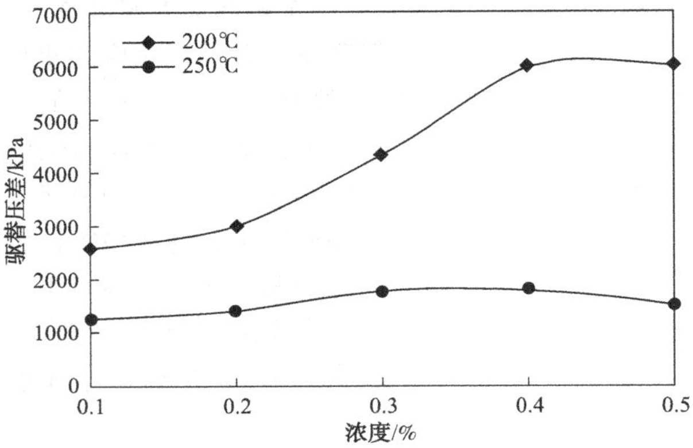

图 14　不同注汽温度下驱替压差随浓度变化

参 考 文 献

[1] 赵永强，宋振响，王斌，邱岐，孙中良，吴小奇．准噶尔盆地油气资源潜力与中国石化常规—非常规油气一体化勘探策略[J]. 石油实验地质，2023，45(05)：872-881.

[2] 刘浩洋，赵军，吴彬彬等．低渗油田 N2 驱气窜特征及泡沫防窜实验研究[J]. 西安石油大学学报(自然科学版)，2024，39(01)：34-39.

[3] 张莉伟，游红娟，苏日古，郭文轩．浅层稠油油藏 VHSD 扩容改造实验研究与应用[J]. 新疆石油天然气，2023，19 (02)：69-74.

[4] 孙新革，罗池辉，张胜飞，等．新疆油田浅层超稠油 SAGD 高效低碳开发技术研究与展望[J/OL]. 特种油气藏：1-11[2024-03-05].

[5] 彭小强，韩晓强，杨洋，等．水平井火驱辅助重力泄油燃烧状态及燃烧前缘预测[J]. 新疆石油地质，2020，41(02)：199-203.

[6] 孙梓齐，赵仁保，石兰香，等．原油黏度对火驱开采效果的影响实验[J]. 大庆石油地质与开发，2023，42(06)：159-166.

[7] DONG X H，LIU H Q，CHEN Z X，et al. Enhance oil recovery techniques for heavy oil and oilsands reservoirs after steam injection[J]. Applied energy，2019，239：1190-1211.

[8] 木合塔尔，高成国，袁士宝，等．红浅 1 井区注蒸汽后火烧油层生产特征分析[J]. 大庆石油地质与开发，2021，40(04)：73-79.

[9] 关文龙，席长丰，陈亚平，等．稠油油藏注蒸汽开发后期转火驱技术[J]. 石油勘探与开发，2011，38(04)：452-462.

[10] 梁建军，陈龙，计玲，等．火驱注气燃烧工艺在新疆油田的应用[J]. 新疆石油天然气，2014，10(03)：61-63+7.

[11] 赵帅，蒲万芬，蒋琪，等．不同储层渗透率下稠油油藏火驱开发特征[J/OL]. 大庆石油地质与开发：1-9[2024-03-05].

[12] 蒋海岩，赵黎明，吴婷，等．稠油油藏火驱高温盐析调剖的影响因素研究[J]. 油田化学，2017，34(04)：658-662.

[13] 刘强，龙华，李瑞，等．稠油油藏火驱注采井化学调控技术[J]. 特种油气藏，2016，23(05)：122-125+157.

[14] 吴永彬，张运军，段文标．致密油油藏空气泡沫调驱机理实验[J]. 现代地质，2014，28(06)：1315-1321.

[15] 张超，叶仲斌，施雷庭，等．疏水缔合聚合物建立流动阻力机理研究[J]. 中国海上油气，2007(04)：251-253.

稠油热采用高温封窜体系的研制

孙迎胜　常国栋　崔　灿　李　杰　肖文杰　张喜玲

（河南油田分公司石油工程技术研究院）

摘　要　河南油田中深层油藏稠油油藏热采存在着薄互层油藏物性相对较差，地层非均质性严重，层间渗透率差异、蒸汽超覆及边水能量强等原因导致汽窜频繁、边水沿汽窜通道推进等问题严重影响生产。针对以上问题，以酶解木质素为原料为主体，优选 KN-1 交联剂及 ZN 助剂，研制出不同温度成胶的木质素基高温封窜体系配方，实验表明木质素基封窜剂成胶时间可控，岩心封堵率≥97%，耐高温老化性能较好，具有较强的耐蒸汽冲刷能力，实现在热采吞吐井 50℃以上温度成胶，蒸汽驱井 120℃以上温度成胶。高温封窜体系应用后有效缓解稠油热采井汽窜、边水影响，取得较好的增油降水效果。

关键词　木质素；交联剂；成胶时间；封堵率；耐高温

用于稠油热采井汽窜封堵和抑制边水侵的方法有多种，使用高温冻胶堵剂进行调剖是一种有效的方法。然而，现有的高温冻胶耐温较差，容易在高温和高矿化度下失去封堵效果。针对稠油热采井日益严重的汽窜及边水侵问题，急需研制注入性好，且耐高温、高强度、适合深部封堵的化学封窜体系，实现扩大平面蒸汽波及面积、提高动用程度的目的。本文以酶解木质素为原料，利用其天然芳香结构及多官能位点进行改性，提高活性基团比例，开发热采用木质素基高温封窜体系，通过现场应用，解决热采井汽窜、平面开发不均等问题，改善了单井注采效果，提高区块整体储量动用水平。

1　木质素理化性能

酶解木质素来自于纤维素乙醇生产炼制副产物，相比造纸废液碱木质素相比，酶解木质素的提取分离反应条件较为温和，使得酶解木质素中仍然保留了大量的酚羟基、醇羟基和羰基等活性官能团。利用酶解木质素作为制备封窜剂的原料，可变废为宝，制备封窜剂的成本低。随着石油化工原料价格的上涨和环保要求提高，以木质素等低成本天然可再生资源为原料的绿色化学品已经成为国际热点研发方向。

木质素是由对羟基苯基、紫丁香基和愈创木基三种基本结构单元相互偶合、以醚键和碳碳键链接形成的无规高枝化聚合物，木质素结构单元及基本性能见图 1，表 1。

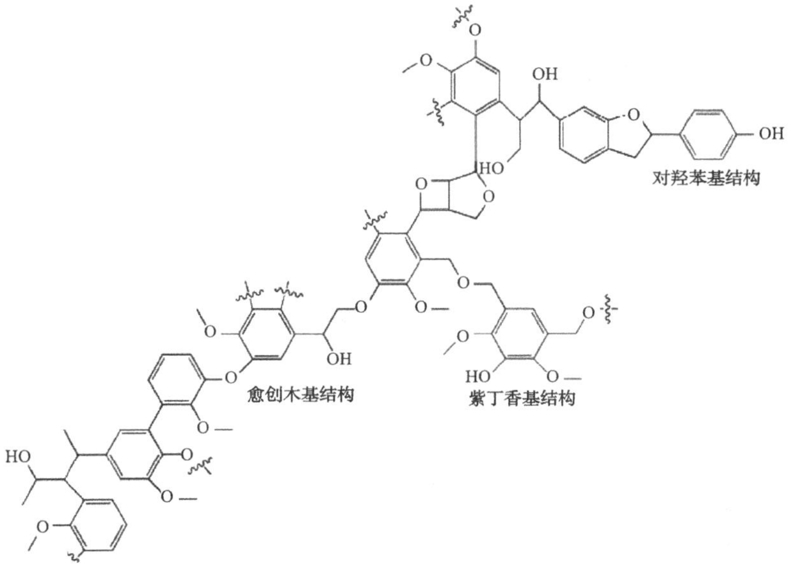

图 1　木质素三种主要的结构单元

表1　木质素基本性能表

项目	木质素 LIG-1	木质素 JG
外观	棕褐色粉沫	棕褐色粉沫
木质素含量/%	90.7	90
pH值(6%水溶液)	4.5	5.5
酚羟基含量%	12.7	3.6

2　木质素基高温封窜体系配方优选

2.1　交联剂的选择

主剂选用LIG-1型木质素，其含有丰富的酚羟基、醇羟基和羰基等活性官能团，可以与交联剂发生结构单元之间的交联，交联后的结构是空间网架结构，在高温下反应生成的树脂又填充于其中，使体系具有更优良的封堵及耐温性能。实验中选用不同浓度FN交联剂、KN-1型交联剂作为体系的高温交联剂。用清水配制不同配方的木质素凝胶体系溶液，装入耐压瓶中，封口后在150℃下进行成胶实验，定期取出观察。实验数据如表2所示。

表2　木质素与不同交联剂高温交联实验

序号	木质素浓度/%	交联剂	交联剂浓度/%	成胶时间/h	备注
1	6	FN	3	112	成胶后24h脱水
2	6	FN	4	74	成胶后24h脱水
3	6	FN	5	48	成胶后24h脱水
4	6	FN	6	40	成胶后24h脱水
5	6	KN-1	3	108	成胶后100h未脱水
6	6	KN-1	4	86	成胶后100h未脱水
7	6	KN-1	5	56	成胶后100h未脱水
8	6	KN-1	6	41	成胶后100h未脱水

由表2可见，FN交联剂与KN-1型交联剂同LIG-1型木质素在150℃交联均能形成凝胶，相比下KN-1交联剂成胶时间长，成胶后100h胶体未脱水，KN-1交联剂性能优于FN交联剂，从效果上看，选择KN-1交联剂作为木质素基高温封窜体系交联剂。

2.2　木质素适用浓度优选

木质素浓度直接影响凝胶强度，为了筛选出最优的木质素浓度，开展了选用不同的木质素浓度分别与6%KN-1交联剂在温度150℃交联反应。试验结果如图2、图3所示。

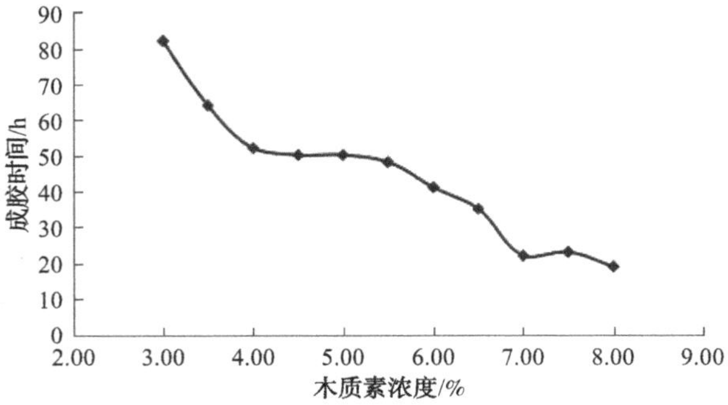

图2　不同浓度木质素成胶时间曲线

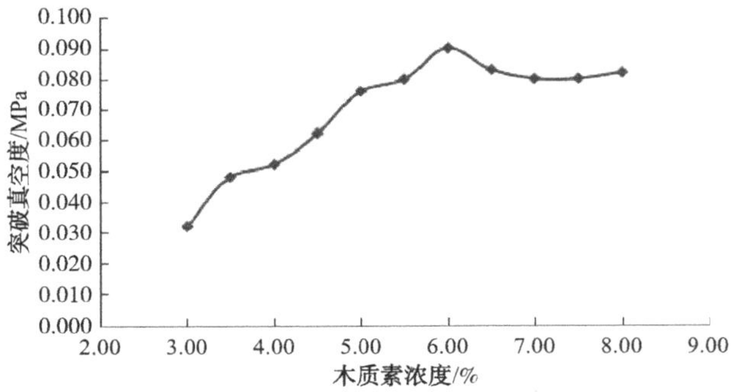

图3　不同浓度木质素成胶强度曲线

由上图可以看出，随着木质素含量的不断升高，虽然整个凝胶的强度也随之升高，成胶时间随之加快，当木质素的含量6%时，成胶强度达0.09MPa，木质素的成胶时间及成胶强度能满足现场要求，考虑现场实际注入时间需要以及成本，木质素的适用浓度优选为6%。

2.3　木质素基凝胶高温成胶实验

将木质素基凝胶配成溶液装入耐压瓶或老化罐中分别放入120℃、150℃、200℃、250℃、300℃高温烘箱或马弗炉中加热，不同时间取出观察其成胶时间。实验数据见图4。

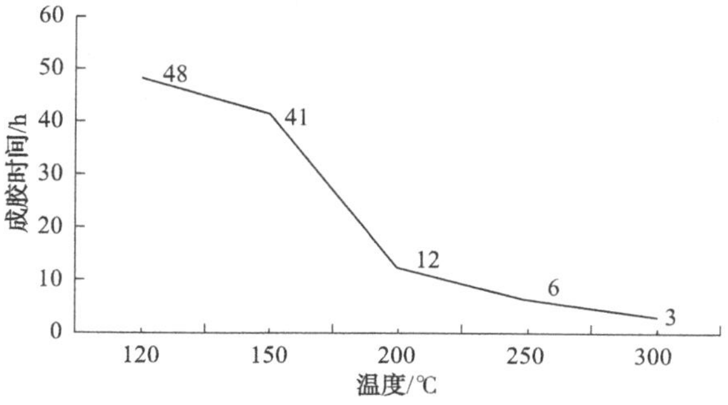

图4 木质素凝胶不同温度下成胶时间曲线

由图4可见，随加热温度的升高，木质素基高温凝胶成胶时间加快。其中250℃成胶时间为6h，300℃成胶时间为3h，高温成胶性能较好。

2.4 木质素基凝胶高温老化实验

将成胶后的木质素基凝胶，放入150℃烘箱老化，不同时间取出观察，可以看出木质素成胶后胶体强度高，150℃老化15天，木质素凝胶胶体收缩小，见图5。300℃老化5天后，胶体呈块状硬胶，胶体有韧性，见图6。

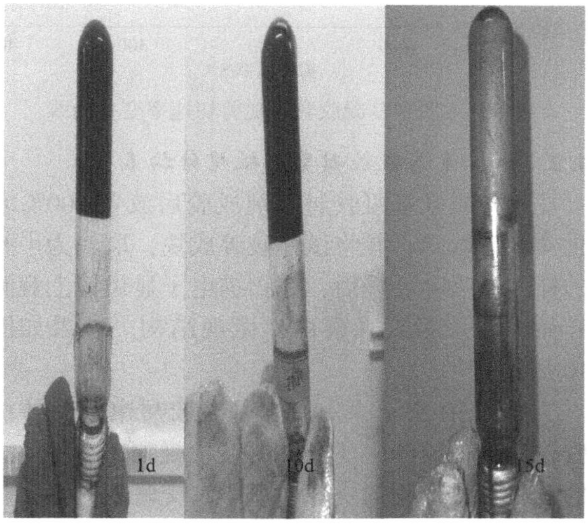

图5 木质素凝胶高温老化图（150℃）

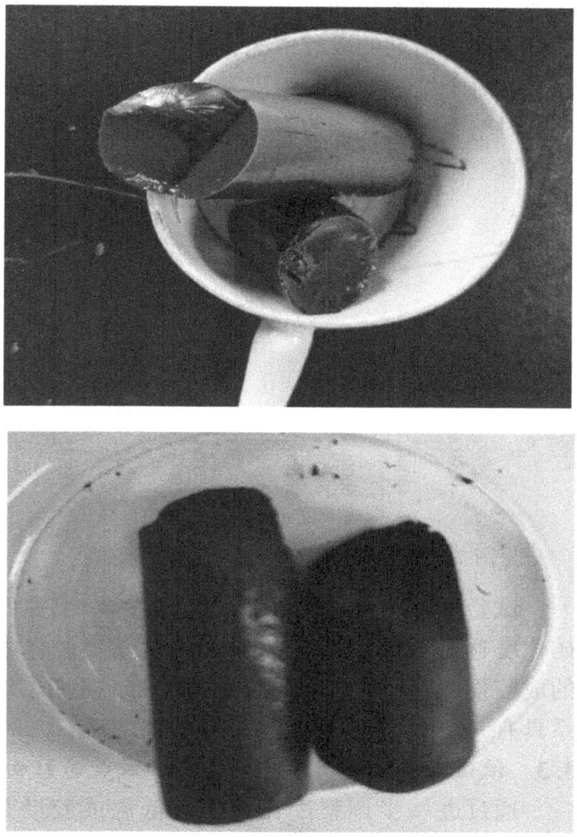

图6 木质素凝胶高温胶体图（300℃）

3 木质素基凝胶性能影响研究

3.1 pH值对体系性能的影响

在高温150℃条件下研究pH值对体系性能的影响，选取已知浓度的基液进行实验。用氢氧化钠调节整个体系的pH值。在体系成胶以后进行测试，以成胶时间、成胶强度为评价指标，分析pH值对体系性能的影响，实验结果如表3所示。

表3 pH值对体系成胶时间和强度的影响（150℃）

木质素浓度/%	KN-1浓度/%	pH值	成胶时间/h	成胶强度/MPa	备注
6	6	8	33	0.078	成胶后90h脱水
6	6	9	41	0.09	成胶后100h未脱水
6	6	10	45	0.085	成胶后100h未脱水
6	6	11	53	0.083	成胶后100h未脱水

随pH值的增加，木质素基凝胶体系的成胶强度降低幅度不大，但成胶时间逐渐增加。pH值为9时，体系性能较优。

3.2 矿化度对体系性能的影响

为研究矿化度对体系的影响，用不同矿化度的模拟水配制6%木质素溶液，加入6%KN-1交联剂。分别装入耐压瓶中，放入烘箱内，150℃条件下观察堵剂的成胶情况，记录不同矿化度条件下的每个堵剂的成胶强度和成胶时间，分析矿化度对整个体系性能的影响，其中凝胶强度参照突破真空度法，实验结果如图7所示。

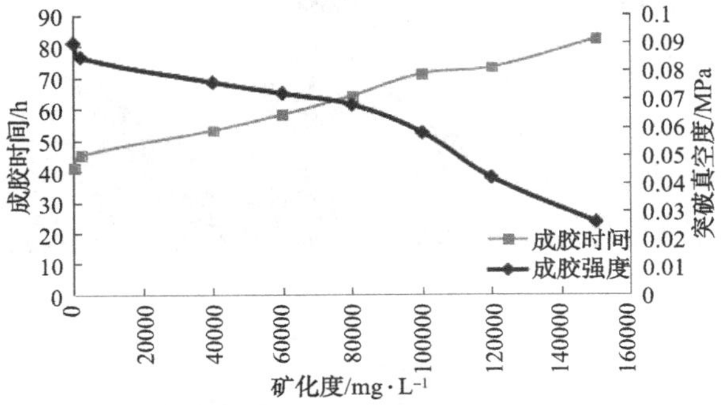

图7　矿化度对木质素成胶性能影响曲线

试验表明：随着矿化度浓度的增加，特别是矿化度达到80000mg/L时，木质素基凝胶体系的成胶强度逐渐减小，成胶时间增加，证明了体系具有一定的耐矿化度能力。

3.3　低温成胶助剂对木质素基凝胶成胶的影响

通过进一步调整配比，优选低温成胶助剂ZN，以木质素为主剂、降低交联剂KN-1用量，实现50~70℃低温成胶，成胶时间4~18h，胶体强度I级，胶体不收缩且强度高。实验结果见表4、图8。

表4　木质素与交联剂不同温度成胶实验

木质素浓度/%	交联剂浓度/%	助剂浓度/%	成胶时间		
			50℃	60℃	70℃
6	3.5	4	18h	16h	15h
6	3.5	5	14h	12h	10h
6	3.5	6	10h	8h	7h
6	3.5	7	5h	4.5h	4h

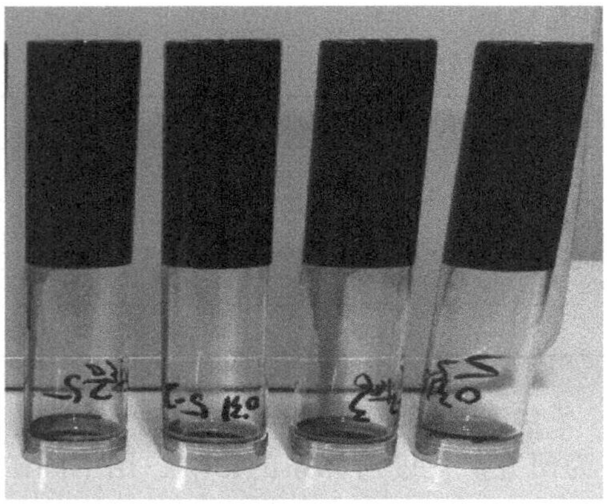

图8　木质素基凝胶封窜剂50℃成胶图

将木质素基凝胶封窜剂在50℃成胶后，升温至300℃放置7天，降温后观察高温后胶体状态，胶体基本不脱水，胶体耐热稳定性强。

4　木质素基凝胶封窜剂流变性能研究及表征

4.1　木质素基凝胶封窜剂流变性能评价

按优化配方配制木质素基凝胶溶液，用流变仪测得溶液在室温下的粘度随剪切速率变化曲线见图9。由图可知，溶液黏度不超过4mPa·s，说明该木质素基凝胶初始黏度较小，具有良好的注入性能。剪切速度对初始黏度影响小，流变效果好的特点。

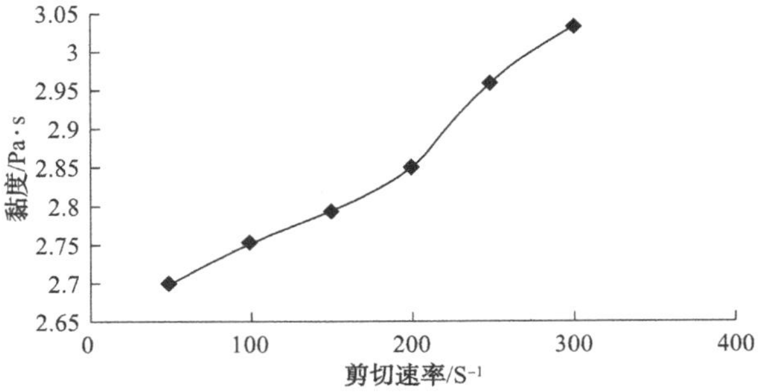

图9　木质素基凝胶黏度随剪切速率变化曲线

4.2　木质素基凝胶封窜剂微观结构表征

将木质素基凝胶封窜剂成胶后放置300℃老化48h后取出，并将试样破碎成块，取较为平整的样品，喷金处理后，在扫描电子显微镜上观测样品表面形貌，观察试样微观结构。结果如图10所示。

如图10所示，木质素基凝胶封窜剂整体成胶较完全，胶体生成交错的粒状凝胶产物，生成的粒状凝胶产物的空隙率愈小，交联度愈好，相对凝胶强度愈高。木质素基凝胶封窜剂成胶后可以形成互穿网络结构，使生成的三维空间结构更加致密，具有更高的强度和耐温性能。

5　木质素基凝胶封窜剂体系的封堵性能评价

封堵性能评价实验步骤如下：

(1) 首先获得填砂管的几何参数，计算填砂管有效体积V；再将石英砂填入管中，经压实后，称取填砂管干重$G1$。

② 饱和地层水保持一定的回压，以0.5mL/min的恒定流速向填砂管中注入水，待流量和压

力稳定(3PV)后测定流动压差ΔP，由达西公式计算出岩心水相渗透率；再用电子计重秤称取填砂管湿重$G2$，计算填砂管的孔隙体积Vp和孔隙度φ；

③ 封窜剂的注入，以5mL/min的流速注入1PV以上的木质素基凝胶封窜剂，烘箱温度保持温度50℃，候凝3天。

④ 测定岩心封堵率，木质素基凝胶封窜剂成胶后，用恒流泵以5mL/min的排量向填砂管注入水，观察和记录填砂管两端的压差，直到第一滴水采出，记录突破压力，直至压力稳定，计算封堵率。而后用300℃蒸汽驱替记录封堵率变化情况。实验结果见表5。

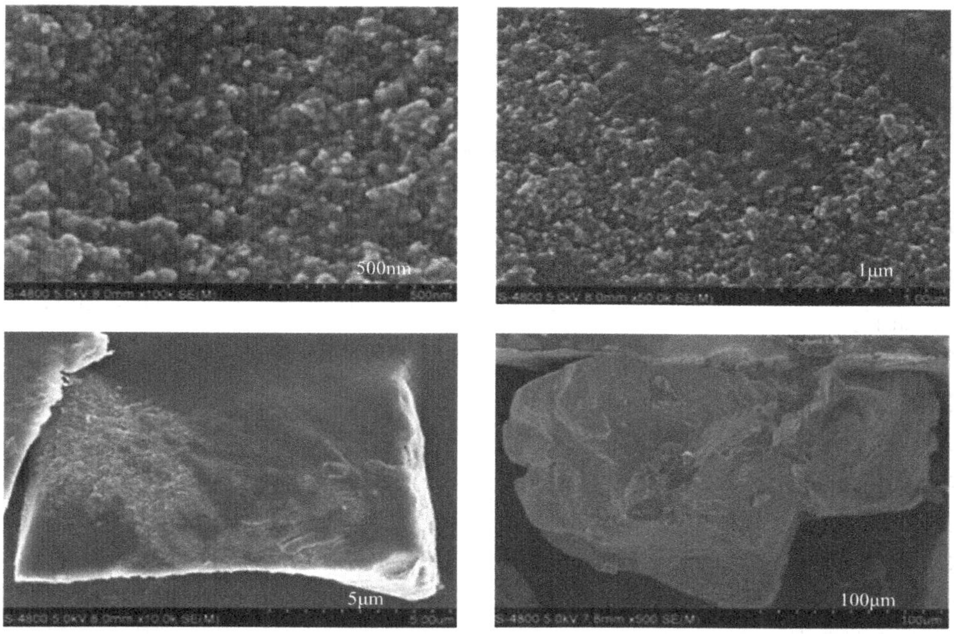

图10　木质素基凝胶封窜剂SEM图

表5　木质素基凝胶岩心封堵性能评价表

编号	孔隙体积/mL	注入量/PV	渗透率/$10^{-3}\mu m^2$		封堵率/%	突破压力 MPa/m
			堵前	堵后		
1#	123	1	891	21.7	97	23.97
2#	128	1	1255	16.8	98.7	20.65

图11　木质素基凝胶封堵后蒸汽驱封堵率随PV变化曲线图

由表5及图11可知，2#填砂管木质素基凝胶封堵后水驱突破压力>20MPa/m。300℃蒸汽驱替18PV后，封堵率从98.7%降为97%，说明木质素基凝胶封窜剂具有较强的耐蒸汽冲刷能力。

6　技术实施效果

该技术已经在河南油田稠油热采区块现场应用30井次，其中热采井强边水区块治理24井次、蒸气驱过程汽窜治理6井次，试验井现场试验效果表见表6，试验井均采用不动管柱工艺施工，提施后累计增油2.041万t。该技术有效缓解稠油热采井汽窜、边水影响，改善了河南油田稠油热采井开发效果。

表 6 试验井现场试验效果表

措施类别	井数	措施前				措施后				平均增油(t)	累计增油(t)
		日产液(m^3)	日产油(t)	含水(%)	油汽比	日产液(m^3)	日产油(t)	含水(%)	油汽比		
强边水治理(低温成胶)	24	44.1	4.7	89.3	0.19	50.3	8.9	82.3	0.24	681.5	16356.6
蒸汽驱治理(高温成胶)	6	21.7	4.5	79.3	0.23	34.5	8.1	76.5	0.28	676.1	4056.8
合计	30	32.9	4.6	86.0	0.21	42.4	8.5	80.0	0.26	680.4	20413.4

7 结论与认识

开展稠油热采用高温封窜体系研究，得到主要结论与认识如下：

(1) 研究出不同温度成胶的木质素基封窜体系配方，实现热采吞吐井 50℃以上温度成胶，蒸汽驱井 120℃以上温度成胶，成胶时间可控。

(2) 木质素基封窜剂耐高温老化性能较好。300℃老化后，胶体呈块状硬胶，胶体有韧性。

(3) 木质素基凝胶封窜剂封堵率高且耐高温，经过 300℃蒸汽驱替封堵率从 98.7%降为 97%，封窜剂具有较强的耐蒸汽冲刷能力。

(4) 该技术累计开展热采井封窜现场试验 30 井次，试验井有效缓解稠油热采井汽窜、边水影响，取得较好的增油降水效果。

参 考 文 献

[1] 王小泉，马宝岐，何竹梅．碱法造纸废液化学改性法制高温堵剂的研究[J]．西安石油大学学报(自然科学版)，1991；(02)：62-66.

[2] 李远林，王洁．SB-4 型高温调剖剂在稠油开采中的应用[J]．油田化学，1998；(01)：35-38.

[3] 潘赳奔，栾林明，张国荣，刘洪强，李西林，孙楠．稠油注汽井用高温调剖封窜剂的研制与应用[J]．精细石油化工进展，2003；(04)：15-17.

[4] 刘传武，王晓东，程红晓，赵长喜．选择性调剖堵窜技术在稠油热采井上的应用[J]．长江大学学报(自科版)理工卷，2007；(02)：223-225.

[5] 沈文敏．超稠油水平井高温调剖技术[J]．断块油气田，2009；16(05)：107-109.

[6] 张恩臣．高温凝胶调剖剂的研制及应用[J]．钻采工艺，2011；34(05)：107-109.

[7] 郝建玉．超稠油高温调剖封窜技术[J]．当代化工，2012；41(07)：712-713.

[8] 刘高文，葛际江，张贵才，王冲，冯岸洲．蒸汽驱用碱木素高温冻胶的研制[J]．精细石油化工进展，2012；13(07)：22-26.

喇嘛甸油田东部过渡带油井清防蜡工艺探讨

李美薇

（大庆油田采油六厂工艺研究所采油综合室）

摘　要　喇嘛甸油田东部过渡带外扩区为三类油层，从油藏角度分析，该区块油层物性差，平均渗透率低，为中质稠油，含蜡量高；从生产角度分析，该区块存在单井产液低、含水低，洗井周期短，清防蜡工艺不适配的突出问题。为降低采出液黏度，缓解生产中频繁杆滞后现象，提高稠油采收率，通过科学分析化学加药清蜡、电加热、原油流动改性剂等清防蜡措施优缺点，综合考虑投资及该区块油井产液等实际情况，探索稠油井低成本清防蜡最优工艺措施。

关键词　原油物性；清防蜡技术；稠油降黏；流动改性剂；化学降黏

1　油藏概况

喇嘛甸油田东部过渡带外扩区位于东南端，北至五条油水过渡带外含油边界，东至喇嘛甸油田与萨尔图油田边界线，西至喇 125-1 井区含油边界线，南部与喇 16-22 井区已开发区块相邻。该区已动用含油面积 0.99km²，地质储量 66.8×10^4t，未动用含油面积 3.28km²，地质储量 74.6×10^4t。见图 1。

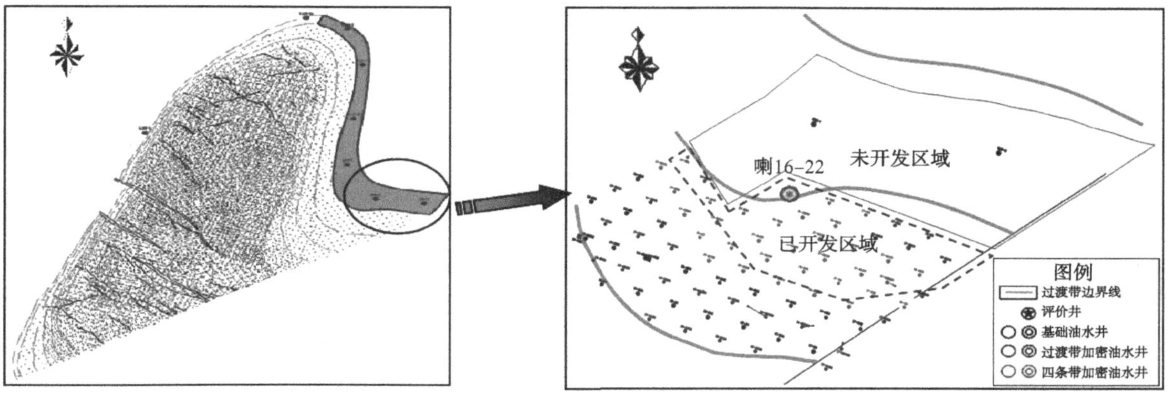

图 1　东部过渡带区域示意图

储层发育特征。储层发育以萨Ⅰ11、萨Ⅰ3、萨Ⅰ5 沉积单元为主，平均单井钻遇砂岩厚度 1.2m、2.2m、1.6m，平均单井钻遇有效厚度 0.7m、1.1m、1.0m，无明显主力层，平均渗透率为 0.261μm²。

储层分布特征。目的层共划分为 6 个沉积单元，主要发育枝坨过渡状三角洲和席状三角洲两种沉积模式，具有局部厚度差异较大，呈厚薄相间分布等特点。

地层原油性质。地面原油密度 0.900t/m³ ~ 0.925t/m³，平均 0.913t/m³；地面原油黏度 77.9 ~ 330.6mPa · s，平均 157.9mPa · s；原油中不含硫，含蜡量平均为 18.5%，含胶量平均为 26.0%，凝固点平均 25.0℃，为中质稠油。

开发层系及井网。目的层为三类油层萨Ⅰ组油层，采用 212m 五点法面积井网，注入井之间距离 300m，采油井之间距离 300m，注采井距 212m。

2　原油物性变化规律及其影响因素

2.1 原油物性

在喇嘛甸油田东部过渡带选取 L55-1、19-S203、15-S202 三口井进行原油物性测试。该区块原油密度高于喇嘛甸油田平均值，为 0.9093 g/cm³；50℃ 条件下，原油黏度在 168.72 ~ 181.88mPa · s，与喇嘛甸油田原始黏度相比高近 8

倍，见表1。

表 2-1　原油物性测试情况统计表

分类	原油密度(g/cm³)	析蜡点温度/℃	原油黏度/mPa·s
喇嘛甸油田	0.88	—	(50℃)22.90
试验值	0.9093	36.9	(50℃)168.72~181.88

2.2　原油物性影响因素

原油物性的影响因素较多，包括地理位置、层位及构造等，产生这种差异的原因很多，包括当地沉积环境和油气运移等。升高温度、增加含水和提高流速都可以影响原油黏度。

一是升高温度可以影响原油黏度。通过探索温度、剪切速率与黏度的关系，在温度保持一定时，原油黏度随剪切速率增加而下降；在剪切速率保持一定时，原油黏度随温度上升而下降。其中，提高流速影响不明显，升温效果较为明显，特别是温度在30～50℃时，原油黏度从900mPa·s下降到180mPa·s左右。因此，井下提温是改善原油流动性的主要物理手段。见图2。

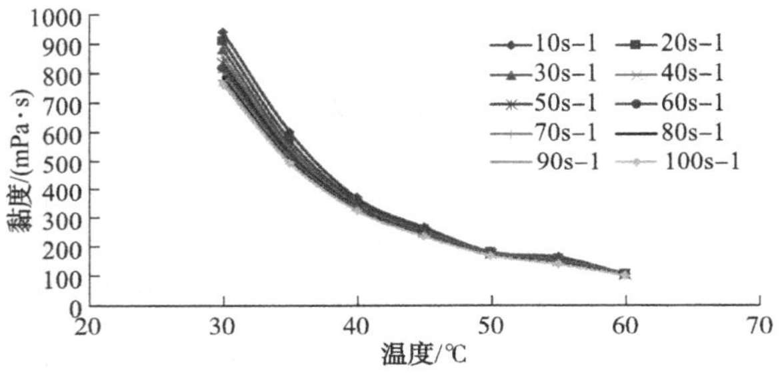

图2　L55-1原油粘温曲线

二是增加含水可以影响原油黏度。当含水达到60%以上，原油黏度急剧下降，原油转相点在含水60%左右，在转相点之前为油包水型乳状液，在转相点之后为水包油型乳状液。由于我厂举升设备都是小排量的，地面管线也是按照低排量设计的，含水要求达到60%以上，太高了，会给举升设备和地面都造成较大压力。见图3。

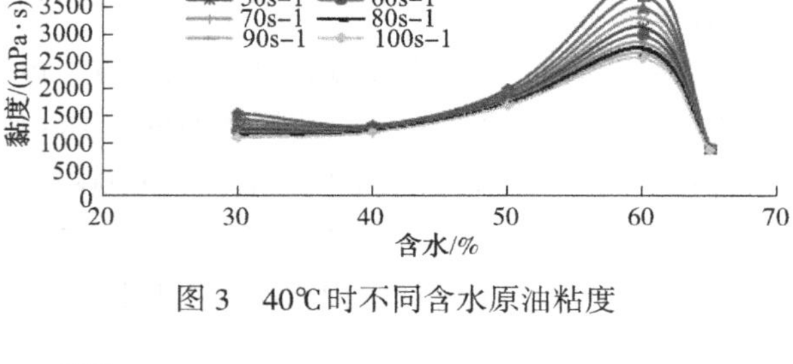

图3　40℃时不同含水原油粘度

三是加入流动增强剂可以影响原油黏度。按照油相加药浓度400mg/L，将流动增强剂加至水相中，原油转向点由60%左右下降至45%左右，当含水在50%～60%时，降黏效果明显。因此，通过加药方式可以有效降黏。见图4。

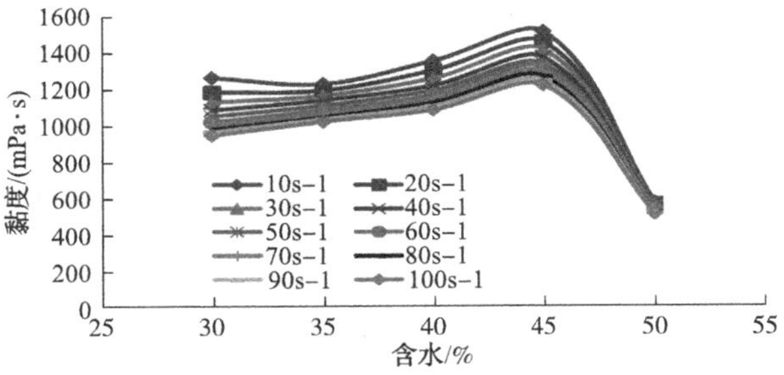

图4　40℃加药400mg/L时不同含水原油粘度

3　治理方案及效果分析

3.1　治理方案

针对该区块稠油黏度高、凝固点高和含蜡高特点。从升高温度可以改善原油黏度的角度，提出安装电加热装置方案；从加药可以改善原油黏度的角度，提出加入化学清蜡剂、原油流动改性剂方案。共提出三个治理方案：

方案一：设计应用电加热清蜡工艺10口井；

方案二：设计应用常规热洗清蜡工艺结合化学加药清蜡、防倒灌装置24口井；

方案三：加入原油流动改性剂，目前已完成室内试验，待现场试验。

3.2　效果分析

(1) 方案一，化学清蜡剂+防倒灌装置

生产过程中经常发生下行滞后停机、地面回油管线易堵情况，不能保证连续生产。从实际情况来看，平均洗井周期7d，最短洗井周期仅为3d。我们从遇阻的检泵井起出发现，药剂融化速度比常规井慢，由于稠油黏度高、含水低(最低的在10%以下)，把化学药剂的表皮糊上了，药剂下入没办法融开，无法发挥作用，导致出现洗井周期仅为3d，因此，此方案不适合稠油、低含水的井。现场应用情况见表2。

表2　清防蜡措施现场应用情况统计表

清防蜡工艺	井数	最短洗井周期/d	最长洗井周期/d	平均洗井周期/d
化学清蜡剂+防倒灌装置	24	3	20	7
电加热装置	10	调节功率可不洗		

（2）方案二，安装电加热装置

从现场看，下入电加热装置的井，运行情况良好，且比未下电加热井平均可多产油 1.1t/d，功率摸索合理后，可以一直不洗井。从效果来看该区块比较适合电加热，但是该装置投入成本高，一根电缆 22 万元，使用寿命为 10 年，在检泵作业起下过程中还可能造成损坏，导致增加额外费用，前期电缆卡子没改进之前，易出现卡子脱落造成大修，卡子改进后，才解决此类问题。且运行耗电量相对较高，按装置半功率（40kW）运转、电费按照 0.7067 元/（kW・h）计算，40kW×0.7067 元/（kW・h）×24h×365d＝24.7627 万元，电加热装置年运行成本约 24.7 万元，所以该方案整体成本较高。

（3）方案三，加入原油流动改性剂

通过室内交叉实验，最终确定原油流动改进剂配方，室内试验效果良好，具有较高的分散性和稳定性，同时，降黏、降凝和降低凝油黏壁量效果较为明显。从投入成本来看，井口点滴加药技术一次性设备投资 3.03 万元，年运行成本约 2.2 万元，费用大幅度降低。见表 3。

表 3　电加热技术与原油流动改性剂技术投入成本情况统计表

项目	一次性设备投资/万元	年运行成本/万元
电加热技术	19	（运行功率 40kW）24.7
井口点滴加药技术	3.03	（加药浓度 2‰）2.2

现场试验可根据油层含水情况分组对比，单独加药，监测不同药剂浓度下的黏度变化；也可跟电加热结合，控制药量低于电费运行成本，确定最高加药浓度，找到经济平衡点，最终形成不同含水情况下的最优加药浓度模板和井口点滴加药与电加热最优匹配运行模板。

目前泵注现场试验 7 口井，累计试验 11 井次．从黏度跟踪数据来看，降黏率达到 57.7%～91.0%，说明药剂具有明显降黏效果。从油压和电流曲线来看，药剂持续有效期为 4d～8d，平均 6d，说明泵注方式下，药剂有效期短，见表 4，图 5-8。

表 4　试验前后粘度变化情况

井号	加药前黏度/cp	加药后黏度/cp	降黏率/%
14-S202	4167	1553	62.7
13-S211	3650	426.7	88.3
8-S0700	6560	2313	64.7
8-S0710	3247	293.3	91.0
12-1330	6313	1207	80.9
13-S1730	3707	1567	57.7

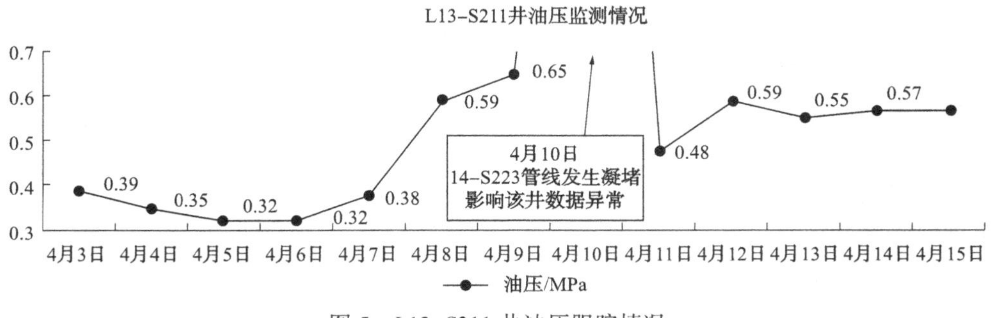

图 5　L13-S211 井油压跟踪情况

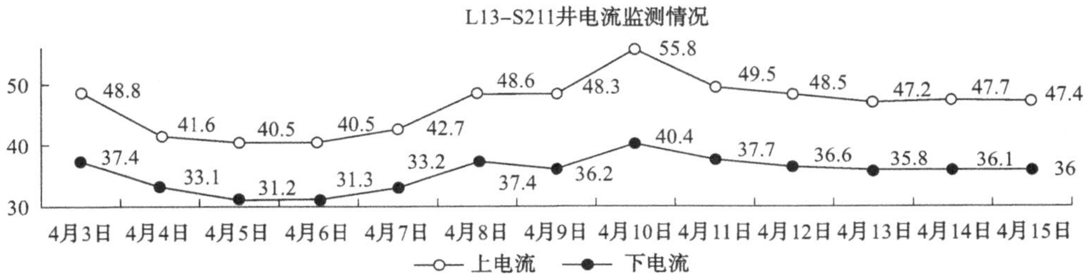

图 6　L13-S211 井电流跟踪情况

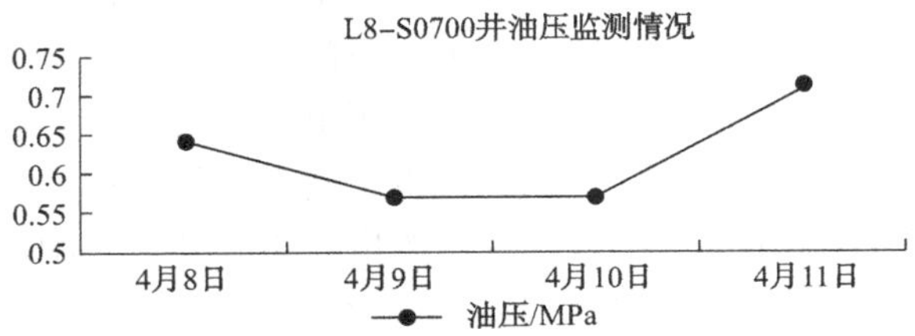

图 7　L8-S0700 井油压跟踪情况

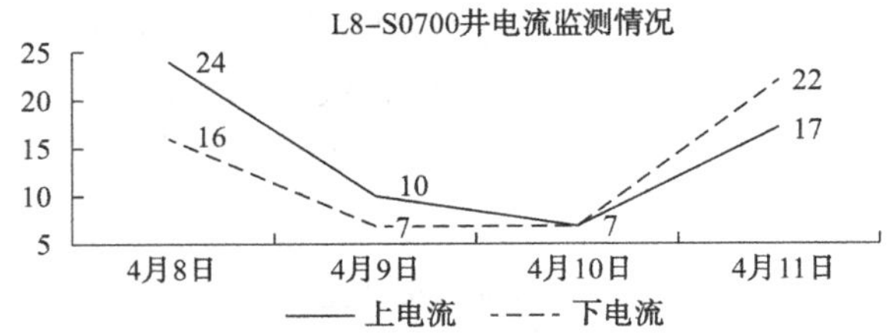

图 8　L8-S0700 井电流跟踪情况

此外，8-S0700 井于 4 月 8 日杆下行滞后，上午 9 点 50 加药 300kg，4 月 10 日杆下行滞后距离从之前 30cm 变成 5cm，滞后情况有效缓解后正常生产。

为解决药剂有效期短的问题，开展持续点滴加药，目前已进入现场试验阶段，通过持续不断地加入流动改性剂，降低稠油粘度，减缓杆不下情况，从而提升稠油采收率。

4　结论

通过多方案综合对比，科学分析电加热、化学加药清蜡、原油流动改性剂等常规清防蜡措施优缺点，综合考虑投资及本区块油井产液等实际情况，探索稠油井低成本清防蜡最优工艺措施。见表 5。

表 5　清防蜡措施优选表

	清防蜡工艺	优点	缺点
方案一	常规热洗+化学清蜡剂+防倒灌装置	在常规热洗的基础上，应用化学清蜡剂实时清蜡，延长热洗周期，同时在泵下应用洗井防倒灌装置，洗井时油层关闭，有效阻止洗井液进入油层	针对流体含蜡量高的稠油油层，清防蜡效果一般，投资稍高
方案二	电加热清蜡	清防蜡效果好，能够满足区块清防蜡要求	一次性投资最高，作业易损坏，维修成本高
方案三	原油流动改性剂	分批次投资，投资较低	泵注降粘效果明显，但有效期短待持续点滴加药现场试验

(1) 通过对喇嘛甸油田东部过渡带外扩区的原油物性特征分析，确定了原油物性的影响因素，为下一步治理指明了方向；

(2) 对比化学清蜡剂、电加热清蜡和原油流动改性剂三项技术的优缺点，筛选出可行性最高的方案。电加热清蜡的效果最好，能够满足区块清防蜡要求，但一次性投资最高，作业易损坏，维修成本高；

(3) 原油流动改性剂可分批次投资，投资较低，平均下来费用较电加热低很多。经室内试验，原油流动改性剂能有效降低原油粘度和凝点，后期我们将继续探索更低成本的点滴加药装置技术，最终形成可推广的稠油井清蜡管理模式。

参　考　文　献

[1] 李明，赵大壮．含蜡原油热处理后粘度和析蜡点研究[J]．石油商技，1998(2)：44-45.
[2] 罗塘湖．含蜡原油流变特性及其管道输送[J]，油气储运，1989，8(3)：1-7.
[3] 周风山，吴瑾光．稠油化学降粘技术研究进展[J]，油田化学，2001，18(3).
[4] 李美容，向浩，娄来勇，等．高蜡原油流动性改进机理[J]，石油化工高等学校学报，2006(4)：19.

高盐高钙镁油藏非均相复合驱技术研究

王丽娟　潘斌林　于　群　石　静　王红艳　刘　煜　姜祖明

（中石化胜利油田分公司）

摘　要　摘要立足于胜二区东三5高盐高钙镁油藏特点，优化设计非均相复合驱体系，其增黏效果提升，界面张力达到超低，抗吸附、抗钙镁能力较好，室内提高采收率大于20%。预计矿场实施全区提高采收率8.1%，累增油28.5×10^4t，折合当量吨聚增油19t/t。

关键词　高盐高钙镁油藏；分子模拟；阴非两性表面活性剂；二元复合驱

目前我国石油对外依存度高达60.6%，确保国家能源安全面临重大挑战，大幅度提高石油采收率是保障石油供给的重要途径。随着化学驱优质资源的动用完毕，二元复合驱阵地向高盐高钙镁油藏甚至更苛刻条件的油藏转移。目前胜利油田探明Ⅲ类油藏石油地质储量5.1亿t，占胜利油田化学驱资源探明储量的47%，开展高盐高钙镁油藏化学驱技术攻关，对胜利油田三次采油稳产增产具有重要意义。本文以胜利油田胜二区东三5砂层组为例，针对试验区油藏特征，设计了高盐高钙镁油藏的新型聚合物、表面活性剂及黏弹性颗粒剂，探索高盐高钙镁油田大幅度提高采收率方法，配套形成高盐高钙镁油田非均相复合驱技术。

1　试验区油藏概况

试验区为胜二区东三5砂层组，位于胜坨油田东部穹窿背斜构造的西南翼，是一北部和东部被断层切割，西南部与边水相连的扇形构造油藏。单元含油面积2.6km^2，地质储量590×10^4t。

选区地层温度69℃，原油地面粘度225～2661mPa·s，原油地下黏度50～98mPa·s，原油地面密度0.943g/cm^3，原油地下密度0.89g/cm^3。原始地层压16.7MPa，目前地层压力13.4MPa，饱和压力9.82Mpa。原始地层水矿化度17000mg/L，目前地层水矿化度17500mg/L，钙镁离子481～1016mg/L，属于$CaCl_2$型。

2　非均相复合驱体系设计

2.1　耐盐抗钙镁聚合物优选及性能评价

2.1.1　基本物化性能评价

分别对常规HPAM和超高分多元共聚物的特性黏数、分子量、水解度和表观黏度进行测试。

表1　常规HPAM和超高分多元共聚物干粉基本物化性能对比

聚合物样品	AMPS含量/%	特性黏数/(mL/g)	分子量/(×10^4)	水解度/%	表观黏度/(mPa·s)
常规HPAM	0	2470	2010	23.0	7.6
超高分多元共聚物	15%	3320	3150	13.2	18.1

由表1基本物化性能评价结果可知，由于超高分多元共聚物引入了AMPS单体，同时进一步提高了聚合物的分子量，且降低了聚合物水解度，超高分多元共聚物抗钙镁离子能力大幅提高，在胜利油田三类模拟水钙镁离子含量为874mg/L条件下，浓度为0.15%的超高分多元共聚物表观黏度相对于常规HPAM提高了一倍以上，但超高分多元共聚物为黏弹性非牛顿流体，聚合物溶液表观黏度随剪切速率而变化，油田所测聚合物溶液表观黏度为剪切速率为7.34S^{-1}下的黏度，无法反映聚合物溶液在地层由近井高剪切速率到远井低剪切速率下黏度的变化，以及聚合物在地层由孔喉向喉道运移过程中由于黏弹特性而产生的拉伸粘度，因此需要进一步研究聚合物的剪切流变和黏弹性，才能综合评价聚合物的驱油性能。

2.1.2　剪切流变性能研究

稳态剪切流变是一种非线性、大形变的剪切流动下的流变特性，与地层中的流动比较接近，它反映了聚合物在地层不同剪切速率下粘度变化情况，主要体现聚合物的粘性特征。

选择浓度为 2000mg/L 的两种聚合物溶液，考察剪切速率从 $1S^{-1}\sim300S^{-1}$ 条件下，两种聚合物溶液的表观粘度随剪切速率变化，并拟合剪切流变曲线。

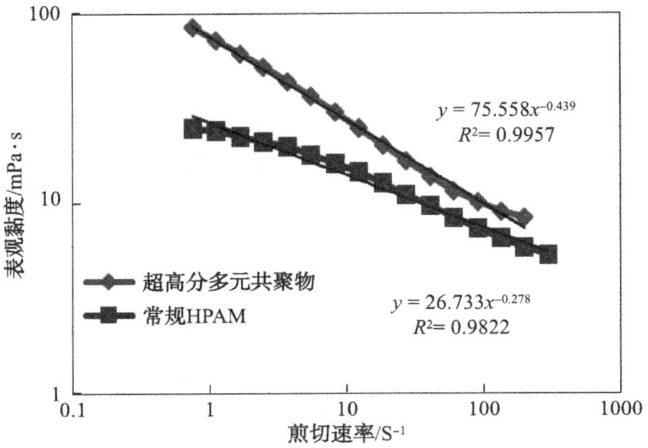

图 1　常规 HPAM 和超高分多元共聚物剪切流变性对比

由图 1 的实验结果可知，在胜利三类油藏条件下，两种聚合物溶液的剪切流变曲线均表现出“剪切稀释”假塑性流体特性，通过对流变曲线的拟合得出，两种聚合物溶液表观黏度和剪切速率都呈现幂函数关系 $\eta=K\gamma^{n-1}$，其中流变参数 k 值代表聚合物在该溶液中稠度系数，K 值越大，聚合物在水溶液中增稠能力越强，n 值表示聚合物溶液的假塑性大小，也就是聚合物的分子链在水溶液中的舒展程度；n 值越小，表明聚合物分子链在水溶液中越舒展，能够产生更高的弹性。

由两种聚合物溶液剪切流变曲线拟合数据可知，常规 HPAM 溶液的 K 值较小，n 值较大，表明该聚合物在高钙镁离子盐水中增稠能力较差，同时分子链卷曲比较严重。超高分多元共聚物的 K 值相对于常规聚合物大幅提高，且 n 值更低，表明引入耐温抗盐单体且大幅度提高分子量后，大幅度增加了聚合物溶液的抗钙镁离子能力，在高钙镁离子水中，聚合物增稠能力大幅提高，有利于扩大在地层中的波及能力。

2.2　耐盐抗钙镁表面活性剂优选

2.2.1　超低界面张力浓度窗口

考虑到表活剂现场配注、地层污水逐级稀释、岩石吸附及色谱分离等诸多矿场影响因素，复合驱用活性剂的浓度窗口越宽越好，超低界面张力（$<10^{-3}$ mN/m）浓度窗口一般要求达到 0.1%~0.6%。在指定油藏条件下，分别测试表活剂浓度为 0.1%、0.2%、0.4%、0.6%时的界面张力值，实验结果见图 2。$Ed3^5-1\#$、$Ed3^5-2\#$、$Ed3^5-3\#$ 表面活性剂的超低浓度窗口都较宽，在 0.1%-0.6%的范围内都可以达到超低界面张力。

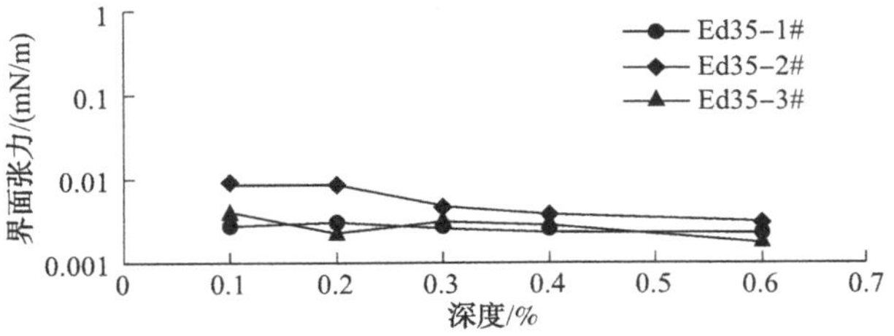

图 2　超低界面张力浓度窗口

2.2.2　吸附性能评价

将一定量油砂与表面活性剂溶液混合后，恒温水浴振荡，取上层清液用 0.45μm 微孔过滤膜过滤后测定吸附后体系界面张力的变化。吸附试验结果见表 2，可以看出 $Ed3^5-1\#$、$Ed3^5-2\#$、$Ed3^5-3\#$抗吸附能力较强，吸附前后界面张力变化不大，基本维持在一个数量级上。

表 2　抗吸附实验

表活剂体系	吸附前界面张力/(mN/m)	吸附后界面张力/(mN/m)
0.3%$Ed3^5-1\#$	2.8×10^{-3}	4.1×10^{-3}
0.3%$Ed3^5-2\#$	4.8×10^{-3}	4.6×10^{-3}
0.3%$Ed3^5-3\#$	3.2×10^{-3}	6.3×10^{-2}

2.2.3　抗钙镁测试

以现场注入水为基础，加入 $CaCl_2$，观察现象，测定界面张力，研究表面活性剂的的抗钙能力，结果见图 3。实验结果表明以看出，当溶液中 Ca^{2+}浓度高达 900mg/L 时，$Ed3^5-1\#$、$Ed3^5-2\#$、$Ed3^5-3\#$界面张力仍能达到超低，表面活性剂沉淀损失较小。

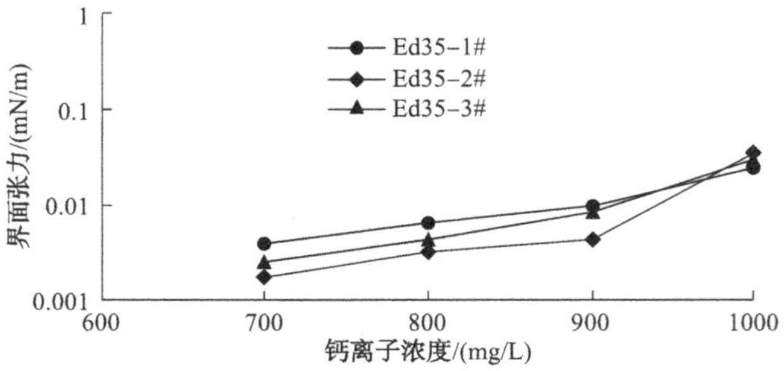

图 3　抗钙镁性能

2.3　黏弹性颗粒驱油剂优选

2.3.1　黏弹性能评价及筛选

为了保证形成的驱油体系具有优良的注入和

调整剖面的能力，要求驱油用 PPG 产品在水中溶胀后形成的分散体系具有较高的表观黏度和黏弹性；同时，确保在一定注入压力下黏弹性颗粒能够变形通过孔喉。

针对油藏条件，推荐使用弹性模量 9Pa、粒径 100-300μm 的 PPG 产品。

2.3.2　复配比例

将黏弹性颗粒驱油剂与聚合物按照不同浓度、配比进行复配，考察复配体系的黏度、黏弹性变化规律(表 3)。根据体系黏度及弹性，建议 PPG 与聚合物配比 1 : 2，对应体系浓度 2400mg/L。

表 3　不同配比下复合体系黏弹性及黏度(总浓度 2400mg/L)

PPG : 聚合物	黏度/(mPa·s)	弹性模量/Pa
1 : 2	57.1	1.3
1 : 1	40.1	2.0
2 : 1	27.2	3.4

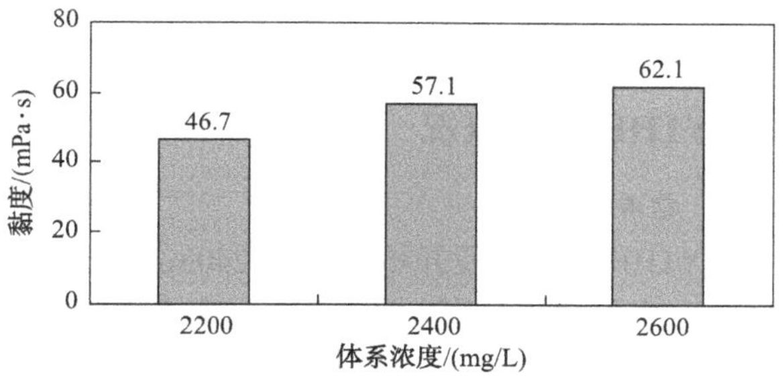

图 4　不同浓度条件下体系黏度

2.4　体系驱油试验

为考察配方与聚合物驱效果，将单一聚合物驱与复合驱进行了驱油试验对比，试验结果见表 4。

表 4　复配体系与聚合物试验对比

配方	注入段塞/PV	提高采收率/%
0.25%聚合物	0.60	23.4
0.25%聚合物+0.3%表活剂	0.32	25.6
0.12%粘弹性颗粒+0.12%聚合物+0.3%表活剂	0.30	27.5

由表 4 看出，聚合物和活性剂有一定的协同作用，单一聚合物驱提高采收率幅度为 15.9%，低于二元复合驱的 22.0%。在相同段塞条件下，二元驱比水驱提高采收率 20 个百分点。

3　矿场应用

胜二区三 5 高盐高钙镁油藏二元复合驱于 2018 年 8 月开始试注，2019 年 1 月全面投注，2020 年 5 月转主体段塞，现场监测结果表明，井口黏度超过 50mPa · s，采出液综合含水已经由注聚前的 97.7%降到 97.3%，日油由注聚前的 19t/d 增加到目前的 22t/d，显示出良好的见效趋势，有望突破高盐高钙镁油藏非均相复合驱油技术。

4　结论

针对胜二区三 5 高盐高钙镁油藏，认识了试验区的开发状况，明晰了剩余油主力层内部剩余油局部富集，非主力层内部剩余油整体富集的分布规律。立足高盐高钙镁的油藏条件，通过分子模拟，提出了具有较强抗钙性能的化学剂的设计方向，设计形成了具有很好的耐盐性能、增黏性能、界面性能的高盐高钙镁油藏非均相复合驱体系。胜二区东三 5 区块于 2019 年 1 月全面投注，目前综合含水下降 4.4%，日产油上升 59t，增加了 3.1 倍，项目已进入见效期。为下一步在高温高盐油藏开展非均相复合驱提供基础。

参考文献

[1] 赵福麟 . EOR 原理[M]. 东营：石油大学出版社 . 2006.

[2] 孙焕泉，李振泉，曹绪龙，等 . 二元复合驱油技术[M]. 北京：中国科学技术出版社，2007.

[3] hu, D. , et al. , Laboratory Study on the Potential EOR Use of HPAM/VES Hybrid in High-Temperature and High - Salinity Oil Reservoirs. Journal of Chemistry, 2013. 2013：1.

[4] Wever, D. A. Z. , F. Picchioni, and A. A. Broekhuis, Polymers for enhanced oil recovery：A paradigm for structure - property relationship in aqueous solution. Progress in Polymer Science (Oxford), 2011. 36 (11)：1558.

[5] 梁伟，赵修太，韩有祥，等 . 驱油用耐温抗盐聚合物研究进展[J]. 特种油气藏，2010，17(2)：11-14，38.

[6] 赵仁保，岳湘安，张宏方 . AMPS 共聚物溶液的性质及在多孔介质中的流动特征[J]. 石油学报，2005，26(2)：85-87，91.

泌阳凹陷页岩油水平井压裂技术与应用

冯兴武　王树森　余小燕　李梦楠　朱泽玉　王　曼

(河南油田分公司石油工程技术研究院)

摘　要　泌阳凹陷东南深凹区页岩油储层具有较大的开采潜力，2022 年中石化河南油田在该区域部署了一口水平井——Y1HF 井。该井钻探目的评价页岩层含油气性，力争实现泌阳凹陷页岩油商业化开采突破。技术人员借鉴河南油田页岩油压裂历史经验以及目前页岩油压裂技术，针对 Y1HF 井的地质特点，提出了优化分段分簇参数、前置 CO_2 补能降粘、压裂参数优化、压裂参数评估及调整。Y1HF 井压后累计产油 3580.8m^3，产气 21459m^3，取得了较好的生产效果。

关键词　泌阳凹陷；页岩油；分段分簇；参数优化；微地震监测

1　前言

泌阳凹陷是南襄盆地的一个次级构造单元，由深至浅为大仓房-玉皇顶组、核桃园组、廖庄组、上寺组沉积层。核桃园组自深至浅分为核三段、核二段、核一段。其中核三Ⅲ油组的岩性成分以有机质泥页岩为主，夹少量泥质白云岩、细砂岩、粉砂岩、泥质粉砂岩。泥页岩赋存的生物化石种类多，有机质类型复杂多样、数量丰富，总有机碳含量较高。因此，核三Ⅲ油组不仅是产生油气的主力烃源岩，也是有利于赋存油气的岩层，具有一定的开采潜力。

历史上，河南油田开展了非常规致密页岩油压裂技术探索。但初期缺乏页岩油压裂技术的基础研究，压裂设计照搬国外经验，效果并不理想。BY1HF、BY2HF 井两口页岩油井采用簇式射孔+瓜胶滑溜水压裂液组合+小粒径支撑剂组合+大排量施工+易钻桥塞压裂工艺，两口井实际累计产量低于 3000t，压后产量低，距离商业化开采目标仍有较大差距。分析原因是泌阳凹陷页岩油属于陆相中—低成熟度的页岩油，与国外海相环境下高成熟度的页岩油相存在本质的不同，国外压裂技术与泌阳凹陷地质情况不相适应。

近年来致密页岩油开采工艺出现了新的技术突破。其中 FYP1 井采用“少簇”促缝高+大液量促体积+前置 CO_2 增能工艺，压后峰值日产油 171.4 吨，日产气 1.4 万方，累产油 1.55 万吨，累产气 125.75 万方；溱潼凹陷 ZY1 井采用规模注液+渗吸置换+增能保压+限流射孔、密集布缝+大砂量、多级支撑工艺，压后初期日产油 63.7 吨，正常生产 282 天，累产油 1.36 万吨。

本文以泌阳凹陷 Y1HF 井页岩油储层为研究对象，提出了优化分段分簇参数、前置 CO_2 补能降黏、压裂参数优化、压裂参数评估及调整为一体的页岩油压裂技术。

2　Y1HF 储层概况

2.1　钻井概况

Y1HF 井水平段开始侧钻于 2403m 至 5100m 完钻，水平段整体长 2060.32m。水平井轨迹整体下倾，从 A 靶到 B 靶依序经过层位为 H 三段Ⅲ2 号②小层(3039.68～3531m，长 491.82m)、H 三段Ⅲ2 号③小层(3531～4535m，长 1004m)、H 三段Ⅲ2 号②小层(4535～5100m，长 565m)。A 靶点垂深为 2820.21m，B 靶点垂深为 3182.70m，垂深差达 362.49m。如图 1 所示，A、B 靶垂距落差大，B 靶段压裂段排液受重力影响难以排出。

2.2　储层概况

2.2.1　储层展布概况

Y1HF 井目的层录井岩性为灰褐色页岩、灰黑色页岩层，有机质丰度较高，气测全烃高(0.8%～5.3%)，平均含油饱和度高(48.4%～52.8%)，平均孔隙度高(6.9%)。如表 1 所示，邻井同层物性统计情况可知，目的层砂体在平面上展布范围大。但结合邻井砂体厚度可知，整体砂体沉积不均匀，呈西薄，东厚的规律。常规分段分簇压裂工艺不能充分改造储层，需要根据储层沉积厚度特征优化分段分簇参数。

表 1　Y1HF 井对应邻井物性统计表

井号	与 Y1HF 关系		对应 Y1HF 深度/m	泥页岩厚度/m	全烃值/%	录井岩性
	方位	距离/m				
B270 井	东侧	329	2958.00~3050.00	90	0.24%~1.76%	灰黑色泥页岩
B100 井	东侧	101	3108.00~3216.00	102	0.01%~4.38%	黑色泥岩、深灰色白云质泥岩、褐色油浸泥岩、深灰色页岩
B101 井	东侧	187	2872.00~2950.00	78	0.018%~2.4%	深灰色泥页岩、深灰色白云质泥岩
B112 井	西侧	228	2829.00~2905.00	65		深灰色白云质泥岩、灰褐色油页岩、灰色泥质白云岩

2.2.2　储隔层岩石力学特征

（1）储层岩石力学特征

根据岩心地应力测试结果可知：储层水平最大主应力 67.41~69.8MPa，水平最小主应力 57.93~58.94MPa。水平应力差 8.91~9.64MPa，平均 9.4MPa；应力差异系数 0.16（注：水平应力差异系数=1-水平最小主应力/水平最大主应力）。水平应力差异系数越大，则越容易形成复杂缝，反之容易形成单一裂缝。因此，Y1HF 不易形成复杂裂缝，需考虑配套在页岩能制备复杂裂缝相关工艺。

（2）纵向隔层应力特征

如图 1 所示，通过地应力剖面图可知，目的层纵向应力剖面变化较大（55~65MPa），同时纹层微裂缝发育。当裂缝开始从 2-③小层起裂时，受到 2-②小层中部厚度约为 3m（2800~2803m）的高应力层遮挡，显著的限制了裂缝高度扩展，不利于改造 2-①小层。

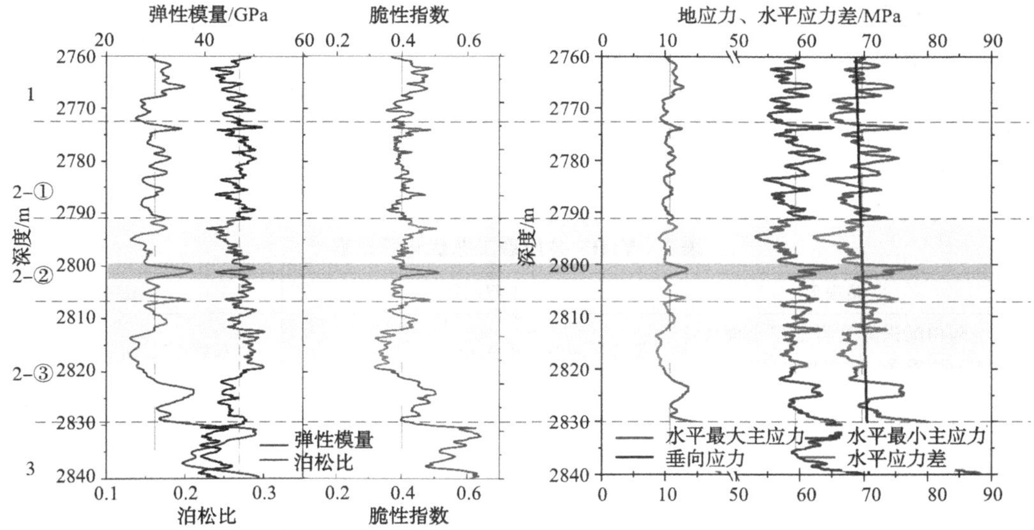

图 1　Y1 井 H_3Ⅲ2 段地应力剖面图

2.2.3　储层物性概况

（1）岩石成分分析

Y1 井页岩储层主要矿物成分为黏土、石英、钾长石、斜长石、方解石、白云石及少量黄铁矿。根据录井资料分析元素构成，整体分析 H3Ⅲ2 层的粘土当中，主要以伊蒙混层为主（52%~65%），其中 H3Ⅲ2-②小层为高钙低镁、低黏土含量（28%~29%），H3Ⅲ2-③小层为高镁低钙、高黏土含量（34%）。因此粘土含量高，存在一定水敏伤害，需要考虑压裂液对储层的伤害。

（2）储层孔吼结构

Y1 井储层岩心开展核磁测试，如图 2 所示，孔隙分布以 0.1ms<T2≤1ms、1ms<T2≤10ms 两类为主，少部分分布在 T2≤0.1ms 及 100ms<T2≤1000ms 范围内，极少部分孔隙分布在 T2>1000ms 范围内。结果表明储层孔隙为孔径较小，以介孔为主。基质型页岩孔吼半径小，油气流动难度大，降低原油产量，需考虑配套相关工艺，促使微孔隙环境下的油气启动运移工艺。

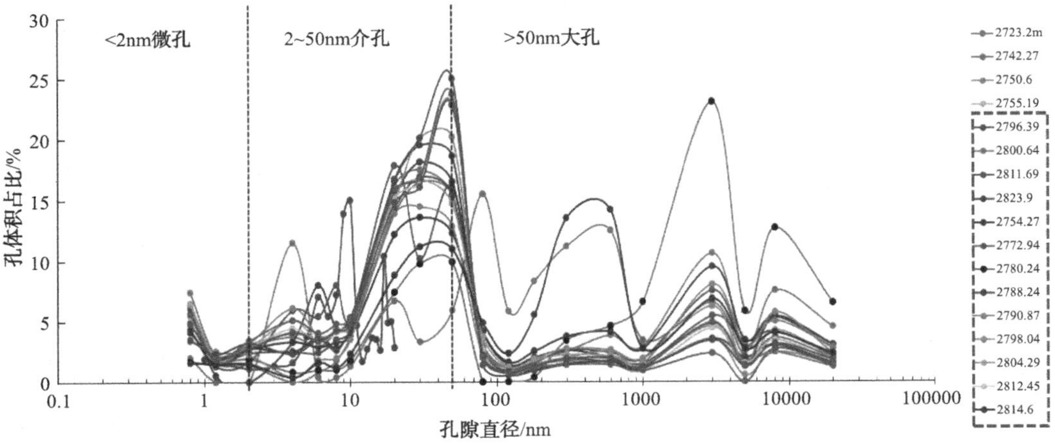

图 2　Y1HF 岩心孔径分布示意图

(3) 储层压力系数

参考邻井 BY2HF 压力系数统计，目的层压力系数在 1.05~1.15。分析在常压下，本井储层以介孔为主的孔径类型，该类型环境下油气由于缺乏地层压力驱动，流动能力弱，不利于油气从岩石孔隙内流动至人工裂缝中。需考虑配套人工培育能量助力油气流动。

(4) 储层流体性质

参考邻井 BY2HF 原油密度 0.8606~0.8639g/cm^3，黏度 28.26~32.62mPa·s，含蜡量 35.66%，含胶质、沥青质 16.98%。随着油气从地层到井筒过程中，温度下降、压力降低，原油内析蜡、原油脱气后黏度变高，原油整体流动性降低的问题。

通过井筒状况和室内实验结果，分析了影响 Y1HF 井压裂效果的问题。因此，从工艺上考虑解决问题的对策，如：优化分段分簇参数、压前预处理地层、优化分段分簇参数、前置 CO_2 补能降黏、压裂参数优化、压裂参数评估及调整，提高压后效果。

3　致密页岩油压裂工艺优化

通过对 Y1HF 井的井筒结构和室内实验结果，归纳了压裂难点(表 2)，借鉴了目前主流的页岩油压裂工艺，提出了适应 Y1HF 井的解决方法。

表 2　Y1HF 井压裂工艺优化思路表

地质问题	实验现象	工程问题	拟解决方法
宏观问题	陆相沉积的页岩油层平面展布非均质强，储层物性差异大	裂缝压裂改造不充分	“双甜点法”分段
中观问题	最小与最大水平应力差异大	难形成复杂缝	数值模拟不同参数下分簇+暂堵转向裂缝平面延展结果
	2-②小层中部存在厚度约为 3m 的高应力遮挡层	2-②小层遮挡层不利于裂缝由 2-③小层起裂改造 2-①小层	数值模拟不同前置液黏度、排量、液量参数穿层效果
微观问题	岩石粘土矿物以伊蒙混层为主(52~65%)	水敏损害渗透率	实验评价低伤害一体化压裂液
	核磁测试岩石孔吼半径小	油气启动流动难度大	实验油水置换渗吸剂
	压力系数常压	地层压力衰竭不利于油气运移流动	数值模拟注液蓄能
	原油蜡量多、原油内含气	脱气、析蜡后的原油粘度增加，不利于原油流动	液态 CO_2 气化保压、降低析蜡点
工程问题		水平段 AB 靶点落差大，液体返排难	液态 CO_2 气化助排

3.1　储层分段优选

基于地质参数(自然伽玛、补偿密度、有机碳含量、全烃)、工程参数(脆性指数、最小应力)，开展耦合评价得出“甜度系数”。根据“甜度系数”将水平段 2038m 划分好、中、差三类储层(表 3)，其中一类层 16 段，二类层 13 段，三类层 4 段，共计 33 段。

表 3 Y1HF 井压裂分段标准

分类	自然伽玛（API）	补偿密度/（g/cm³）	有机碳含量/%	全烃/%	脆性指数/%	最小应力/MPa	甜度系数/%	主要特征
一类(好)	>170	<2.6	≥3	≥3	>45	≤65	>38	高伽玛、低密度气测显示好
二类(中)	145~170	2.6~2.65	2~3	2~3	40~45	65~70	30~38	低密度、气层显示一般
三类(差)	<145	>2.65	<2	<2	<40	>70	<30	低伽玛、高密度气测显示弱

3.2 CO_2压前补能降黏

液态 CO_2 具有补充地层能量同时改善原油流动性、提高裂缝复杂性、增孔增渗以及降低破裂压力等方面的特点，有利于解决水平段的 A、B 靶点之间垂深大(362.49m)，低位的 B 靶点压裂液不利于返排的问题。原油从地层到井筒过程中存在脱气降温现象导致原油流动性大的问题。如图 3、图 4 所示，根据数值模拟，液态 CO_2 用量高于每段 100t~150t 时，起到提高增能波及范围的作用，从而增加累产油量。同时，整体来看增幅随 CO_2 用量上升变化较小。

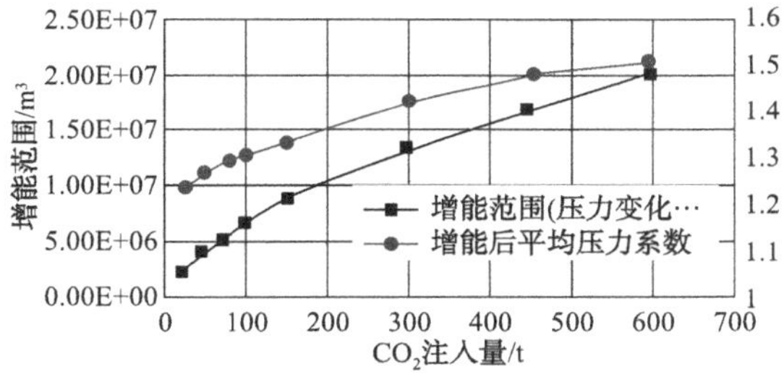

图 3 前置 CO_2 量对增能范围及压力系数的影响

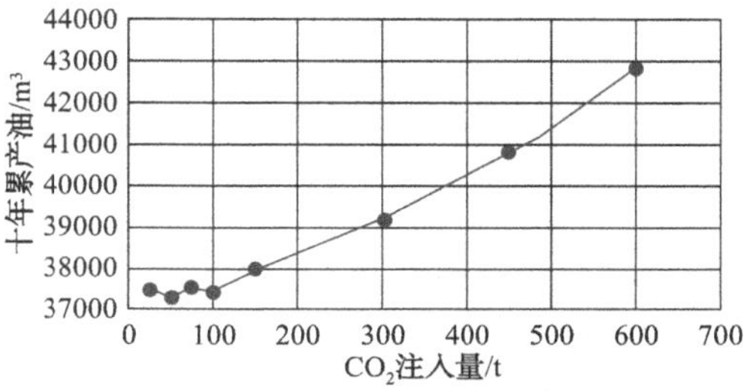

图 4 前置 CO_2 量对十年累产油量的影响

3.3 压裂参数优化

(1) 压裂施工规模优化

首先开展了单簇条件下泵注不同液量及砂量数值模拟(图 5)，优化单簇压裂规模 400~500m³，加砂量 25-35m³。其次开展了实际单段射孔簇数 4~6 簇条件下的数值模拟(图 6)，优选单段压裂液规模 2400~3000m³，支撑剂 150~180m³。

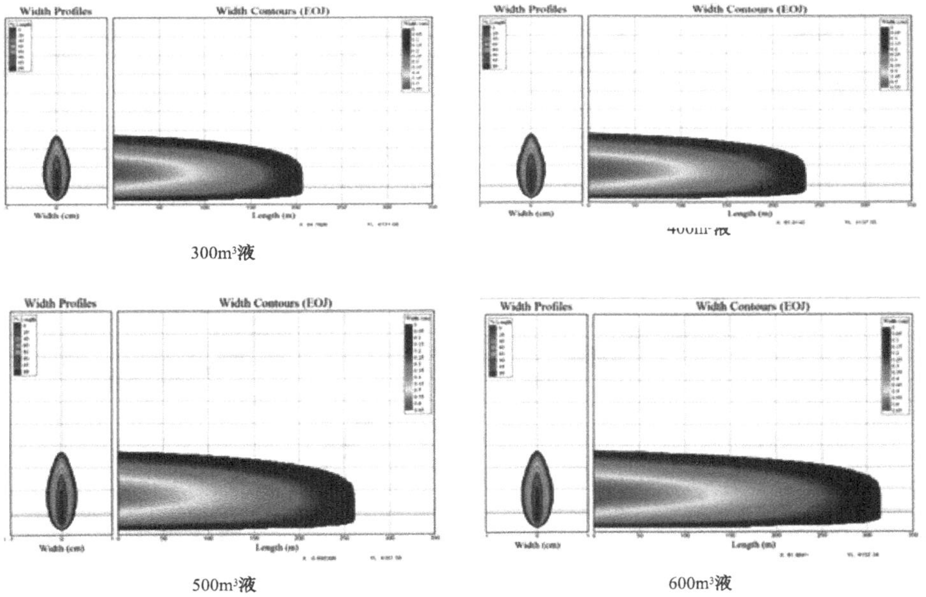

图 5 单簇射孔对应的不同液量裂缝形态

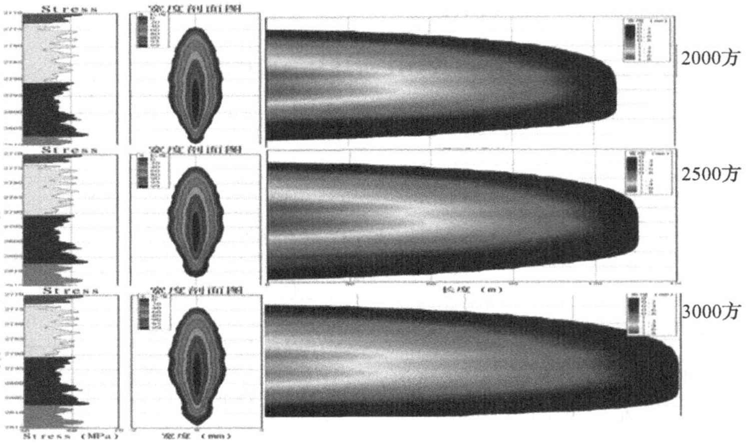

图6　多簇射孔对应的不同液量裂缝形态

(2) 暂堵转向参数优化

由于储层物性差异和射孔段簇数不同，多簇射孔段同时进液时会产生多裂缝竞争起裂及扩展现象，不利于均匀改造储层。因此考虑“双暂堵工艺”即投加暂堵剂和暂堵球，改变裂缝内部和外部的流体压力场，使各簇射孔段之间均匀进液，实现裂缝横向均匀延伸，改善压裂段内改造一致性。如图7、图8所示，通过数值模拟，优化“暂堵剂-暂堵球-暂堵剂”方式暂堵，可以使得各射孔簇能够均匀进液，裂缝均匀延伸。具体优化结果：采用1次投球，投球总数量占总孔眼数50~70%，采用直径18mm低密度暂堵球；投球时机为总液量的30%~60%。模拟了不同暂堵剂用量及投剂时机下的缝内净压力提升情况，推荐暂堵剂用量为300(投2次)，第一次投剂时机为总液量的10%~15%，第二次投剂时机为总液量50%~60%左右。

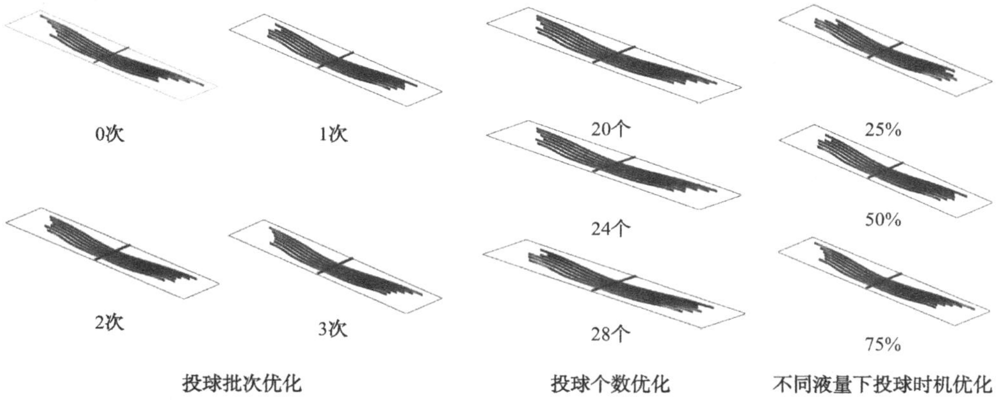

图7　投暂堵球参数优化

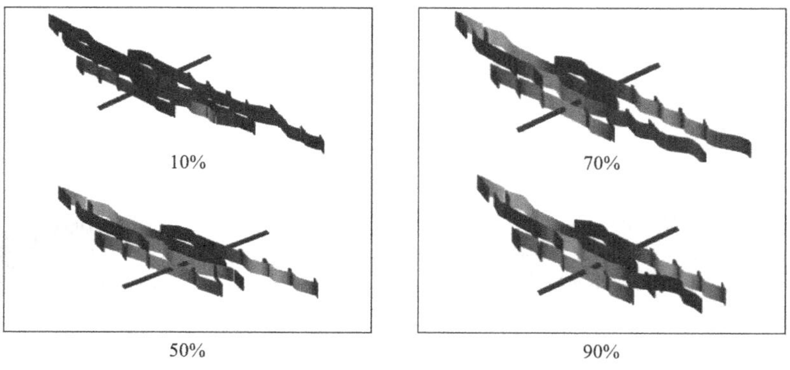

图8　投暂堵剂参数优化图

（3）纵向多纹层裂缝穿层工艺优化

采用内聚力（CZM）方法模拟研究层状岩石水力裂缝穿层行为，模拟2号层段裂缝扩展形态。模拟结果：裂缝由2-②层起裂，穿过2-①和2-②层之间的隔层，在1-②小层停止，整体缝高可达到30~40m；但是2-②和2-③小层的之间存在应力遮挡，裂缝向下穿层较困难，需优化前置液参数促使液体向下部2-③小层延伸。如图9、10、11所示，根据模拟结果，前置胶液排量10m³/min，黏度160~200mPa·s，前置胶液用量200~300m³，起到较好的液体向下穿层效果。

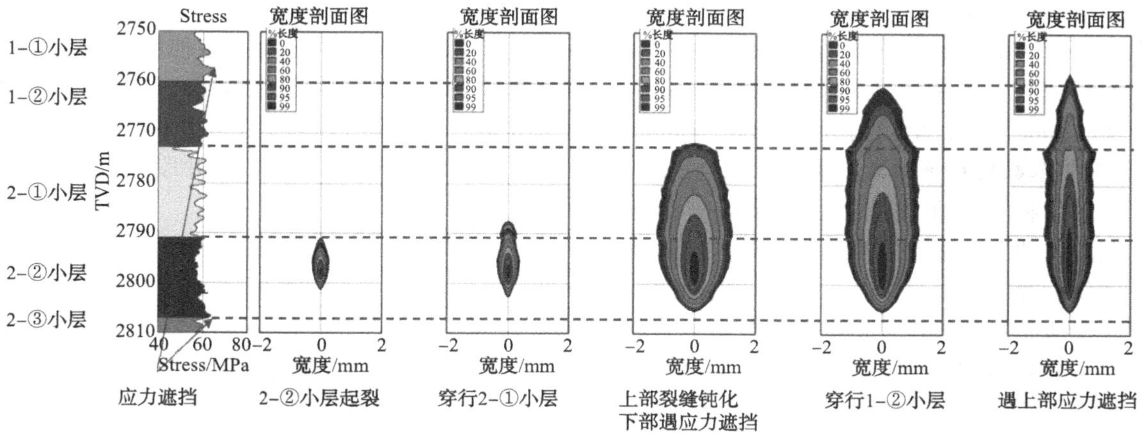

图9　裂缝扩展模拟结果

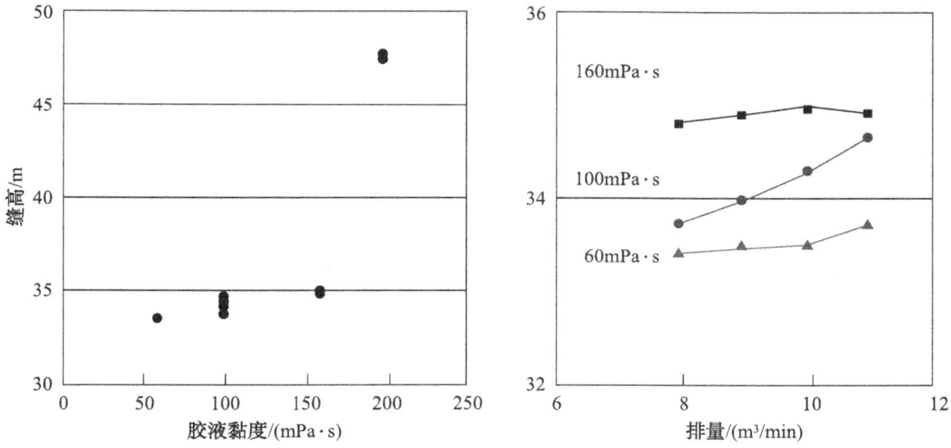

图10　不同胶液黏度/排量模拟结果

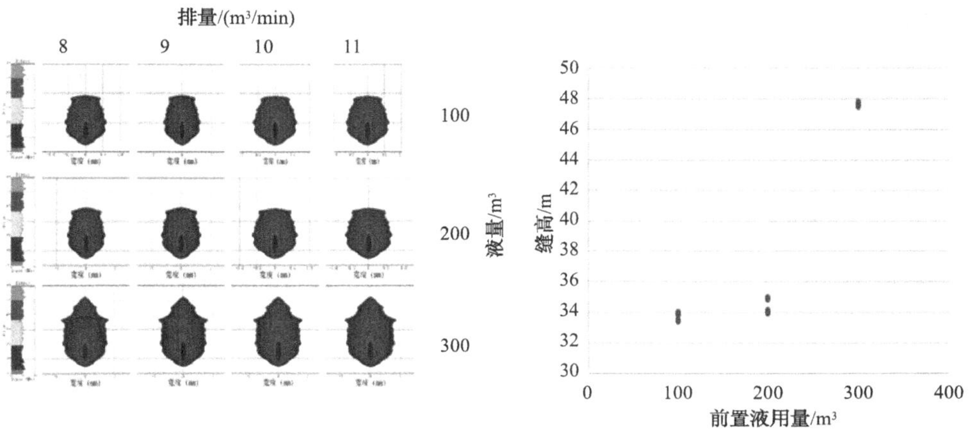

图11　不同胶液用量模拟结果

(4) 大规模注液蓄能

本井地层压力为常压 1.05，且无注水井对应，随着开采时间延长，地层压力的衰竭，需补充地层能量，向地层注入一定量的蓄能液，通过蓄能液在地层的渗吸、扩散，实现压力传导，为地层流体提供驱替压力，增大孔隙压力，实现大液量以水换油。设计泵注以低黏一体化压裂液与渗吸液复配的蓄能液作为前置液补充地层能量。通过数模结果，优化用液强度 50~55m^3/m。以段长 45~70m 计算，单段用液量 2300~3500m^3。

3.4 压裂参数现场评估及调整

针对陆相页岩非均质性强，储层横向变化快，压力波动大，施工风险高的问题。将地质工程一体化由静态转变到动态，利用压裂曲线及数据对储层地质参数进行定量的实时分析，开展了压裂井的实时动态评估，形成了“控滤失、控高、控压、控砂堆与防砂堵”的调参技术(表4)。控制早期多缝滤失：高黏胶液前置、增加总前置液量(滤失饱和)；控制早期缝高过度延伸：造缝阶段控制排量、加砂阶段逐步提升排量；控制压力渐进性增长：远端裂缝滤失增大则考虑中途转 1~2 级粉陶；控制砂比敏感点：胶液提前介入扫砂，延长隔离胶液，降低砂堤平衡高度，防止缝口脱砂，依据后置胶排量和压力提砂比，严格控制砂比和段塞长度。

表 4　Y1HF 井现场调参技术

地层特征	相应措施
两向水平应力差大于设计预期	适当提供压裂液黏度，中途降排量交替注酸、多次停泵减少应力差异
两向水平应力差小于于设计预期	增加低黏液体用量及占比
天然裂缝比预期不发育	多次缝内复合暂堵
天然裂缝比预期发育	多液性粘滞指进，提高注入排量
滤失系数比预期大	适度增加前置液量，同时加入粉陶降率滤失
滤失系数比预期小	适度较少 10%~20%前置液量，增加起步砂液比

4　矿场实践

4.1 压裂施工概况

Y1HF 井采用套管桥塞分段方式压裂，2022 年 12 月 25 日~2023 年 1 月 12 日，累计完成 33 段 169 簇施工。施工排量 18~24m^3/min，施工压力 60~10^{4}MPa，共计泵注液量 87642.9m^3，泵注砂量 8578.2m^3。与设计相比，现场用液量缩减 13%，现场加砂量符合率 142.8%。达到了控液多砂，提高裂缝导流能力的目标。

4.2 微地震解释成果

通过对 Y1HF 井开展微地震监测。如图 12 所示，解释全井段改造体积(SRV)为 5000.0×10^{4}m^3，每段改造体积为 90~195×10^{4}m^3，平均为 151.5×10^{4}m^3，实现了全井段体积改造。

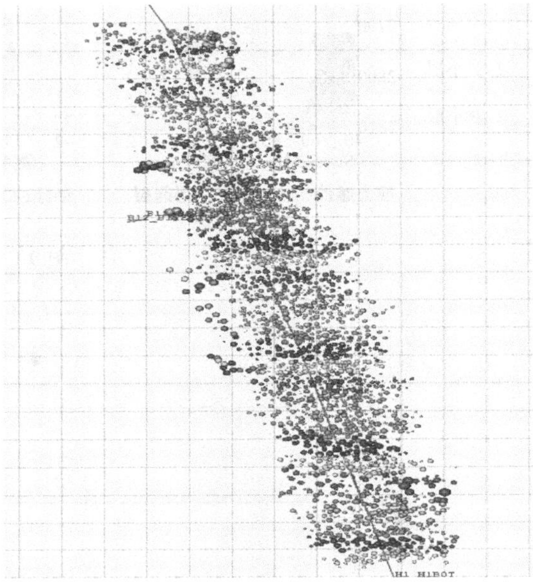

图 12　Y1HF 井 1-33 段微地震效果图

4.3 施工效果及效益

截止 2024 年 2 月 23 日，Y1HF 井压后日产液量 17.9m^3/d，产油量 7.5m^3/d，产水量 10.4m^3/d。累计产液 22708.02m^3，累计产油 3580.8m^3，水 19768.53m^3，累计产气 21459m^3，返排率 24.8%。与同区块邻井 BY1HF、BY2HF 井对比，Y1HF 井单段成本降低 121 万元，降低比例 38.5%。单方液体施工费用降低 2814 元，降低比例 79.4%，取得了良好的经济效益。

5　结论

(1) 通过建立地质模型，加强地质工程一体化研究，针对具体 Y1HF 井的地质特征开展数值模拟研究。

(2) 通过数值模拟优化解决了页岩纵向以及横向均匀改造的难题。优选了暂堵球粒径、数量及暂堵剂投加时机，使封堵效率得到较大提升，有助于提高裂缝在平面上的缝网复杂程度。优化了压裂液前置液粘度、排量等参数，使得前置液能够在纹层缝内延伸，实现纵向穿层的目的。

（3）采用“密切割分段分簇+复杂缝造缝工艺+强加砂促导流+强化渗吸提产”主体工艺思路，差异化改造储层。通过微地震监测佐证裂缝复杂度大，实现了“强加砂、复杂缝”的目的。

参 考 文 献

[1] 李志明，金芸芸，李楚雄等．南襄盆地泌阳凹陷渐新统核桃园组三Ⅲ亚段页岩油富集模式———以中部深凹带 YYY1 井取心段为例[J]．石油实验地质，2023，45(5)：955-956.

[2] 陈祥，丁连民，刘洪涛等．南襄盆地泌阳凹陷陆相页岩储层压裂技术研究与应用[J]．石油地质与工程，2011，25(3)：94-95.

[3] 蒋廷学，卞晓冰．页岩气储层评价新技术--甜度评价方法[J]．石油钻探技术，2016，44(3)：3-4.

[4] 赵林，蒋尔梁，王树森等．二氧化碳注入对低渗透储层矿物及孔隙结构的影响[J]．油田化学，2021，38(4)：600-601.

[5] 周朗，林然，周小金等．页岩气水平井段内多簇缝口暂堵转向压裂数值模拟[J]．钻采工艺，2023，46(4)：86-87.

[6] 王燚钊，侯冰，王栋等．页岩油多储集层穿层压裂缝高扩展特征[J]．石油勘探与开发，2021，48(2)：406-408.

[7] 方立勤，王进涛，袁玉峰等．A 断块致密砂岩油藏蓄能体积压裂应用实践[J]．石油化工应用，2023，42(5)：17-18.

[8] 蒋廷学，肖博，沈子齐等．陆相页岩油气水平井穿层体积压裂技术研究与现场试验[J]．石油钻探技术，2023，51(2)：5-6.

[9] 陶飞宇．页岩油复杂裂缝形态段塞处理技术研究[J]．中外能源，2024，29(5)：55-56.

[10] 杨永华，宋燕高，王兴文等．威荣页岩气田压裂实践与认识[J]．石油实验地质，2023，45(6)：1146-1147.

低渗透油藏二氧化碳混相驱技术优化与实践

张益境　李长平　张传干　张旭东

(中国石油大港油田第三采油厂工艺研究所)

摘　要　为解决低渗油藏提高采收率问题，保持地层能量，改善开发效果，筛选在叶21-叶22断块开展CO_2驱试验。利用二氧化碳气体注入能力强、驱油效率高、无水敏等特点，开展气驱试验以探索此类油藏实现有效开发的新途径。形成适合大港油田低渗透油藏的CO_2混相驱提高采收率技术方法，既能够提升致密油藏原油采收率，还可以实现CO_2碳埋存，在保障经济效益的同时，确保环保效益。

关键词　低渗透；CO_2混相驱；驱油效率；碳埋存

前言

叶三拨油田叶21-叶22断块是大港油田南部油区低渗透油藏的典型区块，目的层为孔二段，地质储量824×10^4t。平均孔隙度12.25%，平均渗透率$1.31\times10^{-3}\mu m^2$，油层埋深为3260~4000m，为低孔低渗油藏。平均地层压力为39.03MPa，压力系数1.0947，平均地层温度123℃，属正常温度、压力系统。断块孔二段平均原油密度为0.866g/cm³，黏度为30.42mPa·s，凝固点为39.5℃，含蜡量为17.55%，胶质沥青质为26.53%。孔二段原油性质较好，属于中质、中凝、中黏油。截至2020年10月，累产油14×10^4t，累产水$5.8\times10^4m^3$，采出程度1.69%，累计注水$9.58\times10^4m^3$，累计注采比0.56。

1　注水无法实现有效开发

1.1　地层亏空大

截至2020年7月，叶21-叶22断块完钻井23口，开井采油16口，日产油23.77t/d，综合含水34.65%。断块最高日产油114.59t/d，综合含水22%，累产油13.92×10^4t，累产水$5.77\times10^4m^3$，采出程度1.69%，历史注水井5口，2012年油压高全部停注，最高日注水266m³/d，累计注水$9.58\times10^4m^3$，累计注采比0.48，油井动液面下降明显。叶21断块地层能量不足，亏空较大，注水压力高(图1)。

1.2　油井投产后递减大

由于注水困难且见效不明显，地层能量不足

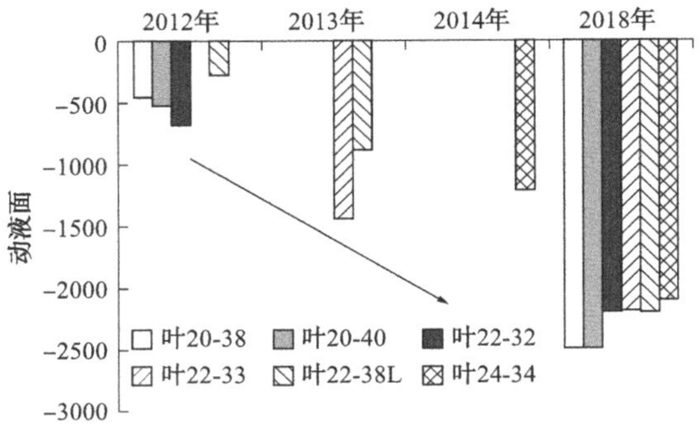

图1　叶21断块动液面变化图

(目前地层压力38.1MPa，亏空$9.24\times10^4m^3$)，低产低效开发(采油速度0.28%)，投产后油井产量下降明显，需转变开发方式(图2)。

2　二氧化碳混相驱特点

二氧化碳混相驱是大幅提高油藏采收率的重要增产措施，驱油机理是二氧化碳溶于油相中增加了油藏流度，其与油相组分交换达混相，从而达到提高驱油效率的目的。

二氧化碳在原油中具有很好的溶解性，二氧化碳溶解于原油，可使原油体积膨胀，并降低原油黏度，当二氧化碳与原油进一步接触，能够萃取原油中的轻烃，不停的接触、抽提，可实现与原油混相，二氧化碳抽提原油的特性是二氧化碳混相驱的基本前提。混相驱使得油气界面张力趋近零，实现混相提高产能。

气体注入性明显优于水，与水驱相比，可扩大注采井距，减小井网密度。驱油效率由好到差依次为：CO_2、NG、N_2、常规水，混相驱驱油效率一般大于85%。微米孔和亚微米孔提供了60%~90%的产出原油(图3、图4)。

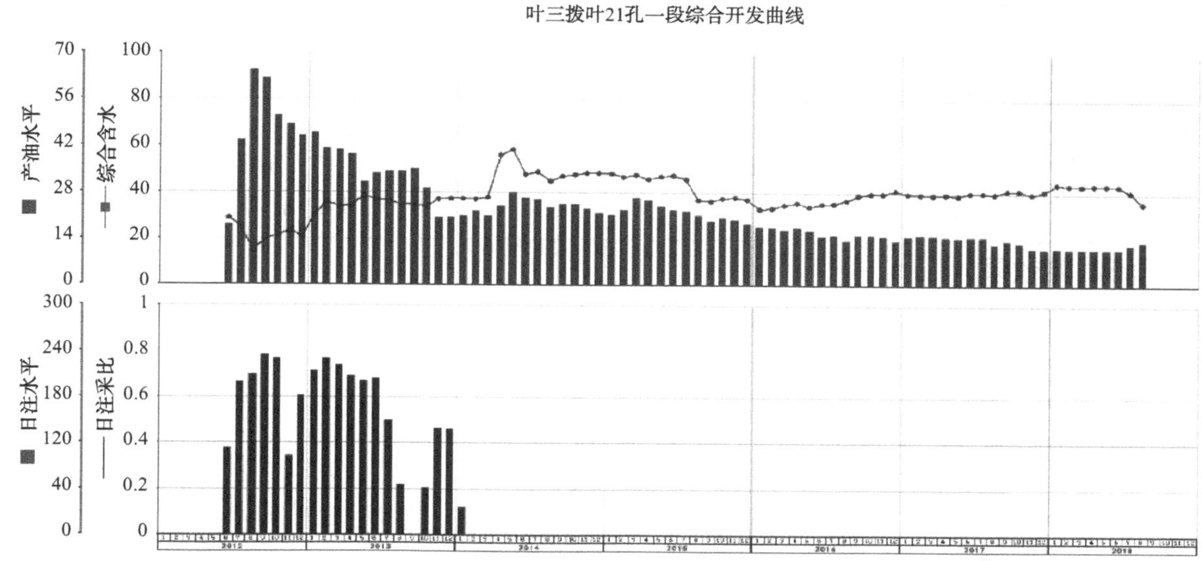

图 2　区块综合开发曲线

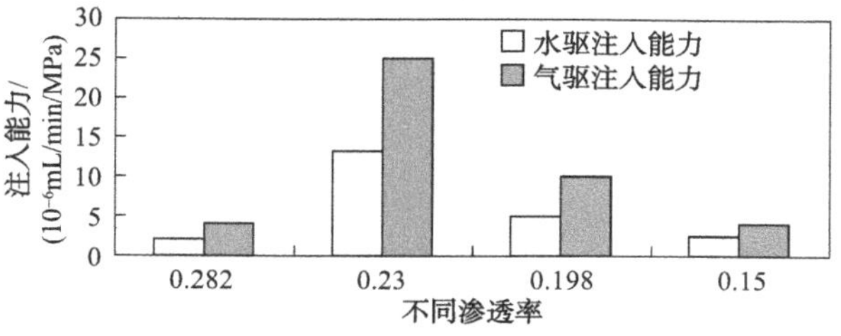

图 3　水驱与 CO_2 注入能力对比图

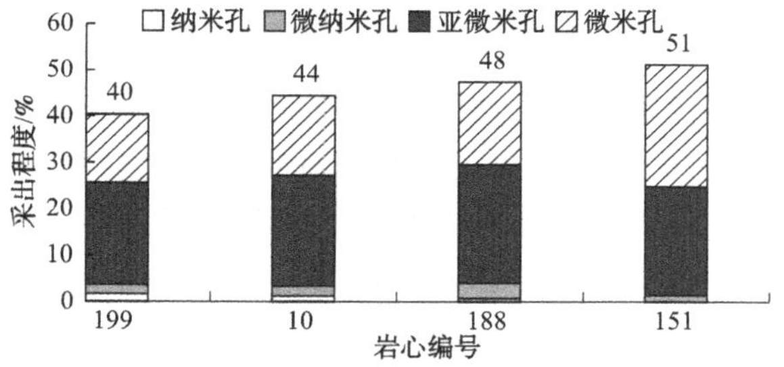

图 4　CO_2 驱不同孔隙采出程度贡献图

叶三拨低渗透油藏特点决定应用气驱技术特征：一是无井网基础，高投入，需高 EOR 增幅，实现混相驱为目标，CO_2 驱具有优势。二是储量规模差异大，需要发展非常规、灵活的注气模式。

3　试验井组的选择

在叶 21 断块选择 2 注 5 采井组进行井组试验，含油面积 0. 35km^2，覆盖地质储量 71. 8×10^4 t，平均厚度 47m，目的层 Ek_2^1、Ek_2^2、EK_2^3 油组。试验评价深层致密油藏 CO_2 井筒与地面注入工艺有效性与稳定性，以及驱替效果。

4　注入参数设计

4.1　单井日注气量和注气段塞大小优化

设计了 6 个方案，单井日注气量为 3×10^{4}m^3 和 4×10^{4}m^3，注气段塞大小为 3 个月，4 个月，5 个月和 6 个月，保持注水速度不变为 30m^3/d。

表 1　不同方案单井日注气量表

日注气量/×10^{4}m^3/t	注气量 HCPV/年	注气时间 月	累注气量/ t	累注气量 HCPV 数
3/60	0. 038	2004/5/6	7200/9000/ 10800	0. 013/0. 016/ 0. 019
4/80	0. 051	2004/5/6	9600/12000/ 14400	0. 017/0. 021/ 0. 026

根据数值模拟计算结果，发现单井日注气量相同，注气段塞越大，累产油越大，但增加的幅度不明显。相同的注气段塞下，单井日注气量越大，累产油越大，但增加的幅度不明显。综合考虑投入成本，现取单井日注气量为 3 万 m^3，注气段塞为 4 个月为最优方案(图 5)。

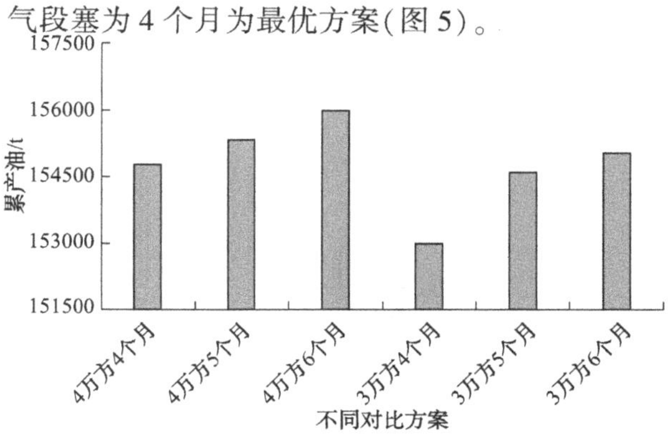

图 5　不同注气速度不同注气段塞累产油对比

4.2 注入方案设计

采取 WAG 注气方式，2 年一周期，单周期内单井日注气量 $3\times10^4 m^3$(60t/d)，注气段塞 4 个月，之后 20 个月注水，日注水量 50 m^3，一个周期内累注气 $1.44\times10^4 t$，累注水 $6\times10^4 m^3$，二氧化碳+水驱提高产能 $0.74\times10^4 t$。

5 现场试验效果

2021 年 4 月 20 日注入，单井平均日注 60t，第一周期注气结束，累注碳 11533t，并实现交替注水段塞，两口井日注 100m^3，累注水 $4.1\times10^4 m^3$。注气阶段，有受益油井气窜，井组产量下降，注气段塞结束后，该油井恢复生产，产量上升。整体实施后 3 口油井见效，最高实现日增油 6.01t，累增油 2243t，并继续有效(图 6)。

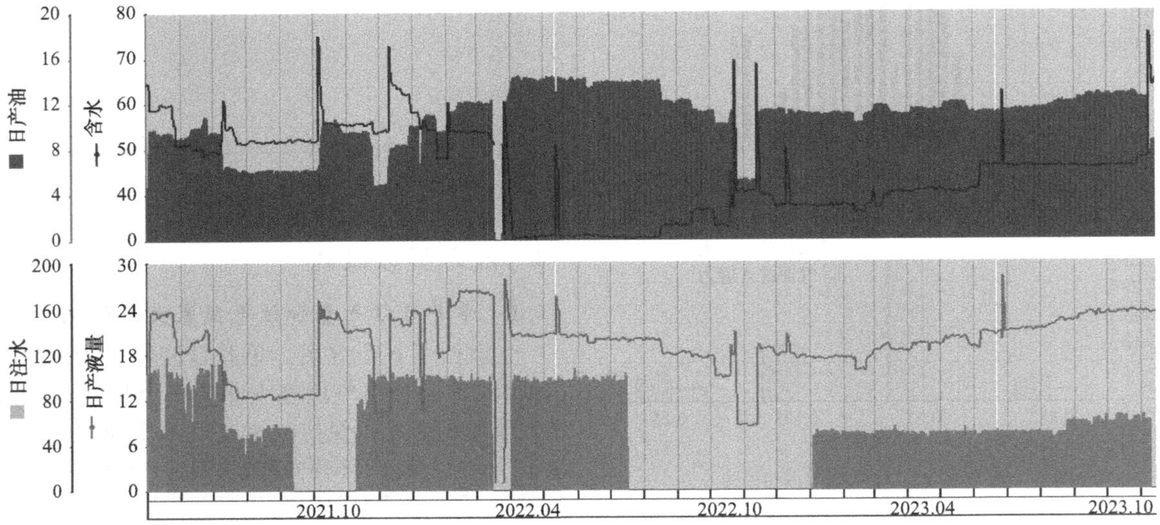

图 6 试验井组二氧化碳混相驱井组生产曲线

同时注入二氧化碳 11533t，注入压力最高到 14MPa，证明二氧化碳注入能力无问题，能较好的实现碳封存，为下步该区块 CO_2驱油与埋存提供了很好指导意义，具有显著的环境效益与深远的社会影响。

另外室内细管实验揭示在叶三拨储层条件下，CO_2纯度在 85%以上与原油可实现混相；现场试验受益油井产出原油 C16 以下组分含量增多，黏度和密度呈现下降趋势，表现出混相驱见效初期特征(图 7、图 8)。

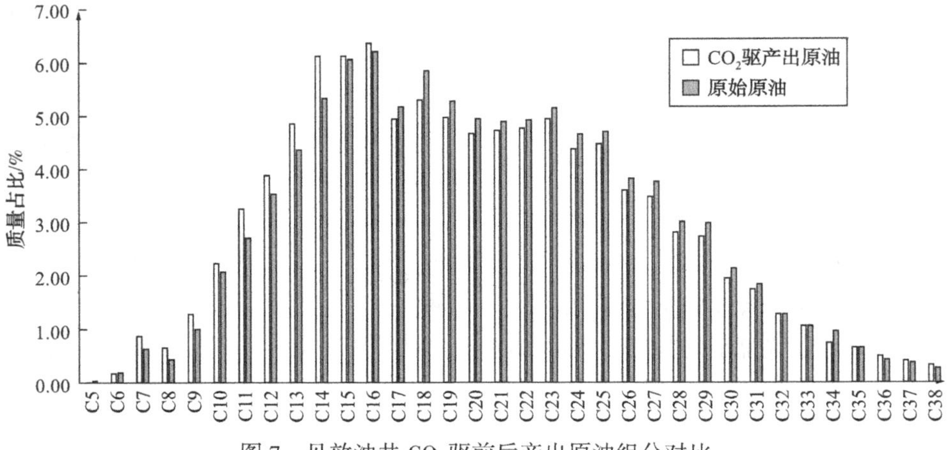

图 7 见效油井 CO_2驱前后产出原油组分对比

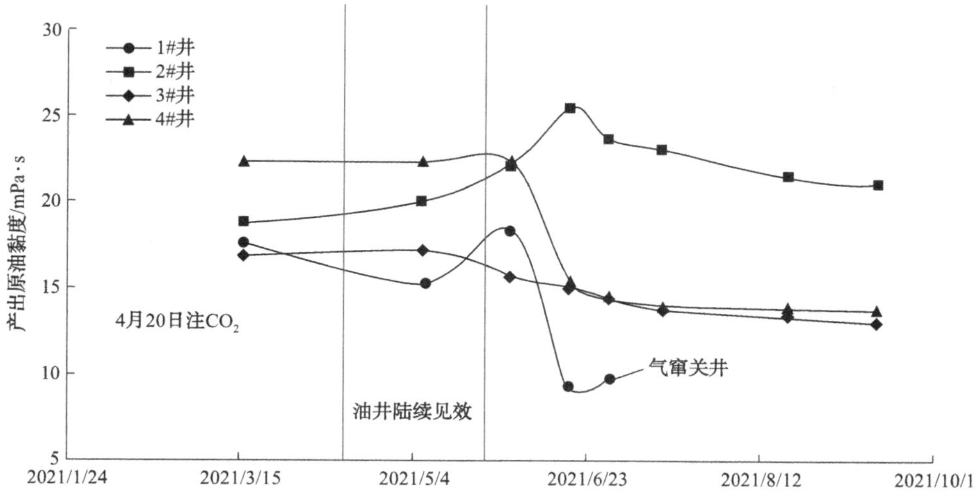

图 8 对应油井 CO_2驱前后产油原油粘度变化

6 结论与认识

（1）叶 21 断块二氧化碳混相驱试验初步实现了二氧化碳地质封存目的，并有较好的碳驱油效果，能够起到碳驱油和埋存的双重目的。

（2）二氧化碳混相驱可达到降水增油的目的，注入二氧化碳后，CO_2与原油融合，形成混相油墙，降水作用明显，但由于压裂形成裂缝，优势通道中剩余油饱和度低，致使突破到油井后，见气较快。

（3）二氧化碳混相驱能使地层能量得到有效补充，注入二氧化碳后，受低层温度加热，CO_2膨胀作用强，地层能量恢复速度快，保持水平高。

参 考 文 献

［1］李三山．致密油藏 CO_2驱油和埋存可行性研究［J］．当代化工研究，2022(24)：34-36.

［2］吴忠宝，甘俊奇，曾倩．低渗透油藏二氧化碳混相驱油机理数值模拟［J］．油气地质与采收率 19.3 (2012)：4.

［3］武守亚，赵东亚，张建，等．二氧化碳混相驱提高采收率及参数分析［J］．石油工程建设，2014.05.001.

［4］姚泾利，刘晓鹏，赵会涛，等．鄂尔多斯盆地盒 8 段致密砂岩气藏储层特征及地质工程一体化 对策［J］．中国石油勘探，2019，24(2)：186-195.

压裂防砂低温快速固化覆膜支撑剂研究

李建达　李　鹏　李贞文　王国强

(中国石油化工股份有限公司胜利油田分公司石油工程技术研究院)

摘　要　针对压裂充填防砂返排过程中支撑剂返吐问题，开展了低温快速固化覆膜支撑剂研究。基于表面改性手段制备了覆膜支撑剂，利用扫描电镜、能谱分析等手段表征了支撑剂覆膜层组成，通过裂缝导流能力测试开展了支撑剂回流控制性能评价。覆膜支撑剂在50℃养护2 h即可使充填层达到稳定状态，导流能力提升19.7%~53.1%，临界回流速度提升1.6~3.0倍，对于压裂防砂施工末期低井温、快速返排条件下保持充填层稳定性具有重要意义。

关键词　压裂防砂；低温；快速固化；覆膜支撑剂

压裂防砂技术通过大排量造缝实现近井支撑剂大规模、高密实充填，具有防砂和改善近井储层物性的双重功效，近年来已成为胜利油田主导防砂技术之一。然而，施工末期支撑剂回流返吐往往对裂缝完整性和导流能力造成不利影响，使油井潜在产量下降，严重时甚至造成砂埋油藏，导致作业成本大幅增加。因此，如何做好压裂防砂返排过程中支撑剂回流控制是当前研究关注的重点。

国内外矿场已将裂缝强制闭合，分段破胶、纤维充填、支撑剂表面改性等多种物理化学技术用于支撑剂回流控制，并取得一定应用效果。其中，支撑剂表面改性技术可以通过物理涂覆、表面接枝改性等方法向普通支撑剂表面引入功能性添加剂，制备回流控制支撑剂，从而实现尾追支撑剂聚合固化，大大简化了施工流程。

本文通过表面接枝改性制备了一种低温快速固化覆膜支撑剂。可通过表面修饰层间的pi-pi相互作用堆叠固化，充分承受返排液冲刷。该覆膜支撑剂可在低温下快速建立结构强度，对于压裂防砂施工末期低井温、快速返排条件下保持充填层稳定性具有重要意义。

1　实验部分

1.1　材料与仪器

实验试剂：γ-氨丙基三乙氧基硅烷(KH570，≥99%)，氯化钾(KCl，≥99%)，4-乙烯基吡啶(P4VP，≥98%)，石英砂(0.4~0.8mm)。

实验仪器：裂缝导流仪(图1，实验室搭建)，扫描电子显微镜(SU3500，日本Hitachi)。

1.2　实验方法

1.2.1　低温快速固化覆膜支撑剂(FCP)制备

将一定量石英砂置于盛有水/乙醇混合溶液的烧杯中，调节混合溶液pH值至4-5，并加入少量改性剂KH570，70℃条件下振荡水浴1.5h。随后，将石英砂转移至盛有一定量P4VP-乙醇混合溶液的烧瓶中充分搅拌，加入少量AIBN，60℃保温反应4h。反应结束后，过滤干燥，并重新造粒，得到回流控制支撑剂FCP。

1.2.2　携砂液配伍性测试

配制聚合物携砂液，并以未处理石英砂为对照组，评价FCP对携砂液黏度、交联时间、破胶液黏度及耐温耐剪切能力的影响，明确FCP与携砂液的配伍性。

1.2.3　回流控制性能测试

将一定量支撑剂铺置在裂缝导流仪导流室内，铺置浓度10 kg/m^2。参照《SY/T 6302-2019压裂支撑剂导流能力测试方法》测定支撑剂充填层导流能力。以10 $mL \cdot min^{-1}$的初始流速向导流室内注入2% KCl溶液，待导流室出入口压力稳定后，计算充填层导流值，随后逐步提升注入速度。将导流值急剧下降时的注入速度记为压裂充填防砂支撑剂临界回流速度。

2　结果与讨论

2.1　FCP覆膜层表征

通过扫描电镜对比观察了未处理石英砂和FCP表面形态。由图1可以看出，未处理石英砂表面较为光滑，而FCP表面由于接枝覆膜层的存在而较为粗糙。随后，采用EDS能谱分析，考察了未处理石英砂和 FCP 表面元素组成。由图 2 可知，未处理石英砂表面主要存在 O、Si、Na 等元素。FCP 表面则分别在 0.24eV 和 0.40eV 处出现了 C 元素及 N 元素的能量峰。新能量峰的出现，证明了接枝覆膜层在石英砂骨料表面的成功吸附。

图 1 石英砂及 FCP 扫描电镜图像

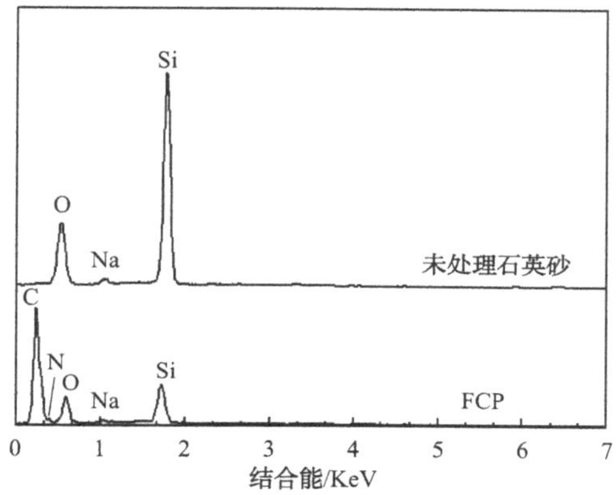

图 2 石英砂及 FCP 表面能谱图

2.2 携砂液配伍性研究

基液黏度、交联时间、耐温耐剪切性能及破胶液黏度等是衡量携砂液性能的重要指标，其性能优劣会对携砂及返排过程产生直接影响。为此，综合考察了 FCP 用量对携砂液各项基础指标的影响，结果见表 1。与未空白携砂液相比，5%~30%砂比范围内，FCP 用量对携砂液各项指标影响均较小，表明 FCP 与聚合物携砂液配伍性较好。

表 1 FCP 用量对携砂液基础性能的影响

砂比/%	基液黏度/mPa · s	交联时间/s	剪切黏度/mPa · s(120℃、170 s^{-1}、1h)	破胶液黏度/mPa · s
0	75.24	26	242.13	4.41
5	75.01	26	240.65	4.03
10	73.56	27	234.62	4.36
20	74.09	28	226.58	4.67
30	72.87	28	218.72	4.82

2.3 FCP 回流控制性能研究

分别将等量未处理石英砂和 FCP 铺置在裂缝导流仪导流室内，设置不同的闭合压力，养护 2h，随后考察两种支撑剂充填层裂缝导流能力随返排速度变化情况，结果见图 3。石英砂充填层导流值随返排速度的增加基本缓慢下降，闭合压力为 27.6MPa 时，当返排速度由 60mL · min^{-1} 提升至 65mL · min^{-1}，导流值开始大幅下降，支撑剂充填层明显失稳，临界回流速度为 60mL · min^{-1}。在此闭合压力下，FCP 临界回流速度大幅度提升为 105mL · min^{-1}。在闭合压力分别为 6.9MPa 和 13.8MPa 时，可以观察到类似的变化规律。综合对比可得出，FCP 能够形成更稳定的支撑剂充填层，大幅度抑制支撑剂回流返吐。

闭合压力为6.9~27.6MPa时，FCP可将充填层导流能力提升19.7%~53.1%，支撑剂临界回流速度提升1.6%~3.0倍。

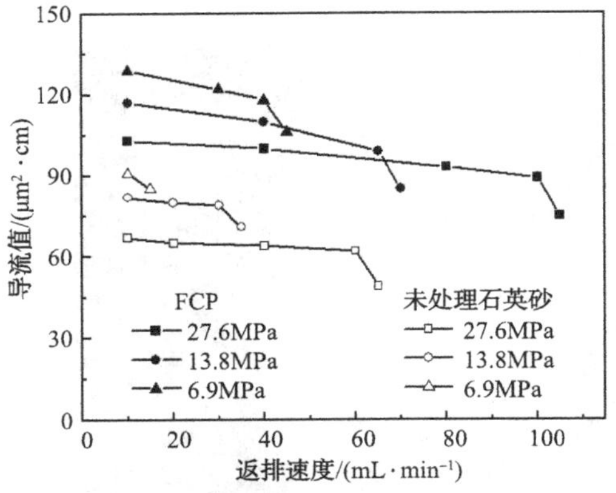

图3　不同闭合压力下充填层导流值随返排速度变化情况

压裂防砂施工过程中，随携砂液泵注，近井储层温度逐渐降低，此外，携砂液持续深入储层基质，造成潜在污染。诸上因素均对尾追支撑剂的低温、快速固结性能提出较高要求。为此，考察了温度和关井时间对FCP回流控制性能的影响，结果见图4，闭合压力设定为27.6 MPa。可知，随养护时间延长，FCP充填层临界回流速度先迅速增大后趋于平稳。养护时间2 h时，FCP临界回流速度即可接近峰值。当养护时间固定时，FCP临界回流速度随呈温度升高呈现先增大后减小的趋势。临界回流速度峰值出现在50℃温度点处。

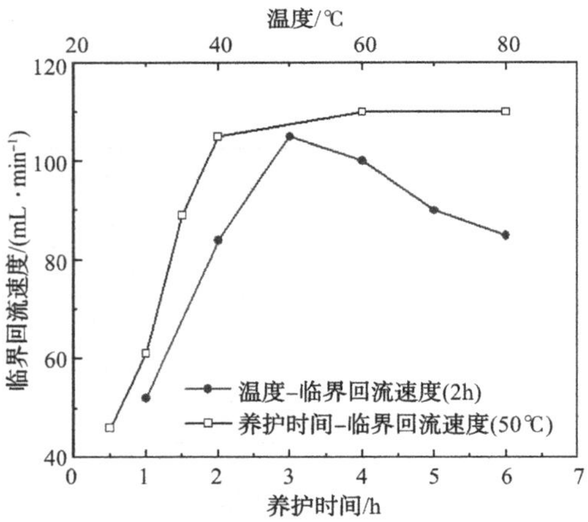

图4　温度和养护时间对临界回流速度的影响

3　结论

本文针对压裂防砂施工过程中的支撑剂回流返吐问题，基于表面接枝改性手段，开展了低温快速固化覆膜支撑剂研究，明确了支撑剂表面覆膜特征，开展了支撑剂回流控制性能测试。得到的主要认识如下：

(1) 相较于石英砂，覆膜支撑剂能够形成更为稳定的充填层，可将支撑剂临界回流速度提升1.6%~3.0倍，充填层导流能力提升19.7%~53.1%。

(2) 覆膜支撑剂对携砂液基液黏度、交联时间、耐温耐剪切性能及破胶液黏度等各项指标影响均较小，物携砂液配伍性较好。

(3) 覆膜支撑剂可实现低温快速固化，50℃养护2h即可使充填层达到稳定状态。对于压裂防砂施工末期低井温、快速返排需求体现出较好的适应性。

参 考 文 献

[1] MARK L W, KEITH W L, JIM W S. Hydraulic fracturing for sand control in unconsolidated heavy-oil reservoirs. SPE 30289, 1999.

[2] GILLARD M, MEDVEDEV O, PENA A, et al. A new approach to generating fracture conductivity [C]. SPE135034, 2010.

[3] 陶祖文，蒲杨，杨乾隆，等．压裂支撑剂回流影响因素及控制措施［J］．天然气技术与经济，2021，15(05)：28-34.

[4] LETICHEVSKIY A, PARFENOV A, BELYAKOVA L, et al. Proppant flow back control for fracturing low temperature formations of Russia methodology and case studies [C]. SPE176650, 2015.

[5] 蔡克，薛凯，陈奋华，等．油气开采用功能压裂支撑剂的研究进展［J］．石油管材与仪器，2022，8(02)：5-13.

[6] ELSEBAEE M, ALEKSEEV A, PLYASHKEVICH V, et al. Novel trends in fracturing proppant flowback control [C]. SPE201308, 2020..

蒸汽驱后期转热水驱室内实验研究

杨兴超 张 勇 贾大雷 潘 攀 王伟伟

[中油辽河油田公司，国家能源稠(重)油开采研发中心]

摘 要 蒸汽驱是稠油油藏经历蒸汽吞吐后一种较有潜力的接替方式，可进一步提高原油采收率，但随着开发进程的加快，注蒸汽开发油藏大多已进入后期阶段，注汽效果差、井间汽窜严重等逐渐成为稠油油藏开发亟待解决的问题。以热采剩余油为研究对象，开展室内物理实验。利用基础管式物理模型等设备，开展了不同驱替方式、不同转驱温度、不同转驱时机驱替实验。研究结果表明，蒸汽驱后期转热水驱及蒸汽热水交替注入均可在保证驱油效率的前提下节约燃料消耗量。180℃热水驱及交替注入条件下，二者较纯蒸汽驱驱油效率分别减少 5.69%和 3.86%，分别可节约燃料 72.9%和 36.4%，其中采用 120 ℃的热水，在含水率 80%时转热水驱效果最好。

关键词 稠油油藏；蒸汽驱；转驱条件；热水驱；实验探索

引言

辽河油田 Q40 块已蒸汽驱开发近 13 年，共转驱 149 个井组，经历热连通、驱替和突破阶段，目前处于剥蚀调整阶段，采出程度 48%，主体部位已达 55%。蒸汽平面、纵向动用差异较大，产量递减加快。通过观察井两年的动用程度变化，由于地层的非均质性导致蒸汽只波及了主力层，非主力层几乎没有波及，纵向矛盾突出，动用程度低。注入蒸汽仅通过主力层造成无效的蒸汽循环，同时由于蒸汽热损失以及蒸汽超覆现象严重，导致油汽比低。亟需通过措施改善开发效果。

后汽驱阶段转热水驱就是注蒸汽突破后，利用蒸汽驱超覆和热水重力差异之间的方向的不同，达到改变驱替方向，提高动用厚度的目的。热水驱改善汽驱效果的机理的主要表现：充分利用汽驱阶段形成的温度场，注入的热水采用合适的干度，以携带的热量保持地层温度，达到原油降黏的效果，减小水油流度比，使汽窜现象得到一定控制，低渗透层动用状况得到改善。转注热水后，原蒸汽由驱替作用变为重力作用加热油层，与热水共同作用可以提高原驱替层的动用状况。

1 实验装置及实验方法

1.1 实验装置

基础管式物理模型：由注入单元、岩心模型单元、采出单元、数据采集与控制单元组成，实验流程示意图见图 1。装置注入单元中采用精密计量泵精确控制蒸汽注入量，避免注入量不均对实验结果造成影响；岩心模型单元采用 Ø2. 54×50cm 一维填砂管模型，模型置于高温恒温箱中，最高可模拟 350℃驱替条件；产出单元包括冷凝系统，可使产出蒸汽瞬间液化，避免蒸汽在产出端挥发，保证产出液含水率准确；数据采集与控制单元可自动实时采集系统温度、压差。

1.2 实验准备及方法

（1）实验材料

实验用油：采用 Q40 块脱水原油，50℃时油样原油黏度 2639mPa·s；

实验用砂：采用该块取心井岩心经洗油后的散砂；

实验用水：按该块地层水分析资料配制模拟水。

（2）实验条件

利用 Q40 块油样开展了 3 组不同驱替方式实验(纯蒸汽驱/蒸汽驱后期转热水驱/蒸汽热水交替注入)，6 组不同温度(50/100/120/150/180/200℃)温度条件下转热水驱驱替实验以及 2 组不同时机(含水率 80%/90%)转热水驱驱替实验。实验中蒸汽温度恒定为 250℃。

（3）实验方法

① 原油准备

用孔径 0. 045mm 的不锈钢筛网在 80℃左右温度将原油进行过滤，过滤后在低于 120℃温度下进行脱水，含水率低于0.5%为合格样品。

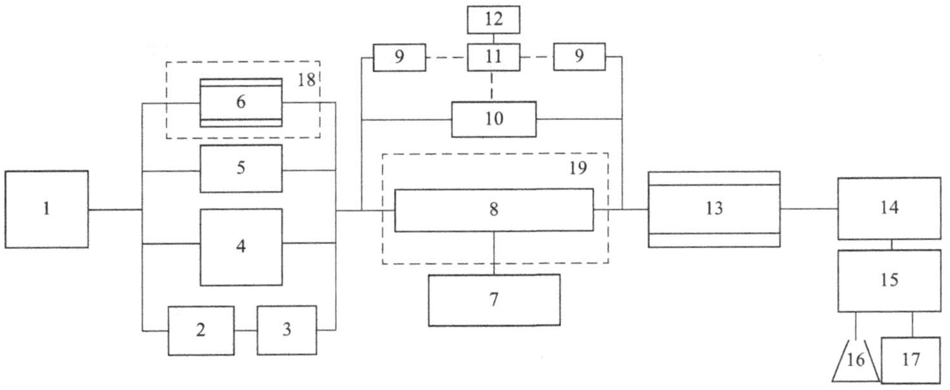

1—高压精密计量泵；2—气源；3—加湿砂管；4—蒸汽发生器；5—水容器；6—油容器；7—围压跟踪装置；8—填砂模型或柱塞模型；9—压力传感器；10—差压传感器；11—数据采集模块；12—计算机；13—加热/冷凝器；14—高温高压回压阀；15—气液分离装置；16—液样收集器；17—气体流量计；18—低温恒温箱；19—高温恒温箱。

图1　基础管式物理模型实验流程示意图

② 建立模型

应在填砂模型两端放置孔径为0.045mm不锈钢筛网，防止岩心砂中黏土堵塞管线。采用敲击夯实的干装法或水力沉降的湿装法进行装填。测定模型空气渗透率并做调整，直至模型渗透率与地层渗透率一致。

③ 模型试压与实验

模型两端采用耐高温密封垫密封，按设计压力对流程及模型进行试压1h，压力降小于0.05MPa试为合格。根据《稠油油藏高温相对渗透率及驱油效率测定方法》行业标准开展相关实验。

2　实验结果

2.1　不同驱替方式效果分析

驱油效率是本次实验研究的重点，但蒸汽驱后期无效注入导致燃料消耗率升高。所以在考虑驱油效率的前提下，应尽量减少蒸汽注入量，进而降低燃料消耗。

实验研究了不同驱替方式对驱油效率以及燃料消耗量的影响，其中热水驱温度为180℃，含水率80%时改变驱替方式、综合分析了不同驱替方式的经济效益，明确了最优驱替方式。如图2所示，纯蒸汽驱驱油效率最高，含水率80%时驱油效率为59.99%，最终驱油效率为69.97%，蒸汽水交替注入次之，最终驱油效率为66.81%，转热水驱后驱油效率最低为64.28%。整体驱油效率相差不大，可保持较好的驱油效率。

含水率80%时转变开发方式后阶段驱油效率分别为6.82%，4.29%。二者较纯蒸汽驱阶段

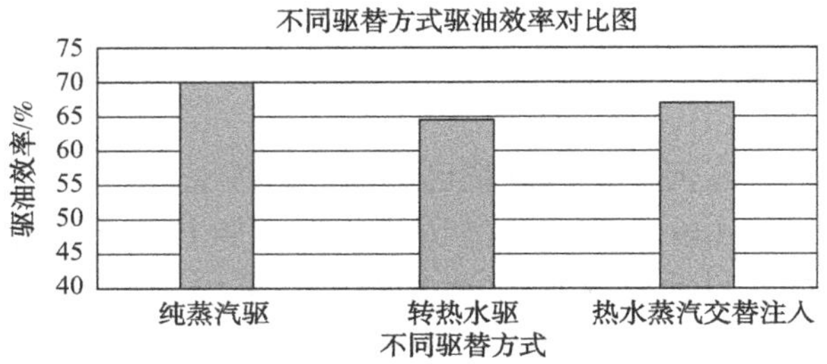

图2　Q40块不同驱替方式驱油效率

驱油效率分别减少3.86%和5.69%，降低幅度分别为31.6%和57%。生产0.7干度蒸汽与180℃热水，燃料消耗量比为0.07/0.019。所以减少蒸汽注入量可大量节约燃料消耗量，如图3所示，对比不同驱替方式阶段驱油效率降低幅度及燃料节省量，热水驱虽然降低了阶段驱油效率，但燃料节约量最高，较纯蒸汽驱可节约72.9%，整体效益最好。因此，蒸汽驱后期转热水驱可达到最佳经济效益。

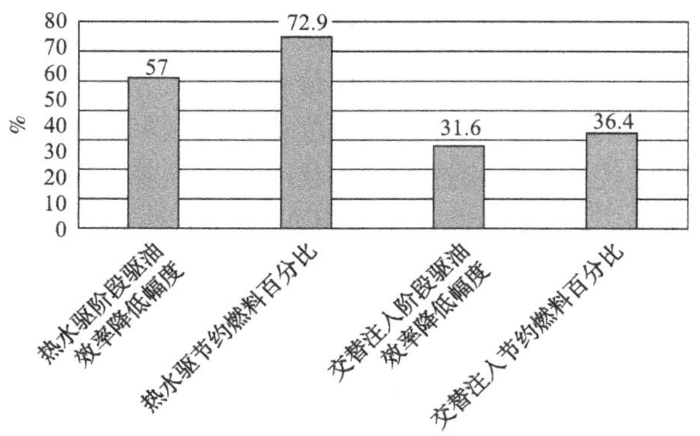

图3　不同转驱方式阶段驱油效率降低幅度及燃料节约量对比

2.2 不同温度热水驱效果分析

开展蒸汽驱后期不同温度转热水驱驱油效率对比实验，对比图中(图4)可知，热水驱温度越高，最终驱油效率越高。但驱油效率增长幅度存在明显拐点，在热水温度为120℃时，其增长幅度变化明显。温度大于120℃后，驱油效率增长幅度变缓，综合经济效益变差。因此蒸汽驱后期转热水驱最优转驱温度为120℃。

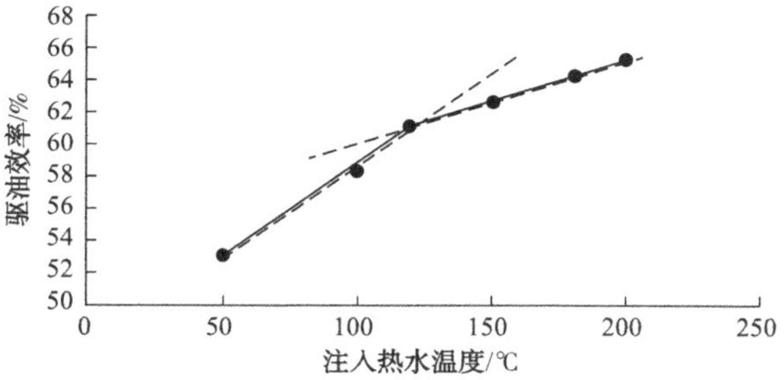

图4 不同温度热水驱驱油效率对比图

2.3 不同注入时机效果分析

稠油蒸汽驱替过程中，过早停注蒸汽，导致注入地层热量减少，不利于采收率的提高。注入蒸汽太晚，地层中蒸汽无效循环加剧，导致蒸汽的过量浪费。室内开展了含水率为80%、90%时转热水驱驱替实验，分析了较优注入时机，如图5所示：含水率80%、90%转入热水驱驱油效率分别为61.01%、60.94%。分析认为，室内实验条件下，太晚注入热水，热水会沿着驱替大孔道流动，形成无效的驱替过程，导致最终驱油效率降低，因此蒸汽驱后期转热水驱转驱时机不宜太晚，应在含水率80%时转入。

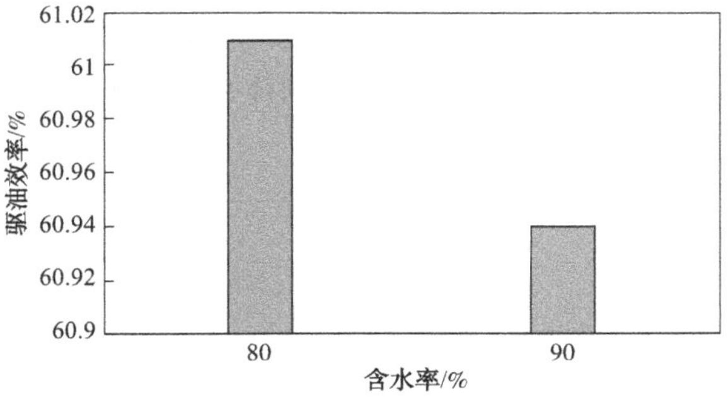

图5 不同转驱时机驱油效率对比图

3 结论与认识

（1）蒸汽驱后期转热水驱是一种有效的接替方式，驱油效率可稳定在64%以上。

（2）与纯蒸汽驱相比，交替注入及蒸汽驱后期转热水驱均可在保持一定驱油效率的前提下大幅度降低燃料消耗率，燃料消耗率分别降低72.9%及36.4%，但结合整体效益分析，蒸汽驱后转热水驱效果最好。

（3）驱替蒸汽驱后期转热水驱温度越高，驱油效率越高，但驱油效率增长幅度存在明显拐点，在120℃时出现峰值，温度高于120℃之后，驱油效率增长幅度变缓，整体效益变差。

（4）在含水率80%、90%时转入热水驱，驱油效率分别为61.01%、60.94%，含水率90%转入效果变差，说明蒸汽驱后期转热水驱时机不宜过晚。

参考文献

[1] 张方礼，刘其成，刘宝良，张勇等，稠油开发试验技术与应用[M]．北京：石油工业出版社，2007.

[2] 岳清山．稠油油藏注蒸汽开发技术[M]．北京：石油工业出版社，1998.

[3] 张弦，中深层稠油油藏改善蒸汽驱效果技术及其机理研究[D]．东北石油大学：博士学位论文，2011.

[4] 张义堂，等．热力采油提高采收率技术[M]．北京：石油工业出版社，2006.

[5] 刘文章．热采稠油油藏开发模式[M]．北京：石油工业出版社，1998.

低渗透储层压驱增产改造技术试验

张婷婷

(大庆油田有限责任公司第十采油厂)

摘　要　为提高油田采收率，改善重复压裂效果，在A油田开展了低渗透储层压驱增产改造技术试验。本试验是利用缝网压裂方式将驱油液体系注入地层，闷井扩散压力，发挥驱油液体系渗析置换、驱替剩余油的作用，选取了4口井进行试验。4口试验井措施初期平均单井日增油5.3t，有效期内平均单井增油963t，取得了较好的措施效果，为低渗透储层重复压裂挖潜改造提供了新的技术手段。

关键词　压驱增产；缝网压裂；驱油液体系；地层能量；剩余油；挖潜改造

引言

A油田具有典型的低孔隙度、低渗透率的特点，剩余油开采难度大，随着油田生产开发以及压裂技术的不断发展，压裂已成为油田提高油井产量的主要措施，但由于重复压裂井比例升高、潜力井含水提高、措施增油效果逐年变差。

国外在20世纪50年代即开始对裂缝油田的渗吸驱油理论进行研究，针对双孔介质模型，分析整理出了多相不稳定流的油水运动和渗吸规律，为国内的压驱技术研究提供了理论支持。国内大庆油田在2017年首次开展“压驱改造”现场试验并取得较好的增油效果。之后，胜利、长庆、江苏等油田陆续在各自低渗透区块开展了压驱改造相关研究和试验，均见到较好增油效果。

压驱的驱油液体系是具有流动性好、界面张力低、驱油效果好、安全性好、易生物降解、不污染地层，且满足施工条件的特性，通过缝网压裂方式将驱油液体系注入油层深部形成复杂裂缝体系，后续实施加砂压裂，在目标地层中发挥作用，将近井地带孔隙径向流转为缝网裂缝的面积渗流，扩大泄油面积，改变岩石表面的润湿性，同时驱油液具有补充地层能量、驱替剩余油的作用，使得裂缝中的原油和注入的驱油液发生置换，原油更容易从裂缝中流出，从而增加储层动用程度、提高原油采收率(图1)。

1　驱油液优选及室内评价

通过室内评价，并结合A油田储层低孔低渗特点，优选出浓度为0.3%的某一元无碱表活剂作为本次压驱增产改造试验的驱油液体系。

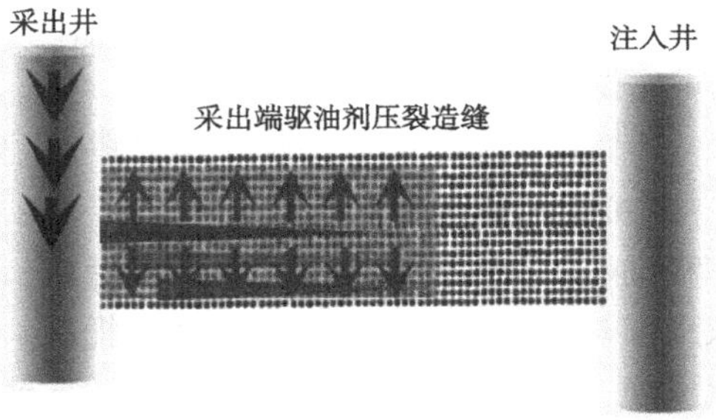

图1　压驱增产改造原理示意图

1.1　表面活性剂的界面张力测试

界面张力低的乳液更容易将残余油从地层岩石上剥离下来，并且其分子在水中运移速度更快，体系吸附能力更强，可以更快达到动态界面张力平衡状态。

由图2可看出，四种浓度的表面活性剂乳液的界面张力都随时间的增加而下降，最终趋于稳定。但从降低界面张力效果和考虑经济效益的角度优选出0.3%的表面活性剂体系进行下一步的测试。

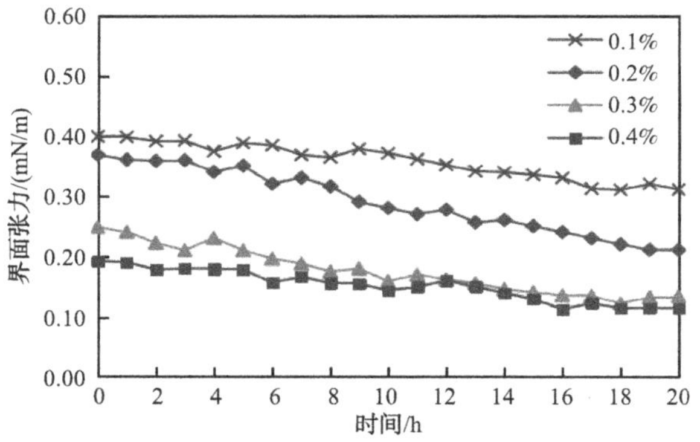

图2　表活剂浓度与界面张力关系图

1.2　表面活性剂的抗盐能力测试

由图 3 可看出，四种浓度的表面活性剂乳液的界面张力都随时间的增加而降低，最终趋于稳定。当矿化度达到 5000mg/L 时表面活性剂与原油之间的界面张力为 0.040mN/m，随着矿化度继续升高表面活性剂与原油之间的界面张力再次下降但不明显。由此可以得出矿化度为 5000mg/L 的表面活性剂具有有较好的抗盐能力。

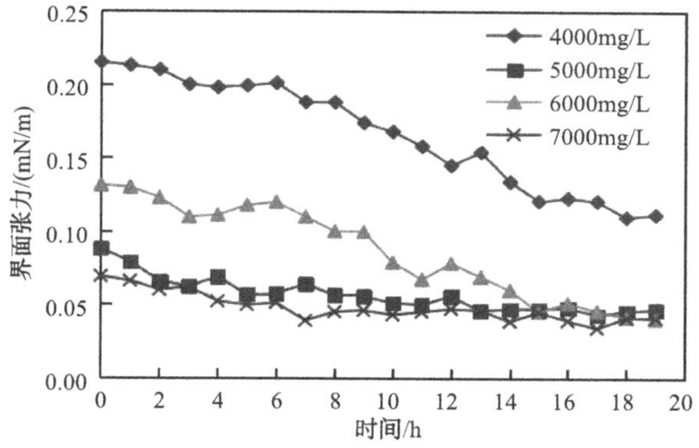

图 3　不同矿化度表活剂与界面张力关系图

1.3　表面活性剂的耐高温测试

保留浓度为 0.3%、矿化度为 5000mg/L 的表面活性剂进行耐高温测试。

图 4 表明，不同温度条件下的表面活性剂体系与原油之间的界面张力随着温度的升高先缓慢下降，当温度为 65℃ 时表面活性剂体系与原油之间的界面张力最低，且 65℃ 接近 A 油田储层地层温度，可以看出表面活性剂有较好的抗温性能。

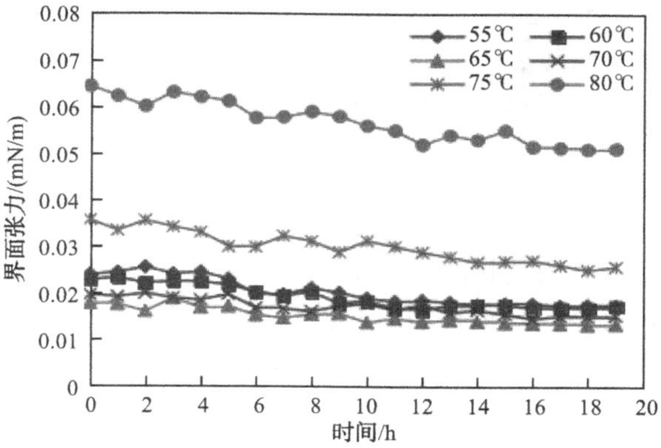

图 4　不同温度体系表面活性剂油水界面张力关系图

1.4　表面活性剂的乳化性能测试

不同浓度的表面活性剂体系与油水混合后形成乳状液，通过电子显微镜拍照并且分析粒径及粒径分布图如图 5、图 6、图 7 所示：

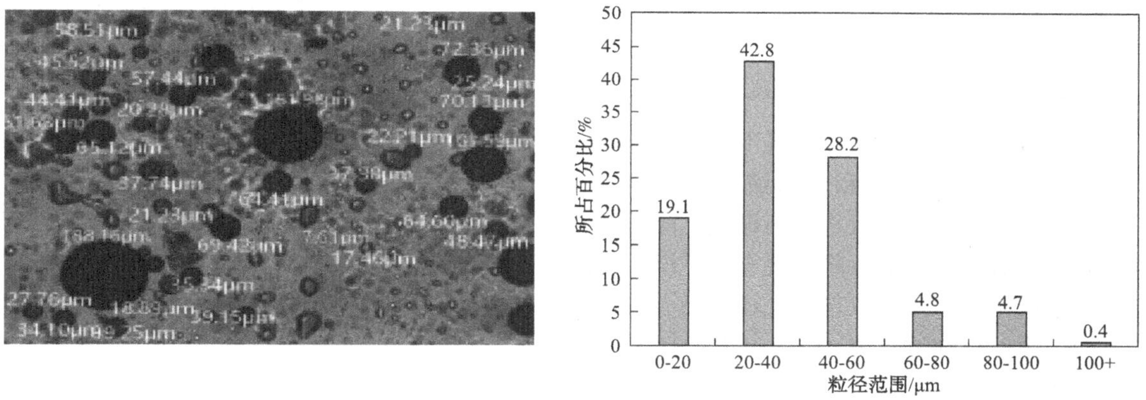

图 5　表面活性剂浓度为 0.1%时

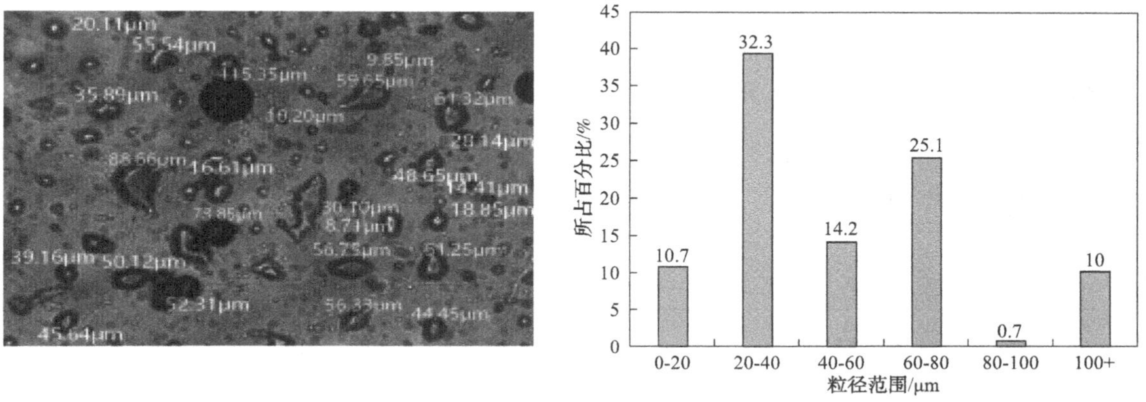

图 6　表面活性剂浓度为 0.2%时

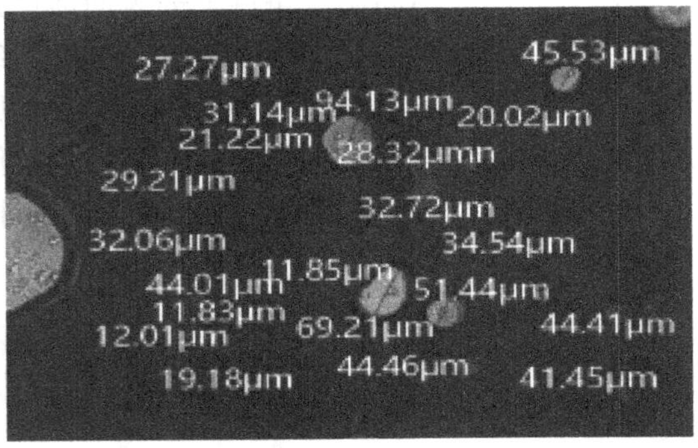

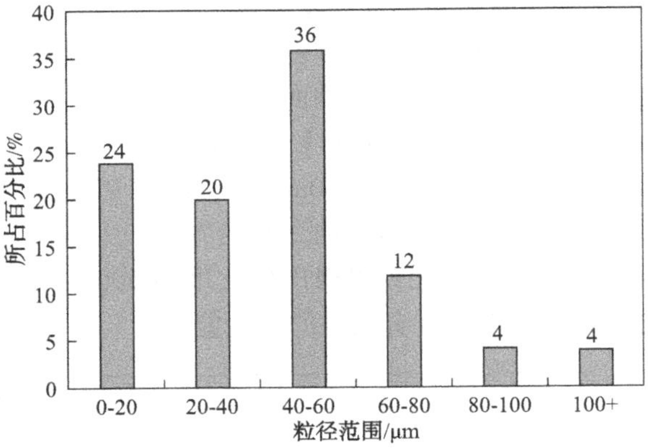

图7　表面活性剂浓度为0.3%时

对比乳状液的脱水率可以看出，乳状液的油滴越小，分布越均匀，乳状液越稳定。于是可知浓度为0.3%表面活性剂乳状液体系乳状液稳定性最高(表1)。

表1　不同乳化体系的乳化结果

表面活性剂浓d度/%	乳化稳定系数/%	乳化类型	乳状液黏度/mPa·s
0.1%	16.86	O/W	0.48
0.2%	23.35	O/W	2.15
0.3%	75.75	W/O	7.31

从表1看出，表面活性剂体系不同，乳化体系乳化稳定性、乳化类型和乳状液黏度都不相同。随着时间的增加，乳状液逐渐破乳。降低油水界面张力，界面自由能下降，既有利于增加乳状液热力学稳定性，又可以保持乳状液动力学稳定性不变，由此可知浓度0.3%的表面活性剂有较好的乳化性。

2　优化驱油液用量

按砂体的实际控制面积、剩余油的分布范围及有效孔隙体积优化驱油液用量，并根据现场实际进行调整(图8)。

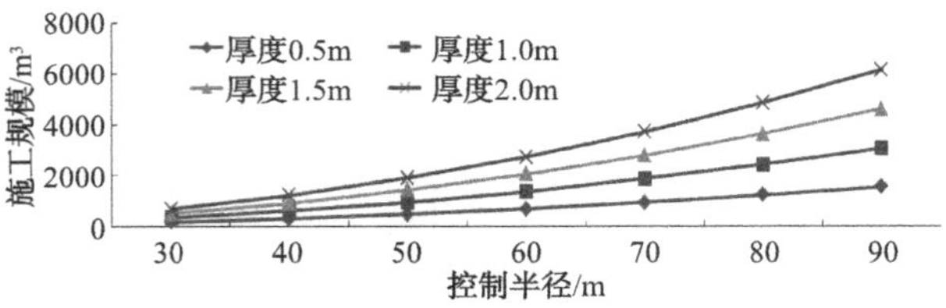

图8　驱油液液量优化曲线

驱油液用量=砂体控制面积×砂体厚度×孔隙度×注入PV数

对于采出程度较高储层，考虑进一步补充能量，采用0.3PV注入比例，对于采出程度较低储层采用0.2PV注入比例。

3　施工工艺及参数

3.1　优化泵注程序

应用低黏度驱油液进行小型压裂测试，建立排量与系统摩阻关系图版，优化压驱施工排量，满足裂缝能够向前不断延伸、同时考虑滤失量最大，采用阶梯升排量、多段塞注入驱油液的施工控制程序。优化后泵注顺序见表2。

表2　优化后泵注顺序

阶段	工作液	作用
1	驱油液	补充地层能量，驱洗剩余油
2	全液态缔合压裂液	延伸应力释放缝，形成复杂体积缝
3	携砂液	携带粗粒径支撑剂构造较高导流压裂主缝

3.2　优化施工参数

根据储层设计优化模板，优化单井用液量和加砂量(表3)。

单层用液量=波及长度×波及宽度×储层厚度×孔隙度×PV数

单层加砂量=砂岩厚度×加砂强度

3.3　工艺配制及施工流程

依据作业区水源供给能力，选用打水源井蓄水模式施工流程(图9)。

表 3　不同类型储层设计优化原则

类型	波及半缝长	波及宽度	PV 数	裂缝 高度	加砂强度
连片主河道	断层控制油水井距 60%	25m	0.45~0.60	测井岩性遮挡	10~15m^3/m
变差砂体	断层控制油水井距 60%	25m	0.40~0.50	测井岩性遮挡	8~12m^3/m
薄互砂体	断层控制油水井距 60%	25m	0.30~0.45	测井岩性遮挡	6~10m^3/m

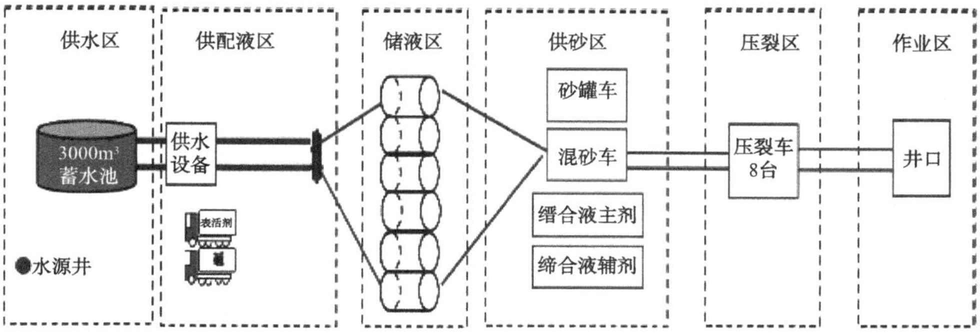

图 9　工艺配制及施工流程

3.4　焖井制度

优化 A 油田直井不同储层条件下焖井天数 15~30d，可根据现场实际压降情况做适当调整。

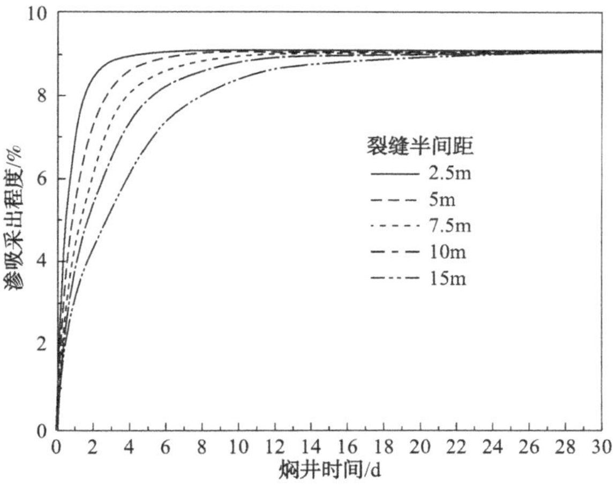

图 10　不同簇距渗吸采出程度与焖井时间关系

4　现场施工应用效果

4.1　优选潜力井

压驱增产技术选井选层标准：

（1）选择固井质量完好；

（2）油层厚度全井≥5m，主压裂层≥3m；

（3）投产初期产油≥2t/d；

（4）措施前产液量≤5t/d，含水≤80%；

（5）优选注采不完善以及油稠井区。

分别在 B 区块和 C 区块选取 2 口井进行现场试验。

B 区块：受水驱优势通道影响，平面动用差异大，存在低效无效循环，选取试验井 1 和井 2。

C 区块：储层物性差，加密后仍不能建立有效驱动体系，采油井注水受效差，选取试验井 3 和井 4。

4.2　压裂参数设计

根据试验井储层发育情况，并结合上述施工参数优化结果，4 口试验井压裂参数设计结果如下表 4 所示。

表 4　试验井压裂参数设计结果

井号	改造层数/个	压驱液/(m^3)	缔合压裂液/(m^3)	加砂量/m^3	闷井时间/d
1	2	830	390	83	28
2	1	2558	456	60	24
3	4	3588	1485	180	35
4	4	4436	1624	200	30

4.3　现场效果

4 口试验区初期平均日增液 16.7t、日增油 5.3t，有效期内单井日增油 963t，取得了较好的措施效果。

4.4　效益评价

4 口试验井分别在不同油价条件下计算经济效益，在 60 美元和 70 美元条件下，均取得较好的经济效益，情况如表 5 所示。

表5　4口试验井在不同油价下投入产出比情况

井号	投入费用/万	有效期内增油/t	60美元			70美元		
			临界增油/t	效益/万	投入产出比	临界增油/t	效益/万	投入产出比
1	159.7	1102	535	329.1	2.1	458	383.9	2.4
2	76.0	593	255	177.1	2.3	218	206.6	2.7
3	287.9	806	964	240.7	0.8	826	280.8	1.0
4	302.7	1351	1014	403.4	1.3	869	470.7	1.6
平均	206.6	963	692	287.6	1.6	593	335.5	1.9

5　结论与建议

(1) 驱油液体系在低渗透储层发挥了补充地层能量，驱替剩余油作用，压驱增产改造技术可提高低渗透储层动用程度。

(2) 低渗透储层压驱增产改造技术取得较好的增油效果及经济效益。

(3) 建议对低渗透储层压驱增产改造技术进行推广试验，针对不同储层量化不同施工参数，为下步推广该技术提供支撑。

参考文献

[1] 金娜，汪小宇，李勇，等．低渗透储层用连续混配驱油型压裂液及其制备方法和应用．中国石油集团川庆钻探工程有限公司工程技术研究院，2019.
[2] 范华波，薛小佳，等．驱油型表面活性剂压裂液的研发与应用．石油与天然气化工，2019，01：74-79.
[3] 高燕，张冕，李泽锋，等．高效驱油压裂液的开发与应用．钻井液与完井液，2017，06：111-116.
[4] 李扬成，汪玉梅，等．论压裂驱油技术在大庆油田的应用．中国石油和化工标准与质量，2017，23：163-164.
[5] 鲍婷婷，贾伟，陈据．驱油技术的发展及应用前景．辽宁化工，2016，12：149-151.
[6] 许冬进，吴应松，熊齐，等．低渗透油藏压驱技术现状及发展趋势．断块油气田，2024，03：123-149.

海上窄河道边底水油藏水平井注采井网深部调驱技术研究与矿场应用

李丰辉[1]　张　东[1]　杨东东[1]　宋　鑫[1]　张忠哲[2]

[1. 中海石油(中国)有限公司曹妃甸作业公司；2. 中海油能源发展股份有限公司工程技术分公司]

摘　要　渤海C油田明下段985砂体为典型的窄河道砂体，具有平均渗透率大、原油黏度高的特点，主要以水平井注采井网开发为主，在水驱开发过程中，受储层非均质性影响，加之水平井注水强度高等特点，导致井间优势通道发育，注入水水窜现象严重，平面矛盾日益突出。针对边底水油藏注水开发易水窜、含水上升速度快、剩余油富集区逐渐向深部转移等问题，开展了“凝胶+微球”的在线深部调驱体系研究与评价，并利用非均质平板岩心模型，制定了整体调驱设计方案。矿场应用表明，在线调驱体系均具备良好的注入性、封堵性，目标砂调驱措施实施后见效率100%，高峰日净增油58.3方/天，降水增油效果显著。该技术为同类油藏的稳油控水高效治理提供技术支撑。

关键词　海上油田；窄河道砂体；深部调驱；提高采收率；矿场应用

1　引言

海上油田开发主要采用强注强采的方式，部分砂体采用水平井注采井网开发，但随着油田注水开发不断进行，储层矛盾日益凸显，加之水平井注采渗流面积大、强度高等特点，导致油水井间优势渗流通道逐年发育，含水上升趋势难以得到有效控制。近年来，面对高含水油田稳油控水难题，石油科研工作者进行了的大量研究与应用。赖南君等将聚丙烯酰胺微球和疏水缔合聚合物复配，探究了复合体系在非均质油藏的调驱性能；单景玲等采用非均质双管物理模拟实验评价了封窜剂+驱油剂组合调驱提高蒸汽驱采收率效果；何欣等针对吐哈雁木西油藏开展了无机凝胶与泡沫复合调驱研究；刘文辉等开展了聚合物微球与表活剂复合调驱体系注入方式的研究。

上述研究说明，不同调剖调驱技术的组合应用效果普遍优于单一技术体系。目前，海上油田调剖调驱治理思路也从单一体系转变为组合应用。渤海C油田目前综合含水94.8%，已进入特高含水阶段，针对其综合含水高、平均单井产液高、特高含水井占比高的突出问题，亟需寻找适合渤海C油田的便捷且有效的稳油控水技术，进一步改善油田开发效果。

2　研究背景

2.1　窄河道砂体介绍

渤海C油田明下段985砂体为典型的窄河道砂体，自下而上主要发育三期河道，剖面上表现为不同期次的河道砂体相互叠置或分离，整体表现为窄河道沉积。砂体形状呈现北西方向的砂体及北东方向的砂体交错。明下段985砂体地层原油粘度为90mPa·s，油藏温度84℃。该砂体2005年11月投产至2017年10月第一口水井投注期间，长期采用天然能量衰竭式方式开发。目前，砂体共有采油井12口，注水井4口，累积产油量164.62×10^4 m^3，地质储量采出程度20.4%，如图1所示。

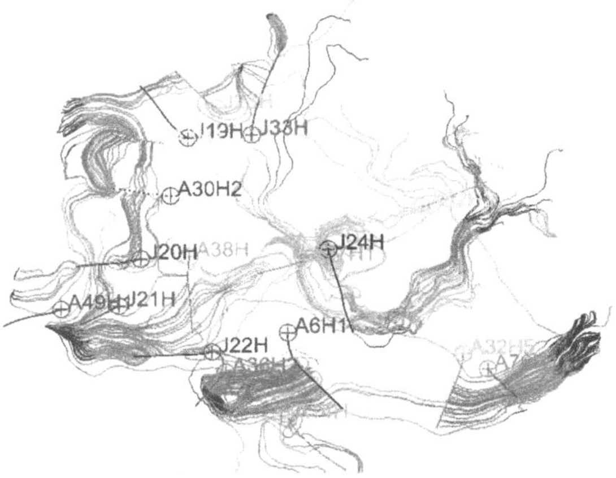

图1　渤海C油田明下段985砂体平面流线图

2.2 窄河道砂体优势通道识别

渤海C油田明下段985砂体发育典型低弯度曲流河沉积，砂体呈窄条带状发育，沿河道方向储层连通性较好，平面上，不同条带交汇位置为河道间连通区域，纵向多期河道常叠置交切，构成复杂的流体运移通道，砂体平面及纵向均体现出较强非均质性。砂体纵向渗透率级差3~10，水平井垂直于河道部署，水平井沿程渗透率级差2~5，该砂体注水开发后，水平井沿程注水量不均，纵向高渗层突进现象突出，导致油水井间注水无效循环，在生产井的历史拟合研究表明，油田A30H2、J19H、J21H井组窜流严重，严重影响了水驱开发效果。

注水井调驱能够扩大注入水波及体积、抑制注入水突进、是改善水驱开发效果的有效技术措施。明下段985砂体剩余地质储量大，有利于调驱措施增油，油藏地质储量采出程度较低，进一步挖潜增产潜力较大。井间连通性方面，明下段985砂体整体动静态连通性均好，地质剖面显示静态连通好；衰竭开发阶段和注采阶段，均表现出良好的压力、液量关联性与注采响应关系。此外，井间示踪剂测试结果及单井注采响应分析表明，J19H与A03H1、J23H之间局部高渗条带存在水窜；A30H2与A3H1、J20H间存在高渗条带窜流；J21H与J20H、J22H间存在局部高渗条带窜流；A36H2与J22H、A06H1之间窜在高渗条带窜流，整个西侧砂体连通性较好，如2所示。

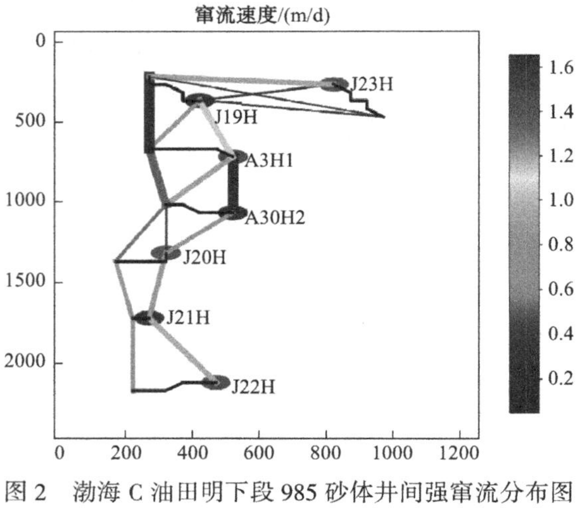

图2 渤海C油田明下段985砂体井间强窜流分布图

综上所述，渤海C油田明下段985砂体开发的主要矛盾包括：① 油井端水平段存在局部高渗条带窜流，平面上个别井含水突升，亟需开展稳油控水治理工作；② 注水井端存在水窜问题，平面上产液含水差异较大，流场调控对于低液低含水井增能动产有积极效果。鉴于注水井调驱能够扩大注入水波及体积、抑制注入水突进、是改善水驱开发效果的有效技术措施，对注水井调剖措施，减缓了油田自然递减，控水稳油效果显著。因此，有必要开展水平井调驱试验，进一步改善水驱开发效果。

3 水平井注采井网深部调驱方案

鉴于渤海C油田明下段985砂体部分油水井间已经形成明显的窜流通道，并且经过多年注水冲刷剩余油富集区更加远离主窜通道两侧，需要封堵体系具有更强的进入地层深部、注入水液流转向能力。本次整体深部调驱提高采收率技术研究采用“近堵远调”的复合增效思路，优先封堵优势通道，再进行深部调驱增效，即采用采用非连续性调控剂，作为主体调堵段塞，利用自聚集功能，深部封堵较大的主水流通道，解决方向性窜流问题；再采用微米孔道控制剂作为辅助调堵段塞，促使后续注入水逐渐扩大侧向波及体积，实现深部液流转向。

3.1 体系优选评价

3.1.1 凝胶封窜体系优选评价

(1) 聚合物优选评价

通过对比5种聚合物，观察不同时间内的黏度和溶解时间，如图3所示，最终选定TPJH聚合物作为现场用聚合物，完全溶解时间小于30min。此外该聚合物具有黏度低、抗剪切黏度保留值高的特点。

(2) 成胶强度评价

观察法评价凝胶强度是通过倒置试样瓶，观察凝胶舌长来直观地评价凝胶强度。根据凝胶强度代码(表1)来确定凝胶强度类型，对凝胶强度的描述采用了国内外常用直观的凝胶强度代码方法。同时，根据凝胶在试管垂直放置时所表现出的不同状态，将凝胶划分为强、中、弱三种类型。

通过以上方法观察，不同浓度条件下凝胶成胶时间如表2所示。成胶时间在70h~160h可调。通过成胶时间测定，凝胶成胶时间及强度可调可控，满足现场注入条件。

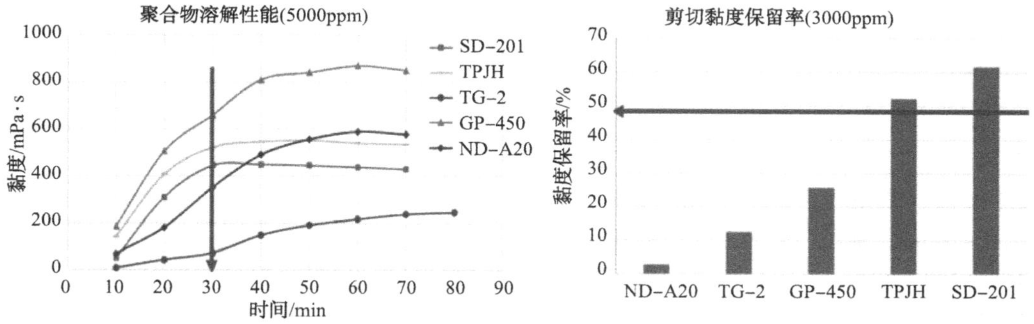

图 3　不同聚合物的溶解时间曲线及剪切黏度保留率

表 1　凝胶强度目视代码

强度代码	现象
A	没有形成连续凝胶，黏度与聚合物溶液的黏度基本相同
B	黏度大于聚合物溶液的黏度，称之为高度流动凝胶
C	将试样瓶反转，绝大部分凝胶将会流向瓶底，即流动凝胶
D	少部分(10%~15%)的凝胶在试样瓶倒置时不容易流至瓶底，称之为中等流动凝胶
E	将试样瓶直立倒置时，凝胶将很缓慢的流向瓶底，即难流动凝胶
F	将试样瓶直立倒置时，凝胶将不能流至瓶底，即高度变形不流动凝胶
G	将试样瓶直立倒置时，凝胶流到试样瓶一半位置处，即中等变形不流动凝胶
H	将试样瓶直立倒置，有轻微变形在凝胶表面出现，即微变形不流动凝胶
I	将试样瓶直立倒置的时候，没有变化发生在凝胶表面，即刚性凝胶

表 2　凝胶初凝时间强度实验

聚合物 TPJH~701 浓度/(mg/L)	交联剂 TPJH~702 浓度/(mg/L)	交联助剂 TPJH~703 浓度/(mg/L)	成胶时间/h	强度级别	成胶黏度/mPa·s
4000	3000	2500	70	E	30000
3000	2500	2000	100	E	24000
2000	2000	1500	160	D	15000

(3) 凝胶封堵及热稳定性评价

实验条件：①单管填砂模型；②实验温度：70℃；③实验用水：模拟地层水；④注入量：1#岩心 0.6 PV，2#岩心 0.3 PV。采用岩心实验，注入上述凝胶恒温养护 5 天后，测定其封堵能力；之后在 70℃下放置 60d，测定 1#、2#岩心的封堵率。实验结果见下表 3。

表 3　凝胶热稳定性实验结果

实验参数	1#	2#
堵前渗透率/μm^2	4.05	7.64(参考高渗通道)
调驱量/PV	0.6	0.3
堵后渗透率/μm^2	0.17	0.68
封堵率/%	95.72	91.07
残余阻力系数	16	13.8
60d 后封堵率/%	89.72	85.07
封堵率保留率/%	93.4	89.7

结果显示，凝胶封堵率均>90%，恒温 60d 后封堵率保留率在 90%左右，表明凝胶体系封堵性能及热稳定性较好。最终优选体系浓度为：调剖主剂 2000~4000mg/L，交联剂 2000~3000mg/L，交联助剂 1500~3500mg/L。

3.1.2　微球调驱优选评价

(1) 非连续性调控剂粒径选择

结合目标组的具体油藏参数，采用 Carman~Kozeny 公式(式 1)计算调驱井目的层段孔径分布，具体结果见表 4。

$$r=\sqrt{\frac{2K}{\phi}}\tau \tag{1}$$

式中，k 为岩石的渗透率，um^2；ϕ 为岩石的孔隙度，小数；r 为喉道半径；

表4　调驱井组孔喉分析表

渗透率范围/mD	孔隙度	迂曲度 τ=1.5		迂曲度 τ=2.5	
		孔喉半径 rc/um	孔喉直径 Dc/um	孔喉半径 rc/um	孔喉直径 Dc/um
757~5915	0.329	6.5~17.1	12.9~34.2	18~24	36~48

由表4可知，调驱井目的层段孔喉直径分布范围在12.9~48um，调驱井目的层段孔喉直径分布范围在12.9~48um，根据非连续性调控剂粒径选取原则，当D非连续性调控剂初始粒径≤1/7D地层主力孔喉直径时，非连续性调控剂能够自由通过地层孔喉，初期不形成堵塞；由于非连续性调控剂尺寸分布为正态分布，膨胀后尺寸能达到微米级，满足不同地层孔喉尺寸的封堵要求。为保证注入性及封堵性，初始粒径小于1/7孔喉直径，膨胀后粒径1/3~2/3孔喉直径。经计算，要求初始粒径范围小于1.7μm，溶胀后粒径大于16μm。选择MHR~1体系+MHR~2体系作为主要非连续调驱体系，见表5。

表5　非连续性调控剂对应参数

段塞	体系	初始尺寸	溶胀倍数	完全膨胀时间
调驱段塞	MRH~1	0.5~4.5μm	5~20	10~20
调驱段塞	MRH~2	0.03~0.2μm	10~60	10~20

(2) 调控剂评价

非连续性调控剂不同于弱凝胶等交联体系，不需配液，将注液口接入注水系统，直接泵注药剂即可实现体系的在线注入。良好的注入性通过两个方面来实现：①远小于孔喉尺寸的初始粒径，如图4所示；②体系的低黏度在模拟近似目标井组渗透率条件下，非连续性调控剂在注入过程中注入压力低，与注水压力基本接近，且注入过程压力平稳，保证顺利注入，如图5所示。

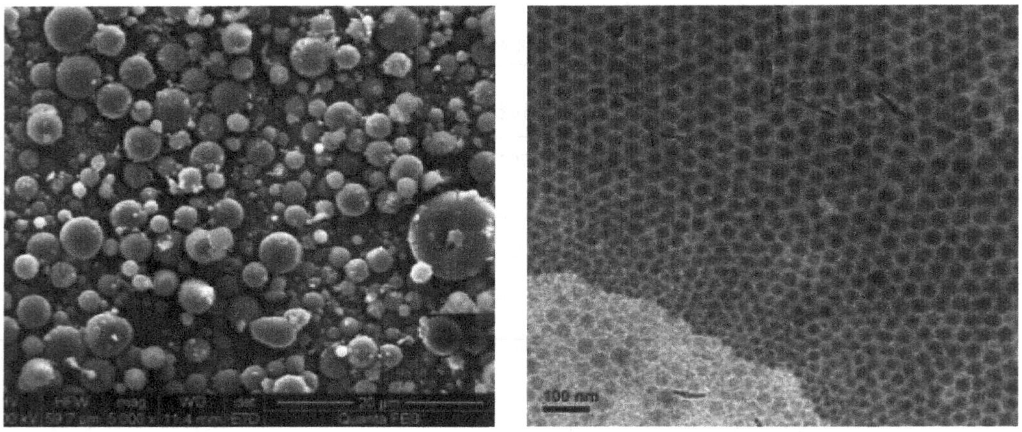

MRH~1粒径分布　　MRH~2粒径分布

图4　非连续性调控剂初始粒径分布

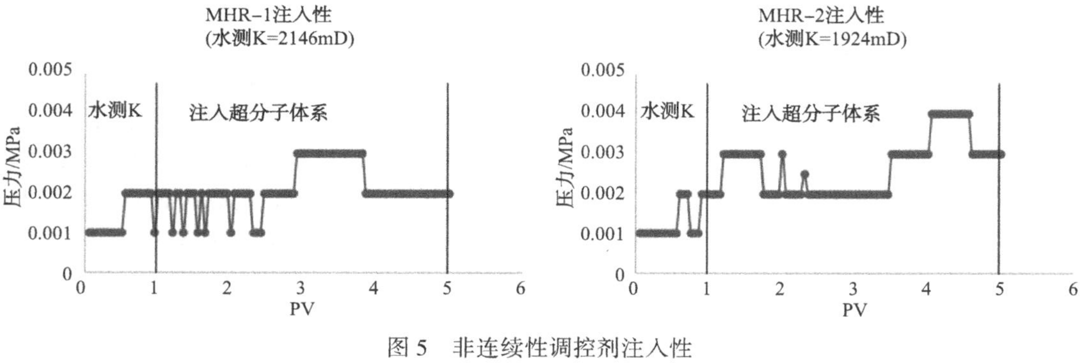

图5　非连续性调控剂注入性

(3) 非连续性调控剂封堵性能评价

通过注入MHR~1/MHR~2两种体系，测试其14天后封堵性，注入浓度5000~6000mg/L，岩心水测渗透率2000mD。结果如图6所示，

MHR~1 体系，注入阻力系数 2，残余阻力系数 26；MHR~2 体系，注入阻力系数 1.5，残余阻力系数 20。浓度为 5000~6000mg/L 非连续性调控剂可对水测渗透率 2000mD 的岩心形成有效封堵，同时具有较好的运移性，具有较高的残余阻力系数，可有效长期地动用水驱动用程度低的地层。

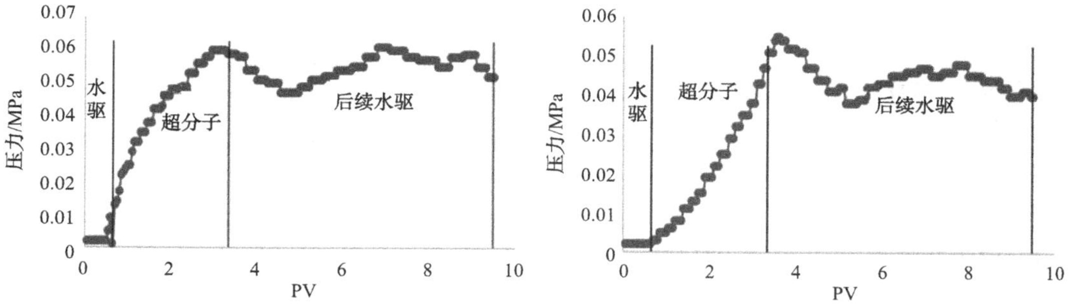

图 6　非连续性调控剂封堵性能

3.2　设计方法

3.2.1　用量优化设计方法

针对明下段 985 砂体井型井距、井网不规则性的问题。为进一步削弱误差，利用反演软件对过往整体措施井开展注采流动特征回溯，形成多边形、椭圆形、圆形、矩形为典型流动形式的面积计算模型，表 6，完善封窜面积计算依据，使总量设计的可靠性大幅度提升。

表 6　典型流动形式的面积计算模型

适用条件	井控面积类型		
	多边形	椭圆	圆形
油藏类型	窄河道、裂缝性油藏	—	断块油藏
井网井型	水平井网	直~平(整体水淹)、行列式直井井网	完善井网
计算公式	$S_i=Lh$ $S_i=x_iLh$	$S_i=\pi ab$	$S_i=\pi r^2$

3.2.2　段塞浓度优化设计方法

为进一步提升段塞浓度优化设计精度，建立一套段塞浓度优化设计方法，依托数值解析、流体仿真模拟以及室内试验等研究手段，通过井间压降梯度计算，匹配得到地层内近井端、远井端药剂强度值，再考虑沿程损失折算至地面浓度，给出相应优选段塞浓度。以目标油田储层条件为例，推荐远井段塞浓度在 2500~3000mg/L，近井段塞浓度在 3500~4000mg/L，实现从笼统注入到分段变浓度注入，如图 5 所示。

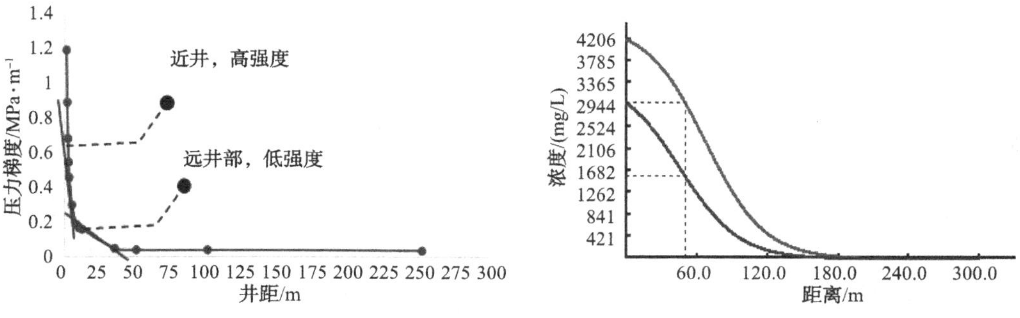

图 5　井间压降梯度计算及压力图版

3.2.3　段塞体系设计用量

采用数值解析法和体积法两种设计方法计算整体调驱堵剂用量，具体如下所述。

结合数值解析法窜流体积结果及物模实验方法计算调驱注入用量，其中数值解析法具体计算公式如下：

$$V=AV_1 \tag{2}$$

式中，V 为调驱段塞用量，m^3；V_1 为反演窜流体积，m^3；A 为高渗层用量系数，取值0.4。

体积法计算公式为：

$$V=\pi Re^2 H\Phi\alpha\gamma\eta \quad (3)$$

式中，V 为工作液注入总量，m^3；Re 为外沿半径；H 为调驱层厚度；Φ 为孔隙度；α 为注入液方向系数；γ 为注入液面积系数；η 为注入孔隙体积倍数。

结合数值解析法窜流体积结果，推荐A30H2井凝胶注入量为6178m^3，总注入量34465m^3；J19H井凝胶注入量为6917m^3，总注入量为41494m^3；J21H井凝胶注入量为5500m^3，总注入量为25335m^3(表7)。

表7　段塞用量数值解析法取值

井号	窜流体积/m^3	单井用量/m^3
A30H2	57389	34465
J19H	48403	41494
J21H	57153	25335

3.3　措施顺序优化设计方法

由于整体调驱不等于同时调驱，为明晰不同措施顺序对整体效果的影响，利用三层非均质岩心，以含水率与采收率为指标，开展水驱后不同渗透率级差、不同窜流程度下多井同调、强窜井先调弱窜后调、与依次调驱的措施效果，方案见表8。当区块内各水井水窜强度差异较大时，优先集中治理强水窜井有效改善压力场传导，利于发挥整体效果，如图6所示。

表8　整体调驱措施顺序优化方案

方案	渗透率/mD	注入量/PV	调剖/驱设计思路
1	K1/K2/K3=8000/6000/2000	0.6	1~1：i1、i2两井同调、i3后调 1~2：i1、i2、i3三井同调 1~3：i1、i2、i3三井先后依次调
2	K1/K2/K3=8000/4000/2000		2~1：i1先调、i2、i3两井后续同调 2~2：i1、i2、i3三井同调 2~3：i1、i2、i3三井先后依次调

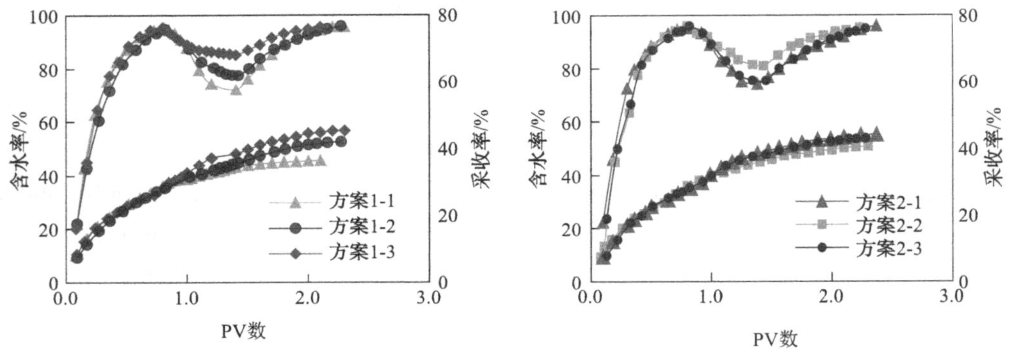

图6　多井同调、强窜井先调弱窜后调、与依次调驱的措施效果对比

4　现场应用

为充分发挥各措施井协同增效效果，整体调驱以单轮次整体设计、分步实施，多轮次深度挖潜为原则，结合整体调驱设计方法，优先对强水窜井开展调剖调驱，并以强水窜井为中心，向周边弱水窜井辐射，由点及面，以均匀驱替储层剩余油，扩大波及体积。现场整体调驱应用方面，渤海C油田使用“凝胶+微球”体系针对窜流严重的A30H2、J19H、J21H井组实施整体调驱作业。其中，A30H2井组调驱总注入量34465m^3，阶段增油3126m^3；J19H井组调驱总注入量41494m^3，阶段增油2369m^3；J21H井组调驱总注入量30313m^3，阶段增油6356m^3。截至目前，砂体整体调驱降水增油效果显著，累计净增油超1.1910^4m^3，如表9所示。下一步结合多轮次措施效果递减机理，进一步优化多轮次措施注入时机、注入用量、注入浓度开展新一轮调驱，进一步挖潜储层深部剩余油。

表 9 明下段 985 砂体整体调驱实施情况统计

水井	油藏模拟窜流体积/m^3	注入量/m^3			凝胶段塞施工参数		调驱段塞施工参数		增油情况	
		调驱总注入量	凝胶段塞量	微球段塞量	升压/MPa	充满度/%	升压/MPa	充满度/%	净累增油/m^3	递减增油/m^3
A30H2	57389	34465	6178	28287	6.8~7.3	30.9	4.9~6.8	41.9	3126	7514
J19H	48403	41494	6917	34577	4.0~5.6	43.4	7.4~9.0	60.3	2369	5634
J21H	57153	30313	5500	19827	4.4~7.0	21.7	6.9~9.0	46.2	6356	10139

5 结论与建议

（1）通过室内实验评价及油藏数值模拟研究，选取并优化了渤海 C 油田明下段 985 砂体整体调驱方案，明确并优先选取了 A30H2、J19H、J21H 井组开展整体调驱作业，并结合措施效果与措施效果衰减状况择机开展多轮次措施注入，深挖剩余油潜力。

（2）针对渤海 C 油田明下段 985 砂体调驱现场试验，应用压降和充满度等方法对注入井动态进行评价，并应用净增油法、递减增油法对调驱增油量进行计算，取得很好的降水增油效果，为海上中、高含水油田稳油控水提供了一种有效的解决思路。

（3）渤海 C 油田使用的“凝胶+微球”体系能够有效改善窄河道砂体注采窜流问题，但调驱作业过程中需要实施根据油水井两端响应情况适时调整药剂体系，尤其针对渤海 C 油田明化镇组储层高孔高渗的特征，有必要适当加强调驱体系强度。针对调驱效果递减机理，有必要开展多轮次整体调驱工作，进一步提高波及区驱油效率。

参 考 文 献

[1] 李彦来，李丰辉，铁磊磊，等．海上高含水油田超分子组合调驱体系的研制与应用[J]．化学与生物工程，2023，40(06)：64-68.

[2] 杨会峰，凌卿，孟国平，等．渤海油田区块整体调驱技术研究及应用[J]．石油化工应用，2023，42(09)：83-89.

[3] 苏毅，姜晶，李建晔，等．渤海油田弱凝胶调驱技术研究与应用[J]．山东化工，2023，52(18)：151-153.

[4] 吴清辉，陈维余，黄利平，等．渤海油田调剖技术现状及发展方向[J]．精细与专用化学品，2023，31(04)：15-18.

[5] 李彦阅，黎慧，吕金龙，等．海上油田堵调驱技术驱油机理及剩余油分布研究[J]．当代化工，2022，51(01)：139-143+150.

[6] 刘义刚，夏欢，代磊阳，等．分散型调驱体系与储层渗透率适应性——以渤海 B 油田为例[J]．大庆石油地质与开发，2021，40(04)：107-118.

[7] 赖南君，潘成巍，宋恒杰，等．非均质油藏中微球/聚合物非均相复合体系的调驱性能[J]．石油化工，2022，51(07)：798-805.

[8] 何欣，卢祥国，曹伟佳，等．高盐油藏无机凝胶与泡沫复合调驱研究[J]．石油化工高等学校学报，2021，34(03)：52-57.

[9] 刘文辉，郑玉飞，铁磊磊，等．聚合物微球/表活剂复合体系注入方式对调驱效果影响研究[J]．化学世界，2018，59(09)：598-603.

[10] 孙尧尧，肖宇，代齐加．在线深部调驱技术在渤海某油田的应用[J]．承德石油高等专科学校学报，2019，21(06)：8-11.

[11] 孟祥海，张云宝，夏欢，等．渤海油田大尺寸优势通道封堵与调驱技术研究[J]．石油化工高等学校学报，2019，32(04)：44-51.

[12] 潘广明，张彩旗，刘东，等．海上稠油油藏弱凝胶调驱提高采收率技术[J]．特种油气藏，2018，25(03)：140-143.

[13] 郭太现，苏彦春．渤海油田稠油油藏开发现状和技术发展方向[J]．中国海上油气，2013，25(04)：26-30 + 35.

注气提高砂岩储层酸化效果机理研究与实践

张　璐　张　乐　黄泽超　张云鹏　宋　鑫

[中海石油(中国)有限公司天津分公司]

摘　要　针对常规酸化逐渐暴露出酸化效果差、有效期短、解堵范围有限等问题，考虑砂岩储层气井酸化效果普遍好于油井的现场经验，提出了油井酸化过程中注入气体以提高作业效果。从多角度深入研究了在酸化过程中注入气体的作用，并通过室内实验进一步探索了三种不同注气模式下对未伤害及受钻完井液伤害岩心的酸化改善效果。研究认为酸化过程中注入气体能够明显提高对污染岩心的酸化效果，其具有扩大波及范围、转向分流、降低滤失及储层伤害、缓速性等作用机理，尤其采用前置气+气液交替注入的酸化模式，总体上注 CO_2 气体酸化效果要好于注 N_2。酸化作业中注入气体现场试验效果显著，具有广阔的发展前景。

关键词　酸化；注入气体；作用机理；液氮比例；注气模式

酸化工艺是砂岩储层增产增注的重要技术手段之一。砂岩储层酸化研究的重点往往在酸液体系及工艺，逐步从土酸体系发展到缓速酸、有机酸、螯合酸体系，酸化工艺根据储层条件逐步多样化，从常规酸化到单步酸化、分流酸化等。然而，现场经验表明对砂岩储层：油井酸化后随注酸量的增加渗透率逐步增大，注入一定量酸后随注酸量增加而渗透率降低的现象；对气井渗透率的改善效果和注酸量大致成比例；总体上，砂岩储层气井酸化效果好于油井。现场油井作业时是否可以考虑注入一定量气体达到提高酸化效果的目的呢？1986 年 Victor L. Ward 等人提出酸化作业时注入 N_2 和 CO_2 气体能够达到一定增产的效果；1989 年在阿曼北部的几口油井采用氮气泡沫酸化，取得了良好的增产效果，增产倍比基本在 2 倍以上；2000 年 M. A. Aggour 等人通过室内实验证明对砂岩储层岩心酸化前采用 N_2/CO_2 气体预处理效果明显好于常规酸化。国内开展酸化作业过程中借鉴国外的成功经验，多采用 CO_2/N_2 基形成的泡沫酸开展酸化作业，具有缓速、分流、助排等作用。为此，考虑气体自身性质及酸化现场经验，本文研究过程中提出气液交替注入深部酸化解堵工艺，充分发挥气体与液体之间的相互作用，以提高酸化效果。

1　气液交替注入酸化解堵工艺的技术优势及作用机理

由于气体具有低密度、低黏度、低表面张力、高压缩性、流动性及分散性等特征，因此液气交替注入解堵酸化工艺具有缓速作用、分流作用及深部解堵作用，且有利于高效返排、隔离地层流体等优点，因此能够显著提高酸化效果。气液交替注入酸化解堵工艺具体表现出以下优势及作用机理：(1)氮气泡沫与酸液存在相互竞争，会争先与地层接触，使酸液与储层岩石的接触面积大大降低，从而降低酸岩反应速率，因而具有缓速性；(2)气体具有良好的膨胀性及分散性，气液交替注入过程中气体能够携带液体进入储层更远距离，扩大酸液与地层岩石之间的作用范围，提高了酸液的作用效率；(3)多层系长井段厚储层，不仅具有层间非均质性液也具有层内非均质性，常规酸化容易造成高渗层过度进酸低渗层无法有效启动，气液交替注入具有增能作用的气体优先占据大孔道增大高渗储层吼道内的压力，具有一定的分流作用；(4)油井中首先注入气体段塞，能够在酸液和地层流体间形成有效屏障，有效避免和减缓酸液与地层流体不配伍而形成酸渣和乳化物伤害；(5)气体较强的携带性及分散性，能够净化近井地带储层，酸岩反应过程中产生的二次沉淀等物质能够被气体携带至储层深部，避免敏感性强的近井地带受到影响；(6)对于储层能量较低的地层，气体的高效增能、携带能力有利于残酸返排，降低残酸滞留对储层产生的伤害。

2　气液交替注入实验研究

气液交替注入通过气体与液体的相互作用、协同增效，以提高酸化效果，净化储层降低污染，提高酸液返排效率。气液交替注入在理论上具有可行性及高效性，为进一步验证开展室内实验研究。

2.1　主要药剂及仪器

药剂：氟硼酸、盐酸、缓蚀剂、助排剂、黏土稳定剂、铁稳剂、氯化铵、氮气、PRD 钻井液；

仪器：高速旋转搅拌机、JHDS 高温高压动失水仪、岩心驱替仪、氮气瓶。

2.2　实验步骤

实验共分为两组，第一组实验岩心为未受过污染的人造岩心，第二组实验岩心为受钻完井液污染后人造岩心，选用现场应用的 PRD 钻完井液体系应用 JHDS 高温高压动失水仪模拟钻完井过程中储层受污染的过程。每组实验岩心分别开展四种不同注入方式：常规酸化、前置注气酸化、处理液与气体交替注入、多次注气酸化。

两组岩心又分别开展四个不同注入方式的实验：

（1）常规酸化：首先注入模拟地层水 4% NH4Cl 溶液，此后分别注入前置液、处理液、后置液、模拟地层水；

（2）注前置气酸化：分别注入模拟地层水、前置气（氮气）、前置液、处理液、后置液、模拟地层水；

（3）处理液与气体交替注入：分别注入模拟地层水、前置液、处理液、氮气、后置液、模拟地层水；

（4）多次注气酸化：分别注入模拟地层水、前置气、前置液、处理液、氮气、后置液、模拟地层水。

2.3　实验结果与讨论

（1）未受污染岩心实验

对未受污染人造岩心采用不同注入方式，开展实验研究结果如图 1 所示。

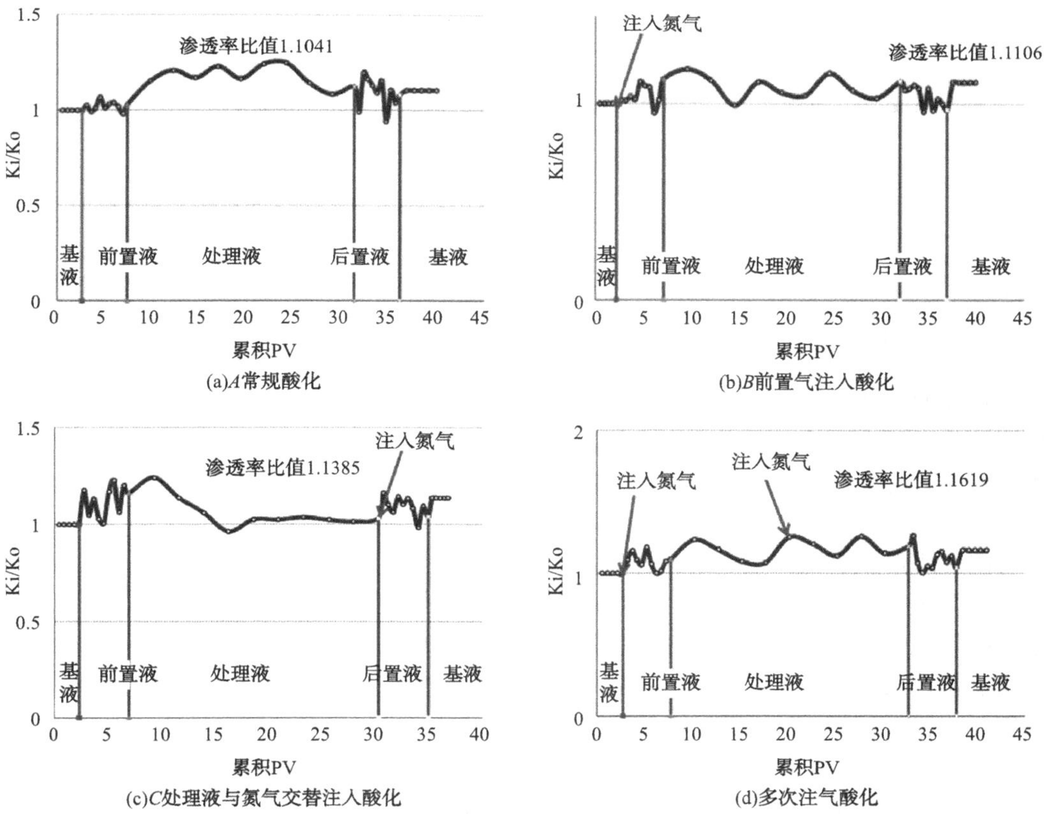

图 1　未受污染岩心不同注入方式下的渗透率恢复情况

研究表明：采用四种酸化模式，岩心渗透率均略有升高，酸化前后渗透率比值在 1.1～1.2

之间，气体的注入并没有明显提高酸化效果。注前置液后，岩心渗透率有小幅度波动，盐酸与碳酸盐岩矿物反应，岩心渗透率比值略有上升；注处理液后，含氟酸液与储层矿物反应，由于反应可能形成二次沉淀等伤害造成渗透率略有下降，最终表现出溶蚀储层矿物，沟通、扩大孔隙结构，提高岩心渗透率；对未污染岩心，气体注入后并未表现出明显渗透率降低或升高，基本不造成影响。

（2）受钻井液污染岩心实验

对受污染人造岩心采用不同注入方式，开展实验研究结果如图2所示。

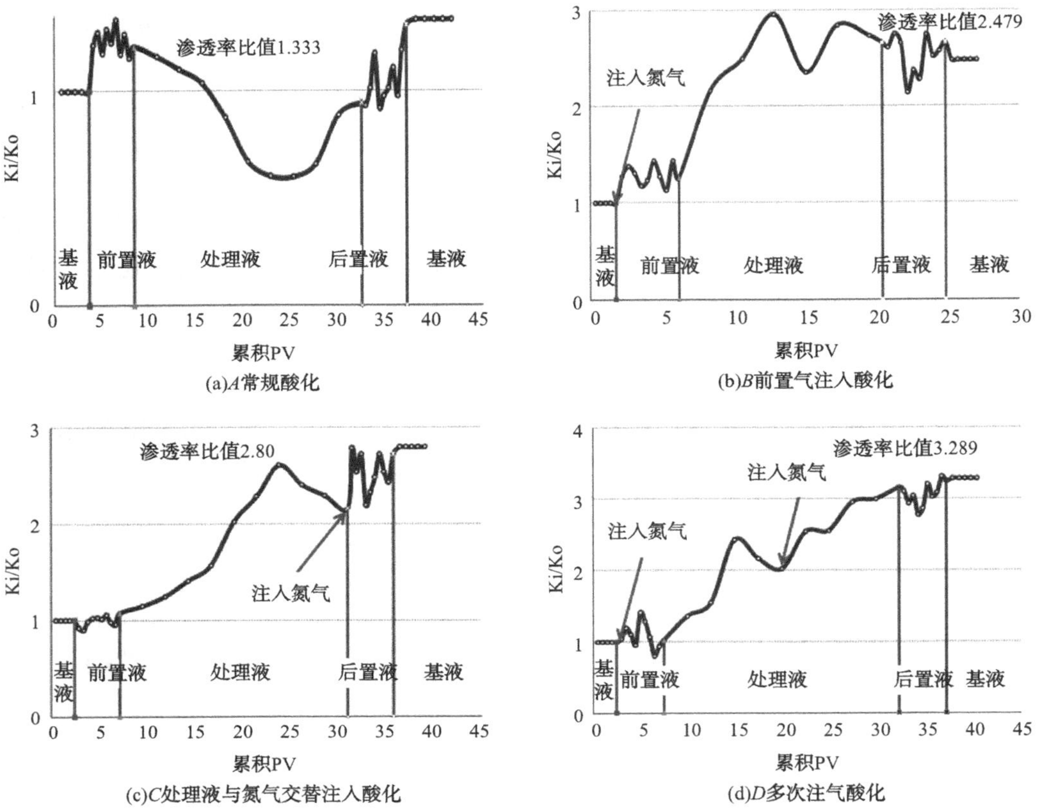

图2　受钻井液污染岩心不同注入方式下的渗透率恢复情况

研究表明：对受污染岩心与常规酸化相比，酸化前注入前置气或采用气液交替注入方式，能有效提高酸化作业的效果。常规酸化后受污染岩心在处理液注入过程中出现明显渗透率降低，一方面由于注酸导致污染物或微粒的运移，造成岩心孔隙喉道堵塞，排出残酸观察出有少量砂粒，另一方面可能反应形成了二次沉淀等新的伤害造成渗透率降低，最终渗透率恢复值达1.333倍。其他三组实验均未明显观察到出砂，注入气体能够明显提高酸化效果，渗透率恢复值均达到2倍以上，采用注前置气+处理液与氮气交替注入的方式效果最佳，渗透率恢复值达到3倍以上，气体能够明显改善岩心酸化效果。

对比分析认为，注气对未污染岩心酸化基本不产生影响，对污染岩心采用注气的方式能够明显提高酸化效果，尤其多次注气作业，能大幅度提高岩心渗透率明显改善酸化效果。气体具有良好携带能力，对岩心具有清洁作用，可提高酸液的作用范围，气体与酸液协同增效，更有利于对污染严重储层的有效解堵。

3　不同气体对酸化效果的影响

酸化过程中注入气体主要包括二氧化碳及氮气，选用钻井液污染过的岩心开展研究，岩心采用煤油进行饱和处理，选用两种气体采用前置注气的酸化方式，得到不同酸化方式下渗透率恢复结果如表1所示。

表 1　注入不同前置气体酸化实验效果

岩心编号	是否注入前置气	伤害前岩心渗透率/md	伤害后岩心渗透/md	酸化后岩心渗透率/md	渗透率恢复值
1	否，常规酸化	475	100	495	104.2
2	注 CO_2气体	500	120	1440	288
3	注氮气	550	140	1370	249

注入等量酸液条件下，注入气体的酸化效果明显好于常规酸化处理的效果，注入 CO_2前置气酸化效果好于注入前置 N_2。对于油井直接注入酸液容易造成酸液与原油的不配伍，相互反应形成酸渣或乳化，注前置气能起到有效隔绝的作用，降低产生的伤害，同时能够净化储层扩大酸液作用范围，整体上表现出好于常规酸化作业。而由于 CO_2具有更好的溶解性顶替原油效果更佳，同时 CO_2气体属于酸性气体，能够提供储层酸性环境有利于后期酸化的开展，因此 CO_2前置注入处理效果好于 N_2处理效果。但由于 CO_2具有酸性会对管柱产生腐蚀作用，且相对成本较高，因此在现场作业过程中更多选择 N_2。

4　气液交替注入深部酸化现场应用

注入气体改善酸化效果在国外多个油田开展过现场应用，以路易斯安娜州主力区块 C-20B 油井为例，有三口油井储层受污染严重，表皮系数均在 160 以上，迫切需要解堵作业来释放储层产能，因此考虑进行酸化解堵处理，对三口油井采用不同的处理方式，前两口注水井采用常规酸化作业，最后一口井采用注 CO_2预处理的方式开展酸化处理，首先注入 CO_2气体再注入酸液。不同酸化工艺处理效果如表 2 所示。

表 2　路易斯安那州主力区块油井常规酸化与注 CO_2酸化工艺的参数比较

措施类型	井号	酸化前表皮因子	酸化后表皮因子	酸化前产油量/(bbl/d)	酸化后产油量/(bbl/d)
常规酸化	A	168	50	176	340
常规酸化	B	170	114	123	281
注 CO_2酸化	C	165	5	250	1546

酸化前三口油井储层污染严重，表皮系数均在 165~170 之间，常规酸化作业后表皮系数降低为 50、114，产油量分别增加倍数为 1.93 倍、2.28 倍，常规酸化能够解除一定的堵塞伤害。油井 C 酸化前表皮系数为 165，CO_2预处理后酸化作业表皮系数大幅度降低到 5，油井产量增加倍比达 6.18 倍，解堵效果明显高于常规酸化，前期注 CO_2预处理具有明显改善酸化效果的作用。

在渤海油田进行了 3 口井的现场试验，以生产井 D 为例，D 井为注聚受效井，储层原油胶质、沥青质含量较高，黏度较大，属于稠油范畴，由于受注聚影响及其他储层污染造成储层伤害严重，污染范围较大，在近井地带、筛管附近有大量含聚油泥，尝试几次酸化作业效果均不理想。酸化前日产液量为 $78m^3/d$，产油量为 $30m^3/d$，含水率在 61.5%左右。考虑堵塞物类型选择有针对性的解堵剂体系，为提高酸化效果，采用气液交替注入方式，提高酸液作用范围，气体注入起到一定分流效果。气液交替注入深部酸化作业后日产液量达 $187m^3/d$，日产油 $90m^3/d$，含水 51.8%，有效期超过 3 个月，目前仍在有效期范围内日产量保持在 $180m^3/d$ 以上，酸化效果显著(图 3)。

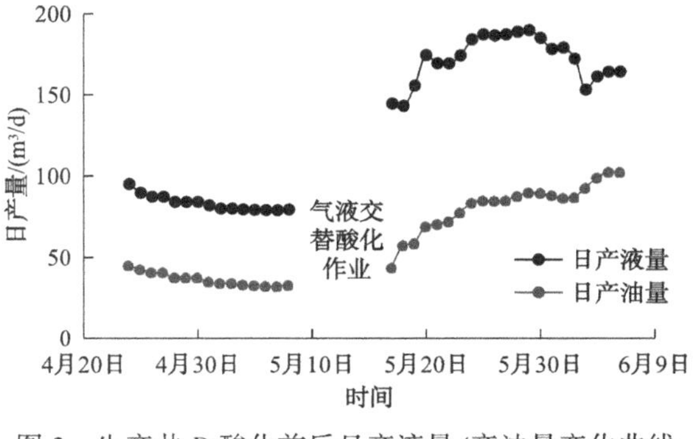

图 3　生产井 D 酸化前后日产液量/产油量变化曲线

5　结论及认识

(1) 由于气体具有低密度、低黏度、低表面张力、高压缩性及流动性等特征，液气交替注入解堵酸化工艺具有缓速、分流、深部解堵及高效返排等优势，气体交替注入能够显著提高砂岩储层酸化效果。

(2) 对未污染岩心酸化过程中注入气体不能明显改善酸化效果，对受污染岩心酸化过程中注入气体能够显著提高酸化效果，尤其采用前置注气+交替注入组合的模式，能够大幅度提高岩心渗透率明显改善酸化效果。

(3) 由于 CO_2具有更好的溶解性顶替原油效果更佳，同时能够提供储层酸性环境有利于后期酸化的开展，总体上 CO_2前置注入处理效果好于 N_2处理效果。但由于 CO_2具有酸性会对管柱产生腐蚀作用，且相对成本较高，目前现场作业过程中更多选择 N_2。

(4) 根据现场试验表明，注入前置气或气液交替注入酸化均能有效提高酸化效果，气体具有良好携带能力，对岩心具有清洁作用，同时可提高酸液的作用范围，与酸液协同增效，更有利于对污染严重储层的有效解堵，酸化解堵效果显著。

参考文献

[1] Smith C , Hendrickson A R. Hydrofluoric acid stimulation of sandstone reservoirs [J] . Journal of Petroleum Technology, 1965, 17(02): 215-222.

[2] Shuchart C E. HF acidizing returns analyses provide understanding of HF reactions [R] . Society of Petroleum Engineers, Richardson, TX (United States), 1995.

[3] 埃克诺米德斯，诺尔特．油藏增产措施[M]. 石油工业出版社，2002.

[4] Zhou L, Nasr-El-Din H A. Acidizing sandstone formations using a sandstone acid system for high temperatures [C]//SPE European Formation Damage Conference & Exhibition. Society of Petroleum Engineers, 2013.

[5] Aggour M A , Al - Muhareb M A , Al - Majed A A. Improving sandstone matrix acidizing for oil wells by gas preconditioning[C]//SPE Annual Technical Conference and Exhibition. Society of Petroleum Engineers, 2000.

[6] Ward V L. N_2 and CO_2 in the Oil Field: Stimulation and Completion Applications (includes associated paper 16050) [J] . SPE Production Engineering, 1986, 1 (04): 275-278.

[7] Guidry G S, Ruiz G A , Saxon A. SXE/N_2 matrix acidizing[C]//Middle East Oil Show. Society of Petroleum Engineers, 1989.

[8] 杨甲茹，罗建新．二氧化碳在解决砂岩酸化难题中的应用[J]. 吐哈油气，2003，3(8)：393-395.

[9] 曹莘，尚波，陈铁群，等．充气泡沫酸解堵技术在低压气井增产中的应用[J]. 断块油气田，2010，6 (17)：773-776.

[10] 刘成，刘丽君．混气酸化技术试验应用[J]. 石油钻采工艺，2000，2(22)：67-69.

[11] 李宾飞，李兆敏，徐永辉，等．泡沫酸酸化技术及其在气井酸化中的应用[J]. 天然气工业，2006，12(26)：130-132.

[12] 吕蓬勃，朱明立，刘红．CO_2助排技术在低压低渗油层酸化中的应用[J]. 油气井测试，2001，6 (10)：56-59.

非均质油藏精准挖潜提高采收率配套工程技术研究及应用

魏风玲　曹学雨　魏瑞玲　盛建明　石子明　梁全清

（中原油田分公司石油工程技术研究院）

摘　要　随着油田的开发，目前X区块已经进入高含水、高采出阶段，针对该区块现状和存在问题，在采油工艺上应用智能分注、射孔、压裂以及举升工艺，提升油藏区块开发精准度。通过实施油水井措施，现场实施取得了较好的效果。增加水驱控制储量24×10^4t，增加水驱动用储量9.5×10^4t，对应油井见效14口，累增油1021.9t。为进一步推进油田效益上产奠定基础。

关键词　文51块；区块治理；工艺

1　油藏概况

X油藏区域构造位于东濮凹陷，中央隆起带北部，濮城构造西部。属于中孔、中渗、常压复杂断块油藏；具有含油层段多、非均质性强（纵向上渗透率级差10~20倍，沙二下2、3、4、5砂组是油藏主力储油层）、埋藏深（2650~2840m）等特点。含油面积9.3km^2，地质储量939×10^4t，原始地层压力27.03MPa，地层温度91~100℃，饱和压力15.9~16.5MPa，地下原油黏度1.06mPa·s，原始气油比107~128m^3/t，原油密度0.84g/cm^3，标定采收率37.6%。

X油藏87年投入开发，经过30多的开发，已进入高含水、高采出阶段。经过近几年的水驱治理，取得了较好的效果，为中石化注水示范区。截止到2021年，X油藏沙二下未水驱动用储量为599.6×10^4t，动用程度63.8%。开发过程中存在储层物性差、油水关系复杂、层间动用程度不均等问题，需进一步完善井网提高油藏开发水平。目前油藏分注率为80.77%，但主要以两段分注为主；油藏吸水厚度和吸水层数较低，层间水驱动用不充分（表1）。影响文51区块水驱开发的原因众多，如：事故井量多、高含水影响、井眼小、测调难、油藏物性差等原因。为了达到油田开发的效益指标，采取区块精准技术应用，在开发上由“精细”向“精准”转向发展，能够有效的提高区块剩余挖潜程度。

表1　文51油藏现状水井分注情况调查表

水井现状			注水方式				四寸套井数/口
总数/口	分注井/口	分注率/%	笼统	卡层	两段	三段及以上	
			井数	井数	井数	井数	
52	42	80.77	10	14	21	7	19

2　配套技术研究

针对前期工程技术存在的问题，为了提高区块的开发效果，通过转注、多级多段细分、调剖调驱等手段强化层间动用；通过压裂改造，进一步提高单井产能；通过智能化测调，油藏开发由精细向精准转化；通过井况防治手段保障注采井网完善。实现了区块有效工艺技术配套。

2.1　精准分注技术

随着开采时间的增加，油田进入到特高含水期，地层压力逐渐下降。通过在油层中注水能够增加地层压力，推动原油流向井口，提高采油效率。利用精准注水技术能够避免无效注水，提升储层的动用程度。精准注水——即利用封隔器将注水目的层的每一个小层隔开，在层与层之间形成一堵墙，每个区间都有一个开关，分层注水时，控制各层的开关，引导水流入所需注水的层位。

根据各个水井存在的问题，以解决部分层系水驱动用程度低、提高采收率为主要目的，开展了不同的分注管柱设计。针对分注管柱有效期短、测调成功率低的问题，应用测调一体化逐级解封分注工艺技术；针对4寸套井高压测调成功率低、井斜大新转注井井筒出油严重、多级细分井测调成功率低等问题，应用智能分注工艺；针对常规分注工艺适应性差、调配难度大、分注有效期短等问题，应用4吋套分注工艺。现场应用取得了较好的效果(表2、图1)。

表2　文51块水井注水工艺

序号	应用工艺名称	级段数	管柱组成	工作量/井次
1	智能分注	一级两段	智能配水器+安全接头+水力锚+Y221封隔器+智能配水器+球座	3
		三级三段	安全接头+水力锚+Y141封隔器+智能配水器+Y141封隔器+智能配水器+Y141封隔器+智能配水器+机械卡瓦+防返吐球座	
		两级三段	智能配水器+安全接头+水力锚+Y221封隔器+智能配水器+Y341封隔器+智能配水器+球座	
2	4吋套分注	一级两段	安全接头+配水器+水力锚+Y221封隔器+配水器+球座	6
		两级两段	安全接头+水力锚+Y221封隔器+配水器+Y341封隔器+配水器+球座	
3	测调一体化逐级解封分注	两级三段	安全接头+配水器+水力锚+Y141封隔器+配水器+Y141封隔器+机械卡瓦+配水器+球座	5
		三级三段	安全接头+水力锚+Y141封隔器+配水器+Y141封隔器+配水器+Y141封隔器+机械卡瓦+配水器+球座	
4	油套分注	一级两段	安全接头+水力锚+Y221可洗井封隔器+喇叭口	1

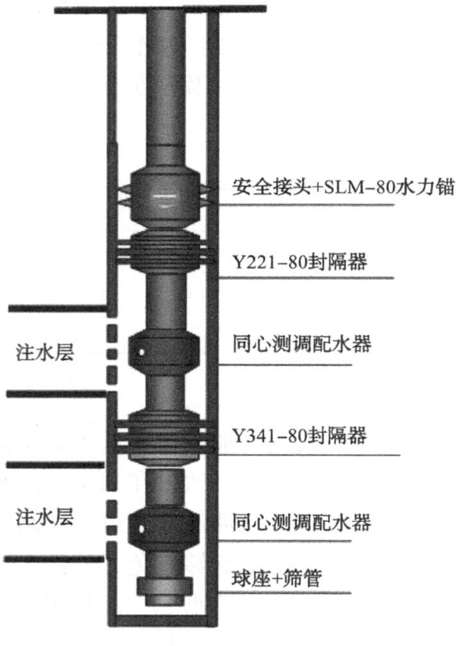

图1　4寸套井分注管柱图

2.2　智能分层采油技术

智能分层采油是将智能开关安装在对应的层位的管柱上，利用封隔器、电缆分别将井下各层位封隔和连接。该工艺能够自动根据油井不同产出层的产液量、含水率、温度等进行实时监测，能够有效解决层间矛盾突出，用较低的成本，实现油井的找水、堵水措施，达到分层开关、降水增油的目的(图3)。

采用Y221封隔器验套，保证封隔器以上套管耐压10MPa以上；利用井下智能开关器按照设定的时序，逐一打开层位进行生产，通过各层含水、液量以及矿化度完成智能单层轮采；通过地面泵车打压，采用“一个脉冲信号+脉冲时间的方式”控制井下开关的动作，完成高含水层封堵或任意选层开采；采用井下温压一体测试装置，分析提供地层压降、压恢数据，准确判断井下管柱有效期。该技术通过智能细分小层实现了油藏的认识，有效提高了单井产能。

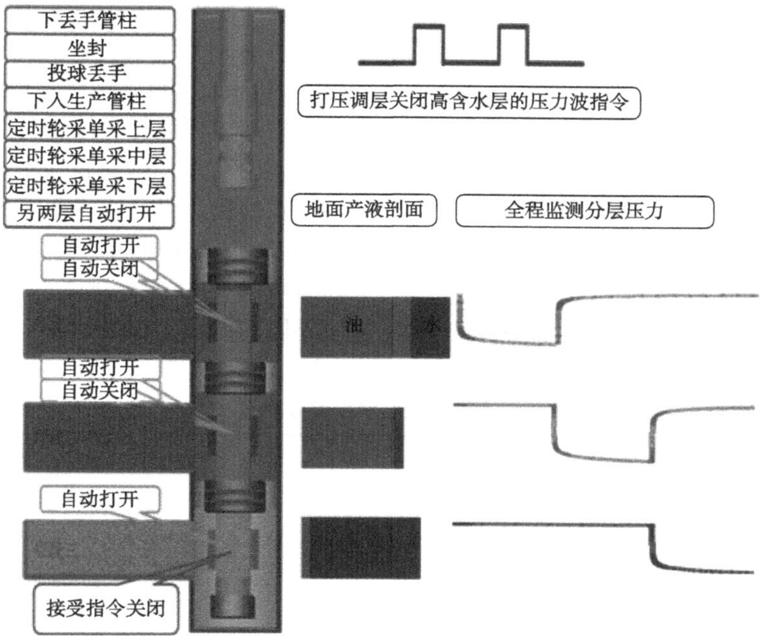

图 3　智能分层采油

2.3　非均相无机凝胶驱油技术

由于陆相成因储层的强非均质性和较高的原油粘度，聚合物溶液改善流度比，扩大波及程度的作用有限，使得聚合物驱后剩余储量接近原始地质储量的一半，需要探索聚合物驱后进一步大幅度提高采收率技术。针对聚合物驱后油藏非均质性更加突出，剩余油更趋分散的特点，为进一步提高油藏精细注水技术和开发效果，结合油藏不同开发阶段剩余油潜力分布及孔隙特征，通过开展针对性配方研究，优选无机凝胶调剖剂体系；针对高温低渗透油藏注入性差的问题，研发小粒径凝胶分散体，配套撬装式在线调驱注入装置，实现了高温低渗油藏在线深部注入及高强度封堵。与二元复合驱体系相比，能够增加阻力系数，强化液流转向，扩大波及体积。

2.4　薄差层压裂工艺

储层改造是指通过人工手段改变储层岩石或者流体性质/状态，来增加储层产能和提高采收率的一系列技术。X 块沙二下的二、三类油层低孔低渗，自然产能低，需要压裂改造。针对储层的差异型。在压裂工艺上采用“一井一策”的设计方式，优化压裂裂缝规模及施工参数，配套相关工艺措施，实现引效目的。油井压裂的技术思路是：控缝高，造长缝，提高压裂液破胶后返排率。

针对 X 油藏的特点，采用薄差层压裂工艺技术，但薄差层存在砂层薄、泥质含量高、储层物性差、射孔井段短、孔眼少、隔层条件差等特点，通过压裂液黏度控制，优化射孔、排量控制及人工隔层等技术综合应用，解决了缝高控制与支撑剂有效铺置之间的矛盾；通过应用酸化预处理、扩射、压裂液黏度控制等技术实现降低施工压力；压裂液选择低浓度胍胶压裂液，支撑剂采用石英砂与陶粒组合应用，能够有效降低单井施工费用。

压裂施工参数优化设计：前置冻胶 295m^3，携砂 370m^3，前置液百分比 43.7%，加砂量 3.1+95.0m^3，平均砂比 25.0%，平均单井用液量 225 m^3，预计裂缝规模 100~120m。

表 2　压裂井参数实施表

井号	井段/m	厚度/层数/(m/n)	支撑剂类型	支撑剂量/m^3	半缝长/m	前置液/m^3	携砂液/m^3	施工排量/(m^3/min)	平均砂比/%
文 51-侧 87	2775.4~2815	15.6/12	石英砂、小陶	1.0+33.5	100	100	135	4.0~4.4	24.8
文 51-侧 60	2755.5~2787.2	10.5/9	石英砂、中陶	0.9+28.8	100	95	115	4.0~4.4	25.0
文 51-48 侧 1	2689~2726.8	10.16	石英砂、中陶	1.2+32.7	120	100	130	4.0~4.4	25.2

2.5　配套技术

在满足油藏部署方案基础上，配套整体区块井况防治、防腐、控躺、动态监测等技术。

针对X块油藏岩盐蠕变导致的套损问题，开展油井全生命周期井况预防措施，事故井数量，提升井况预防效果，针对故障井，利用震击解卡/整形技术进行修井，保障后期措施顺利执行。

在防腐工艺上，由于X块产出介质属于常规腐蚀环境，根据2019~2021年的躺井数据，油井整体腐蚀轻微。采用常规防腐工艺即可满足防腐需求。油井采用周期加注缓蚀剂方式，加注浓度50ppm~200ppm，加注周期5天，水井卡封井采用加注环空保护液进行油套环空保护；光管井按周期洗井，避免长期不洗造成水质恶化。

在控躺工艺上，X块2021年1~10月份躺井17口，躺井原因主要以偏磨、疲劳老化和管柱质量躺井为主，合计占比76.4%。针对X区块不同的原因引起的躺井，制定对应的控躺技术(表3)。

表3　X区块控躺技术

躺井原因	井类型	控躺技术
偏磨	4吋套井	双向保护接箍
	活塞偏磨	防偏磨活塞
	拉杆偏磨	φ25mm抗弯拉杆
	其它位置	拉杆固化扶正块/双向保护接箍
疲劳老化/质量问题	加强作业监督，确保各种质量施工达标；通过各种质量监测手段、制度，保证完井质量。	

3　应用情况

按照“一井一策”原则，根据井况、储层性质等进行针对性的精准布控。在工艺选择上，创新推动智能注采工艺技术，开展多级细分采油、注水，研发四寸套逐级解封分注工艺，配套高效测调一体化技术，实现开发由“精细”向“精准智能”转变，努力实现井筒智能化，打造智能化高效注采示范区。

经过3年的精准注水调整，有效的改善了油藏水驱动用程度。增加水驱控制储量24×10^4t，增加水驱动用储量9.5×10^4t，对应油井提液、压裂、调驱等措施9井次，有效率为88.89%，油井措施日增油11.7t，年累增油2137t；对应水井分注、调驱等措施11口，日增注水613m^3，累增注水2.7 ×104m^3，对应油井见效14口，累增油1021.9t。

4　结论

(1) X油藏已经进入高含水、高采出阶段，需要采取相应的工艺措施提高油藏的开发效果。

(2) 通过实施智能分注、射孔、压裂和举升等工艺，X油藏的精准开发效果得到了改善。

(3) 实施油水井措施后，水驱控制储量增加了24×10^4t，动用储量增加了9.5×10^4t，对应14口油井产生了累计增油1021.9t，为进一步提高油田效益奠定了基础。

(4) X油藏存在储层物性差、油水关系复杂、层间动用程度不均等问题，需要进一步改善井网，提高油藏开发水平。

(5) 通过采取区块精准技术应用，可以有效提高X区块的剩余挖潜程度，进一步促进油田的高效生产。

参考文献

[1] 刘合，裴晓含，贾德利，等．第四代分层注水技术内涵、应用与展望[J]．石油勘探与开发，2017，44(4)：608-614，637.

[2] 郭勇军，李霞，李军等．濮城油田高含水油藏开发后期稳产增产措施[J]．油气田地面工程，2011，30(4)：82-84.

[3] 曾凡春．智能采油技术的研究与应用[J]．中国石油和化工标准与质量，2014，(7)：90-90

普光陆相气井含油污水处理技术研究与应用

吴新梅　刘二喜

（中国石化中原油田普光分公司）

摘　要　普光气田陆相气井投产试采初期，压裂返排液中高分子聚合物含量高，粘度大，油水乳化严重，高分子聚合物裹夹凝析油稳定悬浮于水中，造成水中含油高等。本文主要针对陆相气井投产试采初期产出水油水乳化严重难分离、处理后出水含油较高等问题进行研究分析，集成了“破乳+重力分离+浮选”多段除油处理工艺，并复配含油污水新型絮凝药剂，陆相气井产出含油污水经处理后水中含油小于5mg/L，优于回注标准要求，效果良好。

关键词　含油污水；破乳；浮选；絮凝

普光气田陆相致密气藏主要发育于须家河组，陆相页岩气主要发育于千佛崖组，陆相致密气和页岩气中含凝析油，其中产出气 CH_4 占比约90%，不含 H_2S；产出油C7占比约70%。2021年12月起普光陆相气井进入试采，采出的天然气经井口组合装置后进入加热节流分离计量撬，气液两相分离，分离出的气通过新建临时管线外输至含硫集气站场。分离出的液体进闪蒸分离撬后闪蒸气去放空管，分离出的凝析油进油罐，定期车拉外运，分离出的水进采出水罐，污水罐车拉运至含硫水处理站处理。陆相气井试采期间，产生污水50~200m³/d。由于陆相气井压裂返排液中聚合物含量高，未经放喷直接进入试采运行，导致返排初期气井产出液油水乳化严重，分离效果差，闪蒸分离撬混相含油3000mg/L以上，闪蒸分离后，水相含油仍高达1000mg/L以上，处理后出水中含油较高。本文针对试采初期产出水油水乳化严重，采取传统重力分离、沉降过滤等工艺难以实现油水的有效分离，处理后出水含油高的问题，开展了破乳药剂筛选、重力分离、气浮浮选等实验，集成了“破乳+重力分离+浮选”多段除油处理工艺，并复配含油污水新型絮凝药剂，保障陆相气井含油污水稳定处理。

1　含油污水稳定处理实验

1.1　破乳药剂筛选

实验取普陆气井闪蒸分离撬混合液样，依据乳状液破乳剂使用性能评定方法标准，分别采用不同的破乳剂对乳化液样进行破乳处理。

破乳剂初步筛选实验：将取得的混合液样分别加入预先编号的100mL比色管中，放入45℃（参考现场地面温度）恒温水浴中预热30min；再加入1000ppm不同种类的破乳剂，立即加塞并上下摇晃200次，使破乳剂和油水乳状液充分混合；然后静置于恒温水浴中，观察油水界面，在一定时间读出油水分界线的刻度，并记录，利用红外测油仪检测水相中含油量，结果如见表1。

表1　破乳剂初步筛选记录表

药剂编号	破乳效果			水相含油/（mg/L）
	水相	时效	界面	
原液	—	—	—	3340
1#	不清	快	清晰	1729
2#	不清	快	模糊	3348
3#	不清	快	模糊	612
4#	较清	快	模糊	133
5#	较清	慢	模糊	151

破乳剂定量筛选试验：在破乳剂初步筛选的基础上，选取现场已有破乳剂和破乳效果较为理想的4#、5#药剂，调整药剂浓度，进一步评价不同药剂投加浓度时分离效果（表2）。

表2　破乳剂定量筛选记录表

药剂编号	加药浓度/ppm	破乳效果			水相含油/（mg/L）
		水相	时效	界面	
4#	200	不清	快	清晰	713
	500	较清	快	清晰	213
	1000	清	快	清晰	128
	2000	较清	快	清晰	164

续表

药剂编号	加药浓度/ppm	破乳效果			水相含油/(mg/L)
		水相	时效	界面	
5#	200	不清	快	清晰	895
	500	较清	快	清晰	239
	1000	较清	快	清晰	140
	2000	较清	快	清晰	193

从实验数据看，破乳效果较好的是4#、5#破乳剂，其中4#破乳剂破乳效果最佳。4#、5#破乳剂最佳加药浓度为1000ppm，可得到较好的油水分离效果。

1.2　油水重力分离

为了考察破乳后污水的重力沉降除油能力，取投加破乳药剂后不同含油的污水置于烧杯中，放置于实验室室外，模拟含油污水的现场工况，自然重力沉降，监测不同沉降时间后烧杯中部污水含油情况(图1)。

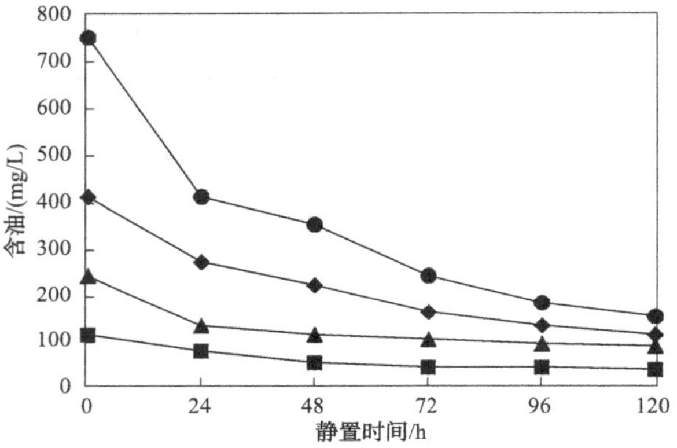

图1　含油污水重力沉降油水分离实验

从上述含油数据分析，随着重力沉降分离时间的延长，污水中含油呈现显著下降的趋势，前48h重力分离效果最为明显，可达到50%以上，48h后，污水中含油下降趋势变缓，油水分离效果降低。

1.3　气浮、浮选除油

实验取经过破乳分离后的水样，开展气浮、浮选除油实验。将取得的含油水样(pH值为7.03，含油为102.1 mg/L)分别加入3个1L的量筒中(图2)，从左至右依次为原样静置、采用曝气石鼓气模拟气浮、添加铝盐絮凝剂(PAC)后再曝气模拟气浮+浮选。

如图3所示，原样静置60 min外观未见任何变化；原样曝气30min变得相对澄清，再静置30min外观未见变化；原样加PAC曝气30min后

图2　气浮、浮选除油实验水样

变得相对浑浊，且内有絮体悬浮，再静置30min后絮体沉降，上部清液变得较为清透。

图3　气浮、浮选除油实验结果

对上述处理后水样取中部进行含油测试，结果分别为94.4mg/L、63.3mg/L、12.1mg/L。再取经过破乳分离后的水样(含油96.0mg/L)对预处理结果进行了复验，同时添加1组添加铝盐絮凝剂+聚丙烯酰胺絮凝剂(PAC+PAM)后再曝气模拟气浮+浮选的对比实验(图4)。

图4　气浮、浮选除油复验实验水样

如图5所示，原样静置60min外观未见任何

变化；原样曝气 30min 变得相对澄清，再静置 30min 外观未见变化；原样加 PAC 曝气 30min 后变得相对浑浊，再静置 30min 后絮体沉降，上部清液变得较为清透；原样加 PAC+PAM 曝气 30min 后变得相对浑浊，再静置 30min 后，底部沉降絮体占比大，但有部分絮体上浮到了顶部，且中间有絮体动态悬浮。

图 5　气浮、浮选除油复验实验结果

对上述处理后水样取中部进行含油测试，结果分别为 83.5mg/L、55.1mg/L、9.2mg/L、14.7mg/L。原水样重力沉降是由 96.0mg/L 下降至 83.5mg/L，单独曝气水样下降至 55.1mg/L，加 PAC 曝气水样下降至 9.15mg/L，加 PAC+PAM 曝气水样中部水体也较为清澈，含油为 14.7mg/L，但跟加 PAC 曝气处理水样相比，其形成絮体不稳定，沉降效果相对加 PAC 曝气水样较差。

通过实验分析可知，通过加入浮选剂气浮，使不稳定组分与絮凝剂持续碰撞；然后经过静置沉降，将不稳定组分最终变成稳态絮体。

2　含油污水新型絮凝药剂复合实验

针对加 PAC 曝气浮选后的水样含油仍在 10mg/L 左右的问题，以铝盐、铁盐等为原料，采取复合制备方法，复配出絮体颗粒大、沉淀时间短、水质澄清效果好的含油废水新型絮凝复合药剂，代替 PAC 开展浮选除油实验。实验分析了加新型絮凝复合药剂曝气浮选的最佳水质反应条件及加药量(表 3、表 4)，结果表明：当水质 pH 值控制在 6.0~8.0、新型絮凝复合药剂投加量在 1000ppm，水中含油可控制在 3mg/L 左右。

表 3　新型絮凝药剂不同 pH 值的处理效果

序号	pH 值	新型絮凝药剂/ppm	含油/(mg/L)
1	—	0	90.9
2	5.0	500	35.90
3	6.0	500	3.61
4	7.0	500	3.48
5	8.0	500	3.46
6	9.0	500	9.46

表 3　新型絮凝药剂不同加药量的处理效果

序号	pH 值	新型絮凝药剂/ppm	含油/(mg/L)
1	—	0	90.9
2	7.0	250	18.01
3	7.0	500	3.75
4	7.0	1000	2.33
5	7.0	1500	2.25
6	7.0	2000	2.59

3　新工艺的应用应用评价

针对普光陆相气井试采初期产出水油水乳化严重、处理后出水含油高问题，通过开展破乳药剂筛选、油水重力分离、气浮浮选等实验，集成了“破乳+重力分离+浮选”多段除油处理工艺，并在普陆页 1 井组产出含油废水上进行应用，普陆页 1 试验井组产出含油废水经处理后，出水含油小于 3.0mg/L，优于普光气田回注水含油≤5.0 mg/L 的控制要求。

4　结论

(1) 在普陆气井高含油乳化废水破乳处理中，破乳剂效果较为理想的为 4#破乳剂，最佳加药浓度为 1000ppm，可得到较好的油水分离效果，破乳后废水含油控制在 150mg/L 内；破乳后废水进一步进行重力分离，油水分离效果可达 50%以上；最后通过浮选方法，可将水中的含油控制在 3.0mg/L 左右。

(2) 基于破乳药剂筛选、油水重力分离、气浮浮选等实验结果，集成了“破乳+重力+浮选”多段除油处理工艺，实现对高含油产出水的源头破乳控制、中段重力分离控减、末端浮选除油治理，并在普陆页 1 井组产出含油废水上进行了成功应用，处理后出水含油优于 5mg/L 的回注标准要求。

参 考 文 献

[1] 蔺嘉昊，等．气田采出水处理关键技术研究[J]．石油化工应用，2024，43(2)：26-28.

[2] 王帅，等．油水乳状液破乳技术研究进展[J]．当代化工，2017，46(1)：54-58.

[3] 王建明等．油水乳液破乳研究进展[J]．石油化工腐蚀与防护 2007，24(5)：64-67.

[4] 李丽．华北油田别古庄采油作业区采出液破乳剂筛选与评价[J]．油气田地面工程，2015，34(11)：14-15.

[5] 李永清．长庆油田采出水除油工艺技术研究[D]，2010.

[6] 王勇．孤东油田油水综合处理试验[J]．油气田地面工程，2014，(10)：34-35.

[7] 仝晓叶．气浮选技术在水处理工艺中的应用[J]．油气田地面工程，2014，(8)：48-51.

[8] 吴琦．气浮选含油污水处理技术[J]．油气田地面工程，2010，29 (3)：28-33.

[9] 熊泽云，等．絮凝剂在炼油污水处理中的筛选及工业应用[J]．广东化工，2007，34(4)：58-60.

[10] 谢晋巧，等．复配絮凝剂的筛选及其在炼油污水处理中的应用[J]．石油炼制与化工，2002，33(5)：35-37.

X 油田 CO_2 试验区套损原因及预防措施研究

刘　慧　周洪亮　李　月　高　占　高俊辉

（大庆榆树林油田开发有限责任公司）

摘　要　X 油田自开展 CO_2 试验以来，已发现套损井 28 口，其中 93%以上为注气井。注气井套损，易引发油气窜入地表，存在安全环保隐患，且影响井网完整性及开发效果。注气井大修施工费用高，单井达 200 万元。因此，开展了套损原因及预防措施研究。通过无损探伤、SEM+EDS、腐蚀产物 XRD 分析等方法，明确了套损的主要原因为 H_2S 腐蚀。通过建立注气井井筒内压力、温度分布模型，确定了 H_2S 腐蚀的基本条件。根据套损原因及规律研究结果，形成了套损风险评价模板，制定了套损预防措施，从现场应用效果来看，套损井比例由初期的 53.6%降到了 4.5%，大大延长了注气井使用寿命，为后续 X 油田 CO_2 试验的顺利开展提供了重要的技术保障。

关键词　套损；H_2S 腐蚀；套损风险评价模板

1　前言

X 油田属于特低渗透油田，致密油储量占比大，开发过程中，常常出现采油速度低、注水受效差的开发难题。2007 年 X 油田开始探索 CO_2 先导试验，并于 2014 年开展工业化推广试验。注气井投注后即发现多口井套损问题，尤其是套损井数占区块投注井数的比例最高达 53.6%，部分套损注气井大修后无法满足注气条件，采取转抽或报废处理，影响了井网完整性及开发效果。为避免此类问题的再次发生，积极开展套损原因及预防措施研究，形成有针对性的预防方案，延长注气井的使用寿命，保证 CO_2 试验高效益、可持续开展。

2　套损原因分析

2.1　外观形态

从外观来看，套损井油套管本体出现多次断裂，断口无缩径，为脆性断裂(图 1)。

图 1　套损井油套管外观形态

2.2　室内实验

通过对套损井油套管样品的抗拉强度、屈服强度、断后伸长率、磷、硫含量进行了检测，可以看出新油管各项指标全部合格；起出的断管出现不合格现象，说明入井后油管受到了腐蚀或外力的作用(表 1)。

表 1　A 井起出断油管样品物化检测情况

检验项目	技术要求	检验结果	结论
抗拉强度 Rm/MPa	≥689	425	不合格
		726	合格
屈服强度 Rt0.5/MPa	552~758	331	不合格
		654	合格
断后伸长率 A50.8/%	≥14	2.5	不合格
		25.5	合格
P	≤0.030	0.013	合格
S	≤0.030	0.005	合格

通过套损井油套管样品进行无损探伤、SEM+EDS、腐蚀产物 XRD 分析，断口处检测处 S 元素，断裂裂纹沿环向、呈阶梯状、无颈缩，裂纹扩展呈树枝状发展，符合 H_2S 应力腐蚀开裂特征。其中油管裂纹自外表面向内部进行，套管裂纹自内表面向外部进行(图 2)。经检测，气源中 H_2S 浓度约为 50mg/m^3，折算井口至井底 H_2S 分压范围在 0.00066~0.0014MPa，满足产生硫化物应力开裂的条件，试验区套损应为 H_2S 腐蚀导致。

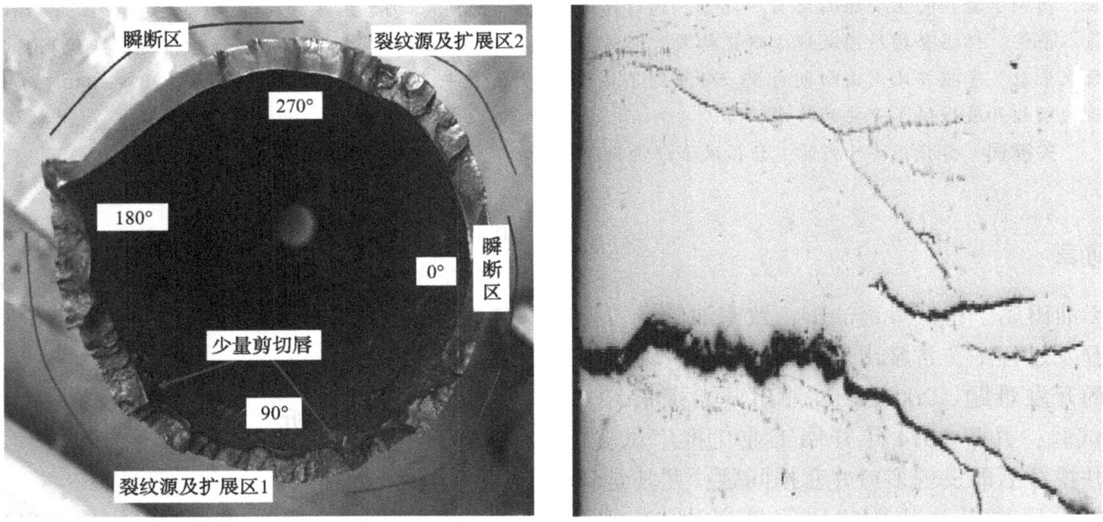

图 2　套损井油套管裂缝呈树枝状、油管自外表面起裂

3　H_2S 腐蚀规律

从现场注气井生产情况来看，套损井基本都存在停注过程，这应与关井后井筒内气、水上返情况有关。因此根据实际情况，建立气液两相渗流方程及井筒内的流动模型。从先注水后注气和先注气后注水两个角度分析。

3.1　先注水后注气在注气阶段停注井

先注水后注气情况下停井后，井筒内会留存大量 CO_2 气体，由于压力的变化，水体系还需要一定的时间才能从地层流入井筒。关井后井底压力变化依次分为压力稳定、压力下降和井筒储集阶段。从压力下降阶段开始，水气从油层返出进入油管，上返时间与注气量多少有关，累计注气 200m^3 时，水气在 10h 以内即可进入井筒。累计注气 5000m^3 时，则需 70h 方可进入井筒。水气逐步上升与气相中硫化氢混合形成湿硫化氢环境，硫化氢分压达到 0.00035MPa 时，便产生氢脆。油管内水气通过腐蚀产生的裂缝及工具丝扣位置进入到油套环空，与环空中缓蚀剂混合，在环空内硫化氢浓度达到 20mg/L 时，便可对油管外壁和套管内壁形成应力腐蚀。

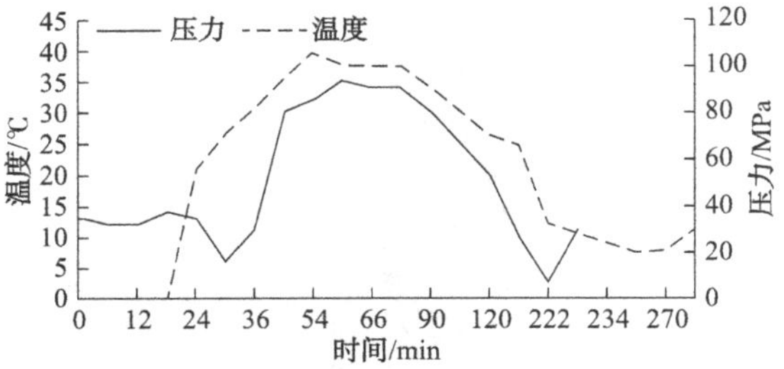

图 3　套损井先注水后注气情况下关井后井底流压变化曲线

3.2　先注气后注水在注水阶段停注井

正常注水时管柱充满水，且水对丝扣具有密封作用，从油层进入油管内的气体有限，因此发生硫化氢应力腐蚀的几率较低，主要发生二氧化碳、硫化氢的酸性腐蚀，同时水中的氯离子加速腐蚀过程，进而造成的油套管穿孔套漏。先注气后注水情况下停井后过程中，应主要考虑气体扩

散上返过程。需采用相应的质量守恒定律和扩散定律。在考虑二氧化碳气体扩散问题时，需用到相应的扩散定律和质量守恒定律。扩散物质在 dt 时段内沿法线 $\bar{n}$ 的方向流过 dS 面积曲面的质量 dm 为：

$$dm = -D(x, y, z) \cdot \frac{\partial C}{\partial n} \cdot dS \cdot dt \quad (1)$$

式中，dt 为扩散时间，h；dS 为曲面面积，m^2；dm 为扩散物质在时段 dt 内沿法线方向 $\bar{n}$ 流过面积为 dS 的曲面的质量，kg；$D(x, y, z)$ 为扩散系数。假设有一封闭曲面，从 t_1 时刻到 t_2 时刻进入此闭曲面 Γ 的物质质量：

$$m = \int_{t_1}^{t_2}\left\{\oiint_{\Gamma} D(x, y, z)\frac{\partial C}{\partial n}dS\right\} \cdot dt \quad (2)$$

式中，m 为从时刻 t_1 到时刻 (t_2) 进入此闭曲面的物质质量，kg。

若扩散系数 $D(x, y, z)$ 为不变常数，假定质量守恒，扩散方程为：

$$\frac{\partial C}{\partial t} = D\left(\frac{\partial^2 C}{\partial x^2}+\frac{\partial^2 C}{\partial y^2}+\frac{\partial^2 C}{\partial z^2}\right) \quad (3)$$

停注关井之后，地层内二氧化碳将会向井筒内扩散，最长 60h 内即可进入井筒。进入井筒内的二氧化碳在重力、井筒内温度和压力的作用下，上返形成湿硫化氢环境，满足条件后即可形成 H_2S 腐蚀。

3.3 现场情况

统计注气井生产情况(表 2)，可以看出，投注后持续注入的注气井发生套损风险很低。先注水后注气停井 39 口井中，已套损 15 口，另有类似注入特点的 15 口井未发生套损，但套损风险概率较高。先注气后注水停井 8 口井，已套损 1 口。与 H_2S 腐蚀规律基本相符。

表 2 试验区套损井生产情况统计表

区块	发生过停注/(井次)						连续注入未停井/(井次)
	先注水后注气停注			先注气后注水停注			
	后注气<200 方停井		后注气≥200 方停井	后注水<100 方停井		后注水≥100 方停井	
	套损	未套损	未套损	套损	未套损	未套损	
M1		1	1	1	3		4
M2	1	4	1		1		5
M3	12	1	1				9
N	2	9	6			3	14
合计	15	15	9	1	4	3	32

4 套损预防措施

4.1 套损风险评价模板

X 油田综合考虑注入井套损历史、停注类型及停注时长、环空缓蚀剂类型、注入压力状况五项指标，制定套损风险评价模板，预测套损风险等级(表 3)。

表 3 套损风险评价模板

分值情况说明			权重
是否发生过套损	因硫化氢套损	10	3.5
	其他原因套损	6	
	未套损	4	
井筒中水环境条件	后注气量小于 200 方	10	2.5
	后注气量高于等于 200 方	8	
	后注水量低于 100 方	6	
	后注水量大于等于 100 方	4	
	无水环境	0	

续表

分值情况说明			权重
环空保护液属性	水基	10	1.5
	油基	4	
停注时间	大于 300 天	10	1.5
	大于 100 天，小于等于 300 天	8	
	大于 50 天，小于等于 100 天	6	
	小于等于 50 天	4	
注入压力状况	油压高注不进	10	1
	压力正常	4	

根据套损风险评价模板，对试验区内注气井进行套损风险分级，其中高危井 13 口，中风险井 23 口，低风险井 31 口。已发现套损井排在高危井及中风险行列中，其中高位井覆盖率达 95%以上，证明风险评分方法合理可行(表 4)。

表 4　试验区套损风险分类统计表

风险等级	M1 区块	M2 区块	M3 区块	N 区块	小计/口
高危井(得分≥70)	0	2	2	9	13
中风险井(45<得分<70)	6	5	1	11	23
低风险井(得分≤45)	4	5	9	13	31
合计	10	12	12	33	67

4.2　套损预防措施

为避免硫化氢对油套管造成腐蚀，目前气源已进行了脱硫处理。根据已注入的硫化氢主要封存在油层、少量存在于油套环空的现状，为达到预防套损的目的，针对已开发区块和待开发区块两种情况制定套损预防措施。

针对已开发区块，要加强日常管理，减少停井次数、缩短停井时间，应保证连续注气或注水，避免管柱发生应力集中，同时避免油层向井筒内返吐硫化氢。气源增加脱硫装置，从源头上控制，现场试验向油层中注入除硫段塞降低地层及井筒内 H_2S 浓度。

针对待开发区块及已开发区块作业井，将井下 800 米以上易发生应力腐蚀段的油管，更换为耐腐蚀管材，优选油基环空保护液，避免形成应力腐蚀环境。强化完井方案，可采用表层套管、技术套管、油层套管完井，可进行套管内压力检测，且发生套损后，可采用技术套管四通进行控制，便于套漏后应急抢险。

通过对现场应用效果进行分析，套损井比例由初期的 53.6%降到了 4.5%，大大延长了注气井使用寿命，降低了注气井维护作业成本，为 CCUS 试验高效推进起到了重要支撑作用。

5　结论

(1) 通过对套损油套管进行取样化验分析，明确了套损原因是 H_2S 腐蚀。

(2) 通过分析注入井注入及停注时各介质的不同分布状态，明确了试验区发生硫化氢腐蚀套损的规律。

(3) 结合单井生产历史及井筒基础状况，通过建立注气井井筒内压力、温度分布模型，确定了 H_2S 腐蚀的基本条件。根据套损原因及规律研究结果，形成了套损风险评价模板，对注气驱所有注入井的套损风险等级进行了量化。

(4) 针对已开发及待开发区块不同情况，分别制定了注入井预防套损方案。通过对现场应用效果进行分析，套损井比例由初期的 53.6%降到了 4.5%，预防效果较明显。

参　考　文　献

[1] 何增燕，吴丽华，雷利婧，等. 套损井研究及修复[J]. 特种油气藏，2004，11(4)：70-73.

[2] 龙文第. 油水井套损产生的原因与对策浅析[J]. 中国石油和化工标准与质量，2013，17：50.

[3] 王朋飞，李春富，王斌．CO_2 对套管钢好 H_2S 腐蚀行为影响的研究[J]．西南石油大学学报(自然科学版)，2007，29(S2)：139-142+181.
[4] 崔爱国．加强套管损坏机理研究促进老区块的持续稳定发展[J]．石油工业技术监督，2007，23(4)：10-14.
[5] 裴桂红，纪佑军．油水井套损的地质原因分析[J]．武汉工业学院学报，2009，28(3)：102-105.
[6] 李子丰，杨敏嘉，李邦达．油井套管损坏的机理分析[J]．石油钻采工艺，1985，7(4)：47-53.
[7] 姜守华．油井套损机理综述[J]．国外油田工程，2001，17(12)：19-23.
[8] 刘少鹏，吕法阳，吕强，等．海上某油田硫化氢成因及治理研究[J]．石油化工高等学校学报，2021，34(5)：85-90.
[9] 杨平阁，陈莹，欧阳涛，等．油井套管补贴大修技术[J]．特种油气藏，2002，9(3)：52-54+91.
[10] 贺亚维，宋显民．套损井治理技术方案研究及矿场应用[J]．西安科技大学学报，2013，33(3)：372-378.
[11] 刘政伟．海上油田硫化氢危害及处理防范[J]．化工管理，2020，(29)：98-99.

三元复合驱注入井暂堵转向解堵技术研究与应用

刘纪琼[1,2]　赵昌明[1,2]　王　飞[1,2]　王　锐[1,2]　张　璐[1,2]

(1. 大庆油田有限责任公司采油工艺研究院；2. 黑龙江省油气藏增产增注重点实验室)

摘　要　三元复合驱在大幅度提高采收率同时，注入端也逐渐出现注入压力升高、完不成配注等问题，现场通过压裂改造后注入能力虽然有了大幅度提高，但随着三元体系的持续注入裂缝导流能力逐渐失效，现有的重复压裂及大规模化学解堵经济适应性差。本技术通过研发低成本解堵剂体系，使用浓度由10%降低至1%，配套可降解型纤维裂缝暂堵剂，将高导流通道暂时性封堵，提高解堵剂在缝内的解堵波及范围，室内低渗透岩心渗透率恢复率由33%提高到86%，现场试验井日增注31m^3，实现了化学驱注入井压后裂缝导流能力的高效恢复。

关键词　三元复合驱；注入井；暂堵转向；堵塞物胶团；氧化降解

随着三元复合驱技术的大面积推广，注入井因堵塞导致注不进问题愈发突出，现有的压裂改造手段虽然能大幅度恢复储层注入能力，但随着后续三元体系的注入，裂缝导流能力逐渐下降，常规化学解堵剂使用浓度10%~20%，成本较高，且施工过程中高导流通道内药剂流失量较大，无法保证裂缝的高效波及，解堵效果较差。

针对这一问题，设计研发了低成本解堵剂配方，药剂成本大幅度下降，同时筛选了一种可降解型纤维暂堵剂，利用纤维在大孔道中的吸附、缠绕作用，实现高导流通道的暂时性封堵，提高解堵剂进入低渗孔隙能力，扩大解堵波及范围，随着流体在储层温度的升高及后续酸液的作用，纤维逐渐降解随流体慢慢采出，进而解堵暂堵，恢复导流能力。

1　实验部分

1.1　材料与仪器

实验材料：CYY-1降解剂、辅助剂a、辅助剂b、JY分散剂、60%乙酸、可降解暂堵纤维(长度4mm，直径15μm)、盐酸(工业级31%)、氟化铵(优级97%)、YSF-1复合添加剂、柠檬酸、酸化用缓蚀剂、1900万分子量聚合物、N80钢片、某采油厂储层岩心(渗透率156.4×10^{-3}μm^2,孔隙度20.4%)、人造岩心[渗透率(100~200)×10^{-3} μm^{2}和(3000~4000)×10^{-3} μm^2]，三元驱注入井堵塞返排物。

实验仪器：高温高压驱替实验装置、FD15型烘箱、HW-B20型恒温水浴锅、电子天平、量筒、烧杯等。

1.2　实验步骤

1.2.1　解堵剂配制与性能评价

(1)解堵剂配制

称取一定量CYY-1降解剂置于烧杯中，配制成质量浓度为1%的溶液，向溶液中加入1.4%辅助剂a和0.8%辅助剂b。

(2)降解性能评价

将熟化好的5000mg/L聚合物溶液和现场返排物溶液分别与解堵剂按体积比10:1进行混合，密闭置于45℃恒温水浴中降解，每隔一段时间后记录溶液黏度，具体情况见表1。

表1　加入解堵剂后聚合物和返排物溶液不同时间的黏度

降解剂	堵塞物	浓度/%	不同降解时间体系黏度/(mPa·s)					
			初始	2h	4h	8h	16h	24h
CYY-1+1.4%a+0.8% b	5000mg/L聚合物	1	4878	8.5	2.7	1.4	1.4	1.3
	现场返排物		3000	7.6	3.1	2.2	1.5	1.4

续表

降解剂	堵塞物	浓度/%	不同降解时间体系黏度/(mPa·s)					
			初始	2h	4h	8h	16h	24h
现场用解堵剂	5000mg/L 聚合物	10	4878	12.2	2.8	1.8	1.4	1.2
	现场返排物		3000	10.3	2.1	1.6	1.3	1.3

从表中可以看出加入 CYY-1+1.4%a+0.8%b 解堵剂体系后聚合物溶液及现场堵塞返排物 4h 的黏度均降到 5mPa·s 以下，满足现场降解需求，且降解过程无气体产生，溶液稳定性较好，相比现场在用解堵剂体系使用浓度更低，经济适应性更强。

（3）腐蚀性能评价

依据石油天然气行业标准 SY/T 5405—2019《酸化用缓蚀剂性能试验方法及评价指标》，测定 45℃条件下解堵剂对 N80 钢片的腐蚀速率，腐蚀数据见表 2。

表 2 降解剂腐蚀性能测定

降解剂	浓度/%	pH 值	时间/h	平均腐蚀速率/($g/m^2 \cdot h$)	钢片状态
CYY-1+1.4%a+0.8% b	1	11~12	4	0.0028	光亮
CYY-1	1	1~2	4	19.4754	乌黑
现场用解堵剂	10	6~7	4	0.8451	稍暗

从表 2 中可以看出，单一的 CYY-1 溶液体系呈强酸性，45℃条件下 4h 对 N80 钢片腐蚀速率达 19.4754$g/m^2 \cdot h$，添加辅助剂 a 和 b 后溶液体系呈碱性，可有效降低解堵剂对管柱的腐蚀，且两种辅助药剂用量低，价格便宜，适用于现场规模施工。

1.2.2 复合酸溶蚀性能评价

（1）复合酸溶液配制

前置酸采用 10%乙酸+2%盐酸+0.5 酸化用缓蚀剂，主酸采用 10%盐酸+3%乙酸+0.5 酸化用缓蚀剂+3%氟化铵+1%复合添加剂。

（2）溶蚀、破碎及溶垢性能评价

为了防止三元垢质溶解后游离出的钙、镁、铁等离子与主酸中的氟酸接触后产生二次沉淀，采用前置酸进行垢质预处理。此外，取某采油厂储层岩心，制成 0.9~1.6mm 岩屑，按照固液比 1∶10 与主酸进行混合，评价主酸的溶蚀性和破碎性，依据石油天然气行业标准 SY/T 5405—2019《酸化用缓蚀剂性能试验方法及评价指标》，测定 45℃条件下前置酸和主酸对 N80 钢片的腐蚀速率，具体数据见下表 3。

表 3 复合酸溶蚀及破碎性能评价

名称	溶蚀率/%	破碎率/%	溶垢率/%	表面张力/(mN/m)	平均腐蚀速率/($g/m^2 \cdot h$)
前置酸	1.7	0.02	83.6	24.3	0.6254
主酸	16.3	2.60	88.7	26.9	0.8721

从表 3 中可以看出，前置酸溶蚀率较低，溶垢率较高，表明前置酸主要用于三元堵塞物中垢质处理；主酸溶蚀率 16.3%，破碎率 2.6%，表明主酸主要用于溶蚀改造储层，二者腐蚀速率均小于 1$g/m^2 \cdot h$，满足现场使用要求。

1.2.3 暂堵转向剂性能评价

（1）暂堵转向剂配制

常温下配置 0.5%分散剂溶液，按 0.15%的质量浓度将可降解暂堵纤维与分散剂溶液均匀混合，保证 24h 内暂堵纤维沉降率小于 5%。

（2）岩心渗透率恢复率

利用高温高压驱替实验装置将渗透率分别为 $(100\sim200)\times10^{-3}\mu m^2$ 和 $(3000\sim4000)\times10^{-3}\mu m^2$ 的岩心柱并联，高渗透岩心模拟现场压裂裂缝，低渗透岩心模拟储层基质及微裂缝地带，按照岩心孔隙体积采用一次性驱替和段塞式暂堵驱替解堵两种方式，即一次性注入为按照并联岩心孔隙体积，一次性驱替一定 PV 的解堵剂，段塞式暂堵驱替解堵则为将相同量的解堵剂均匀分两次注入，期间注入一定量暂堵转向剂，记录两种驱替方式下低渗储层岩心解堵后渗透率恢复情况，见表4。

表4　岩心驱替实验

岩心类型	岩心渗透率/μm²				暂堵剂	解堵剂	温度/℃	反应时间/h
	初始	驱聚合物后	驱解堵剂	渗透率恢复率/%	浓度/PV	用量/PV		
一次性解堵	124.7	16.1	51.8	33	/	10	45	24
	3754.9	469.2	2532.6	63				
暂堵转向解堵	132.4	18.3	116.2	86	0.15	10		
	3656.6	452.7	2021.5	49				

从表4可以看出，一次性解堵工艺低渗透岩心解堵后渗透率恢复率33%，通过实施暂堵转向解堵工艺岩心渗透率恢复率达86%，提高53个百分点，表明暂堵转向工艺可有效提高低渗储层岩心渗透率恢复能力。

(3) 降解性能评价

为了保证施工过程中暂堵剂的封堵效果及施工后自动解除暂堵效果，对暂堵剂在降解剂和酸液体系中的降解及配伍性能进行综合评价，见表5。

表5　暂堵剂降解性能及配伍性评价

溶剂	暂堵剂浓度/%	温度/℃	浸泡时间/h	降解率/%	配伍性
降解剂	0.5	45	12	16.8	无絮凝、分散性好
			24	21.7	无絮凝、分散性好
前置酸	0.5	45	12	28.4	无絮凝、分散性好
			24	47.1	无絮凝、分散性好
主酸	0.5	45	12	71.8	无絮凝、分散性好
			24	89.6	无絮凝、分散性好
清水	0.5	45	12	11.6	无絮凝、分散性好
			24	13.5	无絮凝、分散性好

从表5可以看出，45℃条件下暂堵剂在清水中24h降解率为13.5%，在降解剂中降解率为21.7%，表明在注降解剂过程中，暂堵剂能保持较长时间的暂堵性能；前置酸阶段，降解率提高至47.1%，说明酸性溶液对暂堵剂具有一定的溶解性能；主酸阶段降解率达89.6%，说明酸性越强降解越好，避免了暂堵剂对储层长期封堵伤害。

2　现场试验效果

2023年应用上述技术在某采油厂开展1口井暂堵转向解堵施工，措施后初期平均单井日增注量31m³，有效期121d，累计增注2985m³，取得了较好的解堵施工效果(表6)。

表6　三元复合驱注入井解堵增注现场施工效果

井号	措施前			措施后			有效期/d	累计增注/m³
	配注量/m³	压力/MPa	日注量/(m³/d)	配注量/m³	压力/MPa	日注量/(m³/d)		
井1	45	14.15	24	55	13.50	55	121	2985

3　结果与讨论

由降解剂 CYY-1+1.4%a+0.8% b 和复合酸（前置酸+主酸）组合成的复合解堵剂体系对堵塞物的降黏率达 99% 以上，配合暂堵转向技术可使低渗透储层岩心渗透率恢复率由 33% 提升至 65%，现场先导性试验取得了较好的效果，为后续化学驱注入井解堵技术的迭代升级指明了方向。

参　考　文　献

[1] 丁保东，杨祖国，许艳艳，等．塔河油田井筒沥青质堵塞解堵剂的研制[J]．化工进展．2015，34(10)：3814-3818.

[2] 曹广胜，李春成，王婷婷，等．杏南油田注聚井堵塞原因及解堵剂配方研究[J]．石油化工高等学校学报．2016，29(2)：32-36.

[3] 于梦红，徐建华，王远征，李影，刘京，罗成．新型氧化解堵剂特性及其在浅层水平井的应用[J]．精细石油化工进展．2010，11(03)：14-16.

[4] 董卓鑫，艾池，董国富，冯福平，李玉伟．新型多元复合酸化解堵液体系研究[J]．能源化工，2020，41(03)：54-57.

[5] 刘豇瑜，张亚红，张晖，谭艳新，李福远．高强度纤维复合暂堵剂试验研究及现场应用[J]．石化技术，2017，24(08)：101-104+181.

[6] 吴国涛，薛世杰，王永贤，谭建勇，张智勇．复合暂堵剂暂堵技术[J]．油气井测试，油气井测试．2018，27(06)：51-56.

[7] 李理，桑晓彤，陈霞飞．低渗透储层裂缝研究现状及进展[J]．地球物理学进展，2017，32(6)：2472-2484.

[8] 王桂龙．三元注入井高效解堵剂室内评价研究[J]．清洗世界，2019，35(12)：14-15.

水平井精准定测向桥射联作技术

汤　科

（大庆油田有限责任公司试油试采分公司）

摘　要　在定向桥射联作施工中，当射孔枪泵送至井下水平段射孔位置后，利用现有技术手段无法检测射孔弹发射口的朝向。通过研制倾角检测仪和全集成定向射孔装置，集成选发控制芯片和三轴加速度传感器功能于一体，设计控制电路实现分簇射孔的起爆控制，实时测量射孔弹的方向并上传地面选发控制系统；当检测到射孔弹方向不正确时，拖动枪串重新泵送使弹架旋转并重新定向，如果射孔弹方向仍不正确，则起出工具串整改后再施工。该技术使得接头与弹架触点连接无需接线，缩短了施工时间，方向测量角度偏差≤2°。在F196-XP34井现场应用11段，成功率100%。该技术可应用于所有水平井电缆桥射联作定向射孔，尤其适用于套管外避光纤的射孔工艺，具有较大的推广应用价值。

关键词　水平井电缆桥射联作技术；定向射孔；倾角检测仪；三轴加速度传感器；单片机；偏心结构；磁性定方位仪器

水平井电缆桥射联作采用定向射孔可以提高压裂效率和效果。陈锋等认为水平井井眼轨迹在优质页岩内部的垂向可调整范围仅有几米，现有的井眼轨迹控制技术难以保证100%的储层钻遇率，在井眼轨迹偏离目标储层的井段，需要采用定向射孔来诱导压裂裂缝向目的层位延伸。另外，部分特殊井也使用定向射孔来防止对井下完井设备的损害，例如在射孔方向避开井内套管外壁置入的光纤等特殊要求的井。刘平等提出了一种适应于定向井的新型避光纤射孔技术，通过磁性定方位仪器（Magnetic Orientation Tool，MOT）测井提供光缆固定器的重力高边方位角，设计安全射流方位，并根据陀螺测井仪提供的支撑定位体限定的重力高边方位角，调整零相位单翼射孔枪射流方位，实现避光纤射孔。

定向射孔施工中，必须要保障射孔弹射孔方向满足设计要求。在直井定向射孔施工中，陈一健等认为通过定向键槽将方位仪与射孔枪连在一起，在仪器中水平安装的重力加速度传感器检测仪器的倾斜度，将信号经电压-频率转换后，以脉冲形式传输到地面，经过计算机系统处理后，实时得到射孔枪的相对方位。若枪弹方位未对准射孔设计所要求的方位，则通过旋转油管来调整。而在水平井桥射联作施工中，目前只能在地面检测射孔弹方向，当射孔枪进入井下水平段后，无法检测射孔弹当前发射口的朝向。射孔方向如果错误将导致压裂效果受影响；或者某些套管外布设光纤的井在进行射孔施工时，存在将光纤射断的风险。因此，研制了倾角检测仪，集成选发控制芯片和三轴加速度传感器，在实现定向分簇射孔起爆控制的同时，实时测量射孔弹的方向并上传至地面选发控制系统，当检测到射孔弹方向不正确时，通过相应处理将射孔弹方向调节至设计方向，确保射孔方向精确。

1　工艺原理

将倾角检测仪安装在具有自定向功能的弹架尾部接线仓内，水平放置以便于准确测量射孔方向，系统原理如图1所示。将射孔器、桥塞坐封工具及桥塞组装好后，在地面检测射孔弹方向是否满足施工要求，如果不满足要求查明原因，如果是弹架加工问题则更换弹架后重新装弹；如果是导爆索、点火线缠绕过高而挤压在弹架和枪管内壁之间导致弹架无法旋转，则重新组装弹架，确保定向准确。采用电缆输送的方式将工具串下至井斜45°的造斜段，进行校深操作。地面泵车推送工具串到预定位置后停泵。上提工具串，并跟踪测量工具串深度，至桥塞深度后，地面控制仪器点火坐封桥塞。继续上提工具串至第1簇射孔位置，通过方向测量程序检测射孔弹方向，如果射孔弹方向满足施工要求则通电引爆第一簇射孔枪，再上提至第2簇射孔位置，检测方向后点火。重复上述步骤，直至完成所有层位射孔后，起出工具串。如果射孔弹方向不满足施工要求则采取如下处理方法：先上提一段距离后，再重新将管串泵送至射孔井段，校深对准层位后，再检测射孔弹方向，如果射孔弹方向仍不正确，则起出工具串，按照地面检测流程整改后再进行施工，工具串结构如图 2 所示。

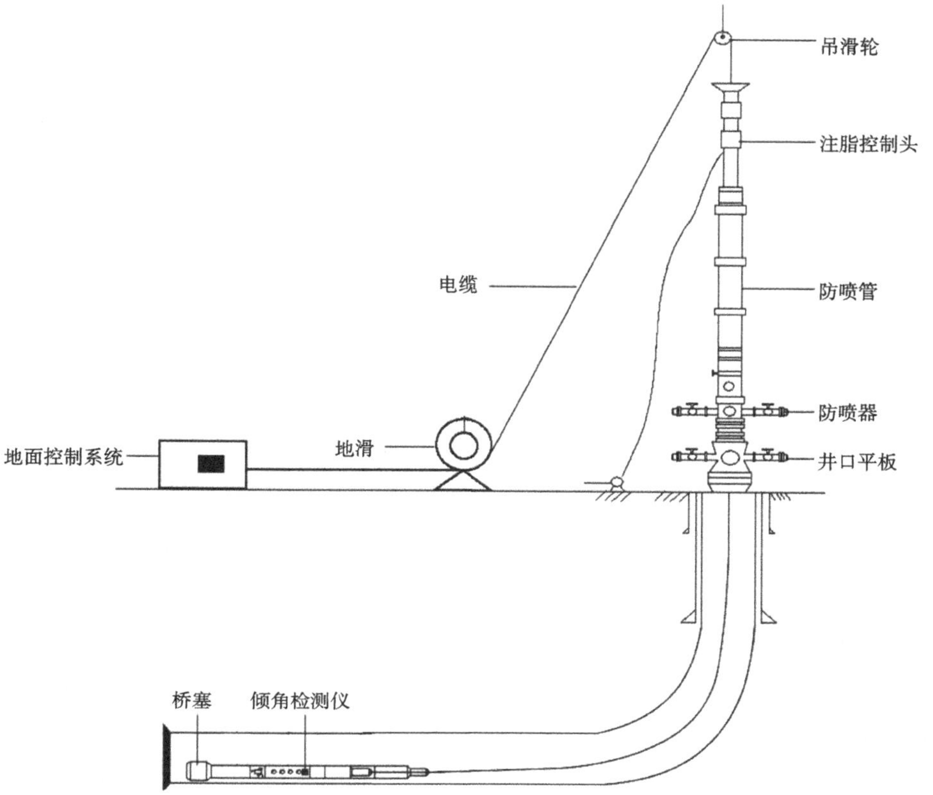

图 1　基于倾角检测仪的水平井定向桥射联作系统原理图

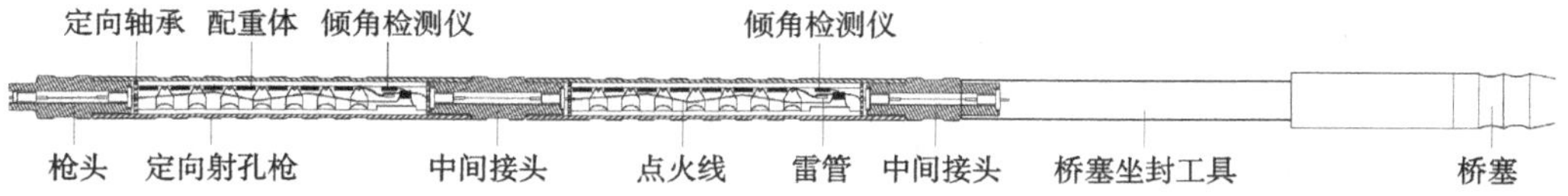

图 2　工具串管柱结构示意图

2　关键技术

为确保射孔弹在水平段精准定向，需要研制能够在线实时检测射孔器方位的倾角检测仪；还需制作高准确度的定向射孔装置，设计应用偏心弹架、大体积配重片和集成化的连接结构。

2.1　倾角检测仪

倾角检测仪集成了选发控制芯片和三轴加速度传感器，可以与地面选发控制仪通讯，在实现定向分簇射孔起爆控制的同时，实时测量射孔弹的方向并上传。

倾角检测仪包括定位板、壳体及电路组件。其电路控制原理是：微控制单元通过电路控制电源管理、指令通信、倾角检测、雷管检测电路和雷管引爆等功能模块。通信电路通过单芯电缆与地面系统通信，将井下模块倾角实时反馈到地面系统；下级通讯开关电路基于单片机处理电路指令，接通或断开与下级选发模块的通讯；雷管检测电路用于检测雷管与选发模块的连接情况。雷管引爆电路与大电阻雷管相连，雷管引爆电路基于单片机处理电路指令输出大电流，引爆大电阻雷管。其工作原理如图 3 所示。

三轴加速度传感器固定在弹架水平位置，芯片的 X、Y 方向重力分量为 0，而 Z 轴方向重力分量为 1g，如图 4 所示。同时，三轴加速度传感器芯片的 Y 轴方向，与弹架轴线平行。

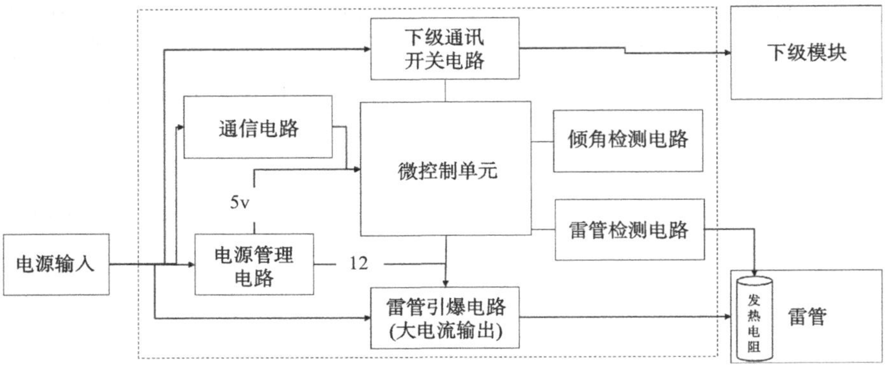

图 3　倾角检测仪工作原理框图

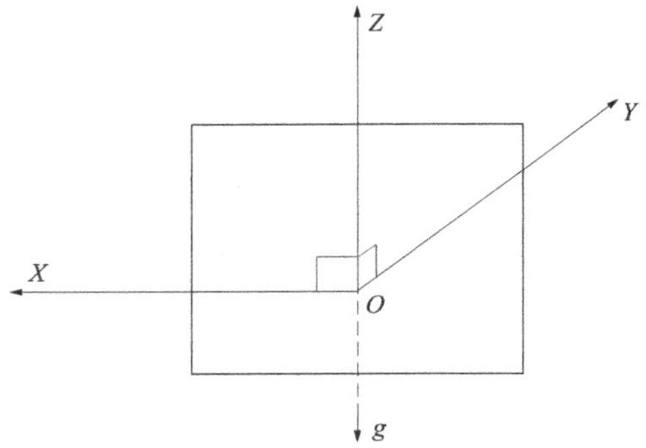

图 4　芯片水平静置重力分量

如图 5 所示，在重力作用下，弹架上射孔弹的方向已经固定，将三轴加速度传感器安装在弹架水平位置，只需要检测传感器与重力线(或者水平线)的夹角即可得出射孔弹的偏转角度。水平放置时，芯片的 X、Y 方向重力分量为 $0g$，而 Z 轴方向重力分量为 $1g$。传感器在 X 轴方向的加速度大小为 a_x，与水平线的夹角为 θ_1，与重力加速度的夹角为 θ。同理，把 Y 轴方向的加速度叫做 a_y，与水平线的夹角为 β_1，与重力加速度的夹角为 β；Z 轴方向的加速度为 a_z，与水平线的夹角 γ_1，与重力加速度的夹角为 γ。

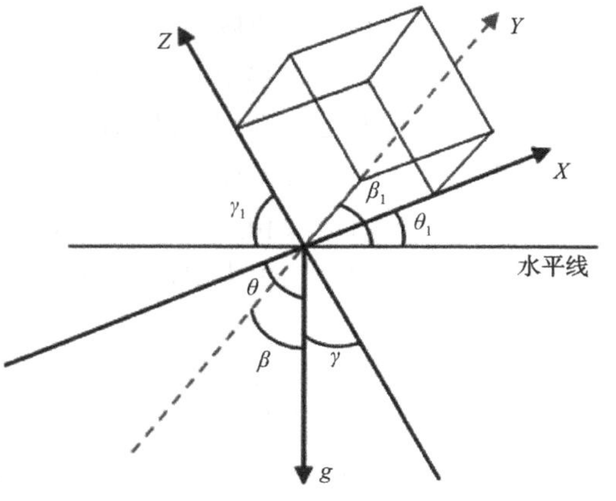

图 5　芯片倾斜各边夹角

根据图 5 中的夹角定义，它们之间的关系可以用式(1)、式(2)、式(3)来表示。通过计算得到的各轴与重力方向的角度值，即可求出与水平线的夹角值。如前所述，三轴加速度传感器与射孔弹都固定在定向弹架上，且三轴加速度传感器的 X 轴与射孔弹轴线平行。当射孔枪进入水平段后，弹架状态由竖直变为倾斜，此时由于配重体重力分量的作用将带动弹架及三轴加速度传感器产生旋转，三轴加速度传感器的微机电系统(Micro Electro Mechanical System，MEMS)芯片发生转动时，将分别检测 a_x、a_y、a_z 各分量的大小，并由此计算出 X、Y、Z 轴与重力 g 方向之间的夹角，从而得出射孔弹发射口的位置朝向。

$$\theta = 90° - \theta_1 \tag{1}$$

$$\beta = 90° - \beta_1 \tag{2}$$

$$\gamma = 90° - \gamma_1 \tag{3}$$

三轴加速度传感器启动后，将检测到的数据通过选发模块传输给地面控制器，地面控制器根据检测到的射孔弹位置信息确定其发射口朝向射孔方向后，向选发控制芯片发送信号控制射孔弹发射，完成射孔。倾角检测仪方向测量角度偏差≤2°，抗直流电压为 450V/5s，在-30℃～150℃的井内可以连续工作 24h，具备多级选发点火功能，最大级联级数 20 级。

2.2　全集成定向射孔装置

2.2.1　弹架定向结构设计

弹架定向结构采用了偏心结构设计，即弹筒的重心与支撑弹架的轴承组重心在纵向上不重合，产生竖直方向的一个偏心量，使弹架重心靠下。但由于受到弹架在枪体内的间隙的限制，偏心量的大小也受到限制，当依靠偏心量不能保证弹架的可靠定位时可以增加配重块，弹架定向结构设计如图 6 所示。

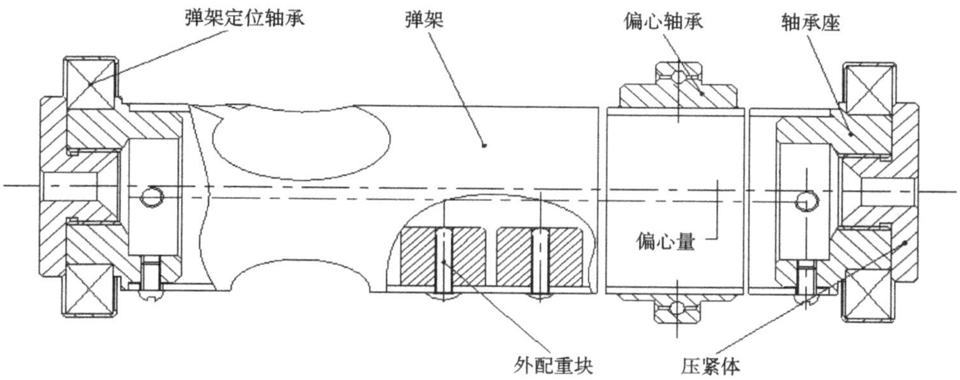

图 6　弹架定向结构设计

为了实现偏心结构，设计了 89 型偏心弹架专用轴承，其结构如图 7 所示。

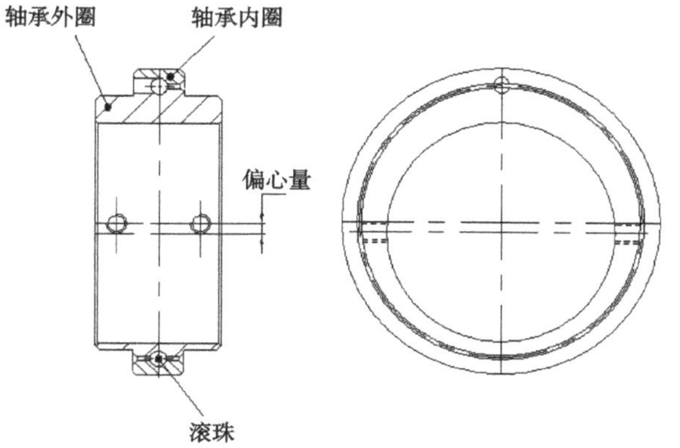

图 7　弹架轴承结构设计

为了实现多相位、大偏转角度的定向射孔，设计了厚度为 4mm 的一体式配重片，与弹架长度一致，整体覆盖在弹架底部，最大程度增加重力定向效果，使弹架处于水平状态。

弹架两端装配有专用的定位盘导电组件，铜触点设计，其结构如图 8 所示，实现快速连枪与信号传输，预留选发模块与电雷管的安装槽。点火线与弹架头部铜触点连接后，沿着配重块边缘布线，以防止与枪管内壁摩擦影响定向效果，也避免了点火线被磨破导致短路无法点火的问题。技术参数：耐温 160℃/48h，耐压 105MPa。

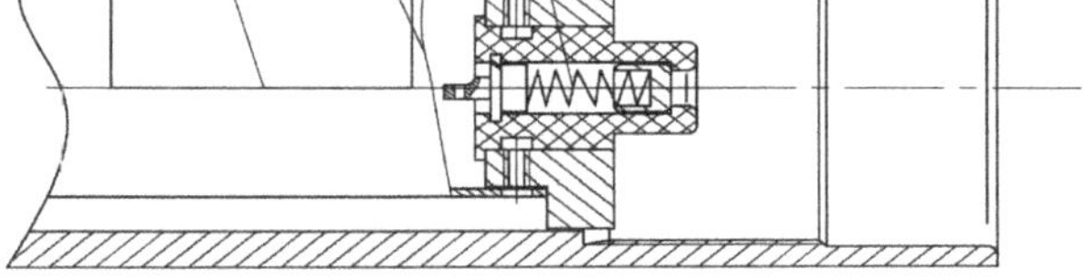

图 8　弹架定位盘

2.2.2　多级选发接头结构设计

枪头主要用于实现输入端连接磁定位仪或者配重器，输出端连接最上级射孔枪，实现管串连接以及信号传输。枪头采用触点结构（图 9），有利于现场快速装配连接枪串。技术参数：外径 89mm，耐温 160℃/48h，耐压 105MPa。

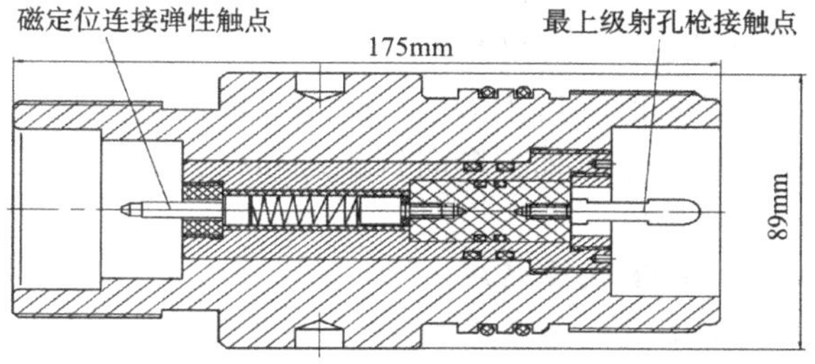

图 9　枪头结构示意图

中间接头主要是实现上、下级射孔枪的连接，中间设计了耐高温、耐高压的密封塞，双向承压。另一方面，中间接头内的导电杆与射孔枪的定位盘导电组件触点接触，实现高效快速的连接。同时中间接头有效地减少了常规分簇射孔中间接头的长度，减少了整体枪串的长度，其结构如图 10 所示。技术参数：外径 89mm，耐温 160℃/48h，耐压 105MPa。

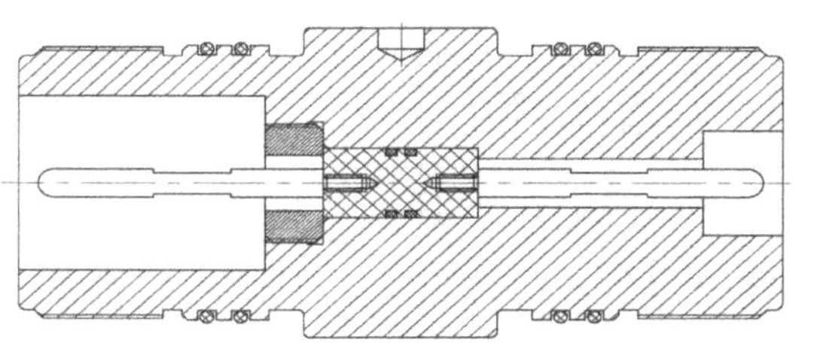

图 10　中间接头触点过电结构示意图

桥塞工具点火器接头主要是实现最下级射孔枪与桥塞坐封工具的连接，可根据点火结构进行适配性设计。接头内的导电杆与射孔枪定位盘、桥塞坐封工具导电组件触点接触，实现高效快速的连接。其结构如图 11 所示。技术参数：外径 89mm，耐温 160℃/48h，耐压 105MPa。

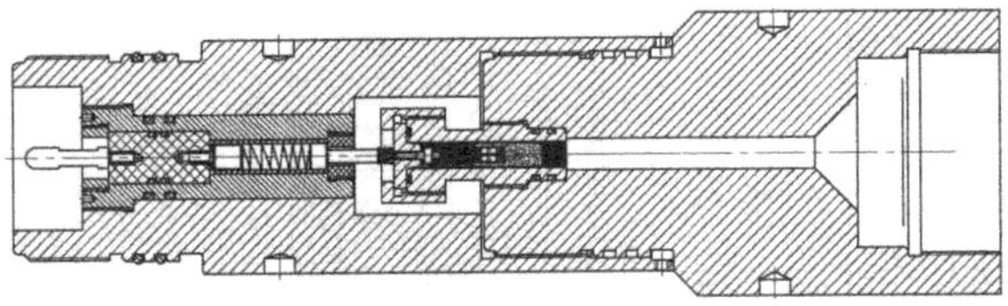

图 11　点火器接头结构示意图

3　应用情况

3.1　基本井况

该技术在 F196-XP34 井进行了应用。该井开发目的层位××段，位于青山口组地层，完钻井深 5214.00m，最大井斜 90.11°，预测本层地层温度 114.06℃/2468.90m(垂深)，预测本层地层压力 31.60MPa/2468.90m(垂深)。射孔枪型为 89 枪，弹型为 EH39RDX30-1，孔密为 16 孔/米，射孔相位角为 60°，角度从顶部向井底看，0 度为 12 点方向，顺时针螺旋布孔，设计下入 2 根并排光缆。

3.2　MOT 测量情况

采用爬行器输送 MOT 实施套管光纤保护器、定位器方位测试，从而确定管外光缆方位。MOT 仪器测量光缆深度范围为 2497.45m（井斜：63.52° ~ 69.57°）到 4552.90m（井斜约为：89.05°）。供电和仪器运行正常满足施工要求，利用 3852.23~3855.23m 的短套进行校深。

该井在 2222.54m 下放，连续测量记录连续声波测量曲线，测量至 4570.00m 遇阻开始对套管上保护器、定位器方位进行点测，每点测试 2 次。仪器共测量了 212 个点位的保护器、定位器的方向数据，其中 106 个主测量点，106 个重复测量点。测井全过程地面系统测试仪器运行正常。测试完成拆除仪器后检测，仪器及配件完好。

在测量井段 2497.45~4552.90m 内，光纤方位主要分布在 0.00° ~ 90.00°，其次分布在 90.00°~180.00°、270.00°~360.00°，剩余分布在 180.00°~270.00°。

3.3　射孔相位设计

依据 MOT 测量结果，确定了每簇射孔枪要避射的角度范围，再计算出每簇射孔枪的相位角，射孔相位设计如表 1 所示。为了保证射孔方向远离光缆，在设计相位时，要求射孔方向与光缆位置相位差≥80.00°，且要求射孔器定向角度偏差≤10.00°。

表 1　射孔相位设计表

套前射孔段/m	孔数/个	MOT 拟合相位/°		避射套管角度/°		相位 1/°	相位 2/°	相位 3/°	相位 4/°
				左	右				
4522.90~4522.15	12	59.00	320.00	140.00	150.00	210.00	270.00	330.00	
4508.20~4507.20	16	67.00	327.00	147.00	150.00	210.00	270.00	330.00	
4492.00~4491.00	16	75.00	334.00	154.00	160.00	220.00	280.00	340.00	
4475.50~4474.50	16	82.00	341.00	161.00	170.00	230.00	290.00	350.00	
4443.30~4442.55	12	94.00	352.00	172.00	220.00	280.00	330.00	-	
4430.80~4430.05	12	98.00	356.00	176.00	220.00	280.00	330.00	-	
4415.70~4414.95	12	103.00	1.00	181.00	230.00	290.00	350.00	-	
4396.00~4395.25	12	109.00	7.00	187.00	230.00	350.00	-	-	
4381.00~4380.25	12	112.00	10.00	190.00	240.00	300.00	-	-	
4367.30~4366.55	12	115.00	14.00	194.00	240.00	300.00	-	-	
4353.10~4352.35	12	118.00	16.00	196.00	240.00	300.00	0.00	-	
4338.00~4337.25	12	121.00	19.00	199.00	240.00	300.00	0.00	-	

续表

套前射孔段/m	孔数/个	MOT 拟合相位/°		避射套管角度/°		相位 1/°	相位 2/°	相位 3/°	相位 4/°
				左	右				
4322.50~4321.50	16	123.00	22.00	202.00	250.00	310.00	10.00		
4306.40~4305.40	16	125.00	24.00	204.00	250.00	310.00	10.00		
4290.80~4289.80	16	126.00	25.00	205.00	250.00	10.00	–		
4260.00~4259.25	12	128.00	28.00	208.00	250.00	310.00	10.00		
4247.60~4246.85	12	129.00	28.00	208.00	250.00	310.00	10.00		
4229.20~4228.45	12	129.00	28.00	208.00	250.00	310.00	10.00		
4213.40~4212.65	12	129.00	28.00	208.00	250.00	310.00	10.00		
4198.00~4197.25	12	129.00	28.00	208.00	250.00	310.00	10.00	–	
4182.00~4181.25	12	128.00	27.00	207.00	250.00	310.00	10.00	–	
4166.80~4166.05	8	127.00	27.00	207.00	250.00	310.00	10.00	–	
4150.30~4149.55	8	126.00	25.00	205.00	250.00	310.00	10.00	–	
4135.50~4134.75	12	125.00	24.00	204.00	250.00	310.00	10.00	–	
4117.80~4117.05	12	123.00	22.00	202.00	250.00	310.00	10.00	–	
4103.40~4102.65	8	122.00	21.00	201.00	250.00	310.00	–	–	
4087.00~4086.25	8	120.00	19.00	199.00	240.00	300.00	–	–	
4070.70~4069.95	12	118.00	17.00	197.00	240.00	300.00	0.00	–	
4054.80~4054.05	12	116.00	14.00	194.00	240.00	300.00	0.00	–	
4039.00~4038.25	8	114.00	12.00	192.00	240.00	300.00	0.00	–	
4023.60~4022.85	8	111.00	10.00	190.00	240.00	300.00	0.00	–	
4005.30~4004.55	12	108.00	7.00	187.00	230.00	290.00	350.00	–	
3993.00~3992.25	12	106.00	4.00	184.00	230.00	290.00	350.00	–	
3977.50~3976.75	12	104.00	2.00	182.00	230.00	290.00	350.00	–	
3963.50~3962.75	12	101.00	359.00	179.00	230.00	290.00	350.00	–	
3941.90~3940.90	16	97.00	355.00	175.00	220.00	280.00	340.00	–	
3927.80~3926.80	12	95.00	353.00	173.00	220.00	–	340.00	–	
3894.70~3893.70	12	89.00	347.00	167.00	220.00	–	340.00	–	

根据射开厚度、相位及孔密加工了定向射孔枪及配件，在加工中为了保证相位准确，使用了数字测角仪来测量每一发射孔弹的角度，如果发现有超差，及时做出调整，确保所有射孔定向精度满足施工要求。

3.4　现场施工

2022 年 9 月 24 日至 10 月 8 日对该井的 9~19 段进行了射孔，成功避射了光纤，下面以其中第 11 段为例进行说明。

3.4.1　地面组装射孔器

① 使用数字测角仪检测弹架相位是否与设计一致。②按照设计组装射孔弹，连接点火贯通线，组装选发开关和雷管。③组装完弹架后，将弹架放入射孔方向检查装置，多次旋转弹架和枪管，检测轴承是否转动灵活，等待 30 秒后，查看射孔弹角度是否正常。④检测正常

后，将弹架装入射孔枪前，核对弹架标号与射孔枪标号，无误后再安装接头，安装完接头旋转枪身，查看轴承是否转动灵活，无误后对接各簇射孔枪。

3.4.2 工具串下井

经过防喷管安装、打平衡压，将工具串下至井斜45°的造斜段，进行校深操作。地面泵车以0.6m^3/min的排量起泵推送工具串，逐步增加排量至2.2m^3/min，将工具串推送到预定位置后停泵。

3.4.3 测量定位点火

上提工具串，测量出标准接箍后，倒计数定位，至桥塞深度后，地面控制仪器点火坐封桥塞。继续上提工具串至第一簇射孔位置，点击选发控制系统“线路连接”，测量第一簇射孔枪射孔弹方向偏差为2.71°，地面仪器测量情况如图12所示。

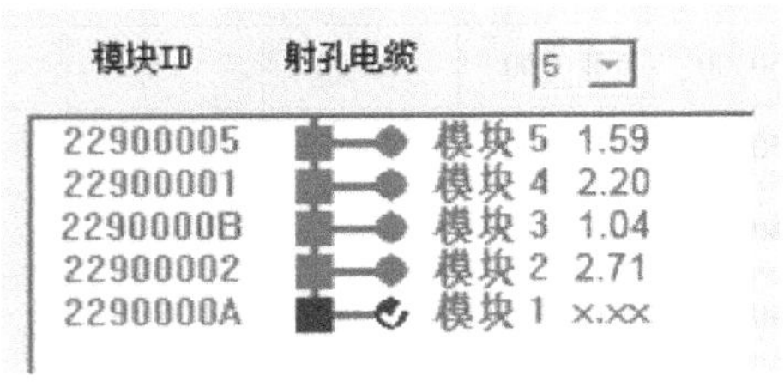

图12 地面仪器测量射孔弹方向偏差情况

第一簇枪设计相位角为240°和300°，而实测射孔角度为242.71°和302.71°，光缆角度为112°，射孔角度与光缆角度分别相差130.71°和169.29°，如图13所示，满足避射范围要求。点击选发控制系统“接通”，通电引爆第一簇射孔枪。

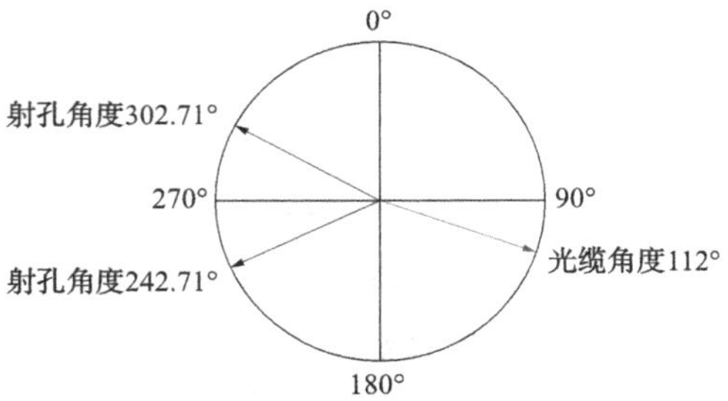

图13 实际射孔方向与光缆位置

重复上述步骤完成了后续三簇射孔枪的定位点火，所测量的射孔枪角度如表2所示。起出工具串，检查射孔发射率100%，本段光纤通讯正常。

表2 射孔弹实测角度

枪序	设计角度/°	实测角度/°	偏差角度/°
第1枪	240.00	242.71	2.71
第2枪	240.00	238.06	-1.94
第3枪	240.00	242.42	2.42
第4枪	240.00	241.40	1.40

4 结论

（1）研制的倾角检测仪，能够实时检测井下射孔弹口的方向，解决了水平井桥射联作定向射孔过程中无法监测射孔角度的行业性难题，避免了射孔方向不满足设计要求的问题发生。该仪器方向测量准确度≤2°，抗直流电压为450V/5s，耐温-30℃～150℃/24h，具备多级选发点火功能，最大级联级数20级；下步深入研究，在倾角测量的基础上实现射孔方向的主动调节，在射孔方向不满足要求的情况下实现可控角度调整。

（2）研发的全集成定向射孔装置实现接头与弹架触点连接无需接线，缩短了施工时间，定向角度符合设计要求。

（3）该技术可应用于所有水平井电缆桥射联作定向射孔，具有较大的推广应用价值，可为大庆油田乃至国内致密油、页岩油的精准开发提供技术支撑。

参 考 文 献

[1]张广清，陈勉．定向射孔水力压裂复杂裂缝形态[J]．石油勘探与开发，2009，36(1)：103-107.

[2] 陈锋，唐凯，任国辉，等．川南地区页岩气分簇射孔技术应用研究及发展思考[J]．测井技术，2020，44(5)：425-431.

[3] 陈华彬，唐凯，陈锋，等．水平井定向分簇射孔技术及其应用[J]．天然气工业，2016，36(7)：33-39.

[4] 刘平，冯滨，张晶宇，等．定向井避光纤射孔技术及其应用[J]．测井技术，2023，47(3)：385-390.

[5] 王成荣，谢璞，芮昀，等．管外光纤方位测井技术在页岩气井中的应用[J]．测井技术，2023，47(3)：371-375.

[6] 陈一健，潘迎德，张开洪．定方位射孔地面系统及其软件开发[J]．测井技术，1999，23(3)：202-206.

[7] 赵春辉．定方位射孔工艺技术研究[D]．北京：中国地质大学(北京)，2009.

[8] 张洪涛，盛利民，邓乐．小井斜重力工具面动态测

量方法研究[J]. 石油机械，2015，43(9)：14-18.
[9] 贺红民，路利军，慕光华，等. 动力旋转定方位射孔工艺技术[J]. 测井技术，2013，37(4)：451-454.
[10] 汤红梅，南迎飞，李元宏，等. 电缆输送两次下井定方位射孔工艺[J]. 测井技术，2013，37(6)：715-719.
[11] 袁吉诚，陈锋. 水平井重力定向射孔方式研究[J]. 测井技术，1999，23(1)：57-61.
[12] 任国辉，唐凯，李妍僖，等. CQ-MCP分段多级分簇射孔工具[J]. 石油科技论坛，2015，34(S1)：15-17.
[13] 俞海，马涛，许君扬，等. 电机驱动避光纤精准定向射孔技术[J]. 石油钻采工艺，2021，43(6)：772-776.

水驱厚油层内控水挖潜综合治理技术现场应用

乔　岩[1,2]　雷　达[1,2]　刘珂君[1,2]　李　萍[1,2]　张世东[1,2]

(1. 大庆油田有限责任公司采油工艺研究院；2. 黑龙江省油气藏增产增注重点实验室)

摘　要　针对老区控水提效难度和成本越来越大，通过先建立调堵剂与目标储层孔隙结构的匹配关系，确定调堵剂筛选评价依据；再设计研发低成本高效调堵剂体系，满足水驱厚油层层内控液挖潜的治理需求；配套形成厚油层复合段塞深调工艺，逐级治理实现低效无效循环的有效控制；最终形成“微观匹配-优化设计-高效调堵”一体化综合治理工艺，现场应用4井次，36个月累计增油14178吨，控液19.2万吨，产量递减控制在3.77个百分点以上，推广应用前景广阔。

关键词　油田老区；水驱；调剖；综合治理；控水挖潜

1　前言

对开发历程周期较长的油田来说，水驱目前仍然是最经济的开发方式。但随着水驱开发程度的不断深入，老油田“平面、层间、层内”三大矛盾日益突出，剩余油更加分散，无效循环更加严重，逐渐步入开发后期的“双特高”阶段，控制含水上升和产量递减的难度越来越大。以本文所述技术实施的某油田为例，其水驱主力油层以多段多韵律沉积的厚油层发育为主，无效循环严重、剩余油高度零散，带来以下技术难点：①强水洗影响储层渗流参数，调堵剂与孔隙结构匹配关系不清晰；②部分区块井距大，井网复杂，须扩大措施半径，治理成本增加；③剩余油与高水洗段呈“五花肉” 状态交错，厚油层内同步控水、挖潜难度大。层内化学调堵技术是现下最具推广应用潜力的治理手段之一，但化学调堵剂成本高(70元/m^3以上)，颗粒类调堵剂变形性差、易剪切破碎，深调距离有限，有效期短；凝胶类成胶时间短(1～7天)，难以满足油层深部调堵，因此，需在深入研究油层低效无效循环特征的基础上，研发低成本深部高效调堵剂体系开展综合治理，攻关形成低效无效循环综合治理技术，改善老油田水驱开发效果。

2　综合治理技术的形成

为了形成可以应用于老油田水驱厚油层层内控水挖潜的综合治理技术，实施了相应的解决方案：①针对调堵剂与储层孔隙结构配伍性不清晰，开展调堵剂在目标储层孔隙结构内的微观表征，可准确量化对应关系；②针对常规调堵剂污水适应性差，成本高，优化凝胶的污水匹配性，同时，筛选低成本颗粒进行复配；③针对常规调堵措施有效期短，经济性差，结合调堵剂性能，优化段塞组合和注入参数，配套形成深调治理工艺。最终通过确定调堵剂与储层孔隙结构的匹配性，研发低成本高效调堵剂，优化形成无效循环厚油层深调治理工艺，现场应用验证成功，可实现“水驱低效无效循环综合治理”的目标。

2.1　调堵剂与目标储层孔隙结构的匹配关系

首先，对目标区块天然岩心水驱前后孔隙结构参数测定，然后根据天然岩心参数测试结果，模拟制备实验岩心；开展不同注入参数条件下，调剖剂在不同驱替阶段，储层中分布及形貌特征测试；并对不同驱替阶段，岩心渗流通道结构变化及渗流能力进行测试。最终针对目标储层孔隙结构不具备稳定结构界面的特点，通过定性描述岩心不同封堵情况的指标，匹配凝胶分布形貌，形成了三种匹配结果判定准则，指导了本技术现场应用需要使用浓度为1500mg/L以上的凝胶体系为主段塞，如表1和表2所示。

表 1　调剖剂与孔隙结构匹配结果判定准则

判定准则	类型一 (未封堵)	类型二 (封堵-运移-封堵)	类型三 (有效封堵)
分布规律、滞留形貌	孔隙处及岩石表面微量调剖剂滞留，调剖剂随后续水流出岩心，孔隙连通性略有变差	调剖剂随注入水向岩心中部运移后大量滞留在岩心中段，岩心前端及中段孔隙联通关系差	调剖剂大量滞留在岩心注入端面及前端，几乎不随后续水注入而发生有效运移
滞留物组分 wt/%	基本为 0	0~2	≥2
封堵率/%	≤95	95~99	≥99
突破压力/MPa	≤0.2	0.2~0.4	≥0.4
孔隙度降低幅度/%	≤10	10~26	≥26
大孔道分布峰值降低幅度/%	≤6	6~23	≥23

表 2　不同方案下聚合物凝胶体系与储层匹配关系

方案	3000mD 岩心	2000mD 岩心	1000mD 岩心
700mg/L 凝胶	未封堵	未封堵	封堵-运移-封堵(弱)
1000mg/L 凝胶	未封堵	封堵-运移-封堵(弱)	封堵-运移-封堵(强)
1500mg/L 凝胶	封堵-运移-封堵(弱)	封堵-运移-封堵(强)	有效封堵
2500mg/L 凝胶	有效封堵	有效封堵	有效封堵

2.2　低成本高效复配调堵剂体系

针对现场应用井组所在目标区块的水驱井网复杂、井距大和注液强度高，现有调堵剂体系成本普遍较高(凝胶>70 元/m^3)等问题，同时，以目标区块微观孔喉需求使用浓度为 1500mg/L 以上的凝胶体系的封堵强度作为原则，确立了调堵剂体系的研发思路：①颗粒类调剖剂的主要研发思路为具有粘结性的低成本颗粒；②凝胶类调剖剂的主要研发思路为低浓度高强度的络合凝胶体系。如图 1 所示。

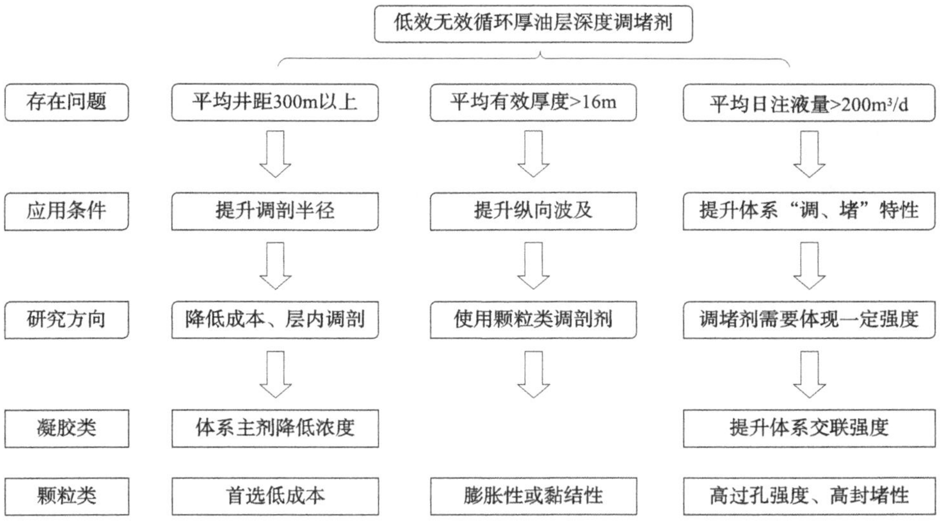

图 1　低成本高效复配调堵剂体系研发思路

2.2.1　利用亚胺化组分合成新型多元络合凝胶体系

在原有自主专利产权产品多元络合凝胶体系的基础上，引入了亚胺化水合体，使得交联剂活性金属离子与聚合物主链的酰胺基团结合后交联密度更高，成胶强度更强；同时，与常用的两种 1500mg/L 污水体系络合凝胶相比，1500mg/L 新型多元络合凝胶：①提升了体系的膜化定型能力，其储能模量提升 82.5%；补偿了体系的交联程度，其表观粘度提升了 48.9%；提升了体系的热稳定性，半年后样品的粘损率仅为 6.3%。如图 2 和表 3 所示。

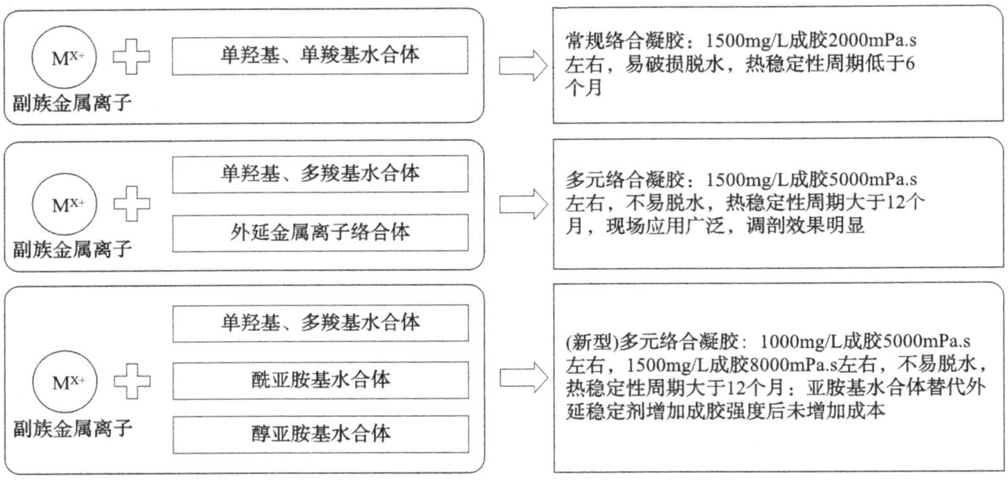

图 2　新型多元络合凝胶体系研发思路示意图

表 3　现场深度污水体系凝胶数据对比

配方体系	初黏/mPa·s	终黏/mPa·s	G'/Pa	G''/Pa	成胶时间/天	180 天黏度/mPa·s	黏损率/%
1500mg/L (新型)多元络合	28.79	8230	2.024	0.5872	3	7710	6.3
1500mg/L 多元络合	36.74	5526	1.884	0.5498	3	5023	9.1
1500mg/L 常规络合	44.02	2310	1.109	0.3549	3	1980	14.3

备注：实验用水为目标区块回注污水，配方 1、2 终黏为 20 天黏度，热稳定性测定温度 45℃

2.2.2　利用低成本废旧橡胶合成改性油法再生胶颗粒

重新设计研发低成本的改性油法再生胶颗粒调堵剂，与凝胶体系插层复配性能良好，可实现深部液流转向，复配成本降低了 21.4%，提升了调堵剂体系的经济性；本技术重新研发的改性油法再生胶颗粒过孔强度略高于普通油法再生胶；过孔板后改性再生胶颗粒未发生破碎，而是粘结在一起呈现拉丝状，从通过后形态上体现了良好的形变运移能力。如图 3 和表 4 所示。

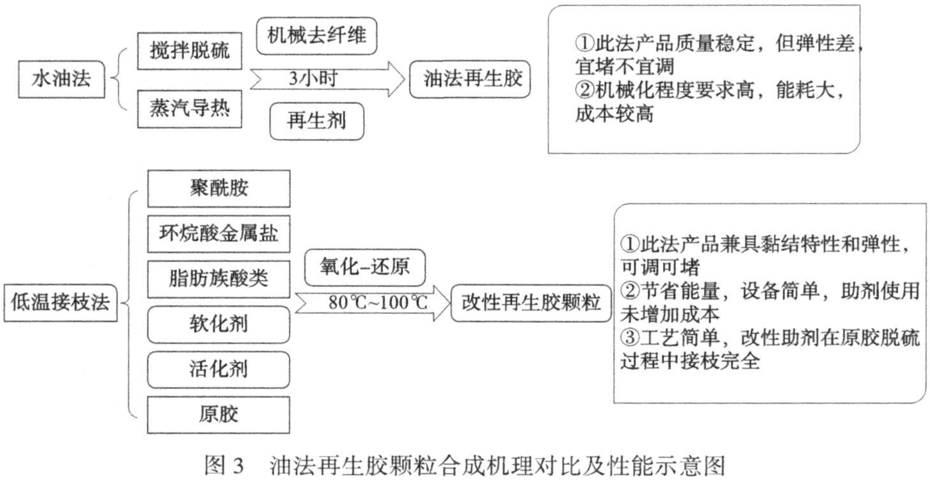

图 3　油法再生胶颗粒合成机理对比及性能示意图

表 4　油法再生胶不同孔板下过孔强度

种类	颗粒目数/毫米	过孔压力/MPa	
		过孔直径 0.3mm	过孔直径 0.4mm
油法再生胶(Ⅱ)	80~120 目(0.18~0.12)	4.9	4.0
	40~60 目(0.38~0.25)	6.7	6.3
原油法再生胶	80~120 目(0.18~0.12)	4.7	3.9
	40~60 目(0.38~0.25)	6.4	6.1

2.3　配套形成厚油层复合段塞深调工艺

为了提升厚油层无效循环治理的准确性，增强调堵剂体系的对高渗透条带内大孔道的封堵效果，本技术设计了分层调剖工艺与复配段塞组合，通过逐级治理实现低效无效循环的有效控制。

2.3.1　“颗粒+凝胶”组合注入工艺

通过“颗粒+凝胶”组合注入，可以利用化学调堵剂注入的流动选择性同步实现堵高调低，控水挖潜。其中，凝胶段塞可填充高渗透孔隙改善层内非均质性；而颗粒段塞可充当骨架直接封堵高渗透条带内的大孔道，实验证明 30% 颗粒用量即可实现高效封堵，满足厚油层内无效循环的治理需求，如表 5 所示。

表 5　改性再生胶颗粒与新型多元络合凝胶复配注入岩心实验数据表

编号	渗透率/mD	孔隙体积/mL	注入模式	调前注水压力/MPa	0.3PV 注入压力/MPa	1PV 注入压力/MPa	7PV 后续水驱注入压力/MPa	封堵率/%	残余阻力系数
1	1816.84	180.01	1PV 凝胶	0.037	0.104	0.259	3.936	99.09	109.35
2			1PV 颗粒	0.036	2.701	9.011	10.896	99.67	302.53
3			0.2PV 颗粒 + 0.8PV 凝胶	0.036	2.125	2.653	4.205	99.14	116.86
4			0.3PV 颗粒 + 0.7PV 凝胶	0.036	2.517	3.548	5.125	99.30	142.38
5			0.4PV 颗粒 + 0.6PV 凝胶	0.036	2.634	3.073	3.425	98.95	95.20

2.3.2　低效无效循环厚油层逐级治理段塞

为了避免调剖剂污染其他油层，实现调堵剂体系对低效无效循环层段的深部治理，调剖井组采用“目的层拔水嘴、其余层投死嘴”的原则，设计“先封堵高吸水部位-再填充封堵结构骨架-进一步扩大波及面积-最后封堵保护”的段塞组合方式注入。通过调整注入颗粒的粒径及凝胶的浓度控制注入压力的升幅，调剖预期总体平均升压 2.0MPa 以上，颗粒占比 30%，凝胶占比 70%，来实现对低效无效循环厚油层层内的深度调堵工艺。如图 4 所示。

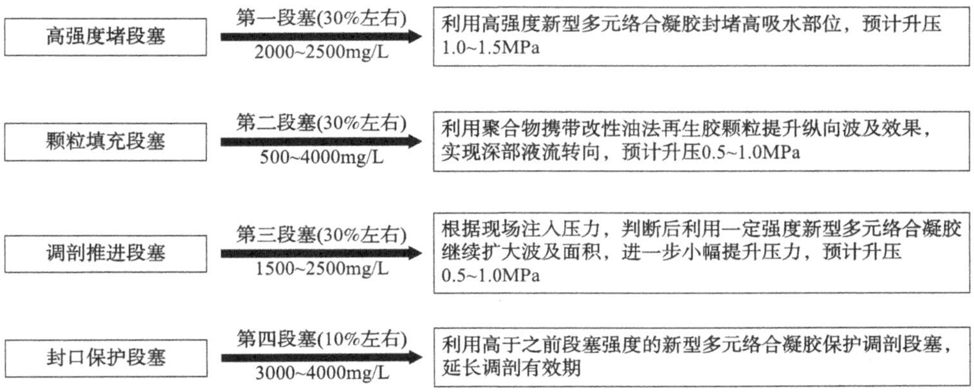

图 4　低效无效循环厚油层内深调工艺段塞设计示意图

3　综合治理技术的现场应用

应用本项水驱厚油层层内低效无效循环综合治理技术开展的4井次现场试验，累计施工104天，平均单井调剖层段注入压力由6.6MPa提高至11.3MPa，升压4.7MPa，累计注入调剖剂37957m^3，如表6所示。

表6　调剖剂单井注入段塞设计

井号	日配注量/(m^3/d)	破裂压力/MPa	注水压力/MPa	注聚压力/MPa	完工注入压力/MPa	累计注入量/m^3	压力变化/MPa	压力空间/MPa	施工天数/天
1号	80	15.5	5.1	6	10.1	8121	+5.0	5.4	102
2号	115	15.5	7.0	8.5	11.2	11908	+4.2	4.3	104
3号	70	15.0	5.0	7.5	11.2	7061	+6.2	3.8	104
4号	105	15.0	9.2	10	12.6	10867	+3.4	2.4	106
平均/合计	370	15.3	6.6	8.0	11.3	37957	+4.70	3.97	104

3.1　应用综合治理技术后注水压力上升，吸水指示曲线上移

在完整应用综合治理技术完成现场试验后，4口调剖井全井注水压力平均上升2.5MPa，视吸水指数下降3.1m^3/d·MPa，吸水指示曲线上移，启动压力上升，平均单井上升2.6MPa，同时，单井日降液37m^3/d。如表7和图5-图9所示。

表7　调剖井调剖效果对比表

井号	破裂压力/MPa	油压/MPa				日注水量/(m^3/d)				视吸水指数/(m^3/d·MPa)			
		调前	调后	差值	目前	调前	调后	差值	目前	调前	调后	差值	目前
L3-3726	15.5	9.9	12.3	2.4	12.2	287	268	-19	301	24.5	20.5	-4.0	24.7
L3-3826	15.5	7.9	11.3	3.4	9.7	208	140	-68	221	26.3	23.6	-2.7	22.8
L4-3726	15	11.2	14.3	3.2	13.5	189	194	+5	181	16.2	13.5	-2.6	13.4
L4-3826	15	10.2	11.5	1.3	11	238	171	-67	250	23.0	19.9	-3.2	22.7
平均值	15.3	9.8	12.3	2.5	11.6	231	193	-37	238	22.5	19.4	-3.1	20.9

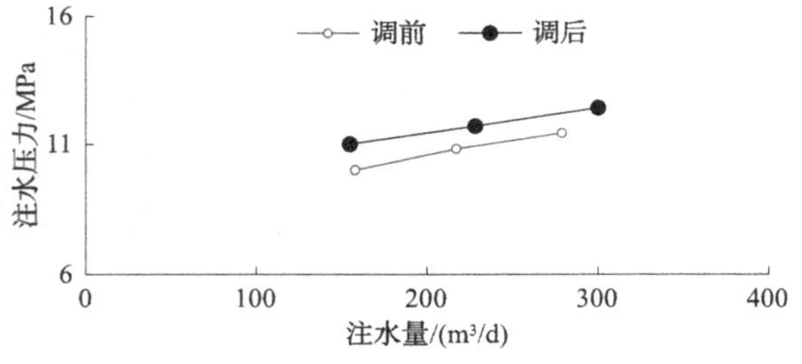

图5　1号井吸水指示曲线

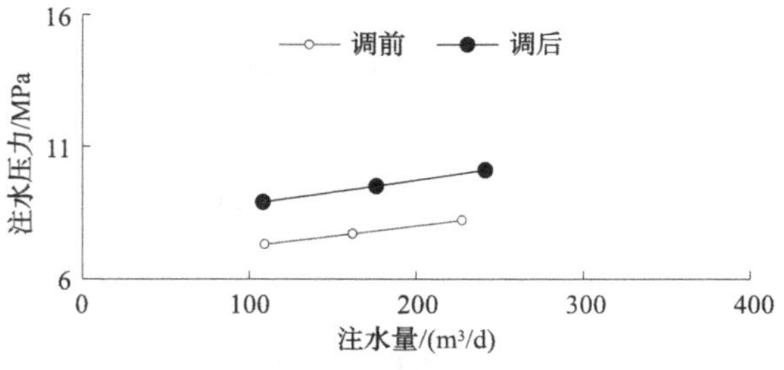

图6　2号井吸水指示曲线

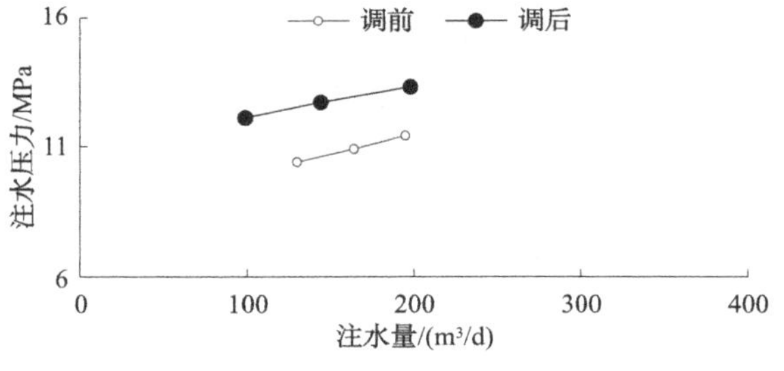

图7　3号井吸水指示曲线

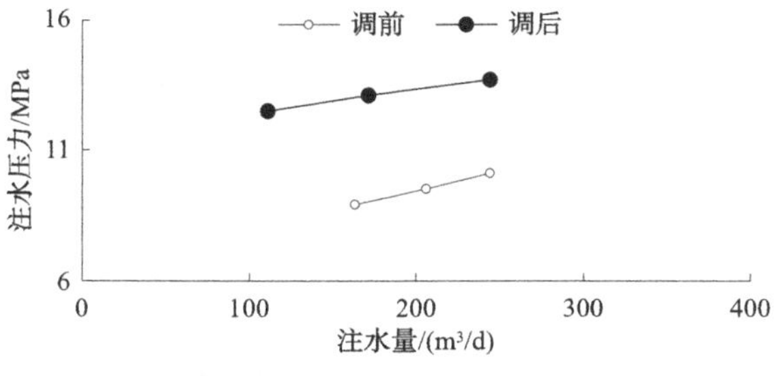

图8　4号井吸水指示曲线

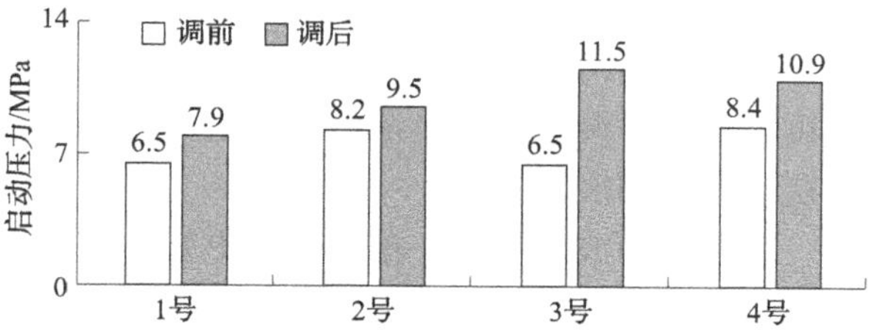

图 9　调剖井启动压力变化柱状图

3.2　连通油井含水维持稳定，主力受效井增油效果明显

在完整应用综合治理技术完成现场试验后，连通的 28 口油井，最高降含水 0.7 个百分点，日增油 19.1t；调后 36 个月，28 口连通油井含水下降 0.7 个百分点，日降液 $146m^3/d$，日增油 19.1t/d，已累计控液 $19.2\times10^4m^3$，如图 10 所示。

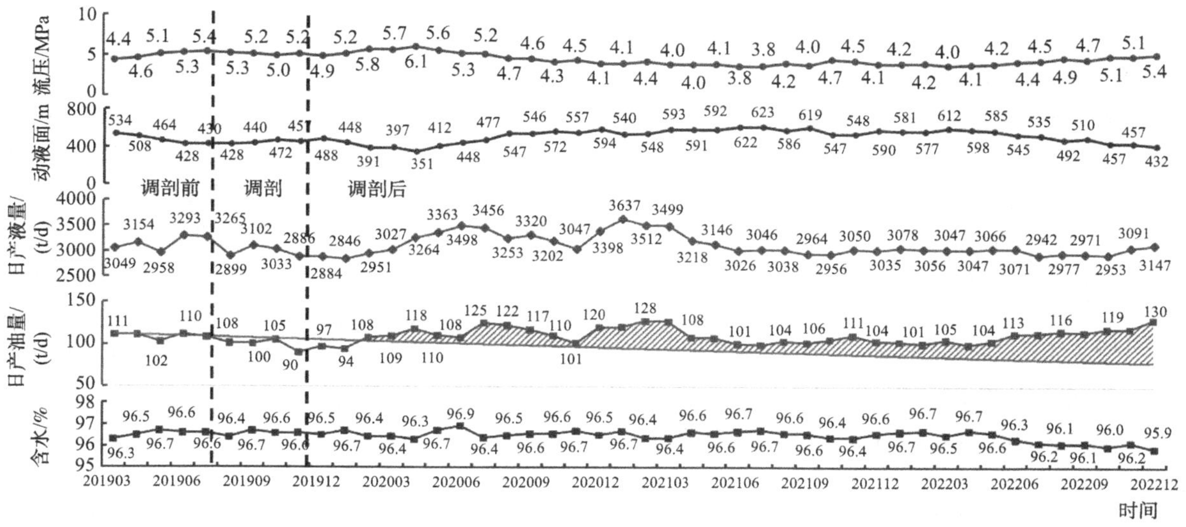

图 10　28 口连通油井生产动态

稳定受效的 16 口油井，调后最高降含水 1.8 个百分点，日增油 37.4t，日降液 $99m^3$；调后 36 个月，平均含水仍下降 1.8 个百分点，日增油 37.4t/d；目前已累计增油 14178t，平均单井组增油 3544t，如图 11 所示。

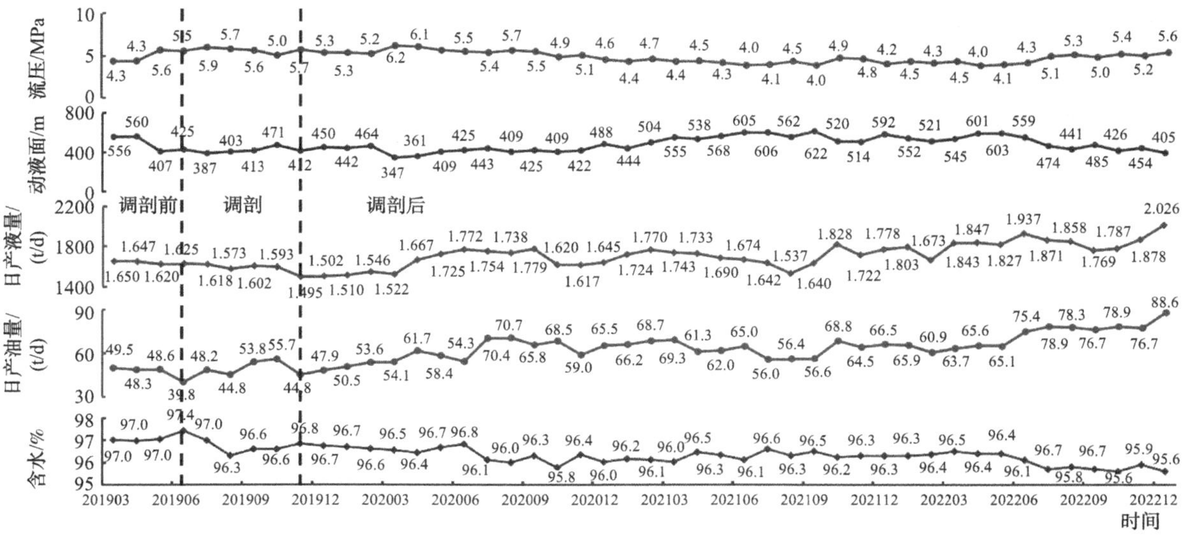

图 11　16 口主要受效油井生产动态

在应用本项综合治理技术完成现场试验后，2019 年～2022 年，整个试验井组可控制产量递减 3.77 个百分点以上，如图 12 所示。

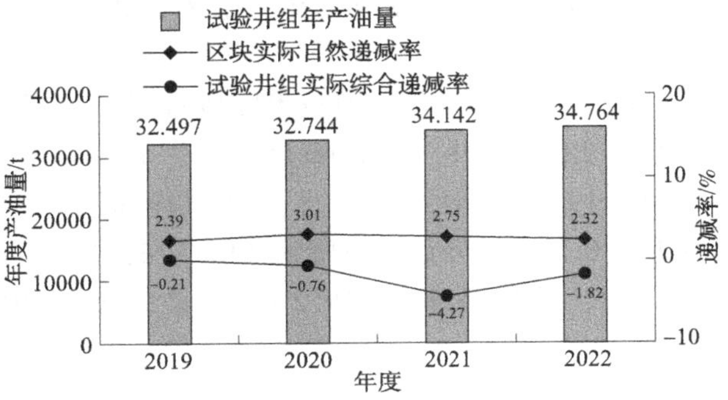

图 12　试验井组产量递减控制情况

3.3　现场应用经济效益可观

低效无效循环厚油层内深调治理技术在现场应用中取得的直接经济效益主要是增油，截止2022 年可统计完成的累计增油净经济效益 414.5 万元，平均单井应用该技术后的净经济效 104.6 万元，经济效益可观。

4　结论

与常规深度调堵治理技术相比，本文所研发的低效无效循环厚油层内深调治理工艺具有如下优点：

(1) 治理针对性更强：优先确定调堵剂体系与目标储层孔隙结构的匹配关系，可为调堵剂体系和现场应用工艺参数优化，提供准确指导，具有可操作性和重现性，可应用于国内类似储层的调堵剂筛选评价；

(2) 药剂成本更低：降低聚合物用量 16.7%，单方成本 55 元/m^3，与常规调堵剂体系 70 元/m^3 成本相比降低了 21.4%，而且整体强度提升了 30%以上；

(3) 工艺参数更优：采用分层调堵，相比于笼统调堵，一是准确对无效循环部位实施治理，减少了陪产层污染的风险；二是显著降低了调堵厚度，控制了调堵剂用量浪费；三是更适用于厚油层和油水同层段；

(4) 平面波及更大，挖潜效果更好：得益于低成本药剂体系和优化的工艺参数，调剖半径可以提升 10~20m，实现深部定点封堵和深部液流转向；

(5) 措施受效期更长，投入产出更高：有效期>36 个月，与常规深度调剖工艺的 6~12 个月相比，受效期更长，经济效益更高。

因此，本技术研发的低成本高效复配调堵剂体系和厚油层深调治理工艺可有效控制试验区产量递减，维持含水稳定，为长垣水驱等高含水老油田控水挖潜和持续稳产提供坚实的技术支撑。本技术分项针对性强、完成性高、操作性好，是现场应用验证过的、切实可行的水驱厚油层内控水挖潜综合治理技术，可在国内老油田水驱的类似储层推广，应用前景广阔。

参考文献

[1]孙天宇，邵明鲁，赵红雨，等．油藏深部调剖-驱油技术[J]．油田化学，2023 年，40(4)：743-749，760.

[2] 刘宇飞，肖国华，詹伟，等．分层调剖注水一体化管柱的研制与应用[J]．钻采工艺，2022，45(2)：89-93.

[3] 张继红，相建昌．弱凝胶调驱体系微观驱油机理研究[J]．化学工程师，2020，34(4)：34-48.

[4] 李彬儒，郭继香，罗强，等．高含水油藏用弹性颗粒调堵体系研究进展[J]．应用化工，2024，53(1)：136-140.

海上油田防砂完井有缆测调注聚技术研究及应用

黄泽超　张　乐　张　璐　蒋少玖　宋　鑫

[中海石油(中国)有限公司天津分公司]

摘　要　针对渤海油田常规地面分注、空心集成及单管分层注聚测调等工艺在分段层数、井斜适用性及测调效率方面的不足，创新攻关渤海油田防砂完井有缆测调注聚技术，并研制了有缆智能注聚配注器，通过将电动智能测控与大排量保黏结构结合，实现高保黏的同时，实时监测井下各层段注聚流量、压力等参数，在线精确调控各层段配注量。室内试验与现场应用实践证明，该技术分层注聚段数可达6层，单层配注量最大可达600m³/d，测调注聚保粘率不低于85%，测调效率较常规钢丝电缆测调可提效96%以上，已现场应用3井次，为渤海油田提高采收率奠定了坚实的技术基础。

关键词　渤海油田；防砂完井；有缆测调；保黏率

随着渤海油田开发进入“双高”阶段，油田进一步精细挖潜、稳油控水难度增大，聚驱工艺作为保障三次采油、提高油田采收率的有效手段，对于工艺测控效率、精细注入水平提出了更高的要求。传统一投三分、空心集成、地面分注等工艺虽然能实现注聚井多层段分注，但一投三分、空心集成等工艺对井下聚合物粘度剪切较大，且分层调配过程中无法实现测调一体、精细配注，地面分注工艺分层段数受限，且存在套管带压问题。“十三五”期间渤海油田开发了单管分层测调注聚工艺，可实现多层段精细分层注聚及在线测调，一定程度上满足了生产需求，但仍存在占用作业窗口、测控无法实时、适用井斜受限(无法适用于大斜度井和水平井)等问题。

针对以上问题，渤海油田借鉴了海上油田智能注采工艺研发基础，创新攻关了海上油田防砂完井有缆测调注聚技术，并研制了有缆智能注聚配注器，通过将电动智能测控与大排量保黏结构结合，实现了井下聚合物高保黏注入，地面实时监测井下各层段注聚流量、压力等参数，在线精确调控各层段配注量。并通过室内试验与现场应用实践，验证了有缆智能注聚配注器的耐高温高压性能及大排量高保粘注入特性，该技术分层注聚段数可达6层，单层配注量最大可达600m³/d，测调注聚保黏率不低于85%，测调效率较常规钢丝电缆测调可提效96%以上。

海上油田防砂完井有缆测调注聚技术解决了海上油田高温高压、防砂尺寸小、注入排量大的难题，其高效测调、多参数监测特性为渤海油田精细挖潜、提高采收率提供了技术支撑。

1　有缆智能注聚技术

1.1　技术方案

针对海上油田大井斜、大排量、筛管防砂完井模式，研发了海上油田防砂完井有缆智能注聚技术，整体注聚测调系统由地面调控系统和井下注聚测调工艺管柱组成。其中测调工艺系统包含上位机、地面控制器、供电电缆及通讯电缆、地面控制器及井口管汇组成，井下注聚测调工艺管柱管柱由钢管电缆、井下安全阀、过电缆定位密封、过电缆插入密封及有缆注聚配注器组成，如图1所示。

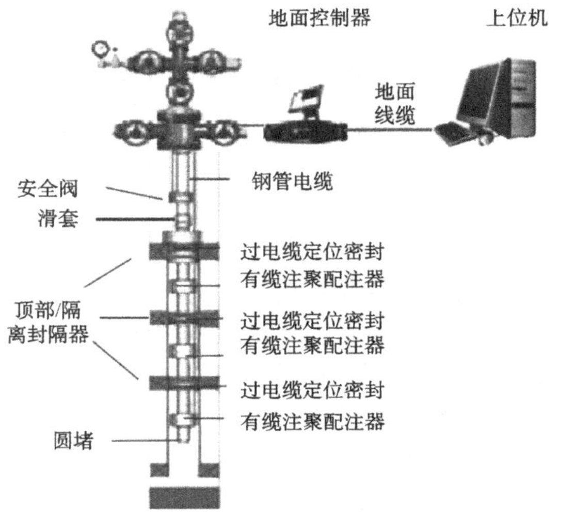

图1　防砂完井有缆注聚测调系统

1.2 技术原理

有缆智能注聚配注器携一根单芯电缆下入井下，电缆连接地面控制器及井下多段的有缆智能注聚配注器，井下各层段注聚量、压力及温度参数通过有缆智能注聚配注器、单芯电缆反馈至地面控制器，地面分析井下的注聚状况并结合油田的注采比，综合调整各层的注聚量，并通过地面控制器将控制命令下传到井下各层段有缆智能注聚配注器，有缆智能注聚配注器接收地面指令，通过内部调控模块控制电机转动，调节注聚水嘴的开度，实现流量的自动调节，地面根据井下各层段的实时注聚量，实现精确调配。

精细配注：根据油藏精细配注要求，下入过电缆定位密封/插入密封与顶部封隔器/隔离封隔器配合实现层间封隔，各层段下入智能注聚配注器，地面监测各层段配注量，并根据配注需求调节各层段注聚量。

高效调控：无需钢丝/电缆作业，不占用作业井口，地面控制器直接读取井下参数、在线调节各层段配产。

大排量高保粘注入：有缆智能注聚配注器内部设置大排量高保黏结构，可实现 $600m^3/d$ 以内注聚量精细调节情况下聚合物保黏率≥85%。

高精度测试：有缆智能注聚配注器内部设置高精度电磁流量计，可实现各段段配注流量递减测试。

1.3 技术参数

有缆智能注聚技术参数如表 1 所示。

表 1　有缆智能注聚技术参数

耐温等级/℃	耐压等级/MPa	适用井筒尺寸/in	适用井斜/°	最大适用井深/m	单层最大配注量/(m^3/d)	测调时效/h
125	60	≥3.25	≤90	≤4000	600	4

1.4 技术特点

1）不受井限制，可实现注聚井多层段精细配注；

2）无需钢丝/电缆作业，不占用平台作业窗口；

3）地面实时监测井下各层段配注参数，在线调节配注量；

4）可实现注聚井大排量、高保粘注入。

2 有缆注聚关键工具

2.1 有缆智能注聚配产器

2.1.1 整体结构设计

有缆注聚配产器是海上油田防砂完井有缆智能注聚技术核心工具，整体采用偏心结构设计，主要上接头、测控模块、外护套、中心管、电机调控模块、摩阻管、下接头等组成，可根据地面控制器指令调节各层段配产器水嘴开度，进而调节注聚量，同时将各层段流量、压力及水嘴开度等参数反馈至地面控制器。整体结构如图 2 所示。

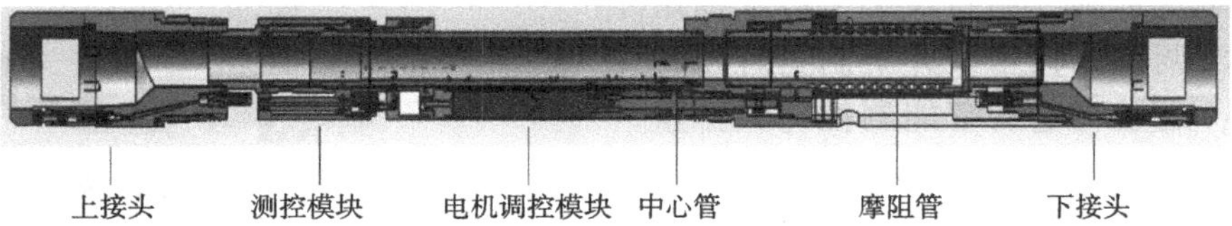

图 2　有缆注聚配产器整体结构示意图

2.1.2 摩阻管保粘结构设计

摩阻管保黏结构是有缆注聚配产器的核心结构，该结构由内外双层管组成，双层管之间设置多个正垂体结构，形成低剪切保黏通道。摩阻管保黏结构如图 3 所示，陆地保黏结构如图 4 所示，该结构相比陆地油田有缆注聚保黏结构具有保黏效果好、注聚量调控范围大的特点。

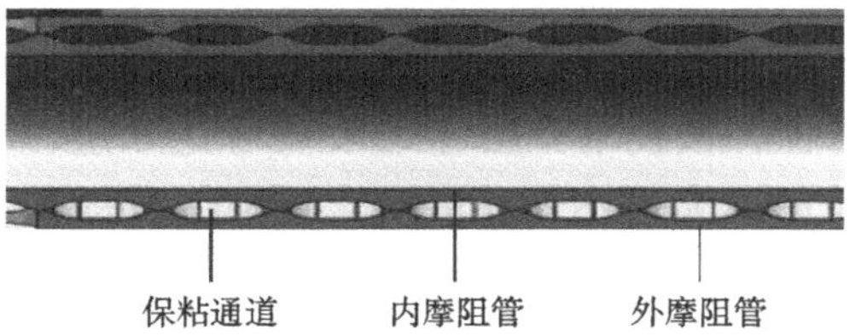

图 3　海上油田与陆地油田保黏结构对比

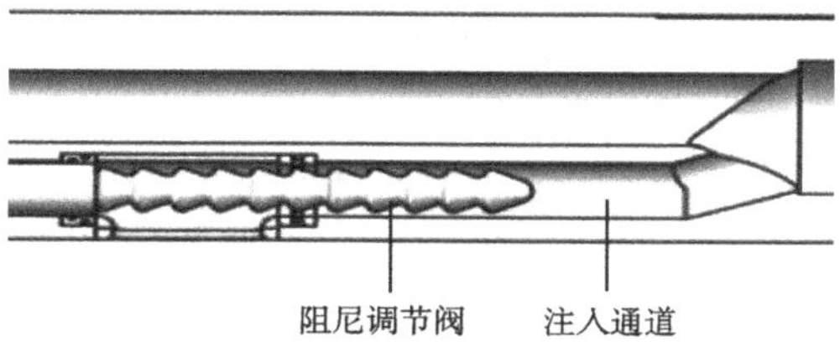

图 4 海上油田与陆地油田保黏结构对比

2.1.3 调控结构设计

有缆注聚配产器调控结构整体采用偏心调同心结构设计，电机调控模块为于有缆配注器轴向中心通道 1 侧，优选外径 φ26mm 电机及高强度、大减速比减速器，并优选双相不锈钢高强度传动材料，设计限位滑块，确保同轴调节，提高结构可靠性。

2.1.4 技术参数(表 2)

表 2 有缆智能注聚技术参数

外径	最小内通径	工作温度	工作压力	单层排量	调控扭矩	最大开启压差	保黏率
114mm	44mm	125℃	60MPa	≥600m^3/d	36N · m	15MPa	≥85%

2.1.5 技术特点

（1）采用大通道磨阻管设计，可实现可实现大排量、高保黏注聚；

（2）整体采用偏心结构设计，可实现大扭矩调控；

（3）可在线监测井下流量、温度及压力等动态参数，精确调控各层注聚量。

2.2 地面控制器

2.2.1 系统组成

有缆智能分层注聚系统地面控制器部分主要是由井上信息耦合系统和地面信息处理系统组成，如图 5 所示。井上信息耦合系统作用同井下耦合系统，主要是将井下采集的多储层信息和井上控制命令耦合至单芯钢管电缆上；地面信息处理系统主要是将井下采集的多储层信息进行处理。

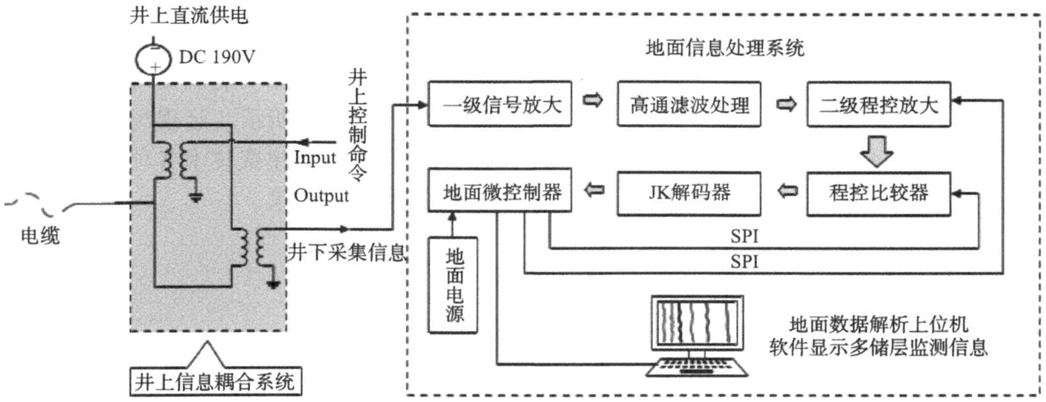

图 5 地面信息遥传及信息处理系统工作原理

地面控制系统数据调节可分为自适应调节和人工手动调节。自动调节是通过程控电位器根据单芯电缆的阻容参数以及初始上传的井下监测信号对测井信号的增益系数和滤波系数自适应调节，以便后端硬件电路解码和数据解析。人工手动调节是为防止自适应调节万一出现信号调整问题或者为人工做调试信号时使用。

2.2.2 技术参数(表 3)

表 3 地面控制器技术参数

参数	技术指标
工作环境温度	-45~+85℃
供电电压	AC220V±15%，50Hz
输出电压	0~120VDC
输出电流	0~1A
无线传输方式	GPRS、internet、4G
存储方式	Micro SD 卡
最大通讯距离	4000m

3　工艺试验

3.1　室内聚合物保黏试验

聚合物经过缆控智能注聚测调工作筒、保黏结构工具会产生剪切导致黏度值降低，为验证其对聚合物流量测试准确性以及不同流量、开度下对聚合物的剪切作用，开展室内聚合物保黏试验。

聚合物流量测试试验结果如图 6 所示，注聚量为 600m³/d 情况下，在聚合物溶液中最大误差为 4.79%，最小为 1.56%，平均误差为 2.97%，测试误差范围在 5%以内，整体误差较小，满足现场聚合物注入流量测试要求。

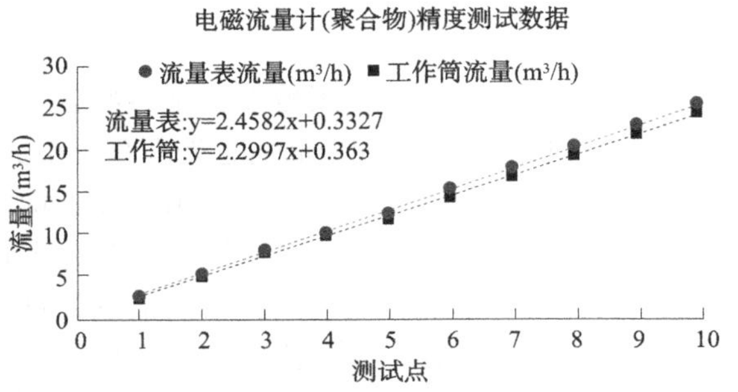

图 6　缆控智能注聚配注器聚合物介质下流量测试试验

聚合物保黏试验结果如图 7 所示，缆控智能注聚工作筒在不同排量不同开度条件下，形成节流压差<4MPa，保黏率>85%，性能较好(表 4)。

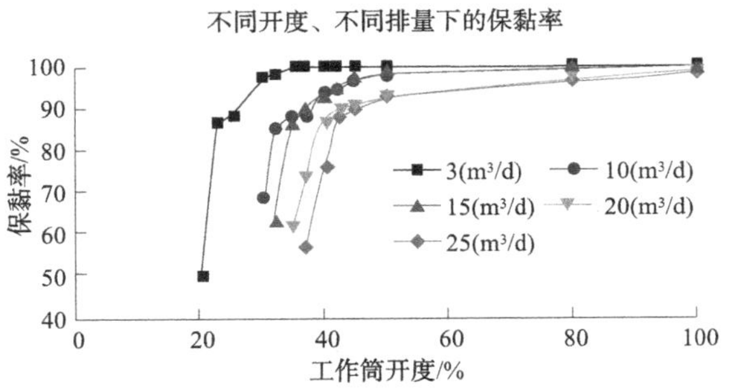

图 7　缆控智能注聚配注器不同开度不同排量的保黏

表 4　缆控智能注聚配注器保黏率统计

保黏率≥85%	试验注入量/(m³/h)				
	3	10	15	20	25
开度/%	23	32	35	40	42
压差/MPa	3.21	3.78	3.21	3.17	3.5
保黏率/%	86.15	85.1	86.22	87.13	87.92

3.2　现场应用

以海上某油田 M 井为例，该井最大井斜 33.5°，采用常规分层注水技术无法实现注聚井单层流量、压力、温度等参数的实时监测及高效率在线调控。

下入有缆智能注聚测调管柱，实现分层测调注聚，现场测调过程中有缆智能注聚管柱信号传输通畅，井下各参数监测功能正常，测试响应用时≤10S，流量测试误差≤5%，井下水嘴开度调控指令及开度监测功能满足现场应用要求，现场测控界面如图 8 所示。经现场验证，海上油田防砂完井有缆测调注聚技术各项性能指标满足现场分层测调注聚要求。

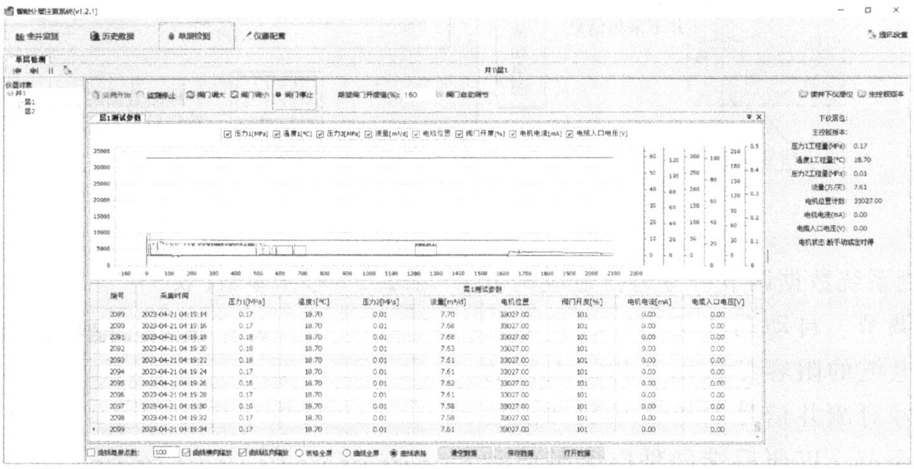

图 8　现场地面测控界面

4　结论

海上油田防砂完井有缆测调注聚技术能够使用海上油田大排量、大井斜、防砂完井工况下的分层测调注聚要求，分层注聚段数可达 6 层，单层配注量最大可达 600m³/d，测调注聚保黏率不低于85%，测调效率较常规钢丝电缆测调可提效96%以上，对于保障海上油田提高采收率、精细挖潜具有较大的意义，具有较高的技术推广应用价值。

参 考 文 献

[1]张建，张宏录．苏北高压差双管分层注水工艺技术研究及应用[J]．油气藏评价与开，2017，7(02)：74-77.

[2] 张宏录，张庆华，李艺玲．苏北油田分层注水工艺技术现状及对策[J]．油气藏评价与开发，2011，1(03)：50-53.

[3] 石建设，顾春元，姜建胜，等．定向井分层注水工艺研究与应用[J]．石油钻采工艺，2000，22(1)：46-49.

[4] 程心平，王良杰，薛德栋．渤海油田分层注水工艺技术现状与发展趋势[J]．海洋石油，2015，35(02)：61-65+81.

[5] 陈征，张乐，蓝飞，等．渤海油田智能分注技术应用现状及发展前景[J]．辽宁化工，2021，50(05)：623-626.

[6] 王伟．全通径大排量注水井工艺在曹妃甸油田的应用[J]．中国石油和化工标准与质量，2019，39(11)：184-185+187.

[7] 刘义刚，孟祥海，陈征，张乐，蓝飞，张志熊．海上大排量分注井无缆智能配水器水嘴压力损失数值模拟[J]．石油钻采工艺，2021，43(02)：250-253.

[8] 赵广渊，王天慧，杨树坤，等．渤海油田液压控制智能分注优化关键技术[J/OL]．石油钻探技术，2002，(2)：1-9.

[9] 王延峰，邱金平，杨丽霞．分层注聚井智能测调技术[J]．油气井测试，2021，30(04)：50-55.

[10] 亓彦铼，李进，王伟，杨乐乐．大排量防砂注水一体化管柱研究及应用[J]．化工管理，2020(07)：114-115.

[11] 罗昌华，程心平，刘敏，等．海上油田同心边测边调分层注水管柱研究及应用[J]．中国海上油气，2013，25(04)：46-48.

[11] 杨树坤，李越，李翔，等．渤海油田测调一体分注关键技术改进及应用[J]．石油化工高等学校学报，2021，34(04)：91-96.

[12] 徐兴安，张凤辉，杨万有，等．渤海油田分层注水测试新技术[J]．油气井测试，2019，28(04)：51-56.

[13] 张成君，李越，王磊，等．机械式智能分层注水工艺技术研究与应用[J]．石油化工高等学校学报，2019，32(04)：99-104.

HLB 值可控型稠油降黏剂研究与现场试验

李铁栓

(中国石油辽河油田分公司)

摘　要　化学降黏冷采工艺可有效解决部分稠油生产井由于注汽受限，地下原油黏度高，开采困难的问题，但常规降黏剂存在配方组成单一、降黏率低、油水混溶性差、与水处理剂不配伍等问题，因此开展HLB值可控的梳型降黏剂的研究，通过研究主链及枝接侧链间的摩尔量比例关系，合成了HLB值接近10.7的降黏剂，经过室内评价实验，该HLB值的降黏剂溶液浓度为0.3%条件下，降黏率为99.2%，表面张力为32.7mN/m，洗油率为28.1%，在H27块开展降黏冷采试验，解决了原油黏度高，采出液高含水的问题，有效期181天，单井日增油4.2吨，累计增油758.1吨，含水率下降10.8%。

关键词　稠油降黏冷采；双亲性梳型降黏剂；HLB值；正交实验

稠油油藏由于地下原油黏度高，流动性差，一般采用以注蒸汽热采为主的方式进行开发，但受油藏储层及开发特征、完井方式、地面管网限制等问题，部分稠油储量无法实现热采或热采效果效益较差，此类生产井原油黏度高，无法实施热采降黏，普遍出现油井低液、低产，原油入泵困难、举升载荷高等问题，因此降黏冷采工艺，为解决此类问题提供了可能。

1　项目背景

降黏冷采工艺是采用向储层内注入降黏剂的方式，降低原油黏度，改善油藏开发效果的增产技术，近几年来在胜利油田、河南油田等稠油区块取得了阶段的试验进展，现阶段存在的主要问题，一是降黏剂为单一配方，缺乏针对性设计，降黏性能不稳定，尤其对高胶质、沥青质含量稠油降黏效果差，降黏率在90%左右，无法满足原油降黏需求；二是降黏剂一般选用油溶性表面活性剂，施工携带液为水，与地下采出液混相程度差，降黏剂未与地层油水混合液充分混合就被采出；因此研究一种可根据原油组分进行分子设计，具有良好的亲油和亲水性能，与储层采出液混溶性好，并且对油水分离影响程度低的降黏剂是降黏冷采技术研究的关键问题。

2　梳型降黏剂研究

双亲性梳型降黏剂由于其良好的表面活性和降黏稳定性，以及可以通过调整分子结构改变亲油亲水的特性被广泛关注，成为近5年被重点研究和选用原油增产类降黏剂，该类型降黏剂为一种非离子型表面活性剂，具有梳状高分子结构特征，图1，包括高分子主链和含有芳香环、羟基、磺酸基等极性基团的侧链，主链的长短对降黏剂的亲油性具有较大影响，而极性的侧链决定了降黏剂的亲水特性，所以可以通过调整侧链比例或侧链上极性基团比例，达到控制降黏剂HLB值的目的，进而实现最佳的乳化效果。

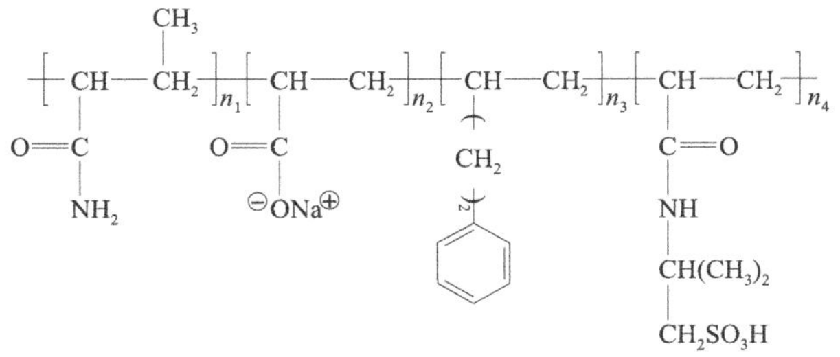

图1　梳型降黏剂分子结构

2.1　梳型降黏剂降黏机理

此类降黏剂具有乳化降黏和改质降黏的双重功能，从宏观上，降黏剂的存在使得水相和油相发生乳化，在地层条件下达到稳定的O/W状态，降低原油黏度，提高混合液的流动性；从分子层面上，梳型降黏剂中的芳香侧链或芳杂环侧链可以与原油中的胶质或沥青质以π-π共轭健的形式相互吸引，阻碍胶质或沥青质分子的堆砌，并有效的分散胶质或沥青质达到本质降黏的目的。

2.2 原油最佳乳化 HLB 值的确定

应用不同类型原油，脱水后取得纯油样品，采用混合乳化剂 HLB 值标定法利用不同比例的 span60 和 Tween8 组成的 HLB 值确定的混合乳化剂，见表 1，与各油样进行乳化试验，当形成的 O/W 乳化液最为稳定时，则视为乳化效果最佳的 HLB 值，理论上降黏剂的 HLB 值与应用对象的所需乳化 HLB 值接近，则乳化降黏效果最好。通过混合乳化标定实验，确定了 3 类原油的最佳乳化 HLB 值表 2，从表 2 中可以看出，随着胶质+沥青质成分的上升，最佳乳化 HLB 值应该有一定的上升，说明重质成分越高，原油乳化所需 HLB 值越高。

表 1 系列标准乳化剂的 HLB 值统计表

标样编号	Span60 质量比	Tween8 质量比	HLB 值
1#	0.1	0.9	13.93
2#	0.2	0.8	12.86
3#	0.3	0.7	11.79
4#	0.4	0.6	10.72
5#	0.5	0.5	9.65
6#	0.6	0.4	8.58
7#	0.7	0.3	7.51
8#	0.8	0.2	6.44
9#	0.9	0.1	5.37

表 2 原油样品乳化 HLB 值检测统计表

序号	样品编号	胶质+沥青质含量/%	黏度/mPa·s(50℃)	最佳乳化配方	HLB 值
1	W38	30.6	26855	3#	11.79
2	H27	27.3	6553	4#	10.72
3	H1	22.5	1092	5#	9.65

2.3 梳型降黏剂合成工艺

2.3.1 制备工艺

双亲性梳型降黏剂是一种聚合高分子非离子型表面活性剂，合成工艺采用主链接枝法，主要合成步骤是首先利用苯乙烯和马来酸酐在引发剂作用下发生聚合反应，生成苯乙烯-马来酸酐共聚物，作为“梳子”的高分子主链，然后再利用硬质醇、山嵛醇等长链脂肪醇以及植物甾醇，通过上述醇类原材料上的羟基与主链上马来酸酐水解后的羧酸基发生酯化反应向主链上接枝侧链，使反应产物形成类似“梳子”一样的分子结构，制备出双亲性梳型高分子降黏剂，采用此工艺可以较为方便的控制主链和侧链的结构，通过控制几类枝接侧链和主链的用量比例，即可制备具有在 HLB 值目标范围的降黏剂。

2.3.2 合成降黏剂配方研究

为研制适用于 H27 现场试验的降黏剂，因此需要制备 HLB 值接近 10.7 的降黏剂，利用正交试验法，设计 4 因素 3 水平正交试验，表 3，以合成的降黏剂的 HLB 值与目标 HLB 值 10.7 的偏差率为主要考核标准，通过正交实验确定了最优组合，表 4。实验结果表明，在主链单体摩尔量与脂肪醇单体及植物甾醇的摩尔量比为10∶5∶1 条件下，合成的梳型降黏剂的 HLB 值最接近 10.7，可以与地下原油形成稳定的 O/W 乳状液，达到最佳降黏效果。

表 3 降黏剂合成单体因素水平统计表

因素编号	因素项（合成单体）	水平/(mol/L)		
		1	2	3
A	苯乙烯-马来酸酐聚合物	1.8	2	2.2
B	脂肪醇	1.2	1	0.8
C	植物甾醇	0.2	0.1	0.05
D	助剂 F	0.3	0.25	0.2

表 4　梳型降黏剂合成单体比例正交实验

试验号	因素				HLB 值	目标 HLB 值偏差率/%
	A	B	C	D		
1	1	1	1	1	12.2	14.0
2	1	2	2	2	11.5	7.5
3	1	3	3	3	10.2	-4.7
4	2	1	2	3	11.5	7.5
5	2	2	3	1	10.8	0.9
6	2	3	1	2	9.9	-7.5
7	3	1	3	2	10.3	-3.7
8	3	2	1	3	10.1	-5.6
9	3	3	2	1	9.6	-10.3
级差 R	8.4	13.4	2.8	2.8		
主次顺序	B>A>C、D					
优水平	A2	B2	C3	D1		
优组合	A2B2C3D1					

2.4　梳型降黏剂性能评价

2.4.1　降黏率评价

参考标准 Q/SY LH0552—2021 开展所制备降黏剂对 H27 原油的降黏率实验，利用不同浓度下混合液黏度和其降黏率形成降黏率曲线，分析实验规律结果表明，制备的梳型高分子降黏剂具有较好的降黏性能，当浓度由 0.1%上升至 0.3%，降黏率明显上升，在 0.3%浓度下降黏率达到 99.2%，在浓度超过 0.4%后，降黏率提升幅度有限，在浓度 0.7%后降黏率不升反降，综合考虑降黏效果与经济效益，现场试验降黏剂质量浓度设计为 0.3%(图 2)。

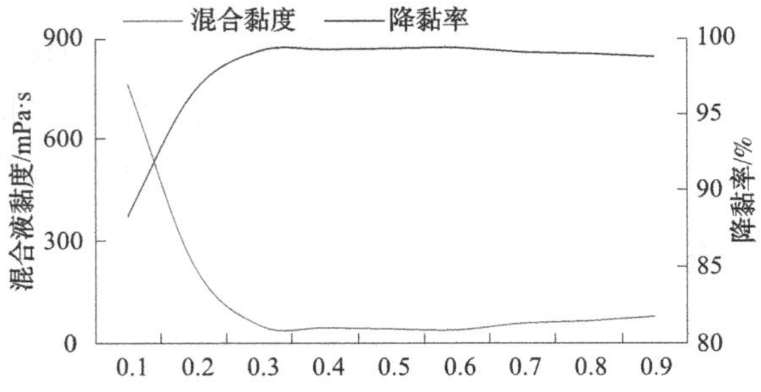

图 2　降黏剂浓度与降黏率关系图

2.4.2　表面张力和临界胶束浓度

降黏剂的表面张力能反映降黏剂溶液的润湿性能，表面张力越低，说明与外相润湿的阻力越小，产生乳化的阈限值越低，临界胶束浓度也是反映降黏剂表面活性的重要指标，表面活性剂分子在溶剂中缔合形成胶束的最低浓度称为临界胶束浓度。临界胶束浓度越低，表明这种活性剂形成胶束所需的浓度越低，达到表面饱和吸附的浓度越低，表面活性就越大。利用自动表面张力仪，在室温下测定了不同浓度下的降黏剂溶液的表面张力，实验结果表明，当降黏剂溶液浓度达到 1.0g/L 时，表面张力降至 32.0mN/m，并从降黏剂浓度与表面张力关系曲线中，确定了该降黏剂的临界胶束浓度为 1.0g/L，见图 3。

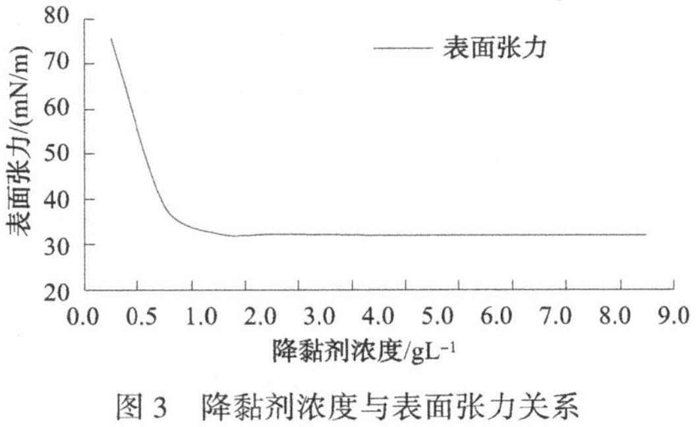

图 3　降黏剂浓度与表面张力关系

2.4.3　洗油率评价

对制备的降黏剂进行洗油率评价试验，将原油和油田净砂按照质量比 1∶4 充分混合，恒温 70℃静置 3d，取油砂混合物与不同浓度的降黏剂按照质量比 1∶10 充分混合，油藏温度下充分搅拌，静置 4h 后取上层洗脱液利用紫外可见分光光度法进行洗脱液含油率检测，利用含油率检测值，计算分离的驱油剂中原油浓度，进而得到原油的洗油率，实验结果见图 4，表面洗油率与降黏率具有一直性，在低于 0.9%浓度下，洗油率随着降黏剂浓度的上升而升高，在使用浓度 0.2%~0.3%时，洗油率达到 27.7%~28.1%，超过 0.3%后上升趋势变缓，经济效益下降，因此设计现场使用浓度在 0.2%~0.3%范围内。

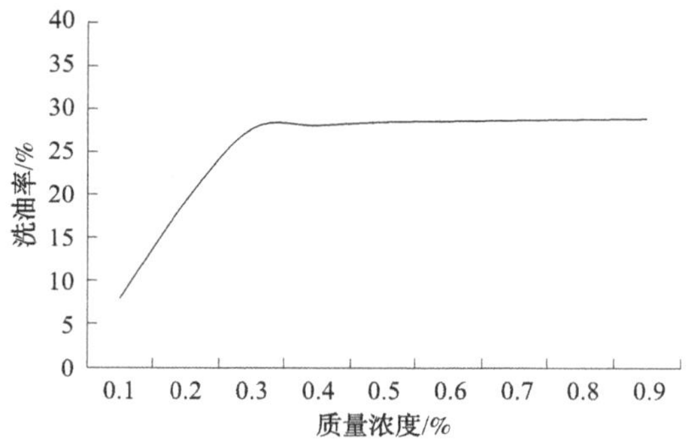

图 4 降黏剂浓度与洗油率关系曲线

3 现场应用情况

3.1 试验区块概况

H27 块属于厚层状底水普通稠油油藏，底水能力充足，主要采用水平井进行开发，由于原油黏度达到 1772~7255mPa·s，采用注汽辅助降黏引效，由于大部分井井采用非热采完井，注汽轮次和注汽量受到限制，且注汽易加剧底水上窜风险，生产井含水率逐年上升，注汽效果逐轮变差，因此开展降黏冷采试验，为该块后期提高单井产量探索新的途径。

3.2 典型井例

H27-H1228 井生产层系为 H27 块 d1，于 2017 年 1 月投产，生产井段 1635~1831m，50℃原油黏度 6553mPa·s，胶质+沥青质含量为 27.3%，初期采用冷采方式开发，日产油 18.2 吨，含水 27.2%，累产油 5232t，累产水 11866m^3，由于底水上窜，含水逐渐上升，日产油量下降，试验前日产液 30.1m^3，日产油 3.5t，含水 88.4%。主要问题是含水上升，产量下降。

对该井开展降黏冷采试验，累计注入降黏剂 21.5t，配液 700m^3，施工压力 10MPa，处理半径 1.8m，注降黏剂后焖井 48h 开井，措施后井口原油黏度 6553 下降至 4681mPa·s，高峰日产油 10t，含水 74%，有效期 181d，平均日产液 31.5m^3，日产油 7.7t，含水 77.6%，累计净增油 758.1t，投入产出比 1∶3.6(图 5)。

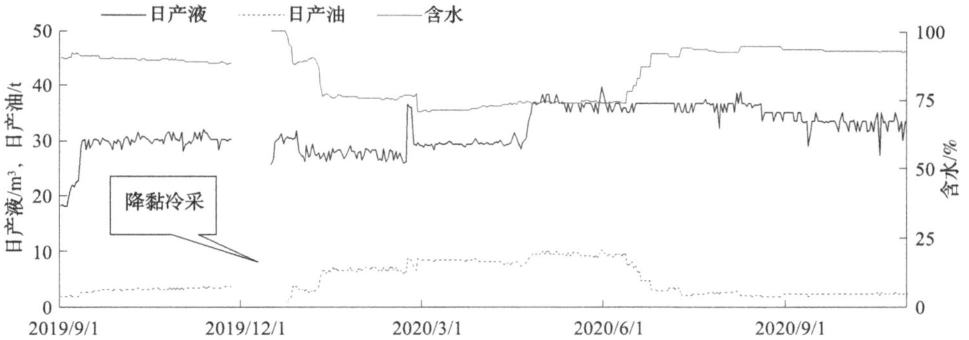

图 5 H27-H1228 井降黏冷采生产曲线

4 结论

（1）采用混合乳化剂 HLB 值标定法，确定了 H27 原油乳化最佳 HLB 值为 10.7。

（2）梳型降黏剂具有高分子主链及带有极性基团侧链的梳状分子结构，通过调整侧链组成，可控制降黏剂的 HLB 值，按照苯乙烯-马来酸酐聚合物、脂肪醇、植物甾醇摩尔量比 10∶5∶1，进行枝接反应，制备出 HLB 为 10.7 的具有梳状分子结构的非离子型降黏剂。

（3）利用 H27 原油对降黏剂进行性能评价，质量浓度为 0.3%的降黏剂溶液，降黏率达到 99.2%，表面张力 32.0mN/m，洗油率 28.1%，显示的较好得降黏驱油效果。

（4）现场试验井增油降水效果良好，说明 HLB 值对降黏剂的乳化降黏效果具有重要影响，此类采用特定 HLB 值的降黏剂的降黏冷采技术，为不具备热采条件的稠油储量的开发提供了新的思路。

参 考 文 献

[1]雷周，彭富更，周文健，等．河南油田稠油化学降黏技术应用及分析[J]．石油天然气学报，2011，33(6)：330-332.

[2] 耿斐，王韶颖，于丽，等．HLB方法用于稠油降黏体系的研究[J]．日用化学工业，2007，37(5)：298-300.

[3] 尉小明，刘喜林，张建英，等．稠油乳化开采用表面活性剂的筛选[J]．日用化学工业，2002，32(4)：40-42.

[4] NAEL N. Surfcant stabilized crude oil-in-water for pipeline transportation of vicious crude oil [J]. Colloids Surf A，1997，125：19-25

[5] 尉小明，赵庆峰，沈光伟，等．稠油乳化HLB值测定新方法及其应用研究[J]．钻采工艺，2002，32(4)：40-42.

[6] 方晓玲，HLB值评价稠油乳化增黏主要因素的研究[J]．当代化工；2019(2).

[7] 林吉生，唐培忠，郝清滟，等．稠油HLB值与含水率反相点的关联研究[J]．石油炼制与化工，2015，46(8)：33-36.

[8] 林圣森，杜志平，王万绪，等．梳型两亲聚合物的制备及性能[J]．精细化工，2011，28(3)：232-235.

[9] 左春山，刘大勇，徐启杰，等．植物甾醇的结构与功能研究进展[J]．河南科技，2013，9：211-213.

[10] 杨一青．驱油剂驱油效率测试方法的试验研究[J]．油田化学，2013，30(2)：290-294.

[11] 赵福麟．采油化学[M]．北京：石油大学出版社，1994.

化学驱提高采收率工艺技术研究

匡旭光　谢嘉溪　丁　缘　王记锋　谭宏亮　席　新

（辽河油田曙光采油厂工艺研究所）

摘　要　A 区块是该油田稀油注水开发主要区块之一。区块常规水驱条件下预测采收率只有 34%，化学驱先导实验证实该区块具备化学驱条件。遵循二次开发方案的整体设计，2017 年在 A 区块中部杜 XX 井区、东部 XX 井区、南部杜 XX 井区整体规划聚合物驱井组 54 注 102 采。截止目前，A 区块化学驱总规模达到 17 井组(17 注 38 采)，覆盖地质储量 XXX 万吨。

A 区化学驱开发虽然取得了良好的效果，但随着驱替介质的改变，各类问题浮现出来，主要表现为区块纵向动用不均、井下保黏困难、产出端见聚较高、生产井出砂严重等，需要开展工艺保障技术研究以保证化学驱开发的可延续性。

关键词　化学驱；井组；动用不均；出砂；黏度

1　概况

1.1　区块概况

A 区构造上位于 B 盆地西部凹陷西斜坡中段的 Y 断层上升盘中部，构造形态整体表现为北西高东南低的单斜，开发目的层为 Z 油层，油藏埋深 950~1700m，含油面积 XXXkm^2，油层有效厚度 10.6m，地质储量 XXXt。

转驱前区块水驱控制程度 78.5%，油藏温度 55℃，渗透率 $1071\times10^{-3}\mu m^2$，渗透率变异系数 0.8，连通系数 87%，综合含水 78%，地层原油黏度 30.8mPa·s，地层水矿化度 4795mg/L。

具体如图 1 所示。

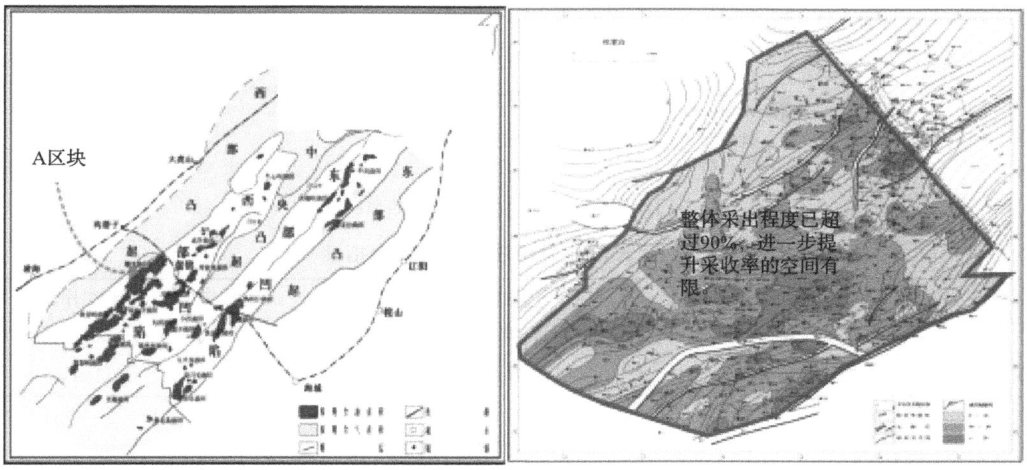

图 1　曙光油田 A 区开发井位部署图

1.2　化学驱概况

2017 年油田开展先导试验 6 个井组，2020 年扩大 5 个井组，2022 年扩大 1 个井组，2023 年扩大 5 个井组，目前化学驱总规模达到 17 井组(17 注 38 采)，覆盖地质储量 XXXXt(图 2)。

1.3　配聚技术

A 区化学驱采用单点配液注聚方式注入，井口采用撬式装置注入工艺流程，水源为联合站处理后回注污水，药剂设计分子量 2500 万以上，配置浓度 1800ppm。

配置水进入配液罐后，通过吸入器加入聚合物干粉配置成聚合物溶液，聚合物溶液熟化均匀后通过柱塞泵注入井下。方案设计注入压力为 10~15MPa，最高注入压力 20MPa，注入速度 0.1PV/a，注采比 1∶1，日配注 410m^3，单井日配注 55~85m^3，流程图见图 3。

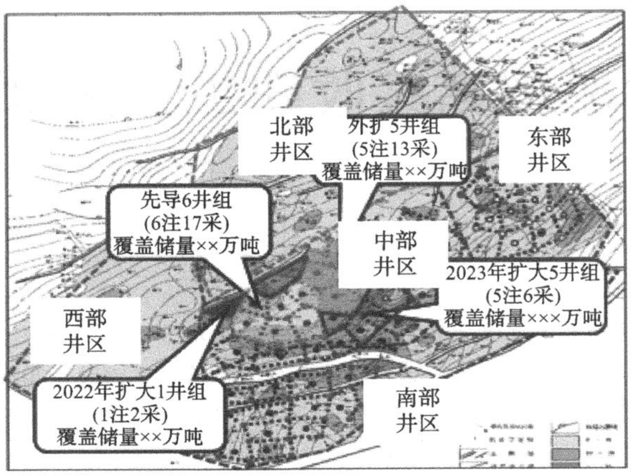

图 2　化学驱规划井位图

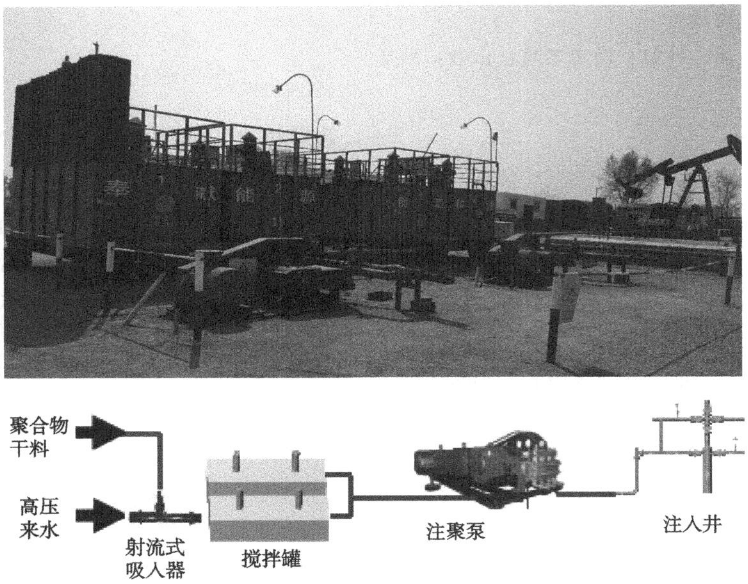

图 3　A 区化学驱配聚流程图

表 1　A 区化学驱注聚各段粘度指标

罐内黏度	井口黏度（地面沿程黏损 5%）	过炮眼保留黏度（井筒+套管+水泥环+炮眼黏损 36%）	最低工作黏度（地层剪切黏损 50%）
76mPa · s	72. 2mPa · s	46. 2mPa · s	23. 1mPa · s

表 2　A 区化学驱水质要求

序号	项目	水质要求	序号	项目	水质要求
1	含油量/(mg/L)	≤10	5	铁细菌含量/(个/mL)	≤n×10^2(0≤n<10)
2	悬浮固体含量/(mg/L)	≤10	6	Ca^{2+}/(mg/L)	≤25
3	硫酸盐还原菌含量(S^{2-})/(个/mL)	≤25	7	Mg^{2+}，mg/L	≤25
4	腐生菌含量/(个/mL)	≤n×10^2(0≤n<10)	8	总铁/(mg/L)	≤2. 0

近年来，通过建立完善配聚流程、加强现场检查、定期清理干线等一系列举措，有效降低管线内铁细菌含量，保证化学驱配聚黏度达标。同时，根据每日黏度监测数据反馈，动态调整配聚浓度，达到节约降本目的(表 1～2、图 4)。

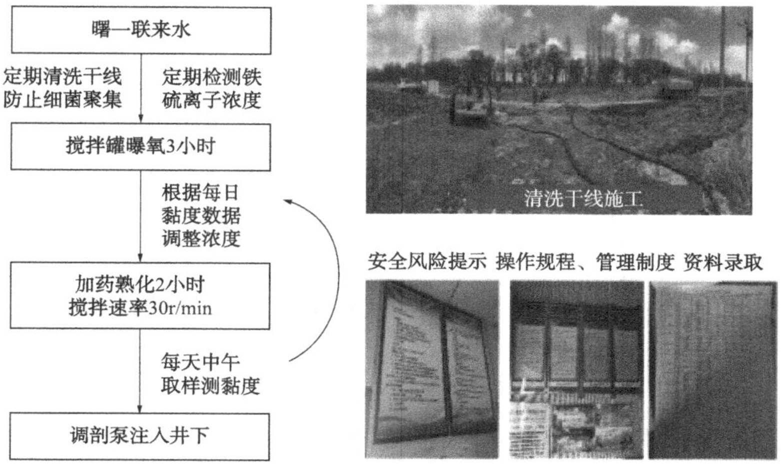

图 4　A 区化学驱配聚管理制度

2　存在问题及治理对策

2.1　纵向动用不均

A 区块属疏松砂岩油藏，构造较为复杂，发育各级断层 15 个，四级断块 7 个。油藏动用不均较为突出。纵向上，多期砂体层叠，层间物性差异较大，砂岩组渗透率极差最大 91。平面上砂体叠加连片分布，目标区块连通系数达 56%(图 5)。

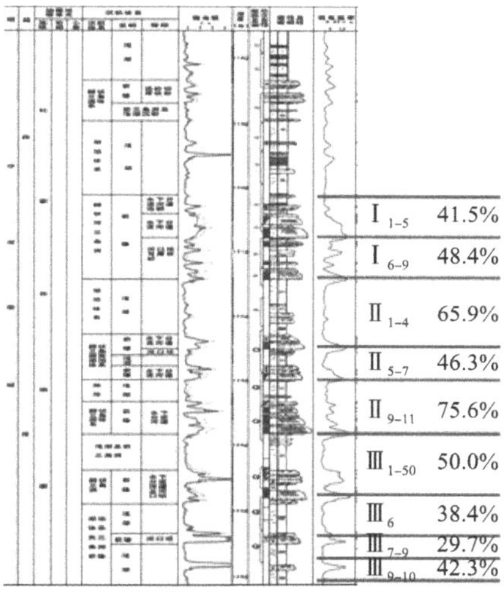

(a)A区纵向动用情况图

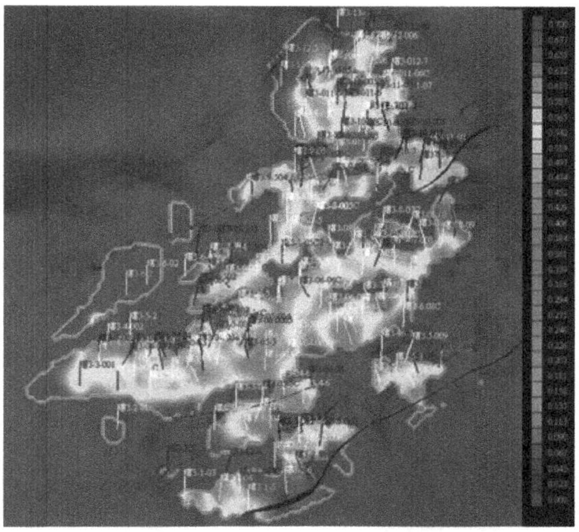

(b)A区平面剩余油分布图

图 5

A 区化学驱自转驱以来，纵向动用程度得到明显提升。但近两年吸水比例有所下降，部分井出现剖面不均情况，主要表现为剖面恢复或反转(图 6、7)。

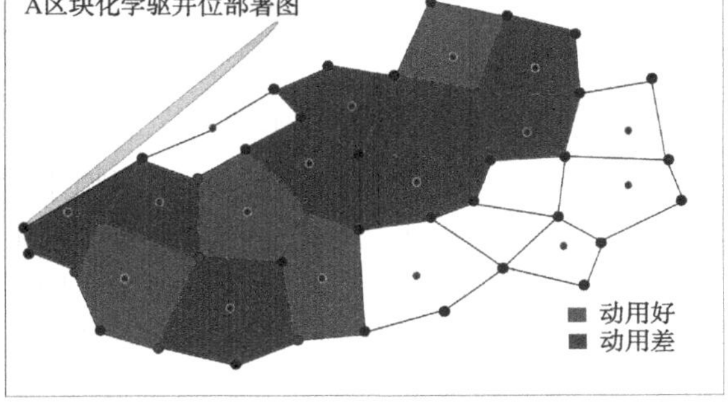

图 6　先导区动用状况分类

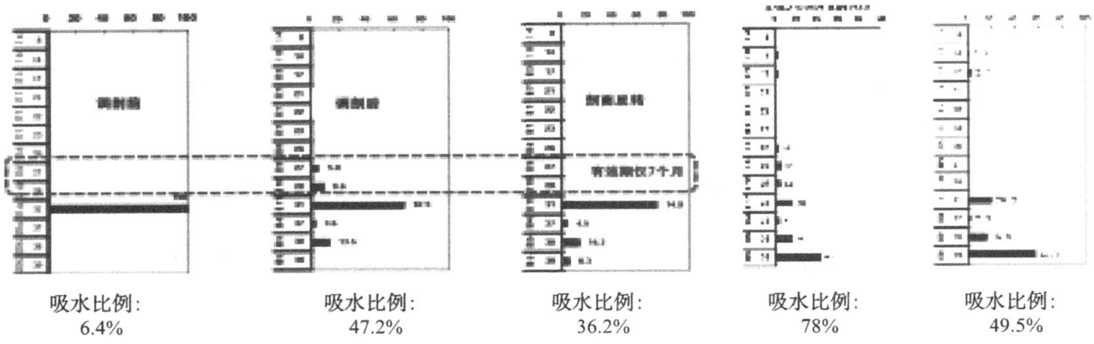

图 7　X-X-XXX 井剖面变化

常用对策为化学驱深部调驱技术

（1）技术原理

深部调驱技术适用于层间跨度较小、水窜层位不明确的化学驱注入井。2021 年在以往水井调剖基础上，深入优化形成了化学驱深部调驱技术。根据不同注入压力情况，个性化设计段塞组成，同时引入中、小排量注入方式，增强针对性、提高措施有效期(图 8，表 3)。

表 3　深部调驱不同注入工艺对比表

分类	压力区间	技术思路	配方组合	施工工艺
一类	<10MPa	酚醛树脂类+低浓度体膨颗粒	强凝胶：聚合物 0.3~0.5%，体膨 0.5~2%弱凝胶：聚合物 0.2~0.3%，体膨 2~5%强凝胶：聚合物 0.3~0.5%	大、中排量段塞式注入
二类	10~12MPa	延缓交联类调驱剂	强凝胶：聚合物 0.3~0.5%，体膨 0.5~1%弱凝胶：聚合物 0.2~0.3%，体膨 1~3%强凝胶：聚合物 0.3~0.5%	小排量段塞式注入
三类	12~13MPa	酚醛树脂类+柔性颗粒	弱凝胶：聚合物 0.2~0.3%	小排量段塞式注入

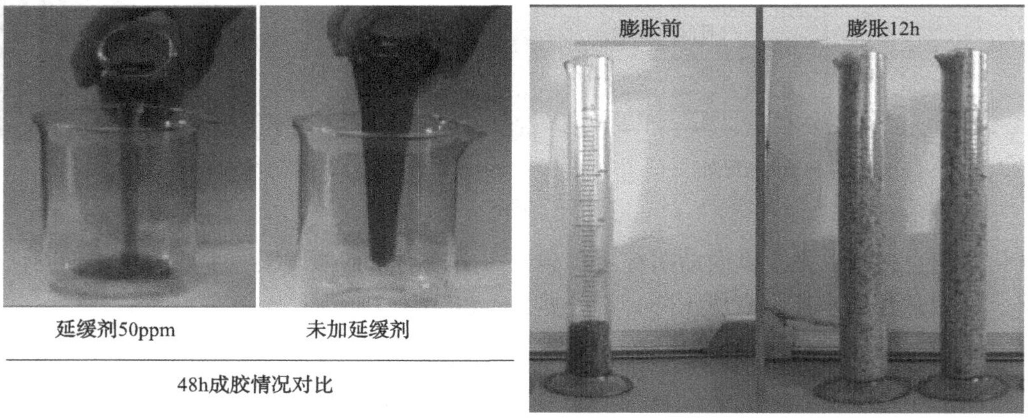

图 8　调驱剂实物图

（2）实施效果

2020~2022 年实施深部调驱 6 井次，平均注入压力升高 3.5MPa，增油 1316.3 吨，平均有效期 136 天。

平均注入压力升高 3.5MPa，纵向上新增动用层 4 个、封堵水窜层位 6 个。平面上，井组见效方向增加 4 个(图 9)。

（3）技术局限

深部调驱技术适用于层间跨度较小、水窜层位不明确的化学驱注入井。且注入压力超过

13MPa 的注聚井无法实施深部调驱技术。

2.2　注入井压力过高

随着注入体积不断增加，注入压力持续上升，目前化学组注入井压力超过 16MPa 的占比 16.7%。分析原因主要是聚合物在井下吸附成团，堵塞聚驱通道。注入井压力过高，会导致注入量不达标，严重影响后续开发(图 10、11)。

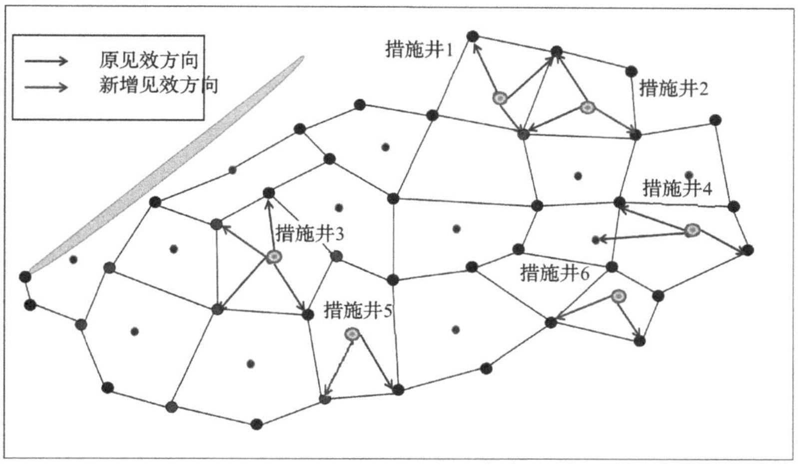

图 9　深部调驱平面见效对比图

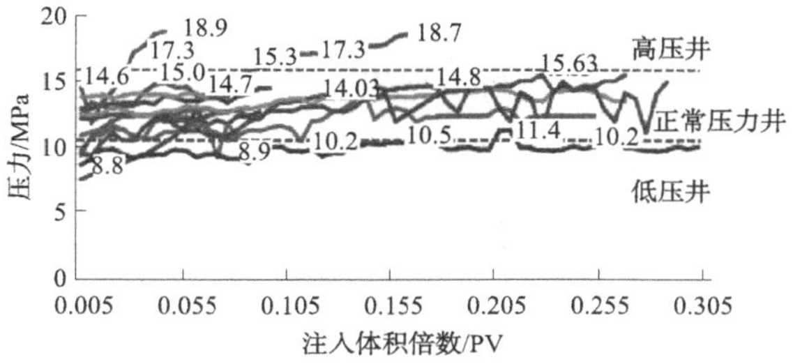

图 10　化学驱注入压力变化曲线

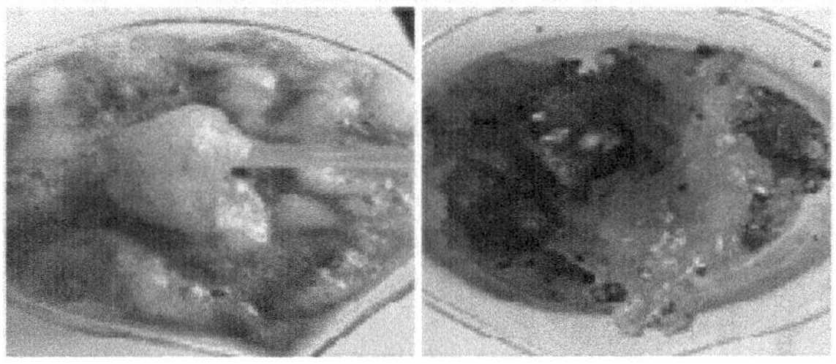

图 11　井下聚合物团状堵塞

对策为化学驱解堵技术

（1）技术原理

2022 年，通过开展井下聚合物取样溶解实验，初步筛选出两种解聚剂配方，即过硫酸铵和 J-2 解聚剂。通过溶解率实验优选出 J-2 解聚剂作为作为本次研究所用降解剂(表 4)。

降解率(%) = [(M_0- M_1)/M_0]×100%

式中，M_0：样品质量，M_1：样品溶解后的质量。

表 4　堵塞物降解率实验结果

编号	药品名称	加药浓度/%	降解率%
1	过硫酸铵	0.2	55.4
		0.3	61.0
		0.4	70.8
		0.5	89.2
2	J-2	0.2	67.7
		0.3	76.5
		0.4	87.2
		0.5	94.4

同时通过聚合物堵塞分析，确定使用新型多氢酸体系(x%HCl+y%有机多元酸+z%氟盐+添加剂)作为本次试验的地层疏通主酸剂。

新型多氢酸在地层中缓慢释放出 H^+，当酸液与地层反应时，不断生成新的 H^+，直到重新建立平衡。这种缓冲效应减缓了酸液与岩石矿物的反应速度，增大了酸化的有效作用距离，能达到深部酸化的目的(表 5)。

（2）实施效果

2022 年针对已转井 X-X-XXX 实施聚合物解堵降压措施，措施后注入压力由 14.3MPa 降低到 11MPa，但存在恢复注聚后压力回升的问题(注聚后压力仅维持 20 天)(图 12)。

表 5　岩心溶蚀率正交试验

序号	因素				实验结果
	A	B	C	D	溶蚀率/%
1	1	1	1	1	12.32
2	1	2	2	2	20.54
3	1	3	3	3	24.25
4	2	1	2	3	21.67
5	2	2	3	1	14.35
6	2	3	1	2	18.55
7	3	1	3	2	19.32
8	3	2	1	3	21.45
9	3	3	2	1	13.54
T1	57.11	53.31	52.32	40.21	/
T2	54.57	56.34	55.75	58.41	/
T3	54.31	53.34	57.92	67.37	/

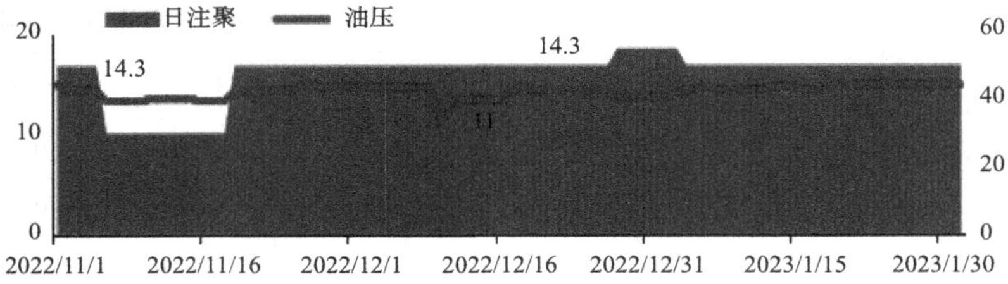

图 12　化学驱解堵井实施效果

(3) 技术局限

聚合物解堵技术虽然可有效溶剂聚合物堵塞、疏通近井地带地层、降低注聚井注入压力。但无法预防聚合物吸附导致的地层堵塞，存在处理半径较小、措施有效期较短的问题。

2.3　注入黏损研究

2022 年依托科研项目进行注聚井碳纤维涂层管柱井下试验，该材料管柱具有粗糙度低、化学性质稳定等优良特性，针对柱塞泵到炮眼之间注聚通道进行优化治理。井下试验证明，该技术注聚过程中可有效减少井口至炮眼间药剂剪切，从而降低黏度损失(图 13、表 6~7)。

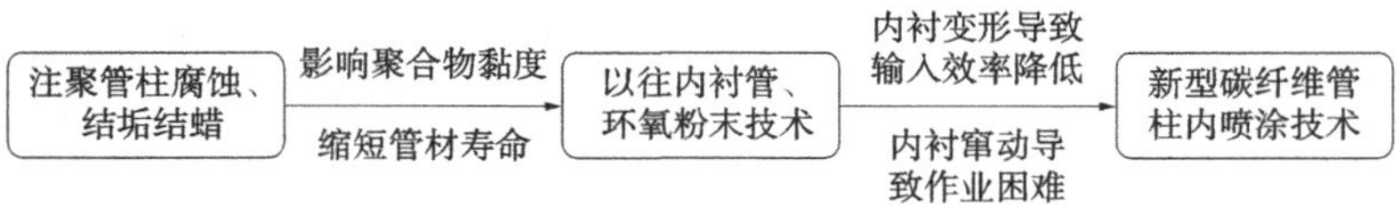

图 13　注聚井涂层技术历程

表 6　碳纤维涂层性能检测评价表

项目	Cl^-/(mg/L)	CO^2/(g/m^3)	H_2S/(g/m^3)	温度/℃	压力/MPa	时间/h
参数	10000	135	65	140	40	72
实验前				实验后		
涂层呈黑色，平整、光滑、无气泡、橘皮和流淌等宏观缺陷，附着力为 5A 级				未出现起泡、开裂、脱落、附着力降低现象		

表 7 碳纤维涂层管井下试验黏损数据

实验井号(对比取样 0m~1380m)	实验前黏损/%	实验后黏损/%
曙 X-xx-xxx	48	42

2.4 化学驱聚窜

A 区区块转驱三年后，采出液聚合物由单井 167mg/L 上升到 491mg/L，经统计强见聚井主要集中在先导 6 井组，采出液聚合物会影响脱水效率(表 8、图 14)。

表 8 A 区化学驱见聚浓度分类

分类	产聚浓度/(mg/L)	井口/口	比例/%
聚窜	>1000	6	16.7
强见聚	615~1000	5	13.8
中见聚	10~615	15	41.7
弱见聚	0~10	10	27.8
合计		36	100

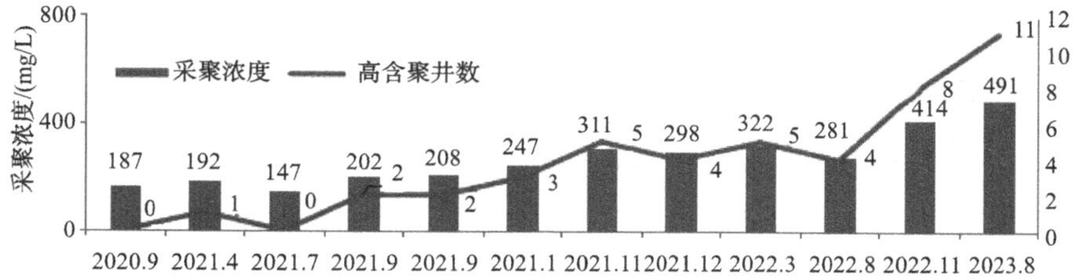

图 14 A 区化学驱历年平均见聚浓度曲线

对策为化学驱采出液处理技术

针对化学驱采出液聚窜问题，借鉴锦采成功经验，开展化学驱采出液预脱水、含聚污水回收再利用系统。在聚合物采出液前端设计加药点、脱水预处理加热炉、电脱水系统实现脱水。处理后的含聚污水经过沉降罐、浮选机、过滤器处理达标后用于回注、配聚或无效回注。含聚污水处理系统设计规模 3000 方/天，设计处理后污水含油≤10%、积杂≤20%(图 15、16)。

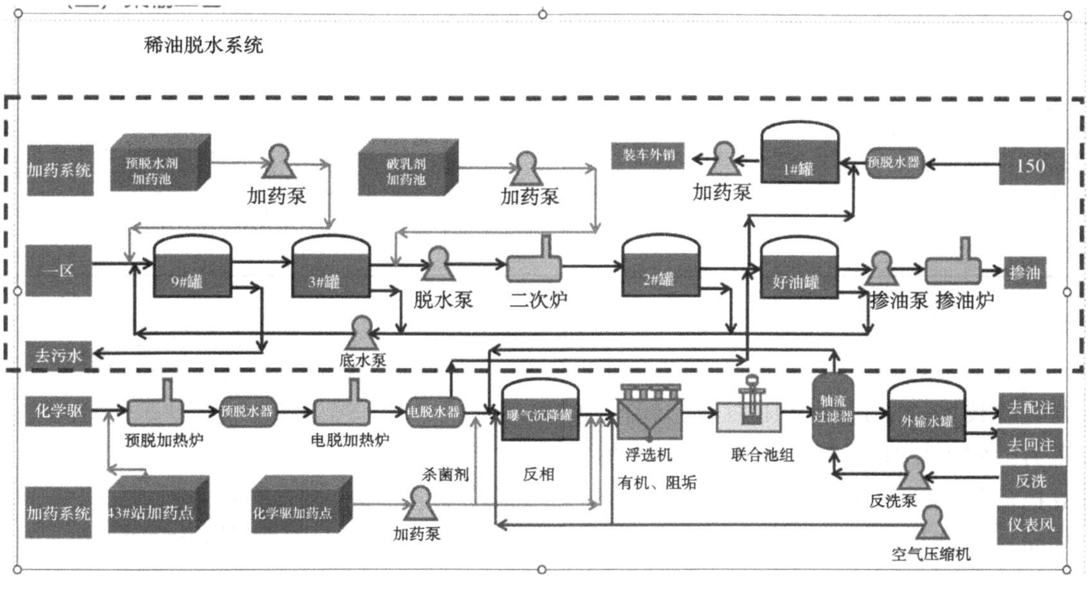

图 15 化学驱采出液预脱水示意图

2.5 生产井出砂

根据研究，注水井转聚驱后由于驱替液物性变化，生产井携砂能力提高，阻碍了化学驱增产提液。化学驱设计采液量为 461t/d、采液强度 1.9m³/d·m，但自转驱以来，目前采液量 380t/d、采液强度 0.55m³/d·m。

A区粒度分布跨度较大，分选系数1.67，主要包含中粒砂、细砂和粉砂，其中中粒砂含量31%、细砂含量55%、粉砂含量14%，粒度中值0.17mm。细粉砂含量达到69%，加大了区块治理难度(表9、图16)。

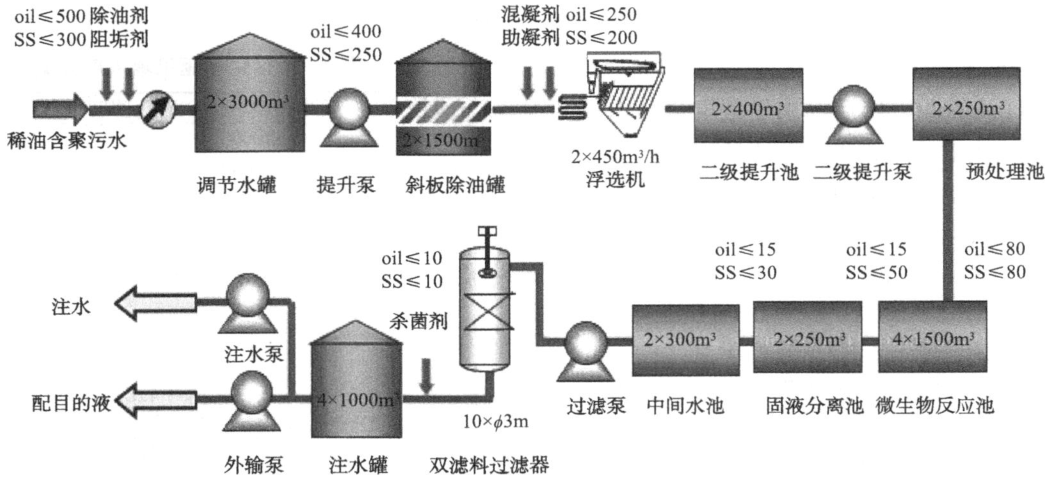

图16　化学驱含聚污水处理系统示意图

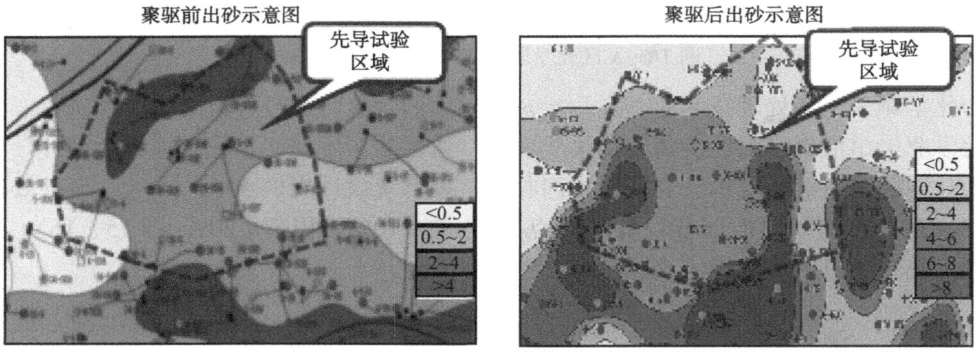

图17　A区聚驱前后出砂情况对比图

表9　先导6井组出砂井分类统计表

分类	单井万方液量出砂量差值/($m^3/10^4m^3$)	见聚浓度/(mg/L)	采液强度/($m^3/d\cdot m$)	井数
严重加剧	≥2	≥200	0.4~0.5	4
加剧	0~2	100~200	0.8~1.0	4
平稳	≤0	≤100	1.1~1.2	3

对策为压裂防砂技术

(1) 技术原理

压裂防砂技术，通过注入压裂液，超过地层破裂压力，将地层压开，利用防砂剂胶结固化，形成挡砂屏障，增加过滤面积，降低渗流阻力，从而达到延长检泵周期，恢复油井产能的目的。

2021年，采用陶粒涂敷树脂工艺，抗压强度5MPa，渗透率30μm^2。对比碳粒树脂砂性能指标，强度略低，渗透率高。固化后以冲砂方式处理井筒内砂塞(表10、图19)。

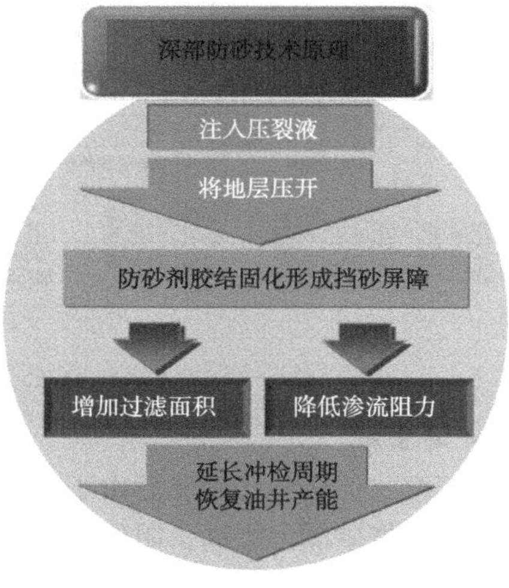

图18　压裂防砂技术机理图

表 10

防砂剂	抗压强度/MPa	渗透率/μm^2	最小防砂粒径/mm	固结温度/℃	耐温/℃
陶粒树脂砂	5	30	0.06	35	300
碳粒树脂砂	7.9	11.6	0.06	35	330

陶粒树脂砂

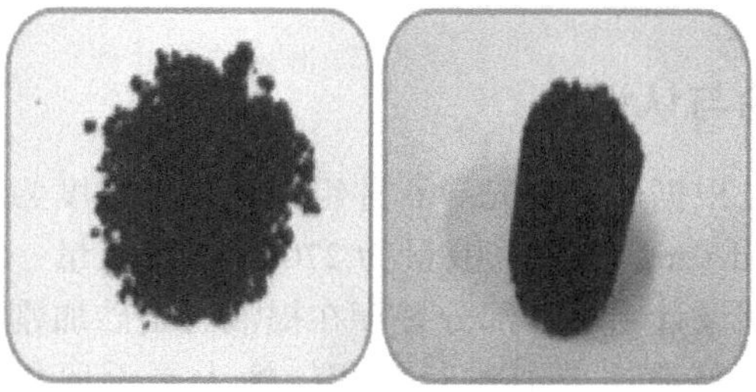

碳粒树脂砂

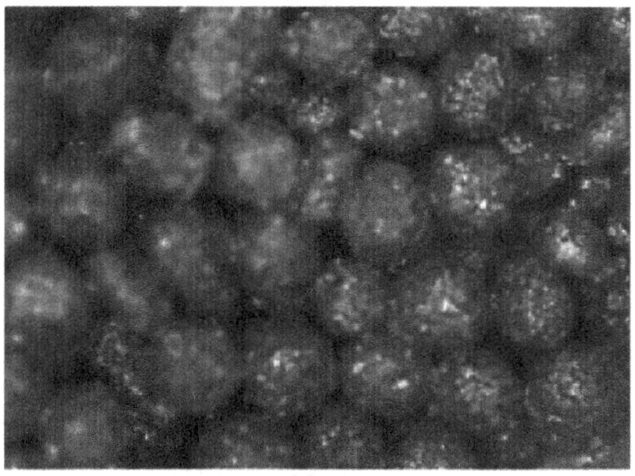

陶粒树脂砂岩心孔隙显微照片

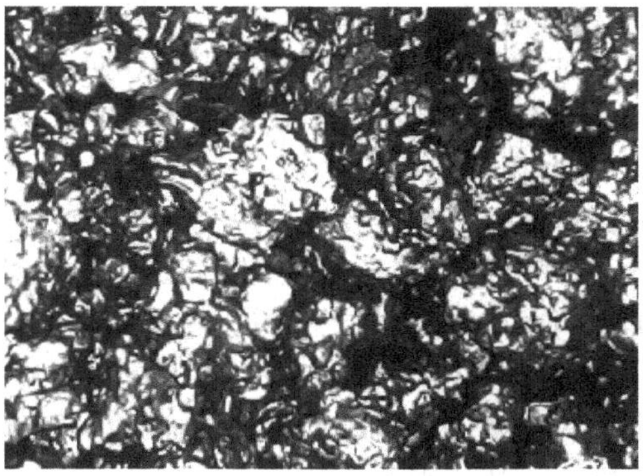

碳粒树脂砂岩心孔隙显微照片

图 19 陶粒覆膜砂技术优势

(2) 实施效果

A 区化学驱生产井主要矛盾为出砂限制采液能力。分析已转区对应生产井 36 口，其中出砂井 18 口，已全部实施过压防技术，目前技术可基本满足现场要求，2020~2023 年实施 28 井次，日产液上升井 13 口，平均单井增油 587.6 吨、检泵周期延长 302 天，措施有效率 92.8%（表 11）。

表 11 A 区化学驱 2020~2023 压防效果表

分类	井数	措施前			措施后			检泵周期对比/天	增油/t
		日产液	日产油	检泵周期	日产液	日产油	检泵周期		
先导 6	11	7.7	1.1	134	11.8	2.5	466	332	836.9
外扩 5	5	8.5	1.5	99	10.7	2.2	324	225	201.6
2023 自主 5	3	6.9	1.2	43	8.6	1.4	337	294	189.4
合计	18							302	587.6

(3) 下步计划

近年来，化学驱已转井组出砂 18 口井全部实施过压防措施，共实施 28 井次，措施效果较理想。下步计划根据以往压防效果结合供液能力、具体井况分析，形成化学驱防砂专项治理思路（表 12）。

表 12　A 区化学驱防砂下步思路

分类	液面		治理策略
	范围	均值	
供液能力好	0~430	188	地层深部防砂+砾石充填
供液能力中等	580~980	816	大规模地层深部防砂试验
供液能力差	1015~1200	1103	压裂防砂一体化

3　结论与认识

(1) 根据研究，先导 6 井组平均采液强度为 $0.76m^3/d \cdot m$，合理采液量为 270t/d，产液量一直未达到设计水平；部分井存在提液与出砂加剧的矛盾；目前主要通过长冲程、换大泵手段提液，提液手段单一。为此，需不断完善才有工艺措施，开展提液试验，不断探索提液对策。

(2) 针对化学驱聚合物解除技术有效期较短的局限性，预计开展新型解聚技术配方研究，以满足 A 区化学驱开发需求。

(3) 针对部分井剖面反转，纵向动用程度降低的注入井，下步计划开展二次调剖可行性试验，改善纵向动用状况。

(4) 进一步强化水质管理。一是开展改善注水沿程水质、储罐储池清理、滤料更换等一系列改善水质措施，从注水源头和注水沿程两大方面提高注水水质；二是强化注聚现场管理，不断提升注入质量。

(5) 针对聚窜井增多，井组平面动用不均的矛盾，一是摸索液流转向调控手段，开展强见效井控液，弱见效井解堵、压裂引效等调控，提高平面动用状况；二是结合国内外成熟技术，进一步探索契合采油厂处理条件的采出聚合物处理综合技术。

参　考　文　献

[1] 宋兴良．黏弹性流体在内管带有等距环槽的同心环空中流动的数值计算 [D]．大庆：东北石油大学．2011
[2] 高达．高温高盐油藏化学驱效果评价及油藏适应性研究 [D]．中国石油大学．2010
[3] 郭敬义．中区西部“两三结合”分期分质二期化学驱数值模拟研究 [D]．大庆：东北石油大学．2014
[4] 艾鹏．锦 16 区块化学驱提高原油采收率方法实验研究 [D]．大庆：大庆石油学院．2009
[5] 高洪峰．河南油田二元复合驱采出液稳定机理与处理方法研究 [D]．大庆：东北石油大学．2011
[6] 徐国民．三元复合驱举升系统流入流出动态特征研究 [D]．大庆：大庆石油学院．2009
[7] 朱书堂，陈国，杨小晶，钟文发，马远乐．油藏化学驱平衡方程解法改进 [J]．清华大学学报(自然科学版)，2002(10)．

驱油剂产出高峰期三元复合驱采出液的乳化和稳定机理及分离效果改善方法

吴　迪　张会平　刘文杰　蔡　徇　李瑞达　王一涵　杜　威　毛　淋

（大庆油田设计院有限公司）

摘　要　以大庆油田北一区二排区块现场三元复合驱采出液为介质，研究了采出液含水率和离心泵中的高剪切流场对石油磺酸盐表面活性剂弱碱体系三元复合驱采出液油水分离特性的影响及其影响机制。驱油剂产出高峰期三元复合驱采出液的最主要特征为含水率和驱油剂含量高，油水界面张力低，油水乳化程度高，在离心泵等高剪切湍流场内易发生二次乳化而油水分离难度显著增大。O/W 型三元复合驱采出液的油水分离难度随其含水率增大而增大。含水率大于等于 93.7%的高表面活性剂含量石油磺酸盐表面活性剂弱碱体系三元复合驱采出液单位体积内的油滴数量少，油滴间发生相互碰撞和接触的机会少，加上油滴在 Marangoni 效应作用下聚并缓慢，其在上浮进入三相分离器和游离水脱除器油水界面下方的油珠聚集体之前难以充分聚并，粒径过小，使得油珠聚并后被圈闭在油连续相中的水滴粒径过小，所形成的 W/O 型原油乳状液中含有大量直径小于 4μm 的细小水滴，这些细小的水滴受 Brown 运动影响严重，沉降和聚并困难，造成驱油剂产出高峰期三元复合驱采出液脱水达标困难。离心泵对含水率小于 60%的三元复合驱采出液总体上有显著的二次乳化作用，使其油水分离特性变差，而对含水率为 77.3%的三元复合驱采出液的油水分离特性则没有显著的不利影响。离心泵对三元复合驱采出液的乳化机理为离心泵内存在高强度的湍流场，其中尺寸与分散相液滴相近的涡流与液滴发生碰撞而使后者发生破裂，粒径变小，其影响程度随油水界面张力和分散相体积分数下降而增大。转油放水站外输液为含水率为 60%～80%的 O/W 型乳状液时其后续脱水难度较低。

关键词　三元复合驱；采出液；乳状液；乳状；稳定；湍流场；离心泵

三元复合驱油技术是各类化学驱油技术中提高原油采收率最高的一项技术，自 2014 年开始就在大庆油田进入了工业化应用，较水驱相比平均提高采收率幅度为 18%。在大幅度提高原油可采储量和原油产量的同时，三元复合驱也给采出液和采出水处理带来了采出液中持续析出新生矿物微粒、垢沉积、高稳定泡沫、高稳定性 O/W 和 W/O 型原油乳状液等一系列新问题，造成采出液和采出水处理设施效率大幅度下降，严重时还会导致出矿原油水含量和回注采出水水质超标。为消除和减轻实施三元复合驱给采出液和采出水处理设施造成的冲击，在处理工艺、药剂和设备方面均开展了大量研究工作，先后研发和应用了组合电极脉冲供电脱水器、陶瓷填料游离水脱除器、采出水序批沉降工艺、消泡剂、水质稳定剂和油水分离剂，显著改善了三元复合驱采出液和采出水的处理效果，但在驱油剂产出高峰期石油磺酸盐表面活性剂弱碱体系三元复合驱采出液脱水不达标的问题仍时常发生，需要从驱油剂产出高峰期现场采出液油水分离特性的影响因素和影响机制角度进一步开展研究，为改善驱油剂产出高峰期石油磺酸盐表面活性剂弱碱体系三元复合驱采出液脱水效果提供新的思路和对策。

在过去的 20 多年里，在三元复合驱采出液性质、乳化和稳定机理方面已经开展了大量研究，但主要是以模拟介质为研究对象，针对现场采出液开展的研究工作还很少。

Wu Di 等以模拟介质研究了 NaOH、烷基苯磺酸盐表面活性剂和部分水解聚丙烯酰胺对 O/W 型三元复合驱采出液乳化的影响和机理，发现 NaOH 和表面活性剂通过降低油水动态界面张力，部分水解聚丙烯酰胺通过增大水相黏度使 O/W 型三元复合驱采出液中的油滴粒径减小，乳化程度加大。

采出液的乳化最早起始于油藏中的油井近井

地带，该区域内由于流道截面积逐渐变小，流体流速和压力梯度增大，所产生的高剪切通常会造成采出液在进入井筒前就发生一定程度的乳化。三元复合驱采出液在油藏中的乳化则更为复杂，孙哲等报道了石油磺酸盐表面活性剂弱碱体系三元复合驱岩心驱替试验中产出的 O/W 型和 W/O/W 型原油乳状液。此外，井筒内的潜油电泵和井口处的油嘴也会造成采出液在举升过程的乳化。采出液集输和处理过程中应用的阀门和离心泵等也会造成采出液在地面发生二次乳化，采出液中的油滴和水滴越小，则油水分离难度越大。

Flanigan 等评价了 7 种阀门和过滤器对采出水中油滴的乳化作用，发现正位移泵的剪切乳化作用最小，而球阀和蝶阀在压差只有 0.138MPa 的情况下就可使油滴粒径显著变小。Skjefstad 等评价了进口阀开度和表面活性剂对平行管式分离器油水分离效果的影响，发现进口阀和表面活性剂 Span 均使分离器的油水分离效率显著下降。

Wu Di 等 在现场监测中发现离心泵会导致高含水率三元复合驱采出液油水乳化程度加大，致使分离采出水含油量显著增大。

Wu Di 等研究了离心泵对 O/W 型和 W/O/W 型石油磺酸盐表面活性剂弱碱体系三元复合驱采出液的乳化作用和机制，发现离心泵的剪切作用可使高表面活性剂含量的 O/W 型和 W/O/W 采出液(含水率为 95%)和 W/O 型低含水率采出液(含水率为 7.4%)经过 24h 60℃静置沉降的残余水含量分别增大 70%和 1080%；确定耗散速率(湍流强度)、表面活性剂含量(油水界面张力)和分散相体积分数是影响三元复合驱采出液地面二次乳化的主要因素。O/W 型和 W/O/W 型三元复合驱采出液中的乳化水表面活性剂含量显著高于游离水的表面活性剂含量，使得 O/W 型和 W/O/W 型三元复合驱采出液脱除游离水后得到的 W/O 型低含水率原油乳状液更易在离心泵内高剪切流场中发生二次乳化而油水分离难度大幅度增大。

吴迪等采用相关性分析方法对大庆油田 2 座接收和处理石油磺酸盐表面活性剂弱碱体系三元复合驱采出液的转油站和转油放水站外输液油水分离特性与其成分等参数之间的相关性进行了分析，发现转油站和转油放水站外输液中 W/O 型低含水率乳化油经过 24h 60℃静置沉降后的残余水含量的主要影响因素包括外输液含水率、游离水表面活性剂含量、游离水和乳化水 pH、油水分离剂加药浓度/游离水表面活性剂含量、W/O 型乳化油初始离心沉淀物含量和掺水温度。转油站和转油放水站外输液中的 W/O 型低含水率乳化油经过 24h 静置沉降后的残余水含量随外输液含水率上升呈现先降低后增大的趋势，其极小值点出现在外输液含水率为 78%附近。上述结论对优化三元复合驱采出液处理工艺、设备和处理药剂，改善三元复合驱采出液油水分离效果具有重要指导意义，但由于主要是依据对历史数据进行统计分析得到的，具有一定程度的不确定性，需要通过现场介质验证试验、理论分析和机理研究进行验证和完善。

本文中以大庆油田北一区二排区块现场三元复合驱采出液为介质，研究了采出液含水率和离心泵中的高剪切流场对石油磺酸盐表面活性剂弱碱体系三元复合驱采出液油水分离特性的影响及其影响机制。

1　材料与试剂

大庆油田新中 202 转油放水站三相分离器进液、三元复合驱外输泵进液和出液；新中 203 转油站三元复合驱外输液；大庆油田聚中十六转油放水站三元复合驱外输液。

大庆油田北 I-1 联合站外输脱水脱气原油(水驱和聚驱产油，水含量<0.3%)。

120#溶剂汽油，工业品。

2　试验方法

2.1　O/W 型原油乳状液的制备和其油水分离特性评价方法

用容量为 10L 的塑料桶现场接取 10L 新中 203 转油站三元复合驱外输液，置于室温下静置 24h 使油层凝固；将塑料桶内的水层全部倒出，采用冰乙酸—次氯酸钠浊度法测定其中的部分水解聚丙烯酰胺含量，按国标 GB/T 5173—2018《表面活性剂洗涤剂阴离子活性物含量的测定　直接两相滴定法》测定其阴离子表面活性剂含量，用酸度计测试其 pH 值；在 2 个容量为 1000mL 的玻璃 Schott 瓶中分别依次加入 650g 从新中 203 转油站外输液中分离出的游离水和 150g 北 I-1 联合站外输油后将其置于水温为 40℃的水浴中预热 30min；将 Schott 瓶置于 Kinematica PT 3100D 型均化仪(配 20mm PT-DA 20/2EC-B193 均化头)上，在 10000 或 15000r/min 的转速下乳化 2min；将 Schott 瓶放回到水浴中静置 30min 后取出，上下颠倒 1 次后置于室温下静置 60s，用配有长针头的注射器从 Schott 瓶底部抽取 60mL 水样参照石油行业标准 SY/T 0530—2011《油田采出水中含油量测定方法 分光光度法》测定其含油量，记做水相乳化油量；将 Schott 瓶转移到 4℃冷藏箱中静置，待油层凝固后将其中残余的水层倒出；将 Schott 瓶置于水温为 35℃的水浴中预热 60min 后将其中的乳化油合并到一瓶中，上下颠倒 50 次，取样用 Leica TCS-SP5 型激光共聚焦显微镜或 Leica DMRXP 型偏光显微镜拍摄其显微照片。将 Schott 瓶中的 W/O 型乳化油样倒入容量为 160mL 的具盖玻璃配方瓶和容量为 100mL 的玻璃离心试管(预先称重)中分别至 160mL 和 50mL 刻度；离心试管再次称重后置于水温为 60℃的水浴中预热 30min；将离心试管置于湘仪 Paragons 型离心机中在 2500r/min 的转速下处理 1min，记录离心试管底部的沉淀物、游离水和油水过渡层体积；向离心试管中加入 120#溶剂汽油至 100mL 刻度，手振 100 次后置于离心机中在 60℃ 3000r/min 下离心处理 10min，记录离心试管底部的沉淀物、游离水和油水过渡层体积；将配方瓶置于水温为 60℃的水浴中静置 24h，用 10mL 塑料移液管将配方瓶中油水界面 20cm 以上的油层全部抽出，参照国标 GB/T 8929—2006《原油水含量的测定 蒸馏法》测定其水含量。将离心试管和配方瓶底部的水样合并，测试其表面活性剂含量。

2.2 现场 O/W 型采出液油水分离特性评价方法

用预先称重的容量为 10L 的塑料桶现场接取 10L O/W 型采出液，再次称重后将其置于室温下静置 24h 使油层凝固；将塑料桶内的水层全部倒出，测试其 pH 值、表面活性剂含量和聚合物含量；塑料桶再次称量后将其置于水温为 40℃的水浴内预热 30min，期间每隔 5min 将塑料桶上下颠倒 5 次；将塑料桶上下颠倒 50 次后将其中的油样倒入容量为 1000mL 的 Schott 瓶中；按照 2.1 中的步骤评价从 O/W 型采出液中分离出的 W/O 型低含水率乳化油的油水分离特性。

2.3 现场 W/O 型采出液油水分离特性评价方法

用容量为 1000mL 的 Schott 瓶现场接取 800mL W/O 型采出液，按照 2.1 中的步骤评价其油水分离特性。

3 结果和讨论

3.1 三元复合驱采出液集输和处理工艺

大庆油田北一区二排区块采用碱-表面活性剂-聚合物驱油(三元复合驱)技术提高原油采收率，所注入的碱为碳酸钠，表面活性剂为石油磺酸盐，聚合物为部分水解聚丙烯酰胺。如图 1 中所示，该区块三元复合驱采出液进入中 203 转油站和新中 202 转油放水站进行脱气和游离水脱除，设计游离水脱除工艺为：三元复合驱油井产出液和井口掺水进入中 203 转油站内的两台分离缓冲游离水脱除器(三合一)中脱除全部伴生气和部分游离水(在计量间来液汇管处投加反相破乳剂)，三合一放水进入掺水加热炉升温后反输到油井井口，掺入到油井产出液中；三合一出油经离心外输泵升压后输往新中 202 转油放水站；新中 202 转油放水站直辖油井的采出液和井口掺水，连同中 203 转油站来液进入新中 202 转油放水站内的 3 台三相分离器中(反相破乳剂剂投加在掺水中)，三相分离器放水进入该站内的 2 座沉降罐，沉降罐放水一部分进入掺水加热炉升温后由掺水泵升压回输到油井井口作为回掺热水，余下的外输至新中 202 三元污水处理站；三相分离器出油经外输泵升压后输往下游的北二联合站进行后续脱水。该站三相分离器出油含水率设计值为不大于 30%。2021 年北一区二排区块进入驱油剂产出高峰期后，由于油井产出液含水率过高和反相破乳剂加药量过低，该站外输油(三相分离器出液)的综合含水率的变化范围为 34%～75.8%，其乳状液类型大部分分为 W/O 型，少数为 O/W 型或 W/O/W 型。为验证文献[20]中通过关联性分析得到的结论，对新中 202 转油放水站三相分离器进液、三元复合驱外输泵进液和出液进行了油水分离特性评价(图 1)。

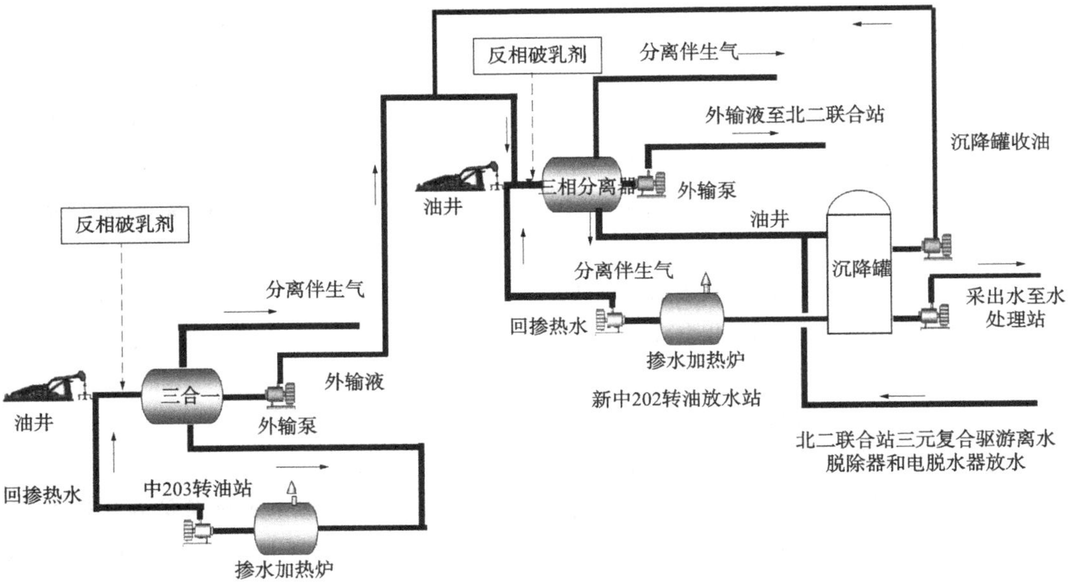

图 1　中 203 转油站和新中 202 转油放水站和三元复合驱采出液集输和处理工艺流程

3.2　含水率和离心泵中的高剪切流场对三元复合驱采出液油水分离特性的影响

2021 年期间，新中 202 转油放水站三相分离器进液、三相分离器出液(三元复合驱外输泵进液)和三元复合驱外输泵出液的成分和油水分离特性见表 1，从三相分离器进液和出液中分离出的 W/O 型乳化油 24h 静置沉降残余水含量对比见图 2，三元复合驱外输泵进液和出液中的乳化油 24h 静置沉降残余水含量对比见图 3，外输泵出液和三相分离器进液中的乳化油 24h 静置沉降残余水含量对比见图 4。

由表 1 中可见，2021 年期间新中 202 转油放水站三相分离器进液(含油井回掺水)综合含水率为 93.7%~96.1%，为 O/W 和 W/O/W 型原油乳状液，游离水 pH 值为 7.9~8.2，游离水表面活性剂含量为 154~200mg/L，聚合物含量为 732~959mg/L，从三相分离器进液中分离出的 W/O 型低含水率乳化油含水率为 8.6%~38.4%，乳化油在 52℃下静置沉降 24h 后的残余水含量为 1.44%~4.74%，从乳化油中分离出的乳化水 pH 值为 8.5~8.8，表面活性剂含量为 486~936mg/L；三元复合驱外输泵进液综合含水率为 33.6%~78.7%，综合含水率为 33.6% 的外输泵进液为 W/O 型乳状液，综合含水率大于等于 59%的为 O/W 和 W/O/W 型原油乳状液，综合含水率为 47.4%~50.8%的外输泵进液部分为 W/O 型乳状液，部分为 O/W 型乳状液(三相分离器进液游离水表面活性剂含量大于等于 188mg/L 情况下为 O/W 和 W/O/W 型乳状液，低于 188mg/L 情况下为 W/O 型乳状液)，外输泵进液或从外输泵进液中分离出的 W/O 型乳化油含水率为 20.6%~50.8%，乳化油在 52℃下静置沉降 24h 后的残余水含量为 1.2%~2.51%，从乳化油中分离出的乳化水 pH 值为 8.3~8.8，表面活性剂含量为 146~1083mg/L；三元复合驱外输泵出液综合含水率为 34.2%~75.8%，综合含水率小于或等于 45.7%的外输泵出液为 W/O 型乳状液，含水率大于等于 52.5%的为 O/W 和 W/O/W 型原油乳状液，综合含水率为 47.8%~50%的外输泵出液部分为 W/O 型乳状液，部分为 O/W 型乳状液(三相分离器出液游离水表面活性剂含量等于 200mg/L 情况下为 O/W 和 W/O/W 型乳状液，游离水表面活性剂等于 179mg/L 的情况下为 W/O 型乳状液)，外输泵出液或从外输泵出液中分离出的 W/O 型乳化油含水率为 14.6%~50%，乳化油在 52℃下静置沉降 24h 后的残余水含量为 1.69%~3.94%，从乳化油中分离出的乳化水 pH 值为 8.3~8.7，表面活性剂含量为 146~841mg/L；三相分离器进液和 O/W 型外输泵进出液中的乳化水的 pH 和表面活性剂含量均高于游离水。

表 1　新中 202 转油放水站三相分离器进液、三元复合驱外输泵进液和出液的成分和油水分离特性

日期	介质	综合含水率/%	乳状液类型	反相破乳剂加药浓度/(mg/L)	游离水/pH	游离水表面活性剂含量/(mg/L)	游离水聚合物含量/(mg/L)	乳化油初始含水率/%	乳化油初始离心沉淀物含量/(mL/100g)	乳化水/pH 值	乳化水表面活性剂含量/(mg/L)	乳化水聚合物含量/(mg/L)	乳化油 24h 残余水含量/%
3-8	外输泵进液	33.6	W/O	20	—	—	—	33.6	0.06	8.6	1083	1124	1.24
3-8	外输泵出液	34.2	W/O	20	—	—	—	34.2	0.06	8.6	841	1340	1.69
4-14	三相分离器进液	95.8	O/W	28	8.2	188	926	18.5	0.12	8.7	519	974	2.65
4-14	外输泵进液	78.7	O/W	28	8.2	184	846	12.4	0.07	8.8	433	1024	1.94
4-14	外输泵出液	75.8	O/W	28	8.2	184	846	11.9	0.07	8.7	645	1094	1.74
4-21	三相分离器进液	94.8	O/W	29	8.1	154	772	16.7	0.12	8.6	676	1093	1.78
4-21	外输泵进液	47.4	W/O	29	—	—	—	47.4	0.12	8.5	291	909	1.80
4-21	外输泵出液	45.7	W/O	29	—	—	—	45.7	0.05	8.5	374	926	2.11
5-18	三相分离器进液	93.8	O/W	24	8.1	200	876	8.56	0.07	8.8	936	1406	1.44
5-18	外输泵进液	48.1	O/W	24	8.3	265	914	10.2	0.07	8.7	983	1247	1.30
5-18	外输泵出液	47.8	O/W	24	8.3	247	892	16.7	0.06	8.6	650	1250	1.75
6-16	三相分离器进液	96.1	O/W	84	8.0	154	885	27.0	0.12	8.6	814	1461	3.04
6-16	外输泵进液	59.0	O/W	84	8.0	191	871	10.6	0.13	8.8	563	1304	1.20
6-16	外输泵出液	59.6	O/W	84	8.0	191	871	8.48	0.12	—	—	—	1.75
7-22	三相分离器进液	93.7	O/W	85	7.9	188	959	19.6	0.15	8.6	486		4.52
7-22	外输泵进液	50.0	O/W	85	8.2	223	891	20.6	0.14	8.6	214	885	2.51
7-22	外输泵出液	52.5	O/W	85	8.2	237	891	14.6	0.12	8.6	770	907	2.30
8-10	三相分离器进液	95.8	O/W	80	8.1	179	732	38.4	0.24	8.5	734	1372	4.74
8-10	外输泵进液	50.8	W/O	80	—	—	—	50.8	0.14	8.3	146	927	2.16
8-10	外输泵出液	50.0	W/O	80	—	—	—	50.0	0.14	8.3	146	949	3.94

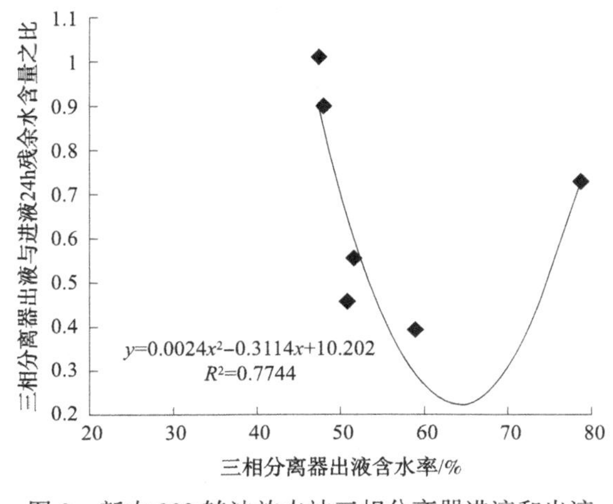

图 2　新中 202 转油放水站三相分离器进液和出液（三元复合驱外输泵进液）中的 W/O 型乳化油 24h 静置沉降残余水含量对比

由图 2 中可见，含水率大于等于 48.1%的三相分离器出液中的 W/O 型乳化油在 52℃下经过 24h 静置沉降后的残余水含量均低于三相分离器进液中的 W/O 型乳化油；三相分离器出液和从其中分离出的 W/O 型乳化油与从三相分离器进液中分离出的 W/O 型乳化油在 52℃下经过 24h 静置沉降后的残余水含量之比随三相分离器出油综合含水率从 33.6%增大到 78.7%先降低后增大，在三相分离器出油综合含水率为 60%~70%的范围内有极小值，表明三相分离出液为 O/W 型或 W/O/W 型乳状液时其后续脱水难度较低。

由图 3 中可见，在外输泵进出液综合含水率在 50%以下时，外输泵出液或从其中分离出的 W/O 型乳化油在 52℃下经过 24h 静置沉降后的残余水含量均大于外输泵进液或从其中分离出的

W/O 型乳化油，表明外输泵进出液综合含水率在 50%以下时离心泵对外输液后续脱水难度有增大作用；而随外输泵进出液平均综合含水率从 50%增大到 77.3%，离心泵对外输液后续脱水难度的影响呈现出总体上呈降低的趋势，在外输泵进出液综合含水率为 77.3%时离心泵对外输液后续脱水难度没有显著影响。上述现象表明，离心泵对高驱油表面活性剂含量的 W/O 型原油乳状液和含水率低于 60%的 O/W 型原油乳状液有显著的剪切乳化作用，会增大下游采出液的脱水难度，而对综合含水率在 77.3%左右的高驱油表面活性剂含量 O/W 型或 W/O/W 型原油乳状液的剪切乳化作用则不显著。

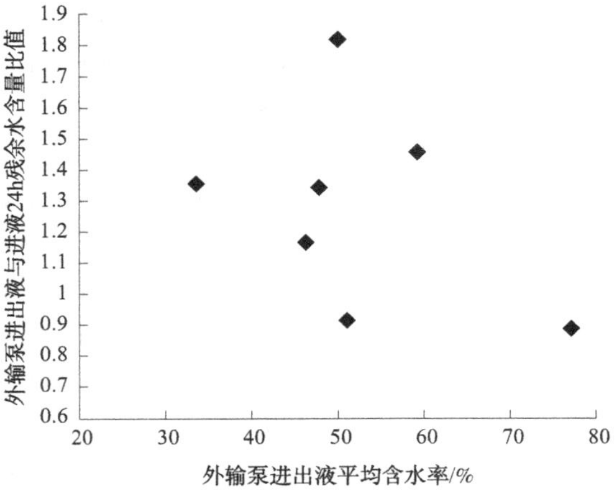

图 3　新中 202 转油放水站三元复合驱外输泵进液和出液中的 W/O 型乳化油 24h 静置沉降残余水含量对比

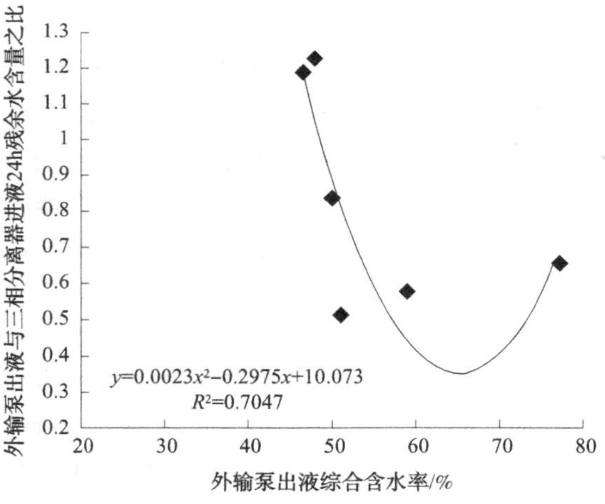

图 4　新中 202 转油放水站三元复合驱外输泵出液和三相分离器进液中的乳化油 24h 静置沉降残余水含量对比

由图 4 中可见，在外输泵出液综合含水率小于等于 47.8%时，外输泵出液或从其中分离出的 W/O 型乳化油在 52℃下经过 24h 静置沉降后的残余水含量均大于三相分离器进液中的 W/O 型乳化油；在外输泵出液综合含水率大于等于 52.5%时，外输泵出液或从其中分离出的 W/O 型乳化油在 52℃下经过 24h 静置沉降后的残余水含量均小于三相分离器进液中的 W/O 型乳化油；外输泵出液或从其中分离出的 W/O 型乳化油与从三相分离器进液中分离出的 W/O 型乳化油在 52℃下经过 24h 静置沉降后的残余水含量之比随外输泵出液综合含水率从 34.2%增大到 75.8%先降低后增大，在外输泵进出液综合含水率为 60%～80%的范围内其后续脱水难度较低，此为三相分离器出液含水率和离心外输泵对外输泵进出液油水分离特性的综合影响结果。上述结论与文献[20]中统计得到的驱油剂产出高峰期转油站和转油放水站外输液中的 W/O 型乳化油在 60℃下经过 24h 静置沉降后的残余水含量随外输液综合含水率从 45.7%增大到 93.5%先降低后增大，在含水率为 78%左右时最有利于下游脱水站的采出液后续脱水的结论虽然在最佳含水率数值上有较大偏差，但总体趋势是一致的。

3.3　驱油剂产出高峰期三元复合驱采出液的乳化和稳定机制

8 月 10 日新中 202 转油放水站三元复合驱外输泵进液在 52℃下经过 72h 静置沉降后的顶油显微镜照片和其中的水滴粒径分布曲线见图 5 和图 6，初始含水率为 50.8%的外输泵进液经过 24h 52℃静置沉降后的顶油水含量降至 2.16%，而随沉降时间延长至 72h，顶油残余水含量为 1.95%，只有小幅度下降，表明单纯依靠延长沉降时间并不能将其残余水含量降低到 0.3%的出矿原油水含量控制指标以下。由图 5 和图 6 中可见，外输泵进液经过 72h 52℃静置沉降后顶油中残余水滴的直径分布范围为 0.6～6.9μm，其 50%累积体积直径(D_{50})为 4.0μm，表明直径为 4μm 以下的细小水滴在重力场中不能依靠油水间的密度差发生有效沉降而从原油中分离出去，其原因为这些细小的水滴由于粒径过小，其周围的烃类分子对其的作用力会出现瞬间不平衡的情况，导致其在油层中始终处于无规则随机运动中，即图 7 中所示的 Brown 运动。Brown 运动会导致细小水滴在油层中发生扩散，如式(1)中的 Einstein-Stokes 方程所示，水滴粒径越小，其在油层中的扩散系数越大，受 Brown 运动的影响越大。

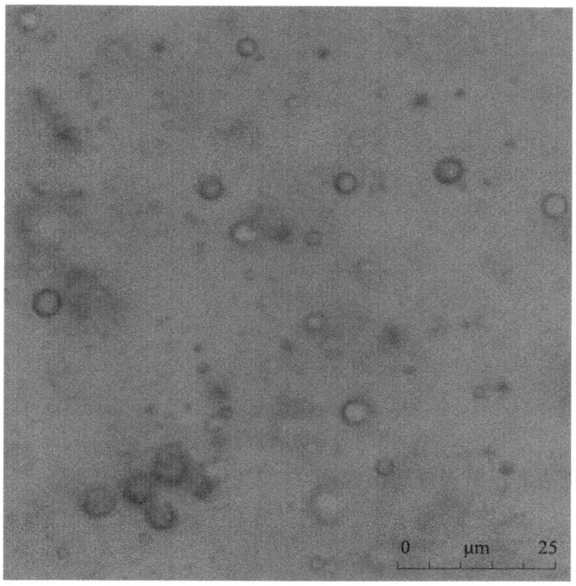

图 5 新中 202 转油放水站外输泵进液在 52℃下静置 72h 后的顶油显微镜照片

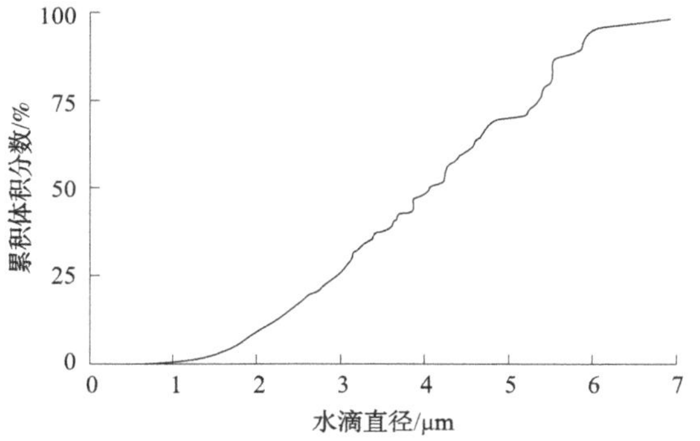

图 6 新中 202 转油放水站外输泵进液在 52℃下静置 72h 后的顶油中的水滴粒径分布

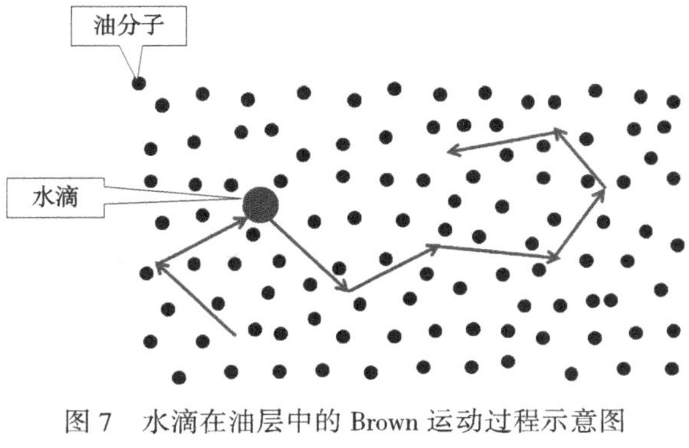

图 7 水滴在油层中的 Brown 运动过程示意图

$$D = \frac{kT}{3\pi\mu d} \tag{1}$$

式中，D 为扩散系数，m^2/s；k 为玻尔兹曼常数，$kg \cdot m^2 \cdot s^{-2} \cdot K^{-1}$；$T$ 为温度，K；μ 为连续相（油）相黏度，mPa · s；d 为液（水）滴直径，m。

如表 1 中所示，4 月 14 日三相分离器进液和出油含水率分别为 95.8% 和 78.7%，均为 O/W 型或 W/O/W 型原油乳状液，从中分离出的 W/O 型原油乳状液的初始含水率分别为 18.5% 和 12.4%，乳化油经过 24h 60℃ 静置沉降后的残余水含量分别为 2.65% 和 1.94%，后者显著低于前者，表明新中 202 转油放水站接收的含水率高达 95.8% 的三元复合驱采出液经过两级游离水脱除得到的 W/O 型低含水乳化油的脱水难度明显低于其经过一级游离水脱除得到的 W/O 型乳化油。从 4 月 14 日新中 202 转油放水站三相分离器进液和出油中分离出的 W/O 型乳化油的显微照片，以及其中水滴的粒径分布曲线见图 8 和图 9，从 4 月 14 日三相分离器进液和出液中分离出的 W/O 型乳化油中直径小于 4μm 的水滴体积分别占水滴总体积的 28.7% 和 20.5%，后者较前者下降 28.6%，表明从三相分离器出液中分离出的 W/O 型乳化油的油水分离难度低于从三相分离器进液中分离出的 W/O 型乳化油的主要原因为其中直径小于 4μm 的水滴数量少，乳化程度较低。

图 10 为 O/W 型原油乳状液的相分离过程分解图。高含水率的 O/W 型和 W/O/W 型采出液的油水相分离过程可分解为油珠上浮（分层）、油珠聚结、水滴沉降和水滴聚结四个子过程，其中油珠上浮过程中也伴随着油珠之间的聚集和聚并，水滴沉降过程中也伴随着水滴之间的聚集和聚并；上浮的油滴形成图 10 中所示的油珠聚集体（左二图）并随之发生聚并进而形成油连续相，其间油珠聚集体中油珠之间的间隙水大部分转变成水滴而分散在油连续相中形成低含水率 W/O 型原油乳状液；W/O 型原油乳状液中的水滴在油水相密度差的作用下沉降到油水界面区域并发生聚并，完成采出液的脱水过程。O/W 型采出液经过分层和油珠聚结后所形成的 W/O 型原油乳状液中的水滴大小主要取决于油珠聚集体内的油珠粒径，即油珠粒径越大，油珠之间的间隙体积越大，油珠聚并过程中被圈闭的间隙水所形成的水滴粒径越大。W/O 型原油乳状液中水滴的粒径越小，则乳化程度越高，后续脱水的难度也越大，其中粒径小于 4μm 的水滴受布朗运动影响大或完全受控于布朗运动，即使通过提高沉降温度和延长时间也难以脱除。

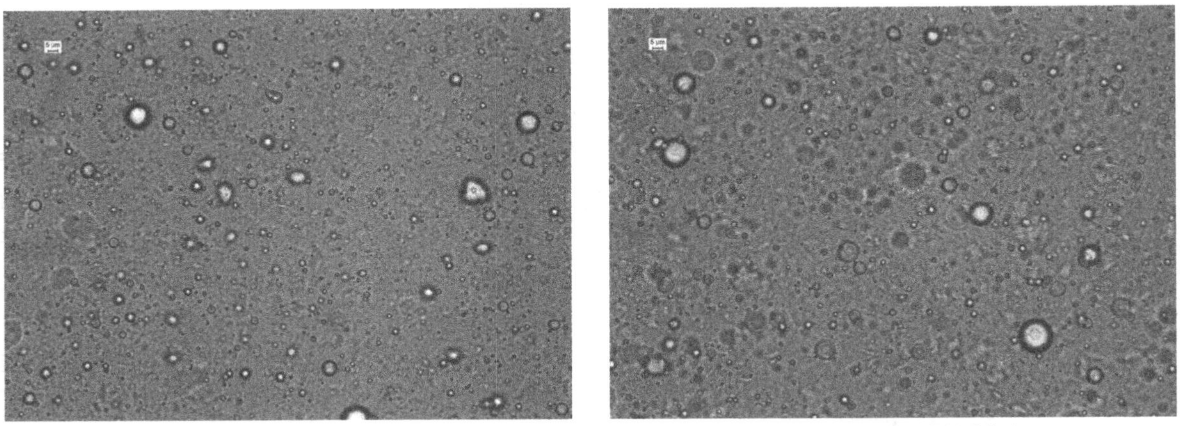

(a)三相分离器进液中的乳化油　　(b)三相分离器出液中的乳化油

图 8　2021 年 4 月 14 日新中 202 转油放水站三相分离器进液和出液中分离出的 W/O 型乳化油的显微镜照片

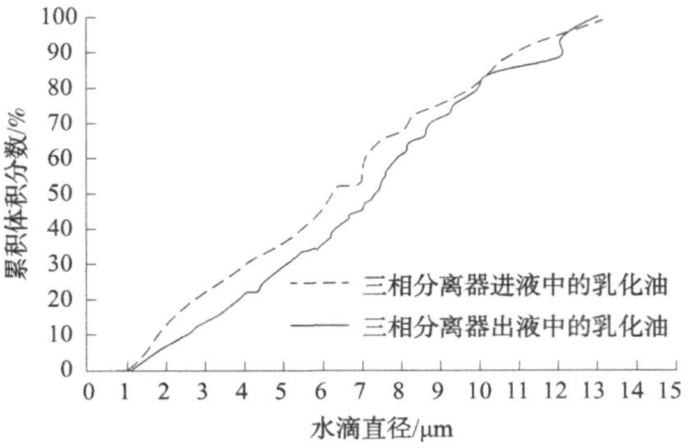

图 9　2021 年 4 月 14 日新中 202 转油放水站三相分离器进液和出液中分离出的 W/O 型乳化油中的水滴粒径分布

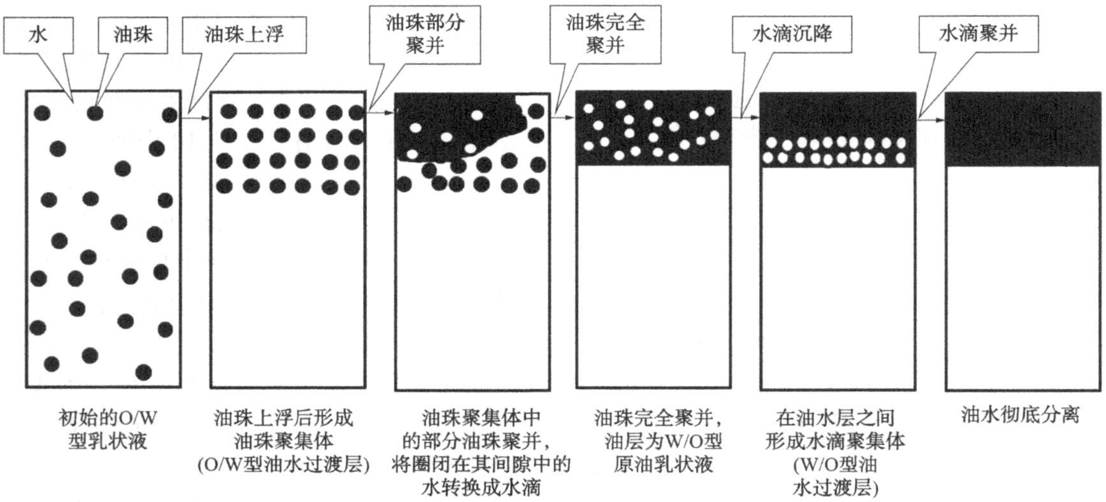

图 10　O/W 型原油乳状液的相分离过程

从 4 月 14 日新中 202 转油放水站三相分离器出液中分离出的 W/O 型低含水乳化油中直径小于 4μm 的水滴体积占水滴总体积的比例显著低于从三相分离器进液中分离出的 W/O 型乳化油的主要原因为三相分离器出液含水率较低，单位体积内的油珠数量较大，O/W 型采出液静置过程中伴随油珠上浮过程发生油珠聚集和聚并的机会较多，油珠在进入图 10(左二图)中的油珠聚集体前的粒径较大，因而其静置沉降后所形成的油层中的水滴粒径较大，其中直径小于 4μm

的水滴体积占水滴总体积的比例较小。此外，三相分离器内的油滴聚并也增大了三相分离器出液中的油滴粒径。

为证实上述基于 O/W 型原油乳状液相分离过程分解所得到的结论，用中 203 转油站外输液中的游离水和北 I-1 联合站外输脱水脱气原油制备了初始含水率为 81.25% 的 O/W 型原油乳状液，评价了其相分离特性见表 2，从其中分离出的 W/O 型低含水率乳化油的显微镜照片见图 11，乳化油中的水滴粒径分布见图 12。

表 2 模拟 O/W 型三元复合驱采出液的成分和油水分离特性

均化仪转速/(r/min)	10000	15000
30min 水相乳化油量/(mg/L)	2168	3028
W/O 型乳化油初始含水率/%	3.97	4.51
W/O 型乳化油初始残余乳化水含量/(mL/100g)	0	0.71
W/O 型乳化油 24h 残余水含量/%	0.26	0.57
乳化水表面活性剂含量/(mg/L)	1087	1392
备注	初始水样 pH = 8.3，表面活性剂含量 = 194mg/L，聚合物含量 = 765mg/L	

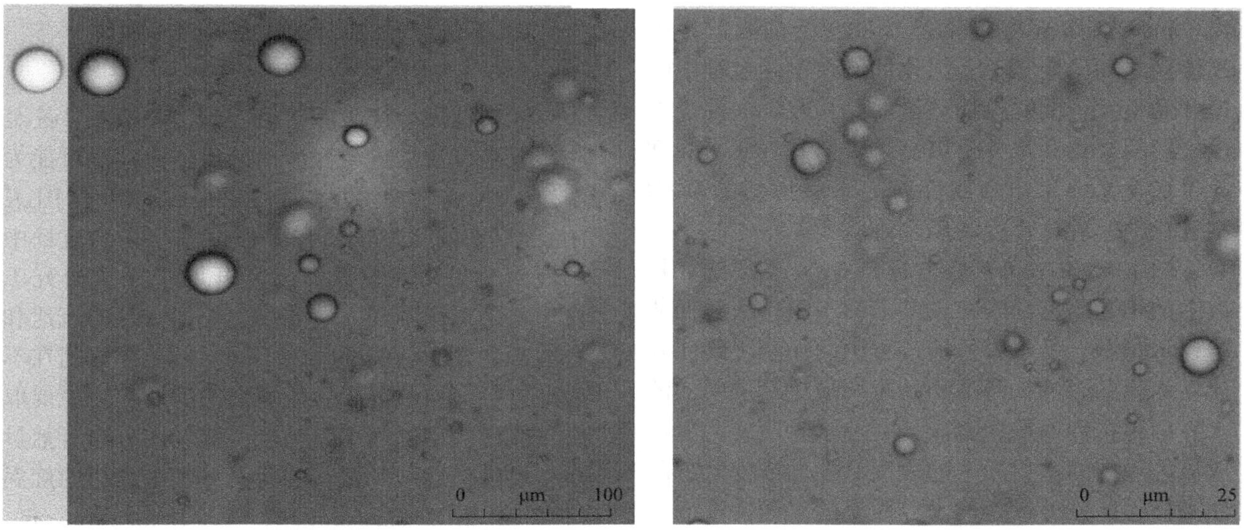

(a)均化仪转速10000r/min (b)均化仪转速15000r/min

图 11 从模拟 O/W 型三元复合驱采出液中分离出的 W/O 型乳化油的显微镜照片

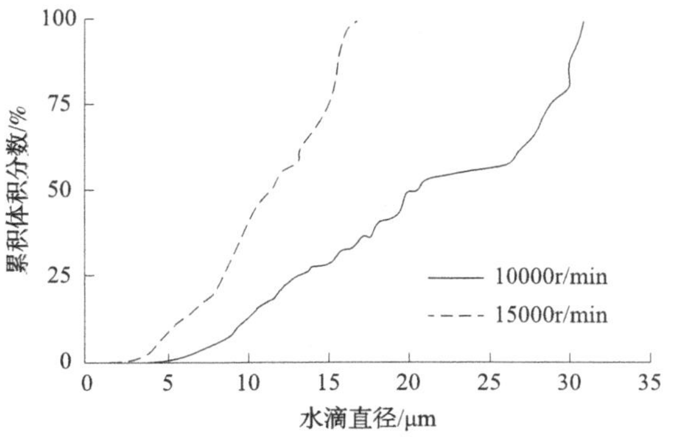

图 12 从模拟 O/W 型三元复合驱采出液中分离出的 W/O 型乳化油中水滴的粒径分布

如表 2 所示，用中 203 转油站外输液中的游离水和北 I-1 联合站外输脱水脱气原油制备的初始含水率为 81.25% 的 O/W 型原油乳状液经过 30min 静置沉降后的水相乳化油量随油水乳化过程中的均化仪转速增大而增大，表明随均化仪转速从 10000r/min 增大到 15000r/min，所制备的 O/W 型乳状液中的油滴粒径变小，乳化程度加大，导致其经过 30min 静置沉降后仍处于乳化油滴尺寸范围内的油珠数量增大；同时从所制备的 O/W 型原油乳状液中分离出的 W/O 型低含水率乳化油的初始含水率和其经过 24h 52℃ 静置沉降后的残余水含量均随油水乳化过程中的均化仪转速增大而增大。如图 11 和图 12 所示，从所制备的 O/W 型原油乳状液中分离出的 W/O 型低含水率乳化油中水滴的最小和最大直径随均化仪转速增大而显著减小。

上述试验结果和分析表明，高含水率 O/W 型采出液相分离过程中所形成的油珠聚集体内油滴的直径是决定从高含水率采出液脱除全部游离水后得到的 W/O 型低含水率乳化油中水滴粒径分布和其后续脱水难度的重要因素。在驱油剂产出高峰期高表面活性剂含量高含水率三元复合驱采出液处理过程中，降低采出液脱除游离水后得到的 W/O 型乳化油的脱水难度的关键在于使高含水率采出液中的油滴在进入三相分离器和游离水脱除器中油水界面区域下方的油珠聚集体(图 10 左二图)前能充分聚并和长大，其中的一个可行措施为将含水率大于 90% 的高表面活性剂含量三元复合驱采出液的游离水脱除设置为两级，其中第二级游离水脱除设备进液应为 O/W 型原油乳状液，其含水率控制在 60%~80%，通过增大单位体积 O/W 型原油乳状液中的油滴数量提高油滴之间碰撞频率，强化油珠在上浮过程中的聚并和长大；同时投加适量的反相破乳剂促进油珠之间的聚集和聚并也可显著降低高表面活性剂含量高含水率采出液脱除游离水后得到的 W/O 型乳化油的乳化程度和脱水难度。

图 13 为高表面活性剂含量 O/W 型原油乳状液中两相互靠近油滴在聚并前的水膜排液和变薄过程示意图。受水膜排液过程中两油滴之间向外流动水流的影响，两油滴间距离最短区域内的油水界面被拉伸而发生膨胀，新油水界面的产生造成该区域内油水界面上的表面活性剂浓度低于两油滴接触区域外缘处油水界面上的表面活性剂浓度，使得两油滴间距离最短区域内的油水界面张力高于两油滴接触区域外缘处的油水界面张力，所产生的油水界面张力梯度会产生一个作用于油水界面接触的水膜上，与油水界面张力梯度和水膜排液方向相反的剪切应力，这个剪切应力对水膜排液有阻碍作用，即所谓的“Marangoni 效应”。Marangoni 效应产生的一个根源是表面活性剂分子从油相和水相中迁移到油水界面上完成定向排列和表面活性剂在油水界面上的横向迁移速率远低于两个相互靠近液滴之间液膜排液所造成的液膜最薄区域内的油水界面膨胀所引起的油水界面上表面活性剂浓度的下降速率。

Marangoni 效应不仅作用于高表面活性剂含量 O/W 型原油乳状液中的油滴聚并过程，大幅度降低油珠之间的聚并速率，也同样作用于高表面活性剂含量 W/O 型原油乳状液中水滴的聚并过程。对于大庆油田高表面活性剂含量石油磺酸盐表面活性剂弱碱体系三元复合驱采出液，Marangoni 效应对 O/W 型高含水率采出液中油滴聚并的阻碍作用不仅对采出液游离水脱除速度和分离采出水含油量有显著影响，其还会显著影响进入三相分离器和游离水脱除器油水界面区域附近油珠聚集体前的油珠大小，进而影响到 O/W 型高含水率采出液脱除游离水后所形成的 W/O 型低含水率原油乳状液中的水滴大小和 W/O 型乳化油的后续脱水难度。

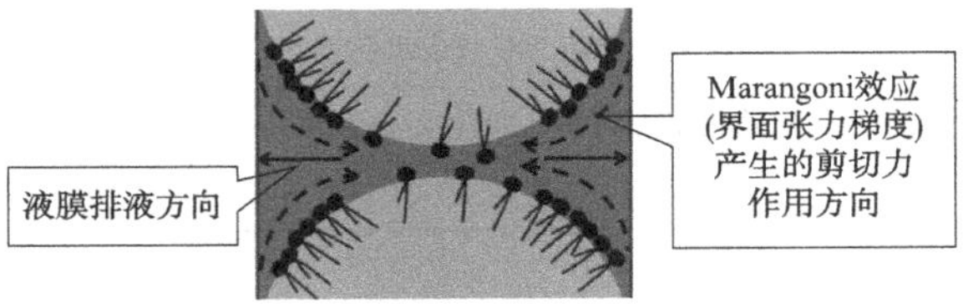

图 13　高表面活性剂含量 O/W 型原油乳状液油珠聚并过程中的 Marangoni 效应

油田地面生产设施管道、阀门和机泵，甚至一些分离设备的进液区域内的流体流动都可能为湍流。自前苏联数学家 Kolmogrov 和美国人 Hinze 早期的开创性研究工作以来，在湍流场中的液滴形变和破裂方面已经开展了大量研究工作。与层流场不同，湍流场内任何一点的流速和方向都在发生瞬间变化，不同层位流体之间在不停地进行交换和混合，流场内的剪切应力主要取决于流体的密度而不是黏度，流场内分布有数量众多尺度从宏观到微观的旋涡，其中最小的旋涡尺度称为 Kolmogorov 尺度(Kolmogorov microscales)，该尺度旋涡的动能被黏性力耗散，转变为热能。采出液在地面生产设施阀门和机泵中高剪切湍流场中的乳化为其中的大液滴在机械能的作用下破裂成小液滴的过程。液滴在流场作用下能否发生形变并最终破裂主要取决于两类相互抗衡的作用力：促使其发生形变的力和阻止其发生形变的力，当前者大于后者时液滴就会发生破裂而形成两个或更多小液滴。在湍流场中，促使液滴发生形变的力与阻止其发生形变的力的相对大小可用 Weber 数大小来表示：

$$We = \frac{\rho_c U^2 d}{\sigma} \tag{2}$$

式中，We 为 Weber 数；ρ_c 为连续相密度，kg/m^3；σ 为连续相与分散相之间的界面张力，N/m；U 为湍流场内速度波动的均方根，m/s。

在湍流场内，促使液滴发生形变的力主要为

液滴周围压力差产生的惯性力和湍流黏性剪切力；阻止液滴发生形变的作用力主要来源于油水之间的界面张力和液滴内流体的黏度。在小于Kolmogrov微尺度的惯性湍流亚区内，促使液滴发生形变的力以惯性力为主导，此情况下促使和阻碍液滴发生形变的力可用Andersson等人提出的模型表征：

$$\tau_c \sim \rho_c \varepsilon^{2/3} d^{2/3} \tag{3}$$

$$\tau_s \sim \frac{\sigma}{d} \tag{4}$$

$$\tau_d \sim \frac{\mu_d}{d}\left(\frac{\tau_c}{\rho_d}\right)^{1/2} \tag{5}$$

式中，τ_c 为湍流场作用在液滴上促使其发生形变的应力，N/m^2；ε 为湍流能量耗散速率，m^2/s^3；τ_s为油水界面张力产生的阻碍液滴发生形变的应力，也称为毛细压(capillary pressure)，N/m^2；τ_d为液滴变形所产生的黏性应力，N/m^2；ρ_d为分散相密度，kg/m^3；μ_d为分散相的动力学黏度，$N/(m^2 \cdot s)$。

由式(3)~(5)可见，随液滴粒径变小，促使液滴发生形变的应力在减小，而阻碍液滴发生形变的应力在增大，因而一旦液滴直径小到某一界限值时这两类力就会达到平衡，液滴就不会再进一步破裂了。根据公式(6)中的线性模型，湍流场内的最大液滴直径为促使和阻碍液滴发生形变的应力相等时所对应的液滴直径：

$$\tau_c = \tau_s + \tau_d \tag{6}$$

在湍流场的惯性亚区中，液滴的最大直径可用Dabririan等人给出的公式(7)估算：

$$d_{max} = 0.9\left\{\frac{\left[\sigma + 2^{-3/2}\mu_d(\varepsilon d_{max})^{1/3}\right]^{3/5}}{\rho_d^{1/5}\rho_c^{2/5}}\varepsilon^{-2/5}\right\} \tag{7}$$

式中，d_{max} 为湍流场内稳定液滴的最大直径，m。

公式(7)仅适用于分散相体积分数较低且d_{max}大于Kolmogrov微观尺度λ_K的情况：

$$\lambda_K = \left(\frac{\nu^3}{\varepsilon}\right)^{1/4} \tag{8}$$

式中，λ_K为Kolmogrov微观尺度，m；ν 为流体的运动黏度，m^2/s。

在分散相黏度足够低的情况下，(4)式中的界面应力远大于(5)式中的黏性应力，公式(7)可以简化为Davies导出的公式(9)：

$$d_{max} = 0.6\left(\frac{\sigma}{\rho_c}\right)^{3/5}\varepsilon^{-2/5} \tag{9}$$

在分散相黏度足够大的情况下，(5)式中的黏性应力大于(4)式的界面应力，此情况下按式(7)估算的最大液滴直径明显大于按式(9)计算的数值。

由式(9)可见，最大液滴直径与油水界面张力的0.6次方成正比，与能量耗散速率的0.4次方成反比。由表3中大庆油田不同表面活性剂含量采出水与脱水脱气原油之间的界面张力可见，三元复合驱采出液的油水界面张力比水驱采出液低1-2个数量级，因此离心泵对表面活性剂含量高的三元复合驱采出液的二次乳化作用会远大于其对水驱和聚驱采出液的二次乳化作用。由表1中可见，O/W型三元复合驱采出液中的乳化水表面活性剂含量均远高于游离水表面活性剂含量，因此三元复合驱采出液中分离出的W/O型低含水率乳化油较脱除游离水前的O/W型采出液更易发生二次乳化。

表3 大庆油田不同表面活性剂含量采出水与脱水脱气原油之间的界面张力

油样和水样	采出水物性数据		油水界面张力(45℃)/(mN/m)
	pH值	表面活性剂含量/(mg/L)	
北Ⅱ-1联合站水驱	7.8	0	21
北Ⅱ-2联合站三元复合驱	8.8	185	2.0
中十六联合站三元复合驱	8.1	649	6×10^{-2}
中十六联合站三元复合驱	8.8	741	7×10^{-2}
中十六联合站三元复合驱	8.9	975	6×10^{-2}

由表2中可见，由北Ⅰ-1联合站脱水脱气原油和从中203转油站外输的三元复合驱采出液中分离出的游离水制备的模拟O/W型采出液，其乳化水表面活性剂含量(1087mg/L和1392mg/L)均远大于用于制备模拟采出液的游离水表面活性剂含量(194mg/L)，而且乳化水表面活性剂

含量随均化仪转速增大而增大。乳化水表面活性剂含量与初始游离水表面活性剂含量的差异一部分来源于乳化过程中表面活性剂分子从游离水中向油滴表面上的迁移和相分离过程中随油水界面面积减少表面活性剂分子从油水界面迁移回水相。在O/W型三元复合驱采出液的游离水脱除阶段，油珠上浮后会形成一个油珠聚集体，吸附在油珠上的表面活性剂的大部分会在油珠聚并后进入所形成的W/O型低含水率乳化油中。在W/O型乳化油的相分离过程中，随水滴聚并油水界面面积下降油水界面上的表面活性剂浓度上升。当油水界面上的表面活性剂浓度相对于与其接触的水相表面活性剂浓度过饱和时，由于阴离子型表面活性剂的亲水性高于亲油性，油水界面上的表面活性剂就会回迁回水相中。W/O型乳化油破乳和相分离后，油水界面几乎100%消失，原来吸附在油水界面上的表面活性剂几乎全部回迁到从乳化油中分离出的乳化水中。因此，从O/W型三元复合驱采出液中分离出的乳化水的表面活性剂含量远高于从其中分离出的游离水的表面活性剂含量。如果油珠聚并发生在油珠上浮过程中，则油珠聚并后有机会将其表面上过剩的表面活性剂释放回游离水中，有降低乳化水与游离水表面活性剂含量差异的趋势。表1中综合含水率小于等于59%的O/W型外输泵进液的游离水表面活性剂含量均大于三相分离器进液的游离水表面活性剂含量，表明三相分离器进液中的部分油滴在三相分离器中发生聚并，使得部分油滴表面上的表面活性剂因油水界面面积减少而回迁到游离水中。文献[19]中的测试数据还表明，W/O型乳化油中分离出的乳化水的表面活性剂含量随分离乳化水量增大而增大，其原因为W/O乳化油中的水滴粒径分布宽(图8和图9)，先分离出的乳化水其原始水滴直径大，比表面积小，分离出水中携带的从油水界面上迁入的表面活性剂量小，而后续分离出水的初始水滴粒径小，比表面积大，其中携带的从油水界面上迁入的表面活性剂量大。此外，表1中同一个O/W型采出液的乳化水pH一般都高于游离水pH，表明部分油井产出液为W/O/W型乳状液，这种多重乳状液也可能是导致O/W型采出液乳化水表面活性剂含量远大于游离水表面活性剂含量的一个重要原因。

表面活性剂不仅通过式(9)所示的降低油水界面张力来促进液滴的破裂，其还会通过图14中所示界面张力梯度进一步促进液滴的形变和破裂：一个旋涡撞击一个液滴后会在后者表面上产生一个凹陷，凹陷继续扩大最终导致液滴破裂。在液滴表面上吸附有表面活性剂的情况下，由于旋涡与液滴碰撞后界面面积增大，凹陷处油水界面上的表面活性剂浓度低于其周围区域界面上的表面活性剂浓度，这样就在界面上产生了一个界面张力梯度，由此而引发一个指向凹陷深部的剪切应力，促使凹陷深部界面附近液体向凹陷下部流动，加速旋涡碰撞所产生的压力波动所造成的液滴内部的液体流动和凹陷扩展。

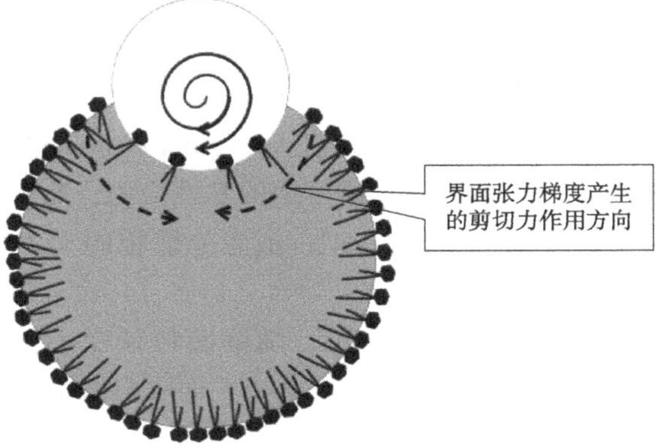

图14　湍流场内油水界面上表面活性剂浓度梯度对液滴形变和破裂的促进作用

Koshy等的实验结果表明，湍流场中具有黏弹性的聚丙烯酰胺水溶液的最大液滴直径远大于按牛顿流体预测的最大液滴直径，其原因为分散相液滴内的流体的黏弹性增加了其抵抗形变的内力，因而 三元复合驱产出的W/O型乳状液中的聚合物可在一定程度上减轻其在离心泵和阀门中的二次乳化。

Rueger等的研究表明，湍流场内的最大液滴直径随分散相体积分数增大而增大，其中的一个机理为分散相液滴通过吸收小尺度、低能量旋涡而对湍流场有抑制作用。因而，含水率低的W/O型油水乳状液和含油率低的O/W型乳状液受离心泵和阀门中湍流场的二次乳化影响比含水率适中的W/O和W/O型乳状液更严重。按上面的理论分析，三元复合驱转油放水站外输液只要是O/W型乳状液，其含水率应该越低越有利于后续油水分离，而实际情况是离心泵内在离心力场作用下会出现局部油水分离，在不同区域内含水率不同，在离心外输泵进液含水率接近于转相点含水率时离心泵内部局部区域会因含水率低于转相点含水率而产生 W/O 型乳状液，造成外输泵出液中含有内部包含有细小水滴的油滴，即形成 W/O/W 型乳状液，增大外输液后续油水分离的难度，因而转油放水站外输液含水率应比转相点含水率大一定的数值，尽量避免离心泵内出现含水率低于转相点含水率的区域。上述分析与表 1 和图 3 中新中 202 转油放水站外输泵进出液平均含水率在 77.3%时离心外输泵对其油水分离特性影响小的现象是一致的，因而驱油剂产出高峰期三元复合驱转油放水站外输液综合含水率在 60%~80%范围内最有利于下游脱水站的采出液后续脱水。此外，湍流场中液滴的破裂还同时伴随着液滴的聚并，对于 W/O 型和 O/W 型油水乳状液，分散相液滴的粒径分布(DSD)取决于液滴聚并和破裂的动态平衡，此情况下在 O/W 型乳状液中投加反相破乳剂有助于油滴间的聚并，但反相破乳剂也可通过降低油水界面张力而促进液滴的破裂，因而在离心泵下游投加反相破乳剂的效果可能会好于在离心泵上游投加。此外，通过投加螯合型水质稳定剂和硫化物去除型水质稳定剂去除油水乳状液中的碱土金属碳酸盐和硫化亚铁等具有油水界面活性的固体微粒也可在一定程度上减轻离心泵和阀门对三元复合驱采出液的二次乳化作用，其原理为油水乳状液中的碱土金属碳酸盐和硫化亚铁等具有油水界面活性的固体微粒在离心泵和阀门对三元复合驱采出液的二次乳化过程中吸附到新产生的油水界面上形成阻碍油滴或水滴相互聚并的空间屏障(Pickering 乳状液稳定机制)，而投加螯合型水质稳定剂和硫化物去除型水质稳定剂可将这些固体微粒去除或抑制其产生。

聚中十六转油放水站三元复合驱外输泵进液中冲击投加硫化物去除型水质稳定剂 WS1005B 前后外输泵出液的相分离特定对比见表 4。在聚中十六转油放水站外输泵进液中投加 1143mg/L 硫化物去除型水质稳定剂可显著改善外输泵出液的油水分离特性，外输液在 60℃ 下静置 30min 后的顶油水含量从投加 WS1005B 前的 7.9%降低到 4.9%，同时其离心沉淀物含量从 0.37mL/100g 降低到 0.24mL/100g；外输液在 60℃ 下静置 24h 后的残余水含量由未投加 WS1005B 前的 2.1%降低到 0.91%，降低幅度为 56.7%。

表 4　聚中十六转油放水站三元复合驱外输泵进液中投加硫化物去除型水质稳定剂 WS1005B 前后外输泵出液的相分离特性对比

测试项目	未加药	加药
初始水含量/%	10.8	10.8
初始离心沉淀物含量/(mL/100g)	0.54	0.54
30min 60℃ 静置沉降后顶油含水率/%	7.9	4.9
30min 60℃ 静置沉降后顶油离心沉淀物含量/(mL/100g)	0.37	0.24
24h 60℃ 静置沉降后油相水含量/%	2.1	0.91

3.4 改善三元复合驱采出液和采出水油水分离效果的方法

根据上面的试验结果和理论分析，可以采取下列措施来减轻地面生产设施中三元复合驱采出液和采出水的二次乳化，改善其油水分离特性：

(1) 避免用离心泵输送含水率较低的 W/O 型原油乳状液和含水率高的 O/W 型原油乳状液，优先采用转油放水站集油工艺，尽量避免采用转油站集油工艺；

(2) 转油放水站外输含水率为 60%~80%的 O/W 型采出液，尽量避免外输 W/O 型采出液；

(3) 用容积式泵代替离心泵；

(4) 尽量避免在分离器上游使用流量调节阀；

(5) 尽量避免在分离器内采用限流型分布器；

(6) 分离容器液位和界面调节采用变频泵方式代替流量调节阀；

(7) 尽量避免用离心泵输送未经沉降处理的三元复合驱采出液水，采出水沉降单元与转油放水站合建，采出水过滤器避免采用高剪切进水筛管作为配水元件；

(8) 驱油剂产出高峰期将三元复合驱油井掺水水源改为不含表面活性剂的水驱和聚驱采出水，降低转油站和转油放水站进液中的表面活性剂含量和油水分离难度；

(9) 在转油站外输泵上下游均设置反相破乳剂加药点，必要情况下将反相破乳剂加药点从离心泵上游后移至离心泵下游；

(10) 在三元复合驱采出液中投加螯合型水质稳定剂和硫化物去除型水质稳定剂，去除油水乳状液中的碱土金属碳酸盐和硫化亚铁等具有油水界面活性的固体微粒或抑制其产生，阻止其在离心泵和阀门对三元复合驱采出液的二次乳化过程中吸附到油水界面上形成阻碍油滴和水滴相互聚并的空间屏障。

4　结论

(1) 含水率大于等于93.7%的高表面活性剂含量石油磺酸盐表面活性剂弱碱体系三元复合驱采出液单位体积内的油滴数量少，油滴间相互发生碰撞和接触的机会少，加上油滴在 Marangoni 效应作用下聚并缓慢，其在上浮进入三相分离器和游离水脱除器油水界面下方的油珠聚集体之前难以充分聚并，粒径过小，使得油珠聚并后被圈闭在油连续相中的水滴粒径过小，所形成的 W/O 型原油乳状液中含有大量粒径小于 4μm 的细小水滴，这些细小的水滴受 Brown 运动影响严重，沉降和聚并困难，造成驱油剂产出高峰期三元复合驱采出液脱水达标困难；

(2) 离心泵对含水率小于 60% 的三元复合驱采出液总体上有显著的二次乳化作用，使其油水分离特性变差，而对含水率为 77.3%的三元复合驱采出液的油水分离特性则没有显著的不利影响；

(3) 离心泵对三元复合驱采出液的乳化机理为离心泵内存在高强度的湍流场，其中尺寸与分散相液滴相近的涡流与液滴发生碰撞而使后者发生破裂，粒径变小，其影响程度随油水界面张力和分散相体积分数下降，湍流场内的能量耗散速率增大而增大；三元复合驱采出液油水界面张力远低于水驱和聚合物采出液，因而更易在离心泵和阀门内高前剪切湍流场中发生二次乳化而油水分离难度显著增大；从 O/W 型三元复合驱采出液中分离出的 W/O 型乳化油的水相表面活性剂远高于原始采出液的水相表面活性剂含量，更易在离心泵和阀门内高前剪切湍流场作用下发生二次乳化；

(4) 转油放水站外输液为含水率为 60%~80%的 O/W 型乳状液时其后续脱水难度较低。将含水率大于 90%的高表面活性剂含量三元复合驱采出液的游离水脱除设置为两级，其中第二级游离水脱除设备进液为 O/W 型原油乳状液，其含水率控制在 60%~80%，可显著降低高表面活性剂含量高含水率采出液脱除游离水后得到的 W/O 型乳化油的乳化程度和脱水难度。

参考文献

[1] 孙龙德，武晓林，周万富，等．大庆油田化学驱提高采收率技术[J]．石油勘探与开发．2018，45(4)：1-10

[2] 程杰成，吴军政，吴迪．三元复合驱油技术[M]．北京：石油工业出版社，2013.6

[3] 王景芳．三元复合驱脱水试验站的设计[J]．油气田地面工程．2007，26(2)：44

[4] 赵秋实．三元复合驱采出水的处理工艺[J]．油气田地面工程．2013，32(6)：68-69

[5] Cheng J，Wu D，Liu W，等．Field Application of Chelatants in the Handling of ASP-Flooding Produced Fluid[J]. *SPE Projects，Facilities & Construction*. 2011，6：115-123.

[6] Di Wu，Wenjie Liu，Xun Cai，等．Chemical Treatment Scenario of Produced Fluid by ASP Flooding Using NaOH，Alkylbenze Sulfonate and HPAM at Daqing Fields[C]. 2019International Petroleum Technology Conference，Beijing，China，26-28 March.

[7] 孙毓．弱碱三元复合驱采出液脱水工艺进展[J]．化工管理．2018，(11)：148

[8] 李俊超．弱碱三元配套采出液处理系统运行分析[J]．清洗世界．2019，35(7)：47-48

[9] Wu Di，Ai Guangzhi，Chen Yan，等．Rheology and Stability of IOR Produced Liquid in Daqing Oilfield[C]. 1999 SPE Asia Pacific Improved Oil Recovery Conference，Kuala Lumpur，Malaysia，25-26 October.

[10] Wu Di，Meng Xiangchun，Zhao Fengling，等．Emulsification and Stabilization of ASP Flooding Produced Liquid[C]. 2001 SPE International Symposium on Oilfield Chemistry，Houston，USA，13-16，February.

[11] Ruiquan Zhang，Chenghao Liang，Di Wu，等．Characterization and demulsification of produced liquid from weak base ASP flooding[J]. *Colloids and Surfaces A：Physicochemical and Engineering Aspects*. 2006，290(1-3)：164-171.

[12] J. A. Khan，H. H. Al-Kayiem，M. S. Aris. Stabilization of Produced Crude Oil Emulsion in the Presence of ASP[C]. 2015 SPE Asia Pacific Enhanced Oil Recovery

Conference, 11－13 August, Kuala Lumpur, Malaysia.

[13] 张付生，张雅琴，谢慧专，等．驱油剂对三元复合驱采出液破乳脱水的影响[J]．精细石油化工进展．2005，6(10)：1-4

[14] 赵觅，吴迪，李博，等．石油磺酸盐弱碱体系采出液分离及影响因素[J]．大庆石油地质与开发．2015，34(2)：126-129

[15] 孙哲，卢祥国，孙学法，等．弱碱三元复合驱增油效果影响因素及其作用机理研究[J]．石油化工高等学校学报．2018，31(1)：35-42

[16] Walsh, J. M. The effect of shear on produced water treatment[J]. *Oil and Gas Facilities*. 2016, 5(1): 17-23.

[17] Flanigan, D. A., Stolhand, J. E., Scribner, M. E., et al. Droplet size analysis: A new tool for improving oilfield separations[C]. SPE Annual Technical Conference and Exhibition. Society of Petroleum Engineers. Houston, Texas, October 1988.

[18] Skjefstad, H. S., Dudek, M., Øye, G., Stanko, M. The effect of upstream inlet choking and surfactant addition on the performance of a novel parallel pipe oil-water separator[J]. *Journal of Petroleum Science and Engineering*. 2020, 189, 106971.

[19] Di Wu, Fujun Xia, Sen Lin, Xun Cai, 等. Effects of secondary emulsification of ASP flooding produced fluid during surface processes on its oil/water separation performances[J]. *Journal of Petroleum Science and Engineering*, 2021, 202, 108426

[20] 吴迪，林森，欧阳向南，等．驱油剂产出高峰期三元复合驱采出液的油水分离特性的影响因素分析[J]．精细与专用化学品．2021，29(9)：5-17.

[21] W. C. Foshee, R. R. Jennings and T. J. West. Preparation and Testing of Partially Hydrolyzed Polyacrylamide Solutions[C]. 51st Annual Fall Technical Conference of Society of Petroleum Engineers of AIME, New Orleans, Oct. 3-6, 1976

[22] 吴迪，赵凤玲，孙福祥，等．油水分离剂在低驱油剂含量三元复合驱采出液处理中的应用[J]．精细与专用化学品．2006，14(12)：4-7.

[23] Kolmogorov A. N. On the breakup of droplets in a turbulent flow[J]. *Dokl Akad Nauk SSSR*. 1949, 66: 825-828.

[24] J. O. Hinze. Fundamentals of the hydrodynamic mechanism of splitting in dispersion process[J]. *AIChE Journal*. 1955, 1(3): 289-295

[25] Agata Bąk, Wioletta Podgórska. Investigation of drop breakage and coalescence in the liquid-liquid system with nonionic surfactants Tween 20 and Tween 80[J]. *Chemical Engineering Science*. 2012, 74: 181-191

[26] Paul E. Rueger, Richard V. Calabrese. Dispersion of water into oil in a rotor-stator mixer. Part 2. Effect of phase fraction[J]. *Chemical Engineering Research and Design*. 2013, 91: 2134-2141

[27] Shashank N. Maindarkar, Hans Hoogland, Michael A. Henson. Predicting the combined effects of oil and surfactant concentrations on the drop size distributions of homogenized emulsions[J]. *Colloids and Surfaces A: Physicochemical and Engineering Aspects*. 2015, 467: 18-30

[28] Maxey, M. R. Droplets in turbulence: a new perspective [J]. *Journal of Fluid Mechanics*. 2017, 816: 1-4.

[29] Ronnie Anderson, Bengt Andersson. On the breakup of fluid particles in turbulent flows[J]. *AICHE Journal*. 2006, 52(6): 2020-2030

[30] RaminDabririan, Shihao Cui, Ilias Gavrielatos, Ram Mohan. Evaluation of models for droplet shear effect of centrifugal pump[C]. 2018 ASME Joint US-European Fluids Engineering Summer Conference. July 15－20, Montreal, Quebec, Canada

[31] Davies, J. T. Drop sizes of emulsions related toturbulent energy dissipation rates[J]. *Chemical Engineering Science*. 1985, 40(5): 839-842

[32] Abraham Koshy, T. R. Das, R. Kumar, K. S. Gandhi. Breakage of viscoelastic drops in turbulent stirred dispersions[J]. *Chemical Engineering Science*. 1988, 43(10): 2625-2631

提高喇嘛甸油田储气库固井质量的机理研究与措施探讨

李　阳

(大庆油田第六采油厂工艺研究所)

摘　要　目前，油气藏型储气库固井质量的主要问题是投产后层间窜和固井后管外冒，严重影响油气田开发效果。本文通过层间窜通道机理分析、AMK-2000 测井综合解释、压裂模拟验证三个方面阐明了喇嘛甸油田发生层间窜的通道是固井二界面的观点。针对固井二界面封隔缺失问题开展了钻井液专项研究，形成了聚合物成膜屏蔽封堵钻井液技术、水泥环抗渗技术、DCK 低温浅层防气窜水泥浆体系。技术应用后大幅度提高了固井质量，较好地满足了油田开发需要。

关键词　固井质量；弱界面；储气库钻井；界面防窜

固井质量是油气田实现分层开采、分层注水、分层管理和分层改造的基础。目前，油气田固井质量的问题主要是投产后层间窜和固井后管外冒。据资料报道，全世界约有 25% 的完钻井都不同程度地存在环空窜流问题，且一旦窜流发生难以解决，严重影响油气田开发效果。为此，根据喇嘛甸储气库的地质、岩性情况，开展了以下理论及室内试验研究。

1　油气田开发层间窜(气窜)通道的研究

1.1　层间窜通道机理分析

把油气层的产量(q_r)与其上部和下部地层、通过水泥环而产出的流体量(q_c)进行对比，应用达西定律得到适用于油气水的层间封隔指数 IZI 关系式(1)：

$$IZI=\frac{q_r}{q_c}=\frac{K_r h\Delta L}{\pi K_c({r_w}^2-{r_c}^2)\left(\ln\frac{r_c}{r_w}+S\right)} \quad (1)$$

式中，Kr 为油气层渗透率，$10^{-3}\mu m^2$；H 为油气层厚度，m；ΔL 为隔层厚度，m；K_c 为环空封固系统的当量渗透率，$10^{-3}\mu m^2$；r_w 为井眼半径，m；r_c 为套管半径，m；S 为表皮系数。

根据公式有以下结论：

(1) 就给定油气藏和建成油气井而言，层间封隔指数主要取决于环空封固系统的当量渗透率(K_c)，二者成反比关系。

(2) 水泥环本体的渗透率很低，通常低于 $0.01\times10^{-3}\sim0.001\times10^{-3}\mu m^2$，不会造成层间窜问题。$K_c$ 主要取决于固井界面的密封程度。

(3) 当量渗透率 K_c 与界面微裂隙宽度(w，mm)的关系式为 $K_c=8.4\times10^7 w^2$。

结论：只要固井二界面产生宽度很小的微裂隙，就会产生很大的当量渗透率，达到一定程度后，导致层间窜。

1.2　层间窜通道 AMK-2000 测井综合解释

固井质量综合评价技术(AMK-2000)利用声波测井仪(MAK-9)与伽马密度仪(SGDT-100)组合测井，综合分析固井质量，全面地给出固井一界面、二界面、水泥局部缺失和抗压强度等参数，进而对固井形成的水力封隔系统的水力封隔能力给出评价。

为进一步验证喇嘛甸油田井筒条件下界面对环空系统封隔质量影响程度，应用了 AMK-2000 对喇嘛甸油田 31 口声波检测固井质量较差的井进行了复测，得到了以下共同结果：

(1) 环空水泥石平均密度均达到 $1.90g/cm^3$ 以上，周向分布均匀，水泥环质量良好。

(2) 一界面胶结质量中等(部分井段良好)，二界面不确定。

(3) 水力封隔存在微环。

结论：从综合解释结果微环向环空系统组分结果推断，可以得出环空系统封隔质量差主要是二界面的影响，达到一定程度后，导致层间窜。

1.3　层间窜通道压裂模拟验证

根据莫尔—库仑破坏准则，即胶结面抗剪切强度计算公式 $\tau_{max}=\mu_\sigma+\tau_0$，建立了压裂工程中二界面接触分析模型。为研究我厂层间窜通问题，根据我厂地质情况，按照不采取保护隔层措施的常规压裂工艺，对隔层厚度为 2m、1.5m、1.0m、0.8m、0.6m、0.4m、0.2m 的压裂井分别建立分析模型，得到了二界面平均剪切应力的抗剪切强度随隔层厚度的变化曲线(图 1)，得到以下结论。

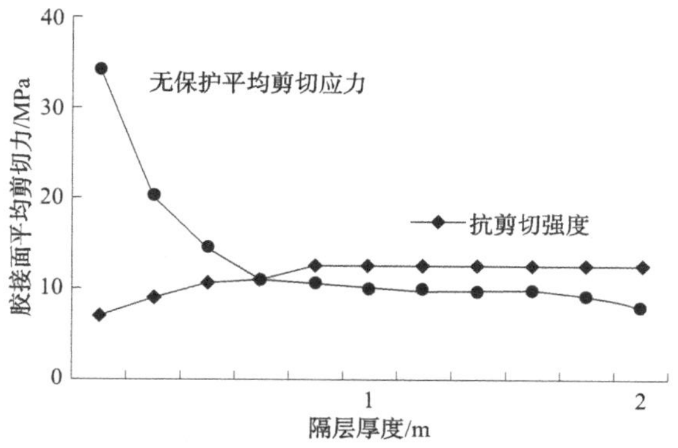

图 1 隔层厚度与剪切应力关系曲线

(1) 随着隔层厚度的增加，二界面所承受的平均剪切压力逐渐降低，二界面抗剪切强度则趋于一极限值，约 11MPa。

(2) A 级水泥石抗剪切强度 23~26MPa，岩石抗剪切强度 70~100MPa，远高于二界面抗剪切强度。

(3) 在隔层上、下压差作用下，当剪切应力超过二界面的抗剪切强度时，二界面就被剪开，从而导致层间窜流。

结论：在水泥石质量良好的条件下，发生层间窜的通道是二界面。

2 固井二界面水泥胶结状态及窜通实验研究

通过以上的研究，得出在水泥石质量良好的条件下，影响我厂固井质量发生层间窜的通道是二界面，为此我们对固井二界面微观结构及窜通情况进行研究，从而更加真实地评价、解释界面胶结状态及窜通问题，更加具有科学性及合理性。

2.1 非渗透性井壁的固井弱界面现象

实验采用模拟刚性井壁，对水泥环微观结构进行研究。可以观察到水泥石本体结构致密，水化产物的颗粒较小，而水泥与刚性井壁胶结界面处结构比较疏松，片状的氢氧化钙较多，水化产物结晶程度较高，晶体粗大，这说明固井中的界面胶结同建筑中水泥基复合材料界面一样，存在着界面薄弱过渡区，如图 2、图 3 所示。

图 2 水泥环—刚性井壁界面微观结构

图 3 水泥环本体微观结构

固井基础理论研究把与套管骨架胶结的结构疏松、孔渗增大的环形水泥过渡带，称作弱界面。弱界面的概念根据微观结构给出，是继微环、窜槽之后，又一个描述水泥环与套管胶结状态的概念。弱界面是指水泥的界面较本体疏松，孔渗增大，弱界面指的并不是一个面，而是一个环形的过渡区。为此提高固井质量，即要降低弱界面现象。

2.2 固井二界面水泥胶结状态

对于喇嘛甸油田渗透性较好的地层来说，在压差作用下，钻井液失水，钻井液颗粒朝着井壁运移。颗粒架桥聚集，形成了多层结构的泥饼。

固井中压差增大，导致水泥浆在渗透地层上会出现失水。通过密度 1.90g/cm^3 的水泥浆脱水试验得出，在渗透性井壁附近，由于水泥颗粒的聚集，密度高达 2.30g/cm^3。表观体积减小，静液压力传递受阻，导致界面处水泥浆体积减少而不能有效的补偿，造成了弱界面现象。

室内采用钢壁 325 目+60 目筛网模拟地层，钻井液在 2MPa 压差下，失水 2h，形成 2.0~3.0mm 泥饼。进行水泥浆失水对固井质量影响实验，数据如表 1 所示。

表1　水泥浆失水对固井质量的影响

压差/MPa	失水量/%	BI值
0.0	0.0	1.0
1.0	1.0	1.0
4.0	3.0	1.0
7.0	5.0	0.9
8.5	8.0	0.8(优质)
9.5	10.0	0.6
11.0	15.0	0.4(合格)

2.3　窜通实验研究

固井的目的在于封隔地层，因此，利用水力分隔能力评价弱界面对固井质量的影响是具有现实意义的。弱界面可以看作是一定厚度的高孔隙水泥，由于界面与本体渗透率的差别，界面的水力封隔实验，可以看作是流体沿弱界面单向直线流动。由于水泥与井壁之间为单边生长效应，故此当窜通压力稳定后，可采用达西公式计算弱界面的渗透率。

通过改变泥饼厚度，形成不同程度的弱界面后，检测界面突破压力与泥饼厚度的关系如图4所示。计算弱界面的当量渗透率，泥饼厚度与弱界面的当量渗透率关系如图5所示。

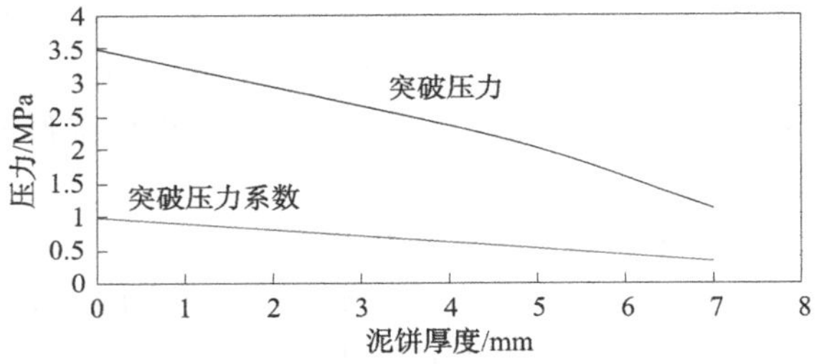

图4　突破压力系数与泥饼厚度关系图

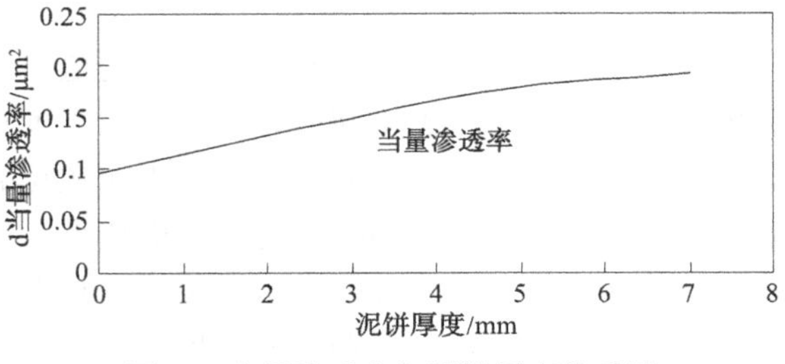

图5　当量渗透率与泥饼厚度关系图

从图4、图5中可以看出，随着弱界面薄弱程度的增加，界面的突破压力系数在逐渐降低，当量渗透率在逐渐升高，水泥环封隔能力降低。

3　应用技术研究

通过对喇嘛甸储气库固井弱界面特点和对固井质量影响机理的研究，为了进一步提高北北二区下返区块的固井优质率，为后期采油提供前期有力保障，该区块在钻井设计上全部采取全封井固井设计，并结合区块特点，重点从三个方面开展钻井技术研究：

一是使用聚合物成膜屏蔽封堵钻井液技术，改善钻井液体系，减少泥饼厚度。

针对弱界面固井质量问题，开展聚合物成膜屏蔽封堵钻井液技术研究。通过实验评价证明，聚合物成膜屏蔽封堵剂中的改性天然高分子化合物可嵌入地层孔道，通过浓集、溶胀，协同惰性固体颗粒、纤维，在高渗地层形成薄而韧的泥饼，从而提高固井质量。

二是使用抗渗水泥浆体系技术，改善水泥浆体系，提高水泥环密封能力。

为提高固井界面胶结强度和水泥环封固质量，进行了抗渗水泥浆体系技术研究。通过优选出DRF湿敏感应型材料，提高水泥固相含量，并增加水泥石内应力；优选DRP憎水抗渗剂，使水泥环抗侵蚀能力提高；优选出DEC异相溶补剂，提高泥饼强度，并使其致密，防溶蚀破坏，提高二界面泥饼对水泥环支撑力。

三是使用DCK低温浅层防气窜水泥浆体系，缩短凝结时间，提高水泥石早期强度、防窜性能以及水泥环界面胶结强度，保障固井质量。

低温浅层防气窜水泥浆体系(DCK)主要由低温早强剂DLA、低温降失水剂DSQ、低温防窜剂DSI组成的三元复合防气窜水泥浆体系，低温浅层防气窜水泥浆体系的作用机理是：低温防窜剂、降失水剂合理的颗粒级配、成膜机制、填充作用及DLA低温早强剂的调整作用，增大水泥浆体系的气浸阻力、缩短过渡时间，改善了水泥环本身的性能，避免产生缺陷；水泥水化过程中，能够释放大量的可溶性高价阳离子、聚合物胶体粒子等多种官能团，通过渗透、吸附、交联、粘接等多种反应机制，改善过渡层结构，提高水泥环双界面质量。同时该体系能够缩短水泥浆的凝结时间，提高水泥石早期强度。采用聚丙烯酸酯聚合物胶乳降失水剂，控制水泥浆失水量，解决了低温下降失水剂超缓凝问题；采用可分散聚合物胶粉防窜剂，提高水泥石防窜性能，增强水泥环界面胶结强度，提高浅气层封隔能力，保障固井质量，预防固井后层间窜及管外冒发生。

4　现场实施情况及效果

2017 年在喇北北二区下返区块共钻井 289 口，合格率 100%，优质率 92.2%，现场有 225 口井采用 DCK 低温浅层防气窜水泥浆体系加聚合物成膜屏蔽封堵钻井液体系，固井优质率 93%。

5　结论

（1）影响我厂固井质量差，发生油气田开发层间窜（气窜）的原因：是在固井的过程中，环空系统封隔质量差，且主要发生层间窜的通道是二界面。

（2）DCK 低温浅层防气窜水泥浆体系，满足低温浅层长封固井要求，具有凝结时间短，早期强度高，渗透率低，界面胶结强度高等特点。

（3）通过现场试验表明，DCK 低温浅层防气窜水泥浆体系加聚合物成膜屏蔽封堵钻井液体系能提高高压层及长封井固井质量，预防浅层气井固井后发生管外冒，适合于我厂储气库、气顶区钻井开发的需要。

参　考　文　献

[1]顾军 高德利 石凤歧，等．论固井二界面封固系统及其重要性[J]．钻井液与完井液，2005，22(2)：7-10.

[2] 孙泽辉 张劲 王秀喜．隔层窜流现象的数值模拟研究[J]．石油学报，2003，(11).

高压分注井不泄压测调技术改进与现场效果

王菅菅　杨海超　宋祖厂　卫海涛　曹小梅

(中国石油大港油田)

摘　要　大港油田目前井下分注井中注水压力超过20MPa的井占比达到38.3%，主体分注技术采用桥式同心配水工艺+不泄压测调联动技术，随着应用规模的不断扩大，配套的测调仪井口下不去难题愈发明显，严重影响了分注效果。针对这一情况，大港油田技术人员积极深入现场，通过大量的试验对比分析及理论研究，查找出井口盘根对电缆的摩擦力是造成测调仪器下入困难的主要原因，针对此研究使用了液压控制防喷管密封装置工具，并对高压不泄压测调技术进行了改进优化。改进后的测调技术能够完成现场大部分高压分注井的测调需求，节能增油效果明显，具有一定的推广意义。

关键词　高压分注井；桥式同心配水工艺；测调联动技术；密封装置

为解决低渗透油藏深斜注水井，多层注水段分注难题，大港油田引进使用了桥式同心配水分注技术，但随着应用规模的不断扩大，分注井测试调配过程中发现一些问题，如：部分高压井(>20MPa)测试时测调仪器下不去、部分井仪器下入过程中出现溢流污染地面等情况，严重影响了分注效果及分注管柱有效期，同时也增加了新的井控风险。为此技术人员积极深入现场，通过多次跟踪，获取大量现场数据，准确分析出造成这些问题的主要原因，改进完善了高压井不泄压测调技术，研发出一种地面液压控制井口防喷密封装置，实现井口密封程度可调，既可以“下得去”，又能够“封的严”。目前已累计应用20多井次，成功率达100%以上，高压分注井测调成功率有显著提升。

1　分注井测调仪器下井受力分析

大港油田目前井下分注井中注水压力超过20MPa的井占比达到38.3%，主体分注技术采用(桥式同心配水工艺+不泄压测调联动)技术，随着应用规模的不断扩大，配套的测调仪井口下不去难题愈发明显，部分高压井(井口注水压力≥20MPa)井口测调仪器下不去，或下入过程中井口防喷管密封不严，造成井筒内液体喷出至地面，不符合井控要求，严重影响了分注效果。

1.1　注水井口分析

统计近年来测试调配过程中仪器无法下入的多为超过20MPa的高压注水井，且遇阻位置大多在井口位置，而高压注水井一般采用350型采油树，与常规注水井250型采油树有明显区别，那么应从两方面进行原因分析：一是仪器自身设计原因与井口采油树或者管柱不配套；二是由于注水压力高造成仪器无法下入。

为验证哪种原因造成测调仪器无法下入，首先对仪器自身设计原因与350型采油树是否配套进行验证：选取10口测调仪器井口遇阻问题井(均采用350型采油树，井口注水压力在20MPa以上)，在测调仪器遇阻后关闭注水闸门，待其压力自然下降，当井口压力下降至4~8MPa时，测调仪器均顺利通过井口遇阻位置，则测调仪器设计原因被排除(图1)。

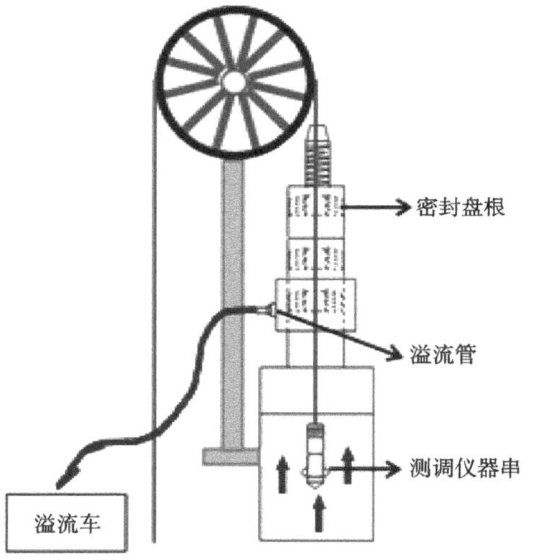

图1　测调仪器串在防喷管内状态

1.2　注水压力对测调仪器下入的影响分析

测调仪器经防喷管下入井筒，起到防止井筒

内液体喷出的主要部件为密封胶圈，则测调仪器在井口下入过程中受力分析为(图2)：仪器正常下入的动力 F 动主要为仪器串自身的重力 G。阻止仪器正常下入的阻力 F 阻包含：①测调仪器串受到的浮力 $F_{浮}$；②仪器串运动受到水的黏性阻力 $f_{粘}$；③盘根对电缆的摩擦力 $f_{摩}$；④仪器串运动的压差阻力 $f_{差}$；⑥水流对仪器串的涡流阻力 $f_{涡}$。

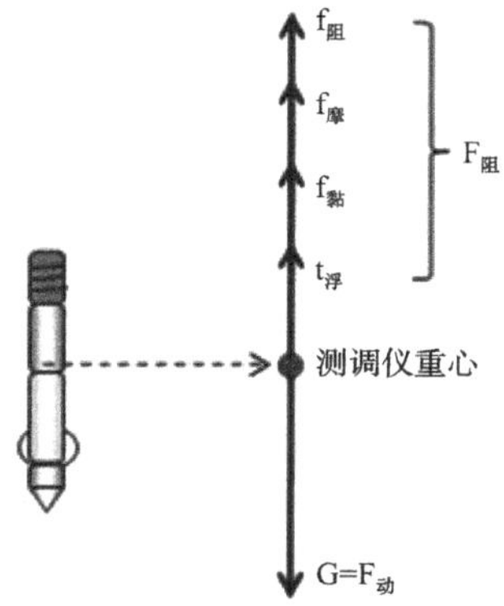

图2　测调仪器串在防喷管内受力分析

当 $F_{动}>F_{阻}$ 时，仪器能够正常下入。因此，为保证测调仪能够正常下入，可从两个方面着手分析，加大测调仪重量或减小下入阻力。

由于目前测调仪器长度+质量均已固定，受到液压举升装置能力限制及井控要求影响，防喷管最大长度不得超过 4.5m，因此能够增加测调仪器串重量只能通过加重杆完成，受到防喷管高度限制，目前加重杆可配备最长 2m 钨钢加重杆。针对测调遇阻高压分注井均已采用该种配置。因此，目前解决井口遇阻问题，应从减小仪器下入阻力方向突破。

1.2.1　$f_{涡}$阻力分析

$$f_{涡}=k\rho_{液}v^2/2 \tag{1}$$

式中，k 阻力系数，N；$\rho_{液}$ 为水的密度，kg/m^3；v 为水的流速，m/s^2。

当测调仪在井口开始下入的过程中，以很小的相对速度在水中运动时，$f_{涡}$ 数值很小，因此可以忽略不计。

1.2.2　浮阻力分析

$$F_{浮}=\rho_{液}gV_{排}=\rho_{液}gL\times\pi D^2/4 \tag{2}$$

式中，$F_{浮}$ 为测调仪器浮力，N；$\rho_{液}$ 为水的密度，1000kg/m^3；g 为重力加速度，10m/s^2；L 为测调仪器长度，m；D 为测调仪直径，42mm。

计算结果：$F_{浮}=3.14L$

仪器串在水中所受到的浮力大小与仪器串的长度成正比关系(图3)。

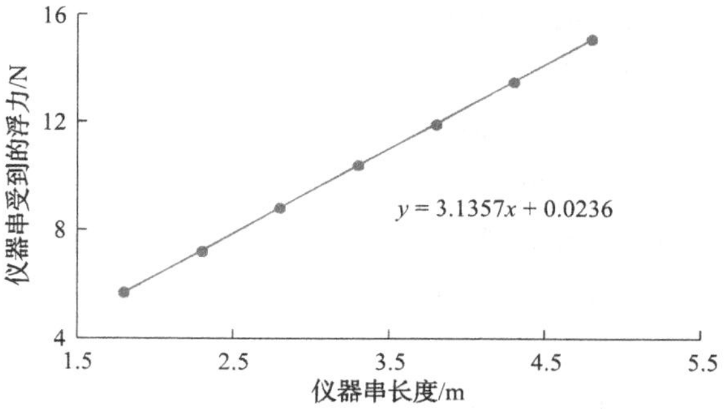

图3　仪器串长度与浮力关系

在选用外径与测调仪器外径均相同的加重杆时，浮力每增加 3.14N/m，加重杆(钨钢)重力增加 160N/m；二者相差较大，故浮力对阻力作用影响较小。

1.2.3　$f_{黏}$黏性阻力分析

利用 flunt 软件对测调仪在下入过程中的速度分布与黏性阻力关系进行数值模拟，介质流体按照清水计算模拟，从模拟情况来看，无论在仪器前端或者中部，黏性阻力主要分布于仪器外表面位置且基本均匀分布，将仪器串作为一整个圆柱体参数进行数值模拟，井口下入速度假定为 1m/s，所受黏性阻力大小如表1所示。

表1　仪器在井口下入粘性阻力情况

配注量/(m^3/d)	60	70	80	90	100	110
$f_{黏}$/N	4.6	5.7	6.6	7.3	8.9	9.2

由于各项参数均取近似值，所以该结果只能作为一项参考数据，与实际黏性阻力应有一定差距，但该数据结果也反映出测调仪下入过程的粘性阻力大小对整体下入阻力贡献不大。

1.2.4　压差阻力$f_{差}$

测调仪器在下入过程中迎面造成的压差阻力$f_{差}$分析，通过测调仪主体结构可以看出(图4)，形状为前端圆锥导向头，尾端为近似圆锥连接头，测调仪器最大外径为 42mm，根据同一物体在同一流体的中的压差阻力与速度的变化关系：F 差 $\propto v^2$ 可知，当测调仪以很缓慢的速度下放时，压差阻力 f 差基本为 0。

图4 井下测调仪主体结构示意图

1.2.5 对电缆的摩擦力$f_{摩}$

通过前期分析可知，目前测调仪器在下入的过程中，受到的涡流阻力$f_{涡}$，测调仪器串受到的浮力$F_{浮}$；仪器串运动受到水的粘性阻力$f_{粘}$；仪器串运动的压差阻力$f_{差}$；均对测调仪器的下入影响较小，那么仅余盘根对电缆的摩擦力f摩，那么认定该项阻力对测调仪器的正常下入影响较大。

由于受到电缆表面材质、密封胶圈材质及疲劳程度、防喷管倾斜角、以及注水井压力不同等条件影响，无法对目前在用电缆与密封胶圈之间摩擦力与压力之间关系进行准确的定量测量，而只能定性分析该项阻力是造成测调仪器无法正常下入的主要原因。

2 高压分注井不泄压测调技术主要配套技术改进

2.1 液压控制防喷管密封装置工具

通过人为实时调节防喷管密封胶圈与电缆之间摩擦力大小，实现摩擦阻力可控，从而增强测调仪器可下入性。

研究配套了一种液压控制防喷管密封装置工具，该工具通过地面人工操作液压泵，控制高性能硅脂注入量，来达到调节防喷管密封圈压缩范围，控制电缆与密封圈之间摩擦阻力的目的。同时也对防喷头进行了改进，通过多层截流的方式减小井筒内高压流体对密封圈的冲击，增强密封圈性能可靠性。改技术可在测调仪器下入初期，通过减小密封胶圈与电缆之间摩擦力，来增强仪器可下入性，在下入的电缆+仪器串重量符合正常下入条件后，通过加压使胶圈与电缆之间密封更紧密，基本能够做到零漏失，从而解决测调过程中井筒流体不断喷出污染地面的难题(图5)。

图5 防喷管密封装置

液压控制防喷器的原理是：起升液压缸的两端分别固定在A、B两点，与固定套C点组成一个三角关系。当起升液压缸加压，液压缸伸长，A点就以C点为中心转动，就带动防喷管固定套及安装的防喷管转动，随着起升液压缸不断伸长，A点就转动到下图所示的位置，防喷管与井口固定短节在同一轴线上。达到防喷管立起或起升目的。

2.2 高压井不泄压测调技术改进

高压分注井不泄压进行测调，其采取的方法是测调仪器配多级加重杆，增加仪器串配重，使自身重力大于高压水产生的上顶力，问题研究的关键是如何使加长且超重的测调仪器通过井口防喷管下入到分注管柱中，对此重点分析两种技术方案，进行了研究论证和比选，并对优选出的方案进行优化配套，以满足高压分注井测调需要。

2.2.1 测井防喷管+铠装电缆+吊车

采用测井防喷管，长度达10m，可增加的测调仪器自重极限为90kg，能满足所有高压分注井不泄压测试需求，技术装备、配套和计算得到的仪器串配重如表2和3所示，但现场需要大型吊车配合才能进行测试作业，动用设备多，工程成本高。

表 2 技术装备及配套

名称	长度	材质	耐压	密封性	拉断力	重量
测井防喷管	10m	N80	45MPa	液压+盘根密封	/	90kg
测试电缆	ϕ3.5mm 或 ϕ5.6mm 铠装	镀锌不锈钢	/	/	1.2t	/

表 3 测调仪器串配重

井口压力 仪器配重	5MPa	10MPa	15MPa	20MPa	25MPa	30MPa	35MPa
ϕ3.5 铠装电缆	≥5.9kg	≥11.8kg	≥17.7kg	≥23.6kg	≥29.5kg	≥35.4kg	≥41.2kg
ϕ5.6 铠装电缆	≥15.1kg	≥30.2kg	≥45.2kg	≥60.3kg	≥75.4kg	≥90.5kg	≥105.5kg

2.2.2 液压可倾斜加长防喷管+铠装电缆

考虑加重的测调仪器串较长，增加防喷管有效长度至 4.5m，采用液压举升的方式使测调仪器串通过防喷管下入井筒中，配套 ϕ3.5mm 电缆可增加的测调仪器串自重极限达到 47kg，可满足 35MPa 高压井的测试需求，具体如表 4 所示。

表 4 技术装备与配套

名称	长度	材质	耐压	密封性	拉断力	重量
液压防喷管	4.5m	钛合金	40MPa	液压+盘根密封	/	27kg
测试电缆	ϕ3.5mm 或 ϕ5.6mm 铠装电缆	镀锌不锈钢	/	/	1.2t	/

3 现场应用及效果分析

高压分注井不泄压测调技术优化之后，现场成功应用 21 口井，注水压力最高达到 33.8MPa，测调压力创历史新高，开拓了桥式同心分注技术适用范围，同时液压控制防喷管密封装置具有体积小，重量轻，耐压高，操作简便可靠，不仅安全而且节能，减少设备更换 2 次，节约电能，具体计算过程如下：

对其中 10 口井进行电量计量(表 5)，10 口日节电 168 度，全年单井测调四次，折合 84 井次，节电量=168×21÷10×4=1441.2 度。

表 5 耗能效果分析

井号	压力/MPa	原日耗电量	现日耗电量
XX-1	28	35	15
XX-2	32	48	20
XX-3	32	42	18
XX-4	28	32	14
XX-5	30	37	15
XX-6	28	30	18
XX-7	25	29	19
XX-8	23	35	16
XX-9	22	33	18
XX-10	25	36	15
合计		357	168

受该技术影响，21 口井中其中 5 个井组受益油井增油效果明显，累计增油量 1622 吨(见表 6)，按原油价格 3000/吨，同时避免高压无法测调及节约测调仪器磨损更换费用，截止目前累计节能创效 1350 余万元。

表 6　现场试验增油效果统计表

井号	受益油井	测调前日产油量/t	测调后日产油量/t	日增油/t	累增油/t
XX-11	YY-1	2.65	4.36	1.71	464
XX-12	YY-2	5.17	5.96	0.79	119
XX-13	YY-3	4.55	4.9	0.35	138
XX-14	YY-4	14.65	16.48	1.83	836
XX-15	YY-5	3.97	4.47	0.5	65
合计		30.99	36.17	5.18	1622

4　结论

改进后的高压分注井测调技术，能够解决大港油田复杂断块油藏高压测调困难问题，提高分注水平，降低安全隐患，实现有效注水、精细注水，为老油田注水可持续开发提供了一种新的手段，现场使用中年节电 1400 余度，累计增油量 1622t，节能增油效果明显，具有一定的推广意义

参　考　文　献

[1]徐国民，苗丰裕．注水井高效测调技术研究与应用[J]，科学技术与工程 2011，11(5)：958-963.

[2] 章本照．流体力学中的有限元方法[M]．机械工业社，1986：135-170.

[3] 贾德利，赵常江，姚洪田，等．新型分层注水工艺高效测调技术的研究[J]．哈尔滨理工大学学报，2011，16(4)：91-96.

[4] 刘广义．注水井分层水量自动调配技术[J]．特种油气藏，2008，15(z1)：226-230.

[5] 乔志学，牛锡林．高压分注井测调技术研究与应用[J]．石油石化节能，2022，12(04)：13-16+7-8.

[6] 吕国胜，杜晓霞，王天慧，等．测调一体分注技术的完善与试验研究[J]．北京石油化工学院学报，2022，30(01)：36-39+49.

[7] 柴德民，李修文，郑同斌，等．异型钢丝铠装电缆研发及在水井测调中的应用[J]．测井技术，2021，45(04)：376-380.

[8] 蓝飞，陈征，李越，等．电缆永置式井下测调技术现场应用及改进研究[J]．仪器仪表用户，2020，27(11)：35-37+81.

[9] 姚汉秋．油井分层注水流量测调系统研制[D]．青岛：中国石油大学(华东)，2020.

[10] 宋祖厂，刘扬，项勇等．高压注水井测调仪器多重柔性下入技术研究[J]．石油矿场机械，2019，48(05)：69-75.

有缆智能分层采油技术应用

王 勇[1] 石张泽[2] 卢晓辉[1]

[1. 中海油能源发展股份有限公司工程技术分公司；2. 中海石油(中国)有限公司 天津分公司]

摘 要 针对渤海油田在高含水开采阶段面临的层间矛盾、常规分采方法低效以及水平井和大斜度井适应性差等问题，本文研究了有缆智能分层采油技术。该技术通过将温度、压力、流量等传感器集成于智能分采仪中，并利用信号电缆作为数据传输的媒介，实现了从地面控制多井、多层的智能化管理。它可以实时监测和收集井下数据，优化开采方案，为海上油田提供一套高效的智能分层采油解决方案。在10口井的应用实践中，有缆智能分层采油技术显著提升了油井管理水平，提高了调产配产的效率，有效降低了高含水井的层间干扰，减少了产水量和开采能耗。此外，技术的高智能化水平支持无人值守平台的高效开发，展现了其强大的技术潜力和实用价值。

关键词 稳油控水；有缆智能；智能采油；分层采油

随着油田开发进入高含水率的开采后期，渤海等老油田面临着众多挑战。在此阶段，由于储层压力和渗透率的差异性增加，油水分布关系变得更加复杂，层间干扰问题也日益突出。传统的合采管柱、“Y”型管柱以及机械滑套分层开采方法在应对高含水期油田的问题时显示出局限性，例如调产效率低，无法对每个层位进行精确控制以减少层间干扰，并且不能实时监测每一层的生产数据。

为了解决这些问题并提高采收率，满足智慧油田的发展要求，智能采油技术的开发和应用变得至关重要。这种技术通过智能化手段提高了油井生产的效率和效益，同时降低作业风险和经济成本。智能采油技术能够实现对每一层位的精细控制和实时监测，从而优化生产方案，减少不必要的层间干扰，并最大限度地提升油田的采收率。这对于确保老油田的可持续开发和延长其生产周期具有重大意义。

1 有缆智能分层采油技术

智能采油技术通常指的是配备有先进传感器、控制器和执行器的油井管柱系统，它能够实现对油藏的实时监控和动态调控，以提高油气田的开发效率和经济效益。

有缆智能分层采油技术是一种先进的油田开采技术，这种系统的核心组成部分(图1)包括：

(1) 潜油电泵：负责将地下的石油泵送到地面。

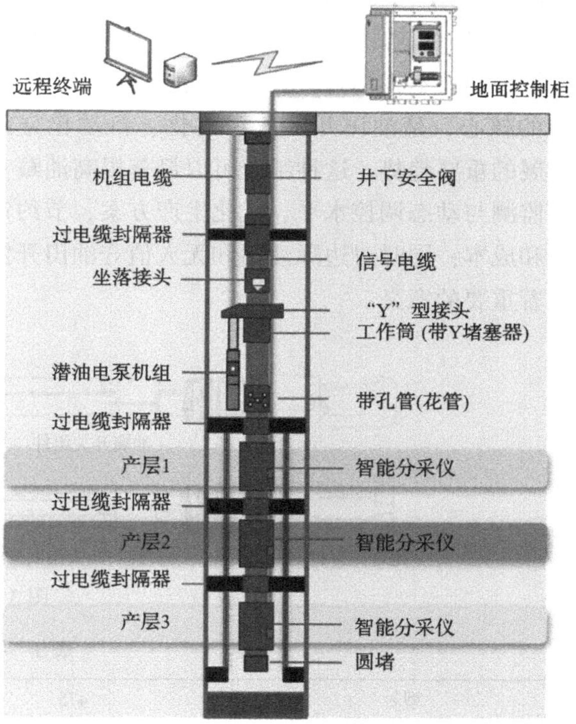

图1 有缆智能分采管柱

(2) 有缆智能分采仪：安装于井下，用于测量和控制每一层位的流量、含水率、温度、压力等关键参数。

(3) 地面控制系统：接收来自有缆智能分采仪的数据，并根据数据对井下设备进行控制。

(4) 上位机软件(远程终端)：供工程师分

析和处理数据，优化生产过程，并可以远程操作。

(5) 配套工具：辅助设备和工具，包括过电缆插入密封，过电缆定位密封，传输电缆，电缆保护装置。通过过电缆定位密封、过电缆插入密封实现对各层位的分层开采。

有缆智能分层采油技术利用潜油电泵和智能分采仪相结合的方式，实现了对井下各层位的实时监测和动态调控。通过单芯钢管电缆连接井下设备与地面设备，实现数据的上传和命令的下达。这样的设计允许油田操作人员在地面即可监控和调节井下的生产情况，提高了生产效率、降低了操作风险，并且增强了对油藏的管理。

渤海油田“有缆智能分注技术”已经规模化应用并验证了其可靠性，为“有缆智能分采技术”的推广和应用提供了实践基础。智能注水和智能采油技术相结合，构建了智能采油技术(图2)的核心，是油田开发向智能化、自动化方向发展的重要趋势，这种结合可以显著提高油藏实时监测与动态调控水平、优化生产方案、节约资源和成本；同时对边际油田和无人值守油田开发有着重要的意义。

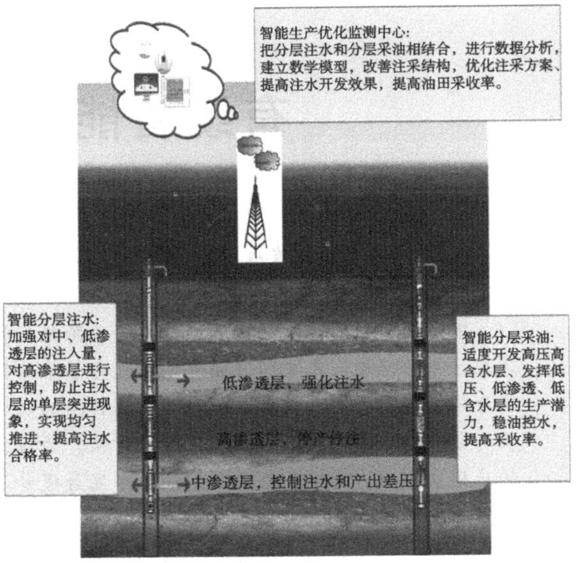

图2　智能采油技术

有缆智能分采仪(图3)是实现智能分层采油技术的关键工具。根据不同防砂段内径尺寸的需求，有缆有缆智能分采仪常用的有475、388和325三种规格(表1)。该仪器由电缆头保护器、上下接头、外护管、中心过流管、验封组件、油嘴组件、主控组件等部分组成。其设计采用了直通式流道和陶瓷材料阀门，以优异的抗冲刷性能和降低产液通道压损的效果。此外，直通式大通道设计有效防止了通道堵塞。

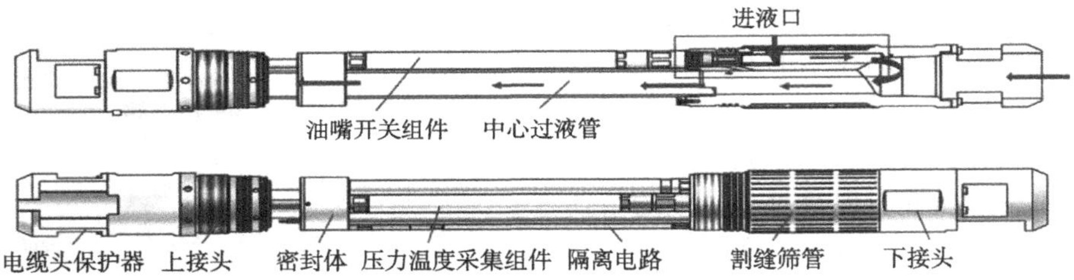

图3　智能分采仪

表1　智能分采仪参数

型号	475	388	325.0
外径/mm	116	95	78.0
上下扣型	2-7/8″EU	2-3/8″NU	2-3/8″NU
耐温/℃	125	125	125.0
耐压/MPa	60	60	60.0
二次密封耐压/MPa	50	60	60.0
耐压差/MPa	20	20	20.0
流量测量方式	压差式流量计	压差式流量计	压差式流量计
流量测量范围/(m^3/d)	10~80、50~300、180~800	15~100、50~300、100~500	15~100、50~300
流量测量精度	±5%FS	±5%FS	±5%FS

有缆智能分采仪还采用了两级密封设计和电气隔离技术，确保了每一层位的密封耐压达到60MPa，且单支仪器异常不会影响到其他层位的正常工作。模块化设计使得各功能模块在独立腔室内密封，互不干扰。集成式双探头压力计的应用，使得油管内压力及地层压力能同时被测量，即便在油嘴关闭时也能监测地层恢复压力。这些设计和技术的综合应用，使得有缆智能分采仪成为提高油井管理效率和产量的关键技术工具。

2 有缆智能分层采油技术特点

有缆智能分采技术是一种先进的油井管理手段，它具备以下显著特点：

（1）实时监控功能：这一特点使得油井的每一层位的生产状况都能被精确掌握。通过内置的传感器，可以实时获取关键参数如压力、温度和流量，从而确保对油井状态的连续监测和了解。

（2）动态调控能力：借助可调节的智能分采仪，这项技术能够根据实时数据动态调整各层段的流量和压力。这种调整有助于优化生产过程，提高油井的生产效率。

（3）自动控制与远程操作：结合地面控制系统，智能管柱可以实现远程控制和自动化管理。这样的设计减少了人工干预的需求，同时提高了作业效率和安全性。

（4）数据分析与优化：通过收集大量的生产数据，可以进行深入的分析和预测油藏行为。

这些信息对于辅助决策支持系统进行产量优化和油藏管理至关重要。

有缆智能分采技术的适应性非常广泛，具体包括：

- 完井方式：适用于套管完井；
- 单层最大产液量：可达 300/500/800m^3/d；

—压力工作范围：从 0 到 60MPa；

—温度工作范围：从 0 到 125℃；

—采油分段数：最多可达到 6 层；

—防砂密封筒内径：提供 82.55mm、98.55mm 和 120.65mm 三种规格；

—适用于最大井深：不超过 5000m；

—适用井斜：井斜不受限制；

—单一地面控制器可控井数：最多可控制 7 口井。

3 现场应用

2023 年起，有缆智能分采技术在渤海油田的应用取得了显著成效。这项技术已应用 10（表 2）井次，工具运行状态良好，通讯测试正常，并实现了明显的增油和降水效果。截至 2024 年初，累计增油约 7 万 m^3，累计降水 54 万 m^3。

表 2 有缆智能分采技术应用

序号	井号	作业日期	工具型号	作业前			作业后			含水降幅/%	日增油/m^3
				产液/(m^3d)	产油/(m^3d)	含水/%	产液/(m^3d)	产油/(m^3d)	含水/%		
1	A06	2023/11	475	1200.0	16.8	98.5	96.5	73.7	22.7	75.8	56.9
2	B38	2023/7	475	145.5	22.4	84.6	86.8	72.7	16.3	68.3	50.3
3	D42ST01	2023/10	325	315.1	6.2	98.0	240.5	19.5	91.2	6.8	13.3
4	M13S1	2023/10	388	312.4	8.0	97.4	116.8	34.4	78.1	19.3	26.3
5	A01	2023/3	388	663.8	15.9	97.6	468.5	25.0	94.5	3.2	9.1
6	C01	2023/8	475	548.1	30.7	94.4	508.7	41.3	91.7	2.7	10.6
7	C02	2023/2	475	362.0	29.0	92.0	326.3	64.4	38.8	53.2	35.4
8	H23H	2023/6	475	971.6	37.9	96.1	589.7	47.4	92.0	4.1	9.6
9	H23H	2023/6	475	971.6	37.9	96.1	589.7	47.4	92.0	4.1	9.6
10	D17	2023/7	475	259.0	61.2	76.0	390.0	146.0	63.0	13.0	84.8

以渤海某油田A6井为例，该井为定向井，生产层位为东营组，最大井斜77°，生产层平均有效厚度10.5m。由于油层与水层交错，且油层薄，采用套管射孔优质筛管防砂的完井方式，分一个防砂段，生产管柱类型为普通合采管柱。初始投产时下入电潜泵机组，排量1600m^3/d，功率283kW，日产液量和含水率均较高。经过一段时间的生产后，含水率快速上升，导致产油量减少，最终因高含水而关停。关停前日产液1200m^3，日产油13.8m^3，含水98.5%。

A6井在合采过程中未能充分发挥油层产能。为了更有效地开采油气资源，重新对油井进行分层，下入有缆智能分采管柱。通过系统地分析地层产能，选择适应的机组和智能分采仪。本次施工作业后，采用了排量为300m^3/d、功率为142kW的电潜泵机组，以及型号为“475”的智能分采仪。

通过分层轮采测试，成功获得了各层生产数据，识别了层间干扰状况。地面系统精准下达指令，控制各层智能分采仪开度，实现了快速精准的控水开采。作业后日产液96.5m^3，日产油73.7m^3，含水22.7%。与作业前相比，含水率下降了75.8%，日增油56.9m^3，达到了降水增油的效果。同时，电泵机组功率降低，减少了机组能耗；控制了产液量，减轻了油田地面流程处理的工作量。

4　结论与认识

本文通过对比传统分层开采技术与有缆智能分采工艺，得出以下结论和认识：

(1) 实用性：有缆智能分采工艺克服了传统分层开采技术在井斜限制方面的不足，能够有效应对大斜度井及水平井的层位切换、卡水以及测试等作业难题。

(2) 高效性：该技术简化了作业流程，通过地面控制器即可实现对井下配水器的精确控制，包括全开、全关、单步开启或关闭、记忆参数设置及自动配产等功能。这不仅极大提高了工作效率，而且减少了对修井机和测试设备的依赖，显示出在应对不断增加的工作量方面具有明显优势。

(3) 智能化：有缆智能分采工艺支持实时监测油井生产数据，并可发送指令进行调整，精确控制各层的产量。这种动态调控能力超越了常规滑套的简单开闭功能，实现了油藏分析预测、开发优化及智能化决策，有助于缓解层间干扰、稳定油产和控制水产出，符合智慧油田发展的目标。

(4) 节能性：随着产水量的降低，有缆智能分采工艺有利于减少设备运行能耗，并降低地面流程处理的工作量，进而降低整个生产过程的能源消耗。

综上所述，有缆智能分采工艺不仅提升了油井开采的灵活性和效率，而且为老油田的可持续开发提供了一种有效的技术支持。它的应用将有助于提高油田管理水平，提升油田的采收率，是未来智能化油田建设的重要发展方向。

参 考 文 献

[1] 张凯波．机采井智能采油技术研究进展及趋势[J]．中外能源，2021，26(09)：45-51.

[2] 汪丽丽，胡秀荣．机采井智能采油技术研究进展及趋势[J]．化工设计通讯，2022，48(09)：32-34.

[3] 孟祥海，邹剑，张志熊，等．海上平台注水井远程控制与管理系统[J]．石油机械，2016，44(08)：47-50.

[4] 巨亚锋，王在强，张丽娟，等．油井智能分层配产找堵水增采技术研究[J]．石油机械，2009，37(10)：61-63.

[5] 张激扬，刘仁勇，郭威，等．缆控智能分层采油工艺技术研究与应用[J]．石油矿场，2022，51(05)：35-41.

[6] 刘建升，牛晨辉，程翔，等．智能分层采油技术在姬塬油田H油藏的应用[J]．石油化工应用，2023，42(04)：76-79.

[7] 高智梁，郑旭，任宜伟，等．海上X油田水平井智能分采管柱卡堵水潜力井筛选及应用效果分析[J]．石油钻采工艺，2017，39(01)：88-91.

[8] 陈征，张乐，蓝飞，等．渤海油田智能分注技术应用现状及发展前景[J]．辽宁化工，2021，50(05)：623-626.

[9] 陈征，张乐，张志熊，等．缆控分层注水技术标准化在海上油田的应用[J]．标准科学，2023，(S2)：142-148.

[10] 陈欢，曹砚锋，刘书杰，等．海上油田有缆式测调一体化注水工艺及应用[J]．石油矿场机械，2018，47(01)：57-61+66.

[11] 刘义刚，陈征，孟祥海，等．渤海油田分层注水井电缆永置智能测调关键技术[J]．石油钻探技术，2019，47(03)：133-139.

[12] 杨万有，王立苹，张凤辉，等．海上油田分层注水井电缆永置智能测调新技术[J]．中国海上油气，2015，27(03)：91-95.

[13] 刘合，李艳春，贾德利，等．人工智能在注水开发方案精细化调整中的应用现状及展望[J]．石油学报，2023，44(09)：1574-1586.

[14] 吴志勇，王长宏，张鹤，等．智能分层注水工艺技术在采油工程中的应用研究[J]．粘接，2020，41(03)：145-149.

非凝析气辅助SAGD提升汽腔余热研究

石　栗[1]　侯智玮[1]　何慧卓[1]　平原毓[1]　曹峻博[1]　赵　双[1]

(1. 中国石油辽河油田勘探开发研究院)

摘　要　SAGD生产过程中最大的余热部分是储藏在油层中的热量，由于蒸汽汽腔的温度为蒸汽的饱和温度，初步估算，蒸汽注入热量中约40%~50%的热量储藏在油层中。如何将稠油开采过程中的余热热能加以利用是目前亟待解决的问题。本文利用数值模拟对馆陶油层SAGD开蒸汽腔余热利用效果预测。研究发现，非凝结气体辅助可望降低中后期操作40%~60%的蒸汽用量，通过维持汽腔压力达到充分利用汽腔余热和对水平井下部储量挖潜提供支持的目的。

关键词　SAGD；蒸汽饱和温度；汽腔余热；非凝结气体辅助；汽腔压力

馆陶油层构造比较单一，顶部和四周被水包围，是块状边顶底水油藏(图1)。试验区油层埋深-530m~-560m，油层厚度大，无底水，单井有效厚度最厚达95.2m，最薄为80.4m，一般在88~94m之间，平均为91.7m，油层钻遇率达100%。

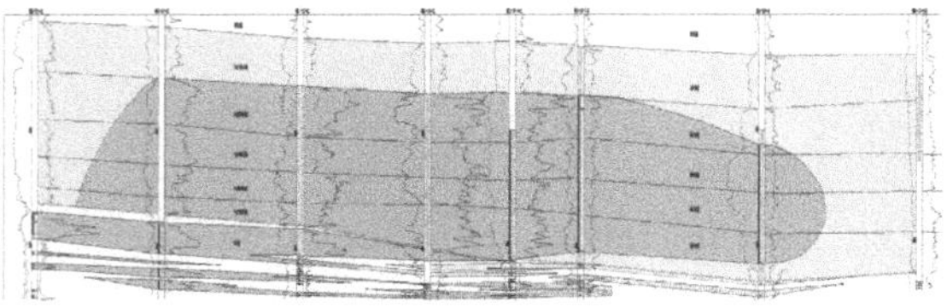

图1　杜84馆陶油藏剖面图

杜84馆陶组SAGD开发分为吞吐、先导试验、一期工程、一期扩大四个阶段。SAGD作为接替方式从先导试验到商业化推广的规模见图2。整个油藏的生产动态见图3，目前日注汽8237t/d，日产液9866t/d，日产油2257t/d，含水77%，油汽比0.27，采注比1.2，累注汽3159×10^4t，累产油1003×10^4t，累计油汽比0.32，采出程度38.2%。其中SAGD阶段累注汽2460×10^4t，累产油629×10^4t，累计油汽比0.26，阶段采出程度24%，目前馆陶SAGD年产油73万吨。

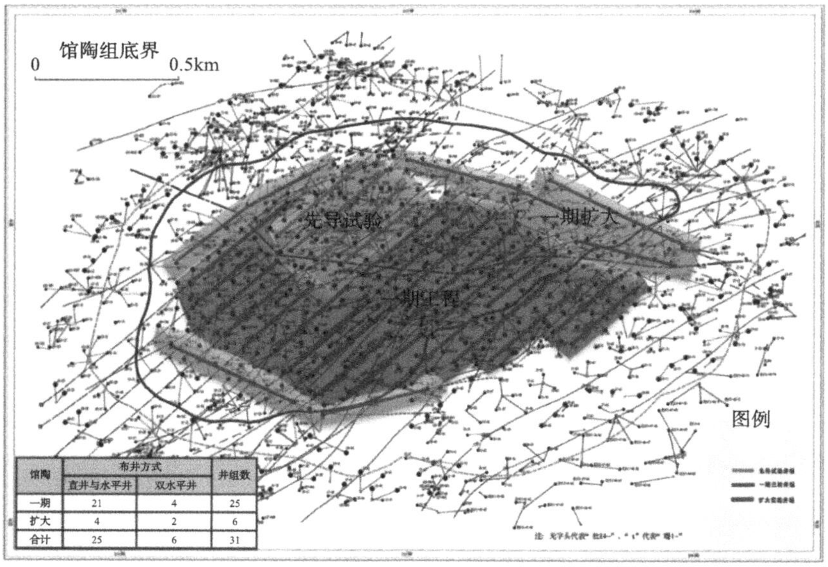

图2　馆陶油层SAGD开发区域分布图

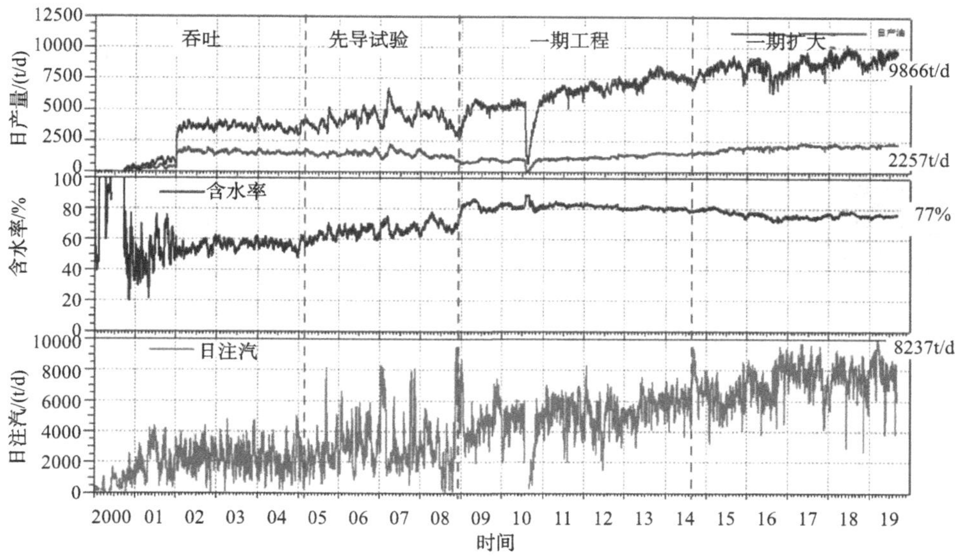

图3　馆陶油层SAGD开发曲线

1　存在的主要问题

SAGD进入中后期操作阶段，地层中的余热量大，重力泄油速率下降，油藏顶部的热损失高，生产动态以产油速率持续下降，油汽比降低和含水上升为主要特征。根据国外SAGD操作经验，提高SAGD中后期生产效率的主要措施包括：(1)完全采用蒸汽+注非凝结气体合注；利用非凝结气体在汽腔顶部的聚集，降低汽腔平均温度，从而达到降低顶盖层热损失和汽腔中蒸汽的用量的目的，其综合效果就是提高热采的油汽比；(2)降低蒸汽的注入速率，保持经济油汽比和(3)完全采用非凝结气体注入，维持汽腔的操作压力和重力泄油过程的持续。利用数值模拟对馆陶油层SAGD开展了以上三种操作方式的效果预测。

2　数值模拟研究

根据油藏地质描述，建立馆陶油层的地质模型。馆陶组全油藏模型的渗透率与孔隙度分布如图4和图5所示。渗透率最小值为2.16mD，最大值为28080mD，平均6073mD。孔隙度最小值0，最大值0.6，平均值0.36。

在全油藏地质模型的基础上对最早投入直平组合的先导试验区(馆平10～馆平13井组)的区域作为该研究的数值模型。模型包括4口水平井和40口直井。图5为三维数值模型的含水饱和度分布，上部的高含水饱和度层代表顶水层。模型的总网格数为60x38x64＝145920，平面上的网格大小小于10米，纵向上网格厚度小于5.0米。

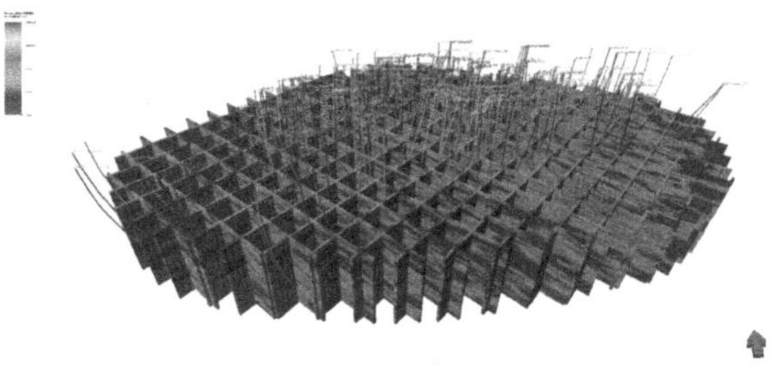

图4　馆陶全油藏渗透率分布栅状图

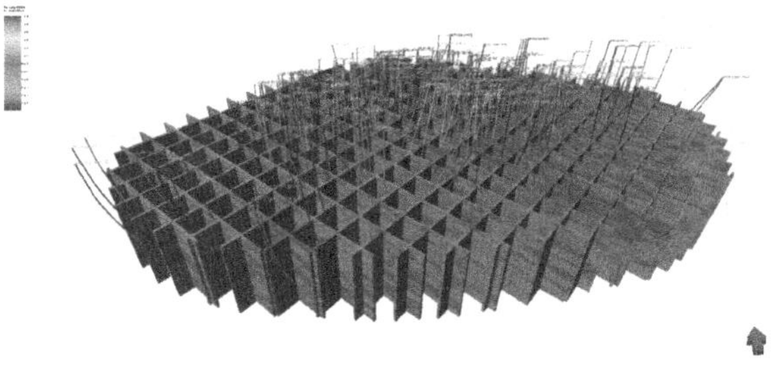

图5　馆陶全油藏孔隙度分布栅状图

模拟计算结果表明：由于受非均质的影响，汽腔在平面上和纵向上的发育不均衡。可以从吞吐末期、转SAGD初期和后期三个方面来分析。图6为吞吐4年后(2005年)直井吞吐阶段的一个典型温度分布剖面。可以看出，直井吞吐阶段的汽腔主要是围绕直井周围较小的范围内发育。由于直井的射孔井段较低，在井周围的汽腔高度较低，受顶水层的影响较小。

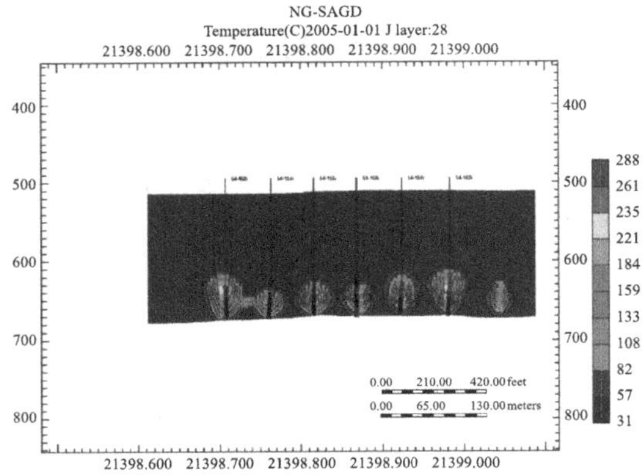

图 6　直井吞吐阶段一典型剖面的温度分布

2003 年在直井之间完钻 4 口水平加密井，并于当年年底开始蒸汽吞吐预热。三周期后，确认与周围直井取得热连通后，2005 年开始转为连续的生产井，而周围直井有选择性的变成连续注汽井，实现直井-水平井组合的 SAGD 生产方式。图 7 为转 SAGD 生产 4 年后的油层中分别平行和垂直水平井的温度剖面，可以看出，到该阶段的蒸汽汽腔有了比较充分的发育，在油藏中形成了连续分布的蒸汽汽腔。但在这阶段，汽腔离模型的顶水层还有距离，顶水对注蒸汽生产动态的影响甚小，可以忽略不计。

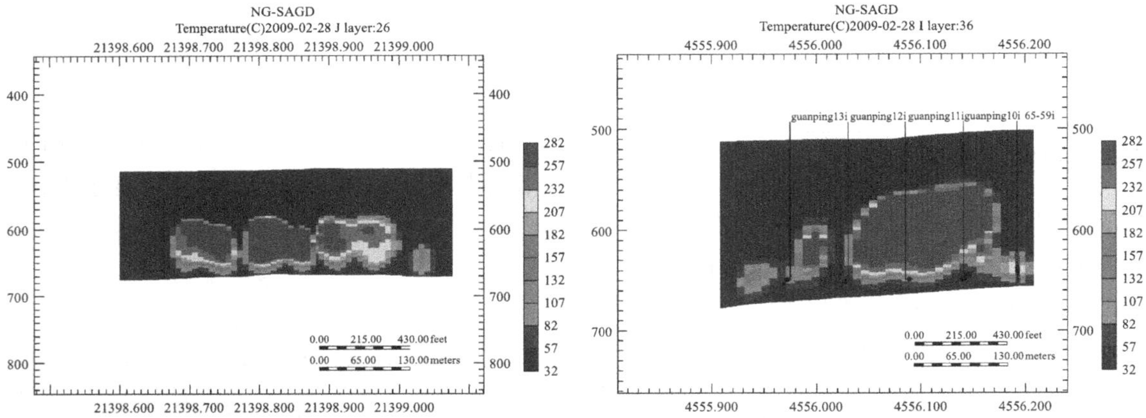

图 7　转 SAGD 初期典型剖面的温度分布

随着注蒸汽过程的进行，汽腔向上扩展，距离顶水越来越近。图 8 为模型预测出的转 SAGD 生产 7 年后的两个剖面的温度分布。可以看出，该阶段的汽腔已经接近顶水层。模型预测转 15 年后的相同两个剖面的温度分布见图 9，这时的汽腔已经部分突破到顶水层。但由于该模型边界的封闭性，顶水层的厚度和水体能量有限。即使在模型预测的蒸汽汽腔突破到顶水层的情况下，SAGD 汽腔仍然能在水层形成。尽管后期的含水有所上升，但顶水的下窜并没有对汽腔的扩展和生产动态造成致命的影响。图 10 为油藏中部一水平面上的温度场分布，可以看出，在平面上已经形成了连续分布的蒸汽汽腔。

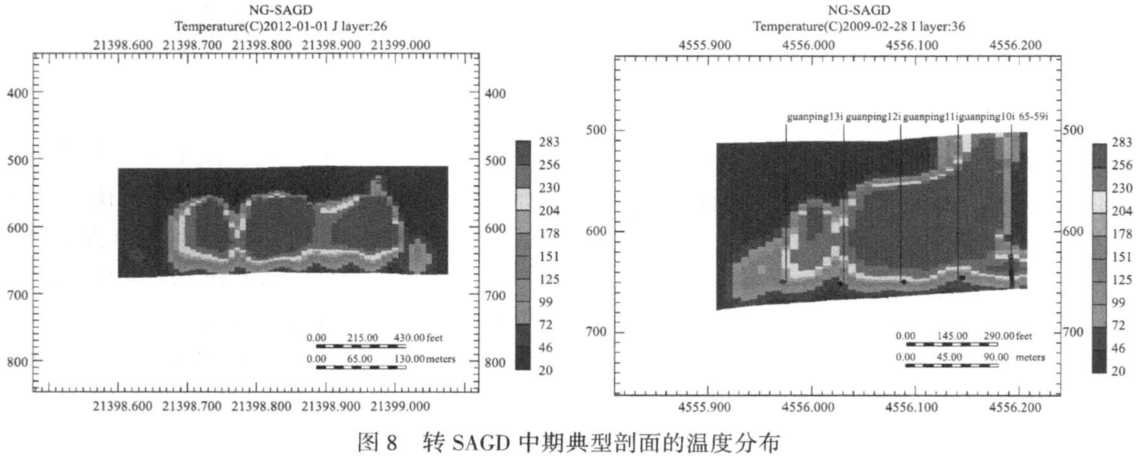

图 8　转 SAGD 中期典型剖面的温度分布

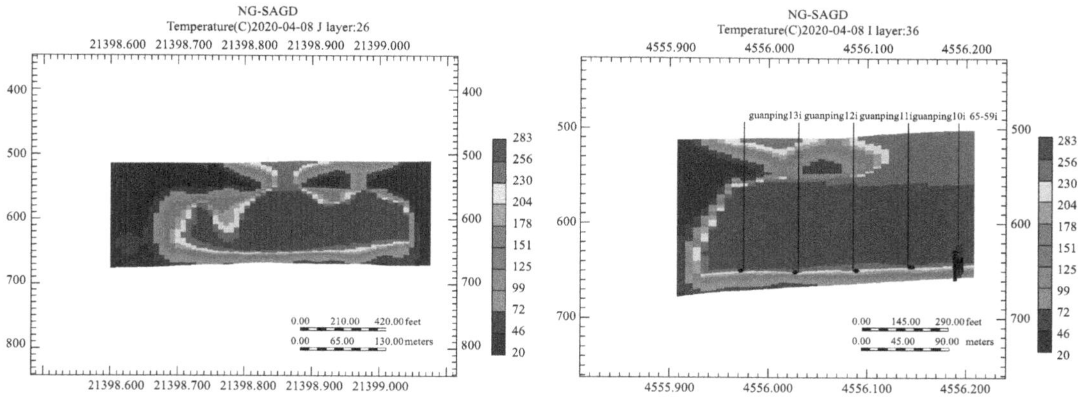

图9　转SAGD后期典型剖面的温度分布

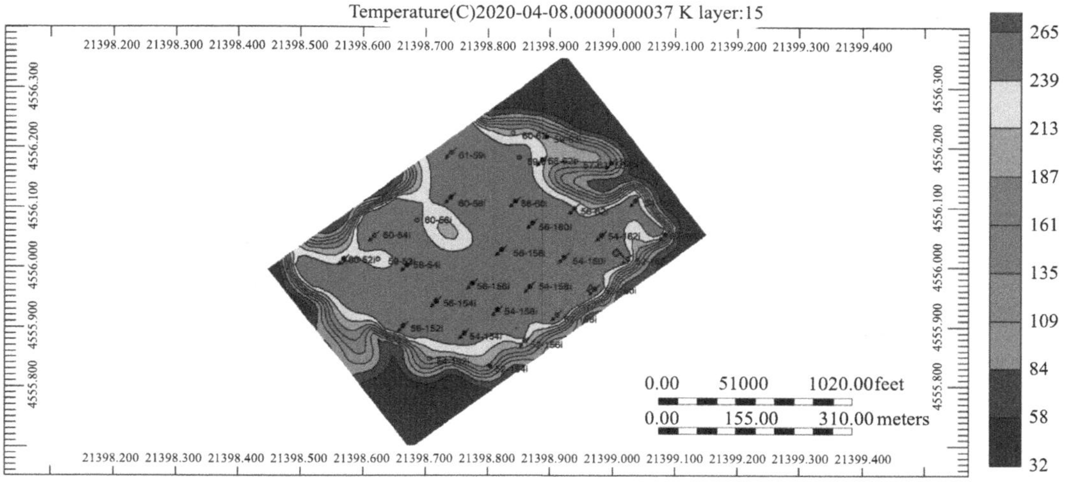

图10　转SAGD后期油藏中部一水平剖面上的温度分布

在SAGD后期，当模型中的汽腔高度接近顶水层时，含水率上升(图11)。说明顶水层对模型中的生产动态有所影响，但对产油速率并没有产生较大的影响。而实际生产数据表明，目前在最早的SAGD先导试验区内，汽腔还没有到达顶水边界。油藏物性非均质的描述、模型网格大小以及垂直与水平渗透率比值等均会影响到模型的预测结果。模拟结果也得出以下结论：

(1) 在顶水层水体有限的情况下，即使汽腔到达顶水层，由于顶水层和汽腔压力相近，顶水下窜对SAGD汽腔的发育和泄油速率的影响较小。

(2) 在没有外来水源能量的支持下，由于整个模型中压力处于同一个水力压力系统，顶水层的压力随汽腔的操作压力大小而发生变化。所以即使汽腔扩展到顶水层，水流的下窜的驱动力仍然为重力。从图中可以看出，当汽腔受到顶水层影响时，顶水层压力变化规律与油藏中汽腔压力变化一致。

(3) 由于在长期的注蒸汽热采过程中，在汽腔扩展到顶水层之前，顶水层由于预热作用，温度已经达到了一个较高的水平。当蒸汽进入到顶水层后，很容易将整个顶水层加热到蒸汽温度，顶水层变成了汽腔的一部分(图13)。

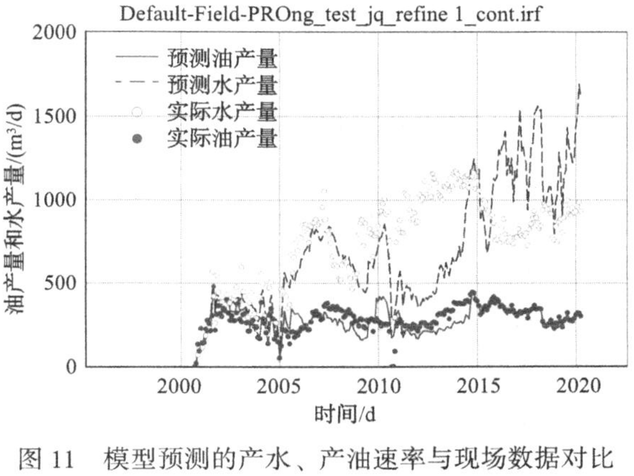

图11　模型预测的产水、产油速率与现场数据对比

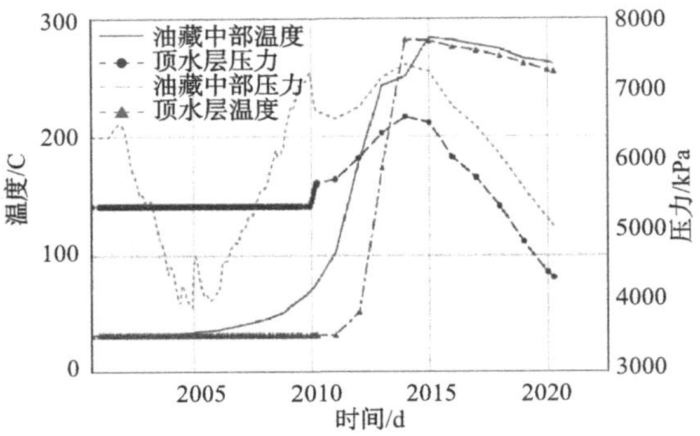

图 12　模型预测的顶水层和油藏中部温度、压力随生产时间的变化

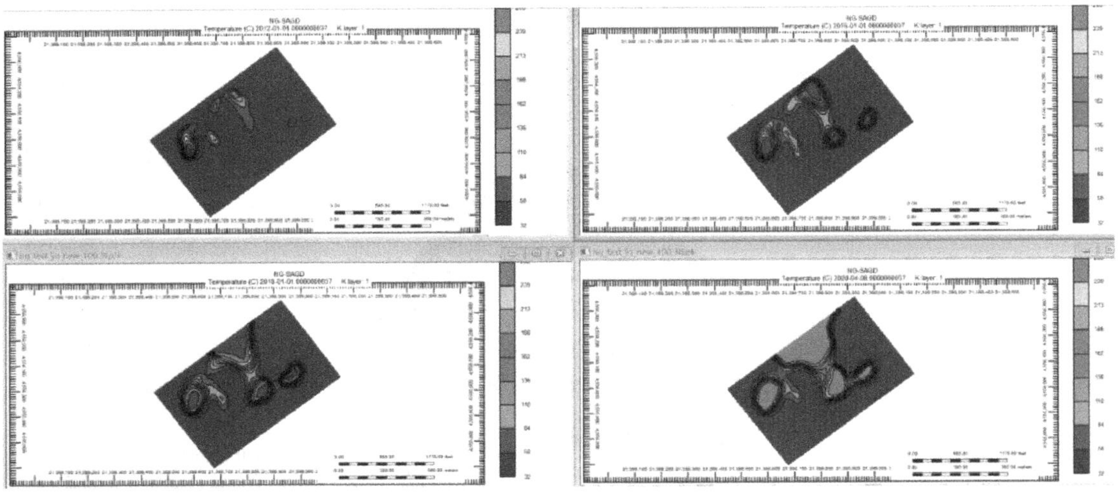

图 13　模型预测的顶水层温度分布随生产时间的变化

3　汽腔余热利用试验方案设计

由于顶水的和底水的存在，余热的利用必须在汽腔和顶水和底水沟通前完成。由于 SAGD 先导试验区模型较小，加之边界封闭，本模型在历史拟合结束后的汽腔高度比实际现场的高。为了研究汽腔中余热利用方法，首先需要将顶水的影响暂时分离开。

当顶水层为有限的封闭边界时，即在没有外来能量支撑的条件下，顶水层对 SAGD 生产动态的影响较小。历史结果表明，当汽腔发育到顶水层后，含水率增加，但产油水平没有太大的改变。为了进一步评价有限顶水层对 SAGD 生产动态的影响，在模型中水层下部设置了一个渗透率为 10mD 的低渗透层。对相同生产历史进行拟合，产油和产水生产动态见图 14。与图相比，有低物性层的存在，大大降低了顶水的下窜，在相同产油量下的产水量大量降低。这说明，在有限顶水存在的条件下，顶水会增加 SAGD 的后期的产水量，由于注入的蒸汽需要加热更多的热水，降低油汽比，但仍然可以维持较高的重力泄油速率。从图 15 所示的一个沿水平井剖面的温度分布可以看出，由于低渗透层的存在，降低了顶水对汽腔的影响，高温蒸汽区均在油藏内扩展。

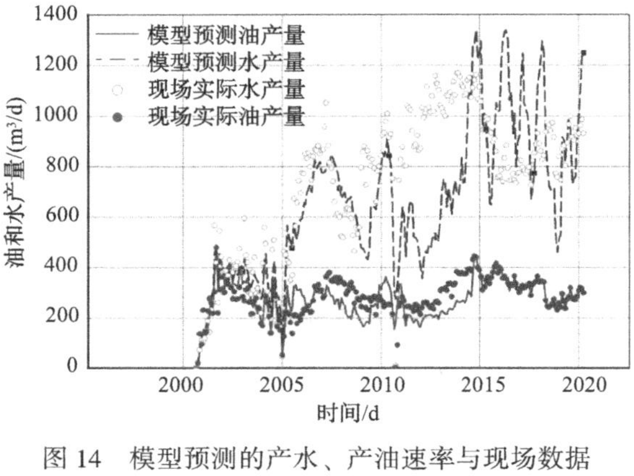

图 14　模型预测的产水、产油速率与现场数据对比(顶水层下部设置低渗透层)

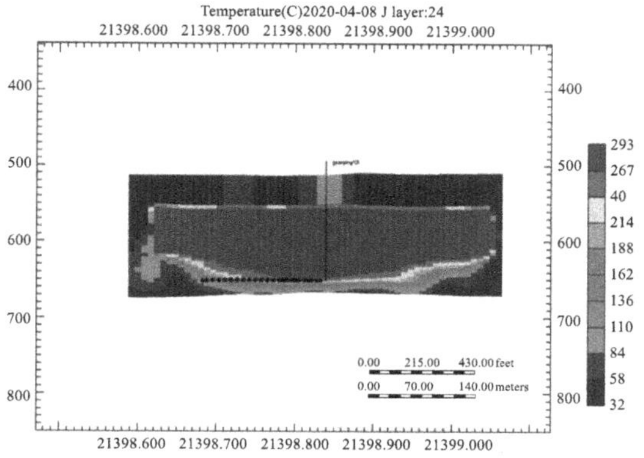

图 15　模型预测的一油藏剖面温度分布
（顶水层下部设置低渗透层）

在上面经历史拟合模型的基础上，开展了三种余热利用方式的研究：方案 1，蒸汽+非凝结气体，将模型中的注蒸汽速率由目前的 $1100m^3/d$ 降低到 $370m^3/d$，降低 2/3；添加氮气（非凝结气体）维持目前汽腔压力恒定在 4.0MPa；方案 2，注纯非凝结气体，将模型中的注蒸汽速率由目前的 $1100m^3/d$ 降低到 $0m^3/d$，；完全用氮气（非凝结气体）替代蒸汽维持目前汽腔压力恒定在 4.0MPa；方案 3，降低注蒸汽速率，将模型中的注蒸汽速率由目前的 $1100m^3/d$ 降低到 $370m^3/d$，降低 2/3，允许汽腔压力逐渐下降。

在 SAGD 操作的中后期，将蒸汽注入速率降低甚至停止注蒸汽，以达到充分利用汽腔余热的方式，是国外现场证实的有效操作方式。在降低蒸汽注入速率后，不用非凝结气体补充，则可能会导致地层压力下降，但同时也会导致汽腔中闪蒸蒸汽的产生，减缓汽腔压力的下降速率。对于蒸汽+氮气合注的方式，则以保持汽腔恒定压力为目标。

气体辅助蒸汽过程的主要机理包括（1）降低汽腔平均温度，从而达到降低顶盖层热损失和汽腔中蒸汽的用量的目的，其综合效果就是提高热采的油汽比；（2）保持汽腔的操作压力，利用较小的蒸汽或者完全替换蒸汽，维持汽腔的操作压力和重力泄油过程的持续。对于馆陶油层，由于顶水层的存在，若能以注入非凝结气体的方式，降低汽腔顶部的温度，有利于降低与顶水层过早连通的风险。

图 16 所示为 2021 年 1 月开始蒸汽和非凝结气体（N_2）合注的生产动态预测结果。在该算例中，蒸汽注入速率由大约 $1100m^3/d$ 降低到 $370m^3/d$，氮气的注气速率随油藏压力变化而定。当注气井井底压力低于 4100kPa 时，开始注入氮气，将油藏压力稳定在 4000kPa 以上，注气速率在 $3000 \sim 6000sm^3/d$ 之间变化。从图中可以看出，注入氮气后，模型预测的头 2～3 年没有氮气的产出，也就是说注入的氮气 100% 储藏在地层中，用于维持汽腔的扩展。但在 2 年后，氮气开始产出，但由于在水平生产井中控制了产气速率（单井最大产气速率 $500m^3/d$），限制了氮气的产出。从该模拟例子可以看出，受储层中的蒸汽汽腔空间所限，能储存氮气的量受油藏压力变化的影响较大。

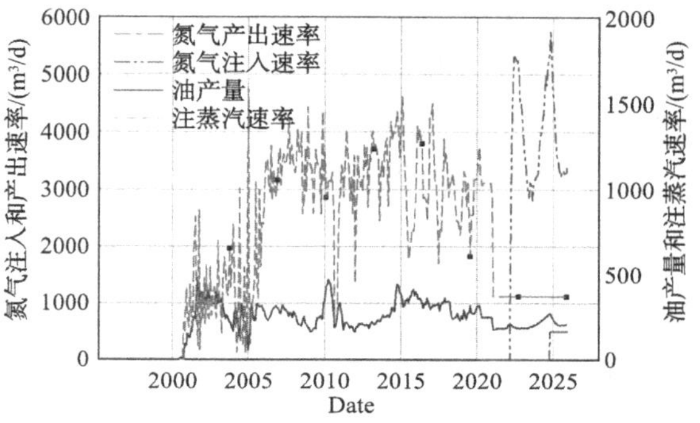

图 16　模型预测蒸汽+非凝结气体合注的生产动态

在油藏中采油蒸汽+氮气同注的方式，维持了汽腔中的压力和重力泄油的条件。产油速率维持在一个比较稳定的水平（$200m^3/d$ 以上）。由于大大降低了蒸汽的注入速率，油汽比大幅度上升，阶段油汽比大于 0.5。图 17 为累积注采动态预测曲线。从累积注采气量曲线上可以看出，在油藏中的累积存储氮气量为 $5.5 \times 10^6 sm^3$。关于汽腔中非凝结气体的需求量，可以从下面的概念进行分析。首先我们来看看蒸汽汽腔的体积，这可以从累积产油量得出。到 2020 年年底，该模型的汽腔体积大约为 $1.96 \times 10^6 m^3$，汽腔压力约 4.0MPa，温度 250℃。近似按照理想气体定律进行估算的标准状态（15℃，0.1MPa）下的蒸汽体积约为 $4.3 \times 10^7 sm^3$。也就是说，汽腔中的平均氮气浓度约 12.7%mol。

为了验证模型中注入氮气后的增产效果，在另一算例中将氮气的注入速率减少为零，只是保持同样的低蒸汽注入速率。累积注蒸汽和采油曲线见图 18。相比与图 17 中的蒸汽+氮气合注，

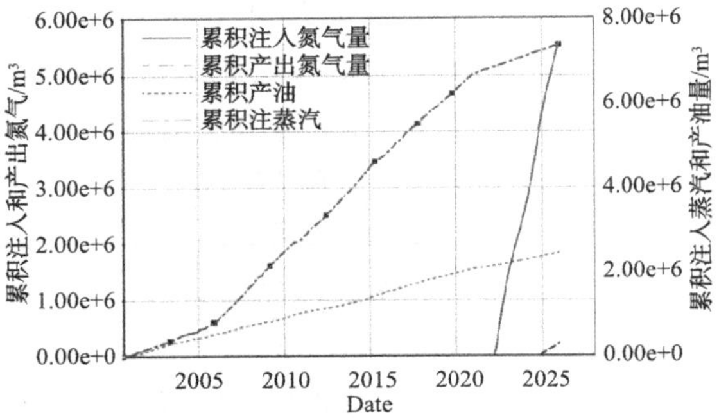

图 17　模型预测蒸汽+非凝结气体合注的累积注采动态

注相同体积蒸汽条件下，相同生产阶段的累积产油量降低了 26430m³。尽管在商业化油藏模拟中，非凝结气体的机理还难以完全体现，但非凝结气体的增产效果还是比较明显的。若按累积净氮气注气量计算，每增加 1.0m³油量消耗的氮气量约为 88.9m³。从图 19 中所示的油藏顶部温度随时间的变化关系可以看出，加入非凝结气体后，油藏顶水层的温度下降，这与 SAGP 的机理相一致。

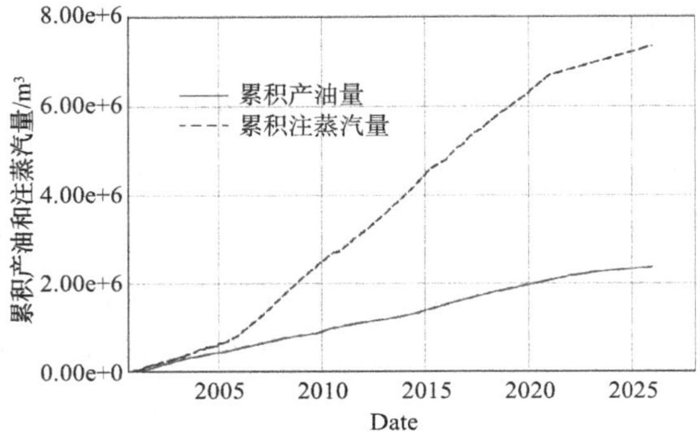

图 18　模型预测注纯蒸汽的累积注采动态

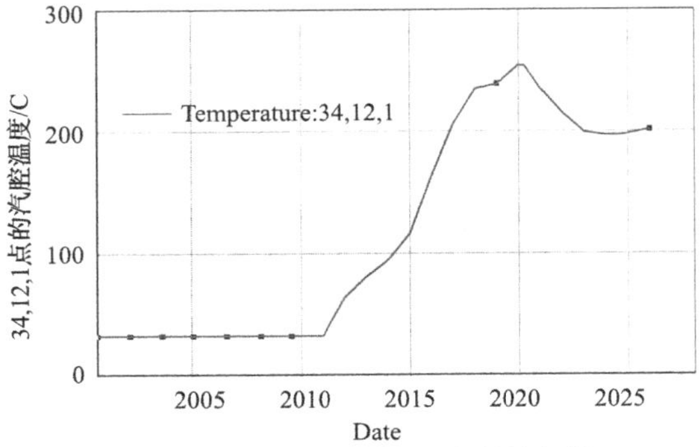

图 19　模型预测的蒸汽+非凝结气体合注的油藏顶部温度变化

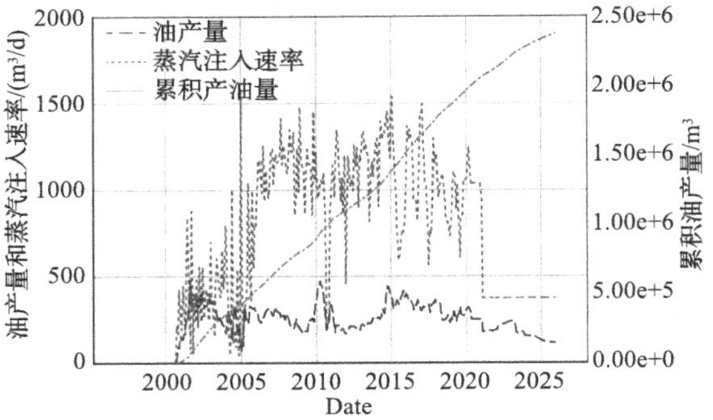

图 20　模型预测生产后期注纯蒸汽的生产动态（单井排液量 200m³/d）

图 21 和图 22 为 2021 年初采用注纯氮气的生产动态预测结果。在保持操作压力相同的条件下，对比蒸汽+氮气合注的生产效果，阶段累积减少产油约 81，000m³。SAGD 中后期不同注入方式下的生产效果预测对比见表 1 和图 23。可以看出，三种方式中，蒸汽+非凝结气体合注的生产效果最好。在目前的条件下，非凝结气体的注入是利用汽腔中余热比较有效的方式。

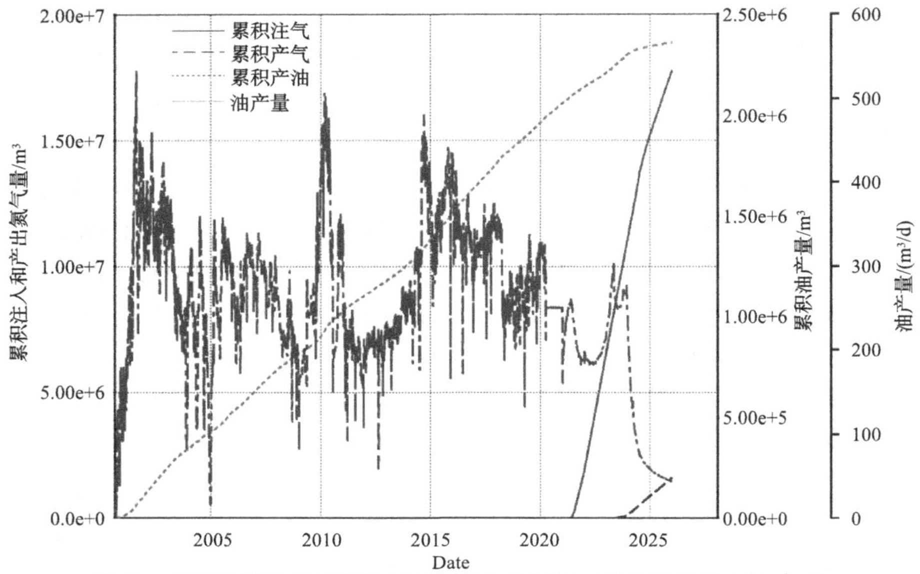

图 21　模型预测生产后期注纯氮气的生产动态（单井排液量 200m³/d）

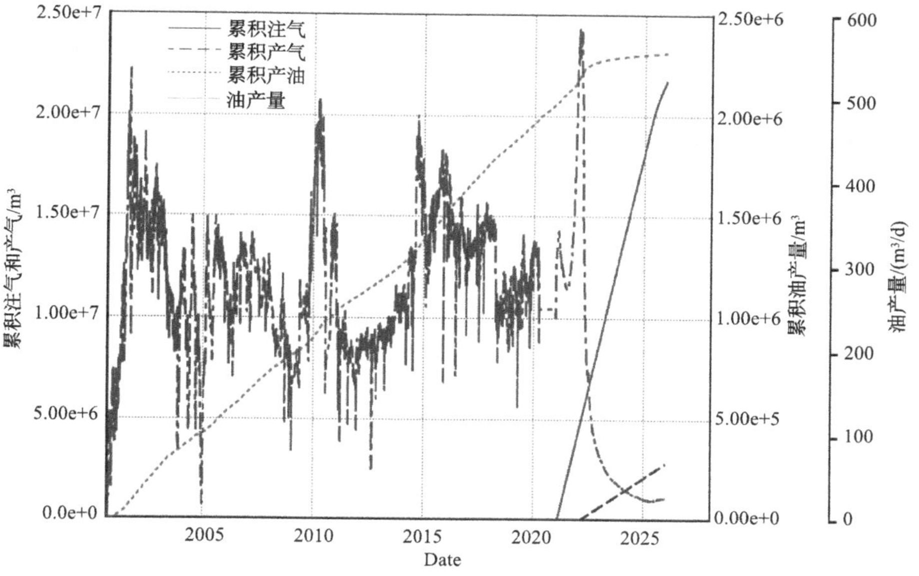

图22　模型预测生产后期注纯氮气的生产动态（单井排液量 400m³/d）

表1　不同汽腔余热利用方案的生产效果对比

生产方式	累积产油/m³	累积注氮气/sm³	累积产出氮气/sm³	累积注蒸汽/m³	油汽比/(m³/m³)	氮气/油比/(m³/m³)
蒸汽+氮气合注	378，647	5，583，541	218，331.	678，898	0.47	85.9(增产部分)
注纯蒸汽	316，202	0	0	678，898	0.47	0
注纯氮气	297，804	17，772，264	1，644，599	0		54

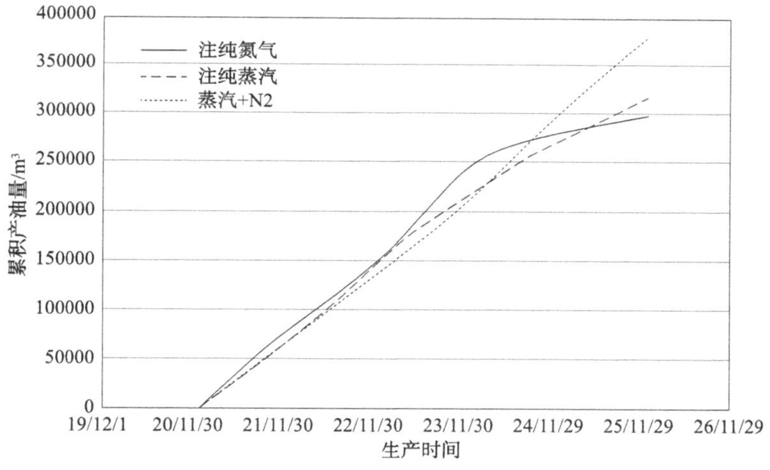

图23　模型预测生产后期不同生产方式的累积产油量对比

根据表2所总结的不同汽腔余热利用方案下的预测效果对比结果，蒸汽+非凝结气体的余热利用方式的产油量最高，是目前的推荐方式。这种汽腔余热利用方式在馆陶油层具有以下优势：

（1）维持汽腔中的压力稳定，利用氮气维持汽腔中压力的成本大大低于蒸汽成本。在操作后期，若需要升高汽腔压力来平衡顶水压力，增加非凝结气体的注入速率增加汽腔压力，不会在汽腔中产生额外的冷凝水，效率高；

（2）由于汽腔高度发育不均，对于汽腔较低的区域，继续蒸汽的注入有利于继续汽腔的向上扩展，增加可采储量。但对于汽腔发育较高的区域，可以利用非凝结气体的作用降低汽腔的上升速率。这种蒸汽+非凝结气体同注的结合可以有效调节汽腔的发育均匀性。据模拟结果，利用蒸汽+氮气合注方案的最佳操作参数如表。

表 2　试验区非凝结气体辅助汽腔余热利用的操作参数建议

汽腔操作压力	4.0MPa
蒸汽注入速率	370m³/d
氮气注入速率	平均：3100sm³/d， 初期 8000~10000sm³/d
氮气占注入蒸汽的浓度比	0.6%mol.(平均)
氮气产出速率	平均：120sm³/d， 后期 800~1500sm³/d
产油速率	平均：210m³/d，
单井最大排液	300m³/d

4　结论

(1) 针对 SAGD 进入中后期操作阶段，地层中的余热量大，油藏顶部的热损失高，重力泄油速率下降的问题，利用数值模拟对馆陶油层 SAGD 开蒸汽腔余热利用效果预测。

(2) 非凝结气体辅助可望降低中后期操作 40~60%的蒸汽用量，通过维持汽腔压力达到充分利用汽腔余热和对水平井下部储量挖潜提供支持的目的。

参　考　文　献

[1]张丽，马贵阳，潘振，等．基于 SAGD 稠油开采余热利用的冷热电三联供系统[J]．工程热物理学报，2018，39(09)：1890-1898.

[2] 张雪萍．SAGD 技术开采稠油的余热利用技术研究[D]．大庆：东北石油大学，2012.

[3] 张依，谢加才，毕研斌，等．SAGD 稠油开采余热综合利用方案及其实施[C]//中国化工学会．中国化工学会 2011 年年会暨第四届全国石油和化工行业节能节水减排技术论坛论文集．化学工业出版社，2011：4.

[4] 姜兴玲．提高 SAGD 余热综合利用技术研究[J]．内蒙古石油化工，2020，46(05)：83-84+104.

[5] 马强，娄银环．浅谈辽河油田高温余热利用[J]．石油工业技术监督，2013，29(01)：58-60.

[6] 王诗．氮气辅助 SAGD 在曙一区超稠油油藏的应用[J]．中国石油和化工标准与质量，2017，37(13)：102-103.

复杂油藏稳油控水关键技术研究与应用

黄　腾　董鹏毅　沈文敏　匡旭光　张　晨

（中国石油辽河油田公司）

摘　要　油井出水是制约油田高效开发的重要瓶颈难题，不仅会导致油田产量下降、储量损失，还可造成水处理困难。本文以A油田为例，结合不同油藏类型、出水特征、油品性质等，从分析出水规律入手，精准匹配相应的堵剂配方、堵水管柱工具、堵水工艺，形成稳油控水关键技术系列。现场实施145井次，增油10.5万t，降水8.1万m^3，效果显著，可为同类型油藏提供借鉴经验。

关键词　复杂油藏；稳油控水；堵水技术；出水；边底水

1　研究背景

A油田是一个斜坡背景下发育起来的复杂断块油田，目前油田开发已进入中后期，出水问题逐步加剧，含水大于85%的井数占比达35%，日产油仅占比8%，出水情况日趋复杂。从油藏类型来说，既有裂缝性块状底水油藏，又有油水互层状砂岩油藏；从出水特征来说，既有底水锥进，又有边底水侵；从油品性质来说，既有稀油，又有稠油和超稠油，原油黏度跨度从9~230000mPa·s。为此，亟需开展复杂油藏稳油控水关键技术研究，减少低效无效产水，实现A油田稳产上产。

2　稳油控水关键技术研究

2.1　裂缝性稠油油藏复合段塞堵水技术

2.1.1　油藏出水特征

B区块（图1）为典型的裂缝型底水稠油油藏，底水能量充足，高角度裂缝发育，近井地带由于蒸汽吞吐形成泄压漏斗，底水沿裂缝逐步水侵，形成水锥，邻井之间形成锥间带。因此，锥间带和油水过渡带剩余油比较富集，是堵水技术的“潜力区”。以往现场采用挤灰堵水方式治理底水锥进，初期见到了一定成效，生产2-3轮后，底水再次向上锥进，被迫只能逐层上返，损失了部分储量。

2.1.2　堵水体系优选

氮气泡沫凝胶体系：主要由氮气、高温发泡剂、凝胶、固相颗粒组成，各组分间相互作用，实现深部地层水窜通道封堵。体系耐温≥140℃，封堵率≥95%，气液比1∶60~1∶100。

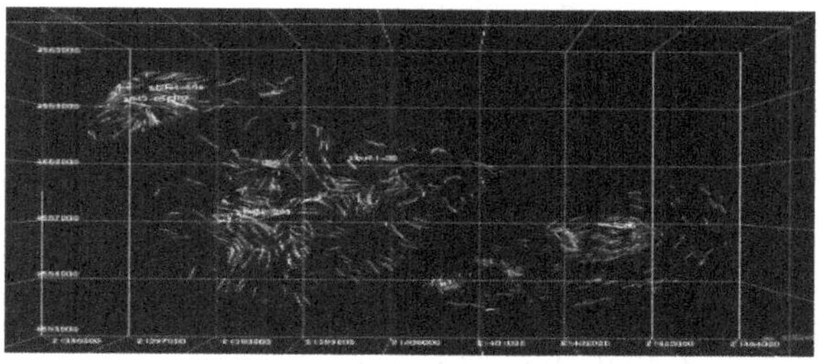

图1　B区块裂缝发育网络图

延迟固化耐高温堵剂：主要由主剂、分散剂、激活剂、稳定剂等部分组成。主剂具有较高的潜在活性，分散剂具有悬浮性、膨润性、黏结性等，激活剂的存在使主剂发生水化硬化反应。与注灰堵水使用的超细水泥相比，其固化时间由8h延长至48h，耐温达350℃，固结强度达到12MPa以上。这一延迟固化特性有效地满足了堵水作业的需要，一是避免了堵剂固化快造成的钻磨风险，通过下探冲洗作业即可清理井筒内残留堵剂；二是依据措施井采出程度、出水状况等可大剂量注入，扩大堵水半径，保证堵水效果。

2.1.3　堵水工艺

首先采用氮气泡沫凝胶堵剂为前置段塞，利用其较好的流动性和有利的流度比，填塞封堵高含水饱和度的大裂缝；再注入延迟固化耐高温堵剂，避免了后续注入蒸汽的高温高压冲刷，释放中小缝洞及岩块系统的剩余油潜力，保障了堵水作业的有效性和长效性。

2.2　裂缝性稀油油藏分层定位封堵技术

2.2.1　油藏出水特征

C区块为典型的双重介质底水稀油油藏，根据试油结论及物质平衡法计算，该油藏水体是油体的39倍以上，底水能量较大。油藏储层储集空间孔、洞、缝并存，但以裂缝为主，宏观裂缝开度在0.02~0.1cm之间，微裂缝开度在88μm左右。

2.2.2　药剂体系及管柱工具优选

双基团交联冻胶体系(图2)：由高分子聚合物、SA交联剂、增强剂通过交联反应形成，强化了常规单基团交联冻胶的成胶强度及稳定性，适用温度40~100℃、矿化度(0.1~10.0)×10^4mg/L。对比单基团冻胶体系，成胶强度由G级上升至H级，封堵率由90%提高至98.1%。

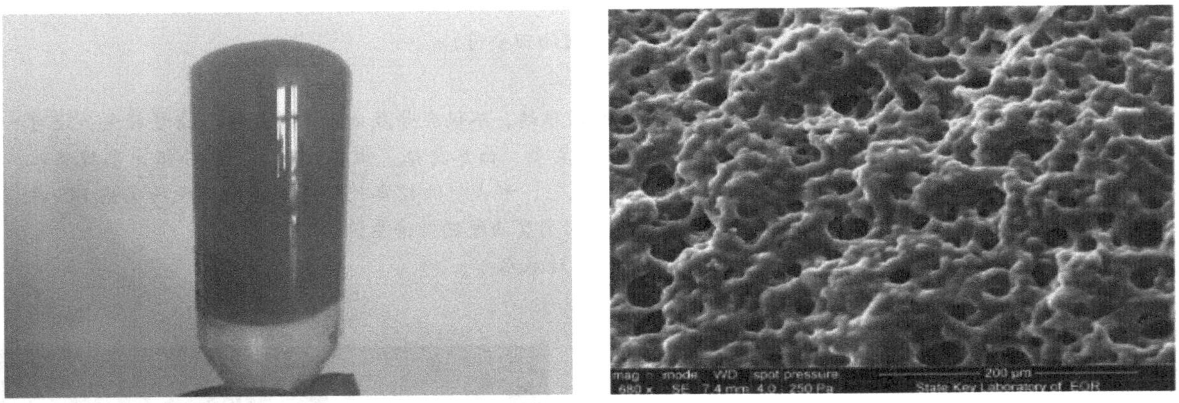

图2　双基团交联冻胶成胶及微观结构照片

小隔层分层化堵管柱：主要由Y221封隔器、Y341封隔器、联动开关、φ73mm油管及配套的丝堵等组成。使用Y221封隔器与Y341封隔器组合将出水位置与油层分隔开，Y341封隔器使用正打压的方式坐封，坐封合格后继续打压将联动开关打开，形成注入通道，实现精准注入。

2.2.3　堵水工艺

首先根据单井情况，确定底部封堵层位；现场施工时，先注入高渗流性凝胶堵剂，利用其良好的流动性能，有效进入地层深部；后续注入新型双基团交联冻胶体系，提高封堵强度。同时配套使用小隔层分层化堵管柱，实现定位封堵，延缓油水界面的上升速度。

2.3　砂岩油藏逐级深部化学堵水技术

2.3.1　油藏出水特征

D区块属边底水砂岩稠油油藏，经长期蒸汽吞吐降压开采，地层压力大幅下降，加之油层孔隙度(30%)、渗透率(1620mD)较高，导致边底水淹，多数油井高含水生产。砂岩油藏孔隙结构复杂，窜流通道的抑制方法无论在原理上，还是在技术上，都与通常的调剖堵水有一定差别，如通道尺寸的增大对堵剂性能的要求更高，水淹程度的加剧对段塞设计要求更严。

为此，结合砂岩油藏的油藏参数，典型出水井的油井参数，采用CMG的STARS数值模拟器进行多轮次蒸汽吞吐开发后稠油地层温度、压力梯度分布进行模拟。进而将封堵空间划分为远井地带、过渡地带和近井地带。远井地带为冷水带，过渡地带为热水带，近井地带为蒸汽、汽水混合带，分别要求堵剂耐温达到120℃~200℃~350℃，耐压达到1MPa~2MPa~8MPa。在此基础上，开展逐级深部化学堵水技术研究。

2.3.2　药剂体系优选

有机颗粒凝胶：由聚丙烯酰胺、交联剂、固相颗粒等组成。耐温≥120℃，成胶黏度≥20000mPa·s，封堵率≥92%。

多官能团堵水体系：利用溶液聚合工艺，将AMPS和AM单体相互贯穿缠结而形成聚合物网络体系，起到"强迫互容"的作用，实现聚合物组分之间的性能互补，增加官能团24%，将凝胶耐温提升至180℃，耐压3MPa以上。

树脂粉煤灰：由热固型粉状有机树脂、水泥、搬土及石灰组成，发生与水泥相似的硬化反应，堵剂硬化后耐温达350℃，抗压强度达15MPa，实现高强度封堵。

2.3.3　堵水工艺

依据砂岩油藏封堵空间划分，远井段塞注入有机颗粒凝胶，对大孔道及高渗透层起到填充、压实作用，过渡段塞采用多官能团堵水体系，有效封堵出水通道，近井段塞采用树脂粉煤灰作为封口剂，形成高强度封堵，充分发挥堵剂段塞间的协同效应，保证封堵半径与封堵强度的"双保险"。

3 现场应用

该技术在A油田已累计实施145井次，措施有效率88.2%，增油10.5万t，降水8.1万m^3，平均单井含水下降25.8%，节约水处理费用185万元，累计创效1959.2万元，取得了显著的稳油控水效果。以E井为例，该井出水后，不仅本井含水上升，周边F、G等2口邻井也受影响，3口井日产油降低35.6t，含水上升39.5%。实施堵水措施后，3口井恢复日产油30.8t，累增油8129.1t，降低含水34.6%。

4 结论

本文针对A油田开发中后期出水问题，结合不同油藏类型、出水特征、油品性质等，开展了裂缝性稠油油藏复合段塞堵水、裂缝性稀油油藏分层定位封堵、砂岩油藏逐级深部化学堵水等系列技术的研究与攻关，有效满足A油田复杂油藏堵水需求。实践证明，该技术增油降水效果显著，有效改善了A油田的开发效果，该技术还可扩大应用于蒸汽驱、火驱等热采稠油的调剖堵水，解决因油藏动用不均或出水造成的储量损失，应用前景广阔。

参 考 文 献

[1]张丽梅. HPAM/Cr3+交联暂堵技术在堵水封窜中的应用[J]. 油田化学，2007.24.1：34-37.
[2] 张玉增. 锦州油田稠油区块整体化学堵水技术[J]. 内蒙古石油化工. 2008(14).
[3] 陈雷，邵红云，赵玲，等. 复合型耐温抗盐延缓交联聚合物堵剂的室内研究[J]. 精细石油化工进展，2006.7.7：8-10.

油藏动态监测技术在超稠油提高采收率中的应用

王　磊　王彦卫　王　秀　何璐璐　王　璐

(中国石油辽河油田分公司)

摘　要　超稠油目前主要采用蒸汽吞吐、SAGD、蒸汽驱等热采方式进行开发。随着开发不断深入，采出程度不断提高，对油藏的精细描述、对剩余油分布规律的研究显得更为重要。油藏动态监测技术在三大开发方式中发挥着越来越重要的作用，以剩余油饱和度监测、温度压力监测、吸汽剖面监测、示踪剂监测、四维地震为代表的各种动态监测新、老技术都在超稠油开发中广泛应用。在指导新井部署、SAGD 监测、蒸汽驱调控、剩余油挖潜方面成效显著。本文将对辽河油田特种油开发公司油藏动态监测技术在超稠油提高采收率中的具体实践进行介绍。

关键词　剩余油饱和度监测；SAGD 监测；蒸汽驱调控；四维地震；提高采收率

油藏动态监测资料在油藏分析中发挥着重要的作用，蒸汽吞吐、蒸汽辅助重力泄油(SAGD)、蒸汽驱作为目前稠油热采的三种最主要开发方式，已经在辽河油田特种油开发公司(以下简称特油公司)管辖的曙一区杜 84 块、杜 229 块、曙 1-6-12 块实现了工业化推广。通过多年的开发实践，在不同的开发方式下，运用多种动态监测资料和技术，对油藏的蒸汽腔扩展情况、剩余油分布特征、油水运移规律、井间连通情况进行了精细描述，为油田开发动态调控、剩余油挖潜调整、加密新井的部署指明方向，对进一步提高油田采收率具有重大的现实意义。

1　超稠油热采常用动态监测技术

特油公司开采超稠油，基于超稠油热采开发的特点，结合所处开发阶段及不同开发方式，特油公司超稠油动态监测主要包含以下内容：地层压力监测包括长效压力计和压力直读测试；生产测井监测包括温度剖面(温度压力剖面测试、分布式光纤测温、微差井温等)、吸汽剖面、蒸汽干度、工程测井(固井质量测试、井斜方位校验)；饱和度测井监测包括碳氧比能谱、多参数中子、中子寿命；井间监测主要为示踪剂；以及油气水等分析化验。

2　蒸汽吞吐、SAGD、蒸汽驱开发中监测技术的具体运用

稠油热采开发由于高温高压的生产特征，动态监测资料也主要以温度、压力监测为主，一般井下温度、压力监测比例占到总数的 50%以上，其中 SAGD 和蒸汽驱监测比例更高，对于蒸汽吞吐开发，主要是进行吸汽剖面和剩余油饱和度等方面监测。

2.1　利用剩余油饱和度监测技术，指导新井部署方向

特油公司没有勘探面积，主力区块目前直井开发井网井距为 70m，水平井井网井距为 70～100m，已经接近井网井距的开发极限，随着原规划的兴Ⅱ+Ⅲ组薄互层直井剩余井位越来越少，新井部署难度越来越大，转换部署思路势在必行，落实好剩余油分布规律，才能更好的进行下一步挖潜，剩余油饱和度监测在探索新井部署方向的实践中发挥了重要作用。

首先通过水平井、直井井温监测资料发现，水平井井间的直井井段对应位置温度不高(图 1)，定性分析来看，判断存在剩余油，结合碳氧比剩余油饱和度测试结果，定量分析后，认为剩余油较富集，可以进行试采挖潜(图 2)，因此在油层厚度>10m、地层温度<80℃水平井井间区域优选 3 口长停井调层试采兴Ⅱ组，首轮平均单井产油 850t，油汽比 0.27，单井日产能力 7.0t/d，取得较好效果。

通过长停井试采落实产能，实现了新井部署方向向“水平井井间直井加密挖潜部署”的转变，开创了产能建设新局面，结合重构开发方式转换井网，公司新增井位 116 个，增建产能 19.1×10^4 t。2018 年以来扩大实施后，平均单井日产能力达到 7.6t/d。一举扭转了产能建设新井效果连年下

降的不利局面。后续监测结果显示，今年来部署的加密井对比周边老井，含油饱和度差距不大。井温监测资料和剩余油饱和度监测技术的综合运用为公司蒸汽吞吐开发下步新井部署指明了方向。

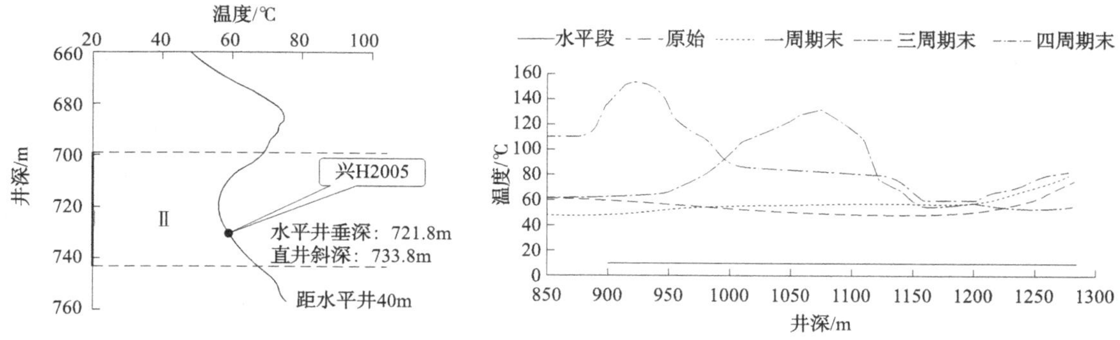

图 1　直井、水平井井温监测结果曲线

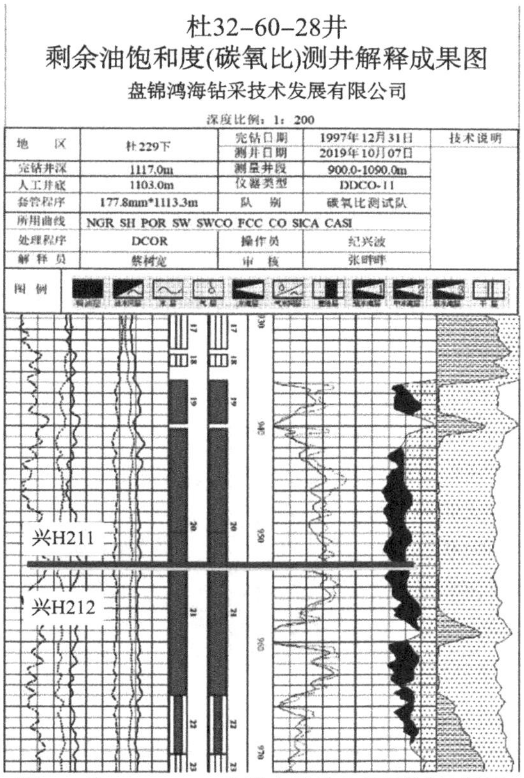

图 2　杜 32-60-28 井剩余油饱和度测试结果图

2.2　温度、压力监测技术成功指导 SAGD 动态调控

SAGD 生产阶段需要大量的数据进行监测，指导油藏动态调控。其中对于水平生产井来说，主要是监测生产井井底压力和温度沿水平段的分布，了解蒸汽腔沿水平段的发育情况，用于判断水平生产段的有效利用程度；对于观察井来说，主要是监测蒸汽腔内的压力和温度在平面及纵向上的分布，用于判断蒸汽腔发育的均匀程度和落实油层非均质性的影响，弄清剩余油分布规律。

生产井监测系统的主要监测参数是生产井井底温度、压力及井口温度、压力、动液面，利用热电偶监测井底温度，利用毛细管测压监测井底压力，为直平组合和双水平井 SAGD 动态调控提供了监测依据(图 3)。

观察井监测系统监测参数是油藏温度、压力及含油饱和度，从蒸汽腔发育情况上看，在驱替阶段，未形成蒸汽腔，测温曲线呈指型、钟型或者漏斗形；在泄油阶段，已形成蒸汽腔，测温曲线呈箱型(图 4)。

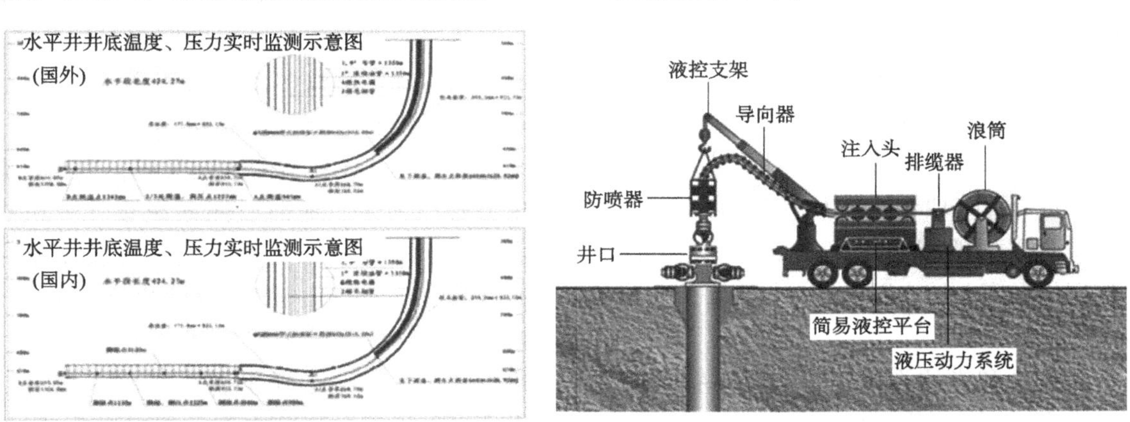

图 3　水平井井下温度、压力实时监测系统图

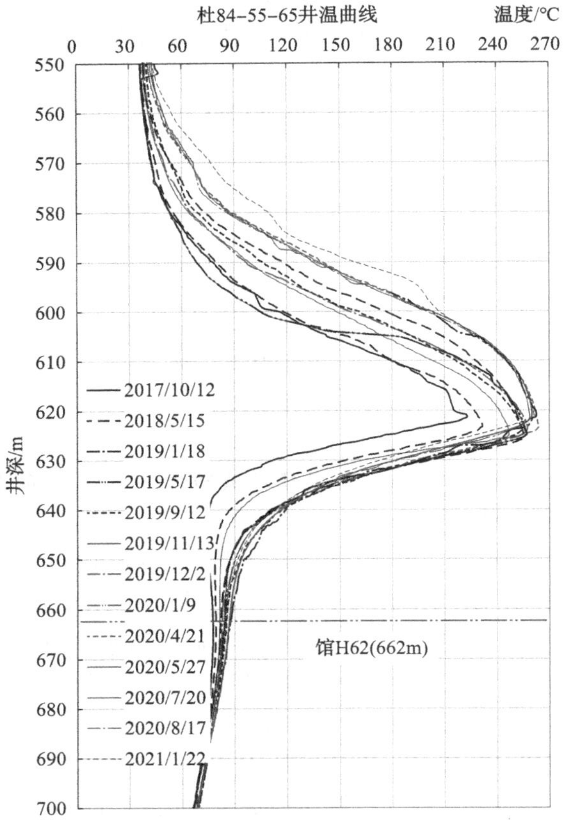

图4　直井井温监测温度变化及蒸汽腔高度图

2.3　利用四维地震技术指导SAGD剩余油挖潜

四维地震油藏监测技术是近年来发展起来的技术，已在国外SAGD和国内外其他开发方式中取得了较好的现场应用效果。四维地震油藏监测技术是在油藏开发过程中，对同一油气田在不同时间重复进行三维地震测量，其地震响应随时间的变化可以表征油藏性质变化，通过特殊的四维地震处理技术、差异分析技术、差异成像技术和计算机可视化技术来描述油藏内部物性参数(孔隙度、渗透率、饱和度、压力、温度)的变化并追踪流体前缘。

四维地震监测的核心就是弄清地震数据体的差异与油藏参数之间的关系，弄清产生这些差异的原因，进而弄清地下油藏内的变化以及剩余油的分布。合理的地震差异变化是储层中流体驱替，储层的温度、压力以及岩石物理特征变化的综合反映。

在注汽区和未注汽区，地震反射特征明显不同，尤其是在差异剖面上，注汽区差异明显，而非注汽区几乎没有差异。这是由于注汽区向未注汽区压力逐渐降低，同时注入的蒸汽也存在汽相到汽液混合相再到液相的变化过程，因此，未注汽区向注汽区波速降低，并在汽液混合区出现明显拐点，也就是蒸汽波及到的前缘地带。根据这个特征，可以判断蒸汽波及范围，地下注入蒸汽后流体的形态，进而通过分析地震层位下拉情况，反推蒸汽波及区，进一步分析油藏非均质性分布的规律，预测剩余油分布规律

以杜84块馆陶组为例，根据馆陶组的油层厚度图可知此处油层较厚，此处可能还存在一定的残余油；中部变化较小，说明此处在油田开发过程中变化较小，而根据馆陶组油层厚度可知该处油层厚度也比较厚，因此该处应该是比较可靠的剩余油相对富集区；而东南部差异较小(图5)，该处在开发过程中虽然差异较大，储层整体变化小，据此推测此处储层总体含少量油。因此油田下一步部署井位时，中部可以作为开发布井的重点区域，西北和东南次之。

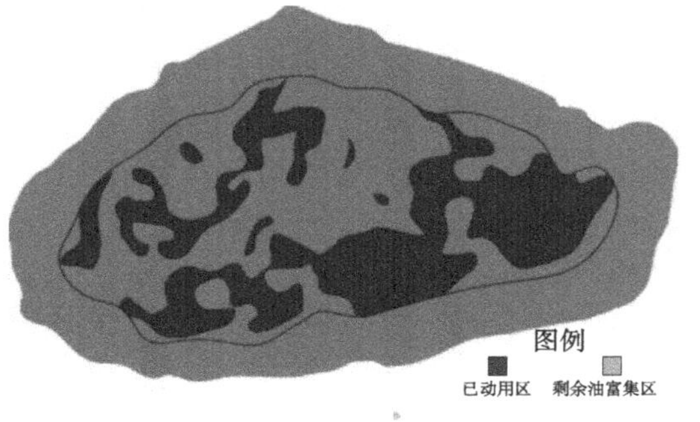

图5　馆陶油藏剩余油相对富集位置平面图

2.4　利用动态监测资料指导蒸汽驱动态调控

蒸汽驱动态监测系统的完善是保证蒸汽驱成功的基础，蒸汽驱动态监测系统主要包括油藏监测系统和地面监测系统，其中油藏监测系统(图6)和SAGD监测系统类似，主要以温度、压力监测为主。地面监测系统集计算机技术、通信技术、数据采集技术及传感技术于一体、通过数据采集器，获得各种生产数据，结合A11物联网技术的推广应用，通过移动通信网络将其传输到中心服务器，再以WEB浏览的方式提供给用户浏览查询，实现对采油过程的全面实时监控。

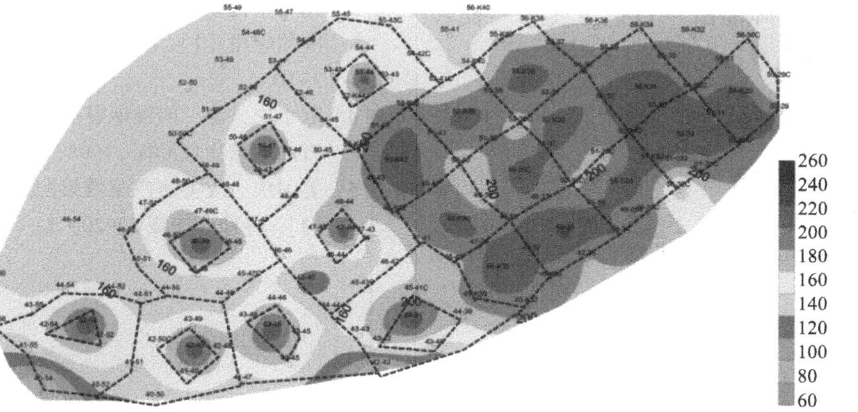

图 6　杜 229 块蒸汽驱井组蒸汽腔平面发育图

井温监测发现，反九点井组蒸汽腔已经形成，为防止蒸汽突破，2020 年坚持开展注汽井优化注汽，生产井 subcool 值控制在 30℃ 以上（图 7），措施后汽驱效果持续提升（图 8）。

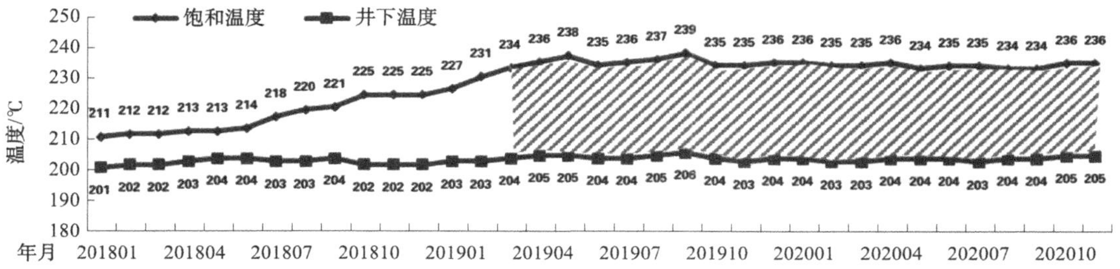

图 7　杜 229 块蒸汽驱井组 SUBCOOL 曲线

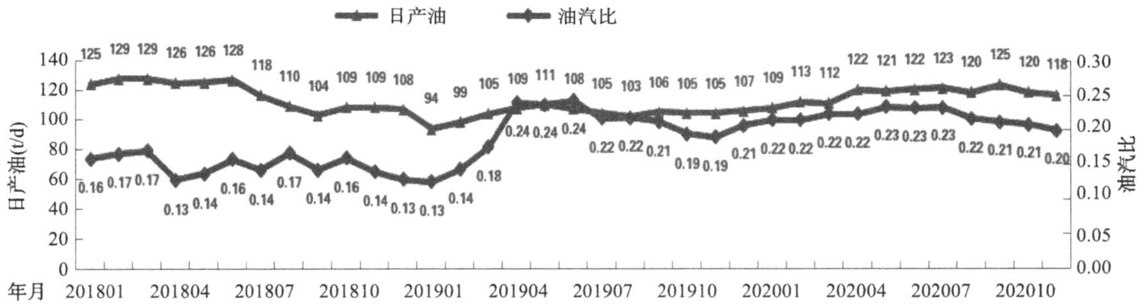

图 8　杜 229 块蒸汽驱井组生产曲线

3　油藏动态监测技术实施效果

通过各种动态监测新老技术的应用，实现了指导产能建设新井部署，拓展了产能建设空间的艰巨任务；实现了 SAGD、蒸汽驱等方式转换蒸汽腔的精细描述，结合 A11 物联网技术的推广实施，技术人员可以及时掌握井下、井底生产参数变化，为动态调控提供数据支持。

通过四维地震等动态监测技术的应用，落实了 SAGD 剩余油分布特征，为馆陶油藏下一步继续挖潜提供了技术支持，近年来新增部署 4 口水平井挖潜，均取得了理想效果。

4　结论及认识

SAGD、蒸汽驱合理设计的动态监测系统及监测技术的运用，准确掌握地下及地面动态变化，指导 SAGD、蒸汽驱油藏动态调控，对提高开发效果具有重大意义。蒸汽吞吐利用剩余油饱和度及井温监测，成功落实了剩余油分布规律，为进一步提高油藏采收率提供了技术支持。

特油公司将继续做好油藏动态监测工作，为辽河油田做好“千万吨油田”“百亿方气库”“流转区效益上产”三篇文章贡献力量。

参 考 文 献

[1] 蒋琪．稠油开采技术现状与发展方向初步探讨[J]．特种油气藏．2020，12.

[2] 任芳祥．辽河油田稠油开发技术与实践[J]．特种油气藏．2012，9：1-8.

[3] 尤红军，等．温度观察井系统在超稠油 SAGD 开发中的应用［J］．油气地质与采收率．2008，14(1)：7-10.

[4] 陈小宏，等．四维地震油藏监测技术及其应用［J］．石油地球物理勘探．1998，33(6)：707-715.

[5] 姜国庆．改善蒸汽驱效果配套技术研究及实施效果［J］．特种油气藏．2020，12.

气液复合吞吐提高页岩油采收率实验及认识

李海福　张利伟　易勇刚　陈神根

（新疆油田分公司工程技术研究院）

摘　要　吉木萨尔页岩油储层孔喉细小、孔隙结构复杂，受超低渗透率影响，常规体积压裂、CO_2吞吐等开发方式效果不佳。为提高此类页岩储层采收率，提出了CO_2^-表面活性剂气液复合吞吐技术，并开展了表面活性剂室内实验评价。实验结果表明：YYC化学剂体系在2000ppm有效浓度下，界面张力降低至5.83×10^{-3}mN/m，润湿接触角降低至24.72°，起泡体积达到550mL、析液半衰期为159s、起泡稳泡性能良好，具有较好的油藏适应性；同时，YYC表面活性剂具有优异的渗吸驱油性能，渗吸120h后采收率为20.75%。研究认为YYC能够通过降低油水界面张力及改变岩石表面润湿性以提高采收率，能够为吉木萨尔页岩油藏复合吞吐技术实施提供依据。

关键词　页岩油；气液复合吞吐；界面张力；润湿性；渗吸驱油

我国页岩油资源丰富，近些年来在鄂尔多斯、准噶尔、渤海湾和四川等多个盆地陆续实现了规模开发。页岩油储层具有低孔低渗、储层偏油湿等特点，其中渗透率通常小于10^{-3}数量级，储层孔喉尺寸为纳米级孔，孔隙度为较低，开发难度较大。新疆吉木萨尔页岩油是中国首个国家级陆相页岩油示范区，其中芦草沟组页岩油预测有利区资源量超过10亿吨，资源规模量大。研究表明目的区块天然裂缝不发育，“甜点”具有全尺度孔隙特征，且以微纳米孔隙为主，原油流动阻力大。该区块前期采用水平井体积压裂开发，但水平井压后初期产量高、递减较快、原油采收率仅10%左右，亟需攻关提高采收率技术。

目前较为有效的页岩油提高采收率方法是注气驱油，而CO_2吞吐可以降低注气周期，提高单井产量。有相关研究从室内实验及数值模拟的角度进行了页岩油CO_2吞吐提高采收率的可行性评价，曹长霄等进行了相态实验，证实了CO_2能与吉木萨尔页岩油达到混相，降低原油粘度、膨胀原油体积效果较好。曲方春针对古龙页岩油开展了注CO_2提高采收率机理及参数优化研究，结果表明CO_2具有较高的膨胀系数及较低的混相压力，在地层条件下能够实现混相开发，采用数值模拟方法优化得到了单井吞吐最佳注入参数。李鑫等人通过室内实验研究了利用CO_2吞吐提高页岩油储层采收率规律和机制，结果表明吉木萨尔页岩储层条件下，CO_2吞吐效率高，能有效提高采收率，具备实施潜力。Bakken、吉木萨尔以及大港沧东页岩油等地区前期均开展了CO_2吞吐现场试验，但受压裂干扰、气窜等因素影响，部分井吞吐后有效期短、增产效果不佳。

基于目前页岩油注CO_2吞吐开发中存在的问题，本文以吉木萨尔为研究对象，提出了CO_2^-表面活性剂气液复合吞吐（以下简称复合吞吐）提高采收率技术，从室内实验角度验证并评价该技术的可行性，对现场实施具有一定的指导意义。

1　气液复合吞吐提高采收率机理

1.1　调整注入剖面，提高注入均衡性

页岩油体积压裂后缝网窜通、生产亏空等因素会导致注入介质发生窜流，能量补充难度较大。单一注入CO_2情况下，CO_2会优先沿人工裂缝流动，难以渗流到基质孔隙中，降低驱油效果；单一注表面活性剂同样难以保证其对基质的有效动用，表面活性剂体系在地层中抗吸附能力差，进入地层后被近井地层吸附，很难作用于远井区域，置换效率有待提升。复合吞吐方式下CO_2和表面活性剂在储层中发生作用后产生大量泡沫流体，可以有效封堵人工裂缝及其他高渗通道，调整注入剖面，驱使CO_2大量进入基质孔隙中，协同改善基质动用程度，增加地层能量，提高开采效果。Bakken现场复合吞吐注入过程中仅在邻井监测到短暂的气体突破现象，较措施前

有效改善了注入剖面，减少了气窜发生，证实了复合吞吐能够有效补充地层能量，提高产油效果。

1.2 改善岩石润湿性

油藏岩石壁面的润湿性是影响流体流动规律的主要因素，由于油藏原始状态下储层润湿性受孔隙结构、矿物组成以及油气运移等多种因素影响，润湿性可能发生改变，其评价也具有一定的难度。吉木萨尔页岩储层整体属于中性润湿-油湿岩石，CO_2、表面活性剂在储层中共同作用使润湿性发生改变。CO_2注入储层后，CO_2和水反应生成碳酸水，最后与储层反应生成盐会溶解于水中，在水中电离出带电离子，对储层岩石表面的水膜起到稳定作用，从而使储层表现出亲水性。同时，表面活性剂与岩石接触后，其中具备亲水基团的粒子可将岩石表面润湿性由油湿变为中性润湿或水湿，使原油剥离岩石表面，提高驱油效率。

2 实验设计

复合吞吐技术的核心是筛选适用于研究区块的表面活性剂，不同的储层条件、原油品质等因素会影响表面活性剂在地层中的反应效果，进而影响驱油效率，因此需要根据表面活性剂不同性能指标开展室内评价及优选。

2.1 实验材料

2.1.1 岩心

实验样品选用吉木萨尔 J1 井上甜点储层天然岩心，尺寸为Φ2.5cm×5.0cm，样品表面无明显裂缝。

2.1.2 原油及地层水

选取吉木萨尔吉 172 井区典型井进行原油取样，取样层位为P_2l_2，深度为4035～6240m，原油在室温下粘度偏高，密度为0.83g/cm^2，有明显结蜡现象。地层水矿化度为12686.54mg/L，属于$NaHCO_3$型，其基本参数见表1。

表1 地层水基本参数表

区块	CO_3^{2-}/(mg/L)	HCO_3^-/(mg/L)	Cl^-/(mg/L)	SO_4^{2-}/(mg/L)	Ca^{2+}/(mg/L)	Mg^{2+}/(mg/L)	Na^++K^+/(mg/L)	矿化度/(mg/L)
吉 172 井区	363.66	4930.42	3146.19	55.97	45.45	9.19	4135.66	12686.54

2.1.3 表面活性剂

选择现场已有应用的洗油增产剂 CRS、纳米表面活性剂 JT09 及室内自研的纳米微囊表面活性剂 YYC 作为本次室内评价优选的药剂体系，其中 YYC 具有最小的启动孔径和较好的驱油潜力。

2.2 实验仪器及方法

2.2.1 实验仪器

HF22-2151 罗氏泡沫仪，TX500C 旋转滴超低界面张力仪，JC2000D1 动态接触角/润湿角测定仪，精密电子天平，高速搅拌器，离心机，真空饱和装置及渗吸瓶等。

2.2.2 实验方法

界面张力测定：参考中国石油天然气行业标准 SY/T 5370—2018《表面及界面张力测定方法》中的旋转滴法，利用注射器将待测驱油体系样品注入玻璃毛管中，确保吸入过程中无起泡产生后，将玻璃管放入测量口中，设置地层温度为90℃、转速为6000r/min，油柱长度大于直径4倍时开始测量，每隔60s测量并记录一次数据，待界面张力达到平衡，结束实验。

起泡稳泡性能评价：参考中国石油天然气企业标准 Q/SY 1816—2015《泡沫驱用起泡剂技术规范》的性能指标，采用高搅法对起泡稳泡性能进行评价，将配制好的一定浓度下的表面活性剂溶液放置在106℃下保温15min，利用高速搅拌器(转速10000r/min)测定溶液起泡高度及析液半衰期$t_{1/2}$。

润湿性测定：将天然岩心洗油烘干并切成厚度1cm的薄片，在原油中浸泡老化12h，将处理后的岩心片放入配制好的表面活性剂溶液中浸泡24h，在80℃条件下烘干备用。将岩心片置于载物台，利用接触角测量仪测量岩心片与矿化水之间的润湿接触角，并进行记录。

渗吸驱油：将岩心烘干后(质量m_1)置于90℃条件下真空饱和原油5d后老化10h，清洁表面浮油，称重为m_2，计算原油饱和度α；采用15%的盐酸溶液浸泡清洗渗吸瓶内部表面3d，浸泡结束后清洗、烘干备用，将老化后的岩心放入处理过的渗吸瓶中，注入具有一定浓度的表面活性剂溶液，记录不同时间的出油体积 V_1，计算渗吸采出程度 ϵ。

$$\alpha = \frac{m_2 - m_1}{\rho \varphi V} \times 100\% \quad (1)$$

$$\epsilon = \frac{\rho V_1}{m_2 - m_1} \times 100\% \quad (2)$$

式中，α 为饱和度，%；m_2 为老化后岩心质量，g；m_1 为干燥岩心的质量，g；ρ 为原油密度，g/cm^3；φ 为岩心孔隙度，%；V 为岩心体积，cm^3。

3　实验结果分析

3.1　界面张力

表面活性剂通过降低界面张力可以大幅度提高渗吸效率，采用模拟矿化水配制 1000ppm、2000ppm、3000ppm 三个浓度下的驱油体系，根据 TX500C 旋转滴超低界面张力仪测出不同体系的界面张力。

由图 1～图 3 可知，CRS 体系在浓度为 1000ppm、2000ppm 时界面张力降低至 10^{-2} 数量级，最低可达 1.94×10^{-2} mN/m，而在 3000ppm 时作用效果不明显。JT09 体系在浓度为 3000ppm 时界面张力达到 10^{-2} 数量级，值为 3.71×10^{-2} mN/m，而在浓度小于 2000ppm 时，降低界面张力效果较差。YYC 体系在浓度为 2000ppm、3000ppm 时界面张力分别达 5.83×10^{-3} mN/m、4.76×10^{-3} mN/m，在浓度 1000ppm 达到 10^{-2} 数量级，降低界面张力效果较好。在表面活性剂渗吸驱油的过程中，过低的界面张力会降低作为主要驱油动力的毛管力，从而降低渗吸驱油的动力，影响渗吸驱油效率。前人研究结果也表明界面张力越低、渗吸驱油效率并非越高，而是存在一个最佳的界面张力值范围，因此综合 2000ppm 表面活性剂浓度可满足界面张力要求。

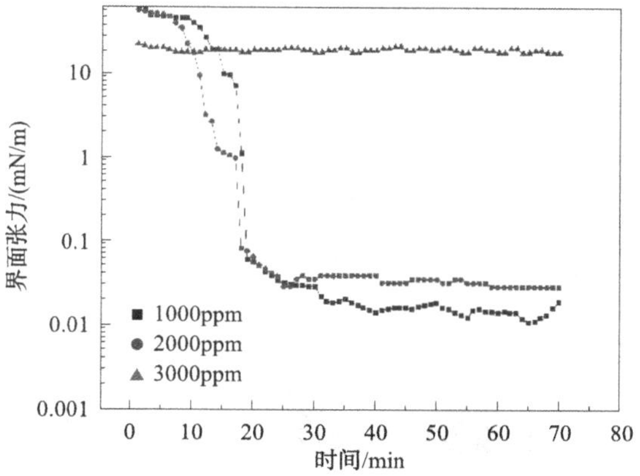

图 1　CRS 不同浓度下的界面张力值

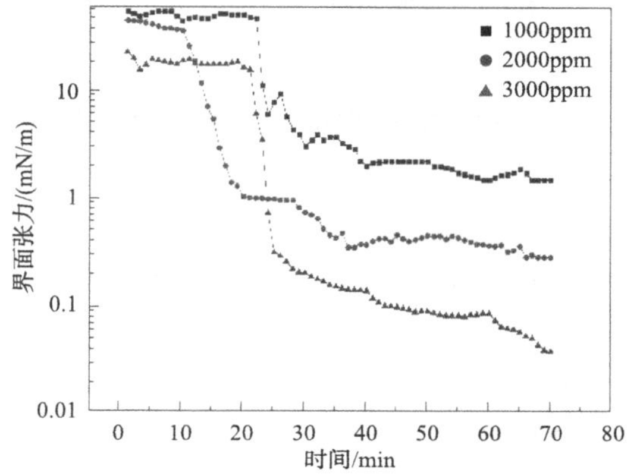

图 2　JT09 不同浓度下的界面张力值

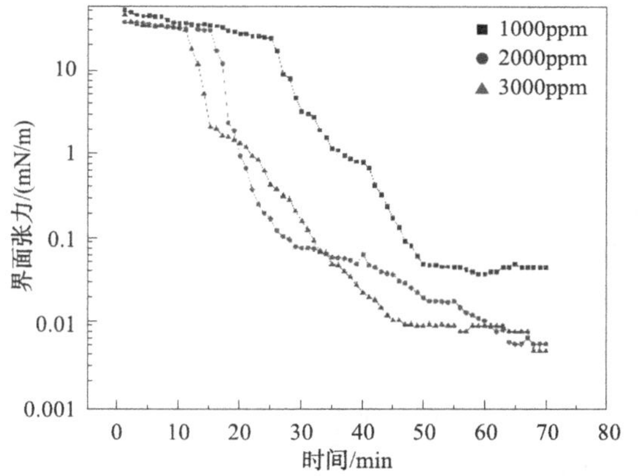

图 3　YYC 不同浓度下的界面张力值

3.2　润湿性

渗吸驱油过程中，岩石润湿性由油湿转变为水湿，可以将毛管力由阻力变为驱油动力，从而提高渗吸采收率。采用模拟矿化水配制 1000ppm、2000ppm、3000ppm 三个浓度下的驱油体系，根据 JC2000D1 动态接触角/润湿角测定仪测出不同体系的润湿接触角。

页岩岩心初始润湿接触角为 93.32°，表现为中性润湿偏油湿，3 种表面活性剂均有较好的润湿反转能力，使岩石从亲油性转变为亲水性，有利于渗吸驱油。其中，在浓度为 2000ppm 时 CRS、JT09、YYC 润湿接触角分别为 25.13°、38.51°及 24.72°，浓度为 3000ppm 时，三种表面活性剂作用后润湿接触角为 17.22°、21.17°及 19.16°，储层转变为强亲水性（图 4）。而储层强亲水时，水会向水流优势通道流动，使其他通道的油被绕走，从而减小渗吸效率，因此，综合选择 2000ppm 浓度下的表面活性剂改变储层润湿性效果较好（表 2）。

表 2　不同表面活性剂润湿接触角

序号	1	2	3
浓度/ppm	1000	2000	3000
CRS 接触角/°	58.45	25.13	17.22
JT09 接触角/°	59.26	38.51	21.17
YYC 接触角/°	54.56	24.72	19.16

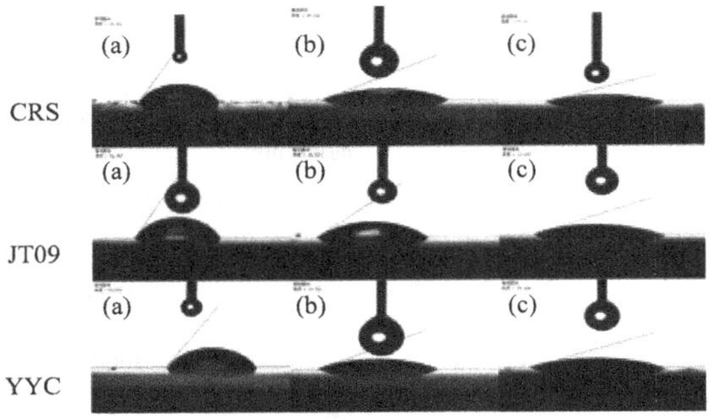

图 4　不同表面活性剂润湿接触角

3.3　起泡稳泡性能

表面活性剂与 CO_2 在储层中接触后作用产生大量泡沫，有利于高渗通道的封堵，进而调整注入剖面。综合上述评价结果，采用矿化水配制浓度为 2000ppm 的驱油体系，分析不同表面活性剂在 CO_2 条件下的起泡稳泡性能。通过将二氧化碳与起泡剂溶液混合后进行高速搅拌，形成的泡沫液膜的稳定性主要受到重力作用下的液膜析液影响，液膜析液后会导致泡沫液膜逐渐变薄，最终导致泡沫发生破裂。记录不同表面活性剂的起泡体积及泡沫析液半衰期，进而表征泡沫的稳定性。由表 3 可知，仅表面活性剂 YYC 的起泡稳泡指标大于标准要求(起泡剂发泡率≥400%，析液半衰期 $t_{1/2}\geq 100s$)，表现出较好的起泡稳泡性能。

表 3　不同表面活性剂起泡、稳泡性能

样品编号	泡沫体积(mL)	析液半衰期 $t_{1/2}$(s)
CRS	130	2
JT09	120	2
YYC	550	159

3.4　渗吸驱油效果

静态渗吸驱油过程中，表面活性剂的微小尺寸可以有效进入岩心小孔隙中，并使岩石孔隙壁面上附着的原油进行剥离，从而实现置换驱油(图 5)。配制浓度为 2000ppm 的不同类型表面活性剂溶液，采用体积法进行渗吸驱油性能测试，观察并记录不同时间下岩心渗吸置换出的原油体积变化情况，得到不同表面活性剂渗吸采出程度随时间的变化规律曲线如图 6 所示。

图 5　原油剥离过程

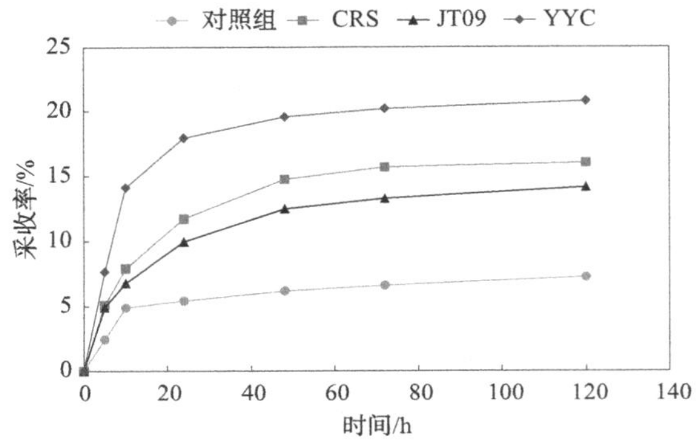

图 6　不同驱油体系渗吸采出程度

由图 6 可知，三类表面活性剂的渗吸采出程度均大于对照组的采出程度，且随渗吸时间的增加而逐渐增大。渗吸驱油达到一定程度后，大孔隙中的可动原油减少，采收率增加幅度减小。其中，YYC 的渗吸采出程度要明显大于 CRS 和 JT09，当渗吸时间达到 120h 时，YYC 的渗吸采出程度达到 20.75%。表明 YYC 具有良好的界面活性及润湿反转能力，增加了油在岩石表面的接触角，降低了黏附功，提高洗油效率。

4　结论

(1) 室内表面活性剂优选实验结果表明 YYC 化学剂体系在有效浓度为 2000ppm 时，界面张力为 5.83×10^{-3} mN/m，润湿接触角降低至 24.72°，起泡体积达到 550mL、析液半衰期为 159s、起泡稳泡性能良好。

(2) 渗吸实验结果表明随渗吸时间增加，渗吸采收率逐渐增大，YYC 化学体系渗吸 120h 后渗吸驱油采收率达到 20.75%，具有较好的油藏适应性。

参 考 文 献

[1]郭秋麟，米石云，张倩，等．中国页岩油资源评价方法与资源潜力探讨[J]．石油实验地质，2023，45(03)：402-412.

[2] 何小东，张景臣，王俊超，等．考虑天然裂缝条件下水平井压裂簇间距优化—以吉木萨尔页岩油为例[J]．深圳大学学报(理工版)，2022，39(02)：134-141.

[3] 唐维宇，黄子怡，陈超，等．吉木萨尔页岩油 CO_2 吞吐方案优化及试验效果评价[J]．特种油气藏，2022，29(03)：1-12.

[4] 曹长霄，宋兆杰，师耀利，等．吉木萨尔页岩油二氧化碳吞吐提高采收率技术研究[J]．特种油气藏，2023，30(03)：106-114.

[5] 曲方春，王青振，佟斯琴，等．古龙页岩油注 CO_2 补能提高采收率机理及参数优化[J/OL]．大庆石油地质与开发，1-7.

[6] 李鑫，罗强，韦波，等．利用 CO_2 提高页岩油储层采收率实验研究[J]．新疆地质，2023，41(S1)：66.

[7] Burrows L C，Haeri F，Cvetic P，et al. A literature review of CO_2，natural gas，and water-based fluids for enhanced oil recovery in unconventional reservoirs[J]. Energy & Fuels，2020，34(5)：5331-5380.

[8] 袁士义，雷征东，李军诗，等．陆相页岩油开发技术进展及规模效益开发对策思考[J]．中国石油大学学报(自然科学版)，2023，47(05)：13-24.

[9] Pospisil G，Griffin L，Souther T，et al. East Nesson Bakken enhanced oil recovery pilot：Coinjection of produced gas and a water-surfactant mixture[C]//Unconventional Resources Technology Conference（URTeC），2022：803-823.

[10] 梁拓，杨昌华，张衍君，等．纳米流体提高原油采收率研究和应用进展[J]．新疆石油天然气，2023，19(04)：29-41.

[11] Roshan H，Al-Yaseri A Z，Sarmadivaleh M，et al. On wettability of shale rocks[J]. Journal of colloid and interface science，2016，475：104-111

[12] 郑存川，张莉伟，徐金山，等．纳米微乳液驱油体系的构建及性能评价[J]．新疆石油天然气，2023，19(01)：89-94.

[13] 顾雅頔，喻高明，李桂姗．低渗致密砂岩储层孔隙结构特征及自发渗吸实验[J]．科学技术与工程，2019，19(32)：139-145.

[14] 王睿，任晓娟，罗向荣．表面活性剂对定边 J 区长 8 致密储层渗吸特征的影响[C]//西安石油大学，陕西省石油学会．2019 油气田勘探与开发国际会议论文集．2019：9

[15] 李伟涛，李宗阳，张东，等．两性离子表面活性剂和纳米颗粒为起泡剂的高稳定性超临界二氧化碳泡沫封窜体系[J]．油田化学，2024，41(01)：101-107.

CO_2在水平井调剖中的作用

王　诗　黄成刚　张孝燕　耿立峰　骆　骏

(辽河油田特种油开发公司)

摘　要　传统的固、液介质高温调剖技术虽在超稠油生产中已得到广泛应用，但其在解决地层压力低，油藏动用剖面调整等方面仍有较大局限性，而采用二氧化碳作为气相调剖介质，相比于传统调剖技术，具有增大蒸汽波及体积、降低原油黏度、提高洗油效率、抑制汽窜条带等综合性优势，本次研究将二氧化碳调剖技术与油层厚度、地层压力等多项开发地质条件相结合，从增产机理分析入手进行研究，并确定现场实施界限，从而更好的应用于超稠油开发。

关键词　超稠油开发；CO_2辅助调剖；技术界限；汽窜条带；地层压力

1　试验区概况

辽河油田曙一区具有丰富的超稠油资源，本次研究试验区为曙一区兴隆台油藏，含油面积1.21km^2，地质储量为2155×10^{4}t，20℃原油密度平均为1.0072g/cm^3，50℃原油黏度为23.2×10^{4}mPa·s。油藏埋深在550~1150m，纵向上发育四套油层组，分别为兴Ⅱ、Ⅲ组薄互层状油藏，和兴Ⅰ、Ⅵ组厚层块状油藏，均属高孔高渗储层。

该区早在1998年即展开水平井开发超稠油技术探索研究，至2006年进入规划部署实施阶段，2010年以后进入提高采收率阶段。目前共有吞吐水平井88口，只占该区生产总井数的19%，而产量高达该区总产的63%。水平井吞吐产量仍是该区目前乃至将来一段时间内的稳产基础之一。然而，资料统计表明该区水平井平均吞吐轮次已达8轮，其递减趋势相当明显。主要表现在：现阶段日产油只有8.7t/d，仅为高峰日产能力的1/3；油汽比小于0.3。

2　影响因素分析

分析认为，导致水平井吞吐效果变差主要有以下3个原因：

(1) 地层压力水平低，亏空大，波及体积难以增大。

现阶段地层压力只有4.1MPa，与原始地层压力相比下降3.4MPa，地层亏空达4.2×10^{4}t，继续吞吐下去蒸汽波及体积难以有效增大。

(2) 受油层物性差异及加密区直井生产影响，水平段动用不均。

该区油层相对均质韵律段厚度自上而下减薄，变异系数，突进系数增大，级差变化范围40-160，最大可达184，非均质强度为中-强-很强，同时受加密区直井生产影响，水平段动用不均井数高达72.7%，水平段动用程度平均只有60%。

(3) 井网密度大，平均井距小，井间汽窜严重。

平-直井距小，只有35m，导致平-直间汽窜频繁，严重制约水平井的生产。虽然采用组合式注汽技术，但汽窜比例仍高达40%以上。

3　技术对策

针对上述矛盾，结合该区生产现状，注入非凝析气体(CO_2)，以提高水平井的生产效果。

3.1　注CO_2机理研究

(1) 增大波及体积

在油层条件下，CO_2为超临界状态，表现出气、液的双重特性，具有较强的流动性和传输性(图1)。当其作为填充介质时，可快速填充蒸汽腔，由于气体“贾敏效应”，在低压区形成气体堵塞，后续注入蒸汽时，利于蒸汽向未动用区波及，从而提高蒸汽波及体积。

(2) 降黏度、降热损

据付美龙在“CO_2在辽河油田杜84块超稠油中的溶解性研究”中表明：CO_2在超稠油中的溶解度随压力增大而增大；随温度升高，溶解度先增大后减小。在近似蒸汽腔条件下(温度120℃)，降黏幅度可达10.2%(图2)。

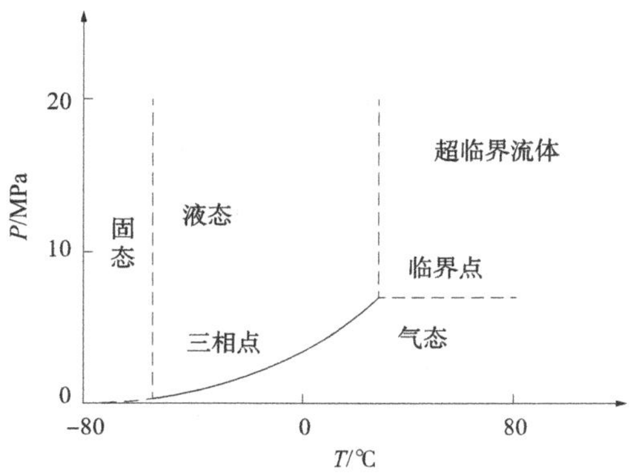

图 1　CO_2相态图

（3）提高洗油效率

一方面，利用表面活性剂降低原油与地层岩石之间的界面张力，提高洗油效率。另一方面，CO_2的可溶解性也有助于驱扫效率的提高。

（4）抑制汽窜条带

注入 CO_2的同时加入少量的由有机交联剂、热稳定剂、缓成胶剂组成的无固相高温调剖剂，一是封堵高渗层，二是利用非凝析气体（CO_2）的“贾敏效应”调整吸气剖面，两者相结合实现“深调浅堵”。

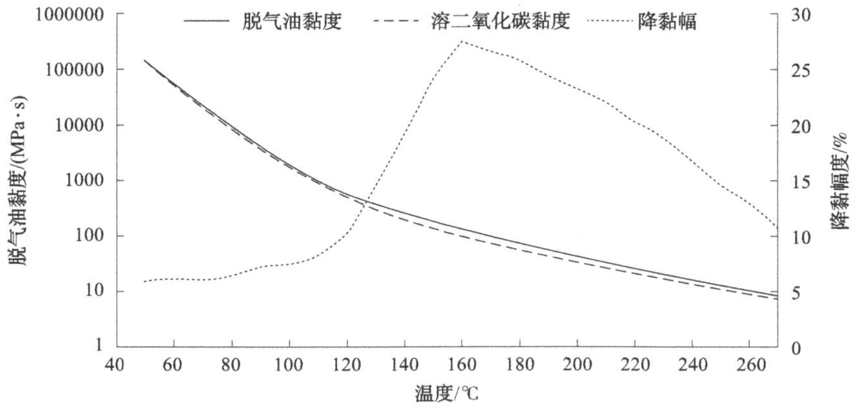

图 2　杜 84 块兴隆台油层降黏幅度图

3.2　实施参数设计

选井时，将生产层位、吞吐阶段、采出状况等因素综合考虑，使选井即具有系统性，又具有代表性，从而实现对措施效果的客观评价，并制定现场实施技术界限。

用量设计时，为平衡 CO_2可能造成的冷伤害影响，补充 1.47 倍的质量蒸汽，最终确定 CO_2与蒸汽注入量比值为 0.02。

4　效果评价

该项目在区域东北部共实施 32 井次，有效 27 井次，总体有效率高达 84.4%。

4.1　实施效果

（1）增压效果明显

措施后，共有 23 口井注汽压力明显上升，平均单井油压上升 0.9MPa，平均单井套压上升 0.5MPa，充能增压效果明显。

（2）水平段动用得到改善

实施后水平段动用状况监测 22 次，有 16 井次水平段动用得到明显改善，有效率 72.8%，平均动用程度由原来的 60%提高到 75%。

（3）生产效果提高

可对比 27 次，有效井次 21 次，有效率 77.8%，排水期平均缩短 8 天，单井增油 439t，单井日产能力提高 1.8t/d，油汽比提高 0.07。

4.2　选井技术界限

为将该项措施更好的应用于现场，本次研究从以下 4 个部分进行探讨，制定现场实施的技术界限：

（1）实施效果与油层厚度的关系

油层厚度对措施效果的影响是较大的，当油层厚度小于 15m 时，增油效果最佳；分析其原因为：如果厚度过大，在蒸汽超覆和重力分异的双重影响下，汽腔纵向发育明显，注入的气体不利于在高渗条带中聚集，措施效果受到较大影响。

（2）实施效果与地层压力的关系

地层压力是油藏所处开发阶段的直接体现，通过对杜 84 块超稠油多年的开发认识，当地层压力小于 4MPa 时，油井多已进入高轮吞吐阶段，相当于吞吐的 8 轮以上，汽窜已不再作为主要矛盾，因此以封窜为主的措施效果不佳，这一点也在本次措施中得到证实。当地层压力大于4MPa时，相当于吞吐阶段的1-7轮，实施效果较好，但是，多年的超稠油开发经验表明，吞吐1、2轮为油层温场建立和形成阶段，因此不建议注入CO_2，所以最佳实施时机为3-7轮。

(3) 实施效果与水平段动用程度的关系

在相同的层组内，水平段动用程度往往真实反映汽腔形成均质度和高渗汽窜条带的严重程度，当水平段动用程度在50%~65%时，增油效果最佳。

(4) 实施效果与井组封闭性的关系

井组封闭性也对增油效果有明显的影响。当汽窜井数小于等于2口时，更易实现有效封堵；大于4口时，由于地层压力等综合因素的影响，很难对每个汽窜条带都进行有效封堵，从而难以保证措施的效果。

通过上述逐项分析，确定出注CO_2措施现场实施的技术界限，技术指标见表1。

表1　实施效果与各参数关系表

主要参数	效果最佳	效果明显	效果不明显或无效果
油层厚度/m	≤15	16-30	> 30
地层压力/MPa	≥4	<4	
水平段动用程度/%	50~65	66~75	>75
汽窜井数/n	≤2	3	≥4

5　结论及思考

(1) 二氧化碳可以很好的应用于超稠油，其措施效果也较为明显，同时，合理的分析其具体的实施技术界限，更利于确保增油效果。

(2) 该措施在实施时易受汽源、施工、成本等限制，同时注入气体与实施界限配伍性还可以进一步优化。

(3) CO_2辅助作用尚处于试验摸索阶段，建议开展针对CO_2、N_2等非凝析气体理论研究及现场试验，以更广泛的应用于油田开发。

参 考 文 献

[1]付美龙，张鼎业．CO_2在辽河油田杜84块超稠油中的溶解性研究[J]．钻采工艺，2006，29(2)．
[2] 王利生．对重质原油注二氧化碳减粘的研究[J]．石油勘探与开发，1989(6)．
[3] 杨胜来，李新民，郎兆新，等．稠油注CO_2的方式及其驱油效果的室内实验[J]．石油大学学报：自然科学版，2001，25(2)．
[4] 何光中，张新民，刘玉，等．厚油层深度调剖机理探讨及其实践[J]．石油钻采工艺，2002，24(3)．
[5] 冯其红，陈月明，姜汉桥，等．区块整体调剖效果预测[J]．石油大学学报：自然科学版，1997，21(4)．
[6] 张贤松，熊敏，侯健，徐耀东．临盘油区调剖措施适应性分析[J]．西安石油大学学报：自然科学版，2006，21(3)．
[7] 欧阳传湘，杜晓霞．超稠油物性及其与CO_2相互作用机理研究[J]．钻采工艺，2010，33(4)．
[8] 李兆敏，陶磊，张凯，等．CO_2在超稠油中的溶解特性实验[J]．石油大学学报：自然科学版，2008，32(5)．
[9] 高丛云，赵密福，王建波，宗畅．特低渗油藏CO_2非混相驱生产特征与气窜规律[J]．石油勘探与开发，2014，41(1)．
[10] 杨胜来，王亮，何建军，等．CO_2吞吐增油机理及矿场应用效果[J]．西安石油大学学报：自然科学版，2004，19(6)．

储气库 X 井固井难点及对策分析

吕倩菲　王海娟　曾虹钢　崔　博

（中国石油化工有限公司河南油田分公司石油工程技术研究院）

摘　要　储气库设计寿命一半为 30~50 年。储气库注采井生产过程中发生压力多次表面，对储气库完井管柱及水泥环的密封性要求高。本文针对储气库井固完井难点进行分析，优选了满足储气库固井要求的低弹模防气窜自修复水泥浆体系，该体系可实现 7 天抗压强度为 31.3MPa，弹性模量为 4.2GPa，可以实现“低弹模–高强度”特性。该体系在 X 井技术套管和油层套管进行应用，现场固井施工顺利，固井质量满足储气库标准要求。

关键词　储气库固井；自愈合水泥浆；水泥浆性能

地下储气库是重要的和有效的天然气调峰手段。固井是储气库钻完井工程的重要环节，固井质量直接关系到能否正常投产以及储气库运行寿命长短的关键因素。在储气库完井作业中，需对气储层进行射孔以提供注采通道，但射孔力对水泥环有很大的冲击作用，易造成水泥环结构破坏。加上注采气时压力多次交变，水泥石完整性易发生破坏，产生微裂缝，破坏水泥石的层间封隔作用，缩短储气库井的使用寿命，而储气库需要满足 30~50 年的使用要求，对水泥石的长期胶结性能参数要求严格，储层以及盖层的固井封固质量要求达到优质，其他封固段固井质量达到枯竭油气藏储气库井完井固井要求。X 井是部署在储气库范围内一口新钻井，进行储气库下部油气层的勘探开发。为满足储气库建设的需求，开展了 X 的固井难点及对策分析。

1　基本概况

1.1　地质概况

B 储气库主力含气层位三工河Ⅱ、Ⅲ、Ⅳ油组，埋藏深度 2250m~2700m。储层岩石的孔隙物性以低孔、低渗为主，孔隙度 8.5~12.0%，平均 10.34%；渗透率：7.0~20.0mD，平均 10.42mD，属于低孔低渗储层。油气藏类型为带油环边水油气藏。

宝中区块原始地层压力在 26.6MPa，压力系数 0.98，为常压地层。压力与深度的关系曲线见图 1。

$$P = \left[\frac{\nu}{1-\nu}G_{\mathrm{V}} - 0.00981(1-k_{\mathrm{m}})\rho_{\min}\right]h$$

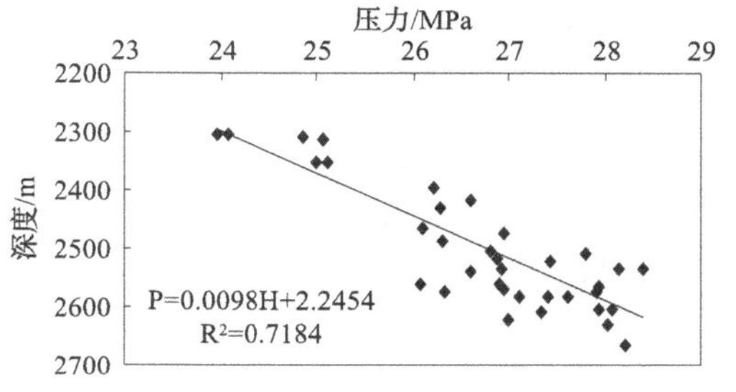

图 1　压力与油藏深度关系曲线

宝中区块压力与深度的关系式为：P_{I} = 0.0098H+2.2454

式中，P_{I} 为原始地层压力，MPa；H 为油层中部深度，m。

对宝中区块试油过程中温度资料进行处理，得出油气层的温度与深度的关系曲线见图 2。

$$P = \left[\frac{\nu}{1-\nu}G_{\mathrm{V}} - 0.00981(1-k_{\mathrm{m}})\rho_{\min}\right]h$$

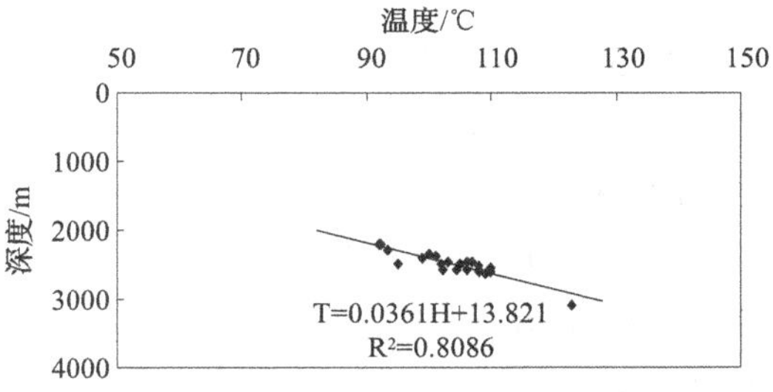

图 2　温度与油藏深度关系曲线

其关系式为：T=0.0361H+13.821

式中，T 为原始地层温度，℃。

从式中可以看出，宝中区块的地温梯度为 3.61℃/100m 属正常的温度系统。

1.2 井身结构

X井是一口部署在储气库区域内一口探井，为满足储气库建设需要，完井管柱及固井均需按照储气库标准。该井采用三开次井身结构，目的层为八道湾组。自上而下钻遇第四系、新近系、古近系，侏罗系西山窑组、三工河组、八道湾组，三叠系小泉沟组。一开采用Φ444.5mm钻头钻进至301m，表层套管Φ339.7mm封隔上部第四系西域组、新近系葡萄沟组松散地层、保护地表水；二开采用Φ311.1mm钻头钻进至2801m，技术套管Φ244.5mm封隔西山窑组煤层及储气库目的层三工河组，保证储气层密封性，实现八道湾组储层专打；三开采用Φ215.9mm钻头钻进至目的井深，生产套管Φ139.7m，套管完井(图3)。

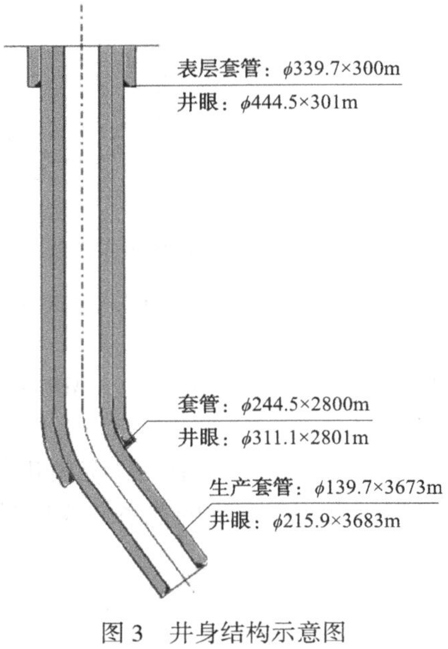

图3 井身结构示意图

技术套管、生产套管均采用气密封套管，形成管柱气密封屏障。

1.3 固井难点分析

(1)本井为探井兼储气库井。储气库运行周期长，一般为30~50年，注采井要求强注强采，且周期循环，包括井内管柱、井口装置和固井质量等在内的井筒质量必须能承受强注强采所产生的交变应力。储气库固井质量要求高，生产套管及封固盖层的技术套管固井胶结合格率>70%；自储层顶以上盖层连续优质段≥25m，或累计优质段≥50m。

(2)储气库盖层西山窑组厚度280m~460m，其主要岩性为泥岩、粉砂质泥岩、碳质泥岩、煤，岩性复杂。地层具有煤层和碳质泥岩发育，钻进过程中泥岩层段容易因泥岩吸水膨胀引起水化膨胀垮塌，黑色碳质泥岩及煤层段垮塌易引起应力垮塌造成大肚子井眼，对固井质量优质率影响较大。

(3)为满足储气库建设及后期压裂需求，要求水泥浆一次上返至地面。该井在西山窑组和八道湾组有2个断层：西山窑组断点在2144m，断距45m；八道湾组断点在3403m，断距250m。断层承压能力低，固井漏失风险高。

(4)下套管过程中需要做气密性检测，下套管时间长，容易在井壁上形成较厚的虚泥饼，在下完套管顶通过程中以及注水泥过程中可能会堵塞环空，造成憋堵，虚泥饼太多影响界面胶结质量。

(5)裸眼段长，要求全井封固质量。套管所受的重力方向不再是轴向而是径向，这一重力极易导致套管偏心，甚至贴边，使套管与井壁窄边的钻井液很难被顶替出来，形成窜槽，影响封固质量。

2 低弹模防气窜水泥浆体系

经理论分析和大量室内实验研究表明，固井水泥石是一种具有先天缺陷的脆性材料，其抗拉强度低，抗裂性差，在较低的冲击载荷作用下，就会产生微裂纹，在聚能射孔等冲击载荷作用下，这些微裂纹就会失稳、扩展、汇合，最终产生宏观裂纹，会使水泥环失去密封作用，造成储气库井发生气窜，影响储气库的密封性。

为满足储气库多轮注采对固井水泥石的要求，提升井筒质量完整性，保障水泥石的全生命周期，技术套管和生产套管尾浆均采用1.85g/cm^{3}低弹模防气窜自愈合水泥浆。该体系优选弹性粒子、自愈合乳液及增强剂等材料，强化水泥石抗交变应力、抗高压和致密性。主要作用机理为在水泥环受到损伤产生微裂隙或环隙后，井下油气渗入裂缝，油气溶胀型自愈合乳液粒子发生体积膨胀，并彼此黏连，从而修复封堵裂隙，达到提高水泥石抗渗性的修复功能。水泥中加入自愈合乳液粒子后，弹性模量降至6GPa，低于常规水泥石和胶乳水泥浆石，显著增强了弹韧性。

低弹模防气窜自愈合水泥浆水泥石力学性能如表1所示。

表1 低弹模防气窜自愈合水泥浆力学性能

项目	单位	标准值	低弹模防气窜自愈合水泥浆
48h 抗压强度	MPa	≥16	20.2
7d 抗压强度	MPa	≥28	31.3
7d 抗拉强度	MPa	≥1.9	3.6
7d 弹性模量	GPa	≤6.0	4.2
气体渗透率	$10^{-3}\mu m^2$	≤0.05	0.01
线性膨胀率	%，7d	0~0.2	0.19

低弹模防气窜自愈合水泥浆稠化时间曲线如图4所示，可以看出，稠化曲线平滑，基本接近直角稠化，水泥浆的稠化过渡时间约为10min，具有良好的防窜性能。

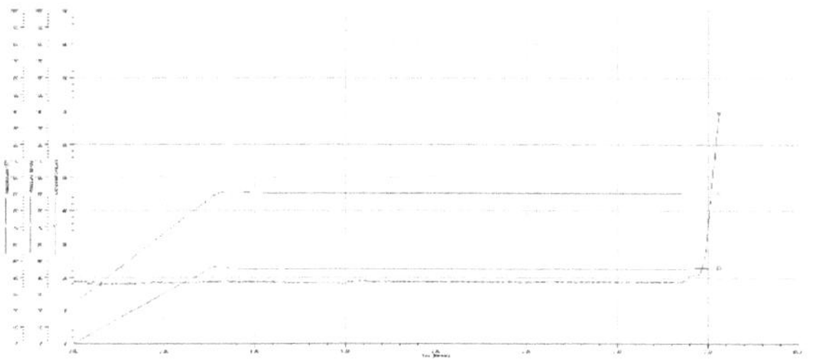

图4 弹韧性自愈合水泥浆稠化时间曲线

由于储气库井固井水泥浆返地面，同时考虑到地层承压能力，技术套管采用“1.50+1.85”双凝双密度水泥浆体系，储气库盖层以上200m至技术套管下深井段，采用低弹模防气窜水泥浆体系，保证了水泥浆防气窜性能以及储气库目的层(三工河组)长期高低压交互变化条件下水泥环长期密封需求；油层套管采用“1.30+1.85”双凝双密度水泥浆体系防止固井漏失，目的层采用抗高温弹韧性自愈合水泥浆体系，保证井底高温条件下水泥浆性能稳定，同时考虑储气库建设对固井水泥石性能要求。

3 固井技术措施

(1) 下套管前，模拟套管刚性通井。采用双扶且不低于套管刚度的钻具通井至井底，对遇阻井段、狗腿度大的井段反复通划，分段循环和短程起下钻，旋转活动钻具，以破坏岩屑床。

(2) 通井到底后小排量顶通建立循环后，逐步提高排量到2.5~3.0m^3/min，充分循环洗井2周以上。

(3) 对遇阻或缩径井段划眼处理，并做好小起下钻工作，循环洗净钻屑和井底沉砂，确保井眼干净，达到井底无沉沙、井壁无台肩、井内无油气水侵、无漏失、无阻卡后方能起钻准备下套管。

(4) 技套1800~2790m和油套裸眼段均按照1根套管的间距安装1个整体式扶正器，提高套管居中度。

(5) 下完套管后小排量顶通建立循环，根据压力逐步提高排量，达到固井要求；排量满足环空返速不低于1.2m/s，循环2周以上。

(6) 利用“驱油冲洗液+加砂隔离液”高效前置液组合，改变界面润湿性。采用“化学+机械”双作用的方法，增强顶替效率，提高界面胶结质量。

(7) 替浆采用紊流-塞流复合顶替的工艺技术，紊流接触时间要大于7min。顶替施工采用钻井液泵以3.0m^3/min进行施工，实现了紊流顶替。

4 现场应用

4.1 套管气密扣检测

为满足宝中区块后期储气库建设和八道湾储层压裂需求，对技术套管和生产套管均进行了气密封检测。气密封检测质量标准：氦气和氮气比为1：7，氦气分子用于检测气密封性。当氦气泄漏值大于1.0×10^{-7}bar·mL/s，判定螺纹连接的气密封性能不合格。气密封试压检测压力29MPa。

入井套管气密封试压检测100%合格。Φ244.5mm套管连接螺纹248扣次，其中泄漏3扣次/漏点3点，检测无甩根，一次检测合格率98.79%，泄漏螺纹经整改重新检测合格后入井。Φ139.70mm套管、双公短节、芯轴悬挂器连接螺纹309扣次，其中泄漏7扣次/漏点6点，检测无甩根，一次检测合格率97.95%，泄漏螺纹经整改重新检测合格后入井(表2)。

表2　气密封套管检测结果

名称	螺纹类型	外径×壁厚/mm	钢级	数量/根	检测扣次	泄露扣次	不合格率
套管	TP-CQ	244.5×10.03	N80Q	252	248	3	1.21%
套管	TP-CQ	139.7×12.34	TP125V	307	307	7	2.28%
双公短节	TP-CQ	139.7×12.34	TP125V	1	1	0	0.00%
芯轴悬挂器	TP-CQ	/	/	1	1	0	0.00%
总计	/	/	/	561	557	10	1.80%

4.2　水泥浆现场应用效果

X井技术套管及油层套管固井施工过程中未发生漏失，水泥浆返地面。

技套固井全井段一界面封固优质率88.1%，二界面优质率67.15%，综合优质率77.62%，三工河顶200m往下封固优质率达69.63%。整体固井质量较好(表3)。

表3　技术套管固井质量情况

分段	范围/m		一界面			二界面			综合
			优质率	中等占比	差段占比	优质率	中等占比	差段占比	优质率
地面至三工河顶以上200m	0	2175	93.38%	6.53%	0.09%	65.84%	33.98%	0.18%	79.61%
高低密度分界点以上	2175	2715	66.85%	31.85%	1.30%	72.41%	25.74%	1.85%	69.63%
全井段	0	2715	88.10%	11.57%	0.33%	67.15%	32.34%	0.52%	77.62%

储层段三工河组(2366~2789m)固井质量优质率73.26%，合格率98.76%。二界面连续优质井段超过300m，一界面连续优质井段超过100m、累计优质井段330m。

盖层段西山窑组(2005~2366m)一界面累计优质井段127m，二界面累计优质井段123m，满足《SY/T 7648—2021储气库固井技术要求》自储层顶以上盖层累计优质段不小于50m固井质量要求。

油层固井全井段一界面封固优质率68.25%，二界面优质率44.33%，综合优质率56.29%，尾浆封固段综合优质率达76.76%，油层段固井质量优质率97.98%。尾浆封固段整体优质率高，领浆封固段以胶结中等为主。

3400~2780m为裸眼段，综合优质率95.56%，综合优良率100%。2780~2000m为重叠段，综合优质率62.82%，综合优良率100%，满足了枯竭气藏储气库固井标准要求(SY/T 7648—2021储气库固井技术要求6.4.1：生产套管及封固盖层的技术套管胶结合格段比例应不小于70%)。

表4　油层套管固井质量情况

分段	范围/m		一界面			二界面			综合
			优质率	中等占比	差段占比	优质率	中等占比	差段占比	优质率
地面至三工河顶以上200m	0	2175	93.38%	6.53%	0.09%	65.84%	33.98%	0.18%	79.61%
高低密度分界点以上	2175	2715	66.85%	31.85%	1.30%	72.41%	25.74%	1.85%	69.63%
全井段	0	2715	88.10%	11.57%	0.33%	67.15%	32.34%	0.52%	77.62%

5　结论

(1)低弹模防气窜自修合水泥浆体系具有弹性模量低、防气窜能力强、具有遇气自愈合的能力，7天抗压强度为31.3MPa，弹性模量为4.2GPa，可以实现"低弹模-高强度"特性。

（2）低弹模防气窜自修合水泥浆体系在 X 井技术套管及油层套管进行现场应用，固井施工顺利，固井质量满足储气库标准要求。

（3）利用"驱油冲洗液+加砂隔离液"高效前置液组合，提高冲洗效率，提高固井质量优质率。

参 考 文 献

[1] 赵金洲．文 23 地下储气库关键工程技术[J]．石油钻探技术，2019，47(03)：18-24.

[2] 黄家根．苏东 39-61 储气库钻井技术难点及对策[J]．石化技术，2022，29(6).

[3] 袁光杰．我国地下储气库钻井完井技术现状与发展建议[J]．石油钻探技术，2020，48(3).

[4] 刘德平．相国寺枯竭气藏储气库钻井工程关键技术[J]．钻采工艺，2016，39(5).

[5] 刘伟．弹韧性膨胀固井水泥浆体系研究[J]．中国石油和化工标准与质量，2020，40(03)：45-47.

[6] 焦少卿，何龙，郭小阳．高温多功能防气窜水泥浆体系在四川盆地海相超深井中的成功应用[J]．钻井液与完井液，2020，37(04)：512-520.

[7] 罗长斌，李治，胡富源．韧性水泥浆在长庆储气库固井中的研究与应用[J]．西部探矿工程，2016，28(01)：72-76.

文 72 南水平井“平台化井工厂”模式高效压裂投产技术研究与应用

代蛇得　张广胜　李玉清　张　升　刘慧敏

(中国石化中原油田分公司文留采油厂)

摘　要　文 72 南块处于前梨园生烃洼陷西南宽缓斜坡，是目前各油田岩性油藏、致密及页岩油的主要增储建产方向，通过老井的系统复查，沙三中见良好油气显示，未见明显水层，具有较大的资源潜力。针对储层特点，以增大裂缝与储层接触面积、产生复杂网状裂缝为目的，借助地质工程一体化协同作战，建立“拉链式”压裂施工模式，采用“桥塞射孔联作+多段压裂”工艺，配套形成了“胶液高效扩缝、变粘液稳定携砂、多粒径全域充填”的体积压裂工艺技术。

关键词　增储建产方向；地质工程一体化；体积压裂工艺

1　引言

文 72 南块处于前梨园生烃洼陷西南宽缓斜坡，是有利的岩性油藏发育区，2021 年在含油面积之外实施了对文 210 侧井开展探索，钻遇沙三中 1 油层 7.2 米/5 层，获得 10 吨以上稳定高产，证实了文东斜坡带具有岩性油藏的评价潜力。洼陷斜坡带是目前各油田岩性油藏、致密及页岩油的主要增储建产方向，通过老井的系统复查，沙三中见良好油气显示，未见明显水层，具有较大的资源潜力。

2022 年通过分区差异化部署，同步推进产能建设与滚动增储，确定以水平井为核心的开发对策，落实沙三中 1 砂组可动用储量 78 万吨，同时，发现了沙三中 4 砂组致密油藏增储新层系，进一步提升了斜坡带增储建产潜力。2023 年按照“立体开发、评建一体、试验先行、效益开发”的思路，针对沙三中 1 砂组常规低渗油藏、沙三中 4 砂组致密油藏两套层系立体部署。其中沙三中 1 砂组两套小层水平井立体部署，扩大建产规模，评价南部 179 东块储层发育情况及含油气性，扩大储量规模。

文 72 南岩性致密油藏体积压裂技术研究在东濮老区首次应用“拉链式”压裂施工模式，实现压裂工程提速提效，为东濮老区非常规储层效益开发奠定基础。采用“泵送桥塞电缆射孔+多段分簇压裂”工艺，采用差异化设计来获取更大的改造体积及更好的导流能力，提高缝控储量。配套形成了“胶液高效扩缝、变粘液稳定携砂、多粒径全域充填”的体积压裂工艺技术，一段一检，一类型一测，连续监测，强化控液增砂理念，确保裂缝系统全域饱充填，保证有效改造体积。该技术在文留油田的成功应用，为同类型油藏水平井提供了有力的技术支撑与组织经验，保障了文 72 南新区高效开发。

2　文 72 南水平井高效压裂投产技术研究

2.1　文 72 南选块依据

参照水平井可行性分析经验标准以及借鉴长庆油田地面空气渗透率 0.3mD 以上的油藏应用水平井实现有效开发的经验，文 72 南块属于深层低渗，油层单一，分布相对稳定，利用水平井提高单井产能，实现少井高产及提高采收率(表 1)。

表 1　水平井可行性分析统计表

类别	油藏埋深/m	油层有效厚度/m	油层厚度与 β 的乘积/m	油层地层系数 ($10^{-3}\mu m^2 \cdot m$)	千米井深日产油/(t/d/km)	地层压力系数
经验标准	>1000	>2	<100	>100	2.5	>0.6
文 72 南块	3450~3900	4月6日	36.37		3.4	1.27~1.37

文 72 南块方案总井数 11 口，其中新钻井 5 口，部署 4 口水平井：文 72-平 102、文 72-平 202、文 72-平 201、文 72-平 203，动用储量：78.11 万吨，新建产能 2.55 万吨(图 1，表 2)。

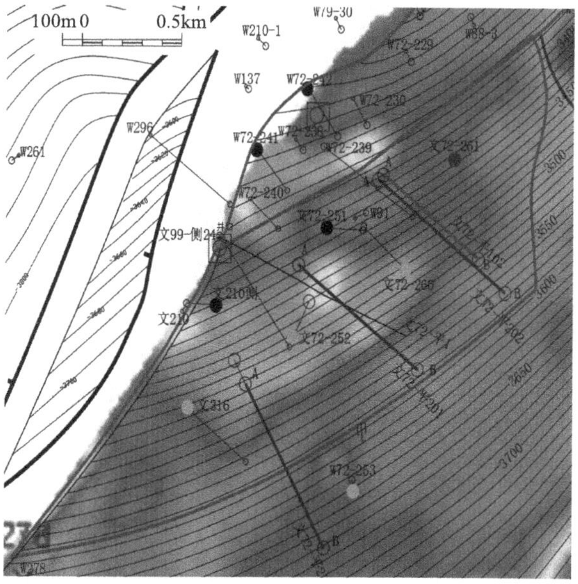

图 1　文 72 南块沙三中 1 砂组方案部署图

表 2　文 72 南沙三中 1 砂组水平井方案部署统计表

井号	进尺/m	井深/m	水平段/m
文 72-平 102	4239	-3489.52	652
文 72-平 203	4590	-3647.19	774
文 72-平 201	4411	-3572	750
文 72-平 202	4420	-3572	800
合计	17660	-3570	2976

2.2　文 72 南块压裂投产工艺难点分析

致密砂岩油气藏储层物性差，开发难度大。致密砂岩油气藏较物性差(低孔低渗)、含油丰度低、泄油半径小、启动压力梯度高，常规压裂水力裂缝单一，改造体积小，缝控储量低，压后单井产能低，递减快，弹性开发效益差。

文 72 南地应力特征导致储层改造难度增加。井轨迹与最大水平主应力存在近 64°~115°夹角，迂曲摩阻高；缝间干扰严重；水力裂缝延伸难度大；单缝有效控制体积低。部分水平段穿出储层，进入上下隔层。测井解释破裂压力高，导致压裂过程中裂缝起裂困难。储层致密，上下隔层应力差较小，难以控制缝高延伸(表 3)。

表 3　文 72 南 5 口井地应力参数统计表

井号	水平段方位角°	井眼轨迹与最大主应力方向夹角°	水平段最大主应力/MPa	均值	水平段最小主应/MPa	均值/MPa	水平应力差/MPa	均值/MPa
文 72-平 1	111	51~76	84.2~90.2	87.5	76.4~79.8	78.6	/	/
72-平 102	126	约 64~89	87.4~90.4	88.9	76.8~80.7	78.6	9.8~10.7	10.3
72-平 202	130	约 70~95	88.8~101.7	92.7	78.3~92.0	82.4	8.0~13.6	10.4
72-平 201	126	约 66~90	/	/	/	/	/	/
72-平 203	150	约 90~115	/	/	/	/	/	/

文 72 南储层厚度薄目标层位沙三中 1 砂组厚度薄，压裂过程中裂缝会扩展进入上下泥岩隔层，且部分水平井在泥岩段穿行，黏土含量高，压裂过程中黏土膨胀会导致储层受到伤害，影响压后效果。

2.3　高效压裂投产技术

2.3.1　"拉链式"压裂作业模式

针对大规模压裂的特点，优化设计了压裂液连续混配技术、大规模连续供砂技术，实时多点取样检测，保证配液质量和速度。研制了高压分流注入管汇，采用压裂机组和泵送桥塞机组分别连接高压注入管线至压裂井口，实现压裂施工的同时，对其他井进行泵送桥塞施工(图 2)。

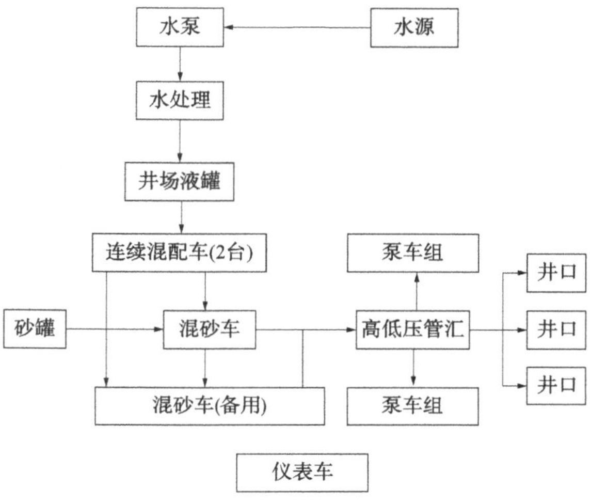

图 2　"井工厂拉链式"压裂施工地面流程图

集成配套形成了"拉链式"压裂施工工艺，采用一套压裂设备不动位置对多口井多个层段进行连续的压裂施工，即一口井压裂作业的同时，另一口配对井进行射孔、下桥塞等作业，二口井交互施工、逐段压裂。在 2 个平台应用了"拉链式"压裂模式，共计 4 口井，25 段。采用"拉链式"压裂作业模式，历时 11 天，完成 4 口井 25 段压裂施工任务，平均 2.27 段/天，实现压裂工程提速提效，"拉链式"压裂模式比单井压裂模式平均单井施工周期缩短了 20%，设备转运费减少了 42.13%；1 套压裂设备可以满足同平台 2 口井拉链压裂施工需要，设备利用率大幅度提高(图 3)。

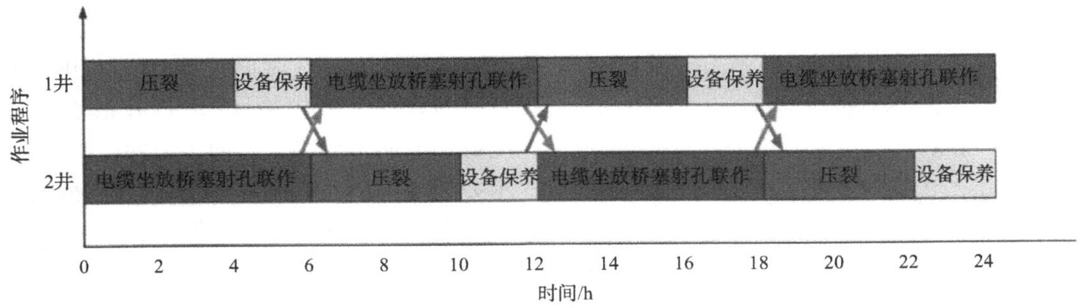

图 3 "井工厂拉链式"压裂施工地面流程图

配套高压分流装置，通过倒换阀门，实现一套机组不动管柱、不动设备同时交替进行多口井压裂、泵送桥塞施工。缩短了施工时间，提高了设备利用率。装置特点：满足 1 进 3 出；通过倒换阀门，实现交替入；管线连接最短；管件使用最少；闸门操控最简洁；管线操控最安全(图 4、5)。

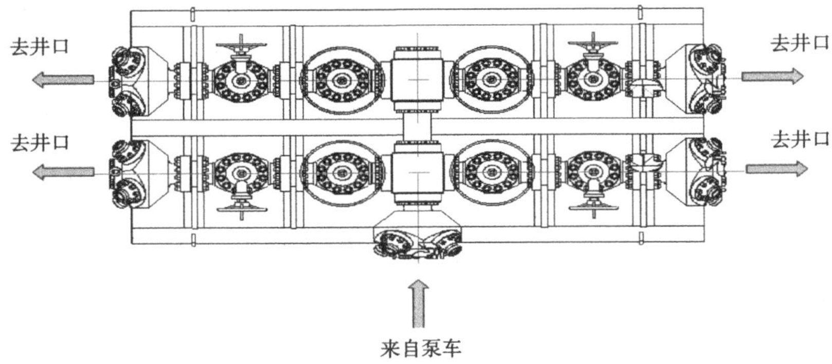

图 4 分流装置结构图

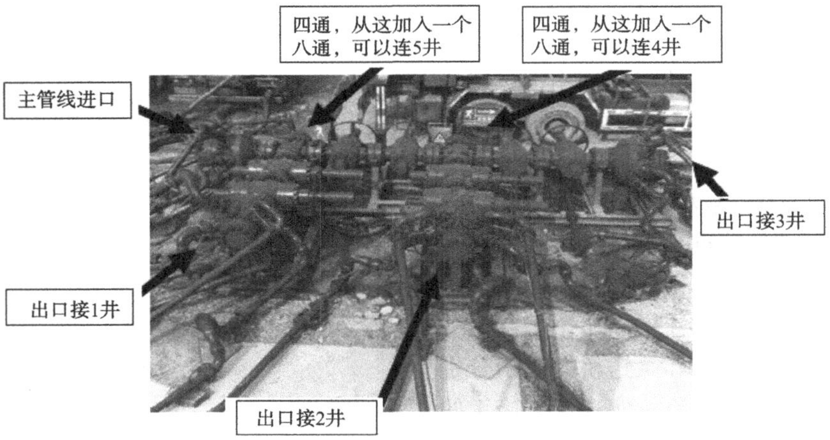

图 5 分流装置现场图

连续输砂供砂系统：配套 $200m^3$ 立式砂罐（图 6），现场储存和连续输砂。采用无动力自流方式，单罐出砂流速 $3.0m^3/min$，可满足 1~3 种不同规格支撑剂连续供砂 $480m^3$。

图 6 连续混砂罐

2.3.2 “泵送桥塞电缆射孔+多段分簇压裂”工艺

1）桥塞射孔联作工艺技术研究

采用电缆向水平段下入射孔枪+可溶桥塞至设计深度，一次入井同时实现桥塞坐封与多簇射孔，实现压裂改造。与常规封隔器、压裂滑套分段工艺相比，具有效率高、成本低、分段精确等优势。

采用全可溶桥塞（表 4），桥塞适合 139.7mm，壁厚 10.54mm 套管。满足地层温度要求。

表 4 桥塞参数

外径/mm	内径/mm	耐压差/MPa	工作温度/℃	溶解后颗粒物大小/mm	完全溶解时间/d
107	50.8	70	90~120	小于 15	小于 10

射孔原则优化：选择含油饱和度较高、脆性和可压性好、地应力差异较小、固井质量好的位置射孔，避开套管节箍和扶正器。以地质分类进行分段，原则上桥塞位置距离上部射孔段距离最好大于 8m，最少不小于 5m；桥塞位置距离下部射孔段最好大于 12m，最少不小于 9m，同时，避开套管接箍。现场根据施工情况进行调整。

2）多段分簇压裂工艺技术研究

根据地质特征，建立三维地质模型，并用 HIFRAC 建立全井段的裂缝扩展模型：中间射孔簇的压裂裂缝长度小于两端射孔簇。射孔簇数增加，不同射孔簇压裂裂缝长度大幅度降低。射孔簇数越多，压裂裂缝的改造范围增加幅度变小。因此，对于物性相对较好的优质油层，压裂过程中可适当降低射孔簇数、优化施工排量与规模，尽可能提升压裂裂缝的改造范围。电缆向水平段下入射孔枪+可溶桥塞至设计深度，一次入井同时实现桥塞坐封与多簇射孔，实现压裂改造。与常规封隔器、压裂滑套分段工艺相比，具有效率高、成本低、分段精确等优势。

优化原则：岩性变化，钻遇的不同岩性的井段单独分段。地质-工程甜点变化特征，尽可能选择综合甜点系数较高的点。水平最小主应力特征，同一个压裂段的射孔簇尽可能选择水平最小主应力差异性较小的位置。固井质量，射孔和桥塞位置尽量选固井质量好的位置。按泄油半径优化簇间距；设计簇间距 30m 左右；根据工程实施能力，单段 3~4 簇，段长 100m 左右。大幅减少裂缝条数，控制施工规模。

以文 72-平 203 井为例，压裂井段为 3786~4560m。水平段钻遇岩性复杂，分段根据岩性、物性、储层应力等进行差异化设计。压裂总段数 8 段，共 25 簇，主体射孔簇数 3 簇。第 1~7 段射孔簇数为 3 簇（第 3、第 7 段定向向上射孔），第 8 段射孔簇数为 4 簇。其中第 1、2、4~6、8 段射孔孔密 16 孔/m，其余段射孔孔密 12 孔/m，采用 60° 相位角螺旋射孔。单段段长为 70~154m，平均段长 96.8m，射孔簇间距为 19~71.4m，平均簇间距 30.7m，段间距 19~71.4m，平均段间距 33.3m（图 7）。

8 段的泵注程序分为以下三类模式（按模式类型排列如下）：第 1、2、4~6 段：穿行 1~2 小层层内，相对优质油层，其中 1~2 段 Gamma 值相对较高，适当控制改造规模，3 簇。适当增加 30/50 占比，提高单段加砂强度，增强支撑裂缝导流能力，第 1 段前置酸降破泵压。第 3、7 段：（贴层底）穿行小层下部、泥岩段高应力区，储层物性相对较差（第 3、7 段），定向向上射孔，3 簇。适当控制 30/50 大粒径支撑剂用量，增加高黏、超高黏液体比例，保证加砂成功率。第 8 段：穿行进入目的层（A 靶附近）内部，油层、差油层、干层混合为主，井段较长，提高簇间均匀动用程度，增加射孔簇数至 4 簇，投球暂堵转向，提高水平段内簇间均匀动用程度，增加 40/70、30/50 砂量，提高单段综合砂液比。

3）胶液高效扩缝、变黏液稳定携砂、多粒

径全域充填的体积压裂技术

针对文72南储层钻井过程中显示部分层段穿出储层进入上下泥质隔层，且储层部分层段泥质含量高，因此，压裂液配方中需强化黏土稳定剂配方与用量。井轨迹与最大水平主应力方向存在57°~76°夹角，压裂造缝和携砂难度大，压裂过程中需要适时调整压裂液材料的性能与黏度。

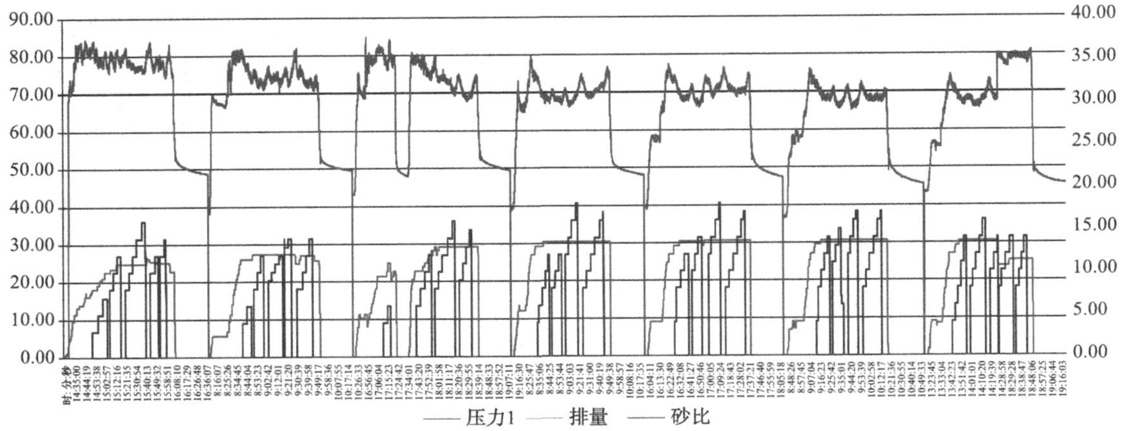

图7　文72-平203井实钻井轨迹图

(1) 压裂液体系优选

优选速溶乳液型变黏滑溜水体系，具有用量低、溶解速度快(15s)、降阻率高(75.6%)、耐剪切、实时在线混配变黏，伤害低等特点。

(2) 速溶乳液型变黏滑溜水体系室内性能评价

① 降阻率高-81%(低黏)，见图8。

② 防膨率高(97%)，见表5。

③ 破胶性能好(高黏)，见表6。

④ 耐温耐剪切性能(高黏)，见图9。

该液在140℃、$170s^{-1}$下连续剪切2h性能，由上图所示，黏度66mPa·s，性能良好。

⑤ 携砂性能强，见图10。

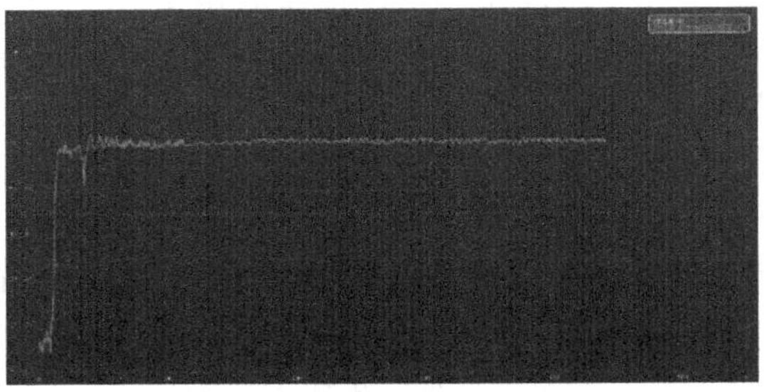
图8　摩阻测试实验

表5　防膨性能室内实验参数

液体种类	总体积/mL	膨润土体积/mL
粘土稳定剂	10	0.5
水	10	4.6
煤油	10	0.4

表6　破胶性能室内实验参数

滑溜水种类	基液黏度/mPa·s	基液PH值	交联时间/s	破胶液粘度/mPa·s	破胶液表面张力/(mN/m)
高黏滑溜水	56	7	15	1	25.6

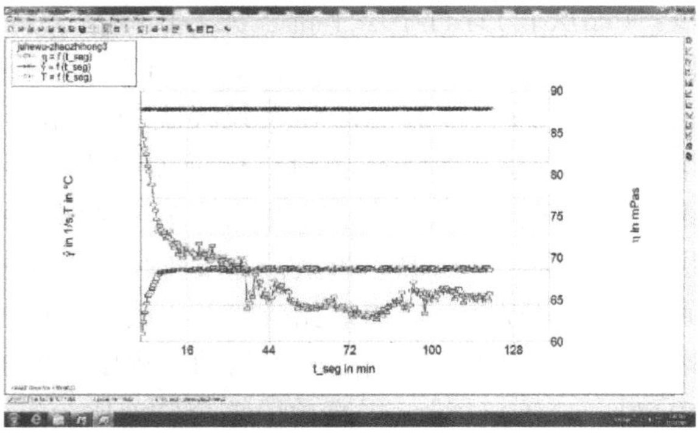
图9　耐温抗剪切性能测试实验

图10　耐温抗剪切性能测试实验

⑥ 伤害低(高黏)，见表 7。

表 7 伤害评价室内实验参数

实验对象	压裂液	伤害前基质渗透率/mD	伤害后基质渗透率/mD	伤害率/%
岩心 1	高黏滑溜水	13	10.7	17.68
岩心 2	胍胶液(0.5%胍胶+0.3%黏稳+0.3%助排剂)	11.8	8.5	28.34

经室内实验，优选配方：0.04-1.0%乳液降阻剂+高效黏土稳定剂+高效助排剂+交联剂+破胶剂。

(3) 添加剂优选

优化压裂液防膨材料配方和用量，增加黏土稳定性，降低压裂液对黏土膨胀作用，增加压裂改造效果；优选润湿调节剂，改变润湿性，降低液体表面张力，破乳助排；优化破胶剂用量，促进高黏压裂液充分破胶。

(4) 段塞式加砂技术

针对文 72 南储层微裂缝发育、支撑剂砂比低、难以加砂的特性，采用段塞式加砂方式。前期采用交联滑溜水造主缝，中期和携砂液阶段利用低黏、中黏和高黏滑溜水交替注入造复杂裂缝。前期采用 70/140 目石英砂进行近井筒地带打磨裂缝。40/70 目陶粒支撑主缝和开度较大的次生裂缝，后期尾追 30/50 目陶粒封堵缝口。优质储层段适当增加 30/50 比例。

通过一段一检，一类型一测，连续监测液体黏度指标。明确不同黏度液体携砂性能，指导一段一测时时调整。

基于前期摸索，确定主体加砂模式，强化控液增砂技术思路，保证有效改造体积。

① 明确以中低黏滑溜水携 70/140 目石英砂、中高黏滑溜水携 40/70 目陶粒、加砂后期采用超高黏滑溜水携 30/50 目陶粒的主体模式(图 11)。

② 长段塞连续加砂，强化控液增砂技术思路，铺置组合粒径支撑剂，确保全域裂缝系统饱填砂(图 12)。

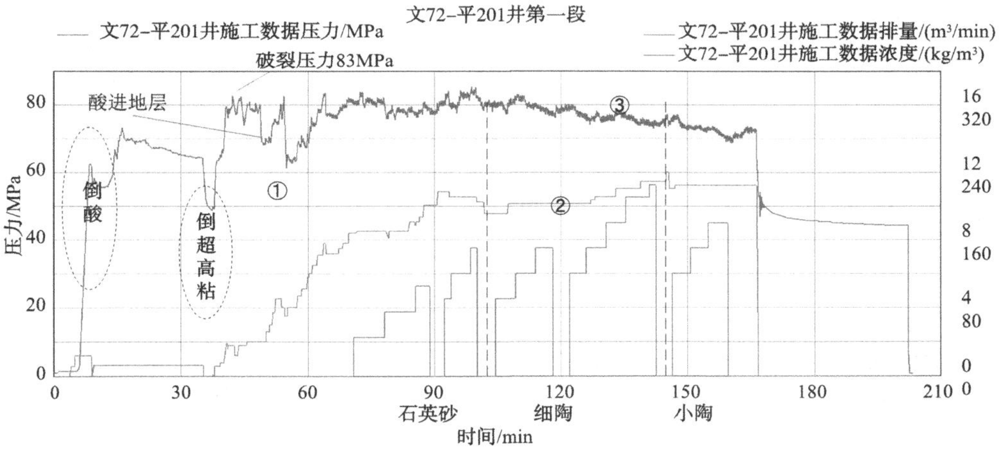

图 11 组合粒径加砂

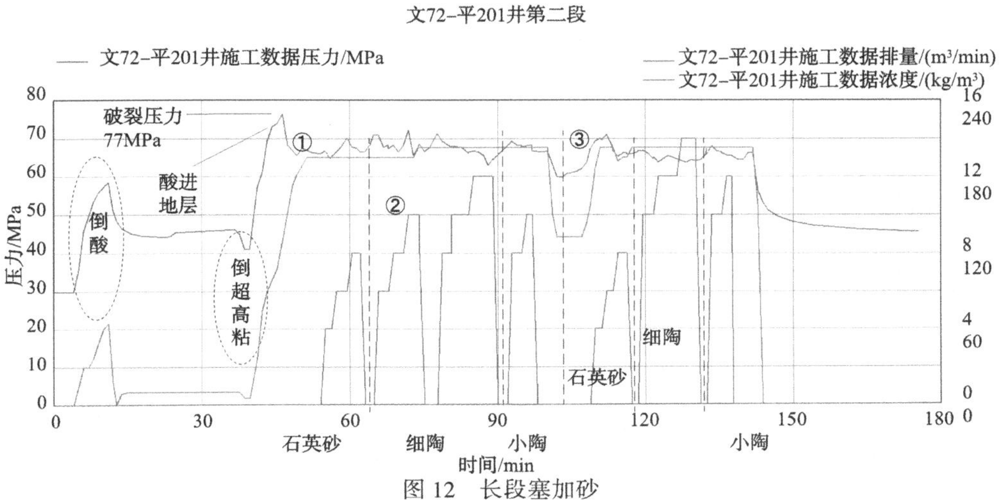

图 12 长段塞加砂

3　现场应用

文72南水平井“平台化井工厂”模式高效压裂投产技术研究在2023年实施4井次，“拉链式”压裂模式比单井压裂模式平均单井施工周期缩短了2.75天，减少作业占产减少产量影响41.5吨，目前4口井日产油量33.5吨，累计增油3868吨。每吨原油按3254元计算，实现创效1272.2万元，实现压裂工程提速提效。

3.1　“拉链式”压裂施工，实现压裂工程提速提效

总体压裂施工情况如下。

2023年应用“拉链式”压裂模式4口井，10月25日开始压裂施工，11月10日结束，历时11天，完成4口井25段压裂施工任务，平均2.27段/天，实现压裂工程提速提效。入地总液量28677.1m^3，总砂量1929.4m^3，用液强度12.27m^3/m，加砂强度0.83m^3/m，加砂完成率103.1%(表8、9)。

表8　压裂液用量表

井号	液体用量/m^3							
	前置酸	低黏滑溜水	中黏滑溜水	高黏滑溜水	超高黏滑溜水	交联滑溜水	总液量	用液强度/(m^3/m)
文72-平1	70	2533.6	2152	4154	2272	11181.6	16.26	
文72-平102	10	2763	1582	3188	1278	0	8821	13.74
文72-平202	10	2647	1060	2935	1380	0	8032	11.81
文72-平201	60	1251.3	970	597	572	0	3450.3	14.32
文72-平203	10	2708.8	1351	2588	1716	0	8373.8	10.82
合计	90	9370.1	4963	9308	4946	0	28677.1	12.27

表9　支撑剂用量表

井号	支撑剂用量/m^3						
	70/140目石英砂	40/70目陶粒	30/50目陶粒	20/40目陶粒	支撑剂总量	加砂强度/(m^3/m)	加砂符合率/%
文72-平1	72	465.5	151.9	17.1	706.5	1.03	97.2
文72-平102	92.5	325.4	212.7	0	630.6	0.98	99.4
文72-平202	92.1	253.9	175.1	0	521.1	0.77	102.6
文72-平201	39.6	128.3	42	0	209.9	0.87	117.9
文72-平203	121.5	248.9	197.4	567.8	0.73	102.9	
合计	345.7	956.5	627.2	1929.4	0.83	103.1	

以文72-平203井为例

文72-平203入地总液量8373.8m^3，总砂量567.8m^3，投入暂堵球20颗，暂堵剂300kg，加砂完成率102%。施工排量11.1～14m^3/min，施工压力68.6～79.5MPa，破裂压力73～84.7MPa，停泵压力49.5～64MPa(图13)。

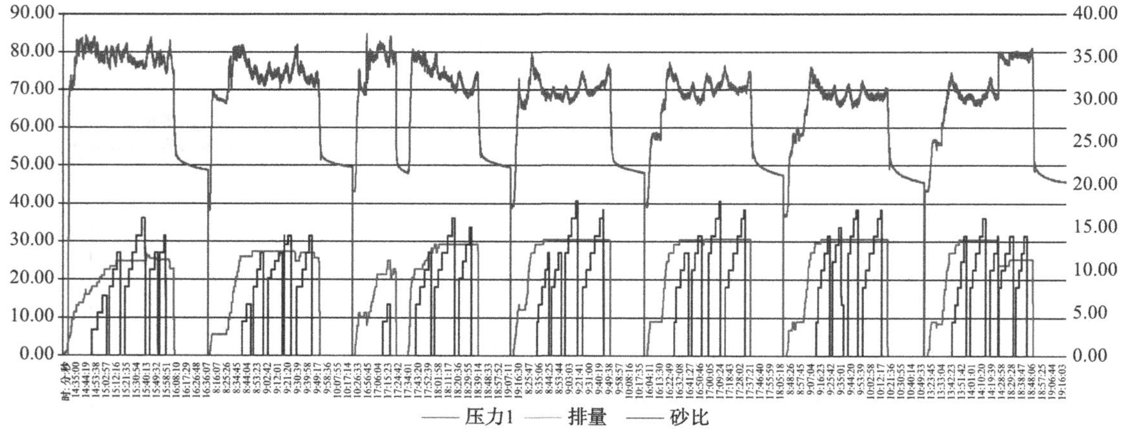

图13　文72-平203压裂施工曲线图

该井2023年11月11日关井，油压34.15MPa，闷井9天，20日开始2mm油嘴放喷，油压18.74MPa，日产液量22.0t/d，22日开始见油，共排液41方，返排率0.49%，目前2mm油嘴，油压

10.04MPa，日产液量 15t/d，日产油 6.2t/d，日产气 149m³，含水 59%。阶段产液 111t，产油 25t/d，产气 761m³，返排率 1.33%(图 14)。

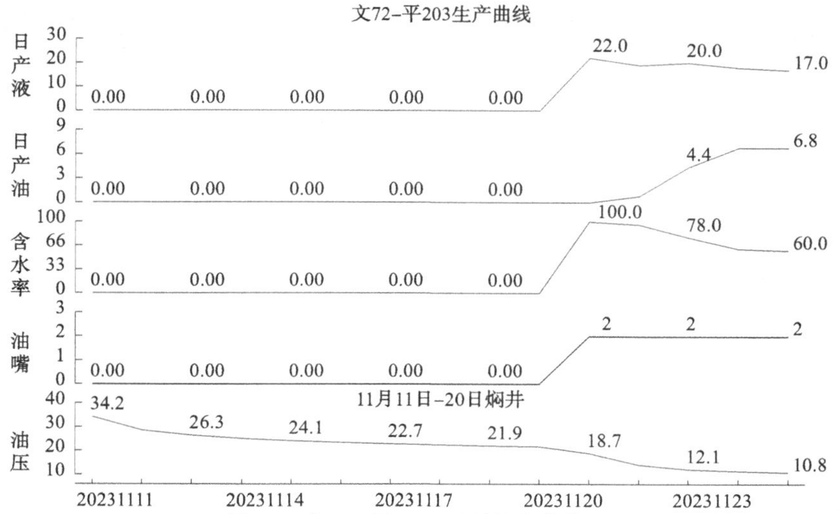

图 14　文 72-平 203 压裂投产曲线图

4　认识与结论

（1）文 72 南水平井井工厂模式在东濮老区首次实施，通过提质提速集成配套技术的应用，实现了高质量、快速完井投产，实现规模化、效益开发，节约配套投资。

（2）首次实施“拉链式”压裂作业模式，实现压裂工程提速提效，为东濮老区非常规储层效益开发奠定基础；应用“桥塞射孔联作+分段多簇”压裂模式，保障裂缝导流能力，实现水平段均衡改造；配套形成了“胶液高效扩缝、变粘液稳定携砂、多粒径全域充填”的体积压裂工艺技术，确保裂缝系统全域饱充填，保证有效改造体积。

（3）该技术在文留油田的成功应用，为同类型油藏水平井提供了技术支撑与组织经验，保障了文 72 南新区高效开发。

参　考　文　献

[1]罗霄．东濮凹陷前梨园洼陷油气成藏条件研究[D]．青岛：中国石油大学(华东)，2024.

[2] 曹学军，傅伟，李晖，等．低渗致密储层水平井连续油管拖动压裂及投产工艺探讨[J]．西部探矿工程，2013，25(12)：43-45.

[3] 曹学军，雷先轸，傅伟，等．川西水平井投产工艺关键技术[J]．天然气勘探与开发，2013，36(02)：53-56+87.

[4] 周贤文．低渗透薄层水平井开发研究[D]．北京：中国地质大学(北京)，2009.

[5] 杨爱军．低渗透油田水平井开发实践与初步认识[J]．内蒙古石油化工，2013，39(05)：150-153.

[6] 张皓宇，陈军斌，王涛，等．“井工厂”不同压裂模式下裂缝扩展规律数值模拟研究[J]．中南大学学报：自然科学版，2022，53(9)：3561-3574.

[7] 刘洪，廖如刚，李小斌，等．页岩气“井工厂”不同压裂模式下裂缝复杂程度研究[J]．天然气工业，2018，38(12)：7.

[8] 李军龙，何昀宾，袁操，等．页岩气藏水平井组“工厂化”压裂模式实践与探讨[J]．钻采工艺，2017(1).

[9] 艾池，高长龙，李玉伟，等．页岩储层的改进拉链式压裂裂缝间距优化[J]．石油矿场机械，2015(8)：5.

[10] 杜清．致密砂岩油气藏特征研究[J]．西部探矿工程，2011，23(7)：3.

[11] 杜建波，田景春，胡俊卿，等．洛阳-伊川地区三叠系致密砂岩油气藏地质特征[J]．石油与天然气地质，2013，34(2)：5.

[12] 安伦．新型多级压裂滑套研究与分析[D]．成都：西南石油大学，2016.

[13] 李海涛，卢宇，谢斌，等．水平井多段分簇射孔优化设计[J]．特种油气藏，2016，23(3)：3.

[14] 郑树隆．探讨深层岩气水平井体积压裂技术的应用[J]．中国石油和化工标准与质量，2019，39(14)：2.

[15] 刘玉伟，段爱民．低渗储层干法加砂压裂增黏剂的研发及压裂液体系优选[J]．化学工业与工程技术，2017(006)：038.

[16] 赵玉东．低伤害高效清洁滑溜水压裂液体系研制与应用[J]．大庆石油地质与开发，2020，39(5)：7.

[17] 卢云霄，郭建春．段塞式加砂技术在页岩气缝网压裂中的应用[J]．油气井测试，2014，23(5)：3.

气体造缝结合压裂现场应用及认识

姚乙宁

(大庆油田有限责任公司第七采油厂 163517)

摘 要 受地应力影响，葡萄花外围油田压裂人工裂缝主要沿垂直于最小主应力方向延伸，裂缝波及范围小，近几年应用暂堵转向压裂，通过产生分支裂缝，取得了较好的改造效果，但也存在着裂缝转向后很快再次延垂直于最小主应力方向偏转等问题。复合压裂技术，是在压裂前先进行气体造缝，形成不受地应力影响的径向裂缝；然后再实施水力压裂，通过优化施工参数，在气体造缝产生的径向裂缝基础上，再进行暂堵压裂，形成更复杂、波及范围更大的裂缝体系，进一步提高裂缝对储层的控制程度。

关键词 气体造缝；水力压裂；应力；裂缝；改造

1 问题的提出

受地应力影响，葡萄花外围油田压裂人工裂缝主要沿垂直于最小主应力方向延伸，裂缝波及范围小，近几年应用暂堵转向、缝网压裂等技术，通过产生分支复杂裂缝，取得了较好的改造效果，但也存在着裂缝转向后很快再次延垂直于最小主应力方向偏转、分支裂缝短等问题，压裂主缝长与设计基本一致，分支缝长或改造宽度与设计有一定差距，仍有进一步的挖潜空间。

A 井 PI8 暂堵转向微地震监测，B 井 FI3 微地震监测如图 1，图 2 所示。

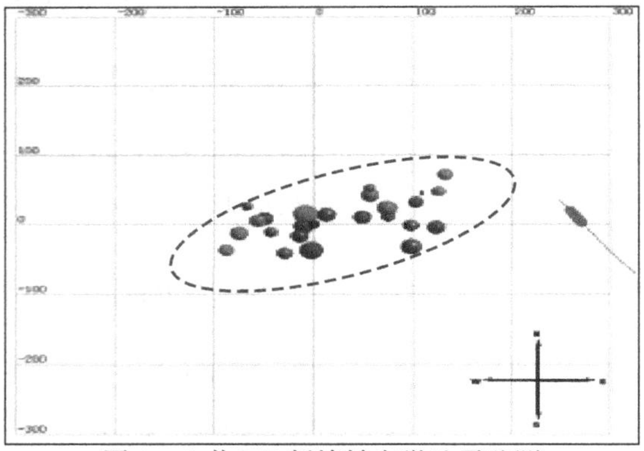

图 1 A 井 PI8 暂堵转向微地震监测

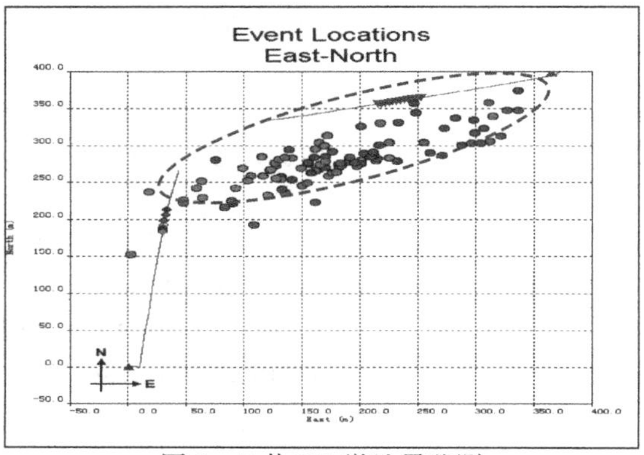

图 2 B 井 FI3 微地震监测

针对上述问题，为进一步提高裂缝对储层的控制程度，在压裂前，先进行气体造缝，形成不受地应力影响的径向裂缝；然后再实施水力压裂，通过优化施工参数，在气体造缝产生的径向裂缝基础上，再进行暂堵压裂，形成更复杂、波及范围更大的裂缝体系，提高压裂改造效果。

2 技术思路及适应性分析

2.1 气体造缝

由岩石力学的基础理论可知，脆性材料(如玻璃、岩石等)在遭受外力破坏时，其碎裂形态随外力的加载速率，即压力上升时间的变化而变化。当井筒内压力上升时间大于 10^{-2}s 时，地层将沿垂直于最小主应力方向产生一条裂缝；当压力上升时间小于 10^{-3}s 时，地层将沿井筒产生多条对称状裂缝；当压力上升时间小于 10^{-7}s 时，地层将在井壁周围遭受粉碎性破坏。

水力压裂的作用时间较长，一般在 100s 以上，因此其在地层中造缝受地应力及其分布控制，对于均质各向同性的地层，岩石破裂时裂缝的方向总是垂直于最小主应力，为单一裂缝。

缓燃气体造缝是采用特制火药作为推进剂在井筒中燃烧，产生动态高压气体对地层进行压裂，动态压力的形成过程依靠火药的增面燃烧机理，作用时间很短，通常在毫秒量级的范围内，在一定加载速率冲击载荷作用下，可形成多条不受地应力影响的径向放射状裂缝。

缓燃气体造缝和水力压裂特点对比，见表 1。

表 1　缓燃气体造缝和水力压裂特点对比

施工名称	作用时间	升压时间	特点
缓燃气体造缝	10^{-2}s	10^{-3}s	能量传递较快，不受地应力限制，可形成径向放射状多条裂缝
水力压裂	10^{4s}	10^{2s}	升压速度缓慢，一般是沿着垂直于最小主应力方向生成一条长而大的裂缝

2.2　造缝后水力压裂

气体造缝后，在近井区域形成了多条径向裂缝，有效减小或消除了井壁周围的应力集中，扩大了井径。再对地层进行水力压裂，压裂裂缝会沿着缓燃气体造缝已形成的多条径向裂缝延伸，当裂缝延伸到径向裂缝末端时，裂缝继续延伸，受地层本身地应力控制，裂缝会逐渐向垂直于最小主应力方向偏转并延伸。

根据理论研究，影响气体压裂裂缝主要包括岩石力学参数、井筒参数、射孔参数、火药及燃烧参数，通过模拟井筒及地质条件，建立压力与作用时间的数学模型，给出套管安全性评价、预计裂缝的长度和宽度、压力峰值和时间。

优化火药用量后，还需要根据套管上孔眼平均直径、套管最大屈服强度、套管外径、套管壁厚、套管外压等数据，与火药量的峰值压力对比，计算得出套管强度降低系数、火药安全峰值压力、临界挤毁压力三项数据，最终预判施工后套管是否安全(图 3)。

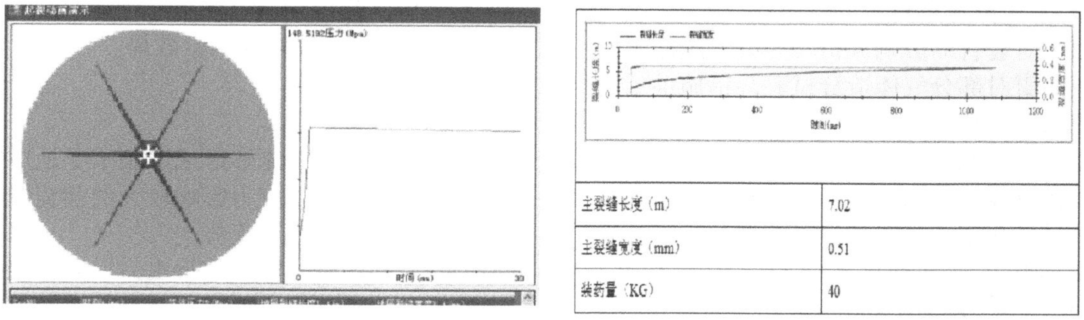

图 3　气体造缝裂缝形态及裂缝参数模拟计算

由于在缓燃气体造缝时，在近井地带形成了多条裂缝，射孔孔眼和地层孔隙得到了疏通，地层渗透性得到了改善。水力压裂时，地层的破裂压力已降低，吸液能力提高了。为了压开并延伸更多的气体造缝所形成的裂缝，应根据裂缝数量，适当加大水力压裂施工排量。

根据气体造缝正常施工规模下的裂缝条数和长度模拟计算，在药柱用量 40kg 的情况下，可形成 6 条裂缝，平均裂缝长度 6~8m，主缝宽度 0.4~0.6mm；结合单孔排量与摩阻关系(图 4)，单孔排量应在 0.45m^3/min 以上，同时结合目前压裂井施工排量和压力，以及管柱承压能力，建议施工排量 4~5m^3/min。

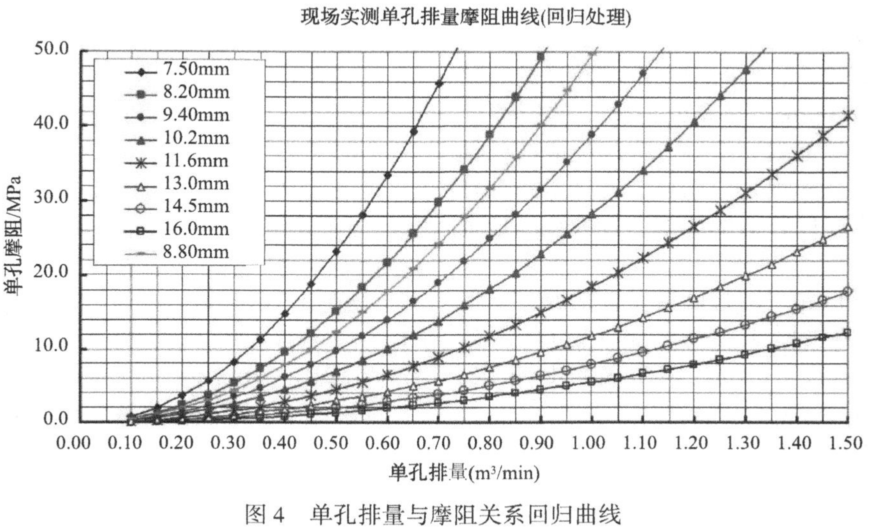

图 4　单孔排量与摩阻关系回归曲线

为进一步提高储层改造效果，可应用暂堵转向压裂，通过多次转向，使多条径向裂缝均能够有效延伸。在垂直于最小主应力方向的优势裂缝形成后，通过加入小颗粒暂堵剂，在主缝两侧形成分支裂缝；再加入大颗粒暂堵剂，封堵优势部位炮眼和裂缝根部，再压开其余非应力优势部位的裂缝；再加入小颗粒缝内暂堵剂，进一步形成分支裂缝，形成“径向缝+主缝+分支缝”的复杂裂缝体系，以较低的成本，一定程度的克服的地应力影响，扩大裂缝控制程度，提高非应力优势部位的改造程度，远离井筒地层的渗透性也得到有效地改善，减小了流体在井筒周围的附加阻力，提高了油气渗流状况，从而提高压裂效果（图5）。

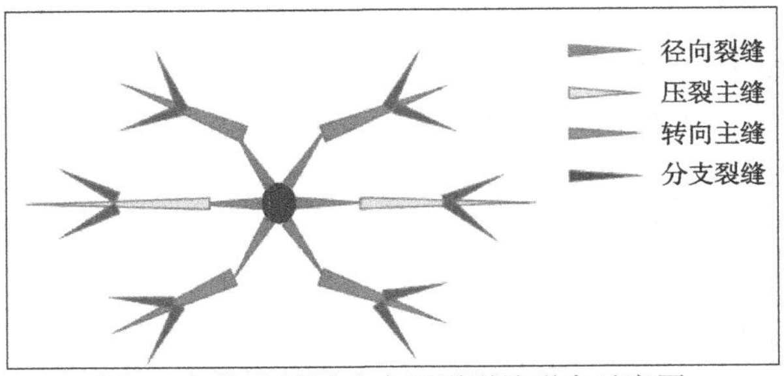

图5　气体造缝后水力压裂裂缝形态示意图

2.3　技术适应性分析

（1）对套管的影响分析

各油田对部分气体造缝试验井措施前后进行了井径测试，从气体造缝前后措施深度及全井井径变化看，按照模拟的药量和深度进行施工，峰值压力在设计范围内，气体造缝对套管不会造成破坏，只是在施工层段井径略有变化，但变形量不超过射孔对套管的影响（YD-89枪射孔后，井径的变形量为0.8~2.08mm）。

（2）在葡萄花油田的技术适应性分析

受地应力影响，葡萄花外围油田压裂人工裂缝波及范围小，近几年应用暂堵转向压裂，进行了多口井微地震监测，监测结果显示能够形成分支裂缝，但分支缝长度短，表明受地应力影响，分支缝延非应力优势方向延伸困难，导致分支缝在长度和方向上未达到预期。

通过大量的室内和现场试验证实，气体造缝产生的裂缝不受地应力影响，且具有一定的随机性，能够产生多条向四周延伸的裂缝。水力压裂能够很好地以这些径向裂缝为基础，形成克服地应力影响的裂缝体系，同时应用不同粒径的暂堵剂进行多级暂堵压裂，形成更为复杂的裂缝体系，通过加入支撑剂填充裂缝，提高裂缝的长期导流能力。两项技术组合应用充分发挥了两项技术的优势和特点，以较低的成本，较大程度地提高了储层改造效果。

现场实施5口井，结合储层发育情况，每口井优选复合压裂层段1-2个，单层药剂用量30~40kg，裂缝长度6~7m，转向次数1~3次，施工排量4~5m^3/min，压裂后初期平均单井日增油3.6t，与同区块常规压裂井相比，初期日增油多0.8t，阶段对比176天，平均单井多增油108.5t，取得了较好的实验效果。

3　结论及认识

（1）气体造缝能够形成多条不受地应力影响的径向裂缝，在受应力影响较大的葡萄花外围油田，具有较大的技术优势。

（2）气体造缝后再进行水力压裂，能够在原裂缝体系的基础上，形成更复杂、波及范围更大的裂缝体系，并通过加入支撑剂填充裂缝，提高裂缝的长期导流能力，进一步提高措施效果。

（3）气体造缝结合水力压裂技术，充分结合了气体造缝和水力压裂两项技术的优势，能够以较低的成本，在应力差异较大的储层形成复杂裂缝体系，较大程度地提高储层改造效果，具有较好的应用前景。

参考文献

[1]黄毓林，戴祖福．爆燃压裂工艺及应用[J]．石油钻采工艺，1994，16(1)．

[2]陈德春，孟红霞，张琪，李文静．水力裂缝层内爆燃压裂油井产能计算模型[J]．石油大学学报（自然科学版），2005(6)．

[3]杨宝君，回春兰．复合压裂技术研究及应用[J]．石油钻采工艺，1998，20(1)．

[4]吴飞鹏，蒲春生，陈德春．高能气体压裂载荷计算模型与合理药量确定方法[J]．中国石油大学学报（自然科学版），2011(3)．

[5]明晓添，刘东尧．井下高能气体压裂设计数值模拟研究[J]．兵器装备工程学报，2021(9)．

胜利油田探井试油储层保护技术进展及下步方向

王增敏　吕　超　蒋　焱　肖驰俊　李侠清

（中国石油化工股份有限公司胜利油田分公司石油工程技术研究院）

摘　要　胜利油田济阳坳陷深层资源量 6.48 亿吨，已探明储量 1.23 亿吨，属于低孔特低渗油藏。近年来渤南缓坡、东营南坡、东营北带持续突破，展现出规模增储潜力。针对济阳坳陷深层致密油藏储层物性差、矿物成分复杂、敏感性强，前期压裂试油后产量未达到预期，且稳产期较短的问题，从储层伤害机理、工艺优化、工作液优化等方面开展储层保护-改造一体化工艺技术研究。形成了射孔-压裂前置一体化储层保护技术，从打开储层开始介入，大幅提高压裂投产效果，助推近亿吨储量升级。

关键词　胜利油田；勘探；压裂试油；储层保护

1　前言

随着石油工业的不断发展，胜利油田在勘探开发过程中面临着越来越多的挑战。其中，储层保护是确保油田长期稳定高产的关键因素之一。在勘探压裂试油过程中，如果不采取有效的储层保护措施，可能会导致储层渗透率降低、孔隙结构破坏等问题，从而影响油田的开发效果和经济效益。

近几年在 BNS4 及 JSSYT 两个探勘试油条带，压裂试油后产量未达到预期，且稳产期较短，分析该类储层敏感性强，易感因素较多，压裂试油过程中的施工环节可能存在储层伤害影响了产能释放。通过归纳梳理研究不同区块储层物性及敏感性差异，明确各工艺环节储层伤害机理，配套形成针对性的复合伤害高效预防体系，形成适用于济阳深层敏感储层的全过程储层保护技术，提升易伤害储层试油工艺效果。

2　储层伤害因素分析及评价

2.1　水敏伤害评价

取渤 BNS4X 岩心 2 块，依据 SY/T 5358—2010《储层敏感性流动实验评价方法》，每块岩心开展 2 组平行试验，验证实验结果的准确性，整体共开展 12 组水敏感性评价实验。

由于无地层水资料，本次选择 8%（质量分数）标准盐水作为初始测试流体。中间测试流体为 1/2 初始流体矿化度盐水。

测试结果如下：

① BNS4X 3 砂组（BSX10 井 5018 米），8% 标准盐水测渗透率为 0.135mD，蒸馏水测渗透率为 0.06mD，渗透率伤害为 55.6%，中等偏强水敏（图 1）。

② BNS4X 2 砂组（Y193 井 3923 米），8% 标准盐水测渗透率为 0.0069mD，蒸馏水测渗透率为 0.0050mD，渗透率伤害为 27.54%，弱水敏（图 2）。

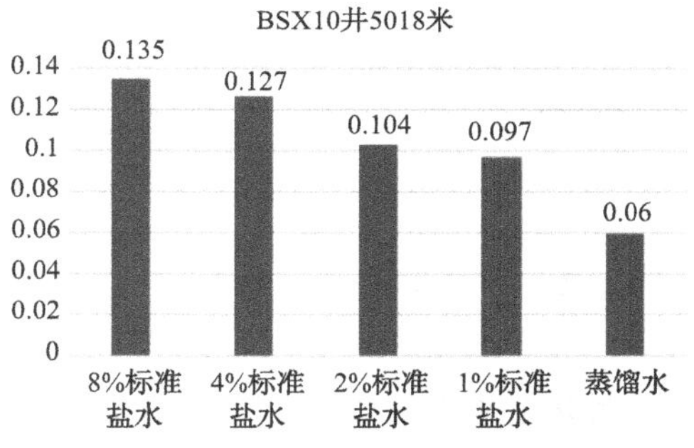

图 1　BSX10 井水敏伤害评价实验

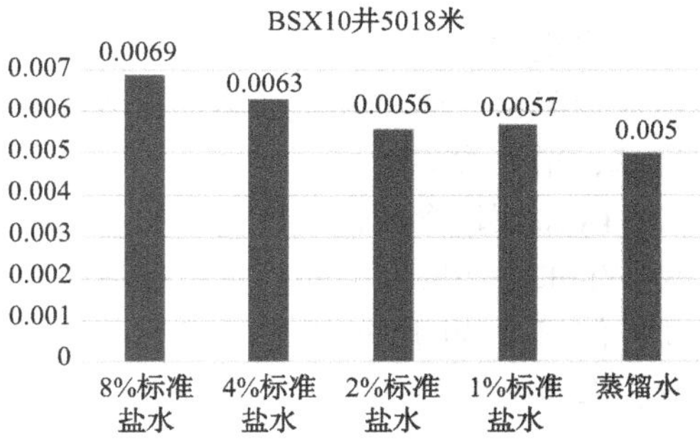

图 2　Y193 井水敏伤害评价实验

创新构建用岩心粉膨胀率评价储层水敏程度的方法，将静态膨胀率与动态岩心驱替水敏实验建立相关关系，解决试油井段无岩心、驱替时间过长，短期内无法获得储层敏感程度的难题。为了精确验证土膨胀率与水敏程度关系，初步建立黏土膨胀率与水敏程度对应关系，并对岩心进行膨胀率复测，结合岩心流动实验数据进行校正，初步形成粘土膨胀率与水敏程度关系。

2.2　盐敏伤害评价

取 S550、S541、T306 井米开展岩心驱替评价盐敏实验，将初始流体矿化度设置为 80000mg/L，矿化度降至一半时，渗透率降为初始值的 62.5～81.25%；矿化度降至临界矿化度 40000mg/L，渗透率随矿化度呈线性下降明显；整体盐敏程度较强(表 1、图 2)。

表 1　基山砂岩盐敏实验

基山砂岩	S550	S541	T306
	渗透率保留率/%	渗透率保留率/%	渗透率保留率/%
8%标准盐水	100.00	100.00	100.11
4%标准盐水	81.25	62.50	76.92
2%标准盐水	65.00	35.71	38.46
1%标准盐水	56.52	31.25	30.77
蒸馏水	34.21	25.0	23.08

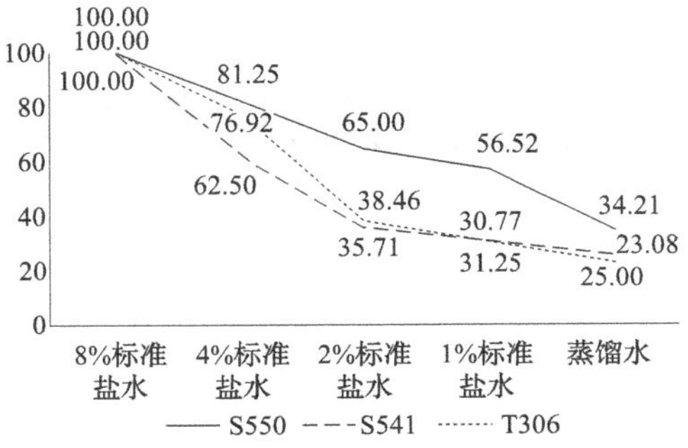

图 3　基山砂岩盐敏保持率统计

2.3　速敏伤害评价

按照依据 SY/T 5358—2010《储层敏感性流动实验评价方法》，开展 S550、S541、T306 岩心开展速敏评价，临界流速 0.5mL/min，速敏损害率 13～25%，损害程度：弱。临界流速目前测得结果偏小，分析原因为：岩心较致密，驱替时间长，本次采用的短岩心，岩心长度为 1.3cm，低速下可能存在运移，造成堵塞。当高流速状态下，由于岩心较短，造成充填矿物，冲出，造成渗透率升高。

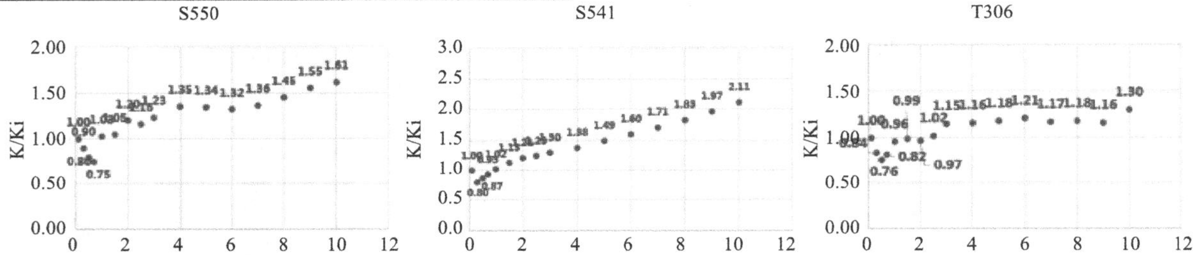

图 4　基山砂岩速敏试验统计

2.4　水锁伤害评价

低渗透油藏毛管力强，洗井、压井过程中入井水相在毛管自吸作用下侵入地层。水相侵入导致储层含水饱和度增加，有效孔喉减少，油相有效渗流能力降低，同时乳化液滴在孔喉处易产生乳化堵塞，增大渗流阻力。

BNS4X 油层段含油饱和度为 29.2%～47.5%，处于易发生水锁伤害的区间。实验以清水和煤油为介质，使用 Y139 井 3923 米处岩心开展水锁伤害评价，渗透率伤害率 54.1%(图 5、6)。

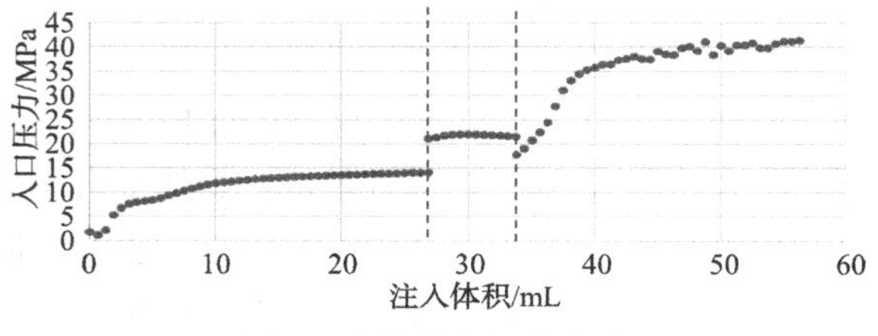

图 5　水锁伤害评价实验

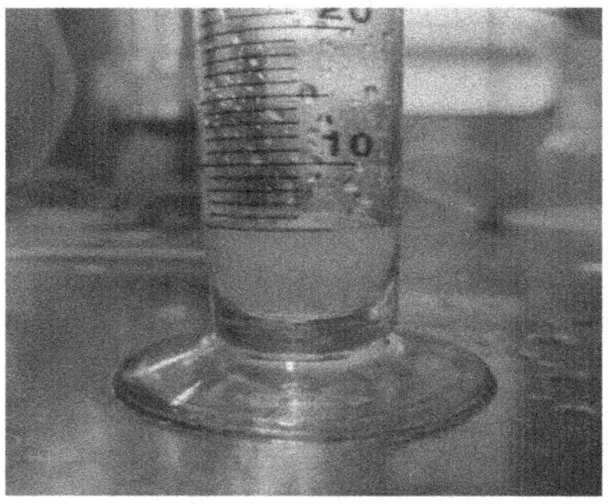

图 6　水锁伤害出口油包水乳液

3　储层保护体系研发及工艺优化

3.1　研发高温黏土稳定剂和高温防水锁剂，强化致密油藏储层

3.1.1　核心保护剂 1：小分子防膨缩膨剂

随着黏土稳定剂分子量及浓度的增大，聚合

物溶液的水动力尺寸逐渐增大；黏土稳定剂分子量越大，分子链越长，结构越复杂，越容易缠绕在一起。

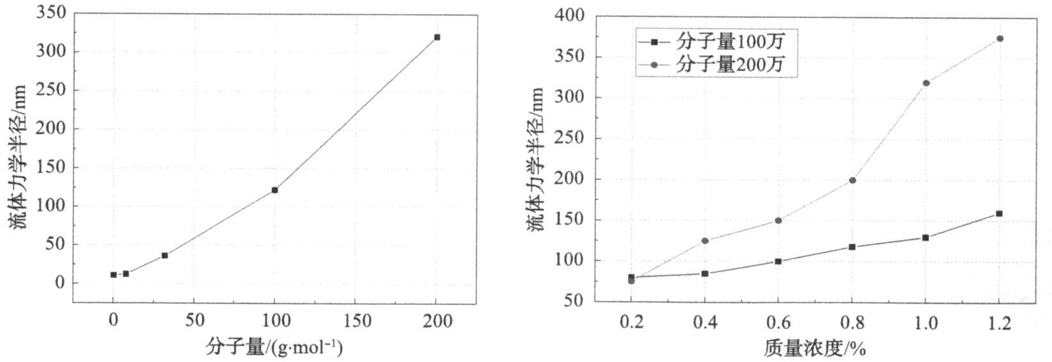

图 7　黏土稳定剂分子量对水动力学尺寸的影响

根据水化分子堆积堵塞模型，致密油油藏应选用分子量小于 50 万的黏土稳定剂；根据致密储层孔喉大小及分布特征，设计合成了小分子防膨缩膨体系，分子尺寸与晶层间距相匹配，可以渗透进入晶层间，产生紧密吸附，减小晶层间距。研究表明该防膨缩膨体系 2%有效浓度下防膨率高于 95%，缩膨率高于 50%，耐温 150℃以上(图 8、9)。

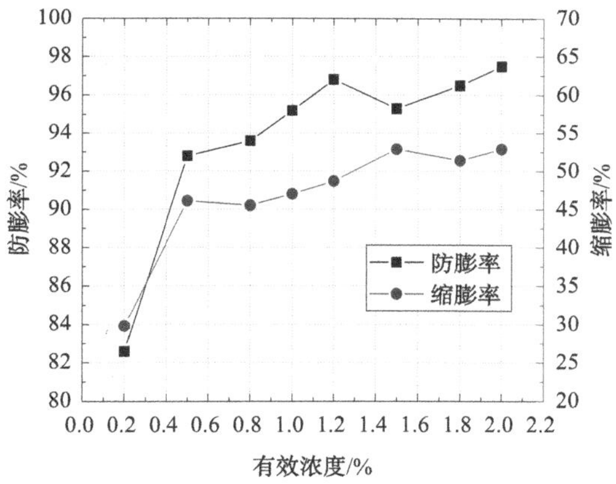

图 8　防膨率与缩膨率

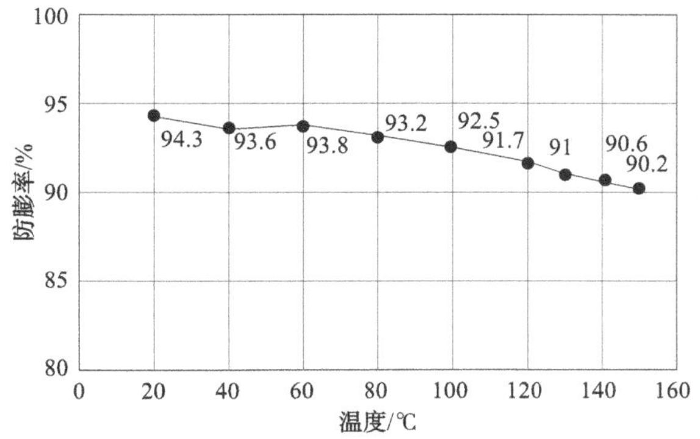

图 9　高温反应釜测试耐温性

室内实验表明，前置处理可以大幅降低对于 BNS4X 2 组岩心水敏伤害程度(表 2)。

表 2　小分子防膨缩膨剂防水敏效果表

岩心	是否实施前置防膨	伤害前水测渗透率/mD	伤害后水测渗透率/mD	伤害率/%
BSX10 5019m	否	0. 41	0. 23	43. 9
	是	0. 42	0. 39	7. 14
Y193 3923m	否	0. 011	0. 01	9%
	是	0. 01	0. 01	0%

3. 1. 2　核心保护剂 2：微乳型水伤害预防体系

微乳型水伤害预防体系具有超低界面张力和超强的增溶原油能力，粒径介于 5～100nm，适合低孔低渗储层降低毛管阻力和解除反相乳化堵塞问题，对此构建了以对称型琥珀酸孪连表面活性剂为主剂的微乳体系，具备较强的乳液稳定性(图 10、11)。

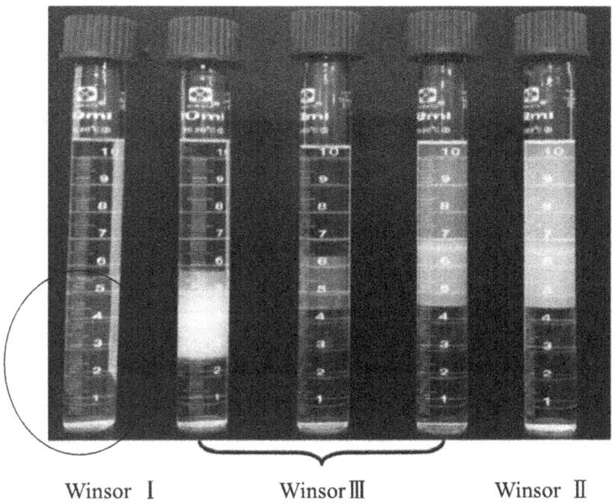

图 10　不同微乳相特征示意图

图11　微乳型水伤害预防体系

微乳型水伤害预防体系界面张力≤0.01mN/m，对原油的增溶系数大于5，最高耐盐60000mg/L(表3)。

表3　不同浓度体系性能表

体系	最大增溶水量/%	最大增溶油量/%	界面张力/(mN/m)
5%	1.6	3.1	0.0068
8%	2.50%	5.2	0.0049
10%	3.30%	7.50%	0.0035
12%	3.90%	9.20%	0.0033
15%	4.70%	11.30%	0.0031

岩心实验表明水伤害预防率在90%左右(表4)。

表4　微乳型水伤害预防体系防水锁效果表

岩心	是否实施水锁伤害预防	伤害前水测渗透率/mD	伤害后水测渗透率/mD	伤害率/%
BSX10 5019m	否	0.06	0.023	61.67
BSX10 5019m	是	0.29	0.26	10.34

考察防膨剂和水伤害处理剂对压裂液黏度的影响，黏土稳定剂在相近防膨率的情况下优选对压裂液影响最小的。总体上看，两类药剂对压裂液黏度影响不显著(图12)。

3.2　建立差异化工艺优化方法，实现精细分段设计

3.2.1　建立了基于水敏膨胀高度的伤害评价与预测方法

创新构建用岩心粉膨胀率评价储层水敏程度的方法，将静态膨胀率与动态岩心驱替水敏实验建立相关关系，解决试油井段完整岩心缺少、驱替时间过长，短期内无法获得储层敏感程度的难题(表5)。

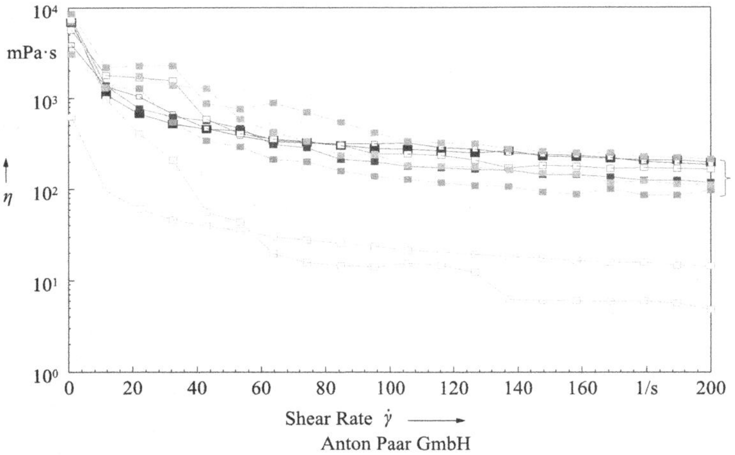

图12　加入0.5%黏土稳定剂后压裂液黏度曲线图

表5　基于岩心流动实验校准黏土膨胀与水敏关系

序号	介质	Y193　3923m				Y193　4061m			
		膨胀体积/mL	膨胀率/%	岩心流动实验结果		膨胀体积/mL	膨胀率/%	岩心流动实验结果	
				入口压力/MPa	伤害率/%			入口压力/MPa	伤害率/%
0	煤油	0.4	/	/	/	0.25	/	/	/

续表

序号	介质	Y193 3923m				Y193 4061m			
		膨胀体积/mL	膨胀率/%	岩心流动实验结果		膨胀体积/mL	膨胀率/%	岩心流动实验结果	
				入口压力/MPa	伤害率/%			入口压力/MPa	伤害率/%
1	清水	0.46	15	6.4	27.54	0.45	80	>25.85	99.9
2	1%标准盐水	0.46	15	5.67	17.39	0.285	14	20.38	99.9
4	2%标准盐水	0.44	10	5.76	18.84	0.28	12	7.55	97.4
5	4%标准盐水	0.4	0	5.13	8.7	0.255	0.2	0.68	71.06
6	8%标准盐水	0.4	0	4.68	/	0.255	0.2	0.019	/
		弱水敏		弱水敏		极强水敏		极强水敏	

3.2.2 建立了基于水锁回归方程的伤害评价与预测

采用非线性回归模型建立定量预测水锁损害程度的数学模型；采用逐步回归法选择回归因子。气测渗透率、孔隙度和油水界面张力3个因子对水锁损害影响较大(表6)。

利用minitab软件进行回归，初步得到方程：

$$Rs=-70.6-6.18Ka+13.62\phi+47.4\sigma+0.239Ka2-0.399\phi2-19.0\sigma2$$

表6 数据预测校正表

井号	Ka	φ	θ	预测伤害率 Rs/%	物模实验伤害率/%	误差
FX189	3.3	9.2	1.8	27.01	34.61	25.90%
BSX10	0.8	6.9	0.5	17.45	21.75	20.34%
BX454	1.5	7.3	1.3	28.42	32.13	13.05%
BX458	0.6	4.5	1.6	6.27	10.55	68.26%

下一步将对采集更多样本数，进行更精准的非线性回归，不断对模型进行修正。

4 结论

储层保护在胜利油田勘探压裂试油过程中具有至关重要的作用。通过对储层损害因素的深入分析，采取针对性的保护措施，可以有效地保护储层，提高油田的开发效果和经济效益。在未来的勘探开发工作中，应不断加强储层保护技术的研究和应用，实现胜利油田的可持续发展。

参考文献

[1] 黄远智，王恩志．低渗透岩石渗透率对有效应力敏感系数的试验研究[J]．岩石力学与工程学报，2007，(02)：410-414.

[2] 孙莉，姚凤英．王场地区潜4~3油组低渗透油藏滚动勘探开发研究[J]．石油天然气学报(江汉石油学院学报)，2006，(06)：57-60+5.

[3] 张柱柱．浅析低渗透油田储层保护技术[J]．中国石油和化工标准与质量，2013，33(19)：163.

[4] 胡承波，李晓梅．深层砂岩油(气)藏试油技术[J]．内蒙古石油化工，2012，38(06)：105-107.

[5] 刘伟．低渗透油藏储层保护与改造措施研究[D]．成都理工大学，2008.

[6] 谭明文，张绍彬，张朝举，等．洛带气田遂宁组特低渗致密砂岩气藏压裂改造技术应用研究[J]．天然气工业，2006，(04)：89-91+160.

[7] 申峰，周伟勤，王琴，等．深层气井试油压裂技术研究与应用[J]．断块油气田，2002，(02)：60-63+92.

胜坨油田防蠕动分层压驱管柱的研制与应用

赵焕伟　贾贻勇　田　冰　赵　鲁　杨忠男

(胜利采油厂工艺研究所)

摘　要　压驱技术有效解决了中低渗油藏"注不进，采不出"的开发矛盾，实现了快速增能，但胜坨油田纵向油层多，层间差异大，历史流线固定，压驱高压高流速注入势必沿着主流线方向突进，形成主力层水窜，影响水驱开发效果，本文通过研究防蠕动分层压驱工艺技术，可以保护套管，防止管柱蠕动，降低作业遇卡风险，提高管柱可靠性，实现纵向均衡驱替，提高压驱开发效果。

关键词　分层压驱；防蠕动；遇卡；可靠

1　前言

压驱技术通过超高压快速注入，增加地层能量，提高生产压差及油井产能，同时提高波及系数和驱油效率，能够同时解决低渗透油藏和中高渗透油藏开发中的问题。

2021年以来，按照油田压驱工作部署，采油厂结合自身油藏特点，围绕三角洲外前缘、浊积岩、砂砾岩、非主力潜力层带、中高渗等多种油藏类型开展了压驱注水实践。2021年实施压驱20井次，平均注入压力43MPa，平均日注入量827m^3，见图1。

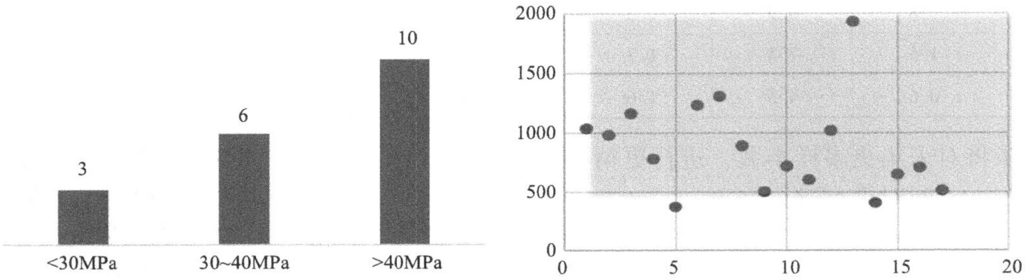

图1　注入压力分区间统计及平均日注水量统计

2021—2023年间，采油厂结合自身油藏特点，围绕浊积岩、砂砾岩、深水滑塌扇等多种低渗透油藏开展压驱注水实践，共实施14个单元37个井组，当年增油合计2.6万吨，目前累增油4.5万吨，见图2。矿场实验表明，压驱是中低渗油藏提能量、控递减的长效开发技术。

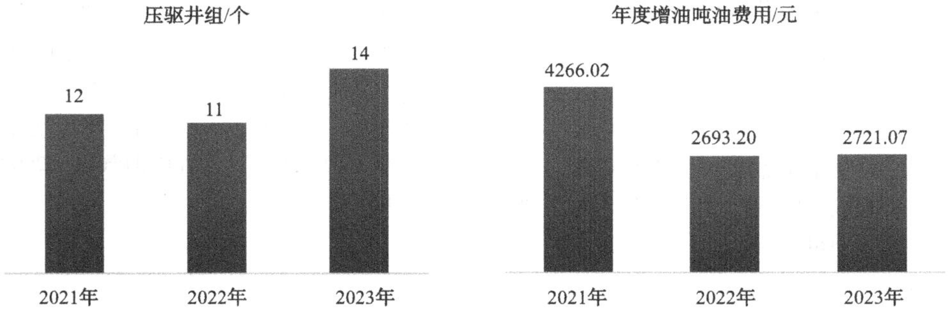

图2　压驱井组及增油吨油费用

2　压驱工艺存在的问题

目前在低渗透油藏中压驱见效特征主要有以下五点规律，一是注入水沿主应力方向优先推进，二是差异化引效可以有效扩大压驱受效范围，三是物性相对较好的油井优先见效，四是储层连通性相对较好的井组优先见效，五是双向受效的油井稳产期更长。

2.1　压驱纵向层间有差异

统计笼统压驱多层合注的有 13 口井（见图3），各小层存在物性差异，有必要开展分层压驱，实现纵向均衡驱替，提高压驱开发效果。

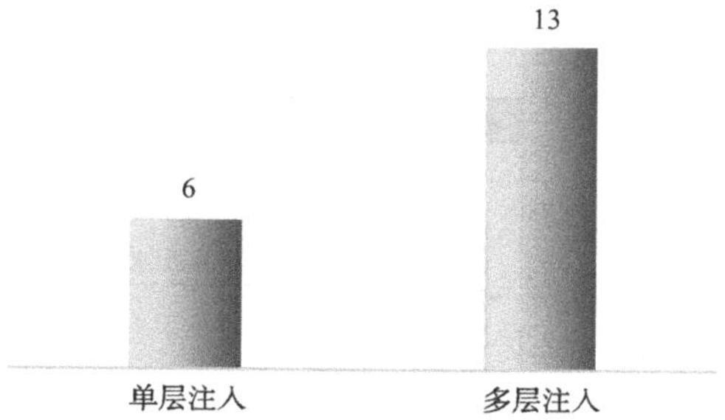

图 3　笼统压驱注入层位统计/口

以 1 口多层合注笼统压驱井为例，沙三 1^3-1^5合注，该井主力层沙三 1^3、1^4物性较好，渗透率分布在 $100-230\times10^{-3}um^2$之间，沙三 1^5层渗透率相对较差，主要集中在 $7-90\times10^{-3}um^2$之间。受物性及历史流线影响、平面水驱不均衡，油井见效难度大，地层能量差。注水井流线方向为 1 号油井、4 号油井方向，其他方向未构建流线，7 号油井新井开井初期能量大幅下降，目前新井平均单井日液 3.9t，日油 2.1t，含水 46%，动液面测不出，单井产能低，平面水驱不均衡。压驱注水井本次压驱层位为沙三 1^3、1^4、1^5，采用笼统压驱，主流线对应 4 号油井距离 260m，构造差 7m，历史主流线方向，套压快速升高。6 号油井开井引效，距离远 500m，储层连通性较差，构造差 121m，6 号油井开井见效不明显。

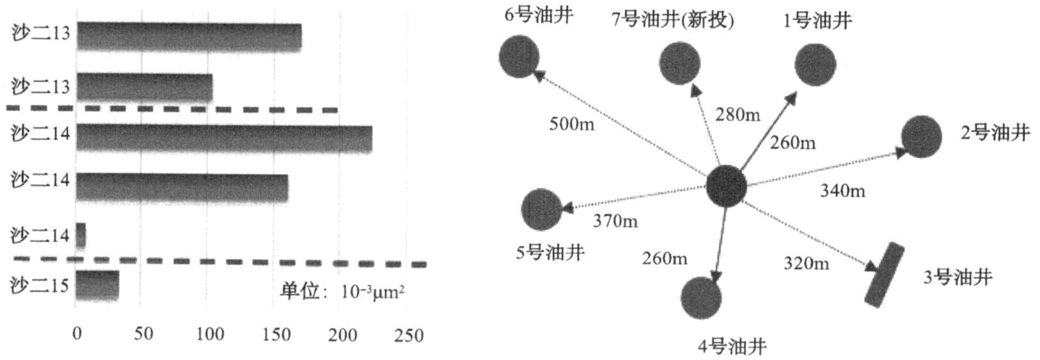

图 4　压驱井各油层渗透率及井区小层平面图

纵向上，参考本区 7 号新投油井，沙三 1^3、1^4、1^5层剩余油饱和度整体较高，剩余油饱和度高达 41.88-48.38%，第二轮需强化沙二 1^5层单层注水，从而减缓层间差，提高压驱驱替效果，见图 5。

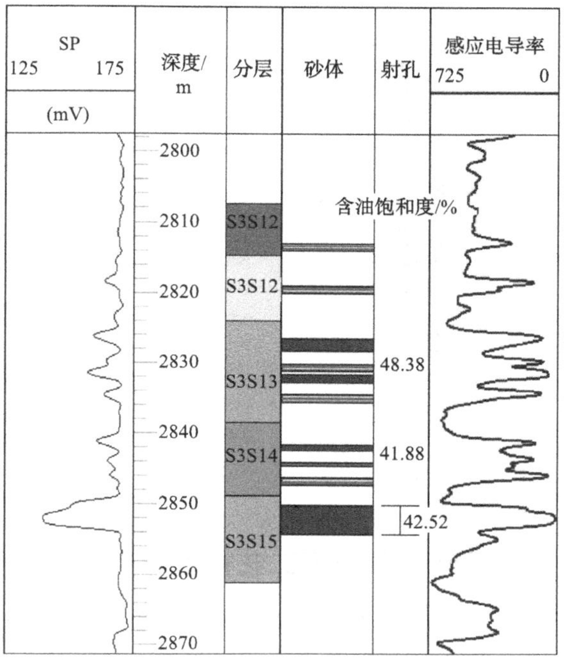

图 5　7 号油井测井图(2020.5)

2.2　分层压驱技术存在的问题

为满足油藏精细压驱需求，2023.3 月在某管理区 1 个低渗区块的 3 口井实验采用了分层压驱注水一体化管柱，压驱后可转常规注水，该管柱采用 Y521+Y541 高压封+压驱注水一体化配水器的配套模式，耐压可达到 50MPa，耐温 120℃，见图 6。

该分层压驱管柱在注入过程中出现了以下 3 方面的问题：

问题 1：倒替分层压驱注入受力复杂，管柱蠕动导致封隔器失效，实验的 3 口分层压驱井，油压上升至 45MPa 后均出现了见套压现象，注入压力高，$0.35\sim0.4m^3$/分，油压 50MPa 左右。

分析在高压状态下，封隔器胶筒处出现渗漏(失效)现象，压驱用配水器存在节流压差。通过受力软件计算，以井深 2500 米，注入压力在 30MPa，注入速度 1000m^3/天，封隔器采用无卡瓦锚固定为模拟条件，计算得出其封隔器的蠕动量达到了 2.03 米，随着深度和注入压力的增加，蠕动变形量会加大，见图 7。

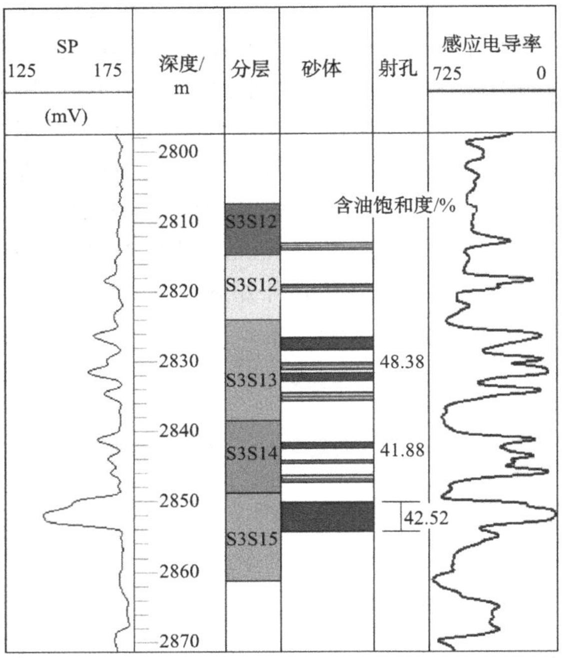

图 5　7 号油井测井图(2020.5)

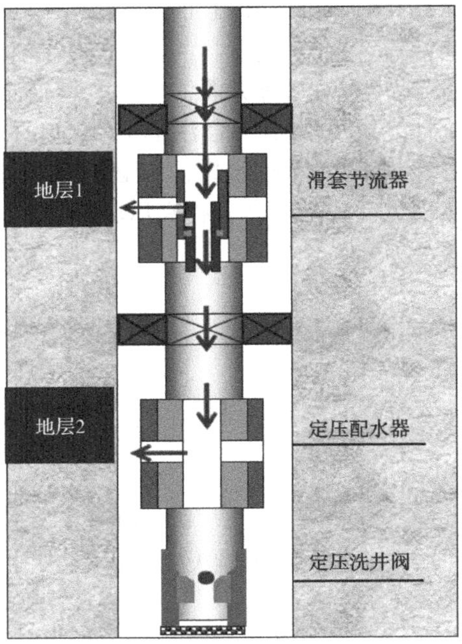

图 6　分层压驱注水一体化管柱

问题 2：卡瓦硬锚定管柱，损伤套管有影响，后期作业风险大。为防止管柱蠕动，采用 Y521+Y541 的封隔器配套组合，其卡瓦和锚的硬度高，由于注水水质矿化度高和井深高温的影响，在井年限长易发生与套管壁接触处结垢或锚爪联动机构无法收回现象，导致后期作业难度大。

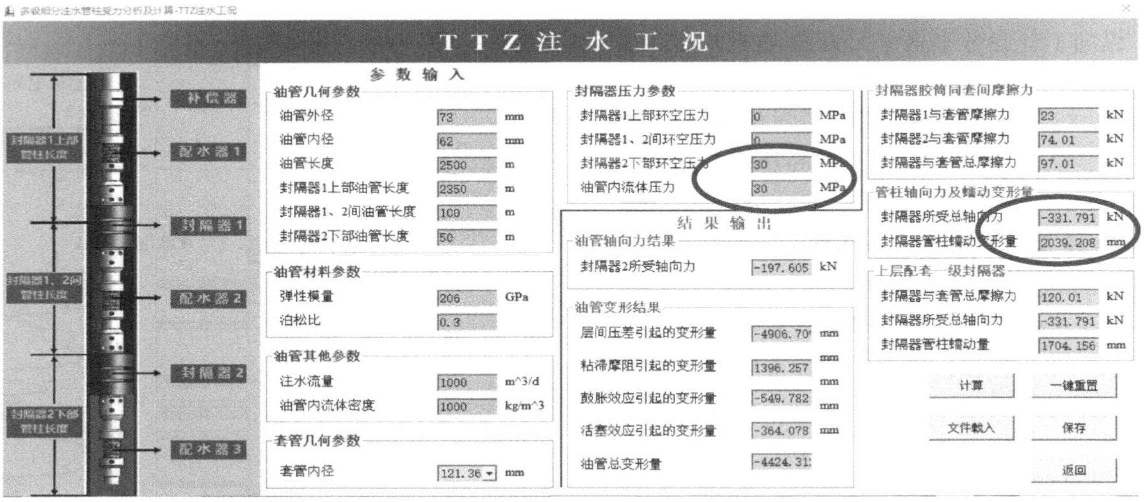

图 7　倒替注下层时管柱受力计算(30MPa)

3　防蠕动分层压驱工艺技术研究

分层压驱注水管柱需具备倒替换层和两层同时压驱注入的开发需求，同时保证套管保护分层压驱注水管柱长寿命、高可靠、易处理，但由于压驱高压高流速的注入，分层压驱管柱蠕动量大，在用的硬锚定管柱，受井深、出砂、地层温度、高压力、高矿化度条件下，存在损坏套管、作业遇卡交大修的风险。目前胜利油田在用的投捞换向开关，存在带压操作，测调难度大，已发生井控风险，常规 Y341 封隔器耐压只有 35MPa，受下地层活塞力的作用，易失效，不适应分层压驱。因此，需要开展适合胜坨油田的分层压驱注水技术。

3.1 分层压驱工艺技术难点

分层压驱管柱设计存在管柱蠕动量大管柱失效，套管保护封隔器易失效，换层注入时存在带压投捞的问题。

技术难点一：分层压驱管柱蠕动量大，造成管柱失效

通过多级细分注水管柱受力分析软件，设定注入条件，油管采用 $2^{7/8}$ 新钨合金油管，外径 73mm，内径 62mm，注入油压为 43MPa，日注水量 823m^3，尾管深度 2100 米，模拟分层压驱倒替注下层和两层同注的管柱受力，管柱受力计算显示倒替注下层的管柱蠕动变形量 1.69 米，两层同注时，管柱受力向上，蠕动变形量为 2.46 米，封隔器胶筒极易损坏，管柱失效。

目前在用防止管柱蠕动的方法为锚定和补偿技术，采用水力锚和卡瓦双两级锚定强制固定封隔器卡封位置，作业遇卡率高，水井下次作业交大修率大大提高。采油补偿器消除管柱伸缩对管柱受力影响的技术，不能完全消除蠕动，存在补偿可靠性差的问题。

技术难点二：套管保护封隔器易失效

常规 Y341 耐压 35MPa，胶筒易失效，当分层压驱单注上层和两层同注时，顶封受地层活塞力作用，方向向上，当胶筒收到的活塞力远远大于胶筒摩擦力和剪断销钉的合力时，封隔器的销钉剪断，在用的下放 Y341 封解封失效，见图 8。

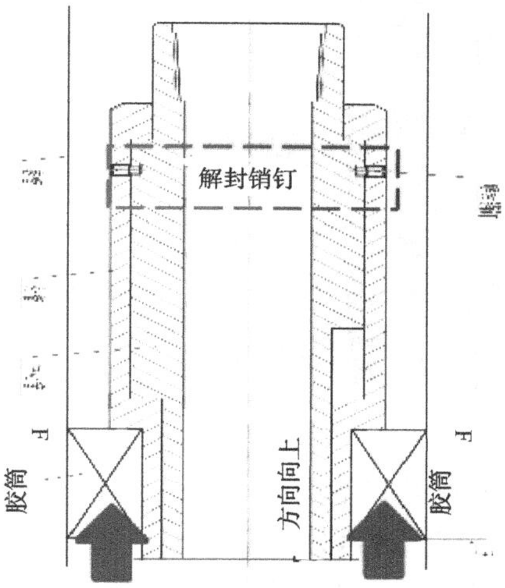

图 8 Y341 下放解封示意图

技术难点三：目前在用的分层开关，换层注入时存在带压投捞的问题

首次压驱后，注入器由于开启后无法自动关闭，管柱始终存在高压。其余层投捞芯子时，均为带压作业，增加了换层难度，见图 9。

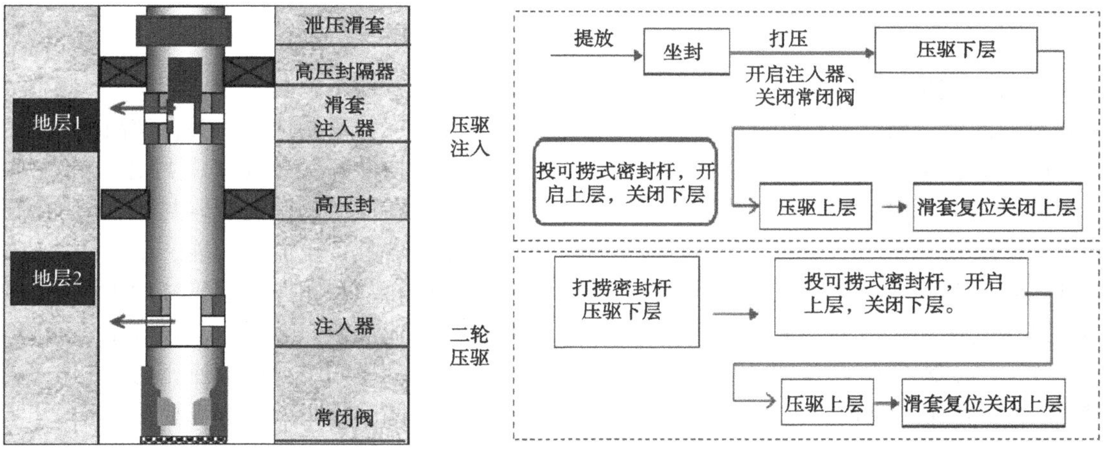

图 9 投捞芯子分层压驱工艺

3.2 防蠕动分层压驱技术研究

根据分层压驱存在的技术难点，通过设计防蠕动平衡管柱、耐高压的平衡封隔器和换向开关，形成了分层压驱技术。

设计一：设计防蠕动管柱，延长管柱寿命，降低作业遇卡率

由 TZT 注水模拟计算得到启发，设计防蠕动平衡管柱，在底部增加一级封隔器后，胶筒间作用力大小相等，方向相反，实现相互抵消，受力平衡。此外，管柱尾部增加一级封隔器，封隔器座封后管柱下部与人工井底构成密封腔室，利用液体的不可压缩和抽真空原理，确保管柱不能

上下移动，该管柱封隔器自上而下分别记作 1 号 Y341 封隔器、2 号 Y341 封隔器和 3 号 Y341 封隔器，见图 10。但由于密封腔室的存在，3 号封隔器存在不能完全坐封和无法解封的新问题。

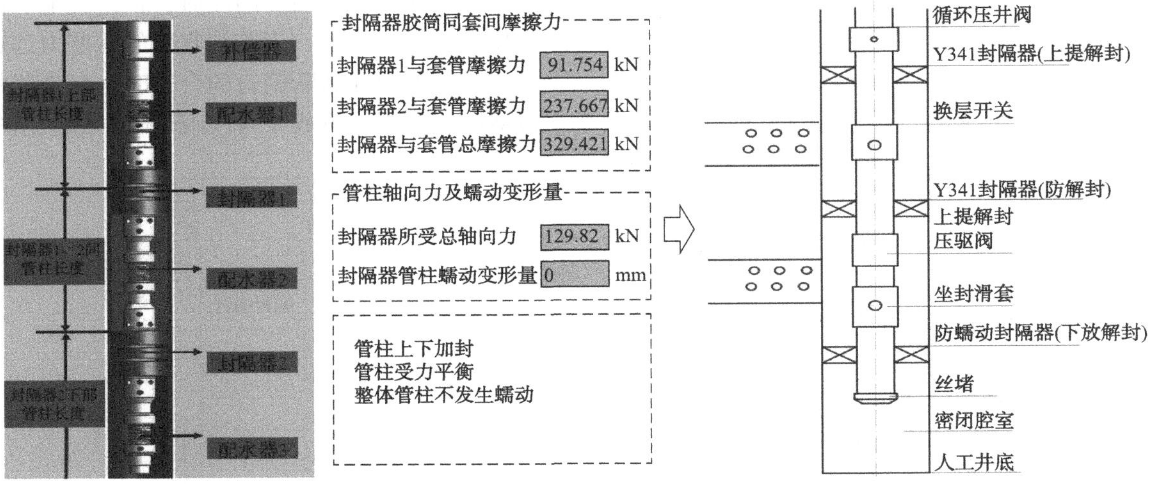

图 10　防蠕动分层压驱管柱示意图

由于密封腔室的存在，3 号 Y341 封隔器坐封活塞上移，静液体无法外排，导致封隔器坐封不充分的问题，见图 11，通过将坐封活塞设计在胶筒的上部，将静液体排出口与地层连通，构成静液体外泄通道，实现封隔器完全坐封。

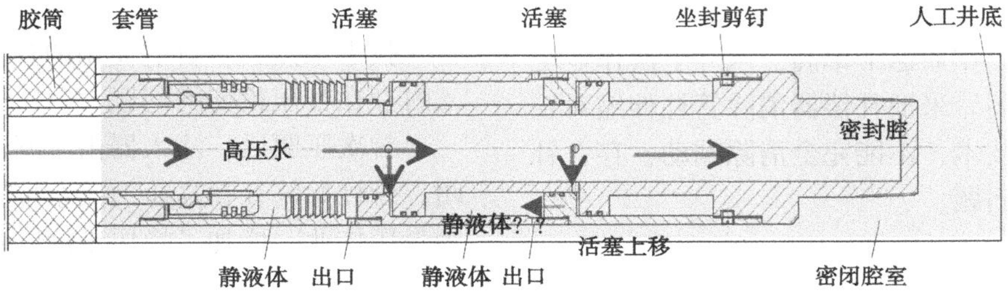

图 11　常规 Y 封坐封活塞示意图

由于密封腔室的存在，3 号 Y341 封隔器无法下放解封的问题，将 Y341 封隔器下放剪断解封剪钉，解封后，中心管下移，连通孔与进液口重合，液体进入油管内，密闭腔室失效，可将管柱提出。

设计二：研制耐高压、高可靠的 2 号 Y341 封隔器，满足套保和卡封的要求

由于分层压驱不存在洗井的问题，因此 Y341 封隔器取消洗井通道，减少失效点，胶筒通过筛选采用 MESH 胶筒，比常规胶筒耐温高 10℃、高压漏失量低 50%，耐温耐压性能更好。此外，根据牛顿第三定律，作用力和反作用力的原理，在 2 号 Y341 封隔器的胶筒上部设计两级平衡活塞，地层对两级活塞的作用力(F_1、F_2)，与对封隔器胶筒的作用力($F_{胶筒}$)大小相等，方向相反($F_1+F_2=F_{胶筒}$)，确保倒替分层和两层同注时，封隔器均不解封。

设计三：研制换向开关，解决换层难的问题

设计换向开关，配套密封芯子和注水芯子，注水芯子在注水的同时兼顾封堵下层的流道。设计压驱阀，具备单流阀功能，下层压驱完成停注后，该阀自动关闭，上层管柱内无高压，减少带压投捞作业次数。芯子内部设计了连通阀，打捞时碰压滑动压帽，接触球座密封，芯子上下流道连通，密闭腔室失效，即可捞出芯子。

4　应用效果

防蠕动分层压驱管柱现场验证 1 口井完井的两次定位，前后两次定位位移 50mm 左右，根据胡克定律计算得出变形量在 0.235 米以内，属正常范围，因此该管柱设计满足整体管柱高压下防蠕动的需求，见图 12。

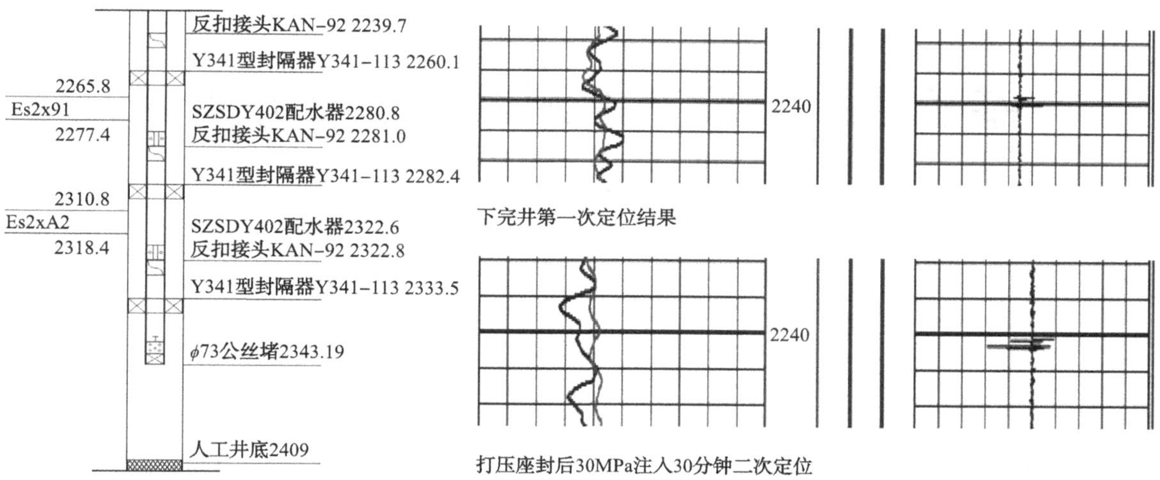

图 12 完井管柱及复合定位情况

防蠕动分层压驱管柱，通过关键工具改进和优化管柱配套，可实现倒替和两层同时注入，解决了管柱蠕动量大、硬锚定作业遇卡率高的问题，工艺更加可靠，可以满足油藏精细开发的需求。我厂已累计下井 10 口，完成压驱注水 4 口，累计注水 15.8 万方，均可正常换层，管柱有效，后期将继续推广应用。

参 考 文 献

[1] 吴忠宝，李莉，阎逸群．超低渗油藏体积压裂与渗吸采油开发新模式[J]. 断块油气田，2019，26(4)：491-494.
[2] 车起君，蒋远征，周小英，等．长庆特低渗透油藏超前注水开发规律研究[J]. 石油化工应用，2016，35(8)：28-31.
[3] 刘剑，刘月田，梁武全，等．碳酸盐岩潜山裂缝性油藏异步注采研究[J]. 科学技术与工程，2013，13(36)：10811-10816.
[4] 束青林，郭迎春，孙志刚，等．特低渗透油藏渗流机理研究及应用[J]. 油气地质与采收率，2016，23(5)：58-64.

基于油水分段产能测试的水平井重复压裂压后效果评价

王　维[1,2,3]

(1. 大庆油田有限责任公司采油工艺研究院；2. 黑龙江省油气藏增产增注重点实验室；
3. 多资源协同陆相页岩油绿色开采全国重点实验室)

摘　要　低渗透水平井采用重复压裂取得了较好的增产效果，形成了老缝加大规模压裂或缝内暂堵转向、补压新缝等针对性的重复压裂措施。但是由于各段产油贡献不清楚，导致各项措施其适应性无法进行评价。为此采用油水分段产能测试技术在外围低渗透水平井A井重复压裂现场开展试验，测定了不同措施段其产油及产液贡献率。测试结果表明：新缝段为主要产油贡献段，老缝段为主要产水贡献段，该区块低渗透水平井重复压裂应以补压新缝为主，老缝缝内转向压裂应择优改造，为低渗透水平井重复压裂优化设计提供依据。

关键词　示踪剂；分段产能测试；水平井；重复压裂；压后效果评价

外围葡萄花储层具有丰度低、低孔低渗、薄互发育等特点，前期采用水平井分段压裂投产取得了较好的效果，但随着生产时间的延长，受储层物性、初次改造不充分及注采关系难以建立等因素影响，产量逐渐降低，需通过重复压裂来提高单井产量。前期根据大庆低渗透储层特点，结合单井钻遇及初次压裂具体情况，形成了老缝加大规模压裂或缝内暂堵转向、补压新缝等针对性的重复压裂措施，现场应用表明取得了较好的增产效果。重复压裂时为了进一步提高单井产量，针对目标段具体特征，通常采取不同措施相结合，这就导致了不同段其产能贡献不清楚，其措施适应性无法进行相应评价。为此需要通过开展相应的现场测试来明确各段的产能贡献，为水平井重复压裂优化设计提供依据和指导。

目前评价水平井各段压裂效果主要采用示踪剂分段产能监测技术，通过在不同监测层(段)加入不同种类的示踪剂，压裂完成后返排时进行取样、检测，得到各种示踪剂产出曲线。但目前的示踪剂分段产能监测技术通常只能测得各段产液贡献率，并不能测得各段的产油贡献率，外围低渗透水平井主要采用井网注水开发，产液贡献并不能反映各段的真实产能情况。为此采用油水同测产液剖面测试技术对A井重复压裂目标段进行了产能测试，确定了各段的产油、产水贡献率及其变化趋势，为外围低渗透水平井重复压裂布缝及措施优选提供依据。

1　油水同测产液剖面测试技术原理

示踪剂监测技术是井间监测的常用手段，但目前绝大部分示踪剂只有水剂，只能获得各段产液贡献情况，为此采用油水两相示踪剂。其中水剂为液态，采用常量物质示踪剂，共包含26种水相示踪剂，在分段压裂过程中通过恒流泵注入不同种类、不同用量的示踪剂，确保各层段前置液及携砂液中示踪剂浓度相同。由于以上水剂为镧系元素，因此具备无毒、无放射性、稳定性好、吸附小等特点，同时对环境无污染，对压裂液性能无影响。返排后对取得的样品进行前期处理，经过滤、硝解、蒸干、冷却、酸稀等步骤去除有机物和固体杂质，然后用电感等离子体质谱仪测量得到各种水相示踪剂的浓度，获得各层段产水能力及压裂效果等重要信息。

油剂为覆膜砂形态，油相示踪剂采用Sm、Nd、Eu、Tb、Dy等同位素，只与油亲和，不溶于水和空气，共包含24种油相示踪剂。通过将油相示踪剂覆膜在石英砂表面，在分段压裂过程中，通过混砂车直接投入不同种类的油剂，确保各层段携砂液中的油剂段塞均匀。返排产油后，对取得的样品首先进行油水分离，将油样中的专用有机溶剂萃取出来，采用高效液相色谱仪对样品中示踪剂含量进行分析检测，得出各层段油剂产出曲线，评价各段产油情况。

2 示踪剂用量设计及贡献率分析模型

示踪剂的注入需要对水剂用量、水剂注入恒流泵流量及油剂用量进行计算优化。压裂液包括前置液、携砂液和顶替液 3 部分，水相示踪剂一般在前置液和携砂液注入过程中加入。油相示踪剂在加砂阶段加入，为确保覆膜油剂较均匀分布在压裂砂段塞中，通常在加砂量的 7/10 至 9/10 之间加入，其用量取决于要标识原油体积及所需油剂在原油中的饱和浓度。

2.1 示踪剂用量设计

水剂用量取决于各层段需要注入示踪剂的压裂液最大体积，采用以下公式计算该段示踪剂投加量。

$$A_i = C_i \cdot V_p \cdot 10^{-3} \tag{1}$$

式中，A_i为第 i 段示踪物质用量，g；V_p 为某段前置液与携砂液体积之和，m^3；C_i 为压裂液中的示踪剂浓度，ng/ml，根据经验取 1000ng/ml。

恒流泵的流量主要根据压裂液排量进行，采用以下公式进行计算。压裂施工过程中需要根据主压裂施工排量实时调整恒流泵流量，确保压裂液中示踪剂浓度一致。

$$Q_{ih} = Q_i C_i \times 10^{-3} / C_0 \tag{2}$$

式中，Q_{ih} 为恒流泵流量，mL/min；Q_i 为压裂液排量，m^3/min；C_0 为示踪剂原液质量浓度，取 0.1g/mL。

油剂用量取决于要标识原油体积及所需油剂在原油中的饱和浓度，各段油相示踪剂投加量采用以下公式计算。

$$A_o = C_b \cdot 10^{-3} \cdot V_o \tag{3}$$

式中，A_o 为油相示踪物质用量，g；V_o 为层段要标识的油体积，m^3；C_b 为该种油剂在原油的饱和浓度。

2.2 贡献率分析模型

各段瞬时产油贡献率采用以下公式进行计算：

$$P_{0i} = C_{oi} / (C_{01} + C_{02} + \cdots C_{oi} + \cdots C_{0n}) \tag{4}$$

式中，P_{0i} 为某时刻第 i 段的产油贡献率；C_{oi}为某时刻第 i 段油剂化验浓度，ng/ml。

各段瞬时产水贡献率采用以下公式进行计算：

$$Pw_i = C_{wi} / (C_{w1} + C_{w2} + \cdots C_{wi} + \cdots C_{wn}) \tag{5}$$

式中，P_{wi} 为某时刻第 i 段的产水贡献率；C_{wi}为某时刻第 i 段水剂化验浓度，ng/ml。

3 油水分段产能测试现场实施及评价结果

3.1 现场实施

A 井为外围区块 1 口低渗透水平井，目的层为葡萄花储层，2007 年采用双封单卡工艺进行第一次压裂，共压裂 8 段。2014 年采用双封单卡工艺对该井进行第二次压裂，优选了第一次压裂中的第 1、2、5、6、7、8 段老缝进行重复压裂。本井从第一次压裂至今投产 11 年，投产时间长，第三次压裂时结合地质需求及以往压裂情况优选了 3 条老缝进行纤维缝内暂堵转向压裂，同时补射 5 条新缝进行普通压裂(图 1)。

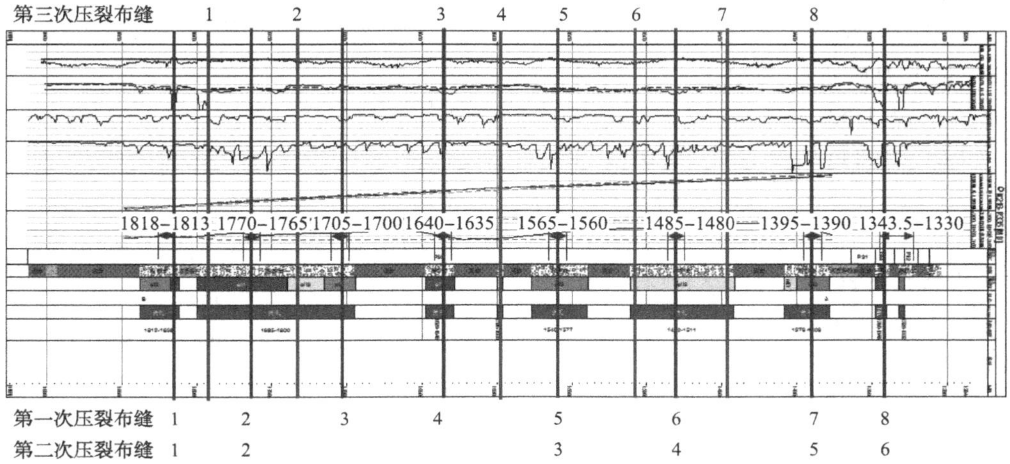

图 1 A 井第三次压裂布缝示意图

于 2018 年 8 月完成了 A 井的第三次压裂施工及示踪剂现场施工注入，共注入 8 种油剂和 8 种水剂。其中水剂取样 60 天，共取水样 362 个，压后第 18 天开始见油，油剂取样 42d，共取油样250个，取样频度均为6个/天。

3.2　评价结果

压后2个月监测期不同时期样品油剂化验浓度情况如图2所示，第18天开始见油，各段每天瞬时化验浓度整体随时间变化，其中第1、2、8段比较平稳，第4、6、7段呈现上升趋势，第3、5段呈现下降趋势。

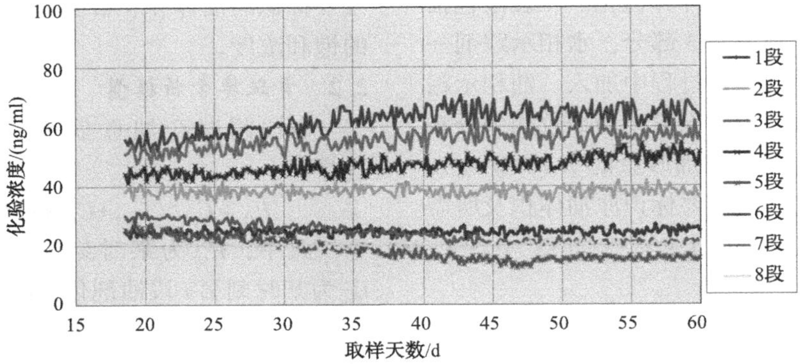

图2　A井监测期间各段产油贡献率图

压后2个月监测期不同时期样品水剂化验浓度情况如图3所示，各段每天瞬时化验浓度整体随时间变化，变化幅度不同，返排初期各段之间化验浓度差异较大，监测后期开始趋于平稳。

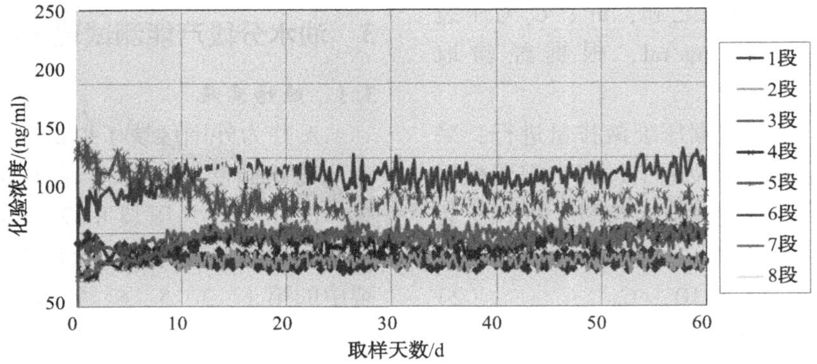

图3　A井监测期间各段产水贡献率图

根据化验浓度，采用贡献率分析模型计算得到监测期间各段平均产油产水贡献率，如图4所示。主力产水段为第5、6、8段，产水贡献率合计46.64%，非主力产水段为第1、2、3、4、7段，产水贡献率合计53.36%。主力产油段为第2、4、6、7段，产油贡献率合计70.0%；非主力产油段为第1、3、5、8段，产油贡献率合计30.0%。

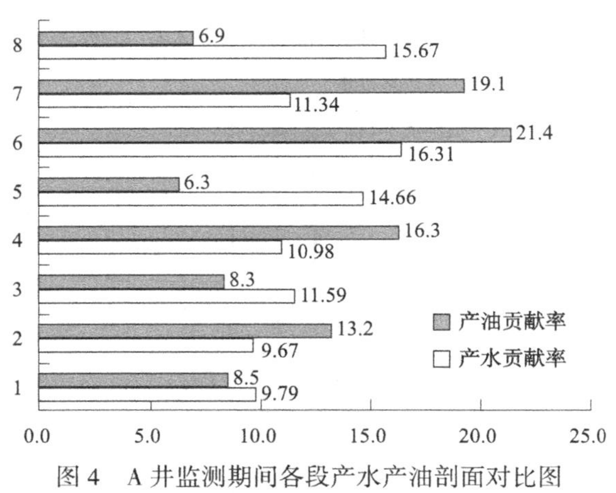

图4　A井监测期间各段产水产油剖面对比图

结合本井重复压裂布缝情况及各段产油产水贡献率结果，主力产油段第2、4、6、7段全部为本次新缝压裂段，除第6段产水贡献率较高外，第2、4、7段对应的产水贡献率均低于平均值，为低产水段；而非主力产油段第1、3、5、8段除第1段为新缝压裂段，其余的第3、5、8段均为老缝重复压裂段，同时3个老缝重复压裂段均对应为高产水。整体表现出老缝高产水低产油，新缝低产水高产油，新缝整体产油效果明显好于老缝。对比新缝与老缝产油贡献率，老缝产油贡献率最高的为第3段，产油贡献率为8.3%，与新缝第1段产油贡献率接近。结合3个老缝段储层钻遇含油性情况，第3段为油浸，第5和第8段为油斑，第3段含油性要好于第5和第8段。

4 结论

采用油水同测产液剖面测试技术完成了A井重复压裂的油水分段产能测试，评价了各段压后监测期间的产油、产水贡献率状况，得到了以下结论：

（1）各段的产油产水贡献率是随生产时间变化的，返排初期产水贡献率变化幅度较大，随时间的推移趋于稳定，产油贡献率变化相对产水贡献率变化较小；

（2）各段产油产水整体表现出老缝高产水低产油，新缝低产水高产油新缝补压段其产油贡献率整体要好于老缝缝内暂堵转向压裂段，该区块低渗透水平井重复压裂应以补压新缝为主；

（3）老缝产油贡献率与其储层含油性有较好的对应关系，含油性好的老缝段其产油贡献率相应较高，应择优选择含油性较好的老缝进行重复压裂。

参 考 文 献

[1]顾明勇，夏跃海，王维，等．大庆低渗透水平井重复压裂技术及现场试验[J]．石油地质与工程，2018，32(4)：95-97.

[2]王贤君，王维，张玉广，等．低渗透储层缝内暂堵多分支缝压裂技术研究[J]．石油地质与工程，2018，32(3)：111-113.

[3]谢建勇，王旭，石彦，等．示踪剂在致密油水平井中的应用[J]．新疆石油天然气，2015，11(3)：63~66.

[4]张煜，周燕，陈续琴，等．现有示踪剂解释方法存在的问题与分析方法的评价[J]．中国石油和化工标准与质量，2012，32(2)：258.

[5]郭献广，呼舜兴，曾卫林，等．示踪剂监测技术及在桥口油田调整挖潜中的应用[J]．油气井测试，2001，10(5)：63~66.

[6]朱志香．大庆长垣南部示踪剂监测评价化学驱油效果分析[J]．长江大学学报(自科版)，2016，13(13)：19~21.

[7]吴振东，邓广耀，宋子军，等．井间示踪剂监测技术在复杂小断块油藏中的应用[J]．石油天然气学报(江汉石油学院学报)，2007，29(3)：237~239.

蒸汽吞吐后油藏化学驱油体系设计与性能评价

郭淑凤　王红艳

(中国石化 胜利油田分公司 勘探开发研究院)

摘　要　针对胜利油田蒸汽吞吐开发采收率较低，而蒸汽吞吐稠油油藏储层物性好，油藏条件比较适宜化学驱的特点，优选了一种能够同时降黏和降张力的降黏型驱油剂。基于所选的降黏型驱油剂和聚合物，在化学剂相互作用、化学剂与油藏适应性研究的基础上，构筑了一种高效的降黏驱油体系。通过黏度、黏弹性、界面张力、降黏率、驱油效率等实验开展了降黏驱油体系的性能评价。结果表明：该体系在胜利油田蒸汽吞吐后油藏条件下体系黏度为63.7mPa·s，与目的层原油界面张力1.2×10^{-2}mN/m，降黏率85.2%，室内物理模拟实验注入0.3PV提高采收率20.2%(OOIP)。

关键词　蒸汽吞吐后油藏；降黏型驱油剂；降黏率；界面张力；驱油效率

胜利油田稠油油藏蒸汽吞吐开发地质储量4.3亿t，占稠油油藏的78.2%，年产油381.7万t，占稠油油藏的86%，在胜利油田稠油油藏开发中占据重要地位，但是吞吐开发采收率低，仅30.8%，热采难以进一步提高采收率。

蒸汽吞吐稠油油藏储层物性好，油藏条件比较适宜化学驱。胜利油田矿场试验证明二元复合驱可以大幅度提高原油采收率，但是对于黏滞力较强的稠油，单靠二元体系中的活性剂来降低油水间界面张力往往不足以产生足够动力使剩余油从岩层空隙中驱出。因为高黏油开采中，降低高黏油的黏度是关键问题。因此为了更大幅度地提高原油采收率，笔者提出了降黏型驱油剂，以期利用降黏型驱油剂良好的降黏和降张能力，叠加聚合物的扩大波及能力，解决蒸汽吞吐后油藏大幅提高采收率的问题。

1　实验器材与方法

1.1　实验器材

实验仪器主要包括TX-500C界面张力仪、MCR501流变仪、物理模拟驱油试验装置。

试验用化学剂为东营宝莫公司提供的降黏型驱油剂GDD-JN1#、相对分子质量为2400万的聚合物。

1.2　实验方法

测试条件：测定温度70℃，实验用水为孤岛15-2站产出水(总矿化度6681mg/L，其中钙镁离子含量为184mg/L)，试验用油为孤岛东区18-28井脱水原油(70℃时黏度为469mPa·s)。

界面张力的测定：利用现场注入水配制溶液，采用TX-500C界面张力仪，在70℃下测定试验区原油的油-水界面张力。

降黏率的测定：将现场注入水配制的溶液与原油按照一定质量比混合，密封置于恒温干燥箱后，70℃下恒温两个小时，利用MCR501流变仪在剪切速率60s^{-1}条件下测定混合体系的黏度。

黏度的测定：利用现场注入水配制溶液，利用MCR501流变仪在剪切速率7.34s^{-1}条件下测定体系的黏度。

物理模拟试验：采用ϕ2.5cm×30cm的人造岩心模型(气测渗透率为2500×10^{-3} μm^2)，在饱和水的基础上，饱和胜利油田试验区18-28#脱水模拟油，老化24h后进行驱油试验，先水驱至综合含水98%后转注0.3倍孔隙体积的化学驱体系段塞，最后转后续水驱至100%，结束试验。

2　实验结果与分析

2.1　降黏驱油剂类型确定

在油水比5∶5和7∶3条件下，分别对比了油溶性降黏剂和水溶性降黏剂降低原油黏度的能力，实验结果见表1。可以看出，在油水比为5∶5和7∶3两种条件下，水溶性降黏剂降黏效果都好于油溶性降黏剂，降黏率都在90%以上。

表 1　不同类型降黏剂性能对比结果

类型	油水比 7：3		油水比 5：5	
	降黏后稠油体系黏度/(mPa·s)	降黏率/%	降黏后稠油体系黏度/(mPa·s)	降黏率/%
油溶性降黏剂	165	62.5	176	60
水溶性降黏剂	15.7	96.4	16.3	96.3

2.2　降黏驱油剂优选方向

针对该区块的原油，开展了不同类型表面活性剂的降黏效果对比。试验结果表明疏水链中带有苯环的磺酸盐型阴-非两性表面活性剂降黏效果较优，因此下面试验中我们主要针对具有该结构的降黏型驱油剂进行了性能评价(表 2)。

表 2　表面活性剂降黏效果评价

编号	类型	表面活性剂	稠油乳液黏度/(mPa·s)
1	非离子型	烷基酚聚氧乙烯醚	92
2		脂肪醇聚氧乙烯醚	128
3	阴离子型	脂肪醇硫酸盐	32.4
4	阴非两性	脂肪醇聚氧乙烯醚硫酸盐	20.2
5		脂肪醇聚氧乙烯醚磺酸盐	15.4

(实验条件：70℃，原油黏度 469mPa·s，浓度 0.3%)

综合上述结果我们优选了宝莫公司提供的降黏型驱油剂 GDD-JN1#，并对其开展了性能评价工作。

2.3　产品性能评价

2.3.1　降黏性能评价

从注入井到生产井油水比变化大，需要适应宽油水比的降黏型驱油剂，因此针对 GDD-JN1#，开展了不同油水比条件下的降黏性能评价，见表 3。

表 3　降黏型驱油剂降黏性能评价结果
(不同油水比条件下)

序号	油水比	降黏率/%
1	8：2	95.0
2	7：3	95.3
3	5：5	95.2
4	3：7	95.6
5	2：8	96.1

(实验条件：70℃，原油黏度 469mPa·s，浓度 0.3%)

2.3.2　降低界面张力性能评价

油水界面张力低即黏附功小，油易从地层表面洗下来，提高了洗油效率。加入表面活性剂能使油水界面张力降低，并使油对岩石表面的润湿角增加，因此表面活性剂可大大减小毛细管阻力，促使束缚油动起来，界面张力评价结果见表 4。

表 4　表面活性剂性能评价结果

降黏型驱油剂体系	界面张力/(mN/m)
0.3%GDD-JN1#	9.9×10^{-3}

实验条件：孤岛 15-2 站产出水，70℃

实验结果表明：3000mg/L 降黏型驱油剂在孤岛油藏条件下油水界面张力仍能达到超低，具有良好的油藏适应性。

2.4　驱油剂间相互作用

降黏复合驱油体系由聚合物和降黏型驱油剂组成，两者结合主要是通过降低原油黏度，增加体系的黏弹性进而提高波及能力，同时通过降黏型驱油剂降低油水间界面张力，进而提高洗油效率。由于体系黏度的增加不但影响降黏型驱油剂由体相向界面的扩散速度还会影响表面活性剂在油水界面的高效排布，因此研究聚合物与降黏型驱油剂间相互作用尤为重要(表 5)。

表 5　降黏复合驱油体系黏度、降黏率变化情况

体系	黏度/(mPa·s)	相互作用后降黏率
0.2%P	62.0	/
0.3%GDD-JN1#+0.2%P	63.7	85.2

实验条件：样品浓度 0.3%，油水比 8：2，温度 70℃

由表5可以看出，由0.3%降黏型驱油剂GDD-JN1#和2000mg/L聚合物组成的复配体系黏度比聚合物体系黏度略高，并且复配体系降黏率在85%以上，说明降黏型驱油剂与聚合物间配伍性良好。

2.5 物理模拟试验

为了最大程度的发挥驱油体系的技术优势和驱油效果，利用物理模拟试验考察了不同复合驱油体系驱油效果，结果见表6。驱油试验结果表明注入相同段塞的化学剂情况下，采用复合驱体系比单一聚合物驱、活性剂驱提高采收率幅度都要大，复合驱比单一聚合物驱提高采收率高5.7%。这是因为将聚合物与表面活性剂复配，在保持高洗油效率的同时提高体相的黏弹性，更大程度的发挥体系中各组分的技术优势，达到大幅度提高采收率的目的。

表6　不同段塞提高采收率结果

配方	注入方式	提高采收率/%
0.2%P	单一聚合物驱	14.5
0.3%GDD-JN11	单一降黏型驱油剂驱	3.2
0.2%P+0.3%GDD-JN11	聚合物和降黏型驱油剂混注	20.2

实验条件：渗透率 $2500\times10^{-3}\mu m^2$，温度70℃，原油黏度469mPa·s

3 结论

（1）蒸汽吞吐后油藏条件下，降黏型驱油剂能够降低界面张力的同时降低原油的黏度，具有一剂双效的作用。

（2）设计的降黏体系具有良好的油藏适应性，注入段塞0.3PV下，体系提高采收率为20.2%。

参考文献

[1]束青林，毛卫荣，张本华．河道砂边际稠油油藏热采开发理论和技术[M]．石油工业出版社，2005.

[2] 石静，曹绪龙，王红艳，等．胜利油田高温高盐稠油油藏复合驱技术[J]．特种油气藏，2018，25(4)：129-133.

大庆油田杏南开发区出砂井分级治理技术

余友华

（第五采油厂工艺研究所）

摘　要　大庆油田杏南地区经过五十三年的长期有效开发，已进入特高含水开发后期，由于压裂措施、完井方式不合适、生产压差过大、长期注采后地层能量亏空，导致地层压力下降等原因，油水井出砂情况愈发严重，易造成井筒沉砂、砂卡、套变、地层损坏、地面砂堵以及环境污染、运输困难等问题，故针对杏南地区易出砂井应用分级治理技术，对不同类型的出砂井进行分级治理。

关键词　油水井出砂；特高含水开发后期；出砂井分级治理

随着开发年限的进一步增加，由于含水量上升，注水井启停、洗井，生产压差过大，压裂作业等原因，杏南地区老油田已陆陆续续出现油水井出砂、套变等情况，影响了油水井正常工作和生产。油水井出砂不仅容易引起井筒内砂埋产层、油管堵塞、砂卡、泵及其它井下工具磨蚀严重，甚至造成躺井，被迫停产；更甚者会造成地层的坍塌和套管损坏，以致于油井报废；此外还易造成地面管汇的砂堵，储油罐沉砂等一系列问题，从而导致成本急剧上升。

1　影响地层出砂的因素

影响地层出砂的因素主要分为两大类：

（1）内在因素（地质、油藏因素）：地层应力影响、颗粒胶结性质、流体性质等。

（2）外在因素（完井、开发因素）：不合适的完井方式、地层压降及生产压差对出砂影响、含水上升或注水对出砂的影响、地层伤害造成的影响、频繁放溢流及洗井操作等引起的出砂。

2　出砂井分级治理技术

针对油田内出砂井的不同特点和严重程度，采用分级治理技术可以更加有效地进行治理。分级治理技术主要包括一级治理技术、二级治理技术和三级治理技术三个层次。

2.1　一级治理技术

一级治理技术主要是针对出砂程度较轻、井况条件较好的井进行治理。通过采取一些简单有效的措施，如调整开采参数、加强固井质量、清除沉砂等，即可达到控制出砂的目的。

（1）调整开采参数：根据地层条件和油井生产情况，合理设置采油速度、采液量等开采参数，以降低地层压力下降速度，减轻出砂现象。

（2）加强固井质量：采用优质固井材料、优化固井工艺，确保地层与套管之间的密封性，防止地层砂粒进入油井。

（3）清除沉砂：利用机械方法清除井筒内的沉砂，减少沉积物对油井产量的影响，保持井筒的畅通，降低后续出砂风险。常用的清砂技术有冲砂、抽砂、捞砂等。

① 冲砂：通过冲管、油管或油套环空向井底注入高速流体冲散砂堵，由循环上返的液体将砂粒带到地面，达到解除油水井砂堵的目的。

② 抽砂：将专门的抽砂泵用油管下到井内进行抽砂，可多次进行。

③ 捞砂：用钢丝绳向井内下入专门的捞砂工具—如捞砂筒，将井筒积存的砂粒捞到地面上。

2.2　二级治理技术

二级治理技术适用于出砂程度较重、井况条件较差的油井。这类油井需要采用更加复杂的治理技术，如机械防砂技术、化学防砂技术、套管修复技术等，以有效控制出砂现象并保障油井的正常生产。

（1）机械防砂技术：在油井中安装防砂装置，如防砂管、防砂泵等，通过物理手段阻挡地层砂粒进入油井。

(2) 化学防砂技术：向地层注入化学药剂，改变地层岩石的物理化学性质，使地层岩石更加稳定，减少出砂现象，常用的化学药剂包括树脂溶液防砂剂、水泥等。

(3) 套管修复技术：对于套管破损导致的出砂问题，采用套管修复技术，如套管补贴、套管更换等，恢复套管与地层之间的密封性，降低出砂风险。

2.3 三级治理技术

三级治理技术主要针对一些特殊情况下的出砂井进行治理。这些油井往往存在严重的出砂问题，需要采用更加先进、高端的治理技术，如复合防砂技术、智能化防砂技术等，以实现对出砂问题的根源性解决。

(1) 复合防砂技术：采用多种防砂技术相结合的方法，如化学防砂与机械防砂相结合、复合防砂材料与智能化防砂相结合等，形成复合防砂体系，提高防砂效果和油井生产效益；

(2) 智能化防砂技术：利用物联网、大数据等先进技术对油井进行实时监测和数据分析，通过智能控制系统调整开采参数和防砂措施，实现对出砂问题的智能化防控。

3 油水井生产出砂治理

进行原油开采期间，由于注入水流的长期渗流携砂、长期注采后地层能量亏空、生产压差过大等导致地层孔隙的流体压力降低，从而使得岩砂颗粒之间的压应力增大，造成岩石骨架受到剪切破坏，砂颗粒胶结性质变差，骨架砂转变为自由砂，导致油水井生产出砂情况频发。

故针对油水井生产过程中出砂的不同情况，本文制定了出砂油水井的分级治理技术：

(1) $D_{50}<0.07\text{mm}$、$C_s<0.3\%$、$Q_{砂}<Q_c$，油层出砂早期，出砂量少，周围无严重出砂井时：应用注采参数优化防砂技术，合理制定注采参数、抽汲强度，控制生产压差在极限生产压差ΔP_w^{max}内，提高管理水平

① 合理制定注采参数：通过实时监测地层压力、油井产能和水井注入能力等参数，及时发现注采参数的不合理之处，并进行相应的调整，合理控制注采速度，保持地层压力的平衡和油井的稳定生产。同时，也可以根据监测数据进行油井和水井的优化布局，提高注水和采出效率，减少无效注水量。

② 极限生产压差ΔP_w^{max}：

$$\Delta P_{\text{w}}^{max}=\frac{1}{3-2\left(\frac{1-2v}{1-v}\right)}\left\{-3\sigma_{\text{h}}-2T_0-\frac{2T_0(3+\beta)}{\beta}\left[\left(1+\frac{B_0+2B_1f_0}{2T_0\frac{1-v}{E}\frac{3+\beta}{3+2\beta}\sqrt{\frac{1}{6}(4\beta+6)}}\right)^{\frac{\beta}{2\beta+3}}-1\right]\right\}$$

式中，σ_h为平均有效地应力；v为泊松比；E为岩石弹性模量；β为回归系数；B_0，B_1为岩石的材料常数；D_{50}为出砂的粒径中值；C_s为含砂量，$C_s=Q_{砂}/Q_s$；$Q_{砂}$为出砂量，$Q_{砂}=T_0Q_{液}C_0+2\pi nr^2h_{砂}$；$Q_c$为临界沉砂量，$Q_c=2\pi r^2(h_{井底}-h_{下界}$；

(2) $D_{50}<0.07\text{mm}$、$0.3\%\leqslant C_s<0.8\%$、$Q_{砂}<Q_c$时：应用防砂泵排砂工艺技术或尾管加深技术

① 防砂泵排砂工艺技术

长柱塞防砂泵(图1)是使用范围较广的一种防砂工艺技术，其防砂卡和砂磨的工作原理是借助长柱塞和短泵筒的特殊结构，防止砂粒进入柱塞与泵筒之间的密封间隙，从而消除砂堵现象，减少泵筒和柱塞之间的磨损。当井停止泵送时，砂粒会沿着沉砂环空沉入泵下尾管，不会像传统泵那样积聚在泵上，避免了砂埋杆。

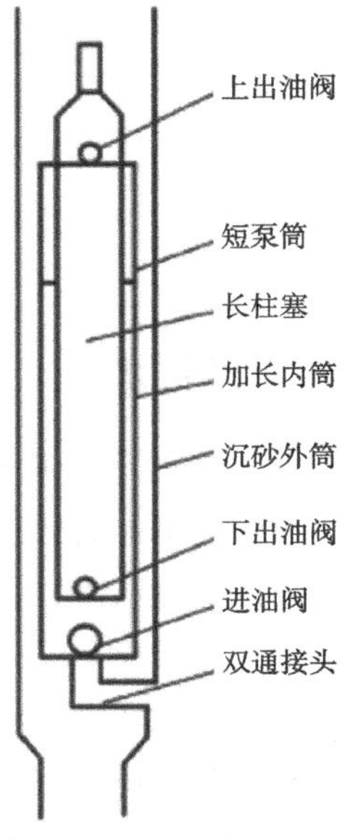

图1　长柱塞防砂泵结构图

② 尾管加深技术

针对油井开采后期，通过加深现有尾管或下入新的尾管，可以重新进入高产层段，提高油井产量。同时，尾管加深还能够扩大抽油泵的工作范围，增强泵的吸入能力。其适用于地层结构稳定、无严重垮塌风险的油井。在选择具体加深方法时，需综合考虑地层条件、油井产能、成本效益等因素。

（3）$D_{50} \geqslant 0.07$mm、$0.3\% \leqslant C_s < 0.8\%$、$Q_{砂} < Q_c$时：优选防砂管挡砂技术

防砂管挡砂技术可大致分为滤砂工艺技术、沉砂工艺技术两类：

① 滤砂工艺技术

其主要适用于产液量较低、含砂量较小的油井，其工具管包括绕丝防砂筛管(图2)、金属棉滤砂管、激光割缝防砂管等，如绕丝防砂筛管是利用在常规筛管内部或外部设置一定规格的绕丝，将砂粒拦截在筛管之外，以确保泵内液体的清洁。

图2　绕丝防砂筛管

② 沉砂工艺技术

其主要适用于产液量较高、含砂量较大的油井，其工具管包括旋流沉砂器、自洁式防堵防砂管、自振凸棱式防砂管等，如旋流沉砂器的关键技术是在于其防砂结构(图3)，旋流沉砂器采用旋流分离的方式，利用液体在旋转过程中产生的离心力，将砂粒甩向泵体边缘，并通过专门的排砂口排出，将砂粒与液体有效分离。

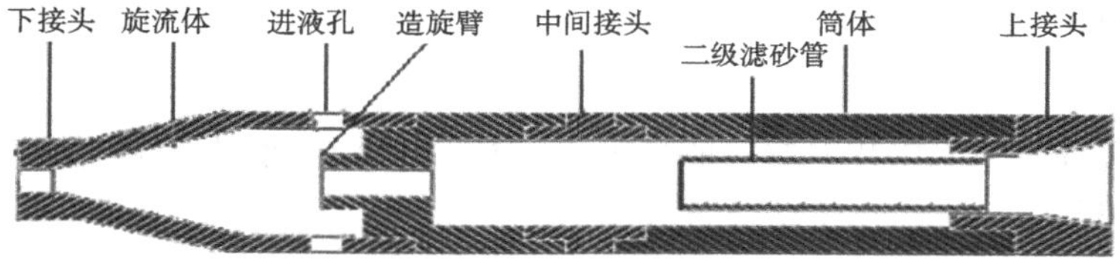

图3　旋流沉砂器

（4）$C_s \geqslant 0.8\%$、$Q_{砂} \geqslant Q_c$，出砂严重，有卡泵风险时：应用化学固砂工艺技术

化学固砂工艺技术主要分为化学剂防砂和人工井壁防砂两大类。

① 化学剂防砂技术

化学剂的种类繁多，不同的油藏应用时要根据岩心和砂样先进行室内胶固阻砂实验，对其渗透率和强度进行评价，确定化学配方。

一般常用的化学剂以水泥和树脂固砂剂居多，树脂固砂剂分为脲醛树脂、酚醛树脂、环氧树脂三类。

以脲醛树脂为例，脲醛树脂溶液为乳白色黏性液体，密度约为1.06~1.13g/cm^3，黏度100~140MPa·s，其现场施工流程：a. 负压射孔，孔径大于8毫米，孔密10~20孔；b. 用加有防乳化剂、防膨剂的无固相液充分洗井；c. 下防砂管柱至生产层、油层顶界约10米处；d. 每米正挤500毫升柴油、200毫升浓度为5%的盐酸；e. 正挤2方柴油作为隔离液；f. 每米正挤脲醛树脂200毫升；g. 正挤2~3倍脲醛树脂量的增孔柴油；每米正挤200毫升浓度为15%的盐酸以固化树脂；h. 正挤柴油使盐酸全部进入地层；i. 关井候凝72小时；j. 探脲醛树脂胶结面，钻塞；k. 恢复投产。

② 人工井壁防砂技术

一般对于因出砂在套管外形成空洞、地层亏空较严重的井采用人工井壁防砂技术。人工井壁防砂一般采用石英砂与化学剂混合形成覆膜砂，并用水携带至地层孔。覆膜砂的表面涂层软化固结后形成具有一定强度和渗透性的人工井壁(图4)。

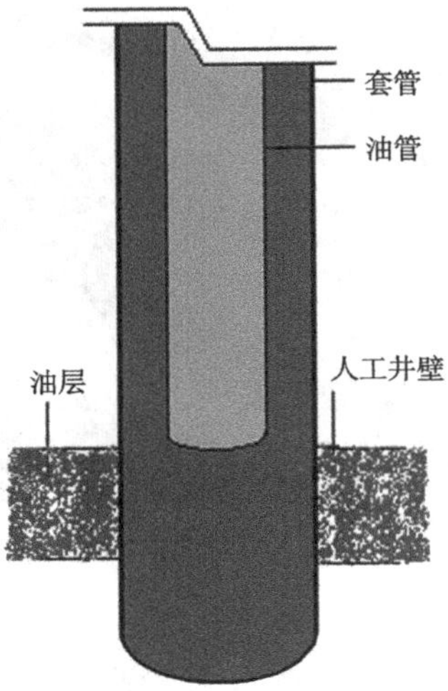

图4　人工井壁

(5) 复合防砂技术

复合防砂技术主要是在单纯用化学或机械防砂方法不能进行有效地防砂，以及在采液强度特别高、生产之差较大的情况下使用的，其主要采用机械筛管+化学固砂、机械筛管+人工井壁两种技术。

地层出砂的孔洞较小较少、未联结成块状区域时适宜采用机械筛管+化学固砂技术；地层出砂孔洞较大较多、并且联结成块状区域时适宜采用机械筛管+人工井壁技术，以形成复合防砂体系，提高防砂效果和油井生产效益。

使用范围：非均质性严重的细砂岩或粉细砂区域，如杏南地区A区块；油、气、水井的中后期防砂；出砂特别严重的油、气、水井防砂；夹层多的油气井防砂等。

(6) 智能化防砂技术

智能化防砂技术是一种结合采油工程实践和现代科技的技术，其主要是指利用物联网、大数据等技术对油水井进行实时监测、远程控制、自动化处理和数据分析，实时调整开采参数和防砂措施，以实现对出砂井问题的有效管理和防控，其主要包含以下几大模块：

① 智能完井技术：智能完井技术通过安装智能传感器和控制器等设备，实现对油井的实时监测和远程控制。在出砂风险较高的区域，可以采用智能完井技术来减少出砂风险，提高油井产能(图5)。

② 油藏监测技术：OmniWell油藏监测等先进光学监测技术可深入井眼直接与储层和砂岩表面接触安装，获取高可靠性的油藏数据，这些数据可以为制定更精准的防砂策略提供支持。

③ 自动流入控制装置(AICD)：AICD技术能够有效延缓地层水或气的突破，降低产出流体中地层水或气的比例，从而减少出砂风险。通过调整AICD筛管的流动阻尼功能，可以实现原油产量和井眼寿命的最大化。

④ 数据分析系统：对监测数据进行深入分析，找出油井出砂的规律和原因，为制定更有效的防砂策略提供支持。特点：较强的数据处理和分析能力，生成直观的报表和图表。

图5　智能完井

4　出砂治理效果评价

4.1　影响出砂治理效果的因素

(1) 地层条件：地层均质性、原油物性、厚度、孔隙度、粒径。

(2) 选用的防砂方法依据：粒径、含砂量、出砂量。

(3) 施工工艺：施工工序、工艺参数、工程设计。

(4) 施工质量：原材料、井下工具、处理剂配方、质量安全监督。

4.2　防砂效果评价

(1) 含砂量：小于0.03%。

(2) 产能损失：控制在20%~30%。

(3) 有效期：不同的油藏、不同的工艺方法有效期不同，压裂井出砂治理有效期为半年。

同时，还可结合生产数据和地层测试资料，对油井的产能变化和水井的注水合格率进行分析和预测，为后续的技术调整和优化提供依据。

表1为杏南地区部分压裂井出砂后冲砂治理情况。

表 1　杏南地区部分压裂井出砂治理数据

年份	井号	搬家日期	压裂日期	压裂后下泵探砂面高度/m	治理后井筒内介质含砂量	产能损失	启抽半年内是否卡泵	卡泵时间
2021 年	5G＊1	2022/1/8	2022/1/12	实探砂面深度 1289.6m，无砂柱	0.011%	22.6%	否	
2021 年	5G＊2	2022/1/17	2022/1/22	实探砂面深度 1234.3m，砂高 3.8m	0.023%	26.1%	否	
2021 年	5G＊3	2022/1/17	2022/1/22	实探砂面深度 1250.84m，砂高 4.3m	0.029%	29.8%	是	2022/6/4
2021 年	5G＊4	2022/1/15	2022/1/18-20	实探砂面深度 1285.3m，砂柱高 0.2m	0.027%	28.5%	是	2022/7/5
2021 年	5T＊1	2022/2/7	2022/2/9	实探砂面深度 1174.1m，无砂柱	0.010%	21.0%	否	
2022 年	5G＊5	2021/12/6	2021/12/10	实探砂面深度 1262.8m，砂柱高 0.2m	0.015%	24.9%	否	
2022 年	5T＊2	2021/12/22	2021/12/26	实探深度 1192.6m，砂高 7m	0.025%	27.6%	否	
2022 年	5G＊6	2021/12/25	2021/12/27	探砂面到人工井底	0.005%	20.5%	否	
2022 年	5T＊3	2021/12/28	2021/12/31	实探深度 1174.1m	0.009%	21.8%	否	
2022 年	5T＊4	2022/1/2	2022/1/4	实探砂面深度 1188.4m，无砂柱	0.012%	24.1%	否	
2022 年	X＊3	2022/1/2	2022/1/8	实探砂面深度 1481.5m，砂高 2.8m	0.023%	27.3%	否	
2022 年	5G＊7	2022/1/8	2022/1/12	实探砂面深度 1289.6m，无砂柱	0.011%	22.5%	否	
2022 年	5G＊8	2022/1/17	2022/1/22	实探砂面深度 1250.84m，砂高 4.3m	0.028%	29.6%	是	2022/6/1
2022 年	5G＊9	2022/1/15	2022/1/18-20	实探砂面深度 1285.3m，砂柱高 0.2m	0.026%	28.3%	是	2022/7/5
2022 年	5T＊5	2022/2/7	2022/2/13	实探砂面深度 1174.1m，无砂柱	0.007%	21.1%	否	
2022 年	5G＊10	2022/2/11	2022/2/14	实探砂面深度 1246.3m，砂柱高 0.2m	0.012%	22.7%	否	

5　结论

已进入特高含水开发后期的杏南地区老油田，由于面临压裂措施、长期注采开发等问题，油水井出砂问题已愈发凸显，处理不好容易造成井筒沉砂堵塞、卡泵、地面砂堵以及环境污染、运输困难等问题，故本文较详细地介绍了一级、二级和三级的出砂井分级治理技术，并阐述了杏南地区部分出砂井的防砂治砂效。

参考文献

[1] 赵洪瑞．出砂井原因分析及治理工艺[J]．化学工程与装备，2020，(06)：146+156.
[2] 黄纵，孟庆飞，焦庆庆．油井出砂原因及防砂技术研究[J]．化工设计通讯，2023，49(02)：30-32.
[3] 陈同骁．油井出砂的危害及防砂技术分析[J]．化工设计通讯，2022，48(08)：10-12.
[4] 韩冰，孙建伟，沈妮娜．油井出砂治理技术研究与运用[J]．石化技术，2018，25(05)：145+129.

小尺寸裸眼井分仓控水技术在渤海某油田的应用

王 太 陈西国 魏辉龙

[中海石油(中国)有限公司天津分公司]

摘 要 渤海某油田是典型的高含水油田，油藏类型主要为构造边、底水油藏，此类油藏虽可依靠原始边、底水及后期注水为采油提供充足的驱动能量，但极易造成边水突进和底水锥进，如何在采油过程中有效控水是该油田亟需解决的难题。该油田前期采用裸眼井防砂管柱AICD+中心管控水等技术初步达到了控水目的，但是小尺寸井眼控水技术不成熟，导致油井控水成功率偏低。在该油田已成功应用小尺寸裸眼井分仓控水技术，通过在防砂管柱外采用封隔器进行分仓，配合示踪剂短节、自适应智能控水工具，实现了监测找水和智能控水，有效解决了防砂管柱AICD作业效率低，中心管控水效果差，AICD控水阀堵塞后限制产量等问题。

关键词 高含水油田；小尺寸井眼；分仓控水；管外封隔器；中心管AICD；智能控水

1 研究与应用现状

裸眼井因其泄油面积大、完善程度高、能充分发挥生产潜力提高单井产量，目前已成为渤海油田开采的首选井型，但是水平裸眼井地层非均质性强、跟部趾部生产压差差异大，生产过程中极易造成边、底水突破，一旦突破后很难进行封堵，水平裸眼井高含水问题已经成为制约渤海油田长效稳产的重要因素。曹立迎等分析了水平井水淹影响因素，建立了底水油藏水平井水淹规律经验模型；张启龙等根据某井实践经验，针对渤海油田提出了ICD分仓控水设计及控水效果评价方法；龚宁等根据不同类型ICD、AICD、中心管控水等工艺的特点及适用范围，开展了水平井控水工艺适用性研究；李进等通过应用可充填式自适应控水筛管，形成了基于可充填AICD筛管的防砂控水一体化技术。

渤海油田已采用的裸眼井控水技术包括中心管、变密度筛管、ICD、AICD、C-AICD、轻质颗粒充填+ICD、亲油疏水颗粒+可充填AICD、水平裸眼井分仓控水等。本文介绍的水平裸眼井分仓控水技术已实施9口井，相比于以往控水阀大多数安装在防砂管柱上，该技术在防砂管柱外部采用遇液膨胀封隔器进行分仓，防砂管柱内部采用带有控水阀的丢手中心管柱，管柱结构简单，丢手中心管柱可起出，生产过程中，地层流体经过控水阀进入油管内部，实现自适应控水，控水增油效果显著。

2 技术原理及特点

2.1 分仓控水技术原理

在小尺寸裸眼井中采用遇液膨胀封隔器对裸眼段分仓，采用普通筛管及轻质颗粒进行充填防砂，在防砂管柱外阻止了不同渗透率区域流体的轴向流动；生产管柱下入AICD丢手中心管控水管柱，与防砂管柱中的密封筒、遇液膨胀封隔器进行配合实现管内分仓，控制地层流体的径向流动。

2.2 控水短节结构及控水机理

控水短节连接在AICD丢手中心管控水管柱中，由不同数量的AICD控水阀、工作筒以及示踪剂短节组成。在生产过程中，通过AICD控水阀自适应控水，根据储层产液含水率及黏度变化自动调整附加压力，水的黏度小，在旋道内流动路线长，如图1所示；油的黏度大，在旋道内流动路线短，如图2所示，油井生产过程中在一定程度上实现了“油水分离”。

2.3 示踪剂短节找水机理

每个示踪剂短节中预置了不同类型的示踪剂，通过在不同仓室以及仓室内不同位置下入水溶性示踪剂短节，在流体径向流动过程中与示踪剂充分混合，即可根据产出液中示踪剂的浓度确定不同位置的出水比例，从而确定地层出水位置，油层出水前后产出液中示踪剂含量会明显增加，如图3所示。

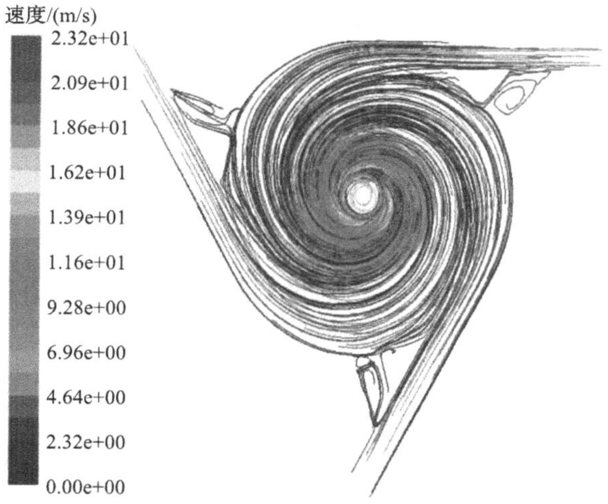

图 1　AICD 阀水流线图

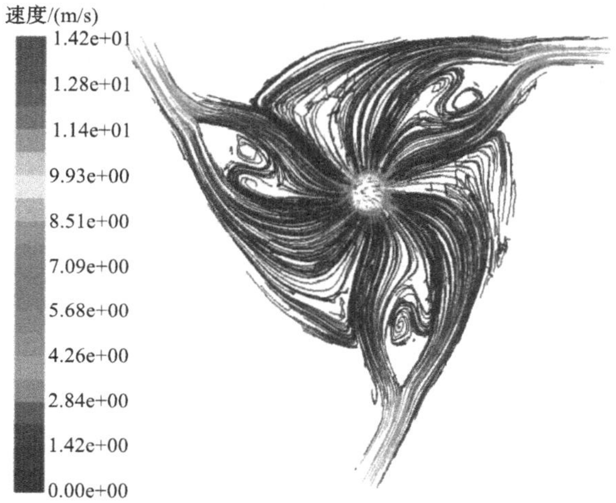

图 2　AICD 阀油流线图

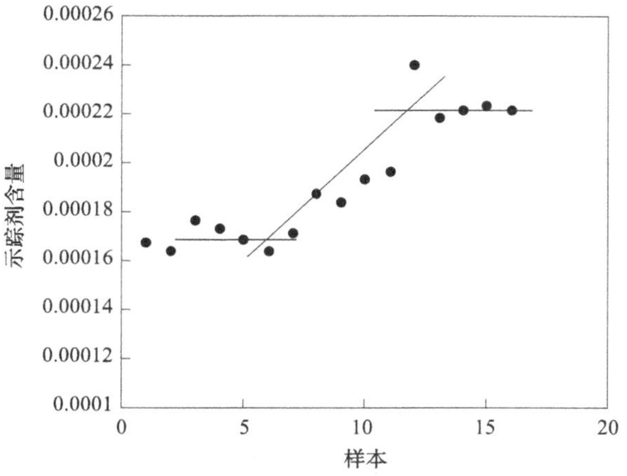

图 3　渤海油田某油层出水前后产出液中示踪剂含量变化图

2.4　分仓控水管柱示意图

分仓控水管柱结构如图 4 所示，实现了小尺寸水平裸眼井分仓开采。

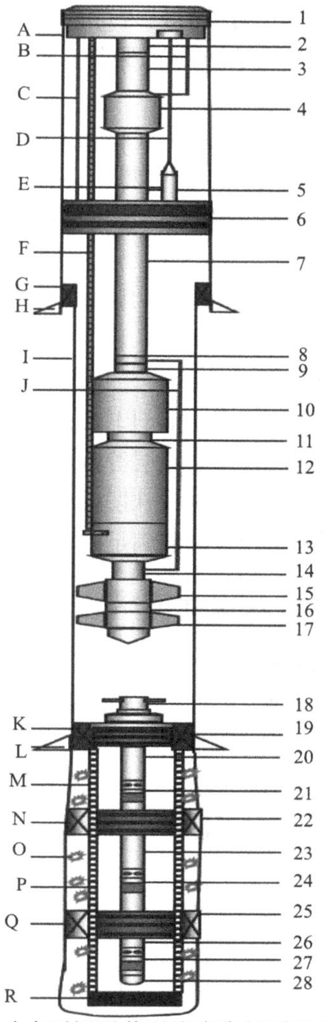

图 4　小尺寸水平裸眼井遇液膨胀封隔器分仓+AICD 丢手中心管控水管柱示意图

1—油管挂；2—双公油管短节；3—油管；4—井下安全阀；5—油管；6—过电缆封隔器；7—油管；8—传压短节；9—泵头；10—潜油电泵；11—分离器；12—保护器；13—电机；14—泵工况；15—扶正器；16—油管；17—扶正器；18—丢手工具下体；19—锚定插入密封；20—油管；21—控水短节/示踪剂短节；22—隔离密封；23—油管；24—控水短节/示踪剂短节；25—隔离密封；26—油管；27—控水短节/示踪剂短节；28—圆堵；
A—9-5/8″套管；B—井下安全阀控制管线；C—过电缆封隔器坐封管线；D—放气阀控制管线；E—放气阀；F—动力电缆；G—7″尾管挂；H—9-5/8″套管鞋；I—7″尾管；J—泵工况传压管线；K—顶部封隔器；L—7″套管鞋；M—4″优质筛管；N—6″裸眼遇液膨胀封隔器；O—陶粒；P—4″优质筛管；Q—6″裸眼遇液膨胀封隔器；R—裸眼循环阀

2.5　分仓控水特点

（1）对比 ICD/AICD 控水筛管在管外分仓，该技术通过防砂管柱内外分仓，更加高效完成了疏松砂岩地层防砂及控水作业，有效实现了水平裸眼井分仓精细化开采。

（2）满足控水、防砂双重需求，既实现了小尺寸水平裸眼井防砂管柱外部的有效封隔，又满足分仓控水井充填防砂的要求，充填效率高，防砂效果好。

（3）通过丢手管柱进行 AICD 中心管控水，可充分发挥裸眼井产能优势，在控水工具堵塞或水层突破时可将丢手工具起出更换布阀位置，后期调整空间大。

（4）在渤海油田调整井作业中可有效解决裸眼段钻遇水层、泥岩层而无法有效封隔的难题，降低钻完井作业难度。

（5）在调整井轨迹设计较复杂时，可以通过穿越水层或泥岩层等复杂地层等方式适当优化井眼轨迹，再利用该技术封隔特殊层位，既可减少上部井段钻井进尺及费用，又能满足完井及生产要求。

3 选井条件及设计依据

3.1 选井条件

小尺寸裸眼井分仓控水技术主要应用在地层横向非均质性较强的水平井中，在控水堵水方面均可应用，以应对水平井跟部、趾部、局部出水问题；另外，在小尺寸井眼钻遇水层或泥岩层时，以及侧钻作业需有效封隔过路水层或泥岩层时，该技术均可保证有效隔离油层及特殊地层，满足生产需求。

3.2 设计依据

钻井作业期间，通过邻井资料对比、测井项目优化等方式，加强储层段资料录取，找准水淹层或高含水层，为稳油控水提供最根本的依据，优化遇液膨胀封隔器下入位置。

钻井作业结束后，结合前期研究成果，对实钻数据及渗透率、含水饱和度等数据进行分析，摸清油藏类型、储层产水规律等特征，分析出水位置，找准出水规律，实时优化裸眼封隔器的下入位置及控水阀布置方案，如图 5 所示。

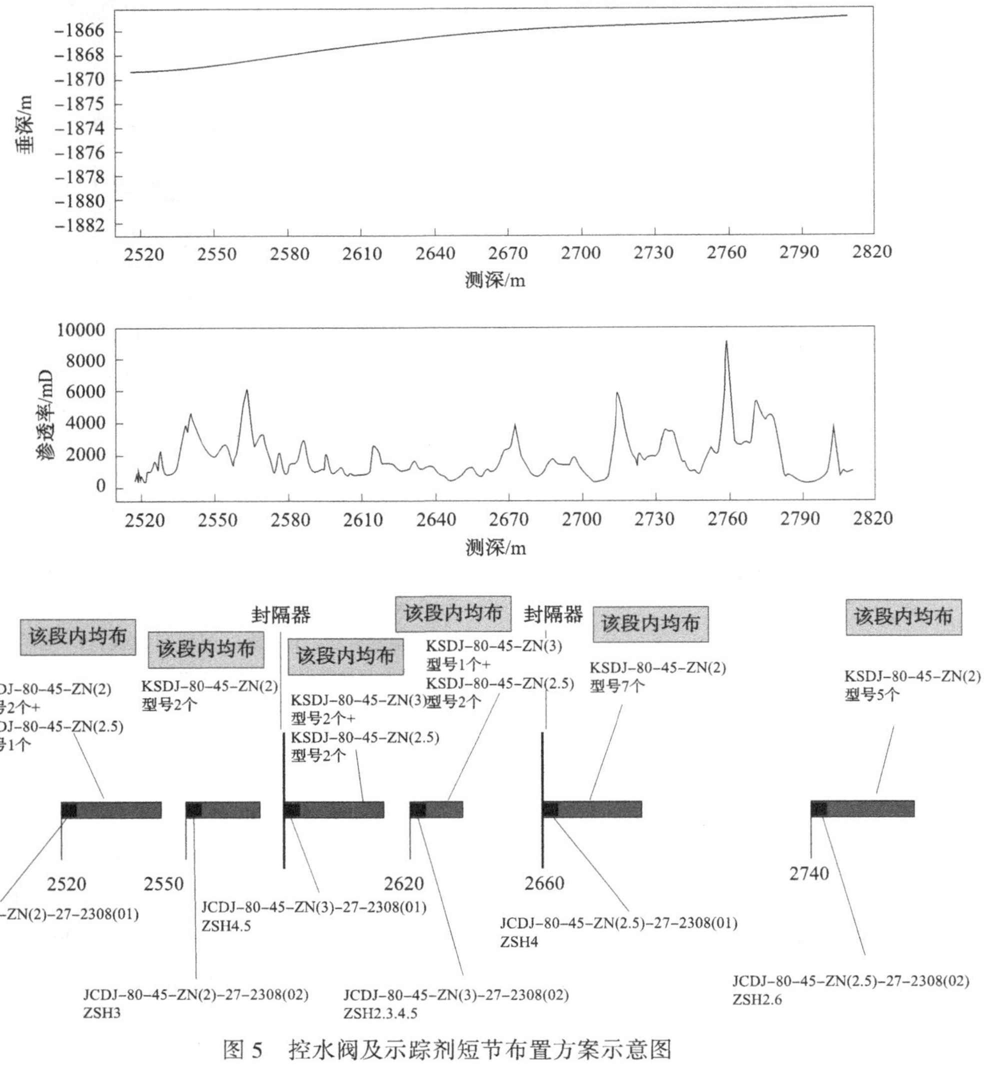

图 5 控水阀及示踪剂短节布置方案示意图

4 现场应用

水平裸眼井分仓控水技术目前已应用 9 口井，投产数据如表 1 所示，投产油井平均含水率降低 35.57%，累计增油量约 1.3 万 m^3，累计降水量约 10.6 万 m^3，通过增油降水，每年可增油约 8 万 m^3，增油效果显著。

表 1 水平裸眼井分仓控水井投产数据表

井名	配产油/m^3	累产油/m^3	累计增油量/m^3	累计降水量/m^3	投产天数/d	预测含水率/%	平均含水率/%
XXX-16H	1680	2746.12	1569.57	9985.14	41	86.70	34.1
XXX-18H	1480	2287.15	1444.12	12633.22	36	90.00	31.54
XXX-29H	2920	3617.19	1552.48	16963.33	72	90.00	72.06
XXX-33H	8475	14624.75	7097.60	18799.00	237	72.21	30.96
XXX-34H	13714	8551.60	-4938.63	4438.10	243	81.55	75.88
XXX-01H	3846	5764.05	2640.63	14331.20	100	81.27	32.74
XXX-05H	3906	4329.22	-99.28	-10362.95	105	82.47	81.35
XXX-05H	2204	3545.99	2723.82	27406.28	58	93.70	60.87
XXX-52H	1400	2177.02	1360.15	11565.35	35	90.00	28.23
累计	39625	47643.09	13350.46	105758.67	/	/	/
平均	/	/	/	/	/	49.75	35.57

典型案例：XXX-33H1 井，水平段着陆垂深 1146.8m，完钻垂深 1149.3m，地层压力系数 0.76，地层原油黏度 74mPa·s，水平裸眼段长 469m，采用 6″裸眼+4″优质筛管轻质颗粒充填的完井方式，下入 AICD 丢手中心管柱及普合生产管柱进行生产。该井水平裸眼段从位置角度分析，趾端位于低部位且部分段存在高渗透率，趾端出水可能性大，在管柱设计时，除防砂顶部封隔器外，为防止注水井趾端突破，在水平裸眼内下入 3 个遇液膨胀封隔器进行分仓，分四段设计，趾端采用小开度 AICD 控水短节做控水处理，其他位置做预控水处理。

投产后该井控水效果明显，投产后 8 个月内含水始终处于较低水平，平均含水率较预测值低 41.25%，累增油超 7000m^3。通过与邻井数据进行对比，平均含水率较邻井低 56.5%，含水率降低情况如图 6 所示。

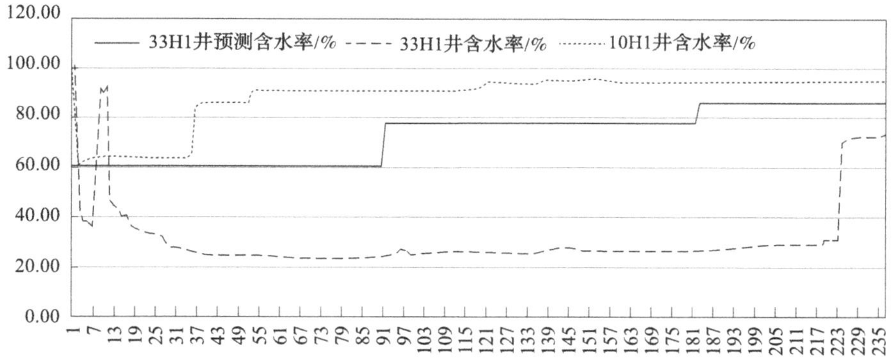

图 6 XXX-33H1 井含水率与预测含水率、邻井含水率对比曲线

5 结论及建议

（1）水平裸眼井钻进期间使用旋转导向钻具，使井眼轨迹更加平滑，倒划眼一次修整井壁，控制井眼尺寸≤6.375″，保证分仓效果。

（2）经过井径实测与长期经验总结，6″井眼完钻后的井径扩大率约为 5%，井径通常为 6.3″左右，遇液膨胀封隔器最大钢体外径 5.2″，入井后 38 天左右膨胀至 6.375″，可以完全封隔防砂管柱与井眼之间环空，承压能力超过 2000psi。

（3）采用轻质颗粒进行充填，保证了控水效果的同时也进行了有效防砂，与常规充填作业模式类似，充填作业更加高效安全，防砂成功率更高。

（4）建议在渤海高含水油田开发中推广应用小尺寸裸眼井分仓控水技术，有利于高含水油田合理高效开发，最大化挖掘渤海“双高-特双高”油田剩余油价值，提高整体采收率。

参　考　文　献

[1]葛丽珍．秦皇岛32-6油田出水规律及控水稳油地质研究[D]．东营：中国石油大学，2007.

[2]王嘉淮，刘延强，等．水平井出水机理研究进展[J]．特种油气藏．2010，17(1)：6-11.

[3]时宇，杨正明，等．底水油藏水平井势分布及水锥研究[J]．大庆石油地质与开发．2008，27(6)：72-75.

[4]曹立迎，蔺高敏，等．底水油藏水平井水淹规律经验模型[J]．断块油气田．2012，19(3)：323-326.

[5]张启龙，龚宁，等．渤海油田ICD分仓控水方案设计和控水效果评价方法[J]．油气井测试．2019，28(2)：61-67.

[6]龚宁，马英文，等．渤海油田水平裸眼井控水工艺技术研究[J]．中国海上油气．2020，32(3)：136-142.

[7]李进，王昆剑，等．基于可充填AICD筛管的防砂控水一体化技术[J]．石油机械．2021，49(10)：45-50.

水平井分段定量注汽工艺技术的应用

李月胜　刘　辉　田云霞　李　斌　李　栋

（河口采油厂工艺研究所）

摘　要　陈家庄油田南区含油层系为上第三系馆陶组 Ng 下 1-2 砂组，油藏埋深 1180~1320m，热采水平井多轮次注汽后效果差，产量递减快，储层物性的差异，难以实现水平段均衡吸汽，蒸汽局部突进严重的矛盾，制约了水平井产能的发挥。采用水平井分段式注汽技术，将以往的笼统注汽方式改变为有针对性的选段式注汽，分隔成各自独立的蒸汽腔，调整了水平段吸汽剖面，改善水平井的注汽和开采效果，为后续提高水平井生产开发提供借鉴指导。

关键词　水平井；注汽；分段

1　水平井分段定量注汽工艺技术研究

1.1　原理

针对稠油水平井由于地层物性差异导致的水平段动用不均问题，注汽管柱采用蒸汽伞、扶正器、分段注汽阀等的组合结构，将水平段分隔成相对独立的几个注汽腔，通过注汽阀、位置以及每个注汽阀配汽量的调整，从而控制蒸汽沿水平段的分配，改善水平段动用不均衡的现状，提高注汽效果。

1.2　技术配套

配套工具主要包括蒸汽伞（图 1）、分段注汽阀（图 2）、扶正器（图 3）。配套水平井注汽计算软件（图 4），根据注汽工况及参数，计算井筒中压力、干度、压降及温度分布等，并模拟计算出注汽阀孔径大小。在注汽过程中，利用蒸汽伞将水平段分隔成若干个独立的注汽单元，通过分段注汽阀实现对各个注汽单元的注汽量有效分配。

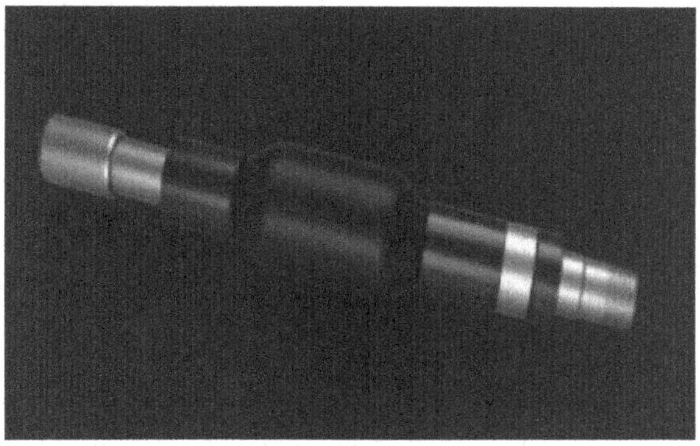

图 1　蒸汽伞示意图

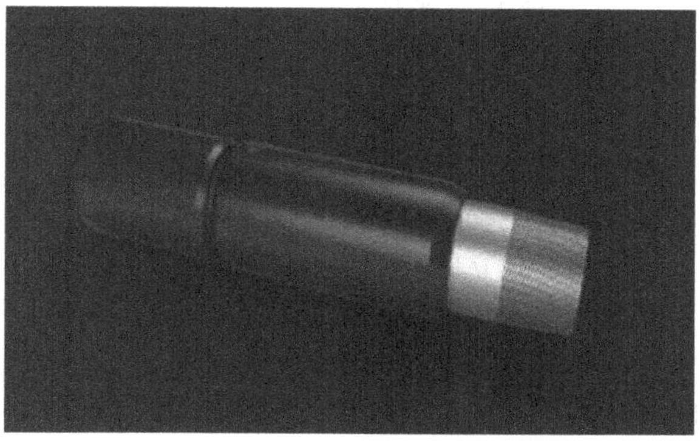

图 2　注汽阀示意图

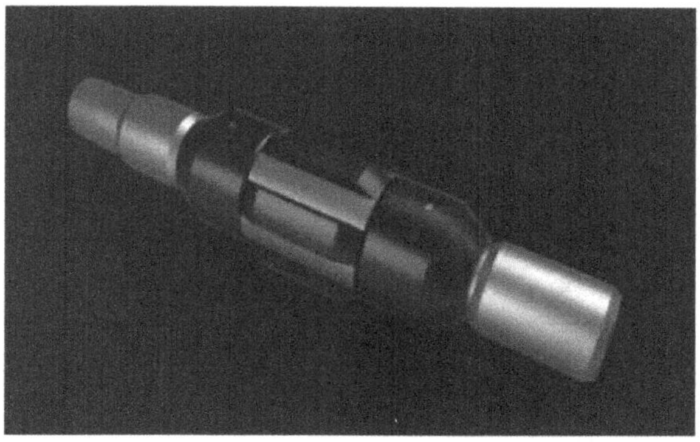

图 3　扶正器示意图

蒸汽伞采用热力压差式坐封结构设计，其高温密封筒采用耐高温材料一体化复合制成。注汽过程中在注汽管柱内外的压差作用下，撑开密封筒密封注汽管柱与套管之间的环空，将水平井段分隔成几个相对独立的注汽单元。

注汽阀采用双层结构设计，改变蒸汽流动方向，防止蒸汽直接作用套管，保护套管。通过改变注汽孔径大小，实现对蒸汽注入比例的控制。

扶正器采用六棱形排列方式，组合弹簧提供扶正力，扶正块可使扶正器受力均匀，保证管柱居中，保护蒸汽伞避免受到摩擦破坏，有效封隔。

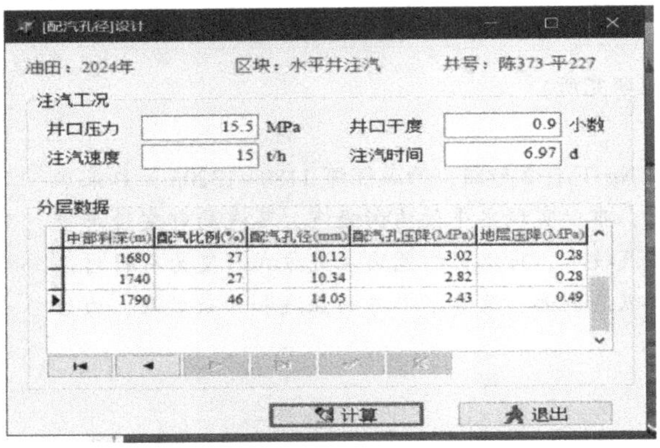

图4　水平井分段注汽设计软件

1.3　工艺优化

水平井分段优化：应用水平井温压剖面，结合油藏地质资料分析油井水平段的动用情况，把水平段分成主动层、次动层、未动层，将水平段分隔成相对独立的几个注汽腔，通过注汽阀、位置以及每个注汽阀配汽量的优化调整，确定配汽位置和相应的注汽量，控制蒸汽沿水平段的分配，从而改善水平段动用不均衡的现状，提高注汽效果。

水平井分段注汽参数优化：利用水平井分段注汽计算软件可以根据注汽工况及参数，计算井筒中压力、干度、压降及温度分布等，并计算注汽阀孔径大小，为分段注汽技术的现场实施提供理论依据。

水平井分段注汽优化选井条件：具体见表1。

表1　水平井分段注汽优化选井条件

条件	陈家庄薄层稠油
油层厚度	大于3.0m
水平段长度	大于60.0m，优选分段完井
原油黏度	大于10000mPa·s(地面50℃)
日产油量	小于2.5t
含水	小于98%
油汽比	大于0.2
采出程度	小于25%
吞吐轮次	不限
边底水	距边水200m以上，距底水2m以上，有较好的隔夹层
管柱	无套变、套漏等异常情况

2　水平井分段定量注汽工艺技术应用

以陈家庄油田南区陈373块陈373-平213水平井应用为例

2.1　储层认识

陈家庄油田南区馆陶组地层产状受基岩古地形的影响，馆下段地层顶面构造形态总体为由南东向北西倾没的单斜构造，构造较为平缓。地层倾角小于2°，各砂层组顶面构造形态纵向上自下而上具有较好的继承性，总体上表现为南东-北西向单斜构造，油藏顶面埋深1190~1205m。Ng下121砂体与下伏砂体间隔层主要为泥质岩，分布不稳定。陈南区馆下段原始地层压力12.9MPa，压力系数1.0，属于正常压力。地温梯度为4.1℃/100m，属于高温异常，油层温度66℃，油藏类型为浅层层状构造-岩性稠油油藏。

陈家庄油田南区陈373块馆下段为河流相沉积，Ng下121砂体呈近南北走向条带状展布，依据油水关系划分为多条河道，发育多套砂体，但砂体厚度一般为3~8m。陈373块Ng下121层油藏原油性质为特稠油，地面原油密度1.0003~1.0368g/cm^3，地面原油黏度5361~28372mPa·s，凝固点8~26℃。地层条件下原油黏度一般400~800mPa·s，含硫4.74%~5.29%，凝固点一般5~25℃，平均15℃。原油性质在平面上具有由北到南黏度变大的变化趋势，同一口井纵向上原油黏度由上向下有逐渐减小的趋势。地层水总矿化度10661~16703mg/L，氯离子含量6177~9939mg/L，水型为$CaCl_2$型。

陈家庄油田南区陈373块陈373-平213井，位于陈373块Ng下121小层砂体构造中高部位(图5)陈373-平213井区，位于陈373块砂体南部，有效厚度为6.0m左右，在陈373-平213井区上下隔层厚度1~2m。陈373块取芯资料反映储层岩性主要为粉、细砂岩、不等粒砾岩，其次为含砾砂岩、粗砂岩，粒度中值范围0.12~0.83mm，平均0.39mm，胶结疏松，分选系数1.3~2.0，平均1.55。磨圆度为次棱状，支撑方式为颗粒支撑，接触关系为点接触，胶接类型以孔-接式为主；石英含量39%，长石含量31%，岩屑含量30%，总体反映岩石结构成熟度和成分成熟度较低。本块孔隙度一般为 25%～35%，渗透率一般为(1000～4000) $\times10^{-3}\mu m$，陈 373－平 213 井区平均孔隙度一般为 34%，平均渗透率为 $2100\times10^{-3}\mu m$，为高孔高渗储层。

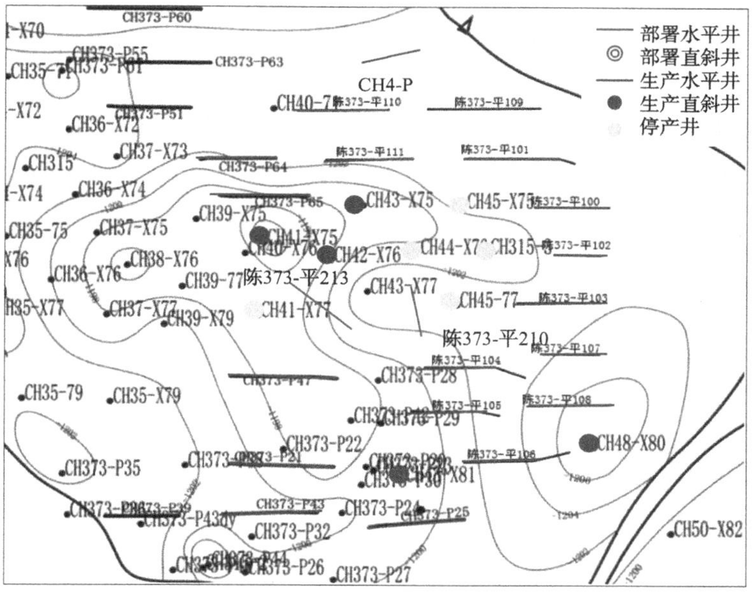

图 5　陈家庄油田陈 373 块 Ng 下 121 砂层组顶面微构造

2.2　开采现状

陈 373－平 213 井的单井控制含油面积为 $0.05km^2$，油层有效厚度取 6m，地质储量为 5.5×10^4t，投产初期峰值日油 9.6t，之后含水上升速度较快，末期含水达到 96.6%，油量仅 1.6t。(表 2、表 3、图 6)。

表 2　陈 373－平 213 井油层数据

层位	解释井段/m		厚度/m	油层垂深/m	备注
	底深	顶深			
Ng 下 121	1610.38	1577.48	32.90	1209.6	筛管
Ng 下 121	1656.69	1612.79	43.90	1209.9	筛管
Ng 下 121	1714.57	1670.04	44.53	1210.2	筛管
Ng 下 121	1749.93	1716.99	32.94	1210.6	筛管

表 3　稠油蒸汽吞吐生产情况

轮次	日期	注汽量	注汽情况			周期生产情况				
			压力	干度	速度	天数	油峰值	累液	累油	油汽比
		t	MPa	%	t/h	d	t/d	t	t	t/t
1	2022/2/10	2304	12.7	84.5	10	228	10	11220.8	1333.9	0.58

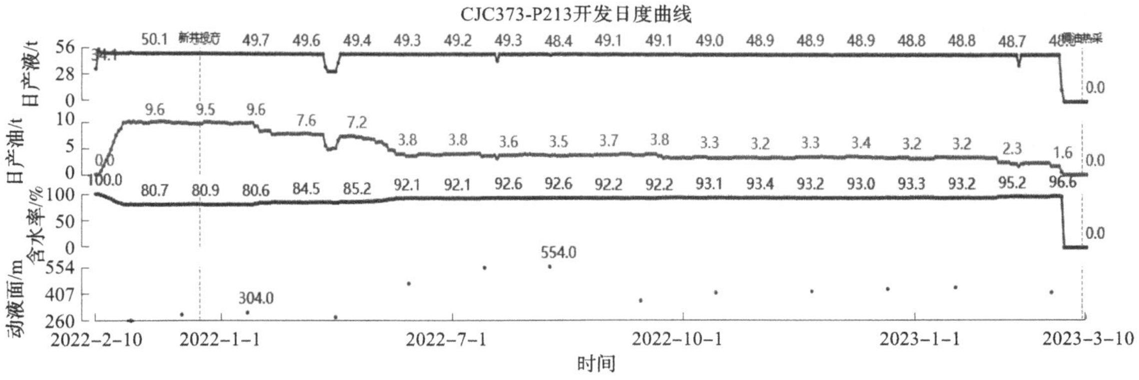

图 6　陈 373－平 213 油井开发曲线

分析原因为地层物性差异大，水平段动用不均，在二次转周时决定采用分段注汽，调整注汽剖面，改善开发效果。该井温压剖面测试曲线(图7)可以看出，陈373－平213井水平段长152m，在油层井段中，温度最高点70.419℃，位置1749.77m；温度最低点68.082℃，位置1648.88m。整个水平段温差变化2.337℃，动用程度相对不均衡。水平段前段1577～1629m和后段1698～1729m温升变化大，动用效果明显，为主产层段。1669～1697m和1730～1734m温度有变化，微动用。中段1629～1668m温度呈负异常变化，周期末动用效果差或基本不动用。

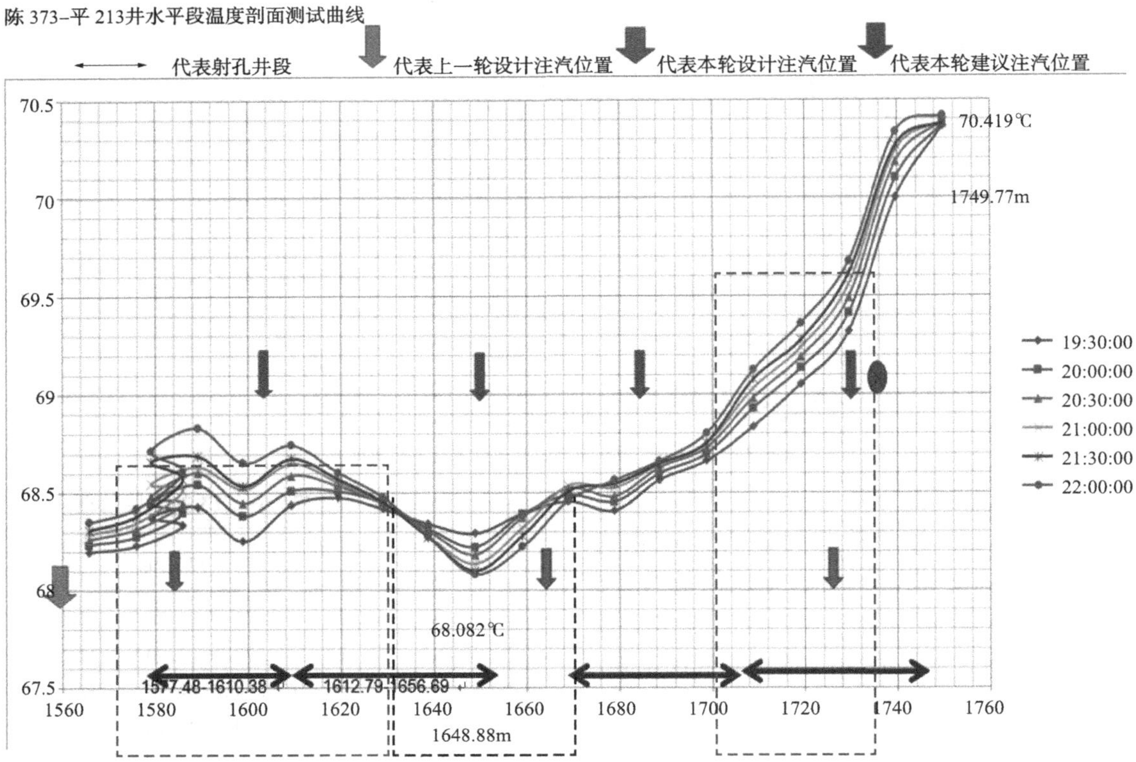

图7　温度剖面测试曲线

2.3　工艺技术应用

结合油藏分析，陈373－平213井地层能量相对充足，第一周期累采0.18万t，累采程度低，水平段电阻率整体5～6Ω·m，电性较好，采用水平井分段定量注汽工艺技术，平衡稠油水平井地层物性差异，使之动用均衡。根据陈373-P213井温度剖面测试结果，第二轮注汽采用水平井分段注汽工艺技术(2个蒸汽伞+2个配注器)将水平井段分隔成3个相对独立的注汽单元，实施多点分布式注汽。

第一段(1540～1634m)：动用程度相对较高，注汽800t，注汽位置1587m。

第二段(1634～1694m)：动用程度低，注汽1200t，注汽位置1664m。

第三段(1694～1736.2m)：动用程度高，电性较低，怀疑有边底水，卡封不注汽。

陈373－平213井分段注汽后开采，与上轮相比，峰值期持续稳定(表4、图8)，截至目前周期累油增加602t，周期日油增加1.29t，周期含水下降5.85%，达到了挖潜增油的目的。作业、注汽投入128.7万元，产值458.7万元，投入产出比1∶3.5。

表4　稠油蒸汽吞吐生产情况

周期开始	轮次	注汽压力	干度	注汽量	峰值日液	峰值日油	峰值含水	周期累油	油汽比	周期日油	周期天数	周期含水
2022/2/10	1	12.67	84.5	2304	50.2	9.9	80.28%	1801	0.78	4.7	383	90.39%
2023/3/26	2	11.7	90.7	2000	48.1	8.9	81.50%	2403	1.2	5.99	401	84.54%

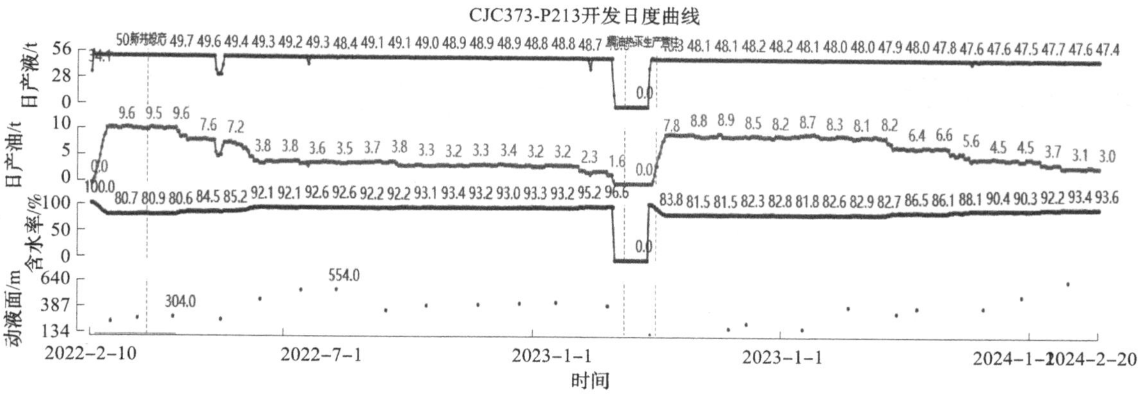

图 8　陈 373-平 213 油井开发曲线

3　应用效果

陈家庄油田南区现场试验应用 10 口井，目前阶段累增油 4604t，平均单井增油 460t，阶段投入产出比 1∶0.84（表 5）。通过分段定量注汽技术，改善了水平段动用不均的问题，是提高蒸汽吞吐效益开发的有效手段，具有较好的推广应用价值。

表 5　分段注汽效果统计表

井号	周期开始	轮次	注汽压力	干度	注汽量	峰值日液	峰值日油	峰值含水	周期累油	周期累水	油汽比	周期日油	周期天数	周期含水
CJC373-P213	2023/3/26	2	11.7	90.72	2804	48.20	8.90	81.54%	2184.20	13701.80	0.78	6.58	332	86.25%
CJC373-P123	2023/7/15	312.01	90.38	2200	54.40	3.10	94.30%	210.30	11765.60	0.10	0.95	221	98.24%	
CJC373-P204	2023/10/21	2	11.92	82.35	3000	54.80	7.10	87.04%	676.00	6065.10	0.23	5.50	123	89.97%
CJC371-P130	2023/10/31	2	15.25	90.37	2600	53.60	5.50	89.74%	289.00	5679.60	0.11	2.56	113	95.16%
CJC373-P80	2023/11/11	8	14.38	91.16	3014	54.00	4.00	92.59%	286.80	5251.90	0.10	2.81	102	94.82%
CJC373-P43	2023/12/3	11	11.57	90.59	2600	55.10	6.40	88.38%	321.00	4026.30	0.12	4.01	80	92.62%
CJC373-P150	2024/1/5	5	13.7	90.48	2800	53.80	7.30	86.43%	253.50	2251.00	0.09	5.39	47	89.88%
CJC371-P143	2024/2/11	1	13.21	90.55	1689	52.00	7.70	85.19%	65.50	451.90	0.04	6.55	10	87.34%
CJC371-P161	2024/2/3	15.04	90.61	2200	52.20	9.10	82.57%	131.20	807.30	0.06	7.29	18	86.02%	
CJC371-P162	2024/2/1	1	12.98	90.81	2900	52.30	11.20	78.59%	186.60	862.20	0.06	9.33	20	82.21%

4　结论及认识

（1）试验了机械分段定量注汽技术，通过调整注汽阀位置和注汽阀孔眼孔径大小对水平段注汽灵活分配，改善了吸汽剖面，提高了蒸汽利用率，提高了水平段的动用程度。

（2）配套了分段注汽相应的配套工具及辅助计算软件，保证了技术的可靠性、安全性、有效性。优化了分段注入方式，及各段注入参数，保证了注汽效果。

（3）结合油藏地质、开发状况、温压剖面测试等结果，综合分析，优化分段注汽的段位、各段的注汽量，实现了精准注汽，按需分配，解决了水平段动用不均的问题，为稠油油藏开发提供了技术支撑。

（4）形成了水平井分段注汽应用模式，现场实施 10 口井，周期增油 460 吨，见到效果效果，提高了稠油油藏的开发水平。

参　考　文　献

[1] 万仁溥.《采油工程手册》[M]. 北京，石油工业出版社，2003.

锦 16 块聚表复合驱工业化试验效果分析及认识

唐海龙[1]　王奎斌[1]　马　恬[1]　郑晓松[2]　张舒琴[1]　孙安培[1]

(1. 中国石油辽河油田公司勘探开发研究院；2. 中国石油辽河油田公司锦州采油厂)

摘　要　低油价新常态下，辽河油田要保持千万吨规模持续有效发展，需要延续并扩大老油田三次采油效益开发的力度。锦 16 块是辽河最早实施聚/表复合驱的高孔高渗整装油藏，于 2011 年在主体部位开展聚表复合驱工业化试验，2023 年完成全部段塞驱替，并进入上返接替层段驱替。通过合理评价试验区的实施效果，总结试验区的主要做法，提炼试验区的成功经验，为今后辽河化学驱规模推广提供技术指导，并不断改善化学驱实施效果，进一步提高采收率。

关键词　锦 16 块；聚表复合驱；跟踪调控；效果评价；提高采收率

锦 16 块二元驱工业化矿场试验区位于欢喜岭油田中部，为一 NEE 向长条状南倾分布的断鼻状构造，其目的层沙一、二段兴隆台油层的第二采油层系，含油面积 $1.3km^2$，油层埋深 1300~1400m，采用 150m 井距五点法面积井网设计 25 注 37 采，方案设计开发层系首驱段为 II_4^{7-8}，石油地质储量 315 万 t，注入段塞体积 1.5PV，预测提高采收率 21%。

1　试验历程

试验区 2008 年 7 月全面转入空白水驱，历经 33 个月，先后开展了 2 个井组的聚合物试注工作和 21 个井组调剖工作。2011 年 4 月正式转入聚/表复合驱前置段塞注入，累计完成前置段塞注入 0.1PV，前置段塞末期日产油 118.3t，综合含水 93.3%，较初期日增油 57.3t，含水下降 3.4%。2011 年 12 月进入主段塞，累计完成主段塞注入 0.9PV，日产油最高上升到 351t/d，为转驱前产量的近 6 倍；含水最低下降到 81.4%，最大降幅为 15.3%。2018 年 5 月进入副段塞注入，累计注入副段塞 0.4PV，阶段末期日产油 126.1t/d，综合含水 90.8%。2021 年 6 月进入保护段塞注入，累计完成保护段塞注入 0.1PV，阶段末期日产油 117.3t/d，综合含水 89.7%。2022 年 6 月陆续转入后续水驱。

截至 2024 年 4 月底，井网总井 7 注 15 采，开井 7 注 13 采，与接替段合注合采 6 注 6 采，日产油 26.2t/d，综合含水 89.1%，阶段累积产油 3.5×10^4t，累积产水 $21.3\times10^4m^3$，累积注水 $20.2\times10^4m^3$。总采出程度 73.5%，较水驱阶段提高采出程度 24.5%，较新井网继续水驱提高采收率可达 22.5 个百分点。

锦 16 块二元驱试验区生产曲线图如图 1 所示。

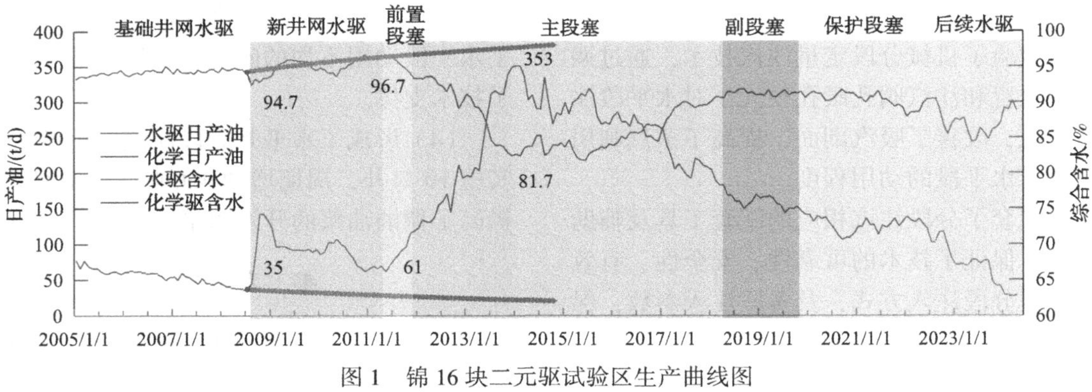

图 1　锦 16 块二元驱试验区生产曲线图

2　开发效果评价

从注入、动用、采出、提高采出程度四个方面对试验区进行开发效果进行评价，为后续化学驱推广建立对比标准。

2.1 注入状况评价

注入井由注水转注化学剂后，由于聚合物增加了驱替相黏度，表现出注入压力升高，阻力系数增大，视吸水指数降低等动态特征(图2)。

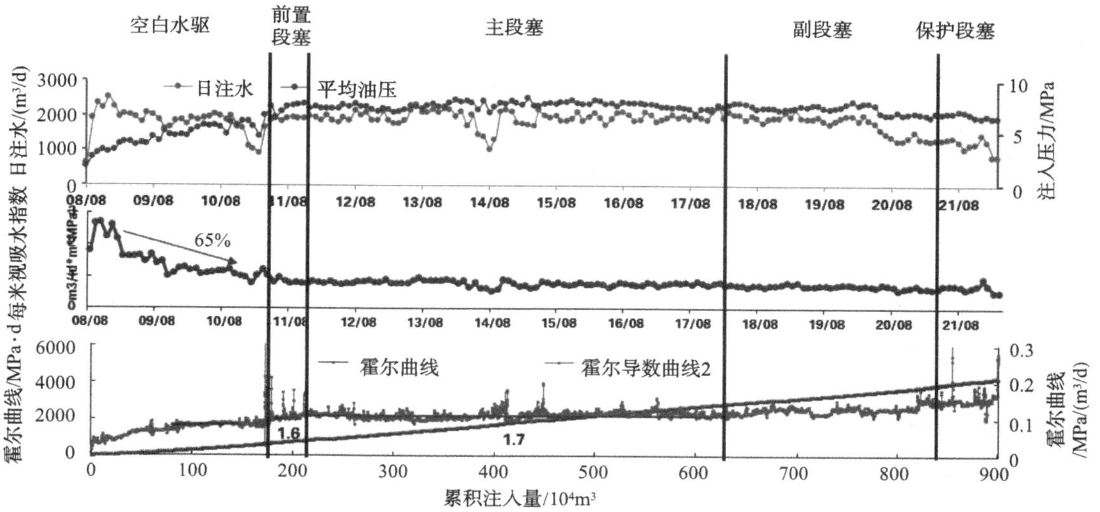

图2 锦16块二元驱试验区生产曲线图

2.1.1 注入压力

注入井注入压力的升高幅度与聚合物溶液的注入速度、聚合物溶液的黏度和油层的渗透率等因素有关，注入速度越大、聚合物黏度越高、油层的渗透率越低，注入井的注入压力上升幅度越大。

试验区从投注以来，注入水平一直在2000m^3/d左右，试验初期压力较低，空白水驱阶段经过深部调驱，平均注入压力由1.5MPa上升到5MPa；进入前置段塞注入聚合物进行调剖后，平面上压力趋于均衡，平均压力进一步上升到7.9MPa，升幅为2.9MPa，反映了注入井井底附近渗流特征发生改变，渗流阻力增加，有利于复合驱主体段塞进入中低渗透层；转主段塞后，由于聚合物溶液浓度降低和表面活性剂的注入，注入井注入压力有所下降，通过提高主段塞的聚合物浓度，注入压力明显回升，平均注入压力最高达到8.2MPa，后期在注入浓度调整的情况后，主段塞注入末期平均注入压力又到了7.8MPa左右；副段塞阶段注入压力变化平稳，末期注入压力7.7MPa；保护段塞注入末期，试验区平均注入压力为6.5MPa(表1)。

表1 各阶段平均注入压力统计表

	水驱初期	水驱末期	前置段塞末期	主段塞末期	副段塞末期	保护段塞末期
平均注入压力/MPa	1.5	5.0	7.9	7.8	7.7	6.5

从曲线上看(图2)，化学驱开始时，注入井的注入压力上升较快，进入主副段塞后，注入压力基本平稳，未有大的变化。这主要是因为初期刚注入聚合物时，聚合物在注入井附近吸附捕集，增加了近井地带的渗流阻力，导致注入压力迅速上升，随着注入井附近吸附捕集的平衡，注入压力趋于平缓。整体来看，试验区注入状况基本正常。

2.1.2 阻力系数

注入井注入不同流体，在霍尔曲线图上反映为不同直线段，用曲线分段回归求出各直线段的斜率，其斜率与水驱直线段斜率之比为阻力系数。阻力系数越大，说明地层导流能力越低；阻力系数越小，说明地层导流能力越强。化学驱阻力系数的合理范围在1.3~2.0，试验区区块阻力系数为1.7左右，处于正常范围内。从其变化趋势来看，进入主段塞之后阻力系数基本稳定，没有太大变化(图2)。

2.1.3　视吸水指数

从试验区视吸水指数的变化曲线上可以看出(图2)，视吸水指数与水驱相比下降了30%~40%，聚合物在地层中起到了明显的增黏、降渗作用。其中前置段塞由于注入聚合物分子量大、浓度高，视吸水指数下降速度快幅度大，从1.11m³/(d·m·MPa)下降到0.74m³/(d·m·MPa)，下降幅度34%，进入主段塞后，由于体系黏度的下降，视吸水指数出现了明显的回升，最高回升到了0.94m³/(d·m·MPa)，后期通过提高体系黏度、改善注采等调整，视吸水指数又下降到了0.75m³/(d·m·MPa)左右，一致保持到主段塞末期，进入副段塞后，视吸水指数略有下降，主要受注入量影响，保护段塞阶段注入黏度、注入量、注入压力下降明显，视吸水指数呈上升趋势。

2.2　动用状况评价

动用状况前置段塞、主段塞明显改善，副段塞阶段变差，保护段塞变好。从区块分析看，历年吸水剖面测试结果表明，空白水驱阶段水驱动用程度较低，平均吸水厚度比例只有71.6%；经过整体调剖和前置段塞注入后，吸水厚度比例达到80.5%，动用程度明显改善；主段塞初期黏度下降，吸水厚度比例略有下降，在提浓增黏的情况下，吸水厚度比例进一步增加，最高时达到90.1%，在主段塞阶段一致保持在80%以上。化学驱对改善水驱动用状况是非常明显的，进入副段塞后，受分注率较低、单层窜聚等影响，纵向动用状况有所变差，动用程度下降到77%，目前加强单采单注，动用有所改善。

表2　历年吸水剖面测试结果统计表

阶段	测试时间/年	统计井数/口	吸水厚度比例/%
空白水驱	2010	23	71.6
前置段塞	2011	23	80.5
主段塞	2012	24	77.7
	2013	24	90.1
	2014	24	85.8
	2015	25	82.1
	2016	25	78
	2017	27	83
副段塞	2018	27	74.1
	2019	25	77
	2020	24	82.8
保护段塞	2021	24	83.9

从单井分析看，以锦2-6-A265井为例，通过前期调剖以及前置段塞注入，吸水剖面有所改善，随着化学剂的持续注入，进入主段塞后吸水剖面大幅改善，吸水厚度比例达到100%，整体动用状况明显改善(图3)。

2.3　采出状况评价

试验区高峰期生产油井51口，49口井不同程度见到化学驱效果，见效比例达到95%以上。

根据试验区实际情况可以将含水变化特征分为四种类型，即：U或UU型、UV或VU型、V型及波动型和不见效型，对基础井网40口井进行统计，统计结果见表3。

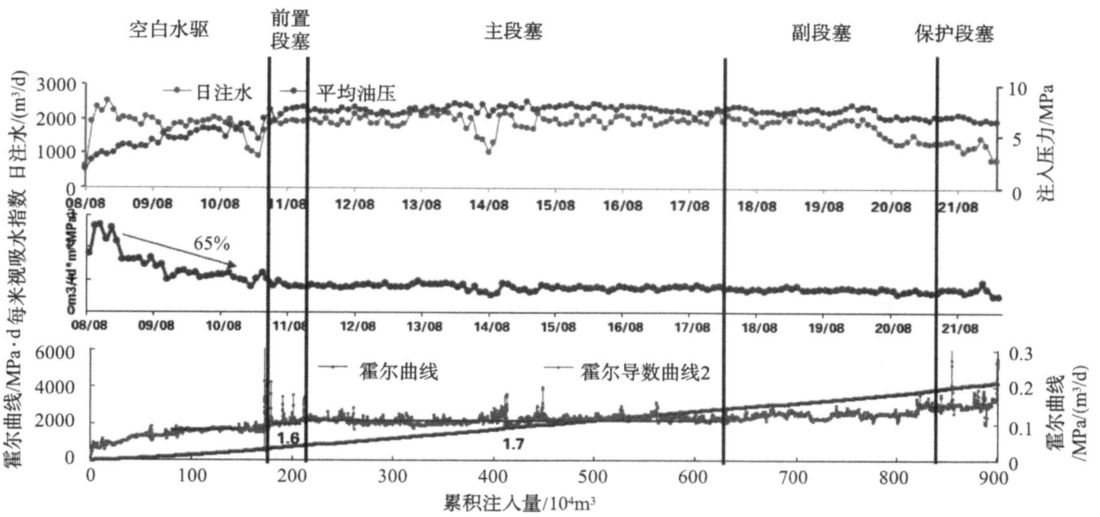

图3　锦2-6-A226历年吸水剖面图

表3　试验区各类井产量统计表(基础井网井40口)

分类	含水变化特征	井数/口	比例/%	峰值增油幅度/吨	峰值降水幅度/%
一	U或UU型	12	30	>15	>20
二	UV或VU型	15	37.5	10~15	15~20
三	V型及波动型	10	25	3~10	5~15
四	不见效型	2	7.5	<3	<5

U或UU型主要见效特征为含水下降幅度大，有效期长，见聚晚，增油效果好，主要表现为厚注薄采、高渗注低渗采、以及层内和层间非均质性适中，井间剩余油饱和度较高，聚驱控制程度高，产量存在较好的层间和平面接替；UV或VU型主要见效特征为含水波动较大，增油效果较好，主要表现为层内和层间非均质较强，局部存在高渗条带，或者单层厚度较大且受外部水体影响，产量存在一定的层内和层间接替；V型及波动型见效特征为含水变化较大，有效期短，增油效果差，主要表现为平面或纵向上存在大孔道，起不到调剖的作用，表现为见聚浓度高；此外还受注入不稳定，受外围水井影响或井况较差，表现为基本不见聚。不见效型主要处在原层系的老注水井附近，断层附近，或者是处在化学驱区块的边部，受化学驱的影响较小。

2.4　停注聚及返层接替时机评价

利用经济评价相关方法，开展了不同油价下区块及单井停注聚和停注水的极限产量的评价(图4、图5)。从评价结果来看，油价越高，极限产量越低，停注水极限产量低于停注聚极限产量。当油价60美元/桶时，区块停注聚极限产量为68.5t/d，单井极限产量为2t/d；区块停注水极限产量为59t/d，单井极限产量为1.73t/d。

试验区目前单井产量两级分化严重，产量低于2t井14口，产量占比10.7%，井数占比42%；大于5t的高产井有8口主要集中在边部及断层附近，产量占比58.4%，井数占比24.2%(图6)。为保证产量平稳变化，依据单井产量分布特点，注入井分批转入后续水驱，其中北部断块内、南部主体3个井组低产井集中，可第一批转入后续水驱。

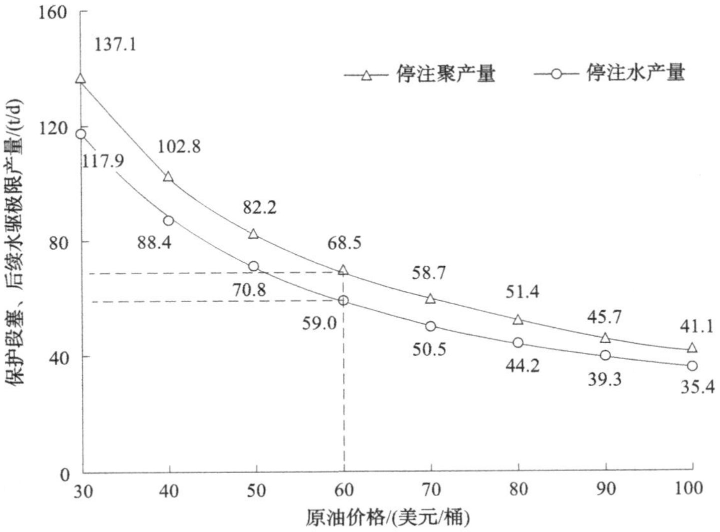

图 4　试验区不同油价下区块停注聚及停注水极限产量

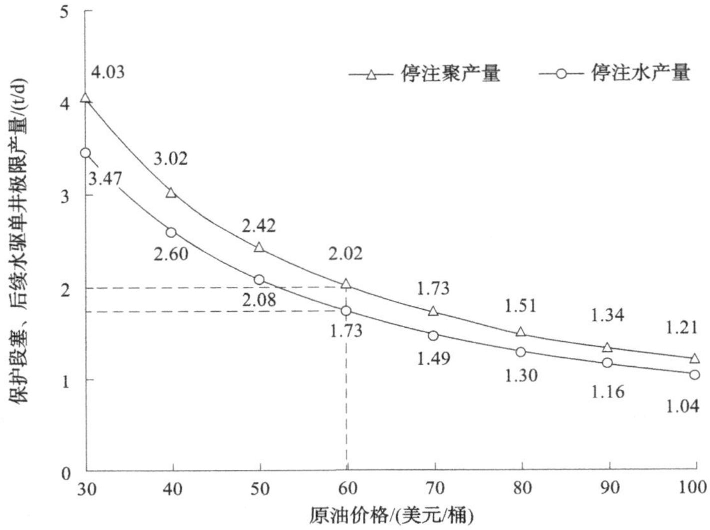

图 5　试验区不同油价下停注聚及停注水单井极限产量

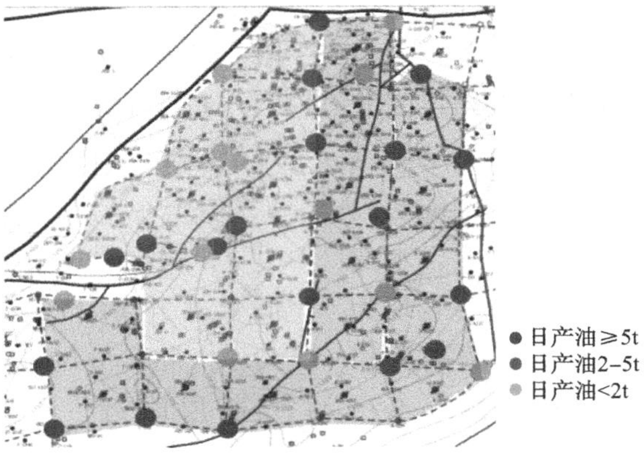

图 6　试验区产量分类分布图(2022.05)

2.5　阶段提高采出程度评价

截至 2024 年 4 月底，阶段产油 82.8 万 t，阶段采出程度 26.3%，较水驱阶段提高采出程度 24.5%，较新井网继续水驱提高采收率可达 22.5 个百分点(表 4)。

表4 聚/表复合驱与新老井网水驱对比表(2022.06)

项目	阶段末				采收率/%	阶段累油/万t
	日产油/吨	含水/%	采油速度/%	采出程度/%		
原井网水驱预测	35	94.3	0.35	47.2	49.0	5.7
新井网水驱预测	61	96.7	0.60	49.9	51.0	12
聚/表复合驱	26.2	89.1	0.24	73.5	73.5	82.8

3 取得认识

(1)层系划分合理,五点法井网150m井距满足化学驱要求

试验区在现井网井距条件下,聚驱控制程度达到91.9%。从动用状况来看,整体动用程度大幅提高,由转驱前的62%提高到90%,从单井动用情况来看,吸水剖面层间矛盾得到缓解,较水驱有较大改善。同时从数值模拟拟合发现,地下注入压力场较水驱有明显变化,注采井间压差增加。从采出状况分析,平均采聚浓度600mg/L,上升趋势较为缓慢,单井采聚浓度也未出现明显窜聚,油井整体见效井数比例达到95%。

(2)二元配方体系发挥驱洗作用

通过锦检2井井间饱和度监测表明,剩余油饱和度下降明显,对应吸水剖面注入量较高的层饱和度下降较多,同时通过丙5-A237井原油密度、黏度和组分分析发现,原油密度、黏度和胶质沥青质含量均出现先下降后上升现象,表明二元体系发挥了驱洗作用。并且数值模拟拟合发现,井间剩余油发生了明显的变化,整体呈现下降趋势,局部剩余油饱和度有减少有增加,表明地下饱和度场在变化。

通过取心井6-A145井表明,主段塞注入后剩余油饱和度大幅下降,在主段塞注入0.45PV时,残余油饱和度下降6%~10%,并且22%油层厚度驱油效率超过聚驱极限驱油效率,说明二元配方体系确实发挥了驱洗作用。同时分层统计注入PV数与驱油效率的关系表明,当注入PV超过0.8时,矿场驱油效率与室内驱油效率接近,表明主段塞合理注入量在0.8PV左右。

(3)平面、纵向流场实时调整有效改善开发效果

现场实践表明,主段塞注入量达到0.8~1.0PV,确保目的层较大的注入PV,驱洗效率就高,化学驱效果就能得到有效保证,主吸层持续有效的注入既是前期化学驱效果有力支撑,也是后期层间调整的主要方向,分注、单注以及投球选注和油井单采及分采是目前较为有效的层间调整的技术手段;在注入PV小于0.8时,在注注井间、采采井间增加采油井点调整流线能够有效改善驱替效果,扩大波及驱洗效率;试验区储层特征主要以反韵律和复合韵律为主,这为改善厚层内的驱洗效率创造了先天条件,但是正韵律厚层层内驱洗差异大,需要调剖解决;受局部小断层的影响,增加注采井点完善注采井网,实践证明可以有效增加驱替储量,改善化学驱效果。

4 结论

(1)从注入、动用、采出、提高采出程度四个方面对试验区进行开发效果进行评价,为后续化学驱推广建立对比标准。注入方面,注入药剂后出现注入压力升高、阻力系数增大、视吸水指数降低的动态特征;动用方面,前置段塞及主段塞阶段动用明显改善;采出方面,采油井依据含水变化特征可分为U或UU型、UV或VU型、V型及波动型和不见效型四种见效类型,试验区见效比例可达95%;提高采出程度上,阶段采出程度26.3%,较水驱阶段提高采出程度24.5%,较新井网继续水驱提高采收率可达22.5个百分点。

(2)通过总结试验区的成功经验,认为需合理划分层系,井网井距需满足化学驱要求;二元配方体系筛选需能有效发挥驱洗作用;平面、纵向流场需实时调整,有效改善开发效果。

参 考 文 献

[1]王奎斌，温静，李程，等．“双高”期高渗砂岩油藏化学驱部署研究[J]．特种油气藏，2007(06)：77-79+94+99-100.

[2] 唐海龙．聚表复合驱矿场驱替效果评价方法研究[J]．油气藏评价与开发，2017，7(02)：65-69.

[3] 温静．辽河特高孔渗“双特高期”油藏聚合物+表面活性剂复合驱开发效果分析评价[J]．特种油气藏，2018，25(06)：109-113.

[4] 刘强．锦16二元驱化学调控关键技术的研究与现场应用[J]．精细石油化工进展，2017，18(05)：18-20.

[5] 肖传敏，张艳芳．聚合物-表面活性剂复合驱用石油磺酸盐研制与评价[J]．长江大学学报(自科版)，2016，13(11)：71-74+6.

水平井隔热注采工艺研究与应用

肖杰磊

（河南油田分公司石油工程技术研究院采油工程所）

摘　要　针对春光油田稠油热采水平井吞吐轮次高、水层矿化度高(69949mg/L)、注汽温度压力高(330~360℃ 、14~19MPa)，热敏封下深受限，导致水层附近套管频繁出现漏失的问题。为避免水层附近套管注汽承受高温，保护延长套管使用年限，优化隔热注采管柱，研究出水平井长效隔热注采一体化工艺技术，研制配套了耐温350℃、耐压20MPa多轮次注汽密封的空心桥塞、复合密封插管以及偏心过桥泵。空心桥塞下过水层坐封，复合密封插管插入桥塞，封隔水层注汽。配套偏心过桥泵，单流通道实现环空注氮替液；生产时拔出插管，实现掺稀生产。工艺管柱耐温350℃、耐压20MPa，实现多轮次注汽有效密封，改善了环空隔热效果，同时满足环空替液、掺稀生产、注采一体的现场需要。获得实用新型专利《一种隔热安全接头及水平井热采管柱》，受理发明专利《一种有替液功能的注汽插管及水平井隔热注采管柱》《一种带锁紧装置的复合插管》。现场试验23井次，工艺成功率100%，累计产油11500t，平均油气比0.30，平均生产周期54天。

关键词　稠油热采水平井；套漏；隔热注采管柱；空心桥塞；复合密封插管

春光稠油热采属特高孔高渗强边水超稠油油藏，具有“埋藏中深、油层较薄、油质黏稠、胶结疏松、紧邻水层”的特点。春光稠油热采主要投入5个小层开发，动用地质储量1242.06万t。2020年因故障井增多、高周期多伦次辅助措施效果变差，自然递减及综合递减上升较大；2021~2022年因新增套漏井多，自然递减居高不下，见图1。

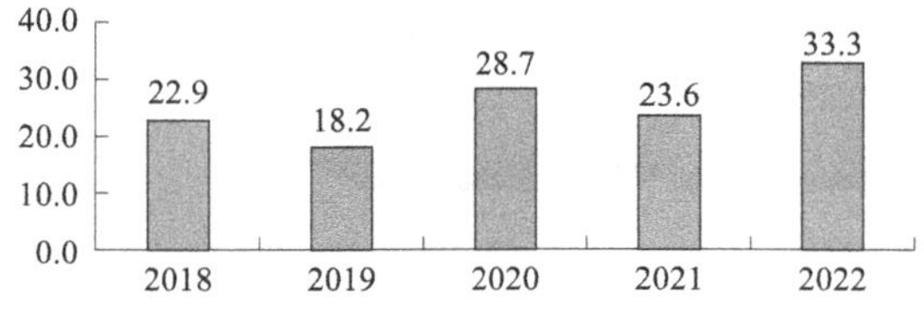

图1　综合递减柱状图

2023年8月春光稠油热采总井数257口，其中开井73口，关井184口，开井率28%。184口关井中套漏关井68口，占比37%，严重制约了春光稠油的有效开发。

水层矿化度高(69949mg/L)、呈弱酸性，对套管腐蚀性强。开发方式上要进行高温高压(330~360℃ 、14~19MPa)注汽、多轮次吞吐，综合作用下加速了腐蚀速率、加速了水泥环的破坏，造成套管漏失现象频繁出现。

自春光稠油投入开发后采用热敏封注采工艺，配套了热敏封隔器，采用氮气环空隔热，注汽时热敏封隔器实现密闭，减少蒸汽延程损失，保护套管；注汽结束后，封隔器自动回收，满足套管掺稀、返洗井等需要。配套了偏心抽稠泵，实现注采一体，注汽与生产转换快捷，无需作业，充分利用了高温采油期。

偏心抽稠泵的下深井斜角<50°，导致下深有限；热敏封隔器在注汽压力17MPa时会产生16.4t上顶力，需要位于泵上避免顶弯泵筒，因此热敏封隔器下深受限，导致部分水层段套管暴露在高温高压的注汽环境中。同时水层矿化度高、呈弱酸性，腐蚀性强，高温高压注汽、多轮次吞吐，加速了水泥环破坏，加速了套管腐蚀速率。

热敏封隔热注采工艺转轮无需作业、注采转换快捷，能够充分利用高温采油期，但下深受限影响了对水层套管的完整保护。

为了实现对新投井套管提前保护，延长套管使用年限，从井深轨迹优化、套管选型、固井水泥浆及固井工艺优化等方面开展了攻关工作，提高了完井井筒质量，隔热注汽管柱优化也是重要的一环。调研国内稠油水平井热采工艺，胜利、辽河油田稠油吞吐周期长，工艺管柱不适用于春光油田，因此针对春光稠油的开发特点研究出水平井长效隔热注采一体化工艺。

1　水平井长效隔热注采工艺

针对春光稠油热采水平井吞吐轮次高、水层矿化度高(69949mg/L)、注汽温度压力高(330~360℃、14~19MPa)的生产特点，为保护延长套管使用年限，避免水层附近套管注汽时承受高温，研制配套了耐高温高压(350℃、20MPa)多轮次密封的空心桥塞、密封插管，将空心桥塞下过水层20~30m坐封，复合密封插管插入空心桥塞封隔环空注汽。配套偏心过桥泵，有单流通道实现环空替液，生产时拔出插管实现掺稀生产。注汽放喷结束后上提1根油管，插管拔出桥塞开抽生产，掺稀降黏实现稠油举升，转轮注汽时插管回插进行注汽。整体管柱耐温350℃、耐压20MPa，满足多轮次注汽密封、环空替液、掺稀生产、注采一体的技术要求，见图2。

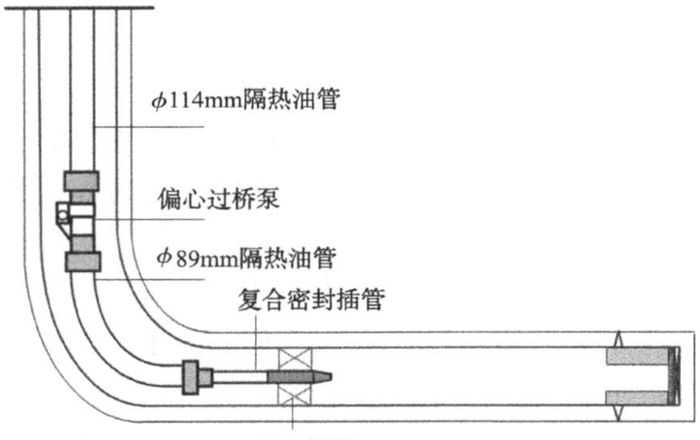

图2　水平井长效隔热注采工艺管柱图

2 配套工具研制

2.1　空心桥塞

针对多轮次350℃、20MPa注汽密封，遇卡后打捞的技术难点，研究出空心桥塞，见图3，满足多轮次高温高压注汽密封要求，锥体可钻遇卡后可套铣打捞。结构包括：丢手机构、锁紧机构、密封机构、锚定机构。

设计难点在于要实现多轮次350℃、20MPa注汽密封要求；砂卡后要能够解封打捞。设计关键要设计长效密封机构，要设计部分结构可钻便于解卡打捞。

设计思路：

(1) 密封机构采用"改性聚四氟乙烯胶筒+钢丝护肩+筒护肩"组合形式；

(2) 丢手后，密封筒内部无密封点，密封筒位于上端便于插管回插前正冲；

(3) 锥体采用"QT600球墨铸铁"可钻材料，遇卡进行套铣对锥体及胶筒钻除，解除锚定，下打捞工具捞出剩余部件；

(4) 密封筒上端设计引入锥面，保证插管顺利插入。

工艺原理：液体打压，活塞推动坐封筒楔入胶筒膨胀，从而封隔环空，双向卡瓦胀出锚定套管，锁紧机构锁定确保坐封状态，继续升高坐封压力，完成坐封丢手。解封时下专用打捞工具。

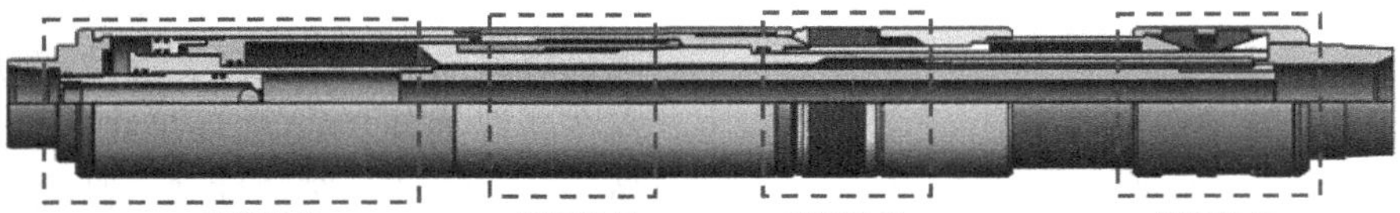

图3　空心桥塞

2.2　复合密封插管

针对多轮次350℃、20MPa注汽密封，重复插入桥塞注汽的技术难点，研究出复合密封插管，见图4，满足多轮次高温高压注汽密封要求，同时能够补偿管柱受热伸长。结构包括：扶正体、补偿管、内密封机构、捞爪、密封段、注汽口。

要实现密封插管多轮次重复插入空心桥塞注汽密封，要保证插管密封段在桥塞密封筒内注汽阶段不发生位移，处于静密封状态，才能避免管柱热伸长造成热膨胀后的密封件进入密封筒受到剪切破坏，保证密封件完整性，有利于多轮次注汽密封；同时要设计补偿机构，能够实现高温高压的动密封，补偿管柱的注汽热伸长量，避免注汽顶弯生产管柱。

设计思路：(1)设计锁紧机构。插管密封段进入桥塞密封筒后，插管捞爪与桥塞鱼顶外螺纹锁紧，保证密封件在注汽阶段在密封筒内静止；(2)设计补偿机构。将补偿伸缩管与密封插管结合设计为一体，补偿伸缩管可相对插管密封段滑动，实现高温高压的动密封长；(3)起插管时，上提管柱使捞爪与桥塞拉脱分离，解除锁紧后起出插管。

针对要耐温350℃、耐压20MPa，插管密封段采用"改性聚四氟乙烯环+石墨环护肩"组合密封，设计有5组密封件，每组密封件有3道密封环，两端为石墨环，中间为聚四氟乙烯环；针对高温低变化、重复插拔，设计了锁紧机构，保证密封材料在注汽时始终处于密封筒内，与密封筒静保持静密封状态；针对多轮次注汽密封有效，密封件在插管外侧，便于更换维护，降低工艺成本；针对要补偿注汽管柱伸长量，设计了补偿机构，从而能够避免注汽受热管柱伸长顶弯管柱。

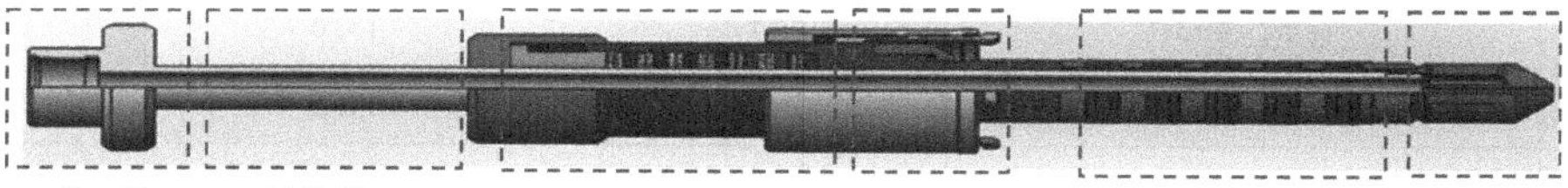

图4　复合密封插管

2.3　打捞工具

针对空心桥塞的解封打捞，研究出可脱开式打捞工具，见图5，满足打捞前冲砂需要。起桥塞过程管柱遇卡时投球可与桥塞脱开，便于进行其它打捞措施作业。

设计了扶正机构，保证打捞工具在大斜度段、水平段能够顺利进行空心桥塞内腔；针对打捞前需要冲砂处理，设计了冲砂通道，在扶正机构外侧设计了返砂槽，增加了环空反洗通道面积；考虑到打捞过程存在桥塞遇卡风险，要求打捞工具可退出空心桥塞，设计了投球退出开关，投球打压可实现打捞工具与空心桥塞脱开。

工艺原理：进入桥塞内腔前，距离桥塞鱼顶0.5~1m正冲砂洗井至少一个半循环，下放管柱进入桥塞，上提管柱后活动解卡打捞。需要脱开时，投球打压16~18MPa，可退出空心桥塞。

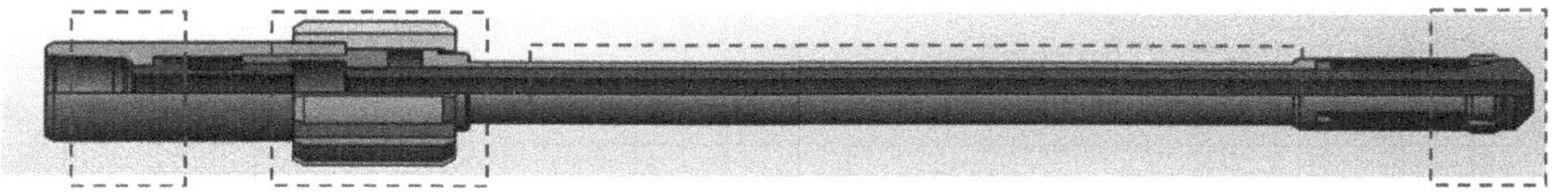

图5　打捞工具

3　现场试验

3.1　多轮次注汽密封效果

现场试验22口井在第一轮注汽阶段，有21口井的压差在3.8~5.8MPa，有1口井(春10-1HX1井56~59m有漏点)压差为8.4MPa，见表1，验证了第一轮注汽密封有效。

表1　22口井第一轮注汽压力情况

序号	井号	注汽压力/MPa	套压/MPa	压差/MPa
1	春10Ⅱ1-6-9HX1	16.7	11.3	5.4
2	春10-792HX1侧1	16.1	11.4	4.7
3	春10-1HX1(老井)	16	7.6	8.4
4	春10Ⅱ2-4-9HX1	17.6	11.9	5.7
5	春10Ⅱ2-5-9HJ	17.6	12	5.6
6	春10Ⅱ2-9-6HJ	16.3	11.5	4.8
7	春10Ⅱ2-9-7HJ	17.4	12.1	5.3
8	春10Ⅱ3-8-8H	16.8	11	5.8
9	春10Ⅱ3-8-10HJ	17.7	13.2	4.5
10	春10Ⅱ3-13-9H侧1	17.7	12.5	5.2
11	春10Ⅱ3-12-9H	17.3	12.1	5.2

续表

序号	井号	注汽压力/MPa	套压/MPa	压差/MPa
12	春10Ⅱ3-12-10H	17.3	12.6	4.7
13	春10II3-2-9HJ	16.8	11.4	5.4
14	春10Ⅱ3-11-8H	16.5	11.6	4.9
15	春52-4-2H	17.4	11.9	5.5
16	春52-4-3H	17	13.6	4.1
17	春52-8-2H	17.2	11.5	5.7
18	春52-9-1H	17.2	12.5	4.7
19	春52-10-2H	17.4	13.5	3.9
20	春52-10-3H	16.6	12.8	3.8
21	春17-9H	15.3	9.5	5.8
22	春17-12H	15.8	7.4	8.4

春10Ⅱ3-8-8H、春10Ⅱ3-13-9H侧1、春10II3-2-9HJ井在转第二轮注汽前环空均注入氮气，导致注汽时油套压差较小(表2)，无法有效判断管柱密封性能，为验证多轮次注汽密封性能，在转轮注汽井上进行放压试验，通过观察油套压力变化趋势，判断多轮次注汽的密封性能。

表2　春10Ⅱ3-8-8H、春10Ⅱ3-13-9H侧1、春10II3-2-9HJ第二轮注汽情况　　MPa

井号	注汽前措施	注汽前		注汽		
		油压	套压	油压	套压	压差
春10Ⅱ3-8-8H	CO_2：116t；正注氮气3208Nm^3；反注氮气1005Nm^3	10.7	9	17.5	17.2	0.3
春10Ⅱ3-13-9H侧1	CO_2：66t；正注氮气1003Nm^3；反注氮气2006Nm^3	11.5	12.1	17.4	16.8	0.6
春10II3-2-9HJ	降黏剂8.5t；正注氮气8003Nm^3；反注氮气1406Nm^3	12.1	11.5	16.9	15.1	1.8

择机选择了春10II3-12-10H、春10II3-13-9H侧1井开展了现场放压验证试验。

春10II3-12-10H第二轮注汽阶段套管放压16h6min，油套压差由2.05MPa升至4.61MPa，停止放压至注汽结束压差稳定在4.4～4.8MPa，判断密封。焖井阶段，压差稳定在4MPa左右，判断密封，见图6。

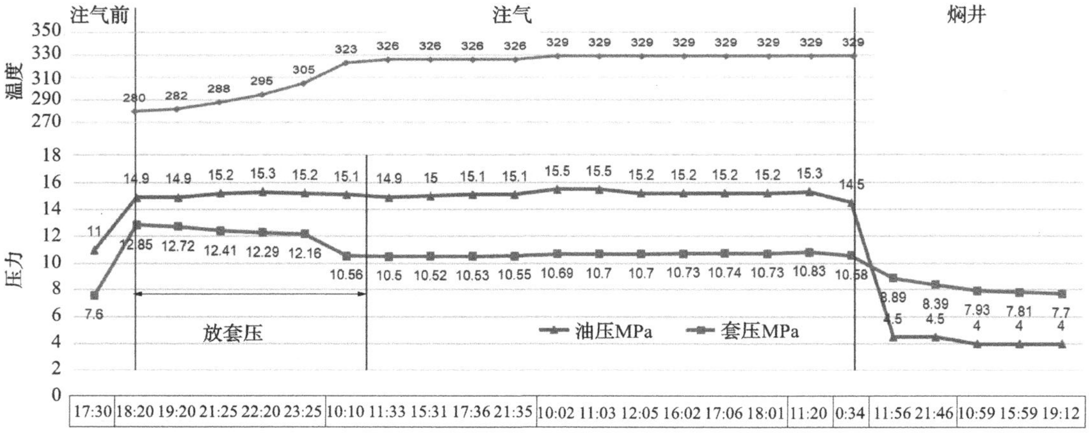

图6　春10II3-12-10H第二轮注汽放压曲线

春10II3-13-9H侧1第三轮注汽阶段因安全管控未能放套压，注汽时油套压力接近平衡。焖井阶段共放套压7h19min，放压4h45min时，套压下降3.23MPa，油压无变化无联动，见图7，判断密封。

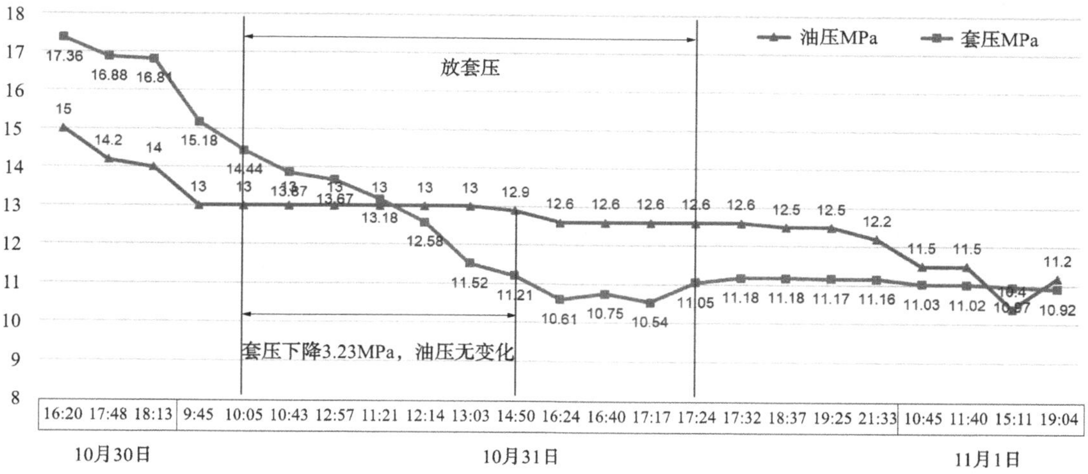

图7 春10II3-13-9H侧1第三轮注汽放压曲线

通过在春10II3-12-10H第二轮注汽、春10II3-13-9H侧1第三轮注汽阶段进行放压试验，验证了工艺管柱多轮次注汽是密封有效的。

3.2 桥塞解封打捞情况

春10Ⅱ1-6-9HX1，2022年7月19日坐封桥塞，开展现场试验。2023年7月21日采油厂决定返层生产，8月5日进行解封打捞桥塞作业，上提15t解封成功，顺利起出。

春10Ⅱ3-10-9H，2023年10月17日实施作业，坐封前泵车反洗压力过高，怀疑出现砂堵管柱，决定冲砂后再坐封，再次坐封效果不佳，换热敏封管柱生产，未起出桥塞。2024年1月8日注CO_2注不进，进行作业冲砂，1月31日进行解封打捞桥塞作业，上提12t解封成功，顺利起出。

4 结论

现场试验23井次，工艺成功率100%，累计产油11500t，平均油气比0.30，平均生产周期54天。工艺管柱耐温350℃、耐压20MPa，实现多轮次注汽有效密封，改善了环空隔热效果，同时满足环空替液、掺稀生产、注采一体的现场需要。

基于软测量的游梁抽油机智能管控技术

郭伟成　文辉祥　马广杰　刘　安　朱　斌

(中国石化中原油田分公司石油工程技术研究院)

摘　要　为解决油田数字化、智能化发展过程中存在游梁抽油机井动液面及平衡度采集成本高、效率低、数字化采集的大量数据利用率低以及常规变频技术无法满足调控需求等问题，提出基于大数据分析的动液面及平衡度软测量方法，结合示功图诊断技术，建立游梁抽油机工况智能调控模型，研制高性能抽油机姿态控制装置，并进行了现场试验及应用，实现了游梁抽油机动液面及平衡度实时采集、工况智能分析、生产智能优化，充分发挥出数字化采集数据的价值，智能化管控投入成本更低，为数字化油田建设提供了新思路。

关键词　数字化；动液面；平衡度；智能调控

游梁抽油机采油是中原油田最主要的机械采油方式，其生产状况好坏，直接影响油井的产量。传统的管理方式是依靠人工定期巡检、测试、计量、判断以及调整，存在操作繁琐、不能连续反映油井工况变化、及时性差、效率低等问题，生产管理效能低下，操作成本居高不下。针对这些问题，中原油田在数字化建设过程中，通过技术攻关和引进优化，为游梁抽油机井配套了视频实时监控技术、非承载功图遥测技术、温压一体监测技术以及电参采集技术，实现了远程视频自动巡检、示功图自动采集、工况智能诊断、功图计产以及故障报警等，极大地提高了采油管理效率和水平。但仍然存在以下问题：

(1) 油井部分关键生产参数还未实现自动采集，智能调控缺少关键数据支撑。例如动液面在线监测市场产品昂贵，不适于老油田大面积推广应用，因此仍然依靠人工测试，产能变化不能及时掌握，对油藏动态开发极为不利。

(2) 配套的数字化技术相互独立，数据利用率低，没有形成有效的闭环系统，难以发挥出最大作用。

(3) 常规变频调控技术，转矩不可控，无法满足现场低产井低速大转矩运行和控制的需求。

鉴于上述现状，研发形成了“数据自动采集—工况智能分析—生产智能优化”的低成本游梁抽油机智能闭环管控技术，并进行了现场规模化应用，提质、降本、增效效果显著，实现了采油管理进一步的数字化提升，助力油田高质量发展。

1　基于大数据的动液面及平衡度软测量技术

根据采油工程理论分析，游梁抽油机井示功图与其动液面及平衡度存在一定关系，可通过数字化实时采集的示功图、压力等数据，建立相应的动液面及平衡度软测量模型，实现动液面与平衡度的实时采集，真正发挥出数字化油田采集的大量数据的价值，同时也降低投入成本。

1.1　基于冲程损失的动液面软测量技术

在抽油机上下冲程运动过程中，考虑静载荷和惯性载荷的综合作用，抽油杆柱和油管柱的伸长和缩短对冲程的影响表示为：

$$\Delta S-\lambda=(S)-S_p \tag{1}$$

式中，S 为光杆冲程，m；S_p 为柱塞冲程，m；ΔS 为静载荷影响的冲程量，m；λ 为惯性载荷影响的冲程量，m。

根据虎克定律分别计算 ΔS 和 λ：

$$\Delta S=\frac{W_1}{E}\left(\frac{L}{A_t}+\sum_{i=1}^{N}\frac{L_i}{A_{ri}}\right) \tag{2}$$

$$\lambda=\frac{(\pi nL)^2}{1800a^2}S \tag{3}$$

$$W_1=[(\rho_W-\rho_0)f_W gL+\rho_0 gL_f+P_h-P_c]A_p \tag{4}$$

式中，E 为钢的弹性模量，2.06×10^{11} Pa；A_t为油管金属的横截面积，m^2；A_{ri}为第 i 级抽油杆的截面积，m^2；A_p为柱塞截面积，m^2；N 为抽油杆柱级数；L_i为第 i 级抽油杆的长度，m；L 为为抽油杆柱总长度，m；W_1 为液柱载荷，N；L_f为油井动液面，m；P_h为井口回压，Pa；P_c为套压，Pa；ρ_0为油井油密度，kg/m^3；ρ_w为油井地层水密度，kg/m^3；f_w为油井含水率,%；n 为冲次，min^{-1}；a 为应力波在抽油杆柱中的传播速度，m/s(理论值为 5100m/s)。

将式(1-2)、(1-3)、(1-4)带入式(1-1)整理得动液面计算模型：

$$L_f \frac{\left\{S\left[1+\frac{(\pi n L)^2}{1800a^2}\right]-S_p\right\}E}{\left(\frac{L}{A_t}+\sum_{i=1}^{N}\frac{L_i}{A_{ri}}\right)A_p\rho_0 g}-\frac{P_h-P_c}{\rho_0 g}-\frac{(\rho_w-\rho_0)f_W L}{\rho_0} \tag{5}$$

利用泵功图的五点曲率法确定泵阀开闭点，可以轻松实现光杆冲程、柱塞冲程的计算，结合套管压力、井口回压、油井杆管泵组合数据、油水密度，代入式(5)，实现动液面的计算。

1.2 基于悬点载荷的平衡度软测量技术

抽油机平衡度测量方法包括电流法、功率法、扭矩法，常用方法是电流法或功率法，通过测量抽油机上、下行程中的峰值电流或峰值功率，实现平衡度的测量，其关键在于上、下行程的区分。如要实现平衡度在线测量，必须投入电参采集模块和行程开关，成本高，安装复杂。因此，提出采用扭矩法建立基于悬点载荷的平衡度软测量模型，利用数字化实时采集的悬点载荷数据，实现平衡度在线软测量，无需硬件投入，成本低。

如图 1 所示，分别对曲柄轴中心 O‘和支架轴中心 O 取力矩平衡，可得到曲柄轴扭矩的理论计算公式：

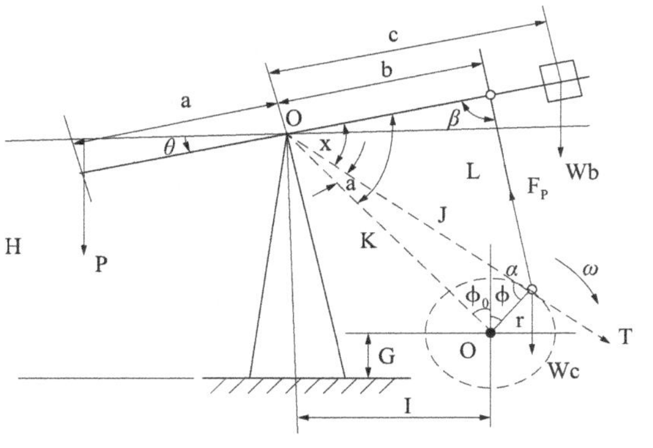

图 1 游梁抽油机结合尺寸与曲柄销受力图

复合平衡：

$$M_1=\overline{TF}\left[P-\left(B+\frac{c}{a}W_b\right)\right]-M_{cmax}\sin\phi$$

曲柄平衡：

$$M_2=\overline{TF}(P-B)-M_{cmax}\sin\phi$$

游梁平衡：

$$M_3=\overline{TF}\left[P-\left(B+\frac{c}{a}W_b\right)\right]$$

曲柄最大平衡扭矩：

$$M_{cmax}=W_{cb}R+W_cR_c$$

式中，$\overline{TF}$为扭矩因数，可以通过查抽油机说明书；P 为悬点载荷，kN；B 为抽油机结构不平衡重，N；a 为游梁前臂的长度，m；c 为游梁平衡重心至游梁支架 O 的距离，m；W_b为游梁平衡重，N；W_{cb}为曲柄平衡块总重，N；W_c为曲柄重，N；R 为平衡半径，m；R_c为曲柄重心半径，m；Φ 为曲柄转角。

当曲柄处于水平位置时，即 $\Phi=90°$和 270°，对应悬点载荷为悬点最大载荷和悬点最小载荷，对应的曲柄轴扭矩分别为上、下冲程的最大扭矩，因此可以利用数字化实时采集的示功图，进行峰值扭矩的计算，两者之中较小值与较大值之比不低于 0.8，则判断为处于平衡状态，反之则处于不平衡状态。

2 游梁抽油机井工况智能调控模型

2.1 冲次自动调节模型

针对连续生产油井，本文的调节策略即为维持一定的泵充满度，从而确保抽汲参数能够自适应油层供油能力的变化。在对冲次进行设定时，根据油藏特性，设置泵充满度调整范围 $\beta_{min}<\beta<\beta_{max}$，$\beta_{min}$为泵充满度的最小设定值，$\beta_{max}$为最大设定值。在实际运行过程中，当出现 $\beta<\beta_{min}$时，说明抽油机冲次设定过大，油井供液不足，需相应的降低冲次；当 $\beta>\beta_{max}$时，说明油层供液能力得到恢复，需继续提高油井冲次，增大采油量；当 β 处于设定区间内时，说明抽油机冲次合理，油井达到供排匹配状态，保持当前运行冲次不变即可。泵充满度为柱塞有效冲程与柱塞冲程的比值。

2.2 智能间抽控制模型

针对间抽油井，根据监测的动液面计算沉没度 h，假设合理沉没度范围为 H_1-H_2。具体的控制过程如下：

初始计算沉没度 h_0，若 $h_0>H_1$，则继续生产；继续计算沉没度 h_1，若 $h_1<H_1$，认为供液不足，此时应停抽；停抽 T_1 小时后，油井开抽，计算沉没度 h_2，若 $h_2<H_1$，继续停抽，停抽时间按照一定间隔执行，直至计算沉没度处于 H_1-H_2 之间，开抽连续生产。根据停抽时间与沉没度变化情况，计算得出沉没度恢复速度。掌握规律之后，确定合适的停抽时间。生产过程中，持续计算沉没度，当沉没度再次小于 H_1 时，停抽。

在掌握油井合理的生产时间与停抽时间的基础上，结合峰谷电价，分布油井的生产和停抽时段，最终建立合适的间抽控制制度，实现节电降费。

3　高性能抽油机姿态控制装置

高性能抽油机姿态控制装置采用定子电流解耦算法，建立以电流、电机转速、定转子相对位置为基础参数的电机矢量闭环控制模型，提高跟随控制性能，实现电机转矩可控，可根据油井工况变化，精细化智能调节冲次和上下行程中每个位置的运行速度，提高泵效和系统效率，实现节能增效，操作简单、安全、效率高。主要包括整流单元、检测单元以及智能控制单元。

整流单元变交流为直流，采用直流母线为各个单井供电，实现集中整流，电能互馈，彻底解决倒发电问题，提高电网质量，避免能源浪费。

检测单元采用高性能旋转变压器和传动比校正传感器，结合示功图、动液面以及平衡度监测系统，构成游梁抽油机井地上地下一体化状态检测系统，实时检测电机运行状态，监测抽油机井运行工况，为控制抽油机运行提供数据反馈。

智能控制单元包括智能模块、伺服驱动模块和逆变模块，智能模块以游梁抽油机井工况智能调控模型为核心，接收检测数据，并进行集中分析计算，对电机控制装置发送控制信息，伺服驱动模块调整运行频率，实现抽油机井运行参数自主优化管理；逆变模块将直流转化为交流，驱动电动机。

具体运行过程如下：

(1) 抽油机启动时，利用转矩控制系统，精确控制转矩，最大转矩可达电动机额定转矩的 3~5 倍，实现低转速、大转矩柔性启动。

(2) 抽油机启动后，按照预先建立的运行数学模型，利用转矩跟随速度控制系统，让抽油机驴头按照设定轨迹全程变速运行。

(3) 抽油机正常运转后，智能控制单元利用示功图、动液面及平衡度监测结果，分析判断井下供抽匹配的状况，根据判断结果，采用上、下行程分频控制，上下死点超低速运行，实现抽油机的运行参数自主优化调整，使系统达到最佳运行工况。

4　现场应用

动液面及平衡度软测量技术在中原油田规模化应用了近 1000 口井，实现了游梁抽油机动液面及平衡度在线测量，可全面替代人工操作，无需增加硬件投入，成本低。动液面测量误差小于 10%，标定平衡度符合率超 90%。

选取 20 口抽油机井，动液面人工测试与在线计算结果进行了对比，结果表明：最大相对误差 9.2%，最小相对误差 1.4%。具体见表 1。

表 1　动液面在线测量误差统计表

序号	井号	测试时间	计算动液面深度/m	实测动液面深度/m	相对误差/%
1	2-11	2022.2.22	1592.6	1560.2	2.1
2	2-C16	2022.2.22	1726.2	1829	5.6
3	10-17	2022.2.22	1244.6	1262	1.4
4	WC56C	2022.2.22	745.7	788.3	5.4
5	WC218-2	2022.2.22	1639.1	1676.9	2.3
6	WC229	2022.2.22	1794.5	1719	4.4
7	WC260	2022.2.22	2106.3	2065.2	2
8	WC391	2022.2.22	1310.7	1377.1	4.8
9	WCN16	2022.2.22	1396.9	1330.7	5

续表

序号	井号	测试时间	计算动液面深度/m	实测动液面深度/m	相对误差/%
10	WCN256	2022. 2. 22	687. 8	638. 2	7. 8
11	P3-229	2022. 2. 24	2127. 6	2190	2. 8
12	PC2-70	2022. 2. 24	1269. 1	1301	2. 5
13	P3-C374	2022. 2. 24	2112. 8	2003	5. 5
14	PC2-72	2022. 2. 24	1004. 3	1080	7. 0
15	P2-616	2022. 2. 24	2149. 6	2104	2. 2
16	P7-C101	2022. 2. 24	2188. 1	2259	3. 1
17	P3-369	2022. 2. 24	2108. 8	1931	9. 2
18	P2-C361	2022. 2. 24	2341. 2	2498	6. 3
19	P7-90	2022. 2. 24	1260. 7	1353	6. 8
20	PC7-86	2022. 2. 24	1906. 4	1945	2. 0

选取25口抽油机井，平衡度人工测试与在线计算结果进行了对比(表2)，结果表明：符合率达到92%。

表2 平衡度人工测试与在线计算结果对比表

序号	井号	测试时间	人工测试平衡度/%	在线计算平衡度/%	现场应用情况
1	WM174	2022. 8. 15	97. 2	90. 2	符合
2	WM105	2022. 8. 15	119. 7	115. 7	符合
3	WM138	2022. 8. 15	100. 2	102. 2	符合
4	明1-52侧1	2022. 8. 15	138. 5	138. 9	符合
5	明139侧	2022. 8. 15	90. 1	94. 5	符合
6	WM146	2022. 8. 15	94. 5	91. 0	符合
7	明1-侧20	2022. 8. 16	90. 8	84. 6	符合
8	WM106	2022. 8. 16	96. 9	92. 5	符合
9	WM173	2022. 8. 16	124. 8	119. 9	符合
10	明1-49侧1	2022. 8. 16	90. 5	97. 6	符合
11	明160侧	2022. 8. 16	90. 4	93. 1	符合
12	WMC107	2022. 8. 16	105. 2	100. 4	符合
13	WM223C	2022. 8. 16	95. 9	81. 1	不符合
14	WMN40	2022. 8. 16	111. 5	115. 4	符合
15	WM372	2022. 8. 16	113. 3	117. 5	符合
16	WM161	2022. 8. 16	80. 0	71. 8	符合
17	WM600	2022. 8. 17	112. 8	117. 4	符合
18	WM59C	2022. 8. 17	89. 2	83. 2	符合
19	WM445	2022. 8. 17	103. 0	108. 0	符合
20	WM313	2022. 8. 17	80. 5	77. 7	符合
21	WM519	2022. 8. 17	109. 9	107. 1	符合
22	明14侧	2022. 8. 17	113. 7	121. 4	不符合
23	WM312	2022. 8. 17	87. 1	90. 4	符合
24	WM472	2022. 8. 20	106. 7	107. 9	符合
25	WM508	2022. 8. 20	94. 3	93. 8	符合

选取了40口低产低效油井，平均日产液量9.6t/d，系统效率22.4%，应用高性能抽油机姿态控制装置，结合示功图、动液面及平衡度监测诊断技术，通过在线监测、智能诊断、自主分析、自动优化，油井始终保持高效工况运行，应用结果表明：产量不降，平均节能率达32.8%，泵效提高18.1个百分点，系统效率提高10.1个百分点，节能增效效果显著。具体情况见表3。

表3　技术应用前后对比情况表

项目	应用前	应用后	变化
平均有功功率/kW	8.0	5.7	-2.3
实测冲次/min^{-1}	3.0	2.0	-1.0
平均单井日产液/(t/d)	9.6	10.1	0.5
平均动液面深度/m	1828	1826	-2
平均系统效率/%	22.4	32.5	10.1
平均泵效/%	33.3	51.4	18.1
吨液单耗/(kW·h/t)	20.1	13.5	-6.6
吨油单耗/(kW·h/t)	224.3	149.6	-74.7
百米吨液单耗/[kW·h/(10^2m·t)]	1.08	0.73	-0.35
平均日耗电量/(kW·h)	192	136.8	-55.2
节能率/%	32.8		

在中原油田应用，总投入约180万元，年节约总费用为770.3万元。成本节约情况如下：

(1)年节约电费58.3万元(平均有功节电，按油井运行330天，电价0.8元/kW·h，40口井计算)；

(2)年节约测试费480万元(以每月测试动液面2次，每次200元，1000口井计算)；

(3)通过优化冲次，减少杆柱机械磨损，延长免修期，折算年节约检泵作业费用约200万元，减少占产损失费用32万元(平均免修期500天，检泵作业费用20万元/井次，作业时间10天，单井日产油1t，原油单价0.32万元/t)。

5　结论

(1)该技术提出基于大数据的动液面及平衡度软测量方法，实现了低成本的动液面及平衡度在线监测，动液面测量最大相对误差9.2%，标定平衡度符合率超90%，充分发挥出了数字化采集数据的价值，为数字化油田建设提供了新思路。

(2)该技术实现了游梁抽油机井闭环智能管控，系统效率和泵效提升10个百分点以上，节能率超30%，应用效果显著。

(3)该技术应用成本低，可全面替代传统人工测试、诊断及调节，大幅提高工作效率和管理水平，满足现场实际需求，符合油田数字化、智能化发展趋势，推广应用前景广阔。

参考文献

[1]陈德春，姚亚，张瑞超，等．基于泵功图的油井产液量实时计量新模型[J]．科技通报，2017，33(11)：77-81.

[2]张琪．采油工程原理与设计[M]．中国石油大学出版社，2006：121-124.

[3]于祥春．基于直流供电配置的抽油机变频群控系统研发[D]．中国石油大学(华东)，2009：1-78.